일반기계기사
필기

저자 약력
3역학 전문가
국내최초 SI 단위 교재 집필
기계공학석사
다솔유캠퍼스 기계분야 전문 강사
주요 저서
기계설계「예문사」
기계설계·제도「예문사」
기계설계·제도_최초 SI 단위 적용「예
기계설계 필답형 실기「예문사」
박성일 마스터의 기계 3역학「예문사」
일반기계기사 필기「예문사」
건설기계기사 필기「예문사」
자격 사항
일반기계기사
건설기계기사
품질경영기사
품질경영산업기사
식스시그마그린벨트
대표 강좌
기계3역학
일반기계기사 필기
건설기계기사 필기
과년도 기출 문제풀이
기계설계 필답형

원리와 이해를 바탕으로 한
성공하는 공부습관

산업현장에서 설계능력을 갖춘 엔지니어의 기초는 이해를 바탕으로 한
전공지식의 적용과 활용에 있다고 생각합니다.
단순한 전공지식의 암기가 아니라 기계공학의 원리를 이해해서 설계에 녹여낼 수 있는 진정한 디자이너가 되는 것,
전공 실력을 베이스로 새로운 것을 창조할 수 있는 역량을 길러내는 것,
기계공학의 당당한 자부심을 실현시키기 위한 디딤돌이 되는 것을 목표로 이 책을 만들었습니다.
베르누이 방정식을 배웠으면 펌프와 진공청소기가 작동하는 원리를 설명할 수 있으며,
냉동사이클을 배웠으면 냉장고가 어떻게 냉장시스템을 유지하는지 설명할 수 있고,
보를 배웠으면 현수교와 다리들의 기본해석을 마음대로 할 수 있는 이런 능력을 가졌으면 하는 바램으로
정역학부터 미적분 유체역학, 열역학 재료역학을 기술하였습니다.
많은 그림과 선도들은 학생들의 입장에서 쉽게 접근할 수 있도록 적절한 색을 사용하여 이해하기 쉽도록 표현하였습니다.
마지막으로 기계동력학 분야에 많은 애정과 노고를 담아 주신 장완식 교수님께 감사드립니다.

반드시 이해 위주로 학습하시길 바랍니다.

작지만 여러분의 기계공학 분야에서의 큰 꿈을 이루는 보탬이 될 것입니다.

박성일

Creative Engineering Drawing

Dasol U-Campus Book

1996

전산응용기계설계제도

1998

제도박사 98 개발

기계도면 실기/실습

2001

전산응용기계제도 실기

전산응용기계제도기능사 필기

기계설계산업기사 필기

2007

KS규격집 기계설계

전산응용기계제도 실기 출제도면집

2008

전산응용기계제도 실기/실무

AutoCAD-2D 활용서

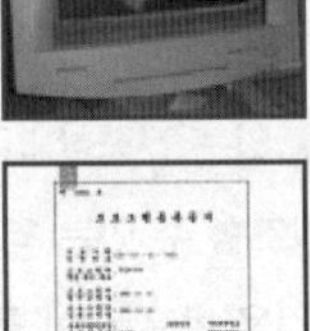

1996

다솔기계설계교육연구소

2000

㈜다솔리더테크

설계교육부설연구소 설립

2001

다솔유캠퍼스 오픈

국내 최초 기계설계제도

교육 사이트

2002

(주)다솔리더테크

신기술벤처기업 승인

2008

다솔유캠퍼스 통합

2010

자동차정비

강의 서비스

2012

홈페이지 1

Since 1996

Dasol U-Campus

다솔유캠퍼스는 기계설계공학의 상향 평준화라는 한결같은 목표를 가지고 1996년 이래 교재 집필과 교육에 매진해 왔습니다.

앞으로도 여러분의 꿈을 실현하는 데 다솔유캠퍼스가 기회가 될 수 있도록 교육자로서 사명감을 가지고 더욱 노력하는 전문교육기업이 되겠습니

1

응용제도 실기/실무(신간)
격집 기계설계
격집 기계설계 실무(신간)

2

CAD-2D와 기계설계제도

3

응용기계제도실기 출제도면집

2014

NX-3D 실기활용서
인벤터-3D 실기/실무
인벤터-3D 실기활용서
솔리드웍스-3D 실기/실무
솔리드웍스-3D 실기활용서
CATIA-3D 실기/실무

2015

CATIA-3D 실기활용서
기능경기대회 공개과제 도면집

2017

CATIA-3D 실무 실습도면집
3D 실기 활용서 시리즈(신간)

2018

기계설계 필답형 실기
권사부의 인벤터-3D 실기

2019

박성일마스터의 기계 3역학
홍쌤의 솔리드웍스-3D 실기

2020

일반기계기사 필기
컴퓨터응용가공선반기능사
컴퓨터응용가공밀링기능사

2021

건설기계설비기사 필기
기계설계산업기사 필기
전산응용기계제도기능사 필기
CATIA-3D 실기/실무 II

2022

UG NX-3D 실기 활용서
GV-CNC 실기/실무 활용서

2013

홈페이지 2차 개편

2015

홈페이지 3차 개편
단체수강시스템 개발

2016

오프라인
원데이클래스

2017

오프라인
투데이클래스

2018

국내 최초 기술전문교육
브랜드 선호도 1위

2020

홈페이지 4차 개편
Live클래스
E-Book사이트(교사/교수용)

2021

모바일 최적화 1차 개편
YouTube 채널다솔 개편

2022

모바일 최적화 2차 개편

기계3역학

강좌 미리보기

정역학 기초

Part 01. 단위와 단위환산

유체역학

Part 04. 표면장력

원리와 이해 위주의 동영상 강의

관련 강좌 박성일마스터의 기계3역학

역학

Part 05. 열역학 0, 1, 2, 3 법칙, 영구기관

료역학

Part 07. 균일강도의 봉

학습순서 일반기계기사 필기 효과적인 학습순서

STEP 01
CHAPTER 03
SECTION 01
기초정역학
(852쪽)
PART 04
열 · 유체 해석

STEP 02
CHAPTER 03
SECTION 03
유체역학
(881쪽)
PART 04
열 · 유체 해석

STEP 03
CHAPTER 02
열역학
(710쪽)
PART 04
열 · 유체 해석

STEP 04
CHAPTER 02
재료역학
(486쪽)
PART 03
구조해석

STEP 05
CHAPTER 03
기계설계
(113쪽)
PART 01
기계제도 및 설계

STEP 06
CHAPTER 04
유공압 시스템설계
(233쪽)
PART 01
기계제도 및 설계

STEP 07
CHAPTER 01
기계제도
(4쪽)
PART 01
기계제도 및 설계

STEP 08
PART 02
기계재료 및 제작
(314쪽)

STEP 09
CHAPTER 03
동역학(654쪽)
CHAPTER 04
기계진동(686쪽)
PART 03
구조해석

STEP 10
기타
(구조 및 진동해석,
열응력 및
유동해석 외)

STEP 11
부록
CBT 실전모의고사
(1030쪽)

필기과목 학습순서

일반기계필기 단톡방

참여코드 : master1

출제기준 INFORMATION

직무 분야	기계	중직무 분야	기계제작	자격 종목	일반기계기사	적용 기간	2024.1.1. ~ 2026.12.31.

○ 직무내용 : 기계공학에 관한 지식을 활용하여, 기계 요소 및 시스템에 대한 설계, 원가계산, 제작, 설치, 보전 등을 수행하는 직무이다.

필기검정방법	객관식	문제수	80	시험시간	2시간

필기 과목명	문제수	주요항목	세부항목	세세항목
기계 제도 및 설계	20	1. 도면 작업 및 검토	1. 도면 작성	1. 좌표계 2. 투상법 및 도형표시법 3. 치수기입법 4. 가공기호 5. KS 및 ISO 규격 산업규격의 이해와 활용
			2. 공차 검토	1. 치수공차 2. 기하공차 3. 표면거칠기 4. 끼워맞춤
		2. 형상모델링	1. 모델링 작업	1. 모델링 데이터 생성 2. 모델링 프로그램 환경설정 3. 모델트리 구성 4. CAD모델의 종류와 특성 5. 모델링 방법
			2. 모델링 분석	1. 모델링 데이터 검토 및 수정 2. 부품 간 결합상태 분석
			3. 모델링 데이터 출력	1. 파일 저장 및 출력 2. 소요자재목록, 부품목록 등 정보 산출
		3. 요소공차 및 설계검토	1. 요구기능 파악	1. 기계요소부품의 종류와 기능, 특성 2. 요소부품정밀도 확인 및 공차
		4. 체결요소설계	1. 체결요소 선정 및 설계	1. 나사, 나사부품 2. 키, 핀, 코터 3. 리벳이음 및 용접이음
		5. 동력전달시스템설계	1. 설계 및 검토	1. 축, 축이음 2. 베어링 3. 캠, 마찰차, 클러치, 브레이크 4. 벨트, 체인, 로프 5. 기어 6. 스프링
		6. 유공압시스템설계	1. 요구사항 파악	1. 유공압 기초 2. 유공압장치의 구성 및 작동유

출제기준 INFORMATION

필기 과목명	문제수	주요항목	세부항목	세세항목
			2. 유공압시스템 구상	1. 유공압기계 일반 2. 하역운반기계 3. 공작기계 4. 자동차 및 중장비
			3. 유공압시스템 설계	1. 유공압 펌프 2. 유공압 밸브 3. 유공압 액추에이터 4. 부속기기 5. 유공압 회로 기호 6. 회로 구성 및 제어
기계 재료 및 제작	20	1. 요소부품재질	1. 요소부품 재료 파악	1. 요소부품 재료의 종류(금속 · 비금속)
			2. 요소부품 재질 선정	1. 재질 적합성
			3. 요소부품 공정 검토	1. 요소부품 가공공정 2. 재료 제조공정 3. 열처리 공정
			4. 열처리	1. 열처리 종류 2. 탄소강의 열처리 3. 표면경화 열처리 4. 기타 표면처리방법 5. 열처리에 따른 강도 · 경도의 변화 6. 열처리에 따른 변형
		2. 절삭가공	1. 작업 준비 및 가공	1. 절삭이론 2. 절삭가공법 및 CNC가공 3. 손다듬질 가공 4. 지그 및 고정구
			2. 검사	1. 측정법 2. 측정기기
		3. 기계제작법	1. 비절삭가공	1. 원형 및 주조 2. 소성가공 3. 용접 및 판금 · 제관
			2. 특수가공	1. 특수가공 2. 정밀입자가공
구조 해석	20	1. 구조 및 진동 해석	1. 준비	1. 데이터 오류 확인 및 수정 2. 해석 조건 정의 3. 경계조건 설정 4. 입력 데이터 문서화
			2. 해석	1. 해석 모델 수정 2. 경계조건 수정 및 재해석 3. 보고서 작성

필기 과목명	문제수	주요항목	세부항목	세세항목
			3. 결과 평가	1. 해석결과 확인 및 개선 2. 검증 방법 선정 및 해석결과 검증 3. 해석결과의 데이터베이스화
		2. 재료역학	1. 개요	1. 힘과 모멘트 평형 2. 자유물체도
			2. 응력과 변형률	1. 응력–변형률 선도 2. 크리프 및 피로 3. 응력 집중 4. 파손이론 5. 허용응력과 안전계수 6. 부정정 문제 7. 탄성변형에너지 8. 열응력
			3. 비틀림	1. 비틀림 모멘트, 강성, 변형에너지 2. 박막튜브의 비틀림
			4. 굽힘 및 전단	1. 굽힘 모멘트 선도 2. 하중, 전단력 및 굽힘모멘트 이론
			5. 보	1. 곡률, 변형률 및 굽힘 모멘트 관계 2. 전단류 3. 보의 처짐 4. 부정정보 5. 카스틸리아노 정리
			6. 응력과 변형률 해석	1. 평면 응력과 평면 변형률 2. 주응력과 최대전단응력
			7. 평면응력의 응용	1. 삼축 응력상태 (Bulk modulus & Dilatation) 2. 압력용기 3. 보의 최대응력 (굽힘응력과 전단응력 조합)
			8. 기둥	1. 편심하중을 받는 단주 2. 좌굴
		3. 동역학	1. 동역학의 기본이론	1. 힘의 평형 2. 위치, 속도, 가속도 3. 질점의 운동
			2. 질점의 동역학	1. 뉴턴의 운동 제2법칙 2. 질점의 선형 운동량과 각 운동량 3. 질점의 운동에너지와 위치에너지 4. 일과 에너지 법칙 5. 충격량과 운동량 법칙 6. 질점계의 동역학

출제기준 INFORMATION

필기 과목명	문제수	주요항목	세부항목	세세항목
			3. 강체의 동역학	1. 강체의 속도, 가속도, 각속도, 각가속도 2. 순간 회전 중심 3. 평면운동에서의 절대속도와 상대속도 4. 에너지 방법과 운동량 방법 5. 강체의 각운동량
		4. 기계진동	1. 기계진동 기본이론	1. 힘의 평형, 스프링의 합성 2. 단순조화운동, 주기운동, 진폭과 위상각 3. 진동관련 용어 4. 1자유도 진동
열 · 유체 해석	20	1. 열응력 및 유동 해석	1. 준비	1. 데이터 오류 확인 및 수정 2. 해석 조건 정의 3. 경계조건 설정 4. 입력 데이터 문서화
			2. 해석	1. 해석 모델 수정 2. 경계조건 수정 및 재해석 3. 보고서 작성
			3. 결과 평가	1. 해석결과 확인 및 개선 2. 검증 방법 선정 및 해석결과 검증 3. 해석결과의 데이터베이스화
		2. 열역학	1. 개요	1. 시스템과 검사체적 2. 물질의 상태와 상태량 3. 과정과 사이클
			2. 순수물질의 성질	1. 순수물질의 열역학적 상태량 2. 순수물질의 상변화 및 습증기 3. 이상기체의 성질 및 상태변화 4. 이상기체와 실제기체
			3. 일과 열	1. 일과 열의 정의 및 비교 2. 일의 계산 3. 열전달
			4. 열역학 기본 법칙	1. 열역학 제0법칙 2. 열역학 제1법칙 3. 열역학 제2법칙 4. 카르노 사이클
			5. 사이클 및 장치	1. 동력사이클 2. 냉동사이클 3. 열역학적 장치
		3. 유체역학	1. 개요	1. 유체의 정의와 연속체 2. 차원 및 단위 3. 점성법칙 4. 유체의 기타 특성

필기 과목명	문제수	주요항목	세부항목	세세항목
			2. 유체정역학	1. 유체정역학의 기초 2. 정수압 분포 및 액주계 3. 유체작용력
			3. 유체역학의 기본법칙	1. 연속방정식 2. 베르누이방정식 3. 운동량방정식 4. 에너지방정식
			4. 유체운동학	1. 속도장, 가속도장 2. 유선, 유적선 3. 속도포텐셜, 유동함수, 와도
			5. 차원해석 및 상사법칙	1. 무차원수, 차원해석 2. 모형과 원형, 상사법칙
			6. 관내유동	1. 관내유동의 특성 2. 층류점성유동 3. 관로내 손실
			7. 물체 주위의 유동	1. 경계층 유동 2. 박리, 후류 3. 항력, 양력
			8. 유체계측	1. 유량계, 점도계, 압력계 등

이 책의 차례 CONTENTS

기계제도 및 설계

CHAPTER 01 도면작업 및 검토

CHAPTER 02 형상 모델링

CHAPTER 03 기계설계

이 책의 차례 CONTENTS

이 책의 차례 CONTENTS

PART 02

기계재료 및 제작

CHAPTER 01 요소부품 재질

CHAPTER 02 절삭가공

이 책의 차례 CONTENTS

PART 03 구조해석

CHAPTER 01 구조 및 진동해석

CHAPTER 02 재료역학

SECTION 04 평면도형의 성질

SECTION 05 비틀림(Torsion)

SECTION 06 보(Beam)

이 책의 차례 CONTENTS

이 책의 차례 CONTENTS

열 · 유체 해석

CHAPTER 01 열응력 및 유동해석

SECTION 01 전산유체역학(CFD ; Computational Fluid Dynamics)

CHAPTER 02 열역학

SECTION 01 열역학의 개요

SECTION 02 일과 열

SECTION 03 이상기체

SECTION 04 열역학 제2법칙

SECTION 05 기체의 압축

SECTION 06 증기

이 책의 차례 CONTENTS

SECTION 02 **정역학**

SECTION 03 **유체역학의 기본개념**

SECTION 04 **유체정역학**

SECTION 05 **유체운동학**

CBT 실전 모의고사

01

기계제도 및 설계

PART 1

01 도면작업 및 검토

02 형상 모델링

03 기계설계

04 유공압시스템설계

CHAPTER

01 도면작업 및 검토

01 제도의 기본

1 제도통칙(KS A 0005)

1. 제도

기계나 구조물의 모양 또는 크기를 일정한 규격에 따라 점 · 선 · 문자 · 부호 등을 사용하여 설계자의 의도를 제작자 또는 시공자에게 명확하게 전달되도록 도면을 작성하는 과정을 말한다.

① 제도통칙 : 1966년 KS A 0005로 제정

② 기계제도통칙 : 1967년 KS B 0001로 제정

2. 제도의 표준화

① 균일한 제품을 만들고 품질을 향상시킬 수 있다.

② 생산능률을 높여 생산단가를 줄일 수 있다.

③ 부품의 호환성이 증가된다.

④ 인력과 자재가 절약되어 경쟁력을 높일 수 있다.

3. 한국산업표준의 분류체계(각 분야를 알파벳으로 구분)

분류기호	부문	분류기호	부문	분류기호	부문
A	기본	H	식료품	Q	품질경영
B	기계	I	환경	R	수송기계
C	전기	J	생물	S	서비스
D	금속	K	섬유	T	물류
E	광산	L	요업	V	조선
F	건설	M	화학	W	항공우주
G	일용품	P	의료	X	정보

4. 산업규격의 명칭 및 기호

명칭	규격기호	명칭	규격기호
국제표준화기구	ISO	일본산업규격	JIS
한국산업규격	KS	영국산업규격	BS
미국산업규격	ANSI	스위스산업규격	SNV
독일산업규격	DIN	프랑스산업규격	NF

참고

- KS(Korean Industrial Standards)
- ISO(International Organization for Standardization)

2 도면의 크기와 종류

1. 도면의 크기와 윤곽선

① 길이의 기본 단위는 mm이다.

② 도면의 용지는 A 계열을 사용하며, 세로와 가로의 비는 1 : $\sqrt{2}$ 이고 A0의 넓이는 1m²이다.

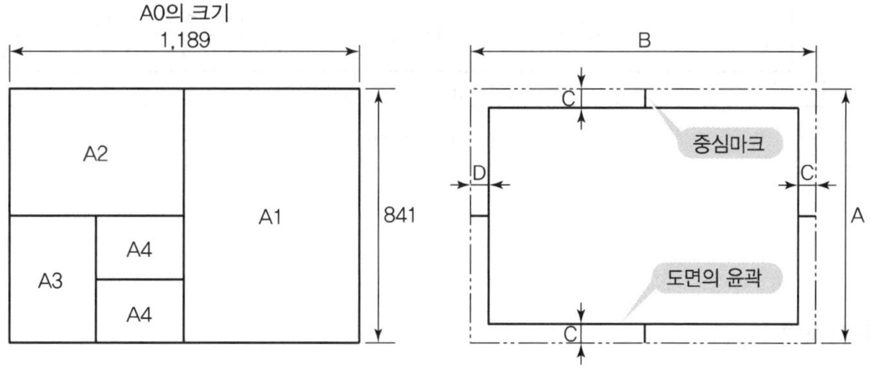

| 도면의 크기와 윤곽선 |

용지 크기		A0	A1	A2	A3	A4
A×B		841×1,189	594×841	420×594	297×420	210×297
C(최소)		20	20	10	10	10
D (최소)	철하지 않을 때	20	20	10	10	10
	철할 때	25	25	25	25	25

2. 도면의 형식

① 도면에 반드시 기입해야 할 사항은 도면의 윤곽, 중심마크, 표제란이고, 비교눈금, 도면의 구역을 구분하는 구분선, 구분기호, 재단마크 등은 생략 가능하다.

② 표제란에 기입하는 사항은 도번(도면 번호), 도명(도면 이름), 척도, 투상법, 작성자명, 일자 등이고, 오른쪽 아래에 배치한다.

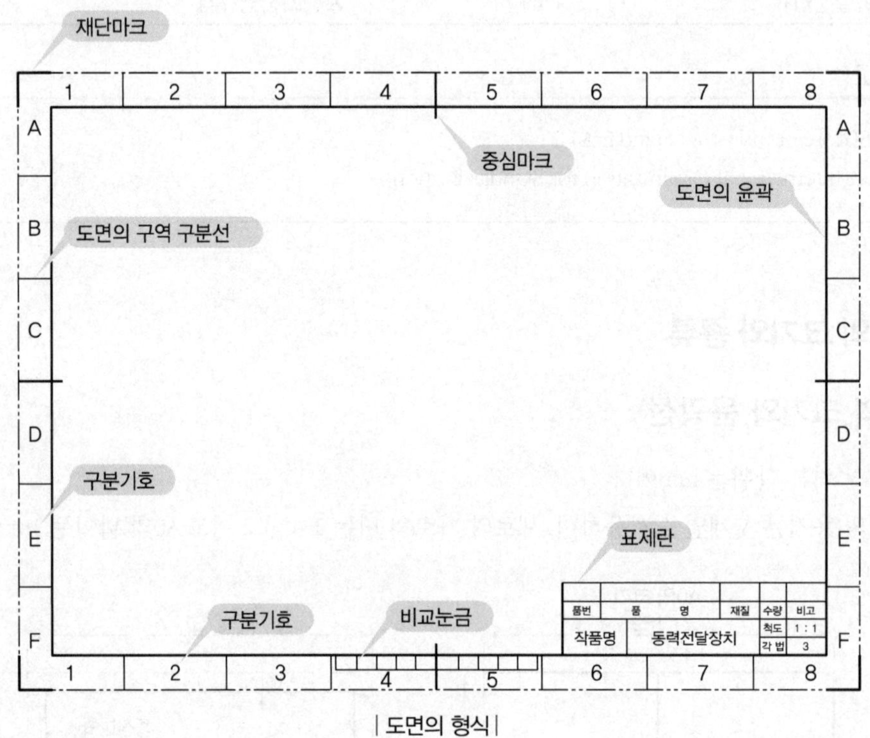

| 도면의 형식 |

3. 척도

(1) 척도 표시방법

일반적으로 도면은 현척(실척)으로 그리는데, 경우에 따라 부품을 확대하거나 축소하여 그릴 수 있다. 척도는 표제란에 기입을 원칙으로 하며 한 장의 도면 내에 나타낸 각 부품의 척도가 서로 다를 경우 부품 번호 옆 또는 부품란의 비고란에 기입해야 한다.

(2) 척도의 종류

① 축척 : 규정된 배율(아래 ⑤, ⑥ 표)에 따라 실물보다 작게 그린 도면

② 현척(실척) : 실물과 같은 크기로 그린 도면

③ 배척 : 규정된 배율(아래 ⑤, ⑥ 표)에 따라 실물보다 크게 그린 도면

④ NS(None Scale) : 비례척이 아닌 작성자가 임의대로 실물보다 크게 그린 도면

⑤ KS 규격에 정해진 축척, 현척, 배척의 값

척도의 종류	값
축척	• 1 : 2, 1 : 5, 1 : 10, 1 : 20, 1 : 50, 1 : 100, 1 : 200 • (1 : $\sqrt{2}$), (1 : 2.5), (1 : 2$\sqrt{2}$), (1 : 3), (1 : 4), (1 : 5$\sqrt{2}$), (1 : 25), (1 : 250)
현척	1 : 1
배척	• 2 : 1, 5 : 1, 10 : 1, 20 : 1, 50 : 1 • ($\sqrt{2}$: 1), (2.5$\sqrt{2}$: 1), (100 : 1)

( )의 척도는 가급적 사용하지 않는다.

⑥ ISO 5455에 의한 척도

축척			현척	배척		
1 : 2 1 : 20 1 : 200 1 : 2,000	1 : 5 1 : 50 1 : 500 1 : 5,000	1 : 10 1 : 100 1 : 1,000 1 : 10,000	1 : 1	50 : 1 5 : 1	20 : 1 2 : 1	10 : 1

4. 도면의 종류

(1) 사용 목적에 따른 분류

① 계획도 : 설계자가 만들고자 하는 제품의 계획을 나타낸 도면

② 제작도 : 부품도와 조립도가 있으며, 실제로 제품을 만들기 위한 도면

③ 주문도 : 주문서에 첨부하여 주문자의 요구 내용을 제작자에게 전달하는 도면

④ 견적도 : 견적서에 첨부하여 주문자에게 견적 내용을 전달하는 도면

⑤ 승인도 : 제작자가 주문자의 검토와 승인을 얻기 위한 도면

⑥ 설명도 : 제품의 구조, 기능, 성능 등을 설명하기 위한 도면

(2) 내용에 따른 분류

① 조립도 : 제품의 전체적인 조립상태를 나타내고, 조립에 필요한 치수 등을 나타낸 도면

② 부분 조립도 : 복잡한 제품의 각 부분 조립상태를 나타낸 도면

③ 부품도 : 각 부품에 대하여 필요한 모든 정보를 나타낸 도면

④ **상세도** : 필요한 부분을 더욱 상세하게 표시한 도면
⑤ **공정도** : 제품의 생산과정을 일련의 공정 도시기호로 나타낸 도면
⑥ **접속도** : 전기기기의 상호 간 접속상태 및 기능을 나타낸 도면
⑦ **배선도** : 전기기기의 배선상태(전기기기의 크기, 설치할 위치, 전선의 종류 · 굵기 · 수 및 배선의 위치 등)를 나타낸 도면
⑧ **배관도** : 관의 위치 및 설치방법 등을 나타낸 도면
⑨ **전개도** : 입체적인 제품의 표면을 평면에 펼쳐 그린 도면
⑩ **곡면선도** : 제품의 복잡한 곡면을 단면 곡선으로 나타낸 도면
⑪ **장치도** : 각 장치의 배치 및 제조공정 등의 관계를 나타낸 도면
⑫ **계통도** : 배관 및 전기장치의 결선과 작동을 나타낸 도면

(3) 성격에 따른 분류

① **원도** : 제도 용지에 연필로 그린 도면, 컴퓨터로 작성한 최초의 도면
② **트레이스도** : 연필로 그린 원도 위에 트레이싱지를 대고 연필 또는 드로잉 펜으로 그린 도면
③ **복사도** : 트레이스도를 원본으로 하여 복사한 도면[청사진(Blue Print), 백사진(Positive Print) 및 전자복사도 등]

핵심 기출 문제

01 현대사회는 산업 구조의 거대화로 대량 생산 체제가 이루어지고 있다. 이런 대량 생산화의 추세에서 기계제도와 관련된 표준규격의 방향으로 옳은 것은?

① 이익집단 중심의 단체 규격화
② 민족 중심의 보수 규격화
③ 대기업 중심의 사내 규격화
④ 국제 교류를 위한 통용된 규격화

해설

기계제도와 관계된 표준규격은 국제 교류를 위한 통용된 규격화를 사용해야 하며, 우리나라의 제도규격은 KS와 ISO 규격을 같이 사용하고 있다.

02 기계제도에서 도면이 구비해야 할 기본요건으로 거리가 먼 것은?

① 대상물의 도형과 함께 필요로 하는 크기, 모양, 자세 등의 정보를 포함하여야 하며, 필요에 따라 재료, 가공방법 등의 정보를 포함하여야 한다.
② 무역 및 기술의 국제 교류의 입장에서 국제성을 가져야 한다.
③ 도면 표현에 있어서 설계자의 독창성이 잘 나타나야 한다.
④ 마이크로필름 촬영 등을 포함한 복사 및 도면의 보존, 검색, 이용이 확실히 되도록 내용과 양식이 구비되어야 한다.

해설

도면은 설계자의 독창성보다는 제도법을 준수하여 규격대로 표현해야 한다.

03 도면에 마련되는 양식의 종류 중 작성부서, 작성자, 승인자, 도면 명칭, 도면 번호 등을 나타내는 양식은?

① 표제란 ② 부품란
③ 중심마크 ④ 비교눈금

해설

표제란
도면의 우측 아래에 배치하며, 도번(도면 번호), 도명(도면 이름), 척도, 투상법, 작성자명, 일자 등의 내용을 기입한다.

04 다음 도면의 크기 중 A1 용지의 크기를 나타낸 것은?(단, 치수의 단위는 mm이다.)

① 841×1,189 ② 594×841
③ 420×594 ④ 297×420

해설

A계열 용지 규격
• A0 : 841×1,189 • A1 : 594×841
• A2 : 420×594 • A3 : 297×420

05 기계도면을 용도에 따른 분류와 내용에 따른 분류로 구분할 때, 용도에 따른 분류에 속하지 않는 것은?

① 부품도 ② 제작도
③ 견적도 ④ 계획도

해설

기계도면의 분류
• 용도에 따른 분류 : 계획도, 제작도, 주문도, 견적도, 승인도, 설명도 등
• 내용에 따른 분류 : 부품도

정답 01 ④ 02 ③ 03 ① 04 ② 05 ①

02 선·문자

1 선

1. 굵기에 따른 선의 종류

종류	설명	모양
가는 선	굵기가 0.18～0.5mm인 선	
굵은 선	굵기가 0.35～1mm인 선	
아주 굵은 선	굵기가 0.7～2mm인 선	

참고

아주 굵은 선 : 굵은 선 : 가는 선=4 : 2 : 1

2. 모양에 따른 선의 종류

종류	설명	모양
실선	연속된 선	
파선	일정한 간격으로 반복되어 그어진 선	
1점쇄선	길고 짧은 2종류의 길이로 반복되어 그어진 선	
2점쇄선	길고 짧고 짧은 길이로 반복되어 그어진 선	

3. 용도에 따른 선의 종류

명칭	종류	용도에 의한 명칭	용도
굵은 실선		외형선	물체의 보이는 부분의 모양을 표시하는 데 사용한다.
가는 실선		치수선	치수를 기입하기 위하여 사용한다.
		치수보조선	치수를 기입하기 위하여 도형으로부터 끌어내는 데 사용한다.
		지시선	기술 · 기호 등을 표시하기 위하여 끌어들이는 데 사용한다.
		회전단면선	도형 내에서 끊은 부분을 90° 회전하여 표시하는 데 사용한다.
		중심선	짧은 길이의 물체 중심을 나타내는 데 사용한다.
		수준면선	수면, 유면 등의 위치를 표시하는 데 사용한다.

명칭	종류	용도에 의한 명칭	용도
가는 파선 또는 굵은 파선	- - - - - - - -	숨은선	물체의 보이지 않는 부분의 모양을 표시하는 데 사용한다.
가는 1점쇄선	—— - ——	중심선	• 도형의 중심을 표시하는 데 사용한다. • 중심이 이동한 중심궤적을 표시하는 데 사용한다.
		기준선	위치 결정의 근거가 된다는 것을 명시할 때 사용한다.
		피치선	되풀이하는 도형의 피치를 취하는 기준을 표시하는 데 사용한다.
굵은 1점쇄선	▬▬ - ▬▬	기준선	기준선 중 특히 강조하는 데 쓰이는 선이다.
		특수 지정선	특수한 가공을 하는 부분 등 특별한 요구사항을 적용할 수 있는 범위를 표시하는 데 사용한다.
가는 2점쇄선	—— - - ——	가상선	• 인접 부분을 참고하거나 공구, 지그 등의 위치를 참고로 나타내는 데 사용한다. • 가공 부분을 이동 중의 특정 위치 또는 이동 한계의 위치로 표시하는 데 사용한다. • 되풀이하는 것을 나타내는 데 사용한다. • 도시된 단면의 앞쪽에 있는 부분을 표시하는 데 사용한다.
		무게중심선	단면의 무게중심을 연결한 선을 표시하는 데 사용한다.
파형의 가는 실선	∼	파단선	물체의 일부를 자른 경계 또는 일부를 잘라 떼어낸 경계를 표시하는 데 사용한다.
지그재그의 가는 실선	—∧∨—		
가는 1점쇄선(선의 시작과 끝, 방향이 바뀌는 부분을 굵게 표시)		절단선	단면도를 그리는 경우 그 잘린 위치를 대응하는 그림에 표시하는 데 사용한다.
가는 실선으로 규칙적으로 빗줄을 그은 선	//////////	해칭선	잘려나간 물체의 절단면을 표시하는 데 사용한다.

4. 겹치는 선의 우선순위

선과 문자나 기호가 겹친 경우 문자나 기호가 우선하고, 두 종류 이상의 선이 겹칠 경우 다음의 순위에 따라 그린다.

외형선 → 숨은선 → 절단선 → 가는 1점쇄선 → 가는 2점쇄선 → 치수보조선

2 문자

1. 문자의 사용

제도에 사용되는 문자는 한자, 한글, 숫자, 영자 등이 있으며 문자는 되도록 간결하게 쓰고, 가로쓰기를 원칙으로 한다. 문자의 선 굵기는 한자는 문자 크기의 1/12.5, 한글은 문자 크기의 1/9로 한다.

2. 문자의 크기(mm)

① 한자 : 3.15, 4.5, 6.3, 9, 12.5, 18의 6종 사용
② 한글 : 2.24, 3.15, 4.5, 6.3, 9의 5종 사용, 필요한 경우 다른 치수 사용 가능
③ 숫자 및 영자 : 2.24, 3.15, 4.5, 6.3, 9 등 5종 사용, 필요한 경우 다른 치수 사용 가능

핵심 기출 문제

01 파단선에 대한 설명으로 옳은 것은?

① 대상물의 일부분을 가상으로 제외했을 경우의 경계를 나타내는 선
② 기술, 기호 등을 나타내기 위하여 끌어낸 선
③ 반복하여 도형의 피치를 잡는 기준이 되는 선
④ 대상물이 보이지 않는 부분의 형태를 나타낸 선

해설

① 파단선 ② 지시선 ③ 피치선 ④ 숨은선

02 단면도의 절단된 부분을 나타내는 해칭선을 그리는 선은?

① 가는 2점쇄선 ② 가는 파선
③ 가는 실선 ④ 가는 1점쇄선

해설

해칭선
절단된 부분을 나타내는 선으로 가는 실선으로 표시한다.

03 대상물의 일부를 파단한 경계 또는 일부를 떼어낸 경계를 표시하는 선으로 옳은 것은?

① 가는 1점쇄선
② 가는 2점쇄선
③ 가는 1점쇄선으로 끝부분 및 방향이 변하는 부분을 굵게 한 선
④ 불규칙한 파형의 가는 실선

해설

파단선
불규칙한 파형의 가는 실선으로 대상물의 일부를 파단한 경계 또는 일부를 떼어낸 경계를 표시하는 데 사용한다.

04 도면 작성 시 가는 실선을 사용하는 경우가 아닌 것은?

① 특별히 범위나 영역을 나타내기 위한 틀의 선
② 반복되는 자세한 모양의 생략을 나타내는 선
③ 테이퍼가 진 모양을 설명하기 위해 표시하는 선
④ 소재의 굽은 부분이나 가공공정을 표시하는 선

해설

특수 지정선
굵은 1점쇄선으로 특수한 가공을 하는 부분 등 특별히 범위나 영역을 표시하는 데 사용한다.

05 다음 중 가는 실선으로 나타내지 않는 선은?

① 지시선 ② 치수선
③ 해칭선 ④ 피치선

해설

피치선
가는 1점쇄선으로 되풀이하는 도형의 중심을 잡는 기준을 표시하는 데 사용한다.

06 KS 기계제도에서 특수한 용도의 선으로 아주 굵은 실선을 사용해야 하는 경우는?

① 나사, 리벳 등의 위치를 명시하는 데 사용한다.
② 외형선 및 숨은선의 연장을 표시하는 데 사용한다.
③ 평면이라는 것을 나타내는 데 사용한다.
④ 얇은 부분의 단면도시를 명시하는 데 사용한다.

해설

개스킷, 박판, 형강 등의 절단면이 얇은 경우 실제 치수와 관계없이 아주 굵은 실선으로 단면을 표시한다.

정답 01 ① 02 ③ 03 ④ 04 ① 05 ④ 06 ④

07 가는 1점쇄선의 용도가 아닌 것은?

① 도형의 중심을 표시하는 데 쓰인다.
② 수면, 유면 등의 위치를 표시하는 데 쓰인다.
③ 중심이 이동한 중심궤적을 표시하는 데 쓰인다.
④ 되풀이하는 도형의 피치를 취하는 기준을 표시하는 데 쓰인다.

해설

②는 가는 실선으로 수면, 유면 등의 위치를 표시하는 수준면선에 사용한다.

08 기계제도에서 특수한 가공을 하는 부분(범위)을 나타내고자 할 때 사용하는 선은?

① 굵은 실선 ② 가는 1점쇄선
③ 가는 실선 ④ 굵은 1점쇄선

해설

특수 지정선
굵은 1점쇄선으로 특수한 가공을 하는 부분(범위)을 나타내고자 할 때 사용한다.

09 수면, 유면 등의 위치를 표시하는 수준면선에 사용하는 선의 종류는?

① 가는 파선 ② 가는 1점쇄선
③ 굵은 파선 ④ 가는 실선

해설

수준면선
가는 실선으로 수면, 유면 등의 위치를 표시하는 데 사용한다.

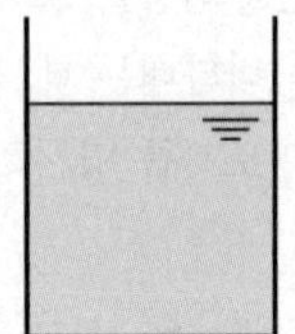

10 도면에서 2종류 이상의 선이 같은 장소에서 겹치게 될 경우 우선순위로 알맞은 것은?

① 외형선 > 숨은선 > 절단선 > 중심선
② 외형선 > 절단선 > 숨은선 > 중심선
③ 외형선 > 중심선 > 숨은선 > 절단선
④ 외형선 > 절단선 > 중심선 > 숨은선

해설

겹치는 선의 우선순위

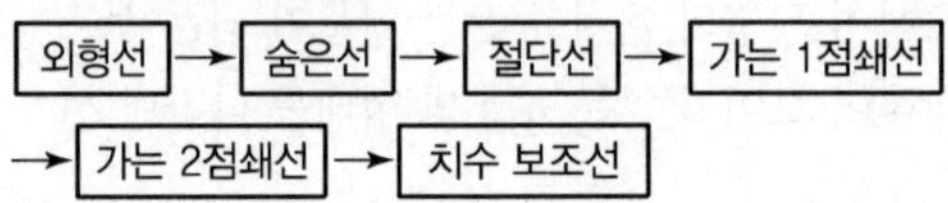

11 다음 그림에서 길이 23 부위만을 데이텀 A로 지정하고자 한다. 이때 특정한 선을 사용하여 데이텀 부위를 지정할 수 있는데 이 선은 무엇인가?

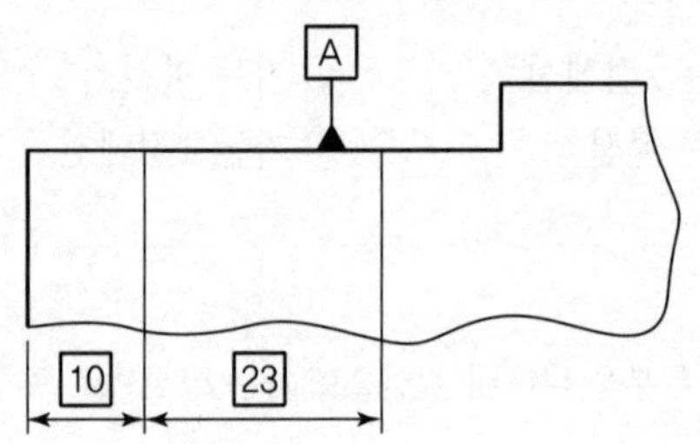

① 가는 1점쇄선
② 굵은 1점쇄선
③ 가는 2점쇄선
④ 굵은 2점쇄선

해설

특수 지정선
굵은 1점쇄선으로 특수한 가공을 하는 부분 등 특별한 요구사항을 적용할 수 있는 범위를 표시하는 데 사용한다.

정답 07 ② 08 ④ 09 ④ 10 ① 11 ②

12 가상선의 용도에 해당되지 않는 것은?

① 가공 전 또는 가공 후의 모양을 표시하는 데 사용
② 인접부분을 참고로 표시하는 데 사용
③ 대상의 일부를 생략하고 그 경계를 나타내는 데 사용
④ 되풀이되는 것을 나타내는 데 사용

해설

파단선
불규칙한 파형의 가는 실선으로 대상물의 일부를 생략하고 그 경계를 나타내는 데 사용한다.

13 절단면 표시방법인 해칭에 대한 설명으로 틀린 것은?

① 같은 절단면상에 나타나는 같은 부품의 단면에는 같은 해칭을 한다.
② 해칭은 주된 중심선에 대하여 45°로 하는 것이 좋다.
③ 인접한 단면의 해칭은 선의 방향 또는 각도를 변경하든지 그 간격을 변경하여 구별한다.
④ 해칭을 하는 부분에 글자 또는 기호를 기입할 경우에는 해칭선을 중단하지 말고 그 위에 기입해야 한다.

해설

해칭을 하는 부분에 글자 또는 기호를 기입할 경우에는 글자 또는 기호와 겹치지 않게 해칭선을 중단하여 기입해야 한다.

14 다음 중 표시해야 할 선이 같은 장소에 중복될 경우 선의 우선순위가 가장 높은 것은?

① 무게 중심선 ② 중심선
③ 치수 보조선 ④ 절단선

해설

겹치는 선의 우선순위
외형선 → 숨은선 → 절단선 → 가는 1점쇄선 → 가는 2점쇄선 → 치수보조선

15 다음 중 가는 1점쇄선으로 표시하지 않는 것은?

① 피치선 ② 기준선
③ 중심선 ④ 숨은선

해설

숨은선은 파선으로 표시한다.

정답 12 ③ 13 ④ 14 ④ 15 ④

03 투상법 및 단면도법

1 투상법

공간에 있는 물체는 눈(시점)과 물체의 부분들을 연결하는 투상선이 조합되어 그 물체의 위치와 형상이 인식된다. 눈과 물체의 중간에 유리판(투상면)을 수평면에 수직으로 세워 유리판과 투상선의 교점들을 연결하면 유리판 위에 물체의 모양을 그릴 수 있게 되는데 이를 투상(Projection)이라 하며, 보이는 형상을 투상하여 그린 그림을 투상도(Projection Drawing)라 한다.

1. 투상도의 종류

(1) 정투상도

실척(현척)으로 보이는 물체의 모서리마다 관측시점을 두고 투상면에 투상하여 그린다. 기본적으로 6개의 투상도(정면도, 우측면도, 좌측면도, 평면도, 저면도, 배면도)가 존재하며, 투상도의 배치방법에 따라 1각법과 3각법으로 구분한다.

종류	원리	기호
1각법	눈 → 물체 → 투상면	
3각법	눈 → 투상면 → 물체	

① 1각법(조선 분야) : 눈 → 물체 → 투상면

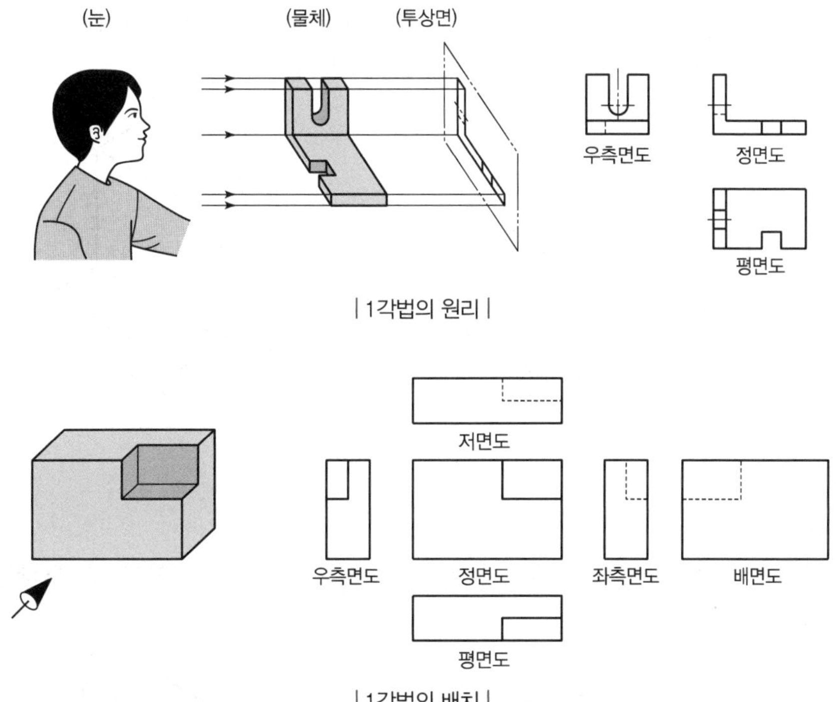

| 1각법의 원리 |

| 1각법의 배치 |

② 3각법(기계 분야) : 눈 → 투상면 → 물체

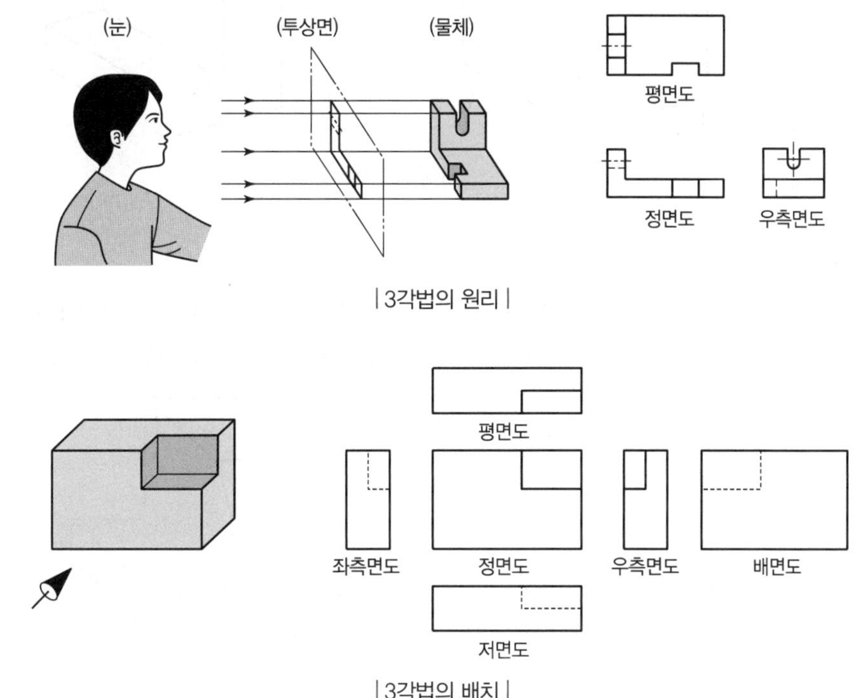

| 3각법의 원리 |

| 3각법의 배치 |

(2) 등각 투상도

정면, 우측면, 평면을 하나의 투상면에 나타내기 위하여 정면과 우측면 모서리 선을 수평선에 대하여 30°가 되게 하여 입체도로 투상한 것을 등각 투상도라 한다.

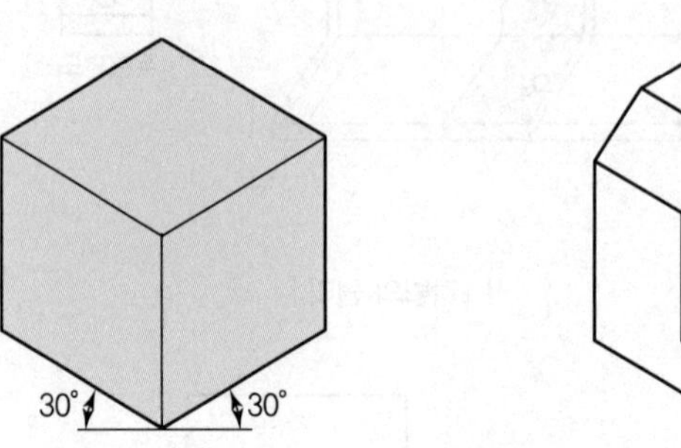

| 등각 투상도 |

(3) 부등각 투상도

등각 투상도와 비슷하지만 수평선에 대한 양쪽 각을 서로 다르게 하여 입체도로 투상한 것을 부등각 투상도라 한다.

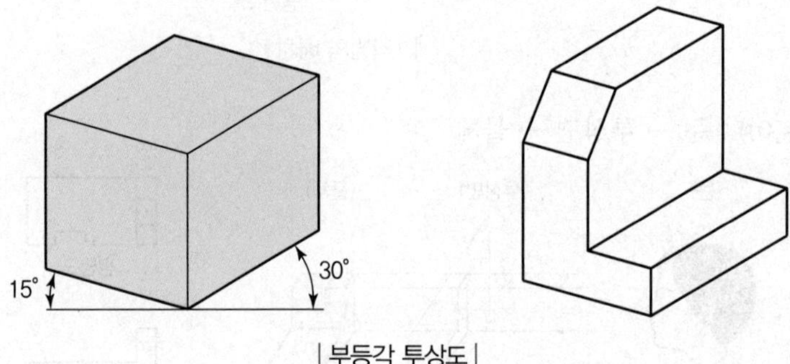

| 부등각 투상도 |

(4) 사투상도

정면도는 정면에서 바라본 실제 모양으로 그리고 나머지 윤곽은 α 각도로 기울여서 입체도로 투상한 것을 사투상도라 한다. α 각도가 45°인 입체도를 카발리에도, 60°인 입체도를 캐비닛도라 한다.

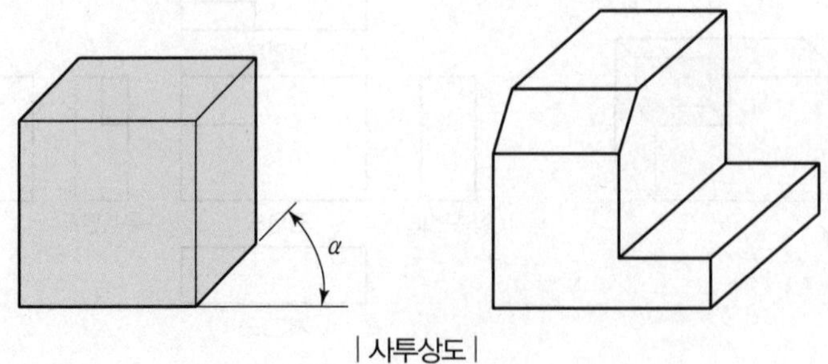

| 사투상도 |

2. 특수 투상도

(1) 보조 투상도

① 경사진 물체를 경사면에 대해 수직인 각도로 바라보지 않으면 실제 길이보다 짧게 보이므로 경사면의 실제 길이를 나타내 주기 위하여 경사면에 평행하게 그려내는 투상도를 말한다.

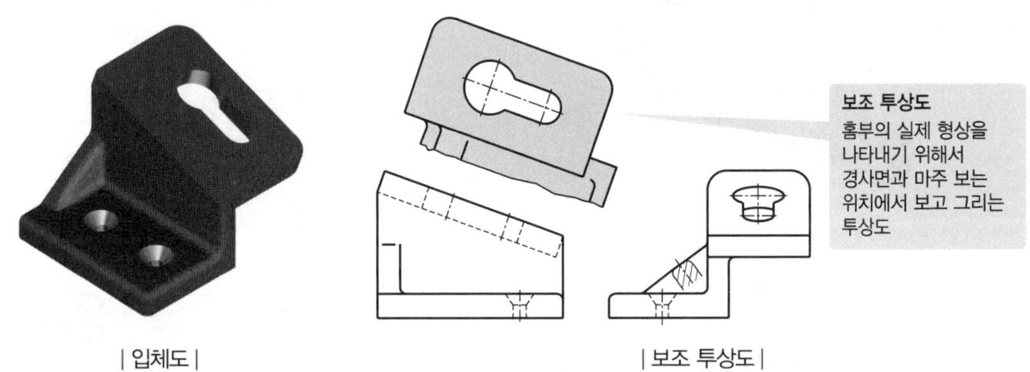

| 입체도 | | 보조 투상도 |

② 보조 투상도는 화살표와 문자로써 표현하는 방법과 중심선을 이용하여 표현하는 방법이 있다.

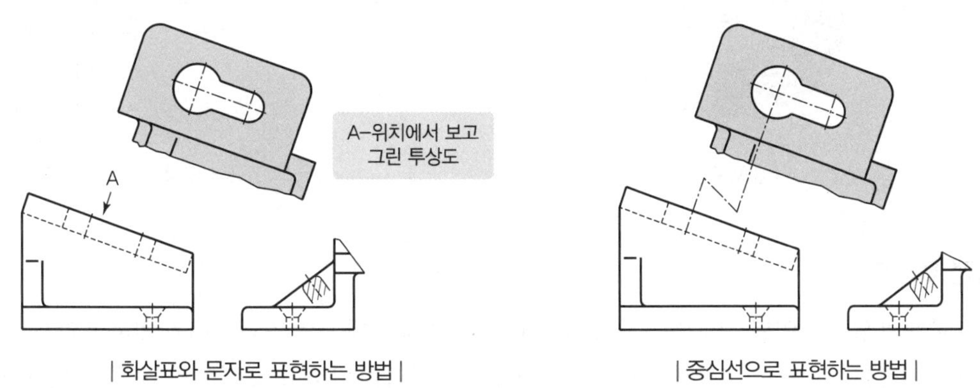

| 화살표와 문자로 표현하는 방법 | | 중심선으로 표현하는 방법 |

(2) 부분 투상도

투상도의 일부를 그리는 것으로도 충분한 경우에 필요한 일부분을 잘라내어 그리는 투상도를 말하며, 잘린 경계를 파단선으로 그려준다.

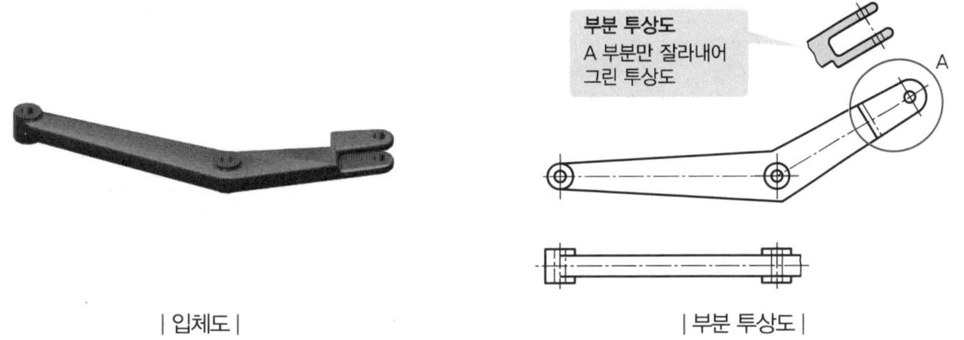

| 입체도 | | 부분 투상도 |

(3) 국부 투상도

대상물의 구멍, 홈 등의 어느 한 곳의 특정 부분의 모양만을 그리는 투상도를 말한다. 투상의 관계를 나타내기 위해 중심선, 기준선, 치수보조선 등으로 연결하여 나타낸다.

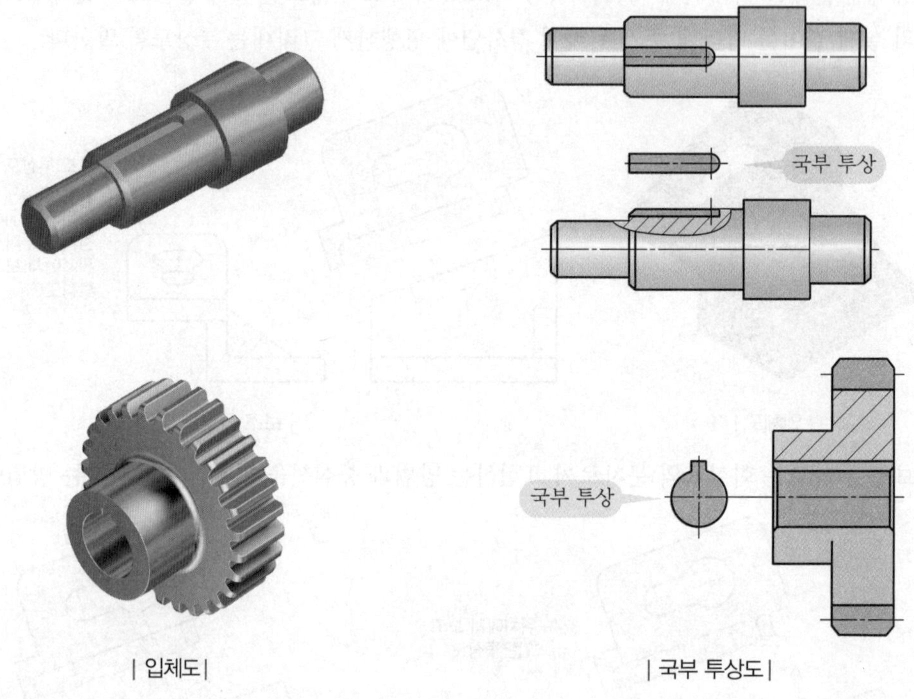

| 입체도 | | 국부 투상도 |

(4) 회전 투상도

단일 물체의 일부가 어떤 각도를 가지고 있을 때 그 물체의 실제 모양을 나타내기 위하여 각도를 가진 부분의 중심선을 기준 중심선까지 회전시켜 나타내는 투상도를 말하며, 투상도를 잘못 볼 우려가 있으면 가는 실선으로 그려진 작도선은 남겨둔다.

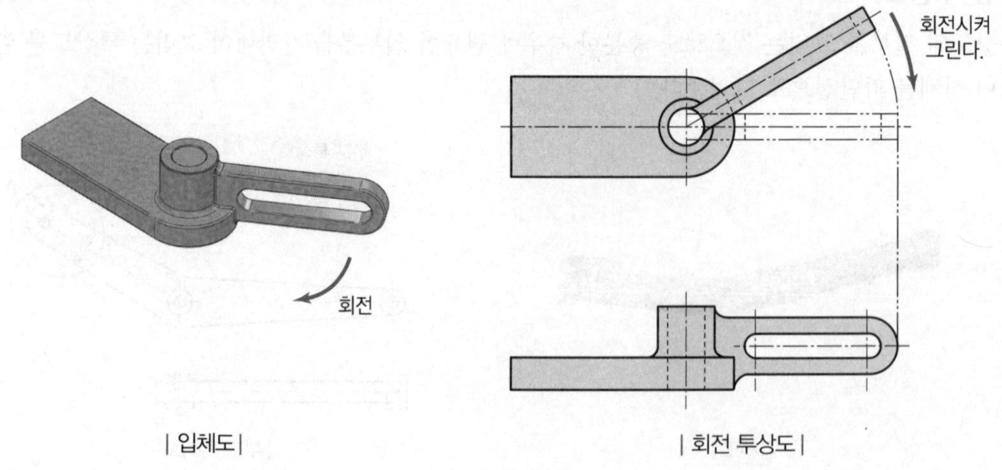

| 입체도 | | 회전 투상도 |

(5) 부분 확대도

물체에서 중요한 부분이 너무 작거나 치수선 등으로 인하여 물체의 형상이 복잡해지는 경우에 그 부분만 따로 오려내어 크기를 확대시켜 그려주는 투상도로서 확대부의 형상과 치수를 자세히 알 수 있다. 상세도에는 문자로 척도를 표시하고 치수기입은 확대시키기 전의 원래 치수를 기입해야 한다.

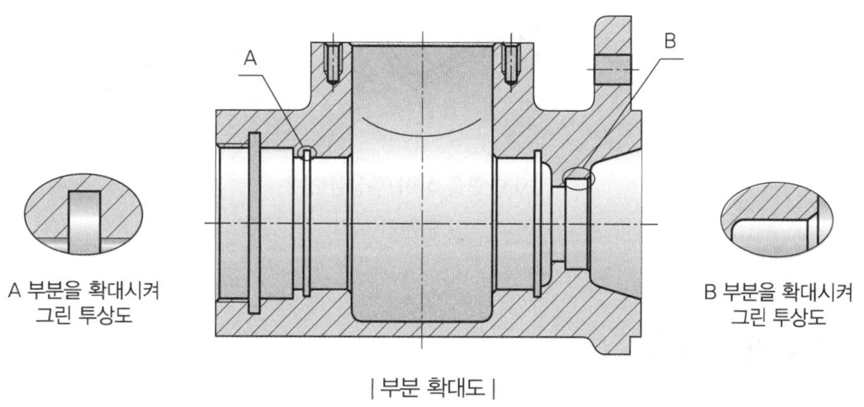

| 부분 확대도 |

2 단면법

물체의 보이지 않는 부분은 숨은선으로 나타내는데, 숨은선이 많을수록 물체의 형상이 이해하기 어렵고 불확실하게 보이므로 숨은선은 가능한 한 적게 사용하는 것이 바람직하다.
도면에서 숨은선으로 표시되는 부분을 분명하게 나타내기 위해 가상적으로 필요한 부분을 잘라 내어 투상한 다음 물체의 내부형상을 보여주는 것이 단면법이다. 이러한 단면도를 활용하여 설계자의 뜻을 가공자에게 명확하게 전달할 수 있도록 도면은 간단하고 정확하게 그려야 한다.

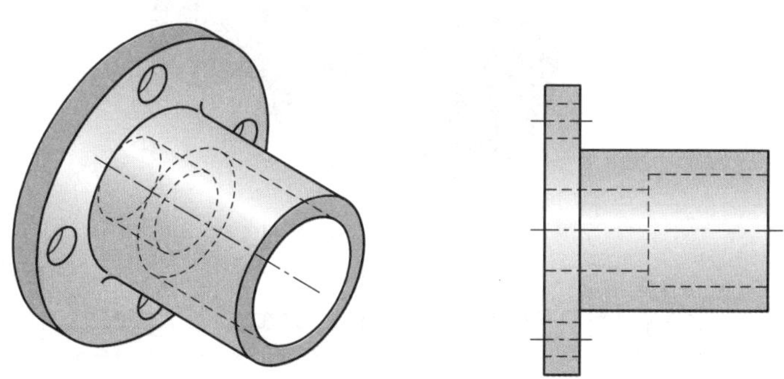

(a) 단면을 하지 않고 투상한 경우

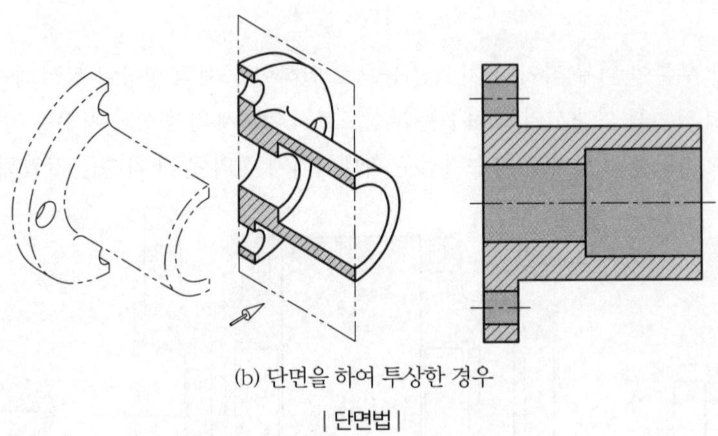

(b) 단면을 하여 투상한 경우

| 단면법 |

1. 단면 도시방법의 원칙

① 숨은선(은선)은 되도록 생략한다.

② 잘린 면과 잘리지 않은 면을 구분하기 위하여 45° 가는 실선의 해칭(Hatching) 또는 스머징(Smudging)을 사용한다.

③ 다음의 그림 (a)에서와 같이 절단선으로 잘린 면의 위치를 나타낸다. 화살표의 방향은 자른 면을 직각으로 바라보는 방향(관측 시점)이며, 문자는 주로 고딕 · 단선체의 알파벳 대문자를 사용한다. 그림 (b)에서와 같이 자른 면의 위치가 대칭 중심선 방향으로 명확할 경우 단면 도시방법(화살표, 문자)은 생략해도 된다.

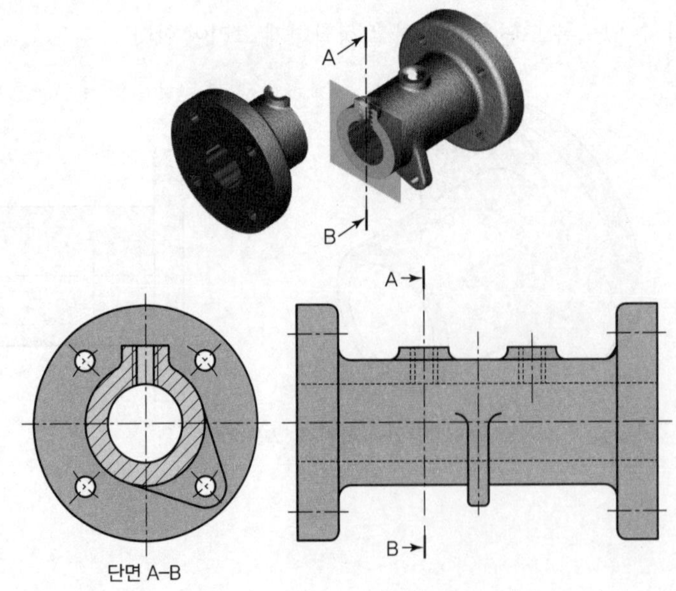

(a) 단면 위치를 문자와 화살표로 표시

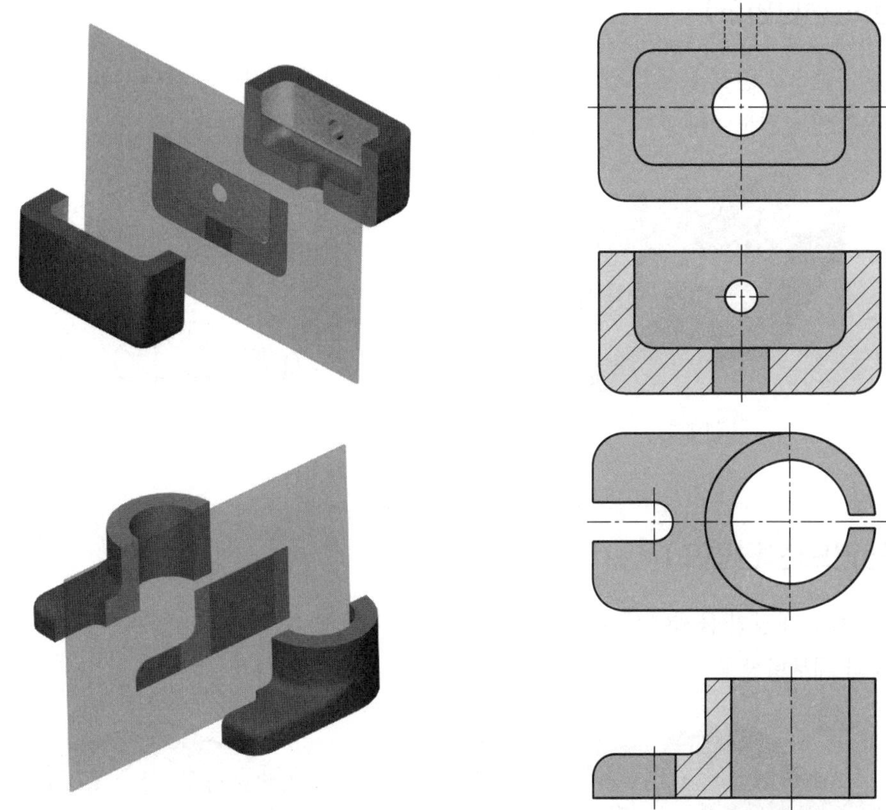

(b) 단면 위치가 분명한 경우의 도시방법

| 단면 도시방법 |

▎단면도의 종류와 특징

종류	특징
온단면도(전단면도)	물체의 1/2 절단
한쪽 단면도(반단면도)	대칭 물체를 1/4 절단. 내부와 외부를 동시에 보여줌
부분 단면도	• 필요한 부분만을 절단하여 단면으로 나타냄 • 절단 부위는 가는 파단선을 이용하여 경계를 나타냄
회전 단면도	암, 리브, 축, 훅 등의 일부를 90° 회전하여 나타냄
계단 단면	계단 모양으로 물체를 절단하여 나타낸 것
곡면 단면	구부러진 관 등의 단면을 나타낸 것

2. 온단면도(전단면도)

중심선을 기준으로 전체 물체의 반(1/2)을 자른 다음, 잘린 면의 수직인 방향에서 바라본 형상을 그리는 가장 기본적인 단면도이다.

| 입체도 |　　| 온단면도 |

3. 한쪽 단면도(반단면도)

상하 또는 좌우 대칭인 물체에서 중심선을 기준으로 물체의 1/4만 잘라내서 그려주는 방법으로 물체의 외부형상과 내부형상을 동시에 나타낼 수 있는 장점을 가지고 있다.

| 입체도 |　　| 한쪽 단면도 |

4. 부분 단면도

물체에서 필요한 일부분을 잘라내어 그 형상을 나타내는 기법으로 원하는 곳에 자유롭게 적용할 수 있어 사용범위가 매우 넓다. 대칭 또는 비대칭인 물체에 상관없이 적용할 수 있으며 잘려나간 부분은 파단선을 이용하여 그 경계를 표시해 준다.

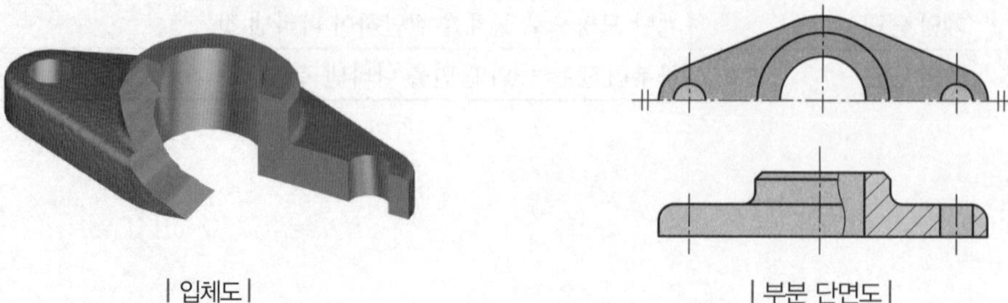

| 입체도 |　　| 부분 단면도 |

5. 회전 단면도

물체의 한 부분을 자른 다음, 자른 면만 90° 회전시켜 형상을 나타내는 기법으로, 자른 단면에 수직인 면에서 자른 단면의 형상을 보여준다고 생각하면 이해하기 쉽다. 도형 내에 도시할 때는 가는 선으로 도시하고, 외부에 표시할 때는 외형선으로 도시한다.

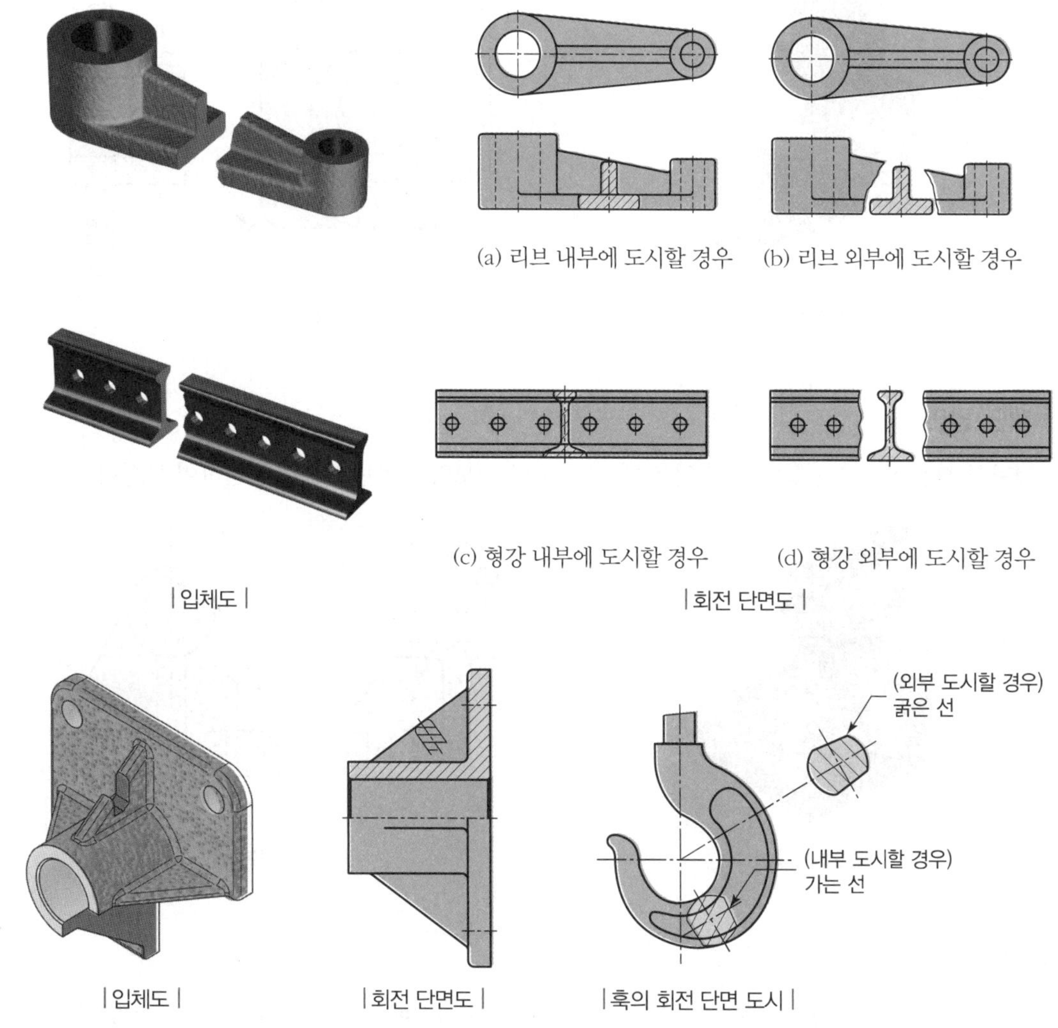

| 입체도 | | 회전 단면도 |

| 입체도 | | 회전 단면도 | | 훅의 회전 단면 도시 |

6. 조합에 의한 단면도

(1) 예각 단면

중심선을 기준으로 그림과 같이 보이고자 하는 부위를 어느 정도의 각을 가지고 단면하는 방법이다.

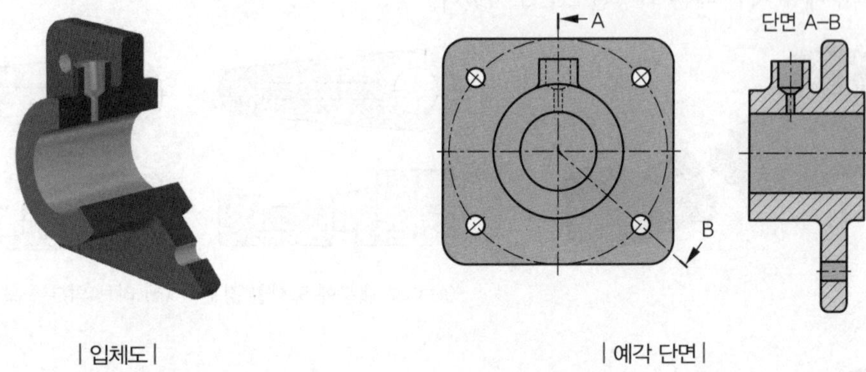

| 입체도 |　　| 예각 단면 |

(2) 계단 단면

절단할 부분이 일직선상에 있지 않을 때 필요한 단면 모양을 계단식으로 절단하여 투상하는 방법이다.

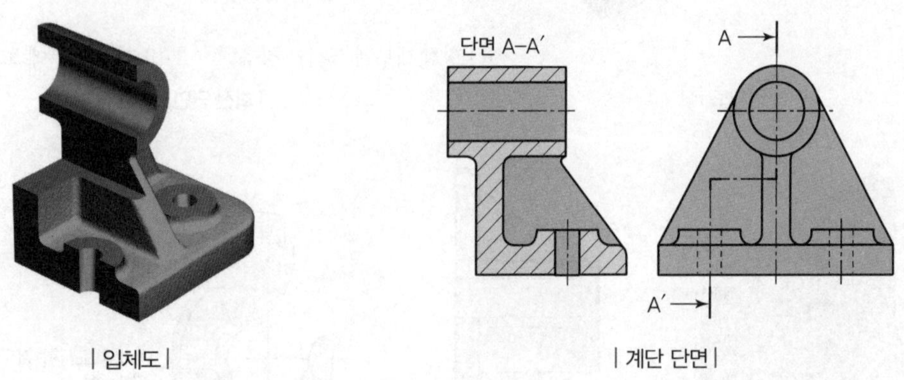

| 입체도 |　　| 계단 단면 |

(3) 곡면 단면

구부러진 관 등의 단면을 표시하는 경우 그 구부러진 중심선에 따라 절단하고 투상하는 방법이다.

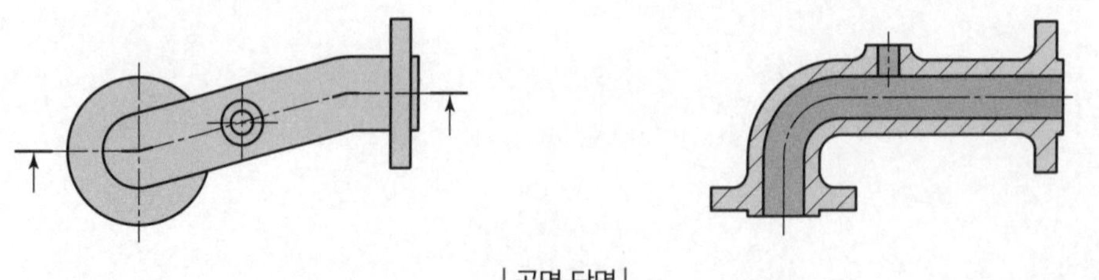

| 곡면 단면 |

7. 얇은 두께 부분의 단면도

① 개스킷, 박판, 형강 등의 절단면이 얇은 경우 실제 치수와 관계없이 아주 굵은 실선으로 단면을 표시한다.

② 얇은 두께 부분의 단면이 서로 가깝게 있는 경우 0.7mm 이상 간격을 두어 그린다.

| 얇은 두께 부분의 단면도 |

8. 절단하지 않는 부품

키, 축, 리브, 바퀴의 암, 기어의 이, 볼트, 너트, 핀, 단일기계요소 등의 물체는 잘라서 단면으로 나타내지 않는다. 그 이유는 단면으로 나타내면 물체를 이해하는 데 오히려 방해만 되고 잘못 해석될 수 있기 때문이다. 실제 물체가 잘려진다 하더라도 단면 표시를 하지 않는 것을 원칙으로 한다.

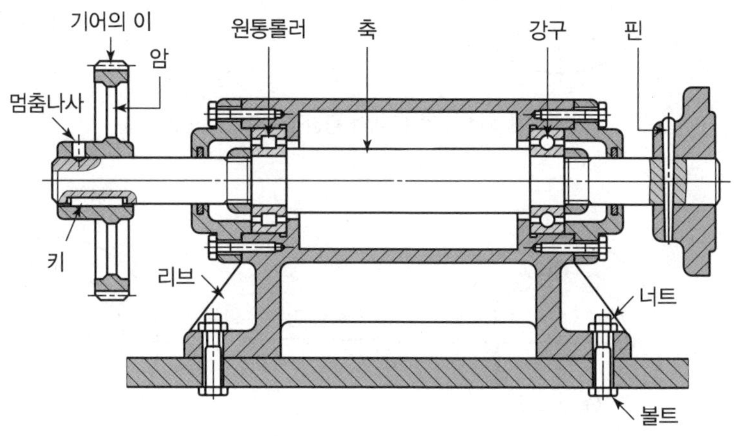

| 동력전달장치의 조립도 |

9. 도형의 생략

(1) 대칭 도형의 생략

물체가 대칭인 경우 중심선을 기준으로 물체의 절반만을 그리고, 나머지 절반은 생략한 후 중심선의 양쪽 끝에 중간선으로 된 2개의 짧은 선을 수평으로 그어 대칭을 표시한다. 이를 대칭 도시기호라 하며, 반드시 대칭인 도면에는 기호를 나타내야 한다.

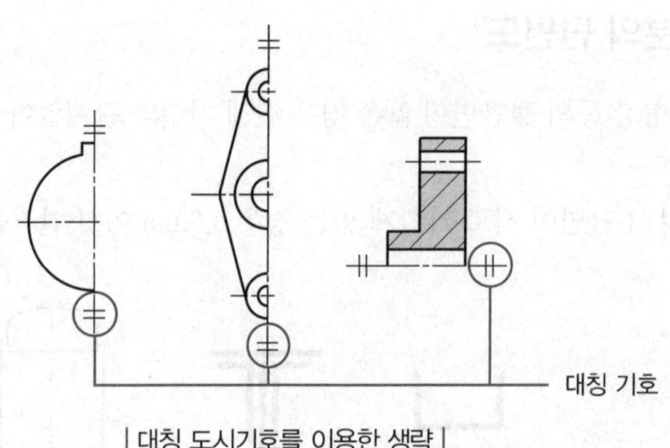

| 대칭 도시기호를 이용한 생략 |

(2) 반복 도형의 생략

같은 모양의 도형이 반복되는 경우 개수 또는 피치를 표시하여 나타낼 수 있다.

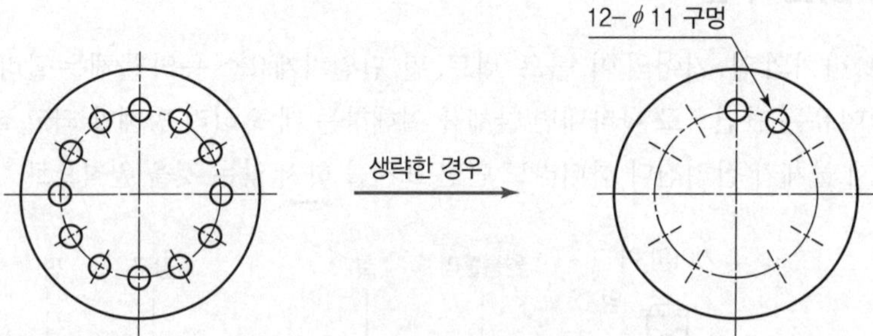

| ϕ11 구멍 12개가 등간격으로 있는 경우 |

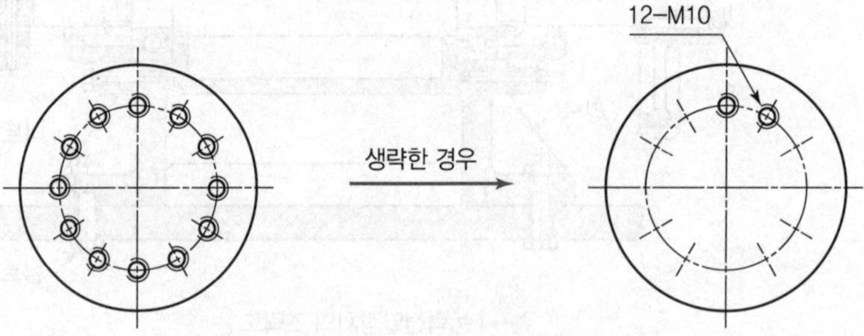

| M10의 볼트 구멍 12개가 등간격으로 있는 경우 |

10. 특수한 경우의 표시방법

(1) 물체가 구부러진 경우

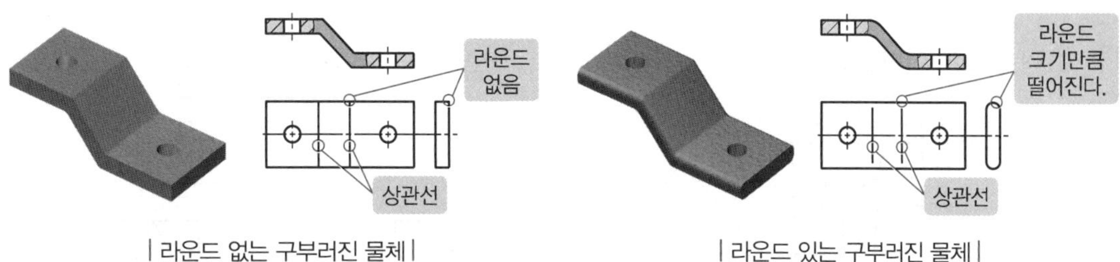

| 라운드 없는 구부러진 물체 |　　| 라운드 있는 구부러진 물체 |

참고

상관선

2개의 입체가 서로 만날 경우 두 입체 표면에서 만나는 경계선을 말한다.

(2) 리브의 경우

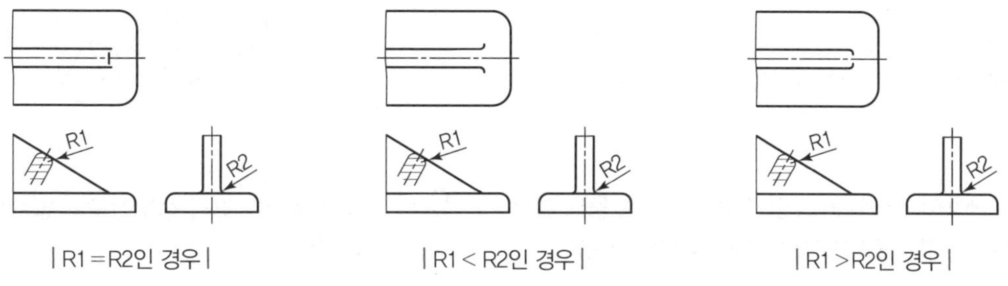

| R1=R2인 경우 |　　| R1<R2인 경우 |　　| R1>R2인 경우 |

11. 재료를 구분할 수 있는 단면 표시법

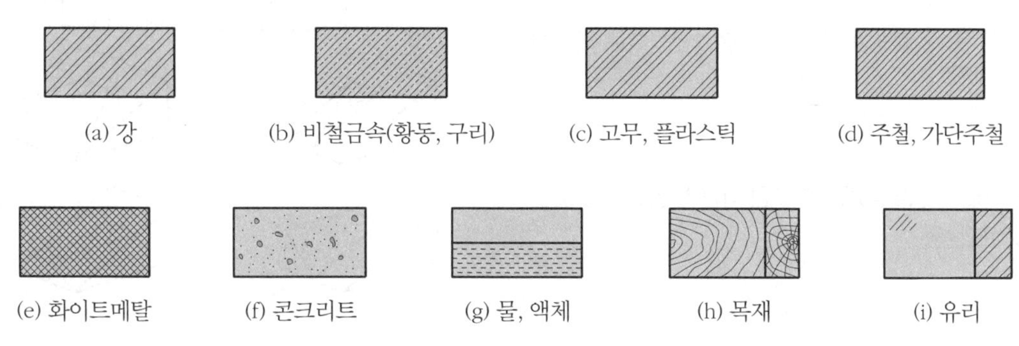

(a) 강　(b) 비철금속(황동, 구리)　(c) 고무, 플라스틱　(d) 주철, 가단주철

(e) 화이트메탈　(f) 콘크리트　(g) 물, 액체　(h) 목재　(i) 유리

핵심 기출 문제

01 그림과 같은 단면도의 형태는?

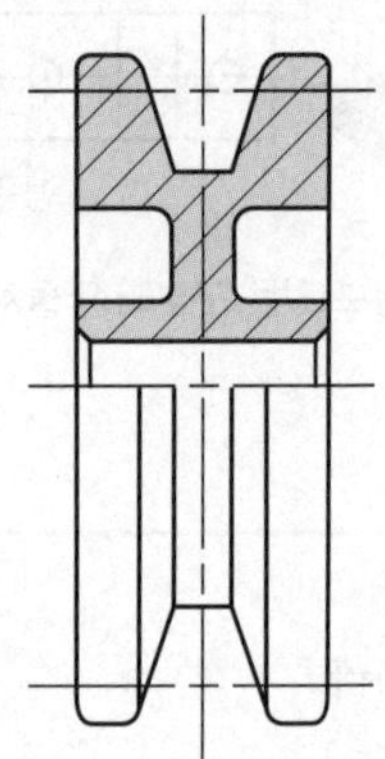

① 온단면도 ② 한쪽 단면도
③ 부분 단면도 ④ 회전 도시 단면도

해설

한쪽 단면도(반단면도)
대칭 물체를 1/4 절단하여 내부와 외부를 동시에 보여준다.

02 핸들이나 바퀴 등의 암 및 리브, 훅, 축 등의 절단면을 나타내는 도시법으로 가장 적합한 것은?

① 계단 단면도 ② 부분 단면도
③ 한쪽 단면도 ④ 회전 도시 단면도

해설

회전 도시 단면도
암, 리브, 축, 훅 등의 일부를 자른 다음 자른 면만 90° 회전하여 나타낸다.

03 제3각 정투상법으로 그린 다음 투상도에 알맞은 우측면도는?

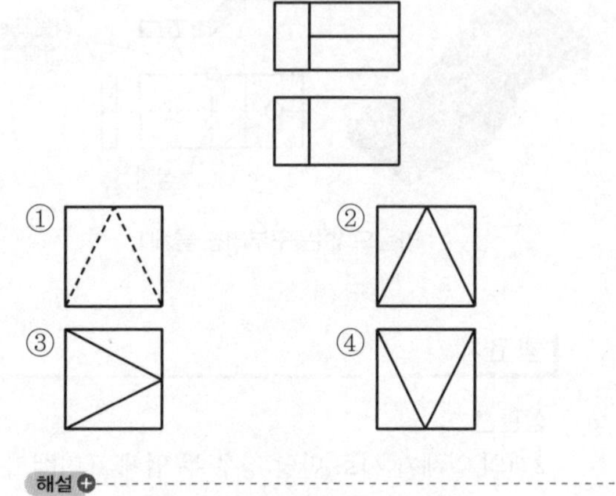

해설

입체도와 우측면도는 다음 그림과 같다.

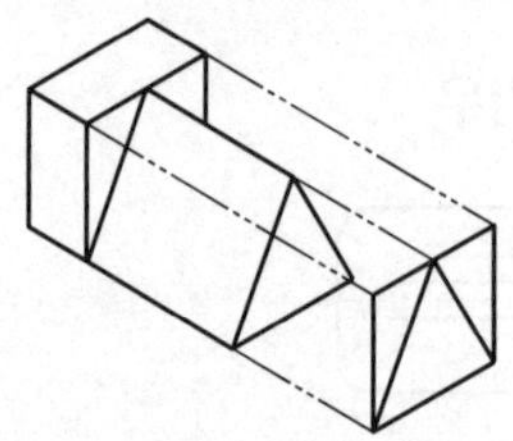

04 그림과 같은 제3각 정투상도의 입체도로 가장 적합한 것은?

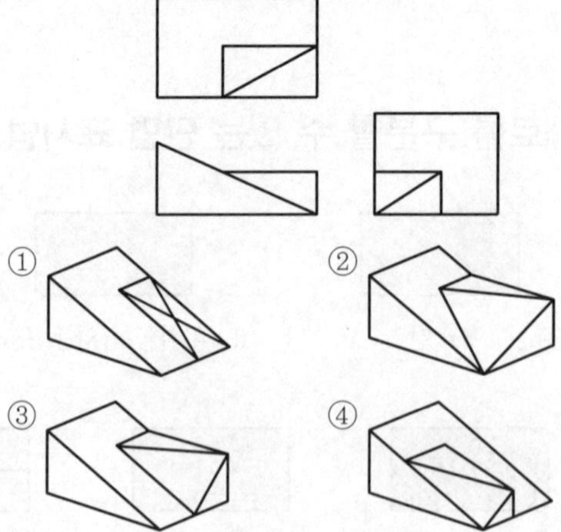

정답 01 ② 02 ④ 03 ② 04 ④

해설

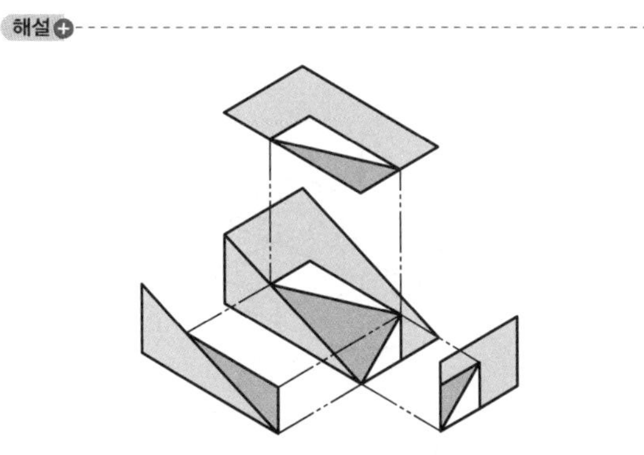

05 다음 입체도의 화살표(↗) 방향 투상도로 가장 적합한 것은?

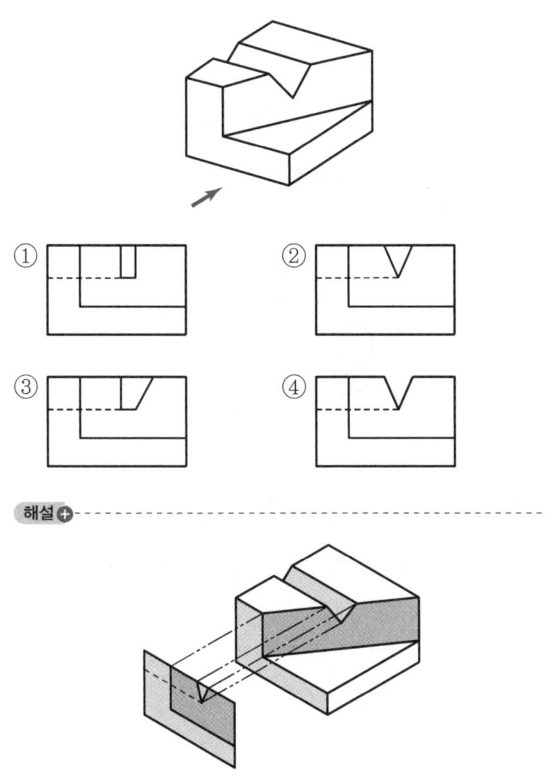

06 그림과 같은 정면도와 우측면도에 가장 적합한 평면도는?

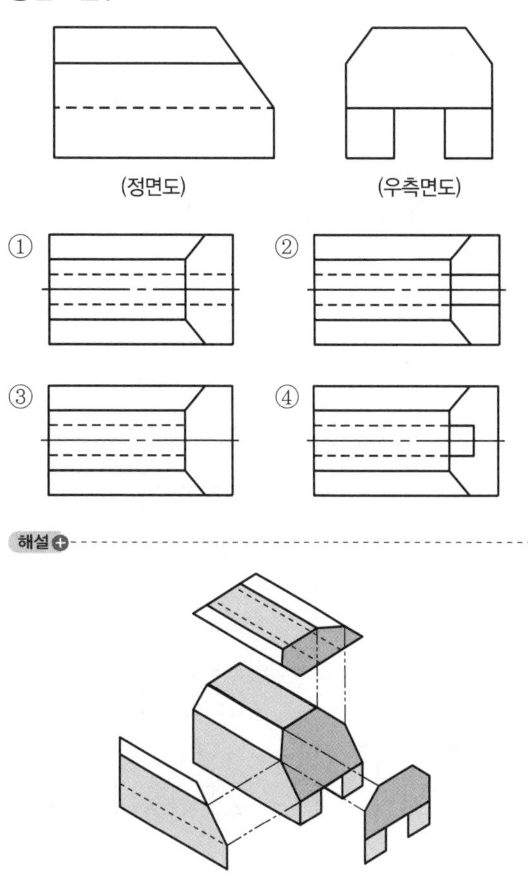

07 다음 중 투상도법에 대한 설명으로 올바른 것은?

① 제1각법은 물체와 눈 사이에 투상면이 있는 것이다.
② 제3각법은 정면도 위에 평면도가 있고 우측면도는 정면도 오른쪽에 있다.
③ 제1각법은 우측면도가 정면도 오른쪽에 있다.
④ 제3각법은 정면도 위에 배면도가 있고 우측면도는 정면도 왼쪽에 있다.

정답 05 ② 06 ① 07 ②

해설

① 제1각법은 눈 → 물체 → 투상면 순으로 배치된다.
③ 제1각법은 우측면도가 정면도 왼쪽에 있다.
④ 제3각법은 정면도 위에 평면도가 있고 우측면도는 정면도 오른쪽에 있다.

08 다음과 같은 입체도를 제3각법으로 올바르게 나타낸 것은?

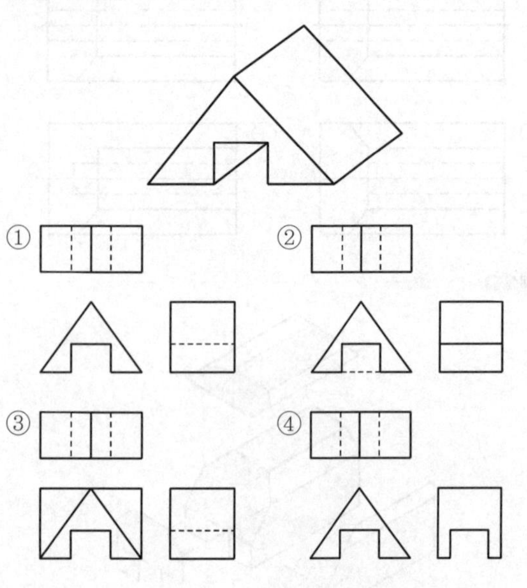

해설

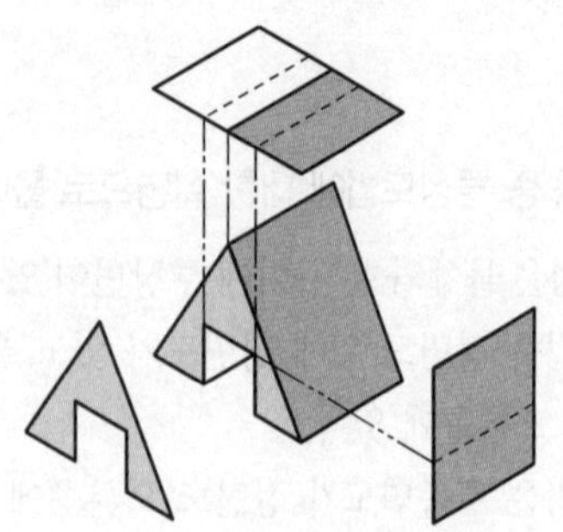

09 그림과 같은 입체도에서 화살표 방향 투상도로 가장 적합한 것은?

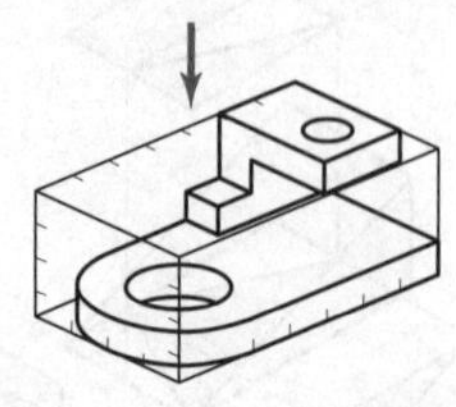

① 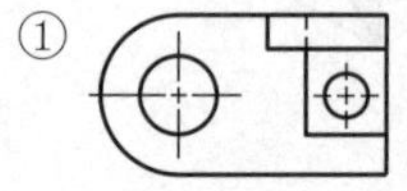
② 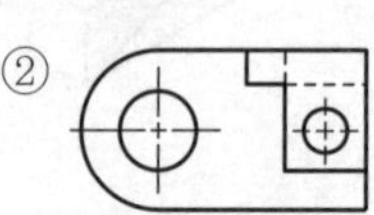
③ 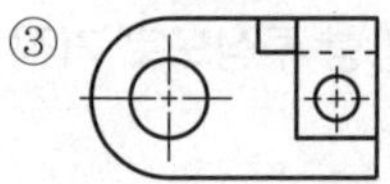
④ 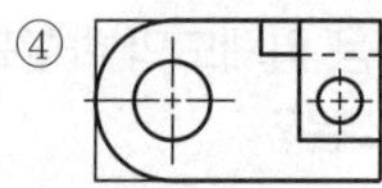

해설

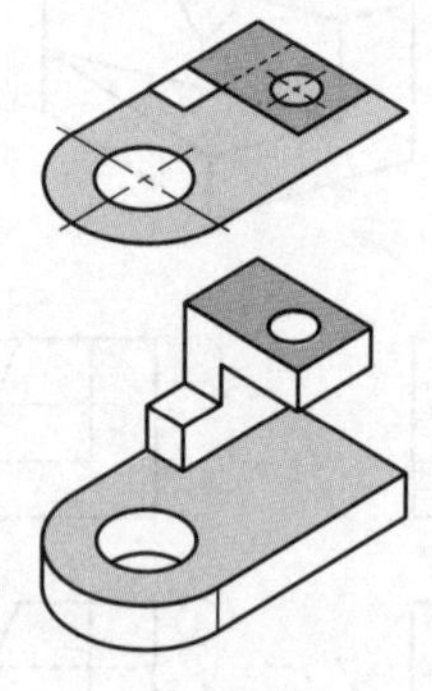

10 제3각법에 대한 설명으로 틀린 것은?

① 눈 → 투상면 → 물체의 순으로 나타난다.
② 좌측면도는 정면도의 좌측에 그린다.
③ 저면도는 우측면도의 아래에 그린다.
④ 배면도는 우측면도의 우측에 그린다.

정답 08 ① 09 ③ 10 ③

해설 ⊕

제3각법은 보는 방향 쪽에 투상도를 배치하므로, 저면도는 정면도 아래쪽에 배치하여야 한다.

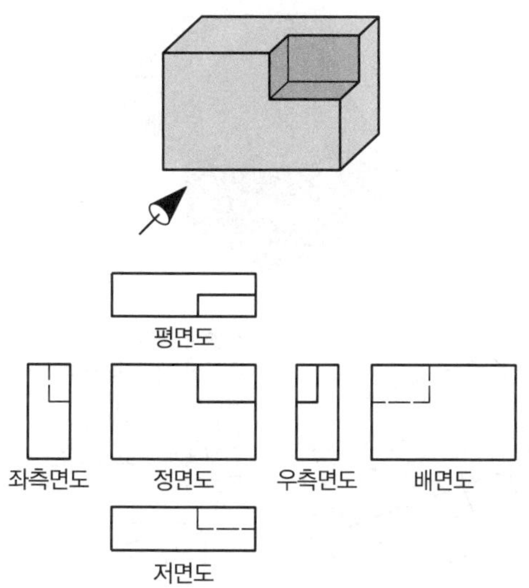

11 도면에서 부분 확대도를 그리는 경우로 가장 적합한 것은?

① 특정한 부분의 도형이 작아서 그 부분의 상세한 도시나 치수기입이 어려울 때 사용한다.
② 도형의 크기가 클 경우에 사용한다.
③ 물체의 경사면을 실제 길이로 투상하고자 할 때 사용한다.
④ 대상물의 구멍, 홈 등과 같이 그 부분의 모양을 도시하는 것으로 충분한 경우에 사용한다.

해설 ⊕

부분 확대도

물체에서 중요한 부분이 너무 작거나 치수선 등으로 인하여 물체의 형상이 복잡해지는 경우에 그 부분만 따로 오려내어 크기를 확대시켜 그려주는 투상도이다.

③ 보조 투상도 : 물체의 경사면을 실제 길이로 투상하고자 할 때 그리는 투상도이다.
④ 국부 투상도 : 대상물의 구멍, 홈 등과 같이 특정 부분의 모양만을 그리는 투상도이다.

12 그림과 같은 입체도의 정면도(화살표 방향)로 가장 적합한 것은?

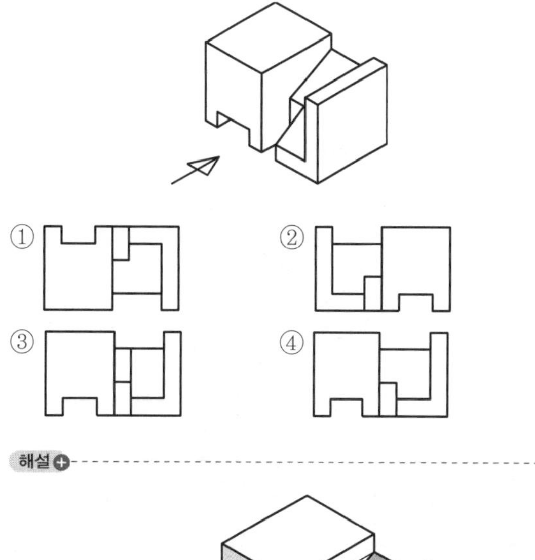

해설 ⊕

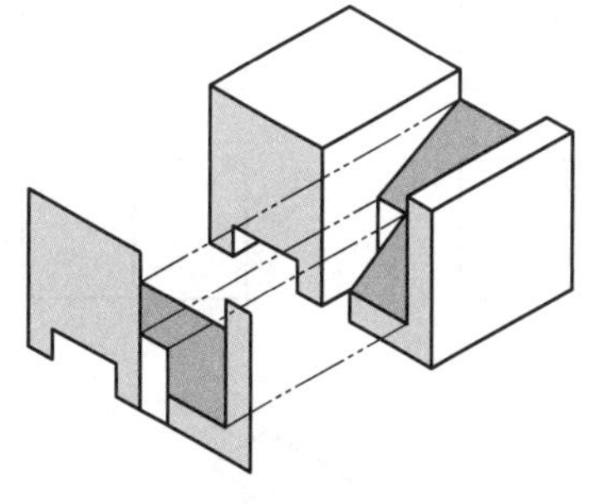

13 다음 그림에서 오른쪽에 구멍을 나타낸 것과 같이 측면도의 일부분만을 그리는 투상도의 명칭은?

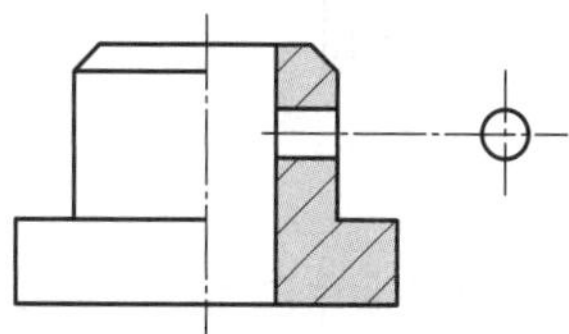

① 보조 투상도
② 부분 투상도
③ 국부 투상도
④ 회전 투상도

정답 11 ① 12 ④ 13 ③

해설

국부 투상도는 대상물의 구멍, 홈 등 어느 한 곳의 특정 부분의 모양만을 그리는 투상도로 주어진 그림에서는 구멍의 특정 부분의 모양만을 그렸다.

14 다음과 같은 입체도에서 화살표 방향 투상도로 가장 적합한 것은?

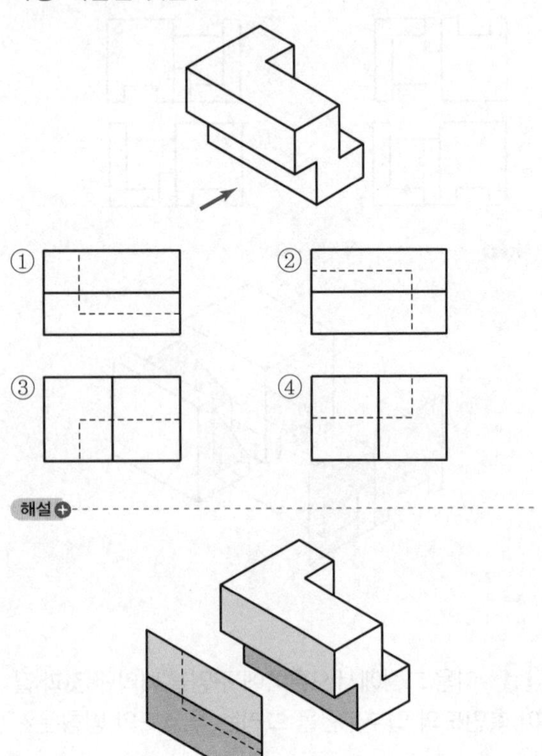

15 물체의 경사진 부분을 그대로 투상하면 이해가 곤란하여 경사면에 평행한 별도의 투상면을 설정하여 나타낸 투상도의 명칭을 무엇이라고 하는가?

① 회전 투상도　② 보조 투상도
③ 전개 투상도　④ 부분 투상도

해설

보조 투상도

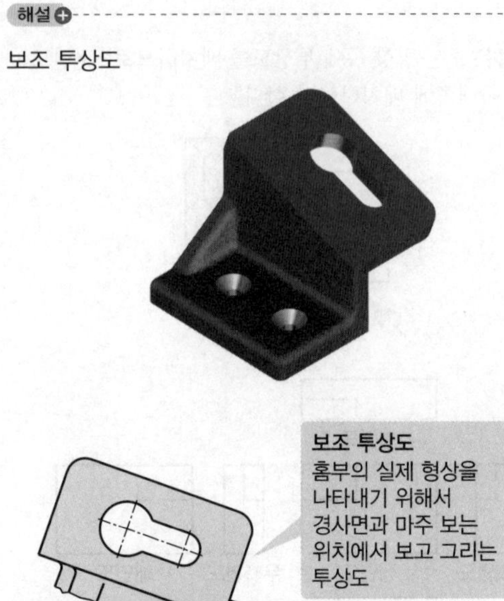

16 그림과 같은 입체도를 화살표 방향에서 본 투상도로 가장 적합한 것은?

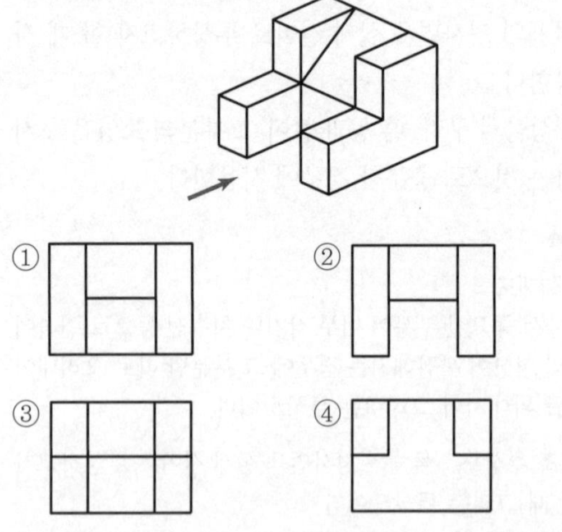

정답　14 ①　15 ②　16 ③

해설 ⊕

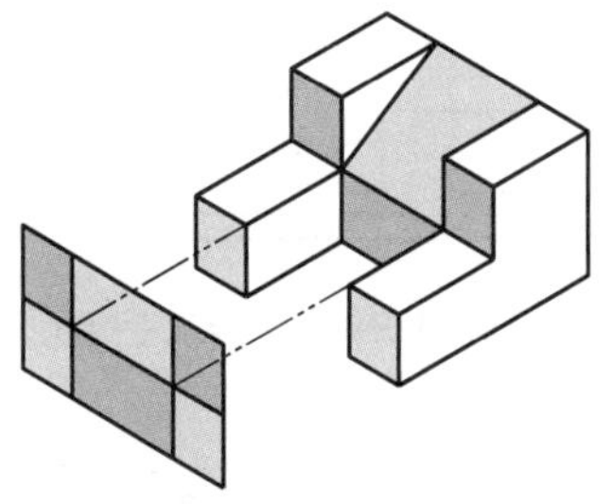

17 2개의 입체가 서로 만날 경우 두 입체 표면에 만나는 선이 생기는데 이 선을 무엇이라고 하는가?

① 분할선 ② 입체선
③ 직립선 ④ 상관선

해설 ⊕

상관선
2개의 입체가 서로 만날 경우 두 입체 표면에서 만나는 경계선을 말한다.

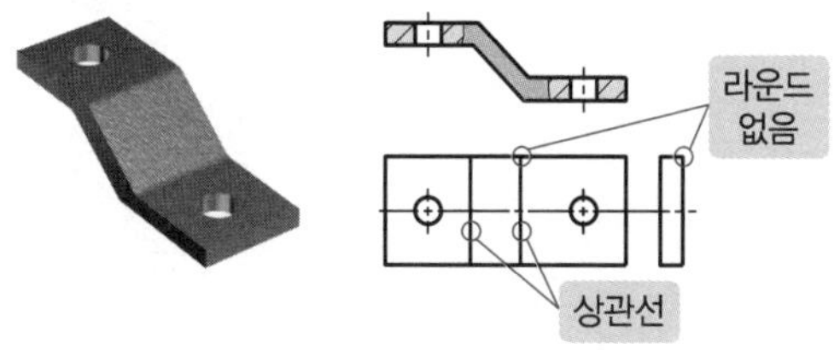

| 라운드 없는 구부러진 물체 |

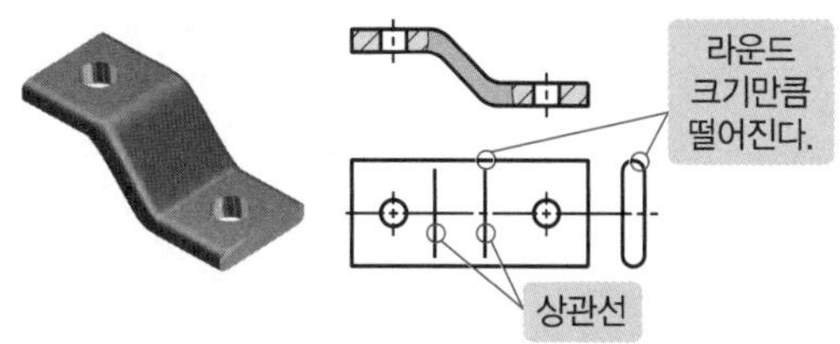

| 라운드 있는 구부러진 물체 |

18 개스킷, 박판, 형강 등과 같이 절단면이 얇은 경우 이를 나타내는 방법으로 옳은 것은?

① 실제 치수와 관계없이 1개의 가는 1점쇄선으로 나타낸다.
② 실제 치수와 관계없이 1개의 극히 굵은 실선으로 나타낸다.
③ 실제 치수와 관계없이 1개의 굵은 1점쇄선으로 나타낸다.
④ 실제 치수와 관계없이 1개의 극히 굵은 2점쇄선으로 나타낸다.

해설 ⊕

개스킷, 박판, 형강 등의 절단면이 얇은 경우 실제 치수와 관계없이 아주 굵은 실선으로 단면을 표시한다.

| 얇은 두께 부분의 단면도 |

19 다음 도면에 대한 설명으로 옳은 것은?

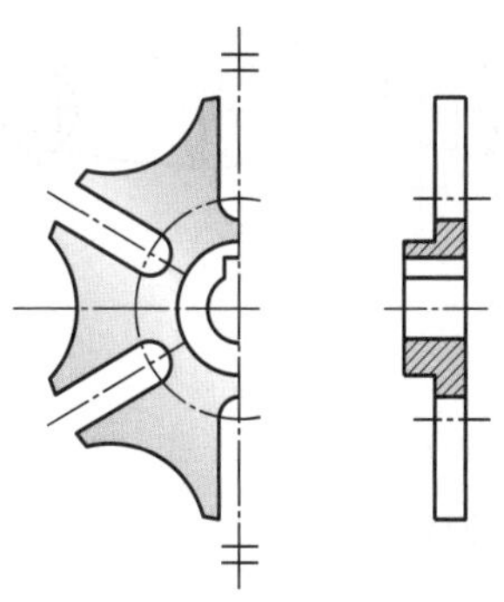

① 부분 확대하여 도시하였다.
② 반복되는 형상을 모두 나타냈다.
③ 대칭되는 도형을 생략하여 도시하였다.
④ 회전 도시 단면도를 이용하여 키홈을 표현하였다.

정답 17 ④ 18 ② 19 ③

해설

대칭 도시 기호(=)
물체가 대칭인 경우 중심선을 기준으로 물체의 절반만을 그리고, 나머지 절반은 생략하는 것으로 중심선의 양쪽 끝에 중간선으로 된 2개의 짧은 선을 수평으로 그어 대칭을 표시한다.

20 물체를 단면으로 나타낼 때 길이 방향으로 절단하여 나타내지 않는 부품으로만 짝지어진 것은?

① 핀, 커버
② 브래킷, 강구
③ O－링, 하우징
④ 원통 롤러, 기어의 이

해설

핀, 강구, 원통 롤러, 기어의 이 등은 길이 방향으로 절단하여 나타내지 않는다.

21 그림과 같이 절단할 곳의 전후를 파단선으로 끊어서 회전 도시 단면도로 나타낼 때 단면도의 외형선은 어떤 선을 사용해야 하는가?

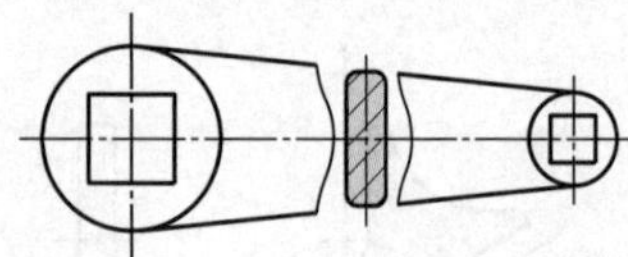

① 굵은 실선
② 가는 실선
③ 굵은 1점쇄선
④ 가는 2점쇄선

해설

회전 단면도 도시법

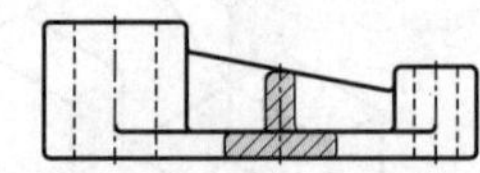

| 리브 내부에 도시할 경우(가는 실선) |

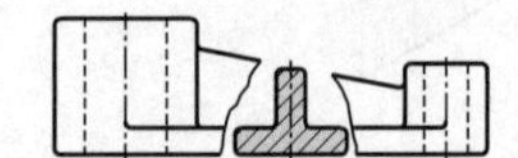

| 리브 외부에 도시할 경우(굵은 실선) |

정답 20 ④ 21 ①

04 치수기입법 및 재료표시법

1 치수기입 일반

1. 치수의 단위

① 단위표시가 되지 않았을 경우 길이의 기본 단위는 밀리미터(mm)이고, 각도는 도(°)를 기준으로 한다. 만약, 밀리미터(mm)나 도(°) 이외의 단위를 사용하고자 할 경우에는 그에 해당되는 단위의 기호를 붙여서 기입하는 것을 원칙으로 한다.

㉮ cm, m, inch(인치), ft(피트)

② 치수정밀도에 따라 소수점 아래 2자리 또는 3자리까지 나타낼 수 있다.

㉮ 10mm를 10.000mm로 나타낼 수 있다.

2. 치수기입 요소

치수기입 요소에는 치수선, 치수보조선, 화살표, 치수문자, 지시선 등이 있으며 모두 가는 선이다.

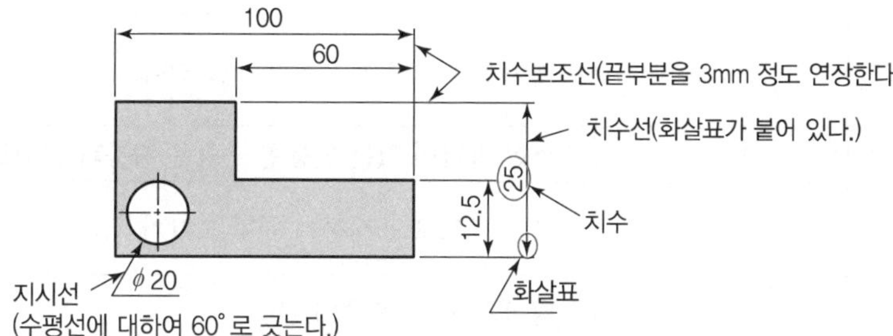

| 치수의 주요부 명칭 |

3. 치수기입의 원칙

① **형체**의 기능, 제작, 조립 등을 고려하여 필요하다고 생각되는 치수를 명료하게 도면에 기입한다.

② 치수는 형체의 크기, 자세 및 위치를 명확하게 표시한다.

③ 치수는 되도록 **정면도에 집중**하여 기입한다(보기 좋게 알맞게 기입하면 절대 안 됨).

④ 치수는 중복 기입을 피한다.

⑤ 치수는 선에 겹치게 기입해서는 안 된다.

⑥ 치수는 되도록 계산하여 구할 필요가 없도록 기입한다.

⑦ 치수는 치수선이 서로 만나는 곳에 기입하면 안 된다.

⑧ 치수는 필요에 따라 기준으로 하는 점, 선, 또는 면을 기초로 한다.

4. 치수 표시기호

명칭	기호(호칭)	사용법	예
지름	ϕ(파이)	지름 치수 앞에 기입한다.	ϕ20
반지름	R(알)	반지름 치수 앞에 기입한다.	R10
구의 지름	Sϕ(에스파이)	구의 지름 치수 앞에 기입한다.	Sϕ20
구의 반지름	SR(에스알)	구의 반지름 치수 앞에 기입한다.	SR10
정사각형의 변	□(사각)	정사각형 치수 앞에 기입한다.	□10
판의 두께	t(티)	두께 치수 앞에 기입한다.	t5
모따기	C(씨)	45° 모따기 치수문자 앞에 기입한다.	C5
원호의 길이	⌒(원호)	원호 치수 앞 또는 위에 기입한다.	$\overset{\frown}{20}$
이론적으로 정확한 치수	□(테두리)	이론적으로 정확한 치수의 치수문자에 테두리를 씌운다.	[20]
참고치수	( )(괄호)	치수문자를 ( ) 안에 기입한다.	(20)
비례치수가 아닌 치수	_(밑줄)	비례치수가 아닌 치수에 밑줄을 친다.	$\underline{50}$
카운터보어	⌴	평평한 바닥이 있는 원통형 구멍은 지름과 깊이로 표시	⌴ϕ11
카운터싱크 (접시 자리따기)	∨	지름과 각도로 표시하는 원형 모따기	∨ϕ11
깊이	↧	구멍 또는 내측 형체의 깊이	↧3.4

5. 치수기입의 예

(1) 현, 호, 각도 치수기입의 구분

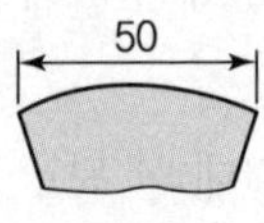

| 현의 치수 |

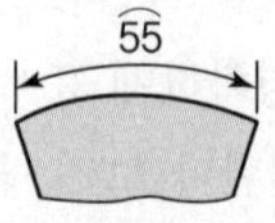

| 호의 치수 |

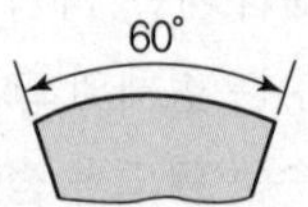

| 각도의 치수 |

(2) 센터 구멍의 표시방법

① 센터는 선반가공에서 공작물을 지지하는 부속장치로서 주로 축 가공 시 사용된다.

② 센터 구멍의 치수는 KS B 0410을 따르고, 도시 및 표시방법은 KS A ISO 6411－1에 따른다.

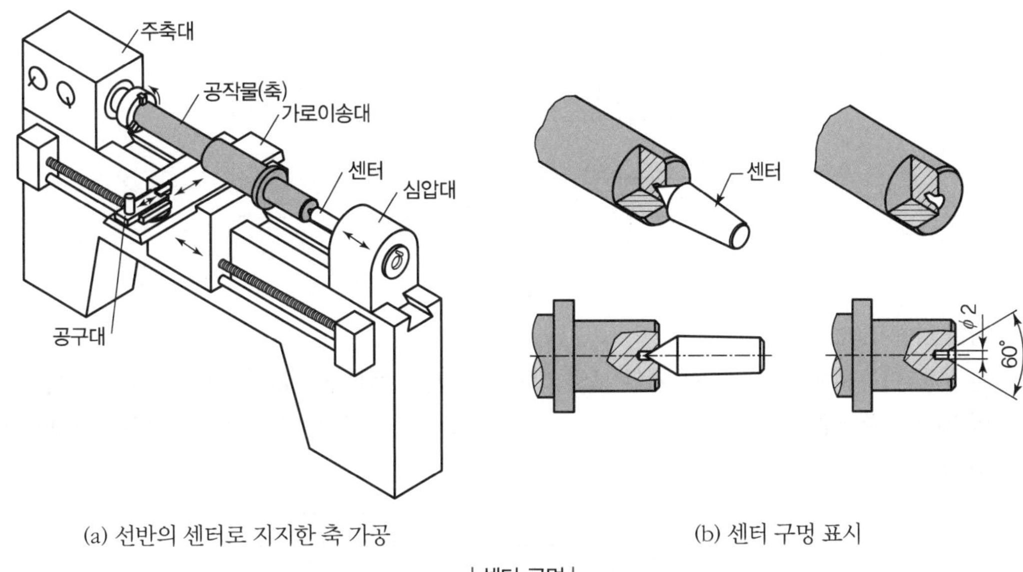

(a) 선반의 센터로 지지한 축 가공　　　(b) 센터 구멍 표시

| 센터 구멍 |

③ 센터 구멍의 도시방법

축 가공 후 센터 구멍을 남겨둘 것인지 남겨두지 않을 것인지 여부를 결정한다.

센터 구멍의 필요 여부	그림기호	도시방법
남겨둔다.		KS A ISO 6411-1 A 2/4.25
남아 있어도 된다.		KS A ISO 6411-1 A 2/4.25
남겨두지 않는다.		KS A ISO 6411-1 A 2/4.25

(3) 치수기입법

① 직렬 치수기입법

한 줄로 나란히 연결된 치수에 주어진 치수공차가 누적되어도 상관없는 경우에 사용하나, 누적공차가 발생하므로 잘 사용하지 않는다.

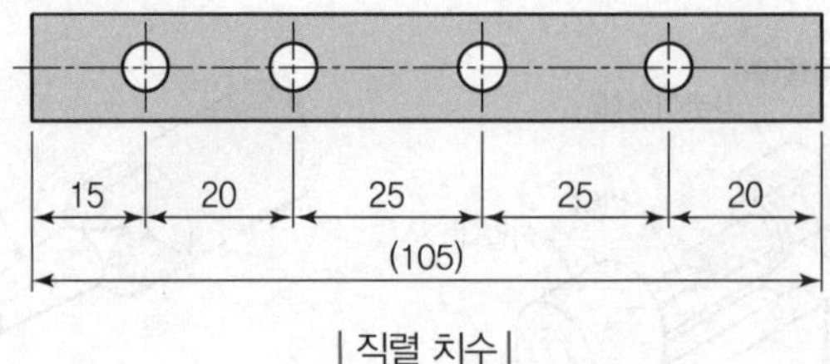

| 직렬 치수 |

② 병렬 치수기입법

한 곳을 기준으로 하여 치수를 계단 모양으로 기입하는 방법으로 개개의 치수공차는 다른 치수공차에 영향을 주지 않는다. 기준선의 위치는 제품의 기능이나 가공 등의 조건을 고려하여 적절히 선택하여야 한다.

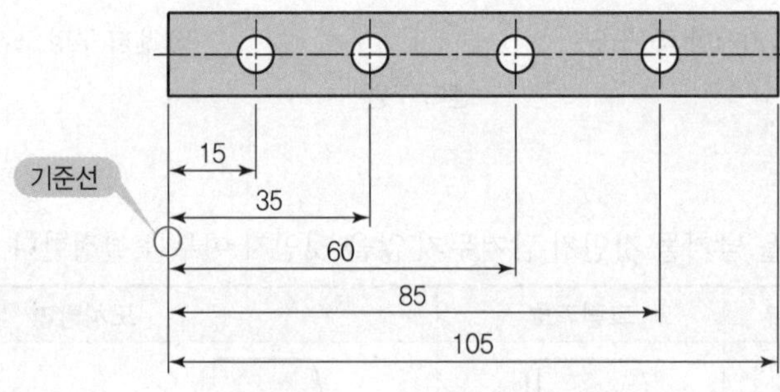

| 병렬 치수 |

③ 누진 치수기입법

기점기호를 기준으로 한 줄로 나란히 연결되게 기입하는 방법으로 치수는 기점기호로부터 누적된 치수(즉, 기점기호로부터 구멍까지의 치수)로써 병렬 치수기입법과 같이 개개의 치수공차는 다른 치수공차에 영향을 주지 않는다.

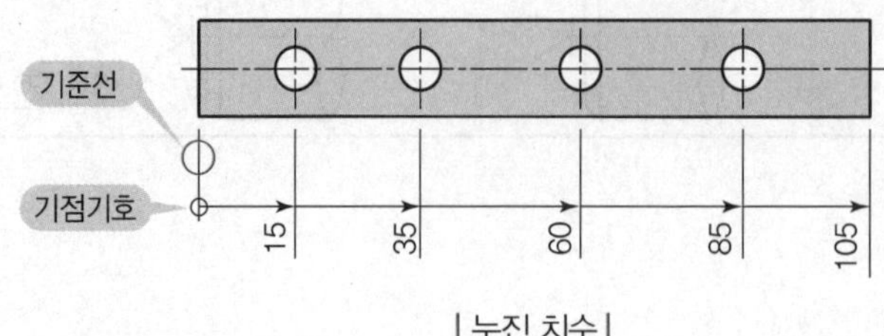

| 누진 치수 |

④ 좌표 치수기입법

여러 종류의 구멍 가공 시 구멍의 위치나 크기 등을 좌표를 사용하여 표에 나타낸 치수기입법으로 기준점의 위치는 제품의 기능이나 가공 등의 조건을 고려하여 적절히 선택하여야 한다.

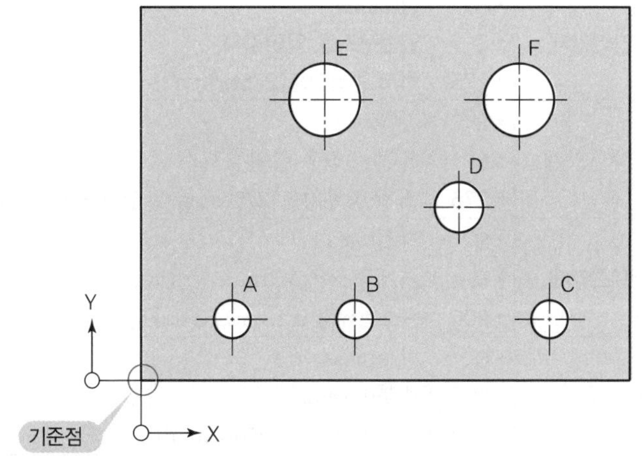

	X	Y	크기
A	15	10	$\phi6$
B	35	10	$\phi6$
C	67	10	$\phi6$
D	52	28	$\phi8$
E	30	45	$\phi11.5$
F	62	45	$\phi11.5$

| 좌표 치수 |

⑤ 구멍치수

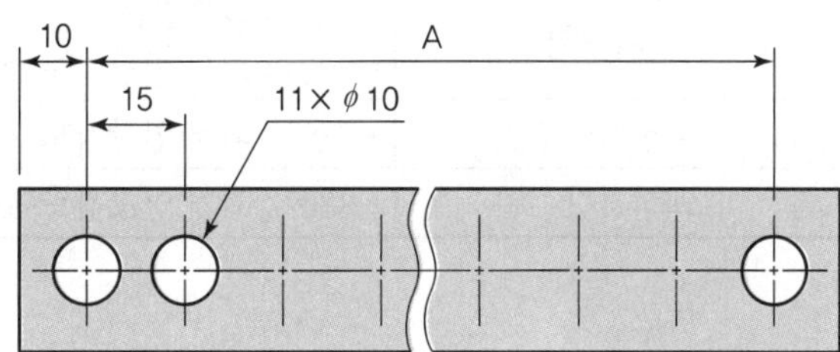

지름이 10mm인 구멍이 11개(11 × ϕ10) 있고, 구멍과 구멍 사이의 간격이 15mm이므로 "A"부의 치수값은 10 × 15 = 150mm이다. 이때 구멍의 개수가 11개이면 구멍과 구멍 사이 간격의 개수는 11 − 1 = 10개이다.

2 재료표시법

구분	기호	명칭	해설
보통강	SS275	일반구조용 압연강재	• S : 강(Steel) • S : 일반구조용 압연강재 • 275 : 최저 항복강도(275N/mm^2), 판 두께(16mm 이하)
	SM275	용접구조용 압연강재	• S : 강(Steel) • M : 용접 구조용 압연강재 • 275 : 최저 항복강도(275N/mm^2), 판 두께(16mm 이하)
특수강	SM20C	기계구조용 탄소강재	• S : 강철(Steel) • M : 기계구조용(Machine Structure Use) • 20C : 탄소함유량 0.18~0.23%의 중간값
주강	SC450	주강	• S : 강철(Steel) • C : 주조(Casting) • 450 : 최저 인장강도(450N/mm^2)
단강	SF340	단조강	• S : 강(Steel) • F : 단조품(Forging) • 340 : 최저 인장강도(340N/mm^2)
주철	GC200	회주철	• GC : 회주철품 • 200 : 최저 인장강도(200N/mm^2)
	BMC270	흑심가단주철	• 270 : 최저 인장강도(270N/mm^2)
	WMC330	백심가단주철	• 330 : 최저 인장강도(330N/mm^2)

핵심 기출 문제

01 도면(위치도)에 치수가 다음과 같이 표시되어 있는 경우 치수의 외곽에 표시된 직사각형은 무엇을 뜻하는가?

30

① 다듬질 전 소재 가공치수
② 완성 치수
③ 이론적으로 정확한 치수
④ 참고 치수

해설

30 은 이론적으로 정확한 치수를 나타내는 데 사용한다.

02 다음 중 호의 치수기입을 나타낸 것은?

①
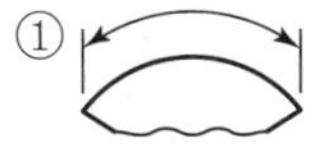

②

③
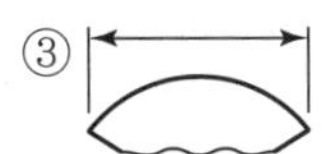

④

해설

현, 호, 각도 치수기입의 구분

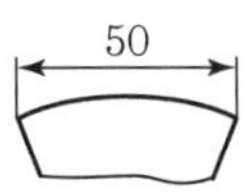

| 현의 치수 |

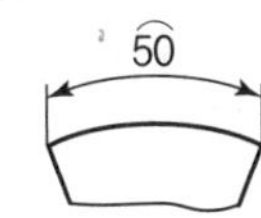

| 호의 치수 |

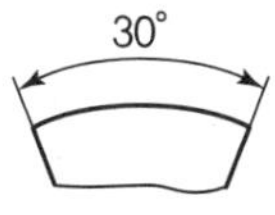

| 각도의 치수 |

03 다음 그림에서 “C2”가 의미하는 것은?

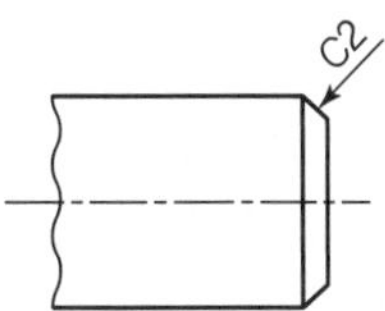

① 크기가 2인 15° 모떼기
② 크기가 2인 30° 모떼기
③ 크기가 2인 45° 모떼기
④ 크기가 2인 65° 모떼기

해설

“C”는 45° 모떼기 치수문자 앞에 기입하는 기호이므로 아래 그림과 같이 크기가 2인 45° 모떼기를 나타낸다.

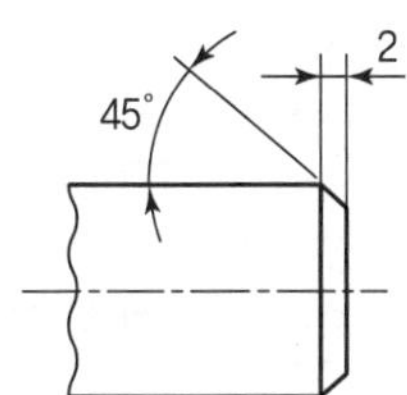

04 치수 보조기호의 설명으로 틀린 것은?

① R15 : 반지름 15
② t15 : 판의 두께 15
③ (15) : 비례척이 아닌 치수 15
④ SR15 : 구의 반지름 15

해설

- (15) : 참고치수 15
- 15 : 비례척이 아닌 치수 15

정답 01 ③ 02 ① 03 ③ 04 ③

05 도면에 치수를 기입하는 방법을 설명한 것 중 옳지 않은 것은?

① 특별히 명시하지 않는 한, 그 도면에 도시된 대상물의 다듬질 치수를 기입한다.
② 길이의 단위는 mm이고, 도면에는 반드시 단위를 기입한다.
③ 각도의 단위로는 일반적으로 도(°)를 사용하고, 필요한 경우 분(′) 및 초(″)를 병용할 수 있다.
④ 치수는 될 수 있는 대로 주투상도에 집중해서 기입한다.

해설

② 길이의 단위는 mm이고, 도면에는 단위를 기입하지 않는다. mm 이외의 길이 단위를 사용하고자 하는 경우에는 반드시 단위를 기입해 주어야 한다.

06 V-블록을 3각법으로 정투상한 그림과 같은 도면에서 "A" 부분의 치수는?

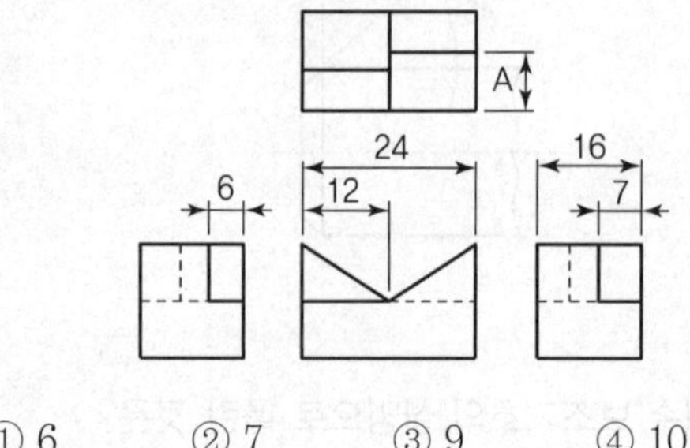

① 6 ② 7 ③ 9 ④ 10

해설

"A" 부분의 치수는 아래 입체도에서 표시된 부분의 치수이므로 "A" 부분의 치수=16−7=9이다.

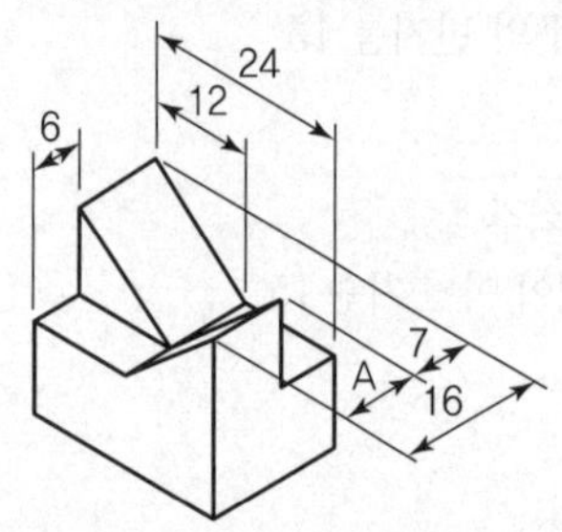

07 치수기입에 있어서 누진 치수기입방법으로 올바르게 나타낸 것은?

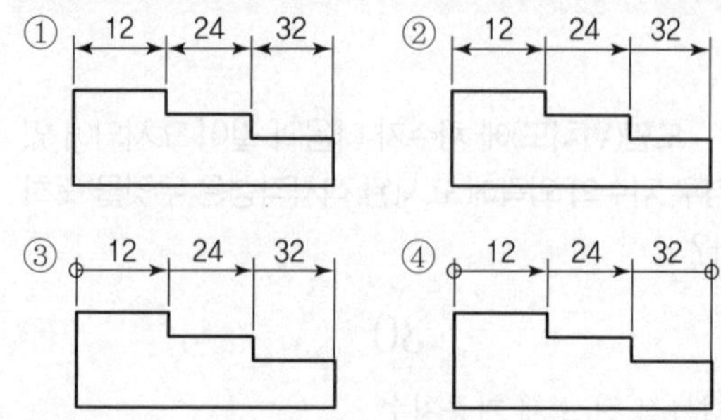

해설

③이 누진 치수기입방법으로 올바르게 기입한 것이다. 누진 치수기입방법은 기점기호를 기준으로 한 줄로 나란히 연결되게 기입하는 방법으로 치수는 기점기호로부터 누적된 치수(즉, 기점기호로부터 구멍까지의 치수)로써 병렬 치수기입법과 같이 개개의 치수공차는 다른 치수공차에 영향을 주지 않는다.

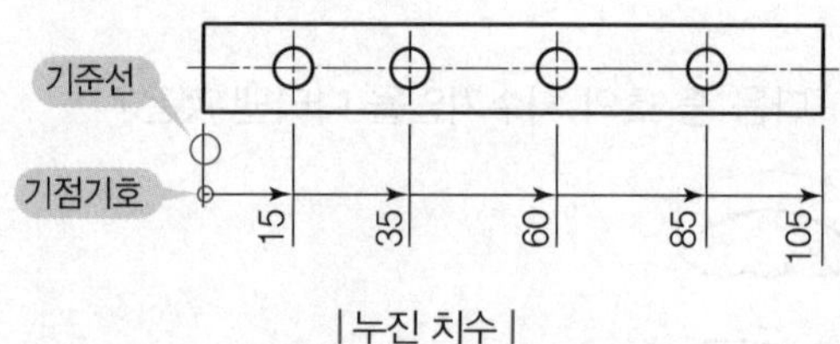

| 누진 치수 |

08 다음 도면에서 대상물의 형상과 비교하여 치수기입이 틀린 것은?

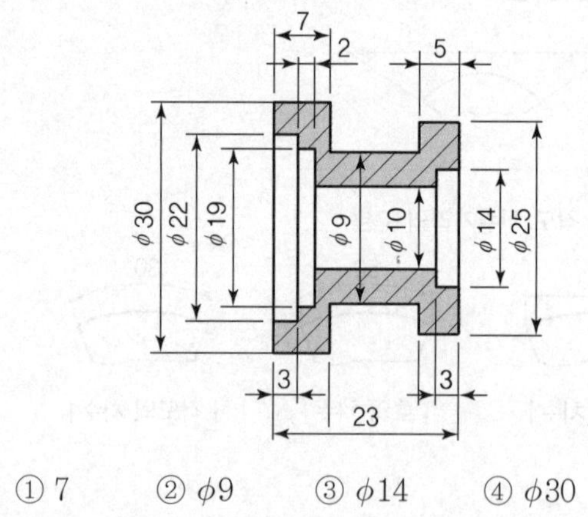

① 7 ② ϕ9 ③ ϕ14 ④ ϕ30

정답 05 ② 06 ③ 07 ③ 08 ②

해설

$\phi 9$ 치수가 잘못되었다.
$\phi 9$ 치수와 가까운 지름 치수인 $\phi 14$, $\phi 19$에서 가는 2점 쇄선을 그어보면 $\phi 9$가 아니라 $\phi 14$보다는 크고 $\phi 19$보다 작은 치수임을 알 수 있다.

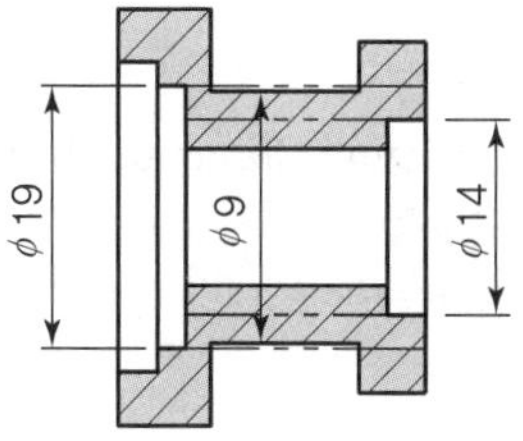

09 다음과 같이 도시된 도면에서 치수 A에 들어갈 치수 기입으로 옳은 것은?

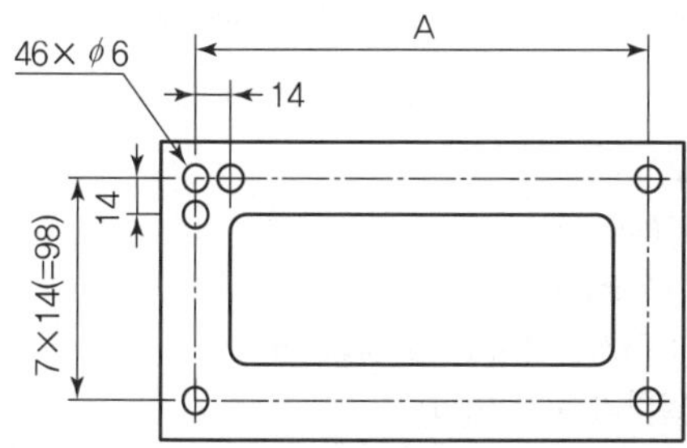

① $7\times7(=49)$
② $15\times14(=210)$
③ $16\times14(=224)$
④ $17\times14(=238)$

해설

구멍치수(다음 그림 참조)

- $46\times\phi6$: 앞의 숫자 46은 구멍의 개수를 뜻하고, 뒤의 숫자 $\phi6$은 구멍의 직경을 뜻한다.
- 세로치수 : $7\times14(=98)$에서 앞의 숫자 7은 구멍과 구멍 사이 간격의 개수를 뜻하고, 뒤의 숫자 14는 구멍과 구멍 사이의 간격을 뜻한다. 따라서 세로방향의 구멍의 개수는 8개로 양쪽에 있으므로 16개이다.
- 전체 구멍의 개수가 46개이므로 가로방향의 구멍의 개수는 $46-16=30$이고, 위아래 각각 15개씩의 구멍이 더 필요하다. 따라서 위쪽의 가로방향 구멍의 개수는 17개이고, 구멍과 구멍 사이 간격의 개수는 16이다.
- 가로치수 : $16\times14(=224)$이다.

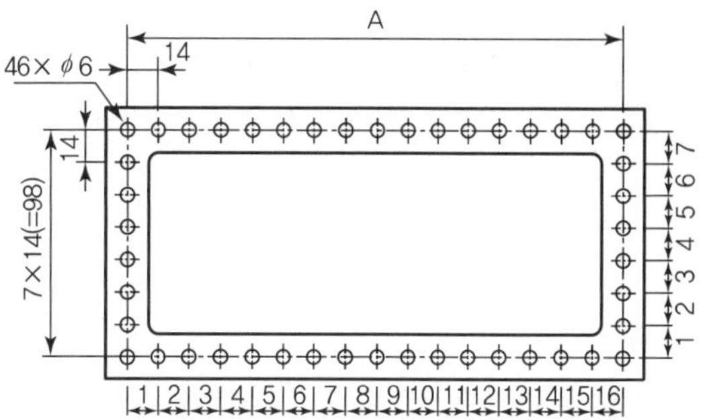

10 치수를 나타내는 방법에 관한 설명으로 틀린 것은?

① 도면에서 정보용으로 사용되는 참고(보조)치수는 공차를 적용하거나 ( ) 안에 표시한다.
② 척도가 다른 형체의 치수는 치수값 밑에 밑줄을 그어서 표시한다.
③ 정면도에서 높이를 나타낼 때는 수평의 치수선을 꺾어 수직으로 그은 끝에 90°의 개방형 화살표로 표시하며, 높이의 수치값은 수평으로 그은 치수선 위에 표시한다.
④ 같은 형체가 반복될 경우 형체 개수와 그 치수 값을 '×' 기호로 표시하여 치수기입을 해도 된다.

해설

① 도면에서 정보용으로 사용되는 참고(보조)치수는 공차를 적용하지 않고 ( ) 안에 표시한다.

정답 09 ③ 10 ①

11 재료기호 SS400에 대한 설명 중 옳은 것을 모두 고른 것은?(단, KS D 3503을 적용한다.)

> ㄱ. SS의 첫 번째 S는 재질을 나타내는 기호로 강을 의미한다.
> ㄴ. SS의 두 번째 S는 재료의 이름, 모양, 용도를 나타내며 일반구조용 압연재를 의미한다.
> ㄷ. 끝부분의 400은 재료의 최저 인장강도이다.

① ㄱ　② ㄱ, ㄴ
③ ㄱ, ㄷ　④ ㄱ, ㄴ, ㄷ

해설

SS400은 일반구조용 압연강재로서 ㄱ, ㄴ, ㄷ 모두 옳은 설명이다.

- S : 강(Steel)
- S : 일반구조용 압연강재
- 400 : 최저 항복강도(400N/mm^2), 판 두께(16mm 이하)

12 KS 재료기호 중 합금 공구강 강재에 해당하는 것은?

① STS　② STC
③ SPS　④ SBS

해설

합금 공구강의 종류는 KS 규격에 STS, STD, STF가 있다.

13 기계구조용 탄소강재의 KS 재료기호로 옳은 것은?

① SM40C　② SS330
③ AIDC1　④ GC100

해설

SM은 기계구조용 탄소강재를 나타낸다.

14 크롬몰리브덴 단강품의 KS 재질기호는?

① SCM　② SNC
③ SFCM　④ SNCM

해설

① SCM : 크롬몰리브덴강
② SNC : 니켈크롬강
③ SFCM(Steel Forging Chromium Molybdenum) : 크롬몰리브덴 단강품
④ SNCM : 니켈크롬몰리브덴강

15 도면에 표시된 재료기호가 “SF390A”로 되었을 때 “390”이 뜻하는 것은?

① 재질번호　② 탄소함유량
③ 최저인장강도　④ 제품번호

해설

SF390A : 단조강

- S : 강(Steel)
- F : 단조품(Forging)
- 390 : 최저 인장강도(390N/mm^2)
- A : 열처리 종류(어닐링)

16 다음 중 다이캐스팅용 알루미늄 합금에 해당하는 기호는?

① WM 1　② ALDC 1
③ BC 1　④ ZDC

해설

① WM 1 : 화이트메탈
② ALDC 1 : 다이캐스팅용 알루미늄 합금
③ BC 1 : 청동주물
④ ZDC : 아연합금 다이캐스팅

정답　11 ④　12 ①　13 ①　14 ③　15 ③　16 ②

17 SM20C의 재료기호에서 탄소함유량은 몇 % 정도인가?

① 0.18~0.23%
② 0.2~0.3%
③ 2.0~3.0%
④ 18~23%

해설

SM20C : 기계구조용 탄소강재
- S : 강철(Steel)
- M : 기계구조용(Machine Structure Use)
- 20C : 탄소함유량 0.18~0.23%의 중간값

18 도면 재질란에 "SPCC"로 표시된 재료기호의 명칭으로 옳은 것은?

① 기계구조용 탄소 강관
② 냉간 압연 강관 및 강대
③ 일반구조용 탄소 강관
④ 열간 압연 강관 및 강대

해설

SPCC(Steel Plate Cold Commercial)
냉간 압연 강판을 뜻한다.

19 재료기호가 'STD10'으로 나타날 때 이 강재의 종류로 옳은 것은?

① 기계구조용 합금강
② 탄소 공구강
③ 기계구조용 탄소강
④ 합금 공구강

해설

합금 공구강의 종류에는 STS, STD, STF가 있다. STD10은 냉간 금형용 합금 공구강이다.

20 두께 5.5mm인 강판을 사용하여 그림과 같은 물탱크를 만들려고 할 때 필요한 강판의 중량은 약 몇 N인가?(단, 강판의 비중은 7.85로 계산하고 탱크는 전체 6면의 두께가 동일하다.)

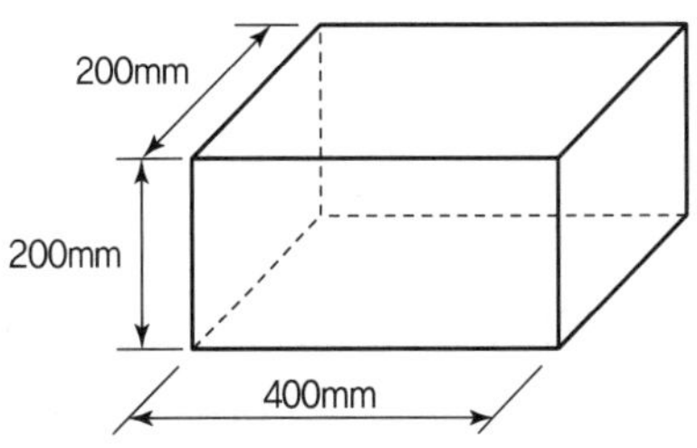

① 161　② 169
③ 180　④ 189

해설

주어진 물탱크에는 200mm×400mm 강판이 4장, 200mm×200mm 강판이 2장 필요하다.

$$비중(S) = \frac{\gamma(대상물질의\ 비중량)}{\gamma_w(물의\ 비중량)}$$

$\gamma_w = 9{,}800\,\mathrm{N/m^3}$이므로

$$비중량(\gamma) = 비중(S) \times 물의\ 비중량(\gamma_w) = 7.85 \times 9{,}800 = 76{,}930\,\mathrm{N/m^3}$$

i) 200mm×400mm 강판 4장의 체적
$V_1 = 4 \times 0.2 \times 0.4 \times 0.0055 = 0.00176\,\mathrm{m^3}$

ii) 200mm×200mm 강판 2장의 체적
$V_2 = 2 \times 0.2 \times 0.2 \times 0.0055 = 0.00044\,\mathrm{m^3}$

$체적(V) = V_1 + V_2 = 0.00176 + 0.00044 = 0.0022\,\mathrm{m^3}$

$\gamma = \frac{W}{V}\,\mathrm{N/m^3}$에서

$W = \gamma V = 76{,}930 \times 0.0022 \fallingdotseq 169\,\mathrm{N}$

정답　17 ①　18 ②　19 ④　20 ②

05 기계요소의 제도

1 결합용 기계요소

1. 나사(Screw)

(1) 나사 도시법

① 수나사와 암나사의 산봉우리 부분(수나사는 바깥쪽 선, 암나사는 안쪽 선)은 굵은 실선으로, 골 부분(수나사는 안쪽 선, 암나사는 바깥쪽 선)은 가는 실선으로 표시한다.

② 나사인 부분(완전 나사부)과 나사가 아닌 부분(불완전 나사부)의 경계는 굵은 실선을 긋고, 나사가 아닌 부분의 골밑 표시선은 축 중심선에 대하여 30°의 경사각을 갖는 가는 실선으로 표시한다.

③ 보이지 않는 부분의 나사산 봉우리와 골 부분, 완전 나사부와 불완전 나사부 등은 중간선 굵기의 은선으로 표시한다.

④ 암나사의 드릴 구멍의 끝부분은 굵은 실선으로 118° 되게 긋는다(도면 작도 시 120°로 그어도 된다).

⑤ 수나사와 암나사 결합 부분은 수나사로 표현한다.

⑥ 나사 부분의 단면 표시에 해치를 할 경우에는 산봉우리 부분까지 긋도록 한다.

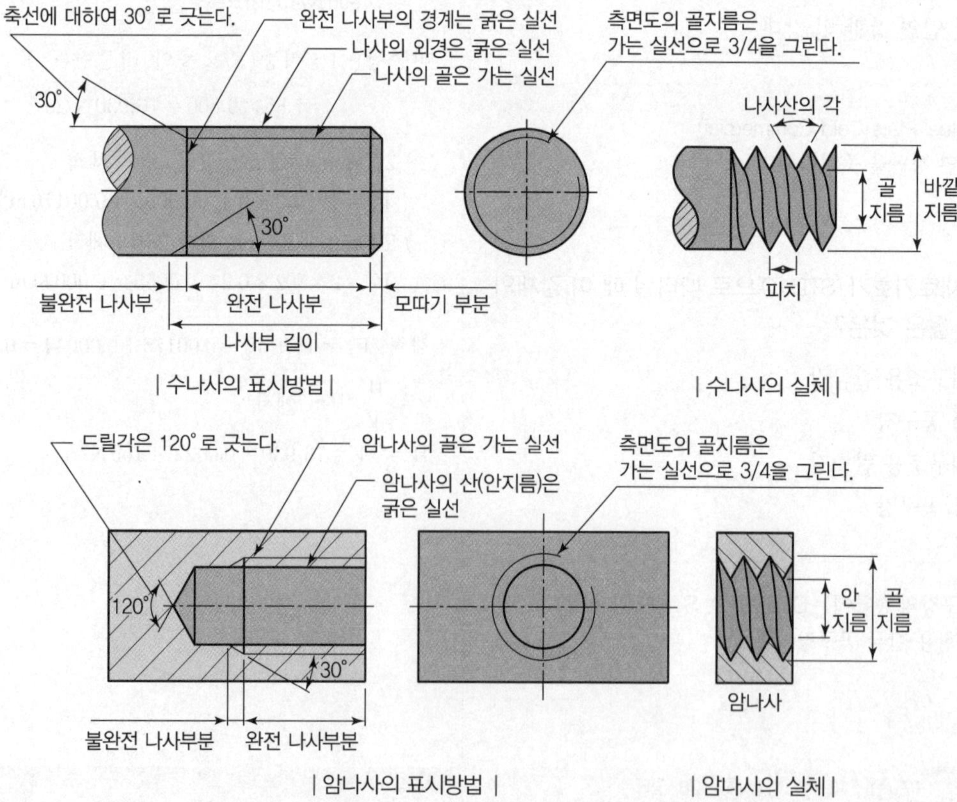

(2) 나사의 호칭방법

나사의 호칭방법은 "나사산이 감기는 방향, 나사산의 줄의 수, 나사의 호칭, 나사의 등급" 순으로 표시한다. 나사산이 감기는 방향(오른쪽인 경우), 나사산의 줄의 수, 나사의 등급은 필요 없는 경우 생략해도 된다.

① 미터 가는 나사

예 왼 2줄 M50 × 2 − 6H : 왼 2줄 미터 가는 나사(M50 × 2), 암나사 등급 6, 공차 위치 H

② 미터 보통 나사의 조합(암나사와 수나사의 등급 동시 표기)

예 왼 M10 − 6H/6g : 왼 미터 보통 나사(M10), 암나사 6H와 수나사 6g의 조합

③ 유니파이 보통 나사의 조합

예 No.4 − 40UNC − 2A : 유니파이 보통 나사(No.4 − 40UNC) 2A급

④ 관용 평행 수나사

예 G1/2 A : 관용 평행 수나사(G1/2) A급

⑤ 관용 평행 암나사와 관용 테이퍼 수나사의 조합

예 Rp1/2/R1/2 : 관용 평행 암나사(Rp1/2)와 관용 테이퍼 수나사(R1/2)의 조합

(3) 나사의 종류와 표시

구분		나사의 종류		나사의 종류를 표시하는 기호	나사의 호칭에 대한 표시방법의 보기
일반용	ISO 규격에 있는 것	미터 보통 나사		M	M8
		미터 가는 나사			M8 × 1
		미니추어 나사		S	S0.5
		유니파이 보통 나사		UNC	3/8 − 16UNC
		유니파이 가는 나사		UNF	No.8 − 36UNF
		미터 사다리꼴 나사		Tr	Tr10 × 2
		관용 테이퍼 나사	테이퍼 수나사	R	R3/4
			테이퍼 암나사	Rc	Rc3/4
			평행 암나사	Rp	Rp3/4
		관용 평행 나사		G	G1/2
	ISO 규격에 없는 것	30° 사다리꼴 나사(미터계)		TM	TM18
		29° 사다리꼴 나사(인치계)		TW	TW20
		관용 테이퍼 나사	테이퍼 나사	PT	PT7
			평행 암나사	PS	PS7
		관용 평행 나사		PF	PF7

2. 키(Key)

(1) 키의 입체도 및 치수기입법

키 홈은 되도록 위쪽으로 도시한다.

| 묻힘 키의 입체도 |

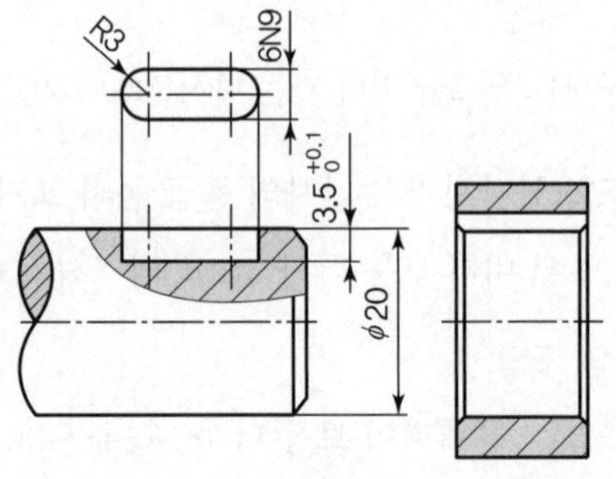

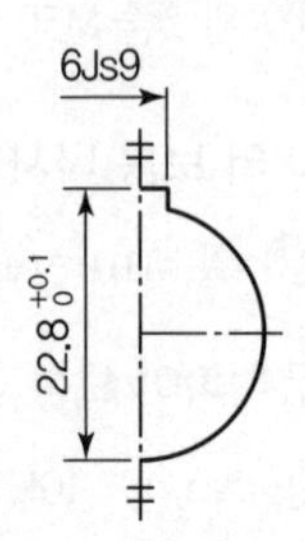

| 묻힘 키의 치수기입법 |

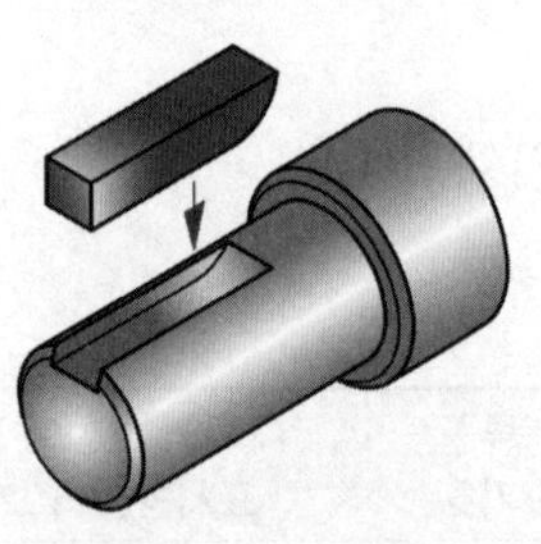

| 미끄럼 키의 입체도 |

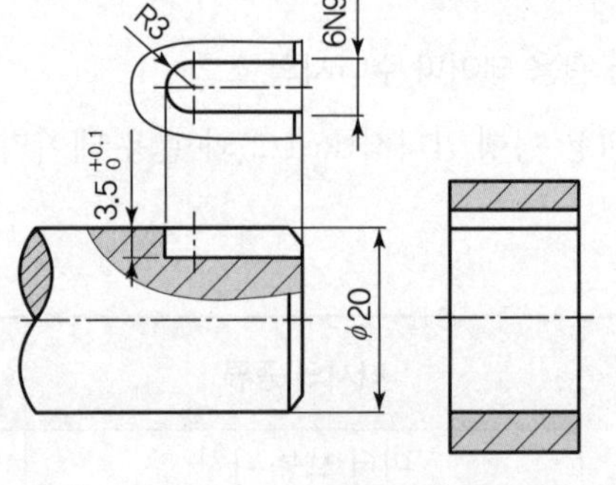

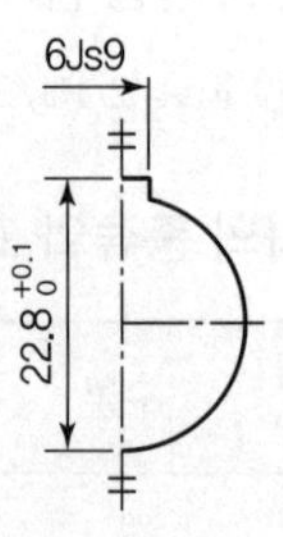

| 미끄럼 키의 치수기입법 |

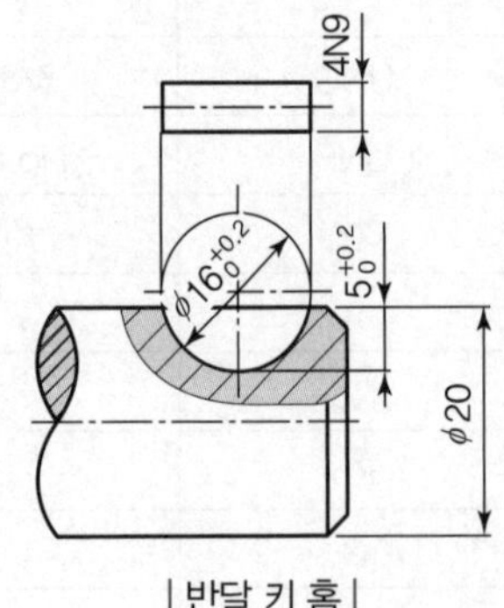

| 반달 키 홈 |

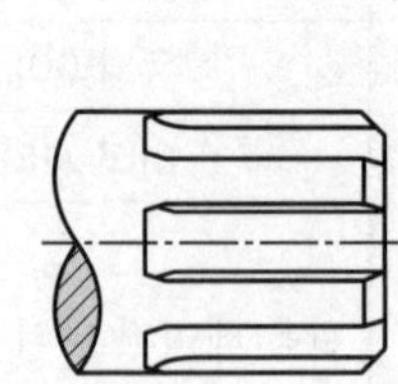

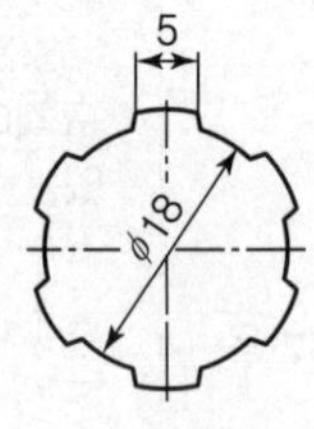

| 스플라인 |

(2) 키의 종류

키의 종류에는 묻힘 키(평행 키, 경사 키, 반달 키), 미끄럼 키 등이 있다.

모양		기호
평행 키	나사용 구멍 없음	P
	나사용 구멍 있음	PS
경사 키	머리 없음	T
	머리 있음	TG
반달 키	둥근 바닥	WA
	납작 바닥	WB

(3) 키의 끝부분 모양

명칭	양쪽 둥근형	양쪽 네모형	한쪽 둥근형
기호	A	B	C

(4) 키의 호칭방법

① 묻힘 키의 호칭방법

키의 호칭은 "표준번호, 종류(또는 그 기호), '호칭치수 × 길이'($b \times h \times l$)[반달 키는 호칭치수($b \times d_0$)만 기입]"로 한다. 다만, 나사용 구멍이 없는 평행 키 및 머리 없는 경사 키의 경우, 종류는 각각 단순히 "평행 키" 및 "경사 키"로 기재하여도 좋다.

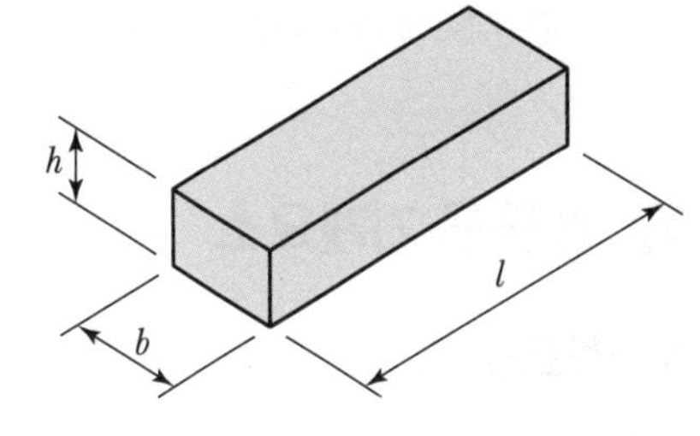

평행 키의 끝부분의 모양을 나타낼 필요가 있는 경우에는 종류 뒤에 그 모양(또는 '종류－기호')을 나타낸다.

예

평행 키	KS B 1311 나사용 구멍 없는 평행 키 양쪽 둥근형 25×14×90
	KS B 1311 P－A 25×14×90(키의 종류 및 끝부분 모양 표 참조)
경사 키	KS B 1311 머리붙이 경사 키 25×14×90
	KS B 1311 TG 25×14×90(키의 종류 및 끝부분 모양 표 참조)
반달 키	KS B 1311 둥근 바닥 반달 키 3×16
	KS B 1311 WA 3×16(키의 종류 및 끝부분 모양 표 참조)

② 미끄럼 키의 호칭방법

키의 호칭은 "표준번호 또는 명칭, 호칭치수×길이"로 한다. 다만, 끝부분의 모양 또는 재료에 대하여 특별 지정이 있는 경우는 이것을 기입한다.

예 • KS B 1313 6×6×50
• KS B 1313 36×20×140 양끝둥긂 SM45C−D
• 미끄럼 키 6×6×50 SF55

3. 핀(Pin)

(1) 테이퍼 핀

테이퍼 핀의 호칭은 "규격번호 또는 규격명칭, 등급, 호칭지름×길이, 재료"로 기입한다. 단, 특별한 지정사항이 있는 경우에는 그 후에 추가로 기입한다.

예

호칭 1	KS B 1322 1급 6×70 SM45C−Q	테이퍼 1/50, 작은 쪽이 호칭지름
호칭 2	테이퍼 핀 2급 6×70 SUS303	

(2) 분할 핀

분할 핀의 호칭은 "규격번호−호칭지름×호칭길이−재료"로 기입한다.

예

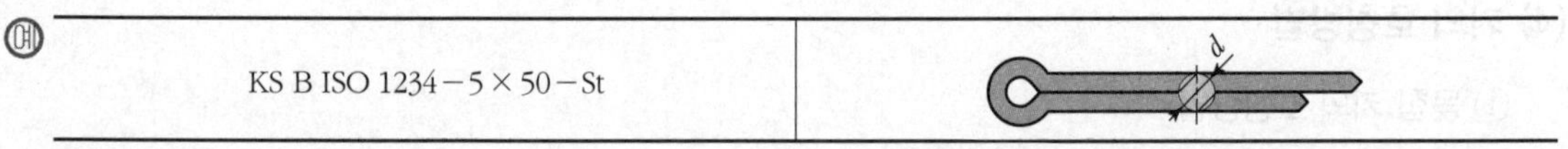
KS B ISO 1234−5×50−St

재료에 따른 기호 : 강(St), 구리−아연 합금(CuZn), 구리(Cu), 알루미늄 합금(Al), 오스테나이트 스테인리스강(A)

2 전동용 기계요소

1. 벨트풀리

(1) 평벨트풀리의 도시법

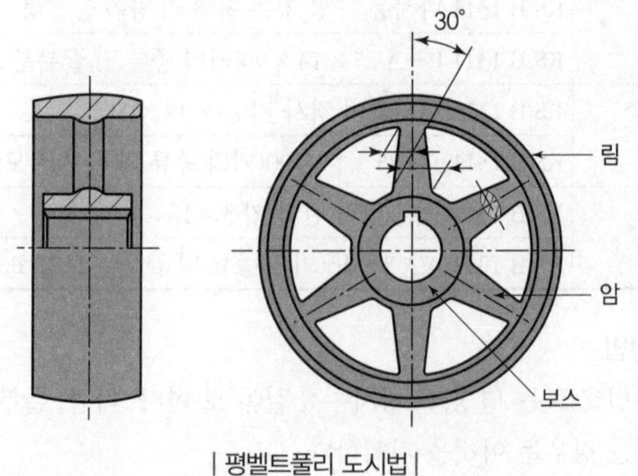

| 평벨트풀리 도시법 |

① 평벨트풀리는 축 직각 방향의 단면을 정면도로 한다.

② 평벨트풀리는 대칭형이므로 일부분만을 그릴 수도 있다.

③ 암은 길이 방향으로 단면하지 않으므로 회전 단면도(도형 안에 그릴 때는 가는 실선, 도형 밖에 그릴 때는 굵은 실선)로 표시한다.

④ 암의 테이퍼 부분을 치수기입할 때 치수보조선은 비스듬하게(수평의 60° 방향, 수직의 30° 방향) 긋는다.

(2) V 벨트풀리

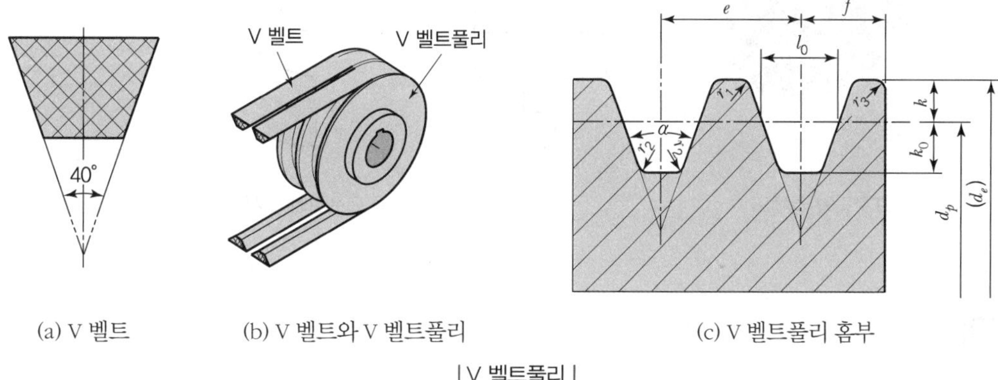

(a) V 벨트 (b) V 벨트와 V 벨트풀리 (c) V 벨트풀리 홈부

| V 벨트풀리 |

크기는 형별에 따라 M, A, B, C, D, E형이 있고, 폭이 가장 좁은 것은 M형, 가장 넓은 것은 E형이다. V 벨트의 각은 40°이고, V 벨트 홈부의 각에는 34°, 36°, 38°가 있다.

다음 표는 V 벨트풀리 홈부의 명칭을 나타낸 것이다.

▌V 벨트풀리 홈부의 명칭

구분	명칭	구분	명칭
d_p	호칭 직경	k_0	피치원 직경에서 홈 바닥까지의 거리
α	홈부 각도	e	홈과 홈 사이의 거리
l_0	피치원 직경에서 홈의 폭	f	홈 중심에서 측면까지의 거리
k	피치원 직경에서 풀리의 바깥지름까지의 거리	$r_{1,2,3}$	홈부의 모서리 라운드

2. 스프로킷 휠

① 체인 전동은 체인을 스프로킷 휠에 걸어 감아서(자전거, 오토바이 등) 동력을 전달해 주는 요소이다.

② **도시법**

㉠ 이끝원은 굵은 실선으로 도시

㉡ 피치원은 가는 1점쇄선으로 도시

㉢ 이뿌리원은 가는 실선으로 도시

㉣ 정면도를 단면으로 도시할 경우 이뿌리는 굵은 실선으로 도시(단면하지 않은 경우 가는 실선으로 도시)

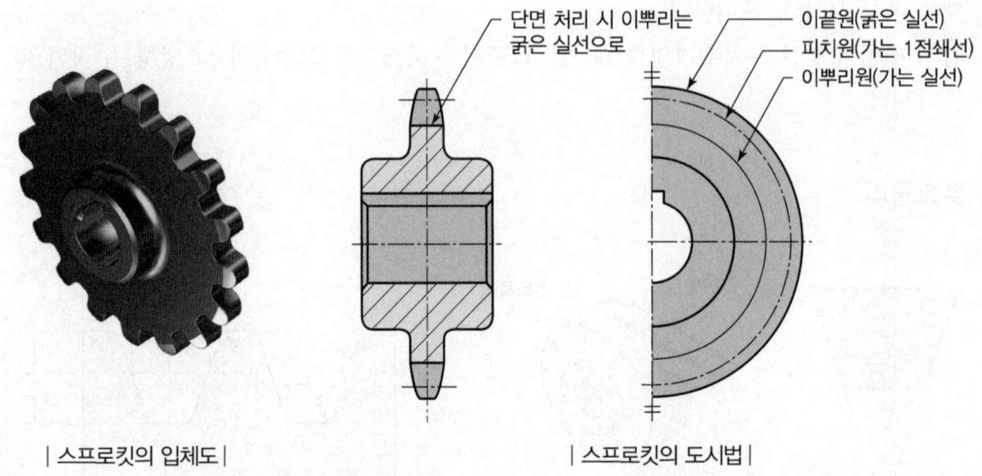

| 스프로킷의 입체도 |

| 스프로킷의 도시법 |

3. 기어

(1) 스퍼기어의 도시법

① 이끝원은 굵은 실선으로 도시

② 피치원은 가는 1점쇄선으로 도시

③ 이뿌리원은 가는 실선으로 도시(단, 정면도에서 단면을 했을 경우 굵은 실선으로 도시)

④ 피치원 지름(PCD) = 잇수(Z)×모듈(M)
이끝원 지름(D) = $PCD+2M=(Z+2)M$

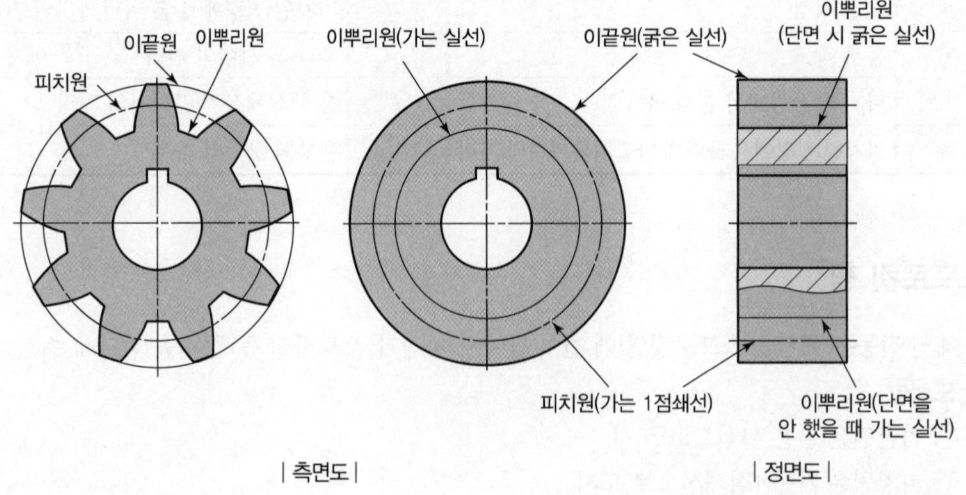

| 측면도 |

| 정면도 |

(2) 맞물린 기어의 도시법

① 측면도의 이끝원은 굵은 실선으로 도시한다.

② 정면도의 단면에서 한쪽의 이끝원은 파선(숨은선)으로 그린다.

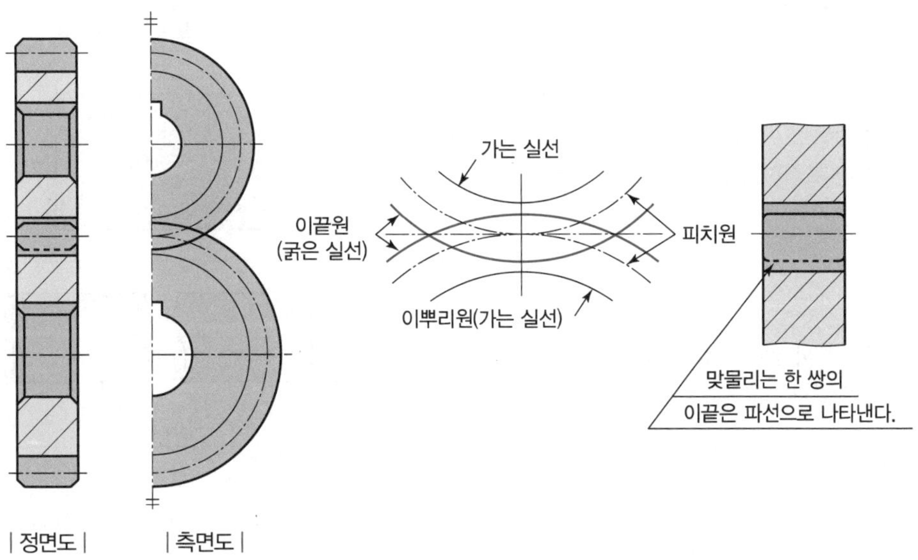

| 정면도 | | 측면도 |

(3) 헬리컬기어의 도시법

헬리컬기어는 이의 모양이 비스듬히 경사져 있다. 기어이의 방향(잇줄 방향)은 3개의 가는 실선으로 그리고, 단면을 하였을 때는 가는 2점쇄선으로 그리며 기울어진 각도와 상관없이 30°로 표시한다.

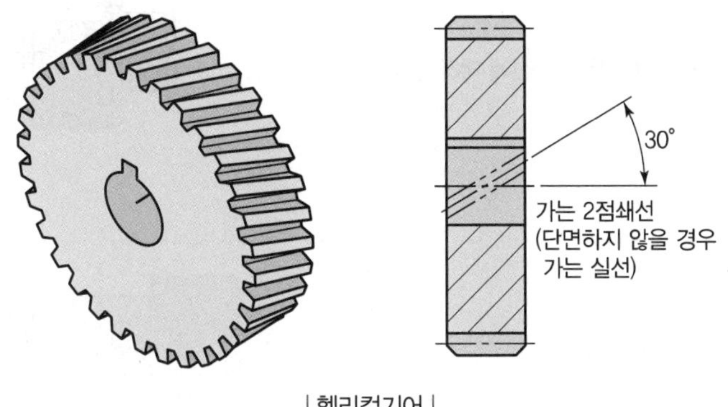

| 헬리컬기어 |

3 축용 기계요소

1. 축의 도시법

내용	도시법
축은 길이 방향으로 단면 도시하지 않는다(단, 부분 단면을 할 때는 표시한다).	
긴 축은 중간을 파단하여 짧게 그리되 치수는 실제 길이로 나타내야 한다.	실제치수
모따기 및 평면 표시는 치수기입법에 따른다. 모따기는 'C' 기호와 함께 표기하고, **평면은 가는 실선으로 대각선을 그어 표시한다.**	평면은 가는 실선으로 대각선으로 표시
축에 널링을 도시할 때 빗줄인 경우는 축선에 대하여 30°로 엇갈리게 나타낸다.	30° 30°
축을 가공하기 위한 센터의 도시를 한다.	KS B 0410 60° A형 2, 양 끝

2. 베어링

회전축을 받쳐주는 기계요소로, 축과 작용하중의 방향에 따라 레이디얼 베어링, 스러스트 베어링으로 나뉘며 축과 베어링 접촉상태에 따라 미끄럼 베어링과 롤링 베어링으로 구분할 수 있다.

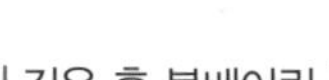
| 깊은 홈 볼베어링 |

| 앵귤러 볼베어링 |

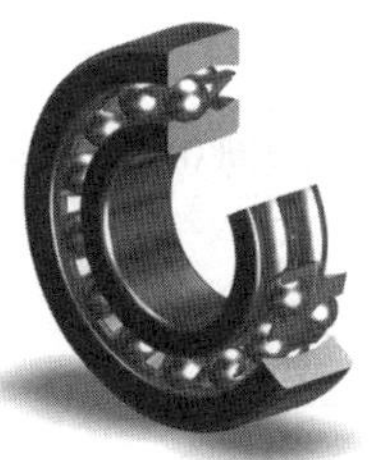
| 자동조심 볼베어링 |

| 원통 롤러 베어링 |

(1) 볼베어링과 롤러베어링 도시방법

단열 깊은 홈 볼베어링 (단열 원통 롤러베어링)	복렬 깊은 홈 볼베어링 (복렬 원통 롤러베어링)
단열 구형 롤러베어링	복렬 자동조심 볼베어링 (복렬 구형 롤러베어링)
단열 앵귤러 콘택트 분리형 볼베어링 (단열 앵귤러 콘택트 테이퍼 롤러베어링)	복렬 앵귤러 콘택트 고정형 볼베어링
두 조각 내륜 복렬 앵귤러 콘택트 분리형 볼베어링	두 조각 내륜 복렬 앵귤러 콘택트 테이퍼 롤러베어링

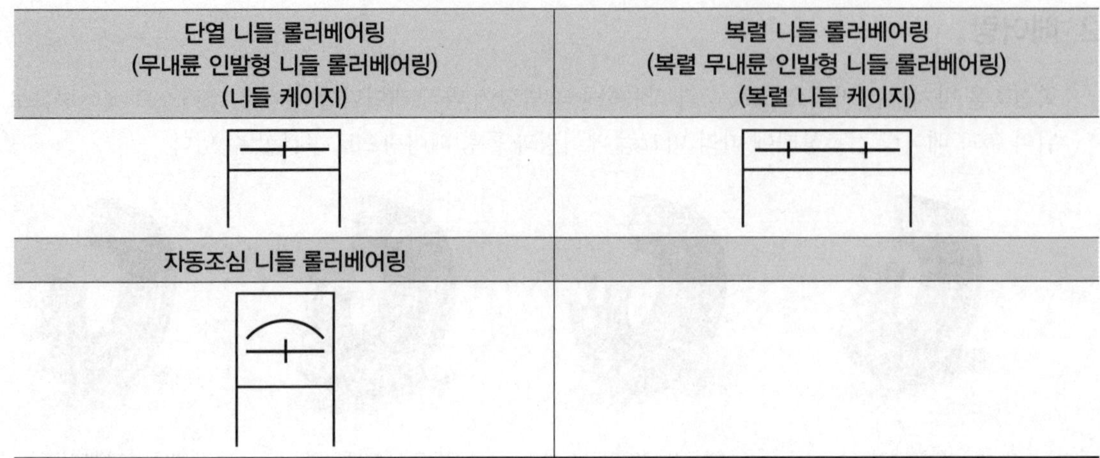

단열 니들 롤러베어링 (무내륜 인발형 니들 롤러베어링) (니들 케이지)	복렬 니들 롤러베어링 (복렬 무내륜 인발형 니들 롤러베어링) (복렬 니들 케이지)
자동조심 니들 롤러베어링	

(2) 베어링 호칭 번호

예

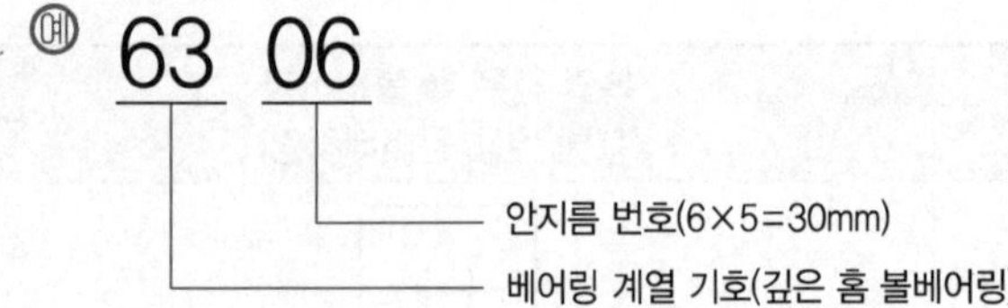

① 형식 번호(첫 번째 숫자)

번호	형식
1	복렬 자동조심형
2, 3	복렬 자동조심형(큰 나비)
5	스러스트 베어링
6	단열 홈형
7	단열 앵귤러 볼형
N	원통 롤러 베어링

② 치수 번호(두 번째 숫자)

번호	종류
0, 1	특별 경하중형
2	경하중형
3	중간 하중형
4	중하중형

③ 안지름 번호(세 번째, 네 번째 숫자)

번호	안지름 크기(mm)
00	10
01	12
02	15
03	17
04	20

- 1~9까지는 숫자가 그대로 베어링 내경이 된다.
  ㉠ 625 : 62 계열의 베어링, 내경은 5mm이다.
- 00~03번까지는 왼쪽 표의 크기를 따른다.
- 04번부터는 × 5를 한다(4 × 5 = 20).
  ㉠ 6206 : 62 계열의 베어링, 내경은 6 × 5 = 30이다.
- "/"가 있을 경우 "/" 뒤의 숫자가 그대로 베어링 내경이 된다.
  ㉠ 60/22 : 60 계열의 베어링, 내경은 22mm이다.

(3) 베어링 등급기호(숫자 이후의 기호)

무기호	H	P	SP
보통급	상급	정밀급	초정밀급

㉠ 구름베어링(608C2P6)

60	8	C2	P6
베어링 계열 번호	안지름 번호(베어링 내경 8mm)	틈새기호	등급기호(6급)

㉠ 구름베어링(6205ZZNR)

62	05	ZZ	NR
베어링 계열 번호	안지름 번호(베어링 내경 25mm)	실드기호	궤도륜 형상기호

4 제어용 기계요소

1. 스프링

(1) 스프링 제도법

① 스프링은 일반적으로 무하중(힘을 받지 않은 상태)인 상태로 그린다.

② 스프링은 모두 오른쪽으로 감은 것을 나타내고, 왼쪽으로 감은 경우에는 '감긴 방향 왼쪽'이라고 표기한다.

③ 그림에 기입하기 힘든 사항은 요목표에 기입한다.

④ 종류 및 모양만을 간략도로 그릴 경우 재료의 중심선만을 굵은 실선으로 그린다.

⑤ 코일 스프링에서 양 끝을 제외한 동일 모양 부분의 일부를 생략하는 경우에는 생략하는 부분의 선지름의 중심선을 가는 1점쇄선으로 그린다.

⑥ 조립도, 설명도 등에서 코일 스프링을 도시하는 경우에는 그 단면만으로 표시하여도 좋다.

| 코일 스프링 |

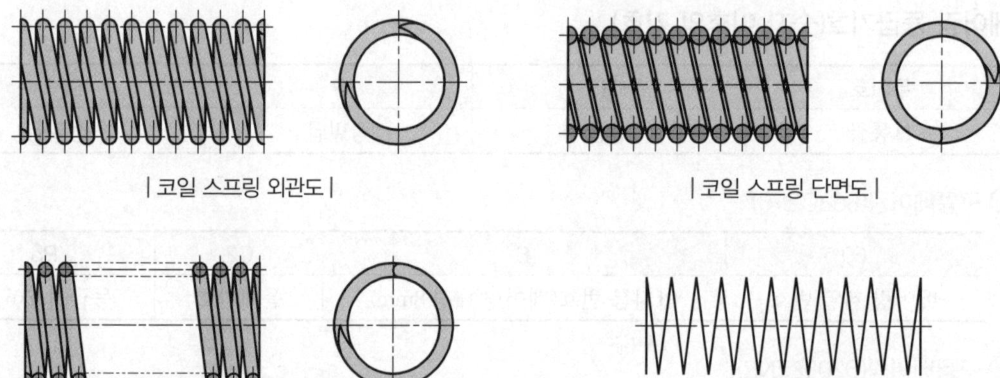

| 코일 스프링 외관도 |

| 코일 스프링 단면도 |

| 코일 스프링 부분 생략도 |

| 코일 스프링 간략도 |

(2) 겹판 스프링 제도법

① **겹판 스프링**은 일반적으로 **스프링 판이 수평인 상태(힘을 받고 있는 상태)에서 그리고**, 무하중일 때의 모양은 2점쇄선으로 표시한다.

② 종류 및 모양만을 간략도로 그릴 경우 스프링의 외형만을 굵은 실선으로 그린다.

③ 하중과 처짐의 관계는 요목표에 기입한다.

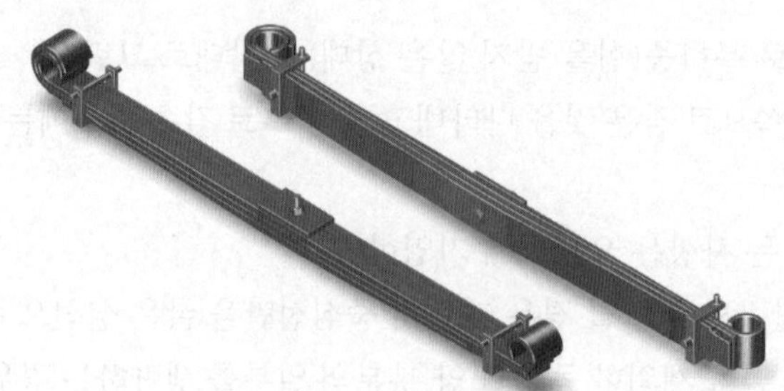

| 겹판 스프링 |

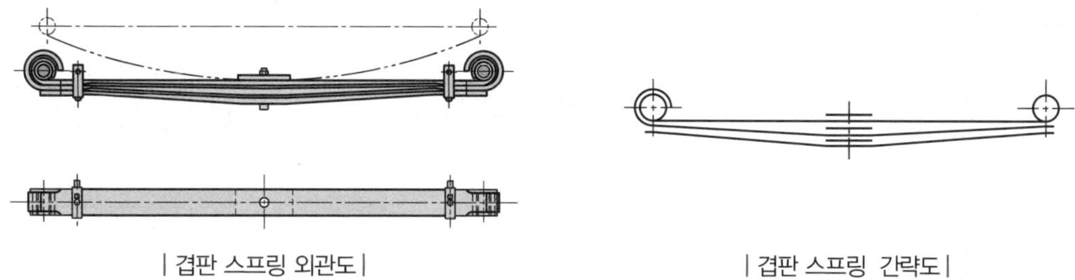

| 겹판 스프링 외관도 | | 겹판 스프링 간략도 |

5 리벳과 용접이음

1. 리벳(Rivet Joint)

보일러, 물탱크, 교량 등과 같이 영구적인 이음에 사용된다.

(1) 리벳의 종류(머리 모양에 따라 구분)

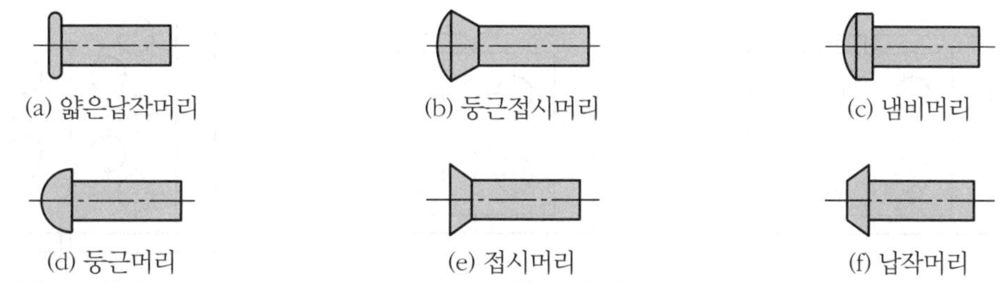

(2) 리벳이음의 도시법

① 리벳의 위치만을 표시할 때에는 중심선만으로 그린다.

② 얇은 판이나 형강 등의 단면은 굵은 실선으로 그리고, 인접하여 있는 경우 선 사이를 약간 띄어서 그린다.

③ 리벳은 길이 방향으로 절단하여 그리지 않는다.

④ 구조물에 사용하는 리벳은 약도(간략기호)로 표시한다.

⑤ 같은 피치로 같은 종류의 구멍이 연속되어 있을 때는 '피치의 수 × 피치의 간격 = 합계치수'로 간단히 기입한다.

(3) 리벳의 호칭방법

"표준번호(생략 가능), 종류, 호칭지름 × 길이, 재료, 지정 사항" 순으로 기입한다(단, 둥근머리 리벳의 길이는 머리 부분을 제외한 길이이다).

예 KS B 1102 둥근머리 리벳 12 × 30 SV330

(4) 리벳이음의 종류

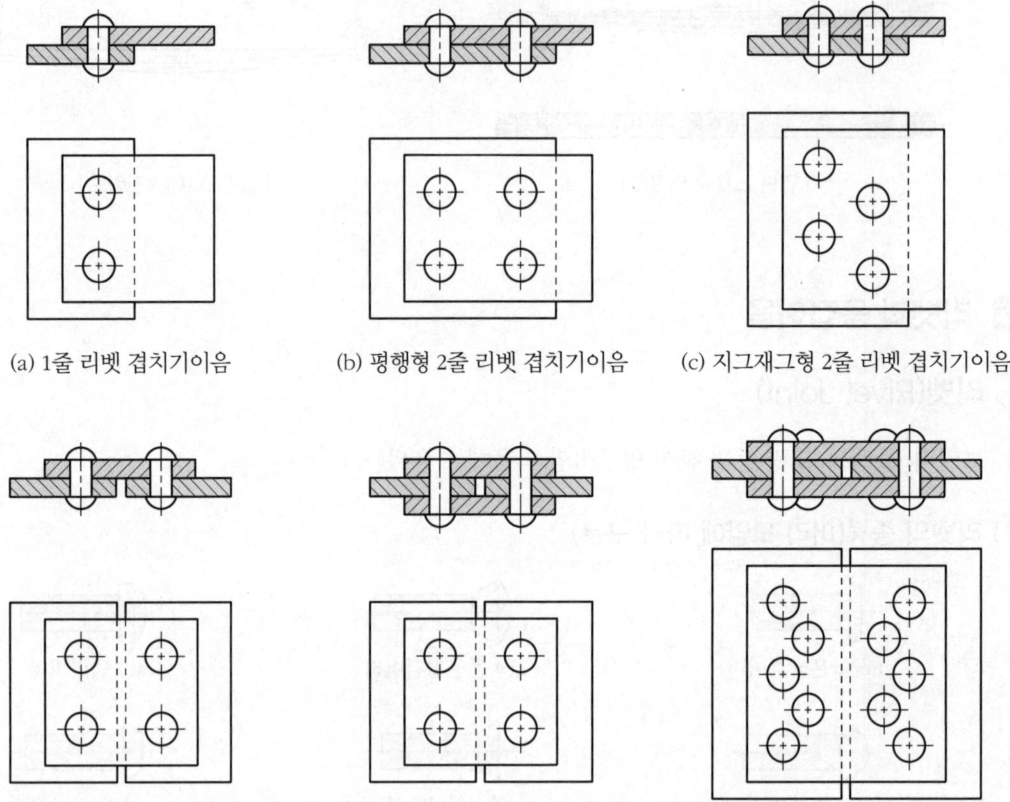

(a) 1줄 리벳 겹치기이음 (b) 평행형 2줄 리벳 겹치기이음 (c) 지그재그형 2줄 리벳 겹치기이음

(d) 한쪽 덮개판 1줄 리벳 맞대기이음 (e) 양쪽 덮개판 1줄 리벳 맞대기이음 (f) 양쪽 덮개판 2줄 리벳 맞대기이음

2. 용접이음

(1) 용접이음의 종류

용접이음의 종류는 모재의 배치에 따라 다음과 같이 구분한다.

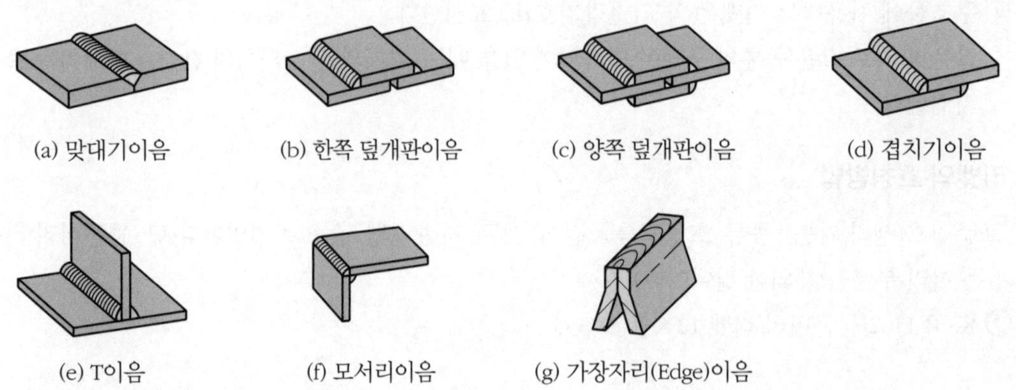

(a) 맞대기이음 (b) 한쪽 덮개판이음 (c) 양쪽 덮개판이음 (d) 겹치기이음

(e) T이음 (f) 모서리이음 (g) 가장자리(Edge)이음

(2) 용접의 종류와 기호

① 기본기호(KS B 0052) : 한국산업표준 그림 인용

번호	명칭	그림	기호
1	돌출된 모서리를 가진 평판 사이의 맞대기 용접 에지 플랜지형 용접(미국)/돌출된 모서리는 완전 용해	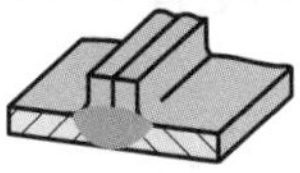	
2	평행(I형) 맞대기 용접		
3	V형 맞대기 용접	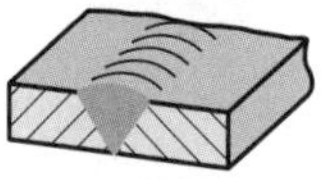	
4	일면 개선형 맞대기 용접		
5	넓은 루트면이 있는 V형 맞대기 용접	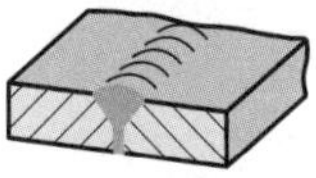	
6	넓은 루트면이 있는 한 면 개선형 맞대기 용접	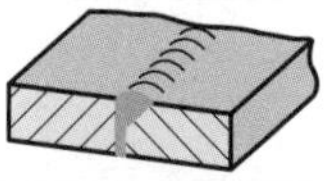	
7	U형 맞대기 용접(평행 또는 경사면)		
8	J형 맞대기 용접		
9	이면 용접	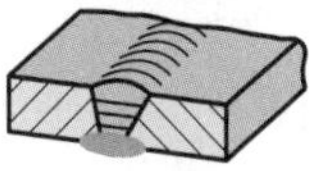	
10	필릿 용접	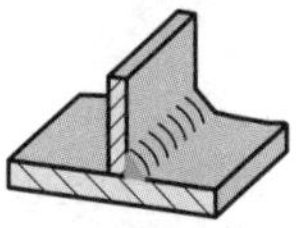	
11	플러그 용접 : 플러그 또는 슬롯 용접(미국)		
12	점 용접	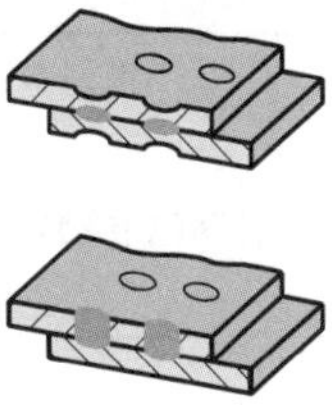	

번호	명칭	그림	기호
13	심(Seam) 용접	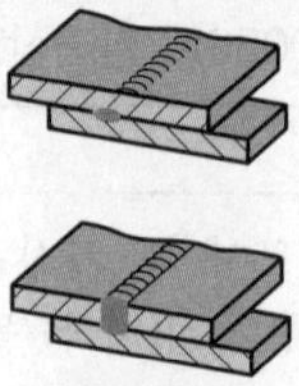	
14	개선 각이 급격한 V형 맞대기 용접		
15	개선 각이 급격한 일면 개선형 맞대기 용접	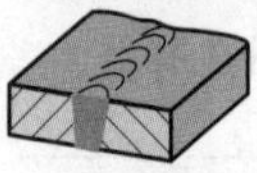	
16	가장자리(Edge) 용접		
17	표면 육성		
18	표면(Surface) 접합부	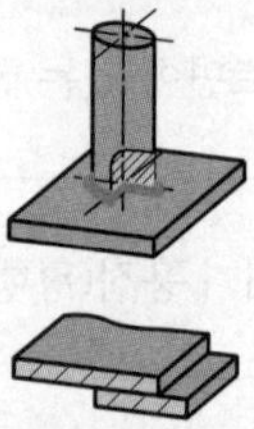	
19	경사 접합부	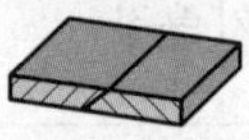	
20	겹침 접합부		

② 기본기호의 조합

필요한 경우 기본기호를 조합하여 사용할 수 있으며, 양면 용접의 경우에는 기본기호를 기준선에 대칭되게 조합하여 사용하면 된다.

▌양면 용접부 조합기호(보기) : 한국산업표준 그림 인용

명칭	그림	기호
양면 V형 맞대기 용접(X용접)	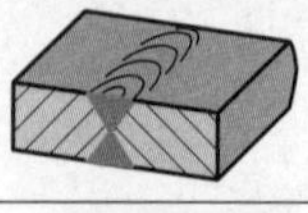	
K형 맞대기 용접	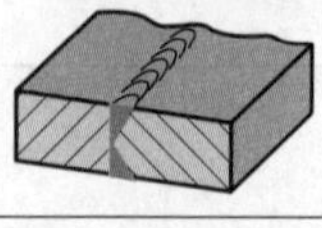	

명칭	그림	기호
넓은 루트면이 있는 양면 V형 용접	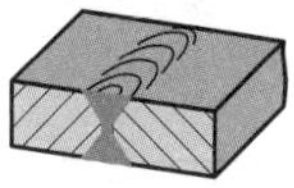	
넓은 루트면이 있는 K형 맞대기 용접	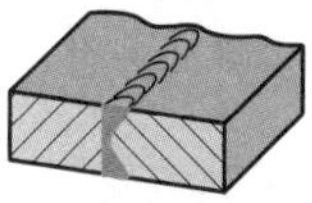	
양면 U형 맞대기 용접		

③ 보조기호

용접부 표면의 모양이나 형상의 특징을 나타내는 기호로써, 보조기호가 없는 경우에는 용접부의 표면을 자세히 나타낼 필요가 없다는 것을 의미한다.

▌보조기호 : 한국산업표준 그림 인용

용접부 표면 또는 용접부 형상	기호
평면(동일한 면으로 마감 처리)	—
볼록형	 ⌒
오목형	 ◡
토우를 매끄럽게 함	
영구적인 이면 판재(Backing Strip) 사용	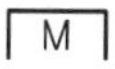 M
제거 가능한 이면 판재 사용	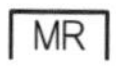 MR

▌보조기호의 적용 보기 : 한국산업표준 그림 인용

명칭	그림	기호
평면 마감 처리한 V형 맞대기 용접	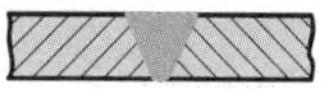	
볼록 양면 V형 용접	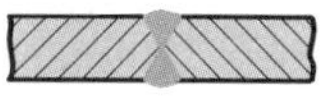	
오목 필릿 용접	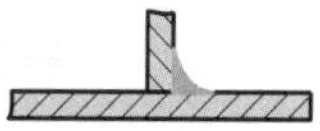	
이면 용접이 있으며 표면 모두 평면 마감 처리한 V형 맞대기 용접		

명칭	그림	기호
넓은 루트면이 있고 이면 용접된 V형 맞대기 용접		
평면 마감 처리한 V형 맞대기 용접		a
매끄럽게 처리한 필릿 용접		

ISO 1302에 따른 기호(표면의 결에 대한 지시) : 이 기호(√) 대신 다음 기호(√)를 사용할 수 있다.

(3) 용접부 위치에 따른 기호의 표시

용접부가 화살표 쪽에 있으면 기호는 실선(기준선) 쪽에 표시하며, 용접부가 화살표 반대쪽에 있으면 기호는 점선(식별선) 쪽에 표시한다.

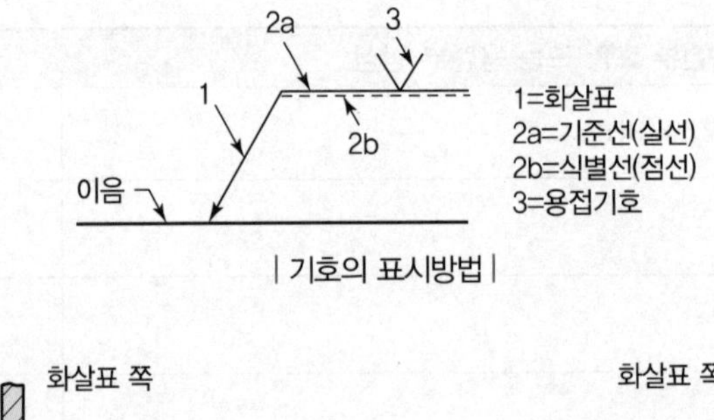

| 기호의 표시방법 |

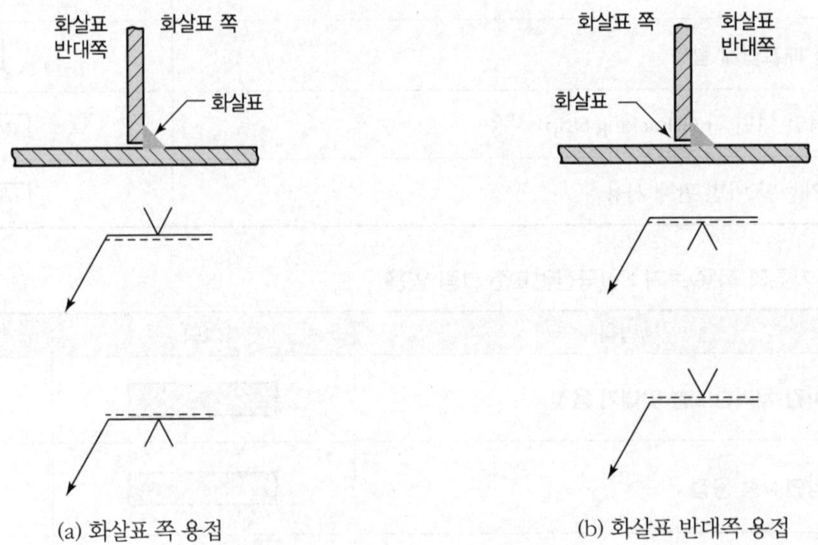

| 용접부 위치에 따른 용접기호의 표시 |

(4) 용접부의 치수 표시

① 용접기호 다음에 어떤 표시도 없는 것은 용접부재의 전체 길이로 연속 용접한다는 의미이다.
② 별도 표시가 없는 경우는 완전 용입이 되는 맞대기 용접을 나타낸다.

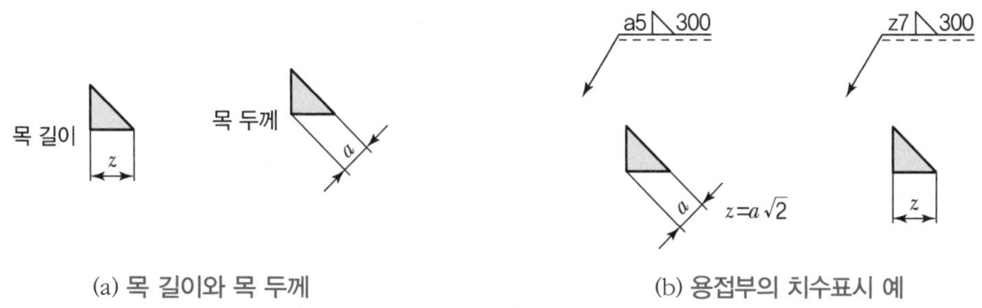

(a) 목 길이와 목 두께　　　(b) 용접부의 치수표시 예

| 필릿 용접부의 치수 표시방법 |

예
- a5◺300 : 화살표 쪽 필릿 용접 목 두께가 5mm이고, 용접부 길이는 300mm이다.
- z7◺300 : 화살표 쪽 필릿 용접 목 길이가 7mm이고, 용접부 길이는 300mm이다.

▍주요 치수 : 한국산업표준 그림 인용

번호	명칭	그림	표시
1	맞대기 용접	s	V
		s	s‖
		s	sY
2	플랜지형 맞대기 용접	s	s‖
3	연속 필릿 용접	z, a	a◺ z◺
4	단속 필릿 용접	l (e) l	a◺ $n \times l(e)$ z◺ $n \times l(e)$

번호	명칭	그림	표시
5	지그재그 단속 필릿 용접	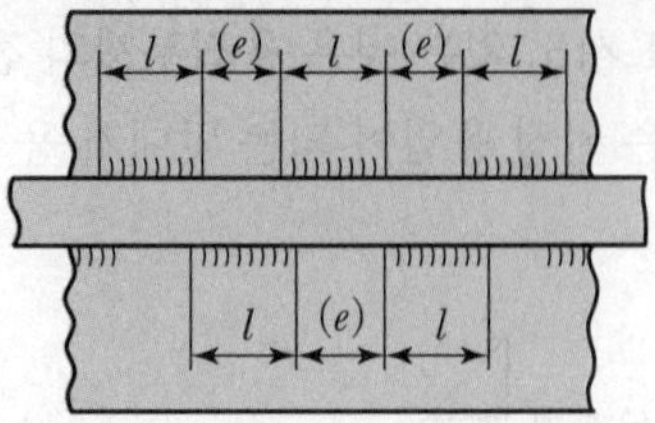	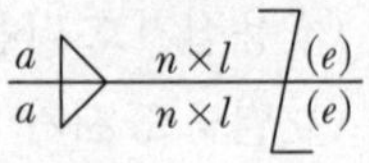 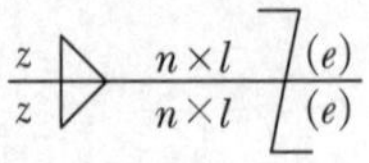 a ▷ $n \times l$ (e) / a ▷ $n \times l$ (e) z ▷ $n \times l$ (e) / z ▷ $n \times l$ (e)
6	플러그 또는 슬롯 용접	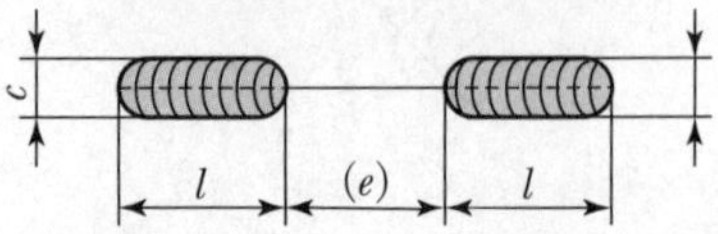	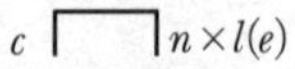 c ⊓ $n \times l(e)$
7	심 용접	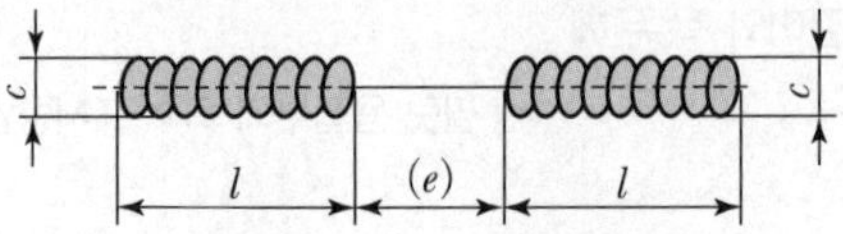	 c ⊖ $n \times l(e)$
8	플러그 용접	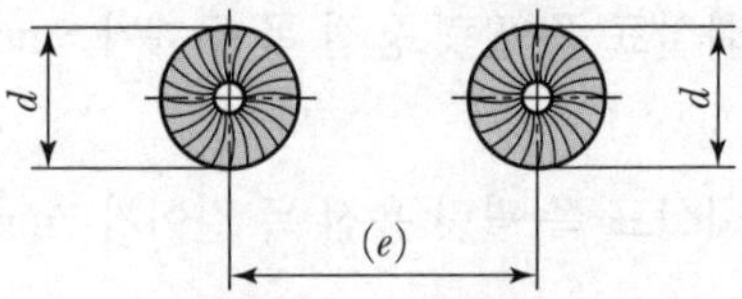	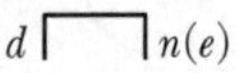 d ⊓ $n(e)$
9	점 용접	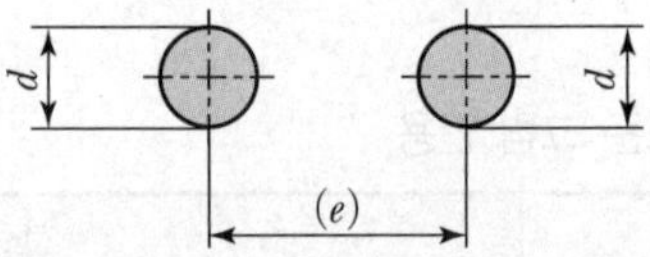	 d ○ $n(e)$

참고

치수에 표시되는 문자의 의미

- s : 맞대기 용접의 경우 부재의 표면으로부터 용입의 바닥까지의 최소거리를 뜻하며, 플랜지형 맞대기 용접의 경우 용접부 외부 표면으로부터 용입의 바닥까지의 최소거리를 뜻한다.
- a : 목 두께
- z : 목 길이
- l : 용접 길이
- (e) : 인접한 용접부 간격
- n : 용접부 수
- c : 슬롯의 너비(플러그 또는 슬롯 용접), 용접부 너비(심 용접)
- d : 구멍의 지름(플러그 용접), 용접부의 지름(점 용접)

(5) 보조 표시

① **일주 용접**

용접이 부재의 전체를 둘러서 이루어질 때 기호는 원으로 표시한다.

② **현장 용접**

현장 용접을 표시할 때는 깃발기호를 사용한다.

| 일주 용접의 표시 |

| 현장 용접의 표시 |

핵심 기출 문제

01 나사의 제도방법을 설명한 것으로 틀린 것은?

① 수나사에서 골지름은 가는 실선으로 도시한다.
② 불완전 나사부를 나타내는 골지름 선은 축선에 대해서 평행하게 표시한다.
③ 암나사의 측면도에서 호칭경에 해당하는 선은 가는 실선이다.
④ 완전 나사부란 산봉우리와 골 및 모양의 양쪽 모두 완전한 산형으로 이루어지는 나사부이다.

해설

② 불완전 나사부를 나타내는 골지름 선은 축선에 대해서 30°로 표시한다.

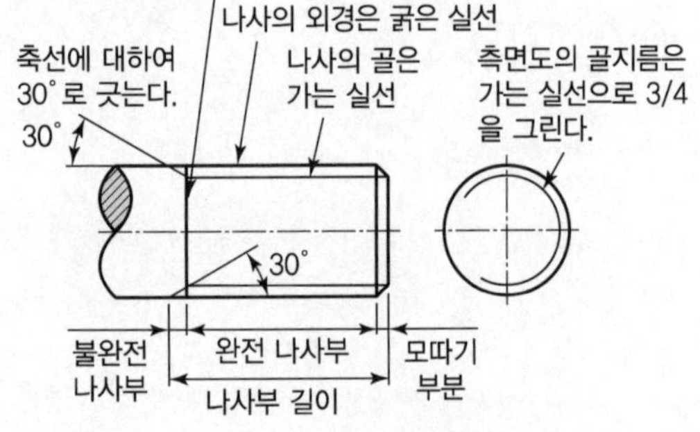

| 수나사의 표시방법 |

02 Tr 40×7－6H로 표시된 나사의 설명 중 틀린 것은?

① Tr : 미터 사다리꼴 나사
② 40 : 나사의 호칭지름
③ 7 : 나사산의 수
④ 6H : 나사의 등급

해설

③ 7 : 피치

03 "2줄 M20×2"와 같은 나사 표시기호에서 리드는 얼마인가?

① 5mm ② 2mm
③ 3mm ④ 4mm

해설

2줄 M20×2
2줄, 미터 가는 나사, 바깥지름 20mm, 피치 2mm이다.
∴ 리드 $L = nP = 2\times 2 = 4\text{mm}$

04 나사의 표시가 다음과 같이 나타날 때 이에 대한 설명으로 틀린 것은?

L 2N M10－6H/6g

① 나사의 감김 방향은 오른쪽이다.
② 나사의 종류는 미터나사이다.
③ 암나사 등급은 6H, 수나사 등급은 6g이다.
④ 2줄 나사이며 나사의 바깥지름은 10mm이다.

해설

L : 나사의 감김 방향은 왼쪽이다.

05 나사의 종류 중 ISO 규격에 있는 관용 테이퍼 나사에서 테이퍼 암나사를 표시하는 기호는?

① PT ② PS
③ Rp ④ Rc

정답 01 ② 02 ③ 03 ④ 04 ① 05 ④

해설

- PT : 관용 테이퍼 나사(ISO 규격에 없음)
- PS : 관용 평행 암나사(ISO 규격에 없음)
- Rp : 관용 평행 암나사
- Rc : 관용 테이퍼 암나사

06 기어제도에 관한 설명으로 옳지 않은 것은?

① 잇봉우리원은 굵은 실선으로 표시하고 피치원은 가는 1점쇄선으로 표시한다.
② 이골원은 가는 실선으로 표시한다. 다만 축에 직각인 방향에서 본 그림을 단면으로 도시할 때는 이골의 선은 굵은 실선으로 표시한다.
③ 잇줄 방향은 통상 3개의 가는 실선으로 표시한다. 다만 주 투영도를 단면으로 도시할 때 외접 헬리컬 기어의 잇줄 방향을 지면에서 앞의 이의 잇줄 방향을 3개의 가는 2점쇄선으로 표시한다.
④ 맞물리는 기어의 도시에서 주 투영도를 단면으로 도시할 때는 맞물림부의 한쪽 잇봉우리 원을 표시하는 선은 가는 1점쇄선 또는 굵은 1점쇄선으로 표시한다.

해설

맞물린 기어에서 주 투상도의 잇봉우리원은 한쪽은 굵은 실선으로, 다른 한쪽은 숨은선으로 표시한다.

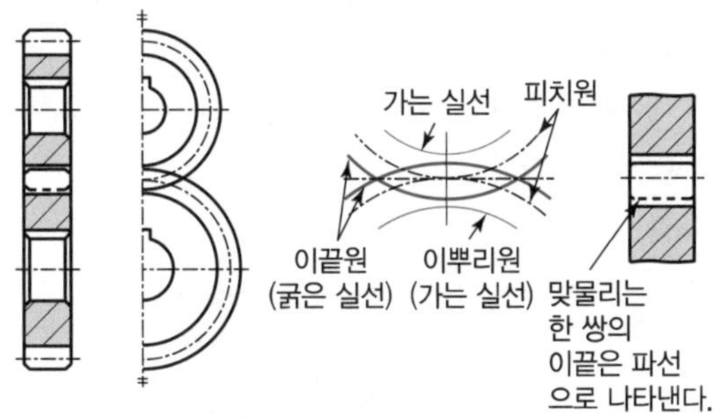

| 정면도 | | 측면도 |

07 모듈이 2인 한 쌍의 외접하는 표준 스퍼기어 잇수가 각각 20과 40으로 맞물려 회전할 때 두 축 간의 중심거리는 척도 1 : 1 도면에서 몇 mm로 그려야 하는가?

① 30mm
② 40mm
③ 60mm
④ 120mm

해설

중심거리 C

$$= \frac{(PCD_1 + PCD_2)}{2} = \frac{(MZ_1 + MZ_2)}{2}$$

$$= \frac{(2 \times 20 + 2 \times 40)}{2} = 60\text{mm}$$

08 다음 V 벨트의 종류 중 단면의 크기가 가장 작은 것은?

① M형　② A형
③ B형　④ E형

해설

크기에는 형별에 따라 M, A, B, C, D, E형이 있고, 폭이 가장 좁은 것은 M형, 가장 넓은 것은 E형이다.

09 표준 스퍼기어의 모듈이 2이고, 이끝원 지름이 84mm일 때 이 스퍼기어의 피치원 지름(mm)은 얼마인가?

① 76　② 78
③ 80　④ 82

해설

- 피치원 지름 : $PCD = M \times Z$
- 이끝원 지름 : $D = PCD + 2M$에서
  $PCD = D - 2M = 84 - (2 \times 2) = 80\text{mm}$

정답　06 ④　07 ③　08 ①　09 ③

10 축을 가공하기 위한 센터 구멍의 도시방법 중 그림과 같은 도시기호의 의미는?

① 센터의 규격에 따라 다르다.
② 다듬질 부분에서 센터 구멍이 남아 있어도 좋다.
③ 다듬질 부분에서 센터 구멍이 남아 있어서는 안 된다.
④ 다듬질 부분에서 반드시 센터구멍을 남겨둔다.

해설

센터 구멍의 도시방법
축 가공 후 센터 구멍을 남겨둘 것인지 남겨두지 않을 것인지 여부를 결정한다.

센터구멍의 필요 여부	도시방법
남겨둔다.	KS A ISO 6411-1 A 2/4.25
남아 있어도 된다.	KS A ISO 6411-1 A 2/4.25
남겨두지 않는다.	KS A ISO 6411-1 A 2/4.25

11 도면에서 가는 실선으로 표시된 대각선 부분의 의미는?

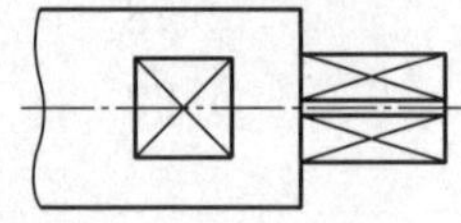

① 평면 ② 곡면
③ 홈부분 ④ 라운드 부분

해설

평면 표시

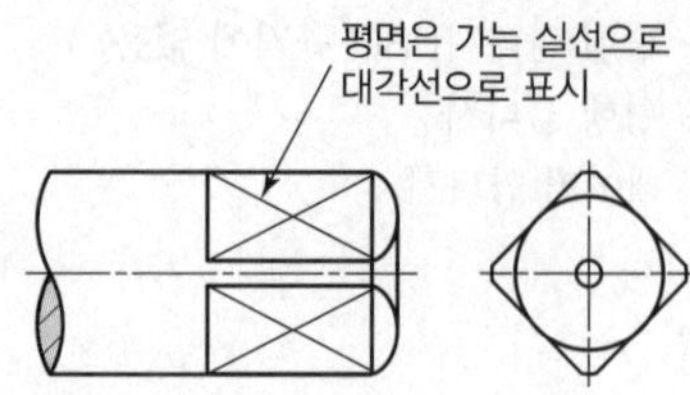

12 베어링의 호칭번호가 62/28일 때 베어링 안지름은 몇 mm인가?

① 28 ② 32
③ 120 ④ 140

해설

베어링 안지름은 호칭번호에서 세 번째, 네 번째 숫자가 베어링 안지름 번호이지만, "/"가 있을 경우 "/" 뒤의 숫자가 그대로 베어링 내경이 된다. 따라서 베어링 안지름은 28mm이다.

13 빗줄 널링(Knurling)의 표시방법으로 가장 올바른 것은?

① 축선에 대하여 일정한 간격으로 평행하게 도시한다.
② 축선에 대하여 일정한 간격으로 수직으로 도시한다.
③ 축선에 대하여 30°로 엇갈리게 일정한 간격으로 도시한다.
④ 축선에 대하여 80°가 되도록 일정한 간격으로 평행하게 도시한다.

해설

널링
굵은 실선으로 축선에 대하여 30°로 엇갈리게 일정한 간격으로 도시한다.

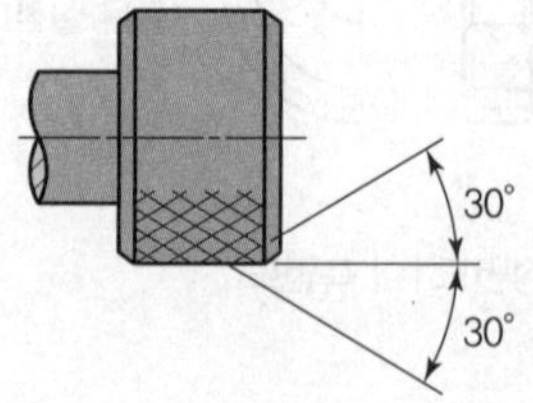

정답 10 ④ 11 ① 12 ① 13 ③

14 다음 중 단열 앵귤러 볼베어링의 간략 도시기호는?

① 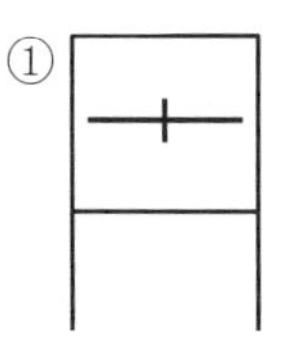

② 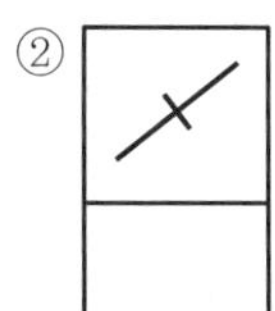

③ 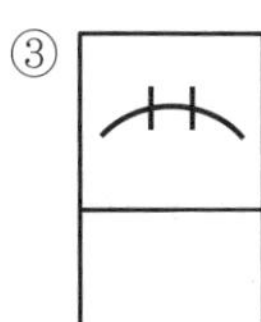

④ 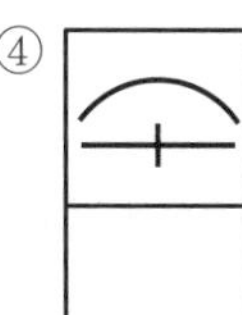

해설

② 단열 앵귤러 볼베어링

15 코일 스프링의 제도에 대한 설명 중 틀린 것은?

① 원칙적으로 하중이 걸리지 않는 상태로 그린다.
② 특별한 단서가 없는 한 모두 오른쪽 감기로 도시하고, 왼쪽 감기로 도시할 때에는 '감긴 방향 왼쪽'이라고 표시한다.
③ 그림 안에 기입하기 힘든 사항은 일괄하여 요목표에 표시한다.
④ 부품도 등에서 동일 모양 부분을 생략하는 경우에는 생략된 부분을 가는 파선 또는 굵은 파선으로 표시한다.

해설

④ 코일 스프링에서 양 끝을 제외한 동일 모양 부분의 일부를 생략하는 경우에는 생략하는 부분의 선지름의 중심선을 가는 1점쇄선으로 그린다.

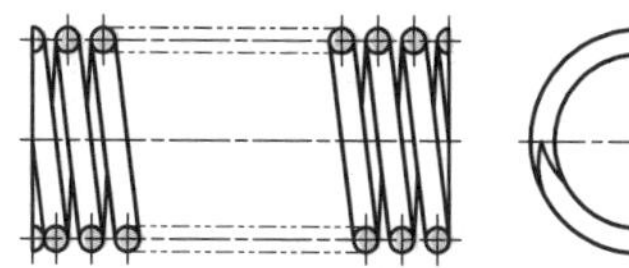
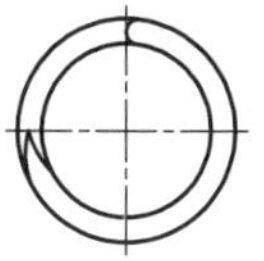

| 코일 스프링 부분 생략도 |

16 다음 중 스파이럴 스프링의 치수나 요목표에 기입하지 않아도 되는 사항은?

① 판 두께 ② 재료
③ 전체 길이 ④ 최대하중

해설

스파이럴 스프링
단면이 일정한 가늘고 긴 띠 모양의 강을 한 평면상에 코일 형상으로 감은 스프링으로 나선형 스프링, 태엽 스프링이라고도 한다. 최대하중은 요목표에 기입하지 않는다.

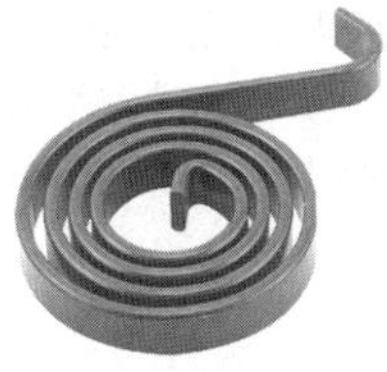

| 스파이럴 스프링 |

17 다음 중 무하중 상태로 그려지는 스프링이 아닌 것은?

① 접시 스프링 ② 겹판 스프링
③ 벌류트 스프링 ④ 스파이럴 스프링

해설

겹판 스프링은 일반적으로 스프링 판이 수평인 상태(힘을 받고 있는 상태)에서 그리고, 무하중일 때의 모양은 2점쇄선으로 표시한다.

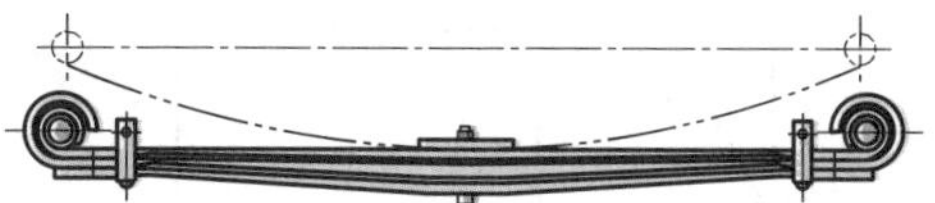

정답 14 ② 15 ④ 16 ④ 17 ②

18 다음 도면과 같은 이음의 종류로 가장 적합한 설명은?

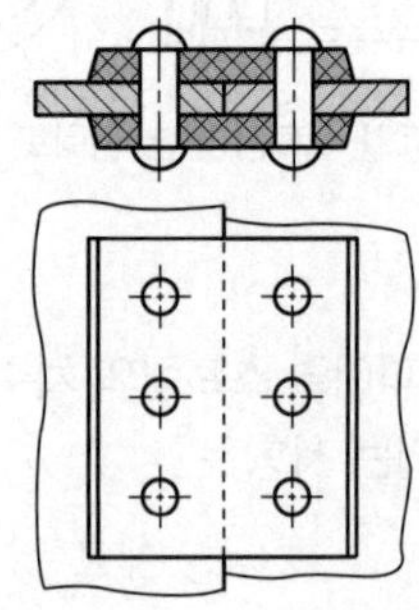

① 2열 겹치기 평행형 둥근머리 리벳이음
② 양쪽 덮개판 1열 맞대기 둥근머리 리벳이음
③ 양쪽 덮개판 2열 맞대기 둥근머리 리벳이음
④ 1열 겹치기 평행형 둥근머리 리벳이음

해설

② 양쪽 덮개판 1열 맞대기 둥근머리 리벳이음은 모재와 모재가 서로 맞대어 있고, 모재 양쪽(위아래방향)으로 덮개판이 양쪽에 있는 둥근머리 리벳이음이다.

19 이면 용접의 KS 기호로 옳은 것은?

① ◡ ② ◺
③ ⊓ ④ ○

해설

① 이면 용접 ② 필릿 용접
③ 플러그 용접 ④ 점 용접

20 그림과 같이 기입된 KS 용접기호의 해석으로 옳은 것은?

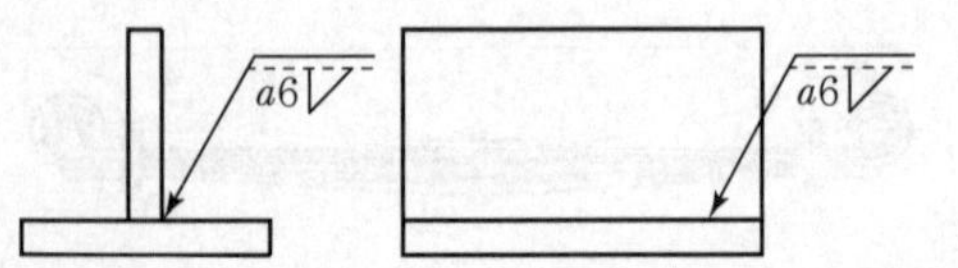

① 화살표 쪽 필릿 용접 목 두께가 6mm
② 화살표 반대쪽 필릿 용접 목 두께가 6mm
③ 화살표 쪽 필릿 용접 목 길이가 6mm
④ 화살표 반대쪽 필릿 용접 목 길이가 6mm

해설

화살표 반대쪽 필릿 용접 목 두께가 6mm가 바른 해석이다.

- ◺ : 필릿 용접
- a6 : 점선에 필릿 용접기호가 있으므로 화살표 반대쪽 용접이고, a6는 용접 목 두께 6mm를 뜻한다.

21 그림과 같이 용접기호가 도시될 때 이에 대한 설명으로 잘못된 것은?

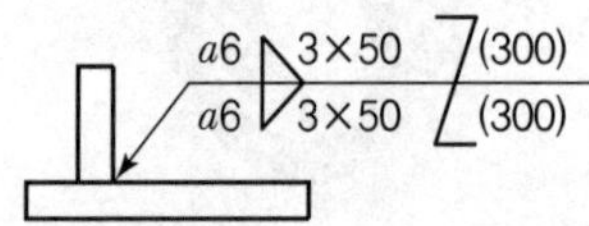

① 양쪽의 용접 목 두께는 모두 6mm이다.
② 용접부의 개수(용접수)는 양쪽에 3개씩이다.
③ 피치는 양쪽 모두 50mm이다.
④ 지그재그 단속 용접이다.

해설

③ 피치는 양쪽 모두 300mm이다.

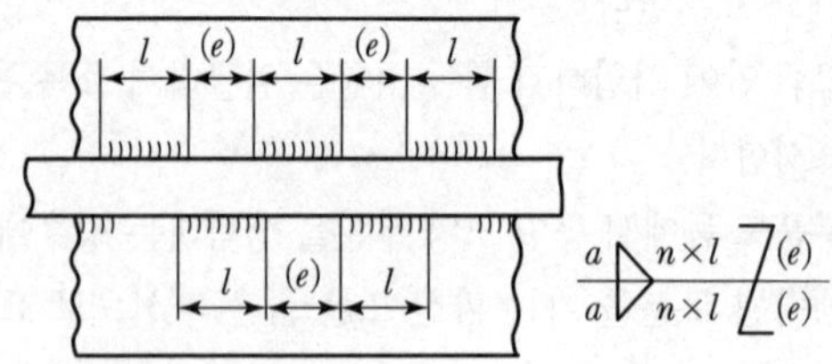

- a : 목 두께
- n : 용접부 수
- l : 용접 길이
- (e) : 인접한 용접부 간격(피치)

정답 18 ② 19 ① 20 ② 21 ③

22 필릿 용접기호 중 화살표 반대쪽에 필릿 용접을 지시하는 것은?

① 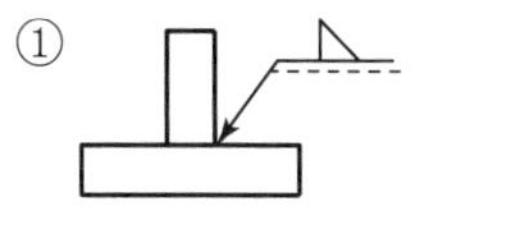

② 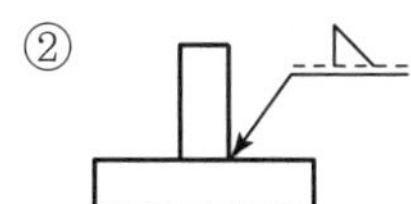

③ 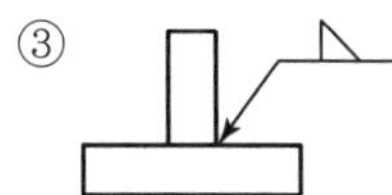

④ 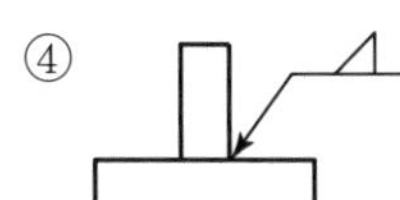

해설

② 점선에 필릿 용접기호가 있으므로 화살표 반대쪽 용접을 뜻한다.

23 다음 용접기호에 대한 설명으로 옳지 않은 것은?

① : 매끄럽게 처리한 필릿 용접

② : 넓은 루트면이 있고 이면 용접된 V형 맞대기 용접

③ : 평면 마감 처리한 V형 맞대기 용접

④ : 볼록한 필릿 용접

해설

④ : 오목한 필릿 용접

24 다음과 같은 리벳의 호칭법으로 옳은 것은?(단, 재질은 SV330이다.)

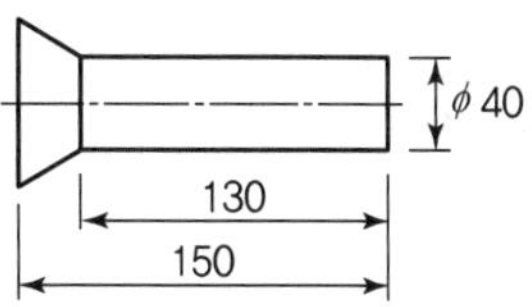

① 납작 머리 리벳 40×130 SV330

② 납작 머리 리벳 40×150 SV330

③ 접시 머리 리벳 40×130 SV330

④ 접시 머리 리벳 40×150 SV330

해설

리벳의 호칭방법은 리벳의 종류, 호칭지름×길이, 재료 순으로 기입한다.

여기서, 접시머리 리벳의 길이는 머리부위를 포함한 전체 길이(150mm)이다.

∴ 접시 머리 리벳 40×150 SV330

정답 22 ② 23 ④ 24 ④

06 공차 및 표면 거칠기

1 치수공차

1. 용어 정의

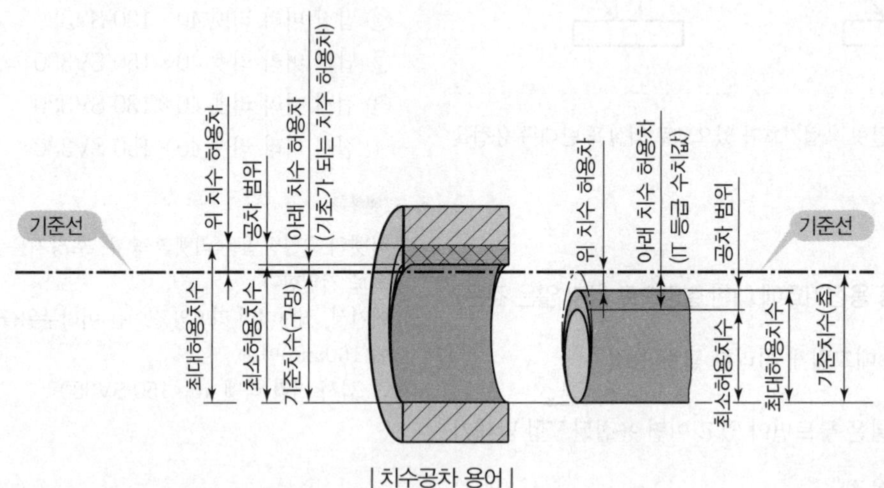

| 치수공차 용어 |

① **실치수** : 물체(형체)의 실제 측정치수를 말하며, 기본단위는 mm이다.

② **기준선** : 허용한계치수 또는 끼워 맞춤을 도시할 때는 기준치수를 나타내고, 치수 허용차의 기준이 되는 직선을 말한다.

예 구멍 : $\varnothing 60^{+0.04}_{+0.01}$, 축 : $\varnothing 60^{-0.01}_{-0.029}$

③ **기준치수** : 위 치수 허용차 및 아래 치수 허용차를 적용하는 데 따라 허용한계치수가 주어지는 기준이 되는 치수로 도면에 기입된 호칭치수와 같다.

구분	구멍	축
기준치수	∅60	∅60

④ **최대허용치수** : 물체에 허용되는 최대치수를 말한다(기준치수 + 위 치수 허용차).

구분	구멍	축
최대허용치수	∅60 + 0.04 = ∅60.04	∅60 − 0.01 = ∅59.99

⑤ **최소허용치수** : 물체에 허용되는 최소치수를 말한다(기준치수 + 아래 치수 허용차).

구분	구멍	축
최소허용치수	∅60 + 0.01 = ∅60.01	∅60 − 0.029 = ∅59.971

⑥ 허용한계치수 : 물체의 실제치수가 그 사이에 들어가도록 한계를 정하여 허용할 수 있는 최대, 최소의 극한 치수(최대허용치수, 최소허용치수)를 말한다.

구분	구멍	축
허용한계치수	$\varnothing^{60.04}_{60.01}$	$\varnothing^{59.99}_{59.971}$

⑦ 위 치수 허용차 : "최대허용치수 − 기준치수"를 말한다.

구분	구멍	축
위 치수 허용차	$\varnothing 60.04 - \varnothing 60 = +0.04$	$\varnothing 59.99 - \varnothing 60 = -0.01$

⑧ 아래 치수 허용차 : "최소허용치수 − 기준치수"를 말한다.

구분	구멍	축
아래 치수 허용차	$\varnothing 60.01 - \varnothing 60 = +0.01$	$\varnothing 59.971 - \varnothing 60 = -0.029$

⑨ 치수공차(공차 범위) : "최대허용치수 − 최소허용치수" 또는 "위 치수 허용차 − 아래 치수 허용차"를 말한다.

구분	구멍	축
치수공차(공차 범위)	• $\varnothing 60.04 - \varnothing 60.01 = 0.03$ • $0.04 - 0.01 = 0.03$	• $\varnothing 59.99 - \varnothing 59.971 = 0.019$ • $-0.01 - (-0.029) = 0.019$

2. 일반공차

개별 공차 지시가 없는 선 치수(길이 치수)와 각도 치수에 대한 공차를 뜻한다.
공차 등급에 따른 분류는 아래 표를 따르고 도면에 표시할 때는 KS B ISO 2768 − f와 같이 나타낸다.

호칭	f	m	c	v
설명	정밀급	중간급	거친급	매우 거친급

3. IT 기본공차

다음 표는 IT 기본공차가 적용되는 부분을 나타낸 것으로 기본공차의 등급을 01급, 0급, 1급, 2급, …, 18급의 총 20등급으로 구분하여 규정하였다. 표에서 알 수 있듯이 숫자가 낮을수록 IT 등급이 높으며, 축이 구멍보다 한 등급씩 높다는 것을 알 수 있다.

구분 \ 적용	게이지 제작 공차	끼워 맞춤 공차	일반공차 (끼워 맞춤 이외 공차)
구멍	IT01∼IT5급	IT6∼IT10급	IT11∼IT18급
축	IT01∼IT4급	IT5∼IT9급	IT10∼IT18급

4. 끼워 맞춤의 구멍과 축의 기호 및 상호관계

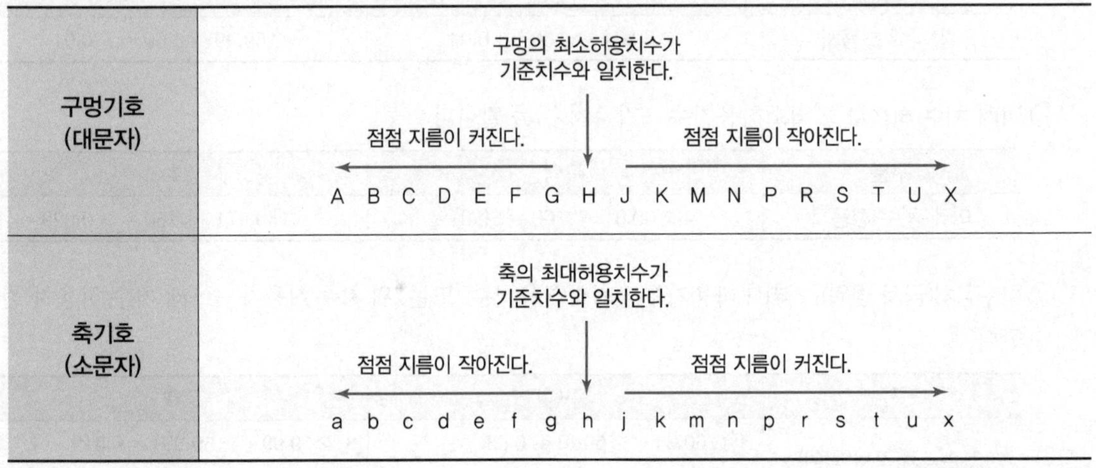

5. 끼워 맞춤의 종류

① 헐거운 끼워 맞춤 : 구멍과 축을 조립하면 틈새만 존재한다.

② 억지 끼워 맞춤 : 구멍과 축을 조립하면 죔새만 존재한다.

③ 중간 끼워 맞춤 : 구멍과 축을 조립하면 틈새 또는 죔새가 발생한다.

④ 틈새 : 구멍의 치수가 축의 치수보다 클 때의 구멍과 축의 치수 차를 말한다.

예 구멍 : $\varnothing 60^{+0.04}_{+0.01}$, 축 : $\varnothing 60^{-0.01}_{-0.029}$

㉠ 최소틈새 : 헐거운 끼워 맞춤에서 "구멍의 최소허용치수－축의 최대허용치수"를 말한다(주어진 치수에서 구멍은 가장 작고, 축은 가장 클 때).

즉, $60.01-59.99=0.02$ 또는 $0.01-(-0.01)=0.02$이다.

㉡ 최대틈새 : 헐거운 끼워 맞춤에서 "구멍의 최대허용치수－축의 최소허용치수"를 말한다(주어진 치수에서 구멍은 가장 크고, 축은 가장 작을 때).

즉, $60.04-59.971=0.069$ 또는 $0.04-(-0.029)=0.069$이다.

⑤ 죔새 : 구멍의 치수가 축의 치수보다 작을 때 발생하며 조립 전의 구멍과 축의 치수 차를 말한다.

㉥ 구멍 : $\varnothing 60^{-0.005}_{-0.024}$, 축 : $\varnothing 60^{+0.01}_{+0.002}$

㉠ 최소죔새 : 억지 끼워 맞춤에서 조립 전의 "축의 최소허용치수 − 구멍의 최대허용치수"를 말한다(축은 가장 작고, 구멍은 가장 클 때).

즉, $60.002 - 59.995 = 0.007$ 또는 $0.002 - (-0.005) = 0.007$이다.

㉡ 최대죔새 : 억지 끼워 맞춤에서 조립 전의 "축의 최대허용치수 − 구멍의 최소허용치수"를 말한다(축은 가장 크고, 구멍은 가장 작을 때).

즉, $60.01 - 59.976 = 0.034$ 또는 $0.01 - (-0.024) = 0.034$이다.

⑥ 자주 사용하는 구멍 기준 끼워 맞춤 공차

(KS B 0401)

기준 구멍	축의 종류와 등급																
	헐거운 끼워 맞춤							중간 끼워 맞춤			억지 끼워 맞춤						
	b	c	d	e	f	g	h	js	k	m	n	p	r	s	t	u	x
H5						4	4	4	4	4							
H6						5	5	5	5	5							
					6	6	6	6	6	6	6*	6*					
H7				(6)	6	6	6	6	6	6	6	6	6*	6	6	6	6
				7	7	(7)	7	7	(7)	(7)	(7)	(7)	(7)	(7)	(7)	(7)	(7)
H8					7		7										
				8	8		8										
			9	9													
H9			8	8			8										
		9	9	9			9										
H10	9	9	9														

표 안에서 " * " 표시의 끼워 맞춤은 치수의 구분에 따라 예외가 있으며 괄호가 붙여진 것은 거의 사용하지 않는다.

㉥ • $\varnothing$60H7/g6 : 헐거운 끼워 맞춤
• $\varnothing$60H7/js6 : 중간 끼워 맞춤
• $\varnothing$60H7/p6 : 억지 끼워 맞춤

⑦ 자주 사용하는 축 기준 끼워 맞춤 공차 (KS B 0401)

기준 축	구멍의 종류와 등급																
	헐거운 끼워 맞춤							중간 끼워 맞춤			억지 끼워 맞춤						
	B	C	D	E	F	G	H	JS	K	M	N	P	R	S	T	U	X
h5							6	6	6	6	6*	6					
h6					6	6	6	6	6	6	6	6*					
				(7)	7	7	7	7	7	7	7	7*	7	7	7	7	7
h7				7	7	(7)	7	(7)	(7)	(7)	(7)	(7)	(7)	(7)			
					8		8										
h8			8	8	8		8										
			9	9			9										
h9			8	8			8										
		9	9	9			9										
	10	10	10														

표 안에서 "*" 표시의 끼워 맞춤은 치수의 구분에 따라 예외가 있으며 괄호가 붙여진 것은 거의 사용하지 않는다.

예
- ∅60h6/G7 : 헐거운 끼워 맞춤
- ∅60h6/JS7 : 중간 끼워 맞춤
- ∅60h6/N7 : 억지 끼워 맞춤

6. 치수공차기입법

구멍과 축의 끼워 맞춤 공차를 동시에 기입하여 사용할 경우 구멍과 축의 기준치수 다음에 구멍의 공차 기호와 축의 공차기호를 연속하여 기입한다[단, 연속하여 기입할 경우 구멍공차(대문자), 축공차(소문자) 순서대로 쓴다].

예 ∅60H7/g6

∅60H7 − g6

$\varnothing 60\frac{H7}{g6}$

2 기하공차

1. 기하공차의 종류와 기호

공차의 종류		기호	적용하는 형체	기준면(Datum)
모양 공차	직진도 공차	—	단독 형체	불필요
	평면도 공차	⏥		
	진원도 공차	○		
	원통도 공차	⌭		
	선의 윤곽도 공차	⌒	단독 형체 또는 관련 형체	
	면의 윤곽도 공차	⌓		
자세 공차	평행도 공차	//	관련 형체	필요
	직각도 공차	⊥		
	경사도 공차	∠		
위치 공차	위치도 공차	⌖		
	동심도 공차	◎		
	대칭도 공차	⌯		
흔들림 공차	원주 흔들림 공차	↗		
	온흔들림 공차	⌰		

2. 기하공차의 부가기호

① 최대실체조건(MMC, Maximum Material Condition)
- ㉠ 실체(구멍, 축)가 최대질량을 갖는 조건이므로 구멍 지름이 최소이거나 축 지름이 최대일 때를 말한다.
- ㉡ 최대실체치수(MMS, Maximum Material Size)의 기호는 **Ⓜ으로 표기**한다.

② 최소실체조건(LMC, Least Material Condition)
- ㉠ 실체(구멍, 축)가 최소질량을 갖는 조건이므로 구멍 지름이 최대이거나 축 지름이 최소일 때를 말한다.
- ㉡ 최소실체치수(LMS, Least Material Size)의 기호는 Ⓛ로 표기한다.

③ 돌출 공차 : 형체의 돌출부에 대해 적용하는 공차로 기호는 **Ⓟ로 표기**한다.

④ 실체 공차를 사용하지 않음 : 규제기호로 표시하지 않음(RFS)의 기호는 Ⓢ로 표기한다.

3. 기하공차의 기입방법

기하공차가 아래와 같이 도면에 기입될 때	해설
// | 0.02/100 | A	A면을 기준으로 기준길이 100mm당 평행도가 0.02mm임을 표시
⌯ | 0.01 / 0.003/100	구분 구간 100mm에 대하여는 0.003mm, 전체 길이에 대하여는 0.01mm의 대칭도
▱ | 0.01/□100	임의의 100 × 100에 대한 평면도의 허용값이 0.01임을 표시

③ 표면 거칠기

표면 거칠기는 가공된 표면 거칠기의 정밀도를 의미하며, 표면 거칠기의 표시는 공차와 밀접한 관련이 있다.

1. 표면 거칠기 표시방법

KS B 0161에서는 표면 거칠기를 다음 세 가지 방법으로 규정하고 있다.

① 산술평균 거칠기(R_a) : 1999년 이전에는 중심선 평균 거칠기라 하였다. 단면곡선(진한 곡선)의 중심선(X축) 아래 부분을 위쪽으로 접어서 얻은 빗금 부분의 면적을 적분으로 구해 기준길이(l)로 나눈 값이다.

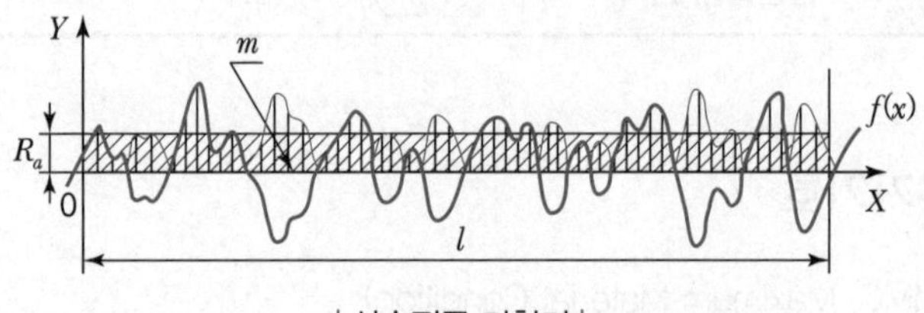

| 산술평균 거칠기 |

② 최대높이(R_y)

기준길이(l)의 단면 곡선 중 가장 높은 곳과 가장 낮은 곳 사이의 거리를 의미한다.

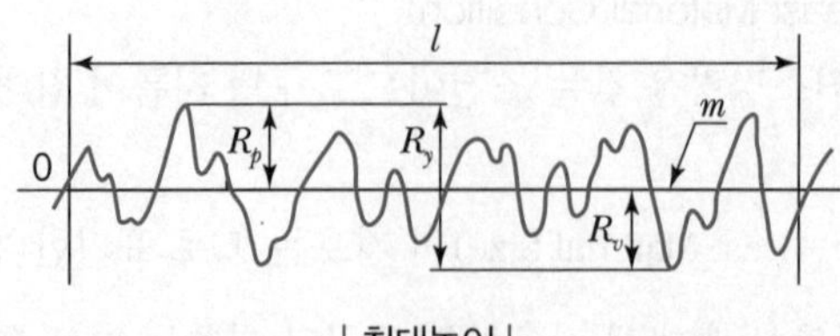

| 최대높이 |

③ 10점 평균 거칠기(R_z)

기준길이(l) 사이에서 가장 높은 봉우리 5개의 평균과 가장 낮은 골 5개의 평균을 합하여 측정한다(10개 점의 평균값).

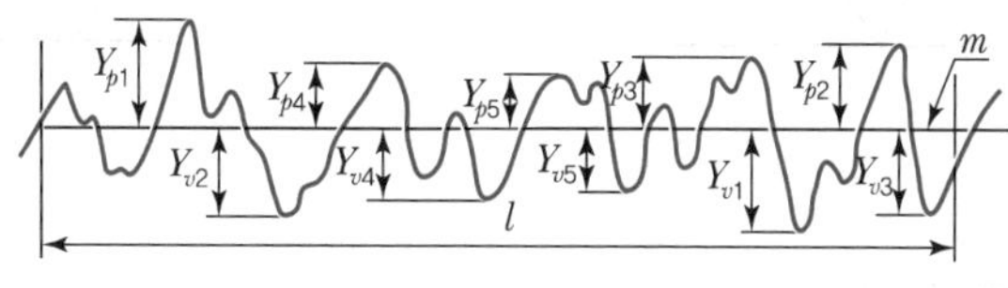

| 10점 평균 거칠기 |

2. 다듬질 기호

표면 거칠기의 표시는 가공된 표면의 거칠기 정도를 기호로써 표기하는 것을 말하는데, 이를 다듬질 기호라고도 한다. 표면 거칠기의 정밀도가 높으면 높을수록 부품의 가공비는 많이 들게 되므로 물체의 특성과 경제성을 고려하여 적절한 표면 거칠기 값을 기입하는 것이 바람직하다.

표면 거칠기의 지시사항으로 대상물의 표면, 제거가공 여부, 표면 거칠기 값을 기입하며, 필요에 따라 표면 가공방법, 줄무늬 방향, 파상도 등도 함께 표시한다.

(1) 제거가공 여부에 따른 표시

① √ : 절삭 등 제거가공의 필요 여부를 문제 삼지 않는다.

② (원 표시 기호) : 제거가공을 하지 않는다.

③ (삼각형 표시 기호) : 제거가공을 한다.

(2) 지시기호 위치에 따른 표시

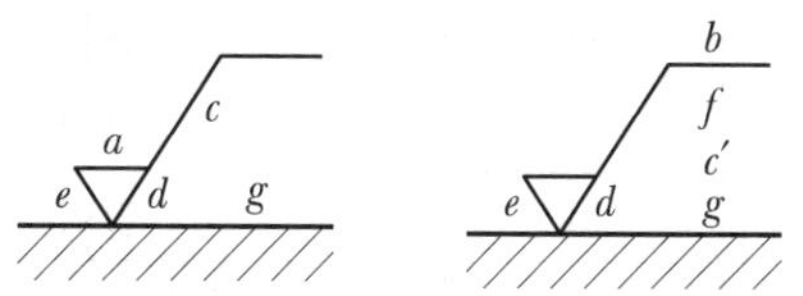

- a : 중심선 평균 거칠기의 값(R_a의 값[μm])
- b : 가공방법, 표면처리
- c : 컷오프 값, 평가길이
- c' : 기준길이, 평가길이
- d : 줄무늬 방향의 기호
- e : 기계 가공 공차(ISO에 규정되어 있음)
- f : 최대높이 또는 10점 평균 거칠기의 값
- g : 표면 파상도(KS B 0610에 따름)

※ a 또는 f 이외는 필요에 따라 기입한다.

(3) 가공방법에 따른 표시

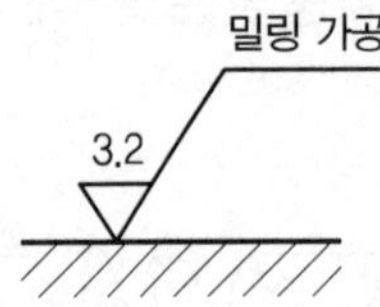

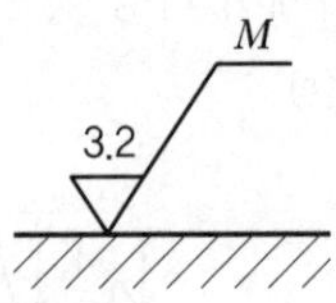

(4) 표면처리 지시에 따른 표시

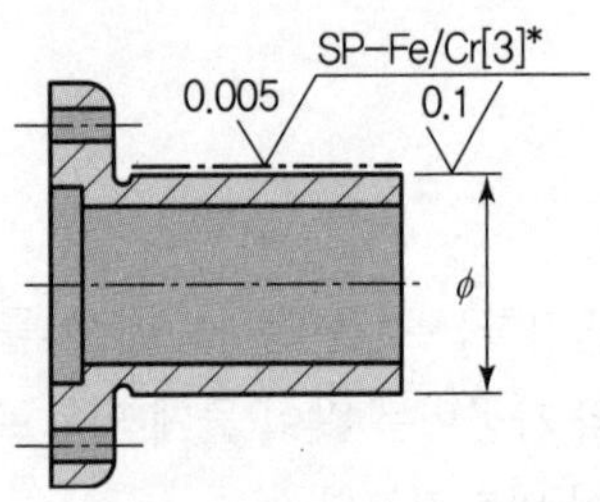

- SP(Surface treatment Polishing) : 표면처리 폴리싱(연마)
- Fe : 소재는 철강
- Cr : 크롬 도금
- [3] : 도금의 등급, 3급으로 도금(두께 10μm)
- * : 'KS D 0022의 표시에 따른다.'라는 의미의 기호

(5) 줄무늬 방향에 따른 표시

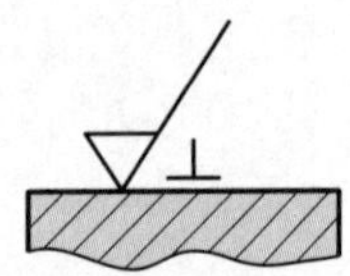

투상면에 직각으로 줄무늬 생성

4 가공방법에 따른 약호

(1) 절삭에 관한 가공방법

가공방법		약호	
		I	Ⅱ
주조	Casting	C	주조
선반 가공	Lathe	L	선삭
드릴 가공	Drilling	D	드릴링
보링머신 가공	Boring	B	보링
밀링 가공	Milling	M	밀링
평삭반 가공	Planing	P	평삭(플레이닝)
형삭반 가공	SHaper	SH	형삭(셰이퍼)
브로치 가공	BRoach	BR	브로칭

(2) 다듬질(Finishing) 가공에 의한 가공방법

가공방법		약호	
		I	II
리머 가공	Reaming	FR	리밍
버프 다듬질	Buffing	FB	브러싱
블라스트 다듬질	Sand Blasting	SB	블라스팅
래핑 다듬질	Lapping	FL	래핑
줄 다듬질	File	FF	줄
스크레이퍼 다듬질	Scraping	FS	스크레이핑
페이퍼 다듬질	Coated Abrasive	FCA	페이퍼

(3) 연삭(Grinding)에 의한 가공방법

가공방법		약호	
		I	II
연삭 가공	Grinding	G	연삭
벨트샌딩 가공	Belt Sanding	GBL	벨트 연삭
호닝 가공	Horning	GH	호닝

(4) 특수가공(Special Processing)에 의한 가공방법

가공방법		약호	
		I	II
배럴연마 가공	BaRrel	SPBR	배럴
액체호닝 가공	Liquid Horning	SPLH	액체호닝

5 줄무늬 방향의 기호

기호	뜻	설명도
=	가공으로 생긴 커터의 줄무늬 방향이 기호를 기입한 그림의 투상면에 평행	커터의 줄무늬 방향
⊥	가공으로 생긴 커터의 줄무늬 방향이 기호를 기입한 그림의 투상면에 직각	커터의 줄무늬 방향
X	가공으로 생긴 커터의 줄무늬 방향이 기호를 기입한 그림의 투상면에 경사지고 두 방향으로 교차	커터의 줄무늬 방향
M	가공으로 생긴 커터의 줄무늬가 여러 방향으로 교차 또는 방향이 없음	
C	가공으로 생긴 커터의 줄무늬가 기호를 기입한 면의 중심에 대하여 동심원 모양	
R	가공으로 생긴 커터의 줄무늬가 기호를 기입한 면의 중심에 대하여 대략 방사선 모양	

핵심 기출 문제

01 지름이 60mm, 공차가 +0.001～+0.015인 구멍의 최대허용치수는?

① 59.85
② 59.985
③ 60.15
④ 60.015

해설

구멍의 최대허용치수＝기준치수＋위 치수 허용차
　여기서, 기준치수 : $\phi 60$
　　　　위 치수 허용차 : ＋0.015
　　　　아래 치수 허용차 : ＋0.001

구멍의 최대허용치수＝60＋0.015＝60.015이다.

02 구멍 70H7($70^{+0.030}_{0}$), 축 70g6($70^{-0.010}_{-0.029}$)의 끼워 맞춤이 있다. 끼워 맞춤의 명칭과 최대틈새를 바르게 설명한 것은?

① 중간 끼워 맞춤이며 최대틈새는 0.01이다.
② 헐거운 끼워 맞춤이며 최대틈새는 0.059이다.
③ 억지 끼워 맞춤이며 최대틈새는 0.029이다.
④ 헐거운 끼워 맞춤이며 최대틈새는 0.039이다.

해설

구멍이 축보다 항상 크므로 헐거운 끼워 맞춤이다.
최대틈새는 구멍은 가장 크고, 축은 가장 작을 때 발생하므로 "구멍의 최대허용치수－축의 최소허용치수"를 구하면 된다.

- 구멍의 최대허용치수＝70＋0.03＝70.03
- 축의 최소허용치수＝70＋(－0.029)＝69.971

∴ 최대틈새＝70.03－69.971＝0.059

03 h6 공차인 축에 중간 끼워 맞춤이 적용되는 구멍의 공차는?

① R7　　② K7
③ G7　　④ F7

해설

h6은 축 기준식 끼워 맞춤 공차를 나타내며, 구멍의 공차가 K7일 때 중간 끼워 맞춤을 나타낸다.

기준축	구멍의 공차역 클래스												
	헐거운 끼워 맞춤			중간 끼워 맞춤			억지 끼워 맞춤						
h6	F6	G6	H6	JS6	K6	M6	N6	P6					
	F7	G7	H7	JS7	K7	M7	N7	P7	R7	S7	T7	U7	X7

04 $\varnothing 40^{-0.021}_{-0.037}$의 구멍과 $\varnothing 40^{0}_{-0.016}$의 축 사이의 최소죔새는?

① 0.053
② 0.037
③ 0.021
④ 0.005

해설

최소죔새는 축은 가장 작고, 구멍은 가장 클 때 발생하므로 "축의 최소허용치수－구멍의 최대허용치수"를 구하면 된다.

- 축의 최소허용치수＝40＋(－0.016)＝39.984
- 구멍의 최대허용치수＝40＋(－0.021)＝39.979

∴ 최소죔새＝39.984－39.979＝0.005

정답　01 ④　02 ②　03 ②　04 ④

05 다음 끼워 맞춤 중에서 헐거운 끼워 맞춤인 것은?

① 25N6/h5　　② 20P6/h5
③ 6JS7/h6　　④ 50G7/h6

해설

h5, h6은 축 기준식 끼워 맞춤 공차를 나타내며, 구멍의 공차가 G7일 때 헐거운 끼워 맞춤을 나타낸다.

기준축	구멍의 공차역 클래스												
	헐거운 끼워 맞춤			중간 끼워 맞춤			억지 끼워 맞춤						
h5				JS6	K6	M6	N6	P6					
h6	F6	G6	H6	JS6	K6	M6	N6	P6					
	F7	G7	H7	JS7	K7	M7	N7	P7	R7	S7	T7	U7	X7

06 허용한계 치수기입이 틀린 것은?

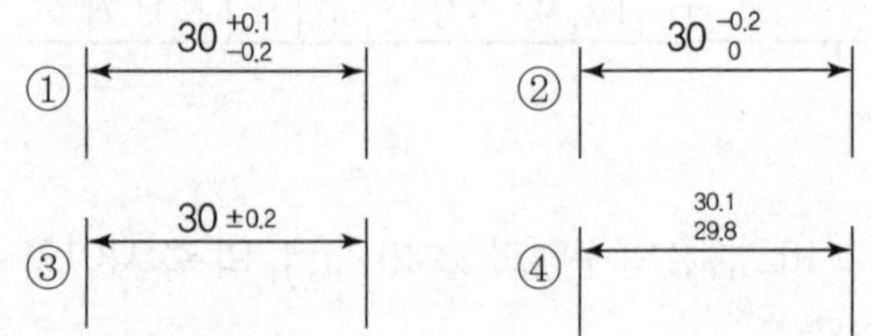

해설

②는 아래 치수 허용공차와 위 치수 허용공차의 위치를 바꿔 기입하여 틀렸다. 올바른 허용한계 치수기입은 아래 그림처럼 기입하여야 한다.

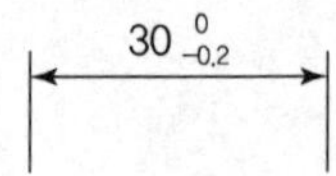

07 데이텀(Datum)에 관한 설명으로 틀린 것은?

① 데이텀을 표시하는 방법은 영어의 소문자를 정사각형으로 둘러싸서 나타낸다.
② 지시선을 연결하여 사용하는 데이텀 삼각기호는 빈틈없이 칠해도 좋고, 칠하지 않아도 좋다.
③ 형체에 지정되는 공차가 데이텀과 관련되는 경우 데이텀은 원칙적으로 데이텀을 지시하는 문자기호에 의하여 나타낸다.
④ 관련 형체에 기하학적 공차를 지시할 때, 그 공차 영역을 규제하기 위하여 설정한 이론적으로 정확한 기하학적 기준을 데이텀이라 한다.

해설

① 데이텀을 표시하는 방법은 영어의 알파벳 대문자를 사각형으로 둘러싸서 나타낸다.

08 그림과 같은 공차기호에서 최대실체 공차방식을 표시하는 기호는?

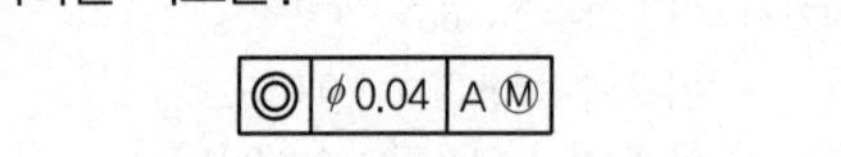

① ◎　　② A　　③ Ⓜ　　④ ø

해설

최대실체 공차방식은 Ⓜ 기호로 표시한다.

09 그림과 같은 기하공차 기호에 대한 설명으로 틀린 것은?

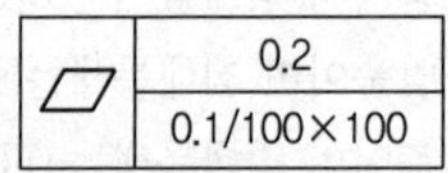

① 평면도 공차를 나타낸다.
② 전체 부위에 대해 공차값 0.2mm를 만족해야 한다.
③ 지정넓이 100mm×100mm에 대해 공차값 0.1mm를 만족해야 한다.
④ 이 기하공차 기호에서는 두 가지 공차 조건 중 하나만 만족하면 된다.

해설

④ 주어진 기하공차 기호에서는 두 가지 공차 조건 모두 만족해야 한다.

정답 05 ④ 06 ② 07 ① 08 ③ 09 ④

10 다음과 같이 치수가 도시되었을 경우 그 의미로 옳은 것은?

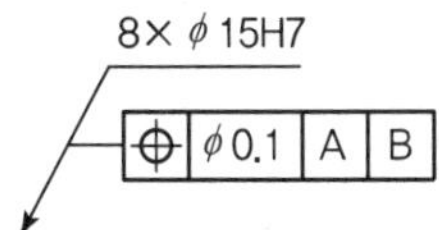

① 8개의 축이 ϕ15에 공차등급이 H7이며, 원통도가 데이텀 A, B에 대하여 ϕ0.1을 만족해야 한다.
② 8개의 구멍이 ϕ15에 공차등급이 H7이며, 원통도가 데이텀 A, B에 대하여 ϕ0.1을 만족해야 한다.
③ 8개의 축이 ϕ15에 공차등급이 H7이며, 위치도가 데이텀 A, B에 대하여 ϕ0.1을 만족해야 한다.
④ 8개의 구멍이 ϕ15에 공차등급이 H7이며, 위치도가 데이텀 A, B에 대하여 ϕ0.1을 만족해야 한다.

해설

- 8 × ϕ15H7 : 8개의 구멍이 ϕ15이고, 공차등급이 H7이다.
- ⌖ | ϕ0.1 | A | B : 위치도(⌖)가 데이텀 A, B에 대하여 ϕ0.1을 만족해야 한다.

11 기하공차의 도시방법에서 위치도를 나타내는 것은?

①  ② 

③  ④ 

해설

① ⌭ : 원통도 ② ○ : 진원도
③ ◎ : 동심도 공차 ④ ⌖ : 위치도

12 다음 도면과 같은 데이텀 표적 도시기호의 의미 설명으로 올바른 것은?

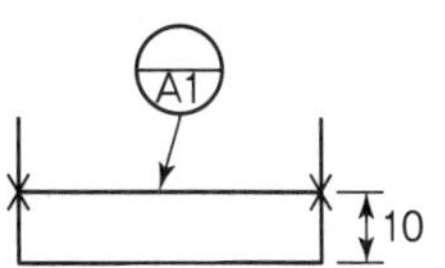

① 점의 데이텀 표적
② 선의 데이텀 표적
③ 면의 데이텀 표적
④ 구형의 데이텀 표적

해설

데이텀 표적 도시기호

점	X
선	X—X
영역	◍ ▨

13 다음 기하공차 중 자세공차에 속하는 것은?

① 평면도 공차 ② 평행도 공차
③ 원통도 공차 ④ 진원도 공차

해설

자세공차의 종류

평행도	//
직각도	⊥
경사도	∠

정답 10 ④ 11 ④ 12 ② 13 ②

14 그림과 같은 도면에서 '가' 부분에 들어갈 가장 적절한 기하공차 기호는?

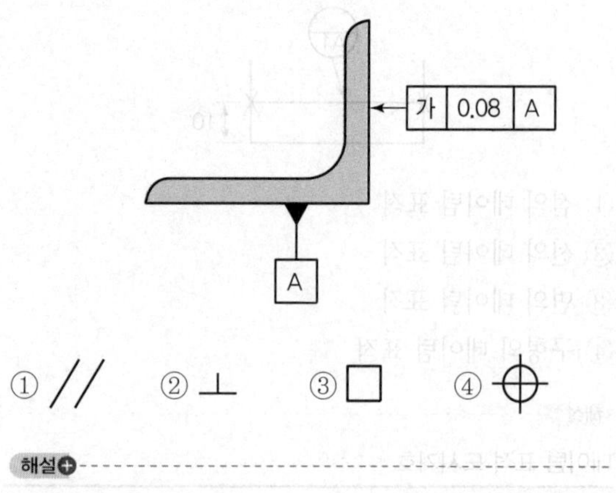

① // ② ⊥ ③ □ ④ ⌖

해설

②의 직각도 공차가 들어가야 한다.
① 평행도 ③ 평면도 ④ 위치도

15 그림과 같이 지시된 표면의 결 기호의 해독으로 올바른 것은?

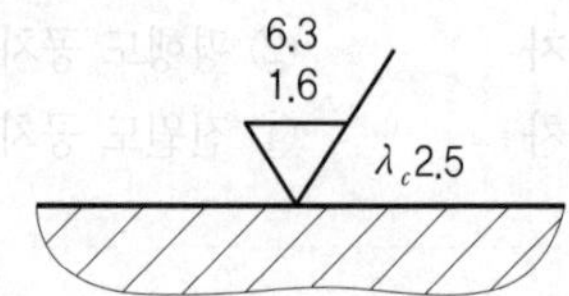

① 제거가공 여부를 문제 삼지 않을 경우이다.
② 최대높이 거칠기 하한값이 6.3μm이다.
③ 기준길이는 1.6μm이다.
④ 2.5는 컷오프 값이다.

해설

- : 제거가공을 한다.
- 6.3 : 중심선 평균 거칠기 상한값이 6.3μm 이다.
- 1.6 : 중심선 평균 거칠기 하한값이 1.6μm 이다.
- λ_c : 컷오프 값, 평가길이가 2.5이다.
- c' : 기준길이를 나타내는데 위의 그림에서는 표시되지 않았다.

16 가공에 의한 커터의 줄무늬가 여러 방향일 때 도시하는 기호는?

① = ② X
③ M ④ C

해설

가공에 의한 커터의 줄무늬가 여러 방향이거나 방향이 없을 때는 M으로 표시한다.

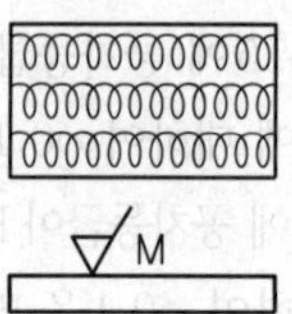

17 재료의 제거가공으로 이루어진 상태든 아니든 앞의 제조 공정에서의 결과로 나온 표면 상태가 그대로라는 것을 지시하는 것은?

①
② 

③
④ 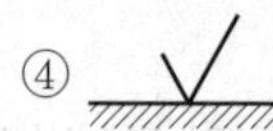

해설

- : 제거가공을 하지 않는다.
- : 절삭 등 제거가공의 필요 여부를 문제 삼지 않는다.
- : 제거가공을 한다.

정답 14 ② 15 ④ 16 ③ 17 ①

18 가공부에 표시하는 다듬질 기호 중 줄 다듬질 기호는?

① FF ② FL
③ FS ④ FR

해설

다듬질(Finishing) 가공에 의한 약호
- FF(줄 다듬질) : 줄이 File이고, 다듬질이 Finishing이므로 첫 글자를 따와서 FF 기호가 된다.
- FL(래핑 다듬질) : 래핑이 Lapping이고, 다듬질이 Finishing이므로 첫 글자를 따와서 FL 기호가 된다.
- FS(스크레이퍼 다듬질) : Scraping
- FR(리머 가공) : Reaming

19 가공방법의 표시기호에서 "SPBR"은 무슨 가공인가?

① 기어 셰이빙
② 액체호닝
③ 배럴연마
④ 호 블라스팅

해설

특수가공(Special Processing)에 의한 약호
- SPBR(배럴연마) : 특수가공의 알파벳 대문자 SP와 배럴(BaRrel)에서 알파벳 대문자 BR을 가져와서 SPBR 기호가 된다.
- SPLH(액체호닝) : 특수가공을 나타내는 SP와 액체 호닝(Liquid Horning)에서 알파벳 대문자 LH를 가져와서 SPLH 기호가 된다.

20 다음 그림이 나타내는 가공방법은?

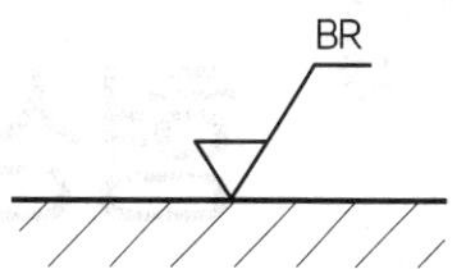

① 대상 면의 선삭 가공
② 대상 면의 밀링 가공
③ 대상 면의 드릴링 가공
④ 대상 면의 브로칭 가공

해설

가공방법의 약호
- 선삭 가공 : L
- 밀링 가공 : M
- 드릴링 가공 : D
- 브로칭 가공 : BR

정답 18 ① 19 ③ 20 ④

CHAPTER

02 형상 모델링

01 CAD 시스템 일반

1. 컴퓨터 일반

(1) 컴퓨터의 기본구성

CAD 시스템을 구성하는 하드웨어는 입출력장치, 중앙처리장치, 기억장치로 되어 있다.

(2) 중앙처리장치(CPU : Central Process Unit)

명령어의 해석과 자료의 연산, 비교 등의 처리를 제어하는 컴퓨터 시스템의 핵심적인 장치를 말한다.

① **제어장치** : 프로그램 명령어를 해석하고, 해석된 명령의 의미에 따라 연산장치, 주기억장치, 입출력 장치 등에 동작을 지시한다.

② **연산장치** : 덧셈, 뺄셈, 곱셈, 나눗셈의 산술 연산만이 아니라 AND, OR, NOT, XOR와 같은 논리 연산을 하는 장치로, 제어장치의 지시에 따라 연산을 수행한다.

③ **주기억장치** : 실행 중인 프로그램과 실행에 필요한 데이터를 저장하는 장치로, RAM과 ROM이 있다. RAM(Random Access Memory)은 프로그램과 실행에 필요한 데이터를 일시적으로 저장하는 장치로, 전원을 끄면 모든 내용이 사라진다. ROM(Read Only Memory)은 부팅할 때 실행되는 바이오스 프로그램을 저장하는 장치로, 전원을 꺼도 내용이 사라지지 않는다.

④ **레지스터** : 중앙처리장치에서 읽어온 명령어나 데이터를 저장하거나 연산된 결과를 저장하는 공간이다.

(3) 보조기억장치

프로그램과 데이터를 영구적으로 저장하는 장치로 하드디스크, USB 메모리, CD－ROM 등이 있다.

(4) 캐시기억장치(Cache Memory)

보조기억장치이며 중앙처리장치(CPU)와 메인 메모리(RAM) 사이에서 원활한 정보의 교환을 위하여 주기억장치의 정보를 일시적으로 저장하는 장치로, CPU와 주기억장치 간의 데이터 접근 속도 차이를 극복하기 위해 사용한다.

(5) 포스트 프로세서(Post – Processor)

설계해석 프로그램의 결과에 따라 응력, 온도 등의 분포도나 변형도를 작성하거나, CAD 시스템으로 만들어진 형상 모델을 바탕으로 NC공작기계의 가공 Data를 생성하는 소프트웨어 프로그램이나 절차를 뜻한다.

(6) 전처리기(Pre – Processor)

CAD 시스템으로 구축한 형상 모델에서 설계해석을 위한 각종 정보를 추출하거나, 추가로 필요로 하는 정보를 입력하고 편집하여 필요한 형식으로 재구성하는 소프트웨어 프로그램이나 처리절차를 뜻한다.

2. 입출력 장치

(1) 입력장치

① **키보드** : 문자, 숫자, 특수문자를 입력하는 장치로 알파뉴메릭(Alphanumeric), 기능키, 키패드 등으로 구성되어 있다.

② **마우스** : 쥐 모양을 닮아 마우스라 부르며, 마우스를 움직여 커서의 움직임을 제어하거나 버튼을 클릭하여 명령을 실행하는 장치이다.

③ **트랙볼** : 볼(Ball)을 손가락 끝이나 다른 신체 부위를 사용하여 굴려서 커서 등을 원하는 위치에 놓은 다음, 볼의 위 또는 좌우에 있는 버튼을 눌러 원하는 것을 선택하도록 하는 장치이다.

④ **라이트펜** : 감지용 렌즈를 이용하여 컴퓨터 명령을 수행하는 끝이 뾰족한 펜 모양의 입력 장치로, 컴퓨터 작업 시 펜을 이동시키면서 눌러 명령한다. 마우스(Mouse)나 터치스크린(Touch Screen) 방식에 비해 입력이 세밀하므로 그림 등 그래픽 작업도 할 수 있으며 작업 속도도 빠른 장점이 있다.

⑤ **조이스틱** : 막대를 수직, 수평, 경사 방향으로 움직여서 포인터를 이동시키는 장치로, 컴퓨터 게임의 시뮬레이터에 많이 사용하는 장치이다.

⑥ **포인팅 스틱** : 노트북 컴퓨터에 채용하고 있는 포인팅 장치로서, 손가락으로 원하는 방향으로 지그시 밀거나 당겨 주면 압력과 방향을 인식하여 마우스의 움직임을 대신해 주는 장치이다.

⑦ **터치패드** : 컴퓨터의 입력 장치 중 압력 감지기가 달려 있는 작은 평판을 의미하며 손가락이나 펜 등을 이용해 접촉하면 그 압력에 의해 커서가 움직이고, 이에 따른 위치 정보를 컴퓨터가 인식한다.

⑧ **터치스크린** : 터치스크린은 구현 원리와 동작 방법에 따라 다양한 방식(저항막, 광학, 정전용량, 초음파, 압력 등)으로 구분된다. 여기서 우리가 흔히 접하는 휴대폰이나 스마트폰, 태블릿 PC 등에 탑재된 터치스크린은 저항막(감압) 방식과 정전용량 방식으로 나눌 수 있다.

⑨ **디지타이저** : 그래픽 태블릿, 도형 입력판(태블릿)이라고 하며, 무선 혹은 유선으로 연결된 펜과 펜에서 전하는 정보를 받는 납작한 판으로 이루어져 있다. 이 판에 입력되는 좌표를 판독하여 컴퓨터에 디지털 형식으로 입력해 주는 장치이다.

⑩ **스캐너** : 사진 또는 그림과 같은 종이 위의 도형 정보를 그래픽 형태로 읽어 들여 컴퓨터에 전달하는 장치이다.

(2) 출력장치

컴퓨터 시스템의 정보처리 결과를 사람이 알아볼 수 있는 문자, 도형, 음성 등의 다양한 형태로 제공하고 나타내는 장치를 말한다. 모니터나 프린터, 스피커 등이 가장 널리 사용되지만, 플로터, 빔 프로젝터, 그래픽 디스플레이, 음성 출력 장치 등도 많이 사용되고 있다.

① CRT 모니터 : 가장 오래되고 대중적인 디스플레이 장치로 음극선관 혹은 브라운관이라고도 하며, LCD 모니터보다 전력소비량이 많고 부피도 크며 무거워 거의 사용하지 않는다.
② LCD 모니터 : 빛을 편광시키는 특성을 가진 유기화합물을 이용하여 투과된 빛의 특성을 수정하여 디스플레이하는 방식으로, 전자총이 없어서 CRT 모니터에 비해 두께가 얇은 모니터를 만들 수 있으나 시야각이 다소 좁고 백라이트가 필요하며 어느 정도의 두께 이상은 줄일 수 없다는 단점을 가진다.
③ OLED(전자발광형 디스플레이) : 스스로 빛을 내는 자기발광형 디스플레이로, 시야각이 넓고 응답시간도 빠르며 백라이트가 필요 없기 때문에 두께를 얇게 할 수 있다.
④ 프린터 : 잉크 또는 레이저를 이용하여 문서나 이미지를 인쇄할 수 있는 장치이다.
⑤ 플로터 : A4 용지 이외에 A0, A1 등 다양한 규격의 용지를 인쇄할 수 있는 제품이다. 일반 잉크젯 프린터와 흡사한 기능을 갖지만, 글자보다는 도형 인쇄에 적합하여 간판 제작, 도면, 현수막 인쇄 등 전문적인 용도로 많이 사용되며 일반적으로 해상도가 높을수록 우수한 출력물을 얻을 수 있다.
⑥ 그래픽 디스플레이 : 도형 표시장치라고도 하며, 브라운관을 사용하여 전자적으로 도형을 그리게 하는 장치를 말한다.
⑦ 빔 프로젝터 : 빛을 이용하여 슬라이드나 동영상, 이미지 등을 스크린에 비추는 장치를 말한다.

3. 데이터의 저장단위

① 비트(Bit) : Binary Digit의 줄임말로 컴퓨터가 데이터를 기억하는 최소 단위로, 이진수인 0과 1을 사용해 나타낸다.
② 쿼터(Quarter) : 2비트 묶음을 나타낸다.
③ 니블(Nibble) : 4비트 묶음을 나타낸다.
④ 바이트(Byte) : 8개의 비트를 묶어서 정보를 표현하는 단위를 나타낸다. 10진수에서 k(kilo)는 1,000을 의미하지만, 컴퓨터에서는 2진수를 사용하므로 2^{10}은 1,024를 뜻한다.

- 1Byte＝8Bit
- 1kB(kilo Byte)＝1,024B
- 1MB(Mega Byte)＝1,024kB
- 1GB(Giga Byte)＝1,024MB
- 1TB(Tera Byte)＝1,024GB

⑤ 워드(Word) : 명령 처리 단위로, 컴퓨터가 한 번에 처리할 수 있는 데이터의 양을 나타낸다.
⑥ 필드(Field) : 여러 개의 워드가 모여 구성되며 의미 있는 정보를 표현하는 최소 단위이다.

⑦ 레코드(Record) : 여러 개의 필드가 모여 구성되며 하나의 완전한 정보를 표현할 수 있다.

⑧ 블록(Block) : 프로그램의 입출력 단위를 나타낸다.

⑨ 파일(File) : 여러 개의 레코드가 모여 구성되며 프로그램을 구성하는 단위로, 컴퓨터에서 정보를 저장하는 단위로 사용된다.

⑩ 10진수를 2진수로 바꾸기

11을 2진수로 변환하려면 아래 그림처럼 11을 2로 나누어 몫을 아래에 쓰고 나머지는 오른쪽에 기입한다. 몫이 0이 될 때까지 나누어서 나머지 부분을 아래에서 위 방향으로 읽으면 11을 2진수로 바꾼 값이 된다.

		나머지	
2	11		
2	5	⋯ 1	↑
2	2	⋯ 1	(1011)
2	1	⋯ 0	
	0	⋯ 1	

⑪ 2진수를 10진수로 바꾸기

2진수는 오른쪽 끝부터 2^0, 2^1, 2^2, 2^3⋯ 자리를 나타내므로 2진수 1011을 10진수로 바꾸려면 2진수에 각 자릿값을 곱하여 계산한다.

$$1\times2^0+1\times2^1+0\times2^2+1\times2^3=1+2+0+8=11$$

02 CAD 소프트웨어

1. CAD에서 사용되는 좌표계

3차원 좌표축의 값을 알려면 오른손 좌표계에 의해 쉽게 이해할 수 있다. 우선 오른손의 엄지, 검지, 중지를 90° 각도가 되도록 다음 그림처럼 펼치면 엄지의 방향이 X축의 +방향, 검지의 방향이 Y축의 +방향, 중지의 방향이 Z축의 +방향이 된다.

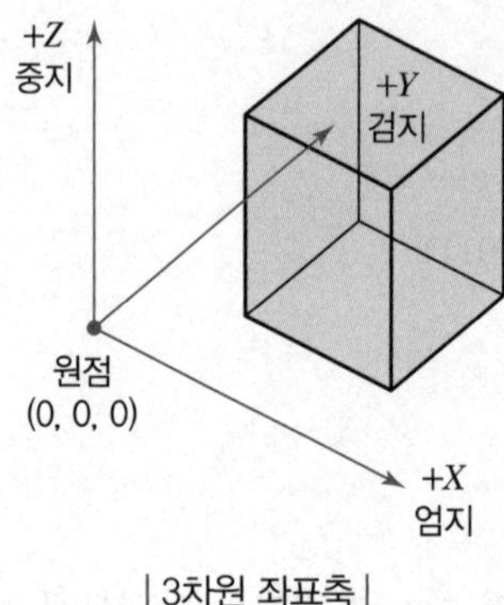

| 3차원 좌표축 |

(1) 직교 좌표계(Rectangular)

① 절대좌표계(x, y, z) : 절대원점(0, 0, 0)이 기준이 된다.

② 상대좌표계(@Δx, Δy, Δz) : 현재의 위치(최종점 @)를 기준으로 x, y, z방향의 증분값(Δx, Δy, Δz)을 입력한다.

③ 상대극좌표계(@거리<각도) : 현재의 위치(최종점 @)를 기준으로 그리고자 하는 거리값과 방향(각도)을 입력한다.

④ @(최종점) : 맨 마지막에 마우스로 선택한 지점 또는 입력한 좌표 위치가 된다.

⑤ AutoCAD의 방향계

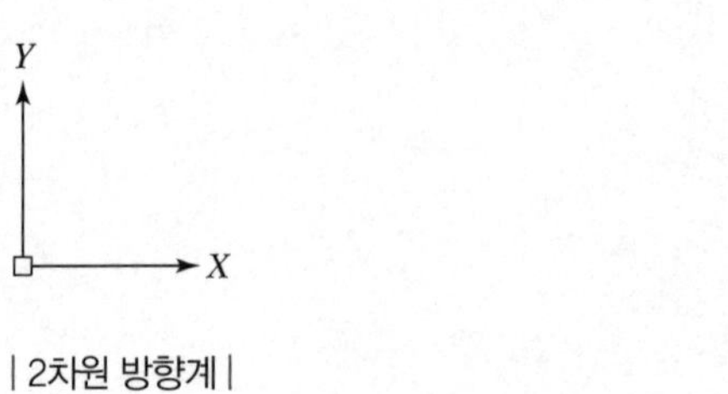

| 2차원 방향계 |

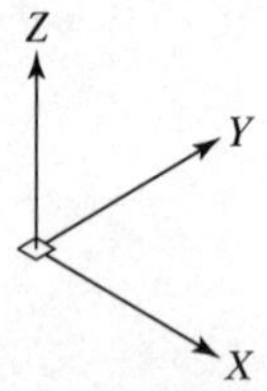

| 3차원 방향계 |

⑥ 입력 예시

㉠ 명령 : LINE ↵

㉡ 첫 번째 점 지정 : 0, 0, 0 ↵

㉢ 다음 점 지정 또는 [명령 취소(U)] : 5, 5, 7 ↵

㉣ 다음 점 지정 또는 [명령 취소(U)] : ↵

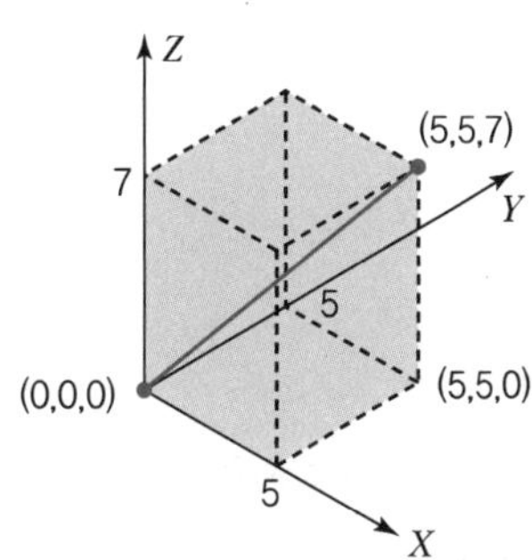

(2) 원통 좌표계(Cylindrical)

공간상의 한 점을 표시하기 위해 사용되는 좌표계로, xy평면으로 한 점을 투영했을 때 원점으로부터 투영점까지의 거리(r), x축과 원점과 투영점이 지나는 직선과의 각도(θ), xy평면과 그 점의 높이(z)로써 나타내어지는 좌표계이다.

① 입력형식

$r < \theta,\ z$ 또는 @$r < \theta,\ z$

② 입력 예시

㉠ 명령 : LINE ↵

㉡ 첫 번째 점 지정 : 0, 0, 0 ↵

㉢ 다음 점 지정 또는 [명령 취소(U)] : 5 < 40, 4 ↵

㉣ 다음 점 지정 또는 [명령 취소(U)] : ↵

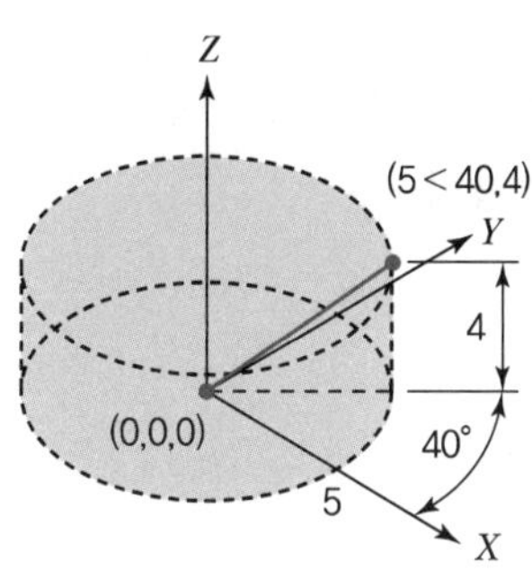

(3) 구면 좌표계(Spherical)

공간상의 한 점을 표시하기 위해 사용되는 좌표계로, xy평면으로 한 점을 투영했을 때 원점으로부터 공간상의 한 점까지의 거리(r), x축과 원점과 투영점이 지나는 직선과의 각도(θ_1), xy평면과 원점과 투영점이 지나는 직선과의 각도(θ_2)로써 나타내어지는 좌표계이다.

① 입력형식

$r<\theta_1<\theta_2$ 또는 $@r<\theta_1<\theta_2$

② 입력 예시

㉠ 명령 : LINE ↵

㉡ 첫 번째 점 지정 : 0, 0, 0 ↵

㉢ 다음 점 지정 또는 [명령 취소(U)] : 5<40<45 ↵

㉣ 다음 점 지정 또는 [명령 취소(U)] : ↵

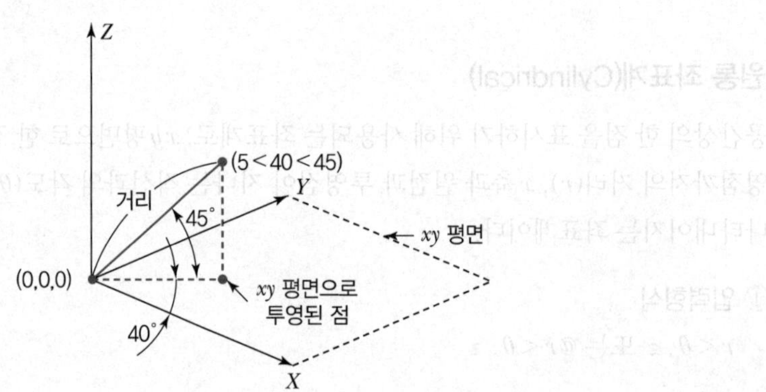

2. 기본 도형의 정의

(1) 선(Line)의 정의

① 두 점으로 정의

② 첫 번째 점과 특정 객체에 수평 또는 수직으로 정의

③ 첫 번째 점과 곡선의 접선으로 정의

④ 두 곡선에 대한 접선으로 정의

⑤ Offset에 의한 선으로 정의

(2) 원(Circle)의 정의

① 원의 중심과 반지름으로 정의

② 원의 중심과 지름으로 정의

③ 원의 중심과 원을 지나는 하나의 접선으로 정의

④ 원을 지나는 2개의 점으로 정의(단, 두 점의 직선거리가 원의 지름이 된다.)

⑤ 원을 지나는 3개의 점으로 정의

⑥ 원에 접하는 두 객체와 반지름으로 정의

(3) 호(Arc)의 정의

① 세 점으로 정의

② 시작점, 중심점, 끝점으로 정의

③ 시작점, 중심점, 각도로 정의

④ 시작점, 중심점, 현의 길이로 정의

⑤ 시작점, 끝점, 중심점으로 정의

⑥ 시작점, 끝점, 각도로 정의

⑦ 시작점, 끝점, 방향(호의 시작점에 대한 접선 방향)으로 정의

⑧ 시작점, 끝점, 반지름으로 정의

(4) 다각형(Polygon)의 정의

① 원에 내접하는 정다각형으로 정의

② 원에 외접하는 정다각형으로 정의

③ 한 변의 길이로 정의

3. 도형의 방정식

(1) 평면좌표

① 수직선 위의 두 점 사이의 거리

$\overline{AB} = |x_2 - x_1|$

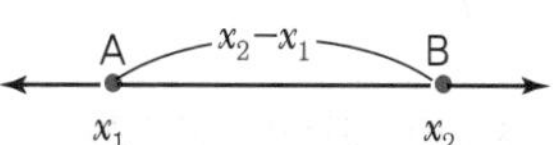

② 좌표평면 위의 두 점 사이의 거리

피타고라스 정리에 의하여

$\overline{AB}^2 = \overline{AC}^2 + \overline{BC}^2 = (x_2 - x_1)^2 + (y_2 - y_1)^2$

$\therefore\ \overline{AB} = \sqrt{(x_2 - x_1)^2 + (y_2 - y_1)^2}$

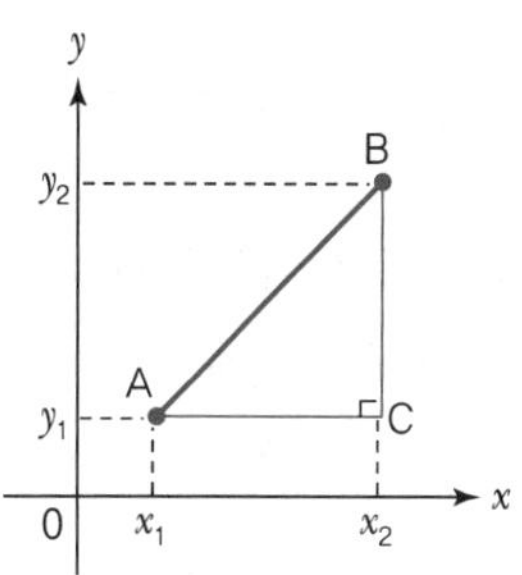

③ 대칭이동

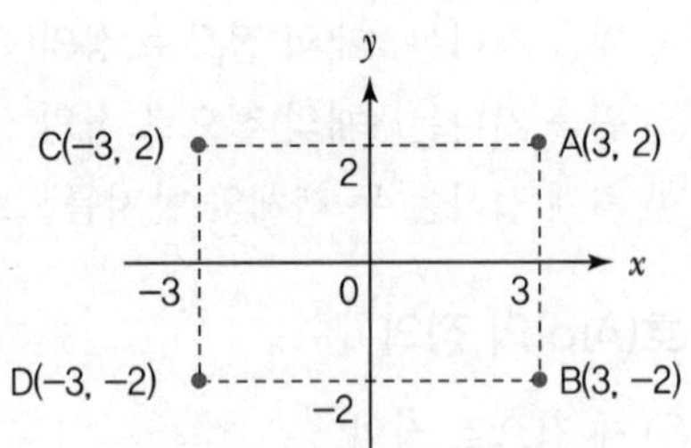

㉠ x축 대칭 : 좌표값 중 y값의 부호가 반대가 되므로 A(3, 2) → B(3, −2)로 바뀐다.

㉡ y축 대칭 : 좌표값 중 x값의 부호가 반대가 되므로 A(3, 2) → C(−3, 2)로 바뀐다.

㉢ 원점 대칭 : 좌표값의 x, y값 부호가 모두 반대가 되므로 A(3, 2) → D(−3, −2)로 바뀐다.

(2) 직선의 방정식

① 직선의 기울기

$$\text{기울기} = \frac{y\text{값의 증가량}}{x\text{값의 증가량}}$$

㉠ 두 점 (x_1, y_1), (x_2, y_2)를 지나는 직선의 기울기

$$\text{기울기}(m) = \frac{y_2 - y_1}{x_2 - x_1}\ (\text{단}, x_1 \neq x_2)$$

㉡ 직선 $y = mx + n$에서 x의 계수 m이 직선의 기울기이다.

② 직선의 방정식의 일반형

$ax + by + c = 0$(단, a, b, c는 상수, $a \neq 0$ 또는 $b \neq 0$)

③ 직선 위의 한 점과 기울기가 주어진 직선의 방정식

점 (x_1, y_1)을 지나고 기울기가 m인 직선의 방정식은 m에 관한 항등식으로 기울기 m에 관계없이 (x_1, y_1)을 지난다.

$y - y_1 = m(x - x_1)$

④ 두 점을 지나는 직선의 방정식

서로 다른 두 점 (x_1, y_1), (x_2, y_2)를 지나는 직선의 방정식

$$y - y_1 = \frac{y_2 - y_1}{x_2 - x_1}(x - x_1)\ \left(\because\ m = \frac{y_2 - y_1}{x_2 - x_1}\right)$$

⑤ 두 직선이 서로 수직인 관계일 때 직선의 방정식

$y = mx + n$인 직선에 직교하면서 점 (x_1, y_1)을 지나는 직선의 방정식

구하는 직선의 기울기를 m'이라고 하면 $m \times m' = -1$(두 직선의 기울기 곱이 -1이다.)

$y - y_1 = m'(x - x_1)$에서 $y - y_1 = -\dfrac{1}{m}(x - x_1)$

(3) 원의 방정식

① 중심이 원점이고 반지름이 r인 원의 방정식

$x^2+y^2=r^2$

② 중심이 $(a,\ b)$이고 반지름이 r인 원의 방정식

$(x-a)^2+(y-b)^2=r^2$

③ 원의 방정식 일반형

$x^2+y^2+Ax+By+C=0$(단, A, B, C는 상수, $A^2+B^2-4C>0$)

원의 방정식은 x^2의 계수와 y^2의 계수가 같고 xy항이 없는 $x,\ y$에 대한 이차방정식이다.

④ 평면 좌표에서 원의 궤적을 나타내는 $x,\ y$의 좌표값

$\cos\theta=\dfrac{x}{r},\ \sin\theta=\dfrac{y}{r}$에서

$x=r\cos\theta,\ y=r\sin\theta$로 정의된다.

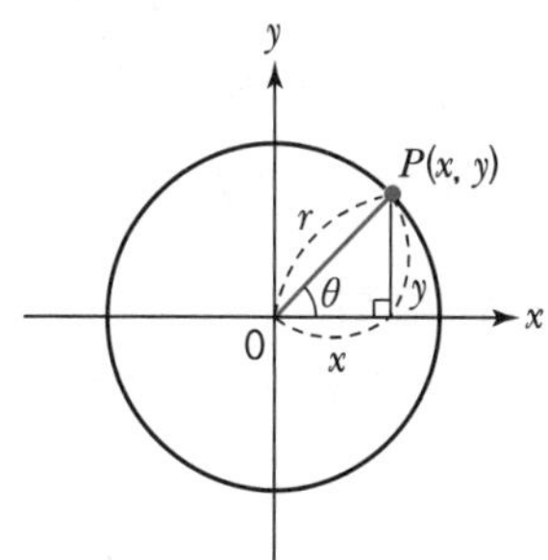

(4) 타원의 방정식

① 중심이 원점이고 두 점 $(a,\ 0)$, $(0,\ b)$를 지나는 타원의 방정식

$\dfrac{x^2}{a^2}+\dfrac{y^2}{b^2}=1$

② 타원의 방정식 일반형

$Ax^2+By^2+Cx+Dy+E=0$(단, A, B, C, D, E는 상수, $AB>0$, $A\neq B$)

(5) 스칼라와 벡터

① 스칼라 : 크기만 있는 양(길이, 온도, 밀도, 질량, 속력)

② 벡터 : 크기와 방향을 가지는 양(힘, 속도, 가속도, 전기장)

③ 단위벡터(Unit Vector) : 주어진 방향에 크기가 1인 벡터

$$|i|=|j|=|k|=1\ (x,\ y,\ z\text{축})$$

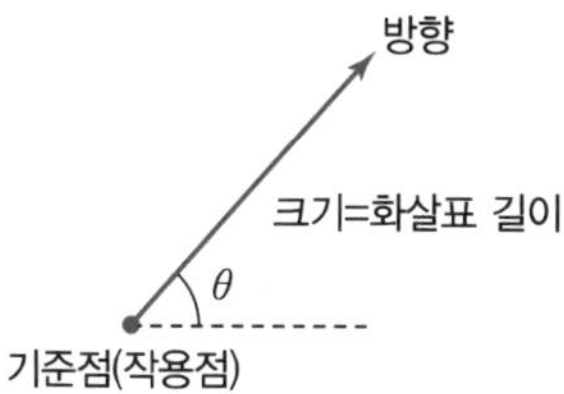

- 벡터는 평행 이동 가능
- 벡터는 합성 또는 분해 가능($\sin\theta$, $\cos\theta$, $\tan\theta$)

① 벡터의 곱

㉠ 내적(● : Dot Product)

두 벡터 $\vec{a}$, $\vec{b}$가 이루는 각을 θ라 할 때

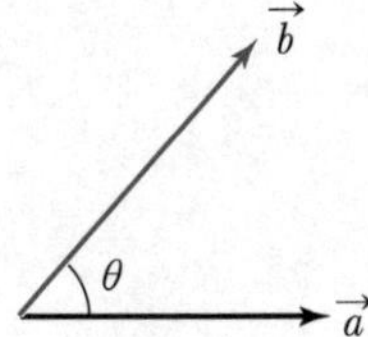

$\vec{a} \cdot \vec{b} = |a| \cdot |b| \cos\theta$

예 $i \cdot i = |i| \cdot |i| \cos 0° = 1$($x$축과 x축)

$i \cdot j = j \cdot k = k \cdot i = 0$($\because\ \theta = 90°$)

㉡ 외적(× : Cross Product)

$\vec{a} \times \vec{b} = |a| \cdot |b| \sin\theta$

같은 방향에 대한 외적값은 0이다.(θ가 0°이므로)

$i \cdot i = j \cdot j = k \cdot k = 0$

② 벡터의 합

두 벡터가 θ각을 이룰 때 합 벡터(두 힘이 θ각을 이룰 때 합력과 동일)

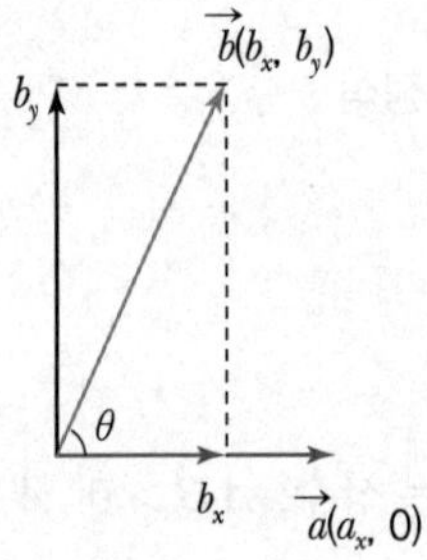

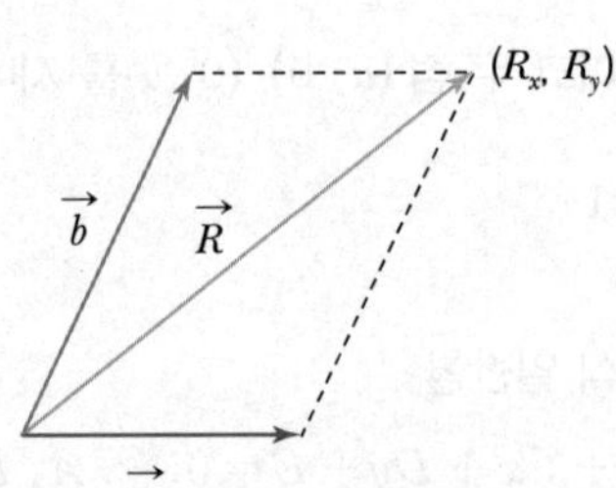

합(력) 벡터 R

$$\vec{R} = (R_x,\ R_y) = (a_x + b_x,\ b_y)$$
$$= (a + b\cos\theta,\ b\sin\theta)$$

$$\therefore \text{합력의 크기} = \sqrt{R_x^{\ 2} + R_y^{\ 2}}$$
$$= \sqrt{(a + b\cos\theta)^2 + (b\sin\theta)^2}$$
$$= \sqrt{a^2 + 2ab\cos\theta + b^2\cos^2\theta + b^2\sin^2\theta}$$
$$= \sqrt{a^2 + b^2(\cos^2\theta + \sin^2\theta) + 2ab\cos\theta}$$
$$= \sqrt{a^2 + b^2 + 2ab\cos\theta}$$

참고

피타고라스 정리

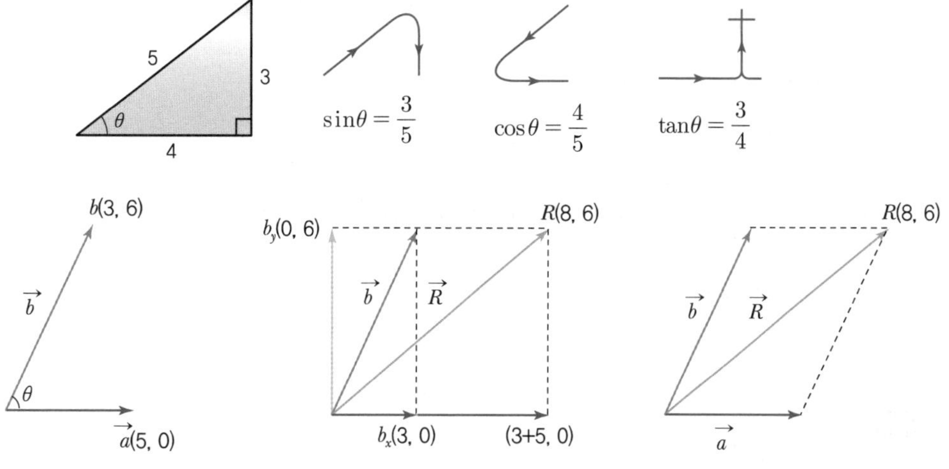

(6) 접선의 방정식

① $y=ax^2$ 위의 한 점 $P(x_1,\ y_1)$에서의 접선의 방정식

$y=ax^2$을 미분하면 $f'(x)=2ax$이고, 기울기를 m이라 하면, $m=f'(x_1)=2ax_1$이므로 점 $P(x_1,\ y_1)$에서의 접선의 방정식은 $y-y_1=2ax_1(x-x_1)$이 된다.

② 원의 접선의 방정식

㉠ 기울기가 주어진 원의 접선의 방정식

원 $x^2+y^2=r^2(r>0)$에 접하고 기울기가 m인 접선의 방정식

$y=mx\pm r\sqrt{m^2+1}$

㉡ 원 위의 점에서의 접선의 방정식

원 $x^2+y^2=r^2$ 위의 점 $(x_1,\ y_1)$에서의 접선의 방정식

$x_1x+y_1y=r^2$

㉢ 원 위의 점에서의 법선의 방정식

원 $x^2+y^2=r^2$ 위의 점 $(x_1,\ y_1)$에서의 법선의 방정식

$y-y_1=\frac{y_1}{x_1}(x-x_1)$

③ 타원에서의 접선의 방정식

㉠ 기울기가 주어진 타원의 접선의 방정식

타원 $\frac{x^2}{a^2}+\frac{y^2}{b^2}=1$에 접하고 기울기가 m인 접선의 방정식

$$y=mx\pm r\sqrt{a^2m^2+b^2}$$

㉡ 타원 위의 점에서의 접선의 방정식

타원 $\frac{x^2}{a^2}+\frac{y^2}{b^2}=1$ 위의 점 $(x_1,\ y_1)$에서의 접선의 방정식

$$\frac{x_1x}{a^2}+\frac{y_1y}{b^2}=1$$

4. 행렬

변환 행렬은 두 좌표계의 변환에 사용하는 행렬을 뜻하며 CAD 시스템에서 도형의 이동(Translation), 축소 및 확대(Scaling), 대칭(Reflection), 회전(Rotation) 등의 변환에 의해 이루어진다. CAD에서 2차원의 최대변환 행렬은 3×3이고, 3차원에서 최대변환 행렬은 4×4이다.

(1) 행렬의 계산

① $\mathrm{A}=\begin{bmatrix}2&4\\1&3\end{bmatrix}$, $\mathrm{B}=\begin{bmatrix}6&-1\\3&5\end{bmatrix}$에서 A × B의 계산

$$\mathrm{A}\times\mathrm{B}=\begin{bmatrix}2&4\\1&3\end{bmatrix}\times\begin{bmatrix}6&-1\\3&5\end{bmatrix}=\begin{bmatrix}2\times6+4\times3&2\times(-1)+4\times5\\1\times6+3\times3&1\times(-1)+3\times5\end{bmatrix}=\begin{bmatrix}24&18\\15&14\end{bmatrix}$$

② $\mathrm{A}=\begin{bmatrix}1&2\\0&1\\1&1\end{bmatrix}$, $\mathrm{B}=\begin{bmatrix}0&1&2\\1&0&3\end{bmatrix}$에서 A × B의 계산

$$\mathrm{A}\times\mathrm{B}=\begin{bmatrix}1&2\\0&1\\1&1\end{bmatrix}\times\begin{bmatrix}0&1&2\\1&0&3\end{bmatrix}=\begin{bmatrix}1\times0+2\times1&1\times1+2\times0&1\times2+2\times3\\0\times0+1\times1&0\times1+1\times0&0\times2+1\times3\\1\times0+1\times1&1\times1+1\times0&1\times2+1\times3\end{bmatrix}=\begin{bmatrix}2&1&8\\1&0&3\\1&1&5\end{bmatrix}$$

③ $\mathrm{A}=\begin{bmatrix}1&0&1\\2&1&1\end{bmatrix}$, $\mathrm{B}=\begin{bmatrix}0&1\\1&0\\2&3\end{bmatrix}$에서 A × B의 계산

$$\mathrm{A}\times\mathrm{B}=\begin{bmatrix}1&0&1\\2&1&1\end{bmatrix}\times\begin{bmatrix}0&1\\1&0\\2&3\end{bmatrix}=\begin{bmatrix}1\times0+0\times1+1\times2&1\times1+0\times0+1\times3\\2\times0+1\times1+1\times2&2\times1+1\times0+1\times3\end{bmatrix}=\begin{bmatrix}2&4\\3&5\end{bmatrix}$$

(2) 좌표변환 행렬

① 이동 변환(Translation)

$$\begin{bmatrix} 1 & 0 & m \\ 0 & 1 & n \\ 0 & 0 & 1 \end{bmatrix}$$

- m의 값만큼 x축으로 이동
- n의 값만큼 y축으로 이동

② 스케일 변환(Scaling)

㉠ 2차원 스케일 변환

$$\begin{bmatrix} s_x & 0 & 0 \\ 0 & s_y & 0 \\ 0 & 0 & 1 \end{bmatrix}$$

- s_x의 값만큼 x축으로 축소 또는 확대
- s_y의 값만큼 y축으로 축소 또는 확대

㉡ 3차원 스케일 변환

$$\begin{bmatrix} s_x & 0 & 0 & 0 \\ 0 & s_y & 0 & 0 \\ 0 & 0 & s_z & 0 \\ 0 & 0 & 0 & 1 \end{bmatrix}$$

- s_x의 값만큼 x축으로 축소 또는 확대
- s_y의 값만큼 y축으로 축소 또는 확대
- s_z의 값만큼 z축으로 축소 또는 확대

③ 대칭 변환(Reflection, Mirror)

㉠ $\begin{bmatrix} 1 & 0 & 0 \\ 0 & -1 & 0 \\ 0 & 0 & 1 \end{bmatrix}$

y값의 부호가 반대가 되므로 x축에 대칭

㉡ $\begin{bmatrix} -1 & 0 & 0 \\ 0 & 1 & 0 \\ 0 & 0 & 1 \end{bmatrix}$

x값의 부호가 반대가 되므로 y축에 대칭

㉢ $\begin{bmatrix} -1 & 0 & 0 \\ 0 & -1 & 0 \\ 0 & 0 & 1 \end{bmatrix}$

x, y값의 부호가 반대가 되므로 원점에 대칭

④ 회전 변환(Rotation)

㉠ 2차원 회전 변환

$$\begin{bmatrix} \cos\theta & \sin\theta & 0 \\ -\sin\theta & \cos\theta & 0 \\ 0 & 0 & 1 \end{bmatrix}$$

점(z축)을 기준으로 회전 변환

㉡ 3차원 회전 변환

$$\begin{bmatrix} 1 & 0 & 0 & 0 \\ 0 & \cos\theta & \sin\theta & 0 \\ 0 & -\sin\theta & \cos\theta & 0 \\ 0 & 0 & 0 & 1 \end{bmatrix}$$

x축을 기준으로 회전 변환

$$\begin{bmatrix} \cos\theta & 0 & -\sin\theta & 0 \\ 0 & 1 & 0 & 0 \\ \sin\theta & 0 & \cos\theta & 0 \\ 0 & 0 & 0 & 1 \end{bmatrix}$$

y축을 기준으로 회전 변환

$$\begin{bmatrix} \cos\theta & \sin\theta & 0 & 0 \\ -\sin\theta & \cos\theta & 0 & 0 \\ 0 & 0 & 1 & 0 \\ 0 & 0 & 0 & 1 \end{bmatrix}$$

z축을 기준으로 회전 변환

03 3D 형상 모델링

1. 3차원 모델링

(1) 와이어 프레임 모델링(Wire Frame Modeling)

가장 단순한 모델링으로 점, 선, 원, 호 형태의 철사프레임으로 구조물을 표현한다.

① 장점

㉠ 처리 속도가 빠르다.

㉡ 모델 작성이 쉽다.

㉢ 데이터 구성이 간단하다.

㉣ 3면 투시도 작성이 용이하다.

② 단점

㉠ 형상을 정확하게 판단하기 어렵다.

㉡ 체적 등의 물리적 성질 계산이 불가능하다.

㉢ 숨은선을 제거할 수 없다.

㉣ 단면도 작성이 불가능하다.

(2) 서피스 모델링(Surface Modeling)

면을 사용하여 물체를 모델링하는 방법으로 표면만 존재하고 내부는 비어 있다.

① 장점

㉠ 숨은선을 제거할 수 있다.

㉡ 복잡한 형상 표현이 가능하다.

㉢ 단면도 작성이 가능하다.

㉣ 가공면을 자동적으로 인식 · 처리할 수 있어서 NC Data에 의한 NC가공작업이 가능하다.

② 단점

㉠ 면만 존재하므로 물체 내부 정보가 없다.

㉡ 질량 등의 물리적 성질을 구할 수 없다.

(3) 솔리드 모델링(Solid Modeling)

내부가 채워진 모델링 방법으로 물체의 내부를 공학적으로 분석할 수 있는 방식이다.

① 장점

㉠ Boolean(불린)연산(합집합, 차집합, 교집합)을 통하여 복잡한 형상의 표현이 가능하다.

㉡ 부품 상호 간의 간섭을 체크할 수 있다.

㉢ 은선 제거가 가능하고 물리적 성질 등의 계산이 가능하다.

㉣ 형상을 절단하여 단면도 작성이 용이하다.

② 단점

㉠ 컴퓨터의 메모리양과 데이터 처리가 많아진다.

㉡ 데이터 구조가 복잡하다.

2. 솔리드 모델링의 표현방식

(1) B-Rep 방식(Boundary Representation : 경계표현)

물체의 점(Vertex), 모서리(Edge), 면(Face)의 상관관계를 이용해서 물체를 형상화하는 방식으로, 입체(Solid)를 둘러싸고 있는 면의 조합으로 표현하는 방식이다.

① 복잡한 Topology 구조를 가지고 있다.

② 경계면 형상을 화면에 빠르게 나타낼 수 있다.

③ 3면도, 투시도, 전개도의 작성이 용이하다.

④ 화면 재생시간이 적게 소요된다.

⑤ 데이터의 상호 교환이 쉽다.

(2) CSG 방식(Constructive Solid Geometry)

육면체(Box), 실린더(Cylinder), 원뿔(Cone), 구(Sphere) 등 기본적인 단순한 입체의 도형을 불러와서 Boolean 연산(합집합, 차집합, 교집합)으로 물체를 표현하는 방식이다.

① 자료구조가 간단하여 데이터 관리가 용이하다.

② 데이터가 간결하여 필요 메모리가 적다.

③ CSG 표현은 항상 대응된 B-Rep 모델로 치환이 가능하다.

④ 파라메트릭 모델링을 쉽게 구현할 수 있다.

⑤ 불리언 연산자 사용으로 명확한 모델생성이 쉽다.
⑥ 형상 수정이 용이하고 체적, 중량을 계산할 수 있다.
⑦ 3면도, 투시도, 전개도 등의 작성이 곤란하다.

3. 3D 형상 모델링 명령어

(1) 용어 설명

① 스위핑(Sweeping) : 하나의 2차원 단면형상을 입력하고 이를 안내곡선을 따라 이동 혹은 회전이동시켜 입체를 생성하는 것을 말한다.
② 스키닝(Skinning) : 원하는 경로상에 여러 개의 단면 형상을 위치시키고 이를 덮는 입체를 생성하는 것을 말한다.
③ 리프팅(Lifting) : 주어진 물체 특정면의 전부 또는 일부를 원하는 방향으로 움직여서 물체가 그 방향으로 늘어난 효과를 갖도록 하는 것을 말한다.
④ 트위킹(Tweaking) : 곡면 모델링시스템에 의해 만들어진 곡면을 불러들여 기존 모델의 평면을 바꿀 수 있는 모델링 기능을 말한다.
⑤ 블렌딩(Blending) : 서로 만나는 2개의 평면 혹은 곡면에서 서로 만나는 모서리를 주어진 반경으로 곡면을 만드는 것을 말한다.
⑥ 스위프(Sweep) : 점, 선, 프로파일(윤곽선)을 경로에 따라 이동하여 베이스, 보스, 자르기 또는 곡면 형상을 생성하는 모델링 기법을 말한다.
⑦ 그루브(Groove) : 회전 특징 형상 모양으로 잘려 나간 부분에 해당하는 특징 형상을 말한다.

핵심 기출 문제

01 다음 중 중앙처리장치(CPU)와 메인 메모리(RAM) 사이에서 처리될 자료를 효율적으로 이송할 수 있도록 하는 기능을 수행하는 것은?

① BIOS ② 캐시 메모리
③ CISC ④ 코프로세서

해설

캐시기억장치(Cache Memory)
보조기억장치이며 중앙처리장치(CPU)와 주기억장치 사이에서 원활한 정보의 교환을 위하여 주기억장치의 정보를 일시적으로 저장하는 장치로, CPU와 주기억장치 간의 데이터 접근 속도 차이를 극복하기 위해 사용한다.

02 중앙처리장치(CPU) 구성요소에서 컴퓨터 내부 장치 간의 상호 신호교환과 입 · 출력 장치 간의 신호를 전달하고 명령어를 수행하는 장치는?

① 기억장치 ② 입력장치
③ 제어장치 ④ 출력장치

해설

제어장치
프로그램 명령어를 해석하고, 해석된 명령의 의미에 따라 연산장치, 주기억장치, 입 · 출력 장치 등에 동작을 지시한다.

03 CAD시스템의 출력장치로 볼 수 없는 것은?

① 플로터 ② 디지타이저
③ PDP ④ 프린터

해설

디지타이저는 입력장치이다.

04 비트(Bit)에 대한 설명으로 틀린 것은?

① Binary Digit의 약자이다.
② 0과 1을 동시에 나타내는 정보단위이다.
③ 2진수로 표시된 정보를 나타내기에 알맞다.
④ 컴퓨터에서 데이터를 나타내는 최소단위이다.

해설

② 0과 1을 사용하여 나타내는 정보단위이다.

05 CAD시스템에서 점을 정의하기 위해 사용되는 좌표계가 아닌 것은?

① 직교 좌표계 ② 원통 좌표계
③ 벡터 좌표계 ④ 구면 좌표계

해설

CAD시스템에서 사용하는 좌표계에는 직교 좌표계, 원통 좌표계, 구면 좌표계가 있다.

06 일반적인 CAD시스템의 2차원 평면에서 정해진 하나의 원을 그리는 방법이 아닌 것은?

① 원주상의 세 점을 알 경우
② 원의 반지름과 중심을 알 경우
③ 원주상의 한 점과 원의 반지름을 알 경우
④ 원의 반지름과 2개의 접선을 알 경우

해설

③ 원주상의 한 점과 원의 반지름을 알 경우는 원의 중심이 결정되지 못하므로 원을 그릴 수 없다.

정답 01 ② 02 ③ 03 ② 04 ② 05 ③ 06 ③

07 점 (1, 5)와 점 (4, 3)을 잇는 선분에 대한 y축 대칭인 선분이 지나는 두 점은 무엇인가?

① 점 $(-1,\ -5)$, 점 $(4,\ 3)$
② 점 $(1,\ 5)$, 점 $(-4,\ -3)$
③ 점 $(-1,\ 5)$, 점 $(-4,\ 3)$
④ 점 $(1,\ -5)$, 점 $(4,\ 3)$

해설

y축 대칭은 x좌표의 부호만 반대가 되므로 점 $(-1,\ 5)$, 점 $(-4,\ 3)$이 된다.

08 $(x,\ y)$ 평면에서 두 점 $(-5, 0)$, $(4,\ -3)$을 지나는 직선의 방정식은?

① $y=-\dfrac{2}{3}x-\dfrac{5}{3}$　② $y=-\dfrac{1}{2}x-\dfrac{5}{2}$

③ $y=-\dfrac{1}{3}x-\dfrac{5}{3}$　④ $y=-\dfrac{3}{2}x-\dfrac{4}{3}$

해설

두 점 $(-5,\ 0)$, $(4,\ -3)$을 지나는 직선의 기울기는

$\dfrac{-3-0}{4-(-5)}=\dfrac{-3}{9}=-\dfrac{1}{3}$이므로

기울기가 $-\dfrac{1}{3}$이면서 $(-5,\ 0)$을 지나는 직선의 방정식은

$y-0=-\dfrac{1}{3}\{x-(-5)\}$

$\therefore\ y=-\dfrac{1}{3}x-\dfrac{5}{3}$

09 다음 중 반지름이 3이고, 중심이 (1, 2)인 원의 방정식은?

① $(x-1)^2+(y-2)^2=3$
② $(x-3)^2+(y-1)^2=2$
③ $x^2-2x+y^2-4y+4=0$
④ $x^2-2x+y^2-4y-4=0$

해설

중심이 (1, 2)이고 반지름이 3인 원의 방정식은

$(x-1)^2+(y-2)^2=3^2$이므로

$x^2-2x+1^2+y^2-4y+2^2=3^2$

$\therefore\ x^2-2x+y^2-4y-4=0$

10 다음 그림에서 벡터 a의 크기가 5, 벡터 b의 크기가 3이고 $\theta=30°$ 라면 이 두 벡터의 내적은 얼마인가?

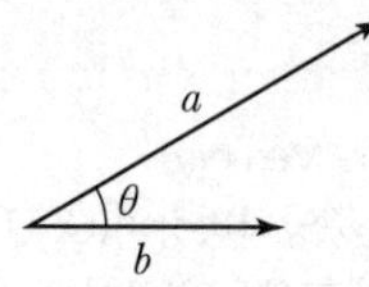

① 7.50　② 10.58
③ 12.99　④ 15.39

해설

두 벡터 a, b가 이루는 각 $\theta=30°$일 때 내적은

$a\cdot b=|a|\cdot|b|\cos\theta=5\times3\times\cos30°\fallingdotseq12.99$

11 "$y=3x^2$"으로 표시된 곡선에 대하여 점 (1, 3)에서 접선의 기울기는?

① 1　② 3
③ 6　④ 9

해설

$y=f(x)=3x^2$이므로 기울기를 구하면 $f'(x)=6x$에서 $f'(1)=6\times1=6$이 된다.

12 다음 중 CAD에서의 기하학적 데이터(점, 선 등)의 변환 행렬과 관계가 먼 것은?

① 이동　② 회전
③ 복사　④ 반사

정답　07 ③　08 ③　09 ④　10 ③　11 ③　12 ③

해설

변환 행렬은 두 좌표계의 변환에 사용하는 행렬을 뜻하며 CAD시스템에서 도형의 이동, 축소 및 확대, 대칭, 회전 등의 변환에 의해 이루어진다.

13 다음 행렬의 곱($A \times B$)을 옳게 구한 것은?

$$A = \begin{bmatrix} 2 & 4 \\ 1 & 3 \end{bmatrix},\ B = \begin{bmatrix} 6 & -1 \\ 3 & 5 \end{bmatrix}$$

① $\begin{bmatrix} 24 & 18 \\ 14 & 15 \end{bmatrix}$ ② $\begin{bmatrix} 18 & 24 \\ 15 & 14 \end{bmatrix}$

③ $\begin{bmatrix} 24 & 18 \\ 15 & 14 \end{bmatrix}$ ④ $\begin{bmatrix} 18 & 24 \\ 14 & 15 \end{bmatrix}$

해설

$$A \times B = \begin{bmatrix} 2 & 4 \\ 1 & 3 \end{bmatrix}\begin{bmatrix} 6 & -1 \\ 3 & 5 \end{bmatrix} = \begin{bmatrix} 2\times6+4\times3 & 2\times(-1)+4\times5 \\ 1\times6+3\times3 & 1\times(-1)+3\times5 \end{bmatrix} = \begin{bmatrix} 24 & 18 \\ 15 & 14 \end{bmatrix}$$

14 3차원 변환에서 Z축을 기준으로 다음의 변환식에 따라 P점은 P'으로 임의의 각도(θ)만큼 변환할 때 변환 행렬식(T)으로 옳은 것은?(단, 반시계 방향으로 회전한 각을 양(+)의 각으로 한다.)

$$P' = PT$$

① $\begin{bmatrix} \cos\theta & 0 & -\sin\theta & 0 \\ 0 & 1 & 0 & 0 \\ \sin\theta & 0 & \cos\theta & 0 \\ 0 & 0 & 0 & 1 \end{bmatrix}$ ② $\begin{bmatrix} \cos\theta & \sin\theta & 0 & 0 \\ -\sin\theta & \cos\theta & 0 & 0 \\ 0 & 0 & 1 & 0 \\ 0 & 0 & 0 & 1 \end{bmatrix}$

③ $\begin{bmatrix} 1 & 0 & 0 & 0 \\ 0 & \cos\theta & \sin\theta & 0 \\ 0 & -\sin\theta & \cos\theta & 0 \\ 0 & 0 & 0 & 1 \end{bmatrix}$ ④ $\begin{bmatrix} \cos\theta & 0 & -\sin\theta & 0 \\ \sin\theta & 0 & \cos\theta & 0 \\ 0 & 0 & 1 & 0 \\ 0 & 0 & 0 & 1 \end{bmatrix}$

해설

Z축을 기준으로 회전하면 X, Y 좌표값은 변하지만 Z 좌표값은 바뀌지 않으므로 ②가 답이 된다.

15 다음 중 3차원 형상을 표현하는 것으로 틀린 것은?

① 곡선 모델링 ② 서피스 모델링
③ 솔리드 모델링 ④ 와이어프레임 모델링

해설

3차원 모델링에는 와이어프레임, 서피스, 솔리드 모델링이 있다.

16 와이어프레임 모델의 장점에 해당하지 않는 것은?

① 데이터의 구조가 간단하다.
② 모델 작성이 용이하다.
③ 투시도의 작성이 용이하다.
④ 물리적 성질(질량)의 계산이 가능하다.

해설

와이어프레임 모델은 점, 선, 원, 호 등의 기본적인 요소로 3차원 형상을 표현하므로 물리적 성질(질량)의 계산이 불가능하다.

17 솔리드 모델의 일반적인 특징을 설명한 것 중 틀린 것은?

① 질량 등 물리적 성질의 계산이 곤란하다.
② Boolean연산(더하기, 빼기, 교차)을 통하여 복잡한 형상 표현도 가능하다.
③ 와이어프레임 모델에 비해 데이터의 처리시간이 많아진다.
④ 은선 제거가 가능하다.

정답 13 ③ 14 ② 15 ① 16 ④ 17 ①

해설

솔리드 모델링은 내부가 채워진 모델링 방법으로, 질량 등 물리적 성질의 계산이 가능하다.

18 3차원 형상의 모델링 방식에서 B-Rep방식과 비교하여 CSG방식의 장점으로 옳은 것은?

① 투시도 작성이 용이하다.
② 전개도의 작성이 용이하다.
③ B-Rep방식보다는 복잡한 형상을 나타내는 데 유리하다.
④ 중량을 계산하는 데 용이하다.

해설

내부가 채워진 입체의 도형을 불러와서 Boolean연산(합집합, 차집합, 교집합)으로 물체를 표현하는 방식으로 중량을 계산할 수 있다.

19 제시된 단면곡선을 안내곡선에 따라 이동하면서 생기는 궤적을 나타낸 곡면은?

① 룰드(Ruled) 곡면
② 스윕(Sweep) 곡면
③ 보간 곡면
④ 블렌딩(Blending) 곡면

해설

스위프(Sweep) 곡면에 대한 내용이다.

20 솔리드 모델링(Solid Modeling)에서 면의 일부 혹은 전부를 원하는 방향으로 당겨서 물체를 늘어나도록 하는 모델링 기능은?

① 트위킹(Tweaking)
② 리프팅(Lifting)
③ 스위핑(Sweeping)
④ 스키닝(Skinning)

해설

리프팅(Lifting)에 대한 내용이다.

정답 18 ④ 19 ② 20 ②

CHAPTER

03 기계설계

01 기계요소설계의 개요

1 개요

기계설계는 기계공학의 전 영역에 걸친 넓은 분야의 모든 기계적 설계를 의미한다. 그중에 기계를 구성하고 있는 모든 부품, 즉 기계요소(Machine Element)에 대해 다루는 것이 기계요소설계이다. 기계요소설계는 강도설계와 강성설계로 이루어진다.

- 강도설계 : 허용응력에 기초를 둔 설계
- 강성설계 : 허용변형에 기초를 둔 설계

허용응력은 안전상 허용할 수 있는 최대응력이므로 최대강도를 기준으로 설계하는 것이 강도설계임을 알 수 있으며, 탄성한도 영역 내에서 허용되는 변형을 기준으로 한 설계를 강성설계라 한다. 기계설계에서 다루는 기계요소를 대략 분류하면 다음과 같다.

1. 결합용 기계요소(체결용 기계요소)

① 나사(볼트, 너트)
② 키, 코터, 핀
→ 조립과 분해를 필요로 하는 일시적 결합에 사용

③ 리벳
④ 용접
→ 영구적 결합 시 사용

2. 축계열 기계요소

① 축 ② 축이음 ③ 베어링

3. 전동 기계요소(동력 전달 기계요소)

① 마찰차 ② 벨트 ③ 체인 ④ 기어

4. 운동조절용 기계요소

① 브레이크 ② 스프링 ③ 관성차

2 설계에서 필요한 기본사항

1. 힘 해석

힘이란 물체의 운동상태를 변화시키는 원인이 되는 것으로 정의되며($F = ma$), 유체에서는 시간에 대한 운동량의 변화율로도 정의된다. 기계요소설계에서는 **힘을 해석하는 것이 기본**이므로 매우 중요하다.

(1) 힘의 두 가지 관점

① ┌ 표면력(접촉력) : 두 물체 사이의 직접적인 물리적 접촉에 의해 발생하는 힘
　　예 응력, 압력, 표면장력
　└ 체적력(물체력) : 직접 접촉하지 않고 중력, 자력, 원심력과 같이 원격작용에 의해 발생하는 힘

② ┌ 집중력 : 한 점에 집중되는 힘
　└ 분포력 : 힘이 집중되지 않고 분포되는 힘

(2) 분포력

① **선분포** : 힘이 선(길이)에 따라 분포(N/m, kgf/m)
　예 재료역학에서 등분포하중, 유체의 표면장력, 설계에서 마찰차의 선압

② **면적분포** : 힘이 유한한 면적에 걸쳐 분포(N/m^2, kgf/cm^2) 예 응력, 압력

③ **체적분포** : 힘이 물체의 체적 전체에 분포(N/m^3, kgf/m^3)

예 비중량 $\gamma = \rho \times g = \dfrac{kg}{m^3} \times m/s^2 = \dfrac{N}{m^3}$

분포력을 가지고 힘을 구하려면

선분포	×	힘이 작용(분포)하는 길이	=	힘
$\frac{N}{m}$	×	m	=	N
예 w (등분포하중)	×	l	=	wl (전하중)

면적분포	×	힘이 작용(분포)하는 면적	=	힘
$\frac{N}{m^2}$	×	m^2	=	N
예 σ(응력)	×	A_σ	=	P(하중)
τ(전단응력)	×	A_τ	=	P(하중)
체적분포	×	**힘이 작용(분포)하는 체적**	=	**힘**
$\frac{N}{m^3}$	×	m^3	=	N
예 γ(비중량)	×	V	=	W(무게)

TIP 어떤 분포력이 주어졌을 때 분포영역(길이, 면적, 체적)을 찾는 데 초점을 맞추면 힘을 구하기가 편리하다.

2. 자유물체도(Free Body Diagram)

힘이 작용하는 물체를 주위와 분리하여 그 물체에 작용하는 힘을 그려 넣은 그림을 말하며, 정역학적 평형상태 방정식($\Sigma F = 0$, $\Sigma M = 0$)을 만족하는 상태로 그려야 한다. 모든 기계요소 해석에 중요하므로 정역학 부분의 자유물체도를 꼭 익혀야 한다.

3. 일

(1) 일

힘의 공간적 이동(변위)효과를 나타낸다.

$$일 = 힘(F) \times 거리(S)$$

$$1\,J = 1\,N \times 1\,m$$

$$1\,kgf \cdot m = 1kgf \times 1m$$

(2) 모멘트(Moment)

물체를 회전시키려는 특성을 힘의 모멘트 M이라 하며 그중에 축을 회전시키려는 힘의 모멘트를 토크(Torque)라 한다.

$$모멘트(M) = 힘(F) \times 수직거리(d)$$

$$토크(T) = 회전력(P_e) \times 반경(r) = P_e \times \frac{d}{2}(지름)$$

(3) 일의 원리

① 기계설계에 적용된 일의 원리의 예

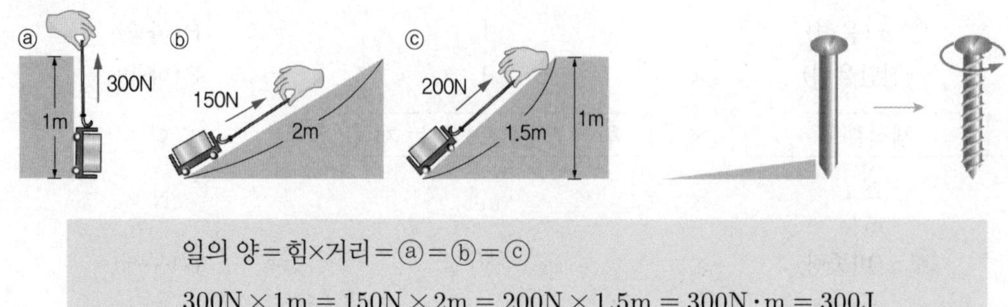

일의 양＝힘×거리＝ⓐ＝ⓑ＝ⓒ

$300\text{N} \times 1\text{m} = 150\text{N} \times 2\text{m} = 200\text{N} \times 1.5\text{m} = 300\text{N}\cdot\text{m} = 300\text{J}$

일의 양은 300J로 모두 같지만 빗면의 길이가 가장 긴 ⓑ에서 가장 작은 힘 150N으로 올라감을 알 수 있으며 이런 빗면의 원리를 이용해 빗면을 돌아 올라가는 기계요소 나사를 설계할 수 있다.

② 축에 작용하는 일의 원리

아래 그림에서 만약 손의 힘 $F_{조작력} = 20\text{N}$, 볼트지름 20mm라면, 스패너의 길이 $L(300\text{mm})$이 길수록 나사의 회전력 $F_{나사}$의 크기가 커져서 쉽게 볼트를 체결할 수 있다는 것을 알 수 있다.

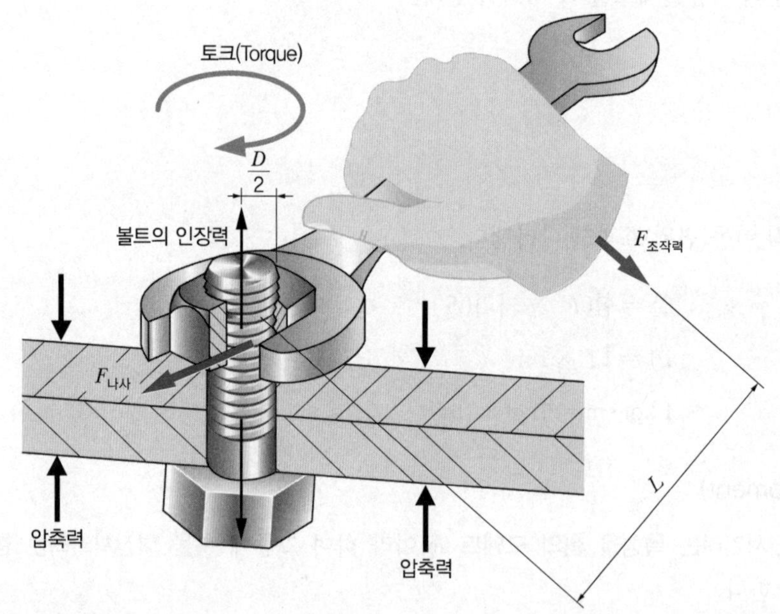

$$T = F_{조작력} \times L = F_{나사} \times \frac{D}{2}$$

적용 : $20(\text{N}) \times 300(\text{mm}) = F_{나사} \times \dfrac{20(\text{mm})}{2}$ 이므로 $F_{나사} = 600\text{N}$

일의 원리에 의해 축 토크 T는 같으므로
기어의 토크=키의 전단력에 의한 전달토크

$$F_1 \times \frac{D_{기어}}{2} = F_2 \times \frac{D_{축}}{2} \text{ (여기서, } F_2 = \tau_k \cdot A_\tau)$$

여기서, $D_{기어}$: 기어의 피치원 지름
$D_{축}$: 축지름

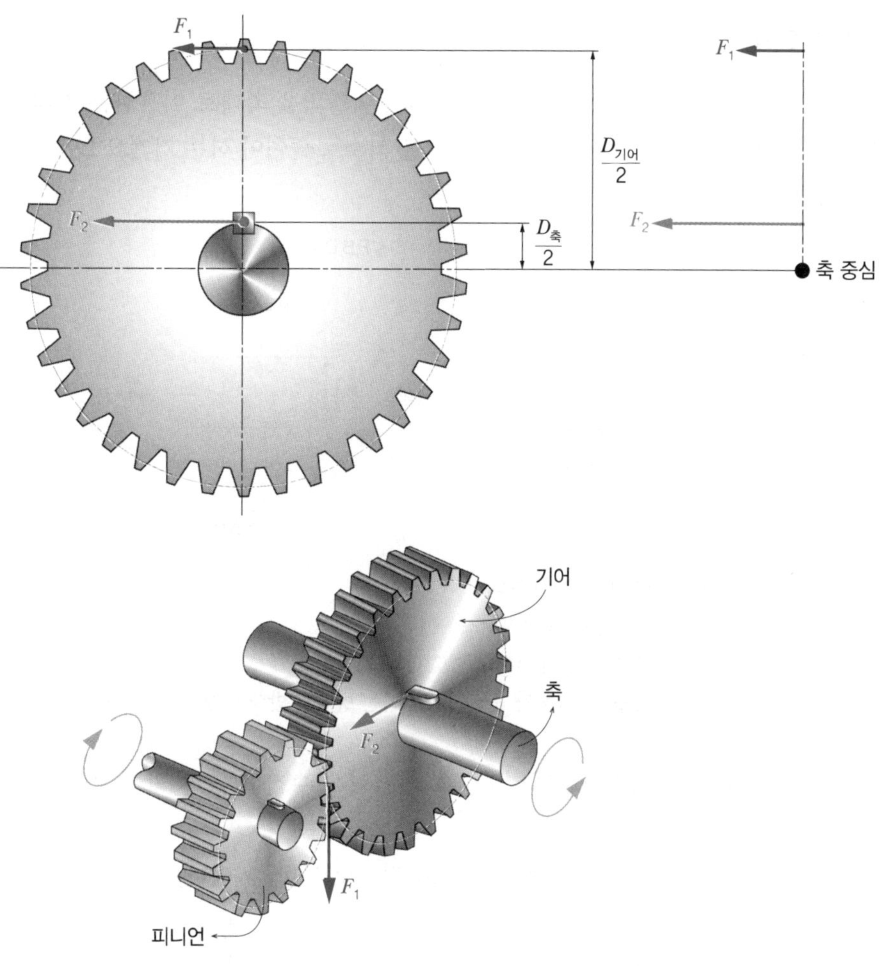

4. 동력

(1) 동력(H)

시간당 발생시키는 일을 의미한다.

$$동력 = \frac{일}{시간} = \frac{힘(F) \times 거리(S)}{시간(t)} \left(\because 속도 = \frac{거리}{시간} \right)$$

$$H= F(\text{힘})\times V(\text{속도})= F\times r\times\omega= T\times\omega$$
$$1W = 1N\cdot m/s \,(\text{SI 단위의 동력})$$
$$= 1\ J/s = 1\ W(\text{와트})$$

$1PS= 75\,kgf\cdot m/s$

$1kW= 102\,kgf\cdot m/s$ (공학 단위)

5. 마찰(Friction)

마찰력이란 운동을 방해하려는 성질의 힘을 말한다. 마찰력을 최대로 이용하는 기계요소에는 브레이크, 마찰차, 클러치, 전동벨트 등이 있으며 마찰력을 최소로 줄여야 하는 기계요소에는 베어링, 치차, 동력전달나사 등이 있다.

<F.B.D>

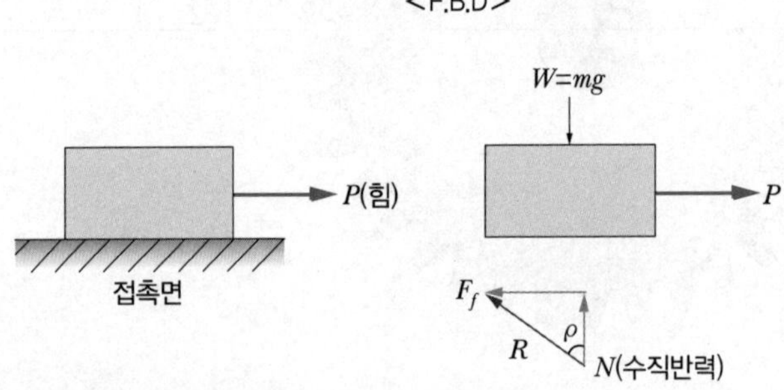

접촉면에 마찰력 F_f가 발생한다.

여기서, μ : 접촉면(정지) 마찰계수

ρ : 마찰각(마찰계수를 각으로 나타냄)

접촉면을 제거했을 때 물체가 움직이고자 하는 방향과 반대 방향으로 마찰력 F_f를 그린다.

$F_f= \mu N$ (최대정지마찰력) ※ 마찰력은 수직력(N)만의 함수이다.

$\tan\rho= \dfrac{F_f}{N}= \dfrac{\mu N}{N}= \mu$ 에서 $\rho= \tan^{-1}\mu$ 로 구할 수 있다.

오른쪽 그래프에서 알 수 있듯이 물체가 움직이기 시작하면 접촉면의 마찰력(동마찰력)은 감소하게 되므로 기계요소설계에서는 항상 최대정지마찰력을 기준으로 설계한다.

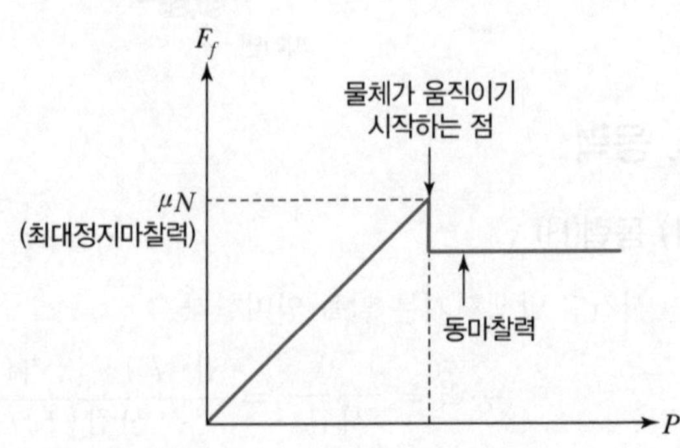

6. 파손

(1) 파단의 형상

연강의 인장시험에서의 파단면은 옆의 그림과 같이 분리(인장) 파괴와 미끄럼 파괴를 혼합한 파단면들이 동시에 나타나는데 분리 파괴에는 최대주응력이, 미끄럼 파괴에는 최대전단응력이 작용하고 있음을 보여준다. 재료가 취성일 때는 분리 파괴를, 연성일 때는 미끄럼 파괴를 일으킨다.

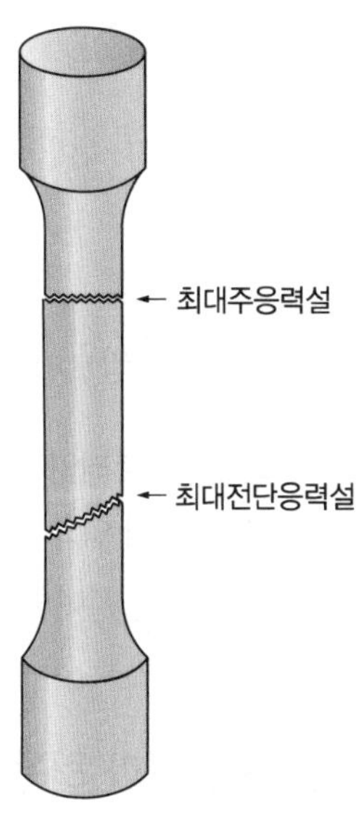

(2) 파손의 법칙

재료의 사용응력이 탄성한도를 넘으면 재료는 파손된다.

기계요소는 여러 하중이 가해지는 조합응력상태에서 자주 사용되는데 이러한 경우의 파손은 최대주응력설, 최대전단응력설, 최대주스트레인설 등으로 설명되어진다. 일반적으로 주철과 같은 취성재료에는 최대주응력설을, 연강, 알루미늄 합금과 같은 연성재료에는 최대전단응력설을 파손에 적용한다.

① 최대주응력설 : Rankine의 학설

취성재료의 분리 파손에 적용되며 최대주응력 σ_1 이 인장점·압축 탄성한도응력 σ_s 이상으로 되면 재료는 파손된다는 설이다. 따라서 파손의 염려가 있는 부분의 주응력 σ_1 을 구해 재료의 허용응력을 넘지 않도록 설계해야 한다.

$$\sigma_1 \leqq \text{허용응력} \leqq \sigma_s$$

$$\sigma_1 = \sigma_{\max} = \frac{\sigma_x + \sigma_y}{2} + \sqrt{\left(\frac{\sigma_x - \sigma_y}{2}\right)^2 + \tau_{xy}^{\ 2}}$$

예를 들면 축이 굽힘과 비틀림을 동시에 받는 경우의 주응력(σ_1) 계산 시 사용된다.

$$M_e = \frac{1}{2}(M + \sqrt{M^2 + T^2})$$

상당굽힘모멘트(M_e)를 구한 다음 $M_e = \sigma_1 \cdot Z$에 의해 주응력(σ_1)을 구할 수 있다.

② 최대전단응력설 : Coulomb Guest의 학설

연성재료의 미끄럼 파손에 적용되며 단순 인장에서 생기는 인장응력이 항복점 σ_s (또는 탄성한도)에 도달하였을 때의 최대전단응력을 τ_1 이라고 하면 τ_1 이 재료의 항복전단응력 τ_s 를 넘게 되면 재료는 파손한다는 설이다.

$$\tau_1 \leqq \text{허용전단응력} \leqq \tau_s$$

$$\tau_1 = \tau_{\max} = \sqrt{\left(\frac{\sigma_x - \sigma_y}{2}\right)^2 + \tau_{xy}^{\ 2}}$$

예를 들면 축이 굽힘과 비틀림을 동시에 받을 경우의 최대전단응력(τ_1) 계산 시 사용된다.

$$T_e = \sqrt{M^2 + T^2}$$

상당비틀림모멘트(T_e)를 구한 다음 $T_e = \tau_1 \cdot Z_p$ 에 의해 최대전단응력(τ_1)을 구할 수 있다.

③ 최대주스트레인설

재료 내의 임의의 한 점에서 일어나는 주스트레인의 값이 항복점의 변형률 ε_s 를 넘어서면 파손이 발생한다는 설이다. **분리 파손을 하는 취성재료에만 적용**된다.

7. 사용응력과 허용응력

기계나 구조물이 안전한 상태를 유지하며 제기능을 발휘하려면 설계할 때 실제의 사용상태를 정확히 파악하고 그 상태의 응력을 고려하여 절대적으로 안전한 상태에 놓이도록 사용재료와 그 치수를 결정해야 한다. 오랜 기간동안 실제상태에서 안전하게 작용하고 있는 응력을 사용응력(Working Stress)이라 하며, 이 사용응력을 정확하게 선정한다는 것은 거의 불가능하다. 따라서 탄성한도 영역 내의 안전상 허용할 수 있는 최대응력인 허용응력(Allowable Stress)을 사용응력이 넘지 않도록 설계해야 한다.

$$\text{사용응력}(\sigma_w) \leq \text{허용응력}(\sigma_a) \leq \text{탄성한도}$$

8. 안전율

하중의 종류와 사용조건에 따라 달라지는 기초강도 σ_s 와 허용응력 σ_a 와의 비를 안전율(Safety Factor)이라고 한다. 여기서 기초강도란 사용재료의 종류, 형상, 사용조건에 의하여 주로 항복강도, 인장강도(극한강도) 값이며 크리프 한도, 피로 한도, 좌굴강도 값이 되기도 한다. 안전율은 항상 1보다 크게 나오는데 설계 시 안전율을 크게 하면 기계나 구조물의 안정성은 증가하나 경제성은 떨어진다. 왜냐하면 어떤 부재에 작용하는 하중이 정해져 있을 경우 안전율을 높이면 사용할 부재의 치수가 커지기 때문이다. 그러므로 실제하중의 작용조건, 상태(부식, 마모, 진동, 마찰, 정밀도, 수명) 등을 고려해서 적절한 안전율을 고려해주는 최적화(Optimization) 설계를 해야 한다.

$$S=\frac{\text{기초강도}}{\text{허용응력}}=\frac{\sigma_s}{\sigma_a}$$

참고

$\sigma_a = \dfrac{\sigma_s}{s}$ → 재료의 극한강도(인장강도)는 재료마다 정해져 있다.
→ 안전율을 크게 하면
↓
허용응력이 줄어든다.
↓

허용응력(σ_a)을 사용응력(σ_w)과 같게 설계한다. $\sigma_w = \dfrac{P}{A}$ 이므로 재료에 작용하는 하중이 일정하다고 보면 재료의 면적을 크게 해야 한다(물론 면적을 일정하게 설계하면 하중을 줄여야 할 것이다).

9. 표준화

공업제품들의 품질, 형상, 치수, 검사 등에 일정한 표준을 정하여 제품 상호 간의 교환성을 높여 생산성의 향상, 생산의 합리화를 이루는 것을 표준화라고 한다. 우리나라에서는 표준화를 위해 한국산업규격(KS : Korean Industrial Standard)이 있다. KS규격집 안에서 기계부문은 KS B로 분류되어 있으며 기계를 설계할 때 사용되는 요소(Element)는 KS표준규격집 안의 표준부품을 채택하여 설계해야 한다.
규격집 안의 표준부품을 기준으로 설계하지 않으면 제품의 호환성이 없으며 상품으로서의 가치도 잃게 된다. 사용되고 있는 기계설계도표편람은 실제 산업현장에서 쓰이는 경험식, 설계를 위한 각종 데이터 값, 계산도표 등이 내재되어 있으며 실무자들이 활용하는 서적이다.

10. 기타

이 책에서는 다음과 같은 용어들을 될 수 있는 한 일관되게 사용할 것이다.

- q : 면압
- A_τ : 전단응력이 발생하는 면적(전단파괴면적)
- A_q : 면압을 받는 면적
- D_m : 평균지름
- d_e : 유효지름
- T : 토크
- M : 모멘트
- H : 동력
- σ_c : 압축응력
- F : 조작력
- μ : 마찰계수
- N : 수직력(법선력)
- P_t : 축방향 하중(트러스트 하중)
- V : 원주속도

① 시험에서 힘은 SI 단위인 N을 주로 사용하며 응력도 파스칼 Pa=N/m²을 주로 사용한다(1MPa=10^6Pa, 1GPa=10^9Pa).

② 설계문제에서 요구하는 단위를 잘 보고 문제를 풀어야 한다. 만약 답을 mm 단위로 요구하면 응력, 길이, 기타 계산식에서 쓰이는 값들을 모두 mm로 바꾸어 준 다음 계산을 수행하면 단위가 mm로 나오므로 단위환산을 할 필요가 없다(주의해야 한다).

③ MKS 단위계(m, kg, sec)로 시험문제가 주어지면 응력이나 압력은 Pa(파스칼), 힘은 N, 동력은 W(와트)로 계산되므로 기본 수치들을 m 단위로 넣어 계산하면 편리하다.

④ **라디안** : 라디안(Radian)은 각도의 단위로서 원주상에서 반지름과 같은 길이의 호를 잘라내는 두 개의 반지름 사이에 포함되는 평면각이다.

$$\text{rad} = \frac{1\,\text{m}\,(\text{호의 길이})}{1\,\text{m}\,(\text{반지름})} = 1\,\text{m/m} \;:\; \text{무차원이다.}$$

$$\pi\,\text{rad} = 180°,\; 60° \times \frac{\pi\,\text{rad}}{180°} = \frac{\pi}{3}\,\text{rad}$$

예 축의 비틀림각 $\theta = \dfrac{\tau \cdot \ell}{G \cdot Ip}$, 장력비 $e^{\mu\theta}$ 등의 θ각은 라디안이다.

⑤ **각속도(ω)** : 축이 N rpm으로 회전할 때

$\omega = 2\pi \times N(\text{rpm}) = 2\pi N$ rad/min

여기서, rpm : Revolutions Per Minute(분당 회전수)

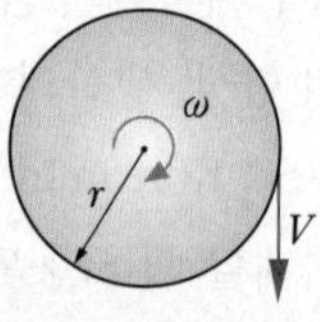

| 원주속도와 각속도 |

$$\omega = \frac{2\pi N}{60}\,\text{rad/s} = s^{-1} \;(\text{rad : 무차원이므로})$$

⑥ **원주속도(V)** : $V = r \cdot \omega = \dfrac{d}{2} \times \dfrac{2\pi N}{60}$

$$= \frac{\pi \cdot d \cdot N}{60}\,\text{mm/s} \;[d\,(\text{지름})\text{는 mm 단위}]$$

$$= \frac{\pi d N}{60 \times 1{,}000}\,\text{m/s}\;(\text{단위환산})$$

$$V = \frac{\pi d N}{60{,}000}\,\text{m/s} \;[\text{여기서, } d\,(\text{지름})\text{는 mm 단위}]$$

02 나사

1 나사의 개요

나사는 기계부품을 죄거나 위치의 조정, 힘을 전달하는 용도로 쓰이며 둥근봉의 바깥에 나사산이 있는 것을 수나사, 원통 내면에 나사산을 만드는 것을 암나사라 한다.

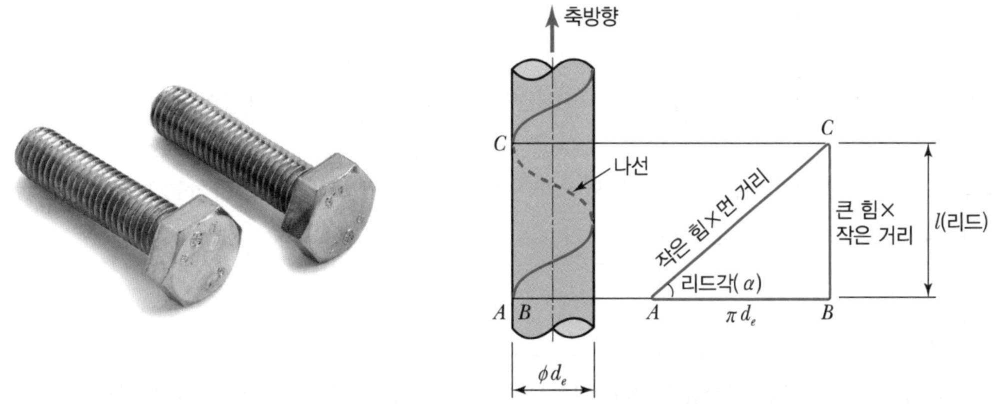

위 그림에서 지름이 d_e 인 둥근봉의 둘레에 밑변의 길이가 πd_e 가 되는 직각삼각형 ABC를 감으면 빗변 AC는 나선을 그리게 된다. 이 나선에 삼각형, 사각형, 사다리꼴 단면을 갖는 띠를 감으면 나사가 생긴다. 나사에는 일의 원리가 적용되는데, 빗변 $\overline{AC}$ 와 높이 $\overline{BC}$ 를 올라가는 일의 양은 같으므로 나사를 돌리게 되면 나사는 작은 힘으로 나선(빗면)을 따라 돌아 올라가며 작은 거리(높이)를 큰 힘으로 나아가게 된다. 즉, 나사는 축방향으로 큰 힘을 가하는 기계요소이며 쐐기와 같은 역할을 한다. 삼각나사는 마찰면적을 크게 하여 축방향으로 강한 체결력을 갖게 한다.

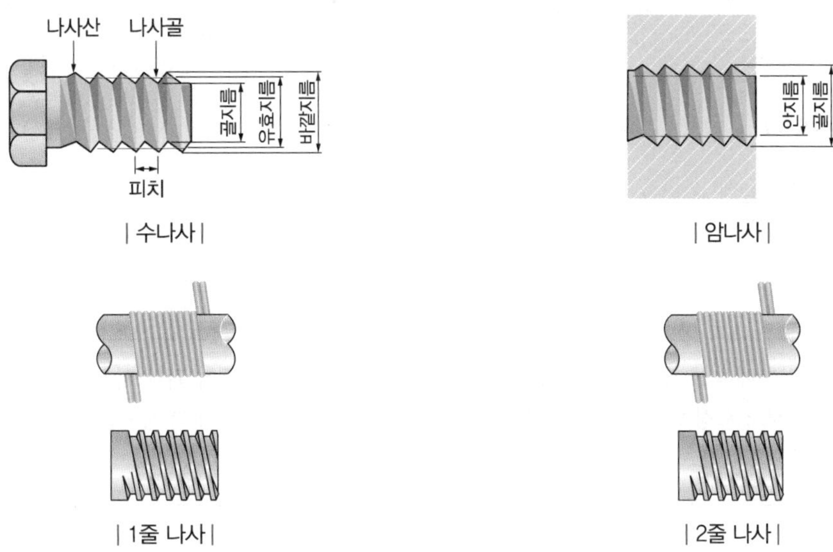

| 수나사 | | 암나사 |

| 1줄 나사 | | 2줄 나사 |

(1) 호칭지름 : 나사의 바깥지름(d_2)이다.

(2) 유효지름(d_e) : 나사산의 형태가 사각나사일 때는 평균지름$\left(\dfrac{d_1 + d_2}{2}\right)$이지만 다른 나사에서는 그렇지 않다. 나사에 대한 하중계산, 토크계산, 리드각을 구할 때의 기초가 되는 지름으로 매우 중요하다.

(3) 1줄 나사 · 2줄 나사 : 한 줄의 나선으로 이루어진 나사를 1줄 나사, 두 줄의 나선을 감아올린 나사를 2줄 나사, n 개의 나선이면 n 줄 나사이다.

(4) 피치(p) : 나사산과 나사산 사이의 거리(Pitch) 또는 골과 골 사이의 거리이다.

(5) 리드(l) : 나사를 1회전시켰을 때 축방향으로 나아가는 거리(Lead)로, 1줄 나사는 1피치(p)만큼 리드하며 n 줄 나사이면 리드 $l = np$ 이다.

예 제

피치가 20mm인 2줄 나사를 두 바퀴 회전시키면 축방향으로 움직이는 거리는 몇 mm인가?

① 10 ② 20 ③ 40 ❹ 80

해설 한바퀴 회전에서 리드 $l = np = 2 \times 20 = 40(\text{mm})$
두바퀴 회전시키면 $2 \times 40 = 80\text{mm}$

(6) 리드각(α) : 나사가 1회전 시 나아가는 리드에 의해 생성되는 각이다.

$$\tan\alpha = \frac{l}{\pi d_e} = \frac{np}{\pi d_e}$$

(7) 나사산의 높이(h)

$$h = \frac{d_2 - d_1}{2}$$

참고

나사의 호칭지름에서 호칭이란 KS규격집에서 기계요소를 찾을 때 기준이 되는 기본값이며 기계요소(부품)를 구입할 때도 호칭을 사용하게 된다. 나사의 호칭을 찾으면 나사에 대한 자료값(d_1, d_e, d_2, 피치 등)을 볼 수 있다.

2 나사의 표시방법

피치를 mm로 표시하는 경우(미터계)

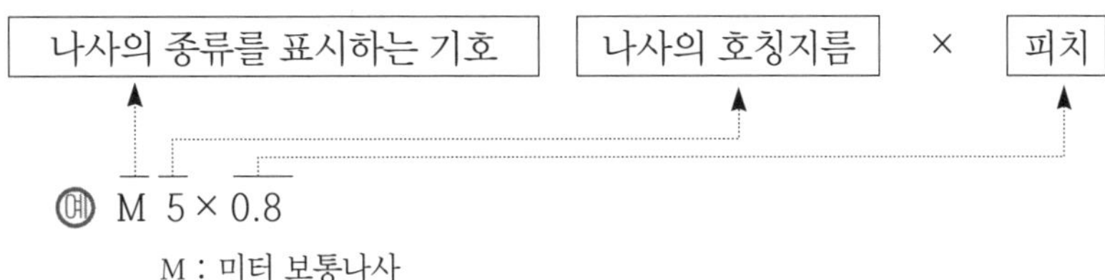

예 M 5 × 0.8

M : 미터 보통나사

5 : 외경이 5mm(외경=나사의 호칭지름)

0.8 : 피치가 0.8mm(생략 가능)

예 TM 10

TM : 30° 사다리꼴나사

10 : 외경 10mm

3 나사의 종류와 나사산의 각도

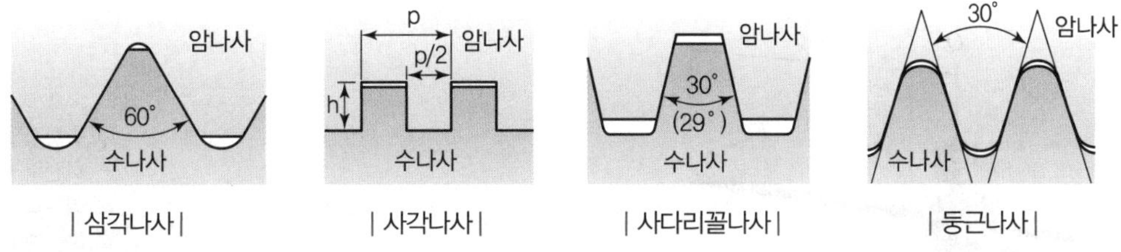

| 삼각나사 | | 사각나사 | | 사다리꼴나사 | | 둥근나사 |

나사의 명칭	종류	나사의 기호	나사산의 각도(β)	호칭지름 단위	용도
미터나사	미터 보통나사	M	60°	미터계	체결용
	미터 가는나사				
유니파이나사	유니파이 보통나사	UNC	60°	인치계	
	유니파이 가는나사	UNF			
관용나사	관용 평행나사	PS	55°		
	관용 테이퍼나사	PT			
사각나사			0°		운동용
사다리꼴나사	29° 사다리꼴나사	TW	29°	인치계	
	30° 사다리꼴나사 (미터 사다리꼴나사)	TM	30°	미터계	

표 이외에도 여러 가지 나사가 있다. 나사의 기호와 나사산의 각도는 암기해야 한다(상당마찰계수 계산에 쓰이므로).

TIP 둥근나사 : 전구나 소켓 등에 쓰이는 나사로 먼지나 모래 등이 나사산 사이에 들어가도 작동에 영향을 별로 받지 않는 나사이다.

예 제

나사산과 골의 반지름이 같은 원호로 이은 모양을 하고 있으며, 전구의 결합부와 같이 박판의 원통을 전조하여 만드는 것 등에 사용되는 나사는?

❶ 둥근나사 ② 미터나사 ③ 유니파이나사 ④ 관용나사

해설 둥근나사(너클나사)는 먼지, 모래 등이 들어가기 쉬운 장소나 전구, 소켓 등에 사용된다.

4 나사의 역학

1. 사각나사

나사산의 단면이 직사각형일 때 사각나사라 하며, 이 나사는 기계부품에서 축방향 하중을 크게 받는 운동용 나사로 적합하여 나사잭(Jack), 나사프레스 등에 사용된다. 트러스트 하중을 전달하는 전동효율은 좋으나 제작이 어려워 사다리꼴나사로 대체하는 수가 많다.

(1) 나사를 죌 때

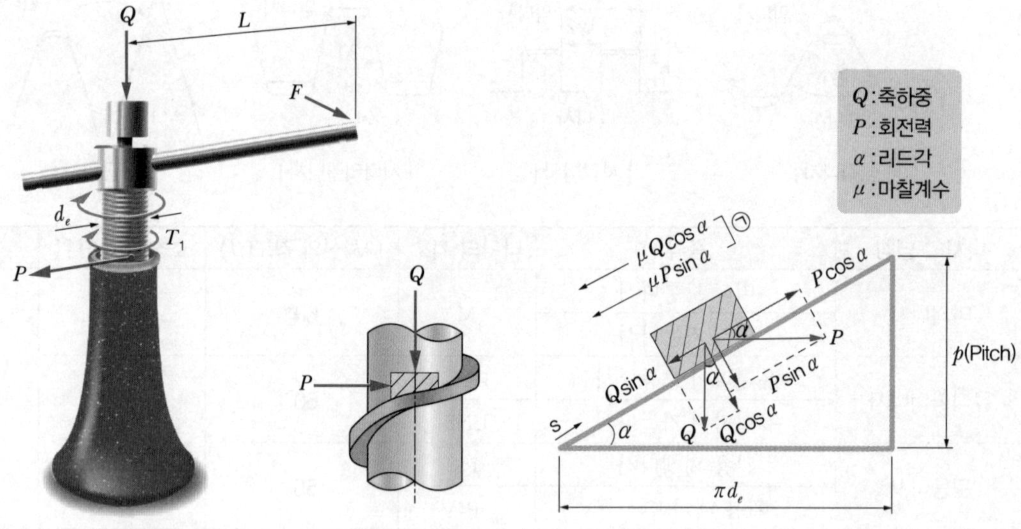

P라는 회전력이 작용하면 축하중 Q가 경사면을 따라 s 방향으로 이동하며, s 방향의 힘의 합이 0일 때 움직이기 시작하므로 $\Sigma F_s = 0$ 이다. 마찰력은 앞에서 다루었듯이 경사면의 수직력과 연관되며 움직이려는 방향과 반대 방향으로 위 ㉠에 표시하였다.

$\Sigma F_s = 0$: s 방향 힘의 성분들의 합은 0이다. 이 방향(→)이 양(+)방향이다.

$$P\cos\alpha - Q\sin\alpha - \mu Q\cos\alpha - \mu P\sin\alpha = 0$$

$$P(\cos\alpha - \mu\sin\alpha) = Q(\mu\cos\alpha + \sin\alpha)$$

$$P = Q\frac{\mu\cos\alpha + \sin\alpha}{\cos\alpha - \mu\sin\alpha}\text{(분모, 분자를 }\cos\alpha\text{로 나눈다.)}$$

$$= Q\frac{\mu + \tan\alpha}{1 - \mu\tan\alpha}(\mu = \tan\rho\text{를 대입, }\rho\text{ : 마찰각)}$$

$$= Q\frac{\tan\rho + \tan\alpha}{1 - \tan\rho\cdot\tan\alpha}\left[\tan(\alpha+\beta) = \frac{\tan\alpha + \tan\beta}{1 - \tan\alpha\cdot\tan\beta}\text{ 공식을 적용}\right]$$

$\therefore$ 회전력 $P = Q\tan(\rho + \alpha)$

(2) 나사를 풀 때

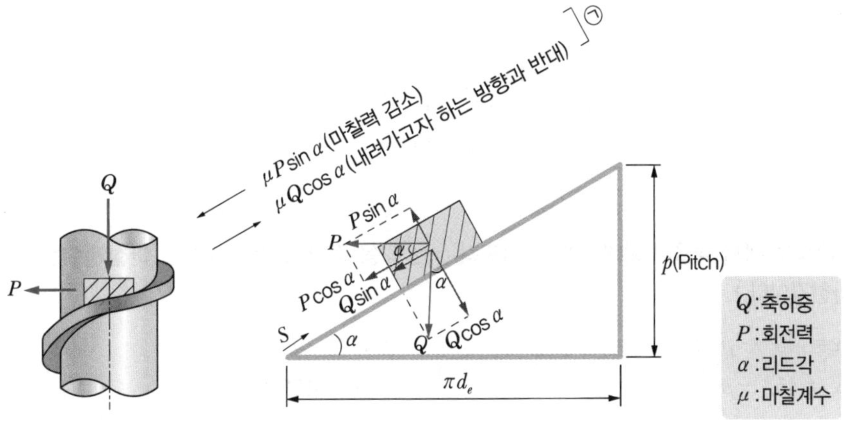

$$\sum F_s = 0$$

$$-P\cos\alpha - Q\sin\alpha + \mu Q\cos\alpha - \mu P\sin\alpha = 0$$

$\therefore P = Q\tan(\rho - \alpha)$

(3) 나사의 자립조건

나사가 스스로 풀리지 않는 조건이므로 나사를 풀 때 힘이 들게 되면 나사의 자립조건을 만족하게 된다.
체결용 나사에만 적용된다.
나사를 풀 때 회전력 $P = Q\tan(\rho - \alpha)$에서
① $\rho > \alpha$ 일 때 P는 양의 값이 되므로 나사를 풀 때 힘이 든다.
② $\rho = \alpha$ 일 때 $P = 0$ 이다.
③ $\rho < \alpha$ 일 때 P는 음의 값이 되므로 힘을 주지 않아도 스스로 풀리게 된다.

자립조건 $\rho \geq \alpha$: 마찰각이 리드각보다 커야 한다.

(4) 사각나사의 효율(η)

$$\eta = \frac{\text{마찰이 없는 경우의 회전력}}{\text{마찰이 있는 경우의 회전력}} = \frac{Q\tan\alpha}{Q\tan(\rho+\alpha)} = \frac{\tan\alpha}{\tan(\rho+\alpha)}$$

(이때 마찰이 없을 경우 마찰각이 존재하지 않는다.)

운동용 나사에는 이송이 잘 되어야 하므로 효율이 좋은 편이 유리하고, 삼각나사에서는 체결용이므로 효율을 낮게 하여 잘 풀리지 않는 것이 필요하다.

예 제

01 사각나사에서 리드각 3.83°, 마찰계수 μ=0.1일 때, 이 나사의 효율을 구하면?

① 28.77% ② 32.75%

❸ 39.83% ④ 42.56%

해설 $\eta = \frac{\tan\alpha}{\tan(\rho+\alpha)} = \frac{\tan(3.83°)}{\tan(5.711°+3.83°)} = 0.3983 = 39.83\%$

여기서, $\tan\rho = \mu \rightarrow \rho = \tan^{-1}\mu = \tan^{-1}0.1 = 5.711°$

02 사각나사에서 효율이 최대로 되는 리드각 α는 다음 중 어느 것인가?(단, 마찰계수는 $\mu = \tan\rho$이고, ρ는 마찰각이다.)

❶ $\alpha = 45° - \rho/2$ ② $\alpha = 45° + \rho/2$

③ $\alpha = 45° - \rho$ ④ $\alpha = 45° + \rho$

해설 $\eta = \frac{\tan\alpha}{\tan(\rho+\alpha)}$를 α에 대해 미분하면 $\sin2(\rho+\alpha) = \sin2\alpha = \sin(\pi-2\alpha)$에서

$2(\rho+\alpha) = \pi - 2\alpha$

$\therefore\ \alpha = \frac{\pi}{4} - \frac{\rho}{2} = 45° - \frac{\rho}{2}$

2. 삼각나사

사각나사를 제외한 나사들은 나사산의 각(β)을 가지고 있는데 이러한 나사들을 삼각나사라 한다. 체결용(결합용)으로 쓰인다.

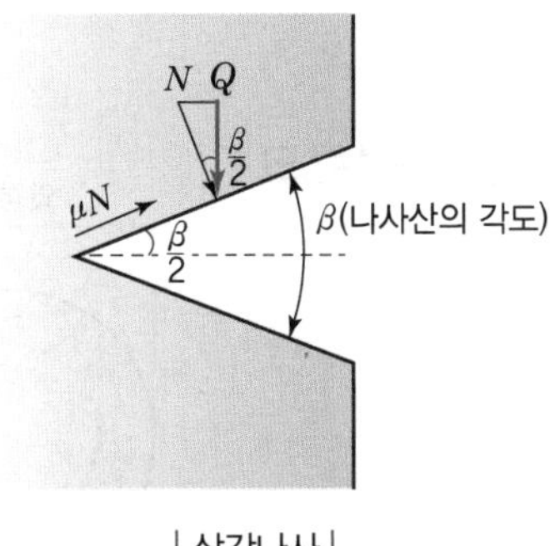

| 삼각나사 |

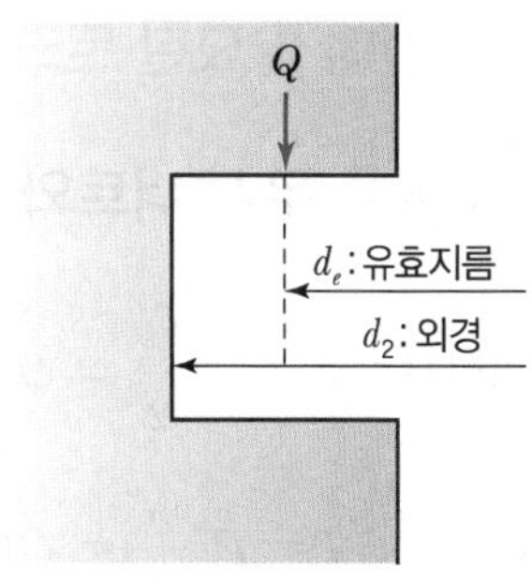

| 사각나사 |

위 그림에서 비교해보면 사각나사에서는 축방향 하중 Q가 수직력이 되지만, 삼각나사에서는 축방향 하중 Q와 나사면에 작용하는 수직력 N과의 관계가 그림과 같이 나타난다.

$$N\cos\frac{\beta}{2} = Q \rightarrow N = \frac{Q}{\cos\frac{\beta}{2}}$$

마찰력 $\mu N = \mu\frac{Q}{\cos\frac{\beta}{2}} = \frac{\mu}{\cos\frac{\beta}{2}}Q = \mu' Q$

여기서, μ' : 상당마찰계수
β : 나사산의 각도

$\mu' = \frac{\mu}{\cos\frac{\beta}{2}}$ 이므로 $\tan\rho' = \mu' = \frac{\mu}{\cos\frac{\beta}{2}}$

삼각나사를 계산할 때는 사각나사의 계산식에서 ρ 대신 $\rightarrow \rho'$, μ 대신 $\rightarrow \mu'$ 를 대입하여 계산해야 한다.

삼각나사를 죌 때의 회전력 $P = Q\tan(\rho' + \alpha)$

삼각나사를 풀 때의 회전력 $P = Q\tan(\rho' - \alpha)$

삼각나사의 효율 $\eta = \frac{\tan\alpha}{\tan(\rho' + \alpha)}$

5 나사의 회전에 필요한 토크

1. 자리면 마찰을 무시(너트와 와셔의 마찰 무시)한 회전토크

① 사각나사 : $T = P \cdot \dfrac{d_e}{2} = Q\tan(\rho + \alpha) \cdot \dfrac{d_e}{2}$

② 삼각나사 : $T = P \cdot \dfrac{d_e}{2} = Q\tan(\rho' + \alpha) \cdot \dfrac{d_e}{2}$

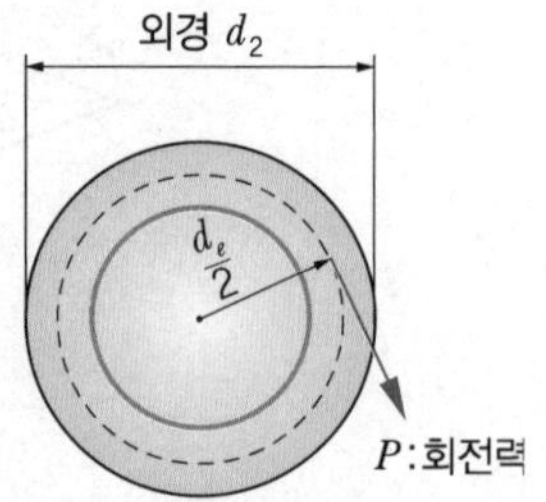

예 제

19.6kN의 하중을 나사잭으로 들어올리기 위하여 나사잭을 작동시키기 위한 토크를 구하고자 한다. 나사의 유효지름은 41mm, 피치는 8mm, 나사 접촉부의 유효마찰계수(effective coefficient of friction)는 0.13이라고 할 때 필요한 토크는 약 몇 kN · mm인가?(단, 와셔 접촉면 마찰의 영향은 무시한다.)

❶ 77.82 ② 84.55 ③ 90.41 ④ 98.88

해설 $T = Q\tan(\rho + \alpha) \cdot \dfrac{d_e}{2}$

$= 19.6 \times 10^3 \times \tan(7.41° + 3.55°) \times \dfrac{41}{2}$

$= 77{,}810.9\text{N} \cdot \text{mm} = 77.81\text{kN} \cdot \text{mm}$

여기서, $\tan\alpha = \dfrac{l}{\pi d_e} \rightarrow \alpha = \tan^{-1}\dfrac{l}{\pi d_e} = \tan^{-1}\left(\dfrac{8}{\pi \times 41}\right) = 3.55°$

$\tan\rho = \mu \rightarrow \rho = \tan^{-1}\mu = \tan^{-1}0.13 = 7.41°$

2. 볼트와 너트의 풀림 방지법

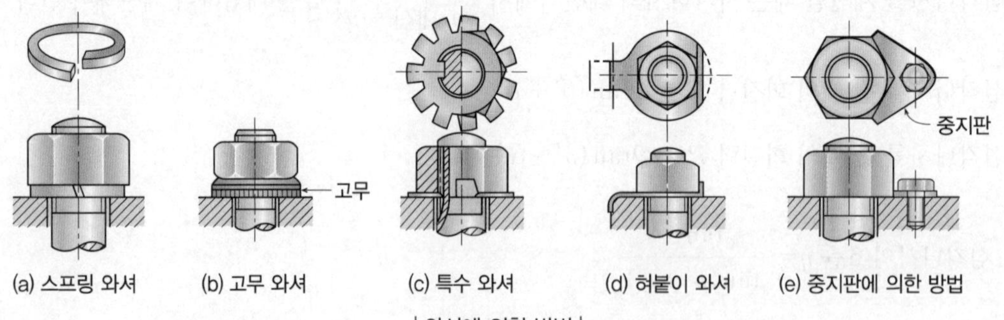

(a) 스프링 와셔 (b) 고무 와셔 (c) 특수 와셔 (d) 혀붙이 와셔 (e) 중지판에 의한 방법

| 와셔에 의한 방법 |

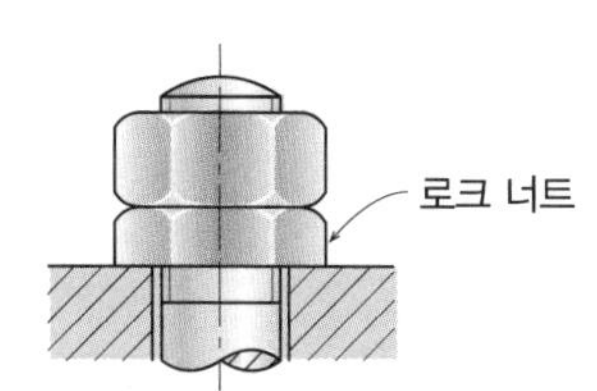

| 로크 너트(고정너트)에 의한 방법 |

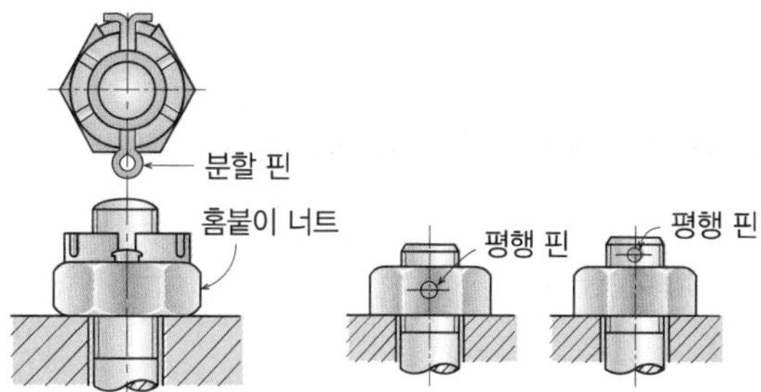

| 핀에 의한 방법 |

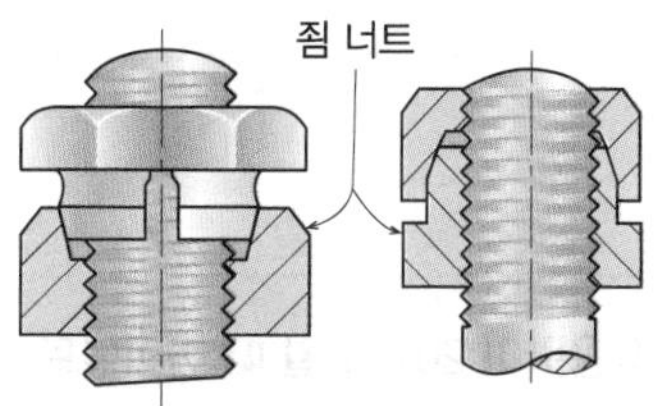

| 자동 죔 너트에 의한 방법 |

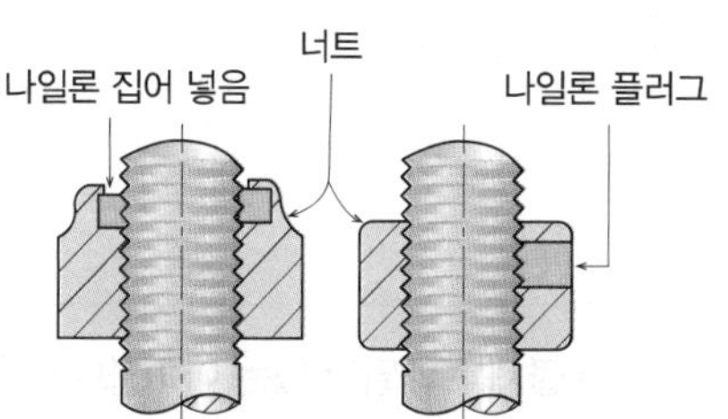

| 플라스틱 플러그에 의한 방법 |

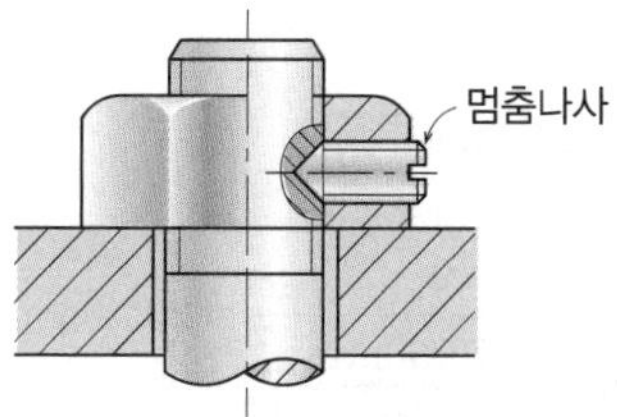

| 멈춤나사에 의한 방법 |

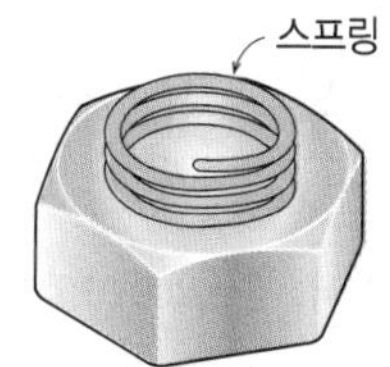

| 스프링 너트에 의한 방법 |

예 제

나사의 풀림방지 대책으로 적절하지 않은 것은?

① 스프링와셔 사용
② 홈붙이너트와 분할핀 사용
③ 고정너트(lock nut) 사용
❹ 캡너트(cap nut) 사용

해설 캡너트

볼트가 관통하지 않게 너트의 한쪽 면을 막아 외관을 좋게 하거나 기밀성을 늘리기 위해 사용한다.

6 나사의 설계

1. 축하중만 받을 경우(아이볼트)

인장(압축)응력 $\sigma = \dfrac{Q(\text{축하중})}{A(\text{인장파괴면적})} = \dfrac{Q}{\dfrac{\pi}{4}{d_1}^2(\text{골지름 파괴})}$

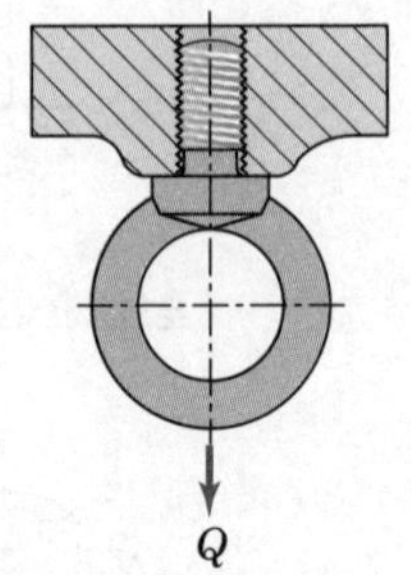

골지름 $d_1 = \sqrt{\dfrac{4Q}{\pi\sigma}}$

예 제

5kN의 물체를 매달고 있는 아이볼트가 있다. 볼트의 허용인장응력이 20MPa일 때 아이볼트 나사부의 골지름은 약 몇 mm인가?

❶ 17.8　② 19.8　③ 21.8　④ 23.8

해설 $\sigma = \dfrac{Q}{A} = \dfrac{Q}{\dfrac{\pi}{4}{d_1}^2}$ 에서 $d_1 = \sqrt{\dfrac{4Q}{\pi\sigma}} = \sqrt{\dfrac{4\times5\times10^3}{\pi\times20}} = 17.8\text{mm}$

여기서, $\sigma = 20\times10^6\text{Pa} = 20\times10^6\dfrac{\text{N}}{\text{m}^2} = 20\times10^6\dfrac{\text{N}}{\text{m}^2\times\left(\dfrac{1{,}000\text{mm}}{1\text{m}}\right)^2} = 20\text{N/mm}^2$

2. 면압강도에서 나사산수와 너트 높이 설계

$$q = \frac{Q(\text{축하중})}{A_q(\text{면압을 받는 면적 : 나사산 면})} = \frac{Q}{\dfrac{\pi({d_2}^2 - {d_1}^2)}{4}\cdot z}$$

$$= \frac{Q}{\pi d_e\cdot h\cdot z}\left(h = \frac{d_2 - d_1}{2},\ d_e = \frac{d_2 + d_1}{2}\right)$$

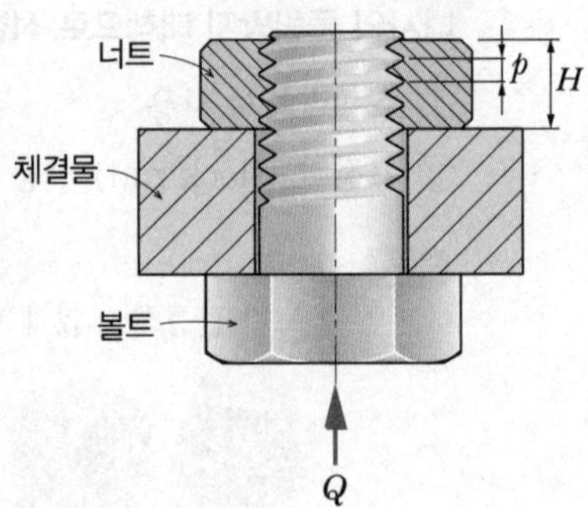

① 나사산 수 $z = \dfrac{Q}{\pi d_e\cdot h\cdot q}$

② 너트(암나사) 높이 H= 나사산 수(z)×피치(p)×나사의 줄수(n)

$H = z\cdot p$ (보통 1줄 나사이므로)

3. 축방향 하중과 비틀림을 동시에 받을 때 조합응력

재료역학의 평면응력상태인 모어의 응력원 $\sigma_{max} = \frac{\sigma_x + \sigma_y}{2} + \sqrt{\left(\frac{\sigma_x - \sigma_y}{2}\right)^2 + {\tau_{xy}}^2}$ 으로부터 최대 주응력설에 의한 최대응력($\sigma_x = \sigma, \sigma_y = 0, \tau_{xy} = \tau$를 대입) $\sigma_{max} = \frac{\sigma}{2} + \frac{1}{2}\sqrt{\sigma^2 + 4\tau^2}$ 이므로 최대 전단응력설에 의한 최대전단응력 $\tau_{max} = \frac{1}{2}\sqrt{\sigma^2 + 4\tau^2}$ 이다.

예 제

축방향으로 20MPa의 인장응력과 10MPa의 전단응력이 동시에 작용하는 볼트에서 발생하는 최대전단응력은 약 몇 MPa인가?

① 12.1 ❷ 14.1 ③ 16.1 ④ 18.1

해설 $\tau_{max} = \frac{1}{2}\sqrt{\sigma^2 + 4\tau^2} = \frac{1}{2}\sqrt{20^2 + 4 \times 10^2} = 14.1\text{MPa}$

핵심 기출 문제

01 바깥지름 30mm, 유효지름 27.72mm, 피치 3.5mm인 미터나사에서 효율은?(단, 마찰계수는 0.15, 나사산 각도는 60°이다.)

① 18.7% ② 25.3%
③ 30.2% ④ 35.7%

해설

M30 나사이며 나사산의 각도 $\beta = 60°$이다.

리드각 $\tan\alpha = \dfrac{p}{\pi d_e}$ 에서

$$\alpha = \tan^{-1}\frac{p}{\pi d_e} = \tan^{-1}\frac{3.5}{\pi\times 27.72} = 2.30°$$

삼각나사이므로

상당마찰계수$(\mu') = \dfrac{\mu}{\cos\dfrac{\beta}{2}} = \dfrac{0.15}{\cos\dfrac{60}{2}} = 0.173$

$\tan\rho' = \mu'$에서

$\rho' = \tan^{-1}\mu' = \tan^{-1}0.173 = 9.82°$

나사의 효율(η)

$$= \frac{\tan\alpha}{\tan(\rho'+\alpha)} = \frac{\tan 2.30°}{\tan(9.82°+2.30°)}$$

$= 0.187 = 18.7\%$

02 사각나사에서 리드각 3.0°, 마찰계수 $\mu = 0.2$일 때, 이 나사의 효율을 구하면?

① 20.6% ② 25.3%
③ 30.2% ④ 35.7%

해설

$$\eta = \frac{\tan\alpha}{\tan(\rho+\alpha)} = \frac{\tan(3°)}{\tan(11.31°+3°)}$$

$= 0.2055 = 20.55\%$

여기서, $\tan\rho = \mu \rightarrow \rho = \tan^{-1}\mu = \tan^{-1}0.2 = 11.31°$

03 나사잭(Jack)에서 나사의 리드각(α)이 15°이고, 마찰각(ρ)이 10°일 때 나사의 효율(%)은?

① 31.41% ② 45.81%
③ 57.46% ④ 64.32%

해설

나사잭은 운동용 나사인 사각나사로 되어 있다.

효율 $\eta = \dfrac{\tan\alpha}{\tan(\rho+\alpha)} = \dfrac{\tan 15°}{\tan(10°+15°)}$

$= 0.5746 = 57.46\%$

04 그림과 같이 아이볼트가 500N의 인장하중을 받는다. 너트 부분의 허용압축응력은 1MPa, 미터나사 볼트의 바깥지름은 16mm, 골지름은 13.835mm일 때 너트 부분의 높이 H는 몇 mm 이상이어야 하는가?(단, 미터나사는 M16×2이다.)

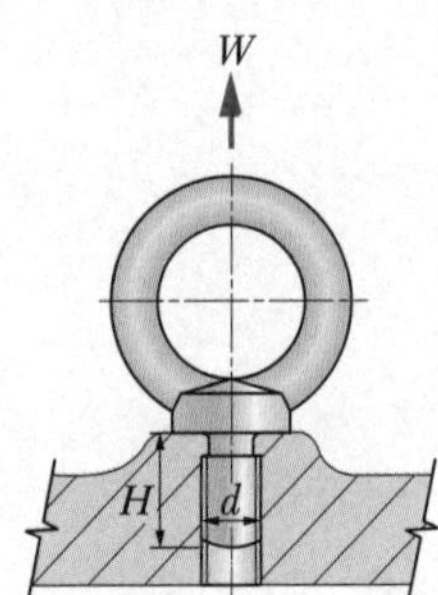

① 10mm ② 15mm
③ 20mm ④ 25mm

해설

나사산 수 $z = \dfrac{4Q}{\pi({d_2}^2 - {d_1}^2)q}$

$= \dfrac{4\times 500}{\pi(16^2 - 13.835^2)\times 1} = 9.86 = 10$

∴ 너트 높이 H= 나사산 수(z)×피치(p)

$= 10\times 2 = 20\text{mm}$

정답 01 ① 02 ① 03 ③ 04 ③

05 바깥지름 36mm, 골지름 32mm, 피치 4mm인 한 줄 사각나사의 연강제 나사봉을 갖는 나사잭으로 2kN의 하중을 올리려고 한다. 나사산의 허용면압이 200N/cm²라면 너트의 높이(cm)는 얼마인가?

① 0.9872 ② 1.872
③ 2.9872 ④ 3.872

해설

$q = 200\text{N/cm}^2 = 2\text{N/mm}^2$

$q = \dfrac{4Q}{\pi(d_2^{\,2} - d_1^{\,2})z}$

$\therefore\ z = \dfrac{4Q}{q\pi(d_2^{\,2} - d_1^{\,2})} = \dfrac{4\times 2{,}000}{2\times\pi\times(36^2 - 32^2)} = 4.681$

$H = z\cdot p = 4.681\times 4 = 18.72\text{mm} = 1.872\text{cm}$

06 그림과 같은 압력 용기의 뚜껑을 6개의 볼트로 죌 때 너트의 높이(mm)는 얼마인가?(단, 전압력은 9,000N, 허용접촉면 압력은 2N/mm², 볼트의 바깥지름은 20mm, 골지름은 17.29mm, 피치는 2.5mm이다.)

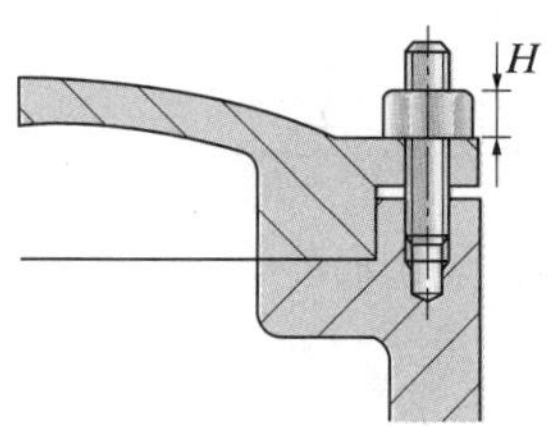

① 23.62 ② 25.62
③ 27.62 ④ 29.62

해설

6개의 볼트로 죄므로

볼트 한 개당 받는 하중 $Q = \dfrac{9{,}000}{6} = 1{,}500\text{N}$

$z = \dfrac{4Q}{\pi(d_2^{\,2} - d_1^{\,2})q}$

$H = z\cdot p = \dfrac{4Qp}{\pi(d_2^{\,2} - d_1^{\,2})q}$

$= \dfrac{4\times 1{,}500\times 2.5}{\pi(20^2 - 17.29^2)\times 2} = 23.62\text{mm}$

07 볼트에 가해지는 충격하중에 대하여 충격 에너지 흡수 능력을 크게 하고자 할 때 다음 중 가장 적합한 방법은?

① 볼트의 길이를 길게 하고, 볼트의 단면적도 크게 한다.
② 볼트의 길이를 길게 하고, 볼트의 단면적은 작게 한다.
③ 볼트의 길이를 짧게 하고, 볼트의 단면적은 크게 한다.
④ 볼트의 길이를 짧게 하고, 볼트의 단면적도 작게 한다.

해설

충격에너지(탄성변형에너지) $U = \dfrac{1}{2}P\lambda = \dfrac{P^2 l}{2AE}$이므로

볼트의 길이(l)가 길수록, 단면적(A)이 작을수록 볼트의 탄성변형에너지로 많이 흡수되어 충격하중에 강한 볼트가 된다.

08 유효지름이 32.5mm인 표준 사각나사로 이루어진 너트가 있다. 이 너트에 축방향으로 15kN의 중량을 가진 물체를 지탱하고자 할 때 너트 높이는 약 몇 mm 이상이어야 하는가?(단, 나사산의 허용 접촉면 압력은 10MPa, 나사산의 높이는 2.5mm, 피치는 5mm이고, 나사의 접촉부 마찰계수는 0.1이다.)

① 30 ② 34
③ 39 ④ 44

해설

$q = \dfrac{Q}{\pi d_e\cdot h\cdot z}$에서

나사산 수 $z = \dfrac{Q}{\pi d_e\cdot h\cdot q} = \dfrac{15\times 10^3}{\pi\times 32.5\times 2.5\times 10}$

$= 5.88 ≒ 6$개

정답 05 ② 06 ① 07 ② 08 ①

(여기서, $q = 10\text{MPa} = 10 \times 10^6\text{N/m}^2$

$= 10 \times 10^6 \times 10^{-6}\text{N/mm}^2 = 10\text{N/mm}^2$)

$\therefore$ 너트의 높이 $H = z \cdot p = 6 \times 5 = 30\text{mm}$

09 유효지름 34mm, 피치 4mm인 한 줄 사각나사의 연강제 나사봉을 갖는 나사잭으로 2kN의 하중을 올리려고 한다. 나사봉을 돌리는 레버 끝에 작용하는 힘을 20N, 나사산의 마찰계수를 0.1이라고 하면 레버의 유효길이는 얼마 이상이면 되는가?

① 204 ② 214

③ 224 ④ 234

해설

$$\alpha = \tan^{-1}\frac{p}{\pi d_e} = \tan^{-1}\frac{4}{\pi \times 34} = 2.14°$$

$$\rho = \tan^{-1}0.1 = 5.71°$$

$$T = F \cdot L = Q\tan(\rho + \alpha) \times \frac{d_e}{2}$$

$$= 2{,}000 \times \tan(5.71 + 2.14) \times \frac{34}{2}$$

$$= 4{,}687.65\ \text{N} \cdot \text{mm}$$

$$\therefore L = \frac{T}{F} = \frac{4{,}687.65}{20} = 234.38\text{mm}$$

10 그림과 같이 탄성체인 볼트, 너트, 와셔, 평판 I, 평판 II가 체결되어 있다. 와셔, 평판 I 및 평판 II는 동일 재질로서 이들 피결체의 스프링 상수는 K_m이고, 볼트의 스프링 상수는 K_b이며, $K_m = 8K_b$이다. 볼트의 초기 체결력이 500N, 두 평판 사이에 걸리는 외부하중이 P=900N일 때, 볼트의 단면에서의 허용응력이 σ_a = 7 N/mm²일 때, 볼트의 최소골지름은 약 몇 mm인가? (단, 와셔의 영향은 무시한다.)

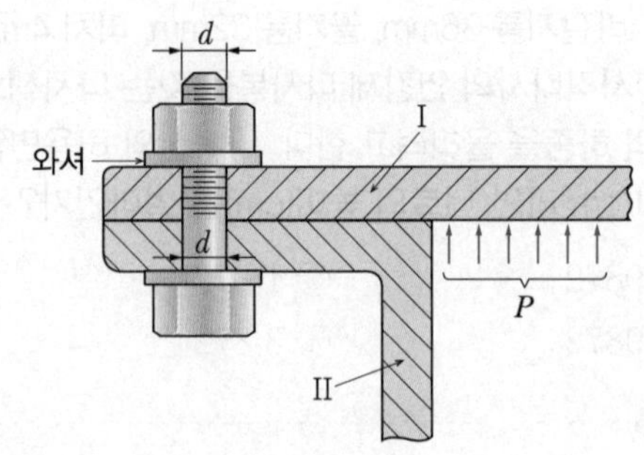

① 7.45 ② 8.45

③ 9.45 ④ 10.45

해설

볼트의 초기체결력(인장력) : Q

체결 시 볼트의 신장량 : δ_b, 체결 시 압축부 수축량 : δ_m

두 평판 사이에 작용하는 외부하중 : P

$P = P_1 + P_2$(여기서, P_1 = 볼트에 부가되는 힘, P_2 = 피결체에서 제거되는 힘)

$P = K \cdot \delta$에서 $P_1 = K_b \cdot \delta_b$, $P_2 = K_m \cdot \delta_m$

$P = K_b \cdot \delta_b + K_m \cdot \delta_m (\delta = \delta_b = \delta_m)$

$P = (K_b + K_m)\delta$

$$\therefore \delta = \frac{P}{K_b + K_m}$$

$$\therefore P_1 = K_b \cdot \delta = P \cdot \frac{K_b}{K_b + K_m}$$

$\therefore$ 볼트에 걸리는 인장력 F_b

$$= Q + P \cdot \frac{K_b}{K_b + K_m}$$

$$= 500 + 900\left(\frac{K_b}{K_m + K_b}\right) = 500 + 900\left(\frac{K_b}{8K_b + K_b}\right)$$

$$= 500 + 900 \times \frac{1}{9} = 600\text{N}$$

볼트의 허용응력에 의한 볼트의 최소 골지름 σ_a

$$= \frac{F_b}{A} = \frac{4F_B}{\pi d_1^2}$$

$$\therefore d_1 = \sqrt{\frac{4F_b}{\pi \sigma_a}} = \sqrt{\frac{4 \times 600}{\pi \times 7}} = 10.45\text{mm}$$

정답 09 ④ 10 ④

03 키, 스플라인, 핀, 코터

1 키(Key)

키(Key)는 회전축에 끼워질 기어, 풀리 등의 기계부품을 고정하여 회전력을 전달하는 기계요소이다. 키의 종류에는 안장 키, 평 키, 묻힘 키, 접선 키, 미끄럼 키가 있으며 묻힘 키의 호칭치수는 폭×높이×길이= $b \times h \times l$ 로 나타낸다.

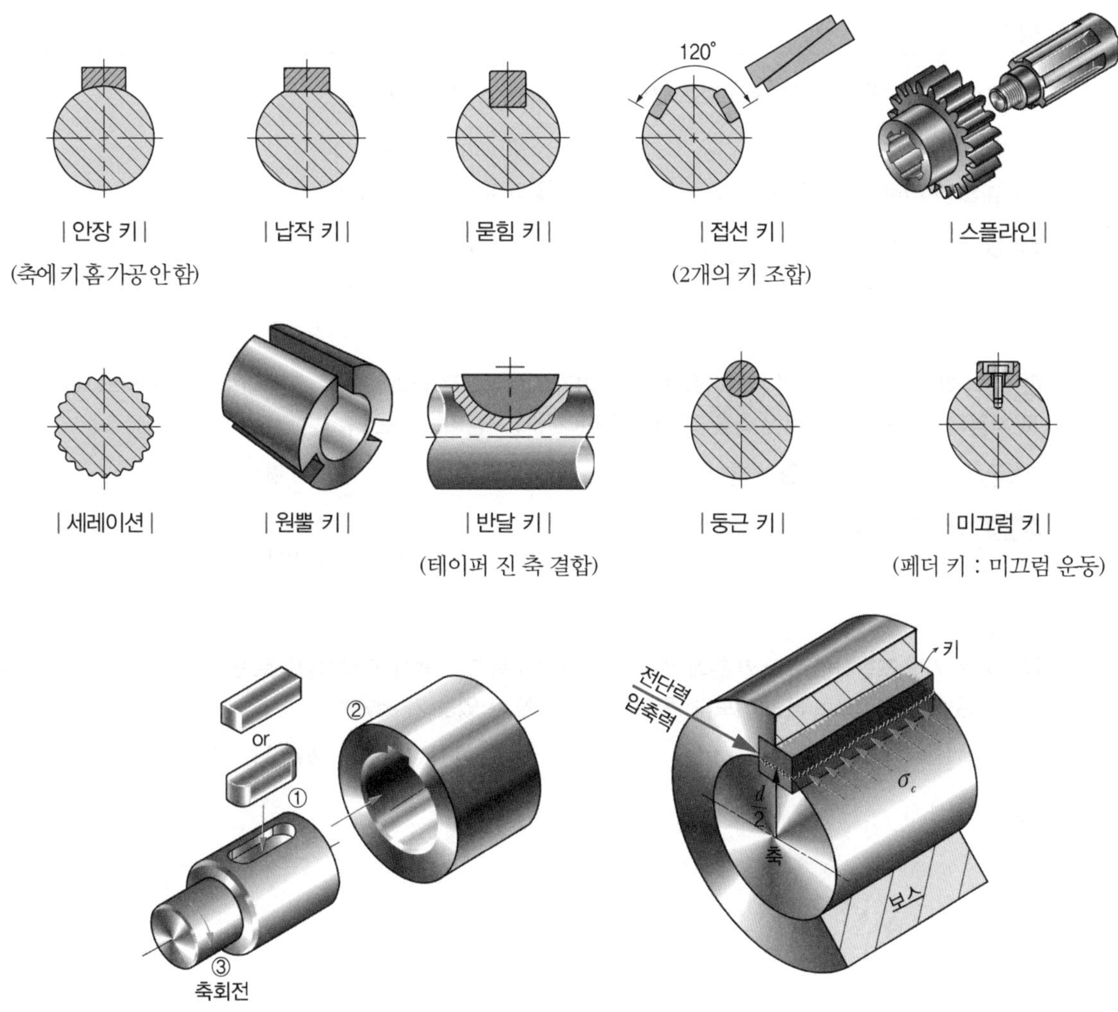

위의 그림에서 키를 끼워 축을 돌리면(①, ②, ③ 순서) 축과 보스가 회전하게 된다. 축이 회전할 때 키가 하중을 견디어 내지 못하면 A_τ(전단파괴면적)와 같이 파괴되며, 회전할 때 키가 받는 압축면적은 A_c 이다.

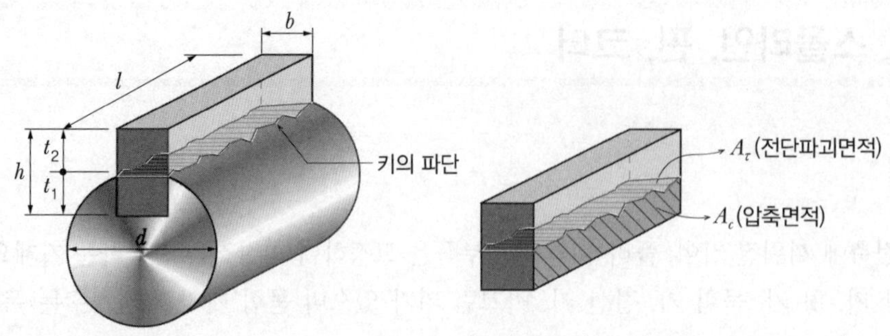

| 묻힘 키(Sunk Key) |

예 제

01 축은 가공하지 않고 회전체의 보스에만 키 홈을 내어 설치하는 키는?

① 반달 키(woodruff key) ② 평 키(flat key)
③ 접선 키(tangential key) ❹ 안장 키(saddle key)

 안장 키(saddle key)
축에는 키 홈을 파지 않고 보스에만 키 홈을 파서 마찰에 의해 회전력을 전달한다.

02 축의 홈 속에서 자유로이 기울어질 수 있어 키가 자동적으로 축과 보스에 조정되며, 고속 저토크 축에 주로 사용되는 것으로 테이퍼진 축을 결합할 때 편리하게 사용되는 것은?

① 둥근 키 ❷ 반달 키 ③ 묻힘 키 ④ 평행 키

해설 반달 키
60mm 이하의 작은 축 또는 테이퍼축에 사용되며 키 홈 가공이 쉬우나 전달 토크가 작다.

03 2개의 키를 조합하여 축의 키 홈에 때려 박을 수 있도록 그 단면을 직사각형으로 만든 키로서 면압력만을 받기 때문에 일반적으로 묻힘 키보다 큰 토크를 전달할 수 있는 키(key)는?

① 반달 키 ② 납작 키 ③ 안장 키 ❹ 접선 키

해설 접선 키

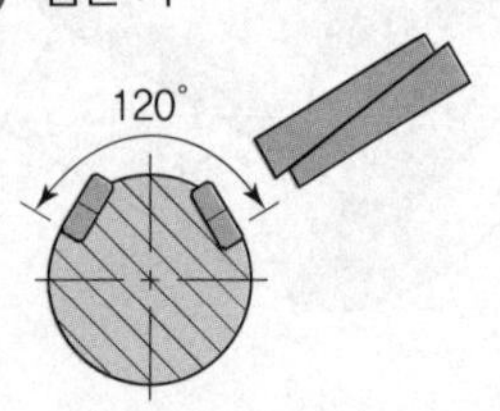

1. 축의 전달토크(Torque)

$$T = \frac{H}{\omega} = P(\text{회전력}) \times \frac{d}{2}(\text{반경})$$

$$= \tau_s \cdot Z_p = \tau_s \times \frac{\pi d^3}{16} \ (\tau_s : \text{축의 전단응력})$$

축을 설계할 때도 전달토크식을 기준으로 풀게 되므로 매우 중요하다.

참고

SI 단위

$H(\text{동력}) = T(\text{토크}) \times \omega(\text{각속도})$

$= \text{N} \cdot \text{m} \times \text{rad/s} = \text{N} \cdot \text{m/s} = \text{J/s} = \text{W}$

동력이 H(kW) 로 주어질 때

$$T(\text{토크}) = \frac{H(\text{kW})}{\omega} = \frac{H \times 1{,}000\,W}{\frac{2\pi N}{60}} \Rightarrow \frac{\text{N} \cdot \text{m/s}}{\text{rad/s}} = \text{N} \cdot \text{m}$$

2. 키의 전단토크(전단의 견지)

토크 = 키의 전단력 × 반경

= 키의 전단응력 × 전단파괴면적 × 반경

$$T = \tau_k \times A_\tau \times \frac{d}{2}$$

$$= \tau_k \times b \times l \times \frac{d}{2}$$

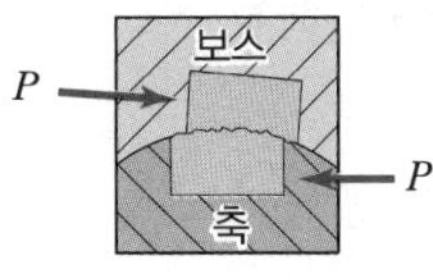

| 키의 전단토크 |

$$\therefore \tau_k = \frac{2T}{b \cdot l \cdot d}$$

01 지름이 d인 전동축에 묻힘 키를 사용하여 키의 전단저항으로 토크를 전달하고자 할 때 키의 폭 b는?(단, 키와 축에서 발생한 전단응력은 같다고 하고 키의 길이는 축 지름의 1.5배로 한다.)

① $b=\pi d/4$ ② $b=\pi d/6$ ③ $b=\pi d/8$ ❹ $b=\pi d/12$

해설 $T=\tau_s \cdot Z_p=\tau_s\times\frac{\pi d^3}{16}=\tau_k\times b\times l\times\frac{d}{2}$에

($l=1.5d$, τ_s(축의 전단응력) $=\tau_k$(키의 전단응력) 적용)

$\therefore b=\frac{\pi d}{8\times 1.5}=\frac{\pi d}{12}$

02 전달동력 2kW, 회전수 250rpm, 축지름 30mm, 보스의 길이(=키의 길이) 40mm, 키의 허용전단응력 19.6N/mm^{2}일 때 키의 폭 b는 약 몇 mm 이상으로 설계해야 하는가?

① 3.5 ② 4.5 ③ 5.5 ❹ 6.5

해설 $T=\frac{H}{\omega}=\frac{H}{\frac{2\pi N}{60}}=\frac{2\times 10^3}{\frac{2\pi\times 250}{60}}=76.39\text{N}\cdot\text{m}$

$T=\tau_k\times b\times l\times\frac{d}{2}$에서 $b=\frac{2T}{\tau_k\cdot l\cdot d}=\frac{2\times 76.39\times 10^3}{19.6\times 40\times 30}=6.5\text{mm}$

3. 키의 면압토크(면압의 견지)

토크 = 압축력 × 반경

= 압축응력 × 압축면적 × 반경

$$T=\sigma_c\times A_c\times\frac{d}{2}=\sigma_c\times\frac{h}{2}\times l\times\frac{d}{2}$$

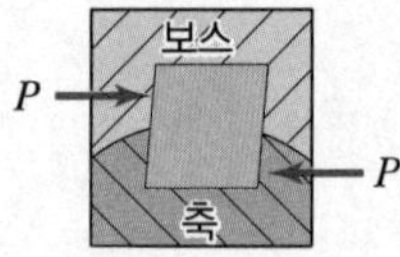

| 키의 면압토크 |

$$\therefore \sigma_c=\frac{4T}{h\cdot l\cdot d}$$

여기서, $\sigma_c=q$(면압)

예 제

지름이 d인 축에 조립한 묻힘 키에 작용하는 최대 토크를 키의 측면의 압축저항으로 받는다면 필요한 키의 측면적은?(단, 키 홈의 깊이는 키 높이의 1/2이고, 키에 작용하는 압축응력을 σ_c, 축에 작용하는 전단응력을 τ라고 할 때, $\sigma_c = 2.5\tau$이다.)

① $\pi d^2/3$　② $\pi d^2/6$　❸ $\pi d^2/20$　④ $\pi d^2/12$

해설 $T = \sigma_c \times A_c \times \dfrac{d}{2} = \tau_s \cdot Z_p$에서 측면적 $A_c = \dfrac{2\tau_s \cdot Z_p}{\sigma_c \cdot d} = \dfrac{2 \times \tau \times \dfrac{\pi d^3}{16}}{2.5\tau \times d} = \dfrac{\pi d^2}{20}$

4. 키의 길이 설계

(1) 전단의 견지

→ 앞페이지 2.에서 $l = \dfrac{2T}{b \cdot d \cdot \tau_k}$

(2) 면압의 견지

→ 앞페이지 3.에서 $l = \dfrac{4T}{h \cdot d \cdot \sigma_c}$

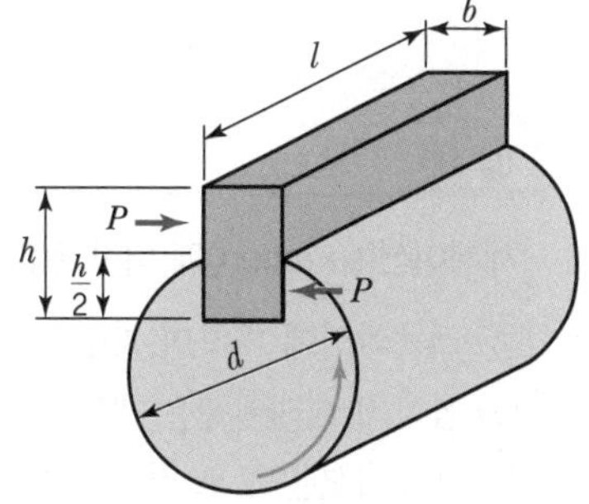

| 키의 강도 계산 |

예 제

주철제 벨트 풀리가 지름 40mm의 연강축에 폭은 10mm, 높이는 8mm인 묻힘키로 조립되어 있다. 축의 회전속도를 120rpm으로 7.5kW의 동력을 전달하고자 할 때 키의 길이는 약 몇 mm 이상으로 해야 하는가?(단, 키의 허용전단응력은 110N/mm²이고, 허용전단응력만을 고려한다.)

① 18.7　② 22.4　❸ 27.2　④ 35.5

해설 $T = \dfrac{H}{\omega} = \dfrac{H}{\dfrac{2\pi N}{60}} = \dfrac{7.5 \times 10^3}{\dfrac{2\pi \times 120}{60}} = 596.83\text{N} \cdot \text{m}$

$T = \tau_k \times b \times l \times \dfrac{d}{2}$에서 $l = \dfrac{2T}{\tau_k \cdot b \cdot d} = \dfrac{2 \times 596.83 \times 10^3}{110 \times 10 \times 40} = 27.13\text{mm}$

2 스플라인(Spline)

스플라인은 키와 같이 동력전달을 하기 위하여 축과 구멍을 결합시키는 데 사용되는 것으로서, 축에 직접 여러 개의 키에 상당하는 이가 절삭되어 있으므로 키보다 훨씬 강한 토크를 전달할 수 있으며 주로 공작기계, 자동차 등의 속도변환 기어축으로 사용된다.

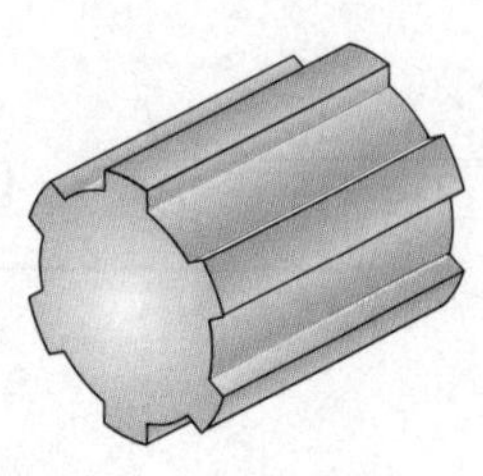

| 스플라인 축 |

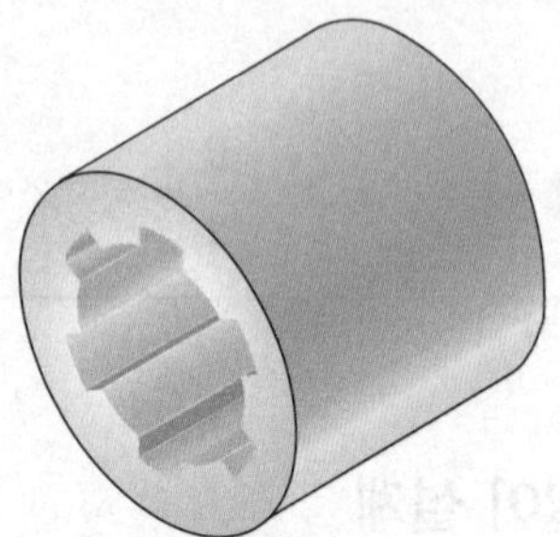

| 스플라인 구멍 |

예 제

세레이션(serration)에 대한 일반적인 설명 중 틀린 것은?

① 스플라인에 비하여 치수(齒數)가 많다.
② 삼각치 세레이션은 끼워 맞춤 정밀도가 나쁘고 작업 공수가 많다.
③ 세레이션은 주로 정적인 이음에만 사용된다.
❹ 측압 강도가 작아서 같은 바깥지름의 스플라인에 비해 큰 회전력을 전달할 수 없다.

해설 스플라인 축에 사용하는 홈형 단면이나 사다리꼴 단면을 그림처럼 삼각형 톱니 모양의 이로 바꾸어 축과 보스를 유동 없이 반영구적으로 결합시킨 것을 세레이션(serration)이라고 하며, 스플라인에 비해 보다 큰 회전력을 전달할 수 있다.

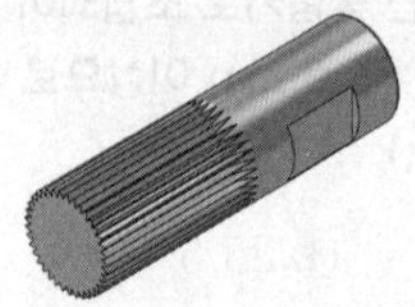

3 핀

핀은 키의 대용, 부품 고정의 목적으로 사용되어 핸들과 축의 고정, 조립부품의 위치결정, 너트의 풀림방지(분할핀) 등에 쓰인다. 상대적인 각 운동을 할 수 있다.

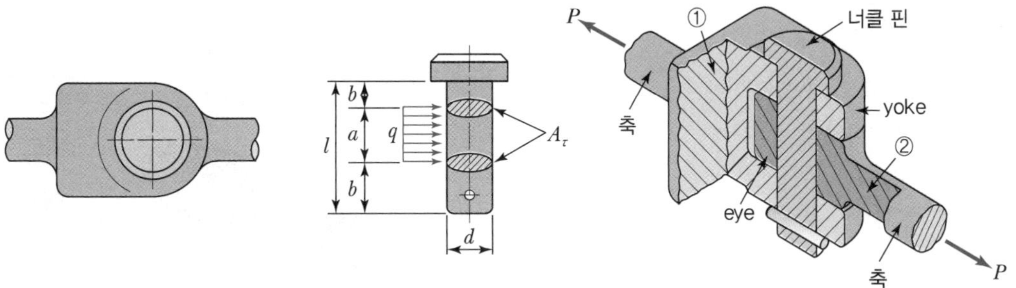

①, ②를 결합한 다음에 하중 P를 가하면 핀이 A_τ와 같이 전단되거나 $A_q(=a\times d$: 투사면적)와 같이 면압을 받게 된다.

예 제

핀(pin)이 주로 사용되는 용도에 해당하지 않는 것은?

① 너트의 풀림 방지 ② 핸들과 축의 고정
③ 조립 부품의 위치 결정 ❹ 진동의 흡수

1. 핀의 전단응력

$$P=\tau\cdot A_\tau=\tau\times\frac{\pi d^2}{4}\times 2 \qquad \therefore \tau=\frac{2P}{\pi d^2}$$

4 코터(Cotter)

키는 축의 회전력을 전달하는 곳에 사용되므로 주로 전단력을 받게 되나 코터는 축방향으로 인장 또는 압축을 받는 봉을 연결하는 데 사용되므로 인장력 또는 압축력을 주로 받게 된다.

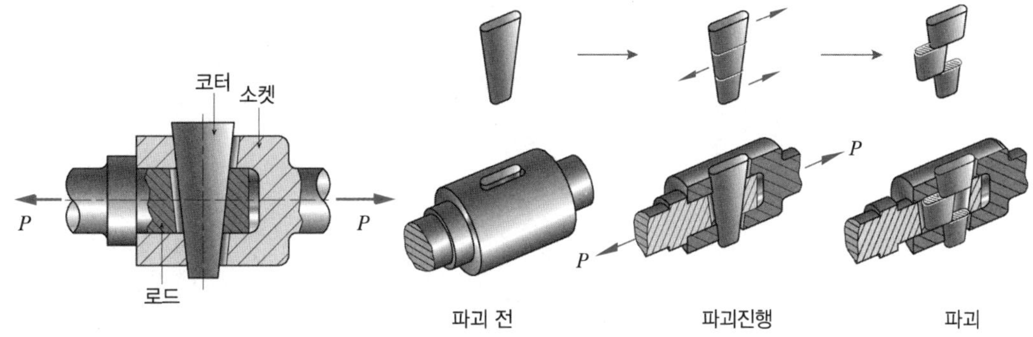

각 설계 시 파괴면적과 압축면적을 찾으면서 설계하는 것이 중요하다.

1. 코터의 전단

$P = \tau \cdot A_\tau = \tau \cdot b \cdot t \cdot 2$

여기서, b : 코터의 폭, t : 두께

$$\therefore \ \tau = \frac{P}{2bt}$$

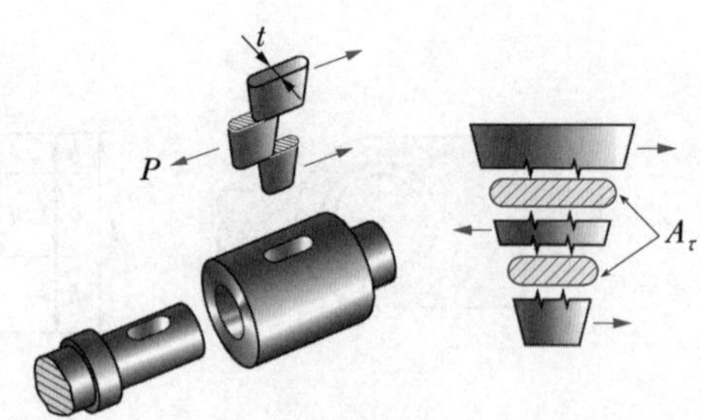

| 코터의 전단 |

예 제

01 축방향의 인장력이나 압축력을 전달하는 데 가장 적합한 축이음은?

① 머프(muff coupling)
② 유니버설 조인트(universal joint)
❸ 코터 이음(cotter joint)
④ 올덤 축이음(oldham's coupling)

02 코터이음에서 20kN의 인장력이 작용하고 있을 때, 코터가 받는 전단응력은 약 몇 MPa인가?(단, 코터의 폭은 100mm, 두께는 50mm이다.)

① 1
❷ 2
③ 10
④ 20

$P = \tau \cdot A_\tau = \tau \cdot b \cdot t \cdot 2$ 에서

$$\therefore \ \tau = \frac{P}{2bt} = \frac{20 \times 10^3}{2 \times 100 \times 50} = 2\text{N/mm}^2 = 2 \times 10^6\text{N/m}^2 = 2\text{MPa}$$

핵심 기출 문제

01 100rpm으로 10kW를 전달하는 지름 65mm의 종동축에 사용할 성크 키의 폭 18mm, 높이 12mm일 때 필요한 길이는 약 몇 mm인가?(단, 키의 허용전단응력 $\tau_a = 3{,}000\ \text{N/cm}^2$만을 고려하여 설계한다.)

① 50.4　② 54.4
③ 58.4　④ 62.4

해설

성크 키 = 묻힘 키

$$T = \frac{H}{\omega} = \frac{H}{\frac{2\pi N}{60}} = \frac{10\times1{,}000}{\frac{2\pi\times100}{60}}$$

$$= 954.92966\text{N}\cdot\text{m} = 954{,}929.66\text{N}\cdot\text{mm}$$

$$= \tau_k \times A_\tau \times \frac{d}{2} = \tau_k \cdot b \cdot l\frac{d}{2}$$

$$(\tau_k = \tau_a = 3{,}000\ \text{N/cm}^2 = 30\ \text{N/mm}^2)$$

전단견지 $l = \frac{2T}{\tau_k b d}$

$$= \frac{2\times954{,}929.66}{30\times18\times65} = 54.41\text{mm}$$

02 축지름 50mm의 전동축이 200rpm으로 12kW를 전달시킬 때 이 키에 생기는 면압력은 약 몇 N/mm² 인가?(단, 키의 크기는 $b\times h\times l = 8\times10\times70$mm이다.)

① 60.5　② 65.5
③ 70.5　④ 75.5

해설

$$T = \frac{H}{\omega} = \frac{12\times1{,}000}{\frac{2\pi\times200}{60}}$$

$$= 572.957795\text{N}\cdot\text{m} = 572{,}957.8\text{N}\cdot\text{mm}$$

$$T = \sigma_c \cdot A_c \frac{d}{2} = \sigma_c \times l \times \frac{h}{2} \times \frac{d}{2}$$

$$\therefore\ \sigma_c = \frac{4T}{hdl} = \frac{4\times572{,}957.8}{10\times50\times70} = 65.48\text{N/mm}^2$$

03 그림과 같은 풀리에 작용하는 묻힘 키의 길이는 약 몇 mm인가?(단, $b\times h = 16\times10$이고, 키의 허용전단응력 $\tau_a = 5.5$MPa이다.)

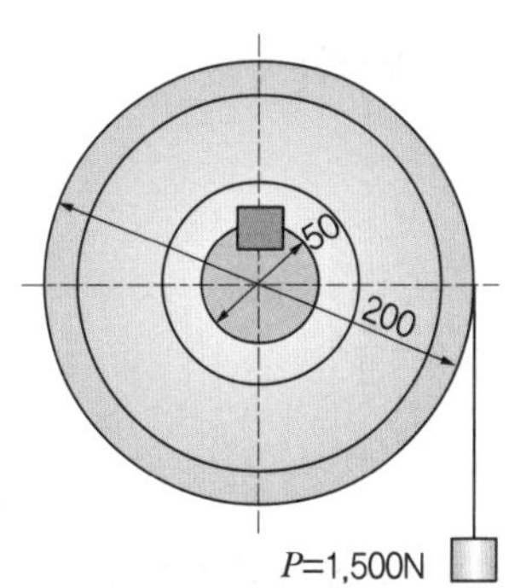

① 68.2　② 72.2
③ 76.2　④ 80.2

해설

$D = 200,\ d = 50,$

$\tau_k = 5.5\text{MPa} = 5.5\times10^6\text{N/m}^2 = 5.5\text{N/mm}^2$

일의 원리에 의해

$$T = P\times\frac{D}{2}$$

$$= \tau_k \times A_\tau \times \frac{d}{2}\ (\tau_k = \tau_a) = \tau_k \times b \times l \times \frac{d}{2}$$

$$\therefore\ l = \frac{P\cdot D}{\tau_k\cdot b\cdot d} = \frac{1{,}500\times200}{5.5\times16\times50} = 68.18\text{mm}$$

정답 01 ② 02 ② 03 ①

04 묻힘 키에서 키에 생기는 전단응력을 τ, 압축응력을 σ_c라 할 때 $\frac{\tau}{\sigma_c}=\frac{1}{3}$이면, 키의 폭 b와 높이 h의 관계식은?(단, 키 홈의 깊이는 키 높이의 $\frac{1}{2}$로 한다.)

① $b=\frac{1}{2}h$　② $b=h$
③ $b=\frac{3}{2}h$　④ $b=2h$

해설

$\sigma_c=3\tau$에서 $\sigma_c=\frac{P}{A_\sigma}=\frac{P}{\frac{h}{2}\cdot l}$, $\tau=\frac{P}{A_\tau}=\frac{P}{bl}$

$\frac{P}{\frac{hl}{2}}=3\times\frac{P}{bl}$ (P와 l 약분)

$\frac{2}{h}=\frac{3}{b}$

$\therefore 2b=3h$에서 $b=\frac{3}{2}h$

05 너클핀 조인트에서 축방향 하중 10kN을 받는 핀의 지름 d는 약 몇 mm인가?(단, 재료의 허용전단응력을 300N/cm²로 한다.)

① 40.1　② 42.1
③ 44.1　④ 46.1

해설

전단견지 $P=\tau\cdot A_\tau=\tau\times\frac{\pi d^2}{4}\times 2$

$(\tau=3\text{N/mm}^2)$

$\therefore d=\sqrt{\frac{2P}{\pi\tau}}=\sqrt{\frac{2\times 10{,}000}{\pi\times 3}}=46.1\text{mm}$

06 축방향의 인장력이나 압축력을 전달하는 데 가장 적합한 축이음은?

① 머프 축이음(muff coupling)
② 유니버설 조인트(universal joint)
③ 코터 이음(cotter joining)
④ 올덤 축이음(Oldham's coupling)

07 코터 이음에서 축방향으로 인장력이 4kN 작용할 때 코터의 전단응력은 몇 MPa인가?(단, 코터의 폭 $b=100$mm, 두께 $t=20$mm이다.)

① 1　② 2
③ 3　④ 4

해설

코터의 전단응력 τ

$=\frac{P}{2bt}=\frac{4{,}000}{2\times 100\times 20}=1.0\text{N/mm}^2=1\text{MPa}$

정답　04 ③　05 ④　06 ③　07 ①

04 리벳

1 리벳이음의 개요

리벳조인트는 강판을 포개서 영구적으로 결합하는 것으로 구조가 간단하고 응용 범위가 넓어서 철골구조, 교량 등에 사용되며 죄는 힘이 크므로 기밀을 요하는 압력용기, 보일러 등에 사용된다.

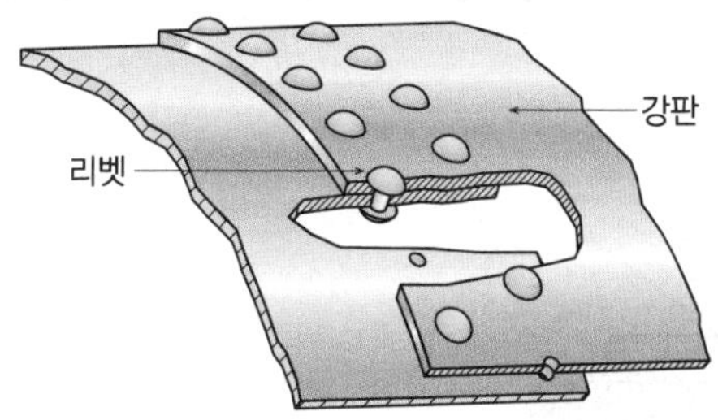

1. 리벳이음

① **상온 가공** : 리벳지름 8mm 이하는 가열하지 않고 냉간에서 가공한다.

② **열간 가공** : 리벳지름 10mm 이상은 열을 가하여 가공한다.

③ 리벳구멍은 지름 20mm까지 펀칭 작업을 한다(리벳지름보다 1~1.5mm 크게 한다).

④ 리벳 조립 후 리벳 머리를 만들기 위한 길이로 리벳지름(d)의 1.3~1.6배 길이가 돌출되어야 한다.

⑤ **코킹, 플러링** : 리벳팅이 끝난 뒤에 그림처럼 리벳머리와 강판의 끝 부분을 공구로 때려서 유체의 누설을 막고 **기밀을 유지하는 작업**이다. 강판 끝은 75°~85°로 경사지게 깎으며, 플러링은 공구 끝이 강판나비와 같은 넓은 공구로 때려 작업한다(단, 리벳지름 5mm 이하는 작업이 안 된다).

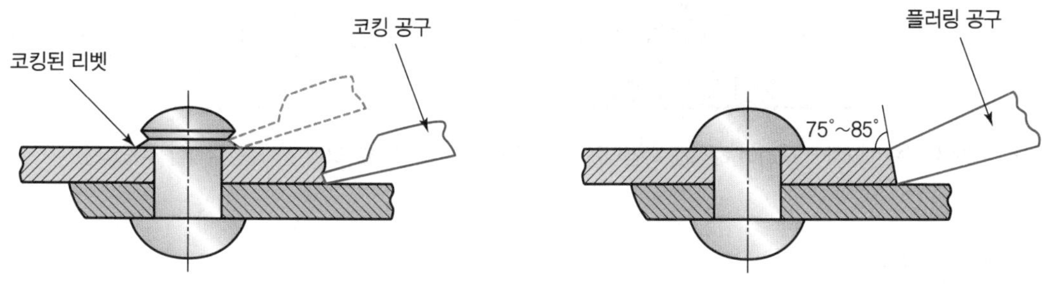

| 코킹과 플러링 |

2. 리벳이음의 특징

① 용접이음은 잔류응력에 의한 파괴가 일어나지만 리벳이음은 잔류응력이 없다.
② 구조물 등을 현장 조립할 때 용접이음보다 작업이 용이하다.
③ 용접이 곤란한 재료에 이음을 할 수 있다(경합금 이음에 주로 사용).
④ 너무 얇거나 두꺼운 판은 리벳이음을 할 수 없다.

예제

리벳작업 중 보일러 및 압력용기 등에서 기밀을 유지하기 위하여 하는 작업은?

① 구멍뚫기 ② 다듬질 ③ 펀칭 ❹ 코킹

해설

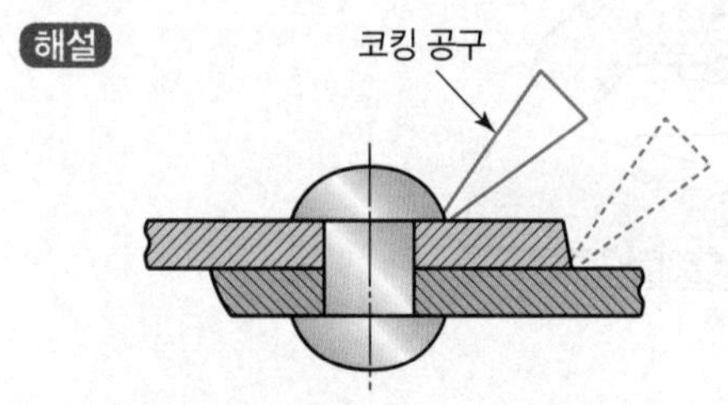

2 리벳이음의 종류

종줄수(n) → 문제에서 주어지는 줄수는 종줄수이다.

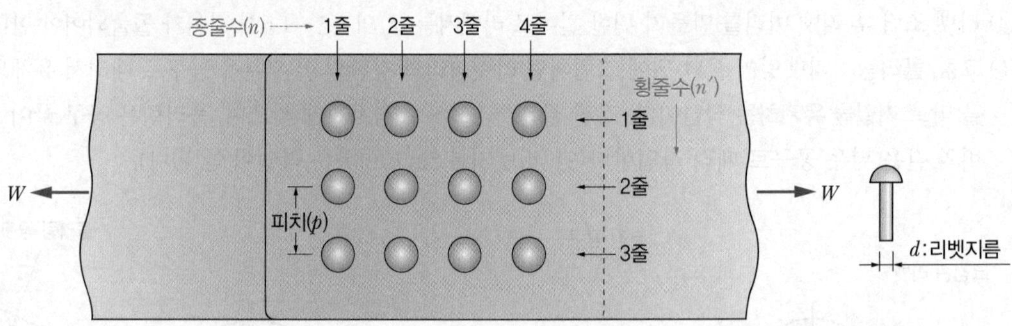

리벳설계는 1피치에 대하여 해석해 나간다[1피치(p)에 대한 해석으로 리벳 전체를 해석할 수 있다].

1. 겹치기이음

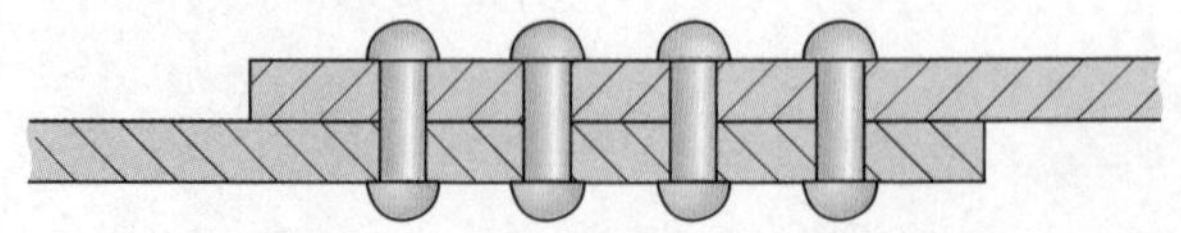

2. 맞대기이음

(1) 한쪽 덮개판 맞대기이음

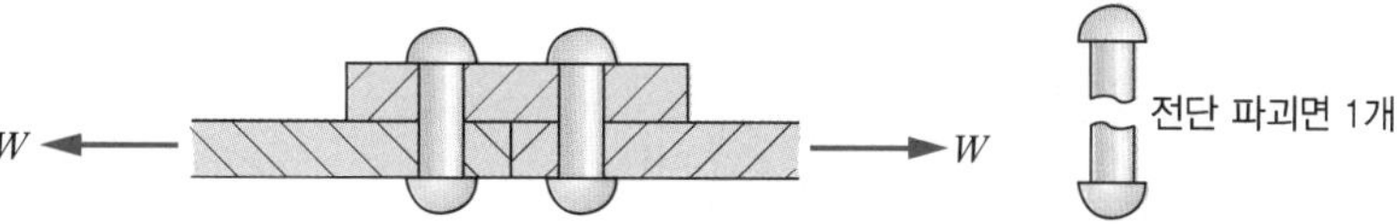

(2) 양쪽 덮개판 맞대기이음

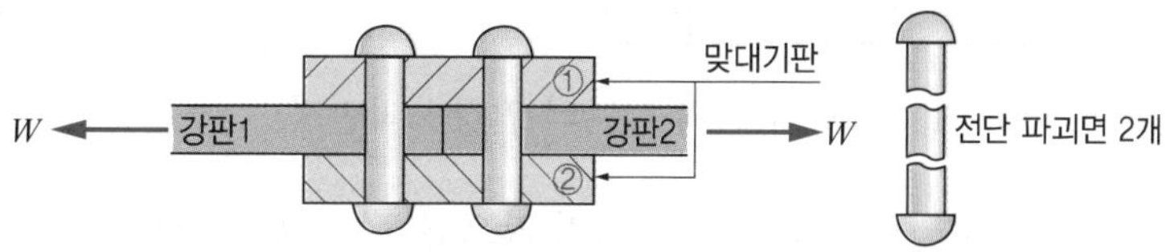

3 리벳이음의 강도 계산

1. 리벳의 전단 – 1피치 내에 걸리는 전단하중 W_1

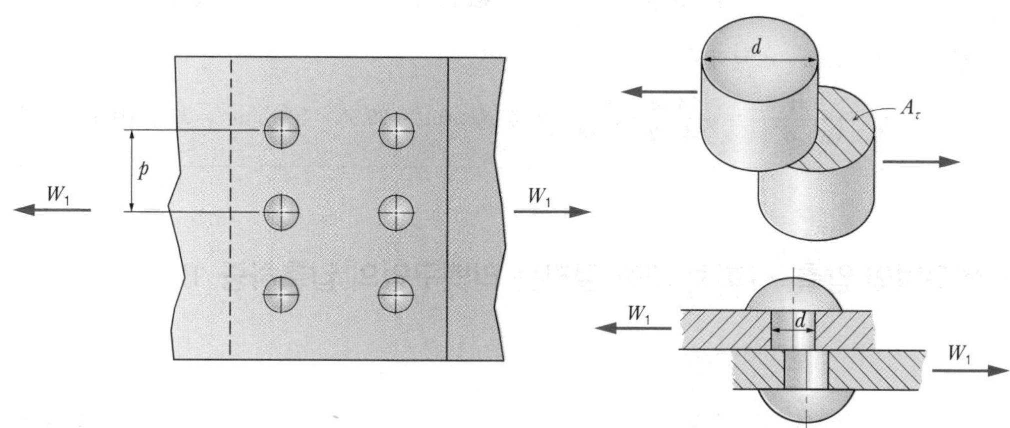

$W_1 = \tau \cdot A_\tau$ (A_τ : 1피치 내에 리벳 전단면)

$$W_1 = \tau \times \frac{\pi}{4} d^2 \times n \quad (n\text{줄 리벳일 경우})$$

여기서, n : 리벳의 종줄수＝1피치 내의 리벳의 개수

양쪽 덮개판이음일 경우에는 전단 파괴면이 2개이므로 n 대신 $2n$을 대입해야 하는데 안전을 고려하여 n에 $1.8n$을 대입하여 계산한다.

2. 리벳구멍 사이에서 강판의 인장 – 1피치 내에 걸리는 강판의 인장하중 W_2

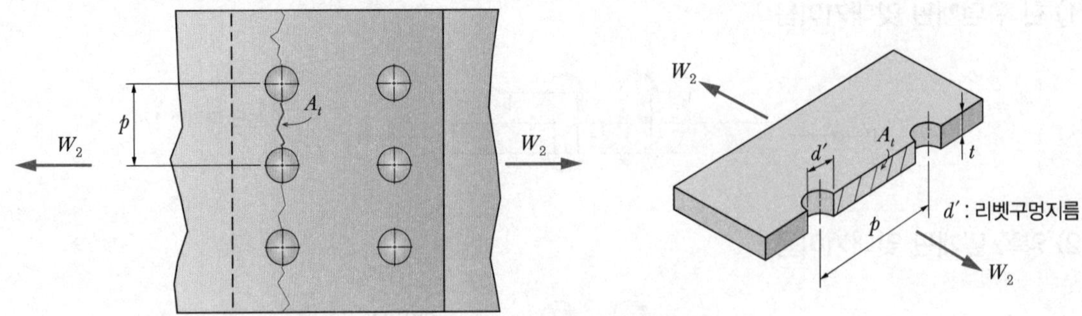

$W_2 = \sigma_t \cdot A_t$ (A_t : 1피치 내의 강판의 인장파괴면적)

$W_2 = \sigma_t (p - d')t$ (d'가 주어지지 않으면 $d' = d$ 로 해석)

예 제

판두께 14mm, 리벳구멍의 지름 22mm, 피치 54mm의 1열 리벳 겹치기이음이 있다. 1피치당 하중을 13.24kN으로 하면 판에 생기는 인장응력은 약 몇 MPa인가?

① 23.57 ② 25.68 ❸ 29.55 ④ 33.79

해설 $W = \sigma_t (p - d')t$ 에서

$$\sigma_t = \frac{W}{(p-d')t} = \frac{13.24 \times 10^3}{(54-22) \times 14} = 29.55\text{N/mm}^2 = 29.55 \times 10^6\text{N/m}^2 = 29.55\text{MPa}$$

3. 리벳구멍의 압축 – 1피치 내에 걸리는 리벳구멍의 압축하중 W_3

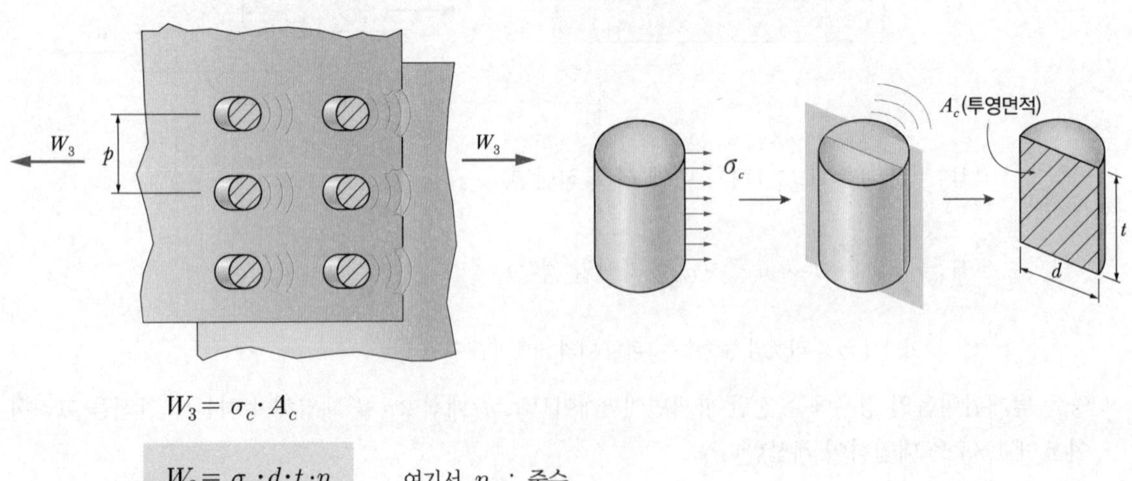

$W_3 = \sigma_c \cdot A_c$

$W_3 = \sigma_c \cdot d \cdot t \cdot n$ 여기서, n : 줄수

위 1.~3.에서 구한 하중들이 모두 같은 값을 갖도록 각 부의 치수를 결정하는 설계가 가장 이상적이다.

4. 리벳의 피치설계

앞의 1.과 2.에서 구한 W_1과 W_2를 $W_1 = W_2$ 가 되도록 설계하면

$$\tau \cdot \frac{\pi}{4} d^2 \times n = \sigma_t (p - d')t$$

여기서, n : n줄 리벳이음

$n=1$일 때 : 1줄 리벳이음

$$(p - d') = \frac{\tau \pi d^2}{4 \sigma_t t} \times n$$

$$\therefore\ p = \frac{\tau \cdot \pi \cdot d^2}{4 \cdot \sigma_t \cdot t} n + d'$$

예 제

강판의 두께 12mm, 리벳구멍의 지름 16mm로 하여 1줄 겹치기이음으로 할 때 리벳의 전단하중과 판의 인장하중이 같을 경우 피치는 약 몇 mm인가?(단, 강판의 발생하는 인장응력은 40MPa, 리벳에 발생하는 전단응력은 32MPa이다. 또한 리벳지름은 리벳구멍의 지름과 같다고 본다.)

① 24.5 ❷ 29.4 ③ 33.6 ④ 42.7

해설 $\tau \cdot \frac{\pi}{4} d^2 \times n = \sigma_t (p - d')t$에서

$$\therefore\ p = \frac{\tau \cdot \pi \cdot d^2}{4 \cdot \sigma_t \cdot t} n + d' = \frac{32 \times \pi \times 16^2}{4 \times 40 \times 12} \times 1 + 16 = 29.4\text{mm}$$

5. 리벳의 지름설계

앞의 1.과 3.에서 구한 W_1과 W_3를 $W_1 = W_3$ 이 되도록 설계하면

$$\tau \cdot \frac{\pi}{4} d^2 \times n = \sigma_c \cdot d \cdot t \cdot n \quad (n\text{줄 리벳이음})$$

$$\therefore\ d = \frac{4 \sigma_c \cdot t}{\tau \cdot \pi}$$

4 효율

1. 강판의 효율(η_t)

리벳구멍이 전혀 없는 강판(Unriveted Plate)의 강도에 대한 리벳구멍이 있는 강판의 강도와의 비(Ratio)를 강판의 효율이라 한다.

$$\eta_t = \frac{\text{1피치 내의 구멍이 있는 강판의 인장력}}{\text{1피치 내의 구멍이 없는 강판의 인장력}} = \frac{\sigma_t \cdot (p-d')t}{\sigma_t \cdot p \cdot t}$$

구멍 없는 강판의 파괴면적 $= p \cdot t$

$$\eta_t = 1 - \frac{d'}{p}$$

TIP 피치가 주어지지 않으면 $\eta_t = \dfrac{\text{구멍이 있는 강판의 인장력(전체하중)}}{\text{구멍이 없는 강판의 인장력(전체하중)}}$으로 해석해도 된다.

예 제

강판의 두께가 16mm, 리벳구멍의 지름이 18mm, 리벳의 피치가 68mm인 1줄 리벳 겹치기이음에서 1피치마다 16kN의 하중이 작용할 때, 판의 효율은 약 얼마인가?

❶ 74%　② 81%　③ 66%　④ 59%

해설 $\eta_t = 1 - \dfrac{d'}{p} = 1 - \dfrac{18}{68} = 0.7353 = 73.53\%$

2. 리벳의 효율(η_R)

$$\eta_R = \frac{\text{1피치 내의 리벳의 전단력}}{\text{1피치 내의 구멍이 없는 강판의 인장력}} = \frac{\tau \cdot \frac{\pi}{4} d^2 \times n}{\sigma_t \cdot p \cdot t} \text{(}n\text{줄 리벳이음)}$$

$$= \frac{\tau \pi d^2 n}{4\sigma_t \cdot p \cdot t}$$

η_t와 η_R 중에서 낮은 효율로서 리벳이음의 강도를 결정하며 실제에서는 리벳의 전단강도(τ)는 강판의 인장강도(σ)의 85%로 본다.

예 제

1줄 겹치기 리벳이음에서 리벳의 효율을 나타내는 식은?(단, p : 피치, d : 리벳지름, τ : 리벳의 전단응력, σ : 판의 인장응력, t : 판의 두께이다.)

① $\dfrac{p-d}{p}$ ② $\dfrac{p}{d}-1$ ③ $\dfrac{4tp\sigma}{\pi d^2\tau}$ ❹ $\dfrac{\pi d^2\tau}{4tp\sigma}$

해설 $\eta_R = \dfrac{1\text{피치 내의 리벳의 전단력}}{1\text{피치 내의 구멍이 없는 강판의 인장력}} = \dfrac{\tau \cdot \frac{\pi}{4}d^2 \times n}{\sigma \cdot p \cdot t}$ ($n=1$줄 리벳이음)

5 보일러용 리벳조인트

재료역학에서 내압을 받는 얇은 용기는 원주 방향 응력 $\sigma_h = \dfrac{p \cdot D}{2t}$ 를 기준으로 설계했는데 설계에서는 재료의 인장강도를 σ_t , 안전율을 S, 판두께를 t 로 하면

$$\sigma_h = \frac{\sigma_t}{S} = \frac{p \cdot D}{2t} \qquad \therefore\ t = \frac{pDS}{2\sigma_t}$$

또 압력용기를 리벳조인트하게 되면 이 부분에서 인장강도가 약해지므로 리벳조인트 효율(이음효율)을 η 라 하면 파괴강도는 $\eta\sigma_t$ 로 되며 부식에 의해 관두께가 감소하는 것을 보충하기 위해 부식 여유도 고려하여 두께 t 를 결정해야 한다.

$$t = \frac{pDS}{2\eta\sigma_t} + C(\text{부식여유})$$

예 제

안지름 1,500mm인 보일러 동체가 70N/cm²의 내압을 받는다면 동체를 만든 강판의 인장강도가 350 N/mm², 안전계수가 4, 이음효율이 65%, 부식여유가 1mm라고 할 때 이 동체의 두께는 약 몇 mm인가?

① 6.5 ② 8.3 ③ 9.2 ❹ 10.2

해설 $t = \dfrac{pDS}{2\eta\sigma_t} + C(\text{부식여유}) = \dfrac{70 \times 10^{-2} \times 1{,}500 \times 4}{2 \times 0.65 \times 350} + 1 = 10.23\text{mm}$

핵심 기출 문제

01 리벳이음에서 피치를 p, 리벳으로 결합시킨 후의 리벳지름 또는 구멍지름을 d라고 할 때, 강판의 파괴에 대한 효율을 나타내는 식으로 옳은 것은?

① $(p-d)/p$ ② $(p+d)/p$
③ $p/(p-d)$ ④ $p/(p+d)$

해설

$$\eta_t = \frac{\text{1피치 내의 구멍이 있는 강판의 인장력}}{\text{1피치 내의 구멍이 없는 강판의 인장력}}$$

$$= \frac{\sigma_t \cdot (p-d')t}{\sigma_t \cdot p \cdot t}$$

$$= 1-\frac{d'}{p} = 1-\frac{d}{p}$$

여기서, d'(리벳구멍지름)$=d$(리벳지름)

02 그림과 같은 리벳이음에서 피치를 p, 리벳지름을 d, 판의 두께를 T, 판의 인장응력을 f_t라고 할 때 리벳효율 η를 구하면?(단, 리벳의 전단응력은 f_s이다.)

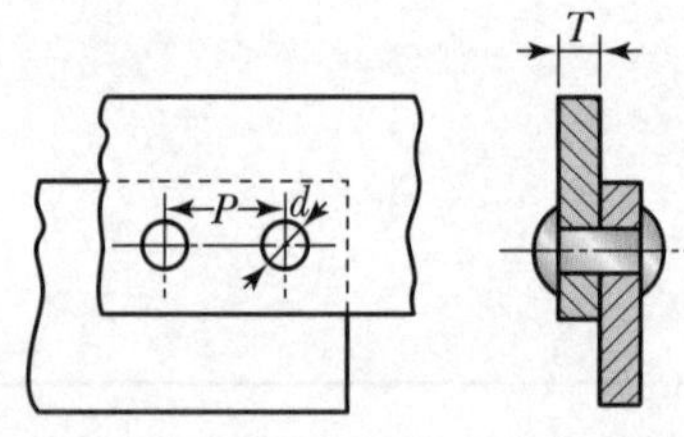

① $\eta = \dfrac{p-d}{p}$ ② $\eta = \dfrac{p-d}{d}$

③ $\eta = \dfrac{4ptf_t}{\pi d^2 f_s}$ ④ $\eta = \dfrac{\pi d^2 f_s}{4ptf_t}$

해설

$$\eta_R = \frac{\text{1피치 내의 리벳의 전단력}}{\text{1피치 내의 구멍이 없는 강판의 인장력}}$$

$$= \frac{\tau \cdot \frac{\pi}{4}d^2 \times n}{\sigma \cdot p \cdot t} = \frac{f_s \cdot \frac{\pi}{4}d^2 \times 1}{f_t \cdot p \cdot t}$$

03 그림과 같은 1줄 겹치기 리벳이음에서 강판의 두께 20mm, 리벳지름이 22mm, 리벳구멍지름이 22.1mm, 피치 80mm, 1피치마다 1.5kN의 하중이 작용할 때 강판의 효율은 약 얼마인가?

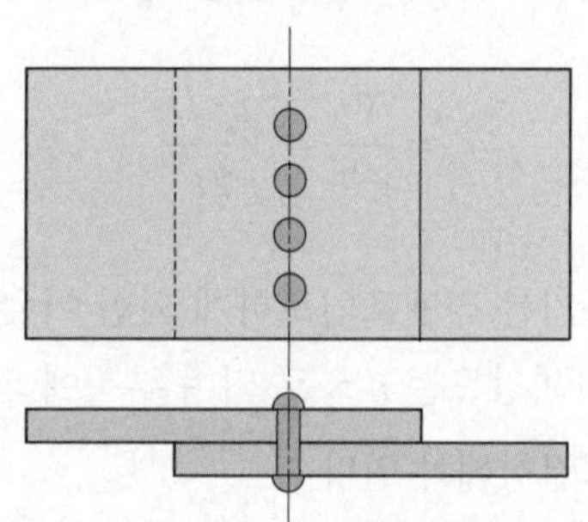

① 60.38% ② 64.38%
③ 68.38% ④ 72.38%

해설

$$\eta_t = 1-\frac{d'}{p}$$

$$= 1-\frac{22.1}{80} = 0.7238 = 72.38\%$$

정답 01 ① 02 ④ 03 ④

04 두께 11mm의 강판을 2줄 겹치기 리벳이음으로 하려고 한다. 리벳의 전단하중과 판의 인장하중이 같을 경우 피치는 약 몇 mm인가?(단, 강판의 인장응력이 34N/mm², 리벳의 전단응력은 27N/mm²이고 리벳지름은 17.64mm이고 리벳구멍의 지름과 같다.)

① 52.9　② 55.9
③ 58.9　④ 61.9

해설

$$\sigma_t(p-d)t=\tau\cdot\frac{\pi d^2}{4}\cdot n\ (d'=d\text{로 한다.})$$

$$\therefore\ p=d+\frac{\tau\cdot\pi\cdot d^2\cdot n}{4\sigma_t\cdot t}$$

$$=17.64+\frac{27\times\pi\times17.64^2\times2}{4\times34\times11}=52.93\text{mm}$$

05 강판의 두께 20mm, 리벳의 지름 20.5mm의 2줄 겹치기이음에서 1피치(51.25mm)의 하중이 2kN일 때 강판의 인장응력은 약 몇 MPa인가?

① 1.25　② 2.25
③ 3.25　④ 4.25

해설

$$\sigma_t=\frac{P}{(p-d)t}=\frac{2{,}000}{(51.25-20.5)\times20}$$

$$=3.25\text{N/mm}^2=3.25\text{MPa}$$

06 직경 500mm, 압력 12N/cm²의 보일러에 리벳이음을 하고자 한다. 보일러 동체의 강판두께는 약 몇 mm인가?(단, 강판의 인장강도 σ_t=35N/mm², 안전율 S=5, 이음효율은 60%, 부식여유는 1mm이다.)

① 8.14　② 9.14
③ 10.14　④ 11.14

해설

$$\sigma_a=\frac{\sigma_t}{S}=\frac{\text{인장강도(극한강도)}}{\text{안전율}}$$

$$=\frac{35}{5}=7\text{N/mm}^2$$

$$t=\frac{pD}{2\sigma_a\cdot\eta}+C=\frac{0.12\times500}{2\times7\times0.6}+1$$

$$=8.14\text{mm}$$

여기서, 압력 p= 12N/cm²=0.12N/mm²

정답 04 ① 05 ③ 06 ①

05 용접

용접은 두 개의 금속을 용융온도 이상으로 가열하여 접합시키는 영구적 결합법으로 이음(접합)효율이 높고 중량의 증가가 거의 없으며 설비비가 저렴하고 기밀성이 좋아 보일러, 용기, 구조물, 선박, 기계부품의 결합에 널리 사용된다. 용접부에는 고열에 의한 재료의 변형과 잔류응력이 발생하고 용접부의 비파괴검사(품질검사)가 어려운 단점들이 있다.

1 용접이음의 종류와 강도설계

1. 맞대기용접

용접조인트의 강도는 용착금속의 볼록한 부분을 고려하지 않고, 안전축(h)으로 취하여 계산한다.

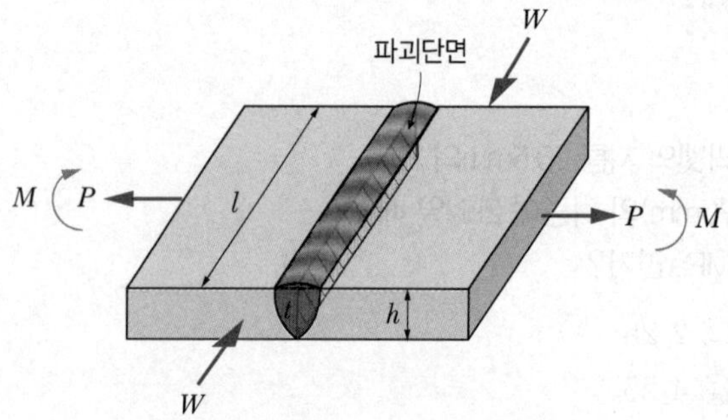

(1) 인장응력

$$\sigma_t = \frac{\text{인장하중}}{\text{인장파괴면적}} = \frac{P}{A_\sigma} = \boxed{\frac{P}{t \cdot l}} \quad (\because h = t)$$

(2) 전단응력

$$\tau = \frac{\text{전단하중}}{\text{전단파괴면적}} = \frac{W}{A_\tau} = \boxed{\frac{W}{t \cdot l}}$$

(3) 굽힘응력

$$\sigma_b = \frac{M}{Z} = \frac{M}{\frac{lt^2}{6}} = \frac{6M}{lt^2} \left(Z = \frac{I}{e} = \frac{\frac{lt^3}{12}}{\frac{t}{2}} = \frac{lt^2}{6} \right)$$

2. 겹치기용접(필릿용접)

(1) 전면 필릿용접

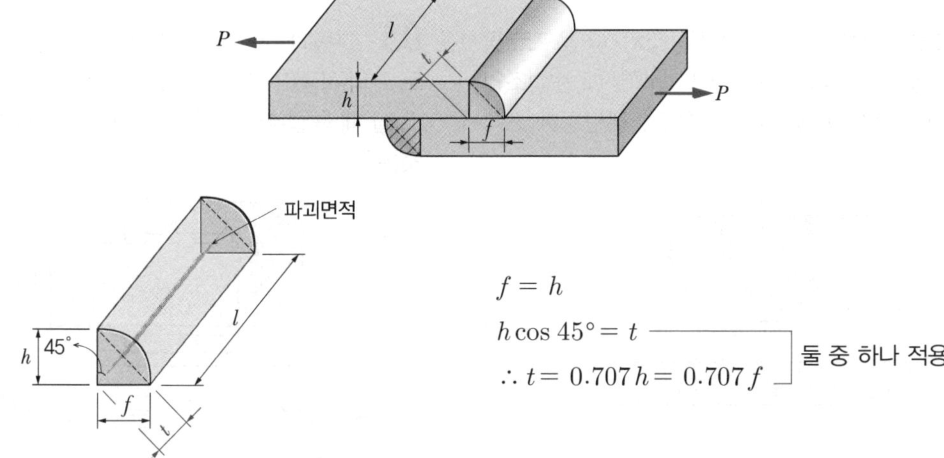

여기서, 파괴면적 : $t \cdot l$ (**목두께를 기준으로 설계** : 목에서 파괴)

f : 필릿(Fillet)다리의 길이(용접부 다리 길이)

$$\text{인장응력 } \sigma = \frac{P}{2tl} = \frac{P}{2h\cos 45° \times l} = \frac{P}{2 \times 0.707 \times h \times l} \text{ (2 : 파괴단면 개수)}$$

(2) 측면 필릿용접

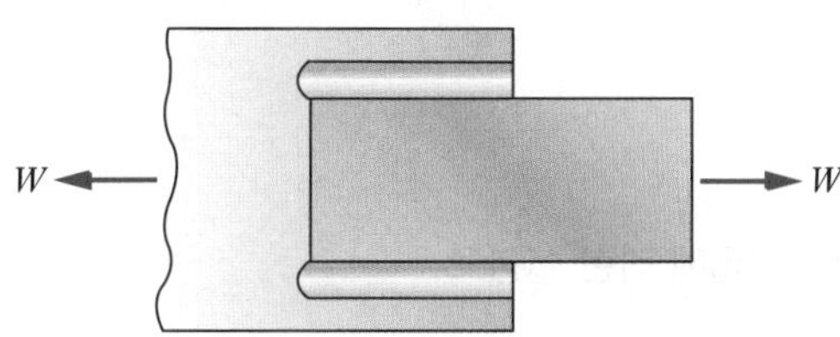

$$\tau = \frac{W}{2tl} = \frac{W}{2 \times h\cos 45° \times l} = \frac{W}{\sqrt{2}\,hl}$$

핵심 기출 문제

01 그림과 같이 두 개의 강판을 겹치기이음으로 필릿용접하였다. 허용응력이 4.5N/mm²일 때 용접조인트의 길이 l은 약 몇 mm인가?(단, 강판두께 $h=$ 10mm이다.)

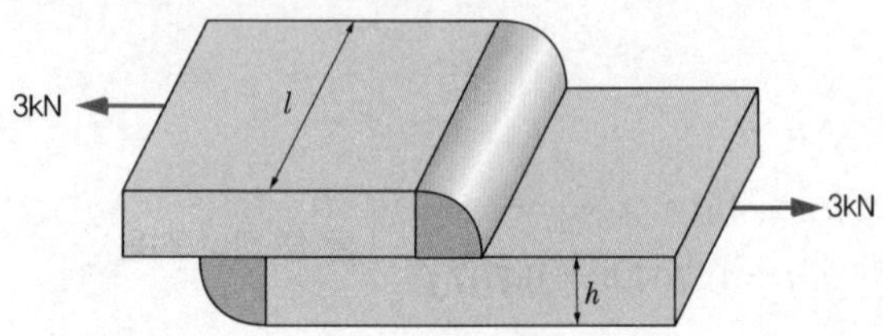

① 27.2　　② 35.8
③ 41.9　　④ 47.2

해설

인장하중 = 인장응력 × 인장파괴면적

$W=\sigma \cdot A_\sigma=\sigma \cdot 2 \cdot t \cdot l$

$=\sigma \cdot 2 \times 0.707h \cdot l \ (t=0.707h)$

$\therefore \ l=\dfrac{W}{\sigma \times 2 \times 0.707 \times h}=\dfrac{3{,}000}{4.5 \times 2 \times 0.707 \times 10}$

$=47.15\text{mm}$

02 용접이음의 일반적인 장 · 단점에 대한 설명으로 옳지 않은 것은?

① 이음효율이 비교적 높은 편이다.
② 조립공정의 자동화를 구현하기 어렵다.
③ 열 영향으로 재료가 변질되기 쉽다.
④ 볼트나 리벳에 비해 중량 증가가 거의 없다.

해설

용접이음은 자동차 조립생산라인처럼 로봇에 의한 자동화가 가능하다.

03 그림과 같은 양쪽 옆면 필릿용접에서 오른쪽으로 P의 하중이 작용하고 있다. 용접부 다리길이를 h라고 할 때 용접부에 작용하는 전단응력(τ) 식으로 옳은 것은?

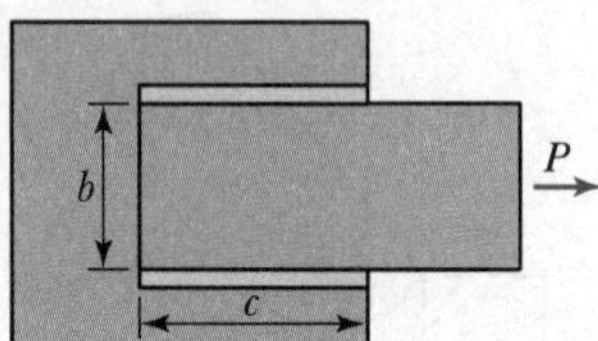

① $\tau=\dfrac{\sqrt{2}P}{hc}$　　② $\tau=\dfrac{\sqrt{2}P}{hb}$

③ $\tau=\dfrac{P}{\sqrt{2}hc}$　　④ $\tau=\dfrac{P}{\sqrt{2}hb}$

해설

$\tau=\dfrac{P}{2 \cdot t \cdot l}=\dfrac{P}{2 \times h\cos 45° \times c}=\dfrac{P}{\sqrt{2}hc}$

정답　01 ④　02 ②　03 ③

06 축

1 축의 개요

축(Shaft)은 주로 회전에 의하여 동력을 전달할 목적으로 사용하는 기계요소이다.

1. 축의 용도에 의한 분류

① 차축(Axle) : 주로 굽힘하중을 받는 축(차량의 차축)
② 전동축(Shaft) : 주로 비틀림을 받는 축
③ 스핀들(Spindle) : 지름에 비해 길이가 짧은 축으로, 하중은 굽힘, 비틀림을 받는다(공작기계의 주축).
④ 저널(Journal) : 축 부분 중 베어링으로 지지되어 있는 부분이다.
⑤ 피벗(Pivot) : 축의 끝부분으로서 트러스트 베어링으로 지지되는 부분이다.

2. 축설계 시 고려할 사항

① 강도 : 축에 작용하는 하중에 따라 축의 강도를 충분하게 설계해야 한다.
② 강성 : 축에 작용하는 하중에 의한 변형이 허용변형한도를 초과하지 않도록 설계해야 한다. 비틀림각이 한도를 초과하면 비틀림 진동의 원인이 된다.
③ 진동 : 회전하는 축의 굽힘이나 비틀림 진동이 축의 고유진동수와 일치하여 공진현상이 일어나면 축이 파괴되므로 공진현상을 일으키는 위험속도를 고려하여 설계해야 한다.

예 제

축설계 시 일반적인 고려사항으로 거리가 먼 것은?

① 강성　② 진동　❸ 마모　④ 강도

해설 축설계 시 고려할 사항은 강도, 강성, 진동이다.

2 축의 설계

1. 축의 강도설계

(1) 비틀림을 받는 축

토크식을 기준으로 해석한다.

$$T = P \cdot \frac{d}{2} = \tau \cdot Z_P = \frac{H}{\omega} \quad \text{(SI 단위)}$$

$$T = 716,200 \frac{H_{PS}}{N} = 974,000 \frac{H_{kW}}{N}$$

여기서, N : 회전수(rpm)

① 중실축에서 축지름설계

$$T = \tau \cdot Z_P = \tau \cdot \frac{\pi}{16} d^3$$

$$\therefore d = \sqrt[3]{\frac{16\,T}{\pi \tau}}$$

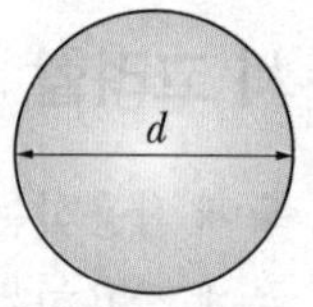

② 중공축에서 외경설계

$$T = \tau \cdot Z_P = \tau \cdot \frac{\pi}{16} {d_2}^3 (1 - x^4) \left(\text{내외경비 } x = \frac{d_1}{d_2} \right)$$

$$\therefore d_2 = \sqrt[3]{\frac{16\,T}{\pi \tau (1 - x^4)}}$$

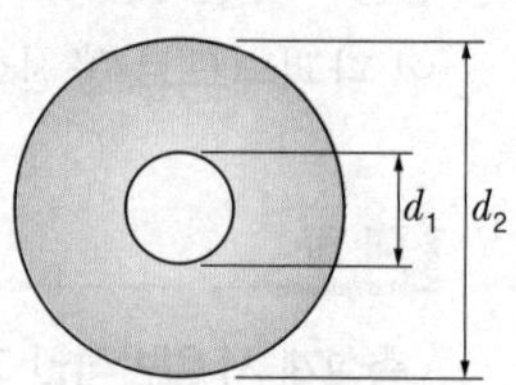

중공축은 지름을 조금만 크게 하여도 강도가 중실축과 같아지고 중량은 상당히 가벼워진다.

예 제

01 400rpm으로 2kW의 동력을 전달시키는 축에 발생하는 비틀림 모멘트(토크)는 몇 N · m인가?

❶ 47.7 ② 49.7 ③ 51.7 ④ 53.7

해설 $T = \frac{H}{\omega} = \frac{2 \times 10^3 (W)}{\frac{2\pi \times 400}{60} (\text{rad/s})} = 47.7\text{N} \cdot \text{m}$

02 지름 3cm의 축이 200rpm으로 회전할 때, 최대로 전달할 수 있는 동력은 약 몇 kW인가?(단, 축의 허용 비틀림 응력은 25MPa이다.)

① 1.8 ❷ 2.8 ③ 3.8 ④ 4.8

해설 $H = T \cdot \omega = \tau \cdot Z_p \cdot \omega = \tau \cdot \frac{\pi d^3}{16} \times \frac{2\pi N}{60}$

$= 25 \times 10^6 \left(\frac{N}{m^2}\right) \times \frac{\pi \times (0.03)^3}{16}(\mathrm{m}^3) \times \frac{2\pi \times 200}{60}\left(\frac{\mathrm{rad}}{\mathrm{s}}\right)$

$= 2{,}775.8\mathrm{N} \cdot \mathrm{m/s} \doteqdot 2.8\mathrm{kW}$

03 2kN · m의 비틀림 모멘트를 받는 전동축의 지름은 약 몇 mm인가?(단, 축에 작용하는 전단응력은 40MPa이다.)

① 57.4 ② 59.4 ③ 61.4 ❹ 63.4

해설 $T = \tau \cdot Z_p = \tau \cdot \frac{\pi d^3}{16}$ 에서 $d = \sqrt[3]{\frac{16T}{\pi\tau}} = \sqrt[3]{\frac{16 \times 2 \times 10^3 \times 10^3}{\pi \times 40}} = 63.4\mathrm{mm}$

04 200rpm으로 2.5kW의 동력을 전달하고자 한다. 축 재료의 허용전단응력이 10MPa일 때 중실축의 지름은 몇 mm 이상이어야 하는가?

❶ 39.3 ② 41.3 ③ 43.3 ④ 45.3

해설 $T = \frac{H}{\omega} = \frac{2.5 \times 10^3}{\frac{2\pi \times 200}{60}} = 119.4\mathrm{N} \cdot \mathrm{m} = 119.4 \times 10^3 \mathrm{N} \cdot \mathrm{mm}$

$T = \tau \cdot Z_P = \tau \cdot \frac{\pi d^3}{16}$ 에서

$d = \sqrt[3]{\frac{16T}{\pi\tau}} = \sqrt[3]{\frac{16 \times 119.4 \times 10^3}{\pi \times 10}}$

$= 39.3\mathrm{mm}$

참고

중실축	단면 2차 모멘트	극단면 2차 모멘트
	$I_x = I_y = \dfrac{\pi d^4}{64}$	$I_p = I_x + I_y = \dfrac{\pi d^4}{32}$
	단면계수	**극단면계수**
X, Y : 도심축 e : 도심으로부터 최외단까지의 거리	$Z = \dfrac{I_x}{e} = \dfrac{I_y}{e} = \dfrac{\dfrac{\pi d^4}{64}}{\dfrac{d}{2}} = \dfrac{\pi d^3}{32}$	$Z_P = \dfrac{I_P}{e} = \dfrac{\dfrac{\pi d^4}{32}}{\dfrac{d}{2}} = \dfrac{\pi d^3}{16}$
중공축	**단면 2차 모멘트**	**극단면 2차 모멘트**
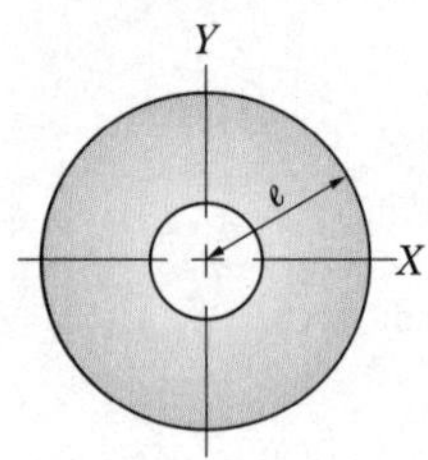	$I_x = I_y = \dfrac{\pi {d_2}^4}{64} - \dfrac{\pi {d_1}^4}{64} = \dfrac{\pi {d_2}^4}{64}(1-x^4)$	$I_p = \dfrac{\pi {d_2}^4}{32} - \dfrac{\pi {d_1}^4}{32} = \dfrac{\pi {d_2}^4}{32}(1-x^4)$
	단면계수	**극단면계수**
d_1 : 내경 d_2 : 외경 $x = \dfrac{d_1}{d_2}$(내외경비), $e = \dfrac{d_2}{2}$	$Z = \dfrac{I_x}{e} = \dfrac{I_y}{e} = \dfrac{\dfrac{\pi {d_2}^4}{64}(1-x^4)}{\dfrac{d_2}{2}} = \dfrac{\pi {d_2}^3}{32}(1-x^4)$	$Z_p = \dfrac{I_p}{e} = \dfrac{\dfrac{\pi {d_2}^4}{32}(1-x^4)}{\dfrac{d_2}{2}} = \dfrac{\pi {d_2}^3}{16}(1-x^4)$

$\theta = \dfrac{T \cdot l}{G \cdot I_p}$, $T = \tau \cdot Z_p$, $M = \sigma_b \cdot Z$에서 사용하는 단면의 성질값들은 도심축에 관한 값들이다. 그 이유는 단면에 대한 굽힘이나 비틀림은 도심을 중심으로 하여 작용하기 때문이다.

예제

동일재료로 제작된 중실축과 중공축이 있다. 중실축의 외경(d) = 40mm이고, 중공축의 외경에 대한 내경의 비가 0.6일 때, 이들 두 축의 비틀림 강도가 동일하기 위한 중공축의 외경은 약 몇 mm인가?

① 32　　❷ 42　　③ 52　　④ 62

해설 $T = \tau \cdot Z_P$에서 동일재료로 만들어진 중실축과 중공축의 τ값들은 동일하므로 주어진 토크에 대해 비틀림 강도가 동일하려면 중실축과 중공축의 단면계수값이 같아야 한다.

$\dfrac{\pi}{16} d^3 = \dfrac{\pi {d_2}^3}{16}(1-x^4)$ (여기서, 내외경비 $x = 0.6$)에서

$$\therefore\ d_2 = \sqrt[3]{\frac{d^3}{(1-x^4)}} = \sqrt[3]{\frac{40^3}{(1-0.6^4)}} = 41.89\text{mm}$$

(2) 굽힘을 받는 축

축에 작용하는 굽힘모멘트를 M, 축에 발생하는 최대굽힘응력을 σ_b, 축단면계수를 Z라 하면

① 중실축에서 축지름설계

$$M = \sigma_b \cdot Z = \sigma_b \cdot \frac{\pi d^3}{32}$$

$$\therefore d = \sqrt[3]{\frac{32M}{\pi \sigma_b}}$$ (M은 M_{max}를 구하여 대입해 주어야 한다.)

② 중공축에서 외경설계

$$M = \sigma_b \cdot Z = \sigma_b \cdot \frac{\pi}{32} d_2{}^3 (1 - x^4) \left(x = \frac{d_1}{d_2} \right)$$

$$\therefore d_2 = \sqrt[3]{\frac{32M}{\pi \sigma_b (1 - x^4)}}$$

(3) 비틀림과 굽힘을 동시에 받는 축

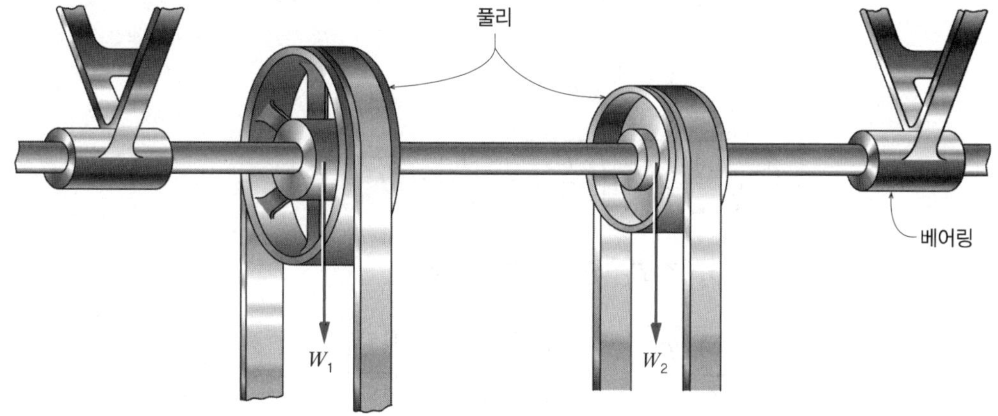

그림처럼 주로 전동축에 풀리를 장착한 축에서 비틀림과 굽힘을 동시에 받으며, 이때 축 단면에는 σ_b와 τ의 조합응력이 발생하게 되는데 이와 같은 효과를 나타내는 상당모멘트 M_e, T_e를 계산한 값들에서 응력 또는 지름을 산출한다.

① 평면응력상태에서 최대주응력설에 의한 (취성재료일 때)

$$\sigma_{\max} = \frac{1}{2}(\sigma_x + \sigma_y) + \sqrt{\left(\frac{\sigma_x - \sigma_y}{2}\right)^2 + \tau_{xy}^2} \text{ 에서 } \sigma_x = \sigma_b, \sigma_y = 0, \tau_{xy} = \tau \text{ 일 때}$$

$$\sigma_{\max} = \frac{\sigma_b}{2} + \sqrt{\frac{{\sigma_b}^2}{4} + \tau^2} \quad (M = \sigma_b \cdot Z,\ T = \tau \cdot Z_P)$$

$$= \frac{1}{2}\left(\frac{M}{Z} + \sqrt{\left(\frac{M}{Z}\right)^2 + 4\left(\frac{T}{Z_p}\right)^2}\right) (Z = \frac{\pi d^3}{32},\ Z_P = \frac{\pi d^3}{16} \text{ 에서 } Z_P = 2Z)$$

$$= \frac{1}{2}\left(\frac{M}{Z} + \sqrt{\left(\frac{M}{Z}\right)^2 + 4\left(\frac{T}{2Z}\right)^2}\right) = \frac{1}{2} \times \frac{1}{Z}\left(M + \sqrt{M^2 + T^2}\right)$$

$$= \frac{\frac{1}{2}\left(M + \sqrt{M^2 + T^2}\right)}{Z}$$

상당굽힘모멘트

$$M_e = \frac{1}{2}\left(M + \sqrt{M^2 + T^2}\right)$$

$$\therefore M_e = \sigma_{\max} \cdot Z$$

여기서, $\sigma_{\max} = \sigma_b$: 허용굽힘응력

② 최대전단응력설에 의한 (연성재료일 때)

$$\tau_{\max} = \sqrt{\left(\frac{\sigma_x - \sigma_y}{2}\right)^2 + \tau_{xy}^2} \text{ 에서 } \sigma_x = \sigma_b,\ \sigma_y = 0,\ \tau_{xy} = \tau \text{ 일 때}$$

$$= \sqrt{\frac{{\sigma_b}^2}{4} + \tau^2} = \frac{1}{2}\sqrt{{\sigma_b}^2 + 4\tau^2}$$

$$= \frac{1}{2}\sqrt{\left(\frac{M}{Z}\right)^2 + 4\left(\frac{T}{2Z}\right)^2} = \frac{1}{2Z}\sqrt{M^2 + T^2}$$

$$(M = \sigma_b \cdot Z,\ T = \tau \cdot Z_P,\ Z_P = 2Z)$$

$$\tau_{\max} = \frac{\sqrt{M^2 + T^2}}{Z_P}$$

상당비틀림모멘트

$$T_e = \sqrt{M^2 + T^2}$$

$$\therefore T_e = \tau_{\max} \cdot Z_P$$

여기서, $\tau_{\max} = \tau_a$: 허용전단응력

㉠ 중실축에서 지름설계

$$T_e = \tau_a \cdot Z_P = \tau_a \cdot \frac{\pi d^3}{16} \qquad \therefore d = \sqrt[3]{\frac{16\,T_e}{\pi \tau_a}}$$

$$M_e = \sigma_b \cdot Z = \sigma_b \cdot \frac{\pi d^3}{32} \qquad \therefore d = \sqrt[3]{\frac{32\,M_e}{\pi \sigma_b}}$$

위에서 두 식으로 계산된 지름의 큰 쪽을 취하여 설계하는 것이 안전하다.

㉡ 중공축에서 외경설계(Z, Z_P값만 달라지므로)

$$d_2 = \sqrt[3]{\frac{16\,T_e}{\pi \tau_a (1-x^4)}}, \quad d_2 = \sqrt[3]{\frac{32\,M_e}{\pi \sigma_b (1-x^4)}}$$

예 제

굽힘모멘트 M과 비틀림모멘트 T가 동시에 작용하는 축의 설계에서 최대전단응력설에 의한 상당비틀림 모멘트(equivalent twisting moment) T_e를 구하는 식은?

① $T_e = \frac{1}{2}\left(M + \sqrt{M^2 + T^2}\right)$　　❷ $T_e = \sqrt{M^2 + T^2}$

③ $T_e = \frac{1}{2}\left(M + \sqrt{M^2 + 4T^2}\right)$　　④ $T_e = M + \sqrt{M^2 + T^2}$

해설 주로 전동축에 풀리를 장착한 축에서 비틀림과 굽힘을 동시에 받을 때, 최대전단응력설에 의한 상당비틀림 모멘트 값은 $T_e = \sqrt{M^2 + T^2}$ 이며, 중실축지름은 $T_e = \tau_a \cdot Z_P = \tau_a \cdot \frac{\pi d^3}{16}$으로 설계한다.

2. 축의 강성설계

(1) 비틀림강성

전동축은 동력을 전달할 때 비틀림각이 과대하게 되면 전동기구의 작동 및 정밀도상에 여러 가지 좋지 못한 현상이 생기며, 또 강성이 부족하면 축계의 비틀림 진동의 원인이 되므로 적당한 강성을 확보할 필요가 있다. 바하의 축공식에 의하면 연강축의 비틀림각은 축길이 1m에 대하여 $\frac{1}{4}°$ 이내로 제한한다.

재료역학에서

$$\theta = \frac{T \cdot l}{G \cdot I_p}$$

축재료가 연강일 때 $G = 81,340\text{N/mm}^2$

$T = \frac{H}{\omega} \rightarrow \text{N} \cdot \text{mm}$ 단위로 바꾼다.

$I_P = \frac{\pi d^4}{32}$ (중실축), $I_P = \frac{\pi}{32}(d_2^{\ 4} - d_1^{\ 4})$ (중공축)

$\frac{1}{4}° \times \frac{\pi}{180°}$ (라디안)으로

축지름이나 중공축외경을 설계하면 된다.

예 제

01 중실축 길이가 2m, 지름이 60mm인 축에 비틀림모멘트가 2kN · m 작용할 때 축에 발생하는 비틀림각은 몇 도(°)인가?(단, 축 재료의 가로 탄성계수는 60GPa이다.)

❶ 3°　② 5°　③ 7°　④ 9°

해설 $\theta = \frac{T \cdot l}{G \cdot I_P} = \frac{2 \times 10^3 \times 2}{60 \times 10^9 \times \frac{\pi \times (0.06)^4}{32}} = 0.052(\text{rad}) \rightarrow 0.052(\text{rad}) \times \frac{180°}{\pi(\text{rad})} = 2.98° \fallingdotseq 3°$

02 지름이 40mm인 축이 300rpm으로 회전할 때, 이 축에는 길이 1m에 대해 비틀림각이 $\frac{1}{4}°$ 발생한다. 이 축이 전달할 수 있는 동력은 약 몇 kW인가?(단, 축의 가로 탄성계수는 70GPa이다.)

① 1.4　② 1.8　③ 2.0　❹ 2.4

해설 $H = T \cdot \omega$ 이므로 $\theta = \frac{T \cdot l}{G \cdot I_P}$ 에서

$$T = \frac{G \cdot I_P \cdot \theta}{l} = \frac{70 \times 10^9 \times \frac{\pi}{32} \times (0.04)^4 \times \frac{1}{4}° \times \frac{\pi}{180°}}{1} = 76.8\text{N} \cdot \text{m}$$

$\therefore H = 76.8 \times \frac{2\pi \times 300}{60} = 2{,}412.7\text{W} = 2.4\text{kW}$

핵심 기출 문제

01 1,500rpm으로 10kW의 동력을 전달하고자 한다. 축의 허용전단응력이 7MPa일 때 축의 지름 d는 약 몇 mm인가?

① 30.25 ② 32.41
③ 35.91 ④ 38.37

해설

토크식을 기준으로 푼다.

$$T=\frac{H}{\omega}=\frac{10\times10^3(\text{N}\cdot\text{m/s})}{\frac{2\pi\times1500}{60}\text{rad/s}}$$

$$=63.66\text{N}\cdot\text{m}=63.66\times10^3\text{N}\cdot\text{mm}$$

$$T=\tau\cdot Z_P=\tau\cdot\frac{\pi}{16}d^3$$

(여기서, $7\text{MPa}=7\times10^6\text{N/m}^2=7\text{N/mm}^2$)

$$\therefore d=\sqrt[3]{\frac{16T}{\pi\tau}}=\sqrt[3]{\frac{16\times63.66\times10^3}{\pi\times7}}$$

$$=35.91\text{mm}$$

02 허용전단응력 20.60MPa인 축에 회전수 200rpm으로 7.36kW의 동력을 전달한다. 이 축의 지름은 약 몇 mm 이상이어야 하는가?

① 39.5 ② 44.3
③ 48.7 ④ 55.6

해설

$T=\tau\cdot Z_P=\tau\cdot\frac{\pi}{16}d^3$ 에서

$$\therefore d=\sqrt[3]{\frac{16T}{\pi\tau}}=\sqrt{\frac{16\times351.41\times10^3}{\pi\times20.6}}=44.29\text{mm}$$

여기서, $T=\frac{H}{\omega}=\frac{H}{\frac{2\pi\text{N}}{60}}=\frac{7.36\times10^3}{\frac{2\pi\times200}{60}}$

$$=351.41\text{N}\cdot\text{m}=351.41\times10^3\text{N}\cdot\text{mm}$$

03 500rpm으로 20kW의 동력을 전달하는 중공축이 있다. 축의 허용전단응력이 15N/mm²이고 내 · 외경비 $x=d_1/d_2=0.6$이 되는 중공축의 바깥지름은 몇 mm인가?

① 53.01 ② 57.54
③ 60.01 ④ 64.01

해설

$$T=\frac{H}{\omega}=\frac{20\times1{,}000(\text{N}\cdot\text{m/s})}{\frac{2\pi\times500}{60}(\text{rad/s})}$$

$$=381.9718\text{N}\cdot\text{m}=381{,}971.8\text{N}\cdot\text{mm}$$

중공축의 외경이 d_2, $x=0.6$이므로

$$T=\tau\cdot Z_P=\tau\cdot\frac{\pi d_2^{\,3}}{16}(1-x^4)$$

$$\therefore d_2=\sqrt[3]{\frac{16T}{\pi\tau(1-x^4)}}=\sqrt[3]{\frac{16\times381{,}971.8}{\pi\times15\times(1-0.6^4)}}$$

$$=53.01\text{mm}$$

04 지름 8cm의 중실 원형축과 비틀림 강도가 같은 중공축(바깥지름과 안지름의 비 $x=0.6$)의 바깥지름은 몇 mm인가?

① 83.79mm ② 86.76mm
③ 85.75mm ④ 90.35mm

정답 01 ③ 02 ② 03 ① 04 ①

해설

$T=\tau \cdot Z_P$에서 비틀림 전단강도가 같아 중실축과 중공축의 τ값들이 동일하므로 주어진 토크에 대해 중실축과 중공축의 단면계수값이 같아야 한다.

$$\frac{\pi}{16}d^3 = \frac{\pi d_2^{\,3}}{16}(1-x^4)$$

(여기서, 내 · 외경비 $x=0.6$)에서

$$\therefore d_2 = \sqrt[3]{\frac{d^3}{(1-x^4)}} = \sqrt[3]{\frac{80^3}{(1-0.6^4)}} = 83.79\text{mm}$$

05 그림과 같은 차축의 지름은 몇 mm로 설계해야 하는가?(단, W=4kN, l_1=200mm, l=1,130mm, σ_a=4.5MPa로 한다.)

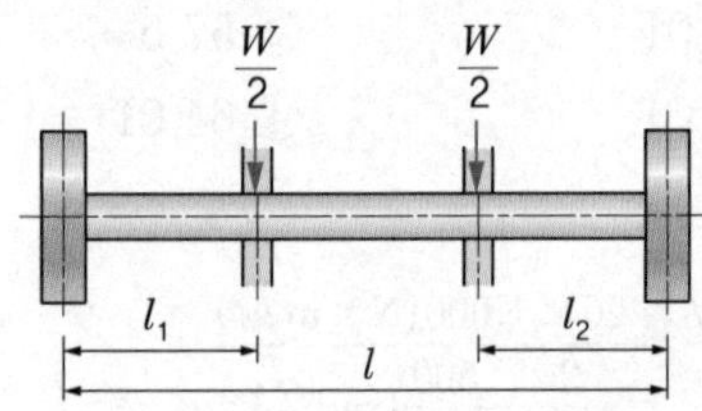

① 90.74 ② 96.74
③ 99.54 ④ 102.34

해설

차축이 굽힘하중만을 받으므로

$$M_{\max} = \frac{W}{2}l_1 = 2{,}000\times 200 = 400{,}000\ \text{N}\cdot\text{mm}$$

$$M = \sigma_b \cdot \frac{\pi d^3}{32},\ d = \sqrt[3]{\frac{32M}{\pi\sigma_a}}\ (\sigma_b = \sigma_a)$$

$$\therefore d = \sqrt[3]{\frac{32\times 400{,}000}{\pi\times 4.5}} = 96.74\text{mm}$$

참고 차축의 굽힘 모멘트 선도

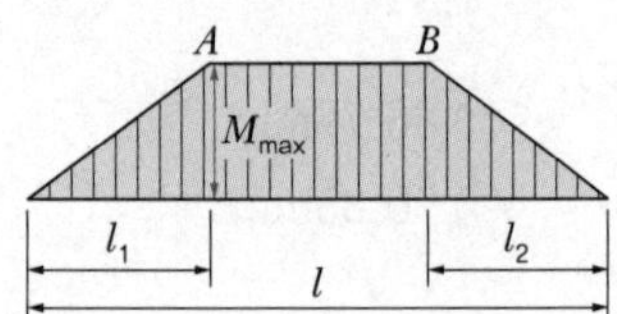

차축(AB구간)은 순수굽힘만을 받는다.

06 비틀림을 받고 있는 축의 지름이 80mm, 길이 1.6m이고, 축의 비틀림각이 2°로 제한되었다면 비틀림모멘트는 몇 N · m인가?(단, $G=0.8\times10^4$ MPa이다.)

① 701.84 ② 751.84
③ 781.84 ④ 791.84

해설

강성설계

$$\theta = \frac{T\cdot l}{G\cdot I_p}\ \left(\theta\text{ 는 라디안이므로 } 2°\times\frac{\pi}{180°},\ I_P = \frac{\pi}{32}d^4\right.$$

l=1,600mm)

$$\therefore T = \frac{G\cdot I_p\cdot\theta}{l} = \frac{0.8\times10^4\times\pi\times80^4\times2\times\pi}{1{,}600\times32\times180}$$

$$= 701{,}838.53\text{N}\cdot\text{mm} = 701.84\text{N}\cdot\text{m}$$

07 길이가 4m이고, 지름이 225mm인 둥근축이 200rpm으로 회전한다면 약 몇 kW의 동력을 전달하는가?(단, 비틀림각은 1°이고, G=8,500MPa로 한다.)

① 195 ② 205
③ 215 ④ 225

해설

강성설계

$\theta = \frac{T\cdot l}{G\cdot I_p}$에서

$$T = \frac{GI_p\theta}{l} = \frac{8{,}500\times\pi\times225^4\times1\times\pi}{4{,}000\times32\times180}$$

$$= 9{,}331{,}818.19\text{N}\cdot\text{mm} = 9{,}331.82\text{N}\cdot\text{m}$$

$$H = T\cdot\omega = 9{,}331.82\times\frac{2\times\pi\times200}{60}$$

$$= 195{,}445.18\text{N}\cdot\text{m/s} = 195{,}445.18\text{W}$$

$$= 195.45\text{kW}$$

정답 05 ② 06 ① 07 ①

08 300rpm으로 25kW를 전달시키는 전동축이 490N · m의 굽힘모멘트를 동시에 받는다. 축의 허용 전단응력 $\tau=49\text{N/mm}^2$일 때 축지름은 몇 mm 이상이어야 하는가?

① 41.96　　② 45.96
③ 49.96　　④ 53.96

해설

굽힘과 비틀림을 동시에 받으므로 상당비틀림모멘트(T_e)를 기준으로 설계해야 한다.

$$T=\frac{H}{\omega}=\frac{H}{\frac{2\pi N}{60}}=\frac{25\times10^3}{\frac{2\pi\times300}{60}}$$

$$=795.77472\text{N}\cdot\text{m}=795{,}774.72\text{N}\cdot\text{mm}$$

$$M=490\text{N}\cdot\text{m}=490\times10^3\text{N}\cdot\text{mm}$$

$$T_e=\sqrt{M^2+T^2}$$

$$=\sqrt{(490\times10^3)^2+(795{,}774.72)^2}$$

$$=934{,}535.93\text{N}\cdot\text{mm}$$

$T_e=\tau_a\cdot Z_P$에서

$$\therefore d=\sqrt[3]{\frac{16T_e}{\pi\tau_a}}=\sqrt[3]{\frac{16\times934{,}535.93}{\pi\times49}}=45.96\text{mm}$$

09 지름이 d인 중실축이 비틀림모멘트 T만을 받았을 때 생기는 최대전단응력을 τ_1라 하면, 이 축에 비틀림모멘트 T와 굽힘모멘트 $M(M=3T)$을 동시에 작용시켰을 때, 생기는 최대전단응력은 τ_1의 몇 배가 되는가?

① $\sqrt{3}$배　　② 2배
③ $\sqrt{10}$배　　④ 5배

해설

비틀림모멘트 T만 받을 때 : $\tau_1=\frac{T}{Z_p}$

굽힘과 비틀림을 동시에 받을 때 :

$$\tau_{조합}=\frac{T_e}{Z_p}=\frac{\sqrt{M^2+T^2}}{Z_p}=\frac{\sqrt{(3T)^2+T^2}}{Z_p}$$

$$=\frac{\sqrt{10T^2}}{Z_p}=\frac{\sqrt{10}\,T}{Z_p}$$

$$\therefore \tau_{조합}=\sqrt{10}\,\tau_1$$

정답　08 ②　09 ③

07 축이음

축과 축을 연결하는 기계요소로 축이음이 사용된다. 반영구적으로 두 축을 고정하는 것을 커플링(Coupling)이라고 하며, 운전 중에 결합을 끊거나 연결할 수 있는 기계요소를 클러치(Clutch)라 한다.

1 커플링(Coupling)

1. 두 축이 일직선상에 있을 경우

(1) 클램프 커플링(Clamp Coupling, 분할원통커플링)

두 축을 맞대고 커플링을 덮은 다음 양쪽 볼트를 충분히 죔으로써 축과 커플링 사이에 압력을 가하게 된다. 따라서 축이 회전하면 마찰이 발생하며 이 마찰력에 의하여 동력을 전달할 수 있게 된다.

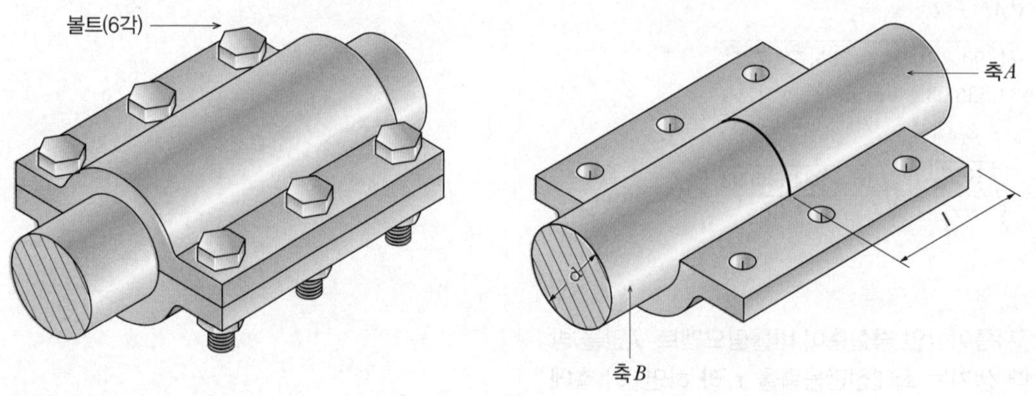

(2) 플랜지 커플링(Flange Coupling)

큰 토크를 전달할 수 있는 커플링으로서 가장 널리 사용되며 그림과 같이 2개의 축 끝에 억지 끼워 맞춤한 플랜지를 볼트로 죄어서 2개의 축을 연결한다. 플랜지 커플링의 동력전달은 볼트의 체결력에 의해 발생하는 플랜지면의 마찰력으로 회전력을 전달하기도 하나 주로 볼트의 전단력에 의하여 회전력을 전달한다.

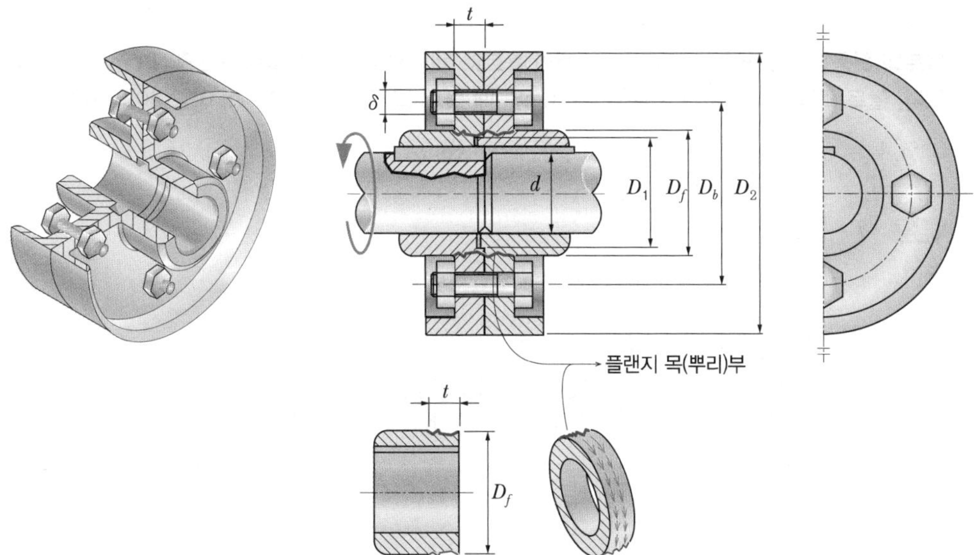

δ : 볼트의 골지름	d : 축 직경
τ_b : 볼트의 전단응력	σ_t : 볼트의 인장응력
Q : 볼트의 인장력	z : 볼트 수
D_2 : 플랜지의 외경	D_1 : 플랜지의 내경
D_f : 플랜지의 목(뿌리부)지름	τ_f : 플랜지 목의 전단응력
t : 플랜지의 목두께	D_b : 볼트 중심을 통과하는 원의 지름
D_m : 플랜지 마찰면의 평균지름	

플랜지 커플링에서 볼트의 전단에 의한 전달토크

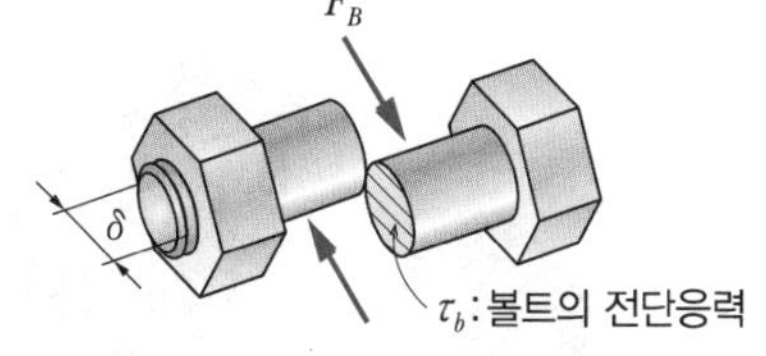

$$T = \text{볼트의 전단력}(F_B) \times \frac{D_b}{2}$$

$$= (\text{볼트 한 개의 전단력}) \times \text{볼트 수} \times \text{전단력이 나오는 거리}$$

$$= \left(\tau_b \cdot \frac{\pi}{4}\delta^2\right) \times z \times \frac{D_b}{2}$$

예 제

볼트의 허용전단응력이 40MPa이고, 6개의 볼트로 체결된 플랜지 커플링에 2.6kN · m의 토크가 작용하고 있다. 볼트 조립부의 피치원 지름은 160mm일 때 볼트 골지름은 약 몇 mm 이상이어야 하는가?

① 8.4　　② 10.8　　❸ 13.2　　④ 16.9

해설 $T=$볼트의 전단력$\times \dfrac{D_b}{2}$

$=$(볼트 한 개의 전단력)$\times$볼트 수$\times$전단력이 나오는 거리

$$= \left(\tau_b \cdot \frac{\pi}{4}\delta^2\right) \times z \times \frac{D_b}{2}$$

$$\therefore \ \delta = \sqrt{\frac{8T}{\pi \cdot \tau_b \cdot z \cdot D_b}} = \sqrt{\frac{8 \times 2.6 \times 10^3 \times 10^3}{\pi \times 40 \times 6 \times 160}} = 13.13\text{mm}$$

2. 축이 평행하거나 교차하는 경우

(1) 올덤 커플링

두 축이 평행하며 거리가 매우 가까울 때 사용하는 커플링으로 윤활이 어렵고 진동과 마찰이 많아 고속 회전에는 부적합하다.

(2) 유니버셜 조인트

두 축의 중심선이 교차하는 각도가 30° 이하일 때 사용하는 축이음이다.

| 올덤 커플링 |

| 유니버셜 조인트 |

2 클러치(Clutch)

마찰면이 부착되어 있는 마찰클러치와 조(Jaw) 또는 이로 맞물리는 맞물림클러치가 있다.

1. 원판클러치

마찰클러치로서 원동축과 종동축에 붙어 있는 마찰면을 서로 밀어 붙여 발생하는 마찰력에 의하여 동력을 전달한다.

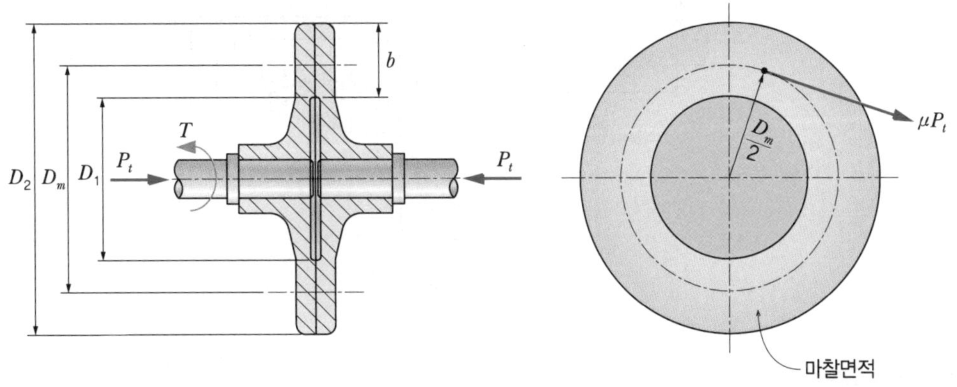

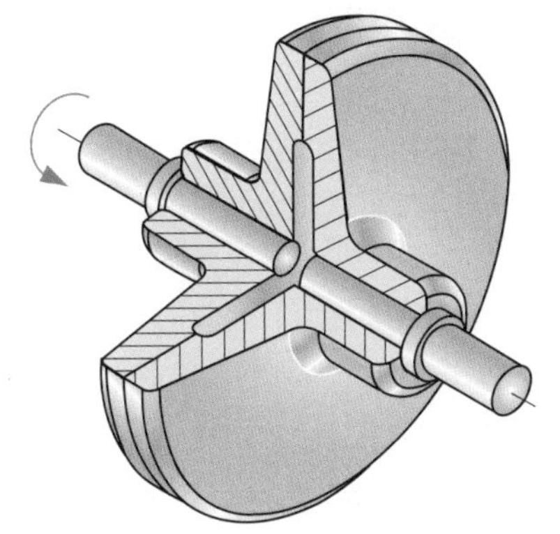

μ : 접촉면의 마찰계수

P_t : 축방향(트러스트) 하중

z : 마찰면의 수, 단판클러치 $z=1$, 다판클러치$=z$

D_m : 마찰면적의 평균지름

1) 접촉면의 폭

$$b = \frac{D_2 - D_1}{2}$$

2) 평균지름

$$D_m = \frac{D_1 + D_2}{2}$$

(3) 마찰접촉면적

$$\frac{\pi\left(D_2^{\,2}-D_1^{\,2}\right)z}{4}=\pi D_m b z$$(다판클러치일 경우만 z가 추가된다.)

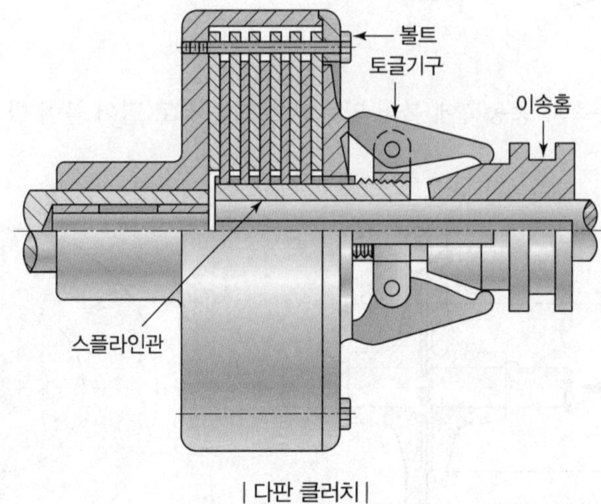

| 다판 클러치 |

(4) 접촉면의 압력

$$q=\frac{P_t}{A_q}=\frac{P_t}{\pi D_m b z}$$

(5) 마찰력에 의한 전달토크

$$T=F_f\times\frac{D_m}{2}=\mu P_t\cdot\frac{D_m}{2}$$(마찰력 $F_f=\mu P_t$)

$$=\mu q \pi D_m b z\frac{D_m}{2}$$

(6) 마찰력에 의한 전달동력

$$H=F_f\cdot V=\mu\cdot P_t\cdot V\ \text{(SI)}$$

$$H_{PS}=\frac{F_f\cdot V}{75},\ H_{KW}=\frac{F_f\cdot V}{102}$$(공학단위)

$$\left(\text{원주속도}\ \ V=\frac{\pi D_m N}{60{,}000}\right)$$

예 제

단판클러치의 마찰면의 안지름이 80mm이고 바깥지름을 120mm일 때 1,800rpm에서 전달할 수 있는 최대 동력은 약 몇 kW인가?(단, 마찰면의 마찰계수는 0.3이고, 허용면압은 392.4kPa이다.)

① 3.56 ❷ 6.97 ③ 9.84 ④ 12.86

해설 $H = F_f \cdot V = \mu \cdot P_t \cdot V = \mu q \dfrac{\pi (D_2{}^2 - D_1{}^2)}{4} \times \dfrac{\pi D_m N}{60{,}000}$

$$= 0.3 \times 392.4 \times 10^3 \times \frac{\pi(0.12^2 - 0.08^2)}{4} \times \frac{\pi \times 100 \times 1800}{60{,}000} = 6{,}971.1\text{W} = 6.97\text{kW}$$

2. 원추클러치

마찰력으로 동력을 전달한다.

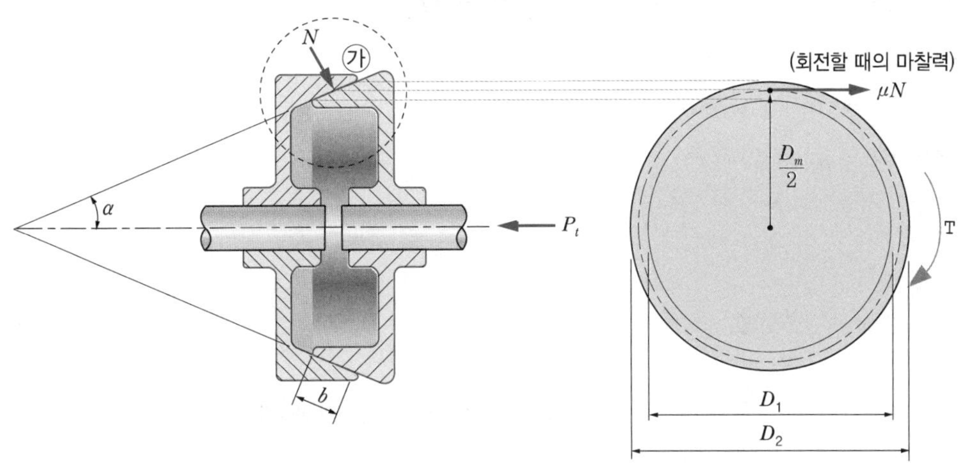

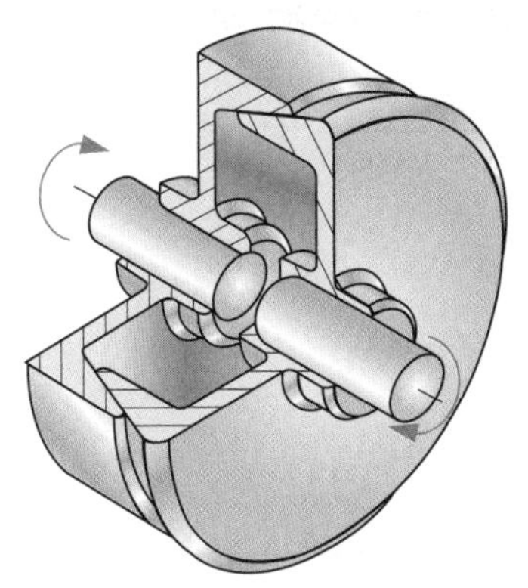

α : 원뿔(원추)각의 반각

D_m : 평균지름 $\left(\dfrac{D_1 + D_2}{2}\right)$

원추클러치에서 원추각이 마찰각 이하가 되면 전달동력을 차단하기 위해 원추클러치를 잡아 빼는 데 큰 힘이 들게 되어 클러치로 사용하기에 불편하게 된다.

예 제

원추클러치에서 원추각이 마찰각 이하로 될 때 나타나는 현상으로 옳은 것은?

❶ 원추를 잡아 빼내는 데 힘이 들어 불편하다.
② 축방향에 밀어 부치는 힘 P가 크게 된다.
③ 시동할 때 클러치의 물리는 상태가 아주 원활하기 때문에 충격이 일어나지 않는다.
④ 모양이 소형이 되므로 공작이 용이하다.

해설 원추각이 마찰각 이하인 상태에서 동력을 끊기 위해 클러치를 빼려면 힘이 들어 클러치로 사용하기에는 불편하다.

(1) ㉮부 힘분석(법선력 N과 축방향 하중 P_t의 관계)

x 방향의 모든 힘의 합은 0이다.

$$\sum F_x = N\sin\alpha + \mu N\cos\alpha - P_t = 0$$

$$N(\sin\alpha + \mu\cos\alpha) = P_t$$

$$\therefore N = \frac{P_t}{\sin\alpha + \mu\cos\alpha}$$

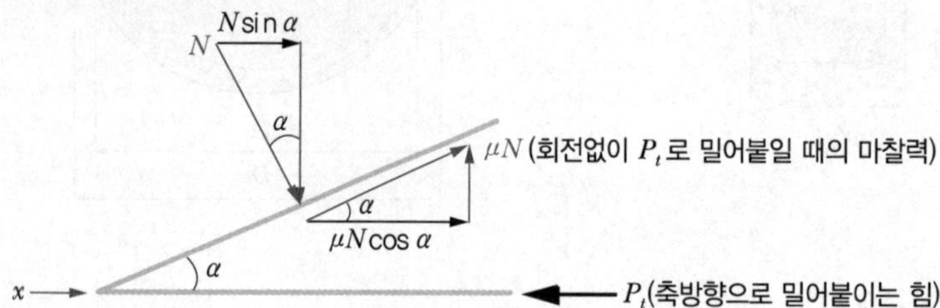

$$\text{마찰력 } F_f = \mu N = \mu \cdot \frac{P_t}{\sin\alpha + \mu\cos\alpha} = \frac{\mu}{\sin\alpha + \mu\cos\alpha} P_t$$

$$\text{상당마찰계수 } \mu' = \frac{\mu}{\sin\alpha + \mu\cos\alpha}$$

$$\therefore F_f = \mu N = \mu' P_t$$

참고

축방향(트러스트) 하중이 접촉면에 일정각을 가지고 들어오는 기계요소

원추브레이크, 홈마찰차, V벨트에서도 상당마찰계수가 발생한다.(계산 시 중요함)

핵심 기출 문제

01 평행한 두 축 사이의 거리가 약간 떨어진 경우 사용되는 커플링으로 두 축 사이에 중간 원판을 끼워서 동력전달을 하게 되며, 윤활문제와 원심력 때문에 고속 회전에는 부적당한 커플링은?

① 플렉시블(flexible) 커플링
② 셀러(seller) 커플링
③ 올덤(oldham) 커플링
④ 유니버설(universal) 커플링

해설

02 유체 커플링의 입력축 회전수(N_1)는 1,500 rpm, 출력축의 회전수(N_2)는 1,460rpm일 때, 이 커플링의 효율(%)은 얼마인가?

① 88 ② 91
③ 94 ④ 97

해설

$$\eta = \frac{n_2}{n_1} = \frac{1,460}{1,500} = 0.973 = 97.3\%$$

03 그림과 같은 플랜지 커플링에 볼트의 골지름 10 mm짜리 4개로 체결하여 1,750rpm으로 10kW의 동력을 전달시키고자 한다. 볼트에 작용하는 전단응력은 약 몇 MPa인가?

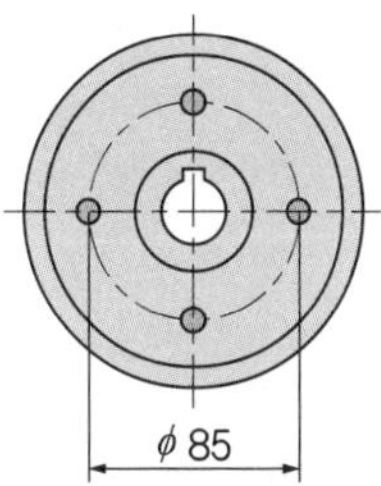

① 4.09 ② 5.09
③ 6.09 ④ 7.09

해설

전달토크

$$T = \frac{H}{\omega} = \frac{H}{\frac{2\pi N}{60}} = \frac{10\times10^3}{\frac{2\pi\times1,750}{60}}$$

$$= 54.56741\text{N}\cdot\text{m} = 54,567.41\text{N}\cdot\text{mm}$$

$$T = \text{볼트의 전단력} \times \frac{D_b}{2} = \tau_b \cdot A_b \times \frac{D_b}{2}$$

$$= \tau_b \cdot \frac{\pi\delta^2}{4} z \times \frac{D_b}{2}$$

$$\therefore \tau_b = \frac{8T}{\pi\delta^2 \cdot D_b z} = \frac{8\times54,567.41}{\pi\times10^2\times85\times4}$$

$$= 4.09\text{N/mm}^2 = 4.09\text{MPa}$$

정답 01 ③ 02 ④ 03 ①

04 접촉면의 안지름 120mm, 바깥지름 200mm의 단판클러치에서 접촉면 압력 0.03N/mm², 마찰계수를 0.2로 할 때 1,250rpm으로 몇 kW를 전달할 수 있는가?

① 0.86 ② 1.26
③ 1.56 ④ 1.86

해설

$$T = F_f(\text{마찰력}) \times \frac{D_m}{2}$$

$$\left(D_m = \frac{D_1 + D_2}{2} = 160\text{mm},\ b = \frac{D_2 - D_1}{2} = 40\text{mm}\right)$$

$$= \mu N \times \frac{D_m}{2} = \mu \cdot q \cdot \pi D_m b \times \frac{D_m}{2}$$

$$= 0.2 \times 0.03 \times \pi \times 160 \times 40 \times \frac{160}{2}$$

$$= 9{,}650.97\text{N} \cdot \text{mm}$$

$$H = T \cdot \omega = 9{,}650.97 \times \frac{2 \times \pi \times 1{,}250}{60}$$

$$= 1{,}263{,}309.02\text{N} \cdot \text{mm/s}$$

$$= 1{,}263.31\text{N} \cdot \text{m/s} = 1.26\text{kW}$$

05 안지름 40mm, 바깥지름 60mm, 접촉면의 수가 14인 다판클러치에 의하여 1,500rpm으로 4kW를 전달한다. 마찰계수 $\mu = 0.25$라 할 때, 축방향으로 밀어붙이는 힘 P는 약 몇 kN인가?

① 1.2 ② 2.3
③ 3.1 ④ 4.1

해설

$$T = \frac{H}{\omega} = \frac{H}{\frac{2\pi N}{60}} = \frac{4 \times 10^3}{\frac{2\pi \times 1{,}500}{60}}$$

$$= 25.46479\text{N} \cdot \text{m} = 25{,}464.79\text{N} \cdot \text{mm}$$

$$T = F_f \times \frac{D_m}{2} = \mu N \times \frac{D_m}{2} = \mu P \frac{D_m}{2}$$

$$\left(= \mu q \pi D_m \cdot b \cdot z \frac{D_m}{2}\right) \text{(수직력 } N = P\text{)}$$

$$\therefore P = \frac{2T}{\mu D_m} = \frac{2 \times 25{,}464.79}{0.25 \times 50}$$

$$= 4{,}074.37\text{N} \fallingdotseq 4.1\text{kN}$$

정답 04 ② 05 ④

08 베어링

1 베어링의 개요

회전축을 받쳐주는 기계요소를 베어링(Bearing)이라 한다. 베어링의 종류는 다음과 같이 분류한다.

1. 축과 작용하중의 방향에 따라

① 축방향과 하중방향이 직각일 때 : 레이디얼베어링(Radial Bearing)

② 축방향과 하중방향이 평행할 때 : 트러스트베어링(Thrust Bearing)

③ 축방향과 축직각방향의 하중을 동시에 받을 때 : 원뿔 베어링(Taper Bearing)

㉥ 테이퍼 롤러베어링, 앵귤러 볼베어링

| 테이퍼 롤러베어링 |

예제

다음 중 헬리컬 기어와 같이 레이디얼 하중과 동시에 상당히 큰 스러스트 하중이 작용하는 장치에 사용하기 적합한 베어링은?

① 단열 깊은 홈 볼베어링 ② 복렬 자동조심형 레이디얼 볼베어링

③ 원통 롤러베어링 ❹ 테이퍼 롤러베어링

해설 축방향 하중(스러스트 하중)과 축직각방향 하중(레이디얼 하중)을 동시에 받을 때 테이퍼 롤러베어링을 사용한다.

2. 축과 베어링의 접촉상태에 따라

① 미끄럼접촉을 할 때 : 미끄럼 베어링(Sliding Bearing)

② 볼 또는 롤러가 구름접촉을 할 때 : 롤링 베어링(Rolling Bearing)

2 미끄럼 베어링

저널과 피벗의 설계는 강도, 베어링이 받는 평균압력, 마찰손실의 견지에서 설계한다.

참고

미끄럼 베어링의 재료 요구조건

① 하중에 견딜 수 있는 충분한 강도와 강성을 가질 것
② 내부식성이 강할 것
③ 피로강도가 높을 것
④ 주조와 다듬질 등의 공작이 용이할 것
⑤ 유막의 형성이 용이할 것
⑥ 열전도율이 높을 것

예제

다음 중 미끄럼 베어링 재료의 요구조건으로 틀린 것은?

❶ 열전도율이 낮을 것 ② 내부식성이 강할 것
③ 유막의 형성이 용이할 것 ④ 주조와 다듬질 등의 공작이 용이할 것

해설 열전도율이 높아 마찰열을 빠르게 배출시켜야 한다.

1. 레이디얼저널

(1) 끝저널(End Journal)

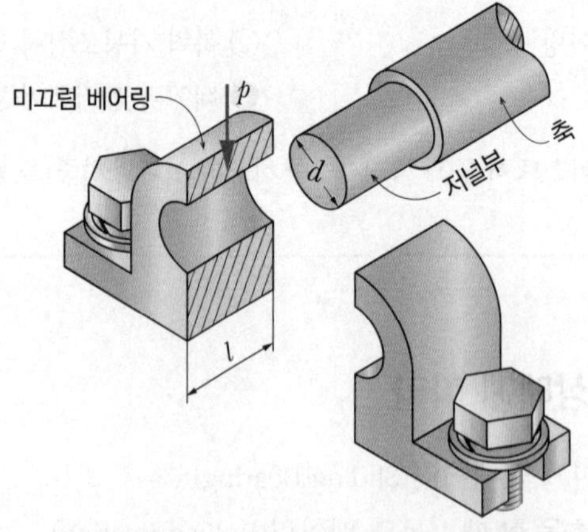

저널:축 끼워 맞춤 중 베어링으로 지지된 부분

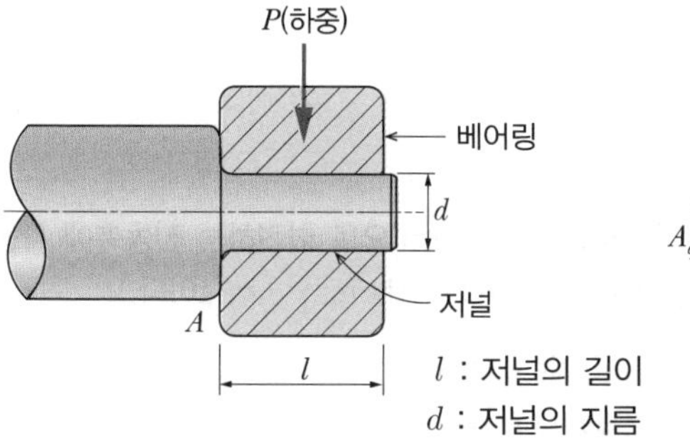

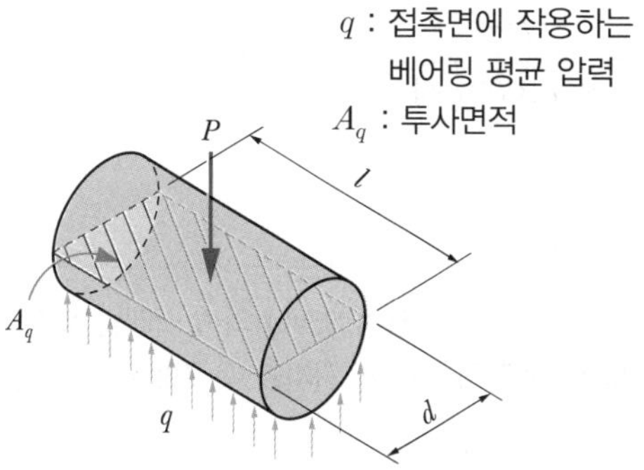

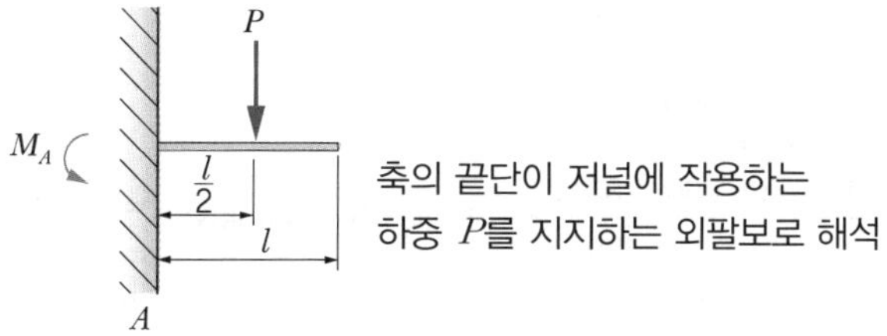

① 저널의 지름설계

허용굽힘응력을 σ_b, $M_{\max} = M_A = P \times \frac{l}{2} = q \cdot dl \times \frac{l}{2}$ 일 때

$M = \sigma_b \cdot Z$ 에서 $\frac{Pl}{2} = \sigma_b \cdot \frac{\pi d^3}{32}$

$\therefore d = \sqrt[3]{\frac{16Pl}{\pi \sigma_b}}$ ($P = q \cdot d \cdot l$ 로 구할 수 있다.)

② 베어링 평균압력

$q = \frac{P}{A_q} = \frac{P}{dl} \leq P_a$ (허용베어링압력)

③ 저널의 원주속도(저널과 베어링의 미끄럼속도)

$V = \frac{\pi d N}{60,000}$ (m/s)

④ 압력속도계수(발열계수)

$$q \cdot V = \frac{P}{dl} \cdot \frac{\pi d N}{60,000} \ (\text{N/mm}^2 \cdot \text{m/s}) = \frac{P \pi N}{60,000 l}$$

$$l = \frac{P\pi \cdot N}{60,000\, q \cdot V}$$ ($q \cdot V$값이 주어지면 과열방지를 위한 저널 길이를 설계할 수 있다.)

예 제

안지름 70mm, 길이 85mm의 놋쇠메탈의 저널 베어링을 400rpm으로 회전하는 전동축에 사용했을 때 몇 kN의 베어링 하중을 지지할 수 있는가?(단, 압력속도계수 pV = 1N/mm^2 · m/s이다.)

① 약 1.53kN ② 약 2.05kN

③ 약 3.24kN ❹ 약 4.06kN

해설 $pV = qV$

$$q \cdot V = \frac{P}{dl} \cdot \frac{\pi dN}{60,000} = \frac{P\pi N}{60,000\, l}$$ 에서

$$P = \frac{60,000 \cdot l \cdot (q \cdot V)}{\pi \cdot N} = \frac{60,000 \times 85 \times 1}{\pi \times 400} = 4,058.5\text{N} = 4.06\text{kN}$$

참고

시험에서 압력속도계수는 $p \cdot V$ 또는 $p_a \cdot V$로 주어지나 여기서는 하중과 구별하기 위해 q를 사용하였다. $q \cdot V$ 값을 제한하여 저널의 길이를 설계하는 이유는 마찰열 때문에 베어링의 온도가 너무 올라가 고장의 원인이 되는 것을 방지하기 위하여 단위면적당 마찰손실동력 $\mu q \cdot V$가 허용치를 넘지 않도록 설계한다. μ를 상수로 보면 $q \cdot V$값을 제한해야 한다.

3 구름베어링

1. 구름베어링의 개요

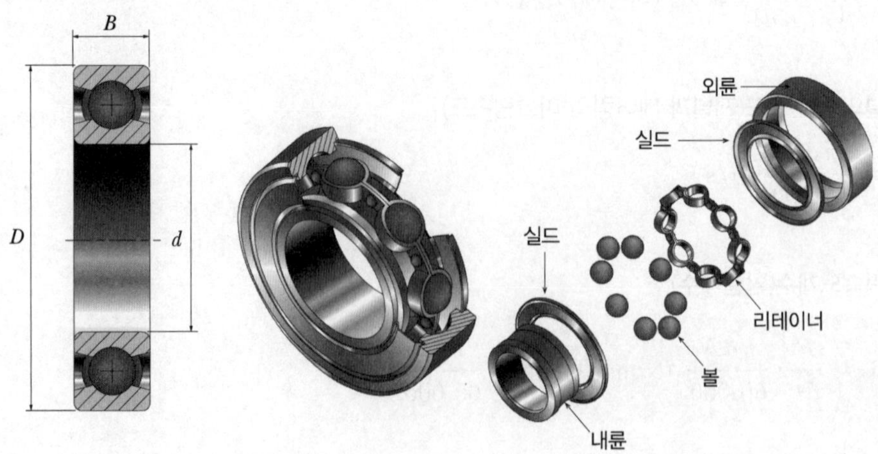

구름베어링의 호칭번호는 아래와 같이 베어링의 형식, 주요 치수를 표시하는 기본번호와 그 밖의 보조 기호로 이루어져 있다.

기본 번호			보조 기호					
베어링 계열 기호	안지름 번호	접촉각 기호	리테이너 기호	밀봉기호 또는 실드기호	궤도륜 모양기호	조합 기호	틈새 기호	등급 기호

주로 사용하는 깊은 홈 볼베어링 호칭을 알아보면 규격집 KS B 2023에 있으며 베어링계열 60이다.

호칭번호	내경(mm)	
6000	10	60, 62, 63, 70 등 베어링계열 기호와 상관없이 내경은 표의 값이 된다.
6001	12	
6002	15	
6003	17	
6004	20 (4×5)	안지름번호×5 = 내경
6005	25 (5×5)	
6006	30 (6×5)	

※ 내경은 기억해 두자.

ⓔ 베어링 표시

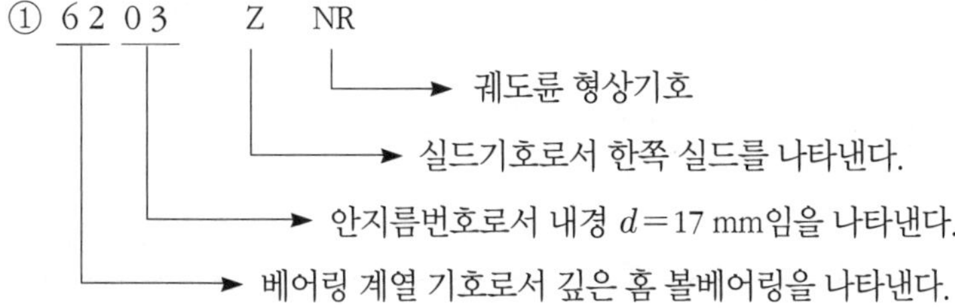

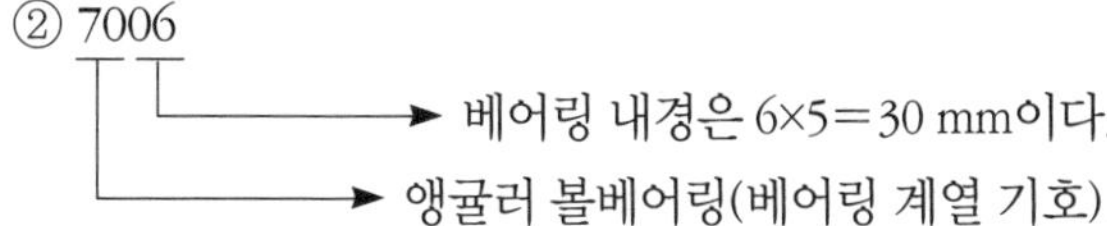

2. 구름베어링의 기본설계

(1) 기본 부하용량(기본 동정격 하중, c)

베어링 회전 수명을 나타내는데 500시간을 기준으로 하여 $33.3 \times 60 \times 500 = 10^6$ rev 수명을 나타내며 기본 부하용량 c는 33.3rpm으로 500시간의 회전을 지탱하는 것이다.

예 제

구름 베어링에서 기본 동정격 하중(basic dynamic load rating)의 의미는?

① 25rpm으로 500시간의 수명을 유지할 수 있는 하중이다.
❷ 33.3rpm으로 500시간의 수명을 유지할 수 있는 하중이다.
③ 25rpm으로 1,000시간의 수명을 유지할 수 있는 하중이다.
④ 33.3rpm으로 1,000시간의 수명을 유지할 수 있는 하중이다.

해설 동정격 하중(기본 부하용량) c는 33.3rpm으로 500시간의 회전을 지탱하는 것이다.

(2) 베어링 수명 계산식

① 회전수명

$$L_n = \left(\frac{c}{P}\right)^r \times 10^6 \text{ (rev)}$$

여기서, P : 베어링 하중(N, kgf)
c : 기본 부하용량
r : 베어링 지수 → 볼베어링일 때 $r = 3$, 롤러 베어링일 때 $r = \frac{10}{3}$

예 제

롤러베어링에서 기본정격수명을 L(rev), 베어링의 기본 동정격 하중을 C(N), 베어링에 발생하는 동등가하중을 P(N)라 할 때 이에 대한 관계식으로 옳은 것은?

① $L = \left(\frac{P}{c}\right)^3 \times 10^6$
② $L = \left(\frac{c}{P}\right)^3 \times 10^6$
③ $L = \left(\frac{P}{c}\right)^{\frac{10}{3}} \times 10^6$
❹ $L = \left(\frac{c}{P}\right)^{\frac{10}{3}} \times 10^6$

해설 롤러 베어링 베어링 지수 $r = \frac{10}{3}$, $L = L_n = \left(\frac{c}{P}\right)^r \times 10^6 \text{ (rev)} = \left(\frac{\mathrm{c}}{\mathrm{P}}\right)^{\frac{10}{3}} \times 10^6$

② 시간수명

회전수명을 시간으로 바꾸면 N_{rpm}

$$\left(\frac{c}{P}\right)^r \times \frac{10^6\,\mathrm{rev}}{N\dfrac{\mathrm{rev}}{\mathrm{min}}} = \left(\frac{c}{P}\right)^r \times \frac{10^6}{N}\mathrm{min}\cdot\frac{1\,\mathrm{hour}}{60\,\mathrm{min}}$$

$$\therefore L_h = \left(\frac{c}{P}\right)^r \times \frac{10^6}{60N}(\mathrm{hr})$$

예 제

기본 부하용량이 18,000N인 볼베어링이 베어링 하중 2,000N을 받고 150rpm으로 회전할 때, 이 베어링의 시간수명은 약 몇 시간인가?

① 9,000시간 ❷ 81,000시간
③ 168,000시간 ④ 4,860,000시간

해설 볼베어링이므로 베어링 지수 $r=3$

$$L_h = \left(\frac{c}{P}\right)^r \times \frac{10^6}{60N}(\mathrm{hr}) = \left(\frac{18,000}{2,000}\right)^3 \times \frac{10^6}{60\times150} = 81,000\,\mathrm{hr}$$

(3) 베어링 하중 계산식

실제 베어링 하중 P는 축이 받는 중량 외에도 진동, 변형에 의한 영향 등을 받는 동적하중이 가해지므로 이론적으로 계산하기 곤란하다. 따라서 베어링 선정에 있어서 실제 베어링 하중의 계산은 이론하중에 실제 경험으로부터 구한 보정계수인 하중계수를 곱하여 계산한다.

$$P = f_w P_{th}$$

f_w : 하중계수, P_{th} : 이론하중

(4) 한계속도지수

롤링베어링은 순굴림마찰 외에 여러 가지 미끄럼마찰이 존재하므로, 고속 회전이 되어 가장 문제가 되는 부분은 보간기와 전동체 사이의 마찰이다. 따라서 고속 회전의 한계는 이 부분의 마찰속도의 한계에 의해 제한되는 것이 한계속도지수이며 베어링의 종류, 치수, 윤활법 등에 의해 달라진다.

$$N_{\max} = \frac{dN}{d}$$

dN : 한계속도지수(mm · rpm)
d : 베어링 내경

한계속도지수에 의한 베어링 허용 회전수 N_{max}를 초과할 때는 베어링에 열붙음이 일어나기 쉬우므로 설계상 주의해야 한다.

예 제

베어링 번호 6312인 볼베어링에 그리스 윤활로 45,000시간의 수명을 주고자 할 때, 최고사용회전수로 허용되는 베어링 하중의 최대 크기는 약 몇 N인가?(단, 한계속도지수값($d \cdot N$)은 180,000mm · rpm이며, 기본동적부하용량은 81.9kN이고, 하중계수는 1.5이다.)

① 2,148 ❷ 2,718 ③ 3,678 ④ 4,082

해설 6312 볼베어링의 내경은 $12 \times 5 = 60$mm 이고

최고사용회전수 $N_{max} = \dfrac{dN}{d} = \dfrac{180,000}{60} = 3,000$rpm 이며, 볼베어링 $r = 3$이다.

$L_h = \left(\dfrac{c}{P}\right)^r \times \dfrac{10^6}{60N}$ (hr)에서

실제하중 $P = \dfrac{C}{\sqrt[3]{\dfrac{L_h \times 60 \times N_{max}}{10^6}}} = \dfrac{81.9 \times 10^3}{\sqrt[3]{\dfrac{45,000 \times 60 \times 3,000}{10^6}}} = 4,078\text{N}$

실제하중 $P = f_w \cdot P_{th}$ (여기서, P_{th} : 이론하중, f_w : 하중계수)

$\therefore$ 베어링 하중 $P_{th} = \dfrac{P}{f_w} = \dfrac{4,078}{1.5} = 2,718\text{ N}$

핵심 기출 문제

01 420rpm으로 1,800N를 받는 끝저널(End Journal)에서 압력속도계수 $p \cdot V = 0.2$ N/mm² · m/s라 할 때 저널의 길이 l(mm)은 약 얼마인가?

① 198　② 204
③ 210　④ 215

해설

압력 $p = q$

$$p \cdot V \rightarrow q \cdot V = \frac{P}{dl} \times \frac{\pi d N}{60{,}000} \text{에서}$$

$$\therefore l = \frac{P\pi N}{60{,}000 qV} = \frac{1{,}800 \times \pi \times 420}{60{,}000 \times 0.2} = 197.92\text{mm}$$

02 지름 70mm, 길이 85mm의 저널 베어링을 400rpm으로 회전하는 전동축에 사용했을 때 약 몇 kN의 베어링 하중을 지지할 수 있는가?(단, 압력속도계수 pV = 1N/mm² · m/s이다.)

① 1.53　② 2.05
③ 3.24　④ 4.06

해설

$pV = qV$

$$q \cdot V = \frac{P}{dl} \cdot \frac{\pi d N}{60{,}000} = \frac{P\pi N}{60{,}000\, l} \text{에서}$$

$$P = \frac{60{,}000 \cdot l \cdot (q \cdot V)}{\pi \cdot N}$$

$$= \frac{60{,}000 \times 85 \times 1}{\pi \times 400} = 4{,}058.5\text{N} = 4.06\text{kN}$$

03 볼베어링의 기본 동정격 하중은 어떻게 정의되는가?

① 33.3rpm으로 50시간 운전수명에 견디는 하중
② 33.3rpm으로 500시간 운전수명에 견디는 하중
③ 33.3rpm으로 5,000시간 운전수명에 견디는 하중
④ 33.3rpm으로 50,000시간 운전수명에 견디는 하중

해설

기본 동정격 하중(기본 부하용량) c는 33.3 rpm으로 500시간의 회전을 지탱하는 것이다.

04 회전수가 1,500rpm, 베어링 하중이 2,500N, 기본 동정격 하중이 35,000N인 롤러베어링의 수명은 약 몇 시간인가?

① 30,460　② 52,530
③ 73,480　④ 95,320

해설

롤러 베어링 베어링 지수 $r = \frac{10}{3}$

$$L_h = \left(\frac{c}{P}\right)^r \times \frac{10^6}{60N}\ (\text{hr})$$

$$= \left(\frac{35{,}000}{2{,}500}\right)^{\frac{10}{3}} \times \frac{10^6}{60 \times 1{,}500} = 73{,}482\,\text{hr}$$

05 베어링 번호 6310의 단열 깊은 홈 볼베어링에 30000시간의 수명을 주려고 한다. 한계속도지수(dN) = 200,000[mm · rpm]이라면, 이 베어링의 최고사용 회전수에 있어서의 베어링 하중은 약 몇 N인가?(단, 이 베어링의 기본 동정격 하중은 48kN이다.)

① 1,328.32　② 1,814.20
③ 2,485.79　④ 3,342.27

정답 01 ① 02 ④ 03 ② 04 ③ 05 ③

해설

6310 볼베어링의 내경은 $10\times5=50$mm 이고

최고사용회전수 $N_{max}=\frac{dN}{d}=\frac{200,000}{50}=4,000$rpm

볼베어링 $r=3$

$$P=\frac{C}{\sqrt[3]{\frac{L_h\times60\times N_{max}}{10^6}}}$$

$$=\frac{48\times10^3}{\sqrt[3]{\frac{30,000\times60\times4,000}{10^6}}}=2,485.79\text{ N}$$

06 롤러 베어링 N206($C=1,450$N)이 500rpm으로 180N의 하중을 받치고 있으며 하중계수 $f_w=1.8$일 때 수명시간은 약 몇 시간인가?

① 4,757 ② 4,832
③ 4,923 ④ 5,057

해설

$L_h=\left(\frac{C}{P}\right)^r\times\frac{10^6}{60N}$에서

실제 하중 $P=f_wP_{th}=1.8\times180=324$N

롤러 베어링이므로 $r=\frac{10}{3}$

$$\therefore\ L_h=\left(\frac{1,450}{324}\right)^{\frac{10}{3}}\times\frac{10^6}{60\times500}=4,923.67\text{hr}$$

07 360rpm으로 회전하고 있는 볼베어링에 400N의 하중이 작용하고 있다. 이 베어링의 기본 부하용량이 2,400N일 때 베어링의 수명회전은?

① 116×10^6 ② 216×10^6
③ 316×10^6 ④ 416×10^6

해설

볼베어링 $r=3$

$$L_n=\left(\frac{C}{P}\right)^r\times10^6=\left(\frac{2,400}{400}\right)^3\times10^6=216\times10^6\text{rev}$$

08 베어링 번호 6310, 기본 동적 부하용량 $C=4,850$N의 단열 레이디얼 볼베어링에 그리스 윤활로 30,000시간의 수명을 주고자 한다. 사용한계 회전속도(지수)가 200,000mm · rpm이라 할 때 최대사용회전수에서의 베어링 하중은 약 몇 N인가?(단, 하중계수 $f_w=1.5$이다.)

① 158 ② 168
③ 178 ④ 188

해설

베어링 기호 6310은 깊은 홈 볼베어링(63), 베어링 내경 ($10\times5=50$mm)

$$N_{max}=\frac{dN}{d}=\frac{200,000}{50}=4,000\text{rpm}$$

$L_h=\left(\frac{C}{P}\right)^r\times\frac{10^6}{60N_{max}}$에서 볼베어링 $r=3$

$$\text{실제 하중 } P=\frac{C}{\sqrt[3]{\frac{L_h\times60\times N_{max}}{10^6}}}$$

$$=\frac{4,850}{\sqrt[3]{\frac{30,000\times60\times4,000}{10^6}}}$$

$$=251.17\text{N}$$

실제 하중 $P=f_w\cdot P_{th}$

P_{th} : 이론 하중

$$\therefore\ \text{베어링 하중 } P_{th}=\frac{P}{f_w}=\frac{251.17}{1.5}=167.45\text{N}$$

정답 06 ③ 07 ② 08 ②

09 마찰차

2개 이상의 마찰차에 압력을 가하여 두 접촉면 사이의 미끄럼 마찰저항, 즉 마찰력으로 동력을 전달하는 기계요소이다. 동력전달이 매우 정숙하나 동력전달용량이 적다. 마찰력 F_f 를 기준으로 설계해 나간다.

1 원통마찰차(평마찰차)

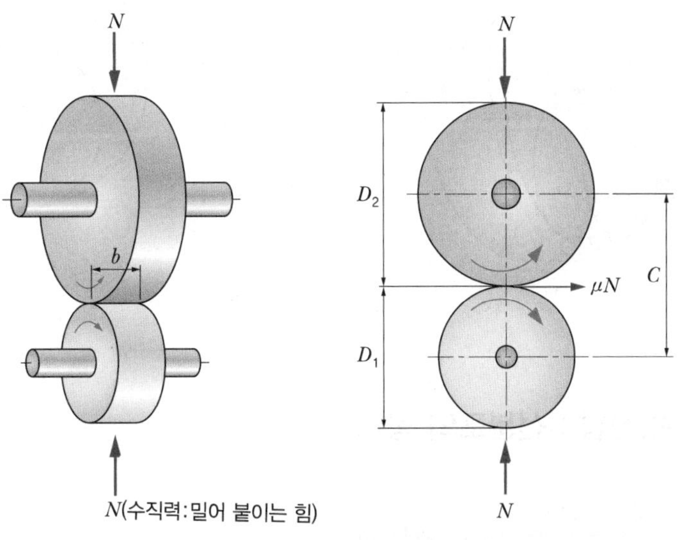

| 원통 마찰차(외접형) |

1. 속비 i

두 마찰차가 회전할 때 원주속도는 같다. ⇒ $V_1 = V_2$

$$\frac{\pi D_1 N_1}{60{,}000} = \frac{\pi D_2 N_2}{60{,}000} \rightarrow D_1 N_1 = D_2 N_2$$

$$\text{속비 } i = \frac{N_2}{N_1} = \frac{D_1}{D_2}$$

여기서, N_1 : 원동차의 회전수, D_1 : 원동차의 지름
N_2 : 종동차의 회전수, D_2 : 종동차의 지름

2. 축간 거리

위와 아래 그림에서 축간거리를 구해 보면

$C = \dfrac{D_1 + D_2}{2}$ (마찰차가 외접할 때)　　　$C = \dfrac{D_2 - D_1}{2}$ (내접할 때)

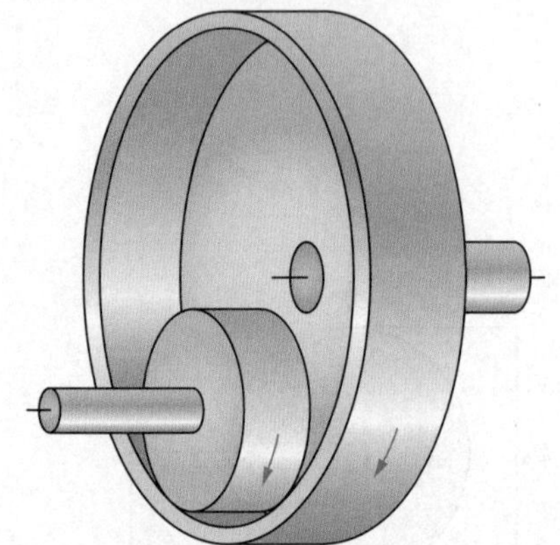

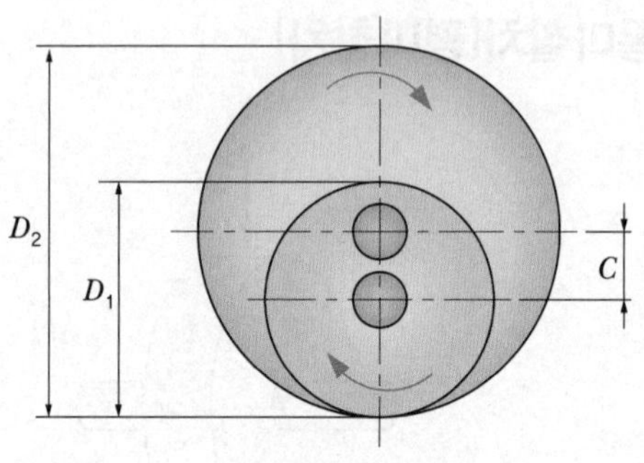

| 원통 마찰차(내접형) |

3. 접촉면의 압력(선압 : 선분포의 힘)

$$f = \frac{N(\text{수직력})}{b(\text{접촉길이})} \ (\text{N/m, kgf/mm})$$

4. 마찰력에 의한 전달토크

$$T_1 = \mu N \frac{D_1}{2} = \mu \cdot f \cdot b \frac{D_1}{2} \ (\text{지름이 } D_1 \text{ 인 마찰차의 전달토크})$$

$$T_2 = \mu N \frac{D_2}{2} = \mu \cdot f \cdot b \frac{D_2}{2} \ (\text{지름이 } D_2 \text{ 인 마찰차의 전달토크})$$

5. 전달동력

$$H = \mu N V (\text{N} \cdot \text{m/s} = \text{J/s} = \text{W} : \text{SI단위} : \text{마찰력(N)일 때})$$

예 제

원동차의 지름이 300mm, 종동차의 지름이 450mm, 폭이 75mm인 외접 원통마찰차가 있다. 원동차가 300 rpm으로 회전할 때 최대 전달동력은 약 몇 kW인가?(단, 접촉부의 허용 압력은 20N/mm, 마찰계수는 0.217이다.)

① 1.41 ❷ 1.53 ③ 1.68 ④ 1.89

해설 $f=\dfrac{N(\text{수직력})}{b(\text{접촉길이})}$에서 수직력 $N=fb=20\times75=1{,}500\text{N}$

$$H=\mu NV=0.217\times1{,}500\times\frac{\pi\times300\times300}{60{,}000}=1{,}533.8\text{W}=1.53\text{kW}$$

2 홈마찰차

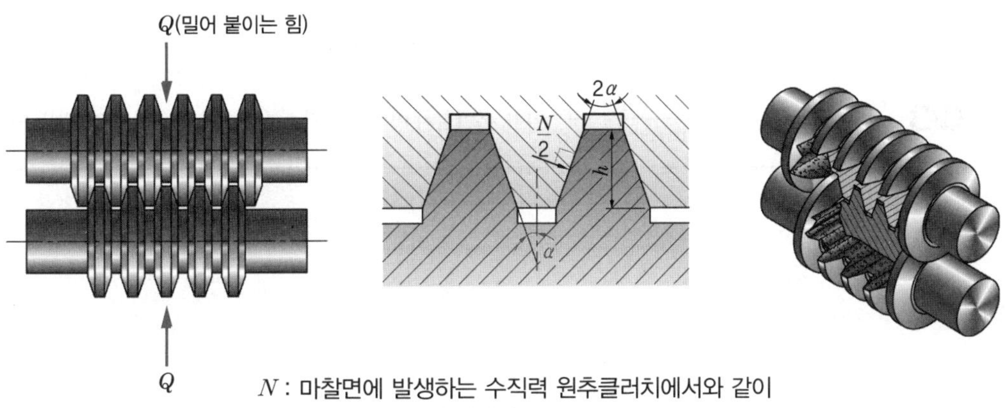

N : 마찰면에 발생하는 수직력 원추클러치에서와 같이 상당마찰계수가 나온다.

α는 홈의 각도의 $\dfrac{1}{2}$임에 주의하자(원추클러치에서 원뿔각의 반각과 동일).

홈마찰차의 밀어 붙이는 힘을 Q라고 하면, Q에 의한 수직반력이 양접촉면에서 발생하게 된다(한면의 수직력을 $\dfrac{N}{2}$으로 해석하자).

$$Q=2\frac{N}{2}(\sin\alpha+\mu\cos\alpha)$$

1. 수직력

$$N=\frac{Q}{(\sin\alpha+\mu\cos\alpha)}$$

2. 마찰력

$$F_f = 2 \times \mu \times \frac{N}{2} = \mu' Q = \mu N$$

$$\text{상당마찰계수 } \mu' = \frac{\mu}{\sin\alpha + \mu\cos\alpha} \quad \left(\alpha = \frac{\text{홈의 각도}}{2}\right)$$

(원추클러치와 동일하다.)

예 제

홈 마찰차에서 홈의 각도가 2α 이고 접촉부 마찰계수가 μ 일 때 등가마찰계수(혹은 상당마찰계수)를 나타내는 식은?

① $\dfrac{\mu}{\sin\alpha + \cos\alpha}$

❷ $\dfrac{\mu}{\sin\alpha + \mu\cos\alpha}$

③ $\dfrac{\mu}{\cos\alpha + \mu\sin\alpha}$

④ $\dfrac{\mu}{1 + \mu\tan\alpha}$

해설 상당마찰계수 $\mu' = \dfrac{\mu}{\sin\alpha + \mu\cos\alpha}$ 이며, 홈마찰차 이외에도 원추클러치, 원추브레이크, V벨트에 쓰인다.

핵심 기출 문제

01 매분 1,500rpm으로 회전하는 평마찰차를 가지고 20kW를 전달하려고 150N로 밀어 붙인다면 이 평마찰차의 지름은 약 몇 mm인가?(단, 마찰계수 $\mu=0.35$로 한다.)

① 4,560 ② 4,650
③ 4,760 ④ 4,850

해설

$$T=\frac{H}{\omega}=\frac{20\times 1,000}{\frac{2\pi\times 1,500}{60}}$$
$$=127.32395\text{N}\cdot\text{m}=127,323.95\text{N}\cdot\text{mm}$$
$$=F_f\cdot\frac{d}{2}=\mu N\cdot\frac{d}{2}\quad (N:\text{수직력})$$
$$\therefore\ d=\frac{2T}{\mu N}=\frac{2\times 127,323.95}{0.35\times 150}=4,850.44\text{mm}$$

02 매분 600회 회전하여 10kW를 전달시키는 외접 평마찰차가 지름이 450mm이면 그 나비는 약 몇 mm로 하여야 하는가?(단, 단위길이당 허용선압 $f=$ 15N/mm, 마찰계수 $\mu=0.25$이다.)

① 189 ② 199
③ 209 ④ 219

해설

$$V=\frac{\pi DN}{60,000}=\frac{\pi\times 450\times 600}{60,000}=14.14\text{m/s},$$
$$H=F_f\cdot V=\mu N\cdot V$$
$$\therefore\ \text{수직력}\ N=\frac{H}{\mu V}=\frac{10\times 1,000}{0.25\times 14.14}=2,828.85\text{N}$$
$$\text{선압}\ f=\frac{N}{b}\text{에서}\ b=\frac{N}{f}=\frac{2,828.85}{15}=188.59\text{mm}$$

03 구동차의 지름이 300mm이고 600rpm의 회전수로 구동되는 외접 원통마찰차 접촉면 사이에 2,000N의 힘으로 밀어붙이면 약 몇 kW의 동력을 전달할 수 있는가?(단, 접촉부의 마찰계수는 0.35이다.)

① 2.35 ② 6.60
③ 8.81 ④ 18.83

해설

$$H=\mu NV=\mu N\frac{\pi DN}{60,000}$$
$$=0.35\times 2,000\times\frac{\pi\times 300\times 600}{60,000}$$
$$=6,597.3\text{W}=6.597\text{kW}$$

정답 01 ④ 02 ① 03 ②

10 기어

한 쌍의 마찰차의 접촉면에 치형을 만들고 이 치형(이)의 접촉에 의해 동력을 전달하는 기계요소이다.

1 표준기어[스퍼기어(Spur Gear)]

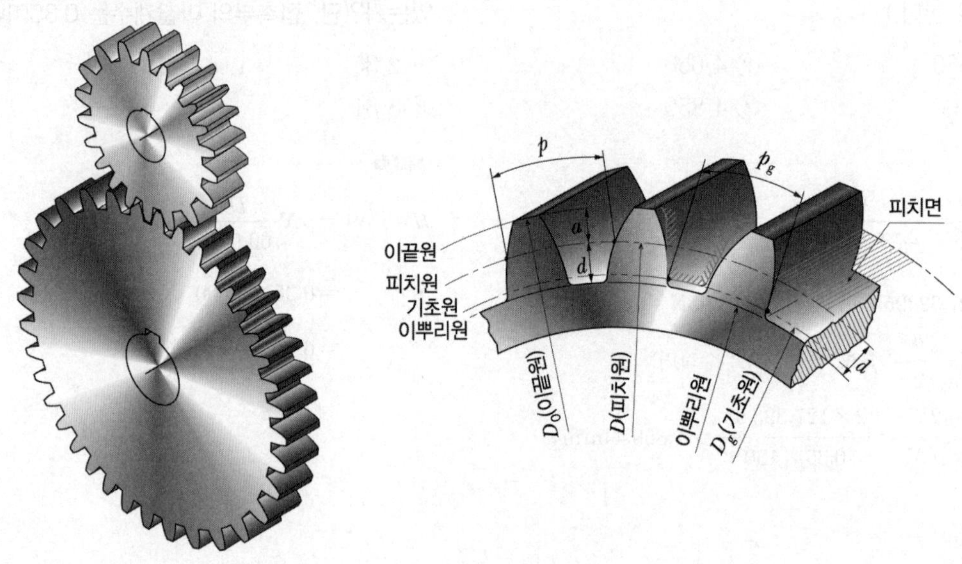

a : 이끝 높이(어덴덤)

d : 이뿌리 높이(디덴덤)

p : 원주 피치

p_g : 기초원 피치

α : 압력각(14.5°, 20° KS규격)
(한 쌍의 이가 맞물렸을 때 접점이 이동하는 궤적을 작용선이라 하며 이 작용선과 피치원의 공통접선이 이루는 각을 압력각이라 한다.)

1. 이의 크기

기어의 이 크기를 표시하는 방법은 아래와 같다.

(1) 원주 피치(p)

$$p = \frac{\text{피치원의 원주}}{\text{잇수}} = \frac{\pi D}{z} \text{ (mm 또는 inch)} = \pi m$$

(2) 모듈(m)

미터계에서 사용한다.

$$m = \frac{\text{피치원 지름}}{\text{잇수}} = \frac{D}{z}\,(\text{mm})$$

(3) 지름 피치(p_d)

인치계에서 사용한다.

$$p_d = \frac{\text{잇수}}{\text{피치원 지름}} = \frac{z}{D}\,(\text{inch}) \rightarrow \frac{25.4 \cdot \text{z}}{\text{D}}\,(\text{mm}) = \frac{25.4}{\text{m}}\,(\text{mm})$$

$(1\,\text{inch} = 25.4\,\text{mm})$

예 제

표준 스퍼기어에서 모듈을 m이라고 하면 지름 피치 p_d를 구하는 식으로 옳은 것은?

❶ $p_d = \frac{25.4}{m}$ ② $P_d = 25.4m$ ③ $P_d = \frac{\pi}{m}$ ④ $P_d = \pi m$

해설 $D = mz$에서 $\frac{1}{m} = \frac{z}{D}$이므로

$$p_d = \frac{\text{잇수}}{\text{피치원 지름}} = \frac{z}{D}\,(\text{inch}) \rightarrow \frac{25.4 \cdot z}{D}\,(\text{mm}) = \frac{25.4}{\text{m}}\,(\text{mm})$$

2. 기어의 각 치수

(1) 기초원 지름

$D_g = D\cos\alpha\,(\alpha$: 압력각)

(2) 기초원 피치(법선 피치)

$p_g = p\cos\alpha\,(\pi D_g = p_g \cdot z,\ \pi D = pz$ 에서 $p_g z = p \cdot z\cos\alpha)$

(3) 이끝원 지름

$D_0 = D + 2a\,(a$: 어덴덤)

$= mz + 2a$ (표준치형은 $a = m$ 으로 설계)

$= m(z+2)$

(4) 이 높이

$$h = a(\text{어덴덤}) + d(\text{디덴덤})$$
$$= a + (a+c)(c: \text{클리어런스(이끝틈새)}, c = km(k: \text{클리어런스계수}))$$
$$= 2a + c$$
$$= 2a + km(\text{표준치형 } a = m \text{이므로})$$
$$= m(2+k)$$

이의 크기표시와 위의 값들은 기어계산 시 매우 중요하므로 암기해 두어야 한다.

예제

표준 스퍼기어의 잇수 48, 바깥지름이 200[mm]일 때, 이 기어의 원주 피치는 몇[mm]인가?

① 약 18.68 ② 약 9.67 ❸ 약 12.57 ④ 약 15.78

해설 바깥지름은 이끝원 지름이므로 $D_0 = D + 2a = mz + 2a = m(z+2)$

$$m = \frac{D_o}{z+2} = \frac{200}{50} = 4\text{mm}$$

$$\therefore p = \pi m = \pi \times 4 = 12.57\text{mm}$$

3. 치차의 전동

(1) 속비

$$i = \frac{N_2}{N_1} = \frac{D_1}{D_2} = \frac{mz_1}{mz_2} = \frac{z_1}{z_2}$$

N_1, N_2 : 원동차, 종동차의 회전수
D_1, D_2 : 원동차, 종동차의 피치원 지름
z_1, z_2 : 원동차, 종동차의 잇수

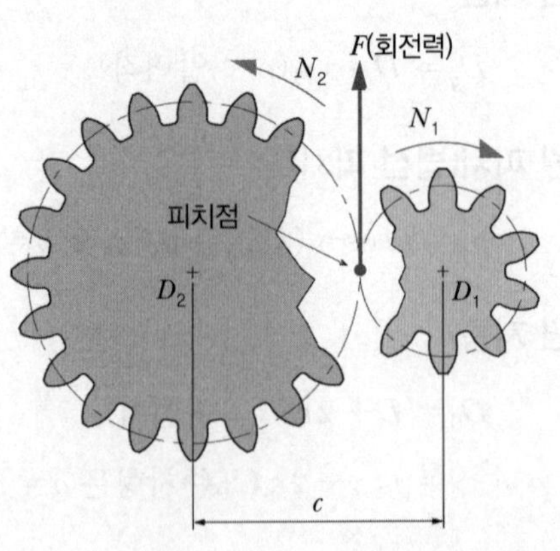

기어(Gear) 피니언(Pinion): 작은 기어

2 전위기어

전위기어는 두 기어 사이의 중심거리를 조절해 언더컷을 방지할 수 있을 뿐만 아니라 인벌류트기어의 결점으로 들 수 있는 여러 사항을 개량한 기어이며 래크공구의 기준 피치선을 기어의 기준 피치원에서 반지름 방향으로 $x \cdot m$ 만큼 떨어지게 이동하고 기어의 이를 절삭하여 만든 기어이다. 전위기어는 언더컷 방지, 기어의 물림률을 증가시키거나 이의 강도를 증가시키고자 할 때, 최소 잇수를 적게 하고자 할 때 사용한다.

1. 언더컷을 일으키지 않는 한계잇수

$$z_g = \frac{2a}{m\sin^2\alpha} = \frac{2}{\sin^2\alpha} \text{ (표준치형 } a = m\text{)}$$

2. 전위계수

$$x = 1 - \frac{z}{z_g}$$

3. 전위량

$$x \cdot m = \left(1 - \frac{z}{z_g}\right) \cdot m$$

예 제

이론적으로 기어의 압력각이 14.5°일 때 언더컷을 일으키지 않는 한계잇수는?

① 35개 ❷ 32개 ③ 30개 ④ 17개

해설 $z_g = \frac{2}{\sin^2\alpha} = \frac{2}{\sin^2 14.5°} = 31.9 = 32$개

3 헬리컬기어(Helical gear)

헬리컬기어는 위상이 연속적으로 변화한 이가 동시에 맞물림을 하는 것이 되므로 진동이나 소음이 적고 고속운전에 적합하며 원활한 동력의 전달을 할 수 있다. 또 스퍼기어보다 치수비를 크게 할 수 있으나 축방향의 트러스트하중이 발생하는 결점이 있다.

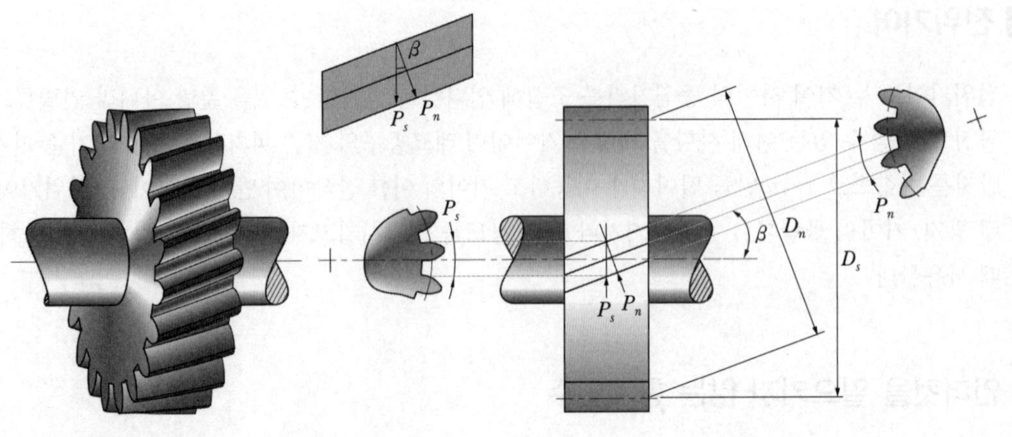

$p_S \times \cos\beta = p_n$, $m_S \times \cos\beta = m_n$

p_s : 축직각 피치　　p_n : 치직각 피치
D_s : 축직각 지름　　D_n : 치직각 지름
m_s : 축직각 모듈　　m_n : 치직각 모듈(이직각 모듈)　　α : 압력각

1. 헬리컬기어의 각치수

아래 값들은 축직각에 관한 값들로 전개된다.

(1) 피치원 지름

$$D_s = m_s \cdot z$$

(2) 치직각 기준피치(법선 피치)

$$p_n = p_s \cos\beta$$

(3) 이끝원 지름

$$D_0 = D_s + 2a \text{ (주의 : 표준치형 } a = m_n)$$
$$= m_s \cdot z + 2m_n$$

(4) 축간거리

$$C = \frac{D_{s_1} + D_{s_2}}{2} = \frac{m_s z_1 + m_s z_2}{2} = \frac{m_s(z_1 + z_2)}{2} = \frac{m_n}{\cos\beta} \cdot \frac{z_1 + z_2}{2}$$

(5) 상당스퍼기어 잇수

$$z_e = \frac{z}{\cos^3\beta} \quad (z\ :\ \text{헬리컬기어 잇수})$$

$$z_{e_1} = \frac{z_1}{\cos^3\beta},\ z_{e_2} = \frac{z_2}{\cos^3\beta}$$

여기서, $z_1(z_2)$: 헬리컬기어의 원동차(종동차) 잇수

예 제

비틀림각이 30°인 표준 헬리컬기어에서 피치원 지름이 160mm, 이직각 모듈이 4일 때, 이 기어의 바깥지름은 몇 mm인가?

① 156　　❷ 168　　③ 172　　④ 178

해설 $D_0 = D_s + 2a = 160 + 2\times4 = 168\text{mm}$

4 베벨기어(Bevel gear)

두 축이 그림처럼 한 점에서 교차할 때 동력을 구름접촉에 의해 전달하는 기어이다. 베벨기어 중 피니언과 기어의 잇수가 같은 기어를 마이터기어(Miter gear)라 한다.

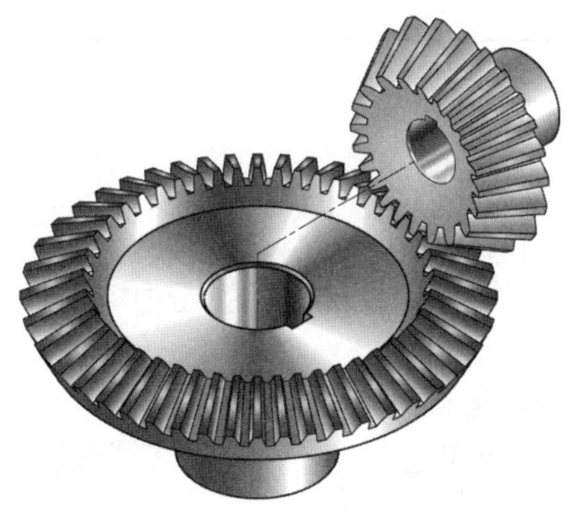

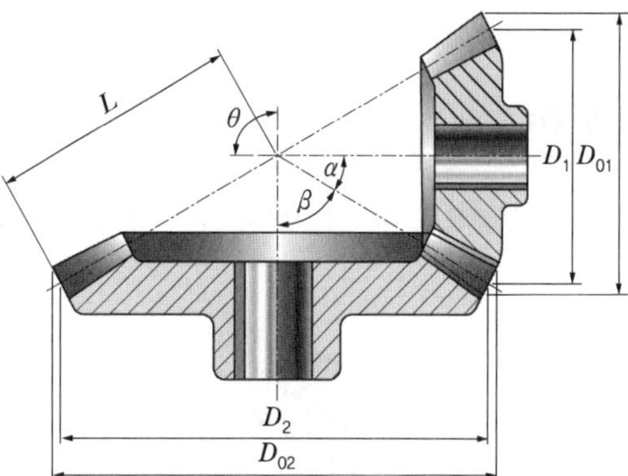

L : 원추모선의 길이　　D_1 : 원동차의 피치원 지름

D_2 : 종동차의 피치원 지름　　D_{O1} : 원동차의 이끝원 지름

D_{O2} : 종동차의 이끝원 지름　　$\alpha,\ \beta$: 원추반각

θ : 축각$(\alpha+\beta)$

1. 기어의 치수

(1) 이끝원 지름

$$D_{O1} = D_1 + 2a\cos\alpha\,(a = m) = mz_1 + 2m\cos\alpha = m(z_1 + 2\cos\alpha)$$

$$D_{O2} = D_2 + 2a\cos\beta = m(z_2 + 2\cos\beta)$$

마이터기어에서는 $D_{O1} = D_{O2}$이다.

(2) 원추모선의 길이

$$L\sin\alpha = \frac{D_1}{2},\ L\sin\beta = \frac{D_2}{2} \text{에서 } L = \frac{D_1}{2\sin\alpha} = \frac{D_2}{2\sin\beta}$$

(3) 속비

$$i = \frac{N_2}{N_1} = \frac{D_1}{D_2} = \frac{z_1}{z_2} = \frac{\sin\alpha}{\sin\beta}$$

예 제

마이터기어(Miter Gear)의 모듈이 4, 잇수가 20일 때 바깥지름은 약 몇 mm인가?

① 62.8 ② 78.3 ❸ 85.7 ④ 96.5

해설 $D_O = mz + 2m\cos\alpha = 4\times4 + 2\times4\times\cos45° = 85.66$
(여기서, α는 원추반각)

5 웜기어

나사기어의 일종으로 축각은 90°의 경우가 많고 작은 용적으로 큰 감속비를 쉽게 얻을 수 있다.

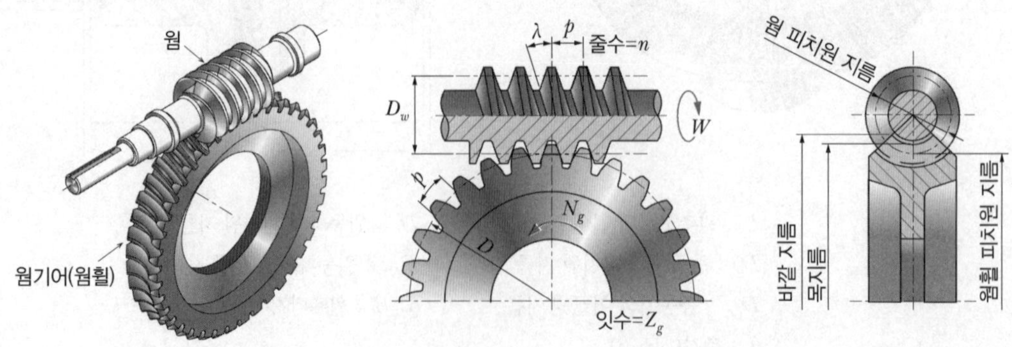

1. 속비

$$i = \frac{N_g}{N_w} = \frac{n}{Z_g}$$

$$= \frac{l}{\pi D_g} \left(1\text{줄 웜이면 } \frac{p}{\pi D_g} \right)$$

$$\left(\begin{array}{l} \text{웜의 줄수 } n = \dfrac{l(\text{리드})}{p(\text{피치})} \\ \text{웜기어의 잇수 } Z_g = \dfrac{\pi D_g}{p} \end{array} \right)$$

$$\text{중심거리 } C = \frac{D_g + D_w}{2}$$

2. 리드각 α(나사와 동일)

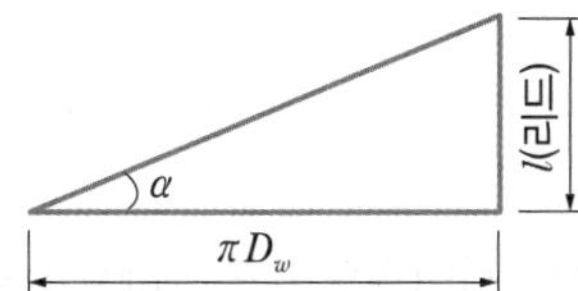

웜나사의 유효지름(D_w)

$$\tan\alpha = \frac{l}{\pi D_w}$$

예 제

웜기어 전동장치에서 웜휠의 피치원 지름이 60mm, 웜의 리드가 4mm일 때, 속도비 $i = \frac{N_2}{N_1}$의 값은 약 얼마인가?[단, N_1 : 웜의 회전속도(rpm), N_2 : 웜휠의 회전속도(rpm)이다.]

① 1/200 ❷ 1/47 ③ 1/24 ④ 1/32

해설 $i = \frac{N_2}{N_1} = \frac{l}{\pi D_g} = \frac{4}{\pi \times 60} \fallingdotseq \frac{1}{47}$

핵심 기출 문제

01 모듈 $m=3$인 표준 스퍼기어에서 이끝 틈새를 $0.25\times$모듈(m)로 할 때 총 이 높이는 몇 mm인가?

① 3.75 ② 4.86
③ 6.75 ④ 7.56

해설

$h=a$(어덴덤)$+d$(디덴덤)
$=a+(a+c)$ (c: 클리어런스(이끝틈새))
$=2a+c$
$=2m+0.25\times m=2.25m=2.25\times3=6.75\text{mm}$

02 이론적으로 기어의 압력각이 14.5°일 때 언더컷을 일으키지 않는 한계 잇수는?

① 35개 ② 32개
③ 30개 ④ 17개

해설

$z_g=\dfrac{2}{\sin^2\alpha}=\dfrac{2}{\sin^2 14.5}=31.9=32$개

03 표준 인벌류트기어에서 물림률(contact ratio)이란?

① 접촉각을 물림 길이로 나눈 값
② 접촉각을 원주 피치로 나눈 값
③ 물림 길이를 법선 피치로 나눈 값
④ 원주 피치를 물림 길이로 나눈 값

해설

물림률$=\dfrac{\text{물림 길이}}{\text{법선 피치}}$이다.

물림 길이(접촉선의 길이)는 기초(구름)원 호의 길이와 같다.

04 기어의 물림률을 높이기 위한 방법이 아닌 것은?

① 접촉호의 길이를 크게 한다.
② 이 끝 높이를 크게 한다.
③ 사이클로이드 기어에서는 구름원의 지름을 크게 한다.
④ 인벌류트 기어에서는 압력각을 크게 한다.

해설

접촉호의 길이를 크게 하고 이끝 높이를 크게 하면 물림 길이가 증가해 물림률이 커지며, 압력각이 작고 이 수가 많으면 물림률이 커진다.

05 기어에 있어서 사이클로이드(cycloid) 치형의 일반적인 특징에 대한 설명으로 틀린 것은?

① 미끄럼률이 일정하여 마모면에서 유리하다.
② 중심거리가 맞지 않으면 원활한 물림이 되지 않는다.
③ 치형을 가공하기가 어렵다.
④ 일반 동력전달용 산업기계에 사용하기 적합하다.

해설

사이클로이드 치형의 기어는 미끄럼률이 균일해 치형에 변화가 없고, 기어 간 중심거리가 정확해야 물림이 원활하며, 치형의 공작이 어렵다. 특히 트러스트하중을 피하는 기계에 사용되며, 동력전달용 기계에는 인벌류트 치형의 기어가 널리 사용된다.

06 래크공구로 모듈 4, 압력각은 20°, 잇수가 12인 인벌류트 치형의 전위기어를 가공할 때 언더컷을 방지하기 위한 전위량은 몇 mm인가?

① 1.2 ② 2.2
③ 3.2 ④ 4.2

정답 01 ③ 02 ② 03 ③ 04 ④ 05 ④ 06 ①

해설

$$z_g = \frac{2}{\sin^2\alpha} = 17.1$$

전위량 $x \cdot m = \left(1 - \frac{z}{z_g}\right) \cdot m\,\text{mm}$

$$= \left(1 - \frac{12}{17.1}\right) \times 4 = 1.2$$

07 헬리컬기어에서 잇수가 40, 비틀림각이 20°일 때 상당평기어 잇수는 약 몇 개인가?

① 29　② 39
③ 49　④ 59

해설

$$z_e = \frac{z}{\cos^3\beta} = \frac{40}{\cos^3 20°} = 48.2 \fallingdotseq 49\text{개}$$

08 모듈 5, 잇수 $z_1 = 30$, $z_2 = 50$, 압력각 20°인 한 쌍의 표준평치차가 있다. 피니언의 바깥지름은 몇 mm인가?

① 120　② 130
③ 150　④ 160

해설

바깥지름 D_{O1}

$= D_1 + 2a = mz_1 + 2m = m(z_1 + 2)$

$= 5(30 + 2) = 160\text{mm}$

09 다음 중 전위기어의 특징으로 거리가 먼 것은?

① 두 축간 중심거리의 조절이 가능하다.
② 언더컷을 방지한다.
③ 이의 강도를 증가시킬 수 있다.
④ 베어링 압력을 작게 할 수 있다.

해설

전위기어는 두 기어 사이의 중심거리 조절가능, 언더컷 방지, 이의 강도와 물림률을 증가시키고자 할 때와 최소잇수를 적게 하고자 할 때 사용한다.

10 모듈이 3이고 잇수가 20인 기어의 피치원 지름은 몇 mm인가?

① 10　② 20
③ 40　④ 60

해설

피치원지름

$D = mz = 3 \times 20 = 60\text{mm}$

11 속도비가 1/3이고 원동차의 잇수가 25개, 모듈이 4인 표준스퍼기어의 외접 연결에서 중심거리는?

① 75　② 100
③ 150　④ 200

해설

- 속도비 $i = \frac{z_1}{z_2} = \frac{1}{3}$에서

  $z_2 = 25 \times 3 = 75$

- 외접기어의 중심거리 C

  $= \frac{(D_1 + D_2)}{2}$

  $= \frac{m(z_1 + z_2)}{2}$

  $= \frac{4(25 + 75)}{2} = 200\text{mm}$

정답 07 ③ 08 ④ 09 ④ 10 ④ 11 ④

11 벨트, 체인

1 평벨트

감아걸기 전동장치의 일종으로 정확한 속도비는 얻을 수 없으나 축간거리를 크게 취할 수 있는 장점이 있다.

1. 평벨트의 감아걸기 종류

(1) 바로걸기(Open Belting)

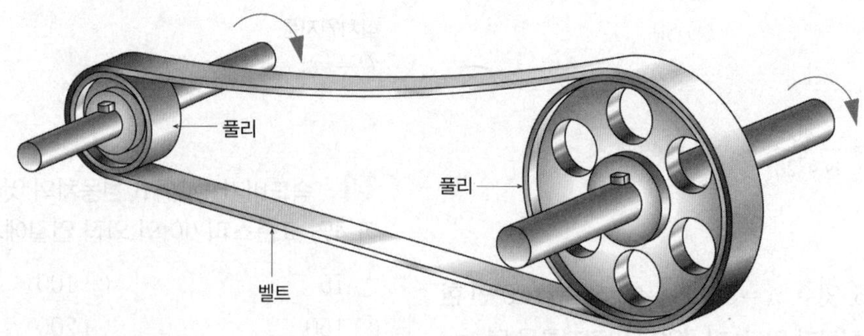

(2) 엇걸기(Crossed Belting)

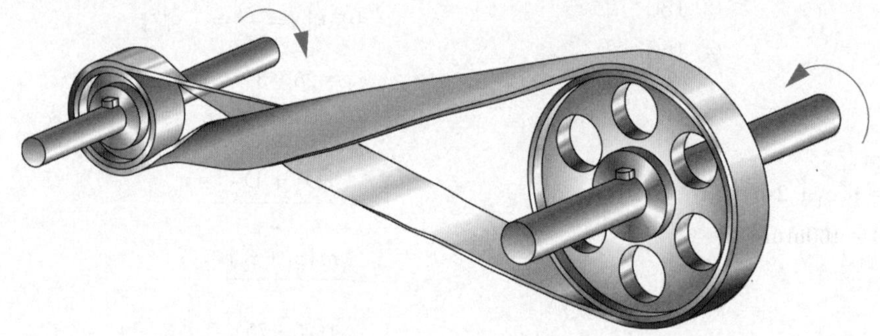

예 제

일반적인 평벨트 전동장치에서 전달동력을 높이기 위한 방법으로 틀린 것은?

① 초기장력을 높여준다.
② 아이들러를 적용한다.
❸ 십자걸기보다는 바로걸기를 한다.
④ 바로걸기의 경우 이완측이 위가 되도록 한다.

해설 바로걸기보다는 십자걸기(엇걸기)가 벨트의 접촉각이 커서 더 큰 동력을 전달할 수 있다.

2. 벨트의 장력과 전달동력

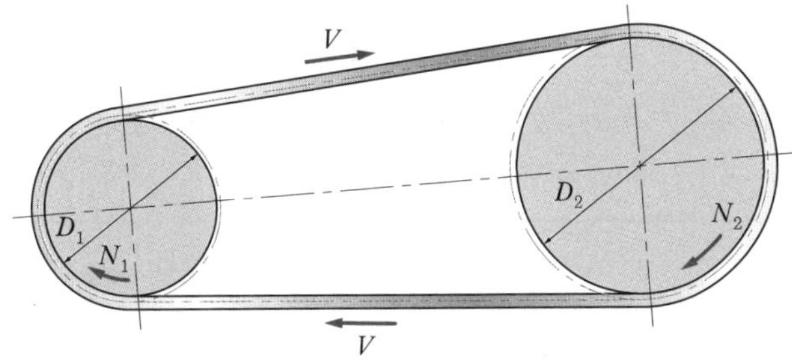

(1) 속도비(i)

$$i = \frac{N_2}{N_1} = \frac{D_1}{D_2}$$

여기서, N_1, N_2 : 원동풀리, 종동풀리의 회전수
D_1, D_2 : 원동풀리, 종동풀리의 지름

(2) 벨트의 회전속도

$$V = \frac{\pi D_1 N_1}{60{,}000} = \frac{\pi D_2 N_2}{60{,}000} \ (\text{m/s})$$

(3) 벨트의 장력

벨트의 전동은 마찰전동이므로 초장력을 줄 필요가 있다.

① 벨트가 회전할 때 팽팽히 당겨지는 쪽의 장력 : T_t (긴장 측 장력 : Tight Side Tension)

② 벨트가 회전할 때 느슨해지는 쪽의 장력 : T_s (이완 측 장력 : Slack Side Tension)

③ 벨트풀리를 실제로 돌리는 힘 : T_e (유효장력 : Effective Tension)

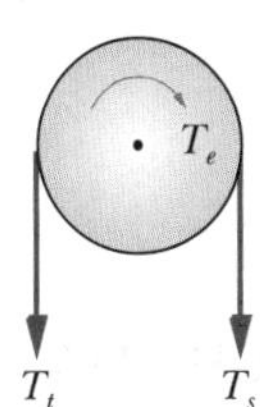

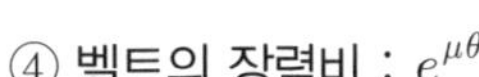

$$T_e = T_t - T_s$$

(긴장 측 장력과 이완 측 장력의 차이만큼 풀리를 돌리게 된다.)

④ 벨트의 장력비 : $e^{\mu\theta}$

$$e^{\mu\theta} = \frac{T_t}{T_s}$$

여기서, μ : 벨트와 풀리의 마찰계수
θ : 접촉각

(4) 벨트의 전달동력

유효장력에 의해 풀리를 돌리므로 회전력은 유효장력이 된다.

T_e(N), V(m/s)

$$H = T_e \cdot V(\text{W}) \ (\text{SI})$$

예제

긴장 측 장력이 4,000N, 이완 측 장력이 1,500N일 때 전달동력은 약 몇 kW인가?(단, 벨트의 속도는 3m/s이다.)

① 5.5 ② 6.5 ❸ 7.5 ④ 8.5

해설 $H = T_e \cdot V$에서 $T_e = T_t - T_s = 4{,}000 - 1{,}500 = 2{,}500\text{N}$이므로
$H = 2{,}500 \times 3 = 7{,}500\text{W} = 7.5\text{kW}$

2 V벨트

직물을 고무로 고형한 것으로 40°의 사다리꼴을 갖는 앤드리스(Endless)벨트이다.
자유물체도에서

$$\sum F_y = -Q + \frac{N}{2}\sin\alpha \times 2(\text{양쪽}) + \mu \cdot \frac{N}{2}\cos\alpha \times 2(\text{양쪽}) = 0$$

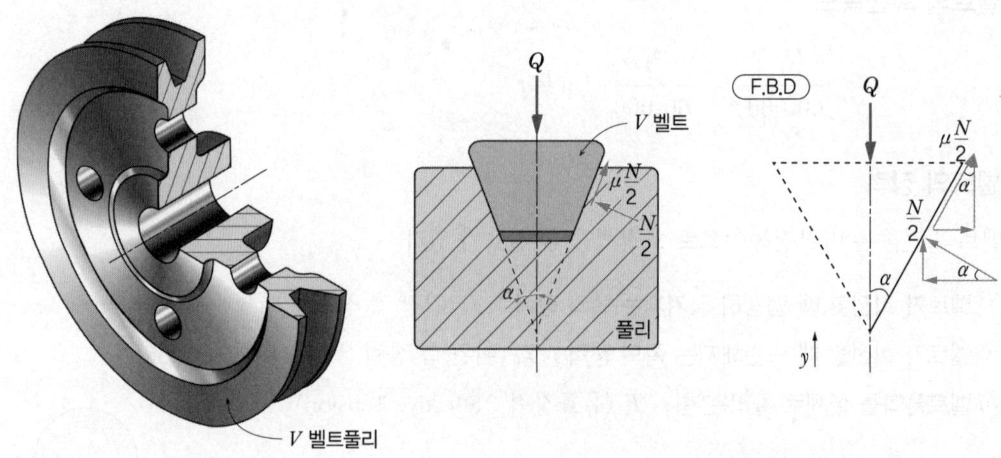

1. 상당마찰계수(힘이 홈의 반각 α의 각도로 가해지므로)

$$\mu' = \frac{\mu}{\sin\alpha + \mu\cos\alpha}$$

2. 수직력

$$N = \frac{Q}{(\sin\alpha + \mu\cos\alpha)}$$

3. 마찰력

$$F_f = 2\mu\frac{N}{2} = \mu N = \mu' Q$$

예 제

평벨트 전동에 비하여 V벨트 전동의 특징에 관한 설명으로 틀린 것은?

❶ 바로걸기와 엇걸기가 가능하다.
② 미끄럼이 적고, 속도비가 크다.
③ 접촉 면적이 넓으므로 큰 동력을 전달한다.
④ 장력이 작으므로 베어링에 걸리는 하중도 작다.

해설 V벨트는 바로걸기만 가능하다.

3 체인

벨트나 로프와 같은 마찰 전동은 어느 정도의 슬립을 피할 수 없지만 체인전동은 체인을 스프로킷 휠의 이에 걸어서 전동하기 때문에 비교적 큰 속비라도 확실하게 동력을 전달할 수 있는 기계요소이다.

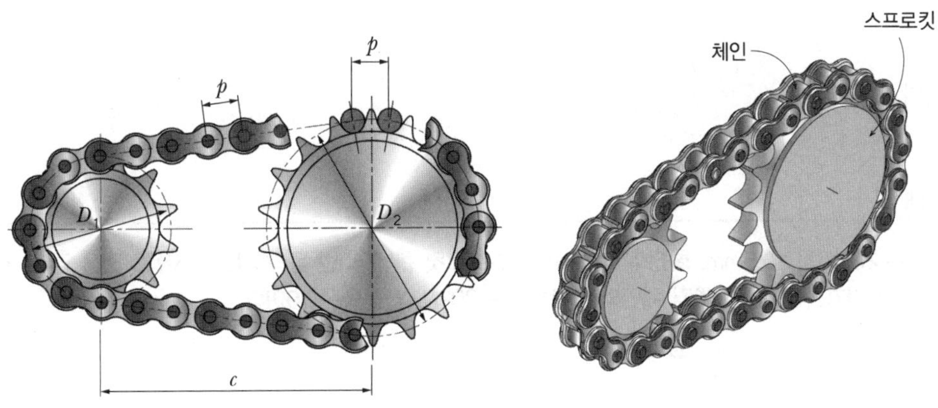

D_1 : 원동스프로킷 피치원지름 D_2 : 종동스프로킷 피치원지름
z_1 : 원동스프로킷 잇수 z_2 : 종동스프로킷 잇수 p : 피치

$$\pi D = p \cdot z$$

1. 속도비

$$i=\frac{N_2}{N_1}=\frac{D_1}{D_2}=\frac{z_1}{z_2}$$

2. 체인의 속도

$$V=\frac{\pi DN}{60,000}=\frac{Npz}{60,000}\ ,\ \frac{N_1pz_1}{60,000}=\frac{N_2pz_2}{60,000}\ (\pi D=pz)$$

예 제

체인 피치가 12.25mm, 잇수 34, 회전수가 400rpm일 때, 체인의 평균속도는 몇 m/s인가?

❶ 2.8 ② 3.8 ③ 4.8 ④ 5.8

해설 $V=\frac{\pi DN}{60,000}=\frac{pzN}{60,000}=\frac{12.25\times34\times400}{60,000}=2.8\mathrm{m/s}$

3. 전달동력

체인의 허용장력 $F_a(\mathrm{N})$, 체인속도$(\mathrm{m/s})$

$$H=F_a\cdot V(\mathrm{N\cdot m/s=J/s=W}:\ \mathrm{SI}\ \text{단위})$$

체인의 허용장력 $F_a=\frac{F_f(\text{파단하중})}{S(\text{안전율})}$

예 제

잇수 26, 피치 10.5mm, 회전수 500rpm의 스프로킷 휠에 40번 롤러 체인을 사용하였을 경우, 전달동력은 몇 kW인가?(단, 40번 롤러 체인의 파단하중은 30kN, 안전율은 10이다.)

① 5.5 ❷ 6.8 ③ 7.9 ④ 8.6

해설 허용하중 $F_a=\frac{F_f}{S}=\frac{30\times10^3}{10}=3,000\mathrm{N}$

전달동력 $H=F_a\cdot V=F_a\cdot\frac{\pi DN}{60,000}=F_a\times\frac{pzN}{60,000}$

$=3,000\times\frac{10.5\times26\times500}{60,000}=6,825\mathrm{W}\fallingdotseq6.8\mathrm{kW}$

핵심 기출 문제

01 벨트방식의 무단변속기에서 구동축의 회전수는 2,400rpm, 토크는 150N · m이고 벨트 구동풀리의 반지름은 60mm이다. 여기서 피동풀리의 반지름이 180 mm라고 할 때 피동축에서의 회전수(N)와 토크(T)는?

① $N=800\text{rpm},\ T=30\text{N}\cdot\text{m}$
② $N=800\text{rpm},\ T=450\text{N}\cdot\text{m}$
③ $N=2,400\text{rpm},\ T=150\text{N}\cdot\text{m}$
④ $N=7,200\text{rpm},\ T=30\text{N}\cdot\text{m}$

해설

$i=\dfrac{N_2}{N_1}=\dfrac{D_1}{D_2}=\dfrac{60\times 2}{180\times 2}=\dfrac{1}{3}$ 에서

$N_2=N_1\times\dfrac{1}{3}=2,400\times\dfrac{1}{3}=800\text{rpm}$

전달동력 $H=T_1\cdot\omega_1=T_2\cdot\omega_2$에서

$T_2=T_1\cdot\dfrac{\omega_1}{\omega_2}=T_1\cdot\dfrac{N_1}{N_2}=\dfrac{T_1}{i}=\dfrac{150}{\frac{1}{3}}=450\text{N}\cdot\text{m}$

02 벨트의 긴장 측 장력을 980N, 이완 측 장력을 490N으로 유지하여 동력 8kW를 400rpm으로 전달할 때 벨트풀리의 직경은 약 몇 mm인가?

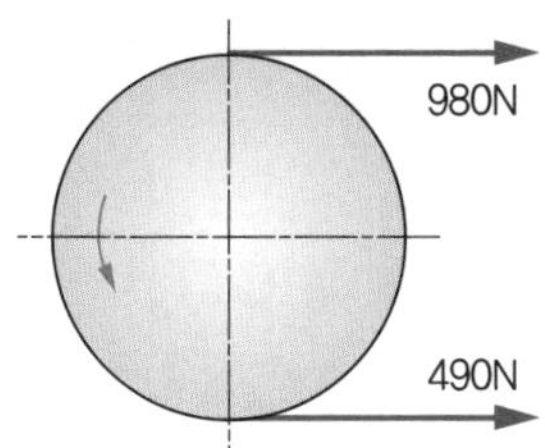

① 779.53 ② 789.53
③ 811.51 ④ 821.51

해설

$T=\dfrac{H}{\omega}=T_e\cdot\dfrac{D}{2}$

유효장력 $T_e=T_t-T_s=980-490=490\text{N}$

$\therefore D=\dfrac{2H}{T_e\cdot\omega}=\dfrac{2\times 8\times 10^3}{490\times\dfrac{2\pi\times 400}{60}}$

$=0.77953\text{m}=779.53\text{mm}$

03 벨트 전동에서 유효장력 P를 나타내는 식으로 옳은 것은?(단, T_t는 긴장 측 장력이고, T_s는 이완 측 장력을 나타낸다.)

① $P=\dfrac{T_t-T_s}{2}$ ② $P=\dfrac{T_s}{T_t}$
③ $P=T_t\cdot T_s$ ④ $P=T_t-T_s$

해설

$T_e=P=T_t-T_s$

04 V-벨트 전동장치에서 벨트의 마찰계수가 μ, V홈의 각도가 2α일 때, 벨트의 유효마찰계수 μ'를 구하는 식으로 옳은 것은?

① $\mu'=\dfrac{\mu}{\sin\alpha+\mu\cos\alpha}$
② $\mu'=\dfrac{\mu}{\cos\alpha+\mu\sin\alpha}$
③ $\mu'=\mu(\sin\alpha+\mu\cos\alpha)$
④ $\mu'=\mu(\cos\alpha+\mu\sin\alpha)$

해설

유효마찰(상당마찰)계수는 하중이 일정각을 가지고 들어오는 V벨트, 원추브레이크, 홈마찰차, 원추클러치에서 나온다.

정답 01 ② 02 ① 03 ④ 04 ①

05 250rpm으로 회전하는 출력 10kW의 모터축에 설치되어 있는 바깥지름 500mm의 풀리에 평벨트를 구동할 때 벨트에 작동하는 유효장력 T_e는 몇 kN인가?(단, 종동풀리의 지름은 500mm, 원심력은 무시한다.)

① 1.53 ② 2.53
③ 3.53 ④ 4.53

해설

회전속도 $V = \dfrac{\pi D_1 N_1}{60{,}000} = \dfrac{\pi \times 500 \times 250}{60{,}000}$
$= 6.54\,\text{m/s}$

$H = T_e \cdot V$에서

$$T_e = \frac{H}{V} = \frac{10 \times 1{,}000}{6.54} = 1{,}529.05\text{N} = 1.53\text{kN}$$

06 5m/s의 속도로 10kW의 동력을 전달하는 평벨트의 이완 측 장력(N)은?(단, 긴장 측 장력은 이완 측 장력의 3배이고, 원심력은 무시한다.)

① 800 ② 900
③ 1,000 ④ 1,100

해설

$H = T_e \cdot V$에서 $T_e = \dfrac{H}{V} = \dfrac{10 \times 10^3}{5} = 2{,}000\text{N}$

$T_e = T_t - T_s$와 장력비 $e^{\mu\theta} = \dfrac{T_t}{T_s} = 3 \rightarrow T_t = 3T_s$)이므로

$T_e = 3T_s - T_s = 2T_s$

∴ 이완 측 장력 $T_s = \dfrac{T_e}{2} = \dfrac{2{,}000}{2} = 1{,}000\text{N}$

정답 05 ① 06 ③

12 브레이크와 래칫휠

브레이크는 동력전달을 제어하기 위한 기계요소로서 운동체의 속도를 감속 또는 정지시키는 데 사용된다. 일반적으로 운동에너지를 고체마찰에 의하여 열에너지로 바꾸는 마찰 브레이크가 가장 많이 사용된다.

1 블록 브레이크

1. 드럼이 우회전할 때와 좌회전할 때의 힘 분석

(1) 우회전과 좌회전

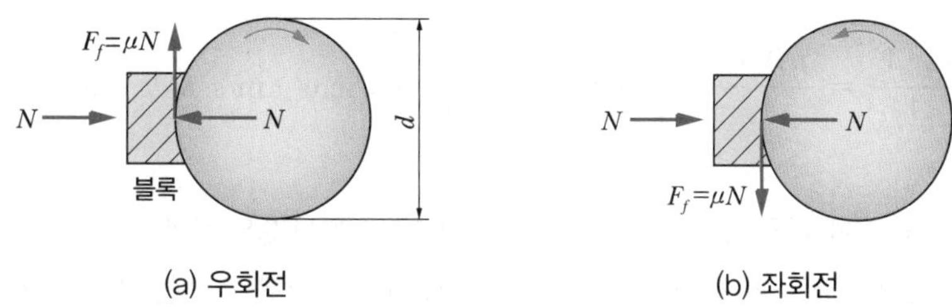

(a) 우회전　　(b) 좌회전

N : 블록 브레이크를 미는 힘(수직력)
μ : 블록 브레이크와 드럼 사이의 마찰계수
F_f : 마찰력(제동력)
T : 브레이크토크
※ 마찰력의 방향은 드럼이 돌아가는 방향과 같다.

2. 브레이크 설계

(1) 접촉면의 압력

$$q=\frac{N}{A_q}=\frac{N}{b\cdot e}$$

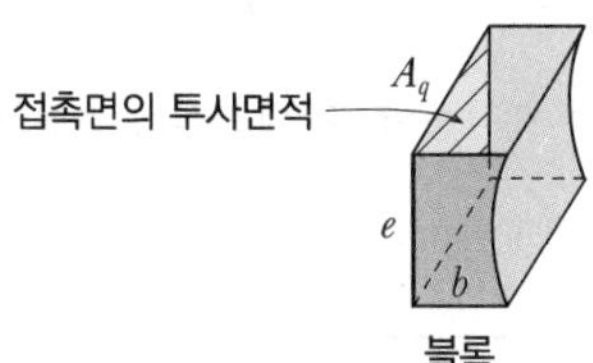

(2) 마찰력(브레이크의 제동력)

$$F_f=\mu N=\mu q A_q=\mu q b e$$

(3) 제동토크(브레이크토크)

$$T = F_f \cdot \frac{d}{2} = \mu N \frac{d}{2} = \mu q A_q \cdot \frac{d}{2}$$

(4) 브레이크의 제동동력

$$H = F_f \cdot V = \mu N V \text{ (SI 단위)}$$

(5) 브레이크의 용량(단위면적당 제동동력 ; 단위면적당 마찰동력)

$$\frac{F_f \cdot V}{A_q} = \frac{\mu N V}{A_q} = \mu q \cdot V \quad \left(q = \frac{N}{A_q}\right) (\text{N/mm}^2 \cdot \text{m/s, MPa} \cdot \text{m/s})$$

브레이크를 걸었을 때 마찰재료의 온도가 상승하게 되는데 이것은 일반적으로 마찰계수를 저하시키고 브레이크토크를 감소시키게 된다. 특히 자동차 브레이크와 같은 경우는 매우 위험하게 되므로 마찰재료의 표면온도는 허용온도 이하로 유지할 필요가 있다. 그래서 경험적으로 주어진 $\mu q \cdot V$의 허용치를 넘지 않게 설계해야 한다. 그렇지 않으면 주위로 열을 방열하지 못해 브레이크가 눌어붙게 된다.

예 제

블록 브레이크에서 브레이크에 발생하는 열의 소산과 관련된 브레이크 용량 [N/mm² · m/s]을 표시하는 관계식으로 옳은 것은?

① 발열계수×압력계수
② 속도×압력×비열
❸ 마찰계수×압력×속도
④ 안전계수×속도계수

해설 브레이크의 용량(단위면적당 제동동력 ; 단위면적당 마찰동력)이므로

$$\frac{F_f \cdot V}{A_q} = \frac{\mu N V}{A_q} = \mu q \cdot V [\text{N/mm}^2 \cdot \text{m/s}]$$

(6) 형식에 따른 조작력(F)

회전(핀)지점 0에 대한 모멘트 평형방정식으로부터 조작력을 구한다.

① I 형식 ($c > 0$: 내작용선형)

㉠ 우회전

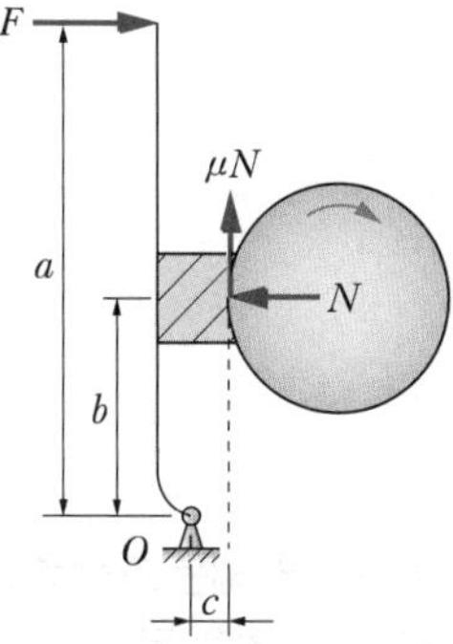

$\Sigma M_O = 0$, ⊕

$Fa - Nb - \mu Nc = 0$

$\therefore\ F = \dfrac{N(b + \mu c)}{a}$

㉡ 좌회전

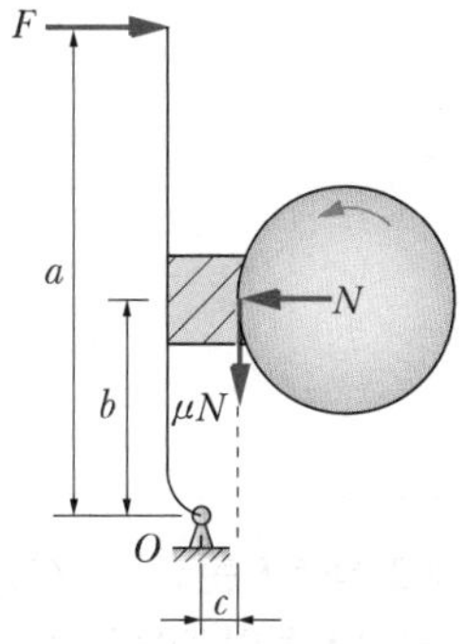

$\Sigma M_O = 0$

(드럼의 회전 방향에 따라 마찰력의 방향도 달라진다.)

$Fa - Nb + \mu Nc = 0$

$\therefore\ F = \dfrac{N(b - \mu c)}{a}$

② II 형식 ($c < 0$: 외작용선형)

㉠ 우회전

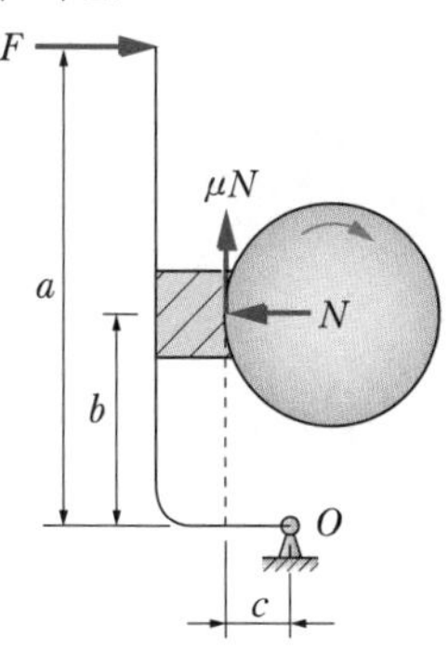

$\Sigma M_O = 0$, ⊕

$Fa - Nb + \mu Nc = 0$

$\therefore\ F = \dfrac{N(b - \mu c)}{a}$

㉡ 좌회전

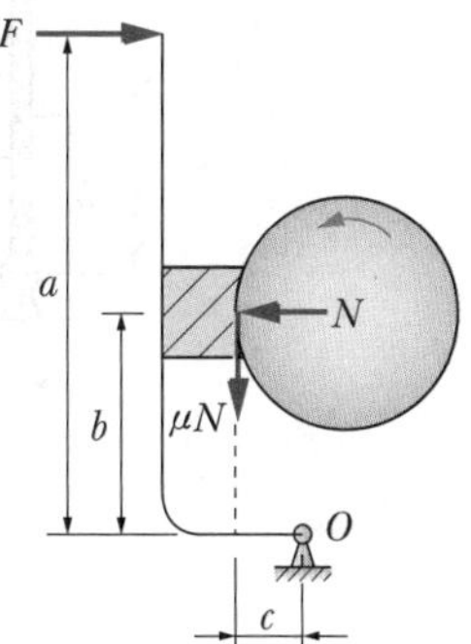

$\Sigma M_O = 0$

$Fa - Nb - \mu Nc = 0$

$\therefore\ F = \dfrac{N(b + \mu c)}{a}$

③ III 형식($c = 0$: 중작용선형)

우회전과 좌회전 시 조작력 F는 서로 같다(마찰력에 대한 모멘트가 없으므로).

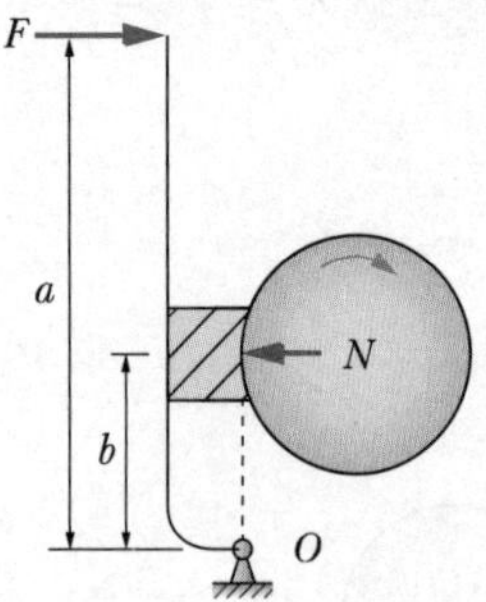

$$\Sigma M_O = 0$$

$$Fa - Nb = 0$$

$$\therefore F = \frac{Nb}{a}$$

참고

I형식 ㉡과 II형식 ㉠에서 조작력 F는 $(b - \mu C)$값의 함수가 되는데 $b - \mu C \leq 0$일 때는 조작력 F가 필요하지 않게 되며, 또 브레이크에 제동이 자동적으로 걸리게 되므로 브레이크로 쓸 수 없게 된다.

예제

그림과 같은 블록 브레이크에서 드럼이 우회전할 때, 레버를 누르는 힘 F를 구하는 식은?(단, f는 브레이크의 제동력이고, μ는 블록 브레이크와 드럼 사이의 마찰계수이다.)

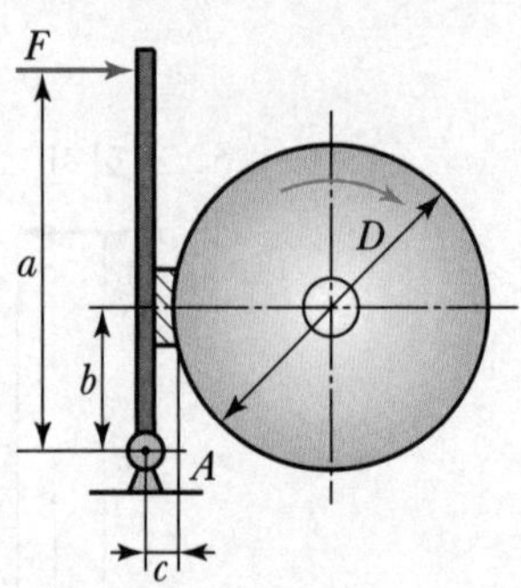

❶ $F = \dfrac{f(b + \mu c)}{\mu a}$ ② $F = \dfrac{f(b - \mu c)}{\mu a}$

③ $F = \dfrac{f(b + \frac{c}{\mu})}{\mu a}$ ④ $F = \dfrac{f(\mu b - c)}{\mu a}$

해설

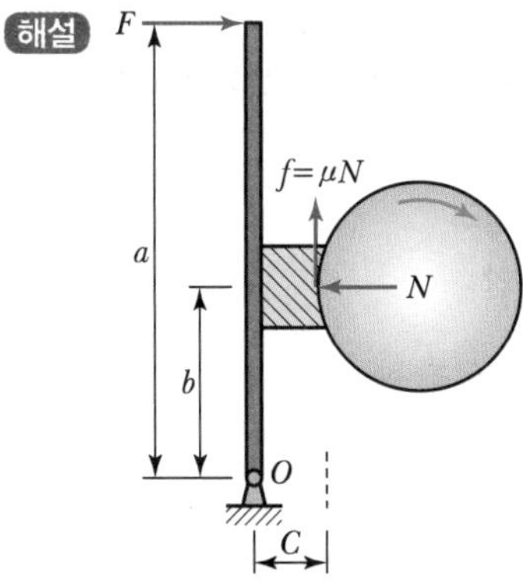

회전(핀)지점을 O라 하면 O점에 대한 모멘트 평형방정식 $\sum M_O = 0$

$Fa - Nb + fc = 0$

$\therefore\ F = \dfrac{Nb + fc}{a}$ (여기서, $f = \mu N \rightarrow N = \dfrac{f}{\mu}$ 적용)

$= \dfrac{fb + \mu fc}{\mu a} = \dfrac{f(b + \mu c)}{\mu a}$

---

2 내확 브레이크

복식 블록 브레이크의 변형된 형식으로 마찰에 의한 제동력이 양쪽에서 발생한다. 마찰력의 방향은 드럼이 회전하는 방향과 같다(f_1과 f_2 발생).

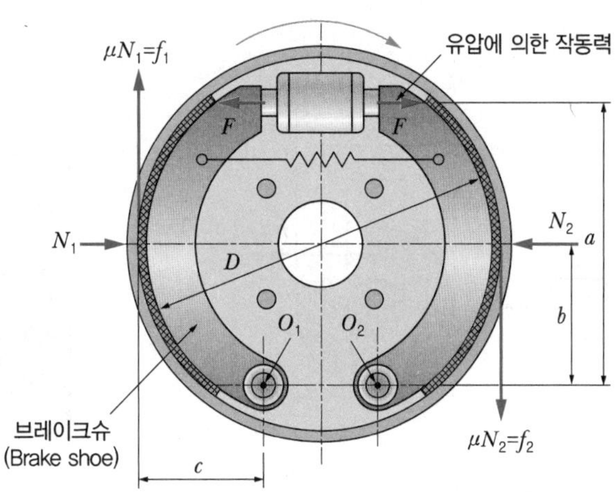

예 제

내부 확장식 브레이크에 있어서, 브레이크슈(Brake shoe)를 안쪽에서 바깥쪽으로 확장시키는 장치로서 다음 중 어느 것이 가장 좋은가?

① 전기 또는 압축공기 ② 진공 또는 링크

③ 증기 또는 진공 ❹ 캠 또는 유압

해설 그림 안의 유압실린더가 좌 · 우측 브레이크슈를 밀어 브레이크를 작동시킨다.

3 축압 브레이크

1. 원판 브레이크

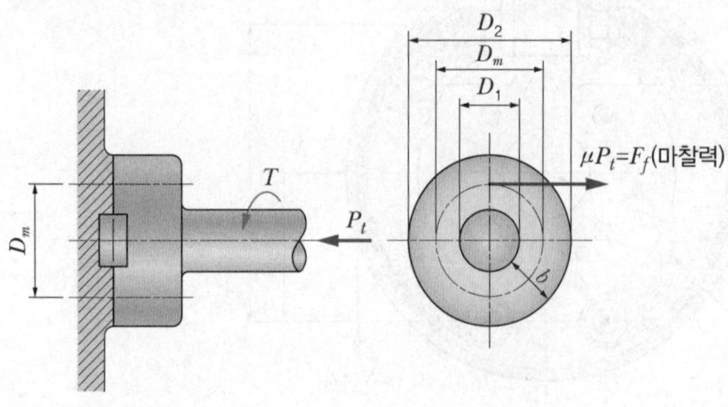

| 단판 브레이크 | | 다판 브레이크 |

2. 원추 브레이크

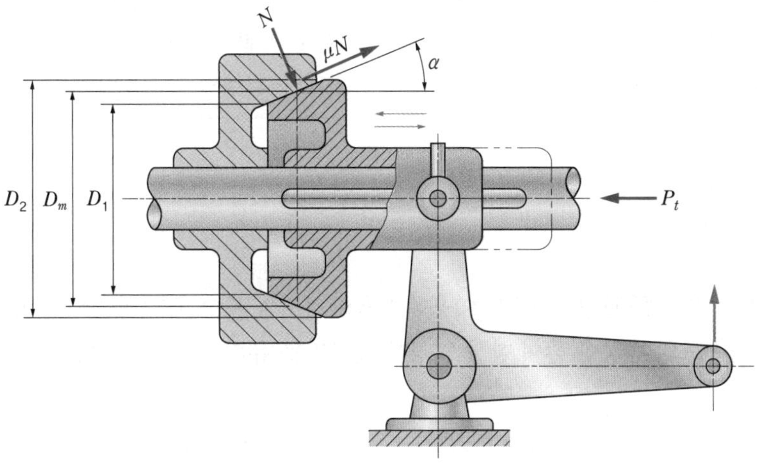

(1) 상당마찰계수

$$\mu' = \frac{\mu}{\sin\alpha + \mu\cos\alpha} \quad (\text{원추반각 } \alpha)$$

4 래칫휠(폴 브레이크)

그림처럼 폴(Pawl)이 래칫휠의 하중을 받아 브레이크 역할을 하며, 폴을 누르는 힘이 없어도 제동위치를 벗어나지 않게 설계해야 한다.

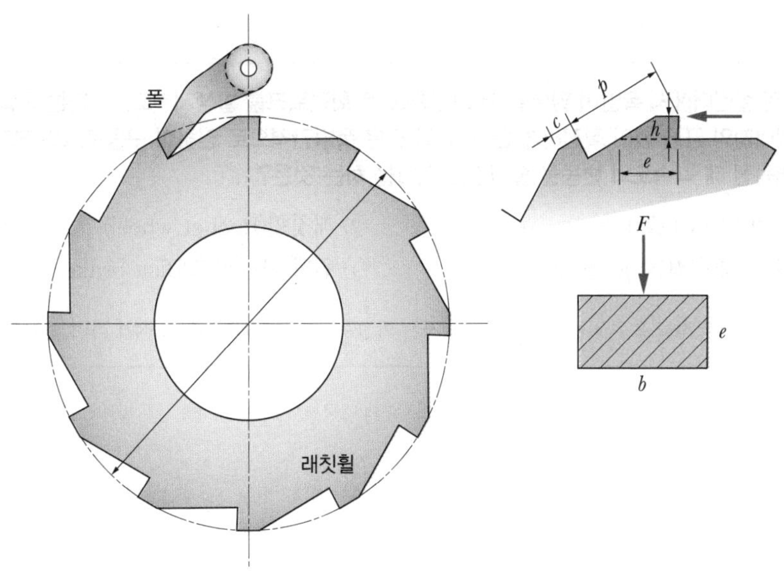

예 제

다음 브레이크의 종류 중 마찰력을 이용하는 브레이크에 해당하지 않는 것은?

① 블록 브레이크(Block brake) ❷ 폴 브레이크(Pawl brake)
③ 밴드 브레이크(Band brake) ④ 원추 브레이크(Cone brake)

5 관성차(Fly Wheel)

관성차는 그 자체가 가진 큰 관성모멘트를 이용해 운동에너지를 흡수 또는 방출하여 회전축(구동) 토크의 변동을 적게 하며 각속도의 변동을 줄여 항상 일정한 에너지를 유지시키는 데 사용되는 기계요소이다.

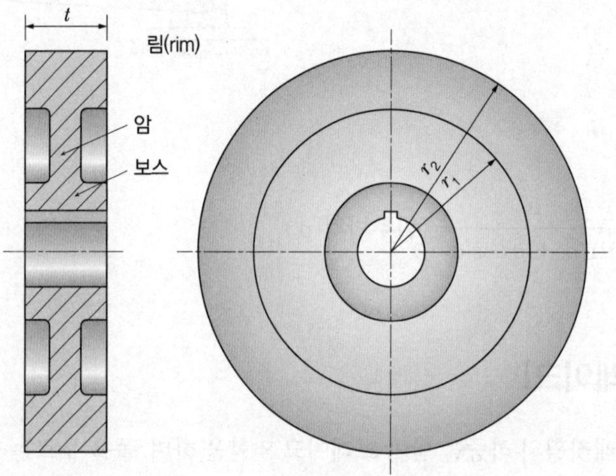

예 제

내연기관 실린더에서 폭발이 일어날 때 회전축에 큰 회전토크를 발생시키고, 또 다른 폭발이 있을 때까지 새로운 에너지의 공급 없이 회전하게 된다. 이와 같은 폭발간격으로 인하여 구동토크의 크기 변동과 회전각속도가 변동될 때 각속도의 변동을 줄여주는 역할을 하는 것은?

❶ 관성차(Fly wheel) ② 래칫휠(Rachet wheel)
③ 밴드 브레이크(Band brake) ④ 원판 브레이크(Disk brake)

해설 운동에너지를 흡수 또는 방출하는 관성차는 회전축(구동)토크의 변동을 적게 하며, 각속도의 변동을 줄여준다.

핵심 기출 문제

01 그림과 같은 브레이크에서 레버에 가하는 힘 F를 구하는 식은?(단, 좌회전의 경우로 한다.)

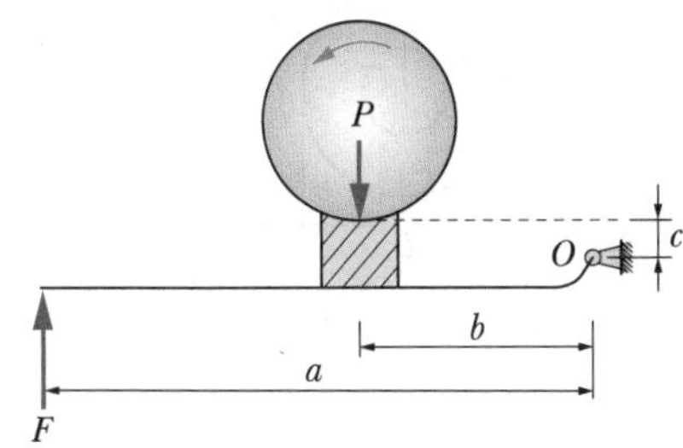

① $F=\frac{P(b+\mu c)}{a}$ ② $F=\frac{P(b-\mu c)}{a}$

③ $F=\frac{P(b+\mu c)}{\mu a}$ ④ $F=\frac{P(\mu b+c)}{a}$

해설

회전(핀)지점을 O라 하면 O점에 대한 모멘트 평형방정식

$\Sigma M_O=0$, (+) $Fa-Pb+\mu Pc=0$

$\therefore F=\frac{P(b-\mu c)}{a}$

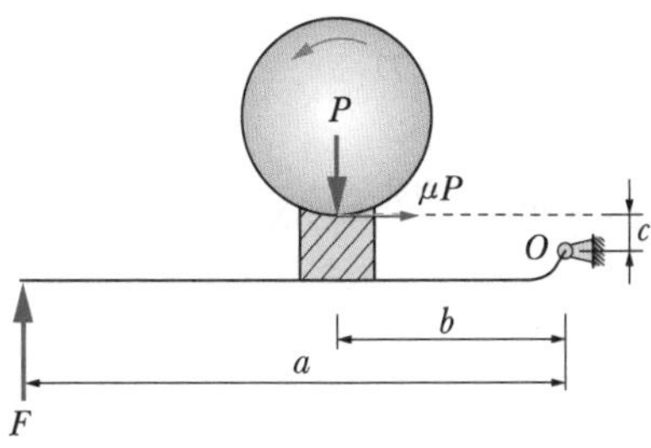

02 그림과 같은 블록 브레이크에서 $a=800$mm, $b=80$mm, $c=30$mm, $\mu=0.25$, $F=15$N일 때 N과 Q는 약 몇 N인가?

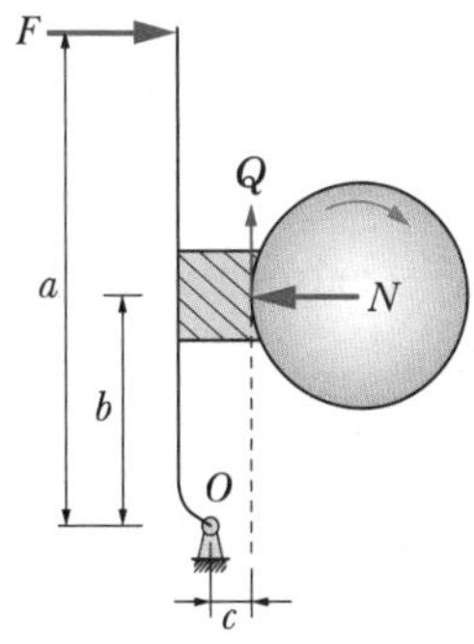

① $N=137.14$, $Q=34.29$

② $N=137.14$, $Q=30.29$

③ $N=147.14$, $Q=34.29$

④ $N=147.14$, $Q=30.29$

해설

$\Sigma M_O=0$에서 $Fa-Nb-\mu Nc=0$

$\therefore N=\frac{F\cdot a}{(b+\mu c)}=\frac{15\times 800}{(80+0.25\times 30)}=137.14\text{N}$

제동력 $Q=F_f$(마찰력)$=\mu N=0.25\times 137.14$

$=34.29\text{N}$

03 브레이크에서 접촉면압력을 q, 드럼의 원주속도를 V, 마찰계수를 μ라 할 때, 브레이크 용량(brake capacity)을 나타내는 식은?

① $\mu\cdot q\cdot V$ ② $\mu\cdot q/V$

③ $q\cdot V/\mu$ ④ $\mu/(q\cdot V)$

해설

브레이크의 용량(단위면적당 제동동력 ; 단위면적당 마찰동력)이므로

$\frac{F_f\cdot V}{A_q}=\frac{\mu NV}{A_q}=\mu q\cdot V$[N/mm² · m/s]

정답 01 ② 02 ① 03 ①

04 브레이크 압력이 490kPa, 브레이크 드럼의 원주속도가 8m/s일 때 이 브레이크의 브레이크 용량($N/mm^2 \cdot m/s$)은 얼마인가?(단, 마찰계수는 0.2이다.)

① 2.984 ② 7.842
③ 0.298 ④ 0.784

해설

$q = 490 \times 10^3 N/m^2 = 490 \times 10^3 \times 10^{-6} N/mm^2$
$= 490 \times 10^{-3} N/mm^2$

$\mu q \cdot V = 0.2 \times 490 \times 10^{-3} \times 8$
$= 0.784 (N/mm^2 \cdot m/s)$

05 단식 블록 브레이크에서 드럼의 원주속도는 8m/s, 제동 동력은 1.9kW일 때, 브레이크 용량(μpv, $MPa \cdot m/s$)은?(단, 블록의 마찰면적은 $50cm^2$이고, 마찰계수는 0.3이다.)

① 0.95 ② 0.71
③ 0.55 ④ 0.38

해설

$H = F_f \cdot V = \mu N V = 1.9 \times 10^3$에서

수직력 $N = \dfrac{1.9 \times 10^3}{\mu V} = \dfrac{1.9 \times 10^3}{0.3 \times 8} = 791.67N$

브레이크 용량 $= \dfrac{\mu N V}{A_q} = \dfrac{0.3 \times 791.67 \times 8}{50 \times 10^2}$
$= 0.38 (N/mm^2 \cdot m/s ; MPa \cdot m/s)$

06 그림과 같은 블록 브레이크가 제동할 수 있는 토크는 약 몇 N · m인가?(단, a는 500mm, b는 100mm, D는 200mm이며, 레버를 누르는 힘(P)는 250N, 접촉부 마찰계수는 0.2이다.)

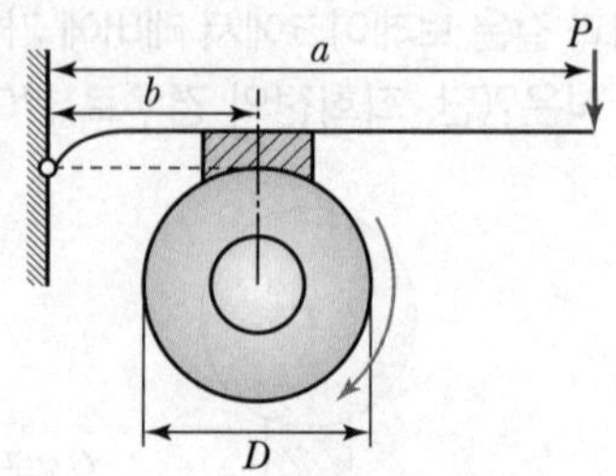

① 500 ② 250
③ 100 ④ 25

해설

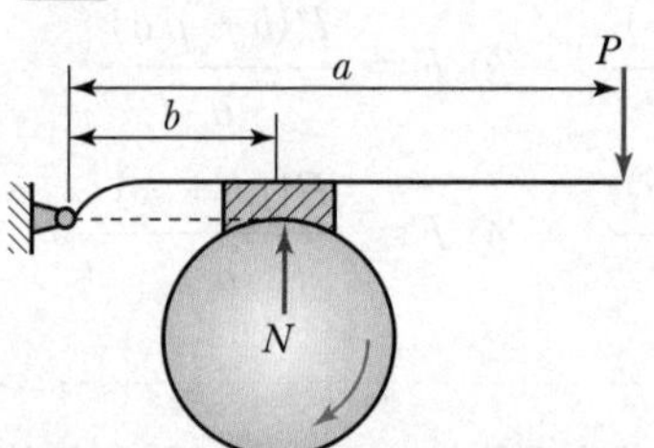

$\Sigma M_O = 0$에서 $Pa - Nb = 0$ [마찰력(μN)에 대한 모멘트는 없다.]

$\therefore N = \dfrac{Pa}{b} = \dfrac{250 \times 500}{100} = 1,250N$

제동토크 $T = F_f \dfrac{D}{2} = \mu N \times \dfrac{D}{2}$

$= 0.2 \times 1,250 \times \dfrac{0.2}{2} = 25N \cdot m$

정답 04 ④ 05 ④ 06 ④

07 그림과 같은 블록 브레이크에서 드럼축이 우회전할 때와 좌회전할 때의 제동을 비교해보고자 한다. 우회전할 때 레버 끝단에 가해지는 힘을 F_1이라고 하고, 좌회전할 때 레버끝단에 가해지는 힘을 F_2라고 할 때 두 경우에 대하여 제동토크가 동일하기 위해서는 F_1/F_2의 값은 약 얼마이어야 하는가?(단, 그림에서 $a=3b=3D$이며, 레버 힌지점과 블록 접촉부는 동일한 높이에 있다.)

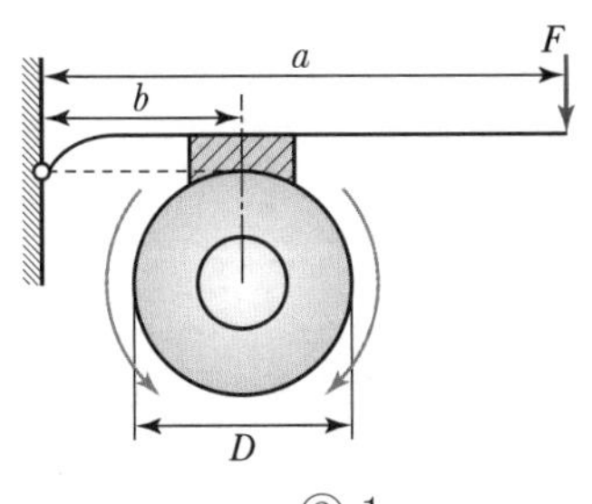

① 0.5　　② 1
③ 0.33　　④ 3

해설

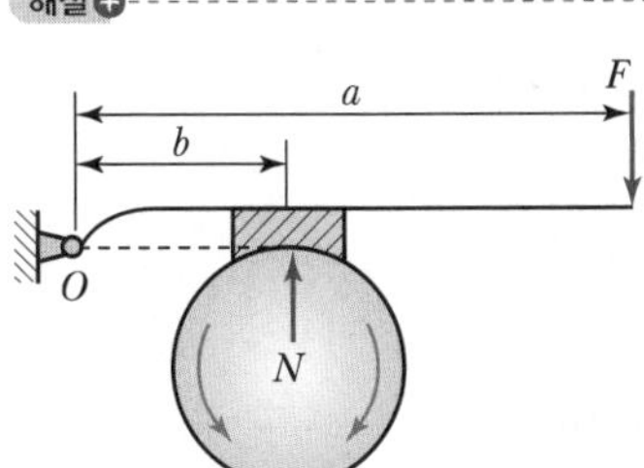

$\Sigma M_O=0$에서 $Fa-Nb=0$

$\therefore F=\dfrac{Nb}{a}$

[힌지점과 블록접촉부의 높이가 동일하므로 마찰력(μN)에 대한 모멘트가 좌회전과 우회전에 상관없이 존재하지 않는다.]

08 주철재 브레이크드럼에 주철재 브레이크 블록을 사용하려고 한다. 마찰계수 $\mu=0.25$, 허용브레이크 압력 $q=0.09\text{N/mm}^2$, 브레이크 용량은 0.10 N/mm² · m/sec로 결정하고 브레이크 드럼의 지름을 450mm로 할 때 드럼의 회전수(rpm)는 얼마인가?

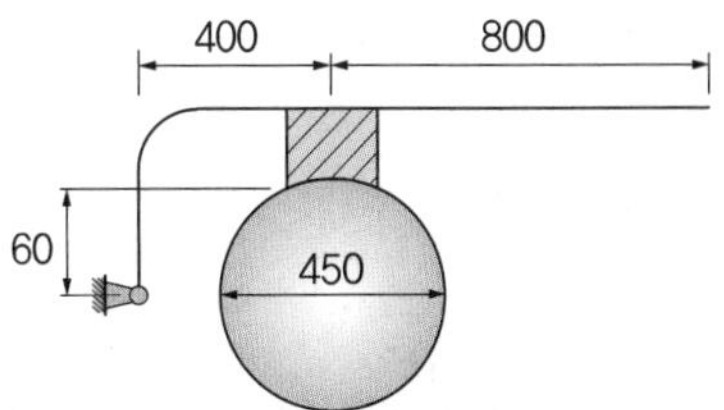

① 158.63　　② 168.63
③ 178.63　　④ 188.63

해설

브레이크용량 $\mu qV=\mu q\dfrac{\pi DN}{60,000}=0.1$에서

$$\therefore N=\frac{0.1\times 60,000}{\mu q\pi D}$$

$$=\frac{0.1\times 60,000}{0.25\times 0.09\times \pi\times 450}=188.63\text{rpm}$$

정답　07 ②　08 ④

13 스프링

스프링은 탄성변형이 큰 재료의 탄성을 이용하여 외력을 흡수하고, 탄성에너지로서 축적하는 특성이 있으며, 동적으로 고유진동을 가지고 충격을 완화하거나 진동을 방지하는 기능을 가진다. 또 축적한 에너지를 운동에너지로 바꾸는 스프링도 있다. 스프링은 강도 외에 강성도 고려하여야 한다.

1 스프링상수

$$k = \frac{W}{\delta} \text{(N/mm, kgf/mm)}$$

여기서, W : 스프링에 작용하는 하중
δ : W에 의한 스프링 처짐량

$$W = k\delta$$

2 스프링조합

1. 직렬조합

서로 다른 스프링이 직렬로 배열되어 하중 W를 받는다.

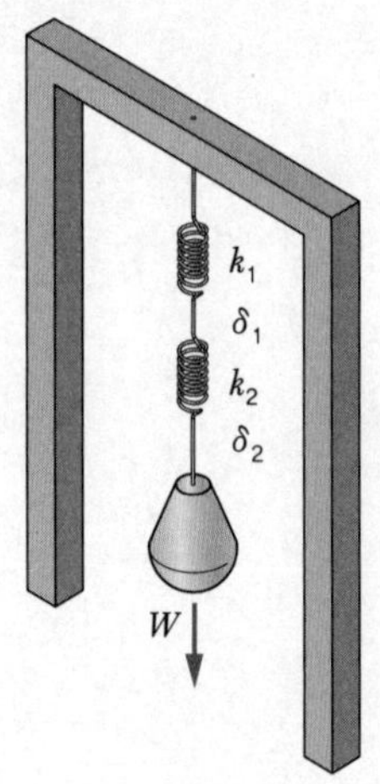

k : 조합된 스프링의 전체 스프링상수
δ : 조합된 스프링의 전체 처짐량
k_1, k_2 : 각각의 스프링상수
δ_1, δ_2 : 각각의 스프링처짐량

$$\delta = \delta_1 + \delta_2$$

$$\frac{W}{k} = \frac{W}{k_1} + \frac{W}{k_2}$$

$$\therefore \frac{1}{k} = \frac{1}{k_1} + \frac{1}{k_2}$$

2. 병렬조합

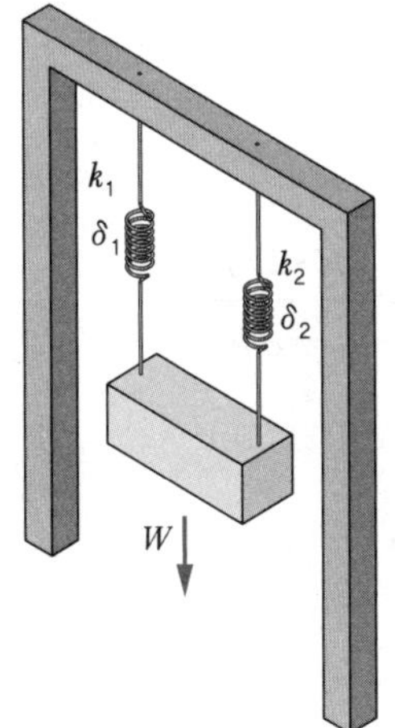

$$W = W_1 + W_2$$

$$k\delta = k_1\delta_1 + k_2\delta_2 \ (\delta = \delta_1 = \delta_2 \text{ 늘음량이 일정하므로})$$

$$\therefore \ k = k_1 + k_2$$

3 인장(압축)코일스프링

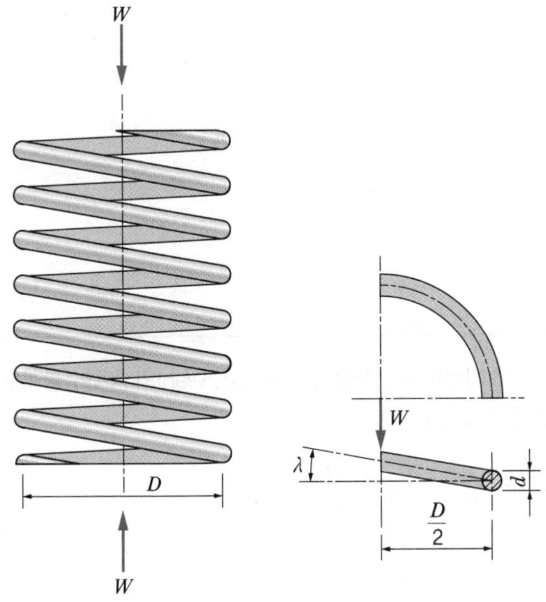

W : 스프링에 작용하는 하중(kgf)
D : 코일의 평균지름(mm)
δ : 스프링의 처짐량(mm)
n : 스프링의 유효감김수
τ : 비틀림에 의한 최대전단응력(N/mm²)
G : 스프링의 횡탄성계수(N/mm²)

1. 비틀림모멘트

$$T = W \cdot \frac{D}{2}$$

2. 소선에 발생하는 전단응력

$$T = \tau \cdot Z_P = \tau \cdot \frac{\pi d^3}{16} = W \cdot \frac{D}{2}$$ 에서 $\therefore \tau = \frac{8WD}{\pi d^3}$

소선의 휨과 하중 W에 의한 직접전단응력을 고려한 비틀림전단응력 $\tau = \frac{K8WD}{\pi d^3}$

- 와알의 응력수정계수 $K = \frac{4c-1}{4c-4} + \frac{0.615}{c}$
- 스프링지수 $c = \frac{D}{d}$

3. 스프링의 처짐량

$$\delta = \frac{8WD^3 n}{Gd^4}$$

4. 스프링의 탄성에너지(U)

$$U = \frac{1}{2} W\delta = \frac{1}{2} k\delta^2$$

예 제

01 코일스프링에서 축방향 작용하중을 P, 코일의 유효지름을 D, 소선의 지름을 d, Wahl의 응력수정계수를 K라 할 때 최대전단응력 τ_{max}를 구하는 식으로 옳은 것은?

❶ $\tau_{max} = K\frac{8PD}{\pi d^3}$

② $\tau_{max} = K\frac{8PD}{\pi d^2}$

③ $\tau_{max} = K\frac{4PD}{\pi d^3}$

④ $\tau_{max} = K\frac{4PD}{\pi d^2}$

해설 $T = \tau \cdot Z_P = \tau \cdot \frac{\pi d^3}{16} = P \cdot \frac{D}{2}$에서 $\tau = \frac{8PD}{\pi d^3}$

와알의 응력수정계수를 곱하면 $\tau_{max} = K\frac{8PD}{\pi d^3}$

02 코일스프링에서 코일의 지름이 30mm, 코일 소선의 지름이 6mm, 유효감김수는 8.5이고, 허용전단응력이 600MPa일 때 받을 수 있는 최대하중(N)은?(단, 와알의 응력수정계수는 1로 한다.)

① 980 ② 1,182 ③ 1,513 ❹ 1,696

해설 $T=\tau \cdot Z_P=\tau \cdot \frac{\pi d^3}{16}=W \cdot \frac{D}{2}$에서 $W=\frac{\tau \pi d^3}{8KD}=\frac{600\times\pi\times 6^3}{8\times 30\times 1}=1,696.5\text{N}$

03 지름 8mm의 스프링 강으로 코일의 평균지름 80mm, 스프링상수 10N/mm의 코일스프링을 만들려고 하면 유효 감김수는 약 얼마인가?(단, 선재의 전단탄성계수 80GPa이다.)

① 10 ❷ 8 ③ 6 ④ 4

해설 $\delta=\frac{8\,WD^3 n}{Gd^4}$과 $W=k\delta$에서 $n=\frac{Gd^4\delta}{8\,WD^3}=\frac{Gd^4\,W}{8\,WD^3 k}=\frac{Gd^4}{8\,D^3 k}=\frac{80\times 10^3\times 8^4}{8\times 80^3\times 10}=8$

4 판스프링

판스프링은 보통 좌우 대칭으로 사용하므로 강도설계 시 반쪽만을 고려하여 외팔보로 해석한다.

1. 단일 판스프링

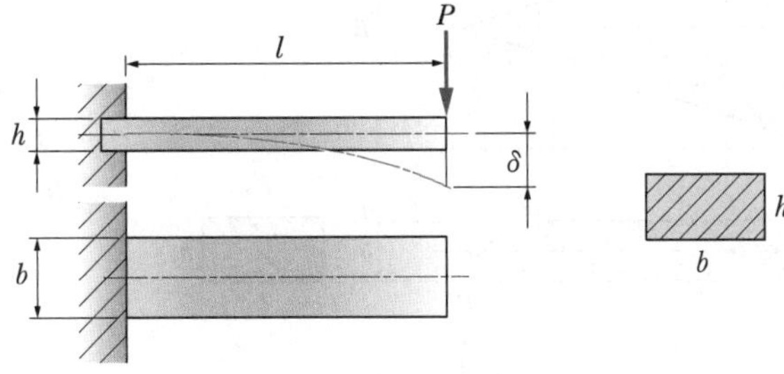

그림과 같은 외팔보에서

처짐량 $\delta=\frac{Pl^3}{3EI}\left(I=\frac{bh^3}{12}\text{ 대입}\right)\rightarrow \delta=\frac{4Pl^3}{Ebh^3}$

스프링상수 $k=\frac{P}{\delta}=\frac{3EI}{l^3}$(여기서, E : 종탄성계수)

최대굽힘응력 $\sigma_b=\frac{M_{max}}{Z}=\frac{P\cdot l}{\frac{bh^2}{6}}=\frac{6Pl}{bh^2}$

2. 외팔보형 삼각 판스프링

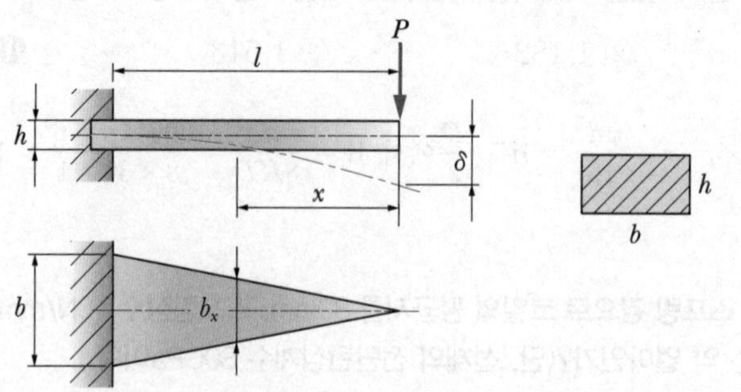

판이 균일한 강도를 유지하기 위해 외팔보의 고정단으로 갈수록 폭(b_x)이 증가하게 판의 단면을 만든다.

$$\sigma = \frac{6Pl}{b_x h^2}, \quad \delta = \frac{4Pl^3}{Ebh^3}$$

3. 겹판스프링

(1) 외팔보형 겹판스프링

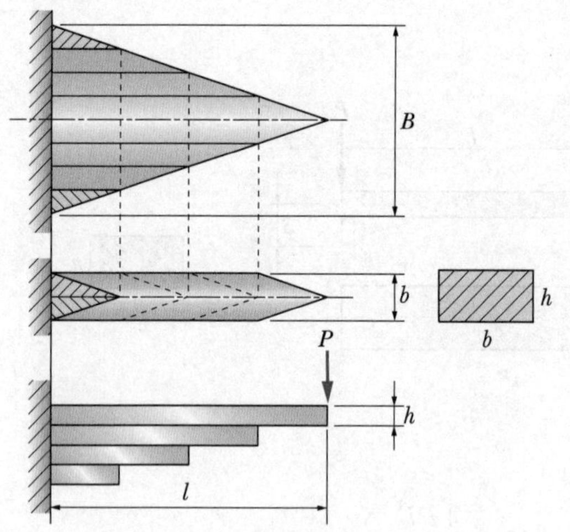

n : 겹판스프링의 판수
B : 폭(nb)
h : 판두께

삼각 판스프링은 고정단의 폭이 매우 넓어지므로 그림과 같이 삼각형판을 분할하여 폭 b로 겹쳐 놓아 균일강도를 유지하는 보형태의 스프링이다.

$$\sigma = \frac{6Pl}{nbh^2} \qquad \delta = \frac{4Pl^3}{Enbh^3}$$

(단일 판스프링식에서 b 대신 nb를 대입한다.)

(2) 양단지지 단순보형 겹판스프링

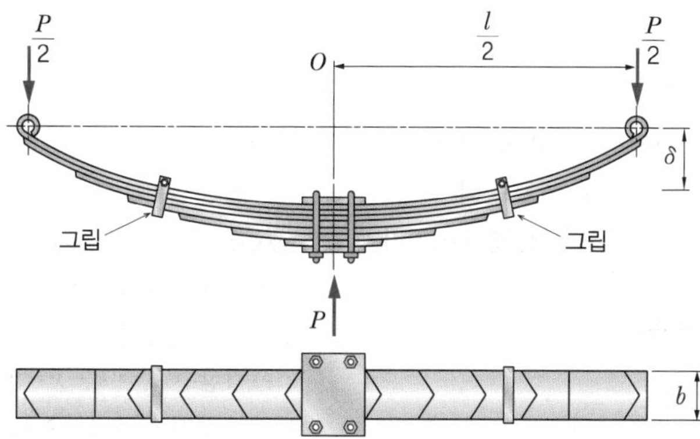

중앙에 집중하중 P가 작용하는 양단지지보에서 중앙단면의 응력 σ_{max}와 양단의 처짐은

$\sigma_{max} = \dfrac{6P \cdot l}{nbh^2}$, $\delta = K_1 \dfrac{Pl^3}{2EI} = K_1 \cdot \dfrac{6 \cdot Pl^3}{Enbh^3}\left(I = \dfrac{bh^3}{12}\right)$ 수식에 중앙 O를 고정단으로 하는 외팔보로 보고

위의 식에 l 대신 $\dfrac{l}{2}$, P 대신 $\dfrac{P}{2}$를 대입하면 $\sigma_{max} = \dfrac{6 \times \dfrac{P}{2} \times \dfrac{l}{2}}{nbh^2} = \dfrac{3}{2}\dfrac{P \cdot l}{nbh^2}$

겹판스프링에서 스팬길이 l은 각판을 고정하기 위해 그립(Grip)을 사용하기 때문에 스프링의 유효길이는 지지점 사이의 거리보다 작아진다. 스프링의 유효길이를 l_e라 하면 그립의 폭 e를 고려하여 $l_e = l - (0.5 \sim 0.6)e$로 설계한다. l 대신 l_e를 가지고 계산한다.

예 제

스팬 = 1,200mm, 폭 100mm, 판의 두께 10mm의 양단지지 겹판스프링에서 중앙에 10.44kN의 집중하중이 작용할 때 스프링의 판은 최소 몇 장 이상이어야 하는가?[단, 재료의 허용 굽힘응력은 441.45MPa이고, 밴드의 폭 e = 140mm이며, 유효스팬의 길이 l_1은 ($l_1 = l - 0.6e$)로 한다.]

① 6장 ② 5장 ❸ 4장 ④ 3장

해설 $\sigma_{max} = \dfrac{6 \times \dfrac{P}{2} \times \dfrac{l}{2}}{nbh^2} = \dfrac{3}{2}\dfrac{P \cdot l}{nbh^2}$에서 ($l \to l_1$ 적용)

$n = \dfrac{3Pl}{2bh^2\sigma_{max}} = \dfrac{3 \times 10.44 \times 10^3 \times (1{,}200 - 0.6 \times 140)}{2 \times 100 \times 10^2 \times 441.45} = 3.96 = 4$장

핵심 기출 문제

01 그림과 같이 두 개의 인장스프링이 직렬로 연결되어 450N의 하중을 지지하고 있다. 스프링상수 $k_1=$ 8N/mm, $k_2=$18N/mm라면 늘음량은 약 몇 mm인가?

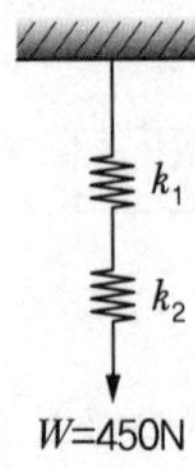

① 81.2 ② 84.2
③ 87.2 ④ 90.2

해설

직렬조합에서 전체 스프링상수 k는 $\frac{1}{k}=\frac{1}{k_1}+\frac{1}{k_2}$에서

$$k=\frac{k_1 k_2}{k_1+k_2}=\frac{8\times18}{8+18}=5.54\text{N/mm}$$

$$W=k\delta\text{에서 } \delta=\frac{W}{k}=\frac{450}{5.54}=81.23\text{mm}$$

02 도시된 스프링장치의 처짐량은 약 몇 mm인가? (단, $k=$1.5N/mm)

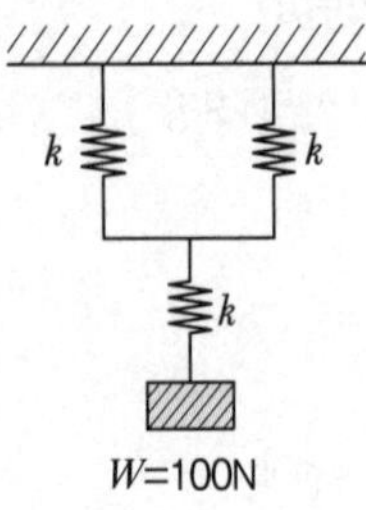

① 70 ② 80
③ 90 ④ 100

해설

직렬조합과 병렬조합이 합해져 있는 상태이다.
위 병렬조합에서
스프링상수 $k_1=k+k=1.5+1.5=3.0\text{N/mm}$
위에서 구한 스프링상수 k_1과 k가 직렬조합된 전체 스프링상수 k_2는 $\frac{1}{k_2}=\frac{1}{k_1}+\frac{1}{k}$에서

$$k_2=\frac{k_1 k}{k_1+k}=\frac{3\times1.5}{3+1.5}=1\text{N/mm}$$

$$W=k_2\delta\text{에서 } \delta=\frac{W}{k_2}=\frac{100}{1}=100\text{mm}$$

03 평균지름이 55mm이고 소선의 지름이 5mm인 코일 스프링에 하중이 1kN이 가해질 때 스프링에 발생하는 최대 전단 응력은 몇 GPa인가?(단, Wahl 응력수정계수 K를 적용하며, 그 식은 $K=\frac{4c-1}{4c-4}+\frac{0.615}{c}$이고, 여기서 c는 스프링지수이다.)

① 3.148 ② 2.214
③ 1.266 ④ 0.953

해설

$$c=\frac{D}{d}=\frac{55}{5}=11$$

$$\tau=\frac{K8WD}{\pi d^3}=\left(\frac{4c-1}{4c-4}+\frac{0.615}{c}\right)\times\frac{8WD}{\pi d^3}$$

$$=\left(\frac{4\times11-1}{4\times11-4}+\frac{0.615}{11}\right)\times\frac{8\times1\times10^3\times55}{\pi\times5^3}$$

$$=1{,}267.1\text{N/mm}^2=1{,}267.1\text{MPa}=1.267\text{GPa}$$

정답 01 ① 02 ④ 03 ③

04 코일스프링에서 하중을 P, 코일의 유효지름을 D, 소선의 지름을 d, 코일의 전단탄성계수를 G, 유효감김수를 n이라 할 때 코일스프링의 처짐량(δ)을 구하는 식은?

① $\delta = \dfrac{Gd^4}{8nPD^3}$ ② $\delta = \dfrac{Gnd^4}{8PD^3}$

③ $\delta = \dfrac{8nPD^3}{Gd^4}$ ④ $\delta = \dfrac{8PD^3}{Gnd^4}$

05 코일스프링에서 스프링 코일의 평균지름을 1.5배, 소선의 지름 역시 1.5배로 크게 하면 같은 축방향 하중에 의해 선재에 생기는 최대전단응력은 변경 전의 최대전단응력(τ_{max})의 약 몇 배로 되는가?(단, 응력수정계수는 변하지 않는다고 가정한다.)

① $0.125 \times \tau_{max}$ ② $0.444 \times \tau_{max}$

③ $1.5 \times \tau_{max}$ ④ $2.25 \times \tau_{max}$

해설

$$\tau_{max} = K\frac{8PD}{\pi d^3}$$

$$\rightarrow \tau_{max}{}' = \frac{8W \times 1.5D}{\pi(1.5d)^3} = \frac{1}{1.5^2} \cdot \frac{8WD}{\pi d^3} = 0.444\tau_{max}$$

06 겹판스프링의 일반적인 특징에 관한 설명으로 틀린 것은?

① 판 사이의 마찰에 의해 진동을 감쇠한다.
② 내구성이 좋고, 유지보수가 용이하다.
③ 트럭 및 철도차량의 현가장치로 이용된다.
④ 판 사이의 마찰작용에 의해 특히 미소진동의 흡수에 유리하다.

07 공기스프링에 대한 일반적인 특징 설명으로 옳지 않은 것은?

① 하중과 변형의 관계가 비선형적이다.
② 측면하중에 대한 강성이 강하다.
③ 공기의 압축성에 따른 감쇠 특성이 있어서 미소진동의 흡수가 가능하다.
④ 공기탱크 등의 부대 장치가 필요하여 구조가 복잡하고 제작비가 비싸다.

해설

오른쪽 그림과 같은 공기스프링은 수직하중에 대한 강성은 크나 측면하중에 대한 강성이 약하다.

08 원통코일스프링의 평균지름 $D=40$mm, 코일 단면지름 $d=5$mm, 코일의 가로탄성계수 $G=8{,}000$ N/mm²이다. 코일 단면에 생기는 전단응력은 비틀림 모멘트에 의한 전단응력만 고려하고, 그 최댓값이 15N/mm²일 때 스프링의 처짐량 $\delta=11.31$mm이다. 스프링의 유효감김수 n은 얼마인가?(단, 스프링상수 $K=\dfrac{Gd^4}{8D^3n}$으로 주어진다.)

① 4 ② 6

③ 8 ④ 10

해설

$$T = W \cdot \frac{D}{2} = \tau \cdot Z_P = \tau \cdot \frac{\pi d^3}{16} \text{에서}$$

$$W = \frac{\tau\pi d^3 \cdot 2}{16D} = \frac{15 \times \pi \times 5^3 \times 2}{16 \times 40} = 18.41\text{N}$$

$$\delta = \frac{8WD^3 n}{Gd^4} \text{에서}$$

$$n = \frac{Gd^4\delta}{8WD^3} = \frac{8{,}000 \times 5^4 \times 11.31}{8 \times 18.41 \times 40^3} = 5.99 \fallingdotseq 6$$

정답 04 ③ 05 ② 06 ④ 07 ② 08 ②

설계과목 기출 문제

01 원판 모양의 밸브 디스크가 회전하면서 관을 개폐하여서 유량을 조절하며, 보통 교축밸브(throttle valve)로 사용되는 것은?

① 나비형 밸브 ② 슬루스 밸브
③ 스톱 밸브 ④ 콕

해설

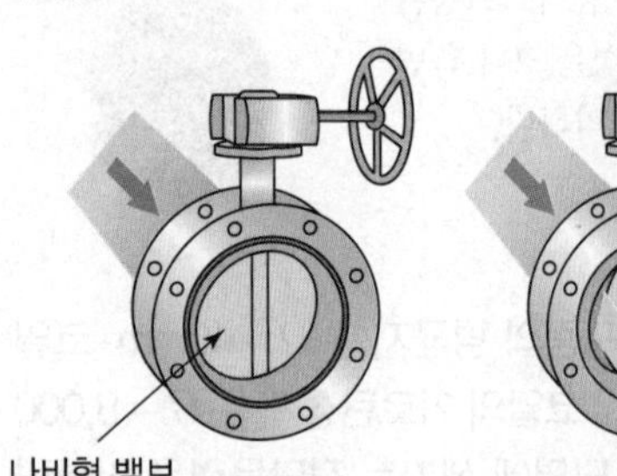

| 밸브 닫힘 | | 밸브 열림 |

02 1초당 50리터의 물을 수송하는 바깥지름 165mm, 두께 5mm인 강관에 대해 설계 검증하고자 할 때 다음 중 틀린 것은?(단, 관의 허용응력은 100MPa이며, 기타 사항은 무시한다.)

① 관 내부의 단면적은 약 0.01887m^2이다.
② 관 내부의 유속은 약 2.65m/s이다.
③ 시간당 유량은 약 $180\text{m}^3/\text{h}$이다.
④ 관에는 최대 3.226MPa의 내압을 가할 수 있다.

해설

- $A = \dfrac{\pi d_1^2}{4} = \dfrac{\pi \times 0.155^2}{4} = 0.01887\text{m}^2$
- $V = \dfrac{Q}{A} = \dfrac{50 \times 10^{-3}(\text{m}^3/\text{s})}{0.01887(\text{m}^2)} = 2.65\text{m/s}$
- $50 \times 10^{-3}(\text{m}^3/\text{s}) = \dfrac{50 \times 10^{-3}(\text{m}^3)}{1(\text{s})\left(\dfrac{1\text{h}}{3{,}600(\text{s})}\right)}$

  $= 180\text{m}^3/\text{h}$
- $p = \dfrac{2 \times 5 \times 100}{155} = 6.45\text{N/mm}^2$

  $= 6.45 \times 10^6\text{N/m}^2 = 6.45\text{MPa}$

03 관의 안지름을 D[cm], 평균유속을 v[m/s]라 하면 평균유량 Q[m³/s]는?

① $D^2 v$ ② $\pi D^2 v$
③ $\pi D^2 v/400$ ④ $\pi D^2 v/40{,}000$

해설

$$Q = AV = \frac{\pi D^2}{4}(\text{cm}^2) \times V(\text{m/s})$$
$$= \frac{\pi D^2}{4} \times 10^{-4}(\text{m}^2) \times V(\text{m/s})$$
$$= \frac{\pi D^2 V}{40{,}000}(\text{m}^3/\text{s})$$

04 1초당 50리터의 물을 수송하는 바깥지름 200mm, 두께 6mm인 강관에 대해 설계 검증하고자 할 때 다음 중 틀린 것은?(단, 관의 허용응력은 100MPa이며, 기타 사항은 무시한다.)

① 관내부의 단면적은 약 0.027759m^2이다.
② 관내부의 평균 유속은 약 3.2m/s이다.
③ 시간당 유량은 약 $180\text{m}^3/\text{h}$이다.
④ 관에는 최대 약 6MPa의 내압을 가할 수 있다.

정답 01 ① 02 ④ 03 ④ 04 ②

해설

- $A = \frac{\pi d_1^2}{4} = \frac{\pi \times 0.188^2}{4} = 0.027759\text{m}^2$
- $V = \frac{Q}{A} = \frac{50 \times 10^{-3}(\text{m}^3/\text{s})}{0.027759(\text{m}^2)} = 1.8\text{m/s}$
- $50 \times 10^{-3}(\text{m}^3/\text{s}) = \frac{50 \times 10^{-3}(\text{m}^3)}{1(\text{s})\left(\frac{1\text{h}}{3{,}600(\text{s})}\right)} = 180\text{m}^3/\text{h}$
- $p = \frac{2 \times 6 \times 100}{188} = 6.38\text{N/mm}^2$

$= 6.38 \times 10^6\text{N/m}^2 \fallingdotseq 6\text{MPa}$

05 증기, 가스 등의 유체가 제한된 최고 압력을 초과했을 때 자동적으로 밸브가 열려서 유체를 외부로 배출하며, 배출이 끝난 후에는 압력이 정확하게 유지되고 제한 압력보다 너무 내려가지 않아야 하는 것은?

① 릴리프 밸브(Relief valve)
② 정지 밸브(Stop valve)
③ 체크 밸브(Check valve)
④ 나비형 밸브(Butterfly valve)

해설

포핏형 릴리프 밸브

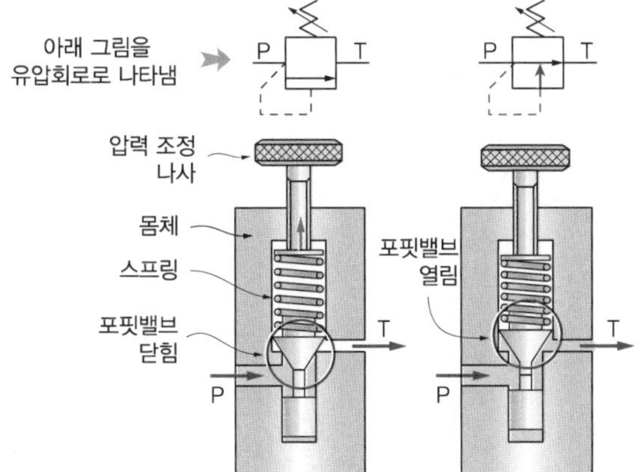

06 온도변화에 따른 관의 열응력 발생이 우려될 때는 이를 흡수하기 위한 신축 관이음을 사용하게 되는데 다음 중 신축 관이음에 속하지 않는 것은?

① 플랜지(Flange) 이음 ② 주름관 이음
③ 미끄럼 이음 ④ 스위블(Swivel) 이음

해설

| 플랜지 이음 |

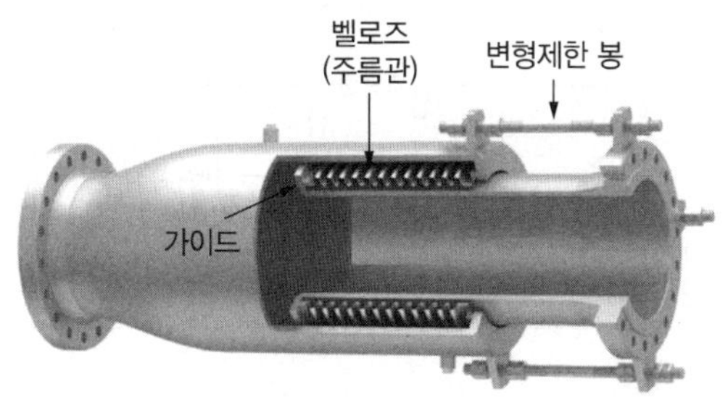

| 주름관 이음 |

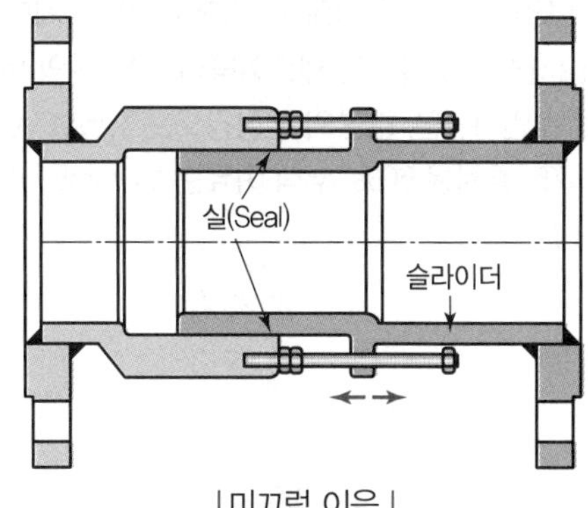

| 미끄럼 이음 |

정답 05 ① 06 ①

| 스위블(Swivel) 이음 |

07 역류를 방지하고 유체를 한쪽 방향으로만 흐르게 하는 밸브는?

① 스톱 밸브 ② 나비형 밸브
③ 감압 밸브 ④ 체크 밸브

해설

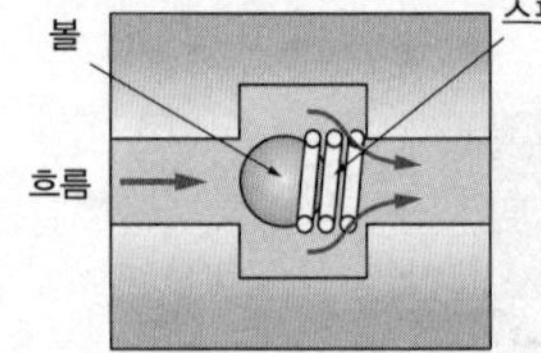

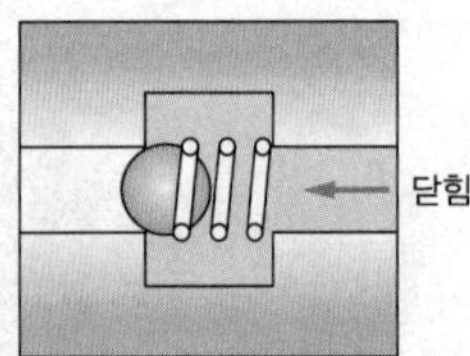

08 보일러 동체의 지름이 500mm이고, 게이지압력이 12기압인 보일러의 세로이음의 경우 판의 두께는 약 몇 mm인가?(단, 강판의 인장강도는 125MPa, 안전율은 4.75, 효율은 60%, 부식 여유는 1.0mm인 리벳이음이다.)

① 20.3 ② 23.3
③ 26.3 ④ 29.3

해설

압력 $p = 12 \times 1.0332 = 12.3984\text{kgf/cm}^2$

$= 12.3984 \times 10^{-2}\text{kgf/mm}^2 = 1.22\text{N/mm}^2$

$$\sigma_a = \frac{\sigma_s}{S} = \frac{125}{4.75} = 26.32\text{N/mm}^2$$

$$\sigma_a = \frac{p \cdot d}{2t} \text{에서}$$

$$t = \frac{p \cdot d}{2\sigma_a \eta} + C(\text{부식 여유})$$

$$= \frac{1.22 \times 500}{2 \times 26.32 \times 0.6} + 1 = 20.3\text{mm}$$

정답 07 ④ 08 ①

CHAPTER

04 유공압 시스템설계

01 유압기기의 개요

1 유압기기의 정의

유압펌프로 윤활성과 점도가 있는 작동유체에 압력에너지를 공급하여, 이것이 배관, 각종 제어밸브 및 그 부속장치를 거쳐 유압모터, 유압실린더 등으로 공급되는 유압동력을 제어하는 기기이다.

2 유압장치의 구성 및 작동원리

1. 유압기기의 4대 구성요소

① **유압탱크** : 유압유 저장
② **유압펌프** : 압력에너지 발생
③ **유압제어밸브** : 유압유의 압력, 유량, 방향을 제어
④ **유압작동기** : 유압을 기계적인 일로 변환(액추에이터, 유압모터)

2. 작동원리

유압펌프 : 윤활성과 점도를 갖는 작동유체에 압력에너지 공급 → 배관, 제어밸브 : 유압을 제어

→ 유압모터(회전운동), 유압실린더(직선왕복운동) : 기계적인 일로 변환

3 유압장치의 특징

1. 장점

① 유량을 조절하여 무단변속 운전을 할 수 있다.
② 유압에너지원을 축적할 수 있다(어큐뮬레이터).
③ 각종 제어밸브를 이용하여 압력제어, 유량제어, 방향제어를 할 수 있고, 작동이 원활하며 진동이 적다.
④ 파스칼의 원리를 이용하여 작은 힘으로 큰 힘을 얻을 수 있다[건설기계(굴삭기)].
⑤ 회전운동과 직선운동이 자유로우며, 원격조작과 자동제어가 가능하다.
⑥ 입력에 대한 출력의 응답특성이 빠르다.
⑦ 유압유를 매체로 하므로 녹을 방지할 수 있으며, 윤활성이 좋고 충격을 완화하여 장시간 사용할 수 있다.

2. 단점

① 유압유의 압력이 높은 경우는 액추에이터에 충격이 생기고 기름이 새기 쉽다(누유위험).
② 유압유의 온도가 높아지면 유압유의 점도가 변하므로, 액추에이터의 출력이나 속도가 변하기 쉽다(온도변화에 민감).
③ 유압유에 공기나 먼지가 섞여 들어가면 고장을 일으키기 쉽다.
④ 인화에 따른 폭발위험이 크다.
⑤ 전기제어회로에 비하여 유압회로의 구성이 복잡하고 어렵다.
⑥ 공기압 장치보다 작동속도가 떨어지고 배관이 상대적으로 복잡하다.

핵심 기출 문제

01 그림과 같은 유압잭에서 지름이 $D_2 = 2D_1$일 때, 누르는 힘 F_1와 F_2의 관계를 나타낸 식으로 옳은 것은?

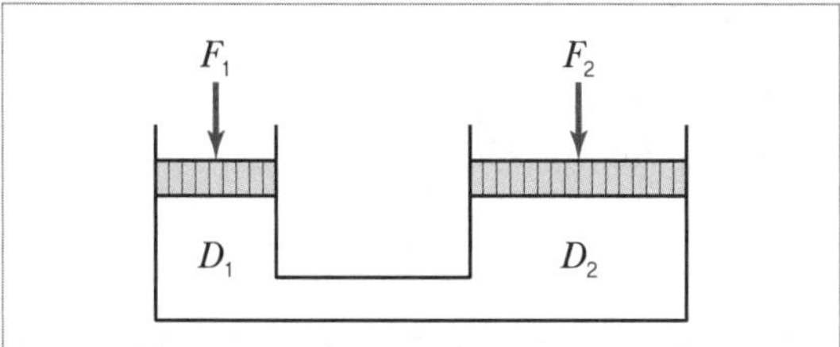

① $F_2 = F_1$ ② $F_2 = 2F_1$
③ $F_2 = 4F_1$ ④ $F_2 = 8F_1$

해설

$P = \dfrac{F_1}{A_1} = \dfrac{F_2}{A_2}$

$A_1 = \dfrac{\pi}{4}D_1^{\,2}$, $A_2 = \dfrac{\pi}{4}D_2^{\,2}$이므로

$\therefore F_2 = \dfrac{D_2^{\,2}}{D_1^{\,2}}F_1 = 4F_1$

02 유압기기와 관련된 유체의 동역학에 관한 설명으로 옳은 것은?

① 유체의 속도는 단면적이 큰 곳에서는 빠르다.
② 유속이 작고 가는 관을 통과할 때 난류가 발생한다.
③ 유속이 크고 굵은 관을 통과할 때 층류가 발생한다.
④ 점성이 없는 비압축성의 액체가 수평관을 흐를 때, 압력수두와 위치수두 및 속도수두의 합은 일정하다.

해설

① 유체의 속도는 단면적이 큰 곳에서는 느리다.
② 유속이 느리고 가는 관을 통과할 때 층류가 발생한다.
③ 유속이 빠르고 굵은 관을 통과할 때 난류가 발생한다.

03 다음 중 유압기기의 장점이 아닌 것은?

① 정확한 위치 제어가 가능하다.
② 온도 변화에 대해 안정적이다.
③ 유압에너지원을 축적할 수 있다.
④ 힘과 속도를 무단으로 조절할 수 있다.

해설

유압기기는 유압유의 온도 변화에 따라 점도가 변하여 액추에이터의 출력이나 속도가 변하기 쉽다.

04 유입관로의 유량이 25L/min일 때 내경이 10.9mm라면 관 내 유속은 약 몇 m/s인가?

① 4.47 ② 14.62
③ 6.32 ④ 10.27

해설

$Q = AV$

$V = \dfrac{Q}{A} = \dfrac{4Q}{\pi D^2} = \dfrac{4 \times 25 \times 10^{-3}}{60 \times \pi \times 0.0109^2} = 4.465\,\mathrm{m/s}$

05 유압프레스의 작동원리는 다음 중 어느 이론에 바탕을 둔 것인가?

① 파스칼의 원리
② 보일의 법칙
③ 토리첼리의 원리
④ 아르키메데스의 원리

해설

파스칼의 원리
밀폐용기 내에 가해진 압력은 모든 방향으로 같은 압력이 전달된다.

정답 01 ③ 02 ④ 03 ② 04 ① 05 ①

06 다음 중 점성계수의 차원으로 옳은 것은?(단, M은 질량, L은 길이, T는 시간이다.)

① $ML^{-2}T^{-1}$ ② $ML^{-1}T^{-1}$
③ MLT^{-2} ④ $ML^{-2}T^{-2}$

해설

$\mu = \mathrm{N \cdot s/m^2 = kg \cdot m/s^2 \cdot s/m^2 = kg/(m \cdot s)}$
$= [ML^{-1}T^{-1}]$

07 기름의 압축률이 $6.8\times10^{-5}\mathrm{cm^2/kg_f}$일 때 압력을 0에서 $100\mathrm{kg_f/cm^2}$까지 압축하면 체적은 몇 % 감소하는가?

① 0.48 ② 0.68
③ 0.89 ④ 1.46

해설

$$K = \frac{\Delta P}{-\frac{\Delta V}{V}} = \frac{1}{\beta}$$

$\varepsilon_v = \beta \times \Delta P = 6.8\times10^{-5}\times100 = 6.8\times10^{-3}$
$= 0.68\%$

08 공기압 장치와 비교하여 유압장치의 일반적인 특징에 대한 설명 중 틀린 것은?

① 인화에 따른 폭발의 위험이 적다.
② 작은 장치로 큰 힘을 얻을 수 있다.
③ 입력에 대한 출력의 응답이 빠르다.
④ 방청과 윤활이 자동적으로 이루어진다.

해설

유압장치는 인화에 따른 폭발위험이 크다.

09 비중량(Specific Weight)의 MLT계 차원은?(단, M : 질량, L : 길이, T : 시간)

① $ML^{-1}T^{-1}$ ② $ML^{2}T^{-3}$
③ $ML^{-2}T^{-2}$ ④ $ML^{2}T^{-2}$

해설

$$\text{비중량} = \frac{\text{중량}}{\text{부피}}$$

$$\rightarrow \frac{\mathrm{N}}{\mathrm{m^3}} = \frac{\mathrm{kg \cdot m}}{\mathrm{s^2 m^3}} = \frac{\mathrm{kg}}{\mathrm{s^2 m^2}}\,[ML^{-2}T^{-2}]$$

10 유압장치 내에서 요구된 일을 하며 유압에너지를 기계적 동력으로 바꾸는 역할을 하는 유압 요소는?

① 유압탱크
② 압력게이지
③ 에어탱크
④ 유압액추에이터

정답 06 ② 07 ② 08 ① 09 ③ 10 ④

02 유압작동유

1 작동유

유압장치에서 동력전달을 하는 매체이며, 기기의 윤활작용, 실(Seal)작용 및 방청작용을 한다.

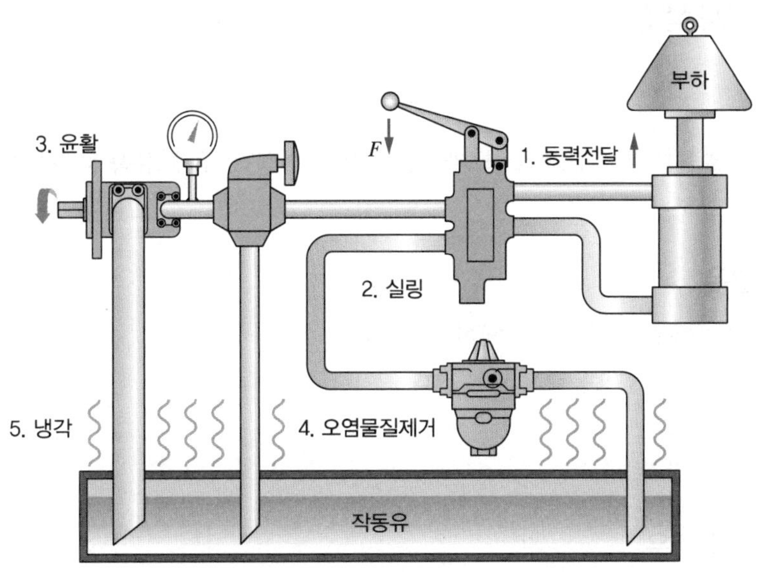

핸들에 조작력 F를 가하면 작동유에 의해 부하실린더가 상승한다.

2 작동유가 갖추어야 할 조건

① 동력을 정확하게 전달하고 유압시스템의 성능이 최적인 상태로 운전될 수 있도록 비압축성이고 유동성이 좋아야 한다(체적탄성계수가 커야 한다).
② 온도의 변화에 따른 점성의 변화가 작아야 한다(점도지수가 커야 한다).
③ 유동점(오일이 응고점에 도달하기 전의 유동성을 보장하는 온도)이 낮아야 한다.
④ 기기의 작동을 원활하게 하기 위하여 윤활성(Lubricity)이 좋아야 한다.
⑤ 고무나 도료를 녹이지 않아야 한다.
⑥ 장시간의 사용에 대하여 물리적 · 화학적 성질이 변하지 않으며, 특히 산성에 대한 안정성이 좋아야 한다.
⑦ 물이나 공기 및 미세한 먼지 등을 빠르고 쉽게 분리할 수 있어야 한다.
⑧ 녹이나 부식 발생이 방지되어야 한다.
⑨ 화기에 쉽게 연소되지 않도록 내화성이 좋아야 한다(인화점, 연소점이 높아야 한다).
⑩ 발생된 열이 쉽게 방출될 수 있도록 열전달률이 높아야 한다.

⑪ 열에 의한 작동유의 체적변화가 크지 않도록 열팽창계수가 작아야 한다.
⑫ 거품이 일지 않아야 한다(소포성).
⑬ 비중은 작고 비열은 커야 한다.
⑭ 값이 싸고 이용도가 높아야 한다.

3 작동유의 실용적 성질

1. 점도 변화

작동유의 점도는 효율, 마찰손실, 발열량, 마모량, 유막의 형성 및 두께, 유속 등 장치에 직접적인 영향을 미치므로 매우 중요하다.

(1) 점도가 높을 경우

① 내부마찰의 증가와 온도 상승(캐비테이션 발생)
② 마찰손실에 의한 유압펌프동력 소모가 크다.
③ 동력전달 효율 감소
④ 작동유의 응답성 감소

(2) 점도가 너무 낮을 경우

① 작동유 누설[실(Seal) 효과 감소]
② 펌프 용적효율 저하(누설에 따른 원인)
③ 마찰부분의 마모 증대(부품 간의 유막형성의 저하에 따른 원인)
④ 정밀한 조절과 제어가 곤란

(3) 점도지수(Viscosity Index ; *VI*)

① 작동유의 온도 변화에 따른 점도 변화를 나타낸다.
② 점도지수가 클수록 온도 변화에 따른 점도 변화가 적다.
③ 압력의 증대에 따라 점도지수도 증가한다.
④ 점도지수가 큰 작동유를 선택해야 한다.

2. 소포성

(1) 작동유 중에 혼입된 공기를 제거하는 성질이다.

(2) 5～10%의 공기가 용해되어 있다.

(3) 공기의 용해량은 압력증가와 온도저하에 따라 증가한다.

(4) 작동유 내에 공기가 미치는 영향

① 실린더의 운전 불량[압축성 증가(스펀지 현상), 숨돌리기 현상 발생]
② 작동유의 열화 촉진
③ 윤활성 저하
④ 공동현상(캐비테이션 ; Cavitation) 발생

3. 방청 · 방식성

작동유는 녹의 발생, 금속의 부식을 방지해야 한다.

4 작동유의 종류

1. 석유계 작동유 – R&O형 작동유

일반산업용으로 가장 널리 사용되는 작동유로서, 주로 파라핀계 원유를 정제한 것에 산화방지제와 녹방지제를 첨가한 것이다(석유계 작동유를 동관에 사용하려면 관 내부에 카드뮴 또는 니켈을 도금하여 사용해야 한다).

2. 수성형 작동유 – 난연성 작동유

① 내식성과 윤활성이 우수한 물 – 글리콜형 작동유
② 난연성이 뛰어난 유화계
　㉠ 유중수형 수화액 : W/O형 에멀션 → Oil 60% + 물 40%
　㉡ 수중유형 유화액 : O/W형 에멀션 → 물 95% + Oil 5%
　㉢ 사용처 : 각종 프레스기계용, 압연기용, 광산기계용

3. 합성 작동유 – 난연성 작동유

① 화학적으로 합성된 작동유로서, 석유계에 비하여 유동성, 난연성이 좋으며, 내마모성이 우수하고 고온 · 고압에서의 안정성 등이 뛰어난 반면에 값이 비싸다.
② 인산에스테르, 염화수소, 탄화수소
③ 사용처 : 항공기용, 정밀제어장치용

5 작동유의 첨가제 종류

산화방지제, 방청제(유기산 에스테르), 점도지수 향상제, 소포제(실리콘유), 항유화 향상제, 유동점 강하제 등

6 공동현상(캐비테이션 ; Cavitation)

1. 공동현상

저압부가 생기면 작동유 속에서 기포가 발생하여 분리되는 현상으로 펌프의 체적효율 감소, 소음과 진동, 침식, 부식 등의 원인이 된다.

2. 방지법

① 흡입관 내의 유속이 3.5m/s 이하가 되도록 한다(유속이 빨라지면 저압부 발생).
② 펌프의 설치 높이를 가능한 한 낮춘다.
③ 흡입 측의 압력손실을 가능한 한 적게 한다.
④ 펌프의 회전수를 낮추어 흡입속도를 낮춘다.
⑤ 유압펌프의 흡입구와 흡입관의 직경을 같게 한다.
⑥ 흡입관의 스트레이너(여과기)를 설치해 이물질을 제거한다.

7 플러싱(Flushing)

1. 플러싱

유압시스템 구성기기 내부의 이물질을 제거하거나 작동유 교환 시 오래된 오일과 슬러지를 용해시켜 오염물질들을 회로 밖으로 내보내 회로를 깨끗하게 하는 작업이다.

2. 플러싱 방법

① 오일의 점도 : 보통은 작동유와 비슷한 것, 슬러지 용해 시에는 조금 낮은 점도의 오일 사용
② 플러싱유의 온도는 유압유 온도보다 20~30℃ 높게 하여 플러싱한다.
③ 방청성을 가진 오일 사용
④ 오일 탱크는 플러싱 전용 히터를 사용하여 오일을 가열하고 회로 출구의 끝에 여과기를 설치하여 플러싱유를 순환시켜서 배관 내의 이물질을 제거한다.
⑤ 플러싱 오일을 사용하는 방법과 산세정법 등이 있다.

핵심 기출 문제

01 점성계수(Coefficient of Viscosity)는 기름의 중요 성질이다. 점성이 지나치게 클 경우 유압기기에 나타나는 현상이 아닌 것은?

① 유동저항이 지나치게 커진다.
② 마찰에 의한 동력손실이 증대된다.
③ 부품 사이에 윤활작용을 하지 못한다.
④ 밸브나 파이프를 통과할 때 압력손실이 커진다.

해설

점성이 작을 때 윤활작용을 하지 못해 부품마모가 증가한다.

02 유압장치에서 실시하는 플러싱에 대한 설명으로 옳지 않은 것은?

① 플러싱하는 방법은 플러싱 오일을 사용하는 방법과 산세정법 등이 있다.
② 플러싱은 유압 시스템의 배관 계통과 시스템 구성에 사용되는 유압 기기의 이물질을 제거하는 작업이다.
③ 플러싱 작업을 할 때 플러싱유의 온도는 일반적인 유압시스템의 유압유 온도보다 낮은 20~30℃ 정도로 한다.
④ 플러싱 작업은 유압기계를 처음 설치하였을 때, 유압작동유를 교환할 때, 오랫동안 사용하지 않던 설비의 운전을 다시 시작할 때, 부품의 분해 및 청소 후 재조립하였을 때 실시한다.

해설

플러싱유의 온도는 유압시스템의 유압유보다 20~30℃ 높게 하여 플러싱을 진행한다.

03 다음 중 작동유의 방청제로서 가장 적당한 것은?

① 실리콘유 ② 이온화합물
③ 에나멜화합물 ④ 유기산 에스테르

해설

- 방청제 : 유기산 에스테르, 지방산염, 유기인화합물
- 소포제 : 실리콘유

04 유압작동유에서 공기의 혼입(용해)에 관한 설명으로 옳지 않은 것은?

① 공기 혼입 시 스펀지 현상이 발생할 수 있다.
② 공기 혼입 시 펌프의 캐비테이션 현상을 일으킬 수 있다.
③ 압력이 증가함에 따라 공기가 용해되는 양도 증가한다.
④ 온도가 증가함에 따라 공기가 용해되는 양도 증가한다.

해설

작동유 내에 공기가 미치는 영향
- 실린더의 운전불량(압축성 증대, 숨돌리기 현상 발생)
- 작동유의 열화 촉진
- 윤활성 저하
- 공동현상(Cavitation) 발생
- 공기의 용해량은 압력증가와 온도저하에 따라 증가

05 다음 유압작동유 중 난연성 작동유에 해당하지 않는 것은?

① 물-글리콜형 작동유 ② 인산 에스테르형 작동유
③ 수중 유형 유화유 ④ R&O형 작동유

정답 01 ③ 02 ③ 03 ④ 04 ④ 05 ④

해설

석유계 작동유(R&O형 작동유)는 난연성이 아니다.

06 일반적으로 저점도유를 사용하며 유압시스템의 온도도 60~80℃ 정도로 높은 상태에서 운전하여 유압시스템 구성기기의 이물질을 제거하는 작업은?

① 엠보싱 ② 블랭킹
③ 플러싱 ④ 커미싱

해설

플러싱
유압회로 내의 이물질을 제거하거나 작동유 교환 시 오래된 오일과 슬러지를 용해하여 오염물의 전량을 회로 밖으로 배출시켜서 회로를 깨끗하게 하는 작업이다.

07 유압회로에서 캐비테이션이 발생하지 않도록 하기 위한 방지대책으로 가장 적합한 것은?

① 흡입관에 급속 차단장치를 설치한다.
② 흡입 유체의 유온을 높게 하여 흡입한다.
③ 과부하 시에는 패킹부에서 공기가 흡입되도록 한다.
④ 흡입관 내의 평균유속이 3.5m/s 이하가 되도록 한다.

해설

Cavitation 발생 방지대책
- 흡입관 내의 유속이 3.5m/s 이하가 되도록 한다.
- 펌프의 설치 높이를 낮춘다.
- 흡입 측의 압력손실을 적게 한다.
- 펌프의 회전수를 낮추어 흡입속도를 낮춘다.
- 유압펌프의 흡입구와 흡입관의 직경을 같게 한다.
- 흡입관 스트레이너 등의 이물질을 제거한다.

08 유압작동유의 점도가 너무 높은 경우 발생되는 현상으로 거리가 먼 것은?

① 내부마찰이 증가하고 온도가 상승한다.
② 마찰손실에 의한 펌프동력 소모가 크다.
③ 마찰부분의 마모가 증대된다.
④ 유동저항이 증대하여 압력손실이 증가한다.

해설

점도가 낮으면 마찰부분의 마모가 증대된다.

09 다음과 같은 특징을 가진 유압유는?

- 난연성 작동유에 속함
- 내마모성이 우수하여 저압에서 고압까지 각종 유압펌프에 사용됨
- 점도지수가 낮고 비중이 커서 저온에서 펌프 시동 시 캐비테이션이 발생하기 쉬움

① 인산 에스테르형 작동유
② 수중 유형 유화유
③ 순광유
④ 유중 수형 유화유

해설

합성형 작동유 – 난연성 작동유
- 화학적으로 합성된 작동유로서, 석유계에 비하여 유동성, 난연성이 좋으며, 고온 · 고압에서의 안정성 등이 뛰어난 반면에 값이 비싸다.
- 인산 에스테르, 염화수소, 탄화수소 등이 있다.

정답 06 ③ 07 ④ 08 ③ 09 ①

03 유압펌프

1 유압펌프

기계적 에너지를 유압에너지로 변환시키는 기기이다.

2 유압펌프의 분류

밀폐된 용기 내에서 용기와 피스톤 사이의 빈 곳에 액체를 넣어, 그 체적을 압축시킴으로써 토출되는 펌프를 용적형 펌프라 한다.

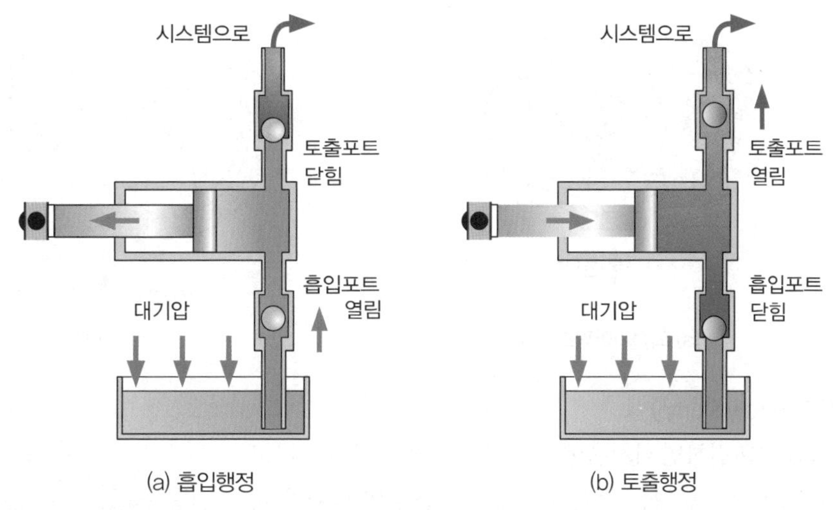

| 용적형 펌프의 원리 |

1. 기어펌프

(1) 개요

케이싱 안에서 물리는 두 개 이상의 기어에 의하여 액체를 흡입 쪽으로부터 토출 쪽으로 밀어내는 형식의 펌프이다.

(2) 특징

① 구조가 간단하여 운전보수가 용이하다.

② 다루기 쉽고 가격이 저렴하다.

③ 작동유 오염에 비교적 강한 편이다.

④ 펌프의 효율은 피스톤펌프에 비하여 떨어진다.

⑤ 가변용량형으로 만들기가 곤란하고, 누설이 많다.

⑥ 흡입 능력이 가장 크다.

⑦ 토출량의 맥동이 적으므로 소음과 진동이 적다.

(3) 종류

① 외접기어펌프

㉠ 2개의 기어가 케이싱 안에서 맞물리면서 고속회전하고, 케이싱입구에서 흡입한 작동유는 케이싱 벽면을 따라 이동한 후 송출된다. 전동기에 연결된 구동기어가 종동기어를 회전시킨다.

㉡ 공작기계, 건설기계 등에 사용한다.

② 로브펌프(Robe Pump)

㉠ 구동원리는 외접기어펌프와 같으며, 세 개의 회전자가 연속적으로 접촉하여 회전하므로 소음의 발생이 적다.

㉡ 1회전당 토출량은 외접기어펌프보다 많으나 토출량의 변동은 약간 크다.

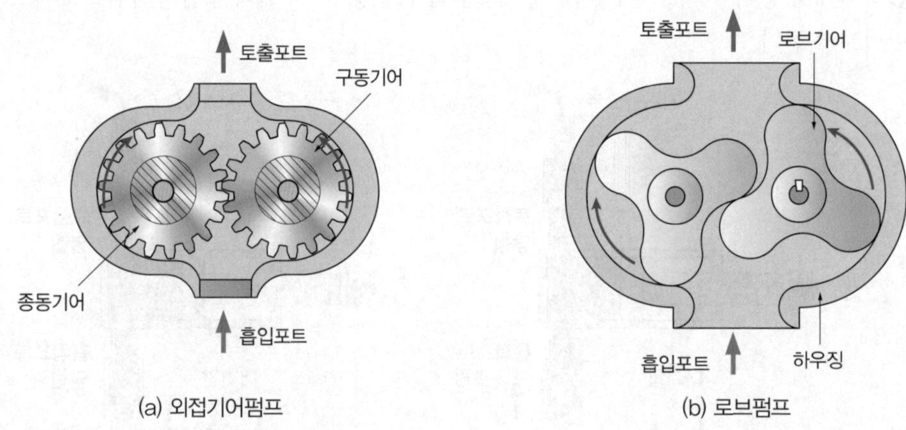

(a) 외접기어펌프 (b) 로브펌프

③ 나사펌프(Screw Pump)

㉠ 나사축이 회전하면 나사홈에 들어간 액체가 나사산을 타고 위로 올려져 토출하는 방식의 펌프로 토출량의 범위가 넓어 윤활유펌프나 각종 액체의 이송펌프로 사용된다.

㉡ 액체를 보내는 과정에서 폐입현상이 없고 펌프 내부에서의 압력상승도 완만하여 소음이 발생되지 않는다.

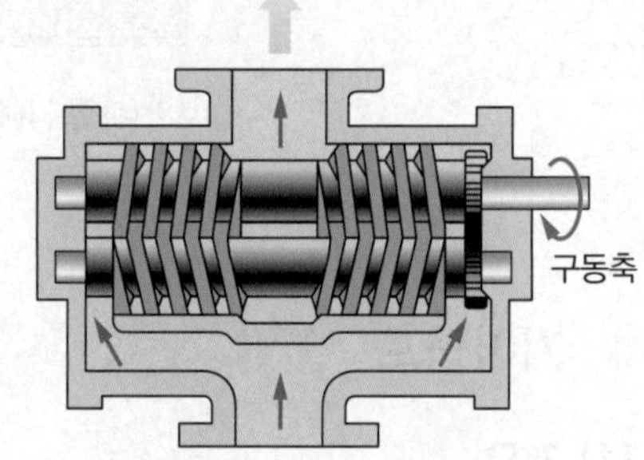

(4) 기어펌프의 폐입현상

① 한 쌍의 기어가 맞물려 회전할 때 이가 물리기 시작하여 끝날 때까지 둘러싸인 공간이 흡입구와 토출구에 통하지 않아 폐입된 유체의 압력이 밀폐용적의 변화에 의하여 변하는 현상이다.

② 작동유는 비압축성 유체이므로 폐입부분에서 압축 시에는 고압이, 팽창 시에는 진공이 형성되어 압축과 팽창이 반복된다.

③ 폐입현상 발생 시 나타나는 현상

㉠ 축동력과 함께 베어링 하중이 증가한다.

㉡ 펌프의 진동 · 소음이 발생한다.

㉢ 폐입팽창 때 폐입부에서 진공이 발생하고 기포가 생긴다.

④ 폐입현상 방지방법

㉠ 케이싱 측벽이나 측판에 토출용 릴리프 홈을 만든다.

㉡ 높은 압력의 기름을 베어링 윤활에 사용한다.

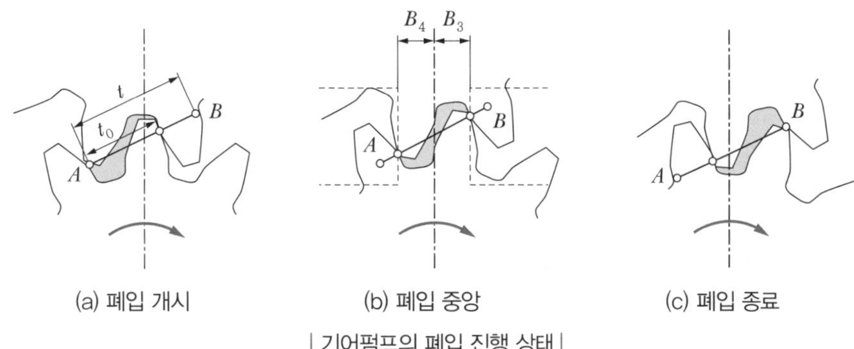

| 기어펌프의 폐입 진행 상태 |

2. 베인펌프

(1) 개요

원통형 케이싱 안에 편심된 캠링과 로터가 들어 있으며, 로터에는 홈이 있고, 그 홈 속에는 판 모양의 베인이 삽입되어 자유로이 움직일 수 있게 되어 있다.

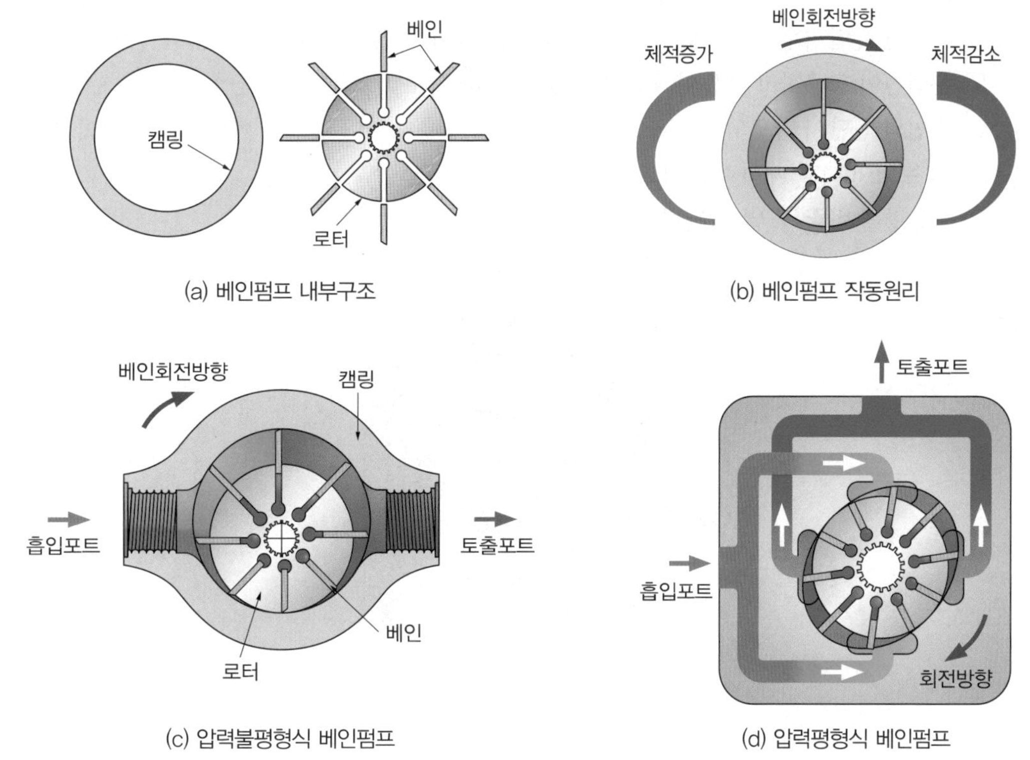

(a) 베인펌프 내부구조

(b) 베인펌프 작동원리

(c) 압력불평형식 베인펌프

(d) 압력평형식 베인펌프

(2) 특징

① 장점

㉠ 적당한 입력포트, 캠링을 사용하므로 송출압력의 맥동이 작다.

㉡ 펌프의 구동동력에 비하여 크기가 소형이다.

㉢ 베인의 선단이 마모되어도 압력저하가 일어나지 않는다.

㉣ 비교적 고장이 적고 보수가 용이하다(카트리지 방식).

㉤ 가변토출량형으로 제작이 가능하다.

㉥ 급속시동이 가능하다.

㉦ 보통 2,300~3,600rpm으로 고속운전한다.

② 단점

㉠ 베인, 로터, 캠링 등이 접촉 활동을 하므로 부품제작 시 치수 정밀도가 높아야 하고, 부품수가 많아 고가이다.

㉡ 사용 작동유의 점도, 청결도 등에 세심한 주의가 필요하다.

(3) 베인펌프 종류

① 정용량형 베인펌프

㉠ 1단 베인펌프

ⓐ 토출압력 : 35~70kgf/cm^2, 토출량 : 300L/min

ⓑ 확실한 유압평형을 유지한 구조로 축 및 베어링에 편심하중이 걸리지 않아 수명이 길다.

ⓒ 운전음이 조용하고 맥동이 적으며 성능이 좋다.

ⓓ 베인의 선단이 마모되더라도 원심력과 토출압력에 의하여 캠링과 베인이 접촉되어 있기 때문에 수명이 다할 때까지 체적효율이 좋다.

ⓔ 토출량을 바꿀 수 없다(단점).

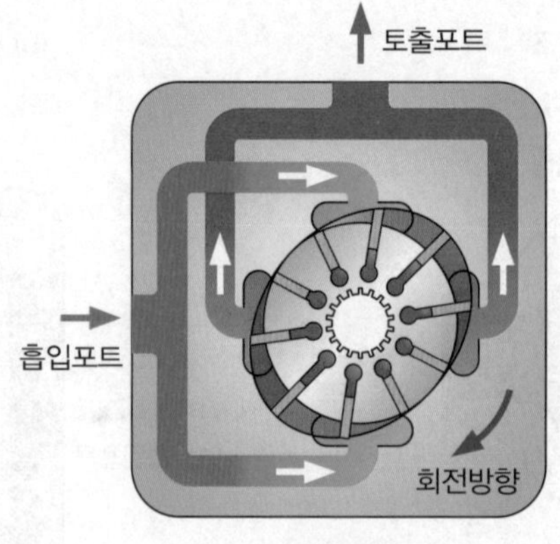

| 1단 베인펌프 |

㉡ 2연 베인펌프(다연펌프)

ⓐ 1단 펌프의 소용량 펌프와 대용량 펌프를 동일축상에 조합시킨 것으로 토출구가 2개 있으므로, 각각 다른 작동유의 압력이 필요하거나 서로 다른 유량을 필요로 하는 경우에 사용된다.

ⓑ 설비비가 절약된다.

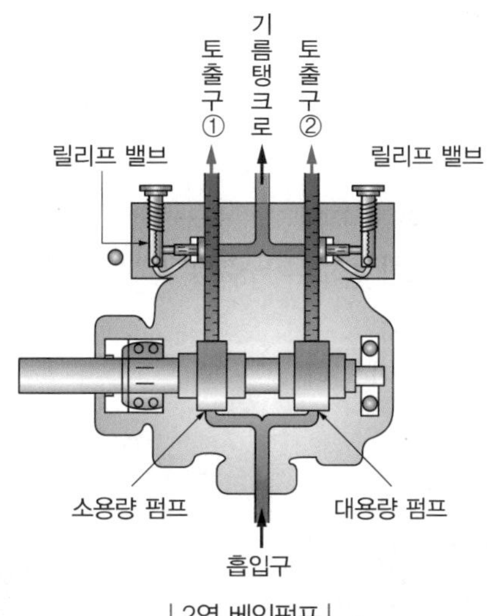

| 2연 베인펌프 |

② 가변용량형 베인펌프

㉠ 로터와 링의 편심량을 바꿈으로써 토출량을 변화시킬 수 있다.

㉡ 압력상승에 따라 자동적으로 토출량이 감소된다.

㉢ 토출량과 압력은 펌프의 정격범위 내에서 목적에 따라 무단계로 제어가 가능하다.

㉣ 릴리프 유량을 조절하여 오일의 온도상승을 억제시켜 소비전력을 절감할 수 있다.

㉤ 펌프의 수명이 짧고 소음이 많다.

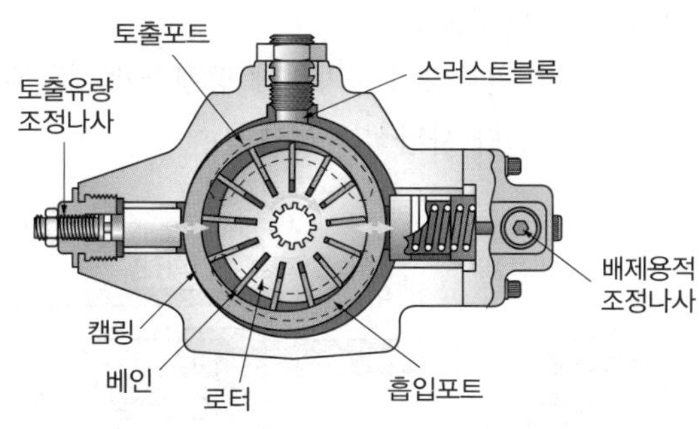

| 가변용량형 베인펌프 |

(4) 베인펌프의 송출유량

실제송출량 $Q = Q_{th} \times \eta_v$ ($\mathrm{m^3/min}$)

여기서, Q_{th} : 이론송출량, η_v : 체적효율(용적효율)

3. 피스톤펌프

(1) 개요

① 피스톤의 왕복운동을 통해 작동유에 압력을 주며 고압(210kgf/cm² 이상)에 적합하다.

② 누설이 적어 효율을 높일 수 있다.

③ 정용량형과 가변용량형이 있다.

(2) 종류

① 레이디얼 피스톤펌프(Radial Piston Pump)

㉠ 편심캠이 축을 중심으로 회전하면서 그 반경방향으로 삽입된 피스톤(플랜저)이 왕복운동을 하면서 작동유를 펌핑한다.

㉡ 회전실린더형과 고정실린더형이 있다.

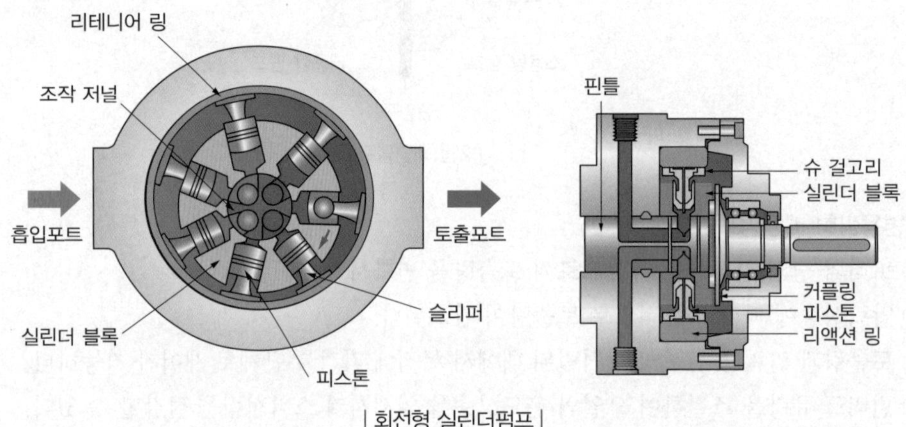

| 회전형 실린더펌프 |

② 액시얼 피스톤펌프(Axial Piston Pump)

㉠ 여러 개의 피스톤이 동일 원주상의 축방향에 평행하게 배열된 펌프이다.

㉡ 경사판식과 경사축식이 있다(사판식과 사축식).

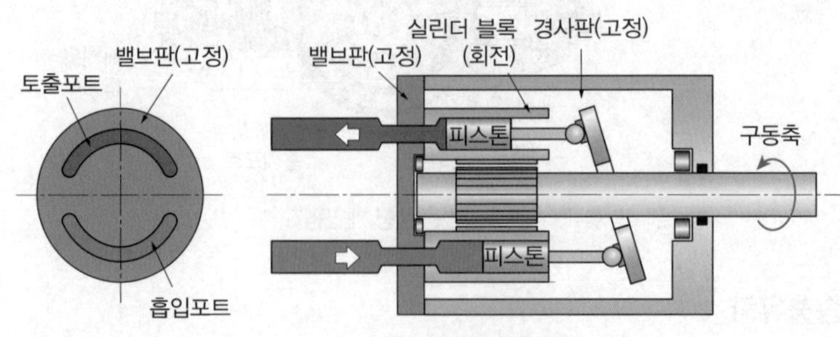

(a) - 1 경사판식(단면도)

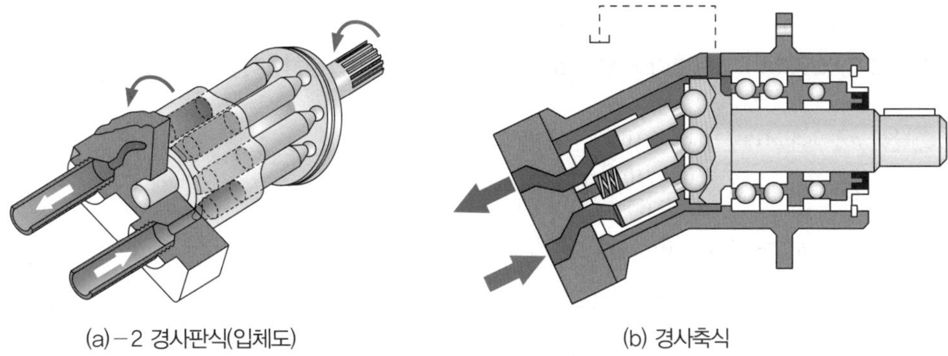

(a)-2 경사판식(입체도)　　(b) 경사축식

(3) 특징

① 장점

㉠ 고속운전이 가능하여 비교적 소형으로도 고압(210~600kgf/cm^2), 고성능을 얻을 수 있다.

㉡ 여러 개의 피스톤으로 고속운전하므로 송출압의 맥동이 매우 작고 진동도 적다.

㉢ 누설이 적어 고효율을 낼 수 있고, 수명이 길고 소음이 적다.

② 단점

부품이 많고 구조가 복잡해 제작단가가 비싸다.

3 펌프동력과 효율

(1) 펌프의 전효율(η_t)

$$\eta_t = \frac{L_P}{L_S} = \eta_v \times \eta_h \times \eta_m = \eta_v \times \eta_m \text{(수력효율이 없을 때)}$$

여기서, L_P : 펌프동력, L_S : 축동력
η_v : 체적효율, η_h : 수력효율
η_m : 기계효율

(2) 송출량(Q)

$$Q = q \cdot n \,(\text{cm}^3/\text{min})$$

여기서, q : 1회전당 유량(cm^3/rev), n : 회전수(rpm)

(3) 펌프동력(L_P)

$$L_P = \frac{p \cdot Q}{60} \,(\text{kW})$$

여기서, p : 송출압력(MPa), Q : 송출량(L/min)

예 제

압력이 6.86MPa이고 토출량이 60L/min인 유압펌프에서 발생하는 동력은 얼마인가?

해설 $p = 6.86\text{MPa} = 6.86 \times 10^6\text{Pa} = 6.86 \times 10^6\text{N/m}^2$

$$Q = 60\text{L/min} = \frac{60 \times 10^{-3}\text{m}^3}{60\text{s}} = 10^{-3}\text{m}^3/\text{s}$$

$$H_P = pQ = (6.86 \times 10^6 \times 10^{-3})(\text{N/m}^2 \times \text{m}^3/\text{s})$$

$$= 6.86 \times 10^3 (\text{N} \cdot \text{m/s})$$

$$= 6.86 \times 10^3\text{W} = 6.86\text{kW}$$

핵심 기출 문제

01 펌프의 토출압력은 3.92MPa, 실제토출유량은 50L/min이다. 이때 펌프의 회전수가 1,000rpm, 소비동력이 3.68kW라고 하면 펌프의 전효율은 얼마인가?

① 80.4% ② 84.7%
③ 88.8% ④ 92.2%

해설

$$H_P = pQ = \frac{3.92\times 10^6}{1,000}\times\frac{50\times 10^{-3}}{60} = 3.267[\text{kW}]$$

$$\eta = \frac{H_P}{H_S} = \frac{3.267}{3.68}\times 100 = 88.78\%$$

02 유압펌프에 있어서 체적효율이 90%이고 기계효율이 80%일 때 유압펌프의 전효율은?

① 23.7% ② 72%
③ 88.8% ④ 90%

해설

$$\eta_t = \eta_v \times \eta_m = 0.9\times 0.8 = 0.72$$

03 피스톤펌프의 일반적인 특징에 관한 설명으로 옳은 것은?

① 누설이 많아 체적효율이 나쁜 편이다.
② 부품 수가 적고 구조가 간단한 편이다.
③ 가변용량형 펌프로 제작이 불가능하다.
④ 피스톤의 배열에 따라 사축식과 사판식으로 나눈다.

해설

피스톤펌프의 특징
- 가변용량형 펌프를 만들 수 있다.
- 누설이 적어 체적효율이 좋다.
- 부품이 많고 구조가 복잡해 제작단가가 비싸다.
- 피스톤의 배열에 따라 액시얼피스톤펌프(사축식과 사판식)와 레이디얼피스톤펌프로 나눈다.

04 유압펌프에서 토출되는 최대 유량이 100 L/min일 때 펌프 흡입 측의 배관 안지름으로 가장 적합한 것은?(단, 펌프 흡입 측 유속은 0.6m/s이다.)

① 60mm ② 65mm
③ 73mm ④ 84mm

해설

$$Q = AV = \frac{\pi}{4}d^2 V$$

$$\therefore\ d = \sqrt{\frac{4Q}{\pi V}} = \sqrt{\frac{4\times 100}{60\times 1,000\times \pi\times 0.6}}\times 1,000$$

$$= 59.47[\text{mm}]$$

05 기어펌프나 피스톤펌프와 비교하여 베인펌프의 특징을 설명한 것으로 옳지 않은 것은?

① 토출 압력의 맥동이 적다.
② 일반적으로 저속으로 사용하는 경우가 많다.
③ 베인의 마모로 인한 압력 저하가 적어 수명이 길다.
④ 카트리지 방식으로 인하여 호환성이 양호하고 보수가 용이하다.

해설

베인펌프는 고속운전하여 사용한다.

정답 01 ③ 02 ② 03 ④ 04 ① 05 ②

06 베인펌프의 1회전당 유량이 40cc일 때, 1분당 이론토출유량이 25L이면 회전수는 몇 rpm인가?(단, 내부누설량과 흡입저항은 무시한다.)

① 62　　② 625
③ 125　　④ 745

해설

$Q = qN$

$N = \frac{Q}{q} = \frac{25 \times 1,000}{40} = 625\,\text{rpm}$

07 가변용량형 베인펌프에 대한 일반적인 설명으로 틀린 것은?

① 로터와 링 사이의 편심량을 조절하여 토출량을 변화시킨다.
② 유압회로에 의하여 필요한 만큼의 유량을 토출할 수 있다.
③ 토출량 변화를 통하여 온도 상승을 억제시킬 수 있다.
④ 펌프의 수명이 길고 소음이 적은 편이다.

해설

펌프 자체의 수명이 짧고 소음이 크다.

08 다음 중 일반적으로 가변용량형 펌프로 사용할 수 없는 것은?

① 내접기어펌프
② 축류형 피스톤펌프
③ 반경류형 피스톤펌프
④ 압력불평형형 베인펌프

해설

- 정용량형 펌프 : 기어펌프(나사펌프), 베인펌프, 피스톤펌프
- 가변용량형 펌프 : 베인펌프, 피스톤펌프

09 유압펌프의 토출압력이 6MPa, 토출유량이 40 cm³/min일 때 소요동력은 몇 W인가?

① 240　　② 4
③ 0.24　　④ 0.4

해설

$L_W = pQ = 6 \times 10^6 \times \frac{40 \times 10^{-6}}{60} = 4\text{W}$

10 압력이 70kgf/cm², 유량이 30L/min인 유압모터에서 1분간의 회전수는 몇 rpm인가?(단, 유압모터의 1회당 배출량은 20cc/rev이다.)

① 500　　② 1,000
③ 1,500　　④ 2,000

해설

$Q = q \cdot n(\text{cm}^3/\text{min})$
$30 \times 10^3 = 20 \cdot n(\text{cm}^3/\text{min})$
$\therefore\ n = 1,500\text{rpm}$

11 다음 중 일반적으로 가장 높은 압력을 생성할 수 있는 펌프는?

① 베인펌프　　② 기어펌프
③ 스크루펌프　　④ 피스톤펌프

해설

피스톤펌프는 고속운전이 가능하여 비교적 소형으로도 고압(210~600 kgf/cm²), 고성능을 얻을 수 있다.

12 기어펌프에서 1회전당 이송체적이 3.5cm³/rev이고 펌프의 회전수가 1,200rpm일 때 펌프의 이론토출량은?(단, 효율은 무시한다.)

① 3.5L/min　　② 35L/min
③ 4.2L/min　　④ 42L/min

정답　06 ②　07 ④　08 ①　09 ②　10 ③　11 ④　12 ③

해설

$Q_{th} = q \cdot n(\text{cm}^3/\text{min})$

$Q \times 10^3 = 3.5 \times 1{,}200(\text{cm}^3/\text{min})$

$\therefore\ Q = 4.2\text{L/min}$

13 펌프의 효율과 관련하여 이론적인 펌프의 토출량(L/min)에 대한 실제토출량(L/min)의 비를 의미하는 것은?

① 용적효율 ② 기계효율
③ 전효율 ④ 압력효율

해설

실제송출량 $Q = Q_{th} \times \eta_v$

여기서, Q_{th} : 이론송출량

η_v : 체적효율(용적효율)

14 유압장치에서 펌프의 무부하 운전 시 특징으로 옳지 않은 것은?

① 펌프의 수명 연장 ② 유온 상승 방지
③ 유압유 노화 촉진 ④ 유압장치의 가열 방지

해설

무부하 운전은 구동동력 절감, 유압유의 열화 방지, 고장방지 및 펌프의 수명 연장과 관련이 있다.

정답 13 ① 14 ③

04 유압제어밸브

1 개요

(1) 밸브의 분류

구분	방향제어밸브	압력제어밸브	유량제어밸브
기능	유체의 흐름방향 전환 및 흐름단속	회로 내의 압력크기 조절	유체의 유량을 제어
종류	• 체크 밸브 • 셔틀 밸브 • 2방향, 3방향, 4방향 밸브 • 매뉴얼 밸브 • 솔레노이드 오퍼레이트 밸브 • 파일럿 오퍼레이트 밸브	• 안전(릴리프) 밸브 • 감압(리듀싱) 밸브 • 순차동작(시퀀스) 밸브 • 무부하(언로딩) 밸브 • 카운터 밸런스 밸브 • 압력(프레셔) 스위치 • 유체퓨즈	• 오리피스 • 압력보상형 유량제어 밸브 • 분류 밸브 • 교축 밸브(스로틀 밸브) • 스톱 밸브 • 디셀러레이션 밸브(감속 밸브)

(2) 밸브의 표시법

기호	설명	비고
	밸브의 전환 위치(Switching)는 4각형으로 나타낸다.	• 정상 위치(Normal Position)는스프링에 의하여 원위치로 돌아올 수 있는 위치로 밸브가 연결되지 않았을 때의 위치가 된다. • 초기 위치(Initial Position)는 밸브를 시스템 내에 설치하고 압축공기나 전기와 같은 작동 매체를 공급하고 작업을 시작하려 할 때의 위치를 의미한다.
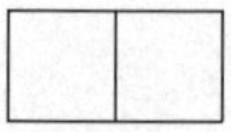	• 4각형의 수는 밸브의 전환 위치의 수를 나타낸다. • 밸브의 기능과 작동 원리는 4각형 안에 표시한다.	
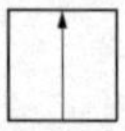	직선은 유로를 나타내며 화살표는 흐르는 방향을 나타낸다.	
	차단(Shut – Off)위치는 4각형 안에 직각으로 표시된다.	
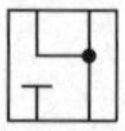	유로의 접점은 점으로 표시한다.	
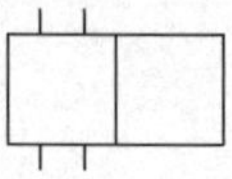	출구와 입구의 연결구는 4각형 밖에 직선으로 표시한다.	

㉠ 방향조절 밸브(4포트 3위치)

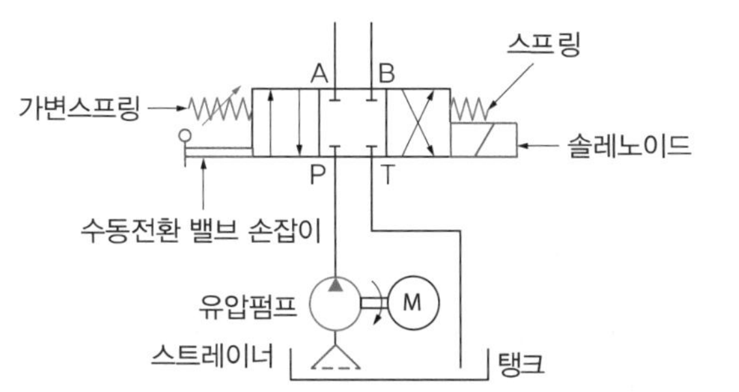

- 4포트 : A, B, P, T
- 3위치 : □가 3개
- P : 펌프 포트
- T : 탱크 포트

㉠ 압력제어 밸브

릴리프 밸브(Relief Valve)	
정상상태일 때	회로압력이 높을 때
스프링 IN OUT Pilot Line 탱크	IN OUT Pilot Line 탱크
회로(IN)압력이 설정압력보다 높으면 릴리프 밸브는 Pilot에 의해 스풀이 열려 회로(IN)압력이 낮아진다(과도한 압력으로부터 시스템을 보호하는 안전 밸브). → 상시 밀폐형 밸브	

감압 밸브(Reducing Valve)	
정상상태일 때	2차 압력이 설정압력보다 높을 때
스프링 탱크 IN OUT Pilot Line	탱크 IN OUT Pilot Line
2차 압력이 설정압력보다 높으면 감압 밸브의 Pilot에 의해 스풀이 닫혀 2차 압력이 낮아진다.(2차 압력을 1차 압력보다 낮게 하여 사용하기 위한 장치). → 상시 개방형 밸브	

2 압력제어 밸브

압력 조정나사를 죄거나 풀면서 스프링 힘을 이용해 압력을 조정한다.

1. 릴리프 밸브

(1) 용도

① 과도한 압력으로부터 시스템을 보호하는 안전 밸브이다.

② 회로 내의 압력을 설정압력으로 유지시킨다.

(2) 압력조정방법

최고압 설정(스프링이 누르는 힘)은 상부의 조정 나사로 조절한다.

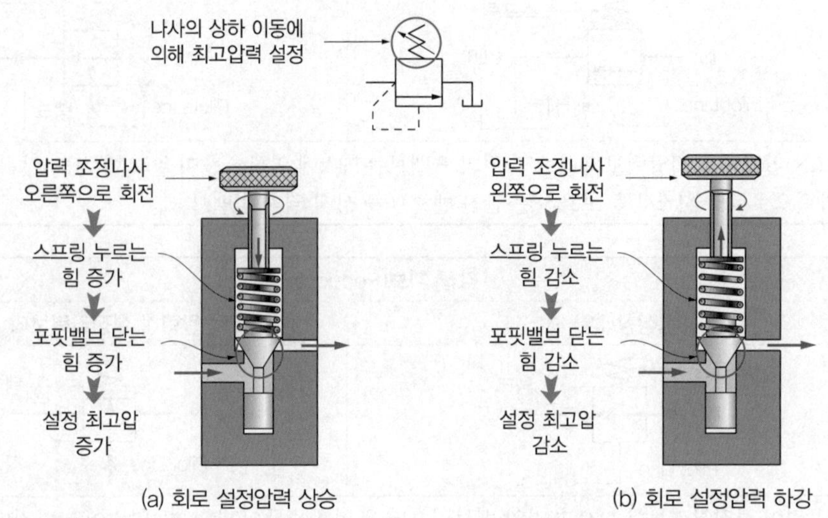

(a) 회로 설정압력 상승 (b) 회로 설정압력 하강

(3) 직동형 릴리프 밸브

다음 그림에서 스프링의 힘에 의해 닫혀 있다가 P포트에서 가해지는 압력이 스프링의 힘보다 커지면 밸브는 밀려나고 유압유는 출구 T포트를 통하여 탱크로 배출된다.

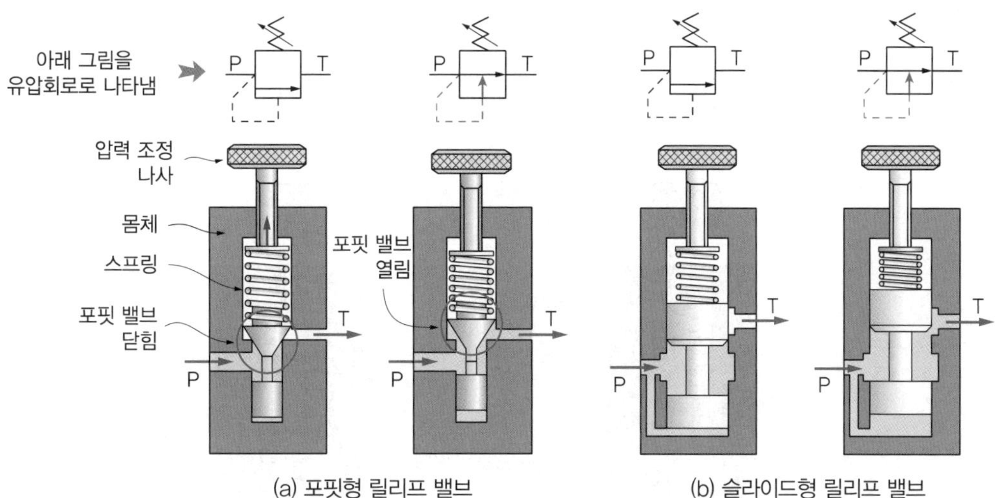

(a) 포핏형 릴리프 밸브 (b) 슬라이드형 릴리프 밸브

참고

- 채터링(Chattering) : 밸브시트를 두드려서 비교적 높은 음을 발생시키는 일종의 자려진동 현상
- 크래킹 압력(Cracking Pressure) : 체크 밸브 또는 릴리프 밸브 등으로 압력이 상승하여 밸브가 열리기 시작하여 어느 일정한 흐름의 양이 확인되는 압력
- 오버라이드(Override) 압력 : 설정압력과 크래킹 압력의 차이(최소유량과 최대유량 사이의 압력차)
  → 오버라이드 압력이 작을수록 밸브 특성이 양호하고 유체 동력 손실도 적다.
- 서지 압력
  ① 유체 흐름이 제어 밸브 등의 조작으로 급격하게 변할 때, 유체의 운동에너지가 압력에너지로 변하여 급격한 압력변동이 발생한다.
  ② 유압회로에서 발생되는 이상 압력변동의 최댓값을 서지 압력이라 한다.
  ③ 릴리프 밸브의 작동 지연이나 전자전환 밸브의 조작 등에 따라 작동유의 흐름이 급격하게 변할 때 서지압력이 발생하여 고장 원인으로 작용한다.

2. 감압 밸브

(1) 용도

유량 또는 입구 쪽 압력에 관계없이 출력 쪽 압력을 입구 쪽 압력보다 작은 설정압력으로 조정하는 압력 제어 밸브이다.

(2) 작동순서

① 정상위치에서 열려 있다(상시 개방형 밸브).

② A포트를 통과하는 유압유는 파일럿 라인을 통하여 스풀의 a면에 작용한다.

③ 스풀에 작용하는 힘이 스프링의 힘보다 커지면 스풀은 스프링 쪽으로 이동하여 P포트를 막는다.

④ 감압 밸브의 출구 쪽 A포트의 압력은 P포트에서 작용하는 압력보다 낮아진다.

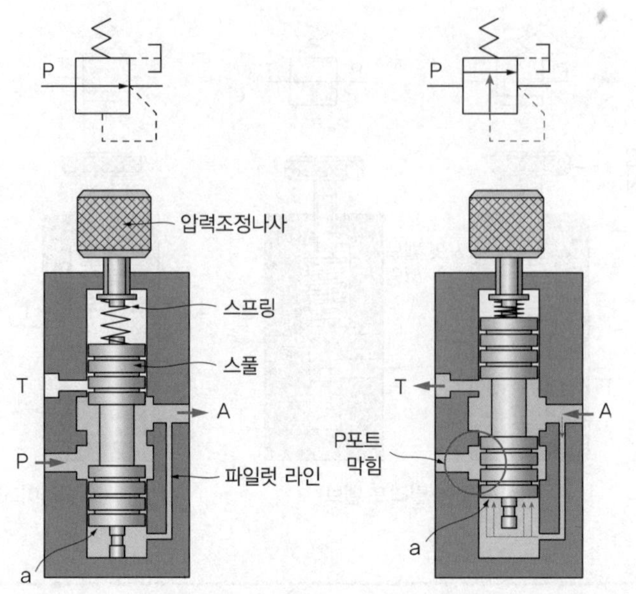

(a) – 1 P포트 → A포트 정상 흐름

(b) – 1 A포트의 압력이 상승하여 파일럿 작동 후 흐름 차단

(선 표시)	펌프에서 작동유 공급
(선 표시)	탱크로 작동유 귀환

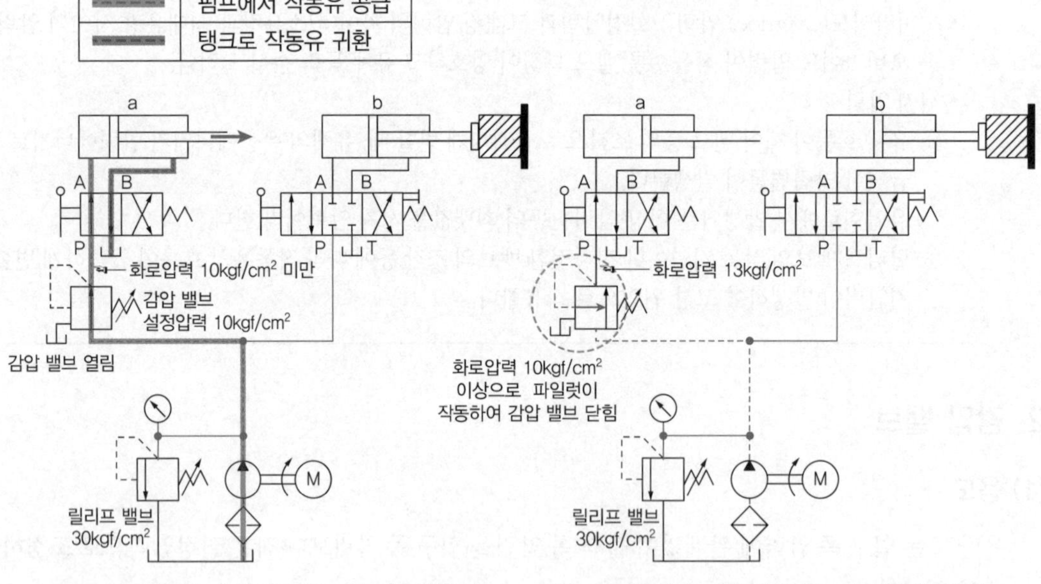

(a) – 2 정상흐름 : 2차 압력 10kgf/cm² 미만일 때

(b) – 2 흐름차단 : 2차 압력 10kgf/cm² 이상일 때

3. 카운터 밸런스 밸브(Counter Balance Valve)

(1) 용도

추의 낙하를 방지하기 위해 배압을 유지시켜 주는 압력제어 밸브 → 중력에 의해 낙하하는 것을 방지하고자 할 때 사용

(2) 작동순서

① 카운터 밸런스 밸브의 압력은 20kgf/cm²로 설정한다.

② 실린더 로드 쪽의 압력이 20kgf/cm² 이상이 되면 내부 파일럿에 의해 유로는 P포트에서 T포트로 형성되어 유압유가 유압탱크로 귀환한다.

③ 카운터 밸브에 의해 실린더 로드 쪽의 압력은 항상 20kgf/cm²로 유지된다.

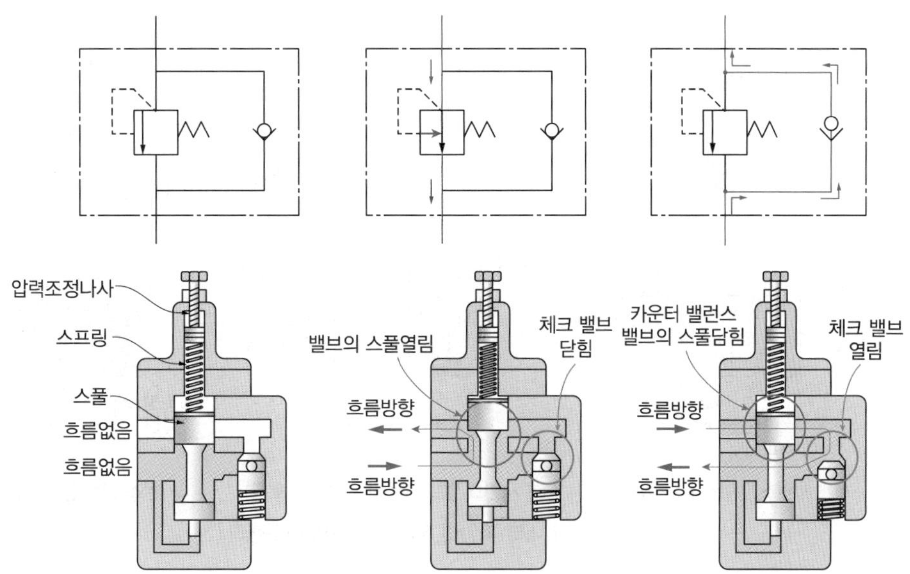

㉮ 카운터 밸런스 밸브 – 초기상태 ㉯ 카운터 밸런스 밸브 – 동작 1 ㉰ 카운터 밸런스 밸브 – 동작 2

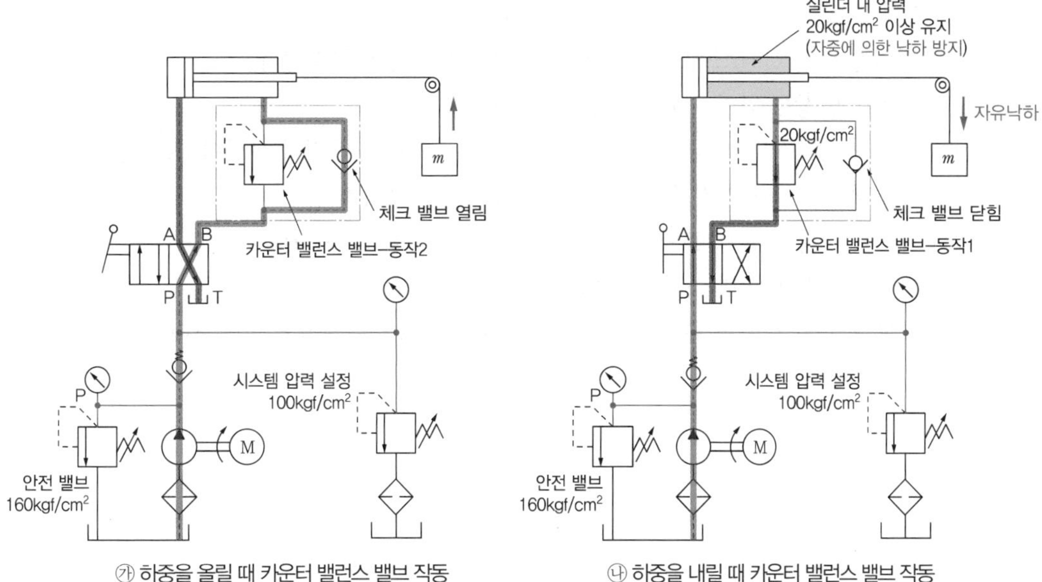

㉮ 하중을 올릴 때 카운터 밸런스 밸브 작동 ㉯ 하중을 내릴 때 카운터 밸런스 밸브 작동

| 카운터 밸런스 밸브의 회로도 |

4. 시퀀스 밸브(Sequence Valve)

(1) 용도

2개 이상의 유압실린더를 사용하는 유압회로에서 미리 정해 놓은 순서에 따라 실린더를 작동시킨다.

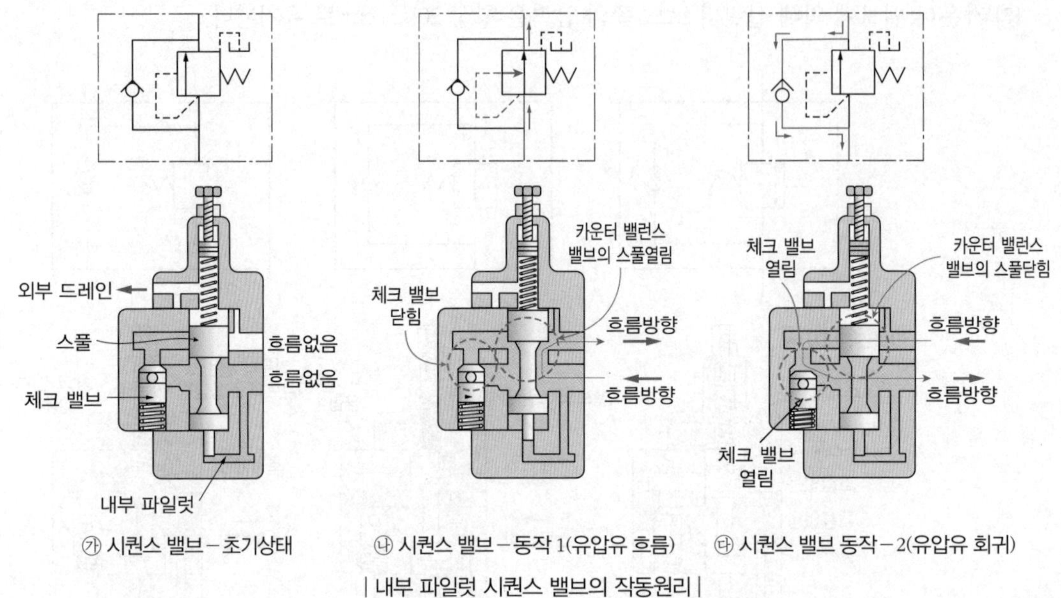

㉮ 시퀀스 밸브 – 초기상태 ㉯ 시퀀스 밸브 – 동작 1(유압유 흐름) ㉰ 시퀀스 밸브 동작 – 2(유압유 회귀)

| 내부 파일럿 시퀀스 밸브의 작동원리 |

(2) 작동순서(㉮ → ㉯ → ㉰ → ㉱)

① 방향전환 밸브를 작동시켜 실린더 A를 전진완료시킨다.

② 회로 내의 압력은 시퀀스 밸브 ⓐ의 설정한 압력까지 계속 상승된다.

③ 설정한 압력 이상이 되면 시퀀스 밸브 ⓐ를 작동시킨다.

④ 시퀀스 밸브 ⓐ가 열리면 유압유는 B실린더의 왼쪽으로 유입되어 실린더 B를 전진시킨다.

⑤ 방향전환 밸브를 반대로 작동시켜 실린더 B를 후진완료시킨다.

⑥ 회로 내의 압력은 시퀀스 밸브 ⓑ의 설정한 압력까지 계속 상승된다.

⑦ 설정한 압력 이상이 되면 시퀀스 밸브 ⓑ를 작동시킨다.

⑧ 시퀀스 밸브 ⓑ가 열리면 유압유는 실린더 A의 오른쪽으로 유입되어 실린더 A를 후진시킨다.

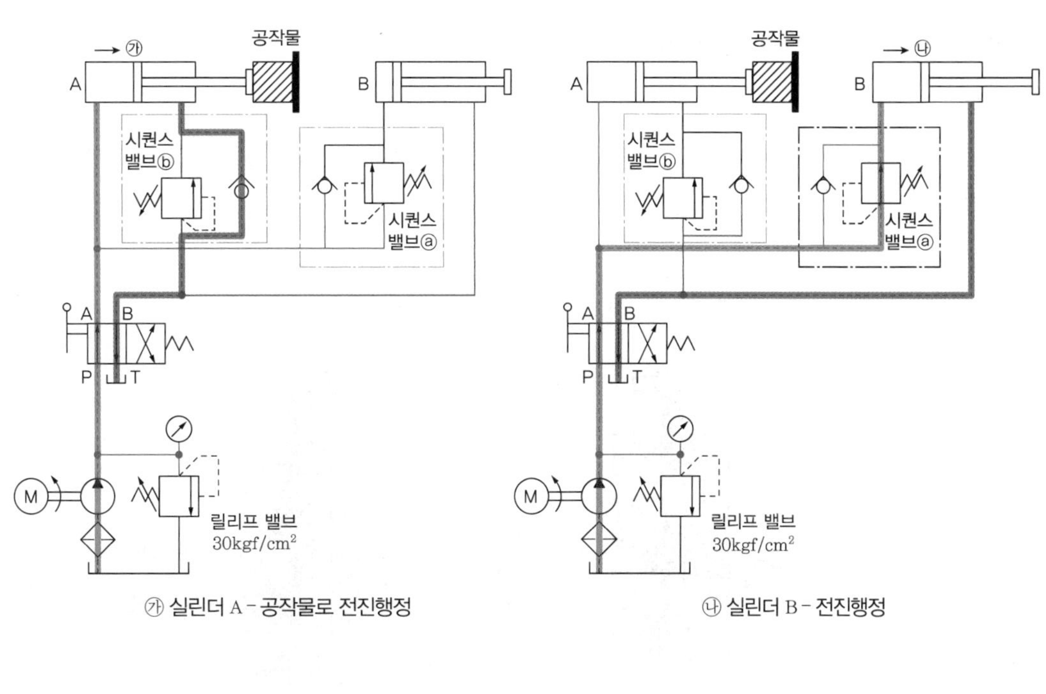

㉮ 실린더 A - 공작물로 전진행정

㉯ 실린더 B - 전진행정

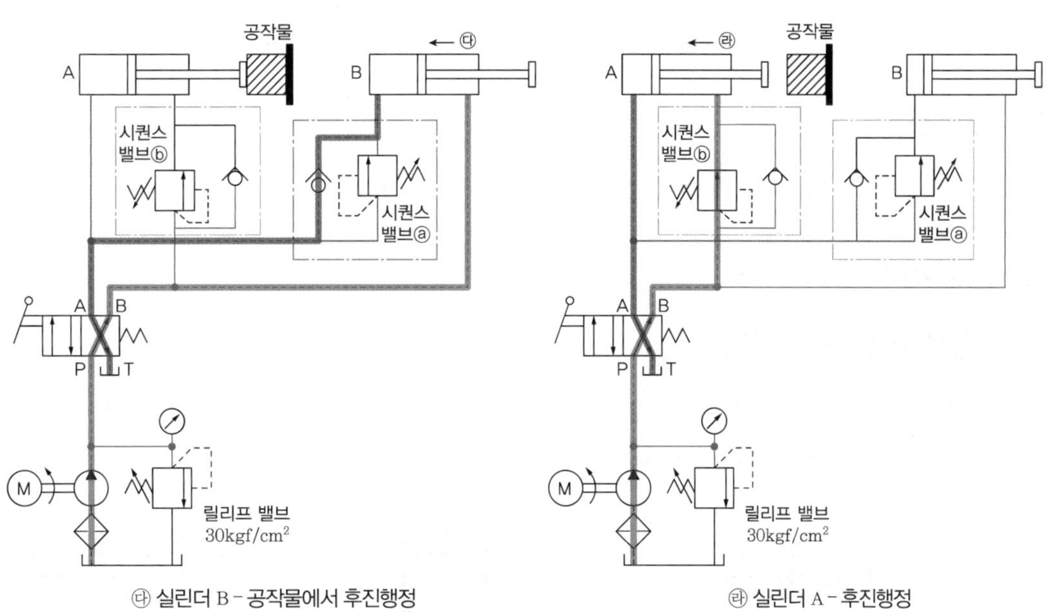

㉰ 실린더 B - 공작물에서 후진행정

㉱ 실린더 A - 후진행정

| 시퀀스 밸브를 이용한 유압회로 작동순서(㉮ → ㉯ → ㉰ → ㉱) |

5. 무부하 밸브(Unloading Valve)

(1) 용도

회로 내 압력이 일정 압력에 도달하면, 압력을 떨어뜨리지 않고 송출량을 그대로 탱크(T포트)에 되돌리는 밸브이다.

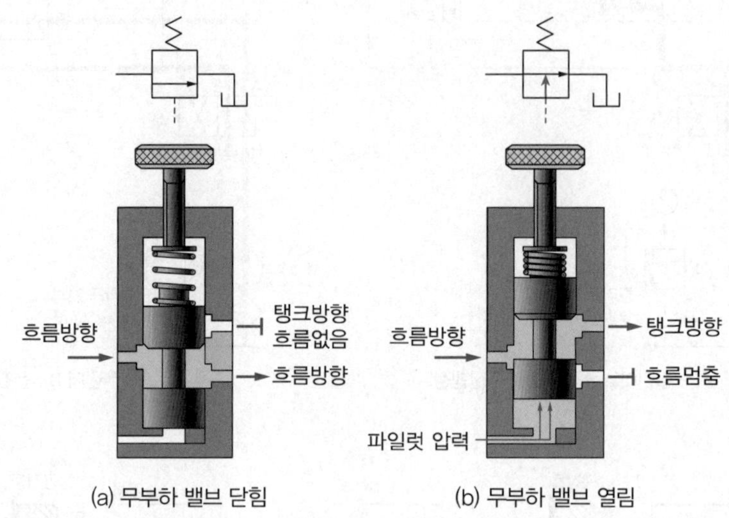

(a) 무부하 밸브 닫힘 (b) 무부하 밸브 열림

(2) 설치 목적

동력의 절감과 유압유의 온도상승을 막기 위한 것이 주목적이다.

3 방향제어 밸브

1. 방향제어 밸브의 기능

유압장치에서 유압의 흐름을 차단하거나 흐름의 방향을 전환하여, 유압모터나 유압실린더 등의 시동, 정지 및 방향전환 등을 정확하게 제어하기 위해 사용되는 밸브이다.

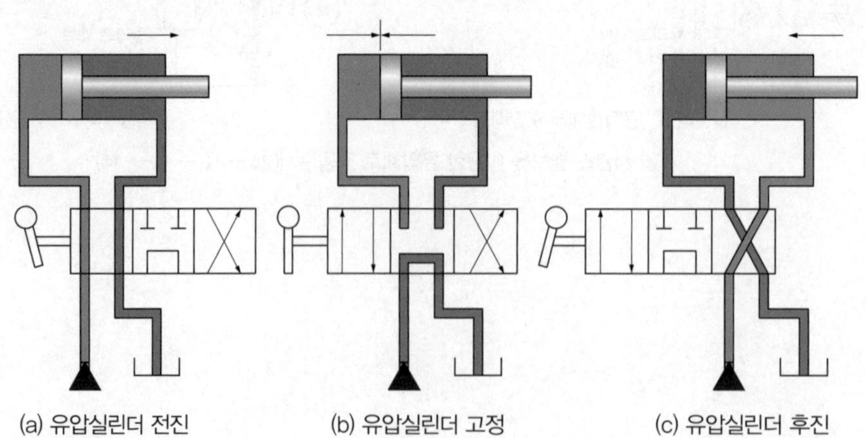

(a) 유압실린더 전진 (b) 유압실린더 고정 (c) 유압실린더 후진

2. 방향제어 밸브의 형식

(1) 포핏 형식

① 밀봉이 우수하다(로크회로에 많이 사용한다).

② 작동력이 크고, 통과유량이 적다.

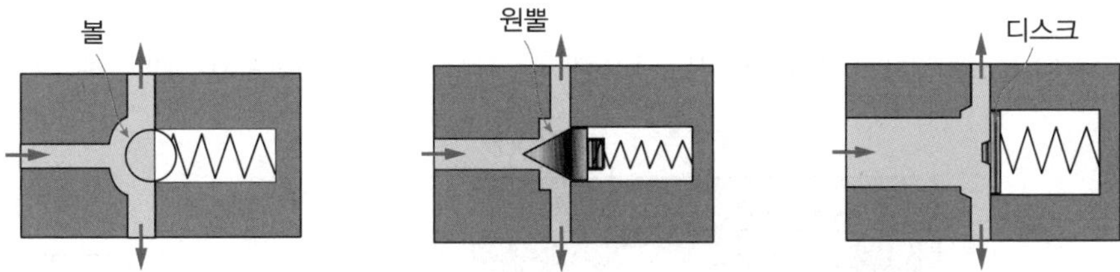

(2) 로터리 형식

① 구조가 간단하고 조작이 쉬우면서 확실하다.

② 유량이 적고 압력이 낮은 원격제어용 파일럿 밸브로 많이 사용된다.

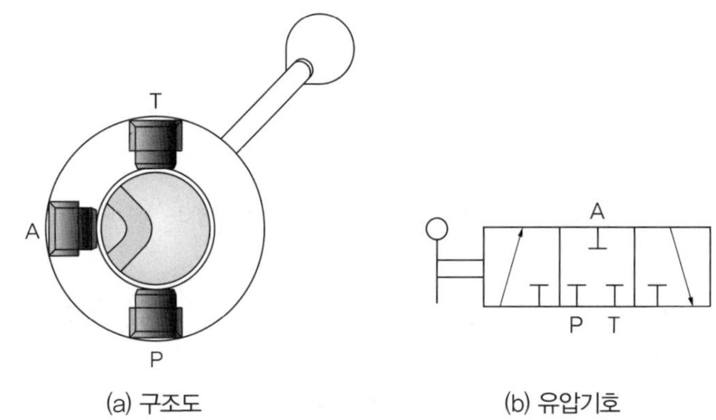

(a) 구조도 (b) 유압기호

(3) 스풀 형식

① 방향전환 밸브로 가장 널리 사용된다.

② 조작이 쉽고, 유압회로 설계 시 편리하다.

③ 스풀과 실린더 사이의 간극으로 인해 약간 누유가 된다.

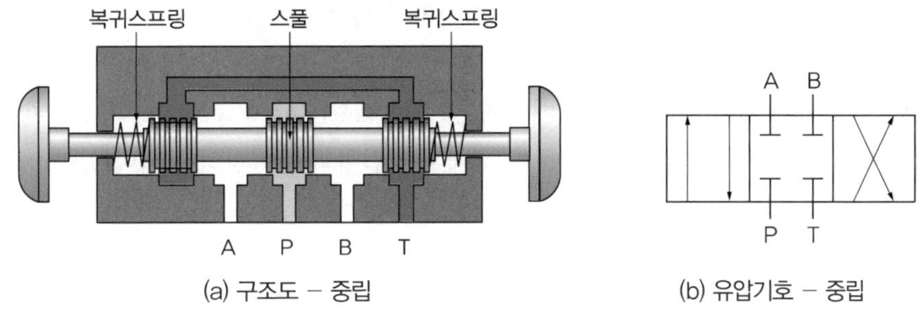

(a) 구조도 – 중립 (b) 유압기호 – 중립

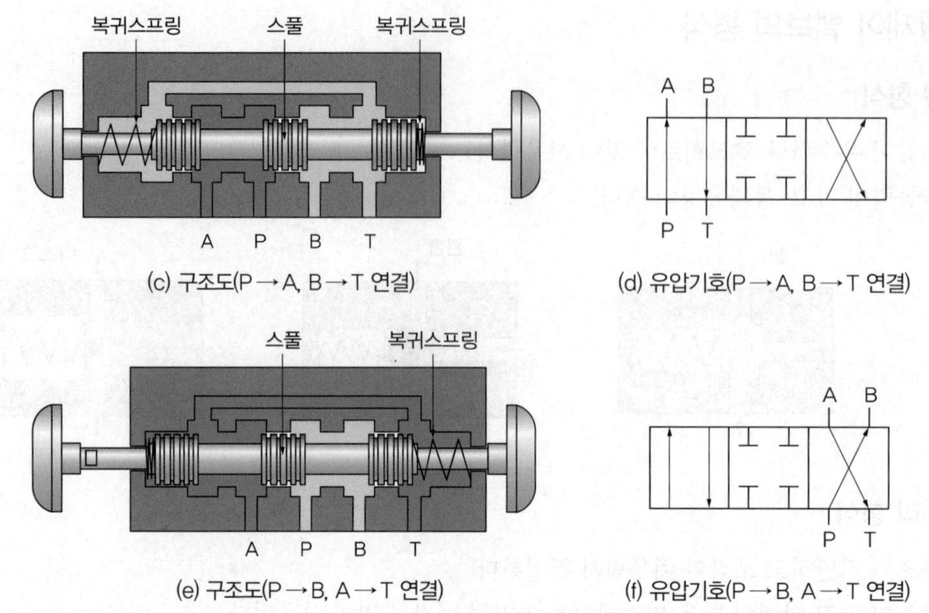

(c) 구조도(P → A, B → T 연결)

(d) 유압기호(P → A, B → T 연결)

(e) 구조도(P → B, A → T 연결)

(f) 유압기호(P → B, A → T 연결)

3. 방향제어 밸브의 위치수, 포트수, 방향수

① 포트수(Number of Port) : 밸브에 접속된 주관로 수

② 위치수(Number of Position) : 작동유 흐름의 상태를 결정하는 밸브 본체의 변환상태가 가능한 위치의 수

㉠ 유로를 만들기 위해 밸브기구가 작동되어야 할 위치로 1위치, 2위치, 3위치가 있다.

㉡ 밸브 내에서 생기는 유로수의 합계

㉢ 중앙위치 또는 상시위치 : 밸브에 조작압력이 가해지지 않을 때의 위치

㉣ 스프링 복원형(Spring Off Set Type) : 압력을 제거하면 스스로 원위치(중립위치)로 되돌아오는 밸브

③ 방향수(Number of Way) : 작동유의 흐름 방향

(1) 포트의 수에 의한 분류

① 2포트 밸브(Two Port Valve) : P포트와 A포트, 2위치(사각형 2개)

㉠ 2포트 2위치인 밸브만으로 구성되며 유로를 연결하거나 차단하는 단순한 기능만을 수행한다.

㉡ 밸브 내의 유로가 하나밖에 없기 때문에 한 방향 밸브(One Way Valve)라고도 한다.

㉢ 2포트 밸브는 중립상태(Normal Position)에서 열림형과 닫힘형의 형식이 있다.

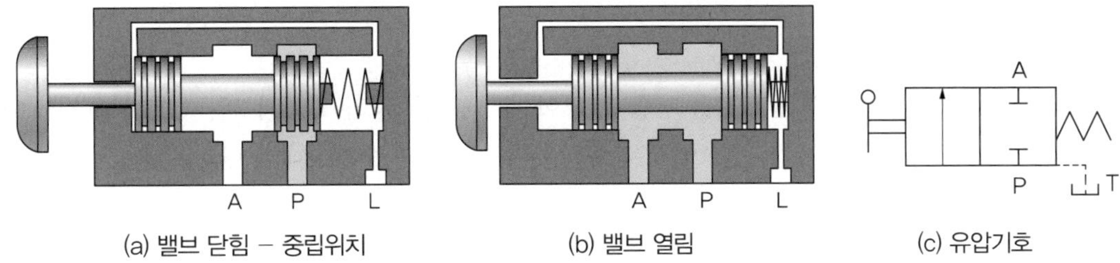

(a) 밸브 닫힘 – 중립위치 (b) 밸브 열림 (c) 유압기호

② 3포트 밸브(Three Port Valve) : 3포트 2위치 밸브

㉠ 중립상태(Normal Position)에서는 귀환포트(T)가 실린더포트(A)와 연결되고 P포트는 막혀 있다.

㉡ 밸브 전환이 되면 P포트와 A포트가 연결되고 T포트가 닫히게 된다.

㉢ 밸브 내의 유로는 A–T와 P–A, 2개의 유로가 형성되기 때문에 이러한 밸브를 2방향 밸브(Two Way Valve)라고도 한다.

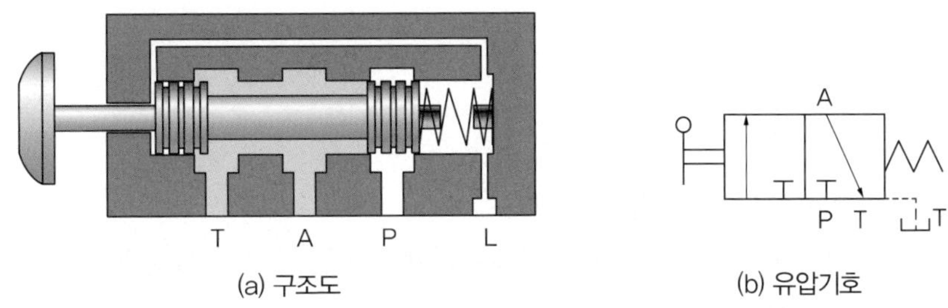

(a) 구조도 (b) 유압기호

③ 4포트 밸브(Four Port Valve)

㉠ 유압작동기를 직접 작동할 때 가장 많이 사용되는 밸브로서 포트는 펌프 측(P), 탱크 측(T), 유압 작동기 측(A), (B)로써 4개의 포트로 구성되어 있다.

㉡ 밸브 내부에 있는 스풀의 전환에 따라 4가지의 유로를 형성하므로 4방향 밸브(Four Port Valve)라고도 한다.

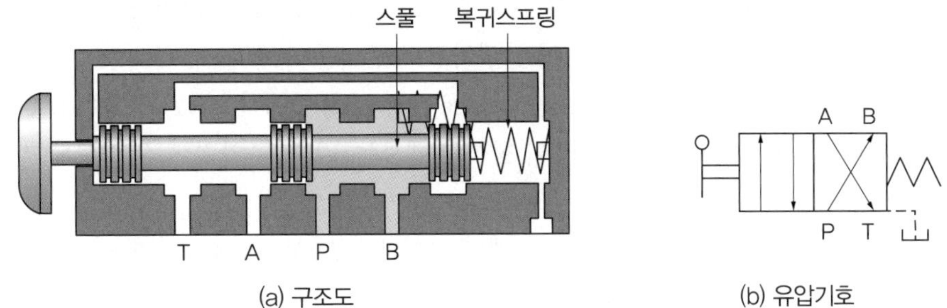

(a) 구조도 (b) 유압기호

(2) 위치의 수에 의한 분류

① 일반적으로 2위치 밸브, 3위치 밸브, 다(多)위치 밸브로 분류할 수 있으며 4포트 3위치 밸브가 가장 많이 사용된다.

② 2위치 밸브는 유압실린더의 전진과 후진을 연속적으로 행할 때 주로 사용하며 우측 위치가 밸브의 중립상태를 나타낸다.

③ 3위치 밸브는 실린더의 전후진을 행할 뿐만 아니라 중립위치가 있어서 2위치 밸브보다 시스템을 정지시킬 때 유리하다. 3위치 밸브에서는 중앙위치가 밸브의 중립상태를 나타낸다.

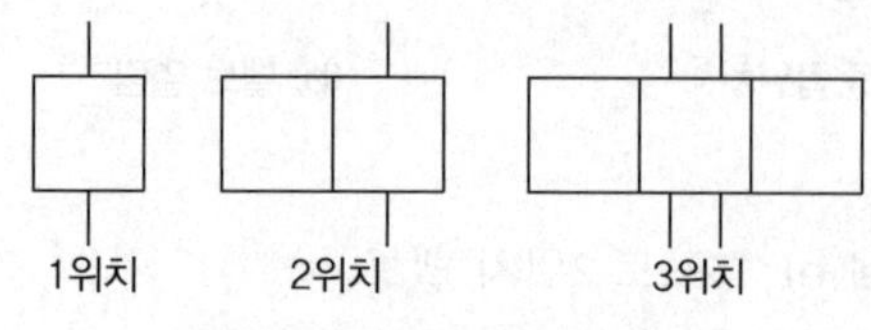

| 위치의 수에 의한 밸브의 형식 |

④ 전환 조작방법

㉠ 수동조작(인력조작) 방식

㉡ 기계적 조작 방식

㉢ 솔레노이드 조작(전자) 방식

㉣ 파일럿 조작 방식

㉤ 솔레노이드 제어 파일럿 조작 방식

⑤ 3위치 4방향 밸브의 중립위치 형식 예

㉠ 오픈 센터형(Open Center Type) : 중립위치에서 모든 포트가 서로 통하게 되어 있다. 그러므로 펌프 송출유는 탱크로 귀환되어 무부하 운전이 된다. 전환 시 충격이 적고 전환성능이 좋으나 실린더를 확실하게 정지시킬 수가 없다.

㉡ 세미 오픈 센터형(Semi Open Center Type) : 오픈 센터형 밸브 전환 시 충격을 완충시킬 목적으로 스풀랜드(Spool Land)에 테이퍼를 붙여 포트 사이를 교축시킨 밸브이다. 대용량의 경우에 완충용으로 사용한다.

㉢ 클로즈드 센터형(Closed Center Type) : 중립위치에서 모든 포트를 막은 형식이다. 그러므로 이 밸브를 사용하면 실린더를 임의의 위치에서 고정시킬 수 있다. 그러나 밸브의 전환을 급격하게 작동하면 서지압(Surge Pressure)이 발생하므로 주의를 요한다.

㉣ 펌프 클로즈드 센터형(Pump Closed Center Type) : 중립에서 P포트가 막히고 다른 포트들은 서로 통하게끔 되어 있는 밸브이다. 이 형식의 밸브는 3위치 파일럿 조작 밸브의 파일럿 밸브로 많이 쓰인다.

㉤ 탠덤 센터형(Tandem Center Type) : 센터 바이패스형(Center Bypass Type)이라고도 한다. 중립위치에서 A, B 포트가 모두 닫히면 실린더는 임의의 위치에서 고정된다. 또 P포트와 T포트가 서로 통하게 되므로 펌프를 무부하시킬 수 있다.

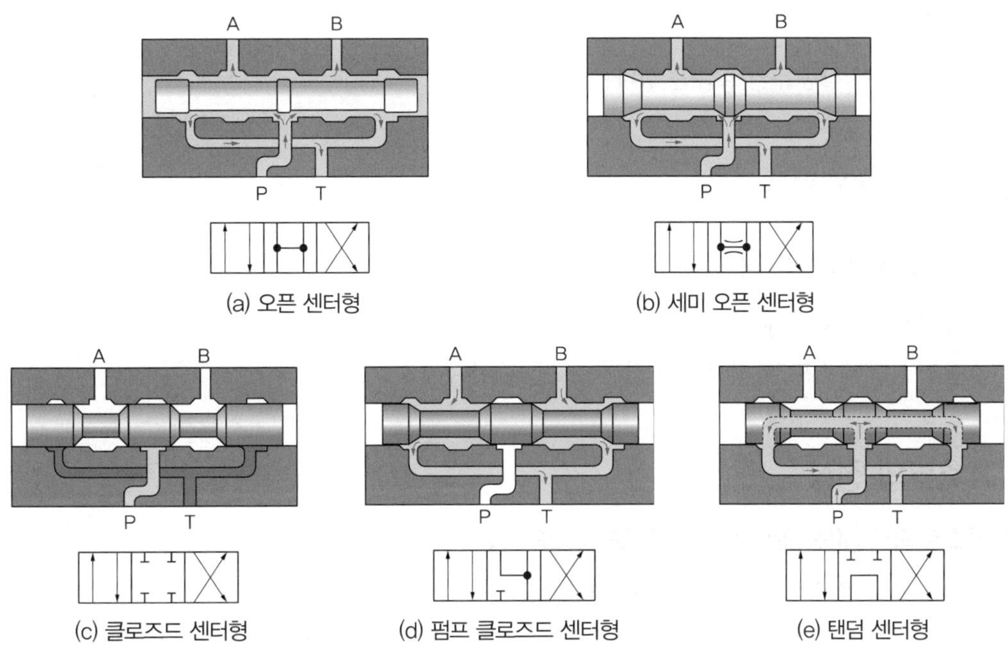

4. 방향제어 밸브의 종류

(1) 체크 밸브(역지 밸브, Check Valve)

유체를 한쪽 방향으로만 흐르게 하고 반대 방향으로는 흐르지 못하도록 하는 밸브이다.

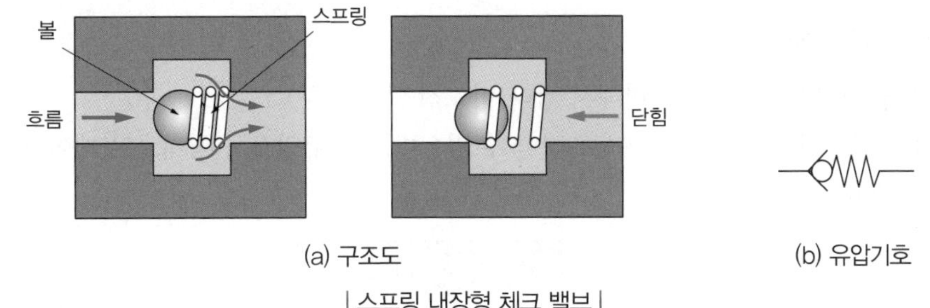

(a) 구조도 (b) 유압기호

| 스프링 내장형 체크 밸브 |

(2) 셔틀 밸브(Shuttle Valve)

고압 측과 자동적으로 접속되고, 동시에 저압 측 포트를 막아 항상 고압 측의 작동유만 통과시키는 밸브이다.

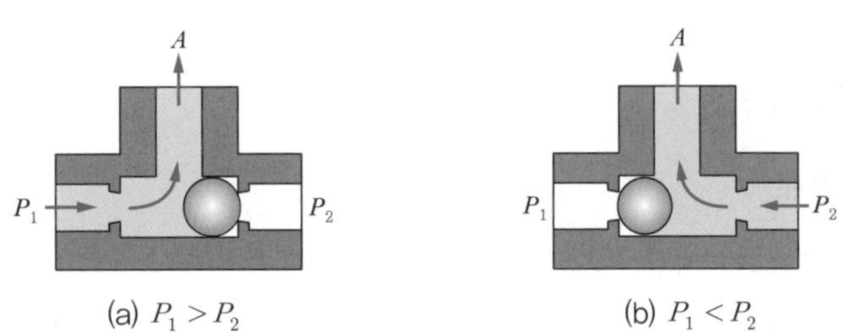

(a) $P_1 > P_2$ (b) $P_1 < P_2$

(3) 전환 밸브

유압회로에서 작동유의 흐름을 정하는 밸브이다.

4 유량제어 밸브

1. 유량제어 밸브의 용도

① 유량을 감소시킨다.
② 유압실린더 속도, 유압모터의 회전속도를 줄인다.

2. 교축부의 형상

(1) 리스트릭터형(Restrictor) : 스로틀 밸브의 형상

① 교축부의 길이가 교축직경에 비해서 길다.
② 작동유의 점도에 영향을 받으며, 높은 압력강하가 필요한 유압장치에 두루 사용된다.

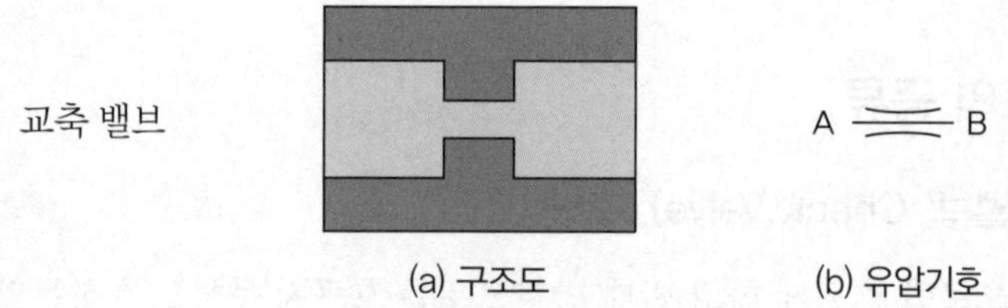

(a) 구조도 (b) 유압기호

(2) 오리피스형(Orifice)

① 교축부의 길이가 교축직경에 비해서 짧다(비교적 짧은 좀구).
② 작동유의 점성에 관계없이 유량을 조절할 수 있으며, 제어유량을 선형적으로 제어가 가능하다.
예 유량게이지

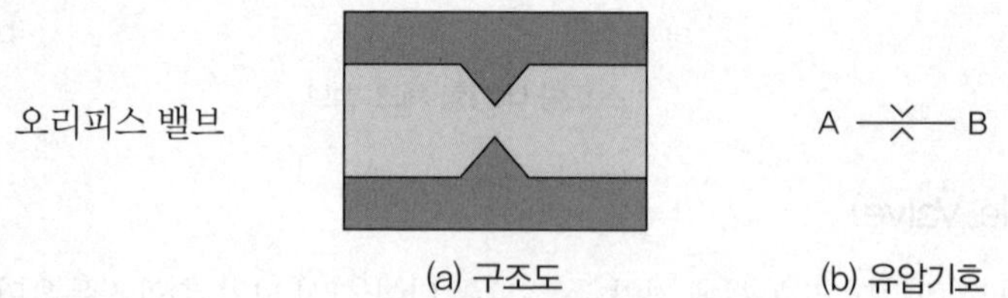

(a) 구조도 (b) 유압기호

3. 유량제어밸브의 종류

(1) 일방향 유량제어밸브

① 일방향 유량제어밸브는 체크 밸브가 내장되어 있어 한쪽 방향(A → B)으로만 유량을 제어할 수 있다. → 유량감소 있음

② 반대방향(B → A)은 체크 밸브가 열리므로 작동유는 저항 없이 흐르게 된다. → 유량감소 없음

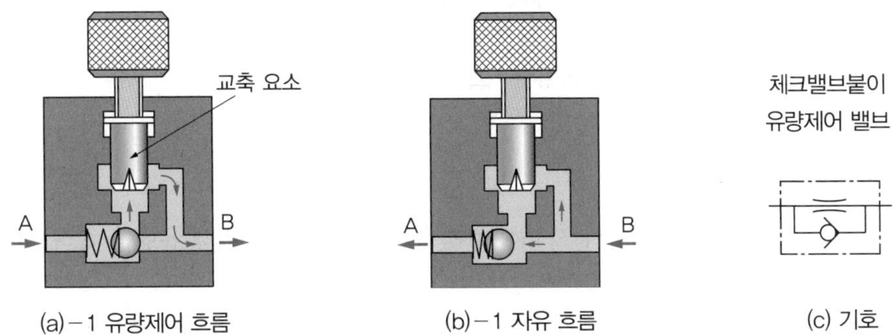

(a)－1 유량제어 흐름 (b)－1 자유 흐름 (c) 기호

(2) 압력보상형 유량제어 밸브

① 기능별 구성요소

㉠ 유량조정부 : 레버를 돌리면 유량 조정 측의 교축 단면적이 변화하고 유량이 증감한다.

㉡ 압력보상부 : 압력보상 스풀과 스프링의 작용에 의하여 유량조정축과 교축부의 전후의 압력차를 일정하게 유지해 준다.

㉢ 체크 밸브부 : 정방향 흐름 시 닫혀 있고, 역방향 흐름 시 자유롭게 흐른다.

② 작동원리

㉠ 스로틀 밸브나 스로틀 체크 밸브는 액추에이터가 받는 부하에 변화가 일어나면, 밸브의 입구 쪽과 출구 쪽에 압력차가 생겨서 일정한 유체 흐름 속도를 얻을 수 없다.

㉡ 압력보상형 유량제어 밸브는 압력보상 피스톤이 작동함으로써, 액추에이터 부하의 변화에 의해 생긴 압력차를 보상하여 일정한 양의 작동유가 흐르도록 교축요소를 조절하여 액추에이터의 속도를 조절해 준다.

㉢ 압력보상형 유량제어 밸브는 유량제어 흐름 방향을 화살표로 나타낸다.

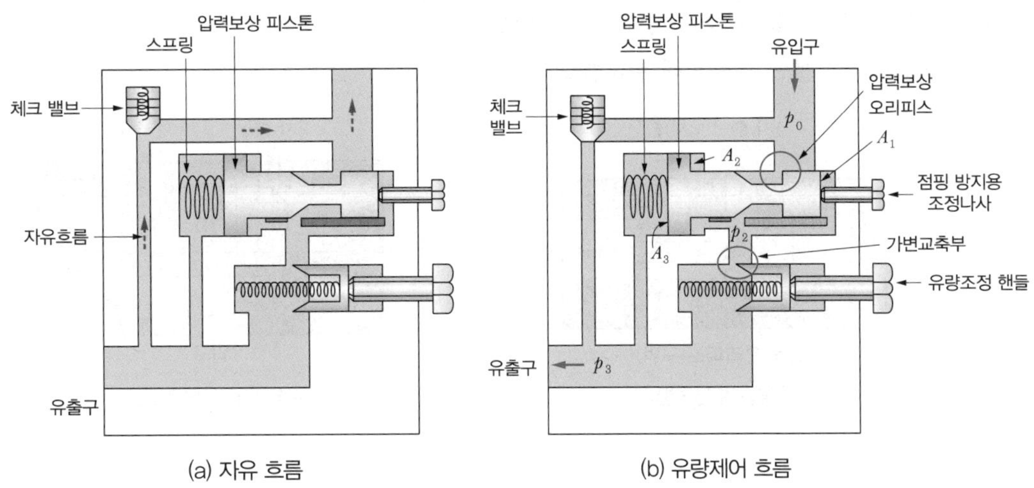

(a) 자유 흐름 (b) 유량제어 흐름

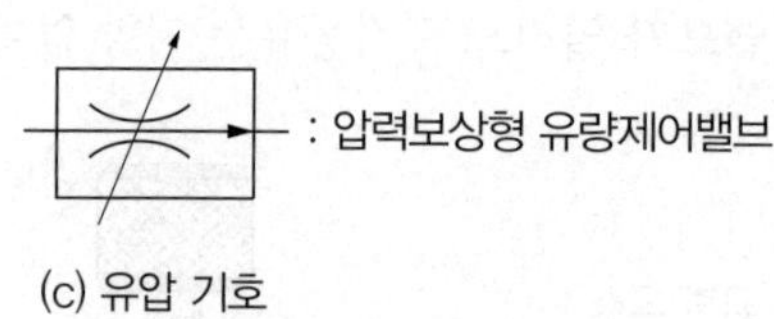

(c) 유압 기호

(3) 바이패스 유량제어 밸브

① 펌프의 전 유량을 한 가지 기능에 사용하는 경우나 다른 기능을 위해 유량을 흘려보내야 하는 경우 등에 사용된다.

② 오리피스나 스프링을 사용하여 유량을 제어하며 유동량이 증가하면 바이패스 라인으로 오일을 방출하여 회로의 압력상승을 방지한다.

③ 여기서 바이패스된 오일은 다음 그림처럼 다른 기능의 용도에 사용되거나 탱크로 귀환된다.

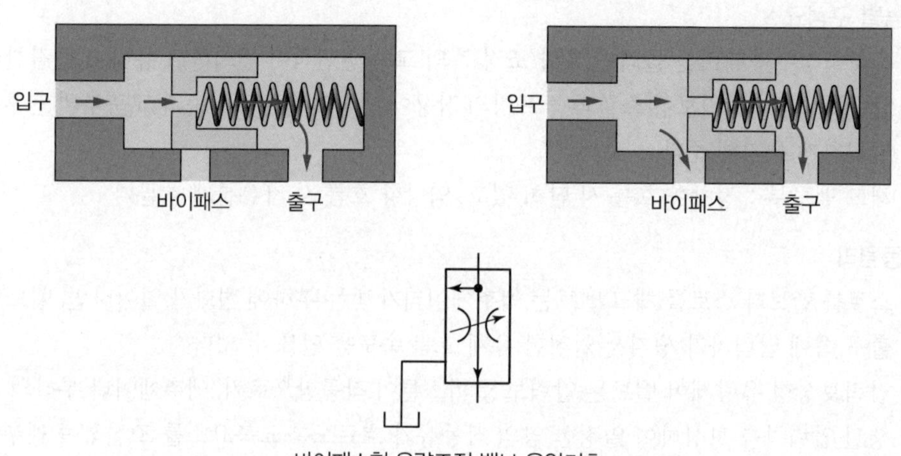

바이패스형 유량조정 밸브 유압기호

(4) 유량분류 밸브

① 유량을 제어하고 분배하는 기능을 하는 밸브이다.

② 유량순위 분류밸브, 유량비례 분류밸브가 있다.

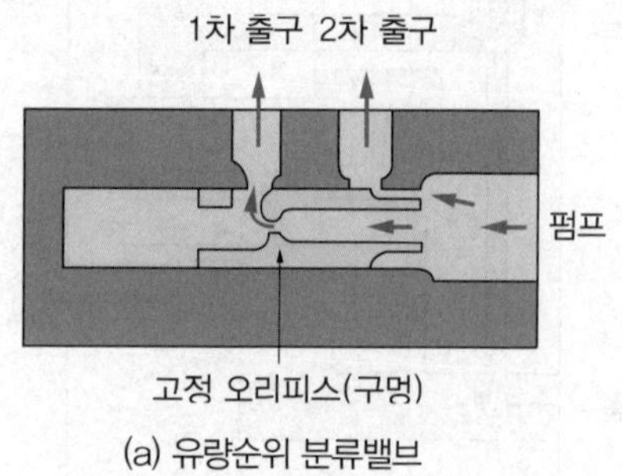

(a) 유량순위 분류밸브

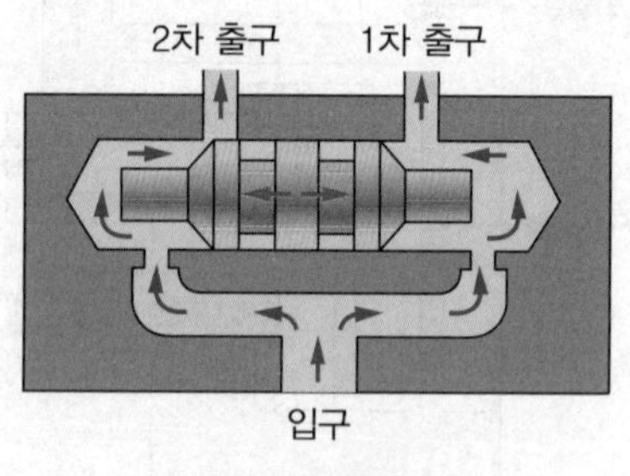

(b) 유량비례 분류밸브

(5) 감속 밸브(디셀러레이션 밸브, Deceleration Valve)

액추에이터를 감속시키기 위해 캠조작 등으로 유량을 서서히 감속시키는 밸브로 상시 폐쇄형과 상시 개방형이 있다.

(a) 상시 폐쇄형　　(b) 상시 개방형

핵심 기출 문제

01 다음 중 상시 개방형 밸브는?

① 감압 밸브 ② 언로드 밸브
③ 릴리프 밸브 ④ 시퀀스 밸브

해설

감압 밸브
정상운전 시에는 열려 있다가 출구 측 압력이 설정압보다 높을 시 밸브가 닫혀 압력을 낮춰 준다.

02 펌프의 무부하 운전에 대한 장점이 아닌 것은?

① 작업시간 단축
② 구동동력 경감
③ 유압유의 열화 방지
④ 고장방지 및 펌프의 수명 연장

해설

무부하 운전은 작업시간과 무관하다.

03 그림과 같은 압력제어 밸브의 기호가 의미하는 것은?

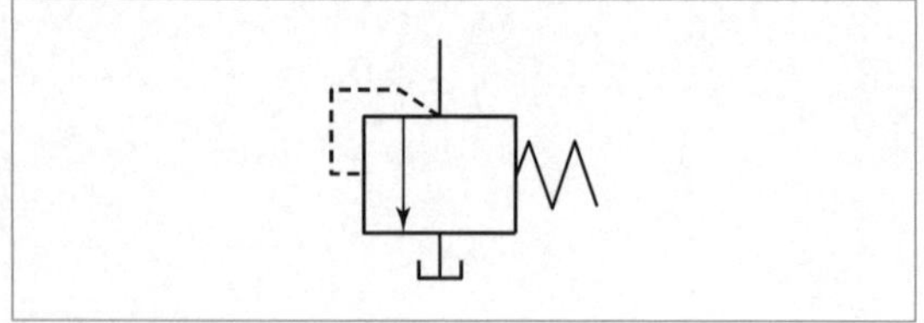

① 정압 밸브
② 2-Way 감압 밸브
③ 릴리프 밸브
④ 3-Way 감압 밸브

04 램이 수직으로 설치된 유압 프레스에서 램의 자중에 의한 하강을 막기 위해 배압을 주고자 설치하는 밸브로 적절한 것은?

① 로터리 베인 밸브 ② 파일럿 체크 밸브
③ 블리드 오프 밸브 ④ 카운터 밸런스 밸브

해설

카운터 밸런스 회로
- 피스톤 부하가 급격히 제거되었을 때 피스톤이 급진하는 것을 방지한다.
- 작업이 완료되어 부하가 0이 될 때, 실린더가 자중으로 낙하하는 것을 방지한다.

05 그림과 같은 무부하 회로의 명칭은 무엇인가?

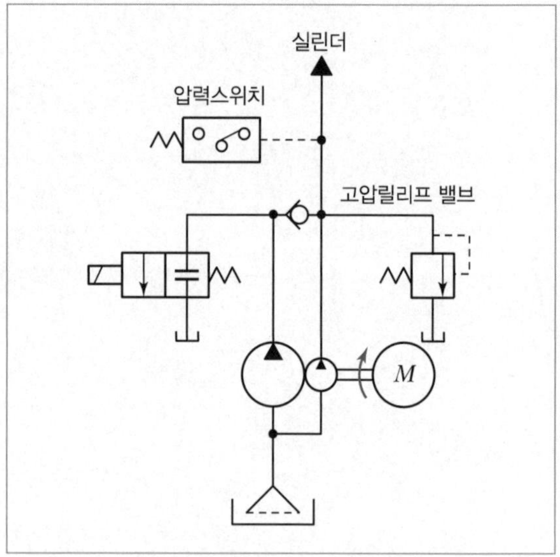

① 전환밸브에 의한 무부하 회로
② 파일럿 조작 릴리프 밸브에 의한 무부하 회로
③ 압력 스위치와 솔레노이드 밸브에 의한 무부하 회로
④ 압력보상 가변용량형 펌프에 의한 무부하 회로

정답 01 ① 02 ① 03 ③ 04 ④ 05 ③

해설

실린더 작동 완료 후 배관의 압력이 상승하면 압력스위치가 솔레노이드 밸브에 신호를 보내 무부하 운전을 하게 하는 회로이다.

06 작동 순서의 규제를 위해 사용되는 밸브는?

① 안전 밸브 ② 릴리프 밸브
③ 감압 밸브 ④ 시퀀스 밸브

해설

시퀀스 밸브의 용도
2개 이상의 유압 실린더를 사용하는 유압회로에서 미리 정해 놓은 순서에 따라 실린더를 작동시킨다.

07 방향제어 밸브 기호 중 다음과 같은 설명에 해당하는 기호는?

- $\frac{3}{2}$ −Way 밸브이다.
- 정상상태에서 P는 외부와 차단된 상태이다.

①
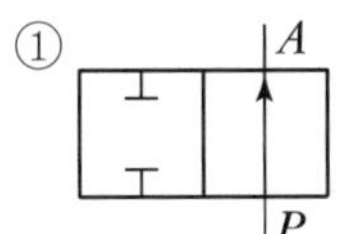

②
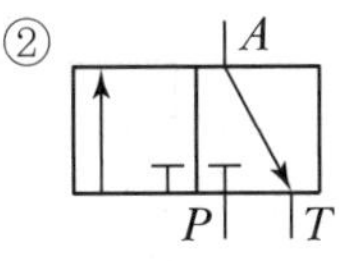

③
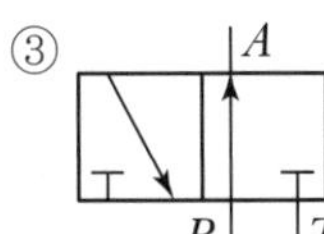

④
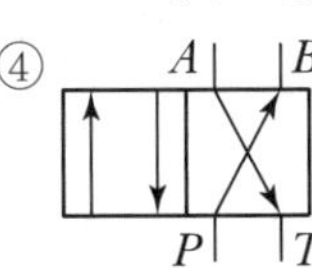

해설

① 2/1−Way 밸브이고, 정상상태에서는 P는 A와 연결
② 3/2−Way 밸브이고, 정상상태에서는 P는 외부와 차단, T는 A와 연결
③ 3/2−Way 밸브이고, 정상상태에서는 P는 A와 연결, T는 외부와 차단
④ 4/4−Way 밸브이고, 정상상태에서는 P는 B와 연결, T는 A와 연결

08 그림과 같이 P_3의 압력은 실린더에 작용하는 부하의 크기 혹은 방향에 따라 달라질 수 있다. 그러나 중앙의 "A"에 특정 밸브를 연결하면 P_3의 압력 변화에 대하여 밸브 내부에서 P_2의 압력을 변화시켜 ΔP를 항상 일정하게 유지시킬 수 있는데 "A"에 들어갈 수 있는 밸브는 무엇인가?

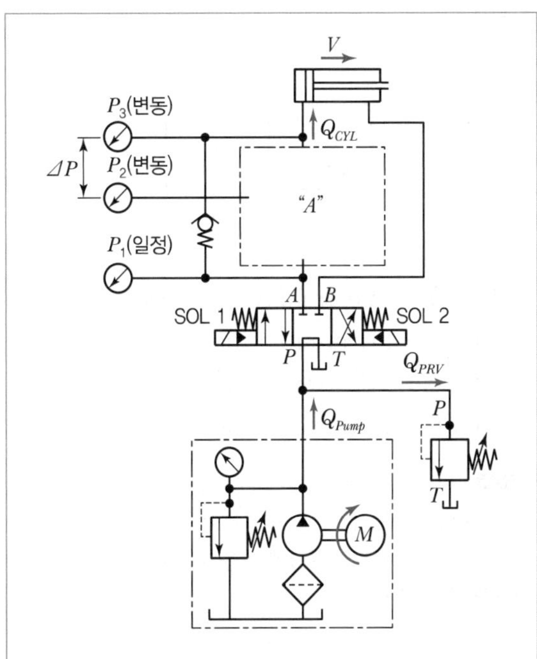

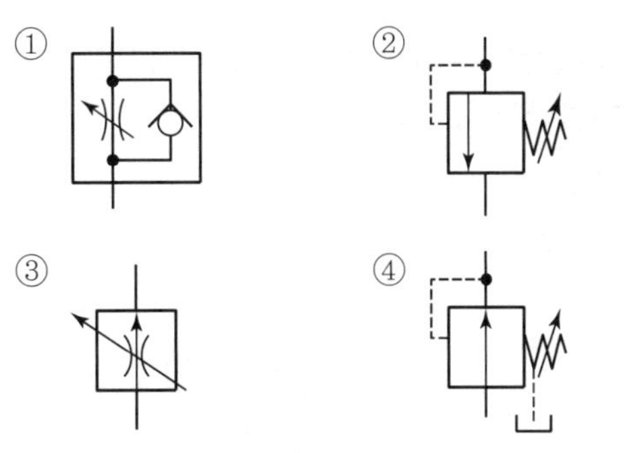

해설

압력보상형 유량제어 밸브
- 압력보상형 유량제어 밸브는 압력보상 피스톤이 작동함으로써, 액추에이터 부하의 변화에 의해 생긴 압력차를 보상

정답 06 ④ 07 ② 08 ③

하여 밸브의 입구 쪽과 출구 쪽 압력차를 일정하게 유지하여 액추에이터의 속도를 조절해 준다.
- 압력보상형 유량제어 밸브는 입구와 출구의 방향표시가 반드시 필요하다.

09 그림과 같은 방향제어 밸브의 명칭으로 옳은 것은?

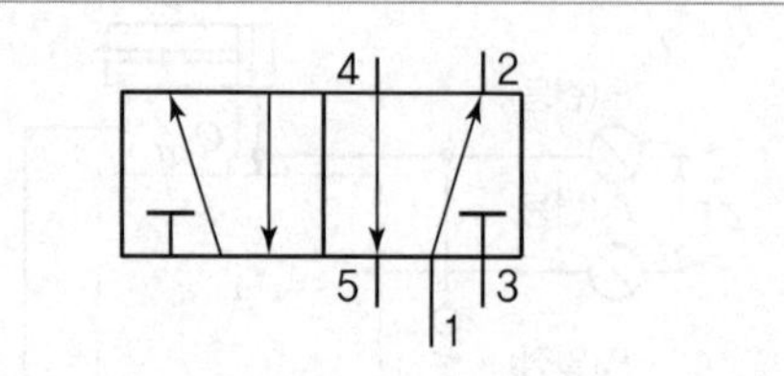

① 4 Ports－4 Control Position Valve
② 5 Ports－4 Control Position Valve
③ 4 Ports－2 Control Position Valve
④ 5 Ports－2 Control Position Valve

해설
- Ports : 밸브에 접속되는 주관로의 수
- Position : 작동유의 흐름 방향을 바꿀 수 있는 위치의 수 (네모 칸의 수)

10 한쪽 방향으로의 흐름은 자유로우나 역방향의 흐름을 허용하지 않는 밸브는?

① 셔틀 밸브 ② 체크 밸브
③ 스로틀 밸브 ④ 릴리프 밸브

해설
① 셔틀 밸브 : 한 개의 출구와 2개 이상의 입구를 갖고 출구가 최고 압력 측 입구를 선택하는 기능을 가진 밸브
③ 스로틀 밸브 : 통로의 단면적을 바꾸는 데 따른 스로틀 작용에 의해 감압이나 유량을 조절하는 밸브
④ 릴리프 밸브 : 과도한 압력으로부터 시스템을 보호하는 안전밸브

11 유압회로에서 감속회로를 구성할 때 사용되는 밸브로 가장 적합한 것은?

① 디셀러레이션 밸브
② 시퀀스 밸브
③ 저압우선형 셔틀 밸브
④ 파일럿 조작형 체크 밸브

해설
디셀러레이션 밸브(감속 밸브)
적당한 캠기구로 스풀을 이동시켜 유량의 증감(속도를 증감) 또는 개폐작용을 하는 밸브로서 상시 개방형과 상시 폐쇄형이 있다.

12 그림과 같은 유압 회로도에서 릴리프 밸브는?

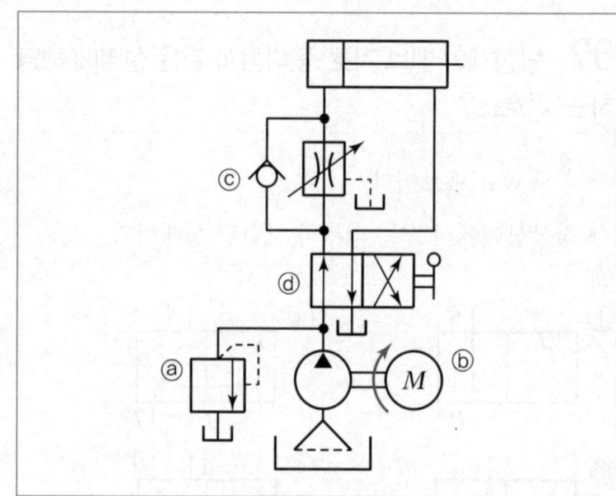

① ⓐ ② ⓑ
③ ⓒ ④ ⓓ

해설
ⓐ 릴리프 밸브

정답 09 ④ 10 ② 11 ① 12 ①

13 다음 표기와 같은 유압기호가 나타내는 것은?

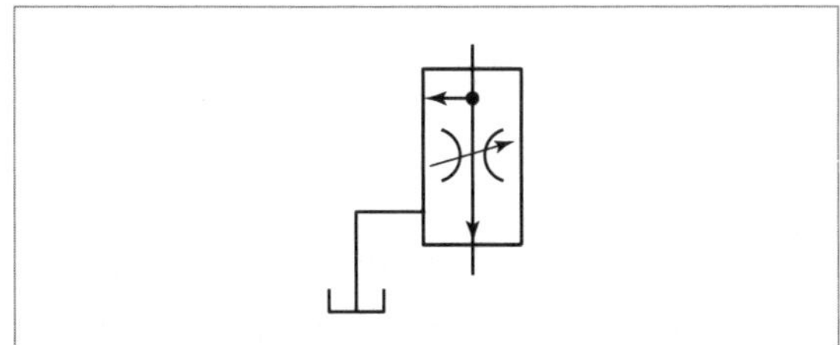

① 가변 교축 밸브
② 무부하 릴리프 밸브
③ 직렬형 유량조정 밸브
④ 바이패스형 유량조정 밸브

14 다음 중 유량제어 밸브에 속하는 것은?

① 릴리프 밸브 ② 시퀀스 밸브
③ 교축 밸브 ④ 체크 밸브

해설

- 압력제어 밸브 : 릴리프 밸브, 시퀀스 밸브
- 방향제어 밸브 : 체크 밸브
- 유량제어 밸브 : 교축밸브(스로틀 밸브)

15 그림에서 표기하고 있는 밸브의 명칭은?

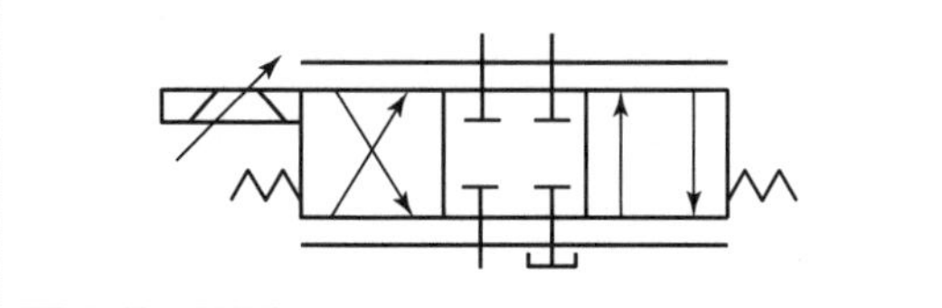

① 셔틀 밸브 ② 파일럿 밸브
③ 서보 밸브 ④ 교축전환 밸브

16 방향전환 밸브에 있어서 밸브와 주 관로를 접속시키는 구멍을 무엇이라고 하는가?

① Port ② Way
③ Spool ④ Position

해설

① 포트(Port) : 밸브에 접속된 주 관로
② 방향(Way) : 작동유의 흐름 방향
③ 스풀(Spool) : 원통형 미끄럼 면에 접촉되어 이동하면서 유로를 개폐하는 부품
④ 위치수(Position) : 작동유 흐름을 바꿀 수 있는 위치의 수(유압 기호에서 네모 칸의 수)

17 압력제어 밸브에서 어느 최소 유량에서 어느 최대 유량까지의 사이에 증대하는 압력을 무엇이라고 하는가?

① 오버라이드 압력 ② 전량 압력
③ 정격 압력 ④ 서지 압력

해설

② 전량 압력(Full Flow Pressure) : 밸브가 완전 오픈되었을 때 허용최대유량이 흐를 때의 압력
③ 정격 압력 : 정해진 조건하에서 성능을 보증할 수 있고, 설계 및 사용상의 기준이 되는 압력
④ 서지 압력 : 과도적(순간적)으로 상승한 압력의 최댓값

18 다음 중 압력제어 밸브들로만 구성되어 있는 것은?

① 릴리프 밸브, 무부하 밸브, 스로틀 밸브
② 무부하 밸브, 체크 밸브, 감압 밸브
③ 셔틀 밸브, 릴리프 밸브, 시퀀스 밸브
④ 카운터 밸런스 밸브, 시퀀스 밸브, 릴리프 밸브

해설

압력제어 밸브에는 릴리프 밸브, 카운터 밸런스 밸브, 시퀀스 밸브, 감압 밸브, 무부하 밸브, 압력스위치가 있다.

정답 13 ④ 14 ③ 15 ③ 16 ① 17 ① 18 ④

19 그림에서 A는 저압 대용량, B는 고압 소용량 펌프이다. 70kg$_f$/cm^{2}의 부하가 걸릴 때, 펌프 A의 동력량을 감소시킬 목적으로 C에 유압 밸브를 설치하고자 할 때 어떤 밸브를 설치하는 것이 가장 적당한가?

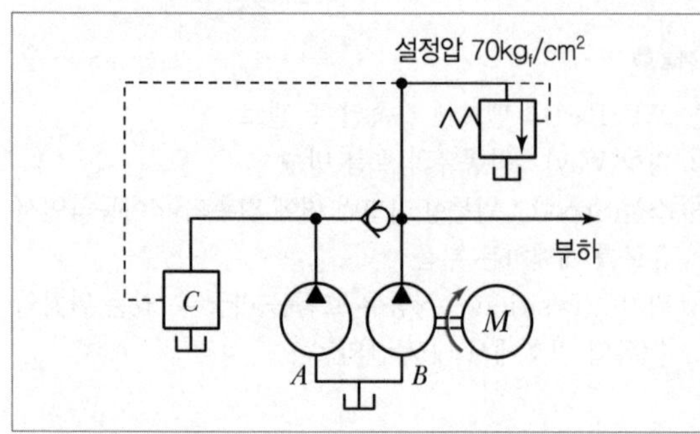

① 감압 밸브　② 시퀀스 밸브
③ 언로드 밸브　④ 카운터 밸런스 밸브

해설

무부하 밸브 : 실린더 작동 시에는 닫혀 있다가 무부하 운전 시 밸브를 열어 작동유를 탱크로 보낸다.

20 다음 기호 중 체크 밸브를 나타내는 것은?

①
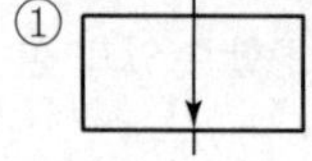
②
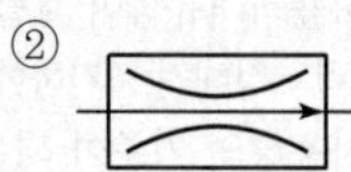
③
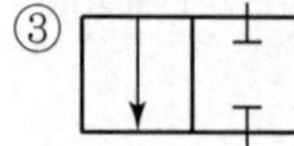
④
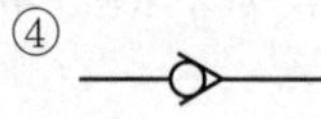

21 부하의 낙하를 방지하기 위해서 배압을 유지하는 압력제어 밸브는?

① 카운터 밸런스 밸브(Counter Balance Valve)
② 감압 밸브(Pressure－reducing Valve)
③ 시퀀스 밸브(Sequence Valve)
④ 언로드 밸브(Unloading Valve)

해설

카운터 밸런스 밸브 : 추의 낙하를 방지하기 위해 배압을 유지시켜 주는 압력제어 밸브

22 다음 중 실린더에 배압이 걸리므로 끌어당기는 힘이 작용해도 자주할 염려가 없어서 밀링이나 보링머신 등에 사용하는 회로는?

① 미터인 회로　② 미터아웃 회로
③ 어큐뮬레이터 회로　④ 싱크로나이즈 회로

해설

미터아웃 회로
- 액추에이터의 출구 쪽 관로에 유량제어 밸브를 직렬로 부착하여 액추에이터에서 배출되는 유량을 제어하여 속도를 제어하는 회로이다.
- 미세한 속도제어가 가능하고, 피스톤에 배압이 생기기 때문에 끌어당기는 힘이 작용해도 자주할 염려가 없으며, 끌어당기는 힘에 의해 절삭날이 공작물에 파고들어 가는 현상을 방지할 수 있어 밀링머신이나 드릴링머신, 보링머신 등의 공구이송장치에 사용된다.

정답　19 ③　20 ④　21 ①　22 ②

05 액추에이터

1 개요

유압에너지를 기계에너지로 변환하는 장치이다.

2 유압실린더

1. 개요

① 유압펌프에서 공급되는 유압에너지를 직선왕복운동으로 변환하는 장치이다.
② 작동속도는 비교적 느려 1m/s 이하에서 사용한다.

2. 종류

(1) 단동식 실린더

피스톤 측에 압력이 작용하여 한쪽 방향으로 일을 하며, 피스톤 귀환은 반대방향에서의 중력이나 실린더 내부에 있는 스프링에 의해서 이루어진다.

① 램형
㉠ 피스톤형에 비해 로드가 굵기 때문에 부하에 의한 휨의 영향이 적다.
㉡ 패킹이 실린더 내부에 설치되지 않으므로 실린더 내부가 보호되며 공기구멍이 필요하지 않다.
㉢ 수동작동 유압잭의 구조에 많이 사용한다.

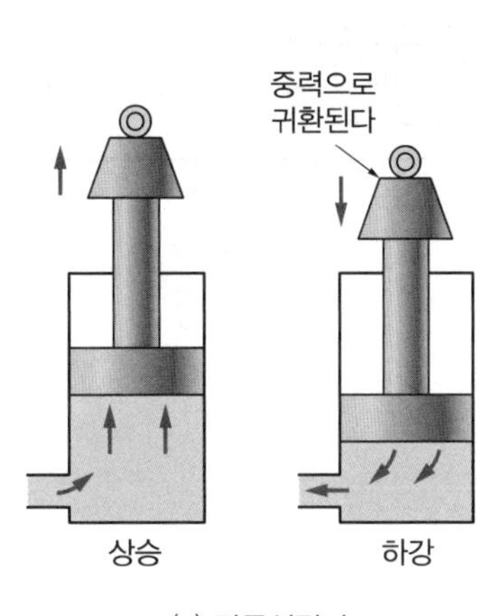

(a) 단동실린더

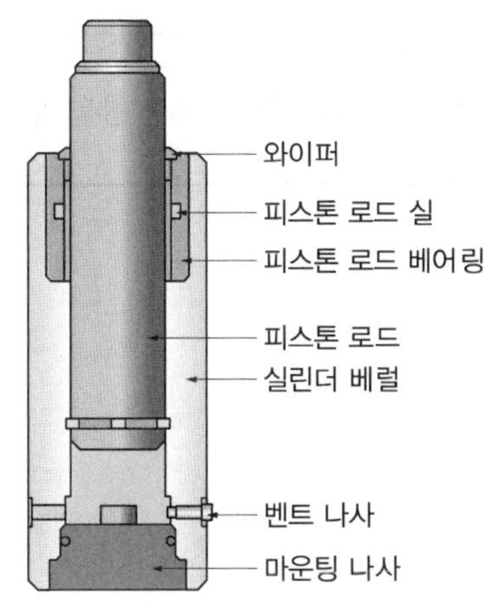

(b) 램형 단동실린더

(2) 복동식 실린더

피스톤의 양쪽에 유체의 출입구(Port)가 있어 실린더의 양쪽 방향으로 일을 할 수 있으며, 유압이 작동되면 다른 한쪽의 작동유는 귀환관로를 통하여 탱크로 되돌려진다.

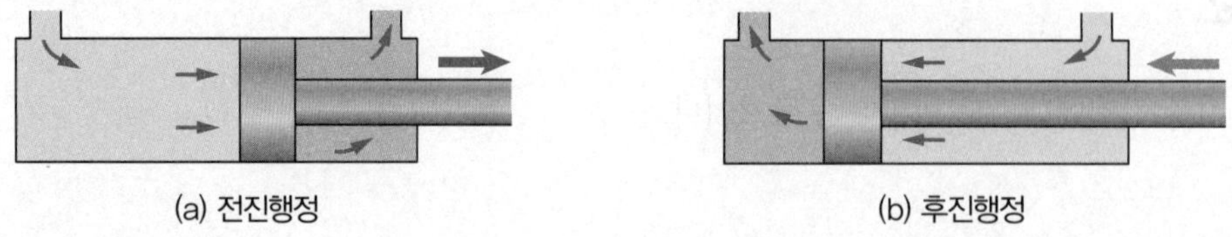

(a) 전진행정　　(b) 후진행정

▎유압복동 실린더의 종류

종류	특성	실린더의 모양	유압기호
차동실린더	피스톤 수압면과 로드 측 수압면과의 면적비가 2 : 1	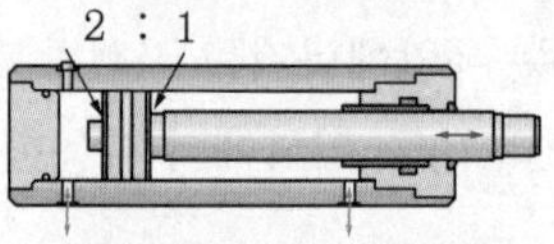 2 : 1	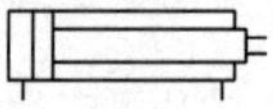
양로드형 실린더	양측의 수압면적이 동일	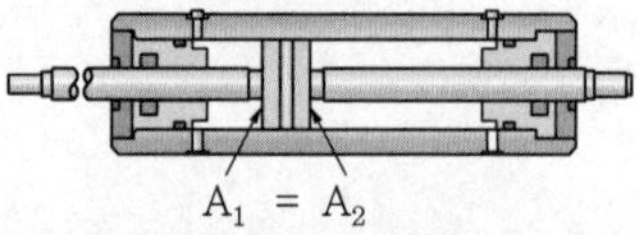 $A_1 = A_2$	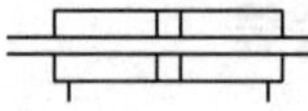
쿠션붙이 실린더	강한 충격을 완충하기 위해 끝단에서 감속	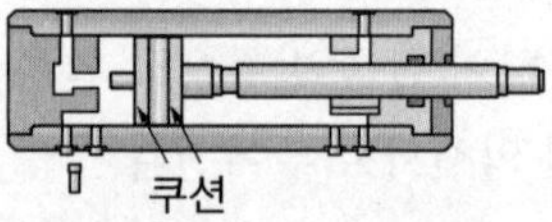 쿠션	
텔리스코프 실린더	긴 스트로크	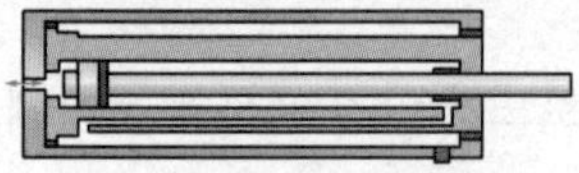	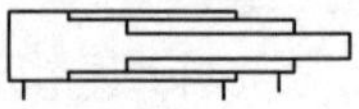
압력증대기	압력 증대	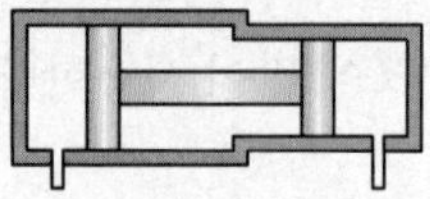	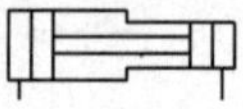
탠덤실린더	작은 사양으로 큰 힘을 발생	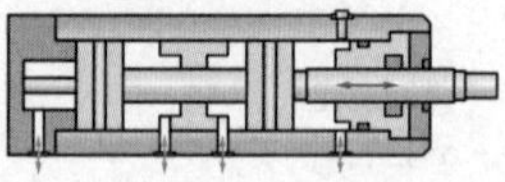	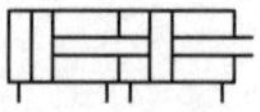

3. 구조

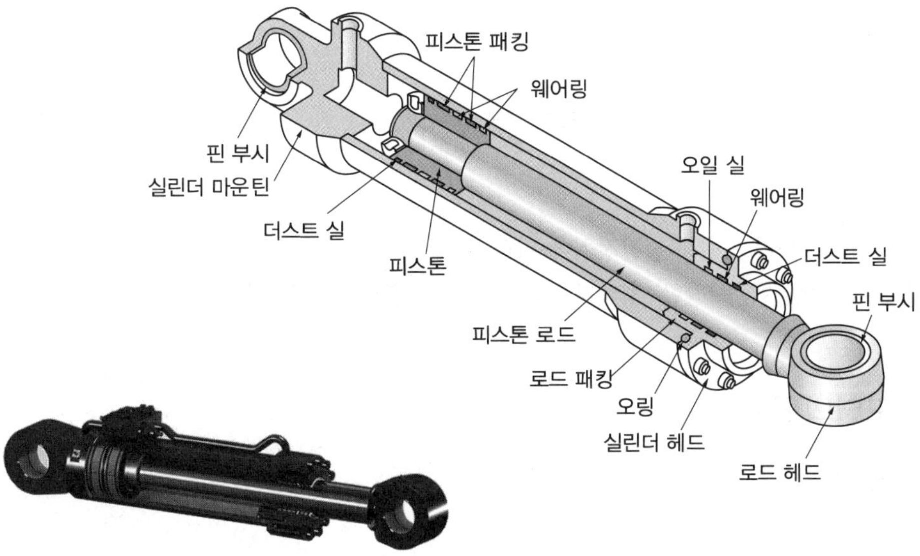

3 유압모터

1. 개요

① 유압펌프에서 공급되는 유압에너지를 회전운동으로 변환하는 장치이다.
② 유압펌프의 흡입 쪽에 압유를 공급하면 유압모터가 된다.
③ 공급하는 작동유의 압력을 제어하여 회전속도를 제어한다.
④ 가변용량형 모터인 경우 1회전당의 배제용적을 조절하여 출력축의 토크와 회전속도를 제어한다.

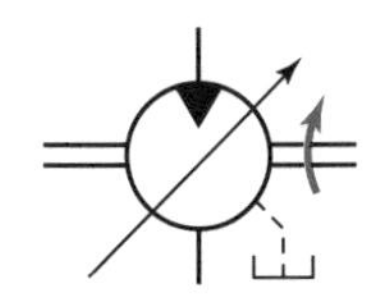

| 유압모터 – 유압기호 |

2. 특징

(1) 장점

① 전동기에 비해 쉽게 급속정지시킬 수 있으며, 광범위한 무단변속을 얻을 수 있다.
② 소형으로 가볍고 강력한 힘을 얻을 수 있다.
③ 반응속도가 매우 빨라 힘과 속도가 자유롭게 변할 수 있다.

④ 시동, 정지, 역전, 변속, 가속 등을 제어하는 시스템 제작이 간단하다.
⑤ 과부하에 대한 안전장치나 브레이크가 용이하다.
⑥ 원격조작이 가능하고, 수동 또는 자동조작이 가능하다.
⑦ 내구성 및 윤활특성이 좋다.
⑧ 과잉하중으로부터 작업 장치를 쉽게 보호할 수 있다.

(2) 단점

① 동력전달효율이 기어식 전달장치에 비해 낮다.
② 소음이 크며 운전 시작할 때와 저속 운전 시에 원활한 운전을 얻기가 곤란하다.

3. 유압모터의 동력

① 토크(T)

$$T = \frac{p \cdot q}{2\pi}\ [\mathrm{N \cdot m}]$$

여기서, p : 토출압력$\left(\frac{\mathrm{N}}{\mathrm{m}^2} = \mathrm{Pa}\right)$

q : 1회전당 토출유량$\left(\frac{\mathrm{m}^3}{\mathrm{rev}} \times \frac{1\mathrm{rev}}{2\pi}\right)$

② 동력(L_{kW})

$$L = T \cdot \omega$$
$$= T \times \frac{2\pi N}{60}\ (\mathrm{W})$$
$$= T \times \frac{2\pi N}{60{,}000}\ (\mathrm{kW})$$
$$= \frac{pqN}{60{,}000}\ (\mathrm{kW})$$

여기서, T : 모터의 토크(N · m)

ω : 각속도(rad/s)

N : 분당 회전수(rev/min, rpm)

$L = F \cdot V$ (유압실린더, $F = p \cdot A$)

③ 유압모터 전 효율

$$\eta = \frac{L_s(\text{축출력동력})}{L_{th}(\text{유체입력동력})}$$
$$= \eta_v(\text{체적효율}) \times \eta_t(\text{토크효율 : 기계효율})$$

4. 종류

(1) 기어 모터

① 유압모터 중 구조면에서 가장 간단하며 평기어를 사용한다.

② 출력 토크가 일정하다.

③ 정회전과 역회전이 가능하다.

④ 소형으로 제작 가능하다.

⑤ 누설이 많고 가변용량형으로 만들기 곤란하다.

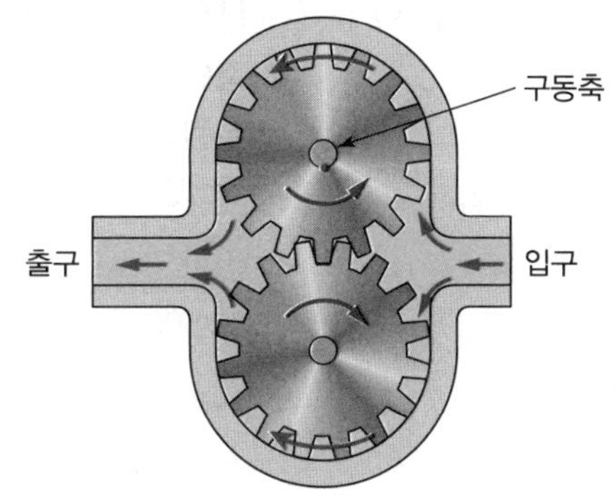

(2) 베인 모터

① 공급압력이 일정할 때 출력토크가 일정하다.

② 역전, 무단변속, 가혹한 운전이 가능하다.

③ 구조가 간단하고 보수가 용이하다.

④ 저속 운전 시 효율이 나쁘고, 토크의 변동이 증대된다.

⑤ 베인을 캠링에 항상 밀착시키기 위해 로킹암 또는 코일스프링을 사용한다.

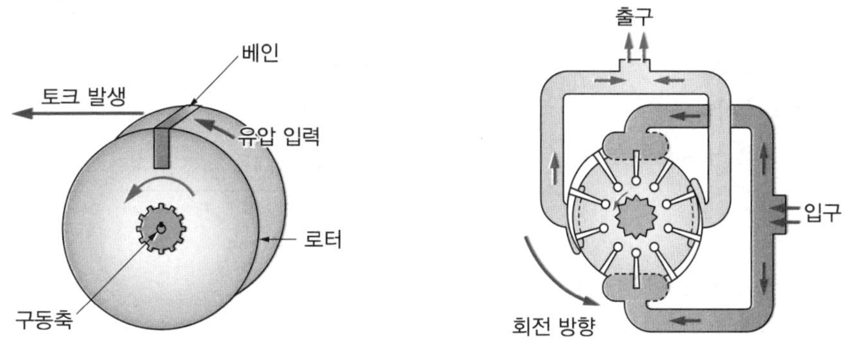

(3) 회전피스톤 모터

- 기어 모터나 베인 모터에 비해 고압 작동에 적합하다.
- 구조는 피스톤 펌프와 유사하다.

핵심 기출 문제

01 액추에이터에 관한 설명으로 가장 적합한 것은?

① 공기 베어링의 일종이다.
② 전기에너지를 유체에너지로 변환시키는 기기이다.
③ 압력에너지를 속도에너지로 변환시키는 기기이다.
④ 유체에너지를 이용하여 기계적인 일을 하는 기기이다.

해설

액추에이터
유압에너지 → 기계에너지(직선, 회전운동)로 변환하는 장치

02 유압모터의 종류가 아닌 것은?

① 나사 모터 ② 베인 모터
③ 기어 모터 ④ 회전피스톤 모터

해설

유압모터의 종류
베인 모터, 기어 모터, 회전피스톤 모터

03 베인 모터의 장점에 관한 설명으로 옳지 않은 것은?

① 베어링 하중이 작다.
② 정 · 역회전이 가능하다.
③ 토크 변동이 비교적 작다.
④ 기동 시나 저속 운전 시 효율이 높다.

해설

베인 모터의 특징
- 공급압력이 일정할 때 출력토크가 일정하다.
- 역전, 무단변속, 가혹한 운전이 가능하다.
- 구조가 간단하고 보수가 용이하다.
- 저속 운전 시 효율이 나쁘고, 토크의 변동이 증대된다.
- 베인을 캠링에 항상 밀착시키기 위해 로킹암 또는 코일스프링을 사용한다.

04 유압실린더로 작동되는 리프터에 작용하는 하중이 15,000N이고 유압의 압력이 7.5MPa일 때 이 실린더 내부의 유체가 하중을 받는 단면적은 약 몇 cm²인가?

① 5 ② 20
③ 500 ④ 2,000

해설

$F = P \cdot A$

$$A = \frac{F}{P} = \frac{15{,}000}{7.5} = 2{,}000\,\text{mm}^2 = 20\text{cm}^2$$

05 유압모터에서 1회전당 배출유량이 60cm³/ rev이고 유압유의 공급압력이 7MPa일 때 이론토크는 약 몇 N · m인가?

① 668.8 ② 66.8
③ 1,137.5 ④ 113.8

해설

$$T = \frac{pq}{2\pi} = \frac{7\times 10^6 \times 60 \times 10^{-6}}{2\times\pi} = 66.85\text{N} \cdot \text{m}$$

정답 01 ④ 02 ① 03 ④ 04 ② 05 ②

06 그림과 같은 실린더에서 A측에서 3MPa의 압력으로 기름을 보낼 때 B측 출구를 막으면 B측에 발생하는 압력 P_B는 몇 MPa인가?(단, 실린더 안지름은 50mm, 로드 지름은 25mm이며, 로드에는 부하가 없는 것으로 가정한다.)

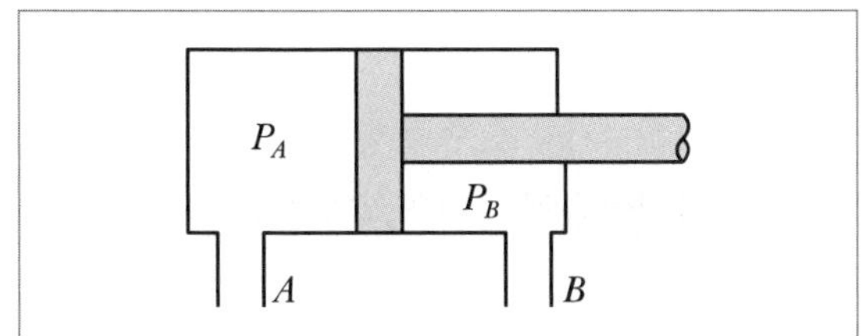

① 1.5　　② 3.0
③ 4.0　　④ 6.0

해설

$P_A A_A = P_B A_B$

$P_B = \frac{P_A \cdot A_A}{A_B} = P_A \times \frac{D^2}{(D^2 - d^2)} = \frac{3 \times 50^2}{(50^2 - 25^2)} = 4$

07 그림과 같은 실린더를 사용하여 F = 3kN의 힘을 발생시키는 데 최소한 몇 MPa의 유압이 필요한가?(단, 실린더의 내경은 45mm이다.)

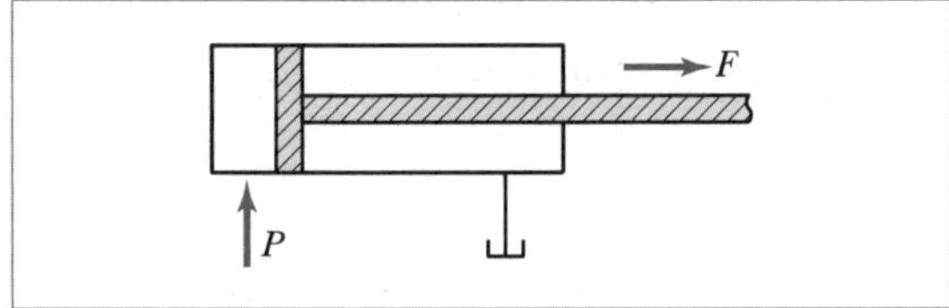

① 1.89　　② 2.14
③ 3.88　　④ 4.14

해설

$P = \frac{F}{A} = \frac{4 \times 3{,}000}{\pi \times 0.045^2} = 1{,}886{,}280\text{Pa} = 1.89\text{MPa}$

08 유압실린더의 피스톤 링이 하는 역할에 해당되지 않는 것은?

① 열 전도　　② 기밀 유지
③ 기름 제거　　④ 누설 방지

해설

피스톤 링은 피스톤과 함께 상하로 왕복 운동을 하며 실린더 내부 벽면의 기밀을 유지하고 오일을 밀어내 연소실로 누설되지 않게 한다.

09 유압실린더에서 오일에 의해 피스톤에 15MPa의 압력이 가해지고 피스톤 속도가 3.5cm/s일 때 이 실린더에서 발생하는 동력은 약 몇 kW인가?(단, 실린더 안지름은 100mm이다.)

① 2.88　　② 4.12
③ 6.86　　④ 9.95

해설

$L = F \cdot V = 15 \times \frac{\pi}{4} 100^2 \times 0.035 = 4{,}123.34 = 4.12\text{kW}$

10 유압모터 한 회전당 배출유량이 50cc인 베인 모터가 있다. 이 모터에 압력 7MPa의 압유를 공급할 때 발생되는 최대토크는 몇 N · m인가?

① 55.7　　② 557
③ 35　　④ 350

해설

$T = \frac{p \cdot q}{2\pi} = \frac{7 \times 10^6 \times 50 \times 10^{-6}}{2\pi} = 55.7\text{N} \cdot \text{m}$

정답　06 ③　07 ①　08 ①　09 ②　10 ①

06 유압부속기기

1 유압유 탱크(Oil Tank)

1. 역할

① 장시간 반복적으로 기기와 배관을 순환하는 작동유를 저장하는 기능을 주로 한다.

② 기름 속에 포함된 불순물이나 기포를 분리시키고 마찰과 압력상승에 의하여 발생하는 열을 발산하여 작동유의 온도를 유지시킨다.

2. 구비조건

① 탱크는 먼지, 수분 등의 이물질이 들어가지 않도록 밀폐형으로 하고 통기구(Air Bleeder)를 설치하여 탱크 내의 압력이 대기압을 유지하도록 한다.

② 탱크의 용적은 충분히 여유 있는 크기로 하여야 한다. 일반적으로 탱크 내의 유량은 유압펌프 송출량의 약 3배로 한다. 유면의 높이는 2/3 이상이어야 한다(적절한 유면 유지).

③ 탱크 내에는 격판(Baffle Plate)을 설치하여 흡입 측과 귀환 측을 구분하며 기름은 격판을 돌아 흐르면서 불순물을 침전시키고, 기포의 방출, 작동유의 냉각, 먼지의 일부가 침전할 수 있는 구조이어야 한다.

④ 흡입구와 귀환구 사이의 거리는 가능한 한 멀게 하여 귀환유가 바로 유압펌프로 흡입되지 않도록 한다.

⑤ 펌프 흡입구에는 기름 여과기(Strainer)를 설치하여 이물질을 제거한다.

⑥ 통기구(Air Bleeder)에는 공기 여과기를 설치하여 이물질이 혼입되지 않도록 한다.

⑦ 유압유 온도와 유량을 확인할 수 있도록 온도계와 유면계를 설치하여야 한다.

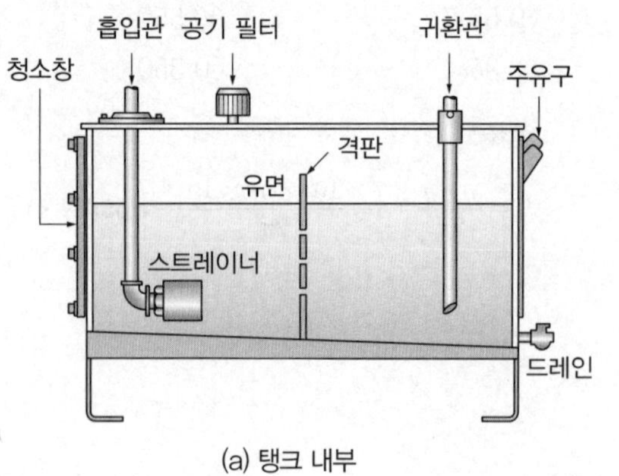

(a) 탱크 내부

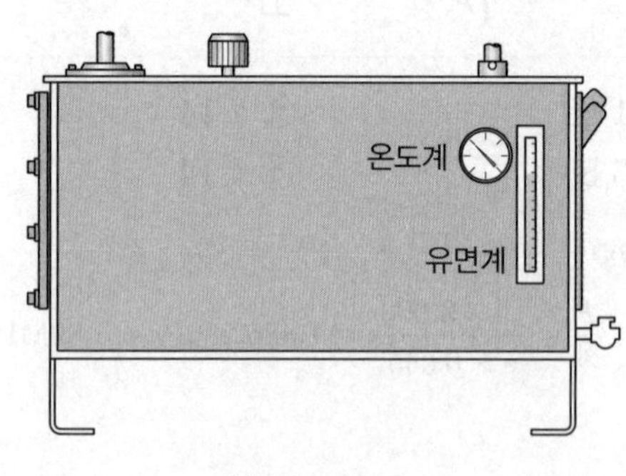

(b) 탱크 외부

2 축압기(Accumulator)

1. 역할

고압의 유압유를 저장하는 용기로, 필요에 따라 유압시스템에 유압유를 공급하거나, 회로 내의 밸브를 갑자기 폐쇄할 때 발생하는 서지 압력을 방지할 목적으로 사용한다.

2. 용도

① 작동유의 유압에너지 축적
② 2차 회로의 구동
③ 압력 보상(Counter Balance)
④ 맥동 제어(Noise Damper)
⑤ 충격 완충(Oil Hammer)
⑥ 액체 수송(Transfer Barrier)
⑦ 고장, 정전 등의 긴급 유압원
⑧ 유압에너지의 방출 사이클시간 단축
⑨ 서지압 흡수(충격 발생 지점에 가깝게 설치)

3. 특징

① 구조가 간단하다.
② 사용용도가 광범위하다.

4. 종류

(1) 스프링 가압형 축압기

① 저압용에 사용된다.
② 소형으로 가격이 싸다.

(2) 중추형 축압기

① 대용량에 사용하며, 일정 유압을 공급할 수 있다.
② 일반적으로 중추가 크고 무거워서 유압유의 외부누설 방지가 곤란하다.
③ 축유량이 크며 형상이 간단하고 구성품이 작다.

(3) 다이어프램형 축압기

① 소형 고압용에 적당하다.
② 가스 압력에 의해서 격판이 팽창되어 가압된다.
③ 유압실에 가스 침입의 염려가 없다.

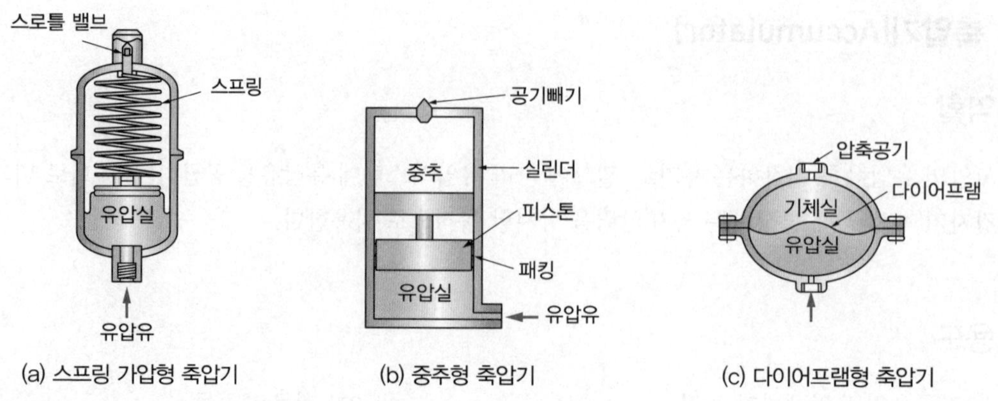

(a) 스프링 가압형 축압기 (b) 중추형 축압기 (c) 다이어프램형 축압기

(4) 피스톤 축압기

① 형상이 간단하고 구성품이 적다.
② 대형 축압기 제작이 쉽다.
③ 축유량을 크게 잡을 수 있다.
④ 유압실에 가스 침입의 염려가 있다.

(5) 블래더형 축압기

① 가스가 봉입된 고무주머니가 유압시스템과 연결되어 압력에너지를 전달한다.
② 구조가 간단하고 다양한 용량형태를 가진다.
③ 비교적 가볍게 만들어진다.
④ 장시간 미사용 시 블래더 변형을 예방해야 한다.

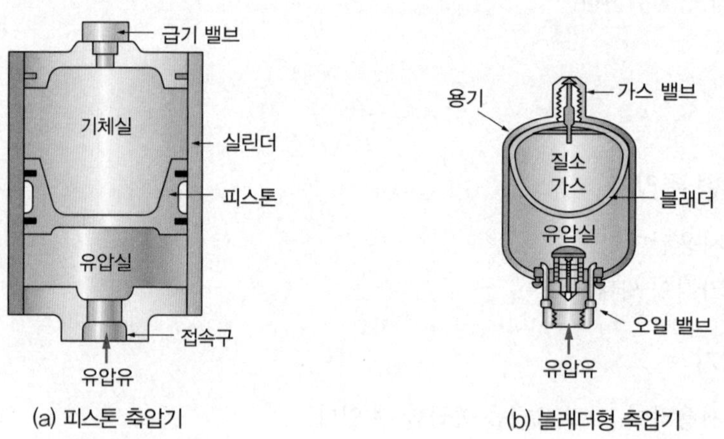

(a) 피스톤 축압기 (b) 블래더형 축압기

3 실(Seal)

고정부분에 쓰이는 것은 개스킷(Gasket), 운동부분에 쓰이는 것은 패킹(Packing)이라 한다. 구비조건은 다음과 같다.

① **양호한 유연성** : 압축복원성이 좋고 압축변형이 작을 것
② **내유성** : 유중에 있어서의 체적변화나 노화가 적고, 내약품성이 양호할 것

③ **내열, 내한성** : 고온 시에 있어서 노화, 저온 시에 있어서 탄성저하가 적을 것
④ **기계적 강도** : 장시간의 사용에 견디는 내구성 및 내마모성이 좋을 것

4 여과기(Filter)

1. 작동유 오염이 유압시스템에 미치는 영향

① 베인 펌프의 베인, 기어 펌프의 기어, 플런저 펌프의 플런저의 접동부 마모에 의한 작동 노화를 촉진시킨다.
② 압력제어 밸브의 접동부 마모를 촉진하고 시트부나 오리피스 부분에 작동 불량으로 인한 채터링 현상을 유발시킨다.
③ 방향제어 밸브에서 접동부 마모, 잠김 현상을 일으켜 솔레노이드를 손상시킨다.
④ 유량제어 밸브에서 오리피스의 마모를 빠르게 촉진시키거나 분출구를 막아서 작동 불능상태가 된다.
⑤ 유압실린더에서 O링, U링을 손상시켜 누설이 발생한다.

2. 종류

(1) 스트레이너

① 유압펌프 흡입 쪽에 부착하여 기름탱크에서 펌프 및 회로에 불순물이 유입되지 않도록 여과작용을 하는 장치이다.
② 100～200mesh(눈의 크기 0.15～0.07mm)의 철망을 사용한다.
③ 여과량은 펌프 송출량의 2배 이상이 되어야 한다.
④ 기름탱크의 저면에서 조금 위에 설치하여 침전하고 있는 이물을 흡입하지 않도록 하고, 쉽게 점검할 수 있도록 설치해야 한다.

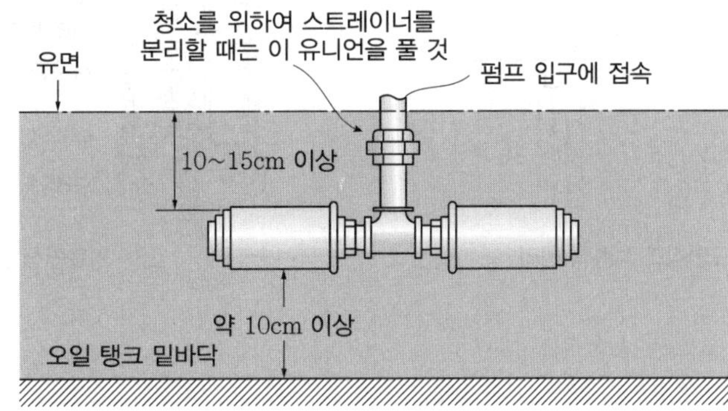

(2) 오일 필터

배관 도중, 귀환회로, 바이패스회로에 부착하여 미세한 불순물을 여과하고, 형태는 표면식, 적층식, 다공체식, 흡착식, 자기식 등이 있다.

① 표면식 필터

㉠ 균일다공질 종이(2~20μm)나 직물에 석탄산수지를 스며들게 하여 고온에서 성형한다.

㉡ 소형이고 청소가 간단하며 과대유량이나 맥동충격에 강하다.

㉢ 여과용량이 작아 바이패스 회로에 주로 사용한다.

② 적층식 필터

㉠ 얇은 여과면을 다수 겹쳐 쌓아서 사용하는 필터로 철망, 종이, 금속 등의 원판이나 실을 감은 것을 엘리먼트로 사용한다.

㉡ 다량의 여과작용을 할 수 있고 압력손실이 적으며 저가이다.

㉢ 1~100μm 정도의 불순물을 여과한다.

③ 다공체식 필터

㉠ 스테인리스, 청동 등의 미립자를 다공질로 소결하여 제작한다.

㉡ 여과능력은 입자의 크기와 압력에 의하여 결정된다.

㉢ 눈의 크기는 2~200μm 이다.

㉣ 흡수용량이 크고, 세정에 의한 재생이 가능하다.

④ 자기식 필터

영구자석을 활용해 작동유 속의 철분 등의 자성체불순물을 여과한다.

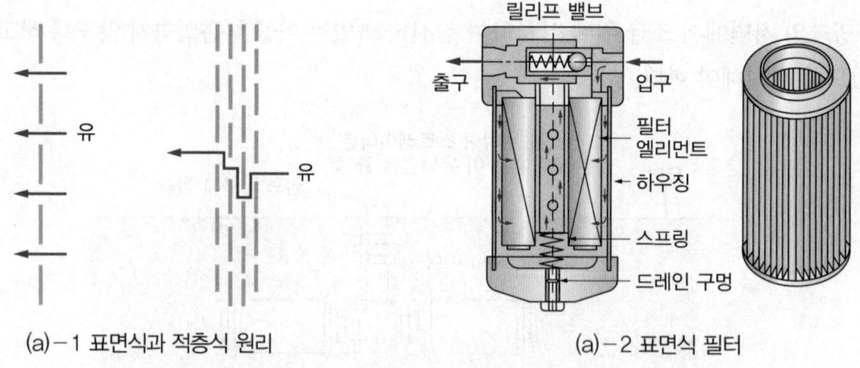

(a)-1 표면식과 적층식 원리

(a)-2 표면식 필터

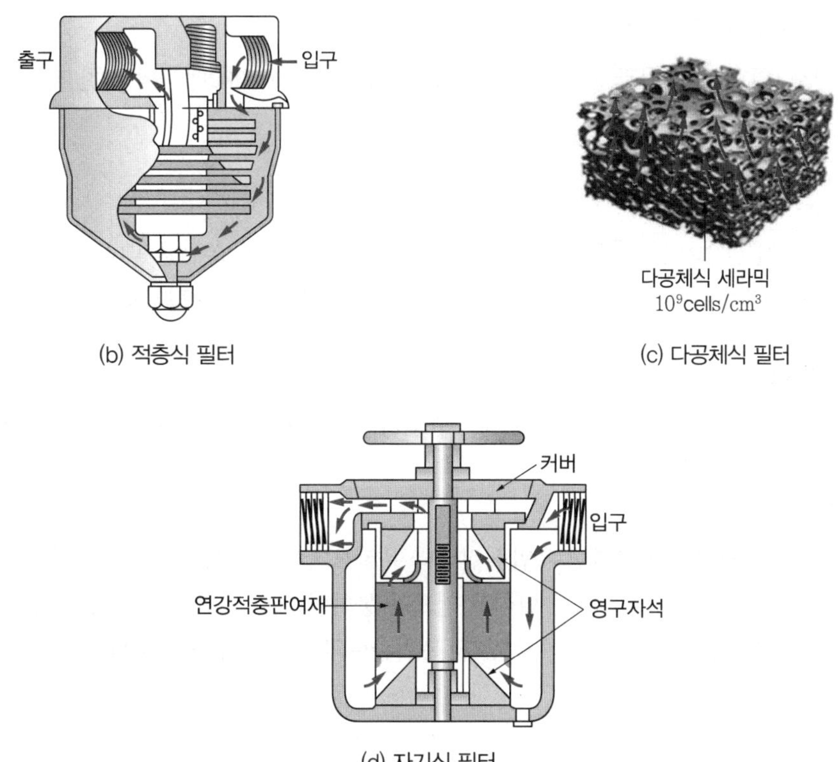

(b) 적층식 필터

(c) 다공체식 필터

(d) 자기식 필터

3. 설치 장소

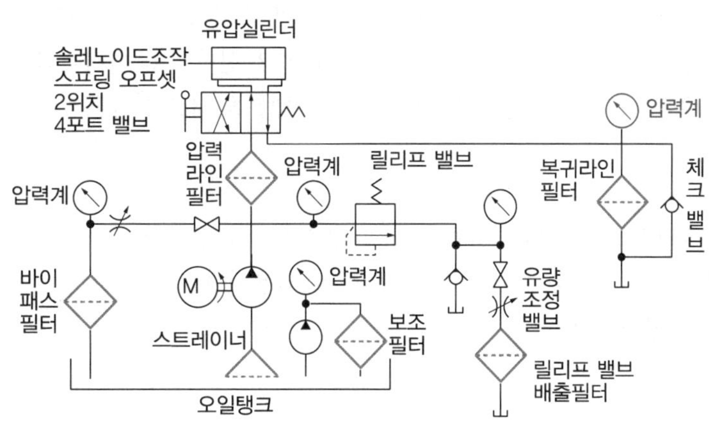

| 필터의 연결 장소 |

(1) 스트레이너 또는 흡입 필터

보통 오일 탱크의 펌프 흡입관로에 연결된다. 눈의 크기는 100~200메시의 거친 것으로써 압력강하가 작은 것을 사용해야 한다.

(2) 바이패스 필터(Bypass Filter)

전 유량을 여과할 필요가 없는 경우에는 펌프 토출량의 10% 정도를 흡수형 필터로 상시 여과하는 방법이 사용된다. 연결 위치는 압력관로의 어느 곳이나 가능하며 비교적 작은 필터로도 충분하다.

(3) 압력라인 필터

회로 중의 일부분을 여과하고자 하는 경우에 사용된다. 서보 밸브의 입구 측에는 반드시 필터를 설치한다.

(4) 복귀라인 필터

회로의 복귀 측에 필터를 연결하면 유압실린더나 유압모터에서의 복귀오일의 전량을 여과할 수 있다. 유압펌프의 토출량이 언로드 밸브나 릴리프 밸브를 통하여 오일 탱크에 복귀하는 시간이 긴 경우에는 이 위치에 필터를 놓는 것이 바람직하지 않다. 복귀관로의 서지압에 대하여 필터를 보호하기 위해서 체크 밸브를 설치할 필요가 있다.

5 관이음

(1) 나사이음(Screw Joint)

① 유압 70kgf/cm^2 이하의 유압관로, 귀환관로, 드레인관로, 흡입관로 등 저압용으로 사용한다.
② 접속부에 관용 테이퍼나사, 관용 평행나사를 깎고 관의 선단에 낸 나사부를 끼워서 접속한다.
③ 누유 방지를 위해 나사부에 실(Seal)제를 칠하거나 테프론 시트를 감은 뒤 체결한다.

(2) 용접이음

① 고압부분은 플랜지(Flange)나 커플링(Coupling)을 끼워 용접한다.
② 유밀성이 확실하고, 고압용, 대관경의 관로용으로 활용된다.
③ 보수 및 분해가 불편하다.

(3) 플랜지형 이음

① 관단을 플랜지에 끼워 용접하고 두 개의 플랜지를 볼트로 결합한다.
② 고압, 저압, 대관경의 관로용으로 분해, 보수가 용이하다.

(4) 플레어형 이음(Flare Joint)

① 관의 선단부를 원추형의 펀치(Punch)를 사용하여 나팔형의 원추면으로 가공한 후 슬리브와 너트에 사용하여 체결함으로써 유밀성이 높다.

② 플레어의 개선각 θ는 37°와 45°의 두 종류가 있다.

③ 스테인리스, 동, 알루미늄 튜브 접합에 쓰인다.

(5) 플레어리스 이음(Flareless Joint)

① 바이트 이음(Bite Joint)이라고도 한다.

② 본체, 슬리브, 너트로 구성된다.

③ 슬리브를 끼운 관을 본체에 밀어넣고, 너트를 죄어 가면 끝부분 외주가 테이퍼면에 압착되어 관의 외주에 먹혀 들어가고, 슬리브 중앙은 만곡하여 강력한 스프링 작용의 역할을 한다.

④ 고착성과 유밀성이 우수하고 진동이나 충격에 의한 너트풀림이 방지된다.

⑤ 나사 내기, 용접, 플레어 작업이 필요 없고 장착과 탈착이 쉽다.

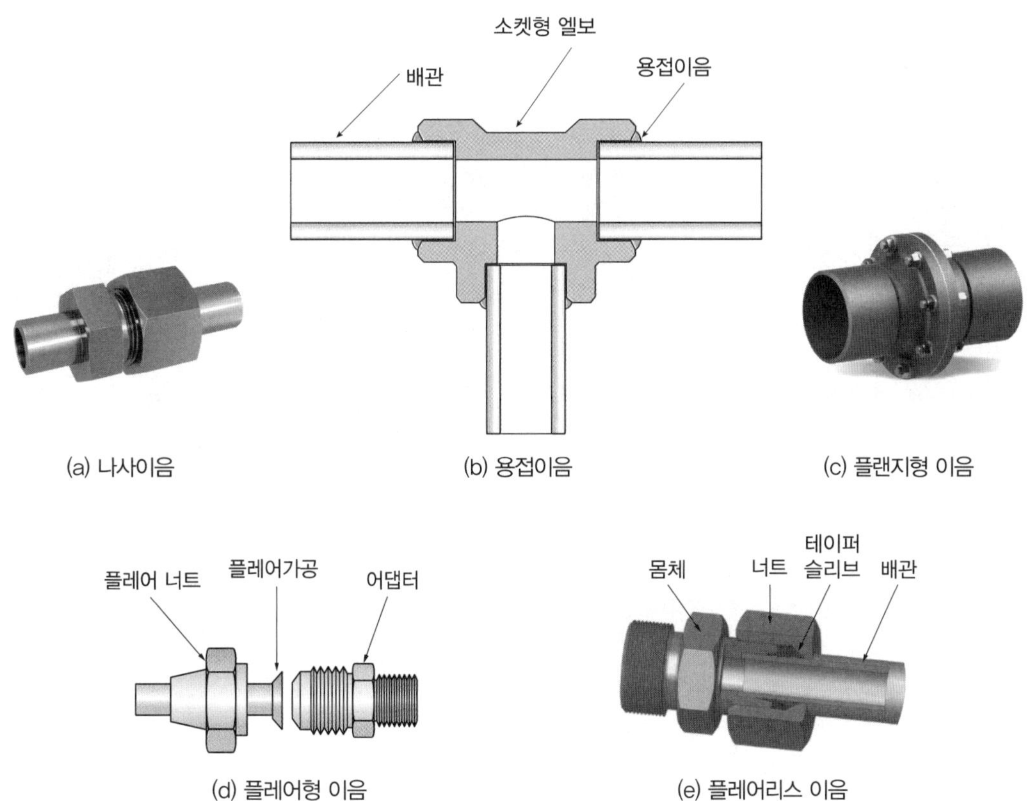

(a) 나사이음 (b) 용접이음 (c) 플랜지형 이음

(d) 플레어형 이음 (e) 플레어리스 이음

6 유체 토크 컨버터

밀폐된 공간에 터빈과 펌프라는 날개가 마주 보고 있고, 그 공간을 오일이 가득 채우고 있어서 날개 한쪽이 회전하면 그 오일에 의해 반대쪽 날개가 회전하게 되는 원리를 이용하여 동력을 전달하는 장치이다. 그림처럼 펌프(임펠러), 스테이터, 터빈이 주요 구성요소이다.

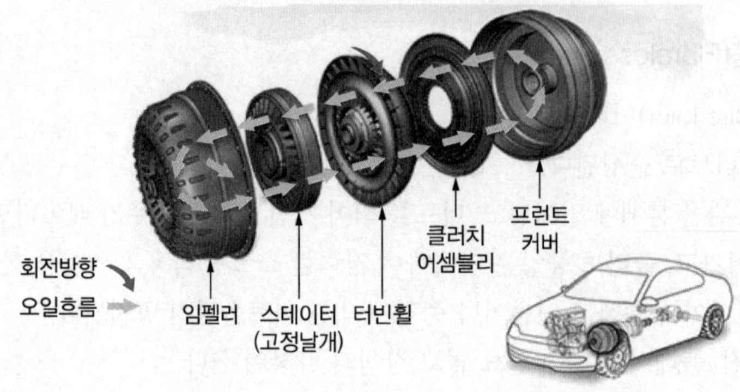

핵심 기출 문제

01 다음 중 펌프에서 토출된 유량의 맥동을 흡수하고, 토출된 압유를 축적하여 간헐적으로 요구되는 부하에 대해서 압유를 방출하여 펌프를 소경량화할 수 있는 기기는?

① 필터 ② 스트레이너
③ 오일 냉각기 ④ 어큐뮬레이터

해설

축압기(어큐뮬레이터)의 용도
- 유압에너지의 축적
- 압력 보상(카운터 밸런스)
- 맥동 제어(노이즈 댐퍼)
- 충격 완충(오일 해머)
- 액체 수송(트랜스퍼베리어)
- 고장, 정전 등의 긴급 유압원

02 배관용 플랜지 등과 같이 정지부분의 밀봉에 사용되는 실(Seal)의 총칭으로 정지용 실이라고도 하는 것은?

① 초크(Choke) ② 개스킷(Gasket)
③ 패킹(Packing) ④ 슬리브(Sleeve)

03 유압배관 중 석유계 작동유에 대하여 산화작용을 조장하는 촉매역할을 하기 때문에 내부에 카드뮴 또는 니켈을 도금하여 사용하여야 하는 것은?

① 동관 ② PPC관
③ 엑셀관 ④ 고무관

해설

동관 내부에 카드뮴 또는 니켈을 도금하여 배관의 부식을 방지한다.

04 주로 펌프의 흡입구에 설치하여 유압작동유의 이물질을 제거하는 용도로 사용하는 기기는?

① 배플(Baffle)
② 블래더(Bladder)
③ 스트레이너(Strainer)
④ 드레인 플러그(Drain Plug)

해설

스트레이너
유압펌프 흡입 쪽에 부착하여 기름탱크에서 펌프 및 회로에 불순물이 유입되지 않도록 여과작용을 하는 장치이다.

05 다음 중 펌프 작동 중에 유면을 적절하게 유지하고, 발생하는 열을 방산하여 장치의 가열을 방지하며, 오일 중의 공기나 이물질을 분리시킬 수 있는 기능을 갖춰야 하는 것은?

① 오일 필터 ② 오일 제너레이터
③ 오일 미스트 ④ 오일 탱크

해설

유압유 탱크의 구비조건
- 탱크는 먼지, 수분 등의 이물질이 들어가지 않도록 밀폐형으로 하고 통기구(Air Bleeder)를 설치하여 탱크 내의 압력은 대기압을 유지하도록 한다.
- 탱크의 용적은 충분히 여유 있는 크기로 하여야 한다. 일반적으로 탱크 내의 유량은 유압펌프 송출량의 약 3배로 한다. 유면의 높이는 2/3 이상이어야 한다.
- 탱크 내에는 격판(Baffle Plate)을 설치하여 흡입 측과 귀환 측을 구분하며 기름은 격판을 돌아 흐르면서 불순물을 침전시키고, 기포의 방출, 작동유의 냉각, 먼지의 일부 침전을 할 수 있는 구조이어야 한다.
- 펌프 흡입구에는 기름 여과기(Strainer)를 설치하여 이물질을 제거한다.

정답 01 ④ 02 ② 03 ① 04 ③ 05 ④

06 유압유의 여과방식 중 유압펌프에서 나온 유압유의 일부만을 여과하고 나머지는 그대로 탱크로 가도록 하는 형식은?

① 바이패스 필터(Bypass Filter)
② 전류식 필터(Full－Flow Filter)
③ 션트식 필터(Shunt Flow Filter)
④ 원심식 필터(Centrifugal Filter)

해설

바이패스 필터(Bypass Filter)
전 유량을 여과할 필요가 없는 경우에는 펌프 토출량의 10% 정도를 흡수형 필터로 항시 여과하는 방법이 사용되며, 연결 위치는 압력관로의 어느 곳이나 가능하며 비교적 작은 필터로도 충분하다.

07 오일 탱크의 구비 조건에 관한 설명으로 옳지 않은 것은?

① 오일 탱크의 바닥면은 바닥에서 일정 간격 이상을 유지하는 것이 바람직하다.
② 오일 탱크는 스트레이너의 삽입이나 분리를 용이하게 할 수 있는 출입구를 만든다.
③ 오일 탱크 내에 방해판은 오일의 순환거리를 짧게 하고 기포의 방출이나 오일의 냉각을 보존한다.
④ 오일 탱크의 용량은 장치의 운전중지 중 장치 내의 작동유가 복귀하여도 지장이 없을 만큼의 크기를 가져야 한다.

해설

탱크 내에는 격판(Baffle Plate)을 설치하여 흡입 측과 귀환 측을 구분하며 기름은 격판을 돌아 흐르면서 불순물을 침전시키고, 기포의 방출, 작동유의 냉각, 먼지의 일부 침전을 할 수 있는 구조이어야 한다.

08 다음 필터 중 유압유에 혼입된 자성 고형물을 여과하는 데 가장 적합한 것은?

① 표면식 필터 ② 적층식 필터
③ 다공체식 필터 ④ 자기식 필터

09 관(튜브)의 끝을 넓히지 않고 관과 슬리브의 먹힘 또는 마찰에 의하여 관을 유지하는 관 이음쇠는?

① 스위블 이음쇠
② 플랜지 관 이음쇠
③ 플레어드 관 이음쇠
④ 플레어리스 관 이음쇠

해설

플레어리스 관 이음쇠
슬리브를 끼운 관을 본체에 밀어 넣고, 너트를 죄어 가면 끝부분 외주가 테이퍼 면에 압착되어 관의 외주에 먹혀 들어가 관 이음쇠를 고정한다.

10 축압기 특성에 대한 설명으로 옳지 않은 것은?

① 중추형 축압기 안의 유압유 압력은 항상 일정하다.
② 스프링 내장형 축압기인 경우 일반적으로 소형이며 가격이 저렴하다.
③ 피스톤형 가스 충진 축압기의 경우 사용 온도 범위가 블래더형에 비하여 넓다.
④ 다이어프램 축압기의 경우 일반적으로 대형이다.

해설

다이어프램형 축압기
소형, 고압용이며, 유실에 가스 침입이 없다.

정답 06 ① 07 ③ 08 ④ 09 ④ 10 ④

07 유압회로

1 유압회로

1. 압력설정 회로

모든 유압회로의 기본으로 회로 내의 최대압력을 제한하며, 회로압력이 릴리프 밸브 설정압력보다 높아지면 릴리프 밸브가 열려 작동유를 탱크에 귀환시킨다.

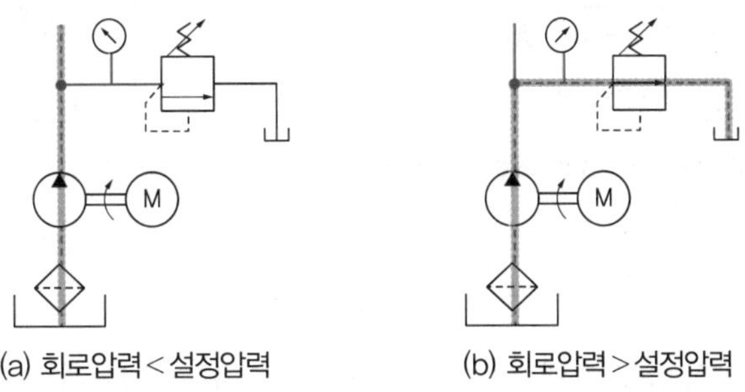

(a) 회로압력 < 설정압력 (b) 회로압력 > 설정압력

2. 펌프 무부하 회로

(1) 전환 밸브에 의한 무부하 회로

탠덤 센터(Tandem Center)형인 3위치 전환 밸브를 사용하여 비교적 간단히 무부하시킬 수 있는 회로이며, 일반적으로 저압, 소용량에 적합하다.

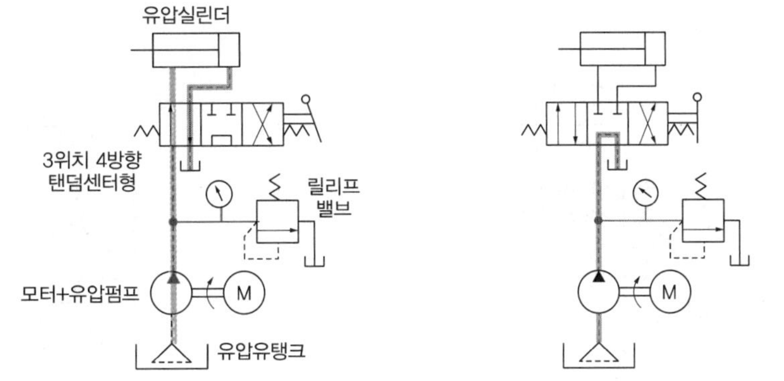

(a) 탠덤 센터 밸브 무부하 – 실린더 후진행정 (b) 탠덤 센터 밸브 무부하 – 펌프 무부하 행정

(2) 단락에 의한 무부하 회로(압력스위치)

압력스위치가 닫히면 펌프 송출량의 전량을 전압 그대로 탱크에 귀환시키는 회로이다. 이 회로는 구성이 간단하고, 회로에 압력이 전혀 필요하지 않을 때 적합하다.

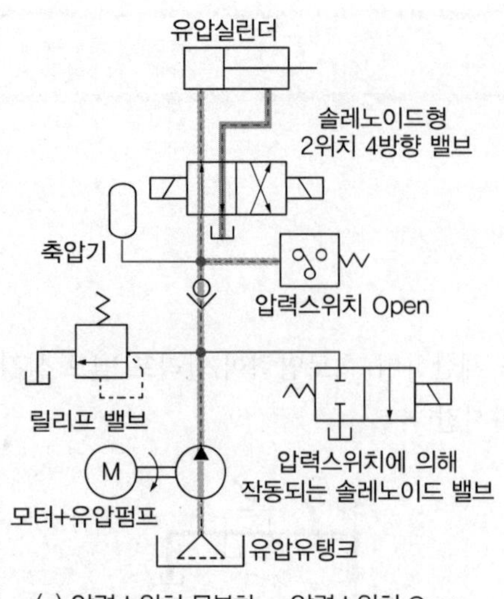

(a) 압력스위치 무부하 – 압력스위치 Open

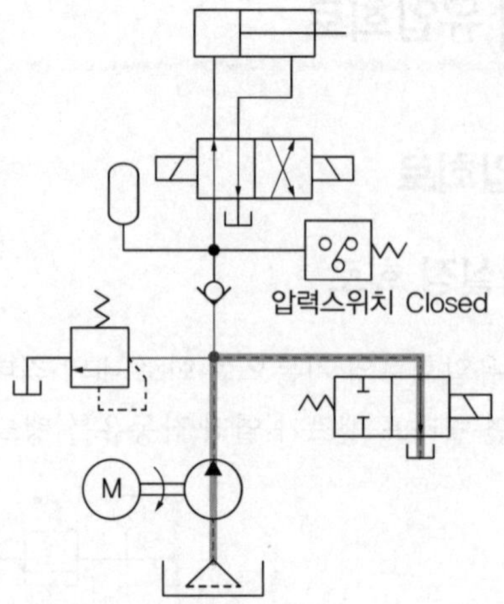

(B) 압력스위치 무부하 – 압력스위치 Close

3. 속도제어회로

유압실린더나 유압모터의 속도는 액추에이터에 공급하는 유량으로 제어한다. 액추에이터의 속도를 제어하기 위해서는 유량제어 밸브가 사용되며, 유량제어 방식에는 미터인 방식, 미터아웃 방식, 블리드 오프 방식이 있다.

(1) 미터인 회로(Meter In Circuit)

액추에이터 입구 쪽 관로에 유량제어 밸브를 직렬로 부착하고, 유량제어 밸브가 압력보상형이면 실린더의 전진속도는 펌프 송출량과 무관하게 일정하다. 이 경우 펌프 송출압은 릴리프 밸브의 설정압으로 정해지고, 펌프에서 송출되는 여분의 유량은 릴리프 밸브를 통하여 탱크에 방출되므로 동력손실이 크다(전진속도만 제어).

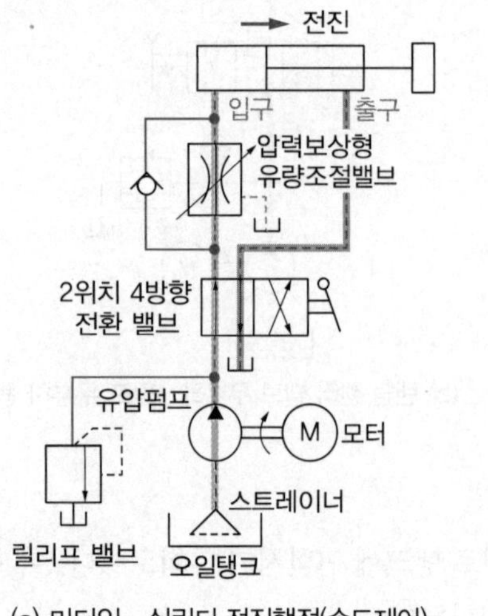

(a) 미터인 – 실린더 전진행정(속도제어)

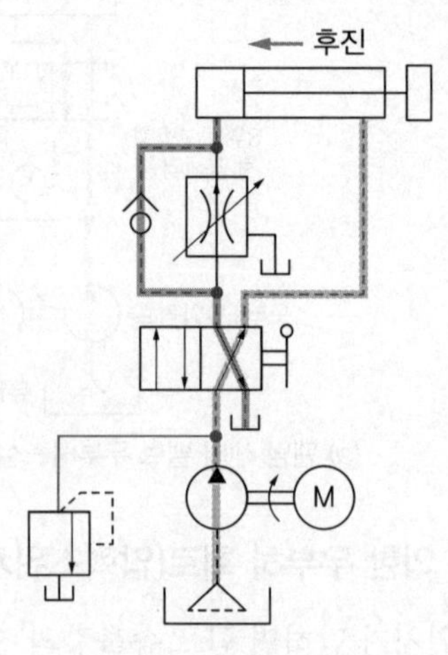

(b) 미터인 – 실린더 후진행정

(2) 미터아웃 회로(Meter Out Circuit)

① 액추에이터의 출구 쪽 관로에 유량제어 밸브를 직렬로 부착하여 액추에이터에서 배출되는 유량을 제어하여 속도를 제어하는 것이다. 이 회로의 특징은 미세한 속도제어가 가능하고, 피스톤에 배압이 생기기 때문에 각종 공작기계에 응용하였을 경우에 절삭날이 가공물을 파고들어 가는 현상을 방지할 수 있다. 밀링머신, 드릴링머신의 공구 이송장치에 사용된다.

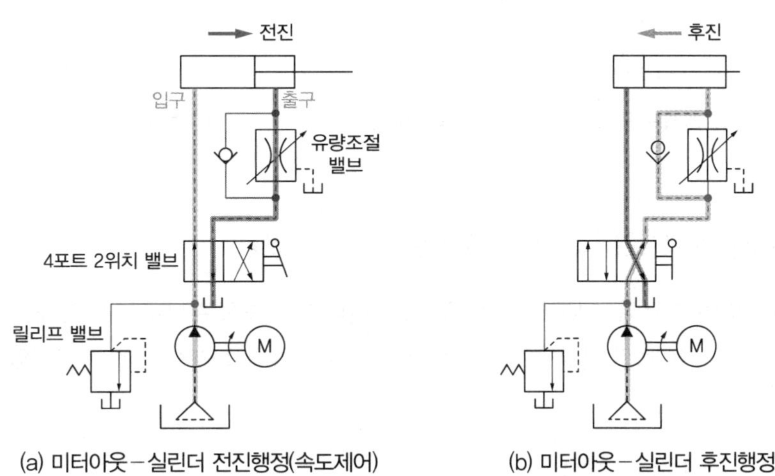

(a) 미터아웃－실린더 전진행정(속도제어) (b) 미터아웃－실린더 후진행정

② 탱크에 귀환하는 유량을 유량조절 밸브를 이용하여 조정함으로써 피스톤의 전진과 후진행정의 속도를 제어한다.

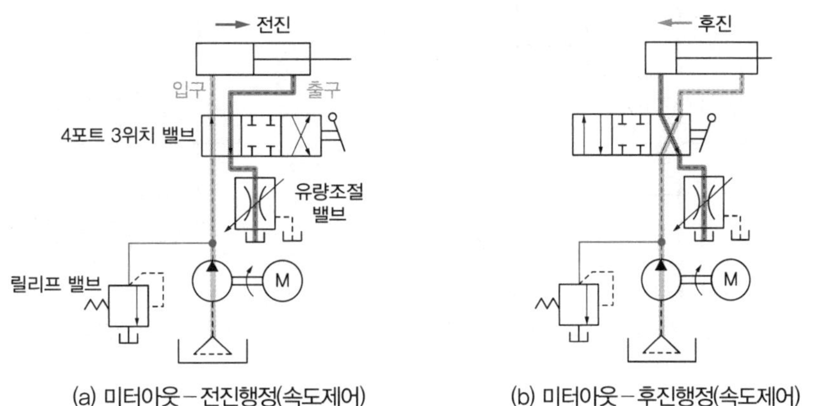

(a) 미터아웃－전진행정(속도제어) (b) 미터아웃－후진행정(속도제어)

(3) 블리드 오프 회로(Bleed Off Circuit)

액추에이터로 유입되는 유량의 일부를 탱크로 바이패스시키고, 이 관로에 부착한 유량제어 밸브에 의하여 흐르는 유량을 조정함으로써 피스톤의 속도를 제어하는 것이다.

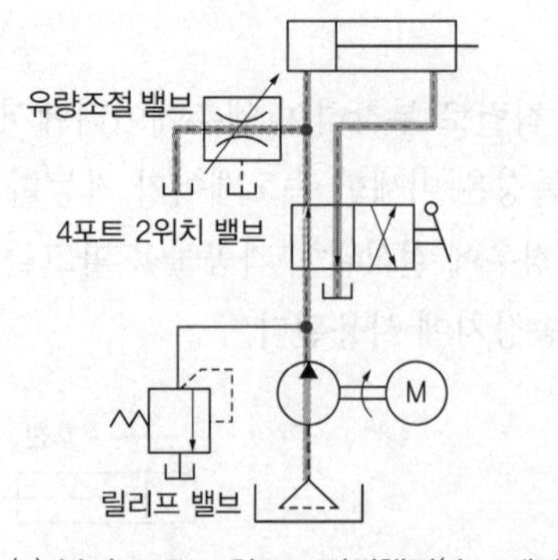

(a) 블리드 오프 회로 – 전진행정(속도제어)

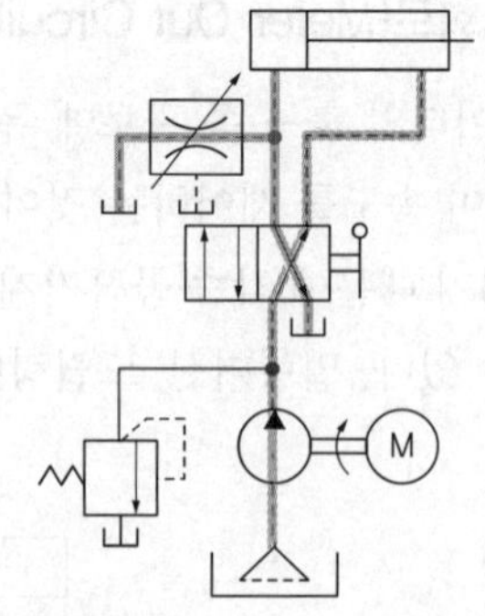

(b) 블리드 오프 회로 – 후진행정

4. 카운터 밸런스 회로(Counter Balance Circuit)

그림 (a)는 작업이 완료되어 부하가 0이 될 때, 실린더가 자중으로 낙하하는 것을 방지하고 있는 회로이다. 카운터 밸런스 밸브의 설정압력을 부하와 일치하는 압력으로 설정해 두면 배압에 의해 하강속도를 제어할 수 있다.

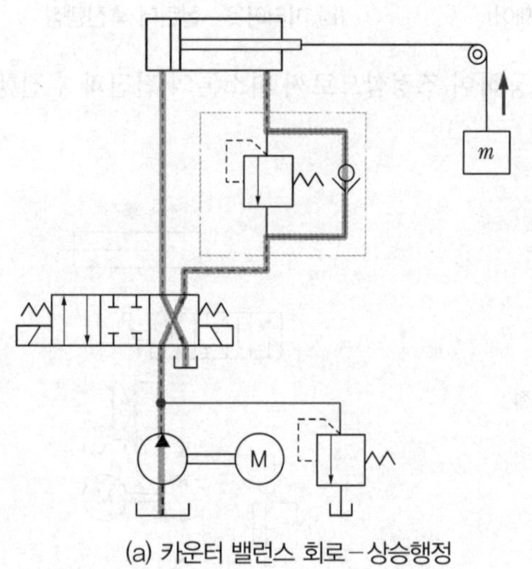

(a) 카운터 밸런스 회로 – 상승행정

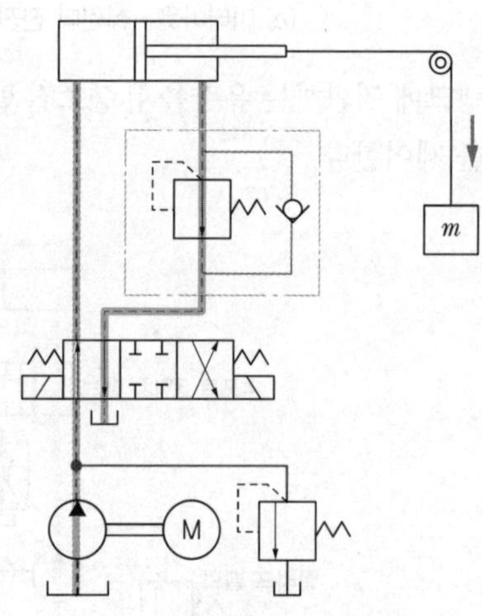

(b) 카운터 밸런스 회로 – 하강행정

5. 시퀀스 회로(Sequence Circuit)

회로 내에 있는 2개 이상의 실린더를 미리 정한 순서에 따라 순차적으로 작동시키는 회로이다. 전기, 기계 및 압력에 의한 방법과 이들 방법을 조합하는 방법으로 구성할 수 있다. 다음은 드릴링머신에 응용되고 있는 회로로 작업순서를 나타낸 것이다.

① 공작물을 클램프 고정 후 시퀀스 밸브(A) 작동 – (a)

② 드릴하강 후 드릴작업 시작 – (b)

③ 드릴작업 완료 후 드릴상승 – (c)

④ 시퀀스 밸브(B)를 작동시켜 고정 클램프 해제 – (d)

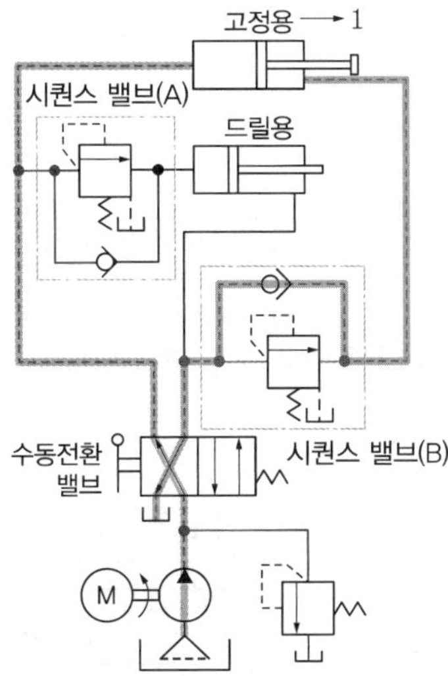

(a) 시퀀스 회로 – 고정용 실린더 전진

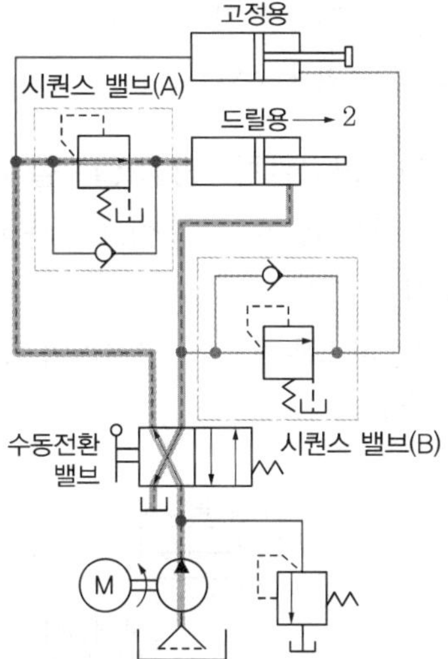

(b) 시퀀스 회로 – 드릴용 실린더 전진

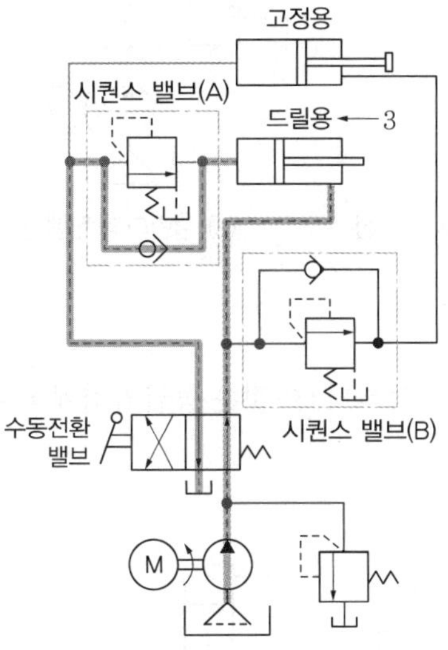

(c) 시퀀스 회로 – 드릴용 실린더 후진

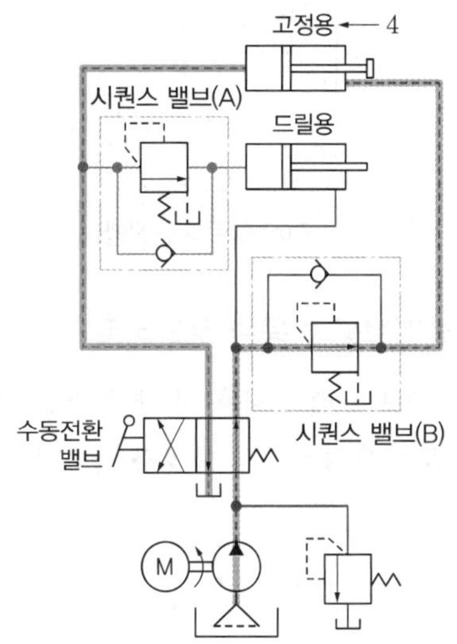

(d) 시퀀스 회로 – 고정용 실린더 후진

6. 고정회로(Lock Circuit)

실린더행정 중 임의의 위치에서 또는 행정 끝에서 실린더를 고정시켜 놓더라도 부하가 크거나, 장치 내의 압력저하에 의하여 실린더의 피스톤이 이동하는 경우가 발생한다. 이때 피스톤의 이동을 방지하는 회로를 로크회로라 한다.

(1) 탠덤 센터형 3위치 4방향 밸브를 사용한 고정회로

① 탠덤 센터 3위치 4방향 밸브를 사용하여 중립위치에서 유압실린더를 로크(고정)시키고, 무부하 운전을 할 수 있다.

② 단점 : 피스톤 로드에 큰 외력이 가해지면 4방향 밸브에서 내부 누유가 발생하기 때문에 완전로크가 어렵다.

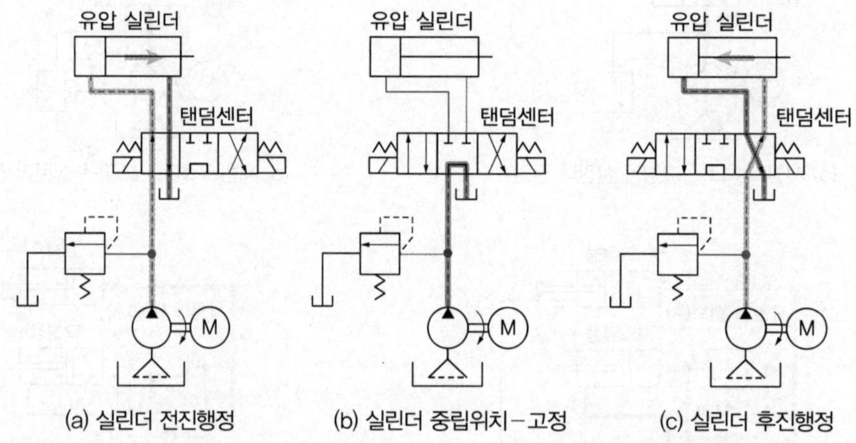

(a) 실린더 전진행정　(b) 실린더 중립위치 – 고정　(c) 실린더 후진행정

(2) 체크 밸브를 이용한 로크회로

2위치 3포트 밸브 사용 시 양 끝 어느 위치에서도 로크가 가능하다. 이것은 공급압력에 의한 힘보다 큰 외부부하에 대해서도 로크가 가능하다.

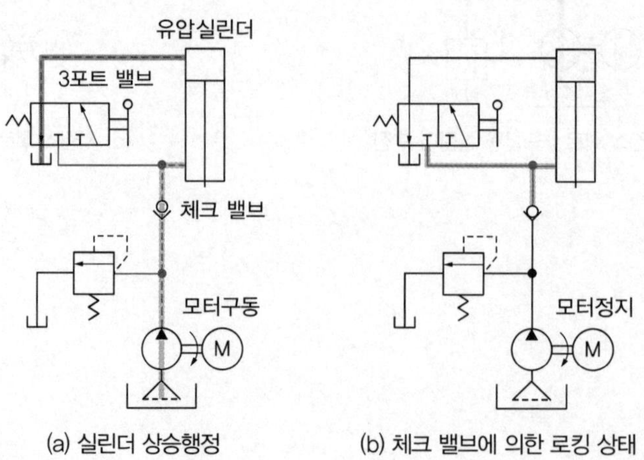

(a) 실린더 상승행정　(b) 체크 밸브에 의한 로킹 상태

핵심 기출 문제

01 피스톤 부하가 급격히 제거되었을 때 피스톤이 급진하는 것을 방지하는 등의 속도제어 회로로 가장 적합한 것은?

① 증압회로 ② 시퀀스 회로
③ 언로드 회로 ④ 카운터 밸런스 회로

해설

카운터 밸런스 회로
- 피스톤 부하가 급격히 제거되었을 때 피스톤이 급진하는 것을 방지
- 작업이 완료되어 부하가 0이 될 때, 실린더가 자중으로 낙하하는 것을 방지

02 그림과 같은 회로도는 크기가 같은 실린더로 동조하는 회로이다. 이 동조회로의 명칭으로 가장 적합한 것은?

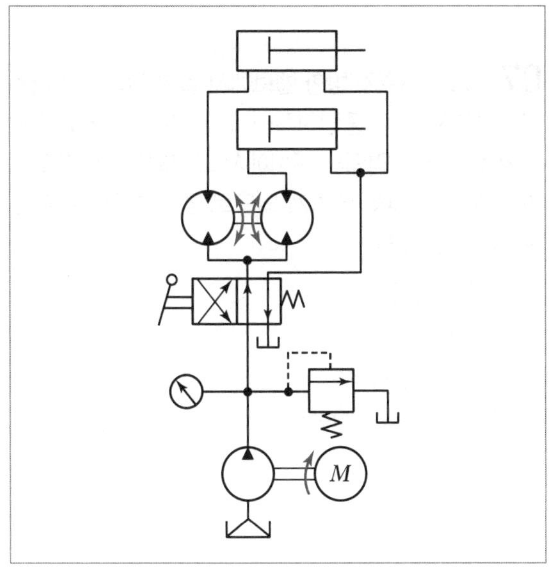

① 래크와 피니언을 사용한 동조회로
② 2개의 유압모터를 사용한 동조회로
③ 2개의 릴리프 밸브를 사용한 동조회로
④ 2개의 유량제어 밸브를 사용한 동조회로

03 주로 시스템의 작동이 정부하일 때 사용되며, 실린더에 공급되는 입구 측 유량을 조절하여 실린더의 속도를 제어하는 회로는?

① 로크 회로 ② 무부하 회로
③ 미터인 회로 ④ 미터아웃 회로

해설

실린더에 공급되는 유량을 조절하여 실린더의 속도를 제어하는 회로
- 미터인 방식 : 실린더의 입구 쪽 관로에서 유량을 교축시켜 작동속도를 조절하는 방식
- 미터아웃 방식 : 실린더의 출구 쪽 관로에서 유량을 교축시켜 작동속도를 조절하는 방식
- 블리드오프 방식 : 실린더로 흐르는 유량의 일부를 탱크로 분기함으로써 작동속도를 조절하는 방식

04 유량제어 밸브를 실린더 출구 측에 설치한 회로로서 실린더에서 유출되는 유량을 제어하여 피스톤 속도를 제어하는 회로는?

① 미터인 회로
② 카운터 밸런스 회로
③ 미터아웃 회로
④ 블리드오프 회로

정답 01 ④ 02 ② 03 ③ 04 ③

해설

실린더에 공급되는 유량을 조절하여 실린더의 속도를 제어하는 회로
- 미터인 방식 : 실린더의 입구 쪽 관로에서 유량을 교축시켜 작동속도를 조절하는 방식
- 미터아웃 방식 : 실린더의 출구 쪽 관로에서 유량을 교축시켜 작동속도를 조절하는 방식
- 블리드오프 방식 : 실린더로 흐르는 유량의 일부를 탱크로 분기함으로써 작동속도를 조절하는 방식

05 속도제어 회로방식 중 미터인 회로와 미터아웃 회로를 비교하는 설명으로 틀린 것은?

① 미터인 회로는 피스톤 측에만 압력이 형성되나 미터아웃 회로는 피스톤 측과 피스톤 로드 측 모두 압력이 형성된다.

② 미터인 회로는 단면적이 넓은 부분을 제어하므로 상대적으로 속도조절에 유리하나, 미터아웃 회로는 단면적이 좁은 부분을 제어하므로 상대적으로 불리하다.

③ 미터인 회로는 인장력이 작용할 때 속도조절이 불가능하나, 미터아웃 회로는 부하의 방향에 관계없이 속도조절이 가능하다.

④ 미터인 회로는 탱크로 드레인되는 유압작동유에 주로 열이 발생하나, 미터아웃 회로는 실린더로 공급되는 유압작동유에 주로 열이 발생한다.

해설

④ 미터아웃 회로는 탱크로 드레인되는 유압작동유에 주로 열이 발생하나, 미터인 회로는 실린더로 공급되는 유압작동유에 주로 열이 발생한다.

06 그림과 같이 액추에이터의 공급 쪽 관로 내의 흐름을 제어함으로써 속도를 제어하는 회로는?

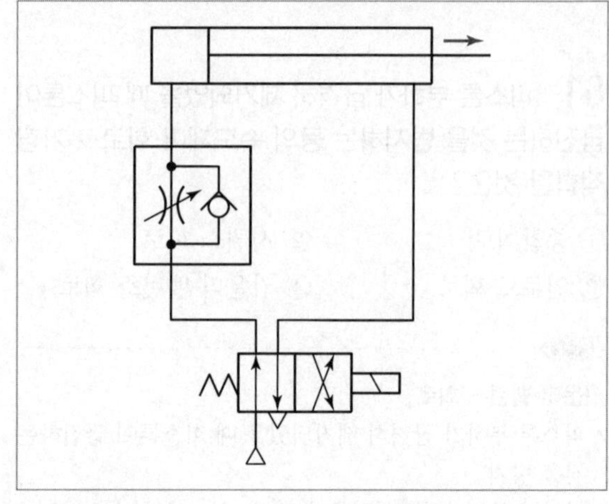

① 시퀀스 회로 ② 체크백 회로
③ 미터인 회로 ④ 미터아웃 회로

해설

미터인 회로
피스톤 입구 쪽 관로에 1방향 교축 밸브를 사용하여 작동유량을 조절함으로써 피스톤의 전진속도를 조절하는 회로

07 4포트 3위치 방향 밸브에서 일명 센터 바이패스형이라고도 하며, 중립위치에서 A, B포트가 모두 닫히면 실린더는 임의의 위치에서 고정되고, 또 P포트와 T포트가 서로 통하게 되므로 펌프를 무부하시킬 수 있는 형식은?

① 탠덤 센터형
② 오픈 센터형
③ 클로즈드 센터형
④ 펌프 클로즈드 센터형

정답 05 ④ 06 ③ 07 ①

해설

3위치 4방향 밸브의 중립위치 형식

구분	예	특징
오픈 센터형 (Open Center Type)	A B P T	• 중립위치에서 모든 포트가 서로 통하게 되어 있어 펌프 송출유는 탱크로 귀환되어 무부하 운전이 된다. • 전환 시 충격이 적고 전환 성능이 좋으나 실린더를 확실하게 정지시킬 수 없다.
세미 오픈 센터형 (Semi Open Center Type)	A B P T	• 오픈 센터형 밸브 전환 시 충격을 완충시킬 목적으로 스풀랜드(Spool Land)에 테이퍼를 붙여 포트 사이를 교축시킨 밸브이다. • 대용량의 경우에 완충용으로 사용한다.
클로즈드 센터형 (Closed Center Type	A B P T	• 중립위치에서 모든 포트를 막은 형식으로 이 밸브를 사용하면 실린더를 임의의 위치에서 고정시킬 수 있다. • 밸브의 전환을 급격하게 작동하면 서지압(Surge Pressure)이 발생하므로 주의를 요한다.
펌프 클로즈드 센터형 (Pump Closed Center Type)	A B P T	• 중립에서 P포트가 막히고 다른 포트들은 서로 통하게 끔 되어 있는 밸브이다. • 3위치 파일럿 조작 밸브의 파일럿 밸브로 많이 쓰인다.
탠덤 센터형 (Tandem Center Type)	A B P T	• 센터 바이패스형(Center Bypass Type)이라고도 한다. • 중립위치에서 A, B 포트가 모두 닫히면 실린더는 임의의 위치에서 고정되며, P포트와 T포트가 서로 통하게 되므로 펌프를 무부하시킬 수 있다.

08 액추에이터의 배출 쪽 관로 내의 공기의 흐름을 제어함으로써 속도를 제어하는 회로는?

① 클램프 회로 ② 미터인 회로
③ 미터아웃 회로 ④ 블리드오프 회로

해설

실린더에 공급되는 유량을 조절하여 실린더의 속도를 제어하는 회로

- 미터인 방식 : 실린더의 입구 쪽 관로에서 유량을 교축시켜 작동속도를 조절하는 방식
- 미터아웃 방식 : 실린더의 출구 쪽 관로에서 유량을 교축시켜 작동속도를 조절하는 방식
- 블리드오프 방식 : 실린더로 흐르는 유량의 일부를 탱크로 분기함으로써 작동속도를 조절하는 방식

09 그림과 같은 유압회로의 사용목적으로 옳은 것은?

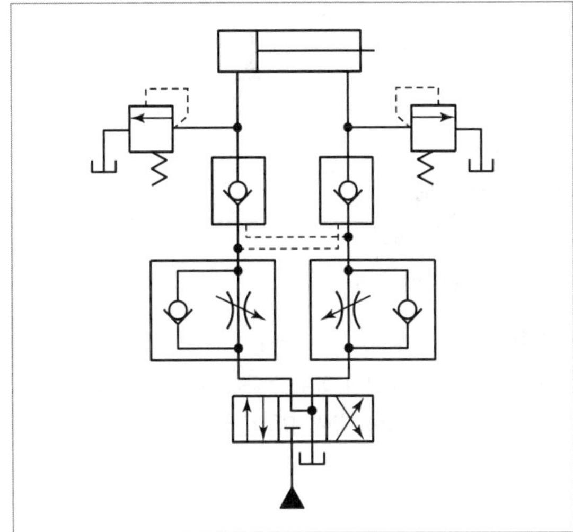

① 압력의 증대
② 유압에너지의 저장
③ 펌프의 부하 감소
④ 실린더의 중간정지

정답 08 ③ 09 ④

해설

완전로크 회로

단조기계나 압연기계 등과 같이 큰 외력에 대항해서 정지위치를 확실히 유지하려면 그림과 같이 파일럿 조작 체크 밸브를 사용한다. 이 체크 밸브는 고압에 대하여 실린더를 중간에 확실히 정지시킬 수 있다.

10 다음 유압회로는 어떤 회로에 속하는가?

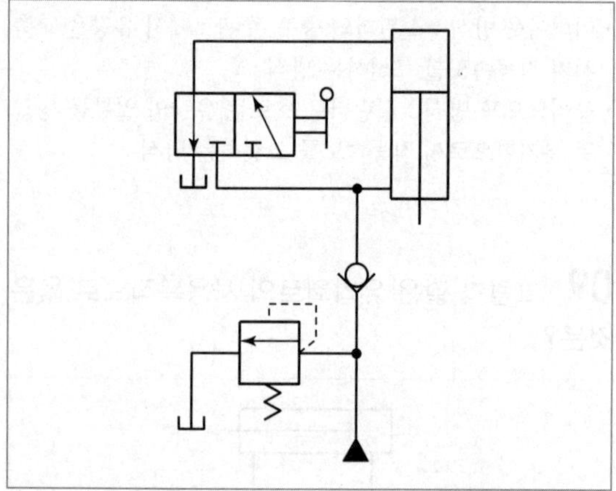

① 로크 회로
② 무부하 회로
③ 블리드오프 회로
④ 어큐뮬레이터 회로

해설

체크 밸브를 이용한 로크 회로를 나타내며 공급압력에 의한 힘보다 큰 외부부하에 대해서도 로크가 가능하다.

11 그림은 조작단이 일을 하지 않을 때 작동유를 탱크로 귀환시켜 무부하 운전을 하기 위한 무부하 회로의 일부이다. 이때 A 위치에 어떤 방향제어 밸브를 사용해야 하는가?

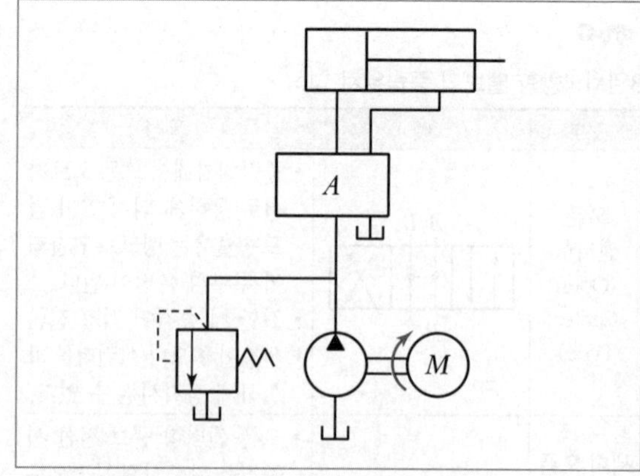

① 클로즈드 센터형 3위치 4포트 밸브
② 탠덤 센터형 3위치 4포트 밸브
③ 오픈 센터형 3위치 4포트 밸브
④ 세미 오픈 센터형 3위치 4포트 밸브

해설

전환 밸브에 의한 무부하 회로

탠덤 센터(Tandem Center)형인 3위치 전환 밸브를 사용하여 비교적 간단히 무부하시킬 수 있는 회로이며, 일반적으로 저압, 소용량에 적합하다.

12 액추에이터의 공급 쪽 관로에 설정된 바이패스 관로의 흐름을 제어함으로써 속도를 제어하는 회로는?

① 미터인 회로
② 미터아웃 회로
③ 어큐뮬레이터 회로
④ 블리드오프 회로

해설

블리드오프 회로

액추에이터로 유입되는 유량의 일부를 탱크로 바이패스시키고, 이 관로에 부착한 유량제어 밸브에 의하여 흐르는 유량을 조정함으로써 피스톤의 속도를 제어한다.

정답 10 ① 11 ② 12 ④

13 실린더를 임의의 위치에서 고정시킬 수 있고, 펌프를 무부하 운전시킬 수 있는 탠덤 센터형 방향전환 밸브는?

① 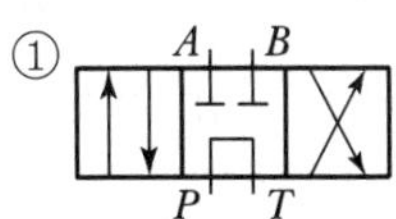

② 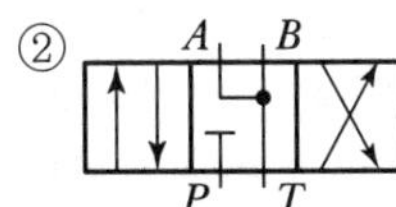

③ 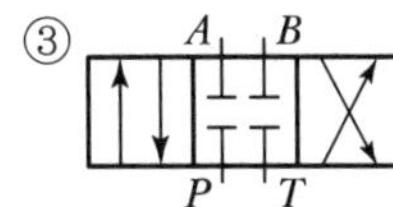

④ 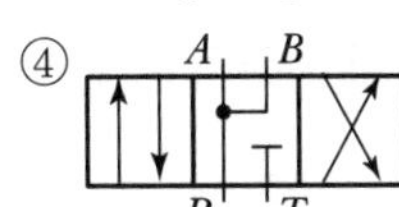

정답 13 ①

08 기출문제 유압기기 용어

1. 캐비테이션(Cavitation) : 유동하고 있는 액체의 압력이 국부적으로 저하되어, 포화증기압 또는 공기 분리압에 달하여 증기를 발생시키거나 또는 용해 공기 등이 분리되어 기포를 일으키는 현상, 이것들이 흐르면서 터지게 되면 국부적으로 초고압이 생겨 소음 등을 발생시키는 경우가 많음
2. 채터링(Chattering, Clatter, Singing) : 릴리프 밸브 등으로, 밸브시트를 두드려서 비교적 높은 음이 발생하는 일종의 자력진동 현상
3. 드레인(Drain) : 기기의 통로나 관로에서 탱크나 매니폴드 등으로 돌아오는 액체 또는 액체가 돌아오는 현상
4. 제어흐름(Controlled Flow) : 제어된 흐름
5. 자유흐름(Free Flow) : 제어되지 않은 흐름
6. 인터플로(Inter Flow) : 밸브의 변환 도중에서 과도적으로 생기는 밸브 포트 사이의 흐름
7. 컷오프(Cut－Off) : 펌프 출구 측 압력이 설정압력에 가깝게 되었을 때 가변토출량 제어가 작용하여 유량을 감소시키는 것
8. 서지 압(력)(Surge Pressure) : 과도적으로 상승한 압력의 최댓값
9. 크래킹 압(력)(Cracking Pressure) : 체크 밸브 또는 릴리프 밸브 등으로 압력이 상승하여 밸브가 열리기 시작하고 어떤 일정한 흐름의 양이 확인되는 압력
10. 미터인 방식(Meter－In System) : 액추에이터 입구 쪽 관로에서 유량을 교축시켜 작동속도를 조절하는 방식
11. 미터아웃 방식(Meter－Out System) : 액추에이터 출구 쪽 관로에서 유량을 교축시켜 작동속도를 조절하는 방식
12. 바이패스 관로(Bypath, Bypass Line) : 필요에 따라 유체의 일부 또는 전량을 분기시키는 관로
13. 드레인 관로(Drain Line) : 드레인을 귀환 관로 또는 탱크 등으로 연결하는 관로
14. 포트(Port) : 밸브와 주관로를 접속시키는 구멍
15. 초크(Choke) : 면적을 감소시킨 통로로서, 그 길이가 단면 치수에 비해서 비교적 긴 경우의 흐름 조임. 이 경우에 압력 강하는 유체 점도에 따라 크게 영향을 받음
16. 오리피스(Orifice) : 면적을 감소시킨 통로로서, 그 길이가 단면 치수에 비해서 비교적 짧은 경우의 흐름 조임. 이 경우에 압력 강하는 유체 점도에 따라 크게 영향을 받지 않음
17. 플런저(Plunger) : 실린더 안을 왕복 운동하면서 유체 압력과 힘을 주고받음을 실행하기 위한 지름에 비해서 길이가 긴 기계 부품, 보통연결봉 등을 붙이지 않고 사용
18. 개스킷(Gasket) : 정지 부분에 사용하는 유체의 누설 방지 부품[고정부분에 사용하는 실(Seal)]
19. 패킹(Packing) : 미끄럼면에서 사용하는 유체의 누설 방지 부품[운동부분에 사용하는 실(Seal)]
20. 인터플로(Interflow) : 밸브의 전환 도중에서 과도적으로 생긴 밸브포트 간의 흐름

핵심 기출 문제

01 길이가 단면 치수에 비해서 비교적 짧은 죔구(Restriction)는?

① 초크(Choke)
② 오리피스(Orifice)
③ 벤트 관로(Vent Line)
④ 휨 관로(Flexible Line)

해설

① 초크(Choke) : 면적을 감소시킨 통로로서, 그 길이가 단면 치수에 비해 비교적 긴 경우의 흐름 조임. 이 경우 압력 강하는 유체 점도에 따라 영향을 크게 받는다.
② 오리피스(Orifice) : 면적을 감소시킨 통로로서 그 길이가 단면 치수에 비해 비교적 짧은 경우의 흐름 조임. 이 경우 압력 강하는 유체 점도에 따라 크게 영향을 받지 않는다.
③ 벤트 관로(Vent Line) : 대기로 언제나 개방되어 있는 관로
④ 휨 관로(Flexible Line) : 굽힘이 쉬워 금속배관 설치가 어려운 곳에 사용한다.

02 크래킹 압력(Cracking Pressure)에 관한 설명으로 가장 적합한 것은?

① 파일럿 관로에 작용시키는 압력
② 압력제어밸브 등에서 조절되는 압력
③ 체크 밸브, 릴리프 밸브 등에서 압력이 상승하고 밸브가 열리기 시작하여 어느 일정한 흐름의 양이 인정되는 압력
④ 체크 밸브, 릴리프 밸브 등의 입구 쪽 압력이 강하하고, 밸브가 닫히기 시작하여 밸브의 누설량이 어느 규정의 양까지 감소했을 때의 압력

해설

③은 크래킹 압력, ④는 리시트 압력에 대한 설명이다.

03 밸브의 전환 도중에서 과도적으로 생긴 밸브 포트 간의 흐름을 의미하는 유압 용어는?

① 인터플로(Interflow)
② 자유 흐름(Free Flow)
③ 제어 흐름(Controlled Flow)
④ 아음속 흐름(Subsonic Flow)

해설

② 자유 흐름(Free Flow) : 제어되지 않은 흐름
③ 제어 흐름(Controlled Flow) : 제어된 흐름
④ 아음속 흐름(Subsonic Flow) : 임계압력비 이상에서의 흐름

04 그림과 같은 유압기호의 설명으로 틀린 것은?

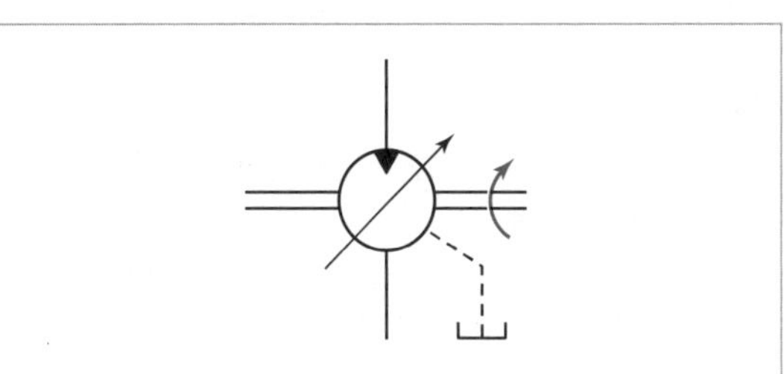

① 유압펌프를 의미한다.
② 1방향 유동을 나타낸다.
③ 가변용량형 구조이다.
④ 외부 드레인을 가졌다.

해설

유압모터, 1방향 유동, 1방향 회전형, 가변용량형 구조, 외부드레인

정답 01 ② 02 ③ 03 ① 04 ①

05 유압 및 공기압 용어에서 스텝 모양 입력신호의 지령에 따르는 모터로 정의되는 것은?

① 오버 센터 모터　　② 다공정 모터
③ 유압스테핑 모터　　④ 베인 모터

해설

① 오버 센터 모터 : 흐름의 방향을 바꾸지 않고 회전방향을 역전할 수 있는 유압모터
② 다공정 모터 : 출력축 1회전 중에 모터 작용 요소가 복수회 왕복하는 유압모터
④ 베인 모터 : 로터 내에 케이싱(캠링)에 접하고 있는 베인이 설치되어 베인 사이에 유입한 유체에 의하여 로터가 회전하는 형식의 유압모터

06 실린더 안을 왕복 운동하면서 유체의 압력과 힘의 주고받음을 하기 위한, 지름에 비하여 길이가 긴 기계 부품은?

① Spool　　② Land
③ Port　　④ Plunger

해설

① Spool : 원통형 미끄럼면에 접촉하여 이동하면서 유로를 개폐하는 부품
② Land : 스풀 밸브에서 스풀의 이동 미끄럼면
③ Port : 작동유체 통로의 열린 부분

07 채터링(Chattering) 현상에 대한 설명으로 틀린 것은?

① 일종의 자력진동 현상이다.
② 소음을 수반한다.
③ 압력이 감소하는 현상이다.
④ 릴리프 밸브 등에서 발생한다.

해설

채터링(Chattering) 현상
밸브 개폐 시 압력차에 의해 급격하게 밸브시트가 상하로 진동하여 소음이 발생하고 밸브의 수명이 짧아지는 일종의 자력진동 현상

08 유압 용어를 설명한 것으로 올바른 것은?

① 서지 압력 : 계통 내 흐름의 과도적인 변동으로 인해 발생하는 압력
② 오리피스 : 길이가 단면 치수에 비해서 비교적 긴 죔구
③ 초크 : 길이가 단면 치수에 비해서 비교적 짧은 죔구
④ 크래킹 압력 : 체크 밸브, 릴리프 밸브 등의 입구 쪽 압력이 강하하고, 밸브가 닫히기 시작하여 밸브의 누설량이 규정량까지 감소했을 때의 압력

해설

② 오리피스 : 길이가 단면 치수에 비해서 비교적 짧은 죔구
③ 초크 : 길이가 단면 치수에 비해서 비교적 긴 죔구
④ 크래킹 압력 : 체크 밸브 또는 릴리프 밸브 등에서 압력이 상승하여 밸브가 열리기 시작하고, 어떤 일정한 흐름의 양이 확인되는 압력

09 다음 중 드레인 배출기 붙이 필터를 나타내는 공유압 기호는?

①
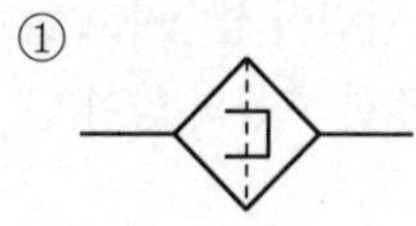

②
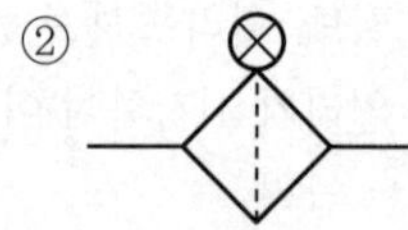

③
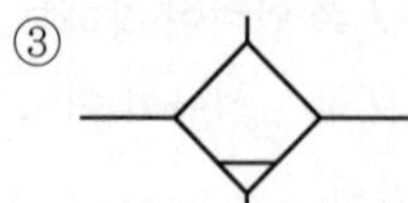

④
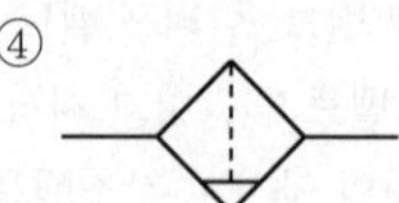

정답　05 ③　06 ④　07 ③　08 ①　09 ④

해설

① 자석붙이 필터
② 눈막힘 표시기 붙이 필터
③ 기름 분무 분리기(수동 드레인)
④ 드레인 배출기 붙이 필터(수동 드레인)

10 그림과 같은 유압기호의 조작방식에 대한 설명으로 옳지 않은 것은?

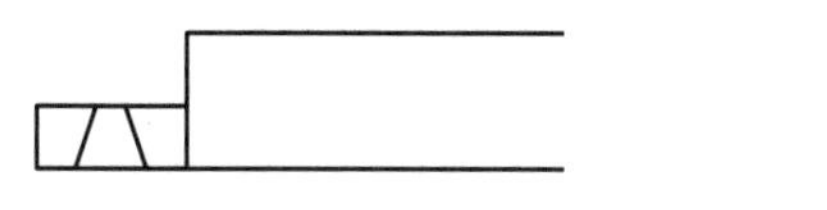

① 2방향 조작이다.
② 파일럿 조작이다.
③ 솔레노이드 조작이다.
④ 복동으로 조작할 수 있다.

해설

전기조작 직선형 복동 솔레노이드

11 그림과 같은 유압기호의 명칭은?

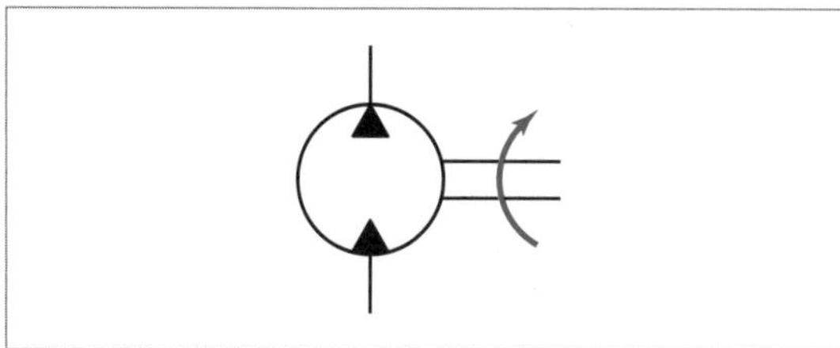

① 공기압모터
② 요동형 액추에이터
③ 정용량형 펌프 · 모터
④ 가변용량형 펌프 · 모터

12 유압기기의 통로(또는 관로)에서 탱크(또는 매니폴드 등)로 액체 또는 액체가 돌아오는 현상을 나타내는 용어는?

① 누설　　② 드레인
③ 컷오프　　④ 토출량

해설

① 누설(Leakage) : 정상 상태로는 흐름을 폐지시킨 장소 또는 흐르는 것이 좋지 않은 장소를 통하는 비교적 적은 양의 흐름
③ 컷오프(Cut－Off) : 펌프 출구 측 압력이 설정 압력에 가깝게 되었을 때 가변토출량 제어가 작용하여 유량이 감소되는 지점
④ 토출량 : 일반적으로 펌프가 단위시간에 토출하는 액체의 체적

13 유압 밸브의 전환 도중에 과도하게 생기는 밸브 포트 간의 흐름을 무엇이라고 하는가?

① 랩　　② 풀 컷오프
③ 서지 압　　④ 인터플로

해설

① 랩 : 미끄럼 밸브의 랜드부와 포트부 사이의 겹친 상태 또는 그 양
② 풀 컷오프(Full Cut－Off) : 펌프의 컷오프 상태에서 유량이 0(영)이 되는 지점
③ 서지 압력 : 계통 내 흐름의 과도적인 변동으로 인해 발생하는 압력

14 밸브 입구 측 압력이 밸브 내 스프링 힘을 초과하여 포핏의 이동이 시작되는 압력을 의미하는 용어는?

① 배압　　② 컷오프
③ 크래킹　　④ 인터플로

정답 10 ② 11 ③ 12 ② 13 ④ 14 ③

해설

① 배압 : 회로의 귀로 쪽, 배기 쪽, 압력작동면의 배후에 작용하는 압력
② 컷오프(Cut－Off) : 펌프 출구 측 압력이 설정 압력에 가깝게 되었을 때 가변토출량 제어가 작용하여 유량이 감소되는 지점
④ 인터플로 : 유압 밸브의 전환 도중에 과도하게 생기는 밸브 포트 간의 흐름

15 유압회로에서 정규 조작 방법에 우선하여 조작할 수 있는 대체 조작 수단으로 정의되는 에너지 제어 · 조작 방식 일반에 관한 용어는?

① 직접 파일럿 조작　　② 솔레노이드 조작
③ 간접 파일럿 조작　　④ 오버라이드 조작

해설

① 직접 파일럿 조작 : 밸브 몸체의 위치가 제어 압력의 변화에 의하여 직접 조작되는 방식
② 솔레노이드 조작 : 전자석에 의한 조작 방식
③ 간접 파일럿 조작 : 밸브 몸체의 위치가 파일럿 장치에 대한 제어 압력의 변화에 의하여 조작되는 방식
④ 오버라이드 조작 : 정규 조작 방법에 우선하여 조작할 수 있는 대체 조작 수단

정답　15 ④

MEMO

02 기계재료 및 제작

PART 2

01 요소부품 재질

02 절삭가공

03 기계제작법

CHAPTER

01 요소부품 재질

01 기계재료의 개요

1 기계재료의 분류 및 금속의 특성

1. 기계재료의 분류

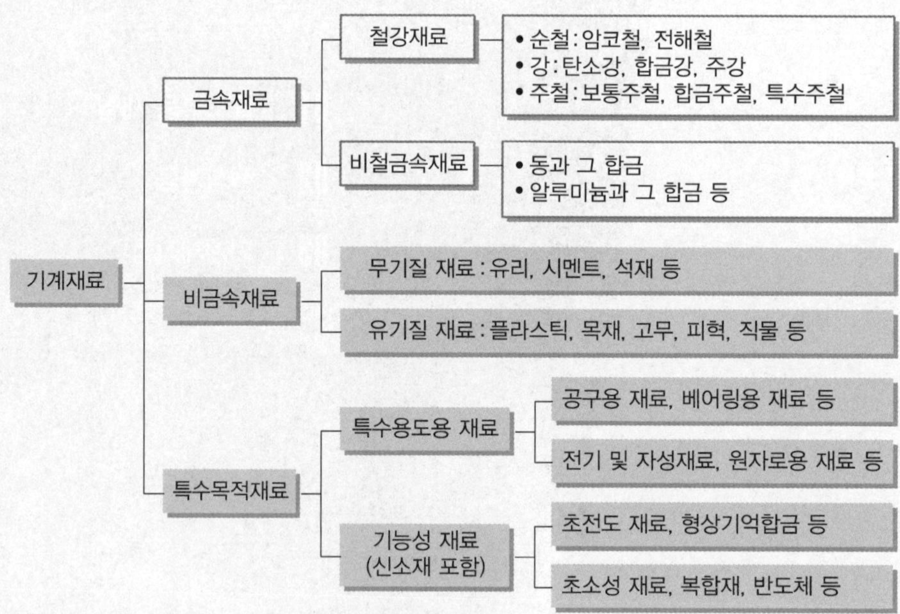

2. 금속의 특성

(1) 금속의 특성

① 상온에서 고체이며, 일정한 결정구조를 갖는다(단, Hg은 제외).

② 비중이 크고, 각각의 고유한 색깔을 갖는다.

③ 열과 전기가 잘 통한다.
④ 소성변형(연성 및 전성이 우수)이 있어 가공하기 쉽다.
⑤ 이온화하면 양(+)이온이 된다.

(2) 합금의 특성

① 연성 및 전성이 작다.
② 열전도율과 전기전도성이 떨어진다.
③ 용융점이 낮다.
④ 강도와 경도가 크고 담금질 효과가 크다.
⑤ 내열성, 내산성, 주조성이 뛰어나다.

3. 금속재료의 성질

(1) 기계적 성질

① 강도(Strength)

㉠ 외력에 대한 단위 면적당 저항력의 크기

단위 : $\frac{\text{외력}}{\text{면적}} = \frac{\text{N}}{\text{mm}^2} = \frac{\text{kg}\cdot\text{m/s}^2}{\text{mm}^2},\ \frac{\text{kN}}{\text{m}^2} = \frac{1{,}000\text{kg}\cdot\text{m/s}^2}{\text{m}^2}$

㉡ 인장강도, 굽힘강도, 전단강도, 압축강도, 비틀림 강도

※ 순수 금속의 인장강도 순서 : Pb < Sn < Al < Cu < Fe < Ni

② 경도(Hardness)

㉠ 물체의 표면을 다른 물체(시험 물체보다 단단한 물체)로 눌렀을 때 그 물체의 변형에 대한 저항력의 크기

㉡ 경도는 인장강도에 비례한다.

※ 경도시험기 종류 : 브리넬, 로크웰, 비커스, 쇼어 경도계

※ 인장강도와 경도의 비례식(절대적인 것은 아님)

인장강도$(\text{kg}_\text{f}/\text{mm}^2) = (0.32 \sim 0.36) \times$ 브리넬 경도(HB)

③ 인성(Toughness)

㉠ 충격에너지에 대한 단위 면적당 저항력의 크기

㉡ 끈기가 있고 질긴 성질로 연신율이 큰 재료가 충격저항도 크다.

④ 취성(메짐성 : Shortness) : 인성에 반대되는 성질, 즉 잘 부서지거나 잘 깨지는 성질이다.

⑤ **피로(Fatigue)** : 재료가 파괴하중보다 작은 하중을 반복적으로 받는 것이다. 피로로 인해 파괴되는 것을 피로파괴(Fatigue Failure)라 한다.

⑥ **크리프 한도(Creep Limit)**

㉠ 고온에서 재료에 일정한 하중을 가하면 시간이 지남에 따라 변형도 함께 증가하는 현상을 크리프라 하며, 응력과 온도가 크면 크리프에 의한 재료의 수명은 짧아진다.

㉡ 크리프 한도는 크리프율이 0이 되는 응력의 한도를 말한다.

⑦ **연성(Ductility)** : 재료에 힘을 가하여 소성변형을 일으키게 하여 직선방향으로 늘릴 수 있는 성질이다.

※ 순서 : 금(Au) > 은(Ag) > 알루미늄(Al) > 구리(Cu) > 백금(Pt) > 납(Pb) > 아연(Zn) > 철(Fe) > Ni(니켈)

⑧ **전성(Malleability)** : 해머링 또는 압연에 의해서 재료에 금이 생기지 않고 얇은 판으로 넓게 펼 수 있는 성질이다.

※ 순서 : 금(Au) > 은(Ag) > 백금(Pt) > 알루미늄(Al) > 철(Fe) > 니켈(Ni) > 구리(Cu) > 아연(Zn)

⑨ **가단성(Forgeability)** : 재료의 단련하기 쉬운 성질, 즉 단조, 압연, 인발 등에 의하여 변형시킬 수 있는 성질이다.

⑩ **주조성(Castability)** : 금속의 주조 가공 시 작업의 쉽고 어려움을 나타내는 성질(유동성, 점성, 수축성)이다.

⑪ **연신율(Elongation Percentage)** : 재료에 인장하중을 가하면 늘어나는데, 이때 원래의 길이와 늘어난 길이의 비이다.

⑫ **잔류응력(Residual Stress)** : 소재가 변형된 후 외력이 완전히 제거된 상태에서 소재에 남아 있는 응력이다.

⑬ **탄성(Elasticity)** : 외력에 의해 변형된 물체가 외력을 제거하였을 때 원래의 형태로 되돌아가려는 성질이다.

⑭ **소성(Plasticity)** : 탄성과 반대되는 성질로 외력에 의해 변형이 생긴 후 외력이 제거되어도 다시 원래의 형태로 돌아오지 않는 성질이다.

⑮ **항복점(Yield Point)** : 재료에 인장응력을 가할 때 얻어지는 응력 – 변형률 선도에서 탄성한도를 넘어 소성변형이 시작되는 지점이다.

(2) 물리적 성질

① **광택** : 금속은 빛의 반사성이 우수하고 고유의 색깔을 갖는다.

② **비중** : 4℃의 물과 어떤 물질을 용기에 각각 체적(부피)을 같게 넣었을 때, 물의 무게에 대한 어떤 물질의 무게비이다.

㉠ 비중 5 이하 : 경금속

㉮ 리튬(Li, 0.53), 알루미늄(Al), 마그네슘(Mg), 타이타늄(Ti) 등

㉡ 비중 5 이상 : 중금속

㉮ 로렌슘(Ir, 22.5), 납(Pb), 금(Au), 은(Ag) 등

③ **용융점(Melting Point) 및 응고점(Solidification Point)**

㉠ 용융점 : 금속을 가열하여 액체로 상태변화가 일어날 때의 온도

㉮ • 텅스텐(W) : 3,410℃
- 백금(Pt) : 1,769℃
- 철(Fe) : 1,539℃
- 코발트(Co) : 1,495℃

㉡ 응고점 : 용융금속을 냉각할 때 고체화하는 응고현상이 일어나는 온도

㉮ • 수은(Hg) : −38.8℃
- 납(Pb) : 327.4℃
- 주석(Sn) : 231.9℃
- 비스무트(Bi) : 271.3℃

※ 순 금속의 용융온도와 응고온도는 동일하다.

④ **열전도도(Thermal Conductivity)** : 길이 1cm에 대하여 1℃의 온도차가 있을 때 $1cm^2$의 단면적을 통하여 1초 동안 전도되는 열량이다.

⑤ **열팽창계수(Coefficient of Thermal Expansion)**

㉠ 단위 길이의 봉을 1℃ 증가시킬 때 팽창한 길이와 원래의 길이의 비율

㉡ 열팽창 : 금속에 열을 가하면 길이와 부피가 증가하는 현상

㉢ 선팽창 계수 : 온도가 1℃ 올라감에 따라 길이가 늘어나는 비율

⑥ **비저항(Specific Resistance)** : 단위면적당 단위길이당 저항으로 어떤 물질이 전류의 흐름에 얼마나 방해되는지를 나타내는 물리량이다.

(3) 화학적 성질

부식(건식, 습식), 내식성, 내열성이 있다.

(4) 제작상의 성질

주조성, 소성, 용접성, 절삭성이 있다.

2 금속의 구조와 변형

1. 금속의 응고와 구조

(1) 응고 시 결정의 생성과 발달

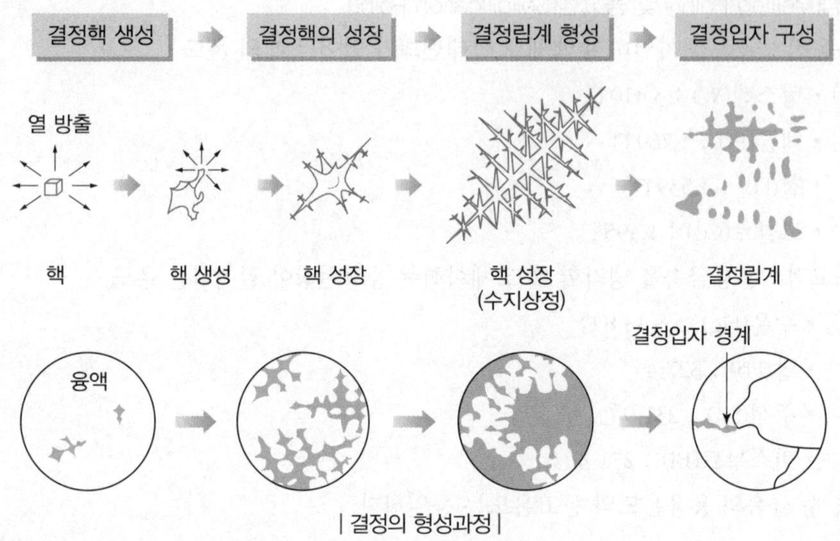

| 결정의 형성과정 |

(2) 금속의 응고 시 조직 변화

용융금속이 응고하면 용기의 벽 쪽에서부터 칠층, 주상정, 입상정으로 성장한다.

① 칠층(Chill층)

용기의 벽면에 접촉되어 있는 용융금속에서 제일 먼저 핵이 생성되어 미세한 수지상정들이 치밀하게 배열되어 있는 부분

② 주상정(Columnar Crystal)

용융금속 내부로 평행하게 성장한 나무기둥 모양과 같은 결정

③ 입상정(Granular Crystal, 수지상정)

용융금속 내부까지 응고하기 시작하면서 알갱이 모양으로 성장한 결정립의 형태

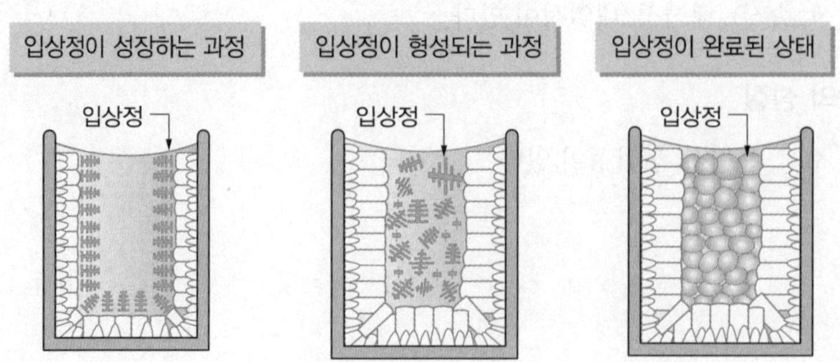

(3) 금속의 결정구조(Crystal Construction of Metal)

① 보통금속은 작고 수많은 결정립들이 무질서한 상태로 집합되어 있는 다결정체(多結晶體)이다.

② 금속재료의 파단면을 자세히 관찰해 보면 무수히 작은 입자의 모임으로 구성되어 있는 것을 알 수 있으며, 이 작은 입자를 금속의 결정립(Crystal Grain)이라고 한다.

③ 결정립의 경계를 결정립계(Grain Boundary)라 하고, 결정립 내에는 원자가 규칙적으로 배열되어 있으며 이것을 결정격자(Crystal Lattice) 또는 공간격자(Space Lattice)라고 한다.

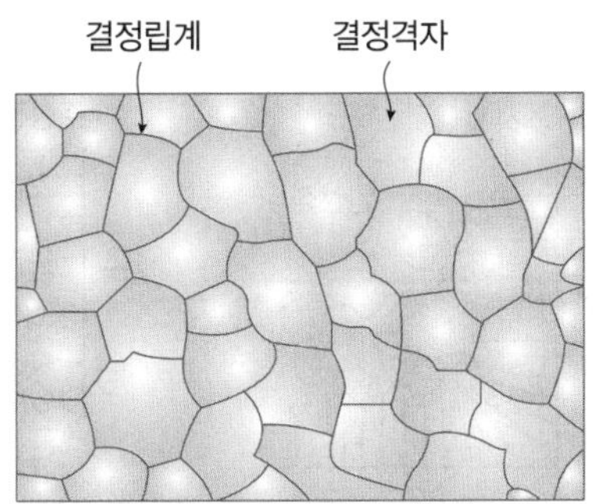

④ 결정격자의 원자 배열은 금속의 종류, 온도 및 대칭성 등에 따라 다르고 그 성질에도 많은 영향을 미친다.

⑤ 금속의 결정구조와 특성 비교

구분	체심입방격자(BCC)	면심입방격자(FCC)	조밀육방격자(HCP)
격자구조			
성질	용융점이 비교적 높고, 전연성이 떨어지나 강도가 강하다.	전연성은 좋으나, 강도가 약하다.	강도가 취약하고, 전연성이 떨어진다.
원자수	2(구 2개)	4(구 4개)	2(구 2개)
충전율	68%	74%	74%
경도	낮음	⟷	높음
결정격자 사이공간	넓음	⟷	좁음
원소	α-Fe, W, Cr, Mo, V, Ta 등	γ-Fe, Al, Pb, Cu, Au, Ni, Pt, Ag, Pd 등	Fe_3C, Mg, Cd, Co, Ti, Be, Zn 등

※ 조밀육방격자에서는 육각기둥의 $\frac{1}{3}$(격자 안의 빨간색 부분)을 기본격자로 놓고 원자수를 정의

– 전체 원자 6개의 $\frac{1}{3}$인 원자수 2개

(4) 결정립계에 존재하는 불순물의 영향

결정립계(Crystal system)란, 용융금속이 응고되어 결정이 성장할 때 인접 결정면이 서로 닿게 되는 경계면을 말한다.

① 용융금속이 응고할 때 체적이 감소하므로 결정립계가 벌어져서 공간을 만들기도 하며 결정립계 사이에는 불순물이 존재한다.

② 결정립계는 불순물 및 공간으로 인해 다른 부분보다 약하게 결합되어 충격을 가하면 결정립계를 따라 균열이 생기기 쉽다.

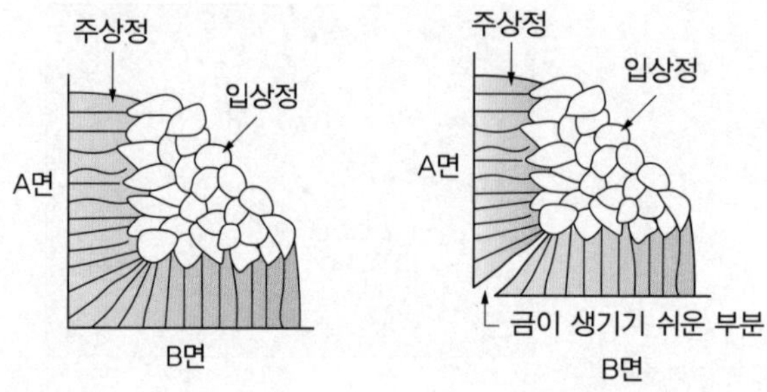

(5) 균질화처리(Homogenizing)

금속이 응고하는 과정에서 조직 전체가 표면에서부터 칠층, 주상정, 입상정이 생기고 또 결정립계에도 많은 불순물과 공간이 있으므로 강재 전체의 성분이나 조직, 결정립의 크기 등을 균일하게 만드는 처리를 말한다.

① 균질화 처리 방법

㉠ 용융금속을 응고한 강재를 고온에서 압연이나 단조하여 수지상정 및 불순물의 결정을 매우 작은 크기로 쪼갠다.

㉡ 응고조직을 파괴한 후 적당한 온도에서 가열하면 재결정이나 확산 현상이 일어나서 다른 조직으로 변한다.

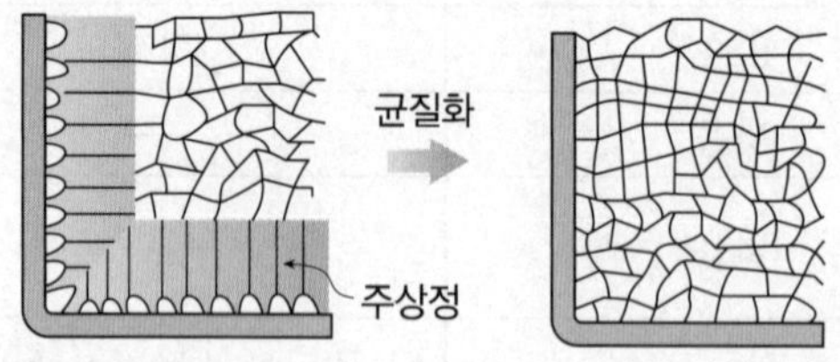

② 재결정(Recrystallization) : 결정을 소성가공한 후 가열하면 변형이 없는 결정입자가 새롭게 발생해 주변의 변형이 많은 결정입자를 잠식하면서 변화를 일으키는 현상이다.

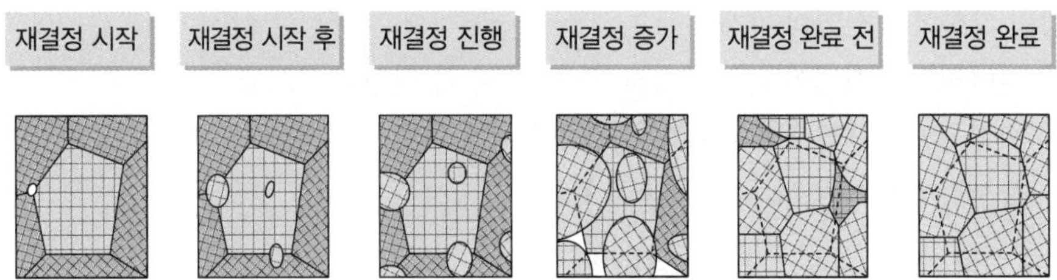

③ **확산(Diffusion)** : 물체(고체, 액체, 기체) 속에서 원자의 이동을 말하며, 높은 농도 부분에서 낮은 농도 부분으로 이동하여 결국에는 일률적인 농도가 되는 현상이다.

3. 금속의 변태

(1) 금속의 변태

금속의 변태는 물이 압력이나 온도에 따라 기체, 액체, 고체로 상이 변화하는 것과 같이 물질의 상태가 변화하는 것이다. 즉, 순금속이나 합금을 용융상태에서 냉각하게 되면 고체로 변화하게 되는데 이와 같이 동일한 물질이 한 결정구조에서 다른 결정구조로 그 상이 변화하는 것을 변태라 하며, 변태가 일어나는 온도를 변태점이라 한다.

① **동소변태(Allotropic Transformation)** : 압력이나 온도에 의해 고체 상태에서 원자배열의 변화

② **자기변태(Magnetic Transformation)** : Fe, Ni, Co 등과 같은 강자성체인 금속을 어느 일정한 온도 이상으로 가열할 때 금속의 결정구조는 변화하지 않고 강자성체에서 상자성체로 자성의 변화만을 갖는 변태

③ **변태점 측정법** : 열분석법, 열팽창법, 전기저항법, 자기반응법으로 측정

(2) 금속의 강화기구

① 가공에 의한 강화

가공경화 : 가공 → 전위밀도 증가 → 전위이동 어려워짐 → 강도 증가

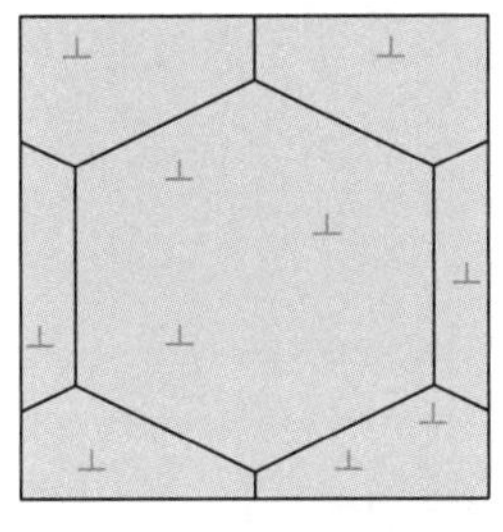

| 원재료 |

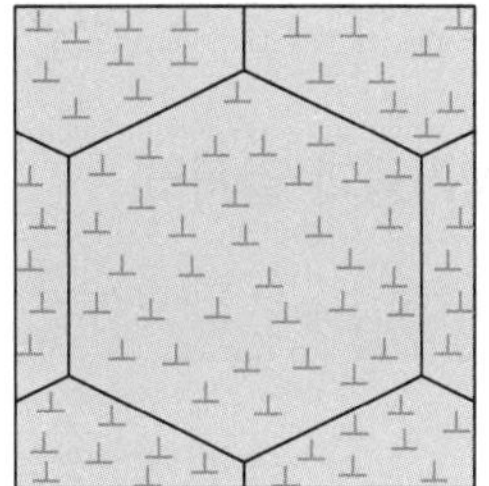

| 소성 가공(전위밀도 상승) |

② 결정립의 미세화에 의한 강화

㉠ 전위가 이동하다 결정립계에서 이동하기 어려워짐 → 결정립계 근처에 전위들이 모이게 됨(결정립이 작을수록 전위가 빠르게 이동하다 결정립계를 만나 이동이 저지됨) → 강의 강화

㉡ 강의 강화와 인성과의 관계

ⓐ 일반적인 강화법에 의하면 강도가 증가할수록 인성이 약화됨

ⓑ 결정립이 미세할수록 전위가 한 결정립계에 집적하지 않음 → 국부적 응력 집중이 낮아짐 → 강도가 크면서 인성도 큰 재료를 얻음

③ 합금에 의한 강화 : 고용체강화(격자변형)

㉠ 일반적으로 용매원자의 격자에 용질원자가 고용되면 순금속보다 강한 합금이 된다.

㉡ 치환형 고용체 혹은 침입형 고용체가 되어 격자의 뒤틀림 현상이 생기고 용질원자의 근처에 응력장이 생겨 전위의 이동을 방해하여 재료를 강화시킨다.

㉢ 치환형 고용체(Substitutional Solid Solution) : 용매원자의 결정 격자점에 있는 원자가 용질원자에 의하여 치환된 것

㉣ 침입형고용체(Interstitial Solid Solution) : 용질원자가 용매원자의 결정격자 사이의 공간에 들어간 상태

㉤ 용매, 용질 원자 크기 차이가 클수록, 용질원자가 갖는 고용량이 많을수록 강도 증가

치환형 고용체	침입형 고용체	용질원자에 의한 격자의 변형
용매원자 용질원자	용매원자 용질원자	(a) 용질원자가 큰 경우 (b) 용질원자가 작은 경우

④ 석출강화 및 분산강화

㉠ 결정 내에 제2상 석출물이 형성된다(시효강화 : 석출물 형성에 시간이 필요하다).

㉡ 석출물이 전위 이동에 장애가 된다.

㉢ 석출물로 결정격자에 큰 변형이 생겨서 전위이동에 큰 힘이 필요하다.

㉣ 두랄루민(Al－Cu－Mg 합금)을 급랭하면 시간이 지나면서 강화가 일어난다(시효경화).

(3) 재료의 소성가공과 열처리

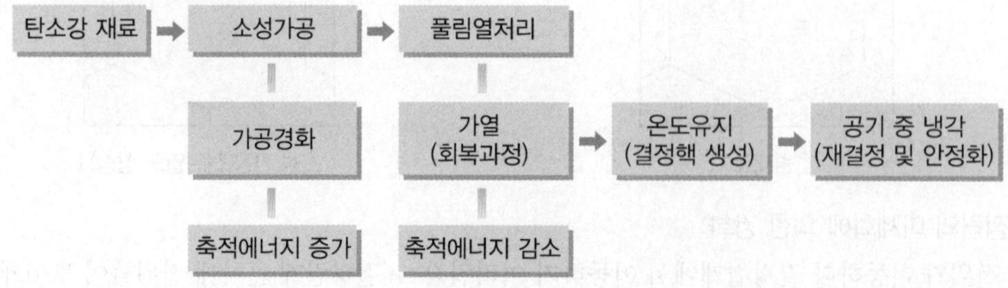

① **소성가공** : 연성, 전성 등의 가소성에 의하여 형상을 자유롭게 변형하여 제품을 제작

② **소성가공의 종류** : 단조, 압출, 전조, 압연, 인발, 프레스 등

③ **금속의 재결정 온도 기준**
  ㉠ 열간가공(Hot working) : 재결정온도 이상에서 가공
  ㉡ 냉간가공(Cold working) : 재결정온도 이하에서 가공

④ **가공경화(Work hardening)**

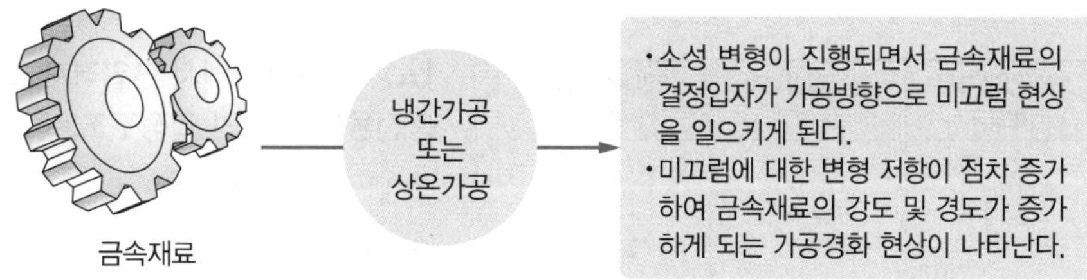

⑤ **회복(Recovery)**
  ㉠ 냉간가공된 금속을 풀림처리하면 결정립의 모양이나 결정의 방향에는 변화를 일으키지 않지만 가공으로 발생된 결정 내부의 변형에너지와 항복강도 등은 감소하여 기계적, 물리적 성질만이 변화한다.
  ㉡ 회복 과정 중에는 높은 온도에서 활발해진 원자 확산에 따른 전위의 움직임에 의해 내부에 저장된 변형률 에너지가 제거된다.

⑥ **재결정(Recrystallization)**
  ㉠ 냉간가공에 의해 내부 응력이 생긴 결정입자를 재결정온도 부근에서 적당한 시간동안 가열하면, 내부응력이 없는 새로운 결정핵이 점차 성장하여 새로운 결정입자가 생기는 현상.
  ㉡ 재결정 온도 : 1시간 안에 재결정이 완료되는 온도
  ㉢ 구동력 : 변형된 재료와 변형되지 않은 재료 사이의 내부 에너지 차이

⑦ **결정립 성장**
  ㉠ 재결정이 완료된 후에 금속 시편을 높은 온도에 놓아두면 변형률이 없는 결정립은 성장을 계속하는데, 이 현상을 결정립 성장이라고 한다.
  ㉡ 모든 결정립이 성장하는 것이 아니라, 작은 결정립은 소멸되고 큰 결정립들이 계속 성장한다.

핵심 기출 문제

01 다음 중 가공성이 가장 우수한 결정격자는?

① 면심입방격자 ② 체심입방격자
③ 정방격자 ④ 조밀육방격자

해설

구분	체심입방격자 (BCC)	면심입방격자 (FCC)	조밀육방격자 (HCP)
격자 구조			
성질	용융점이 비교적 높고, 전연성이 떨어진다.	전연성은 좋으나, 강도가 충분하지 않다.	전연성이 떨어지고, 강도가 충분하지 않다.
원자수	2	4	2
충전율	68%	74%	74%
경도	낮음	⟷	높음
결정 격자 사이 공간	넓음	⟷	좁음
원소	α−Fe, W, Cr, Mo, V, Ta 등	γ−Fe, Al, Pb, Cu, Au, Ni, Pt, Ag, Pd 등	Fe_3C, Mg, Cd, Co, Ti, Be, Zn 등

02 고체 내에서 온도변화에 따라 일어나는 동소변태는?

① 첨가원소가 일정량을 초과할 때 일어나는 변태
② 단일한 고상에서 2개의 고상이 석출되는 변태
③ 단일한 액상에서 2개의 고상이 석출되는 변태
④ 한 결정구조가 다른 결정구조로 변하는 변태

해설

같은 원소이지만 고체상태 내에서 결정격자의 변화가 생기는 것

03 금속재료에서 단위격자 소속 원자수가 2이고, 충전율이 68%인 결정구조는?

① 단순입방격자 ② 면심입방격자
③ 체심입방격자 ④ 조밀육방격자

해설

01번 해설 참고

04 다음 중 비중이 가장 큰 금속은?

① Fe ② Al
③ Pb ④ Cu

해설

① Fe : 7.8 ② Al : 2.7
③ Pb : 11.36 ④ Cu : 8.96

05 전기 전도율이 높은 것에서 낮은 순으로 나열된 것은?

① Al > Au > Cu > Ag ② Au > Cu > Ag > Al
③ Cu > Au > Al > Ag ④ Ag > Cu > Au > Al

해설

전기 전도율(mhos/m)

Ag(은) > Cu(구리) > Au(금) > Al(알루미늄) > Mg(마그네슘) > Zn(아연) > Ni(니켈) > Fe(철) > Pb(납) > Sb(안티몬)

정답 01 ① 02 ④ 03 ③ 04 ③ 05 ④

06 금속재료에 외력을 가했을 때 미끄럼이 일어나는 과정에서 생긴 국부적인 격자 배열의 선결함은?

① 전위 ② 공공
③ 적층결함 ④ 결정립 경계

해설

전위(Dislocation)
금속의 결정격자에 결함이 있을 때 외력에 의해 선결함이 이동되는 것을 말한다.

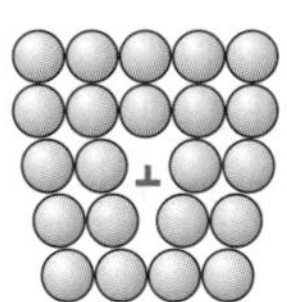
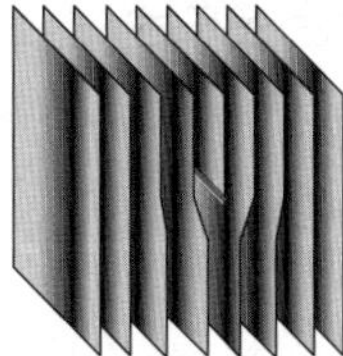

07 다음 금속 중 재결정 온도가 가장 높은 것은?

① Zn ② Sn
③ Fe ④ Pb

해설

재결정 온도
W(1,200℃) > Mo(900℃) > Ni(600℃) > Fe(450℃), Pt(450℃) > Au(200℃), Cu(200℃), Ag(200℃) > Al(150℃), Mg(150℃) > Cd(50℃) > Zn(10℃) > Sn(−4℃), Pb(−4℃)

08 면심입방격자(FCC)의 단위격자 내에 원자수는 몇 개인가?

① 2개 ② 4개
③ 6개 ④ 8개

해설

면심입방격자(FCC ; Face Centered Cubic Lattice)
- 체심입방격자와 마찬가지로 입방 대칭성을 가진다.
- 면심입방격자는 단위격자 안에 4개의 원자를 가지는데, 각 면의 중심에 1/2개×6면=3개와 입방체의 각 8개 꼭짓점에 1/8개×8=1개의 원자를 합하면 4개가 된다.

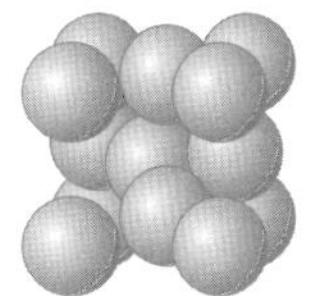
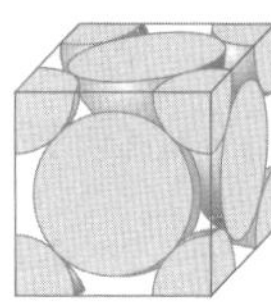
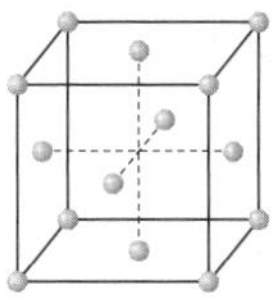

09 회복과정에서의 축적에너지에 대한 설명으로 옳은 것은?

① 가공도가 적을수록 축적에너지의 양은 증가한다.
② 결정입도가 작을수록 축적에너지의 양은 증가한다.
③ 불순물 원자의 첨가가 많을수록 축적에너지의 양은 감소한다.
④ 낮은 가공온도에서의 변형은 축적에너지의 양을 감소시킨다.

해설

회복과정에서의 축적에너지의 크기를 증가시키는 인자
- 합금원소 : 주어진 변형에서 불순물 원자를 첨가할수록 축적에너지는 증가
- 가공도 : 가공도가 크고 변형이 복잡할수록 증가
- 가공온도 : 가공온도가 낮을수록 증가
- 결정입도 : 결정입도가 미세할수록 증가

10 다음 중 용융점이 가장 낮은 것은?

① Al ② Sn
③ Ni ④ Mo

해설

금속의 용융점
Sn(232℃) < Al(659℃) < Ni(1,452℃) < Mo(2,450℃)

정답 06 ① 07 ③ 08 ② 09 ② 10 ②

11 체심입방격자(BCC)의 인접 원자수(배위수)는 몇 개인가?

① 6개 ② 8개
③ 10개 ④ 12개

해설

체심입방격자(BCC)의 격자구조

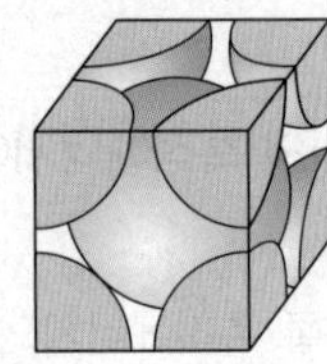

12 금속 재료의 파괴 형태를 설명한 것 중 다른 하나는?

① 외부 힘에 의해 국부수축 없이 갑자기 발생되는 단계로 취성 파단이 나타난다.
② 균열의 전파 전 또는 전파 중에 상당한 소성변형을 유발한다.
③ 인장시험 시 컵－콘(원뿔) 형태로 파괴된다.
④ 미세한 공공 형태의 딤플 형상이 나타난다.

해설

① : 취성파괴
②, ③, ④ : 연성파괴

13 다음 중 자기변태점이 가장 높은 것은?

① Fe ② Co
③ Ni ④ Fe_3C

해설

자기변태점
• Fe : 768℃ • Co : 1,120℃
• Ni : 360℃ • Fe_3C : 210℃

14 다음 중 금속의 변태점 측정방법이 아닌 것은?

① 열분석법 ② 자기분석법
③ 전기저항법 ④ 정점분석법

해설

변태점 측정법
열분석법, 열팽창법, 전기저항법, 자기반응법

15 금속을 소성가공할 때에 냉간가공과 열간가공을 구분하는 온도는?

① 변태온도 ② 단조온도
③ 재결정온도 ④ 담금질온도

해설

금속의 재결정온도 기준
• 열간가공(Hot working) : 재결정온도 이상에서 가공
• 냉간가공(Cold working) : 재결정온도 이하에서 가공

16 다음 중 결합력이 가장 약한 것은?

① 이온결합(Ionic Bond)
② 공유결합(Covalent Bond)
③ 금속결합(Metallic Bond)
④ 반데발스결합(Van Der Waals Bond)

해설

화학결합의 세기
이온결합 > 공유결합 > 금속결합 > 반데발스결합

17 금속을 냉간 가공하였을 때의 기계적 · 물리적 성질의 변화에 대한 설명으로 틀린 것은?

① 냉간 가공도가 증가할수록 강도는 증가한다.
② 냉간 가공도가 증가할수록 연신율은 증가한다.
③ 냉간 가공이 진행됨에 따라 전기 전도율은 낮아진다.
④ 냉간 가공이 진행됨에 따라 전기적 성질인 투자율은 감소한다.

해설

② 냉간 가공도가 증가할수록 연신율은 감소한다.

정답 11 ② 12 ① 13 ② 14 ④ 15 ③ 16 ④ 17 ②

02 철강재료

1 철강재료의 개요

1. 철강의 제조

(1) 일반적인 분류

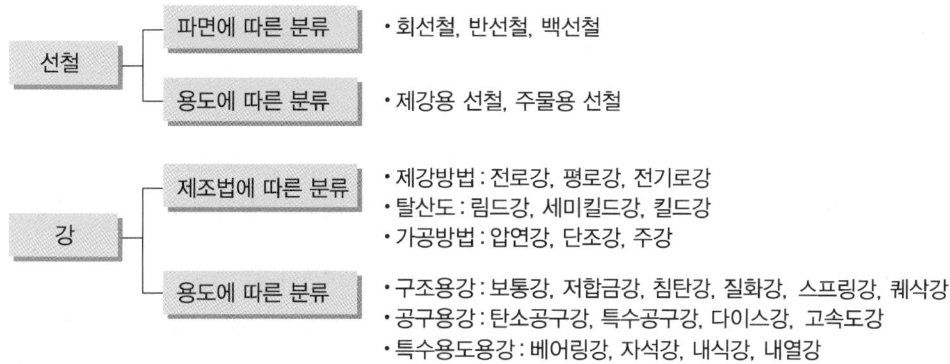

(2) 금속 조직에 의한 분류

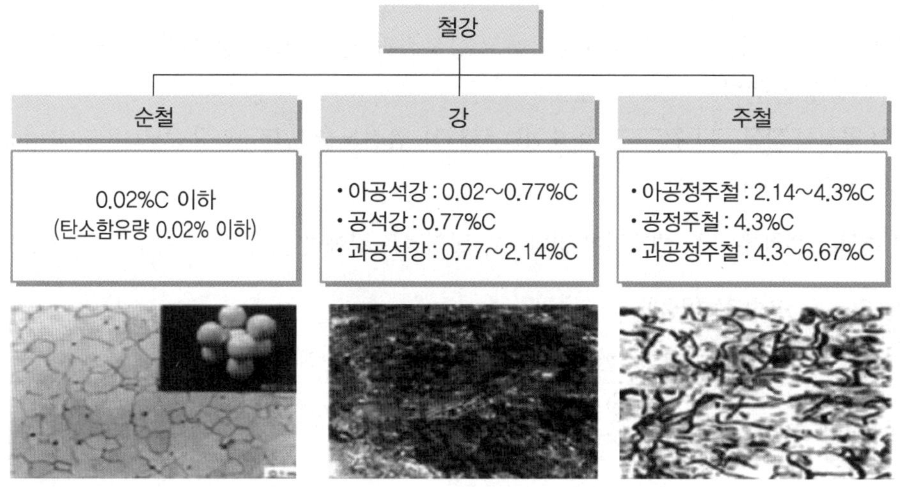

2. 강괴의 제조

평로, 전로, 전기로 등에서 정련이 끝난 용강(Molten Steel)에 탈산제를 넣어 탈산시킨 다음, 주철 또는 주강제의 일정한 형태의 주형(Mold)에 주입하고, 그 안에서 응고시켜서 제조한 금속의 덩어리를 강괴(Ingot)라고 한다. 용융상태의 금속 안에 녹아 있는 산소를 제거하는 탈산처리의 강약에 따라 림드 강괴, 캡트 강괴, 세미킬드 강괴, 킬드 강괴로 나눈다.

(1) 탈산의 정도에 따른 강괴의 주조 조직

(2) 킬드 강괴

노 안에서 펠로실리콘(Fe－Si), 알루미늄 등의 강력한 탈산제를 첨가하여 충분히 탈산시킨 강괴

2 순철 및 탄소강

1. 순철(Pure iron)

탄소의 함유량이 0～0.02%이므로 매우 연하고 전연성이 풍부해 기계재료로는 거의 쓰이지 않으나 항장력이 낮고 자기투자율이 높기 때문에 변압기 및 발전기용 박판의 전기재료로 많이 사용된다.

(1) 순철의 성질

① 철강 중에 탄소가 0.02% 이하를 함유하고 있으며, 기계구조용 재료로 이용되는 경우는 없고, 전기재료로 이용되고 있다.

② 순철에는 α철(α고용체), γ철(γ고용체), δ철(δ고용체)의 동소체가 있다.

③ 단접성, 용접성은 양호하나, 유동성, 열처리성은 불량하다.

④ 상온에서 강자성체이며, 전연성이 풍부하고 항복점과 인장강도는 낮으나 연신율, 단면수축률, 충격강도, 인성 등은 높다.

⑤ 순철의 물리적 성질 : 비중(7.87), 용융점(1,538℃), 열전도율(0.18), 인장강도(18～25N/mm^2), 브리넬경도(60～70N/mm^2)

(2) 순철의 변태 : 순철에는 A_1 변태점이 없다. A_1 변태점은 강에만 있다.

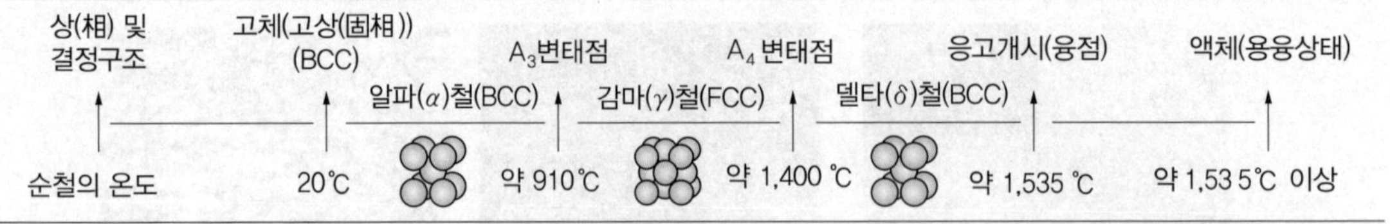

① 순철에는 α철, γ철, δ철의 3개의 동소체가 있으며, 910℃ 이하에서는 α철로 체심입방격자(BCC), 910～1,400℃에서는 γ철로 면심입방격자(FCC), 1,400℃ 이상에서는 δ철로 체심입방격자(BCC) 구조를 갖는다.

② 자기변태

순철은 강자성체이나 가열하면 점점 자성이 약해져서 768℃ 부근에서는 급격히 상자성체로 되는데, 이러한 변태를 자기변태(A_2 : 768℃)라 한다. 원자배열의 변화가 없으므로 가열, 냉각 시 결정격자의 변화가 없다.

③ 동소변태

㉠ 순철은 고체범위에서 온도를 가열 또는 냉각함에 따라 격자 변화가 일어나는데 이를 동소변태(A_3 : 910℃, A_4 : 1,400℃)라 한다.

㉡ 원자배열의 변화가 생기므로 상당한 시간을 요한다.

㉢ A_3 변태점을 상승시키고, A_4 변태점을 강하시키는 원소는 Cr, Mo, W, V 등이 있다.

④ 변태점 : 변태가 일어나는 온도를 말한다.

2. 탄소강의 상태도와 조직

(1) Fe－C 평형상태도(Fe－Fe_3C 평형상태도)

철에 들어 있는 탄소함유량(Fe－C)을 가로축으로 하고, 세로축을 온도(℃)로 했을 때 각 조성의 비율에 따라 나타나는 합금의 변태점을 연결하여 만든 선도를 철－탄소계 평형상태도라 한다.

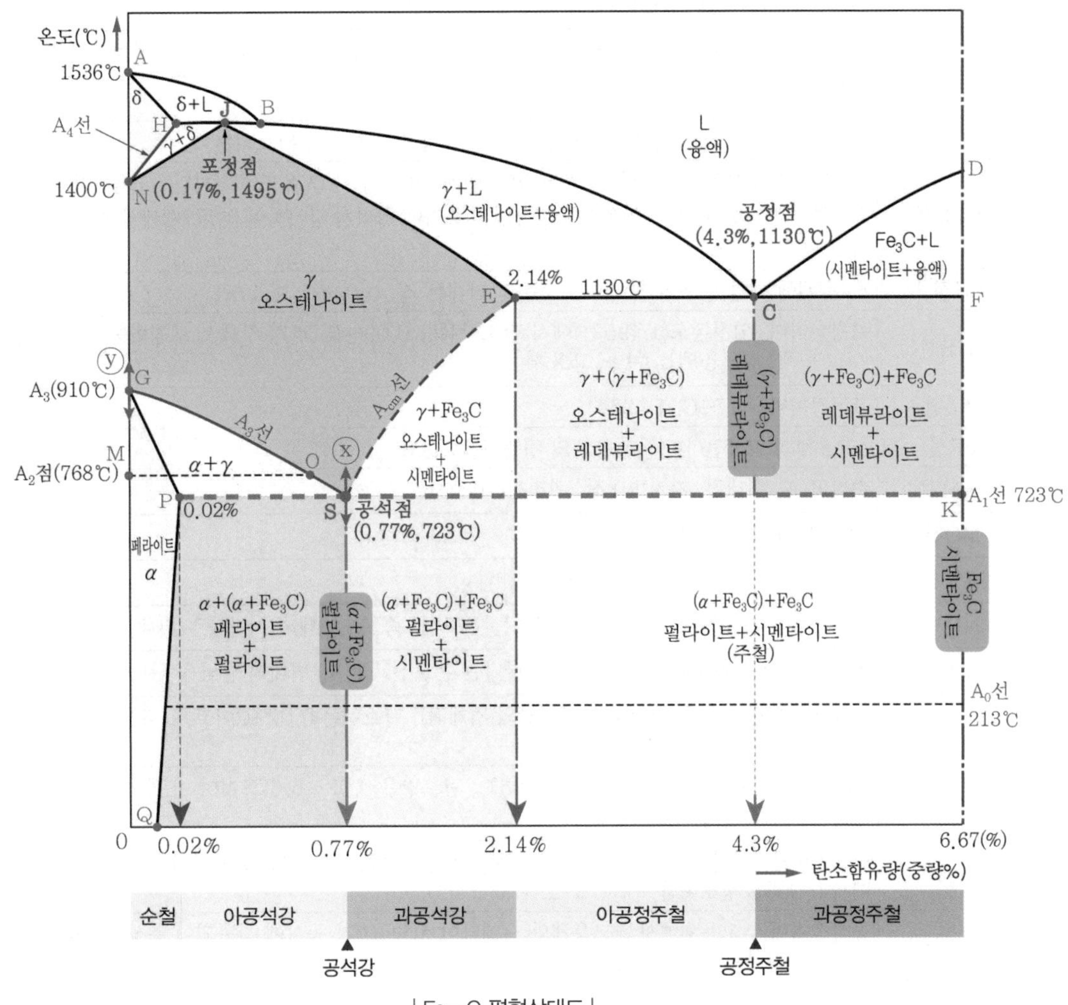

| Fe－C 평형상태도 |

※ Fe－C계 평형상태도의 각 상태를 설명하면 다음과 같다(★항목은 중요한 항목).

구분	각 점과 선의 의미
A점	순철의 용융점(또는 응고점). 1,536℃
AB선	δ고용체의 액상선, 융액에서 δ고용체의 결정 생성 시작 온도(L에서 $\delta + L$ 영역으로)
AH선	δ고용체의 고상선, 탄소 함유량 0.09% 이하의 강에서 δ고용체의 결정 생성 완료 온도
B점	점 H 및 J를 이은 선이 융액과 만나는 점. 0.53%C
BC선	γ고용체의 액상선이며, 융액에서 γ고용체의 결정 생성 시작선
★C점	융액으로부터 E성분(2.14%C)의 γ고용체와 F성분(6.67%C)의 시멘타이트가 동시에 정출되어 레데뷰라이트라고 부르는 공정 주철을 만드는 공정점. 4.3%C, 1,130℃
CD선	시멘타이트(Fe_3C)의 액상선이며, 융액에서 Fe_3C가 정출하기 시작하는 온도
D점	시멘타이트의 용융점. 6.67%C
★E점	γ고용체에 대한 시멘타이트의 C의 최대 용해도(2.14%)를 표시하며, γ고용체를 오스테나이트라 부른다. 탄소강과 주철의 경계점이다.
★ECF선	공정선이며 1,130℃에서 액상(C) $\rightleftarrows$ 오스테나이트(E)＋Fe_3C(F)의 공정반응에 의해서 액상으로부터 오스테나이트와 시멘타이트가 동시에 정출한다.
★ES선	오스테나이트로부터 시멘타이트가 석출하기 시작하는 온도를 나타내며, A_{cm}선이라고 부른다.
★G점	순철의 A_3변태점. 온도 910℃. $[\alpha] \rightleftarrows [\gamma]$
GP선	0.02%C 이하의 합금에서 γ고용체로부터 α고용체의 석출이 완료되는 선
★GS선	α고용체의 초석선이고 강의 A_3 변태점에 해당하며 냉각 시 그 온도에 달하면 γ고용체에서 α고용체가 석출하기 시작한다. 이 점들은 탄소함유량의 증가에 따라서 강하하여 0.77%C에서 A_1점(723℃)과 만나게 된다.
H점	δ고용체에 대한 탄소의 최대 고용도를 나타내는 점. 0.09%C, 1,495℃
HJB선	포정선이며, 일정온도(1,495℃)에서 탄소함유량 0.09～0.5%의 강에서 포정반응을 일으킴. $[\delta\text{고용체}]_H + [\text{융액}]_B \rightleftarrows [\gamma\text{고용체}]_J$
★J점	포정점이며 0.17%C, 1,495℃
JE선	γ고용체의 고상선이며, γ고용체의 정출 완료 온도
★M점	순철의 A_2 변태점, 자기변태점, 퀴리점(768℃)
MO선	강의 A_2 변태선(768℃)
★N점	순철의 A_4 변태점(1,400℃). $[\delta]_N \rightleftarrows [\gamma]_N$
NH선	δ고용체가 γ고용체로 변태하기 시작하는 온도선, 즉 A_4 변태의 시작을 나타내는 곡선
NJ선	δ고용체가 γ고용체로 변태하는 것이 끝나는 온도선, 즉 A_4 변태의 끝남을 나타내는 곡선
★P점	α철의 최대탄소 함유점(순철과 탄소강의 경계점). 탄소량은 0.02%C이고, α고용체를 페라이트라고 부른다.
★PSK선	A_1 변태선 또는 공석선이고, 온도는 723℃, 탄소량은 0.02～6.67%이며 이 사이에서 Fe－C 합금은 공석반응을 한다(빨간선).
PQ선	α고용체의 탄소용해도곡선이고 α철 중에 고용할 수 있는 C의 양은 온도강하에 따라서 감소하여 상온에서 0.008% 정도이다.
★★S점	공석점이며, γ고용체에서 α고용체와 시멘타이트(Fe_3C)가 동시에 석출되어 층상조직을 만들게 되는데, 이 조직이 펄라이트이며 공석강이다. 0.77%C, 723℃

참고

- 액상 : 액체 상태에 있는 것을 말한다.
- 용액 : 두 가지 이상의 물질이 균질하게 섞인 혼합물을 말하며, 보통은 액체 상태의 혼합물을 지칭한다.
- 융액 : 고체가 녹아서 액체가 되는 것 또는 그 액체를 말한다.

① 변태점

㉠ A_0 변태점(213℃) : 시멘타이트의 자기변태점

㉡ A_1 변태점(723℃) : 순철에는 없고 강에서만 존재하는 특이한 변태(오스테나이트 ↔ 펄라이트) (Fe－C선도에서 ⓧ 라인상에서만)

㉢ A_2 변태점(순철 : 768℃, 강 : 770℃) : 순철의 자기변태점 또는 퀴리점
온도가 A_2 이상이면 상자성체, A_2 이하이면 강자성체

㉣ A_3 변태점(912℃) : 순철의 동소변태점(α철 ↔ γ철) → (Fe－C선도에서 ⓨ 라인에서 변화를 알 수 있음)

㉤ A_4 변태점(1,400℃) : 순철의 동소변태점(γ철 ↔ δ철)

② 금속의 반응

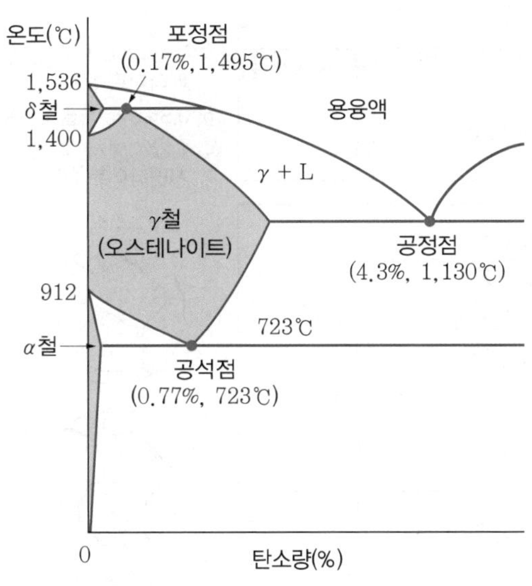

- Fe－C 상태도에서 3개의 불변반응에는 공석반응, 공정반응, 포정반응이 있다.

㉠ 공정반응 : 하나의 액상에서 다른 복수의 고체상이 동시에 정출하는 현상으로써, 오스테나이트와 레데브라이트를 만든다.

$$\text{액체} \underset{\text{가열}}{\overset{\text{냉각}}{\rightleftarrows}} \gamma\text{철} + \text{시멘타이트}(Fe_3C)(\text{공정점}: 4.3\%C,\ 1{,}130℃)$$

㉡ 공석반응 : 2개 원소(Fe+C) 합금에서 하나의 고체상(γ철)이 냉각에 의해 결정구조가 다른 2종의 새로운 고체상(α철 + Fe_3C)으로 석출하는 변태를 말한다.

$$\gamma\text{철(오스테나이트)} \underset{\text{가열}}{\overset{\text{냉각}}{\rightleftarrows}} (\alpha\text{철} + Fe_3C)\text{(펄라이트)}$$

→ 공정점 : 0.77%C, 723℃

(여기서, 0.77%C는 Fe(철)이 99.23%이고, C(탄소)가 0.77%를 의미한다.)

※ 탄소강에서 가장 중요한 반응이니 꼭 알아두세요.

㉢ 포정반응 : 2개 원소(Fe+C) 합금의 상변태 시 냉각과정에서 하나의 고체상(δ철)과 하나의 액상(L)이 반응하여 새로운 고체상(γ철)이 정출되는 항온변태 반응($L+\delta=\gamma$)을 말한다. 이 반응은 가역적 반응이다. δ철 주위에 γ고용체가 둘러싸는 듯한 조직을 생성하기 때문에 포정반응이라고 한다.

$$L\text{(액상)} + \delta\text{철} \underset{\text{가열}}{\overset{\text{냉각}}{\rightleftarrows}} \gamma\text{철(오스테나이트)} \rightarrow \text{포정점 : 0.17\%C, 1,495℃}$$

(여기서, 0.17%C는 Fe(철)이 99.83%이고, C(탄소)가 0.17%를 의미한다.)

③ 탄소함유량에 따른 분류

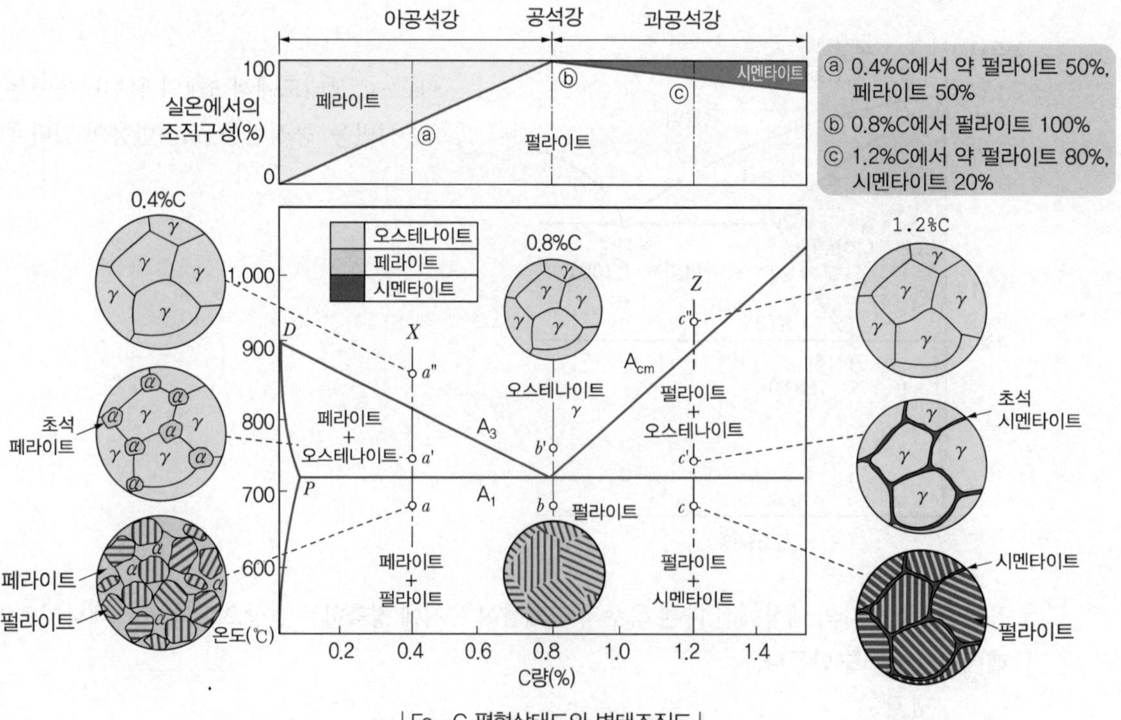

| Fe-C 평형상태도와 변태조직도 |

㉠ 강의 분류(공석점 탄소함유량 0.77%, 723℃ 기준(공석강))

ⓐ 공석강 : 철의 탄소함유량이 0.77%C일 때, A_1 변태온도 이하에서 조직은 펄라이트

ⓑ 아공석강 : 철의 탄소함유량이 0.02~0.77%C일 때, A_1 변태온도 이하에서 조직은 페라이트 + 펄라이트(공석강보다 탄소함유량 적음)

ⓒ 과공석강 : 철의 탄소함유량이 0.77~2.14%C일 때, A_1 변태온도 이하에서 조직은 펄라이트 + 시멘타이트(공석강보다 탄소함유량 많음)

㉡ 주철의 분류(공정점 탄소함유량 4.3%, 1,130℃ 기준(공정주철))

ⓐ 공정주철 : 철의 탄소함유량이 4.3%C일 때, 조직은 레데뷰라이트(오스테나이트 + 시멘타이트)

ⓑ 아공정주철 : 철의 탄소함유량이 2.14~4.3%C일 때, 조직은 오스테나이트 + 레데뷰라이트

ⓒ 과공정주철 : 철의 탄소함유량이 4.3~6.67%C일 때, 조직은 레데뷰라이트 + 시멘타이트

(2) 철강의 조직

탄소강을 900℃ 정도에서 천천히 냉각시켰을 때의 현미경조직은 탄소함유량에 따라 현저하게 다르게 나타나는 것을 알 수 있다.

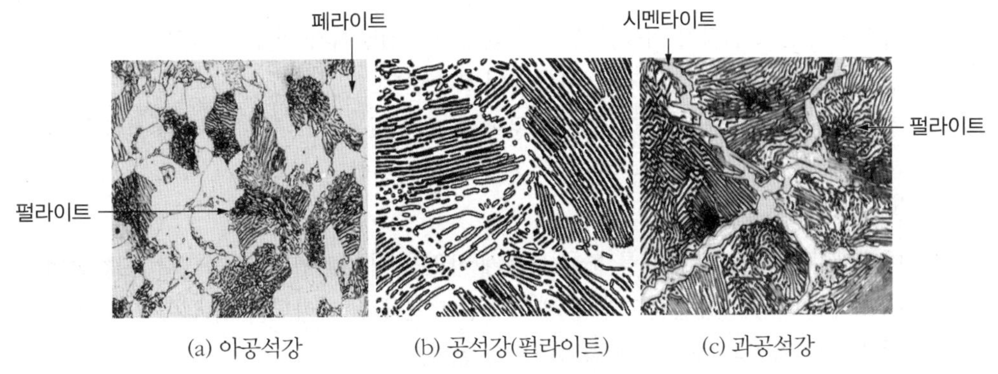

(a) 아공석강 (b) 공석강(펄라이트) (c) 과공석강

(a) 아공석강(0.45%C), 흰색 : 페라이트, 검은색 : 펄라이트
(b) 공석강(0.77%C), 펄라이트
(c) 과공석강(1.5%C), 흰색 경계 : 시멘타이트, 나머지 부분 : 펄라이트

| 현미경으로 본 탄소강의 조직 |

① 철강의 기본조직

㉠ 페라이트(Ferrite)

ⓐ 순철에 탄소가 최대 0.02% 고용된 α고용체로 BCC(체심입방격자) 결정구조를 가지며, 현미경 조직으로는 흰 결정으로 나타난다.

ⓑ 연한 성질로 전연성이 크며, A_2점 이하에서는 강자성체이다.

㉡ 오스테나이트(Austenite)

ⓐ γ고용체라고도 하는데 γ철에 최대 2.14%C까지 고용되어 있는 고용체로 FCC(면심입방격자) 결정구조를 가지고 있다.

ⓑ A_1점 이상에서 안정된 조직으로 상자성체이며 인성이 크다.

㉢ 펄라이트(Pearlite)

0.77%C의 γ철이 723℃에서 분열하여 생긴 페라이트와 시멘타이트의 공석조직이다. 강도가 크며, 약간의 연성도 있다.

㉣ 시멘타이트(Cementite)

ⓐ Fe에 탄소가 6.67% 화합된 철의 금속 간 화합물(Fe_3C)로 흰색의 침상이 나타나는 조직이며, 1,153℃로 가열하면 빠른 속도로 흑연을 분리시킨다.

ⓑ 경도가 매우 높고, 취성이 많으며, 상온에서 강자성체이다.

㉤ 레데뷰라이트(Ledeburite)

2.14%C의 γ고용체와 6.67% C의 시멘타이트의 공정조직으로, 4.3%C인 주철에서 나타난다.

② 열처리 조직

㉠ 마텐자이트(Martensite)

ⓐ 탄소 원자를 과포용한 α철, 철의 α상인 페라이트는 탄소를 0.02%밖에 고용할 수 없는데, 오스테나이트화하면 2% 정도까지 고용이 가능하다.

ⓑ 급랭하면 탄소 원자가 이동할 시간이 없어 체심입방격자 내에 더 많은 탄소 원자를 눌러 넣은 상태의 조직이 되는데, 이것을 마텐자이트라 한다.

ⓒ 강제로 더 많이 고용된 탄소원자 때문에 격자가 뒤틀리고 고밀도 격자 결함을 내포하므로 변형에 대한 저항이 커져 높은 강도와 경도가 얻어진다.

㉡ 트루스타이트(Troostite)

ⓐ 마텐자이트보다 냉각속도를 조금 느리게 하였을 때 나타난다. 기름이나 온탕 중에 냉각하거나 큰 강재를 수중 담금질할 경우에 재료 중앙 부분에 잘 나타난다. 부식이 가장 잘된다.

ⓑ 저온 뜨임 처리를 하면 미세 펄라이트가 된다.

㉢ 소르바이트(Sorbite)

ⓐ 트루스타이트보다 냉각속도를 느리게 하였을 때 나타나는 조직으로 강도와 탄성을 요구하는 스프링 및 와이어(Wire)에 많이 사용된다.

ⓑ 고온 뜨임 열처리를 하면 입상의 시멘타이트가 석출된다.

㉣ 오스테나이트(Austenite)

ⓐ 고온조직으로 냉각 중에 변태를 일으키지 못하도록 급랭하여 고온에서의 조직을 상온에서도 유지시킨 것이다. 비자성체이며 전기저항이 크고, 경도는 낮으나 연신율은 크다.

ⓑ 준안정 오스테나이트 : 과랭 오스테나이트

㉤ 잔류 오스테나이트(Retained Austenite)

ⓐ M_S(마텐자이트 변태 시작점)점 이하의 온도로 냉각되어도 오스테나이트가 마텐자이트로 변태되지 않고 그대로 남아 있는 것이다.

ⓑ 잔류 오스테나이트는 경도를 낮추거나 시효변형을 일으키는 단점과 인성, 구름 피로 강도 향

상 등의 장점을 동시에 갖고 있다.

ⓑ 베이나이트 변태(Bainite Transformation)

오스테나이트를 550℃ 이하 M_S 점 이상의 온도로 유지하여 냉각할 때 일어나는 변태로 조직은 페라이트와 시멘타이트로 된다.

ⓢ 상부 베이나이트

강재를 550℃ 부근과 M_S 점 사이의 온도에서 변태시키면 베이나이트 조직으로 되는데, 변태 온도가 350℃ 이상일 때 얻어지는 깃털 모양(우모상) 베이나이트를 상부 베이나이트, 그 이하의 온도에서 얻어지는 것을 하부 베이나이트라 한다.

ⓞ 하부 베이나이트

오스템퍼에 의해 만들어지는 베이나이트 조직 중 비교적 낮은 온도에서의 등온 유지로 생기는 바늘 모양(침상) 조직으로, 조직 사진은 마텐자이트 조직과 비슷하다.

3. 탄소강의 성질

(1) 물리적 성질

① 탄소강은 탄소함유량이 많아지면 페라이트는 감소하고, 시멘타이트는 증가한다.
② 탄소강의 물리적 성질은 탄소함유량에 따라 거의 직선적으로 변화한다.
③ 탄소함유량의 증가와 더불어 비중, 열팽창계수, 탄성률, 열전도율이 감소되나 비열, 전기저항은 증가한다.

(2) 기계적 성질

① 표준상태에서 탄소(C)가 많을수록 강도나 경도가 증가하지만, 인성 및 충격강도는 감소된다.
② 인장강도는 공석점에서 최대가 되고, 과공석강에서는 망상의 초석 시멘타이트가 생기면서부터 변형이 잘되지 않으며, 경도는 증가하나 강도는 급격히 감소한다.
③ 탄소(C)가 많을수록 가공변형 및 냉간가공이 어렵다.
④ 인장강도는 200~300℃ 부근까지는 온도가 올라감에 따라 증가하여 상온보다 강해지며, 최댓값을 가진 후 그 이상의 온도에서는 급격히 감소한다.(청열취성)
⑤ 연신율은 200~250℃에서 최저값을 가지며, 온도가 올라감에 따라 증가하다가 600~700℃에서 최댓값을 가지며 그 이상의 온도에서는 급격히 감소한다.

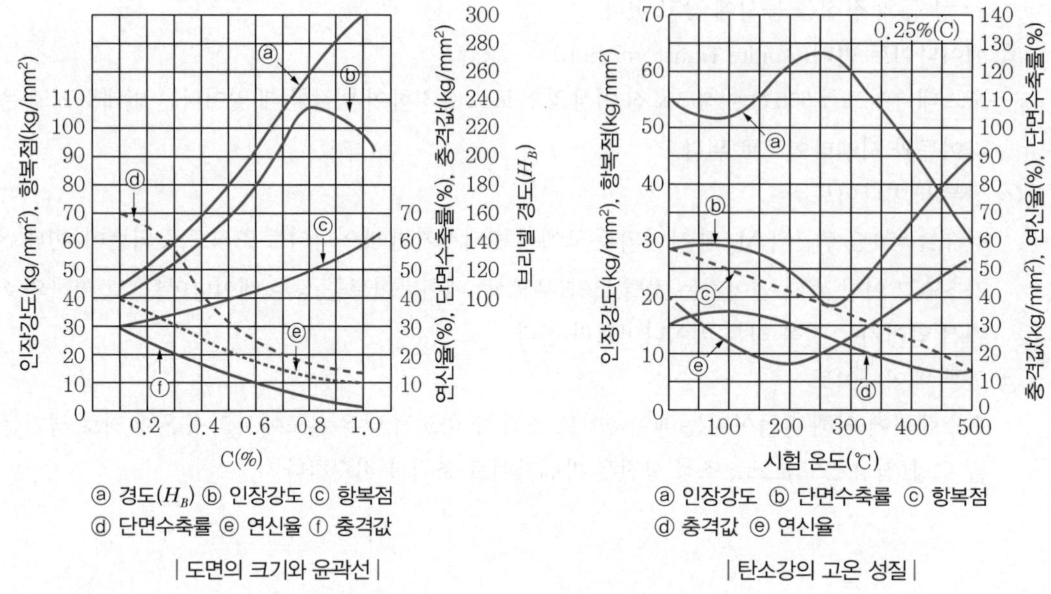

| 도면의 크기와 윤곽선 |

| 탄소강의 고온 성질 |

4. 탄소강에 함유된 원소의 영향

탄소강은 제선이나 제강 과정에서 각종 원소가 첨가되어 탄소강 중에 존재하는데 C, Si, Mn, P, S의 5대 원소는 대부분 포함하며, 이 밖에도 Cu, Ni, Cr, Al 등이나 O_2, N_2 H_2 등의 가스와 비금속 개재물 등이 포함되어 있어 탄소강의 기계적 성질에 많은 영향을 미치고 있다.

(1) 탄소(C)의 영향

① 탄소강에서 탄소는 매우 중요한 원소이다.

② 철에 탄소가 증가하면 0.77%C까지는 항복점이나 인장강도는 증가하고, 연신율, 단면 수축률, 연성은 저하한다.

③ 탄소가 0.77%C 이상이 되면 경도는 증가하며, 인장강도는 낮아지나 취성은 커진다.

(2) 망간(Mn)의 영향

① 망간은 탄소강에서 탄소 다음으로 중요한 원소로서, 제강할 때 탈산, 탈황제로 첨가되며, 탄소강 중에 0.2~0.8% 정도 함유하고 있다.

② 일부는 강 중에 고용하고 나머지는 황과 결합하여 황화망간(MnS)으로 존재하여 황의 해를 막아 적열취성을 방지한다. → 적열취성은 (5)에서 설명

③ 망간은 고온에서 결정립계의 성장을 억제하므로 연신율의 감소를 막고 인장강도와 고온 가공성을 증가시킨다.

④ 주조성과 담금질 효과(경화능)를 향상시킨다.

(3) 규소(Si)의 영향

① Si는 제철 과정에서 탈산제로 쓰인다.

② α철에 고용되어 경도, 인장강도, 탄성한계를 높이며, 고온 강도가 향상되고, 내열성, 내산성, 주조성(유동성), 전자기적 성질이 증가한다.

③ 연신율(연성), 내충격성을 감소시키며, 결정입자의 조대화로 단접성, 냉간 가공성 등을 감소시킨다.

④ 보통강 중에는 Si가 0.35% 이하이므로 별다른 문제는 없다.

(4) 인(P)의 영향

① 제선, 제강 중에 원료, 연료, 내화 재료 등을 통하여 강 중에 함유된다.

② 특수한 경우를 제외하고 0.05% 이하로 제한하며, 공구강의 경우 0.025% 이하까지 허용된다.

③ 인장강도, 경도를 증가시키지만, 연신율과 내충격성을 감소시킨다.

④ 상온에서 결정립을 거칠게 하며, 편석(담금질 균열의 원인)이 발생된다. → 상온취성의 원인이 된다.

⑤ 주물의 기포를 줄이는 작용을 한다.

참고

편석

금속이나 합금이 응고할 때 화학적 조성이 고르지 않게 되는 현상

(5) 황(S)의 영향

① 제선, 제강 원료 중에 불순물로 존재하며, 특수한 경우를 제외하고 0.05% 이하로 제한하고 있다.

② 강 중에 S은 대부분 Mn과 화합하여 황화망간(MnS)을 만들고, 남은 것은 황화철(FeS)을 만든다. 이 황화철은 인장강도, 경도, 인성, 절삭성을 증가시킨다.

③ 연신율과 충격강도를 낮추며, 융점이 낮아 고온에서 취약하고 용접, 단조, 압연 등 고온 가공할 때 파괴되기 쉬운데, 이것이 적열취성의 원인이 된다.

④ 황의 검출 방법의 하나로 설퍼 프린트(Sulfur Print)법이 있다.

참고

- 헤어크랙 : 강재에 발생하는 머리카락 정도의 미세한 균열
- 흰점(백점) : 강재의 파단면에 나타나는 백색의 광택을 지닌 반점

5. 탄소강의 온도에 따른 여러 가지 취성

(1) 적열취성(고온취성)

산소와 황은 철과 화합하여 산화철이나 황화철(FeS)을 만든다. 이때 황화철은 오른쪽 그림처럼 강 입자의 경계에 결정립계로 나타나게 되는데, 상온에서는 그 해가 작지만 고온에서는 입계의 황화철이 녹아 강을 여리게(무르게) 만들어 강이 단조할 수 없는 취성(충격에 의해 쉽게 파괴되는 성질)을 갖게 된다. 이것을 적열취성이라 하며 망간(Mn)을 첨가하면 황화망간(MnS)을 형성하여 강 안의 황을 줄여주므로 적열취성을 방지하는 효과를 얻을 수 있다.

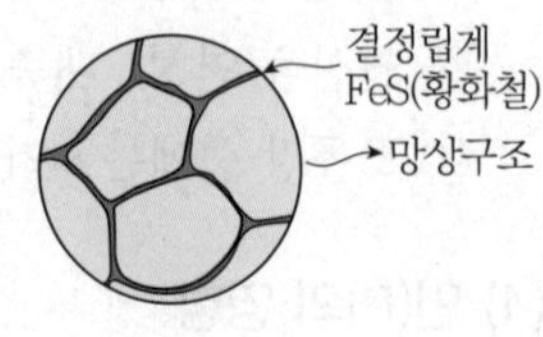

(2) 상온취성

상온에서 충격강도가 매우 낮아 취성을 갖는 성질을 말하며, 인(P)을 많이 함유한 강에서만 나타난다. 왜냐하면 인이 강의 입자를 조대화시켜 강의 경도와 강도 및 탄성한계 등을 높이지만, 연성을 두드러지게 저하시켜 그 질을 취성으로 바꾸기 때문이다. 이러한 인의 영향은 강을 고온으로 압연 또는 단조할 때는 거의 볼 수 없고 상온에서 현저하게 나타나므로 상온취성이라 부른다.

핵심 기출 문제

01 탄소강에 함유된 인(P)의 영향을 바르게 설명한 것은?

① 강도와 경도를 감소시킨다.
② 결정립을 미세화시킨다.
③ 연신율을 증가시킨다.
④ 상온취성의 원인이 된다.

해설

인(P)
- 제선, 제강 중에 원료, 연료, 내화 재료 등을 통하여 강 중에 함유된다.
- 특수한 경우를 제외하고 0.05% 이하로 제한하며, 공구강의 경우 0.025% 이하까지 허용된다.
- 인장 강도, 경도를 증가시키지만, 연신율과 내충격성을 감소시킨다.
- 상온에서 결정립을 거칠게 하며, 편석이 발생(담금질 균열의 원인)된다. → 상온취성 원인
- 주물의 기포를 줄이는 작용을 한다.

02 조선 압연판으로 쓰이는 것으로 편석과 불순물이 적은 균질의 강은?

① 림드강　　② 킬드강
③ 캡트강　　④ 세미킬드강

해설

킬드강은 완전탈산강으로 편석과 불순물이 거의 없는 강이다.

03 Fe－C 상태도에서 온도가 가장 낮은 것은?

① 공석점　　② 포정점
③ 공정점　　④ 순철의 자기변태점

해설

① 공석점 : 723℃
② 포정점 : 1,500℃
③ 공정점 : 1,130℃
④ 순철의 자기변태점 : 768℃

04 탄소강의 기계적 성질에 대한 설명으로 틀린 것은?

① 아공석강의 인장강도, 항복점은 탄소 함유량의 증가에 따라 증가한다.
② 인장강도는 공석강이 최고이고, 연신율 및 단면수축률은 탄소량과 더불어 감소한다.
③ 온도가 증가함에 따라 인장강도, 경도, 항복점은 항상 저하한다.
④ 재료의 온도가 300℃ 부근으로 되면 충격치는 최소치를 나타낸다.

해설

탄소강의 기계적 성질
- 표준상태에서 탄소(C)가 많을수록 강도나 경도가 증가하지만, 인성 및 충격값은 감소한다.
- 인장강도는 공석조직 부근에서 최대가 되고, 과공석조직에서는 망상의 초석 시멘타이트가 생기면서부터 변형이 잘되지 않으며, 경도는 증가하나 강도는 급격히 감소한다.
- 탄소(C)가 많을수록 가공변형은 어렵게 되고, 냉간가공은 되지 않는다.
- 인장강도는 200~300℃ 부근까지는 온도가 올라감에 따라 증가하여 상온보다 강해지며, 최댓값을 나타낸 다음 그 이상의 온도에서 급격히 감소한다.
- 연신은 200~300℃에서 최젓값을 나타내고, 온도가 상승함에 따라 증가하여 600~700℃에서 최댓값을 나타낸 다음 급격히 감소한다.

정답　01 ④　02 ②　03 ①　04 ③

05 순철의 변태점이 아닌 것은?

① A_1 ② A_2
③ A_3 ④ A_4

해설

순철에는 A_1 변태점이 없다. A_1 변태점은 강에만 있다.

06 강의 5대 원소만을 나열한 것은?

① Fe, C, Ni, Si, Au ② Ag, C, Si, Co, P
③ C, Si, Mn, P, S ④ Ni, C, Si, Cu, S

07 과공석강의 탄소함유량(%)으로 옳은 것은?

① 약 0.01~0.02% ② 약 0.02~0.80%
③ 약 0.80~2.0% ④ 약 2.0~4.3%

해설

강의 분류

- 공석강 : 철의 탄소함유량이 0.77%C일 때, A_1 변태온도 이하에서 조직은 펄라이트
- 아공석강 : 철의 탄소함유량이 0.025~0.77%C일 때, A_1 변태온도 이하에서 조직은 페라이트+펄라이트
- 과공석강 : 철의 탄소함유량이 0.77~2.11%C일 때, A_1 변태온도 이하에서 조직은 펄라이트+시멘타이트

08 Fe-C 평형상태도에서 탄소 함유량이 약 0.80%인 강을 무엇이라고 하는가?

① 공석강 ② 공정주철
③ 아공정주철 ④ 과공정주철

해설

㉠ 강의 분류

- 공석강 : 철의 탄소함유량이 0.77%C일 때, A_1 변태온도 이하에서 조직은 펄라이트
- 아공석강 : 철의 탄소함유량이 0.025~0.77%C일 때, A_1 변태온도 이하에서 조직은 페라이트+펄라이트
- 과공석강 : 철의 탄소함유량이 0.77~2.11%C일 때, A_1 변태온도 이하에서 조직은 펄라이트+시멘타이트

㉡ 주철의 분류

- 공정주철 : 철의 탄소함유량이 4.3%C일 때, 조직은 레데뷰라이트(오스테나이트+시멘타이트)
- 아공정주철 : 철의 탄소함유량이 2.11~4.3%C일 때, 조직은 오스테나이트+레데뷰라이트
- 과공정주철 : 철의 탄소함유량이 4.3~6.67%C일 때, 조직은 레데뷰라이트+시멘타이트

09 자기변태의 설명으로 옳은 것은?

① 상은 변하지 않고 자기적 성질만 변한다.
② Fe-C 상태도에서 자기변태점은 A_3, A_4이다.
③ 한 원소로 이루어진 물질에서 결정 구조가 바뀌는 것이다.
④ 원자 내부의 변화로 자기적 성질이 비연속적으로 변화한다.

해설

자기변태(Magnetic transformation)

Fe, Ni, Co 등과 같은 강자성체인 금속을 어느 일정한 온도 이상으로 가열할 때, 금속의 결정구조는 변화하지 않고 강자성체에서 상자성체로 자성의 변화만을 갖는 변태

10 피아노선재의 조직으로 가장 적당한 것은?

① 페라이트(Ferrite)
② 소르바이트(Sorbite)
③ 오스테나이트(Austenite)
④ 마텐자이트(Martensite)

정답 05 ① 06 ③ 07 ③ 08 ① 09 ① 10 ②

해설 +

파텐팅(Patenting)

㉠ 목적 : 주로 선재에 인장강도를 부여하기 위해 인발(냉간 가공) 전에 실시함(강선 제조, 와이어, 피아노선재, 저울의 스프링)

㉡ 방법 : 시간 담금질을 응용한 방법으로서 고탄소강의 경우에 900~950℃의 오스테나이트 조직으로 만든 후 400 ~550℃의 염욕 속에 넣어 급랭한 후 항온을 유지하여 소르바이트(미세 펄라이트)를 얻는 열처리

11 마텐자이트(Martensite) 변태의 특징에 대한 설명으로 틀린 것은?

① 마텐자이트는 고용체의 단일상이다.
② 마텐자이트 변태는 확산 변태이다.
③ 마텐자이트 변태는 협동적 원자운동에 의한 변태이다.
④ 마텐자이트의 결정 내에는 격자결함이 존재한다.

해설 +

마텐자이트(Martensite) 변태

- 오스테나이트화된 철-탄소합금이 비교적 낮은 온도에서 급랭될 때 형성된다.
- 마텐자이트는 무확산 변태로부터 만들어진 비평형 상태의 단일구조이다.
- 시간에 무관한 무확산 변태이다.(침상이나 판상의 외관을 가짐)
- 마텐자이트 시작점은 수평직선으로 나타나 있는데, 이것은 마텐자이트 변태가 시간에 무관함을 보여주는 것이고 오직 합금의 급랭온도만의 함수이다.

12 Fe-C 평형상태도에서 나타나는 철강의 기본 조직이 아닌 것은?

① 페라이트 ② 펄라이트
③ 시멘타이트 ④ 마텐자이트

해설 +

철강의 기본조직

페라이트, 오스테나이트, 펄라이트, 시멘타이트, 레데뷰라이트

13 $\alpha-\mathrm{Fe}$과 $\mathrm{Fe_3C}$의 층상조직은?

① 펄라이트 ② 시멘타이트
③ 오스테나이트 ④ 레데뷰라이트

해설 +

펄라이트

726℃에서 오스테나이트가 페라이트와 시멘타이트(고용체와 Fe_3C)의 공석강으로 변태한 것으로, 탄소함유량은 0.77 %이고, 자성이 있다.

14 강의 열처리에서 탄소(C)가 고용된 면심입방격자 구조의 γ철로서 매우 안정된 비자성체인 급랭조직은?

① 오스테나이트(Austenite)
② 마텐자이트(Martensite)
③ 트루스타이트(Troostite)
④ 소르바이트(sorbite)

해설 +

오스테나이트(Austenite)

- γ고용체라고도 하는데, γ철에 최대 2.11%C까지 고용되어 있는 고용체로 FCC(면심입방격자) 결정구조를 가지고 있다.
- A_1점 이상에서 안정된 조직으로 상자성체(비자성체)이며 인성이 크다.

15 상온에서 순철의 결정격자는?

① 체심입방격자 ② 면심입방격자
③ 조밀육방격자 ④ 정방격자

정답 11 ② 12 ④ 13 ① 14 ① 15 ①

해설

순철에는 α철, γ철, δ철의 3개의 동소체가 있으며, 910℃ 이하에서는 α철로 체심입방격자(BCC) 구조를, 910~1,400℃에서는 γ철로 면심입방격자(FCC) 구조를, 1,400℃ 이상에서는 δ철로 체심입방격자(BCC) 구조를 갖는다.

16 다음 조직 중 경도가 가장 낮은 것은?

① 페라이트 ② 마텐자이트
③ 시멘타이트 ④ 트루스타이트

해설

Ⓒementite > Ⓜartensite > Ⓣroostite > Ⓢorbite > Ⓟearlite > Ⓐuatenite > Ⓕerrite

17 Fe－C 평형 상태도에서 γ 고용체가 시멘타이트를 석출 개시하는 온도선은?

① A_{cm} 선 ② A_3 선
③ 공석선 ④ A_2 선

18 다음의 강종 중 탄소의 함유량이 가장 많은 것은?

① SM25C ② SKH51
③ STC105 ④ STD11

해설

① SM25C : 기계 구조용 탄소, 탄소함량 0.22~0.28%
② SKH51 : 고속도 공구강, 탄소함량 0.73~0.83%
③ STC105 : 탄소공구강, 탄소함량 1.0~1.1%
④ STD11 : 합금공구강, 탄소함량 1.4~1.6%

19 Fe－Fe3C 평형상태도에 대한 설명으로 옳은 것은?

① A_0는 철의 자기변태점이다.
② A_1 변태선을 공석선이라 한다.
③ A_2는 시멘타이트의 자기변태점이다.
④ A_3는 약 1,400℃이며, 탄소의 함유량이 약 4.3%C 이다.

해설

① A_0 변태점(213℃) : 시멘타이트의 자기변태점
③ A_2 변태점(순철 : 768℃, 강 : 770℃) : 순철의 자기변태점 또는 퀴리점
④ A_3 변태점(912℃) : 순철의 동소변태점(α철 ↔ γ철)

20 Fe－Fe3C계 평형 상태도에서 나타날 수 있는 반응이 아닌 것은?

① 포정반응 ② 공정반응
③ 공석반응 ④ 편정반응

해설

Fe－C 평형상태도에서 금속의 반응은 공정반응, 공석반응, 포정반응이다.

21 가열 과정에서 순철의 A_3 변태에 대한 설명으로 틀린 것은?

① BCC가 FCC로 변한다.
② 약 910℃ 부근에서 일어난다.
③ α－Fe가 γ－Fe로 변화한다.
④ 격자구조에 변화가 없고 자성만 변한다.

해설

④ A_3 변태는 격자구조가 BCC(체심입방격자)에서 FCC(면심입방격자)로 변한다.

정답 16 ① 17 ① 18 ④ 19 ② 20 ④ 21 ④

22 Fe-C 평형상태도에 대한 설명으로 틀린 것은?

① 강의 A_2 변태선은 약 768℃이다.
② A_1 변태선을 공석선이라 하며, 약 723℃이다.
③ A_0 변태점을 시멘타이트의 자기변태점이라 하며, 약 210℃이다.
④ 공정점에서의 공정물을 펄라이트라 하며, 약 1,490℃이다.

해설

공정반응
하나의 액상에서 다른 복수의 고상이 동시에 정출되는 현상으로써, 주철의 경우 비교적 냉각 속도가 빠른 경우는 공정점(철-시멘타이트 평형)에서 오스테나이트와 레데뷰라이트를 만들고, 냉각이 느리면 공정점(철-흑연 평형)에서 오스테나이트와 흑연을 만든다.

$$\text{액체} \underset{\text{가열}}{\overset{\text{냉각}}{\rightleftarrows}} \gamma\text{철} + Fe_3C(\text{공정점} : 4.3\%,\ 1,130℃)$$

23 황(S)을 많이 함유한 탄소강에서 950℃ 전후의 고온에서 발생하는 취성은?

① 저온취성 ② 불림취성
③ 적열취성 ④ 뜨임취성

해설

적열취성
강은 900℃ 이상에서 황(S)이나 산소가 철과 화합하여 산화철이나 황화철(FeS)을 만든다. 황화철이 포함된 강은 고온에 있어서 여린 성질을 나타내는데, 이것을 적열취성이라 한다. Mn을 첨가하면 MnS을 형성하여 이 취성을 방지하는 효과를 얻을 수 있다.

24 0.8% 탄소를 고용한 탄소강을 800℃로 가열하였다가 서서히 냉각시켰을 때 나타나는 조직은?

① 펄라이트(Pearlite)
② 오스테나이트(Austenite)
③ 시멘타이트(Cementite)
④ 레데뷰라이트(Ledeburite)

해설

공석강
철의 탄소함유량이 0.8%이고, A_1 변태온도 이하에서 조직은 펄라이트이다.

25 Fe-C 평형상태도에서 [δ 고용체]+(L(융액)) ⇄ [γ고용체]가 일어나는 온도는 약 몇 ℃인가?

① 768℃ ② 910℃
③ 1,130℃ ④ 1,490℃

정답 22 ④ 23 ③ 24 ① 25 ④

03 강의 열처리

1 개요

1. 열처리

금속재료(주로 철강재료)에 요구되는 기계적 · 물리적 성질을 부여하기 위해 가열 · 냉각 등의 조작을 적당한 속도로 조절하여 그 재료의 특성을 바꾸는 공정이다.

2. 열처리의 목적

① 소재나 제품을 사용 목적에 적합한 조직과 성질로 바꾼다.
② 재료를 단단하게 만들어 기계적, 물리적 성능을 향상시킨다.
③ 재료를 무르게 하여 가공성을 개선시킨다.
④ 가공경화된 조직을 균질화하여 가공성을 향상시킨다.

3. 분류

(1) 일반 열처리

담금질, 뜨임, 풀림, 불림

(2) 항온 열처리

항온담금질(오스템퍼링, 마템퍼링, 마퀜칭, Ms퀜칭), 항온풀림, 항온뜨임, 오스포밍 등

(3) 표면경화법

① 화학적인 방법
㉠ 침탄법 : 고체침탄법, 가스침탄법, 액체침탄법(=침탄질화법=청화법=시안화법)
㉡ 질화법
② 물리적인 방법 : 화염경화법, 고주파경화법
③ 금속침투법 : 크로마이징, 칼로라이징, 실리코나이징, 보로나이징, 세라다이징 등
④ 기타 표면경화법 : 쇼트피닝, 방전경화법, 하드페이싱 등

2 열처리 종류

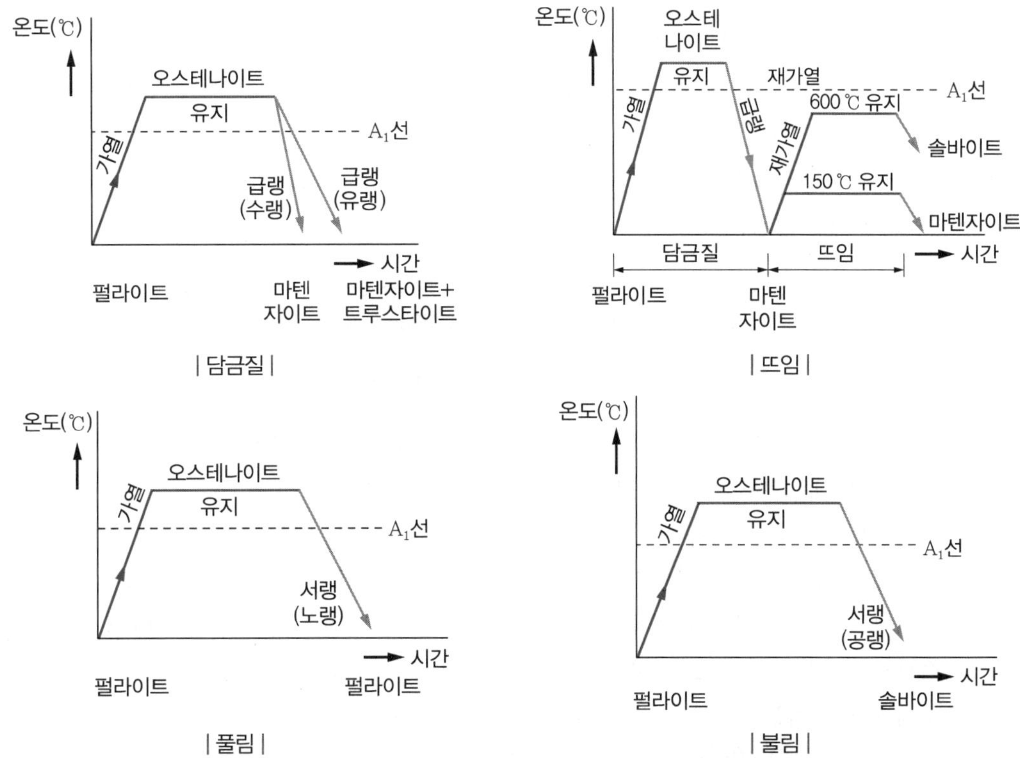

▌열처리의 목적 및 방법

열처리의 종류	기본 목적	대표적인 방법
담금질(Quenching)	조직 경화	$A_3 \sim A_1 + 20 \sim 30$℃에서 가열 후 급랭(수랭, 유랭)
뜨임(Tempering)	인성 부여	• A_1 변태점 이하 • 고온 템퍼링 : 500~600℃ • 저온 템퍼링 : 150℃
풀림(Annealing)	조직 연화	$A_3 \sim A_1 + 20 \sim 30$℃에서 가열 후 서랭(노랭)
불림(Normalizing)	조직 표준화	$A_3 \sim A_{cm} + 40 \sim 60$℃에서 가열 후 공랭

1. 일반 열처리

(1) 표준조직의 기계적 성질

① **페라이트** : 연하고 연성이 크며 인장강도가 낮고, 상온에서 강자성이고 전기전도도가 높아 담금질 효과가 거의 없다.

② **펄라이트** : 페라이트에 비해 강하고 단단하다.

③ 시멘타이트 : 매우 단단하고 망상구조로 깨지기 쉽다.

(2) 담금질(quenching)

① 목적 : 재료의 경도와 강도를 높이기 위한 작업

② 강이 오스테나이트 조직으로 될 때까지 A_1 ~ A_3 변태점보다 30~50℃ 높은 온도로 가열한 후 물이나 기름으로 급랭하여 마텐자이트 변태가 되도록 하는 공정

③ 냉각제에 따른 냉각속도 : 소금물 > 물 > 비눗물 > 기름 > 공기 > 노(내부)

④ 냉각속도에 따른 담금질 조직

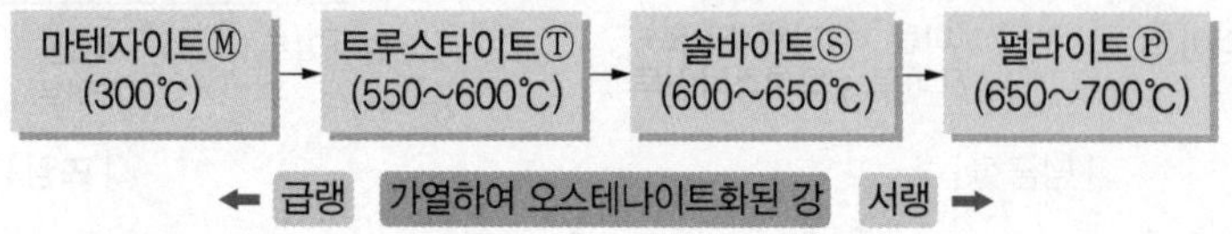

㉠ 마텐자이트 : 수랭, 침상조직, 내부식성 우수, 고경도, 취성이 존재한다.

㉡ 트루스타이트 : 유랭, 고경도, 부식에 약하다.

㉢ 솔바이트 : 공랭, 강도와 탄성이 요구되는 구조용 강에 사용한다. 예 스프링강

㉣ 오스테나이트 : 가공성이 좋지 않으며, 비자성체, 내부식성 우수, 연신율이 크다.

㉤ 펄라이트 : 726℃에서 오스테나이트가 페라이트와 시멘타이트(고용체와 Fe_3C)의 층상이 공석정으로 변태한 것, 탄소함유량은 0.85%이고, 자성이 있다.

㉥ 조직에 따른 경도 크기

시멘타이트 > 마텐자이트 > 트루스타이트 > 솔바이트 > 펄라이트 > 오스테나이트 > 페라이트

(Ⓒementite > Ⓜartensite > Ⓣroostite > Ⓢorbite > Ⓟearlite > Ⓐuatenite > Ⓕerrite)

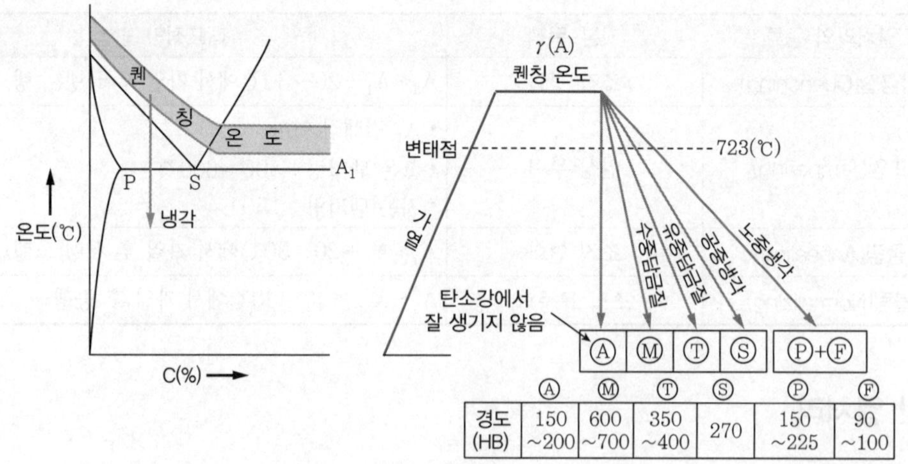

| 강의 상태도와 냉각경로 및 경도와 조직변화 |

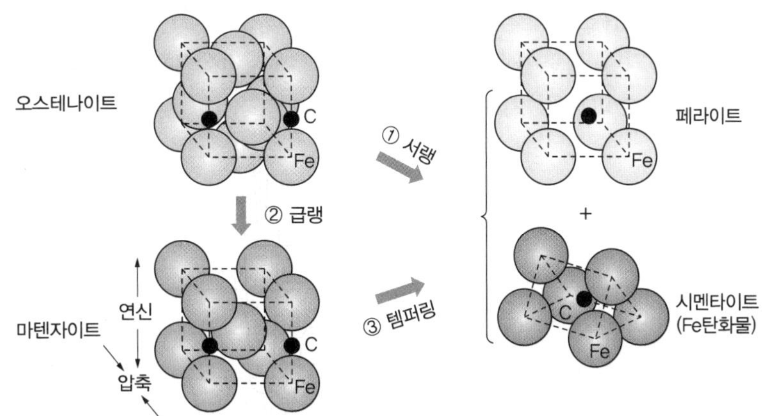

- 서랭 : 오스테나이트를 서랭할 때에 생성되는 페라이트와 시멘타이트
- 급랭 : 오스테나이트를 급랭하여 생성되는 마텐자이트
- 템퍼링 : 마텐자이트를 템퍼링했을 때의 페라이트와 시멘타이트의 생성

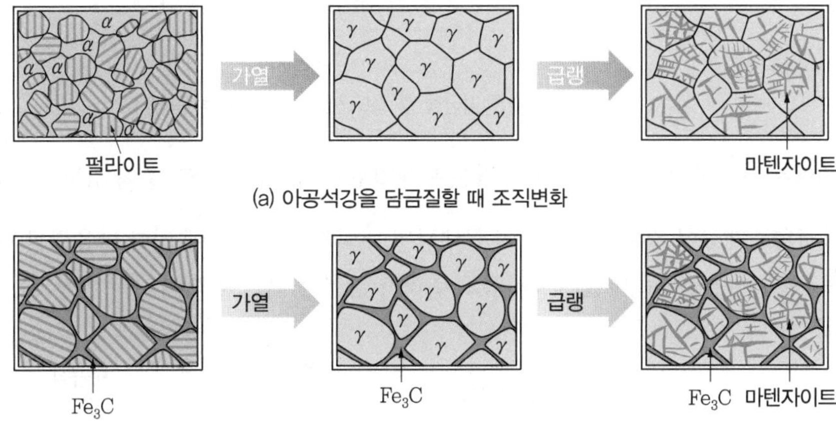

| **담금질에 의한** 조직변화(오스테나이트 → 마텐자이트로 변화) |

⑤ **질량효과** : 같은 강을 같은 조건으로 담금질하더라도 질량(지름)이 작은 재료는 내외부에 온도차가 없어 내부까지 경화되나, 질량이 큰 재료는 열의 전도에 시간이 길게 소요되어 내외부에 온도차가 생겨 외부는 경화되어도 내부는 경화되지 않는 현상

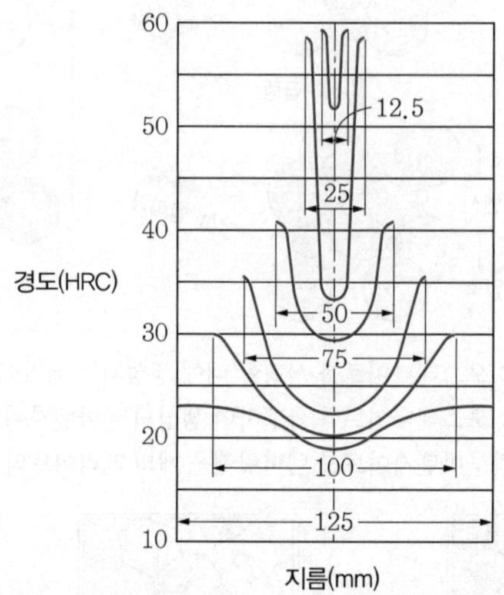

| 직경에 따른 담금질 후 경도 변화 곡선(경화능 곡선) |

위 그림에서 탄소강에서 지름(질량)이 작은 부재일수록 담금질 효과가 좋아 경도가 높음을 알 수 있다.

⑥ **담금질 균열** : 재료를 경화하기 위하여 급랭하면 내외부의 온도차에 의한 열응력과 변태응력(오스테나이트 → 마텐자이트로 변할 때 4% 정도 부피가 늘어남)으로 인하여 내부변형 또는 균열이 일어나는 현상

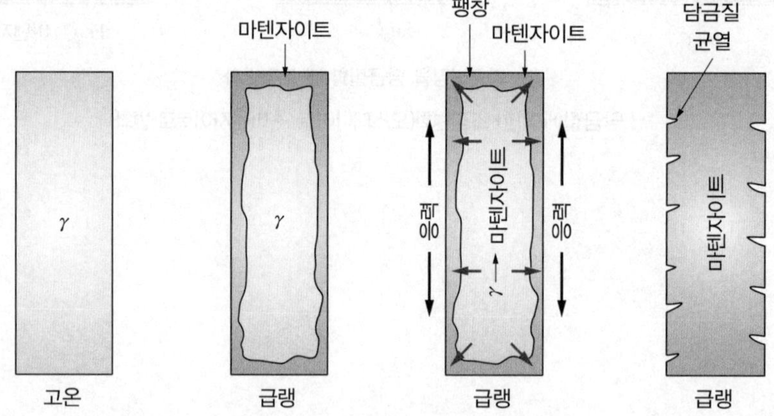

⑦ **심랭처리(Sub Zero)** : 상온으로 담금질된 강을 다시 0℃ 이하의 온도로 냉각하는 열처리

㉠ 목적 : 잔류 오스테나이트를 마텐자이트로 변태시키기 위한 열처리

㉡ 효과 : 담금질 균열 방지, 치수변화 방지, 경도 향상 ⓔ 게이지강

(3) 뜨임(Tempering)

① 목적

㉠ 강을 담금질 후 취성을 없애기 위해서는 A_1 변태점 이하의 온도에서 뜨임처리를 해야 한다.

㉡ 금속의 내부응력을 제거하고 인성을 개선하기 위한 열처리 방법이다.

② **저온뜨임** : 150℃ 부근에서 담금질에 의해 생긴 재료 내부의 잔류응력을 제거하고 탄성한계, 항복강도를 향상시키기기 위한 열처리

③ **고온뜨임** : 500~600℃에서 이루어지며 솔바이트 조직을 얻을 수 있으며, 강인성을 부여

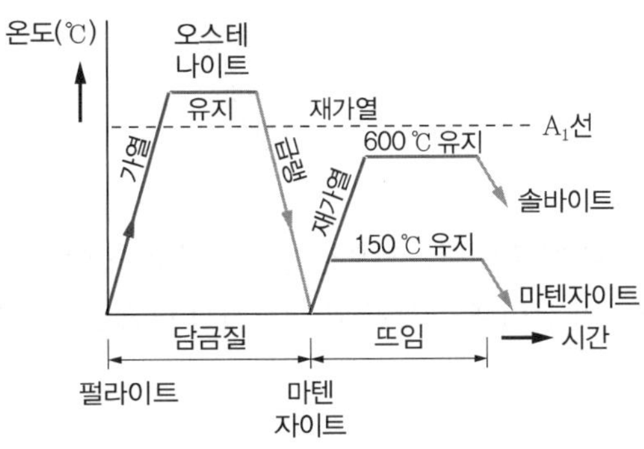

| 템퍼링 시 가열온도의 범위 |

(4) 풀림(Annealing : 어닐링)

① 목적

㉠ 주조, 단조, 기계가공에서 생긴 내부응력을 제거시킨다.

㉡ 열처리로 말미암아 경화된 재료를 연화시킨다(절삭성 향상).

㉢ 가공 또는 공작에서 경화된 재료를 연화시킨다(냉간가공성 개선).

㉣ 금속결정 입자를 균일화하고 미세화시킨다.

㉤ 흑연을 구상화시킨다.

② 풀림의 종류

완전풀림, 연화풀림, 확산풀림(불순물, 편석 등 균질화), 응력제거풀림, 구상화 풀림

(5) 불림(Normalizing)

① **열처리** : A_3, A_{cm}선 이상 30~50℃에서 가열 → 온도 유지(재료를 균일하게 오스테나이트화시킴) → 대기 중에서 냉각

② **목적** : 열간가공 재료의 이상(결정립의 조대화, 내부 비틀림, 탄화물이나 그 외 석출물의 분산)을 제거하고, 결정립의 미세화, 조직의 표준화, 응력제거, 가공성 향상

③ **기계적 성질** : 연성과 인성 개선, 풀림한 재료보다 항복점, 인장강도, 경도 등이 일반적으로 높다.

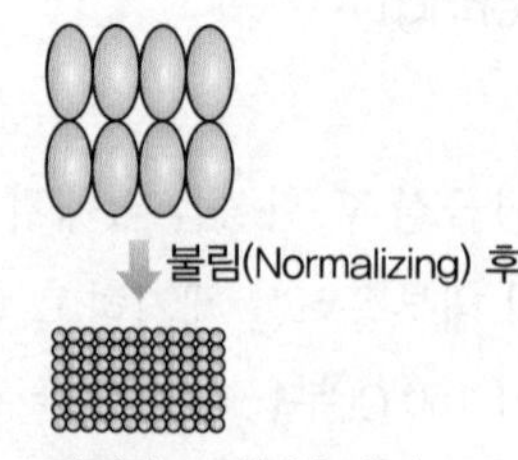

| 주강품의 불림 후 결정립 미세화 효과 |

2. 항온 열처리

(1) 개요

① 변태점 이상으로 가열한 재료를 연속적으로 냉각하지 않고 어느 일정한 온도의 염욕 중에 냉각하여 그 온도에서 일정한 시간 동안 유지시킨 뒤 냉각시켜 담금질과 뜨임을 동시에 할 수 있는 열처리 방법이다.

참고

염욕열처리

고온의 탄소강이 대기에 노출되면 표면에 산화, 탈탄현상이 발생한다. 이를 방지하기 위해 염기성 화학약품 속에서 열처리를 시행하며, 마퀜칭 등 고온에서 오랜 시간 동안 일정 온도를 유지해야 하는 열처리 등에서 활용된다.

② 항온변태곡선을 이용한 열처리

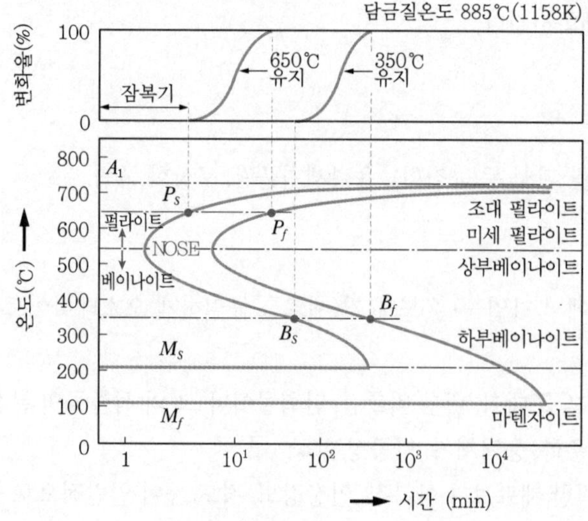

P_S : 펄라이트 변태 시작점

P_f : 펄라이트 변태 종료점

B_S : 베이나이트 변태 시작점

B_f : 베이나이트 변태 종료점

M_S : 마텐자이트 변태 시작점

M_f : 마텐자이트 변태 종료점

| 공석 탄소강의 항온변태곡선(TTT 곡선) |

㉠ TTT 곡선 : 시간, 온도, 조직변화를 도시한 곡선(Time－Temperature－Transformation)

㉡ CCT(Continuous Cooling Transformation diagram)곡선 : TTT 곡선에 냉각속도에 따른 그래프를 그려 넣어 냉각되면서 어떤 조직이 얻어질지 알 수 있는 그래프이다.

㉢ 항온변태곡선은 변태가 시작되는 시간과 종료되는 시간을 나타낸다.

㉣ 일반적으로 Nose 온도 위에서 항온변태시키면 펄라이트(Pearlite)가 형성되고, 밑에서 항온 변태시키면 베이나이트가 형성된다.

참고

항온변태

오스테나이트를 A_1점(723℃ : 공석선) 이하의 특정온도로 급랭하고, 그 온도로 일정하게 유지하여 조직을 변태시킨다.

③ 특징

㉠ 계단 열처리보다 균열 및 변형이 감소한다.

㉡ 인성이 좋아진다.

㉢ 특수강 및 공구강 제작에 효과적이다.

㉣ 고속도강의 경우 1,250～1,300℃에서 580℃의 염욕에 담금하여 일정시간 유지 후 공랭한다.

(2) 항온 열처리 종류

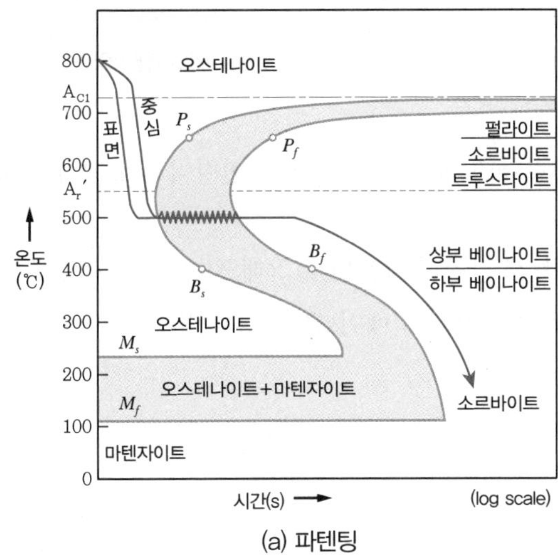

(a) 파텐팅

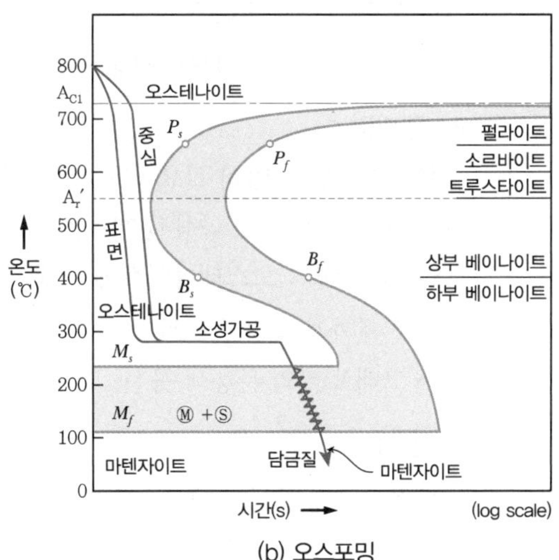

(b) 오스포밍

① 파텐팅(Patenting)

㉠ 목적 : 주로 선재에 인장강도를 부여하기 위해 인발(냉간가공) 전에 실시한다.

　㊀ 강선 제조, 와이어, 피아노선재, 저울의 스프링

㉡ 열처리 방법 : 시간담금질을 응용한 방법으로서 고탄소강의 경우에 900～950℃의 오스테나이트

조직을 400~550℃까지 급랭한 후 의 염욕 속에 넣어 항온을 유지시켜 솔바이트(미세펄라이트)를 얻는다.→ 그래프(a)의 분홍색 곡선

② 오스포밍(Ausforming)

㉠ 목적 : 소재를 소성가공하여 마텐자이트를 얻음으로써 기존의 담금질 – 템퍼링 한 경우보다 강도가 높다.

㉡ 열처리 방법 : 오스테나이트를 급랭하여 그래프(b)의 마텐자이트 시작 온도(M_s) 바로 위에서 성형가공 후 서랭한다. 이후 인성을 부여하기 위해 뜨임을 실시한다.
→ 그래프(b)의 분홍색 곡선

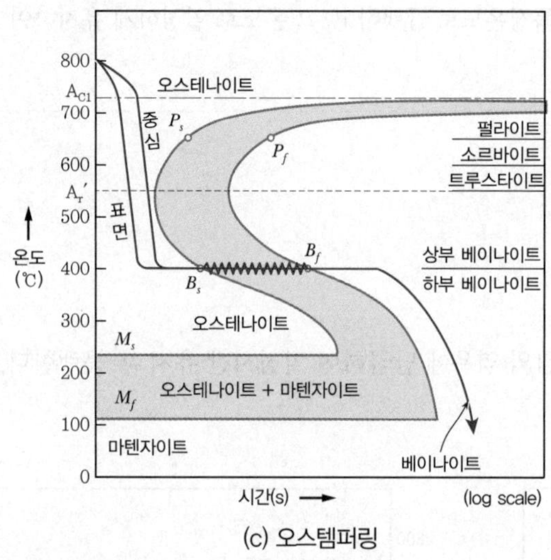

(c) 오스템퍼링

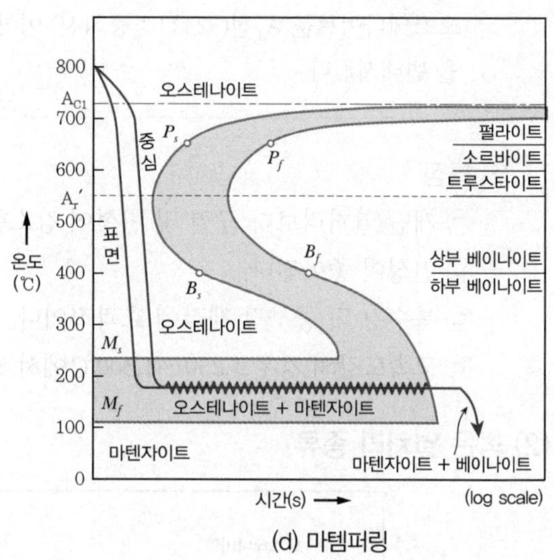

(d) 마템퍼링

③ 오스템퍼링

㉠ 목적 : 뜨임 작업이 필요 없으며, 인성이 풍부하고 담금질 균열이나 변형이 적고 연신성과 단면수축, 충격치 등이 향상된 재료를 얻는다.

㉡ 열처리 방법 : 오스테나이트에서 베이나이트로 완전한 항온변태(그래프(c)의 $B_s \sim B_f$구간)가 일어날 때까지 특정 온도로 유지 후 공기 중에서 냉각시켜 베이나이트 조직을 얻는다.
→ 그래프(c)의 분홍색 곡선

④ 마템퍼링

㉠ 목적 : 균열 발생이 적고, 충격인성이 크고, 경도가 향상된 재료를 얻는다.

㉡ 열처리 방법 : 그래프(d) M_s점과 M_f점 사이에서 항온을 유지하여 베이나이트와 마텐자이트의 혼합조직을 석출하게 하는 열처리이다(오랜 시간 항온을 유지해야 하는 결점이 있다).
→ 그래프(d)의 분홍색 곡선

3. 표면경화법

재료의 표면만을 단단하게 만드는 열처리이다.

(1) 화학적 표면경화

① 침탄법

종류	원료	방법
고체침탄법	목탄, 골탄, 코크스+침탄촉진제	저탄소강을 가열하여 탄소 침투
액체침탄법	시안화나트륨(NaCN)	C와 N가 동시에 침입 확산, 청화법, 침탄질화법, 시안화법
가스침탄법	천연가스, 프로판가스, 부탄, 메탄가스	원료 가스를 변성로에서 변성 후 침탄

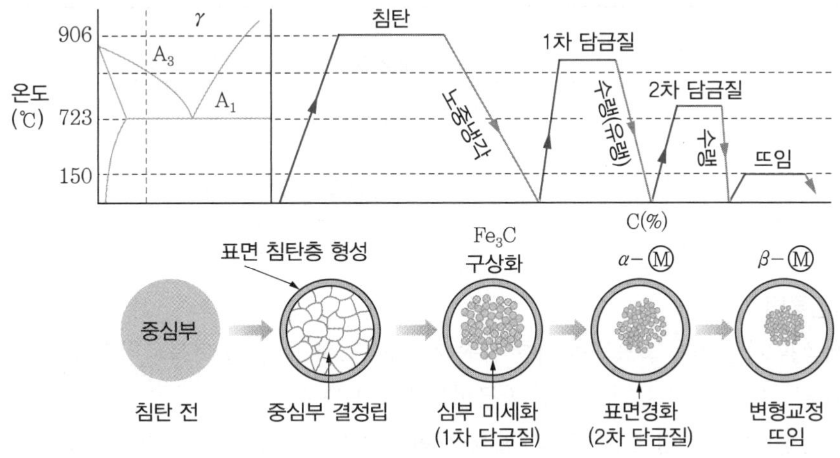

| 침탄 및 침탄 후의 처리와 조직변화의 관계 |

② 질화법

원료	방법	특징
암모니아	암모니아(NH_3)가스 중에서 450~570℃로 12~48시간 가열하면 표면층에 질화물을 형성	높은 경도, 내마모성 증가, 피로한도 향상, 내식성 증가, 저온 열처리이므로 변형이 적다.

질화층 생성에 적당한 첨가원소의 영향	질화 방해 금속
• Cr, Mn : 경도 및 깊이 증가 • Mo : 경도 증가 및 취화 방지 • Al : 경도 증가	Ni, Co

※ 질화강 : Cr, Al, Mo, Ti, V, Mn, Si, B, Zr(지르코늄) 등을 함유한 0.2~0.5% 탄소강

③ 침탄법과 질화법의 특징 비교

특징	침탄법	질화법
경도	낮다	높다
열처리	반드시 필요	필요 없다
변형	크다	작다
사용재료	제한이 적다	질화강이어야 한다
고온 경도	낮아진다	낮아지지 않는다
소요시간	짧다	길다(12~48hr)
수정 가능 여부	가능	불가능
가열온도	높다(900~950℃)	낮다(450~570℃)
표면경화층 두께	두껍다	얇다

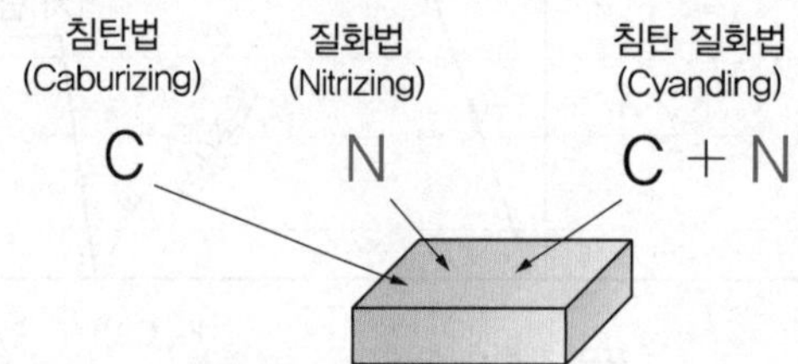

④ 금속침투법

㉠ 제품을 가열하여 그 표면에 다른 금속(Zn, Al, Cr, Si, B 등)을 피복시키면, 피복과 동시에 확산작용이 일어나 우수한 표면을 가진 합금피복층을 얻을 수 있다.

㉡ 내열성, 내식성, 방청성, 내산화성 등의 화학적 성질과 경도 및 내마모성을 증가시키는 데 목적이 있다.

종류	세라다이징 (Sheradizing)	칼로라이징 (Calorizing)	크로마이징 (Chromizing)	실리코나이징 (Silliconizing)	보로나이징 (Boronizing)
침투제	Zn	Al	Cr	Si	B
장점	대기 중 부식방지	고온 산화방지	내식, 내산, 내마모성 증가	내산성 증가	고경도 (HV 1,300~1,400)

(2) 물리적 표면경화

화염경화법, 고주파경화법, 숏피닝, 하드페이싱 등이 있다.

핵심 기출 문제

01 철강재료의 열처리에서 많이 이용되는 S곡선이란 어떤 것을 의미하는가?

① T.T.L 곡선 ② S.C.C 곡선
③ T.T.T 곡선 ④ S.T.S 곡선

해설

S곡선은 항온변태곡선으로 3요소는 시간, 온도, 변태이다.
(Time－Temperature－Transformation)

02 금속표면에 크롬을 고온에서 확산 침투시키는 것을 크로마이징(Cromizing)이라 한다. 이는 주로 어떤 성질을 향상시키기 위함인가?

① 인성 ② 내식성
③ 전연성 ④ 내충격성

해설

금속 침투법의 침투제에 따른 분류

종류	침투제	장점
세라다이징(Sheradizing)	Zn	대기 중 부식 방지
칼로라이징(Calorizing)	Al	고온 산화 방지
크로마이징(Chromizing)	Cr	내식성, 내산성, 내마모성 증가
실리코나이징(Silliconizing)	Si	내산성 증가
보로나이징(Boronizing)	B	고경도 (HV 1,300~1,400)

03 가스침탄법에서 침탄층의 깊이를 증가시킬 수 있는 첨가원소는?

① Si ② Mn
③ Al ④ N

해설

질화층 생성에 적당한 첨가원소의 영향
- Cr, Mn : 경도 및 깊이 증가
- Mo : 경도증가 및 취화방지
- Al : 경도증가

04 탄소강을 경화 열처리할 때 균열을 일으키지 않게 하는 가장 안전한 방법은?

① M_S점까지는 급랭하고 M_S, M_f 사이는 서랭한다.
② M_f점 이하까지 급랭한 후 저온도로 뜨임한다.
③ M_S점까지 서랭하여 내외부가 동일온도가 된 후 급랭한다.
④ M_S, M_f 사이의 온도까지 서랭한 후 급랭한다.

해설

담금질 균열 방지대책
- M_s점까지는 급랭하고 위험구역인 M_s~M_f 사이는 서랭한다.
- M_s : 마텐자이트 변태 시작점, M_f : 마텐자이트 변태 종료점

05 질화법에 관한 설명 중 틀린 것은?

① 경화층은 비교적 얇고, 경도는 침탄한 것보다 크다.
② 질화법은 재료 중심까지 경화하는 데 그 목적이 있다.
③ 질화법의 기본적인 화학반응식은 $2NH_3 \rightarrow 2N + 3H_2$이다.
④ 질화법의 효과를 높이기 위해 첨가되는 원소는 Al, Cr, Mo 등이 있다.

정답 01 ③ 02 ② 03 ② 04 ① 05 ②

해설

질화법은 표면경화법의 종류이다.

06 다음 중 열처리(담금질)에서의 냉각능력이 가장 우수한 냉각제는?

① 비눗물 ② 글리세린
③ 18℃의 물 ④ 10% NaCl액

해설

담금질 냉각제에 따른 냉각속도
소금물 > 물 > 비눗물 > 기름 > 공기 > 노(내부)

07 탄소를 제품에 침투시키기 위해 목탄을 부품과 함께 침탄상자 속에 넣고 900~950℃의 온도 범위로 가열로 속에서 가열 유지시키는 처리법은?

① 질화법
② 가스 침탄법
③ 시멘테이션에 의한 경화법
④ 고주파 유도 가열 경화법

해설

침탄법

종류	원료	방법
고체 침탄법	목탄, 골탄, 코크스 + 침탄촉진제	저탄소강을 가열하여 탄소 침투
액체 침탄법	시안화나트륨(NaCN)	C와 N가 동시에 침입 확산, 청화법, 침탄질화법, 시안화법
가스 침탄법	천연가스, 프로판가스, 부탄가스, 메탄가스	가스를 변성로에서 변성 후 침탄

08 베이나이트(Bainite) 조직을 얻기 위한 항온열처리 조작으로 가장 적합한 것은?

① 마퀜칭 ② 소성가공
③ 노멀라이징 ④ 오스템퍼링

해설

오스템퍼링
- 목적 : 뜨임 작업이 필요 없으며, 인성이 풍부하고 담금질 균열이나 변형이 적고 연신성과 단면 수축, 충격치 등이 향상된 재료를 얻게 된다.
- 열처리 방법 : 오스테나이트에서 베이나이트로 완전한 항온변태가 일어날 때까지 특정 온도로 유지 후 공기 중에서 냉각시켜, 베이나이트 조직을 얻는다.

09 철과 아연을 접촉시켜 가열하면 양자의 친화력에 의하여 원자 간의 상호 확산이 일어나서 합금화하므로 내식성이 좋은 표면을 얻는 방법은?

① 칼로라이징 ② 크로마이징
③ 세라다이징 ④ 트루스타이트

해설

종류	침투제	장점
세라다이징 (Sheradizing)	Zn	대기 중 부식 방지
칼로라이징 (Calorizing)	Al	고온 산화 방지
크로마이징 (Chromizing)	Cr	내식성, 내산성, 내마모성 증가
실리코나이징 (Silliconizing)	Si	내산성 증가
보로나이징 (Boronizing)	B	고경도 (HV 1,300~1,400)

10 담금질 조직 중 가장 경도가 높은 것은?

① 펄라이트 ② 마텐자이트
③ 소르바이트 ④ 트루스타이트

해설

Ⓒementite > Ⓜartensite > Ⓣroostite > Ⓢorbite > Ⓟearlite > Ⓐuatenite

정답 06 ④ 07 ② 08 ④ 09 ③ 10 ②

11 강의 열처리 방법 중 표면경화법에 해당하는 것은?

① 마퀜칭　　② 오스포밍
③ 침탄질화법　　④ 오스템퍼링

해설

표면경화법
재료의 표면만을 단단하게 만드는 열처리 방법이다.
- 화학적 방법 : 침탄법, 질화법, 침탄질화법
- 물리적 방법 : 화염경화법, 고주파경화법
- 금속침투법 : 세라다이징(Zn), 칼로라이징(Ca), 크로마이징(Cr), 실리코나이징(Si), 보로나이징(B)
- 기타 : 숏피닝, 하드페이싱

12 같은 조건하에서 금속의 냉각 속도가 빠르면 조직은 어떻게 변화하는가?

① 결정 입자가 미세해진다.
② 금속의 조직이 조대해진다.
③ 소수의 핵이 성장해서 응고된다.
④ 냉각 속도와 금속의 조직과는 관계가 없다.

해설

- 급랭 : 결정입자 미세(핵발생 감소), 경도가 커짐
- 서랭 : 결정입자 조대(핵발생 증가), 전연성이 커짐

13 다음 중 심랭처리(Sub-zero Treatment)에 대한 설명으로 가장 적절한 것은?

① 강철을 담금질하기 전에 표면에 붙은 불순물을 화학적으로 제거시키는 것
② 처음에 기름으로 냉각한 다음 계속하여 물속에 담그고 냉각하는 것
③ 담금질 직후 바로 템퍼링하기 전에 얼마 동안 0℃에 두었다가 템퍼링하는 것
④ 담금질 후 0℃ 이하의 온도까지 냉각시켜 잔류 오스테나이트를 마텐자이트화하는 것

해설

심랭처리
상온으로 담금질된 강을 다시 0℃ 이하의 온도로 냉각하는 열처리 방식이다.
- 목적 : 잔류 오스테나이트를 마텐자이트로 변태시키기 위함
- 효과 : 담금질 균열 방지, 치수 변화 방지, 경도 향상(예 게이지강)

14 탄소함유량이 0.8%가 넘는 고탄소강의 담금질 온도로 가장 적당한 것은?

① A_1 온도보다 30~50℃ 정도 높은 온도
② A_2 온도보다 30~50℃ 정도 높은 온도
③ A_3 온도보다 30~50℃ 정도 높은 온도
④ A_4 온도보다 30~50℃ 정도 높은 온도

해설

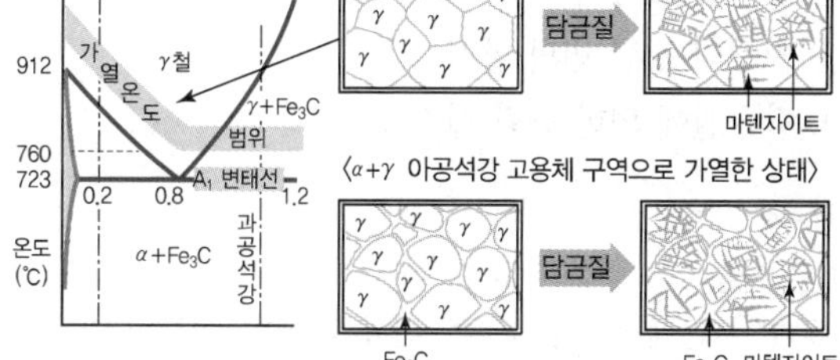

| 퀜칭의 온도범위와 조직변화(오스테나이트 → 마텐자이트로 변화) |

탄소강의 담금질
- 목적 : 재료의 경도와 강도를 높이기 위함
- 강이 오스테나이트 조직으로 될 때까지 A_1~A_3 변태점보다 30~50℃ 높은 온도로 가열한 후 물이나 기름으로 급랭하여 마텐자이트 변태가 되도록 하는 공정

15 저탄소강 기어(Gear)의 표면에 내마모성을 향상시키기 위해 붕소(B)를 기어 표면에 확산 침투시키는 처리는?

정답　11 ③　12 ①　13 ④　14 ①　15 ③

① 세라다이징(Sherardizing)
② 아노다이징(Anodizing)
③ 보로나이징(Boronizing)
④ 칼로라이징(Calorizing)

해설

금속침투법의 침투제에 따른 분류

종류	침투제	장점
세라다이징	Zn	대기 중 부식 방지
칼로라이징	Al	고온 산화 방지
크로마이징	Cr	내식성, 내산성, 내마모성 증가
실리코나이징	Si	내산성 증가
보로나이징	B	고경도(HV 1,300~1,400)

16 다음 중 저온 뜨임의 특성으로 가장 거리가 먼 것은?

① 내마모성 저하
② 연마균열 방지
③ 치수의 경년 변화 방지
④ 담금질에 의한 응력 제거

해설

저온 뜨임
150℃ 부근에서 이루어지며, 잔류 오스테나이트와 내부의 잔류응력을 제거하고, 탄성한계와 항복강도, 경도를 향상시키기기 위한 열처리

17 강재의 표면에 Si를 침투시키는 방법으로 내식성, 내열성 등을 향상시키는 방법은?

① 보로나이징 ② 칼로라이징
③ 크로마이징 ④ 실리코나이징

해설

15번 해설 참고

18 칼로라이징은 어떤 원소를 금속표면에 확산 침투시키는 방법인가?

① Zn ② Si
③ Al ④ Cr

해설

칼로라이징(calorizing)
고온산화 방지를 위해 알루미늄(Al)을 금속 표면에 확산 침투시켜 사용한다.

19 침탄법에 비하여 경화층은 얇으나 경도가 크고, 담금질이 필요 없으며, 내식성 및 내마모성이 커서 고온에도 변화되지 않지만 처리시간이 길고 생산비가 많이 드는 표면 경화법은?

① 마켄칭 ② 질화법
③ 화염 경화법 ④ 고주파 경화법

해설

침탄법과 질화법의 특징 비교

특징	침탄법	질화법
표면경화층 두께	침탄층이 두껍다.	질화층이 얇다.
경도	낮다.	높다.
열처리	반드시 필요	필요 없다.
변형	크다.	작다.
사용재료	제한이 적다.	질화강이어야 한다.
고온경도	낮아진다.	낮아지지 않는다.
소요시간	짧다.	길다(12~48hr).
수정 가능 여부	가능	불가능

20 저온 뜨임에 대한 설명으로 틀린 것은?

① 담금질에 의한 응력 제거
② 치수의 경년 변화 방지
③ 연마균열 생성
④ 내마모성 향상

정답 16 ① 17 ④ 18 ③ 19 ② 20 ③

해설

저온 뜨임

150℃ 부근에서 이루어지며, 잔류 오스테나이트와 내부의 잔류응력을 제거하고, 탄성한계와 항복강도, 경도를 향상시키기 위한 열처리를 말한다.

21 담금질한 공석강의 냉각 곡선에서 시편을 20℃의 물속에 넣었을 때 ㉮와 같은 곡선을 나타낼 때의 조직은?

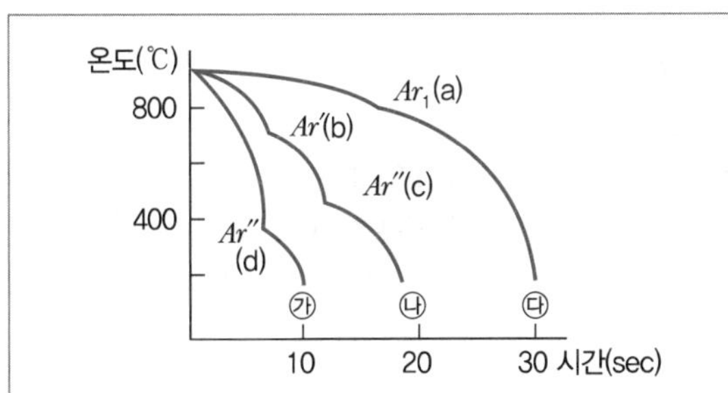

① 펄라이트 ② 오스테나이트
③ 마텐자이트 ④ 베이나이트 + 펄라이트

해설

냉각속도에 따른 담금질 조직

- ㉮ – 마텐자이트
- ㉯ – 트루스타이트
- ㉰ – 솔바이트

22 담금질된 강의 마텐자이트 조직은 경도는 높지만 취성이 매우 크고 내부적으로 잔류응력이 많이 남아 있어서 A_1 이하의 변태점에서 가열하는 열처리 과정을 통하여 인성을 부여하고 잔류응력을 제거하는 열처리는?

① 풀림 ② 불림
③ 침탄법 ④ 뜨임

해설

뜨임(Tempering)

- 강을 담금질 후 취성을 없애기 위해서는 A_1 변태점 이하의 온도에서 뜨임처리를 해야 한다.
- 금속의 내부응력을 제거하고 인성을 개선하기 위한 열처리 방법이다.

23 일반열처리 중 풀림의 종류에 포함되지 않는 것은?

① 가압 풀림 ② 완전 풀림
③ 항온 풀림 ④ 구상화 풀림

해설

풀림의 종류에는 완전 풀림, 연화(항온) 풀림, 확산 풀림, 응력제거 풀림, 구상화 풀림 등이 있다.

24 가공의 영향으로 생긴 스트레인이나 내부 응력을 제거하고 미세한 표준조직으로 기계적 성질을 향상시키는 열처리법은?

① 소프트닝 ② 보로나이징
③ 하드 페이싱 ④ 노멀라이징

해설

노멀라이징(Normalizing)

- 열간가공 재료의 이상(결정립의 조대화, 내부 비틀림, 탄화물이나 그 외 석출물의 분산)을 제거하고, 결정립의 미세화, 조직의 표준화, 응력 제거, 가공성 향상
- 연성과 인성 개선, 풀림한 재료보다 항복점, 인장강도, 경도 등이 일반적으로 높다.

25 과랭 오스테나이트 상태에서 소성가공을 한 다음 냉각하여 마텐자이트화하는 열처리방법은?

① 오스포밍 ② 크로마이징
③ 심랭처리 ④ 인덕션하드닝

정답 21 ③ 22 ④ 23 ① 24 ④ 25 ①

해설

오스포밍(Ausforming)

- 목적 : 소재를 소성가공하여 마텐자이트를 얻음으로써 기존의 담금질－템퍼링 한 경우보다 강도가 높다.
- 열처리 : 오스테나이트를 급랭하여 마텐자이트 시작온도 바로 위에서 성형가공 후 서랭한다. 이후 인성을 부여하기 위해 뜨임을 실시한다.

26 마텐자이트(Martensite) 변태의 특징에 대한 설명으로 틀린 것은?

① 마텐자이트는 고용체의 단일상이다.
② 마텐자이트 변태는 확산 변태이다.
③ 마텐자이트 변태는 협동적 원자운동에 의한 변태이다.
④ 마텐자이트의 결정 내에는 격자결함이 존재한다.

해설

② 마텐자이트 변태는 무확산 변태이다.

27 그림과 같은 항온 열처리하여 마텐자이트와 베이나이트의 혼합조직을 얻는 열처리는?

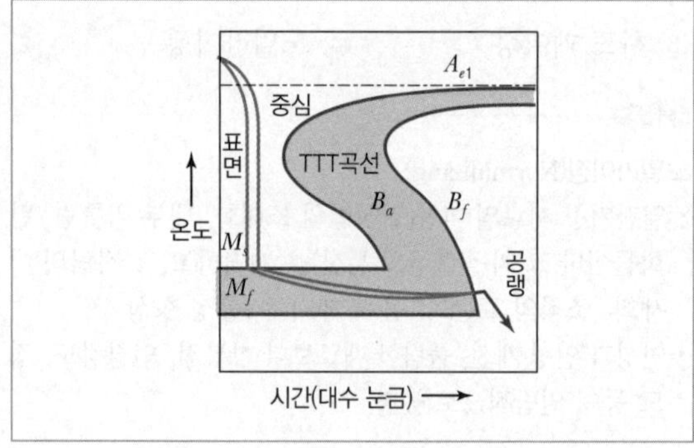

① 담금질　② 패턴팅
③ 마템퍼링　④ 오스템퍼링

해설

마템퍼링

- M_s점과 M_f점 사이에서 항온을 유지하여 베이나이트와 마텐자이트의 혼합조직을 석출하는 열처리 방법이다.
- 오랜 시간 항온을 유지해야 하는 결점이 있다.

28 강을 담금질하면 경도가 크고 메지므로, 인성을 부여하기 위하여 A_1 변태점 이하의 온도에서 일정 시간 유지하였다가 냉각하는 열처리 방법은?

① 퀜칭(Quenching)
② 템퍼링(Tempering)
③ 어닐링(Annealing)
④ 노멀라이징(Normalizing)

해설

뜨임(템퍼링, Tempering)

- 강을 담금질 후 취성을 없애기 위해서는 A_1 변태점 이하의 온도에서 뜨임처리를 해야 한다.
- 금속의 내부응력을 제거하고 인성을 개선하기 위한 열처리 방법이다.

29 항온 열처리 중 담금질 온도로 가열한 강재를 Ms점과 Mf점 사이의 항온 염욕에서 항온 변태를 시킨 후에 상온까지 공랭하는 열처리 방법은?

① 마퀜칭　② 마템퍼링
③ 오스포밍　④ 오스템퍼링

30 다음 중 항온열처리 방법이 아닌 것은?

① 질화법　② 마퀜칭
③ 마템퍼링　④ 오스템퍼링

해설

① 질화법 → 화학적 표면경화 열처리

항온열처리 종류

파텐팅, 오스포밍, 오스템퍼링, 마템퍼링, 마퀜칭, MS퀜칭

정답　26 ②　27 ③　28 ②　29 ②　30 ①

31 서브제로(Sub – zero) 처리에 관한 설명으로 틀린 것은?

① 내마모성 및 내피로성이 감소한다.
② 잔류오스테나이트를 마텐자이트화한다.
③ 담금질을 한 강의 조직이 안정화된다.
④ 시효변화가 적으며 부품의 치수 및 형상이 안정된다.

해설

① 내마모성 및 내피로성이 증가한다.

32 강의 표면경화처리에서 침탄법과 비교하였을 때 질화법의 특징으로 틀린 것은?

① 침탄한 것보다 경도가 높다.
② 질화 후에 열처리가 필요 없다.
③ 침탄법보다 경화에 의한 변형이 적다.
④ 침탄법보다 단시간 내에 같은 경화 깊이를 얻을 수 있다.

해설

④ 침탄법보다 열처리 소요시간이 길다.

정답 31 ① 32 ④

04 특수강(합금강)

1 개요

1. 합금원소를 첨가하는 목적

① 기계적, 물리적, 화학적 성능 향상
② 내식성, 내마멸성 증대
③ 절삭성, 소성가공성 개량
④ 담금질성 향상
⑤ 단접성과 용접성 향상
⑥ 고온에서 기계적 성질 저하 방지
⑦ 결정입자 성장 방지
⑧ 상부 임계 냉각속도를 저하
⑨ 황, 인 등 불순물 제거

참고

단접성

금속재료를 녹는점 가까이 가열하여 누르거나 때려서 이어 붙일 수 있는 성질

2. 특수강에 첨가하는 합금원소의 영향

원소	특성
Ni	강인성↑, 내식성↑, 담금질성↑, 저온취성 방지, 고가
Mn	강인성↑, 내식성↑, 내마멸성↑, 적열취성↓, 절삭성↑
Cr	강인성↑, 내식성↑, 내마멸성↑, 내열성↑
W	강인성↑, 내식성↑, 내마멸성↑, 내열성↑, 고온강도 · 경도↑, 탄화물로 석출
Mo	텅스텐과 흡사하고 효과는 2배, 질량효과↓, 담금질성↑, 뜨임취성 방지, 고가
V	몰리브덴과 비슷, 경화성 월등, 크롬-텅스텐과 같이 사용
Ti	내식성↑, 탄화물 생성
Co	고온 경도와 인장강도 증가
Si	• 적은 양 : 경도와 인장강도 증가 • 많은 양 : 내식성과 내열성 증가, 흑연화 촉진, 전자기적 성질 개선
Cu	대기 중 내산화성↑, 석출경화 발생이 쉽다.
Al	결정립의 미세화로 인성향상, 표면경화강에 많이 사용, 미량첨가하여 내후성강에 효과적이다.

3. 탄소합금강의 KS규격

KS규격	영문 명칭	한글 명칭 및 특징
SM30C	Steel Machine Carbon	• SM : 기계구조용 탄소강 • 30C : 탄소함유량 0.3%
STC	Steel Tool Carbon	탄소공구강 : 톱날, 줄, 다이스 등 치공구에 사용
STS	Steel Tool Special	합금공구강
SKH	Steel K-공구 High Speed	고속도강

2 특수강의 종류

1. 구조용 특수강

탄소강을 보다 질기고 강하게 하기 위해 니켈, 크롬, 몰리브덴, 바나듐, 붕소 등을 약간 첨가하여 특수 열처리한 것으로서, 종류는 많으나 대표적인 것은 다음과 같다.

(1) 강인강

① 니켈-크롬-몰리브덴강 : Fe-C(0.32~0.4%)-Ni(1~3.5%)-Cr(0.5~1%)-Mo(0.3%)

구조용 Ni-Cr강에 0.3% 정도의 Mo을 첨가함으로써

㉠ 강인성을 증가

㉡ 담금질 시 질량 효과를 감소

㉢ 뜨임취성을 방지

② 고망간강(Hadfield강) : Fe-C(1~1.2%)-Mn(11~13%)

㉠ 오스테나이트 조직이며, 가공경화속도가 아주 크다.

㉡ 상자성체이며, 내충격성이 대단히 우수하여 내마모재로 사용된다.

㉢ 광석 · 암석의 파쇄기의 부품 등에 사용된다.

㉣ 열전도성이 낮고 팽창계수가 커서 열변형이 크다.

㉤ 열처리에 수인법(Water Toughening)이 이용된다.

㉥ 수인법 : 고Mn강이나 18-8스테인리스강 등과 같이 첨가원소가 다량인 것은 변태온도가 더욱 저하되어 있으므로 서랭시켜도 그 조직이 오스테나이트로 된다. 이러한 것들은 1,000℃에서 수중에 급랭시켜서 완전한 오스테나이트로 만드는 것이 오히려 연하고 인성이 증가되어 가공하기가 용이하다.

(2) 표면경화용강

① 재료 내부의 강도를 유지하고, 표면만 경화시킴으로써 피로한도와 내마모성을 향상시킨 강이다.

② 침탄강

㉠ 저탄소강을 기계가공 → 침탄작업 → 1차 · 2차 담금질 → 뜨임(200℃ 이하)

㉡ 형상이 단순하고 두께가 얇은 공작물에 사용된다.

③ 질화강

㉠ 중탄소강에 질소(N)와 결합하기 쉬운 Al, Cr, Mo 등의 합금원소를 첨가하여 표면을 질화처리한 강

㉡ 표면 경도가 높아 내마모성이 우수하고, 고온에서 안정적이다.

(3) 쾌삭강

탄소강에 황(S), 납(Pb), 셀레늄(Se), 텔루늄(Te), 칼슘(Ca), 인(P), 비스무트(Bi) 등을 첨가하여 피삭성을 좋게 한 강이다.

(4) 게이지강

① Fe－C(0.85～1.2%)－W(0.5～3%)－Cr(0.5～3.6%)－Mn(0.9～1.45%)

② 사용 중에 치수변화가 없도록 담금질한 후 100～150℃로 오랜 뜨임(또는 반복뜨임)하거나 심랭처리를 실시한다.

③ 게이지강에 필요한 성질

㉠ 내마모성이 크고, 경도가 높을 것(HRC 55 이상)

㉡ 담금질에 의한 변형 및 담금질 균열이 적을 것

㉢ 오랜 시간 경과하여도 치수의 변화가 적을 것

㉣ 열팽창계수는 강과 유사하며, 내식성이 좋을 것

2. 특수용 특수강

(1) 스테인리스강

① 일반 스테인리스강

구분	조직		
	오스테나이트	마텐자이트	페라이트
성분	18Cr－8%Ni	13%Cr	18%Cr
강종	STS304	STS410	STS430
열처리	고용화 열처리	풀림 후 급랭	풀림
경화성	가공 경화	담금질 경화	담금질 경화 없음

구분		조직		
		오스테나이트	마텐자이트	페라이트
기계적 특성	내식성	높음	보통	높음
	강도	높음	높음	보통
	가공	높음	낮음	보통
	자성	비자성	상자성	상자성
	용접성	높음	낮음	보통

스테인리스강의 예민화(입계부식 : Grain Boundary Corrosion)

㉠ 고온으로부터 급랭한 강을 500~850℃ 범위로 재가열하면 고용되었던 탄소가 오스테나이트의 결정입계로 이동하여 탄화크롬(Cr_4C)이라는 탄화물이 석출된다. 이로 인해서 결정입계 부근의 Cr양이 감소하게 되어 내식성이 감소되고 쉽게 부식이 발생한다.

㉡ 입계균열 : 입계부식의 정도가 지나치면 균열이 발생한다.

㉢ 입계균열의 방지책은 다음과 같다.

ⓐ 탄소량을 낮게 하면(<0.03%C) 탄화물(Cr_4C)의 형성이 억제된다.

ⓑ Ti, Nb(나이오븀), Ta(탄탈럼) 등의 원소를 첨가해서 Cr_4C(탄화크롬) 대신에 TiC(탄화타이타늄), NbC(탄화나이오븀), TaC(탄화탄탈럼) 등을 만들어서 Cr의 감소를 막는다.

(2) 불변강

① 온도가 변화하여도 열팽창계수, 탄성계수 등이 변화하지 않는 강

② 종류 : 인바, 초인바, 엘린바, 코엘린바, 플래티나이트

③ 엘린바(Elinvar) : Fe－Ni(36%)－Cr(12%)

㉠ 명칭＝탄성(elasticity)＋불변(invariable)

㉡ 인바에 크롬을 첨가하면 실온에서 탄성계수가 불변하고, 선팽창률도 거의 없다.

㉢ 시계태엽, 정밀저울의 소재로 사용된다.

④ 플래티나이트(Platinite) : Fe－Ni(46%)

팽창계수가 유리와 비슷하여, 백금선 대용으로 전구 도입선에 사용된다.

3. 공구용 특수강

① 탄소공구강(STC)

② 합금공구강(STS)

③ 고속도강(SKH)

㉠ 표준고속도강 : W(18%)－Cr(4%)－V(1%)－C(0.8%)

ⓐ 열처리 : 800~900℃ 예열 → 1,250~1,300℃ 담금질 → 300℃ 공랭 → 500~580℃ 뜨임

ⓑ 250~300℃에서 팽창률이 크고, 2차 경화로 강인한 솔바이트 조직을 형성한다.

ⓛ 사용온도 : 600℃까지 경도 유지
ⓒ 고온경도가 높고 내마모성이 우수하다.
ⓔ 절삭속도를 탄소강의 2배 이상으로 할 수 있어 고속도강이라 불리게 되었다.

④ 주조경질 합금(스텔라이트)
ⓖ 주조한 상태의 것을 연삭하여 가공하기 때문에 열처리가 불필요하다.
ⓛ 고속도강의 절삭속도에 2배이며, 사용온도는 800℃까지 가능하다.
ⓒ Co－Cr－W 합금으로, Co가 주성분이다.

⑤ 초경합금
ⓖ 탄화물 분말(WC, TiC, TaC)을 비교적 인성이 있는 Co, Ni을 결합제로 하여 소결시킨다.
ⓛ 고온 · 고속절삭에서도 경도를 유지하므로 절삭공구로서 성능이 우수하다.
ⓒ 취성이 커서 진동이나 충격에 약하다.

⑥ 세라믹 ⑦ 서멧(Cermet) ⑧ 다이아몬드 ⑨ CBN공구

3 알루미늄 합금

1. 알루미늄 합금의 종류

(1) 가공용 알루미늄 합금

분류	대표합금	합금계	특징
고강도 Al 합금	두랄루민 (Duralumin)	Al-Cu-Mg-Mn계	시효경화처리의 대표적인 합금
	초두랄루민 (Super Duralumin)	Al-Cu-Mg-Mn계	강재와 비슷한 인장강도($50kg/mm^2$)
	초초두랄루민 (Extra Super Duralumin)	Al-Cu-Zn-Mg-Mn-Cr계	• 인장강도가 $54kg/mm^2$ 이상이다. • 항공기용 재료에 주로 사용된다.
내열용 Al 합금	Y-합금	Al-Cu-Ni-Mg계	Al-Cu-Ni-Mg의 합금으로 시효경화하는 대표적인 내열용 합금이다.(피스톤용)

(2) 주물용 알루미늄 합금

① 라우탈(Lautal)
Al-Cu-Si계 합금으로 Al에 Si(주조성 개선)와 Cu(절삭성 향상)를 첨가시킨 것이다.

② 실루민(Silumin, 알펙스)
ⓖ 알펙스라고도 하며, Al-Si(10～13%) 합금으로 개량처리를 통해 Si의 조대한 육각 판상을 미세화시킨 합금이다.
ⓛ 금속나트륨 또는 플루오린화 알칼리 등의 첨가에 의해 조직이 미세화되어 기계적 성질의 개선 및 가공성이 증대되는 합금이다.

핵심 기출 문제

01 금형재료로서 경도와 내마모성이 우수하고 대량 생산에 적합한 소결합금은?

① 주철 ② 초경합금
③ Y합금강 ④ 탄소공구강

해설

초경합금
탄화물 분말(WC, TiC, TaC)을 비교적 인성이 있는 Co, Ni을 결합제로 하여 소결시킨다.

02 특수강에서 합금원소의 영향에 대한 설명으로 옳은 것은?

① Ni은 결정입자의 조절
② Si는 인성 증가, 저온 충격 저항 증가
③ V, Ti는 전자기적 특성, 내열성 우수
④ Mn, W은 고온에 있어서의 경도와 인장강도 증가

해설

원소	원소의 특성
Ni	강인성↑, 내식성↑, 담금질성↑, 저온취성 방지, 고가
Mn	강인성↑, 내식성↑, 내마멸성↑, 적열취성↓, 절삭성↑
Cr	강인성↑, 내식성↑, 내마멸성↑, 내열성↑
W	강인성↑, 내식성↑, 내마멸성↑, 내열성↑, 고온강도·경도↑, 탄화물로 석출
Mo	텅스텐과 흡사하고 효과는 2배, 질량효과↓, 담금질성↑, 뜨임취성 방지, 고가
V	몰리브덴과 비슷, 경화성 월등, 크롬-텅스텐과 같이 사용
Ti	내식성↑, 탄화물 생성
Co	고온 경도와 인장강도 증가
Si	• 적은 양 : 경도와 인장강도 증가 • 많은 양 : 내식성과 내열성 증가, 전자기적 성질 개선
Cu	대기 중 내산화성↑, 석출경화 발생이 용이
Al	결정립의 미세화로 인성 향상, 표면경화강에 많이 사용, 미량 첨가하여 내후성강에 효과적

03 고속도강의 특징을 설명한 것 중 틀린 것은?

① 열처리에 의하여 경화하는 성질이 있다.
② 내마모성이 크다.
③ 마텐자이트(Martensite)가 안정되어, 600℃까지는 고속으로 절삭이 가능하다.
④ 고Mn강, 칠드주철, 경질유리 등의 절삭에 적합하다.

해설

고속도강의 특징
- 표준고속도강 : W(18%) – Cr(4%) – V(1%) – C(0.8%)
- 사용온도 – 600℃까지 경도를 유지한다.
- 고온경도가 높고 내마모성이 우수하다.
- 절삭속도는 탄소강의 2배 이상으로 고속도강이라 명명되었다.

04 오스테나이트형 스테인리스강의 예민화(Sensitize)를 방지하기 위하여 Ti, Nb 등의 원소를 함유시키는 이유는?

① 입계부식을 촉진한다.
② 강 중의 질소(N)와 질화물을 만들어 안정화시킨다.
③ 탄화물을 형성하여 크롬 탄화물의 생성을 억제한다.
④ 강 중의 산소(O)와 산화물을 형성하여 예민화를 방지한다.

정답 01 ② 02 ④ 03 ④ 04 ③

해설

오스테나이트형 스테인리스강의 입계균열의 방지책

- 탄소량을 낮게 하면(< 0.03%C) 탄화물(Cr_4C)의 형성을 억제한다.
- Ti, Nb, Ta 등의 원소를 첨가해서 Cr_4C 대신에 TiC, NbC, TaC 등을 만들어서 Cr의 감소를 막는다.

05 니켈 – 크롬 합금강에서 뜨임 메짐을 방지하는 원소는?

① Cu ② Mo

③ Ti ④ Zr

해설

니켈 – 크롬 – 몰리브덴강

Fe – C(0.32~0.4%) – Ni(1~3.5%) – Cr(0.5~1%) – Mo(0.3%)

구조용 Ni – Cr강에 0.3% 정도의 Mo을 첨가함으로써 다음과 같은 특징이 나타난다.

- 강인성을 증가
- 담금질 시 질량 효과를 감소
- 뜨임저항을 방지

06 고속도 공구강재를 나타내는 한국산업표준 기호로 옳은 것은?

① SM20C

② STC

③ STD

④ SKH

해설

① SM20C : 기계구조용 탄소강(평균 탄소함유량 0.20%)

② STC : 탄소공구강

③ STD : 냉간합금공구강

④ SKH : 고속도강

07 게이지용 강이 갖추어야 할 조건으로 틀린 것은?

① HRC55 이상의 경도를 가져야 한다.

② 담금질에 의한 변형 및 균열이 적어야 한다.

③ 오랜 시간 경과하여도 치수의 변화가 적어야 한다.

④ 열팽창계수는 구리와 유사하며 취성이 커야 한다.

해설

게이지강에 필요한 성질

- 내마모성이 크고, 경도가 높을 것(HRC55 이상)
- 담금질에 의한 변형 및 담금질 균열이 적을 것
- 오랜 시간 경과하여도 치수의 변화가 적을 것
- 열팽창계수는 강과 유사하며, 내식성이 좋을 것

08 Ni – Fe 합금으로 불변강이라 불리는 것이 아닌 것은?

① 인바 ② 엘린바

③ 콘스탄탄 ④ 플래티나이트

해설

- 불변강 : 인바, 초인바, 엘린바, 코엘린바, 플래티나이트
- 콘스탄탄은 Cu–45% Ni 합금으로 표준저항선으로 사용된다.

09 특수강을 제조하는 목적이 아닌 것은?

① 절삭성 개선 ② 고온강도 저하

③ 담금질성 향상 ④ 내마멸성, 내식성 개선

해설

합금원소를 첨가하는 목적

- 기계적 성질 개선
- 내식, 내마멸성 증대
- 담금질성의 향상
- 단접과 용접성 향상
- 절삭, 소성가공성 개량
- 결정 입자 성장 방지
- 고온에서 기계적 성질 저하 방지

정답 05 ② 06 ④ 07 ④ 08 ③ 09 ②

10 기계 태엽, 정밀계측기, 다이얼 게이지 등을 만드는 재료로 가장 적합한 것은?

① 인청동 ② 엘린바
③ 미하나이트 ④ 애드미럴티

해설

엘린바(Elinvar)
Fe–Ni 36% – Cr 12% 합금, 명칭은 탄성(Elasticity) + 불변(Invariable)
- 인바에 크롬을 첨가하면 실온에서 탄성계수가 불변하고, 선팽창률도 거의 없다.
- 시계 태엽, 정밀 저울의 소재로 사용된다.

11 보자력이 작고, 미세한 외부 자기장의 변화에도 크게 자화되는 특징을 가진 연질 자성 재료는?

① 센더스트
② 알니코자석
③ 페라이트자석
④ 희토류계 자석

해설

① 센더스트 : 알루미늄 4~8%, 규소 6~11%, 나머지가 철로 조성된 고투자율(高透磁率)의 합금으로, 압분자심 · 자기 헤드재에 쓰인다.
② 알니코자석 : 종류별 각각의 다른 특성을 가지고 있는 영구자석 중 가장 온도에 대한 안정성이 뛰어나며 강력한 내구성을 가지고 있다.
③ 페라이트자석 : 산화철을 주성분으로 한 소결자석으로서, 네오디뮴자석에 비해서는 자력이 약한 편이지만, 온도에 대한 안정성이 뛰어나다.
④ 희토류계 자석 : 네오디뮴자석이 가장 널리 사용되는 희토류계 자석이고, 일반적인 강자성보다도 훨씬 센 자성을 가진다.

12 다음 중 공구강 강재의 종류에 해당되지 않는 것은?

① STS 3 ② SM 25C
③ STC 105 ④ SKH 51

해설

㉠ 탄소공구강(STC) : 사용온도 300℃까지, 저속 절삭공구, 수기공구 등에 사용된다.
㉡ 합금공구강(STS) : 사용온도 450℃까지, 탄소공구강(C 0.8~1.5% 함유) + (Cr, Mo, W, V)원소 소량 첨가 ⇒ 탄소공구강보다 절삭성이 우수하고, 내마멸성과 고온경도가 높다.
㉢ 고속도강(SKH)
  ⓐ 표준고속도강 : W(18%) – Cr(4%) – V(1%)–C(0.8%)
    - 열처리 : 800~900℃ 예열 → 1,250~1,300℃ 담금질 → 300℃ 공랭 → 500~580℃ 뜨임
    - 250~300℃에서 팽창률이 크고, 2차 경화로 강인한 소르바이트 조직을 형성한다.
  ⓑ 사용온도 600℃까지 경도를 유지한다.
  ⓒ 고온경도가 높고 내마모성이 우수하다.
  ⓓ 절삭속도는 탄소강의 2배 이상으로 고속도강이라 명명되었다.

※ SM 25C : 탄소함량이 0.25%인 기계구조용 탄소강이다.

13 스테인리스강을 조직에 따라 분류할 때의 기준 조직이 아닌 것은?

① 페라이트계
② 마텐자이트계
③ 시멘타이트계
④ 오스테나이트계

해설

스테인리스강의 조직
오스테나이트계, 페라이트계, 마텐자이트계
※ 오페라(오페마)로 외우세요.

정답 10 ② 11 ① 12 ② 13 ③

14 Ni-Fe계 합금에 대한 설명으로 틀린 것은?

① 엘린바는 온도에 따른 탄성률의 변화가 거의 없다.
② 슈퍼인바는 20℃에서 팽창계수가 거의 0(Zero)에 가깝다.
③ 인바는 열팽창계수가 상온 부근에서 매우 작아 길이의 변화가 거의 없다.
④ 플래티나이트는 60%Ni과 15%Sn 및 Fe의 조성을 갖는 소결합금이다.

해설

플래티나이트(Platinite)
Fe-Ni(46%) 합금으로 팽창계수가 유리와 비슷하여, 백금선 대용으로 전구 도입선에 사용된다.

15 오스테나이트형 스테인리스강에 대한 설명으로 틀린 것은?

① 내식성이 우수하다.
② 공식을 방지하기 위해 할로겐 이온의 고농도를 피한다.
③ 자성을 띠고 있으며, 18%Co와 8%Cr을 함유한 합금이다.
④ 입계부식 방지를 위하여 고용화처리를 하거나, Nb 또는 Ti을 첨가한다.

해설

③ 비자성체이며, 18%Cr과 8%Ni을 함유한 합금이다.

16 열경화성 수지나 충전 강화수지(FRTP) 등에 사용되는 것으로 내열성, 내마모성, 내식성이 필요한 열간 금형용 재료는?

① STC3 ② STS5
③ STD61 ④ SM45C

해설

열간 금형 공구강(STD61)
고온강도, 내열성, 고온에서 내마모성이 우수하다.

17 피삭성을 향상시키기 위해 쾌삭강에 첨가하는 원소가 아닌 것은?

① Te ② Pb
③ Sn ④ Bi

해설

쾌삭강의 합금원소
황(S), 납(Pb), 셀레늄(Se), 텔루륨(Te), 칼슘(Ca), 인(P), 비스무트(Bi)

18 고망간(Mn)강에 관한 설명으로 틀린 것은?

① 오스테나이트 조직을 갖는다.
② 광석·암석의 파쇄기 부품 등에 사용된다.
③ 열처리에 수인법(Water Toughening)이 이용된다.
④ 열전도성이 좋고 팽창계수가 작아 열변형을 일으키지 않는다.

해설

④ 열전도성이 낮고 팽창계수가 커서 열변형이 크다.

19 고속도공구강에 대한 설명으로 틀린 것은?

① 2차 경화 현상을 나타낸다.
② 500~600℃까지 가열하여도 뜨임에 의해 연화되지 않는다.
③ SKH 2는 Mo이 함유되어 있는 Mo계 고속도공구강 강재이다.
④ 내마모성 및 인성을 가지므로 바이트, 드릴 등의 절삭공구에 사용된다.

해설

SKH 2는 텅스텐(W)을 11.5~19% 포함하며, 단단하고 내마모성이 크다.

정답 14 ④ 15 ③ 16 ③ 17 ③ 18 ④ 19 ③

05 주철과 주강

1 주철

1. 개요

(1) 주철(Cast Iron)

① 보통 탄소량은 2.11~6.7%이나 흔히 사용되는 것은 2.5~4.5% 정도이다.
② Fe, C 이외에 Si, Mn, P, S 등을 함유한다.
③ **탄소량 :** 아공정주철(2.11~4.3%C), 공정주철(4.3%C), 과공정주철(4.3~6.68%C)
④ **강도의 조절 :** 시멘타이트의 분해를 가감하여 흑연이 나오는 것을 조절한다.

(2) 주철의 용도

충격에는 약하나 압축강도가 크고 감쇠능이 뛰어나 공작기계의 베드, 프레임, 기계 구조물의 몸체 등에 사용된다.

2. 주철의 조직과 분류

주철의 조직은 화학적 조성, 냉각 속도, 조성, 흑연 핵의 생성 정도에 따라 달라진다. 주철에 함유된 탄소량은 보통 2.5~4.5% 정도인데, 이들 중 일부는 흑연(유리탄소), 나머지는 시멘타이트(Fe_3C)로 존재하며 흑연과 시멘타이트의 비율에 따라 회주철, 백주철, 반주철로 구분된다.

(1) 응고 시 주철에 함유된 탄소

① **전탄소량 :** 2.5~4.5%C, 주철에 존재하는 탄소의 양
전탄소량=흑연(유리탄소)량+시멘타이트(화합탄소)양
㉠ 흑연(유리탄소)
ⓐ 단독의 탄소가 흑연으로 존재하는 것을 말한다.
ⓑ 규소(Si)가 많거나, 망간(Mn)이 적을 때 서랭하면 생긴다.
ⓒ 경도와 강도가 낮고, 회주철을 만든다.
㉡ 시멘타이트(Cementite)
ⓐ Fe_3C로서 존재하는 화합탄소
ⓑ 규소(Si)가 적거나, 망간(Mn)이 많을 때 급랭하면 생기는 결정
ⓒ 단단하고 내마모성은 우수하지만 부서지기가 쉽다.
ⓓ 주로 백주철에 분포한다.

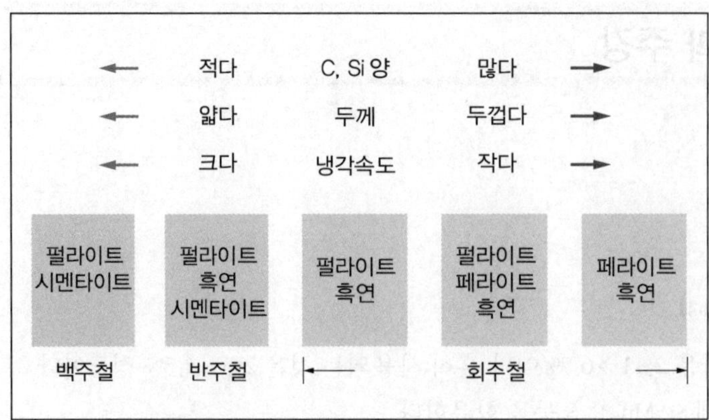

| 주철의 조직에 미치는 C, Si양과 두께 및 냉각속도의 영향 |

(2) 마우러 조직도(Maurer's Diagram)

① 마우러(Maurer)는 지름 75mm의 원봉을 1,250℃의 건조형틀에 주입하여, 냉각속도에 따른 조직의 변화를 표시한 조직도를 발표하였다.

② 주철의 조직을 지배하는 요소인 C와 Si의 함유량 및 냉각속도에 따른 주철의 조직관계를 나타내는 조직도이다.

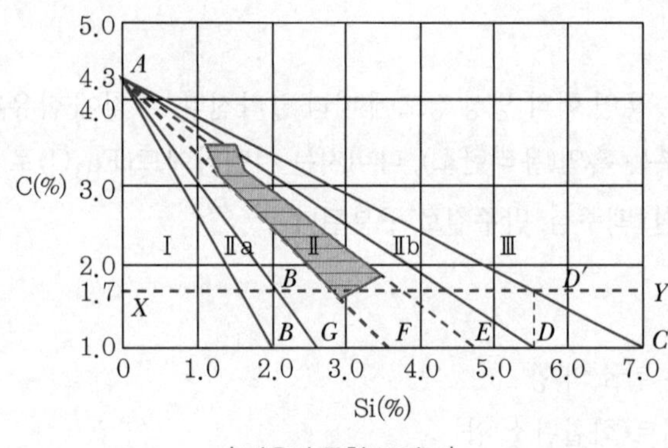

| 마우러 주철 조직도 |

- Ⅰ구역 : 백(극경) 주철(P + Fe_3C)
- Ⅱa구역 : (경질) 주철(P + Fe_3C + 흑연)
- Ⅱ구역 : 펄라이트(강력) 주철(P + 흑연)
- Ⅱb구역 : 회(보통) 주철(Pearlite + F + 흑연)
- Ⅲ구역 : 페라이트(연질) 주철(Ferrite + 흑연)

(3) 주철의 성장

주철을 A_1 점(723℃) 이상의 온도에서 가열과 냉각을 반복하면 부피가 팽창하여 강도나 수명을 저하시키는 현상을 말한다.

(4) 시멘타이트의 흑연화(Growth of Cast Iron)

주철조직에 함유한 시멘타이트(Fe_3C)가 고온에서 불안정한 상태로 존재하며 이것은 450~600℃에서 Fe과 흑연으로 분해하기 시작하여 750~800℃에서 $Fe_3C \rightarrow 3Fe + C$로 완전히 분해된다. 이러한 현상을 시멘타이트의 흑연화라 한다.

① 흑연화 촉진원소 : Si, Al, Ni, Ti, Co
② 흑연화 방해원소 : Mn, Cr, Mo, S, V, W

3. 주철의 종류

(1) 보통주철(회주철)

① 편상 흑연과 페라이트(Ferrite)로 되어 있으며, 다소의 펄라이트(Pearlite)를 함유하는 회주철을 말한다.
② 주조하기 쉽고, 가격이 싸다.
③ 절삭가공이 쉽고 내마모성이 우수하며, 감쇠능이 높다.
④ 공작기계의 베드의 소재로 사용한다.

(2) 미하나이트 주철(Meehanite Cast Iron)

① 쇳물의 선철에 다량의 강철 스크랩을 사용하여 저탄소 주철을 만들고, 여기에 Ca－Si, Fe－Si 등을 첨가하여 조직을 균일하고 미세화시킨 펄라이트 주철을 말한다.
② 강도가 높으며 내마모성이 우수하여 브레이크 드럼, 실린더, 캠, 크랭크축, 기어 등에 사용된다.

(3) 합금주철

① 기계적 성질, 내마모성, 내열성, 내식성 등을 향상시키기 위해 보통주철에 Al, Cr, Mo, Ni, Si, Ti, V 등의 합금원소를 첨가하여 제조한 주철이다.
② 합금원소의 영향
㉠ Al : 강력한 흑연화 원소의 하나로 알루미나(Al_2O_3)을 만들어 고온산화 저항성을 향상시키고, 10% 이상 되면 내열성을 증대시킨다.
㉡ Si : 흑연 발생을 촉진시키고, 응고 수축이 적어 주조성이 좋아진다.
㉢ Ni : 흑연화를 촉진하며, 내열성과 내산화성이 증가한다. 내알칼리성을 갖게 하며, 내마모성도 좋아진다.
㉣ Ti : 강탈산제이고 흑연화를 촉진시키며, 흑연을 미세화시켜 강도를 높인다.
㉤ Mo : 강도, 경도, 내마모성을 증가시키며 0.25～1.25% 정도 첨가시킨다. 두꺼운 주물의 조직을 균일하게 한다.
㉥ Cr : 0.2～1.5% 첨가시키면, 흑연화를 방지하고 탄화물을 안정화시킨다. 내식성, 내열성을 증대시키고 내부식성이 좋아진다.
㉦ Cu : 보통 0.25～2.5% 첨가하면 경도가 증가하고 내마모성이 개선되며, 내식성이 좋아진다.
㉧ V : 흑연화를 방지하고 펄라이트를 미세화시킨다.

(4) 칠드 주철(Chilled Casting : 냉경주물)

① 주조 시 모래주형에 단단한 조직이 필요한 부분에 금형을 설치하여 주물을 제작하면, 금형이 설치된

부분에서 급랭이 되어 표면은 단단하고 내부는 연하고 강인한 성질을 갖게 되어 칠드 주철을 얻을 수 있다.

② 칠드 주철의 표면은 백주철, 내부는 회주철로 만든 것으로 압연용 롤러, 차륜 등과 같은 것에 사용된다.

(5) 가단주철

① 주철의 취성을 개량하기 위해서 백주철을 높은 온도로 장시간 풀림(Annealing)하여 시멘타이트를 분해시켜 인성과 연성을 증가시킨 주철이다.

② 가공성이 좋고, 강도와 인성이 요구되는 부품재료에 사용되며, 대량생산품에 많이 사용된다.

(6) 구상흑연주철

① 편상흑연(강도와 연성이 작고, 취성이 있음)을 구상흑연(강도와 연성이 큼)으로 개선한 주철이다.

② 주철을 구상화하기 위하여 P과 S 양은 적게 하고, Mg, Ca, Ce(세륨) 등을 첨가한다.

③ 보통주철과 비교해 내마멸성, 내열성, 내식성이 대단히 좋아 크랭크축, 브레이크 드럼에 사용된다.

④ 불스 아이(Bull's Eye) 조직 : 구상흑연 주위에 페라이트가 둘러싸고, 외부는 펄라이트 조직

⑤ 페이딩(Fading) 현상 : 구상화 처리 후 용탕상태로 방치하면 흑연 구상화의 효과가 소실되어 편상흑연주철로 되돌아가는 현상

핵심 기출 문제

01 충격에는 약하나 압축강도는 크므로 공작기계의 베드, 프레임, 기계 구조물의 몸체 등에 가장 적합한 재질은?

① 합금공구강 ② 탄소강
③ 고속도강 ④ 주철

해설

주철의 용도
충격에는 약하나 압축강도는 크고, 감쇠능이 뛰어나 공작기계의 베드, 프레임, 기계 구조물의 몸체 등에 사용된다.

02 백주철을 열처리로에서 가열한 후 탈탄시켜, 인성을 증가시킨 주철은?

① 가단주철 ② 회주철
③ 보통주철 ④ 구상흑연주철

해설

가단주철
- 주철의 취성을 개량하기 위해서 백주철을 고온도로 장시간 풀림(Anealing)해서 시멘타이트를 분해 또는 감소시켜 인성과 연성을 증가시킨 주철이다.
- 가공성이 좋고, 강도와 인성이 요구되는 부품재료에 사용되며, 대량생산품에 많이 사용된다.

03 합금주철에서 특수합금 원소의 영향을 설명한 것으로 틀린 것은?

① Ni은 흑연화를 방지한다.
② Ti은 강한 탈산제이다.
③ V은 강한 흑연화 방지 원소이다.
④ Cr은 흑연화를 방지하고 탄화물을 안정화한다.

해설

합금주철에서 합금원소의 영향
- Al : 강력한 흑연화 원소의 하나로 Al_2O_3을 만들어 고온 산화 저항성을 향상시키고, 10% 이상 되면 내열성을 증대시킨다.
- Si : 흑연 발생을 촉진시키고, 응고 수축이 적어 주조성이 좋아진다.
- Ni : 흑연화를 촉진하며, 내열, 내산화성이 증가한다. 내알칼리성을 갖게 하며, 내마모성도 좋아진다.
- Ti : 강탈산제이고, 흑연화를 촉진시키고, 흑연을 미세화시켜 강도를 높인다.
- Mo : 강도, 경도, 내마모성을 증가시키며 0.25~1.25% 정도 첨가한다. 두꺼운 주물의 조직을 균일하게 한다.
- Cr : Cr은 2~1.5% 첨가하면, 흑연화를 방지하고 탄화물을 안정화시킨다. 내식성, 내열성을 증대시키고 내부식성이 좋아진다.
- Cu : 보통 0.25~2.5% 첨가하면 경도가 증가하고 내마모성이 개선되며, 내식성이 좋아진다.
- V : 흑연을 방지하고 펄라이트를 미세화시킨다.

04 공정주철(Eutectic Cast Iron)의 탄소 함량은 약 몇 %인가?

① 4.3% ② 0.80~2.0%
③ 0.025~0.80% ④ 0.025% 이하

해설

- 아공석강 : 0.02~0.77%C
- 공석강 : 0.77%C
- 과공석강 : 0.77~2.14%C
- 아공정주철 : 2.14~4.3%C
- 공정주철 : 4.3%C
- 과공정주철 : 4.3~6.67%C

정답 01 ④ 02 ① 03 ① 04 ①

05 구상 흑연주철의 구상화 첨가제로 주로 사용되는 것은?

① Mg, Ca ② Ni, Co
③ Cr, Pb ④ Mn, Mo

해설

주철을 구상화하기 위하여 P와 S 양은 적게 하고, Mg, Ca, Ce 등을 첨가한다.

06 황(S) 성분이 적은 선철을 용해로에서 용해한 후 주형에 주입 전 Mg, Ca 등을 첨가시켜 흑연을 구상화한 주철은?

① 합금주철 ② 칠드주철
③ 가단주철 ④ 구상흑연주철

해설

㉠ 합금주철
기계적 성질, 내마모성, 내열성, 내식성 등을 향상시키기 위해 보통주철에 Al, Cr, Mo, Ni, Si, Ti, V 등의 합금원소를 첨가하여 제조한 주철

㉡ 칠드 주철(Chilled Casting : 냉경주물)
- 사형의 단단한 조직이 필요한 부분에 금형을 설치하여 주물을 제작하면, 금형이 설치된 부분이 급랭되어 표면은 단단하고, 내부는 연하며 강인한 성질을 갖는 칠드주철을 얻을 수 있다.
- 표면은 백주철, 내부는 회주철로 만든 것으로 압연용 롤러, 차륜 등과 같은 것에 사용된다.

㉢ 가단주철
- 주철의 취성을 개량하기 위해서 백주철을 고온도로 장시간 풀림(Anealing)해서 시멘타이트를 분해 또는 감소시켜 인성과 연성을 증가시킨 주철이다.
- 가공성이 좋고, 강도와 인성이 요구되는 부품 재료에 사용되며, 대량 생산품에 많이 사용된다.

㉣ 구상흑연주철(미국 : Ductile Cast Iron, 일본 : Nodular Cast Iron, 영국 : Spheroidal Graphite Cast Iron)
- 편상흑연(강도와 연성이 작고, 취성이 있음)을 구상흑연(강도와 연성이 큼)으로 개선한 주철
- 주철을 구상화하기 위하여 P와 S의 양은 적게 하고, Mg, Ca, Ce 등을 첨가한다.
- 인장강도는 주조상태에서 500~700MPa, 풀림상태에서는 450~550MPa이다.
- 보통주철과 비교할 때 내마멸성, 내열성, 내식성 등이 대단히 좋아 크랭크축, 브레이크 드럼에 사용된다.
- 구상흑연주철은 조직에 따라 페라이트형, 펄라이트형, 시멘타이트형으로 분류된다.
- 불스 아이(Bull's Eye) 조직 : 구상흑연 주위는 페라이트가 둘러싸고, 외부는 펄라이트 조직으로 되어 있다.

07 구상흑연주철에서 나타나는 페딩(Fading) 현상이란?

① Ce, Mg 첨가에 의해 구상흑연화를 촉진하는 것
② 구상화처리 후 용탕상태로 방치하면 흑연구상화 효과가 소멸하는 것
③ 코크스 비를 낮추어 고온 용해하므로 용탕에 산소 및 황의 성분이 낮게 되는 것
④ 두께가 두꺼운 주물이 흑연 구상화 처리 후에도 냉각속도가 늦어 편상 흑연조직으로 되는 것

해설

페딩(Fading) 현상
흑연 구상화 처리 후 용탕상태로 방치하면 흑연 구상화 효과가 소멸되는 현상을 말한다.

08 레데뷰라이트에 대한 설명으로 옳은 것은?

① α와 Fe의 혼합물이다.
② γ 와 Fe_3C의 혼합물이다.
③ δ와 Fe의 혼합물이다.
④ α와 Fe_3C의 혼합물이다.

해설

오스테나이트(γ) + 시멘타이트(Fe_3C)

정답 05 ① 06 ④ 07 ② 08 ②

09 주철의 조직을 지배하는 요소로 옳은 것은?

① S, Si의 양과 냉각 속도
② C, Si의 양과 냉각 속도
③ P, Cr의 양과 냉각 속도
④ Cr, Mg의 양과 냉각 속도

해설

C와 Si의 함유량 및 냉각속도에 따른 주철의 조직관계를 나타내는 것을 마우러 조직도라 한다.

10 표면은 단단하고 내부는 인성을 가지는 주철로 압연용 롤, 분쇄기 롤, 철도차량 등 내마멸성이 필요한 기계부품에 사용되는 것은?

① 회주철 ② 칠드주철
③ 구상흑연주철 ④ 펄라이트주철

해설

칠드주철(Chilled Casting : 냉경주물)

- 사형의 단단한 조직이 필요한 부분에 금형을 설치하여 주물을 제작하면, 금형이 설치된 부분이 급랭되어 표면은 단단하고, 내부는 연하며 강인한 성질을 갖는 칠드주철을 얻을 수 있다.
- 표면은 백주철, 내부는 회주철로 만든 것으로 압연용 롤러, 차륜 등과 같은 것에 사용된다.

11 아공정주철의 탄소함유량은 약 몇 %인가?

① 약 0.025~0.80%C ② 약 0.80~2.0%C
③ 약 2.0~4.3%C ④ 약 4.3~6.67%C

12 다음 중 비파괴 시험방법이 아닌 것은?

① 충격시험법
② 자기탐상시험법
③ 방사선비파괴시험법
④ 초음파탐상시험법

해설

비파괴 검사
자분탐상검사(MT), 침투탐상검사(PT), 초음파탐상검사(UT), 방사선투과검사(RT), 와전류탐상검사(ECT)

13 다음 중 반발을 이용하여 경도를 측정하는 시험법은?

① 쇼어 경도시험 ② 마이어 경도시험
③ 비커즈 경도시험 ④ 로크웰 경도시험

해설

- 압입경도시험의 종류 : 브리넬 경도시험, 로크웰 경도시험, 비커스 경도시험
- 반발경도시험의 종류 : 쇼어(Shore) 경도시험

14 현미경 조직 검사를 실시하기 위한 철강용 부식제로 옳은 것은?

① 왕수 ② 질산 용액
③ 나이탈 용액 ④ 염화제2철 용액

해설

현미경 조직검사를 위한 부식제
피크린산알코올 용액, 피크릴산나트륨, 질산알코올(나이탈) 용액

15 용접부의 시험검사방법 중 파괴시험에 해당하는 것은?

① 외관시험 ② 초음파탐상시험
③ 피로시험 ④ 음향시험

해설

12번 해설 참고

정답 09 ② 10 ② 11 ③ 12 ① 13 ① 14 ③ 15 ③

16 표점거리가 100mm, 시험편의 평행부 지름이 14mm인 인장 시험편을 최대하중 6,400kgf로 인장한 후 표점거리가 120mm로 변화되었을 때 인장강도는 약 몇 kgf/mm²인가?

① 10.4kgf/mm² ② 32.7kgf/mm²
③ 41.6kgf/mm² ④ 166.3kgf/mm²

해설

$$\sigma = \frac{P}{A} = E\frac{\lambda}{l}$$

$$\therefore\ E = \frac{Pl}{A\lambda} = \frac{6{,}400 \times 100}{\frac{\pi \times 14^2}{4} \times 20} = 207.88\text{kgf/mm}^2$$

$$\sigma = E\varepsilon = E\frac{\lambda}{l} = 207.88 \times \frac{20}{100} = 41.58\text{kgf/mm}^2$$

17 구리판, 알루미늄관 등 기타 연성의 판재를 가압 성형하여 변형 능력을 시험하는 시험법은?

① 커핑 시험 ② 마멸 시험
③ 압축 시험 ④ 크리프 시험

해설

에릭센 시험(Erichsen Cupping Test)
금속박판 재료의 연성을 평가 또는 비교하기 위해 널리 사용되는 시험이다.

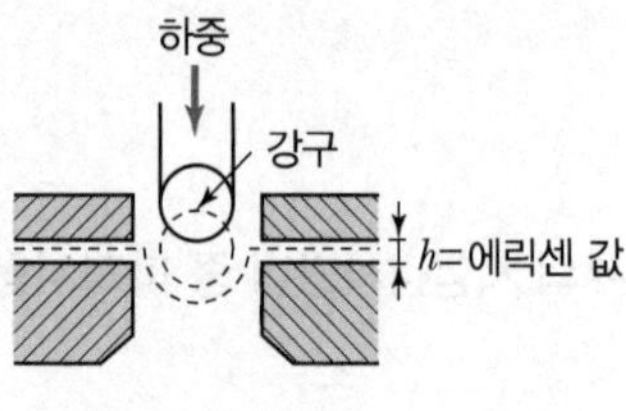

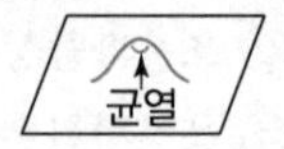

| 측정원리 |

18 일정한 높이에서 낙하시킨 추(해머)의 반발한 높이로 경도를 측정하는 시험법은?

① 브리넬 경도시험 ② 로크웰 경도시험
③ 비커스 경도시험 ④ 쇼어 경도시험

해설

- 압입경도시험의 종류 : 브리넬 경도시험, 로크웰 경도시험, 비커스 경도시험
- 반발경도시험의 종류 : 쇼어(Shore) 경도시험

19 로크웰 경도시험(HRA~HRH, HRK)에 사용되는 총 시험하중에 해당되지 않는 것은?

① 588.4N(60kgf)
② 980.7N(100kgf)
③ 1,471N(150kgf)
④ 1,961.3N(200kgf)

해설

로크웰 시험하중은 15, 30, 45, 60, 100, 150kgf 등 6종이다.

20 피로한도에 대한 설명 중 틀린 것은?

① 지름이 크면 피로한도는 작아진다.
② 노치가 있는 시험편의 피로한도는 작다.
③ 표면이 거친 것이 고운 것보다 피로한도가 높아진다.
④ 노치가 없을 때와 있을 때의 피로한도비를 노치계수라 한다.

해설

표면이 고운 것이 거친 것보다 피로한도가 높아진다.

정답 16 ③ 17 ① 18 ④ 19 ④ 20 ③

CHAPTER

02 절삭가공

01 절삭가공 이론

1 절삭가공의 개요

1. 절삭가공의 장단점

(1) 장점 : 제품을 간단하고 편리하게 정밀하고, 매끄럽게 가공한다.

(2) 단점 : 주조 또는 단조보다 비용과 시간이 많이 필요하다.

2. 칩의 종류

(1) 유동형 칩

재료 내의 소성변형이 연속적으로 일어나 균일한 두께의 칩이 흐르는 것처럼 매끄럽게 이어져 나온다.

① 신축성이 크고 소성 변형하기 쉬운 재료(연강, 동, 알루미늄 등)
② 바이트의 경사각이 클 때
③ 절삭속도가 클 때
④ 절삭량이 적을 때

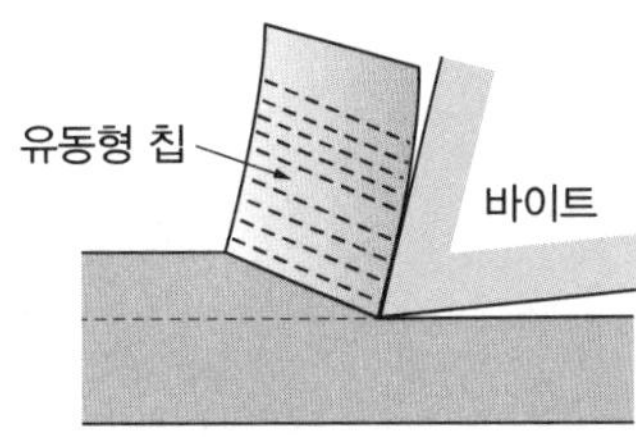

(2) 균열형 칩

백주철과 같이 취성이 큰 재질을 절삭할 때 나타나는 칩형태이고, 절삭력을 가해도 거의 변형을 하지 않다가 임계압력 이상이 될 때 순간적으로 균열이 발생되면서 칩이 생성된다. 가공면은 요철이 남고 절삭 저항의 변동도 커진다.

① 주철과 같은 취성이 큰 재료를 저속 절삭 시

② 절삭깊이가 크거나 경사각이 매우 작을 시

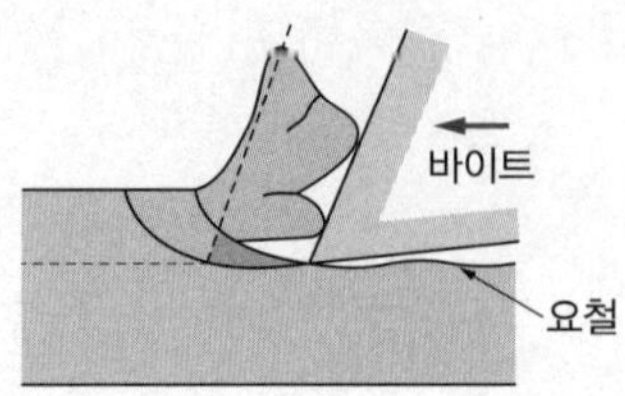

(3) 전단형 칩, 열단형 칩

3. 구성인선(Built Up Edge)

(1) 개요 : 절삭된 칩의 일부가 바이트 끝에 부착되어 절삭날과 같은 작용을 하면서 절삭을 하는 것

(2) 주기 : 발생 → 성장 → 분열 → 탈락 → 일부 잔류 → 성장을 반복

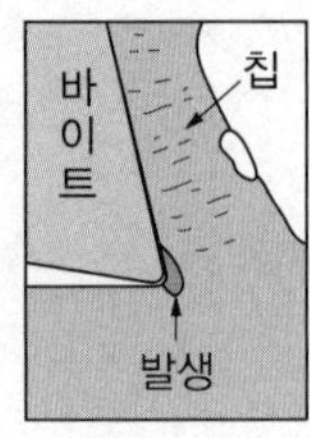

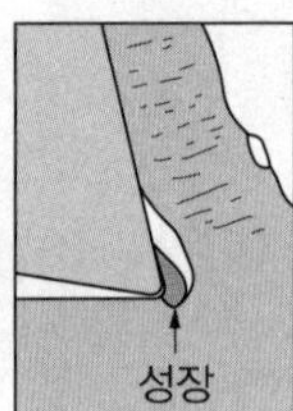

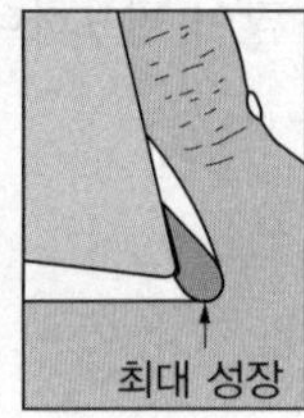

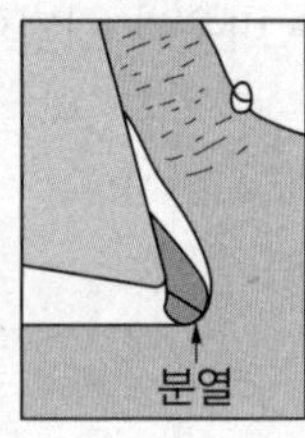

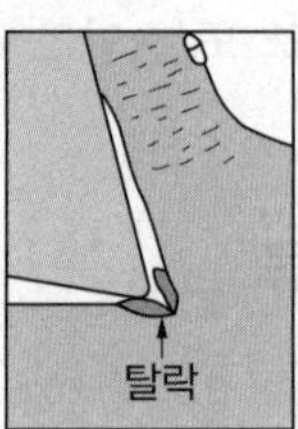

(3) 방지법

① 절삭깊이를 작게 하고, 윗면 경사각을 크게 한다.

② 절삭속도를 빠르게 한다.

③ 날끝에 경질 크롬도금 등을 하여 윗면 경사각을 매끄럽게 한다.

④ 윤활성이 좋은 절삭유를 사용한다.

⑤ 절삭공구의 인선을 예리하게 한다.

2 절삭저항

1. 절삭저항의 3분력

① 주분력 > 배분력 > 이송분력

② 절삭저항 = 주분력 + 배분력 + 이송분력

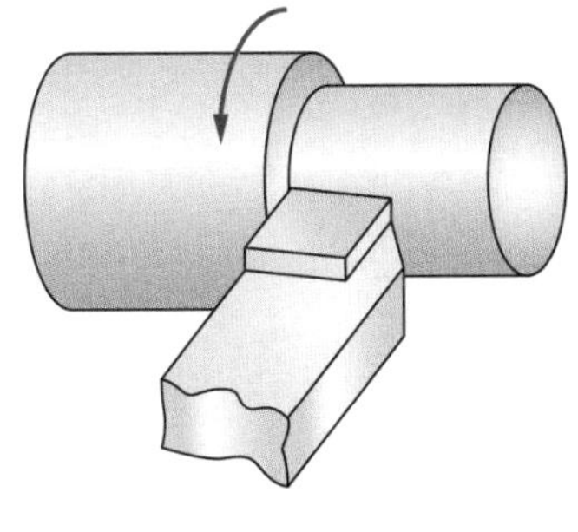

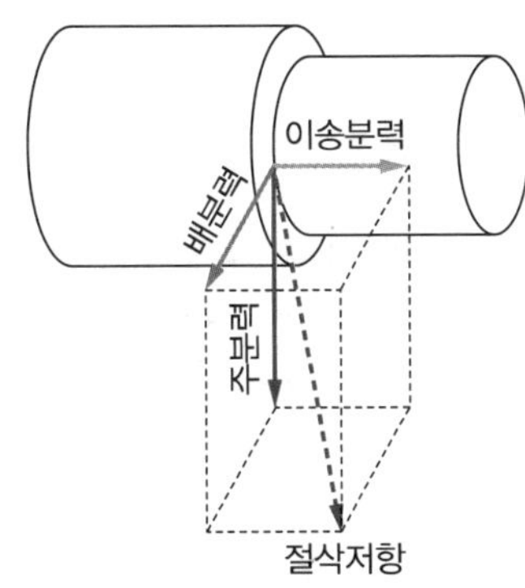

2. 절삭속도(V)와 절삭시간(T)

(1) 절삭속도

$$V = \frac{\pi d n}{1,000} \, (\mathrm{m/min})$$

여기서, d : 공작물의 지름(mm), n : 주축의 회전수(rpm)

(2) 회전수

$$n = \frac{1,000\,V}{\pi d} \, (\mathrm{rpm})$$

(3) 절삭시간

$$T = \frac{L}{n f} = \frac{\pi d L}{1,000\,V f}$$

여기서, f : 공구이송속도(mm/rev), L : 가공할 길이(mm)

3. 가공면의 표면거칠기(조도)(h)

$$h = \frac{f^{2}}{8R} \, (\mathrm{mm})$$

여기서, f : 이송거리(mm), R : 공구의 날끝 반지름(mm)

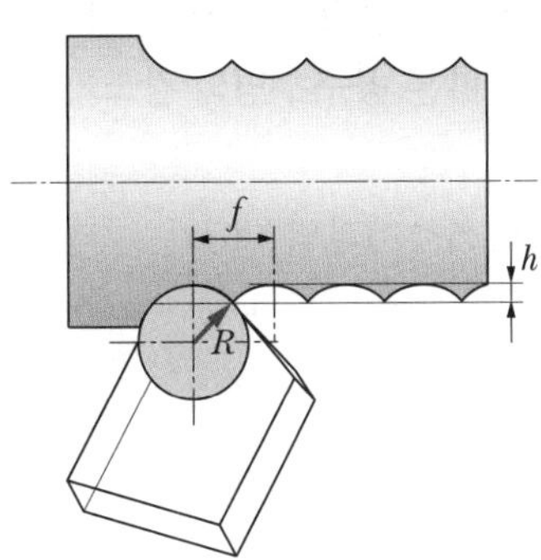

4. 절삭동력(H)

$$H = \frac{F \cdot V}{60\eta}(\text{kW})$$

여기서, F : 주분력(kN)
V : 절삭속도(m/min)
η : 효율

5. 절삭비(γ_c)

$$\gamma_c = \frac{\text{절삭깊이}(t_o)}{\text{칩의 두께}(t_c)} = \frac{\sin\phi}{\cos(\phi - \alpha)}$$

3 절삭온도를 측정하는 방법

① 칩의 색깔로 판정하는 방법
② 시온도료(thermo colour paint)에 의한 방법
③ 열량계(calorimeter)
④ 열전대(thermo couple)

4 공구수명식(Tayler' Equation)

$$VT^n = C$$

여기서, V : 절삭속도(m/min)
T : 공구수명(min)
n : 지수
C : 상수

① 절삭속도를 높이면 공구수명이 감소한다.
② n, C는 공작물의 특성, 공구재질, 절삭깊이, 공구의 기하학적 형상 등에 영향을 받는다.
③ n값이 클수록 절삭속도 증가에 따른 공구수명의 감소가 완만하다.
④ 절삭공구별 n의 값
고속도강 : 0.15 < 초경합금 : 0.25 < 세라믹 : 0.4

5 절삭유

1. 절삭유의 역할

(1) 냉각작용 : 절삭열 제거

① 공구수명 연장
② 치수 정밀도 향상
③ 열에 의한 변질 방지

(2) 윤활작용 : 마찰감소

① 팁 마모 감소 → 조도 향상
② 절삭효율 상승 → 소비동력 저하

(3) 세정작용

① 칩 배출
② 바이트 팁에 칩이 융착되는 것 방지

(4) 방청작용 : 공작물 녹 방지

2. 절삭유의 구비조건

① 마찰계수가 작고 인화점, 발화점이 높을 것
② 냉각성이 우수하고 윤활성, 유동성이 좋을 것
③ 장시간 사용해도 변질되지 않고 인체에 무해할 것
④ 사용 중 칩으로부터 분리, 회수가 용이할 것
⑤ 방청작용을 할 것

핵심 기출 문제

01 빌트 업 에지(Built up Edge)의 크기를 좌우하는 인자에 관한 설명으로 틀린 것은?

① 절삭속도 : 고속으로 절삭할수록 빌트 업 에지는 감소된다.
② 칩 두께 : 칩 두께를 감소시키면 빌트 업 에지의 발생이 감소한다.
③ 윗면 경사각 : 공구의 윗면 경사각이 클수록 빌트 업 에지는 커진다.
④ 칩의 흐름에 대한 저항 : 칩의 흐름에 대한 저항이 클수록 빌트 업 에지는 커진다.

해설

㉠ 구성인선(Built Up Edge) : 절삭된 칩의 일부가 바이트 끝에 부착되어 절삭날과 같은 작용을 하면서 절삭을 하는 것
㉡ 구성인선 방지법
- 절삭깊이를 얕게 하고, 윗면 경사각을 크게 한다.
- 절삭속도를 빠르게 한다.
- 날 끝에 경질 크롬도금 등을 하여 윗면 경사각을 매끄럽게 한다.
- 윤활성이 좋은 절삭유를 사용한다.
- 절삭공구의 인선을 예리하게 한다.

02 절삭 공구에 발생하는 구성인선의 방지법이 아닌 것은?

① 절삭깊이를 얕게 할 것
② 절삭속도를 느리게 할 것
③ 절삭공구의 인선을 예리하게 할 것
④ 공구 윗면 경사각(Rake angle)을 크게 할 것

해설

구성인선(Built Up Edge)의 방지법
- 절삭깊이를 얕게 하고, 윗면 경사각을 크게 한다.
- 절삭속도를 빠르게 한다.
- 날 끝에 경질 크롬 도금 등을 하여 윗면 경사각을 매끄럽게 한다.
- 윤활성이 좋은 절삭유를 사용한다.
- 절삭공구의 인선을 예리하게 한다.

03 Taylor의 공구 수명에 관한 실험식에서 세라믹 공구를 사용하여 지수(n)=0.5, 상수(C)=200, 공구수명(T)을 30(min)으로 조건을 주었을 때, 적합한 절삭속도는 약 몇 m/min인가?

① 30.3 ② 32.6
③ 34.4 ④ 36.5

해설

공구 수명식(Taylor' Equation)

$VT^n = C$

여기서, V : 절삭속도(m/min), T : 공구수명(min)
n : 지수, C : 상수

$$V=\frac{C}{T^n}=\frac{200}{30^{0.5}}=36.51\text{m/min}$$

04 절삭가공을 할 때 절삭온도를 측정하는 방법으로 사용하지 않는 것은?

① 부식을 이용하는 방법
② 복사고온계를 이용하는 방법
③ 열전대(Thermo Couple)에 의한 방법
④ 칼로리미터(Calorimeter)에 의한 방법

정답 01 ③ 02 ② 03 ④ 04 ①

해설

절삭온도를 측정하는 방법
- 칩의 색깔로 판정하는 방법
- 시온도료(Thermo Colour Paint)에 의한 방법
- 열량계(Calorimeter)에 의한 방법
- 열전대(Thermo Couple)에 의한 방법

05 절삭유가 갖추어야 할 조건으로 틀린 것은?

① 마찰계수가 작고 인화점이 높을 것
② 냉각성이 우수하고 윤활성이 좋을 것
③ 장시간 사용해도 변질되지 않고 인체에 무해할 것
④ 절삭유의 표면장력이 크고 칩의 생성부에는 침투되지 않을 것

해설

절삭유의 역할
- 공구수명 연장
- 치수 정밀도 향상
- 열에 의한 변질 방지
- 팁 마모 감소 → 조도 향상
- 소비동력 저하
- 칩 배출 원활
- 바이트 팁에 칩이 융착되는 것 방지
- 방청작용

06 일반적으로 저탄소강을 초경합금으로 선반가공할 때, 힘의 크기가 가장 큰 것은?

① 이송분력　　② 배분력
③ 주분력　　④ 부분력

해설

절삭저항의 3분력
주분력 > 배분력 > 이송분력

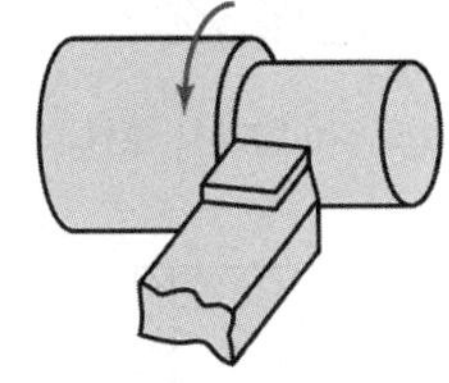
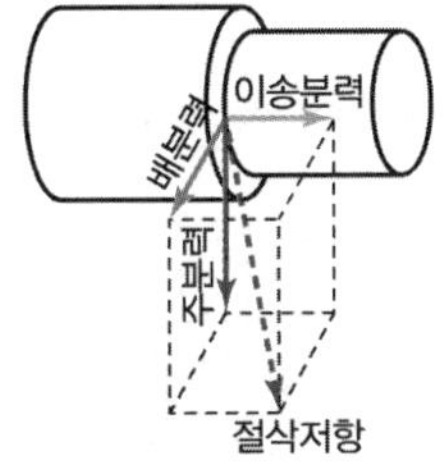

07 두께 2mm, 지름이 30mm인 구멍을 탄소강판에 펀칭할 때, 프레스의 슬라이드 평균속도 4m/min, 기계효율 $\eta = 70\%$이면 소요동력(PS)은 약 얼마인가?(단, 강판의 전단 저항은 25kgf/mm², 보정계수는 1로 한다.)

① 3.2　　② 6.0
③ 8.2　　④ 10.6

해설

$$\text{총소요동력}(H_t) = \frac{\text{전단하중}(P) \times \text{전단속도}(V)}{\text{효율}(\eta)}$$

$$H_t = PV = \frac{Z_1 \times A}{\eta} \times V = \frac{25 \times \pi \times 30 \times 2}{0.7} \times \frac{4}{60}$$

$$= 448.799\text{kg}_\text{f} \cdot \text{m/s}$$

$$H_t = 448.799\text{kg}_\text{f} \cdot \text{m/s} \times \frac{1\text{PS}}{75\text{kg}_\text{f} \cdot \text{m/s}} = 5.984\text{PS}$$

08 절삭칩의 형태 중에서 가장 이상적인 칩의 형태는?

① 전단형(Shear Type)
② 유동형(Flow Type)
③ 열단형(Tear Type)
④ 경작형(Pluck off Type)

해설

유동형 칩
재료 내의 소성변형이 연속해서 일어나 균일한 두께의 칩이 흐르는 것처럼 연속하여 나오는 칩을 말한다.

09 주철과 같이 메진 재료를 저속으로 절삭할 때 일반적인 칩의 모양은?

① 경작형　　② 균열형
③ 유동형　　④ 전단형

해설

균열형 칩의 발생조건
- 주철과 같은 취성이 큰 재료를 저속 절삭할 때
- 절삭깊이가 크거나 경사각이 매우 작을 때

정답　05 ④　06 ③　07 ②　08 ②　09 ②

02 선반

1 선반의 개요

1. 선반의 정의

선반은 공작물에 회전운동을 주고 절삭공구에 직선운동을 시킨다. 즉, 주축에 고정한 공작물을 회전시키고 공구대에 설치된 바이트에 절삭깊이와 이송을 주어 공작물을 절삭하는 기계로서 공작기계 중 가장 많이 사용한다.

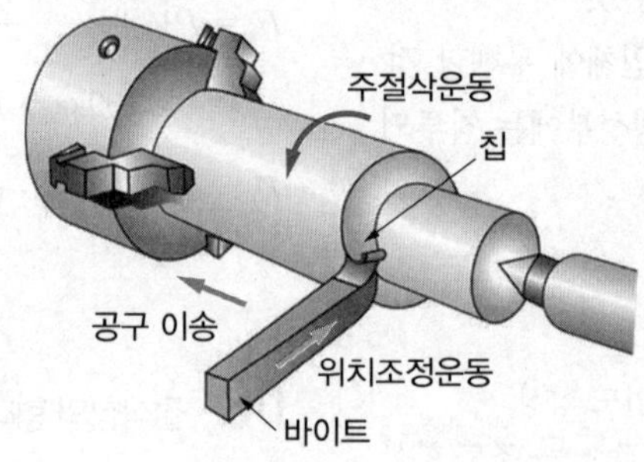

2. 선반가공의 종류

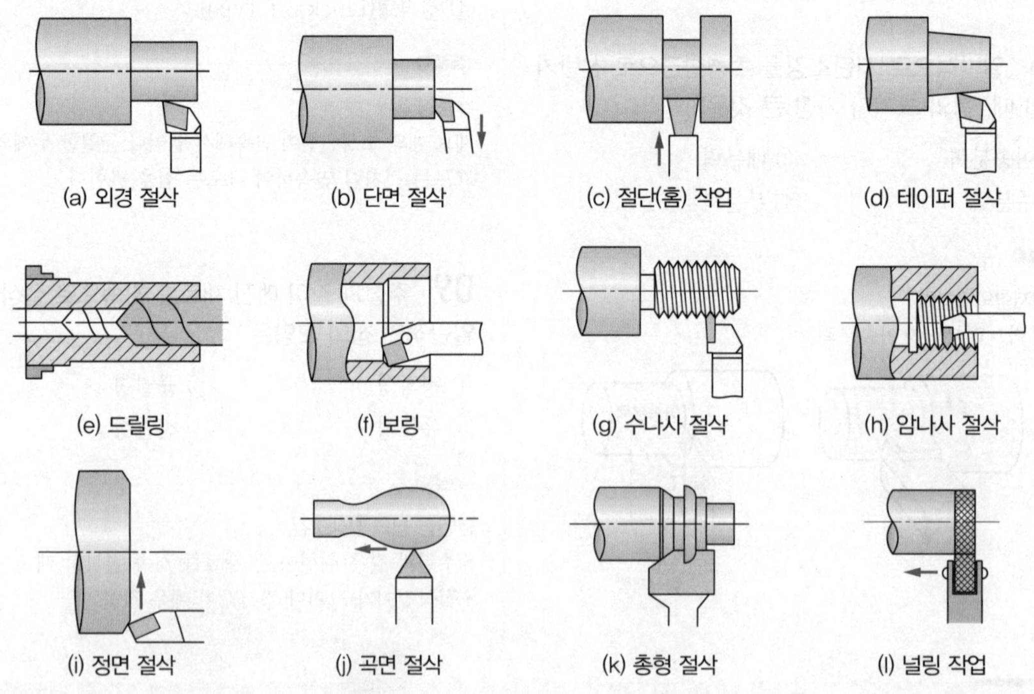

3. 선반의 크기 표시 방법

① 베드 위의 스윙 : 절삭할 수 있는 공작물의 최대지름

② 왕복대 위의 스윙 : 왕복대에 접촉하지 않고 가공할 수 있는 공작물의 최대지름

③ 양 센터 사이의 최대거리 : 절삭할 수 있는 공작물의 최대길이

④ 베드의 길이 : 현장에서의 설치 등에 사용

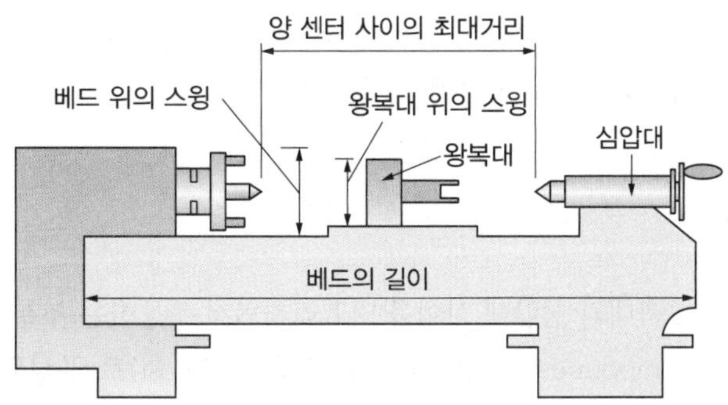

2 선반의 구조

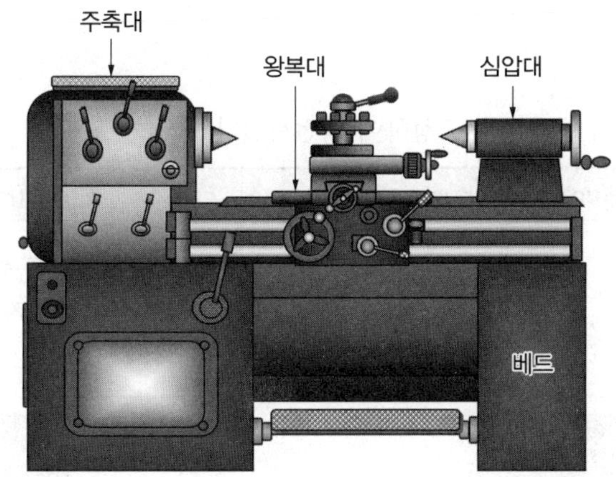

1. 주축대

① 공작물을 고정하여 회전시킴

② 속이 비어 있는 굵고 짧은 축

③ 주축단－주축의 끝－척(Chuck), 면판(Face Plate) 설치

2. 베드(Bed)

① 주축대, 왕복대, 심압대를 지지해준다.

② 주물로 되어 있으며 2개의 다리에 고정된다.

③ 절삭력 및 중량, 가공 중 충격, 진동 등에 변형이 없는 강성 구조이다.

④ 베드면은 표면경화열처리, 주조응력제거를 한다.

3. 심압대(Tail Stock)

① 주축대와 마주보는 베드 우측에 위치

② 심압대 중심과 주축 중심 일치(주축대와 심압대사이에 공작물 고정)

③ 센터작업 시 드릴, 리머, 탭 등을 테이퍼에 끼워 작업

4. 왕복대(Carriage)

왕복대는 베드 윗면에서 주축대와 심압대 사이를 미끄러지면서 운동하는 부분으로 에이프런(Apron), 새들(Saddle), 복식공구대(Compound Tool Rest) 및 공구대(Tool Post)로 구성되어 있다.

3 선반의 부속장치

1. 척(Chuck)

주축 끝단에 부착되어 공작물을 고정하여 회전시킨다.

연동척(universal chuck)	단동척(independent chuck)
• 스크롤 척 • 3개 조(Jaw)가 동시 이동, 정밀도 저하 • 규칙적인 외경재료 가공용이 • 편심가공 불가능	• 4개 조(Jaw)가 독립 이동 • 외경이 불규칙한 재료 가공 용이 • 편심가공 가능
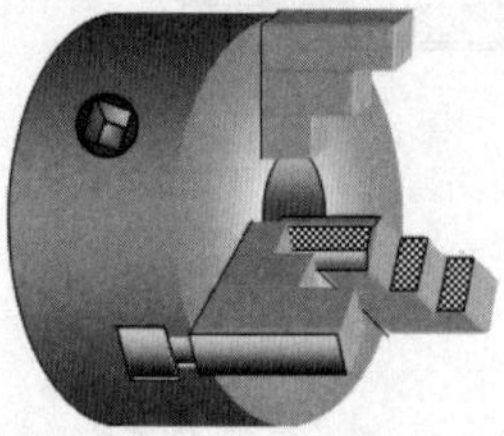	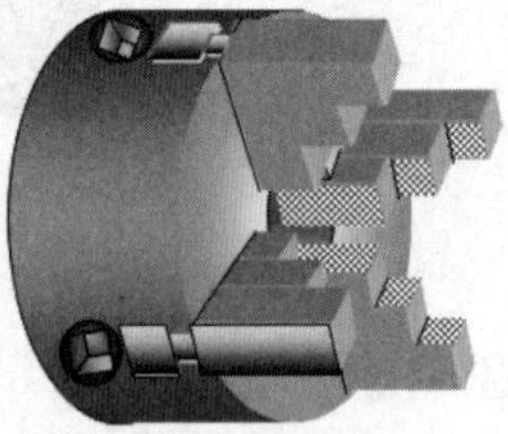

2. 센터

공작물을 지지하는 장치이다.

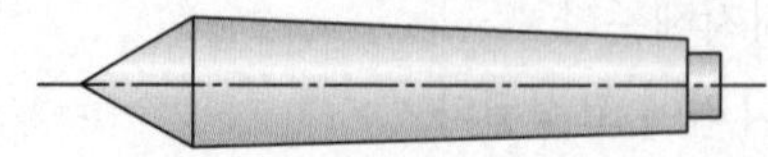

3. 면판

척으로 고정이 불가능하고 복잡한 형태의 부품 고정에 사용된다.

4. 방진구

① 지름이 작고 길이가 긴 공작물 가공 시 떨림을 방지해 준다.

② 종류

고정식	이동식
베드에 고정, 3개의 조	왕복대에 고정, 2개의 조

5. 돌림판과 돌리개

① 양 센터 작업(정밀한 동심원의 부품가공) 시 필요하다.

② 돌리개와 센터를 활용하여 공작물을 회전시킨다.

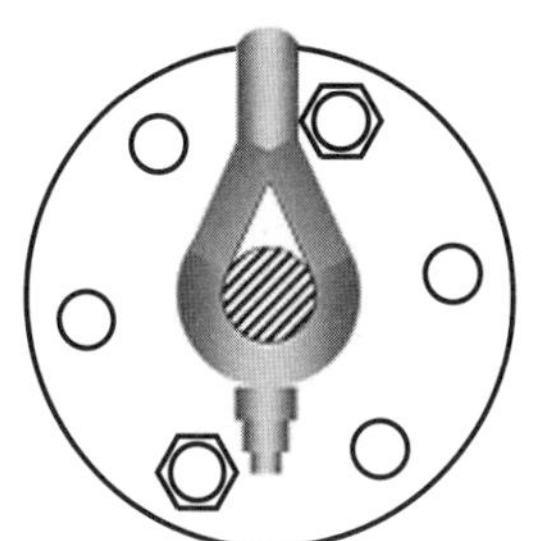

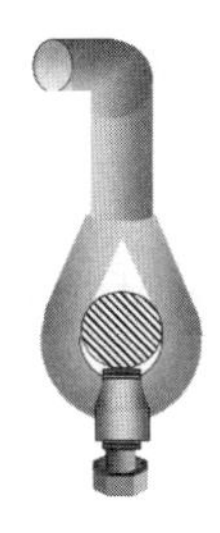

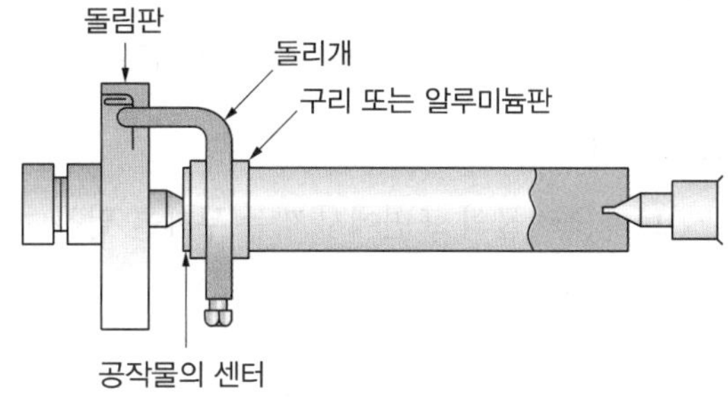

6. 맨드릴(Mandrel : 심봉)

① 동심원이 필요한 부품의 외경 및 단면가공
② 원통축 외면에 테이퍼(Taper)값 부여
③ 양 센터로 지지

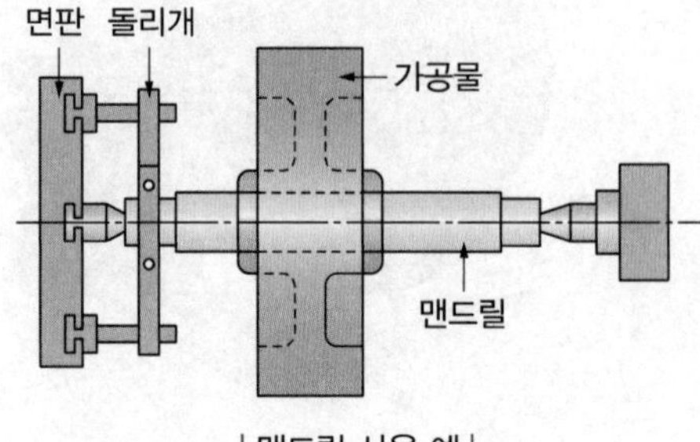

| 맨드릴 사용 예 |

4 바이트

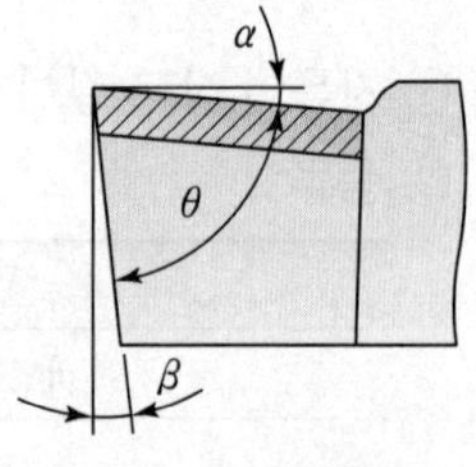

α : 윗면 경사각
β : 앞면 여유각
θ : 앞면 공구각

공작물의 재질, 바이트의 재질, 절삭조건, 용도 등에 따라 선택한다.

① 윗면경사각 : 칩의 흐름을 좋게 하는 각으로, 클수록 절삭성이 좋고 공작물 표면이 깨끗하며, 공작물의 경도가 높을수록 작게 한다.
② 앞면여유각 : 공작물과 마찰을 줄이기 위한 각으로 절삭력에 가장 큰 영향을 미친다.

5 선반작업

1. 절삭속도와 절삭시간

(1) 절삭속도

$$V = \frac{\pi dn}{1,000}\,(\text{m/min})$$

여기서, d : 공작물의 지름(mm), n : 회전수(rpm)

(2) 이송

매 회전 시마다 바이트가 이동되는 거리를 말하며 (mm/rev)로 표시한다.

(3) 절삭깊이

바이트가 공작물의 표면에서 깎는 두께를 말하며, (mm)로 표시한다.

$$t = \frac{D-d}{2}\,(\text{mm})$$

여기서, D : 가공 전 공작물의 지름, d : 가공 후 공작물의 지름

(4) 절삭시간

$$T = \frac{L}{nf} = \frac{\pi d}{1{,}000\,V} \cdot \frac{L}{f}(\mathrm{min})$$

여기서, f : 공구이송속도(mm/rev), L : 가공 길이(mm)

2. 테이퍼 절삭작업

(1) 심압대 편위에 의한 방법

공작물이 길고 작은 테이퍼 가공 시 적합하다.

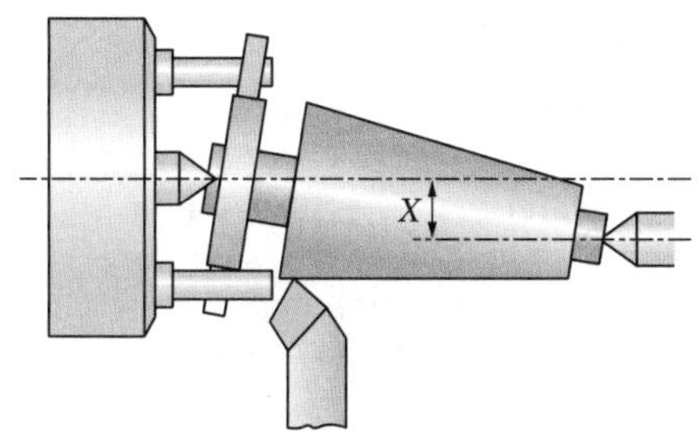

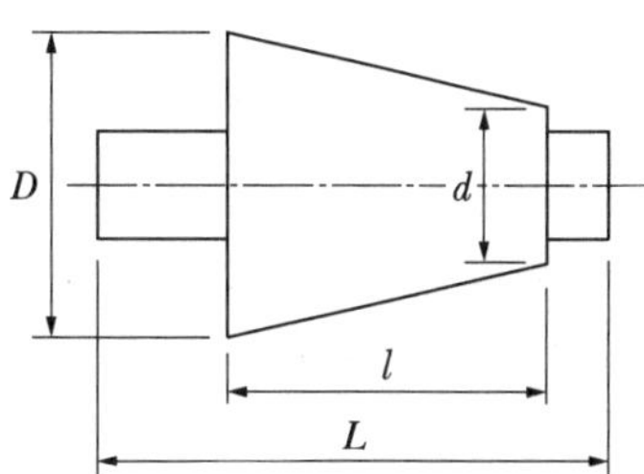

심압대의 편위량 $X = \frac{(D-d)L}{2l}$ $\left(\leftarrow \frac{X}{L} = \frac{\left(\frac{D-d}{2}\right)}{l}\right.$ 에서)

여기서, X : 심압대 편위량, L : 공작물의 전체 길이, l : 테이퍼 길이

(2) 복식공구대에 의한 방법

공작물의 길이가 짧고 경사각이 큰 테이퍼 가공 시 적합하다.

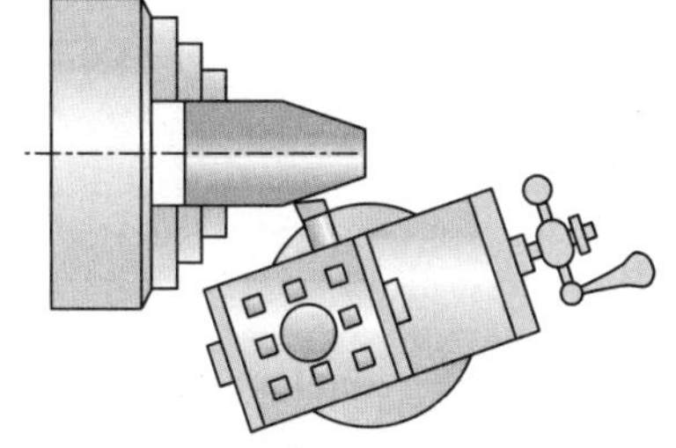

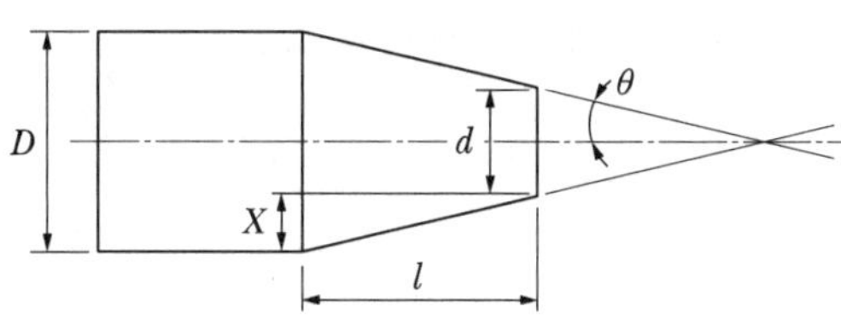

$$\tan\theta = \frac{X}{l} = \frac{\left(\frac{D-d}{2}\right)}{l} \rightarrow \text{편위량 } X = \tan\theta \times l = \frac{(D-d)}{2}$$

(3) 테이퍼 절삭장치에 의한 방법

가로 이송대의 나사축과 너트를 분리하여 가로 이송대를 자유롭게 한 다음 안내판의 각도를 테이퍼 양의 절반으로 조정하고 안내블록을 가로 이송대에 고정하면 정밀한 테이퍼를 쉽게 가공할 수 있다.

핵심 기출 문제

01 선반에서 연동척에 대한 설명으로 옳은 것은?

① 4개의 돌려 맞출 수 있는 조(Jaw)가 있고, 조는 각각 개별적으로 조절된다.
② 원형 또는 6각형 단면을 가진 공작물을 신속히 고정시킬 수 있는 척이며, 조(Jaw)는 3개가 있고, 동시에 작동한다.
③ 스핀들 테이퍼 구멍에 슬리브를 꽂고, 여기에 척을 꽂은 것으로 가는 지름 고정에 편리하다.
④ 원판 안에 전자석을 장입하고, 이것에 직류전류를 보내어 척(Chuck)을 자화시켜 공작물을 고정한다.

해설

연동척(Universal chuck)
스크롤(Scroll) 척이라고도 한다. 3개의 조(Jaw)가 동시 이동하여 정밀도가 저하된다. 규칙적인 외경 재료 가공이 용이하고 편심가공을 할 수 없다.

02 아래 도면과 같은 테이퍼를 가공할 때의 심압대의 편위거리[mm]는?

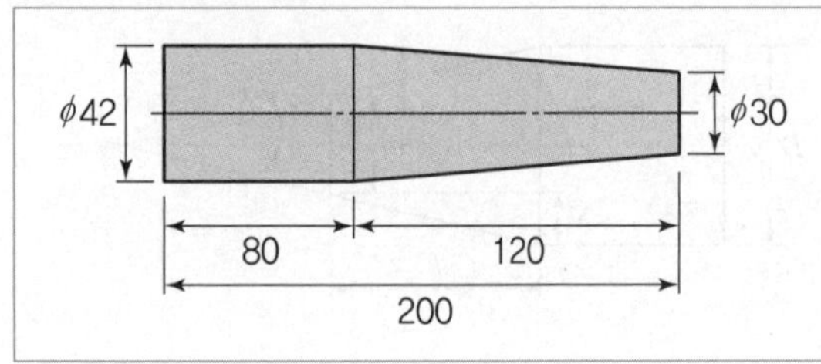

① 6　② 10
③ 12　④ 20

해설

$$X=\frac{(D-d)L}{2l}=\frac{(42-30)\times 200}{2\times 120}=10[\text{mm}]$$

03 바이트의 노즈 반지름 $r=0.2$mm, 이송 $S=0.05$mm/rev로 선삭을 할 때 이론적인 표면거칠기는 약 몇 mm인가?

① 0.15　② 0.015
③ 0.0015　④ 0.00015

해설

가공면의 표면거칠기(조도)(h)

$$h=\frac{f^2}{8R}\text{mm}=\frac{0.05^2}{8\times 0.2}=0.0015\text{mm}$$

여기서, f : 이송거리(mm)
R : 공구의 날끝 반지름(mm)

04 공작물의 길이가 600mm, 지름이 25mm인 강재를 아래의 조건으로 선반 가공할 때 소요되는 가공시간(t)은 약 몇 분인가?(단, 1회 가공이다.)

- 절삭속도 : 180m/min
- 절삭깊이 : 2.5mm
- 이송속도 : 0.24mm/rev

① 1.1　② 2.1
③ 3.1　④ 4.1

해설

절삭속도 $V=\dfrac{\pi dn}{1,000}$ [m/min]

∴ 주축의 회전수 $n=\dfrac{1,000\,V}{\pi d}$[rpm]

가공시간 $T=\dfrac{L}{fn}=\dfrac{L}{f}\dfrac{\pi d}{1,000\,V}$[min]

$$=\frac{600\times\pi\times 25}{180\times 1,000\times 0.24}=1.09[\text{min}]$$

정답 01 ② 02 ② 03 ③ 04 ①

05 일반적으로 보통 선반의 크기를 표시하는 방법이 아닌 것은?

① 스핀들의 회전속도
② 왕복대 위의 스윙
③ 베드 위의 스윙
④ 주축대와 심압대 양 센터 간 최대거리

해설

선반의 크기
㉠ 베드 위의 스윙 : 절삭할 수 있는 일감의 최대지름
㉡ 왕복대 위의 스윙 : 왕복대에 접촉하지 않고 가공할 수 있는 공작물의 최대지름
㉢ 양 센터 사이의 최대거리 : 절삭할 수 있는 일감의 최대길이
㉣ 베드의 길이 : 현장에서의 설치 등에 사용

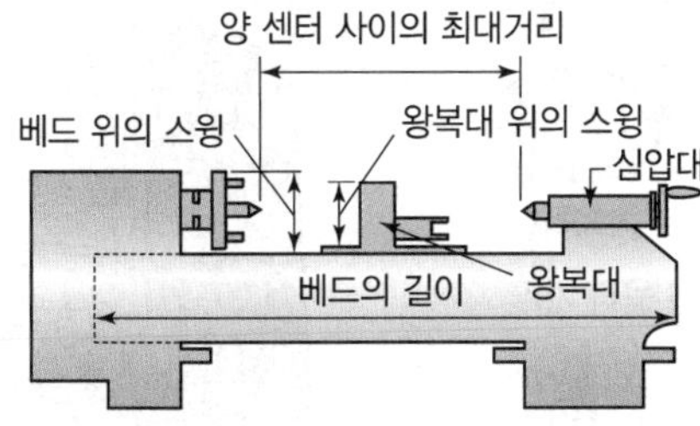

06 허용동력이 3.6kW인 선반의 출력을 최대한으로 이용하기 위하여 취할 수 있는 허용최대 절삭면적은 몇 mm²인가?(단, 경제적 절삭속도는 120m/min을 사용하며, 피삭재의 비절삭 저항이 45kgf/mm², 선반의 기계 효율이 0.80이다.)

① 3.26 ② 6.26 ③ 9.26 ④ 12.26

해설

$H=\dfrac{FV}{\eta}=\dfrac{\tau AV}{\eta}[\text{kW}]$

여기서, F : 주분력(N), V : 절삭속도(m/sec), η : 효율

$\therefore\ A=\dfrac{H\eta}{\tau V}[\text{m}^2]$

$\tau=45\text{kgf/mm}^2=45\times 9.81=441.45[\text{N/mm}^2]$

$V=120\text{m/min}=\dfrac{120\times 1{,}000}{60}=2{,}000[\text{mm/s}]$

$H=3.6\text{kW}=3{,}600\text{W}=3{,}600\text{N}\cdot\text{m/s}$
$=3.6\times 10^6[\text{N}\cdot\text{mm/s}]$

$A=\dfrac{3.6\times 10^6\times 0.8}{441.45\times 2{,}000}=3.264[\text{mm}^2]$

07 선반에서 주분력이 1.8kN, 절삭속도가 150m/min일 때, 절삭동력은 약 몇 kW인가?

① 4.5 ② 6 ③ 7.5 ④ 9

해설

절삭동력 $H=\dfrac{FV}{60\eta}(\text{kW})=\dfrac{1.8\times 150}{60}=4.5(\text{kW})$

여기서, F : 주분력(kN), V : 절삭속도(m/min)
η : 효율(효율은 주어지지 않았으므로 무시한다.)

08 4개의 조가 각각 단독으로 이동하여 불규칙한 공작물의 고정에 적합하고 편심가공이 가능한 선반척은?

① 연동척 ② 유압척
③ 단동척 ④ 콜릿척

해설

- 연동척(Universal Chuck) : 스크롤(Scroll) 척, 3개의 조(Jaw)가 동시 이동, 정밀도 저하, 규칙적인 외경재료 가공 용이, 편심가공 불가능
- 단동척(Independent Chuck) : 각각의 조(Jaw)가 독립 이동, 외경이 불규칙한 재료 가공 용이, 편심가공 및 중절삭에 적합
- 마그네틱척(Magnetic Chuck) : 전자척, 자기척(내부에 전자석 설치), 직류전기 이용, 탈자기 장치 필수, 강력 절삭은 부적당
- 콜릿척(Collet Chuck) : 터릿 · 자동 · 탁상 선반에 사용, 중심이 정확, 가는 지름, 원형 · 각봉 재료, 스핀들에 슬리브(Sleeve) 끼운 후 사용
- 복동척 : 단동척과 연동척의 양쪽 기능을 겸비한 척, 4개의 조가 90° 배열로 설치
- 유압척 또는 공기척 : 공기압 또는 유압을 이용하여 일감을 고정, 균등한 힘으로 일감을 고정, 운전 중에도 작업이 가능, 조의 개폐가 신속

정답 05 ① 06 ① 07 ① 08 ③

03 밀링머신

1 밀링의 개요

1. 개요

밀링커터(절삭공구)를 회전시켜 가공물을 테이블에 고정시켜 절삭깊이를 주고, 이송하여 원하는 형상으로 가공하는 공작기계이다. 밀링커터 종류에는 엔드밀, 메탈쏘, 슬래브 밀 등이 있다.

2. 밀링머신의 가공 종류

(1) 수직 밀링머신

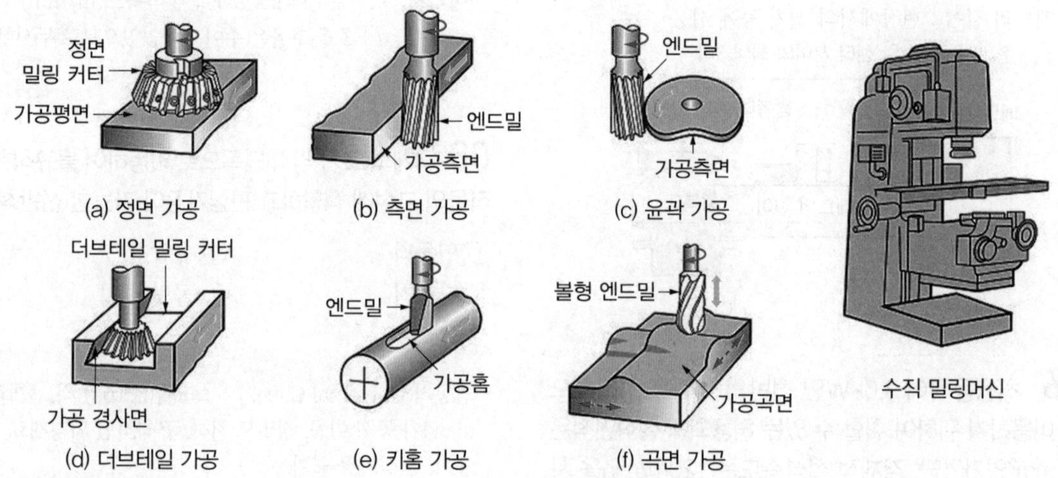

(a) 정면 가공 (b) 측면 가공 (c) 윤곽 가공

(d) 더브테일 가공 (e) 키홈 가공 (f) 곡면 가공

(2) 수평 밀링머신

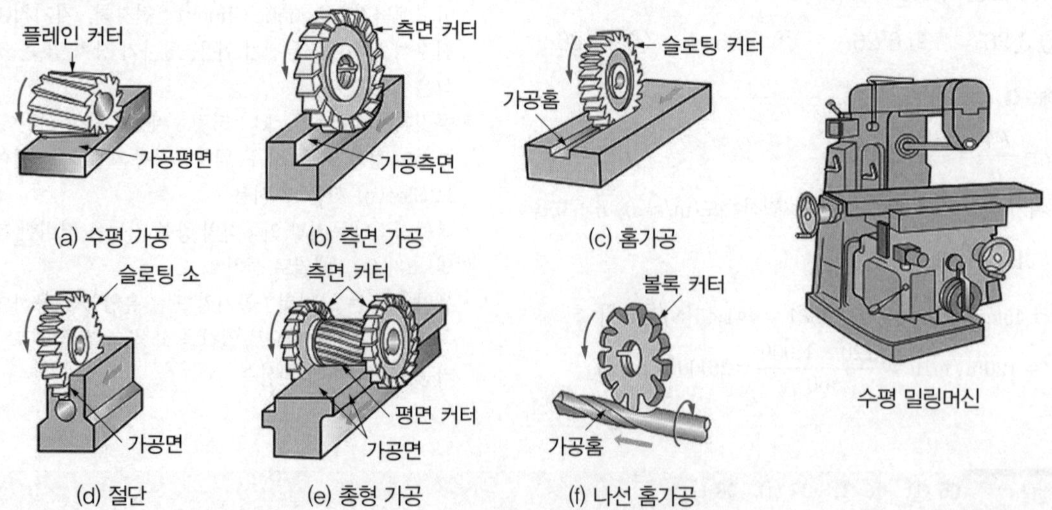

(a) 수평 가공 (b) 측면 가공 (c) 홈가공

(d) 절단 (e) 총형 가공 (f) 나선 홈가공

3. 밀링머신의 구조

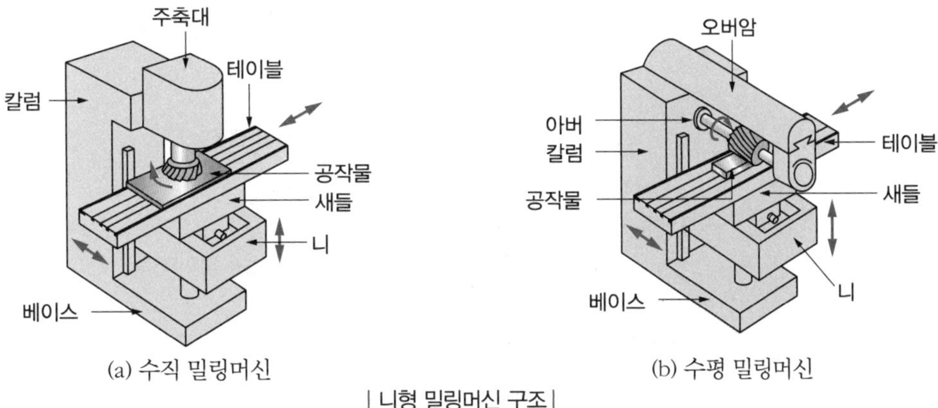

| 니형 밀링머신 구조 |

2 밀링머신의 부속장치

1. 부속품

(1) 아버

밀링커터를 고정한다.

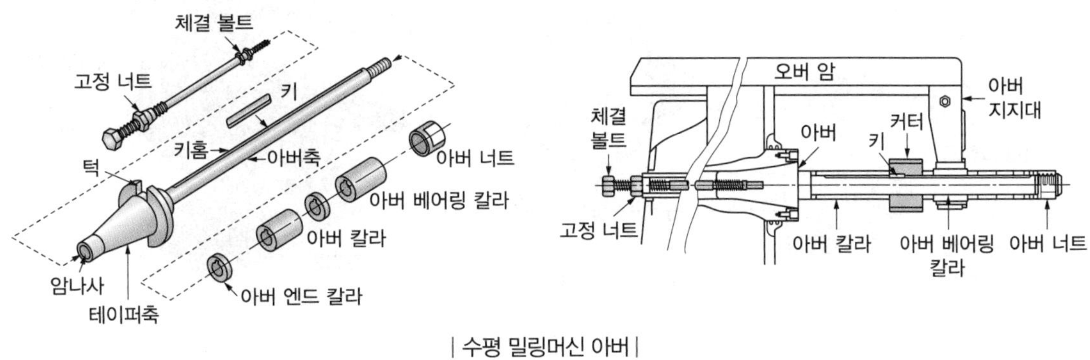

| 수평 밀링머신 아버 |

(2) 밀링바이스

공작물을 고정하는 수평 바이스와 회전 바이스가 있다.

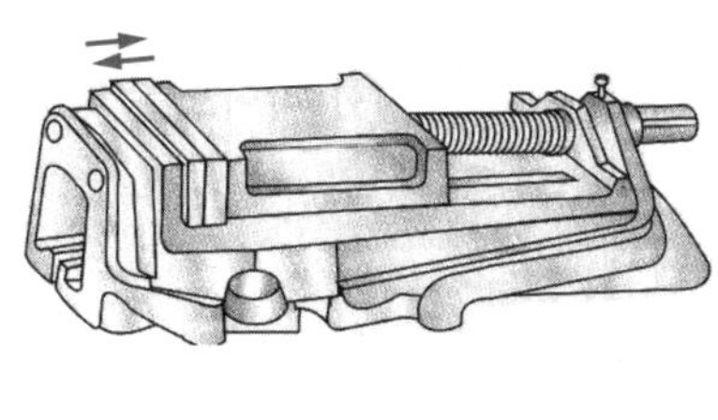
| 수평 바이스 |

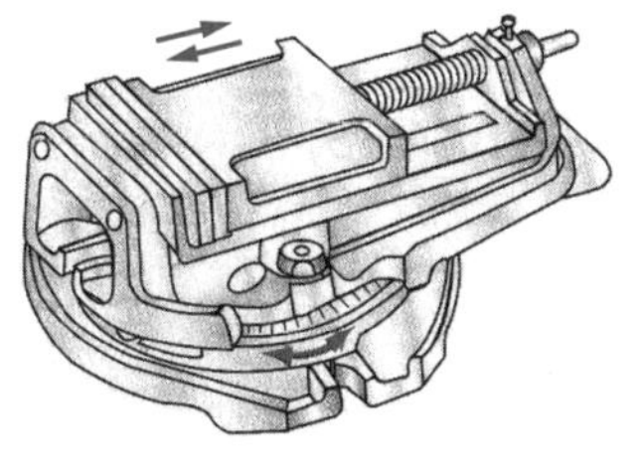
| 회전 바이스 |

(3) 회전테이블

공작물을 수동 또는 자동으로 이송과 회전을 시킬 수 있다.

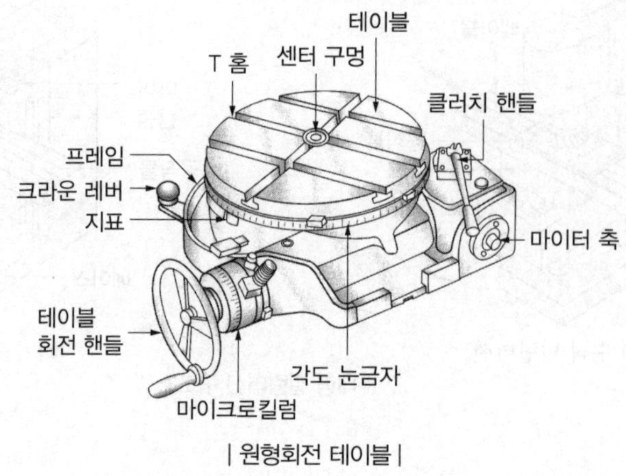

| 원형회전 테이블 |

(4) 분할대

둥근 단면의 공작물을 사각, 육각 등으로 가공과 기어의 치형과 같이 일정한 각으로 나누는 분할작업 시 사용한다.

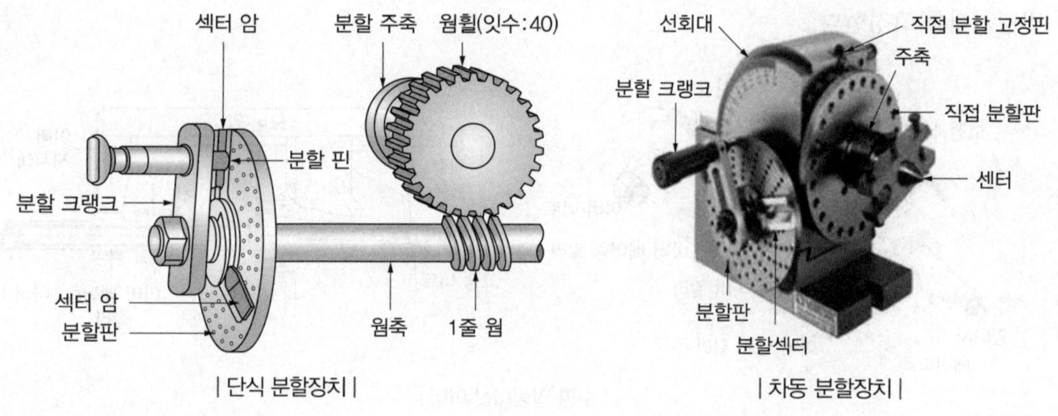

| 단식 분할장치 | | 차동 분할장치 |

3 밀링머신에 의한 가공방법

1. 절삭속도

$$n = \frac{1,000\,V}{\pi d}\,(\text{rpm})$$

여기서, V : 절삭속도(m/min)
d : 밀링커터의 지름(mm)
n : 커터의 회전수(rpm)

2. 분할가공

(1) 직접분할법

① 정밀도가 필요하지 않은 키홈 등 단순한 분할가공에 사용한다.

② 24의 약수인 2, 3, 4, 6, 8, 12, 24로 등분이 가능하다.

③ $x = \dfrac{24}{N}$

여기서, x : 분할 크랭크의 회전수, N : 분할수

(2) 단식분할법

① 직접분할법으로 분할할 수 없는 수나 정확한 분할이 필요시 사용한다.

② 분할판과 크랭크를 사용해 분할하며, 크랭크 1회전 시 주축은 $\dfrac{1}{40}$ 회전한다.

종류	분할판	구멍의 수
브라운샤프형	No.1	15, 16, 17, 18, 19, 20
	No.2	21, 23, 27, 29, 31, 33
	No.3	37, 38, 41, 43, 47, 49
신시내티형	앞 면	24, 25, 28, 30, 34, 37, 38, 39, 41, 42, 43
	뒷 면	46, 47, 49, 51, 53, 54, 57, 58, 59, 62, 66
밀워키형	앞 면	60, 66, 72, 84, 92, 96, 100
	뒷 면	54, 58, 68, 78, 88, 98

㉠ 분할 크랭크의 회전수 $n = \dfrac{40}{N}$

여기서, N : 공작물의 등분 분할수

예 제

원을 13등분하시오.

해설 $n = \dfrac{40}{N} = \dfrac{40}{13} = 3\dfrac{1}{13} \Rightarrow \dfrac{1 \times 3}{13 \times 3} = \dfrac{3}{39}$

∴ 39구멍열의 분할판에서 3회전과 3구멍씩 회전시킨다.

㉡ 각도분할법 : 분할크랭크가 1회전하면 주축은 $\dfrac{360°}{40} = 9°$ 회전한다.

분할 크랭크의 회전수 $n = \dfrac{A°}{9°}$

여기서, $A°$: 분할하려는 각도

예 제

원주를 12°씩 분할하시오.

해설 $n=\frac{12°}{9°}=\frac{4}{3}=\frac{20}{15}=1\frac{5}{15}$

∴ 15구멍열의 분할판에서 1회전과 5구멍씩 회전시킨다.

(3) 차동분할법

변환기어 12개를 이용하여 직접분할법이나 단식분할법으로 분할할 수 없는 67, 97, 121 등 특정한 수를 분할할 때 사용한다.

핵심 기출 문제

01 단식분할법을 이용하여 밀링가공으로 원을 중심각 $\left(5\frac{2}{3}\right)^{\circ}$씩 분할하고자 한다. 분할판 27구멍을 사용하면 가장 적합한 가공법은?

① 분할판 27구멍을 사용하여 17구멍씩 돌리면서 가공한다.
② 분할판 27구멍을 사용하여 20구멍씩 돌리면서 가공한다.
③ 분할판 27구멍을 사용하여 12구멍씩 돌리면서 가공한다.
④ 분할판 27구멍을 사용하여 8구멍씩 돌리면서 가공한다.

해설

분할 크랭크의 회전수 $n = \frac{A^{\circ}}{9^{\circ}} = \frac{\left(5\frac{2}{3}\right)^{\circ}}{9^{\circ}} = \frac{\left(\frac{17}{3}\right)^{\circ}}{9^{\circ}} = \frac{17}{27}$

즉, 분할판 27구멍을 사용하여 17구멍씩 돌리면서 가공한다.

02 밀링에서 브라운 샤프형 분할판으로 지름피치 12, 잇수가 76개인 스퍼기어를 절삭할 때 사용하는 분할판의 구멍열은?

① 16구멍 ② 17구멍
③ 18구멍 ④ 19구멍

해설

브라운 샤프형

$n = \frac{40}{N} = \frac{40}{76} = \frac{10}{19}$이므로 분할판의 구멍열은 19이다.

여기서, n : 핸들의 회전수, N : 분할 수

03 다음 공작기계에 사용되는 속도열 중 일반적으로 가장 많이 사용되고 있는 속도열은?

① 대수급수 속도열 ② 등비급수 속도열
③ 등차급수 속도열 ④ 조화급수 속도열

해설

등비급수 속도열

가공물의 지름에 관계없이 절삭속도를 일정한 강하율로 적용하기 때문에 가장 많이 사용한다.

04 밀링머신에서 직경 100mm, 날수 8인 평면커터로 절삭속도 30m/min, 절삭깊이 4mm, 이송속도 240m/min에서 절삭할 때 칩의 평균두께 t_m(mm)은?

① 0.0584 ② 0.0596
③ 0.0628 ④ 0.0734

해설

- 절삭속도 $v = \frac{\pi dn}{1,000}$

  여기서, v : 절삭속도(m/min)
  d : 밀링커터의 지름(mm)
  n : 커터의 회전수(rpm)

  $n = \frac{1,000v}{\pi d} = \frac{1,000 \times 30}{\pi \times 100} = 95.493(\text{rpm})$
- 분당 테이블 이송속도 $f = f_z \times z \times n$(mm/min)

  여기서, f : 테이블 이송속도(mm/min)
  f_z : 밀링커터의 날 1개당 이송(mm)
  z : 밀링커터의 날수
  n : 밀링커터의 회전수(rpm)

  $f_z = \frac{f}{z \times n} = \frac{240}{8 \times 95.493} = 0.314(\text{mm})$
- 칩의 평균두께 $t_m = f_z \times \sqrt{\frac{t}{d}} = 0.314 \times \sqrt{\frac{4}{100}}$
  $= 0.0628(\text{mm})$

정답 01 ① 02 ④ 03 ② 04 ③

04 드릴링머신

1 드릴링머신

1. 드릴링머신의 정의

주축에 드릴(절삭공구)을 고정하여 회전시키고 직선이송을 주어 공작물에 구멍을 뚫을 수 있는 공작기계이다.

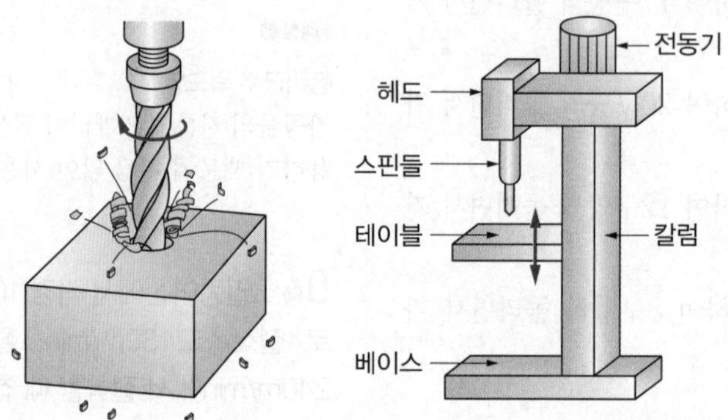

2. 드릴링머신의 작업 종류

드릴링	스폿페이싱	카운터싱킹	보링
드릴로 구멍을 뚫는 작업	볼트나 너트를 고정 시 접촉부 자리 가공	접시머리 나사부 묻힘 홈 가공	이미 뚫은 구멍의 확대가공
카운터보링	**리밍**	**태핑**	
작은 나사머리 묻힘 홈 가공	이미 뚫은 구멍을 정밀하게 다듬질 가공	이미 뚫은 구멍에 나사 가공	

3. 절삭속도(V)

$$V = \frac{\pi d N}{1,000}\,(\text{m/min})$$

여기서, d : 드릴 지름(mm), N : 드릴 회전수(rpm)

2 보링머신

드릴링, 단조, 주조 등의 방법으로 1차 가공한 구멍을 좀 더 크고, 정밀하게 가공하는 공작기계이다.

예 제

드릴링 머신으로 할 수 있는 기본 작업 중 접시머리 볼트의 머리 부분이 묻히도록 원뿔자리 파기 작업을 하는 가공은?

① 태핑 ❷ 카운터 싱킹 ③ 심공 드릴링 ④ 리밍

해설 드릴링 머신의 작업 종류

드릴링	스폿 페이싱	카운터 싱킹	보링	카운터 보링	리밍	태핑
드릴로 구멍을 뚫는 작업	볼트나 너트를 고정 시 접촉부 자리 가공	접시머리 나사부 묻힘 홈 가공	이미 뚫은 구멍의 확대가공	작은 나사머리 묻힘 홈 가공	이미 뚫은 구멍을 정밀하게 다듬질 가공	이미 뚫은 구멍에 나사 가공

05 측정기와 수기가공

1 수기가공

1. 수기공구의 종류 및 기능

(1) 공작물 거치 공구

① 작업대 : 바이스를 설치하여 공작물을 올려놓고 절단, 나사내기, 줄작업 등을 할 수 있는 것으로 무게가 적당하고 흔들림이 없어야 한다.

② 바이스 : 공작물을 고정한다(크기 : 물릴 수 있는 조의 최대폭).

③ 정반 : 주철재 정반은 금긋기 등 공작용으로, 석정반은 정밀측정용으로 사용된다.

| 작업대 | | 바이스 | | 정반 |

(2) 금긋기용 공구

금긋기 바늘, 펀치, 서피스게이지, 중심내기자, 홈자, 직각자, 브이블록, 평행자, 앵글플레이트, 컴퍼스, 편퍼스, 스크루잭, 강철자, 하이트게이지 등이 있다.

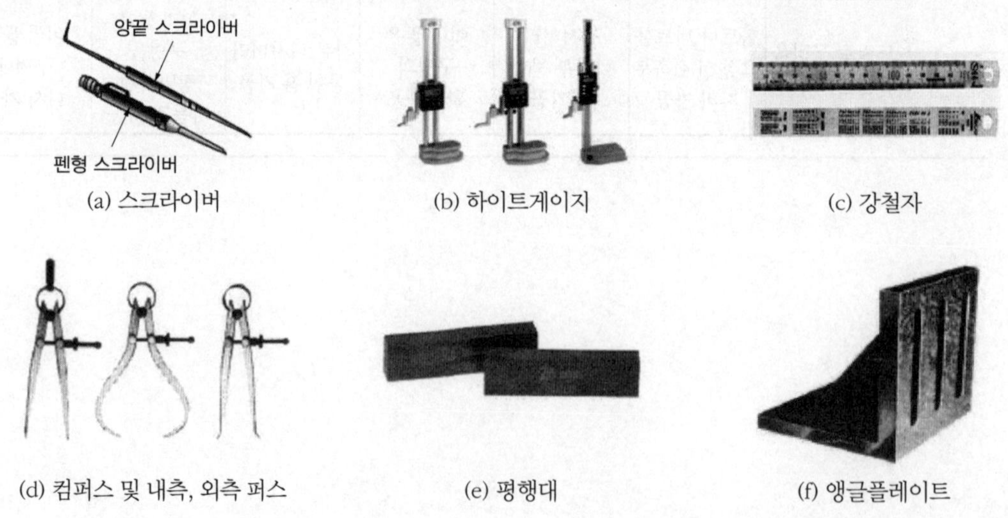

(a) 스크라이버 (b) 하이트게이지 (c) 강철자

(d) 컴퍼스 및 내측, 외측 퍼스 (e) 평행대 (f) 앵글플레이트

(g) V-블록 (h) 서피스게이지 (i) 펀치

| 금긋기용 공구 |

(3) 절삭용 공구

쇠톱, 정, 줄, 스크레이퍼, 리머, 탭, 다이스 등이 있다.

① 탭 작업

㉠ 태핑 : 암나사를 만드는 공구이다.

㉡ 탭 구멍의 지름

$d = D - p$

여기서, D : 나사의 바깥지름(호칭지름), p : 나사의 피치

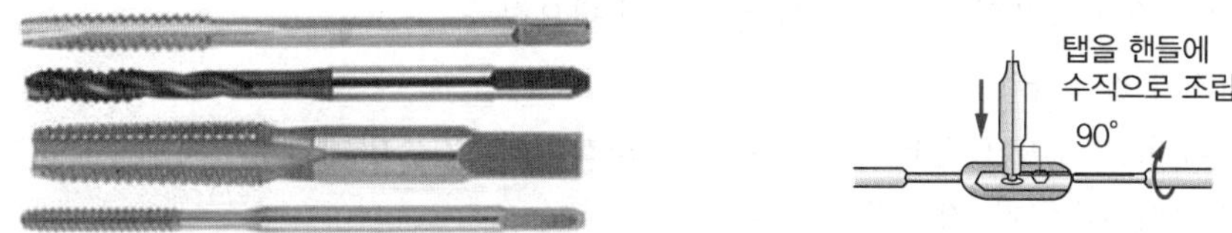

② 다이스 : 수나사를 가공하는 공구

2. 손다듬질 작업 순서

금긋기 작업 → 펀칭 → 쇠톱질 → 정작업 → 줄작업 → 스크레이퍼 작업

2 측정기

1. 측정기 분류

① 길이 측정기 : 강철자, 직각자, 컴퍼스, 디바이더, 마이크로미터, 버니어캘리퍼스, 높이 게이지, 다이얼게이지, 두께 게이지, 표준 게이지, 리밋게이지, 광학측정기 등

② 각도 측정기 : 각도 게이지, 직각자, 수준기, 분도기, 컴비네이션, 사인바, 테이퍼게이지, 만능 각도기(Bebel Protractor), 분할대 등

③ 평면 측정기 : 수준기, 직각자, 서피스게이지, 정반, 옵티컬플랫, 조도계, 3차원 형상측정기 등

2. 측정기의 재료(게이지강)의 구비 조건

① 열팽창계수가 작고 변화율이 작을 것
② 경도가 커서 내마모성이 클 것
③ 정밀 다듬질이 가능하고 가공성이 양호할 것

3. 측정의 종류

(1) 직접측정(Direct Measurement)

강철자, 버니어캘리퍼스, 마이크로미터, 하이트게이지, 측장기, 각도기 등과 같이 길이나 각도의 눈금이 있는 측정기를 사용하여 피측정물에 직접 접촉시켜 눈금을 읽어 측정한다.

(2) 비교측정(Relative Measurement)

공작물의 치수와 표준 치수의 차를 비교하여 치수를 계산한다.
① 높은 정도의 측정을 쉽게 할 수 있다.
② 치수 편차의 파악이 용이하고 원격제어에 활용될 수 있다.
③ 길이 외에 표면의 형상정밀도 등의 사용범위가 넓다.
④ 측정 범위가 좁고 제품의 치수 파악에는 계산이 필요하다.
⑤ 기준게이지가 필요하다.
⑥ 다이얼게이지, 미니미터, 옵티미터, 옵티컬 컴퍼레이터, 전기 마이크로미터, 공기 마이크로미터, 전기저항 스크레인게이지, 길이변위계 등

(3) 간접측정(Indirect Measurement)

① 나사, 기어 등과 같이 기하학적으로 간단하지 않은 공작물의 경우 구하고자 하는 양을 직접 측정할 수 없다. 이런 경우 피측정물의 기하학적 관계를 이용하여 측정하는 방법을 말한다.
② 간접측정에는 사인바에 의한 각도측정, 삼침법에 의한 나사의 유효지름측정, 롤러와 블록게이지를 이용한 테이퍼 측정 등이 있다.
③ 나사측정, 기어측정, 정반의 직진도와 평면도 측정 등

(4) 한계게이지(Limit Gauge)

① 피측정물의 치수나 각도 등의 한계허용치를 적용하여 최대 허용한계치수와 최소 허용한계치수로 제작된 것을 한계게이지라 한다.
② 한계게이지를 사용하면 매우 짧은 시간 내에 합격과 불합격을 판정할 수 있어 조작이 간단하고 능률적이다.
③ 허용한계치수마다 게이지가 필요하며 제품의 실제치수는 알 수 없다.

4. 공차와 오차

(1) 공차

① **공차** : 기계부품 등을 제작할 때 설계상 정해진 치수에 대해 현실적으로 허용되는 범위의 오차를 공차라 한다.

② 공차 = 최대허용치수 − 최소허용치수

(2) 오차

① **참값** : 설계 시 정해진 피측정물(공작물)의 모형과 치수의 값

② 오차 = 측정값 − 참값

③ **오차가 발생하는 원인**

㉠ 기기오차 : 측정기의 구조, 측정압력, 측정온도, 측정기의 마모 등에 따른 오차로서 아무리 정밀한 측정기라도 다소의 기기오차는 있으며 다음 식에 의하여 구해진 값을 보정하여 사용한다.

보정값 = 측정값 − 기기오차

㉡ 개인오차 : 측정하는 사람의 습관, 부주의, 숙련도에 따라 발생하는 오차이다. 숙련되면 어느 정도는 오차를 줄일 수 있다.

㉢ 우연오차(외부조건에 의한 오차) : 측정온도나 채광의 변화가 영향을 미쳐 발생하는 오차이다.

참고

아베의 원리(Abbe's Principle)

"표준척과 피측정물은 동일 축선상에 위치하여야 한다"는 원리이며, 그렇지 않으면 측정 오차가 생긴다.

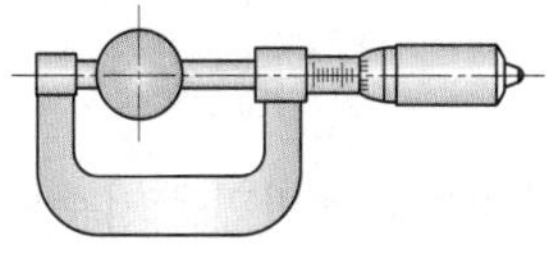

(a) 아베의 원리에 맞는 측정

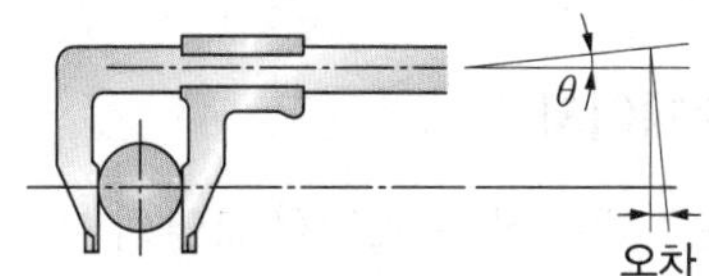

(b) 아베의 원리에 맞지 않는 측정

| 아베의 원리 |

5. 길이 측정

(1) 버니어캘리퍼스

① 버니어캘리퍼스는 본척(어미자)과 부척(아들자)을 이용하여 1/20mm, 1/50mm까지 길이를 측정하는 측정기이다.

② **측정 종류** : 외경, 내경, 깊이, 두께, 높이 등의 측정이 가능

③ 최소 측정값 : $\frac{1}{20}$mm 또는 $\frac{1}{50}$mm까지 측정

$$V = \frac{S}{n}$$

여기서, V : 부척의 1눈금 간격
S : 본척의 1눈금 간격
n : 부척의 등분 눈금 수

④ 눈금 읽는 방법

㉠ 아들자의 "0"의 눈금이 어미자의 어느 곳에 있는지 확인한다.(화살표 표시 ① 위치)

㉡ 아들자가 위치한 곳이 어미자의 11보다는 크고 12보다는 작으므로 첫 번째 숫자는 11로 읽는다.

㉢ 두 번째 숫자, 즉 소수점 이하의 숫자를 읽는다.(화살표 표시 ② 위치)

⇒ 어미자와 아들자의 숫자가 일치하는 곳을 찾아 아들자의 숫자를 읽어 ㉡의 첫 번째 숫자의 뒤에 소수점을 붙여주고 바로 뒤에 아들자 숫자를 붙여서 읽으면 된다.

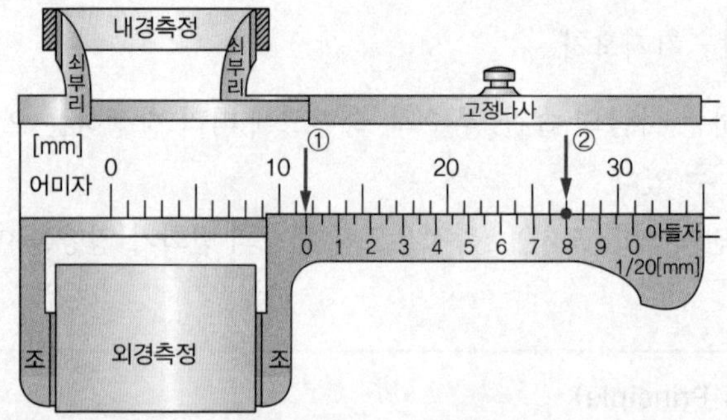

㉣ 결과 : ㉡의 숫자 11, ㉢의 숫자 8, 측정결과 11.80mm

(2) 하이트게이지

① 용도 : 대형 부품, 복잡한 모양의 부품 등을 정반 위에 올려놓고 정반면을 기준으로 하여 높이를 측정하거나, 스크라이버(Scriber)로 금긋기 작업을 하는 데 사용한다.

② 눈금 읽는 방법 : 버니어캘리퍼스의 눈금 읽는 방법과 같다.

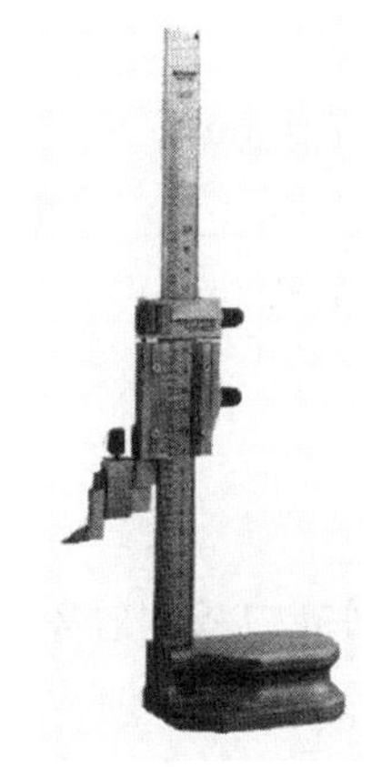

(a) 버니어 하이트게이지

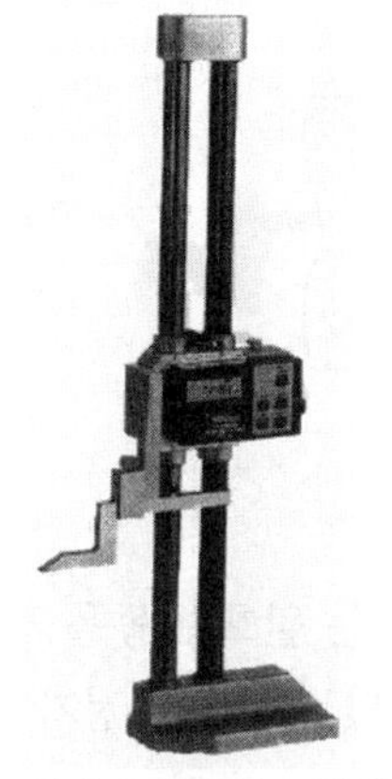

(b) 디짓매틱 하이트게이지

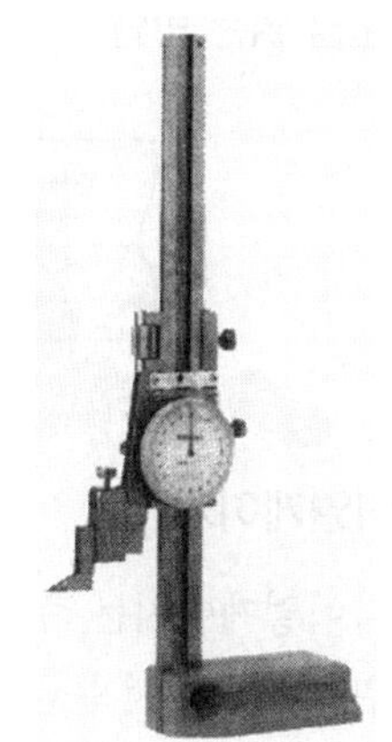

(c) 다이얼 하이트게이지

| 하이트게이지의 종류 |

(3) 마이크로미터

① 마이크로미터는 길이의 변화를 나사의 회전각과 지름에 의해 원 주변에 확대하여 눈금을 새김으로써 작은 길이의 변화를 읽을 수 있도록 한 측정기이다.

② **용도** : 외측, 내측, 기어 이, 깊이, 나사, 유니, 포인트 마이크로미터 등이 있다.

③ **최소 측정값** : 0.01mm 또는 0.001mm가 있다.

$$\text{최소 측정값} = \frac{\text{나사의 피치}}{\text{심블의 등분수}}$$

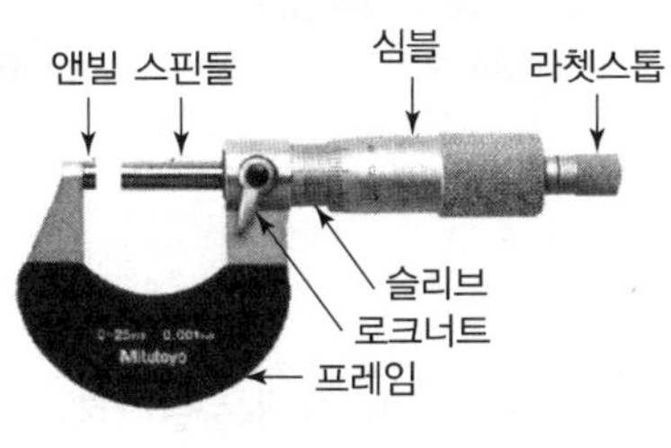

(a) 외측 마이크로미터

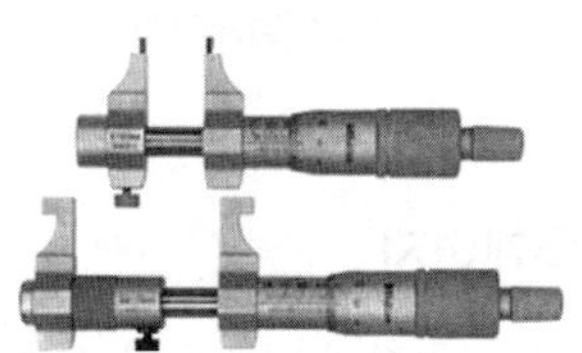

(b) 내경 마이크로미터

(c) V앤빌 마이크로미터

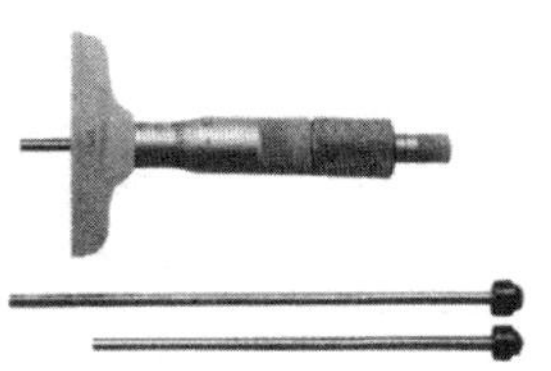

(d) 깊이 마이크로미터

(e) 포인트 마이크로미터

| 마이크로미터의 구조 및 종류 |

④ 눈금 읽는 방법

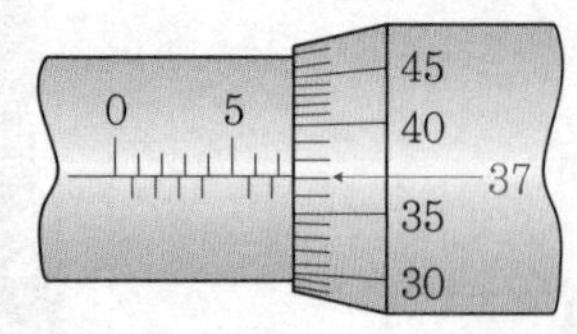

	슬리브 읽음	7.0 (mm)
+)	심블 읽음	.37
	읽음	7.37 (mm)

(4) 다이얼게이지

① 다이얼게이지는 측정자의 직선 또는 원호 운동을 기계적으로 확대하고 그 움직임을 지침의 회전 변위로 변환시켜 눈금으로 읽을 수 있는 길이 측정기이다.

② 용도 : 평형도, 평면도, 진원도, 원통도, 축의 흔들림을 측정한다.

③ 최소 측정값 : 최소눈금이 0.01mm와 0.001mm인 다이얼게이지가 있다.

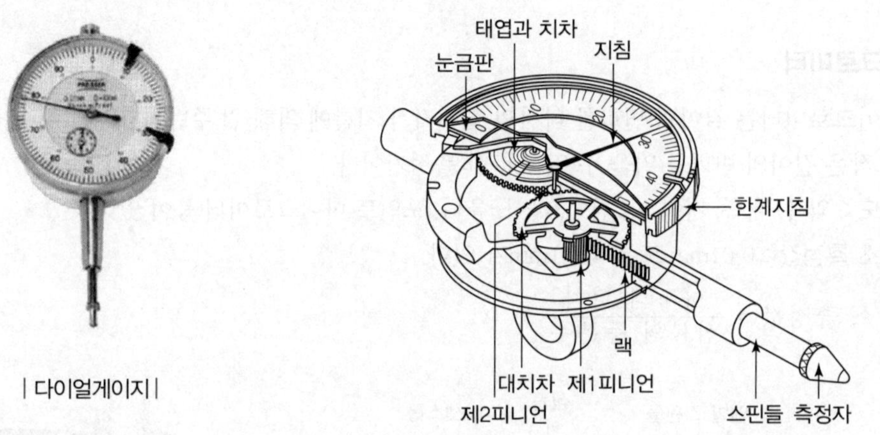

| 다이얼게이지 |

(5) 블록게이지

① 길이 측정의 기준으로 사용되는 평행 단도기이다.

② 블록게이지를 여러 개 조합하면 원하는 치수를 얻을 수 있으며, 현재는 밀착해서 사용해도 1μm 간격으로 조합할 수 있고 래핑가공된 측정면은 광파로 그 길이를 측정할 수 있으므로 정도가 아주 높고 쉽게 임의의 치수를 얻을 수 있다.

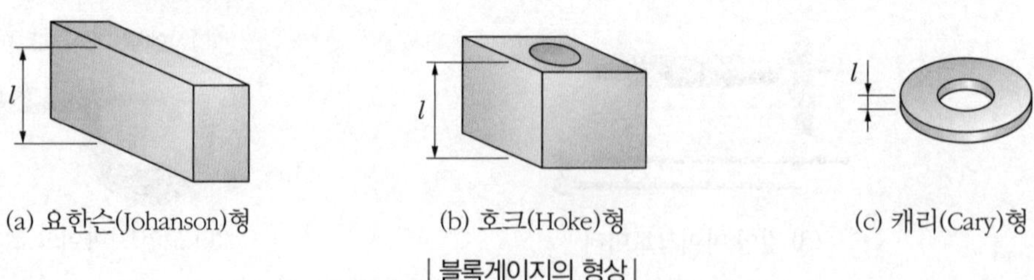

(a) 요한슨(Johanson)형 (b) 호크(Hoke)형 (c) 캐리(Cary)형

| 블록게이지의 형상 |

(6) 한계게이지

① **표준게이지** : 호환성 생산 방식에 필요한 게이지로서 드릴게이지, 와이어게이지, 틈새게이지, 피치게이지, 센터게이지, 반지름게이지 등이 있다.

㉠ 드릴게이지 : 드릴의 지름 측정

㉡ 와이어게이지 : 각종 선재의 지름이나 판재의 두께 측정

㉢ 틈새게이지 : 미소한 틈새 측정

㉣ 피치게이지 : 나사의 피치나 산수를 측정

㉤ 센터게이지 : 나사 바이트의 각도 측정

㉥ 반지름게이지 : 곡면의 둥글기를 측정

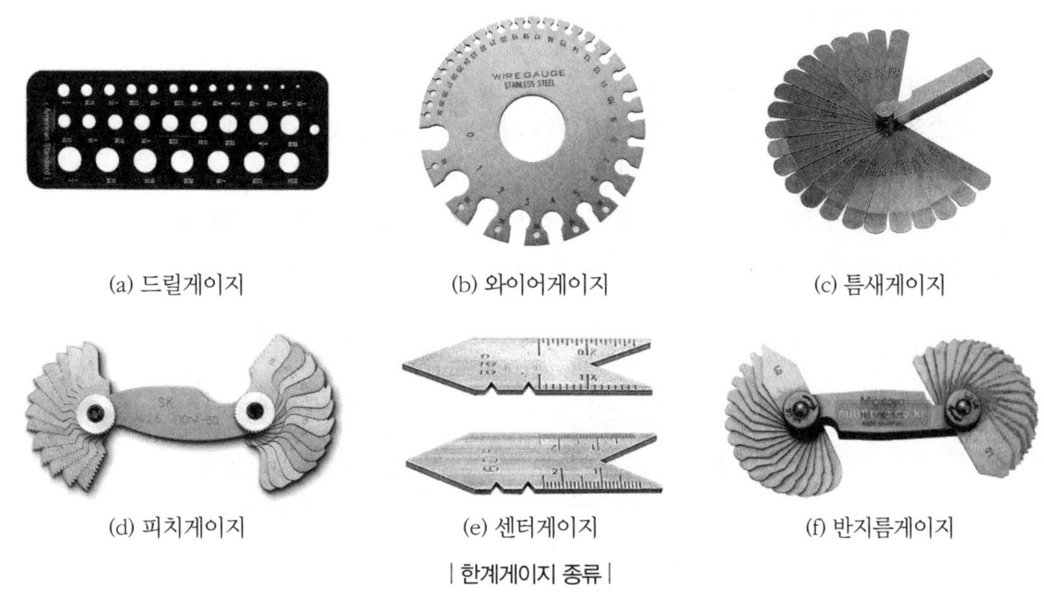

(a) 드릴게이지 (b) 와이어게이지 (c) 틈새게이지

(d) 피치게이지 (e) 센터게이지 (f) 반지름게이지

| 한계게이지 종류 |

② **한계게이지**

㉠ 설계자가 허용하는 제품의 최대 허용한계치수와 최소 허용한계치수를 측정하는 데 사용되는 게이지

㉡ 최대 허용치수와 최소 허용치수를 각각 통과 측과 정지 측으로 하므로 매우 능률적으로 측정할 수 있고, 측정된 제품이 호환성을 갖게 할 수 있는 측정기이다.

(a) 플러그게이지와 링게이지 (b) 플러그나사게이지와 링나사게이지 (c) 스냅게이지

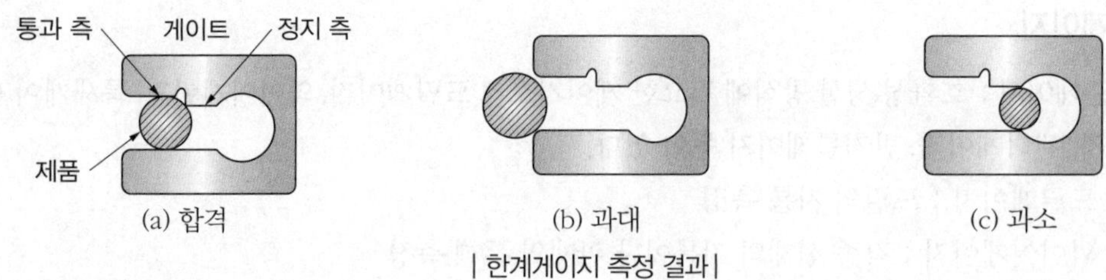

| 한계게이지 측정 결과 |

(7) 공기 마이크로미터

그림과 같이 압축공기가 노즐로부터 피측정물의 사이를 빠져나올 때 틈새에 따라 공기의 양이 변화한다. 즉, 틈새가 크면 공기량이 많고 틈새가 작으면 공기량이 적어진다. 이 공기의 유량을 유량계로 측정하여 치수의 값으로 읽는 측정기기이다.

① 압축공기원이 필요하다.
② 비교측정기로 2개의 마스터(상한 측정치 마스터, 하한 측정치 마스터)로 측정이 가능하다.
③ 타원, 테이퍼, 편심 등의 측정을 간단히 할 수 있다.
④ 확대기구에 기계적 요소가 없기 때문에 장시간 고정도를 유지할 수 있다.
⑤ 측정원리에 따라 배압식, 유량식, 유속식으로 분류할 수 있다.

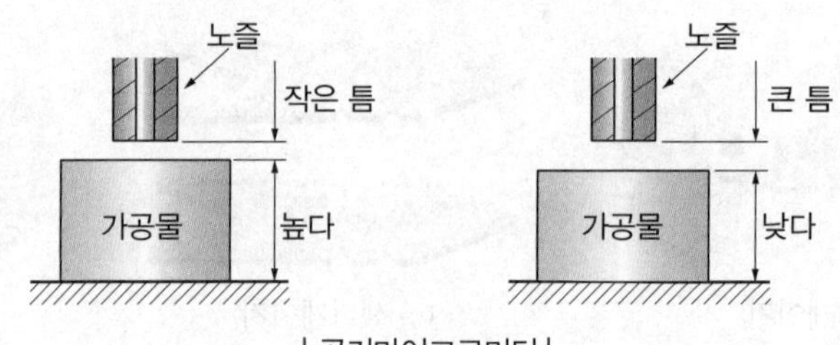

| 공기마이크로미터 |

6. 각도 측정

(1) 각도게이지 : 요한슨식과 N.P.L식이 있다.

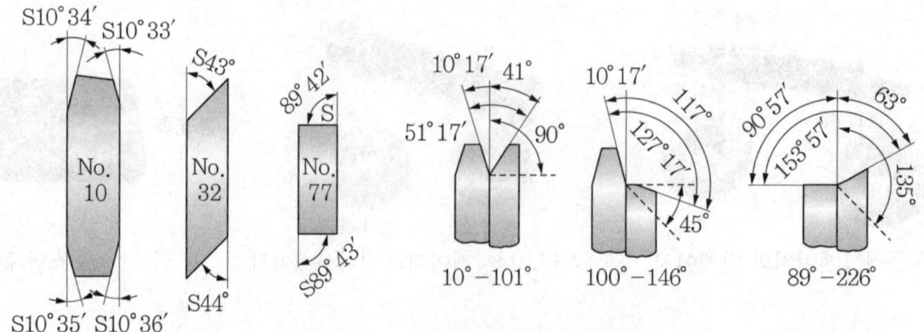

| 요한슨식 각도게이지 및 각도조합 예 |

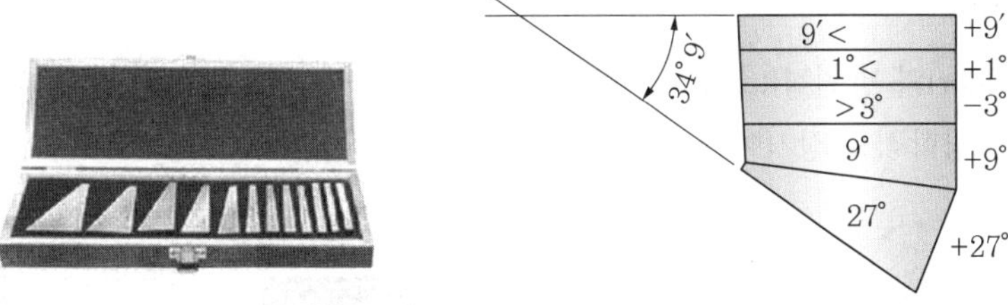

| N.P.L식 각도게이지 및 각도 조합 예 |

(2) 사인바

① 블록게이지로 양단의 높이를 맞추어, 삼각함수(sine)를 이용하여 각도를 측정한다.

② 양 롤러 중심의 간격은 100mm 또는 200mm로 제작한다.

③ 각도가 45°가 넘으면 오차가 커지므로 45° 이하에만 사용한다.

④ 각도 측정

$$\sin\theta = \frac{H-h}{L}$$

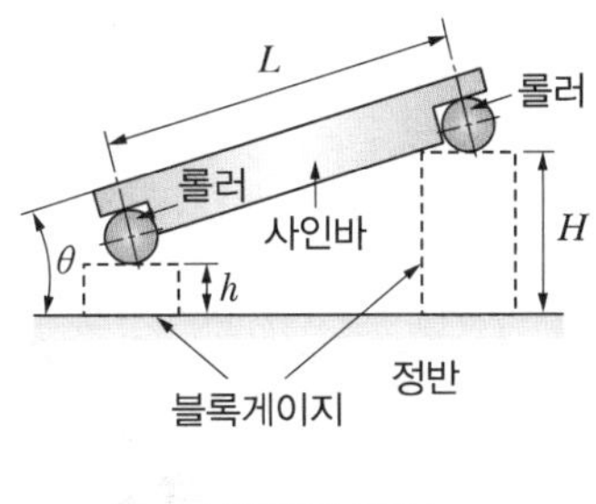

| 사인바의 원리 |

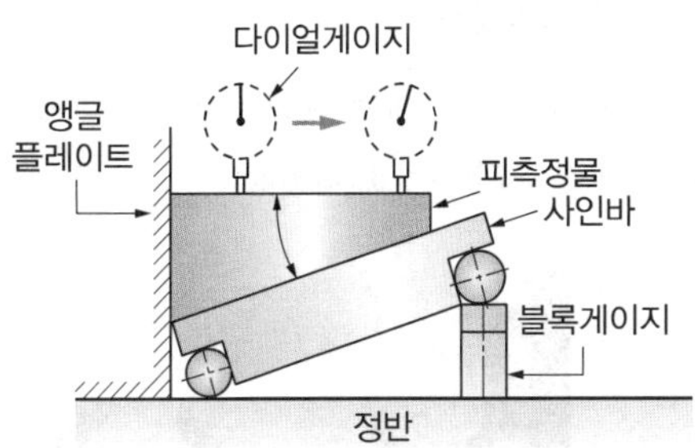

| 사인바에 의한 테이퍼 측정 |

(3) 수준기

기포관 내의 기포 위치로 수평면에서 기울기를 측정하는 액체식 각도 측정기로서 기계의 조립 및 설치 시에 수평, 수직 상태를 검사하는 데 사용된다.

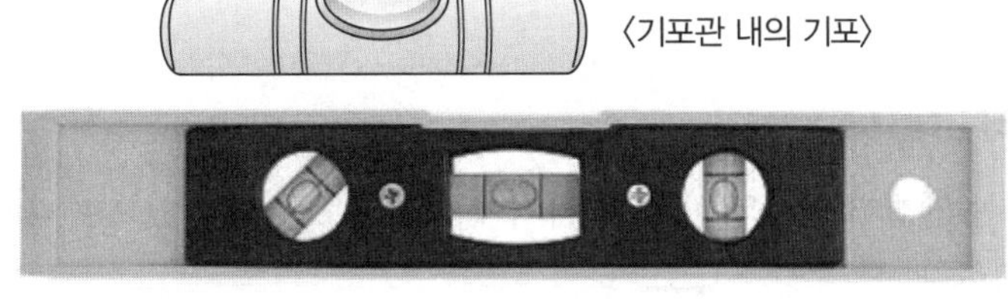

| 수준기 |

(4) 오토콜리메이터

시준기(collimator)와 망원경(telescope)을 조합한 것으로서 미소 각도 측정, 진직도 측정, 평면도 측정 등에 사용되는 광학적 측정기이다.

| 오토콜리메이터 |

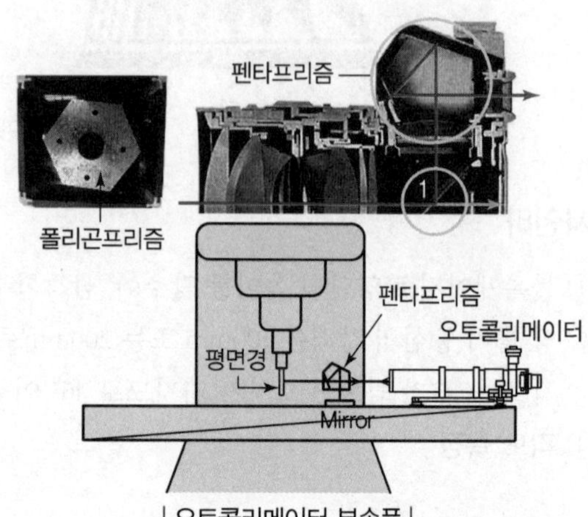

| 오토콜리메이터 부속품 |

(5) 기타 각도측정기

① 콤비네이션 스퀘어 세트(combination square set)

② 베벨각도기(bevel protractor)

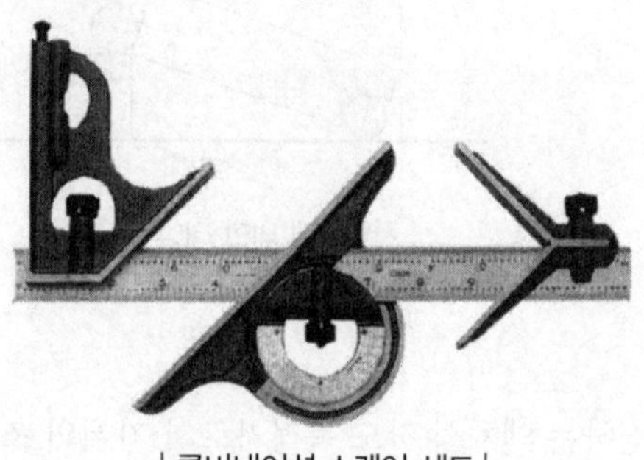
| 콤비네이션 스퀘어 세트 |

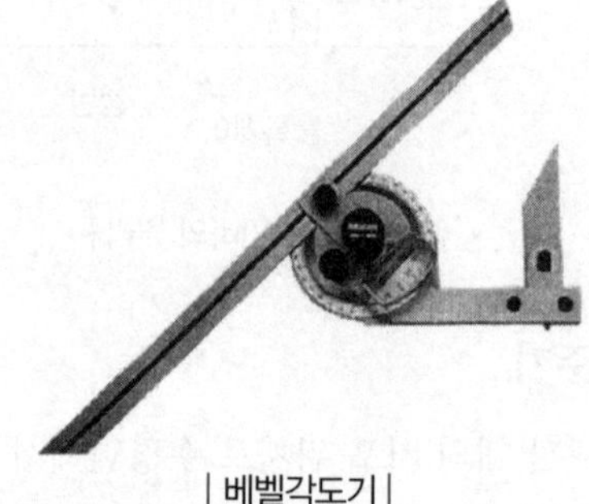
| 베벨각도기 |

7. 나사 측정

(1) 나사 마이크로미터

나사 마이크로미터는 앤빌이 나사의 산과 골 사이에 끼워지도록 되어 있으며 나사에 알맞게 끼워 넣어서 유효지름을 측정한다.

(2) 삼침법

나사의 골에 적당한 굵기의 침을 3개 끼워서 침의 외측거리 M을 외측 마이크로미터로 측정하여 수나사의 유효지름을 계산한다.

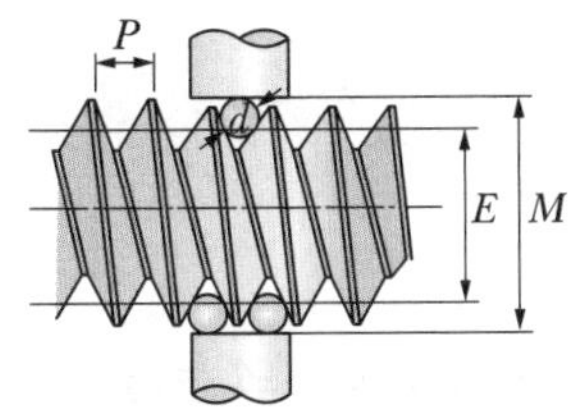

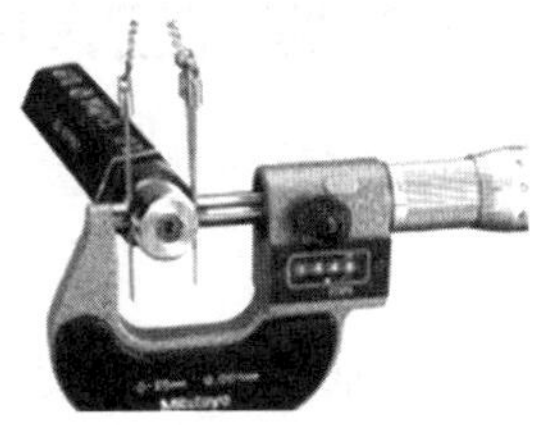

유효경 $E = M - 3d_m + 0.866025p$(단, MM, 유니파이 나사의 경우)
여기서, M : 삼침의 외측 측정규격, d_m : 삼침경, p : 나사의 피치

(3) 공구현미경

공구현미경은 관측 현미경과 정밀 십자이동테이블을 이용하여 길이, 각도, 윤곽 등을 측정하는 데 편리한 측정기기이다.(나사유효지름 측정)

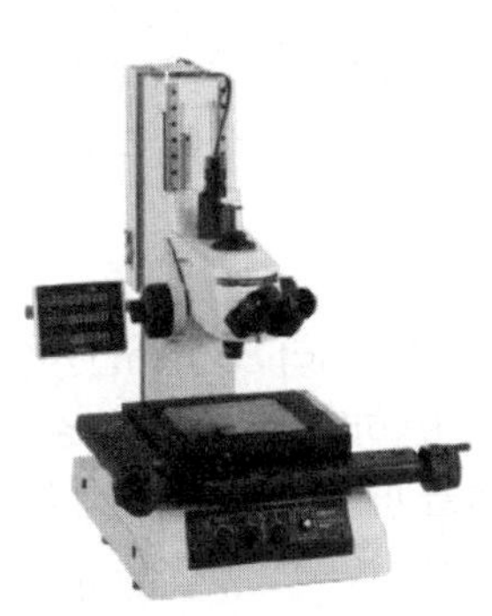

| 공구현미경 |

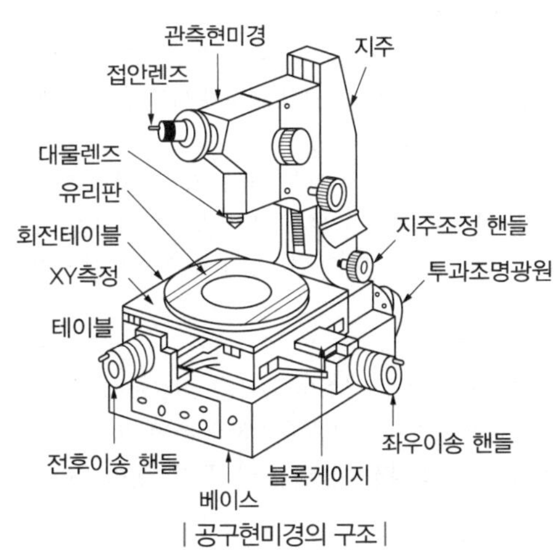

| 공구현미경의 구조 |

(4) 만능측장기

① 측정자와 피측정물을 측정방향으로 일직선상에 두고 측정하는 측정기로서 기하학적 오차를 줄일 수 있는 구조로 되어 있다.

② 외경측정, 내경측정, 나사플러그, 나사링게이지의 유효경 등을 측정한다.

| 만능측장기 |

핵심 기출 문제

01 내경 측정용 게이지가 아닌 것은?

① 게이지 블록 ② 실린더 게이지
③ 버니어 캘리퍼스 ④ 내경 마이크로미터

해설

① 블록 게이지(게이지 블록)
- 길이 측정의 기준으로 사용되는 평행 단도기이다.
- 블록게이지를 여러 개 조합하면 원하는 치수를 얻을 수 있으며, 현재는 밀착해서 사용해도 $1\mu m$ 간격으로 조합할 수 있고 래핑 가공된 측정면은 광파로 그 길이를 측정할 수 있으므로 정도가 아주 높고 쉽게 임의의 치수를 얻을 수 있다.

② 실린더 게이지 : 측정자의 변위를 직각방향으로 전달하고, 길이의 기준과 비교함으로써, 부착되어 있는 게이지 등의 지시기로 측정자의 변위를 읽을 수 있는 내경측정기를 말한다.

③ 버니어 캘리퍼스
- 본척(어미자)과 부척(아들자)을 이용하여 1/20mm, 1/50mm까지 길이를 측정하는 측정기이다.
- 측정종류 : 외경, 내경, 깊이, 두께, 높이 등
- 최소 측정값 : $\frac{1}{20}$mm 또는 $\frac{1}{50}$mm까지 측정

④ 내경 마이크로미터(옵티컬플랫)
- 길이의 변화를 나사의 회전각과 지름에 의해 원 주변에 확대하여 눈금을 새김으로써 작은 길이의 변화를 읽을 수 있도록 한 측정기이다.
- 용도 : 외측, 내측, 기엇니, 깊이, 나사, 유니, 포인트 마이크로미터 등
- 최소 측정값 : 0.01mm 또는 0.001mm

02 버니어캘리퍼스의 눈금 24.5mm를 25등분한 경우 최소 측정값은 몇 mm인가?(단, 본척의 눈금 간격은 0.5mm이다.)

① 0.01 ② 0.02
③ 0.05 ④ 0.1

해설

$$V = \frac{S}{n} = \frac{0.5}{25} = 0.02$$

여기서, V : 부척의 1눈금 간격
S : 본척의 1눈금 간격
n : 부척의 등분 눈금 수

03 롤러 중심거리 200mm인 사인바로 게이지 블록 42mm를 사용하여 피측정물의 경사면이 정반과 평행을 이루었을 때, 피측정물 구배값은 약 몇 도인가?

① 30 ② 25
③ 21 ④ 12

해설

사인바의 원리

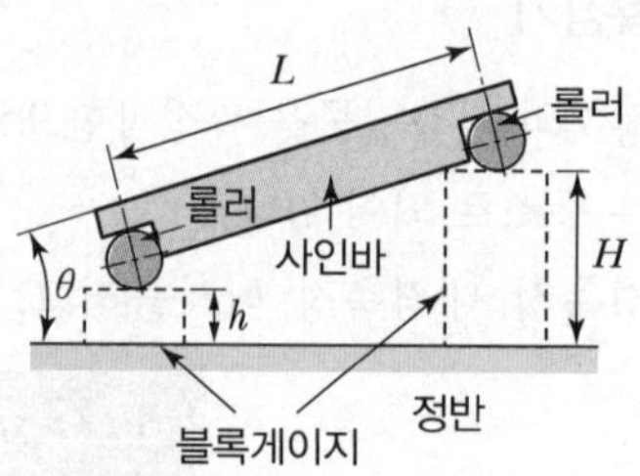

$\sin\theta = \frac{H-h}{L}$ 이므로

$$\theta = \sin^{-1}\left(\frac{H-h}{L}\right) = \sin^{-1}\frac{42}{200} \fallingdotseq 12.1°$$

정답 01 ① 02 ② 03 ④

04 두께가 다른 여러 장의 강재 박판(薄板)을 겹쳐서 부채살 모양으로 모은 것이며 물체 사이에 삽입하여 측정하는 기구는?

① 와이어 게이지 ② 롤러 게이지
③ 틈새 게이지 ④ 드릴 게이지

해설

- 와이어 게이지 : 각종 선재의 지름이나 판재의 두께 측정
- 틈새 게이지 : 미소한 틈새 측정
- 드릴 게이지 : 드릴의 지름측정

05 측정기의 구조상에서 일어나는 오차로서 눈금 또는 피치의 불균일이나 마찰, 측정압 등의 변화 등에 의해 발생하는 오차는?

① 개인 오차 ② 기기 오차
③ 우연 오차 ④ 불합리 오차

해설

- 기기오차 : 기기오차는 측정기의 구조, 측정압력, 측정온도, 측정기의 마모 등에 따른 오차로서 아무리 정밀한 측정기라도 다소의 기기오차는 있으며 다음 식에 의하여 구해진 값을 보정하여 사용한다.
  보정값 = 측정값 − 기기오차
- 개인오차 : 측정하는 사람의 습관, 부주의, 숙련도에 따라 발생하는 오차이다. 숙련되면 어느 정도는 오차를 줄일 수 있다.
- 우연오차(외부조건에 의한 오차) : 측정온도나 채광의 변화가 영향을 미쳐 발생하는 오차이다.

06 나사측정방법 중 삼침법(Three Wire Method)에 대한 설명으로 옳은 것은?

① 나사의 길이를 측정하는 법
② 나사의 골지름을 측정하는 법
③ 나사의 바깥지름을 측정하는 법
④ 나사의 유효지름을 측정하는 법

해설

삼침법
나사의 골에 적당한 굵기의 침을 3개 끼워서 침의 외측거리 M을 외측 마이크로미터로 측정하여 수나사의 유효지름을 계산한다.

07 오토콜리메이터의 부속품이 아닌 것은?

① 평면경 ② 콜리 프리즘
③ 펜타 프리즘 ④ 폴리곤 프리즘

해설

오토콜리메이터
시준기(Collimator)와 망원경(Telescope)을 조합한 것으로서 미소 각도를 측정하는 광학적 측정기이다. 오토콜리메이터의 주요 부속품에는 평면경, 펜타 프리즘, 폴리곤 프리즘, 반사경대, 지지대, 조정기, 변압기 등이 있다.

08 플러그 게이지에 대한 설명으로 옳은 것은?

① 진원도도 검사할 수 있다.
② 통과 측이 통과되지 않을 경우는 기준 구멍보다 큰 구멍이다.
③ 플러그 게이지는 치수공차의 합격 유・무만을 검사할 수 있다.
④ 정지 측이 통과할 때에는 기준 구멍보다 작고, 통과 측보다 마멸이 심하다.

해설

한계 게이지 = 플러그 게이지 = 고노게이지(Go No Gauge)
- 설계자가 허용하는 제품의 최대 허용한계치수와 최소 허용한계치수를 측정하는 데 사용되는 게이지
- 최대 허용치수와 최소 허용치수를 각각 통과 측과 정지 측으로 하므로 매우 능률적으로 측정할 수 있고 측정된 제품의 호환성을 갖게 할 수 있는 측정기이다.

정답 04 ③ 05 ② 06 ④ 07 ② 08 ③

09 다음 중 직접 측정기가 아닌 것은?

① 측장기 ② 마이크로미터
③ 버니어 캘리퍼스 ④ 공기 마이크로미터

해설

측정의 종류

- 직접측정(Direct Measurement) : 강철자, 마이크로미터 등과 같이 길이나 각도의 눈금이 있는 측정기를 사용하여 피측정물에 직접 접촉시켜 눈금을 읽어 측정한다. 버니어 캘리퍼스, 마이크로미터, 하이트게이지, 측장기, 각도기 등을 사용한다.
- 비교측정(Relative Measurement) : 공작물의 치수와 표준 치수의 차를 비교해서 치수를 계산한다. 다이얼게이지, 미니미터, 옵티미터, 옵티컬 컴페레이터, 전기 마이크로미터, 공기 마이크로미터, 전기저항 스크레인게이지, 길이변위계 등을 사용한다.
- 간접측정(Indirect Measurement) : 사인바에 의한 각도측정, 삼침법에 의한 나사의 유효지름측정, 롤러와 블록게이지를 이용한 테이퍼 측정, 나사측정, 기어측정, 정반의 직진도와 평면도 측정 등이 있다.
- 한계게이지(Limit Gauge) : 피측정물의 치수나 각도 등의 한계허용치를 적용하여 최대 허용한계치수와 최소 허용한계치수로 제작된 것을 말한다.

10 다음 중 나사의 유효지름 측정과 가장 거리가 먼 것은?

① 나사 마이크로미터 ② 센터게이지
③ 공구현미경 ④ 삼침법

해설

나사 측정 종류

- 나사 마이크로미터 : 엔빌이 나사의 산과 골 사이에 끼워지도록 되어 있으며 나사에 알맞게 끼워 넣어서 유효지름을 측정한다.
- 삼침법 : 나사의 골에 적당한 굵기의 침을 3개 끼워서 침의 외측거리 M을 외측 마이크로미터로 측정하여 수나사의 유효지름을 계산한다.
- 공구현미경 : 관측 현미경과 정밀 십자이동테이블을 이용하며 길이, 각도, 윤곽 등을 측정하는 데 편리한 측정기기이다.
- 만능측정기 : 측정자와 피측정물을 축정방향으로 일직선상에 두고 측정하는 측정기로서 기하학적 오차를 줄일 수 있는 구조로 되어 있다. 외경측정, 내경측정, 나사플러그, 나사링게이지의 유효경 등을 측정한다.
- 센터게이지 : 나사 바이트의 각도를 측정한다.

정답 09 ④ 10 ②

CHAPTER

03 기계제작법

01 주조

1 주조의 개요

1. 주조

원하는 형태의 빈 공간(Mold Cavity)을 가진 주형에 중력(Gravity) 또는 다른 힘으로 액체상태의 재료를 넣어 굳혀서 모양을 만드는 방법이다.

2. 주물(Casting)

주조 공정으로 만든 부품(Parts)

3. 주물의 제작과정

원형제작 → 주형제작 → 금속용융 → 주형에 주입 → 냉각 → 주형제거 → 표면청소 및 정밀가공 → 제품검사

2 원형

1. 원형 제작 시 유의사항

(1) 수축여유와 주물자

① **수축여유** : 응고과정에서 주물 수축이 발생할 수 있으므로 수축량만큼 원형을 크게 만들어야 한다.

② 주물자

㉠ 수축여유를 고려해서 수축량만큼 치수를 크게 만든 자이다.

㉡ 주물자는 '주물의 재질'에 따라 다르다.

(2) 가공여유

주조품 제작 시 표면거칠기와 정밀도를 높이기 위해서 주조공정 후 기계가공이 필요하다. ⇒ 기계가공을 하기 위한 여유 필요

(3) 목형구배(기울기)

목형을 주형에서 빼낼 때 주형이 파손되는 것을 방지하기 위하여 목형의 측면을 경사지게 제작한다.

(4) 코어프린트

① 코어의 일부분으로서 코어를 주형에 고정시키기 위한 연장부이다.

② 주형 내에서 코어의 위치를 고정시켜 액체상태의 재료 주입 시 재료의 흐름이나 부력에 의해 코어가 움직이거나 떠오르는 것을 방지한다.

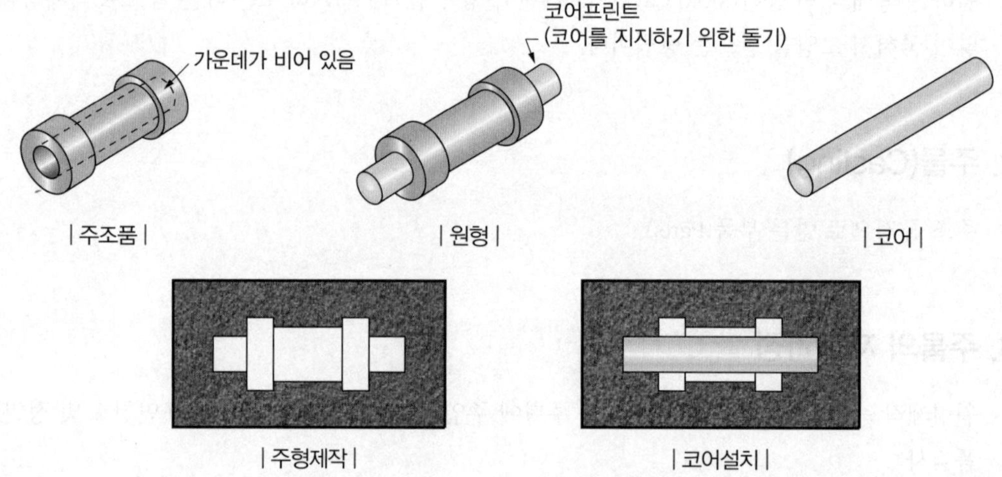

| 주조품 | | 원형 | | 코어 |

| 주형제작 | | 코어설치 |

(5) 라운딩

주물의 각진 부분은 결정립의 경계선이 형성되면 그 부분에 불순물이 모여 수축 또는 편석이 형성되어 취약한 경계면이 조성된다. 이와 같은 결함을 없애기 위해서 모서리 부분을 둥글게 한다.

(6) 덧붙임

두께가 균일하지 않고 형상이 복잡한 부분은 냉각이 되면 내부응력이 발생되어 파손 및 변형이 되기 쉬우므로 덧붙임으로 보강하고 주형을 제거한 다음 이것을 잘라낸다.

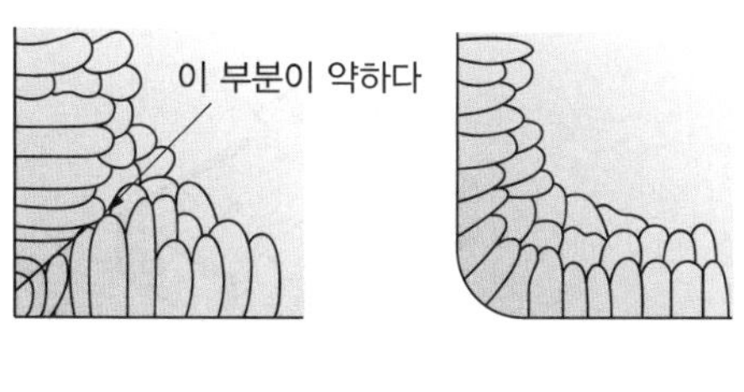

| 라운딩 |

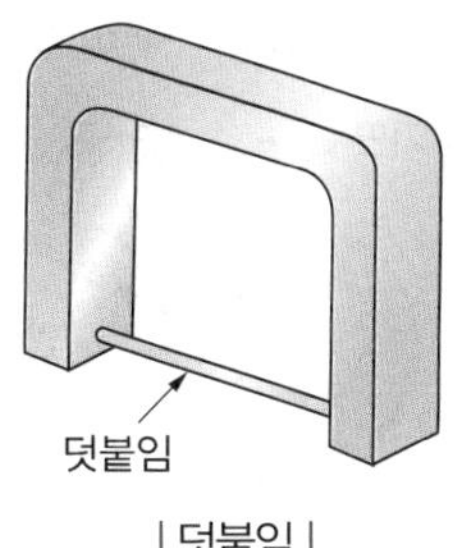

| 덧붙임 |

2. 원형의 종류

(1) 구조에 따른 분류

① **현형(Solid Pattern)** : 제품과 동일한 형상으로 된 것에 가공여유, 수축여유를 가산한 목형을 현형이라 한다.

㉠ 단체형 : 단일체로서 제작되는 것이며, 간단한 주물은 1개의 목편으로 제작된다.

㉡ 분할형 : 주형을 파괴하지 않고 주형 작업을 용이하게 하기 위하여 목형을 2개 또는 3개로 분할하여 만든 것으로서, 일반적으로 복잡한 주물에 많이 사용된다.

㉢ 조립형 : 분할형으로도 주형을 사용할 수 있으나 다시 몇 개로 나눈 목형을 조립하여 사용한다. 주로 복잡한 주물에 사용

㉣ 하중에 의한 변형 방지를 위한 형상 : 다우얼, 소켓, 도브테일

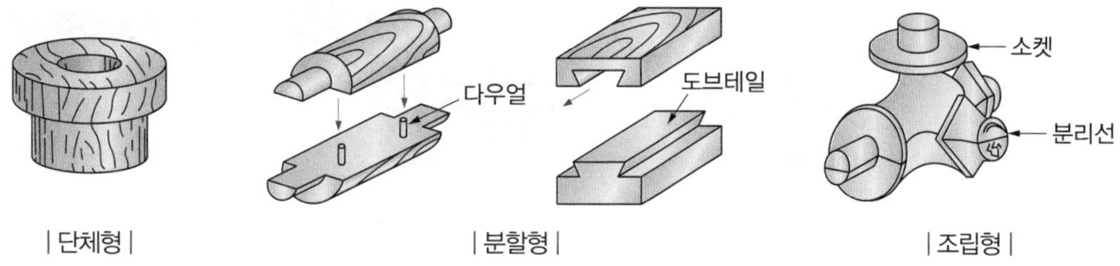

| 단체형 | | 분할형 | | 조립형 |

② **부분 목형** : 대칭인 주물 제작 시 사용 ㉥ 대형 기어, 프로펠러

③ **회전 목형** : 회전체로 된 주물 제작 시 사용 ㉥ 풀리, 단차

| 부분 목형 | | 회전 목형 |

④ **고르개 목형(긁기형)** : 주조형상의 단면이 좁고 길이가 긴 경우 사용 ⓔ 가늘고 긴 굽은 파이프 제작

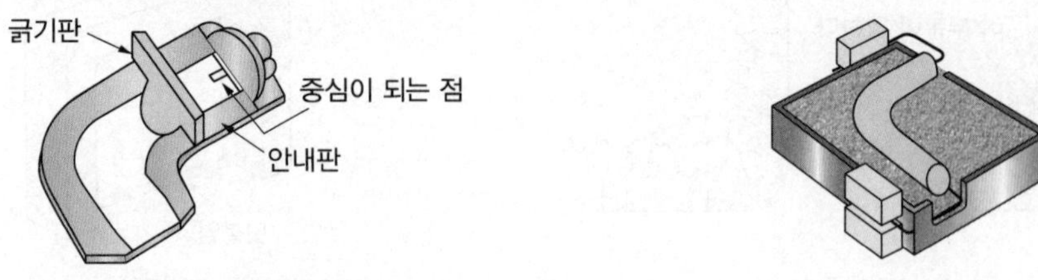

⑤ **골격 목형** : 목재비를 절감하기 위해 골격 부분은 목재로 하고 나머지 부분은 점토로 채운 것. 정밀 제작은 곤란하며 주로 대형 주조품에 적합 ⓔ 대형 파이프, 대형 주물

⑥ **코어 목형(Core Box)** : 속이 빈 중공 주물 제작 ⓔ 파이프, 가마솥

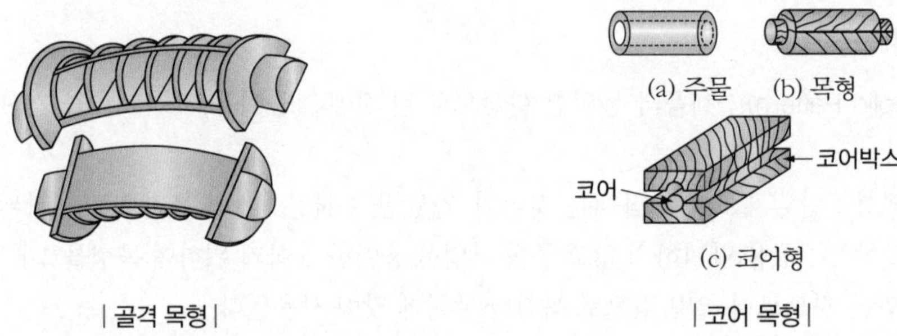

| 골격 목형 |　　| 코어 목형 |

⑦ **잔형(Loose Piece)** : 소정의 모양으로 주형이 제작된 후 사용된 모형을 주형에서 잘 뽑아내기 위해, 제품의 형상에 따라 뽑기 어려운 경우에 부분적으로 사용하는 모형이다.

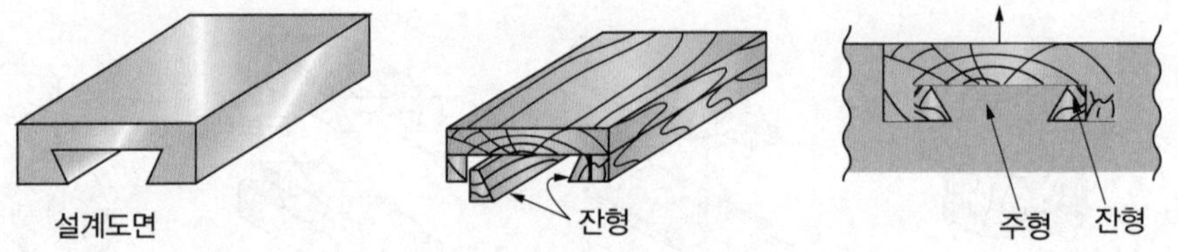

3 주물사

1. 주물사의 구비 조건

① 주형 제작이 쉽고, 원형 치수와 모양의 정확한 재현성을 가질 것
② 주형의 취급, 운반, 용융금속 주입 시 충격에 견딜 것
③ 내열성이 크고, 화학적 변화가 없을 것
④ 통기성이 좋아 가스배출이 쉬울 것(모래에 톱밥 또는 볏짚 첨가)
⑤ 용융금속의 응고와 수축에 대해 신축성이 있고, 응고 후 주형에서 주물을 뽑기 쉬울 것
⑥ 열전도율이 낮고 보온성이 있을 것
⑦ 값이 싸고, 여러 번 되풀이하여 사용 가능할 것

2. 주물사의 종류

① 주철용 주물사 : 산사, 건조사

② 주강용 주물사 : 규사＋점결제(내화점토, 벤토나이트, 곡류, 당분, 규산나트륨 등)

③ 코어용 주물사

㉠ 통기성, 내화성, 내압성이 있어야 한다.

㉡ 톱밥 또는 코크스 분말 등을 섞는다(통기성↑).

4 주조 방안

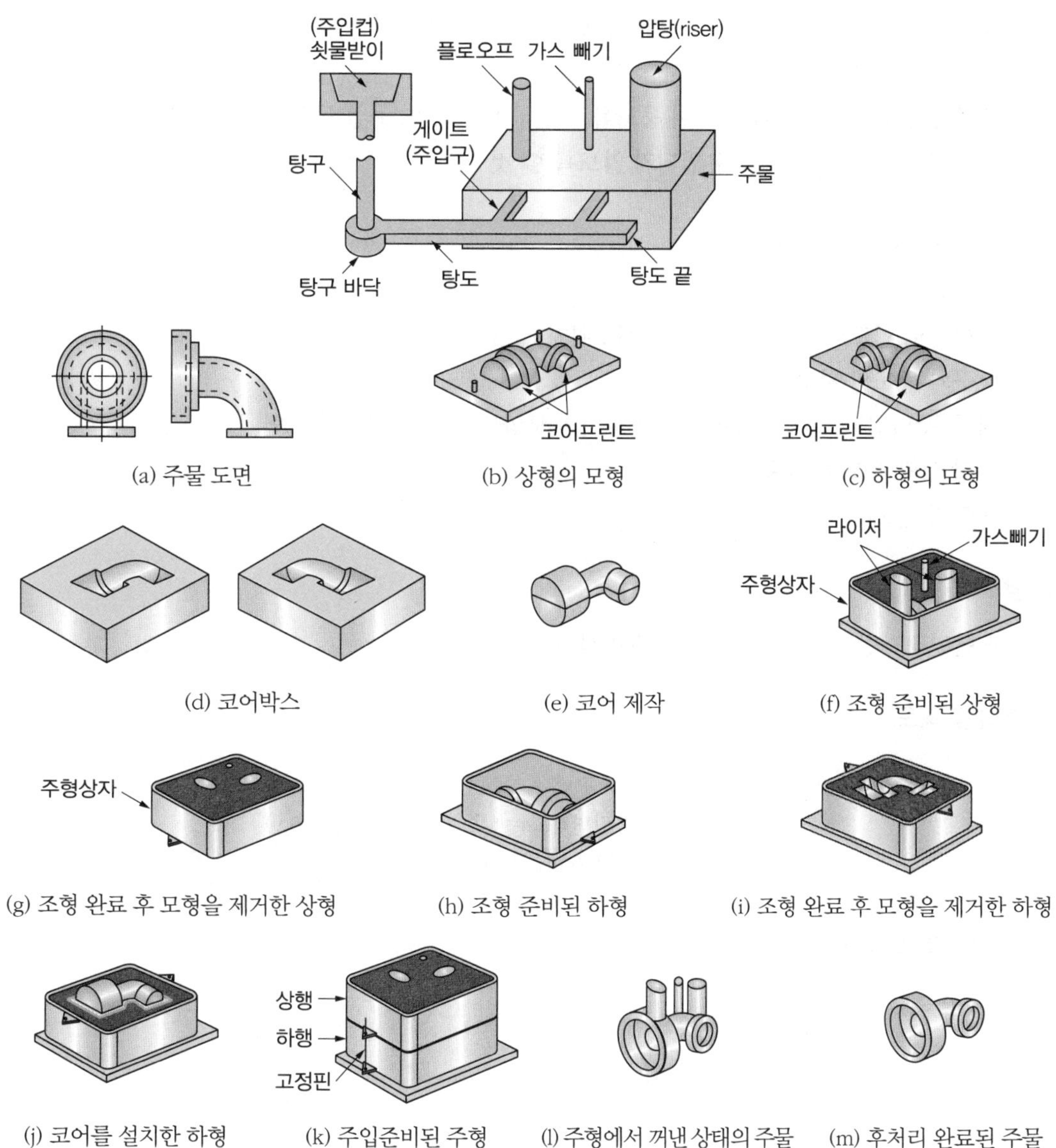

(a) 주물 도면　(b) 상형의 모형　(c) 하형의 모형

(d) 코어박스　(e) 코어 제작　(f) 조형 준비된 상형

(g) 조형 완료 후 모형을 제거한 상형　(h) 조형 준비된 하형　(i) 조형 완료 후 모형을 제거한 하형

(j) 코어를 설치한 하형　(k) 주입준비된 주형　(l) 주형에서 꺼낸 상태의 주물　(m) 후처리 완료된 주물

1. 탕구계

쇳물받이, 탕구(Sprue), 탕도(Runner), 주입구(Gate)를 통틀어 탕구계라고 한다.

(1) 탕구계의 기능

① 주형의 공간에 쇳물을 주입시킨다.
② 불순물을 분리시켜 포집한다.
③ 주형 공간에서 공기나 다른 가스들을 배출시킨다.

(2) 탕구계의 구비조건

① 쇳물을 최적 온도로 주형의 각 부분에 동시에 신속하게 채울 것
② 쇳물의 흐름은 층류 상태를 유지할 것
③ 주물에 양호한 온도구배를 주어 응고를 조절하여 수축공, 균열 등의 발생을 방지할 것
④ 이물질, 먼지 등이 주형에 유입되지 않도록 할 것

(3) 탕구계 설계 시 고려사항

① 주입속도
② 주형으로 인도하는 주입구의 크기, 수, 위치
③ 탕구와 탕도의 치수와 형상
④ 래들, 주입컵(pouring basin)과 주입장치의 모양과 크기가 같은지 확인
⑤ 주입 시와 응고 시의 주형 위치
⑥ 용탕의 온도(유동성)

(4) 탕구비

탕구 단면적 : 탕도 단면적 : 주입구 단면적

(5) 주입량 속도

$$Q = AC\sqrt{2gh}\ (\mathrm{cm^3/s})$$

여기서, A : 탕구의 단면적($\mathrm{cm^2}$), C : 유량계수(0.4~0.9)
g : 중력가속도($\mathrm{cm/s^2}$), h : 탕구높이(cm)

(6) 쇳물의 주입시간

$$T = S\sqrt{W}$$

여기서, T : 주입시간(sec)
S : 주물의 두께에 따른 계수
W : 주물중량(kg)

(7) 중심부까지 응고시간(t_f)

$$t_f = k\left(\frac{V}{S}\right)^2 (\text{sec})$$

여기서, k : 용융금속과 모양에 따른 상수, V : 주물의 체적(cm^3)
S : 주물의 표면적(cm^2)

2. 압탕(Riser, 덧쇳물)

(1) 압탕의 효과

① 주형 내의 쇳물에 정압을 가하여 조직이 치밀해진다.
② 금속의 응고 때 수축을 보상하기 위해 쇳물을 보충한다.
③ 주형 내의 용재 및 불순물을 밀어낸다.
④ 주형 내의 가스를 방출하여 기포결함을 방지한다.
⑤ 용융금속의 주입량을 측정할 수 있다.

4. 중추와 압상력

① 쇳물의 압상력(P) : 쇳물의 부력으로 인해 상부 주형이 들리는 힘
$P = AHS - G$

② 주형 내에 코어가 있을 경우 코어의 부력은 $\frac{3}{4}VS$로 계산한다.

$$P = AHS + \frac{3}{4}VS - G$$

여기서, A : 주물을 위에서 본 면적(m^2), H : 주물의 윗면에서 주입구 표면까지의 높이(m)
S : 주입 금속의 비중량(kgf/m^3), V : 코어의 체적(m^3)
G : 윗덮개 상자자중(kgf)

③ 중추 : 압상력에 의해 상부 주형틀이 들리는 것을 방지하기 위해, 압상력의 3배 무게를 가진 중추를 상부 주형틀에 올려준다.

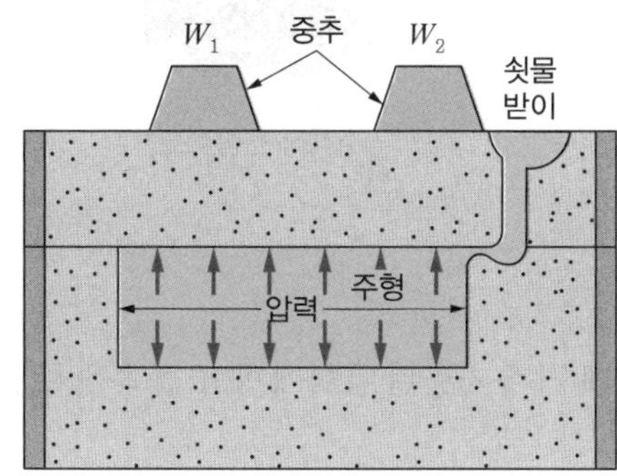

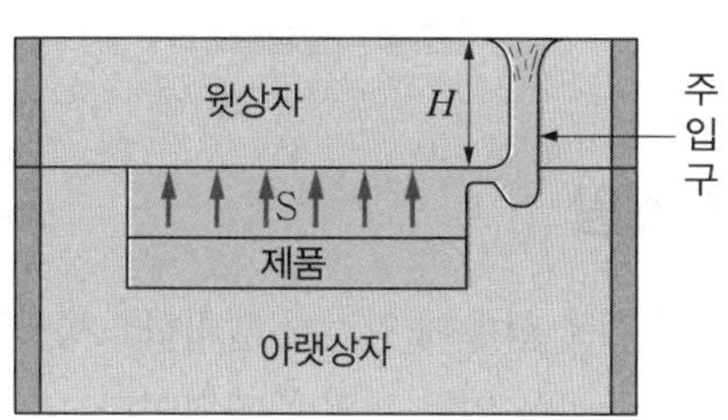

5 금속의 용해

(1) 용광로

① 철광석으로부터 선철을 용해
② 용량 : 1일에 용해할 수 있는 최대중량(ton/1일)

(2) 큐폴라(용선로)

① 파쇄금속이나 선철로부터 주철을 용해
② 용량 : 1시간에 용해할 수 있는 최대중량(ton/1시간)
③ 큐폴라의 유효높이 : 송풍구에서 장입구까지의 높이

(3) 유도 전기로

① 주강의 용해에 사용
② 용량 : 1회에 용해할 수 있는 최대중량(ton/1회)

(4) 도가니로

① 비철합금(동합금, 경합금, 합금강)의 용해에 사용
② 용량 : 1회에 용해할 수 있는 최대중량(kgf /1회)

6 특수주조법

1. 원심주조법

원심력을 이용하여 주형의 구석구석까지 쇳물을 보내어 주물의 조직이 치밀하고 균일하며 강도가 높다.

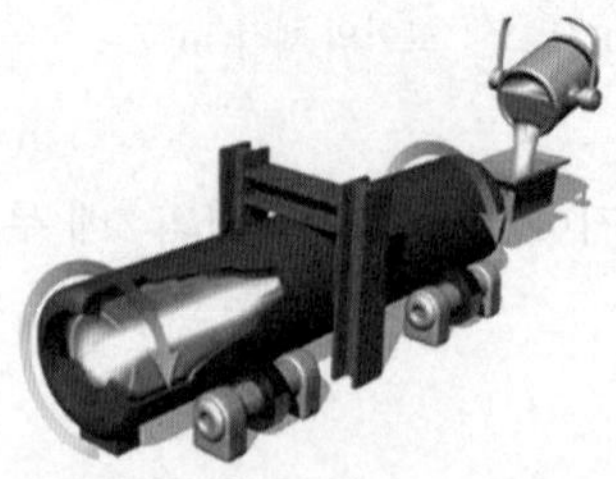
| 수평식 원심주조법 |

| 수직식 원심주조법 |

2. 다이캐스팅

① 필요한 주조 형상에 완전히 일치하도록 정확하게 기계 가공된 금형에 용융 금속을 주입하여 금형과 똑같은 주물을 얻는 정밀 주조법이다.

② 용융점이 낮은 비철금속(Sn, Zn, Al, Mg, Cu)에 주로 사용한다.

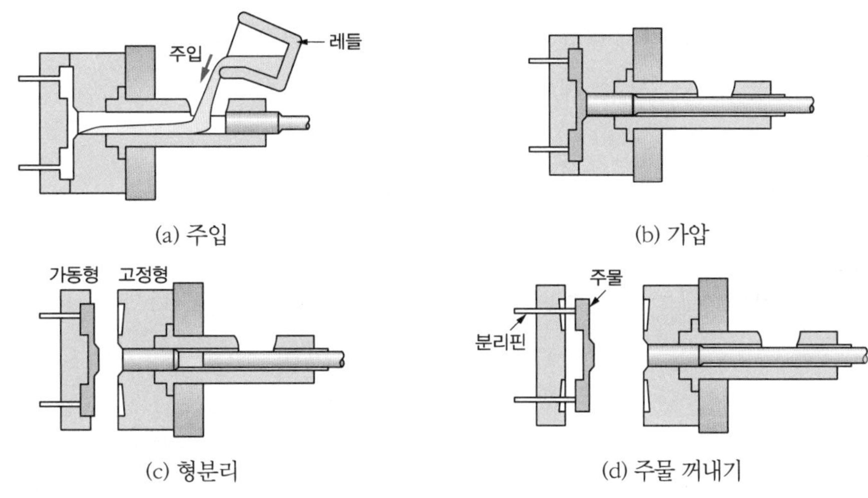

| 다이캐스팅 순서 |

3. 셸몰드법

금속 원형을 가열한 다음 규사와 열경화 수지의 혼합분말을 뿌려서 주형을 만들고, 이것을 조합하여 그 사이에 쇳물을 부어서 주물을 주조하는 방법이다.

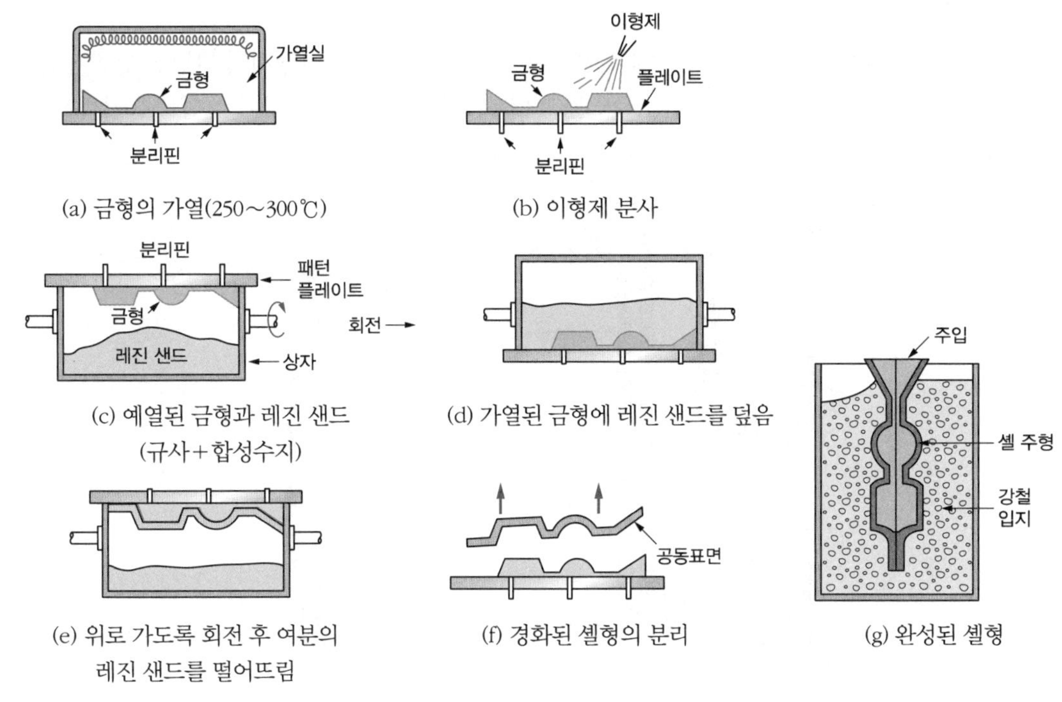

| 셰몰드법 순서 |

4. 인베스트먼트법(Lost Wax법)

왁스로 원형을 만든 후 빈 통에 넣고 내화 물질로 채운 다음, 가열하여 원형(왁스)을 녹여 배출시키고 원형의 자리에 쇳물을 부어 주물을 제작한다.

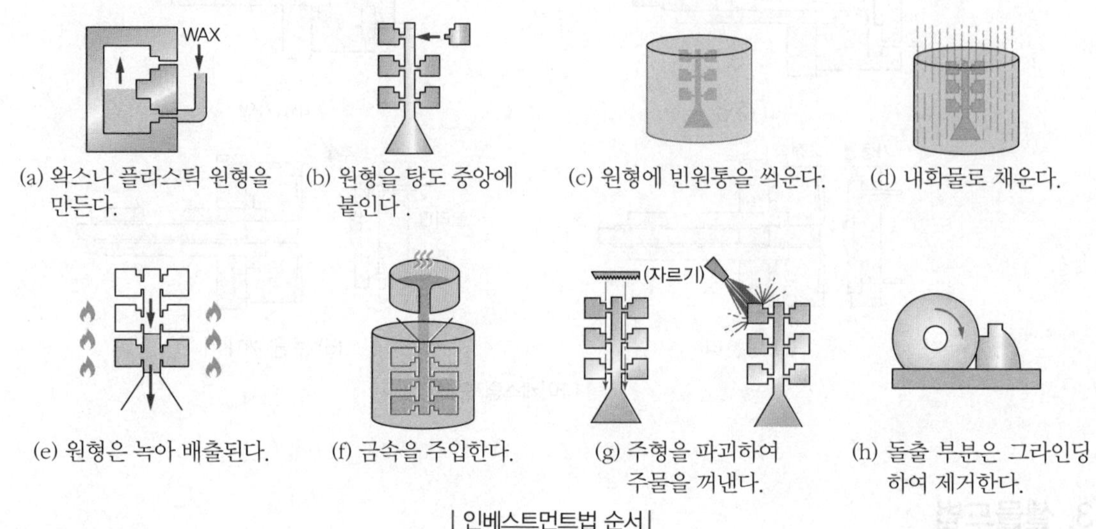

| 인베스트먼트법 순서 |

5. 칠드주조법

열전도율이 큰 금형을 주형(=사형+금형)의 일부로 만들어 표면을 급랭시켜 단단한 탄화철인 칠드층을 만드는 방법으로 표면(백주철)의 경도가 높고 내부(회주철)는 경도가 낮아 인성을 유지하게 한다. 압연롤러, 기차바퀴 등의 제작 시 이용한다.

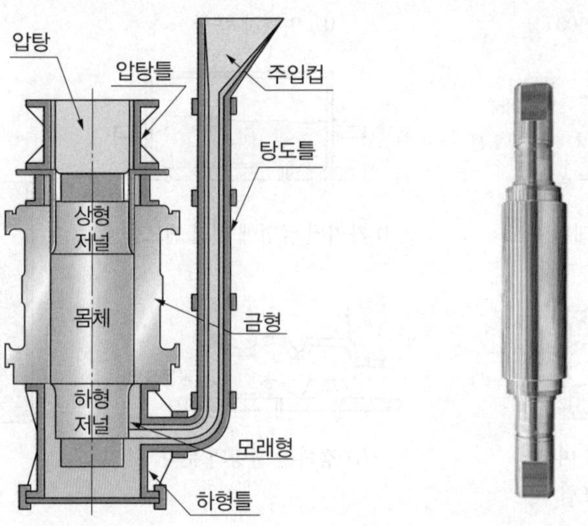

7 주물의 결함

1. 기공(Blow Hole)

주조 시에 액체상태의 재료 속에 용해된 가스 또는 주형으로부터 침입한 가스가 응고 시 주물 내부에 그대로 잔존하여 기공이 형성된다.

2. 수축공

응고수축으로 인해 주물 표면이 움푹 파지거나 내부에 빈 공간이 생기는 결함이다.

3. 편석(Segregation)

① 용융금속 응고 시 주물 일부분에 불순물이 집중되어 석출된다.
② 합금에서 금속성분의 비중 차이에 의해 성분 간 경계를 이루는 현상이다.
③ 응고될 때 또는 응고차이에 의해 결정 간의 경계를 이룰 때 조직이 달라지는 현상이다.

4. 변형과 균열

용융금속의 응고 시 주물두께의 차이가 심하여 수축이 불균일할 경우 내부응력으로 인하여 변형과 균열이 발생한다.

5. 표면결함

① 스캡(Scab) : 용융금속의 충전 시 모래의 팽창력에 의해 주형이 팽창하여 발생하는 것으로, 주물 표면에 생기는 불규칙한 형상의 크고 작은 돌기 모양이 생기는 주물 결함이다.
② 워시(Wash) : 주물사의 결합력 부족으로 발생한다.

핵심 기출 문제

01 큐폴라(Cupola)의 유효높이에 대한 설명으로 옳은 것은?

① 유효높이는 송풍구에서 장입구까지의 높이이다.
② 유효높이는 출탕구에서 송풍구까지의 높이이다.
③ 출탕구에서 굴뚝 끝까지의 높이를 직경으로 나눈 값이다.
④ 열효율이 높아지므로, 유효높이는 가급적 낮추는 것이 바람직하다.

02 주형 내에 코어가 설치되어 있는 경우 주형에 필요한 압상력(F)을 구하는 식으로 옳은 것은?(단, 투영면적은 S, 주입금속의 비중량은 P, 주물의 윗면에서 주입구 면까지의 높이는 H, 코어의 체적은 V이다.)

① $F = S \cdot P \cdot H + \frac{1}{2} V \cdot P$
② $F = S \cdot P \cdot H - \frac{1}{2} V \cdot P$
③ $F = S \cdot P \cdot H + \frac{3}{4} V \cdot P$
④ $F = S \cdot P \cdot H - \frac{3}{4} V \cdot P$

해설

주형 내에 코어가 있을 경우 코어의 부력은 $\frac{3}{4} VP$로 계산한다.

$$F = SPH + \frac{3}{4} VP - G$$

여기서, S : 주물을 위에서 본 면적[m^2]
H : 주물의 윗면에서 주입구 표면까지의 높이[m]
P : 주입 금속의 비중량[kgf/m^3]
V : 코어의 체적[m^3]
G : 윗덮개 상자무게[kgf]

03 조립형 프레임이 주조 프레임과 비교할 때 장점이 아닌 것은?

① 무게가 1/4 정도 감소된다.
② 파손된 프레임의 수리가 비교적 용이하다.
③ 기계가공이나 설계 후 오차 수정이 용이하다.
④ 프레임이 복잡하거나 무게가 비교적 큰 경우에 적합하다.

해설

주조 프레임은 모양이 복잡하며 중량이 많을 때 사용한다.

04 주조에 사용되는 주물사의 구비 조건으로 옳지 않은 것은?

① 통기성이 좋을 것
② 내화성이 적을 것
③ 주형 제작이 용이할 것
④ 주물 표면에서 이탈이 용이할 것

해설

주물사의 구비 조건

- 주형 제작이 쉽고, 원형 치수와 모양의 정확한 재현성을 가질 것
- 주형의 취급, 운반 시, 용융금속 주입 시 충격에 견딜 것
- 내열성이 크고, 화학적 변화가 없을 것
- 통기성이 좋아 가스 배출이 쉬울 것
- 용융금속이 응고될 때 수축성이 있고, 응고 후 주형에서 주물을 뽑기 쉬울 것
- 열전도율이 낮고 보온성이 있을 것
- 값이 싸고, 여러 번 되풀이하여 사용 가능할 것

정답 01 ① 02 ③ 03 ④ 04 ②

05 주조에서 주물의 중심부까지의 응고시간(t), 주물의 체적(V), 표면적(S)과의 관계로 옳은 것은?(단, K는 주형상수이다.)

① $t = K\frac{V}{S}$　　② $t = K\left(\frac{V}{S}\right)^2$

③ $t = K\sqrt{\frac{V}{S}}$　　④ $t = K\left(\frac{V}{S}\right)^3$

해설

중심부까지 응고시간(t_f)

$$t_f = k\left(\frac{V}{S}\right)^2 \text{[sec]}$$

여기서, k : 용융금속과 모양에 따른 상수
V : 주물의 체적[cm^3]
S : 주물의 표면적[cm^2]

06 용융금속에 압력을 가하여 주조하는 방법으로 주형을 회전시켜 주형 내면을 균일하게 압착시키는 주조법은?

① 셸 몰드법　　② 원심주조법
③ 저압주조법　　④ 진공주조법

해설

원심주조법(Centrifugal Casting)

- 속이 빈 주형을 수평 또는 수직상태로 놓고 중심선을 축으로 회전시키면서 용탕을 주입하여 그때에 작용하는 원심력으로 치밀하고 결함이 없는 주물을 대량 생산하는 방법이다.
- 수도용 주철관, 피스톤링, 실린더라이너 등의 재료로 이용된다.

07 사형(砂型)과 금속형(金屬型)을 사용하며 내마모성이 큰 주물을 제작할 때 표면은 백주철이 되고 내부는 회주철이 되는 주조 방법은?

① 다이캐스팅법　　② 원심주조법
③ 칠드주조법　　④ 셀주조법

해설

① 다이캐스팅법 : 필요한 주조형상에 완전히 일치하도록 정확하게 기계가공된 금형에 용융금속을 주입하여 금형과 똑같은 주물을 얻는 정밀 주조법이다.
② 원심주조법 : 원심력을 이용하여 주형의 구석구석까지 쇳물을 보낸다.
③ 칠드주조법 : 열전도율이 큰 금형을 주형(=사형+금형)의 일부로 만들어 표면을 급랭시켜 단단한 탄화철인 칠드층을 만드는 방법으로 표면(백주철)의 경도가 높고 내부(회주철)는 경도가 낮아 인성을 유지하게 한다. 압연롤러, 기차바퀴 등의 제작 시 이용한다.
④ 셀주조법 : 금속 원형을 가열한 다음 규사와 열강화 수지의 혼합 분말을 뿌려서 주형을 만든 후 이것을 조합하여 그 사이에 쇳물을 부어서 주물을 주조시키는 방법이다.

08 다음 중 주물의 첫 단계인 모형(Pattern)을 만들 때 고려사항으로 가장 거리가 먼 것은?

① 목형 구배　　② 수축 여유
③ 팽창 여유　　④ 기계가공 여유

해설

목형 제작상 유의사항에는 수축 여유, 가공 여유, 목형 구배(기울기), 코어프린트, 라운딩, 덧붙임 등이 있다.

09 주물용으로 가장 많이 사용하는 주물사의 주성분은?

① Al_2O_3　　② SiO_2
③ MgO　　④ FeO_3

해설

주물사의 주성분

규사+점결제(내화점토, 벤토나이트, 곡류, 당분, 규산나트륨 등)

정답　05 ②　06 ②　07 ③　08 ③　09 ②

10 주물의 결함 중 기공(Blow Hole)의 방지대책으로 가장 거리가 먼 것은?

① 주형 내의 수분을 적게 할 것
② 주형의 통기성을 향상시킬 것
③ 용탕에 가스함유량을 높게 할 것
④ 쇳물의 주입온도를 필요 이상으로 높게 하지 말 것

해설

기공은 주조 시에 용탕 속에 용해된 가스 또는 주형으로부터 침입한 가스가 응고 시에 주물 내부에 그대로 잔존하여 형성되므로 용탕에 가스함유량을 높게 해서는 안 된다.

11 300mm×500mm인 주철 주물을 만들 때, 필요한 주입 추의 무게는 약 몇 kg인가?(단, 쇳물 아궁이 높이가 120mm, 주물 밀도는 7,200kg/m³이다.)

① 129.6 ② 149.6
③ 169.6 ④ 189.6

해설

쇳물의 압상력(P) : 쇳물에 부력으로 인해 상부 주형이 들리는 힘

$$P = AHS - G = 0.3 \times 0.5 \times 0.12 \times 7{,}200 - 0 = 129.6\text{kg}$$

여기서, A : 주물을 위에서 본 면적(m^2)
H : 주물의 윗면에서 주입구 표면까지의 높이(m)
S : 주입 금속의 비중(kg/mm³)
G : 윗덮개 상자자중(kg)

12 Al합금 등과 같은 용융 금속을 고속, 고압으로 금속주형에 주입하여 정밀 제품을 다량 생산하는 특수 주조방법은?

① 다이캐스팅법 ② 인베스트먼트주조법
③ 칠드주조법 ④ 원심주조법

해설

다이캐스팅법
- 필요한 주조 형상에 완전히 일치하도록 정확하게 기계 가공된 금형에 용융 금속을 주입하여 금형과 똑같은 주물을 얻는 정밀 주조법
- 용융점이 낮은 비철금속(Sn, Zn, Al, Mg, Cu)에 주로 사용

13 주조의 탕구계 시스템에서 라이저(Riser)의 역할로서 틀린 것은?

① 수축으로 인한 쇳물 부족을 보충한다.
② 주형 내의 가스, 기포 등을 밖으로 배출한다.
③ 주형 내의 쇳물에 압력을 가해 조직을 치밀화한다.
④ 주물의 냉각도에 따른 균열이 발생되는 것을 방지한다.

해설

④는 냉각쇠(냉금, Chill Metal)의 역할이다.

정답 10 ③ 11 ① 12 ① 13 ④

02 소성가공(Plastic Working)

1 소성가공

1. 용어 정리

① 소성(Plasticity) : 가공물에 외력을 가하면 변형이 생기고, 외력을 제거하여도 변형이 남는 성질을 말한다.
② 소성변형(Plastic Deformation) : 소성으로 인한 변형을 말한다.
③ 탄성(Elasticity) : 힘을 제거하면 원래의 형상으로 복귀하는 성질을 말한다.
④ 탄성변형(Elastic Deformation) : 원래의 형상으로 복귀하는 변형을 말한다.
⑤ 소성가공(Plastic Working) : 소성변형을 이용하여 제품을 만드는 여러 공정을 말하며, 비절삭가공(Chipless Working)이라고도 한다.

2. 가공경화(변형경화)

① 재료를 상온에서 소성 가공한 후에 재질이 단단해지고 항복강도가 증가한다.
② 가공경화의 정도는 가공방법과 재질에 따라 다르며, 가공도가 클수록 경화도가 커진다.
③ 재질에 따라 구리와 구리 합금, 스테인리스강은 가공경화가 잘 되고, 저탄소강은 거의 가공경화가 되지 않는다.
④ 탄성한도나 경도는 증가하고 연신율은 감소한다.
⑤ 가공경화가 심해진 재료는 재결정온도 이상의 온도로 가열 후 서서히 냉각시켜 내부응력을 제거시키는 풀림 처리를 한다.

3. 소성가공의 종류

단조, 압연, 인발, 압출, 전조, 프레스 가공, 제관 등이 있다.

2 단조(Forging)

금속을 가열한 상태 또는 상온의 상태에서 해머(Hammer)나 프레스(Press) 등으로 가압하여 소정의 치수, 형상으로 소성 변형하는 가공방법을 말한다.

1. 금형에 따른 단조작업의 분류

(1) 자유단조(Free Forging)의 종류

① 업세팅(Upsetting) : 봉재를 축 방향으로 압축하여 봉재의 끝부분을 특정 형상으로 성형하거나 중간 부분의 지름을 크게 하는 작업으로 볼트, 리벳의 머리모양을 성형하는 작업이다.
② 단짓기(Setting Down) : 재료에 단(계단식으로)을 만드는 작업이다.
③ 늘이기(Drawing) : 압축하여 가늘고 길게 늘이는 작업이다.
④ 굽히기(Bending) : 재료를 둥글게 구부리는 작업이다.
⑤ 구멍뚫기(Punching) : 구멍을 뚫거나 넓히는 작업이다.
⑥ 자르기(Cutting Off) : 재료를 자르는 작업이다.

(2) 형단조(Die Forging)

상하 두 개의 단조 금형 사이에 가열한 재료를 끼우고 가압하여 성형하는 방법으로 렌치, 스패너 등 작은 공구를 단조할 때 사용한다.

2. 열간단조 시 단조온도

① 일반적으로 온도가 높을수록 단조하기가 용이하다.
② 최고가열온도는 용융되기 시작하는 온도보다 대략 100℃ 정도 낮은 온도가 좋다.
③ 단조 종료온도는 재결정 온도가 바람직하다.
④ 재질이 변하기 쉬우므로 너무 고온으로 장시간 가열하지 말아야 한다.
⑤ 변형될 염려가 있으므로 균일하게 가열하여야 한다.

3. 단조용 공구

① 앤빌(Anvil) : 소재를 올려놓고 타격을 가할 때 받침대로 사용하며 크기는 중량으로 표시한다.
② 정반(Surface Plate)
③ 이형공대(Swage Block) : 크고 작은 홈과 구멍이 있는 블록으로, 단조물의 형상을 변형시킬 때 받침대로 사용하거나 가공물을 구멍에 넣어 구부릴 때 등의 용도에 사용된다.
④ 해머(Hammer)
⑤ 집게(Tong)
⑥ 다듬개
⑦ 정(Chisel)
⑧ 단조용 탭(Tap) : 단조재에 원형, 4각형, 6각형 등의 단면을 얻는 데 사용하는 공구이다.

3 압연(Rolling)

1. 압연의 개요

압연이란 회전하는 2개의 롤러(Roller) 사이에 재료를 통과시켜 롤러의 압력에 의하여 소성변형을 시켜 두께 또는 단면적을 감소시키면서 길이를 늘이는 작업과정으로, 주조나 단조에 비해 속도가 빠르며 생산비가 적게 든다.

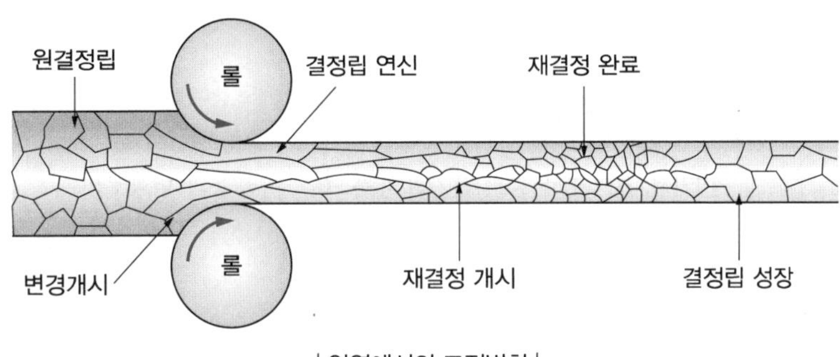

| 압연에서의 조직변화 |

2. 압연가공

(1) 압하율, 증폭률

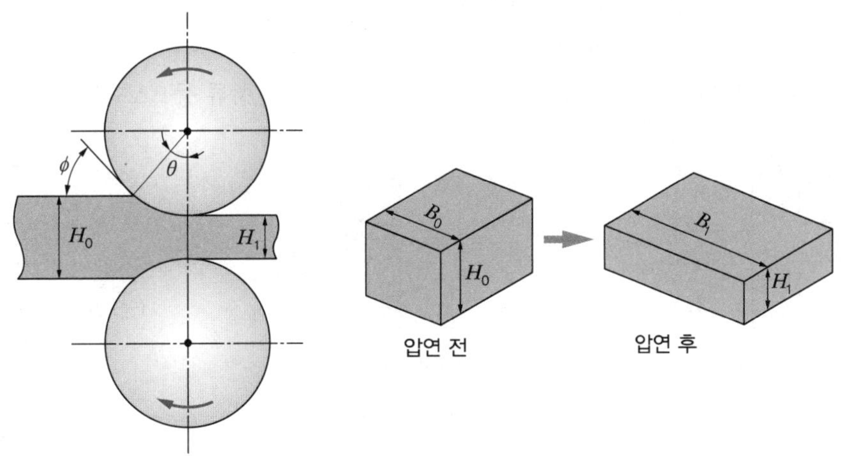

| 롤러의 압하와 폭 증가 |

① 압하율

압연에 의한 변형 정도의 표시는 두 롤러 사이를 재료가 통과하기 전과 후의 두께 차이를 압하량으로 표시하며, 압하량을 압연 전의 두께로 나눈 값의 백분율을 압하율로 표시한다.

• 압하량 $= H_0 - H_1$

• 압하율 $= \dfrac{H_0 - H_1}{H_0} \times 100(\%)$

여기서, H_0 : 롤러 통과 전 재료의 두께, H_1 : 롤러 통과 후 재료의 두께
θ : 접촉각, ϕ : 마찰각, μ : 마찰계수

② 증폭률

압연에 의해 폭 방향의 변화도 동시에 일어난다.

• 증폭량 $= B_1 - B_0$

• 증폭률 $= \dfrac{B_1 - B_0}{B_0} \times 100(\%)$

여기서, B_0 : 롤러 통과 전 재료의 폭, B_1 : 롤러 통과 후 재료의 폭

4 인발(Drawing)

1. 인발의 개요

① 인발이란 소재를 외부에서 잡아당기며 테이퍼 구멍을 가진 다이를 통과시킴으로써 특정 형상의 단면을 가지는 가늘고 긴 제품을 만드는 가공법을 말한다.
② 주로 지름 5~10mm 이하의 봉재나 두께 1.5mm 이하의 파이프 등을 가공할 때 사용한다.
③ 파이프 인발에는 심봉(Mandrel)을 사용한다.
④ 압출과 달리 소재에 인장력이 작용한다.
⑤ 인발가공은 단면의 형상이나 치수, 인발기계의 구조, 다이의 종류 등으로 구분한다.

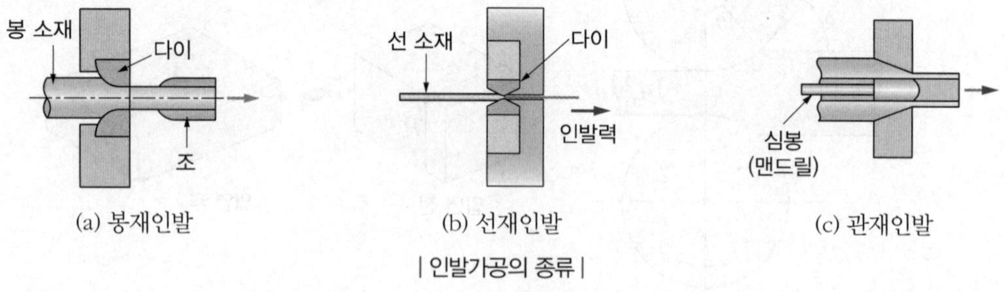

| 인발가공의 종류 |

2. 인발에 영향을 미치는 인자

단면 감소율, 다이 각, 인발률, 인발력, 역장력, 윤활법, 인발속도, 인발재료 등이 인발에 영향을 미친다.

5 압출(Extrusion)

1. 압출의 개요

① 압출가공은 압출용기 내에 연질 소재(알루미늄, 구리, 아연, 마그네슘 등)를 넣고 램에 힘을 가하여 다이의 구멍을 통과시켜 소정의 모양으로 가공하는 방법을 말한다.

② 다이의 구멍을 원하는 형태로 쉽게 제작할 수 있기 때문에 각종 봉재는 물론 불규칙한 형상의 단면재도 가공할 수 있다.

2. 압출의 분류

(1) 직접압출(Direct Extrusion) – 전방압출법

① 다이로 부터 소재가 압출될 때 램의 진행방향과 소재의 진행방향이 같을 때, 즉 램의 진행방향으로 소재가 압출될 때를 말한다.

② 재료 손실이 많다.

③ 가장 일반적인 압출공정으로, 용기 내의 빌렛(Billet)이 유압으로 작동되는 램에 의하여 다이를 통과하게 된다.

(2) 간접압출(Indirect Extrusion) – 후방압출법

① 램에 다이를 장착 설치하여 램을 중공(Cavity)으로 하고, 램의 진행방향이 소재의 진행방향과 반대일 때를 말한다.

② 재료의 손실은 적으나 조작이 어렵다.

③ 다이가 압출되지 않은 빌렛 쪽으로 움직이면서 압출시키는 방법이다.

| 직접압출 | | 간접압출 |

(3) 충격압출(Impact Extrusion)

① 상온가공으로 작업하고 보통 크랭크 프레스가 사용되며 단시간 내에 압출이 완료된다.

② 다이에 소재를 넣고 펀치를 가하면, 펀치의 외축을 감싸면서 금속재가 성형된다.

③ 냉간에서 프레스로 경도가 낮은 재료(Sn, Al, Zn 등)를 압출하는 방법이다.

예 치약튜브, 약품(연고)튜브

(4) 정수압압출(Hydrostatic Extrusion)

① 챔버에 유체를 채우고 이를 통하여 재료에 압력을 전달하여 압출한다.

② 챔버 벽면의 마찰이 없다.

③ 유체가 채워진 챔버보다 작은 빌렛을 이용하며, 유체를 통하여 빌렛에 압력을 전달하여 압출되도록 하는 공정을 말한다.

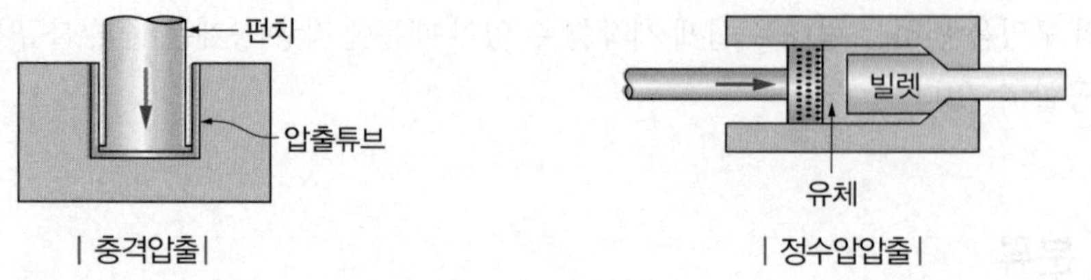

| 충격압출 |　　　　| 정수압압출 |

6 전조(Form Rolling)

① 전도는 다이나 롤과 같은 성형공구를 회전 또는 직선운동시키면서 그 사이에 일반적으로 원형의 소재를 밀어 넣어 국부 또는 전체를 성형하는 가공법이다.

② 전조로 가공되는 부품에는 기어, 나사, 볼, 링, 차축 등이 있다.

7 프레스 가공(Press Working)

1. 프레스 가공의 개요

① 프레스 가공은 펀치(Punch)와 다이(Die) 사이에 소재를 넣고 힘을 가하여 소성변형시켜 가공하는 방법을 말한다.

② 각종 용기, 가구, 장식품, 자전거 부품, 일반 기계, 자동차의 문이나 차체, 컴퓨터나 가전제품의 섀시나 케이스 등의 제품을 제작한다.

2. 프레스 가공의 분류

(1) 전단 가공

① 전단 가공의 개요

전단 가공은 목적에 맞는 형상의 금형을 이용하여 재료에 파단강도 이상의 외력을 가하여 잘라내는 가공법을 말한다.

㉠ 전단력 $F=\tau \times A$

여기서, F : 전단가공에 필요한 힘(N)

τ : 판재의 전단강도(N/mm²)

A : 잘린 면적(mm²)

- 잘린 면이 직선인 경우 : $A=t \cdot l$
- 잘린 면이 원형인 경우 : $A=\pi \cdot d \cdot t$

t : 판재의 두께(mm)
l : 전단되는 길이(mm)
d : 전단되는 구멍지름(mm)

㉡ 소요동력 $H_{kW} = \dfrac{F \cdot V}{\eta}$(kW)

여기서, H_{kW} : 소요동력, F : 전단가공에 필요한 힘(N)

V : 프레스 속도(m/s), η : 기계효율

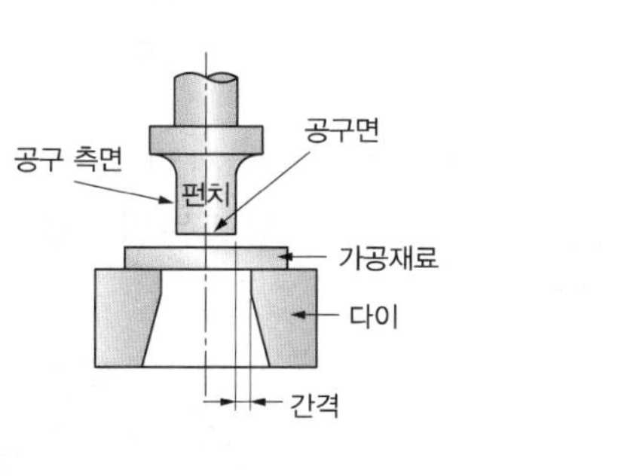

| 전단공구의 구조 |

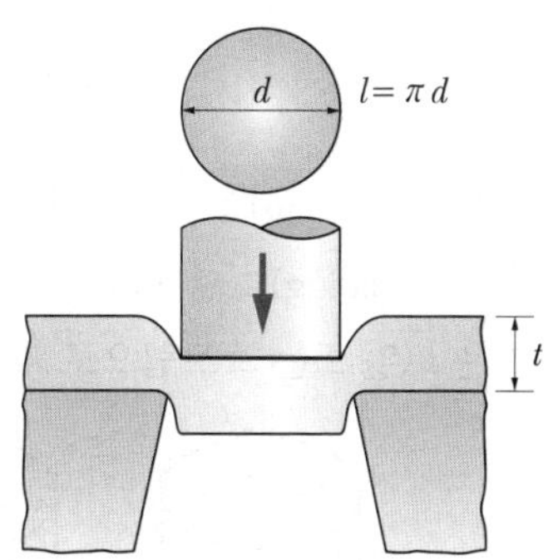

| 전단가공 시 작용하는 힘 |

② 전단 가공의 종류

㉠ 블랭킹(Blanking) : 소재에서 제품을 뽑아내는 작업(뽑아낸 부분이 제품, 남은 부분은 자투리(금속스크랩))

㉡ 펀칭(Punching) : 블랭킹과 반대로 제품으로 사용하고자 하는 소재에 구멍을 뚫는 작업으로 피어싱(Piercing)이라고도 함(남은 부분이 제품, 뽑아낸 부분은 자투리)

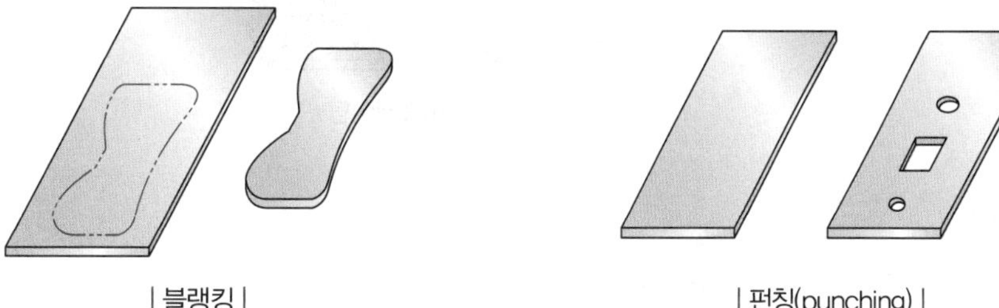

| 블랭킹 |　　　　| 펀칭(punching) |

㉢ 전단(Shearing) : 소재를 직선 또는 곡선으로 절단하는 작업

㉣ 분단(Parting) : 소재를 동일 형상의 제품 2개 이상으로 나누는 작업으로, 세퍼레이팅(Separating)이라고도 함

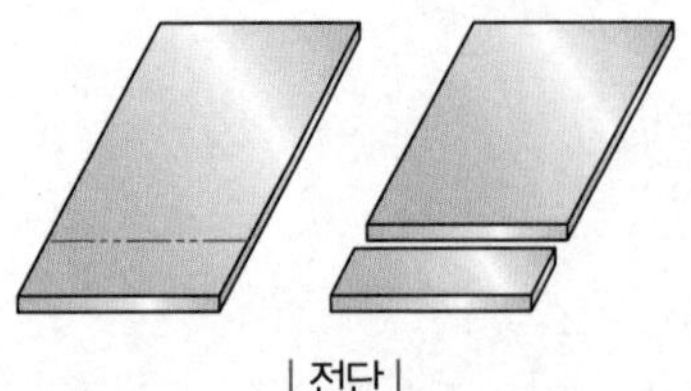

| 전단 |

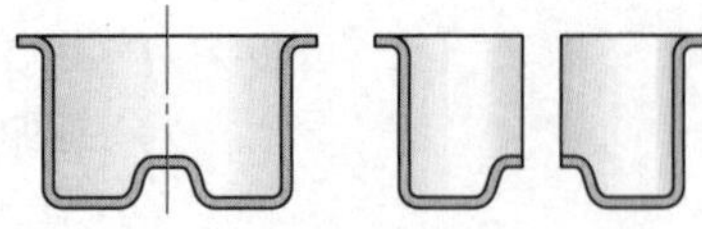

| 분단(Parting) |

ⓜ 노칭(Notching) : 소재의 가장자리를 여러 모양으로 잘라내는 작업

ⓗ 트리밍(Trimming) : 성형된 제품의 불규칙한 가장자리를 절단하는 작업

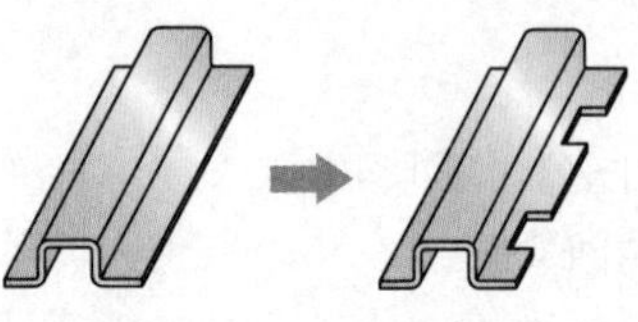

| 노칭 전·후 |

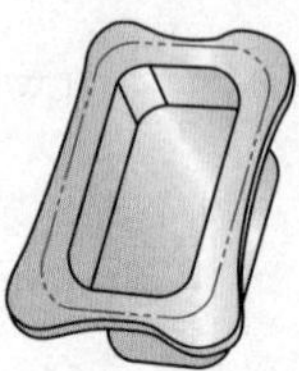

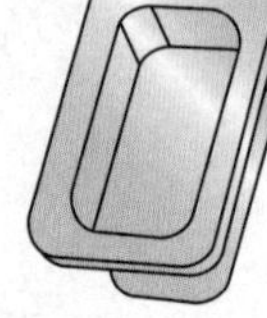

| 트리밍 전·후 |

ⓢ 셰이빙(Shaving) : 블랭킹이나 펀칭한 제품의 전단면을 깨끗하게 다듬는 작업

ⓞ 슬리팅(Slitting) : 판재의 일부에 가는 절입선을 가공하는 작업 또는 넓은 판재를 일정한 간격으로 좁은 코일 또는 스트립으로 가공하는 작업

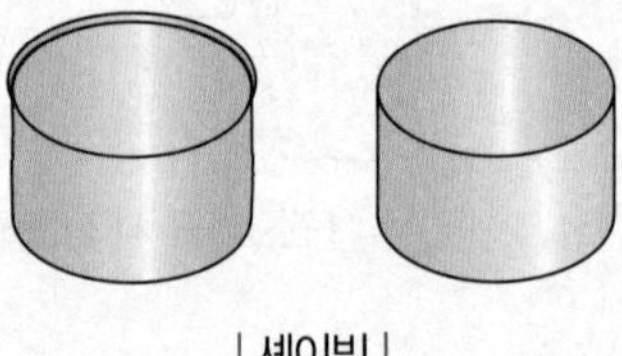

| 셰이빙 |

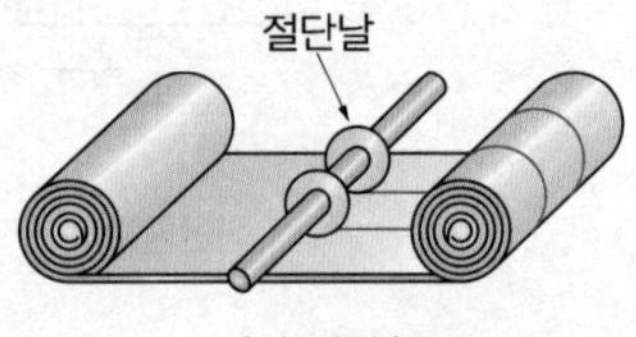

| 슬리팅 |

ⓙ 퍼포레이팅(Perforating) : 판재상에 많은 구멍을 규칙적인 배열로 펀칭하는 작업

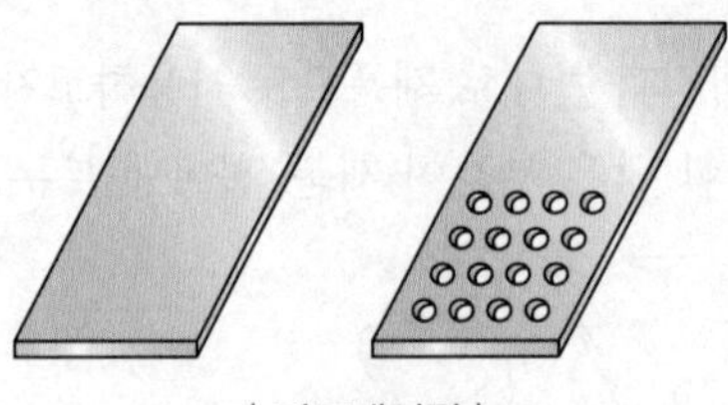

| 퍼포레이팅 |

(2) 굽힘가공

① 굽힘가공의 종류 : 형굽힘, 폴더굽힘, 롤굽힘 등이 있다.

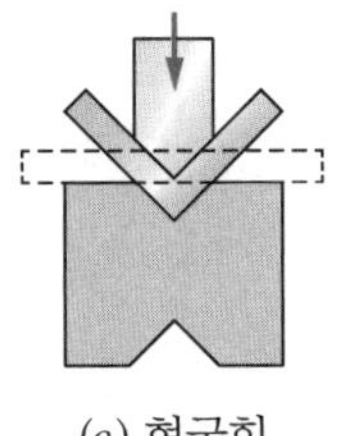
(a) 형굽힘

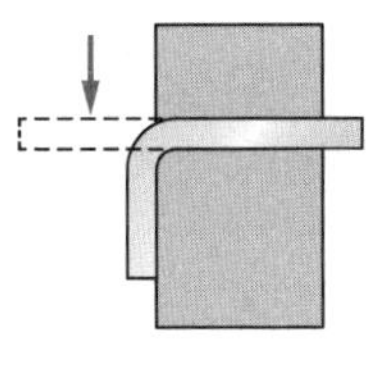
(b) 폴더굽힘

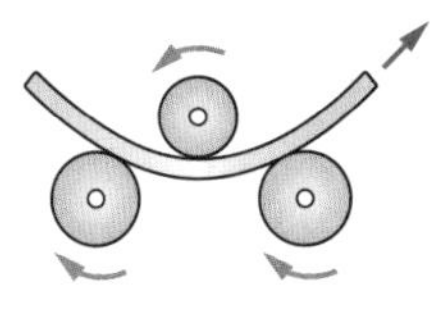
(c) 롤굽힘

| 굽힘가공의 종류 |

② 스프링백(Spring Back)

㉠ 굽힘가공에서 중립면 주위에 남아있는 탄성 변형 영역으로 인해 나타나는 현상

㉡ 제품에 굽힘하중을 가했다가 제거하면 굽힘 전의 상태로 되돌아가려는 현상

㉢ 탄성복원된 정도를 스프링백 비(Spring Back Factor)로 나타낸다.

㉣ 스프링백 비가 '1'이면 스프링 백이 일어나지 않은 상태이고 '0'이면 완전히 탄성복원된 상태를 나타낸다.

$$K = \frac{\theta_2}{\theta_1}$$

여기서, K : 스프링백 비, θ_1 : 스프링백 전의 굽힘각, θ_2 : 스프링백 후의 굽힘각

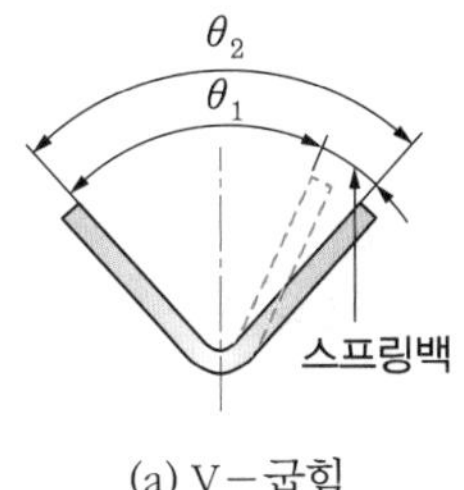

(a) V－굽힘

스프링백

(b) U－굽힘

| 스프링백 현상 |

㉤ 스프링백의 증가 요인

ⓐ 경도와 항복점이 높을수록 커진다.

ⓑ 같은 판재에서 구부림 반지름이 같을 때는 두께가 얇을수록 커진다.

ⓒ 같은 두께의 판재에서는 구부림 반지름이 클수록 크다.

ⓓ 같은 두께의 판재에서는 구부림 각도가 작을수록 크다.

ⓔ 굽힘반경과 판두께의 비가 클수록 크다.

ⓕ 탄성계수가 작을수록 커진다.

(3) 드로잉 가공(Drawing Work)

① 드로잉 가공의 개요

㉠ 드로잉 가공은 평평한 판재를 다이 및 펀치를 사용하여 이음매가 없는 용기로 성형하는 가공법이다.

㉡ 음료용 캔, 주방기구, 싱크대 등 각종 용기의 제작에 이용된다.

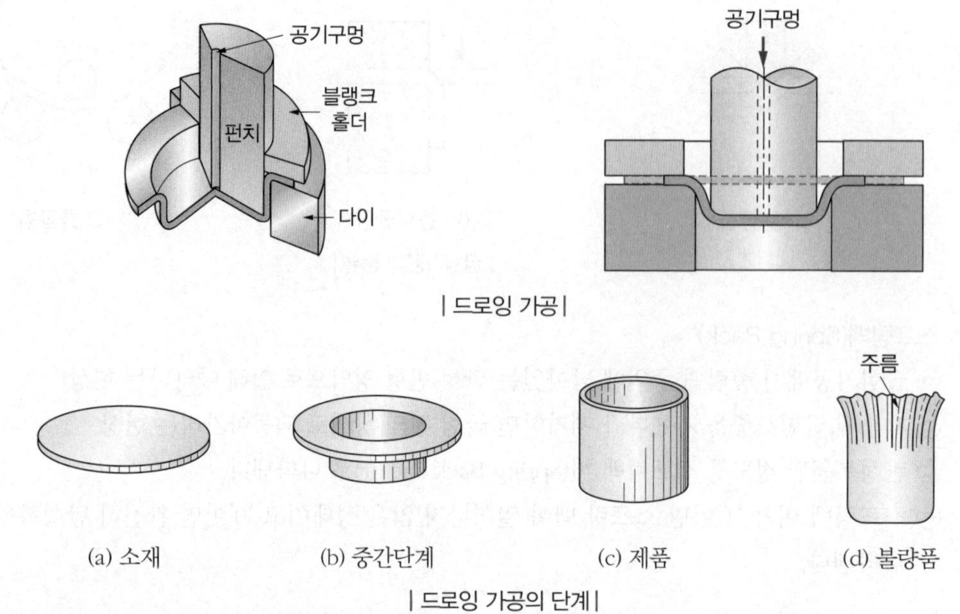

| 드로잉 가공 |

(a) 소재 (b) 중간단계 (c) 제품 (d) 불량품

| 드로잉 가공의 단계 |

② 드로잉 감소율(Drawing Ratio, 지름 감소율)

드로잉 가공 시 소재의 지름과 드로잉된 제품 지름과의 비를 말하며 드로잉 정도를 나타내는 기준이 된다.

$$m_1 = \frac{d_1}{d_0},\ m_2 = \frac{d_2}{d_1},\ m_3 = \frac{d_3}{d_2},\ \cdots\cdots$$

여기서, m_1, m_2, m_3 : 각 횟수별 드로잉 감소율

d_0 : 원래 소재의 지름(mm)

d_1 : 1회 드로잉된 제품의 지름(mm)

d_2 : 2회 드로잉된 제품의 지름(mm)

d_3 : 3회 드로잉된 제품의 지름(mm)

③ 드로잉률이 작을수록 제품의 깊이가 깊은 것이므로 드로잉에 필요한 힘도 증가하게 된다.

④ 드로잉률이 너무 작으면 소재에 주름이나 파단이 발생하여 불량제품이 나오게 되므로 딥 드로잉(Deep Drawing)에서는 재드로잉(Redrawing)하여 제품의 단면을 순차적으로 감소시켜 완성한다.

(4) 압축가공

압축가공은 소재를 다이 사이에 놓고 강한 압축력을 가하여 재료 내에 높은 압축응력을 발생시켜 소재에 요철 모양의 변형을 주어 성형하는 방법이다.

① 압인가공(Coining)

재료를 밀폐된 금형 속에서 강하게 눌러 금형과 같은 모양을 재료의 표면에 만드는 정밀 단조 가공으로 화폐, 메달, 배지, 각종 장식품, 가정용 기구, 문자 등의 가공에 이용된다.

② 엠보싱 가공(Embossing)

금속판에 두께 변화를 일으키지 않고 상하 반대로 여러 가지 모양의 요철을 만드는 가공이다.

③ 업셋팅 가공(Upsetting)

냉간 압축가공의 대표적인 가공방법으로 콜드 헤딩이라고도 한다. 재료의 길이 방향으로 압축력을 가하여 길이를 감소시키고 길이 방향과 직각 방향으로 재료를 유동시켜 단면을 크게 만드는 성형가공법으로 볼트, 너트, 리벳 머리부 가공 등이 있다.

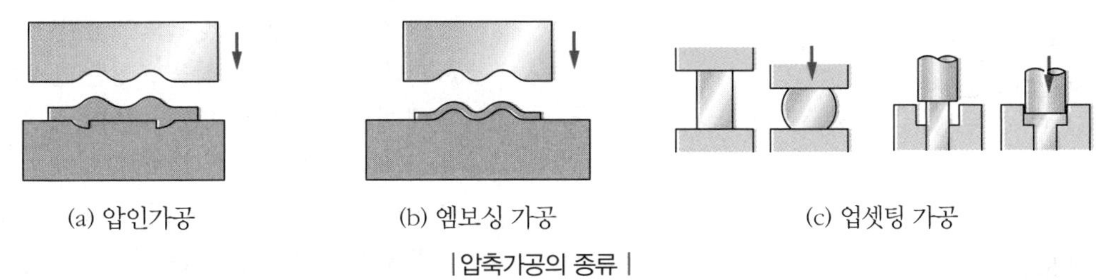

(a) 압인가공 (b) 엠보싱 가공 (c) 업셋팅 가공

| 압축가공의 종류 |

핵심 기출 문제

01 단조의 기본 작업 방법에 해당하지 않는 것은?

① 늘리기(Drawing) ② 업세팅(Up-setting)
③ 굽히기(Bending) ④ 스피닝(Spinning)

해설

단조방법에 따른 분류
- 자유단조 : 업세팅, 단짓기, 늘이기, 굽히기, 구멍 뚫기, 자르기 등
- 형단조

스피닝(Spinning)
특수 성형가공의 하나로 선반의 주축과 같은 회전축에 다이를 고정하고 그 다이에 소재를 심압대로 눌러 소재를 다이와 함께 회전시키면서 스피닝 스틱(Spinning stick)이나 롤러(Roller)로 소재를 다이에 밀어붙여 다이와 같은 형상의 제품으로 성형하는 가공법을 말한다.

02 단조를 위한 재료의 가열법 중 틀린 것은?

① 너무 과열되지 않게 한다.
② 될수록 급격히 가열하여야 한다.
③ 너무 장시간 가열하지 않도록 한다.
④ 재료의 내외부를 균일하게 가열한다.

해설

열간단조 시 온도
- 일반적으로 온도가 높을수록 단조하기가 용이하다.
- 최고 가열온도는 용융되기 시작하는 온도보다도 대략 100℃정도 낮은 온도가 좋다.
- 단조 종료온도는 재결정 온도가 바람직하다.
- 재질이 변하기 쉬우므로 너무 고온으로 장시간 가열하지 말아야 한다.
- 변형될 염려가 있으므로 균일하게 가열한다.

03 단조에 관한 설명 중 틀린 것은?

① 열간단조에는 콜드 헤딩, 코이닝, 스웨이징이 있다.
② 자유 단조는 엔빌 위에 단조물을 고정하고 해머로 타격하여 필요한 형상으로 가공한다.
③ 형단조는 제품의 형상을 조형한 한 쌍의 다이 사이에 가열한 소재를 넣고 타격이나 높은 압력을 가하여 제품을 성형한다.
④ 업셋단조는 가열된 재료를 수평틀에 고정하고 한 쪽 끝을 돌출시키고 돌출부를 축 방향으로 압축하여 성형한다.

해설

- 열간단조 : 해머단조, 프레스단조, 업셋단조, 압연단조
- 냉간단조 : 콜드 헤딩, 코이닝, 스웨이징

04 유압프레스에서 램의 유효단면적이 50cm², 유효단면적에 작용하는 최고 유압이 40kgf/cm²일 때 유압프레스의 용량(ton)은?

① 1 ② 1.5
③ 2 ④ 2.5

해설

유압 프레스의 용량

$$W = \frac{P \cdot A}{1{,}000} = \frac{40 \times 50}{1{,}000} = 2\,\text{ton}$$

05 압연공정에서 압연하기 전 원재료의 두께를 50mm, 압연 후 재료의 두께를 30mm로 한다면 압하율(Draft Percent)은 얼마인가?

① 20% ② 30%
③ 40% ④ 50%

정답 01 ④ 02 ② 03 ① 04 ③ 05 ③

해설

$$\text{압하율} = \frac{H_0 - H_1}{H_0} \times 100(\%) = \frac{50-30}{50} \times 100 = 40\%$$

여기서, H_0 : 롤러 통과 전 재료의 두께

H_1 : 롤러 통과 후 재료의 두께

06 냉간가공에 의하여 경도 및 항복강도가 증가하나 연신율은 감소하는데, 이 현상을 무엇이라 하는가?

① 가공경화　② 탄성경화
③ 표면경화　④ 시효경화

해설

- 가공경화(변형경화) : 재료를 상온에서 소성 가공한 후에 재질이 단단해지고 항복점이 높아지는 현상을 말한다. 가공 경화의 정도는 가공 방법과 재질에 따라 다르며, 가공도가 클수록 경화도가 커진다. 재질에 따라 구리와 구리 합금, 스테인리스강은 가공경화가 잘되고, 저탄소강은 거의 가공경화가 되지 않는다. 탄성한도나 경도의 증가, 연신율은 감소한다.
- 표면경화 : 재료의 표면만을 단단하게 만드는 열처리이다.
- 시효경화 : 금속재료를 일정한 시간 적당한 온도에 놓아두면 단단해지는 현상이다.

07 렌치, 스패너 등 작은 공구를 단조할 때 다음 중 가장 적합한 것은?

① 로터리 스웨이징　② 프레스 가공
③ 형단조　④ 자유단조

해설

① 로터리 스웨이징 : 봉재, 관재의 지름을 축소하거나 테이퍼를 만드는 가공
② 프레스 가공 : 판재에 행하는 가공법으로 절단, 압축, 굽힘을 행하여 얻고자 하는 제품의 형상으로 가공하는 방법이다.
③ 형단조
- 상하 두 개의 단조 금형 사이에 가열한 재료를 끼우고 가압하여 성형하는 방법이다.
- 반밀폐형 방식과 밀폐형 방식이 있으며 일반적으로 반밀폐형 방식이 쓰인다.

④ 자유단조
- 다이의 사용 없이 앤빌 위에서 해머로 두드려 성형하는 방법이다.
- 제품의 모양이 단순하고 생산수량이 많지 않은 제품에 적용한다.

08 두께 4mm인 탄소강판에 지름 1,000mm의 펀칭을 할 때 소요되는 동력은 약 kW인가?[단, 소재의 전단저항은 245.25MPa, 프레스 슬라이드의 평균속도는 5m/min, 프레스의 기계효율(η)은 65%이다.]

① 146　② 280
③ 396　④ 538

해설

$$\text{전단응력 } \tau = \frac{P}{A}$$

$$P = \tau A = \tau \pi d t$$
$$= 245.25 \times 10^6(\text{Pa}) \times \pi \times 1(\text{m}) \times 4 \times 10^{-3}(\text{m})$$
$$= 3{,}081.9 \times 10^3(\text{N}) = 3{,}081.9(\text{kN})$$

$$\therefore \text{동력 } H = \frac{PV}{\eta} = \frac{3{,}081.9 \times \frac{5}{60}}{0.65} = 395.12(\text{kW})$$

09 다이(Die)에 탄성이 뛰어난 고무를 적층으로 두고 가공 소재를 형상을 지닌 펀치로 가압하여 가공하는 성형가공법은?

① 전자력 성형법　② 폭발성형법
③ 엠보싱법　④ 마폼법

해설

① 전자력 성형법 : 순간적으로 강한 전자력을 작용시켜 판재를 형(型)에 밀어붙여서 성형한다.
② 폭발성형법(Explosive Forming) : 고에너지 화약을 점화시켰을 때의 충격파를 이용하는 성형법으로, 상대적으로 대형물의 가공에 적합하며 생산주기가 크다.
③ 엠보싱법(Embossing) : 금속판에 두께 변화를 일으키지 않고 상하 반대로 여러 가지 모양의 요철을 만드는 가공이다.

정답　06 ①　07 ③　08 ③　09 ④

④ 마폼법(Marforming) : 용기 모양의 홈 안에 고무를 넣고 고무를 다이 대신 사용하는 것으로 베드에 설치되어 있는 펀치가 소재 판을 위에 고정되어 있는 고무에 밀어 넣어 성형 가공한다. 고무의 탄성이 펀치의 압력을 흡수할 수 있기 때문에 소재 판의 성형이 가능하고, 고무의 압력으로 측면의 성형도 원만하게 이루어지며 구조가 비교적 간단한 용기 제작에 이용된다.

10 스프링 백(Spring Back)에 대한 설명으로 틀린 것은?

① 경도가 클수록 스프링 백의 변화도 커진다.
② 스프링 백의 양은 가공조건에 의해 영향을 받는다.
③ 같은 두께의 판재에서 굽힘 반지름이 작을수록 스프링 백의 양은 커진다.
④ 같은 두께의 판재에서 굽힘 각도가 작을수록 스프링 백의 양은 커진다.

해설

스프링 백이 커지는 요인
- 경도와 항복점이 높을수록 커진다.
- 같은 판재에서 구부림 반지름이 같을 때는 두께가 얇을수록 커진다.
- 같은 두께의 판재에서는 구부림 반지름이 클수록 크다.
- 같은 두께의 판재에서는 구부림 각도가 작을수록 크다.
- 굽힘반경과 판두께의 비가 클수록 크다.
- 탄성계수가 작을수록 커진다.

11 다음 중 자유단조에 속하지 않는 것은?

① 업세팅(Up-setting) ② 블랭킹(Blanking)
③ 늘리기(Drawing) ④ 굽히기(Bending)

해설

단조방법에 따른 분류
- 자유단조 : 업세팅, 단 짓기, 늘리기, 굽히기, 구멍 뚫기, 자르기 등
- 형단조

12 다음 중 소성가공에 속하지 않는 것은?

① 코이닝(Coining)
② 스웨이징(Swaging)
③ 호닝(Honing)
④ 딥 드로잉(Deep Drawing)

해설

호닝(Honing)
- 혼(Hone)이라는 고운 숫돌 입자를 방사상의 모양으로 만들어 구멍에 넣고 회전운동시켜 구멍의 내면을 정밀하게 다듬질하는 방법이다.
- 원통의 내면을 절삭한 후 보링, 리밍 또는 연삭가공을 하고 나서 구멍에 대한 진원도, 직진도 및 표면거칠기를 향상시키기 위해 사용한다.

13 다음 중 소성가공에 속하지 않는 것은?

① 압연가공 ② 선반가공
③ 인발가공 ④ 단조가공

해설

소성가공의 종류에는 단조, 압연, 인발, 압출, 전조, 프레스가공, 제관 등이 있다.

14 드로잉률에 대한 설명으로 옳은 것은?

① 드로잉률이 작을수록 제품의 깊이가 깊은 것이므로 드로잉에 필요한 힘도 증가하게 된다.
② 드로잉률이 클수록 제품의 깊이가 깊은 것이므로 드로잉에 필요한 힘도 증가하게 된다.
③ 드로잉률이 작을수록 제품의 깊이가 낮은 것이므로 드로잉에 필요한 힘도 증가하게 된다.
④ 드로잉률이 클수록 제품의 깊이가 낮은 것이므로 드로잉에 필요한 힘도 증가하게 된다.

정답 10 ③ 11 ② 12 ③ 13 ② 14 ①

15 압연에서 롤러의 구동은 하지 않고 감는 기계의 인장 구동으로 압연을 하는 것으로 연질재의 박판 압연에 사용되는 압연기는?

① 3단 압연기　　② 4단 압연기
③ 유성압연기　　④ 스테켈 압연기

해설

스테켈(Steckel Mill) 압연기는 압연될 강판을 코일형태로 감는 권취기(Coiler)를 사용하여 원하는 두께의 강판이 될 때까지 롤러를 통과시켜 잡아당기며 가공한다.

16 Al을 강의 표면에 침투시켜 내스케일성을 증가시키는 금속 침투 방법은?

① 파커라이징(Parkerizing)
② 칼로라이징(Calorizing)
③ 크로마이징(Chromizing)
④ 금속용사법(Metal Spraying)

해설

금속 침투법의 침투제에 따른 분류

종류	침투제	장점
세라다이징 (Sheradizing)	Zn	대기 중 부식 방지
칼로라이징 (Calorizing)	Al	고온 산화 방지
크로마이징 (Chromizing)	Cr	내식성, 내산성, 내마모성 증가
실리코나이징 (Silliconizing)	Si	내산성 증가
보로나이징 (Boronizing)	B	고경도 (HV 1,300~1,400)

정답 15 ④ 16 ②

03 용접

1 용접의 개요

1. 기계부품의 체결방법

(1) 기계적 접합 : 볼트 이음, 리벳 이음과 같이 수시로 분해할 수 있는 체결법이다.

(2) 용접 : 2개의 금속을 용융상태 또는 반용융상태에서 접합한다.

2. 용접의 장점과 단점

(1) 장점

① 자재를 절약할 수 있다.
② 작업 공정수를 줄일 수 있다.
③ 수밀, 기밀을 유지할 수 있다.
④ 접합시간을 단축할 수 있다.
⑤ 두께의 제한이 비교적 적다.

(2) 단점

① 용접이음에 대한 특별한 지식이 필요하다.
② 모재의 재질이 용접열의 영향을 많이 받는다.
③ 품질검사에 어려움이 있다.
④ 용접 후 잔류응력과 변형이 발생한다.
⑤ 분해, 조립이 곤란하다.

2 가스용접 : 산소(O_2) + 아세틸렌(C_2H_2)

1. 가스용접

① 저탄소강, 합금강, 주강 등은 용제(flux)없이 용접할 수 있고, 스테인리스강과 주철 등은 용제를 사용하여 표준화염 및 산소과잉 화염으로 용접한다.
② 알루미늄과 같은 경합금은 아세틸렌 과잉 화염, 동합금은 표준화염 및 산소 과잉 화염으로 용접한다.

2. 산소–아세틸렌 불꽃

표준불꽃의 화학반응식 $C_2H_2 + O_2 = 2CO + H_2$

3. 용제(Flux)

열처리, 용접, 납땜 시 녹 제거, 활성화, 산화방지 등을 위해 첨가하는 약품

3 아크 용접

1. 아크(Arc)

용접봉과 모재 사이에 전압을 걸고 용접봉의 선단을 모재에 가볍게 접촉시켰다 떼는 순간 방전으로 강한 빛과 고열을 내는 원호 모양의 불꽃을 말한다. 아크를 통하여 계속 큰 전류가 흐른다.

2. 아크 용접(Arc Welding)

용접봉과 모재 사이에 발생하는 아크열에 의해 모재의 용접부를 용융시키고 용가재의 용융금속이 용접부에 첨가되어 부품이 결합되는 용접이다.

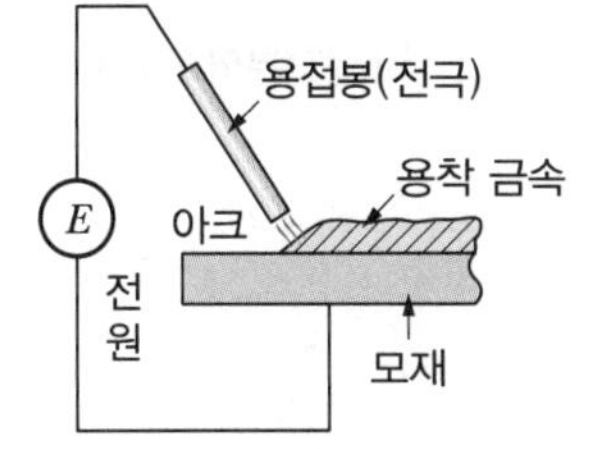

| 용접봉역할은 용가재와 전극(소모성 전극) |

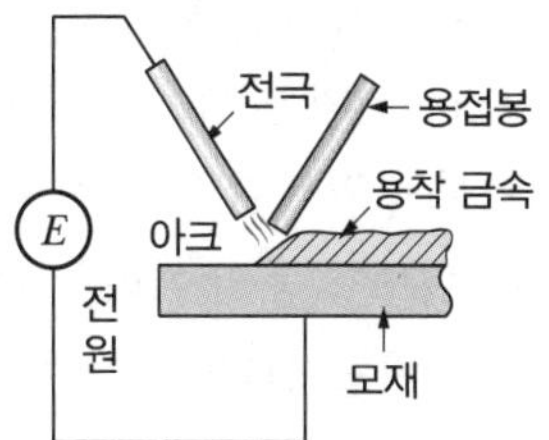

| 용접봉역할은 용가재, 전극은 소모되지 않음 |

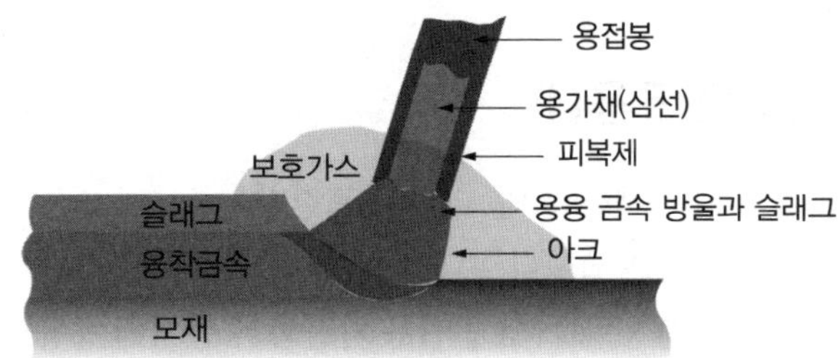

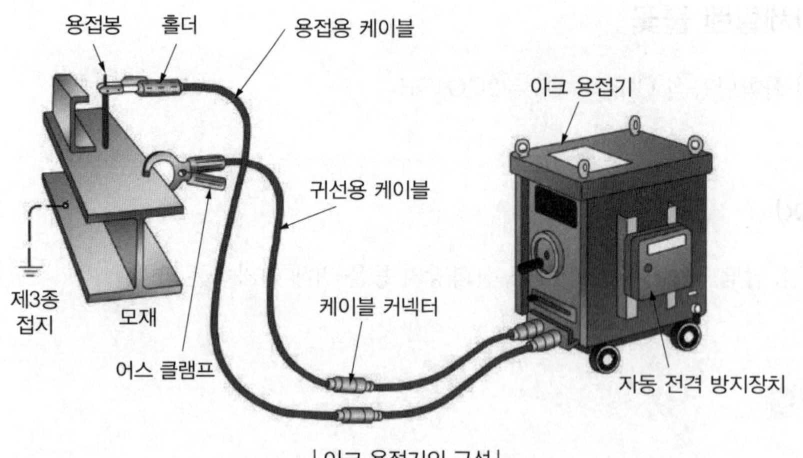

| 아크 용접기의 구성 |

3. 용접봉에서 피복제(Flux)의 역할

① 아크를 안정시킨다.
② 용착금속부를 보호한다.
③ 용착금속부를 정련시킨다.
④ 용착금속의 급랭을 방지한다.
⑤ 슬래그 제거를 쉽게 한다.
⑥ 용착금속의 흐름을 양호하게 한다.
⑦ 스패터(Spatter)의 발생을 적게 한다.
⑧ 용착금속부에 필요한 원소를 보충한다.
⑨ 수직이나 위보기 등의 어려운 자세를 쉽게 한다.
⑩ 전기절연 작용을 한다.

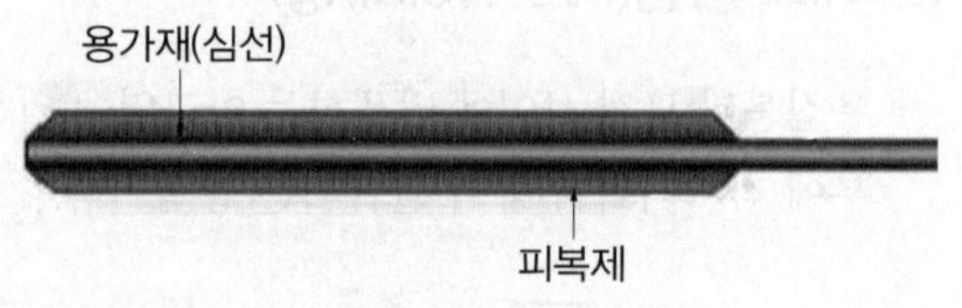

| 용접봉의 단면 |

4 아크 용접의 종류

1. 서브머지드 아크 용접(잠호용접)

① 용접선의 전방에 분말로 된 용제(Flux)를 미리 살포한다.
② 용제 속에서 아크를 발생시켜 용접한다.
③ 용제는 아크 및 용융금속을 덮어 대기의 침입을 차단함과 동시에 용융금속과 반응하고, 용융금속이 응고할 때에는 비드의 형상을 조정한다.

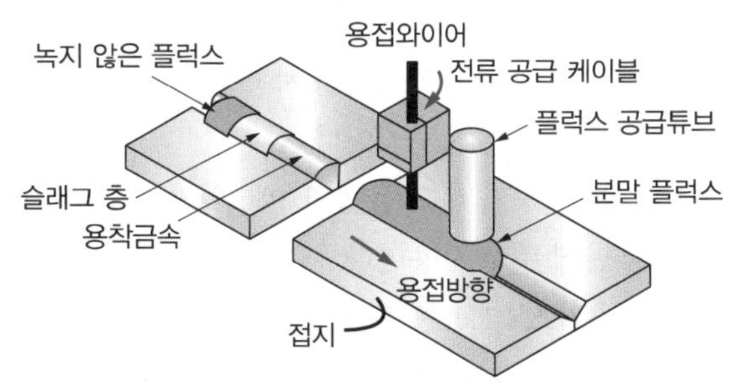

| 서브머지드 용접 : 용접봉=용가재+전극 → 소모성 전극 |

2. TIG(Tungsten Inert Gas) 용접 – 비용극식

① 모재와 텅스텐 전극 사이에서 아크를 발생시킨다.
② 알곤 가스를 보호가스로 사용한다.
③ 용접봉을 첨가하여 용접한다.
④ 전극(텅스텐)이 소모되지 않는다.

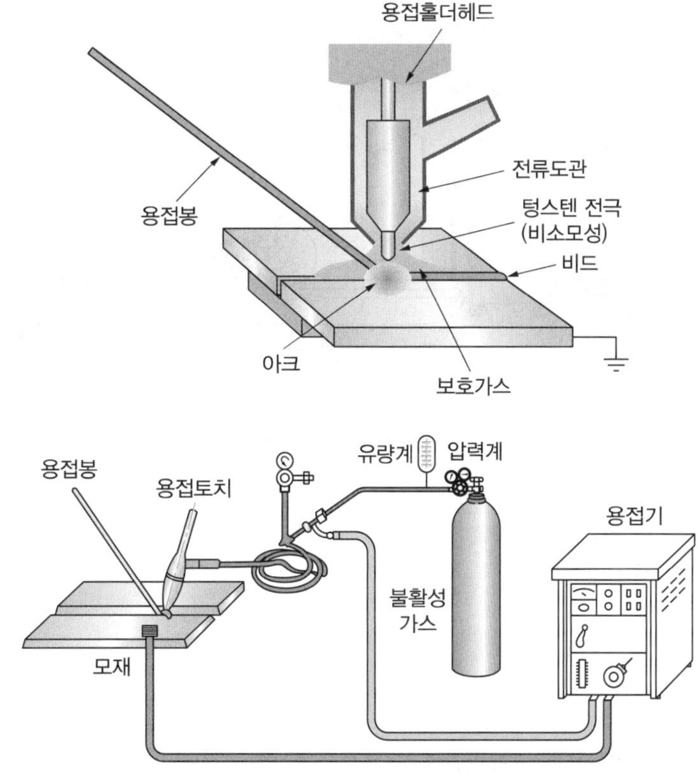

| TIG : 용접봉=용가재, 전극=텅스텐 ⇒ 비소모성 전극 |

3. MIG(Metal Inert Gas) 용접 – 용극식

① 전극으로 용접 와이어를 사용하여 모재와의 사이에서 아크를 발생시킨다.

② 전극이 녹는 소모식이다.

③ 전류 밀도가 티그 용접의 2배, 일반 용접의 4~6배로 매우 크고 용적이행은 스프레이형이다.

④ 후판에 주로 사용한다.

⑤ **보호가스** : He, Ar, CO_2

⑥ 탄산가스(CO_2) 아크용접은 현장에서 가장 많이 사용하고 있는 용접법이다.

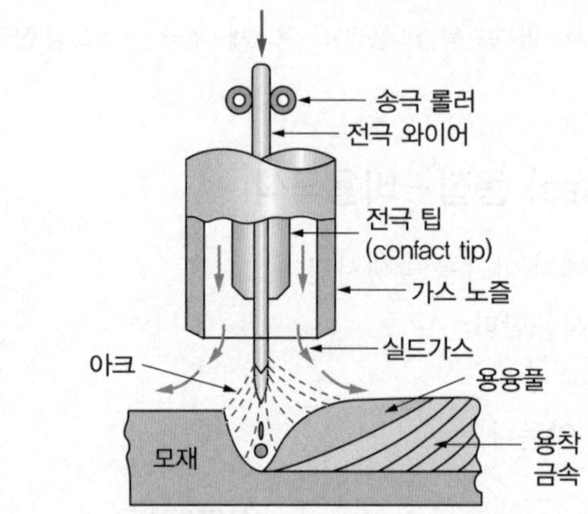

| 용접봉=용가재+전극 ⇒ 소모성 전극 |

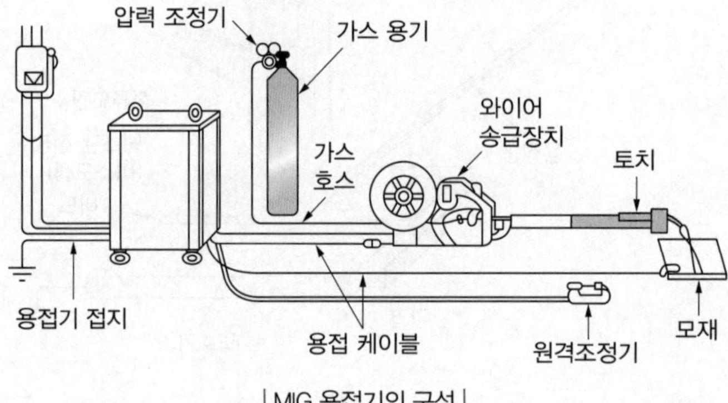

| MIG 용접기의 구성 |

5 특수 용접

1. 테르밋 용접

(1) 개요

① 미세한 알루미늄분말(Al)과 산화철을 1 : 3으로 혼합한 분말에 열을 가해 점화시키면 테르밋 반응이 일어나는데, 이때 발생하는 화학반응열을 이용하여 용접하는 방법을 말한다.

② 테르밋 반응 : 강력한 발열 반응

$2Al + Fe_2O_3 \rightarrow 2Fe + Al_2O_3 + 181.5kcal$

③ 레일, 차축, 철근 등의 용접에 사용된다.

(2) 특징

① 작업이 단순하고, 기술 습득이 용이하다.

② 설비가 단순하고, 이동성이 좋다.

③ 전기가 불필요하다.

④ 용접시간이 짧고, 변형이 적다.

⑤ 홈가공이 불필요하다.

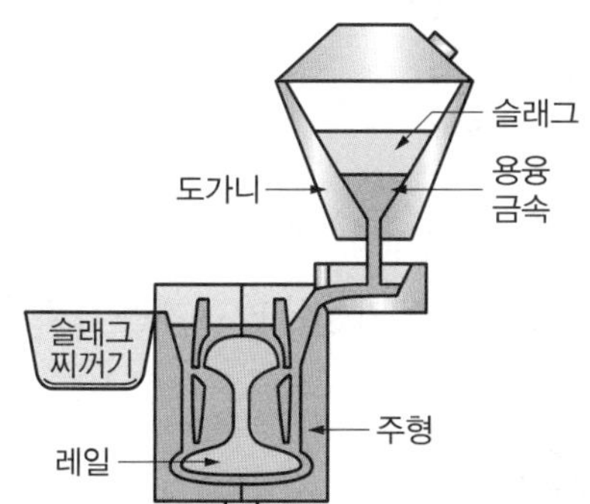

| 테르밋 용접의 원리 |

6 전기저항용접(가열압접)

1. 개요

① 용접할 금속의 접촉부에 전류가 흐르면 전기저항열이 발생하여 고온이 된 접촉부에 압력을 가해 접합시키는 방법이다.

② 저항열은 줄의 법칙(Joule's Law)에 의해 구한다.

$$Q = 0.24 I^2 R t$$

여기서, Q : 저항열(cal), I : 전류(A), R : 저항(Ω), t : 시간(sec)

③ 전기저항용접의 3대 요소

㉠ 용접전류　　㉡ 통전시간　　㉢ 가압력

2. 전기저항용접의 종류

(1) 겹치기 용접

① 점용접(Spot Welding)

㉠ 자동차 등의 대량 생산에 따르는 박판의 용접에 적용한다.

㉡ 모재 가열 시간이 짧아 열영향부가 작다.

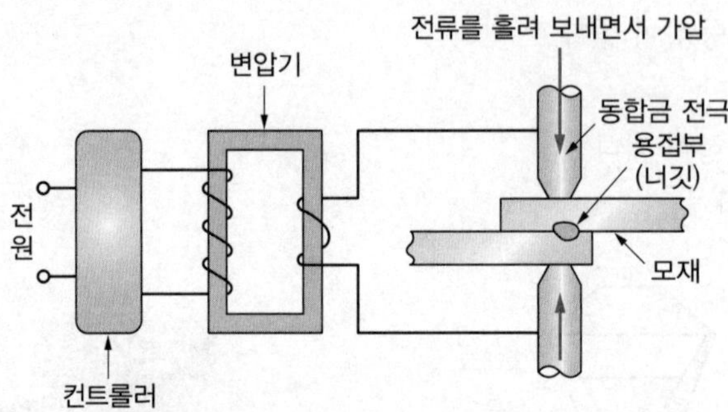

② 심용접(Seam Welding)

㉠ 점용접이 반복되어 연속된 선 모양의 접합부를 생성하며, 용접 가능한 판 두께는 점용접보다 얇다.

㉡ 수밀, 기밀, 유밀을 요하는 곳에 적용한다.

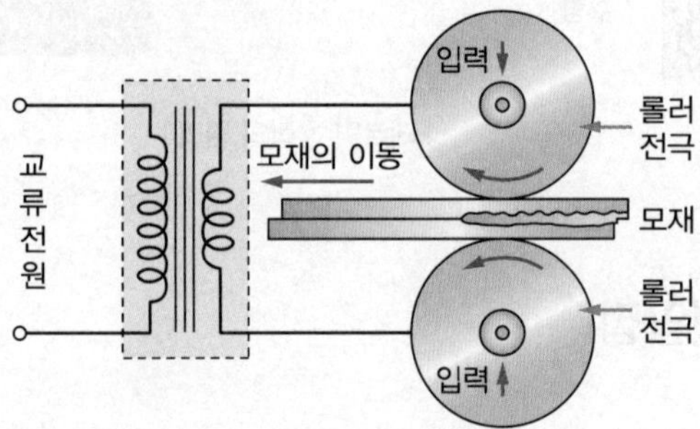

③ 프로젝션 용접(Projection Welding)

㉠ 점용접과 동일하나 작은 돌기를 만들어 용접한다.

㉡ 많은 개소를 동시에 용접이 가능하여 능률이 좋다.

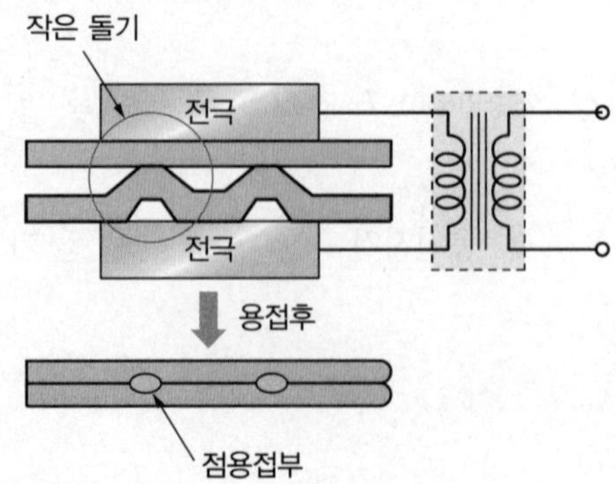

(2) 맞대기용접

① 업셋 용접(Upset Welding)

㉠ 저항용접 중 가장 먼저 개발된 것으로 널리 사용되고 있는 용접법이다.

㉡ 접촉된 두 면에 전류를 흘려 접촉저항에 의해 가열하고 축 방향으로 큰 힘을 가하여 용접한다.

㉢ 환봉, 각봉, 관, 판 등의 제작에 적용한다.

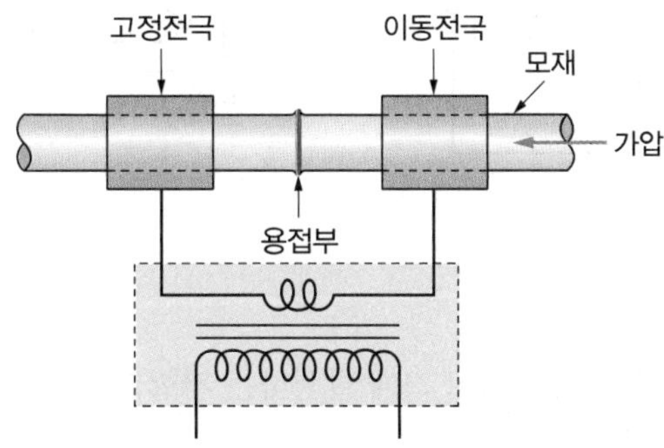

② 플래시 용접(Flash Welding)

㉠ 전류를 통한 상태에서 두 부재를 접근시키면 가장 가까운 돌출부에서 단락 전류가 발생하고 과열 용융되어 불꽃이 비산된다. 이런 작용을 반복하여 모재면을 접합온도까지 가열한 후 축 방향으로 큰 힘을 가하여 용접 시공한다.

㉡ 업셋 용접에 비해 가열의 범위가 좁고 이음의 신뢰성이 높다.

㉢ 레일, 평강, 환봉, 샤프트, 체인케이블 등에 적용한다.

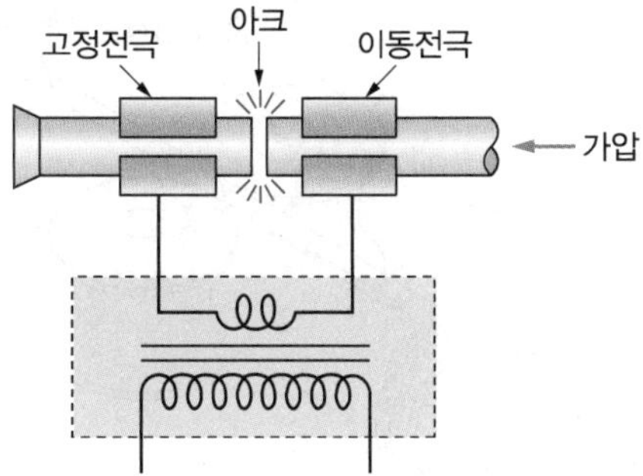

③ 퍼커션 용접(Percussion Welding)

㉠ 충격용접 : 콘덴서에 저장된 전기에너지를 사용하여 순간적으로 방전시키고 방전 직후 충격적인 힘을 가해 접합하는 방법이다.

㉡ 작은 직경의 용접물 용접 시 사용한다(알루미늄 막대, 튜브 또는 바를 구리 금속에 접합 시 사용한다).

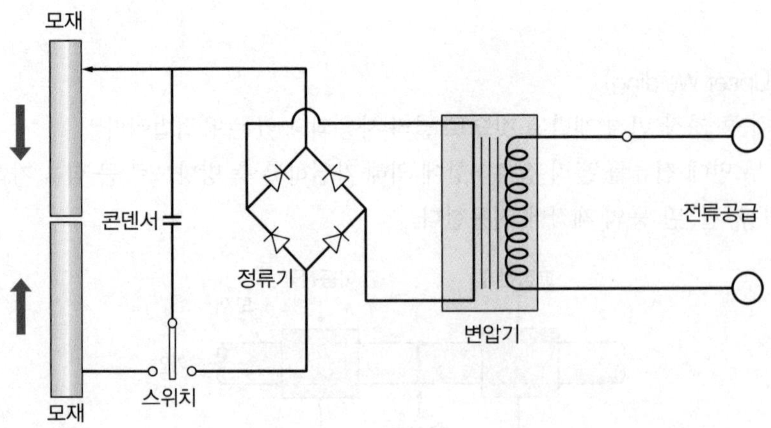

(3) 고주파용접(단접)

① 고주파의 전류를 용접 대상물에 흘리고 그때 발생하는 저항열에 의하여 용접온도까지 가열된 용접부에 압축을 가하여 용접한다.

② 고상용접과 유사한 조직을 얻게 된다.

③ 일반 용융용접에서 발견되는 주조조직이 없고, 열간 가공된 모재 조직과 유사한 미세 조직을 얻게 된다.

④ 용접부의 표피만을 가열하기 때문에 소모되는 전력량이 적고 용접속도가 빠르다.

⑤ 단접에 의해 용접을 수행하기 때문에 용접결함이 적다.

⑥ 강관의 제작에 주로 적용한다.

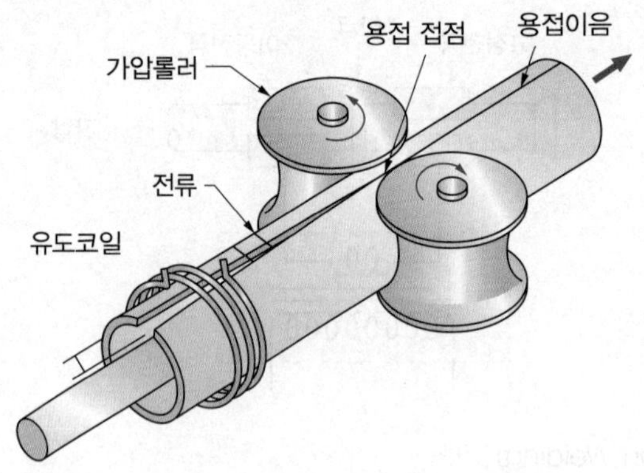

7 비가열압접(고상용접)

2개의 깨끗하고 매끈한 금속 면을 원자와 원자의 인력이 작용할 수 있는 거리에 접근시키고 기계적으로 밀착하여 용접한다.

① **롤 용접** : 이어 붙일 금속을 노(爐)로 가열한 뒤 롤로 눌러서 단접하는 방법이다.
② **냉간압접** : 외부에서 기계적인 힘을 가하여 접합한다.
③ **열간압접** : 접합부를 가열하고 압력 또는 충격을 가하여 접합한다.
④ **마찰용접** : 접촉면의 기계적 마찰로 가열된 것을 압력을 가하여 접합한다.
⑤ **폭발용접** : 두 소재를 일정한 각도로 고정한 다음, 폭약을 폭발시켜 맞붙게 한다. 알루미늄, 구리, 타이타늄 등의 접합에 사용한다.
⑥ **초음파용접** : 접합면을 가압하고 고주파 진동에너지를 그 부분에 가하여 용접한다.
⑦ **확산용접** : 진공 속에 오랫동안 두 소재를 맞대고 약간의 압력을 주면서 가열하면, 확산 현상이 일어나 두 소재가 들러붙는다. 특수 합금이나 특수 강철의 용접이나 도자기 같은 비금속 재료의 용접에 사용한다.

8 용접결함

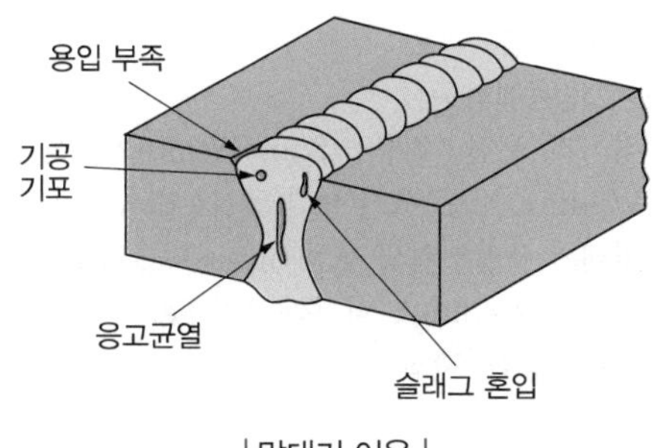

| 맞대기 이음 |

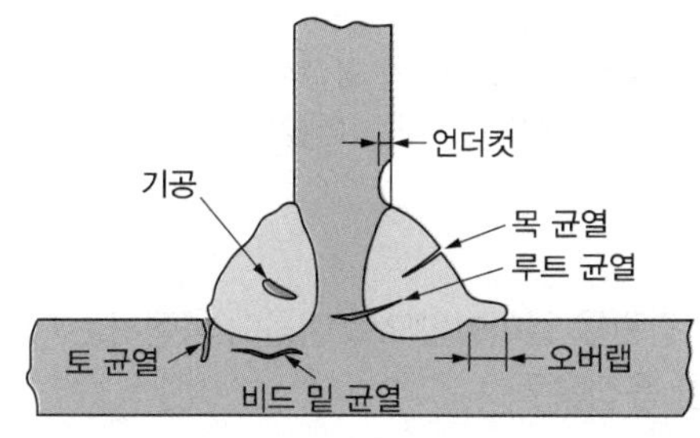

| T형 이음 |

핵심 기출 문제

01 피복 아크 용접봉의 피복제(Flux)의 역할로 틀린 것은?

① 아크를 안정시킨다.
② 모재 표면의 산화물을 제거한다.
③ 용착금속의 탈산 정련작용을 한다.
④ 용착금속의 냉각속도를 빠르게 한다.

해설

피복제의 역할
- 피복제는 고온에서 분해되어 가스를 방출하여 아크 기둥과 용융지를 보호해 용착금속의 산화 및 질화가 일어나지 않도록 보호해 준다.
- 피복제의 용융은 슬래그가 형성되고 탈산작용을 하며 용착 금속의 급랭을 방지하는 역할을 한다.

02 강관을 길이방향으로 이음매 용접하는 데 가장 적합한 용접은?

① 심 용접　　② 점용접
③ 프로젝션 용접　　④ 업셋 맞대기용접

해설

용접의 종류
㉠ 심 용접(Seam Welding)
- 점용접이 반복되어 연속된 선모양의 접합부를 생성하며, 용접 가능한 판두께는 점용접보다 얇다.
- 수밀, 기밀, 유밀을 요하는 곳에 적용한다.

㉡ 점용접(Spot Welding)
- 자동차 등 대량생산에 의한 박판의 용접에 적용한다.
- 모재의 가열이 짧아 열영향부가 작다.

㉢ 프로젝션 용접(Projection Welding)
- 점용접과 동일하나 작은 돌기를 만들어 용접한다.
- 많은 개소를 동시에 용접 가능하기 때문에 능률이 좋다.

㉣ 업셋 용접(Upset Welding)
- 저항용접 중 가장 먼저 개발된 것으로 널리 사용되고 있는 용접법이다.
- 접촉된 두 면에 전류를 흘려 접촉저항에 의해 가열되고 축방향으로 큰 힘을 가하여 용접시공한다.
- 환봉, 각봉, 관, 판 등의 제작에 사용한다.

03 전기저항용접의 종류에 해당하지 않는 것은?

① 심 용접　　② 스폿 용접
③ 테르밋 용접　　④ 프로젝션 용접

해설

전기저항용접의 종류
- 겹치기 용접 : 점용접(Spot Welding), 심 용접(Seam Welding), 프로젝션 용접(Projection Welding)
- 맞대기 용접 : 업셋 용접(Upset Welding), 플래시 용접(Flash Welding), 퍼커션 용접(Percussion Welding)
- 고주파용접, 단접

04 고상용접(Solid – State Welding) 형식이 아닌 것은?

① 롤 용접　　② 고온압접
③ 압출용접　　④ 전자빔 용접

해설

고상용접
2개의 깨끗하고 매끈한 금속 면을 원자와 원자의 인력이 작용할 수 있는 거리에 접근시키고 기계적으로 밀착하면 용접이 된다.
- 롤 용접 : 이어 붙일 금속을 노(爐)로 가열한 뒤 롤로 눌러서 단접하는 방법이다.
- 냉간압접 : 외부에서 기계적인 힘을 가하여 접합하는 방법

정답　01 ④　02 ①　03 ③　04 ④

- 열간압접 : 접합부를 가열하고 압력 또는 충격을 가하여 접합하는 방법이다.
- 마찰용접 : 접촉면의 기계적 마찰로 가열된 것을 압력을 가하여 접합하는 방법이다.
- 폭발용접 : 두 소재를 일정한 각도로 고정한 다음, 폭약을 폭발시켜 맞붙게 하는 방법으로 알루미늄, 구리, 타이타늄 따위를 붙이는 데 쓴다.
- 초음파용접 : 접합면을 가압하고 고주파 진동에너지를 그 부분에 가하여 용접하는 방법이다.
- 확산용접 : 진공 속에 오랫동안 두 소재를 맞대고 약간의압력을 주면서 가열하면, 확산 현상이 일어나 두 소재가 들러붙는다. 특수 합금이나 특수 강철의 용접에 많이 쓰고 도자기 같은 비금속 재료의 용접에도 널리 쓴다.

05 용접의 일반적인 장점으로 틀린 것은?

① 품질검사가 쉽고 잔류응력이 발생하지 않는다.
② 재료가 절약되고 중량이 가벼워진다.
③ 작업 공정 수가 감소한다.
④ 기밀성이 우수하며 이음 효율이 향상된다.

해설

① 품질검사가 어렵고 잔류응력과 변형이 발생한다.

용접의 장단점

㉠ 장점
- 자재를 절약할 수 있다.
- 작업 공정수를 줄일 수 있다.
- 수밀, 기밀을 유지할 수 있다.
- 접합시간을 단축할 수 있다.
- 비교적 두께의 제한이 적다.

㉡ 단점
- 용접이음에 대한 특별한 지식이 필요하다.
- 모재의 재질이 용접열의 영향을 많이 받는다.
- 품질검사의 어려움이 있다.
- 용접 후 잔류응력과 변형이 발생한다.
- 분해, 조립이 곤란하다.

06 전기 저항 용접 중 맞대기 용접의 종류가 아닌 것은?

① 업셋 용접　　② 퍼커션 용접
③ 플래시 용접　　④ 프로젝션 용접

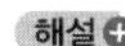
해설

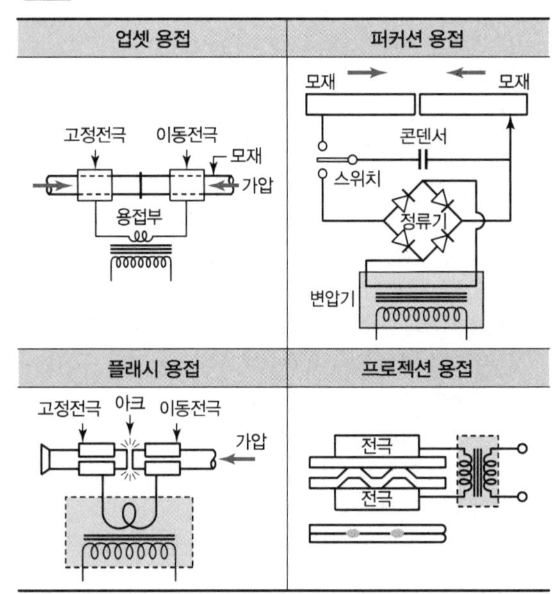

07 스폿 용접과 같은 원리로 접합할 모재의 한쪽 판에 돌기를 만들어 고정전극 위에 겹쳐놓고 가동전극으로 통전과 동시에 가압하여 저항열로 가열된 돌기를 접합시키는 용접법은?

① 플래시 버트 용접　　② 프로젝션 용접
③ 업셋 용접　　④ 단접

해설

① 플래시 버트 용접(Flash Butt Welding)
- 전류를 통한 상태에서 두 부재를 접근시키면 가장 가까운 돌출부에서 단락 전류가 발생되고 과열 용융되어 불꽃이 비산되는데, 이런 작용이 반복되면서 모재면에서 접합온도까지 가열한 후 축방향으로 큰 힘을 가하여 용접시공한다.

정답　05 ①　06 ④　07 ②

• 업셋 용접에 비해 가열의 범위가 좁고 이음의 신뢰성이 높다.
• 레일용접, 평강, 환봉, 샤프트, 체인케이블 등에 적용한다.

② 프로젝션 용접(Projection Welding)
• 점용접과 동일하나 작은 돌기를 만들어 용접한다.
• 동시에 많은 개소를 동시에 용접 가능하기 때문에 능률이 좋다.

③ 업셋 용접(Upset Welding)
• 저항용접 중 가장 먼저 개발된 것으로 널리 사용되고 있는 용접법이다.
• 접촉된 두 면에 전류를 흘려 접촉저항에 의해 가열하고 축방향으로 큰 힘을 가하여 용접시공한다.
• 환봉, 각봉, 관 판 등 제작에 사용한다.

④ 고주파용접(단접)
• 고주파의 전류를 용접 대상물에 흘려서 그때 발생되는 저항열에 의하여 용접온도까지 가열된 용접부에 압축을 가하는 용접법이다.
• 고상 용접과 유사한 조직을 얻게 된다.
• 일반 용융용접에서 발견되는 주조조직이 없고, 열간가공된 모재조직과 유사한 미세조직을 얻게 된다.
• 용접부의 표피만을 가열하기 때문에 소모되는 전력량이 적고 용접속도가 빠르다.
• 단접에 의해 용접을 수행하기 때문에 용접결함이 적다.
• 강관의 제작에 주로 적용한다.

08 용제와 와이어가 분리되어 공급되고 아크가 용제 속에서 발생되므로 불가시 아크 용접이라고 불리는 용접법은?

① 피복 아크 용접
② 탄산가스 아크 용접
③ 가스 텅스텐 아크 용접
④ 서브머지드 아크 용접

해설

① 피복 아크 용접
• 피복 아크 용접봉과 피용접물의 사이에 아크를 발생시켜 그 아크열을 이용하여 용접한다.
• 용접봉이 전극과 용가재 역할을 한다.

② 탄산가스 아크 용접
• 전극으로 용접 와이어를 사용하여 모재와의 사이에서 Arc를 발생시킨다.
• 용접봉이 전극과 용가재 역할을 한다.
• 보호가스로 CO_2 가스를 사용한다.

③ 가스 텅스텐 아크 용접
• 모재와 텅스텐 전극 사이에서 아크를 발생시켜 용접한다.
• 알곤 가스를 보호가스로 사용한다.
• 용가재를 첨가하여 용접한다.
• 전극(텅스텐)이 소모되지 않는다.

④ 서브머지드 아크 용접(잠호용접)
• 용접선의 전방에 분말로 된 용제(flux)를 미리 살포한다.
• 용제(Flux) 속에서 아크를 발생시켜 용접한다.
• 용제(Flux)는 아크 및 용융금속을 덮어 대기의 침입을 차단함과 동시에 용융금속과 반응하고, 용융금속이 응고할 때에는 비드의 형상을 조정한다.

09 테르밋 용접(Thermit Welding)의 일반적인 특징으로 틀린 것은?

① 전력 소모가 크다.
② 용접시간이 비교적 짧다.
③ 용접작업 후의 변형이 작다.
④ 용접 작업장소의 이동이 쉽다.

해설

㉠ 테르밋 용접
미세한 알루미늄 분말과 산화철 분말의 테르밋 반응에 의해 생성된 화학반응열을 이용하여 용접한다.

㉡ 테르밋 용접의 특징
• 작업이 단순하고, 기술습득이 용이하다.
• 설비가 단순하고, 이동성이 좋다.
• 전기가 불필요하다.
• 용접시간이 짧고, 변형이 적다.
• 홈가공이 불필요하다.

정답 08 ④ 09 ①

10 불활성가스가 공급되면서 용가재인 소모성 전극와이어를 연속적으로 보내서 아크를 발생시켜 용접하는 불활성가스 아크 용접법은?

① MIG 용접 ② TIG 용접
③ 스터드 용접 ④ 레이저 용접

해설

불활성가스 아크 용접

불활성가스(Ar, He)를 공급하면서 용접

㉠ MIG 용접(불활성가스 금속 아크 용접) : GMAW(Gas Metal Arc Welding) – 용극식
  - 전극으로 용접 와이어를 사용하여 모재와의 사이에서 Arc를 발생시킨다.
  - 전극이 녹는 소모식이다.
  - 전류 밀도가 티그 용접의 2배, 일반 용접의 4~6배로 매우 크고 용적이행은 스프레이형이다.
  - 후판에 주로 사용한다.
  - 보호가스 : He 가스 → MIG 용접, CO_2 가스 → 탄산가스(CO_2) 아크용접
  - 탄산가스(CO_2) 아크용접은 현장에서 가장 많이 사용하고 있는 용접법이다.

㉡ TIG 용접(불활성가스 텅스텐 아크 용접) : GTAW(Gas Tungsten Arc Welding) – 비용극식
  - 모재와 텅스텐 전극 사이에서 아크를 발생시킨다.
  - 아르곤 가스를 보호가스로 사용한다.
  - 용가재를 첨가하여 용접시킨다.
  - 전극(텅스텐)이 소모되지 않는다.

㉢ 스터드 용접 : 스터드 용접은 볼트, 환봉, 핀 등의 스터드 끝 면과 철판이나 기존 금속면의 모재를 용융시켜 스터드를 모재에 스프링 작용 또는 공기 압력으로 맞대고 눌러 순간 융합시키는 방법으로 용접하는 자동 아크 용접법이다.

㉣ 레이저 용접 : 집적된 레이저의 고밀도 에너지를 이용하여 공작물을 국부적으로 가열, 용융시켜 용접에 이용한다.

11 전기저항용접과 관계되는 법칙은?

① 줄(Joule)의 법칙
② 뉴턴의 법칙
③ 암페어의 법칙
④ 플레밍의 법칙

해설

전기저항용접(가열압접)은 용접할 금속의 접촉부에 전류가 흐르면 전기저항열이 발생하여 고온이 된 접촉부에 압력을 가해 접합시키는 방법으로 저항열은 줄의 법칙(Joule's Law)에 의해 구한다.

정답 10 ① 11 ①

04 연삭가공

1 연삭가공의 개요

연삭가공은 공작물보다 단단한 입자를 결합하여 만든 숫돌바퀴를 고속 회전시켜, 공작물의 표면을 조금씩 깎아 내는 고속 절삭가공을 말한다. 이때, 연삭숫돌의 입자 하나하나가 밀링커터의 날과 같은 작용을 하여 정밀한 표면을 완성할 수 있다.

2 연삭기의 종류

1. 원통 연삭기(Cylindrical Grinding Machine)

테이블 왕복형, 숫돌대 왕복형, 플런지 컷형, 만능 연삭기(테이퍼 연삭) 등이 있다.

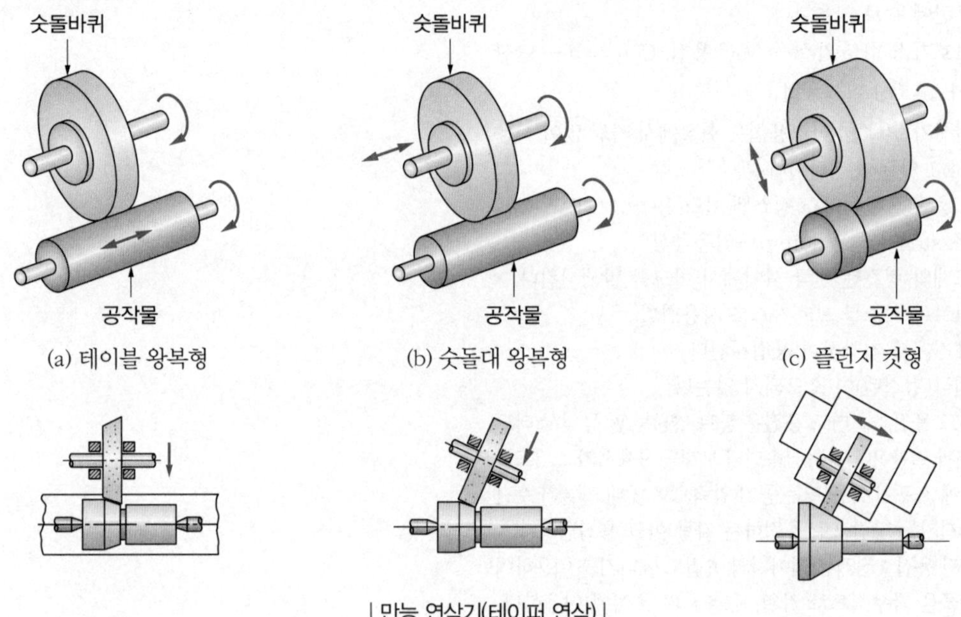

(a) 테이블 왕복형　(b) 숫돌대 왕복형　(c) 플런지 컷형

| 만능 연삭기(테이퍼 연삭) |

2. 센터리스 연삭기(Centerless Grinding Machine)

(1) 센터리스 연삭의 원리

① 공작물에 센터를 가공하기 어려운 공작물의 외경을 센터나 척을 사용하지 않고 조정숫돌과 지지대로 지지하면서 공작물을 연삭하는 방법이다.

② 공작물의 받침판과 조정숫돌에 의해 지지된다.

③ 센터리스 연삭에서는 서로 반대 방향으로 회전하는 하향연삭이 이루어진다.

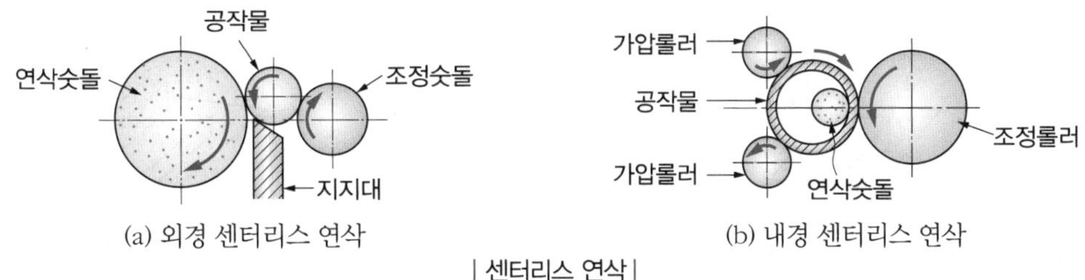

(a) 외경 센터리스 연삭 (b) 내경 센터리스 연삭

| 센터리스 연삭 |

(2) 센터리스 연삭의 장단점

① 장점

㉠ 센터나 척으로 장착하기 곤란한 중공의 공작물을 연삭하는 데 편리하다.

㉡ 공작물을 연속적으로 공급하여 연속작업을 할 수 있어 대량생산에 적합하다.

㉢ 연삭 여유가 작아도 작업이 가능하다.

㉣ 센터를 낼 수 없는 작은 지름의 공작물 가공에 적합하다.

㉤ 작업이 자동적으로 이루어져 높은 숙련도를 요구하지 않는다.

② 단점

㉠ 축 방향에 키홈, 기름홈 등이 있는 공작물은 가공하기 어렵다.

㉡ 지름이 크고 길이가 긴 대형 공작물은 가공하기 어렵다.

㉢ 숫돌의 폭보다 긴 공작물은 전·후 이송법으로 가공할 수 없다.

3. 내면 연삭기(Internal Grinding Machine)

보통형, 유성형, 센터리스형이 있다.

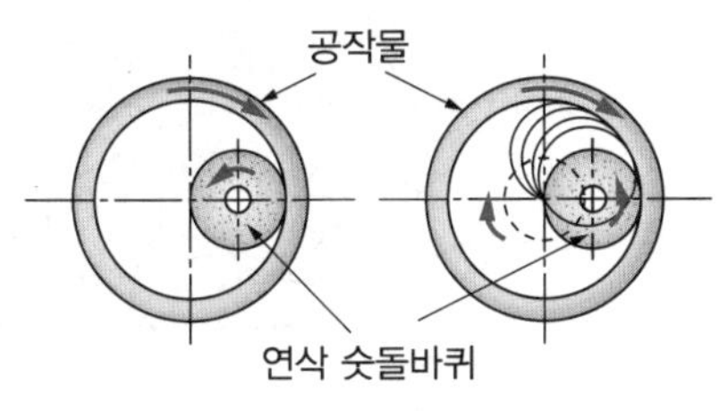

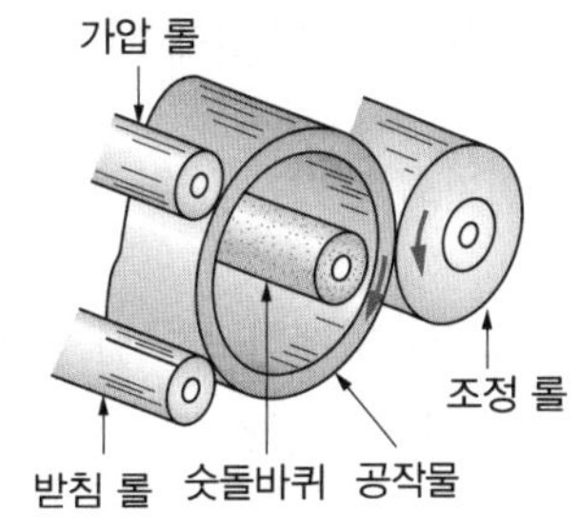

(a) 보통형 (b) 유성형 (c) 센터리스형

| 내면 연삭기 |

4. 평면 연삭기(Surface Grinding Machine)

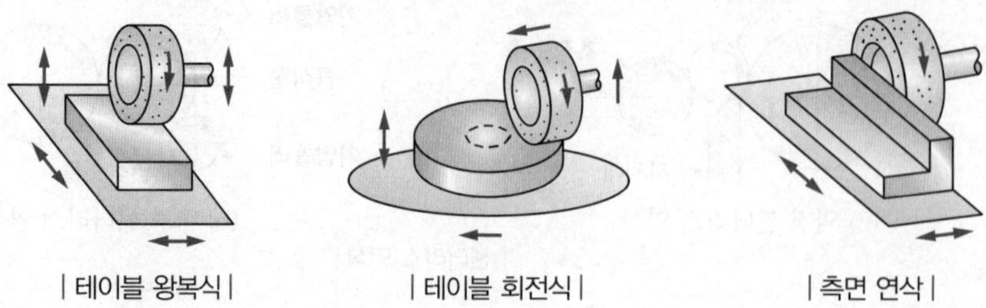

| 테이블 왕복식 | | 테이블 회전식 | | 측면 연삭 |

5. 공구 연삭기(Tool Grinding Machine)

여러 가지 가공용 절삭공구를 연삭하는 연삭기이다.

6. 특수 연삭기(Special Grinding Machine)

특수 연삭기에는 나사 연삭기, 캠 연삭기, 기어 연삭기, 롤러 연삭기 등이 있다.

3 연삭숫돌

연삭숫돌은 무수히 많은 숫돌 입자를 결합제로 결합하여 만든 것으로 연삭숫돌은 일반 절삭공구와 달리 연삭이 계속됨에 따라 입자의 일부가 떨어나가고 새로운 입자가 나타나는 자생작용이 발생한다.

1. 연삭숫돌의 3요소

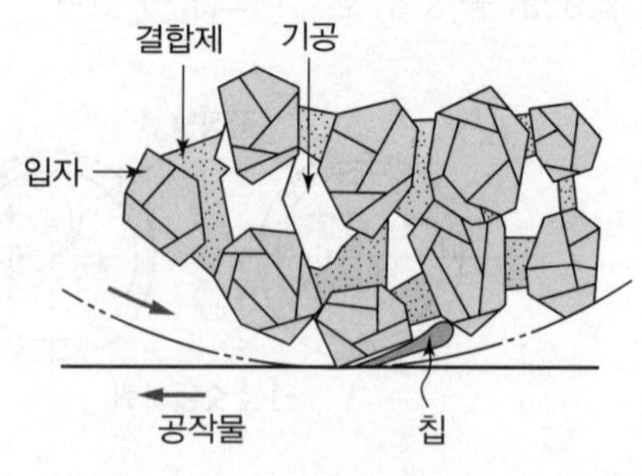

(1) **숫돌입자 :** 절삭공구의 날에 해당하는 광물질의 결정체

(2) **결합제 :** 입자와 입자를 결합시키는 접착제

(3) **기공 :** 연삭열을 억제하고 무딘 입자가 쉽게 탈락하며 깎인 칩이 들어가는 장소

2. 연삭숫돌의 5인자

연삭재료, 가공정밀도, 작업방법 등에 따라 적합한 숫돌을 선택하여 사용해야 하는데 이러한 연삭숫돌을 결정하는 가장 중요한 선택요소인 연삭숫돌의 입자, 입도, 결합도, 조직, 결합제를 연삭숫돌의 5인자라고 한다.

3. 연삭숫돌의 표시법

연삭숫돌을 표시할 때에는 연삭숫돌의 구성요소를 일정한 순서로 나열하여 다음과 같이 표시한다.

WA	46	H	8	V
숫돌입자	입도	결합도	조직	결합제

4 연삭가공 결함

1. 연삭균열(Crack)

(1) 발생 요인

① 연삭에 의한 발열로 공작물 표면이 고온이 되어 열팽창 또는 재질변화에 의한 균열이 발생한다.
② 그물 모양으로 나타난다.
③ 탄소강에 주로 나타난다.
④ 담금질한 강에서도 발생하기 쉽다.
⑤ 질화, 탄화 표면경화 처리한 공작물, 합금강에서 균열 발생 가능성이 높다.

(2) 방지법

① 연한 숫돌을 사용한다.
② 연삭깊이를 얕게 한다.
③ 이송을 크게 한다.
④ 발열량을 적게 주거나 연삭액을 사용하여 냉각한다.
⑤ 실리케이트 숫돌을 사용한다.

2. 떨림(Chattering)

숫돌의 평형불량, 숫돌의 결합도가 너무 커서 연삭 저항의 변동이 심할 때, 센터 및 센터구멍의 불량, 연삭기 자체의 진동, 외부 진동에 의해 발생한다.

핵심 기출 문제

01 연삭 중 숫돌의 떨림 현상이 발생하는 원인으로 가장 거리가 먼 것은?

① 숫돌의 결합도가 약할 때
② 숫돌축이 편심되어 있을 때
③ 숫돌의 평형상태가 불량할 때
④ 연삭기 자체에서 진동이 있을 때

해설

떨림(Chattering) 현상의 원인

떨림은 숫돌의 평형이 불량할 때, 숫돌의 결합도가 너무 커서 연삭 저항의 변동이 심할 때, 센터 및 센터구멍이 불량할 때 연삭기 자체의 진동, 외부 진동 등이 있을 때 발생한다.

02 지름이 50mm인 연삭숫돌로 지름이 10mm인 공작물을 연삭할 때 숫돌바퀴의 회전수는 약 몇 rpm인가?(단, 숫돌의 원주속도는 1,500m/min이다.)

① 4,759 ② 5,809
③ 7,449 ④ 9,549

해설

연삭숫돌의 연삭속도 $V = \frac{\pi dn}{1,000}$[m/min]에서

$$\therefore n = \frac{1,000\,V}{\pi D} = \frac{1,000 \times 1,500}{\pi \times 50} = 9,549\,\text{rpm}$$

여기서, V : 연삭숫돌의 원주속도[m/min]
d : 연삭숫돌의 지름[mm]
n : 연삭숫돌의 회전수[rpm]

03 유성형(Planetary Type) 내면 연삭기를 사용한 가공으로 가장 적합한 것은?

① 암나사의 연삭
② 호브(Hob)의 치형 연삭
③ 블록게이지의 끝마무리 연삭
④ 내연기관 실린더의 내면 연삭

해설

유성형(Planetary Type)

- 공작물은 정지시키고 숫돌축이 회전 연삭운동과 동시에 공전운동을 하는 방식이다.
- 공작물의 형상이 복잡하거나 대형으로 공작물에 회전운동을 가하기 어려운 경우에 사용한다.

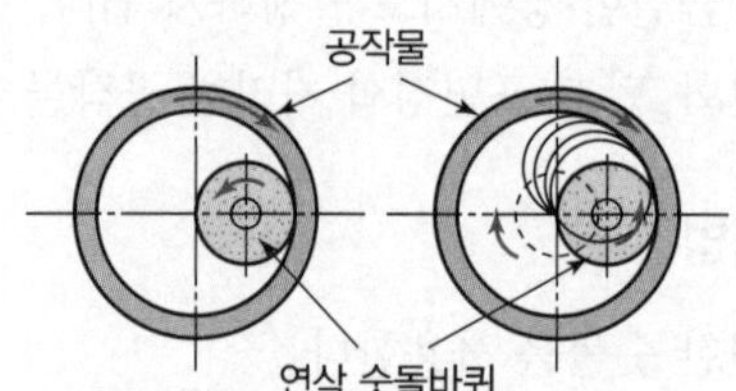

(a) 보통형 (b) 유성형

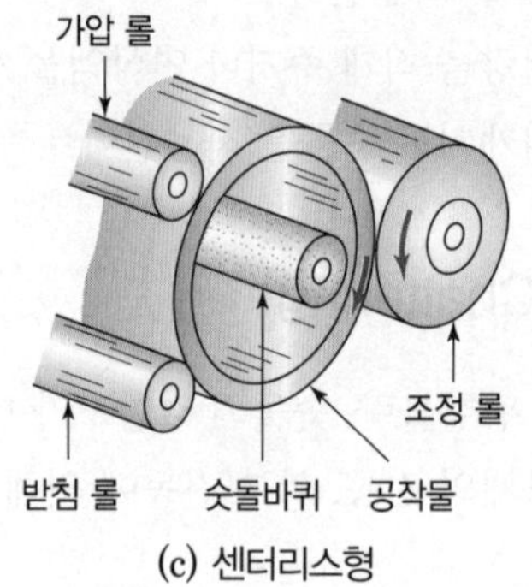

(c) 센터리스형

정답 01 ① 02 ④ 03 ④

04 연삭가공을 한 후 가공표면을 검사한 결과 연삭 크랙(Crack)이 발생되었다. 이때 조치하여야 할 사항으로 옳지 않은 것은?

① 비교적 경(硬)하고 연삭성이 좋은 지석을 사용하고 이송을 느리게 한다.
② 연삭액을 사용하여 충분히 냉각시킨다.
③ 결합도가 연한 숫돌을 사용한다.
④ 연삭 깊이를 얕게 한다.

해설

연삭균열(Crack) 방지법
• 연한 숫돌을 사용한다.
• 연삭 깊이를 얕게 한다.
• 이송을 크게 한다.
• 발열량을 적게 주거나 연삭액을 사용하여 냉각시킨다.
• 실리케이트 숫돌을 사용하는 것도 효과적이다.

05 축방향의 이송을 행하지 않는 플런지 컷 연삭(Plunge Cut Grinding)이란 어떤 연삭 방법에 속하는가?

① 내면연삭 ② 나사연삭
③ 외경연삭 ④ 평면연삭

06 센터리스 연삭의 특징으로 틀린 것은?

① 가늘고 긴 가공물의 연삭에 적합하다.
② 연속작업을 할 수 있어 대량 생산이 용이하다.
③ 키 홈과 같은 긴 홈이 있는 가공물은 연삭이 어렵다.
④ 축 방향의 추력이 있으므로 연삭 여유가 커야 한다.

해설

④ 연삭 여유가 작아도 작업이 가능하다.

정답 04 ① 05 ③ 06 ④

05 정밀입자가공과 특수가공

1 정밀입자가공

1. 래핑(Lapping)

(1) 개요

① 일반적으로 가공물과 랩(정반) 사이에 미세한 분말 상태의 랩제를 넣고, 가공물에 압력을 가하면서 상대운동을 시키면 표면 거칠기가 매우 우수한 가공면을 얻을 수 있다.
② 래핑은 블록 게이지, 한계 게이지, 플러그 게이지 등의 측정기의 측정면과 정밀기계부품, 광학 렌즈 등의 다듬질용으로 쓰인다.

(2) 특징

① 가공면이 매끈한 거울면을 얻을 수 있다.
② 정밀도가 높은 제품을 가공할 수 있다.
③ 가공면은 윤활성 및 내마모성이 좋다.
④ 가공이 간단하고 대량생산이 가능하다.
⑤ 평면도, 진원도, 직선도 등의 이상적인 기하학적 형상을 얻을 수 있다.

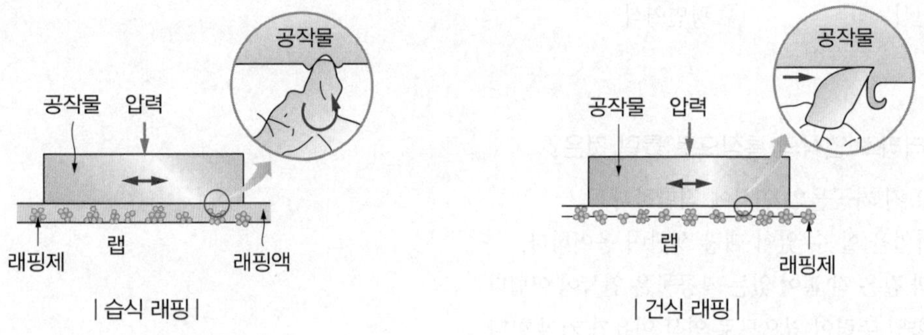

| 습식 래핑 | | 건식 래핑 |

2. 호닝(Honing)

(1) 개요

① 고운 입자를 가진 혼(Hone)이라는 숫돌을 방사형 모양으로 원통에 배치하고 회전운동시켜 구멍의 내면을 정밀하게 다듬질하는 방법
② 원통의 내면을 절삭한 후 보링, 리밍 또는 연삭가공을 하고, 다시 구멍에 대한 진원도, 직진도 및 표면 거칠기를 향상시키기 위해 사용한다.

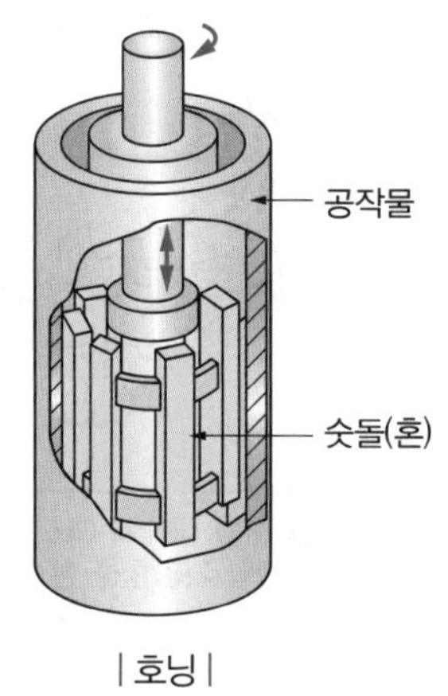

| 호닝 |

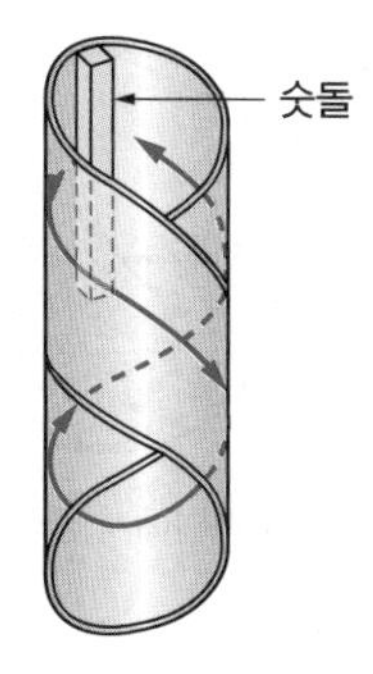

| 숫돌의 운동방향 |

3. 슈퍼피니싱

(1) 개요

① 미세하고 연한 숫돌을 가공표면에 가압하고, 공작물에 회전 이송운동, 숫돌에 진동을 주어 0.5mm 이하의 경면 다듬질에 사용한다.

② 정밀롤러, 저널, 베어링의 궤도, 게이지, 공작기계의 고급축, 자동차, 항공기 엔진부품, 대형 내연기관의 크랭크축 등의 가공에 사용한다.

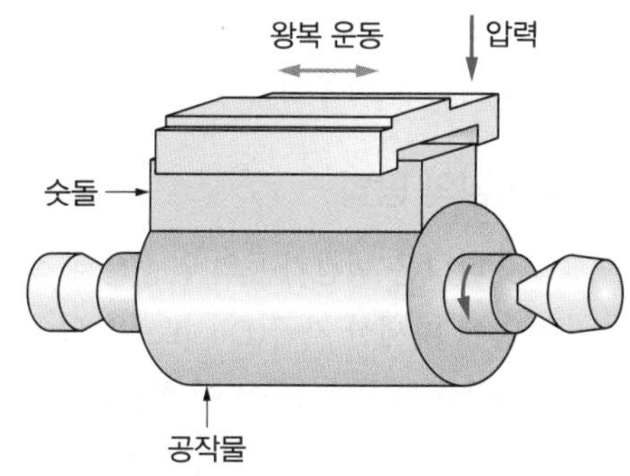

(2) 특징

① 가공면이 매끈하다.

② 방향성이 없으며, 가공에 의한 표면의 변질부가 극히 적다.

4. 배럴가공

① **정의** : 회전하는 상자에 공작물과 숫돌 입자, 공작액, 콤파운드 등을 함께 넣어 공작물이 입자와 충돌하는 동안에 그 표면의 요철을 제거하며, 매끈한 가공면을 얻는 다듬질 방법이다.

② **배럴(Barrel)** : 공작물을 넣고 회전하는 상자를 말한다.

③ **미디어(Media)** : 배럴가공 시 공작물 표면을 연마하거나 광택을 내기 위한 연마제이다.

④ **배럴가공을 하는 공작물의 재질** : 주철, 강, 동, 동합금, 알루미늄, 경합금 등의 금속 재료는 물론 베이클라이트, 파이버, 비닐수지 등의 비금속 재료도 널리 사용된다.

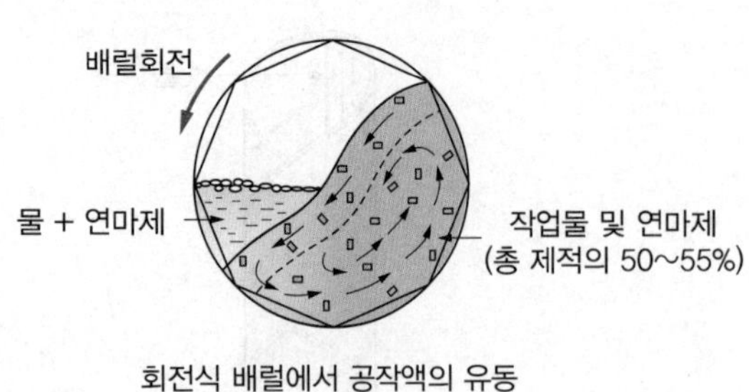

회전식 배럴에서 공작액의 유동

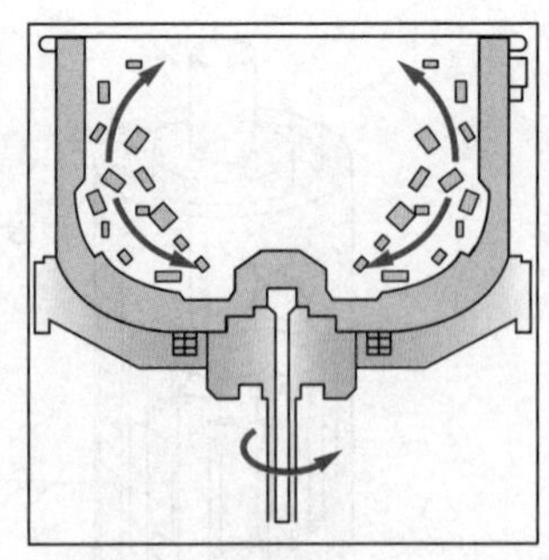
정지된 배럴 내에서 디스크가 회전하며
연마 매체와 가공물을 상승 운동시킨다.

5. 숏피닝(Shot Peening)

(1) 개요

① 경화된 철의 작은 볼을 공작물의 표면에 분사하여 제품의 표면을 매끈하게 하는 동시에 공작물의 피로강도나 기계적 성질을 향상시킨다.

② 숏피닝에 사용되는 철의 작은 볼을 숏(Shot)이라고 한다.

(2) 숏피닝의 방법

① 숏피닝은 냉간가공의 일종으로 작은 쇠구슬을 고속으로 재료 표면에 충돌시켜 그림과 같이 재료 표면에 미세한 자국(Dimple)을 균일하게 형성하는 가공공정이다. 충돌 시 재료는 인장소성이 발생하나 복원 시 압축응력이 형성되어 재료의 피로강도를 높이는 데 사용된다.

② 숏피닝의 조건(속도, 강구재질, 크기)에 따라 압축응력의 정도를 조절 가능하다.

③ 숏은 칠드주철숏, 가단주철숏, 주철숏, 컷와이어숏 등이 있다.

④ 크랭크축, 체인, 스프링 등 기존 제품의 치수나 재질 변경 없이 높은 피로강도가 필요할 경우 적용되기도 한다.

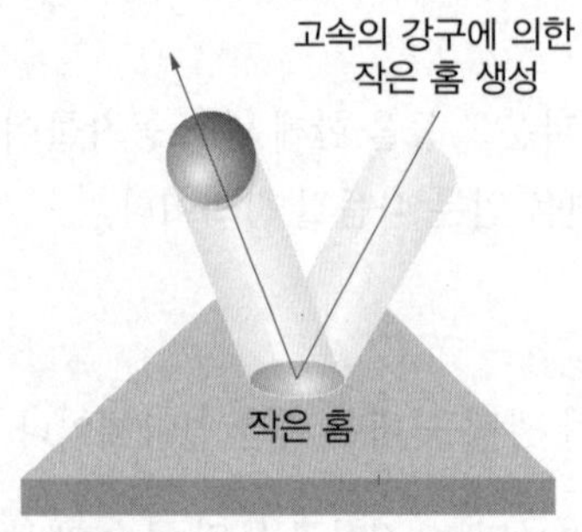

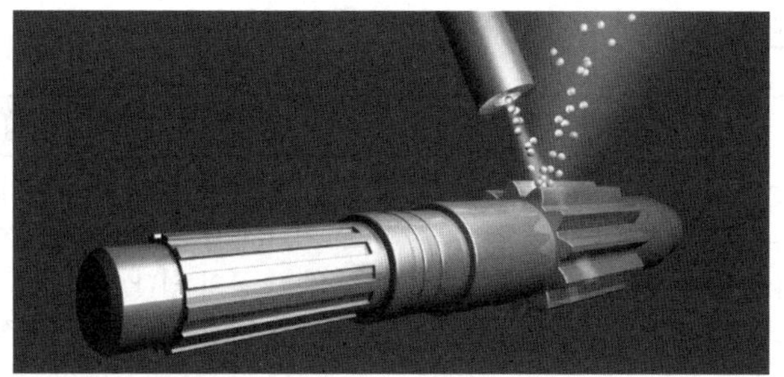

6. 버니싱

① 공작물의 내경에 내경보다 약간 큰 금속구를 압입하여 표면을 누르면서 이동시켜, 표면에 소성 변형을 일으키게 하여 매끈하고 정도가 높은 면을 얻는 가공법이다.

② 주로 구멍 내면의 다듬질에 사용되며, 연성, 전성이 큰 재료에 사용한다.

③ 연질재에는 강구, 강재에는 초경합금의 구를 사용한다.

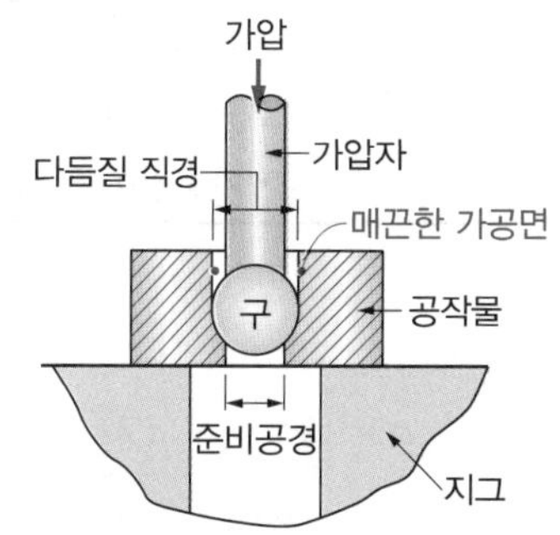

2 특수가공

1. 방전가공(Electric Discharge Machine)

(1) 방전가공의 원리

① 스파크 가공(Spark Machining)이라고도 하며, 전기의 양극과 음극이 부딪칠 때 일어나는 스파크로 가공하는 방법이다.

② 스파크(온도 : 5,000℃)로 일어난 열에너지는 가공하려는 재료를 녹이거나 기화시켜 제거함으로써 원하는 모양으로 만들어 준다(정밀가공 가능).

③ 공작물(양극 역할)이 전기적으로 전도성을 띠어야 한다(전극은 음극 역할).

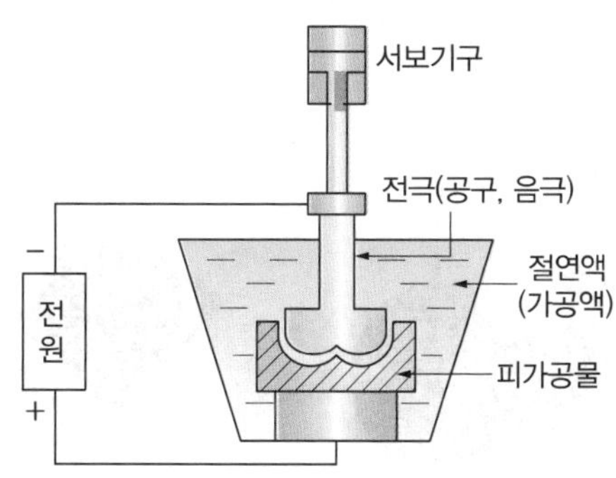

(2) 기계가공과 방전가공의 비교

구분	기계가공	방전가공
장점	• 가공시간이 짧다. • 공정이 적다(전극가공 불필요). • 가공면적에 의해 가공면 품질에 영향을 받지 않는다.	• 예리한 Edge 가공이 가능하다(정밀가공 가능). • 재료의 경도와 인성에 관계없이 전기도체면 가공이 쉽다. • 비접촉성으로 기계적인 힘이 가해지지 않는다. • 가공성이 높고 설계의 유연성이 크다. • 가공표면의 열변질층이 적고, 내마멸성, 내부식성이 높은 표면을 얻을 수 있다.
단점	• 코너가공 시 공구반경에 제한이 있다. • 공구수명이 짧다. • 가공재의 경도에 한계가 있다. • 가공깊이의 제약이 있다.	• 가공상 전극소재에 제한이 있다(공작물이 전도체이어야 한다). • 가공속도가 느리다. • 전극가공 공정이 필요하다.

| 가공할 형상 | | 기계가공 예(밀링가공) | | 방전가공 예 |

(3) 전극에 사용되는 재질 : 구리, 흑연, 텅스텐 등

(4) 전극의 조건

① 열전도율이 좋고, 열적 변형이 적어야 한다.

② 고온과 방전가공유로부터 화학적 반응이 없어야 한다.

③ 기계가공이 쉽고, 가공정밀도가 높아야 한다.

④ 구하기 쉽고 가격이 싸야 한다.

⑤ 공작물보다 경도가 낮아야 한다.

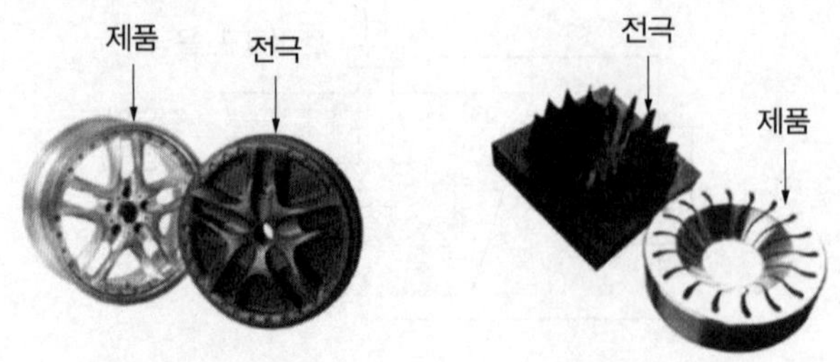

(5) 절연액(가공액)

① 역할

㉠ 가공 시 생기는 용융금속을 비산시킨다.

㉡ 용해된 칩을 공작물과 전극 사이의 밖으로 내보낸다.

㉢ 발생열을 냉각한다.

㉣ 극간의 절연을 회복시킨다.

② 종류

㉠ 절연유계 : 석유, 스핀들유, 머신유, 실리콘오일 등

㉡ 에멀전계 : 물(또는 탈이온수) + 절연유

(6) 방전회로 : RC회로(콘덴서 방전회로)

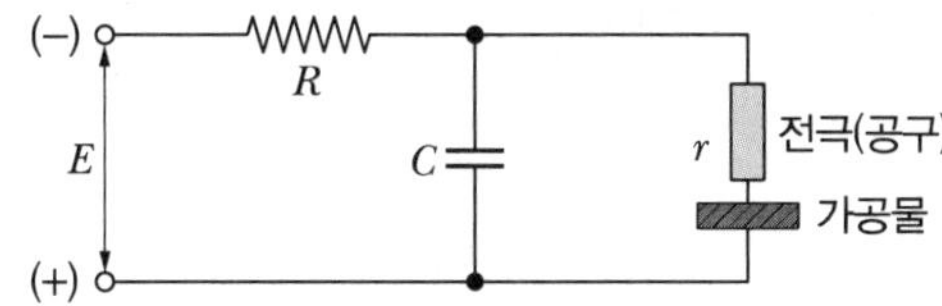

2. 와이어 컷 방전가공기(WEDM)

(1) 개요

① 강한 장력을 준 와이어와 가공물 사이에 방전을 일으켜 가공한다.

② 컴퓨터 수치제어(CNC)가 필수적이며 가공 정밀도가 요구된다.

③ 일반 공작기계로 가공이 불가능한 미세가공, 복잡한 형상가공, 열처리되었거나 일반 절삭가공이 어려운 고경도 재료를 가공한다.

④ 고정밀을 필요로 하는 금형을 가공한다.

⑤ 표면거칠기가 양호하다.

(2) WEDM 원리

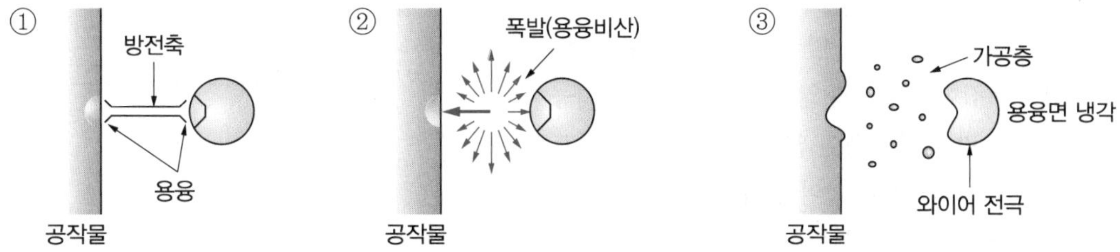

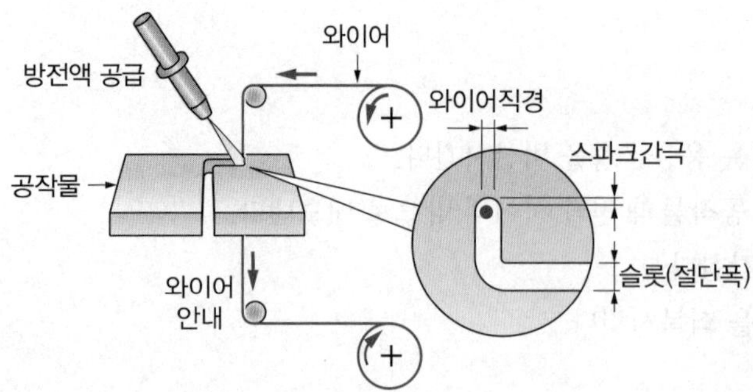

(3) WEDM의 특징

① 장점

㉠ 최대 마이크로미터까지 정밀하게 가공할 수 있다.

㉡ 특수한 공구가 필요 없다.

㉢ 와이어 전극의 소모를 대부분 무시한다.

㉣ 화재 발생이 없다.

② 단점

㉠ 가공비가 비싸다.

㉡ 전도성이 있는 재료만 가공이 가능하다.

㉢ 가공면에 수직으로만 가공되므로 가공면이 경사지거나 곡면으로 가공되는 것은 불가능하다.

(4) 전해연마(Electrolytic Polishing)

① 개요

오른쪽 그림과 같이 연마하려는 공작물을 양극으로 하여 과염소산, 인산, 황산, 질산 등의 전해액 속에 매달아 두고 $1\text{A}/\text{cm}^2$ 정도의 직류전류를 통전하여 전기 화학적으로 공작물의 미소돌기를 용출시켜 광택면을 얻는다.

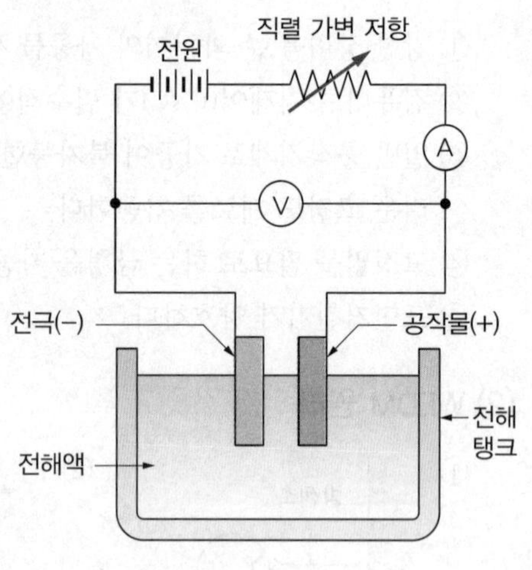

② 특징

㉠ 절삭가공에서 나타나는 힘과 열에 따른 변형이 없다.

㉡ 조직의 변화가 없다.

㉢ 연질금속, 아연, 구리, 알루미늄, 몰리브덴, 니켈 등 형상이 복잡한 공작물과 얇은 재료의 연마도 가능하다.

㉣ 가공한 면은 방향성이 없어 거울과 같이 매끄럽다.

㉤ 내마멸성과 내부식성이 높다.

㉥ 연마량이 적어서 깊은 홈이 제거되지 않는다.

㉦ 주름과 같이 불순물이 많은 것은 광택을 낼 수 없다.

㉧ 가공 모서리가 둥글게 된다.

4. 초음파가공

(1) 개요

초음파 진동을 에너지원으로 하여 진동하는 공구(Horn)와 공작물 사이에 연삭 입자를 공급하여 공작물을 정밀하게 다듬는다.

(2) 특징

① 장점

㉠ 방전가공과는 달리 도체가 아닌 부도체도 가공이 가능하다.

㉡ 가공액으로 물이나 경유 등을 사용하므로 경제적이고 취급하기도 쉽다.

㉢ 주로 소성변형이 없이 파괴되는 유리, 수정, 반도체, 자기, 세라믹, 카본 등을 정밀하게 가공하는 데 사용한다.

② 단점

㉠ 속도가 느리고, 공구의 마멸이 크다.

㉡ 가공할 수 있는 면적이나 길이의 제한을 받는다.

㉢ 납, 구리, 연강과 같은 연질재료는 가공이 불가능하다.

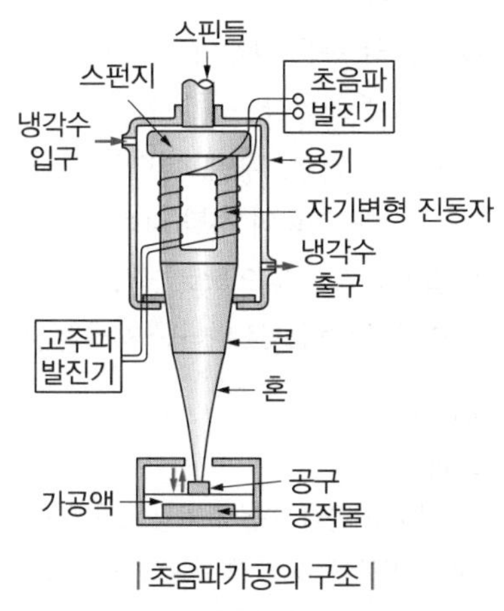

| 초음파가공의 구조 |

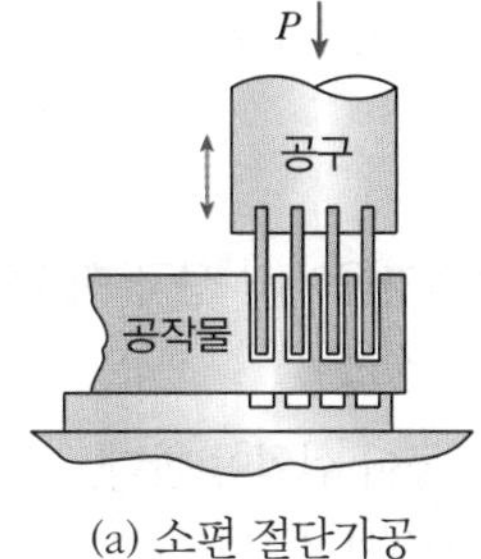

(a) 소편 절단가공

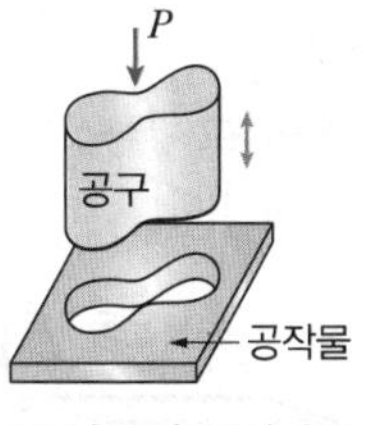

(b) 비등형 구멍가공

| 초음파가공의 예 |

5. 레이저가공

집적된 레이저의 고밀도 에너지를 이용하여 공작물을 국부적으로 가열, 용융, 기화시키는 원리를 이용하여, 공작물을 대기 중에서 비접촉으로 가공한다.

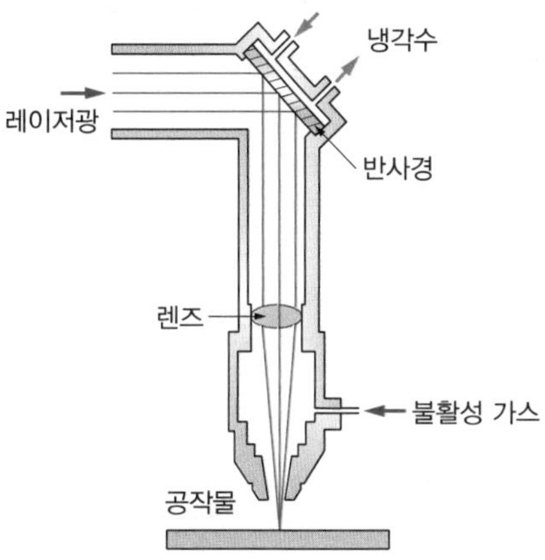

핵심 기출 문제

01 슈퍼 피니싱에 관한 내용으로 틀린 것은?

① 숫돌 길이는 일감 길이와 같은 것을 일반적으로 사용한다.
② 숫돌의 폭은 일감의 지름과 같은 정도의 것이 일반적으로 쓰인다.
③ 원통의 외면, 내면, 평면을 다듬을 수 있으므로 많은 기계 부품의 정밀 다듬질에 응용된다.
④ 접촉면적이 넓으므로 연삭작업에서 나타난 이송선, 숫돌이 떨림으로 나타난 자리는 완전히 없앨 수 없다.

해설

슈퍼피니싱

- 미세하고 연한 숫돌을 가공표면에 가압하고, 공작물에 회전 이송운동, 숫돌에 진동을 주어 0.5mm 이하의 경면(鏡面) 다듬질에 사용한다.
- 정밀롤러, 저널, 베어링의 궤도, 게이지, 공작기계의 고급축, 자동차, 항공기 엔진부품, 대형 내연기관의 크랭크축 등의 가공에 사용한다.
- 특징 : 가공면이 매끈하고 방향성이 없으며, 가공에 의한 표면의 변질부가 극히 적다.

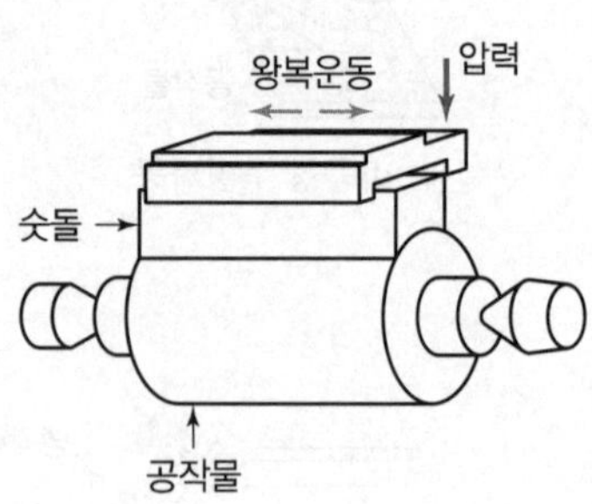

02 전해연마의 특징에 대한 설명으로 틀린 것은?

① 가공 변질층이 없다.
② 내부식성이 좋아진다.
③ 가공면에 방향성이 생긴다.
④ 복잡한 형상을 가진 공작물의 연마도 가능하다.

해설

전해연마의 특징

- 절삭가공에서 나타나는 힘과 열에 따른 변형이 없다.
- 조직의 변화가 없다.
- 연질금속, 아연, 구리, 알루미늄, 몰리브덴, 니켈 등 형상이 복잡한 공작물과 얇은 재료의 연마도 가능하다.
- 가공한 면은 방향성이 없어 거울과 같이 매끄럽다.
- 내마멸성과 내부식성이 높다.
- 연마량이 적어서 깊은 홈이 제거되지 않는다.
- 주름과 같이 불순물이 많은 것은 광택을 낼 수 없다.
- 가공 모서리가 둥글게 된다.

03 방전가공에서 전극 재료의 구비조건으로 가장 거리가 먼 것은?

① 기계가공이 쉬워야 한다.
② 가공 전극의 소모가 커야 한다.
③ 가공 정밀도가 높아야 한다.
④ 방전이 안전하고 가공속도가 빨라야 한다.

해설

전극 재료의 조건

- 열전도율이 좋고, 열적 변형이 적어야 한다.
- 고온과 방전가공유로 인한 화학적 반응이 없어야 한다.
- 기계가공이 쉽고, 가공 정밀도가 높아야 한다.
- 구하기 쉽고 가격이 싸야 한다.
- 공작물보다 경도가 낮아야 한다.

정답 01 ② 02 ③ 03 ②

04 전기 도금의 반대 형상으로 가공물을 양극에, 전기저항이 작은 구리, 아연을 음극에 연결한 후 용액에 침지하고 통전하여 금속 표면의 미소 돌기부분을 용해하여 거울면과 같이 광택이 있는 면을 가공할 수 있는 특수가공은?

① 방전가공　　② 전주가공
③ 전해연마　　④ 슈퍼 피니싱

해설

① 방전가공(Electric Discharge Machine) : 스파크 가공(Spark Machining)이라고도 하는데, 전기의 양극과 음극이 부딪칠 때 일어나는 스파크로 가공하는 방법이다.
② 전주가공 : 전해연마에서 석출된 금속 이온이 음극의 공작물 표면에 붙은 전착층을 이용하여 원형과 반대 형상의 제품을 만드는 가공법을 말한다.
③ 전해연마(Electrolytic Polishing) : 연마하려는 공작물을 양극으로 하여 과염소산, 인산, 황산, 질산 등의 전해액 속에 매달아 두고 $1A/cm^2$ 정도의 직류전류를 통전하여 전기 화학적으로 공작물의 미소돌기를 용출시켜 광택면을 얻는 가공법을 말한다.
④ 슈퍼피니싱 : 미세하고 연한 숫돌을 가공표면에 가압하고, 공작물에 회전 이송운동, 숫돌에 진동을 주어 0.5mm 이하의 경면(鏡面) 다듬질에 사용한다.

05 이미 가공되어 있는 구멍에 다소 큰 강철 볼을 압입하여 통과시켜서 가공물의 표면을 소성 변형시켜 정밀도가 높은 면을 얻는 가공법은?

① 버핑(Buffing)
② 버니싱(Burnishing)
③ 숏 피닝(Shot Peening)
④ 배럴 다듬질(Barrel Finishing)

해설

① 버핑(Buffing) : 천, 가죽, 벨트 등으로 만들어진 연마제를 고정시킨 다음, 고속 회전하여 연마하는 가공법이다.
② 버니싱(Burnishing)
- 볼 버니싱 : 필요한 형상을 한 공구로 공작물의 표면을 누르며 이동시켜, 표면에 소성 변형을 일으키게 하여 매끈하고 정도가 높은 면을 얻는 가공법이다.
- 롤러 버니싱 : 경화된 롤러를 회전하는 공작물에 압착하고 롤러에 이송 운동을 주며, 공작물 표면에 탄성 한도를 초과 압연하여 요철을 감소시켜 다듬질 면을 얻는 가공법이다.

③ 숏 피닝(Shot Peening) : 경화된 철의 작은 볼을 공작물의 표면에 분사하여 그 표면을 매끈하게 하는 동시에 공작물의 피로강도나 기계적 성질을 향상시키는 방법이다.
④ 배럴 가공(Barrel Finishing) : 회전하는 상자에 공작물과 숫돌 입자, 공작액, 콤파운드 등을 함께 넣어 공작물이 입자와 충돌하는 동안에 그 표면의 요철을 제거하며, 매끈한 가공면을 얻는 다듬질 방법이다.

06 방전가공에서 가장 기본적인 회로는?

① RC회로　　② 고전압법 회로
③ 트랜지스터 회로　　④ 임펄스 발전기 회로

해설

방전회로 : RC회로(콘덴서 방전회로)

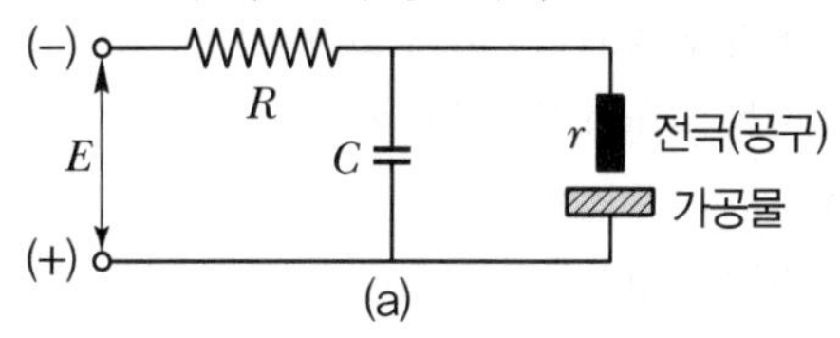

(a)

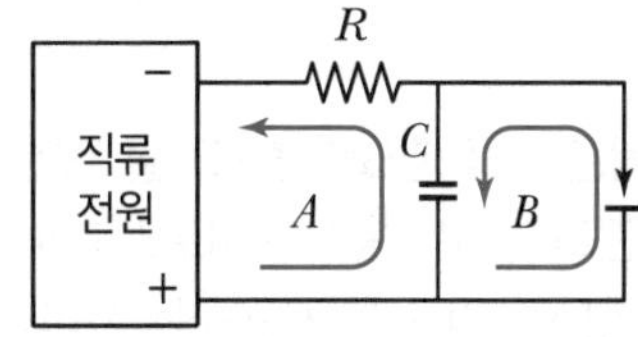

07 레이저(Laser) 가공에 대한 특징으로 틀린 것은?

① 밀도가 높은 단색성과 평행도가 높은 지향성을 이용한다.
② 가공물에 빛을 쏘이면 순간적으로 일부분이 가열되어, 용해되거나 증발되는 원리이다.
③ 초경합금, 스테인리스강의 가공은 불가능한 단점이 있다.
④ 유리, 플라스틱 판의 절단이 가능하다.

정답　04 ③　05 ②　06 ①　07 ③

해설

레이저 가공

집적된 레이저의 고밀도 에너지를 이용하여 공작물을 국부적으로 가열, 용융, 기화시키는 원리를 이용하여, 공작물을 대기 중에서 비접촉으로 가공한다.

㉠ 장점
- 공작물의 중량과 크기에 상관없이 고속의 절단 가능
- 클램핑(Clamping)에 의한 소재의 손실 감소
- 생산공정의 단축(자동화, 시스템화)
- 비접촉식 헤드 도입으로 제품 표면에 스크래치 방지
- 높은 정밀도와 매끄러운 표면
- 난가공재의 미세가공에 적합

㉡ 단점 : 유해 가스 방출을 위한 환기 장치 필요

08 가공물, 미디어(Media), 가공액 등을 통속에 혼합하여 회전시킴으로써 깨끗한 가공면을 얻을 수 있는 특수 가공법은?

① 배럴 가공(Barrel Finishing)
② 롤 다듬질(Roll Finishing)
③ 버니싱(Burnishing)
④ 블라스팅(Blasting)

09 경화된 작은 강철 볼(Ball)을 공작물 표면에 분사하여 표면을 매끈하게 하는 동시에 피로강도와 그 밖의 기계적 성질을 향상시키는 데 사용하는 가공방법은?

① 숏 피닝 ② 액체 호닝
③ 슈퍼 피니싱 ④ 래핑

10 와이어 컷(Wire Cut) 방전가공의 특징으로 틀린 것은?

① 표면거칠기가 양호하다.
② 담금질강과 초경합금의 가공이 가능하다.
③ 복잡한 형상의 가공물을 높은 정밀도로 가공할 수 있다.
④ 가공물의 형상이 복잡함에 따라 가공속도가 변한다.

해설

와이어 컷(WEDM)의 특징
- 강한 장력을 준 와이어와 가공물 사이에 방전을 일으켜 가공한다.
- 컴퓨터 수치제어(CNC)가 필수적이며 가공 정밀도가 요구된다.
- 일반 공작기계로 가공이 불가능한 미세가공, 복잡한 형상가공, 열처리되었거나 일반 절삭가공이 어려운 고경도 재료를 가공한다.
- 고정밀을 필요로 하는 금형을 가공한다.

11 래핑 다듬질에 대한 특징 중 틀린 것은?

① 게이지류나 광학렌즈의 표면 다듬질에 사용된다.
② 가공면에 랩제가 잔류하여 표면의 부식과 마모 촉진을 막아준다.
③ 평면도, 진원도, 직선도 등의 이상적인 기하학적 형상을 얻을 수 있다.
④ 가공면의 윤활성 및 내마모성이 좋아진다.

해설

래핑 다듬질의 특징
- 가공면이 매끈한 거울면을 얻을 수 있다.
- 정밀도가 높은 제품을 가공할 수 있어 게이지류나 광학렌즈의 표면 다듬질에 사용된다.
- 평면도, 진원도, 직선도 등의 이상적인 기하학적 형상을 얻을 수 있다.
- 가공면은 윤활성 및 내마모성이 좋다.
- 가공이 간단하고 대량생산이 가능하다.

정답 08 ① 09 ① 10 ④ 11 ②

MEMO

03

구조해석

PART 3

CHAPTER

01 구조 및 진동해석

1 구조해석

고체에서의 구조해석은 외력에 대한 구조물의 변형과 응력분포를 구하는 유한요소법(Finite Element Method)을 의미한다.

1. 유한요소법(FEM ; Finite Element Method)

유한요소법은 공학과 물리학의 문제들을 해결하기 위한 하나의 수치해석기법으로 구조해석, 열전달해석, 유동해석, 물질이동해석, 전자기장해석에 사용된다.

유한요소법의 기본절차

전처리작업(Pre – processing) → 해석(Analysis) → 후처리작업(Post – processing)

2. 유한요소해석(Finite Element Analysis)

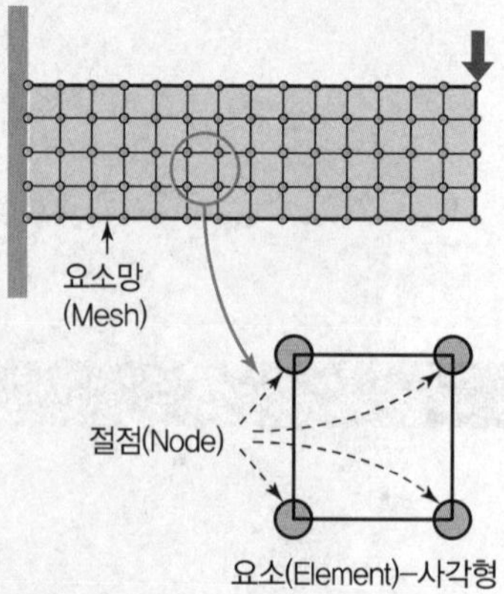

구조물 내의 연속된 무한개의 미지수 점들을 모두 해석할 수 없어, 그림과 같이 외팔보(구조물)를 이산화(미소거리로 떨어진)된 유한 개의 절점(node)들로 근사화하고 이들 절점과의 관계를 유기적으로 연결해주는 요소(Element)를 이용하여 주어진 하중조건 하에서 각 절점들의 변위 및 요소내부의 응력, 변

형률 등의 값들을 근사해법(Approximation Method)을 사용해 수치적으로 구하는 해석방법이다. 유한요소법을 가지고 문제를 수식화하면 각 절점에 상응하는 연립대수 방정식을 얻어 수치적인 방법을 사용해 연속체 내의 분산(이산)된 절점(Node)들에서 미지의 값을 근사적으로 구할 수 있다. 구조물을 유한요소로 나누어 분할한 후 각각의 개별요소에 대한 방정식을 세워 계산하고 조합하여 전체구조물에 대한 방정식을 구해 해석한다. 유한요소법을 통한 구조해석은 많은 수의 선형방정식의 해를 구해야 하는 과정으로 인해 매우 어렵고 비실용적인 방법이었으나 컴퓨터를 사용해 방대한 양의 해를 구할 수 있게 되면서 효율적인 구조해석이 가능하게 되었다. 그림처럼 구조물을 더 작은 물체나 단위[유한요소(Element)]로 나누고 그 요소들을 두 개 이상의 요소들이 공유하는 절점(Node), 경계선 또는 경계면으로 연결된 대등한 시스템으로 만드는 모델화 과정을 이산화(Discretization) 또는 격자분할이라 하며, 해석하고자 하는 구조물에 맞는 이산화된 최적의 요소망(요소들의 집합)은 유한요소해석의 정확도, 경제성과 밀접한 관련이 있으므로 매우 중요하다.

3. 유한요소해석의 일반 절차

- 해석계획의 수립
- 유한요소 모델의 생성(기하모델, 재료의 성질, 요소망(절점과요소)생성)
- 경계조건설정(하중적용, 구속조건)
- 해석(Analysis)
- 해석결과의 출력 및 검증
- 해석결과의 데이터베이스화

(1) 해석계획의 수립과 유한요소 모델의 생성

해석하고자 하는 구조물이나 연속체를 잘라서 유한요소로 만들고 해석에 사용할 요소형태를 선정하는 단계이다.

① 설계 부품이나 구조물을 간략화하여 해석목표를 달성할 수 있는 최적 유한요소모델 선정

② 물체를 서로 연결된 절점으로 이루어진 등가의 유한요소 시스템으로 바꾸기 위해 요소형태의 선정

③ 전체요소수와 요소의 크기, 사용할 요소의 형태는 엔지니어가 결정해야할 중요한 문제이며 물체의 요소는 정확하고 유용한 결과를 얻기 위해 충분히 작아야 하고, 반면에 계산에 드는 시간과 메모리를 줄이기 위해 충분히 크게 설정해야 한다.

④ 요소들의 집합인 요소망(Mesh)의 밀도가 커질수록(요소수가 많아질수록) 결과의 정확도는 높아지나 과도하게 많이 생성하면 저장공간을 많이 차지하고 해석시간이 오래 걸려 효율성이 떨어지게 된다.

⑤ 현재의 요소망작업은 대부분 3차원 CAD모델을 불러와서 자동요소망생성 기능을 이용해 요소망을 작성하여 해석하는게 일반적이다.

▌요소의 종류

Type	실제모델(Actual Models)	유한요소모델 (절점에 의해 정의된 기하요소 특성)	실제 체적 계산 시 필요한-추가입력사항
1차원	봉/트러스, 스프링, 보	절점(Node) 길이(L)	단면적 A 실제체적 $V=A\cdot L$
2차원	쉘(shell), 판(plate)	요소 / 요소 절점(Node) 면적(A)	두께 t 실제체적 $V=A\cdot t$
3차원	솔리드	요소 / 요소 절점(Node) 체적(V)	없음

(2) 경계조건의 설정

① 구조해석을 위해서는 실제 구조물의 거동을 표현하는 수학적 모델링이 필요하며, 그 구조물에 하중을 가한다는 것은 수학적으로 물체의 거동을 나타내는 연립대수방정식(미분방정식)의 해를 구할 수 있는 경계조건(초기값)을 준다는 의미를 가지므로 경계조건은 구조물에 작용하는 하중과 구속조건에 해당한다.

② 구조물이나 부품이 특정구속조건과 하중조건에 어떻게 반응하는가를 예측하는 것이 유한요소 해석의 기본목적이므로 적절한 구속조건과 하중은 매우 중요하다.

③ 자유도(DOF) 구속(Constraints) : 구조물의 경계상 절점의 변위(u)

④ 하중(Loads) : 집중하중, 분포하중(선분포, 면적분포, 체적분포)

(3) 해석

유한요소 모델에 적한한 경계조건인 하중과 구속조건을 적용하고 Abaqus, ANSYS, MARC, NASTRAN 등의 국외상용프로그램과 국내 상용프로그램인 NFX를 사용해 해석한다.

(4) 해석결과의 출력 및 검증

① 설계와 해석과정에 응용하기 위해 결과를 이해하고 분석하는 단계

② 구조물의 응력해석이 주라면 구조물에 항복(Yielding)이 발생하였는지 여부

③ 실제 재료의 파괴실험에 의한 실제응력과 구조해석응력의 차이 여부
④ 구조물이 변형되었다면 탄성한도 영역이내에 있는지 여부
⑤ 재료의 특성에 맞는 파손이론을 적용했는지의 여부
⑥ 실제 시험값과 구조해석값을 비교해 안전성 여부를 판단
⑦ 해석응력결과를 가지고 유한요소해석에 사용한 요소망이 적합한지의 여부 판단
⑧ 해석이 종료되었다면 해석결과를 출력하고 해석이 제대로 되었는지 검증해 보아야 한다(해석결과의 평가는 많은 경험과 지식이 필요).

㉠ 그림과 같이 외팔보의 자유단에 집중하중이 작용하는 경우의 처짐을 유한요소해석을 하였다면 동일한 조건하의 이론해석 $\delta = \frac{PL^3}{3EI}$ 값과 구조해석한 값을 비교해서 검증해 보아야 한다.

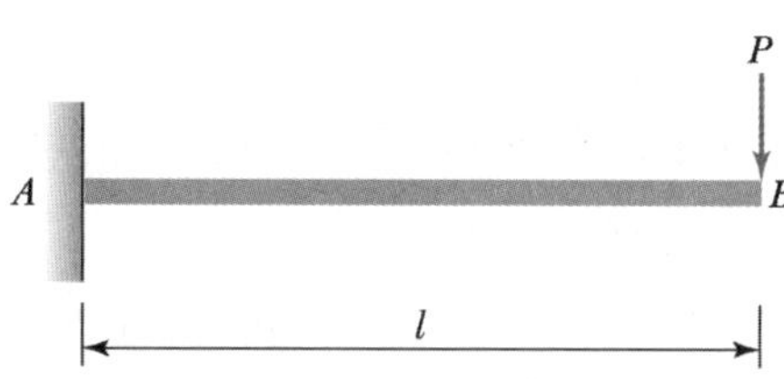

(5) 해석결과의 데이터베이스화

유한요소해석결과의 데이터는 보통 자동으로 저장되지만 하중이나 구속조건, 요소망등의 데이터 파일은 자동으로 저장되지 않으므로 꼭 저장해야 한다.

4. 유한요소 해석의 기초이론

일반적으로 구조 문제의 해는 대개 주어진 하중에 대해 각 절점에서의 변위와 그 구조물을 구성하고 있는 각 요소 내에서의 응력을 계산하는 것을 의미하며, 구조해석 이외의 분야에서는 주로 절점의 미지수가 열이나 유체유동으로 인한 온도 또는 유체압력이다.

(1) 행렬법

유한요소법에서 요소의 강성방정식을 간략하게 수식화하기 위해 행렬(Matrix)을 사용하며, 많은 절점과 요소들의 연립대수방정식을 컴퓨터 프로그래밍을 통해 풀기 위해 행렬을 필수적인 도구로 사용한다.

㉠ 1개 스프링 요소에 대한 강성행렬 적용 예시

$$\begin{pmatrix} f_{1x} \\ f_{2x} \end{pmatrix} = \begin{bmatrix} k & -k \\ -k & k \end{bmatrix} \begin{pmatrix} u_1 \\ u_2 \end{pmatrix}$$

절점력 = 강성행렬×변위 → $\{f\} = \{k\}\{d\}$ 로 표현

두 개의 직렬조합스프링의 강성행렬

$$[K]=\begin{pmatrix} k_1 & 0 & -k_1 \\ 0 & k_2 & -k_2 \\ -k_1 & -k_2 & k_1+k_2 \end{pmatrix}$$

유한요소모델의 해석은 컴퓨터를 이용해 필요한 방정식을 만들고 해를 구하므로 컴퓨터에 요소좌표의 위치와 서로 연결된 요소관계, 요소재료의 물성치, 작용하중, 경계조건 또는 구속조건, 수행될 해석의 종류 등의 입력정보를 주어야 한다.

(2) 유한요소법의 기본 해석이론

많은 구조물에서 예전의 일반적인 이론해석으로는 변형분포를 구하기 어려워 유한요소법을 사용해 구조내부의 응력을 해석한다.

① 물리시스템에서 유한요소 방정식을 유도하기 위한 기본적인 3가지 방법

㉠ 직접법(직접평형법) : 가장 단순하게 물리적 통찰력을 제공하며, 기본적인 스프링, 단축 봉, 트러스, 보 등의 1차원 요소의 해석에만 사용하며 나머지 해석은 제한된다.

- 유연도법(하중법) : 미지수로 내력(Internal Force)을 사용하며 지배방정식을 구하기 위해 평형방정식을 사용한다. → 미지의 힘을 구하기 위한 대수방정식 형태
- 변위법(강성법) : 미지수로 절점의 변위를 사용하며 평형조건식과 힘과 변위를 연결시키는 식을 이용해 지배방정식을 절점의 변위로 표현 → 대부분 구조해석에 사용

㉡ 변분법 : 구조해석에 최소포텐셜에너지법칙을 범함수로 사용

- 2차원, 3차원 유한요소방정식을 유도하기가 직접법보다 쉬움
- 구조적인 문제와 구조외적인 문제 모두의 지배방정식을 유도하기 위해 사용 가능
- 열전달에 대한 유한요소방정식을 전개하는 데 사용
- 가상 일의 원리사용(선형탄성 변형뿐만 아니라 비선형 변형재료에도 적용)

㉢ 가중잔여법 : 변분의 법칙이 존재하지 않더라고 유한요소법을 임의의 미분방정식에 직접적용

② 구조해석 운동방정식

$m\ddot{x}$	+	$c\dot{x}$	+	kx	=	$f(t)$: 진동에서 다루는 수식과 동일
관성력		감쇠력		탄성복원력		외력
(m : 질량)		(c : 감쇠비)		(k : 강성, x : 변위)		(하중)

(3) 유한요소법의 일반적인 단계

구조물이나 연속체를 잘라서 유한요소로 만들고, 해석에서 사용될 요소형태를 결정하고, 요소에 주어질 외력과 경계조건 또는 지지조건의 종류를 결정한 후 컴퓨터를 통해 해석하고 나온 결과를 이해하고 분석한다.

① 격자분할과 요소형태의 선정(요소망 형성)
② 변위함수의 선정
③ 변형률 – 변위와 응력 – 변형률관계의 정의
④ 요소강성행렬과 방정식의 유도
⑤ 요소방정식의 조합을 통한 전체행렬 구성 및 경계조건적용
⑥ 미지의 자유도(변위)에 대해 풀기
⑦ 요소변형률과 응력계산
⑧ 결과 해석하기

(4) 유한요소법의 장점

① 불규칙한 형상의 물체도 쉽게 모델링이 가능
② 여러 가지 종류의 하중조건을 쉽게 적용가능
③ 유한요소모델을 비교적 쉽게 경제적으로 바꾸는 것이 가능
④ 동역학적 효과 해석 가능
⑤ 해석의 주요 관심영역의 요소의 크기는 더 작게, 관심영역 밖은 더 크게 요소를 설정 가능
⑥ 큰 변형을 수반하는 비선형 물체의 비선형 거동도 해석 가능
⑦ 경계조건의 종류, 개수에 무제한
⑧ 유한요소법을 활용한 전산유체공학(CFD)분야도 다양한 유체유동해석 가능
⑨ 각각의 요소에 대해 서로 다른 방정식을 적용해 해석할 수 있으므로 서로 다른 재질로 구성된 구조물 해석도 가능

(5) 유한요소법의 단점

① 절점의 근사해를 구하므로 해석결과는 실험결과와 오차 발생
② 많은 요소의 연립대수방정식을 풀어야 하므로 비실용적 ⇒ 컴퓨터 발전으로 해결
③ 해석결과에 대한 신뢰성 검증이 필요

CHAPTER

02 재료역학

01 하중과 응력 및 변형률

1 재료역학 개요

1. 재료역학의 정의

여러 가지 형태의 하중을 받고 있는 고체의 거동을 취급하는 응용역학의 한 분야로 하중을 받는 부재의 강도(Strength), 강성도(Rigidity), 안전성(Safety)을 해석학적인 수법으로 구하는 학문이다.

2. 재료역학의 기본 가정

① 재료는 완전탄성체(탄성한도 이내), 재료의 균질성(동일한 밀도), 등방성(동일한 저항력)
② 탄성한도 영역 내에서 하중을 받고 있는 물체에 대해 해석(변형된 물체나 파괴된 물체를 해석하지 않음)
③ 뉴턴역학의 정역학적 평형조건 만족
$\Sigma F = 0,\ \Sigma M = 0$

3. 재료해석의 목적

하중에 의해서 생기는 응력, 변형률 및 변위를 구하는 것이며, 파괴하중에 도달할 때까지의 모든 하중에 대하여 이 값들을 구할 수 있다면 그 고체의 역학적 거동에 대한 완전한 모습을 얻을 수 있다.

2 하중(Load)

1. 하중의 개요

부하가 걸리는 원인이 되는 모든 외적 작용력을 하중이라고 하며 하중을 받을 때 발생하는 부하에 해당하는 반력요소에 의해 재료 내부에 저항하는 응력(Stress)이 존재하게 된다.

2. 하중의 종류

(1) 집중유무에 따른 분류

① **집중력** : 강체역학이므로 대부분 질점에 작용하는 집중력으로 간주하고 해석한다.

② **분포하중** : 선분포(N/m), 면적분포(N/m^2), 체적분포(N/m^3)

예 선분포(N/m, kgf/m)

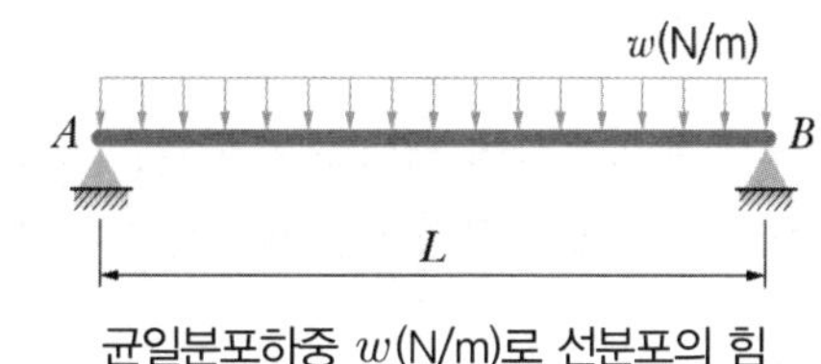

균일분포하중 w(N/m)로 선분포의 힘

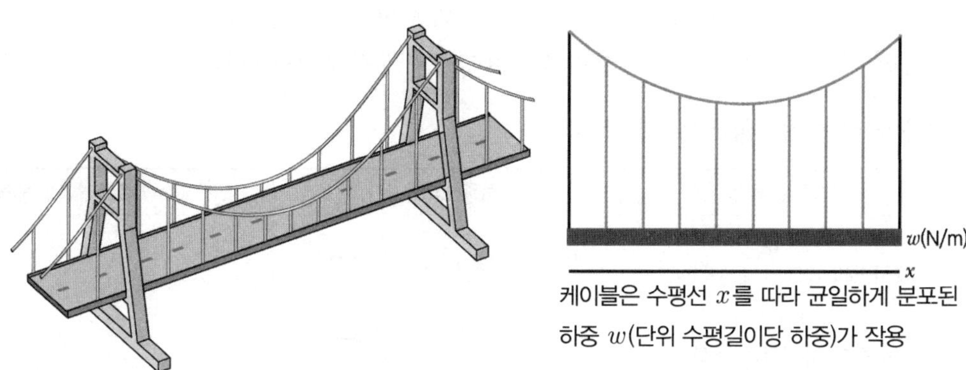

케이블은 수평선 x를 따라 균일하게 분포된 하중 w(단위 수평길이당 하중)가 작용

예 면적분포(N/m^2, kgf/m^2)

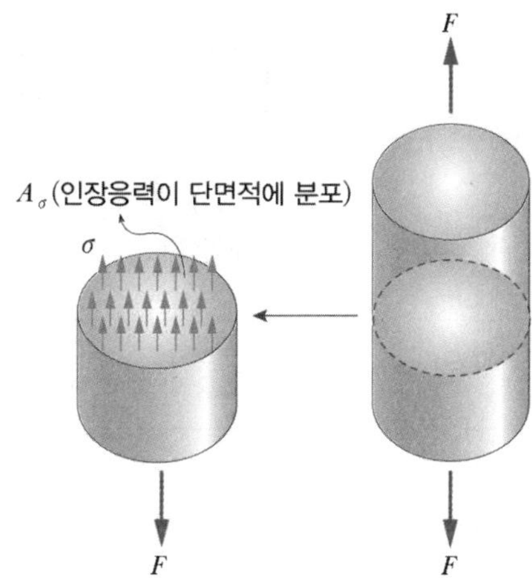

㉣ 체적분포 : 힘이 물체의 체적 전체에 분포(N/m^3, kgf/m^3)

체적분포	×	힘이 작용(분포)하는 체적	=	힘
$\frac{N}{m^3}$	×	m^3	=	N
γ(비중량)	×	V	=	W(무게)

(2) 접촉유무에 따른 분류

① 표면력(직접 접촉) : 물체표면에 접촉하여 벡터로 표시되는 대부분의 힘

② 체적력(직접 접촉하지 않음) : 공학에서 고려되는 체적력은 주로 중력(무게 : W)

(3) 하중 변화상태에 따른 분류

① 정하중 : 항상 일정한 하중으로 하중의 크기 및 방향이 변하지 않는다.

② 동하중 : 물체에 작용하는 하중의 크기 및 방향이 시간에 따라 바뀐다.

(4) 물체에 작용하는 상태에 따른 분류

하중 종류	하중 상태	재료역학의 해석
인장하중 (하중과 파괴면적 수직)		그림에서 표시한 하중 종류에 따라 재료내부에 발생하는 각각의 사용응력과 변형에 대해 강도와 강성, 안전성을 구함 • 강도설계 : 허용응력에 기초를 둔 설계(허용응력 : 안전상 허용할 수 있는 재료의 최대응력) • 강성설계 : 허용변형에 기초를 둔 설계 • 안전성 검토
압축하중 (하중과 파괴면적 수직)		
전단하중 (하중과 파괴면적 평형)		
굽힘하중 (중립축을 기준으로 인장, 압축)		
비틀림하중 (비틀림 발생하중)		
좌굴하중 (재료의 휨을 발생)		

하중이 주어질 때 균일 단면봉이 균일한 인장이나 압축을 받으려면 축력은 반드시 단면적의 도심을 지나야 하며, 굽힘하중과 좌굴하중 또한 재료 단면의 도심에 하중이 작용해야 한다. 도심에서 편심된 치수가 주어지지 않으면 하중은 도심에 작용하는 것으로 간주하고 해석한다.

3 응력과 변형률

1. 응력(Stress, 내력, 저항력)

(1) 수직응력(Normal Stress)

물체에 외부 하중이 가해지면 재료 내부의 단면에 내력(저항력)이 발생하여 외력과 평형을 이룬다. 즉, 단위 면적당 발생하는 힘의 세기로 변형력이라고도 한다.

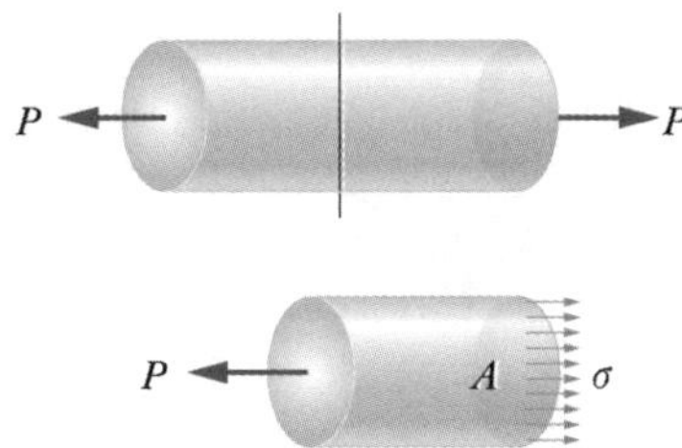

$$\Sigma F_x = 0 : -P + \sigma A = 0$$

$$\therefore \sigma = \frac{P}{A}\,(\mathrm{N/m^2})$$

여기서, A : 파괴면적[내력(저항력)이 작용하는 면적]

그림과 같이 하중 P와 면적 A가 수직으로 작용할 때의 응력을 인장응력이라 한다. 응력이 단면에 균일하게 분포한다고 가정하면 그 합력은 봉의 단면적 A와 응력 σ를 곱한 것과 같음을 알 수 있다.
인장하중 P는 자유물체의 좌단에 작용하고, 우단에는 제거된 부분에 남아 있는 반작용력(응력)이 작용한다. 이 응력들은 마치 수압이 물에 잠긴 물체의 수평면에 연속적으로 분포하는 것과 같이 전체단면에 걸쳐 연속적으로 분포한다.

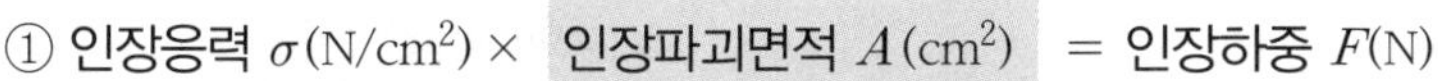
① 인장응력 $\sigma(\mathrm{N/cm^2}) \times$ 인장파괴면적 $A(\mathrm{cm^2})$ = 인장하중 $F(\mathrm{N})$

$$\Sigma F_y = 0 : -F + \sigma A = 0$$

$$\therefore \sigma = \frac{F}{A}$$

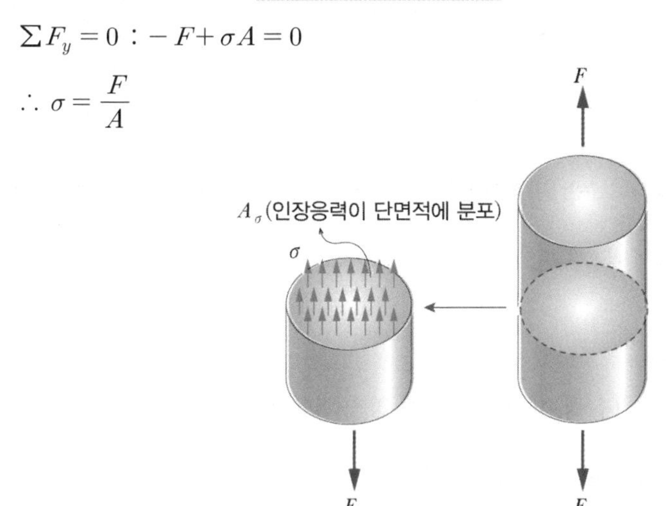

② 압축응력 $\sigma_c(\mathrm{N/cm^2}) \times$ 압축파괴면적 $A(\mathrm{cm^2})$ = 압축하중 $F(\mathrm{N})$

$\sum F_y = 0 : +F - \sigma_c \cdot A = 0$

$\therefore \sigma_c = \dfrac{F}{A}$

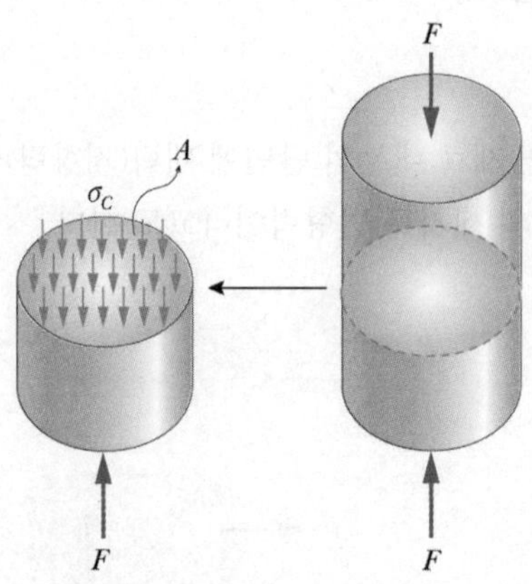

③ 압축면압 $\sigma_c(\mathrm{N/cm^2}) \times$ 압축면적 $A(\mathrm{cm^2})$ = 하중 $P(\mathrm{N})$

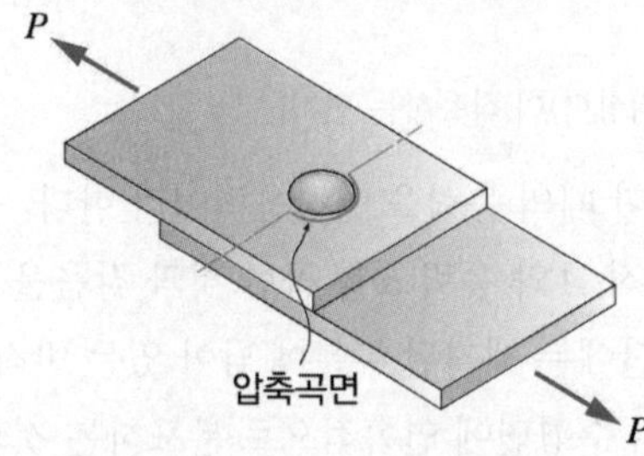

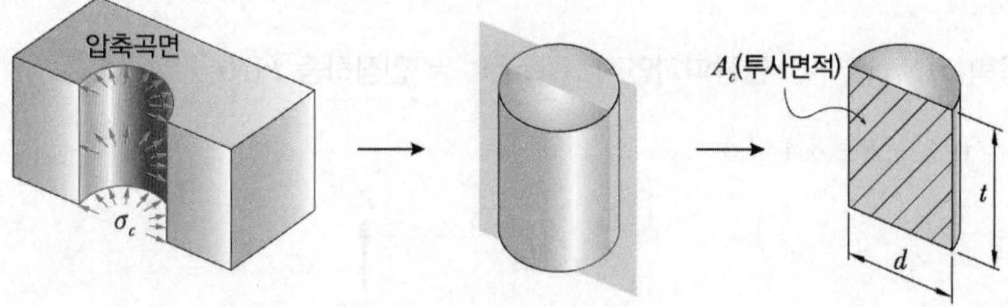

※ 반원통의 곡면에 압축이 가해진다. ⇒ 압축곡면을 투사하여 $A_c = d \times t$(투사면적)로 본다.

$\sigma_c = \dfrac{P}{A_c}$ $\therefore$ 압축력 $P = \sigma_c \times A_c$

(2) 전단(접선)응력(Shearing Stress)

그림과 같이 하중 P와 면적 A_τ가 평행(수평)하게 작용할 때의 응력을 전단응력이라 한다.

전단응력 $\tau(\mathrm{N/cm^2}) \times$ 전단파괴면적 $A(\mathrm{cm^2})$ = 전단하중 $P(\mathrm{N})$

$\sum F_x = P - \tau \cdot A_\tau = 0$

$\therefore \tau = \dfrac{P}{A_\tau}$

$\therefore$ 전단력 $P = \tau \times A_\tau$

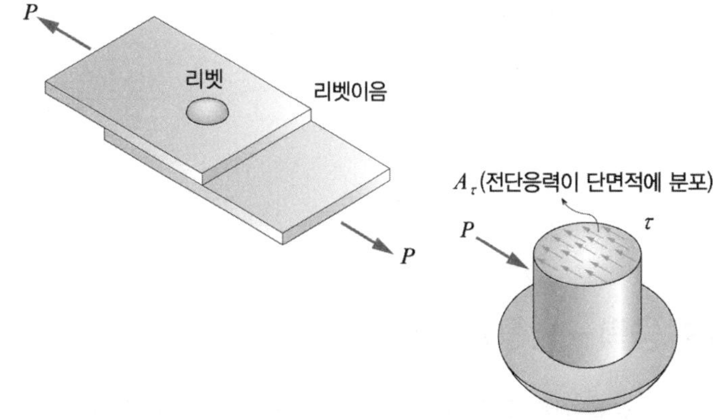

2. 변형률(Strain)

(1) 인장과 압축부재의 변형률

변형 전의 원래 치수에 대한 변형량의 비(무차원량)로 단위길이당 변형량(늘음량, 줄음량)이 된다. 그림처럼 인장을 받는 봉에서 전체 늘음량은 재료가 봉의 전길이에 걸쳐 늘어난 누적결과이다. 인장봉의 반쪽만 고려하면 늘음량은 $\dfrac{\lambda}{2}$ 이므로 봉의 단위 길이에 대한 늘음량은 전체 늘음량 λ에 $\dfrac{1}{l}$을 곱한 값이 된다.

⇒ 변형률×길이＝변형량

$$\varepsilon_x = \frac{\Delta x}{x}$$

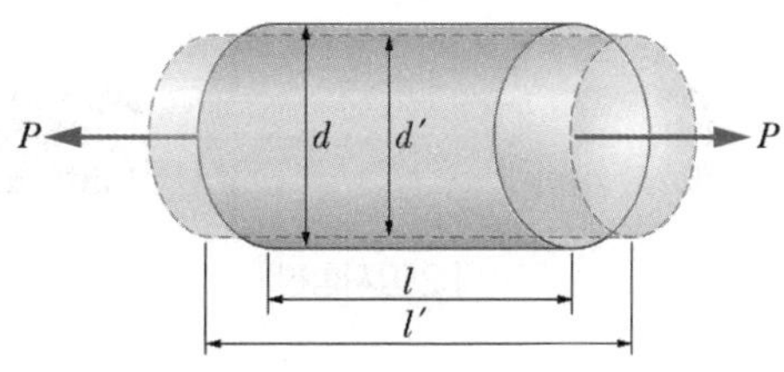

l(길이방향＝종방향), d(직경방향＝횡방향)

l'(인장 후의 재료의 전체 종방향길이$= l + \lambda$)

d'(인장 후의 횡방향 전체 직경$= d - \delta$)

(여기서, 재료가 인장되면 길이는 ＋, 직경은 －, 재료가 압축되면 길이는 －, 직경은 ＋가 된다.)

① 종변형률 : $\varepsilon = \dfrac{\Delta l}{l} = \dfrac{l' - l}{l} = \dfrac{\lambda}{l}$

② 횡변형률 : $\varepsilon' = \dfrac{\Delta d}{d} = \dfrac{d - d'}{d} = \dfrac{\delta}{d}$

③ 단면변형률 : $\varepsilon_A = \dfrac{\Delta A}{A} = 2\mu\varepsilon$

④ 체적변형률 : $\varepsilon_V = \dfrac{\Delta V}{V} = \varepsilon(1 - 2\mu)$

(2) 전단변형률(γ)

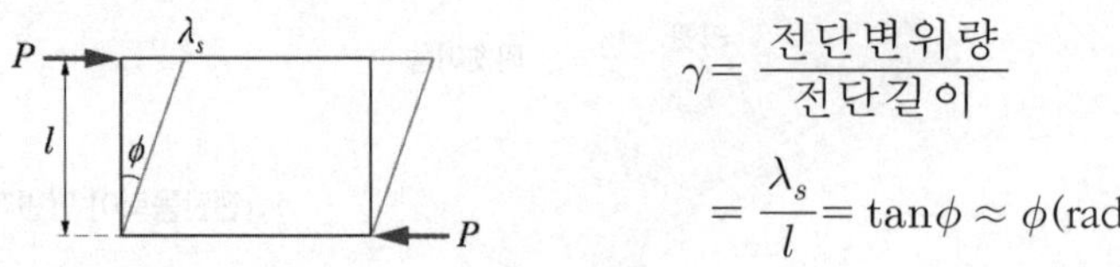

$$\gamma = \frac{\text{전단변위량}}{\text{전단길이}}$$

$$= \frac{\lambda_s}{l} = \tan\phi \approx \phi(\text{rad})$$

4 응력 – 변형률 선도

그림과 같은 연강 인장시험편에 하중 P를 점점 증가시켜주면서 시편을 신장시킨다. 인장 시험 중에 측정된 하중과 변형데이터를 이용하여 시편 내의 응력과 변형률 값을 계산하고 그 값들을 그래프로 그리면 응력(σ) – 변형률(ε) 선도가 된다.

- 봉의 변형이 균일하게 일어남
- 봉의 균일단면(d_0)에 대해 인장시험
- 하중이 단면의 도심에 작용
- 재료가 균질(Homogeneous) : 봉의 전 부분에 대해서 동질

위 조건을 만족할 때의 응력과 변형률을 단축응력과 변형률(Uniaxial Stress And Strain)이라 한다.

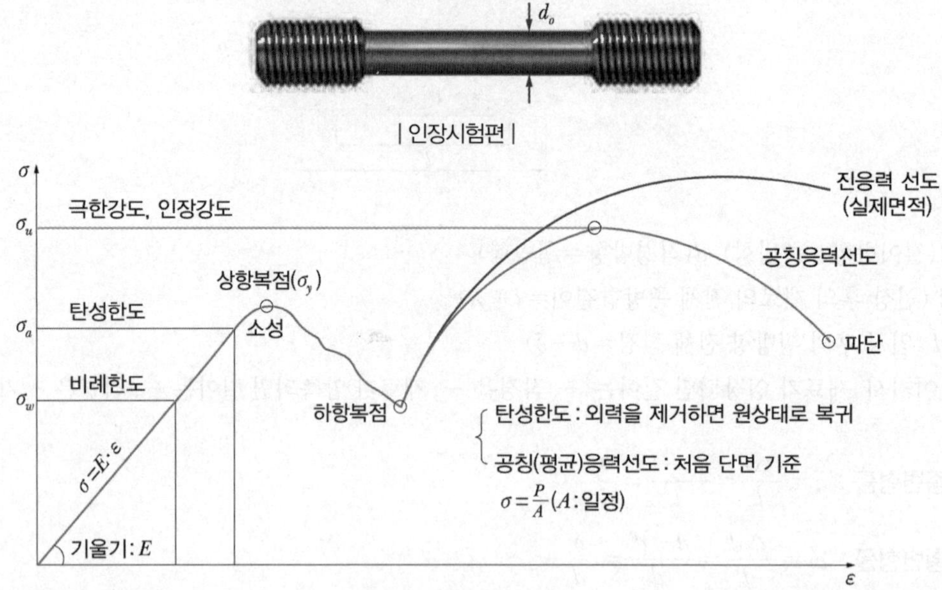

- 네킹(Necking) : 힘을 받은 재료가 극한강도에 이르면 국부축소가 일어나면서 변형이 급증한다.
  예 엿가락을 늘일 때 힘을 주지 않아도 늘어나는 부분
- E(Young계수 : 종탄성계수) : 응력과 변형률 선도의 직선부분 기울기 → $\sigma = E\varepsilon$

1. 탄성과 소성

① **탄성(Elasticity)** : 시편에 작용하는 외력에 의해 변형이 발생하지만 탄성한도 영역 안에 있으면 외력을 제거했을 때 시편이 원상태로 돌아간다. 이처럼 물체가 원래 상태로 되돌아가려는 성질을 탄성이라 한다.

② **소성(Plasticity)** : 시편에 작용하는 외력에 의한 변형이 재료의 탄성한도를 넘어서면 재료는 영구변형을 일으킨다. 외력을 제거해도 시편이 원상태로 되지 않으며 변형이 존재하는 성질을 소성이라 한다.

③ **비례한도** : 응력과 변형률이 직선으로 나타나며 이러한 선형 탄성변형까지의 최대응력을 비례한도라 한다($\sigma = E\varepsilon$).

④ **탄성한도** : 응력이 비례한도를 넘어서면, 재료가 아직은 탄성적으로 거동하지만 선도가 곡선으로 약간 휘어진다(보통 비례한도와 차이가 매우 작아 같다고 본다).

⑤ **항복(Yielding)** : 탄성한도를 넘어서 응력을 더 증가시키면 재료는 이에 견디지 못하고 영구적으로 변형하게 된다. 이러한 재료의 거동을 항복이라 한다.

⑥ 공칭응력 선도는 시험편의 단면(d_0)을 기준으로 한 그래프이고, 진응력 선도는 시편이 늘어남에 따라 실제 단면이 줄어들게 되는데 이 줄어든 단면(d')을 가지고 응력을 계산해 응력 – 변형률선도에 그려놓은 빨간색 곡선이다.

⑦ **허용응력(σ_a)** : 안전상 허용할 수 있는 재료의 최대응력으로 탄성한도 내에 존재한다(재료의 고유값).

5 파손

1. 파단의 형상

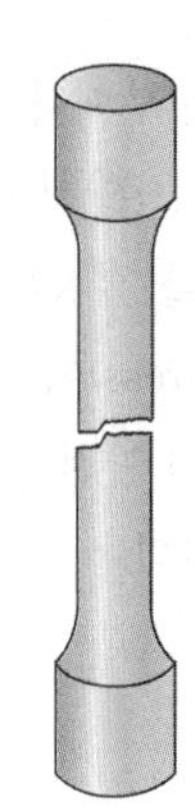

연강 인장시험에서의 파단 면은 옆의 그림과 같이 분리(인장) 파괴와 미끄럼 파괴를 혼합한 파단 면들이 동시에 나타나는데 분리 파괴에는 최대주응력이, 미끄럼 파괴에는 최대전단응력이 작용하고 있음을 보여준다. 재료가 취성일 때는 분리 파괴를, 연성일 때는 미끄럼 파괴를 일으킨다.

2. 파손의 법칙

재료의 사용응력이 탄성한도를 넘으면 재료는 파손된다. 재료역학에서는 부재가 여러 하중이 가해지는 조합응력상태에서 자주 사용되는데 이러한 경우의 파손은 최대주응력설, 최대전단응력설, 최대주스트레인설 등으로 설명된다. 일반적으로 주철과 같은 취성재료에는 최대주응력설을, 연강, 알루미늄 합금과 같은 연성재료에는 최대전단응력설을 파손에 적용하며, 이 책에서는 응력의 조합상태에서 상세히 다룬다.

3. 크리프(Creep)

재료(부재)가 일정한 고온하에서 오랜 시간에 걸쳐 일정한 하중을 받았을 경우, 재료 내부의 응력은 일정함에도 불구하고 재료의 변형률이 시간의 경과에 따라 증가하는 현상을 크리프(Creep)라 한다. 예를 들면 보일러관의 크리프는 기계의 성능 저하뿐만 아니라 손상의 원인도 된다.

4. 피로(Fatigue)

실제의 기계나 구조물들은 반복하중상태에 놓이는 경우가 많이 있는데, 이 경우 재료에 발생하는 응력이 탄성한도 영역 안에 있어도 하중의 반복작용에 의하여 재료가 점점 약해지며 파괴되는 현상을 피로파괴라 한다. 설계상 충분히 주의해야 하는 이유는 반복하중에 계속 노출될 경우 재료의 정적강도보다 훨씬 낮은 응력으로도 파괴될 수 있기 때문이다.

6 사용응력, 허용응력, 안전율

1. 사용응력과 허용응력

① 사용응력(σ_w : Working Stress) : 부재에 실제 작용하고 있는 하중에 의해 생기는 응력, 부재를 사용할 때 발생하는 응력

② 허용응력(σ_a : Allowable Stress) : 탄성한도 영역 이내에서 재료가 가지는 안전상 허용할 수 있는 최대응력

하중을 받는 부재나 구조물, 기계 등이 안전한 상태를 유지하며 제 기능을 발휘하려면 설계할 때 실제의 사용상태를 정확히 파악하고 그 상태의 응력을 고려하여 절대적으로 안전한 상태에 놓이도록 사용재료와 그 치수를 결정해야 한다. 오랜 기간 동안 실제상태에서 안전하게 작용하고 있는 응력을 사용응력(Working Stress)이라 하며, 이 사용응력을 정확하게 선정한다는 것은 거의 불가능하다. 따라서 탄성한도 영역 내의 안전상 허용할 수 있는 최대응력인 허용응력(Allowable Stress)을 사용응력이 넘지 않도록 설계해야 한다.

$$\text{사용응력}(\sigma_w) \le \text{허용응력}(\sigma_a) \le \text{탄성한도}$$

2. 안전율

하중의 종류와 사용조건에 따라 달라지는 기초강도 σ_s와 허용응력 σ_a와의 비를 안전율(Safety Factor)이라고 한다.

$$S = \frac{\text{기초강도}}{\text{허용응력}} = \frac{\sigma_s}{\sigma_a}$$

(1) 기초강도

사용재료의 종류, 형상, 사용조건에 의하여 주로 항복강도, 인장강도(극한강도) 값이며 크리프 한도, 피로 한도, 좌굴강도 값이 되기도 한다. 안전율은 항상 보다 크게 나오는데 설계 시 안전율을 크게 하면 기계나 구조물의 안정성은 증가하나 경제성은 떨어진다. 왜냐하면 어떤 부재에 작용하는 하중이 정해져 있을 경우, 안전율을 높이면 사용할 부재의 치수가 커지기 때문이다. 그러므로 실제하중의 작용조건, 상태(부식, 마모, 진동, 마찰, 정밀도, 수명) 등을 고려해서 적절한 안전율을 고려해주는 최적화(Optimization)설계를 해야 한다.

$\sigma_a = \dfrac{\sigma_s}{S}$ → 재료의 극한강도(인장강도)는 재료마다 정해져 있다.

→ 안전율을 크게 하면 허용응력이 줄어든다.

→ 허용응력(σ_a)을 사용응력(σ_w)과 같게 설계한다면 $\sigma_a = \sigma_w = \dfrac{P}{A}$가 작아지므로, 재료에 작용하는 하중이 일정하다고 보면 재료의 면적을 크게 해야 한다.(물론 면적을 일정하게 설계하면 하중을 줄여야 할 것이다.)

7 힘

1. 두 힘의 합력

두 힘이 θ각을 이룰 때의 합력 R → 직각분력으로 나누어 x성분은 x성분대로, y성분은 y성분대로 더한다.

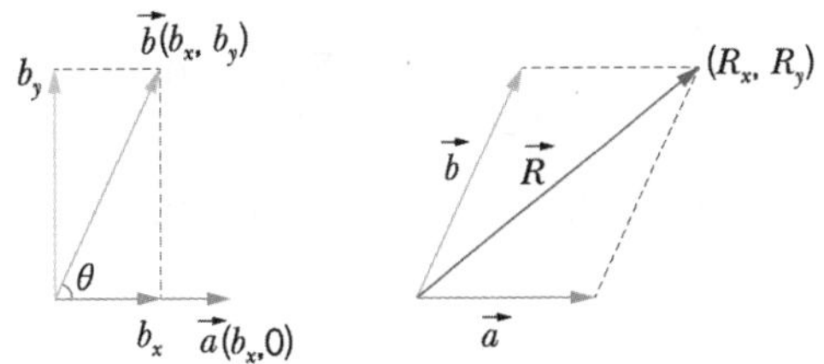

$$\begin{aligned}\vec{R} &= (R_x,\ R_y)\\ &= (a_x + b_x,\ b_y)\\ &= (a + b\cos\theta,\ b\sin\theta)\end{aligned}$$

$$\begin{aligned}\therefore \text{합력의 크기} &= \sqrt{{R_x}^2 + {R_y}^2} = \sqrt{(a + b\cos\theta)^2 + (b\sin\theta)^2}\\ &= \sqrt{a^2 + 2ab\cos\theta + b^2\cos^2\theta + b^2\sin^2\theta}\\ &= \sqrt{a^2 + b^2(\cos^2\theta + \sin^2\theta) + 2ab\cos\theta} = \sqrt{a^2 + b^2 + 2ab\cos\theta}\end{aligned}$$

참고

피타고라스의 정리 → $3^2+4^2=5^2$

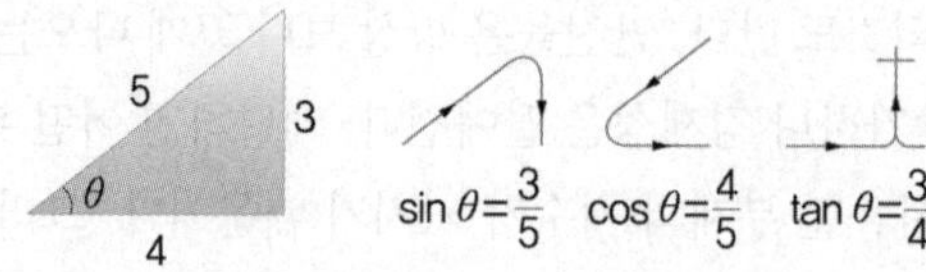

중요

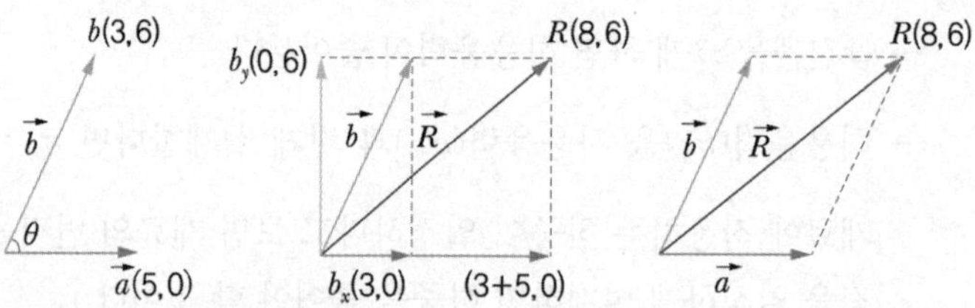

힘은 항상 직각분력으로 나누어 해석한다.

2. 힘의 평형

(1) 정역학적 평형상태 방정식

정역학적 평형상태는 움직이거나 회전하지 않는 완전 정지 상태를 의미한다.

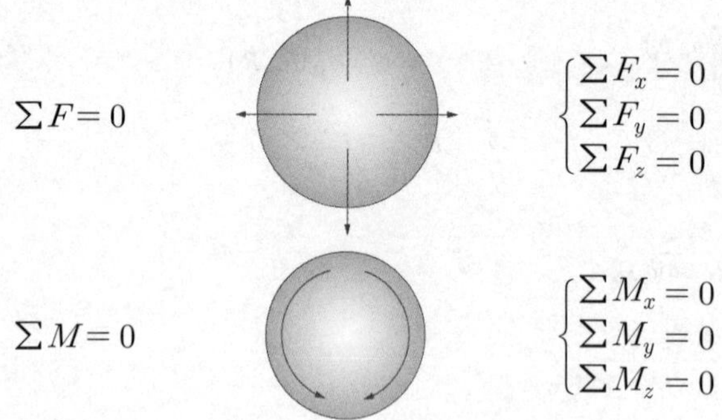

(2) 2력부재와 3력부재의 평형

① 2력부재의 평형

두 힘이 힘의 크기가 같고 방향이 반대이며 동일 직선상에 존재해야 한다.

② 3력부재(라미의 정리)

세 힘이 평형을 이루면 작용선은 한 점에서 만나며 힘의 삼각형은 폐쇄 삼각형으로 그려진다.(세 힘의 작용점이 한 점에서 만나지 않으면 움직이거나 회전하게 된다. 왜냐하면 세 힘이 한 점에서 만나지 않으면 떨어져 있는 힘을 옮겨야 되는데 힘을 옮기면 우력이 발생하므로 정역학적 평형상태가 되지 않는다. 그러므로 3력 부재의 시력도는 폐합된다.)

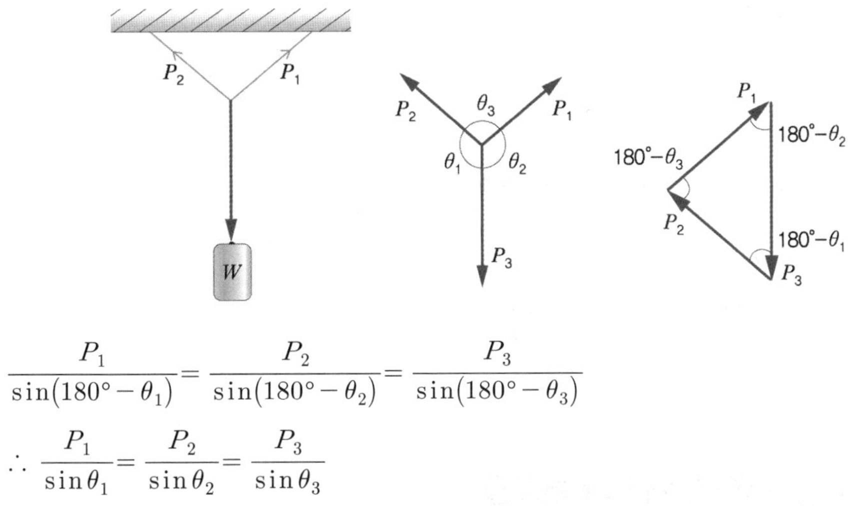

$$\frac{P_1}{\sin(180° - \theta_1)} = \frac{P_2}{\sin(180° - \theta_2)} = \frac{P_3}{\sin(180° - \theta_3)}$$

$$\therefore \frac{P_1}{\sin\theta_1} = \frac{P_2}{\sin\theta_2} = \frac{P_3}{\sin\theta_3}$$

8 훅의 법칙과 탄성계수

1. 훅의 법칙

대부분 공업용 재료는 탄성영역 내에서 응력과 변형률이 선형적인 관계를 보이며 응력이 증가하면 변형률도 비례해서 증가한다.

$$\frac{P}{A} \propto \frac{\lambda}{l} \Leftrightarrow \sigma \propto \varepsilon$$

$\sigma = E \cdot \varepsilon$ (E : 종탄성계수 : 영계수 : 비례계수)

2. 탄성계수의 종류

① 종탄성계수(E) : $\sigma = E \cdot \varepsilon$

② 횡탄성계수(G) : $\tau = G \cdot \gamma$ (γ : 전단변형률)

③ 체적탄성계수(K) : $\sigma = K \cdot \varepsilon_v$ (ε_v : 체적변화율)

3. 응력과 변형률의 관계

$$\sigma = \frac{P}{A} = E \cdot \varepsilon \rightarrow E = \frac{\sigma}{\varepsilon} = \frac{\frac{P}{A}}{\frac{\lambda}{l}} = \frac{Pl}{A\lambda}\text{[N/cm}^2\text{]}$$

길이 변화량 : $\lambda = \frac{P \cdot l}{A \cdot E} = \frac{\sigma \cdot l}{E} = \varepsilon \cdot l$

4. 푸아송의 비(μ)

종변형률과 횡변형률의 비이며 푸아송의 수 m의 역수

$$\mu = \frac{1}{m} = \frac{\varepsilon'}{\varepsilon} = \frac{\delta/d}{\lambda/l} = \frac{\delta l}{d\lambda}$$

지름 변화량 $\delta = \frac{d\lambda}{lm} = \frac{d\sigma \cdot l}{lmE} = \frac{d\sigma}{mE}\left(\lambda = \frac{\sigma \cdot l}{E} \text{ 대입}\right)$

$(\delta = d - d')$

5. 길이(l), 직경(σ), 단면적, 체적의 변화율

$$\left(\varepsilon = \frac{l'-l}{l} = \frac{\lambda}{l} = \frac{\triangle l}{l},\ \varepsilon' = \frac{d-d'}{d} = \frac{\delta}{d}\right)$$

$\lambda = \varepsilon \cdot l$ $\qquad$ $\delta = \varepsilon' \cdot d$

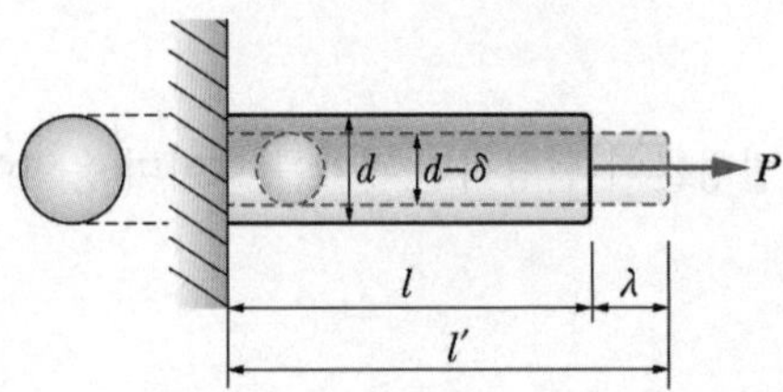

(1) 길이

$l : l' = l : l + \lambda$

$= l : l(1+\varepsilon) = 1 : (1+\varepsilon)$ ↑늘어남

(2) 직경

$d : d' = d : d - \delta$

$= d : d(1-\varepsilon')\left(\text{여기서, } \mu = \frac{1}{m} = \frac{\varepsilon'}{\varepsilon},\ \varepsilon' = \mu\varepsilon\right)$

$= d : d(1-\mu\varepsilon) = 1 : (1-\mu\varepsilon)$

(3) 면적

$$A : A' = \frac{\pi}{4}d^2 : \frac{\pi}{4}d'^2$$

$$= \frac{\pi}{4}d^2 : \frac{\pi}{4}d^2(1-\mu\varepsilon)^2$$

$$= \frac{\pi}{4}d^2 : \frac{\pi}{4}d^2\left(1-2\mu\varepsilon+\mu^2\varepsilon^2\right)\ (\because\ \varepsilon^2\text{은 무시})$$

$$= \frac{\pi}{4}d^2 : \frac{\pi}{4}d^2(1-2\mu\varepsilon)$$

$$A' = A(1-2\mu\varepsilon) = A - 2\mu\varepsilon A$$

$$\varepsilon_A = \frac{\triangle A}{A} = \frac{(A-2\mu\varepsilon A)-A}{A}$$

$\therefore$ 단면 변화율 $\varepsilon_A = -2\mu\varepsilon$

(4) 체적

$$V = A \cdot l$$

$$V' = A' \cdot l'$$

$$= A(1-2\mu\varepsilon)\times l(1+\varepsilon)$$

$$= A \cdot l\left\{1+\varepsilon-2\mu\varepsilon-2\mu\varepsilon^2\right\}\ (\because\ \varepsilon^2\text{은 무시})$$

$$= A \cdot l\{1+\varepsilon(1-2\mu)\}$$

$$\varepsilon_V = \frac{\triangle V}{V} = \frac{Al\{1+\varepsilon(1-2\mu)\}-Al}{Al}$$

$\therefore$ 체적 변화율 $\varepsilon_V = \varepsilon(1-2\mu)$

각 탄성계수 간의 관계식

$$E = 2G(1+\mu) = 3K(1-2\mu)$$

참고

$\mu = \frac{1}{2}$일 때 체적은 변화하지 않는다.

$\mu \le \frac{1}{2}$인 고무는 μ가 $\frac{1}{2}$에 가까우므로 길이가 늘어나도 체적이 거의 변화하지 않는다.

유리 μ =0.24, 연강 μ =0.03, 고무 μ =0.5, $\varepsilon_V = \varepsilon(1-2\mu)$ $\left(\mu = \frac{\varepsilon'}{\varepsilon} \rightarrow \frac{1}{2} = 0.5\text{이면 체적 불변}\right)$

9 응력집중(Stress Concentration)

1. 응력집중

다음 그림에서 재료의 단면적이 급격히 변하는 부분을 노치(Notch)라 하는데 이렇게 부재의 단면적이 급격히 변하는 곳에서 국부적으로 응력이 집중되는 현상을 응력집중이라 하며, 응력이 집중되는 노치부에서 재료의 균열이나 파괴가 일어난다. 노치부의 $\sigma_{\max}$에도 견디도록 설계되어야 하므로 허용응력(σ_a)은 $\sigma_{\max}$보다 커야 한다. 실제 노치 단면에 발생하는 모든 응력은 허용응력 이내에 존재하도록 설계해야 한다.

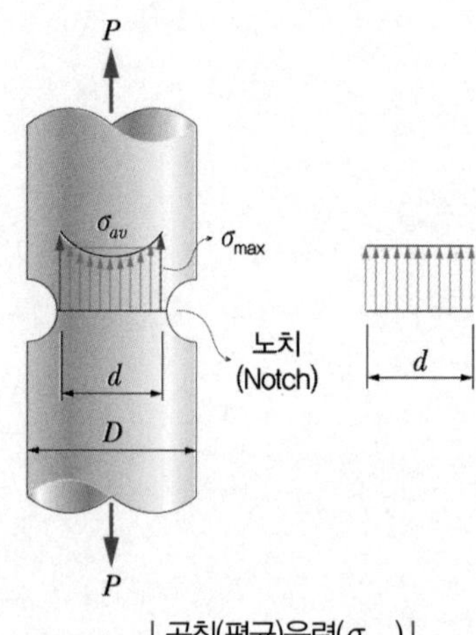

| 공칭(평균)응력(σ_{av}) |

여기서, σ_{av} : 균일봉에서는 항상 응력 일정 –
노치부 d에서의 공칭(평균)응력

노치부에서의 응력이 최대이므로 노치부에서 파단이 시작된다.

$$\sigma_{av} = \frac{\sigma_{\max} + \sigma_{\min}}{2} = \frac{P}{A}$$

$$\sigma_{av} = \frac{P \rightarrow}{A \rightarrow} \frac{\text{작용하중}}{\text{파괴면적}} = \frac{P}{\frac{\pi}{4}d^2}$$

실제 파괴직경 d(실제 응력을 받는 면적, 실제 노치부 파괴면적)

㉮ 선반 가공 시, 응력집중을 피하기 위해 라운딩(Rounding)을 한다.

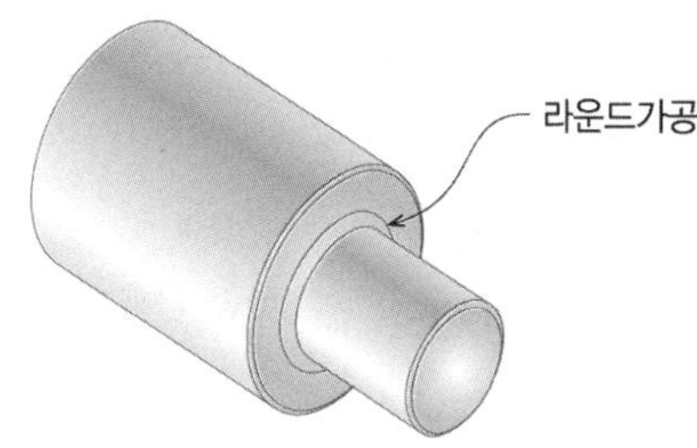

2. 응력집중(형상)계수(α_K)

$$\alpha_K = \frac{\sigma_{\max} \rightarrow \text{노치부의 최대응력}}{\sigma_{av} \rightarrow \text{공칭응력(평균응력)}}$$

$$\sigma_{\max} = \alpha_k \cdot \sigma_{av} \le \sigma_a$$

$$S = \frac{\sigma_u \rightarrow \text{극한강도}}{\sigma_a \rightarrow \text{허용응력}}$$

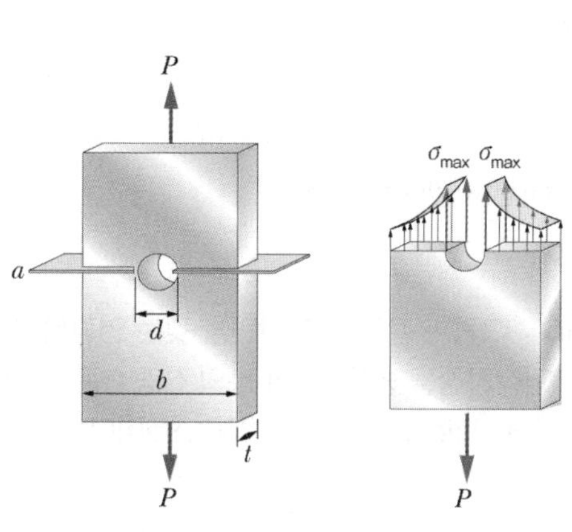

| $\sigma_{av} = \dfrac{P}{(b-d)t}$ (노치부의 평균응력) |

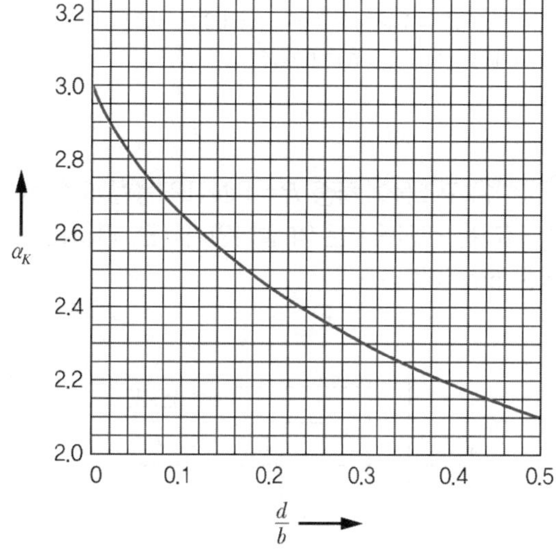

| 노치부 단면$\left(\dfrac{d}{b}\right)$에 따른 형상계수 α_K |

노치부 단면의 형상을 결정하는 b와 d를 가지고 $\dfrac{d}{b}$를 계산하여 이에 따른 응력집중계수 α_K 값을 위의 그래프에서 구해 노치부의 최대응력을 구할 수 있다.

핵심 기출 문제

01 두께 10mm의 강판에 지름 23mm의 구멍을 만드는 데 필요한 하중은 약 몇 kN인가?(단, 강판의 전단응력 $\tau = 750$MPa이다.)

① 243　② 352
③ 473　④ 542

해설

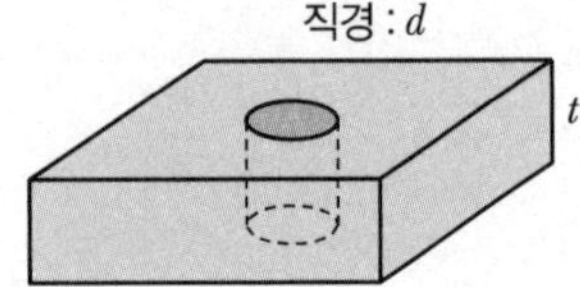

A_τ : 전단파괴면적 $= \pi dt$

$\tau = \dfrac{F}{A_\tau} = \dfrac{F}{\pi dt}$

$\therefore F = \tau \cdot \pi dt = 750 \times 10^6 \times \pi \times 0.023 \times 0.01$
$= 541{,}924.7\text{N} = 541.92\text{kN}$

02 다음 구조물에 하중 $P = 1$kN이 작용할 때 연결핀에 걸리는 전단응력은 약 얼마인가?(단, 연결핀의 지름은 5mm이다.)

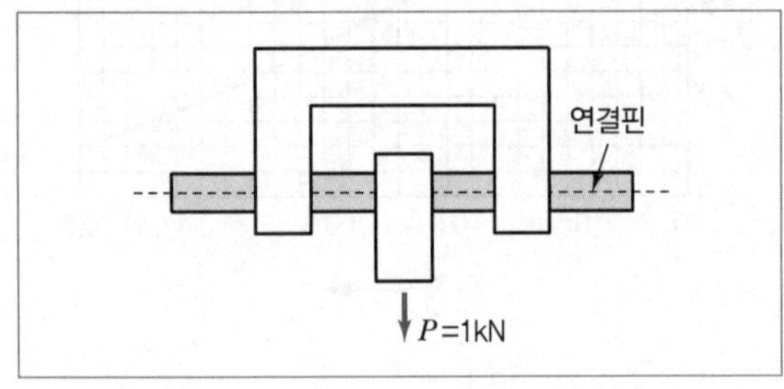

① 25.46kPa　② 50.92kPa
③ 25.46MPa　④ 50.92MPa

해설

하중 P에 의해 연결핀은 양쪽에서 전단(파괴)된다.

$$\tau = \frac{P_s}{A_\tau} = \frac{P}{\frac{\pi d^2}{4} \times 2} = \frac{2P}{\pi d^2} = \frac{2 \times 1 \times 10^3}{\pi \times 0.005^2}$$

$= 25.46 \times 10^6\text{Pa} = 25.46\text{MPa}$

03 길이 3m, 단면의 지름이 3cm인 균일단면의 알루미늄 봉이 있다. 이 봉에 인장하중 20kN이 걸리면 봉은 약 몇 cm 늘어나는가?(단, 세로 탄성계수는 72GPa이다.)

① 0.118　② 0.239
③ 1.18　④ 2.39

해설

$$\lambda = \frac{Pl}{AE} = \frac{20 \times 10^3 \times 3}{\frac{\pi}{4} \times 0.03^2 \times 72 \times 10^9}$$

$= 0.001179\text{m} = 0.118\,\text{cm}$

04 그림과 같이 원형 단면을 갖는 연강봉이 100kN의 인장하중을 받을 때 이 봉의 신장량은 약 몇 cm인가?(단, 세로 탄성계수는 200GPa이다.)

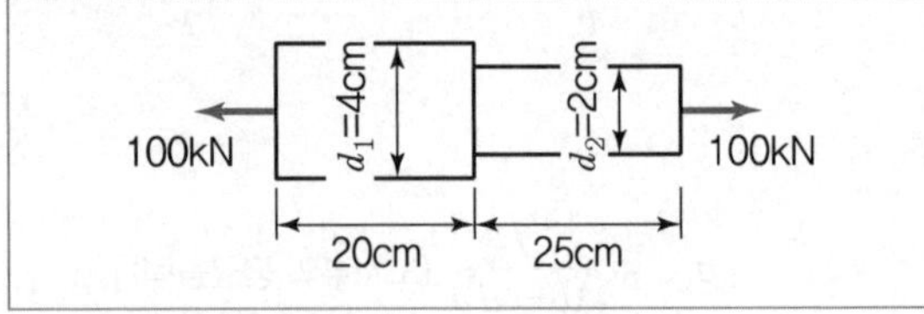

① 0.0478　② 0.0956
③ 0.143　④ 0.191

정답 01 ④ 02 ③ 03 ① 04 ①

해설

$$\lambda_1 = \frac{Pl_1}{A_1 E} = \frac{100\times10^3\times0.2}{\frac{\pi}{4}\times(0.04)^2\times200\times10^9} = 0.00008\text{m}$$

$$\lambda_2 = \frac{Pl_2}{A_2 E} = \frac{100\times10^3\times0.25}{\frac{\pi}{4}\times(0.02)^2\times200\times10^9} = 0.000398\text{m}$$

전체 신장량 $\lambda = \lambda_1 + \lambda_2 = 0.008\text{cm} + 0.0398\text{cm}$

$= 0.0478\text{cm}$

05 원형 봉에 축방향 인장하중 P = 88kN이 작용할 때, 직경의 감소량은 약 몇 mm인가?(단, 봉은 길이 L = 2m, 직경 d = 40mm, 세로 탄성계수는 70GPa, 포아송 비 μ = 0.3이다.)

① 0.006 ② 0.012 ③ 0.018 ④ 0.036

해설

$$\mu = \frac{\varepsilon'}{\varepsilon} = \frac{\frac{\delta}{d}}{\frac{\lambda}{l}} = \frac{l\delta}{d\lambda} \text{ 에서}$$

$$\delta = \frac{\mu d\lambda}{l} = \frac{\mu\cdot d}{l}\cdot\frac{P\cdot l}{AE}\left(\because\ \lambda = \frac{P\cdot l}{AE}\right)$$

$$= \frac{\mu dP}{AE} = \frac{\mu dP}{\frac{\pi}{4}d^2E} = \frac{4\mu P}{\pi dE} = \frac{4\times0.3\times88\times10^3}{\pi\times0.04\times70\times10^9}$$

$= 0.000012\text{m} = 0.012\text{mm}$

06 볼트에 7,200N의 인장하중을 작용시키면 머리부에 생기는 전단응력은 몇 MPa인가?

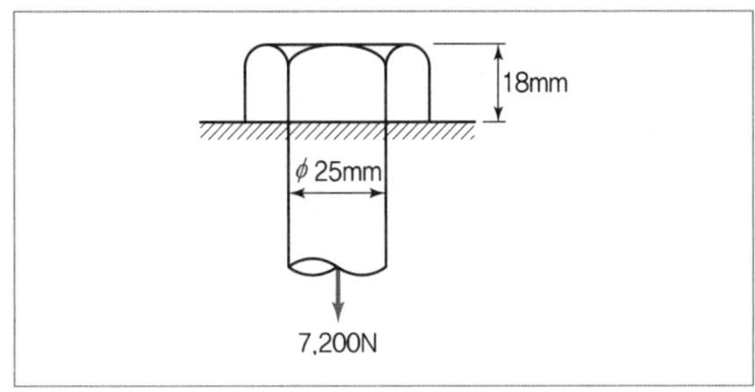

① 2.55 ② 3.1

③ 5.1 ④ 6.25

해설

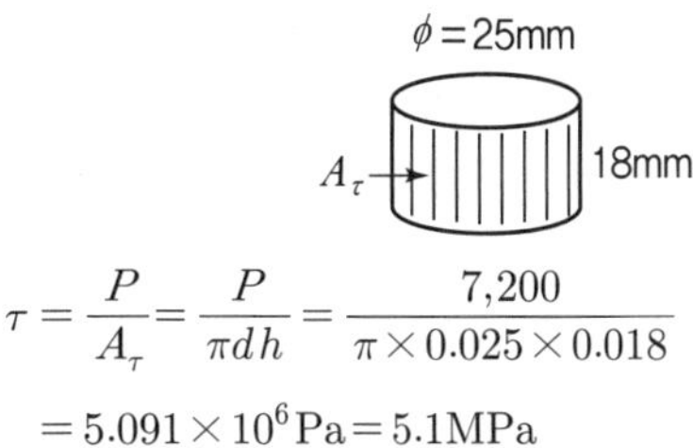

$$\tau = \frac{P}{A_\tau} = \frac{P}{\pi dh} = \frac{7{,}200}{\pi\times0.025\times0.018}$$

$= 5.091\times10^6\text{Pa} = 5.1\text{MPa}$

07 단면적이 2cm²이고 길이가 4m인 환봉에 10kN의 축 방향 하중을 가하였다. 이때 환봉에 발생한 응력은 몇 N/m²인가?

① 5,000 ② 2,500

③ 5×10^5 ④ 5×10^7

해설

$$\sigma = \frac{P}{A} = \frac{10\times10^3\text{N}}{2\text{cm}^2\times\left(\frac{1\text{m}}{100\text{cm}}\right)^2} = 5\times10^7\text{N/m}^2$$

08 포아송 비 0.3, 길이 3m인 원형 단면의 막대에 축방향의 하중이 가해진다. 이 막대의 표면에 원주방향으로 부착된 스트레인 게이지가 -1.5×10^{-4}의 변형률을 나타낼 때, 이 막대의 길이 변화로 옳은 것은?

① 0.135mm 압축 ② 0.135mm 인장

③ 1.5mm 압축 ④ 1.5mm 인장

해설

포아송 비 $\mu = 0.3$

횡변형률 $\varepsilon' = -1.5\times10^{-4}$ [직경 감소(−)]

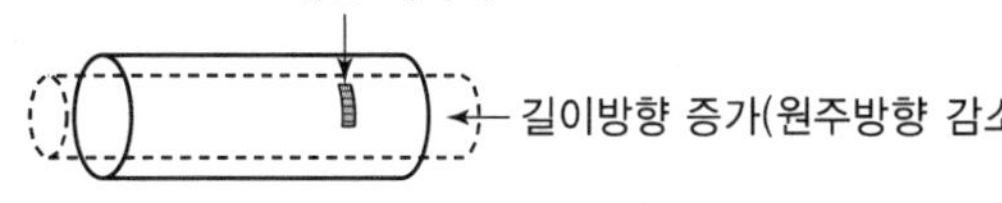

$$\mu = \frac{\varepsilon'}{\varepsilon} \text{ 에서 } \varepsilon = \frac{\varepsilon'}{\mu} = \frac{1.5\times10^{-4}}{0.3} = 0.0005$$

$$\varepsilon = \frac{\lambda}{l} \rightarrow \lambda = \varepsilon\cdot l = 0.0005\times3{,}000 = 1.5\text{mm}$$

정답 05 ② 06 ③ 07 ④ 08 ④

09 지름 30mm의 환봉 시험편에서 표점거리를 10mm로 하고 스트레인 게이지를 부착하여 신장을 측정한 결과 인장하중 25kN에서 신장 0.0418mm가 측정 되었다. 이때의 지름은 29.97mm이었다. 이 재료의 포아송 비(ν)는?

① 0.239　② 0.287
③ 0.0239　④ 0.0287

해설

포아송 비 $\nu = \mu = \dfrac{\varepsilon'}{\varepsilon} = \dfrac{\frac{\delta}{d}}{\frac{\lambda}{l}} = \dfrac{\frac{30-29.97}{30}}{\frac{0.0418}{10}} = 0.239$

10 그림과 같이 봉이 평형상태를 유지하기 위해 O점에 작용시켜야 하는 모멘트는 약 몇 N · m인가?(단, 봉의 자중은 무시한다.)

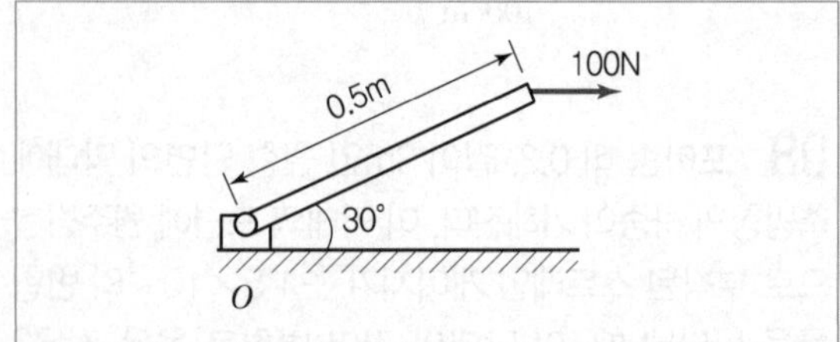

① 0　② 25
③ 35　④ 50

해설

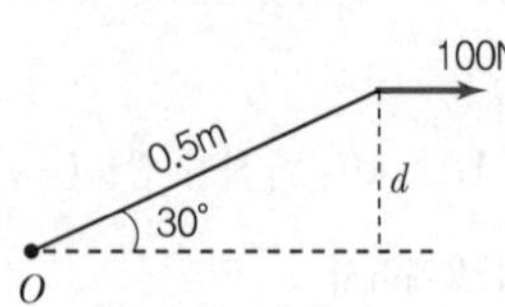

수직거리 $d = 0.5\sin30°$이므로
힘 F에 의한 모멘트
$M = F \cdot d = 100 \times 0.5\sin30° = 25\text{N} \cdot \text{m}$ (우회전)
평형을 유지하기 위해서는 O점에 좌회전으로
$M_O = 25\text{N} \cdot \text{m}$를 작용시켜야 한다.

11 최대사용강도 400MPa의 연강봉에 30kN의 축방향의 인장하중이 가해질 경우 강봉의 최소지름은 몇 cm까지 가능한가?(단, 안전율은 5이다.)

① 2.69　② 2.99　③ 2.19　④ 3.02

해설

$\sigma_a = \dfrac{\sigma_u}{s} = \dfrac{400}{5} = 80\text{MPa}$

사용응력(σ_w)은 허용응력 이내이므로

$\sigma_w = \dfrac{P}{A} = \dfrac{P}{\frac{\pi d^2}{4}} \le \sigma_a$

$\therefore d \ge \sqrt{\dfrac{4P}{\pi\sigma_a}} = \sqrt{\dfrac{4\times30\times10^3}{\pi\times80\times10^6}}$

$= 0.02185\text{mrm} = 2.19\text{cm}$

12 그림과 같은 트러스 구조물에서 B점에서 10kN의 수직하중을 받으면 BC에 작용하는 힘은 몇 kN인가?

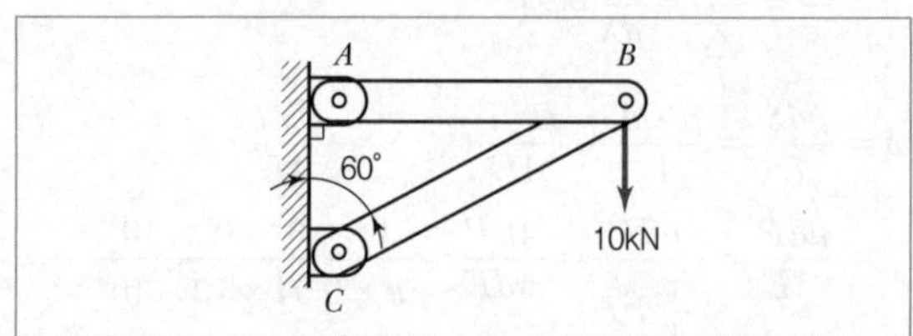

① 20　② 17.32　③ 10　④ 8.66

해설

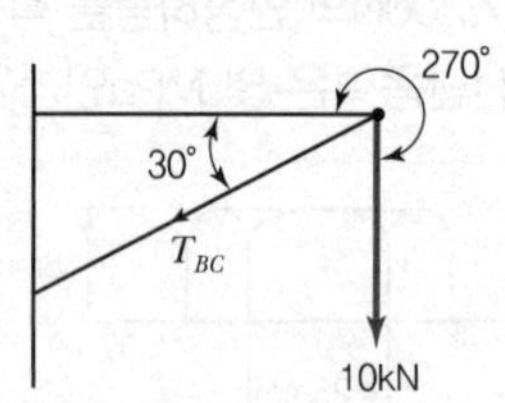

3력 부재이므로 라미의 정리에 의해

$\dfrac{10}{\sin30°} = \dfrac{T_{BC}}{\sin270°}$

$\therefore T_{BC} = 10 \times \dfrac{\sin270°}{\sin30°} = (-)20\text{kN}$

("−" 부호는 압축을 의미)

정답　09 ①　10 ②　11 ③　12 ①

02 인장, 압축, 전단

1 조합된 부재

1. 직렬조합

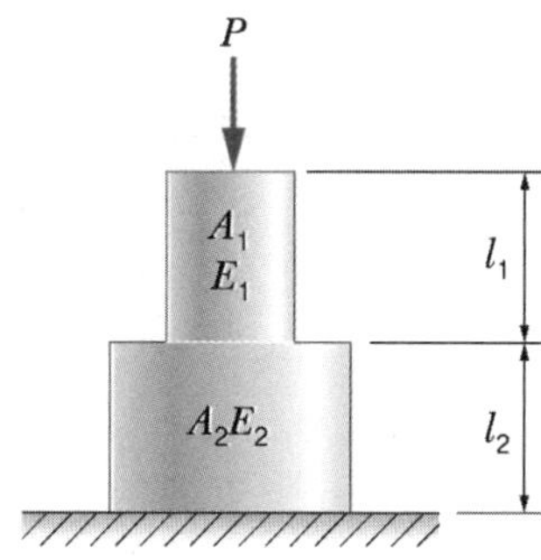

자중 무시(강체역학)

하중 P를 부재 A_1과 A_2에 하나씩 따로 가하는 것과 동일하며 직렬로 연결된 부재의 전체 변형량은 하나씩 따로따로 구한 변형량의 합과 같다.

(1) 응력

$$\sigma_1 = \frac{P}{A_1} \qquad \sigma_2 = \frac{P}{A_2}$$

(2) 변형

$$\lambda = \lambda_1 + \lambda_2 = \frac{Pl_1}{A_1E_1} + \frac{Pl_2}{A_2E_2} = \frac{\sigma_1 l_1}{E_1} + \frac{\sigma_2 l_2}{E_2}$$

(3) 스프링에서 직렬조합

스프링에 걸리는 하중과 처짐량은 비례 $W \propto \delta \rightarrow W = k\delta$ (k : 스프링상수)

$k = \dfrac{W}{\delta}$ (N/mm, kgf/mm)

여기서, W : 스프링에 작용하는 하중

δ : W에 의한 스프링 처짐량

서로 다른 스프링이 직렬로 배열되어 하중 W를 받는다. 위의 직렬조합부재처럼 하중 W를 하나하나 따로 스프링에 매다는 것과 같다.

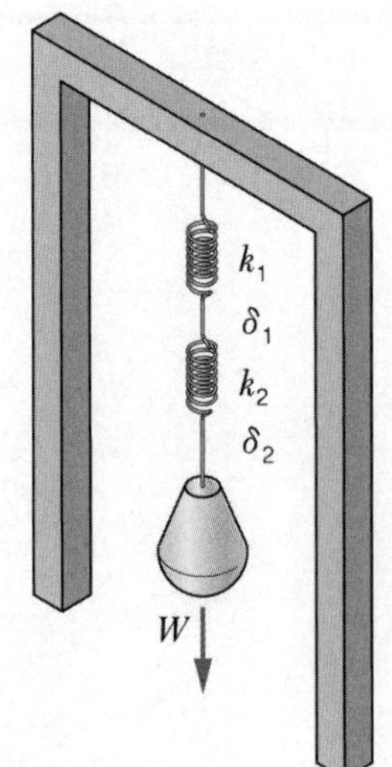

여기서, k : 조합된 스프링의 전체 스프링상수

δ : 조합된 스프링의 전체 처짐량

k_1, k_2 : 각각의 스프링상수

δ_1, δ_2 : 각각의 스프링처짐량

$$\delta = \delta_1 + \delta_2$$

$$\frac{W}{k} = \frac{W}{k_1} + \frac{W}{k_2}$$

$$\therefore \frac{1}{k} = \frac{1}{k_1} + \frac{1}{k_2}$$

2. 병렬조합

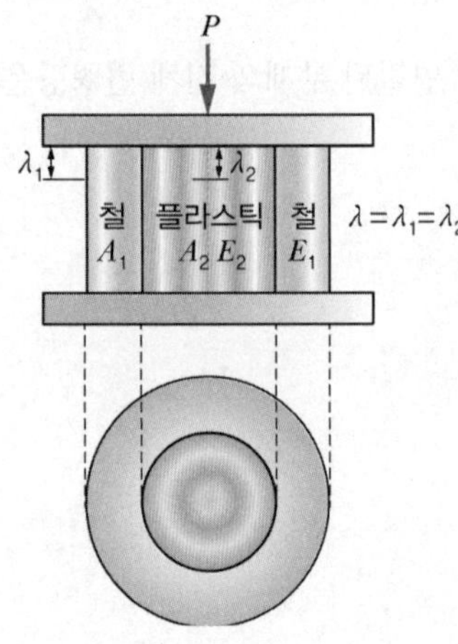

철이 변형된 만큼만 플라스틱도 변형되므로 변형량은 동일하다.

병렬조합의 재료에 하중이 가해지면 2개의 응력이 발생한다(2부재 반력 발생).

(1) 하중

$$P = \sigma_1 A_1 + \sigma_2 A_2 \quad \cdots\cdots \text{ⓐ}$$

(2) 조합된 부재의 응력

$$\lambda = C, l = C$$

$$\varepsilon = \frac{\lambda}{l} = \left(\frac{\sigma_1}{E_1} = \frac{\sigma_2}{E_2}\right)$$

$$\therefore \sigma_1 = \frac{E_1 \sigma_2}{E_2}$$

$$\therefore \sigma_2 = \frac{E_2 \sigma_1}{E_1} \quad \cdots\cdots \text{ⓑ}$$

ⓑ를 ⓐ에 대입하면

$$P = \sigma_1 A_1 + \frac{E_2}{E_1}\sigma_1 \cdot A_2$$

$$\therefore \sigma_1 = \frac{P}{A_1 + \frac{E_2}{E_1}A_2} = \frac{PE_1}{A_1E_1 + A_2E_2}$$

$$\therefore \sigma_2 = \frac{PE_2}{A_1E_1 + A_2E_2}$$

∴ 응력은 탄성계수에 비례한다.

(3) 스프링에서 병렬조합

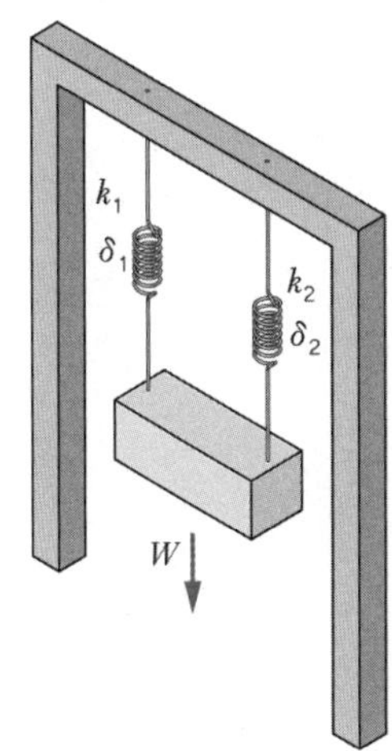

$W = W_1 + W_2$(두 개의 스프링 반력 발생)

$k\delta = k_1\delta_1 + k_2\delta_2$($\delta = \delta_1 = \delta_2$ 병렬조합에서 처짐량 일정)

$\therefore k = k_1 + k_2$

2 균일한 단면의 부정정 구조물

부재가 안정을 유지하는 데 필요한 기본적인 지지 이외에 과다 지지된 구조물을 부정정 구조물이라 한다. 정역학적 평형상태방정식 $\Sigma F = 0$, $\Sigma M = 0$을 가지고 반력요소들을 모두 해결할 수 없는 구조물이다.

1. 양단고정된 균일 단면봉

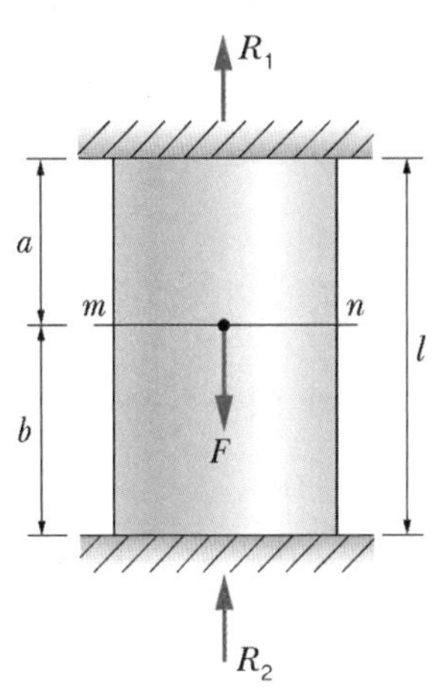

① 양단으로 고정된 균일 단면보의 $m-n$단면에서 하중 F를 가하면 위쪽의 a길이 부분은 인장되어 늘어나고 아래쪽의 b길이 부분은 압축되어 줄어들게 된다.

∴ 길이 a 부분의 늘음량(λ_1)=길이 b 부분의 줄음량(λ_2)

$$\lambda_1 = \lambda_2,\ \frac{R_1a}{AE} = \frac{R_2b}{AE},\ R_1a = R_2b,\ R_1 = \frac{R_2b}{a}$$

② 하중 F에 의해 2개의 반력이 발생하므로

$\Sigma F_y = 0$: $R_1 - F + R_2 = 0$

$\therefore F = R_1 + R_2$

$$F = \frac{R_2 b}{a} + R_2 = \frac{R_2 b + aR_2}{a} = \frac{R_2(b+a)}{a}$$

$$\therefore R_2 = \frac{a}{(a+b)} F = \frac{Fa}{l}$$

$$\therefore R_1 = \frac{Fb}{l}$$

③ 길이 a쪽의 응력과 길이 b쪽의 응력

$$\sigma_1 = \frac{R_1}{A},\ \sigma_2 = \frac{R_2}{A}$$

3 자중에 의한 응력과 변형

1. 자중에 의한 응력과 변형(균일단면의 봉)

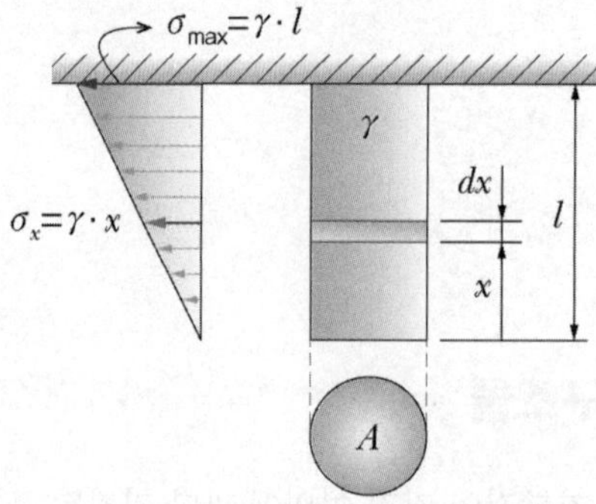

원형봉을 그림과 같이 매달면 외력이 작용하지 않아도 원형봉의 무게(자중)인 체적력이 나오게 된다. $x=0$일 때 원형봉의 아래 끝 지점에서는 무게가 없어 응력이 존재하지 않으나 x만큼 떨어져 있으면 자중(무게) $W_x = \gamma \cdot V_x = \gamma \cdot A \cdot x$에 의한 응력($\sigma_x$)이 발생하게 되는데, $x=l$일 때 자중은 최대가 되어 이 부분에서 최대응력이 발생하게 된다(즉, 무게가 가장 많이 매달리는 부분은 고정된 봉의 위 끝부분이다).

→ x값에 따라 자중이 다르므로 응력이 달라지고 따라서 변형량(변형률) 또한 달라짐을 알 수 있다.

(1) 자중에 의한 응력

$$\sigma_x = \frac{W_x}{A} = \frac{\gamma \cdot A \cdot x}{A} = \gamma \cdot x$$

$x=l$에서 최대응력 $\sigma_{\max}$

$\sigma_{x=l} = \sigma_{\max} = \gamma \cdot l$

$\sigma_{\max} \le \sigma_a$ (봉의 끝단에 걸리는 최대응력이 재료의 허용응력 이내에 있도록 설계)

(2) 자중에 의한 변형

x 거리의 단면에서 미소길이 dx를 취하고 이 부분에서의 미소 늘음량을 $d\lambda$라 할 때 전체 늘음량 λ는 적분하여 구할 수 있다.

$\lambda = \int d\lambda$

[미소길이 dx에서의 미소 늘음량($d\lambda$: 변형량)을 구함 → 전체에 대해 적분]

$\lambda = \varepsilon \cdot l$을 적용 → $d\lambda = \varepsilon_x \cdot dx \; (\sigma_x = E \cdot \varepsilon_x)$

$d\lambda = \frac{\sigma_x}{E}dx = \frac{\gamma \cdot x}{E}dx = \frac{\gamma}{E}\int_0^l dx$

$\therefore \lambda = \frac{\gamma \cdot l^2}{2E}$

참고

원추형 봉의 경우

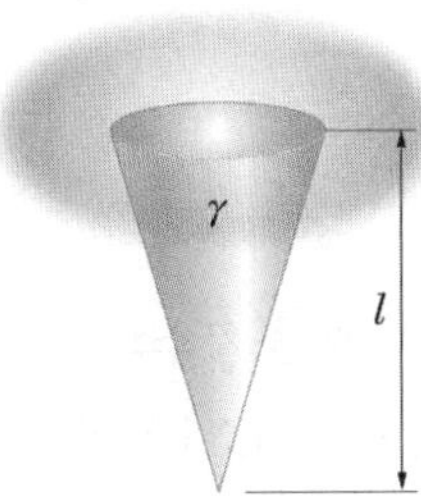

$\lambda = \frac{\gamma \cdot l^2}{6E}\left[\text{원추형 봉의 경우 } W = \gamma \cdot V \cdot \frac{1}{3} \rightarrow \text{원기둥 체적}(V)\text{의 } \frac{1}{3}\right]$

$\sigma_{\max} = \frac{\gamma \cdot l}{3}$

$W = \gamma \cdot \frac{V}{3} = \gamma \cdot \frac{A \cdot l}{3}$

$\rightarrow \sigma = \frac{W}{A} = \frac{\gamma \cdot \frac{A}{3} \cdot l}{A} = \frac{\gamma}{3} \cdot l$

2. 자중과 하중을 모두 고려한 경우의 응력과 변형

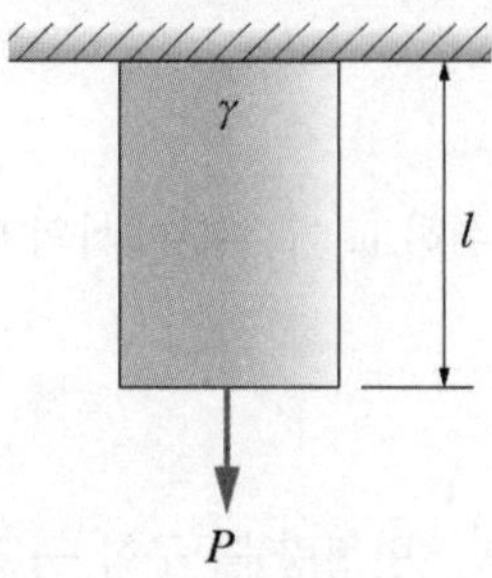

(1) 응력

$$\sigma_x = \frac{P}{A} + \gamma \cdot x$$

$$\sigma_{max} = \sigma_{x=l} = \frac{P}{A} + \gamma \cdot l(\text{N/cm}^2, \text{N/mm}^2)$$

(2) 변형량

$$\lambda = \frac{Pl}{AE} + \frac{\gamma \cdot l^2}{2E}(\text{cm, mm})$$

4 균일강도의 봉

자중에 의한 응력해석에서 봉의 위쪽 끝단으로 갈수록 자중에 의한 응력이 커지는데, 균일강도의 봉은 x 값에 관계없이 어느 단면에서나 초기응력 $\sigma_0 = C$인 값을 유지하도록 설계한 봉이다. 위쪽 끝단으로 갈수록 자중이 커지므로 위로 갈수록 부재의 단면을 크게 해주면 균일한 응력의 봉을 설계할 수 있다.

$$\text{응력} = \frac{\text{자중}(W_x) \rightarrow \text{커지면}}{\text{면적}(A_x) \rightarrow \text{커지면}} = C$$

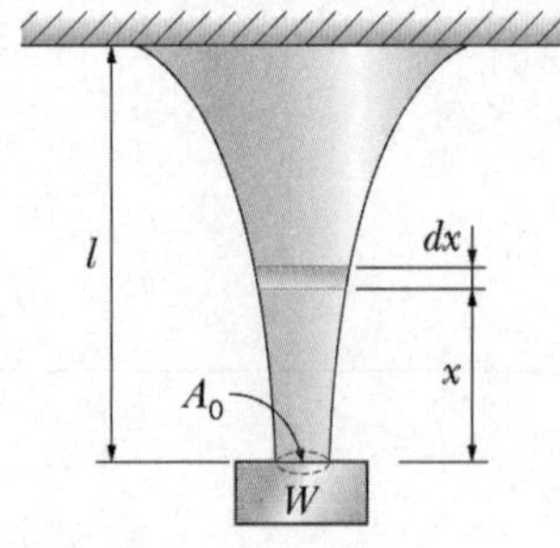

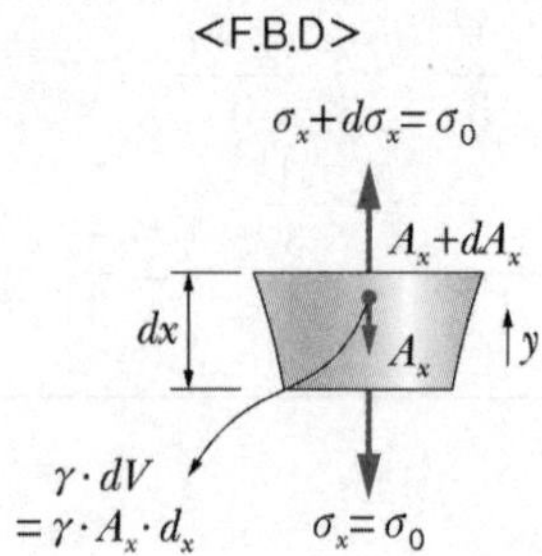

① $x = 0$에서의 초기 응력(σ_0)과 단면(A_0)

$$\sigma_0 = \frac{W}{A_0}$$

② 힘 해석과 A_x 단면(봉의 아래 단에서 x만큼 떨어진 단면)

정역학적 평형 $\sum F_y = 0$:

$\sigma_0(A_x + dA_x) - \sigma_0 A_x - \gamma \cdot A_x \cdot dx = 0$(양변을 $\sigma_0 A_x$로 나눔)

$\dfrac{dA_x}{A_x} = \dfrac{\gamma}{\sigma_0} \cdot dx$(적분하면)

$\ln A_x = \dfrac{\gamma}{\sigma_0} \cdot x + c$

$x = 0$일 때 단면은 A_0이므로 $C = \ln A_0$

$\ln A_x - \ln A_0 = \dfrac{\gamma}{\sigma_0} \cdot x$ $\qquad$ $\therefore \ln \dfrac{A_x}{A_0} = \dfrac{\gamma}{\sigma_0} \cdot x$

A_0에서 임의의 거리 x까지 떨어진 면적 A_x를 구해 보면

$\dfrac{A_x}{A_0} = e^{\frac{\gamma}{\sigma_0} \cdot x}$ $\qquad$ $\therefore A_x = A_0 e^{\frac{\gamma}{\sigma_0} \cdot x}$

균일강도의 봉에서 x만큼 떨어진 임의의 단면적 $A_x = A_0 e^{\frac{\gamma}{\sigma_0}x}$

③ 늘음량

$\lambda = \dfrac{\sigma_0 \cdot l}{E}$

(어느 단면에서나 응력이 같으므로 변형률이 동일하게 된다.)

5 열응력(Thermal Stress)

1. 열응력

① 그림처럼 양단이 고정된 부재에 열을 가하면 팽창하려고 하는데 양쪽이 고정단이므로 부재는 자유롭게 늘어나지 못해 역으로 재료 내부에는 양단(벽)에서 누르는 압축력이 발생하게 된다.

② 이 압축력에 의해 재료 내부에 발생하는 압축응력을 열응력이라 한다. 또한 부재를 냉각하면 수축하려고 하는데 수축할 수 없으므로 재료 내부에는 인장응력이 발생하게 된다.

③ 열응력의 크기는 부재의 팽창과 수축에 상당한 길이만큼 압축 또는 인장을 가한 경우와 같이 응력이 발생한다.

정리해 보면,

가열(팽창) → 압축응력

냉각(수축) → 인장응력

구속이 없는 자유단 → 열응력 없음

(1) 열응력의 크기

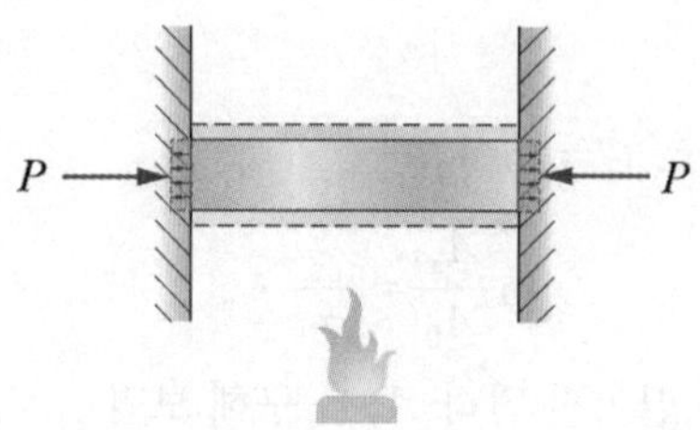

자유물체도 : 부재가 제거될 때 움직이려는 방향과 반대 → 벽면에 압축력 P가 작용

부재에 $\Delta t(t_1 ℃ \xrightarrow{\Delta t} t_2 ℃)$만큼 온도가 변화하도록 열을 가할 때 재료에 발생하는 팽창량 λ는 부재의 길이와 온도변화에 비례하므로 → $\lambda \propto l(t_2 - t_1)$

$\lambda = \alpha l(t_2 - t_1)$ (여기서, α : 선팽창계수 : 비례계수)

$\lambda = \alpha l \Delta t$

$\dfrac{\lambda}{l} = \alpha \cdot \Delta t \rightarrow \varepsilon$: 열변형률

열응력 $\sigma = E \cdot \varepsilon = E \cdot \dfrac{\lambda}{l} = E \cdot \alpha \cdot \Delta t$

예 제

10℃에서 길이 2m, 직경 100mm의 둥근 봉을 1mm만큼 늘어나는 것을 허용할 수 있도록 벽에 고정하였다. 이 부재에 열을 가해 온도를 70℃로 상승시켰을 때 열응력(kPa)과 벽을 미는 힘(N)을 구하시오.[단, $E = 2.1 \times 10^8 (N/m^2)$, $\alpha = 11.2 \times 10^{-6}$ (1/℃)]

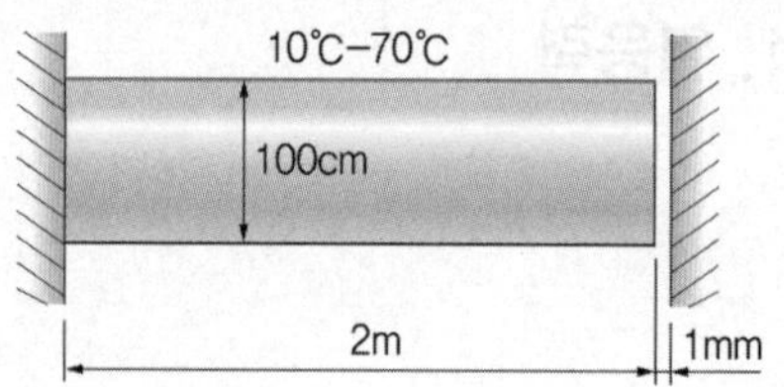

해설 늘어날 수 있는 허용치가 1mm이므로 1mm 늘어날 때까지 벽을 미는 힘이 없다.
1mm 이상 늘어날 때부터 벽을 미는 힘이 작용한다.
열변형에 의한 자유 팽창량 λ

$= \varepsilon l = \alpha \Delta t l = 11.2 \times 10^{-6} \times 60 \times 2{,}000 = 1.344\text{mm}$

λ'(유효팽창량)$= \lambda - C = 1.344 - 1 = 0.344\text{mm}$

$\sigma = E \cdot \varepsilon = E \cdot \dfrac{\lambda'}{l} = 2.1 \times 10^8 \times \dfrac{0.344}{2{,}000} = 36{,}120\text{N/m}^2 = 36.12\text{kPa}$

$P = \sigma \cdot A = 36{,}120 \times \dfrac{\pi}{4} \times 0.1^2 = 283.69\text{N}$

6 후프응력(Hoop Stress : 원주응력)

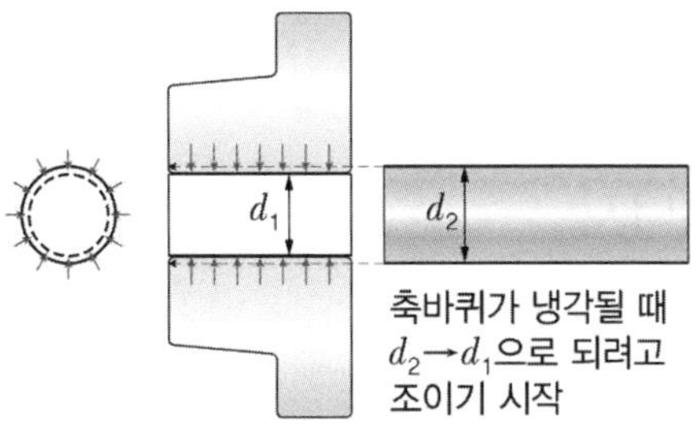

축보다 작은 구멍 d_1을 가진 축바퀴를 가열하여 열팽창 시킨 다음 축(d_2)을 넣어 끼워 맞춤한다. 냉각될 때 축바퀴는 d_2부터 원래의 직경 d_1으로 되려고 원주 방향에서 축을 조인다. 축바퀴는 원주가 πd_1에서 πd_2로 바뀌게 된다.

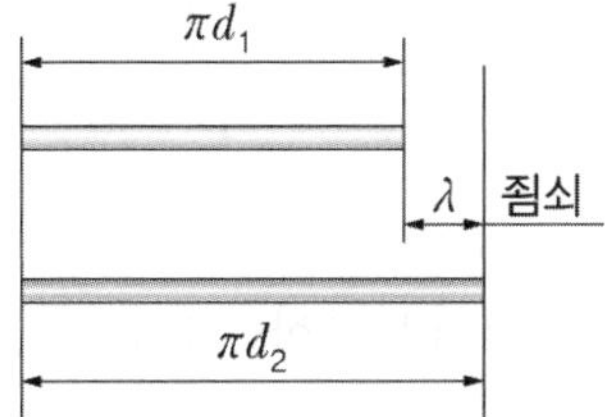

(원주방향) $\sigma_h = E \cdot \varepsilon$

$$= E \cdot \frac{\lambda}{l} = E \cdot \frac{\pi d_2 - \pi d_1}{\pi d_1} = E \cdot \frac{d_2 - d_1}{d_1}$$

7 탄성에너지와 가상일

1. 탄성에너지와 가상일 개요

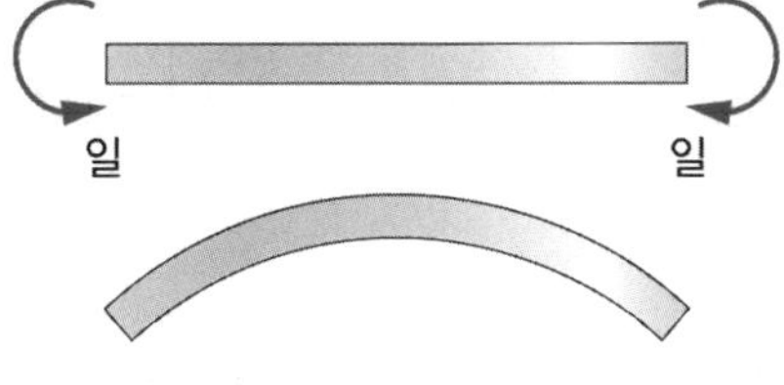

| 굽은 상태의 위치에너지로 저장 |

그림처럼 팔로 플라스틱 봉을 굽히면 원상태로 돌아가려고 하는 에너지가 봉에 저장된다. 즉, 외력이 작용하면 탄성한도 이내에서 탄성변형 하므로 외력의 크기에 비례하여 변형이 발생하며, 이는 일을 한 셈이고 이 일에 상당한 에너지를 모두 위치에너지로 재료 내부에 저장(축적)하게 된다. 이때 외력을 제거

하면 축적된 에너지를 외부에 방출하게 되는데, 이러한 일에 소요되는 에너지를 변형률에너지 또는 탄성에너지(Resilience)라 한다. 재료에서 인장, 압축, 전단에 의해 탄성변형된 재료도 재료 내부에 에너지를 축적한다.

2. 수직응력에 의한 탄성에너지

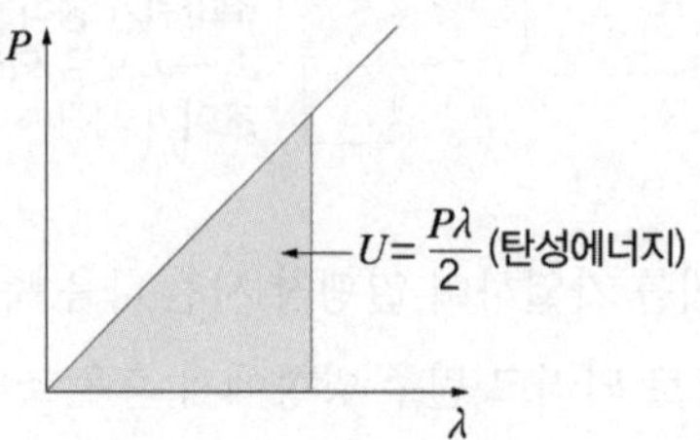

인장하중 P에 의해 재료가 λ만큼 늘어났다면 재료에 축적된 탄성에너지 U는 그래프에서의 삼각형 면적과 같다.

$$U=\frac{P\lambda}{2}=\frac{P^2 l}{2AE}=\frac{\sigma^2 A\cdot l}{2E}$$

(하중 P가 작용할 때 변형량이 0부터 λ까지 발생하는 동안 이루어진 일의 양)

단위체적당 변형에너지(단위체적당 축적되는 탄성에너지) u

$$=\frac{U}{V}=\frac{\frac{\sigma^2}{2E}Al}{Al}=\frac{\sigma^2}{2E}=\frac{1}{2}\sigma\varepsilon=\frac{E\varepsilon^2}{2}\,(\mathrm{N\cdot m/cm^3})$$

3. 전단응력에 의한 탄성에너지

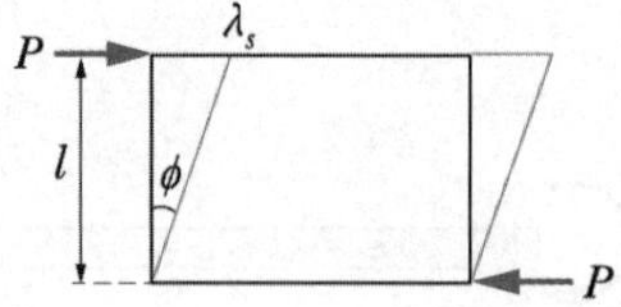

$$\gamma=\frac{\lambda_s}{l}\,(\text{전단변형률})$$

전단변형에 대한 탄성에너지 $U=\frac{P\lambda_s}{2}(P=\tau\cdot A,\ \lambda_s=\gamma\cdot l,\ \tau=G\cdot\gamma)$

$$U=\frac{\tau\cdot A}{2}\cdot\gamma\cdot l=\frac{G\gamma^2}{2}\cdot A\cdot l$$

$$\rightarrow u=\frac{U}{V}=\frac{G\gamma^2}{2}\,(\text{단위체적당 탄성에너지})$$

8 충격응력

1. 에너지 보존의 법칙 → 운동에너지 = 위치에너지 = 탄성에너지

$|E_k| = |E_p| = |U|$

$$\begin{cases}(E_k)_{\max} & \rightarrow & (E_p = 0)\\(E_p)_{\max} & \rightarrow & (E_k = 0)\end{cases}$$

(1) 위치에너지 : $E_p = mg \cdot h$

(2) 운동에너지 : $E_k = \dfrac{1}{2}m \cdot V^2$

(3) 탄성에너지 : $U = \dfrac{P\lambda}{2}$ **(탄성한도 이내에서)**

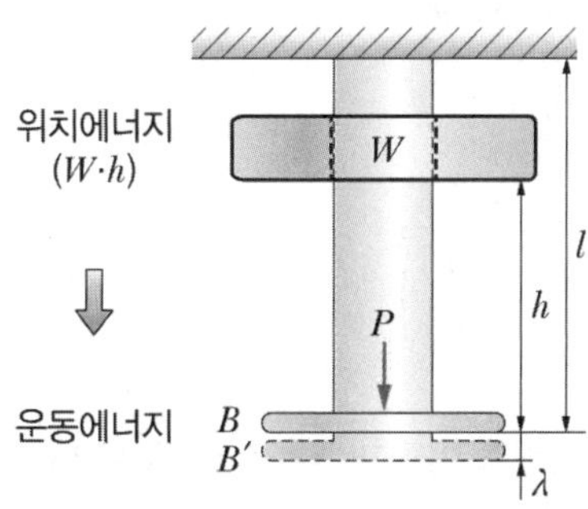

| B' 위치에 저장되어 있는 탄성변형에너지 |

(4) 충격에 의한 응력과 변형

① 정응력 : $\sigma_0 = \dfrac{W}{A}$

② 정하중 시 늘음 : $\lambda_0 = \dfrac{W \cdot l}{AE}$

③ 충격응력 : $\sigma = \dfrac{P}{A}$

④ 충격신장량 : $\lambda = \dfrac{Pl}{AE} = \dfrac{\sigma}{E} \cdot l$

⑤ 위치에너지 : $E_p = W \cdot h(B\text{위치})$

⑥ 탄성에너지 : $U = \dfrac{P \cdot \lambda}{2} = \dfrac{P^2 l}{2AE} = \dfrac{\sigma^2}{2E}A \cdot l = \dfrac{\varepsilon^2}{2}E \cdot A \cdot l$

$\therefore$ 충격하중 $P = \sqrt{2\dfrac{AE}{l}U} = \sqrt{2kU}$

⑦ 충격응력 : $\sigma = \dfrac{P}{A} = \sqrt{\dfrac{2EU}{Al}}$

⑧ 위치에너지에 λ를 고려한 충격응력

$|E_p| = |U|$

$W(h+\lambda) = \dfrac{1}{2}P\lambda$ (B' 위치에 저장되어 있는 변형에너지)

추가한 일의 양은 봉 내의 변형에너지로 저장된다.

$$W(h+\lambda)=\frac{\sigma^2}{2E}\cdot A\cdot l$$

$$Wh+\sigma\frac{W}{E}l=\frac{\sigma^2}{2E}\cdot A\cdot l$$

$$2EWh+2\sigma Wl=\sigma^2 A\cdot l$$

$Al\sigma^2-2Wl\sigma-2EWh=0$ → 근의 공식 적용

$$\sigma=\frac{-(-Wl)\pm\sqrt{(-2Wl)^2-Al\cdot(-2EWh)}}{Al}=\frac{Wl\pm Wl\sqrt{1+\frac{2AEh}{Wl}}}{Al}$$

$$=\frac{W}{A}\left(1\pm\sqrt{1+\frac{AE\cdot 2h}{Wl}}\right)=\frac{W}{A}\left(1\pm\sqrt{1+\frac{2h}{\lambda_0}}\right)$$

∴ 충격응력 $\sigma=\sigma_0\left(1+\sqrt{1+\frac{2h}{\lambda_0}}\right)$

$$\lambda=\frac{\sigma l}{E}=\frac{l}{E}\sigma_0\left(1+\sqrt{1+\frac{2h}{\lambda_0}}\right)$$

∴ 충격늘음량 $\lambda=\lambda_0\left(1+\sqrt{1+\frac{2h}{\lambda_0}}\right)$

만약 $h=0$인 제자리에서 충격력을 가하면 $\sigma=2\sigma_0$, $\lambda=2\lambda_0$가 된다(충격응력은 정응력의 2배).

9 압력을 받는 원통

1. 내압을 받는 얇은 원통 용기 $\left(\frac{t}{D}\leq\frac{1}{10}\right)$

압력용기인 가스탱크, 물탱크 보일러 등에서 내압에 의한 강판의 인장응력이 나타나며, 그림에서처럼 축방향 응력(σ_s)과 원주방향(σ_h)의 응력이 발생한다. 따라서 압력용기를 설계할 때는 최대응력을 기준으로 설계한다.

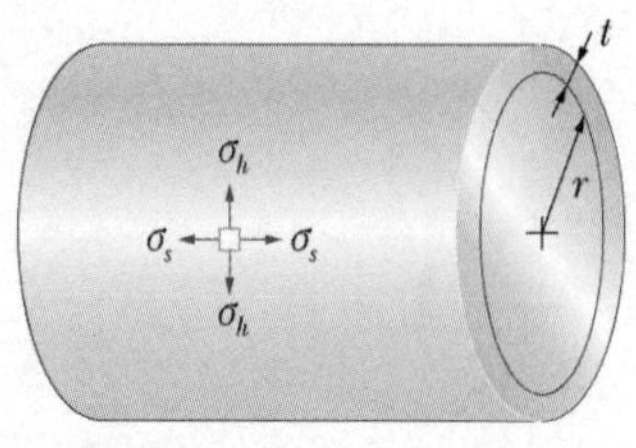

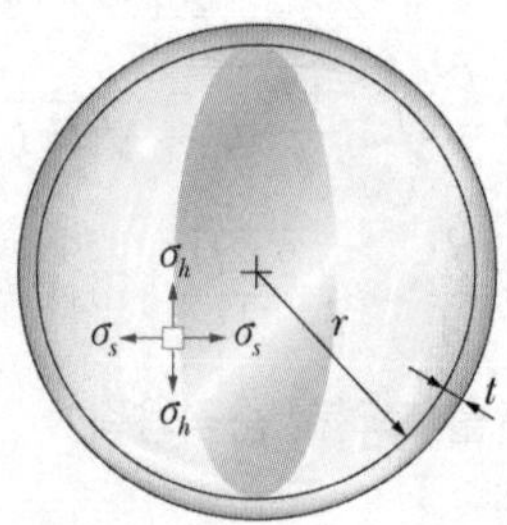

(1) 원주방향의 응력(σ_h)

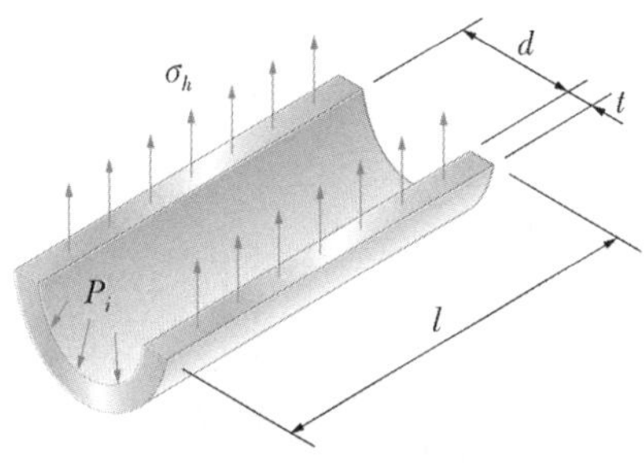

전압력 → 힘 $F = P_i \cdot d \cdot l$

$\sum F_y = 0 : -P_i dl + \sigma_h A = 0$

$\therefore \sigma_h = \dfrac{P_i dl}{A} = \dfrac{P_i dl}{2tl} = \dfrac{P_i d}{2t}$

(2) 축방향의 응력(σ_s)

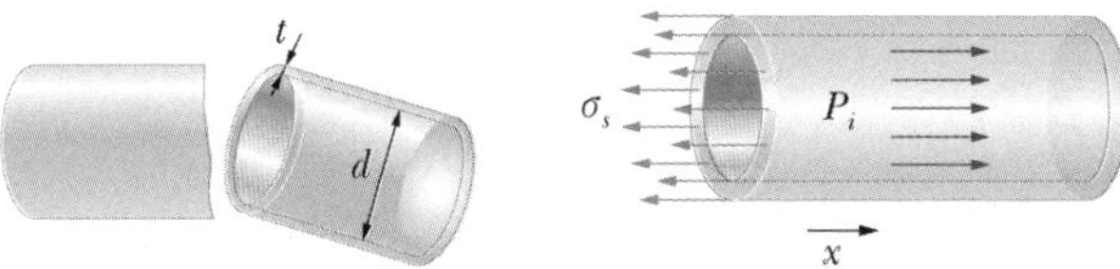

$P_i \times \dfrac{\pi}{4} d^2 = \sigma_s \times \pi d \times t$

$\therefore \sigma_s = \dfrac{P_i d}{4t}$

만약, 축방향 응력을 기준으로 한 $t = \dfrac{P_i d}{4\sigma}$ 로 동관두께를 설계하면 축방향의 하중은 견디나 원주방향의 하중은 못 견디고 폭발한다. 압력용기의 실제 파괴는 원주방향의 응력이 축방향 응력의 2배이므로 원주방향으로 파괴된다. 따라서 최대응력으로 설계해야 하므로 강도나 두께 계산은 σ_h(후프응력)를 기준으로 설계해야 한다.

(3) 내압을 받는 얇은 구

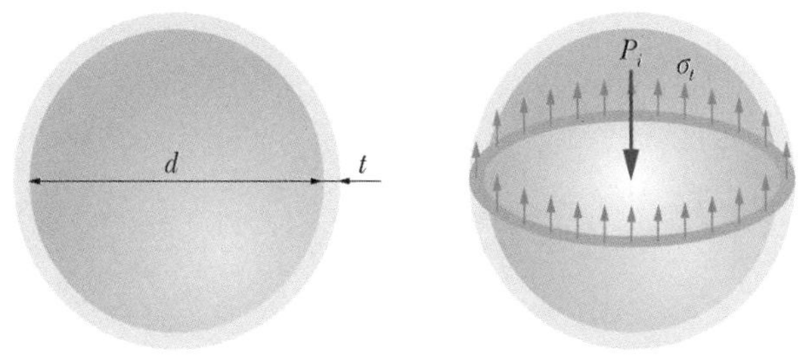

$$F=\frac{\pi}{4}d^2 \cdot P_i = \pi \cdot dt\sigma_t$$

$$\sigma_t = \frac{P_i d}{4t}(\text{kg/mm}^2)$$

(4) 내압을 받는 두꺼운 원통$\left(\frac{t}{D} \geq \frac{1}{10}\right)$

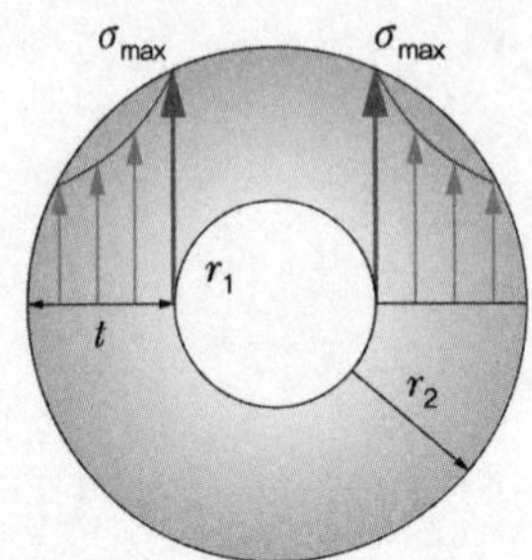

반경비 $\frac{r_2}{r_1} = \sqrt{\frac{\sigma_{\max} + P_i}{\sigma_{\max} - P_i}}$

핵심 기출 문제

01 그림과 같이 지름 d인 강철봉이 안지름 d, 바깥지름 D인 동관에 끼워져서 두 강체 평판 사이에서 압축되고 있다. 강철봉 및 동관에 생기는 응력을 각각 σ_s, σ_c라고 하면 응력의 비(σ_s/σ_c)의 값은?[단, 강철(E_s) 및 동(E_c) 의 탄성계수는 각각 E_s = 200GPa, E_c = 120GPa이다.]

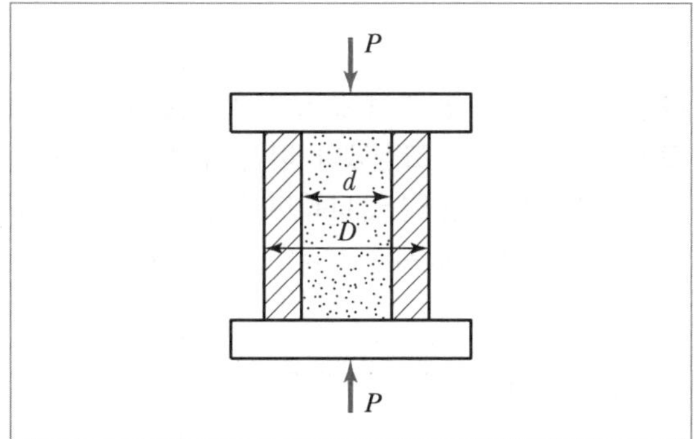

① $\frac{3}{5}$　② $\frac{4}{5}$

③ $\frac{5}{4}$　④ $\frac{5}{3}$

해설

병렬조합의 응력해석에서

$P=\sigma_1 A_1+\sigma_2 A_2,\ \lambda_1=\lambda_2=\frac{\sigma_1}{E_1}=\frac{\sigma_2}{E_2}$이므로

조합하면 $\sigma_s=\frac{PE_s}{A_sE_s+A_cE_c}$

$\sigma_c=\frac{PE_c}{A_sE_s+A_cE_c}$

$\therefore \frac{\sigma_s}{\sigma_c}=\frac{E_s}{E_c}=\frac{200}{120}=\frac{5}{3}$

02 한 변의 길이가 10mm인 정사각형 단면의 막대가 있다. 온도를 60℃ 상승시켜서 길이가 늘어나지 않게 하기 위해 8kN의 힘이 필요할 때 막대의 선팽창계수(α)는 약 몇 ℃$^{-1}$인가?(단, 탄성계수는 E=200GPa이다.)

① $\frac{5}{3}\times10^{-6}$　② $\frac{10}{3}\times10^{-6}$

③ $\frac{15}{3}\times10^{-6}$　④ $\frac{20}{3}\times10^{-6}$

해설

열응력에 의해 생기는 힘과 하중 8kN은 같다.

$\varepsilon=\alpha\Delta t$

$\sigma=E\varepsilon=E\alpha\Delta t$

$P=\sigma A=E\alpha\Delta tA$에서

$\alpha=\frac{P}{E\Delta tA}=\frac{8\times10^3}{200\times10^9\times60\times0.01^2}$

$=0.000006667=6.\dot{6}\times10^{-6}$

$=\frac{66-6}{9}\times10^{-6}=\frac{20}{3}\times10^{-6}(1/℃)$

03 그림과 같이 두 가지 재료로 된 봉이 하중 P를 받으면서 강체로 된 보를 수평으로 유지시키고 있다. 강봉에 작용하는 응력이 150MPa일 때 Al 봉에 작용하는 응력은 몇 MPa인가?(단, 강과 Al의 탄성계수의 비는 E_s/E_a=3이다.)

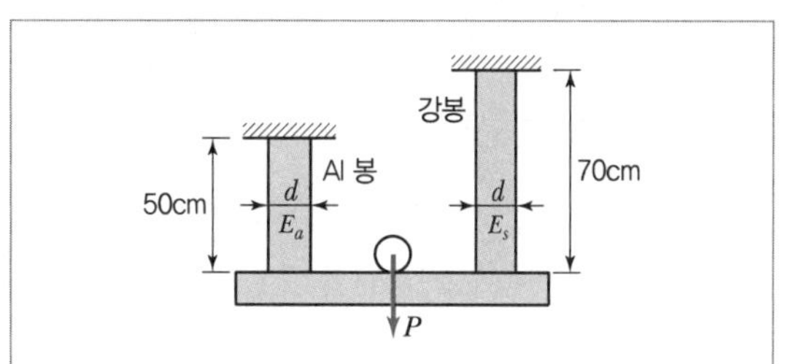

정답　01 ④　02 ④　03 ①

① 70 ② 270
③ 550 ④ 875

해설

병렬조합이므로 Al 봉이 늘어난 길이와 강봉이 늘어난 길이는 같다.

$$\lambda=\frac{\sigma_s\cdot l_s}{E_s}=\frac{\sigma_a\cdot l_a}{E_a}\text{에서}$$

$$\sigma_a=\sigma_s\times\frac{l_sE_a}{l_aE_s}=150\times\frac{70\times1}{50\times3}=70\text{MPa}$$

04 직경 20mm인 와이어 로프에 매달린 1,000N의 중량물(W)이 낙하하고 있을 때, A점에서 갑자기 정지시키면 와이어 로프에 생기는 최대 응력은 약 몇 GPa인가?(단, 와이어 로프의 탄성계수 E=20GPa이다.)

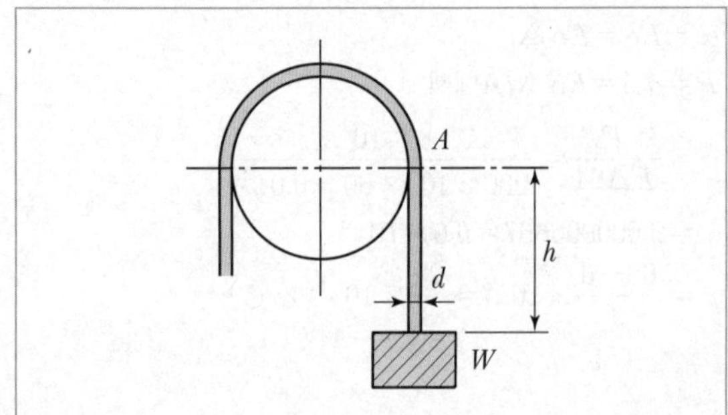

① 0.36 ② 1.13
③ 1.72 ④ 1.93

해설

충격응력 σ, 정응력 σ_0

$$\sigma=\sigma_0\left(1+\sqrt{1+\frac{2h}{\lambda_0}}\right)=\sigma_0\left(1+\sqrt{1+\frac{2h}{\frac{Wh}{AE}}}\right)$$

$$=\sigma_0\left(1+\sqrt{1+\frac{2AE}{W}}\right)$$

$$=\frac{1,000}{\frac{\pi\times0.02^2}{4}}\times\left(1+\sqrt{1+\frac{2\times\pi\times0.02^2\times20\times10^9}{1,000\times4}}\right)$$

$$=0.36\text{GPa}$$

05 단면적이 7cm²이고, 길이가 10m인 환봉의 온도를 10℃ 올렸더니 길이가 1mm 증가했다. 이 환봉의 열팽창계수는?

① 10^{-2}/℃ ② 10^{-3}/℃
③ 10^{-4}/℃ ④ 10^{-5}/℃

해설

$$\varepsilon=\frac{\lambda}{l}=\alpha\cdot\Delta t\text{에서}$$

$$\alpha=\frac{\lambda}{\Delta t\cdot l}=\frac{0.001\text{m}}{10℃\times10\text{m}}=0.00001=1\times10^{-5}/℃$$

06 길이 10m, 단면적 2cm²인 철봉을 100℃에서 그림과 같이 양단을 고정했다. 이 봉의 온도가 20℃로 되었을 때 인장력은 약 몇 kN인가?(단, 세로 탄성계수는 200GPa, 선팽창계수 α =0.000012/℃이다.)

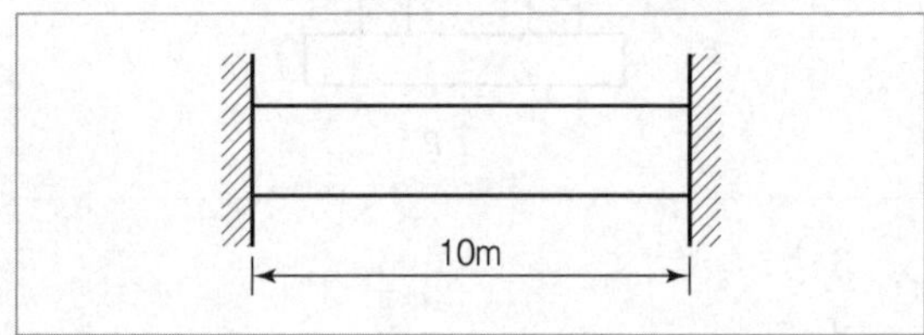

① 19.2 ② 25.5
③ 38.4 ④ 48.5

해설

$$A=2\text{cm}^2\times\left(\frac{1\text{m}}{100\text{cm}}\right)^2=2\times10^{-4}\text{m}^2$$

$$\varepsilon=\sigma\Delta t$$

$$\sigma=E\varepsilon=E\alpha\Delta t$$

$$P=\sigma A=E\alpha\Delta tA$$

$$=200\times10^9\times0.000012\times(100-20)\times2\times10^{-4}$$

$$=38,400\text{N}$$

$$=38.4\text{kN}$$

정답 04 ① 05 ④ 06 ③

07 두께 3mm를 사용하여 내압 20kN/cm²를 받을 수 있는 구형(Spherical) 내압용기를 만들려고 할 때, 이 용기의 최대 안전내경 d를 구하면 몇 cm인가?(단, 이 재료의 허용 인장응력을 σ_w = 800kN/cm²로 한다.)

① 24 ② 48
③ 72 ④ 96

해설

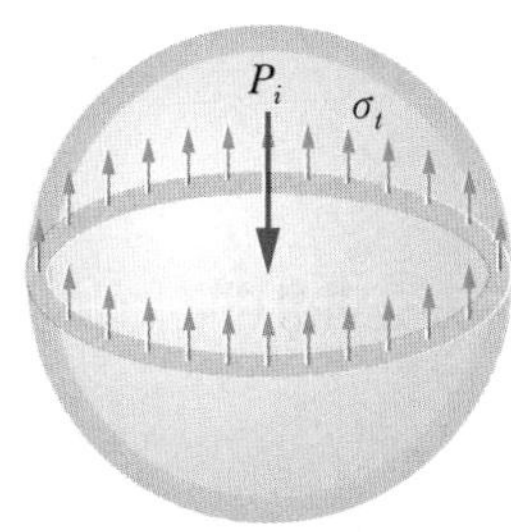

$t = 0.3\text{cm}$

$$\Sigma F_y = 0 : \sigma_t \times \pi dt - P_i \times \frac{\pi d^2}{4} = 0$$

$$\therefore d = \frac{4\sigma_t \cdot t}{P_i} = \frac{4 \times 800 \times 10^3 \times 0.3}{20 \times 10^3} = 48\text{cm}$$

08 그림과 같이 길이가 동일한 2개의 기둥 상단에 중심 압축 하중 2,500N이 작용할 경우 전체 수축량은 약 몇 mm인가?(단, 단면적 A_1 = 1,000mm², A_2 = 2,000mm², 길이 L = 300mm, 재료의 탄성계수 E = 90GPa이다.)

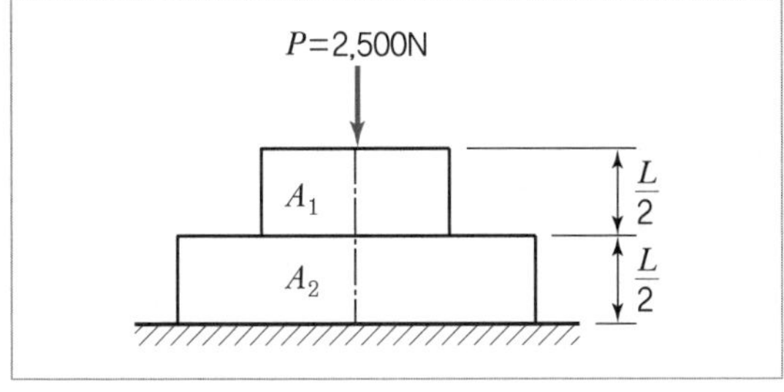

① 0.625 ② 0.0625
③ 0.00625 ④ 0.000625

해설

동일한 부재이므로 탄성계수는 같으며, A_1, A_2 부재에 따로 하중(P)을 주어 수축되는 양과 같으므로
전체수축량 λ

$$= \lambda_1 + \lambda_2$$

$$= \frac{PL_1}{A_1E} + \frac{PL_2}{A_2E} = \frac{P}{E}\left(\frac{L_1}{A_1} + \frac{L_2}{A_2}\right)$$

$$= \frac{2{,}500}{90 \times 10^9}\left(\frac{0.15}{1{,}000 \times 10^{-6}} + \frac{0.15}{2{,}000 \times 10^{-6}}\right)$$

$$= 6.25 \times 10^{-6}\text{m}$$

$$= 0.00625\text{mm}$$

09 최대 사용강도(σ_{max}) = 240MPa, 내경 1.5m, 두께 3mm의 강재 원통형 용기가 견딜 수 있는 최대압력은 몇 kPa인가?(단, 안전계수는 2이다.)

① 240 ② 480
③ 960 ④ 1,920

해설

안전계수 $S = 2$이므로

허용응력 $\sigma_a = \frac{\sigma_{max}}{S} = \frac{240}{2} = 120\text{MPa}$

후프응력 $\sigma_h = \frac{pd}{2t} = \sigma_a$

$$\therefore p = \frac{2t\sigma_a}{d}$$

$$= \frac{2 \times 0.003 \times 120}{1.5} = 0.48\text{MPa}$$

$$= 480\text{kPa}$$

정답 07 ② 08 ③ 09 ②

03 조합응력과 모어의 응력원

1 개요

앞서 기본적인 1개의 하중에 의한 응력과 변형들을 해석해 왔는데 이 장에서는 여러 가지 하중이 조합된 형태로 작용하여 취성파괴와 연성파괴에 의한 수직파괴단면과 경사파괴단면에 대한 재료내부의 응력해석을 하게 된다. 이러한 경사단면에 발생하는 응력해석식들은 복잡한데, 해석된 수식들을 편리하게 구하기 위해 쉽게 만든 도식적 해법이 모어의 응력원이다.

1. 1축 응력(단순응력 : Simple Stress) : 1개의 힘이 가해지는 응력상태

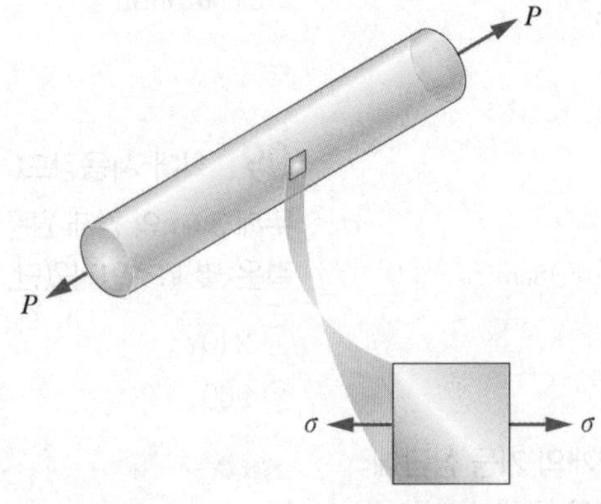

2. 2축 응력 : 2개의 힘이 가해지는 응력상태

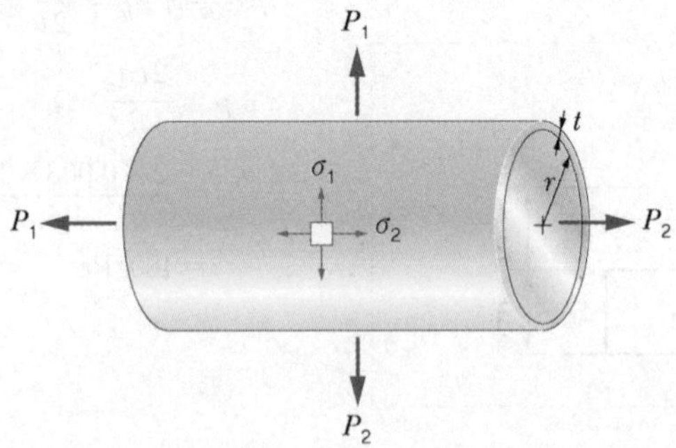

3. 3축 응력 : 3개의 힘이 가해지는 응력상태

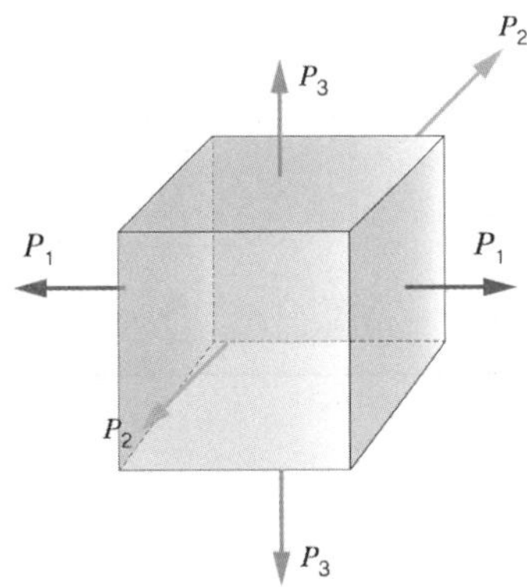

4. 평면응력 : 2개의 수직응력과 1개 또는 2개의 전단응력 성분의 조합으로 구성된 응력상태

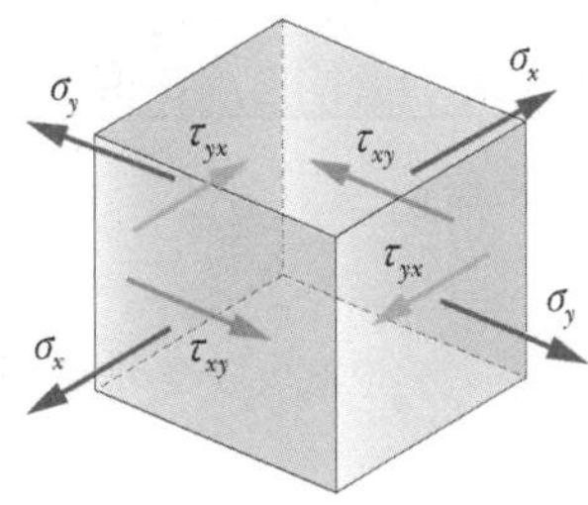

2 경사단면에 발생하는 1축 응력

응력이 1개이므로 하나의 외력이 작용하며, 외력에 의해 그림 (a)처럼 취성재료는 수직인 단면에 가깝게 인장파괴되며, 이 외력에 대해 연성재료들은 수직인 단면으로부터 θ만큼 경사지게 그림 (b)처럼 파괴되기도 한다. 경사지게 파괴될 때, 경사진 $n-n$단면(A_n)에 대한 수직응력 σ_n과 전단응력 τ_n에 대한 응력을 해석한다. 즉, 인장 시험편에서 연성재료들은 단면이 A_n 단면처럼 θ를 가지고 경사지게 파괴되므로 경사단면에 발생하는 수직응력(법선응력)과 전단응력을 해석하게 된다.

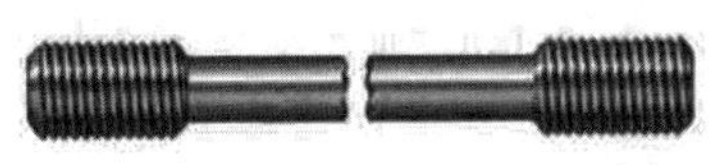
(a) 취성재료의 인장파괴

(b) 연성재료의 인장파괴

1. 경사단면에 발생하는 수직응력과 전단응력

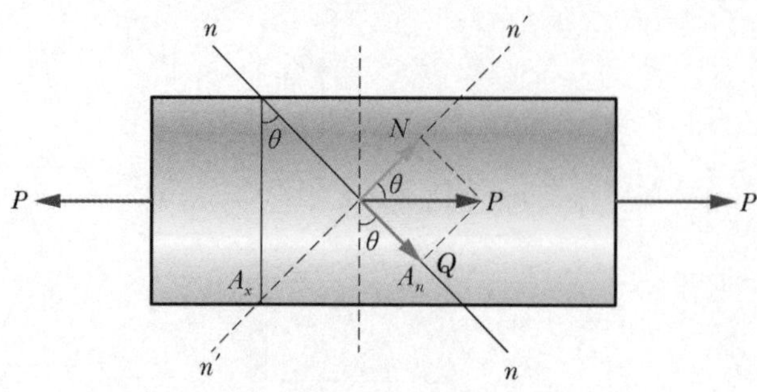

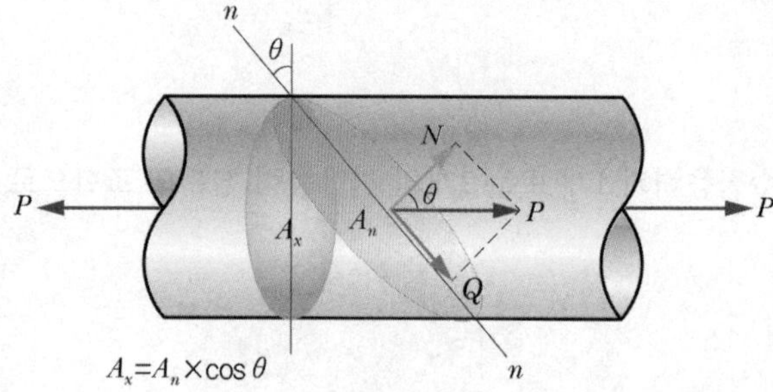

경사단면(A_n)에서 기본수식 $A_n\cos\theta = A_x$ (A_x : x축에 수직인 단면), $\sigma_n = \dfrac{N}{A_n}$, $\tau_n = \dfrac{Q}{A_n}$

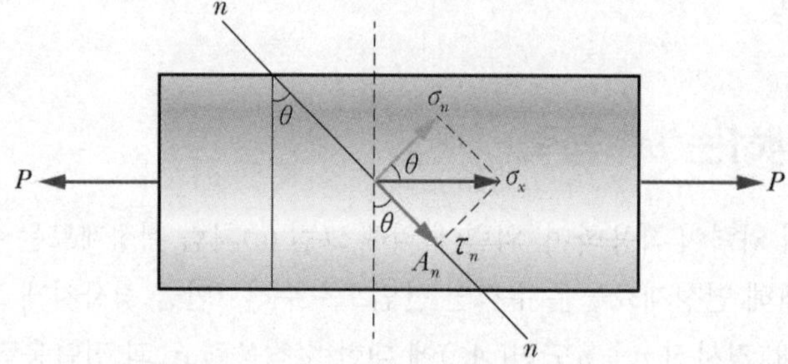

$\sigma_x = \dfrac{P_x}{A_x}$: 단면적이 최소일 때 응력 최대(∵ 하중 P는 동일하므로)

(1) 경사단면의 수직력(법선력)과 수직응력

① 수직력 : $N = P\cos\theta$

② 수직응력(법선응력) : $\sigma_n = \dfrac{\text{수직력}}{\text{경사면}} = \dfrac{N}{A_n} = \dfrac{P\cos\theta}{A_x/\cos\theta}$

$$= \sigma_x \cdot \cos^2\theta = \frac{\sigma_x}{2}(1+\cos 2\theta)$$

여기서, $\cos(\alpha+\beta) = \cos\alpha\cos\beta - \sin\alpha\sin\beta$

$$\cos(\theta+\theta)=\cos 2\theta=\cos^2\theta-\sin^2\theta=\cos^2\theta-(1-\cos^2\theta)$$
$$\cos 2\theta=2\cos^2\theta-1$$
$$\therefore \cos^2\theta=\frac{1}{2}(1+\cos 2\theta)$$

(2) 경사단면의 전단(접선)력과 전단응력

① 전단(접선)력 : $Q=P\sin\theta$

② 전단응력 : $\tau_n=\frac{\text{전단력}}{\text{경사면}}=\frac{Q}{A_n}$

$$=\frac{P\sin\theta}{A_x/\cos\theta}=\sigma_x\sin\theta\cos\theta$$
$$=\frac{\sigma_x}{2}\sin 2\theta$$

여기서, $\sin(\alpha+\beta)=\sin\alpha\cos\beta+\cos\alpha\sin\beta$

$$\sin(\theta+\theta)=\sin 2\theta=\sin\theta\cos\theta+\cos\theta\sin\theta=2\sin\theta\cos\theta$$
$$\therefore \sin\theta\cos\theta=\frac{1}{2}\sin 2\theta$$

(3) 공액법선응력과 공액전단응력

$n-n$단면과 직교(90°)하는 단면의 응력을 공액응력이라 하며 그림에서 $n'-n'$단면에 발생하는 법선응력과 전단응력을 공액법선응력, 공액전단응력이라 한다.
(수직응력과 전단응력 결과식에 θ 대신 → $\theta+90°$를 대입)

① 공액법선응력

$$\sigma_n{}'=\sigma_x\cdot\cos^2(\theta+90°)=\sigma_x\cdot(-\sin\theta)^2=\sigma_x\sin^2\theta=\frac{\sigma_x}{2}(1-\cos 2\theta)$$

② 공액전단응력

$$\tau_n{}'=\frac{1}{2}\sigma_x\sin 2(\theta+90°)=\frac{1}{2}\sigma_x\sin(2\theta+180°)=-\frac{\sigma_x}{2}\sin 2\theta$$

(4) 응력과 공액응력의 합

① 법선응력과 공액법선응력의 합

$$\sigma_n+\sigma_n{}'=\sigma_x(\cos^2\theta+\sin^2\theta)=\sigma_x$$

② 전단응력과 공액전단응력의 합

$$\tau_n+\tau_n{}'=0$$

(5) 최대법선응력과 최소법선응력

① 최대법선응력

$\sigma_n = \sigma_x \cdot \cos^2\theta$ (법선응력은 cos 함수이므로 $\cos\theta = 1$일 때 최대이다. → $\theta = 0°$)

$\sigma_n = \sigma_{max} = \sigma_x$

② 최소법선응력

$\sigma_n = \sigma_x \cdot \cos^2\theta$ (법선응력은 cos 함수이므로 $\cos\theta = 0$일 때 최소이다. → $\theta = 90°$)

$\sigma_n = \sigma_{min} = 0$

(6) 최대전단응력과 최소전단응력

① 최대전단응력

$\tau_n = \dfrac{\sigma_x}{2}\sin 2\theta$(전단응력은 sin함수이므로 $\sin 2\theta = 1$일 때 최대이다. → $\theta = 45°$)

$\tau_{max} = \dfrac{\sigma_x}{2}$

경사단면에서 단면은 45°로 파괴될 때 최대전단응력이 된다.

② 최소전단응력

$\tau_n = \dfrac{\sigma_x}{2}\sin 2\theta$(전단응력은 sin함수이므로 $\sin 2\theta = -1$일 때 최소이다. → $\theta = 135°$)

$\tau_{min} = -\dfrac{\sigma_x}{2}$

(7) 1축 응력에서 모어의 응력원

1개의 하중에 의한 경사단면의 응력해석 값들을 모어의 응력원을 그려 편리하고 쉽게 구해보자.

① 응력원 작도법

㉠ x축 → σ축, y축 → τ축으로 좌표축을 잡고 1축 응력이므로 x축에 작용하는 응력 1개 σ_x를 표시한다.

㉡ 원점(O)과 σ_x값을 지름으로 하는 원을 그린다.

㉢ 원의 중심 좌표(σ_{av} = 공칭응력)를 구한다.

㉣ x축 기준, 좌측으로 각이 2θ인 원의 중심을 지나는 지름을 그린다.

㉤ 각이 2θ인 지름과 원이 만나는 점의 좌표를 구한다.

모어의 응력원에서는 경사단면에 발생하는 응력값들이 모어의 응력원의 원주상에 모두 나타나게 된다.

- x(횡)좌표 → 법선응력(σ)값들을 의미
- y(종)좌표 → 전단응력(τ)값들을 의미

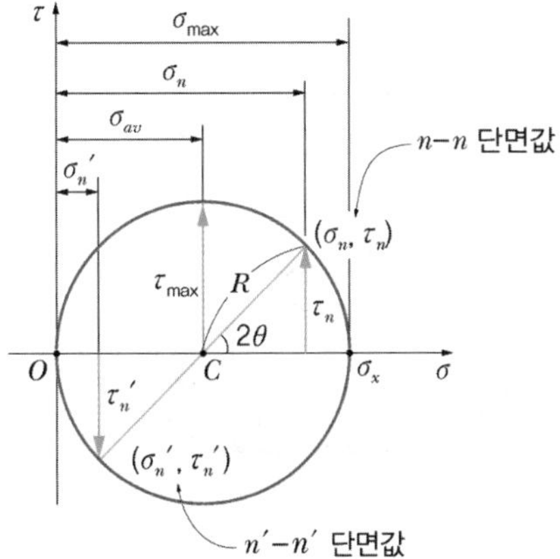

② 그려진 모어의 응력원에서 응력값들을 구해보면

$$\sigma_{av} = R = \frac{\sigma_x}{2}\text{(반지름)}$$

$$\sigma_n = R + R\cos 2\theta$$

$$\tau_n = R\sin 2\theta$$

$$\sigma_n{}' = R - R\cos 2\theta$$

$$\tau_n{}' = -R\sin 2\theta$$

㉠ $\sigma_n \rightarrow (\theta = 0°) \rightarrow \sigma_x = \dfrac{P}{A_x} = \dfrac{P}{A}$(기본 응력값)

수직단면(A_x)으로 파괴(최소단면적)

㉡ $\sigma_n(\min) \rightarrow (\theta = 90°) \rightarrow 0$

㉢ $\tau_{\max}(\theta = 45°) \rightarrow \dfrac{\sigma_x}{2} \rightarrow$ 반지름 R

㉣ $\tau_{\min}(\theta = 135°) \rightarrow -\dfrac{\sigma_x}{2}$

3 경사단면에 작용하는 2축 응력

두 개의 힘에 의해 두 개의 응력이 발생할 때 경사단면에서 두 힘을 직각분력으로 나누어 법선응력과 전단응력을 해석한다.

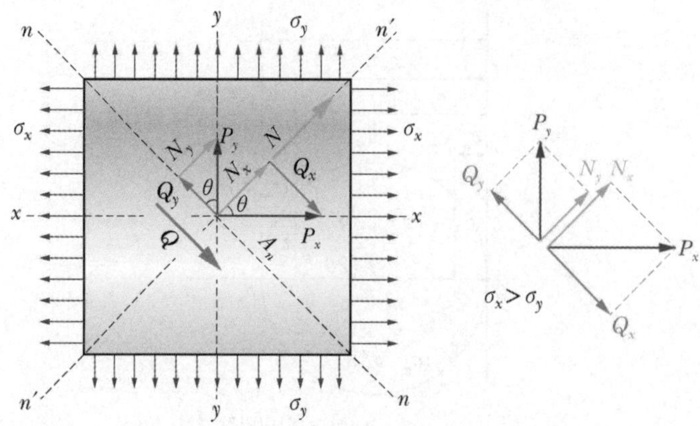

1. 경사단면에 발생하는 수직응력과 전단응력

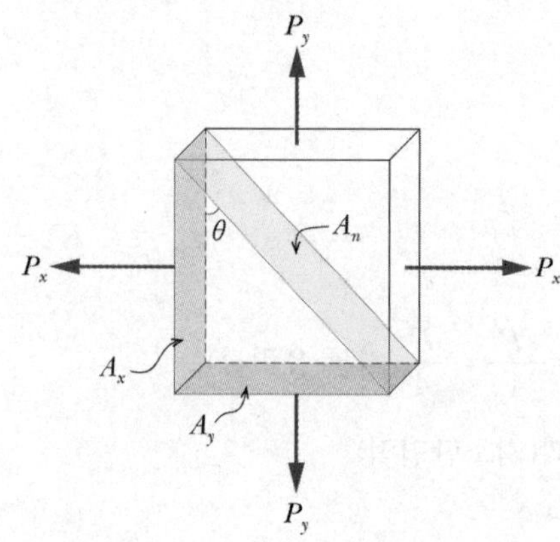

경사단면 (A_n)에서 기본수식 $A_n\cos\theta = A_x$ (A_x : x축에 수직인 단면)

$A_n\sin\theta = A_y$ (A_y : y축에 수직인 단면)

$$\sigma_x = \frac{P_x}{A_x},\ \sigma_y = \frac{P_y}{A_y}$$

(1) 경사단면의 수직력(법선력)과 수직응력

① 수직력 : $N_x = P_x\cos\theta$, $N_y = P_y\sin\theta$

② 수직응력(법선응력)

$$\sigma_n = \frac{\text{수직력}}{\text{경사면}} = \frac{N}{A_n} = \frac{N_x + N_y}{A_n}$$

$$= \frac{P_x\cos\theta + P_y\sin\theta}{A_n} = \frac{P_x\cos\theta}{A_n} + \frac{P_y\sin\theta}{A_n} = \frac{P_x\cos\theta}{\dfrac{A_x}{\cos\theta}} + \frac{P_y\sin\theta}{\dfrac{A_y}{\sin\theta}}$$

$$= \sigma_x \cdot \cos^2\theta + \sigma_y \cdot \sin^2\theta = \sigma_x\left(\frac{1+\cos 2\theta}{2}\right) + \sigma_y\left(\frac{1-\cos 2\theta}{2}\right)$$

$$\therefore\ \sigma_n = \frac{\sigma_x + \sigma_y}{2} + \frac{\sigma_x - \sigma_y}{2}\cos 2\theta$$

여기서, $\cos(\alpha+\beta) = \cos\alpha\cos\beta - \sin\alpha\sin\beta$

$\cos(\theta+\theta) = \cos 2\theta = \cos^2\theta - \sin^2\theta = \cos^2\theta - (1-\cos^2\theta)$

$\cos 2\theta = 2\cos^2\theta - 1$

$\therefore\ \cos^2\theta = \frac{1}{2}(1+\cos 2\theta)$

$\cos 2\theta = 2\cos^2\theta - 1 = 2\cos^2\theta - (\cos^2\theta + \sin^2\theta)$

$= \cos^2\theta - \sin^2\theta = (1-\sin^2\theta) - \sin^2\theta$

$= 1 - 2\sin^2\theta$

$\therefore\ \sin^2\theta = \frac{1-\cos 2\theta}{2}$

(2) 경사단면의 전단(접선)력과 전단응력

① 전단(접선)력 : $Q_x = P_x \sin\theta,\ Q_y = P_y \cos\theta$

② 전단응력

$$\tau_n = \frac{\text{전단력}}{\text{경사면}} = \frac{Q}{A_n} = \frac{Q_x - Q_y}{A_n} = \frac{Q_x}{A_n} - \frac{Q_y}{A_n}$$

$$= \frac{P_x\sin\theta}{A_n} - \frac{P_y\cos\theta}{A_n} = \frac{P_x\sin\theta}{\dfrac{A_x}{\cos\theta}} - \frac{P_y\cos\theta}{\dfrac{A_y}{\sin\theta}}$$

$$= \sigma_x\sin\theta\cos\theta - \sigma_y\sin\theta\cos\theta = \sigma_x\frac{1}{2}\sin 2\theta - \sigma_y\frac{1}{2}\sin 2\theta = \frac{1}{2}(\sigma_x - \sigma_y)\sin 2\theta$$

$$\therefore\ \tau_n = \frac{1}{2}(\sigma_x - \sigma_y)\sin 2\theta$$

여기서, $\sin(\alpha+\beta) = \sin\alpha\cos\beta + \cos\alpha\sin\beta$

$\sin(\theta+\theta) = \sin 2\theta = \sin\theta\cos\theta + \cos\theta\sin\theta = 2\sin\theta\cos\theta$

$\therefore\ \sin\theta\cos\theta = \frac{1}{2}\sin 2\theta$

(3) 공액법선응력과 공액전단응력

$n-n$단면과 직교(90°)하는 단면의 응력을 공액응력이라 하며 그림에서 $n'-n'$단면에 발생하는 법선응력과 전단응력을 각각 공액법선응력, 공액전단응력이라 한다.
(수직응력과 전단응력 결과식에 θ 대신 → $\theta+90°$를 대입)

① 공액법선응력

$$\sigma_n{}' = \frac{\sigma_x + \sigma_y}{2} + \frac{\sigma_x - \sigma_y}{2}\cos 2(\theta + 90°) = \frac{\sigma_x + \sigma_y}{2} + \frac{\sigma_x - \sigma_y}{2}\cos(2\theta + 180°)$$

$$= \frac{\sigma_x + \sigma_y}{2} - \frac{\sigma_x - \sigma_y}{2}\cos 2\theta$$

$$\therefore \sigma_n{}' = \frac{\sigma_x + \sigma_y}{2} - \frac{\sigma_x - \sigma_y}{2}\cos 2\theta$$

② 공액전단응력

$$\tau_n{}' = \frac{1}{2}(\sigma_x - \sigma_y)\sin 2(\theta + 90°) = \frac{1}{2}(\sigma_x - \sigma_y)\sin(2\theta + 180°)$$

$$= -\frac{1}{2}(\sigma_x - \sigma_y)\sin 2\theta$$

$$\therefore \tau_n{}' = -\frac{\sigma_x - \sigma_y}{2}\sin 2\theta$$

(4) 응력과 공액응력의 합

① 법선응력과 공액법선응력의 합

$$\sigma_n + \sigma_n{}' = \left(\frac{\sigma_x + \sigma_y}{2} + \frac{\sigma_x - \sigma_y}{2}\cos 2\theta\right) + \left(\frac{\sigma_x + \sigma_y}{2} - \frac{\sigma_x - \sigma_y}{2}\cos 2\theta\right) = \sigma_x + \sigma_y$$

② 전단응력과 공액전단응력의 합

$$\tau_n + \tau_n{}' = \frac{1}{2}(\sigma_x - \sigma_y)\sin 2\theta - \frac{1}{2}(\sigma_x - \sigma_y)\sin 2\theta = 0$$

전단응력과 공액전단응력의 크기는 동일(부호는 반대)하다는 것을 알 수 있다.

(5) 최대법선응력과 최소법선응력

① 최대법선응력

$$\sigma_n = \frac{\sigma_x + \sigma_y}{2} + \frac{\sigma_x - \sigma_y}{2}\cos 2\theta$$

(법선응력은 cos 함수이므로 $\cos 2\theta = 1$일 때 최대이다. → $\theta = 0°$)

$$\sigma_n = \sigma_{\max} = \sigma_x$$

② 최소법선응력

$$\sigma_n = \frac{\sigma_x + \sigma_y}{2} + \frac{\sigma_x - \sigma_y}{2}\cos 2\theta$$

(법선응력은 cos 함수이므로 $\cos 2\theta = -1$일 때 최소이다. → $\theta = 90°$)

$$\sigma_n = \sigma_{\min} = \frac{\sigma_x + \sigma_y}{2} - \frac{\sigma_x - \sigma_y}{2} = \sigma_y$$

(6) 최대전단응력과 최소전단응력

① 최대전단응력

$\tau_n = \frac{1}{2}(\sigma_x - \sigma_y)\sin 2\theta$ (전단응력은 sin함수이므로 $\sin 2\theta = 1$일 때 최대이다. → $\theta = 45°$)

$\tau_{\max} = \frac{\sigma_x - \sigma_y}{2}$

경사단면에서 단면은 45°로 파괴될 때 최대전단응력이 된다.

② 최소전단응력

$\tau_n = \frac{1}{2}(\sigma_x - \sigma_y)\sin 2\theta$ (전단응력은 sin함수이므로 $\sin 2\theta = -1$일 때 최소이다. → $\theta = 135°$)

$\tau_{\min} = -\frac{\sigma_x - \sigma_y}{2}$

(7) 2축 응력에서 모어의 응력원

2개의 하중에 의한 경사단면의 응력해석 값들을 모어의 응력원을 그려 편리하고 쉽게 구해보자.

① 응력원 작도법

㉠ x축 → σ축, y축 → τ축으로 좌표축을 잡고 2축 응력이므로 x축에 작용하는 응력 2개 σ_x, σ_y를 표시한다($\sigma_x > \sigma_y$).

㉡ $\sigma_x - \sigma_y$ 값을 지름으로 하는 원을 그린다.

㉢ 원의 중심 좌표(σ_{av} =공칭응력)를 구한다.

$\left(\sigma_{av} = \frac{\sigma_x + \sigma_y}{2}\right)$

㉣ x축 기준, 좌측으로 각이 2θ인 원의 중심을 지나는 지름을 그린다.

㉤ 각이 2θ인 지름과 원이 만나는 점의 좌표를 구한다.

모어의 응력원에서는 경사단면에 발생하는 응력값들이 모어의 응력원의 원주상에 모두 나타나게 된다.

- x(횡)좌표 → 법선응력(σ)값들을 의미
- y(종)좌표 → 전단응력(τ)값들을 의미

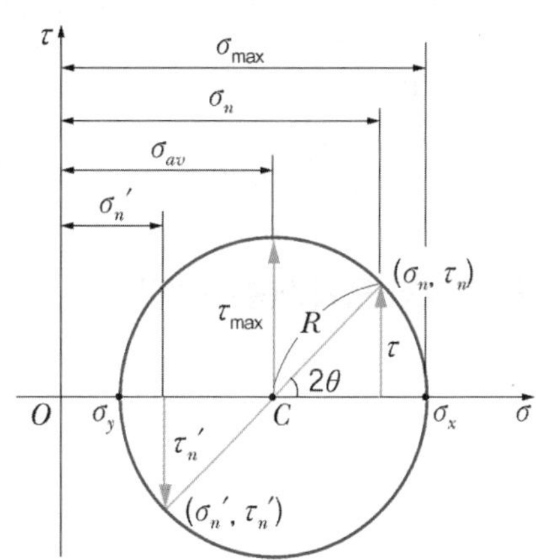

② 모어의 응력원에서 평균응력 $\sigma_{av} = \frac{\sigma_x + \sigma_y}{2}$이고

반지름 $R = \sigma_{av} - \sigma_y = \frac{\sigma_x + \sigma_y}{2} - \frac{2\sigma_y}{2} = \frac{\sigma_x - \sigma_y}{2}$

$\sigma_n = \sigma_{av} + R\cos 2\theta$, $\sigma_n{}' = \sigma_{av} - R\cos 2\theta$, $\tau_n = R\sin 2\theta$, $\tau_n{}' = -R\sin 2\theta$

$\sigma_{\max} = \sigma_x$, $\tau_{\max} = R$ 등을 바로 해석할 수 있으므로 응력원을 반드시 그릴 줄 알아야 한다.

4 2축 응력 상태의 순수전단과 변형

1. 2축 응력 상태의 순수전단 → 전단응력만 존재

(1) 순수전단의 상태 $\sigma_x = -\sigma_y$이며 경사단면이 $\theta = 45°$로 파단될 때

법선응력이 존재하지 않는다.

σ_x → 인장(+), σ_y → 압축(−) ⇒ 모어의 응력원에 적용

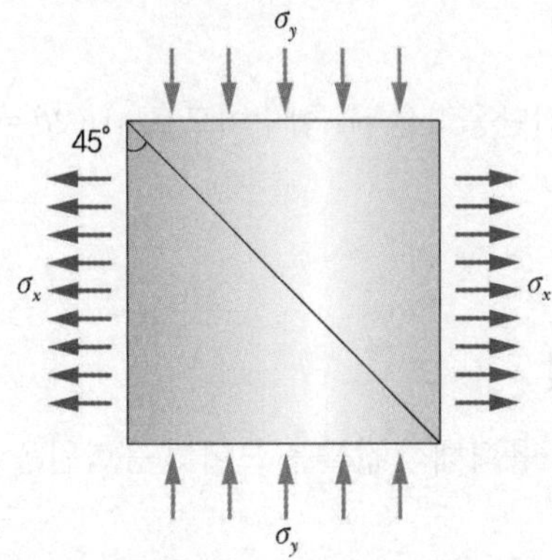

$$\sigma_n = \frac{\sigma_x + \sigma_y}{2} + \frac{\sigma_x - \sigma_y}{2}\cos 2\theta \text{(여기서, } \sigma_x = -\sigma_y,\ \theta = 45°)$$

$$= \frac{-\sigma_y + \sigma_y}{2} + \frac{-\sigma_y - \sigma_y}{2}\cos 90°$$

$$= 0$$

$$\tau_n = \frac{\sigma_x - \sigma_y}{2}\sin 2\theta = \frac{-\sigma_y - \sigma_y}{2}\sin 90° = -\sigma_y = \sigma_x$$

(2) 모어의 응력원(순수전단)

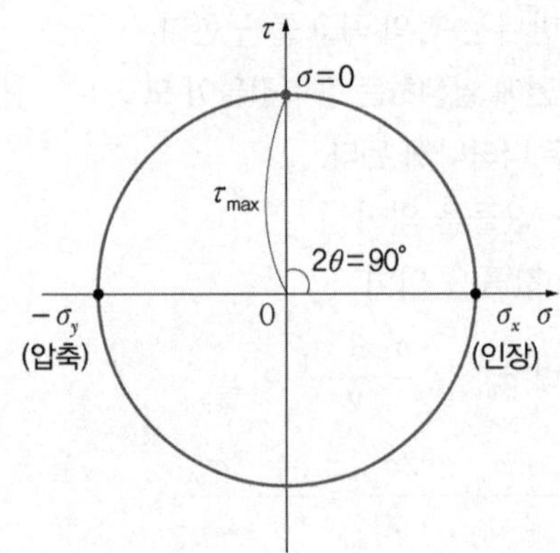

2. 3축 응력 상태의 변형

(1) 선변형

x축을 종으로(횡방향 y, z축 $\rightarrow \varepsilon' = \mu\varepsilon$을 적용)

$$\varepsilon_x = \frac{\sigma_x}{E} - \mu\frac{\sigma_y}{E} - \mu\frac{\sigma_z}{E}$$

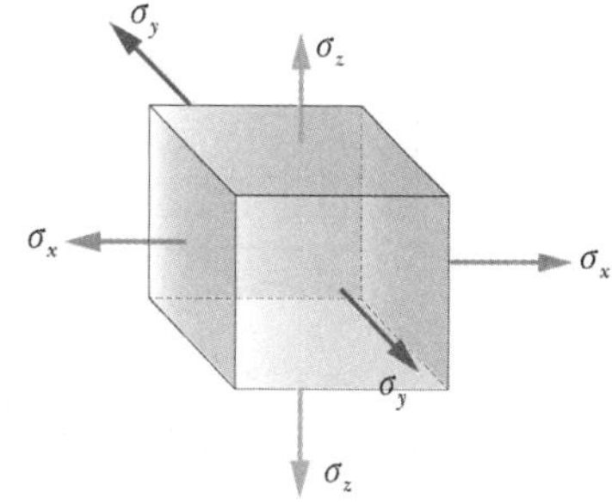

- y축을 종으로 $\varepsilon_y = \dfrac{\sigma_y}{E} - \mu\dfrac{\sigma_x}{E} - \mu\dfrac{\sigma_z}{E}$
- z축을 종으로 $\varepsilon_z = \dfrac{\sigma_z}{E} - \mu\dfrac{\sigma_x}{E} - \mu\dfrac{\sigma_y}{E}$

(2) 체적변형

3축 응력 상태에서 체적변형률

$$\varepsilon_v = \frac{\Delta V}{V} = (1+\varepsilon_x)(1+\varepsilon_y)(1+\varepsilon_z) - 1$$

이 수식은 변형이 아주 적을 때

$$\varepsilon_v = \varepsilon_x + \varepsilon_y + \varepsilon_z \quad (\because\ \varepsilon_x\varepsilon_y = \varepsilon_x\varepsilon_z = \varepsilon_y\varepsilon_z = 0,\ \varepsilon_x\varepsilon_y\varepsilon_z = 0,\ \text{고차항 무시})$$

$$\varepsilon_v = \frac{1}{E}(\sigma_x + \sigma_y + \sigma_z)(1-2\mu) \leftarrow \varepsilon_v = \varepsilon(1-2\mu)\ \text{적용}$$

5 평면응력상태

평면응력(조합응력)상태(Plane Stress)인 각 힘들을 경사단면의 법선분력과 접선분력으로 나누어 해석하며 경사단면에서의 평면응력상태는 두 개의 수직응력성분과 하나의 전단응력성분만 알면 결정된다. 힘 분석은 아래 그림과 같고 해석방법은 2축 응력과 동일하며 모어의 응력원으로만 간단히 정리해 보자.

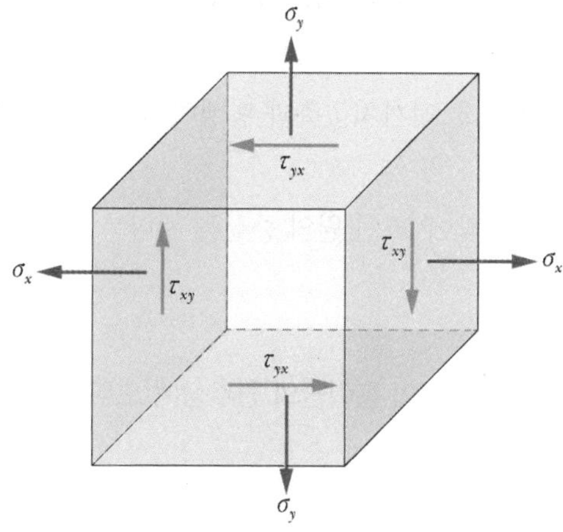

(a) 평면응력상태 재료

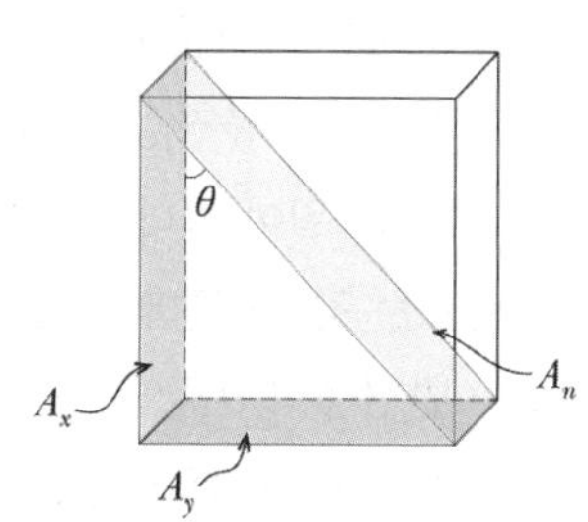

(b) 경사단면과 2축 응력 단면 재료

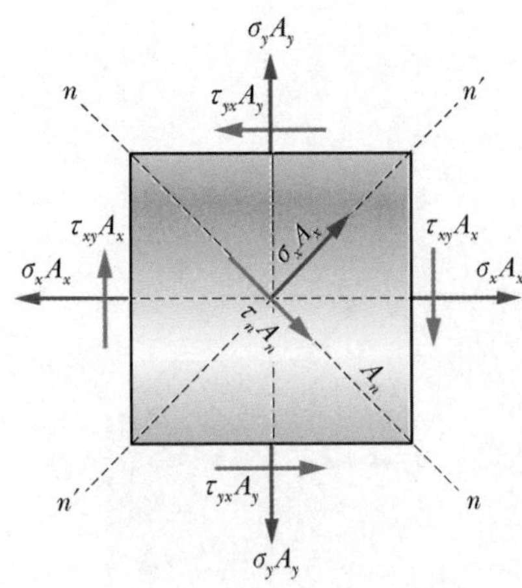

(c) 평면응력상태에서 응력에 의한 힘

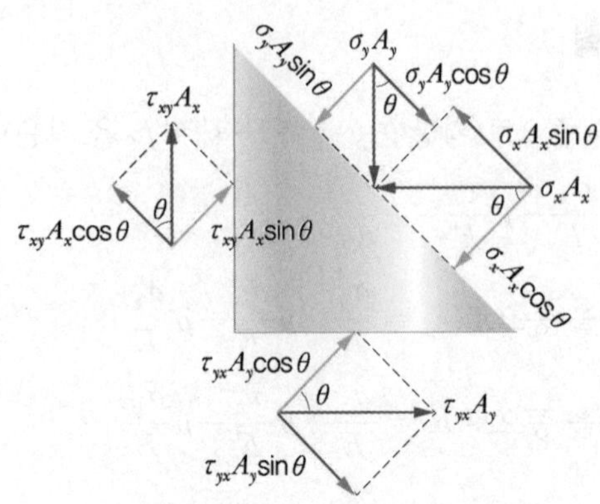

(d) 응력에 의한 힘들을 경사단면에서 직각분력으로 나누어 해석

1. 모어의 응력원

(1) 응력원 작도법

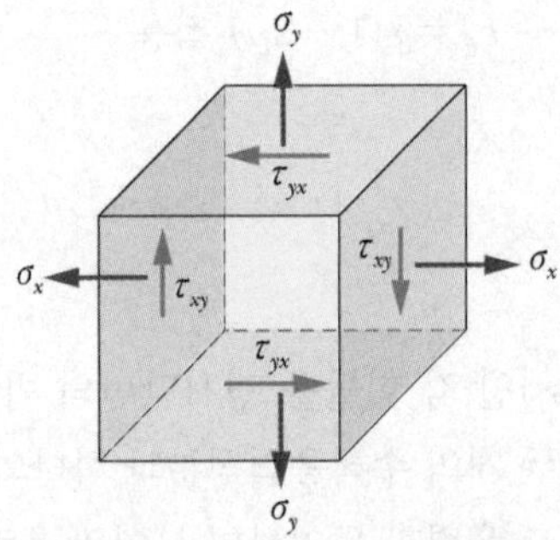

① 좌표축을 설정 x축 → σ축, y축 → τ축을 잡고, 먼저 x축에 작용하는 응력 2개 σ_x, σ_y를 표시한다(가정 : $\sigma_x > \sigma_y$).

② σ_x 점까지 y축과 평행하게 τ_{xy}(↓)값을 표시하고, σ_y 점까지 y축과 평행하게 τ_{xy}(↑)값을 표시한 후, 두 점을 지름으로 하는 원을 그린다.

③ ②에서 그어진 지름을 기준축으로 하여 좌측으로 각이 2θ인 원의 중심을 지나는 지름을 그린다.

④ 원의 중심 좌표(σ_{av} = 공칭응력)를 구한다.

⑤ 각이 2θ인 지름과 원이 만나는 점의 좌표를 구한다.

모어의 응력원에서는 경사단면에 발생하는 응력값들이 모어의 응력원의 원주상에 모두 나타나게 된다.

- x(횡)좌표 → 법선응력(σ)값들을 의미
- y(종)좌표 → 전단응력(τ)값들을 의미

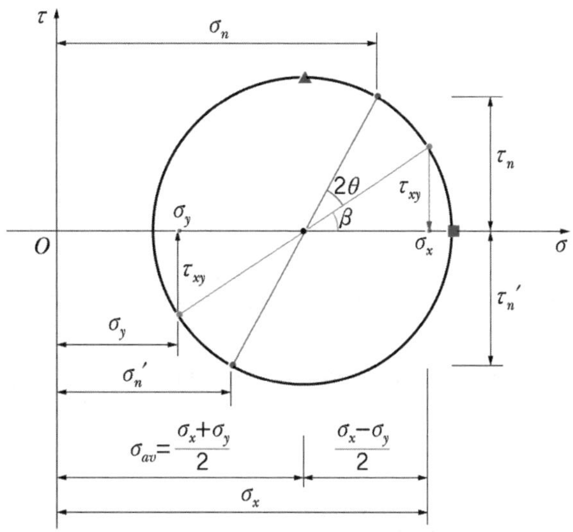

(2) 응력원을 바탕으로 아래 값들을 구해보면

① 공칭응력 : $\sigma_{av} = \dfrac{\sigma_x + \sigma_y}{2}$

② 원의 반경 : $R = \sqrt{\left(\dfrac{\sigma_x - \sigma_y}{2}\right)^2 + {\tau_{xy}}^2} = \tau_{\max}$

※ 응력원에서 τ축으로 가장 큰 값(원주상에서 원의 위쪽 상한점)

③ 최대주응력 : $\sigma_{\max} = \sigma_{av} + R = \dfrac{\sigma_x + \sigma_y}{2} + \sqrt{\left(\dfrac{\sigma_x - \sigma_y}{2}\right)^2 + {\tau_{xy}}^2}$

※ 응력원에서 σ축으로 가장 큰 값(원주상에서 원의 오른쪽 상한점)

④ 최대 · 최소 주응력들의 방향 : $\tan 2\theta = \dfrac{-2\tau_{xy}}{\sigma_x - \sigma_y}$

전단응력이 0이 되는 위치 → 최대 · 최소 주응력이 존재하는 평면 → 주평면

$\tau_n = \dfrac{\sigma_x - \sigma_y}{2}\sin 2\theta + \tau_{xy}\cos 2\theta = 0$에서 $\dfrac{\sigma_x - \sigma_y}{2}\sin 2\theta = -\tau_{xy}\cos 2\theta$

$\dfrac{\sin 2\theta}{\cos 2\theta} = \tan 2\theta = \dfrac{-2\tau_{xy}}{\sigma_x - \sigma_y}$

($\tau_n = 0$일 경우 주평면의 방향)

⑤ 경사단면이 θ일 때 법선응력

모어의 응력원에서

법선응력 : $\sigma_n = \sigma_{av} + R\cos(\beta + 2\theta)$ ························ ⓐ

전단응력 : $\tau_n = R\sin(\beta + 2\theta)$ ························ ⓑ

여기서,

$$R=\left(\frac{\sigma_x-\sigma_y}{2}\right)^2+{\tau_{xy}}^2$$

$$\cos\beta=\frac{\dfrac{\sigma_x-\sigma_y}{2}}{R},\ \sin\beta=\frac{\tau_{xy}}{R}$$

$$\cos(\beta+2\theta)=\cos\beta\cos 2\theta-\sin\beta\sin 2\theta=\frac{\sigma_x-\sigma_y}{2R}\cos 2\theta-\frac{\tau_{xy}}{R}\sin 2\theta \quad \cdots\cdots\cdots \text{ⓒ}$$

$$\sin(\beta+2\theta)=\sin\beta\cos 2\theta+\cos\beta\sin 2\theta=\frac{\tau_{xy}}{R}\cos 2\theta+\frac{\sigma_x-\sigma_y}{2R}\sin 2\theta \quad \cdots\cdots\cdots \text{ⓓ}$$

ⓐ에 ⓒ를 대입하면

$$\sigma_n=\sigma_{av}+R\left(\frac{\sigma_x-\sigma_y}{2R}\cos 2\theta-\frac{\tau_{xy}}{R}\sin 2\theta\right)$$

$$=\sigma_{av}+\frac{\sigma_x-\sigma_y}{2}\cos 2\theta-\tau_{xy}\sin 2\theta$$

$$=\frac{\sigma_x+\sigma_y}{2}+\left(\frac{\sigma_x-\sigma_y}{2}\right)\cos 2\theta-\tau_{xy}\sin 2\theta$$

ⓑ에 ⓓ를 대입하면

$$\tau_n=R\left(\frac{\tau_{xy}}{R}\cos 2\theta+\frac{\sigma_x-\sigma_y}{2R}\sin 2\theta\right)$$

$$=\tau_{xy}\cos 2\theta+\left(\frac{\sigma_x-\sigma_y}{2}\right)\sin 2\theta$$

핵심 기출 문제

01 평면 응력상태에 있는 재료 내부에 서로 직각인 두 방향에서 수직응력 σ_x, σ_y가 작용할 때 생기는 최대 주응력과 최소주응력을 각각 σ_1, σ_2라 하면 다음 중 어느 관계식이 성립하는가?

① $\sigma_1 + \sigma_2 = \dfrac{\sigma_x + \sigma_y}{2}$　② $\sigma_1 + \sigma_2 = \dfrac{\sigma_x + \sigma_y}{4}$

③ $\sigma_1 + \sigma_2 = \sigma_x + \sigma_y$　④ $\sigma_1 + \sigma_2 = 2(\sigma_x + \sigma_y)$

해설

$\sigma_x > \sigma_y$라 가정하고 모어의 응력원을 그리면

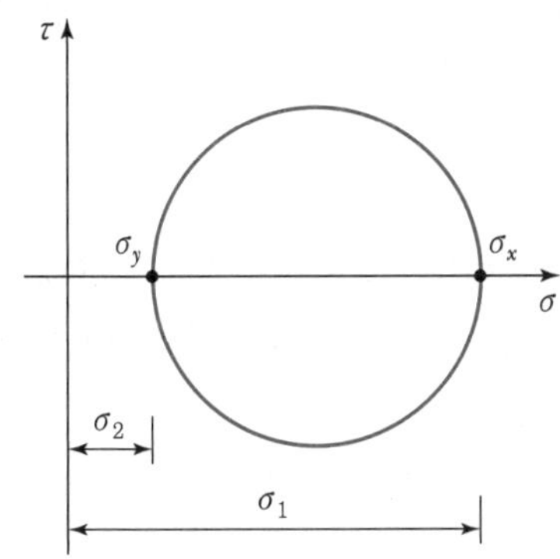

응력원에서 최대주응력 $\sigma_1 = \sigma_x$, 최소주응력 $\sigma_2 = \sigma_y$임을 알 수 있다.
그러므로 $\sigma_1 + \sigma_2 = \sigma_x + \sigma_y$이다.

02 2축 응력에 대한 모어(Mohr)원의 설명으로 틀린 것은?

① 원의 중심은 원점의 상하 어디라도 놓일 수 있다.
② 원의 중심은 원점 좌우의 응력축상에 어디라도 놓일 수 있다.
③ 이 원에서 임의의 경사면상의 응력에 관한 가능한 모든 지식을 얻을 수 있다.
④ 공액응력 σ_n과 $\sigma_n{}'$의 합은 주어진 두 응력의 합 $\sigma_x + \sigma_y$와 같다.

해설

모어의 응력원에서 2축 응력의 값 σ_x, σ_y는 x축 위에 존재한다(원의 중심은 x축을 벗어날 수 없다).

03 평면 응력상태에서 σ_x와 σ_y만이 작용하는 2축 응력에서 모어원의 반지름이 되는 것은?(단, $\sigma_x > \sigma_y$이다.)

① $(\sigma_x + \sigma_y)$　② $(\sigma_x - \sigma_y)$

③ $\dfrac{1}{2}(\sigma_x + \sigma_y)$　④ $\dfrac{1}{2}(\sigma_x - \sigma_y)$

해설

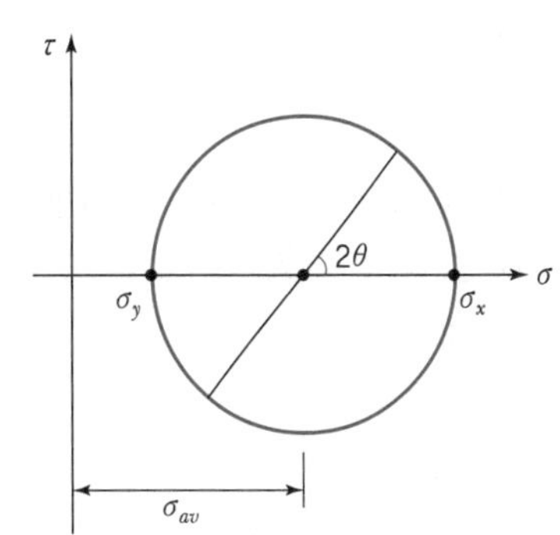

$$\sigma_{av} = \frac{\sigma_x + \sigma_y}{2}$$

$$R = \sigma_{av} - \sigma_y = \frac{\sigma_x + \sigma_y}{2} - \frac{2\sigma_y}{2} = \frac{\sigma_x - \sigma_y}{2}$$

정답　01 ③　02 ①　03 ④

04 다음과 같은 평면응력상태에서 최대전단응력은 약 몇 MPa인가?

- x방향 인장응력 : 175MPa
- y방향 인장응력 : 35MPa
- xy방향 전단응력 : 60MPa

① 38　② 53　③ 92　④ 108

해설

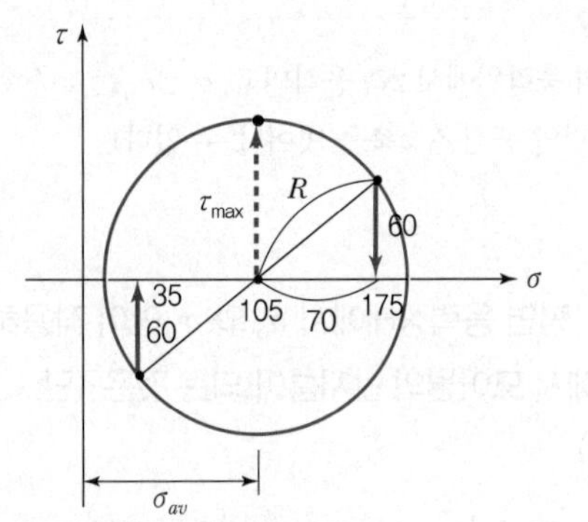

모어의 응력원에서 $\sigma_{av} = \dfrac{175+35}{2} = 105$

R의 밑변은 $175-105=70$

$\tau_{\max} = R$이므로

$R = \sqrt{70^2+60^2} = 92.2\text{MPa}$

05 그림과 같은 평면응력상태에서 최대주응력은 약 몇 MPa인가?(단, σ_x = 500MPa, σ_y = −300MPa, τ_{xy} = −300MPa이다.)

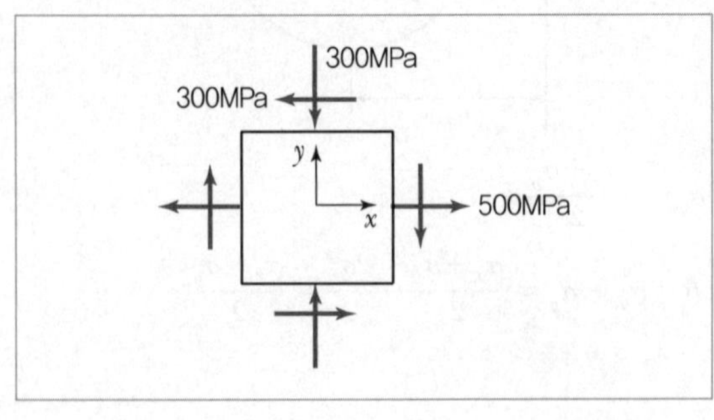

① 500　② 600　③ 700　④ 800

해설

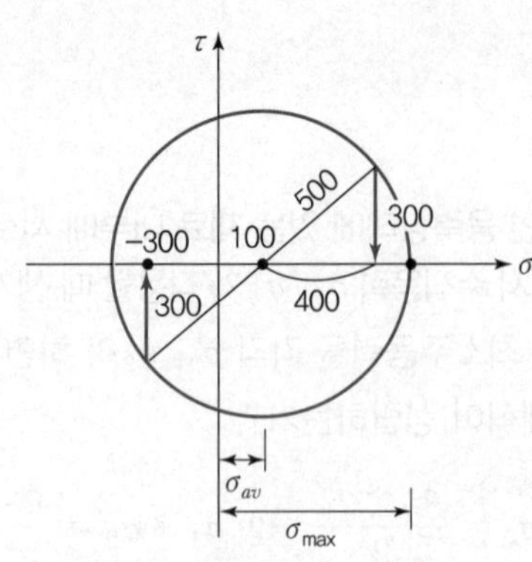

평면응력상태의 모어의 응력원을 그리면

응력원에서 $\sigma_{\max} = \sigma_{av} + R$

$\sigma_{av} = \dfrac{500+(-300)}{2} = 100$

모어의 응력원에서 $R = \sqrt{400^2+300^2} = 500$

$\therefore\ \sigma_{\max} = 100+500 = 600\text{MPa}$

06 평면응력상태의 한 요소에 σ_x = 100MPa, σ_y = −50MPa, τ_{xy} = 0을 받는 평판에서 평면 내에서 발생하는 최대전단응력은 몇 MPa인가?

① 75　② 50

③ 25　④ 0

해설

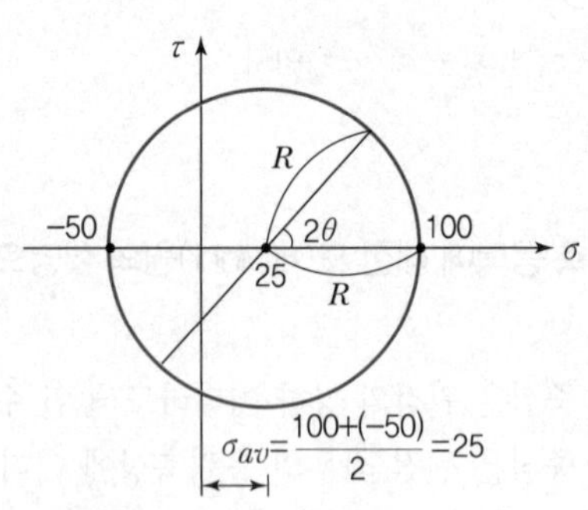

모어의 응력원에서

$\tau_{\max} = R = 100-25 = 75\text{MPa}$

정답　04 ③　05 ②　06 ①

07 $\sigma_x = 700\text{MPa}$, $\sigma_y = -300\text{MPa}$이 작용하는 평면응력 상태에서 최대수직응력($\sigma_{max}$)과 최대전단응력($\tau_{max}$)은 각각 몇 MPa인가?

① $\sigma_{max} = 700$, $\tau_{max} = 300$

② $\sigma_{max} = 600$, $\tau_{max} = 400$

③ $\sigma_{max} = 500$, $\tau_{max} = 700$

④ $\sigma_{max} = 700$, $\tau_{max} = 500$

해설

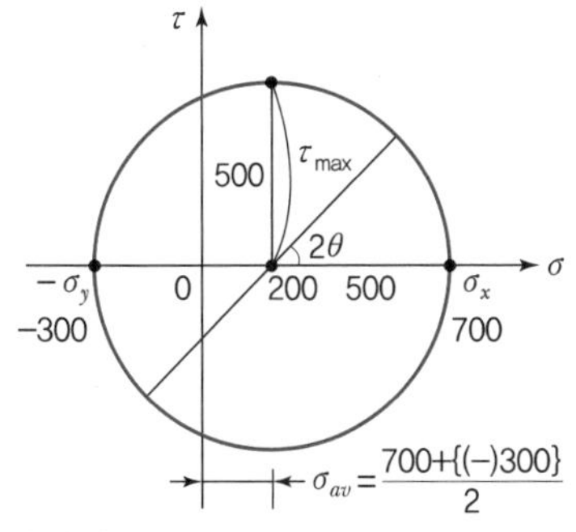

모어의 응력원에서

$R = 700 - 200 = 500\text{MPa} = \tau_{max}$

$\sigma_n)_{max} = \sigma_x = 700\text{MPa}$

08 다음 정사각형 단면(40mm×40mm)을 가진 외팔보가 있다. $a-a$면에서의 수직응력(σ_n)과 전단응력(τ_s)은 각각 몇 kPa인가?

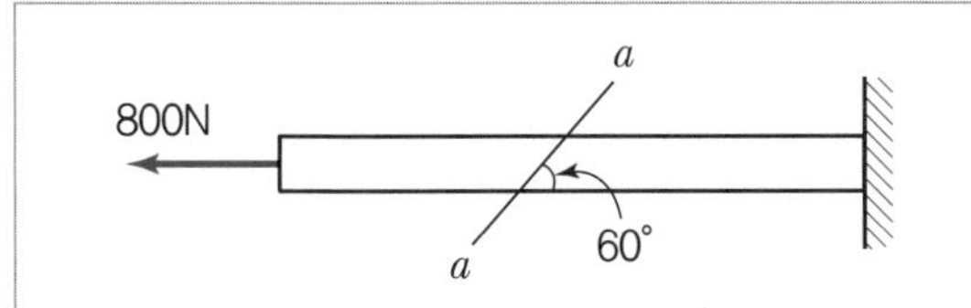

① $\sigma_n = 693$, $\tau_s = 400$

② $\sigma_n = 400$, $\tau_s = 693$

③ $\sigma_n = 375$, $\tau_s = 217$

④ $\sigma_n = 217$, $\tau_s = 375$

해설

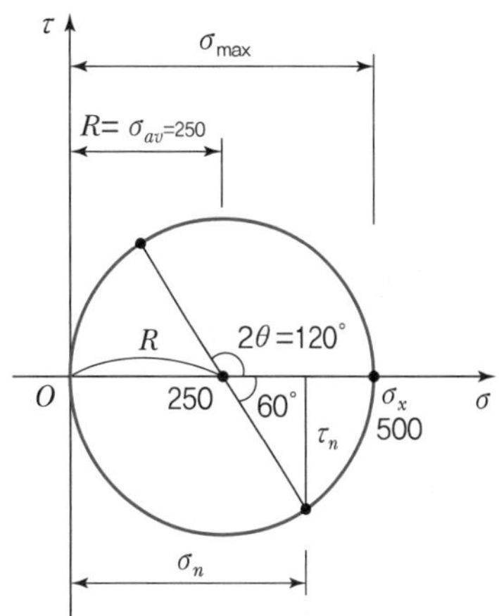

$\sigma_x = \dfrac{800}{0.04^2} = 500 \times 10^3\text{Pa} = 500\text{kPa}$

경사진 단면 $\theta = 60°$에 발생하는 법선응력(σ_n)과 전단응력($\tau_s = \tau_n$)을 구하기 위해 1축 응력(σ_x)의 모어원을 그렸다. 모어의 응력원 중심에서 $2\theta = 120°$인 지름을 그린 다음, 응력원과 만나는 점의 σ, τ 값을 구하면 된다.

$\sigma_n = R + R\cos 60°$

$= 250 + 250\cos 60° = 375\text{kPa}$

$\tau_s = \tau_n = R\sin 60° = 250\sin 60° = 216.51\text{kPa}$

09 다음과 같은 평면응력상태에서 최대주응력 σ_1은?

$\sigma_x = \tau,\ \sigma_y = 0,\ \tau_{xy} = -\tau$

① 1.414τ ② 1.80τ

③ 1.618τ ④ 2.828τ

정답 07 ④ 08 ③ 09 ③

해설

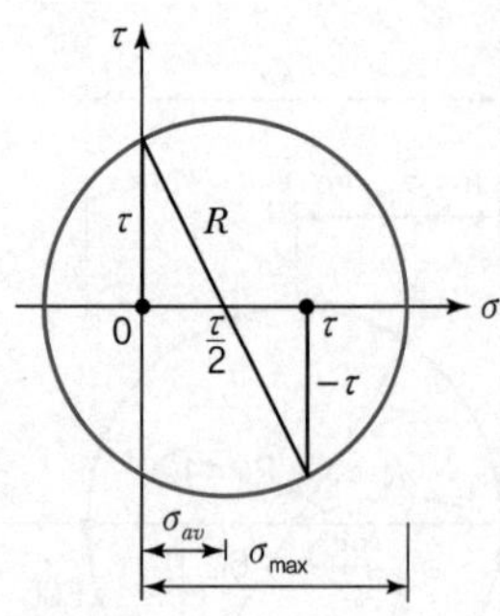

모어의 응력원에서 $\sigma_{av} = \dfrac{\tau}{2}$

$$R = \sqrt{\left(\frac{\tau}{2}\right)^2 + \tau^2} = \sqrt{\frac{5}{4}}\tau = \frac{\sqrt{5}}{2}\tau$$

$$\sigma_1 = \sigma_{\max} = \sigma_{av} + R$$

$$= \frac{\tau}{2} + \frac{\sqrt{5}}{2}\tau = \left(\frac{1+\sqrt{5}}{2}\right)\tau = 1.618\tau$$

정답

04 평면도형의 성질

1 도심과 단면 1차 모멘트

1. 도심 – 힘들의 작용위치를 결정

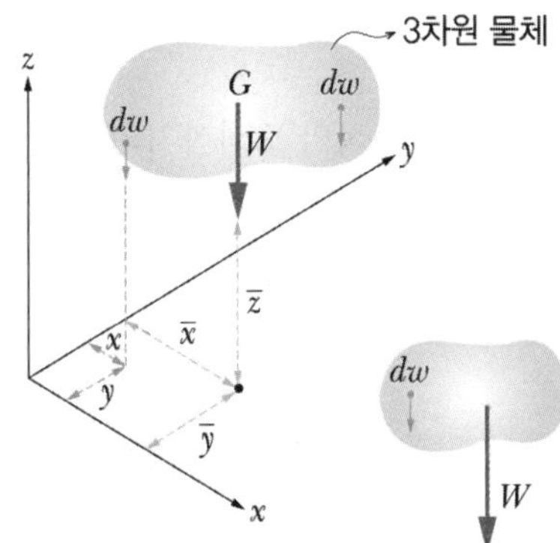

- 바리농 정리 : 임의의 축에 대한 전 중량의 모멘트는 미소요소중량(질점)에 대한 모멘트 합과 같다.

(1) x축 기준(y축도 동일 논리 적용)

① 무게 중심

$$W \cdot \bar{y} = \int y \cdot dW$$

$$\bar{y} = \frac{\int y dW}{W} = \frac{\int y dW}{\int dW}$$

② 질량 중심

$$W = mg,\ dW = dm \cdot g$$

$$\bar{y} = \frac{\int y g dm}{mg} = \frac{\int y dm}{m} = \frac{\int y dm}{\int dm}$$

③ 체적 중심

$$m = \rho \cdot V,\ dm = \rho \cdot dV$$

$$\bar{y} = \frac{\int y \rho dV}{\rho \cdot V} = \frac{\int y dV}{V} = \frac{\int y dV}{\int dV}$$

2. 면적의 도심(2차원 평면에서의 도심)

임의의 축에 대한 전체면적의 모멘트는 미소면적(질점)에 대한 모멘트 합과 같다.

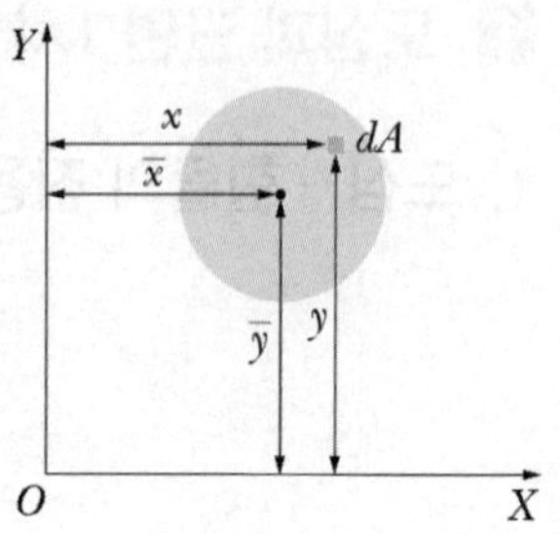

① X축에 대한 도심을 구해보면

$$\therefore \bar{y} = \frac{\int y dA}{A} = \frac{\sum A_i y_i}{\sum A_i}$$ (y_i는 개개 면적의 도심까지의 거리)

② Y축에 대한 도심을 구해보면

$$\therefore \bar{x} = \frac{\int x dA}{A} = \frac{\sum A_i x_i}{\sum A_i}$$ (x_i는 개개 면적의 도심까지의 거리)

예

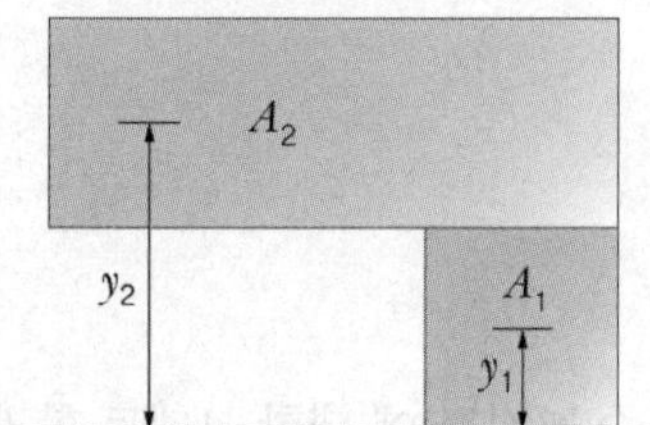

$$\bar{y} = \frac{\sum A_i y_i}{\sum A_i} = \frac{A_1 y_1 + A_2 y_2}{A_1 + A_2}$$

예

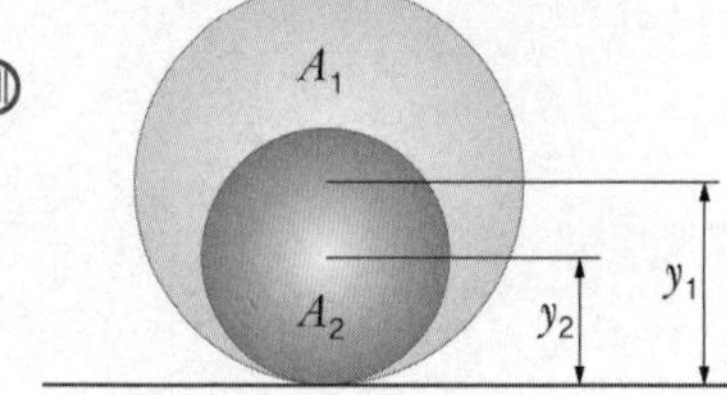

$$\bar{y} = \frac{A_1 y_1 - A_2 y_2}{A_1 - A_2}$$ (붉은색 부분에 대한 도심)

예 T형 단면의 도심

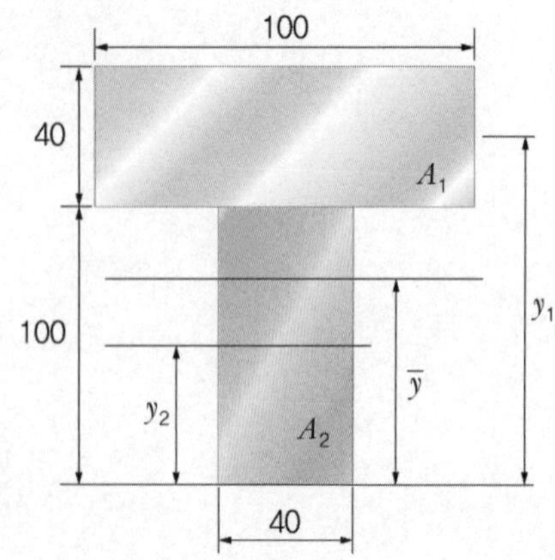

$$\bar{y} = \frac{\sum A_i y_i}{\sum A_i} = \frac{A_1 y_1 + A_2 y_2}{A_1 + A_2}$$

$$= \frac{100 \times 40 \times 120 + 40 \times 100 \times 50}{100 \times 40 + 40 \times 100}$$

$$= 85$$

㉮ 삼각형의 도심

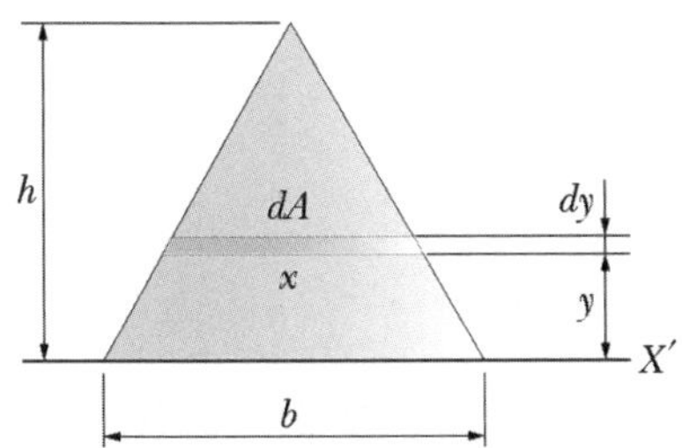

$$G_{X'} = A\bar{y} = \int y dA \quad \therefore \bar{y} = \frac{\int y dA}{A}$$

$$dA = x \cdot dy$$

$$b : h = x : (h-y) \quad \therefore x = \frac{b}{h}(h-y)$$

$$G_{X'} = \int yx dy = \int y \frac{b}{h}(h-y)dy = \frac{b}{h}\int_0^h (hy - y^2)dy$$

$$= \frac{b}{h}\left\{\left[\frac{hy^2}{2}\right]_0^h - \left[\frac{y^3}{3}\right]_0^h\right\} = \frac{b}{h}\left(\frac{h^3}{2} - \frac{h^3}{3}\right) = \frac{bh^2}{6}$$

$$\therefore \bar{y} = \frac{\int y dA}{A} = \frac{\frac{bh^2}{6}}{\frac{bh}{2}} = \frac{h}{3}$$

㉮ y축에 대한 도심

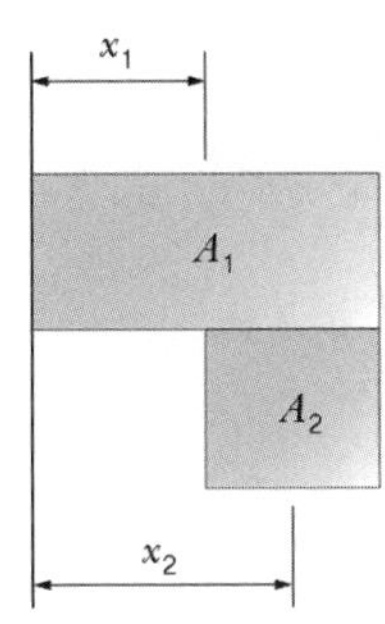

$$A \cdot \bar{x} = \int x dA \text{에서 } \bar{x} = \frac{\int x dA}{A} = \frac{\Sigma A_i x_i}{\Sigma A_i}$$

$$\bar{x} = \frac{A_1 x_1 + A_2 x_2}{A_1 + A_2}$$

3. 단면 1차 모멘트(G_X, G_Y)

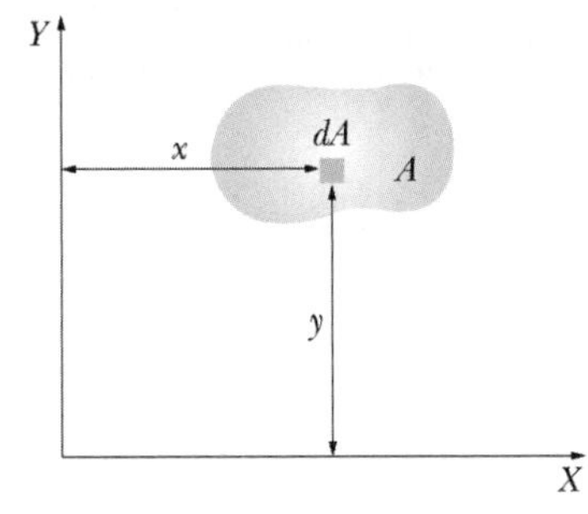

① X축에 대한 단면 1차 모멘트

$$G_X = \int y dA = A \cdot \bar{y}$$

② Y축에 대한 단면 1차 모멘트

$$G_Y = \int x dA = A \cdot \bar{x}$$

4. 단면 1차 모멘트의 평행축 정리

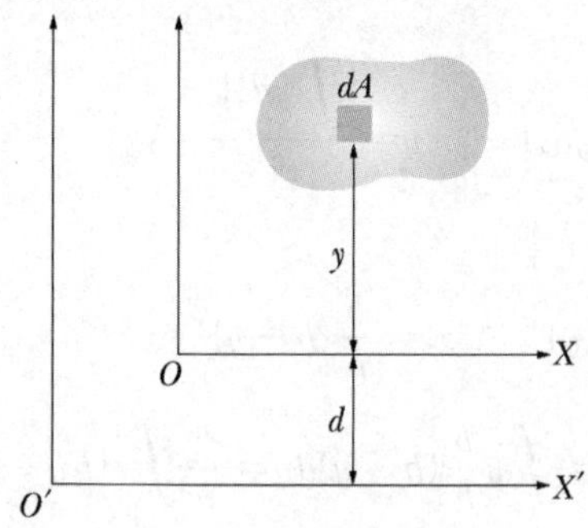

$$G_X = \int y dA$$

$$G_{X'} = \int (y+d) dA = \int y dA + \int d dA$$

$G_{X'} = G_X + Ad$ (면적×두 축 사이의 거리)

2 단면 2차 모멘트

단면 1차 모멘트$\left(\int y dA\right)$에 거리(y)를 곱하여 나오는 모멘트 값을 단면 2차 모멘트라 하며 관성모멘트라고도 한다. 굽힘을 받는 보의 응력해석에서 사용된다.

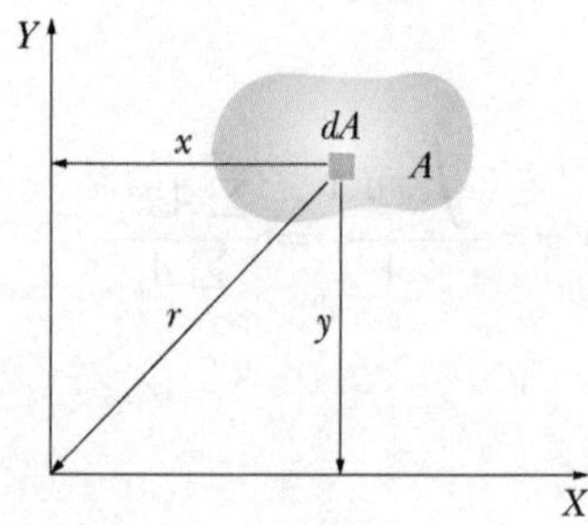

$$I_X = \int y dA \times y = \int y^2 dA$$

$$I_Y = \int x dA \times x = \int x^2 dA$$

1. 직사각형

① X'축에 대한 단면 2차 모멘트

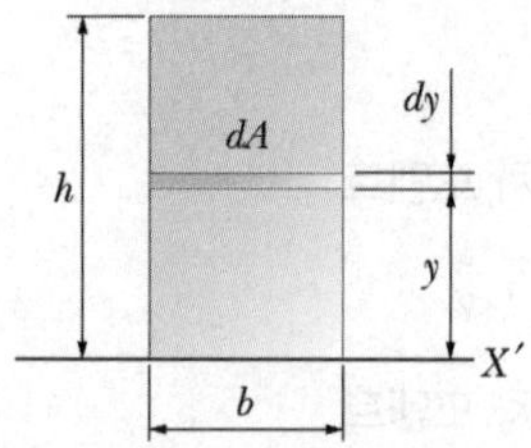

$$I_{X'} = \int y^2 dA = \int_0^h y^2 b dy = b\left[\frac{y^3}{3}\right]_0^h = \frac{bh^3}{3}$$

② 도심축(X축)에 대한 단면 2차 모멘트

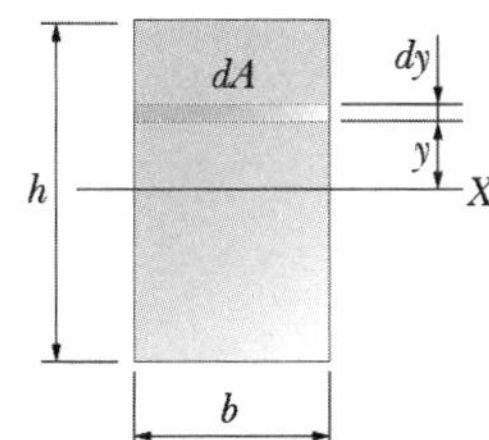

$$I_X = \int y^2 dA = \int_{-\frac{h}{2}}^{\frac{h}{2}} y^2 b dy = b\left[\frac{y^3}{3}\right]_{-\frac{h}{2}}^{\frac{h}{2}}$$

$$= \frac{b}{3}\left\{\left(\frac{h}{2}\right)^3 - \left(-\frac{h}{2}\right)^3\right\} = \frac{b}{3} \cdot \frac{h^3}{4} = \frac{bh^3}{12}$$

2. 삼각형

① X'축에 대한 단면 2차 모멘트

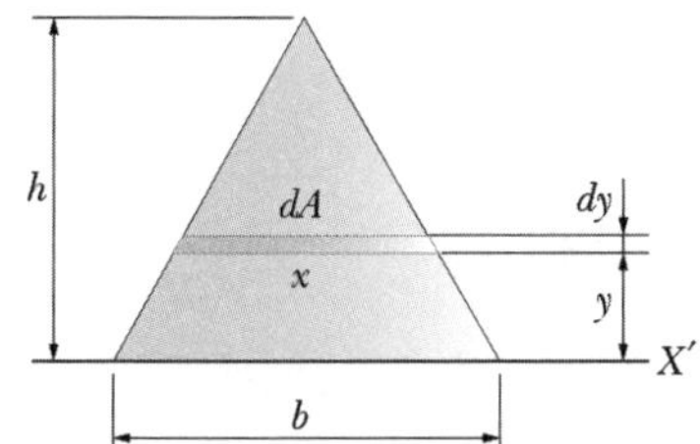

$$I_{X'} = \int y^2 dA$$

$$dA = x \cdot dy$$

$$b : h = x : (h-y) \quad \therefore x = \frac{b}{h}(h-y)$$

$$I_{X'} = \int y^2 x dy = \int y^2 \frac{b}{h}(h-y)dy = \frac{b}{h}\int_0^h (hy^2 - y^3)dy$$

$$= \frac{b}{h}\left[\frac{hy^3}{3} - \frac{y^4}{4}\right]_0^h = \frac{b}{h}\left(\frac{h^4}{3} - \frac{h^4}{4}\right) = \frac{bh^3}{12}$$

② 도심축(X축)에 대한 단면 2차 모멘트

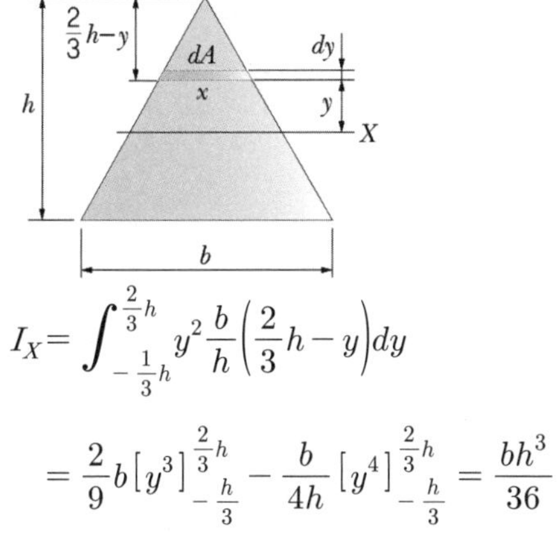

$$I_X = \int y^2 dA$$

$$dA = x \cdot dy$$

$$x : b = \left(\frac{2}{3}h - y\right) : h \quad \therefore x = \frac{b}{h}\left(\frac{2}{3}h - y\right)$$

$$I_X = \int_{-\frac{1}{3}h}^{\frac{2}{3}h} y^2 \frac{b}{h}\left(\frac{2}{3}h - y\right)dy$$

$$= \frac{2}{9}b\left[y^3\right]_{-\frac{h}{3}}^{\frac{2}{3}h} - \frac{b}{4h}\left[y^4\right]_{-\frac{h}{3}}^{\frac{2}{3}h} = \frac{bh^3}{36}$$

③ 도심축(X축)에 대한 원의 단면 2차 모멘트

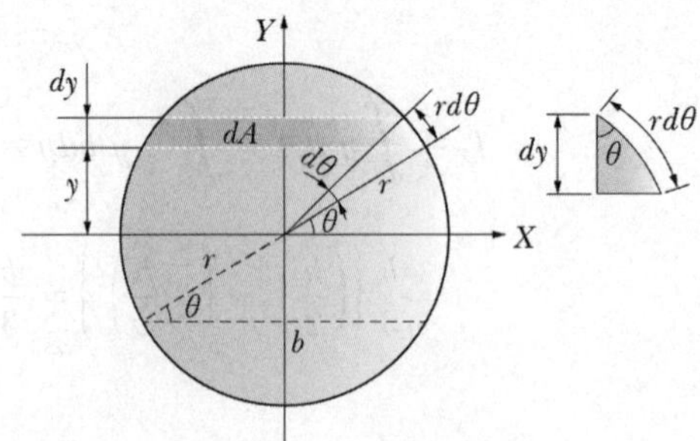

$b = 2r\cos\theta$, $y = r\sin\theta$, $dy = rd\theta\cos\theta$, $dA = bdy$

$$I_X = \int y^2 dA$$

$$= \int y^2 \cdot b \cdot dy$$

$$= 2\int_0^{\frac{\pi}{2}} y^2 \cdot 2r\cos\theta \cdot rd\theta\cos\theta$$

(적분변수 $d\theta$: 0°~90° 적분 → 반원이므로 맨 앞 계수 2를 곱함)

$$= 2\int_0^{\frac{\pi}{2}} y^2 \cdot 2r^2\cos^2\theta d\theta$$

$$= 2\int_0^{\frac{\pi}{2}} r^2\sin^2\theta \cdot 2r^2\cos^2\theta d\theta$$

$$= r^4\int_0^{\frac{\pi}{2}} (2\sin\theta\cos\theta)^2 d\theta$$

$$= r^4\int_0^{\frac{\pi}{2}} \sin^2 2\theta d\theta$$

$$= r^4\int_0^{\frac{\pi}{2}} \left(\frac{1-\cos 4\theta}{2}\right) d\theta$$

$$= r^4\int_0^{\frac{\pi}{2}} \left(\frac{1}{2} - \frac{1}{2}\cos 4\theta\right) \mathrm{d}\theta$$

$$= r^4\left\{\frac{1}{2}\left[\theta\right]_0^{\frac{\pi}{2}} - \frac{1}{2}\left[\frac{1}{4}\sin 4\theta\right]_0^{\frac{\pi}{2}}\right\}$$

$$= r^4\left\{\frac{\pi}{4} - 0\right\}$$

$$= \frac{\pi}{4}\left(\frac{d}{2}\right)^4 \left(\because r = \frac{d}{2}\right)$$

$$= \frac{\pi d^4}{64}$$

3 극단면 2차 모멘트

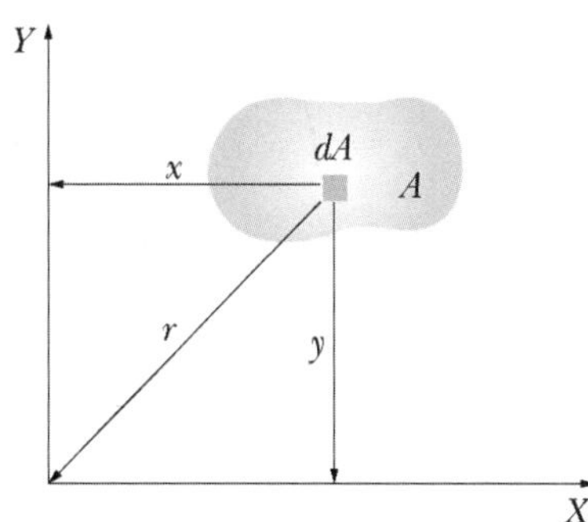

$$I_P = \int r^2 dA = \int (x^2 + y^2) dA = I_X + I_Y$$

1. 축에서 극단면 2차 모멘트

① 도심축에 대한 극단면 2차 모멘트

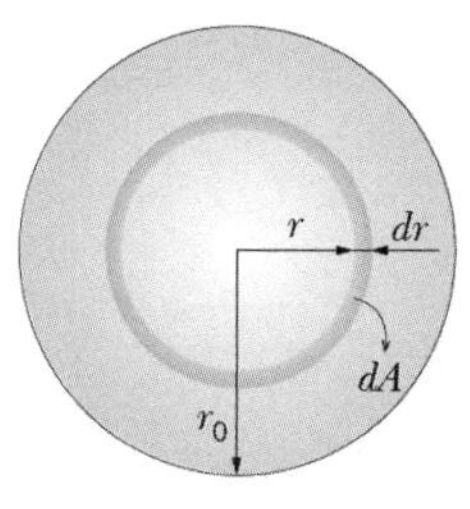

$$dA = 2\pi r dr$$

$$I_P = \int r^2 dA = \int r^2 \cdot 2\pi r dr = 2\pi \int_0^{r0} r^3 dr = 2\pi \left[\frac{r^4}{4}\right]_0^{r0}$$

$$= 2\pi \left(\frac{r_0^4}{4}\right) = \frac{\pi r_0^4}{2} \quad \left(r_0 = \frac{d}{2}\right)$$

$$\therefore I_P = \frac{\pi d^4}{32} = I_X + I_Y = 2I_X = 2I_Y$$

※ 극단면 2차 모멘트는 축에 관한 비틀림응력을 해석하는 데 필요하다.

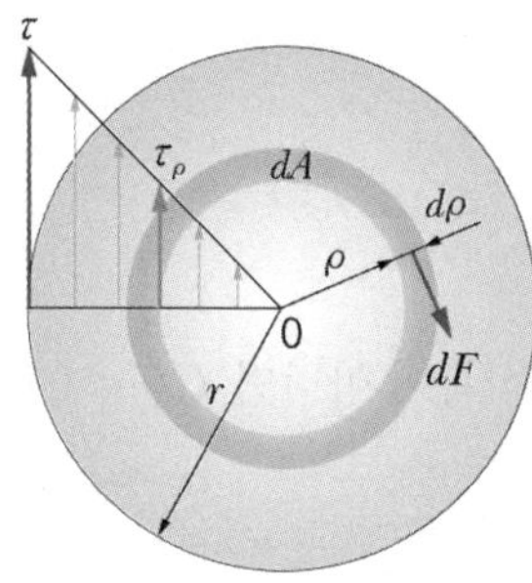

$$dF = \tau_\rho \cdot dA$$

$$dT = dF \cdot \rho = \tau_\rho \cdot \rho \cdot dA$$

$$\left(\begin{array}{c} r : \rho = \tau : \tau_\rho \\ \tau_\rho = \dfrac{\rho \cdot \tau}{r} \end{array}\right)$$

$$dT = \frac{\rho^2 \cdot \tau \cdot dA}{r}$$

$$T = \frac{\tau}{r} \underbrace{\int \rho^2 dA}_{\text{극단면 2차 모멘트}} \quad T = \tau \cdot \frac{I_P}{r} = \tau \cdot Z_P$$

② 도심축에 대한 원단면 2차 모멘트

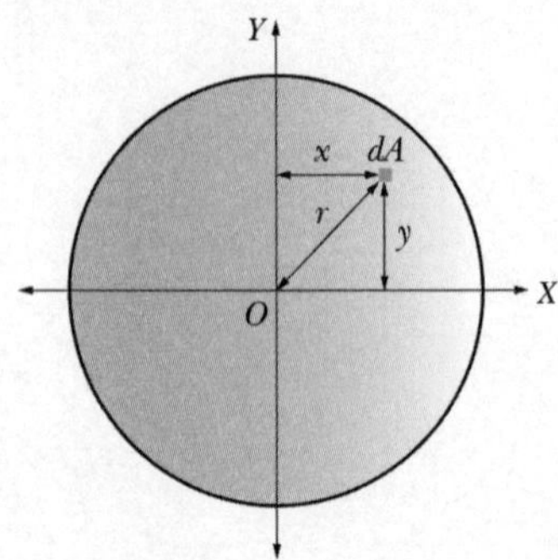

$$I_P = \int r^2 dA = \int (x^2 + y^2) dA = I_X + I_Y$$

$$I_P = I_X + I_Y = 2I_X = 2I_Y$$

$$I_X = I_Y = \frac{I_P}{2} = \frac{\pi d^4}{64}$$

4 평행축 정리

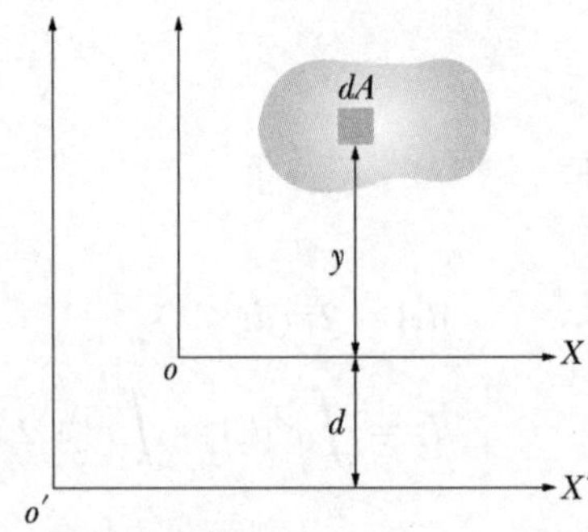

$$I_{X'} = \int_A (y+d)^2 dA = \int_A (y^2 + 2yd + d^2) dA$$

$$= \int_A y^2 dA + \int_A 2dy dA + d^2 \int_A dA$$

$$= \int_A y^2 dA + 2d \int_A y dA + d^2 \int_A dA$$

$I_{X'} = I_X + 2dG_X + d^2 A$

X가 도심축이면 $G_X = 0$에서

$I_{X'} = I_X + A \cdot d^2$ (d : 두 축 사이의 거리)

단면 2차 모멘트의 평행축 정리는 도심축에 대해서만 적용해야 한다(도심축이 아니면 $G_X \neq 0$).

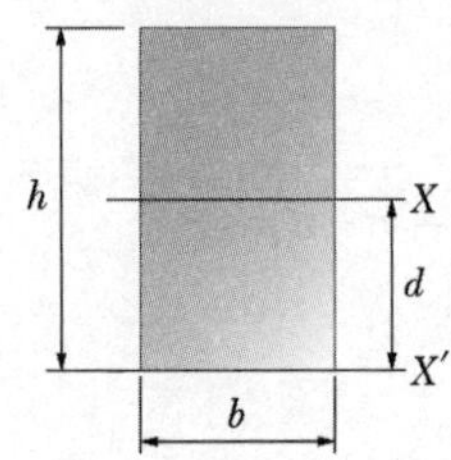

$$I_{X'} = \frac{bh^3}{12} + bh\left(\frac{h}{2}\right)^2 = \frac{bh^3}{12} + \frac{bh^3}{4} = \frac{bh^3}{3}$$

예

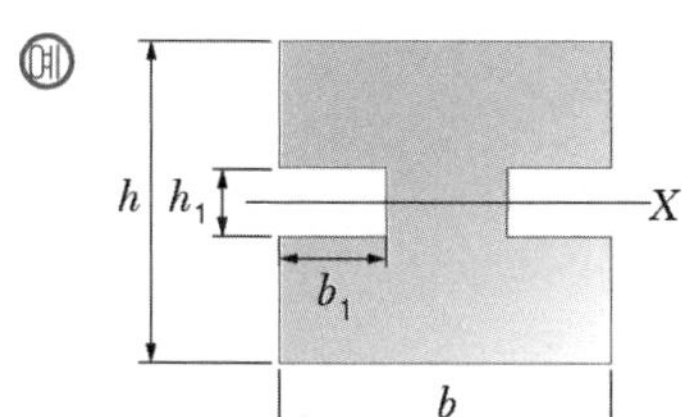

$$I_X = \frac{bh^3}{12} - 2\left(\frac{b_1 h_1^3}{12}\right) = (\text{전체 붉은색 } bh\text{의 } I_X) - 2\text{개}(\text{회색 } I_X)$$

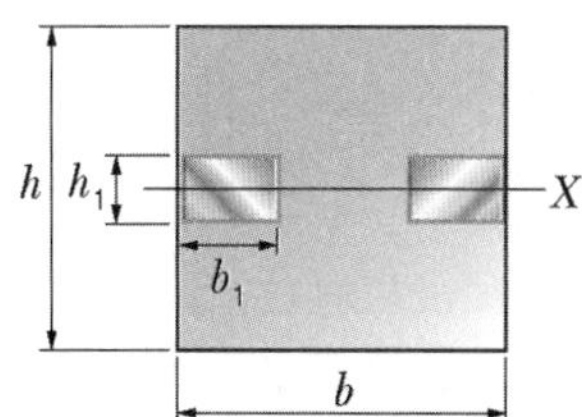

예

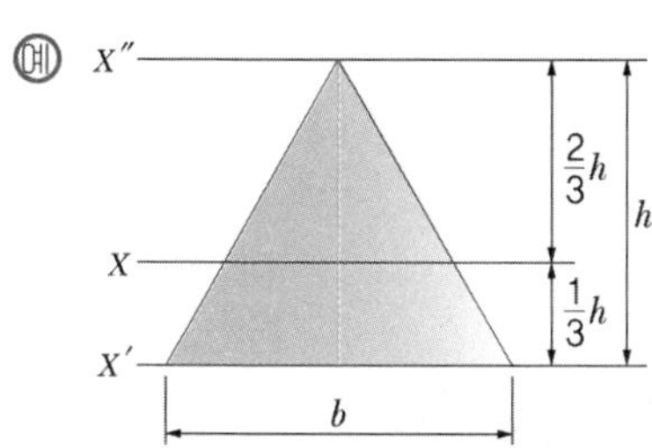

$$I_{X''} = I_X + Ad^2 = \frac{bh^3}{36} + \left(\frac{bh}{2}\right)\left(\frac{2h}{3}\right)^2$$

$$= \frac{bh^3}{36} + \frac{4bh^3}{18} = \frac{bh^3}{4}$$

5 단면계수(Z)와 극단면계수(Z_P)

1. 단면계수

도심축에 대한 단면 2차 모멘트를 도형의 도심에서 상하단 혹은 좌우단까지의 거리(e)로 나눈 값을 단면계수라 한다(하중이 단면에 작용하는 방향에 따라 해석이 다르다).

$$Z = \frac{I_X}{e}$$

예 사각단면에서 하중상태에 따른 단면계수

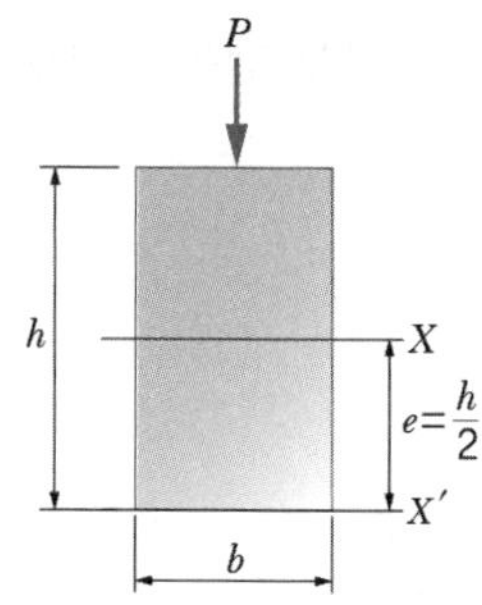

하중 P와 도심축 X, 폭 b가 수직인 단면 $b-h$에서 단면계수

$$Z = \frac{I_X}{e} = \frac{\frac{bh^3}{12}}{\frac{h}{2}} = \frac{bh^2}{6}$$

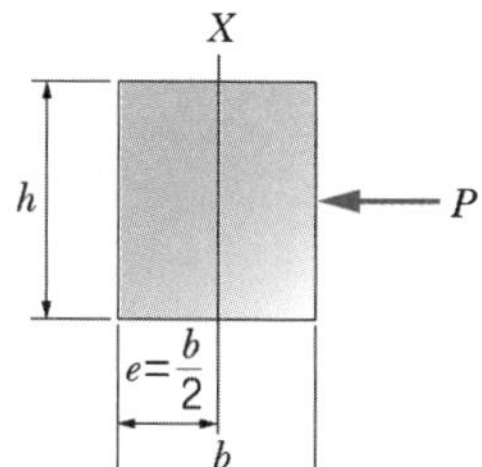

하중 P와 도심축 X, 높이 b가 수직인 단면 $h-b$에서 단면계수

$$Z = \frac{I_X}{e} = \frac{\frac{hb^3}{12}}{\frac{b}{2}} = \frac{hb^2}{6}$$

㉮ 삼각단면에서 도심에서 최외단까지의 거리 e_1, e_2에 따른 단면계수

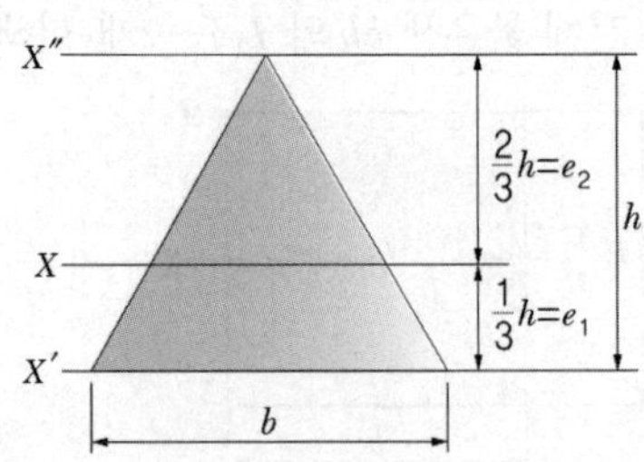

$$I_X = \frac{bh^3}{36}$$

$$Z_{e_1} = \frac{I_X}{e_1} = \frac{\frac{bh^3}{36}}{\frac{h}{3}} = \frac{bh^2}{12} \qquad Z_{e_2} = \frac{I_X}{e_2} = \frac{\frac{bh^3}{36}}{\frac{2}{3}h} = \frac{bh^2}{24}$$

㉮ 원형 단면에서 단면계수

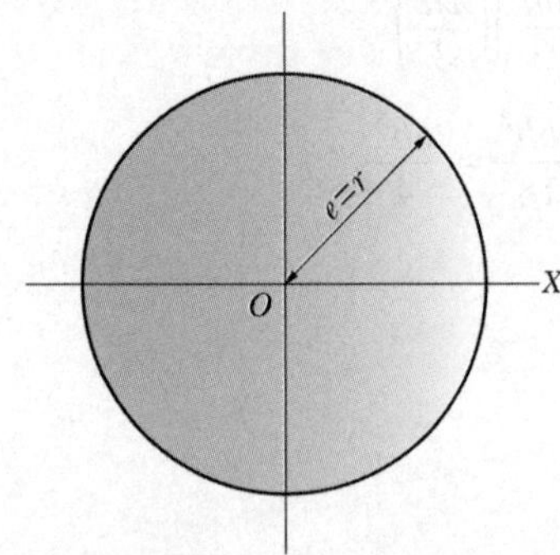

$$Z = \frac{I}{e} = \frac{\frac{\pi d^4}{64}}{\frac{d}{2}} = \frac{\pi d^3}{32} \ (r = \frac{d}{2})$$

Z는 일반적으로 작은 값을 사용한다. 같은 재료로 면적이 동일한 단면들을 구성할 때 각 단면에 따른 단면계수, 단면 2차 모멘트가 나오게 되는데 이 값들이 큰 단면들은 변형에 저항하는 성질이 크다는 것을 알 수 있다(보의 굽힘에서 상세한 내용들을 다룬다).

2. 극단면계수

도심축에 대한 극단면 2차 모멘트를 도형의 도심에서 최외단까지의 거리(e)로 나눈 값을 극단면계수라 한다.

$$Z_P = \frac{I_P}{e}$$

㉮ 원형 단면에서 극단면계수

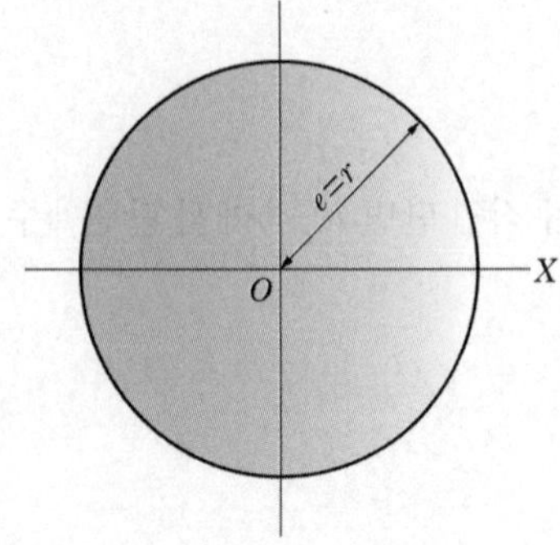

$$Z_P = \frac{I_P}{e} = \frac{\frac{\pi d^4}{32}}{\frac{d}{2}} = \frac{\pi d^3}{16} \ (r = \frac{d}{2})$$

6 회전반경(K)

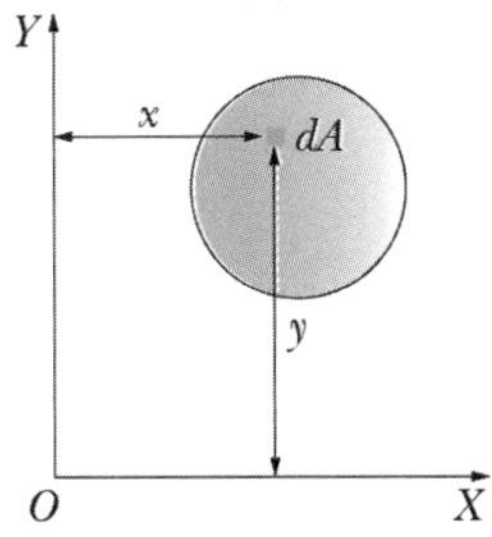

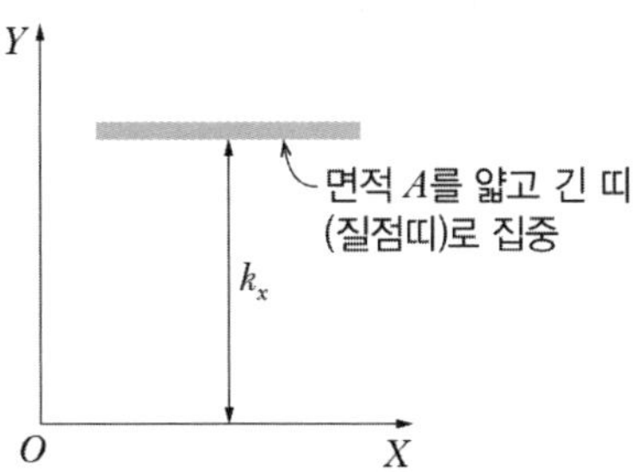

그림에서 좌측 면적 A가 우측에서의 가늘고 긴 띠로 집중된 것으로 보고 이 물체를 X축으로 회전시키면 가늘고 긴 띠이므로 회전반경에 해당되게 되며, 이 값은 면적 A가 X축에 대해 발생하는 단면 2차 모멘트 값과 같다(면적×거리^2).

$k_x^2 \cdot A = I_X$에서

$\therefore\ k_x = \sqrt{\dfrac{I_X}{A}}$

Y축에 적용하여 k_Y(Y축에 대한 회전반경)도 구할 수 있으며, 실제 재료에서 사용하는 부분은 주축의 회전반경이나, 봉이나 기둥 등의 설계에서 최소회전반경을 사용한다.

㉠ 핵심반경 $a = \dfrac{k^2}{y}$ → 중립축에서 단면의 외단까지의 거리(e)

$$a = \frac{\dfrac{\dfrac{\pi d^4}{64}}{\dfrac{\pi d^2}{4}}}{y}\left(\because\ k^2 = \frac{I}{A}\right)$$

$$a = \frac{\dfrac{d^2}{16}}{\dfrac{d}{2}} = \frac{d}{8}$$

7 최대단면계수

원형봉을 잘라 4각형 부재($b \times h$)를 만들 때 이 부재가 갖게 되는 최대단면계수를 해석하려고 한다.

단면계수 $Z = \dfrac{I}{e}$는 I가 커질수록 커지게 되므로 부재의 치수관계를 가지고 미분하여 최대단면계수를 구한다. 보에서 배울 외팔보의 처짐량 $\delta = \dfrac{Pl^3}{3EI}$인데, EI(종탄성계수×단면 2차 모멘트)는 휨강성→ 휨변형에 저항하려는 성질이며, E는 재료의 상수이므로 I값을 기본으로 해석한다. 이유는 휨강성이 클수록 굽힘에 강한 단면의 보가 되기 때문이다. 즉, 외팔보의 처짐량 $\delta = \dfrac{Pl^3}{3EI}$이므로 I가 클수록 처짐량이 줄어든다.

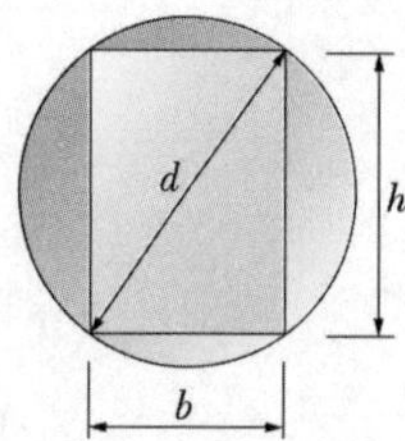

단면계수 $Z = \dfrac{I}{e}$이고 $d^2 = b^2 + h^2$

$$h^2 = d^2 - b^2 \quad \cdots\cdots\cdots\cdots\cdots\cdots\cdots\cdots\cdots \text{ⓐ}$$

$$h = \sqrt{d^2 - b^2}$$

도심에 대한 $I_X = \dfrac{bh^3}{12}$

$Z = \dfrac{\dfrac{bh^3}{12}}{\dfrac{h}{2}} = \dfrac{bh^2}{6} = \dfrac{1}{6}b(d^2 - b^2)$ (ⓐ 대입)

$= \dfrac{1}{6}(bd^2 - b^3)$ (양변을 b에 대해 미분하면)

$\dfrac{dZ}{db} = \dfrac{1}{6}(d^2 - 3b^2)$

$\dfrac{dZ}{db} = 0$일 때 Z가 최대가 되므로

$d^2 - 3b^2 = 0$에서

$\therefore d^2 = 3b^2 \quad \cdots\cdots\cdots\cdots\cdots\cdots\cdots\cdots\cdots\cdots\cdots\cdots$ ⓑ

ⓑ를 ⓐ에 대입하면 $h^2 = 2b^2$

$\therefore b : h = 1 : \sqrt{2}$

ⓑ에서 $b : d = 1 : \sqrt{3}$

핵심 기출 문제

01 그림과 같은 직사각형 단면에서 $y_1 = \left(\frac{2}{3}\right)h$의 위쪽 면적(빗금 부분)의 중립축에 대한 단면 1차 모멘트 Q는?

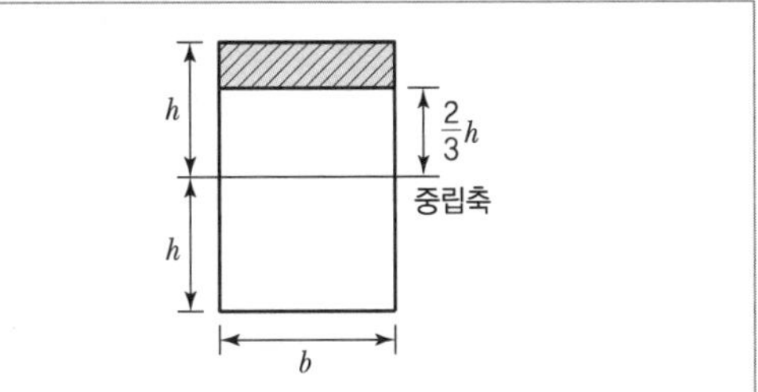

① $\frac{3}{8}bh^2$　② $\frac{3}{8}bh^3$

③ $\frac{5}{18}bh^2$　④ $\frac{5}{18}bh^3$

해설

$Q = A_1y_1$(y_1은 중립축으로부터 빗금 친 면적의 도심까지의 거리)

$= b \times \frac{h}{3} \times \left(\frac{2h}{3} + \frac{h}{3} \times \frac{1}{2}\right)$

$= \frac{5}{18}bh^2$

02 지름 80mm의 원형 단면의 중립축에 대한 관성 모멘트는 약 몇 mm⁴인가?

① 0.5×10^6　② 1×10^6

③ 2×10^6　④ 4×10^6

해설

$I_X = \frac{\pi d^4}{64} = \frac{\pi \times 80^4}{64} = 2.01 \times 10^6 \text{mm}^4$

03 그림과 같은 반지름 a인 원형 단면축에 비틀림모멘트 T가 작용한다. 단면의 임의의 위치 $r(0 < r < a)$에서 발생하는 전단응력은 얼마인가? (단, $I_o = I_x + I_y$이고, I는 단면 2차 모멘트이다.)

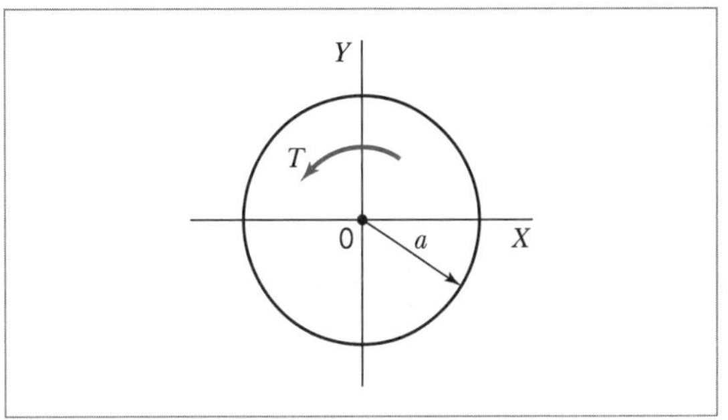

① 0　② $\frac{T}{I_o}r$　③ $\frac{T}{I_x}r$　④ $\frac{T}{I_y}r$

해설

$I_o = I_x + I_y$이므로 I_p와 같다.

$Z_p = \frac{I_p}{e} = \frac{I_0}{a} = \frac{I_0}{r}$

$T = \tau \cdot Z_p$에서 $\tau = \frac{T}{Z_p} = \frac{T}{\frac{I_0}{r}} = \frac{T \cdot r}{I_0}$

04 다음 그림과 같은 사각 단면의 상승모멘트(Product of Inertia) I_{xy}는 얼마인가?

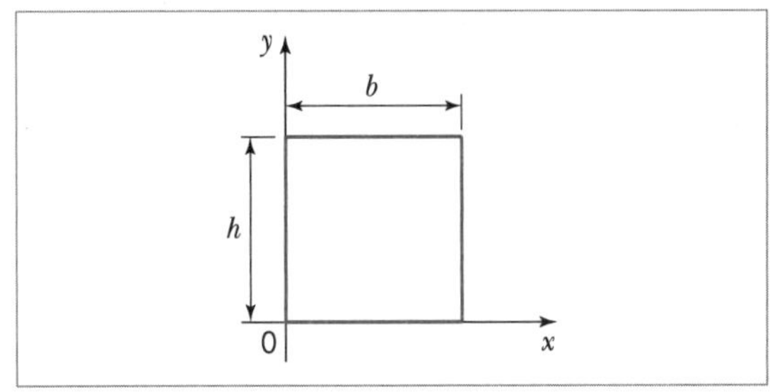

정답　01 ③　02 ③　03 ②　04 ①

① $\frac{b^2h^2}{4}$ ② $\frac{b^2h^2}{3}$ ③ $\frac{b^2h^3}{4}$ ④ $\frac{bh^3}{3}$

해설

$$I_{xy} = \int_A xydA = A\bar{x}\bar{y} = bh\frac{b}{2}\cdot\frac{h}{2} = \frac{b^2h^2}{4}$$

05 다음 단면의 도심축($X-X$)에 대한 관성모멘트는 약 몇 m^4인가?

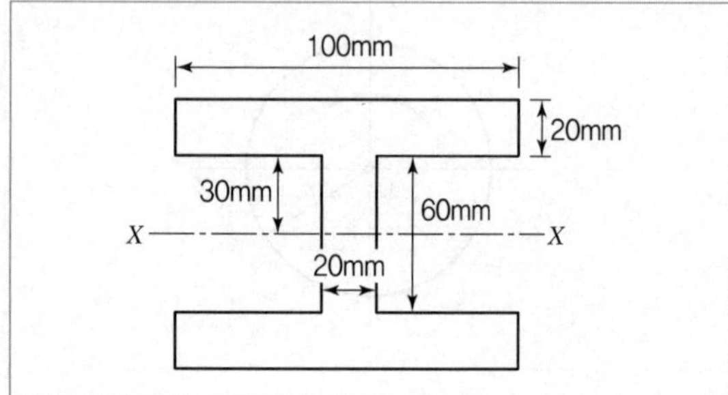

① 3.627×10^{-6} ② 4.627×10^{-7}
③ 4.933×10^{-7} ④ 6.893×10^{-6}

해설

X가 도심축이므로 사각형 도심축에 대한 단면 2차 모멘트

$I_X = \frac{bh^3}{12}$ 적용

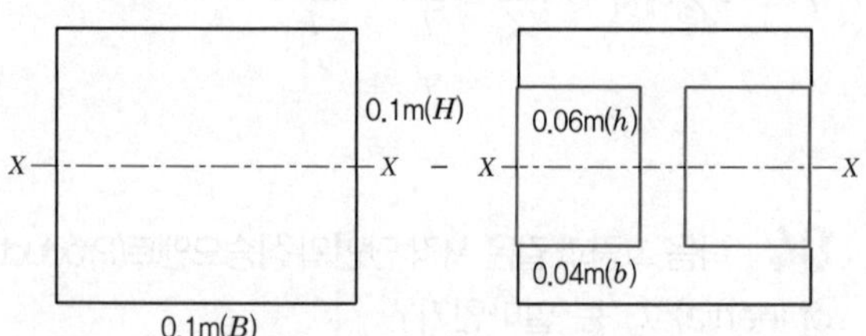

그림에서 전체의 I_X값에서 오른쪽에 사각형 2개의 I_X값을 빼주면 I형 빔의 도심축에 대한 단면 2차 모멘트 값을 구할 수 있다.

$$\frac{BH^3}{12} - \frac{bh^3}{12}\times2 \text{ (양쪽)}$$

$$= \frac{0.1\times0.1^3}{12} - \frac{0.04\times0.06^3}{12}\times2$$

$$= 6.8933\times10^{-6}\text{m}^4$$

06 그림과 같은 단면에서 대칭축 $n-n$에 대한 단면 2차 모멘트는 약 몇 cm^4인가?

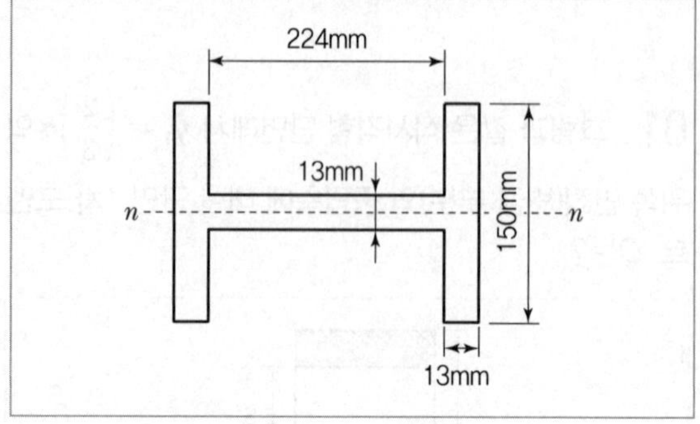

① 535 ② 635
③ 735 ④ 835

해설

주어진 $n-n$ 단면은 H빔의 도심축이므로 아래 A_1, A_2의 도심축과 동일하다.

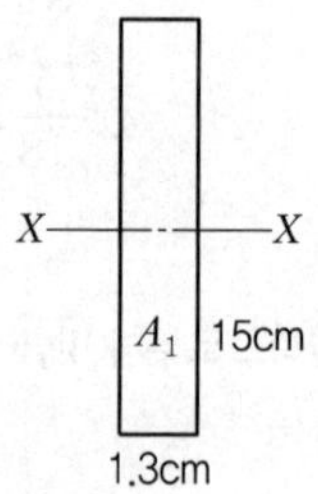

A_1의 단면 2차 모멘트

$$I_X = \frac{bh^3}{12} = \frac{1.3\times15^3}{12} = 365.625\text{cm}^4$$

H빔 양쪽에 A_1에 2개이므로 $2I_X = 731.25\text{cm}^4$ ········· ⓐ

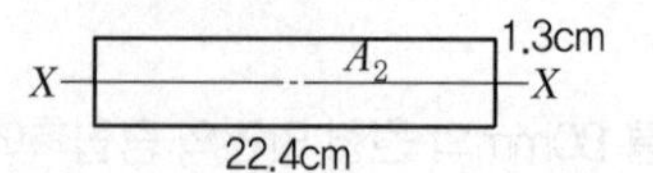

$$I_X = \frac{22.4\times1.3^3}{12} = 4.1\text{cm}^4 \text{ ··········· ⓑ}$$

∴ 도심축 $n-n$ 단면에 대한 단면 2차 모멘트는
ⓐ+ⓑ$=735.35\text{cm}^4$

정답 05 ④ 06 ③

07 그림과 같은 빗금 친 단면을 갖는 중공축이 있다. 이 단면의 O점에 관한 극단면 2차 모멘트는?

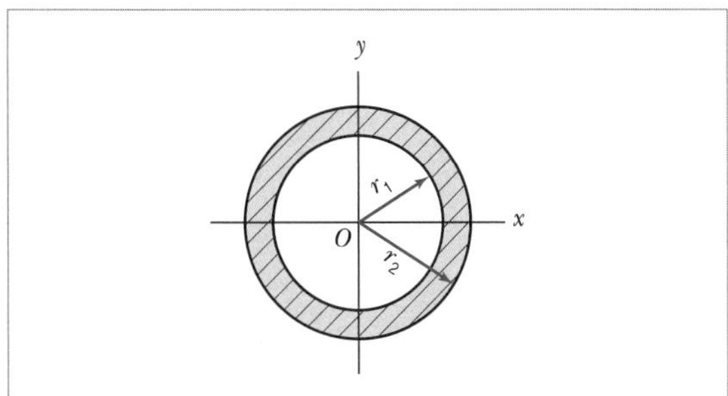

① $\pi\left(r_2^4 - r_1^4\right)$ ② $\frac{\pi}{2}\left(r_2^4 - r_1^4\right)$

③ $\frac{\pi}{4}\left(r_2^4 - r_1^4\right)$ ④ $\frac{\pi}{16}\left(r_2^4 - r_1^4\right)$

해설

$$I_P = \frac{\pi}{32}\left(d_2^4 - d_1^4\right)$$
$$= \frac{\pi}{32}\left((2r_2)^4 - (2r_1)^4\right)$$
$$= \frac{\pi}{2}\left(r_2^4 - r_1^4\right)$$

08 단면의 도심 O를 지나는 단면 2차 모멘트 I_x는 약 얼마인가?

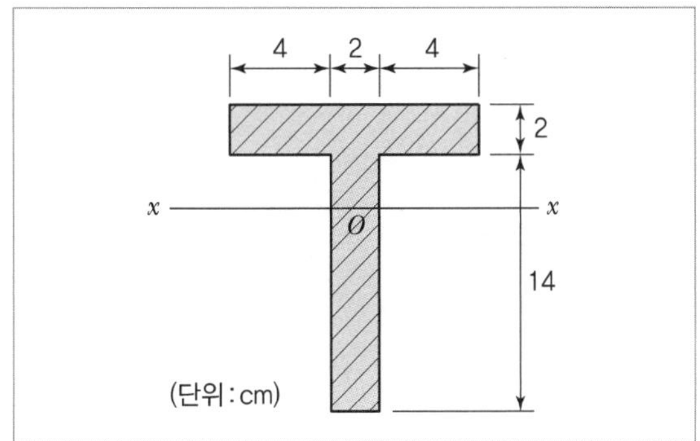

① 1,210mm^4 ② 120.9mm^4

③ 1,210cm^4 ④ 120.9cm^4

해설

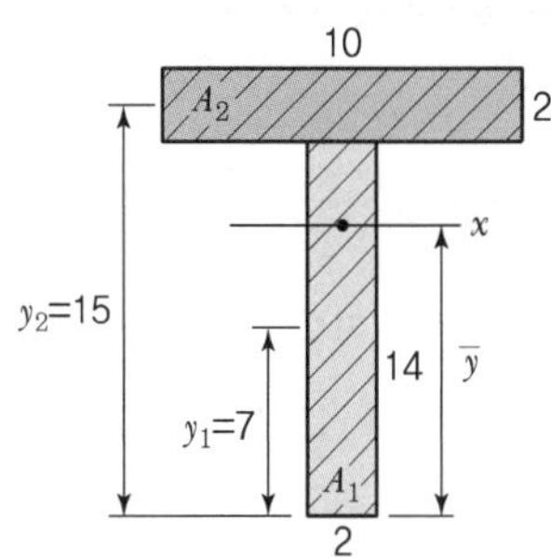

i) 도심축 거리 $\bar{y}$를 구하기 위해 바리뇽 정리를 적용하면

$$\bar{y} = \frac{\sum A_i y_i}{\sum A_i} = \frac{A_1 y_1 + A_2 y_2}{A_1 + A_2}$$
$$= \frac{2\times14\times7 + 10\times2\times15}{2\times14 + 10\times2} = 10.33\text{cm}$$

ii) A_1과 A_2의 도심축에 대한 단면 2차 모멘트 I_{x1}, I_{x2}를 가지고 평행축 정리를 이용하여 도심축 x에 대한 단면 2차 모멘트 I_x를 구하면

$$I_x = \left(I_{x1} + A_1(\bar{y} - y_1)^2\right) + \left(I_{x2} + A_2(y_2 - \bar{y})^2\right)$$
$$= \left(\frac{2\times14^3}{12} + 2\times14\times(10.33-7)^2\right)$$
$$+ \left(\frac{10\times2^3}{12} + 10\times2\times(15-10.33)^2\right)$$
$$= 767.82 + 442.84 = 1{,}210.66\text{cm}^4$$

정답 07 ② 08 ③

05 비틀림(Torsion)

1 축의 비틀림

그림과 같이 원형 단면의 봉을 벽에 고정하고 오른쪽 축의 끝에서 비틀림모멘트(T : Torque)를 가하면 축이 비틀어지면서 비틀림 전단응력이 원형 단면에 발생하게 된다.

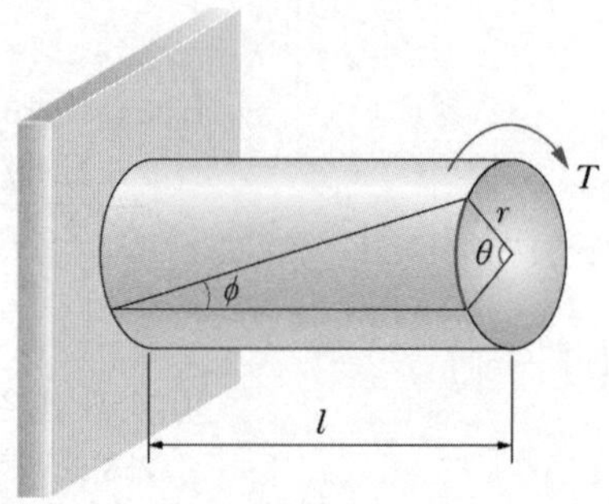

$$\tan\phi = \frac{r \cdot \theta}{l} = \phi(\text{rad}) = \gamma(\text{전단변형률})$$

여기서, θ : 비틀림각

훅의 법칙에서 비틀림 전단응력 $\tau = G \cdot \gamma = G \cdot \dfrac{r \cdot \theta}{l}$ ································ ⓐ

2 비틀림 전단응력(τ)과 토크(T)

1. 비틀림 전단응력

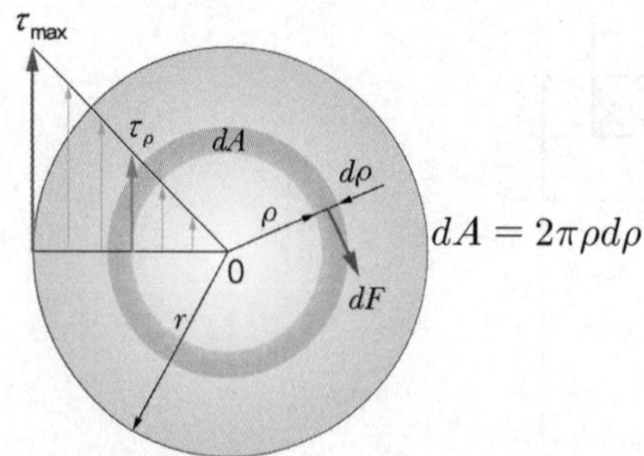

그림에서 임의의 반경 $\rho = 0$이면 비틀림 전단응력 $\tau = 0$이고 반경 ρ가 커질수록 전단응력은 커지며, $\rho = r$일 때 비틀림 전단응력은 최대전단응력인 τ_{max}가 된다.

축의 최외단에 작용하는 전단응력 τ_{max}가 축 재료의 허용응력 τ_a이내에 있게 설계하는 것이 강도 설계이다.

2. 비틀림모멘트(토크 : T)

그림의 전단응력 분포에서 비례식으로 τ_ρ를 구해보면 $\rho : r = \tau_\rho : \tau$ 에서

$\therefore\ \tau_\rho = \tau \cdot \dfrac{\rho}{r}$ ·· ⓑ

여기서, $\tau_{max} = \tau$

미소면적(dA)에 전단응력 τ_ρ가 작용하여 나오는 미소 힘(dF)은

$dF = \tau_\rho \cdot dA$ → 축에 작용하는 미소토크 $dT = dF \times \rho = \tau_\rho dA \rho$에 ⓑ를 대입하면

$\therefore\ dT = \tau \cdot \dfrac{\rho}{r} dA \times \rho$ (여기에 $dA = 2\pi\rho d\rho$를 대입하면)

$$dT = \tau \cdot \frac{\rho}{r} \cdot 2\pi\rho \cdot \rho d\rho$$

양변을 적분하면

$$T = \int_0^r \frac{\tau \cdot \rho^2}{r} \cdot 2\pi\rho d\rho = \frac{\tau 2\pi}{r}\int_0^r \rho^3 d\rho$$

$$= \frac{\tau 2\pi}{r}\left(\frac{r^4}{4}\right) = \tau \cdot \pi\frac{r^3}{2} = \tau \cdot \pi\frac{d^3}{16}$$

$\therefore\ T = \tau \cdot Z_p$ ·· ⓒ

3 축의 강도설계

1. 비틀림을 받는 축

토크식을 기준으로 해석한다.

$$T = P \cdot \frac{d}{2} = \tau \cdot Z_P = \frac{H}{\omega}\ \text{(SI단위)}$$

$T = 716,200\dfrac{H_{PS}}{N}$ (kgf · mm) → 공학단위

여기서, N : 회전수(rpm)

$T = 974,000\dfrac{H_{kW}}{N}$ (kgf · mm)

2. 비틀림을 받는 축의 강도 설계

축의 강도 설계는 축 재료의 허용전단응력을 기준으로 설계한다. $\tau_{max} = \tau_a$이므로

① 중실축

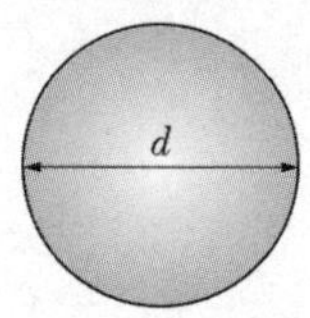

정해진 축 재질(τ_a)을 가지고 주어진 토크를 전달할 수 있는 중실축의 지름설계

$$T = \tau_a \cdot Z_p = \tau_a \cdot \frac{\pi d^3}{16}$$

$$d = \sqrt[3]{\frac{16\,T}{\pi \tau_a}}$$

② 중공축의 외경설계

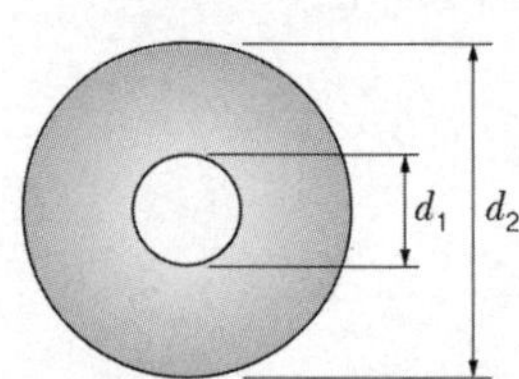

$$T = \tau_a \cdot Z_P = \tau_a \cdot \frac{I_P}{e} = \tau \cdot \frac{\frac{\pi}{32}\left(d_2^4 - d_1^4\right)}{\frac{d_2}{2}}$$

$$= \tau_a \cdot \frac{\pi}{16} \cdot \frac{1}{d_2} \cdot d_2^4\left(1 - x^4\right)$$

$$= \tau_a \cdot \frac{\pi}{16} d_2^3\left(1 - x^4\right)$$

$$\therefore d_2 = \sqrt[3]{\frac{16\,T}{\pi \tau_a\left(1 - x^4\right)}} \left(\text{여기서, 내외경비 } x = \frac{d_1}{d_2} \right)$$

중공축은 지름을 조금만 크게 하여도 강도가 중실축과 같아지고 중량은 상당히 가벼워진다.

❙ 중실축과 중공축에서 단면성질 값

구분	단면 2차 모멘트 / 단면계수	극단면 2차 모멘트 / 극단면계수
중실축	**단면 2차 모멘트**	**극단면 2차 모멘트**
	$I_X = I_Y = \frac{\pi d^4}{64}$	$I_P = I_X + I_Y = \frac{\pi d^4}{32}$
	단면계수	**극단면계수**
X, Y : 도심축 e : 도심으로부터 최외단까지의 거리	$Z = \frac{I_X}{e} = \frac{I_Y}{e} = \frac{\frac{\pi d^4}{64}}{\frac{d}{2}} = \frac{\pi d^3}{32}$	$Z_P = \frac{I_P}{e} = \frac{\frac{\pi d^4}{32}}{\frac{d}{2}} = \frac{\pi d^3}{16}$
중공축	**단면 2차 모멘트**	**극단면 2차 모멘트**
	$I_X = I_Y = \frac{\pi d_2^4}{64} - \frac{\pi d_1^4}{64} = \frac{\pi d_2^4}{64}(1 - x^4)$	$I_P = \frac{\pi d_2^4}{32} - \frac{\pi d_1^4}{32} = \frac{\pi d_2^4}{32}(1 - x^4)$
	단면계수	**극단면계수**
d_1 : 내경, d_2 : 외경 $x = \frac{d_1}{d_2}$: 내외경비 $e = \frac{d_2}{2}$	$Z = \frac{I_X}{e} = \frac{I_Y}{e} = \frac{\frac{\pi d_2^4}{64}(1 - x^4)}{\frac{d_2}{2}} = \frac{\pi d_2^3}{32}(1 - x^4)$	$Z_P = \frac{I_P}{e} = \frac{\frac{\pi d_2^4}{32}(1 - x^4)}{\frac{d_2}{2}} = \frac{\pi d_2^3}{16}(1 - x^4)$

$\theta = \dfrac{T \cdot l}{G \cdot I_P}$, $T = \tau \cdot Z_P$, $M = \sigma_b \cdot Z$에서 사용하는 단면의 성질값들은 도심축에 관한 값들이다.

그 이유는 단면에 대한 굽힘이나 비틀림은 도심을 중심으로 작용하기 때문이다.

3. 굽힘을 받는 축

축에 작용하는 굽힘모멘트를 M, 축에 발생하는 최대굽힘응력을 σ_b, 축단면계수를 Z라 하면(굽힘 수식은 보에서 상세한 해석이 다루어진다.)

① 중실축에서 축지름 설계

$$M = \sigma_b \cdot Z = \sigma_b \cdot \frac{\pi d^3}{32}$$

$$\therefore d = \sqrt[3]{\frac{32M}{\pi \sigma_b}}$$ (M은 $M_{\max}$를 구하여 대입해 주어야 한다.)

② 중공축에서 외경설계

$$M = \sigma_b \cdot Z = \sigma_b \cdot \frac{\pi}{32} d_2^3 (1 - x^4) \quad \left(x = \frac{d_1}{d_2}\right)$$

$$\therefore d_2 = \sqrt[3]{\frac{32M}{\pi \sigma_b (1 - x^4)}}$$

4 축의 강성설계

허용변형에 기초를 둔 설계를 강성설계라 하므로 변형각인 비틀림각을 가지고 설계하게 된다.
앞에서 다룬 수식 ⓐ, ⓒ를 가지고 전단응력을 구하면

$$\tau = \frac{T}{Z_P} = G \cdot \frac{r\theta}{l}$$

$$\therefore \theta = \frac{T \cdot l}{G r Z_P} = \frac{T \cdot l}{G I_P} \text{(rad)}$$

여기서, l : 축의 길이(m)
G : 횡탄성계수(N/m^2)
I_P : 극단면 2차 모멘트(m^4)
비틀림각 $\theta \le$ 허용비틀림각 θ_a일 때 → 축은 안전하다.

5 비틀림에 의한 탄성변형에너지

그림에서처럼 축에 비틀림모멘트 T가 작용하여 비틀림각이 발생하면 비틀림을 받아 변형된 위치로 가해진 토크를 축 내부의 탄성변형에너지로 저장하게 된다. 토크를 제거하면 축은 원래 상태로 되돌아온다.

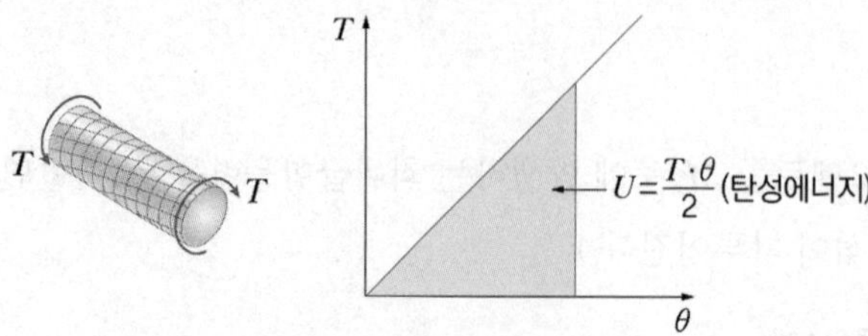

| 비틀림 토크에 의한 탄성에너지 |

탄성에너지 $U=\frac{1}{2}T\cdot\theta=\frac{1}{2}T\cdot\frac{T\cdot l}{G\cdot I_P}=\frac{T^2\cdot l}{2G\cdot I_P}$(여기서, $T=\tau\cdot Z_P$ 대입)

$$=\frac{(\tau\cdot Z_P)^2\cdot l}{2G\cdot I_P}=\frac{\left(\tau\cdot\frac{d^3}{16}\right)^2\cdot l}{2G\cdot\left(\frac{\pi d^4}{32}\right)}=\frac{1}{4}\cdot\frac{\tau^2}{G}\cdot\frac{\pi d^2}{4}\cdot l=\frac{\tau^2 Al}{4G}$$

여기서, 단위체적당 탄성에너지를 구해 보면

$$u=\frac{U}{V}=\frac{\frac{\tau^2 Al}{4G}}{Al}=\frac{\tau^2}{4G}$$

6 나선형 코일스프링

스프링은 탄성변형이 큰 재료의 탄성을 이용하여 외력을 흡수하고, 탄성에너지로서 축적하는 특성이 있으며, 동적으로 고유진동을 가지고 충격을 완화하거나 진동을 방지하는 기능을 가진다. 또한 축적한 에너지를 운동에너지로 바꾸는 스프링도 있다. 스프링은 강도 외에 강성도 고려하여야 한다.

1. 스프링상수

$k=\frac{W}{\delta}$ (N/mm, kgf/mm)

$W=k\delta$

여기서, W : 스프링에 작용하는 하중
δ : W에 의한 스프링 처짐량

2. 스프링 조합

(1) 직렬조합

서로 다른 스프링이 직렬로 배열되어 하중 W를 받는다.

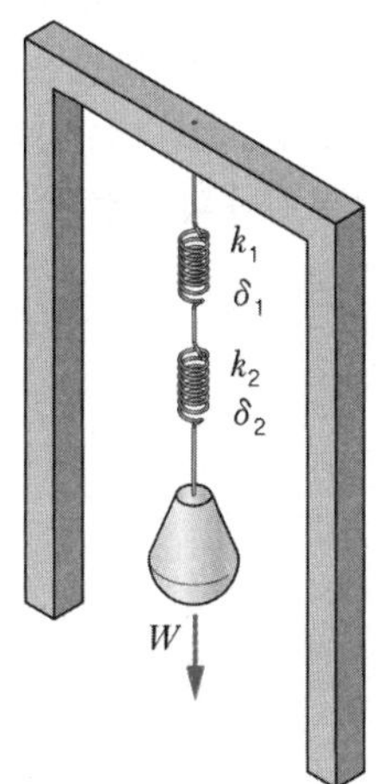

여기서, k : 조합된 스프링의 전체 스프링상수

δ : 조합된 스프링의 전체 처짐량

k_1, k_2 : 각각의 스프링상수

δ_1, δ_2 : 각각의 스프링 처짐량

$$\delta = \delta_1 + \delta_2$$

$$\frac{W}{k} = \frac{W}{k_1} + \frac{W}{k_2}$$

$$\therefore \frac{1}{k} = \frac{1}{k_1} + \frac{1}{k_2}$$

(2) 병렬조합

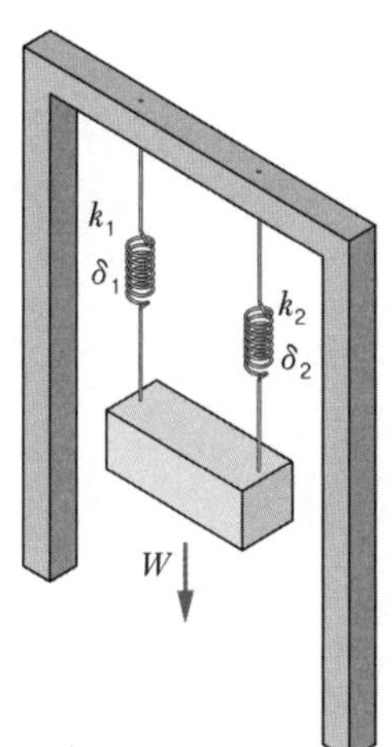

$$W = W_1 + W_2$$

$$k\delta = k_1\delta_2 + k_2\delta_2 (\delta = \delta_1 = \delta_2 \text{ 늘음량이 일정하므로})$$

$$\therefore k = k_1 + k_2$$

3. 인장(압축) 코일스프링

스프링의 소선에는 축하중 W에 의한 전단하중과 비틀림 토크 T에 의한 전단비틀림 하중이 동시에 작용하게 된다.

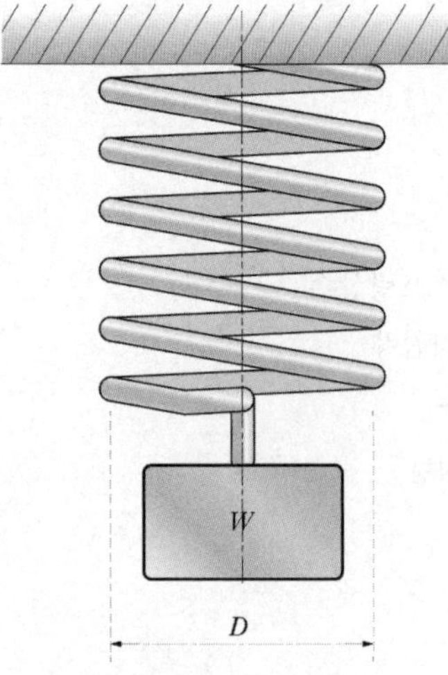

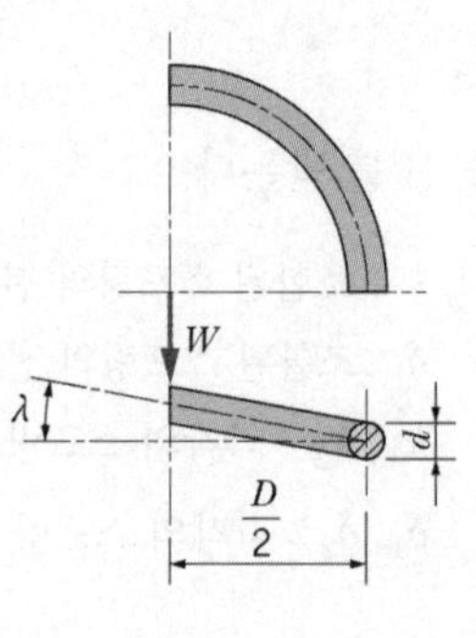

여기서, W : 스프링에 작용하는 하중(N)
D : 코일의 평균지름(mm)
δ : 스프링의 처짐량(mm)
n : 스프링의 유효감김 수
τ : 비틀림에 의한 전단응력(N/mm^2)
G : 스프링의 횡탄성계수(N/mm^2)

(1) 비틀림모멘트

$$T = W \cdot \frac{D}{2}$$

(2) 스프링 소선에 발생하는 응력

① 하중 W에 의한 전단응력(τ_1)

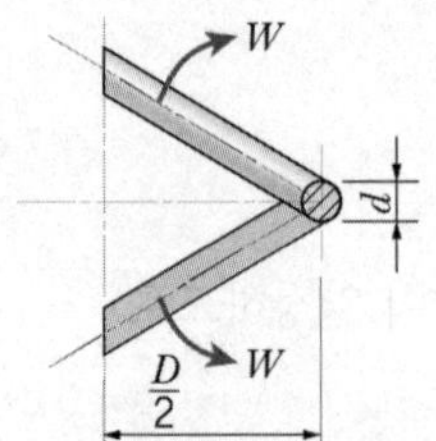

$$\therefore \tau_1 = \frac{W}{A} = \frac{W}{\frac{\pi d^2}{4}} = \frac{4W}{\pi d^2}$$

② 비틀림에 의한 전단응력(τ_2)

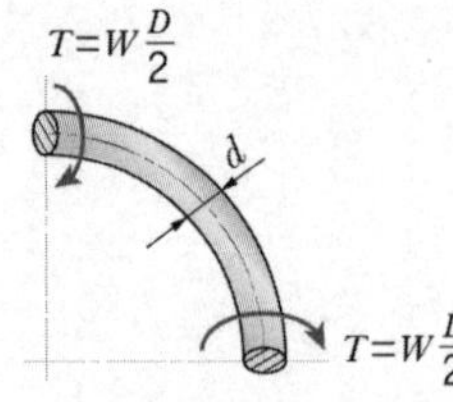

$$T = \tau_2 \cdot Z_P \text{에서 } W \cdot \frac{D}{2} = \tau_2 \cdot \frac{\pi d^3}{16}$$

$$\therefore \tau_2 = \frac{8WD}{\pi d^3}$$

③ 최대전단응력($\tau_{\max}$)

소선에 발생하는 최대전단응력은 τ_1과 τ_2를 합한 것과 같다.

$$\tau_{\max} = \tau_1 + \tau_2 = \frac{4W}{\pi d^2} + \frac{8WD}{\pi d^3} = \frac{8WD}{\pi d^3}\left(1 + \frac{d}{2D}\right)$$

여기서, $1 + \frac{d}{2D}$: K(와알의 응력수정계수)

$$K = \frac{4C-1}{4C-4} + \frac{0.615}{C}$$

여기서, C : 스프링 지수 $C = \frac{\text{코일의 평균지름}(D)}{\text{소선의 지름}(d)}$

따라서 소선의 휨과 하중 W에 의한 직접전단응력을 고려한 최대비틀림 전단응력은

$$\tau_{\max} = K\frac{8WD}{\pi d^3} \le \tau_a$$

(3) 스프링의 처짐량(δ)

① 처짐각(θ)

$$\theta = \frac{T \cdot l}{G \cdot I_P} = \frac{T \cdot l}{G \cdot \frac{\pi d^4}{32}} = \frac{32T \cdot l}{G \cdot \pi d^4}$$

여기서, 스프링 길이 $l = \pi Dn$,
n : 스프링의 유효감김 수

$$\therefore \theta = \frac{32T \cdot D \cdot n}{G \cdot d^4} = \frac{32W \cdot \frac{D}{2} \cdot D \cdot n}{G \cdot d^4} = \frac{16WD^2 n}{Gd^4}$$

② 처짐량(δ)

㉠ 비틀림 탄성에너지(U_1)

$$U_1 = \frac{1}{2}T \cdot \theta = \frac{1}{2} \cdot W \cdot \frac{D}{2} \cdot \frac{16WD^2n}{Gd^4} = \frac{4W^2D^3n}{Gd^4} \quad \cdots\cdots ⓐ$$

㉡ 스프링 탄성에너지(U_2)

하중 W에 의해 δ만큼 처짐량이 발생할 때 스프링이 한 일은 스프링에 탄성에너지로 저장되므로

$$U_2 = \frac{1}{2}W \cdot \delta \quad \cdots\cdots ⓑ$$

ⓐ=ⓑ에서 $\frac{4W^2D^3n}{Gd^4} = \frac{1}{2}W \cdot \delta$

$$\therefore \delta = \frac{8WD^3n}{Gd^4}$$

(4) 스프링의 탄성에너지(U)

$$U = \frac{1}{2}W\delta = \frac{1}{2}k\delta^2 \; (W = k\delta\text{에서})$$

핵심 기출 문제

01 지름 70mm인 환봉에 20MPa의 최대전단응력이 생겼을 때 비틀림모멘트는 약 몇 kN · m인가?

① 4.50 ② 3.60
③ 2.70 ④ 1.35

해설

$$T=\tau Z_P=\tau\frac{\pi d^3}{16}=20\times10^6\times\frac{\pi\times0.07^3}{16}$$
$$=1,346.96\,\mathrm{N\cdot m}$$
$$=1.35\,\mathrm{kN\cdot m}$$

02 비틀림모멘트 2kN · m가 지름 50mm인 축에 작용하고 있다. 축의 길이가 2m일 때 축의 비틀림각은 약 몇 rad인가?(단, 축의 전단탄성계수는 85GPa이다.)

① 0.019 ② 0.028
③ 0.054 ④ 0.077

해설

$$\theta=\frac{T\cdot l}{GI_p}=\frac{2\times10^3\times2}{85\times10^9\times\frac{\pi\times0.05^4}{32}}=0.0767\mathrm{rad}$$

03 100rpm으로 30kW를 전달시키는 길이 1m, 지름 7cm인 둥근 축단의 비틀림각은 약 몇 rad인가?(단, 전단탄성계수는 83GPa이다.)

① 0.26 ② 0.30
③ 0.015 ④ 0.009

해설

$$T=\frac{H}{\omega}=\frac{H}{\frac{2\pi N}{60}}=\frac{60\times30\times10^3}{2\pi\times100}=2,864.79\mathrm{N\cdot m}$$

$$\theta=\frac{T\cdot l}{GI_p}=\frac{2,864.79\times1}{83\times10^9\times\frac{\pi\times0.07^4}{32}}=0.0146\mathrm{rad}$$

04 원형 단면 축에 147kW의 동력을 회전수 2,000rpm으로 전달시키고자 한다. 축 지름은 약 몇 cm로 해야 하는가?(단, 허용전단응력은 τ_w = 50MPa이다.)

① 4.2 ② 4.6
③ 8.5 ④ 9.9

해설

전달 토크 $T=\frac{H}{\omega}=\frac{H}{\frac{2\pi N}{60}}=\frac{147\times10^3}{\frac{2\pi\times2,000}{60}}$

$$=701.87\mathrm{N\cdot m}$$

$T=\tau\cdot Z_p=\tau\cdot\frac{\pi d^3}{16}$ 에서

$$\therefore d=\sqrt[3]{\frac{16T}{\pi\tau}}=\sqrt[3]{\frac{16\times701.87}{\pi\times50\times10^6}}$$
$$=0.0415\,\mathrm{m}=4.15\,\mathrm{cm}$$

05 바깥지름이 46mm인 중공축이 120kW의 동력을 전달하는데 이때의 각속도는 40rev/s이다. 이 축의 허용비틀림응력이 τ_a = 80MPa일 때, 최대 안지름은 약 몇 mm인가?

① 35.9 ② 41.9
③ 45.9 ④ 51.9

정답 01 ④ 02 ④ 03 ③ 04 ① 05 ②

해설

$1\text{rev}=2\pi(\text{rad})$

$\omega=40\text{rev/s}=40\times 2\pi\,\text{rad/s}$

전달 토크 $T=\dfrac{H}{\omega}=\dfrac{120\times 10^3}{40\times 2\pi}=477.46\text{N}\cdot\text{m}$

내외경 비 $x=\dfrac{d_1}{d_2}$

$$T=\tau\cdot Z_p=\tau\cdot\frac{I_p}{e}=\tau\cdot\frac{\frac{\pi}{32}\left(d_2^{\,4}-d_1^{\,4}\right)}{\frac{d_2}{2}}$$

$$=\tau\cdot\frac{\pi d_2^{\,3}}{16}(1-x^4)$$

$$\therefore (1-x^4)=\frac{16T}{\pi\tau d_2^{\,3}}$$

$$x=\sqrt[4]{1-\frac{16T}{\pi\tau d_2^{\,3}}}$$

$$=\sqrt[4]{1-\frac{16\times 477.46}{\pi\times 80\times 10^6\times 0.046^3}}$$

$$=0.91$$

$\therefore\ \dfrac{d_1}{d_2}=0.91$에서 $d_1=0.91\times 46=41.86\text{mm}$

06 지름이 d인 원형 단면 봉이 비틀림모멘트 T를 받을 때, 발생되는 최대전단응력 τ를 나타내는 식은? (단, I_p는 단면의 극단면 2차 모멘트이다.)

① $\dfrac{Td}{2I_p}$ ② $\dfrac{I_p d}{2T}$

③ $\dfrac{TI_p}{2d}$ ④ $\dfrac{2T}{I_p d}$

해설

$$T=\tau\cdot Z_p=\tau\cdot\frac{I_p}{e}=\tau\cdot\frac{I_p}{\frac{d}{2}}$$

$$\therefore\ \tau=\frac{T\cdot d}{2I_p}$$

07 길이가 L이고 직경이 d인 축과 동일 재료로 만든 길이 $2L$인 축이 같은 크기의 비틀림모멘트를 받았을 때, 같은 각도만큼 비틀어지게 하려면 직경은 얼마가 되어야 하는가?

① $\sqrt{3}\,d$ ② $\sqrt[4]{3}\,d$

③ $\sqrt{2}\,d$ ④ $\sqrt[4]{2}\,d$

해설

길이 L, 직경 d인 축의 비틀림각 θ_1, 길이가 $2L$인 축의 비틀림각 θ_2에 대해

$\theta_1=\theta_2$이므로 $\dfrac{T\cdot L}{GI_{p1}}=\dfrac{T\cdot 2L}{GI_{p2}}$ ($\because$ G, T 동일)

$2I_{p1}=I_{p2}$

$2\times\dfrac{\pi\cdot d_1^{\,4}}{32}=\dfrac{\pi\cdot d_2^{\,4}}{32}$ (여기서, $d_1=d$)

$\therefore\ d_2=\sqrt[4]{2d^4}=\sqrt[4]{2}\cdot d$

08 원형축(바깥지름 d)을 재질이 같은 속이 빈 원형축(바깥지름 d, 안지름 $d/2$)으로 교체하였을 경우 받을 수 있는 비틀림모멘트는 몇 % 감소하는가?

① 6.25 ② 8.25

③ 25.6 ④ 52.6

해설

$T=\tau\cdot Z_p$에서

$T_1=\tau\cdot\dfrac{\pi d^3}{16}$ (중실축)

$T_2=\tau\cdot\dfrac{\pi d_2^{\,3}}{16}(1-x^4)$ $\left[x=\dfrac{d_1}{d_2}\ \text{: 내외경비(중공축)}\right]$

$$=\tau\cdot\frac{\pi d^3}{16}\left\{1-\left(\frac{\frac{d}{2}}{d}\right)^4\right\}\ \left(\because\ d_2=d,\ d_1=\frac{d}{2}\right)$$

$$=\tau\cdot\frac{\pi d^3}{16}\left\{1-\left(\frac{1}{2}\right)^4\right\}$$

$$=0.9375\tau\cdot\frac{\pi d^3}{16}$$

$$=0.9375\,T_1$$

→ T_1에 비해 $1-0.9375=0.0625=6.25\%$만큼 감소

정답 06 ① 07 ④ 08 ①

09 바깥지름 50cm, 안지름 30cm의 속이 빈 축은 동일한 단면적을 가지며 같은 재질의 원형축에 비하여 약 몇 배의 비틀림모멘트에 견딜 수 있는가?(단, 중공축과 중실축의 전단응력은 같다.)

① 1.1배 ② 1.2배
③ 1.4배 ④ 1.7배

해설

중공축과 동일한 단면의 중실축(d)이므로(면적 동일)

$$\frac{\pi}{4}\left(d_2{}^2-d_1{}^2\right)=\frac{\pi}{4}d^2$$

$$\therefore\ d=\sqrt{d_2{}^2-d_1{}^2}=\sqrt{50^2-30^2}=40\text{cm}$$

$T=\tau\cdot Z_p=\tau\cdot\dfrac{I_p}{e}$에서

$$\frac{T_{중공축}}{T_{중실축}}=\frac{\tau\cdot\dfrac{I_{p중공}}{e_{중공}}}{\tau\cdot\dfrac{I_{p중실}}{e_{중실}}}=\frac{\dfrac{\dfrac{\pi}{32}(50^4-30^4)}{\dfrac{50}{2}}}{\dfrac{\dfrac{\pi\times40^4}{32}}{\dfrac{40}{2}}}\quad(\because\ \tau\text{ 동일})$$

$$=1.7$$

10 지름 3cm인 강축이 26.5rev/s의 각속도로 26.5kW의 동력을 전달하고 있다. 이 축에 발생하는 최대전단응력은 약 몇 MPa인가?

① 30 ② 40
③ 50 ④ 60

해설

$H=T\omega$에서

$$T=\frac{H}{\omega}=\frac{26.5\times10^3\text{W}}{26.5\dfrac{\text{rev}}{\text{s}}\times\dfrac{2\pi\,\text{rad}}{1\text{rev}}}=159.15\text{N}\cdot\text{m}$$

$T=\tau Z_P$에서

최대전단응력 $\tau_{max}=\dfrac{T}{Z_P}=\dfrac{159.15}{\dfrac{\pi\times0.03^3}{16}}$

$=30.02\times10^6\text{N/m}^2$

$=30.02\text{MPa}$

11 지름 7mm, 길이 250mm인 연강 시험편으로 비틀림 시험을 하여 얻은 결과, 토크 4.08N · m에서 비틀림 각이 8°로 기록되었다. 이 재료의 전단탄성계수는 약 몇 GPa인가?

① 64 ② 53
③ 41 ④ 31

해설

$\theta=\dfrac{T\cdot l}{GI_p}$에서

$$G=\frac{T\cdot l}{\theta I_p}=\frac{4.08\times0.25}{8°\times\dfrac{\pi\,\text{rad}}{180°}\times\dfrac{\pi\times0.007^4}{32}}$$

$=3.099\times10^{10}\text{Pa}=30.99\times10^9\text{Pa}$

$=30.99\text{GPa}$

12 지름 35cm의 차축이 0.2°만큼 비틀렸다. 이때 최대 전단응력이 49MPa이라고 하면 이 차축의 길이는 약 몇 m인가?(단, 재료의 전단탄성계수는 80GPa이다.)

① 2.5 ② 2.0
③ 1.5 ④ 1

해설

$r=17.5\text{cm}=0.175\text{m}$, $\tau=G\gamma$, $\gamma=\dfrac{r\theta}{l}$

$\tau=G\dfrac{r\theta}{l}$에서

$$l=\frac{Gr\theta}{\tau}=\frac{80\times10^9\times0.175\times0.2°\times\dfrac{\pi}{180°}}{49\times10^6}$$

$=0.9973\text{m}$

정답 09 ④ 10 ① 11 ④ 12 ④

13 400rpm으로 회전하는 바깥지름 60mm, 안지름 40mm인 중공 단면축의 허용비틀림각도가 1°일 때 이 축이 전달할 수 있는 동력의 크기는 약 몇 kW인가? (단, 전단탄성계수 $G=80$GPa, 축 길이 $L=3$m이다.)

① 15　　② 20
③ 25　　④ 30

해설

$$\theta = 1° \times \frac{\pi}{180} = 0.01745\,\text{rad}$$

$\theta = \dfrac{Tl}{GI_P}$ 에서

$$T = \frac{GI_P\theta}{l}$$

$$= \frac{80\times10^9 \times \dfrac{\pi(0.06^4-0.04^4)}{32}\times 0.01745}{3}$$

$$= 475.11\text{N}\cdot\text{m}$$

$$H_{\text{kW}} = \frac{T\omega}{1{,}000} = \frac{475.11\times\dfrac{2\pi\times400}{60}}{1{,}000} = 19.9\,\text{kW}$$

14 강선의 지름이 5mm이고 코일의 반지름이 50mm인 15회 감긴 스프링이 있다. 이 스프링에 힘을 가하여 처짐량이 50mm일 때, P는 약 몇 N인가? (단, 재료의 전단탄성계수 $G=100$Gpa이다.)

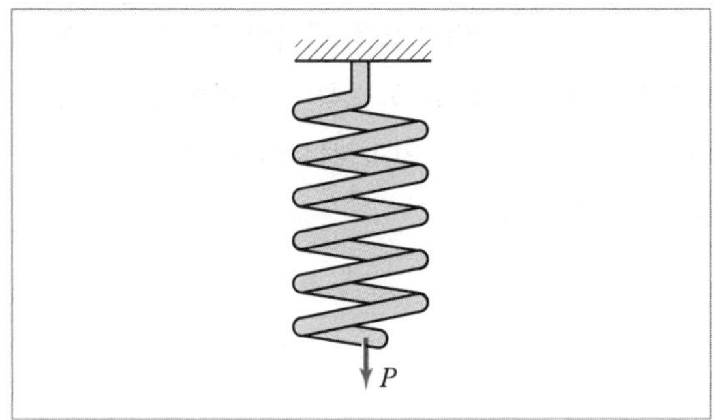

① 18.32　　② 22.08
③ 26.04　　④ 28.43

해설

$\delta = \dfrac{8PD^3n}{Gd^4}$ 에서

$$P = \frac{Gd^4\delta}{8D^3n} = \frac{100\times10^9\times0.005^4\times0.05}{8\times0.1^3\times15} = 26.04\text{N}$$

정답　13 ②　14 ③

06 보(Beam)

1 보의 정의와 종류

1. 보의 정의

부재의 단면적에 비해 가늘고 길며, 그 길이 방향 축에 수직으로 작용되는 하중을 지지하는 부재를 보(Beam)라 부르며, 보통 보는 길고 일정한 단면을 갖는 직선막대이다. 보는 길이(Span), 지지점, 하중으로 구성되며, 가장 중요한 구조요소로서 건물의 천장과 바닥, 다리, 비행기 날개, 자동차 차축, 크레인, 인체의 많은 뼈 등도 보와 같이 작용한다.

2. 보의 종류

① 정정보(Statically Determinate Beam)

정역학적 평형상태방정식($\sum F = 0$, $\sum M = 0$)으로 보의 모든 반력요소를 해석할 수 있는 보이며, 종류에는 단순보, 외팔보, 내다지보(돌출보) 등이 있다.

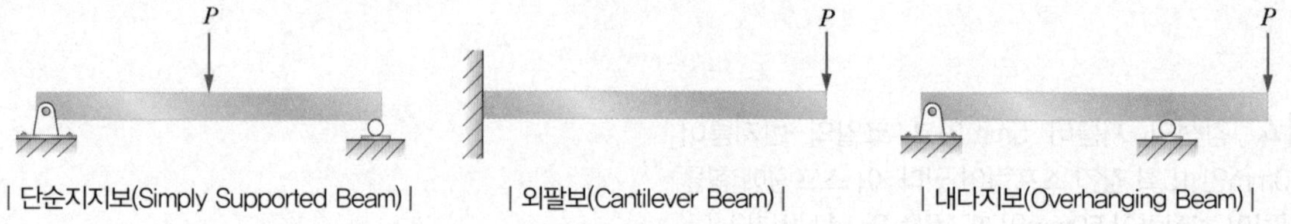

| 단순지지보(Simply Supported Beam) | | 외팔보(Cantilever Beam) | | 내다지보(Overhanging Beam) |

② 부정정보(Statically Indeterminate Beam)

정역학적 평형상태방정식($\sum F = 0$, $\sum M = 0$)으로 보의 모든 반력요소를 해석할 수 없는 보이며, 부정정요소의 해석을 위해 굽힘에 의한 보의 처짐(처짐각과 처짐량)을 고려하여 미지반력을 해결한 후 정정보로 해석한다. 종류에는 양단고정보, 일단고정 타단 지지보, 연속보(보의 평형상태를 유지하기 위해 필요한 기본적인 지지 이외의 과다 지지된 보) 등이 있다.

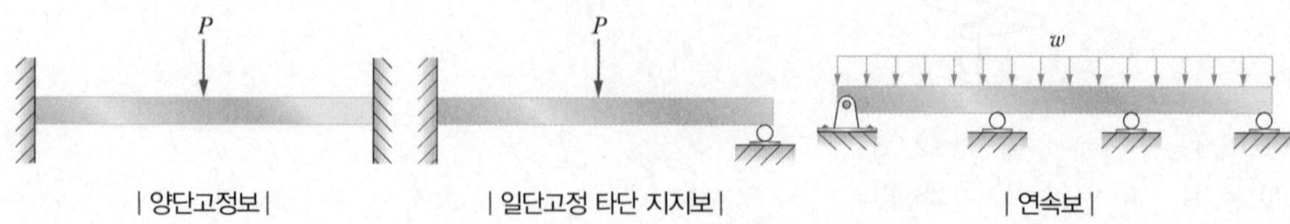

| 양단고정보 | | 일단고정 타단 지지보 | | 연속보 |

2 보의 지점(Support)의 종류

하중을 받는 보를 지지하는 점을 지점이라 하며, 종류에는 가동지점, 힌지지점, 고정지점이 있다.

1. 가동지점[롤러(Roller)지점]

롤러지점은 수평방향으로 굴러가므로 수평 반력은 존재하지 않는다.

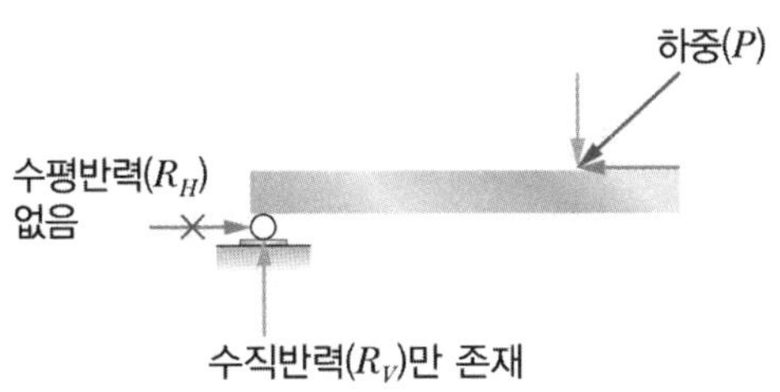

2. 고정회전지점(힌지)

힌지(핀)지점에서는 모멘트에 저항하지 못하므로 힌지에서 모멘트 반력은 존재하지 않으며, 수평반력과 수직반력의 2가지 반력만이 존재한다.

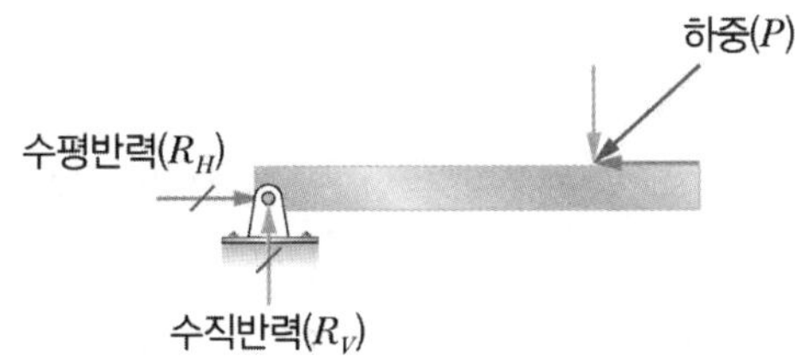

3. 고정지점

고정지점에서는 수평반력, 수직반력, 모멘트의 3가지 반력요소가 존재한다.

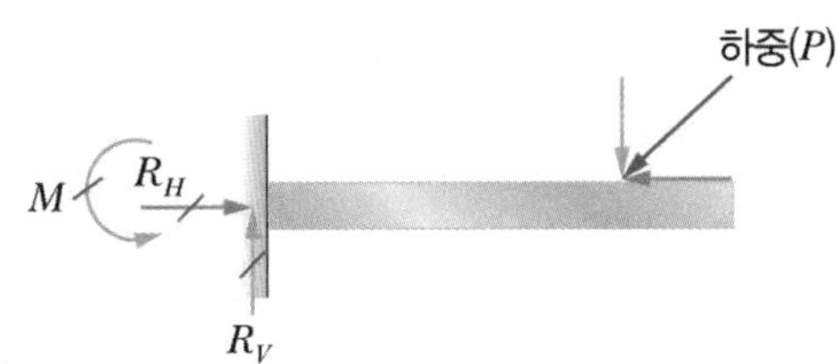

3 보에 작용하는 하중의 종류

1. 집중하중

① 고정 집중하중 : 한 점에 집중되어 작용하는 하중

② 이동 집중하중 : 작용하중의 위치가 이동하면서 작용할 때의 하중

㉮ 자동차가 다리 위를 이동할 때 작용

2. 분포하중

분포하중의 경우, 전하중의 세기는 힘의 분포도 면적의 크기와 같고 그 작용점은 힘의 분포도 도심에 작용하는 집중력으로 간주하고 해석한다.

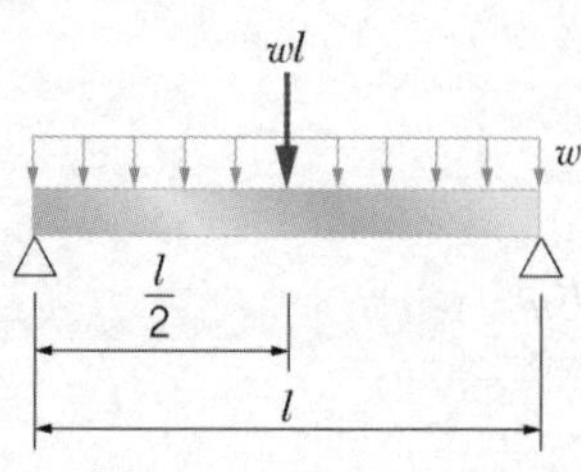

| 균일(등) 분포하중(w는 상수) |

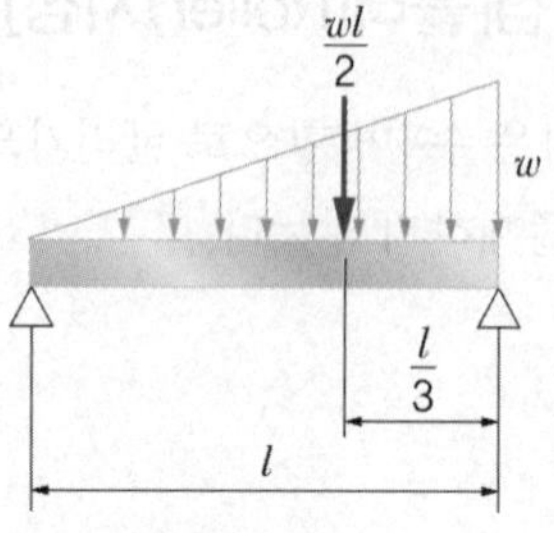

| 점변 분포하중(w는 1차) |

분포하중 w가 상수($n=0$), 1차 직선($n=1$), 2차 포물선($n=2$), 3차 곡선($n=3$), n차 곡선이면

$$\text{면적(하중)} = \frac{w \cdot l}{n+1}, \ \text{도심} = \frac{l}{n+2}$$

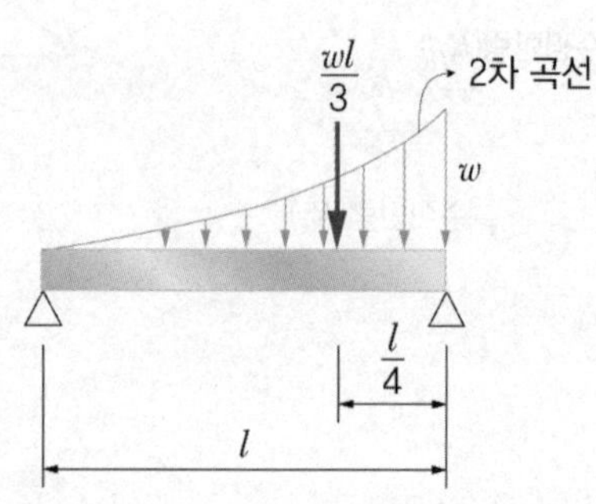

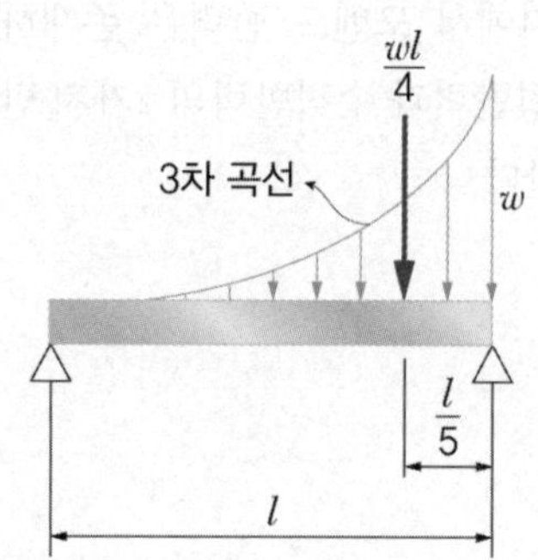

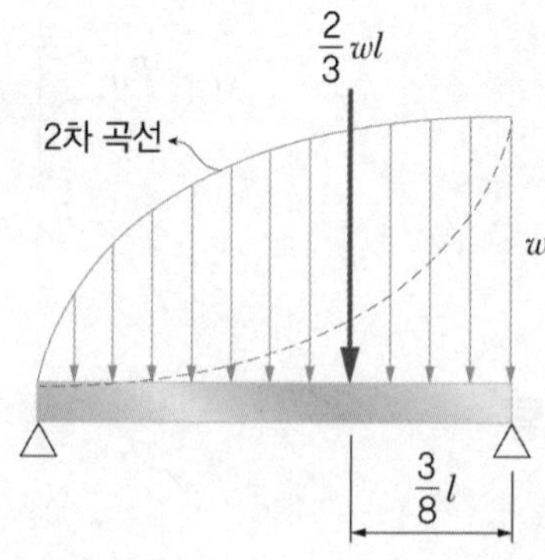

4 우력[Couple(짝힘)]

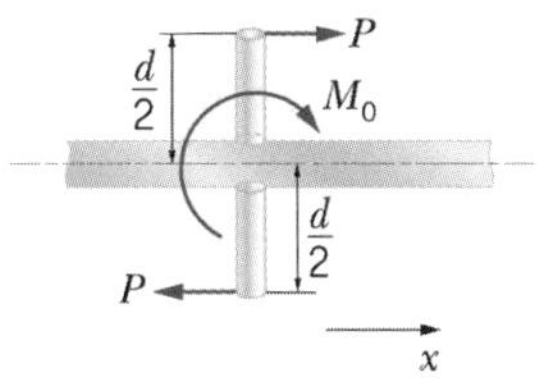

"순수회전"만 발생하는 우력은 크기가 서로 같고 동일한 직선상에 존재하지 않으며 방향이 반대인 한 쌍의 평행력을 말하며, 우력에 대한 힘의 효과는 "0"이다. 다만 힘의 회전효과, 즉 단순모멘트만 존재한다. 우력은 수직거리 d만의 함수이다.

$$\sum F_x = P - P = 0,\ M_0 = P \cdot \frac{d}{2} + P \cdot \frac{d}{2} = Pd$$

5 보의 해석에서 힘, 모멘트, 전단력, 굽힘모멘트 부호

보를 해석할 때 쓰이는 부호의 정의이며 이 책에서는 다음과 같은 부호들을 일관되게 사용한다. 부호를 다르게 정의해도 무관하지만 보를 해석하는 동안에는 처음부터 끝까지 동일하게 부호를 적용하여 해석하면 된다.

① 힘 부호

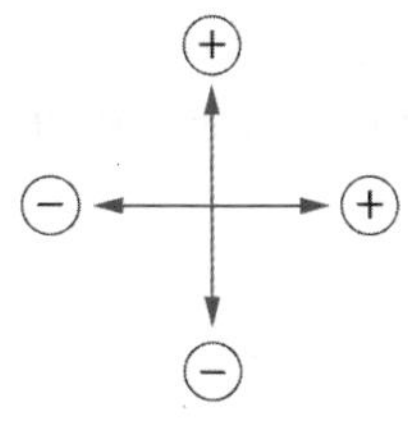

② 모멘트 부호

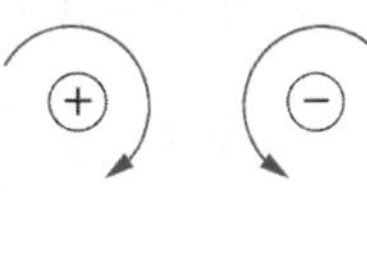

③ 전단력 부호

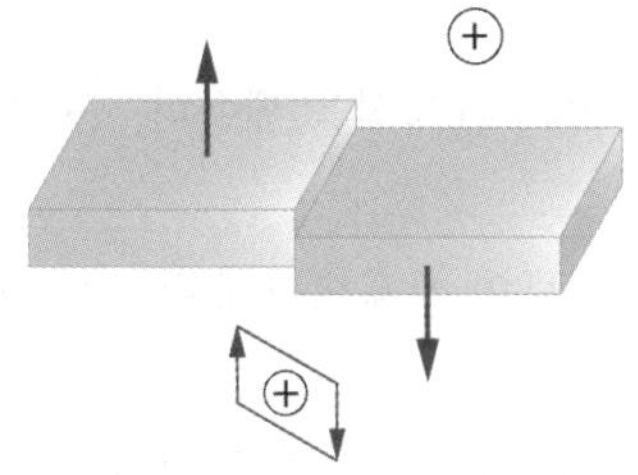

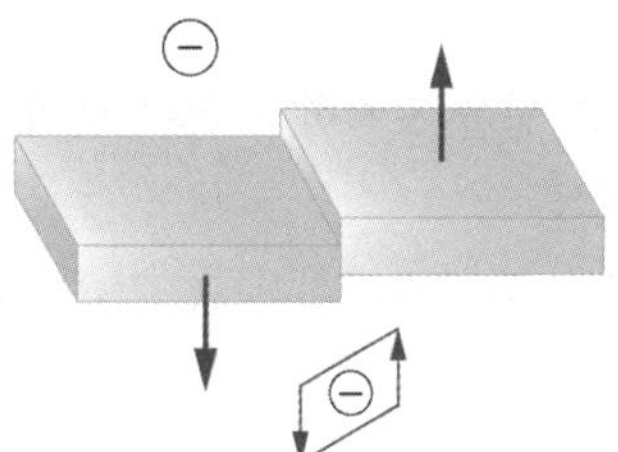

④ 굽힘모멘트 부호

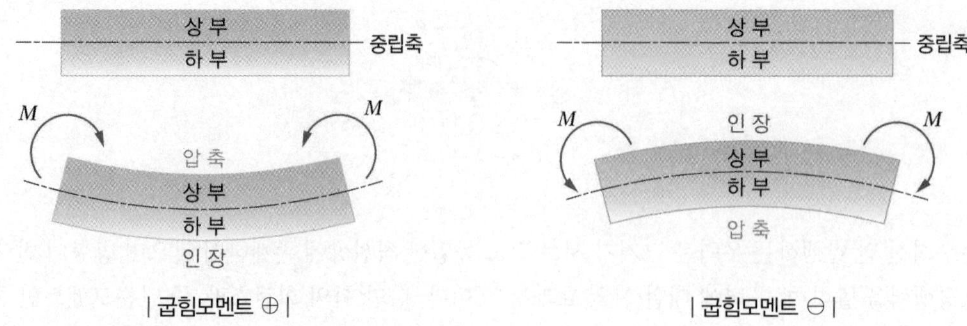

| 굽힘모멘트 ⊕ |　　　| 굽힘모멘트 ⊖ |

6 보의 해석 일반

1. 보 해석의 기초 사항

① 하중은 보의 축방향에 수직으로 작용하며, 보 전체의 해석과 고려해야 할 임의의 부분(구간해석)에 대해서 해석할 때 각각 자유물체도(F.B.D)와 평형조건을 세워서 해석한다.
→ 정역학적 평형상태방정식과 자유물체도

- 보의 전체길이에서 어떤 지점에서도 올라가거나 내려가지 않으며, 또한 보는 어떤 지지점을 중심으로도 회전하지 않는다.
- 떨어져 나간 부재에도 같은 힘이 존재한다(자유물체를 그릴 때).
- 굽힘이 작용할 때 임의의 단면에 작용하는 인장 ← 압축 → 의 두 힘은 우력이 되며, 해당 단면의 모멘트 값이 된다.

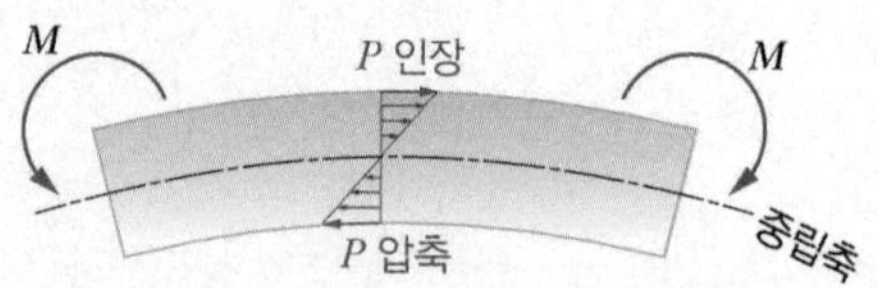

② 외부합력과 이러한 힘을 지지하기 위한 보의 내부 저항력 사이의 관계식을 세운다. → 재료의 강도 특성과 관련한 해석

③ 보의 길이 방향에 따르는 전단력 V와 굽힘모멘트 M의 변화는 보의 설계해석에 반드시 필요한 사항이다.

- 특히 굽힘모멘트 최댓값은 보의 선택이나 설계 시 가장 먼저 고려해야 할 대상이므로, 그 값과 방향을 먼저 구해야 한다.
- 보의 길이방향에 대한 전단력 V와 모멘트 M의 그래프를 각각 보의 전단력선도(Shear Force Diagram) 및 굽힘모멘트선도(Bending Moment Diagram)라 한다.

2. 보의 해석 순서

① 보 전체의 자유물체도를 그리고 정역학적 평형상태방정식을 적용한다.
→ 모든 반력 결정(정정보)

② 보의 일부를 분리하여 임의 횡단면에 오른쪽이나 왼쪽부분의 자유물체도를 그린 후, 분리한 보의 부분에 정역학적 평형상태방정식을 적용한다.
(분리한 보의 절단면에 작용하는 전단력 V와 굽힘모멘트 M을 나타낸다.)

- 분리한 임의 단면의 오른쪽 또는 왼쪽에서 미지의 힘의 수가 더 작은 쪽에서 일반적으로 더 간단한 해를 얻을 수 있다.
- 집중하중 위치와 일치하는 횡단면의 사용을 피해야 한다.→ 왜냐하면 집중하중이 작용하는 위치에서는 전단력이 불연속점이기 때문이다.
- V와 M의 일반 부호규약에 따라 양(+)의 부호를 일관되게 사용한다.

③ 보의 길이방향으로 왼쪽 지지점으로부터 x만큼 떨어진 단면의 전단력과 굽힘모멘트를 가지고 보의 전체 전단력선도와 굽힘모멘트선도를 그린다.

④ 선도에서 최대가 되는 부분을 구해 해석한다.

7 분포하중에서 전단력과 굽힘모멘트의 미분 관계식

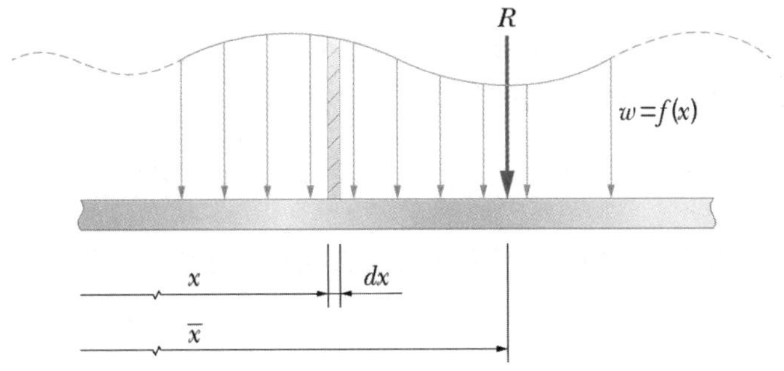

① **합력의 위치($\bar{x}$)**

분포힘의 미소 증가분 $dR = wdx$

적분하면 $\int wdx = R$이며 위의 그림에서 바리농 정리를 적용하면 합력의 작용위치 $\bar{x}$

$\int x \cdot wdx = R\bar{x}$에서 분포하중에 대한 합력 R의 위치를 구한다.

② 보의 지지점으로부터 x만큼 떨어진 단면(O)에서 미소길이 dx를 취할 때의 힘과 모멘트의 자유물체도 해석

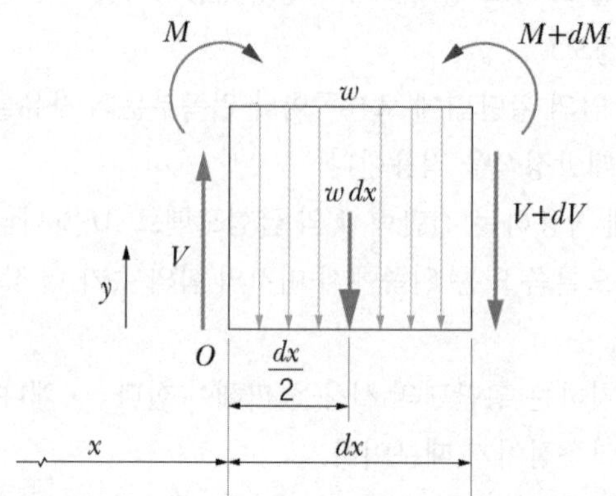

보의 길이방향 x에 따라 V와 M이 변화하고 있으며 위의 그림에서 x만큼 떨어진 임의점(O)에서 미소요소길이 dx를 취할 때 $x+dx$에서 전단력은 $V+dV$로, 모멘트는 $M+dM$으로 변화하고 있는 것을 알 수 있다.

- 작용하는 w는 미소요소길이(dx)에 걸쳐 일정하다고 간주한다(그 이유는 요소길이가 미소량이고 w의 변화량은 극한치에서 w 자신에 비해 무시될 수 있기 때문이다).

③ 그림의 미소요소에 정역학적 평형상태방정식을 적용하면

$\sum F_y = 0(\uparrow +)$: 수직방향 힘의 합은 0이 되어야 한다.

따라서 $V - wdx - (V + dV) = 0$에서

$w = -\dfrac{dV}{dx}$ ·· ⓐ $\left(\dfrac{\text{힘}}{\text{거리}} = \text{등분포하중}(w)\right)$

[여기서, 전단력선도의 기울기는 모든 곳에서 분포하중 값에 음의 부호를 붙인 것과 동일함을 알 수 있다$\left(\dfrac{dV}{dx} = -w\right)$.]

ⓐ식은 집중하중이 작용하는 어느 쪽에서나 성립하나, 전단력이 급격히 변화되는 불연속점, 즉 집중하중점에서는 성립하지 않는다.

모멘트 합 $\sum M_o = 0(\curvearrowright +)$: $\sum M_o = 0$

$M + w \cdot dx \cdot \dfrac{dx}{2} + (V + dV)dx - (M + dM) = 0$

$Vdx - dM = 0$

(여기서, $\dfrac{dx^2}{2}$과 $dV \cdot dx$ → 미분값의 2차항들이므로 고차항 무시)

$\therefore\ V = \dfrac{dM}{dx}$ ·· ⓑ $\left(\dfrac{dM}{dx} = \dfrac{\text{힘} \times \text{거리}}{\text{거리}} = \text{힘}\right)$

모든 x에서 전단력은 모멘트 곡선의 기울기와 같다는 것을 의미한다.

ⓑ식은 $dM = Vdx$ 양변을 적분하면 $\int_{M_0}^{M} dM \int_{x_0}^{x} Vdx$

(여기서, M_0는 x_0의 위치에서 굽힘모멘트, M은 x에서의 굽힘모멘트)

$M - M_0 = \int_{x_0}^{x} Vdx$

$\therefore\ M = M_0 + \int_{x_0}^{x} Vdx \rightarrow M = M_0 + (x_0$에서 x까지의 전단력선도의 면적)

만약 $x_0 = 0$의 위치에서 외부 모멘트(M_0)가 없는 보의 경우

임의의 단면의 모멘트 $\rightarrow M = \int_{x_0}^{x} Vdx \rightarrow \int_{0}^{x} Vdx$

그 단면(x)까지의 전단력 선도면적과 같다.

일반적으로 전단력 선도의 면적을 더함으로써 가장 간단하게 굽힘모멘트선도를 그릴 수 있다.

- V가 0을 지나는 지점에서 x에 대한 연속 함수로서 $\frac{dV}{dx} \neq 0$(w가 존재)일 때 이 지점에서 굽힘모멘트 M은 최댓값 또는 최솟값이 된다. 왜냐하면 이 지점에서 $\frac{dM}{dx} = V = 0$이 되기 때문이다.
- 집중하중을 받는 보의 경우, 전단력선도의 V가 0인 기준축을 불연속적으로 통과할 때 보의 길이 방향 x에 대한 모멘트의 기울기는 0이므로 이때 모멘트(M)값이 역시 임계값이 된다.
- 전단력선도 SFD $w = -\frac{dV}{dx} \rightarrow V$가 w보다 x항에 대해 한 차수 더 높다.

  ㉮ V가 1차 → w는 상수, V가 2차 → w는 1차, V가 3차 → w는 2차, …
- 굽힘모멘트선도 BMD $V = \frac{dM}{dx} \rightarrow M$이 V보다 x항에 대해 한 차수 더 높다.

  또한 M은 w에 비하여 x항에 대해 두 차수 더 높다.

  따라서 x에 대하여 1차항인 $w = kx$로 하중을 받는 보의 경우(일차함수분포) 전단력 V는 x에 대하여 2차가 되며, 굽힘모멘트 M은 x에 대하여 3차가 된다.

  $$w = -\frac{d\left(\frac{dM}{dx}\right)}{dx} = -\frac{d^2M}{dx^2}$$

  따라서 w가 x의 함수로 주어진다면, 적분 시 상하한 값을 매번 적합하게 선택하여 적분을 두 번 수행함으로써 모멘트 M을 얻을 수 있으며, 이 방법은 w가 x에 대하여 연속함수일 경우에 한하여 사용 가능하다.
- w가 x에 대하여 불연속일 경우 특이함수(Singularity Function)라는 별도의 식을 사용

  → 불연속적인 구간에서 전단력 V와 모멘트 M에 대한 해석식

8 보의 해석

1. 집중하중을 받는 단순보

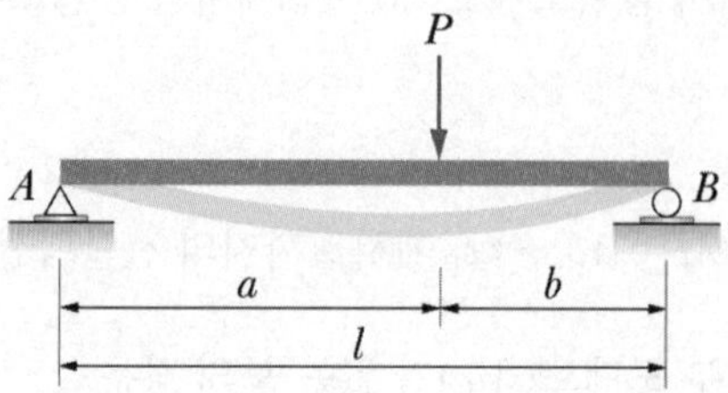

(1) 자유물체도(F.B.D)

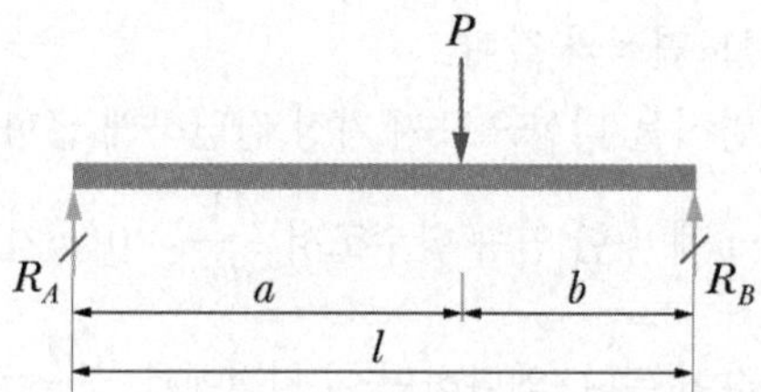

(2) 하중을 받고 있는 보는 보의 어떤 지점에서도 움직이거나 회전하지 않는다.

$\sum F = 0,\ \sum M = 0$

$\sum F_y = 0 : R_A - P + R_B = 0$

$\therefore\ P = R_A + R_B$ ·· ⓐ

$\sum M_A = 0$: A 지점을 기준으로 모멘트의 합은 "0"이다.

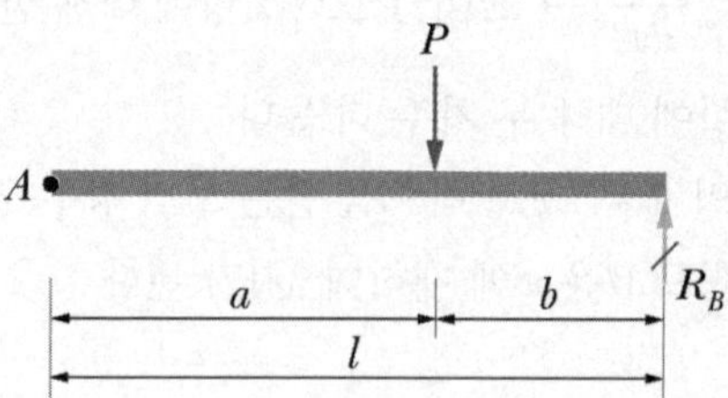

$Pa - R_B \cdot l = 0$

$\therefore\ R_B = \dfrac{Pa}{l}$ ·· ⓑ

ⓑ를 ⓐ에 대입하면

$P = R_A + \dfrac{Pa}{l}$

$\therefore\ R_A = P - \dfrac{Pa}{l} = \dfrac{P(l-a)}{l} = \dfrac{Pb}{l}$

또는

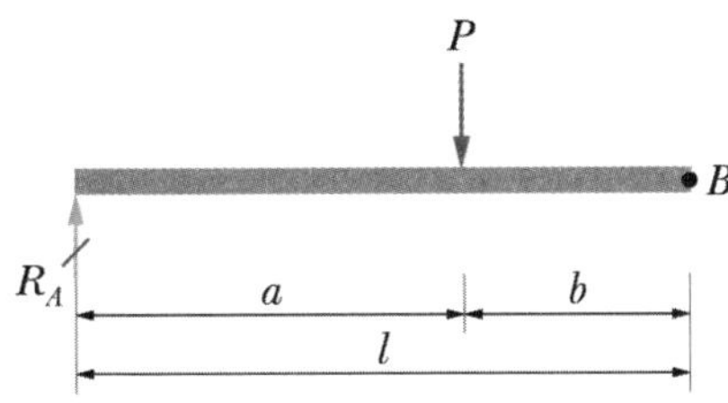

$$\sum M_B = 0 : R_A \cdot l - Pb = 0$$

$$\therefore R_A = \frac{Pb}{l}$$

(3) 전단력선도(S.F.D)

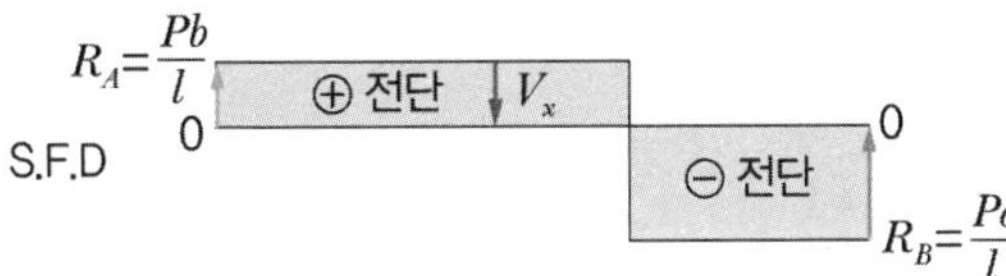

(4) 굽힘모멘트선도(B.M.D)

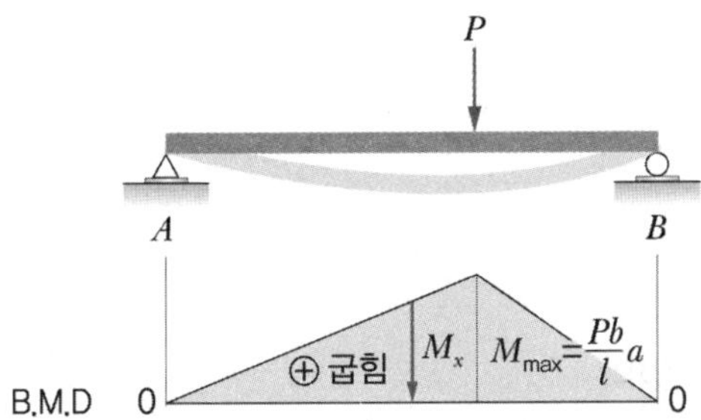

$\frac{Pb}{l} \cdot a \Rightarrow M_{x=a}$인 지점에서 모멘트값은

"0"에서 a까지 전단력선도의 면적이므로

$R_A = \frac{Pb}{l}$ a

$$M_{max} = \frac{Pb}{l} \cdot a$$

(5) 다음 그림처럼 보의 A지점으로부터 x의 거리만큼 떨어져 있는 지점에서 보 해석(x위치가 P작용 위치인 거리 a보다 작을 때 $0 < x < a$ 구간)

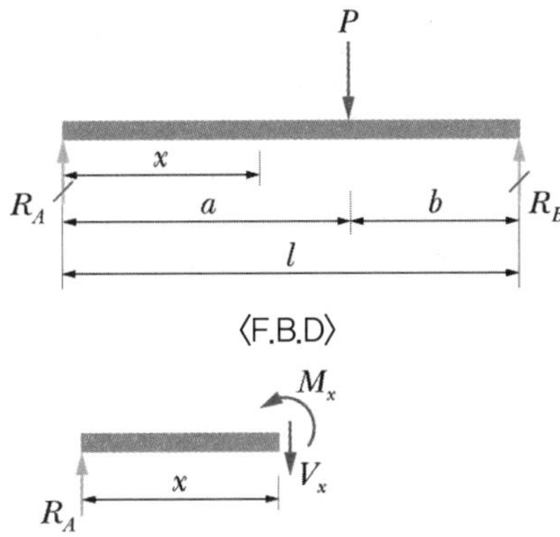

〈F.B.D〉

$$\sum F_y = 0 : R_A - V_x = 0 \quad \therefore R_A = V_x$$

$$\sum M_x = 0 : R_A \cdot x - M_x = 0 \quad \therefore M_x = R_A \cdot x$$

이 값들을 (3)과 (4)의 선도에 빨간색으로 그려 넣어서 보면 V_x와 M_x값을 쉽게 이해할 수 있다.

(6) 다음 그림처럼 보의 A 지점으로부터 x의 거리만큼 떨어져 있는 지점에서 보 해석(x 위치가 P 작용 위치인 $a < x < l$ 구간)

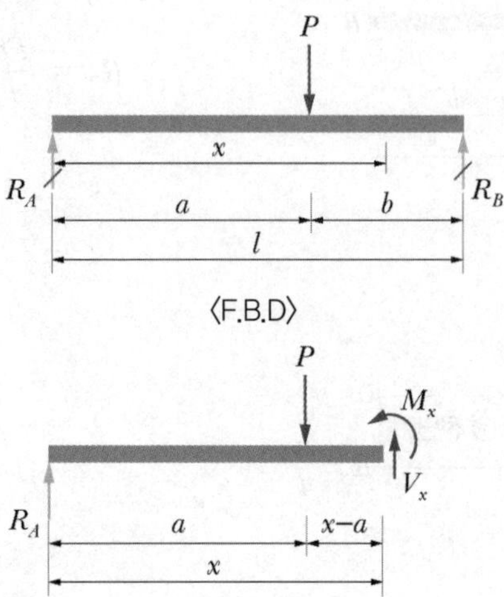

$$\sum F_y = 0 : R_A - P + V_x = 0$$

$$\therefore\ V_x = P - R_A$$

$$\sum M_x = 0 : R_A \cdot x - P(x-a) - M_x = 0$$

$$M_x = R_A \cdot x - P(x-a)$$

(7) 다음 그림처럼 수치가 주어지면 보를 쉽게 해석할 수 있다.

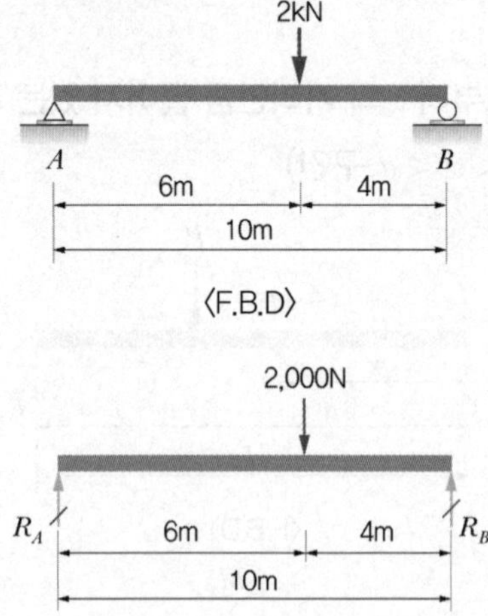

① $\sum F_y = 0 : R_A - 2{,}000 + R_B = 0$

$\therefore\ 2{,}000 = R_A + R_B$ ························ ⓐ

② $\sum M_A = 0 : 2{,}000 \times 6 - R_B \times 10 = 0$

$\therefore\ R_B = \dfrac{2{,}000 \times 6}{10} = 1{,}200\text{N}$ ························ ⓑ

③ ⓑ를 ⓐ에 대입하면 $R_A = 800\text{N}$

④ 전단력선도(S.F.D)

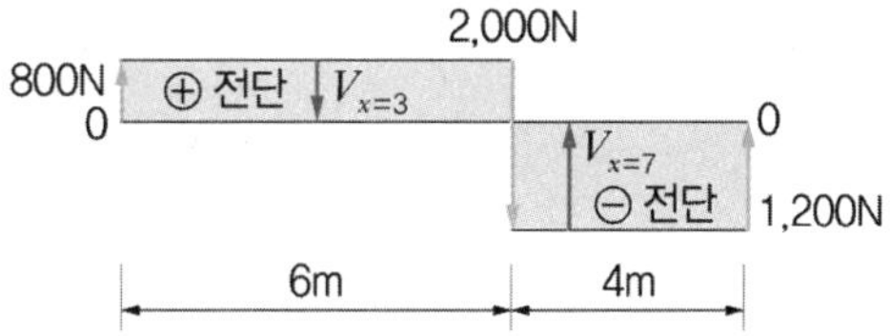

⑤ 굽힘모멘트선도

M_x는 "0"부터 x까지 전단력선도의 면적과 같으므로

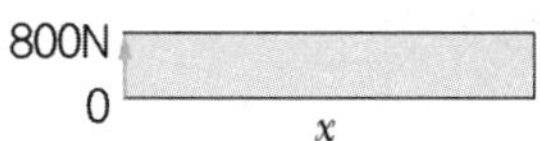

$\therefore\ M_x = 800x$

전단력 V가 "0"을 통과하는 지점 → $x = 6\text{m}$일 때 $M_{x=6} = 800 \times 6 = 4,800\text{N} \cdot \text{m}$

($\dfrac{dM}{dx} = 0$ → $V = 0$ 또는 ⊕전단에서 ⊖전단으로 바뀔 때, $M_{\max}$)

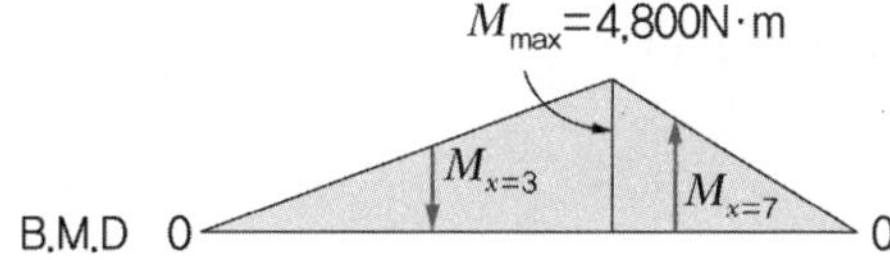

$M_x = 800x$이므로 $M_{x=3} = 800 \times 3 = 2,400\text{N} \cdot \text{m}$

x =3m일 때와 x =7m일 때 값들을 ④, ⑤의 선도에 표시해 보았다.

⑥ x =3m일 때 해석해 보면

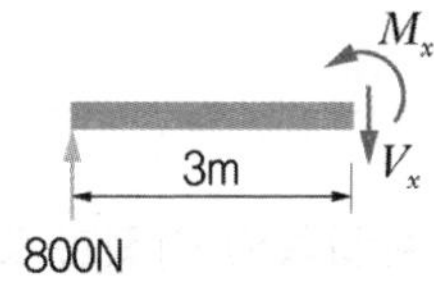

$\Sigma F_y = 0 : 800 - V_x = 0 \quad \therefore\ V_x = 800\text{N}$

$\Sigma M_x = 0 : 800 \times 3 - M_x = 0 \quad \therefore\ M_x = 2,400\text{N} \cdot \text{m}$

⑦ x =7m일 때 해석해 보면

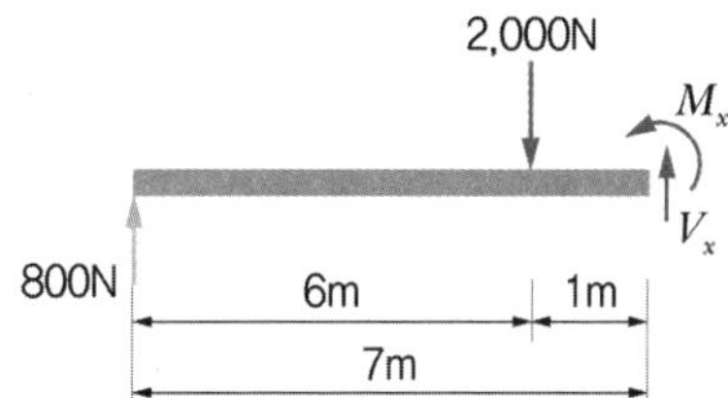

$\Sigma F_y = 0 : 800 - 2,000 + V_x = 0$

$\therefore\ V_x = 2,000 - 800 = 1,200\text{N}$

$\sum M_x$: $800\times7-2{,}000\times1-M_x=0$

$\therefore M_x=800\times7-2{,}000\times1=5{,}600-2{,}000=3{,}600\text{N}\cdot\text{m}$

⑧ 만약 $x=7\text{m}$에서 자유물체도를

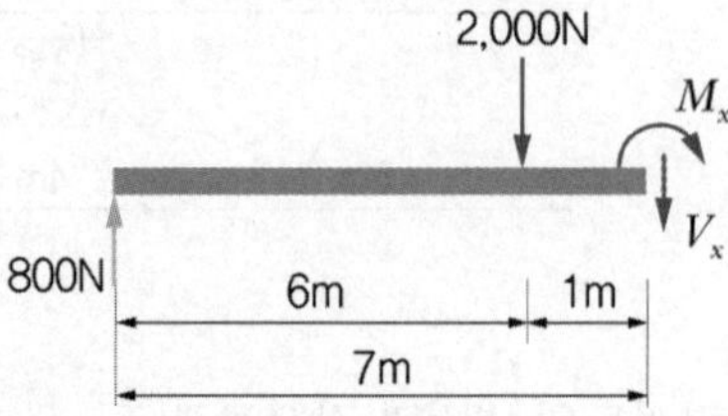

위 그림과 같이 가정하고 해석해 보면

$\sum F_y=0$: $800\text{N}-2{,}000\text{N}-V_x=0 \quad \therefore V_x=\ominus1{,}200\text{N}$

V_x값이 ⊖가 나오면 가정방향 ↓ V_x와 반대이므로 ↑ V_x가 되어야 한다.

$\sum M_{x=7}=0$: $800\times7-2{,}000\times1+M_x=3{,}600\text{N}\cdot\text{m}$

만약 M_x값이 ⊖가 나오면 가정방향 ↷ M_x와 반대이므로 ↶ M_x가 되어야 한다.

∴ 결론 : 보의 x위치에서 전단력과 모멘트의 방향은 임의로 가정하여 해석한 다음, ⊖가 나오면 가정방향과 반대로 해석해 주면 된다.

2. 분포하중을 받는 단순보

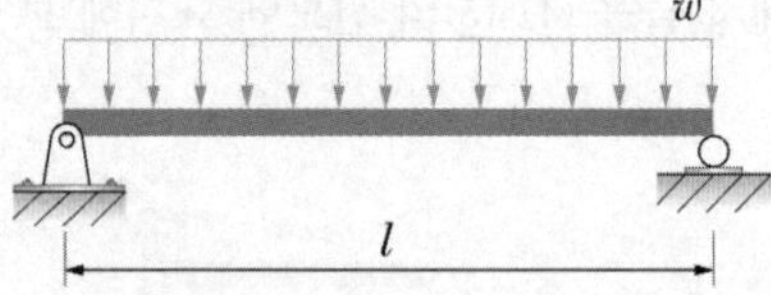

(1) 분포하중에서 전 하중의 세기는 분포하중의 면적과 같고 그 면적의 도심에 작용하는 집중력으로 간주한다.

자유물체도(F.B.D)를 그리면

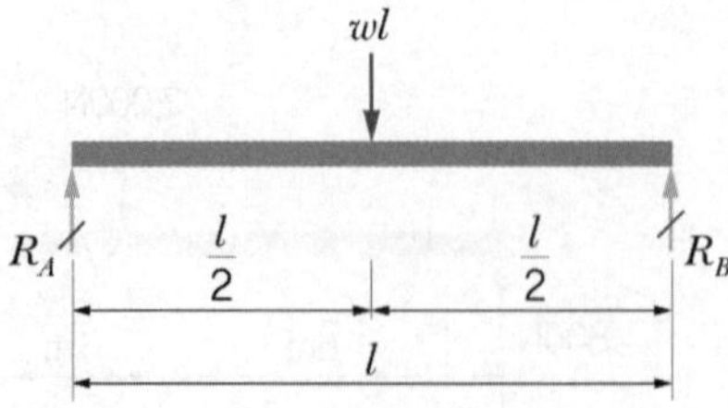

(2) $\sum F_y=0$: $R_A-wl+R_B=0$

$\therefore wl=R_A+R_B$

(3) $\sum M_A = 0$: $wl \times \frac{l}{2} - R_B \cdot l = 0$

$$\therefore R_B = \frac{\frac{w}{2}l^2}{l} = \frac{wl}{2}$$

$$\therefore R_A = \frac{wl}{2}$$

(4) 전단력선도와 굽힘모멘트선도

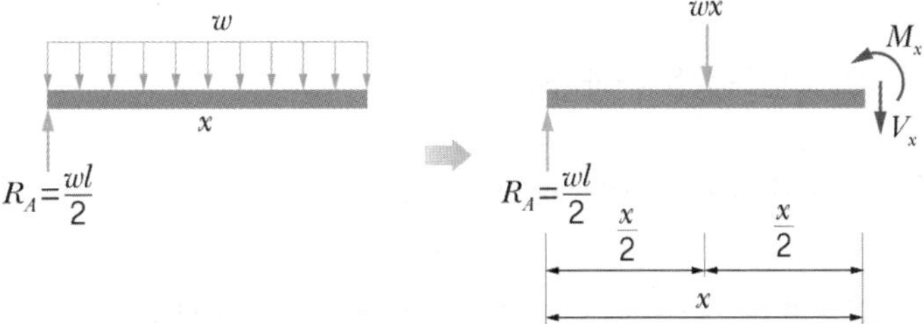

① $\sum F_y = 0$: $\frac{wl}{2} - wx - V_x = 0$

$\therefore V_x = \frac{wl}{2} - wx$ ·· ⓐ

- $x = \frac{l}{2}$에서 전단력 $V_{x=\frac{1}{2}} = \frac{wl}{2} + \frac{wl}{2} = 0$이 됨을 알 수 있다. → M_{max}

② $\sum M_x = 0$: $\frac{wl}{2}x - wx\frac{x}{2} - M_x = 0$

$\therefore M_x = \frac{wl}{2}x - \frac{w}{2}x^2$

③ 전단력선도(S.F.D)

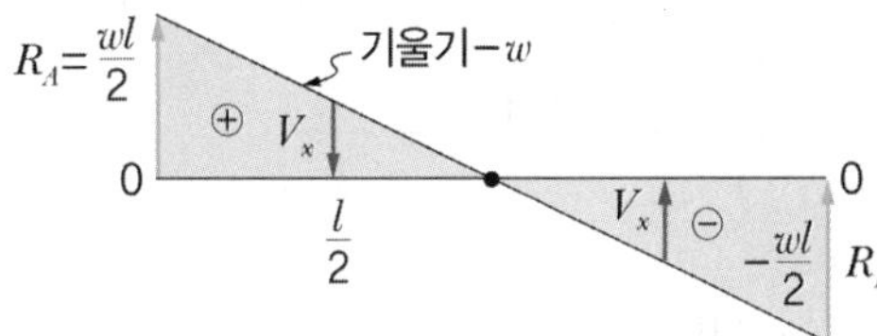

- $V_x = \frac{wl}{2} - wx$이므로 x에 대해 미분하면 $\frac{dV_x}{dx} = -w$가 됨을 확인할 수 있다.
- $x = \frac{l}{2}$을 전후로 해서 전단력 부호가 바뀜을 알 수 있다.
- 만약 $x = \frac{3}{4}l$에서 전단력을 구하라고 하면 $V_x = \frac{wl}{2} - w\frac{3}{4}l$로 해석하면 된다.

④ 굽힘모멘트선도(B.M.D)

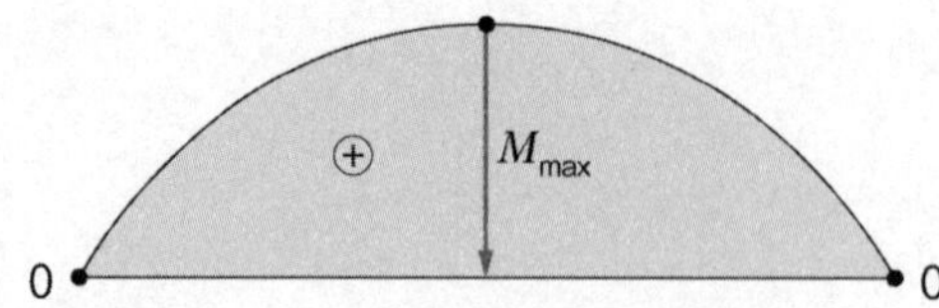

- $M_x = \dfrac{wl}{2}x - \dfrac{w}{2}x^2$이므로 x에 대해 미분하면

  $\dfrac{dM_x}{dx} = \dfrac{wl}{2} - wx$ → ⓐ식이 됨을 확인할 수 있다.

- 만약 $x = \dfrac{l}{3}$에서의 모멘트값을 구하라고 하면

  $M_{x=\frac{l}{3}} = \dfrac{wl}{2} \cdot \dfrac{l}{3} - \dfrac{w}{2} \cdot \left(\dfrac{l}{3}\right)^2$으로 해석하면 된다.

- 전단력이 "0"이 되는 위치 $x = \dfrac{l}{2}$에서 최대 굽힘모멘트가 나오므로

$$M_{\max} = M_{x=\frac{l}{2}} = \frac{wl}{2} \cdot \frac{l}{2} - \frac{w}{2} \cdot \left(\frac{l}{2}\right)^2$$

$$= \frac{wl^2}{4} - \frac{wl^2}{8}$$

$$= \frac{wl^2}{8}$$

(5) 다음 그림처럼 수치가 주어지면 보를 쉽게 해석할 수 있다.

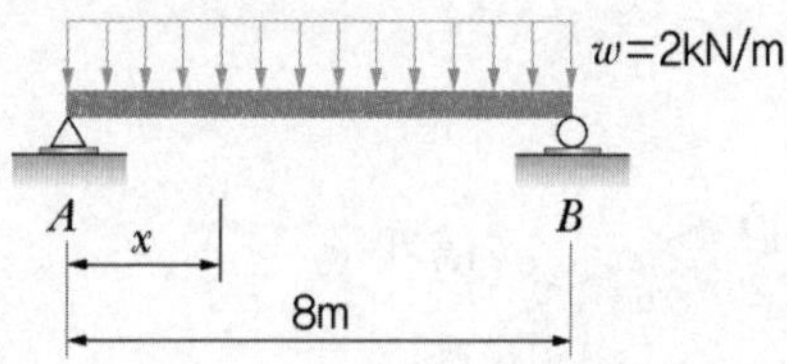

① 자유물체도(F.B.D)

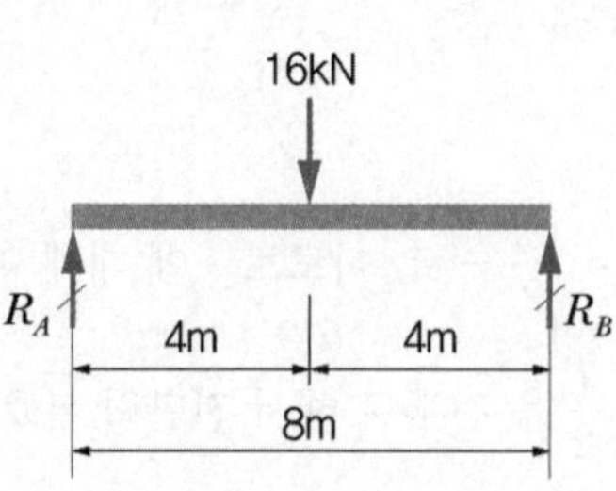

$\sum F_y = 0$: $R_A - 16\text{kN} + R_B = 0$

$\therefore$ 16kN$= R_A + R_B$

$\sum M_A = 0$: $16\text{kN} \times 4\text{m} - R_B \times 8\text{m} = 0$

$\therefore$ $R_B = 8\text{kN}$

16kN$= R_A + 8\text{kN}$ → $\therefore$ $R_A = 8\text{kN}$

② A지점으로부터 x인 지점의 전단력과 굽힘모멘트

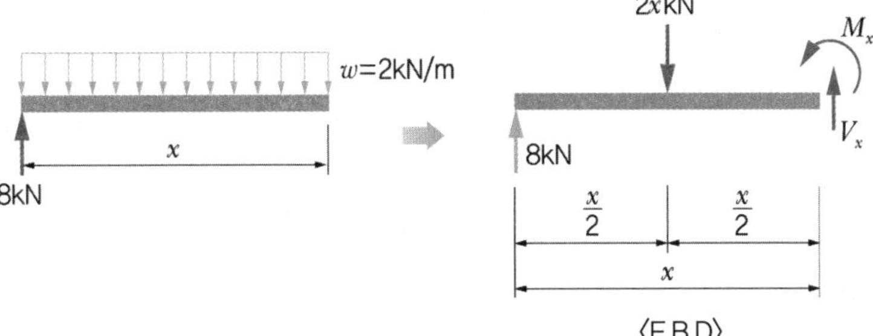

⟨F.B.D⟩

$\sum F_y = 0 : 8(\text{kN}) - 2(\text{kN/m}) \cdot x(m) + V_x(\text{kN}) = 0$

$\therefore\ V_x = 2(\text{kN/m}) \cdot x(\text{m}) - 8(\text{kN})$

전단력이 "0"인 위치

$0 = 2(\text{kN/m}) \cdot x(\text{m}) - 8(\text{kN})$

$\therefore\ x = 4\text{m}$

$\sum M_x = 0 : 8(\text{kN}) \times x(\text{m}) - 2(\text{kN/m}) \times x(\text{m}) \times \dfrac{x}{2}(\text{m}) - M_x = 0$

$\therefore\ M_x = (8x - x^2)\text{kN} \cdot \text{m}$

최대 굽힘모멘트는 $x = 4\text{m}$인 지점에서 발생하므로

$M_{\max} = M_{x=4\text{m}} = (8 \times 4 - 4^2)\text{kN} \cdot \text{m} = 16\text{kN} \cdot \text{m}$

③ 전단력선도(S.F.D)

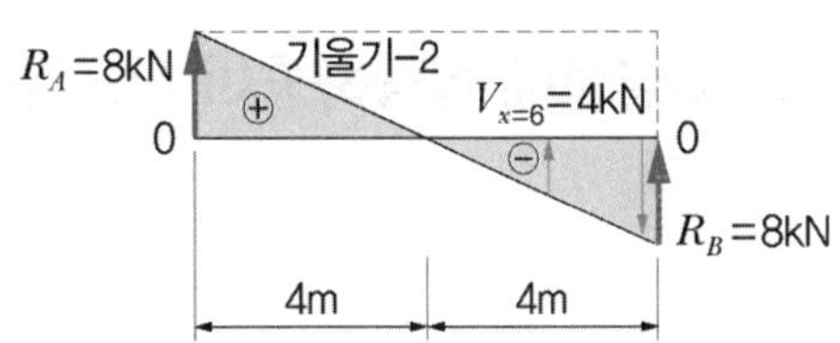

- $\dfrac{dV}{dx} = -w$이고 $\dfrac{dV}{dx} = -2$(kN)이므로 A지점의 8(kN), B지점의 −8(kN)값을 −2(kN)의 기울기로 연결한다. w가 등분포하중(상수)이어서 전단력은 한 차수 높은 x의 1차 함수가 되므로 8(kN)과 −8(kN)을 직선으로 연결한다.
- 전단력선도는 보 전체의 전단력을 보여주는 그림이며, 전단력이 "0"인 위치에서 최대 굽힘모멘트가 되는 것을 알 수 있다.
- $V_{x=6}$에서 전단력은 4(kN)이므로 전단력선도에 표시하였다.

④ 굽힘모멘트선도(B.M.D)

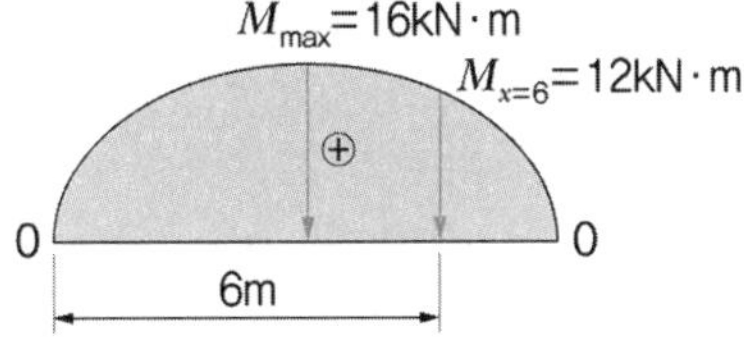

• M_{max}를 ③의 전단력선도에서 구해보면 $x=4$에서 M_{max}이므로

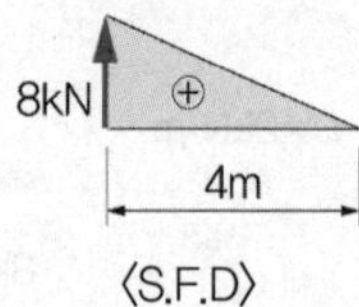

〈S.F.D〉

$x=0$에서 $x=4$까지의 전단력선도의 면적(삼각형)이 $M_{x=4}$이므로

$\frac{1}{2}\times 4\text{m}\times 8\text{kN}=16\text{kN}\cdot\text{m}$

• $M_{x=6}$의 모멘트값은 $12\text{kN}\cdot\text{m}$

⑤ $x=6$m인 지점에서의 전단력과 굽힘모멘트 해석

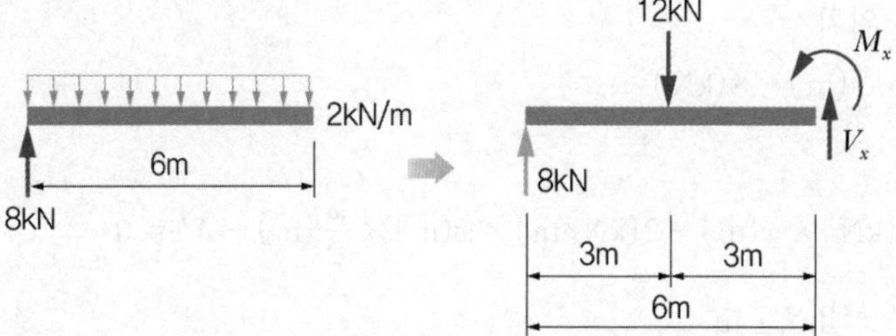

• 전단력 V_x : $\sum F_y=0\rightarrow 8\text{kN}-12\text{kN}+V_x=0\quad\therefore V_x=4\text{kN}$

• 굽힘모멘트 M_x : $\sum M_{x=6\text{m}}=0$: $8\text{kN}\times 6\text{m}-12\text{kN}\times 3\text{m}-M_x=0$

$\therefore M_x=(48-36)\text{kN}\cdot\text{m}=12\text{kN}\cdot\text{m}$

9 외팔보에 집중하중이 작용할 때

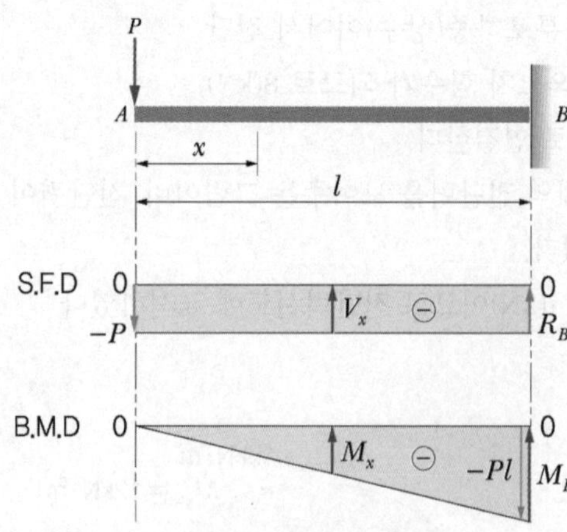

(1) 자유물체도(F.B.D)

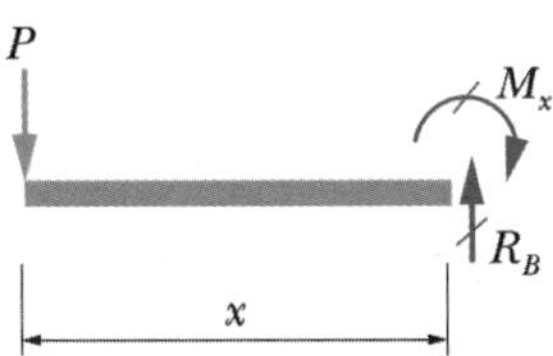

(2) 반력요소

$\sum F_y = 0 : -P + R_B = 0$

$\therefore R_B = P$

$\sum M_B = 0 : -P \cdot l + M_B = 0$

$\therefore M_B = P \cdot l$

(3) x 위치에서 전단력과 굽힘모멘트

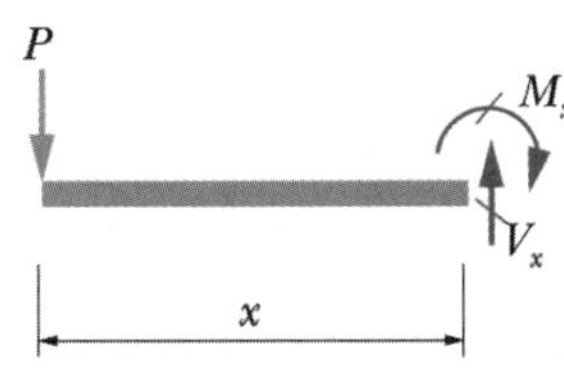

$\sum F_y = 0 : -P + V_x = 0 \quad \therefore V_x = P$

$\sum M_x = 0 : -Px + M_x = 0$

$\therefore M_x = Px$

① $M_{x=0} \rightarrow M_A = 0$

② $M_{x=l} \rightarrow M_B = P \cdot l$

(4) 자유물체도에서 V_x를 ↓(아래 방향)과 M_x를 ↶(좌회전 방향)으로 가정하면

$\sum F_y = 0 : -P - V_x = 0$

$\therefore V_x = -P$

$-P$이므로 P의 방향과 반대로 V_x는 ↑(위 방향)으로 향하게 된다.

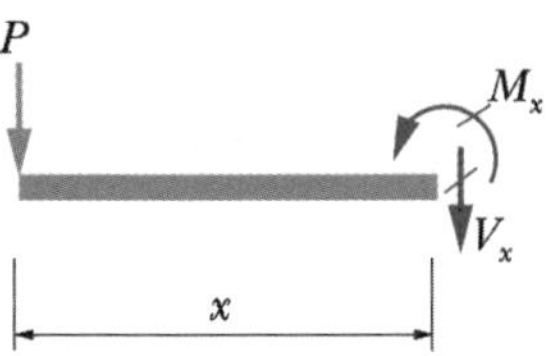

(5) 자유물체도에서 M_x를 ↶(좌회전 방향)으로 가정하면

$\sum M_x = 0 : -Px - M_x = 0$

$\therefore M_x = -Px$

$-Px$이므로 Px의 방향과 반대로 M_x는 ↷(우회전 방향)으로 바뀌게 된다.

(6) 외팔보가 그림처럼 좌우가 바뀌었을 때 S.F.D와 B.M.D는 다음과 같다.

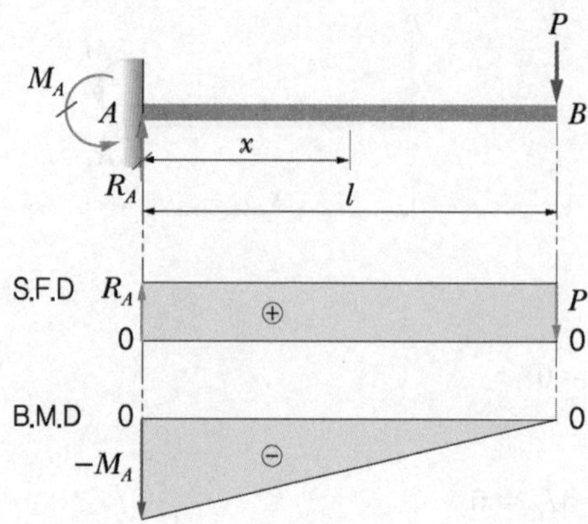

(7) 자유물체도를 사용해 외팔보의 반력과 모멘트, x 지점의 전단력과 모멘트를 해석해 보면

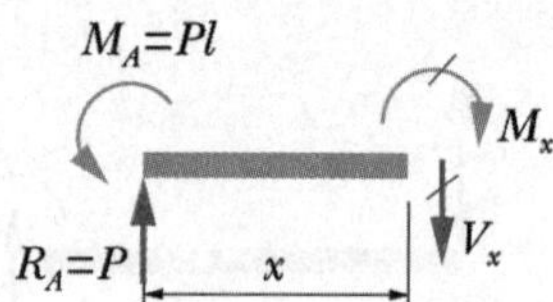

그림에서 $R_A - V_x = 0$

$\therefore\ V_x = R_A = P$

$\sum M_x = 0 : -M_A + R_A \cdot x + M_x = 0$

$\therefore\ M_x = M_A - R_A \cdot x = Pl - P \cdot x$

10 외팔보에 등분포하중이 작용할 때

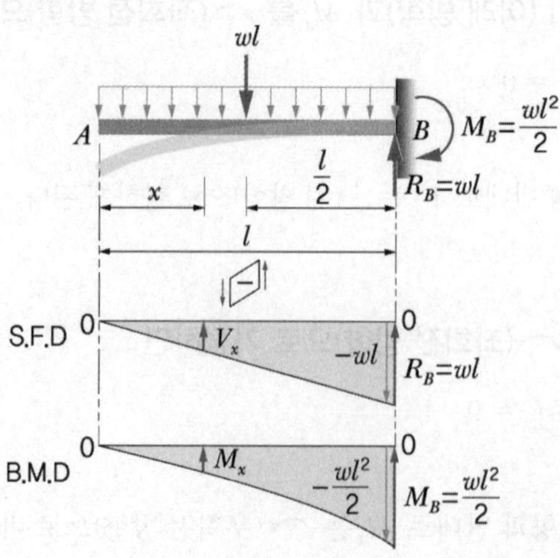

(1) 자유물체도(F.B.D)

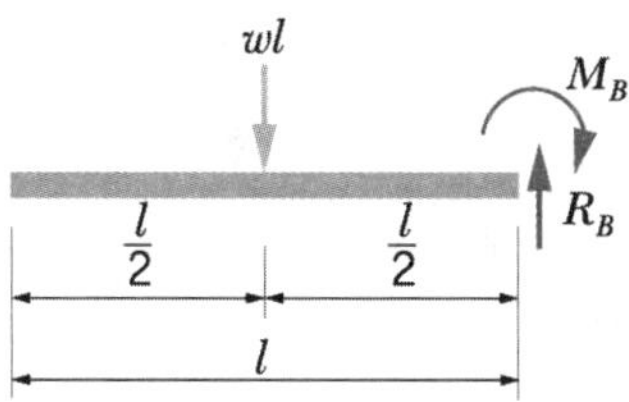

(2) 반력요소

$\Sigma F_y = 0 : -wl + R_B = 0$

$\therefore R_B = wl$

$\Sigma M_B = 0 : -wl\frac{l}{2} + M_B = 0$

$\therefore M_B = \frac{wl^2}{2}$

(3) x 위치에서 전단력과 굽힘모멘트

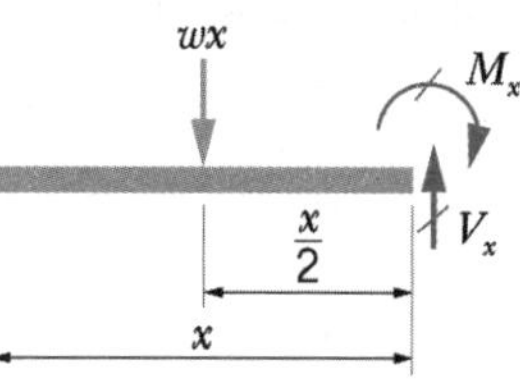

$\Sigma F_y = 0 : -wx + V_x = 0 \quad \therefore V_x = wx$

$\Sigma M_x = 0 : -wx\frac{x}{2} + M_x = 0 \quad \therefore M_x = \frac{wx^2}{2}$

① $M_{x=0} \rightarrow M_A = 0$

② $M_{x=l} \rightarrow M_B = \frac{wl^2}{2}$

(4) 등분포하중의 외팔보가 그림처럼 좌우가 바뀌었을 때 S.F.D와 B.M.D는 다음과 같다.

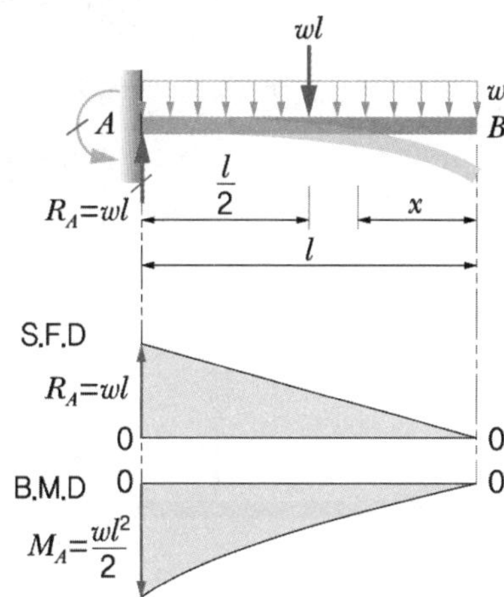

(5) 등분포하중을 받는 외팔보의 x 지점의 전단력과 모멘트를 해석해 보면

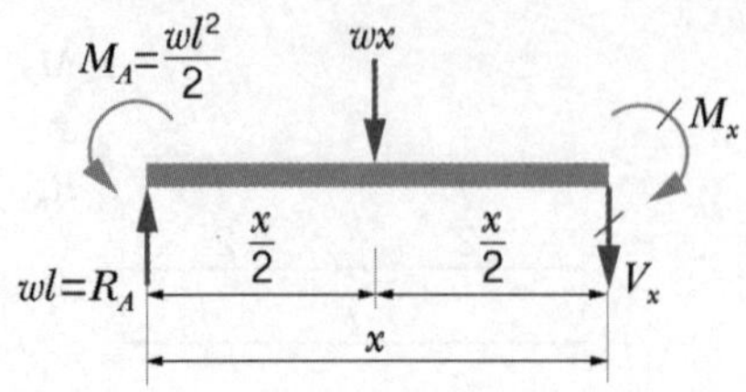

$$\Sigma F_y = 0 : R_A - wx - V_x = 0$$

$$\therefore\ V_x = R_A - wx = wl - wx$$

$$\Sigma M_x = 0 : -\frac{wl^2}{2} + R_A \cdot x - wx\frac{x}{2} + M_x = 0$$

$$\therefore\ M_x = \frac{wl^2}{2} + \frac{wx^2}{2} - wlx$$

11 외팔보에 점변분포하중이 작용할 때

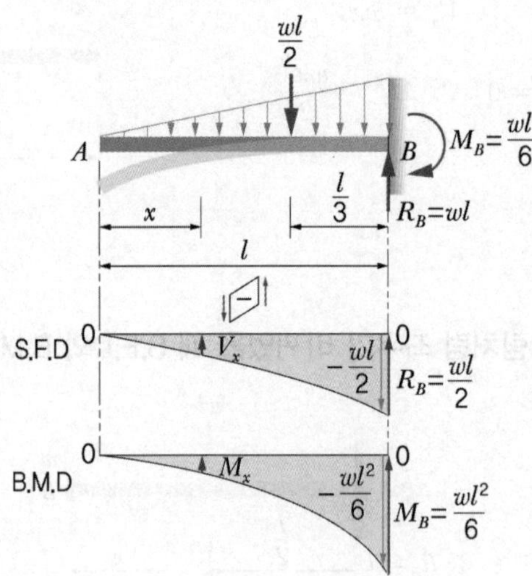

(1) 자유물체도(F.B.D)

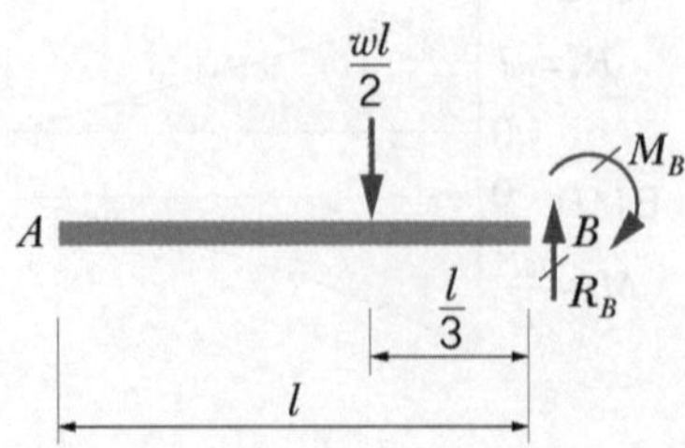

(2) 반력요소

$\sum F_y = 0 : -\dfrac{wl}{2} + R_B = 0$

$\therefore R_B = \dfrac{wl}{2}$

$\sum M_B = 0 : -\dfrac{wl}{2} \times \dfrac{l}{3} + M_B = 0$

$\therefore M_B = \dfrac{wl^2}{6}$

(3) x 위치에서 전단력과 굽힘모멘트

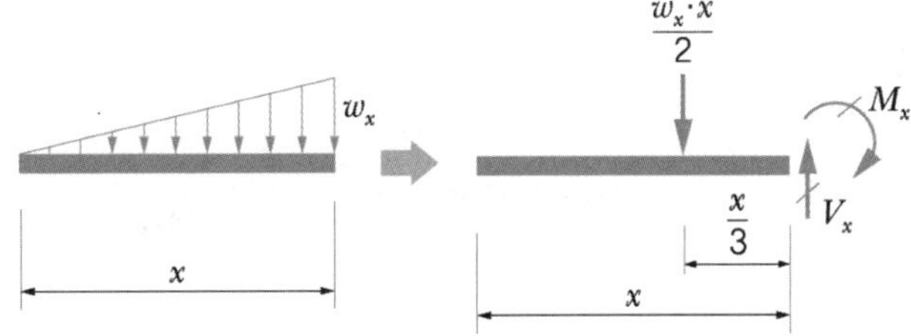

$x : l = w_x : w$(삼각형 분포 비례식)

$\therefore w_x = \dfrac{w}{l}x$

$\sum F_y = 0 : -\dfrac{w_x \cdot x}{2} + V_x = 0$

$-\dfrac{w \cdot x^2}{2l} + V_x = 0$

$\therefore V_x = \dfrac{w \cdot x^2}{2l}$

$\sum M_x = 0 : -\dfrac{w_x \cdot x^2}{2} \times \dfrac{x}{3} + M_x = 0$

$-\dfrac{w \cdot x^3}{6l} + M_x = 0$

$\therefore M_x = \dfrac{w \cdot x^3}{6l}$

① $M_{x=0} \rightarrow M_A = 0$

② $M_{x=l} \rightarrow M_B = \dfrac{wl^2}{6}$

⑫ 우력이 작용하는 외팔보

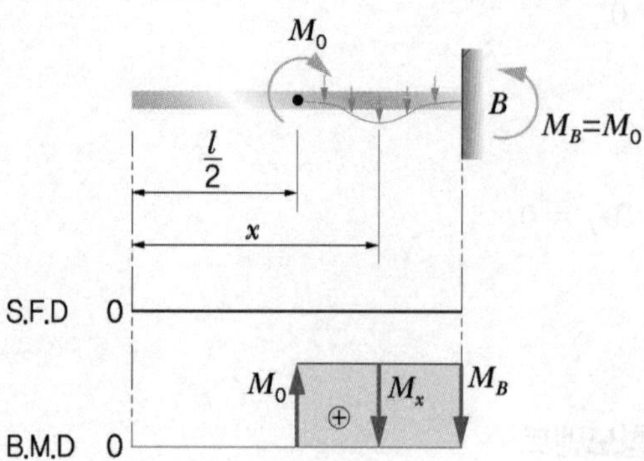

(1) 자유물체도(F.B.D)

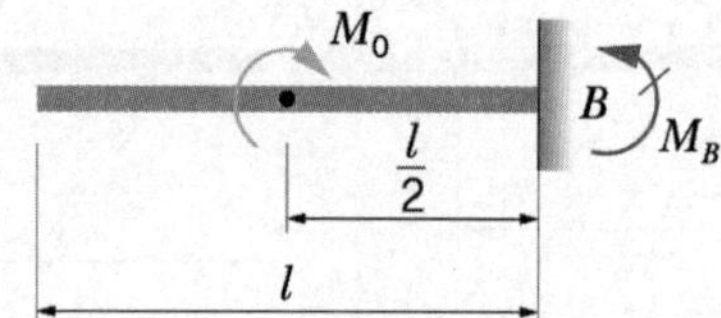

(2) 반력요소

R_B : 존재하지 않는다.

$\sum M_B = 0$: $M_0 - M_B = 0$

$\therefore\ M_B = M_0$

(3) x위치에서 전단력과 굽힘모멘트

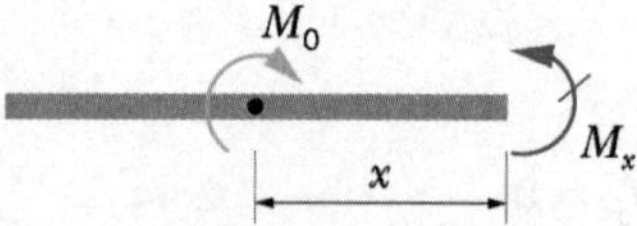

$V_x = 0$

$\sum M_x = 0$: $M_0 - M_x = 0$

$\therefore\ M_x = M_0$

참고

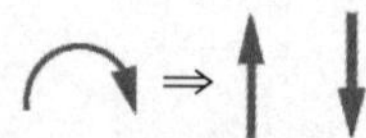 우력을 두 힘과 수직거리로 나누어서 해석할 수도 있다.

⑬ 순수굽힘을 받는 단순보

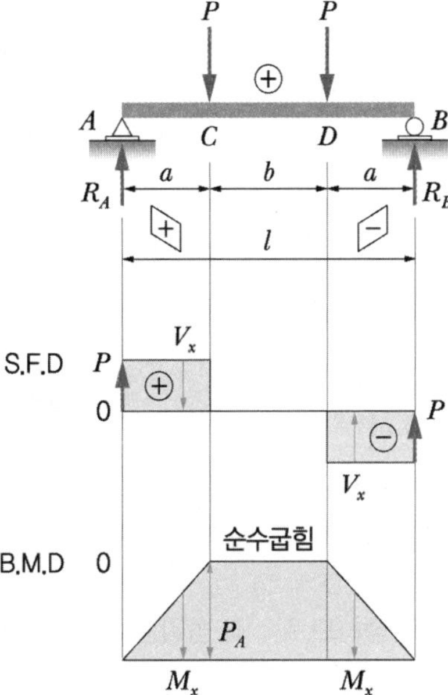

※ 설계에서 굽힘만 받는 축
⇒ 차축

(1) 자유물체도(F.B.D)

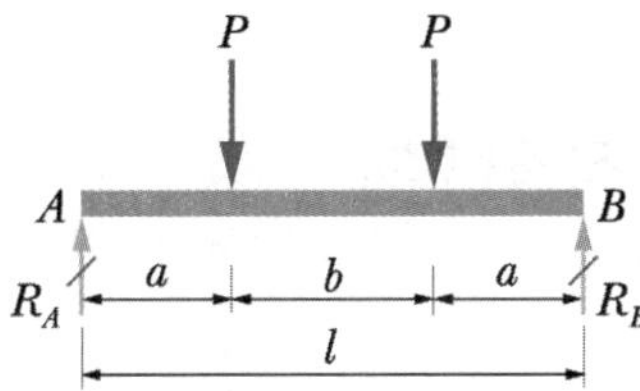

(2) 반력요소

$$\Sigma M_B = 0 : R_A \cdot l - P(b+a) - Pa = 0$$

$$\therefore R_A = \frac{P(b+2a)}{l} = P \ (R_A = R_B = P)$$

(3) x 위치에서 전단력과 굽힘모멘트

① x의 위치가 $0 < x < a$일 때

$$P - V_x = 0$$

$$Px - M_x = 0$$

$$\therefore M_x = Px$$

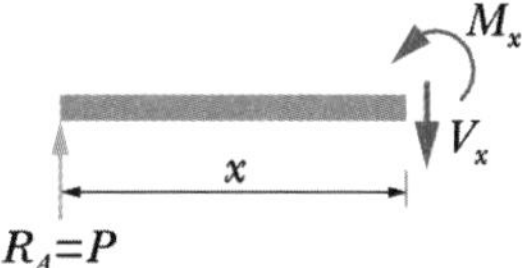

② x의 위치가 $a < x < a+b$일 때

$R_A - P + V_x = 0$

$\therefore\ V_x = 0$

$R_A \cdot x - P(x-a) - M_x = 0$

$\therefore\ M_x = Pa$

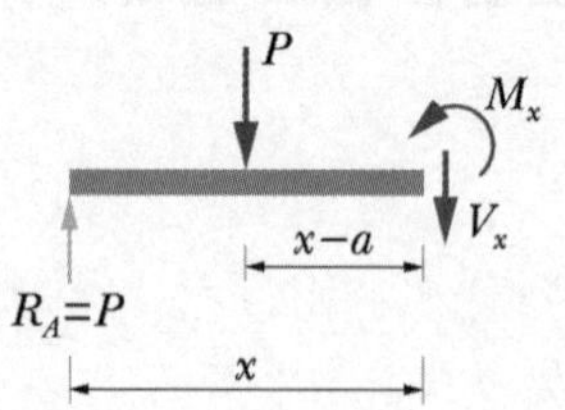

③ x의 위치가 $a+b < x < l$일 때

$R_A - P - P + V_x = 0$

$\therefore\ V_x = P$

$R_A \cdot x - P(x-a) - P(x-(a+b)) - M_x = 0$

$Px - Px + Pa - Px + P(a+b) = M_x$

$\therefore\ M_x = P(2a+b-x) = P(l-x)$

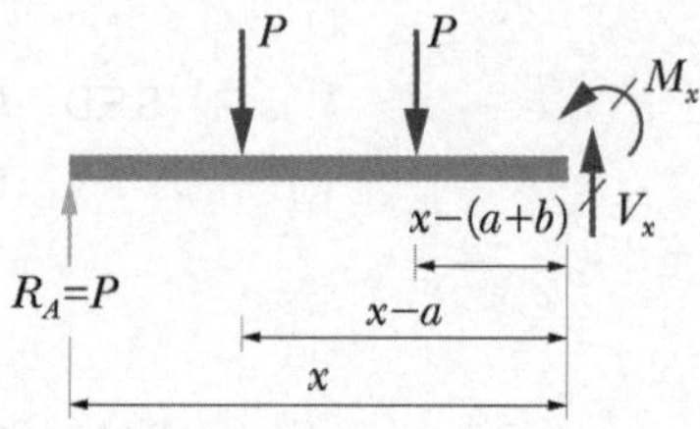

④ $M_{\max}$는 전단력이 "0"인 곳에서 발생하므로 x의 범위는 $a < x < a+b$이다.

이 구간의 $M_x = Pa$이므로 최대 굽힘모멘트는 Pa이다.

또한 이 구간에서는 전단력이 모두 "0"이므로 "순수굽힘"만을 받는다.

14 단순보에 등분포하중이 작용할 때

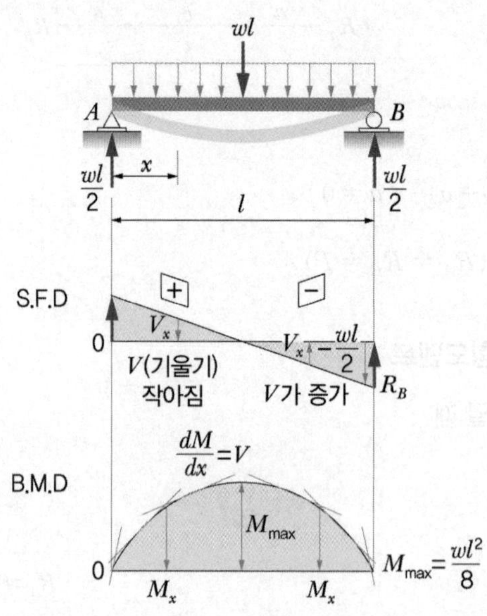

(1) 자유물체도(F.B.D)

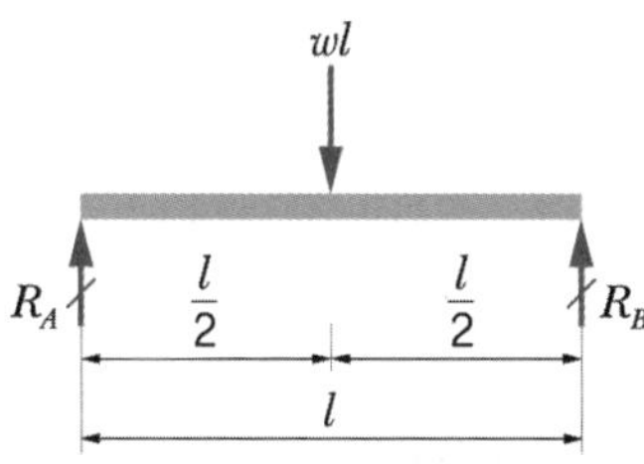

(2) 반력요소

$\Sigma F_y = 0 : R_A - wl + R_B = 0$

$\therefore wl = R_A + R_B$

$\Sigma M_B = 0 : R_A \cdot l - wl\frac{l}{2} = 0$

$\therefore R_A = \frac{wl}{2} \rightarrow R_B = \frac{wl}{2}$

(3) x 위치에서 전단력과 굽힘모멘트

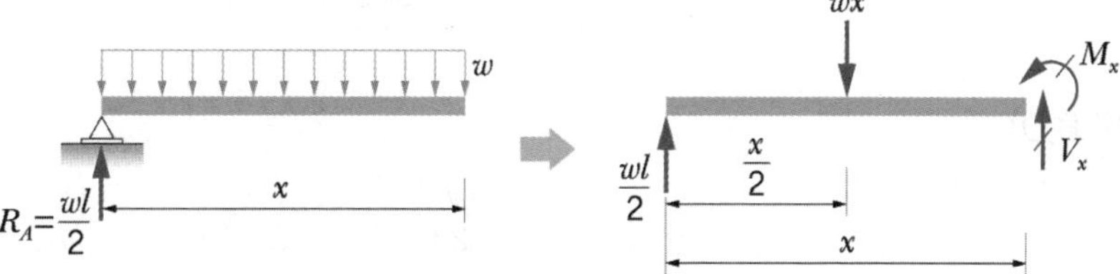

① $\Sigma F_y = 0 : R_A - wx + V_x = 0$

$\therefore V_x = wx - R_A = wx - \frac{wl}{2}$ → S.F.D x의 1차 함수

② $\Sigma M_x = 0 : R_A \cdot x - wx\frac{x}{2} - M_x = 0$

$\therefore M_x = \frac{wl}{2}x - \frac{w}{2}x^2$ → B.M.D x의 2차 함수

③ 전단력이 "0"인 위치 $V_x = wx - \frac{wl}{2} = 0$에서 $x = \frac{l}{2}$

④ $M_{\max} = M_{x=\frac{l}{2}} = \frac{wl}{2} \cdot \frac{l}{2} - \frac{w}{2}\left(\frac{l}{2}\right)^2 = \frac{wl^2}{4} - \frac{wl^2}{8} = \frac{wl^2}{8}$

⑮ 단순보에 점변분포하중이 작용할 때

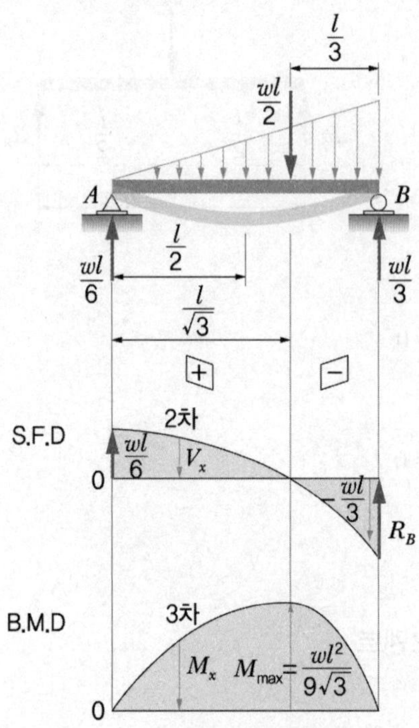

(1) 자유물체도(F.B.D)

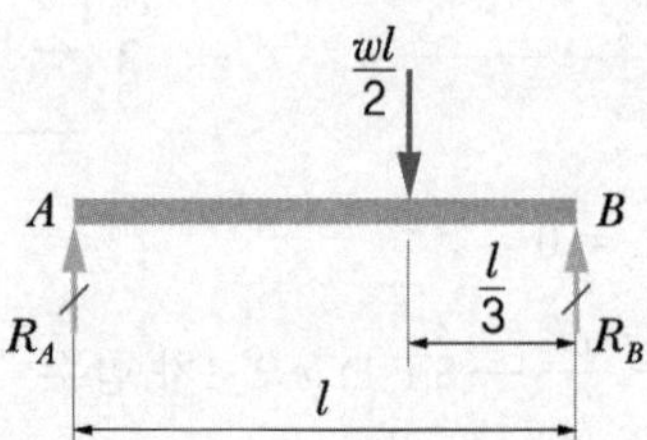

(2) 반력요소

$\sum F_y = 0 : R_A - \dfrac{wl}{2} + R_B = 0 \quad \therefore \dfrac{wl}{2} = R_A + R_B$ ………………………… ⓐ

$\sum M_B = 0 : R_A \cdot l - \dfrac{wl}{2} \cdot \dfrac{l}{3} = 0 \quad \therefore R_A = \dfrac{wl}{6}$ ………………………… ⓑ

ⓐ에 ⓑ를 대입하면 $R_B = \dfrac{wl}{3}$

(3) x 위치에서 전단력과 굽힘모멘트

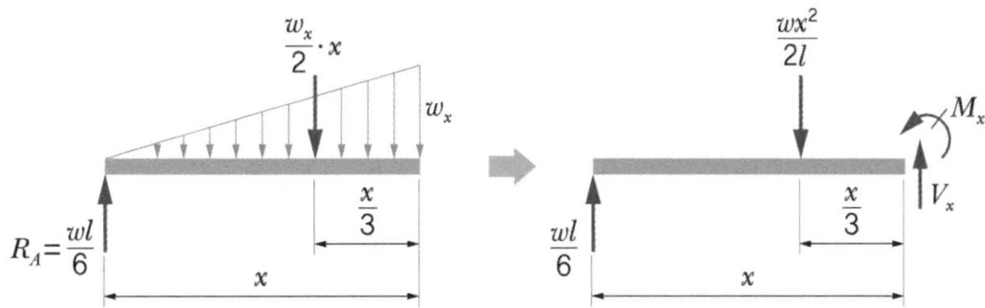

$x : w_x = l : w \quad \therefore\ w_x = \frac{w}{l}x$

① $\sum F_y = 0 :\ \frac{wl}{6} - \frac{wx^2}{2l} + V_x = 0$

$\therefore\ V_x = \frac{w}{2l}x^2 - \frac{wl}{6}$

② $\sum M_x = 0 :\ \frac{wl}{6}x - \frac{wx^2}{2l}\cdot\frac{x}{3} - M_x = 0$

$\therefore\ M_x = \frac{wl}{6}x - \frac{wx^3}{6l}$

③ 전단력이 "0"인 위치 $V_x = \frac{w}{2l}x^2 - \frac{wl}{6} = 0$에서 $x^2 = \frac{l^2}{3}$

$\therefore\ x = \frac{l}{\sqrt{3}}$

④ $M_{\max} = M_{x=\frac{l}{\sqrt{3}}} = \frac{wl}{6}\cdot\frac{l}{\sqrt{3}} - \frac{w}{6l}\left(\frac{l}{\sqrt{3}}\right)^3 = \frac{wl^2}{6\sqrt{3}}\left(1-\frac{1}{3}\right) = \frac{wl^2}{9\sqrt{3}}$

16 단순보에 우력이 작용할 때

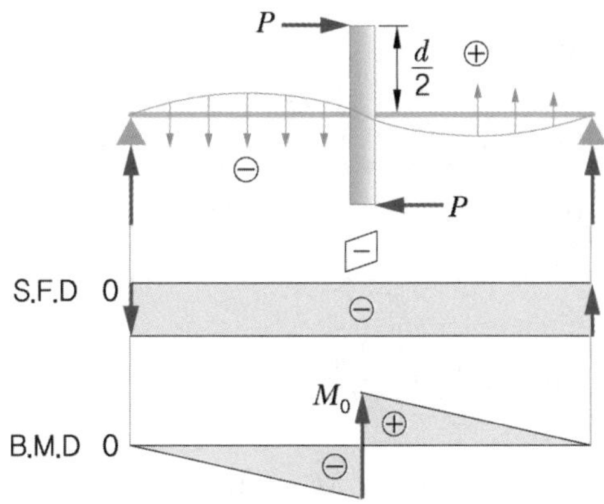

(1) 자유물체도(F.B.D)

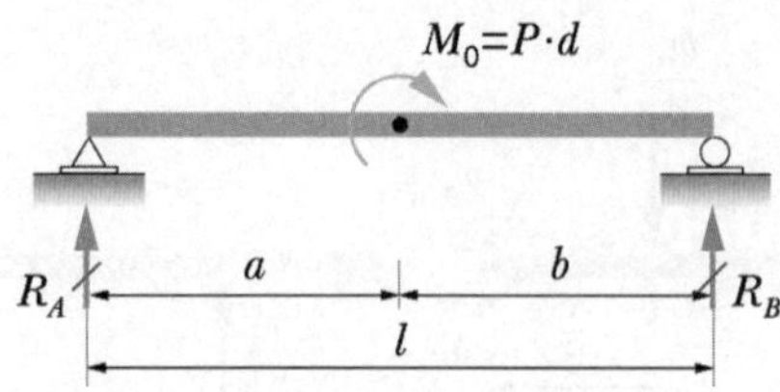

(2) 반력요소

$\sum F_y = 0 : R_A + R_B = 0 \quad \therefore R_A = -R_B$ (힘의 크기가 같고 서로 반대 방향)

$\sum M_A = 0 : M_0 - R_B \cdot l = 0 \quad \therefore R_B = \dfrac{M_0}{l} \rightarrow R_A = -\dfrac{M_0}{l}$

정확히 자유물체도를 그리면

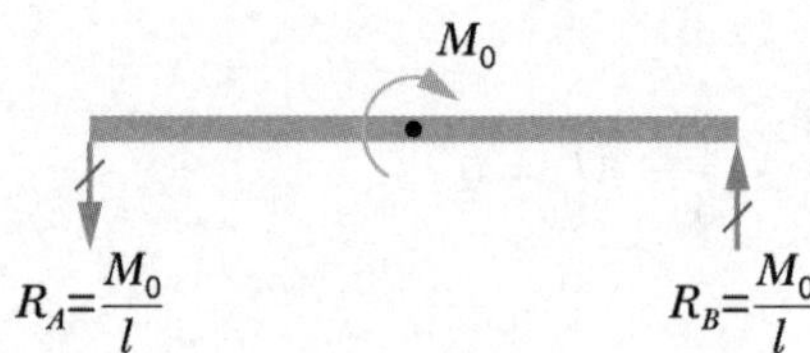

(3) x 위치에서 전단력과 굽힘모멘트

① x의 위치가 $0 < x < a$일 때

$\sum F_y = 0 : -\dfrac{M_0}{l} + V_x = 0 \quad \therefore V_x = \dfrac{M_0}{l}$

$\sum M_x = 0 : -R_A \cdot x + M_x = 0 \quad \therefore M_x = \dfrac{M_0}{l} x$

② x의 위치가 $a < x < l$일 때

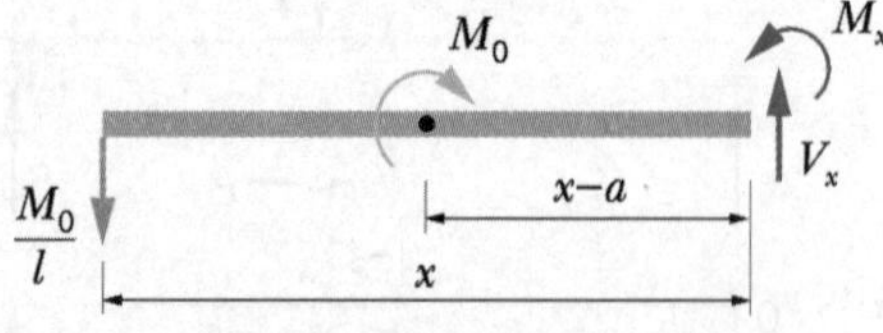

$\sum F_y = 0 : -\dfrac{M_0}{l} + V_x = 0 \quad \therefore V_x = \dfrac{M_0}{l}$

$\sum M_x = 0 : -\dfrac{M_0}{l} x + M_0 - M_x = 0 \quad \therefore M_x = M_0 - \dfrac{M_0}{l} x$

17 돌출보에 집중하중이 작용할 때

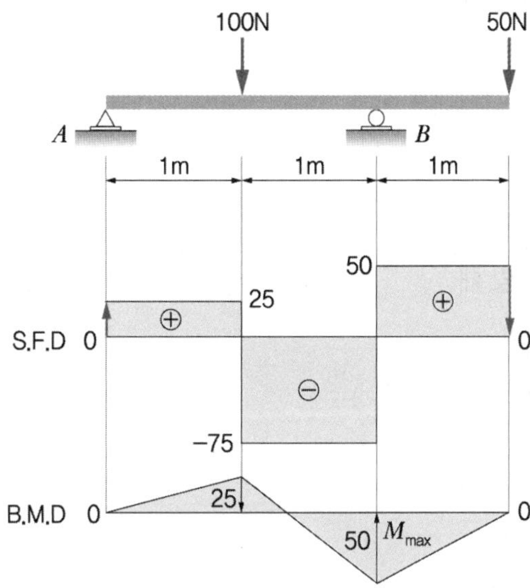

(1) 자유물체도(F.B.D)

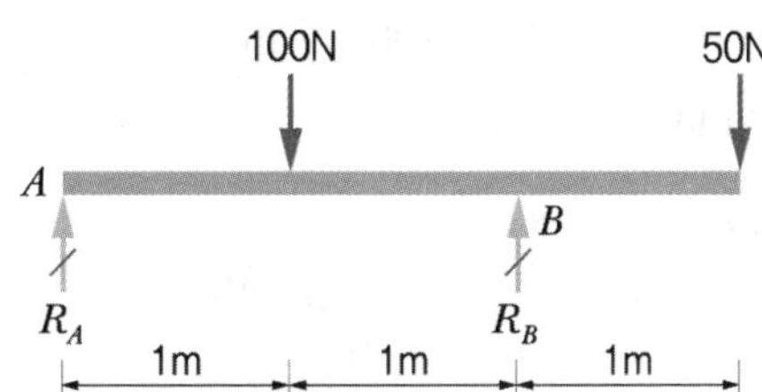

(2) 반력요소

$\Sigma F_y = 0$: $R_A - 100 + R_B - 50 = 0$

$\therefore\ R_A + R_B = 150\text{N}$ ⋯⋯ ⓐ

$\Sigma M_B = 0$: $R_A \times 2 - 100 \times 1 + 50 \times 1 = 0$

$\therefore\ R_A = 25\text{N}$ ⋯⋯ ⓑ

ⓑ를 ⓐ에 대입하면 $R_B = 125\text{N}$

(3) x 위치에서 전단력과 굽힘모멘트

① x의 위치가 $0 < x < 1$일 때

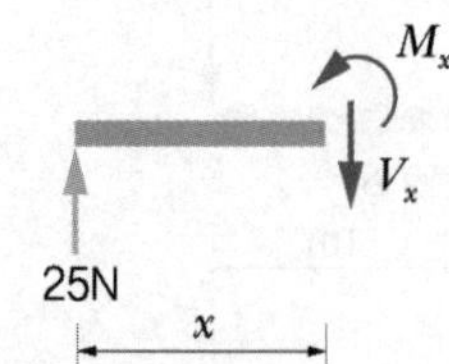

$V_x = 25\text{N}$

$M_x = 25x\text{N}\cdot\text{m}$

② x의 위치가 $1 < x < 2$일 때

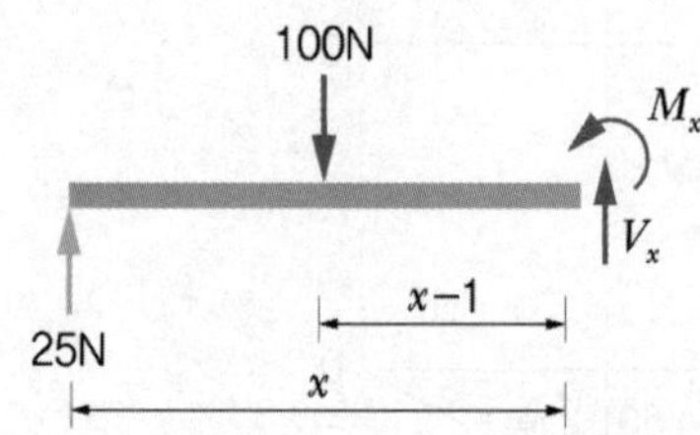

$\sum F_y = 0 : 25 - 100 + V_x = 0 \quad \therefore\ V_x = 75\text{N}$

$\sum M_x = 0 : 25x - 100(x-1) - M_x = 0$

$\therefore\ M_x = 25x - 100x + 100 = -75x + 100\text{N} \cdot \text{m}$

③ x의 위치가 $2 < x < 3$일 때

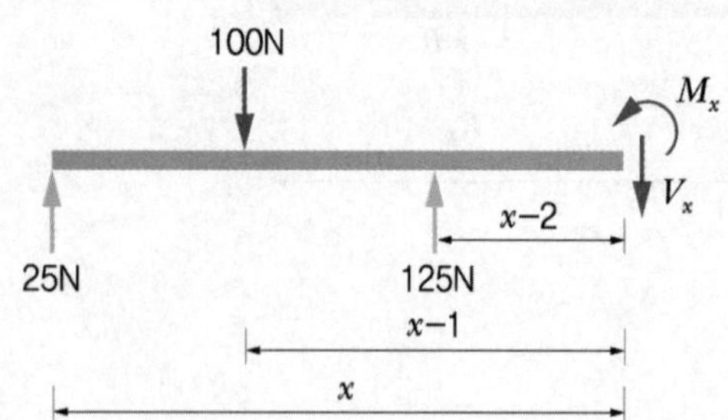

$\sum F_y = 0 : 25 - 100 + 125 - V_x = 0 \quad \therefore\ V_x = 50\text{N}$

$\sum M_x = 0 : 25x - 100(x-1) + 125(x-2) - M_x = 0$

$\therefore\ M_x = 25x - 100x + 100 + 125x - 250 = 50x - 150\text{N} \cdot \text{m}$

④ 전단력이 "0"을 통과하는 두 지점 → S.F.D에서 $x = 1\text{m}$와 $x = 2\text{m}$

$M_{x=1} = 25\text{N} \cdot \text{m}$, $M_{x=2} = 25 \times 2 - 100 \times 1 = -50\text{N} \cdot \text{m}$

$\therefore\ M_{\max} = 50\text{N} \cdot \text{m}$ (B.M.D 에서 보면 매우 이해하기 쉽다.)

18 돌출보가 등분포하중을 받을 때

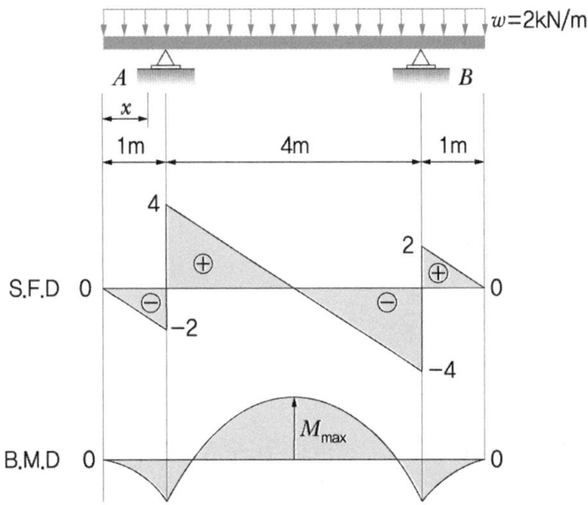

(1) 자유물체도(F.B.D)

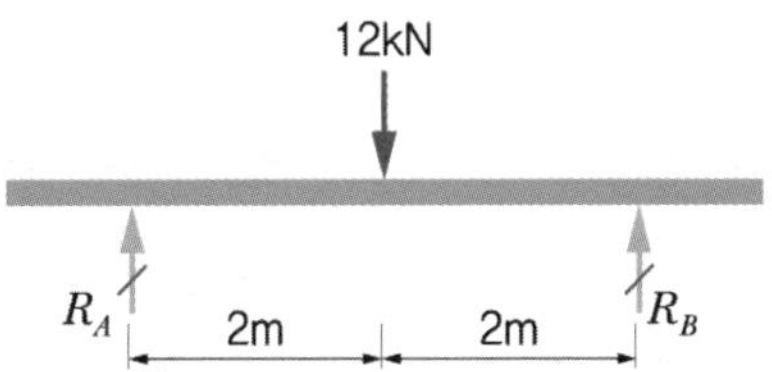

(2) 반력요소

$\Sigma F_y = 0$: $R_A - 12 + R_B = 0$ $\therefore$ $R_A + R_B = 12\text{kN}$ ······························· ⓐ

$\Sigma M_B = 0$: $R_A \times 4 - 12 \times 12 = 0$ $\therefore$ $R_A = 6\text{kN}$ ·· ⓑ

ⓑ를 ⓐ에 대입하면 $R_B = 6\text{kN}$

(3) x 위치에서 전단력과 굽힘모멘트

① x의 위치가 $0 < x < 1$일 때

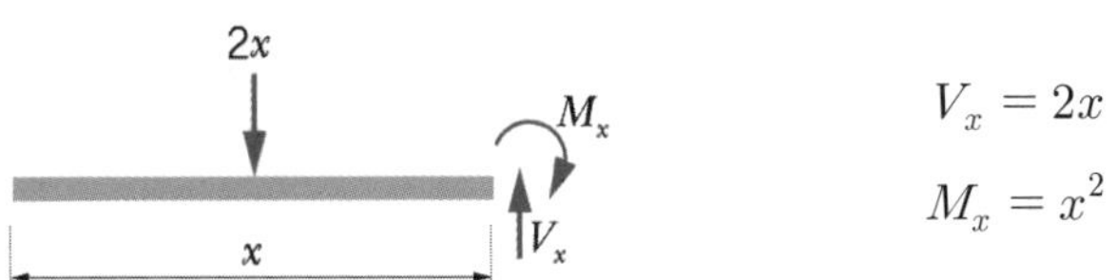

$V_x = 2x$

$M_x = x^2$

② x의 위치가 $1 < x < 5$일 때

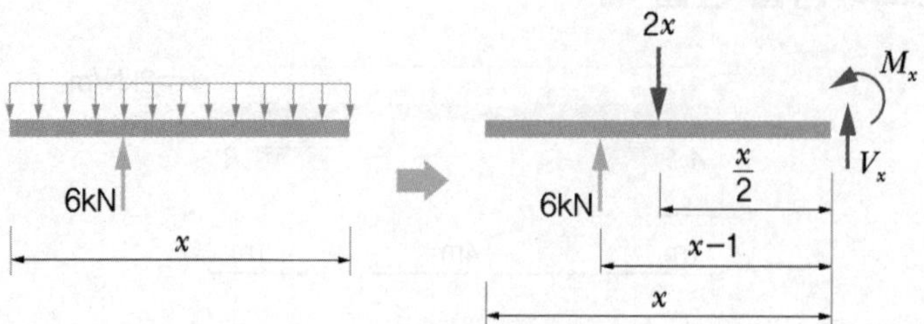

$\sum F_y = 0 : 6 - 2x + V_x = 0 \quad \therefore V_x = 2x - 6$

$\sum M_x = 0 : 6 \times (x-1) - 2x \cdot \frac{x}{2} - M_x = 0$

$\therefore M_x = 6(x-1) - x^2$

③ 전단력이 "0"인 위치는 S.F.D 에서 보면 바로 알 수 있고 ②에서

$V_x = 2x - 6 = 0 \quad \therefore x = 3\text{m}$

$M_{\max} = M_{x=3} = 6 \times 2 - 6 \times 1.5 = 3\text{kN} \cdot \text{m}$

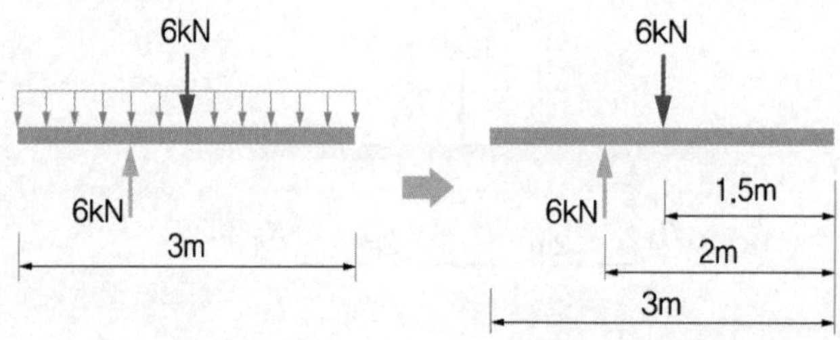

⑲ 돌출보에 집중하중과 등분포하중이 작용할 때

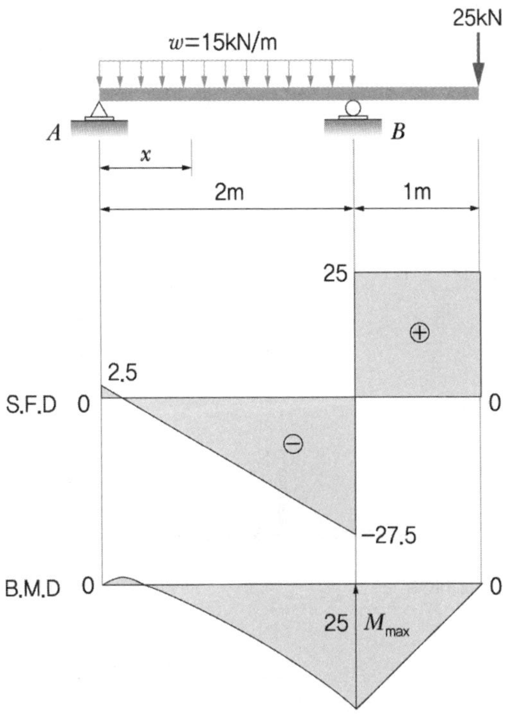

(1) 자유물체도(F.B.D)

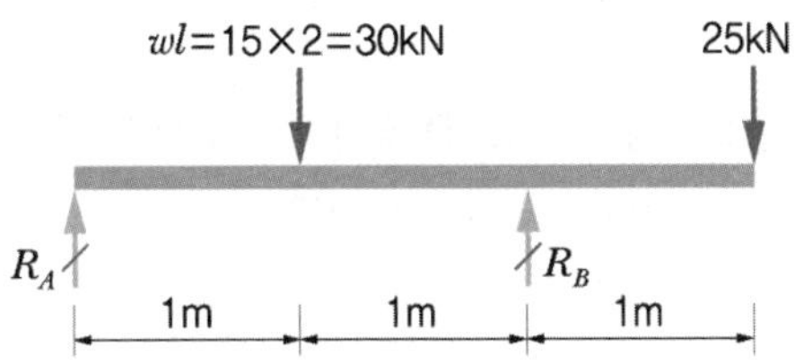

(2) 반력요소

$\Sigma F_y = 0$: $R_A - 30 + R_B - 25 = 0$ $\therefore R_A + R_B = 55\text{kN}$ ························ ⓐ

$\Sigma M_B = 0$: $R_A \times 2 - 30 \times 1 + 25 \times 1 = 0$ $\therefore R_A = 2.5\text{kN}$ ························ ⓑ

ⓑ를 ⓐ에 대입하면 $R_B = 52.5\text{kN}$

(3) x 위치에서 전단력과 굽힘모멘트

① x의 위치가 $0 < x < 2$일 때

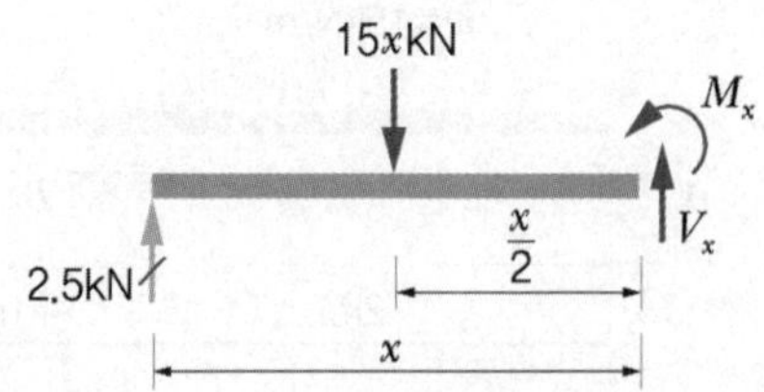

$\sum F_y = 0 : 2.5 - 15x + V_x = 0 \quad \therefore \ V_x = 15 - 2.5(\text{kN})$

$\sum M_x = 0 : 2.5 \times x - 15x\frac{x}{2} - M_x = 0 \quad \therefore \ M_x = 2.5x - \frac{15}{2}x^2(\text{kN} \cdot \text{m})$

② x의 위치가 $2 < x < 3$일 때

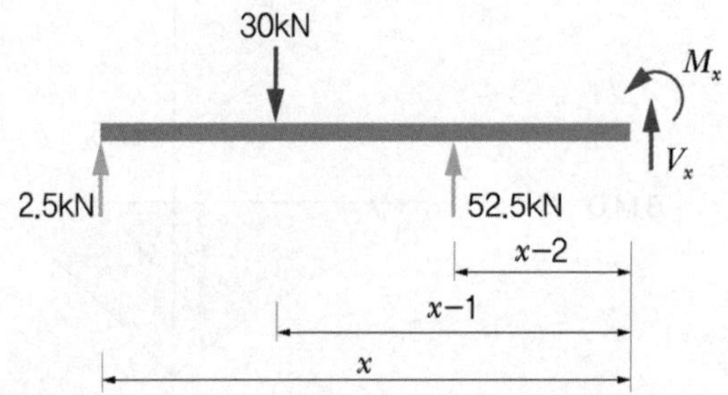

$\sum F_y = 0 : 2.5 - 30 + 52.5 + V_x = 0 \quad \therefore \ V_x = 25\text{kN}$

$\sum M_x = 0 : 2.5x - 30(x-1) + 52.5(x-2) - M_x = 0$

$\therefore \ M_x = 2.5x - 30(x-1) + 52.5(x-2)$

③ 전단력이 "0"을 통과하는 2지점 → S.F.D 에서 $x = 0.167\text{m}$와 $x = 2\text{m}$

①에서 구한 $V_x = 15x - 2.5 = 0 \quad \therefore \ x = 0.167\text{m}$

$x = 2\text{m}$ 에서 M_{max}이므로 ②에서

$M_{max} = M_{x=2} = 2.5 \times 2 - 30(2-1) = -25\text{kN} \cdot \text{m}$

20 단순보 기타

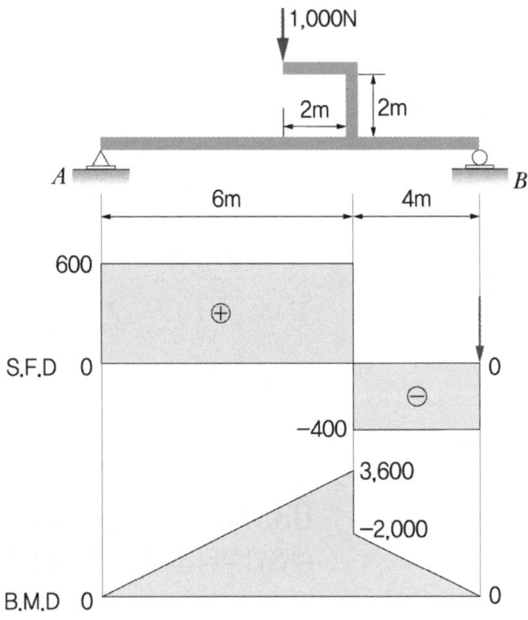

(1) 자유물체도(F.B.D)

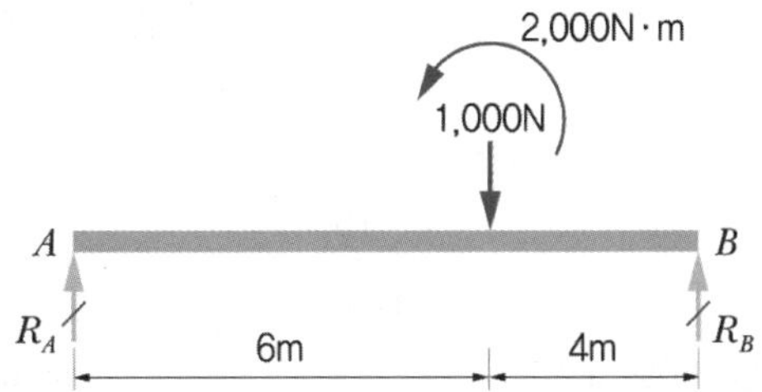

(2) 반력요소

$\Sigma F_y = 0 : R_A - 1,000 + R_B = 0 \qquad \therefore R_A + R_B = 1,000\text{N}$

$\Sigma M_B = 0 : R_A \times 10 - 1,000 \times 4 - 2,000 = 0$

$\therefore R_A = 600\text{N} \rightarrow R_B = 400\text{N}$

핵심 기출 문제

01 그림과 같은 균일단면의 돌출보에서 반력 R_A는?(단, 보의 자중은 무시한다.)

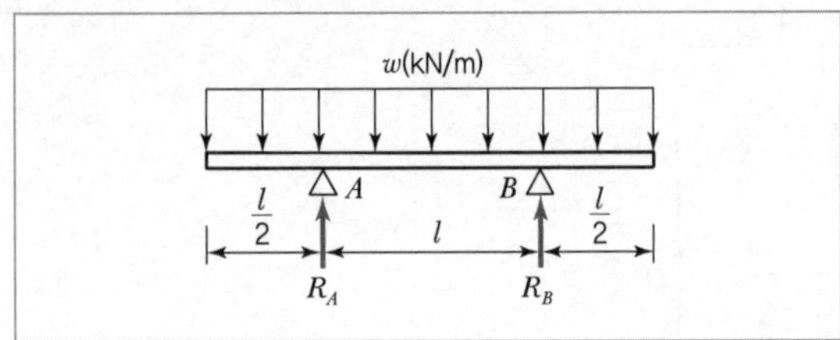

① wl ② $\frac{wl}{4}$ ③ $\frac{wl}{3}$ ④ $\frac{wl}{2}$

해설

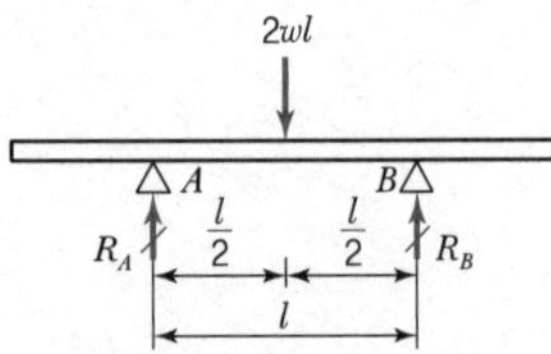

$\Sigma M_B = 0$: $R_A l - 2wl \cdot \frac{l}{2} = 0$

$\therefore R_A = wl$

02 그림과 같은 단순 지지보에 모멘트(M)와 균일분포하중(w)이 작용할 때, A점의 반력은?

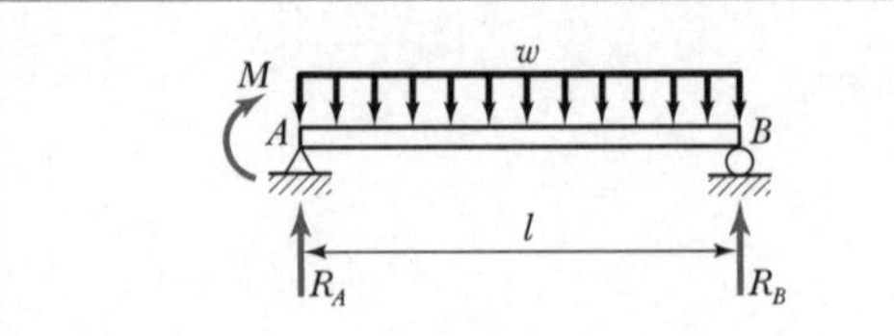

① $\frac{wl}{2} - \frac{M}{l}$ ② $\frac{wl}{2} - M$

③ $\frac{wl}{2} + M$ ④ $\frac{wl}{2} + \frac{M}{l}$

해설

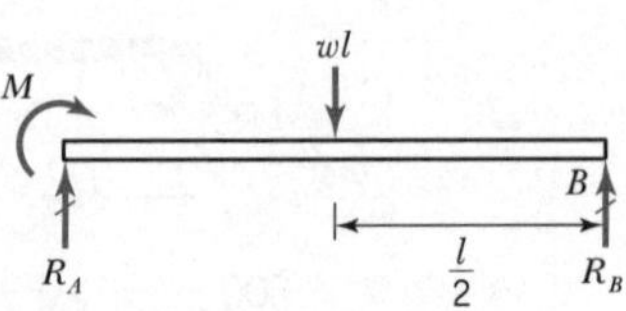

$\Sigma M_B = 0$: $M + R_A l - wl\frac{l}{2} = 0$

$\therefore R_A = \frac{wl}{2} - \frac{M}{l}$

03 그림과 같이 등분포하중이 작용하는 보에서 최대전단력의 크기는 몇 kN인가?

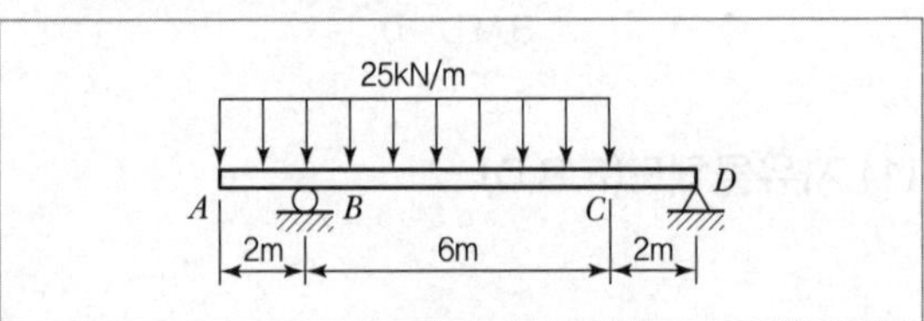

① 50 ② 100

③ 150 ④ 200

해설

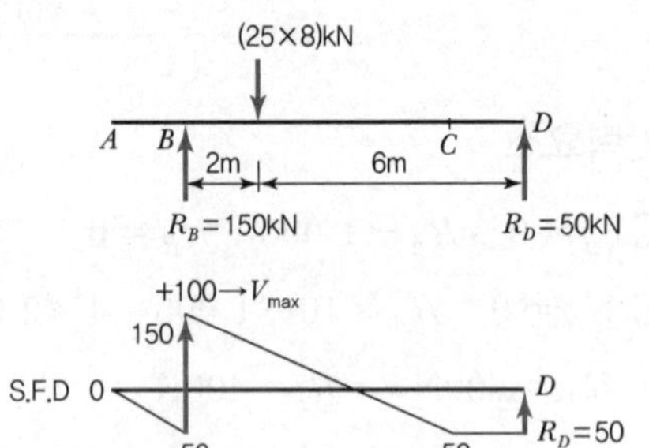

S.F.D에서 최대전단력의 크기는 $V_{max} = 100\text{kN}$

정답 01 ① 02 ① 03 ②

04 아래와 같은 보에서 C점(A에서 4m 떨어진 점)에서의 굽힘모멘트 값은 약 몇 kN · m인가?

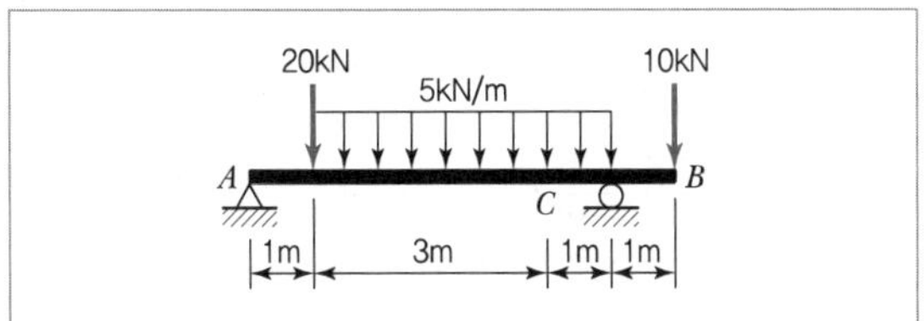

① 5.5 ② 11 ③ 13 ④ 22

해설

• 지점의 반력을 구해보면

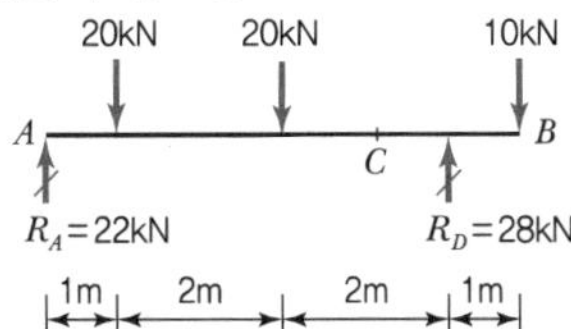

$\Sigma M_A = 0 : R_A \times 5 - 20 \times 4 - 20 \times 2 + 10 \times 1 = 0$

$\therefore R_A = 22\text{kN}$

$\Sigma F_y = 0 : R_A - 20 - 20 - 10 + R_D = 0$에서

$\therefore R_D = 28\text{kN}$

• C점의 모멘트 값을 구하기 위해 자유물체도를 그리면

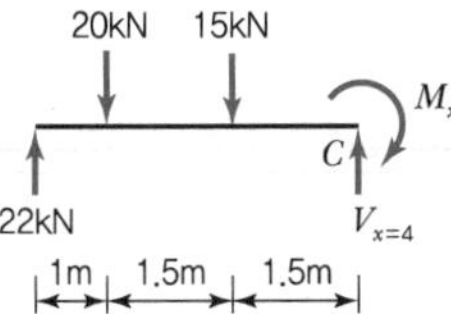

$\Sigma M_{x=4} = 0 : 22 \times 4 - 20 \times 3 - 15 \times 1.5 + M_x = 0$

$\therefore M_x = 5.5\text{kN} \cdot \text{m}$

05 그림과 같은 외팔보에서 고정부에서의 굽힘모멘트를 구하면 약 몇 kN · m인가?

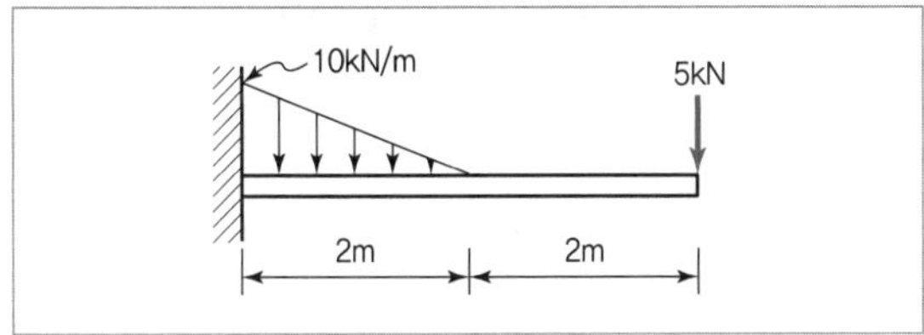

① 26.7(반시계방향) ② 26.7(시계방향)
③ 46.7(반시계방향) ④ 46.7(시계방향)

해설

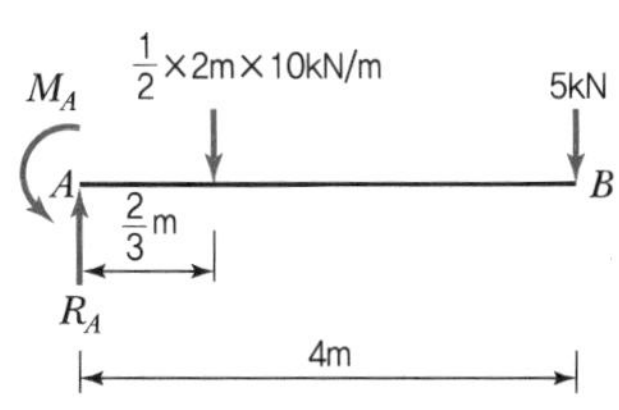

$\Sigma M_A = 0 : -M_A + \frac{1}{2} \times 2 \times 10 \times \frac{2}{3} + 5 \times 4 = 0$

$\therefore M_A = \frac{20}{3} + 20 = 26.7\text{kN} \cdot \text{m}$

06 그림과 같은 외팔보에 있어서 고정단에서 20cm 되는 지점의 굽힘모멘트 M은 약 몇 kN · m인가?

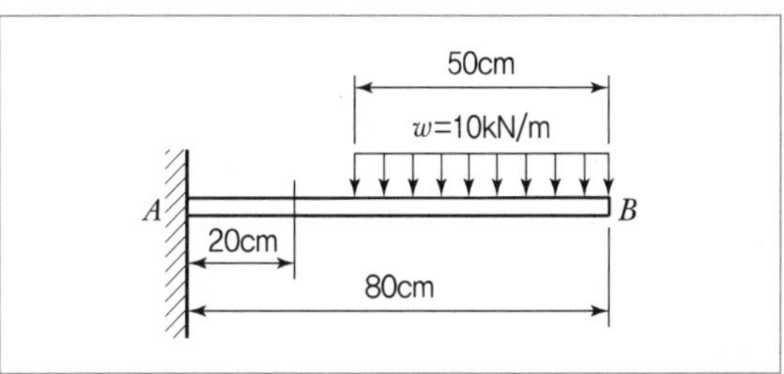

① 1.6 ② 1.75
③ 2.2 ④ 2.75

해설

i) 외팔보의 자유물체도

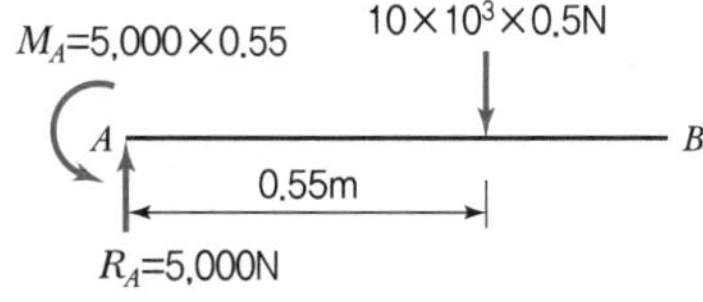

$\uparrow y,\ \Sigma F_y = 0 : R_A - 5{,}000 = 0$

$\therefore R_A = 5{,}000\text{N}$

$\Sigma M_A = 0 : -M_A + 5{,}000 \times 0.55 = 0$

$\therefore M_A = 2{,}750\text{N} \cdot \text{m}$

정답 04 ① 05 ① 06 ②

ii) $x=0.2$m 지점의 모멘트 M_x라 하고 자유물체도를 그리면

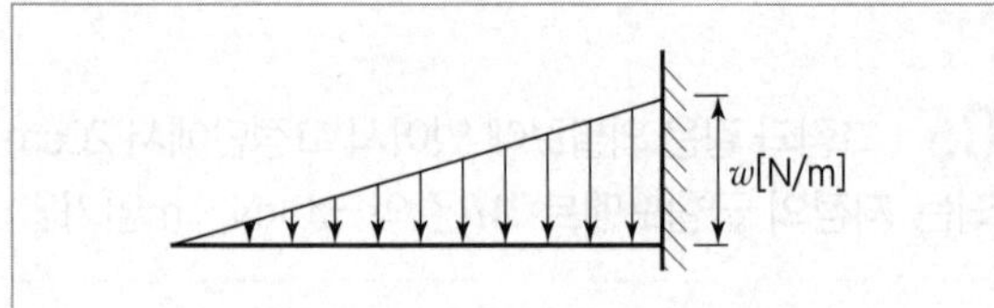

$M_{x=0.2}=0: -2{,}750+5{,}000\times0.2+M_x=0$

$\therefore\ M_x=1{,}750\text{N}\cdot\text{m}$
$=1.75\text{kN}\cdot\text{m}$

07 길이가 l인 외팔보에서 그림과 같이 삼각형 분포하중을 받고 있을 때 최대전단력과 최대굽힘모멘트는?

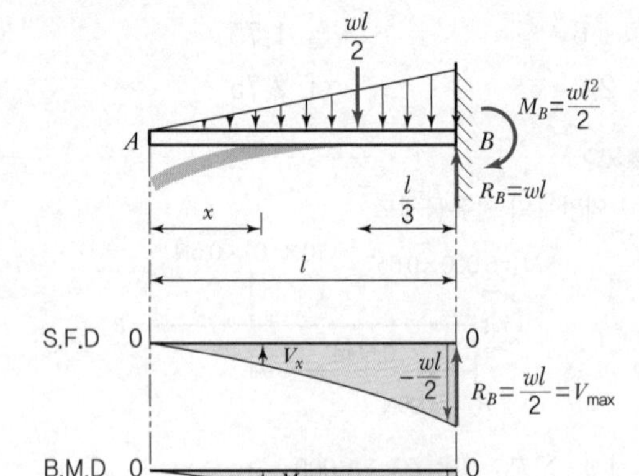

① $\dfrac{wl}{2}$, $\dfrac{wl^2}{6}$　　② wl, $\dfrac{wl^2}{3}$

③ $\dfrac{wl}{2}$, $\dfrac{wl^2}{3}$　　④ $\dfrac{wl^2}{2}$, $\dfrac{wl}{6}$

해설

$\dfrac{wl}{2}$, A, B, $M_B=\dfrac{wl^2}{2}$, $R_B=wl$, x, $\dfrac{l}{3}$, l

S.F.D 0, V_x, $-\dfrac{wl}{2}$, $R_B=\dfrac{wl}{2}=V_{max}$

B.M.D 0, M_x, $-\dfrac{wl^2}{6}$, $M_B=\dfrac{wl^2}{6}=M_{max}$

S.F.D와 B.M.D의 그림에서 최대전단력과 최대굽힘모멘트를 바로 구할 수 있다.

08 그림과 같은 선형 탄성 균일단면 외팔보의 굽힘모멘트선도로 가장 적당한 것은?

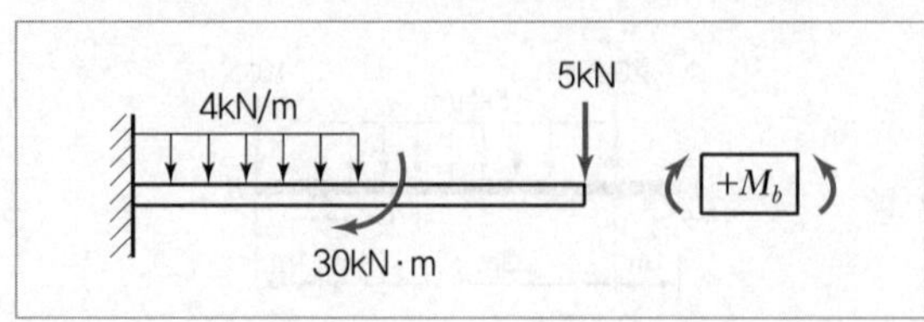

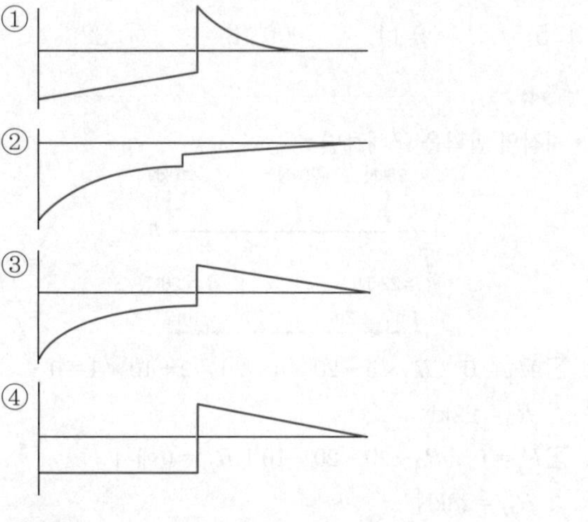

해설

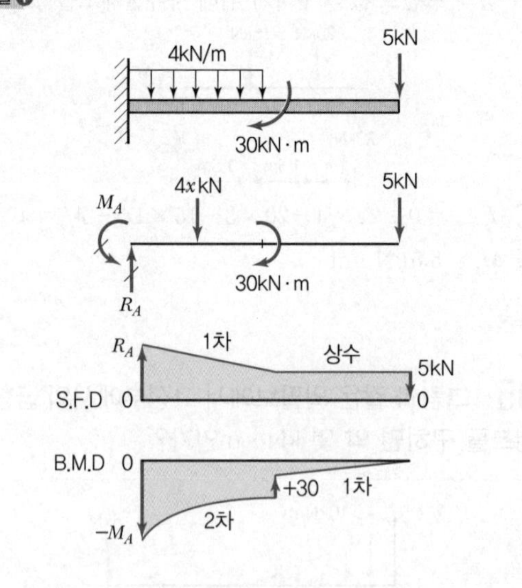

정답　07 ①　08 ②

09 그림과 같은 외팔보에 대한 전단력선도로 옳은 것은?(단, 아랫방향을 양(+)으로 본다.)

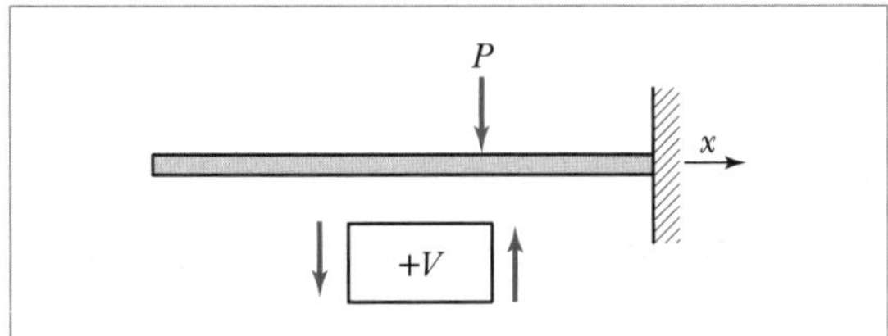

①

②

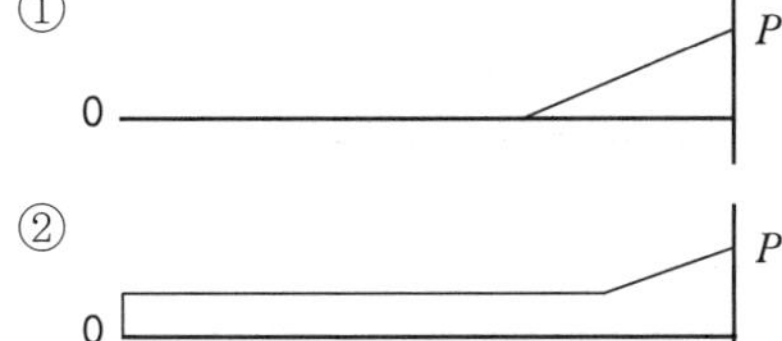

③

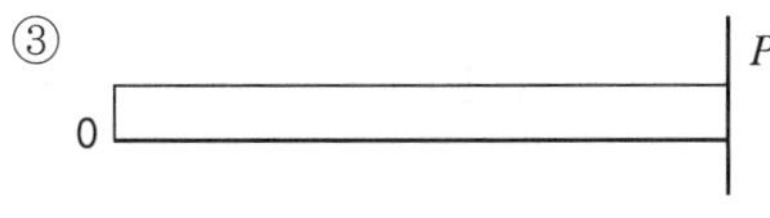

④

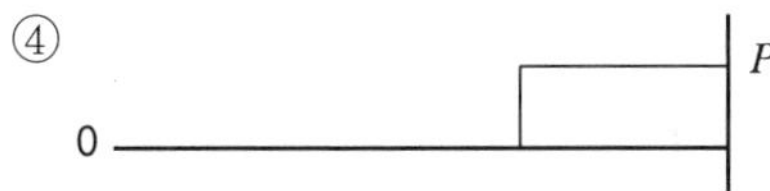

해설

아래 방향을 양(+)으로 가정했으므로 P작용점에서 올라가서 일정하게 작용하다가 고정단에서 반력(P)으로 내려오는 전단력선도가 그려진다.

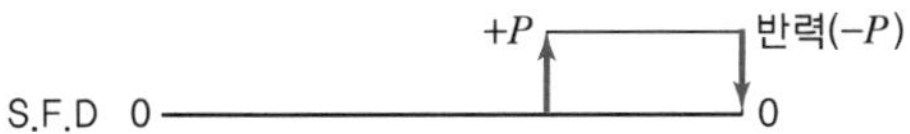

10 그림과 같은 보에서 발생하는 최대 굽힘모멘트는 몇 kN · m인가?

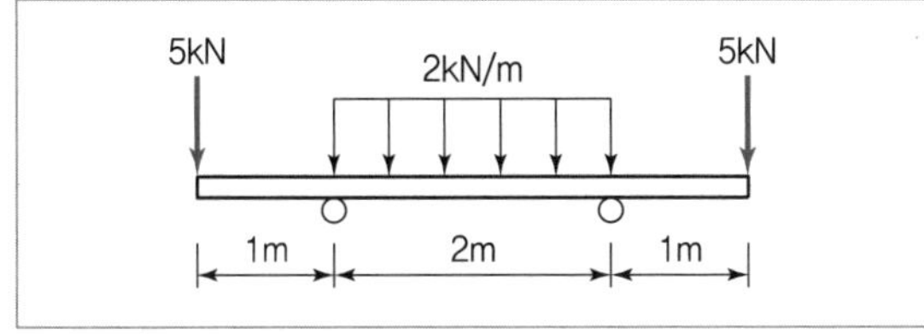

① 2 ② 5

③ 7 ④ 10

해설

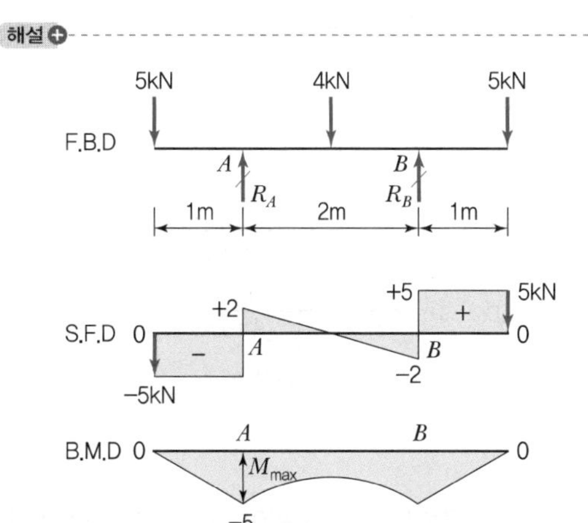

좌우대칭이므로 $R_A = R_B = 7\text{kN}$ (∵ 전체하중 14kN ÷ 2)

B.M.D 그림에서 $M_{\max}$는 A와 B점에 발생하므로 A지점의 $M_{\max}$는 0~1m까지의 S.F.D 면적과 같다.

∴ $5\text{kN} \times 1\text{m} = 5\text{kN} \cdot \text{m}$

11 그림과 같은 보에 대한 굽힘모멘트선도로 옳은 것은?

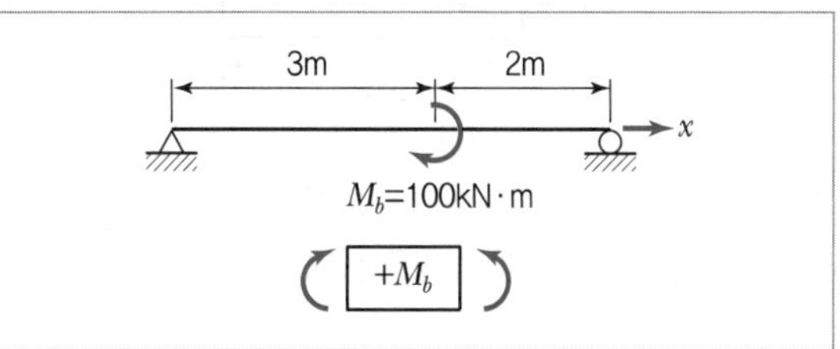

① ②

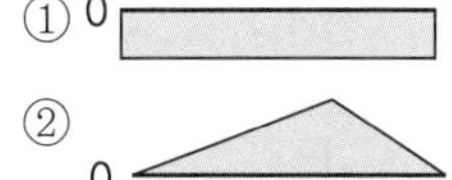

③ ④

정답 09 ④ 10 ② 11 ③

해설

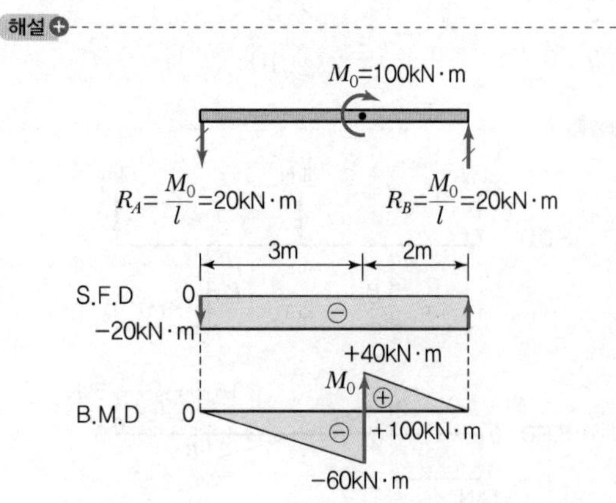

12 그림과 같이 800N의 힘이 브래킷의 A에 작용하고 있다. 이 힘의 점 B에 대한 모멘트는 약 몇 N·m인가?

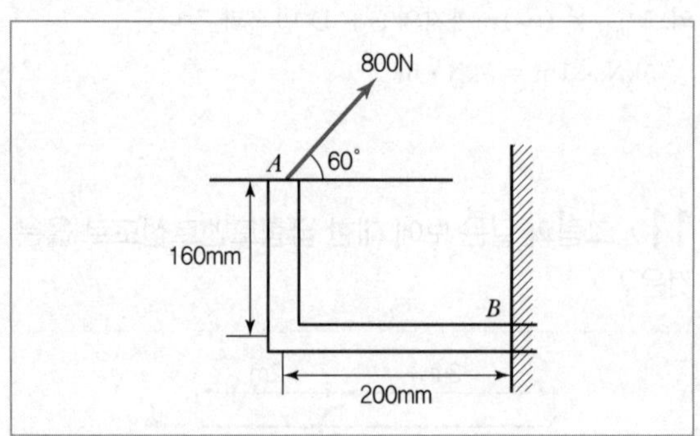

① 160.6
② 202.6
③ 238.6
④ 253.6

해설

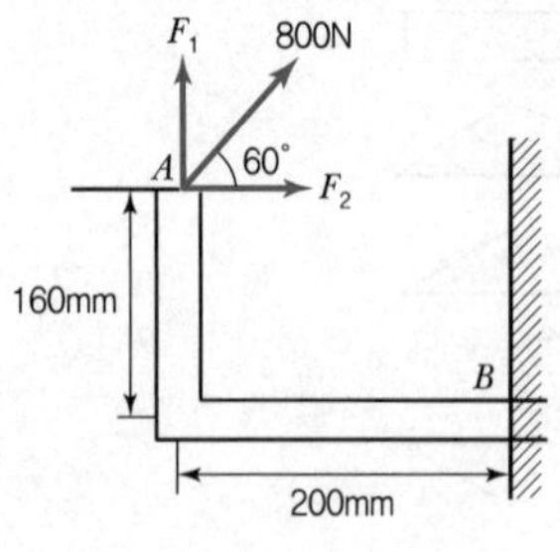

그림처럼 직각분력으로 나누어 B점에 대한 모멘트를 구하면

$$M_B = F_1 \times 0.2 + F_2 \times 0.16$$
$$= 800 \times \sin 60° \times 0.2 + 800 \times \cos 60° \times 0.16$$
$$= 202.56\text{N}\cdot\text{m}$$

13 그림과 같은 단순지지보에서 반력 R_A는 몇 kN인가?

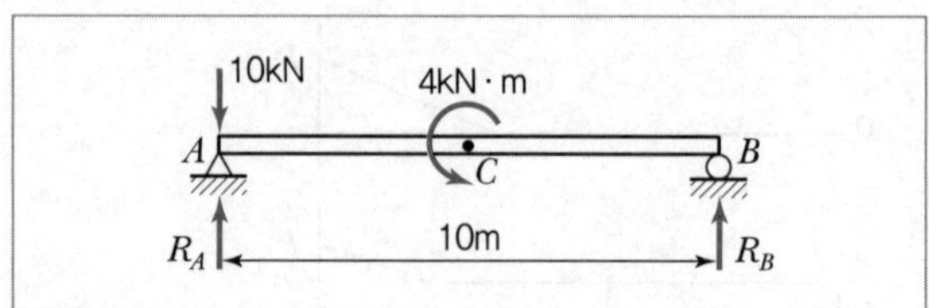

① 8
② 8.4
③ 10
④ 10.4

해설

$\Sigma M_B = 0$에서

$R_A \cdot 10 - 10 \times 10 - 4 = 0$

$\therefore\ R_A = 10.4\text{kN}$

정답 12 ② 13 ④

07 보 속의 응력

1 보 속의 굽힘응력(σ_b)

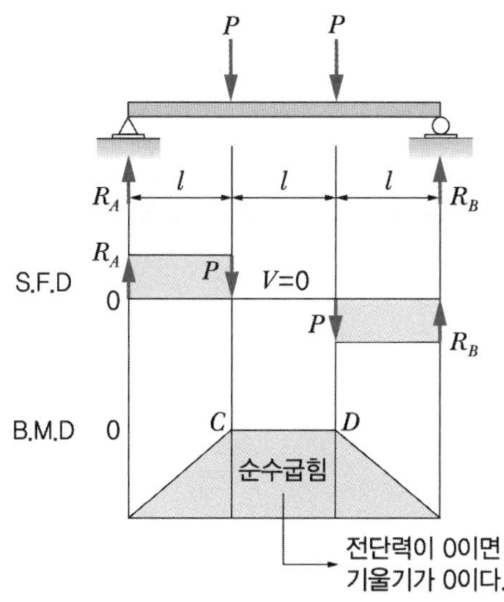

1. 순수굽힘

그림처럼 하중이 작용하는 보의 C와 D 구간에서는 전단력이 "0"고 굽힘모멘트만 작용하게 된다$\left(\text{전단력이 "0"}, \dfrac{dM}{dx} = V = 0\right)$.

굽힘모멘트만의 작용에 의해 평형을 유지한 상태를 순수굽힘의 상태라 하며 이러한 굽힘상태를 견디기 위해 보의 단면에는 굽힘응력이 생기게 된다. 굽힘응력의 크기는 보에 대한 안정성을 판별하는 주요 자료가 된다.

2. 보 속의 굽힘응력 일반

① 중립면(Neutral Surface) : 인장이나 압축 시 길이가 변화되지 않는 면

② 중립면과 중립축은 굽힘을 받는 부재에서 응력이 "0"이 되는 위치를 의미한다.

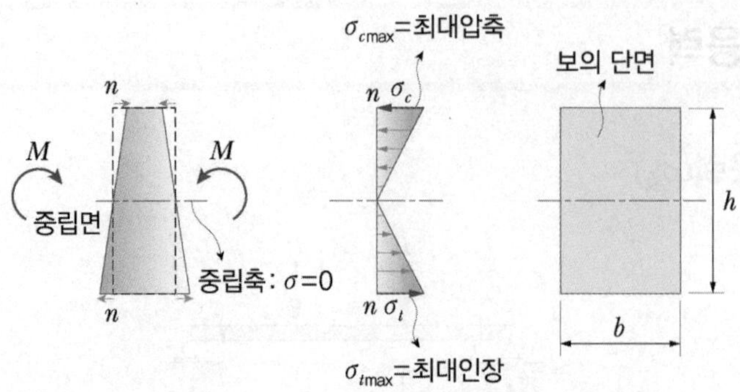

③ 곡률반경(ρ) : 보가 굽힘모멘트를 받아 휨이 발생할 때 보의 중립면은 마치 하나의 탄성 곡선처럼 거동하게 된다.

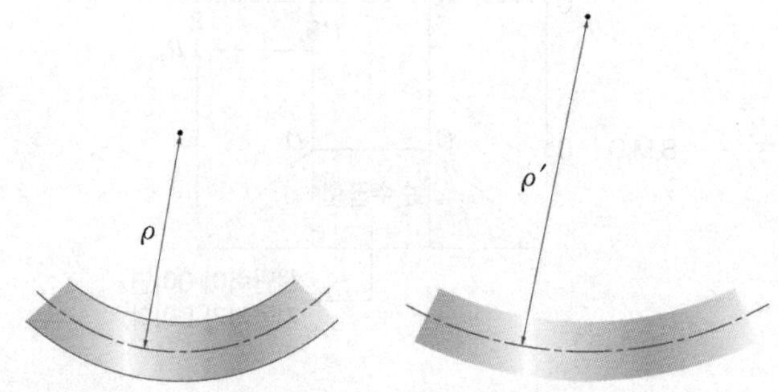

- ρ : 탄성곡선의 반지름, $\dfrac{1}{\rho}$: 곡률
- 위의 그림에서 보듯이 굽힘모멘트(즉, 굽힘)가 클수록 중립면에 대한 ρ는 작아진다.

3. 굽힘에 의한 인장과 압축응력

(1) 굽힘응력

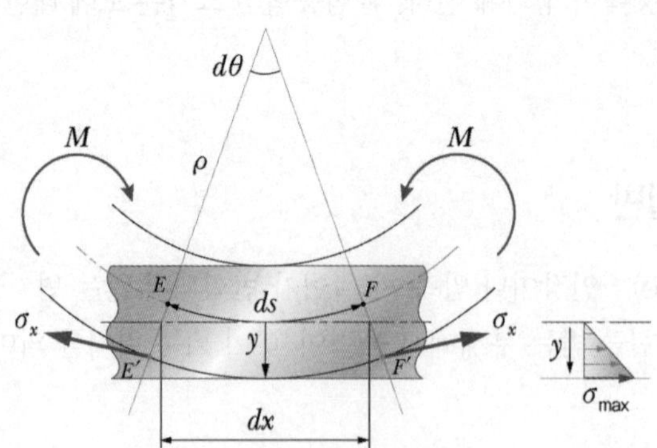

보의 중립면에서 y만큼 떨어진 부분에서 보의 굽힘응력을 해석해 보면

① 직선 $EF = dx$ 길이가 신장 → $\widehat{E'F'}$으로 늘어남

② **변형률** : $\varepsilon = \dfrac{\widehat{E'F'} - dx}{dx}$

여기서, 호의 길이 $\widehat{E'F'} = (\rho + y) \cdot d\theta$, $dx = \rho \cdot d\theta$, $\rho d\theta = ds \fallingdotseq dx$

$$\varepsilon = \frac{(\rho + y)d\theta - \rho \cdot d\theta}{\rho d\theta} = \frac{y}{\rho} \rightarrow \rho\text{가 클수록 } \varepsilon\text{는 작다.}$$

③ 보의 단면에서 중립축으로부터 y만큼 떨어진 부분의 수직응력을 σ_x라 하면 훅의 법칙에 의해

$$\sigma_x = E \cdot \varepsilon = E \cdot \frac{y}{\rho} = \frac{E}{\rho}y$$

여기서, $\dfrac{E}{\rho}$는 일정, 굽혀진 상태의 곡률반경과 보의 종탄성계수는 일정

$\sigma \propto y$ (y : 중립축에서 떨어진 임의의 거리)

$\therefore \sigma_x = \dfrac{E}{\rho}y$ ⋯⋯⋯⋯⋯⋯⋯⋯⋯⋯⋯⋯ ⓐ

(2) 보 속의 저항모멘트

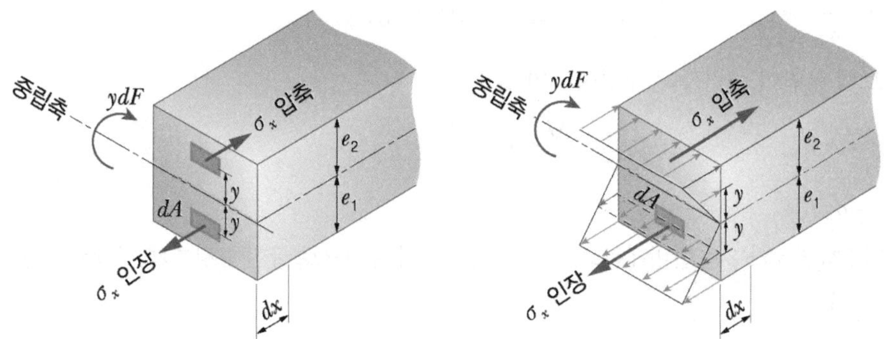

① 응력들이 반작용 우력을 형성해야 한다는 조건을 이용하면, 그 단면의 중립면 위치와 곡률반경 두 미지수를 구할 수 있다.

$$dF = \sigma_x \cdot A = \frac{E}{\rho}y \cdot dA$$

$$\therefore F = \frac{E}{\rho} \cdot \int_A y dA$$

$\dfrac{E}{\rho} \neq 0$이고 $\displaystyle\int_A y dA = 0$ → 보의 중립면 단면 1차 모멘트가 0임(도심)을 나타낸다.

따라서, 그 단면의 중립축이 그 도심을 지난다는 것을 의미한다$\left(\displaystyle\int_A y dA = A\bar{y} = 0 \text{ 도심축}\right)$.

② dA에 작용하는 힘 $\sigma_x \cdot dA$의 중립축에 관한 모멘트의 합은 굽힘모멘트 M과 같다.

dF의 중립축에 대한 모멘트 dM은

$$dM = y \cdot dF = y \cdot \sigma_x \cdot dA \left(\sigma_x = \frac{E}{\rho} y \text{ 대입} \right)$$

$$\therefore M = \int_A y\sigma_x \cdot dA = \frac{E}{\rho}\int_A y^2 dA = \frac{E}{\rho} I$$

여기서, I : 중립축에 관한 2차 모멘트(도심축) → 중립축

$$\therefore \frac{1}{\rho} = \frac{M}{EI} \cdots\cdots\cdots\cdots\cdots\cdots\cdots ⓑ$$

ⓑ식을 ⓐ식에 대입하면

$$\sigma_x = \frac{M}{I} y (y \rightarrow \text{최외단까지 거리 } e_1, e_2)$$

• 굽힘에 의한 인장응력 최대 : $\sigma_{t\max} = \dfrac{M}{I} e_1$

여기서, $Z_1 = \dfrac{I}{e_1}$, $Z_2 = \dfrac{I}{e_2}$(단면계수), $e_1 > e_2$

• 굽힘에 의한 압축응력 최대 : $\sigma_{c\max} = \dfrac{M}{I} e_2$

$$\sigma_{\max} = \frac{M}{Z_1}, \sigma_{c\max} = -\frac{M}{Z_2} \text{(인장과 압축은 반대방향)}$$

만약 보의 단면이 중립축에 대칭이라면 $e_1 = e_2 = e$

$$\sigma_{t\max} = \sigma_{c\max}, \sigma_{\max} = \sigma_{c\max} = \frac{M}{I} \times e = \frac{M}{Z}$$

$$\therefore M = \sigma_b \cdot Z$$

M이 일정하면 σ와 Z는 반비례하고, Z가 크면 σ가 작게 되므로 굽힘에 강하게 저항하는 단면이 된다.

$$\sigma_{\max} = \frac{M}{Z}$$

③ 굽힘모멘트에 대한 유효단면

주어진 자료에 대하여 Z를 가능한 한 크게 하는 단면이다. 그러므로 이것을 충족시키기 위해 대부분의 재료를 중립축에서 보다 먼 곳에 있게 하면 좋다.[I형 보(H빔)를 사용하는 이유]

주어진 단면적에 대해 $Z = \dfrac{I}{e}$이므로 e가 작고 I가 클수록 굽힘응력 σ_b가 작아진다.

④ 드럼에 강선을 감은 형태의 굽힘응력

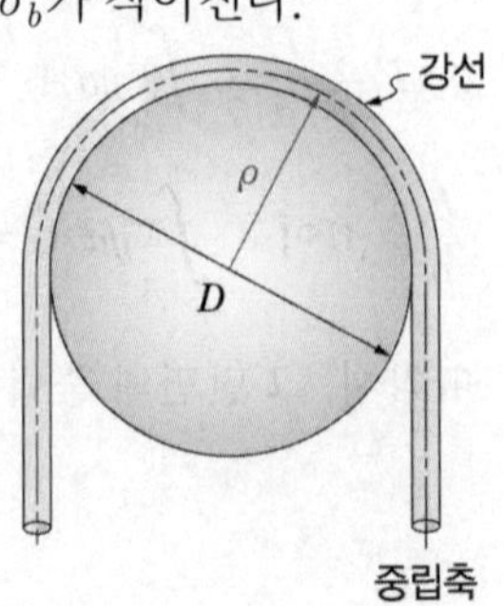

훅의 법칙 $\sigma = E \cdot \varepsilon$에서 $\varepsilon = \dfrac{y}{\rho}$

$$\rho = \frac{D}{2} + \frac{d}{2}$$

$$\sigma_b = E \cdot \frac{y}{\rho}$$

2 보 속의 전단응력

보 속에는 굽힘응력 외에도 전단응력이 발생하고 있으며, 이는 연성재료를 사용하는 설계에서 중요하다. 굽힘모멘트가 변하는 부분에서는 $\frac{dM}{dx} = V$에 의하여 반드시 전단력이 작용하고 전단응력을 구하기 위해서는 굽힘모멘트의 변화를 고려하지 않으면 안 된다.

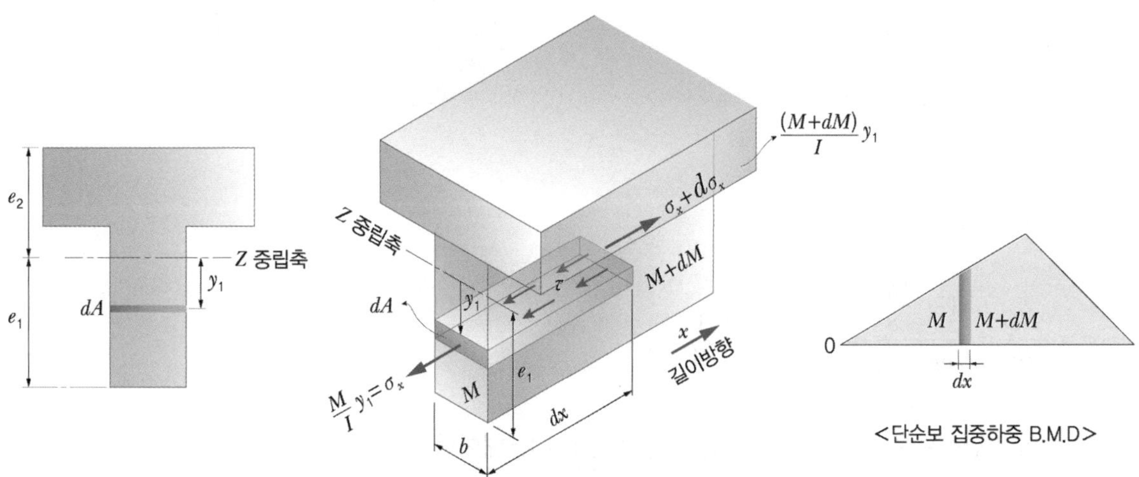

<단순보 집중하중 B.M.D>

그림에서 보의 길이방향으로 미소길이 dx를 취하고 중립축에서 y_1 거리에 있는 미소면적 dA를 취할 때 dx 좌측에는 모멘트 M이, dx 우측에는 $M+dM$의 모멘트가 작용하면 그 차에 의하여 $b \cdot dx$(황토색) 표면에는 왼쪽으로 전단응력 τ가 작용한다.

- 힘 해석

양면에 작용하는 힘의 평형은 $\Sigma F_x = 0$

$$\Sigma F_x = 0 : -\tau \cdot bdx + \int_{y_1}^{e_1} \frac{M}{I} ydA + \int_{y_1}^{e_1} \frac{(M+dM)}{I} ydA = 0$$

$$\tau = \frac{1}{b}\int_{y_1}^{e_1} \frac{dM}{dx} \cdot \frac{ydA}{I} = \frac{V}{Ib}\int_{y_1}^{e_1} y \cdot dA = \frac{VQ_z}{Ib} \rightarrow \tau = \frac{VQ}{Ib}$$

$\int_{y_1}^{e_1} y \cdot dA = A_a \cdot \bar{y}$ (A_a : y_1에서 e_1까지의 면적)

$y_1 = 0$이 되면 중립축이므로 $\int_0^{e_1} ydA = A\bar{y}$

여기서, A : 반단면, $\bar{y}$: 반단면 도심거리

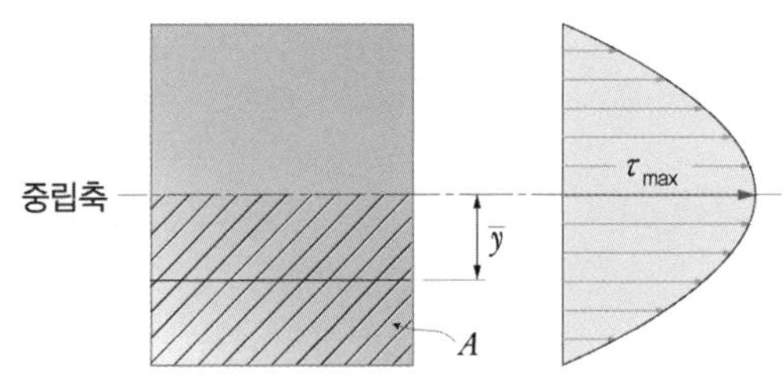

Q_Z가 중립축에서 가장 크므로

τ_{max} = 중립축에서의 전단응력

(Q : Z축에 대한 빗금 친 음영단면 의 1차 모멘트)

1. 사각형 단면과 원형 단면에서 발행하는 보 속의 전단응력

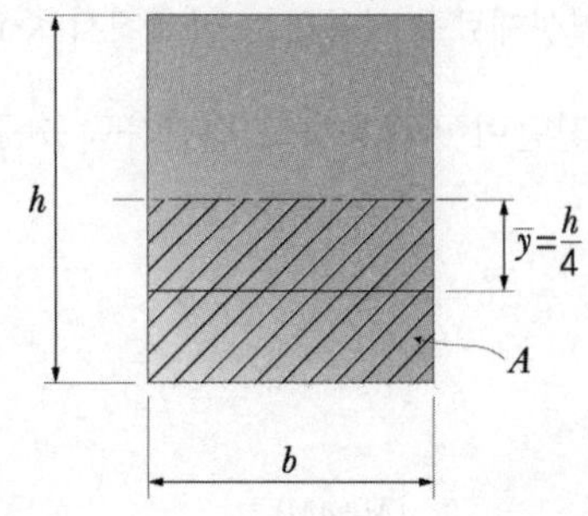

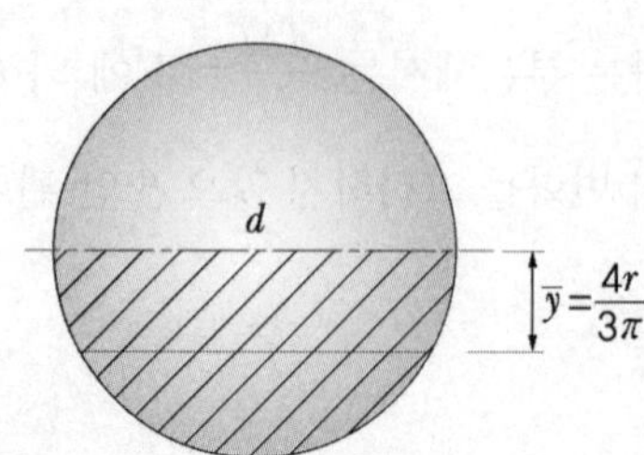

사각보에서

$$Q = A \cdot \bar{y} = \frac{bh}{2} \cdot \frac{h}{4} = \frac{bh^2}{8}$$

$$\tau = \frac{VQ}{Ib} = \frac{V \cdot \frac{bh^2}{8}}{\frac{bh^3}{12} \cdot b} = \frac{3}{2}\frac{V}{bh} = \frac{3}{2}\frac{V}{A}$$

보 속의 전단응력은 그 단면의 평균전단응력$\left(\frac{V}{A}\right)$의 1.5배이다.

원형 보에서

$$Q = A \cdot \bar{y} = \frac{4d}{6\pi} \cdot \frac{\pi d^2}{8} = \frac{d^3}{12}$$

$$\tau = \frac{VQ}{Ib} = \frac{V \cdot \frac{d^3}{12}}{\frac{\pi d^4}{64} \cdot d} = \frac{4}{3}\frac{V}{\frac{\pi}{4}d^2} = \frac{4}{3}\frac{V}{A}$$

원형 단면 보 속의 전단응력은 그 단면의 평균전단응력의 $\frac{4}{3}$ 배이다.

- I 형 단면에서 보 속의 전단응력 분포

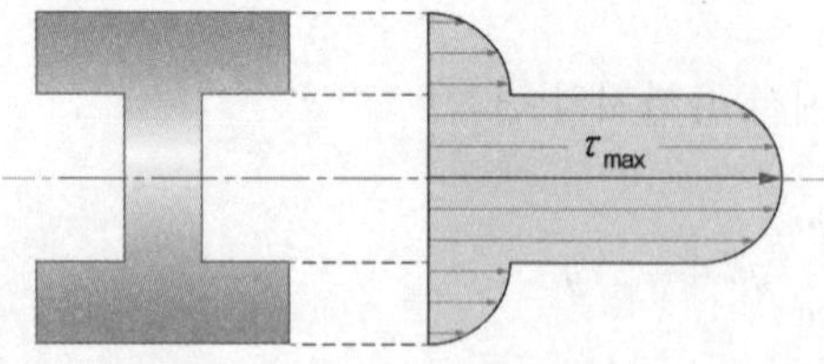

핵심 기출 문제

01 직사각형 단면(폭×높이=12cm×5cm)이고, 길이 1m인 외팔보가 있다. 이 보의 허용 굽힘응력이 500MPa이라면 높이와 폭의 치수를 서로 바꾸면 받을 수 있는 하중의 크기는 어떻게 변화하는가?

① 1.2배 증가 ② 2.4배 증가
③ 1.2배 감소 ④ 변화 없다.

해설

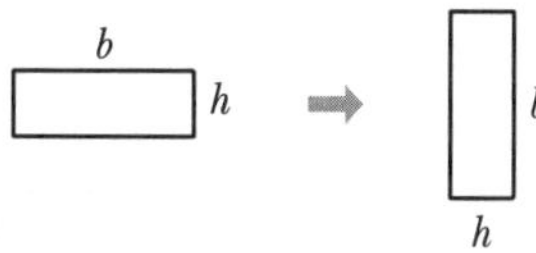

길이가 같은 동일 재료의 보를 1단면에서 2단면으로 바꾸는 것이므로

$M=Pl=\sigma_b Z$에서 굽힘응력과 길이가 정해져 하중은 단면계수 Z의 함수가 된다.

$$\frac{P_2}{P_1}=\frac{Z_2}{Z_1}=\frac{\left(\frac{bh^2}{6}\right)}{\left(\frac{hb^2}{6}\right)}$$

$$\therefore \frac{Z_2}{Z_1}=\frac{\left(\frac{5\times12^2}{6}\right)}{\left(\frac{12\times5^2}{6}\right)}=2.4$$

02 지름 d인 원형 단면보에 가해지는 전단력을 V라 할 때 단면의 중립축에서 일어나는 최대전단응력은?

① $\frac{3}{2}\cdot\frac{V}{\pi d^2}$ ② $\frac{4}{3}\cdot\frac{V}{\pi d^2}$
③ $\frac{5}{3}\cdot\frac{V}{\pi d^2}$ ④ $\frac{16}{3}\cdot\frac{V}{\pi d^2}$

해설

$$\tau=\frac{4}{3}\tau_{av}=\frac{4}{3}\frac{V}{A}=\frac{4V}{3\times\frac{\pi}{4}d^2}=\frac{16}{3}\cdot\frac{V}{\pi d^2}$$

03 그림과 같이 원형 단면을 갖는 외팔보에 발생하는 최대굽힘응력 σ_b는?

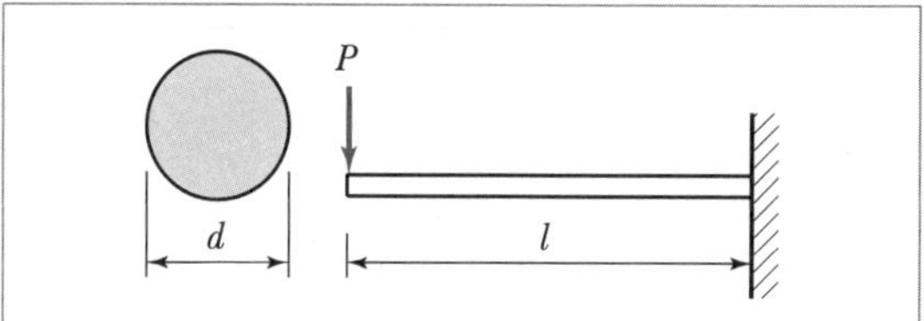

① $\frac{32Pl}{\pi d^3}$ ② $\frac{32Pl}{\pi d^4}$ ③ $\frac{6Pl}{\pi d^2}$ ④ $\frac{\pi d}{6Pl}$

해설

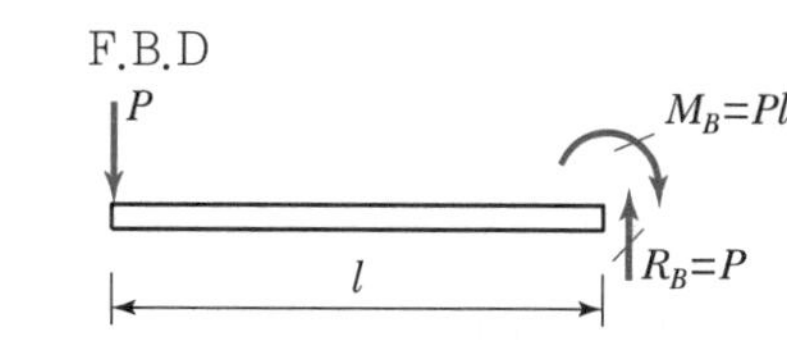

$M_B=M_{\max}=Pl$이고, $M_{\max}=\sigma_b Z$에서

$$\sigma_b=\frac{M_{\max}}{Z}=\frac{Pl}{\frac{\pi d^3}{32}}=\frac{32Pl}{\pi d^3}$$

04 길이 6m인 단순 지지보에 등분포하중 q가 작용할 때 단면에 발생하는 최대굽힘응력이 337.5MPa이라면 등분포하중 q는 약 몇 kN/m인가?(단, 보의 단면은 폭×높이=40mm×100mm이다.)

① 4 ② 5 ③ 6 ④ 7

정답 01 ② 02 ④ 03 ① 04 ②

해설

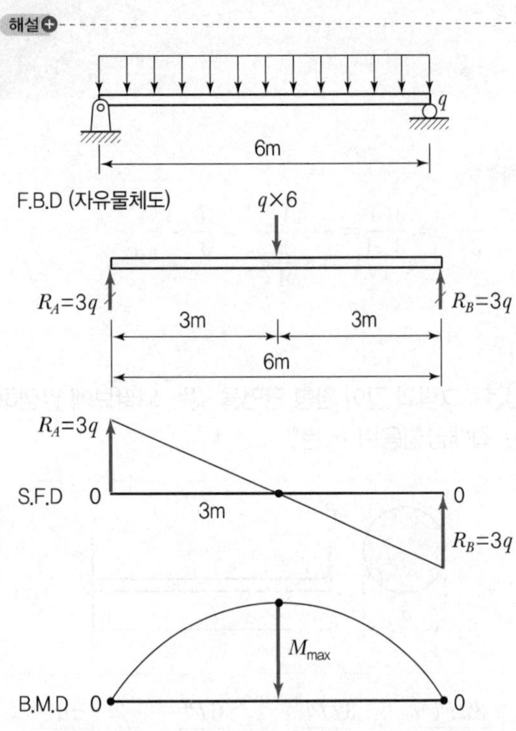

M_{max}는 0~3m까지의 S.F.D 면적과 동일하므로

$$M_{max} = \frac{1}{2} \times 3 \times 3q = 4.5q$$

$$M_{max} = \sigma_b Z$$

$$4.5q = 337.5 \times 10^6 \times \frac{0.04 \times 0.1^2}{6}$$

$$\therefore\ q = 5{,}000\text{N/m} = 5\text{kN/m}$$

05 그림과 같이 길이 l인 단순 지지된 보 위를 하중 W가 이동하고 있다. 최대굽힘응력은?

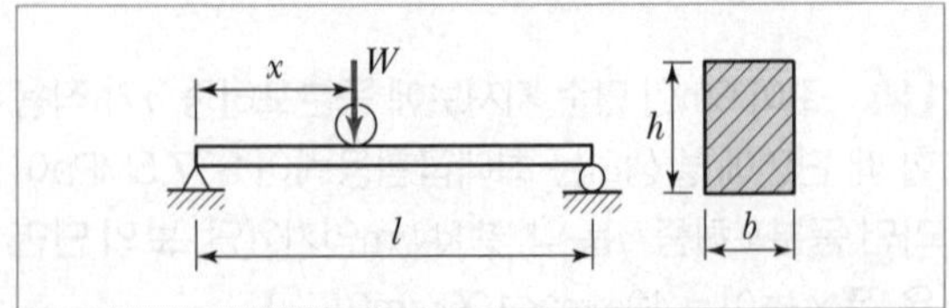

① $\dfrac{Wl}{bh^2}$ ② $\dfrac{9Wl}{4bh^3}$

③ $\dfrac{Wl}{2bh^2}$ ④ $\dfrac{3Wl}{2bh^2}$

해설

$$\sigma_b = \frac{M}{Z} \rightarrow \sigma_{max} = \frac{M_{max}}{Z}$$

굽힘모멘트 최댓값 M_{max} → W가 $\frac{l}{2}$(중앙)에 작용할 때이므로

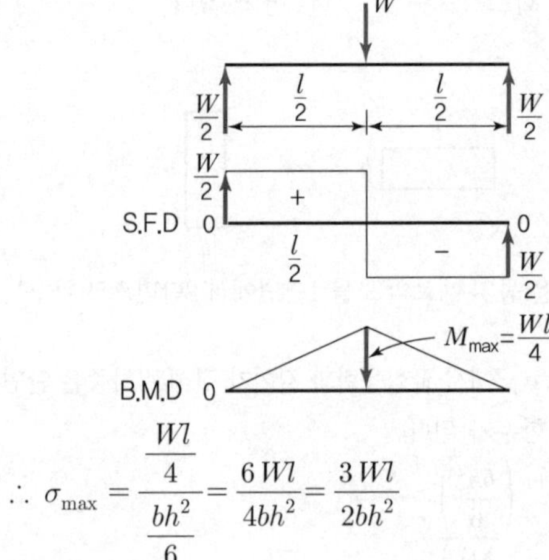

$$\therefore\ \sigma_{max} = \frac{\frac{Wl}{4}}{\frac{bh^2}{6}} = \frac{6Wl}{4bh^2} = \frac{3Wl}{2bh^2}$$

06 그림과 같은 T형 단면을 갖는 돌출보의 끝에 집중하중 $P = 4.5$kN이 작용한다. 단면 A – A에서의 최대 전단응력은 약 몇 kPa인가?(단, 보의 단면 2차 모멘트는 5,313cm^{4}이고, 밑면에서 도심까지의 거리는 125mm이다.)

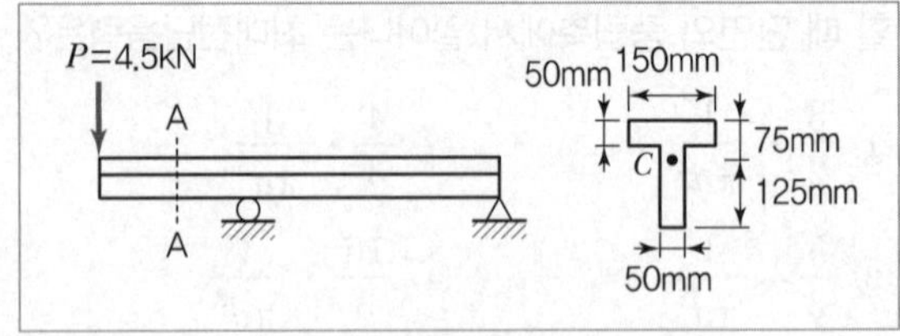

정답 05 ④ 06 ③

① 421 ② 521
③ 661 ④ 721

해설

보 속의 최대전단응력

$$\tau_A = \frac{V_A Q}{Ib}$$

여기서, $V_A = 4.5 \times 10^3$N : A－A단면의 전단력
Q : 도심 아래 음영단면의 1차 모멘트

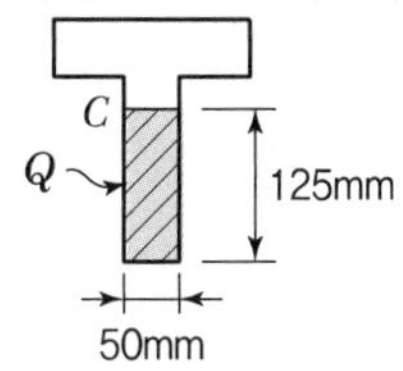

$$Q = A\bar{y} = 0.05 \times 0.125 \times \frac{0.125}{2} = 0.00039\text{m}^3$$

$b = 0.05$m

$$\therefore \tau_A = \frac{4.5 \times 10^3 \times 0.00039}{5{,}313 \times 10^{-8} \times 0.05} = 660{,}643\text{N/m}^2(\text{Pa}) = 660.64\text{kPa}$$

07 그림과 같이 길이 $l = 4$m의 단순보에 균일분포하중 w가 작용하고 있으며 보의 최대굽힘응력 $\sigma_{max} = 85\text{N/cm}^2$일 때 최대전단응력은 약 몇 kPa인가?(단, 보의 단면적은 지름이 11cm인 원형 단면이다.)

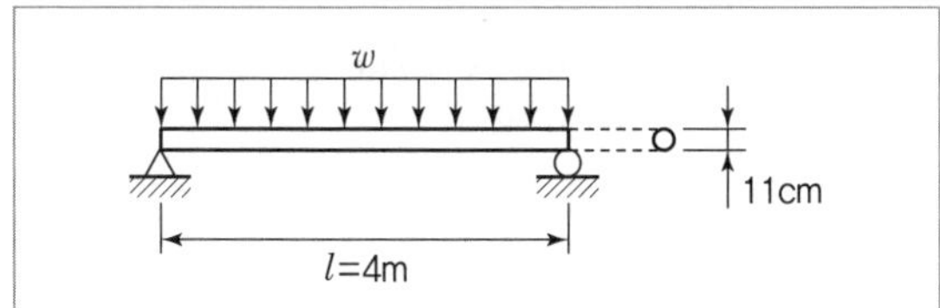

① 1.7 ② 15.6
③ 22.9 ④ 25.5

해설

분포하중 w를 구하기 위해 주어진 조건에서 최대굽힘응력을 이용하면

$$\sigma_b = \frac{M}{Z} \rightarrow \sigma_{max} = \frac{M_{max}}{Z} \cdots ⓐ$$

$$\sigma_{max} = 85 \frac{\text{N}}{\text{cm}^2 \times \left(\frac{1\text{m}}{100\text{cm}}\right)^2} = 85 \times 10^4\text{Pa}$$

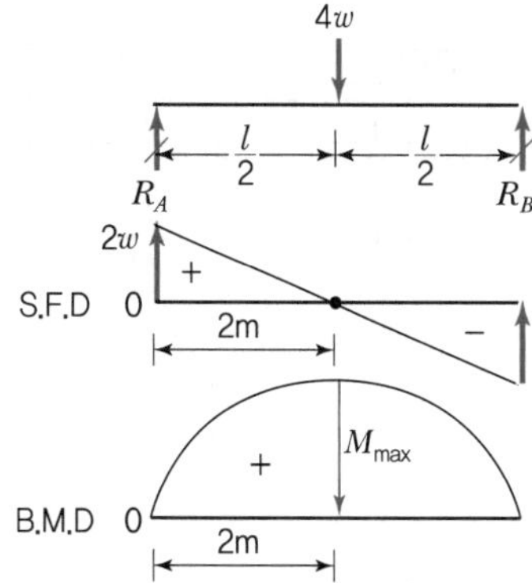

$R_A = R_B = 2w$

$x = 2$m에서 M_{max}이므로 M_{max}는 2m까지의 S.F.D 면적과 같다.

$$M_{max} = \frac{1}{2} \times 2 \times 2w = 2w$$

ⓐ에 값들을 적용하면

$$\therefore 85 \times 10^4 = \frac{2w}{\frac{\pi}{32}d^3}$$

$$\rightarrow w = 85 \times 10^4 \times \frac{\pi}{32} \times 0.11^3 \times \frac{1}{2} = 55.54\text{N/m}$$

양쪽 지점에서 최대인 보의 최대전단응력

$$\tau_{av} = \frac{V_{max}}{A} = \frac{4 \times 2 \times 55.54}{\pi \times 0.11^2} = 11.69\text{kPa}$$

$(\because V_{max} = 2w = R_A = R_B)$

∴ 보 속의 최대전단응력

$$\tau_{max} = \frac{4}{3}\tau_{av} = \frac{4}{3} \times 11.69 = 15.59\text{kPa}$$

※ 일반적으로 시험에서 주어지는 "보의 최대전단응력 = 보 속의 최대전단응력"임을 알고 해석해야 한다. 보의 위아래 방향으로 전단응력이 아닌 보의 길이 방향인 보 속의 중립축 전단응력을 의미한다.

정답 07 ②

08 그림과 같은 돌출보에서 $w=120$kN/m의 등분포 하중이 작용할 때, 중앙 부분에서의 최대굽힘응력은 약 몇 MPa인가?(단, 단면은 표준 I형 보로 높이 $h=60$cm이고, 단면 2차 모멘트 $I=98,200$cm^{4}이다.)

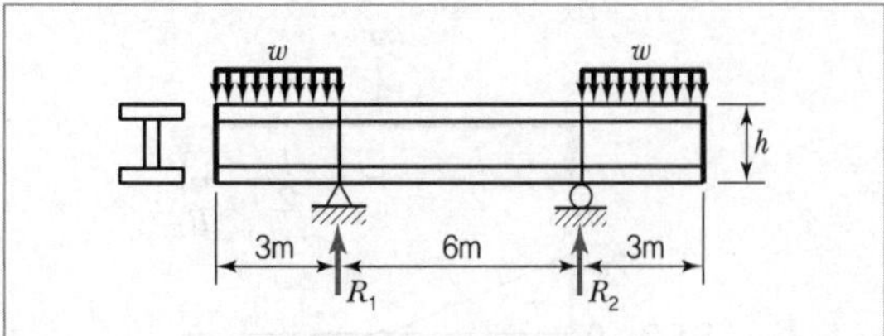

① 125　② 165　③ 185　④ 195

해설

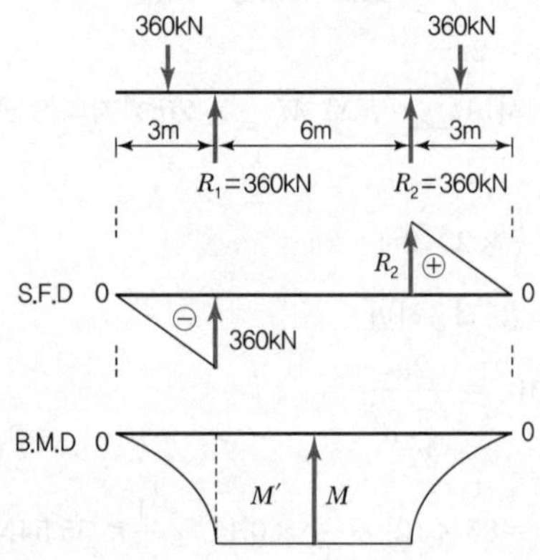

$M=M'$이므로

$$M=\frac{1}{2}\times3\times360\times10^3=540,000\text{N}\cdot\text{m}$$

$M=\sigma_b Z$에서

$$\sigma_b=\frac{M}{Z}=\frac{M}{\frac{I}{e}}=\frac{Me}{I}$$

여기서, $e=\frac{h}{2}=30\text{cm}=0.3\text{m}$

$$I=98,200\times10^{-8}\text{m}^4$$

$$=\frac{540,000\times0.3(\text{N}\cdot\text{m}\cdot\text{m})}{98,200\times10^{-8}(\text{m}^4)}$$

$$=164.97\times10^6\text{Pa}$$

$$=164.97\text{MPa}$$

09 지름 300mm의 단면을 가진 속이 찬 원형 보가 굽힘을 받아 최대굽힘응력이 100MPa이 되었다. 이 단면에 작용한 굽힘모멘트는 약 몇 kN · m인가?

① 265　② 315　③ 360　④ 425

해설

$$M=\sigma_b\cdot Z$$

$$=\sigma_b\cdot\frac{\pi d^3}{32}$$

$$=100\times10^6\times\frac{\pi\times0.3^3}{32}$$

$$=265,071.88\text{ N}\cdot\text{m}$$

$$=265.07\text{ kN}\cdot\text{m}$$

10 외팔보의 자유단에 연직 방향으로 10kN의 집중하중이 작용하면 고정단에 생기는 굽힘응력은 약 몇 MPa인가?[단, 단면(폭×높이) $b\times h=10$cm×15cm, 길이 1.5m이다.]

① 0.9　② 5.3　③ 40　④ 100

해설

$$\sigma_b=\frac{M}{Z}=\frac{P\times L}{\frac{bh^2}{6}}=\frac{10\times10^3\times1.5}{\frac{0.1\times0.15^2}{6}}$$

$$=40\times10^6\text{N/m}^2$$

$$=40\text{MPa}$$

11 길이 3m인 직사각형 단면 $b\times h=5$cm×10cm을 가진 외팔보에 w의 균일분포하중이 작용하여 최대굽힘응력 500N/cm^{2}이 발생할 때, 최대전단응력은 약 몇 N/cm^{2}인가?

① 20.2　② 16.5　③ 8.3　④ 5.4

정답　08 ②　09 ①　10 ③　11 ③

$\sigma_b = 500 \times 10^4 \text{N/m}^2$

$\dfrac{wl^2}{2} = M_B = M_{\max}$

$\sigma_{\max} = \dfrac{M_{\max}}{Z} = \dfrac{\frac{wl^2}{2}}{\frac{bh^2}{6}} = \dfrac{3wl^2}{bh^2}$

$\therefore\ w = \dfrac{\sigma_b \cdot bh^2}{3l^2} = \dfrac{500 \times 10^4 \times 0.05 \times 0.1^2}{3 \times 3^2}$

$= 92.59 \text{N/m}$

보 속의 최대전단응력

$\tau_{\max} = 1.5\tau_{av}$

$= 1.5\dfrac{V_{\max}}{A}$

$= 1.5\dfrac{w \cdot l}{A}$

$= 1.5 \times \dfrac{92.59 \times 3}{5 \times 10}$

$= 8.33 \text{N/cm}^2$

12 그림과 같은 보에 하중 P가 작용하고 있을 때 이 보에 발생하는 최대굽힘응력이 $\sigma_{\max}$라면 하중 P는?

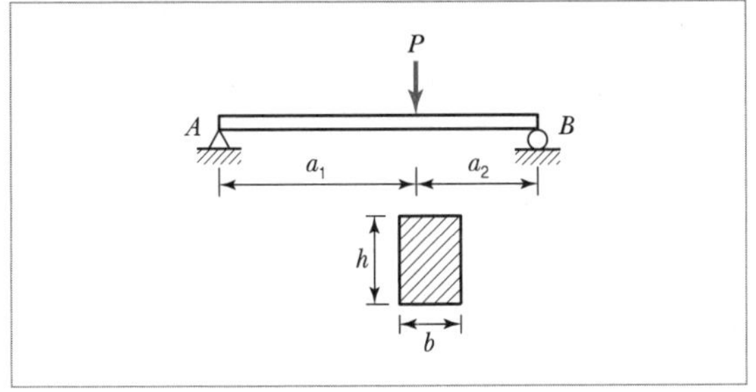

① $P = \dfrac{bh^2(a_1 + a_2)\sigma_{\max}}{6a_1a_2}$

② $P = \dfrac{bh^3(a_1 + a_2)\sigma_{\max}}{6a_1a_2}$

③ $P = \dfrac{b^2h(a_1 + a_2)\sigma_{\max}}{6a_1a_2}$

④ $P = \dfrac{b^3h(a_1 + a_2)\sigma_{\max}}{6a_1a_2}$

해설

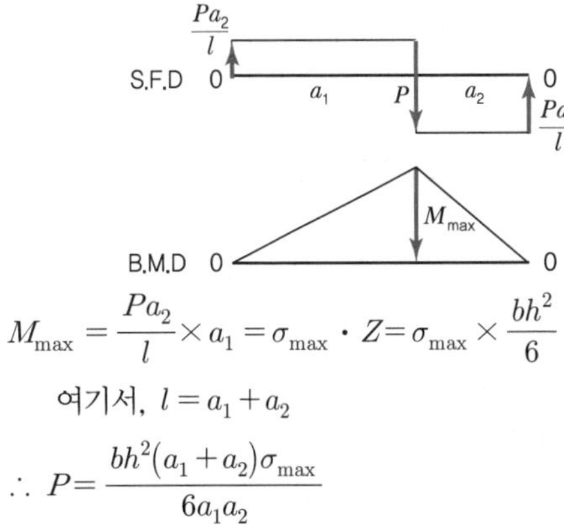

$M_{\max} = \dfrac{Pa_2}{l} \times a_1 = \sigma_{\max} \cdot Z = \sigma_{\max} \times \dfrac{bh^2}{6}$

여기서, $l = a_1 + a_2$

$\therefore\ P = \dfrac{bh^2(a_1 + a_2)\sigma_{\max}}{6a_1a_2}$

13 원형 단면의 단순보가 그림과 같이 등분포하중 w = 10N/m를 받고 허용응력이 800Pa일 때 단면의 지름은 최소 몇 mm가 되어야 하는가?

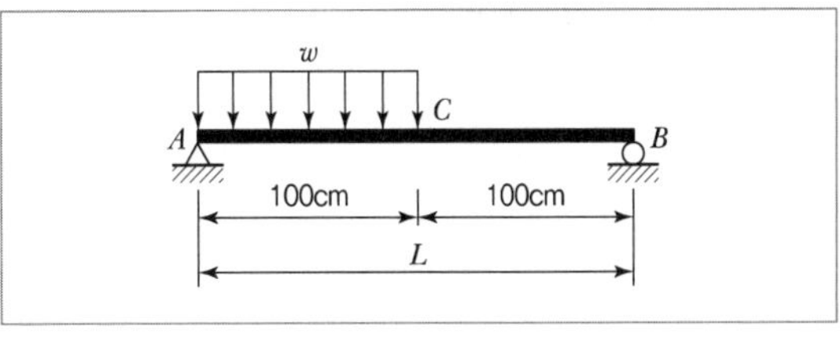

① 330 ② 430
③ 550 ④ 650

정답 12 ① 13 ①

해설

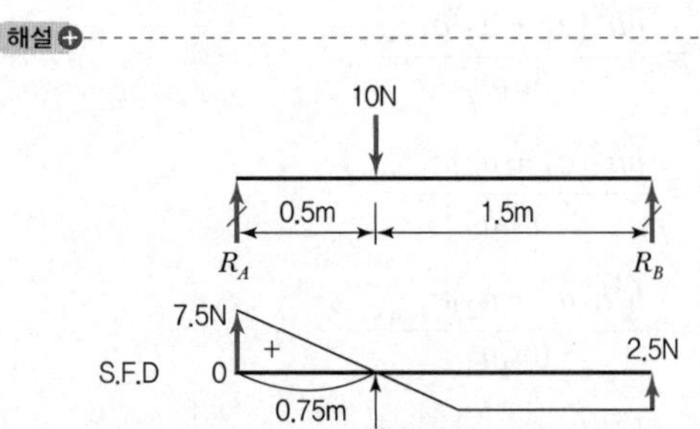

$$R_A=\frac{10\times1.5}{2}=7.5\text{N}$$

$\therefore\ R_B=10-7.5=2.5\text{N}$

x 위치의 자유물체도를 그리면

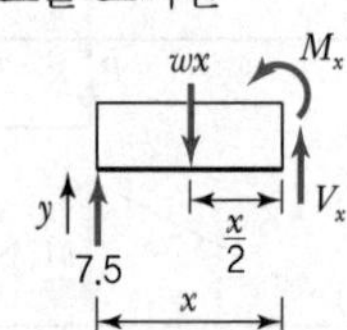

$\sum F_y=0$: $7.5-wx+V_x=0$(여기서, $V_x=0$)

$\therefore\ x=\frac{7.5}{w}=\frac{7.5}{10}=0.75\text{m}$

$x=0.75\text{m}$에서의 모멘트 값이 M_{max}이므로 (S.F.D의 0.75m까지의 면적)

$\therefore\ M_{max}=\frac{1}{2}\times7.5\times0.75=2.8125\text{N}\cdot\text{m}$

끝으로 $M=\sigma_b\cdot z=\sigma_b\cdot\frac{\pi d^3}{32}$에서

$$d=\sqrt[3]{\frac{32M_{max}}{\pi\sigma_b}}=\sqrt[3]{\frac{32\times2.8125}{\pi\times800}}$$

$=0.3296\text{m}=329.6\text{mm}$

14 단면이 가로 100mm, 세로 150mm인 사각단면 보가 그림과 같이 하중(P)을 받고 있다. 전단응력에 의한 설계에서 P는 각각 100kN씩 작용할 때, 이 재료의 허용전단응력은 몇 MPa인가?(단, 안전계수는 2이다.)

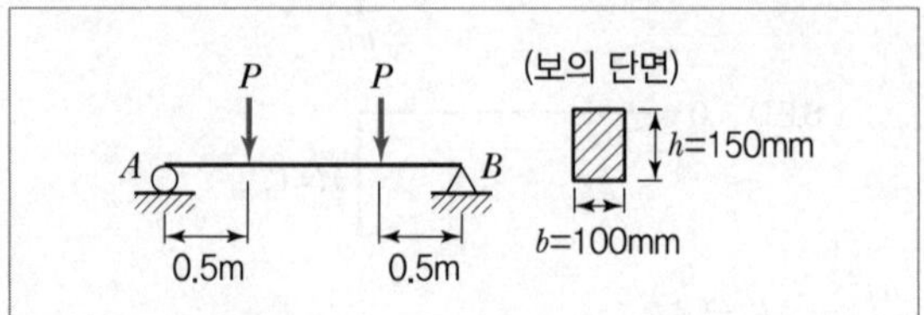

① 10 ② 15
③ 18 ④ 20

해설

i) 보의 전단력 $V_{max}=P=100\text{kN}$

ii) 사각단면보에서 보 속의 전단응력(길이방향)

$$\tau_b=1.5\tau_{av}=1.5\times\frac{V_{max}}{A}=1.5\times\frac{100\times10^3}{0.1\times0.15}$$
$$=10\times10^6\text{Pa}=10\text{MPa}$$

iii) 보 속의 허용전단응력 τ_{ba}, 안전계수 $s=2$

$$\frac{\tau_{ba}}{s}=\tau_b\rightarrow\tau_{ba}=\tau_b\cdot s=10\times2=20\text{MPa}$$

정답 14 ④

08 보의 처짐

1 보의 처짐에 의한 탄성곡선의 미분방정식

1. 탄성곡선에 대한 미분방정식

탄성곡선은 굽힘을 받는 보의 중립축선으로 처짐곡선이라고도 한다.

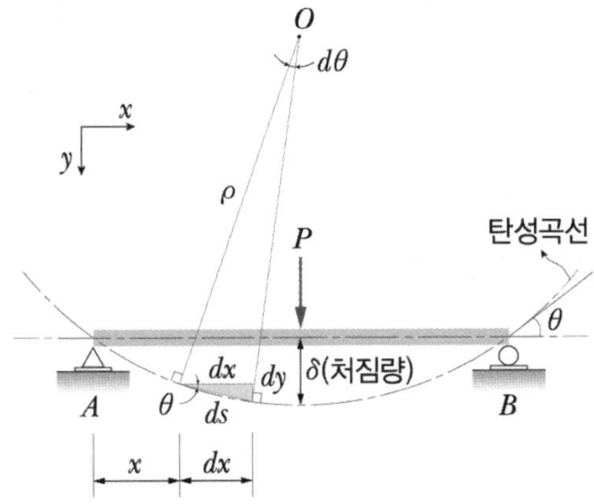

① 그림에서 y : 처짐량(δ), θ : 처짐각$\left(\text{기울기}=\dfrac{dy}{dx}\right)$, $ds=\rho d\theta$ ≒ 현의 길이

$$\frac{1}{\rho}=\frac{d\theta}{ds}$$

② 곡률과 굽힘모멘트 : $\dfrac{1}{\rho}=\dfrac{M}{EI}$

③ $\dfrac{d\theta}{ds}=\dfrac{d^2y}{dx^2}$

④ 탄성곡선의 미분방정식(처짐곡선의 미분방정식)

$$\therefore\ EI\frac{d^2y}{dx^2}=M\cdot\ \frac{d^2y}{dx^2}=\frac{\pm M}{EI}\text{(굽힘모멘트 부호 }\pm M)\ \rightarrow\ EIy''=\pm M$$

2. 처짐의 부호규약

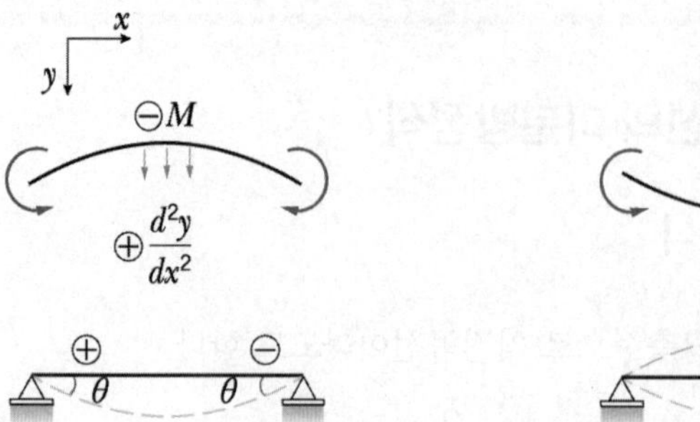

$EIy = -\iint M dx dx = \delta$: 처짐량(y)

$EIy' = -\int M dx = \theta$: 처짐각(y')

$EIy'' = -M = -\iint w dx dx$: 굽힘모멘트

$EIy''' = -\dfrac{dM}{dx} = -V$: 전단력

$EIy'''' = -\dfrac{d^2M}{dx^2} = -\dfrac{dV}{dx} = -w$: 등분포하중

2 보의 처짐각과 처짐량

1. 외팔보에서 집중하중에 의한 처짐

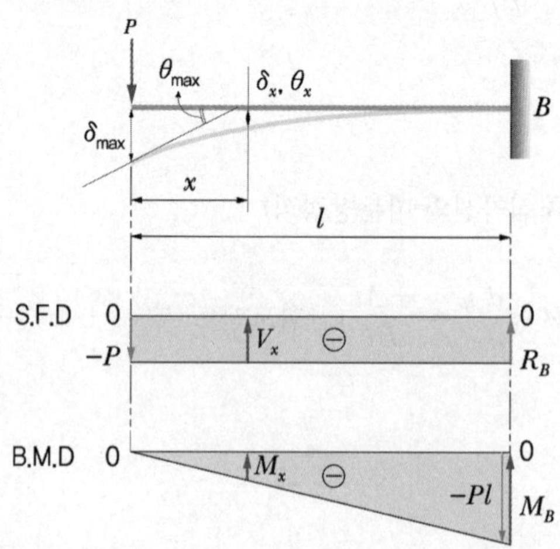

$M_x = -Px$, $EIy'' = -M_x = -(-Px)$

$\therefore\ EI\dfrac{d^2y}{dx^2} = P \cdot x$

↓ 부정적분

$EI\dfrac{dy}{dx} = \dfrac{Px^2}{2} + C_1 \Rightarrow \theta$ ··························· ⓐ

↓ 부정적분

$EIy = \dfrac{Px^3}{6} + C_1x + C_2 \Rightarrow \delta$ ··························· ⓑ

C_1, C_2를 구할 때 B/C(경계조건 : 외팔보 B지지점에서의 처짐각과 처짐량은 없다.)

$x = l$에서 $\theta = 0 \rightarrow \dfrac{dy}{dx} = 0$

ⓐ에서 $\theta = 0 = \dfrac{Pl^2}{2} + C_1$

$\therefore\ C_1 = -\dfrac{Pl^2}{2}$ ··························· ⓒ

ⓒ를 ⓑ에 대입하고 $x = l$일 때 처짐량 $y = 0$

$EIy = \dfrac{Px^3}{6} - \dfrac{P}{2}l^2x + C_2$

$\Rightarrow x = l$일 때 $EIy = \dfrac{Pl^3}{6} - \dfrac{P}{2}l^2l + C_2 = 0$

$\therefore\ C_2 = \dfrac{Pl^3}{3}$

C_1과 C_2를 ⓐ, ⓑ 수식에 넣어 정리하면

$\therefore\ \dfrac{dy}{dx} = \dfrac{P}{2EI}(x^2 - l^2)$

$\therefore\ y = \dfrac{P}{6EI}(x^3 - 3l^2x + 2l^3)$

최대 처짐각과 최대 처짐량은 $x = 0$인 자유단에서 일어난다.

- $\theta_{\max} = \theta_{x=0} \Rightarrow \theta = y'_{\max} = \dfrac{-Pl^2}{2EI}$
- $\delta_{\max} = \delta_{x=0} \Rightarrow \delta = y_{\max} = \dfrac{Pl^3}{3EI}$

2. 외팔보에서 우력에 의한 처짐

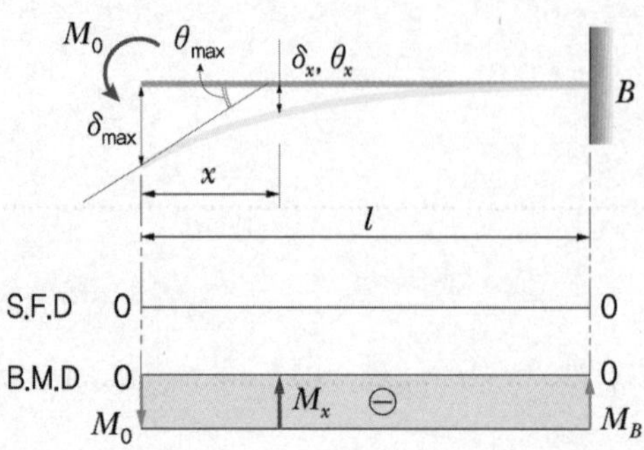

$M_x = -M_0$

$EI\dfrac{d^2y}{dx^2} = -M_x = -(-M_0)$

$\therefore EI\dfrac{d^2y}{dx^2} = M_0$

↓ 부정적분

$EI\dfrac{dy}{dx} = M_0x + C_1 \Rightarrow \theta$ ········· ⓐ

↓ 부정적분

$EIy = \dfrac{M_0x^2}{2} + C_1x + C_2 \Rightarrow \delta$ ········· ⓑ

C_1, C_2를 구할 때 B/C(경계조건 : 외팔보 B지지점에서의 처짐각과 처짐량은 없다.)

$x = l$에서 $\theta = 0 \rightarrow \dfrac{dy}{dx} = 0$

ⓐ에서 $\theta = 0 = M_0l + C_1$

$\therefore C_1 = -M_0l$ ········· ⓒ

ⓒ를 ⓑ에 대입하고 $x = l$일 때 처짐량 $y = 0$

$EIy = \dfrac{M_0x^2}{2} + C_1x + C_2$

$\Rightarrow x = l$일 때, $EIy = \dfrac{M_0l^2}{2} - M_0l \cdot l + C_2 = 0$

$\therefore C_2 = \dfrac{M_0l^2}{2}$

C_1과 C_2를 ⓐ, ⓑ 수식에 넣어 정리하면,

$\dfrac{dy}{dx} = \dfrac{M_0}{EI}(x - l)$, $y = \dfrac{M_0}{2EI}(x^2 - 2lx + l^2)$

최대 처짐각과 최대 처짐량은 $x = 0$인 자유단에서 일어난다.

- $\theta_{max} = \theta_{x=0} \Rightarrow \theta = y'_{max} = -\dfrac{M_0 l}{EI}$
- $\delta_{max} = \delta_{x=0} \Rightarrow \delta = y_{max} = \dfrac{M_0 l^2}{2EI}$

3. 외팔보에서 균일분포하중에 의한 처짐

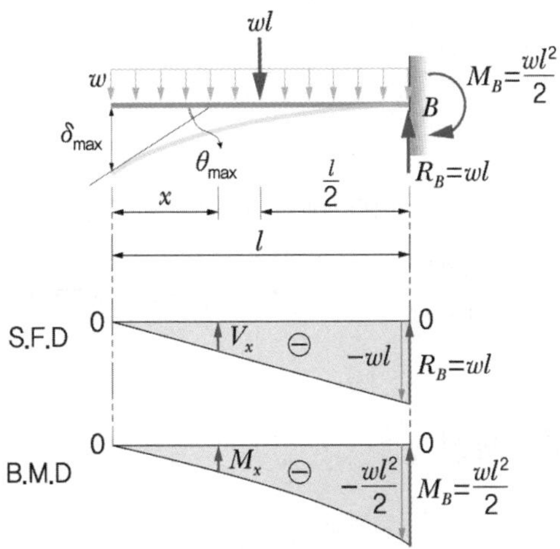

$M_x = -wx \cdot \dfrac{x}{2} = -w \cdot \dfrac{x^2}{2}$

$EI\dfrac{d^2y}{dx^2} = -M_x = \dfrac{w}{2} \cdot x^2$

↓ 부정적분

$EI\dfrac{dy}{dx} = \dfrac{w}{6}x^3 + C_1$ ························ ⓐ

↓ 부정적분

$EIy = \dfrac{w}{24}x^4 + C_1 x + C_2$ ························ ⓑ

C_1, C_2를 구할 때 B/C(경계조건 : 외팔보 B지지점에서의 처짐각과 처짐량은 없다.)

$x = l$에서 $\theta = 0 \rightarrow \dfrac{dy}{dx} = 0$

ⓐ에서 $\theta = 0 = \dfrac{w}{6}l^3 + C_1$

$\therefore\ C_1 = -\dfrac{w}{6}l^3$ ························ ⓒ

ⓒ를 ⓑ에 대입하고 $x=l$일 때 처짐량 $y=0$

$$EIy=\frac{w}{24}x^4-\frac{w}{6}l^3\cdot x+C_2$$

$$\Rightarrow x=l\text{일 때 } EIy=\frac{w}{24}l^4-\frac{w}{6}l^3\cdot l+C_2=0$$

$$\therefore\ C_2=\frac{wl^4}{8}$$

C_1과 C_2를 ⓐ, ⓑ 수식에 넣어 정리하면,

$$EI\frac{dy}{dx}=\frac{w}{6}x^3-\frac{w}{6}l^3=\frac{w}{6}(x^3-l^3)$$

$$EIy=\frac{w}{24}x^4-\frac{w}{6}l^3x+\frac{w}{8}l^4$$

최대 처짐각과 최대 처짐량은 $x=0$인 자유단에서 일어난다.

- $\theta_{\max}=\theta_{x=0}\Rightarrow\theta=y'_{\max}=-\dfrac{wl^3}{6EI}$
- $\delta_{\max}=\delta_{x=0}\Rightarrow\delta=y_{\max}=\dfrac{wl^4}{8EI}$

4. 단순보에서 우력에 의한 처짐

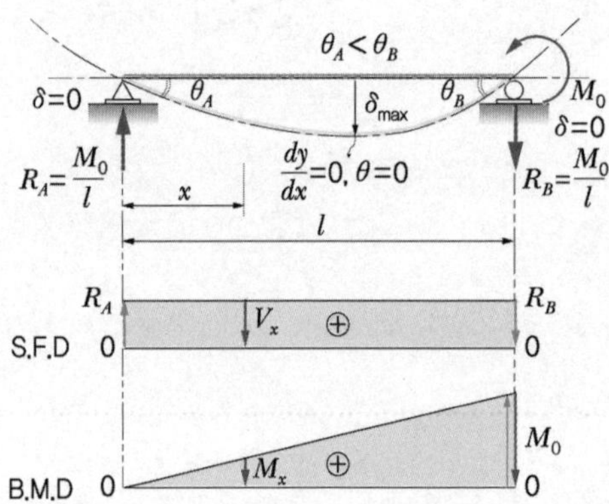

$$M_x=\frac{M_0}{l}x$$

$$EI\frac{d^2y}{dx^2}=-M_x=-\frac{M_0}{l}x$$

↓ 부정적분

$$EI\frac{dy}{dx}=-\frac{M_0x^2}{2l}+C_1 \quad \cdots\cdots \text{ⓐ}$$

↓ 부정적분

$$EIy=-\frac{M_0x^3}{6l}+C_1x+C_2 \quad \cdots\cdots \text{ⓑ}$$

C_1, C_2를 구할 때 B/C(경계조건 : 단순보 지지점에서의 처짐량은 없다.)

ⓑ식에서 $x=0$에서 $y=0(\delta=0)$

$\therefore\ C_2=0$

또한 $x=l$에서 $y=0(\delta=0)$이므로

$$C_1 l-\frac{M_0 l^3}{6l}=0 \quad \therefore\ C_1=\frac{m_0 l}{6}$$

C_1과 C_2를 ⓐ, ⓑ 수식에 넣어 정리하면,

$$\frac{dy}{dx}=\frac{M_0}{6lEI}(l^2-3x^2) \quad \cdots\cdots\cdots\cdots ⓒ$$

$$y=\frac{M_0 x}{6lEI}(l^2-x^2) \quad \cdots\cdots\cdots\cdots ⓓ$$

최대 처짐은 $\frac{dy}{dx}=0(\theta=0)$인 곳에서 발생하므로,

ⓒ식에서 $0=\frac{M_0}{6lEI}(l^2-3x^2)$

$$l^2-3x^2=0 \quad \therefore\ x=\frac{l}{\sqrt{3}}$$

ⓓ식에서 $y_{x=\frac{l}{\sqrt{3}}}=\dfrac{M_0\frac{l}{\sqrt{3}}}{6lEI}\left(l^2-\left(\frac{l}{\sqrt{3}}\right)^2\right)$

$$=\frac{M_0 l^2}{9\sqrt{3}EI}$$

$x=0$, $x=l$에서 $\theta\left(\frac{dy}{dx}\right)$는 $\theta_A\left(\frac{M_0 l}{6EI}\right)<\theta_B\left(-\frac{M_0 l}{3EI}\right)$

3 면적모멘트법(Area – Moment Method)

B.M.D 선도의 면적을 이용하여 최대 처짐각 $\theta\left(\frac{dy}{dx}\right)$, 최대 처짐량 $\delta(y)$를 간단하게 계산할 수 있다.

① Mohr의 정리 I

처짐각 $\theta=\frac{A_M}{EI}\left(=\frac{\text{B.M.D의 면적}}{\text{휨강성계수}}\right)$

② Mohr의 정리 II

처짐량 $\delta=\theta\cdot\bar{x}$(B.M.D의 도심거리)

1. 외팔보에서 우력에 의한 처짐

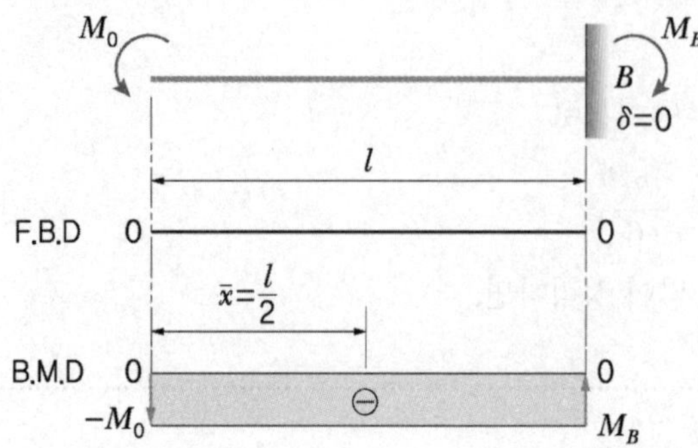

• 처짐각 : $\theta=\dfrac{A_M}{EI}$ $\quad\therefore\ \theta=-\dfrac{M_0\cdot l}{EI}$

• 처짐량 : $\delta=\theta\cdot\bar{x}=\dfrac{M_0\cdot l}{EI}\cdot\dfrac{l}{2}=\dfrac{M_0 l^2}{2EI}$

2. 외팔보에서 집중하중에 의한 처짐

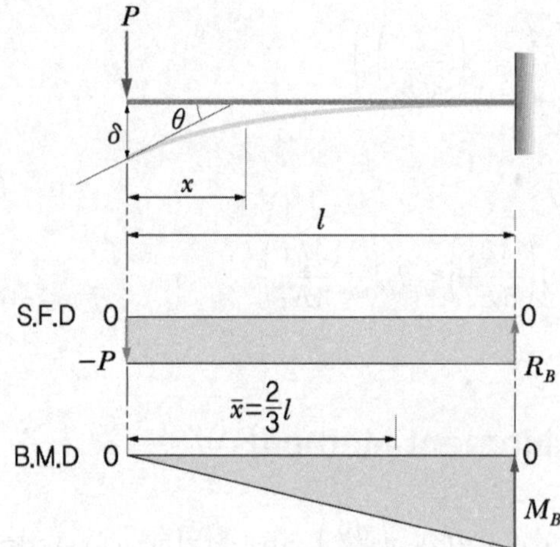

• 처짐각 : $\theta=\dfrac{A_M}{EI}=\dfrac{\frac{1}{2}Pl\cdot l}{EI}=\dfrac{Pl^2}{2EI}$

• 처짐량 : $\delta=\theta\cdot\bar{x}=\dfrac{Pl^2}{2EI}\times\dfrac{2}{3}l=\dfrac{Pl^3}{3EI}$

3. 외팔보에서 균일분포하중에 의한 처짐

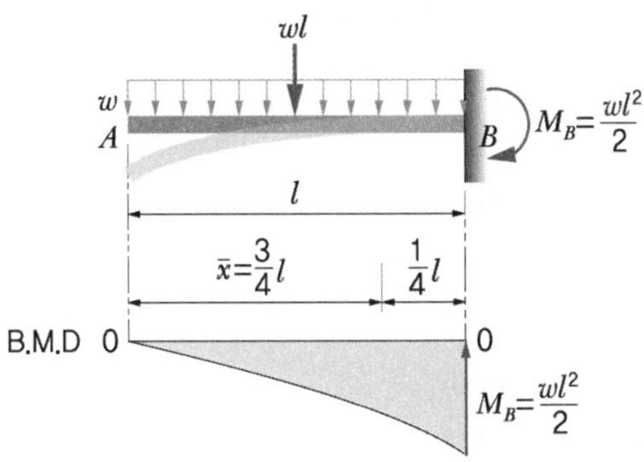

- 처짐각 : $\theta = \dfrac{A_M}{EI} = \dfrac{\frac{1}{3} \cdot \frac{wl^2}{2} \cdot l}{EI} = \dfrac{wl^3}{6EI}$
- 처짐량 : $\delta = \theta \cdot \bar{x} = \dfrac{wl^3}{6EI} \times \dfrac{3}{4}l = \dfrac{wl^4}{8EI}$

4. 단순보에서 집중하중에 의한 처짐

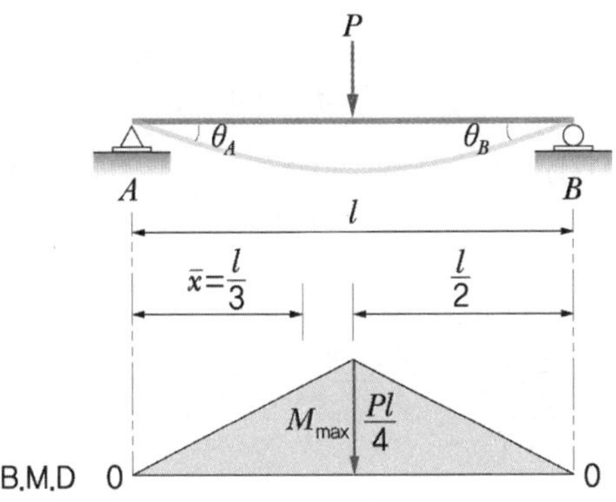

전체 B.M.D의 면적

$\Rightarrow$ 양쪽의 처짐각$(\theta_A + \theta_B)$

여기서, $\theta_A = \theta_B$

$\dfrac{1}{2} \times l \times \dfrac{Pl}{4} = \dfrac{Pl^2}{8} \Rightarrow (\theta_A = \theta_B)$

$2\theta = \dfrac{A_M}{EI} = \dfrac{Pl^2}{8EI}$

• 처짐각 : $\theta = \dfrac{Pl^2}{16EI}\left(\because \theta = \dfrac{\frac{1}{2}A_M}{EI} = \dfrac{\frac{Pl^2}{16}}{EI}\right)$

여기서, θ는 B.M.D 면적의 $\frac{1}{2}$로 계산

$\bar{x}$: B.M.D면적의 $\frac{1}{2}$인 삼각형(△)의 도심까지 거리

$\bar{x} = \dfrac{l}{2} \times \dfrac{2}{3} = \dfrac{l}{3}$

• 처짐량 : $\delta = \theta \cdot \bar{x} = \dfrac{Pl^2}{16EI} \times \dfrac{l}{3} = \dfrac{Pl^3}{48EI}$

5. 단순보에서 균일분포하중에 의한 처짐

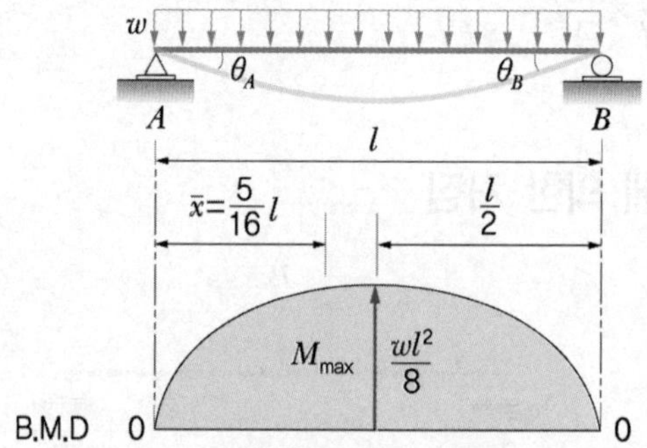

$2\theta = \dfrac{A_M}{EI}$

• 처짐각 : $\theta = \dfrac{wl^3}{24EI}\left(\because \theta = \dfrac{\frac{1}{2}A_M}{EI} = \dfrac{\frac{2}{3} \times \frac{wl^2}{8} \times \frac{l}{2}}{EI}\right)$

• 처짐량 : $\delta = \theta \cdot \bar{x} = \dfrac{wl^3}{24EI} \times \dfrac{5}{16}l = \dfrac{5wl^4}{384EI}$

4 중첩법(Method of Superposition)

한 개의 보에 여러 가지 다른 하중들이 동시에 작용하는 경우 보의 처짐은 각각의 하중이 따로 작용할 때의 보의 처짐을 합하여 구하면 되는데, 이러한 방법을 중첩법이라 한다.

1. 외팔보에서 집중하중과 균일분포하중에 의한 처짐

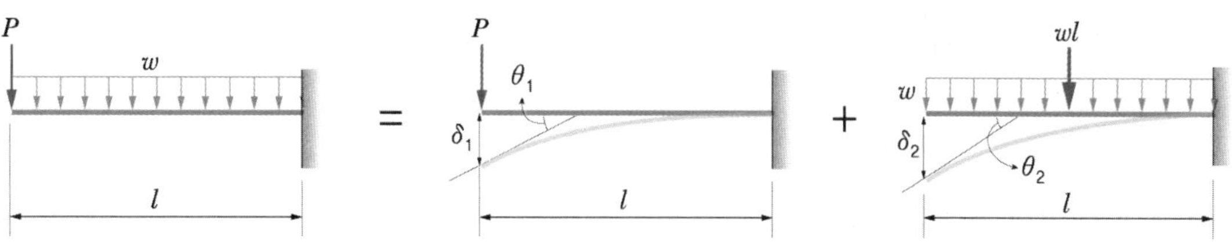

① 집중하중 P가 작용할 때

- 처짐각 : $\theta_1 = \dfrac{Pl^2}{2EI}$
- 처짐량 : $\delta_1 = \dfrac{Pl^3}{3EI}$

② 균일분포하중 w가 작용할 때

- 처짐각: $\theta_2 = \dfrac{wl}{6EI}$
- 처짐량 : $\delta_2 = \dfrac{wl^4}{8EI}$

③ 최대 처짐각과 최대 처짐량

- $\theta_{\max} = \theta_1 + \theta_2 = \dfrac{Pl^2}{2EI} + \dfrac{wl^3}{6EI} = \dfrac{l^2}{6EI}(3P + wl)$
- $\delta_{\max} = \delta_1 + \delta_2 = \dfrac{Pl^3}{3EI} + \dfrac{wl^4}{8EI} = \dfrac{l^3}{24EI}(8P + 3wl)$

2. 단순보에서 집중하중과 균일분포하중에 의한 처짐

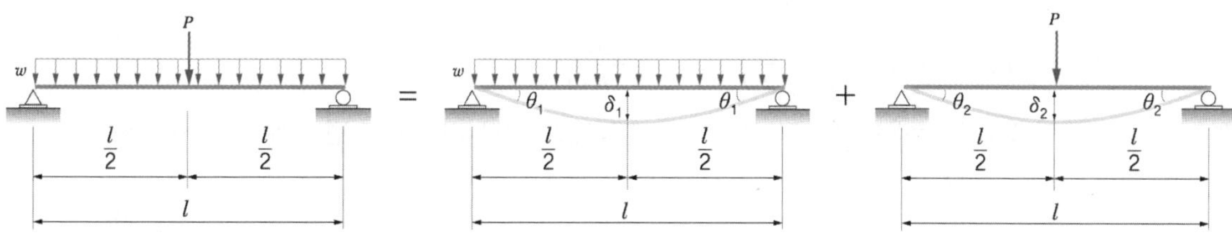

① 집중하중 P가 작용할 때

- 처짐각 : $\theta_2 = \dfrac{Pl^2}{16EI}$
- 처짐량 : $\delta_2 = \dfrac{Pl^3}{48EI}$

② 균일분포하중 w가 작용할 때

- 처짐각 : $\theta_1 = \dfrac{wl^3}{24EI}$
- 처짐량 : $\delta_1 = \dfrac{5wl^4}{384EI}$

③ 최대 처짐각과 최대 처짐량

- $\theta_{\max} = \theta_1 + \theta_2 = \dfrac{wl^3}{24EI} + \dfrac{Pl^2}{16EI} = \dfrac{l^2}{48EI}(3P + 2wl)$
- $\delta_{\max} = \delta_1 + \delta_2 = \dfrac{5wl^4}{384EI} + \dfrac{Pl^3}{48EI} = \dfrac{l^3}{384EI}(8P + 5wl)$

5 굽힘 탄성에너지(변형에너지 : U)

보에 하중이 작용하여 보가 굽혀지면 하중은 보에 일을 하게 되고, 이 일은 변형에너지로 보 속에 저장된다. 에너지 보존의 법칙에 따라 행해진 일 W는 보에 저장된 변형에너지 U와 같다($|E_P| = |U|$).

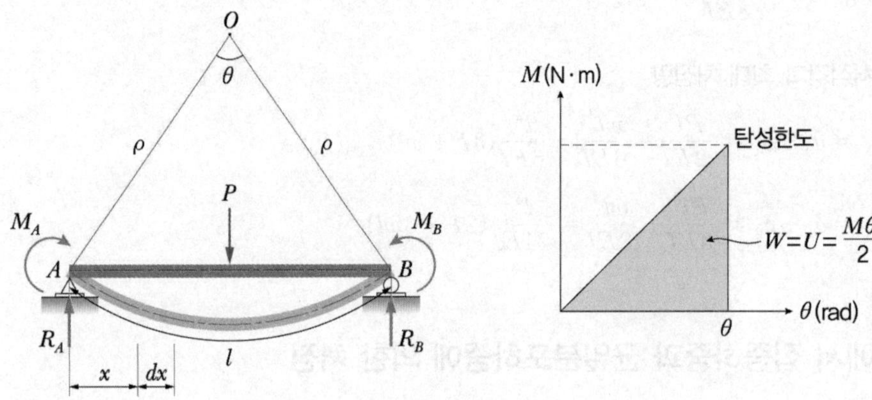

위의 그림에서 $l = \rho\theta$이므로 $\theta = \dfrac{l}{\rho} = \dfrac{Ml}{EI}\left(\because \dfrac{1}{\rho} = \dfrac{M}{EI}\right)$

여기서, θ는 굽힘모멘트 M에 비례하고 선도상의 면적이 보 속에 저장되는 변형에너지 U가 된다.

$$U = \frac{1}{2}M\theta = \frac{1}{2}M \times \frac{Ml}{EI} = \frac{M^2 l}{2EI}$$

$\therefore$ 굽힘탄성에너지 $U = \dfrac{M^2 l}{2EI}$ 또는 $U = \dfrac{EI\theta^2}{2l}$

굽힘모멘트 M이 보의 길이에 따라 연속적으로 변화하는 경우 미소길이 dx를 적분함으로써 변형에너지(U)를 구할 수 있다.

$$dU = \frac{M_x^2 dx}{2EI}$$

$$\therefore\ U = \int_0^l \frac{M_x^2}{2EI} dx$$

1. 외팔보에서 집중하중이 작용하는 경우

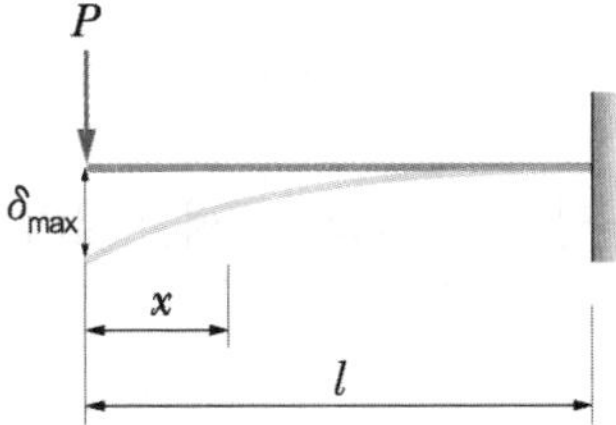

자유단으로부터 x만큼 떨어진 위치에서의 모멘트는 $M_x = -Px$이므로

탄성에너지 : $U = \int_0^l \frac{M_x^2}{2EI} dx = \int_0^l \frac{(-Px)^2}{2EI} dx = \frac{P^2}{2EI}\int_0^l x^2 dx = \frac{P^2}{2EI}\left[\frac{x^3}{3}\right]_0^l$

$$\therefore\ U = \frac{P^2 l^3}{6EI}$$

하중이 하나만 작용하면 $U = \frac{P\delta}{2}$ 또는 $U = \frac{M_0 \theta}{2}$이므로

최대 처짐량 : $\delta_{\max} = \frac{2}{P} U = \frac{2}{P} \times \frac{P^2 l^3}{6EI} = \frac{Pl^3}{3EI}$

2. 외팔보에서 균일분포하중이 작용하는 경우

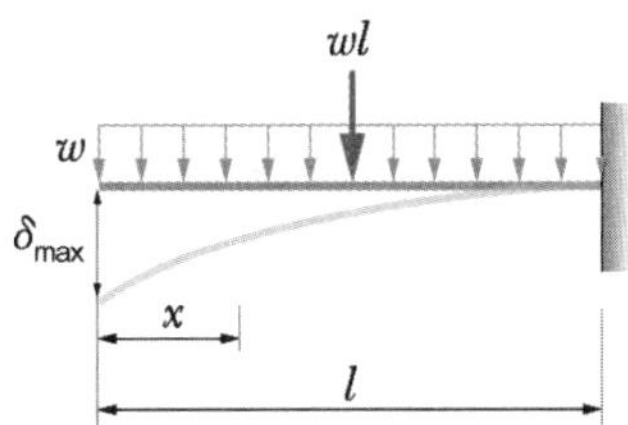

자유단으로부터 x만큼 떨어진 위치에서의 모멘트는 $M_x = -\frac{w \cdot x^2}{2}$ 이므로

$$\text{탄성에너지 : } U = \int_0^l \frac{M_x^2}{2EI} dx = \int_0^l \frac{\left(-\frac{w \cdot x^2}{2}\right)^2}{2EI} dx = \frac{w^2}{8EI}\int_0^l x^4 dx = \frac{w^2}{8EI}\left[\frac{x^5}{5}\right]_0^l$$

$$\therefore U = \frac{w^2 l^5}{40EI}$$

6 부정정보

- 하중을 편심되게 설계하지 않는다.
- 굽힘에 의해 생기는 처짐(처짐각, 처짐량)을 고려함으로써 미지의 반력요소를 계산한 다음 정정화시켜 해석한다.

1. 균일분포하중이 작용하는 연속보

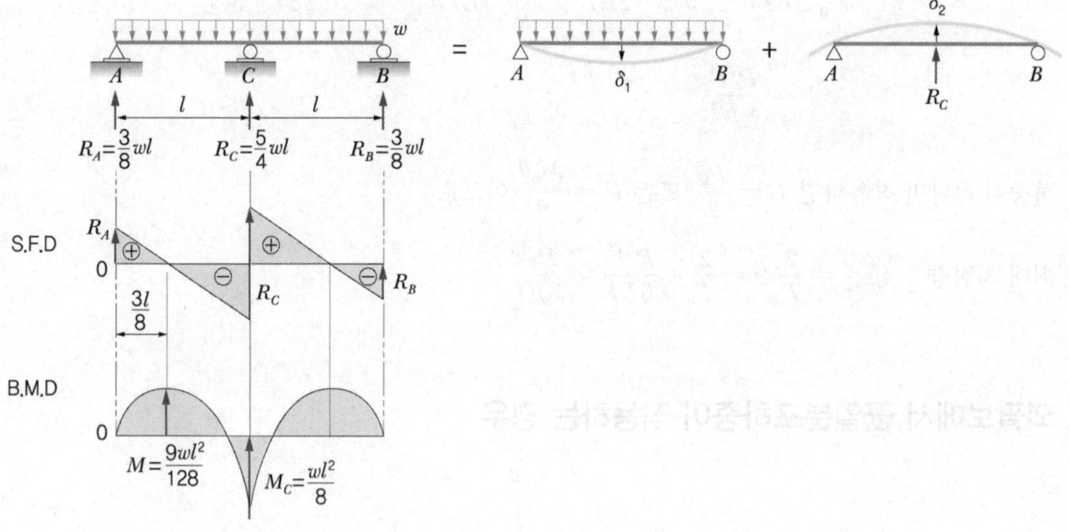

$$\delta_C = \delta_1 + \delta_2 = 0 \qquad \therefore \delta_1 = \delta_2$$

$$\delta_1 = \frac{5w(2l)^4}{384EI} = \frac{5wl^4}{24EI},\ \delta_2 = \frac{R_C(2l)^3}{48EI} = \frac{R_C l^3}{6EI}$$

$\therefore R_C = \frac{5}{4}wl$ → 처짐량을 가지고 C지점의 반력요소를 해결하였으므로 정정보로 해석

$$\Sigma F_y = 0 : R_A + R_B + R_C - 2wl = 0 \ (R_A = R_B)$$

$$\therefore 2R_A = 2wl - R_C = 2wl - \frac{5}{4}wl = \frac{3}{4}wl$$

$$\therefore R_A = \frac{3}{8}wl = R_B$$

2. 균일분포하중이 작용하는 일단 고정 타단 지지보

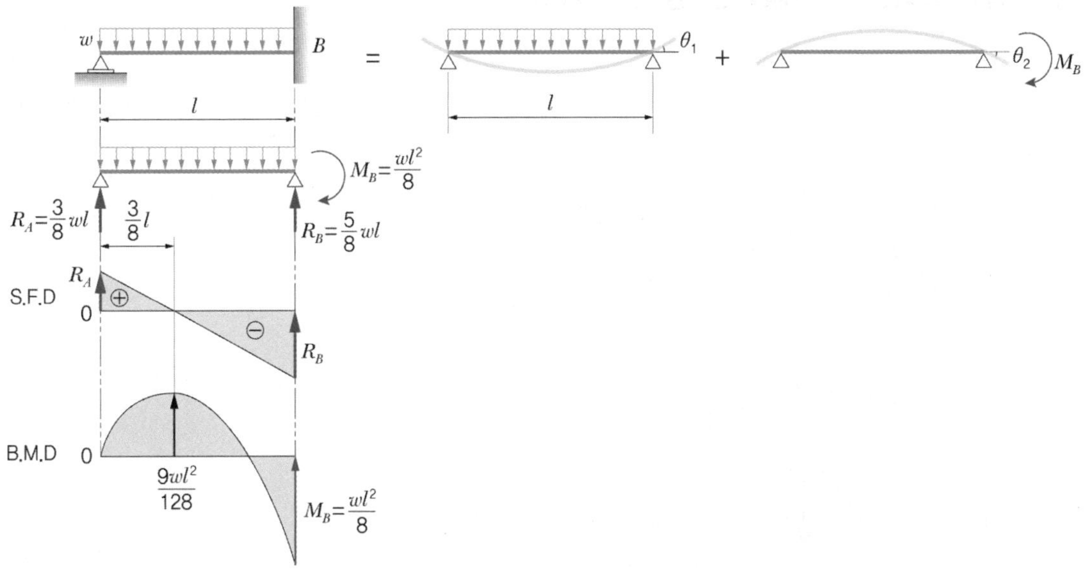

부정정요소인 M_B를 구한다.

$$\theta_B = \theta_1 + \theta_2 = 0$$

$$\therefore \theta_1 = \theta_2$$

$$\frac{wl^3}{24EI} = \frac{M_B \cdot l}{3EI}$$

$$\therefore M_B = \frac{wl^2}{8}$$

$$\Sigma M_B = 0 : R_A \cdot l - \frac{wl^2}{2} + \frac{wl^2}{8} = 0$$

$$\therefore R_A = \frac{3}{8}wl$$

전단력이 "0"인 위치의 굽힘모멘트를 구해보면

$$V_x = R_A - wx = 0$$

$$\therefore x = \frac{R_A}{w} = \frac{3}{8}l$$

$$M_{x=\frac{3}{8}l} = \frac{3wl}{8} \times \frac{3}{8}l - w \cdot \frac{3}{8}l \times \frac{1}{2} \times \frac{3}{8}l = \frac{9wl^2}{128}$$

$M_B = \dfrac{wl^2}{8}$와 비교하면 최대굽힘모멘트는 M_B임을 알 수 있다.

최대굽힘응력이 $\sigma_{b\max} = \dfrac{M_{\max}}{Z}$이고 $M_{\max} = M_B$이므로 M_B 값을 넣어서 계산하면 된다.

3. 균일분포하중이 작용하는 양단 고정보

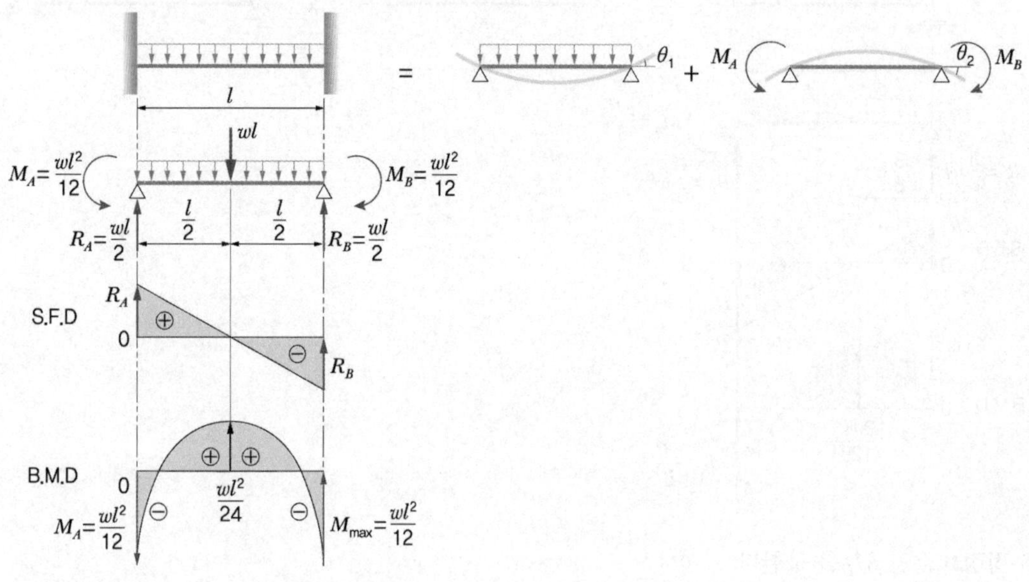

$\theta_B = \theta_1 + \theta_2 = 0 \quad \therefore \theta_1 = \theta_2$

$M_A = M_B$

$\dfrac{wl^3}{24EI} = \dfrac{M_A \cdot l}{2EI} \quad \therefore M_A = \dfrac{wl^2}{12}$

$\theta_2 = \dfrac{M_A \cdot l}{6EI} + \dfrac{M_A \cdot l}{3EI} = \dfrac{M_A \cdot l}{2EI}$

① 반력 : $R_A = \dfrac{wl}{2} = R_B$

② 전단력 : $V_x = R_A - wx$

③ 굽힘모멘트 : $M_x = R_A x - \dfrac{wx^2}{2} - M_A$

4. 집중하중이 작용하는 양단 고정보

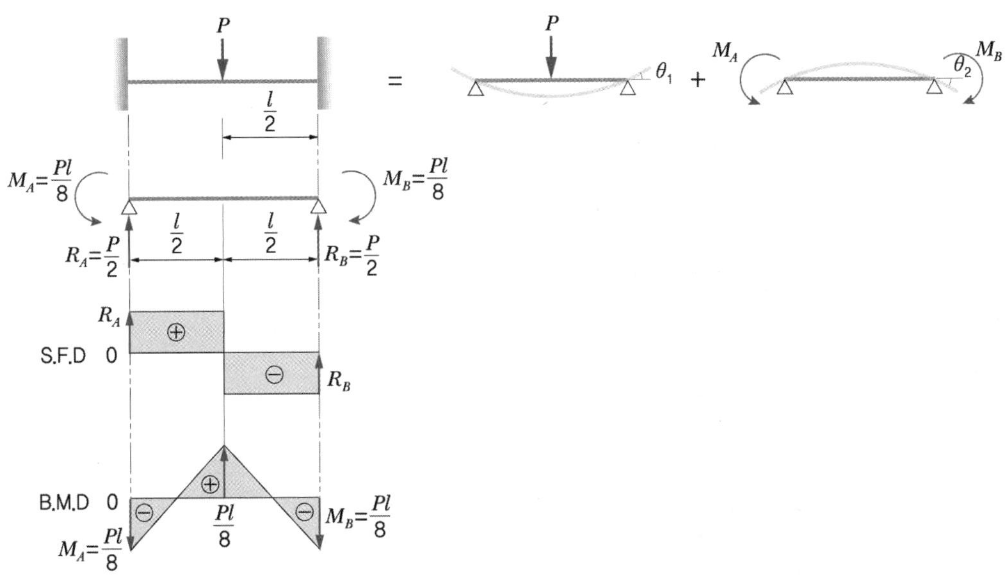

$$\theta_B = \theta_1 + \theta_2 = 0 \quad \therefore \theta_1 = \theta_2$$

$$M_A = M_B$$

$$\frac{Pl^2}{16EI} = \frac{M_A \cdot l}{2EI}$$

$$\therefore M_A = \frac{Pl}{8}$$

$$\theta_2 = \frac{M_A \cdot l}{6EI} + \frac{M_A \cdot l}{3EI} = \frac{M_A \cdot l}{2EI}$$

$$R_A = R_B = \frac{P}{2}$$

5. 집중하중이 작용하는 일단 고정 타단 지지보

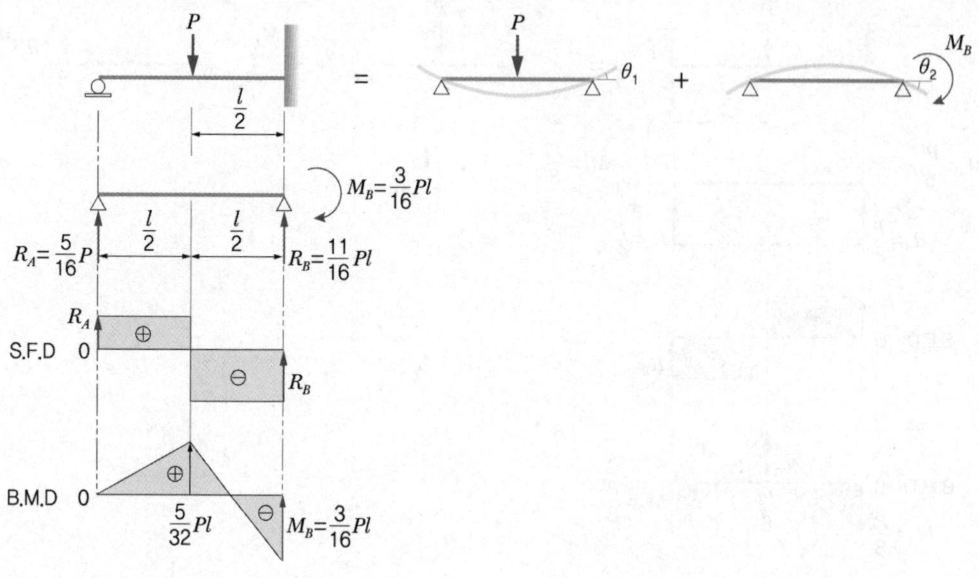

$$\theta_B=\theta_1+\theta_2=0 \quad \therefore \theta_1=\theta_2$$

$$M_A=M_B$$

$$\frac{Pl^2}{16EI}=\frac{M_B\cdot l}{3EI} \quad \therefore M_B=\frac{3Pl}{16}$$

$$\Sigma M_B=0 : R_A\cdot l-P\frac{l}{2}+\frac{3Pl}{16}=0 \quad \therefore R_A=\frac{5}{16}P,\ R_B=\frac{11}{16}P$$

6. 부정정보 정리

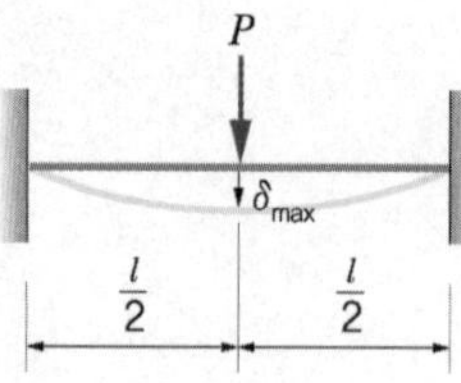

$$\delta=\frac{Pl^3}{192EI} \quad P\rightarrow l^3$$

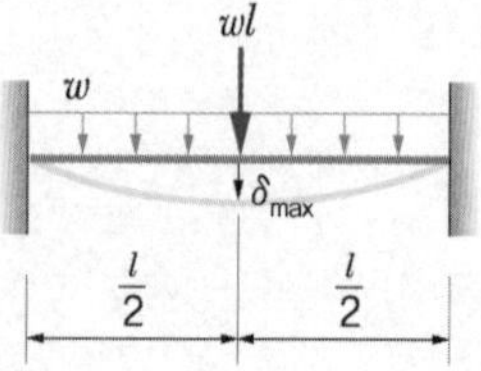

$$\delta=\frac{wl^4}{384EI} \quad w\rightarrow l^4$$

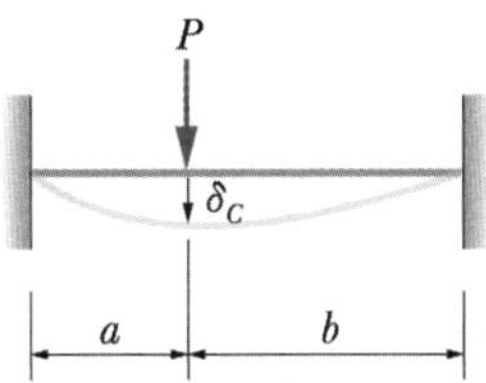

$$\delta = \frac{Pa^3b^3}{3EIl^3} \quad P \rightarrow l^3$$

구분	부정정보	보의 처짐식
1	$\frac{l}{2}$ P $\frac{l}{2}$ $R_A = \frac{11}{16}P$ $R_B = \frac{5}{16}P$ 일단 고정 타단 지지보 : 집중하중	$\delta_{max} = \frac{1}{48\sqrt{5}} \cdot \frac{Pl^3}{EI}$ $\delta = \frac{7}{768} \cdot \frac{Pl^3}{EI}$ (보의 중앙에서 처짐)
2	w[N/m] $R_A = \frac{5}{8}wl$ $R_B = \frac{3}{8}wl$ 일단 고정 타단 지지보 : 등분포하중	$\delta_{max} = \frac{1}{185} \cdot \frac{wl^4}{EI}$ $\delta = \frac{1}{192} \cdot \frac{wl^4}{EI}$ (보의 중앙에서 처짐)
3	P 양단 고정보 : 집중하중	$\delta = \frac{1}{192} \cdot \frac{Pl^3}{EI}$
4	w[N/m] 양단 고정보 : 등분포하중	$\delta = \frac{1}{384} \cdot \frac{wl^4}{EI}$

핵심 기출 문제

01 그림과 같이 외팔보의 끝에 집중하중 P가 작용할 때 자유단에서의 처짐각 θ는?(단, 보의 굽힘강성 EI는 일정하다.)

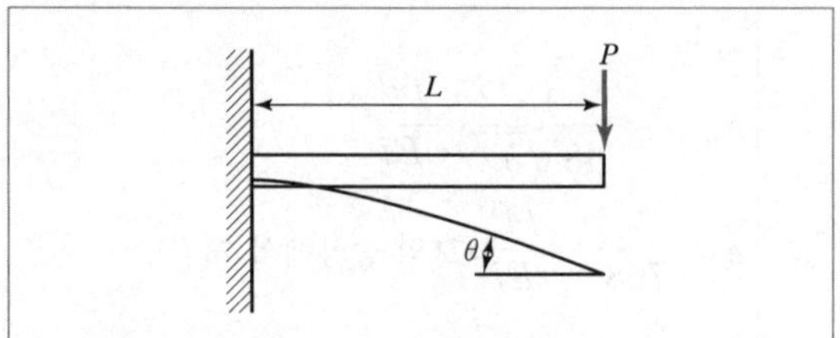

① $\dfrac{PL^2}{2EI}$ ② $\dfrac{PL^3}{6EI}$ ③ $\dfrac{PL^2}{8EI}$ ④ $\dfrac{PL^2}{12EI}$

해설

외팔보 자유단 처짐각 $\theta = \dfrac{PL^2}{2EI}$

02 단면의 폭(b)과 높이(h)가 6cm×10cm인 직사각형이고, 길이가 100cm인 외팔보 자유단에 10kN의 집중하중이 작용할 경우 최대 처짐은 약 몇 cm인가?(단, 세로 탄성계수는 210GPa이다.)

① 0.104 ② 0.254
③ 0.317 ④ 0.542

해설

$\delta = \dfrac{Pl^3}{3EI}$

여기서, $P = 10\times10^3\text{N}$, $l = 1\text{m}$, $I = \dfrac{bh^3}{12}$

$b = 0.06\text{m}$, $h = 0.1\text{m}$

$$\therefore\ \delta = \frac{10\times10^3\times1^3}{3\times210\times10^9\times\dfrac{0.06\times0.1^3}{12}}$$

$= 0.00317\text{m} = 0.317\text{cm}$

03 그림과 같이 C점에 집중하중 P가 작용하고 있는 외팔보의 자유단에서 경사각 θ를 구하는 식은?(단, 보의 굽힘 강성 EI는 일정하고, 자중은 무시한다.)

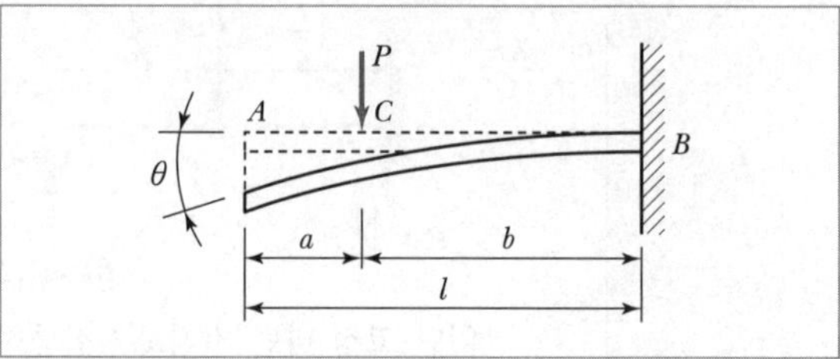

① $\theta = \dfrac{Pl^2}{2EI}$ ② $\theta = \dfrac{3Pl^2}{2EI}$

③ $\theta = \dfrac{Pa^2}{2EI}$ ④ $\theta = \dfrac{Pb^2}{2EI}$

해설

P가 작용하는 점의 보 길이가 b이므로

외팔보 자유단 처짐각 $\theta = \dfrac{Pb^2}{2EI}$

(자유단 A와 C점 처짐각 동일)

04 그림과 같은 외팔보에 균일분포하중 w가 전 길이에 걸쳐 작용할 때 자유단의 처짐 δ는 얼마인가?(단, E : 탄성계수, I : 단면 2차 모멘트이다.)

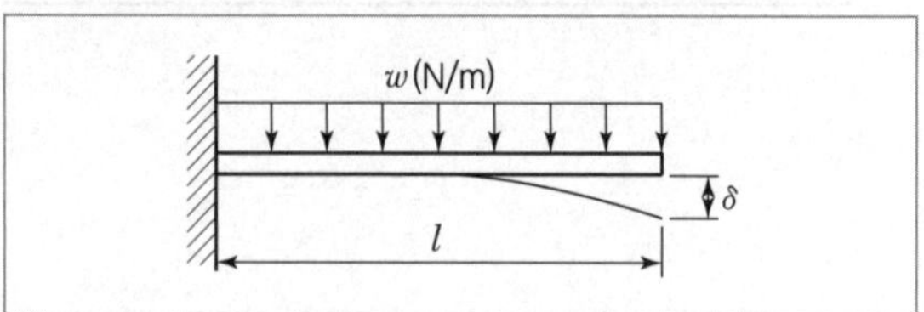

① $\dfrac{wl^4}{3EI}$ ② $\dfrac{wl^4}{6EI}$ ③ $\dfrac{wl^4}{8EI}$ ④ $\dfrac{wl^4}{24EI}$

정답 01 ① 02 ③ 03 ④ 04 ③

05 그림과 같은 균일단면을 갖는 부정정보가 단순 지지단에서 모멘트 M_0를 받는다. 단순 지지단에서의 반력 R_A는?(단, 굽힘강성 EI는 일정하고, 자중은 무시한다.)

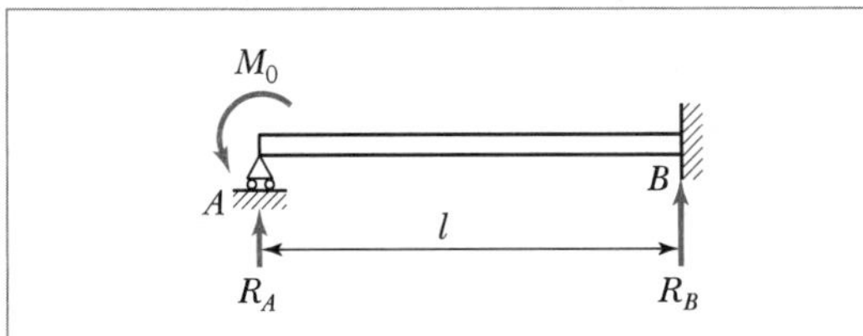

① $\dfrac{3M_0}{2l}$ ② $\dfrac{3M_0}{4l}$ ③ $\dfrac{2M_0}{3l}$ ④ $\dfrac{4M_0}{3l}$

해설

처짐을 고려해 미지반력요소를 해결한다.

A점에서 처짐량이 "0"이므로

$$\frac{R_A \cdot l^3}{3EI} = \frac{M_0 l^2}{2EI} \quad \therefore\ R_A = \frac{3M_0}{2l}$$

06 다음 보의 자유단 A지점에서 발생하는 처짐은 얼마인가?(단, EI는 굽힘강성이다.)

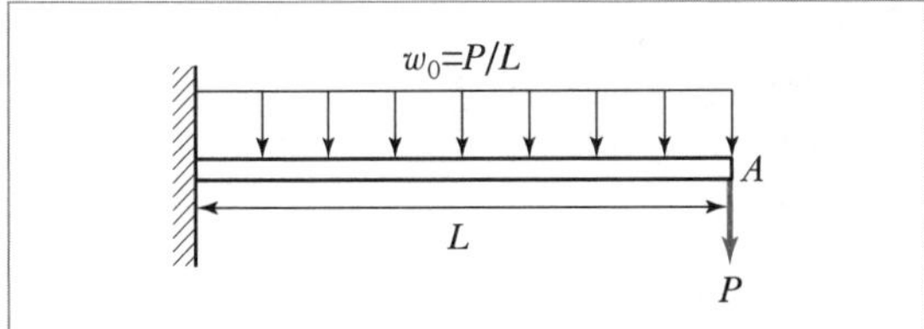

① $\dfrac{5PL^3}{6EI}$ ② $\dfrac{7PL^3}{12EI}$

③ $\dfrac{11PL^3}{24EI}$ ④ $\dfrac{17PL^3}{48EI}$

해설

중첩법에 의해

㉠ 집중하중 P에 의한 A점의 처짐량$=\dfrac{PL^3}{3EI}$

㉡ 분포하중 w_0에 의한 A점의 처짐량$=\dfrac{w_0L^4}{8EI}$

전체처짐량 δ

$$= ㉠ + ㉡ = \frac{PL^3}{3EI} + \frac{w_0L^4}{8EI}$$

$$= \frac{PL^3}{3EI} + \frac{\frac{P}{L} \times L^4}{8EI}$$

$$= \frac{11PL^3}{24EI}$$

07 그림과 같은 단순지지보에서 2kN/m의 분포하중이 작용할 경우 중앙의 처짐이 0이 되도록 하기 위한 힘 P의 크기는 몇 kN인가?

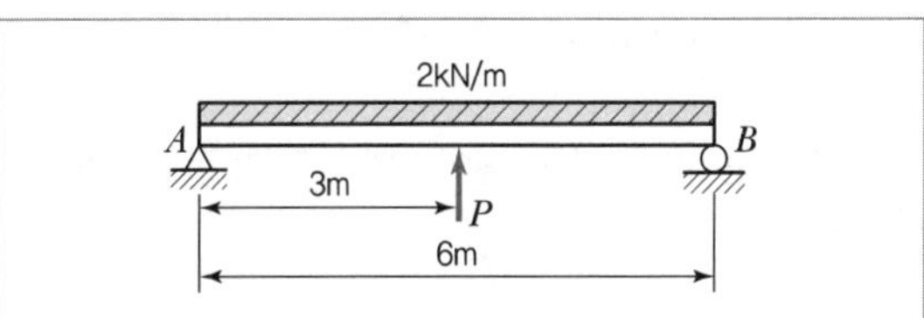

① 6.0 ② 6.5

③ 7.0 ④ 7.5

해설

등분포하중 w가 작용할 때 처짐량(단순보)=중앙에 집중하중 P가 작용할 때 처짐량(단순보)이므로

$$\frac{5wl^4}{384EI} = \frac{Pl^3}{48EI}$$

$$\therefore\ P = \frac{5 \times 48}{384}wl = \frac{5}{8}wl = \frac{5}{8} \times 2 \times 10^3 \times 6$$

$$= 7{,}500\text{N} = 7.5\text{kN}$$

정답 05 ① 06 ③ 07 ④

08 단면 20cm×30cm, 길이 6m의 목재로 된 단순보의 중앙에 20kN의 집중하중이 작용할 때, 최대 처짐은 약 몇 cm인가?(단, 세로 탄성계수 $E=10$GPa이다.)

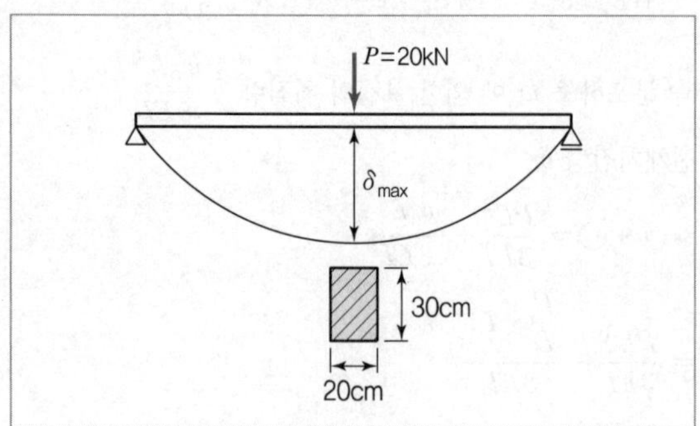

① 1.0 ② 1.5
③ 2.0 ④ 2.5

해설

$$\delta_{\max}=\frac{Pl^3}{48EI}=\frac{20\times10^3\times6^3}{48\times10\times10^9\times\frac{0.2\times0.3^3}{12}}$$

$=0.02$m

$=2$cm

(수치를 모두 미터 단위로 넣어 계산하면 처짐량이 미터로 나온다.)

09 그림과 같은 양단이 지지된 단순보의 전 길이에 4kN/m의 등분포하중이 작용할 때, 중앙에서의 처짐이 0이 되기 위한 P의 값은 몇 kN인가?(단, 보의 굽힘강성 EI는 일정하다.)

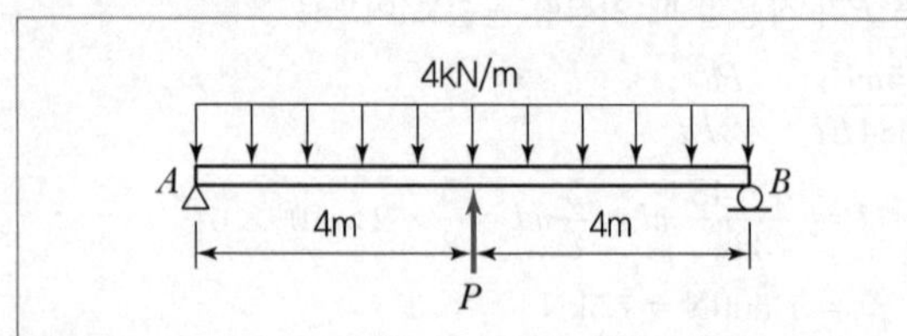

① 15 ② 18
③ 20 ④ 25

해설

δ_1 : 단순보에 등분포하중이 작용할 때 처짐량

δ_2 : 단순보 중앙에 집중하중이 작용할 때 처짐량

$\delta_1=\delta_2$이어야 중앙에서 처짐이 0이 되므로

$$\frac{5wl^4}{384EI}=\frac{Pl^3}{48EI}$$

∴ 집중하중 $P=\frac{5}{8}wl=\frac{5}{8}\times4(\text{kN/m})\times8\text{m}=20\text{kN}$

10 그림에서 단순보의 최대 처짐량(δ_1)과 양단 고정보의 최대 처짐량(δ_2)의 비(δ_1/δ_2)는 얼마인가?(단, 보의 굽힘강성 EI는 일정하고, 자중은 무시한다.)

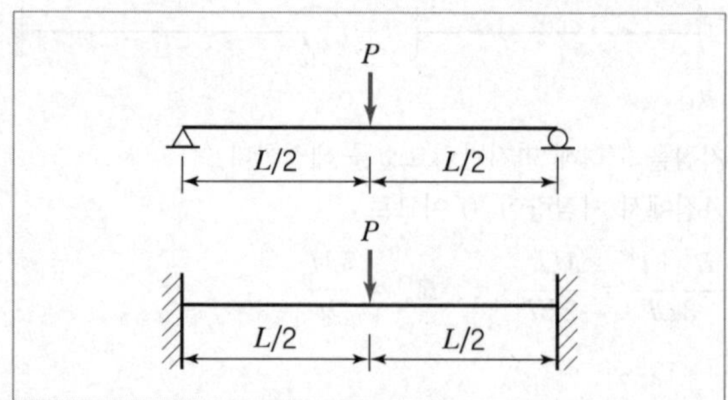

① 1 ② 2
③ 3 ④ 4

해설

$\delta_1=\frac{Pl^3}{48EI}$, $\delta_2=\frac{Pl^3}{192EI}$이므로

$$\frac{\delta_1}{\delta_2}=\frac{\frac{Pl^3}{48EI}}{\frac{Pl^3}{192EI}}=\frac{192}{48}=4$$

정답 08 ③ 09 ③ 10 ④

11 그림과 같은 단순 지지보에서 길이(L)는 5m, 중앙에서 집중하중 P가 작용할 때 최대 처짐이 43mm라면 이때 집중하중 P의 값은 약 몇 kN인가?(단, 보의 단면(폭(b)×높이(h)=5cm×12cm), 탄성계수 E=210GPa로 한다.)

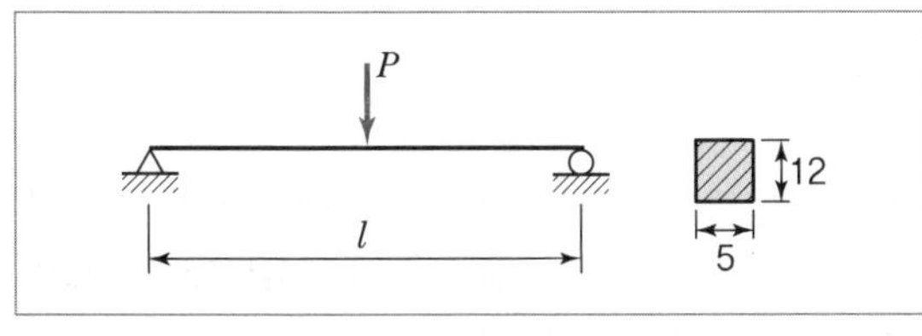

① 50 ② 38 ③ 25 ④ 16

해설

단순보 중앙에서의 최대 처짐량

$\delta = \dfrac{Pl^3}{48EI}$ 에서

$P = \dfrac{48EI\delta}{l^3}$

$$= \frac{48 \times 210 \times 10^9 \times \dfrac{0.05 \times 0.12^3}{12} \times 0.043}{5^3}$$

$= 24,966.14\text{N} = 24.97\text{kN}$

12 그림과 같이 외팔보의 중앙에 집중하중 P가 작용하는 경우 집중하중 P가 작용하는 지점에서의 처짐은?(단, 보의 굽힘강성 EI는 일정하고, L은 보의 전체의 길이이다.)

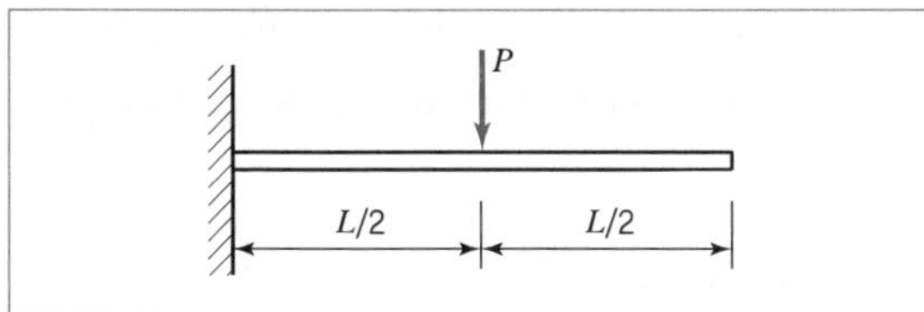

① $\dfrac{PL^3}{3EI}$ ② $\dfrac{PL^3}{24EI}$

③ $\dfrac{PL^3}{8EI}$ ④ $\dfrac{5PL^3}{48EI}$

해설

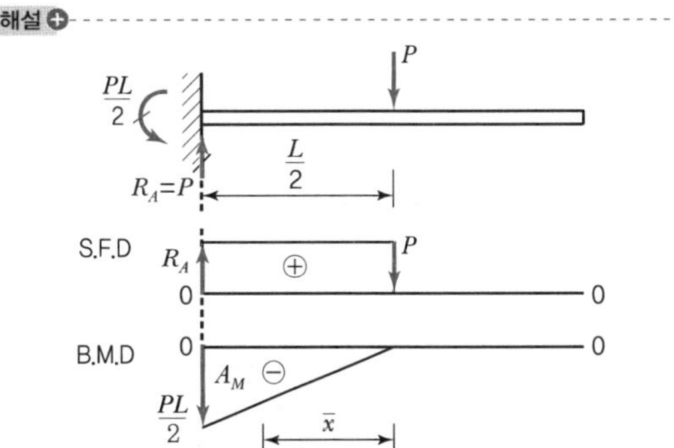

중앙에서의 처짐량은 면적모멘트법에 의해

$$\delta = \frac{A_M}{EI} \cdot \bar{x} = \frac{\dfrac{1}{2} \times \dfrac{L}{2} \times \dfrac{PL}{2}}{EI} \times \left(\frac{L}{2} \times \frac{2}{3}\right) = \frac{PL^3}{24EI}$$

13 전체 길이가 L이고, 일단 지지 및 타단 고정보에서 삼각형 분포하중이 작용할 때, 지지점 A에서의 반력은?(단, 보의 굽힘강성 EI는 일정하다.)

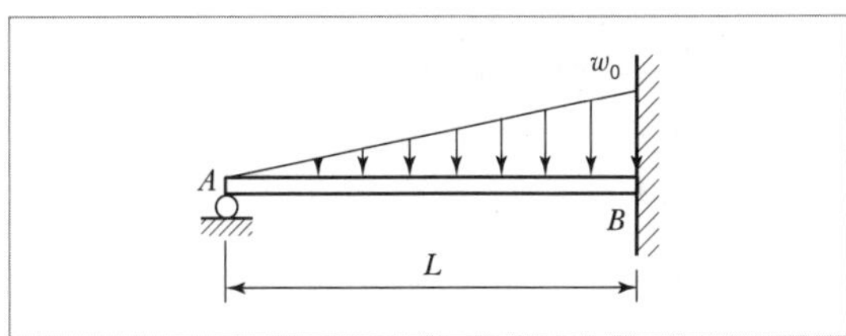

① $\dfrac{1}{2}w_0L$ ② $\dfrac{1}{3}w_0L$

③ $\dfrac{1}{5}w_0L$ ④ $\dfrac{1}{10}w_0L$

해설

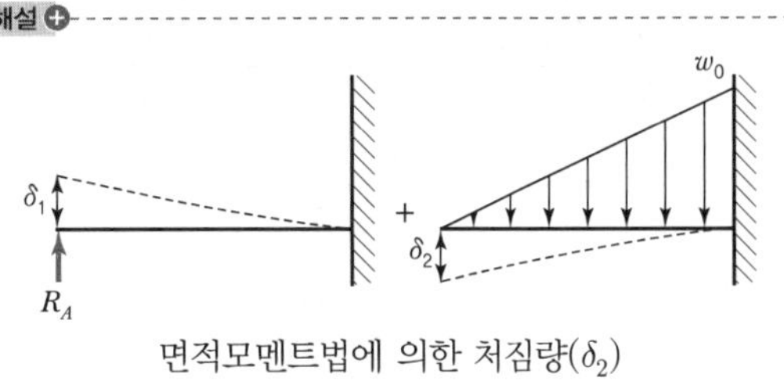

면적모멘트법에 의한 처짐량(δ_2)

정답 11 ③ 12 ② 13 ④

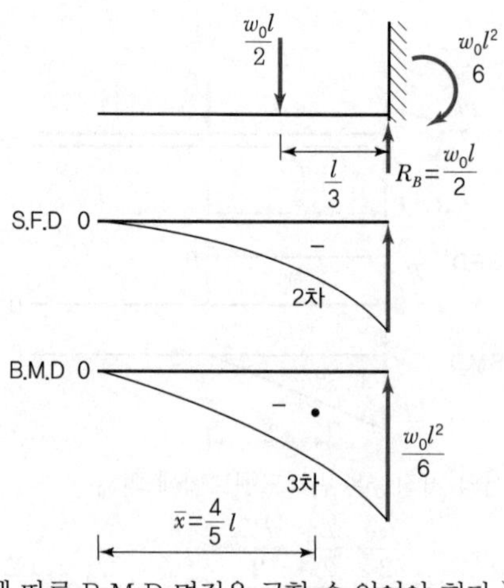

(차수에 따른 B.M.D 면적을 구할 수 있어야 한다.)

B.M.D의 면적 $A_M = \dfrac{\frac{w_0 l^2}{6} \cdot l}{4} = \dfrac{w_0 l^3}{24}$

$\delta_2 = \dfrac{A_M}{EI} \cdot \bar{x} = \dfrac{\frac{w_0 l^3}{24}}{EI} \times \dfrac{4}{5} l = \dfrac{w_0 l^4}{30EI}$

$\delta_1 = \delta_2$이므로 $\dfrac{R_A l^3}{3EI} = \dfrac{w_0 l^4}{30EI}$

$\therefore\ R_A = \dfrac{w_0 \cdot l}{10}$

14 그림과 같이 양단에서 모멘트가 작용할 경우, A 지점의 처짐각 θ_A는?(단, 보의 굽힘강성 EI는 일정하고, 자중은 무시한다.)

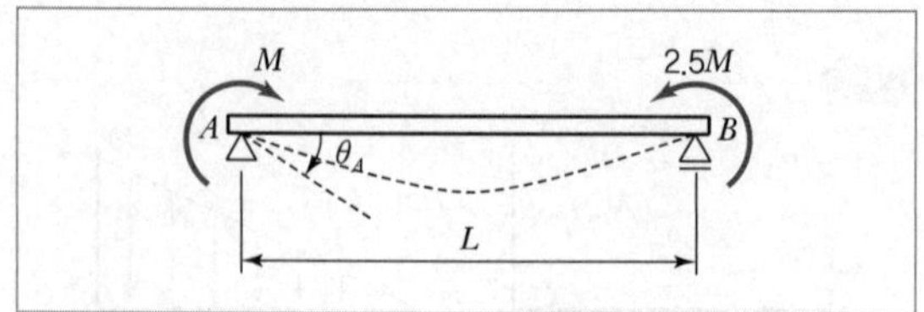

① $\dfrac{ML}{2EI}$ ② $\dfrac{2ML}{5EI}$

③ $\dfrac{ML}{6EI}$ ④ $\dfrac{3ML}{4EI}$

해설

M에 의한 A지점 처짐각$= \dfrac{M \cdot l}{3EI}$

$2.5M$에 의한 A지점 처짐각$= \dfrac{2.5M \cdot l}{6EI}$

$\theta_A = \dfrac{M \cdot l}{3EI} + \dfrac{2.5M \cdot l}{6EI} = \dfrac{4.5M \cdot l}{6EI} = \dfrac{3M \cdot l}{4EI}$

15 다음과 같이 길이 l인 일단고정, 타단지지보에 등분포하중 w가 작용할 때, 고정단 A로부터 전단력이 0이 되는 거리(X)는 얼마인가?

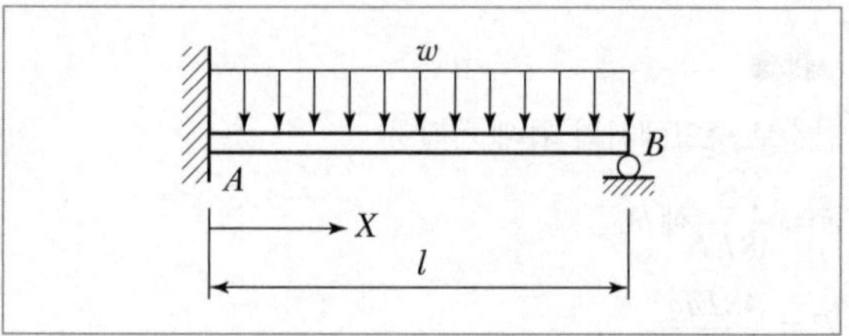

① $\dfrac{2}{3}l$ ② $\dfrac{3}{4}l$ ③ $\dfrac{5}{8}l$ ④ $\dfrac{3}{8}l$

해설

처짐을 고려하여 부정정요소를 해결한다.

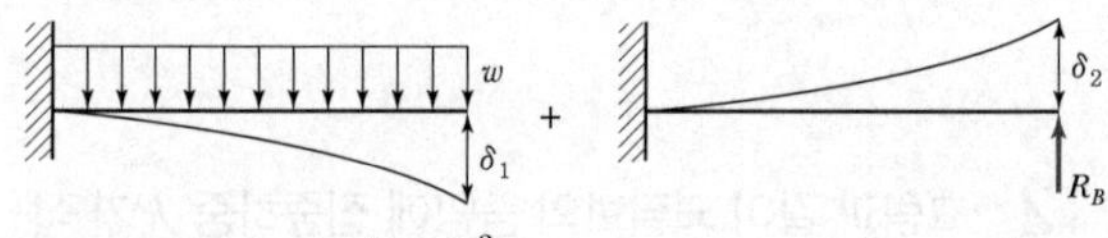

$\delta_1 = \dfrac{wl^4}{8EI}$, $\delta_2 = \dfrac{R_B \cdot l^3}{3EI}$

$\delta_1 = \delta_2$이면 B점에서 처짐량이 "0"이므로

$\dfrac{wl^4}{8EI} = \dfrac{R_B \cdot l^3}{3EI}$에서 $R_B = \dfrac{3}{8}wl \rightarrow \therefore\ R_A = \dfrac{5}{8}wl$

고정단으로부터 전단력 $V_x = 0$이 되는 거리는 전단력만의 자유물체도에서

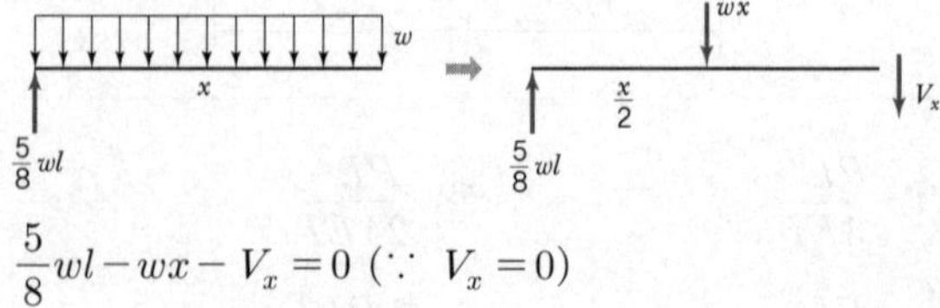

$\dfrac{5}{8}wl - wx - V_x = 0\ (\because\ V_x = 0)$

$\dfrac{5}{8}wl = wx \quad \therefore\ x = \dfrac{5}{8}l$

정답 14 ④ 15 ③

09 기둥

1 기둥과 세장비

1. 기둥의 개요

축방향 압축력을 받는 가늘고 긴 부재를 기둥이라 하며 좌우(횡) 방향으로 처짐이 발생하는 것을 좌굴이라 한다. 기둥의 좌굴은 구조물에 갑작스러운 파괴를 가져올 수 있으므로 기둥이 좌굴되지 않게 안전하게 하중을 지지하도록 설계해야 한다.

그림과 같이 기둥이 좌굴되려는 순간까지 견딜 수 있는 최대 축방향 하중을 임계하중 P_{cr}(Critical Load)이라 하며 안전율(S)이 주어질 때 기둥에 적용하는 안전하중(P_a)은 $P_a = \dfrac{P_{cr}}{S}$로 해석한다.

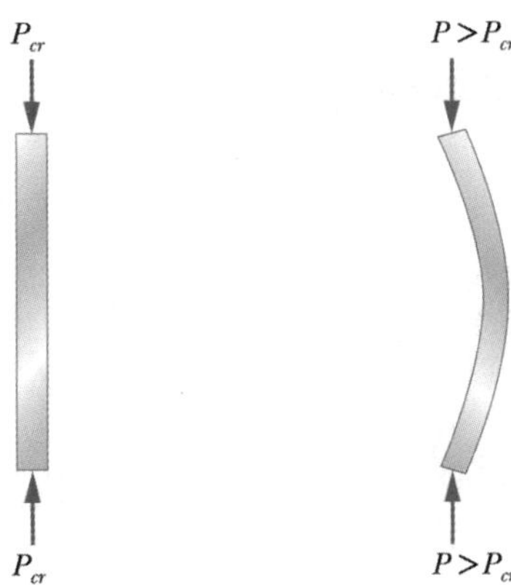

2. 세장비(λ)

기둥의 길이를 회전반경으로 나눈 값으로 기둥을 단주와 장주로 구별하는 무차원수를 세장비라 한다.

$$\lambda = \frac{l}{K} \begin{matrix} \rightarrow \text{기둥의 길이} \\ \rightarrow \text{회전반경} \end{matrix}$$

여기서, $K = \sqrt{\dfrac{I}{A}}$

2 단주

1. 단순 압축하중의 단주

기둥이 축방향으로 압축하중을 받을 때 기둥의 길이가 짧아 좌굴보다는 주로 압축응력이 작용하는 기둥을 단주라 한다. 하중이 단면의 도심축에 작용할 때 단순 압축응력만 나오게 된다.

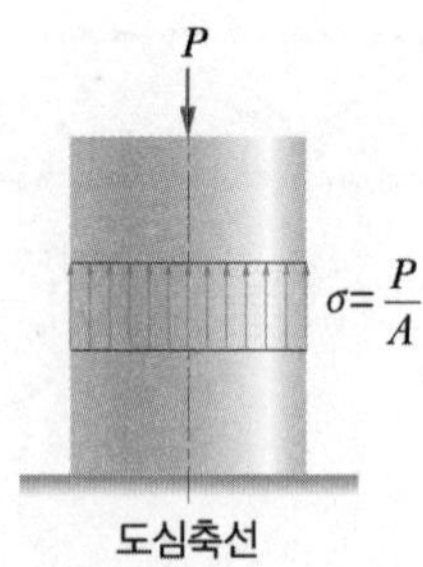

2. 편심하중을 받는 단주($e > 0$)

그림과 같이 단면의 도심축선으로부터 e만큼 편심되어 하중이 작용할 경우 하중 P를 도심축선으로 옮기면 우력인 $P \cdot e$ 값이 발생한다. 따라서 하중에 의한 압축응력$\left(\sigma = \dfrac{P}{A}\right)$과 우력에 의한 굽힘응력 $\left(\sigma_b = \dfrac{M_0}{Z}\right)$의 조합응력으로 해석해야 한다.

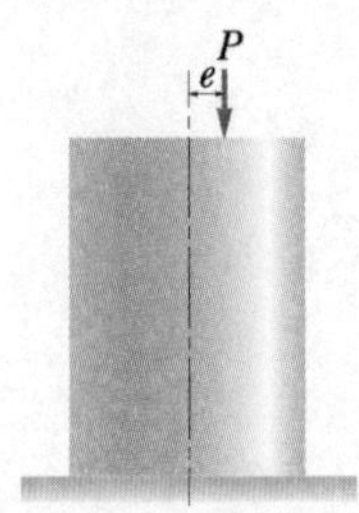

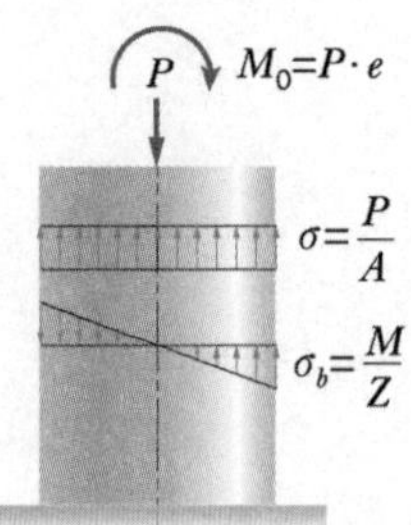

(1) 핵심반경(a)

$$a = \frac{K^2}{y}$$

$K \rightarrow$ 회전반경$\left(\dfrac{I}{A}\right)$

$y \rightarrow$ 도심에서 최외단까지의 거리(단면도형의 성질 e와 동일한 개념)

핵심반경에서는 압축응력과 굽힘응력의 크기가 같다$\left(\dfrac{P}{A} = \dfrac{M}{Z}\right)$.

① 원형단면에서의 핵심반경

$$K^2 = \frac{I}{A} = \frac{\frac{\pi d^4}{64}}{\frac{\pi d^2}{4}} = \frac{d^2}{16}, \text{ 핵심반경 } a = \frac{K^2}{y} = \frac{\frac{d^2}{16}}{\frac{d}{2}} = \frac{d}{8}$$

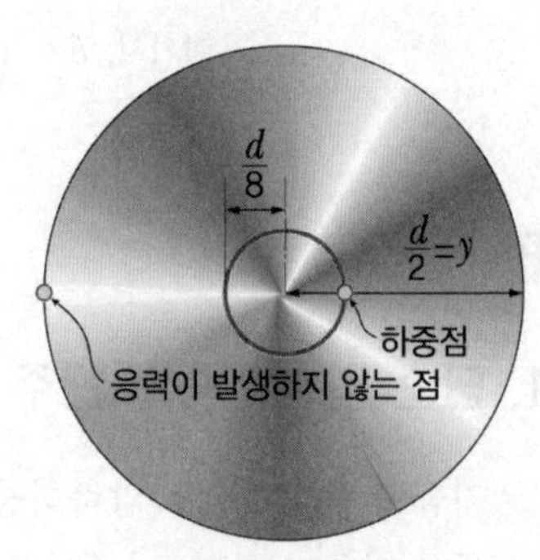

$e = a$일 때 편심량이 핵심반경일 경우, 즉 그림에서 하중이 빨간 원 위의 노란색 하중점에 작용하면 반대편 겉원통면 노란색 점에서의 응력은 "0"이다$\left(\because \dfrac{P}{A} = \dfrac{M}{Z}\right)$.

② 직사각형 단면의 핵심반경

$$K^2 = \frac{I}{A} = \frac{\frac{bh^3}{12}}{bh} = \frac{h^2}{12}, \text{ 핵심반경 } a = \frac{K^2}{y} = \frac{\frac{h^2}{12}}{\frac{h}{2}} = \frac{h}{6}$$

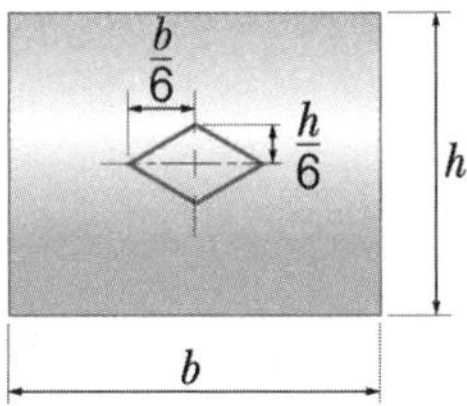

(2) 하중의 편심량 e에 따른 단주의 응력분포상태(핵심반경 a로 구분)

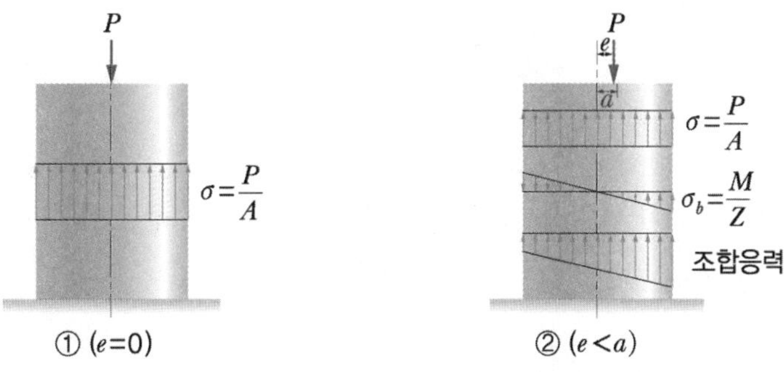

① (e=0) ② (e<a)

① 하중이 핵심반경 이내에 작용하면 조합응력에서 기둥은 전체가 압축응력 상태에 놓이게 된다(실제 구조물이나 부재에서는 핵심반경 이내에 하중을 받게 설치해야 한다. 왜냐하면 압축강도에 견디는 것이 어떤 재료든 훨씬 큰 강도까지 견디게 되며 효율적이기 때문이다).

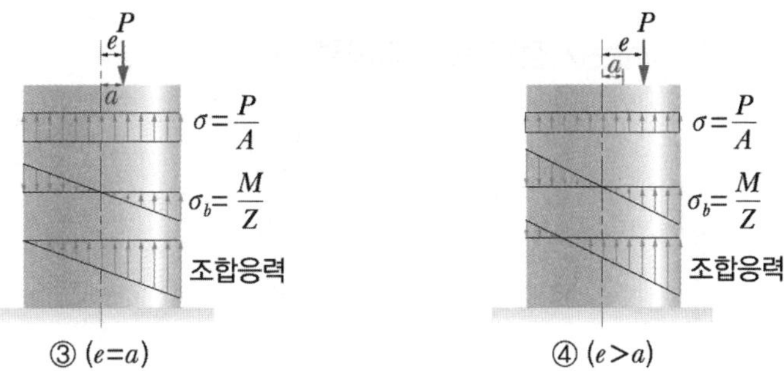

③ (e=a) ④ (e>a)

② 하중이 핵심반경에 작용하면, 조합응력에서 응력이 좌단 끝에서 "0"이 됨을 알 수 있다$\left(\frac{P}{A} = \frac{M}{Z}\right)$.

③ 하중이 핵심반경 밖에 작용하면 굽힘응력이 압축응력보다 커져 조합응력에서 기둥단면이 인장되는 부분이 발생함을 알 수 있다.

3 장주

기둥이 축방향으로 압축하중을 받을 때 기둥의 길이가 길어 압축응력에 의한 영향보다는 주로 좌굴에 의해 영향을 받는다고 보는 기둥을 장주라 한다.

1. 오일러의 좌굴공식

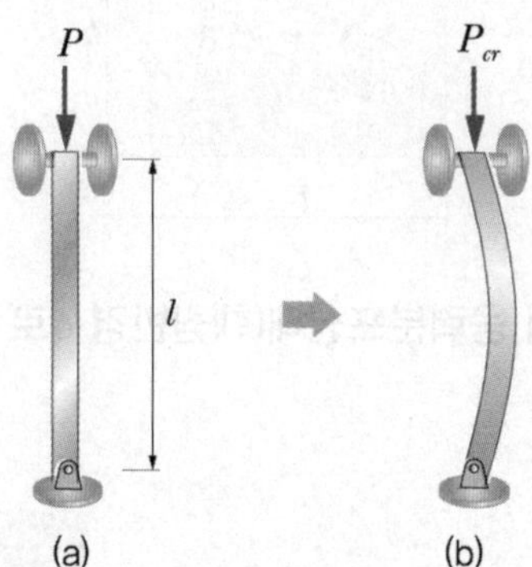

좌굴공식이란 그림처럼 양단이 핀지지로 자유롭게 회전할 수 있도록 지지된(양단힌지) 기둥에 대해 스위스 수학자 오일러가 좌굴하중(임계하중 : 오일러하중)을 해석해 구한 식이다.

- 좌굴하중 $P_{cr} = \dfrac{n\pi^2 EI}{l^2}$

여기서, l : 모멘트가 0인 점들 사이의 거리
n : 단말계수 → 그림처럼 핀지지(양단힌지)면 $n = 1$

- 좌굴응력 $\sigma_{cr} = \dfrac{P_{cr}}{A} = \dfrac{n\pi^2 EI}{l^2 \cdot A} = n\pi^2 E\dfrac{K^2}{l^2} = n\pi^2 \dfrac{E}{\lambda^2}$

(1) 단말계수(좌굴하중을 지지하는 지점의 종류에 따른 계수)

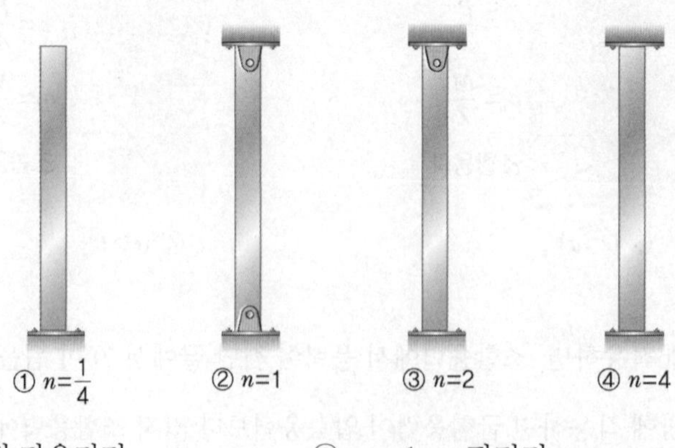

① $n = \dfrac{1}{4}$ → 고정 및 자유지지　　② $n = 1$ → 핀지지

③ $n = 2$ → 핀 및 고정지지　　④ $n = 4$ → 고정지지

핵심 기출 문제

01 오일러 공식이 세장비 $\frac{l}{k} > 100$에 대해 성립한다고 할 때, 양단이 힌지인 원형단면 기둥에서 오일러 공식이 성립하기 위한 길이 "l"과 지름 "d"와의 관계가 옳은 것은?(단, 단면의 회전반경을 k라 한다.)

① $l > 4d$ ② $l > 25d$
③ $l > 50d$ ④ $l > 100d$

해설

$$\lambda = \frac{l}{K} = \frac{l}{\sqrt{\frac{I}{A}}} = \frac{l}{\sqrt{\frac{\frac{\pi}{64}d^4}{\frac{\pi}{4}d^2}}} = \frac{l}{\sqrt{\frac{d^2}{16}}} = \frac{4l}{d} > 100$$

$\therefore\ l > 25d$

02 직사각형 단면의 단주에 150kN 하중이 중심에서 1m만큼 편심되어 작용할 때 이 부재 BD에서 생기는 최대압축응력은 약 몇 kPa인가?

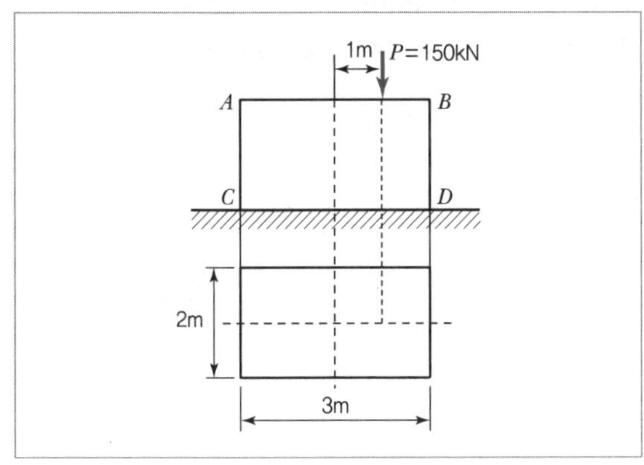

① 25 ② 50
③ 75 ④ 100

해설

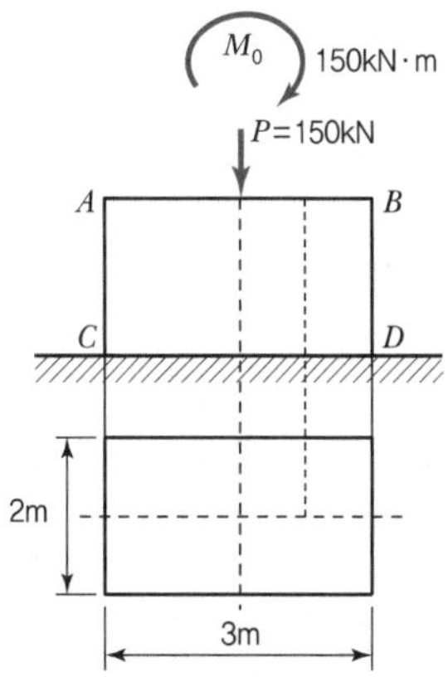

부재 $B-D$에는 직접압축응력과 굽힘에 의한 압축응력이 조합된 상태이므로

$$\sigma_{max} = \sigma_c + \sigma_{bc} = \frac{P}{A} + \frac{M_0}{Z} = \frac{P}{A} + \frac{Pe}{Z}$$

여기서, $\sigma_c = \frac{P}{A} = \frac{150 \times 10^3\text{N}}{6\text{m}^2} = 25{,}000\text{Pa} = 25\text{kPa}$

$$\sigma_{bc} = \frac{Pe}{\frac{bh^2}{6}} = \frac{150 \times 10^3\text{N} \times 1\text{m}}{\frac{2 \times 3^2\text{m}^3}{6}}$$

$= 50{,}000\,\text{Pa} = 50\,\text{kPa}$

$\therefore\ \sigma_{max} = 25 + 50 = 75\,\text{kPa}$

03 8cm×12cm인 직사각형 단면의 기둥 길이를 L_1, 지름 20cm인 원형 단면의 기둥 길이를 L_2라 하고 세장비가 같다면, 두 기둥의 길이의 비(L_2/L_1)는 얼마인가?

① 1.44 ② 2.16
③ 2.5 ④ 3.2

정답 01 ② 02 ③ 03 ①

해설

i) 세장비 $\lambda = \frac{L}{K}$에서

직사각형 기둥의 세장비 $\lambda_1 = \frac{L_1}{K_1}$

원형 기둥의 세장비 $\lambda_2 = \frac{L_2}{K_2}$

ii) $\lambda_1 = \lambda_2$이므로 $\frac{L_1}{K_1} = \frac{L_2}{K_2}$

직사각형 회전반경 K_1

$$= \sqrt{\frac{I_1}{A_1}} = \sqrt{\frac{\frac{bh^3}{12}}{bh}} = \sqrt{\frac{h^2}{12}} = \sqrt{\frac{12^2}{12}} = \sqrt{12}\,\text{cm}^2$$

원형 회전반경 K_2

$$= \sqrt{\frac{I_2}{A_2}} = \sqrt{\frac{\frac{\pi}{64}d^4}{\frac{\pi}{4}d^2}} = \sqrt{\frac{d^2}{16}} = \frac{d}{4} = \frac{20}{4} = 5\text{cm}^2$$

$$\therefore \frac{L_2}{L_1} = \frac{K_2}{K_1} = \frac{5}{\sqrt{12}} = 1.44$$

04 안지름이 80mm, 바깥지름이 90mm이고 길이가 3m인 좌굴하중을 받는 파이프 압축부재의 세장비는 얼마 정도인가?

① 100 ② 110
③ 120 ④ 130

해설

$$\text{세장비 } \lambda = \frac{l}{K} = \frac{l}{\sqrt{\frac{I}{A}}} = \frac{l}{\sqrt{\frac{\frac{\pi}{64}\left(d_2{}^4 - d_1{}^4\right)}{\frac{\pi}{4}\left(d_2{}^2 - d_1{}^2\right)}}}$$

$$= \frac{l}{\sqrt{\frac{\left(d_2{}^2 + d_1{}^2\right)}{16}}}$$

$$= \frac{3}{\sqrt{\frac{0.09^2 + 0.08^2}{16}}}$$

$$= 99.65$$

05 부재의 양단이 자유롭게 회전할 수 있도록 되어 있고, 길이가 4m인 압축부재의 좌굴하중을 오일러 공식으로 구하면 약 몇 kN인가?(단, 세로탄성계수는 100GPa이고, 단면 $b \times h$=100mm×50mm이다.)

① 52.4 ② 64.4
③ 72.4 ④ 84.4

해설

$$P_{cr} = n\pi^2 \cdot \frac{EI}{l^2}$$

$$= 1 \times \pi^2 \times \frac{100 \times 10^9 \times \frac{0.1 \times 0.05^3}{12}}{4^2}$$

$$= 64{,}255.24\text{N} = 64.26\text{kN}$$

여기서, 양단힌지이므로 단말계수 $n = 1$

06 양단이 힌지로 된 길이 4m인 기둥의 임계하중을 오일러 공식을 사용하여 구하면 약 몇 N인가?(단, 기둥의 세로 탄성계수 E = 200GPa이다.)

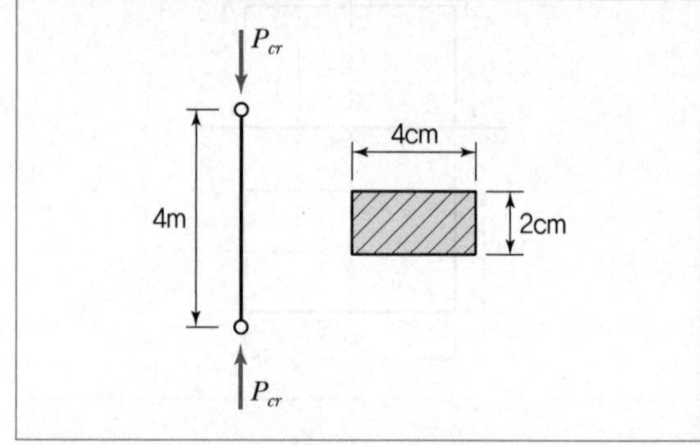

① 1,645 ② 3,290
③ 6,580 ④ 13,160

정답 04 ① 05 ② 06 ②

해설

좌굴하중 $P_{cr}=n\pi^2\dfrac{EI}{l^2}$

$$=1\times\pi^2\times\frac{200\times10^9\times\dfrac{0.04\times0.02^3}{12}}{4^2}$$

$$=3,289.87\text{N}$$

여기서, 양단힌지이므로 단말계수 $n=1$

07 양단이 힌지로 지지되어 있고 길이가 1m인 기둥이 있다. 단면이 30mm×30mm인 정사각형이라면 임계하중은 약 몇 kN인가?(단, 탄성계수는 210GPa이고, Euler의 공식을 적용한다.)

① 133　② 137
③ 140　④ 146

해설

좌굴하중 $P_{cr}=n\pi^2\dfrac{EI}{l^2}$

$$=1\times\pi^2\times\frac{210\times10^9\times\dfrac{0.03\times0.03^3}{12}}{1^2}$$

$$=139,901.6\text{N}=139.9\text{kN}$$

여기서, 양단힌지이므로 단말계수 $n=1$

08 그림과 같은 장주(Long Column)에 하중 P_{cr}을 가했더니 오른쪽 그림과 같이 좌굴이 일어났다. 이때 오일러 좌굴응력 σ_{cr}은?[단, 세로탄성계수 E, 기둥 단면의 회전반경(Radius of Gyration)은 r, 길이는 L이다.]

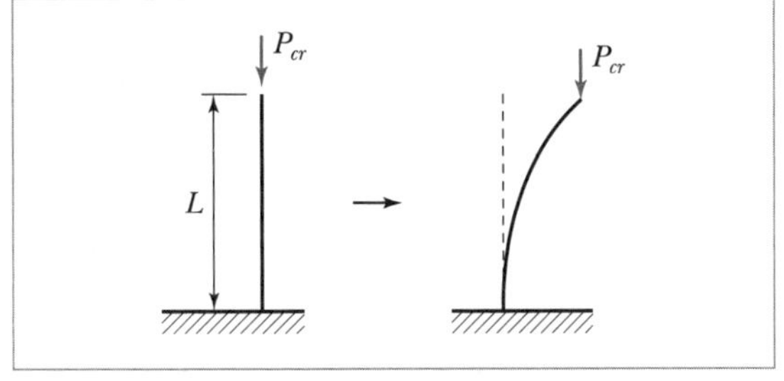

① $\dfrac{\pi^2Er^2}{4L^2}$　② $\dfrac{\pi^2Er^2}{L^2}$　③ $\dfrac{\pi Er^2}{4L^2}$　④ $\dfrac{\pi Er^2}{L^2}$

해설

$$\sigma_{cr}=\frac{P_{cr}}{A}=\frac{n\pi^2\cdot\dfrac{EI}{l^2}}{A}$$

$$=\frac{\dfrac{1}{4}\pi^2\cdot Er^2}{l^2}=\frac{\pi^2\cdot Er^2}{4l^2}$$

여기서, 단말계수 $n=\dfrac{1}{4}$, 회전반경 $r=K=\sqrt{\dfrac{I}{A}}$

09 그림과 같은 단주에서 편심거리 e에 압축하중 $P=80$kN이 작용할 때 단면에 인장응력이 생기지 않기 위한 e의 한계는 몇 cm인가?(단, G는 편심하중이 작용하는 단주 끝단의 평면상 위치를 의미한다.)

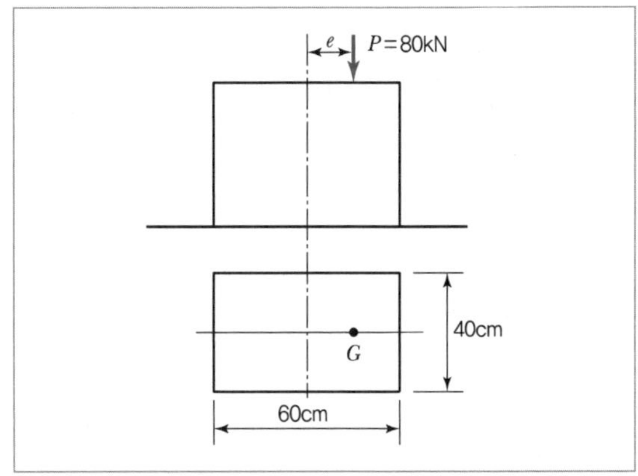

① 8　② 10
③ 12　④ 14

해설

e가 핵심반경 a일 때 압축응력과 굽힘응력이 동일하므로 핵심반경 이내일 때는 압축응력이 굽힘응력보다 크므로 단면에는 인장응력이 발생하지 않는다.

$$a=\frac{K^2}{y}=\frac{\dfrac{I}{A}}{\dfrac{60}{2}}=\frac{\dfrac{\dfrac{40\times60^3}{12}}{40\times60}}{\dfrac{60}{2}}=10\text{cm}$$

정답 07 ③ 08 ① 09 ②

10 양단이 고정단인 주철 재질의 원주가 있다. 이 기둥의 임계응력을 오일러식에 의해 계산한 결과 0.0247E로 얻어졌다면 이 기둥의 길이는 원주 직경의 몇 배인가?(단, E는 재료의 세로탄성계수이다.)

① 12 ② 10
③ 0.05 ④ 0.001

해설

좌굴응력 $\sigma_{cr} = \dfrac{P_{cr}}{A} = \dfrac{n\pi^2 \cdot EI}{l^2 \cdot A}$

$$= \frac{n\pi^2 \cdot E\frac{\pi d^4}{64}}{l^2 \cdot \frac{\pi d^2}{4}}$$

$$0.0247E = \frac{n\pi^2 \cdot E\pi d^2}{16\,l^2} \rightarrow \left(\frac{l}{d}\right)^2 = \frac{n\pi^2}{16 \times 0.0247}$$

여기서, $n = 4$

$$\therefore \frac{l}{d} = \sqrt{\frac{4\pi^2}{16 \times 0.0247}} = 9.99$$

정답 10 ②

MEMO

CHAPTER

03 동역학

01 동역학 개론과 질점의 운동학

1 기본개념

동역학(Dynamics)은 역학의 한 분야로 힘이 작용할 때 물체의 운동을 다루는 학문이다.

① **운동학(Kinematics)** : 운동의 원인이 되는 힘 또는 운동의 결과로 발생되는 힘을 고려하지 않고, 물체의 순수운동에 대한 기하학적 관점만 다룬다.

② **운동역학(Kinetics)** : 물체의 운동에 대한 힘의 효과를 다룬다.

③ **질점(Partical)** : 크기를 무시할 수 있는 물체이며, 힘의 작용이나 운동의 표현이 물체의 크기와 무관한 경우에는 질점으로 취급할 수 있다. 예를 들어, 비행경로를 기술할 때, 비행기를 질점으로 취급한다. 질점 동역학에서는 병진운동을 다룬다.

④ **강체(Rigid Body)** : 전체 크기 또는 위치 변동에 견주어 형상 변화를 무시할 수 있는 물체, 예를 들면 난기류 속의 비행기 운동을 표현하는 데 있어서, 날개 끝의 미세한 상하 진동은 무시하고 해석할 수 있으므로 비행기는 강체 취급된다. 강체동역학에서는 병진운동과 회전운동의 조합을 다룬다.

2 직선운동

1차원 운동으로 질점(점질량)이 직선을 따라 운동하는 상태로 위치, 속도, 가속도로 표현된다.

1. 위치 – 벡터량

① 기준점 설정

② 방향 설정(+) → 처음 이동 방향

㉠ 변위 : 시간구간 동안의 위치 변화 – 시작점과 끝점의 직선거리

㉡ 거리 : 물체가 실제로 이동한 거리 – 스칼라량

2. 속도(Velocity, V) – 물체의 운동방향, 벡터량

① 평균속도(V_{av}) : Δt에 대한 ΔS의 변화비 $V_{av} = \dfrac{\Delta S}{\Delta t}$

여기서, ΔS : 위치의 변화량, Δt : 시간의 변화량

② 순간속도(V) : 임의의 시간 t에서 시간에 대한 위치 변화의 비

$$V = \lim_{\Delta t \to 0} \frac{\Delta S}{\Delta t} = \frac{dS}{dt} = \dot{S}$$

③ 속력 : 속도의 크기 or $|V|$, 스칼라량

3. 가속도(Acceleration, a) – 시간에 대한 속도 변화의 비

① 평균가속도 : Δt에 대한 ΔV의 변화비 $a_{av} = \dfrac{\Delta V}{\Delta t}$

여기서, ΔV : 속도의 변화량, Δt : 시간의 변화량

② 순간가속도 : 임의의 시간 t에서 시간에 대한 속도 변화의 비

$$a = \lim_{\Delta t \to 0} \frac{\Delta V}{\Delta t} = \frac{dV}{dt} = \dot{V} = \frac{d\left(\dfrac{dS}{dt}\right)}{dt} = \frac{d^2S}{dt^2} = \ddot{S}$$

또 가속도 a의 수식을 변형하면 다음과 같은 수식을 얻을 수 있다.

$$a = \frac{dV}{dt} = \frac{dS}{dt} \cdot \frac{dV}{dS} = V\frac{dV}{dS}$$

$$\therefore\ a = V\frac{dV}{dS} \Rightarrow a\,dS = V\,dV$$

4. 직선 운동의 해석

(1) 해석에 필요한 기본정의

① $V = \dfrac{dS}{dt} = \dot{S}$

② $a = \dfrac{dV}{dt} = \dot{V} = \dfrac{d^2S}{dt^2} = \ddot{S}$ 또는 $a = V\dfrac{dV}{dS} \Rightarrow a\,dS = V\,dV$

(2) 속도 V가 주어진 경우

① 등속도 운동(속도 $V=V_c$로 일정한 경우)

(초기 조건 : $t=0$, $S=S_0$: 초기 위치)

㉠ 위치 S

$$V=\frac{dS}{dt}\Rightarrow dS=Vdt\text{를 적분하면 } S-S_0=V_c t$$

㉡ 가속도 a

$$a=\frac{dV}{dt}=0$$

② 속도 V가 시간 t의 함수[$V=f(t)$로 주어진 경우]

㉠ 위치 S

$$V=\frac{dS}{dt}\Rightarrow dS=Vdt\Rightarrow\int_{S_0}^{S}dS=\int_0^t f(t)\,dt$$

$$S-S_0=\int_0^t f(t)\,dt$$

$$\therefore\ S=S_0+\int_0^t f(t)\,dt$$

㉡ 가속도 a

$$a=\frac{dV}{dt}=\frac{d}{dt}[f(t)]$$

③ 속도 V가 위치 S의 함수[$V=f(S)$로 주어진 경우]

㉠ 위치 S

$$V=\frac{dS}{dt}\Rightarrow dt=\frac{1}{f(S)}dS$$

$$\int_0^t dt=\int_{S_0}^{S}\frac{1}{f(S)}dS$$

$$t=\int_{S_0}^{S}\frac{1}{f(S)}dS$$

$\therefore\ S=t$항 (S에 대해 풀면 t항으로 정리됨)

여기서, 위치S가 x로 나타나면 $V=\dfrac{dx}{dt}\Rightarrow dt=\dfrac{1}{f(x)}dx$의 개념이 된다.

㉡ 가속도 a

$$a=\frac{dV}{dt}=\frac{dS}{dt}\cdot\frac{dV}{dS}=V\frac{dV}{dS}$$

$$\therefore\ a=f(S)\frac{d}{dS}[f(S)]$$

(3) 가속도 a가 주어진 경우[a(적분)↪V(적분)↪ S]

① 등가속도 운동(가속도 $a=a_c$로 일정한 경우)

(초기조건 : $t=0$, V_0 :초기속도)

㉠ 속도 V

$a=\frac{dV}{dt} \Rightarrow dV=a_c dt$를 적분하면

$$\int_{V_0}^{V} dV=\int_0^t a_c\, dt \Rightarrow V-V_0=a_c t$$

$\therefore\ V=V_0+a_c t$(V : 나중속도)

㉡ 위치 S

$$V=\frac{dS}{dt} \Rightarrow dS=Vdt \Rightarrow \int_{S_0}^{S} dS=\int_0^t (V_0+a_c t)\, dt \Rightarrow S-S_0=V_0 t+\frac{1}{2}a_c t^2$$

$$\therefore\ S=S_0+V_0 t+\frac{1}{2}a_c t^2$$

※ S, V, a 관계식(가속도 $a=a_c$로 일정한 경우)

$a=V\frac{dV}{dS} \Rightarrow a_c dS=V dV$를 적분하면

$$\int_{V_0}^{V} V dV=\int_{S_0}^{S} a_c\, dS$$

$$\Rightarrow \frac{1}{2}\left[V^2\right]_{V_0}^{V}=a_c[S]_{S_0}^{S}$$

$$\Rightarrow \frac{1}{2}(V^2-V_0^2)=a_c(S-S_0)$$

$$\Rightarrow V^2-V_0^2=2a_c(S-S_0)$$

$$\therefore\ V^2=V_0^2+2a_c(S-S_0)$$

② 가속도 a가 시간 t의 함수[$a=f(t)$로 주어진 경우]

㉠ 속도 V

$a=\frac{dV}{dt} \Rightarrow dV=f(t)dt$를 적분하면

$$\Rightarrow \int_{V_0}^{V} dV=\int_0^t f(t)\, dt$$

$$\Rightarrow V-V_0=\int_0^t f(t)dt$$

$\therefore\ V=V_0+\int_0^t f(t)dt$($V$: 나중속도)

ⓛ 위치 S

$$V=\frac{dS}{dt} \Rightarrow dS=Vdt \text{를 적분하면 } \int_{S_0}^{S} dS=\int_0^t V\,dt$$

$$\therefore\ S=S_0+\int_0^t V\,dt$$

③ 가속도 a가 위치 S의 함수[$a=f(S)$로 주어진 경우]

㉠ 속도 V

$$a=V\frac{dV}{dS} \Rightarrow VdV=a\,dS=f(S)dS \text{를 적분하면 } \int_{V_0}^{V} V\,dV=\int_{S_0}^{S} f(S)\,dS$$

$$\Rightarrow \frac{1}{2}(V^2-V_0^2)=\int_{S_0}^{S} f(S)dS$$

$$\therefore\ V^2=V_0^2+2\int_{S_0}^{S} f(S)\,dS$$

ⓛ 위치 S

$$V=\frac{dS}{dt} \Rightarrow dt=\frac{1}{V}dS \text{를 적분하면 } \int_0^t dt=\int_{S_0}^{S}\frac{1}{V}dS$$

$$\therefore\ t=\int_{S_0}^{S}\frac{1}{V}\,dS$$

④ 가속도 a가 속도 V의 함수[$a=f(V)$로 주어진 경우]

㉠ 속도 V

$$a=\frac{dV}{dt} \Rightarrow dt=\frac{1}{f(V)}dV \text{를 적분하면 } \int_0^t dt=\int_{V_0}^{V}\frac{1}{f(V)}dV$$

$$\therefore\ t=\int_{V_0}^{V}\frac{1}{f(V)}dV$$

ⓛ 위치 S

$$V=\frac{dS}{dt} \Rightarrow dS=Vdt \text{를 적분하면 } \int_{S_0}^{S} dS=\int_0^t V\,dt$$

$$\therefore\ S=S_0+\int_0^t V\,dt$$

※ 직선운동해석(S, V, a) 절차

- 기준점 및 양의 방향설정
- 주어진 운동학 변수 및 초기 조건 파악
- 미지의 운동학 변수 계산
- 문제 해석

예 제

01 s축을 따라 움직이는 질점의 변위는 질점의 운동이 $V=2-4t+5t^{\frac{3}{2}}$ 으로 주어지며, V, t의 단위는 m/s와 초(sec)이다. $t=3$초일 때 위치 s, 속도 V 및 가속도 a를 구하시오.

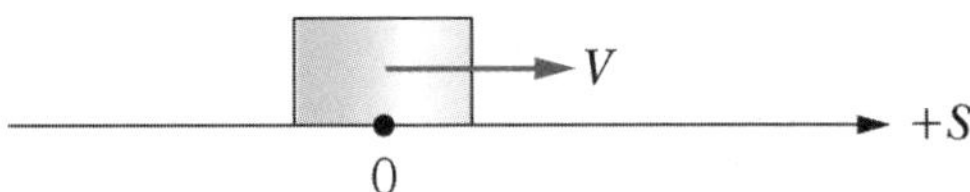

해설 ① 그림과 같이 기준점 및 양의 방향 설정

② 주어진 운동학 변수 : $V=2-4t+5t^{\frac{3}{2}}$
초기조건 : $t=0$, $S_0=0$

③ 미지의 운동학 변수 계산(주어진 속도 V가 시간 t의 함수이므로)
위치 : $V=\dfrac{dS}{dt}$, 가속도 $a=\dfrac{dV}{dt}$

④ 문제 해석

ⓐ 위치 S

$$V=\frac{dS}{dt}\Rightarrow dS=Vdt\Rightarrow\int_{S_0}^{S}dS=\int_{0}^{t}(2-4t+5t^{\frac{3}{2}})\,dt$$

$$S-S_0=2[t]_0^t-2[t^2]_0^t+2\left[t^{\frac{5}{2}}\right]_0^t$$

$$S=S_0+2t-2t^2+2t^{\frac{5}{2}}\ (\leftarrow t=3\text{초},\ S_0=0\text{을 대입하면})$$

$$\therefore\ S=0+2\times3-2\times3^2+2\times3^{\frac{5}{2}}=19.18\,\text{m}$$

ⓑ 속도 V

$$V=2-4t+5t^{\frac{3}{2}}\ (\leftarrow t=3\text{초를 대입하면})$$

$$\therefore\ V=2-4\times3+5\times3^{\frac{3}{2}}=15.98\,\text{m/s}$$

ⓒ 가속도 a

$$a=\frac{dV}{dt}=\frac{d\left(2-4t+5t^{\frac{3}{2}}\right)}{dt}=-4+\frac{15}{2}t^{\frac{1}{2}}$$

$$t=3\text{초에서의 가속도 } a=-4+\frac{15}{2}\times3^{\frac{1}{2}}=8.99\,\text{m/s}^2$$

02 일정가속도 $a = 2\text{m/s}^2$으로 움직이는 물체가 있다. 이 물체가 정지상태에서 출발하였을 때 5초 후의 속도와 위치를 구하시오.

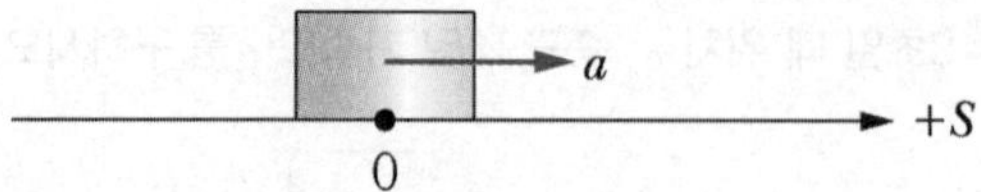

해설 ① 그림과 같이 기준점 및 양의 방향설정

② 주어진 운동학 변수 : $a = a_c = 2\,\text{m/s}^2$

초기조건 : $t = 0,\ S_0 = 0,\ V_0 = 0$

③ 미지의 운동학 변수 계산

위치 : $V = \dfrac{dS}{dt} \Rightarrow dS = Vdt\,,\ a = V\dfrac{dV}{dS} \Rightarrow a_c ds = VdV$

속도 $a = \dfrac{dV}{dt}$

④ 문제 해석

ⓐ 속도 V

$a = \dfrac{dV}{dt} \Rightarrow dV = a_c dt$ 적분하면

$\displaystyle\int_{V_0}^{V} dV = \int_0^t a_c\, dt \ \Rightarrow\ V - V_0 = a_c t$

5초 후의 속도 $V = V_0 + a_c t = 0 + 2 \times 5 = 10\text{m/s}$

ⓑ 위치 S

• 위치 – 첫 번째 방법

$V = \dfrac{dS}{dt} \Rightarrow dS = Vdt \Rightarrow \displaystyle\int_{S_0}^{S} dS = \int_0^t (V_0 + a_c t)\, dt \Rightarrow S - S_0 = V_0 t + \frac{1}{2} a_c t^2$

$\therefore$ 5초 후의 위치 $S = S_0 + V_0 t + \dfrac{1}{2} a_c t^2 = 0 + 0 \times 5 + \dfrac{1}{2} \times 2 \times 5^2 = 25\,\text{m}$

• 위치 – 두 번째 방법

$a = V\dfrac{dV}{dS} \Rightarrow a_c dS = VdV \Rightarrow \displaystyle\int_{S_0}^{S} a_c\, dS = \int_{V_0}^{V} VdV$

$\Rightarrow a_c [S]_{S_0}^{S} = \dfrac{1}{2}[V^2]_{V_0}^{V} \ \Rightarrow a_c(S - S_0) = \dfrac{1}{2}(V^2 - V_0^2) \ \Rightarrow (S - S_0) = \dfrac{1}{2a_c}(V^2 - V_0^2)$

$\therefore$ 5초 후의 위치 $S = S_0 + \dfrac{1}{2a_c}(V^2 - V_0^2) = 0 + \dfrac{1}{2 \times 2}(10^2 - 0) = 25\,\text{m}$

※ 문제에서 주어진 운동학 변수의 조건들을 가지고 어떤 수식을 적용할 것인지 생각을 해보면 앞에서 설명한 직선운동의 여러 경우들을 이해하는 데 도움이 된다.

3 발사체운동(포물선운동)

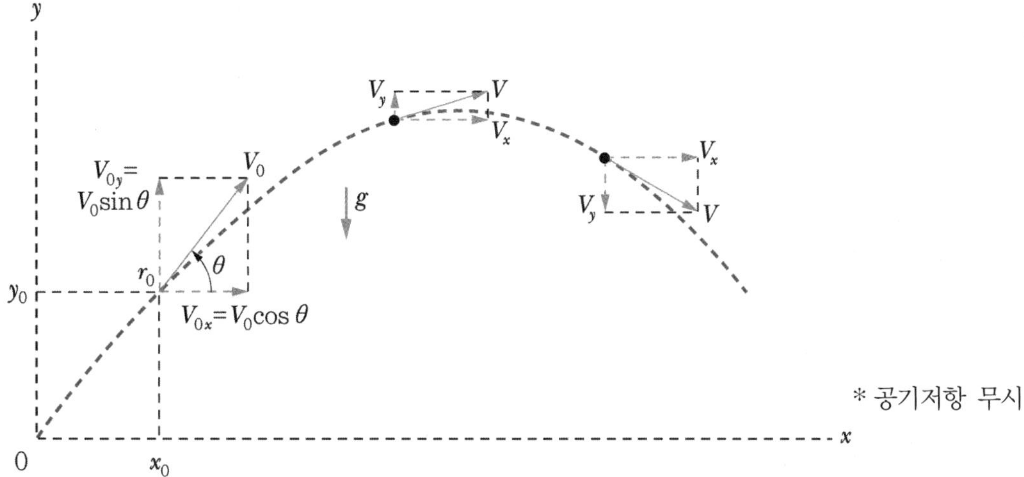

(1) 좌표계 원점 및 양의 방향(x, y) 설정

(2) 주어진 운동학 변수 : $a=(0)i+(-g)j$ → y방향에 대한 중력가속도만 존재

초기조건

초기위치 $r_0=(x_0)i+(y_0)j$

초기속도 $V_0=(V_{0x})i+(V_{0y})j$

(3) 운동학 변수 계산(2차원 평면이므로 x방향과 y방향에 대하여 해석)

① x축 방향 : $a_x=0$

㉠ 속도

$$a_x=\frac{dV_x}{dt}\Rightarrow dV_x=a_x\,dt\text{를 적분하면 }\int_{V_{0x}}^{V_x}dV_x=\int_0^t a_x\,dt=0$$

$$\Rightarrow V_x-V_{0x}=0$$

$$\therefore\ V_x=V_{0x}=V_0\cos\theta\ (x\text{방향 속도 일정})$$

㉡ 위치

$$V_x=\frac{dx}{dt}\Rightarrow dx=V_xdt\text{를 적분하면 }\int_{x_0}^{x}dx=V_x\int_0^t dt=0$$

$$\Rightarrow x-x_0=V_xt$$

$$\therefore\ x=x_0+V_xt=x_0+V_0t\cos\theta$$

② y축 방향 : $a_y = -g$

㉠ 속도

$$a_y = \frac{dV_y}{dt} \Rightarrow dV_y = a_y dt \text{를 적분하면} \int_{V_{0y}}^{V_y} dV_y = \int_0^t a_y\, dt = \int_0^t -g\, dt$$

$$\Rightarrow V_y - V_{0y} = -gt$$

$$\therefore\ V_y = V_{0y} - gt = V_0 \sin\theta - gt$$

㉡ 위치

$$V_y = \frac{dy}{dt} \Rightarrow dy = V_y dt \text{를 적분하면} \int_{y_0}^{y} dy = \int_0^t (V_{0y} - gt)\, dt$$

$$\Rightarrow y - y_0 = V_{0y} t - \frac{1}{2} g t^2$$

$$\therefore\ y = y_0 + V_{0y} t - \frac{1}{2} g t^2 = y_0 + V_0 t \sin\theta - \frac{1}{2} g t^2$$

(4) 발사체가 최고점에 도달할 때의 해석

① 도달시간(t_h)

$V_y = 0 = V_{0y} - gt$ ($\because$ y방향에 대한 속도 성분이 "0"일 때 최고점)

$$0 = V_0 \sin\theta - gt \Rightarrow \therefore\ t_h = \frac{V_0 \sin\theta}{g}$$

② 최고점 위치(H)

$$\therefore\ y = y_0 + V_{0y} t - \frac{1}{2} g t^2 = y_0 + V_0 t \sin\theta - \frac{1}{2} g t^2$$

만약, 원점인 "0"의 위치(땅)에서 발사되었다면

$y_0 = 0$과, $V_{0y} = V_0 \sin\theta,\ t_h = \dfrac{V_0 \sin\theta}{g}$를 적용하면

최고높이 $H = 0 + V_0 \sin\theta \times \dfrac{V_0 \sin\theta}{g} - \dfrac{1}{2} g \left(\dfrac{V_0 \sin\theta}{g} \right)^2 = \dfrac{1}{2g} (V_0 \sin\theta)^2$

여기서, 초기발사 각도 $\theta = 90°$라면 올라간 최고점 높이 $H = \dfrac{V_0^2}{2g}$

③ 발사체의 높이 y가 "0"이 되는 x방향 도달 거리 r까지 걸리는 시간 t_r

(원점 발사 → $r_0 = 0$)

발사체가 발사된 후 땅에 도달할 때까지의 걸린 시간은 발사체가 최고높이 H에 도달한 시간 t_h의 2배이므로

$$t_r = 2t_h = \frac{2 V_0 \sin\theta}{g}$$

④ 땅에 도달할 때의 x방향의 거리 r

$x = x_0 + V_x t$ 에서 → $x_0 = 0,\ t = t_r,\ V_x = V_{0x} = V_0 \cos\theta$ 대입

$$r = 0 + V_0 \cos\theta \times \frac{2V_0 \sin\theta}{g} = \frac{2{V_0}^2 \cos\theta \sin\theta}{g} \quad (\leftarrow \sin 2\theta = 2\sin\theta\cos\theta \text{ 적용})$$

$$r = \frac{{V_0}^2 \sin 2\theta}{g}$$

여기서, 도달거리 r을 최대로 하려면 $\sin 2\theta = 1$이어야 하므로 $2\theta = 90°$에서 $\theta = 45°$ 각도로 발사될 때 최대로 멀리 날아가게 됨을 알 수 있다.

4 상대운동(축의 병진이동)

대부분 질점의 운동을 표현하는 데 있어 고정좌표계를 사용한 위치, 속도, 가속도의 값들은 모두 절대적(Absolute)인 값이나, 이 값들이 항상 가능하거나 편리한 것은 아니다. 때로는 여러 공학문제에서 물체의 운동을 이동좌표계로 표현할 때 알기 쉽고 편리할 때가 있다. 이러한 해석방법을 상대운동해석이라 한다.

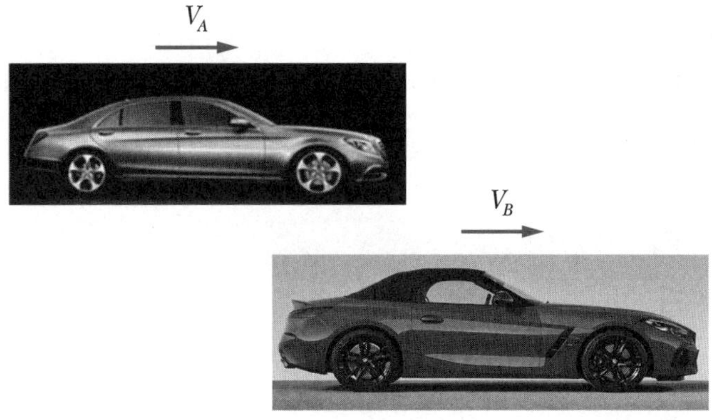

1. 그림처럼 자동차가 나란히 달릴 때(또는 자동차 2대가 동일직선 위를 달릴 때)

① 자동차 A에서 바라본 자동차 B의 상대속도($V_{B/A}$) → A에서 측정한 B의 속도

$V_{B/A} = V_B - V_A$

⇒ B가 스포츠카이므로 예를 들면, $V_{B/A} = V_B - V_A = 200\,\text{km/h} - 120\,\text{km/h} = 80\,\text{km/h}$에서 120km/h로 달리는 A자동차에서 스포츠카를 바라보면 80km/h 속도로 앞서 달리는 것처럼 보인다.

② 자동차 B에서 바라본 자동차 A의 상대속도($V_{A/B}$)

$V_{A/B} = V_A - V_B$($-V_{B/A}$로도 표현 가능)

⇒ $V_{A/B} = 120 - 200 = -80\text{km/h}$로 B에서 바라보는 자동차 A는 뒤로 80km/h로 가고 있는 것처럼 보인다.

2. 상대운동의 벡터표현(위치, 속도, 가속도의 상대운동식)

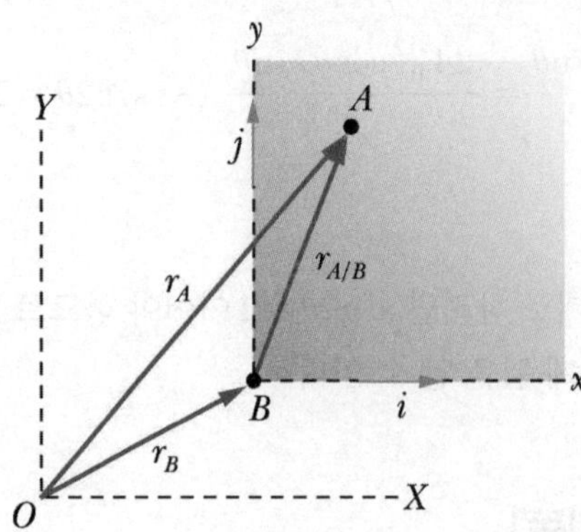

그림에서 두 질점 A, B가 한 평면에서 독립적인 운동을 하고 있을 때, 병진운동하는 이동좌표계 $x-y$의 원점을 질점 B에 고정시키고 움직이는 질점 B에서 질점 A의 운동을 관측해보자. B에서 관측한 A의 운동을 나타내는 벡터는 $r_{A/B}$이며, 질점 A, B의 절대위치는 $X-Y$좌표계인 원점 0에서 벡터 r_A, r_B로 나타내므로, 그림처럼 그려진 벡터들에 삼각형법을 적용하면 $r_B+r_{A/B}=r_A$ 를 얻을 수 있다.

$\therefore\ r_A=r_B+r_{A/B}$

위 식을 시간에 대해 1차 미분하여 속도관계식을 얻고 2차 미분하여 가속도 관계식을 얻는다.

정리하면,

$r_A=r_B+r_{A/B}$

$\dot{r}_A=\dot{r}_B+\dot{r}_{A/B} \Leftrightarrow V_A=V_B+V_{A/B}$

$\ddot{r}_A=\ddot{r}_B+\ddot{r}_{A/B} \Leftrightarrow a_A=a_B+a_{A/B}$

핵심 기출 문제

01 국제단위체계(SI)에서 1N에 대한 설명으로 맞는 것은?

① 1g의 질량에 $1m/s^2$의 가속도를 주는 힘이다.
② 1g의 질량에 1m/s의 속도를 주는 힘이다.
③ 1kg의 질량에 $1m/s^2$의 가속도를 주는 힘이다.
④ 1g의 질량에 1m/s의 속도를 주는 힘이다.

02 다음 물리량 중 스칼라(Scalar) 양은?

① 속력(Speed) ② 변위(Displacement)
③ 가속도(Acceleration) ④ 운동량(Momentum)

해설

물체의 속력은 속도의 크기만을 나타내는 스칼라 양이며 방향이 필요 없는 값이다.

03 자동차가 경사진 30도 비탈길에 주차되어 있다. 미끄러지지 않기 위해서는 노면과 바퀴와의 마찰계수 값이 약 얼마 이상이어야 하는가?

① 0.122 ② 0.366
③ 0.500 ④ 0.578

해설

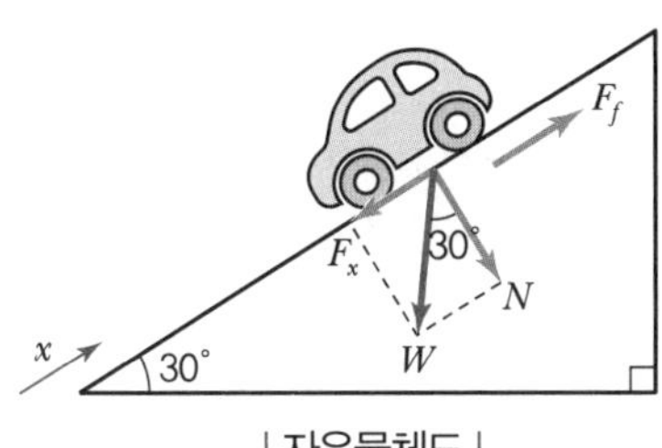

| 자유물체도 |

$\Sigma F_{x방향} = 0 : F_x - F_f = -W\sin 30° + \mu N = 0$

여기서, 수직력 $N = W\cos 30°$

$\therefore \mu = \frac{W\sin 30°}{N} = \frac{W\sin 30°}{W\cos 30°} = 0.577$

04 물방울이 중력에 의해 떨어지기 시작하여 3초 후의 속도는 약 몇 m/s인가?(단, 공기의 저항은 무시하고, 초기속도는 0으로 한다.)

① 29.4 ② 19.6
③ 9.8 ④ 3

해설

$\downarrow(+),\ a = \frac{dV}{dt} = +g$이므로

$dV = gdt$ 적분하면

$V - V_0 = gt$

$\therefore V = V_0 + gt(V_0 = 0) = 9.8 \times 3 = 29.4\text{m/s}$

05 무게가 40kN인 트럭을 마찰이 없는 수평면상에서 정지상태로부터 수평방향으로 2kN의 힘으로 끌 때 10초 후의 속도는 몇 m/s인가?

① 1.9 ② 2.9
③ 3.9 ④ 4.9

해설

$F = ma = \frac{Wa}{g}$

$\therefore a = \frac{Fg}{W} = \frac{2 \times 1{,}000 \times 9.8}{40 \times 10^3} = 0.49\text{m/s}^2$

$a = \frac{dV}{dt} \rightarrow dV = a_c dt$를 적분하면($a_c$ 일정)

정답 01 ③ 02 ① 03 ④ 04 ① 05 ④

$V - V_0 = \int_0^t a_c dt$

$V = V_0 + \int_0^{10} a_c dt$ (여기서, $V_0 = 0$)

$= 0.49 \times (10 - 0) = 4.9\text{m/s}$

06 정지상태의 비행기가 100m의 직선 활주로를 달려서 이륙속도 360km/h에 도달하려고 한다. 가속도의 크기가 일정하다고 가정하면 비행기의 가속도는 약 몇 m/s²인가?

① 10 ② 20
③ 50 ④ 100

해설

가속도가 일정한 운동이므로($a = a_c$로 일정)

$V = V_0 + a_c t$

$S = S_0 + V_0 t + \frac{1}{2}a_c t^2$에서

$S_0 = 0$, $V_0 = 0$, $V = 100\text{m/s}$ 적용

$S = \frac{1}{2}a_c t^2 = \frac{1}{2}a_c tt = \frac{1}{2}Vt = \frac{1}{2} \times 100 \times t$

100m까지 걸린 시간 $100 = \frac{1}{2} \times 100 \times t$이므로 $t = 2$초

$V = a_c t$에서 $100 = a_c \times 2$

$\therefore a_c = 50\text{m/s}^2$

07 지표면에서 공을 초기속도 v_0로 수직 상방으로 던졌다. 공이 제자리로 돌아올 때까지 걸린 시간(t)은?(단, g는 중력가속도이고, 공기저항은 무시한다.)

① $t = \frac{v_0}{g}$ ② $t = \frac{2v_0}{g}$
③ $t = \frac{3v_0}{g}$ ④ $t = \frac{4v_0}{g}$

해설

$v_y = v_0 - gt$에서 $v_y = 0$일 때

공이 최고점에 도달할 때까지의 시간 $t_h = \frac{v_0}{g}$

공이 제자리로 돌아올 때까지의 시간 $\therefore t = 2t_h = \frac{2v_0}{g}$

08 물체의 위치 x가 $x = 6t^2 - t^3$[m]로 주어졌을 때 최대 속도의 크기는 몇 m/s인가?(단, 시간의 단위는 초이다.)

① 10 ② 12
③ 14 ④ 16

해설

$V = 12t - 3t^2$이며 $t = 2$초일 때

최대속도 $V_{max} = 12 \times 2 - 3 \times 2^2 = 12\text{m/s}$

09 등가속도 운동에 관한 설명으로 옳은 것은?

① 속도는 시간에 대하여 선형적으로 증가하거나 감소한다.
② 변위는 시간에 대하여 선형적으로 증가하거나 감소한다.
③ 속도는 시간의 제곱에 비례하여 증가하거나 감소한다.
④ 변위는 속도의 세제곱에 비례하여 증가하거나 감소한다.

해설

가속도가 일정한 운동이므로($a = a_c$로 일정)

$V = V_0 + a_c t$[1차 함수 – 직선(선형)]

$S = S_0 + V_0 t + \frac{1}{2}a_c t^2$

$V^2 = {V_0}^2 + 2a_c(S - S_0)$

정답 06 ③ 07 ② 08 ② 09 ①

10 그림과 같은 조건에서 어떤 투사체가 초기속도 360m/s로 수평 방향과 30°의 각도로 발사되었다. 이때 2초 후 수직방향에 대한 속도는 약 몇 m/s인가?(단, 공기저항 무시, 중력가속도는 9.81m/s²이다.)

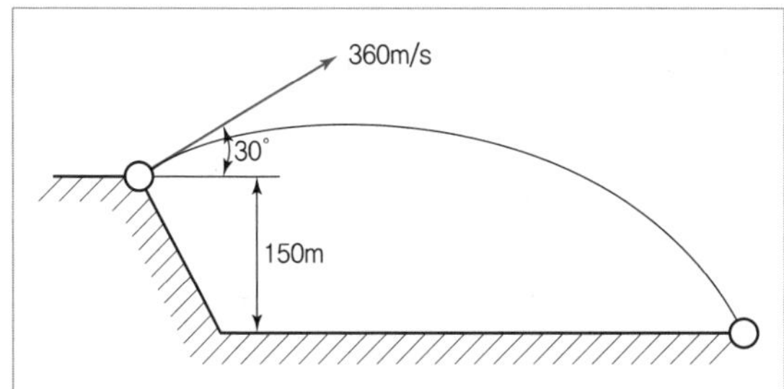

① 40.1 ② 80.2
③ 160 ④ 321

해설

• x축 방향 : $V_x = V_{0x} = V_0 \cos 30°$

• y축 방향 : 초기속도 $V_{0y} = V_0 \sin 30°$, $a_y = -g$

$$a_y = \frac{dV_y}{dt}$$

$$\Rightarrow dV_y = a_y dt$$

$$\Rightarrow \int_{V_{0y}}^{V_y} dV_y = \int_0^t a_y\, dt = \int_0^t -g\, dt$$

$$\Rightarrow V_y - V_{0y} = -gt$$

$$\therefore\ V_y = V_{0y} - gt = V_0 \sin 30° - 9.8 \times t$$

$t = 2$초에서

수직방향 속도 $V_y = 360 \times \sin 30° - 9.8 \times 2$

$= 160.4\text{m/s}$

11 같은 길이의 두 줄에 질량 20kg의 물체가 매달려 있다. 이 중 하나의 줄을 자르는 순간의 남는 줄의 장력은 약 몇 N인가?(단, 줄의 질량 및 강성은 무시한다.)

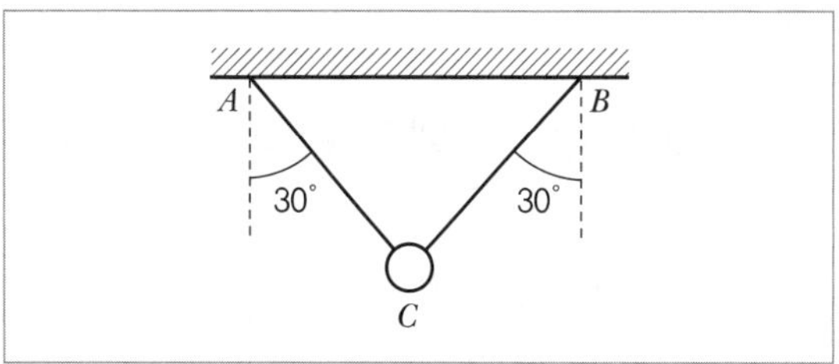

① 98 ② 170
③ 196 ④ 250

해설

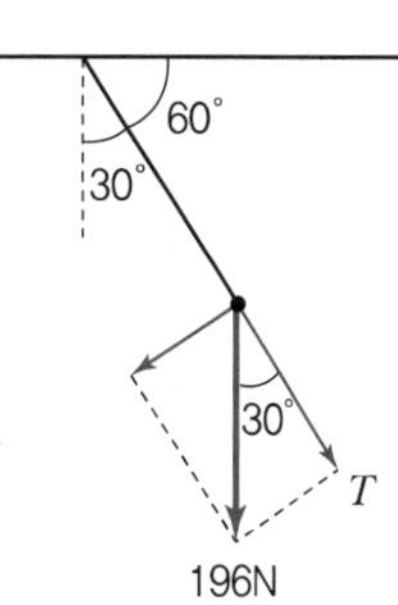

장력 $T = mg\cos 30° = 196\cos 30° = 169.74\text{N}$

정답 10 ③ 11 ②

02 일과 에너지

1 일(Work, U)

1. 물체에 힘이 가해져 힘의 방향으로 위치 변화(변위)가 발생할 때

일 $U = F(\text{힘}) \times r(\text{변위}) = \int_1^2 F dr$

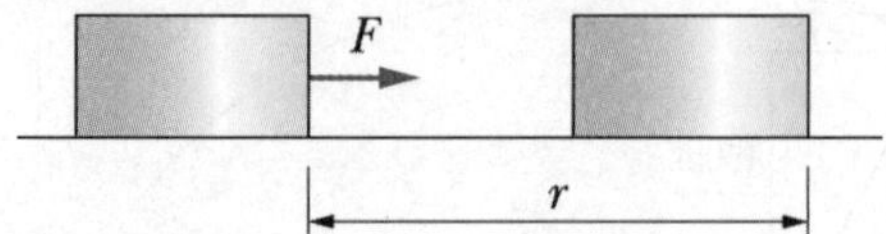

2. 일정한 외력에 의한 일

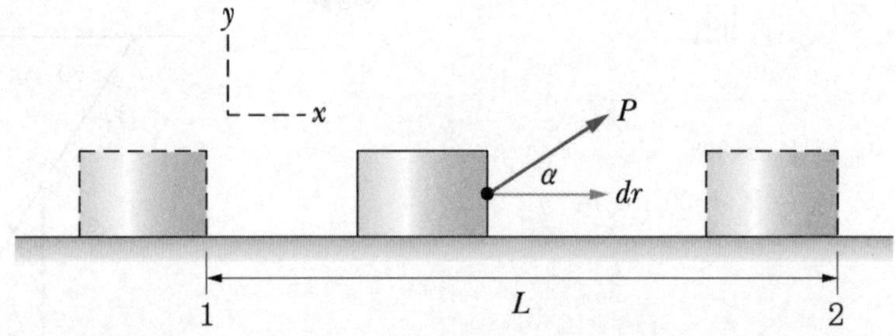

일정한 힘 P가 물체에 작용하여 그림과 같이 위치 1에서 2까지 움직일 때 벡터의 개념으로 힘 P와 미소 변위 dr에 의한 일을 나타내면

$$U_{1\to2} = \int_1^2 F\cdot dr = \int_1^2 [(P\cos\alpha)i + (P\sin\alpha)j]\cdot dxi \text{ (← 내적은 동일한 성분만 남음)}$$

$$= \int_{x_1}^{x_2} P\cos\alpha\, dx = P\cos\alpha(x_2 - x_1) = PL\cos\alpha$$

※ 변위의 수직성분 $P\sin\alpha$는 일을 하지 않는다.

3. 곡선경로상 A점에서 B점까지 한 일량 $U_{A\to B}$

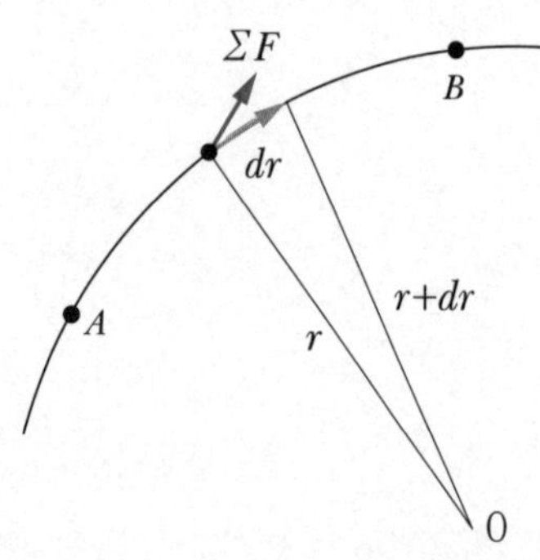

곡선경로상에의 미소 구간 한 일 $dU = F \cdot dr$ [여기서, · : dot product(내적)]

$$U_{A\to B} = \int_A^B dU = \int_A^B F \cdot dr = \int_A^B |F||dr|\cos\theta$$

여기서, 내적(·)의 의미 해석은 아래 그림에 나타낸 것과 같다.

① $|F|(|dr|\cos\theta)$: ⇒ 힘과 힘의 방향 변위의 곱

② $|dr|(|F|\cos\theta)$: ⇒ 변위와 변위방향 힘과의 곱

4. 스프링 힘이 하는 일

스프링을 인장하거나 압축 시 힘 F

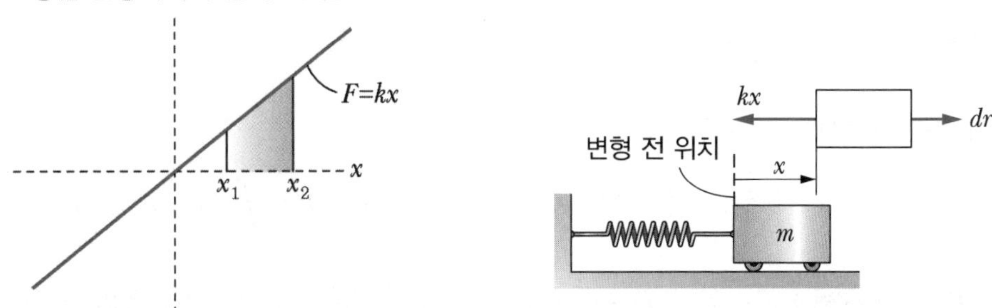

강성이 k인 스프링에서 스프링 힘은 팽창량(변위)에 비례한다. 물체가 x_1에서 x_2까지 움직일 때 스프링 힘이 한 일을 구해보면 스프링이 물체에 가한 힘은 그림에서 $F = -kx\,i$이므로

일 $U_{1\to 2} = \int_1^2 F \cdot dr = \int_1^2 (-kx\,i) \cdot dxi = -\int_{x_1}^{x_2} kx\,dx = \frac{1}{2}k(x_1^2 - x_2^2)$

2 동력(H, 일률 : Power)

시간당 한 일의 양을 동력이라고 한다.

U만큼 일을 한 힘 F에 의하여 전개되는 일률 H

- 동력 $H = \frac{dU}{dt} = F\frac{dr}{dt} = FV$(힘×속도)
- 축동력 $H = T\omega$

여기서, $\omega = \frac{2\pi N}{60}$

3 효율(Efficiency)

주어진 시간에 기계에 행해진 일과 기계가 행한 일의 비율을 기계효율(Mechanical Efficiency) e_m 이라 한다.

$$e_m = \frac{\text{출력동력}}{\text{입력동력}} = \frac{H_o}{H_i}$$

효율은 모든 기계가 작동할 때 에너지 손실이 발생하므로 항상 1보다 작게 된다.

4 에너지(Energy)

물체에 어떤 효과를 유발할 수 있는 능력을 에너지라 한다. 동역학에서는 주로 일에너지를 다룬다. 열에너지는 주로 열역학에서 다룬다.

1. 운동에너지(Kinetic Energy, T)

① 운동에너지 : $T_1 = \frac{1}{2} m V^2$

② 회전운동에너지 : $T_2 = \frac{1}{2} J_G \omega^2$

여기서, J_G : 도심축에 관한 질량관성모멘트, $J_G = \int_m r^2 dm \ (\text{kg} \cdot \text{m}^2)$

③ 강체의 평면운동 : $T = T_1 + T_2 = \frac{1}{2} m V^2 + \frac{1}{2} J_G \omega^2$(직선운동과 회전운동의 조합)

2. 위치에너지(Potential Energy, V)

(1) 중력위치에너지(Gravitational Potential Energy, V_g)

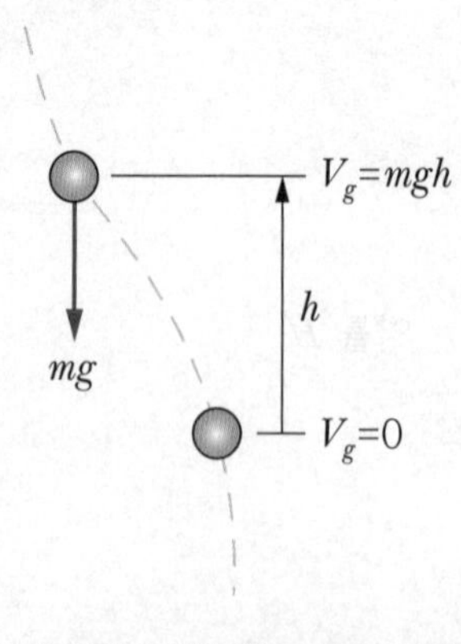

V_g는 위치에너지가 $V_g=0$인 임의의 기준 평면으로부터 질점을 높이 h만큼 올리기 위해 행한 일이므로

$$V_g = mgh = Wh$$

여기서, W : 무게, m : 질량, h : 높이

질점높이가 h_1에서 h_2로 이동하면 위치에너지 변화는

$$\Delta V_g = mg(h_2 - h_1) = mg\Delta h$$

(2) 탄성위치에너지

외력을 탄성체에 가해서 변형을 일으키면 가해진 일이 탄성체 내부에 위치에너지로 저장되는데, 이것을 탄성위치에너지 V_e(Elastic Potential Energy)라 하며 스프링과 같은 탄성체의 변형에서 찾을 수 있다. 강성계수가 k인 스프링이 중립위치로부터 변위 x만큼 인장 또는 압축될 때 스프링 힘 $F=kx$이며 이때 스프링의 탄성위치에너지는 x만큼 변형되는 동안 스프링에 행해진 일의 양이므로

$$V_e = \int_0^x kx\,dx = \frac{1}{2}kx^2$$

5 일 – 에너지 방정식

상태 1에서 상태 2로 움직이는 동안 질점에 작용하는 모든 힘이 행한 전체 일의 양은 질점의 운동에너지 변화와 같다는 에너지 보존의 법칙을 나타내는데, 시스템에 포함된 탄성요소와 위치에너지, 운동에너지, $U'_{1\to2}$를 포함한 에너지 방정식을 정리하면

$$T_1 + V_1 + U'_{1\to2} = T_2 + V_2$$

여기서, $U'_{1\to2}$: 중력과 스프링 힘을 제외한 다른 모든 외력에 의한 일

만약, 중력, 스프링 힘 및 일을 하지 않는 구속력들만 작용하는 문제에서는 물체의 운동에너지(T)와 위치에너지(V)의 합은 항상 일정하다($U'_{1\to2}=0$이므로).

∴ $T_1 + V_1 = T_2 + V_2$, 즉 $E_1 = E_2$로 에너지 보존의 법칙을 나타낸다.

핵심 기출 문제

01 질량 30kg의 물체를 담은 두레박 B가 레일을 따라 이동하는 크레인 A에 6m 길이의 줄에 의해 수직으로 매달려 이동하고 있다. 일정한 속도로 이동하던 크레인이 갑자기 정지하자, 두레박 B가 수평으로 3m까지 흔들렸다. 크레인 A의 이동 속력은 약 몇 m/s인가?

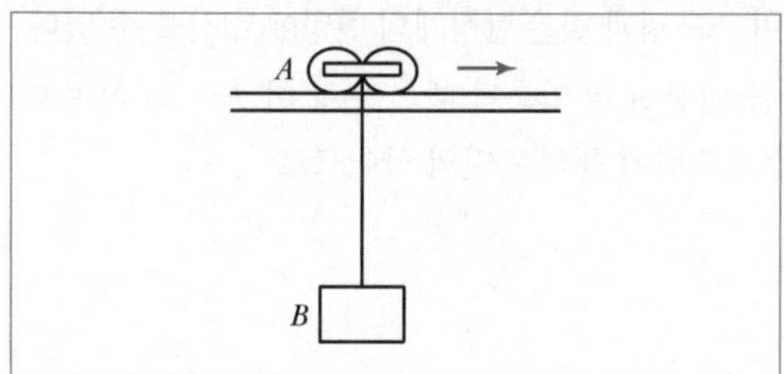

① 1　　② 2
③ 3　　④ 4

해설

운동에너지=중력위치에너지

$T=V_g$에서 $\frac{1}{2}mV^2=mgh$

$\frac{1}{2}\times 30\times V^2=30\times g\times h$

여기서, $h=6-6\cos 30°$(← 수평으로 3m 흔들렸으므로)

$\therefore\ V=\sqrt{2gh}=\sqrt{2\times 9.8\times(6-6\cos 30°)}$
$=3.97\text{m/s}$

02 그림과 같이 질량이 m인 물체가 탄성스프링으로 지지되어 있다. 초기 위치에서 자유낙하를 시작하고, 초기 스프링의 변형량이 0일 때, 스프링의 최대 변형량(x)은?(단, 스프링의 질량은 무시하고, 스프링상수는 k, 중력가속도는 g이다.)

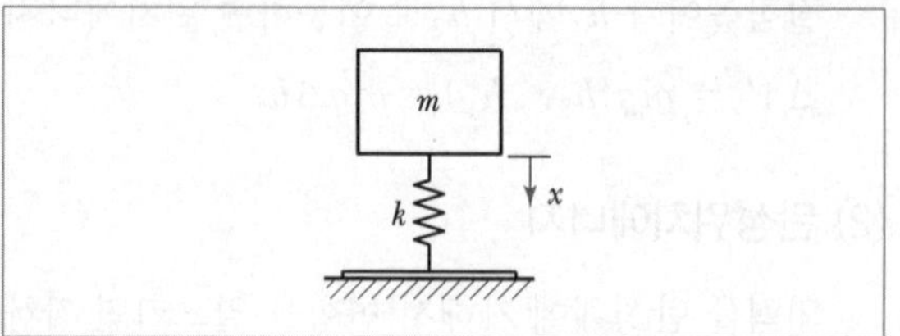

① $\frac{mg}{k}$　　② $\frac{2mg}{k}$
③ $\sqrt{\frac{mg}{k}}$　　④ $\sqrt{\frac{2mg}{k}}$

해설

- 스프링 힘이 하는 일은 최대 변형량이 $x_{\max}=x$일 때
  $U_{1\to 2}=\frac{1}{2}kx^2$
- 스프링 처짐이 x만큼 일어나므로
  위치에너지 $V_g=Wx$
- $U_{1\to 2}=V_g$에서
  $\frac{1}{2}kx^2=Wx=mgx$
  $\frac{1}{2}kx^2-mgx=0$
  양변에 2를 곱하면
  $kx^2-2mgx=0$
  $x(kx-2mg)=0$에서
  $x=0$ 또는 $x=\frac{2mg}{k}$
  $\therefore\ x=\frac{2mg}{k}$

03 다음 표는 마찰이 없는 빗면을 따라 내려오는 물체의 속력에 따른 운동에너지와 위치에너지를 나타낸 것이다. 속력이 $\frac{3}{2}v$일 때의 위치에너지(A)는?(단, 에너지보존 법칙을 만족한다.)

정답　01 ④　02 ②　03 ②

구분	위치에너지	운동에너지
v	1,500J	
$\frac{3}{2}v$	A	
$2v$		1,600J

① 1,400J ② 1,000J
③ 800J ④ 600J

해설

i) 표에서 속도가 $2v$일 때

운동에너지 $\frac{1}{2}m(2v)^2 = 1{,}600$

$\rightarrow \frac{1}{2}m \times 4v^2 = 1{,}600\text{J}$

$\therefore\ mv^2 = 800\text{J}$

ii) 속도가 v와 $\frac{3v}{2}$일 때 에너지 보존의 법칙에 의해

$\frac{1}{2}mv^2 + 1{,}500 = \frac{1}{2}m\left(\frac{3v}{2}\right)^2 + A$

$\frac{1}{2}mv^2 + 1{,}500 = \frac{1}{2}mv^2 \times \frac{9}{4} + A$

($\leftarrow mv^2 = 800$ 대입)

$400 + 1{,}500 = 400 \times \frac{9}{4} + A$

$\therefore\ A = 1{,}000\text{J}$

04 90km/h의 속력으로 달리던 자동차가 100m 전방의 장애물을 발견한 후 제동을 하여 장애물 바로 앞에 정지하기 위해 필요한 제동력의 크기는 몇 N인가?(단, 자동차의 질량은 1,000kg이다.)

① 3,125 ② 6,250
③ 40,500 ④ 81,000

해설

일-에너지 방정식에 상태 1에서 2로 움직이는 동안 질점에 작용하는 제동력에 의한 전체 일의 양은 질점의 운동에너지 변화와 같다는 에너지 보존의 법칙을 적용하면

- 운동에너지 : $T = \frac{1}{2}mV^2$
- 제동일 : $U_{1\rightarrow 2} = Fx$(제동력×100m)
- $T = U_{1\rightarrow 2}$에서 $\frac{1}{2}mV^2 = Fx$

$\therefore\ F = \dfrac{\frac{1}{2}mV^2}{x} = \dfrac{\frac{1}{2}\times 1{,}000 \times 25^2}{100} = 3{,}125\text{N}$

여기서, $V = 90\text{km/h} \rightarrow 25\text{m/s}$

정답 04 ①

02 충격량과 운동량

1 선형충격량과 선형운동량

뉴턴의 제2법칙으로부터 질점에 작용하는 모든 힘의 합력은 시간에 대한 선형운동량(선운동량)의 변화율과 같다.

$$\sum F = ma = m\dot{V} = m\frac{dV}{dt} = \frac{d}{dt}(mV) = \frac{dG}{dt},\ \text{즉 } \sum F = \dot{G}$$

여기서, 질량과 속도의 곱은 질점의 선형운동량(Linear Momentum) $G = mV$로 정의

2 선형충격량 – 운동량의 원리

$\sum F = \dot{G}$ 양변에 dt를 곱하면

$\sum F dt = dG$ ($\Leftrightarrow \sum F dt = d(mV)$ → 선형충격량(Impulse : 역적)은 운동량의 변화량과 같다.

이 식을 시간 t_1에서 t_2 구간까지 적분하면

$$\int_{t_1}^{t_2} \sum F dt = G_2 - G_1 = \Delta G \ \left(\Leftrightarrow \int_{t_1}^{t_2} \sum F dt = m(V_2 - V_1)\ \text{동일한 수식}\right)$$

여기서, 시간 t_2에서 선형운동량 $G_2 = mV_2$

시간 t_1에서 선형운동량 $G_1 = mV_1$

$G_1 + \int_{t_1}^{t_2} \sum F dt = G_2$로 수식이 변형되면

물체의 초기 선형운동량에 선형충격량을 더한 것은 최종 선형운동량과 같다.

→ 충격량의 적분은 일반적으로 시간 구간 동안 크기와 방향의 변화를 포함하는 벡터이다.

$\sum F$와 G를 각각 3차원 직각좌표계의 방향을 적용해 얻은 스칼라 방정식은 다음과 같다.

- x방향 : $mV_{1x} + \int_{t_1}^{t_2} \sum F_x dt = mV_{2x}$
- y방향 : $mV_{1y} + \int_{t_1}^{t_2} \sum F_y dt = mV_{2y}$
- z방향 : $mV_{1z} + \int_{t_1}^{t_2} \sum F_z dt = mV_{2z}$

3 각충격량과 각운동량

1. 각운동량(H_0)

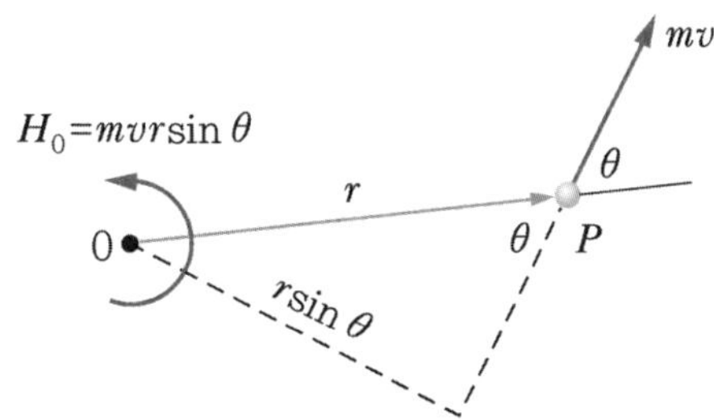

그림처럼 질량 m인 질점 P의 선운동량 $G=mV$의 원점 0에 대한 모멘트를, 질점 P의 각운동량 H_0로 정의하며 벡터의 모멘트를 구하는 외적으로 구한다. 질점 P의 원점 0에 대한 위치벡터 r을 나타내고 선운동량의 모멘트를 구하면

$H_0 = r\times G = r\times mV = mVr\sin\theta$

여기서, × : cross product − 외적

2. 각운동량의 변화율

각운동량 $H_0 = r\times mV$ 값을 외적에 대한 미분법을 이용하여 시간에 대해 미분하면 각운동량의 변화율을 얻을 수 있다. 각운동량을 미분하면

$\dot{H}_0 = \dot{r}\times mV + r\times m\dot{V} = V\times mV + r\times m\dot{V} = 0 + r\times m\dot{V} = r\times m\dot{V}$

($\because$ 동일방향 벡터 a, b의 외적$=0 \rightarrow a\times b = |a||b|\sin 0°$, 위 수식은 V와 mV 동일방향)

또, 0점에 대한 힘의 모멘트 $\sum M_0 = r\times\sum F = r\times m\dot{V}$이므로 $\sum M_0 = \dot{H}_0$: m에 작용하는 모든 힘들의 원점 0에 대한 모멘트는 원점 0에 대한 m의 각운동량의 시간에 따른 변화율과 같다.

3. 각충격량 − 운동량의 원리

모멘트와 시간의 곱을 각충격량이라 한다. → $\sum M_0 dt$: 각충격량

각운동량 변화율을 시간에 대한 미분값으로 표현하면 $\sum M_0 = \dfrac{dH_0}{dt} \Rightarrow \sum M_0 dt = dH_0$이고, 적분해서 수식으로 나타내면 $\int_{t_1}^{t_2}\sum M_0 dt = (H_0)_2 - (H_0)_1 = \Delta H_0$이다. 원점 0에 대한 m의 각충격량은 원점에 대한 m의 각운동량의 변화량과 같고 $(H_0)_2 = r_2\times mV_2$, $(H_0)_1 = r_1\times mV_1$이다.

따라서 $(H_0)_1 + \int_{t_1}^{t_2} \sum M_0 dt = (H_0)_2$에서 질점의 초기 각운동량과 질점에 작용하는 각충격량의 합은 질량의 최종 각운동량과 같다.

4 충돌(Impact)

두 물체가 부딪히는 것을 나타내며 매우 짧은 시간 동안에 비교적 큰 접촉력(Contact Force)을 발생시킨다.

1. 직접 정면 충돌

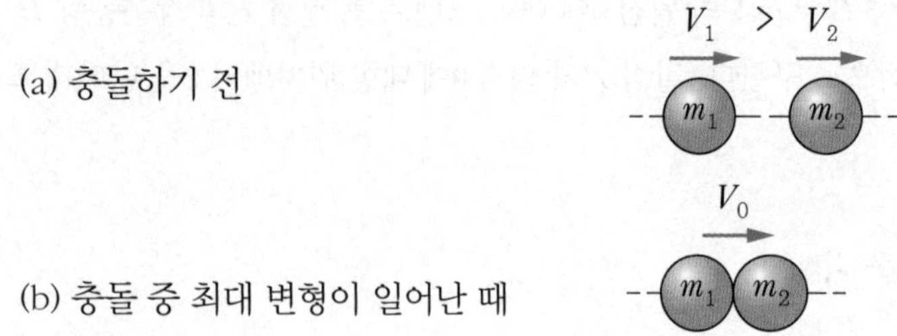

(c) 충돌 후 분리

그림과 같이 정면 충돌은 동일 직선상에 움직이는 두 개의 공에서 V_1이 V_2보다 클 때, 충돌은 중심선을 따라 (b)처럼 접촉력을 발생시킨다. 두 공은 접촉을 시작한 후, 짧은 시간 동안에 두 공 사이의 접촉면이 더 이상 증가하지 않을 때까지 변형이 발생하며 충돌 후 분리될 때는 접촉면적이 다시 0으로 감소하고 두 공은 원래 모양대로 복원되며, 충돌 후 속도는 V_2'가 V_1'보다 더 커진 채로 분리된다.

충돌하는 동안에 접촉력의 크기는 같고 방향은 반대이며 시스템의 선형운동량은 변하지 않는다. 즉, 충돌 전후의 선형운동량(mV)은 같다.

선형운동량 보존의 법칙 : $m_1 V_1 + m_2 V_2 = m_1 V_1' + m_2 V_2'$ ………… ⓐ

2. 반발계수(e)

복원과정 V_0 V_0 m_1 F_r m_2 V_1' V_2'

두 개의 공이 충돌할 때 2개의 미지수 V_2'와 V_1'가 발생하는데, 충돌 후의 최종 속도를 구하기 위해 반발계수가 필요하다. 변형충격량의 크기에 대한 복원충격량의 크기의 비를 반발계수라 한다. 두 충격량을 구해 수식으로 정리하면

$$e = \frac{V_2' - V_1'}{V_1 - V_2} = \frac{\text{분리상대속도}}{\text{접근상대속도}} \cdots\cdots \text{ⓑ}$$

완전탄성충돌일 때 $e = 1$, 소성충돌 또는 비탄성충돌일 때 $e = 0$이며 철과 철, 유리와 유리, 납과 납의 충돌에서 반발계수는 $0 < e < 1$ 사이의 값을 갖는다.

수식 ⓐ와 수식 ⓑ를 조합하면 아래와 같이 충돌 후의 속도 V_2'와 V_1'를 구할 수 있다.

- $V_1' = V_1 - \dfrac{m_2}{m_1 + m_2}(1+e)(V_1 - V_2)$
- $V_2' = V_2 + \dfrac{m_1}{m_1 + m_2}(1+e)(V_1 - V_2)$

핵심 기출 문제

01 중심력만을 받으며 등속 운동하는 질점에 대한 설명으로 틀린 것은?

① 어느 순간에서나 힘의 중심점에 대한 모멘트의 합은 0이다.
② 중심력에 의하여 운동하는 질점의 각운동량은 크기와 방향이 모두 일정하다.
③ 중심점에 대한 각운동량의 변화율은 0이다.
④ 각운동량은 중심점에서 물체까지의 거리의 제곱에 반비례한다.

해설

각운동량은 중심점에서 물체까지의 거리에 비례한다.

02 질량 m의 공이 h의 높이에서 자유 낙하하여 콘크리트 바닥과 충돌하였다. 공과 바닥 사이의 반발계수를 e라고 할 때, 공이 첫 번째 튀어오른 높이는?

① $\sqrt{2}\,eh$ ② eh
③ $2eh$ ④ e^2h

해설

충돌 후의 높이 h'

$\sqrt{2gh'} = \sqrt{2gh}\,e$의 양변을 제곱하면

$2gh' = 2ghe^2$

$\therefore h' = he^2$

03 그림과 같이 질량이 동일한 두 개의 구슬 A, B가 있다. 초기에 A의 속도는 v이고 B는 정지되어 있다. 충돌 후 A와 B의 속도에 관한 설명으로 맞는 것은?(단, 두 구슬 사이의 반발계수는 1이다.)

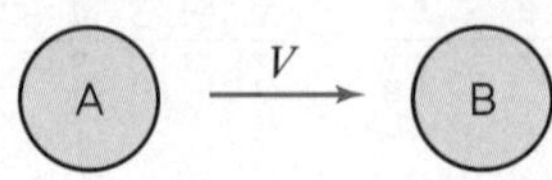

① A와 B 모두 정지한다.
② A와 B 모두 v의 속도를 가진다.
③ A와 B 모두 $\frac{v}{2}$의 속도를 가진다.
④ A는 정지하고 B는 v의 속도를 가진다.

해설

반발계수 $e=1$일 때 완전 탄성충돌로 에너지 소실이 발생하지 않으며 충돌 전후의 선형운동량(mv)은 같아 A는 정지하고 B는 v의 속도를 가진다.

04 속도가 각각 v_1, $v_2(v_1 > v_2)$이고, 질량이 모두 m인 두 물체가 동일한 방향으로 운동하여 충돌 후 하나로 되었을 때의 속도(v)는?

① $v_1 - v_2$ ② $v_1 + v_2$
③ $\frac{v_1 - v_2}{2}$ ④ $\frac{v_1 + v_2}{2}$

해설

선운동량 보존의 법칙을 적용하면

$m_1v_1 + m_2v_2 = m_1v_1' + m_2v_2'$

$m_1 = m_2 = m$ 일정하고, $v_1' = v_2' = v$이므로

$m(v_1 + v_2) = 2mv$

$\therefore v = \frac{(v_1 + v_2)}{2}$

정답 01 ④ 02 ④ 03 ④ 04 ④

05 무게 10kN의 해머(Hammer)를 10m의 높이에서 자유 낙하시켜서 무게 300N의 말뚝을 박았다. 충돌한 직후에 해머와 말뚝은 일체가 된다고 볼 때 충돌 직후의 속도는 몇 m/s인가?

① 50.4 ② 20.4
③ 13.6 ④ 6.7

해설

해머의 질량 m_1, 말뚝의 질량 m_2, 해머의 속도 V_1, 말뚝의 속도 V_2일 때

i) 해머의 질량 $m_1 = \dfrac{W_1}{g} = \dfrac{10 \times 10^3}{9.8} = 1{,}020.4\,\text{kg}$

말뚝의 질량 $m_2 = \dfrac{W_2}{g} = \dfrac{300}{9.8} = 30.6\,\text{kg}$

ii) 해머의 낙하속도($V_g = T$)

$m_1 gh = \dfrac{1}{2} m_1 V_1^2$ 에서

충돌 시 속도

$V_1 = \sqrt{2gh} = \sqrt{2 \times 9.8 \times 10} = 14\,\text{m/s}$

iii) 선형운동량 보존의 법칙에 의해

$m_1 V_1 + m_2 V_2 = m_1 V_1' + m_2 V_2'$

말뚝의 충돌 시 처음 속도는

$V_2 = 0,\ V_1' = V_2' = V'$이므로

$m_1 V_1 = (m_1 + m_2) V'$

$\therefore\ V' = \dfrac{m_1 V_1}{m_1 + m_2} = \dfrac{1{,}020.4 \times 14}{1{,}020.4 + 30.6} = 13.59\,\text{m/s}$

06 질량 3kg인 물체가 10m/s로 가다가 정지하고 있는 4kg의 물체에 충돌하여 두 물체가 함께 움직인다면 충돌 후의 속도는 몇 m/s인가?

① 2.3 ② 3.4
③ 3.8 ④ 4.3

해설

선형운동량 보존의 법칙

$m_1 V_1 + m_2 V_2 = m_1 V_1' + m_2 V_2'$

여기서, $V_2 = 0,\ V_1' = V_2'$

$V_2' = \dfrac{m_1 V_1}{m_1 + m_2} = \dfrac{3 \times 10}{3+4} = 4.29\text{m/s}$

07 두 질점이 정면 중심으로 완전탄성충돌할 경우에 관한 설명으로 틀린 것은?

① 반발계수 값은 1이다.
② 전체 에너지는 보존되지 않는다.
③ 두 질점의 전체 운동량이 보존된다.
④ 충돌 후 두 질점의 상대속도는 충돌 전 두 질점의 상대속도와 같은 크기이다.

해설

완전탄성충돌은 반발계수 $e = 1$이며, 전체 에너지는 보존되어 에너지 소실이 발생하지 않는다. 또한 충돌 전후의 선형운동량은 같다.

정답 05 ③ 06 ④ 07 ②

04 강체운동학

강체운동학에서는 질점운동학의 해석에 물체의 회전도 추가로 고려해야 한다. 그러므로 강체운동학은 속도, 가속도뿐만 아니라 각변위, 각속도, 각가속도의 해석이 포함된다.

1 강체의 평면운동

물체의 모든 부분이 평행한 평면 내에서만 운동할 때 강체는 평면운동을 한다고 하며, 편의상 질량중심을 포함한 평면인 운동평면을 고려하고, 물체가 얇은 판과 같이 운동이 평면 내에 국한되는 경우만을 다룬다. 강체평면운동은 아래 그림처럼 분류될 수 있다.

구분	강제 평면운동의 모양	실례
직선 병진	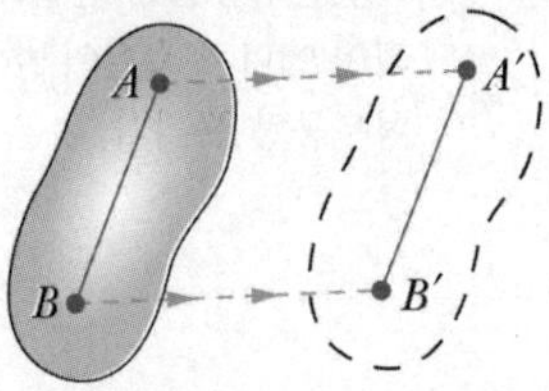 A, A′, B, B′	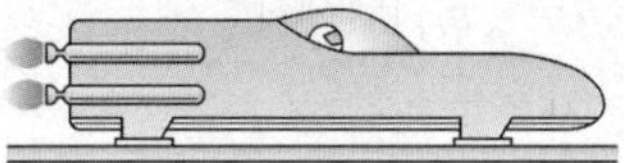 로켓 썰매
곡선 병진	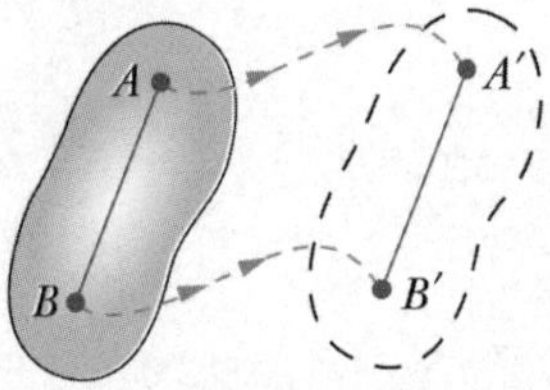 A, A′, B, B′	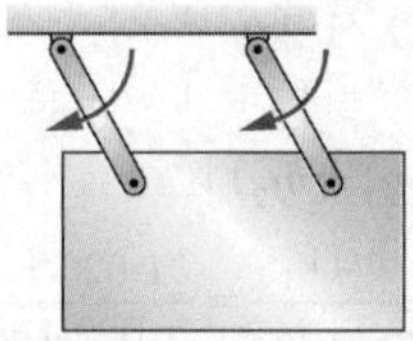 흔들리는 평판의 평행 링크
고정축 회전	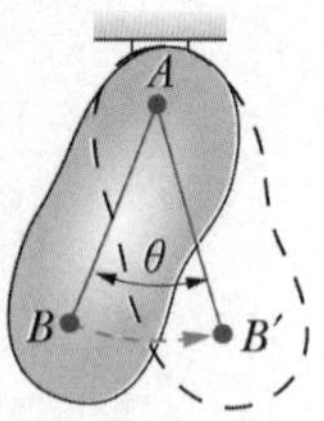 A, B, B′, θ	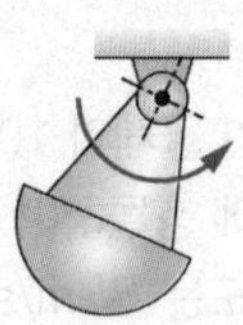 복합 진자
일반평면운동	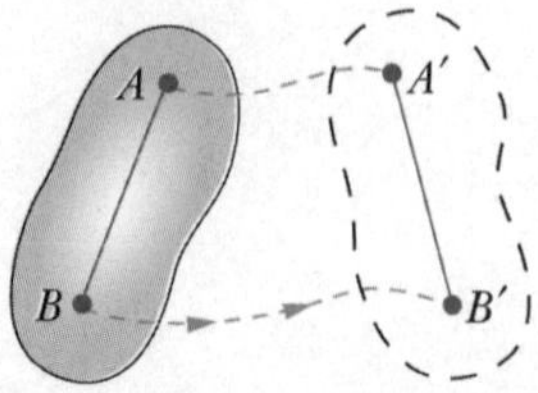 A, A′, B, B′	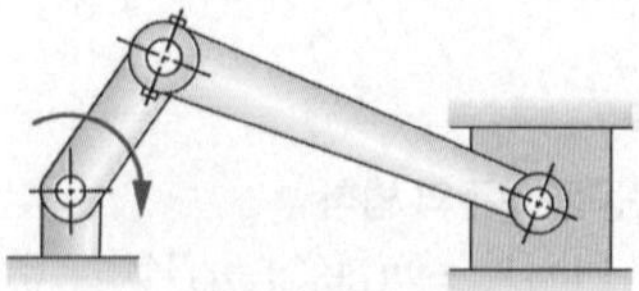 왕복동 엔진의 커넥팅 로드

2 강체의 회전운동

강체의 회전운동은 강체의 각운동으로 표현된다.

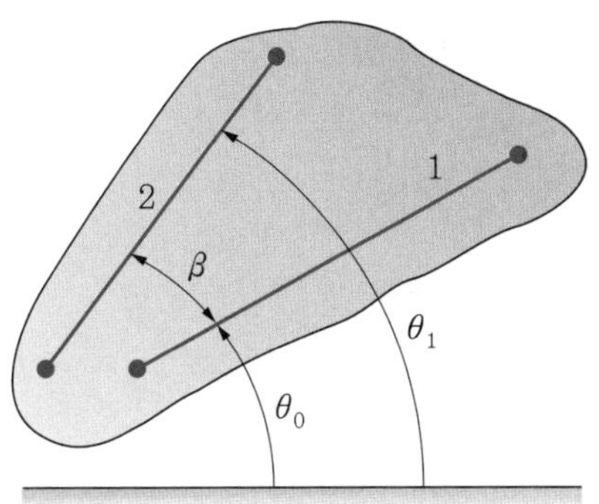

어떤 고정좌표계를 기준으로 그림처럼 회전운동하는 평면은 강체이며 물체에 있는 선분 1과 2처럼 각θ_0와 각 θ_1으로 나타내며 두 선분이 이루는 각 β는 일정하므로, $\theta_1 = \theta_0 + \beta$의 관계식을 시간에 대해 미분해서 $\dot{\theta}_0 = \dot{\theta}_1$이고 $\ddot{\theta}_0 = \ddot{\theta}_1$를 얻어내며, 이 운동평면 내에 있는 강체의 모든 성분들은 동일한 각변위, 각속도, 각가속도를 갖는다.

1. 각운동 관계식

평면회전운동을 하는 강체의 각속도 ω와 각가속도 α는 각각 물체 내 임의의 선분의 각변위 θ의 1차, 2차 시간 미분값이다.

(1) 각속도(Angular Velocity, ω)

시간에 대한 각위치의 변화량

$$\beta = \Delta\theta = \theta_1 - \theta_0,\ \Delta t = t_1 - t_0 \Rightarrow \omega = \frac{\Delta\theta}{\Delta t} = \frac{\theta_1 - \theta_0}{t_1 - t_0}$$

극한을 취하면 $\lim_{\Delta t \to 0} \frac{\Delta\theta}{\Delta t}$는 순간각속도를 나타낸다.

$$\omega = \frac{d\theta}{dt} = \dot{\theta} = \frac{2\pi N}{60}\,(\text{rad/s})$$

(2) 각가속도(α)

시간에 대한 각속도의 변화량

$$\alpha = \frac{d\omega}{dt} = \frac{d\left(\frac{d\theta}{dt}\right)}{dt} = \frac{d^2\theta}{dt^2} = \ddot{\theta} = \dot{\omega}\,(\text{rad/s}^2)$$

(3) 각가속도 α가 일정할 때

① $\alpha = \dfrac{d\omega}{dt} = \dot{\theta} = C$

$d\omega = \alpha dt$를 적분하면 $\displaystyle\int_{\omega_0}^{\omega} d\omega = \int_0^t \alpha dt$

$\omega - \omega_0 = \alpha t$에서

$\therefore\ \omega = \omega_0 + \alpha t$

여기서, ω_0 : 초기각속도
ω : 나중각속도
α : 각가속도
t : 나중시간

② $\omega = \dfrac{d\theta}{dt} \Rightarrow d\theta = \omega dt = (\omega_0 + \alpha t)dt$를 적분하면

$\displaystyle\int_{\theta_0}^{\theta} d\theta = \int_0^t (\omega_0 + \alpha t) \Rightarrow \theta - \theta_0 = \omega_0 t + \frac{1}{2}\alpha t^2$

$\therefore\ \theta = \theta_0 + \omega_0 t + \dfrac{1}{2}\alpha t^2$

여기서, θ_0 : 초기각
θ : 나중각
ω_0 : 초기각속도
α : 각가속도
t : 나중시간

③ 각(θ), 각속도(ω), 각가속도(α)의 상관 관계식

$\omega = \dfrac{d\theta}{dt} \Rightarrow dt = \dfrac{d\theta}{\omega}$

$\alpha = \dfrac{d\omega}{dt} = \dfrac{d\omega}{\left(\dfrac{d\theta}{\omega}\right)} = \dfrac{\omega d\omega}{d\theta} \Rightarrow \omega d\omega = \alpha d\theta$를 적분하면 $\displaystyle\int_{\omega_0}^{\omega} \omega d\omega = \int_{\theta_0}^{\theta} \alpha\, d\theta$

$\dfrac{1}{2}(\omega^2 - {\omega_0}^2) = \alpha(\theta - \theta_0) \Rightarrow \omega^2 - {\omega_0}^2 = 2\alpha(\theta - \theta_0)$

$\therefore\ \omega^2 = {\omega_0}^2 + 2\alpha(\theta - \theta_0)$

(4) 고정축에 대한 회전운동

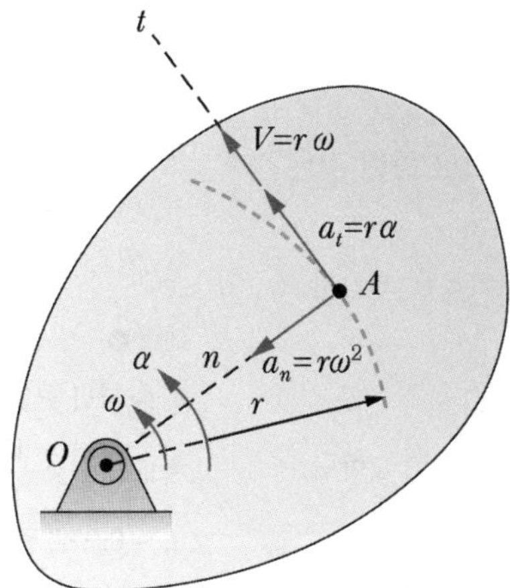

고정축을 기준으로 ω의 각속도로 돌아갈 때, 반경 r에서 A점의 원주속도 V, 원주접선방향(t방향)의 가속도(a_t)와 중심을 향하는 n방향 구심가속도(a_n)를 그림에 나타내었다.

① 원주속도(V)

$$V = r\omega$$

여기서, $\omega = \dfrac{2\pi N}{60}$ (rad/s)

② 가속도(a)

㉠ 접선가속도 $a_t = \dfrac{dV}{dt} = \dfrac{d(r\omega)}{dt} = r\dfrac{d\omega}{dt} = r\alpha \Rightarrow a_t = r\alpha$

㉡ 구심가속도(법선가속도 : a_n)

$$a_n = \frac{V^2}{r} = \frac{(r\omega)^2}{r} = r\omega^2 \Rightarrow a_n = r\omega^2$$

㉢ 가속도(직각 성분들의 합 벡터)

$$a = \sqrt{a_t^2 + a_n^2}$$

핵심 기출 문제

01 강체의 평면운동에 대한 설명으로 틀린 것은?

① 평면운동은 병진과 회전으로 구분할 수 있다.
② 평면운동은 순간중심점에 대한 회전으로 생각할 수 있다.
③ 순간중심점은 위치가 고정된 점이다.
④ 곡선경로를 움직이더라도 병진운동이 가능하다.

해설

강체의 평면운동은 병진운동과 회전운동을 동시에 하므로 순간중심점의 위치가 이동하게 된다.

02 원판의 각속도가 5초만에 0부터 1,800rpm까지 일정하게 증가하였다. 이때 원판의 각가속도는 약 몇 rad/s²인가?

① 360 ② 60
③ 37.7 ④ 3.77

해설

각가속도 $\alpha = \frac{d\omega}{dt} \Rightarrow$ 일정

$$\therefore \alpha = \frac{\omega}{t} = \frac{\frac{2\pi N}{60}}{t} = \frac{\frac{2\pi \times 1,800}{60}}{5} = 37.7\text{rad/s}^2$$

03 일정한 반경 r 인 원을 따라 균일한 각속도 ω로 회전하고 있는 절점의 가속도에 대한 설명으로 옳은 것은?

① 가속도는 0이다.
② 가속도는 법선 방향(Radial Direction)의 값만 갖는다(접선 방향은 0이다).
③ 가속도는 접선 방향(Transverse Direction)의 값만 갖는다(법선 방향은 0이다).
④ 가속도는 법선 방향과 접선 방향 값을 모두 갖는다.

해설

원을 따라 균일한 각속도로 회전하므로 구심가속도(법선가속도) $a_n = \frac{V^2}{r} = \frac{(r\omega)^2}{r} = r\omega^2$만 존재하며, 접선가속도 $a_t = 0$으로 존재하지 않는다.

04 지름 1m의 플라이휠(Flywheel)이 등속회전운동을 하고 있다. 플라이휠 외측의 접선속도가 4m/s일 때, 회전수는 약 몇 rpm인가?

① 76.4 ② 86.4
③ 96.4 ④ 106.4

해설

$$V = r\omega = \frac{d}{2} \times \frac{2\pi N}{60}$$

$$\therefore N = \frac{60V}{\pi d} = \frac{60 \times 4}{\pi \times 1} = 76.39\text{rpm}$$

05 그림과 같이 원판에서 원주에 있는 점 A 의 속도가 12m/s일 때 원판의 각속도는 약 몇 rad/s인가?(단, 원판의 반지름 r은 0.3m이다.)

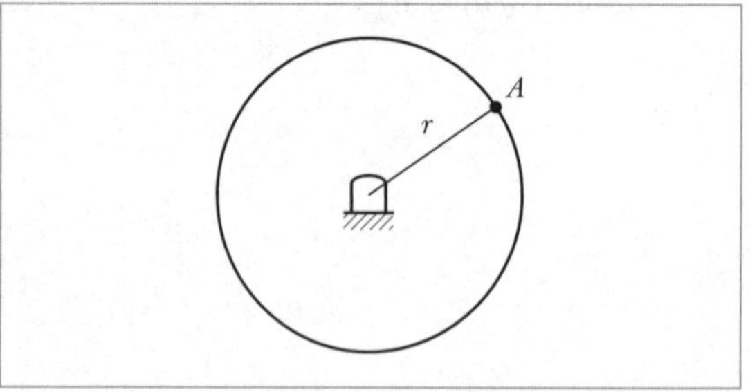

정답 01 ③ 02 ③ 03 ② 04 ① 05 ④

① 10　　② 20
③ 30　　④ 40

해설

$V = r\omega$에서

$\omega = \frac{V}{r} = \frac{12}{0.3} = 40\,\text{rad/s}$

06 자동차가 반경 50m의 원형도로를 25m/s의 속도로 달리고 있을 때, 반경방향으로 작용하는 가속도는 몇 m/s^{2}인가?

① 9.8　　② 10.0
③ 12.5　　④ 25.0

해설

구심가속도(법선가속도)

$a_n = \frac{V^2}{r} = \frac{25^2}{50} = 12.5\,\text{m/s}^2$

07 그림과 같이 최초정지상태에 있는 바퀴에 줄이 감겨 있다. 힘을 가하여 줄의 가속도(a)가 $a = 4t$ [m/s^2]일 때 바퀴의 각속도(ω)를 시간의 함수로 나타내면 몇 rad/s인가?

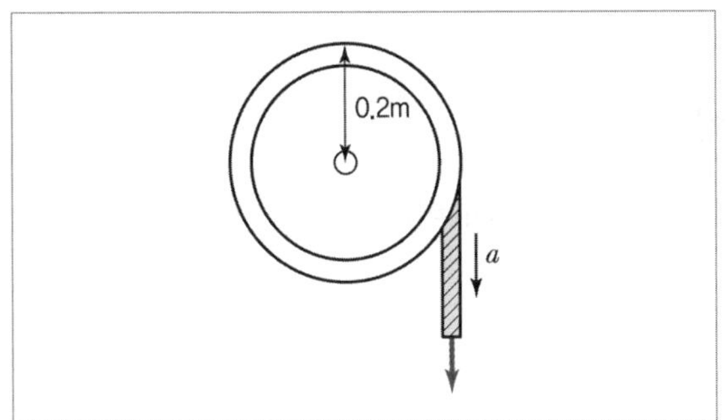

① $8t^2$　　② $9t^2$
③ $10t^2$　　④ $11t^2$

해설

• 그림에서 a는 접선가속도 a_t이므로
접선가속도 $a_t = r\alpha$에서
각가속도 $\alpha = \frac{a_t}{r} = \frac{4t}{0.2} = 20t$

• $\alpha = \frac{d\omega}{dt} \rightarrow d\omega = \alpha dt$에서
$\omega = \int_0^t \alpha dt = \int_0^t 20t\,dt = 20 \times \frac{1}{2}[t^2]_0^t = 10t^2$

정답 06 ③ 07 ③

CHAPTER

04 기계진동

01 진동의 개요

1 진동의 개념 및 기초

1. 자유도(DOF ; Degree of Freedom)

자유도란 물체의 움직임을 표현하기 위해 도입된 개념으로서, 물체의 운동을 표시하는 데 필요한 독립좌표의 수이다. 즉, 물체의 위치를 완전히 결정하는 데 필요한 독립좌표의 최소한의 수를 의미한다.

① 1자유도 진동(One Degree Of Freedom Vibration)
물체의 운동을 나타내기 위해 독립좌표의 수가 1개 필요한 진동

② 다자유도 진동(Multi－Degree Of Freedom Vibration)
물체의 운동을 나타내기 위해 독립좌표의 수가 여러 개 필요한 진동

2. 단순 조화운동(Simple Harmonic Motion)

단순 조화운동은 687쪽 그림과 같이 주기를 가지고 간단한 형태의 sine이나 cosine의 함수로 진행되면서 진동하는 운동을 나타낸다.

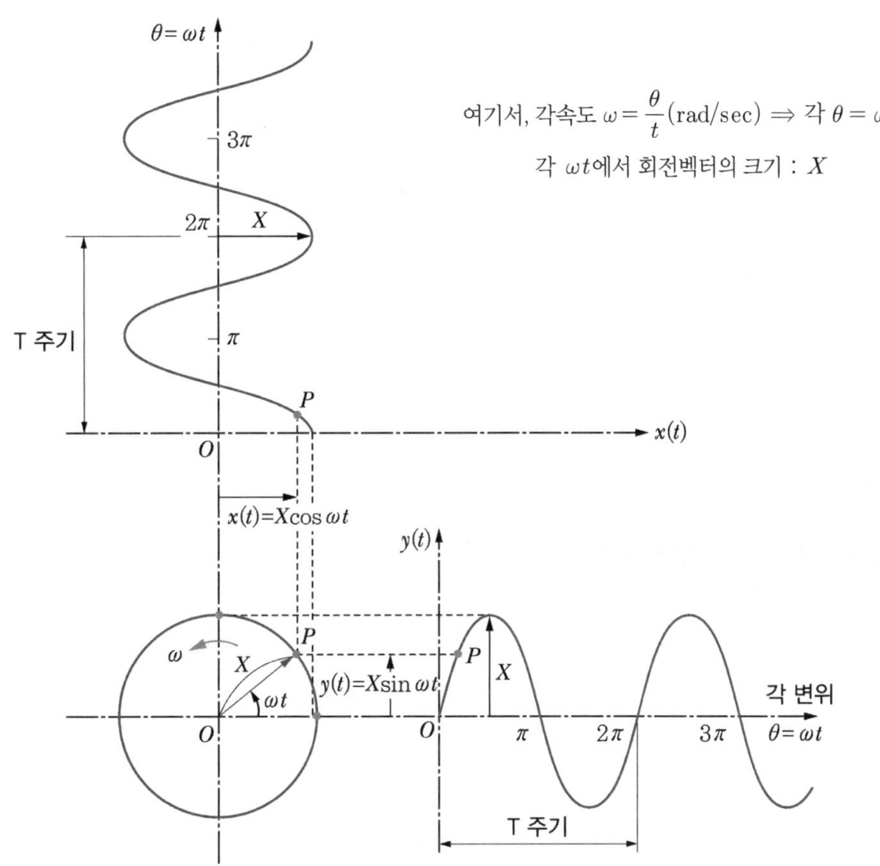

| 회전벡터 끝점의 투영과 같은 조화운동 |

(1) 변위

$x(t) = X\cos\,\omega t$

$y(t) = X\sin\,\omega t$

① 주기(T) : 주기운동의 반복시간 → 1사이클을 완성하는 데 걸리는 시간

$T = \dfrac{2\pi}{\omega}$ [단위 : sec(sec/cycle)]

② 진동수(f) : 단위시간 동안에 이루어진 사이클 수로 주기의 역수이다.

$f = \dfrac{1}{T} = \dfrac{\omega}{2\pi}$ [단위 : cycle/sec(cps) = Hz]

여기서, ω : 각속도(= 원진동수 = 각진동수)

$\omega = \dfrac{2\pi N}{60} = 2\pi f$(rad/sec) (단, N(rpm : 분당 회전수))

(2) 속도

$$v = \dot{x}\left(= \frac{dx}{dt} = \frac{d(Xcos\,\omega t)}{dt}\right) = -\omega X\sin\,\omega t = \omega X\cos\left(\omega t + \frac{\pi}{2}\right)$$

여기서, ωX : 속도의 최댓값($\because |\cos\theta| \leq 1$)

(3) 가속도

$$a = \ddot{x}\left(= \frac{d^2x}{dt^2} = \frac{dV}{dt}\right) = -\omega^2 X\cos\,\omega t = \omega^2 X\cos(\omega t + \pi)$$

여기서, $\omega^2 X$: 가속도의 최댓값

3. 삼각함수 합성

(1) 같은 진동수를 가진 2개의 조화운동의 합성

① $x_1 = A\cos\omega t,\ x_2 = B\sin\omega t$일 때

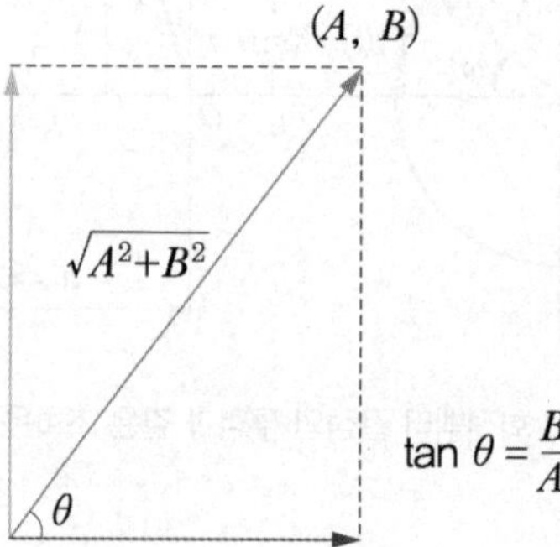

$$A = \sqrt{A^2 + B^2}\cos\theta,\ B = \sqrt{A^2 + B^2}\sin\theta$$

$$\therefore\ x = x_1 + x_2 = A\cos\omega t + B\sin\omega t\ (A,\ B\text{ 값 대입})$$

$$= \sqrt{A^2 + B^2}\cos\theta \cdot \cos\omega t + \sqrt{A^2 + B^2}\sin\theta \cdot \sin\omega t$$

$$= \sqrt{A^2 + B^2}(\cos\omega t \cdot \cos\theta + \sin\omega t \cdot \sin\theta)$$

$$(\leftarrow \cos(\alpha - \beta) = \cos\alpha\cos\beta + \sin\alpha\sin\beta\text{ 적용})$$

$$= \sqrt{A^2 + B^2}\cos(\omega t - \theta)$$

$$= \sqrt{A^2 + B^2}\cos\left(\omega t - \tan^{-1}\frac{B}{A}\right)$$

$$= \sqrt{A^2 + B^2}\sin\left(\omega t + \tan^{-1}\frac{A}{B}\right)\ \left[\leftarrow \text{그림의 점의 좌표가 }(B,\ A)\text{이면, }\tan\theta = \frac{A}{B}\text{ 적용}\right]$$

② $x_1 = A\cos\omega t,\ x_2 = B\sin\omega t$일 때

$$\therefore\ x = x_1 - x_2 = A\cos\omega t - B\sin\omega t = \sqrt{A^2+B^2}\cos\left(\omega t + \tan^{-1}\frac{B}{A}\right)$$

(삼각함수를 합성하는 방법은 위와 동일하다.)

$$= \sqrt{A^2+B^2}\sin\left(\omega t - \tan^{-1}\frac{A}{B}\right)$$

③ $x_1 = A\cos\omega t,\ x_2 = B\cos(\omega t+\alpha)$일 때

$$\therefore\ x = x_1 + x_2 = A\cos\omega t + B\cos(\omega t+\alpha) = X\cos(\omega t+\phi)$$

여기서, $X = \sqrt{A^2+B^2+2AB\cos\alpha}$, $\phi = \tan^{-1}\dfrac{B\sin\alpha}{A+B\cos\alpha}$

(2) 다른 진동수를 가진 두 개의 조화운동의 합성

① $\sin\omega_1 t + \sin\omega_2 t = 2\sin\dfrac{\omega_1+\omega_2}{2}t\cos\dfrac{\omega_1-\omega_2}{2}t$ ($\leftarrow \sin\alpha + \sin\beta = 2\sin\dfrac{\alpha+\beta}{2}\cos\dfrac{\alpha-\beta}{2}$ 적용)

② $\sin\omega_1 t - \sin\omega_2 t = 2\cos\dfrac{\omega_1+\omega_2}{2}t\sin\dfrac{\omega_1+\omega_2}{2}t$ ($\sin\alpha - \sin\beta = 2\cos\dfrac{\alpha+\beta}{2}\sin\dfrac{\alpha-\beta}{2}$ 적용)

③ $\cos\omega_1 t + \cos\omega_2 t = 2\cos\dfrac{\omega_1+\omega_2}{2}t\cos\dfrac{\omega_1-\omega_2}{2}t$ ($\cos\alpha + \cos\beta = 2\cos\dfrac{\alpha+\beta}{2}\cos\dfrac{\alpha-\beta}{2}$ 적용)

④$\cos\omega_1 t - \cos\omega_2 t = -2\sin\dfrac{\omega_1+\omega_2}{2}t\sin\dfrac{\omega_1-\omega_2}{2}t$($\cos\alpha - \cos\beta = -2\sin\dfrac{\alpha+\beta}{2}\sin\dfrac{\alpha-\beta}{2}$ 적용)

4. 맥놀이(Beat, 울림)현상

진동수가 약간 다른 두 개의 소리가 간섭을 일으켜 소리가 주기적으로 세졌다 약해졌다 하는 현상을 맥놀이현상이라 하며, 이처럼 진동수가 비슷한 2개의 조화운동을 합성할 때 울림현상이 나타난다.

$x_1 = X\sin\omega_1 t,\ x_2 = X\sin\omega_2 t$

(1) 울림진동수(Beat Frequency, f_b)

$$f_b = f_2 - f_1 = \frac{\omega_2}{2\pi} - \frac{\omega_1}{2\pi} = \frac{\omega_2-\omega_1}{2\pi}$$

(2) 울림주기(Beat Period, T_b)

$$T_b = \frac{1}{f_b} = \frac{2\pi}{\omega_2-\omega_1}$$

2 진동의 분류 및 해석 절차

1. 진동 분류

(1) 외력의 유무에 따라

① 자유진동 : 스프링으로 지지된 물체가 평형위치에서 한 번의 외란을 받은 후, 그 후에는 어떠한 외력도 없이 초기 외란에 의해서만 운동을 하는 것을 자유진동이라 한다. 외력이 순간적으로 단 한 번 가해진 상태에서 진동계 자체의 고유한 힘(질량과 탄성)의 작용으로 진동하는 것을 말하며, 진동계 자체의 고유진동수(Natural Frequency)를 갖는다.

② 강제진동 : 외란을 일으키는 힘에 의하여 계속적으로 운동이 가진되는 경우를 강제진동이라 한다.

(2) 감쇠요소의 유무에 따라

① 비감쇠진동(Undamped Vibration) : 에너지 손실, 즉 감쇠가 없는 진동을 말한다.

② 감쇠진동(Damped Vibration) : 감쇠로 인하여 에너지 손실이 점차로 감소되는 진동을 말한다.

2. 진동해석 절차

(1) 수학적 모델링

시스템의 운동상태 해석은 시스템의 3대 구성요소인 스프링(k), 질량(m), 감쇠요소(C)를 이용하여 시스템을 간략화하여 수학적 모델링하는 것이 편리하다.

(2) 운동방정식 유도

운동방정식을 유도하기 위해 일반적으로 뉴턴(Newton) 법칙과 에너지보존의 법칙이 주로 이용된다.

(3) 방정식 해

방정식 해를 구하기 위해 일반 해, Laplace 변환, 수치해석 방법이 있다.

(4) 결과 해석 및 이해

방정식의 해는 변위, 속도, 가속도 등을 표현한다.

3. 수학적 모델링을 위한 등가 스프링요소

(1) 직렬스프링

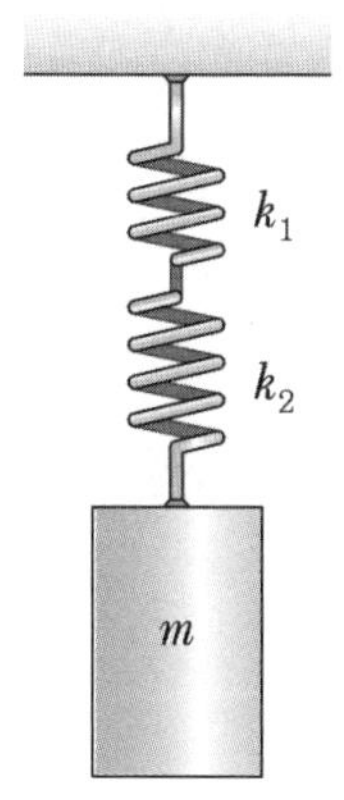

여기서, k_e : 조합된 스프링의 전체 스프링상수(등가스프링상수)

δ : 조합된 스프링의 전체 처짐량

k_1, k_2 : 각각의 스프링상수

δ_1, δ_2 : 각각의 스프링처짐량

$$\delta = \delta_1 + \delta_2$$

$$\frac{W}{k_e} = \frac{W}{k_1} + \frac{W}{k_2}$$

$$\frac{1}{k_e} = \frac{1}{k_1} + \frac{1}{k_2} = \frac{k_1 + k_2}{k_1 k_2}$$

$$\therefore \text{등가스프링상수 } k_e = \frac{k_1 k_2}{k_1 + k_2}$$

그림과 같이 외팔보와 질량이 스프링에 의해 연결된 상태에서도 동일하게 직렬스프링으로 해석된다(보의 탄성처짐과 스프링처짐의 직렬조합으로 해석).

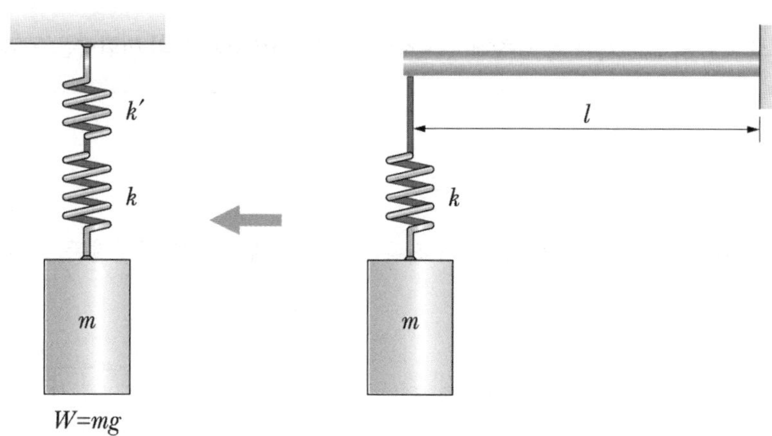

(2) 병렬스프링

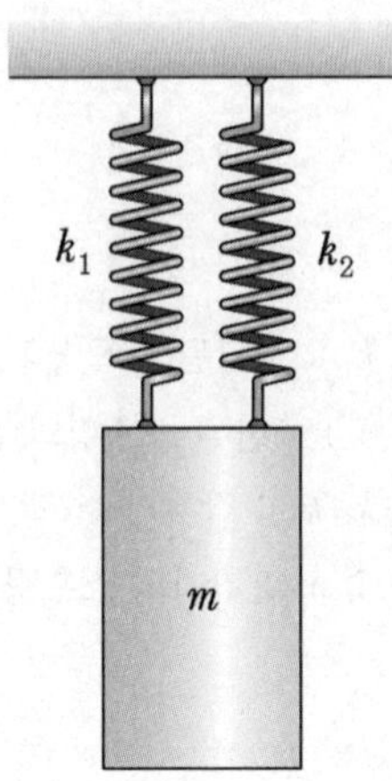

$W = W_1 + W_2$

$k_e \delta = k_1 \delta_1 + k_2 \delta_2$($\delta = \delta_1 = \delta_2$ 신장량이 일정하므로)

등가스프링 상수 $k_e = k_1 + k_2$

참고

병렬조합의 동일한 예

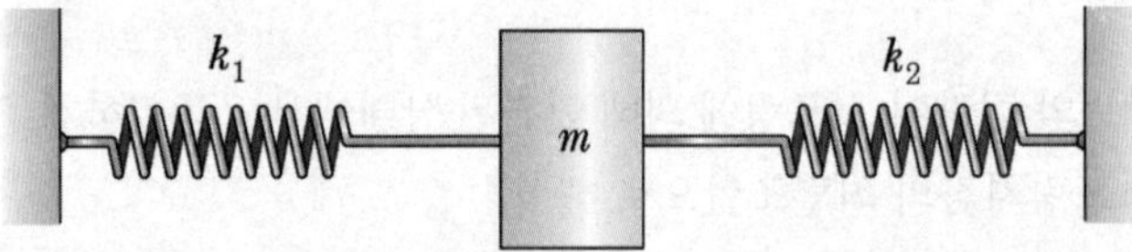

"병렬"이므로 $k_e = k_1 + k_2$(k_1과 k_2 양쪽에서 지지되며 k_1에 변화량과 k_2의 변화량은 동일)

(3) 외팔보

외팔보에 작용하는 하중 P 대신 무게 W가 작용(재료역학에서 배운 처짐량들 적용)

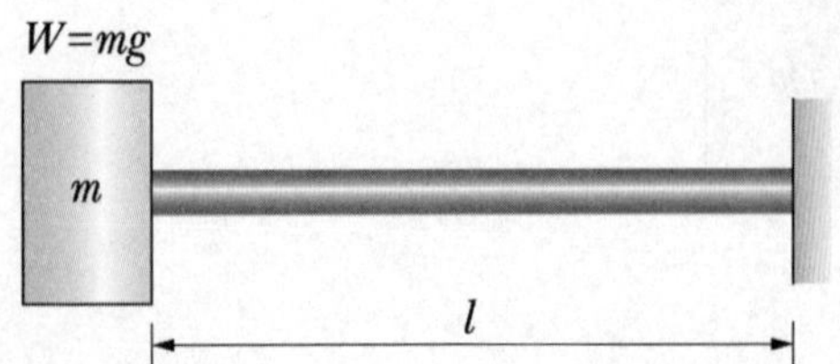

$$k_e = \frac{W}{\delta} = \frac{W}{\left(\frac{Wl^3}{3EI}\right)} = \frac{3EI}{l^3}$$

(4) 단순보

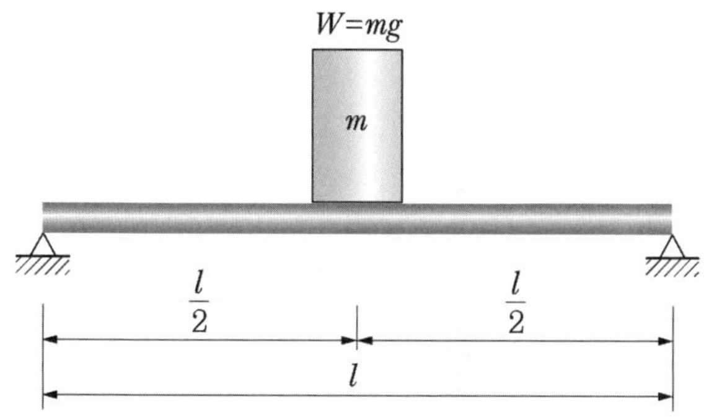

$$k_e = \frac{W}{\delta} = \frac{W}{\left(\frac{Wl^3}{48EI}\right)} = \frac{48EI}{l^3}$$

(5) 양단고정보

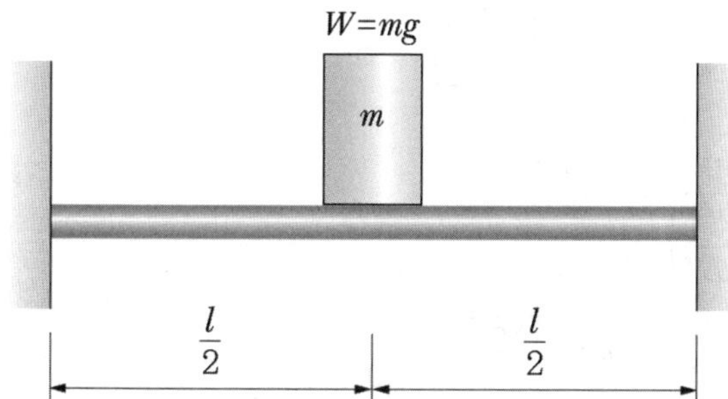

$$k_e = \frac{W}{\delta} = \frac{W}{\left(\frac{Wl^3}{192EI}\right)} = \frac{192EI}{l^3}$$

(6) 외팔보에 연결된 질량

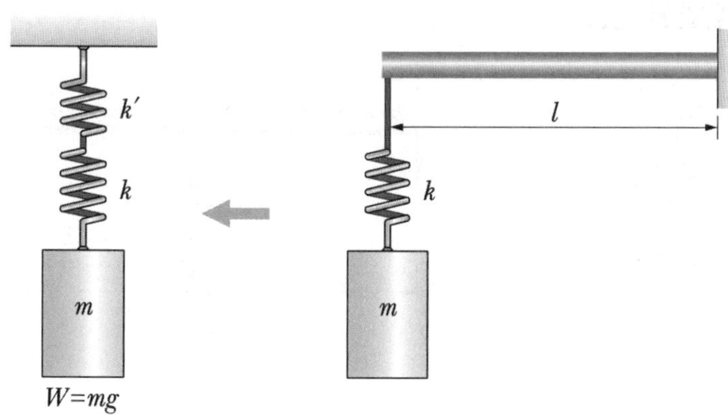

외팔보의 등가스프링상수 $k'(\text{보}) = \frac{W}{\delta} = \frac{W}{\left(\frac{Wl^3}{3EI}\right)} = \frac{3EI}{l^3}$

직렬조합상태의 전체등가스프링상수 $\frac{1}{k_e} = \frac{1}{k'} + \frac{1}{k} = \frac{k+k'}{kk'}$ 이므로

$$\therefore\ k_e = \frac{kk'}{k+k'} = \frac{k \times \frac{3EI}{l^3}}{k + \frac{3EI}{l^3}} = \frac{3EIk}{3EI + kl^3}$$

(7) 단순보에 연결된 질량

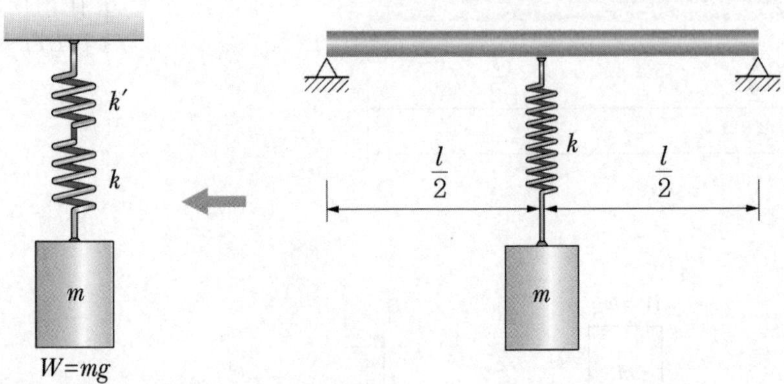

단순보의 등가스프링상수 $k'(보) = \frac{W}{\delta} = \frac{W}{\left(\frac{Wl^3}{48EI}\right)} = \frac{48EI}{l^3}$

직렬조합상태의 전체 등가스프링상수 $k_e = \frac{kk'}{k+k'} = \frac{k \times \frac{48EI}{l^3}}{k + \frac{48EI}{l^3}} = \frac{48EIk}{48EI + kl^3}$

(8) 양단고정보에 연결된 질량

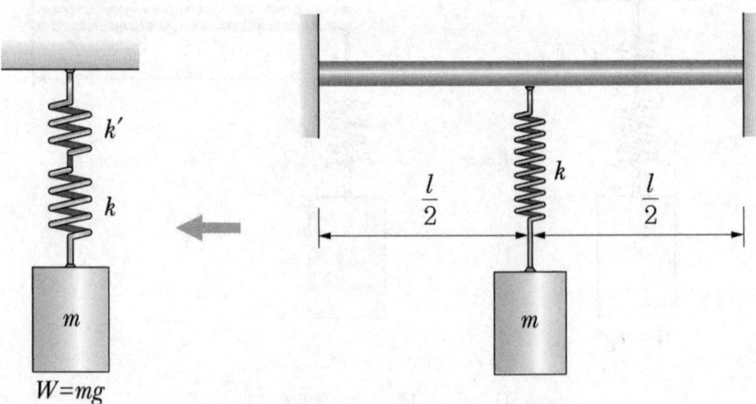

양단 고정보의 등가스프링상수 $k'(보) = \frac{W}{\delta} = \frac{W}{\left(\frac{Wl^3}{192EI}\right)} = \frac{192EI}{l^3}$

직렬조합상태의 전체 등가스프링상수 $k_e = \dfrac{kk'}{k+k'} = \dfrac{k \times \dfrac{192EI}{l^3}}{k + \dfrac{192EI}{l^3}} = \dfrac{192EIk}{192EI + kl^3}$

4. 운동방정식 유도 방법

(1) 뉴턴(newton)의 제2법칙

병진운동에 대해 힘의 대수합은

$\sum F = ma$

회전운동에 대해 모멘트의 대수합은

$\sum M_0 = J_0\alpha$ 또는 $J_0\ddot{\theta}$

여기서, $\alpha(=\ddot{\theta})$: 각가속도, J_0 : 질량관성 모멘트

(2) 에너지보존의 법칙

여러 가지 운동이 조합되어 작용하면서 보존력만이 존재할 때 사용하면 편리하다.

① 운동에너지(T)

㉠ 병진운동 : 직선운동의 운동에너지 $T = \dfrac{1}{2}mV^2 = \dfrac{1}{2}m\dot{x}^2$

㉡ 회전운동 : 회전운동의 운동에너지 $T = \dfrac{1}{2}J_0\omega^2 = \dfrac{1}{2}J_0\dot{\theta}^2$

② 위치에너지(U → 스프링의 탄성변형에너지로 저장됨)

$U = \dfrac{1}{2}P\delta = \dfrac{1}{2}k\delta^2 = \dfrac{1}{2}kx^2$

①과 ②에서 비감쇠자유진동의 경우에는 마찰에 의한 에너지 손실이 없으므로

$\therefore\ T + U = C$(일정)

$\therefore\ \dfrac{d(T+U)}{dt} = 0$

핵심 기출 문제

01 다음 단순조화운동식에서 진폭을 나타내는 것은?

$$x = A\sin(\omega t + \phi)$$

① A ② ωt
③ $\omega t + \phi$ ④ $A\sin(\omega t + \phi)$

해설

변위 $x(t) = X\sin(\omega t + \phi)$이므로 진폭 $X = A$

02 진동수(f), 주기(T), 각진동수(ω)의 관계를 표시한 식으로 옳은 것은?

① $f = \frac{1}{T} = \frac{\omega}{2\pi}$ ② $f = T = \frac{\omega}{2\pi}$
③ $f = \frac{1}{T} = \frac{2\pi}{\omega}$ ④ $f = \frac{2\pi}{T} = \omega$

해설

진동수 $f = \frac{1}{T} = \frac{\omega}{2\pi}\left(\frac{\frac{\text{rad}}{\text{s}}}{\text{rad}} = \text{Hz}\right)$

03 질점이 시간 t에 대하여 다음과 같이 단순조화운동을 나타낼 때 이 운동의 주기는?

$$y(t) = C\cos(\omega t - \phi)$$

① $\frac{\pi}{\omega}$ ② $\frac{2\pi}{\omega}$
③ $\frac{\omega}{2\pi}$ ④ $2\pi\omega$

해설

$T = \frac{2\pi}{\omega}$

04 그림 (a)를 그림 (b)와 같이 모형화했을 때 성립되는 관계식은?

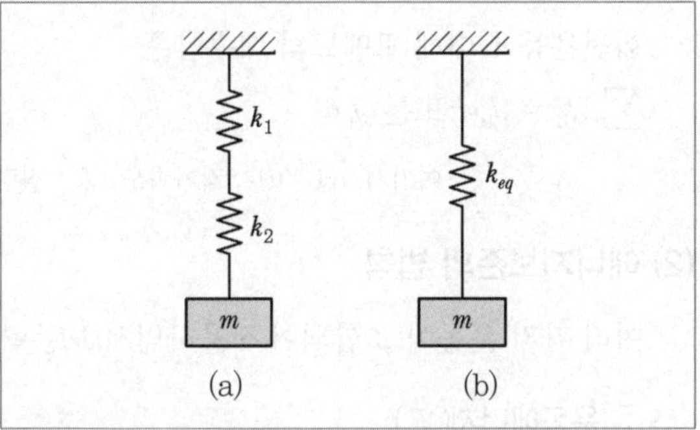

① $\frac{1}{k_{eq}} = \frac{1}{k_1} + \frac{1}{k_2}$ ② $k_{eq} = k_1 + k_2$
③ $k_{eq} = k_1 + \frac{1}{k_2}$ ④ $k_{eq} = \frac{1}{k_1} + \frac{1}{k_2}$

해설

직렬조합이므로

$\delta = \delta_1 + \delta_2 \rightarrow \frac{W}{k_{eq}} = \frac{W}{k_1} + \frac{W}{k_2}$ (여기서, W 동일)

$\therefore \frac{1}{k_{eq}} = \frac{1}{k_1} + \frac{1}{k_2}$

05 조화 진동의 변위 x와 시간 t의 관계를 나타낸 식 $x = a\sin(\omega t + \phi)$에서 ϕ가 의미하는 것은?

① 진폭 ② 주기
③ 초기위상 ④ 각진동수

정답 01 ① 02 ① 03 ② 04 ① 05 ③

06 조화진동 $x_1 = 4\cos\omega t$와 $x_2 = 5\sin\omega t$의 합성 진동 진폭은 약 얼마인가?

① 10.2　　② 8.2
③ 6.4　　④ 4.4

해설

$x = \sqrt{41}(\cos\omega t - \theta)$가 되므로
진폭 $X = \sqrt{41} = 6.403$

07 어떤 물체가 $x(t) = A\sin(4t + \phi)$로 진동할 때 진동주기 T[s]는 약 얼마인가?

① 1.57　　② 2.54
③ 4.71　　④ 6.28

해설

$x(t) = A\sin(\omega t + \phi)$에서 $\omega = 4$

$$T = \frac{2\pi}{\omega} = \frac{2\pi}{4} = 1.571\text{s}$$

08 반지름이 1m인 바퀴가 60rpm으로 미끄러지지 않고 굴러갈 때 바퀴의 운동에너지는 약 몇 J인가?(단, 바퀴의 질량은 10kg이고 바퀴는 얇은 두께의 원판형상이다.)

① 296　　② 245
③ 198　　④ 164

해설

운동에너지

$$T = \frac{1}{2}\times 5 \times (2\pi)^2 + \frac{1}{2}\times 10 \times (2\pi)^2 = 296.1\text{J}$$

09 스프링상수가 20N/cm와 30N/cm인 두 개의 스프링을 직렬로 연결했을 때 등가스프링 상수 값은 몇 N/cm인가?

① 10　　② 12
③ 25　　④ 50

해설

직렬조합이므로

$$\delta = \delta_1 + \delta_2 \rightarrow \frac{W}{k_{eq}} = \frac{W}{k_1} + \frac{W}{k_2}$$

(여기서, W 동일)

$$\therefore \frac{1}{k_{eq}} = \frac{1}{k_1} + \frac{1}{k_2} \rightarrow \frac{1}{k_{eq}} = \frac{1}{20} + \frac{1}{30}$$

$$\rightarrow k_{eq} = \left(\frac{1}{20} + \frac{1}{30}\right)^{-1}$$

등가스프링상수 $k_{eq} = 12\text{N/cm}$

정답 06 ③ 07 ① 08 ① 09 ②

02 자유진동

1 비감쇠 자유진동

스프링으로 지지된 물체가 평형위치에서 한 번의 외란을 받고, 그 후에는 어떠한 외력도 없이 초기 외란에 의해서만 운동을 하는 것을 비감쇠 자유진동이라 하며 진동에 의한 에너지의 감소나 증가는 일어나지 않는 이상적인 경우만을 고려한다. 그러나 실제로는 모든 경우에 있어서 운동을 감쇠시키고 속도를 줄이는 여러 가지 감쇠력이 존재하며, 이러한 감쇠력은 일반적으로 기계나 유체마찰에 의한 것이다.

1. 비감쇠 병진계 자유진동

$\sum F = ma$(단, a는 가속도)를 적용한다.

여기서, $\sum F_x = ma_x = m\ddot{x}$

$\sum F_y = ma_y = m\ddot{y}$

(1) 질량 – 스프링계 진동

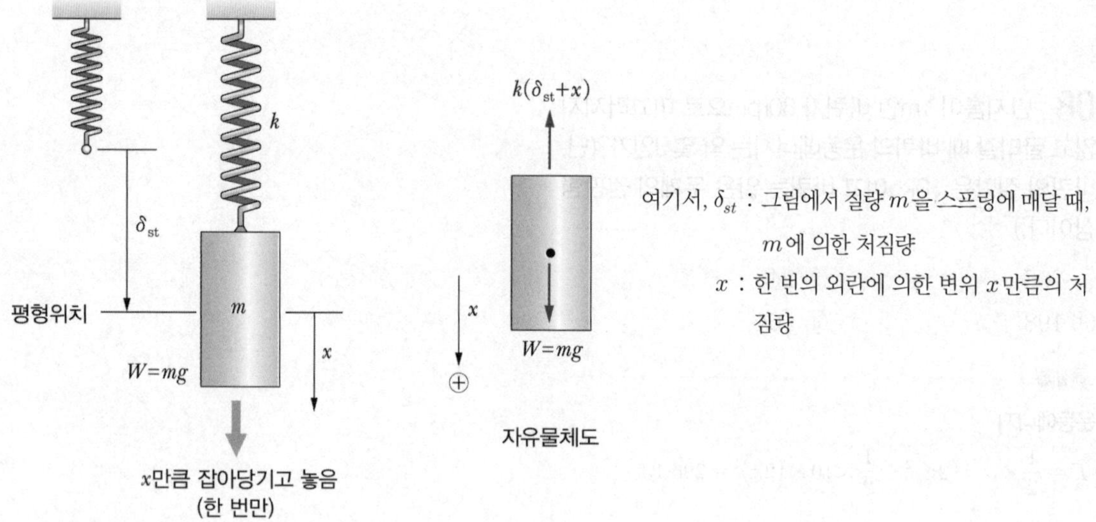

여기서, δ_{st} : 그림에서 질량 m을 스프링에 매달 때, m에 의한 처짐량

x : 한 번의 외란에 의한 변위 x만큼의 처짐량

① 운동방정식

$\sum F_x = m\ddot{x}$에서 $W - k(\delta_{st} + x) = m\ddot{x}$

여기서, $W = mg = k\delta_{st}$를 적용하면 운동방정식은 다음과 같다.

$m\ddot{x} + kx = 0$

위 식을 m으로 나누면

$\ddot{x} + \dfrac{k}{m}x = 0$

② 고유각진동수(질량－스프링계의 고유원진동수) ω_n을 아래와 같이 정의한다.

$$\omega_n = \sqrt{\frac{k}{m}}$$

또한 $W = mg = k\delta_{st}$에서 $\frac{k}{m} = \frac{g}{\delta_{st}}$이므로

$$\omega_n = \sqrt{\frac{k}{m}} = \sqrt{\frac{g}{\delta_{st}}}$$

③ 고유진동수(f_n) : $f_n = \frac{\omega_n}{2\pi} = \frac{1}{2\pi}\sqrt{\frac{k}{m}} = \frac{1}{2\pi}\sqrt{\frac{g}{\delta_{st}}}$

④ 주기(T) : $T = \frac{1}{f_n} = \frac{2\pi}{\omega_n} = 2\pi\sqrt{\frac{m}{k}} = 2\pi\sqrt{\frac{\delta_{st}}{g}}$

2. 비감쇠 비틀림계 자유진동

$$\sum M_0 = J_0\alpha = J_0\ddot{\theta}$$

여기서, $\alpha(=\ddot{\theta})$: 각가속도 적용

(1) 질량관성모멘트

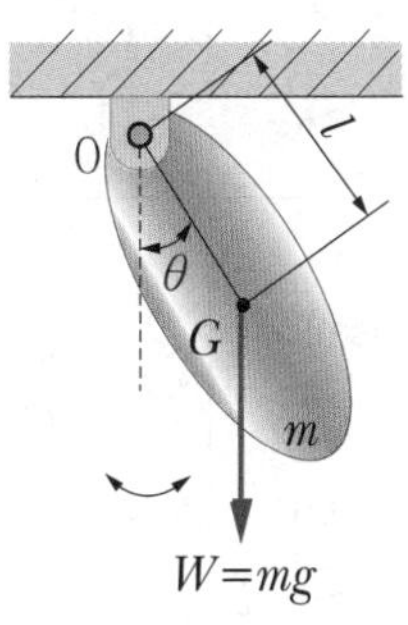

여기서, J_0 : 0점의 질량관성모멘트(Mass Inertia Moment)
J_G : 도심축에 관한 질량관성모멘트

① 평행축 정리

$J_0 = J_G + ml^2$(도심축에 대한 질량관성모멘트를 가지고 0점의 질량관성모멘트를 구함)

여기서, l : 평행이동거리

② 회전반경(K) : $K = \sqrt{\frac{J_0}{m}}$, $J_o = K^2 m$

참고

질량 중심에 대한 질량관성모멘트 $J_G = \int_m r^2 dm$ 으로 구한다.

① 가는 막대(봉) : $J_G = \dfrac{ml^2}{12}$

② 얇은 원판(원형실린더) : $J_G = \dfrac{mr^2}{2}$

③ 구(공) : $J_G = \dfrac{2mr^2}{5}$

기본적인 질량 중심에 대한 질량관성모멘트 값은 다음과 같다.

구분	질량관성모멘트 값	구분	질량관성모멘트 값
가는 막대 (Slender Bar)	• $I_x = 0$ • $I_y = I_z = \dfrac{1}{12}mL^2$	얇은 원형판 (Thin Dist)	• $I_x = \dfrac{1}{2}mR^2$ • $I_y = I_z = \dfrac{1}{4}mR^2$
원형실린더 (Circular Cylinder)	• $I_x = \dfrac{1}{2}mR^2$ • $I_y = I_z = \dfrac{m}{12}(3R^2 + L^2)$	공 (Sphere)	• $I_x = I_y = I_z = \dfrac{2}{5}mR^2$
얇은 판 (Thin Rectangular Plate)	• $I_x = \dfrac{m}{12}(b^2 + c^2)$ • $I_y = \dfrac{m}{12}c^2$ • $I_z = \dfrac{m}{12}b^2$	직육면체 (Rectangular Prism)	• $I_x = \dfrac{m}{12}(b^2 + c^2)$ • $I_y = \dfrac{m}{12}(c^2 + a^2)$ • $I_z = \dfrac{m}{12}(a^2 + b^2)$

※ 얇은 평판을 실린더 또는 직육면체의 길이 방향을 무시한 경우로 볼 수 있으며 가는 막대는 실린더 또는 직육면체의 양 두께를 무시한 경우로 볼 수 있다.

3. 비감쇠 회전 자유진동(단진자 진동)

다음 그림과 같이 질량 m, 길이 l인 단진자가 회전운동을 하고 있다.

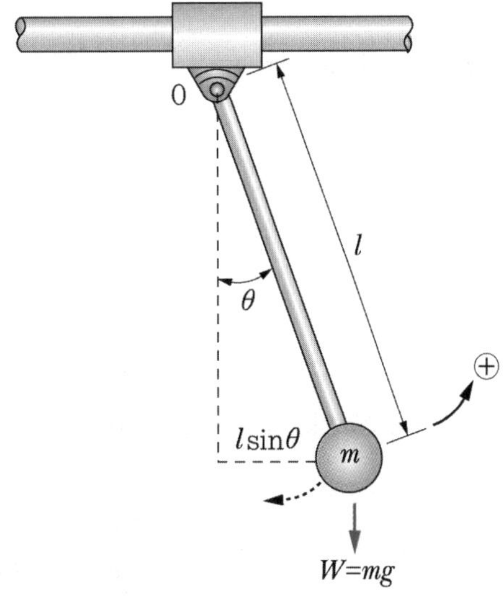

① 운동방정식

뉴턴의 제2법칙을 적용하면,

$\sum M_0 = J_0\alpha = J_0\ddot{\theta}$ 에서

$-mgl\sin\theta = J_0\ddot{\theta}$

$J_0\ddot{\theta} + mgl\sin\theta = 0$

여기서, 미소각일 때 $\sin\theta \fallingdotseq \theta$(radian)이고 J_0로 양변을 나누면

$$\ddot{\theta} + \frac{mgl}{J_0}\theta = 0$$

여기서, $J_0 = \cancel{J_G}^{\,0} + ml^2 = ml^2$, 질량만 고려하므로

$$\ddot{\theta} + \frac{mgl}{ml^2}\theta = 0, \text{ 즉 } \ddot{\theta} + \frac{g}{l}\theta = 0$$

② 고유각진동수(고유원진동수) ω_n : $\omega_n = \sqrt{\dfrac{g}{l}}$

③ 고유진동수(f_n) : $f_n = \dfrac{\omega_n}{2\pi} = \dfrac{1}{2\pi}\sqrt{\dfrac{g}{l}}$

④ 주기(T) : $T = \dfrac{1}{f_n} = \dfrac{2\pi}{\omega_n} = 2\pi\sqrt{\dfrac{l}{g}}$

핵심 기출 문제

01 다음 중 계의 고유진동수에 영향을 미치지 않는 것은?

① 계의 초기조건
② 진동물체의 질량
③ 계의 스프링 계수
④ 계를 형성하는 재료의 탄성계수

해설

고유진동수에 영향을 미치는 요소는 질량(m), 스프링강성(k), 재료의 탄성계수(재질)이다.

02 1자유도의 질량－스프링계에서 스프링상수 k가 2kN/m, 질량 m이 20kg일 때, 이 계의 고유주기는 약 몇 초인가?(단, 마찰은 무시한다.)

① 0.63 ② 1.54
③ 1.93 ④ 2.34

해설

$$T=\frac{2\pi}{\omega_n}=\frac{2\pi}{\sqrt{\frac{k}{m}}}=\frac{2\pi}{\sqrt{\frac{2\times10^3}{20}}}=0.628\text{s}$$

03 질량 m은 탄성스프링으로 지지되어 있으며 그림과 같이 $x=0$일 때 자유낙하를 시작한다. $x=0$일 때 스프링의 변형량은 0이며, 탄성스프링의 질량은 무시하고 스프링상수는 k이다. 질량 m의 속도가 최대가 될 때 탄성스프링의 변형량(x)은?

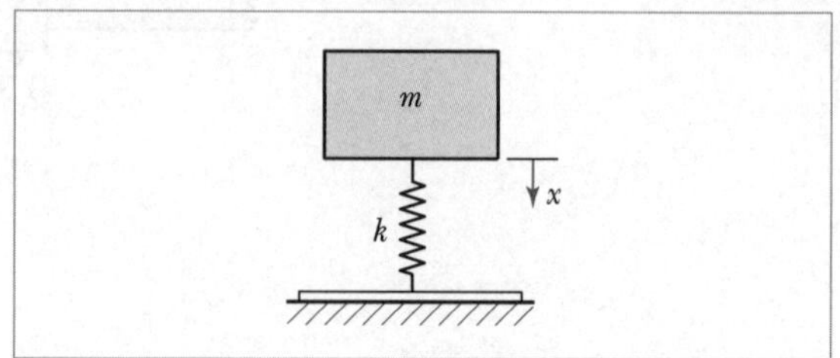

① 0 ② $\frac{mg}{2k}$
③ $\frac{mg}{k}$ ④ $\frac{2mg}{k}$

해설

$w=mg=k\delta=kx$

$\therefore x=\frac{mg}{k}$

04 그림과 같이 길이(L)가 2.4m이고, 반지름(a)이 0.4m인 원통이 있다. 이 원통의 질량이 150kg일 때 중심에서 y축 방향에 대한 질량관성모멘트(I_y)는 약 몇 kg · m²인가?

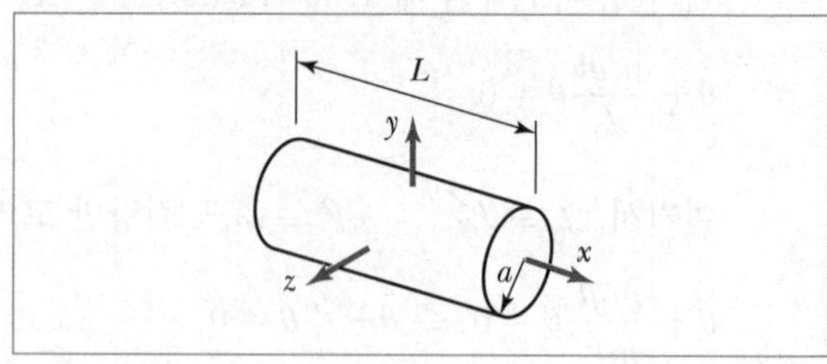

① 12 ② 36
③ 78 ④ 120

해설

$$I_y=\frac{m}{12}(3R^2+L^2)=\frac{150}{12}(3\times0.4^2+2.4^2)$$
$$=78\text{kg}\cdot\text{m}^2$$

정답 01 ① 02 ① 03 ③ 04 ③

05 직선 진동계에서 질량 98kg의 물체가 16초간에 10회 진동하였다. 이 진동계의 스프링상수는 몇 N/cm인가?

① 37.8 ② 15.1
③ 22.7 ④ 30.2

해설

고유진동수 $f=\dfrac{10\text{cycle}}{16s}=0.625\text{Hz}$

고유진동수 $f=\dfrac{\omega_n}{2\pi}=\dfrac{1}{2\pi}\sqrt{\dfrac{k}{m}}=0.625$에서

$\sqrt{\dfrac{k}{m}}=2\pi\times 0.625$

$\therefore\ k=(2\pi\times 0.625)^2\times 98=1{,}511.28\text{N/m}$
$=15.11\text{N/cm}$

06 균질한 원통(Cylinder)이 그림과 같이 물에 떠 있다. 평형상태에 있을 때 손으로 눌렀다가 놓아주면 상하 진동을 하게 되는데 이때 진동주기(T)에 대한 식으로 옳은 것은?(단, 원통질량은 m, 원통단면적은 A, 물의 밀도는 ρ이고, g는 중력가속도이다.)

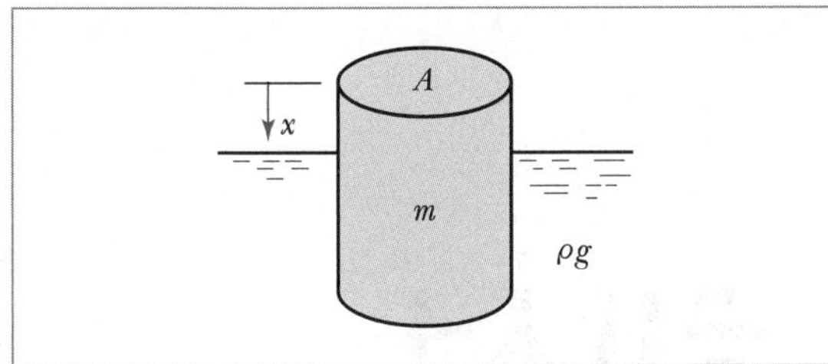

① $T=2\pi\sqrt{\dfrac{\rho g}{mA}}$ ② $T=2\pi\sqrt{\dfrac{mA}{\rho g}}$
③ $T=2\pi\sqrt{\dfrac{m}{\rho gA}}$ ④ $T=2\pi\sqrt{\dfrac{\rho gA}{m}}$

해설

힘을 주어 물에 x만큼 밀어 넣으면, x만큼 더 잠기게 되며, 잠긴 체적만큼 부력이 위로 발생하게 되어 원통에 진동이 발생한다.

부력 $F_B=\gamma Ax$

$\Sigma F_x=m\ddot{x}\rightarrow -F_B=m\ddot{x}\rightarrow m\ddot{x}+\gamma Ax=0$

운동방정식 $m\ddot{x}+\gamma Ax=0 \Leftrightarrow m\ddot{x}+c\dot{x}+kx=0$의 수식이므로 $k=\gamma A,\ c=0$

주기 $T=\dfrac{2\pi}{\omega_n}=\dfrac{2\pi}{\sqrt{\dfrac{k}{m}}}=2\pi\sqrt{\dfrac{m}{k}}=2\pi\sqrt{\dfrac{m}{\gamma A}}$

$=2\pi\sqrt{\dfrac{m}{\rho gA}}$

07 평탄한 지면 위를 미끄럼이 없이 구르는 원통 중심의 가속도가 1m/s^{2}일 때 이 원통의 각가속도는 몇 rad/s^{2}인가?(단, 반지름 r은 2m이다.)

① 0.2 ② 0.5
③ 5 ④ 10

해설

$\Sigma M_G=J_G\cdot\alpha$에서

$F\cdot r=mr^2\cdot\alpha$

$\alpha=\dfrac{F\cdot r}{mr^2}=\dfrac{ma\cdot r}{mr^2}$

$=\dfrac{1}{r}=\dfrac{1}{2}=0.5\text{rad/s}^2$

정답 05 ② 06 ③ 07 ②

04

열 · 유체 해석

PART 4

01 열응력 및 유동해석

02 열역학

03 유체역학

CHAPTER

01 열응력 및 유동해석

01 전산유체역학(CFD ; Computational Fluid Dynamics)

열전달이나 유체유동을 설명하는 지배방정식을 컴퓨터로 풀어 근사해를 구해 해석한다. 유한요소해석을 기반으로 한 강력하고 효율적인 CFD기법은 실제 산업현장이나 비산업분야에서도 넓은 범위에 걸쳐 적용된다.

1 전산유체역학(CFD)의 해석 순서

전처리기(Pre－processor) → 솔버(Solver) → 후처리기(Post－processor)

2 전처리기(Pre－processor)

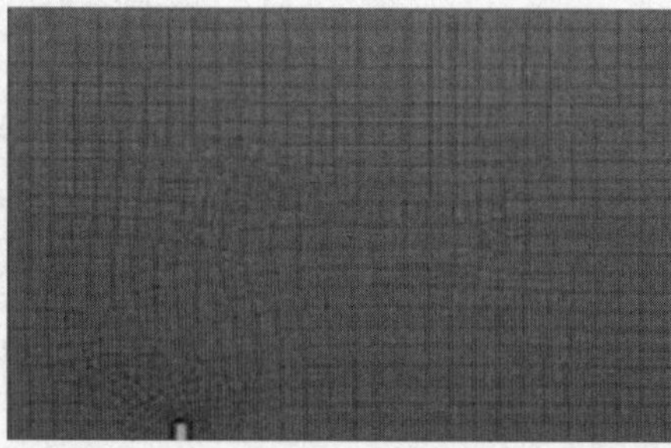

① 그림과 같은 굴뚝에 관한 열유동과 유체유동을 해석하고자 한다면 해석하고자 하는 영역을 정의해서 오른쪽 그림처럼 요소(Cell)로 구성된 격자(Grid or Mesh)를 가지고 공간을 이산화하여 계산영역을 설정한다(형상정의).

② 모델링하고자 하는 열전달 혹은 유체유동의 현상 선택

③ 열 · 유체 물성치 정의

④ 영역경계와 만나는 요소에서의 적절한 경계조건(Boundary Condition)의 설정

해석하고자 하는 열전달과 유체유동의 해(온도, 속도, 압력 등)는 각 요소(cell)를 구성하는 절점(node)에서 구해지며, 전산유체해석의 해의 정밀도는 격자를 구성하는 요소의 개수에 의해 좌우된다. 일반적으로 요소의 수가 많을수록 해의 정밀도는 높으나 해석에 소요되는 경제적 비용(컴퓨터시스템과 계산시간 등)이 증가하게 된다. 계산영역을 유한요소로 나누어 해석하므로 해석하고자 하는 변수들이 위치에 따라 크게 변하는 영역에서는 조밀한 격자로 구성하고, 변수들의 변화가 크지 않은 부분은 듬성한 격자를 구성해 해석한다. 상용프로그램에서는 해석영역에서의 격자를 스스로 알맞게 만들어 주는 자기－적응형 CFD코드가 개발 중이며, 산업현장의 CFD프로젝트에 소요되는 시간의 50% 이상이 해석영역의 기하학적 정의와 격자생성에 소요될 정도로 중요하다. CFD코드의 효용성을 극대화하기 위해 모든 메인코드는 자체적으로 CAD－형태의 인터페이스를 도입해 다른 프로그램으로 만든 영역데이터나 격자정보도 쉽게 받아들여 호환이 되도록 하고 있다.

3 솔버(Solver)－해석

1. 주로 사용하는 수치해석 기법의 세 가지

① 유한차분(Finite Difference)
② 유한요소(Finite Element)
③ 스펙트럴(Spectral)

2. 유한체적법(Finite Volume Method－유한차분의 특수한 형태)

① 영역 내의 모든 검사체적에 대하여 유체유동의 지배방정식을 적분
② 차분화－적분방정식을 산술방정식 시스템으로 변환
③ 반복법에 의해 산술방정식의 근사해를 구해 해석

검사체적 전체에 걸쳐 적분한 유한체적법은 각각의 요소(cell)에서 열과 유체의 특성값들이 정확히 보존되고 있으며, 이러한 물리적 보존원리를 근간으로 하고 있는 수치해석기법이다.

유한체적법을 사용하는 상용프로그램으로는 CFX/ANSYS, FLUENT, PHOENICS, STAR－CD 등이 있다.

예 유한 검사체적 내의 유동의 일반적인 변수 ϕ(온도, 압력, 속도, 엔탈피 등 특성값)

검사체적 내의 시간에 따른 ϕ의 변화율	=	검사체적 내로의 대류작용에 의한 ϕ의 변화율	+	검사체적 내로의 확산작용에 의한 ϕ의 변화율	+	검사체적 내의 ϕ의 생성율

CFD코드는 대류(유체유동에 의한 수송), 확산(위치가 달라짐에 따라 발생하는 ϕ값), 소스항(ϕ가 생성되거나 소멸하는 것) 및 ϕ의 시간에 따른 변화율등 중요한 유동현상을 취급하기 위한 차분기법을 포함하고 있다. 복잡하고 비선형적인 지배방정식의 해를 구하는 반복법으로는 TDMA(삼중대각행렬기법)를 많이 사용하며, 압력과 속도를 올바르게 연결시켜 주는 SIMPLE알고리즘을 사용한다.

3. 지배방정식

Navier－Stokes 방정식(비선형 편미분 방정식－PDE)

$$\underbrace{\rho}_{\text{질량}} \cdot \underbrace{\left(\frac{\partial \vec{v}}{\partial t} + (\vec{v} \cdot \nabla)\vec{v}\right)}_{\text{가속도 / 관성력}} = \underbrace{\rho \vec{g}}_{\text{중력}} - \underbrace{\nabla p}_{\text{압력력}} + \underbrace{\mu \cdot \nabla^2 \vec{v}}_{\text{점성력}} \quad (\text{힘})$$

4 후처리기(Post－processor)

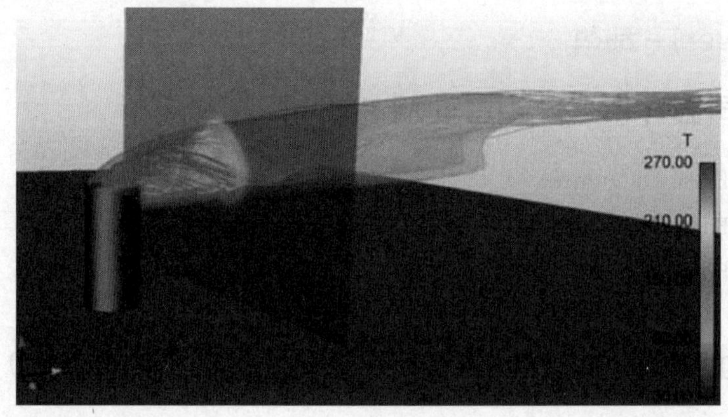

① 기하학적 영역과 격자망의 가시화
② 벡터그림
③ 선 또는 채색에 의한 콘투어(Contour) 그림
④ 2차원 또는 3차원의 면그림
⑤ 입자추적
⑥ 투시(View)작업－회전, 확대/축소, 이동
⑦ 컬러 포스트스크립트에 의한 출력
⑧ 동적으로 볼 수 있는 동영상기법
⑨ 모든 CFD코드는 데이터를 외부로 내보내어 후처리 작업이 가능

5 경계조건의 설정

CFD해석 시 실제 열 · 유체유동에서 설정한 검사체적(요소)의 특정 면이나 선에 온도, 압력, 깊이, 속도, 밀도, 질량유량, 열유속 등의 해석조건에 맞는 물리량들의 값인 경계조건들을 주어, 편미분 형태의 지배방정식을 반복법으로 풀어 절점의 근사해를 구할 수 있다(조건 설정).

6 전산유체해석에 의한 열 · 유체유동 문제해석

① CFD코드의 사용자는 다양한 분야에서 경험과 스킬을 가지고 있어야 함
② 유동문제를 해석할 때 2차원으로 할 것인지, 3차원모델링으로 할 것인지 선택
③ 공기의 밀도를 고려할 때 주위의 온도와 압력의 변화를 고려할지 선택
④ 난류방정식을 포함시킬 것인지 선택
⑤ 대부분 문제에서는 주어진 복잡성을 단순화시키면서 핵심적인 사항은 유지시킬 것
⑥ 단순화 가정들이 얼마나 적절했는지(사용자의 숙련도)에 따라 CFD를 통해 얻는 해석데이터의 질(Quality)적 차이가 발생
⑦ 계산영역을 정하거나 격자를 설계하는 일은 효율적이고 성공적인 시뮬레이션 결과를 얻기 위한 중요한 과정
⑧ 2가지 속성인 수렴성(Convergence)과 독립성(Grid Independence)이 필요
⑨ 해가 수렴되면 잔차(Residual)는 매우 작음
⑩ CFD코드의 타당성을 위해서는 경계조건과 관련된 세부적인 정보들이 필요
⑪ 타당성을 확보하기 위해 유사한 조건에서 실험을 수행하고 데이터를 획득(물리량 측정 시 레이저도플러 유속계, 열선유속계, 입자영상유속계 등 사용)
⑫ 열전달방식은 전도(온도차에 의한 열전달), 대류(유체의 이동에 의한 열전달), 복사(전자기파에 의해 발산되는 열에너지)에 의해 전달

7 전산유체해석(CFD)의 장점

① 신제품 설계에서 개발기간과 비용의 단축
② 실험이 불가능한 시스템의 연구가 가능
③ 정상적인 운전범위를 넘는 위험한 조건에 시뮬레이션 가능
④ 사실상 결과를 무제한적으로 상세히 분석 가능
⑤ 실험에 비해 비용이 훨씬 경제적

8 결과 및 검토

열 · 유체 거동에 대해 결과를 분석하고 이해한 다음, 물리적 모델의 적절성(비압축성, 압축성, 층류, 난류, 정상상태, 과도상태), 경계조건의 적절성(계산영역 크기, 입출구 조건), 요소망의 적절성 등을 따져 개선이 필요한지 검토한다.

CHAPTER

02 열역학

01 열역학의 개요

1 열역학의 정의와 기초사항

1. 열역학의 정의

① 에너지(열역학 제1법칙)와 엔트로피(열역학 제2법칙)에 관한 학문

② 계의 열역학적 성질과 열과 일의 평형관계에 대해 고찰하는 학문

2. 열역학의 목적

열에너지를 기계적인 에너지로 경제적이고 효율적으로 전환시키기 위해 배운다.

3. 열역학의 연구관점

① 미시적 관점(미분적 접근법) : 미세한 각 입자 하나하나에 관심(미분형 방정식)

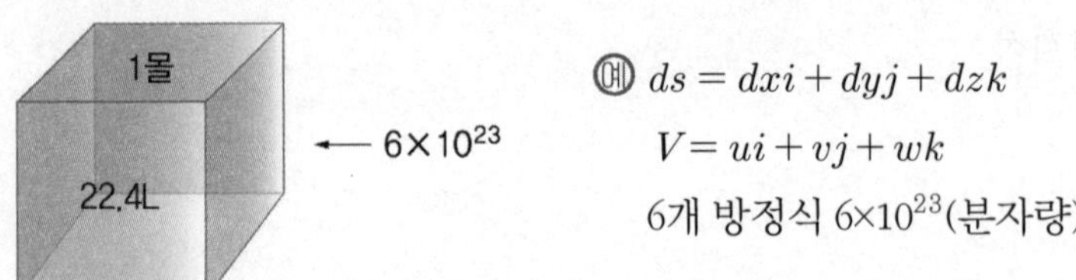

㉮ $ds = dxi + dyj + dzk$

$V = ui + vj + wk$

6개 방정식 6×10^{23}(분자량)

② 거시적 관점(적분적 접근법)

- 미세한 거동보다는 전체적인 거동에 관심(적분형 방정식) → 평균효과에 관심
- 개개의 분자거동에는 관심이 없으므로 시스템을 연속적인 연속체로 가정

㉮ $\dot{m} = \rho \cdot A \cdot V_{av}$

4. 연속체

무수히 많은 분자로 구성된 시스템은 항상 분자의 크기에 대해 매우 큰 체적을 다루고 각 분자 거동에는 관심이 없고 분자들의 평균적이거나 거시적인 영향에만 관심을 가지므로 시스템을 연속적인 것으로 간주한다(일정질량(계)을 연속체이상화를 통해 상태량을 점함수로 다룰 수 있으며 상태량이 공간상에서 불연속이 없이 연속적으로 변한다고 가정할 수 있게 한다).

① 희박기체유동, 고진공(High Vacuum) → 연속체 개념 불필요 → 미시적이고 미분적인 관점[라간지(입자)기술 방법]

② 연속체를 정의하려면 공간영역이 분자의 평균 자유행로(운동량 크기의 변화 없이 갈 수 있는 경로)보다 커야 한다.

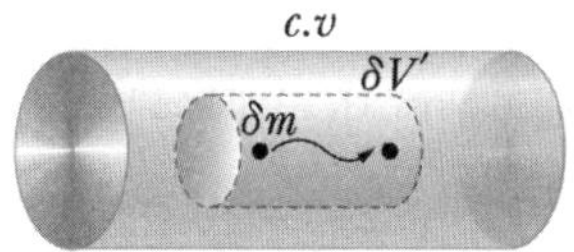

| 한 점에서 밀도의 정의 |

$\delta V'$가 너무 작아 분자(δm이 없으면)를 포함하지 않으면 밀도 $\rho = \lim_{\delta V \to \delta V'} \frac{\delta m}{\delta V}$을 정의할 수 없다. 밀도를 정의할 수 없을 정도의 체적에서는 연속체의 개념을 버려야 한다.

중요

연속체라는 가정의 결과 때문에 유체의 각 물리적 성질은 공간상의 모든 점에서 정해진 값을 갖는다고 가정된다(연속적인 분포). 따라서 밀도, 온도, 속도 등과 같은 유체성질들은 위치와 시간의 연속적인 함수로 볼 수 있다.
→ 오일러 기술방법으로 유인(장기술방법)

5. 열(Q)의 정의

두 시스템(계) 간의 온도차에 의하여 높은 온도의 시스템에서 시스템의 경계를 통과하여 보다 낮은 온도의 다른 시스템(또는 주위)으로 전달되는 에너지의 한 형태이다.

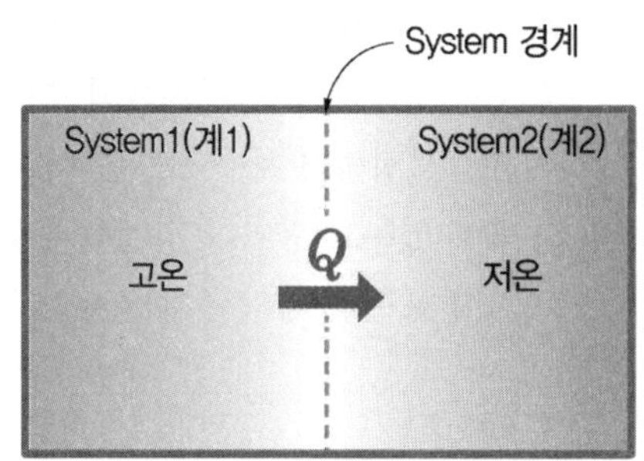

6. 열역학에서의 문자에 관한 기초사항

① $\overline{V}$, $\overline{U}$, $\overline{h}$: 단위몰당 성질

㉠ $\overline{U}$: 단위몰당 내부에너지

② 종량성 상태량을 표현할 때 소문자는 단위질량당 성질을, 대문자는 전체 시스템 성질을 나타낸다.

㉠ q(kcal/kg) : 단위질량당 열 전달량(비열전달량) $\left(\dfrac{Q}{m}=q\right)$

Q(kcal) : 전체(총) 열 전달량 $(mq=Q)$

h(kcal/kg) : 단위질량당 엔탈피(비엔탈피) $\left(\dfrac{H}{m}=h\right)$

H(kcal) : 엔탈피 $(mh=H)$

u(kcal/kg) : 단위질량당 내부에너지(비내부에너지) $\left(\dfrac{U}{m}=u\right)$

U(kcal) : 내부에너지 $(mu=U)$

③ 시스템경계를 지나는 열과 일의 유동과 검사면을 통과하는 열, 일 및 질량의 유동에 대해서만 사용한다.

㉠ $\dfrac{\delta Q}{dt}=\dot{Q}$: 열전달률(kcal/s) : 시스템의 경계나 검사면을 통과하는 열전달률을 표시하기 위하여 주어진 양의 위에 "dot"를 표시한다.

$\dot{m}$(kg/s) : 검사면을 지나는 질량유량(질량유동률)

$\dot{W}$(J/s) : $\dfrac{\delta W}{dt}$(일률 → 동력)

2 계와 동작물질

1. 계(System)의 정의

연구하기 위해 선택된 물질의 양이나 공간 내의 영역으로 정의되며, 연구대상인 일정량의 질량 또는 질량을 포함한 장치 또는 장치들의 조합을 의미한다. → 검사체적[연구 대상이 되는 체적(Control Volume ; $c.v$)]을 설정하면 시스템을 좀 더 정확하게 정의할 수 있다. 아래의 그림처럼 계(System)를 설정하면 계의 밖에 있는 질량이나 영역을 주위(Surroundings)라고 하며, 계와 계의 주위를 분리하는 실제 표면 또는 가상 표면을 계의 경계(System Boundary)라고 한다.

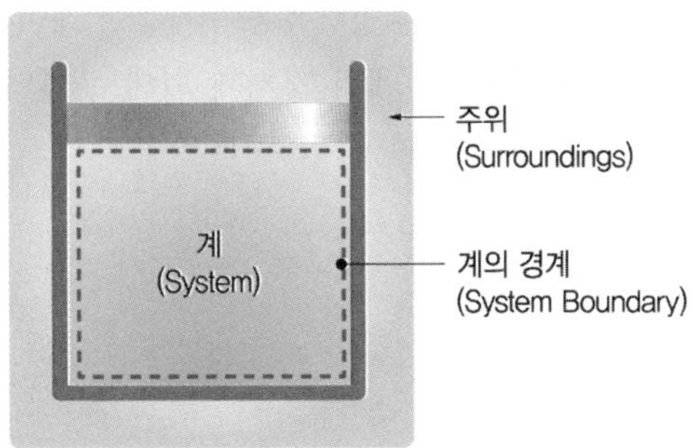

| 계와 계의 경계 그리고 주위 |

2. 계(System)의 종류

① 밀폐계(Closed System) : 계의 경계를 통한 질량유동이 없어 질량이 일정한 계를 의미하지만 계의 경계이동에 의한 일과 계의 경계를 통한 열(에너지)의 전달은 가능한 계이다.

㉄ 자동차 피스톤 내부(검사체적 설정) → 검사질량(Control Mass : 질량 일정) → 밀폐계(비유동계 – 질량유동 없음)

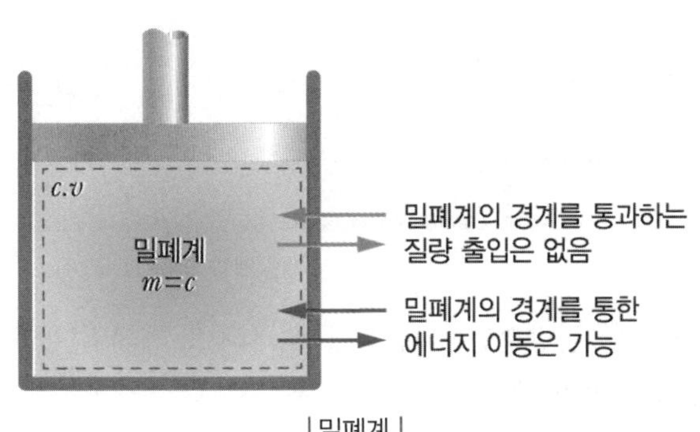

| 밀폐계 |

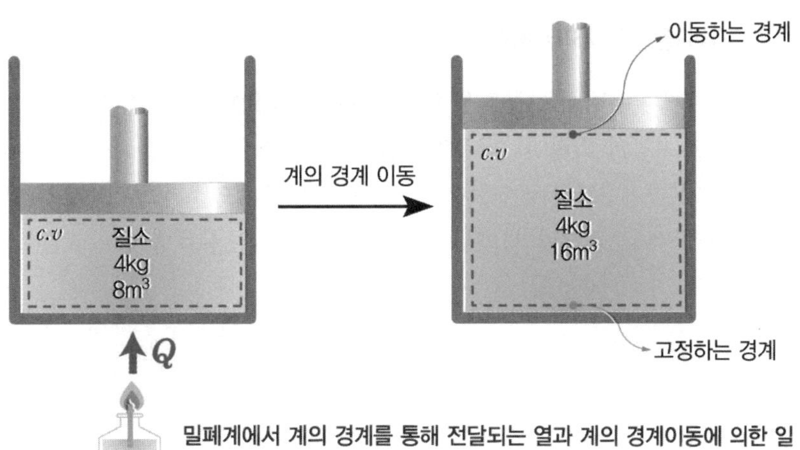

밀폐계에서 계의 경계를 통해 전달되는 열과 계의 경계이동에 의한 일

② 개방계(Open System) : 계의 경계를 통해 질량유동이 가능한 계이며 검사체적을 설정하면 질량유량이 통과하는 검사면(Control Surface)과 계의 경계에 의해 구별되는 일정체적인 검사체적(Control Volume)을 해석하는 계이다(압축기, 보일러, 펌프, 터빈 등).

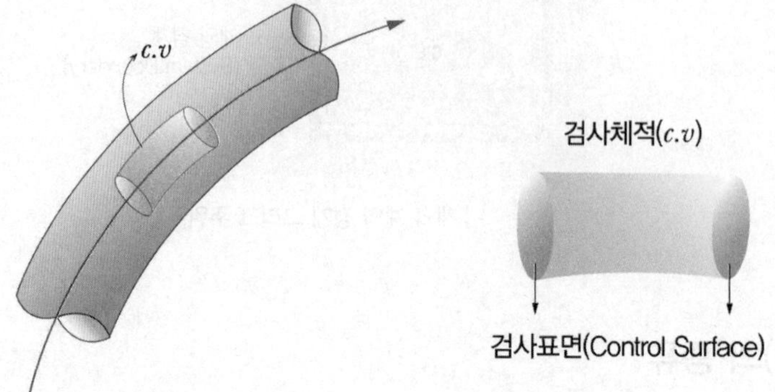

㉠ 보일러 전체(검사체적 설정) → 개방계(유동계 – 질량유동 있음)

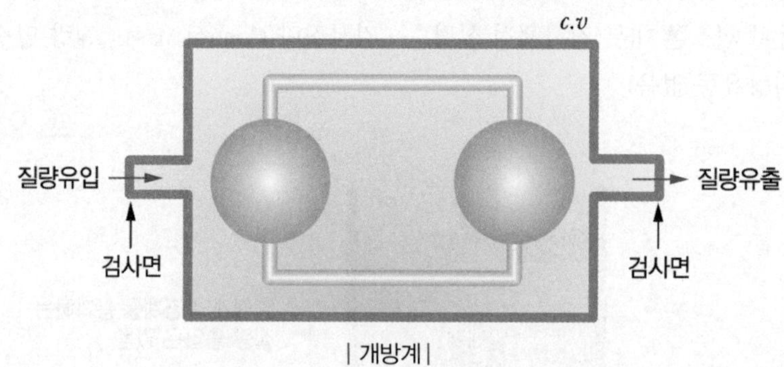

| 개방계 |

③ 고립계(Isolated System) : 질량뿐만 아니라 에너지까지도 계의 경계를 통과할 수 없는 계를 의미한다(절연계 – 주위영향을 받지 않음).

3. 동작물질(Working Substance)

에너지(열)를 저장하거나 운반하는 물질을 의미하며 작업물질이라고도 한다.

㉠ • 내연기관 : 연료 + 공기(혼합기) → 동작물질 = 연소가스
• 외연기관 : 증기(증기기관차) – 연료(석탄) → 동작물질 ≠ 연소가스
• 냉동기 : 냉매(프레온, 암모니아, 아황산가스 등) → 동작물질 = 냉매

3 상태와 성질

1. 상태(State)

계의 물질이 각 상(기체, 액체, 고체)에서 어떤 압력과 온도 하에 놓여있을 때 이 계(System)는 어떤 상태(State)에 놓여 있다고 한다.

㉠ 표준상태(STP) → 0℃, 1atm

① 물질이 놓여있는 어떤 상태 → ② 상태를 나타내는 오직 한 개의 유한한 값이 상태량 → ③ 상태량 물 0℃, 1기압(시스템 상태에 의존하고 시스템이 주어진 상태에 도달하게 된 경로에는 무관한 양)

2. 상태량

상태는 상태량에 의해 나타내며 기본적인 상태량은 온도, 압력, 체적, 밀도, 내부에너지 등이며 열역학적 상태량의 조합된 상태량들인 엔탈피, 엔트로피 등이 있다.

3. 강도성 상태량과 종량성 상태량

① **강도성 상태량** : 질량에 무관한 상태량(압력, 온도, 비체적, 밀도, 비내부에너지, 비엔탈피 등) → 2등분해도 상태량이 변하지 않음

② **종량성 상태량** : 질량에 따라 변하는 상태량(전질량, 전체적, 전에너지양, 내부에너지, 엔탈피) → 2등분할 때 상태량이 변함

4. 성질

시스템(계)의 물질상태에 따라 달라지는 어떤 특성을 성질이라 한다.

5. 열역학적 함수

시스템(계)의 상태량이 변하면 그 시스템의 상태가 변화했다고 한다.

- 과정(Process) : 시스템의 상태가 변하는 동안 시스템이 거쳐 가는 연속적인 경로

① 상태함수(Point Function : 점함수) : 경로에 상관없이 처음과 나중의 상태에 의해서만 결정되는 값(과정에 무관)

㉠ 압력 P, 온도 T, 밀도 ρ, 체적 V, 에너지 E, 비체적 v, 엔트로피 S
완전미분(dP, dT, $d\rho$, dV, dE, dS, $\cdots$)

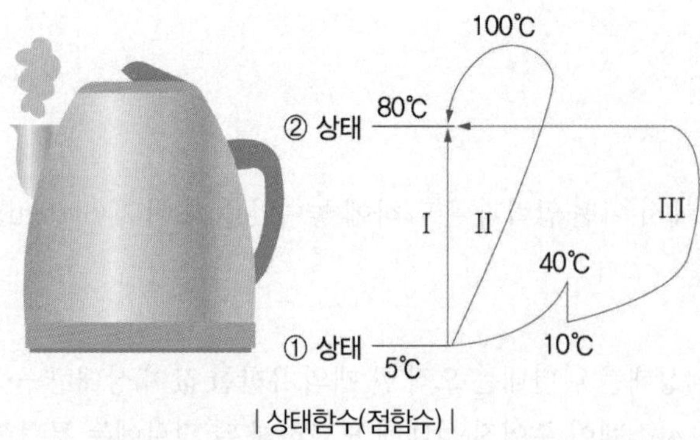

| 상태함수(점함수) |

Ⅰ, Ⅱ, Ⅲ 각각 다른 경로이지만 ①과 ② 상태의 온도 5℃(T_1), 80℃(T_2)에 영향을 주지 않는다(경로가 달라도 온도가 변하지 않는다).

$$\int_1^2 dT = T_2 - T_1$$

② 경로함수(Path Function : 도정함수) : 경로에 따라 그 값이 달라지는 양(과정에 따라 값이 달라짐)

예 일(Work)과 열(Heat)

불완전미분(δW, δQ)

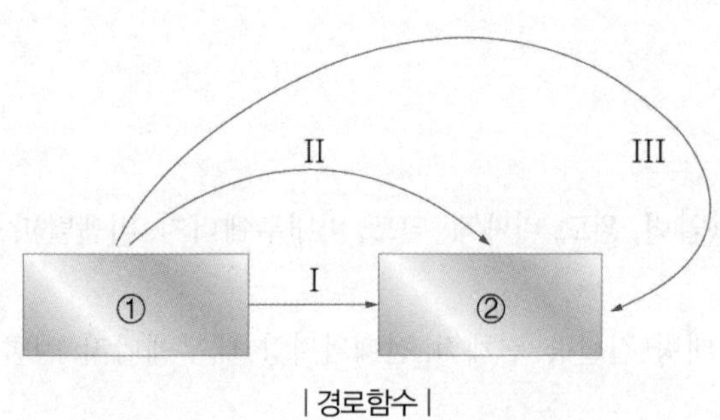

| 경로함수 |

Ⅰ, Ⅱ, Ⅲ 각각 다른 경로이며 경로에 따라 그 값이 달라진다.

$$\int_1^2 \delta W = {}_1W_2$$

⇒ ①에서 ②까지 가는 데 필요한 일량

⇒ Ⅰ, Ⅱ, Ⅲ 경로로 이동하면 모두 일량이 달라진다[변위(Displacement Work) 일의 개념이 아니며 경로의 일을 의미한다].

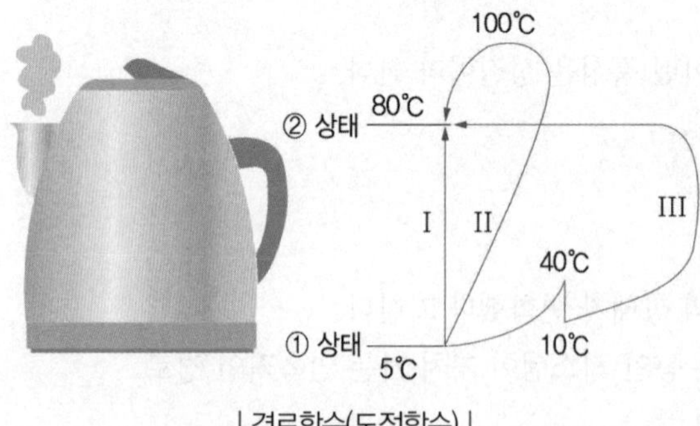

| 경로함수(도정함수) |

$$\int_1^2 \delta Q = {}_1Q_2$$

⇒ ① 상태에서 ② 상태까지 가는 데 필요한 열량

⇒ Ⅰ, Ⅱ, Ⅲ 경로마다 열량 값이 달라진다.

6. 열역학적 함수의 적분

① 상태함수(점함수)의 적분

㉠ 상태함수 dE : 완전미분 → 적분 $\int_1^2 dE = E_2 - E_1$(상태함수 적분)

㉡ 상태함수 dP : 완전미분 → 적분 $\int_1^2 dP = P_2 - P_1$

② 경로함수(도정함수)의 적분

㉠ δW : 미소 일변화량

$\int_a^b \delta W = \int_a^b P dV = {}_a W_b$(경로 a에서 b로 갈 때의 일량)

$\int_1^2 \delta W = {}_1 W_2$(경로 1에서 2로 갈 때의 일량)

※ ${}_1 W_2 \neq W_2 - W_1$(경로함수인 일은 이렇게 쓸 수 없다.)

㉡ δQ : 미소 열량변화량

$\int_1^2 \delta Q = {}_1 Q_2$(경로 1에서 2까지의 총 열량 – 경로함수 적분)

※ ${}_1 Q_2 \neq Q_2 - Q_1$(경로함수인 열은 이렇게 쓸 수 없다.)

4 과정과 사이클

1. 과정(Process)

시스템(계)의 상태가 변하는 동안 시스템이 거쳐 가는 연속적인 경로를 과정(Process)이라 한다.

① 가역과정(Reversible Process) : 경로의 모든 점에서 역학적, 열적, 화학적 평형이 유지되면서 어떤 손실(마찰)도 수반되지 않는 과정을 의미하며 이상적 과정으로 주위에 아무런 변화를 남기지 않는다(원래 상태로 되돌릴 수 있는 과정).

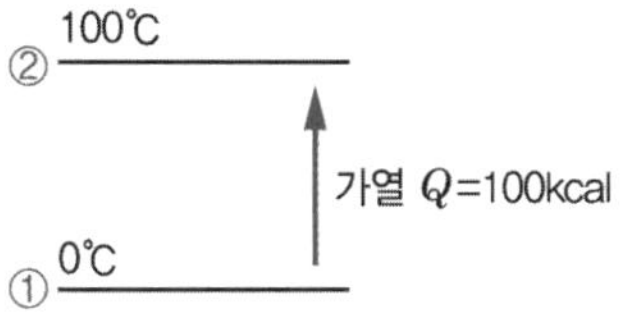

② 100℃

가열 Q=100kcal

① 0℃

- ① → ② : 가열 열량=100kcal
- ② → ① : 방출 열량=100kcal

② 비가역과정(Irreversible Process) : 계의 상태가 변할 때 주위에 변화를 남기는 과정으로 열적, 역학적, 화학적 평형이 유지되지 않는 과정이다(원래 상태로 되돌릴 수 없는 과정 – 실제 과정, 자연계는 모두 비가역과정이다).

2. 준평형과정

과정이 진행되는 동안 시스템이 거쳐 가는 각 점의 상태가 열역학 평형으로부터 벗어나는 정도가 매우 작아서 시스템이 거쳐 가는 각 점이 평형상태에 있다고 보고 해석하는 과정을 의미한다. → 실제로 발생하는 많은 과정이 준평형상태에 가까우며 거시적 관점으로는 평형과정으로 인식하고 해석한다.

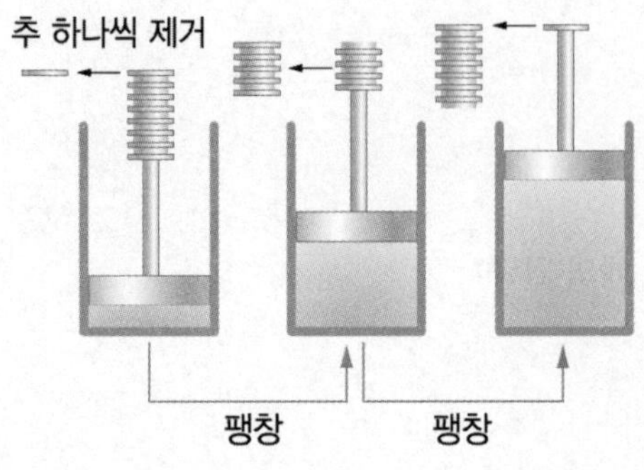

① 추 1개씩 제거 : 각각의 거쳐 가는 점이 평형상태(준평형과정)

② 추 모두 제거 : 비평형과정 → 과정이 시작하기 전과 평형 회복 후의 상태만 기술 가능, 즉 전체 효과만 알 수 있다.

참고 ★중요

실제 준평형과정은 앞의 그림처럼 팽창해 갈 때 등온팽창한다면 외부의 아무런 조건 없이 등온으로 팽창한다는 것은 불가능하다. 처음에서 끝까지 그냥 팽창한다면 온도는 떨어져야 한다. 이 시스템에서 등온팽창과정을 만들고 싶다면 계의 경계 안으로 열을 서서히 가하면서 팽창시키면 온도를 일정하게 유지할 수 있게 된다. 이렇게 하면 가역등온팽창과정과 가역등온가열과정은 동일하게 해석된다(사이클 단원에서 등온가열, 정압가열 등 이러한 내용을 다시 한번 열역학선도를 가지고 정확하게 배우게 된다).

- 정적과정($V= C$) : 1상태에서 2상태로 갈 때 체적이 일정한 과정
- 정압(등압)과정($P= C$) : 1상태에서 2상태로 갈 때 압력이 일정한 과정
- 등온과정($T= C$) : 1상태에서 2상태로 갈 때 온도가 일정한 과정
- 단열과정($S= C$) : 1상태에서 2상태로 갈 때 열의 출입이 없는 과정(등엔트로피 과정)
- 폴리트로픽 과정 : 어느 물질이 상태변화를 할 때 등온과정과 단열과정 사이의 과정 $pv^n = c$[단열과 등온과정 사이를 변화하는 경로로 실제 과정에 많다($1 < n < k$)].

3. 사이클

시스템이 여러 가지 상태변화 혹은 여러 가지 과정을 거쳐서 처음의 상태에 되돌아오는 과정을 사이클이라 한다(주로 열역학적 사이클을 의미한다).

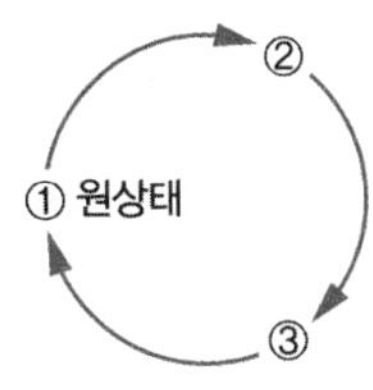

- 열역학적 사이클 ㉠ 냉동기(냉매)
- 역학적 사이클 ㉠ 피스톤(흡입 → 압축 → 폭발 → 배기) ⇒ 왕복운동

참고

- 열역학 사이클 ㉠ 증기동력발전소에서 순환하는 증기는 한 cycle을 거친다.
- 역학 사이클 ㉠ 흡입, 압축, 폭발, 배기, 4행정(내연기관) : 2회전 역학사이클, 연료는 공기와 함께 타서 연소가스가 되어 대기 중으로 배출되므로 작업유체는 열역학 사이클을 이루지 않는다.[연소가스가 (연료+공기)인 처음 상태로 되돌아가면 열역학 사이클]

5 열역학에서 필요한 단위와 단위환산

1. 부피

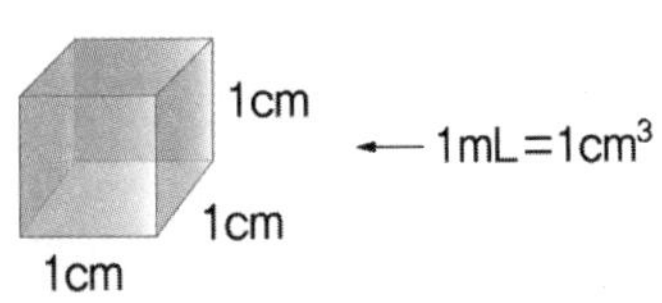

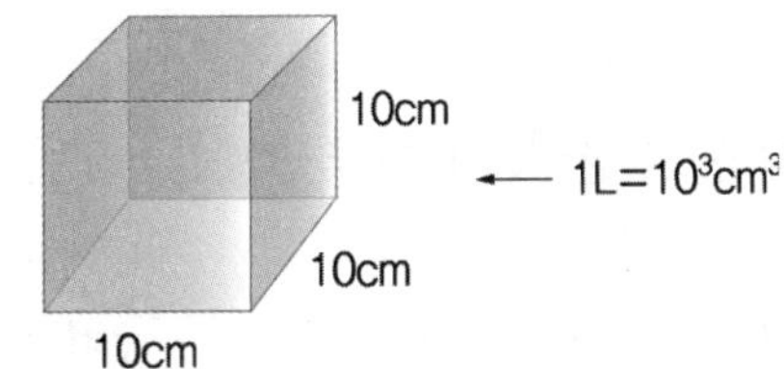

2. 압력

$$P = \frac{F}{A}\,(\text{N/m}^2 \text{ 또는 kgf/m}^2)$$

1Pa(파스칼) = 1N/m^2

1kPa = 10^3Pa, 1MPa = 10^6Pa

1bar = 10^5Pa, 1hPa = 10^2Pa(hecto = 10^2)

3. 에너지

효과(일)를 유발할 수 있는 능력 ⇒ kcal(열), J(일)

① 1kcal(열에너지) : 4,185.5J만큼 일을 할 수 있다.

② 1kcal : 물 1kg을 1K 올리는 데 필요한 열량(14.5℃ → 15.5℃)

③ $4,185.5\text{J} \times \dfrac{1\text{kgf} \cdot \text{m}}{9.8\text{J}} = 427.09\text{kgf} \cdot \text{m} \fallingdotseq 427\text{kgf} \cdot \text{m}$

($A = \dfrac{1}{4,185.5}\text{kcal/J} = \dfrac{1}{427}\text{kcal/kgf} \cdot \text{m}$ 일의 열당량)

($\text{J} = 4,185.5\text{J/kcal} = 427\text{kgf} \cdot \text{m/kcal}$ 열의 일당량)

④ $1\text{kW} \cdot \text{h} = 1,000\text{W} \cdot \text{h} = 1,000\dfrac{\text{J}}{\text{s}} \cdot 3,600\text{s} \cdot \dfrac{1\text{kcal}}{4,185.5\text{J}} = 860\text{kcal}$

⑤ $1\text{PS} \cdot \text{h} = 75\dfrac{\text{kgf} \cdot \text{m}}{\text{s}} \times 3,600\text{s} \times \dfrac{1\text{kcal}}{427\text{kgf} \cdot \text{m}} = 632.3\text{kcal}$

⑥ $1\text{PS} = 75\text{kgf} \cdot \text{m/s} = 75 \times 9.8\text{N} \cdot \text{m/s} = 75 \times 9.8\text{J/s} = 735\text{W}$

⑦ $1\text{kW} = 102\text{kgf} \cdot \text{m/s} = 102 \times 9.8\text{N} \cdot \text{m/s} = 999.6\text{J/s} = 1,000\text{W} = 1\text{kJ/s}$

6 차원에 대한 이해

1. 차원해석

동차성의 원리를 이용해 물리적 관계식의 함수관계를 도출

2. 모든 수식은 차원이 동차성 → 좌변차원 = 우변차원

예 ① $x = x_0 + vt + \dfrac{1}{2}at$

↓ ↓ ↓

L차원 + $LT^{-1} \cdot T$ + $\underline{LT^{-2} \cdot T}$

(잘못된 식 : 차원이 다름)

② $A + B = C \rightarrow A = B = C$: 동차원

예 파의 속도 $v(LT^{-1})$, 진동수 $f(T^{-1})$, 파장 $\lambda(L)$ 중 하나를 다른 두 양의 곱으로 표현하면 차원이 일치하는 식은 오직 하나이다. → $v = f \cdot \lambda$

예 $\delta W = PdV$

$\delta W(\text{N} \cdot \text{m}) \rightarrow [FL]$

$P(\text{N/m}^2) \times dV(\text{m}^3) = (\text{N} \cdot \text{m}) \rightarrow [FL]$

좌변차원 = 우변차원

7 기체가 에너지를 저장하는 방법

밀폐계의 기체를 시스템(계)이라 할 때 기체가 에너지(E)를 저장하는 방법

① 분자 간의 작용하는 힘과 연관 → 분자위치에너지(PE)

② 분자의 병진운동과 연관 → 분자운동에너지(KE)

③ 분자구조와 원자구조와 연관 → 분자내부에너지(U : 분자구조와 관련된 힘과 원자와 연관된 원자에너지, 회전에너지, 진동에너지 외에 수많은 요인에 의해 생기는 기타에너지를 의미하며, 물체 내부에 축적되는 에너지를 말한다.)

㉄ 압력용기나 탱크 속에 일정한 온도와 압력으로 저장되어 있는 기체를 시스템으로 보면

계는 분자로 이루어진 기체 → 에너지 : $E = PE + KE + U$

계의 미소에너지 변화량 → $dE = du + d(PE) + d(KE) = \delta Q - \delta W$

8 비열

$m$kg의 물질을 온도 dT만큼 올리는 데 필요한 열량을 δQ라 하면

$\delta Q \propto mdt \rightarrow \delta Q = mCdt$

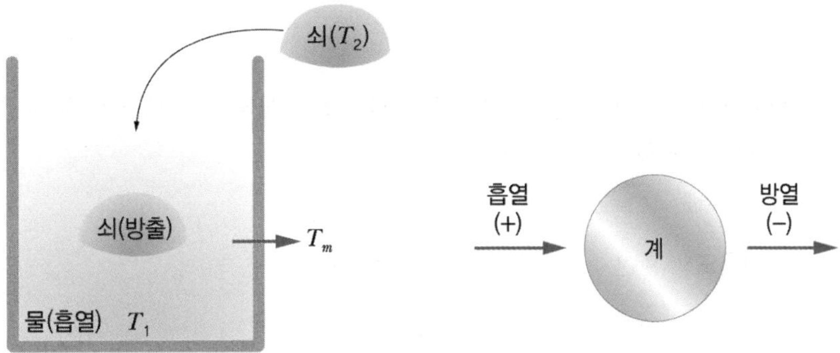

- 비열(C) : 어느 물질 1kg을 1℃ 올리는 데 필요한 열량[kcal/kg · ℃]

$$\int_1^2 \delta Q = \int_1^2 mCdt \rightarrow {}_1Q_2 = mC(t_2 - t_1) = m \cdot C \cdot \Delta t$$

가정 $t_2 > t_1$, Q_1(물)$= -Q_2$(쇠), 받은 열량(흡열)=(−)공급 열량(방열)이므로

$m_1C_1(t_m - t_1) = -m_2C_2(t_m - t_2)$

$m_1C_1(t_m - t_1) = m_2C_2(t_2 - t_m)$

$$\therefore t_m = \frac{m_1C_1t_1 + m_2C_2t_2}{m_1C_1 + m_2C_2}$$

n개 물질의 혼합 후 평형온도 $t_m = \dfrac{\sum_{i=1}^{n} m_ic_it_i}{\sum_{i=1}^{n} m_ic_i}$

예 제

0.08m³의 물속에 700℃의 쇠뭉치 3kg을 넣었더니 평균온도가 18℃로 되었다. 물의 온도상승을 구하시오 (단, 쇠의 비열은 0.145kcal/kg · ℃이고 물과 용기와의 열교환은 없다).

해설 흡열=−방열

$m_{물}C_{물}(t_m - t_{물}) = -m_{쇠}C_{쇠}(t_m - t_{쇠}) = m_{쇠}C_{쇠}(t_{쇠} - t_m)$

$0.08 \times 1{,}000 \times 1 \times \Delta T = 0.145 \times 3 \times (700 - 18)$

$\therefore \Delta T = 3.708℃$

9 온도

1. 사용온도

① 섭씨온도(Celsius Temperature) : 물의 어는점을 0℃, 물의 끓는점을 100℃로 하여 두 개의 온도 사이를 100등분한 값을 섭씨온도라 한다.

0~100℃ ⇒ 100등분

② 화씨온도(Fahrenheit Temperature) : 물의 어는점을 32°F, 물의 끓는점을 212°F로 하여 두 개의 온도 사이를 180등분한 값을 화씨온도라 한다.

32~212°F ⇒ 180등분

③ 섭씨온도와 화씨온도의 환산

- ℃ : °F = 100 : 180 ⇒ 100°F = 180℃ ∴ °F $= \dfrac{9}{5}$℃

- °F $= \dfrac{9}{5}$℃ + 32 ← 물의 어는점(섭씨 0℃일 때 화씨는 32°F이므로)

2. 절대온도(Absolute Temperature : 열역학적 온도)

열역학 제2법칙에 따라 정해진 온도로 켈빈이 도입한 온도이며, 물질의 특이성에 의존하지 않는 절대적인 온도를 나타내며, 이론상으로 생각할 수 있는 최저온도를 기준으로 하여 온도 단위를 갖는 온도를 말한다(절대온도 외의 대부분의 온도는 상대적인 개념을 갖고 만들었기 때문에 열역학에서 계산에 사용하기에는 무리가 따른다. 왜냐하면 10℃의 2배를 20℃로 볼 수 없지만 이에 반해 절대온도에서 100K의 2배는 200K로 인식해도 되기 때문이다. 절대온도 0K는 −273.15℃이다).

① 섭씨온도(t℃)의 절대온도 ⇒ 켈빈온도 $K = t℃ + 273.15$

② 화씨온도(t°F)의 절대온도 ⇒ 랭킨온도 $°R = t°F + 460$

10 열량

1. 열량의 단위

① 1kcal : 순수한 물 1kg을 1K(1℃) 올리는 데 필요한 열량

　예 14.5℃에서 15.5℃로 올리는 데 필요한 열량

② 1Btu(British Thermal Unit) : 순수한 물 1lbm를 1°F 올리는 데 필요한 열량

　예 60.5°F에서 61.5°F로 올리는 데 필요한 열량

③ 1Chu(Centigrade Heat Unit) : 순수한 물 1lbm를 1℃ 올리는 데 필요한 열량

2. 열량의 단위환산

① kcal와 Btu의 환산

$$1\text{kcal} = 1\text{kg} \times 1\text{K} \left(1\text{lbm} = 0.4536\text{kg},\ 1°\text{F} = \frac{5}{9}\text{K} \right)$$

$$= 1\text{kg} \cdot \frac{1\text{lbm}}{0.4536\text{kg}} \times 1\text{K} \cdot \frac{°\text{F}}{\frac{5}{9}\text{K}}$$

$$= 3.968\text{lbm} \cdot °\text{F} = 3.968\text{Btu}$$

$\therefore$ 1kcal = 3.968Btu

② kcal와 Chu의 환산

$$1\text{kcal} = 1\text{kg} \times 1℃$$

$$= 1\text{kg} \times \frac{1\text{lbm}}{0.4536\text{kg}} \times 1℃ = 2.205\text{lbm} \cdot ℃ = 2.205\text{Chu}$$

$\therefore$ 1kcal = 2.205Chu

참고

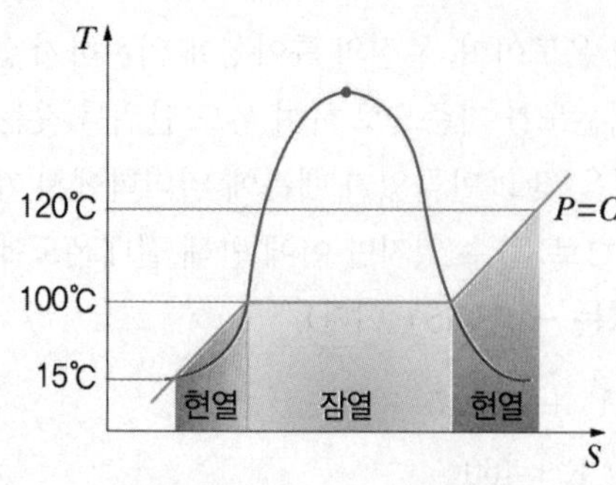

- 잠열 : 상변화하는 데 드는 열[온도 변화 없음 (액체 → 기체)]
- 현열 : 상변화 없이 드는 열[상변화 없이 온도 만 변화, (액체 → 액체), (기체 → 기체)]
- 물의 기화잠열은 540kcal/kgf, 얼음의 융해잠 열은 80kcal/kgf

11 열효율

① 열효율은 입력(Input Power)에 대한 출력(Output Power)의 비로 입력은 동력시스템에 들어간 열을 의미하며 출력은 그 열을 가지고 만들어 낸 동력을 의미한다. 식으로 나타내면

$$\eta_{th} = \frac{\text{출력동력}(\text{kW or PS})[860(\text{kW일 때}) \text{ or } 632.3(\text{PS일 때})]}{\text{연료의 저위발열량}(H_l) \times \text{연료소비율}(f_b)} \times 100\%$$

② 고위발열량 : 연소반응에서 액체인 물이 생성될 때의 발열량

③ 저위발열량 : 고위발열량에서 기체인 증기(H_2O)가 생성될 때의 열량을 뺀 발열량(보통 kcal/kg으로 주어지지만 kJ/kg으로 주어질 수도 있다.)

④ 연료소비율 : 단위 시간당 소비되는 연료의 질량(kg/h)

예 제

한 시간에 3,600kg의 석탄을 소비하여 6,050kW를 발생하는 증기터빈을 사용하는 화력발전소가 있다면, 이 발전소의 열효율은 약 몇 %인가?(단, 석탄의 발열량은 29,900kJ/kg이다.)

해설 $\eta = \frac{\text{kW}}{H_l \times f_b} = \frac{6{,}050(\text{kW} = \text{kJ/s}) \times 3{,}600\text{s}}{29{,}900(\text{kJ/kg}) \times 3{,}600(\text{kg})} \times 100\% = 20.23\%$

12 밀도(ρ), 비중량(γ), 비체적(v), 비중(s)

① 밀도(Density : ρ)= $\dfrac{질량}{부피} = \dfrac{m}{V}$[kg/m³]

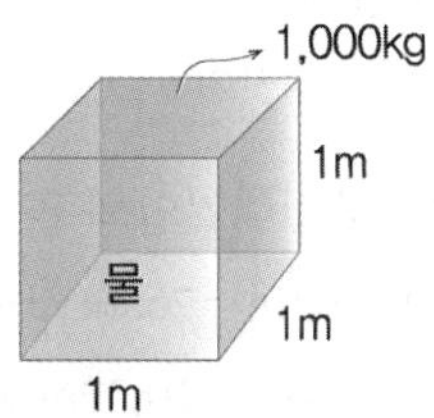

• 물의 밀도 : $\rho_w = 1{,}000\text{kg/m}^3 = 1{,}000\text{N} \cdot \text{s}^2/\text{m}^4 = 1{,}000\text{N}\dfrac{1\text{kgf}}{9.8\text{N}}\text{s}^2/\text{m}^4 = 102\text{kgf} \cdot \text{s}^2/\text{m}^4$

↓ ML^{-3} ↓ FT^2L^{-4} ↓ $\underline{FT^2L^{-4}}$

② 비중량(Specific Weight : γ)= $\dfrac{중량}{부피} = \dfrac{W}{V} = \dfrac{m \cdot g}{V} = \rho \cdot g$[N/m³, kgf/m³]

③ 비체적(Specific Volume : v)= $\dfrac{체적}{질량}$[m³/kgf] → 절대(SI)단위계 $v = \dfrac{1}{\rho}$

$= \dfrac{체적}{무게(중량)}$[m³/kgf] → 공학(중력)단위계 $v = \dfrac{1}{\gamma}$

④ 비중(Specific Gravity : s)= $\dfrac{\gamma(대상물질비중량)}{\gamma_w(물의비중량)} = \dfrac{\rho(대상물질밀도)}{\rho_w(물밀도)}$

여기서, $\gamma_w = 1{,}000\text{kgf/m}^3 = 9{,}800\text{N/m}^3$

13 압력(Pressure)

1. 압력의 정의

압력이란 면적에 작용하는 힘의 크기를 나타낸다.

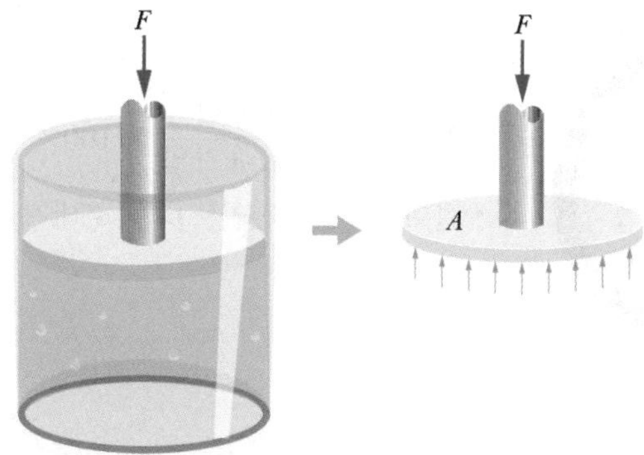

① 압력 : $P = \dfrac{F}{A}$(면적분포)

② 단위 : N/m², kgf/cm², dyne/cm², mAq, mmHg, bar, atm, hPa, mbar

③ 1Pa = 1N/m², 1psi = 1lb/inch²

2. 압력의 종류

(1) 대기압 : 대기(공기)에 의해 누르는 압력

① **국소대기압** : 그 지방의 고도와 날씨 등에 따라 변하는 대기압

예 높은 산에서 코펠에 돌을 올려 놓고 밥짓기

② **표준대기압** : 표준해수면에서 측정한 국소대기압의 평균값

- 표준대기압(Atmospheric Pressure) : 1atm = 760mmHg(수은주 높이)
  = 10.33mAq(물 높이)
  = 1.0332kgf/cm²
  = 1,013.25mbar
- 공학기압 : 1ata = 1kgf/cm²

(2) 게이지 압력

압력계(게이지 압력)는 국소대기압을 기준으로 하여 측정하려는 압력과 국소대기압의 차를 측정한 것으로, 이 측정값을 계기압력이라고 한다.

(3) 진공압

진공계로 측정한 압력으로 국소대기압보다 낮은 압력을 의미하며 (−)압력값을 가지므로 부압이라고도 한다.

- 진공도 $= \dfrac{\text{진공압}}{\text{국소대기압}} \times 100\%$
- 절대압 = (1 − 진공도) × 국소대기압

(4) 절대압력

완전진공을 기준으로 측정한 압력이며 완전진공일 때의 절대압력은 "0"이다.

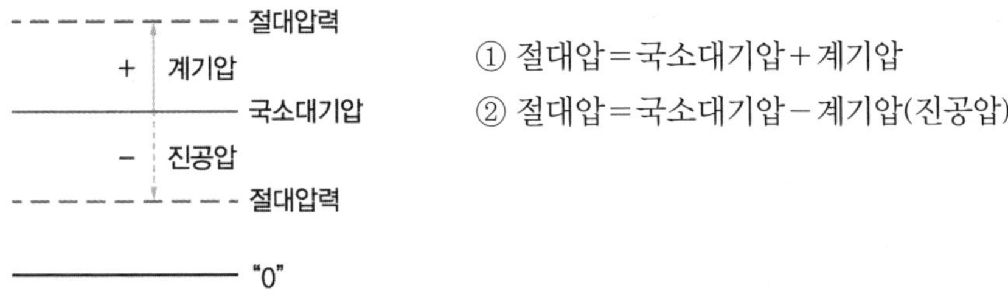

① 절대압=국소대기압+계기압
② 절대압=국소대기압−계기압(진공압)

※ 이상기체나 다른 상태 방정식들에 관한 모든 계산은 절대압력을 사용한다.

예 제

국소대기압이 730mmHg이고 진공도가 20%일 때 절대압력은 몇 mmHg이며, 몇 kgf/cm²인가?

해설 $진공도=\dfrac{진공압}{국소대기압}\times 100\%=20\%$

진공압=0.2×국소대기압(730mmHg)=146mmHg

절대압=국소대기압−진공압=730−146=584mmHg

[방법 1] 760 : 1.0332=584 : x

$\therefore\ x=0.794\text{kgf/cm}^2$

[방법 2] 단위환산값을 사용하면 $584\text{mmHg}\times\dfrac{1.0332\text{kgf/cm}^2}{760\text{mmHg}}=0.794\text{kgf/cm}^2$

※ [방법 1] 계산 방식 추천

14 열역학의 법칙

1. 열역학 제0법칙

열역학 제0법칙은 열평형에 관한 법칙으로 온도가 서로 다른 시스템(계)을 접촉시키거나 혼합시키면 온도가 높은 시스템에서 낮은 시스템으로 열이 이동하여 두 시스템 간의 온도 차가 없어지며, 결국 두 시스템의 온도가 같아져 열평형상태에 놓이게 된다.

㉮ 온도계로 물체 B와 C의 온도를 측정했을 때 두 물체의 온도가 $T_B=T_C$이면 B와 C는 열평형상태에 있다.

2. 열역학 제1법칙

열역학 제1법칙은 에너지 보존의 법칙으로, 밀폐계에 가한 일의 크기는 계의 열량변화량과 같다는 것이다. 즉, 에너지는 한 형태에서 다른 형태로 변하지만 에너지의 양은 항상 일정하게 보존된다는 것을 보여준다(열 ⇄ 일).

아래 그림과 같은 줄의 실험에서 한 사이클 동안의 순일의 양은 한 사이클 동안의 순열량과 같다(① → ② → ① 상태로 될 때 한 일의 양과 열량변화량은 같다).

따라서 열과 일의 적분관계는 다음과 같다.

- $\oint \delta Q = A \times \oint \delta W$($A$: $\dfrac{1\text{kcal}}{4,185.5\text{J}}$ 일의 열당량)
- $\oint \delta W = J \times \oint \delta Q$($J$: $\dfrac{4,185.5\text{J}}{1\text{kcal}}$ 열의 일당량)

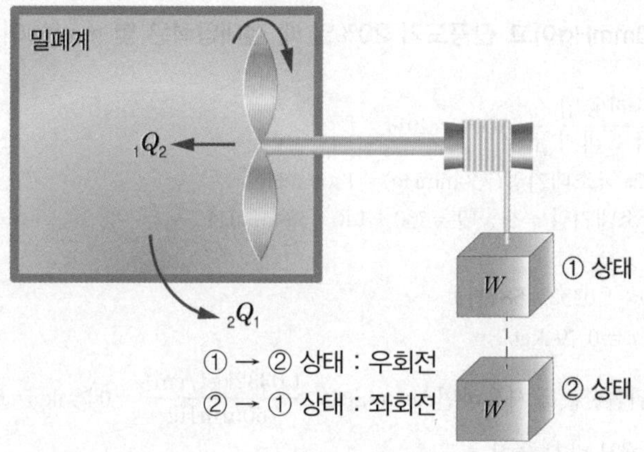

3. 열역학 제2법칙

열역학 제2법칙(엔트로피)은 자연현상의 방향성을 제시한 법칙으로 열과 일이 갖는 비가역과정을 설명(엔트로피가 증가하는 방향으로만 진행)한다. 열기관에서의 열역학 제2법칙은 손실을 의미한다.

예 고온의 물체에서 저온의 물체로는 열이 전달되지만, 반대의 과정은 스스로 일어나지 않는다.

(열) 고온 ⇄ 저온 (→ ○, ← ×)　　(물) 높은 위치 ↓○ ↑× 낮은 위치

(1) 엔트로피(S)

비가역성의 척도인 엔트로피 변화량 $dS = \dfrac{\delta Q}{T}$

① 가역과정 : $dS=0 \rightarrow \oint \frac{\delta Q}{T}=0$(사이클 변화 동안의 엔트로피 변화량)

② 비가역과정 : $dS>0 \rightarrow \oint \frac{\delta Q}{T}<0$(사이클 변화 동안의 엔트로피 변화량)

ΔS 증가 ① 상태 ⇄ ② 상태(① → ② 상태, ② → ① 상태로 갈 때는 엔트로피 증가)

$\int_1^2 \frac{\delta Q}{T} - \int_2^1 \frac{\delta Q}{T} < 0$ [사이클 변화 동안(원래 상태로 되돌릴 때)의 엔트로피 변화량]

4. 열역학 제3법칙

열역학 제3법칙은 절대온도 0K에 이르게 할 수 없다는 법칙이다(절대온도 0K에서의 엔트로피에 관한 법칙으로 네른스트(Nernst)가 주장하였으며, 열역학적 과정에서의 절대온도 T가 0이 됨에 따라 열이 존재하지 않으며 엔트로피값도 0이다).

㉎ 카르노 사이클

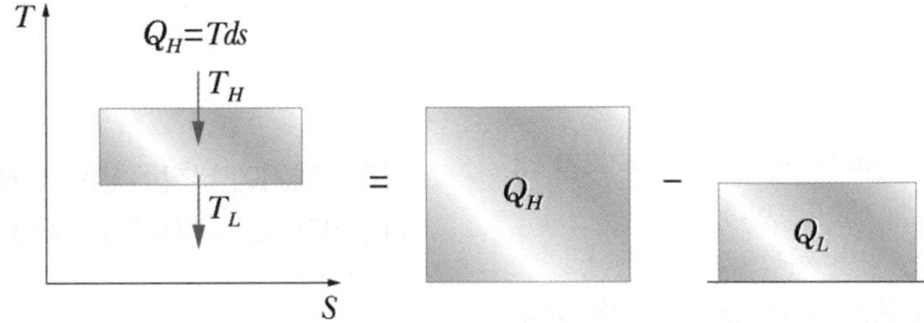

5. 영구기관

① 제1종 영구기관 : 열역학 제1법칙에 위배되는 기관(에너지를 공급받지 않고 끊임없이 일을 하는 기관)

② 제2종 영구기관 : 열역학 제2법칙에 위배되는 기관(손실이 없으므로 열효율 100%인 기관)

③ 제3종 영구기관 : 마찰이 없어서 무한히 운전은 되나 일을 얻을 수 없는 기관

핵심 기출 문제

01 다음 중 강도성 상태량(Intensive Property)이 아닌 것은?

① 온도 ② 내부에너지
③ 밀도 ④ 압력

해설

반$\left(\frac{1}{2}\right)$으로 나누었을 때 값이 변하지 않으면 강도성 상태량이다. 내부에너지는 반으로 줄어들므로 강도성 상태량이 아니다.

02 다음은 시스템(계)과 경계에 대한 설명이다. 옳은 내용을 모두 고른 것은?

가. 검사하기 위하여 선택한 물질의 양이나 공간 내의 영역을 시스템(계)이라 한다.
나. 밀폐계는 일정한 양의 체적으로 구성된다.
다. 고립계의 경계를 통한 에너지 출입은 불가능하다.
라. 경계는 두께가 없으므로 체적을 차지하지 않는다.

① 가, 다
② 나, 라
③ 가, 다, 라
④ 가, 나, 다, 라

해설

- 밀폐계에서 시스템(계)의 경계는 이동할 수 있으므로 체적이 변할 수 있다.
- 고립계(절연계)에서는 계의 경계를 통해 열과 일이 전달될 수 없다.

03 질량이 m이고 비체적이 v인 구(Sphere)의 반지름이 R이다. 이때 질량이 $4m$, 비체적이 $2v$로 변화한다면 구의 반지름은 얼마인가?

① $2R$ ② $\sqrt{2}\,R$
③ $\sqrt[3]{2}\,R$ ④ $\sqrt[3]{4}\,R$

해설

i) $mv = V$이므로 $mv = \frac{4}{3}\pi R^3$ ⋯ ⓐ

ii) 구의 반지름을 x라 하면 $4m \times 2v = \frac{4}{3}\pi x^3$

$8mv = \frac{4}{3}\pi x^3 \rightarrow mv = \frac{\pi}{6}x^3$ (← ⓐ 대입)

$\frac{4}{3}\pi R^3 = \frac{\pi}{6}x^3 \rightarrow x^3 = 8R^3 \quad \therefore x = 2R$

04 용기에 부착된 압력계에 읽힌 계기압력이 150kPa이고 국소대기압이 100kPa일 때 용기 안의 절대압력은?

① 250kPa ② 150kPa
③ 100kPa ④ 50kPa

해설

절대압력 = 국소대기압 + 계기압

$P_{abs} = P_o + P_g = 100 + 150 = 250\text{kPa}$

05 500W의 전열기로 4kg의 물을 20℃에서 90℃까지 가열하는 데 몇 분이 소요되는가?(단, 전열기에서 열은 전부 온도 상승에 사용되고 물의 비열은 4,180J/kg · K이다.)

① 16 ② 27
③ 39 ④ 45

정답 01 ② 02 ③ 03 ① 04 ① 05 ③

해설

$\dot{Q}$(열전달률)$= \dfrac{Q}{t}$

$\delta Q = mcdT$에서

$500\text{J/s} \times x\,\text{min} \times \dfrac{60\text{s}}{1\text{min}} = 4 \times 4,180 \times (90-20)$

$\therefore x = 39.01\text{min}$

06 화씨온도가 86℉일 때 섭씨온도는 몇 ℃인가?

① 30　② 45
③ 60　④ 75

해설

$℉ = \dfrac{9}{5}℃ + 32$에서

$℃ = (℉ - 32) \times \dfrac{5}{9} = (86-32) \times \dfrac{5}{9} = 30℃$

07 그림과 같은 단열된 용기 안에 25℃의 물이 0.8m³ 들어 있다. 이 용기 안에 100℃, 50kg의 쇳덩어리를 넣은 후 열적 평형이 이루어졌을 때 최종 온도는 약 몇 ℃인가?(단, 물의 비열은 4.18kJ/kg · K, 철의 비열은 0.45kJ/kg · K이다.)

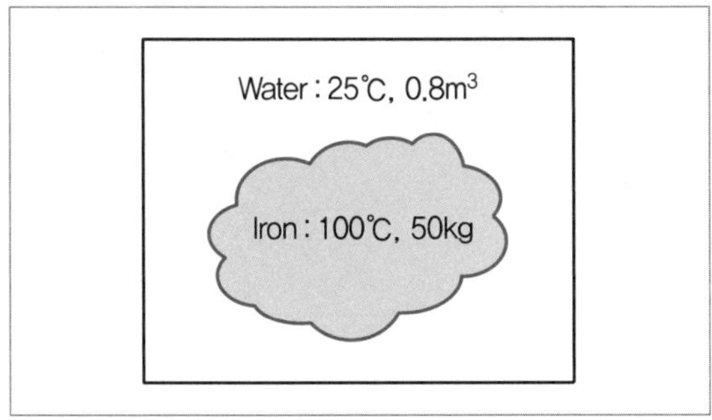

① 25.5　② 27.4
③ 29.2　④ 31.4

해설

${}_1Q_2 = mC(T_2 - T_1)$, 열평형온도 : T_m

(−)쇠가 방출한 열량=(+)물이 흡수한 열량

$-m_iC_i(T_m - T_i) = m_wC_w(T_m - T_w)$

$m_iC_i(T_i - T_m) = m_wC_w(T_m - T_w)$

$\therefore T_m = \dfrac{m_iC_iT_i + m_wC_wT_w}{m_iC_i + m_wC_w}$

(여기서, 물의 질량 $m_w = \rho_w V_w$)

$= \dfrac{m_iC_iT_i + \rho_w V_w C_w T_w}{m_iC_i + \rho_w V_w C_w}$

$= \dfrac{50 \times 0.45 \times 100 + 1,000 \times 0.8 \times 4.18 \times 25}{50 \times 0.45 + 1,000 \times 0.8 \times 4.18}$

$= 25.5℃$

08 매시간 20kg의 연료를 소비하여 74kW의 동력을 생산하는 가솔린 기관의 열효율은 약 몇 %인가?(단, 가솔린의 저위발열량은 43,470kJ/kg이다.)

① 18　② 22
③ 31　④ 43

해설

$\eta = \dfrac{H_{\text{kW}}}{H_l \times f_b}$

$= \dfrac{74\text{kW} \times \dfrac{3,600\text{kJ}}{1\text{kWh}}}{43,470\dfrac{\text{kJ}}{\text{kg}} \times 20\dfrac{\text{kg}}{\text{h}}} = 0.3064 = 30.64\%$

09 100℃의 구리 10kg을 20℃의 물 2kg이 들어 있는 단열 용기에 넣었다. 물과 구리 사이의 열전달을 통한 평형온도는 약 몇 ℃인가?(단, 구리의 비열은 0.45kJ/kg · K, 물의 비열은 4.2kJ/kg · K이다.)

① 48　② 54
③ 60　④ 68

정답　06 ①　07 ①　08 ③　09 ①

해설

열량 ${}_1Q_2 = mc(T_2 - T_1)$에서

구리가 방출(−)한 열량＝물이 흡수(+)한 열량

$-m_{구}c_{구}(T_m - 100) = m_{물}c_{물}(T_m - 20)$

$$T_m = \frac{m_{물}c_{물} \times 20 + m_{구}c_{구} \times 100}{m_{물}c_{물} + m_{구}c_{구}}$$

$$= \frac{2 \times 4.2 \times 20 + 10 \times 0.45 \times 100}{2 \times 4.2 + 10 \times 0.45}$$

$$= 47.91℃$$

10 다음 온도에 관한 설명 중 틀린 것은?

① 온도는 뜨겁거나 차가운 정도를 나타낸다.

② 열역학 제0법칙은 온도 측정과 관계된 법칙이다.

③ 섭씨온도는 표준 기압하에서 물의 어는점과 끓는점을 각각 0과 100으로 부여한 온도 척도이다.

④ 화씨온도 F와 절대온도 K 사이에는 K=F+273.15의 관계가 성립한다.

해설

K=℃+273.15

정답 10 ④

02 일과 열

1 일(Work)

1. 일의 정의

(1) 변위일 : 에너지의 일종으로 힘의 방향으로 변위가 일어날 때의 일을 말한다.

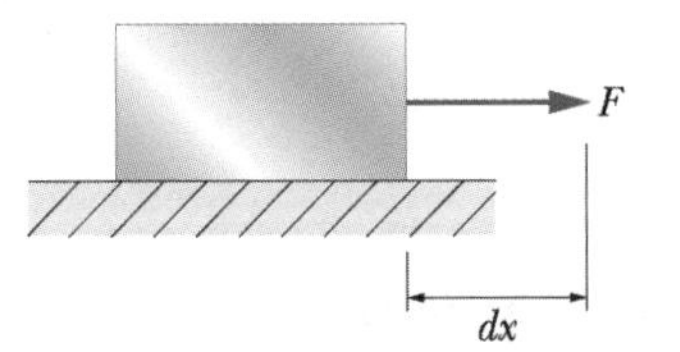

$$_1W_2 = \int_1^2 F \cdot dx$$

$$\delta W = F \cdot dx$$

① 일의 부호

㉠ 양의 일 : 계(System)가 한 일(+)

㉡ 음의 일 : 계(System)가 받은 일(−)

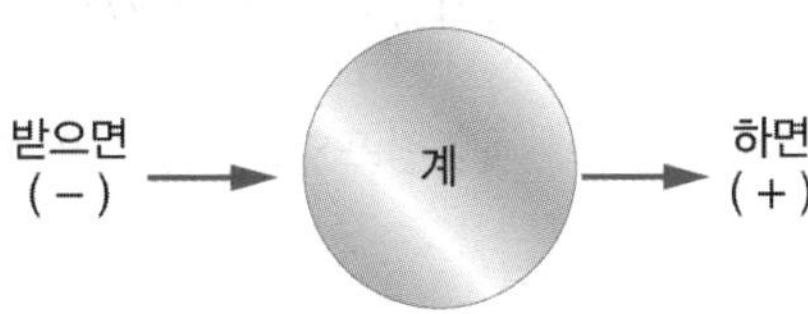

(2) 준평형 과정하에 있는 단순압축성 시스템의 경계이동에 의한 일

① 추를 1개 제거할 때 dL만큼 움직임 : 준평형과정($P = C$)

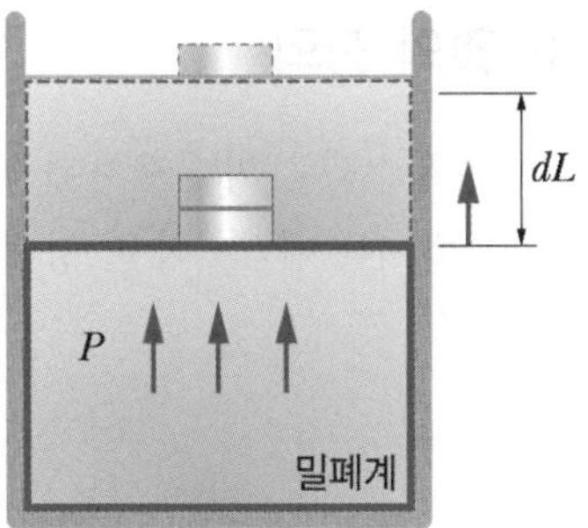

② 미소일량 : $\delta W = F \cdot dL = P \cdot A \cdot dL = P \cdot dV$

(일은 체적변화를 수반함)

$$\int_1^2 \delta W = \int_1^2 P \cdot AdL$$

$$\therefore\ _1W_2 = \int_1^2 PdV = P(V_2 - V_1)\ (\because P = C)$$

2. 절대일(Absolute Work : 밀폐계의 일)

밀폐계에서의 일, 비유동일, 검사질량(일정질량)의 일(질량유동 없는 계의 일)

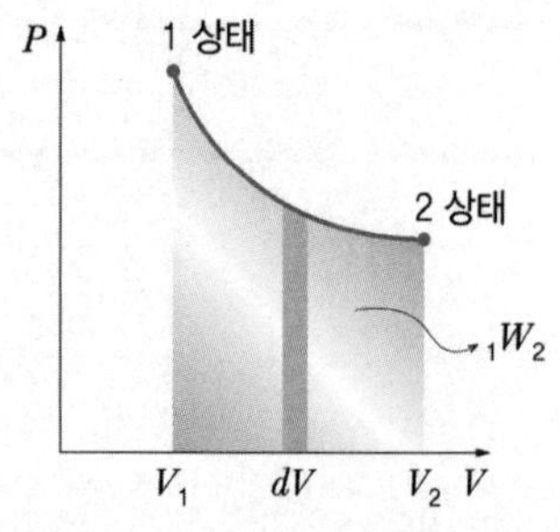

$\delta W = PdV \rightarrow \delta w = Pdv$

(정적과정에서 $dv = 0$이므로 절대일량은 "0"이다.)

$_1W_2 = \int_1^2 PdV$

[정압과정이란 조건이 없으므로 P는 변수(상수 아님)]

(팽창하니까 압력이 낮아지므로 → P는 어떤 함수)

㉮ 카르노 사이클에서 일, 가솔린기관과 디젤기관의 일 ⇒ 밀폐계의 일 ⇒ 절대일

3. 공업일(Technical Work : 개방계의 일)

개방계에서의 일, 유동일(검사체적을 잡으면 검사면에서 질량유동 있음)

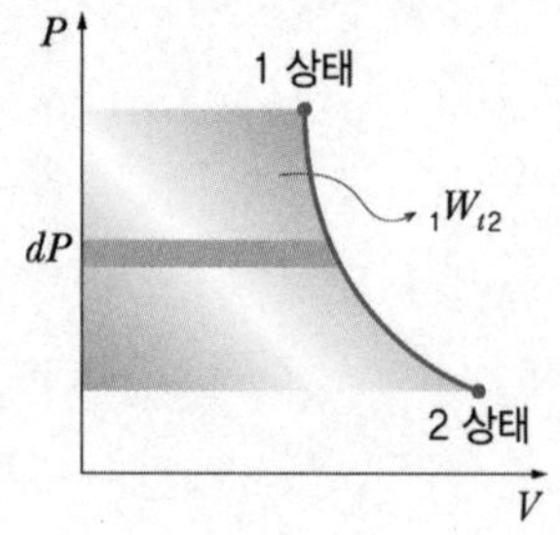

$\delta W_t = -VdP$

(정압과정에서 $dP = 0$이므로 공업일의 양은 "0"이다.)

$_1W_{t2} = -\int_1^2 VdP$

㉮ 펌프일, 터빈일, 압축기일 ⇒ 계방계의 일 ⇒ 공업일

2 열(Heat)

1. 열의 정의

두 시스템 간의 온도차에 의하여 높은 온도의 시스템에서 계의 경계를 통하여 낮은 온도의 시스템으로 전달되는 에너지의 한 형태

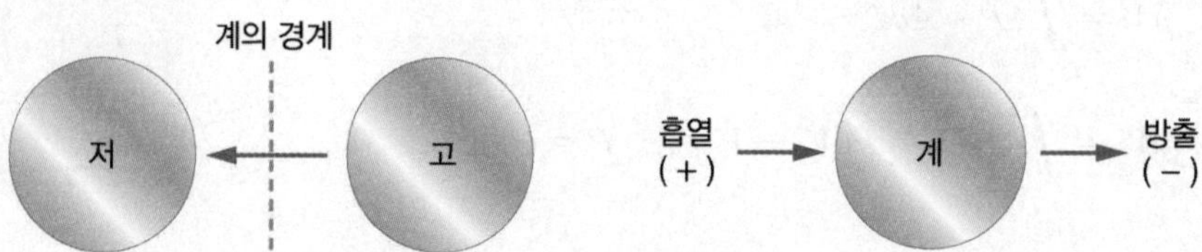

- 열의 단위 : 1kcal = 4,185.5J = 4.1855kJ = 427kgf · m

3 열역학 제1법칙

1. 밀폐계에 대한 열역학 제1법칙(사이클에서의 열역학 제1법칙)

밀폐계(검사질량) 내에서 계가 사이클 변화 동안 한 일의 총합은 열의 총합과 같다.
열역학 제1법칙을 정량적으로 표현하기 위해 상태량인 에너지를 정의

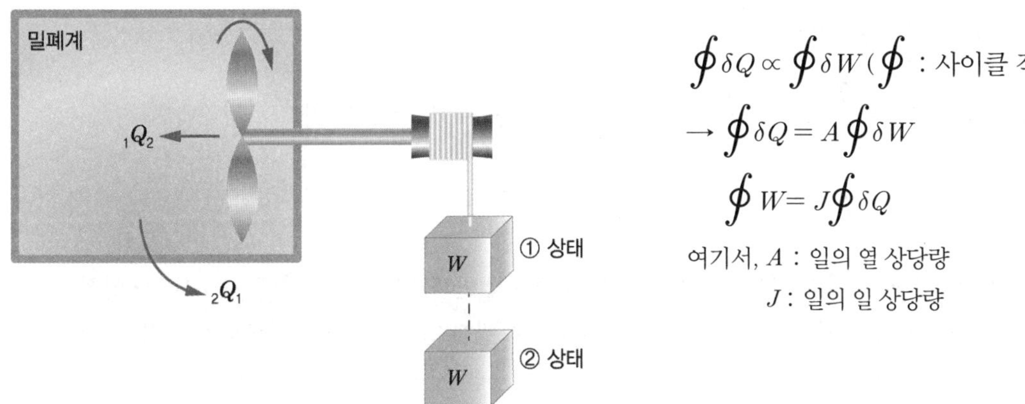

$\oint \delta Q \propto \oint \delta W$ ($\oint$: 사이클 적분)

$\rightarrow \oint \delta Q = A \oint \delta W$

$\oint W = J \oint \delta Q$

여기서, A : 일의 열 상당량
J : 일의 일 상당량

첫 번째 과정(1 상태 → 2 상태)에서는 추가 내려가는 동안 우회전하는 날개에 의하여 시스템에 열($_1Q_2$)이 가해진다.

두 번째 과정에서는 시스템을 처음 상태로 회복하기 위하여, 즉 Cycle을 완성하기 위하여 시스템으로부터 열을 추출($_2Q_1$)하면 날개가 좌회전하여 추를 감아올린다.

1 상태 → 2 상태 → 1 상태(사이클 완성)

$$\oint \delta Q = \int_1^2 \delta Q + \int_2^1 \delta Q$$

$$\oint \delta W = \int_1^2 \delta W + \int_2^1 \delta W$$

2. 밀폐계의 상태변화에 대한 열역학 제1법칙

① 1 상태 $\xrightarrow{A}$ 2 상태 $\xrightarrow{B}$ 1 상태

$$\oint \delta Q = \int_{1A}^2 \delta Q + \int_{2B}^1 \delta Q$$

$$\oint \delta W = \int_{1A}^2 \delta W + \int_{2B}^1 \delta W$$

$$\therefore \int_{1A}^2 \delta Q + \int_{2B}^1 \delta Q = \int_{1A}^2 \delta W + \int_{2B}^1 \delta W \quad \cdots\cdots\cdots \text{ⓐ}$$

② 1 상태 $\xrightarrow{A}$ 2 상태 $\xrightarrow{C}$ 1 상태

$$\oint \delta Q = \int_{1A}^{2} \delta Q + \int_{2C}^{1} \delta Q$$

$$\oint \delta W = \int_{1A}^{2} \delta W + \int_{2C}^{1} \delta W$$

$$\therefore \int_{1A}^{2} \delta Q + \int_{2C}^{1} \delta Q = \int_{1A}^{2} \delta W + \int_{2C}^{1} \delta W \cdots\cdots ⓑ$$

ⓐ식 − ⓑ식 $\Rightarrow \int_{2B}^{1} \delta Q - \int_{2C}^{1} \delta Q = \int_{2B}^{1} \delta W - \int_{2C}^{1} \delta W \Rightarrow$ 같은 경로로 정리하면

$$\int_{2B}^{1} (\delta Q - \delta W) = \int_{2C}^{1} (\delta Q - \delta W) \cdots\cdots ⓒ$$

ⓒ식은 1 상태, 2 상태 사이의 모든 과정에서 경로에 관계없이 일정하다($\delta Q - \delta W \rightarrow$ 일정).

이 양을 밀폐계의 에너지 E로 표시하고, 경로와 무관한 양이며 점함수이므로 완전미분 dE로 쓰면

$dE = \delta Q - \delta W$ ⋯⋯ ⓓ

이 식을 점함수와 경로함수를 적용하여 적분하면

$E_2 - E_1 = {}_1Q_2 - {}_1W_2$

여기서, E : 시스템이 갖는 모든 에너지(열역학 제1법칙을 양적으로 표현)

$E = U + (KE) + (PE)$인데 미분식으로 미소변화량을 표현하면

$dE = dU + d(KE) + d(PE)$ (앞서 기체의 에너지 저장방식에서 언급하였음)

여기서, U : 내부에너지(Internal Energy) : KE와 PE를 제외한 모든 에너지
KE(Kinetic Energy) : 운동에너지(병진운동)
PE(Potential Energy) : 위치에너지[분자 간 작용하는 힘(인력)]

∴ 상태변화에 대한 열역학 제1법칙은 다음과 같이 표현된다(ⓓ식은 $\delta Q = dE + \delta W$).

$\delta Q = dU + d(KE) + d(PE) + \delta W$ ⋯⋯ ⓔ

밀폐계(검사질량)가 상태변화를 하는 동안 일과 열의 양은 시스템의 경계를 통과하는 순에너지양과 같다.

시스템의 에너지는 내부에너지, 운동에너지, 위치에너지 중 어떤 것으로도 변할 수 있다.

여기서, 기체분자 운동에너지 $d(KE)$와 기체분자 위치에너지 $d(PE)$는 내부에너지에 비해 매우 작으므로 무시하면

$\delta Q = dU + \delta W = dU + PdV$

${}_1Q_2 = U_2 - U_1 + {}_1W_2$

밀폐계의 질량 m으로 양변을 나누면 ${}_1q_2 = u_2 - u_1 + {}_1w_2$

이 식을 미소변화량에 대해 미분식으로 표현하면

$\delta q = du + Pdv$: 열역학 제1법칙(밀폐계)

3. 일과 운동에너지, 위치에너지 정리

(1) 일(힘×거리) – 운동에너지

736쪽의 ⓔ식으로부터 운동에너지(KE)

$\delta Q = dU + d(KE) + d(PE) + \delta W \rightarrow \delta W = -d(KE)$

[내부에너지(온도만의 함수, $dU=0$), 위치에너지($d(PE)=0$)는 변화가 없다. 열전달도 없다($\delta Q=0$).]

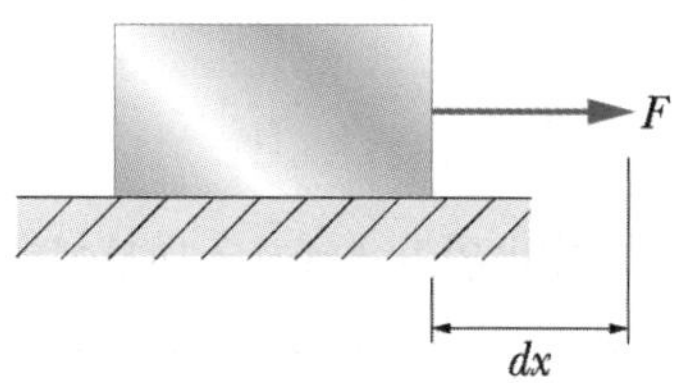

어떤 물체에 작용하는 일의 양은 그 물체의 운동에너지(위치에너지)의 변화량과 같다.

$\delta W = -F \cdot dx = -d(KE)$ (∵ 계가 일을 받으므로(−))

$= + mvdv = d(KE)$

힘의 정의에서 $F = ma = m \cdot \dfrac{dv}{dt} = m \cdot \dfrac{dx}{dt} \cdot \dfrac{dv}{dx} = m \cdot v \cdot \dfrac{dv}{dx}$

$F \cdot dx = m \cdot vdv$(적분변수 $x_1 \rightarrow v_1$, $x_2 \rightarrow v_2$)

$\Rightarrow \displaystyle\int_{x_1}^{x_2} F \cdot dx = \int_{v_1}^{v_2} mvdv$

양변을 적분하면 $KE_2 - KE_1 = \dfrac{1}{2}m\left[v^2\right]_1^2$

$= \dfrac{1}{2}m\left(v_2^2 - v_1^2\right)$ ………………………………………… ⓕ

만약, 정지물체를 v의 속도로 움직일 경우, KE(운동에너지)$= \dfrac{1}{2}mv^2$

(2) 일 – 위치에너지

736쪽의 ⓔ식으로부터 PE(위치에너지), $F = ma \Rightarrow mg$

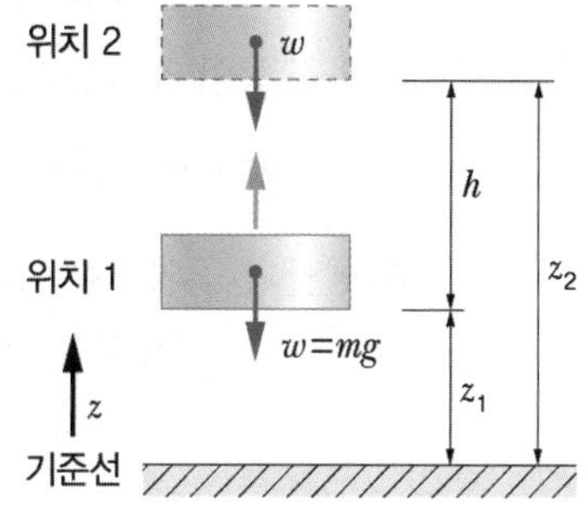

$\delta W = -F \cdot dz = -d(PE)$

$\quad = m \cdot g \cdot dz = d(PE)$

$PE_2 - PE_1 = mg(z_2 - z_1)$ ·· ⓖ

만약, 바닥에서 h만큼 올려놓았다면, $PE = mg \cdot h = w \cdot h$

ⓔ식에 ⓕ, ⓖ를 적용해보자.

$\delta Q = dU + \frac{d(mv^2)}{2} + d(mg \cdot z) + \delta w$를 적분하면

$_1Q_2 = U_2 - U_1 + \frac{m(v_2^2 - v_1^2)}{2} + mg(z_2 - z_1) + {_1W_2}$

여기서, 밀폐계에서 분자의 운동에너지와 위치에너지는 내부에너지에 비해 극히 작게 변하므로 무시하면

$_1Q_2 = U_2 - U_1 + {_1W_2}$ ·· ⓗ

밀폐계이므로 일은 절대일, ⓗ식의 양변을 질량(m)으로 나누면

$_1q_2 = u_2 - u_1 + {_1w_2}$

$\delta q = du + Pdv$: 열역학 제1법칙(밀폐계)

4 엔탈피(Enthalpy, H)

1. 엔탈피 정의

밀폐계에 대한 열역학 제1법칙 $_1Q_2 = U_2 - U_1 + {_1W_2}$에서 1 상태에서 2 상태로 갈 때 정압과정($P = C$)이라면 $P_1 = P_2 = P$이고, 정압을 유지하기 위해 1 상태에서 2 상태로 팽창해가면서 열량(Q)을 가해준다.

$_1W_2 = \int_1^2 PdV$에서 $_1W_2 = P(V_2 - V_1) = PV_2 - PV_1 = P_2V_2 - P_1V_1$

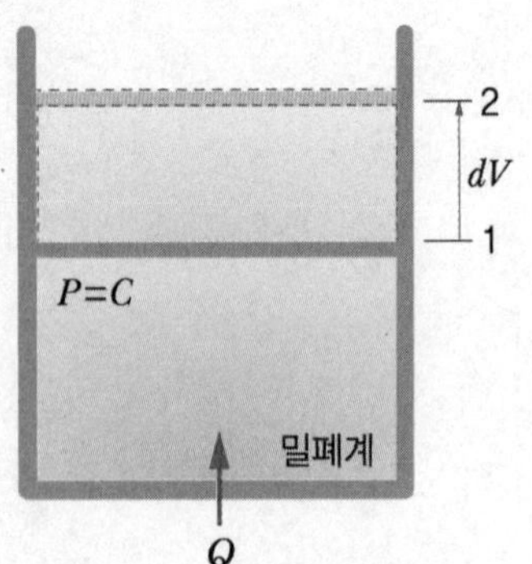

ⓗ식에 적용하면

$_1Q_2 = U_2 - U_1 + P_2V_2 - P_1V_1$

$\quad = (U_2 + P_2V_2) - (U_1 + P_1V_1)$

이 과정 동안 전달된 열량은 $U + PV$의 차로 나타난다.

$H = U + PV$(점함수 : 경로에 무관)

H(엔탈피) : 열역학 상태량의 조합된 형태
(새로운 종량성 상태량)

2. 엔탈피 변화

$H = U + PV \rightarrow h = u + Pv$

나중에 배우지만 $dh = C_P dT$(이상기체에서 엔탈피는 온도만의 함수 → 일반적으로 온도가 더 높은 쪽의 엔탈피가 크다.)

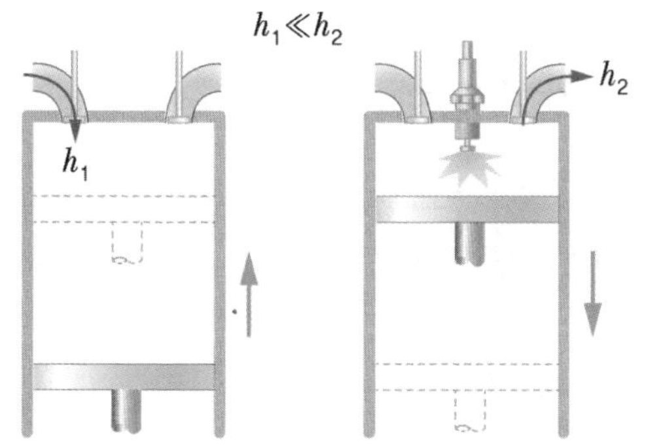

가솔린기관 : 공기 + 연료
⇒ 전기점화 → 온도상승
⇒ $h_1 \ll h_2$(h_2의 엔탈피가 크다.)

$H = U + PV$로 정의
→ 단위질량당 엔탈피 $h = u + Pv$를 미분하면
$dh = du + Pdv + vdP$
완전미분식으로 표현된 열역학 상태량의 조합된 형태
H는 상태량이고 점함수이므로 진행과정(수식의 도출에서 정압과정으로 가정했지만)에는 상관없다.

참고

엔탈피를 이용해 내부에너지를 구할 수 있다.
$u = h - Pv$로부터(수증기표 외에 열역학적 상태량에 대한 도표들에서는 엔탈피 값이 있으면 내부에너지가 나타나지 않은 경우가 많으므로)
미분식 $dh = du + Pdv + vdP$에서 ($du + Pdv = \delta q$이므로)

$$dh = \delta q + vdP$$

$\therefore\ \delta q = dh - vdP = du + Pdv$

$\delta q = du + Pdv = dh - vdP$: 검사질량(밀폐계)의 열역학 제1법칙

밀폐계는 질량유동이 없음 → 검사체적에 대한 열역학 제1법칙은 질량유동이 있음(개방계)

5 검사체적에 대한 열역학 제1법칙

1. 검사체적에 대한 열역학 제1법칙(개방계)

검사체적에 대한 열역학 제1법칙은 개방계이므로 검사면을 통한 질량유동이 존재한다.

- 밀폐계에 대한 열역학 제1법칙으로부터 시작

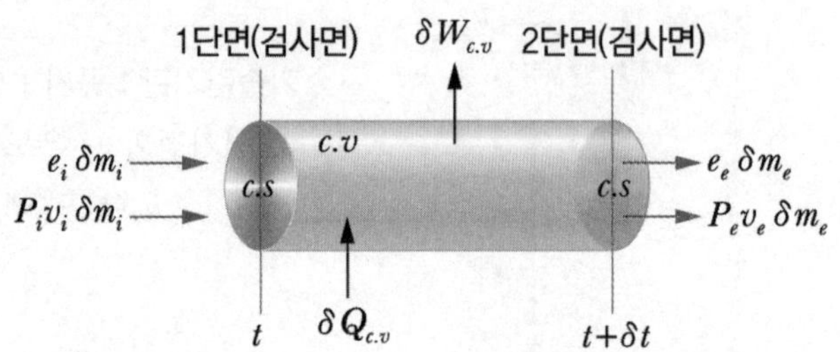

$dE = \delta Q - \delta W$에서 → ${}_1Q_2 = E_2 - E_1 + {}_1W_2$ → 미소 변화량으로 쓰면

$\delta Q = E_2 - E_1 + \delta W$ ······ ⓐ

ⓐ식의 양변을 시간 δt로 나누면(미소 시간 동안의 평균변화율)

$\dfrac{\delta Q}{\delta t} = \dfrac{E_2 - E_1}{\delta t} + \dfrac{\delta W}{\delta t}$ ······ ⓑ

(1) 검사체적에서의 에너지양(에너지에 대해 정리)

$\left[\begin{array}{l} E_1 : \text{에너지}(t\text{초}) + \text{질량에 의해 유입되는 에너지 } (E_i = m_i e_i) \\ E_2 : \text{에너지}(t+\delta t\text{초}) + \text{질량에 의해 유출되는 에너지}(E_e = m_e e_e) \end{array}\right]$

$E_1 = E_t + e_i \delta m_i$: 시간 t일 때 검사질량의 에너지

$E_2 = E_{t+\delta t} + e_e \delta m_e$: 시간 $t+\delta t$일 때 검사질량의 에너지

$\therefore\ E_2 - E_1 = (E_{t+\delta t} - E_t) + (e_e \delta m_e - e_i \delta m_i)$ ······ ⓒ

(여기서, $E_{c.v} = E_{t+\delta t} - E_t$ 개념 : 검사체적에서 에너지 변화량)

(2) 검사체적에서의 일량(일에 대해 정리)

일 = 힘×거리 = $P \cdot A \cdot dl = PdV = Pv\delta m$(여기서 $v = \dfrac{V}{m}$, 검사면에서 질량에 의해 나오는 일)

$\delta W_{c.v}$: 검사체적에서 한 일의 양

$\therefore\ \delta W = \delta W_{c.v} + P_e \delta m_e v_e - P_i \delta m_i v_i$ ······ ⓓ

(3) 검사체적에서의 열량(열에 대해 정리)

$\delta Q = \delta Q_{c.v}$ .... ⓔ

외부에서 검사체적으로 들어오는 열량만 존재

㉠ 보일러(물이 보일러 입구에 들어오면서 열을 공급하는 것은 아니다. 즉, 질량유량에 의한 열 출입이 없다. → 결론 : 검사체적 외부에서 물을 데움)

ⓑ식에 ⓒ, ⓓ, ⓔ를 대입하면

$$\frac{\delta Q_{c.v}}{\delta t} = \frac{(E_{t+\delta t} - E_t) + (e_e \delta m_e - e_i \delta m_i)}{\delta t} + \frac{\delta W_{c.v} + (P_e v_e \delta m_e - P_i v_i \delta m_i)}{\delta t}$$

열($c.v$으로 공급되며 경로함수) / 점함수 / 일은 경로함수 → $c.v$에 대한 일과 질량 유 · 출입에 의한 일이 발생

i와 e로 정리하면

$$\frac{\delta Q_{c.v}}{\delta t} + \frac{\delta m_i}{\delta t}(e_i + P_i v_i) = \frac{E_{t+\delta t} - E_t}{\delta t} + \frac{\delta m_e}{\delta t}(e_e + P_e v_e) + \frac{\delta W_{c.v}}{\delta t}$$

양변에 극한 $\lim\limits_{\delta t \to 0}$을 취하면

$$\dot{Q}_{c.v} + \dot{m}_i(e_i + P_i v_i) = \frac{dE_{c.v}}{dt} + \dot{m}_e(e_e + P_e v_e) + \dot{W}_{c.v}$$

[만약, 정상상태 · 정상유동(Steady State Steady Flow ; SSSF) 과정이라면

$\frac{\partial F}{\partial t} = 0$에서 $\frac{dE_{c.v}}{dt} = 0$, $\dot{m}_i = \dot{m}_e$ ($\frac{dm_{c.v}}{dt} + \dot{m}_e - \dot{m}_i = 0$에서 $\frac{dm_{c.v}}{dt} = 0$이므로)

여기서, $e + Pv = u + \frac{V^2}{2} + gZ + Pv$

$= h + \frac{V^2}{2} + gZ \ (\because\ h = u + Pv)$

(열역학 상태량이 조합된 형태)

검사질량이 검사면을 통과할 때면 언제나 $(u + Pv)$항이 나타난다.

상태량 엔탈피가 필요한 주된 이유를 정리하면 질량이 유입 · 유출되는 검사표면(C.S)에서 항상 엔탈피가 나오기 때문이다.]

$\dot{m}_i = \dot{m}_e = \dot{m}$이므로 양변을 $\dot{m}$(kg/s)로 나누면

$$q_{c.v} + h_i + \frac{{V_i}^2}{2} + gZ_i = h_e + \frac{{V_e}^2}{2} + gZ_e + w_{c.v} \text{ (SI단위)}$$

[$\because \ \frac{\dot{Q}_{c.v}}{\dot{m}} = \frac{\text{kcal/s}}{\text{kg/s}} = \text{kcal/kg} = q_{c.v}$, $\frac{\dot{W}_{c.v}}{\dot{m}} = \frac{\text{kJ/s}}{\text{kg/s}} = \text{kJ/kg} = w_{c.v}$

SSSF 과정에서 검사체적을 출입하는 단위질량당 열전달과 일량이라고 한다.]

검사질량(질량이 일정)인지 검사체적(질량의 유동이 포함)인지 문맥상 명확히 구분된다.

$W_{c.v}$: 검사체적 전체로 일 출력

$Q_{c.v}$: 검사체적 전체로 열 투입

검사면으로 한정할 수 없다.

$$\dot{Q}_{c.v}+\dot{m}_i\left(h_i+\frac{V_i^2}{2}+gZ_i\right)=\frac{dE_{c.v}}{dt}+\dot{m}_e\left(h_e+\frac{V_e^2}{2}+gZ_e\right)+\dot{W}_{c.v}$$

검사체적 속으로 들어오는 열 전달률과 질량의 유입과 함께 들어오는 에너지 유입률의 합은 검사체적 속의 에너지 변화율과 질량의 유출과 함께 나가는 에너지 유출률, 검사체적에서 발생하는 출력(동력)의 합과 같다.

$\dot{m}_i=\dot{m}_e=\dot{m}$이므로 양변을 $\dot{m}$(kg/s)로 나누면(SSSF상태)

$$q_{c.v}+h_i+\frac{V_i^2}{2}+gZ_i=h_e+\frac{V_e^2}{2}+gZ_e+w_{c.v}\quad \text{(SI 단위)}$$

: 열역학 제1법칙(개방계)

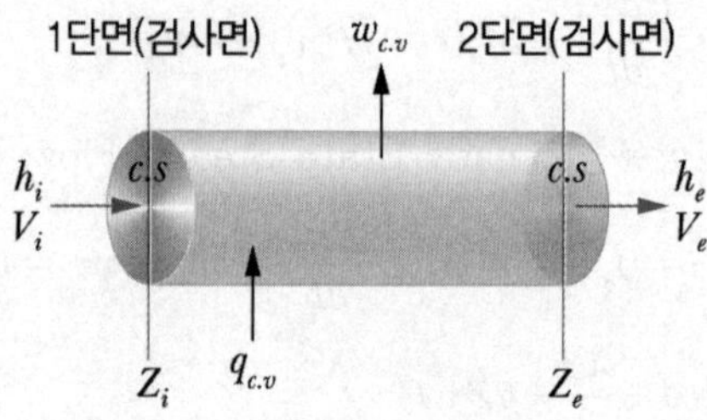

참고

유체역학이나 열전달에서 검사체적에 대한 열역학 제1법칙은 질량보존의 법칙에서와 마찬가지로 국소 상태량으로 표현한다.

$q_{c.v}+h_i+\frac{V_i^2}{2}+gZ_i=h_e+\frac{V_e^2}{2}+gZ_e+w_{c.v}$ (SI 단위)

양변을 g로 나누면

$q_{c.v}+h_i+A\frac{V_i^2}{2g}+AZ_i=h_e+A\frac{V_e^2}{2g}+AZ_e+Aw_{c.v}$ (공학 단위)

여기서, $q_{c.v}$: 중량당 열전달량

h : 중량당 엔탈피

A : 일의 열상당량(일량들을 열로 바꿈)

2. 검사체적에 대한 열역학 제1법칙과 베르누이 방정식의 관계

검사체적에 대한 열역학 제1법칙에서 정상유동 $\frac{dm_{c.v}}{dt}=0$

연속방정식 $\dot{m}_i=\dot{m}_e=\dot{m}$, 질량 유입 · 유출이 여러 곳에서 이루어지면 Σ(the sum of)를 사용하여 아래처럼 나타낼 수 있다.

$$\dot{Q}_{c.v}+\Sigma\dot{m}_i\left(h_i+\frac{V_i^{\,2}}{2}+gZ_i\right)=\Sigma\dot{m}_e\left(h_e+\frac{V_e^{\,2}}{2}+gZ_e\right)+\dot{W}_{c.v}$$

검사체적의 정상상태 · 정상유동에 대한 1법칙

$$q_{c.v}+h_i+\frac{V_i^{\,2}}{2}+gZ_i=h_e+\frac{V_e^{\,2}}{2}+gZ_e+w_{c.v} \quad \cdots\cdots\cdots \text{ⓐ}$$

(1) 베르누이 방정식과의 관계

유체에서는 열 출입이 없는 가역단열과정이므로 ⓐ식에서, 밀폐계의 1법칙

$\delta q=dh-vdP,\ 0=dh-vdP\rightarrow dh=vdP$

$h_2-h_1=\int_1^2 vdP,\ h_e-h_i=\int_i^e vdP$

비압축성 유체 $\left(v=\frac{1}{\rho}=C\right)$가 움직일 때

$$w_{c.v}=(h_i-h_e)+\frac{V_i^{\,2}-V_e^{\,2}}{2}+g(z_i-z_e) \quad \cdots\cdots\cdots \text{ⓑ}$$

$$=-\int_i^e vdP+\frac{V_i^{\,2}-V_e^{\,2}}{2}+g(z_i-z_e)$$

※ 수차(터빈), 펌프 등 액체(유체) 해석할 때 열 출입은 없다.

노즐유동과 같이 일의 출입이 없는 가역 정상상태 · 정상유동과정에서 유체가 비압축성이면 $\rho=C$, 비체적 $v=C$이고, 유선을 따라 유동하는 유체의 에너지 값은 일을 하고 있지 않으므로 출력일($w_{c.v}=0$)은 없다.

$$v(P_i-P_e)+\frac{V_i^{\,2}-V_e^{\,2}}{2}+g(z_i-z_e)=0$$

$$\frac{P_i-P_e}{\rho}+\frac{V_i^{\,2}-V_e^{\,2}}{2}+g(z_i-z_e)=0 \text{ (SI 단위)}$$

베르누이 방정식 : $\frac{P_i-P_e}{\rho}+\frac{V_i^{\,2}-V_e^{\,2}}{2}+g(z_i-z_e)=0$

참고

ⓑ식은 작업유체의 운동에너지와 위치에너지 변화가 크지 않은 여러 종류의 유동과정에 광범위하게 적용 가능하며, 이러한 기계로는 일의 입출력(turbine, pump 등)이 있으며 위치에너지와 운동에너지 변화가 없는 가역 SSSF과정으로 볼 수 있다.

흐름속도가 거의 일정하여 위치에너지 차는 무시할 만하다(∵ 기체이므로).

따라서 ⓑ식은 $w_{c.v} = -\int_i^e vdP$ ······································ ⓒ

일은 작업유체의 비체적과 밀접한 관계가 있다.

※ 증기동력발전소에서 펌프에서의 압력 증가량은 터빈에서의 압력강하량과 같다. 펌프에서 입 · 출구의 위치에너지와 운동에너지의 변화를 무시하면 펌프와 터빈일은 ⓒ식으로 계산된다.
펌프에서 액체상태로 압축되며 액체는 터빈으로 들어가는 증기에 비하여 비체적이 매우 작다. 따라서 펌프의 입력일이 터빈의 출력일보다 훨씬 작으며, 그 차이는 발전소의 순출력일이다.

6 정상상태 · 정상유동과정의 개방계에 대한 열역학 제1법칙 적용

1. 검사체적을 보일러(Boiler)에 적용

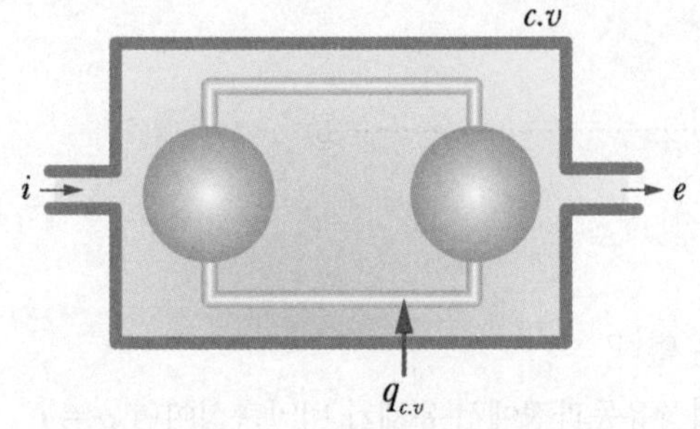

열 교환기(보일러, 응축기)는 체적변화가 없으므로 일을 못한다.

$w_{c.v} = 0$

가정 $V_i \approx V_e$, $Z_i \approx Z_e$, 입 · 출구 속도는 거의 같고 위치에너지는 무시한다.

$$q_{c.v} + h_i + \frac{V_i^2}{2} + gZ_i = h_e + \frac{V_e^2}{2} + gZ_e + w_{c.v}$$

$$q_b = q_{c.v} = h_e - h_i (\text{kJ/kg}) > 0$$

2. 검사체적을 터빈(Turbine)에 적용

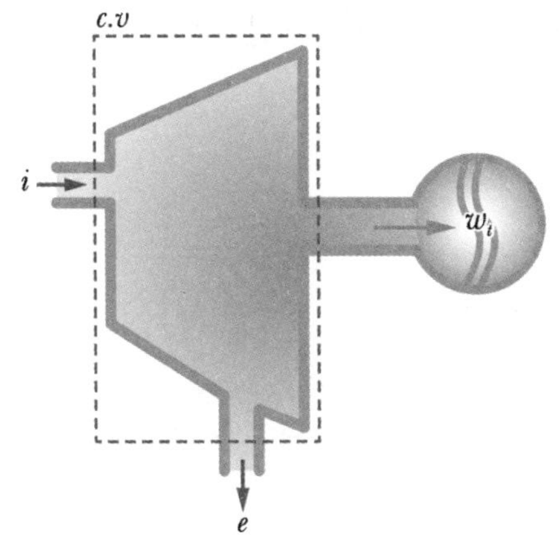

가정 단열 $q_{c.v} = 0$(열 출입이 없다), $V_i \approx V_e$, $Z_i \approx Z_e$

$$q_{c.v} + h_i + \frac{V_i^2}{2} + gZ_i = h_e + \frac{V_e^2}{2} + gZ_e + w_{c.v}$$

$$\therefore\ w_{c.v} = h_i - h_e = w_t(\mathrm{kJ/kg}) > 0$$

3. 검사체적을 압축기(Compressor)에 적용

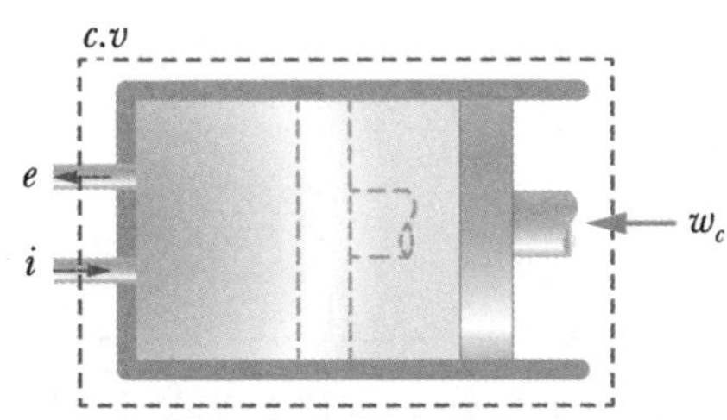

가정 단열 $q_{c.v} = 0$, $V_i \approx V_e$, $Z_i \approx Z_e$

$$q_{c.v} + h_i + \frac{V_i^2}{2} + gZ_i = h_e + \frac{V_e^2}{2} + gZ_e + w_{c.v}$$

$$w_{c.v} = h_i - h_e < 0$$

$-w_{c.v} = h_i - h_e$ (계가 일 받음. (−)일 부호)

$$\therefore\ w_{c.v} = h_e - h_i = w_c(\mathrm{kJ/kg})$$

$h = u + Pv$

$du = C_v dT$

이상기체($Pv = RT$)라고 보면 $h = u + RT$ → 압축(온도증가) → 출구엔탈피가 크다.

4. 응축기(Condenser : 방열기)

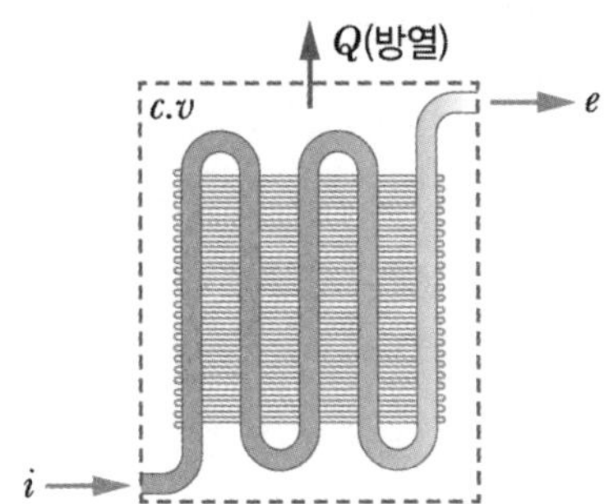

$w_{c.v} = 0$: 일 못함(열교환기)

$$q_{c.v} + h_i + \frac{V_i^2}{2} + gZ_i = h_e + \frac{V_e^2}{2} + gZ_e + w_{c.v}$$

$q_{c.v} = h_e - h_i < 0$[방열 → (−)열 부호]

$$-q_{c.v} = h_e - h_i$$

$$\therefore\ q_{c.v} = h_i - h_e = q_c$$

5. 교축과정(등엔탈피 과정)

교축이란 가스가 좁은 통로를 흐를 때 유동방향으로 압력이 떨어지는 현상을 말하며 비가역변화 중 하나이다.

(1) 검사체적을 교축밸브(Throttle Valve)에 적용

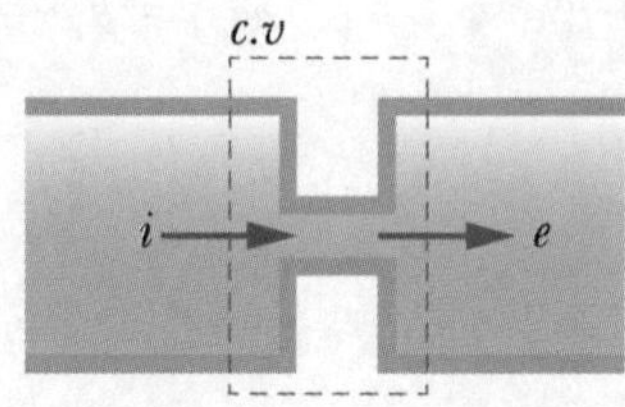

개방계에 대한 열역학 1법칙 : $q_{c.v} + h_i + \dfrac{{V_i}^2}{2} + gZ_i = h_e + \dfrac{{V_e}^2}{2} + gZ_e + w_{c.v}$

가정 열전달 시간 없다, 열전달 면적이 아주 작다, 단열로 볼 수 있다, 외부출력일이 없다.

$(q_{c.v} = 0,\ Z_i = Z_e,\ w_{c.v} = 0,\ V_i = V_e)$

$\therefore\ h_i = h_e$ → 등엔탈피 과정 $h = C$

따라서 교축이 일어나도 엔탈피($h_i = h_e$)는 변함이 없다.

참고

V가 40m/s 이하일 때나 $V_i = V_e$이면 등엔탈피 과정($h_i = h_e$)으로 압력이 내려가는 현상이 발생한다. 이때 통로의 단면적을 바꿔 교축현상으로 감압과 유량을 조절하는 밸브를 교축밸브라 한다.

6. 노즐(Nozzle)

기체 또는 액체의 분출 속도를 증가시키기 위해 유로의 끝에 설치하는 가는 관을 노즐이라 하며, 운동에너지를 증가시키는 것이 목적이다. $V_e \gg V_i$이므로 개방계 1법칙에서 운동에너지를 고려해야 한다.

예 연료분사노즐 – 순간에 큰 동력, 짧은 시간 안에 연소(일정량) → 완전연소

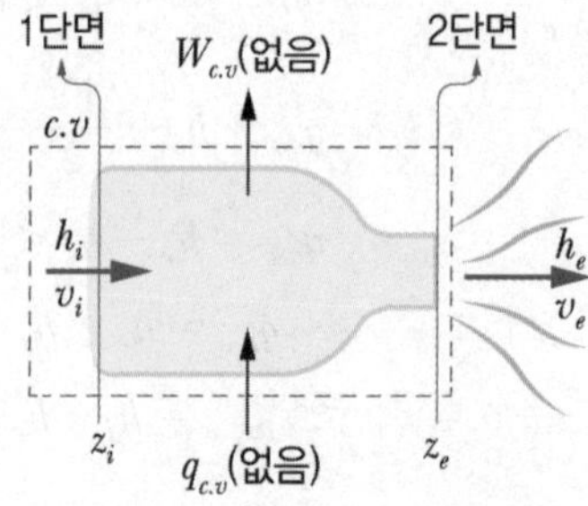

가정 $q_{c.v}=0$(열출입 없음), $V_e \gg V_i$이므로 V_i를 무시, $w_{c.v}=0$: 일 못함

$$q_{c.v}+h_i+\frac{V_i^2}{2}+gZ_i=h_e+\frac{V_e^2}{2}+gZ_e+w_{c.v}$$

$$\frac{V_e^2}{2}=h_i-h_e\ (h_i-h_e=\Delta h : \text{단열 열낙차})$$

$$\therefore\ V_e=\sqrt{2(h_1-h_2)}=\sqrt{2\Delta h}\ \ (\text{SI단위})$$

→ 공학단위에서는 $\dfrac{V_e^2}{2g}=h_i-h_e$이므로 $V_e=\sqrt{2g(h_1-h_2)}=\sqrt{2g\Delta h}$

$q_{c.v}+h_i=h_e+w_{c.v}$ (단, 노즐 제외)

참고

- 정상상태 : 터빈, 압축기, 노즐, 보일러, 응축기 등은 시동과 정지 시에 일어나는 짧은 과도기 과정은 포함되지 않으며 장기간 정상 운전하는 기간만 포함한다.
- SSSF과정에서 정상유동 : $\dfrac{\partial F}{\partial T}=0$

  여기서, $F(\rho,\ v,\ V,\ T,\ P\cdots)$

① 많은 공학문제에서 다른 에너지에 비하여 위치에너지의 변화량이 큰 의미가 없다. 높이의 변화가 크지 않은 대부분의 문제에서 위치에너지 항은 무시할 수 있다.

② 속도가 작으면 운동에너지도 무시하며 입구속도와 출구속도에 큰 차이가 없다면 운동에너지의 차이는 작아 무시할 수 있다.

※ 열역학 문제를 해석할 때 가정과 무시할 수 있는 양이 무엇인가를 잘 판단하여야 한다.

핵심 기출 문제

01 다음 중 가장 큰 에너지는?

① 100kW 출력의 엔진이 10시간 동안 한 일
② 발열량 10,000kJ/kg의 연료를 100kg 연소시켜 나오는 열량
③ 대기압하에서 10℃의 물 $10m^3$를 90℃로 가열하는 데 필요한 열량(단, 물의 비열은 4.2kJ/kg · K이다.)
④ 시속 100km로 주행하는 총 질량 2,000kg인 자동차의 운동에너지

해설

① $100\frac{\text{kJ}}{\text{s}}\times 10\text{h}\times\frac{3{,}600\text{s}}{1\text{h}}=3.6\times 10^6\text{kJ}$

② $Q=mq=100\text{kg}\times 10{,}000\text{kJ/kg}=1\times 10^6\text{kJ}$

③ $Q=mc\Delta T=\rho Vc\Delta T$
$=1{,}000\text{kg/m}^3\times 10\text{m}^3\times 4.2\times(90-10)$
$=3.36\times 10^6\text{kJ}$

④ $E_K=\frac{1}{2}mV^2$
$=\frac{1}{2}\times 2{,}000\text{kg}\times 10^2\left(\frac{\text{km}}{\text{h}}\right)^2\times\left(\frac{1{,}000\text{m}}{\text{km}}\right)^2\times\left(\frac{1\text{h}}{3{,}600\text{s}}\right)^2$
$=7.71\times 10^6\text{J}=7.71\times 10^3\text{kJ}$

02 다음 중 경로함수(Path Function)는?

① 엔탈피 ② 엔트로피
③ 내부에너지 ④ 일

해설

일과 열은 경로에 따라 그 값이 변하는 경로함수이다.

03 압력(P) – 부피(V) 선도에서 이상기체가 그림과 같은 사이클로 작동한다고 할 때 한 사이클 동안 행한 일은 어떻게 나타내는가?

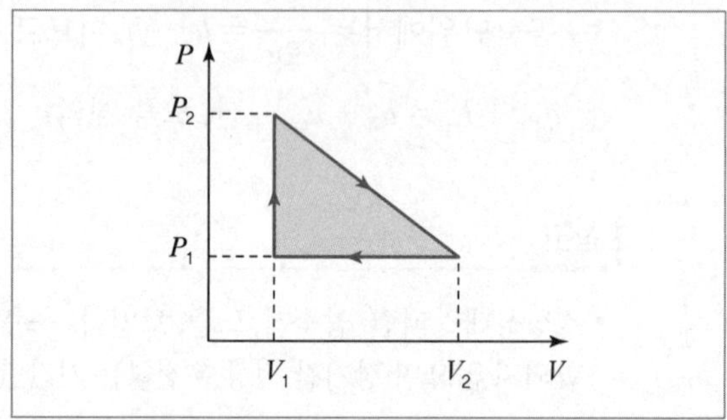

① $\frac{(P_2+P_1)(V_2+V_1)}{2}$

② $\frac{(P_2-P_1)(V_2+V_1)}{2}$

③ $\frac{(P_2+P_1)(V_2-V_1)}{2}$

④ $\frac{(P_2-P_1)(V_2-V_1)}{2}$

해설

한 사이클 동안 행한 일의 양은 삼각형 면적과 같으므로

$\frac{1}{2}\times(V_2-V_1)\times(P_2-P_1)$

정답 01 ① 02 ④ 03 ④

04 밀폐계에서 기체의 압력이 100kPa로 일정하게 유지되면서 체적이 $1m^3$에서 $2m^3$로 증가되었을 때 옳은 설명은?

① 밀폐계의 에너지 변화는 없다.
② 외부로 행한 일은 100kJ이다.
③ 기체가 이상기체라면 온도가 일정하다.
④ 기체가 받은 열은 100kJ이다.

해설

밀폐계의 일 → 절대일 $\delta W = PdV$

$${}_1W_2 = \int_1^2 PdV \text{(정압과정이므로)}$$
$$= P\int_1^2 dV = P(V_2 - V_1)$$
$$= 100 \times (2-1) = 100\text{kJ}$$

05 내부 에너지가 30kJ인 물체에 열을 가하여 내부 에너지가 50kJ이 되는 동안에 외부에 대하여 10kJ의 일을 하였다. 이 물체에 가해진 열량(kJ)은?

① 10 ② 20
③ 30 ④ 60

해설

일부호는 (+)

$\delta Q - \delta W = dU \rightarrow \delta Q = dU + \delta W$

$\therefore {}_1Q_2 = U_2 - U_1 + {}_1W_2$
$= (50-30) + 10 = 30\text{kJ}$

06 펌프를 사용하여 150kPa, 26℃의 물을 가역단열과정으로 650kPa까지 변화시킨 경우, 펌프의 일(kJ/kg)은?(단, 26℃의 포화액의 비체적은 $0.001m^3/kg$이다.)

① 0.4 ② 0.5
③ 0.6 ④ 0.7

해설

펌프일 → 개방계의 일 → 공업일

$\delta w_t = -vdp$

(계가 일을 받으므로(−))

$\delta w_p = (-) - vdp = vdp$

$$w_p = \int_1^2 vdp = v(p_2 - p_1)$$
$$= 0.001(650-150) = 0.5\text{kJ/kg}$$

07 용기 안에 있는 유체의 초기 내부에너지는 700kJ이다. 냉각과정 동안 250kJ의 열을 잃고, 용기 내에 설치된 회전날개로 유체에 100kJ의 일을 한다. 최종상태의 유체의 내부에너지(kJ)는 얼마인가?

① 350 ② 450
③ 550 ④ 650

해설

열부호(−), 일부호(−)

$\delta Q - \delta W = dU \rightarrow {}_1Q_2 - {}_1W_2 = U_2 - U_1$

$\therefore U_2 = U_1 + {}_1Q_2 - {}_1W_2$
$= 700 + \{(-)250\} - \{(-)100\}$
$= 550\text{kJ}$

08 기체가 열량 80kJ을 흡수하여 외부에 대하여 20kJ의 일을 하였다면 내부에너지 변화(kJ)는?

① 20 ② 60
③ 80 ④ 100

해설

$\delta Q - \delta W = dU$에서

내부에너지 변화량 $U_2 - U_1 = {}_1Q_2 - {}_1W_2$
$= 80 - 20 = 60\text{kJ}$

여기서, 흡열이므로 열부호 (+)
계가 일하므로 일부호 (+)

정답 04 ② 05 ③ 06 ② 07 ③ 08 ②

09 질량 유량이 10kg/s인 터빈에서 수증기의 엔탈피가 800kJ/kg 감소한다면 출력(kW)은 얼마인가? (단, 역학적 손실, 열손실은 모두 무시한다.)

① 80 ② 160
③ 1,600 ④ 8,000

해설

i) 개방계에 대한 열역학 제1법칙

$q_{cv}+h_i=h_e+w_{cv}$ (단열이므로 $q_{cv}=0$)

$\therefore\ w_{cv}=w_T=h_i-h_e>0$

$w_T=\Delta h=800\text{kJ/kg}$

ii) 출력 $\dot{W}_T=\dot{m}\cdot w_T=10\dfrac{\text{kg}}{\text{s}}\times 800\dfrac{\text{kJ}}{\text{kg}}$

$=8{,}000\text{kJ/s}=8{,}000\text{kW}$

10 열역학적 관점에서 일과 열에 관한 설명으로 틀린 것은?

① 일과 열은 온도와 같은 열역학적 상태량이 아니다.
② 일의 단위는 J(Joule)이다.
③ 일의 크기는 힘과 그 힘이 작용하여 이동한 거리를 곱한 값이다.
④ 일과 열은 점 함수(Point Function)이다.

해설

일과 열은 경로 함수(Path Function)이다.

11 입구 엔탈피 3,155kJ/kg, 입구 속도 24m/s, 출구 엔탈피 2,385kJ/kg, 출구 속도 98m/s인 증기 터빈이 있다. 증기 유량이 1.5kg/s이고, 터빈의 축 출력이 900kW일 때 터빈과 주위 사이의 열전달량은 어떻게 되는가?

① 약 124kW의 열을 주위로 방열한다.
② 주위로부터 약 124kW의 열을 받는다.
③ 약 248kW의 열을 주위로 방열한다.
④ 주위로부터 약 248kW의 열을 받는다.

해설

개방계에 대한 열역학 제1법칙

$$\dot{Q}_{cv}+\dot{m}_i\left(h_i+\frac{{V_i}^2}{2}+\text{g}Z_i\right)=\dot{m}_e\left(h_e+\frac{{V_e}^2}{2}+\text{g}Z_e\right)+\dot{W}_{cv}$$

(여기서, $\dot{m}_i=\dot{m}_e=\dot{m}$, $\text{g}Z_i=\text{g}Z_e$ 적용)

$$\dot{Q}_{cv}=\dot{m}\left\{(h_e-h_i)+\frac{1}{2}\left({V_e}^2-{V_i}^2\right)\right\}+\dot{W}_{cv}$$

$$=1.5\frac{\text{kg}}{\text{s}}\left\{(2{,}385-3{,}155)\frac{\text{kJ}}{\text{kg}}+\frac{1}{2}(98^2-24^2)\frac{\text{J}}{\text{kg}}\times\frac{1\text{kJ}}{1{,}000\text{J}}\right\}+900\text{kW}$$

$=-248.23\text{kW}$[열부호(−)이므로 주위로 열을 방출]

12 보일러에 온도 40℃, 엔탈피 167kJ/kg인 물이 공급되어 온도 350℃, 엔탈피 3,115kJ/kg인 수증기가 발생한다. 입구와 출구에서의 유속은 각각 5m/s, 50m/s이고, 공급되는 물의 양이 2,000kg/h일 때, 보일러에 공급해야 할 열량(kW)은?(단, 위치에너지 변화는 무시한다.)

① 631 ② 832
③ 1,237 ④ 1,638

해설

개방계에 대한 열역학 제1법칙

$$q_{cv}+h_i+\frac{{V_i}^2}{2}=h_e+\frac{{V_e}^2}{2}+\cancel{w_{cv}}^{\,0}\quad(\because\ \text{g}z_i=\text{g}z_e)$$

$$q_B=h_e-h_i+\frac{{V_e}^2}{2}-\frac{{V_i}^2}{2}$$

$$=(3{,}115-167)\frac{\text{kJ}}{\text{kg}}+\frac{1}{2}(50^2-5^2)\times\frac{\text{m}^2}{\text{s}^2}\times\frac{\text{kg}}{\text{kg}}\times\frac{1\text{kJ}}{1{,}000\text{J}}$$

$=2{,}949.24\text{kJ/kg}$

공급열량 $\dot{Q}=\dot{m}\cdot q_B$

$$=2{,}000\frac{\text{kg}}{\text{h}}\times\frac{1\text{h}}{3{,}600\text{s}}\times 2{,}949.24\frac{\text{kJ}}{\text{kg}}$$

$=1{,}638.47\text{kW}$

정답 09 ④ 10 ④ 11 ③ 12 ④

13 열역학적 관점에서 다음 장치들에 대한 설명으로 옳은 것은?

① 노즐은 유체를 서서히 낮은 압력으로 팽창하여 속도를 감속시키는 기구이다.

② 디퓨저는 저속의 유체를 가속하는 기구이며 그 결과 유체의 압력이 증가한다.

③ 터빈은 작동유체의 압력을 이용하여 열을 생성하는 회전식 기계이다.

④ 압축기의 목적은 외부에서 유입된 동력을 이용하여 유체의 압력을 높이는 것이다.

해설

- 노즐 : 속도를 증가시키는 기구(운동에너지를 증가시킴)
- 디퓨저 : 유체의 속도를 감속하여 유체의 압력을 증가시키는 기구
- 터빈 : 일을 만들어 내는 회전식 기계(축일을 만드는 장치)

14 이상적인 교축과정(Throttling Process)을 해석하는 데 있어서 다음 설명 중 옳지 않은 것은?

① 엔트로피는 증가한다.

② 엔탈피의 변화가 없다고 본다.

③ 정압과정으로 간주한다.

④ 냉동기의 팽창밸브의 이론적인 해석에 적용될 수 있다.

해설

교축과정은 등엔탈피과정으로 속도변화 없이 압력을 저하시키는 과정이다.

15 단열된 노즐에 유체가 10m/s의 속도로 들어와서 200m/s의 속도로 가속되어 나간다. 출구에서의 엔탈피가 2,770kJ/kg일 때 입구에서의 엔탈피는 약 몇 kJ/kg인가?

① 4,370 ② 4,210

③ 2,850 ④ 2,790

해설

개방계에 대한 열역학 제1법칙

$$\cancel{q_{cv}}^{\,0} + h_i + \frac{V_i^{\,2}}{2} = h_e + \frac{V_e^{\,2}}{2} + \cancel{w_{cv}}^{\,0} \quad (\because\ gz_i = gz_e)$$

$$h_i = h_e + \frac{V_e^{\,2}}{2} - \frac{V_i^{\,2}}{2}$$

$$= 2{,}770 + \frac{1}{2}\left(200^2 - 10^2\right)\cdot\frac{\text{m}^2}{\text{s}^2}\times\frac{\text{kg}}{\text{kg}}\times\frac{1\text{kJ}}{1{,}000\text{J}}$$

$$= 2{,}789.95\,\text{kJ/kg}$$

정답 13 ④ 14 ③ 15 ④

03 이상기체

1 이상기체 조건

1. 완전기체(Ideal Gas)

실제 기체(공기, CO_2, NO_2, O_2)는 밀도가 작고 비체적이 클수록, 온도가 높고 압력이 낮을수록, 분자 간 척력이 작을수록(분자 간 거리가 멂) 이상기체(Ideal Gas)에 가깝다. ⇒ $Pv = RT$를 만족

2 아보가드로 법칙

정압(1기압), 등온(0℃) 하에서 기체는 같은 체적(22.4l) 속에 같은 수의 분자량(6×10^{23}개)을 갖는다.

① 정압, 등온 : $Pv = RT$

$P_1v_1 = R_1T_1$ ································ ㉠

$P_2v_2 = R_2T_2$ ································ ㉡

㉠에서 $P_1 = \dfrac{R_1}{v_1}T_1$, $P_1 = P_2$이므로

㉡에 대입하면 $\dfrac{R_1}{v_1}T_1v_2 = R_2T_2$(여기서, $T_1 = T_2$이므로)

$\dfrac{v_2}{v_1} = \dfrac{R_2}{R_1}$ ································ ⓐ

② 같은 체적 속에 같은 분자량(M)

$Mv = C$, $M_1v_1 = M_2v_2$

$\dfrac{v_2}{v_1} = \dfrac{M_1}{M_2}$ ································ ⓑ

ⓐ=ⓑ에서 $\dfrac{R_2}{R_1} = \dfrac{M_1}{M_2}$

$M_1R_1 = M_2R_2 = C \rightarrow MR = \overline{R}$: 일반기체상수(표준기체상수)

3 보일 법칙

일정온도에서 기체의 압력과 그 부피(체적)는 서로 반비례한다.

$T = C$일 때 $PV = C(\div m) \rightarrow Pv = C$

⇒ 1 상태에서 2 상태로 갈 때 등온과정($T = C$)이면 $P_1v_1 = P_2v_2$

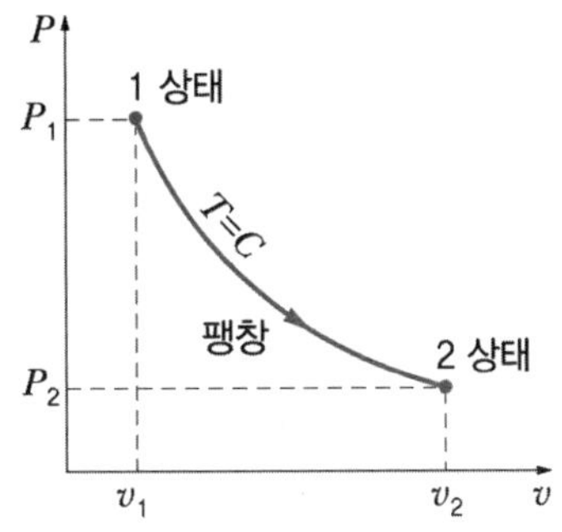

참고

용기 속에 넣어 둔 질량(m)이 일정한 기체분자는 활발한 운동을 하고 있어 용기 벽에 충돌하면서 일정한 압력을 가지고 있는데 외부에서 힘을 가해 기체의 부피를 감소시키면, 기체의 밀도가 증가(비체적은 감소)하며 충돌횟수도 증가하여 기체의 압력은 증가한다. 반대로 부피가 증가(비체적은 증가)하면 압력은 감소한다.

기체분자의 크기가 0이고 서로 영향을 미치지 않는 이상기체의 경우, 부피가 1/2배가 되면 압력은 2배가 된다.

4 샤를 법칙

압력이 일정($P=C$)한 과정에서 온도와 부피 사이의 관계는 비례한다.

$P=C$일 때 $\dfrac{V}{T}=C(\div m) \rightarrow \dfrac{v}{T}=C$

$\Rightarrow$ 1 상태에서 2 상태로 갈 때 정압과정($P=C$)이면 $\dfrac{v_1}{T_1}=\dfrac{v_2}{T_2}$

$\dfrac{v_1}{v_2}=\dfrac{T_1}{T_2}$ (비체적의 비가 온도비와 같다.)

참고

용기 안의 기체분자들이 활발히 움직이고 있는데 온도가 높아지면 움직임이 더욱 빨라지고 분자들이 차지하는 공간이 커진다. 압력이 일정하려면 온도가 올라갈 때 비체적도 증가해야 한다.

㉮ 겨울철에 실내에서 팽팽했던 풍선을 차가운 실외로 가지고 나가면 풍선이 쭈글쭈글해지며, 여름에 전깃줄은 늘어진다.

5 보일 - 샤를 법칙

기체의 비체적은 온도에 비례하고 압력에 반비례한다.

$\frac{Pv}{T}=C$이며 1 상태에서 2 상태로 갈 때 $\frac{P_1 v_1}{T_1}=\frac{P_2 v_2}{T_2}$

보일 - 샤를 법칙은 상수 C 대신 기체상수인 R로 바꿔주면 $Pv=RT$라는 이상기체 상태방정식을 얻을 수 있다.

6 이상기체 상태방정식

$PV=n\overline{R}T\left[n(\text{몰수})=\frac{m(\text{질량})}{M(\text{분자량})}\right]$

$PV=\frac{m}{M}\overline{R}T\ (MR=\overline{R}\text{에서 } \frac{\overline{R}}{M}=R)$

$PV=mRT$ (SI 단위)

$PV=mRT\rightarrow Pv=RT\left[v(\text{비체적})=\frac{V}{m}\right]$

SI 단위	공학 단위
$v=\frac{1}{\rho}$ $\frac{P}{\rho}=RT$ $P\cdot\frac{V}{m}=RT$ $PV=mRT$	$v=\frac{1}{\gamma}$ $\frac{P}{\gamma}=RT$ $P\cdot\frac{V}{G}=RT$ $PV=GRT$

참고

- 밀도가 낮은 기체는 보일(온도) - 샤를(압력) 법칙을 따른다.
- 밀도가 낮다는 조건하에서 실험적 관찰에 근거한다.
- 밀도가 높은 기체는 이상기체 상태방정식에서 상당히 벗어난다.
(이상기체 거동에서 얼마나 벗어나는가를 아는 방법 : $PV=Zn\overline{R}T$에서 압축성 인자 $Z=1$일 때 이상기체 상태방정식이고, Z값이 1에서 벗어난 정도가 실제기체 상태방정식과 이상기체 상태방정식의 차이를 나타낸다.)

7 일반(표준)기체상수($\overline{R}$)

공기를 이상기체로 보면(온도 : ℃, 압력 : 1atm, 1kmol 조건)

$PV = n\overline{R}T$에 대입하면

(1mol = 22.4L, 1kmol = 10^3mol, 1atm = 1.0332kgf/cm^2, MKS단위계로 환산)

$$\overline{R} = \frac{P \cdot V}{n \cdot T} = \frac{1.0332 \times 10^4 \text{kgf/m}^2 \times 22.4 \times 10^{-3} \times 10^3 \text{m}^3}{1\text{kmol} \times (273 + 0℃)\text{K}}$$

$\fallingdotseq 848\text{kgf} \cdot \text{m/kmol} \cdot \text{K}$(공학 단위)

$\fallingdotseq 8{,}314.4\text{N} \cdot \text{m/kmol} \cdot \text{K}$(SI 단위)

$\fallingdotseq 8{,}314.4\text{J/kmol} \cdot \text{K}$

$\fallingdotseq 8.3144\text{kJ/kmol} \cdot \text{K}$

$PV = mRT$(SI 단위)에서 기체상수 R의 단위를 구해보면

몰수 $n = \dfrac{m}{M}$을 이용하여

$$M = \frac{m}{n} = \frac{\text{kg}}{\text{kmol}},\ MR = \overline{R},\ R = \frac{\overline{R}}{M} = \frac{\text{N} \cdot \text{m/kmol} \cdot \text{K}}{\text{kg/kmol}} = \text{N} \cdot \text{m/kg} \cdot \text{K}\,(\text{SI 단위})$$

$$= \text{J/kg} \cdot \text{K}\,(\text{SI 단위})$$

$$PV = mRT \times \frac{\text{g}}{\text{g}}$$

$$PV = GRT\left(G = m \cdot \text{g},\ \frac{R}{\text{g}},\ \text{공학 단위}\right)$$

$$\frac{R}{\text{g}} = \frac{\dfrac{\text{kgf} \cdot \text{m}}{\text{kg} \cdot \text{K}}}{\text{g}} = \frac{\text{kgf} \cdot \text{m}}{\text{kgf} \cdot \text{K}}\ (\because \text{kg} \cdot \text{g} \Rightarrow \text{kgf})$$

예 공기의 기체상수(R)를 구해보면

공기분자량 → 28.97kg/kmol (SI 단위)

$$R = \frac{\overline{R}}{M}\text{에서}\ \frac{8314.4\dfrac{\text{J}}{\text{kmol} \cdot \text{K}}}{28.97\dfrac{\text{kg}}{\text{kmol}}} = 287\text{J/kg} \cdot \text{K}\,(\text{SI 단위})\ \left(n = \frac{m}{M}\text{에서}\ M = \frac{m}{n} = \frac{\text{kg}}{\text{kmol}}\right)$$

$$\frac{848\dfrac{\text{kgf} \cdot \text{m}}{\text{kmol} \cdot \text{K}}}{28.97\dfrac{\text{kgf}}{\text{kmol}}} = 29.27\text{kgf} \cdot \text{m/kgf} \cdot \text{K}\,(\text{공학 단위})$$

참고

이상기체, 즉 완전가스는 존재하지 않는다.
실제가스(공기 : Air, 산소 : O_2, 이산화탄소 : CO_2, 헬륨 : He, 아르곤 : Ar, 수소 : H_2)
→ 상태방정식을 만족하는 이상기체로 취급

- 밀도가 낮은 기체 → 보일(온도) – 샤를(압력)의 법칙을 만족 → 이상기체 상태방정식에 근접
- 밀도가 높은 기체 → 이상기체 상태방정식 $PV = Z \cdot n\overline{R}T$에서 얼마 만큼 벗어나는지 압축성인자($Z$)를 사용

8 이상기체의 정적비열과 정압비열

$$ {}_1Q_2 = mC(T_2 - T_1) \rightarrow \delta Q = mCdT \rightarrow C = \frac{\delta Q}{mdT} = \frac{\delta q}{dT} \quad \text{ⓐ} $$

[여기서, δq : 단위질량당 열량(비열전달량)]

$$ \delta q = du + Pdv = dh - vdP \quad \text{ⓑ} $$

ⓑ식을 ⓐ식에 대입하면

$$ \text{비열 } C = \frac{du + Pdv}{dT} = \frac{dh - vdP}{dT} \quad \text{ⓒ} $$

1. 정적비열(C_v)

체적이 일정할 때($v = C \rightarrow dv = 0$) 비열식은

ⓒ식에서 $C_v = \left.\frac{du + Pdv}{dT}\right)_{v=c} = \frac{du}{dT}$

$$ \therefore du = C_v dT \quad \text{ⓓ} $$

2. 정압비열(C_p)

압력이 일정할 때($P = C \rightarrow dP = 0$) 비열식은

ⓒ식에서 $C_p = \left.\frac{dh - vdP}{dT}\right)_{p=c} = \frac{dh}{dT}$

$$ \therefore dh = C_p dT \quad \text{ⓔ} $$

참고

일반기체에서 $C_v = \left.\frac{\partial u}{\partial T}\right)_{v=c}$, $C_p = \left.\frac{\partial h}{\partial T}\right)_{p=c}$ 비열식을 편미분으로 나타내는 이유는 일반기체에서는 엔탈피가 온도만의 함수가 아니기 때문이다.

3. 이상기체에서 내부에너지와 엔탈피는 온도만의 함수

이상기체는 $Pv = RT$와 $\delta q = du + Pdv$를 기본식으로 놓고 다음 줄의 실험을 이해해 보자.

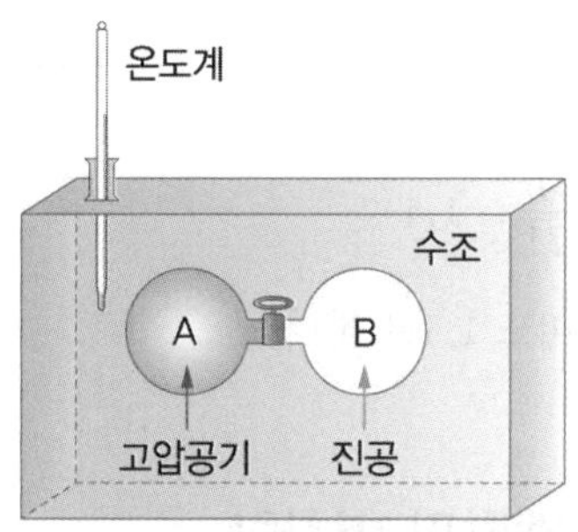

| Joule이 사용한 실험장치 |

그림과 같이 한 용기에는 고압의 공기가 들어 있고 다른 용기는 비어 있다. 열평형에 도달했을 때 밸브를 열어 A의 압력과 B의 압력이 같도록 만들었다.
줄은 과정 중이나 과정 후에 수조 물의 온도는 변함이 없다는 것을 관찰하였고, 공기와 수조 사이에 열이 전달되지 않았다고 생각했으며, 이 과정 동안 일이 없으므로 그는 체적과 압력은 변했지만 공기의 내부에너지는 변하지 않았다고 추정했다. 그러므로 내부에너지는 온도만의 함수라는 결론을 내렸다.

$\therefore u = f(T) \rightarrow du = C_v dT$

$\therefore h = f(T) \rightarrow dh = C_p dT$

4. 엔탈피와 이상기체의 관계식

$H = U + PV$(양변$\div m$)

$h = u + Pv$ ………… ⓕ

$Pv = RT$ ………… ⓖ

ⓕ식에 ⓖ식을 대입하면

$h = u + RT$

양변을 미분하면

$dh = du + RdT + TdR$ ………… ⓗ

(여기서, 기체상수 $R = C \rightarrow dR = 0$)

ⓗ식에 ⓓ식, ⓔ식을 대입하면

$C_p dT = C_v dT + RdT$

$\therefore C_p - C_v = R$ ………………………………………………………… ⓘ

ⓘ식을 C_v로 나누면

$\frac{C_p}{C_v} - 1 = \frac{R}{C_v}\left(\text{여기서, } \frac{C_p}{C_v} = k : \text{비열비, } C_p = kC_v\right)$

$k - 1 = \frac{R}{C_v}\left(\text{여기서, } \frac{C_v + R}{C_v} > 1,\ \frac{C_p}{C_v} > 1\right)$

$C_v = \frac{R}{k-1} \rightarrow C_p = \frac{kR}{k-1}$ ………………………………………………………… ⓙ

㉠ 공기의 비열비 $k = \frac{C_p}{C_v} = \frac{0.24}{0.171} = 1.4$

(질소나 산소, 수소 등의 비열비도 1.4로 본다.)

5. 이상기체의 내부에너지와 엔탈피 변화량

(1) 내부에너지 변화량

비내부에너지	내부에너지
$du = C_v dT$를 적분하면 $u_2 - u_1 = C_v(T_2 - T_1)$	$dU = mC_v dT$를 적분하면 $U_2 - U_1 = mC_v(T_2 - T_1)$

(2) 엔탈피 변화량

비엔탈피	엔탈피
$dh = C_p dT$를 적분하면 $h_2 - h_1 = C_p(T_2 - T_1)$	$dH = mC_p dT$를 적분하면 $H_2 - H_1 = mC_p(T_2 - T_1)$

참고

열역학 문제에서 전체시스템의 값을 구할 때는 그 시스템의 질량(m)을 곱해주면 된다. 보통 문제에는 비내부에너지, 비엔탈피, 비열량 등이 주어지기 때문이다(단위질량당 값).

9 이상기체의 상태변화

1. 정적과정($V=C$)에서 이상기체의 각 상태량 변화

(1) 온도와 압력 간의 관계식(보일 – 샤를)

$$V=C,\ v=C,\ \frac{P}{T}=C\rightarrow\frac{P_1}{T_1}=\frac{P_2}{T_2}\rightarrow\frac{T_2}{T_1}=\frac{P_2}{P_1}$$

(온도비를 압력비로도 나타낼 수 있다.)

(2) 절대일(${}_1w_2$)

$$\delta w=Pdv\,(\because\ V=C\rightarrow v=C,\ dv=0)$$

$$\therefore\ {}_1w_2=0$$

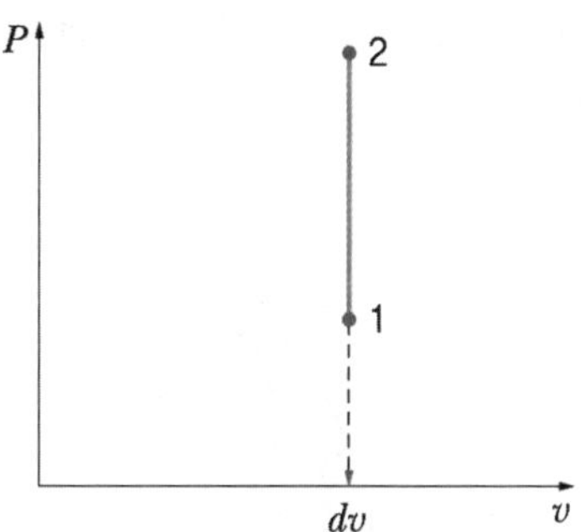

(3) 공업일(${}_1W_{t2}$)

$$\delta w_t=-vdP\rightarrow\int_1^2\delta w_t=-v\int_1^2 dP$$

$$ {}_1w_{t2}=-v(P_2-P_1)=v(P_1-P_2)=R(T_1-T_2)$$

$$=RT_1\left(1-\frac{T_2}{T_1}\right)=RT_1\left(1-\frac{P_2}{P_1}\right)$$

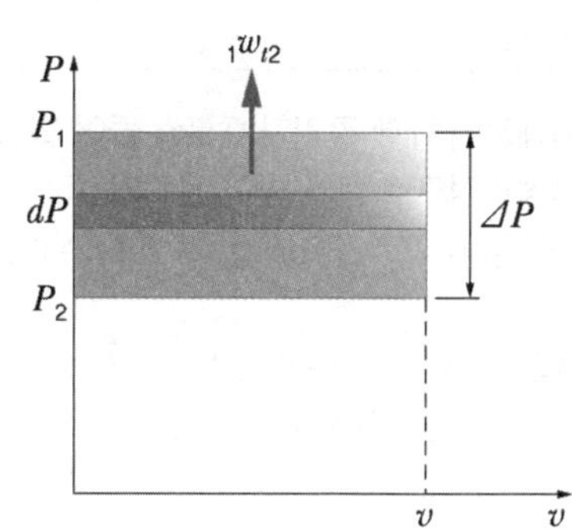

(4) 내부에너지 변화량($u_2-u_1=\Delta u$)

$$du=C_v dT\rightarrow\int_1^2 du=\int_1^2 C_v dT$$

$$\rightarrow u_2-u_1=\Delta u=C_v(T_2-T_1)$$

$$=\frac{R}{k-1}(T_2-T_1)=\frac{RT_1}{k-1}\left(\frac{T_2}{T_1}-1\right)$$

$$=\frac{RT_1}{k-1}\left(\frac{P_2}{P_1}-1\right)$$

(5) 엔탈피 변화량

$$dh = C_p dT \rightarrow \int_1^2 dh = \int_1^2 C_p dT$$

$$\rightarrow h_2 - h_1 = C_p(T_2 - T_1)$$

$$= \frac{kR}{k-1}(T_2 - T_1) = \frac{kRT_1}{k-1}\left(\frac{T_2}{T_1} - 1\right)$$

$$= \frac{kRT_1}{k-1}\left(\frac{P_2}{P_1} - 1\right)$$

$$= k(u_2 - u_1)$$

(6) 열량 변화량($_1q_2$)

열역학 제1법칙 $\delta q = du + Pdv = du$ $(v = C,\ dv = 0)$

$\delta q = du$ → 정적과정에서 열량 변화량은 내부에너지 변화량과 같다.

$\therefore\ {}_1q_2 = u_2 - u_1 = C_v(T_2 - T_1)$

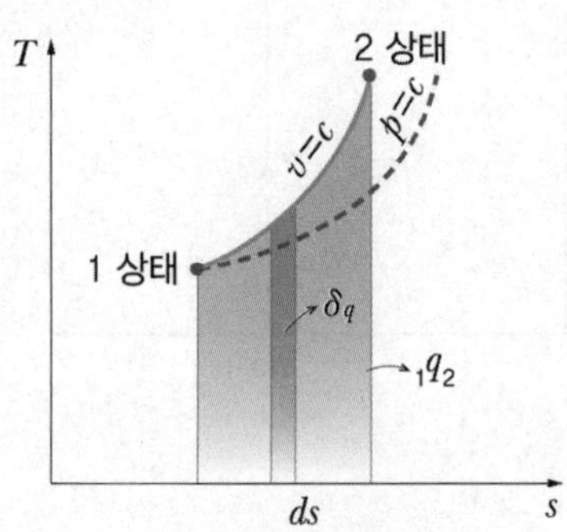

예 제

밀폐용기 내에 공기가 0.5kg 들어 있고 이때 온도는 15℃, 용기의 체적은 0.4m³, 압력은 24.5N/cm²이다. 정적과정으로 열을 받아 온도가 150℃가 되었다면 가한 열량은 몇 kcal/kg인가? 또 내부에너지 변화는? (단, 공기 R = 287J/kg · K, A : 일의 열 상당량, k = 1.4)

해설 $\delta q = du + Pdv \rightarrow \delta q = du = C_v dT$ (가한 열량과 내부에너지 변화량은 같다.)

$${}_1q_2 = u_2 - u_1 = C_v(T_2 - T_1)$$

$$= \frac{R}{k-1}(T_2 - T_1) = \frac{287 \times A}{1.4 - 1}\{(273.15 + 150) - (273.15 + 15)\}$$

$$= 96{,}862.5\text{J/kg} \times A$$

$$\therefore\ {}_1q_2 = 96{,}862.5\text{J/kg} \times \frac{1\text{kcal}}{4{,}185.5\text{J}}$$

$$= 23.14\text{kcal/kg}$$

2. 정압과정($P=C$)에서 이상기체의 각 상태량 변화

정압과정에서는 $P=C$이므로 $dP=0$

(1) 온도와 체적 간의 관계식(보일-샤를)

$$P=C,\ \frac{v}{T}=C \rightarrow \frac{v_1}{T_1}=\frac{v_2}{T_2} \rightarrow \frac{T_2}{T_1}=\frac{v_2}{v_1}$$

(2) 절대일($_1w_2$)

$$\delta w = Pdv \rightarrow \int_1^2 \delta w = \int_1^2 Pdv$$

$$_1w_2 = P(v_2 - v_1)\ (\because\ Pv = RT)$$

$$= R(T_2 - T_1) = RT_1\left(\frac{T_2}{T_1} - 1\right)$$

$$= RT_1\left(\frac{v_2}{v_1} - 1\right)$$

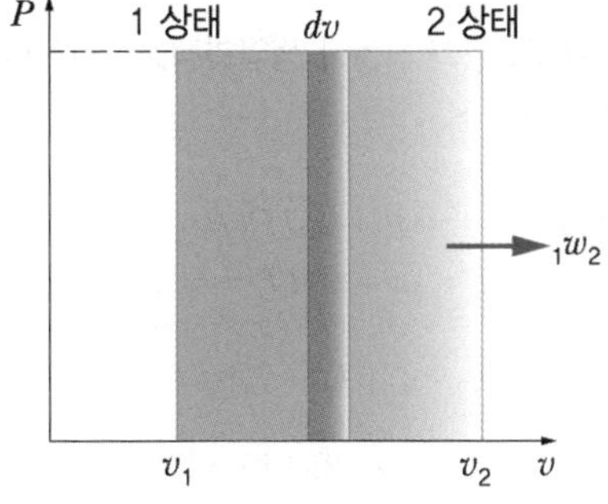

(3) 공업일($_1w_{t2}$)

$$\delta w_t = -vdP = 0(\because\ P=C \rightarrow dP=0)$$

$$_1w_{t2} = 0$$

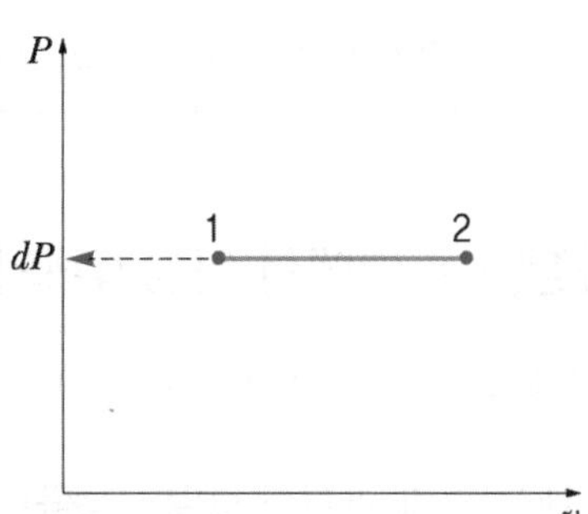

(4) 내부에너지 변화량($u_2 - u_1 = \Delta u$)

$$du = C_v dT \rightarrow u_2 - u_1$$

$$= C_v(T_2 - T_1) = \frac{R}{k-1}(T_2 - T_1)$$

$$= \frac{RT_1}{k-1}\left(\frac{T_2}{T_1} - 1\right) = \frac{RT_1}{k-1}\left(\frac{v_2}{v_1} - 1\right)$$

(5) 엔탈피 변화량

$$dh = C_p dT \rightarrow \int_1^2 dh = C_p \int_1^2 dT$$

$$\rightarrow h_2 - h_1 = C_p(T_2 - T_1) = \frac{kR}{k-1}(T_2 - T_1)$$

$$= \frac{kRT_1}{k-1}\left(\frac{T_2}{T_1} - 1\right) = \frac{kRT_1}{k-1}\left(\frac{v_2}{v_1} - 1\right)$$

(6) 열량 변화량

열역학 제1법칙 $\delta q = du + Pdv = dh - vdP = dh$

($\because\ P = C \rightarrow dP = 0$)

정압과정에서의 열량 변화량은 엔탈피 변화량과 같다.

$\therefore\ {}_1q_2 = h_2 - h_1 = C_p(T_2 - T_1)$

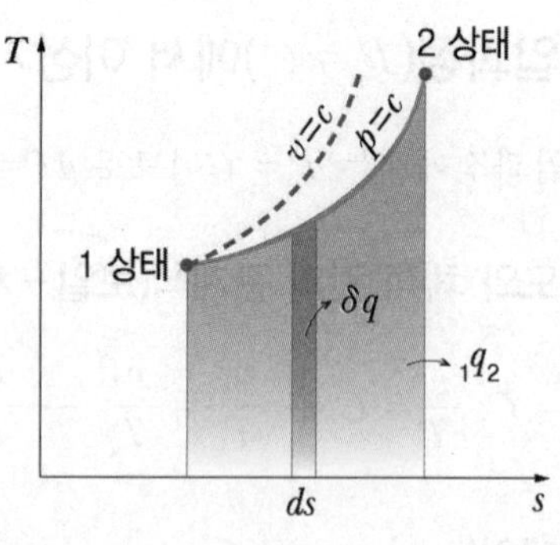

예 제

20℃의 공기 5kg이 정압과정을 거쳐 체적이 2배가 되었다. 공급한 열량은 약 몇 kJ인가?(단, 정압비열은 1kJ/kg · K)

해설 $\delta q = dh - vdP(P = C,\ dP = 0)$

$\delta q = dh = C_p dT$

$${}_1q_2 = C_p(T_2 - T_1) = C_p T_1\left(\frac{T_2}{T_1} - 1\right) = C_p T_1\left(\frac{v_2}{v_1} - 1\right)$$

$$= 1 \times (273.15 + 20)(2 - 1)$$

$$= 293.15\text{kJ/kg}$$

$\therefore$ 공급열량 $Q = mq = 5\text{kg} \times 293.15\text{kJ/kg} = 1{,}465.75\text{kJ}$

3. 등온과정($T = C$)에서 이상기체의 각 상태량 변화

등온과정에서는 $T = C$이므로 $dT = 0$

(1) 압력과 체적 간의 관계식(보일 – 샤를)

$$\frac{Pv}{T} = C,\ Pv = C,\ P_1v_1 = P_2v_2 \rightarrow \frac{P_2}{P_1} = \frac{v_1}{v_2}$$

(압력비가 체적비로 나오지만 1 상태, 2 상태가 바뀌는 부분에 주의)

(2) 절대일(${}_1w_2$)

$$\delta w = Pdv\left(P = \frac{c}{v}\right) = \frac{c}{v}dv$$

$$= c\int_1^2 \frac{1}{v}dv = c(\ln v_2 - \ln v_1)$$

$$= c\ln\left(\frac{v_2}{v_1}\right) = P_1v_1\ln\left(\frac{v_2}{v_1}\right) = P_1v_1\ln\frac{P_1}{P_2}$$

$$= RT\ln\frac{v_2}{v_1} = RT\ln\frac{P_1}{P_2}$$

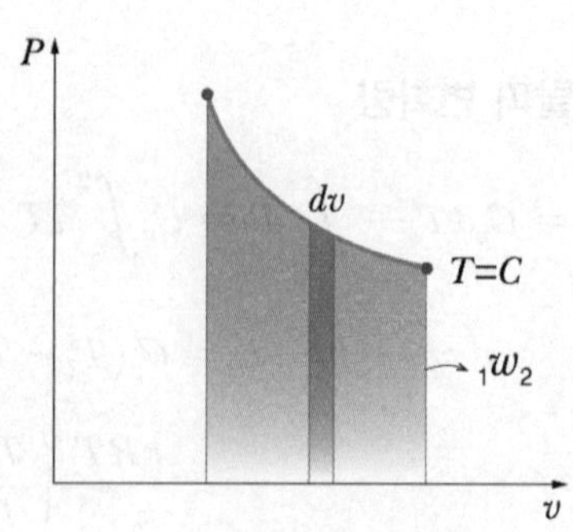

(3) 공업일($_1w_{t2}$)

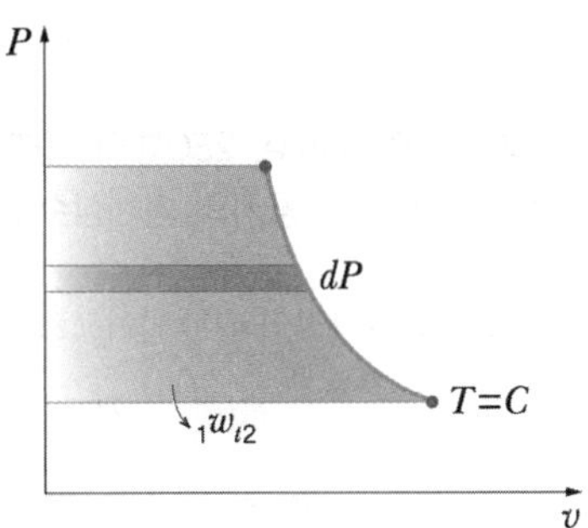

$$\delta w_t = -vdP\left(T = C,\ Pv = C,\ v = \frac{C}{P}\right) = -\frac{C}{P}dP$$

$$\rightarrow \int_1^2 \delta w_t = -C[\ln P]_1^2 = -C(\ln P_2 - \ln P_1)$$

$$= -C\ln\frac{P_2}{P_1} = C\ln\frac{P_1}{P_2} = P_1 v_1 \ln\frac{P_1}{P_2}$$

등온과정에서 절대일 = 공업일

$$\left(\begin{aligned} \therefore\ \delta q &= du + Pdv = dh - vdP \\ &= C_v dT + Pdv = C_p dT - vdP \\ \text{여기서, } dT &= 0 \quad \therefore\ Pdv = -vdP \end{aligned}\right)$$

(4) 내부에너지 변화량($u_2 - u_1 = \Delta u$)

$du = C_v dT\ (T = C,\ dT = 0)$

$du = 0 \rightarrow u = C,\ u_2 - u_1 = 0$

(5) 엔탈피 변화량

$dh = C_p dT\ (T = C,\ dT = 0)$

$dh = 0 \rightarrow h = C,\ h_2 - h_1 = 0$

(6) 열량 변화량

$\delta q = du + Pdv = dh - vdP$

(여기서, 등온과정에서 내부에너지와 엔탈피 변화량은 "0"이었으므로)

$\delta q = Pdv = -vdP$

$${}_1q_2 = {}_1w_2 = {}_1w_{t2} = P_1 v_1 \ln\frac{v_2}{v_1}$$

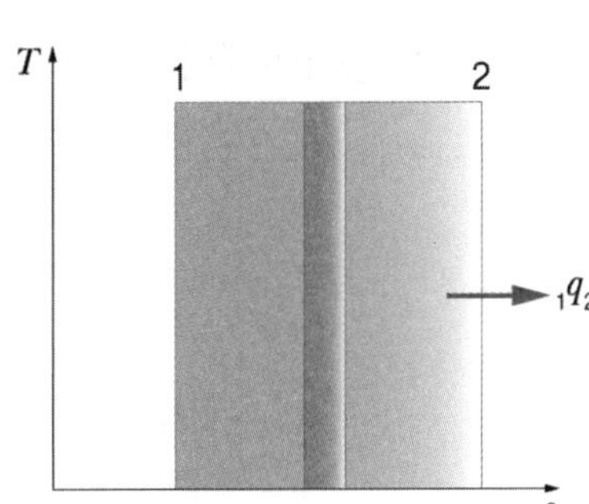

$\delta q = Tds$

(등온과정에서 열량 변화량은 절대일의 양과 같고, 공업일의 양과도 같다.)

면적은 ${}_1w_2 = {}_1w_{t2} = {}_1q_2$

${}_1q_2 = A_1 w_2 = A_1 w_{t2}$ (단위를 kcal/kg으로 동일하게 할 때)

예제

공기 1kg을 1MPa, 250℃의 상태로부터 압력 0.2MPa까지 등온 변화한 경우 외부에 대하여 한 일량은 약 몇 kJ인가?(단, 공기의 기체상수 R=0.287kJ/kg · K)

해설 등온과정의 절대일이므로

$${}_1w_2 = \int_1^2 Pdv \left(\because Pv = C,\ P = \frac{C}{v} \right)$$

$$= \int_1^2 \frac{C}{v} dv = C\ln\frac{v_2}{v_1} = P_1 v_1 \ln\frac{v_2}{v_1} = RT\ln\frac{v_2}{v_1} = RT\ln\frac{P_1}{P_2}$$

$$= 0.287\frac{\text{kJ}}{\text{kg} \cdot \text{K}}(250+273.15)\text{K} \times \ln\left(\frac{1}{0.2}\right) = 241.65\text{kJ/kg}$$

$$\therefore {}_1W_2 = m \cdot {}_1w_2 = 1\text{kg} \times 241.65\text{kJ/kg} = 241.65\text{kJ}$$

4. 단열과정($s = C$)에서 이상기체의 각 상태량 변화

(1) 온도, 압력, 체적 간의 관계식

① 밀폐계의 열역학 제1법칙에서

$\delta q = du + Pdv = dh - vdP = 0$ (단열이므로 $\delta q = 0$)

$0 = du + Pdv$

$0 = C_v dT + Pdv$

$\therefore dT = -\dfrac{Pdv}{C_v}$ ························· ⓐ

② 이상기체 상태방정식 $Pv = RT \rightarrow$ 양변 미분

$Pdv + vdP = RdT + TdR$(기체상수) ························· ⓑ

여기서, $dR = 0$

ⓐ식을 ⓑ식에 대입하여 정리하면

$$Pdv + vdP + \frac{RPdv}{C_v} = 0$$

$$\left(1 + \frac{R}{C_v}\right)Pdv + vdP = 0$$

$$\left(\frac{C_v + R}{C_v}\right)Pdv + vdP = 0$$

여기서, $C_p - C_v = R \rightarrow C_v + R = C_p,\ \dfrac{C_p}{C_v} = k$

$kPdv + vdP = 0$(양변$\div Pv$)

$$k \cdot \frac{dv}{v} + \frac{dP}{P} = 0$$

적분하면

$$\int k\frac{dv}{v}+\int\frac{dP}{P}=C$$

$$k\ln v+\ln P=C$$

$$\ln P\cdot v^k=C$$

$$P\cdot v^k=e^c=C$$

$$P\cdot v^k=C \quad \cdots\cdots ⓒ$$

$$P_1\cdot v_1^k=P_2\cdot v_2^k$$

③ $Pv=RT\rightarrow P=\dfrac{RT}{v}$ ⋯⋯ ⓓ

ⓓ식을 ⓒ식에 대입하면

$$\frac{RT}{v}v^k=C\rightarrow RTv^{k-1}=C\rightarrow Tv^{k-1}=\frac{C}{R}=C$$

$$Tv^{k-1}=C$$

$$\therefore\ T_1v_1^{k-1}=T_2v_2^{k-1}$$

$$\therefore\ \frac{T_2}{T_1}=\left(\frac{v_1}{v_2}\right)^{k-1}$$

④ $Pv=RT\rightarrow v=\dfrac{RT}{P}$ ⋯⋯ ⓔ

ⓔ식을 ⓒ식에 대입하면

$P\cdot\left(\dfrac{RT}{P}\right)^k=C$ (여기서, R은 상수 취급 $R^k=C$)

$$P\cdot P^{-k}(RT)^k=C$$

$P^{1-k}T^k=\dfrac{C}{R^k}=C$ $\left(\text{양변의 지수에 } \dfrac{1}{k}\text{을 곱함}\right)$

$$P^{\frac{1-k}{k}}T=C^{\frac{1}{k}}=C$$

$$P^{\frac{1-k}{k}}T=C,\ TP^{\frac{1-k}{k}}=C$$

$$\therefore\ T_1P_1^{\frac{1-k}{k}}=T_2P_2^{\frac{1-k}{k}}$$

$$\frac{T_2}{T_1}=\left(\frac{P_1}{P_2}\right)^{\frac{1-k}{k}}\rightarrow\left(\frac{P_1}{P_2}\right)^{\frac{-(k-1)}{k}}=\left(\frac{P_2}{P_1}\right)^{\frac{k-1}{k}}$$

$$\frac{T_2}{T_1}=\left(\frac{P_2}{P_1}\right)^{\frac{k-1}{k}}$$

$$\frac{T_2}{T_1} = \left(\frac{P_2}{P_1}\right)^{\frac{k-1}{k}} = \left(\frac{v_1}{v_2}\right)^{k-1}$$

(2) 절대일($_1w_2$)

$$\delta w = Pdv\left(Pv^k = C \rightarrow P = \frac{C}{v^k}\right) = \frac{C}{v^k}dv$$

$$_1w_2 = C\int_1^2 v^{-k}dv = C\frac{1}{-k+1}\left[v^{-k+1}\right]_1^2 = \frac{C}{1-k}\left[v_2^{1-k} - v_1^{1-k}\right]\left(C = P_1v_1^k = P_2v_2^k\right)$$

$$= \frac{1}{1-k}\left(P_2v_2^kv_2^{1-k} - P_1v_1^kv_1^{1-k}\right) = \frac{1}{1-k}(P_2v_2 - P_1v_1) = \frac{1}{k-1}(P_1v_1 - P_2v_2)$$

(여기서, $Pv = RT$에서 $P_1v_1 = RT_1$과 $P_2v_2 = RT_2$를 대입)

$$_1w_2 = \frac{R}{k-1}(T_1 - T_2) = \frac{RT_1}{k-1}\left(1 - \frac{T_2}{T_1}\right) = \frac{RT_1}{k-1}\left\{1 - \left(\frac{P_2}{P_1}\right)^{\frac{k-1}{k}}\right\} = \frac{RT_1}{k-1}\left\{1 - \left(\frac{v_1}{v_2}\right)^{k-1}\right\}$$

별해 $\delta q = du + Pdv = 0$(단열이므로 $\delta q = 0$)

$Pdv = -du = -C_v dT$

$$_1w_2 = -(u_2 - u_1) = -C_v(T_2 - T_1) = C_v(T_1 - T_2)$$

$$= \frac{R}{k-1}(T_1 - T_2) = \frac{RT_1}{k-1}\left(1 - \frac{T_2}{T_1}\right)$$

$$= \frac{RT_1}{k-1}\left\{1 - \left(\frac{P_2}{P_1}\right)^{\frac{k-1}{k}}\right\} = \frac{RT_1}{k-1}\left\{1 - \left(\frac{v_1}{v_2}\right)^{k-1}\right\}$$

이 방법으로 푸는 것이 더 효율적이다.

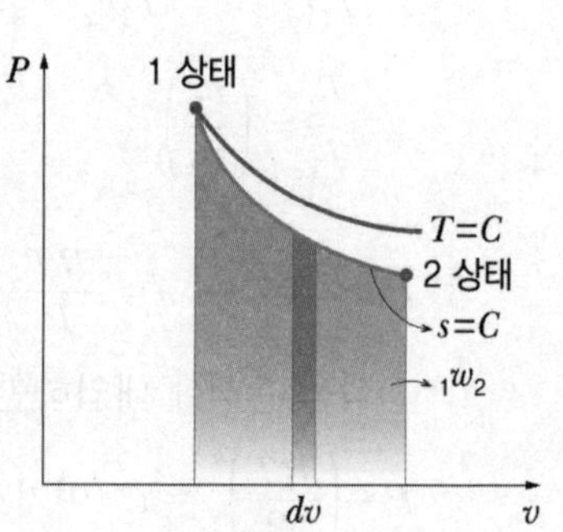

(3) 공업일($_1w_{t2}$)

$$\delta w_t = -vdP$$

$$\delta w_t = -vdP\left[Pv^k = C \rightarrow v^k = \frac{C}{P} \rightarrow v = \left(\frac{C}{P}\right)^{\frac{1}{k}}\right]$$

$$\delta w_t = -\left(\frac{C}{P}\right)^{\frac{1}{k}}dP = -C^{\frac{1}{k}}P^{-\frac{1}{k}}dP$$

$$\int_1^2 \delta w_t = -C^{\frac{1}{k}}\int_1^2 P^{-\frac{1}{k}}dP = -C^{\frac{1}{k}}\frac{1}{1-\frac{1}{k}}\left[P^{1-\frac{1}{k}}\right]_1^2 = -C^{\frac{1}{k}}\frac{k}{k-1}\left[P_2^{1-\frac{1}{k}} - P_1^{1-\frac{1}{k}}\right]$$

$$= C^{\frac{1}{k}} \cdot \frac{k}{k-1}\left[P_1^{\frac{k-1}{k}} - P_2^{\frac{k-1}{k}}\right]\text{(여기서, } C = P_1v_1^k = P_2v_2^k\text{)}$$

$$= \frac{k}{k-1}\left(P_1 v_1^k\right)^{\frac{1}{k}} \cdot P_1^{\frac{k-1}{k}} - \left(P_2 v_2^k\right)^{\frac{1}{k}} \cdot P_2^{\frac{k-1}{k}} = \frac{k}{k-1}(P_1 v_1 - P_2 v_2) \rightarrow k \cdot {}_1w_2$$

$$= \frac{kR}{k-1}(T_1 - T_2) = \frac{kRT_1}{k-1}\left(1 - \frac{T_2}{T_1}\right) = \frac{kRT_1}{k-1}\left\{1 - \left(\frac{P_2}{P_1}\right)^{\frac{k-1}{k}}\right\}$$

$$= \frac{kRT_1}{k-1}\left\{1 - \left(\frac{v_1}{v_2}\right)^{k-1}\right\}$$

단열과정의 공업일은 절대일보다 k배 크다.

별해 $\delta q = dh - vdP = 0$

$$-vdP = -dh$$

$$-vdP = -C_p dT$$

$$\therefore {}_1w_{t2} = -\int_1^2 C_p dT = -\frac{kR}{k-1}(T_2 - T_1)$$

$$= \frac{kR}{k-1}(T_1 - T_2) = \frac{kRT_1}{k-1}\left(1 - \frac{T_2}{T_1}\right)$$

$$= \frac{kRT_1}{k-1}\left\{1 - \left(\frac{P_2}{P_1}\right)^{\frac{k-1}{k}}\right\}$$

$$= \frac{kRT_1}{k-1}\left\{1 - \left(\frac{v_1}{v_2}\right)^{k-1}\right\}$$

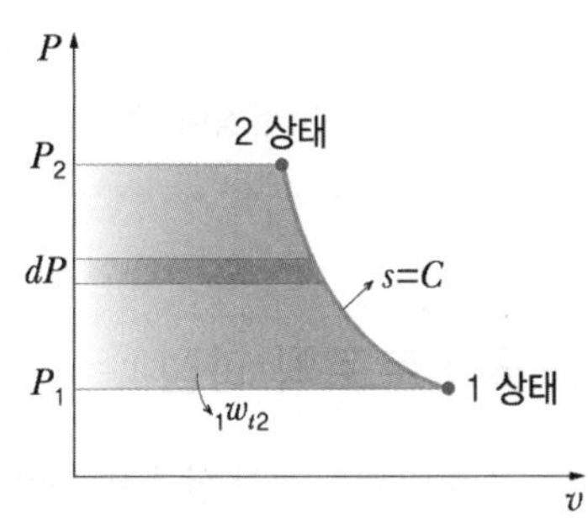

(4) 내부에너지 변화량

$$du = C_v dT \rightarrow U_2 - U_1 = C_v(T_2 - T_1) = \frac{RT_1}{k-1}\left(\frac{T_2}{T_1} - 1\right)$$

$$= \frac{RT_1}{k-1}\left\{\left(\frac{P_2}{P_1}\right)^{\frac{k-1}{k}} - 1\right\} = \frac{RT_1}{k-1}\left\{\left(\frac{v_1}{v_2}\right)^{k-1} - 1\right\}$$

(5) 엔탈피 변화량

$$dh = C_p dT = \frac{kR}{k-1} dT$$

$$h_2 - h_1 = \frac{kR}{k-1}(T_2 - T_1) = \frac{kRT_1}{k-1}\left(\frac{T_2}{T_1} - 1\right)$$

$$= \frac{kRT_1}{k-1}\left\{\left(\frac{P_2}{P_1}\right)^{\frac{k-1}{k}} - 1\right\} = \frac{kRT_1}{k-1}\left\{\left(\frac{v_1}{v_2}\right)^{k-1} - 1\right\}$$

(6) 열량 변화량

$\delta q = 0 \rightarrow {}_1q_2 = 0$

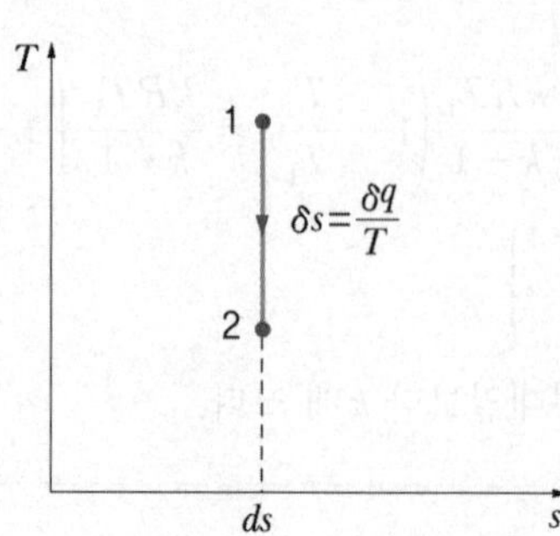

참고

단열과정 → 완전과정(존재하지 않는 과정)
불완전한 과정이 존재할 것이라는 생각 → 폴리트로픽 과정(등온과 단열 사이의 과정)

5. 폴리트로픽 과정

공기 압축기에서 실제 압축은 순간적으로 이루어지지만 완벽한 단열과정으로의 압축은 어려우며, 실제로는 등온과 단열 사이의 과정으로 압축되는데 이러한 과정을 폴리트로픽 과정이라고 한다.
수냉식 왕복동 엔진의 실린더 속에서 연소가스의 팽창과정에서 폴리트로픽 과정인 팽창행정 동안 압력과 체적을 측정하여 압력과 체적의 로그함수 값을 그래프 위에 그리면 엔진선도에서처럼 결과는 다음 그림과 같이 나타난다.

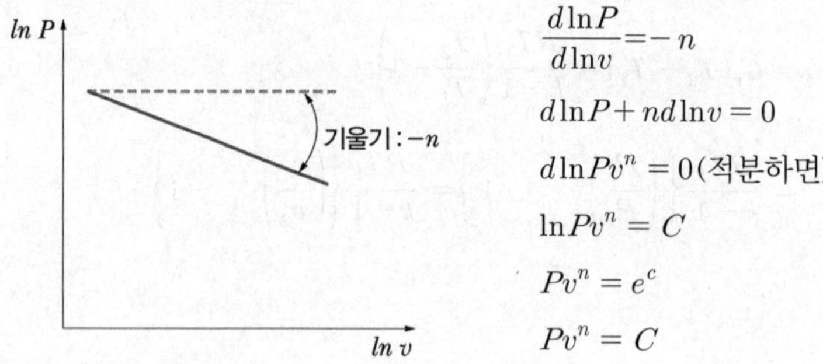

$$\frac{d\ln P}{d\ln v} = -n$$

$$d\ln P + n d\ln v = 0$$

$$d\ln P v^n = 0 \text{(적분하면)}$$

$$\ln P v^n = C$$

$$P v^n = e^c$$

$$P v^n = C$$

(1) 온도, 압력, 체적 간의 관계식

$Pv^n = C$(n : 폴리트로픽 지수)

$[1 < n < k]$

$$\frac{T_2}{T_1} = \left(\frac{P_2}{P_1}\right)^{\frac{k-1}{k}} = \left(\frac{v_1}{v_2}\right)^{k-1} \leftarrow \text{단열과정}$$

↓ 지수 k를 폴리트로픽 지수 n으로 바꾸면 된다.

$$\frac{T_2}{T_1}=\left(\frac{P_2}{P_1}\right)^{\frac{n-1}{n}}=\left(\frac{v_1}{v_2}\right)^{n-1} \leftarrow \text{폴리트로픽 과정}$$

(2) 절대일$({}_1w_2)$

$\delta w = Pdv$에 $Pv^n = C$에서 $P = Cv^{-n}$을 대입하여 적분하면

$${}_1w_2 = \frac{1}{n-1}(P_1v_1 - P_2v_2) = \frac{R}{n-1}(T_1 - T_2) = \frac{RT_1}{n-1}\left(1 - \frac{T_2}{T_1}\right)$$

$$= \frac{RT_1}{n-1}\left\{1 - \left(\frac{P_2}{P_1}\right)^{\frac{n-1}{n}}\right\} = \frac{RT_1}{n-1}\left\{1 - \left(\frac{v_1}{v_2}\right)^{n-1}\right\}$$

(3) 공업일$({}_1w_{t2})$

$\delta w = -vdP$에 $Pv^n = C$에서 $v = \left(\frac{C}{P}\right)^{\frac{1}{n}}$을 대입하여 적분하면

$${}_1w_{t2} = \frac{n}{n-1}(P_1v_1 - P_2v_2) = \frac{nR}{n-1}(T_1 - T_2) = \frac{nRT_1}{n-1}\left(1 - \frac{T_2}{T_1}\right)$$

$$= \frac{nRT_1}{n-1}\left\{1 - \left(\frac{P_2}{P_1}\right)^{\frac{n-1}{n}}\right\} = \frac{nRT_1}{n-1}\left\{1 - \left(\frac{v_1}{v_2}\right)^{n-1}\right\}$$

(4) 내부에너지 변화량$(u_2 - u_1 = \Delta u)$

$$du = C_v dT \rightarrow u_2 - u_1 = C_v(T_2 - T_1) = \frac{R}{k-1}(T_2 - T_1)$$

$$= \frac{RT_1}{k-1}\left(\frac{T_2}{T_1} - 1\right) = \frac{RT_1}{k-1}\left\{\left(\frac{P_2}{P_1}\right)^{\frac{n-1}{n}} - 1\right\}$$

$$= \frac{RT_1}{k-1}\left\{\left(\frac{v_1}{v_2}\right)^{n-1} - 1\right\}$$

(5) 엔탈피 변화량

$$dh = C_p dT \rightarrow h_2 - h_1 = C_p(T_2 - T_1) = \frac{kR}{k-1}(T_2 - T_1)$$

$$= \frac{kRT_1}{k-1}\left(\frac{T_2}{T_1} - 1\right) = \frac{kRT_1}{k-1}\left\{\left(\frac{P_2}{P_1}\right)^{\frac{n-1}{n}} - 1\right\} = \frac{kRT_1}{k-1}\left\{\left(\frac{v_1}{v_2}\right)^{n-1} - 1\right\}$$

(6) 열량 변화량(폴리트로픽)

$$\delta q = du + Pdv = C_v dT - \frac{R}{n-1}dT = \left(C_v - \frac{R}{n-1}\right)dT$$

$$= \left\{\frac{(n-1)C_v - R}{n-1}\right\}dT = \left(\frac{nC_v - C_v - R}{n-1}\right)dT$$

$$= \left\{\frac{nC_v - (C_v + R)}{n-1}\right\}dT \left(\text{여기서, } C_p - C_v = R,\ \frac{C_p}{C_v} = k \right)$$

$$= \left(\frac{nC_v - kC_v}{n-1}\right)dT$$

$$\therefore\ \delta q = \frac{n-k}{n-1}C_v dT = C_n dT$$

여기서, 폴리트로픽 비열 $C_n = \frac{n-k}{n-1}C_v$

(7) 폴리트로픽 지수(n)에 따른 각 과정과 선도

$Pv^n = C\,[1 < n < k]$

$n = 0$일 때 $P = C \rightarrow$ 정압과정

$n = 1$일 때 $Pv = C \rightarrow$ 등온과정

$n = n$일 때 $Pv^n = C \rightarrow$ 폴리트로픽 과정

$n = k$일 때 $Pv^k = C \rightarrow$ 단열과정

$n = \infty$ 일 때 $Pv^{\infty} = C$, $\left(\text{양변에 } \frac{1}{\infty} \text{제곱}\right) P^{\frac{1}{\infty}} v = C^{\frac{1}{\infty}}$, $v = C \rightarrow$ 정적과정

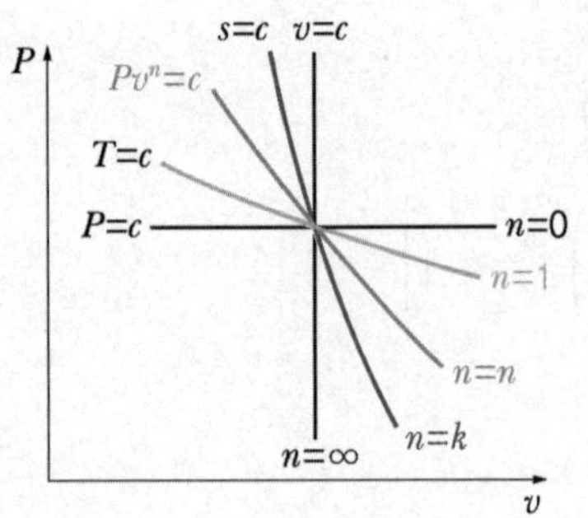

정적선($v = C$)을 기준으로 하여 오른쪽으로는 팽창을, 왼쪽으로는 압축을 나타낸다.

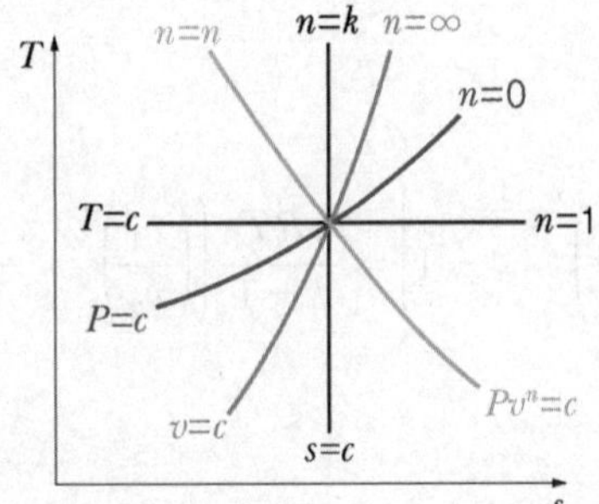

단열선($s = C$)을 기준으로 하여 오른쪽으로는 팽창을, 왼쪽으로는 압축을 나타낸다.

10 가스의 혼합

1. 돌턴(Dalton)의 분압법칙

기체 상호 간 화학 반응이 일어나지 않는다면 혼합기체의 압력은 각 기체의 압력의 합과 같다.

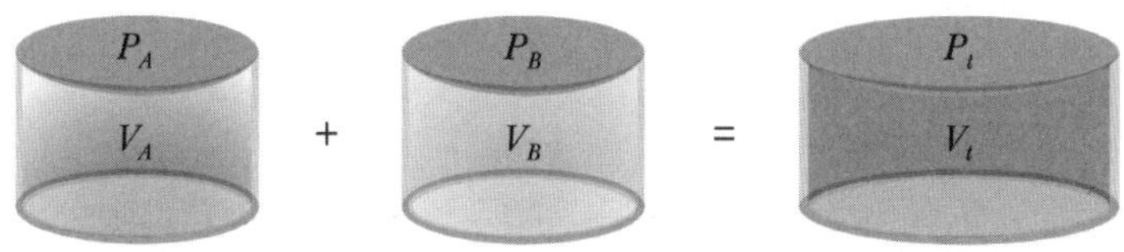

$$P_t = P_A + P_B \cdots\cdots + P_n = \sum P_i$$

$$\frac{P_A}{P_t} = \frac{V_A}{V_t}$$

$$\therefore\ P_A = P_t \cdot \frac{V_A}{V_t}$$ → 체적비율을 알면 분압을 구할 수 있다.

2. 혼합기체의 평균비중량

$$G = G_1 + G_2 + G_3 = \cdots + G_n = \sum G_i$$

$$= \gamma_1 V_1 + \gamma_2 V_2 + \gamma_3 V_3 + \cdots + \gamma_n V_n = \gamma_m V_t$$

$$\therefore\ \gamma_m = \frac{\sum \gamma_i V_i}{V_{t(\text{전체적})}} = \frac{\sum \gamma_i V_i}{\sum V_i}$$

3. 혼합기체의 평균기체상수

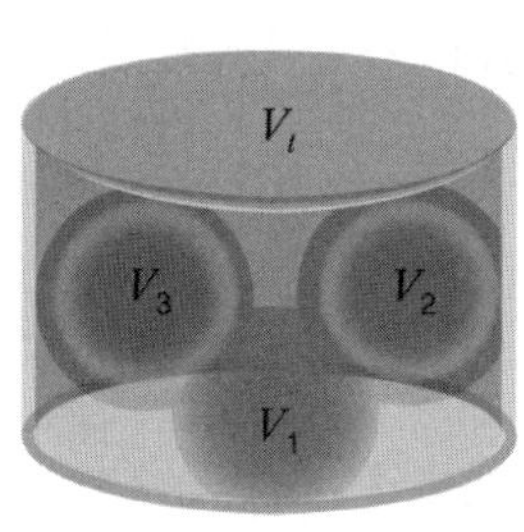

$$P_1 V = m_1 R_1 T$$

$$P_2 V = m_2 R_2 T$$

$$P_3 V = m_3 R_3 T$$

$$(P_1 + P_2 + P_3 + \cdots) V = (m_1 R_1 + m_2 R_2 + m_3 R_3 + \cdots) T$$

$$P \cdot V = m \cdot R_m \cdot T$$

$$\therefore\ R_m = \frac{\sum m_i R_i}{\sum m_i}$$

4. 혼합기체의 평균비열

$$m \cdot C_m = m_1 C_1 + m_2 C_2 + m_3 C_3 + \cdots + m_n C_n = \sum m_i C_i$$

$$C_m = \frac{\sum m_i C_i}{m(\text{전질량})} = \frac{\sum m_i C_i}{\sum m_i}$$

5. 혼합기체의 평균온도

$$G_1 C_1 T_1 + G_2 C_2 T_2 + G_3 C_3 T_3 + \cdots = (G_1 C_1 + G_2 C_2 + G_3 C_3 + \cdots) T_m$$

$$\therefore\ T_m = \frac{\sum G_i C_i T_i}{\sum G_i C_i}$$

6. 혼합기체에서 한 기체에 대한 중량비와 체적비

① $\dfrac{G_{i(\text{요소중량})}}{G_{\text{전중량}}} = \dfrac{G_1}{G_1 + G_2 + G_3 + \cdots} = \dfrac{\gamma_1 V_1}{\gamma_1 V_1 + \gamma_2 V_2 + \gamma_3 V_3 + \cdots}$

분모, 분자를 γV로 나누면

$$\frac{\frac{\gamma_1}{\gamma} \cdot \frac{V_1}{V}}{\frac{\gamma_1}{\gamma} \cdot \frac{V_1}{V} + \frac{\gamma_2}{\gamma} \cdot \frac{V_2}{V} + \frac{\gamma_3}{\gamma} \cdot \frac{V_3}{V} + \cdots} = \frac{\frac{M_1}{M} \cdot \frac{V_1}{V}}{\frac{M_1}{M} \cdot \frac{V_1}{V} + \frac{M_2}{M} \cdot \frac{V_2}{V} + \frac{M_3}{M} \cdot \frac{V_3}{V} + \cdots}$$

분모, 분자에 MV를 곱하면

기체 1의 중량비 $= \dfrac{M_1 V_1}{M_1 V_1 + M_2 V_2 + M_3 V_3 + \cdots}$

$\therefore\ M(\text{분자량}) \times V(\text{체적}) = G(\text{중량})$

② $\dfrac{V_{i(\text{요소체적})}}{V_{(\text{전체적})}} = \dfrac{V_1}{V_1 + V_2 + V_3 + V_4 + \cdots} = \dfrac{\frac{G_1}{M_1}}{\sum \frac{G_i}{M_i}} =$ 기체 1의 체적비

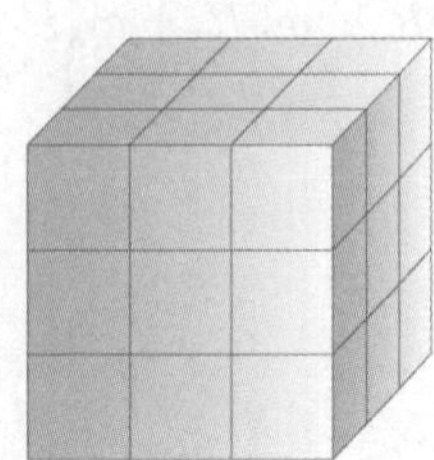

분자량×체적＝중량

중량비 $= \dfrac{\text{요소중량}}{\text{전중량}} = \dfrac{M_i V_i}{\sum M_i V_i}$

예 제

체적비가 각각 $O_2=22\%$, $CO_2=40\%$, $N_2=20\%$, $CO=18\%$인 혼합가스 중 산소의 중량비를 구하시오.

해설 각 체적당 고유값이 분자량(M)이므로

산소의 중량비$=\dfrac{G_{O_2}}{G_t}=\dfrac{M_iV_i}{\sum M_iV_i}$(여기서, V_i는 체적비)

$$=\frac{32\times22}{32\times22+44\times40+28\times20+28\times18}\times100\%$$

$$=19.95\%$$

구분	체적비	분자량
CO_2	40%	44
N_2	20%	28
CO	18%	28
O_2	22%	32

참고

$$\frac{P_i}{P_t}=\frac{V_i}{V_t}=\frac{n_i}{n_t}\ (\because\ n\text{은 몰수})$$

$$P_t=P_1+P_2+\cdots+P_n=\sum_{i=1}^{n}P_i$$

$$V_t=V_1+V_2+\cdots+V_n=\sum_{i=1}^{n}V_i$$

$$G_t=G_1+G_2+\cdots+G_n=\sum_{i=1}^{n}G_i$$

$$n_t=n_1+n_2+\cdots+n_n=\sum_{i=1}^{n}n_i$$

혼합기체는 비례법칙이 성립하며 비례식은 부분압의 비, 체적비, 몰수비가 항상 일치한다.

핵심 기출 문제

01 어떤 이상기체 1kg이 압력 100kPa, 온도 30℃의 상태에서 체적 0.8m³를 점유한다면 기체상수(kJ/kg · K)는 얼마인가?

① 0.251 ② 0.264
③ 0.275 ④ 0.293

해설

$PV=mRT$에서

$$R=\frac{P\cdot V}{mT}=\frac{100\times 0.8}{1\times(30+273)}=0.264$$

02 공기 10kg이 압력 200kPa, 체적 5m³인 상태에서 압력 400kPa, 온도 300℃인 상태로 변한 경우 최종 체적(m³)은 얼마인가?(단, 공기의 기체상수는 0.287kJ/kg · K이다.)

① 10.7 ② 8.3
③ 6.8 ④ 4.1

해설

$PV=mRT$에서

$$T_1=\frac{P_1V_1}{mR}=\frac{200\times 10^3\times 5}{10\times 0.287\times 10^3}=348.43\text{K}$$

보일-샤를 법칙에 의해

$\frac{P_1V_1}{T_1}=\frac{P_2V_2}{T_2}$ 이므로

$$\frac{200\times 10^3\times 5}{348.43}=\frac{400\times 10^3\times V_2}{(300+273)}$$

$V_2=4.11\text{m}^3$

03 다음 중 기체상수[Gas Constant, R(kJ/kg · K)] 값이 가장 큰 기체는?

① 산소(O_2) ② 수소(H_2)
③ 일산화탄소(CO) ④ 이산화탄소(CO_2)

해설

기체상수 $R=\frac{\overline{R}(\text{일반기체상수})}{M(\text{분자량})}$

분자량이 가장 작은 수소(H_2)의 R 값이 가장 크다.

04 체적이 일정하고 단열된 용기 내에 80℃, 320kPa의 헬륨 2kg이 들어 있다. 용기 내에 있는 회전날개가 20W의 동력으로 30분 동안 회전한다고 할 때 용기 내의 최종 온도는 약 몇 ℃인가?(단, 헬륨의 정적비열은 3.12kJ/kg · K이다.)

① 81.9℃ ② 83.3℃
③ 84.9℃ ④ 85.8℃

해설

회전날개에 의해 공급된 일량=내부에너지 변화량

$${}_1W_2=20\frac{\text{J}}{\text{s}}\times 30\text{min}\times\frac{60\text{s}}{1\text{min}}=36{,}000\text{J}=36\text{kJ}$$

$\delta Q^{\nearrow 0}=dU+\delta W$

$dU=-\delta W$

일부호(-)를 취하면

$U_2-U_1={}_1W_2\rightarrow m(u_2-u_1)={}_1W_2$

$mC_v(T_2-T_1)={}_1W_2$

$$\therefore\ T_2=T_1+\frac{{}_1W_2}{mC_v}=80+\frac{36}{2\times 3.12}=85.77℃$$

정답 01 ② 02 ④ 03 ② 04 ④

05 압력이 200kPa인 공기가 압력이 일정한 상태에서 400kcal의 열을 받으면서 팽창하였다. 이러한 과정에서 공기의 내부에너지가 250kcal만큼 증가하였을 때, 공기의 부피변화(m^3)는 얼마인가?(단, 1kcal는 4.186kJ이다.)

① 0.98　② 1.21
③ 2.86　④ 3.14

해설

i) 정압과정 $P = 200\text{kPa} = C$

ii) $\delta Q = dU + PdV$에서

$${}_1Q_2 = U_2 - U_1 + \int_1^2 PdV \text{ (여기서, } P = C\text{)}$$

$$= U_2 - U_1 + P(V_2 - V_1)$$

$$\therefore V_2 - V_1 = \Delta V = \frac{{}_1Q_2 - (U_2 - U_1)}{P}$$

$$= \frac{(400-250)\text{kcal}}{200\text{kPa}} \times \frac{4.186\text{kJ}}{1\text{kcal}}$$

$$= 3.14\text{m}^3$$

$\therefore {}_1Q_2 = U_2 - U_1 + AP(V_2 - V_1)$으로 해석해도 된다.

(여기서, $A = \frac{1\text{kcal}}{4.186\text{kJ}}$: 일의 열당량)

06 공기 1kg을 정압과정으로 20℃에서 100℃까지 가열하고, 다음에 정적과정으로 100℃에서 200℃까지 가열한다면, 전체 가열에 필요한 총에너지(kJ)는?(단, 정압비열은 1.009kJ/kg · K, 정적비열은 0.72kJ/kg · K이다.)

① 152.7　② 162.8
③ 139.8　④ 146.7

해설

$\delta q = du + pdv = dh - vdp$

i) 정압가열과정 $p = c$에서

$\delta q = dh - vdp (\because dp = 0)$

$${}_1q_2 = \int_1^2 C_p dT = C_p(T_2 - T_1)$$

$$= 1.009 \times (100 - 20) = 80.72\text{kJ/kg}$$

$$\therefore Q_p = {}_1Q_2 = m \cdot {}_1q_2 = 1 \times 80.72 = 80.72\text{kJ}$$

ii) 정적가열과정 $v = c$에서

$\delta q = du + pdv (\because dv = 0)$

$${}_1q_2 = \int_1^2 C_v dT = C_v(T_2 - T_1)$$

$$= 0.72 \times (200 - 100) = 72\text{kJ/kg}$$

$$\therefore Q_v = {}_1Q_2 = m \cdot {}_1q_2 = 1 \times 72 = 72\text{kJ}$$

iii) 총가열량 $Q = Q_p + Q_v = 80.72 + 72 = 152.72\text{kJ}$

07 이상기체 1kg이 초기에 압력 2kPa, 부피 $0.1m^3$를 차지하고 있다. 가역등온과정에 따라 부피가 $0.3m^3$로 변화했을 때 기체가 한 일은 약 몇 J인가?

① 9,540　② 2,200
③ 954　④ 220

해설

$T = C$이므로 $PV = C$

$$\delta W = PdV \left(P = \frac{C}{V}\right)$$

$${}_1W_2 = \int_1^2 \frac{C}{V} dV$$

$$= C\ln\frac{V_2}{V_1} \quad (C = P_1V_1 \text{ 적용})$$

$$= P_1V_1\ln\frac{V_2}{V_1}$$

$$= 2 \times 10^3 \times 0.1 \times \ln\left(\frac{0.3}{0.1}\right) = 219.72\text{J}$$

08 초기 압력 100kPa, 초기 체적 $0.1m^3$인 기체를 버너로 가열하여 기체 체적이 정압과정으로 $0.5m^3$가 되었다면 이 과정 동안 시스템이 외부에 한 일(kJ)은?

① 10　② 20
③ 30　④ 40

정답　05 ④　06 ①　07 ④　08 ④

해설

밀폐계의 일 = 절대일

$\delta W = PdV$ [일부호 (+)]

$${}_1W_2 = \int_1^2 PdV \ (\because P = C)$$
$$= P(V_2 - V_1)$$
$$= 100 \times 10^3 \times (0.5 - 0.1)$$
$$= 40{,}000\text{J}$$
$$= 40\text{kJ}$$

09 피스톤 – 실린더 장치에 들어 있는 100kPa, 27℃의 공기가 600kPa까지 가역단열과정으로 압축된다. 비열비가 1.4로 일정하다면 이 과정 동안에 공기가 받은 일(kJ/kg)은?(단, 공기의 기체상수는 0.287kJ/kg · K이다.)

① 263.6　② 171.8
③ 143.5　④ 116.9

해설

단열과정이므로 $\frac{T_2}{T_1} = \left(\frac{P_2}{P_1}\right)^{\frac{k-1}{k}}$ 에서

$$T_2 = (27+273) \times \left(\frac{600}{100}\right)^{\frac{0.4}{1.4}} = 500.55\text{K}$$

밀폐계의 일(절대일)

$\delta q^{\nearrow 0} = du + pdv$

$pdv = -du = \delta w$

$${}_1w_2 = \int_1^2 -C_v dT = (-)\int_1^2 -C_v dT \ [\because \text{일부호}(-)]$$
$$= C_v(T_2 - T_1) = \frac{R}{k-1}(T_2 - T_1)$$
$$= \frac{0.287}{1.4-1}\{(500.55 - (27+273)\}$$
$$= 143.89\,\text{kJ/kg}$$

10 단열된 가스터빈의 입구 측에서 압력 2MPa, 온도 1,200K인 가스가 유입되어 출구 측에서 압력 100kPa, 온도 600K로 유출된다. 5MW의 출력을 얻기 위해 가스의 질량유량(kg/s)은 얼마이어야 하는가?(단, 터빈의 효율은 100%이고, 가스의 정압비열은 1.12kJ/kg · K이다.)

① 6.44　② 7.44
③ 8.44　④ 9.44

해설

단열팽창하는 공업일이 터빈일이므로

$\delta q^{\nearrow 0} = du + vdp$

$0 = dh - vdp$

여기서, $w_T = -vdp = -dh$

$$\therefore {}_1w_{T2} = \int -C_p dT$$
$$= -C_p(T_2 - T_1)$$
$$= C_p(T_1 - T_2)\,(\text{kJ/kg})$$

출력은 동력이므로 $\dot{W}_T = \dot{m}w_T \left(\frac{\text{kg}}{\text{s}} \cdot \frac{\text{kJ}}{\text{kg}} = \frac{\text{kJ}}{\text{s}} = \text{kW}\right)$

$$\therefore \dot{m} = \frac{\dot{W}_T}{w_T} = \frac{5 \times 10^3\text{kW}}{C_p(T_1 - T_2)}$$
$$= \frac{5 \times 10^3}{1.12 \times (1{,}200 - 600)}$$
$$= 7.44\text{kg/s}$$

11 어떤 가스의 비내부에너지 u(kJ/kg), 온도 t(℃), 압력 P(kPa), 비체적 v(m³/kg) 사이에는 아래의 관계식이 성립한다면, 이 가스의 정압비열(kJ/kg · ℃)은 얼마인가?

- $u = 0.28t + 532$
- $Pv = 0.560(t + 380)$

① 0.84　② 0.68
③ 0.50　④ 0.28

정답　09 ③　10 ②　11 ①

해설

단위질량당 엔탈피인 비엔탈피는

$h = u + Pv$

$= 0.28t + 532 + 0.56t + 0.56 \times 380$

$= 0.84t + 744.8$(온도만의 함수)

$\frac{dh}{dt} = C_P$이므로 위의 식을 t로 미분하면

$C_P = 0.84$

12 메탄올의 정압비열(C_p)이 다음과 같은 온도 T(K)에 의한 함수로 나타날 때 메탄올 1kg을 200K에서 400K까지 정압과정으로 가열하는데 필요한 열량(kJ)은?(단, C_p의 단위는 kJ/kg · K이다.)

$$C_p = a + bT + cT^2$$
$$(a = 3.51,\ b = -0.00135,\ c = 3.47 \times 10^{-5})$$

① 722.9　② 1,311.2
③ 1,268.7　④ 866.2

해설

$\delta q = dh - vdp$ (여기서, $p = c \rightarrow dp = 0$)

$\delta q = C_p dT$에서 C_p 값이 온도함수로 주어져 있으므로

$${}_1q_2 = \int_{200}^{400} (a + bT + cT^2)dT$$

$$= a[T]_{200}^{400} + \frac{b}{2}[T^2]_{200}^{400} + \frac{c}{3}[T^3]_{200}^{400}$$

$$= 3.51 \times (400 - 200) + \frac{-0.00135}{2}(400^2 - 200^2)$$

$$+ \frac{3.47 \times 10^{-5}}{3}(400^3 - 200^3) = 1{,}268.73\text{kJ/kg}$$

$$\therefore\ {}_1Q_2 = m \cdot {}_1q_2$$

$$= 1\text{kg} \times 1{,}268.73\text{kJ/kg}$$

$$= 1{,}268.73\text{kJ}$$

13 공기가 등온과정을 통해 압력이 200kPa, 비체적이 0.02m³/kg인 상태에서 압력이 100kPa인 상태로 팽창하였다. 공기를 이상기체로 가정할 때 시스템이 이 과정에서 한 단위 질량당 일(kJ/kg)은 약 얼마인가?

① 1.4　② 2.0
③ 2.8　④ 5.6

해설

i) 등온과정 $T = c \rightarrow pv = c \rightarrow p_1v_1 = p_2v_2$

ii) 절대일 $\delta w = pdv$ $\left(\text{여기서, } p = \frac{c}{v}\right)$

$${}_1w_2 = \int_1^2 \frac{c}{v}dv$$

$$= c\ln\frac{v_2}{v_1}$$

(여기서 $c = p_1v_1$, 일부호(+), $\frac{v_2}{v_1} = \frac{p_1}{p_2}$ 적용)

$$= p_1v_1\ln\frac{p_1}{p_2}$$

$$= 200\frac{\text{kN}}{\text{m}^2} \times 0.02\frac{\text{m}^3}{\text{kg}} \times \ln\left(\frac{200}{100}\right) = 2.77\text{kJ/kg}$$

정답　12 ③　13 ③

04 열역학 제2법칙

1 열역학 제2법칙

모든 과정은 어느 한 방향으로만 일어나고 역방향으로는 일어나지 않는다는 자연의 법칙을 설명하고 있으며, 열역학 제2법칙의 궁극적인 목적(비가역 손실이 존재하므로)은 자연자원과 환경을 효율적인 방법으로 다루는 데 있다(가용에너지, 가역일, 비가역성, 자연현상의 방향성 제시).

㉮ 거실에 있는 뜨거운 커피는 천천히 식어간다. 커피가 방출하는 열에너지는 주위 공기가 얻은 에너지와 같아 열역학 제1법칙을 만족하지만, 거실의 공기로부터 열을 전달받아 공기보다 뜨거운 커피가 더 뜨거워지는 과정은 발생하지 않는다.

㉮ 자동차가 언덕을 올라가는 동안 가솔린이 더 많이 소모된다. 그러나 자동차가 언덕을 내려온다고 가솔린 탱크의 가솔린이 원래 높이로 회복되지 않는다.

1. 열기관에 대한 2법칙의 켈빈－플랭크 표현

① 고온 물체로부터 일정량의 열을 받아서 같은 양의 일을 하며 사이클로 작동을 하는 열기관을 만들 수 없다. 즉, 받은 열량을 전부 일로 변환시키며 다른 곳에 어떠한 변화도 남기지 않고 사이클을 이루는 기관은 만들 수 없다.

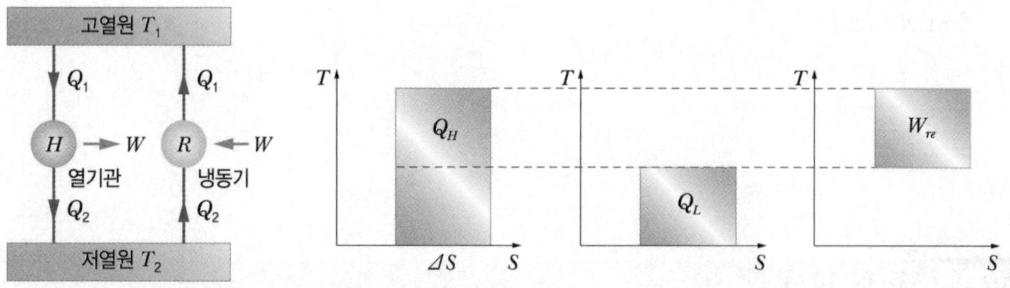

$Q \neq AW$

$\eta_{th} = \dfrac{AW}{Q_H} < 100\%$

효율을 높이기 위해 가능한 유일한 방법은 저온의 작업유체로부터 열량의 일부를 더 낮은 저온의 물체로 전달하는 것이다.

T_L이 절대온도 0K에 접근하면 효율이 100%에 접근한다.

$\dfrac{Q_H - Q_L}{Q_H} = \dfrac{T_H - T_L}{T_H}$

② 열효율이 100%인 열기관은 만들 수 없다. 즉, 고온물체로부터 열기관으로 열이 전달되고 다시 열기관으로부터 저온 물체로 열이 전달되면서 일이 생산되므로 열기관은 두 개의 열 저장조가 있어야 한다(사이클로 작동하는 어떠한 장치도 하나의 열 저장조로부터 열을 받고 정미일을 생산할 수는 없다).

2. 냉동기에 대한 2법칙의 클라우시우스 표현

① 사이클로 작동하면서 저온 물체에서 고온 물체로 열을 전달하는 이외의 다른 어떠한 효과도 내지 않는 장치를 만들기는 불가능하다.

② 열은 그 자신만으로는 저온 물체에서 고온 물체로 이동할 수 없다.

③ 냉동기는 외부에서 공급된 일에 의하여 저온 물체에서 고온 물체로 열전달이 이루어진다. 따라서 성능계수(β)가 무한대인 냉동기는 만들 수 없다는 의미이다.

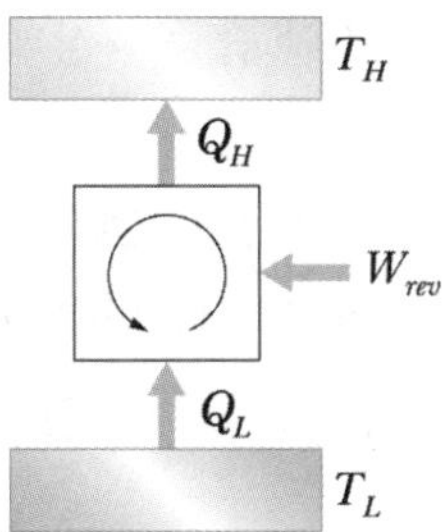

- 냉동사이클 : 저압상태에서 약간 과열된 냉매 증기가 압축기에 유입되며 압축된 후 고온고압의 냉매가 증기상태로 압축기를 나와 응축기에 유입된다.
  응축기에서 냉매는 냉각수나 대기 중으로 열을 빼앗겨서 응축하게 되며 고압의 액체 상태로 응축기를 나온다. 응축기를 나온 액체상태의 냉매는 팽창밸브(교축밸브)를 지나는 동안 압력이 강하하여 일부는 저온저압의 증기가 되고 나머지는 저온저압 상태의 액체로 남게 된다. 남은 액체는 증발기를 지나는 동안 냉동실로부터 열을 흡수하여 증발하게 된다.

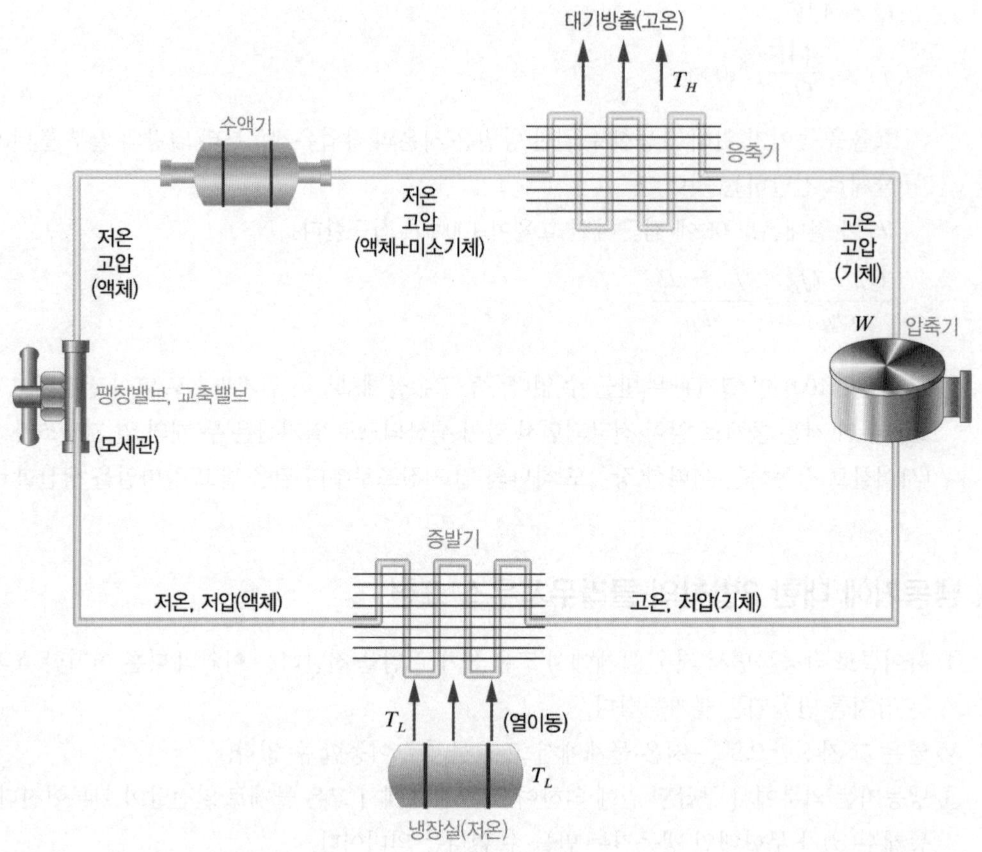

- 증발기 : 작업유체(냉매)가 열을 받지만 습증기 상태이므로 포화증기까지 가는 과정은 등온이면서 정압과정이다.

  압축기의 일을 공급할 때만 냉매가 냉장고 안(Q_L : 저온)으로부터 열을 받아 이동한 후 대기(Q_H : 고온)로 열을 전달할 수 있으며, 입력일(압축기) 없이 작동되는 냉동기를 만들 수 없다. 따라서 냉동기의 성능계수가 무한대인 냉동기는 제작할 수 없다.

  → 클라우시우스의 표현

참고

난방시스템(열펌프)은 고온 냉매로부터 난방대상인 고온물체로 열량 Q_H를 전달하는 것이 목적이며, 냉동기로 사용될 때는 냉동공간으로부터 냉매로 열량 Q_L을 전달하는 것이 목적이다.

2 열효율(열기관), 성능계수(냉동기, 열펌프), 가역과정과 비가역과정

1. 열효율과 성능계수

(1) 열효율(Thermal Efficiency)

$$\eta_{th} = \frac{A\,W}{Q_1} = \frac{Q_1 - Q_2}{Q_1} = 1 - \frac{Q_2}{Q_1} = 1 - \frac{T_2}{T_1}\,(T_1 = T_H,\ T_2 = T_L)$$

(2) 열펌프(Heat Pump)의 성적계수(Coefficient Of Performance ; COP)

$$\varepsilon_H = \frac{Q_1}{Q_1 - Q_2} = \frac{T_1}{T_1 - T_2}$$(열펌프 : 고온을 유지하는 것이 목적)

(3) 냉동기(Refrigerator)의 성적계수(COP)

$$\varepsilon_R = \beta = \frac{Q_2}{Q_1 - Q_2} = \frac{T_2}{T_1 - T_2}$$(냉동기 : 저온을 유지하는 것이 목적)

(4) 열펌프와 냉동기의 성적계수 관계

$$\varepsilon_H = \frac{T_1}{T_1 - T_2} = \frac{T_1 - T_2 + T_2}{T_1 - T_2} = 1 + \frac{T_2}{T_1 - T_2} = 1 + \varepsilon_R$$

동일온도의 두 열원 사이에서 열펌프로 운전할 때의 성적계수가 냉동기로 운전할 때의 성적계수보다 1만큼 크다(냉동기의 효율을 성능계수로 표현하는 이유는 효율이 1보다 크다는 이상한 결과를 피하기 위해서이다).

2. 가역과정과 비가역과정

(1) 가역과정(Reversible Process)

① 진행된 과정이 역으로 진행될 수 있으며 시스템이나 주위에 아무런 변화를 남기지 않아 다시 되돌아갈 수 있는 과정(손실이 없는 과정)

② 자연계에 존재하지 않는 이상과정

③ 준평형과정($P = C,\ T = C,\ S = C,\ V = C$)

(2) 비가역과정(Irreversible Process)

① 실제 과정으로 평형이 유지되지 않는 과정

② 자연계에서 일어나는 모든 과정은 비가역과정

③ 유한한 온도차에 의한 열전달(두 물체의 온도차가 0에 근접할 때 열전달과정은 가역과정에 근접한다.)

④ 한 방향으로만 진행되는 과정(물에 잉크를 떨어뜨리면 잉크가 퍼져나가는 방향으로만 진행)

⑤ 열기관에서는 비가역과정을 손실로 인식해도 무방함
⑥ 서로 다른 물질의 혼합

참고

비가역성

과정을 비가역과정으로 되게 하는 요인을 비가역성이라 한다. 비가역성으로는 마찰, 자유팽창, 두 유체의 혼합, 유한한 온도차를 가지는 열전달, 전기저항, 고체의 비탄성변형, 화학반응 등이 포함된다.

3 카르노 사이클(Carnot Cycle)

1. 카르노 사이클

가장 이상적인 열기관이며 기체를 작업유체로 사용하여 실린더 속에서 모든 과정이 일어나도록 이상화된 밀폐 사이클로 카르노 사이클을 구성할 수 있다(밀폐계 일 → 절대일).

① 가장 이상적인 열기관 사이클(열기관의 효율이 100%가 될 수 없다.) : 효율이 가장 좋은 열기관
② 모든 과정이 가역과정이다[모든 과정이 가역이므로 → 모든 과정을 반대로 운전 → 냉동기(역카르노 사이클)].
③ 2개의 등온과 2개의 단열로 이루어진 과정

2. 카르노 사이클의 각 과정 해석

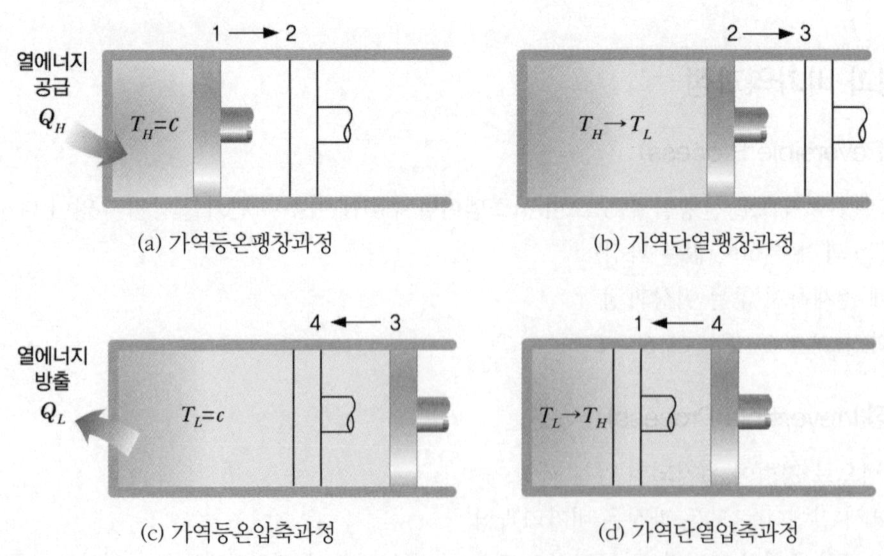

(a) 가역등온팽창과정 (b) 가역단열팽창과정

(c) 가역등온압축과정 (d) 가역단열압축과정

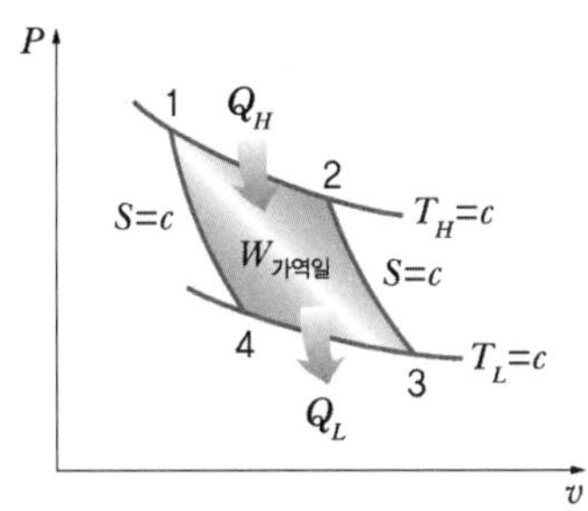

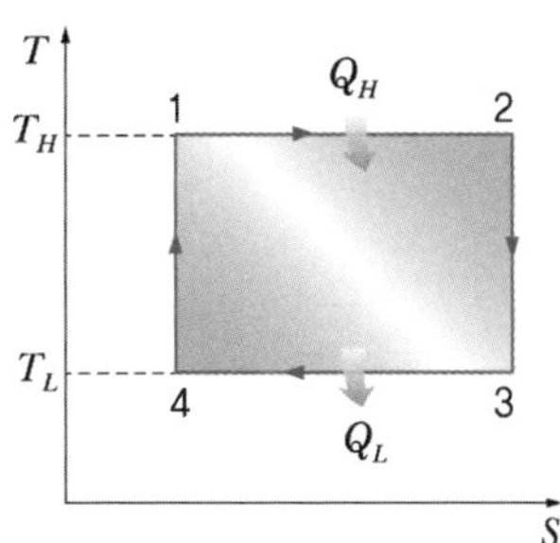

1 → 2 : 가역등온팽창과정(등온흡열과정)

2 → 3 : 가역단열팽창과정(고온에서 저온으로 떨어진다.)

3 → 4 : 가역등온압축과정(등온방열과정)

4 → 1 : 가역단열압축과정(저온에서 고온으로 올라간다.)

① 1 → 2 과정(가역등온팽창 → 가열량 = 팽창일) ($PV = C$)

$${}_1Q_2 = {}_1W_2 = P_1V_1\ln\frac{V_2}{V_1} = RT_H\ln\frac{V_2}{V_1} = Q_H$$

→ 단위질량당 값으로 표현

$${}_1q_2 = {}_1w_2 = P_1v_1\ln\frac{v_2}{v_1} = RT_H\ln\frac{v_2}{v_1} = q_H \quad \cdots\cdots ⓐ$$

② 2 → 3 과정(가역단열팽창 : $s = c \rightarrow pv^k = c$)

$$\frac{T_3}{T_2} = \left(\frac{P_3}{P_2}\right)^{\frac{k-1}{k}} = \left(\frac{v_2}{v_3}\right)^{k-1}$$

일 ${}_2w_3 = \frac{1}{k-1}(P_2v_2 - P_3v_3) = \frac{R}{k-1}(T_2 - T_3) = \frac{RT_2}{k-1}\left(1 - \frac{T_3}{T_2}\right)$

열량 ${}_2q_3 = 0$(단열이므로)

③ 3 → 4 과정($T = C,\ T_3 = T_4 = T_L \rightarrow Pv = PV = C$)

등온과정 : $Q_L = {}_3W_4$ 가역등온방열과정

㉠ 압축일 ${}_3w_4 = P_3v_3\ln\frac{v_4}{v_3} = P_3v_3\ln\frac{P_3}{P_4} = RT_L\ln\frac{v_4}{v_3} = RT_L\ln\frac{P_3}{P_4}$

㉡ 방열량 ${}_3q_4 = -q_{L(방열)} = -{}_3w_4$

$q_L = P_3v_3\ln\frac{v_4}{v_3} < 0$: 방열(계에서 열 방출(−)) → $-q_L$ ∴ $q_L = P_3v_3\ln\frac{v_3}{v_4}$ ⋯⋯ ⓑ

④ 4 → 1 과정(가역단열압축)

$\delta q = du + Pdv$

$\therefore Pdv = -du = -C_v dT$

적분하면

$$_4w_1 = \int_4^1 -C_v dT$$

$$= -\frac{R}{k-1}(T_1 - T_4) \text{ [여기서 일 부호(−)를 적용하면]}$$

$$= \frac{R}{k-1}(T_1 - T_4) = \frac{1}{k-1}(P_1v_1 - P_4v_4)$$

⑤ 카르노 사이클 열효율

$$\eta_c = \frac{w_{가역}}{q_H} = \frac{q_H - q_L}{q_H} = 1 - \frac{q_L}{q_H} = \left(1 - \frac{RT_L \ln\frac{v_3}{v_4}}{RT_H \ln\frac{v_2}{v_1}}\right) \leftarrow \text{ⓐ, ⓑ 대입}$$

$$= 1 - \frac{T_L}{T_H}$$

카르노 사이클에서 열량은 온도만의 함수로 표현된다.

여기서, $T_1 = T_2$, $T_3 = T_4$

단열과정식에서

$$\frac{T_3}{T_2} = \left(\frac{v_2}{v_3}\right)^{k-1}, \ \frac{T_4}{T_1} = \left(\frac{v_1}{v_4}\right)^{k-1}$$

$$\therefore \ \frac{v_2}{v_3} = \frac{v_1}{v_4} \rightarrow \frac{v_2}{v_1} = \frac{v_3}{v_4}$$

3. 카르노 사이클 정리

① 두 개의 온도 사이에서 작동하면서 카르노 사이클보다 효율이 더 좋은 열기관은 만들 수 없다.
② 두 개의 온도 사이에서 카르노 사이클로 작동하는 모든 열기관의 효율은 같다.
③ 카르노 사이클의 효율은 작업유체에 무관하고 오직 온도에만 의존한다.
④ 카르노 사이클 열효율에서 열량을 온도만의 함수로 표현가능하다$\left(\frac{q_L}{q_H} = \frac{T_L}{T_H}\right)$.

참고

고온저장조로부터 일정량의 열을 받는 카르노 사이클 열기관에서 사이클로부터 열이 방출되는 온도가 낮아짐에 따라 순 출력은 증가하고 방열량이 감소한다. 극한에서는 방열량이 0이 되며 이 극한에 대응되는 저장조의 온도가 0K이다.

→ 방출온도가 절대온도 0K에 이르면 카르노 사이클 기관의 열효율은 100%이다.

→ 열역학 제3법칙(절대온도 0K에 이르게 할 수 없다.)

또, 카르노 사이클 냉동기에서도 냉동 공간의 온도가 내려감에 따라 일정량의 냉동을 할 때 필요한 일의 크기가 증가한다. 절대온도 0K는 도달할 수 있는 온도의 극한값이다. 냉동하려는 곳의 온도가 0K에 접근하면, 유한한 양의 냉동에 필요한 일은 무한대에 접근하므로 냉장실의 온도를 떨어뜨리려면 그만큼의 일을 더 해야 한다.

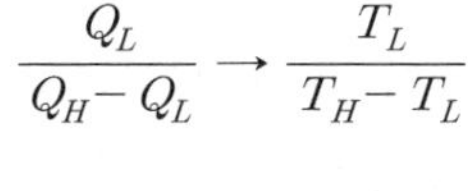

$$\frac{Q_L}{Q_H - Q_L} \rightarrow \frac{T_L}{T_H - T_L}$$

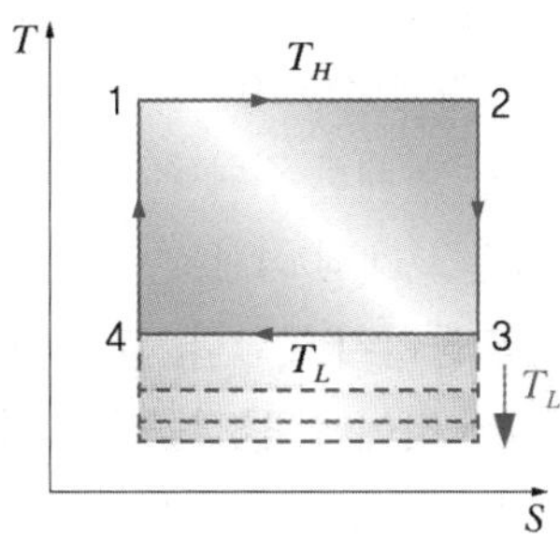

그림에서 T_L 값이 낮을수록 효율이 증가(카르노 사이클)

참고

가역일 때 일 $W_{가역}(Q_H - Q_L)$보다 비가역일 때 일 $W_{비가역}(Q_H - Q_L')$이 더 작다.
(열손실이 있으므로 출력 값이 작다.)

$W_{가역} > W_{비가역}$

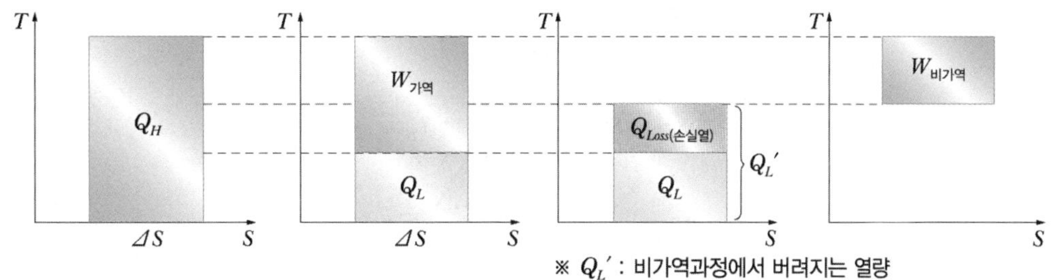

가역과정	비가역과정
열$(Q_H - Q_L)$ → 가역일 W_{re}	열$(Q_H - Q_L')$ → 비가역일 W_{irre} $Q_L' = Q_L + Q_{loss}$

4 엔트로피(Entropy)

자연의 방향성을 제시해주는 열역학 제2법칙의 상태량이며 자연물질이 변형되어 다시 원래상태로 되돌릴 수 없게 되는 현상을 말한다. 결국 에너지를 사용할 때 가용에너지가 손실되는 결과(비가용에너지)로 바뀌는 것을 의미한다. 비가역량의 정량적인 표현이므로 가역과정일 때의 엔트로피는 일정하게 유지되며, 비가역과정인 자연적 과정에서 엔트로피는 증가하고, 자연적 과정에 역행하는 경우에는 엔트로피가 감소하는 성질도 있다. 그러므로 자연현상의 변화가 자연적 방향을 따라 발생하는가를 나타내는 척도라 볼 수 있다. 자연현상은 항상 엔트로피가 증가하는 방향으로 발생하며(비가역성, 열기관에서의 손실량으로 인식) 이미 진행된 변화는 되돌릴 수 없다. 즉, 가용할 수 있는 에너지는 일정한데 자연의 물질은 일정한 방향으로만 움직이기 때문에 쓸 수 없는 상태로 변화한 자연현상이나 물질의 변화는 다시 되돌릴 수 없다. 이때 다시 쓸 수 있는 상태로 환원시킬 수 없는, 쓸 수 없는 상태로 전환된 에너지의 총량을 엔트로피라고 한다.

㉮ 석탄을 연료로 이용하고자 할 때 석탄을 캐면 석탄 중 일부는 아황산가스나 이산화탄소 등으로 기화하기 때문에 가용에너지 상태로 다시 되돌리지 못한다. 그 질량은 다른 상태로 변화되어도 사라지지 않지만, 이미 되돌릴 수 없는 상태로 전환된 것이다. 물질을 원상태로 되돌리려면 또 다른 에너지를 소모해야 하기 때문에 전체적으로는 엔트로피가 상승하는 결과를 가져온다.

1. 클라우시우스 부등식

(1) 가역 사이클인 경우

카르노 사이클 열효율은 모든 과정이 가역과정이므로 열효율이 가장 좋다.

→ $\frac{\delta Q}{T}$ 라는 상태량을 이끌어낸다.

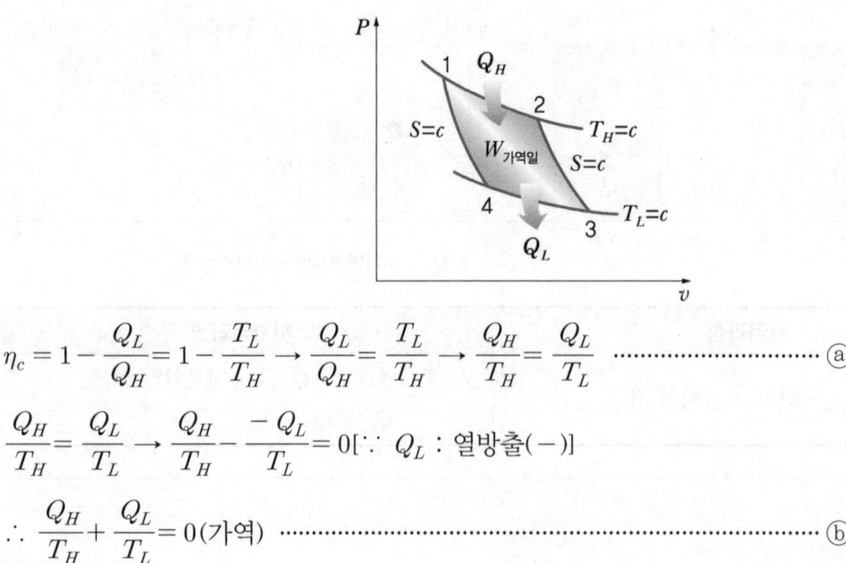

$$\eta_c = 1 - \frac{Q_L}{Q_H} = 1 - \frac{T_L}{T_H} \rightarrow \frac{Q_L}{Q_H} = \frac{T_L}{T_H} \rightarrow \frac{Q_H}{T_H} = \frac{Q_L}{T_L} \quad \cdots\cdots\cdots\cdots ⓐ$$

$$\frac{Q_H}{T_H} = \frac{Q_L}{T_L} \rightarrow \frac{Q_H}{T_H} - \frac{-Q_L}{T_L} = 0 [\because Q_L : 열방출(-)]$$

$$\therefore \frac{Q_H}{T_H} + \frac{Q_L}{T_L} = 0(가역) \quad \cdots\cdots\cdots\cdots ⓑ$$

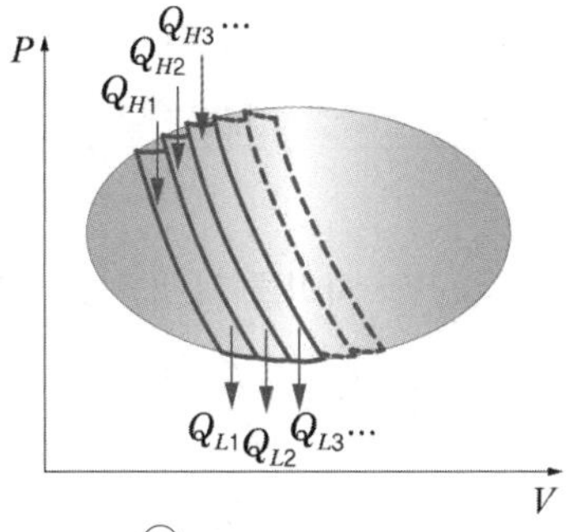

임의의 가역 사이클에 적용하여 열효율이 가장 좋은 카르노 사이클로 자른다.

임의의 가역 사이클은 미소 카르노 사이클의 집합이므로 ⓑ 식을 적용하면

$$\left(\frac{\delta Q_{H1}}{T_{H1}}+\frac{\delta Q_{L1}}{T_{L1}}\right)+\left(\frac{\delta Q_{H2}}{T_{H2}}+\frac{\delta Q_{L2}}{T_{L2}}\right)+\left(\frac{\delta Q_{H3}}{T_{H3}}+\frac{\delta Q_{L3}}{T_{L3}}\right)+\cdots=0$$

$$\therefore \sum\frac{\delta Q}{T}=0 \rightarrow \oint\frac{\delta Q}{T}=0 \quad \cdots\cdots ⓒ$$

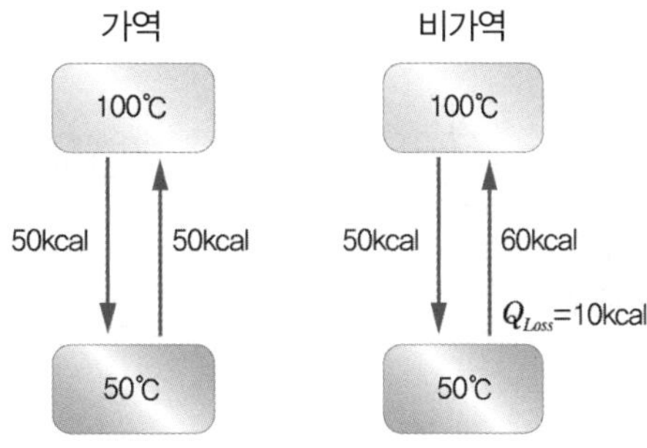

$$\oint\frac{\text{방출량}-\text{흡열량}}{T}<0 \rightarrow \text{비가역}$$

$$\therefore \oint\frac{\delta Q}{T}\leq 0$$

(비가역에서 사이클을 이루려면 손실이 있으므로 방출열량보다 더 많은 열을 가해야 한다.)

실제 팽창과정에서는 출력일이 작아지고 압축과정에서는 더 많은 일을 입력해야 한다.

→ 모든 설계는 손실을 고려하여 출력 계산 → 효율 문제

(2) 비가역 사이클인 경우

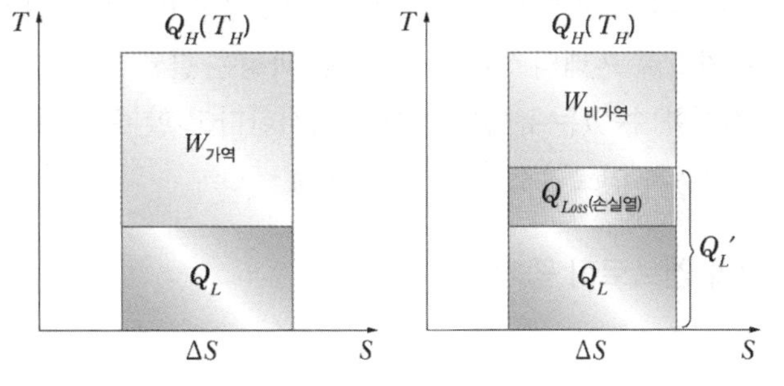

※ Q_L' : 비가역과정에서 버려지는 열량

비가역기관은 열손실이 있으므로 그 열손실만큼 Q_L'로 더해진다.

따라서 열효율은 $\eta_{가역} > \eta_{비가역}$ 이며

$$\frac{Q_H - Q_L}{Q_H} > \frac{Q_H - Q_L'}{Q_H} \text{(여기서, } Q_L < Q_L'\text{)}$$

① 가역 사이클 기관($-Q_L$: 방열)

$$\oint \frac{\delta Q}{T} = \int_H \frac{\delta Q_H}{T} + \int_L \frac{\delta Q_L}{T} = \frac{Q_H}{T_H} - \frac{Q_L}{T_L} = 0 \quad \cdots\cdots ⓓ$$

$$\therefore \frac{Q_H}{T_H} = \frac{Q_L}{T_L} \quad \cdots\cdots ⓔ$$

② 비가역 사이클 기관

$$\oint \frac{\delta Q}{T} = \int_H \frac{\delta Q_H}{T} + \int_L \frac{\delta Q_L'}{T} = \frac{Q_H}{T_H} - \frac{Q_L'}{T_L} \neq 0 = y \text{라 하면}$$

$$y = \frac{Q_H}{T_H} - \frac{Q_L'}{T_L} \leftarrow \text{ⓔ식 대입}$$

$$= \frac{Q_L}{T_L} - \frac{Q_L'}{T_L} < 0$$

$$\therefore \text{비가역일 때 } \oint \frac{\delta Q}{T} < 0 \quad \cdots\cdots ⓕ$$

이상에서 가역과 비가역 사이클에 대한 클라우시우스 부등식은 ⓒ와 ⓕ에서

$$\oint \frac{\delta Q}{T} \le 0$$

2. 엔트로피 증가의 원리

검사질량과 주위의 엔트로피의 순 변화량이 항상 양수인 과정들만이 실제로 발생할 수 있다. 이와 반대인 과정, 즉 검사질량과 주위가 모두 원래의 상태로 돌아오는 과정은 결코 생기지 않는다(비가역). → 어떠한 과정이라도 그 과정이 진행할 수 있는 유일한 방향을 지시한다고 할 수 있다.

예 커피를 식히는 과정, 자동차 연료연소, 우리 몸속 과정

(1) 엔트로피의 수식 정의와 엔트로피 증가

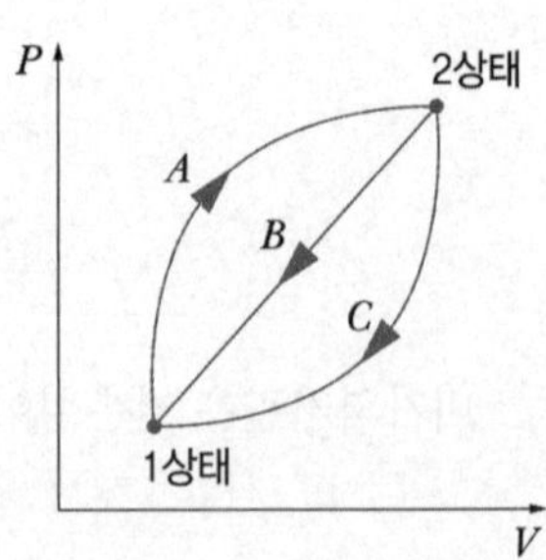

① 가역 사이클

$$1 \xrightarrow{A} 2 \xrightarrow{B} 1 \quad \oint \frac{\delta Q}{T} = 0 \Rightarrow \int_{1A}^{2} \left(\frac{\delta Q}{T}\right) + \int_{2B}^{1} \left(\frac{\delta Q}{T}\right) = 0 \quad \cdots\cdots ⓐ$$

$$1 \xrightarrow{A} 2 \xrightarrow{C} 1 \quad \oint \frac{\delta Q}{T} = 0 \Rightarrow \int_{1A}^{2} \left(\frac{\delta Q}{T}\right) + \int_{2C}^{1} \left(\frac{\delta Q}{T}\right) = 0 \quad \cdots\cdots ⓑ$$

ⓐ－ⓑ를 하면 $\int_{2B}^{1}\left(\frac{\delta Q}{T}\right)-\int_{2C}^{1}\left(\frac{\delta Q}{T}\right)=0$

$\therefore \int_{2B}^{1}\left(\frac{\delta Q}{T}\right)=\int_{2C}^{1}\left(\frac{\delta Q}{T}\right)$ ······································ ⓒ

ⓒ에서 보듯이 $\frac{\delta Q}{T}$라는 값은 경로에 관계없이 일정하다.

(B경로와 C경로의 $\frac{\delta Q}{T}$값이 일정하므로 경로에 무관한 점함수이다.)

∴ 엔트로피 $ds=\frac{\delta Q}{T}$: 점함수 → 완전미분

적분하면

$S_2-S_1=\int_{1}^{2}\frac{\delta Q}{T}$

② 비가역 사이클

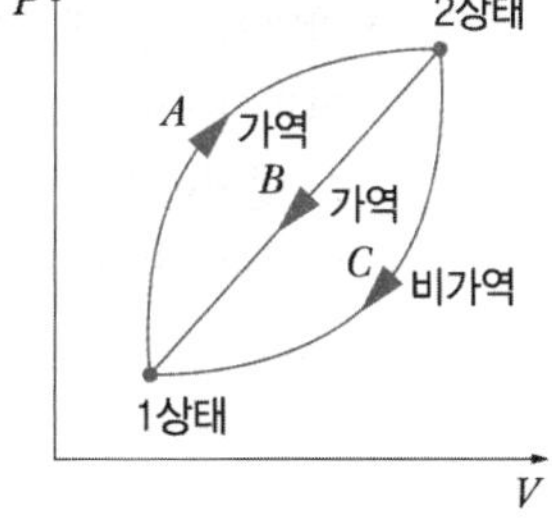

가역 : $\oint\frac{\delta Q}{T}=\int_{1A}^{2}\frac{\delta Q}{T}\Big)_{가역}+\int_{2B}^{1}\frac{\delta Q}{T}\Big)_{가역}$ ······················ ⓓ

비가역 : $\oint\frac{\delta Q}{T}=\int_{1A}^{2}\frac{\delta Q}{T}\Big)_{가역}+\int_{2C}^{1}\frac{\delta Q}{T}\Big)_{비가역}<0$ ······· ⓔ

ⓓ－ⓔ를 하면

$\int_{2B}^{1}\frac{\delta Q}{T}\Big)_{가역}-\int_{1C}^{2}\frac{\delta Q}{T}\Big)_{비가역}>0$ ································· ⓕ [∵ $0-(-5)>0$]

$\left(dS=\frac{\delta Q}{T}\ \text{: 가역}\right)$ 식을 대입하여 ⓕ를 고쳐 쓰면

$\int_{2B}^{1}dS-\int_{2C}^{1}\frac{\delta Q}{T}>0$

$\int_{2B}^{1}dS>\int_{2C}^{1}\frac{\delta Q}{T}$

$\therefore dS>\frac{\delta Q}{T}$ (적분하면)

$S_2-S_1>\int_{1}^{2}\frac{\delta Q}{T}$ (단열계에서 $\delta Q=0$이므로)

$S_2-S_1>0,\ S_2>S_1$

∴ 모든 실제 현상이 비가역이므로 엔트로피는 증가한다.

$\Delta S>0,\ S_2-S_1>0$

참고

엔트로피를 증가시키는 두 가지 방법

- 열을 가하거나 비가역과정을 추가한다.
  엔트로피 생성은 0보다 작을 수 없으므로(어떤 과정의 유일한 진행 방향을 지시) 시스템의 엔트로피를 감소시키는 방법은 그 시스템에서 열을 추출하는 것이다.
- 단열일 때는 $\delta Q=0$이므로 엔트로피는 비가역성과 관련 있다(온도차를 크게 하면 비가역성이 커짐). 컵에 얼음조각을 넣고 커피를 식히는 경우처럼 고도로 비가역적인 과정을 관찰할 때 엔트로피가 증가하고 있으며, 효율이 좀 더 높다는 것은 총엔트로피 증가량을 좀 더 줄이면서 주어진 목표를 달성하였다는 것을 의미한다.

통계열역학에서의 엔트로피는 확률로 정의

엔트로피는 미래의 우리와 우주의 운명에 대한 해답을 기술한 것(방향성 제시)이라는 철학적 의미를 가지고 있다.

- 박막을 찢을 때 : 확률이 낮은 상태 → 높은 상태인 과정이 진행되며 이와 관련하여 엔트로피가 증가한다.
- 커피가 식을 때 : 자연계는 변화가 일어날 때마다 기계적 일의 일부를 반드시 잃게 되고, 이것에 상당하는 열에너지는 이용할 수 없는 상태로 증가되어 본래의 상태로는 되돌릴 수 없다. 결과적으로 자연계의 변화는 전체적으로 볼 때 한 방향으로 진행됨으로써 그 방향성을 갖게 된다.

5 이상기체의 엔트로피 변화

1. 엔트로피 변화의 일반 관계식

단위질량당 1법칙에서

$$\delta q = du + Pdv = dh - vdP,\ ds = \frac{\delta q}{T},\ Pv = RT$$

$$\rightarrow Tds = C_v dT + \frac{RT}{v}dv = C_p dT - \frac{RT}{P}dP(\div T)$$

$$ds = C_v\frac{dT}{T} + \frac{R}{v}dv = C_p\frac{dT}{T} - \frac{R}{P}dP$$

양변을 적분하면

$$\int_1^2 ds = \int_1^2 C_v\frac{dT}{T} + \int_1^2 R\frac{dv}{v} = \int_1^2 C_p\frac{dT}{T} - \int_1^2\frac{R}{P}dP$$

여기서, C_v, C_p는 상수로 취급할 수 없다. → 적분 불능(함수가 주어져야 가능)

$$\therefore\ s_2 - s_1 = \int_1^2 C_v\frac{dT}{T} + R\ln\frac{v_2}{v_1} = \int_1^2 C_p\frac{dT}{T} - R\ln\frac{P_2}{P_1}$$

만약, C_v, C_p가 일정하면

$$s_2 - s_1 = C_v \ln\frac{T_2}{T_1} + R\ln\frac{v_2}{v_1} = C_p \ln\frac{T_2}{T_1} - R\ln\frac{P_2}{P_1}$$

참고

공기의 비열

- $C_v = 0.17\text{kcal/kg}\cdot\text{K}$(정적비열)
- $C_p = 0.24\text{kcal/kg}\cdot\text{K}$(정압비열)

예제

5kg의 산소가 정압하에서 체적이 0.2m^3에서 0.6m^3로 증가하였다. 산소를 이상기체로 보고 정압비열 $C_p = 0.92\text{kJ/kg}\cdot\text{K}$로 하여 엔트로피의 변화를 구하였을 때 그 값은 몇 kJ/K인가?

해설 $ds = \dfrac{\delta q}{T} = \dfrac{dh - vdP}{T}$에서 $dP = 0$

$$ds = \frac{dh}{T} = C_p\frac{1}{T}dT$$

$$\therefore\ s_2 - s_1 = \Delta s = C_p \ln\frac{T_2}{T_1}$$

$$= C_p \ln\frac{v_2}{v_1}\ \left(\frac{v}{T} = C\text{에서 } \frac{v_1}{T_1} = \frac{v_2}{T_2}\right)$$

$$= 0.92 \times \ln\frac{0.6}{0.2}$$

$$= 1.01\text{kJ/kg}\cdot\text{K}(\text{비엔트로피})$$

$$\therefore\ S_2 - S_1 = m(s_2 - s_1) = 5\text{kg} \times 1.01\text{kJ/kg}\cdot\text{K} = 5.05\text{kJ/K}(\text{엔트로피})$$

2. 이상기체의 각 과정에서 엔트로피 변화

(1) 정적과정의 엔트로피 변화

$$\delta q = du + Pdv,\ v = C,\ dv = 0$$

$$du = C_v dT$$

$$\frac{Pv}{T} = C,\ \frac{P_1}{T_1} = \frac{P_2}{T_2}$$

$$ds = \frac{\delta q}{T} \rightarrow \frac{C_v dT}{T}$$

$$\int_1^2 ds = \int_1^2 C_v \cdot \frac{dT}{T}$$

$$\therefore\ s_2 - s_1 = C_v \ln\frac{T_2}{T_1} = C_v \ln\frac{P_2}{P_1}$$

참고

전개순서

보일－샤를 법칙 $\frac{Pv}{T} = C \Rightarrow 1$법칙 $\delta q = du + Pdv = dh - vdP \Rightarrow ds = \frac{\delta q}{T}$

(2) 정압과정의 엔트로피 변화

$$P = C,\ dP = 0,\ \frac{v_1}{T_1} = \frac{v_2}{T_2} \rightarrow \frac{T_2}{T_1} = \frac{v_2}{v_1}$$

$$\delta q = dh - vdP = C_p dT$$

$$ds = \frac{\delta q}{T}$$

$$Tds = C_p dT$$

$$ds = C_p \frac{dT}{T}$$

$$\int_1^2 ds = \int_1^2 C_p \frac{dT}{T}$$

$$\therefore\ s_2 - s_1 = C_p \ln\frac{T_2}{T_1} = C_p \ln\frac{v_2}{v_1}$$

(3) 등온과정의 엔트로피 변화

$$\frac{Pv}{T} = C,\ P_1 v_1 = P_2 v_2,\ \frac{P_2}{P_1} = \frac{v_1}{v_2}$$

$$\delta q = du + Pdv = dh - vdP$$

$$Tds = Pdv = -vdP\left(\text{여기서, } P = \frac{RT}{v},\ v = \frac{RT}{P}\right)$$

$$Tds = R\frac{T}{v}dv$$

$$\int_1^2 ds = \int_1^2 R\frac{dv}{v}$$

$$\therefore\ s_2 - s_1 = R\ln\frac{v_2}{v_1} = R\ln\frac{P_1}{P_2}\ [\text{여기서, } R = C_p - C_v (\text{kcal/kg} \cdot \text{K})]$$

(4) 단열과정의 엔트로피 변화

$$ds = \frac{\delta q}{T} \rightarrow \delta q = 0,\ ds = 0 \rightarrow s = C,\ \Delta s = 0,\ s_2 - s_1 = 0 \text{ : 등엔트로피 변화}$$

(5) 폴리트로픽 변화

$\delta q = C_n dT$ (여기서, C_n : 폴리트로픽 비열)

$$\delta q = C_v \frac{n-k}{n-1} dT,\ \frac{T_2}{T_1} = \left(\frac{P_2}{P_1}\right)^{\frac{n-1}{n}} = \left(\frac{v_1}{v_2}\right)^{n-1}$$

$$\Delta s = s_2 - s_1 = \int_1^2 \frac{\delta q}{T} = C_v \frac{n-k}{n-1} \int_1^2 \frac{dT}{T} = C_v \frac{n-k}{n-1} \ln \frac{T_2}{T_1}$$

$$= C_v \frac{n-k}{n-1} \ln\left(\frac{P_2}{P_1}\right)^{\frac{n-1}{n}} = C_v \frac{n-k}{n-1} \ln\left(\frac{v_1}{v_2}\right)^{n-1}$$

6 가용(유효)에너지(Available Energy)와 비가용(무효)에너지(Unavailable Energy)

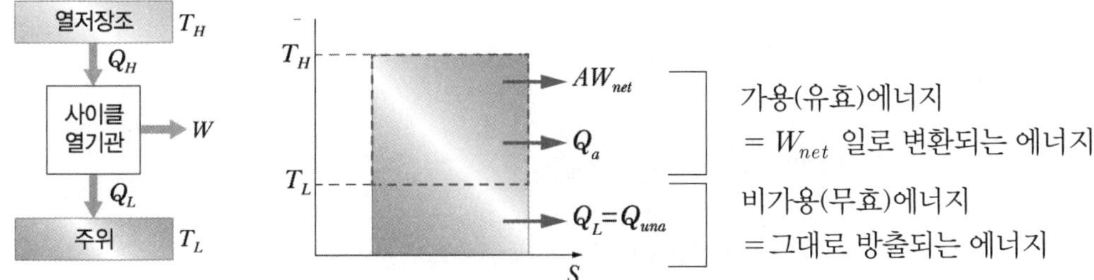

주위 온도 T_0보다 낮은 온도의 열량은 열기관에 의하여 일로 전환될 수 없으며 버려지게 된다.

$$\eta_{carnot} = 1 - \frac{Q_L}{Q_H} = 1 - \frac{T_L}{T_H} \rightarrow Q_a = Q_H - Q_L = Q_H - T_L \cdot \Delta S \text{[전열량(공급된) − 무효에너지]}$$

$$\eta_c = \frac{Q_a}{Q_H} = \frac{AW_{net}}{Q_H} \text{ (여기서, } \eta_{carnot} = \eta_c)$$

- 유효에너지 $Q_a = \eta_c Q_H$
- 무효에너지 $Q_u = Q_H - Q_a = T_L \cdot \Delta S$

참고

입구와 출구 사이의 상태 변화가 주어졌을 때 실제일이 적으면 적을수록 비가역성(손실)이 커지므로 비가역성은 실제과정의 비효율성(Inefficiency)에 대한 척도가 된다. 완전한 가역과정의 비가역성은 0이며 그렇지 않은 경우에는 항상 0보다 크다.

7 최대일과 최소일

1. 최대일

주어진 상태의 질량이 완전히 가역과정을 따라서 주위와 평형을 이루는 상태에 도달할 때 그 질량으로부터 최대가역일을 얻게 된다. 가용에너지는 그 질량(검사질량)으로부터 얻을 수 있는 잠재적 최대일이라고 할 수 있다.

2. 최소일

기체를 가역적으로 압축하는 데 필요한 일을 말한다.

예 제

1N/m², 30℃의 대기 중에서 100℃의 물 2kg이 존재할 때, 이 물의 최대일(kcal)은?

해설 검사질량으로부터 최대가역일(밀폐계)

$Q = mC(T_2 - T_1)$ ((−)열 부호)

$Q = mC(T_1 - T_2) = 2\text{kg} \times 1\text{kcal/kg} \cdot ℃ \times (100 - 30)℃ = 140\text{kcal}$

$$dS = \frac{\delta Q}{T} = mC\frac{1}{T}dT$$

$$S_2 - S_1 = mC\ln\left(\frac{T_2}{T_1}\right)$$

$$= 2 \times 1 \times \ln\left(\frac{303}{373}\right) \quad \begin{matrix} \leftarrow 273 + 30 = T_2 \\ \leftarrow 273 + 100 = T_1 \end{matrix}$$

$= -0.4159\text{kcal}$ ((−) 열 부호(방열) $= 0.416\text{kcal}$)

가역과정을 따라서 주위와 평형을 이루는 상태 → 카르노 사이클

$T_2 \Rightarrow T_0$

$AW = Q - T_0(S_1 - S_0) = Q - T_0 \Delta S$

$= 140 - 303 \times 0.416 = 140 - 126 = 14\text{kcal}$

참고

주어진 상태변화 동안 발생한 비가역성이 작을수록 얻을 수 있는 일의 양은 커지고 입력해야 할 일(펌프일)의 양은 적어진다.

- 가용에너지는 자연자원(유전, 탄광, 우라늄 등 : 유한한 자원)의 한 가지
  필요한 일을 저장되어 있는 가용에너지 중에서 가역적으로 얻는다면 가용에너지의 감소량은 가역일과 정확하게 같다(자원소비량 = 가역일).
  그러나 필요한 양의 일을 얻는 동안 비가역성(손실)이 발생하므로 실제로 얻은 일은 가역일보다 작을 것이며 실제일을 가역적으로 얻었을 때 감소된 가용에너지보다(비가역성의 양만큼) 더 많은 가용에너지가 감소(연료소모)될 것이다.

일정한 출력일을 만들어내야 하므로 모든 과정에서 비가역성(손실)이 클수록 가용에너지 자원(에너지 자원)의 감소량이 커지게 된다. → 가용에너지 절약 및 효과적인 사용(자원의 재분배) → 엔트로피가 덜 증가하는 방향으로 발전시켜야 한다.

- 경제적인 이유로 최소의 비가역성으로 주어진 목적 달성
  비가역성이 작을 때 적은 비용으로 주어진 목적을 달성할 수 있다.
  공학적 판단 → 환경에 미치는 영향(대기 · 수질오염 등)을 감안한 최적설계

$$2\text{법칙 효율}(\eta_{\text{2nd Law}}) = \frac{W_a}{W_{\text{손실가용에너지}}}$$

---

8 헬름홀츠 함수(F)와 깁스 함수(G)

화학반응이 있는 과정 ⇒ F와 G는 화학반응이 있는 과정에서 중요한 함수

1. 밀폐계의 최대일(검사질량) ← 비유동과정

1법칙 ${}_1Q_2 = (U_2 - U_1) + {}_1W_2$

${}_1W_2 = {}_1Q_2 - (U_2 - U_1) \leftarrow \delta Q = TdS$

$= T(S_2 - S_1) - (U_2 - U_1)$

$= (U_1 - TS_1) - (U_2 - TS_2) = F_1 - F_2$

여기서, 열역학 상태량의 조합이므로 그 자신도 열역학 상태량이다.

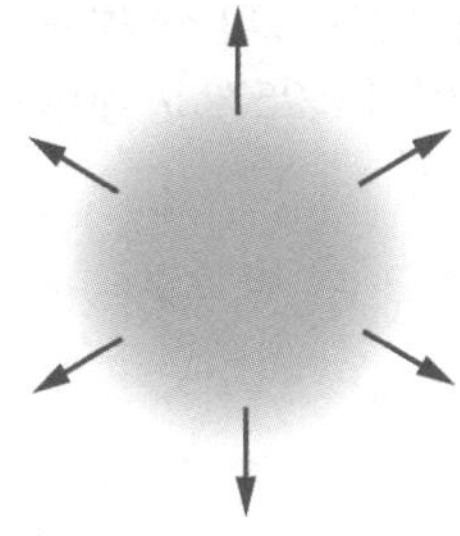
주위 상태가 15℃라면 계 내부도 15℃가 될 때까지의 일

$U - TS$: Helmholtz 함수(헬름홀츠 함수)

$F = U - TS$: 밀폐계의 최대일은 헬름홀츠 함수로 나타난다. ← 절대일

2. 개방계의 최대일(검사체적) ← 유동과정(질량유동 있음)

$\delta Q = dH - VdP$

${}_1Q_2 = H_2 - H_1 + {}_1W_{t2}$

${}_1W_{t2} = {}_1Q_2 - (H_2 - H_1)$

$= T(S_2 - S_1) - (H_2 - H_1)$

$= (H_1 - TS_1) - (H_2 - TS_2) = G_1 - G_2$

$G = H - TS$: Gibbs 함수 ← 공업일

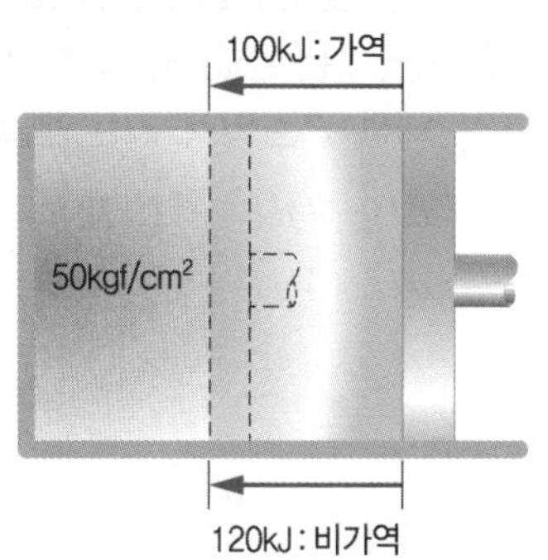

핵심 기출 문제

01 열역학 제2법칙에 대한 설명으로 틀린 것은?

① 효율이 100%인 열기관은 얻을 수 없다.
② 제2종의 영구기관은 작동 물질의 종류에 따라 가능하다.
③ 열은 스스로 저온의 물질에서 고온의 물질로 이동하지 않는다.
④ 열기관에서 작동 물질이 일을 하게 하려면 그보다 더 저온인 물질이 필요하다.

해설

열역학 제2법칙을 위배하는 기관은 제2종 영구기관으로 열효율 100%이다. 따라서 작동물질에 관계없이 불가능하다.

02 100℃의 수증기 10kg이 100℃의 물로 응축되었다. 수증기의 엔트로피 변화량(kJ/K)은?(단, 물의 잠열은 100℃에서 2,257kJ/kg이다.)

① 14.5　　② 5,390
③ −22,570　　④ −60.5

해설

$$dS = \frac{\delta Q}{T}$$

$$S_2 - S_1 = \frac{m \cdot {}_1q_2}{T} = \frac{(-)10 \times 2{,}257}{373} \ [(-)\text{ 방열}]$$

$$= -60.51\text{kJ/K}$$

03 계의 엔트로피 변화에 대한 열역학적 관계식 중 옳은 것은?(단, T는 온도, S는 엔트로피, U는 내부에너지, V는 체적, P는 압력, H는 엔탈피를 나타낸다.)

① $TdS = dU - PdV$　　② $TdS = dH - PdV$
③ $TdS = dU - VdP$　　④ $TdS = dH - VdP$

해설

$$dS = \frac{\delta Q}{T}$$

$$\delta Q = dH - VdP$$

04 실린더 내의 공기가 100kPa, 20℃ 상태에서 300kPa이 될 때까지 가역단열과정으로 압축된다. 이 과정에서 실린더 내의 계에서 엔트로피의 변화(kJ/kg · K)는?(단, 공기의 비열비(k)는 1.4이다.)

① −1.35　　② 0
③ 1.35　　④ 13.5

해설

단열과정 $\delta q = 0$에서

엔트로피 변화량 $ds = \frac{\delta q}{T} \rightarrow ds = 0(s = c)$

05 고온 열원의 온도가 700℃이고, 저온 열원의 온도가 50℃인 카르노 열기관의 열효율(%)은?

① 33.4　　② 50.1
③ 66.8　　④ 78.9

해설

카르노 사이클의 효율은 온도만의 함수이므로

$$\eta = \frac{T_H - T_L}{T_H} = 1 - \frac{T_L}{T_H}$$

$$= 1 - \frac{(50+273)}{(700+273)} = 0.668 = 66.8\%$$

정답　01 ②　02 ④　03 ④　04 ②　05 ③

06 클라우시우스(Clausius)의 부등식을 옳게 나타낸 것은?(단, T는 절대온도, Q는 시스템으로 공급된 전체 열량을 나타낸다.)

① $\oint T\delta Q \le 0$　　② $\oint T\delta Q \ge 0$

③ $\oint \frac{\delta Q}{T} \le 0$　　④ $\oint \frac{\delta Q}{T} \ge 0$

해설

- 가역일 때 $\oint \frac{\delta Q}{T} = 0$
- 비가역일 때 $\oint \frac{\delta Q}{T} < 0$

07 카르노 사이클로 작동하는 열기관이 1,000℃의 열원과 300K의 대기 사이에서 작동한다. 이 열기관이 사이클당 100kJ의 일을 할 경우 사이클당 1,000℃의 열원으로부터 받은 열량은 약 몇 kJ인가?

① 70.0　　② 76.4

③ 130.8　　④ 142.9

해설

카르노 사이클의 효율은 온도만의 함수이므로

$$\eta = \frac{T_H - T_L}{T_H} = 1 - \frac{T_L}{T_H} = 1 - \frac{300}{1,273} = 0.764$$

1사이클당 100kJ 일(W_{net})을 할 경우, 사이클당 1,000℃의 열원으로부터 공급받는 열량 : Q_H

$$\eta = \frac{W_{net}}{Q_H} \text{에서 } \frac{Q_H = W_{net}}{\eta} = \frac{100}{0.764} = 130.89\text{kJ}$$

08 효율이 40%인 열기관에서 유효하게 발생되는 동력이 110kW라면 주위로 방출되는 총 열량은 약 몇 kW인가?

① 375　　② 165

③ 135　　④ 85

해설

$\eta = \frac{\dot{Q}_a}{\dot{Q}_H}$ 이므로

공급 총열전달률 $\dot{Q}_H = \frac{\dot{Q}_a}{\eta} = \frac{110}{0.4} = 275\text{kW}$

방열 총열전달률(유효하지 않은 동력)

$= 275 \times (1 - 0.4) = 165\text{kW}$

※ $(1 - 0.4)$: 60%가 비가용 에너지임을 의미

09 1,000K의 고열원으로부터 750kJ의 에너지를 받아서 300K의 저열원으로 550kJ의 에너지를 방출하는 열기관이 있다. 이 기관의 효율(η)과 Clausius 부등식의 만족 여부는?

① $\eta = 26.7\%$이고, Clausius 부등식을 만족한다.

② $\eta = 26.7\%$이고, Clausius 부등식을 만족하지 않는다.

③ $\eta = 73.3\%$이고, Clausius 부등식을 만족한다.

④ $\eta = 73.3\%$이고, Clausius 부등식을 만족하지 않는다.

해설

i) 열기관의 효율

$$\eta = \frac{Q_H - Q_L}{Q_H} = 1 - \frac{Q_L}{Q_H} = 1 - \frac{550}{750}$$

$= 0.2667 = 26.67\%$

ii) 클라우시우스 부등식

$$\oint \frac{\delta Q}{T} = \frac{Q_H}{T_H} + \frac{Q_L}{T_L} \; [Q_H : \text{흡열}(+),\ Q_L : \text{방열}(-)]$$

$$= \frac{750}{1,000} + \frac{(-)550}{300} = -1.08\text{kJ/K}$$

$\therefore \oint \frac{\delta Q}{T} < 0$이므로 비가역과정(실제과정)

→ 클라우시우스 부등식 만족

정답 06 ③ 07 ③ 08 ② 09 ①

10 어떤 시스템에서 공기가 초기에 290K에서 330K로 변화하였고, 압력은 200kPa에서 600kPa로 변화하였다. 이때 단위 질량당 엔트로피 변화는 약 몇 kJ/kg · K인가?(단, 공기는 정압비열이 1.006kJ/kg · K이고, 기체상수가 0.287kJ/kg · K인 이상기체로 간주한다.)

① 0.445　　② −0.445
③ 0.185　　④ −0.185

해설

$\delta q = dh - vdp$, $ds = \frac{\delta q}{T}$

$Tds = dh - vdp = C_p dT - vdp$

$ds = C_p \frac{1}{T} dT - \frac{v}{T} dp$(여기서, $pv = RT$)

$= C_p \frac{1}{T} dT - \frac{R}{p} dp$

$\therefore\ s_2 - s_1 = C_p \ln \frac{T_2}{T_1} - R \ln \frac{p_2}{p_1}$

$= 1.006 \ln\left(\frac{330}{290}\right) - 0.287 \ln\left(\frac{600}{200}\right)$

$= -0.185 \text{kJ/kg} \cdot \text{K}$

11 600kPa, 300K 상태의 이상기체 1kmol의 엔탈피가 등온과정을 거쳐 압력이 200kPa로 변했다. 이 과정 동안의 엔트로피 변화량은 약 몇 kJ/K인가?(단, 일반 기체상수($\overline{R}$)는 8.31451kJ/kmol · K이다.)

① 0.782　　② 6.31
③ 9.13　　④ 18.6

해설

$dS = \frac{\delta Q}{T}$ $(\leftarrow \delta Q = dH^{\nearrow 0} - Vdp)$

$= -\frac{V}{T} dp$ $(\leftarrow pV = n\overline{R}T)$

$= -n\overline{R}\frac{1}{p} dp$

$\therefore\ S_2 - S_1 = -n\overline{R}\int_1^2 \frac{1}{p} dp$

$= -n\overline{R} \ln \frac{p_2}{p_1}$

$= n\overline{R} \ln \frac{p_1}{p_2}$

$= 1\text{kmol} \times 8.31451 \frac{\text{kJ}}{\text{kmol} \cdot \text{K}} \times \ln\left(\frac{600}{200}\right)$

$= 9.13 \text{kJ/K}$

12 열기관이 1,100K인 고온열원으로부터 1,000kJ의 열을 받아서 온도가 320K인 저온열원에서 600KJ의 열을 방출한다고 한다. 이 열기관이 클라우시우스 부등식$\left(\oint \frac{\delta Q}{T} \le 0\right)$을 만족하는지 여부와 동일 온도 범위에서 작동하는 카르노 열기관과 비교하여 효율은 어떠한가?

① 클라우시우스 부등식을 만족하지 않고, 이론적인 카르노 열기관과 효율이 같다.
② 클라우시우스 부등식을 만족하지 않고, 이론적인 카르노 열기관보다 효율이 크다.
③ 클라우시우스 부등식을 만족하고, 이론적인 카르노 열기관과 효율이 같다.
④ 클라우시우스 부등식을 만족하고, 이론적인 카르노 열기관보다 효율이 작다.

해설

i) 열기관의 이상 사이클인 카르노 사이클의 열효율

$\eta_c = 1 - \frac{T_L}{T_H} = 1 - \frac{320}{1,100} = 0.709 = 70.9\%$

열기관효율

$\eta_{th} = 1 - \frac{Q_L}{Q_H} = 1 - \frac{600}{1,000} = 0.4 = 40\%$

두 기관의 효율을 비교하면 $\eta_c > \eta_{th}$이다.

정답　10 ④　11 ③　12 ④

ii) $\oint \frac{\delta Q}{T} = \frac{Q_H}{T_H} + \frac{Q_L}{T_L}$

[여기서, Q_H : 흡열(+), Q_L : 방열(−)]

$= \frac{1,000}{1,100} + \frac{(-600)}{320} = -0.9659\text{kJ/K}$

$\therefore \oint \frac{\delta Q}{T} < 0$이므로 비가역과정 → 클라우시우스 부등식 만족

13 어떤 카르노 열기관이 100℃와 30℃ 사이에서 작동되며 100℃의 고온에서 100kJ의 열을 받아 40kJ의 유용한 일을 한다면 이 열기관에 대하여 가장 옳게 설명한 것은?

① 열역학 제1법칙에 위배된다.
② 열역학 제2법칙에 위배된다.
③ 열역학 제1법칙과 제2법칙에 모두 위배되지 않는다.
④ 열역학 제1법칙과 제2법칙에 모두 위배된다.

해설

열기관의 이상 사이클인 카르노 사이클의 열효율(η_c)은

$T_H = 100 + 273 = 373\text{K}$, $T_L = 30 + 273 = 303\text{K}$

$\eta_c = 1 - \frac{T_L}{T_H} = 1 - \frac{303}{373} = 0.1877 = 18.77\%$

열기관효율 $\eta_{th} = \frac{W}{Q_H} = \frac{40\text{kJ}}{100\text{kJ}} = 0.4 = 40\%$

두 기관의 효율을 비교하면 $\eta_c < \eta_{th}$ 이므로 모든 과정이 가역과정으로 이루어진 열기관의 이상 사이클인 카르노 사이클보다 효율이 좋으므로 불가능한 열기관이며, 실제로는 손실이 존재해 카르노 사이클보다 효율이 낮게 나와야 한다. 이는 열기관의 비가역량(손실)이 발생한다는 열역학 제2법칙에 위배된다.

14 어떤 사이클이 다음 온도(T)−엔트로피(S) 선도와 같을 때 작동 유체에 주어진 열량은 약 몇 kJ/kg인가?

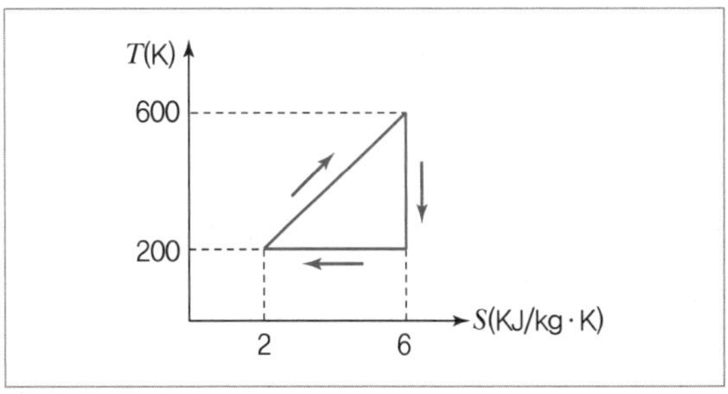

① 4
② 400
③ 800
④ 1,600

해설

$\delta Q = T \cdot dS$에서 사이클로 작동하는 유체의 열량은 삼각형의 면적과 같다.

$\frac{1}{2} \times 4 \times (600 - 200) = 800$

15 이상기체 1kg을 300K, 100kPa에서 500K까지 "PV^n = 일정"의 과정(n = 1.2)을 따라 변화시켰다. 이 기체의 엔트로피 변화량(kJ/K)은?(단, 기체의 비열비는 1.3, 기체상수는 0.287kJ/kg · K이다.)

① −0.244
② −0.287
③ −0.344
④ −0.373

해설

$n = 1.2$인 폴리트로픽 과정에서의 엔트로피 변화량이므로

$dS = \frac{\delta Q}{T}$에서 $\delta Q = mC_n dT = m\left(\frac{n-k}{n-1}\right)C_v dT$

여기서, C_n : 폴리트로픽 비열

$S_2 - S_1 = m \times \frac{n-k}{n-1} C_v \int_1^2 \frac{1}{T} dT$ (여기서, $k = 1.3$)

$= m \times \frac{n-k}{n-1} C_v \ln \frac{T_2}{T_1} = m \times \frac{n-k}{n-1} \frac{R}{k-1} \ln \frac{T_2}{T_1}$

$= 1 \times \left(\frac{1.2-1.3}{1.2-1}\right) \times \left(\frac{0.287}{1.3-1}\right) \times \ln\left(\frac{500}{300}\right)$

$= -0.2443\,\text{kJ/K}$

정답 13 ② 14 ③ 15 ①

05 기체의 압축

1 압축기의 정의

압축기(Compressor)는 저압기체를 고압기체로 송출한다.

- 체적형(용적형) : 압축비가 크나 용량은 적다.
- 회전형 : 압축비가 작으나 용량은 많다.

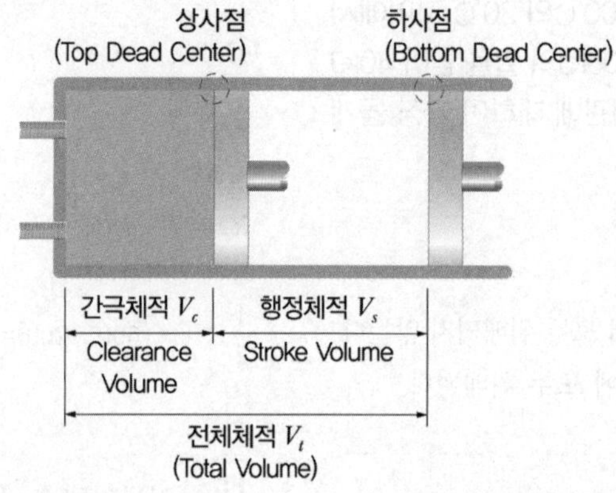

1. 간극비(극간비)

$$\lambda = \frac{V_c}{V_s} = \frac{\text{간극체적}}{\text{행정체적}}$$

여기서, 간극체적 = 연소실체적(내연기관) = 극간체적 = 통극체적이라고 한다.

2. 압축비(Compression Ratio)

내연기관의 성능에 중요한 변수(압축되어야 하므로 1보다 크다.)

$$\text{압축비}(\varepsilon) = \frac{\text{실린더전체적}}{\text{간극체적}} = \frac{V_t}{V_c}$$

$$\varepsilon = \frac{V_c + V_s}{V_c} = \frac{\frac{V_c}{V_s} + 1}{\frac{V_c}{V_s}} = \frac{\lambda + 1}{\lambda} = 1 + \frac{1}{\lambda}$$

예 제

왕복식 압축기에서 $V_c = 50$cc이고 실린더 전체적이 $V = 600$cc일 때 간극비(λ)와 압축비(ε)를 구하시오.

해설 $\lambda = \frac{50}{550} = \frac{V_c}{V_s} = 0.091 = 9.1\%$

$\varepsilon = 1 + \frac{1}{\lambda} = 1 + \frac{1}{0.091} = 11.99$

2 손실이 없는 가역과정의 왕복식 압축기

1. 정상유동과정의 압축일

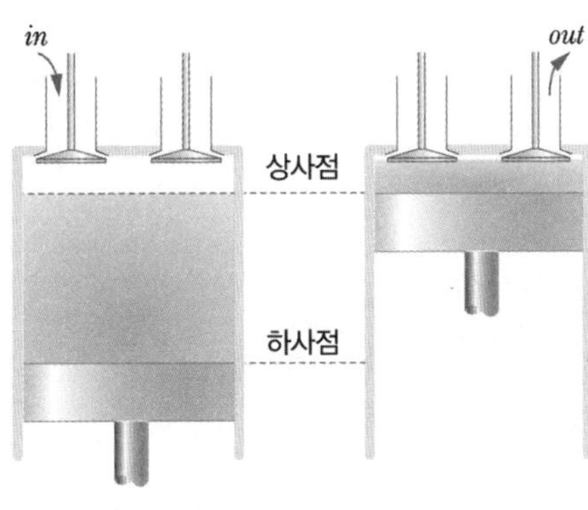

(a) 행정체적 (b) 간극체적

압축기의 일이므로 → 질량유동 있음 → 공업일(개방계의 일)

$W_c = -VdP$ → 일의 부호에서 계가 일을 받으므로 (−)

$-W_c = -VdP \quad \therefore W_c = VdP$

압축일 $W_c = \int VdP$

정적, 정압 압축은 있을 수 없다(Common Sense).

2. 이상기체의 각 과정에서 압축일

(1) 등온과정의 압축일

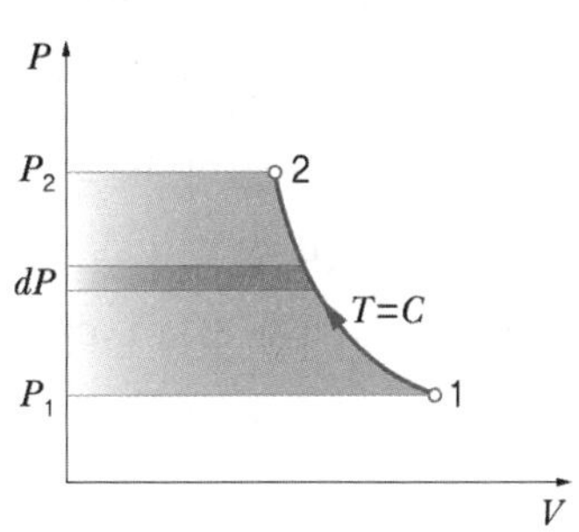

$W_c = VdP$ (여기서, $P_1V_1 = P_2V_2 = C = PV$)

$= \frac{C}{P}dP = C[\ln P]_1^2 = C\ln\frac{P_2}{P_1}$

$= P_1V_1\ln\frac{P_2}{P_1} = P_1V_1\ln\frac{V_1}{V_2} = RT_1\ln\frac{V_1}{V_2}$

(2) 단열과정에서 압축일

$$W_c = VdP \text{ (여기서, } PV^k = C)$$

$$= \int_1^2 \left(\frac{C}{P}\right)^{\frac{1}{k}} dP = C^{\frac{1}{k}} \int P^{-\frac{1}{k}} dP$$

$$= C^{\frac{1}{k}} \frac{1}{1-\frac{1}{k}} \left[P^{1-\frac{1}{k}}\right]_1^2 \text{ (여기서, } C = P_2 V_2^k = P_1 V_1^k \rightarrow C^{\frac{1}{k}} = P_2^{\frac{1}{k}} V_2 = P_1^{\frac{1}{k}} V_1)$$

$$= \frac{k}{k-1}(P_2 V_2 - P_1 V_1) \text{ (여기서, } PV = mRT)$$

$$= \frac{kmR}{k-1}(T_2 - T_1) = \frac{kmRT_1}{k-1}\left(\frac{T_2}{T_1} - 1\right)$$

별해 $\delta Q = dH - VdP$

$$0 = dH - VdP$$

$$VdP = dH = W_c$$

$$\int_1^2 VdP = m\int C_p dT$$

$$W_c = mC_p(T_2 - T_1) = \frac{kmRT_1}{k-1}\left(\frac{T_2}{T_1} - 1\right)$$

$$= \frac{kmRT_1}{k-1}\left(\left(\frac{P_2}{P_1}\right)^{\frac{k-1}{k}} - 1\right)$$

$$= \frac{kmRT_1}{k-1}\left(\left(\frac{V_1}{V_2}\right)^{k-1} - 1\right)$$

(3) 폴리트로픽 압축일(단열에서 $k \rightarrow n$으로)

$$W_c = \frac{nmRT_1}{n-1}\left(\frac{T_2}{T_1} - 1\right) = \frac{nmRT_1}{n-1}\left(\left(\frac{P_2}{P_1}\right)^{\frac{n-1}{n}} - 1\right) = \frac{nmRT_1}{n-1}\left(\left(\frac{V_1}{V_2}\right)^{n-1} - 1\right)$$

(4) P－V 선도에서 각 과정의 압축일

그림에서 P축에 투사한 면적이 W_c : 압축일

등온압축일 < 폴리트로픽압축일 < 단열압축일

∴ 공업일은 외부에서 입력해주는 일이므로 일의 양이 적으면서 똑같은 압력으로 압축할 수 있는 등온압축일이 가장 효율적이다(일의 양이 가장 적게 든다).

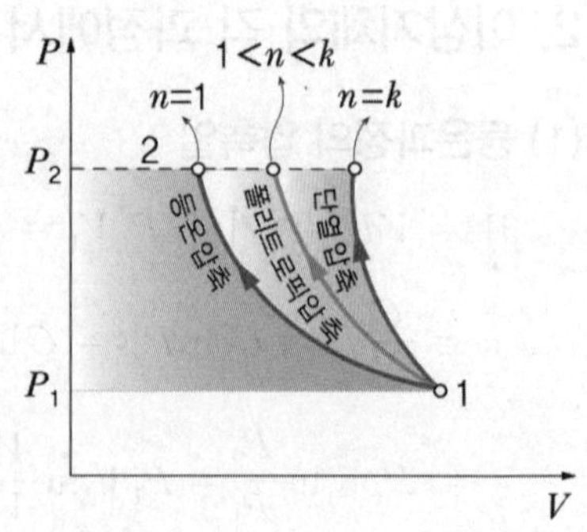

3 압축일에서 압축기 효율

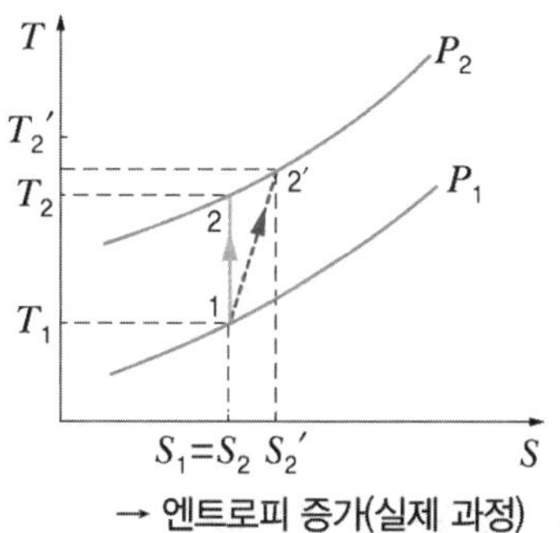

검사체적에 대한 정상유동의 열역학 제1법칙

$Q_{c.v} + H_i = H_e + W_{c.v}$

단열일 경우 $Q_{c.v} = 0$

$\therefore\ W_c = H_i - H_e$(압축일)

계가 일을 받으므로 (−)

$W_c = -(H_i - H_e)$

$W_c = H_e - H_i$

위의 그래프에서 보듯이 실제 과정은 엔트로피가 증가하는 방향인 T_2'로 압축되므로 실제일과 이상일의 차이로 압축기 효율을 나타내면

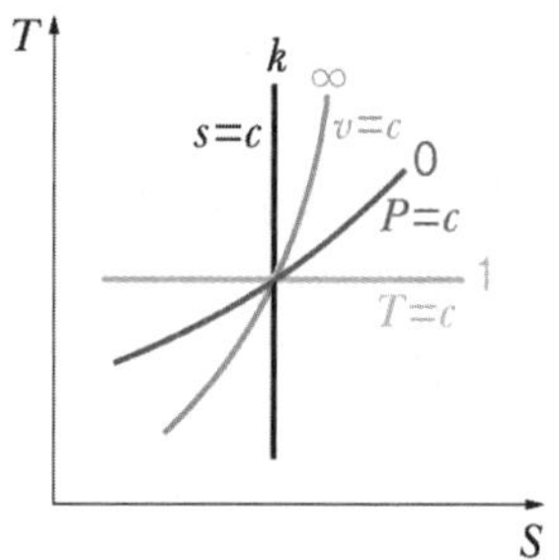

$$\text{압축기 효율 } \eta_c = \frac{\text{이상일}(W_{th})}{\text{실제일}(W_c)} = \frac{h_2 - h_1}{h_2' - h_1} = \frac{C_p(T_2 - T_1)}{C_p(T_2' - T_1)} = \frac{T_2 - T_1}{T_2' - T_1}$$

예 압축기를 1,000J로 압축하면 출력은 900J 정도 나온다고 이해하면 되며, 실제로는 100kW의 동력을 가지고 압축한다면 실제 출력시키는 값은 70kW 정도밖에 안 된다(왕복동압축기 효율 : 70~80%).

$$\eta_c = \frac{\text{이론동력}}{\text{축동력(운전동력)}}$$

4 다단 압축기

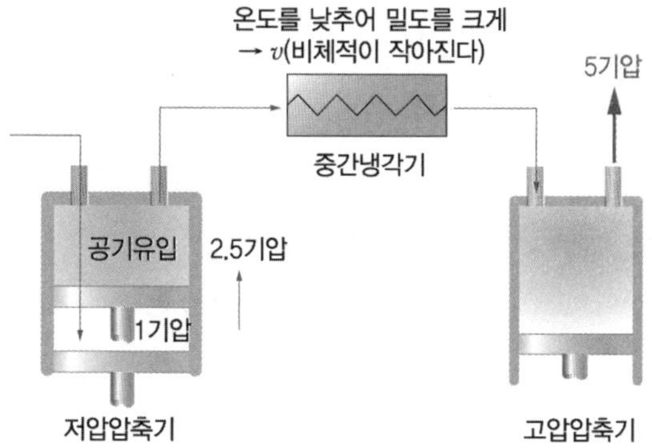

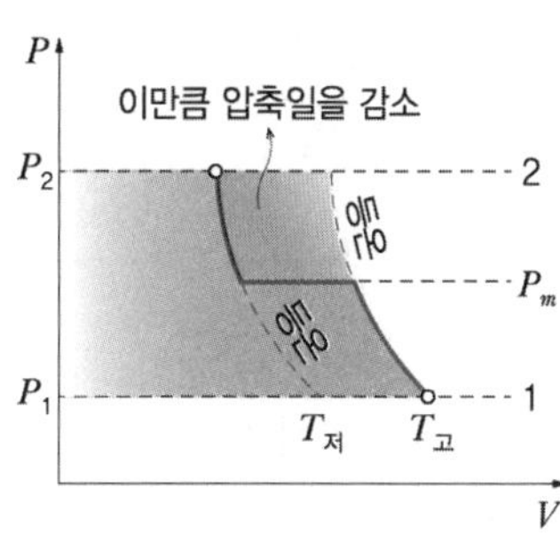

다단 압축기는 그림에서처럼 2개 이상의 압축기를 사용하고 그 중간에 중간냉각기를 설치하여 압축일을 작게 하고 체적효율을 높게 하기 위한 압축기이다.

평균압력 $P_m = \sqrt[n]{P_1 P_2}$ (2단 압축이면 $n=2$, 3단 압축이면 $n=3$, $\sqrt[3]{P_1 P_2 P_3}$)

5 압축기에서 여러 가지 효율

압축에서 실제 과정은 폴리트로픽 과정에 가깝다(등온과 단열 사이 과정).
보통 폴리트로픽 과정(등온과 단열 사이의 과정)인 3 → 4 과정에서 외압인 P_1과 같아질 때까지 실린더 내에는 공기가 흡입되지 않는다.

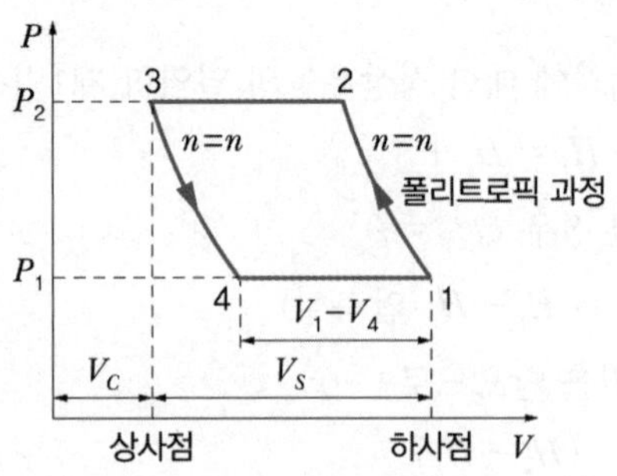

1. 체적효율(용적효율)

$$\eta_V = \frac{V_{4\to 1}}{V_s} = \frac{\text{실제흡입된 기체체적}}{\text{행정체적}} = \frac{V_1 - V_4}{V_s} \quad \cdots\cdots ⓐ$$

(여기서, $V_1 - V_4$: 유효 흡입행정)

$$\lambda = \frac{V_c}{V_s} = \frac{V_3}{V_s} \to V_3 = \lambda V_s \quad \cdots\cdots ⓑ$$

3 → 4과정(폴리트로픽 과정)

$$PV^n = C \to P_3 V_3^n = P_4 V_4^n \qquad \frac{P_4}{P_3} = \left(\frac{V_3}{V_4}\right)^n$$

$$\left(\frac{V_3}{V_4}\right) = \left(\frac{P_4}{P_3}\right)^{\frac{1}{n}}$$

$$V_4 = V_3\left(\frac{P_4}{P_3}\right)^{-\frac{1}{n}} = V_3\left(\frac{P_3}{P_4}\right)^{\frac{1}{n}} = V_3\left(\frac{P_2}{P_1}\right)^{\frac{1}{n}} (\because P_4 = P_1,\ P_3 = P_2)$$

$$\therefore V_4 = V_3(r)^{\frac{1}{n}} \quad \cdots\cdots ⓒ$$

$\left[\text{여기서, } r = \frac{P_2}{P_1}\text{(압력비)}\right]$

ⓑ를 ⓒ에 대입하면

$$V_4 = \lambda V_s (r)^{\frac{1}{n}} \quad \cdots\cdots ⓓ$$

$$V_1 = V_c + V_s = \lambda V_s + V_s \quad \cdots\cdots ⓔ$$

ⓓ, ⓔ를 ⓐ에 대입하면

$$\eta_V = \frac{\lambda V_s + V_s - \lambda V_s (r)^{\frac{1}{n}}}{V_s} = \lambda + 1 - \lambda (r)^{\frac{1}{n}}$$

$$\therefore \eta_V = 1 + \lambda - \lambda\left(\frac{P_2}{P_1}\right)^{\frac{1}{n}}$$

2. 기계효율(η_m)

$$\eta_m = \frac{W_{th}}{W_{real}}$$

$$\eta_m = \frac{\text{이론상 출력일(이상일)}}{\text{제동일(실제일)}} = \frac{\text{지시마력(도시마력)}}{\text{제동마력}} = \frac{\text{이론상 소요동력}}{\text{실제 소요동력}}$$

3. 실린더 속의 흡입체적

$$V = Z \times \frac{\pi}{4} d^2 \times S \times n \times m \times \eta_V$$

여기서, Z : 실린더수, S : 행정, n : 회전수, m : 단수, η_V : 체적효율

핵심 기출 문제

01 배기체적이 1,200cc, 간극체적이 200cc인 가솔린 기관의 압축비는 얼마인가?

① 5　② 6
③ 7　④ 8

해설

배기체적은 행정체적(V_s)이므로

$$\varepsilon = \frac{V_t}{V_c} = \frac{V_c + V_s}{V_c} = \frac{200 + 1,200}{200} = 7$$

02 등엔트로피 효율이 80%인 소형 공기터빈의 출력이 270kJ/kg이다. 입구 온도는 600K이며, 출구 압력은 100kPa이다. 공기의 정압비열은 1.004kJ/kg · K, 비열비는 1.4일 때, 입구 압력은 약 몇 kPa인가?(단, 공기는 이상기체로 간주한다.)

① 1,984　② 1,842
③ 1,773　④ 1,621

해설

공기터빈(연소과정 없다.) → 압축되어 나온 공기가 터빈에서 팽창하므로

$$\eta = \frac{w_T}{w_c} = \frac{\text{터빈일}}{\text{압축일}} = 0.8$$

압축일 $w_c = \dfrac{270}{0.8} = 337.5\text{kJ/kg}$

$\cancel{q_{cv}}^{\,0} + h_i = h_e + w_{cv}$

$w_{cv} = w_c = h_i - h_e < 0$[일 부호(−)]

$\therefore\ w_c = h_e - h_i > 0 = h_2 - h_1 = C_p(T_2 - T_1)$

$337.5 = 1.004(600 - T_1)$

$\therefore\ T_1 = 600 - \dfrac{337.5}{1.004} = 263.84\text{K}$

압축일 과정 : 1 → 2 과정(단열과정)

$$\frac{T_2}{T_1} = \left(\frac{p_2}{p_1}\right)^{\frac{k-1}{k}} \rightarrow \frac{600}{283.84} = \left(\frac{p_2}{100}\right)^{\frac{0.4}{1.4}}$$

$\therefore\ \dfrac{p_2}{100} = 17.73524,\ p_2 = 1,773.53\text{kPa}$

03 공기압축기에서 입구 공기의 온도와 압력은 각각 27℃, 100kPa이고, 체적유량은 0.01m³/s이다. 출구에서 압력이 400kPa이고, 이 압축기의 등엔트로피 효율이 0.8일 때, 압축기의 소요 동력은 약 몇 kW인가?(단, 공기의 정압비열과 기체상수는 각각 1kJ/kg · K, 0.287kJ/kg · K이고, 비열비는 1.4이다.)

① 0.9　② 1.7
③ 2.1　④ 3.8

해설

주어진 압력 : $p_1 = 100\text{kPa},\ T_1 = 27 + 273 = 300\text{K},$
$p_2 = 400\text{kPa}$

i) 공기압축기 → 개방계이며 단열이므로

$\cancel{q_{cv}}^{\,0} + h_i = h_e + w_{cv}$

$w_{cv} = w_c = h_i - h_e < 0$ (계가 일 받음(−))

$\therefore\ w_c = h_e - h_i > 0$

여기서, $dh = C_P dT$이므로

$$\therefore\ w_c = h_e - h_i = \int_i^e C_P dT$$

$$= C_p(T_2 - T_1) = C_p T_1\left(\frac{T_2}{T_1} - 1\right) \text{ (단열이므로)}$$

$$= C_p T_1\left\{\left(\frac{P_2}{P_1}\right)^{\frac{k-1}{k}} - 1\right\}$$

$$= 1 \times 10^3 \times 300 \times \left\{\left(\frac{400}{100}\right)^{\frac{0.4}{1.4}} - 1\right\}$$

$$= 145,798.3\text{J/kg}$$

정답　01 ③　02 ③　03 ③

ii) $\dot{W}_c = \dot{m}\, w_c$

여기서, $\dot{m} = \rho A V = \rho Q \leftarrow \rho = \dfrac{P}{RT}$

$$\dot{m} = \frac{P_1}{RT_1} Q$$

$$= \frac{100 \times 10^3}{0.287 \times 10^3 \times 300} \times 0.01$$

$$= 0.01161 \mathrm{kg/s}$$

$$\therefore \dot{W}_c = 0.01161 \times 145{,}798.3$$

$$= 1{,}692.72 \mathrm{W}$$

$$= 1.69 \mathrm{kW}$$

iii) $\eta_c = \dfrac{\text{이론동력}}{\text{소요동력}} = \dfrac{\dot{W}_c}{\dot{W}_s}$

$$\dot{W}_s = \frac{\dot{W}_c}{\eta_c} = \frac{1.69 \mathrm{kW}}{0.8} = 2.11 \mathrm{kW}$$

04 자동차 엔진을 수리한 후 실린더 블록과 헤드 사이에 수리 전과 비교하여 더 두꺼운 개스킷을 넣었다면 압축비와 열효율은 어떻게 되겠는가?

① 압축비는 감소하고, 열효율도 감소한다.
② 압축비는 감소하고, 열효율은 증가한다.
③ 압축비는 증가하고, 열효율은 감소한다.
④ 압축비는 증가하고, 열효율도 증가한다.

해설

실린더 헤드 개스킷(Cylinder Head Gasket)이 두꺼워지면 연소실 체적(V_c)이 커져 압축비가 작아진다. 따라서 엔진의 열효율도 감소한다.

정답 04 ①

06 증기

1 순수물질(Pure Substance)

어떠한 상(고체, 액체, 기체)에서도 화학조성이 균일하고 일정한 물질(얼음 → 물 → 수증기 모두 균일)을 의미하며 공기와 같은 기체 혼합물은 상변화가 없는 한 순수물질로 간주할 수 있다.

1. 기체

① 증기 : 상변화가 쉽다. 예 액화, 기화 → H_2O, NH_3, 냉매가스
증기는 실측의 결과에 기초를 두고 어떤 압력 혹은 온도 조건 하에서 비체적, 엔탈피, 엔트로피 등의 도표 값 또는 증기선도 등을 이용하는 것이 일반적이다.

② 가스 : 상 변화가 어렵다. 예 LPG

2 증기의 성질

1. 증기의 상태변화와 일반적 성질

일정한 압력 1atm하에서 15℃의 물을 넣고 계속 가열하면 다음 그림처럼 증발이 일어나는 포화온도 100℃인 포화액에 도달하고 상변화하는 습증기 영역을 거쳐 100% 증기인 포화증기가 되며, 포화증기 상태로 1atm하에서 온도가 계속 상승하는 과열증기가 된다(여기서부터 증기의 성질에 관한 내용들은 쉬운 이해를 위해 1atm 상태의 포화온도 100℃를 기준으로 설명한다. 증기표에는 주어진 온도에 따른 포화압력 증기표와 주어진 압력에 따른 포화온도 증기표가 있다).

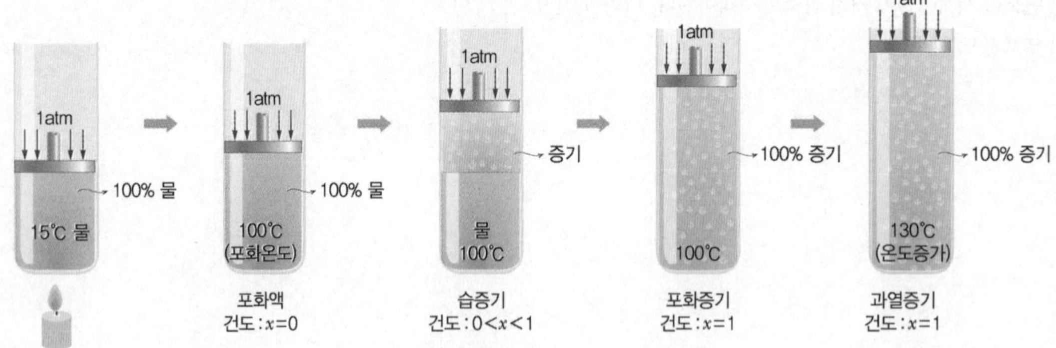

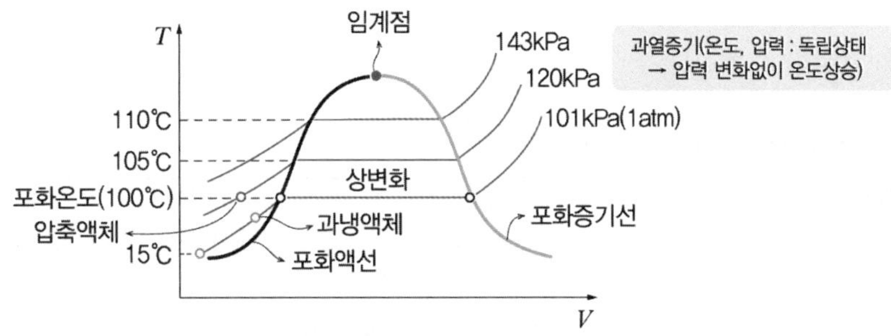

| 물의 액체상과 증기상을 나타내는 온도-체적 선도 |

① 임계점(C ; Critical Point)

포화액체상태와 포화증기상태가 동일(임계온도, 임계압력, 임계비체적)

② 포화온도

주어진 압력(1atm)하에서 증발이 일어나는 온도(100℃) → 이때 압력을 주어진 온도(100℃)에 대한 포화압력(1atm)이라 하며, 순수물질의 포화온도와 포화압력 사이에는 일정한 관계가 있다(압력이 상승하면 일반적으로 포화온도는 상승한다).

이 관계를 나타내는 그래프가 증기압곡선(Vapor Pressure Curve)이다.

㉮ 산에 올라가면 압력(국소대기압)이 낮아지므로 포화온도가 낮아진다. → 고도가 낮은 평지보다 물이 빨리 끓는다.

③ 포화액

과냉액체인 15℃ 물을 가열하여 포화온도 100℃가 될 때 100% 물인 상태

④ 건도(Quality : 질)

전체 질량에 대한 증기 질량의 비로 $x = \dfrac{m_{gas}}{m_{total}}$

물질이 포화상태(포화압력과 포화온도 하)에 있을 때에만 의미를 갖는다.

⑤ 습증기

1atm, 포화온도 100℃ 하에서 증발이 일어나 물과 증기가 같이 존재하는 상태

→ 건도 x는 0~1이며 x가 주어질 때 증기표에서 열역학적 상태량을 구할 수 있다(u_x : 건도가 x인 비내부에너지, h_x : 건도가 x인 비엔탈피⋯).

→ 상변화하는 구간에서는 포화액부터 포화증기까지 정압(1atm) 과정이며 등온(100℃) 과정이다.

⑥ 포화증기(건포화증기)

1atm 상태에서 포화온도 100℃의 물이 모두 100% 증기로 바뀌는 상태

⑦ 과열증기

포화증기상태로 가열하면 1atm 하에서 온도가 계속 상승하는 상태

과열도 = 과열증기의 온도 − 건포화 증기의 온도(포화온도) = $T_{과열} - T_{포화온도}$

2. 증기표

(1) 온도기준 포화증기표(Temperature Table)

온도 ℃	포화압력 kPa	비체적 m^3/kg		내부에너지 kJ/kg			엔탈피 kJ/kg			엔트로피 kJ/kg · K		
T	P_{sat}	liquid v_f 포화액	vapor v_g 포화증기	u_f 포화액	u_{fg} 증발	u_g 포화증기	h_f 포화액	h_{fg} 증발	h_g 포화증기	s_f 포화액	s_{fg} 증발	s_g 포화증기
100	101.42	0.001043	1.6720	419.06	2087.0	2506.0	419.17	2256.4	2675.6	1.3072	6.0470	7.3542
110	143.38	0.001052	1.2094	461.27	2056.4	2517.7	461.42	2229.7	2691.1	1.4188	5.8193	7.2382

(2) 압력기준 포화증기표(Pressure Table)

압력 kPa	포화온도 ℃	비체적 m^3/kg		내부에너지 kJ/kg			엔탈피 kJ/kg			엔트로피 kJ/kg · K		
P	T_{sat}	liquid v_f 포화액	vapor v_g 포화증기	u_f 포화액	u_{fg} 증발	u_g 포화증기	h_f 포화액	h_{fg} 증발	h_g 포화증기	s_f 포화액	s_{fg} 증발	s_g 포화증기
100	99.61	0.001043	1.6941	417.40	2088.2	2505.6	417.51	2257.5	2675.0	1.3028	6.0562	7.3589
125	105.97	0.001048	1.3750	444.23	2068.8	2513.0	444.36	2240.6	2684.9	1.3741	5.9100	7.2841

포화증기의 전내부에너지와 전엔탈피를 구해 보면

$$\begin{cases} U_g = m \times u_g \\ H_g = m \times h_g \end{cases}$$

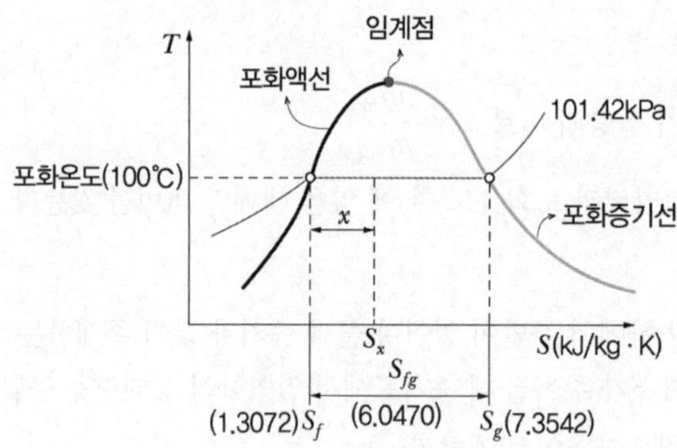

온도기준 포화증기표와 T−S 선도에서 엔트로피 상태량을 기초로 건도(질)가 x인 엔트로피 S_x를 구해 보면

$S_{fg} = (S_g - S_f) = 7.3542 - 1.3072 = 6.0470$(T−S 선도의 S값)

$S_x = S_f + x \cdot S_{fg} = (1-x)S_f + x \cdot S_g$

⇒ 모든 증기 상태량 값(v, h, u)을 똑같은 방법으로 구한다.

3 증기선도

증기의 성질 2가지를 좌표로 잡아 각 성질의 변화를 표시한 것을 증기선도라고 한다.

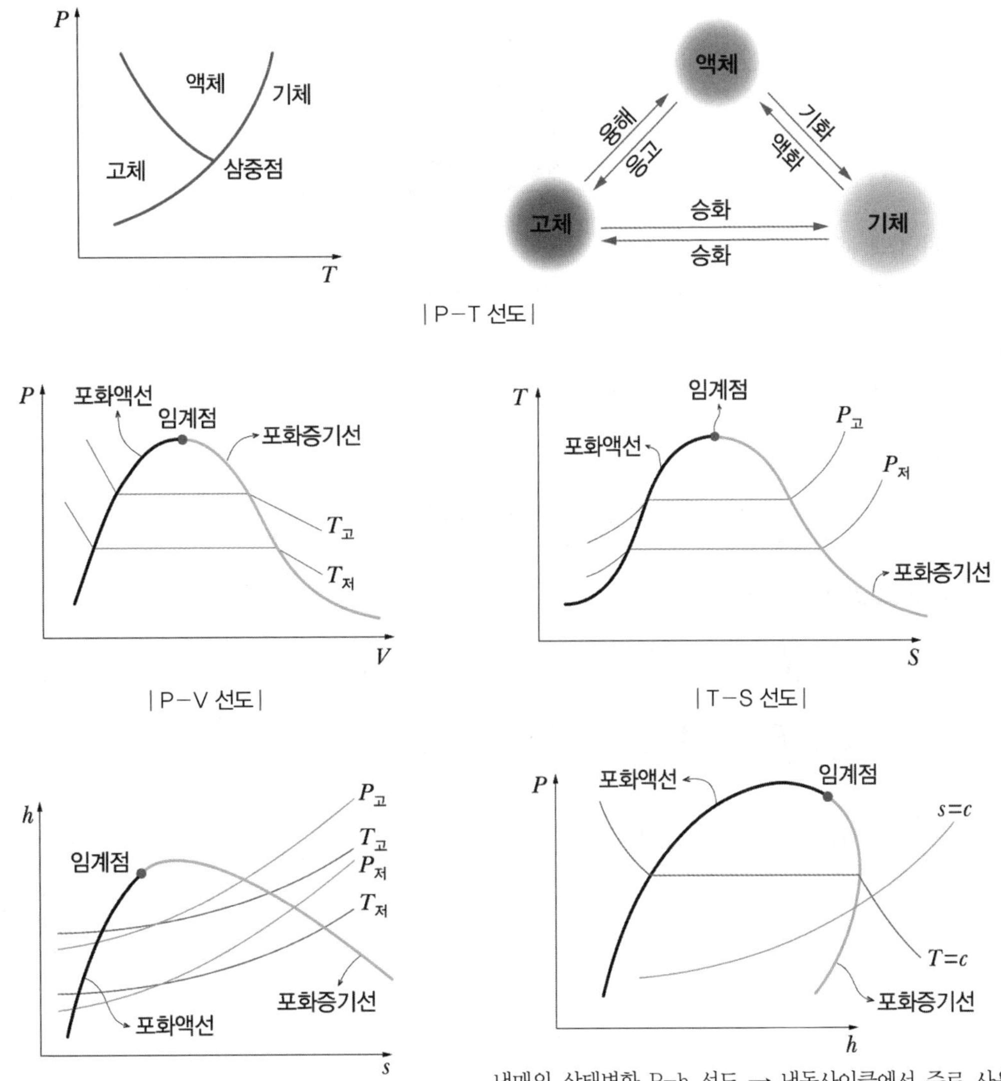

| P−T 선도 |

| P−V 선도 |

| T−S 선도 |

| h−s 선도 |

냉매의 상태변화 P−h 선도 → 냉동사이클에서 주로 사용

| P−h 선도 |

4 증기의 열적 상태량

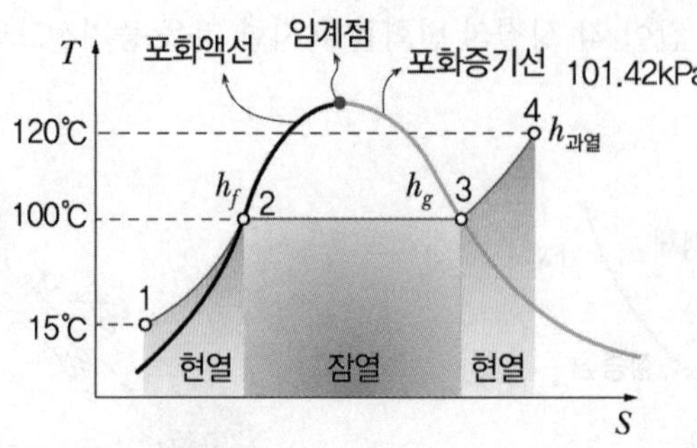

① 현열(액체열 1 → 2)

$\delta q = dh - vdp$[$\because$ $dp = 0$ → 상변화 없이 정압(101.42kPa)하에서 온도상승]

${}_1Q_2 = H_2 - H_1$

${}_1q_2 = h_2 - h_1 = h_f - h_1$(여기서, h_f : 포화액의 엔탈피)

② 잠열(증발열 2 → 3)

${}_2q_3 = h_3 - h_2 = h_g - h_f$(포화증기 엔탈피 − 포화액의 엔탈피)

③ 현열(과열증기 3 → 4)

$h_{과열} = h_g + \int_{T_{포화온도}}^{T_{과열증기}} C_p dT$ (여기서, h_g : 포화증기 엔탈피)

$S_{과열} = S_g + \int_{T_{포화온도}}^{T_{과열증기}} \frac{\delta Q}{T} = S_g + \int_{T_{포화온도}}^{T_{과열증기}} C_p \frac{1}{T} dT$

$U_{과열} = U_g + \int_{T_{포화온도}}^{T_{과열증기}} C_v dT$

핵심 기출 문제

01 포화액의 비체적은 0.001242m³/kg이고, 포화증기의 비체적은 0.3469m³/kg인 어떤 물질이 있다. 이 물질이 건도 0.65 상태로 2m³인 공간에 있다고 할 때 이 공간 안을 차지한 물질의 질량(kg)은?

① 8.85 ② 9.42
③ 10.08 ④ 10.84

해설

i) $v_f = 0.001242$, $v_g = 0.3469$, 건도 $x = 0.65$

ii) 건도가 x인 비체적 $v_x = v_f + x(v_g - v_f)$에서

$$v_x = 0.001242 + 0.65 \times (0.3469 - 0.001242) = 0.226\text{m}^3/\text{kg}$$

iii) $v_x = \dfrac{V_x}{m_x} \rightarrow m_x = \dfrac{V_x}{v_x} = \dfrac{2\text{m}^3}{0.226\dfrac{\text{m}^3}{\text{kg}}} = 8.85\text{kg}$

02 보일러에 물(온도 20℃, 엔탈피 84kJ/kg)이 유입되어 600kPa의 포화증기(온도 159℃, 엔탈피 2,757 kJ/kg) 상태로 유출된다. 물의 질량유량이 300kg/h이라면 보일러에 공급된 열량은 약 몇 kW인가?

① 121 ② 140
③ 223 ④ 345

해설

$$q_{cv} + h_i = h_e + w_{cv} \nearrow^{0}$$

$$q_B = h_e - h_i > 0[\text{열 받음}(+)]$$

$$= 2{,}757 - 84 = 2{,}673\text{kJ/kg}$$

$$\dot{Q}_B = \dot{m}q_B = 300\frac{\text{kg}}{\text{h} \times \left(\dfrac{3{,}600\text{s}}{1\text{h}}\right)} \times 2{,}673\frac{\text{kJ}}{\text{kg}}$$

$$= 222.75\text{kW}$$

03 물질이 액체에서 기체로 변해 가는 과정과 관련하여 다음 설명 중 옳지 않은 것은?

① 물질의 포화온도는 주어진 압력하에서 그 물질의 증발이 일어나는 온도이다.
② 물의 포화온도가 올라가면 포화압력도 올라간다.
③ 액체의 온도가 현재 압력에 대한 포화온도보다 낮을 때 그 액체를 압축액 또는 과냉각액이라 한다.
④ 어떤 물질이 포화온도하에서 일부는 액체로 존재하고 일부는 증기로 존재할 때, 전체 질량에 대한 액체 질량의 비를 건도로 정의한다.

해설

$$\text{건도 } x = \frac{m_g}{m_t}\left(\frac{\text{증기 질량}}{\text{전체 질량}}\right)$$

04 포화증기를 단열상태에서 압축시킬 때 일어나는 일반적인 현상 중 옳은 것은?

① 과열증기가 된다.
② 온도가 떨어진다.
③ 포화수가 된다.
④ 습증기가 된다.

해설

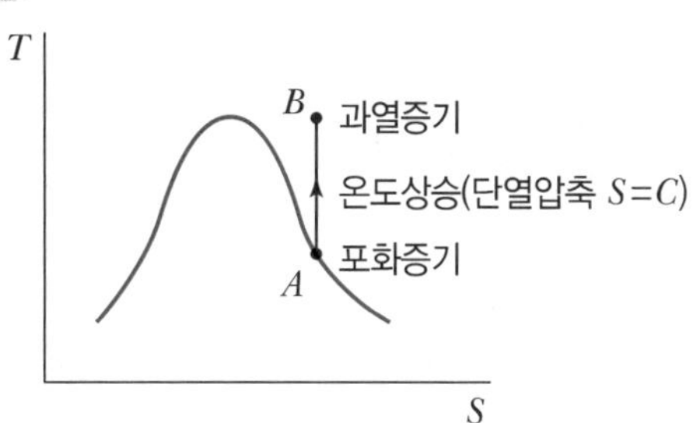

정답 01 ① 02 ③ 03 ④ 04 ①

05 1MPa의 일정한 압력(이때의 포화온도는 180℃) 하에서 물이 포화액에서 포화증기로 상변화를 하는 경우 포화액의 비체적과 엔탈피는 각각 0.00113m³/kg, 763kJ/kg이고, 포화증기의 비체적과 엔탈피는 각각 0.1944m³/kg, 2,778kJ/kg이다. 이때 증발에 따른 내부에너지 변화(u_{fg})와 엔트로피 변화(s_{fg})는 약 얼마인가?

① $u_{fg}=1,822\text{kJ/kg},\ s_{fg}=3.704\text{kJ/kg}\cdot\text{K}$
② $u_{fg}=2,002\text{kJ/kg},\ s_{fg}=3.704\text{kJ/kg}\cdot\text{K}$
③ $u_{fg}=1,822\text{kJ/kg},\ s_{fg}=4.447\text{kJ/kg}\cdot\text{K}$
④ $u_{fg}=2,002\text{kJ/kg},\ s_{fg}=4.447\text{kJ/kg}\cdot\text{K}$

해설

포화액에서 포화증기로 상변화하는 과정은 정압과정이면서 등온과정이다.

i) $p=c,\ dp=0$

$$\delta q=dh-v\cancelto{0}{dp}=du+pdv$$

$$\therefore\ dh=du+pdv$$

$$h_2-h_1=u_2-u_1+\int_1^2 pdv$$

$$=u_2-u_1+p(v_2-v_1)\text{에서}$$

여기서, 포화액의 비엔탈피 $h_f=h_1$
포화증기의 비엔탈피 $h_g=h_2$
포화액의 비내부에너지 $u_f=u_1$
포화증기의 비내부에너지 $u_g=u_2$를 적용

$$\therefore\ u_2-u_1=u_g-u_f=u_{fg}$$

$$=h_g-h_f-p(v_g-v_f)$$

$$=(2,778-763)-1\times10^3\text{kPa}\times(0.1944-0.00113)\text{m}^3/\text{kg}$$

$$=1,821.9\text{kJ/kg}$$

ii) $ds=\dfrac{\delta q}{T},\ {}_1q_2=h_2-h_1$

$$s_2-s_1=s_g-s_f=s_{fg}=\frac{h_2-h_1}{T}=\frac{h_{fg}}{T}$$

$$=\frac{2,778-763}{180+273}$$

$$=4.448\text{kJ/kg}\cdot\text{K}$$

06 어떤 습증기의 엔트로피가 6.78kJ/kg · K라고 할 때 이 습증기의 엔탈피는 약 몇 kJ/kg인가?(단, 이 기체의 포화액 및 포화증기의 엔탈피와 엔트로피는 다음과 같다.)

구분	포화액	포화 증기
엔탈피(kJ/kg)	384	2,666
엔트로피(kJ/kg · K)	1.25	7.62

① 2,365 ② 2,402
③ 2,473 ④ 2,511

해설

건도가 x인 습증기의 엔트로피 s_x

$$s_x=s_f+xs_{fg}=s_f+x(s_g-s_f)$$

$$x=\frac{s_x-s_f}{s_g-s_f}=\frac{6.78-1.25}{7.62-1.25}=0.868$$

$$\therefore\ h_x=h_f+xh_{fg}=h_f+x(h_g-h_f)$$

$$=384+0.868\times(2,666-384)$$

$$=2,364.78\text{kJ/kg}$$

정답 05 ③ 06 ①

07 증기원동소 사이클

1 증기동력 발전시스템 개요

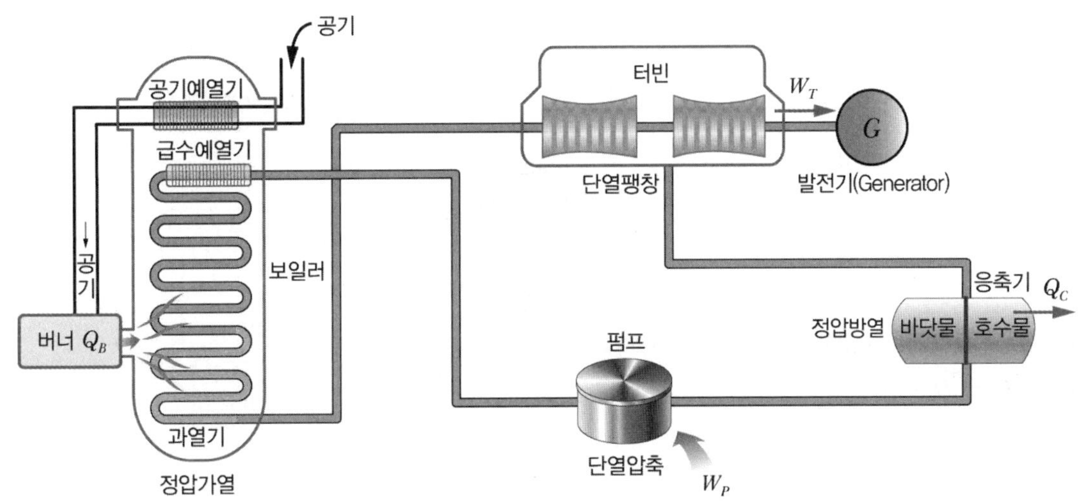

응축기에서 나온 물(작업유체)은 포화된 액체상태로 펌프에 들어가고 보일러의 작동 압력까지 단열(등엔트로피) 압축된다. 압축된 액체상태로 보일러에 들어가고 열을 받아 습증기를 거쳐 포화증기가 되며 과열기를 지나 과열증기가 된다. 보일러는 기본적으로 대형 열교환기로서, 연소가스, 핵반응로 또는 다른 공급원 등으로부터 발생된 열을 정압과정으로 물에 전달한다. 증기를 과열시키는 과열기(Superheater)와 함께 보일러를 종종 증기발생기(Steam Generator)라고도 한다. 또 보일러의 열교환기인 절탄기(급수예열기)에서는 보일러를 나가기 직전의 연소가스의 열이 응축수에 전달되며, 외부에서 보일러에 유입된 공기는 연도를 통과하는 공기예열기에서 열을 받아 버너에서 열효율을 높이는 역할을 한다. 보일러에서 과열된 증기는 터빈에 들어가 단열(등엔트로피) 팽창하면서 발전기에 연결된 축을 회전시켜 일을 발생한다. 습증기 상태로 터빈을 나온 증기는 압력과 온도가 내려간 상태로 응축기에 들어가게 된다. 습증기는 일종의 대형 열교환기인 응축기에서 일정한 압력하에서 응축되는데, 여기서 수증기의 열이 호수, 강, 바다 또는 공기와 같은 냉각매체로 방출된다. 이어 수증기는 포화액 상태로 응축기를 떠나 펌프로 들어감으로써 한 사이클이 완성된다.

2 랭킨사이클

증기동력 발전소의 이상 사이클이며 두 개의 정압과정과 단열과정으로 구성된 사이클이다.

- 증기동력 사이클 : 정상상태, 정상유동과정(SSSF과정)
- 작업유체 : 물(수증기) ≠ 연소가스 → 외연기관
- 개방계의 일이므로 → 공업일[터빈일(W_T), 펌프일(W_P)]

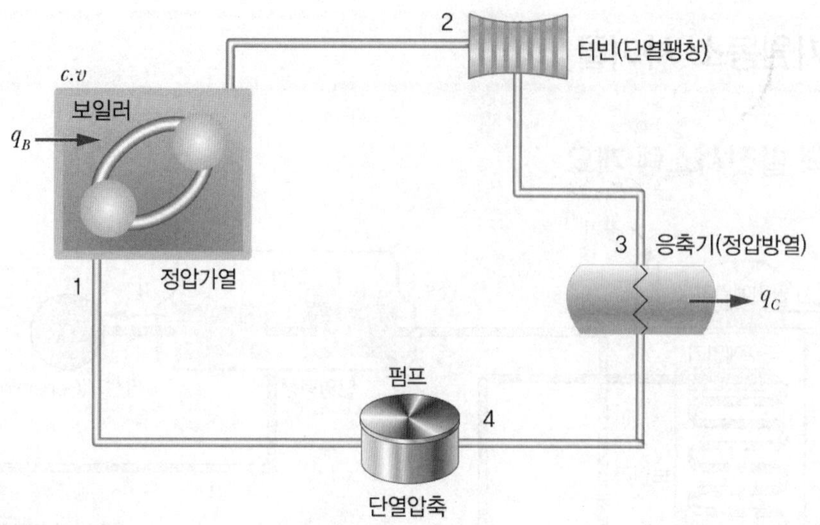

개방계 → 검사체적 1법칙

$Q_{c.v} + H_i = H_e + W_{c.v}$

$q_{c.v} + h_i = h_e + w_{c.v}$

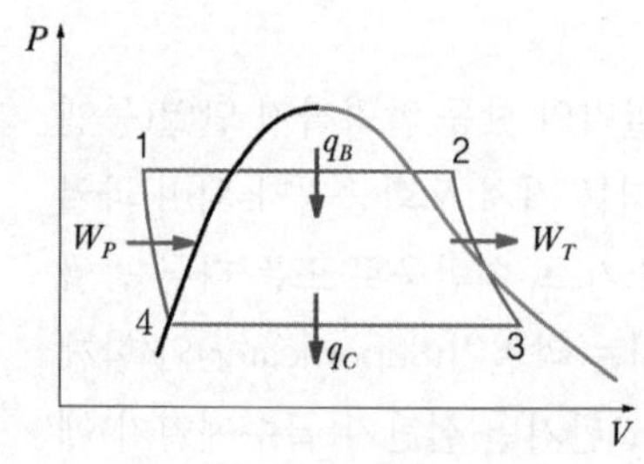

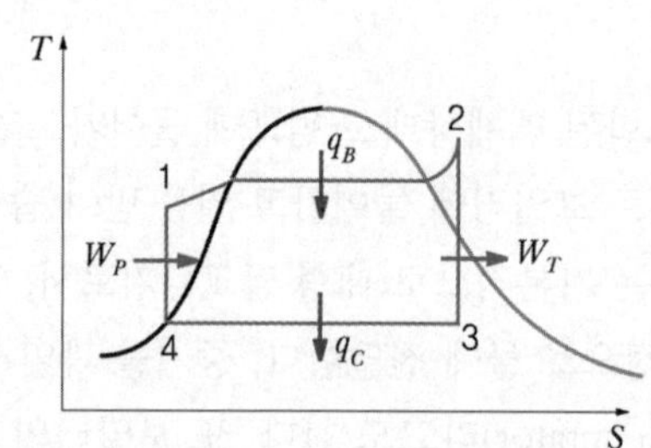

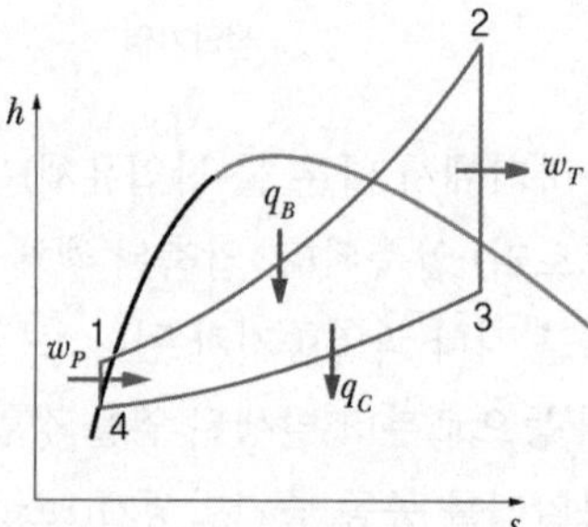

1. 랭킨사이클의 각 과정 해석

① 1 → 2 과정(보일러 : 정압가열)

$q_{c.v} + h_i = h_e + w_{c.v}$($\because$ $w_{c.v} = 0$: 열교환기는 일 못함)

$\therefore$ $q_B = h_e - h_i > 0$ [흡열(+)]$= h_2 - h_1$

② 2 → 3 과정(터빈 : 단열팽창)

$q_{c.v} + h_i = h_e + w_{c.v}$($\because$ $q_{c.v} = 0$)

$\therefore$ $w_{c.v} = h_i - h_e > 0$ [하는 일(+)]$= h_2 - h_3$

③ 3 → 4 과정[응축기(복수기) : 정압방열]

$q_{c.v} + h_i = h_e + w_{c.v}$($\because$ $w_{c.v} = 0$: 열교환기는 일 못함)

$\therefore$ $q_{c.v} = q_c = h_e - h_i < 0$ [방열(−)]$= -(h_e - h_i) = h_i - h_e$

$\therefore$ $q_c = h_3 - h_4$(엔탈피 값을 보고 그래프에서 바로 구할 수 있어야 한다.)

④ 4 → 1 과정(펌프 : 단열압축)

$q_{c.v} + h_i = h_e + w_{c.v}$($\because$ $q_{c.v} = 0$)

$\therefore$ $w_{c.v} = w_p = h_i - h_e < 0$ [받는 일(−)]$= -(h_i - h_e) = h_e - h_i = h_1 - h_4$

※ 위의 증기선도인 h−s 선도에서 각 과정 해석에 대한 엔탈피 차이 값을 그래프에서 바로 읽어 구할 수 있다.

2. 랭킨사이클 열효율

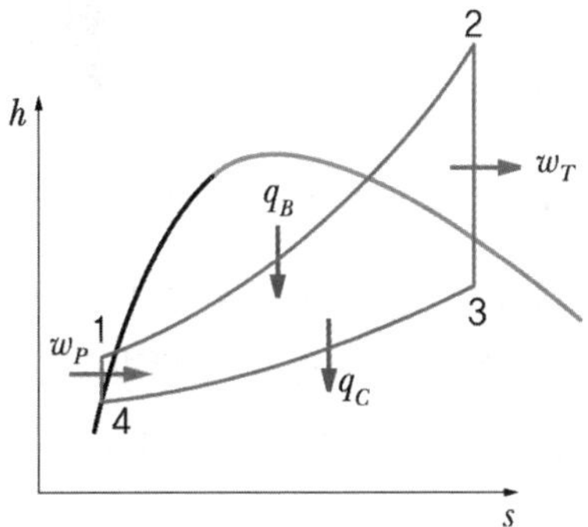

$$\eta_R = \frac{Aw_{net}}{q_B} = \frac{\text{출력}}{\text{입력}} = \frac{w_t - w_p}{q_B} = \frac{(h_2 - h_3) - (h_1 - h_4)}{h_2 - h_1}$$

터빈 일에 비해 펌프 일이 작으므로 무시하면

$$\eta_R = \frac{h_2 - h_3}{h_2 - h_1}$$

예 제

증기원동소의 이상 사이클인 랭킨사이클에서 각각의 점의 엔탈피가 다음과 같다. 터빈에서 얻은 일은 몇 J/kg이고 이 사이클의 열효율은 몇 %인가?(단, 펌프 일은 무시한다.)

해설 보일러 출구 : 1,467J/kg, 복수기 입구 : 721J/kg, 펌프 출구 : 417J/kg

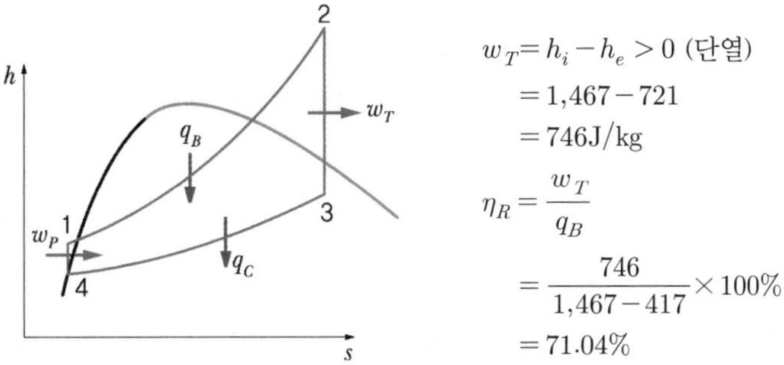

$w_T = h_i - h_e > 0$ (단열)

$= 1,467 - 721$

$= 746\text{J/kg}$

$\eta_R = \dfrac{w_T}{q_B}$

$= \dfrac{746}{1,467 - 417} \times 100\%$

$= 71.04\%$

3. 랭킨사이클의 열효율을 증가시키는 방법

T－S 선도에서 랭킨사이클(1 → 2 → 3 → 4)

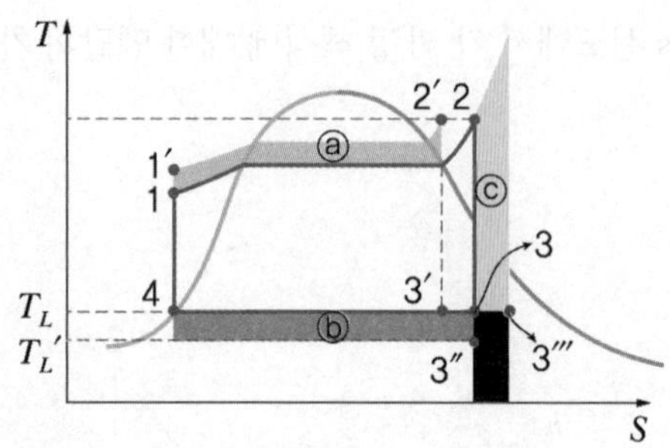

(1) 보일러의 최고 압력을 높일 때(그림에서 ⓐ) → 최고 온도는 같게

① 효율 증가 : 1→2에서 1′→2′로 압력 상승 → 효율 증가

② 단점 : 3 → 3′로 건도 감소 → 수분의 함량 증가 → 터빈 날개 부식

③ 재열사이클(고압터빈 → 팽창, 저압터빈 → 팽창) 열효율 증가와 건도 증가(터빈 부식 방지)

(2) 배기 압력과 온도를 낮출 때(복수기 압력과 온도를 낮출 때) (그림에서 ⓑ)

① 효율 증가

$$\eta = 1 - \frac{Q_L}{Q_H}\text{(일량의 증가)} = 1 - \frac{T_L}{T_H}\,(T_L\text{이 } T_L'\text{로 낮아지므로 효율 증가})$$

② 단점 : 3 → 3″로 수분함량 증가(건도 감소 → 터빈 부식)

(3) 과열증기를 사용할 경우(그림에서 ⓒ)

① 효율 증가 : $\eta = 1 - \frac{Q_L}{Q_H}$ (Q_H가 늘어 일량이 더 많다.) → 효율 증가

② 3 → 3‴로 건도 증가(습분 감소) → 터빈 날개 부식을 개선

③ 단점 : 방출열량 증가로 복수기 용량이 커져야 한다(T－S 선도에서 검정색 부분).

참고

랭킨사이클의 열효율과 단점을 개선시키기 위해 → 재열, 재생, 재열 · 재생사이클

3 재열사이클(Reheating Cycle)

고압터빈에서 팽창 도중 증기를 빼내어 보일러에서 다시 가열하여 과열도를 높인 다음 다시 저압터빈에서 팽창시켜 열효율을 증가시키고 건도를 높여 터빈 날개의 부식을 방지할 수 있는 사이클 → 터빈 수분함량을 안전한 값까지 감소시킬 수 있는 주된 이점이 있다.

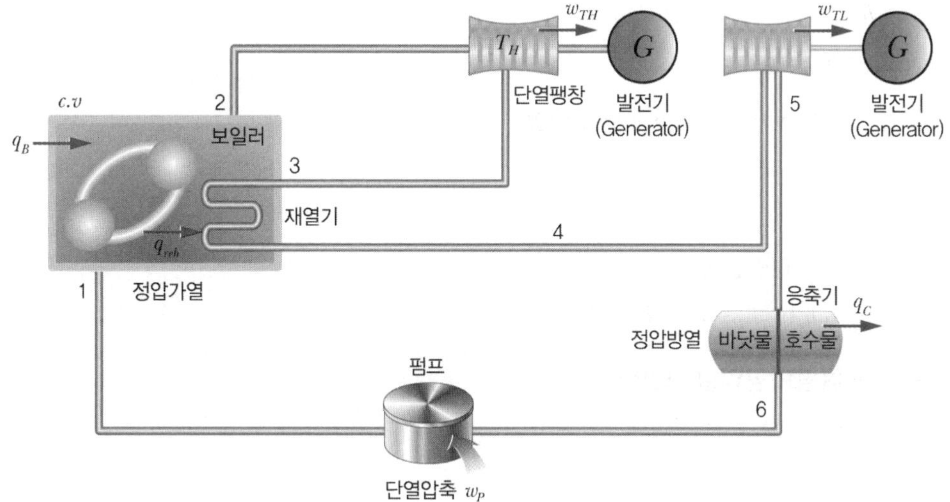

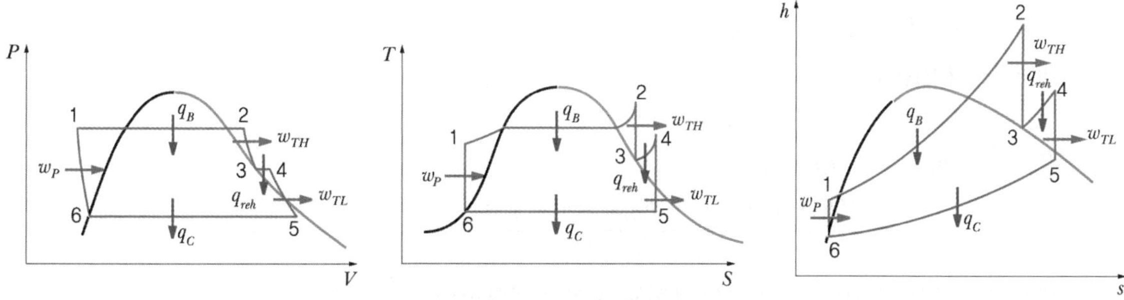

1. 재열사이클의 각 과정 해석

① 1 → 2 과정(보일러 가열 : 정압가열)

$q_B = h_e - h_i > 0$[흡열(+)]

$\therefore\ q_B = h_2 - h_1$

② 2 → 3 과정[고압터빈 일 → 개방계의 일이므로(질량유동 있음) → 고압터빈 공업일]

단열터빈 $w_T = w_{c.v} = h_i - h_e > 0$[하는 일(+)]

$\therefore\ w_{TH} = h_2 - h_3$

③ 3 → 4 과정[재열기(Reheater) 가열량]

$q_{Reh} = q_{c.v} = h_e - h_i > 0$[흡열량(+)]

$\therefore\ q_{Reh} = h_4 - h_3$

④ 4 → 5 과정(저압터빈 공업일 : 단열팽창)

$q_{c.v} + h_i = h_e + w_{c.v}$

$w_{c.v} = h_i - h_e > 0$[하는 일(+)]

$\therefore\ w_{TL} = h_4 - h_5$

⑤ 5 → 6 과정(복수기의 방열량 : 정압 방열)

$q_{c.v} + h_i = h_e + w_{c.v}$

$q_{c.v} = h_e - h_i$

$q_c = h_e - h_i < 0$[방출 열(−)]

$= -(h_e - h_i) = h_i - h_e = h_5 - h_6$

⑥ 6 → 1 과정(펌프 공업일 : 단열압축)

$q_{c.v} + h_i = h_e + w_{c.v}$

$w_{c.v} = h_i - h_e$

$w_P = h_i - h_e < 0$[받는 일(−)]

$= -(h_i - h_e) = h_e - h_i = h_1 - h_6$

⑦ 재열사이클 열효율

$$\eta_{Reh} = \frac{Aw_{net}}{q_H} = \frac{Aw_T - Aw_P}{q_B + q_{Reh}}$$

$$= \frac{\{(h_2 - h_3) + (h_4 - h_5)\} - (h_1 - h_6)}{(h_2 - h_1) + (h_4 - h_3)}$$

펌프일을 무시하면(입구와 출구의 엔탈피 차이가 없다면) $h_1 = h_6$이므로

$$\eta_{Reh} = \frac{(h_2 - h_3) + (h_4 - h_5)}{(h_2 - h_1) + (h_4 - h_3)}$$

4 재생사이클(Regenerative Cycle)

고압터빈에서 팽창 중인 증기의 일부를 빼내어 보일러로 유입되는 급수를 가열하여 효율을 증대시키는 사이클(각 과정마다 질량이 변함)이다.

• 급수가열기 가열방법 : 표면식 급수가열기, 혼합식 급수가열기(그림에서 원 부분 – 질량이 더해짐)

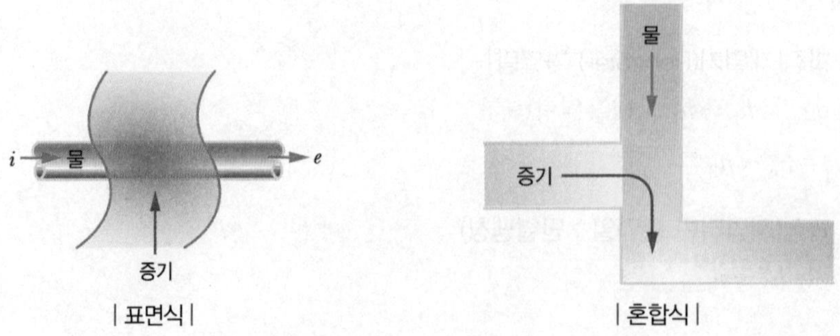

| 표면식 |　　| 혼합식 |

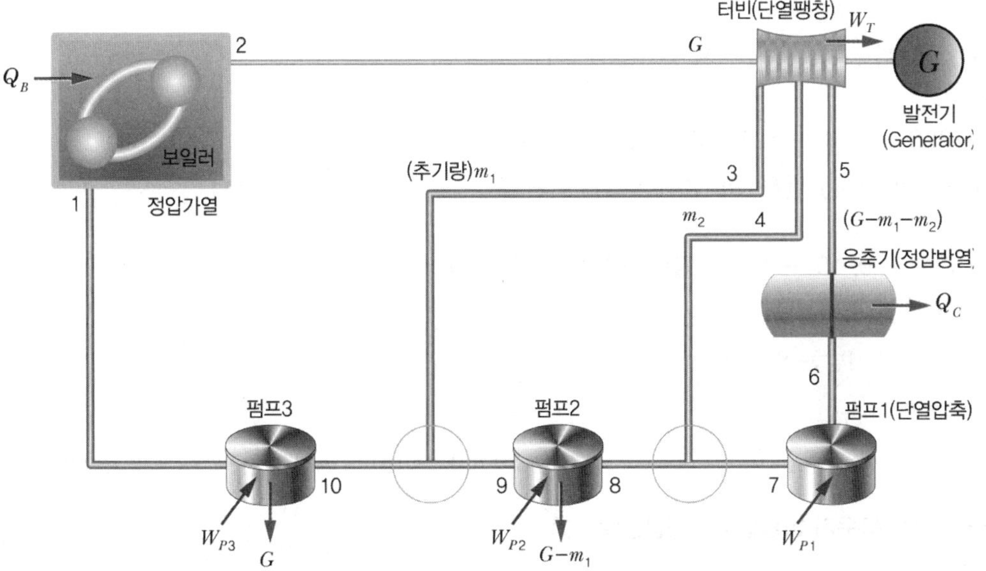

재생사이클에서는 질량이 더해지므로

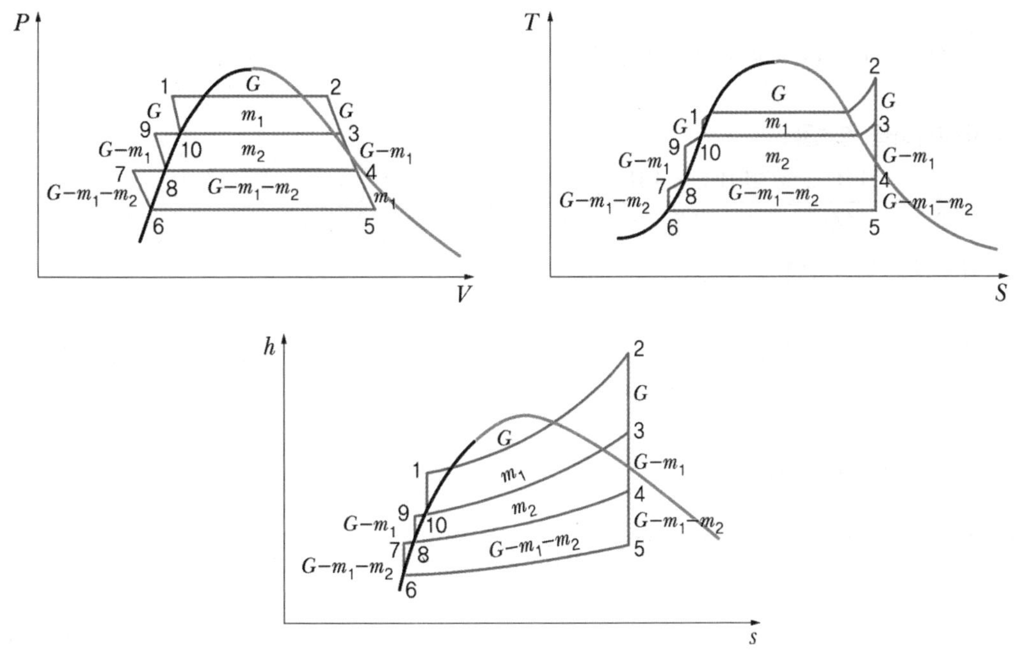

1. 재생사이클의 각 과정 해석

① 1 → 2 과정(보일러 일 못함 : 정압가열)

$q_{c.v}+h_i=h_e+w_{c.v}$

$q_B = h_e - h_i = h_2 - h_1$

$\Rightarrow Q_B = G(h_2 - h_1)$ ($\because$ 전체 증기 질량$= G$)

② 2 → 3, 3 → 4, 4 → 5 과정(터빈 공업일 : 단열팽창)

$W_T = G(h_2 - h_3) + (G - m_1)(h_3 - h_4) + (G - m_1 - m_2)(h_4 - h_5)$ ································ ⓐ

③ 6 → 7, 8 → 9, 10 → 1 과정(펌프 공업일 : 단열압축)

$q_{c.v} + h_i = h_e + w_{c.v}$

$w_{c.v} = h_i - h_e$ [받는 일(−)]

$\therefore\ w_p = h_e - h_i$

$W_P = (G - m_1 - m_2)(h_7 - h_6) + (G - m_1)(h_9 - h_8) + G(h_1 - h_{10})$ ································ ⓑ

④ 5 → 6 과정(복수기 방출열량 : 정압방열)

$q_{c.v} + h_i = h_e + w_{c.v}$

$q_{c.v} = h_e - h_i < 0$ [방열(−)]

$\quad = h_i - h_e$

$\Rightarrow Q_C = (G - m_1 - m_2)(h_5 - h_6)$

⑤ 재생사이클 열효율

$$\eta_{regen} = \frac{A W_{net}}{Q_B} = \frac{A W_T - A W_P}{Q_B} = \frac{ⓐ - ⓑ}{G(h_2 - h_1)}$$

펌프일을 무시하면

$$\eta_{regen} = \frac{ⓐ}{G(h_2 - h_1)}$$

5 재열 · 재생사이클

재열 · 재생의 특징을 모두 조합하여 만든 사이클이다.

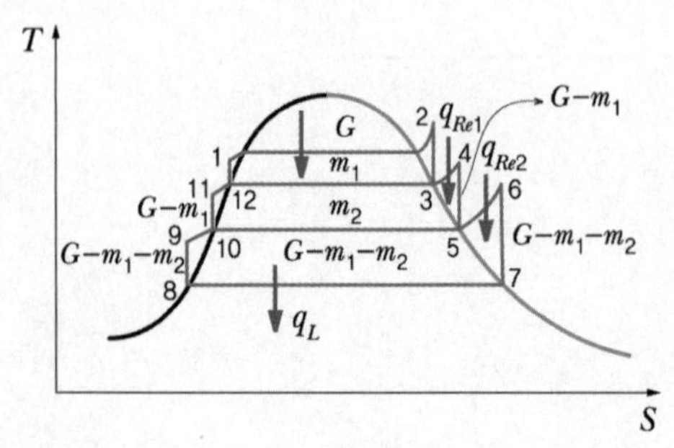

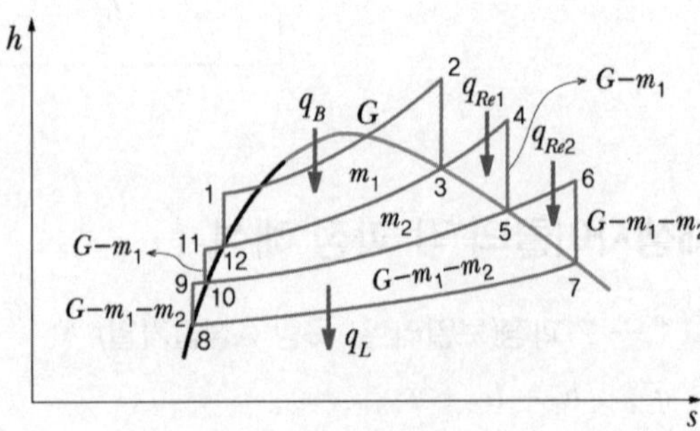

1. 재열 · 재생사이클의 각 과정 해석

① 공급열량

- 1 → 2 과정 : 보일러에 가한 열량

  $Q_B = G(h_2 - h_1)$

- 3 → 4 과정

  $Q_{Reh1} = (G - m_1)(h_4 - h_3)$

- 5 → 6 과정

  $Q_{Reh2} = (G - m_1 - m_2)(h_6 - h_5)$

② 터빈 공업일(2 → 3, 4 → 5, 6 → 7 과정)

$W_T = G(h_2 - h_3) + (G - m_1)(h_4 - h_5) + (G - m_1 - m_2)(h_6 - h_7)$

③ 펌프일(8 → 9, 10 → 11, 12 → 1 과정)

$W_P = (G - m_1 - m_2)(h_9 - h_8) + (G - m_1)(h_{11} - h_{10}) + G(h_1 - h_{12})$

④ 효율

$$\eta = \frac{A W_T - A W_P}{Q_B + Q_{Re1} + Q_{Re2}}$$

참고

실제 사이클(증기동력 사이클)

① 배관손실[마찰효과로 인한 압력강하(관마찰), 주위로 열전달] → 터빈의 유효에너지 감소

② 터빈손실[열전달(단열 ×)], 터빈 마찰

③ 펌프손실(단열 ×), 비가역적인 유체의 점성유동

④ 응축기(복수기) 손실(과냉에 의한 손실) → 응축기를 나오는 물이 포화온도 이하로 냉각되면 그 포화 온도까지 다시 가열해야 함

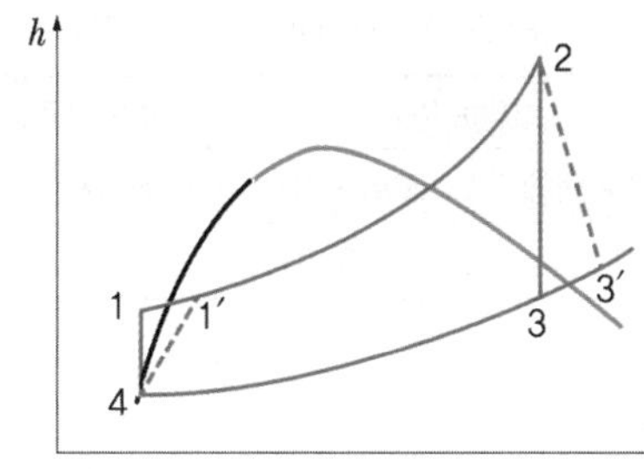

- 터빈효율 $\eta_T = \dfrac{\text{실제터빈일}}{\text{이상적터빈일}} = \dfrac{h_2 - h_3{}'}{h_2 - h_3}$
- 펌프효율 $\eta_{pump} = \dfrac{\text{이상적펌프일}}{\text{실제펌프일}} = \dfrac{h_1 - h_4}{h_1{}' - h_4}$

핵심 기출 문제

01 랭킨사이클에서 25℃, 0.01MPa 압력의 물 1kg을 5MPa 압력의 보일러로 공급한다. 이때 펌프가 가역단열과정으로 작용한다고 가정할 경우 펌프가 한 일(kJ)은?(단, 물의 비체적은 0.001m³/kg이다.)

① 2.58 ② 4.99
③ 20.12 ④ 40.24

해설

랭킨사이클은 개방계이므로

$\cancel{q_{cv}}^{0} + h_i = h_e + w_{cv}$

$w_{cv} = w_P = h_i - h_e < 0$[계가 일 받음(−)]

$\therefore\ w_P = h_e - h_i > 0$

여기서, $\cancel{\delta q}^{0} = dh - vdp \rightarrow dh = vdp$

$\therefore\ w_P = h_e - h_i = \int_i^e vdp$(물의 비체적 $v = c$)

$= v(p_e - p_i) = 0.001 \times (5 - 0.01) \times 10^6$

$= 4{,}990\text{J/kg} = 4.99\text{kJ/kg}$

펌프일 $W_P = m \cdot w_P = 1\text{kg} \times 4.99\text{kJ/kg} = 4.99\text{kJ}$

02 랭킨사이클의 각 점에서의 엔탈피가 아래와 같을 때 사이클의 이론 열효율(%)은?

- 보일러 입구 : 58.6kJ/kg
- 보일러 출구 : 810.3kJ/kg
- 응축기 입구 : 614.2kJ/kg
- 응축기 출구 : 57.4kJ/kg

① 32 ② 30
③ 28 ④ 26

해설

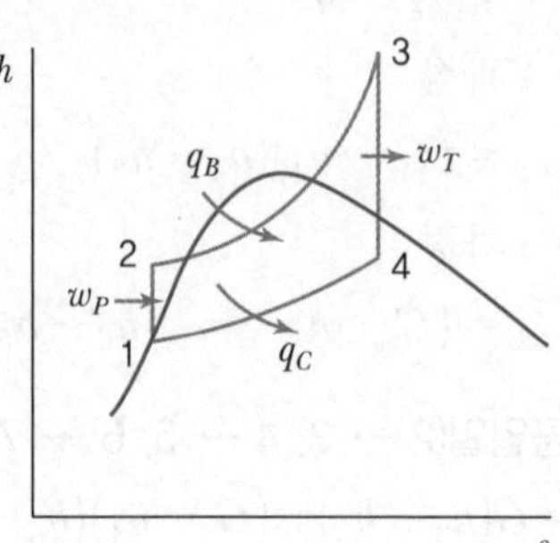

$h-s$ 선도에서

$h_1 = 57.4,\ h_2 = 58.6,\ h_3 = 810.3,\ h_4 = 614.2$

$\eta_R = \dfrac{w_{net}}{q_B} = \dfrac{w_T - w_P}{q_B}$

$= \dfrac{(h_3 - h_4) - (h_2 - h_1)}{h_3 - h_2}$

$= \dfrac{(810.3 - 614.2) - (58.6 - 57.4)}{810.3 - 58.6}$

$= 0.2593$

$= 25.93\%$

03 압력 1,000kPa, 온도 300℃ 상태의 수증기(엔탈피 3,051.15kJ/kg, 엔트로피 7.1228kJ/kg · K)가 증기터빈으로 들어가서 100kPa 상태로 나온다. 터빈의 출력 일이 370kJ/kg일 때 터빈의 효율(%)은?

[수증기의 포화 상태표](압력 100kPa/온도 99.62℃)

엔탈피(kJ/kg)		엔트로피(kJ/kg · K)	
포화액체	포화증기	포화액체	포화증기
417.44	2,675.46	1.3025	7.3593

① 15.6 ② 33.2
③ 66.8 ④ 79.8

정답 01 ② 02 ④ 03 ④

해설

개방계의 열역학 제1법칙에서

$q_{c.v}^{\nearrow 0} + h_i = h_e + w_{c.v}$(터빈 : 단열팽창)

$w_{c.v} = w_T = h_i - h_e = 3{,}051.15 - h_{출구}$

여기서, $h_{출구} = h_{습증기} = h_x$

(건도가 x인 습증기의 엔탈피)

h_x 해석을 위해 터빈은 단열과정, 즉 등엔트로피 과정이므로

$S_i = S_e = S_x = 7.1228$

$S_x = S_f + xS_{fg}$

$\therefore$ 건도 $x = \dfrac{S_x - S_f}{S_{fg}} = \dfrac{7.1228 - 1.3025}{(7.3593 - 1.3025)} = 0.96$

$h_x = h_{출구} = h_f + xh_{fg}$

$= 417.44 + 0.96 \times (2{,}675.46 - 417.44)$

$= 2{,}585.14$

$\therefore$ $w_T = 3{,}051.15 - 2{,}585.14 = 466.01\,\mathrm{kJ/kg}$(이론일)

터빈효율 $\eta_T = \dfrac{\text{실제일}}{\text{이론일}} = \dfrac{370}{466.01} \times 100\% = 79.4\%$

04 랭킨사이클에서 보일러 입구 엔탈피 192.5kJ/kg, 터빈 입구 엔탈피 3,002.5kJ/kg, 응축기 입구 엔탈피 2,361.8kJ/kg일 때 열효율(%)은?(단, 펌프의 동력은 무시한다.)

① 20.3 ② 22.8
③ 25.7 ④ 29.5

해설

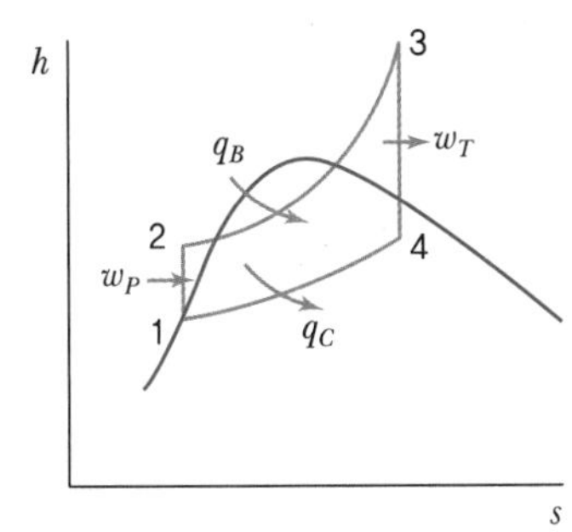

$h-s$ 선도에서

$h_2 = 192.5$, $h_3 = 3{,}002.5$, $h_4 = 2{,}361.8$

$\eta = \dfrac{w_T - w_P}{q_B} = \dfrac{(h_3 - h_4)}{h_3 - h_2}$ ($\because w_P^{\nearrow 0}$ 이므로)

$= \dfrac{3{,}002.5 - 2{,}361.8}{3{,}002.5 - 192.5}$

$= 0.228 = 22.8\%$

05 그림과 같은 Rankine사이클로 작동하는 터빈에서 발생하는 일은 약 몇 kJ/kg인가?(단, h는 엔탈피, s는 엔트로피를 나타내며, $h_1 = 191.8$kJ/kg, $h_2 = 193.8$kJ/kg, $h_3 = 2{,}799.5$kJ/kg, $h_4 = 2{,}007.5$kJ/kg이다.)

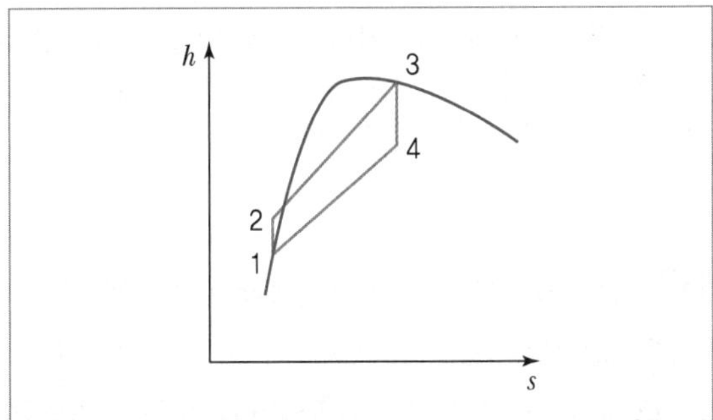

① 2.0kJ/kg
② 792.0kJ/kg
③ 2,605.7kJ/kg
④ 1,815.7kJ/kg

해설

$h-s$ 선도에서 단열팽창(3 → 4) 과정이 터빈일이므로

$w_T = h_3 - h_4 = 2{,}799.5 - 2{,}007.5 = 792\,\mathrm{kJ/kg}$

정답 04 ② 05 ②

06 다음 중 이상적인 증기 터빈의 사이클인 랭킨사이클을 옳게 나타낸 것은?

① 가역등온압축 → 정압가열 → 가역등온팽창 → 정압냉각
② 가역단열압축 → 정압가열 → 가역단열팽창 → 정압냉각
③ 가역등온압축 → 정적가열 → 가역등온팽창 → 정적냉각
④ 가역단열압축 → 정적가열 → 가역단열팽창 → 정적냉각

해설

증기원동소의 이상 사이클인 랭킨사이클은 2개의 단열과정과 2개의 정압과정으로 이루어져 있으며, 펌프에서 단열압축 한 다음 보일러에서 정압가열하고, 터빈으로 보내 단열팽창시켜 출력을 얻은 다음 복수기(응축기)에서 정압방열하여 냉각시킨 후 그 물이 다시 펌프로 보내진다.

07 증기터빈으로 질량 유량 1kg/s, 엔탈피 $h_1 =$ 3,500kJ/kg의 수증기가 들어온다. 중간 단에서 $h_2 =$ 3,100kJ/kg의 수증기가 추출되며 나머지는 계속 팽창하여 $h_3 = 2{,}500$kJ/kg 상태로 출구에서 나온다면, 중간 단에서 추출되는 수증기의 질량 유량은?(단, 열손실은 없으며, 위치에너지 및 운동에너지의 변화가 없고, 총 터빈 출력은 900kW이다.)

① 0.167kg/s ② 0.323kg/s
③ 0.714kg/s ④ 0.886kg/s

해설

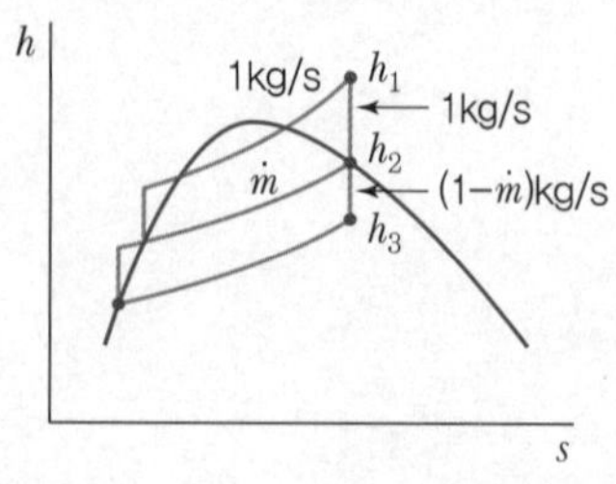

위의 재생사이클 $h-s$ 선도에서 터빈의 출력동력은 1kg/s를 가지고 (h_1-h_2)만큼 팽창시키고 $\dot{m}$의 증기를 빼낸 다음, $(1\text{kg/s}-\dot{m})$의 질량유량을 가지고 (h_2-h_3)만큼 팽창시킨 일의 양과 같으므로

$$\dot{W}_{c.v} = 1(\text{kg/s})(h_1-h_2)(\text{kJ/kg}) + (1-\dot{m})(\text{kg/s})(h_2-h_3)(\text{kJ/kg})$$

$$900\text{kW} = (3{,}500-3{,}100)\text{kW} + (1-\dot{m})(3{,}100-2{,}500)\text{kW}$$

$$500\text{kW} = (1-\dot{m})600\text{kW}$$

$$\therefore\ \dot{m} = 0.167\text{kg/s}$$

08 랭킨사이클의 열효율을 높이는 방법으로 틀린 것은?

① 복수기의 압력을 저하시킨다.
② 보일러 압력을 상승시킨다.
③ 재열(Reheat) 장치를 사용한다.
④ 터빈 출구온도를 높인다.

해설

랭킨사이클의 열효율을 증가시키는 방법
① 터빈의 배기압력과 온도를 낮추면 효율이 증가하며 복수기 압력 저하
② 보일러의 최고 압력을 높게 하면 열효율 증가
③ 재열기(Reheater) 사용 → 열효율과 건도 증가로 터빈 부식 방지
④ 터빈의 출구온도를 높이면 ①의 내용과 반대가 되어 열효율 감소

정답 06 ② 07 ① 08 ④

09 시간당 380,000kg의 물을 공급하여 수증기를 생산하는 보일러가 있다. 이 보일러에 공급하는 물의 엔탈피는 830kJ/kg이고, 생산되는 수증기의 엔탈피는 3,230kJ/kg이라고 할 때, 발열량이 32,000kJ/kg인 석탄을 시간당 34,000kg씩 보일러에 공급한다면 이 보일러의 효율은 약 몇 %인가?

① 66.9% ② 71.5%
③ 77.3% ④ 83.8%

해설

$$\eta = \frac{\dot{Q}_B}{H_l\left(\frac{\text{kJ}}{\text{kg}}\right)\times f_b}$$

여기서, 보일러(정압가열)

$q_{c.v} + h_i = h_e + w_{c.v}^{\nearrow 0}$ (열교환기 일 못함)

$q_B = h_e - h_i > 0$

$= 3,230 - 830 = 2,400\text{kJ/kg}$

$$\dot{Q}_B = \dot{m}\,q_B = 380,000\frac{\text{kg}}{\text{h}\times\left(\frac{3,600\text{s}}{1\text{h}}\right)}\times 2,400\frac{\text{kJ}}{\text{kg}}$$

$= 253,333.33\text{kJ/s}$

$$\therefore \eta = \frac{253,333.33}{32,000\frac{\text{kJ}}{\text{kg}}\times 34,000\frac{\text{kg}}{\text{h}\times\left(\frac{3,600\text{s}}{1\text{h}}\right)}}$$

$= 0.8382 = 83.82\%$

10 이상적인 랭킨사이클에서 터빈 입구 온도가 350℃이고, 75kPa과 3MPa의 압력범위에서 작동한다. 펌프 입구와 출구, 터빈 입구와 출구에서 엔탈피는 각각 384.4kJ/kg, 387.5kJ/kg, 3,116kJ/kg, 2,403kJ/kg이다. 펌프일을 고려한 사이클의 열효율과 펌프일을 무시한 사이클의 열효율 차이는 약 몇 %인가?

① 0.0011 ② 0.092
③ 0.11 ④ 0.18

해설

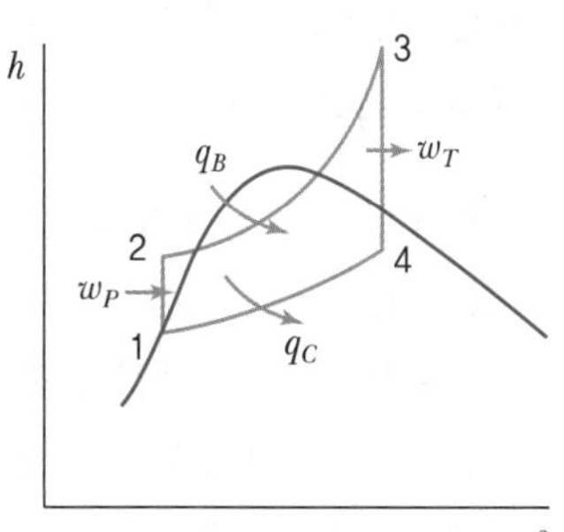

$h-s$ 선도에서

$h_1 = 384.4,\ h_2 = 387.5,\ h_3 = 3,116,\ h_4 = 2,403$

• 펌프일을 무시할 때

$$\eta_1 = \frac{w_T}{q_B} = \frac{h_3 - h_4}{h_3 - h_2} = \frac{3,116 - 2,403}{3,116 - 387.5} = 0.2613 = 26.13\%$$

• 펌프일을 고려할 때

$$\eta_2 = \frac{w_{net}}{q_B} = \frac{w_T - w_P}{q_B} = \frac{(h_3 - h_4) - (h_2 - h_1)}{h_3 - h_2} = \frac{(3,116 - 2,403) - (387.5 - 384.4)}{3,116 - 387.5} = 0.2602 = 26.02\%$$

• 열효율의 차이

$\eta_1 - \eta_2 = 0.11\%$

정답 09 ④ 10 ③

08 가스동력 사이클

1 가스동력시스템의 개요

이상기체를 작업유체(동작물질)로 사용하는 열기관 사이클을 가스동력 사이클이라 하며 가솔린기관, 디젤기관, 가스터빈, 제트엔진 등이 있으며, 실제 사이클과 유사한 이상화된 밀폐사이클로 해석하면 편리하다.

- 가스동력 사이클(Gas Power Cycle)과 공기표준동력 사이클은 밀폐계에 대한 1법칙을 가지고 각 과정을 해석한다.
- 작업유체 = 연소가스 : 내연기관 → 해석을 위해 개방사이클과 유사한 밀폐사이클로 간주한다.
  이러한 관점에서 다음의 가정을 통해 공기 표준사이클을 생각한다.

① 전 사이클을 통해 일정한 질량의 공기가 작업유체이며 공기(공기 + 연료)를 이상기체로 취급한다. → 공기의 비열은 일정하다.
② 외부 열원으로부터의 열전달과정을 연소과정으로 대치한다.
③ 사이클은 주위로의 열전달과정으로 완성된다[실제엔진은 토출(배기)과정, 흡입과정].
④ 모든 과정은 내부적으로 가역이다.
⑤ 압축과 팽창은 단열이다.
⑥ 열 해리 현상은 없다. → H_2O 연소 중 화학반응에서 열 손실을 말하며 물에 의해 발생(완전연소과정)한다.

참고

효율이나 평균유효압력(Mean Effective Pressure)과 같이 공기 표준사이클에서 얻은 정량적 결과는 실제 엔진의 경우와 다를 수 있다. 따라서 공기 표준사이클을 다룰 때에는 정량적인 면보다는 정성적인 면에 중점을 두어야 한다. 열기관에서 효율이 가장 좋은 이상 사이클은 카르노 사이클이지만 제작이 불가능하고, 현재 널리 사용되는 기본사이클은 오토, 디젤, 사바테, 브레이턴사이클(가스터빈의 이상사이클) 등이 있다.

2 평균유효압력(Mean Effective Pressure)

왕복동 엔진에서 평균유효압력은 동력행정 동안 일정한 압력이 피스톤에 작용했다고 가정하였을 때 실제 계산할 수 있는 압력으로 정의된다.

W_{net}(실제 일량)$= P_{mep} \times A \times S$

[한 사이클 동안의 일 = 평균유효압력(P_{mep})×피스톤의 면적(Area)×행정(Stroke)]

$\eta_{th} \times q_H = P_{mep} \times \Delta V = P_{mep}(V_1 - V_2) \Leftarrow PV =$ 일

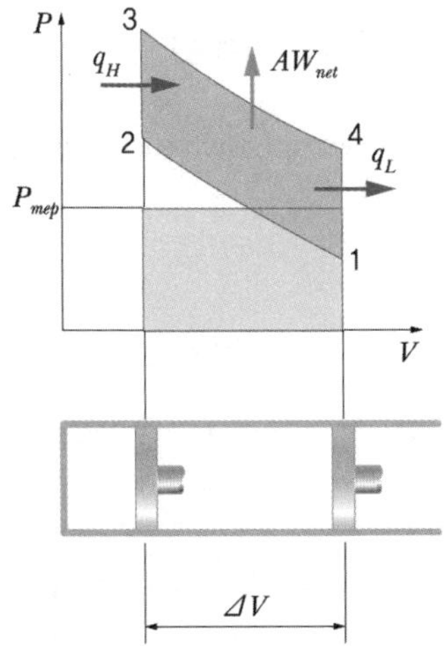

압력은 P 1, 2, 3, 4와 같이 변화하지만 이것을 행정 중 일정한 압력 P_{mep}으로 작용하여 같은 양의 일을 한다고 가정할 때의 일정압력을 P_{mep}(이론평균유효압력)이라 한다.

① 도시평균 유효압력

피스톤 펌프손실일 W_{pump}가 있을 때 → 도시일 $W_i = W - W_{pump} = W_{net}$

$$P_{(mep)i} = \frac{W - W_{pump}}{(V_1 - V_2)}$$

여기서, W_i(도시일) → 피스톤 헤드상에서 얻어지는 일량

② 제동평균 유효압력

제동일 W_b, 제동평균 유효압력 P_{mb}

$W_b = P_{mb}(V_B - V_A)$

여기서, W_b(제동일) → 실제 일량은 베어링 마찰, 캠축의 구동 등의 손실일로 감소하게 되어 실제 사용할 수 있는 제동일

$W_b = W_i - W_f$(손실일)

③ 마찰평균 유효압력

마찰일을 W_f, 마찰평균 유효압력 P_{mf}

$W_f = P_{mf}(V_1 - V_2)$

참고

제동마력(정미마력, 축마력, 유효마력, 순마력 : 크랭크축에 나타나는 마력)

$$4행정사이클 = \frac{W_b}{75} = \frac{P_{(mep)}\left(\frac{\pi d^2}{4} \times l \times n \times Z\right)}{2 \times 75 \times 60}$$

여기서, n : 회전수, z : 실린더 수

(4행정사이클은 2회전할 때 1번 동력전달
(흡입, 압축) → 1회전, (폭발, 배기) → 1회전
$A \times l \times Z = V_s$(행정 전체적))

③ 오토사이클(Otto Cycle : 전기점화기관의 이상사이클, 정적사이클)

- 오토사이클은 가솔린 기관의 이상사이클이며, 전기점화 내연기관(Spark Ignition Internal Combustion Engine)에 대한 이상사이클
- 열전달과정(연소과정)이 정적과정에서 발생하므로 정적사이클

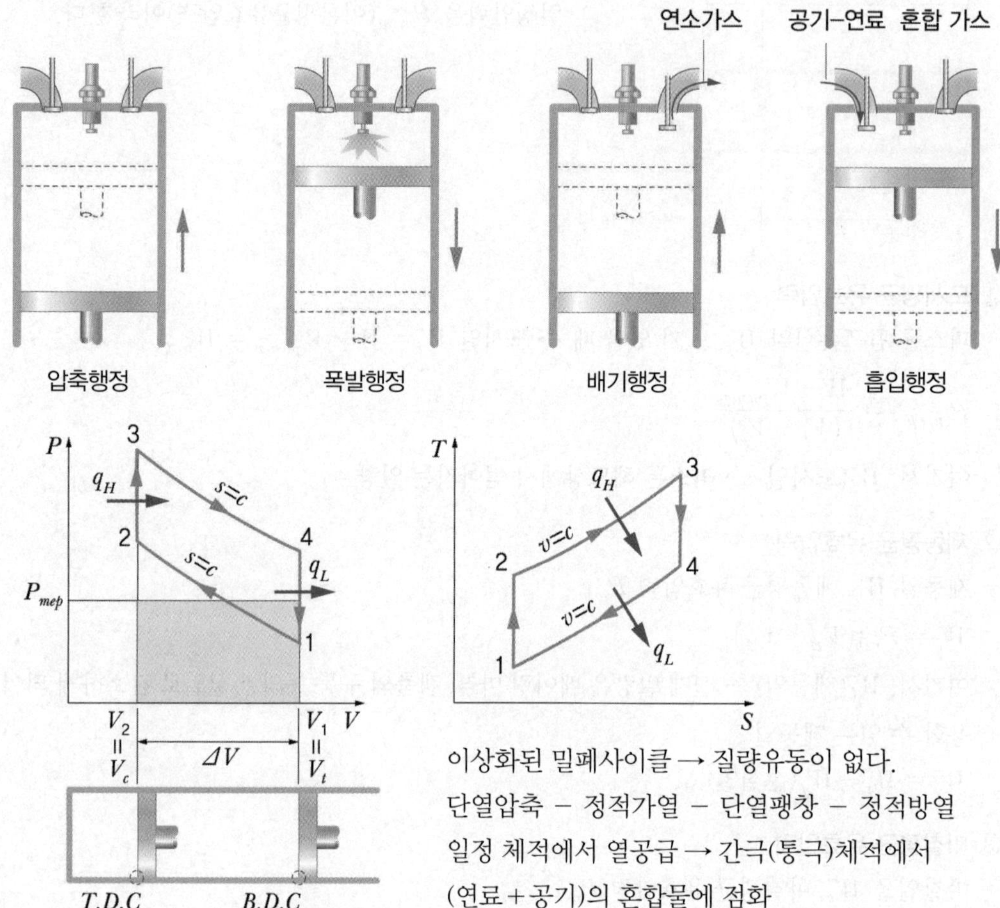

이상화된 밀폐사이클 → 질량유동이 없다.
단열압축 – 정적가열 – 단열팽창 – 정적방열
일정 체적에서 열공급 → 간극(통극)체적에서 (연료+공기)의 혼합물에 점화

- 압축비 $\varepsilon = \dfrac{V_t}{V_c} = \dfrac{V_1}{V_2} = \dfrac{\text{전체적}}{\text{간극(통극)체적}}$

(Ⅰ) 공급열량 $q_H = du + Pdv = C_v(T_3 - T_2)\ (\because dv = 0)$

(Ⅱ) 방출열량 $q_L = -C_v dT = -C_v(T_1 - T_4) = C_v(T_4 - T_1)$

(Ⅲ) 유효일 $w_{net} = q_H - q_L$

(Ⅳ) 열효율 $\eta_{otto} = 1 - \dfrac{q_L}{q_H} = \dfrac{Aw_{net}}{q_H} = 1 - \dfrac{C_v(T_4 - T_1)}{C_v(T_3 - T_2)}$

$\therefore \eta_{otto} = 1 - \dfrac{T_4 - T_1}{T_3 - T_2}$

1. 오토사이클의 각 과정 해석

① 1 → 2 과정(단열압축)

$$\frac{T_2}{T_1}=\left(\frac{P_2}{P_1}\right)^{\frac{k-1}{k}}=\left(\frac{V_1}{V_2}\right)^{k-1}$$

$$\rightarrow T_2 = T_1\left(\frac{V_1}{V_2}\right)^{k-1} \rightarrow \varepsilon = \frac{V_1}{V_2}\text{을 대입하면 } T_2 = T_1\varepsilon^{k-1} \cdots\cdots ⓐ$$

② 2 → 3 과정(정적연소)

$$\delta q = du + Pdv = C_v dT$$

$$q_H = C_v(T_3 - T_2) > 0(\text{흡열}) \cdots\cdots ⓑ$$

③ 3 → 4 과정(단열팽창)

$$\frac{T_4}{T_3}=\left(\frac{V_3}{V_4}\right)^{k-1}=\left(\frac{P_4}{P_3}\right)^{\frac{k-1}{k}}$$

$$T_3 = T_4\left(\frac{V_3}{V_4}\right)^{-(k-1)} = T_4\left(\frac{V_4}{V_3}\right)^{k-1} = T_4\varepsilon^{k-1} \cdots\cdots ⓒ$$

$$\left(\because \frac{V_4}{V_3}=\frac{V_1}{V_2}=\varepsilon\right)$$

④ 4 → 1 과정(정적방열)

$$\delta q = du + Pdv$$

$$q_L = -C_v(T_1 - T_4) = C_v(T_4 - T_1) \cdots\cdots ⓓ$$

⑤ 열효율 $\eta_{otto} = 1 - \frac{T_4 - T_1}{T_3 - T_2}$ ← ⓐ와 ⓒ 대입

$$= 1 - \frac{T_4 - T_1}{T_4\varepsilon^{k-1} - T_1\varepsilon^{k-1}} = 1 - \frac{T_4 - T_1}{(T_4 - T_1)\varepsilon^{k-1}}$$

$\therefore \eta_{otto} = 1 - \frac{1}{\varepsilon^{k-1}} = 1 - \left(\frac{1}{\varepsilon}\right)^{k-1}$ → 오토사이클 열효율은 ε만의 함수

⑥ 평균유효압력($P_{mep} = P_m$)

$$w_{net} = P_m(v_1 - v_2) \rightarrow \eta_{otto} \cdot q_H = AP_m(v_1 - v_2)$$

$$P_m = \frac{w_{net}}{v_1 - v_2} = \frac{w_{net}}{v_1\left(1 - \frac{v_2}{v_1}\right)} = \frac{w_{net}}{\frac{RT_1}{P_1}\left(1 - \frac{1}{\varepsilon}\right)} = \frac{P_1 \cdot \varepsilon \cdot \eta_{otto} \cdot q_H}{ART_1(\varepsilon - 1)}$$

($\because w_{net} = q_H \cdot \eta_{otto}$, A : 일의 열당량)

참고

열효율은 ε만의 함수$\left(\varepsilon = \dfrac{V_1}{V_2}\right.$: 압축비$\left.\right)$

㉠ $V_1 = C$이면서 V_2를 작게 하면 ε는 증가하나 불완전 연소하므로 노킹(Knocking)이 발생한다.
㉡ $V_2 = C$이면서 V_1을 크게 하면 ε는 증가하나 엔진의 크기가 커져 단가와 경제적 비용이 많이 든다.
㉢ 평균유효압력이 낮으면 같은 출력일을 위해서 큰 피스톤의 변위가 필요하고 따라서 실제엔진에서는 많은 마찰손실이 있게 된다.
㉣ 이상연소(Knocking) 문제로 압축비의 크기는 제한된다.
㉤ ε를 증가시키면서 노킹을 억제하는 연료(테트라에틸납)를 첨가하거나, 노킹억제 특성이 우수한 무연휘발유를 사용한다.
㉥ 압축비를 높이면 연료가 스파크 점화 이전에 발화하는 경향이 있다(Preignition).
㉦ 발화 후 연료가 급속히 연소하여 실린더 내에 강한 압력파가 형성되어 스파크 노킹이 발생한다. 따라서 발화가 일어나지 않는 최대의 압력비는 정해져 있다.

예 제

가솔린 기관의 압축비가 ε = 13일 때 1cycle당 가열량이 q_H = 746kcal/kg이라면 열효율과 평균유효압력(kPa)은?(단, T_1 = 50℃, P_1 = 0.9ata)

해설
$$\eta_{otto} = 1-\left(\frac{1}{\varepsilon}\right)^{k-1} = 1-\left(\frac{1}{13}\right)^{1.4-1} = 0.6415\times 100\% = 64.15\%$$

$$P_m = \frac{\varepsilon \cdot p_1 \eta_{otto} q_H}{ART_1(\varepsilon-1)} = \frac{13\times 0.9\times 9.8\times 10^4\times 0.6415\times 746}{\dfrac{1}{4,185.5}\times 287\times(273+50)\times(13-1)}$$

$$= 2,064,567.6\text{N/m}^2 = 2,064.57\text{kPa}$$

$(0.9\text{ata} = 0.9\text{kgf/cm}^2 = 0.9\times 9.8\times 10^4\text{N/m}^2)$

참고

실제기관의 열효율이 공기 표준사이클보다 낮은 중요한 원인

㉠ 실제기체의 비열은 온도가 상승함에 따라 증가
㉡ 실린더 벽 및 피스톤을 통한 열전달
㉢ 불완전 연소 및 불꽃 전파기간 손실
㉣ 흡배기 밸브에서의 유체유동에 따르는 압력강하 및 소요일
㉤ 압력 및 온도구배로 인한 비가역 과정
㉥ 흡배기 시 일정량의 일을 필요, 불완전 연소가 가능

4 디젤사이클(Disel Cycle : 디젤기관의 이상사이클, 정압사이클)

- 열전달과정 : 피스톤 내부의 압축된 공기가 압축 착화(자연발화)되는 압력에 도달할 때 연료분사장치에서 연료를 분사해 열전달 → 열전달과정이 정압연소과정이므로 정압사이클
- 열이 전달되면 기체가 팽창하므로 압력이 떨어지는데, 정압을 유지하기 위해 필요한 만큼만 연료(열)가 공급된다(아래 P−V 선도의 2 → 3 과정).
- (공기 + 연료)인 오토사이클은 압축비를 크게 하는 것이 불가능하지만 공기만 압축하는 디젤사이클은 압축비를 크게 하는 것이 가능하다.

| 디젤엔진 |

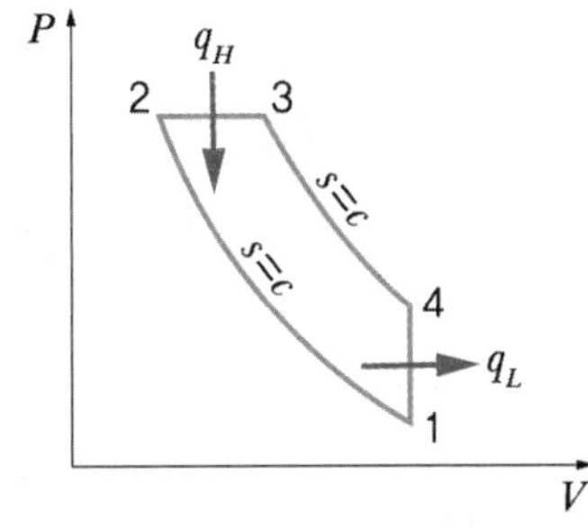

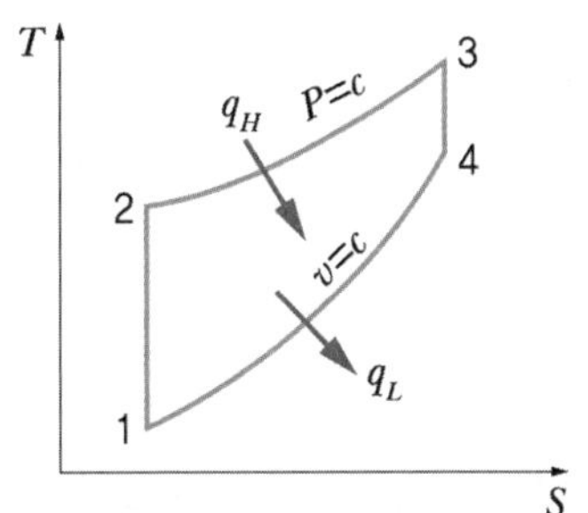

(Ⅰ) 공급열량(2 → 3 과정 : 정압가열)

$$\delta q = dh - vdP\ (\because\ dP = 0)$$

$$q_H = C_p(T_3 - T_2)$$

(Ⅱ) 방출열량(4 → 1 과정 : 정적방열)

$$\delta q = du + Pdv\ (\because\ dv = 0)$$

$$q_L = C_v(T_1 - T_4)(\text{방열}(-))$$

$$= -C_v(T_1 - T_4)$$

$$\therefore\ q_L = C_v(T_4 - T_1)$$

(Ⅲ) 열효율

$$\eta_{Disel} = 1 - \frac{q_L}{q_H}$$

$$= 1 - \frac{C_v(T_4 - T_1)}{C_p(T_3 - T_2)} = 1 - \frac{C_v(T_4 - T_1)}{kC_v(T_3 - T_2)}$$

$$= 1 - \frac{(T_4 - T_1)}{k(T_3 - T_2)} \quad \cdots\cdots\cdots\ ⓐ$$

1. 디젤사이클의 각 과정 해석

① 1 → 2 과정(가역 단열압축)

$$\frac{T_2}{T_1}=\left(\frac{p_2}{p_1}\right)^{\frac{k-1}{k}}=\left(\frac{V_1}{V_2}\right)^{k-1}$$

$$T_2 = T_1\left(\frac{V_1}{V_2}\right)^{k-1} = T_1\varepsilon^{k-1} \quad \cdots\cdots\cdots\cdots ⓑ$$

$$\frac{V_1}{V_2}=\frac{V_t}{V_c} \text{ : 압축비}(\varepsilon)$$

② 2 → 3 과정(정압)

$$\frac{V_2}{T_2}=\frac{V_3}{T_3}$$

$$T_3 = T_2\frac{V_3}{V_2}$$

$$= T_2\sigma \leftarrow \text{ⓑ식 대입}$$

$$= T_1\varepsilon^{k-1}\sigma \quad \cdots\cdots\cdots\cdots ⓒ$$

$$\left[\text{단, } \sigma = \frac{V_3}{V_2} \text{ : 연료차단비, 단절비, 체절비(Cut Off Ratio)}\right]$$

$$q_H = h_3 - h_2 = C_p(T_3 - T_2) \quad \cdots\cdots\cdots\cdots ⓓ$$

③ 3 → 4 과정(단열)

$$\frac{T_4}{T_3}=\left(\frac{V_3}{V_4}\right)^{k-1}$$

$$T_4 = T_3\left(\frac{V_3}{V_4}\right)^{k-1} = T_3\left(\frac{V_3}{V_2}\cdot\frac{V_2}{V_4}\right)^{k-1} = T_3\left(\sigma\cdot\frac{1}{\varepsilon}\right)^{k-1}$$

$$= T_3\sigma^{k-1}\frac{1}{\varepsilon^{k-1}} \leftarrow \text{ⓒ식 대입}$$

$$= T_1\sigma\cdot\varepsilon^{k-1}\sigma^{k-1}\frac{1}{\varepsilon^{k-1}}$$

$$= T_1\sigma^k \quad \cdots\cdots\cdots\cdots ⓔ$$

④ 4 → 1 과정(정적방열)

$$q_L = du + Pdv$$

$$q_L = C_v(T_1 - T_4)(\text{방열}(-)) = C_v(T_4 - T_1)$$

⑤ 열효율

$$\eta_{Disel} = 1 - \frac{q_L}{q_H} = \frac{Aw_{net}}{q_H} = \frac{q_H - q_L}{q_H}$$

ⓐ식에서 $\eta_{Disel} = 1 - \frac{(T_4 - T_1)}{k(T_3 - T_2)} \left(k = \frac{C_p}{C_v}, ⓑ, ⓒ, ⓔ식 대입 \right)$

$$= 1 - \frac{1}{k}\left(\frac{T_1\sigma^k - T_1}{T_1\sigma\varepsilon^{k-1} - T_1\varepsilon^{k-1}} \right)$$

$$= 1 - \frac{1}{k}\frac{\sigma^k - 1}{\varepsilon^{k-1}(\sigma - 1)}$$

$$\therefore \eta_{Disel} = 1 - \left(\frac{1}{\varepsilon}\right)^{k-1} \cdot \frac{\sigma^k - 1}{k(\sigma - 1)}$$

$$\begin{Bmatrix} \varepsilon \text{ 증가} \rightarrow \eta_d\text{는 증가} \\ \sigma \text{ 증가} \rightarrow \eta_d\text{는 감소} \\ \sigma \text{ 감소} \rightarrow \eta_d\text{는 증가} \end{Bmatrix}$$

⑥ 평균유효압력($P_{mep} = P_m$)

$$w_{net} = P_m \cdot (v_1 - v_2)$$

$$\eta_d \cdot q_H = P_m v_2\left(\frac{v_1}{v_2} - 1\right) \left(\text{여기서, } \frac{v_1}{v_2} = \varepsilon \right)$$

$$P_m = \frac{\eta_d \cdot q_H}{v_2(\varepsilon - 1)} \times \frac{v_1}{v_1}$$

$$= \frac{\eta_d \cdot q_H \cdot \varepsilon}{v_1(\varepsilon - 1)} \leftarrow v_1 = \frac{RT_1}{P_1}$$

$$= \frac{\eta_d \cdot q_H \cdot \varepsilon P_1}{RT_1(\varepsilon - 1)} = \frac{q_H \cdot \varepsilon P_1}{RT_1(\varepsilon - 1)} \times \eta_d$$

$$= \frac{C_p(T_3 - T_2)\varepsilon P_1}{(\varepsilon - 1)RT_1} \times \eta_d \leftarrow q_H = C_p(T_3 - T_2)$$

$$= \frac{\frac{kR}{k-1}(T_3 - T_2)\varepsilon P_1}{(\varepsilon - 1)RT_1} \times \eta_d \leftarrow C_p = \frac{kR}{k-1}$$

$$= \frac{k\left(T_1\varepsilon^{k-1}\sigma - T_1\varepsilon^{k-1}\right)\varepsilon P_1}{(k-1)(\varepsilon - 1)T_1} \times \eta_d \leftarrow ⓑ, ⓒ\text{식 대입}$$

$$= \frac{k\varepsilon^{k-1}(\sigma - 1)\varepsilon P_1}{(k-1)(\varepsilon - 1)}\eta_d$$

$$= \frac{k\varepsilon^k \cdot (\sigma - 1)P_1}{(k-1)(\varepsilon - 1)}\eta_d$$

5 사바테 사이클

- 사바테 사이클(복합사이클) : 고속 디젤기관의 기본사이클 → 선박, 대형 중장비에 적용
- 열전달과정이 정적 및 정압으로 연속해서 이루어지므로 이중연소사이클 또는 정적 · 정압사이클

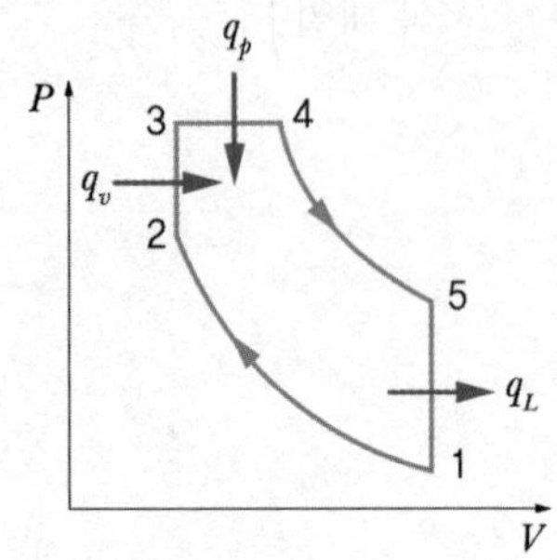

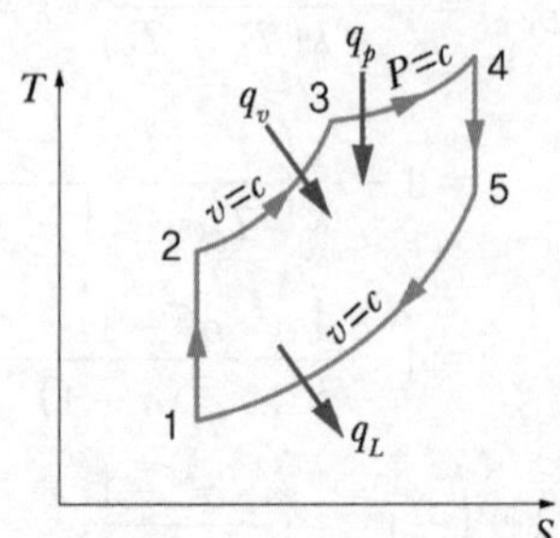

(Ⅰ) 공급열량[2 → 3 과정 : 정적가열(q_v), 3 → 4 과정 : 정압가열(q_p)]

$$\delta q = du + Pdv = dh - vdP$$

$$q_H = q_v + q_p = C_v(T_3 - T_2) + C_p(T_4 - T_3)$$

(Ⅱ) 방출열량(5 → 1 과정 : 정적방열)

$q_L = C_v(T_1 - T_5) < 0$ → 열부호 (−) 취하면 $q_L = C_v(T_5 - T_1)$

(Ⅲ) 유효일, 참일 $A W_{net} = q_H - q_L$

$$= C_v(T_3 - T_2) + C_p(T_4 - T_3) - C_v(T_5 - T_1)$$

(Ⅳ) 열효율

$$\eta_{sa} = 1 - \frac{q_L}{q_H} = 1 - \frac{C_v(T_5 - T_1)}{C_v(T_3 - T_2) + C_p(T_4 - T_3)}$$

$$= 1 - \frac{T_5 - T_1}{T_3 - T_2 + k(T_4 - T_3)} \quad \cdots\cdots \text{ⓐ}$$

1. 사바테 사이클의 각 과정 해석

① 1 → 2 과정(단열)

$$\frac{T_2}{T_1} = \left(\frac{V_1}{V_2}\right)^{k-1} = T_2 = T_1\varepsilon^{k-1} \quad \cdots\cdots \text{ⓑ} \left(\text{단, } \varepsilon = \frac{V_1}{V_2} : \text{압축비}\right)$$

② 2 → 3 과정(정적)

$$\frac{P_2}{T_2} = \frac{P_3}{T_3}$$

$$T_3 = T_2\frac{P_3}{P_2} = T_2 \cdot \rho = T_1\varepsilon^{k-1} \cdot \rho \quad \cdots\cdots \text{ⓒ} \left(\rho = \frac{P_3}{P_2} : \text{폭발비, ⓑ식 대입}\right)$$

③ 3 → 4 과정(정압)

$$\frac{V_3}{T_3} = \frac{V_4}{T_4}$$

$$T_4 = T_3 \frac{V_4}{V_3} = T_3\sigma = T_1\varepsilon^{k-1}\rho \cdot \sigma \quad \cdots\cdots\cdots\cdots \text{ⓓ} \left(\sigma = \frac{V_4}{V_3}\text{(체절비 : 연료차단비), ⓒ식 대입}\right)$$

④ 4 → 5 과정(단열)

$$\frac{T_5}{T_4} = \left(\frac{V_4}{V_5}\right)^{k-1}$$

$$T_5 = T_4\left(\frac{V_4}{V_5}\right)^{k-1} = T_4\left(\frac{V_4}{V_3} \cdot \frac{V_3}{V_5}\right)^{k-1} = T_4\left(\sigma \cdot \frac{1}{\varepsilon}\right)^{k-1}$$

$$= T_4 \frac{\sigma^{k-1}}{\varepsilon^{k-1}} \leftarrow \text{ⓓ식 대입}$$

$$= T_1\varepsilon^{k-1} \cdot \rho \cdot \sigma \cdot \frac{\sigma^{k-1}}{\varepsilon^{k-1}}$$

$$T_5 = T_1 \cdot \rho \cdot \sigma^k \quad \cdots\cdots\cdots\cdots \text{ⓔ}$$

⑤ 열효율

ⓐ식에서 $\eta_{sa} = 1 - \dfrac{q_L}{q_H} = 1 - \dfrac{C_v(T_5 - T_1)}{C_v(T_3 - T_2) + C_p(T_4 - T_3)}$

$$= 1 - \frac{C_v(T_5 - T_1)}{C_v(T_3 - T_2) + kC_v(T_4 - T_3)}$$

$$= 1 - \frac{T_5 - T_1}{(T_3 - T_2) + k(T_4 - T_3)} \leftarrow \text{ⓑ, ⓒ, ⓓ, ⓔ식 대입}$$

$$= 1 - \frac{T_1 \cdot \rho\sigma^k - T_1}{\left(T_1\varepsilon^{k-1} \cdot \rho - T_1\varepsilon^{k-1}\right) + k\left(T_1\varepsilon^{k-1} \cdot \rho \cdot \sigma - T_1\varepsilon^{k-1}\rho\right)}$$

$$= 1 - \frac{1}{\varepsilon^{k-1}} \frac{\rho \cdot \sigma^k - 1}{(\rho - 1) + k\rho(\sigma - 1)}$$

$$\therefore \eta_{sa} = 1 - \left(\frac{1}{\varepsilon}\right)^{k-1} \cdot \frac{\rho \cdot \sigma^k - 1}{(\rho - 1) + k\rho(\sigma - 1)}$$

$$\begin{Bmatrix} \rho \text{ 증가} \rightarrow \text{효율 증가} \\ \varepsilon \text{ 증가} \rightarrow \text{효율 증가} \\ \sigma \text{ 감소} \rightarrow \text{효율 증가} \end{Bmatrix}$$

⑥ 평균유효압력(P_{mep})

$$Aw_{net} = P_{mep}(v_1 - v_2) = \eta_{sa} \cdot q_H$$

$$\eta_{sa} = \frac{Aw_{net}}{q_H}$$

$$\therefore P_{mep} = \frac{\eta_{sa} q_H}{A(v_1 - v_2)} = \frac{\eta_{sa} q_H}{A v_2 \left(\frac{v_1}{v_2} - 1\right)} \times \frac{v_1}{v_1} = \frac{\eta_{sa} \cdot q_H \cdot \varepsilon P_1}{A(\varepsilon - 1) R T_1} \leftarrow \frac{v_1}{v_2} = \varepsilon,\ v_1 = \frac{R T_1}{P_1}$$

$$= \frac{q_H P_1}{A R T_1} \frac{\varepsilon}{(\varepsilon - 1)} \left\{ 1 - \frac{1}{\varepsilon^{k-1}} \frac{\rho \sigma^k - 1}{(\rho - 1) + k\rho(\sigma - 1)} \right\}$$

6 내연기관에서 각 사이클 비교

1. 압축비

$\left(\varepsilon = \frac{V_t}{V_c} = \frac{\text{전체적}}{\text{간극체적}}\right)$를 같게 하고 가열량이 같을 때(즉, 입력이 모두 같다.)

$\eta = \frac{\text{출력}}{\text{입력}}$ → 선도 내부면적 AW_{net}이 클수록 효율이 커진다.

실린더의 행정체적, 간극체적비를 같게 할 때 $\left[\frac{V_t}{V_c} = \varepsilon(\text{압축비})\text{가 일정할 때}\right]$

η_{otto} 압축비는 제한되어 있다. → 자동차(가솔린)

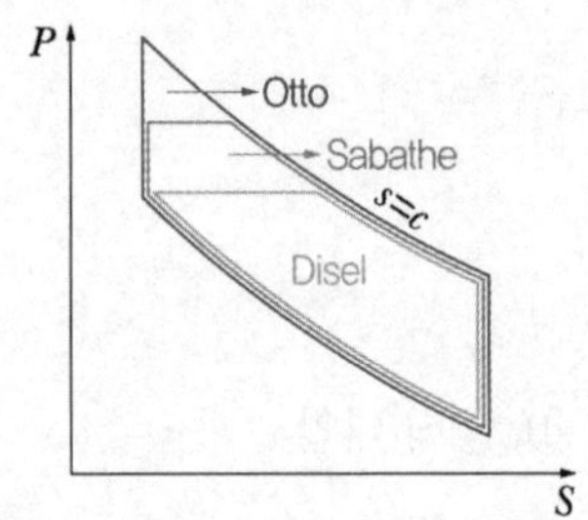

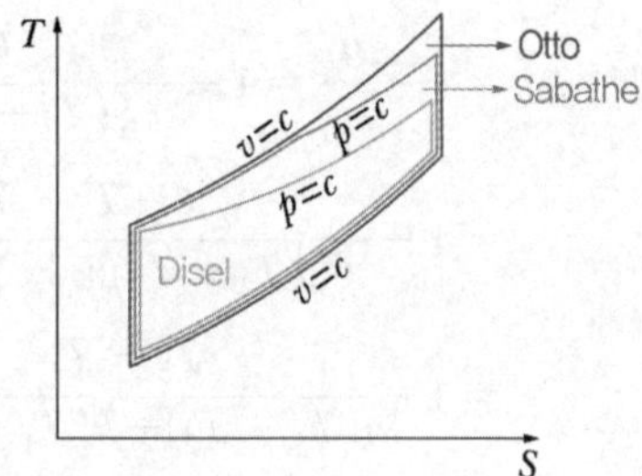

$\therefore \eta_o > \eta_{sa} > \eta_d$

2. 최고압력은 같게 하고 가열량이 같을 경우 열효율

자연발화온도까지 올릴 수 있는 최고압력을 같게 할 때 효율 최대 → 디젤기관

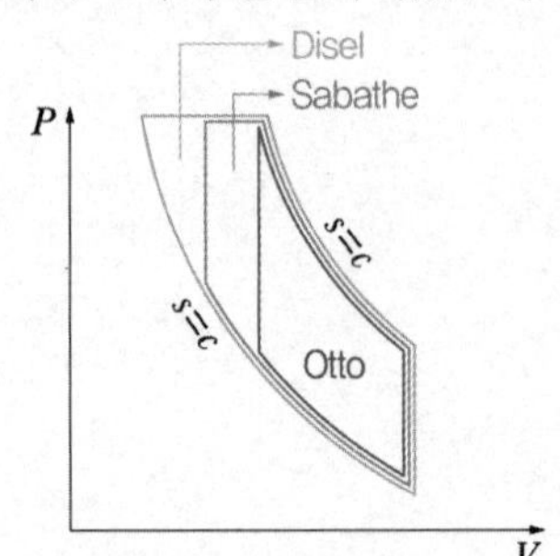

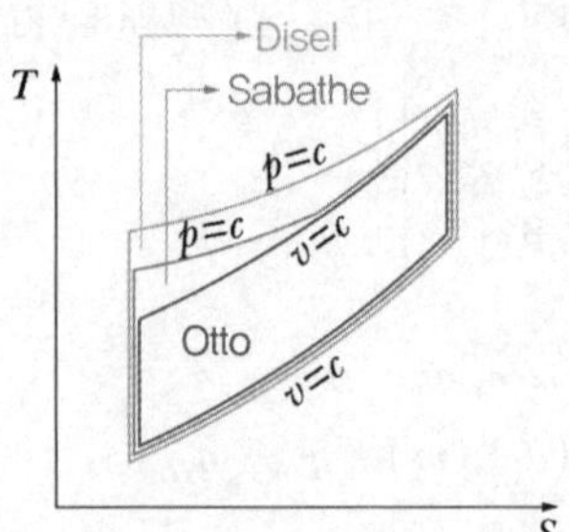

$\therefore \eta_d > \eta_{sa} > \eta_o$

7 브레이턴 사이클(가스터빈의 이상사이클)

- 두 개의 정압과정과 두 개의 단열과정으로 구성
  - 작업유체가 응축되면 → 랭킨사이클
  - 작업유체가 응축되지 않고 항상 기체 → 브레이턴 사이클
- 항공기, 자동차, 발전용 · 선박용 기관에 주로 쓰임
- 피스톤이 아니므로 압축비가 나오지 않고 압력 상승비가 나옴
- 브레이턴 사이클로 운전되는 가스터빈은 개방사이클

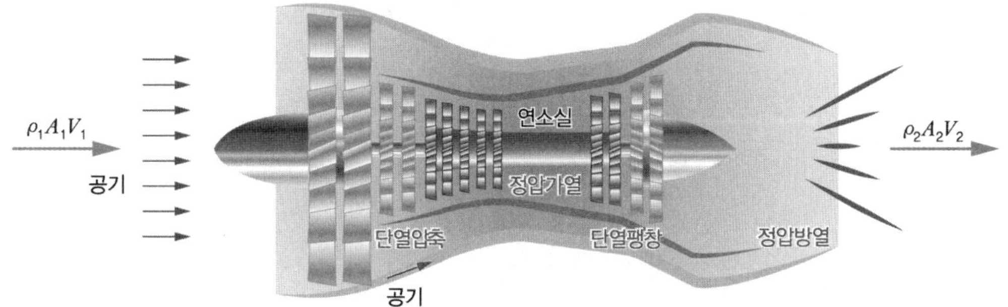

ByPass : 엔진 냉각(공냉식), 소음감소

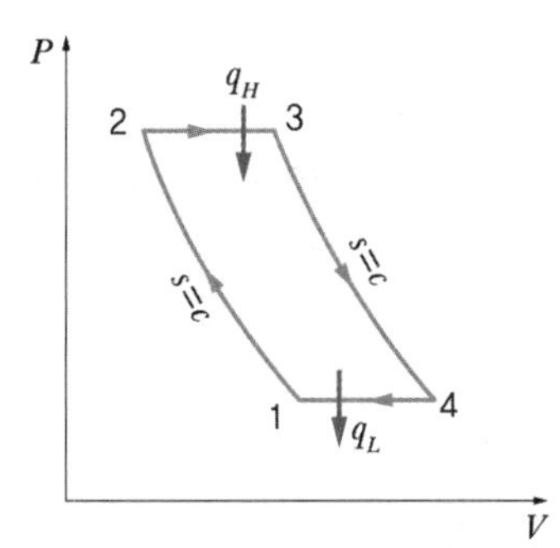

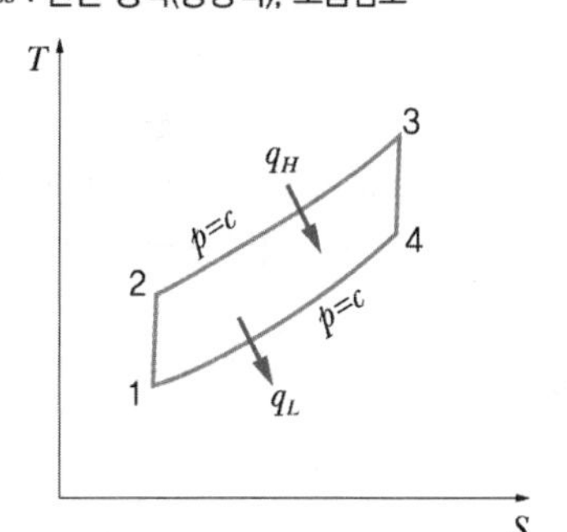

압력비가 증가하면 효율증가(압력상승비)

(Ⅰ) 공급열량(2 → 3 과정 : 정압연소)

$$\delta q = dh - vdP$$

$$q_H = C_p(T_3 - T_2) \leftarrow \text{T-S 그래프에서}$$

(Ⅱ) 방출열량(4 → 1 과정 : 정압방열)

$$q_L = C_p(T_4 - T_1)$$

(Ⅲ) 유효일

$$A W_{net} = q_H - q_L$$

(Ⅳ) 열효율

$$\eta_{Bray} = \frac{Aw_{net}}{q_H} = \frac{q_H - q_L}{q_H} = 1 - \frac{q_L}{q_H} = 1 - \frac{C_p(T_4 - T_1)}{C_p(T_3 - T_2)}$$

$$= 1 - \frac{T_4 - T_1}{T_3 - T_2} \quad \cdots\cdots \text{ⓐ}$$

1. 브레이턴 사이클의 각 과정 해석

① 1 → 2 과정(단열)

$$\frac{T_2}{T_1}=\left(\frac{P_2}{P_1}\right)^{\frac{k-1}{k}}=\gamma^{\frac{k-1}{k}} \rightarrow T_2=T_1\gamma^{\frac{k-1}{k}}\left(\because \text{압력상승비} : \gamma=\frac{P_2}{P_1}\right) \cdots\cdots\cdots\cdots \text{ⓑ}$$

② 3 → 4 과정(단열)

$$\frac{T_3}{T_4}=\left(\frac{P_3}{P_4}\right)^{\frac{k-1}{k}}=\gamma^{\frac{k-1}{k}} \rightarrow T_3=T_4\gamma^{\frac{k-1}{k}}\left(\because \frac{P_3}{P_4}=\frac{P_2}{P_1}\right) \cdots\cdots\cdots\cdots \text{ⓒ}$$

③ 열효율

ⓐ식에서 $\eta_{Bray}=1-\dfrac{T_4-T_1}{T_3-T_2}=1-\dfrac{T_4-T_1}{T_4\gamma^{\frac{k-1}{k}}-T_1\gamma^{\frac{k-1}{k}}}$ ← ⓑ, ⓒ식 대입

$$=1-\frac{1}{\gamma^{\frac{k-1}{k}}}=1-\left(\frac{1}{\gamma}\right)^{\frac{k-1}{k}}$$

예 제

가스터빈 사이클의 압력비가 10일 때 작업유체가 공기이고 이 이상사이클이 브레이턴 사이클이라면 열효율은? 또 연소 방출공기의 온도가 영하 10℃일 때 연소가스의 최고온도는?

해설 $\eta_B=1-\left(\frac{1}{\gamma}\right)^{\frac{k-1}{k}}=1-\left(\frac{1}{10}\right)^{\frac{0.4}{1.4}}=0.482\times100\%=48.2\%$

$$T_3=T_4\left(\frac{P_3}{P_4}\right)^{\frac{k-1}{k}} \leftarrow \left(\frac{P_3}{P_4}=\frac{P_2}{P_1}\right)=\gamma=T_4(\gamma)^{\frac{k-1}{k}}=(-10+273.15)(10)^{\frac{0.4}{1.4}}=508.06\text{K}$$

2. 압축기의 효율과 터빈효율

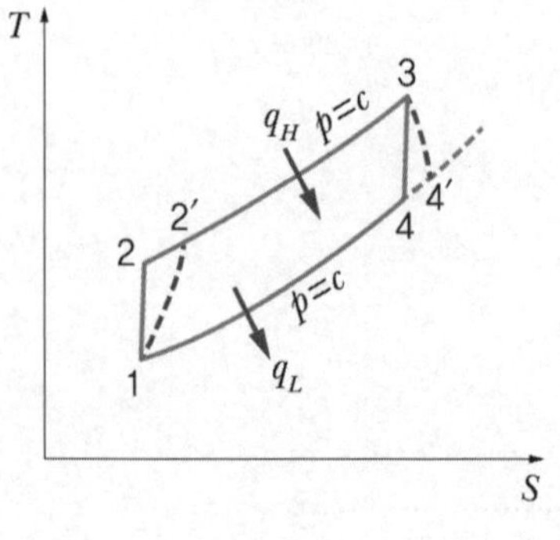

압축기의 효율 $\eta_c=\dfrac{\text{이상일}}{\text{실제일}}=\dfrac{h_2-h_1}{h_2{}'-h_1}=\dfrac{T_2-T_1}{T_2{}'-T_1}$

터빈효율 $\eta_T=\dfrac{\text{실제일}}{\text{이상일}}=\dfrac{h_3-h_4{}'}{h_3-h_4}=\dfrac{T_3-T_4{}'}{T_3-T_4}$

실제사이클의 열효율 $=\dfrac{(h_3-h_4{}')-(h_2{}'-h_1)}{h_3-h_2{}'}$

$$=\frac{(T_3-T_4{}')-(T_2{}'-T_1)}{T_3-T_2{}'}$$

8 에릭슨 사이클(Ericsson Cycle)

두 개의 등온과정과 두 개의 정압과정으로 구성된다.

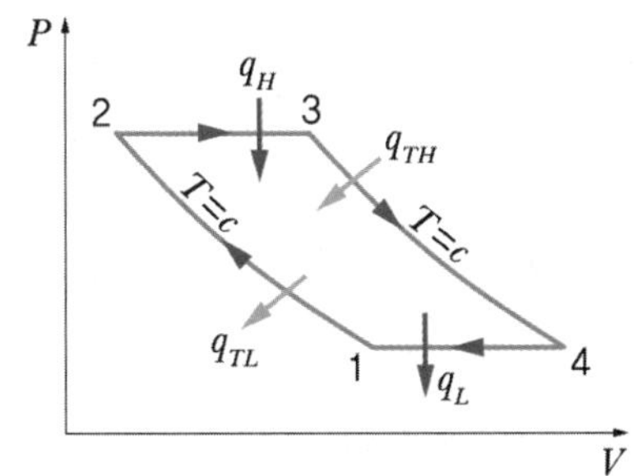

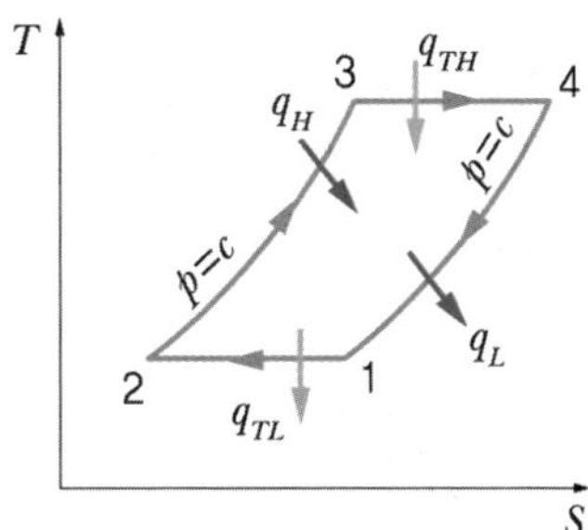

9 스털링 사이클(Stirling Cycle)

역스털링 사이클은 극저온용의 기체 냉동기 기준사이클(냉매는 헬륨)이다.

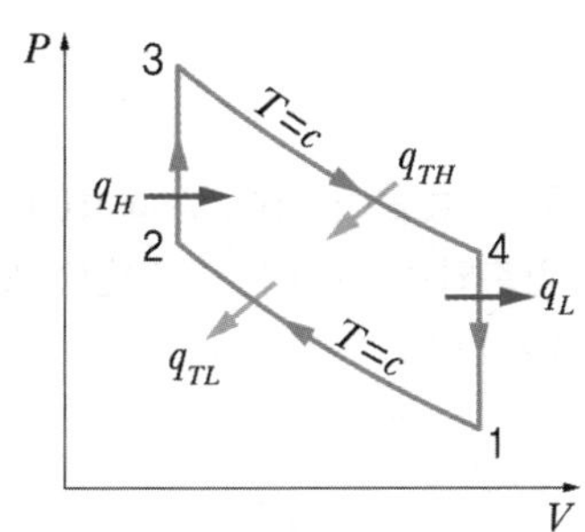

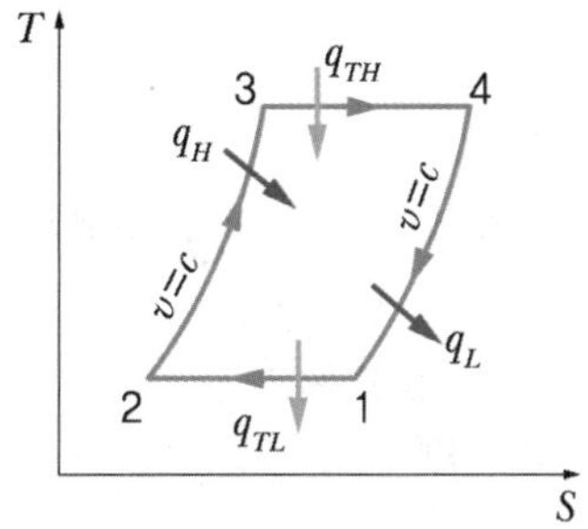

- 등온방열 → 정적가열 → 등온팽창 → 정적방열
- 두 개의 정적 열전달과정을 포함하고 있으므로 사이클 동안 체적의 변화를 최소로 유지할 수 있다. 따라서 실린더 – 피스톤에 의한 경계 이동일을 하는 기기에 적합하며 높은 평균유효온도를 가져야 한다.
- 스털링 사이클 엔진은 최근에 재생기를 가진 외연기관으로 개발되고 있다.
- 모든 열이 등온으로 공급되거나 방출되므로 사이클 효율은 같은 온도 사이에 작동하는 카르노 사이클의 효율과 같다.

핵심 기출 문제

01 다음 그림과 같은 오토사이클의 효율(%)은?(단, T_1 = 300K, T_2 = 689K, T_3 = 2,364K, T_4 = 1,029K 이고, 정적비열은 일정하다.)

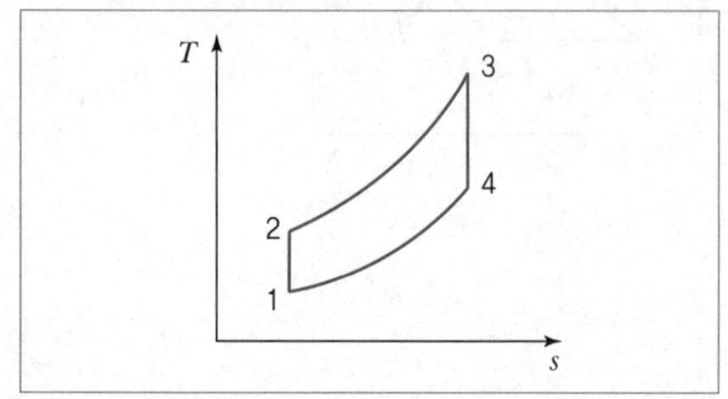

① 42.5　② 48.5　③ 56.5　④ 62.5

해설

열전달과정이 정적과정이므로

$$\delta q = du + pdv = C_v dT\ (\because\ dv = 0) \rightarrow {}_1q_2 = \int_1^2 C_v dT$$

$$\eta_0 = \frac{q_H - q_L}{q_H} = 1 - \frac{q_L}{q_H} = 1 - \frac{C_v(T_4 - T_1)}{C_v(T_3 - T_2)}$$

$$= 1 - \frac{(1{,}029 - 300)}{(2{,}364 - 689)} = 0.5648 = 56.48\%$$

02 다음은 오토(Otto)사이클의 온도-엔트로피($T-S$) 선도이다. 이 사이클의 열효율을 온도를 이용하여 나타낼 때 옳은 것은?(단, 공기의 비열은 일정한 것으로 본다.)

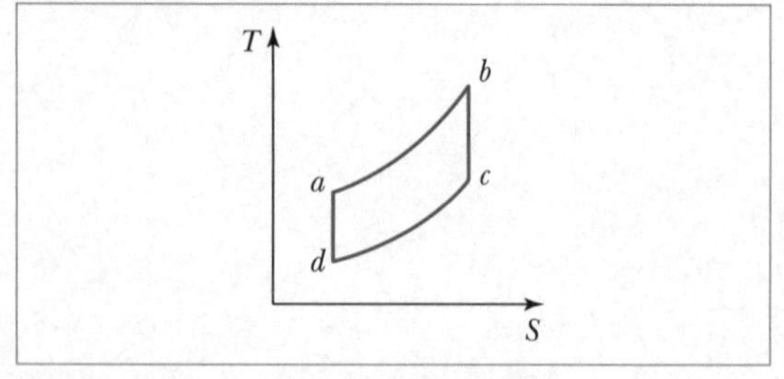

① $1 - \frac{T_c - T_d}{T_b - T_a}$　② $1 - \frac{T_b - T_a}{T_c - T_d}$

③ $1 - \frac{T_a - T_d}{T_b - T_c}$　④ $1 - \frac{T_b - T_c}{T_a - T_d}$

해설

열전달과정이 정적과정이므로

$$\delta q = du + pdv = C_v dT\ (\because\ dv = 0) \rightarrow {}_1q_2 = \int_1^2 C_v dT$$

$$\eta_0 = \frac{q_H - q_L}{q_H} = 1 - \frac{q_L}{q_H} = 1 - \frac{C_v(T_c - T_d)}{C_v(T_b - T_a)}$$

$$= 1 - \frac{(T_c - T_d)}{(T_b - T_a)}$$

03 오토사이클의 효율이 55%일 때 101.3kPa, 20℃의 공기가 압축되는 압축비는 얼마인가?(단, 공기의 비열비는 1.4이다.)

① 5.28　② 6.32

③ 7.36　④ 8.18

해설

오토사이클 효율 $\eta_0 = 1 - \left(\frac{1}{\varepsilon}\right)^{k-1}$ 에서

$$0.55 = 1 - \left(\frac{1}{\varepsilon}\right)^{1.4-1} = 1 - \left(\frac{1}{\varepsilon}\right)^{0.4}$$

$\therefore\ \varepsilon^{-0.4} = 1 - 0.55 = 0.45$

압축비 $\varepsilon = (0.45)^{-\frac{1}{0.4}} = 7.36$

정답　01 ③　02 ①　03 ③

04 이상적인 디젤기관의 압축비가 16일 때 압축 전의 공기 온도가 90℃라면 압축 후의 공기 온도(℃)는 얼마인가?(단, 공기의 비열비는 1.4이다.)

① 1,101.9 ② 718.7
③ 808.2 ④ 827.4

해설

단열과정의 온도, 압력, 체적 간의 관계식에서

$$\frac{T_2}{T_1}=\left(\frac{V_1}{V_2}\right)^{k-1}$$

$V_1 = V_t$, $V_2 = V_c$이므로

$$\frac{T_2}{T_1}=\left(\frac{V_t}{V_c}\right)^{k-1}=(\varepsilon)^{k-1}\left[\because \frac{V_t}{V_c}=\varepsilon\,(\text{압축비})\right]$$

$$\therefore\ T_2= T_1(\varepsilon)^{k-1}$$
$$=(90+273)\times(16)^{1.4-1}=1{,}100.41\text{K}$$
$$T_2=1{,}100.41-273=827.41℃$$

05 2개의 정적과정과 2개의 등온과정으로 구성된 동력 사이클은?

① 브레이턴(Brayton) 사이클
② 에릭슨(Ericsson) 사이클
③ 스털링(Stirling) 사이클
④ 오토(Otto) 사이클

해설

스털링 사이클
등온방열 → 정적가열 → 등온팽창 → 정적방열

06 이상적인 복합 사이클(사바테 사이클)에서 압축비는 16, 최고압력비(압력상승비)는 2.3, 체절비는 1.6이고, 공기의 비열비는 1.4일 때 이 사이클의 효율은 약 몇 %인가?

① 55.52 ② 58.41
③ 61.54 ④ 64.88

해설

$$\eta_{Sa}=1-\left(\frac{1}{\varepsilon}\right)^{k-1}\cdot\frac{\rho\sigma^k-1}{(\rho-1)+k\rho(\sigma-1)}$$
$$=1-\left(\frac{1}{16}\right)^{1.4-1}\cdot\frac{2.3\times1.6^{1.4}-1}{(2.3-1)+1.4\times2.3\times(1.6-1)}$$
$$=0.6488=64.88\%$$

07 어떤 기체 동력장치가 이상적인 브레이턴 사이클로 다음과 같이 작동할 때 이 사이클의 열효율은 약 몇 %인가?[단, 온도(T)−엔트로피(S) 선도에서 T_1 = 30℃, T_2 =200℃, T_3 =1,060℃, T_4 =160℃이다.]

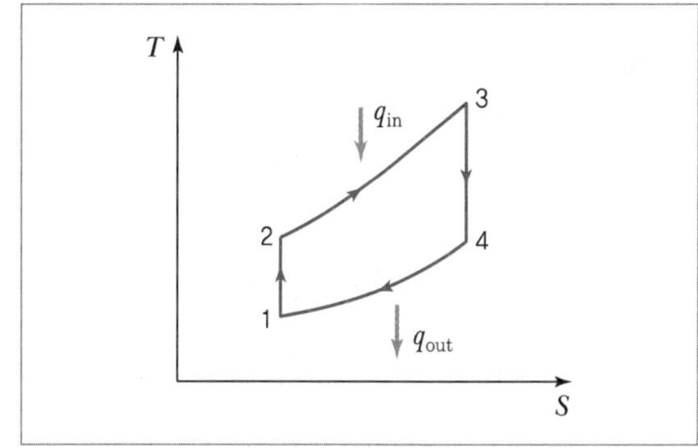

① 81% ② 85%
③ 89% ④ 92%

해설

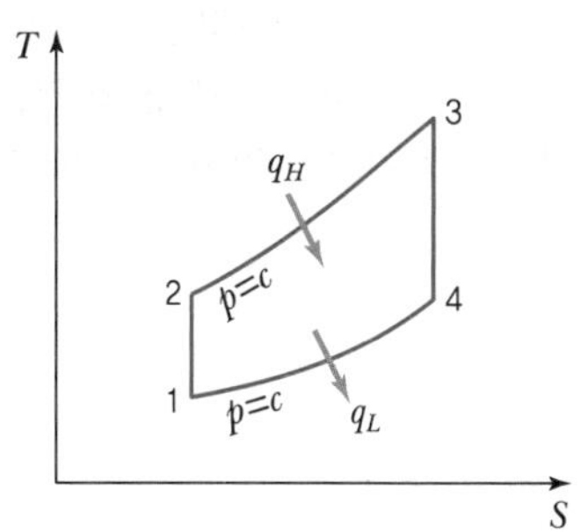

$$\eta=1-\frac{q_L}{q_H}=1-\frac{q_{out}}{q_{in}}$$

$[\delta q= dh-vdp^{\nearrow 0}$ (정압과정)$= C_p dT]$

정답 04 ④ 05 ③ 06 ④ 07 ②

$$\eta = 1 - \frac{C_p(T_4 - T_1)}{C_p(T_3 - T_2)}$$
$$= 1 - \frac{T_4 - T_1}{T_3 - T_2}$$
$$= 1 - \frac{(160 - 30)}{(1{,}060 - 200)} = 0.8488 = 84.88\%$$

08 다음 중 브레이턴 사이클의 과정으로 옳은 것은?

① 단열압축 → 정적가열 → 단열팽창 → 정적방열
② 단열압축 → 정압가열 → 단열팽창 → 정적방열
③ 단열압축 → 정적가열 → 단열팽창 → 정압방열
④ 단열압축 → 정압가열 → 단열팽창 → 정압방열

해설

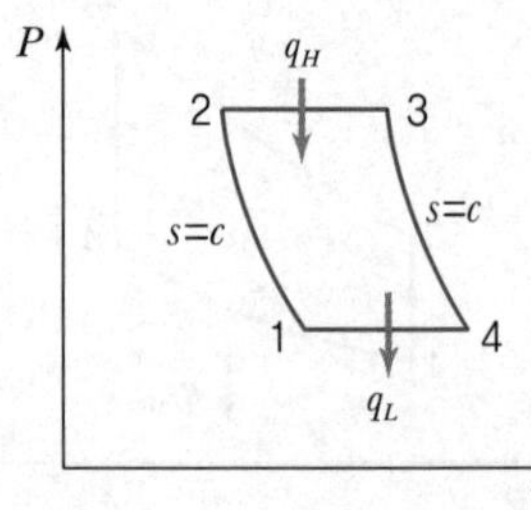

브레이턴 사이클은 가스터빈의 이상사이클로 두 개의 정압과정과 두 개의 단열과정으로 이루어져 있다.

09 최고온도 1,300K와 최저온도 300K 사이에서 작동하는 공기표준 Brayton 사이클의 열효율(%)은? (단, 압력비는 9, 공기의 비열비는 1.4이다.)

① 30.4 ② 36.5
③ 42.1 ④ 46.6

해설

$$\eta = 1 - \left(\frac{1}{\gamma}\right)^{\frac{k-1}{k}} = 1 - \left(\frac{1}{9}\right)^{\frac{0.4}{1.4}}$$
$$= 0.466 = 46.6\%$$

10 그림과 같은 공기표준 브레이턴(Brayton) 사이클에서 작동유체 1kg당 터빈일(kJ/kg)은?(단, T_1 = 300K, T_2 = 475.1K, T_3 = 1,100K, T_4 = 694.5K이고, 공기의 정압비열과 정적비열은 각각 1.0035kJ/kg · K, 0.7165kJ/kg · K이다.)

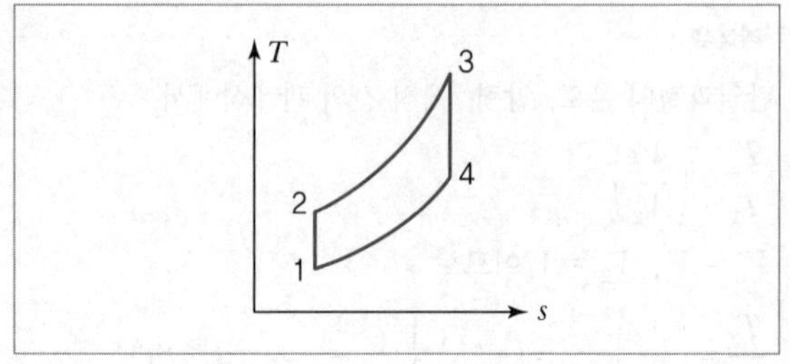

① 290 ② 407
③ 448 ④ 627

해설

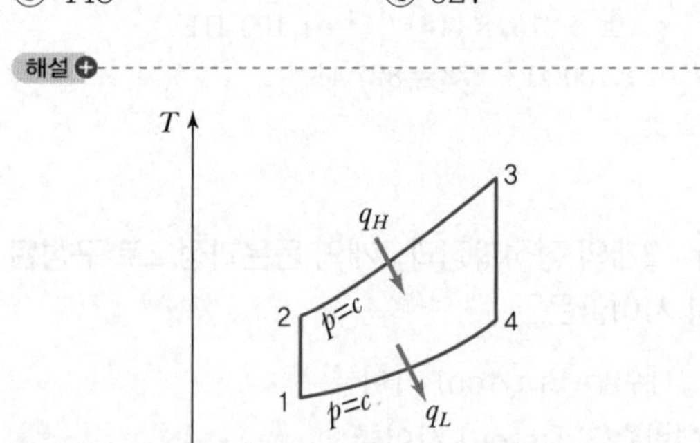

단열팽창하는 공업일이 터빈일이므로

$$\delta q^{\nearrow 0} = dh - vdp$$
$$0 = dh - vdp$$

여기서, $\delta w_T = -vdp = -dh$ (3 → 4 과정)

$$\therefore {}_3w_{T4} = \int -C_p dT$$
$$= -C_p(T_4 - T_3)$$
$$= C_p(T_3 - T_4)$$
$$= 1.0035 \times (1{,}100 - 694.5)$$
$$= 406.92\text{kJ/kg}$$

정답 08 ④ 09 ④ 10 ②

09 냉동사이클

1 냉동사이클의 개요

- 냉동(Refrigeration) : 냉매(작업유체)가 저온체로부터 열을 흡수하여 고온체로 열을 방출시키면서 저온을 유지하는 것을 냉동이라 한다.
- 냉매 : 프레온, 암모니아, 탄산가스(작업물질 : 동작물질)

① **냉동효과** : 저온체에서 흡수하는 열량[증발기에서 기화하면서 Q_L(냉장실)로부터 냉매가 빼앗는 열량]

→ q_L : kcal/kg(증발기에서 냉매 1kg이 흡수한 열량)

성적계수 $\varepsilon_R = \dfrac{Q_L}{Aw_{입력}} = \dfrac{Q_L}{Aw_c} = \dfrac{Q_L}{Q_H - Q_L} = \dfrac{T_L}{T_H - T_L}$

$$\varepsilon_{열펌프} = \frac{Q_H}{Aw_c(입력)} = \frac{Q_H}{Aw_c} = \frac{Q_H}{Q_H - Q_L} = \frac{T_H}{T_H - T_L} = 1 + \varepsilon_R$$

② **냉동능력** : 냉매가 한 시간 동안 저온체로부터 흡수한 열량(kcal/h)

(증발기에서 냉매가 1시간당 흡수한 열량)

③ **체적냉동효과** : 증발기를 빠져나간 냉매가 단위체적당 흡수한 열량(kcal/m^3)

④ **냉동톤** : 하루(1일)에 1톤(1,000kg)의 0℃ 순수 물을 0℃ 얼음으로 만드는 데 필요한 냉동능력

- $1\text{RT} = \dfrac{1,000\text{kg}}{24\text{h}} \times 79.68\text{kcal/kg} = 3,320\text{kcal/h}$
- $1\text{RT}(\text{us}) = \dfrac{2,000\text{lb} \times 0.4536\text{kg/lb}}{24} \times 79.68 = 3,012\text{kcal/h}$

2 증기압축 냉동사이클

- 냉동사이클 : 저압상태에서 약간 과열된 냉매 증기가 압축기에 유입되어 압축된 후 고온고압의 냉매가 증기상태로 압축기를 나와 응축기에 유입된다. 응축기에서 냉매는 냉각수나 대기 중으로 열을 빼앗겨서 응축하게 되며 고압의 액체상태로 응축기를 나온다. 응축기를 나온 액체상태의 냉매는 팽창 밸브(교축밸브)를 지나는 동안 압력이 강하하여 일부는 저온저압의 증기가 되고 나머지는 저온저압상태의 액체로 남게 된다. 남은 액체는 증발기를 지나는 동안 냉동실로부터 열을 흡수하여 증발하게 된다.

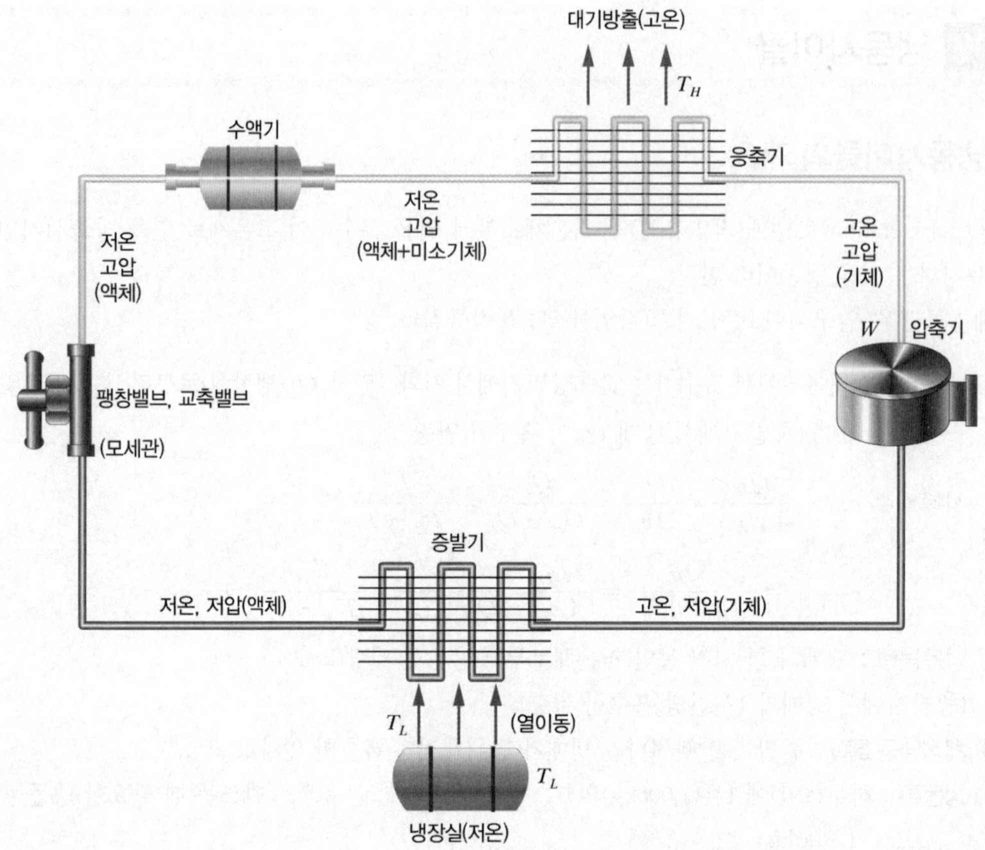

• 증발기 : 작업유체(냉매)가 열을 흡수하지만 습증기 상태에서 포화증기까지 가는 과정이므로 등온이면서 정압과정이다.

1. 냉동사이클의 각 과정 해석

$q_{c.v} + h_i = h_e + w_{c.v}$

① 1 → 2 과정(단열압축)

$\cancel{q_{c.v}}^{0} + h_i = h_e + w_{c.v}$

$w_{c.v} = h_i - h_e < 0$ [받는 일(−)]

$= h_e - h_i > 0$

$\therefore\ w_c = h_2 - h_1$

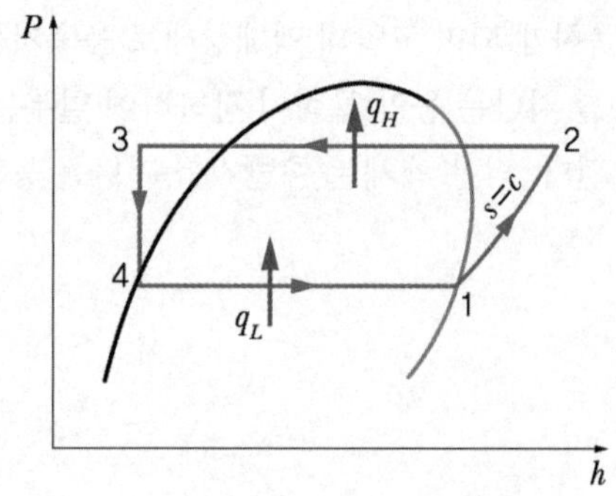

② 2 → 3 과정(정압방열 : 열교환기 일 못함)

$q_{c.v} + h_i = h_e + \cancel{w_{c.v}}^{0}$

$$q_{c.v} = h_e - h_i < 0[\text{방열}(-)]$$
$$= h_i - h_e > 0$$
$$\therefore q_H = h_2 - h_3$$

③ 3 → 4 과정[교축과정, 팽창과정(Expansion Process)]

$h = c \rightarrow h_3 = h_4$: 등엔탈피 과정

④ 4 → 1 과정[정압(등온)흡열 : q_L]

$q_L = h_1 - h_4 \leftarrow$ 냉동효과(kcal/kg)

⑤ 냉동사이클의 성적계수(ε_R)

$$\varepsilon_R = \frac{q_L}{w_c} = \frac{h_1 - h_4}{h_2 - h_1} = \frac{h_1 - h_3}{h_2 - h_1} = \frac{q_L}{q_H - q_L}(\text{수식 동일})$$

3 역카르노 사이클

- 카르노 사이클을 역방향으로 과정을 구성하여 냉동사이클을 만듦
- 단열팽창 → 등온팽창(등온흡열) → 단열압축 → 등온압축(등온방열)

1. 냉동기의 성적계수(ε_R)

$$\varepsilon_R = \frac{q_L}{Aw_c} = \frac{q_L}{q_H - q_L} = \frac{T_L(S_3 - S_2)}{T_H(S_4 - S_1) - T_L(S_3 - S_2)} = \frac{T_L}{T_H - T_L}\ (\because \Delta S\ \text{동일})$$

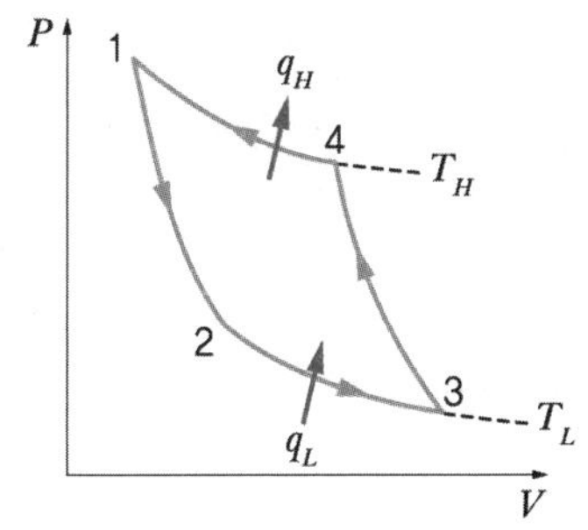

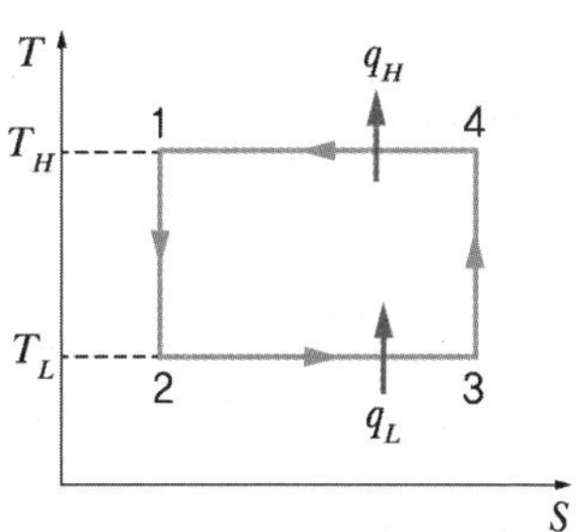

2. 열펌프의 성적계수(ε_H)

$$\varepsilon_H = \frac{q_H}{Aw_c} = \frac{q_H}{q_H - q_L} = \frac{T_H(S_4 - S_1)}{T_H(S_4 - S_1) - T_L(S_3 - S_2)} = \frac{T_H}{T_H - T_L}\ (\because \Delta S\ \text{동일})$$

4 역브레이턴 사이클(공기냉동기의 표준사이클)

- 공기를 냉매로 하는 공기냉동기의 표준사이클이며 공기의 상변화가 없는 가스사이클이다.
- 단열팽창 → 정압팽창(정압흡열) → 단열압축 → 정압압축(정압방열)

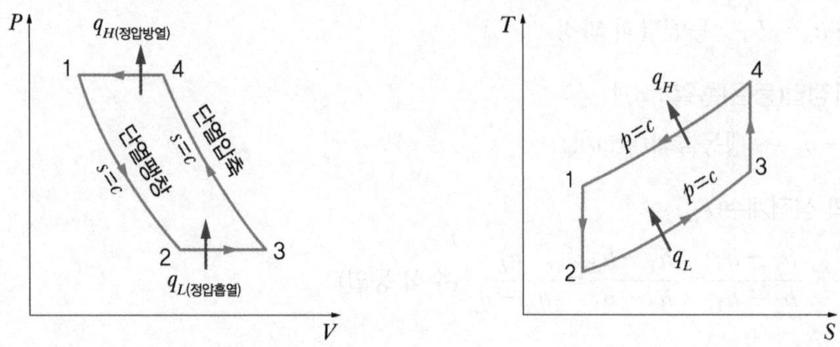

1. 성적계수(ε_{Bray})

$$\varepsilon_{Bray}=\frac{q_L}{Aw_c}=\frac{q_L}{q_H-q_L}$$

$$=\frac{C_p(T_3-T_2)}{C_p(T_4-T_1)-C_p(T_3-T_2)}=\frac{T_3-T_2}{(T_4-T_1)-(T_3-T_2)}$$

$$=\frac{1}{\dfrac{T_4-T_1}{T_3-T_2}-1} \quad \cdots\cdots\cdots \text{ⓐ}$$

1 → 2 과정(단열)

$$\frac{T_2}{T_1}=\left(\frac{P_2}{P_1}\right)^{\frac{k-1}{k}} \rightarrow T_2=T_1\left(\frac{P_2}{P_1}\right)^{\frac{k-1}{k}} \quad \cdots\cdots\cdots \text{ⓑ}$$

3 → 4 과정(단열)

$$\frac{T_4}{T_3}=\left(\frac{P_4}{P_3}\right)^{\frac{k-1}{k}}=\left(\frac{P_1}{P_2}\right)^{\frac{k-1}{k}} \rightarrow T_3=T_4\cdot\left(\frac{P_2}{P_1}\right)^{\frac{k-1}{k}} \quad \cdots\cdots\cdots \text{ⓒ}$$

ⓐ식에 ⓑ, ⓒ식을 대입하면

$$\varepsilon_{Bray}=\frac{1}{\dfrac{T_4-T_1}{T_4\left(\frac{P_2}{P_1}\right)^{\frac{k-1}{k}}-T_1\left(\frac{P_2}{P_1}\right)^{\frac{k-1}{k}}}-1}=\frac{1}{\dfrac{1}{\left(\frac{P_2}{P_1}\right)^{\frac{k-1}{k}}}-1}=\frac{1}{\dfrac{T_1}{T_2}-1}=\frac{1}{\dfrac{T_1-T_2}{T_2}}=\frac{T_2}{T_1-T_2}$$

핵심 기출 문제

01 냉매로서 갖추어야 될 요구조건으로 적합하지 않은 것은?

① 불활성이고 안정하며 비가연성이어야 한다.
② 비체적이 커야 한다.
③ 증발 온도에서 높은 잠열을 가져야 한다.
④ 열전도율이 커야 한다.

해설

냉매의 요구조건
- 냉매의 비체적이 작을 것
- 불활성이고 안정성이 있을 것
- 비가연성일 것
- 냉매의 증발잠열이 클 것
- 열전도율이 클 것

02 이상적인 냉동사이클에서 응축기 온도가 30℃, 증발기 온도가 −10℃일 때 성적계수는?

① 4.6 ② 5.2
③ 6.6 ④ 7.5

해설

$$\varepsilon_R = \frac{T_L}{T_H - T_L} = \frac{(-10+273)}{(30+273)-(-10+273)} = 6.58$$

03 성능계수가 3.2인 냉동기가 시간당 20MJ의 열을 흡수한다면 이 냉동기의 소비동력(kW)은?

① 2.25 ② 1.74
③ 2.85 ④ 1.45

해설

시간당 증발기가 흡수한 열량 $\dot{Q}_L = 20\times10^6\text{J/h}$

$\varepsilon_R = \dfrac{\dot{Q}_L}{\dot{W}_C}$ 에서

$$\dot{W}_C = \frac{\dot{Q}_L}{\varepsilon_R} = \frac{20\times10^3\dfrac{\text{kJ}}{\text{h}}\times\dfrac{1\text{h}}{3{,}600\text{s}}}{3.2} = 1.74\text{kW}$$

04 카르노 냉동기에서 흡열부와 방열부의 온도가 각각 −20℃와 30℃인 경우, 이 냉동기에 40kW의 동력을 투입하면 냉동기가 흡수하는 열량(RT)은 얼마인가?(단, 1RT = 3.86kW이다.)

① 23.62 ② 52.48 ③ 78.36 ④ 126.48

해설

i) $T_H = 30+273 = 303\text{K}$, $T_L = -20+273 = 253\text{K}$

$$\varepsilon_R = \frac{Q_L}{Q_H - Q_L} = \frac{T_L}{T_H - T_L} = \frac{253}{303-253} = 5.06$$

ii) $\varepsilon_R = \dfrac{\text{output}}{\text{input}} = \dfrac{Q_L}{40\text{kW}}$

$\therefore\ Q_L = \varepsilon_R \times 40\text{kW} = 5.06\times40 = 202.4\text{kW}$

단위환산하면 $202.4\text{kW}\times\dfrac{1\text{RT}}{3.86\text{kW}} = 52.44\text{RT}$

05 고온열원(T_1)과 저온열원(T_2) 사이에서 작동하는 역카르노 사이클에 의한 열펌프(Heat Pump)의 성능계수는?

① $\dfrac{T_1 - T_2}{T_1}$ ② $\dfrac{T_2}{T_1 - T_2}$
③ $\dfrac{T_1}{T_1 - T_2}$ ④ $\dfrac{T_1 - T_2}{T_2}$

정답 01 ② 02 ③ 03 ② 04 ② 05 ③

해설

$$\varepsilon_h = \frac{T_H}{T_H - T_L} = \frac{T_1}{T_1 - T_2}$$

06 R-12를 작동 유체로 사용하는 이상적인 증기 압축 냉동사이클이 있다. 여기서 증발기 출구 엔탈피는 229kJ/kg, 팽창밸브 출구 엔탈피는 81kJ/kg, 응축기 입구 엔탈피는 255kJ/kg일 때 이 냉동기의 성적계수는 약 얼마인가?

① 4.1 ② 4.9
③ 5.7 ④ 6.8

해설

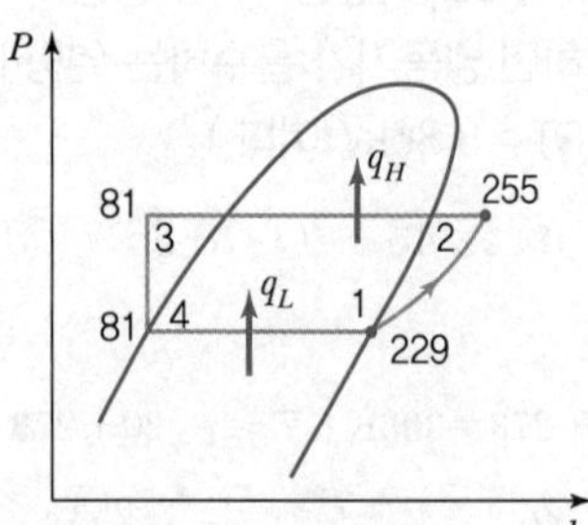

열 출입과정이 정압이면서 등온과정이므로 열량은 엔탈피 차로 나온다.

$$\varepsilon_R = \frac{q_L}{q_H - q_L} = \frac{(229-81)}{(255-81)-(229-81)} = 5.69$$

07 100℃와 50℃ 사이에서 작동하는 냉동기로 가능한 최대성능계수(COP)는 약 얼마인가?

① 7.46 ② 2.54
③ 4.25 ④ 6.46

해설

두 개의 열원 사이에 작동하는 최대성능의 냉동기는 역카르노 사이클(열량이 온도만의 함수)이므로

$$\text{COP} = \frac{q_L}{q_H - q_L} = \frac{T_L}{T_H - T_L} = \frac{323}{373-323} = 6.46$$

08 그림의 증기압축 냉동사이클[온도(T) - 엔트로피(S) 선도]이 열펌프로 사용될 때의 성능계수는 냉동기로 사용될 때의 성능계수의 몇 배인가?(단, 각 지점에서의 엔탈피는 $h_1 = 180$kJ/kg, $h_2 = 210$kJ/kg, $h_3 = h_4 = 50$kJ/kg이다.)

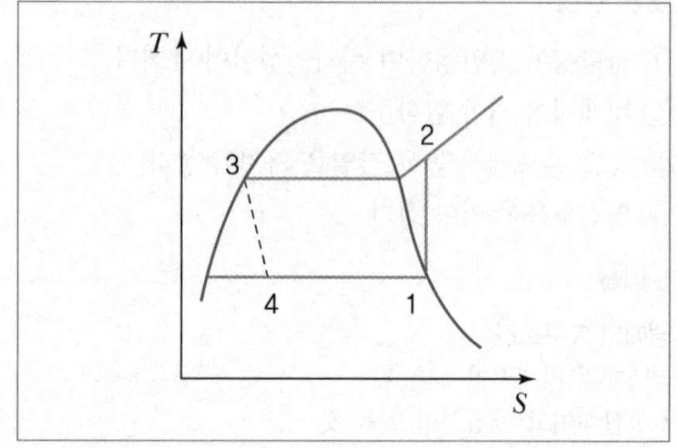

① 0.81 ② 1.23
③ 1.63 ④ 2.12

해설

$P-h$ 선도를 그려 비엔탈피 값을 적용해 해석해보면

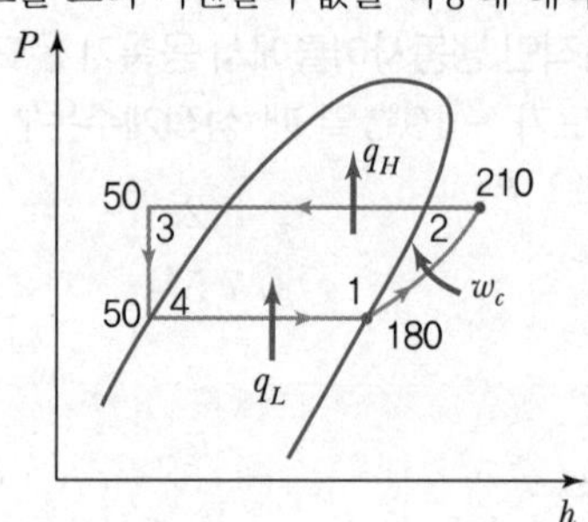

i) 열펌프의 성적계수

$$\varepsilon_h = \frac{q_H}{q_H - q_L} = \frac{q_H}{w_C} = \frac{h_2 - h_3}{h_2 - h_1} = \frac{210-50}{210-180} = 5.33$$

ii) 냉동기의 성적계수

$$\varepsilon_R = \frac{q_L}{q_H - q_L} = \frac{q_L}{w_C} = \frac{h_1 - h_4}{h_2 - h_1} = \frac{180-50}{210-180} = 4.33$$

$$\therefore \frac{\varepsilon_h}{\varepsilon_R} = \frac{5.33}{4.33} = 1.23$$

정답 06 ③ 07 ④ 08 ②

09 압축기 입구온도가 −10℃, 압축기 출구온도가 100℃, 팽창기 입구온도가 5℃, 팽창기 출구온도가 −75℃로 작동되는 공기 냉동기의 성능계수는?(단, 공기의 C_p는 1.0035kJ/kg · ℃로서 일정하다.)

① 0.56 ② 2.17
③ 2.34 ④ 3.17

해설

공기 냉동기의 표준 사이클인 역브레이턴 사이클에서 성적계수

$$\varepsilon_R = \frac{q_L}{q_H - q_L}$$

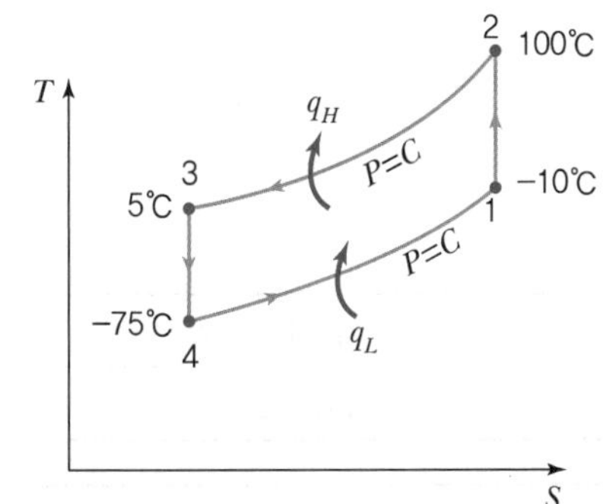

$\delta q = dh - v dP$ (dP = 0)

$C_p dT$와 $T-S$선도에서 $C_p(T_H - T_L)$ 적용

i) 방열량 $q_H = C_p(T_2 - T_3)$

ii) 흡열량 $q_L = C_p(T_1 - T_4)$

$$\therefore \varepsilon_R = \frac{C_p(T_1 - T_4)}{C_p(T_2 - T_3) - C_p(T_1 - T_4)}$$

$$= \frac{T_1 - T_4}{(T_2 - T_3) - (T_1 - T_4)}$$

$$= \frac{(-10-(-75))}{(100-5)-(-10-(-75))} = 2.167$$

10 역카르노 사이클로 작동하는 증기압축 냉동사이클에서 고열원의 절대온도를 T_H, 저열원의 절대온도를 T_L이라 할 때, $\frac{T_H}{T_L}$ = 1.6이다. 이 냉동사이클이 저열원으로부터 2.0kW의 열을 흡수한다면 소요 동력은?

① 0.7kW ② 1.2kW
③ 2.3kW ④ 3.9kW

해설

$$\varepsilon_R = \frac{\dot{Q}_L}{\dot{W}_C} = \frac{T_L}{T_H - T_L}$$

(역카르노 사이클 → 온도만의 함수)

$$\dot{W}_C = \frac{\dot{Q}_L(T_H - T_L)}{T_L}$$

$$= \dot{Q}_L\left(\frac{1.6T_L - T_L}{T_L}\right)$$

$$= 2 \times (1.6 - 1) = 1.2\text{kW}$$

정답 09 ② 10 ②

CHAPTER

03 유체역학

01 기초 정역학

1 단위 : 측정의 표준으로 사용하는 값

1. 기계공학에서 사용하는 단위

①

MKS 단위계	대	m, kg, sec
CGS 단위계	소	cm, g, sec

②

SI(절대) 단위	질량(kg)	길이(m)	시간(sec)
공학(중력) 단위	무게(kgf)	길이(m)	시간(sec)

- 질량(Mass) : 물질의 고유한 양(kg)으로 항상 일정하다(동일한 사과는 지구, 달, 목성에서 질량이 일정하다).
- 무게(Weight) : 질량에 중력(Gravity)이 작용할 때의 물리량(중력이 각각 다르므로 동일한 사람의 무게는 지구, 달, 목성에서 각각 다르다.)

$$1\text{kgf} = 1\text{kg} \times 9.8\text{m/s}^2 = 9.8\text{kgm/s}^2 = 9.8\text{N}$$

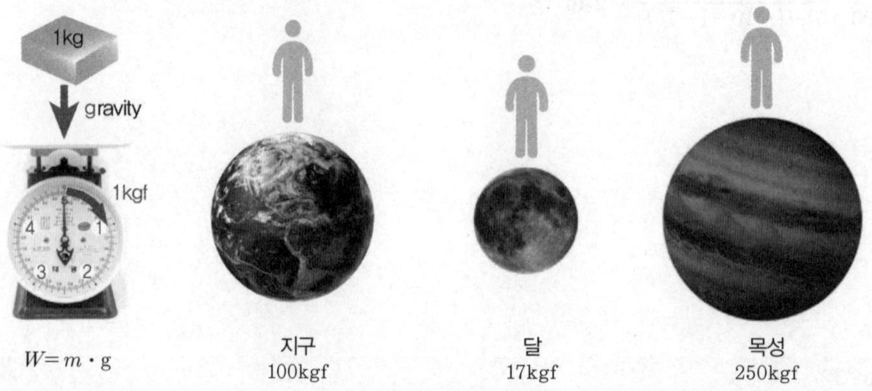

③ SI 유도단위(SI 기본단위에 물리식을 적용하여 유도된 단위)

$F = ma$(뉴턴의 법칙)

- 힘(ma) : $1\text{N} = 1\text{kg} \cdot 1\text{m/s}^2$(Newton) 1kg → 1m/s^2(MKS 단위계)
  $1\text{dyne} = 1\text{g} \cdot 1\text{cm/s}^2$ 1g → 1cm/s^2(CGS 단위계)
- 일(힘×거리) : 1J = 1N · 1m(Joule)
- 동력(일/시간) : 1W = 1J/sec(Watt)

2 차원(Dimension) : 기본차원이 같으면 물리량의 의미 동일

- 모든 물리식 → 좌변차원 = 우변차원
- 질량(Mass) → M 차원(kg, slug)
- 길이(Length) → L 차원(m, cm, km, inch, ft, yard, mile)
- 시간(Time) → T 차원(sec, min, hour)
- 힘(Force) → F 차원(N, kgf)

㉮ $1\text{N} = 1\text{kg} \cdot \text{m/s}^2 \rightarrow MLT^{-2}$ 차원
$1\text{dyne} = 1\text{g} \cdot \text{cm/s}^2 \rightarrow MLT^{-2}$ 차원
1inch = 2.54cm → 좌변 L 차원 = 우변 L 차원

3 단위 환산

분모와 분자가 동일한 1값으로 단위환산
(기본 1값을 적용하여 아래와 같이 환산해 보면 매우 쉽다는 것을 알 수 있다.)

$$1 = \frac{1\text{m}}{100\text{cm}} = \frac{1\text{cm}}{10\text{mm}} = \frac{1\text{kgf}}{9.8\text{N}} = \frac{1\text{kcal}}{427\text{kgf} \cdot \text{m}}$$

㉮ 0.5m가 몇 cm인지 구하면, 1m = 100cm 사용

① $0.5\cancel{\text{m}} \times \left(\frac{100\text{cm}}{1\cancel{\text{m}}}\right) = 50\text{cm}$

② $0.5\cancel{\text{m}} \times \left(\frac{1\text{cm}}{\frac{1}{100}\cancel{\text{m}}}\right) = 50\text{cm}$

㉮ 1kcal = 427kgf · m → SI 단위의 J로 바꾸면

$$1\text{kcal} = 427\text{kgf} \cdot \text{m} \times \left(\frac{9.8\text{N}}{1\text{kgf}}\right) = 4{,}185.5\text{N} \cdot \text{m} \times \left(\frac{1\text{J}}{1\text{N} \cdot \text{m}}\right) = 4{,}185.5\text{J}$$

예 물의 밀도 $\rho_w = 1{,}000\text{kg/m}^3$ $\rightarrow ML^{-3}$ 차원

- SI 유도단위로 바꾸면

$$\rho_w = \frac{1{,}000\text{kg}}{\text{m}^3} \times \left(\frac{1\text{N}}{1\text{kg} \cdot \frac{\text{m}}{\text{s}^2}} \right) = 1{,}000\text{N} \cdot \text{s}^2/\text{m}^4 \quad \rightarrow FT^2L^{-4} \text{ 차원}$$

- 공학단위로 바꾸면

$$\rho_w = 1{,}000 \frac{\text{N} \cdot \text{s}^2}{\text{m}^4} \times \left(\frac{1\text{kgf}}{9.8\text{N}} \right) = 102\text{kgf} \cdot \text{s}^2/\text{m}^4 \quad \rightarrow FT^2L^{-4} \text{ 차원}$$

예 물의 비중량 $\gamma_w = 1{,}000\text{kgf/m}^3$(공학단위)

$\rightarrow$ SI 단위로 바꾸면 $1{,}000 \dfrac{\text{kgf}}{\text{m}^3} \times \left(\dfrac{9.8\text{N}}{1\text{kgf}} \right) = 9{,}800\text{N/m}^3$

예 표준대기압

$1\text{atm} = 760\text{mmHg}$
$= 1{,}013.25\text{mbar}$
$= 10.33\text{mAq}$
$= 1.0332\text{kgf/cm}^2$

① 750mmHg는 몇 atm?

$$750\text{mmHg} \times \frac{1\text{atm}}{760\text{mmHg}} = 0.98684\text{atm}$$

② 750mmHg는 몇 mAq?

$$750\text{mmHg} \times \frac{10.33\text{mAq}}{760\text{mmHg}} = 10.194\text{mAq}$$

예 $1\ell = 10^3\text{cm}^3 = 10^3\text{cm}^3 \cdot \left(\dfrac{1\text{m}}{100\text{cm}} \right)^3 = 10^3 \times 10^{-6}\text{m}^3 = 10^{-3}\text{m}^3$

4 스칼라(Scalar)와 벡터(Vector)

- 스칼라 : 크기만 있는 양(길이, 온도, 밀도, 질량, 속력)
- 벡터 : 크기와 방향을 가지는 양(힘, 속도, 가속도, 전기장)
  단위벡터(Unit Vector) : 주어진 방향에 크기가 1인 벡터

$$|i| = |j| = |k| = 1(x, y, z\text{축})$$

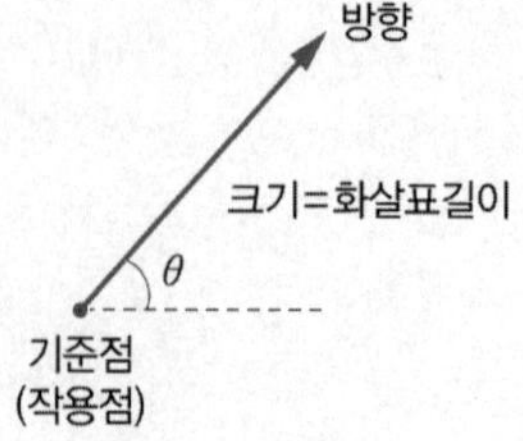

① 벡터는 평행 이동 가능
② 벡터는 합성 또는 분해 가능($\sin\theta$, $\cos\theta$, $\tan\theta$)

1. 벡터의 곱

(1) 내적(· : Dot Product)

두 벡터 a, b가 이루는 각을 θ라 할 때

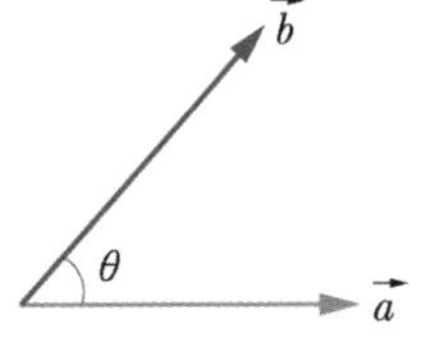

$a \cdot b = |a| \cdot |b| \cos\theta$

예 $i \cdot i = |i| \cdot |i| \cos 0° = 1$ (x축과 x축)

$i \cdot j = j \cdot k = k \cdot i = 0 \rightarrow (\because \theta = 90°)$

적용 예 유체역학에서 질량보존의 법칙

$\nabla \cdot \rho \vec{v} = 0$($\rho$: 밀도)

여기서, $\nabla : \frac{\partial}{\partial x} i + \frac{\partial}{\partial y} j + \frac{\partial}{\partial z} k$, $\vec{v} : ui + vj + wk$

$$\left(\frac{\partial}{\partial x} i + \frac{\partial}{\partial y} j + \frac{\partial}{\partial z} k \right) \cdot \rho(ui + vj + wk) = 0$$

각각 순서대로 곱하면 같은 방향 성분만 남는다(다른 방향 성분의 곱은 "0"이다).

$$\therefore \frac{\partial(\rho u)}{\partial x} + \frac{\partial(\rho v)}{\partial y} + \frac{\partial(\rho w)}{\partial z} = 0$$

(2) 외적(× : Cross Product)

$a \times b = |a| \cdot |b| \sin\theta$

같은 방향에 대한 외적값은 0이다(θ가 0°이므로).

$i \times i = j \times j = k \times k = 0$

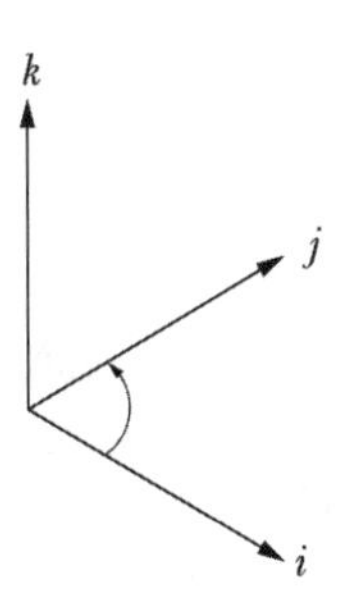

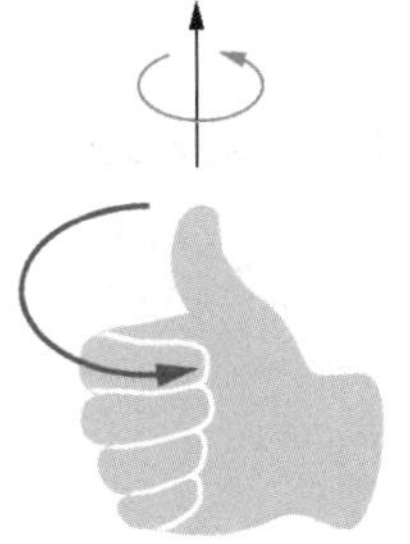

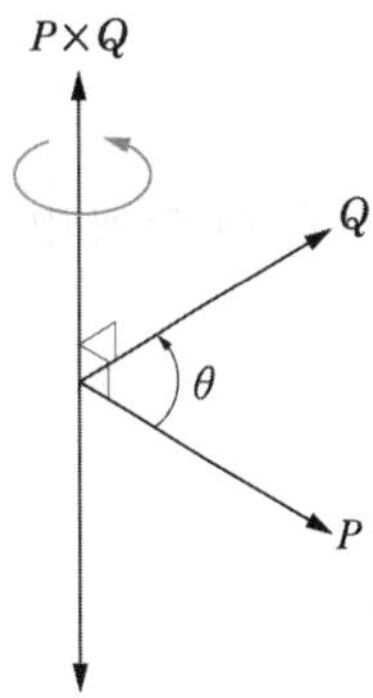

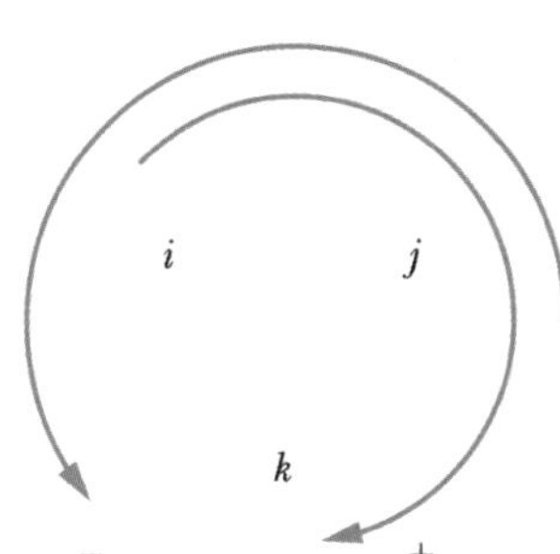

$i \times j = k \quad j \times i = -k \quad i \times i = 0$

$j \times k = i \quad i \times k = -j \quad j \times j = 0$

$k \times i = j \quad k \times j = -i \quad k \times k = 0$

$\Rightarrow \theta = 0°$이므로 $\sin\theta = \sin 0° = 0$

적용 예 유체역학에서 유선의 방정식

$\overrightarrow{ds} \times \overrightarrow{V} = 0$

$(\overrightarrow{ds} = dxi + dyj + dzk,\ \overrightarrow{V} = ui + vj + wk)$

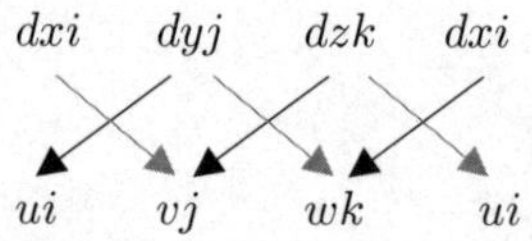

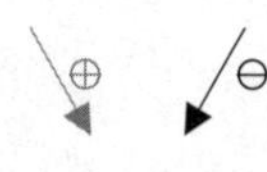

$\overrightarrow{ds} \times \overrightarrow{V} = 0$

$(dy \cdot w - dz \cdot v)i + (dz \cdot u - dx \cdot w)j + (dx \cdot v - dy \cdot u)k = 0$

$(dy \cdot w - dz \cdot v = 0,\ dz \cdot u - dx \cdot w = 0,\ dx \cdot v - dy \cdot u = 0)$에서

$\frac{v}{dy} = \frac{w}{dz},\ \frac{w}{dz} = \frac{u}{dx},\ \frac{u}{dx} = \frac{v}{dy}$

$\therefore\ \frac{u}{dx} = \frac{v}{dy} = \frac{w}{dz}$

예 제

속도 벡터가 다음과 같을 때 $\overrightarrow{V} = 5xi + 7yj$, 유선 위의 점 (1, 2)에서 유선의 기울기는?

해설 $\overrightarrow{ds} \times \overrightarrow{V} = 0$에서 $\frac{5x}{dx} = \frac{7y}{dy}$

$\therefore\ \frac{dy}{dx} = \frac{7y}{5x} = \frac{7 \times 2}{5 \times 1} = 2.8$

2. 벡터의 합

두 벡터가 θ각을 이룰 때 합 벡터(두 힘이 θ각을 이룰 때 합력과 동일)

합(력) 벡터 R

$$\overrightarrow{R} = (R_x,\ R_y) = (a_x + b_x,\ b_y) = (a + b\cos\theta,\ b\sin\theta)$$

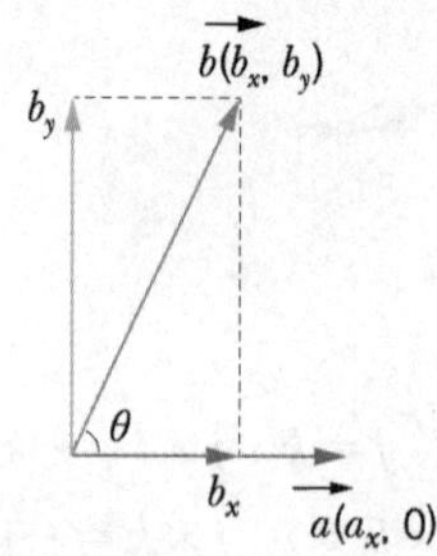

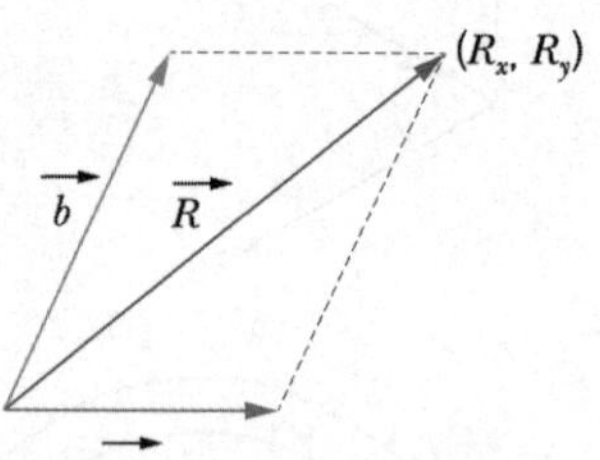

$$\therefore \text{합력의 크기} = \sqrt{{R_x}^2 + {R_y}^2} = \sqrt{(a + b\cos\theta)^2 + (b\sin\theta)^2} = \sqrt{a^2 + 2ab\cos\theta + b^2\cos^2\theta + b^2\sin^2\theta} = \sqrt{a^2 + b^2(\cos^2\theta + \sin^2\theta) + 2ab\cos\theta} = \sqrt{a^2 + b^2 + 2ab\cos\theta}$$

참고

피타고라스 정리

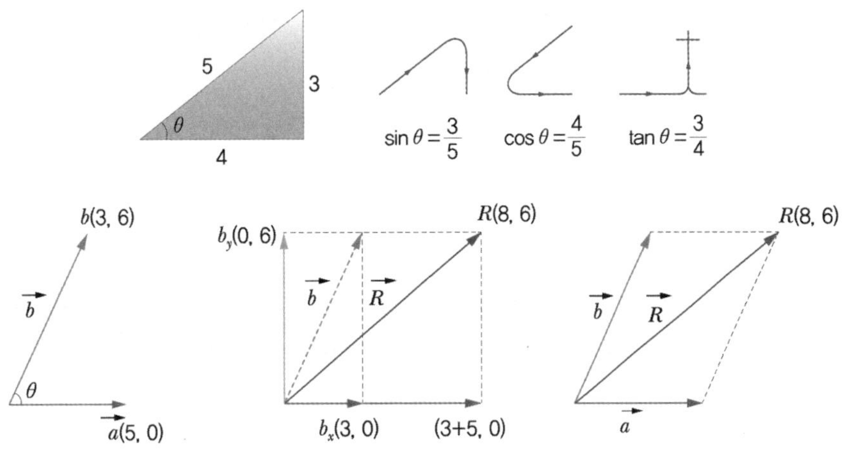

5 자유물체도(Free Body Diagram)

힘이 작용하는 물체를 주위와 분리하여 그 물체에 작용하는 힘을 그려 넣은 그림을 말하며, 정역학적 평형 상태 방정식($\sum F=0$, $\sum M=0$)을 만족하는 상태로 그려야 한다.

<F.B.D>

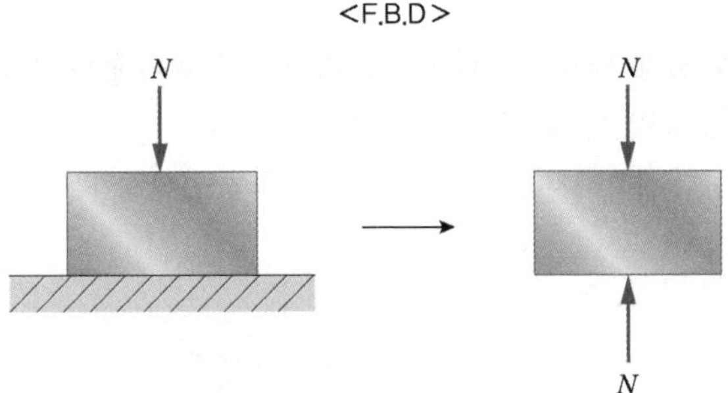

바닥에 작용하는 힘은 바닥을 제거했을 때 물체가 움직이고자 하는 방향과 반대 방향으로 그려준다.

<F.B.D>

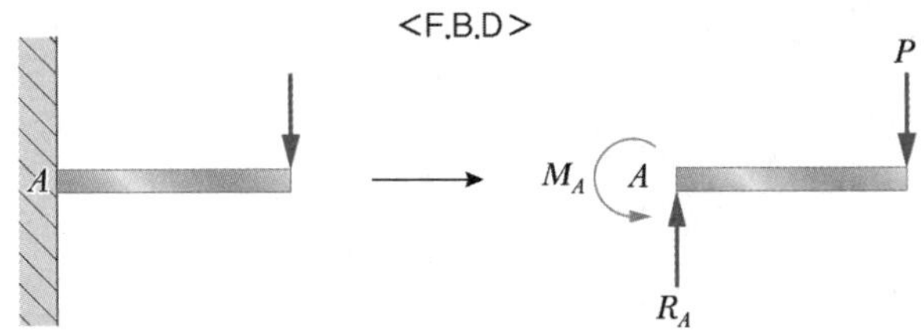

지지단 A를 제거하면 보가 아래로 떨어지므로 반력 R_A는 위의 방향으로 향하게 되고, 하중 P는 지지단 A를 중심으로 보를 오른쪽으로 돌리려 하므로 반대 방향의 모멘트 M_A가 발생하게 된다.

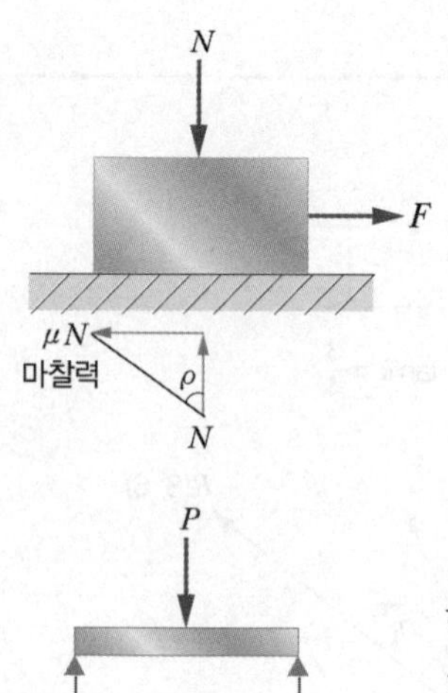

힘 F로 물체를 잡아당기면 바닥에는 움직이고자 하는 방향과 반대로 마찰력(μN)이 발생하게 된다. 여기서 ρ는 마찰각이다.

$$\tan\rho = \frac{\mu N}{N} = \mu(\text{마찰계수})$$

하중이 작용하는 단순보에서 양쪽의 지지점을 제거하면 보는 아래에 떨어지게 되므로 양쪽 지지점 반력은 위로 발생한다.

6 힘, 일, 동력

1. 힘 해석

힘이란 물체의 운동상태를 변화시키는 원인이 되는 것으로 정의되며($F = ma$), 유체에서는 시간에 대한 운동량의 변화율로도 정의된다. 역학에서는 힘을 해석하는 것이 기본이므로 매우 중요하다.

(1) 두 가지의 관점에서 보는 힘

① ┌ 표면력(접촉력) : 두 물체 사이의 직접적인 물리적 접촉에 의해 발생하는 힘

　　　　　　　　　　예 응력, 압력, 표면장력

　└ 체적력(물체력) : 직접 접촉하지 않는 힘으로 중력, 자력, 원심력과 같이 원격작용에 의해 발생하는 힘

예시 1

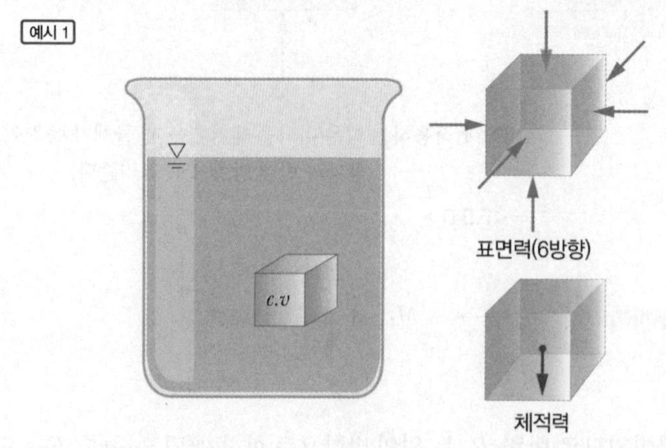

검사체적($C.V$)에 작용하는 힘은 표면력+체적력이다.

예시 2

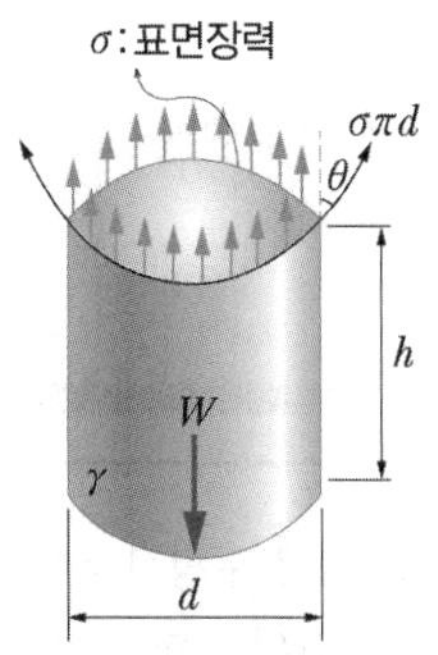

$\sigma \times \pi d =$ 힘

$W = \gamma \cdot V$

$\therefore\ W = \pi d \sigma \cdot \cos\theta$

힘 해석은 항상 같은 방향으로만 해석한다.

($\uparrow y$방향 적용)

참고

무게

체적(부피)에 걸쳐 분포된 중력의 합력이고 무게중심에 작용하는 집중력으로 간주

② ┌ 집중력 : 한 점에 집중되는 힘
└ 분포력 : 힘이 집중되지 않고 분포되는 힘

(2) 분포력

① 선분포 : 힘이 선(길이)에 따라 분포(N/m, kgf/m)

예 재료역학에서 등분포하중, 유체의 표면장력, 기계설계에서 마찰차의 선압

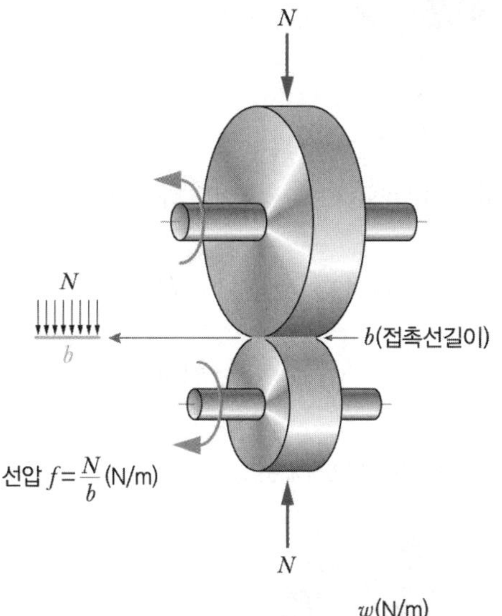

마찰차의 접촉선길이 b에서 수직력 N을 나누어 받고 있다.

$\therefore$ 수직력 $N = f \cdot b$

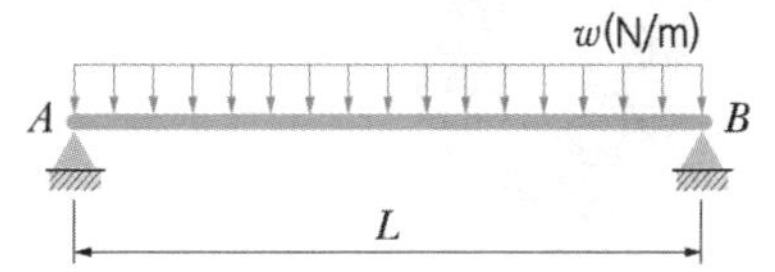

재료역학에서 균일분포하중 w(N/m)로 선분포의 힘이다.

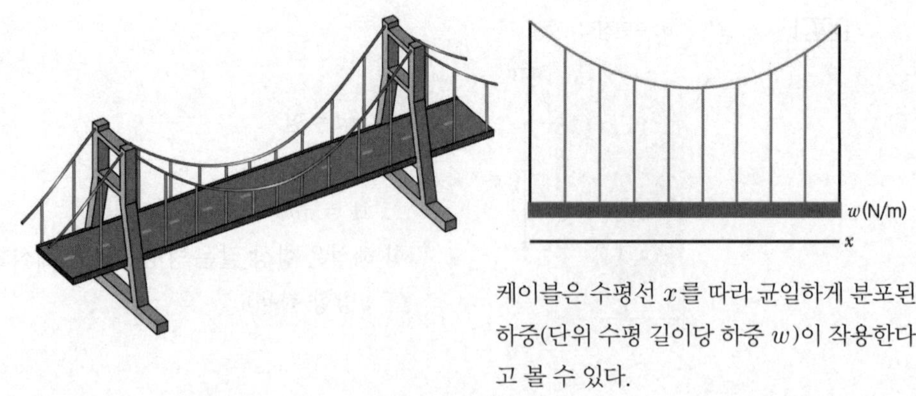

케이블은 수평선 x를 따라 균일하게 분포된 하중(단위 수평 길이당 하중 w)이 작용한다고 볼 수 있다.

② **면적분포** : 힘이 유한한 면적에 걸쳐 분포(N/m^2, kgf/cm^2) : 응력, 압력

※ 특히 면적분포에서

- 인장(압축)응력 σ(N/cm^2) × 인장(압축)파괴면적 A_σ(cm^2) = 하중 F(N)

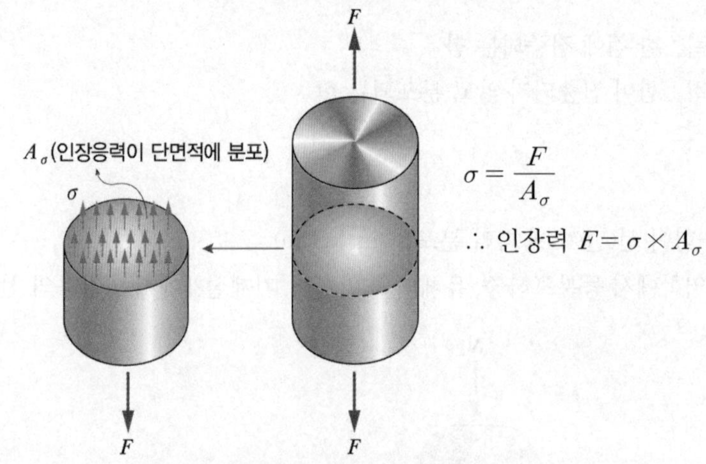

$$\sigma = \frac{F}{A_\sigma}$$

$\therefore$ 인장력 $F = \sigma \times A_\sigma$

- 전단응력 τ(N/cm^2) × 전단파괴면적 A_τ(cm^2) = 전단하중 P(N)

$$\tau = \frac{P}{A_\tau}$$

$\therefore$ 전단력 $P = \tau \times A_\tau$

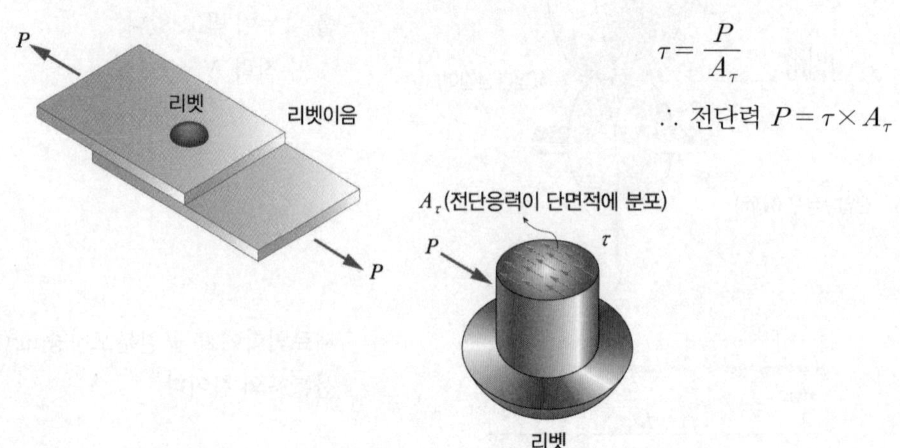

• 면압 $q(\mathrm{N/cm^2})$ × 압축면적 $A_q(\mathrm{cm^2})$ = 하중 $P(\mathrm{N})$

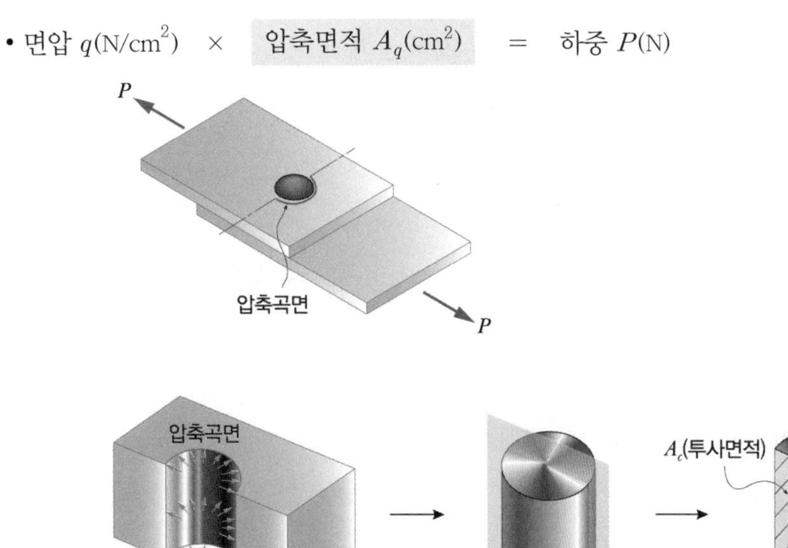

※ 반원통의 곡면에 압축력이 가해진다. → 압축곡면을 투사하여 $A_c = d \cdot t$(투사면적)로 본다.

$$\text{압축응력 } \sigma_c = \frac{P}{A_c} \quad \therefore \text{ 압축력 } P = \sigma_c \times A_c$$

③ **체적분포** : 힘이 물체의 체적 전체에 분포($\mathrm{N/m^3}$, $\mathrm{kgf/m^3}$)

예 비중량 $\gamma = \rho \times \mathrm{g} = \dfrac{\mathrm{kg}}{\mathrm{m^3}} \times \mathrm{m/s^2} = \dfrac{\mathrm{N}}{\mathrm{m^3}}$

(3) 분포력을 가지고 힘을 구하려면

선분포	×	힘이 작용(분포)하는 길이	=	힘
$\dfrac{\mathrm{N}}{\mathrm{m}}$	×	m	=	N
예 w(등분포하중)	×	l	=	wl(전하중)
면적분포	×	힘이 작용(분포)하는 면적	=	힘
$\dfrac{\mathrm{N}}{\mathrm{m^2}}$	×	$\mathrm{m^2}$	=	N
예 σ(응력)	×	A_σ	=	P(하중)
τ(전단응력)	×	A_τ	=	P(하중)

체적분포	×	힘이 작용(분포)하는 체적	=	힘
$\frac{N}{m^3}$	×	m^3	=	N
예 γ(비중량)	×	V	=	W(무게)

TIP 어떤 분포력이 주어졌을 때 분포영역(길이, 면적, 체적)을 찾는 데 초점을 맞추면 힘을 구하기 편리하다.

2. 일

(1) 일 : 힘의 공간적 이동(변위)효과를 나타낸다.

$$일 = 힘(F) \times 거리(S)$$
$$1J = 1N \times 1m$$

1kgf · m=1kgf×1m

(2) 모멘트(Moment) : 물체를 회전시키려는 특성을 힘의 모멘트 M이라 하며 그중 축을 회전시키려는 힘의 모멘트를 토크(Torque)라 한다.

$$모멘트(M) = 힘(F) \times 수직거리(d)$$
$$토크(T) = 회전력(P_e) \times 반경(r) = P_e \times \frac{d(지름)}{2}$$

(3) 일의 원리

① 기계설계에 적용된 일의 원리 예

$$일의양 = 힘 \times 거리 = ⓐ = ⓑ = ⓒ$$
$$300N \times 1m = 150N \times 2m = 200N \times 1.5m = 300Nm = 300J$$

일의 양은 300J로 모두 같지만 빗면의 길이가 가장 큰 ⓑ에서 가장 작은 힘 150N으로 올라가는 것을 알 수 있으며, 이런 빗면의 원리를 이용해 빗면을 돌아 올라가는 기계요소인 나사를 설계할 수 있다.

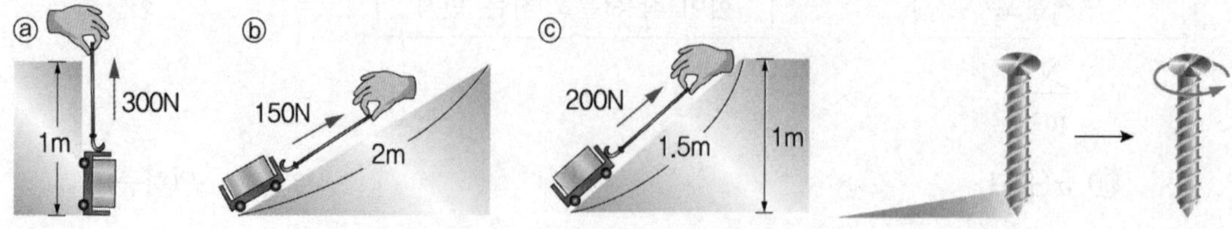

② 축에 작용하는 일의 원리

운전대를 작은 힘으로 돌리면 스티어링 축은 큰 힘으로 돌아간다.

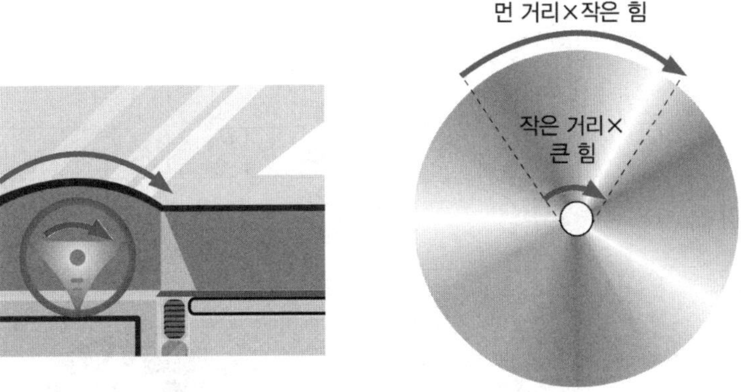

다음 그림에서 만약 손의 힘 $F_{조작력} = 20\text{N}$, 볼트지름이 20mm라면, 스패너의 길이 L이 길수록 나사의 회전력 $F_{나사}$의 크기가 커져서 쉽게 볼트를 체결할 수 있다는 것을 알 수 있다.

$$T = F_{조작력} \times L = F_{나사} \times \frac{D}{2}$$

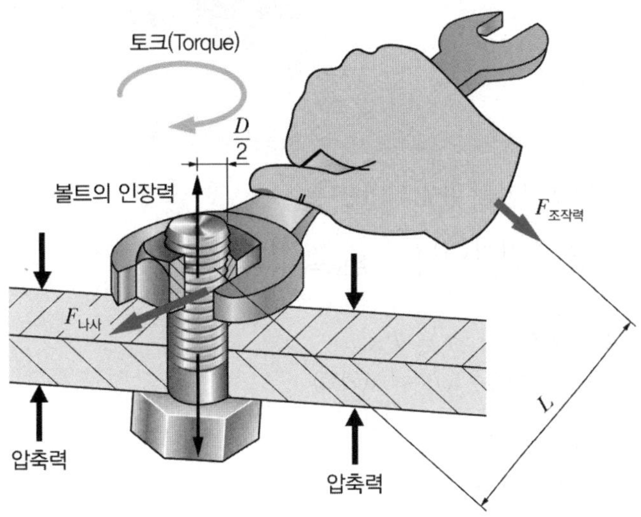

축 토크 T는 같다(일의 원리).

기어의 토크＝키의 전단력에 의한 전달토크

$$F_1 \times \frac{D_{기어}}{2} = F_2 \times \frac{D_{축}}{2} \ (F_2 = \tau_k \cdot A_\tau)$$

여기서, $D_{기어}$: 기어의 피치원 지름, $D_{축}$: 축지름

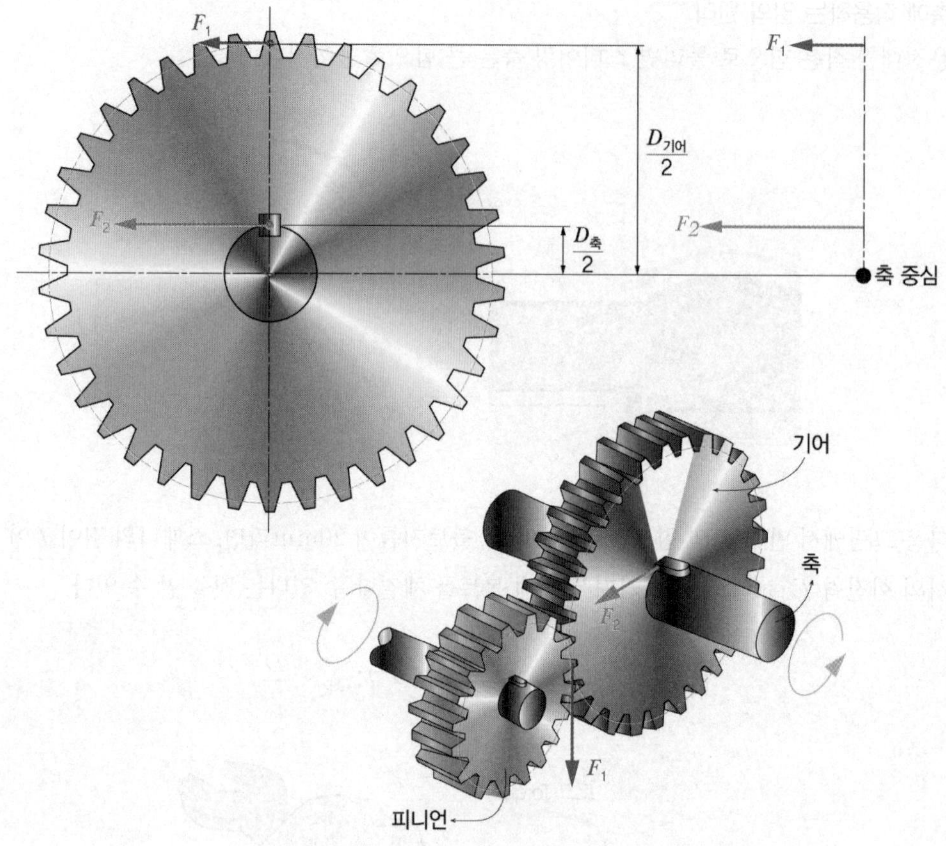

3. 동력

(1) 동력(H) : 시간당 발생시키는 일을 의미한다.

$$동력 = \frac{일}{시간} = \frac{힘(F) \times 거리(S)}{시간(t)} \left(\because 속도 = \frac{거리}{시간} \right)$$

$H = F(힘) \times V(속도) = F \times r \times \omega = T \times \omega$

1W = 1N · m/s(SI단위의 동력) = 1J/s = 1W(와트)

1PS = 75kgf · m/s(공학단위)

1kW = 102kgf · m/s(공학단위)

(2) PS 동력을 구하는 식

$\frac{F \cdot V}{75}$ 로 쓰는데, 단위환산의 측면에서 설명해 보면

$F \cdot V(\mathrm{kgf \cdot m/s}) \times \frac{1\mathrm{PS}}{75(\mathrm{kgf \cdot m/s})} = \frac{F \cdot V}{75}$ → PS 동력단위가 나오게 된다.

(실제 산업현장에서 많이 사용하므로 알아두는 것이 좋다.)

핵심 기출 문제

01 다음 중 단위계(System of Unit)가 다른 것은?

① 항력(Drag)
② 응력(Stress)
③ 압력(Pressure)
④ 단위면적당 작용하는 힘

해설

항력 $D \to$ 힘 $\to$ F차원
응력 = 압력 = 단위 면적당 힘
$\to \mathrm{N/m^2} \to$ 힘/면적 $\to FL^{-2}$차원

02 일률(Power)을 기본 차원인 M(질량), L(길이), T(시간)로 나타내면?

① L^2T^{-2} ② $MT^{-2}L^{-1}$
③ ML^2T^{-2} ④ ML^2T^{-3}

해설

일률의 단위는 동력이므로 $H = F \cdot V \to \mathrm{N \cdot m/s}$

$$\frac{\mathrm{N \cdot m}}{\mathrm{s}} \times \frac{\mathrm{kg \cdot m}}{\mathrm{N \cdot s^2}} = \mathrm{kg \cdot m^2/s^3} \to ML^2T^{-3}\text{차원}$$

03 다음 중 정확하게 표기된 SI 기본단위(7가지)의 개수가 가장 많은 것은?(단, SI 유도단위 및 그 외 단위는 제외한다.)

① A, cd, ℃, kg, m, mol, N, s
② cd, J, K, kg, m, mol, Pa, s
③ A, J, ℃, kg, km, mol, s, W
④ K, kg, km, mol, N, Pa, s, W

해설

SI 기본단위
cd(칸델라 : 광도), kg(질량), K(켈빈), m(길이), mol(몰), s(시간), A(암페어 : 전류)

04 국제단위체계(SI)에서 1N에 대한 설명으로 옳은 것은?

① 1g의 질량에 $1\mathrm{m/s^2}$의 가속도를 주는 힘이다.
② 1g의 질량에 1m/s의 속도를 주는 힘이다.
③ 1kg의 질량에 $1\mathrm{m/s^2}$의 가속도를 주는 힘이다.
④ 1kg의 질량에 1m/s의 속도를 주는 힘이다.

해설

$F = ma$를 MKS 단위계에 적용 : 1N은 1kg의 질량을 $1\mathrm{m/s^2}$으로 가속시키는 데 필요한 힘이다.

05 그림과 같은 막대가 있다. 길이는 4m이고 힘은 지면에 평행하게 200N만큼 주었을 때 O점에 작용하는 힘과 모멘트는?

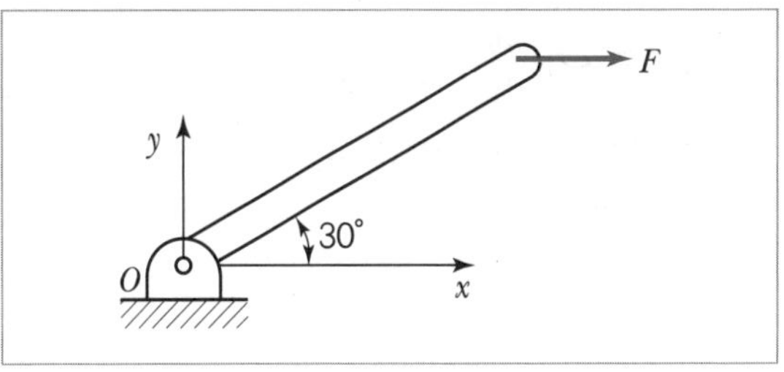

정답 01 ① 02 ④ 03 ② 04 ③ 05 ②

① $F_{ox}=0$, $F_{oy}=200\text{N}$, $M_z=200\text{N}\cdot\text{m}$

② $F_{ox}=200\text{N}$, $F_{oy}=0$, $M_z=400\text{N}\cdot\text{m}$

③ $F_{ox}=200\text{N}$, $F_{oy}=200\text{N}$, $M_z=200\text{N}\cdot\text{m}$

④ $F_{ox}=0$, $F_{oy}=0$, $M_z=400\text{N}\cdot\text{m}$

해설

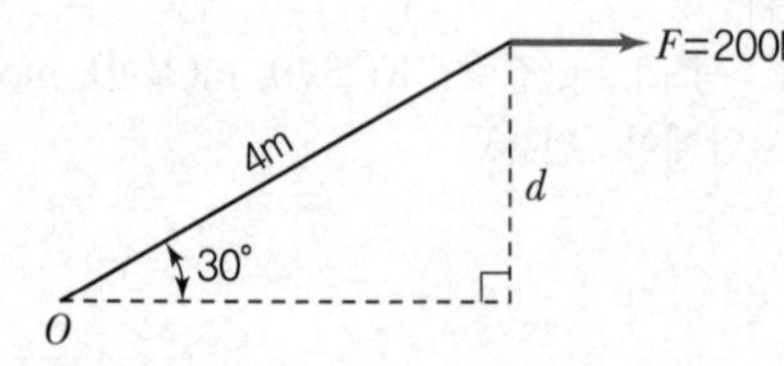

$F_{ox}=200\text{N}$

$M_z=F\cdot d=200\times 4\sin 30°=400\text{N}\cdot\text{m}$

06 정상 2차원 속도장 $\vec{V}=2x\vec{i}-2y\vec{j}$ 내의 한 점 (2, 3)에서 유선의 기울기 $\dfrac{dy}{dx}$는?

① $\dfrac{-3}{2}$ ② $\dfrac{-2}{3}$

③ $\dfrac{2}{3}$ ④ $\dfrac{3}{2}$

해설

$\vec{V}=ui+vj$이므로 $u=2x$, $v=-2y$

유선의 방정식 $\dfrac{u}{dx}=\dfrac{v}{dy}$

∴ 유선의 기울기 $\dfrac{dy}{dx}=\dfrac{v}{u}=\dfrac{-2y}{2x}$

→ (2, 3)에서의 기울기이므로

$\dfrac{dy}{dx}=\dfrac{-2\times 3}{2\times 2}=-\dfrac{3}{2}$

07 지름이 25mm이고 길이가 3m인 강봉에 발생하는 인장응력이 $200\times 10^6\text{N/m}^2$일 때 강봉에 작용하는 인장력은 몇 kN인가?

① 90.1 ② 95.4

③ 98.2 ④ 105.4

해설

$$P=\sigma\cdot A_\sigma=\sigma\times\frac{\pi d^2}{4}$$

$$=200\times 10^6\times\frac{\pi\times 0.025^2}{4}=98{,}174.7\text{N}$$

$$=98.2\text{kN}$$

08 바깥지름 50cm, 안지름 40cm의 중공원통에 500kN의 압축하중이 작용했을 때 발생하는 압축응력은 약 몇 MPa인가?

① 5.6 ② 7.1

③ 8.4 ④ 10.8

해설

$$\sigma=\frac{P}{A}=\frac{P}{\frac{\pi}{4}\left(d_2^{\ 2}-d_1^{\ 2}\right)}=\frac{500\times 10^3}{\frac{\pi}{4}\left(0.5^2-0.4^2\right)}(\text{N/m}^2)$$

$$=7.07\times 10^6\text{Pa}=7.07\text{MPa}$$

09 지름 10mm인 환봉에 1kN의 전단력이 작용할 때 이 환봉에 걸리는 전단응력은 약 몇 MPa인가?

① 6.36 ② 12.73

③ 24.56 ④ 32.22

해설

$$\tau=\frac{F}{A}=\frac{F}{\frac{\pi}{4}d^2}=\frac{4F}{\pi d^2}=\frac{4\times 1\times 10^3}{\pi\times 0.01^2}(\text{N/m}^2)$$

$$=12.73\times 10^6\text{Pa}=12.73\text{MPa}$$

정답 06 ① 07 ③ 08 ② 09 ②

10 다음과 같이 3개의 링크를 핀을 이용하여 연결하였다. 2,000N의 하중 P가 작용할 경우 핀에 작용되는 전단응력은 약 몇 MPa인가?(단, 핀의 직경은 1cm이다.)

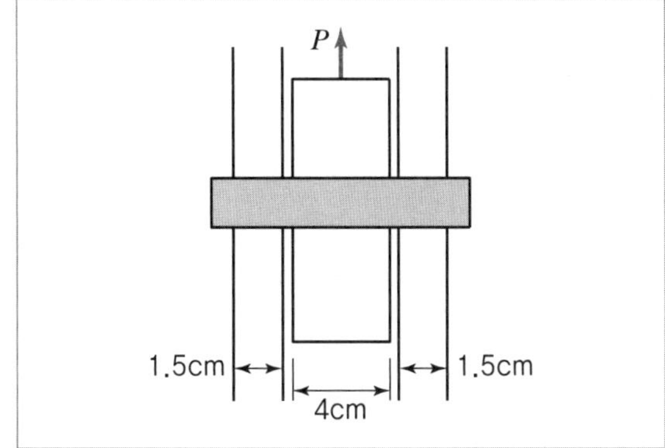

① 12.73 ② 13.24
③ 15.63 ④ 16.56

해설

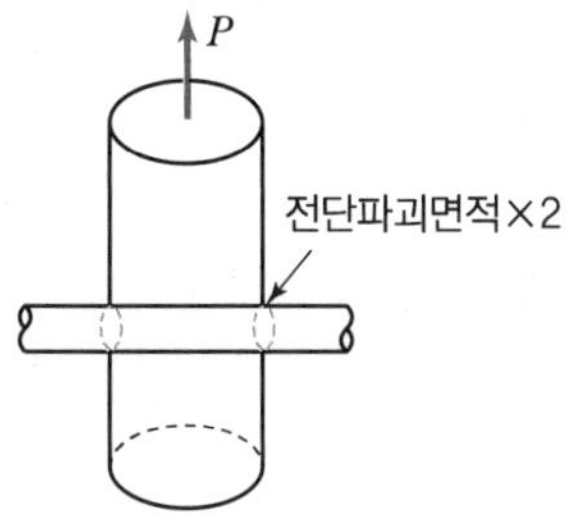

하중 P에 의해 링크 핀은 그림처럼 양쪽에서 전단된다.

$$\tau = \frac{P_s}{A_\tau} = \frac{P}{\frac{\pi d^2}{4} \times 2} = \frac{2P}{\pi d^2} = \frac{2 \times 2{,}000}{\pi \times 0.01^2} (\text{N/m}^2)$$

$$= 12.73 \times 10^6 \text{Pa}$$

$$= 12.73 \text{MPa}$$

11 다음 중 수직응력(Normal Stress)을 발생시키지 않는 것은?

① 인장력 ② 압축력
③ 비틀림모멘트 ④ 굽힘모멘트

해설

비틀림모멘트(토크)는 축에 전단응력을 발생시킨다.

정답 10 ① 11 ③

02 정역학

1 기본 개념

• 역학 : 힘이 작용하고 있는 상태에서 물체의 정지 또는 운동 상태를 해석하고 예측하는 학문
- 정역학 : 힘의 작용하에서 물체의 정지에 대해 해석(물체의 평형)
- 동역학 : 운동하고 있는 물체에 대해 해석(물체의 운동)

1. 공간(Space)

위치가 원점을 기준으로 한 기하학적 영역, 공간분할(x, y, z), 좌표계

2. 시간(Time)

정역학적 문제와는 무관, 동역학에서 중요(v : 속도)

3. 질량(Mass)

속도 변화에 대한 저항을 나타내는 물체의 관성의 척도(질량이 크면 관성도 크다.)

4. 질점(Particle, 무게 중심점, 점질량)

무시할 만한 크기의 물체를 질점이라고 하며, 힘들의 작용 위치와 무관
예 비행항로에서 비행기는 한 점(질점)

5. 강체

소기의 목적을 위하여 한 부분을 무시하고 해석
예 정역학은 내부변형요인을 무시하고 평형상태에 있는 강체들에 작용하는 외력의 계산을 다룬다.

㉥ 강체 운동하는 유체

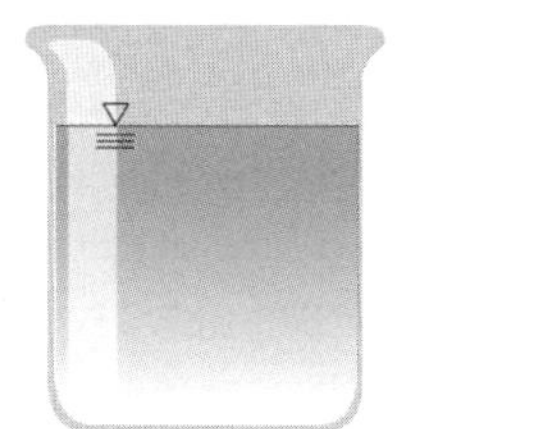

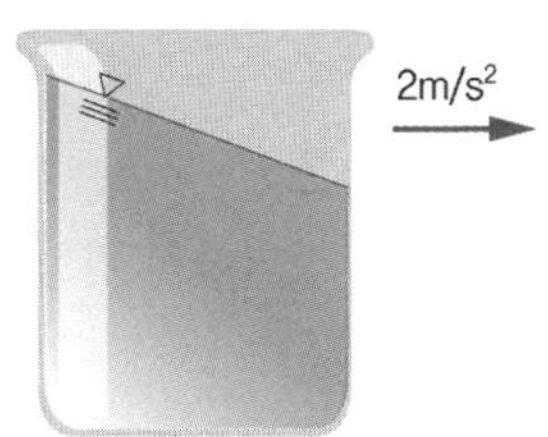

$2m/s^2$(가속) → 경사면을 정지 유체로 놓고 해석

∇ : 자유표면 기호 → 액체와 기체가 만나는 면

6. 힘의 전달 원리

힘의 외부효과에만 관심을 두는 강체역학을 취급하는 경우

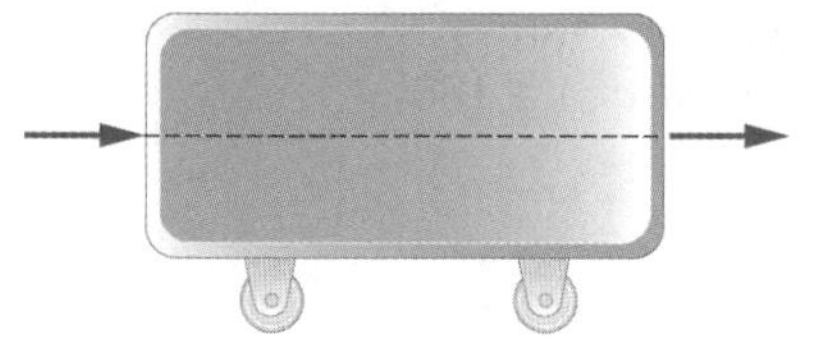

동일 작용선상에서 같은 방향으로 작용하는 두 힘의 크기는 같다.

7. Newton's Law

① 제1법칙(관성의 법칙) : 질점에 불평형력이 작용하지 않으면 그 물체는 정지 또는 등속운동을 한다.

$$\sum F = ma,\ a\text{가 0일 경우}\ \begin{cases}\text{물체가 정지상태}\\ V = C\end{cases}$$

② 제2법칙 : 질점의 가속도는 그 물체에 작용하는 합력에 비례하고 그 합력의 방향과 같다.

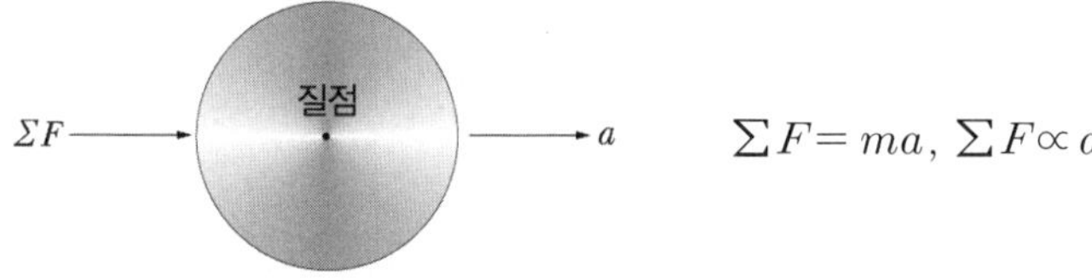

$\sum F = ma,\ \sum F \propto a$

③ 제3법칙 : 작용, 반작용(자유물체도)

㉥ 연필에 의하여 책상의 아래로 작용하는 힘은 책상에 의해 위로 향하는 반작용의 연필 힘이 수반된다.

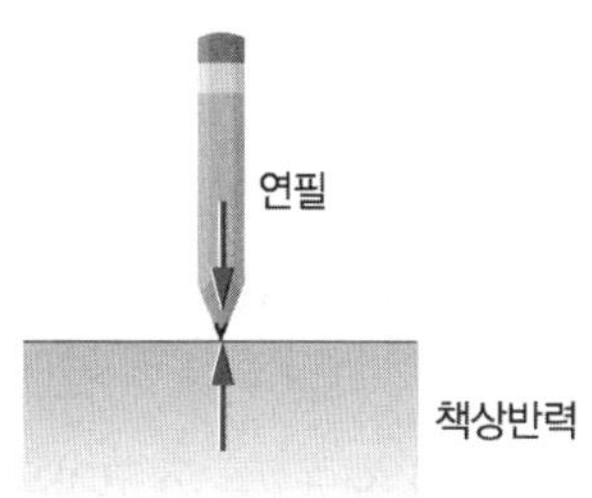

8. D'Alembert의 원리

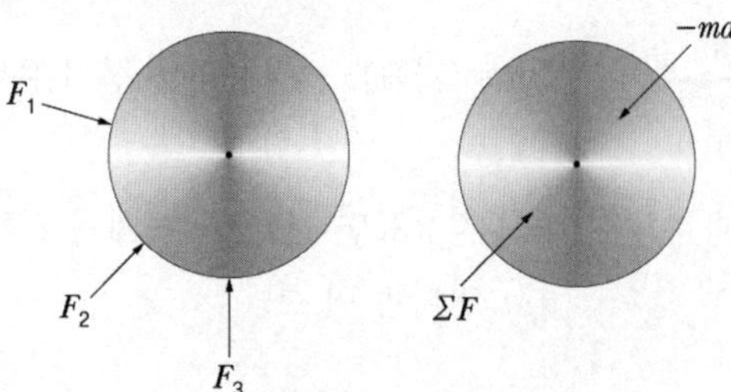

$\sum F - ma = 0$:
정역학적 평형상태 방정식으로 전환

9. 근삿값, 라디안, 정밀도

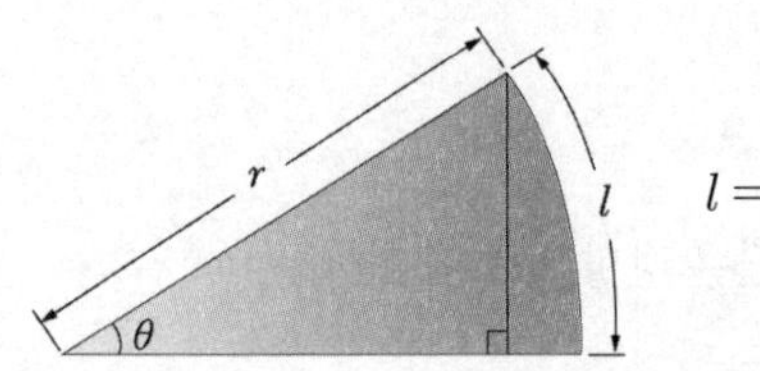

$l = r\theta$

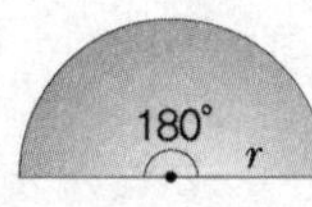

$\pi r = r \cdot 180°$
$\pi(radian) = 180°$

㉥ $r = 1,\ \theta = 1° \rightarrow \sin 1° = 0.01745$

$\tan 1° = 0.017455$

$1° \times \dfrac{\pi(\text{rad})}{180°} = 0.017453\,\text{rad}$

$\therefore\ \sin\theta \approx \tan\theta \approx \theta(\text{rad})$($\because$ 미소의 각일 때)

㉥ 재료역학(축 비틀림)

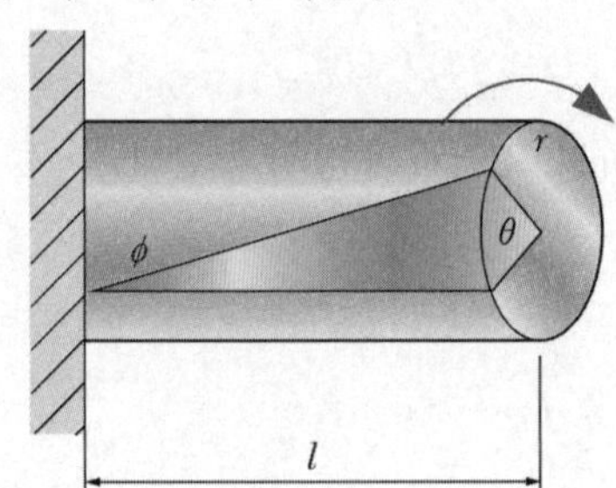

$\tan\phi = \dfrac{r\theta}{l} \fallingdotseq \phi(\text{rad})$

㉥ 기계요소설계

$$H = T \cdot \omega$$

동력 = 일(토크) × 각속도

W = N · m · rad/s = J · rad/s = J/s(rad은 무차원)

kgf · m/s = kgf · m · rad/s(rad은 무차원이기 때문에 "="를 사용할 수 있다.)

㉥ 미소량의 차수 dx → 고차의 미소량 dx^2, dx^3, 재료역학에서 ε^2은 무시할 수 있다.

10. 정역학적 평형상태방정식

평형상태는 완전 정지상태를 의미한다.

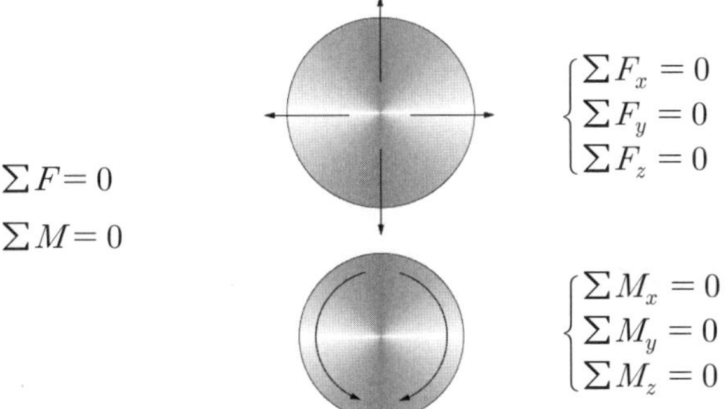

11. 합력을 구하는 방법

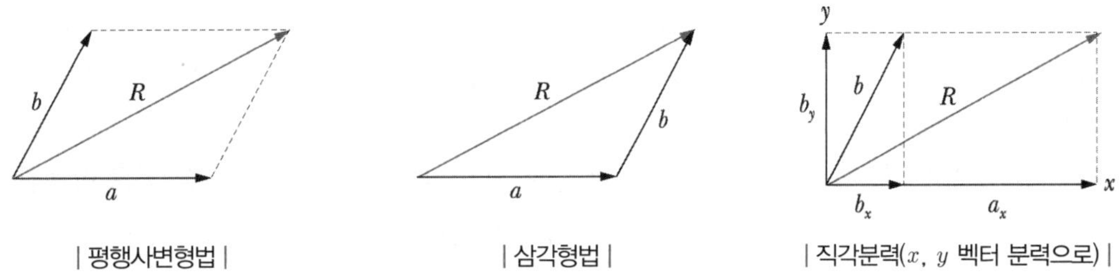

| 평행사변형법 | | 삼각형법 | | 직각분력(x, y 벡터 분력으로) |

12. 모멘트

① $M = \underline{F \cdot d}$(모멘트 팔, moment arm) : 축으로부터 힘의 작용선까지의 수직거리
단위는 [N · m], [lb − ft]

② 모멘트 M은 벡터합의 모든 법칙을 따르며 모멘트 축과 일치하는 작용선을 갖는 미끄럼 Vector(Sliding Vector)로 생각할 수 있다.

③ 실제로는 평면에 수직이고 한 점을 지나는 축에 관한 모멘트를 의미

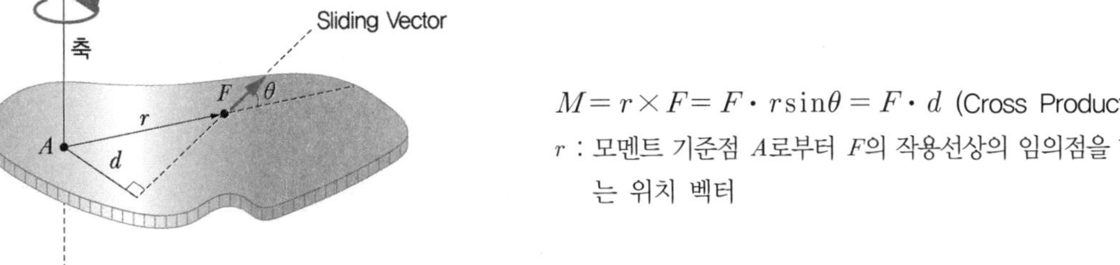

㉥ 유체역학 $Curl\ V = \nabla \times V$: 소용돌이 해석

13. 우력(Couple) : 순수회전

크기가 같고 방향이 반대며 동일선상에 있지 않은 2개의 힘(한쌍)에 의하여 생기는 모멘트

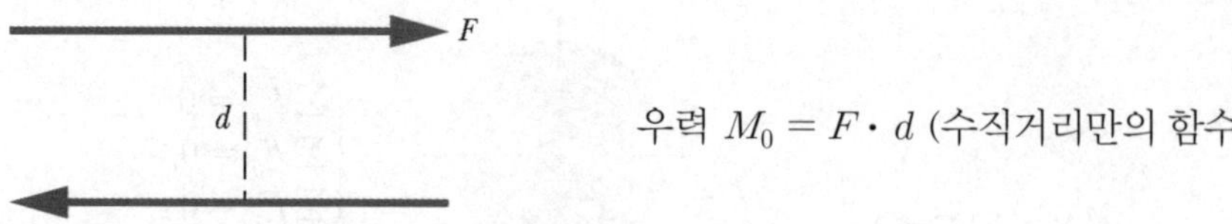

14. 힘-우력계(Force-Couple System)

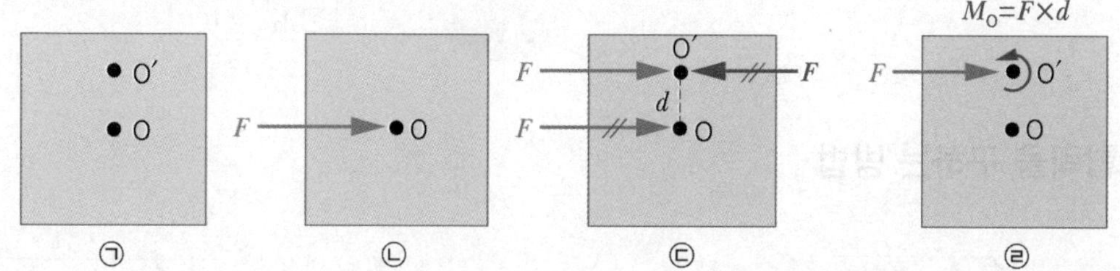

- O에 작용하는 힘 F를 O′점으로 옮기면 그림 ㉣처럼 힘과 우력이 발생한다(즉, 힘을 옮기면 우력이 발생한다).
- 힘의 외부효과는 그림 ㉡과 ㉣이 서로 같다. ⊖우력 벡터(M_0)는 단지 힘이 점 O′로 이동될 때 점(O)에 대한 모멘트 ⊕ $F \cdot d$를 상쇄시키는 값이다(우회전을 ⊕로 좌회전을 ⊖로 가정).

15. 3력 부재(라미의 정리)

세 힘이 평형을 이루면 작용선은 한 점에서 만나며, 힘의 삼각형은 폐쇄 삼각형으로 그려진다.

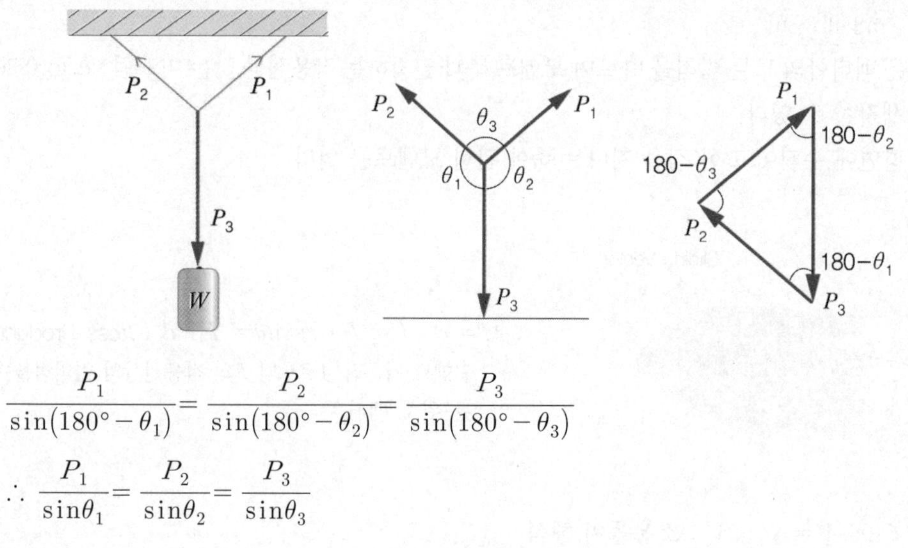

$$\frac{P_1}{\sin(180° - \theta_1)} = \frac{P_2}{\sin(180° - \theta_2)} = \frac{P_3}{\sin(180° - \theta_3)}$$

$$\therefore \frac{P_1}{\sin\theta_1} = \frac{P_2}{\sin\theta_2} = \frac{P_3}{\sin\theta_3}$$

참고

삼각형에서 마주 보는 각과 마주 보는 변의 비는 일정하다.

16. 바리농 정리

중력의 합력 W에 대하여 임의축에 대한 모멘트는 미소요소 중량 dW(질점)에 대한 모멘트 합과 같다.

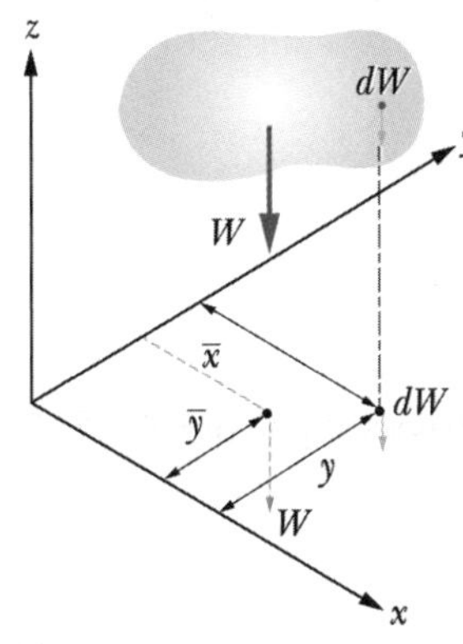

예 x축에 대한 모멘트 : $W \cdot \bar{y} = \int y \cdot dW$

17. 도심

힘들의 작용위치를 결정

전 중량에 대한 임의축에 대한 모멘트는 미소요소 중량에 대한 모멘트의 합과 같다.

① x축 기준

㉠ 무게 중심

$$W \cdot \bar{y} = \int y \cdot dW$$

$$\bar{y} = \frac{\int y dW}{W} = \frac{\int y dW}{\int dW}$$

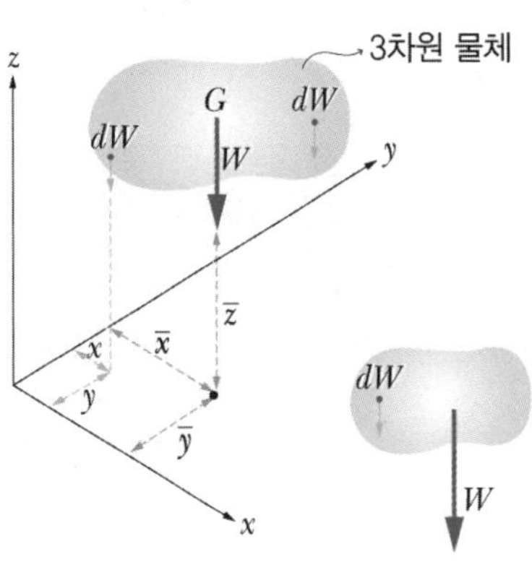

㉡ 질량 중심

$$W = mg,\ dW = dm \cdot g$$

$$\bar{y} = \frac{\int y g dm}{mg} = \frac{\int y dm}{m} = \frac{\int y dm}{\int dm}$$

㉢ 체적 중심

$$m = \rho \cdot v,\ dm = \rho \cdot dv$$

$$\bar{y} = \frac{\int y \rho dv}{\rho \cdot v} = \frac{\int y dv}{v} = \frac{\int y dv}{\int dv}$$

• 선의 도심

도심에 대한 전체길이(L)의 모멘트 값은 미소 길이(dL)에 대한 모멘트 합과 같다.

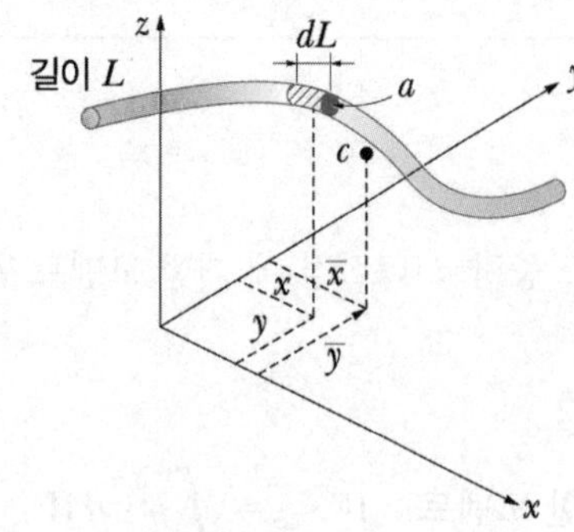

$$v = a \cdot L,\ dv = a \cdot dL(\text{미소체적})$$

$$\bar{y} = \frac{\int yadL}{a \cdot L} = \frac{\int ydL}{L}$$

• 면적의 도심

도심에 대한 전체 면적의 모멘트 값은 미소요소 면적(질점)에 대한 모멘트의 합과 같다.

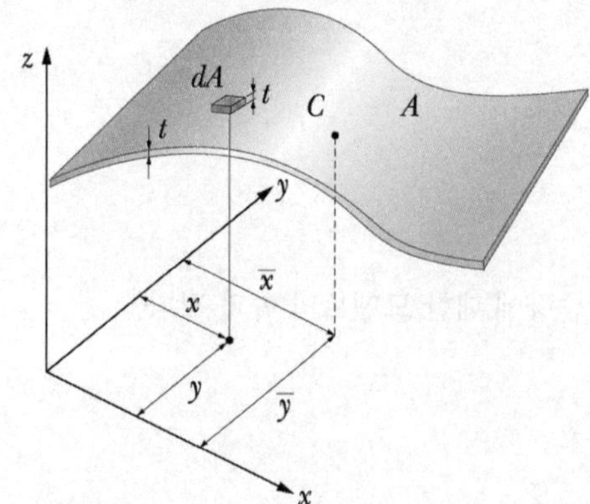

$$v = A \cdot t,\ dv = t \cdot dA(\text{미소체적})$$

$$\therefore\ \bar{y} = \frac{\int ytdA}{A \cdot t} = \frac{\int ydA}{A}$$

$$G_x = \int ydA \ :\text{단면 1차 모멘트}$$

$$= A \cdot \bar{y}$$

→ "도심축에 대한 단면 1차 모멘트는 0이다."

예

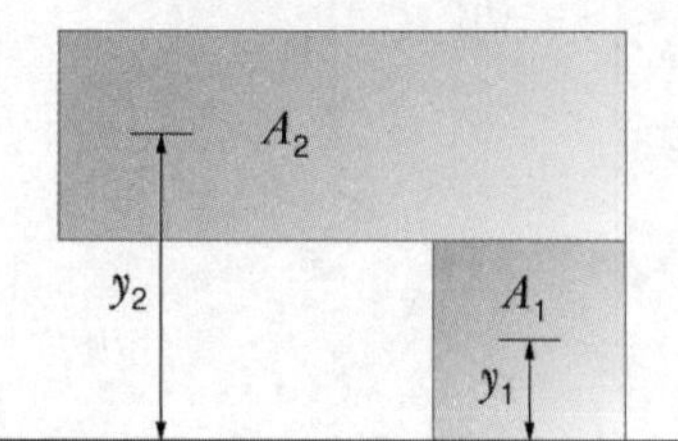

$$\bar{y} = \frac{\sum A_i y_i}{\sum A_i} = \frac{A_1 y_1 + A_2 y_2}{A_1 + A_2}$$

그림에서 y_1, y_2는 A_1, A_2에 대한 도심까지의 거리

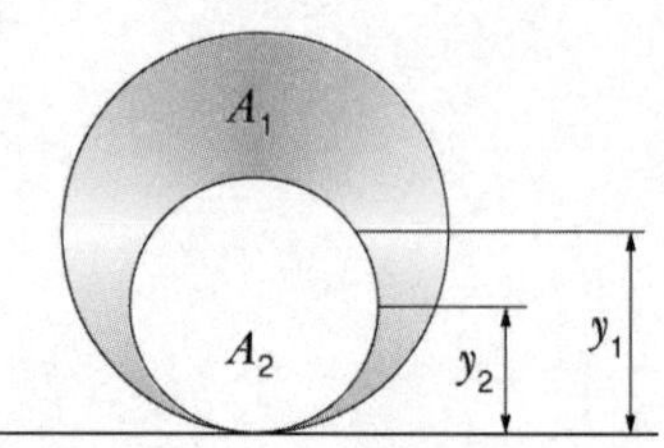

붉은색 면적의 도심

$$\bar{y} = \frac{A_1 y_1 - A_2 y_2}{A_1 - A_2}$$

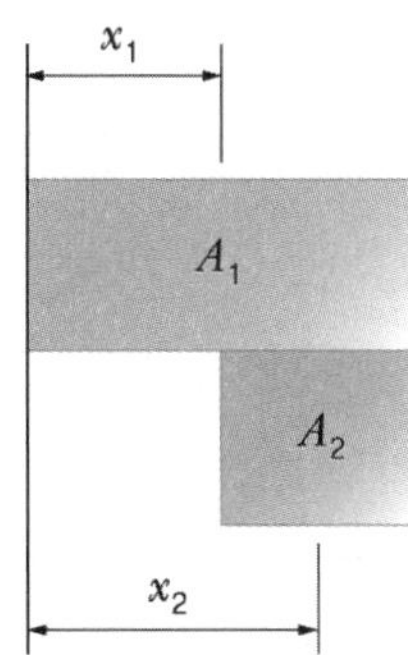

$$\bar{x} = \frac{A_1 x_1 + A_2 x_2}{A_1 + A_2}$$

그림에서 x_1, x_2는 A_1, A_2에 대한 도심까지의 거리

② y축 기준

㉠ 무게 중심

$$W \cdot \bar{x} = \int x dW \qquad \therefore \bar{x} = \frac{\int x dW}{W} = \frac{\int x dW}{\int dW}$$

㉡ 질량 중심

$$W = m \cdot g,\ dW = dm \cdot g \qquad \therefore \bar{x} = \frac{\int xg dm}{m \cdot g} = \frac{\int x dm}{m}$$

㉢ 체적 중심

$$m = \rho \cdot v,\ dm = \rho \cdot dv \qquad \therefore \bar{x} = \frac{\int x \rho dv}{\rho \cdot v} = \frac{\int x dv}{v}$$

구분	y축 기준	x축 기준
무게 중심	$W \cdot \bar{x} = \int x dW$	$W \cdot \bar{y} = \int y dW$
질량 중심	$m \cdot \bar{x} = \int x dm$	$m \cdot \bar{y} = \int y dm$
선의 도심	$L \cdot \bar{x} = \int x dL$	$L \cdot \bar{y} = \int y dL$
면적 도심	$A \cdot \bar{x} = \int x dA$	$A \cdot \bar{y} = \int y dA$
체적 도심	$v \cdot \bar{x} = \int x dv$	$v \cdot \bar{y} = \int y dv$

18. 단면 1차 모멘트

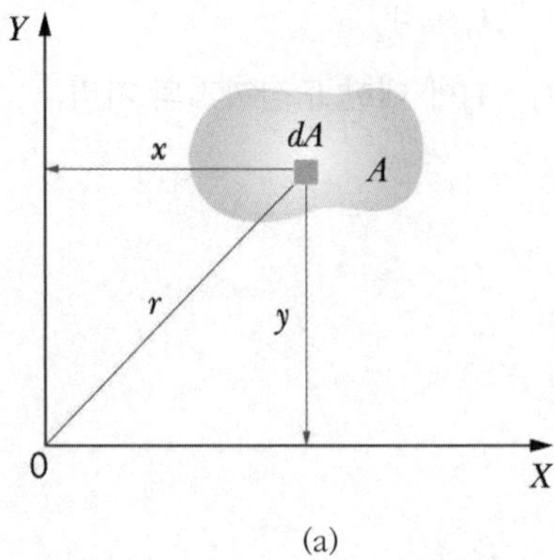

(a)

X축에 대한 단면 1차 모멘트 G_X

Y축에 대한 단면 1차 모멘트 G_Y

$$G_X = \int y dA = A \cdot \bar{y}$$

$$G_Y = \int x dA = A \cdot \bar{x}$$

19. 단면 2차 모멘트

그림 (a)에서 X축에 대한 단면 2차 모멘트 I_X, Y축에 대한 단면 2차 모멘트 I_Y

$$I_X = \int y dA \times y = \int y^2 dA$$

$$I_Y = \int x dA \times x = \int x^2 dA$$

20. 극단면 2차 모멘트

그림 (a)에서 원점에 대한 극단면 2차 모멘트 I_P

$$I_P = \int r^2 dA = \int (x^2 + y^2) dA = I_X + I_Y$$

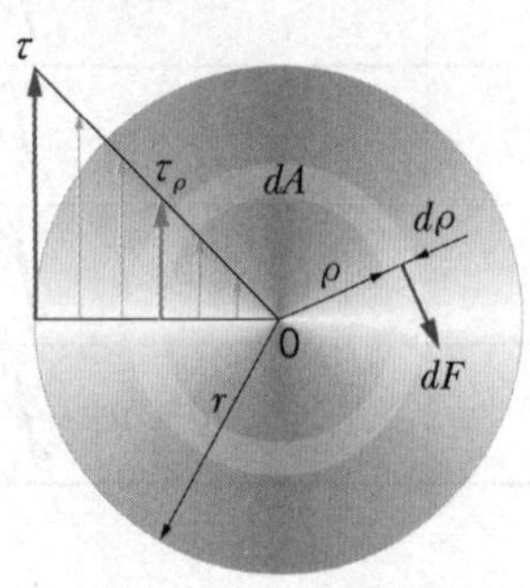

$$dF = \tau_\rho \cdot dA$$

$$dT = dF \cdot \rho = \tau_\rho \cdot \rho \cdot dA$$

(여기서, $\rho : \tau_\rho = r : \tau$)

$$\tau_\rho = \frac{\rho \cdot \tau}{r}$$

$$dT = \frac{\rho^2 \cdot \tau \cdot dA}{r}$$

$$T = \frac{\tau}{r} \int \rho^2 dA = \tau \cdot \frac{I_P}{r} = \tau \cdot Z_P$$

① 직사각형

㉠ 단면 2차 모멘트

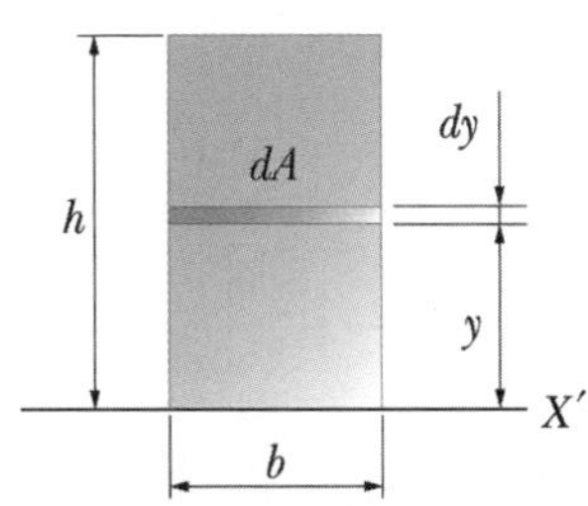

$$I_{X'} = \int y^2 dA = \int_0^h y^2 b dy = b\left[\frac{y^3}{3}\right]_0^h = \frac{bh^3}{3}$$

㉡ 도심축에 대한 단면 2차 모멘트(★★★)

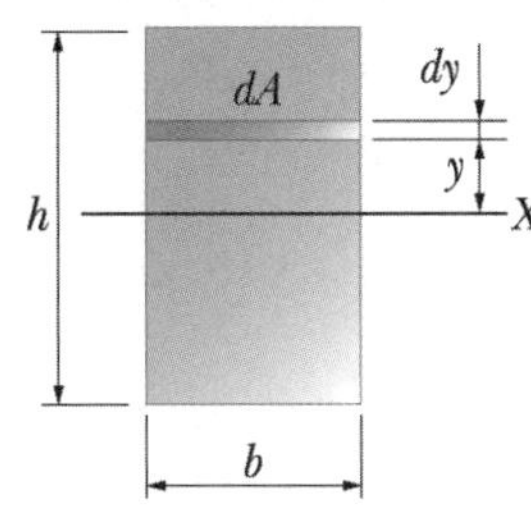

$$I_X = \int y^2 dA = \int_{-\frac{h}{2}}^{\frac{h}{2}} y^2 b dy = b\left[\frac{y^3}{3}\right]_{-\frac{h}{2}}^{\frac{h}{2}}$$

$$= \frac{b}{3}\left\{\left(\frac{h}{2}\right)^3 - \left(-\frac{h}{2}\right)^3\right\} = \frac{b}{3} \cdot \frac{h^3}{4} = \frac{bh^3}{12}$$

② 삼각형

㉠ 단면 2차 모멘트

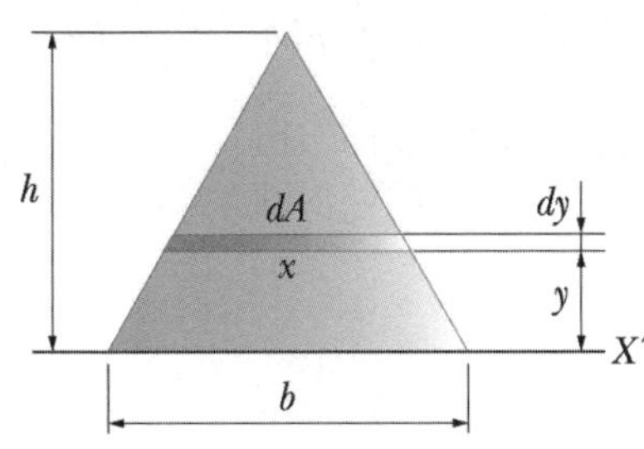

$$I_{X'} = \int y^2 dA$$

$$dA = x \cdot dy$$

$$b : h = x : (h-y) \quad \therefore\ x = \frac{b}{h}(h-y)$$

$$I_{X'} = \int y^2 x dy = \int y^2 \frac{b}{h}(h-y) dy = \frac{b}{h}\int_0^h (hy^2 - y^3) dy$$

$$= \frac{b}{h}\left[\frac{hy^3}{3} - \frac{y^4}{4}\right]_0^h = \frac{b}{h}\left(\frac{h^4}{3} - \frac{h^4}{4}\right) = \frac{bh^3}{12}$$

㉡ 도심축에 대한 단면 2차 모멘트

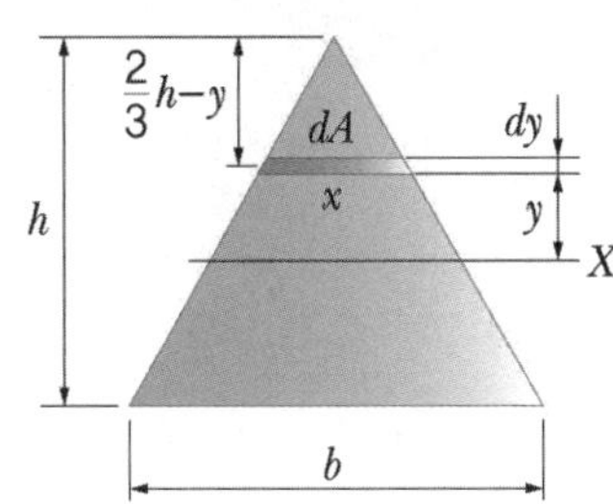

$$I_X = \int y^2 dA$$

$$dA = x \cdot dy$$

$$x : b = \left(\frac{2}{3}h - y\right) : h \quad \therefore\ x = \frac{b}{h}\left(\frac{2}{3}h - y\right)$$

$$\therefore\ I_X = \int_{-\frac{1}{3}h}^{\frac{2}{3}h} y^2 \frac{b}{h}\left(\frac{2}{3}h - y\right) dy = \frac{bh^3}{36}$$

③ 원

㉠ 도심축에 대한 극단면 2차 모멘트

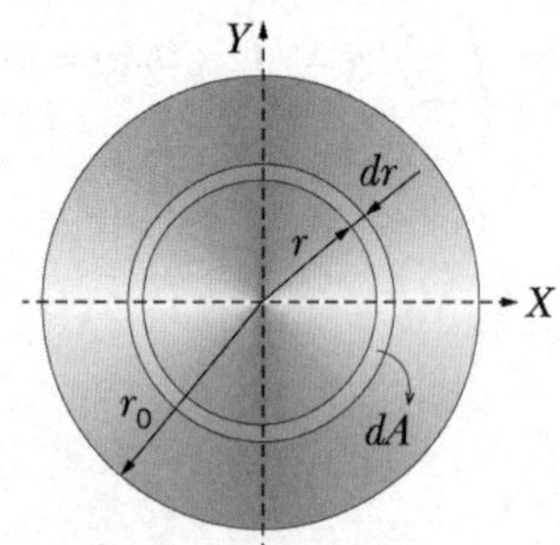

$$dA = 2\pi r dr$$

$$I_p = \int r^2 dA = \int r^2 \cdot 2\pi r dr$$

$$= 2\pi \int_0^{r_0} r^3 dr = 2\pi \left[\frac{r^4}{4}\right]_0^{r_0}$$

$$= 2\pi \left(\frac{r_0^4}{4}\right) = \frac{\pi}{2} r_0^4 \left(r_0 = \frac{d}{2}\right)$$

$$\therefore I_p = \frac{\pi}{32} d^4 = I_X + I_Y = 2I_X = 2I_Y$$

㉡ 도심축에 대한 단면 2차 모멘트

$$I_X = I_Y = \frac{I_P}{2} = \frac{\pi d^4}{64}$$

21. 평행축 정리

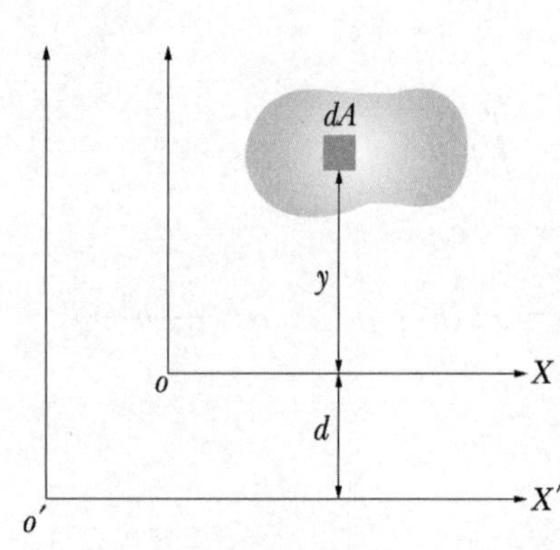

$$I_{X'} = \int (y+d)^2 dA = \int (y^2 + 2yd + d^2) dA$$

$$= \int y^2 dA + 2d \int y dA + d^2 \int dA$$

$$= I_X + 2dA \cdot \bar{y} + d^2 A$$

가정 X가 도심축이라면 $I_{X'} = I_X + O + d^2 A (\because \bar{y} = 0)$

평행축 정리 $I_{X'} = I_X + Ad^2$(d : 두 축 사이의 거리)

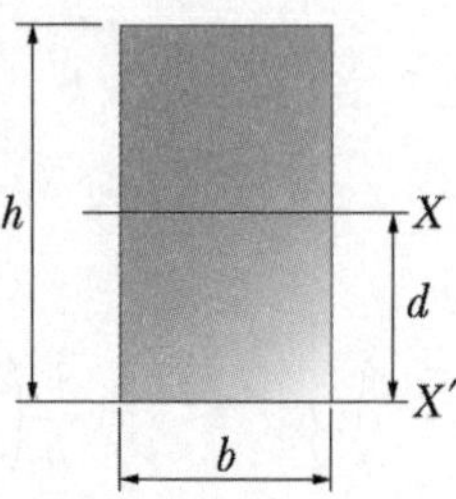

$$I_{X'} = \frac{bh^3}{12} + bh\left(\frac{h}{2}\right)^2 = \frac{bh^3}{12} + \frac{bh^3}{4} = \frac{bh^3}{3}$$

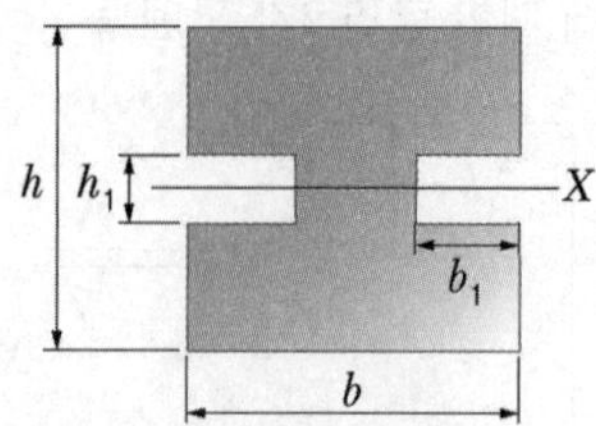

$$I_X = \frac{bh^3}{12} - 2\left(\frac{b_1 h_1^3}{12}\right)$$

핵심 기출 문제

01 그림과 같은 구조물에 1,000N의 물체가 매달려 있을 때 두 개의 강선 AB와 AC에 작용하는 힘의 크기는 약 몇 N인가?

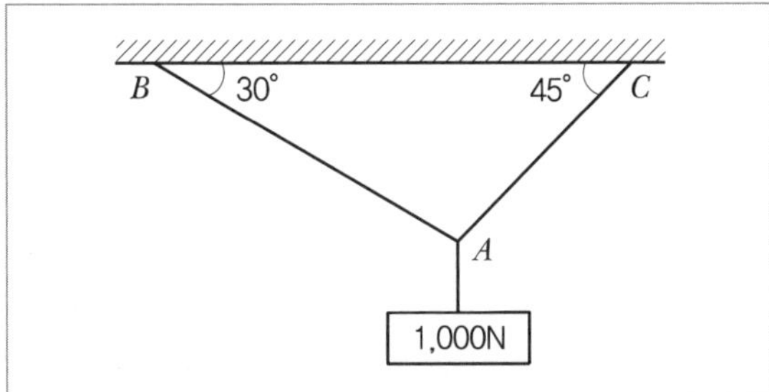

① $AB=732$, $AC=897$
② $AB=707$, $AC=500$
③ $AB=500$, $AC=707$
④ $AB=897$, $AC=732$

해설

F.B.D

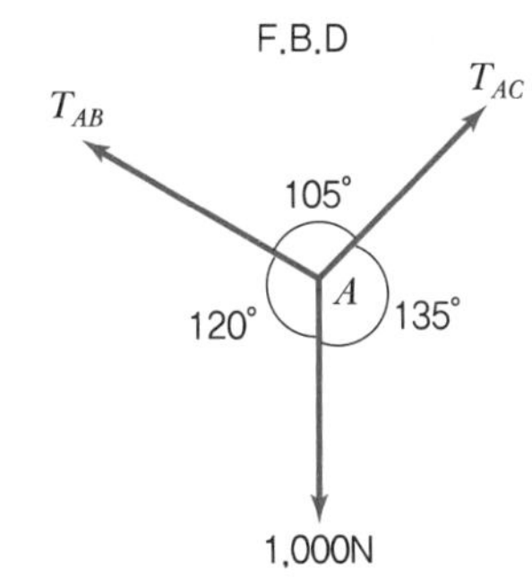

라미의 정리에 의해

$$\frac{1,000}{\sin 105°}=\frac{T_{AB}}{\sin 135°}=\frac{T_{AC}}{\sin 120°}$$

$$T_{AB}=\frac{1,000\times\sin 135°}{\sin 105°}=732.05\text{N}$$

$$T_{BC}=\frac{1,000\times\sin 120°}{\sin 105°}=896.58\text{N}$$

02 그림에서 784.8N과 평형을 유지하기 위한 힘 F_1과 F_2는?

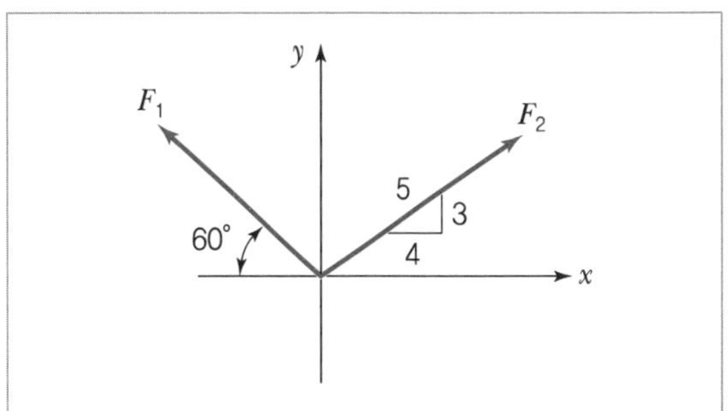

① $F_1=392.5\text{N}$, $F_2=632.4\text{N}$
② $F_1=790.4\text{N}$, $F_2=632.4\text{N}$
③ $F_1=790.4\text{N}$, $F_2=395.2\text{N}$
④ $F_1=632.4\text{N}$, $F_2=395.2\text{N}$

해설

$$\theta=\tan^{-1}\left(\frac{3}{4}\right)=36.87°$$

F_1 F_2 83.13° 150° 126.87° 784.8

라미의 정리에 의해

$$\frac{F_1}{\sin 126.87°}=\frac{F_2}{\sin 150°}=\frac{784.8}{\sin 83.13°}$$

$$F_1=784.8\times\frac{\sin 126.87°}{\sin 83.13°}=632.38\text{N}$$

$$F_2=784.8\times\frac{\sin 150°}{\sin 83.13°}=395.24\text{N}$$

정답 01 ① 02 ④

03 다음 단면에서 도심의 y축 좌표는 얼마인가?

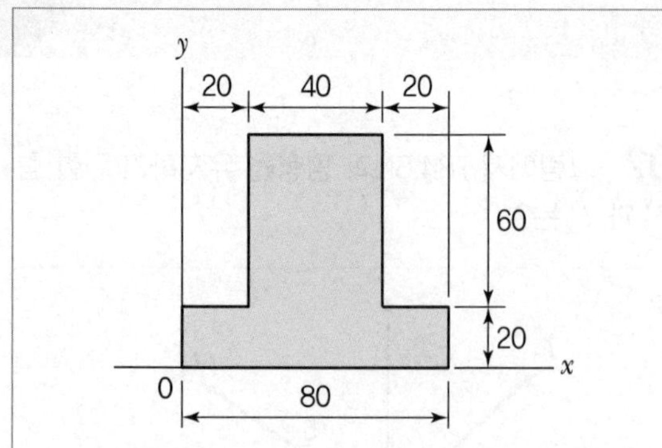

① 30 ② 34
③ 40 ④ 44

해설

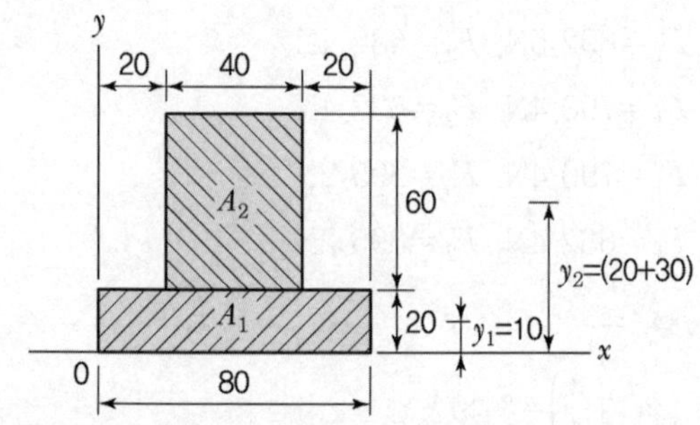

x축으로부터 도심거리

$$\bar{y} = \frac{A_1y_1 + A_2y_2}{A_1 + A_2}$$

$$= \frac{(80 \times 20 \times 10) + (40 \times 60 \times 50)}{(80 \times 20) + (40 \times 60)} = 34$$

04 그림과 같이 원형 단면의 원주에 접하는 $X-X$ 축에 관한 단면 2차 모멘트는?

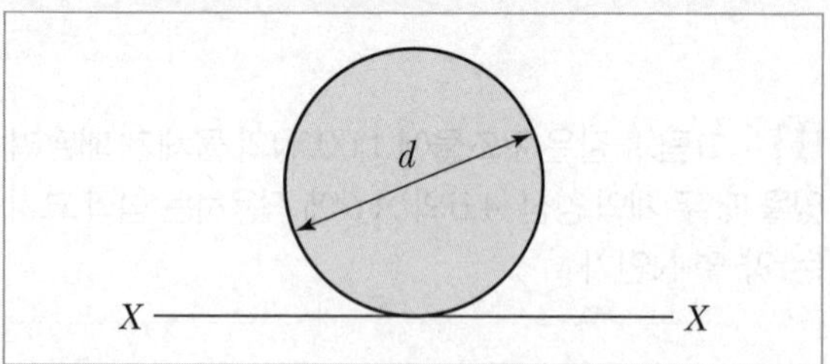

① $\frac{\pi d^4}{32}$ ② $\frac{\pi d^4}{64}$
③ $\frac{3\pi d^4}{64}$ ④ $\frac{5\pi d^4}{64}$

해설

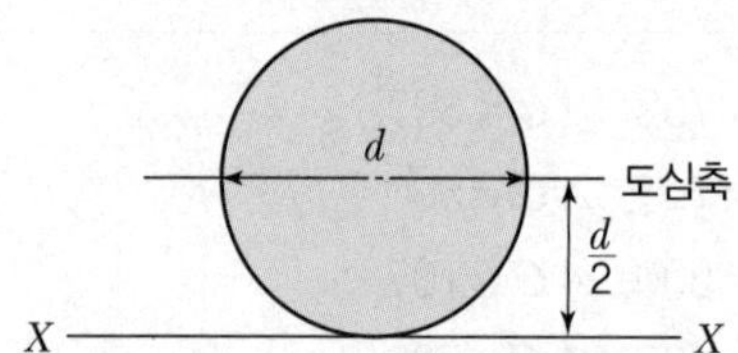

$$I_X = I_{도심} + A\left(\frac{d}{2}\right)^2$$

$$= \frac{\pi d^4}{64} + \frac{\pi}{4}d^2 \times \frac{d^2}{4}$$

$$= \frac{\pi d^4}{64} + \frac{\pi d^4}{16}$$

$$= \frac{5\pi d^4}{64}$$

정답 03 ② 04 ④

03 유체역학의 기본개념

1 물질

① **고체** : 전단응력하에서 변형되지만 연속적인 변형이 되지 않음
→ 재료역학[일정범위까지 변형이 없음(불연속)]

② **유체** : 아무리 작은 전단응력이라도 작용하기만 하면 연속적으로 변형되는 물질
※ 유체는 전단력이 작용하는 한 유동을 계속하기 때문에 순간 정지 시에 전단응력을 유지하지 못한다.

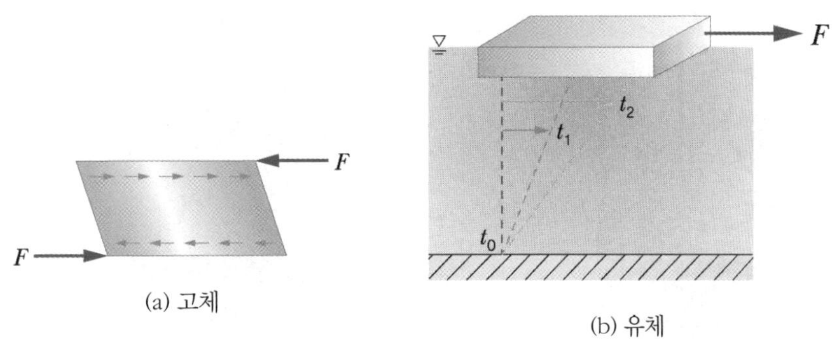

(a) 고체

(b) 유체

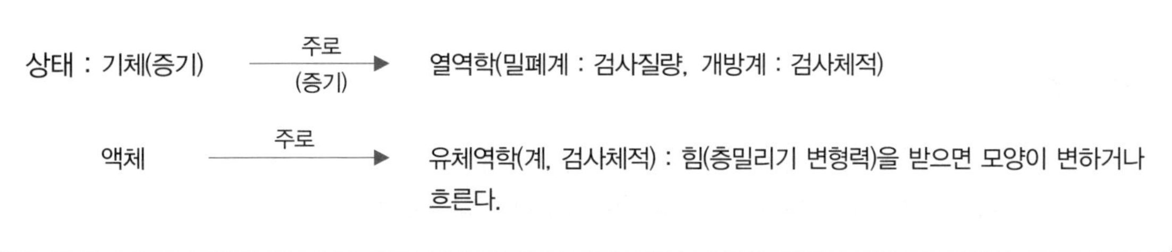

2 목적

유체역학의 기본적인 개념과 원리에 대한 지식과 이해는 유체가 작동매체로 사용되는 장치를 해석하는 데 필수적이다. 유체역학은 모든 운송수단을 설계하는 데 쓰이며, 유체기계(펌프, 팬, 송풍기), 인체 내의 순환계, 골프(슬라이스 또는 훅), 설비(난방, 환배기, 배관) 등 응용분야가 다양하며 일상생활에 많은 부분을 차지하는 학문이다.

3 유체분류

1. 압축유무

① 압축성 유체 : 미소압력 변화에 대하여 체적변화를 수반하는 유체(기체) $\rho \neq C$

② 비압축성 유체 : 미소압력 변화에 대하여 체적변화가 없는 유체(액체) $\rho = C$

- 액체 $\dfrac{d\rho}{dp} = 0,\ \rho = \dfrac{m}{V}(m = C)$
- 물, 기름 $d\rho = 0 \rightarrow \rho = C$

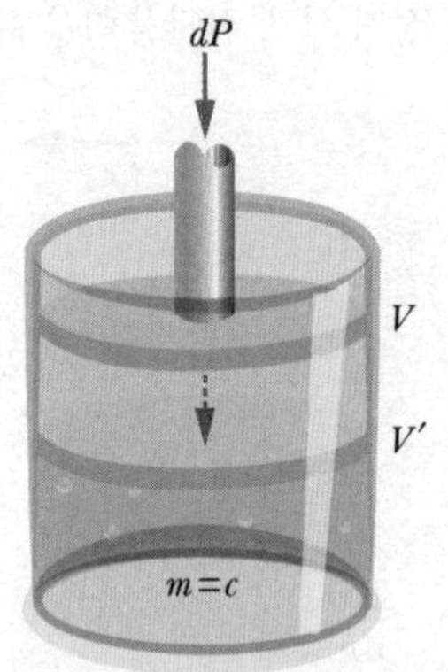

(a) 압축성 유체(체적변화가 있다.)

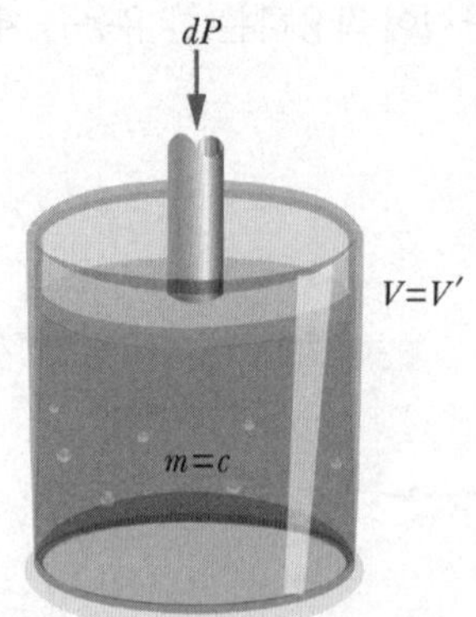

(b) 비압축성 유체(체적변화가 없다.)

2. 점성유무

① 점성 유체 : 점성이 있어 유체의 전단응력이 발생하는 유체

② 비점성 유체 : 점성이 없어 유체의 전단응력이 발생하지 않는 유체

참고

점성

운동하고 있는 유체의 서로 인접하고 있는 층 사이에 미끄럼이 생기면 많든 적든 마찰이 발생하는데, 이것을 유체마찰 또는 점성이라 한다(유체층 사이에 상대운동이 생길 때 이 상대운동을 방해하는 성질).

※ 점성(유체마찰)이 없고 비압축성 유체 → 이상유체(Ideal Fluid)

4 계(System)와 검사체적(Control Volume)

① 계 : 고정되며 동일성을 가지는 물질의 질량

② 검사체적($C.V$) : 유체가 흐르는 공간 안에서 임의의 체적

③ **적용** : 흐르는 유체 해석을 위해 유체가 흐르는 공간 내에 있는 하나의 체적에 대해 주의를 집중하는 것이 편리하며, 유체는 연속적인 층밀리기 변형을 하기 때문에 항상 유체의 동일한 질량 구분과 추종이 어려워 검사체적을 잡아 해석한다.

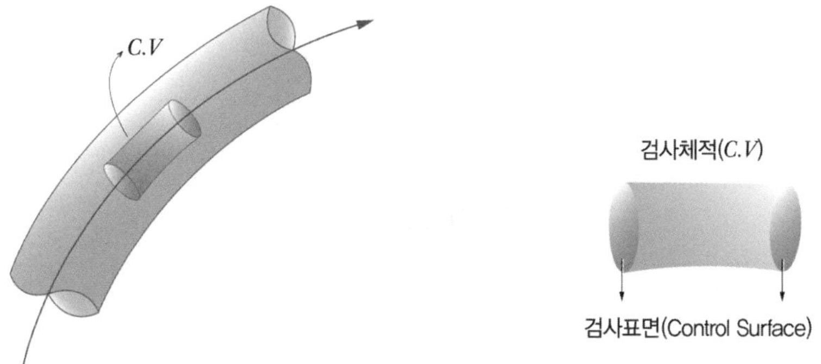

5 연구방법

① **미분적 접근법(미시적 관점)** : 미세한 각 입자 하나하나에 관심(미분형 방정식)

예 $ds = dxi + dyj + dzk$

$V = ui + vj + wk$

6개 방정식 6×10^{23}(분자량)

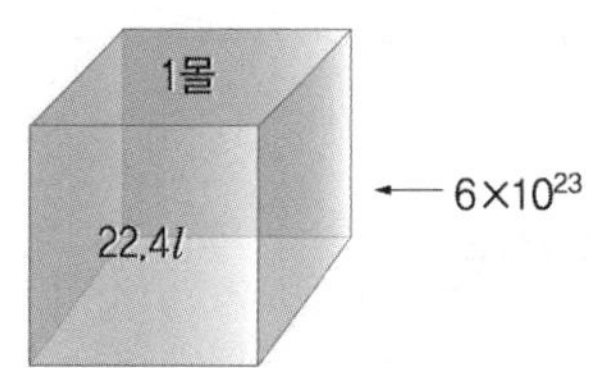

② **적분적 접근법(거시적 관점)** : 미세한 거동보다는 전체적인 거동에 관심(적분형 방정식)

→ 평균효과에 관심

예 $Q = A \cdot V_{av}$

참고

연속체

무수히 많은 분자로 구성된 시스템은 항상 분자의 크기에 대해 매우 큰 체적을 다루고 각 분자 거동에는 관심이 없으며 분자들의 평균적이거나 거시적인 영향에만 관심을 가지므로 시스템을 연속적인 것으로 간주[일정질량(계)을 연속체로 생각]한다.

희박기체유동, 고진공(high vacuum) → 연속체 개념 불필요(밀도를 정의할 수 없을 정도의 체적에서는 연속체의 개념을 버려야 한다.) → 미시적이고 통계학적인 관점(라간지(입자)기술방법)

연속체를 정의하려면 공간영역이 분자의 평균 자유행로(운동량 크기의 변화 없이 갈 수 있는 경로)보다 커야 한다.

$\delta V'$가 너무 작아 분자를 포함하지 않으면(δm이 없으면)

밀도 $\rho = \lim_{\delta V \to \delta V'} \frac{\delta m}{\delta V}$을 정의할 수 없다.

밀도를 정의할 수 없을 정도의 체적에서는 연속체의 개념을 버려야 한다.

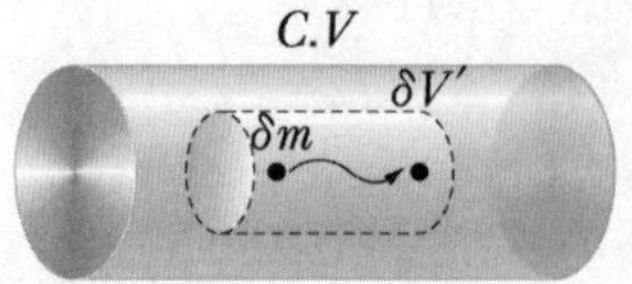

한 점에서 밀도의 정의

중요

연속체라는 가정의 결과 때문에 유체의 각 물리적 성질은 공간상의 모든 점에서 정해진 값을 갖는다고 가정된다(연속적인 분포).

따라서 밀도, 온도, 속도 등과 같은 유체성질들은 위치와 시간의 연속적인 함수로 볼 수 있다.

→ 오일러 기술방법으로 유인(장기술방법)

6 기술방법

1. Lagrange 기술방법(입자기술방법)

특정한 유체입자의 운동에 관심을 갖고 그 운동을 기술 – 동일 질량요소의 운동궤적을 추종할 수 있는 경우

※ 유체는 수많은 입자로 이루어지므로 각 입자들의 움직임을 하나하나 추적한다는 것은 매우 어렵다.
 – 실험에서 한 유체입자만 구별하기 어렵다.

2. Euler 기술방법(장기술방법)

유동장의 한 점에서 유동성질들이 공간좌표(위치)와 시간의 함수로 기술(관측될 유체입자는 시간과 관측하는 위치에 따라 결정된다는 것)

예 유체 내의 무수히 많은 점에서 밀도를 동시에 구한다면 주어진 순간에서의 밀도의 분포를 공간좌표의 함수 $\rho(x, y, z)$로 얻을 수 있다.
한 점에서의 유체의 밀도는 분명히 유체에 가해진 일이나 유체에 의해서 행해진 일 또는 열전달의 결과로 인하여 시간(t)에 따라 변한다.

∴ 밀도에 대한 완벽한 장의 표현은 $\rho = \rho(x, y, z, t)$

밀도는 크기만을 가지므로 스칼라 장(Scalar Field)이다.

가정 정상유동 $\frac{\partial F}{\partial t} = 0$이면 $\frac{\partial \rho}{\partial t} = 0$을 $\rho = \rho(x, y, z, t)$에 적용하면

$\rho = \rho(x, y, z)$가 된다.

예 속도장

- 운동하는 유체 → 속도장 고려
- 주어진 순간에 속도장 $\vec{V}$는 공간좌표 x, y, z 함수가 되며 유동장 내 임의의 한 점에서의 속도는 순간순간 변하므로(시간에 따라 변함) 속도(속도장)의 완전한 표현은 $\vec{V} = \vec{V}(x, y, z, t)$

  여기서, $\frac{\partial V}{\partial t} = 0$이면 속도장 $\vec{V} = \vec{V}(x, y, z)$
- 편미분(∂)의 이유 : 속도 $\vec{V}$가 위치와 시간의 함수이므로(속도는 x, y, z, t 함수)

7 유체역학에 필요한 단위와 환산

① $1\text{mL} = 1\text{cm}^3$ ➜

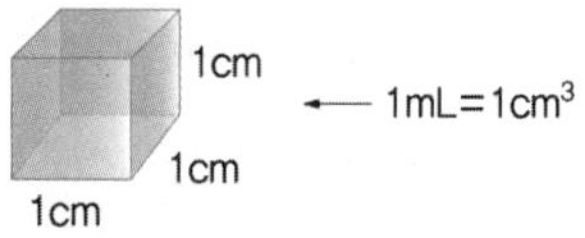

1cm

← 1mL=1cm³

1cm

1cm

② $1\text{L} = 10^3\text{cm}^3$ ➜

10cm

← 1L=10³cm³

10cm

10cm

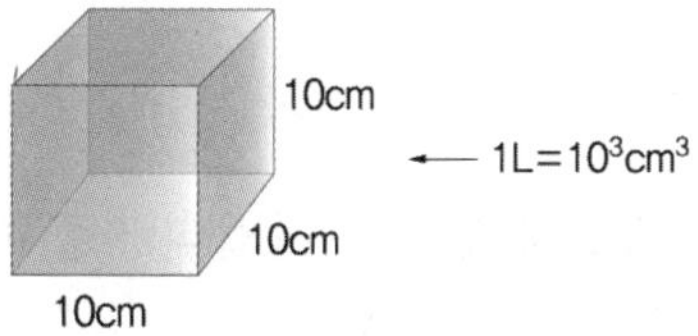

③ **압력** : $p = \frac{F}{A} \rightarrow [\text{N/m}^2 \text{ 또는 } \text{kgf/m}^2]$

$1\text{Pa}(\text{파스칼}) = 1\text{N/m}^2$

$1\text{kPa} = 10^3\text{Pa}, \ 1\text{MPa} = 10^6\text{Pa}$

$1\text{bar} = 10^5\text{Pa}, \ 1\text{hPa} = 10^2\text{Pa}(\text{hecto} = 10^2)$

④ **에너지** : 효과(일)를 유발할 수 있는 능력이다.

1kcal(열에너지) = 4,185.5J만큼 일을 할 수 있다.

$$4{,}185.5\text{J} \times \frac{1\text{kgf} \cdot \text{m}}{9.8\text{J}} = 427.09\text{kgf} \cdot \text{m}$$

$$\left(A = \frac{1}{427}\text{kcal/kgf} \cdot \text{m} \text{ 일의 열당량} \right)$$

$$1\text{kW} \cdot \text{h} = 1{,}000\text{W} \cdot \text{h} = 1{,}000\text{J/s} \cdot 3{,}600\text{s}\,\frac{1\text{kcal}}{4{,}185.5\text{J}} = 860\text{kcal}$$

$$1\text{PS} \cdot \text{h} = 75\text{kgf} \cdot \text{m/s} \times 3{,}600\text{s} \times \frac{1\text{kcal}}{427\text{kgf} \cdot \text{m}} = 632.3\text{kcal}$$

$$1\text{PS} = 75\text{kgf} \cdot \text{m/s} = 75 \times 9.8\text{N} \cdot \text{m/s} = 75 \times 9.8\text{J/s} = 735\text{W}$$

$$1\text{kW} = 102\text{kgf} \cdot \text{m/s} = 102 \times 9.8\text{N} \cdot \text{m/s} = 999.6\text{J/s} = 1{,}000\text{W}$$

8 차원에 대한 이해

① 차원해석 → 동차성의 원리를 이용해 물리적 관계식의 함수관계를 유출

② 모든 수식은 차원이 동차성 → 좌변차원=우변차원

예 • $x = x_0 + vt + \frac{1}{2}at$

- x_0 ↓ L차원
- vt ↓ $LT^{-1} \cdot T$ (L차원)
- $\frac{1}{2}at$ ↓ $\underline{LT^{-2} \cdot T}$ (잘못된 식 : 차원이 다름 → LT^{-1} 차원) → (올바른 식 : $\frac{1}{2}at^2$ → L 차원)

• $A+B=C$ (가정 A, B, C가 길이라면)

$A=B=C$: 동차원

③ 물리량의 차원을 알 때

예 파의 속도 $v(LT^{-1})$, 진동수 $f(T^{-1})$, 파장 $\lambda(L)$인 세 가지 물리량 중 하나를 다른 두 양의 곱으로 표현하면 차원이 일치하는 식은 오직 하나 $v = f \cdot \lambda$

9 밀도(ρ), 비중량(γ), 비체적(v), 비중(s)

① 밀도(ρ)$= \frac{\text{질량}}{\text{부피(체적)}} = \frac{m}{V}$[kg/m³]

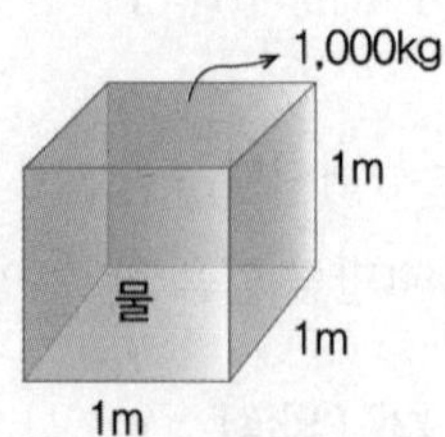

• 물의 밀도

$$\rho_w = 1{,}000\text{kg/m}^3 = 1{,}000\text{N}\cdot\text{s}^2/\text{m}^4 = 1{,}000\text{N}\frac{1\text{kgf}}{9.8\text{N}}\text{s}^2/\text{m}^4 = 102\text{kgf}\cdot\text{s}^2/\text{m}^4$$

$$\downarrow \qquad\qquad \downarrow \qquad\qquad \downarrow$$

$$ML^{-3} \qquad FT^2L^{-4} \qquad FT^2L^{-4}$$

② 비중량(γ) $= \dfrac{\text{무게(중량)}}{\text{부피(체적)}} = \dfrac{W}{V} = \dfrac{\text{m}\cdot\text{g}}{V} = \rho\cdot\text{g}[\text{N/m}^3,\ \text{kgf/m}^3]$

③ 비체적(v) $= \dfrac{\text{체적(부피)}}{\text{질량}}[\text{m}^3/\text{kg}]$ → SI(절대)단위계 $v = \dfrac{1}{\rho}$

$= \dfrac{\text{체적}}{\text{무게(중량)}}[\text{m}^3/\text{kgf}]$ → 공학(중력)단위계 $v = \dfrac{1}{\gamma}$

④ 비중(S) $= \dfrac{\gamma(\text{대상물질비중량})}{\gamma_w(\text{물의비중량})} = \dfrac{\rho(\text{대상물질밀도})}{\rho_w(\text{물밀도})}$

여기서, $\gamma_w = 1{,}000\text{kgf/m}^3 = 9{,}800\text{N/m}^3$

10 뉴턴의 점성법칙

아래 그림에서 평판을 움직이는 힘은 평판의 면적(A)과 평판의 이동속도(u)에 비례하고 깊이(h)에는 반비례한다.

1. 뉴턴유체

전단응력이 변형률과 정비례하는 유체 ↔ 비뉴턴유체 : 비례하지 않는 유체

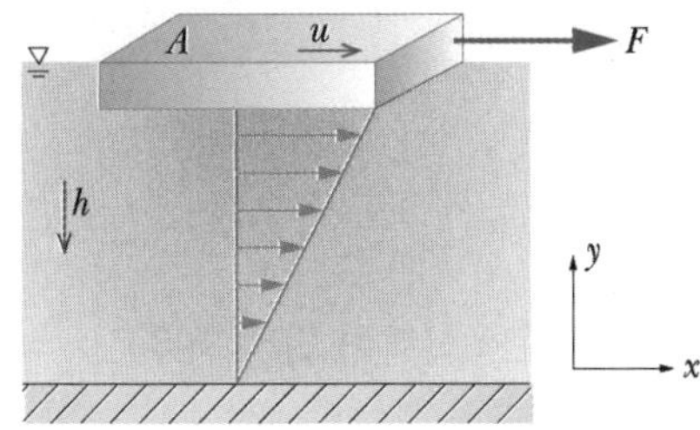

여기서, u : 평판의 이동속도
A : 평판의 면적
F : 평판을 움직이는 힘

$F \propto A\cdot\dfrac{u}{h}$

$F = \mu\cdot A\dfrac{u}{h}$ (μ : 비례계수 – 점성계수)

$\dfrac{F}{A} = \mu\cdot\dfrac{u}{h} = \tau$ ………………… ⓐ

ⓐ식을 미분식으로 고쳐 쓰면 $\tau=\mu\frac{du}{dy}$: 속도 기울기(속도구배)

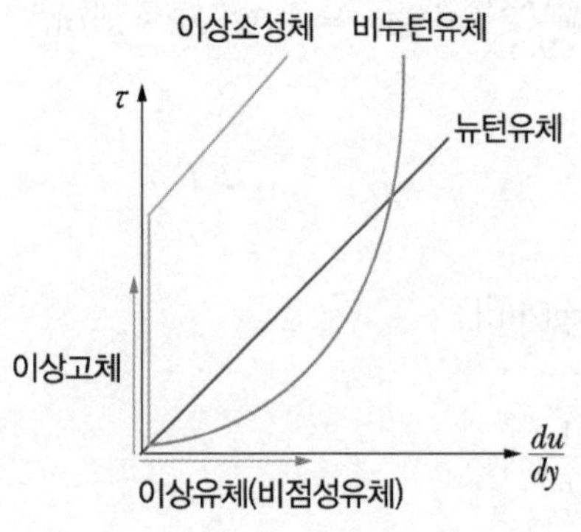

- 뉴턴유체 : 물, 공기, 가솔린 등 대부분 유체
- 이상소성체 : 치약은 뚜껑을 열어도 흘러나오지 않고 고체처럼 움직임을 방해하는 항복응력이 있으며 그 이상의 응력이 작용하면 밖으로 흘러나오게 된다.

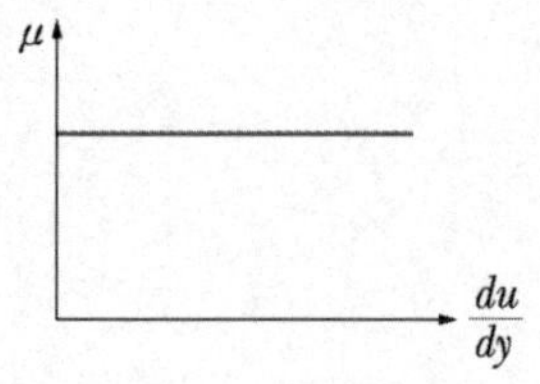

점성계수(μ) : 유체마찰계수는 속도 기울기와 무관

2. 점성계수(μ)의 단위와 차원

ⓐ식에서 $\mu=\frac{F\cdot h}{A\cdot u}=\frac{\text{kgf}\cdot\text{m}}{\text{m}^2\cdot\text{m/s}}=\text{kgf}\cdot\text{s/m}^2$(중력단위)$[FTL^{-2}]$

$\rightarrow \text{N}\cdot\text{s/m}^2$

$\rightarrow \text{kg}\cdot\text{m/s}^2\cdot\text{s/m}^2$

$\rightarrow \text{kg/m}\cdot\text{s}[ML^{-1}T^{-1}]$

$\text{kg/m}\cdot\text{s}\xrightarrow{\text{CGS단위}}$ $1\text{g/cm}\cdot\text{s}=1\text{poise}$(포아즈) $[ML^{-1}T^{-1}]$

$1\text{g/cm}\cdot\text{s}\frac{1\text{dyne}}{1\text{g}\cdot\text{cm/s}^2}=1\text{dyne}\cdot\text{s/cm}^2[FTL^{-2}]$

- 점성계수(유체마찰계수) 변화

액체 $\xrightarrow{\text{온도증가}}$ 마찰계수인 점성계수 μ가 감소(분자들 사이의 응집력이 점성 좌우)

기체 $\xrightarrow{\text{온도증가}}$ 마찰 심해짐. 점성계수 μ가 증가

(분자의 운동에너지가 점성 지배 – 분자가 활발히 움직임)

3. 동점성계수

$$\text{동점성계수}(\nu) = \frac{\mu}{\rho} = \frac{\text{g/cm} \cdot \text{s}}{\text{g/cm}^3} = \text{cm}^2/\text{s}$$

$1\text{stokes} = 1\text{cm}^2/\text{s}\ [L^2 T^{-1}]$

11 이상기체(완전기체)

1. 완전기체

실제기체(공기, CO_2, NO_2, O_2)는 밀도가 작고 비체적이 클수록, 온도가 높고 압력이 낮을수록, 분자 간 척력이 작을수록(분자 간 거리가 멀다) 이상기체에 가깝다. → $Pv = RT$를 만족

2. 아보가드로 법칙

정압(1기압), 등온(0℃)하에서 이상기체는 같은 체적(22.4ℓ) 속에 같은 수의 분자량(6×10^{23}개)을 갖는다.

① 정압, 등온 : $Pv = RT$

$P_1 v_1 = R_1 T_1$ ························ ⓐ

$P_2 v_2 = R_2 T_2$ ························ ⓑ

ⓐ에서 $P_1 = \frac{R_1}{v_1} T_1$, $P_1 = P_2$이므로

ⓑ에 대입하면 $\frac{R_1}{v_1} T_1 v_2 = R_2 T_2$ (여기서, $T_1 = T_2$이므로)

$\frac{v_2}{v_1} = \frac{R_2}{R_1}$ ························ ⓒ

② 같은 체적 속에 같은 분자량(M)수

$M \cdot v = C \rightarrow M_1 v_1 = M_2 v_2$

$\frac{v_2}{v_1} = \frac{M_1}{M_2}$ ························ ⓓ

ⓒ=ⓓ에서 $\frac{R_2}{R_1} = \frac{M_1}{M_2}$

$\therefore M_1 R_1 = M_2 R_2 = MR = C = \overline{R}$: 일반기체상수(표준기체상수)

3. 이상기체 상태방정식

$PV = n\overline{R}T$ $\left[n(\text{몰수}) = \dfrac{m(\text{질량})}{M(\text{분자량})}\right]$

$PV = \dfrac{m}{M}\overline{R}T \left(MR = \overline{R} \text{에서 } \dfrac{\overline{R}}{M} = R\right)$

$PV = mRT$ (SI 단위)

$\dfrac{PV}{T} = mR = C \rightarrow \dfrac{P_1V_1}{T_1} = \dfrac{P_2V_2}{T_2}$ (보일－샤를 법칙)

$PV = mRT \rightarrow Pv = RT$ $\left[v(\text{비체적}) = \dfrac{V}{m}\right]$

SI 단위	공학단위
$v = \dfrac{1}{\rho}$ $\dfrac{P}{\rho} = RT$ $P \cdot \dfrac{V}{m} = RT$ $PV = mRT$	$v = \dfrac{1}{\gamma}$ $\dfrac{P}{\gamma} = RT$ $P \cdot \dfrac{V}{G} = RT$ $PV = GRT$

참고

이상기체 상태방정식에서 참고사항

- 밀도가 낮은 기체는 보일(온도)－샤를(압력) 법칙을 따른다.
- 밀도가 낮다는 조건하에서 실험적 관찰에 근거
- 밀도가 높은 기체는 이상기체 상태방정식에서 상당히 벗어난다.

(이상기체 거동에서 얼마나 벗어나는지를 알 수 있는데, $PV = Zn\overline{R}T$에서 압축성인자 $Z = 1$일 때 이상기체 상태방정식이고, Z값이 1에서 벗어난 정도가 실제기체 상태방정식과 이상기체 상태방정식의 차이를 나타낸다.)

4. 일반(표준)기체상수($\overline{R}$)

공기를 이상기체로 보면(온도 : 0℃, 압력 : 1atm, 1kmol 조건)

$PV = n\overline{R}T$에 대입하면

(1mol → 22.4L, 1kmol → 10^3mol, 1atm＝1.0332kgf/cm^2, MKS 단위계로 환산)

$$\overline{R} = \frac{P \cdot V}{n \cdot T} = \frac{1.0332 \times 10^4 \text{kgf/m}^2 \times 22.4 \times 10^{-3} \times 10^3 \text{m}^3}{1\text{kmol} \times (273 + 0℃)\text{K}}$$

$\fallingdotseq 848\text{kgf} \cdot \text{m/kmol} \cdot \text{K}$(공학)

$\fallingdotseq 8,314.4\text{N} \cdot \text{m/kmol} \cdot \text{K}$(SI)

$\fallingdotseq 8,314.4\text{J/kmol} \cdot \text{K}$

$\fallingdotseq 8.3144\text{kJ/kmol} \cdot \text{K}$

$PV = mRT$(SI)에서 기체상수 R의 단위를 구해보면 몰수 $n = \dfrac{m}{M}$을 이용하여

$$M = \frac{m}{n} = \frac{\text{kg}}{\text{kmol}},\ MR = \overline{R}$$

$$R = \frac{\overline{R}}{M} = \frac{\text{N} \cdot \text{m/kmol} \cdot \text{K}}{\text{kg/kmol}} = \text{N} \cdot \text{m/kg} \cdot \text{K(SI)} = \text{J/kg} \cdot \text{K}\text{(SI 단위)}$$

$PV = mRT \times \dfrac{g}{g}$ (SI 단위의 R값을 g로 나누면 공학단위의 R단위로 바뀐다.)

$PV = GRT$ $\left(G = m \cdot g,\ R\ \text{공학단위} = \dfrac{R(\text{SI단위})}{g}\ (\text{SI단위 일 J} \rightarrow \text{kgf} \cdot \text{m})\right)$

$$R\ \text{공학단위} : \frac{R}{g} = \frac{\dfrac{\text{kgf} \cdot \text{m}}{\text{kg} \cdot \text{K}}}{g} = \frac{\text{kgf} \cdot \text{m}}{\text{kgf} \cdot \text{K}}\ (\because \text{kg} \cdot g \Rightarrow \text{kgf})$$

(예) 공기의 기체상수(R)를 구해보면

공기분자량 → 28.97kg/kmol (SI)

$$R = \frac{\overline{R}}{M}\text{에서}\ \frac{8,314.4\dfrac{\text{J}}{\text{kmol} \cdot \text{K}}}{28.97\dfrac{\text{kg}}{\text{kmol}}} = 287\text{J/kg} \cdot \text{K (SI)}\ \left(n = \frac{m}{M}\text{에서}\ M = \frac{m}{n} = \frac{\text{kg}}{\text{kmol}}\right)$$

$$\frac{848\dfrac{\text{kgf} \cdot \text{m}}{\text{kmol} \cdot \text{K}}}{28.97\dfrac{\text{kgf}}{\text{kmol}}} = 29.27\text{kgf} \cdot \text{m/kgf} \cdot \text{K (공학)}$$

12 체적탄성계수(K)와 압축률(β)

1. 체적탄성계수 : $K = \dfrac{1}{\beta}$ (β : 압축률)

- 유압장치에서 보통압력에서는 비압축성으로 고려될지라도 고압에서는 상당한 밀도 변화가 있다.
- 유압유체의 압축성계수(압축률)들도 역시 고압하에서는 심하게 변한다.
- 비정상 유동을 포함한 문제에서는 유체의 압축성과 경계 구조물의 탄성을 고려하여야 한다.
- 적당한 압력에서는 액체가 비압축성으로 고려되지만 높은 압력에서는 압축성 효과가 중요시될 수 있다. 이때 유체 내의 압력과 밀도변화를 K와 β를 이용하여 나타낸다.

2. 압축률(β)

일정질량을 가진 압축성 유체가 밀폐용기에 들어 있을 때 유체에 미소압력(dP)을 가하면 압축되어 유체의 체적이 변하게 된다. 즉, 압축에너지가 유체에 탄성에너지로 저장되어 미소압력(dP)을 제거하면 본래의 체적으로 팽창하려고 한다.

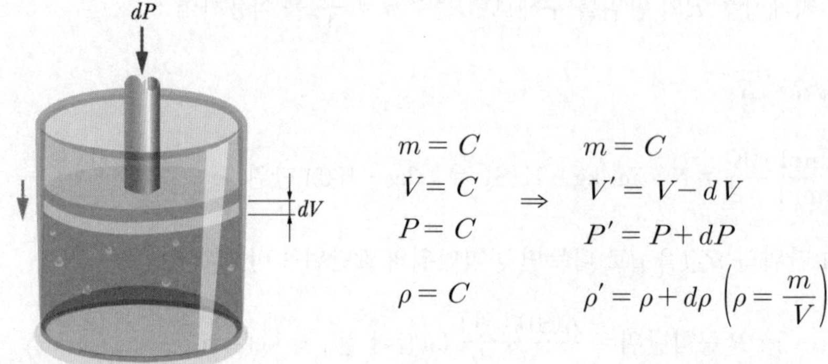

$$m=C \quad V=C \quad P=C \quad \rho=C \quad \Rightarrow \quad m=C \quad V'=V-dV \quad P'=P+dP \quad \rho'=\rho+d\rho \left(\rho=\frac{m}{V}\right)$$

$$\beta=\frac{\text{체적변화율}}{\text{미소압력변화}}=\frac{-\frac{dV}{V}}{dP}=-\frac{1}{V}\frac{dV}{dP} \quad \cdots\cdots\cdots \text{ⓐ (체적감소)}$$

$$K=\frac{1}{\beta}=-V\frac{dP}{dV} \quad \cdots\cdots\cdots \text{ⓑ } (\sigma=K\varepsilon_v \text{ 연관})$$

여기서, $\ominus\left(\frac{dV}{V}\right)\rightarrow\oplus\left(\frac{d\rho}{\rho}\right)$($m=C$이므로)

밀도가 체적만의 함수이므로 체적변화를 밀도변화로 볼 수 있다.

$$K=\oplus\frac{dP}{\frac{d\rho}{\rho}} \text{ (밀도증가)}$$

$$K=+\rho\frac{dP}{d\rho}\rightarrow\left(\text{참고 : } \alpha_s=\sqrt{\frac{dP}{d\rho}}=\sqrt{\frac{K}{\rho}}=C\right)$$

압축성 유체(기체)에서 발생하는 압력교란은 유체의 상태에 의해 결정되는 속도[음속(α_s)]로 전파된다.

3. 등온과정에서 체적탄성계수

$$\frac{PV}{T}=C,\ T=C\text{이므로 } PV=C \quad \begin{cases} P=\frac{C}{V}\text{미분} \\ \frac{dP}{dV}=-CV^{-2} \end{cases}$$

따라서 ⓑ식에 대입하면

$$K=-V(-CV^{-2})=\frac{C}{V}=P\ (\because\ C=PV)$$

$$\therefore K=P$$

4. 단열변화에서 체적탄성계수

$$PV^k = C \rightarrow P = \frac{C}{V^k} \xrightarrow{\text{미분}} \frac{dP}{dV} = -kCV^{-k-1}$$

$$\frac{dP}{dV} = -kCV^{-k}V^{-1}$$

ⓑ식에 대입하면

$K = -V(-kCV^{-k}V^{-1}) = kCV^{-k} = kP$ ($\because$ $C = PV^k$)

$\therefore$ $K = kP$ (k : 비열비)

5. 유체 내에서 압력파의 속도 : α_s 또는 C

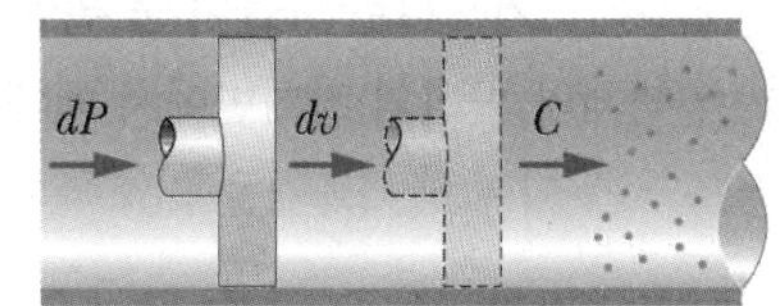

그림처럼 피스톤을 이동시키면 압축에 의해 교란을 일으켜 압력파는 관 안에서 속도 $\alpha_s(C)$로 전파된다. 이 속도가 음속이다.

유체 내의 교란에 의하여 생긴 압력파의 전파속도(음속)는

$$\alpha_s = \sqrt{\frac{dP}{d\rho}} = \sqrt{\frac{K}{\rho}}$$

① 등온일 때

$K = P$, $Pv = RT$를 조합, $\alpha_s = \sqrt{\frac{P}{\rho}} = \sqrt{RT}$: SI단위 $R \rightarrow$ N · m/kg · K(J/kg · K)

$= \sqrt{gRT}$: 중력단위계($R \rightarrow$ kgf · m/kgf · K)

$$v = \frac{1}{\rho} = \frac{1}{\gamma} = \frac{1}{\rho \cdot g}$$

(SI) (중력)

② 단열일 때

$K = kP$, $Pv = RT$를 조합하면,

$\alpha_s = \sqrt{\frac{K}{\rho}} = \sqrt{\frac{kP}{\rho}} = \sqrt{kRT}$ (SI 단위)$= \sqrt{kgRT}$ (중력단위)

㉮ 공기 속에서 음속 → 지구는 단열계로 해석(공기비열비 $k = 1.4$, 상온 15℃)

SI 단위로 구해보면 $\alpha_s = \sqrt{1.4 \times 287 \times (273 + 15)} = 340\text{m/s}$

참고

소리의 전달은 음파의 파장이 매체를 통하여 전달되므로 전달속도는 매체의 밀도가 높을수록 빨라져 공기(기체) < 물(액체) < 쇠(고체) 순이 된다.

13 표면장력과 모세관 현상

1. 표면장력(σ)

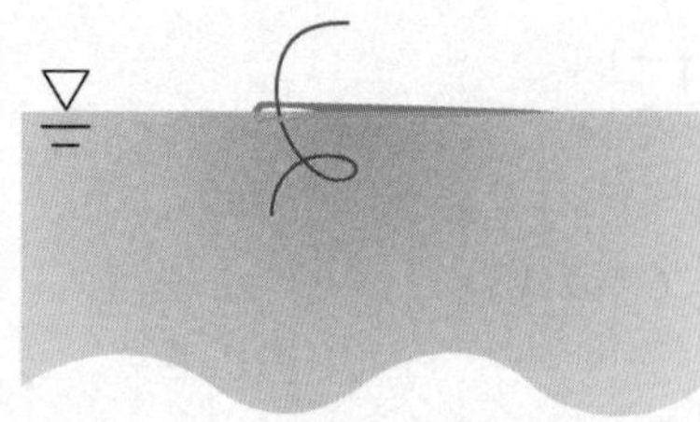

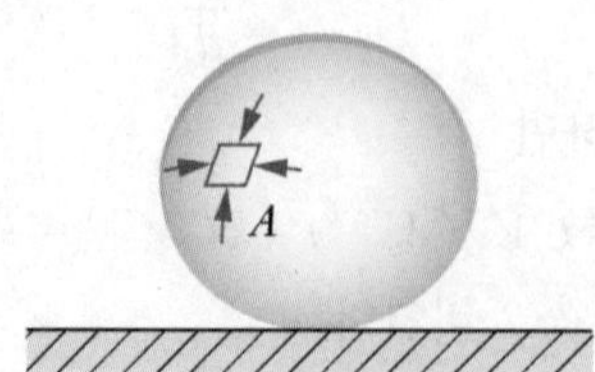

- 액체가 자유표면(기체와 액체의 경계면)을 최소화하려는 성질

  예 풀잎 위의 이슬방울은 표면적을 가장 적게 하기 위해 동그랗게 구슬모양의 물방울이 됨

  – 가느다란 바늘이 물 위에 뜨는 것(물의 응집력 때문)
- 액체와 공기의 경계면에서 액체분자의 응집력이 공기분자와 액체분자 사이에 작용하는 부착력보다 크게 되어 액체표면을 최소화하려는 힘이 발생한다.

  $$\text{표면장력}(\sigma) = \frac{\text{일}}{\text{단위면적}} = \frac{\mathrm{N \cdot m}}{\mathrm{m}^2} = \mathrm{N/m}\,(\text{선분포})$$
- 액체표면에 있는 분자는 표면에 접선인 방향으로 끌어당기는 힘
- 단위 표면적의 액막을 형성 · 유지시키기 위해서 액체 분자를 표면까지 가져오는 데 필요한 일에너지

참고

- 응집력 : 종류가 같은 분자들 사이에 작용하는 인력
- 부착력 : 종류가 다른 분자들 사이에 작용하는 인력

① 액체실린더

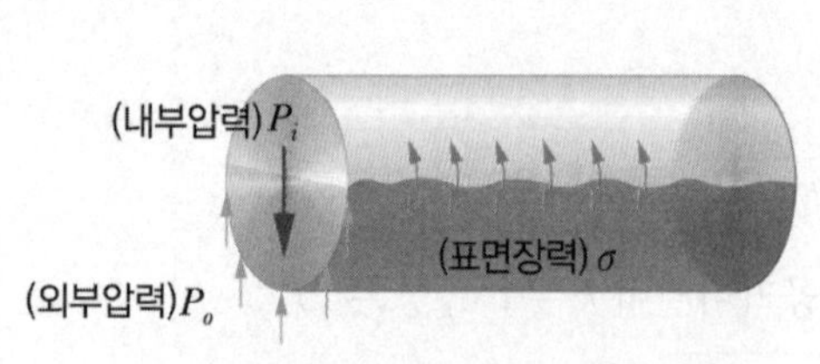

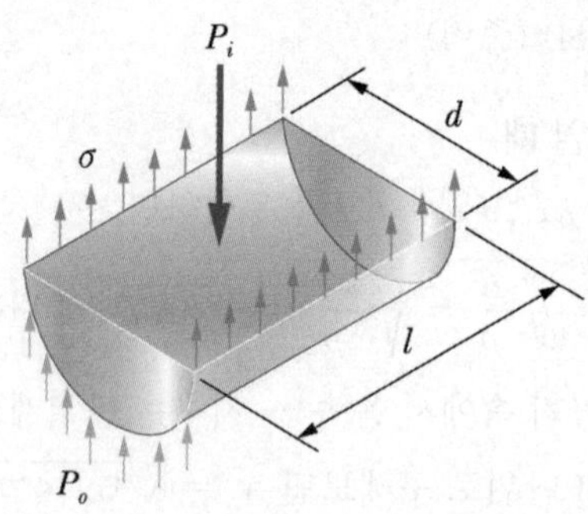

$\sum F_y = 0 : -P_i \cdot d \cdot l + P_o \cdot d \cdot l + \sigma \cdot 2l = 0$(압력 → 투사면적)

$\sigma \cdot 2l = (P_i - P_o)d \cdot l$

$\therefore \sigma = \dfrac{\Delta P \cdot d}{2}$ ($\Delta P = P_i - P_o$: 내부와 외부 압력차)

② 꽉 찬 물방울의 표면장력

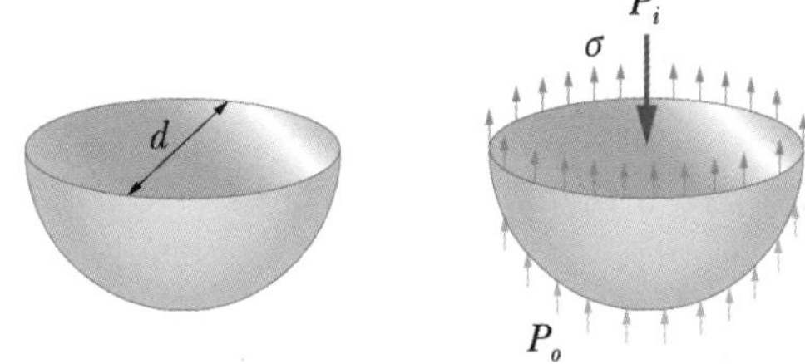

$$-P_i\frac{\pi}{4}d^2 + P_o\frac{\pi}{4}d^2 + \sigma \cdot \pi d = 0 \text{ (압력 → 투사면적)}$$

$$\sigma \cdot \pi d = (P_i - P_o)\frac{\pi}{4}d^2$$

$$\therefore\ \sigma = \frac{\Delta P \cdot d}{4}$$

2. 모세관 현상 : 직경이 작은 관(모세관)

① 가는 관을 액체가 들어 있는 용기에 세우면 액체의 응집력과 액체와 가는 관 사이에 작용하는 부착력의 차이에 의해 액체가 올라가거나 내려가는 현상

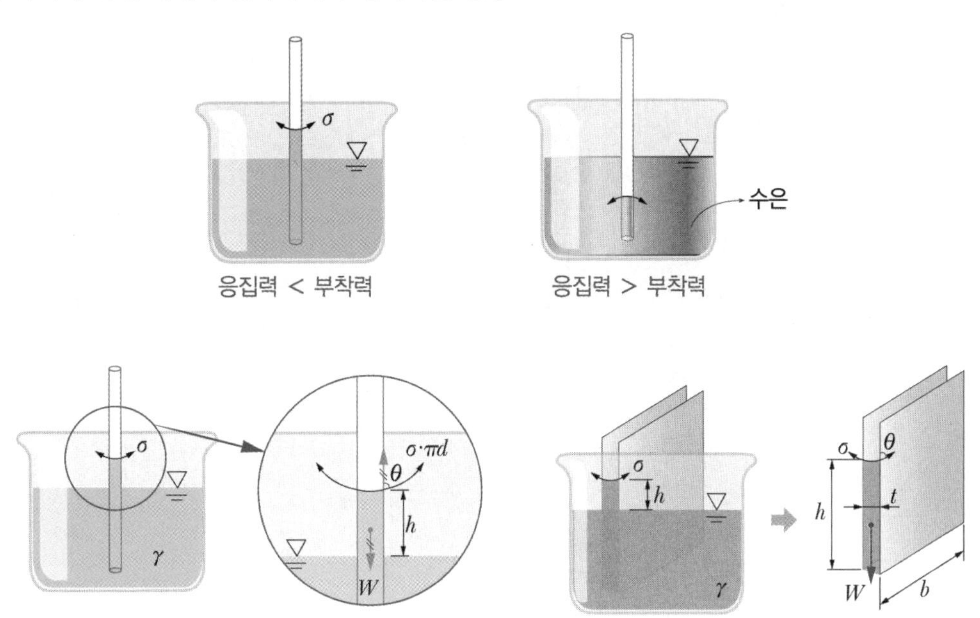

② 액체의 무게(올라감 또는 내려감) = 표면장력의 수직분력

$\sum F_y = 0$:

$$\pi d\sigma\cos\theta - W = 0,\ W = \gamma \cdot V \left(V = \frac{\pi}{4}d^2 h \right)$$

$$\pi d\sigma\cos\theta - \gamma\frac{\pi d^2}{4}h = 0$$

$$\therefore\ h = \frac{4\pi d\sigma\cos\theta}{\gamma\pi d^2} = \frac{4\sigma\cos\theta}{\gamma d}$$

③ h(증류수) > h(상수도) : 동일한 시험관직경에 대해

가는 관이 기울어져 있어도 모세관 현상에 의해 액체가 올라가는 높이는 변함없이 같다.

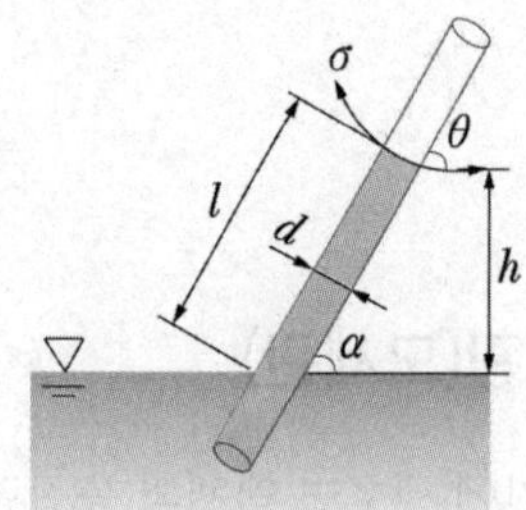

핵심 기출 문제

01 다음과 같이 유체의 정의를 설명할 때 괄호 속에 가장 알맞은 용어는 무엇인가?

> 유체란 아무리 작은 ( )에도 저항할 수 없어 연속적으로 변형하는 물질이다.

① 수직응력 ② 중력
③ 압력 ④ 전단응력

해설

유체는 전단응력을 받으면 연속적으로 변형되며 고체는 전단응력을 받으면 불연속적으로 변형된다.

02 어떤 유체의 밀도가 741kg/m³이다. 이 유체의 비체적은 약 몇 m³/kg인가?

① 0.78×10^{-3} ② 1.35×10^{-3}
③ 2.35×10^{-3} ④ 2.98×10^{-3}

해설

비체적 $\nu = \frac{1}{\rho} = \frac{1}{741} = 1.35 \times 10^{-3}\text{m}^3/\text{kg}$

03 간격이 10mm인 평행 평판 사이에 점성계수가 14.2poise인 기름이 가득 차 있다. 아래쪽 판을 고정하고 위의 평판을 2.5m/s인 속도로 움직일 때, 평판 면에 발생되는 전단응력은?

① 316N/cm^2 ② 316N/m^2
③ 355N/m^2 ④ 355N/cm^2

해설

$$1\text{poise} = \frac{1\text{g}}{\text{cm} \cdot \text{s}} \times \frac{1\text{dyne} \cdot \text{s}^2}{\text{g} \cdot \text{cm}} = 1\text{dyne} \cdot \text{s/cm}^2$$

$\mu = 14.2\text{poise}$ 이므로

$$14.2 \times \frac{\text{dyne} \cdot \text{s} \times \frac{1\text{N}}{10^5\text{dyne}}}{\text{cm}^2 \times \left(\frac{\text{m}}{100\text{cm}}\right)^2} = 14.2 \times \frac{1}{10}\text{N} \cdot \text{s/m}^2$$

$$\therefore \tau = \mu \cdot \frac{du}{dy} = 14.2 \times \frac{1}{10} \times \frac{2.5}{0.01} = 355\text{N/m}^2$$

04 점성계수의 차원으로 옳은 것은?(단, F는 힘, L은 길이, T는 시간의 차원이다.)

① FLT^{-2} ② FL^2T
③ $FL^{-1}T^{-1}$ ④ $FL^{-2}T$

해설

$$1\text{poise} = \frac{1\text{g}}{\text{cm} \cdot \text{s}} \times \frac{1\text{dyne}}{1\text{g} \times \frac{\text{cm}}{\text{s}^2}} = 1\frac{\text{dyne} \cdot \text{s}}{\text{cm}^2}$$

→ FTL^{-2}차원

05 뉴턴의 점성법칙은 어떤 변수(물리량)들의 관계를 나타낸 것인가?

① 압력, 속도, 점성계수
② 압력, 속도기울기, 동점성계수
③ 전단응력, 속도기울기, 점성계수
④ 전단응력, 속도, 동점성계수

해설

$$\tau = \mu \cdot \frac{du}{dy} = \frac{F}{A}$$

정답 01 ④ 02 ② 03 ③ 04 ④ 05 ③

06 점성계수 0.3poise, 동점성계수는 2stokes인 유체의 비중은?

① 6.7 ② 1.5
③ 0.67 ④ 0.15

해설

동점성계수 $\nu = \frac{\mu}{\rho}$에서

$$\rho = \frac{\mu}{\nu} = \frac{0.3\frac{\text{g}}{\text{cm}\cdot\text{s}}}{2\frac{\text{cm}^2}{\text{s}}} = 0.15\text{g/cm}^3$$

$$s = \frac{\rho}{\rho_w} = \frac{0.15\text{g/cm}^3}{1\text{g/cm}^3} = 0.15$$

07 이상기체 2kg이 압력 98kPa, 온도 25℃ 상태에서 체적이 0.5m³였다면 이 이상기체의 기체상수는 약 몇 J/kg · K인가?

① 79 ② 82
③ 97 ④ 102

해설

$PV = mRT$에서

$$R = \frac{P \cdot V}{mT} = \frac{98\times 10^3 \times 0.5}{2\times(25+273)} = 82.21\text{J/kg}\cdot\text{K}$$

08 어떤 액체가 800kPa의 압력을 받아 체적이 0.05% 감소한다면, 이 액체의 체적탄성계수는 얼마인가?

① 1,265kPa ② 1.6×10^4kPa
③ 1.6×10^6kPa ④ 2.2×10^6kPa

해설

체적탄성계수

$$K = \frac{1}{\beta(\text{압축률})} = \frac{1}{-\frac{\frac{dV}{V}}{dP}}$$

$$= \frac{\Delta P}{-\frac{\Delta V}{V}}\ [(-)\text{는 체적감소를 의미}]$$

$$= \frac{\Delta P}{\varepsilon_V} = \frac{800}{\frac{0.05}{100}} = 1.6\times10^6\text{kPa}$$

09 다음 중 체적탄성계수와 차원이 같은 것은?

① 체적 ② 힘
③ 압력 ④ 레이놀즈(Reynolds)수

해설

$\sigma = K\cdot\varepsilon_V$에서 체적변형률 ε_V는 무차원이므로 체적탄성계수 K는 응력(압력) 차원과 같다.

10 어떤 액체의 밀도는 890kg/m³, 체적탄성계수는 2,200MPa이다. 이 액체 속에서 전파되는 소리의 속도는 약 몇 m/s인가?

① 1,572 ② 1,483
③ 981 ④ 345

해설

음속 $C = \sqrt{\frac{K}{\rho}} = \sqrt{\frac{2{,}200\times10^6}{890}} = 1{,}572.23\text{m/s}$

11 동점성계수가 10cm²/s이고 비중이 1.2인 유체의 점성계수는 몇 Pa · s인가?

① 0.12 ② 0.24
③ 1.2 ④ 2.4

정답 06 ④ 07 ② 08 ③ 09 ③ 10 ① 11 ③

해설

동점성계수 $\nu = 10\frac{cm^2}{s} \times \left(\frac{1m}{100cm}\right) = 10^{-3}m^2/s$

$\nu = \frac{\mu}{\rho} \rightarrow \mu = \rho \cdot \nu = S \cdot \rho_w \cdot \nu$

$= 1.2 \times 1,000\frac{kg}{m^3} \times 10^{-3}m^2/s$

$= 1.2kg/m \cdot s$

$= 1.2\frac{kg}{m \cdot s} \times \frac{1N \cdot s^2}{kg \cdot m}$

$= 1.2\frac{N \cdot s}{m^2} = 1.2Pa \cdot s$

12 밀도가 ρ인 액체와 접촉하고 있는 기체 사이의 표면장력이 σ라고 할 때 그림과 같은 지름 d의 원통 모세관에서 액주의 높이 h를 구하는 식은?(단, g는 중력가속도이다.)

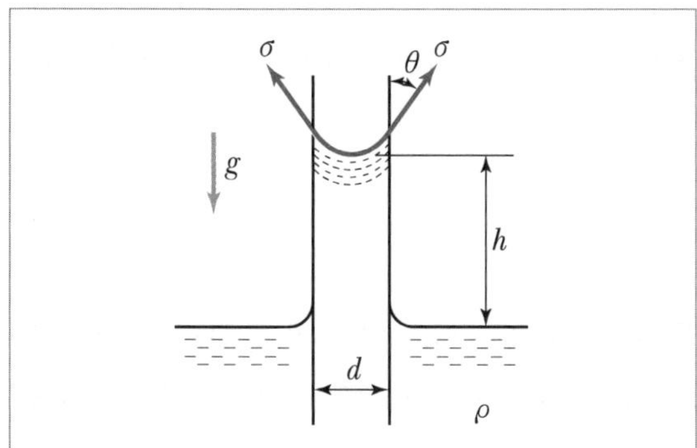

① $\frac{\sigma \sin\theta}{\rho g d}$　② $\frac{\sigma \cos\theta}{\rho g d}$
③ $\frac{4\sigma \sin\theta}{\rho g d}$　④ $\frac{4\sigma \cos\theta}{\rho g d}$

해설

$h = \frac{4\sigma\cos\theta}{\gamma d} = \frac{4\sigma\cos\theta}{\rho \cdot gd}$

13 평균 반지름이 R인 얇은 막 형태의 작은 비눗방울의 내부 압력을 P_i, 외부 압력을 P_o라고 할 경우, 표면장력(σ)에 의한 압력 차($|P_i - P_o|$)는?

① $\frac{\sigma}{4R}$　② $\frac{\sigma}{R}$　③ $\frac{4\sigma}{R}$　④ $\frac{2\sigma}{R}$

해설

$(P_i - P_o)\pi R^2 = \sigma \times 2\pi R \times 2$

$\therefore P_i - P_o = \frac{4\pi R\sigma}{\pi R^2} = \frac{4\sigma}{R}$

14 표면장력의 차원으로 맞는 것은?(단, M : 질량, L : 길이, T : 시간)

① MLT^{-2}　② ML^2T^{-1}
③ $ML^{-1}T^{-2}$　④ MT^{-2}

해설

표면장력은 선분포(N/m)의 힘이다.

$\frac{N}{m} \times \frac{1kg \cdot m}{1N \cdot s^2} = kg/s^2 \rightarrow MT^{-2}$ 차원

15 지름의 비가 1 : 2인 2개의 모세관을 물속에 수직으로 세울 때, 모세관 현상으로 물이 관 속으로 올라가는 높이의 비는?

① 1 : 4　② 1 : 2
③ 2 : 1　④ 4 : 1

해설

$d_1 : d_2 = 1 : 2$

$\therefore d_2 = 2d_1$

$h = \frac{4\sigma\cos\theta}{\gamma d}$에서 $h_1 = \frac{4\sigma\cos\theta}{\gamma d_1}$

$h_2 = \frac{4\sigma\cos\theta}{\gamma d_2} = \frac{4\sigma\cos\theta}{\gamma 2d_1} = \frac{h_1}{2}$

$\therefore h_1 = 2h_2 \rightarrow h_1 : h_2 = 2 : 1$

정답 12 ④ 13 ③ 14 ④ 15 ③

04 유체정역학

1 유체정역학

정지유체 내에서 압력장을 구할 수 있는 방정식을 찾는 것이 이 장의 목표이다.

1. 유체역학의 분류

① 유체정역학 : $\sum F=0$ → 정지된 유체의 해석
② 유체동역학 : $\sum F=ma$ → 유체입자에 뉴턴의 운동법칙을 적용하여 유체의 운동을 고찰

2. 유체정역학의 압력장

정지된 유체에서는 유체입자 간에 상대적 운동이 없어 전단응력이 발생할 수 없으므로 정지하고 있거나 "강체운동"하는 유체는 오직 수직응력만 유지할 수 있다. 즉, 정지유체 내에서는 전단응력이 나타날 수 없기 때문에 유일한 표면력은 압력에 의한 힘뿐이다.

압력은 유체 내에서 → 압력장의 양(Field Quantity) → $P=P(x,\,y,\,z)$ 위치에 따라 변한다(정지유체는 시간과 무관).

3. 유체정역학의 이용

유체정역학의 원리를 이용하면 유체 속에 잠겨 있는 물체에 작용하는 힘(예 잠수함, 수문)을 구할 수 있고, 압력을 측정할 수 있는 기구도 개발할 수 있으며, 산업용 프레스나 자동차의 브레이크와 같은 응용 분야의 유압장치에서 발생하는 힘을 구할 수도 있다.

2 압력(Pressure)

1. 압력

압력이란 면적에 작용하는 힘의 크기를 나타낸다.

압력 $P=\dfrac{F}{A}$ (면적분포)

단위 : N/m^2, kgf/cm^2, $dyne/cm^2$, mAq, mmHg, bar, atm, hPa, mbar

$1Pa=1N/m^2$, $1psi=1lb/inch^2$

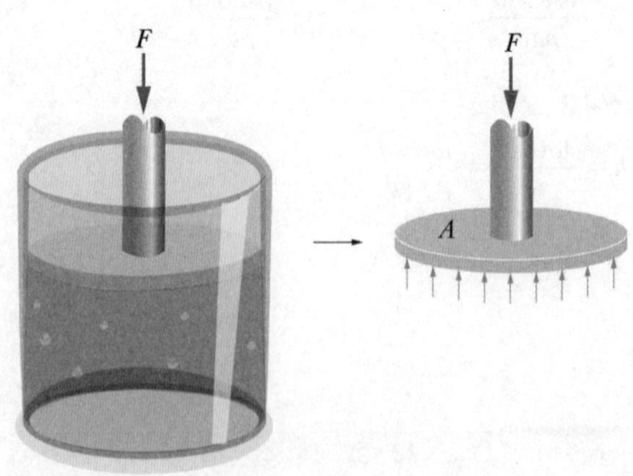

2. 전압력(F)

유체역학에서 전압력은 힘에 해당한다.

$F = P \cdot A$

3 압력의 종류

1. 대기압

대기(공기)에 의해 누르는 압력을 의미하며, 국소대기압과 표준대기압으로 나뉜다.

① **국소대기압** : 그 지방의 고도와 날씨 등에 따라 변하는 대기압

(예) 높은 산 위에 올라가면 대기압이 낮아져 코펠 뚜껑 위에 돌을 올려 놓고 밥을 함

② **표준대기압** : 표준해수면에서 측정한 국소대기압의 평균값

- 표준대기압(Atmospheric Pressure)

  1atm = 760mmHg(수은주 높이)
  = 10.33mAq(물 높이)
  = 1.0332kgf/cm^2
  = 1,013.25mbar

- 공학기압 : 1ata = 1kgf/cm^2

2. 게이지 압력

압력계(게이지 압력)는 국소대기압(P_0)을 기준으로 하여 측정하려는 압력과 국소대기압의 차를 측정하며, 이 측정값을 계기압력(P_g)이라고 한다.

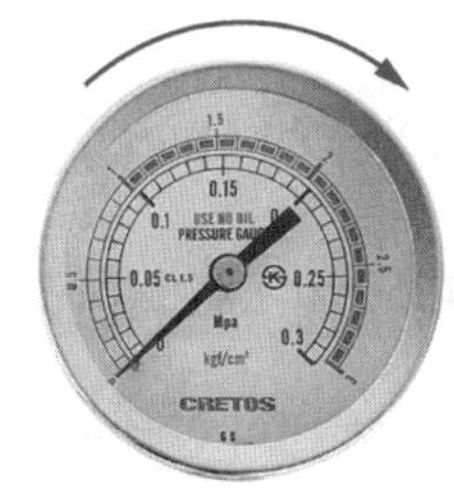

3. 진공압

진공계로 측정한 압력으로, 국소대기압보다 낮은 압력을 의미하며 (−) 압력값을 가지므로 부압이라고도 한다.

- 진공도 = $\dfrac{\text{진공압}}{\text{국소대기압}} \times 100\%$
- 절대압 = (1 − 진공도)×국소대기압

4. 절대압력

완전진공을 기준으로 측정한 압력이며 완전진공일 때의 절대압력은 "0"이다.

- - - - - - - - - - 절대압력
+ 계기압
———— 국소대기압
− 진공압
- - - - - - - - - - 절대압력

———— "0"

∴ 절대압 = 국소대기압 + 계기압($P_{abs} = P_0 + P_g$)
절대압 = 국소대기압 − 계기압(진공압)

※ 이상기체나 다른 상태 방정식들에 관한 모든 계산에서 압력은 절대압력을 사용

예 제

국소대기압이 730mmHg이고 진공도가 20%일 때 절대압력은 몇 mmHg, 몇 kgf/cm²인가?

해설 진공도 $= \dfrac{\text{진공압}}{\text{국소대기압}} \times 100\% = 20\%$

진공압 = 0.2×국소(730mmHg) = 146mmHg

절대압 = 국소 − 진공압 = 730 − 146 = 584mmHg

[방법 1] 760 : 1.0332 = 584 : x

$\therefore x = 0.794\text{kgf/cm}^2$

[방법 2] 단위환산 1값을 사용하면 $584\text{mmHg} \times \dfrac{1.0332\text{kgf/cm}^2}{760\text{mmHg}} = 0.794\text{kgf/cm}^2$

※ [방법 2]의 계산방식 추천

4 정지유체 내의 압력

1. 정지유체 내의 한점에서 압력

정지유체 내의 한점에서 작용하는 압력은 모든 방향에서 동일하다.

2. 압력의 작용

유체의 압력은 작용하는 면에 수직으로 작용한다(곡면은 투사면적을 사용).

3. 파스칼의 원리

그림처럼 밀폐용기 내에 가해진 압력은 모든 방향으로 동일한 압력이 전달된다(유체 내의 모든 점과 용기의 벽에 같은 크기로 전달된다. → 유압기기의 원리).

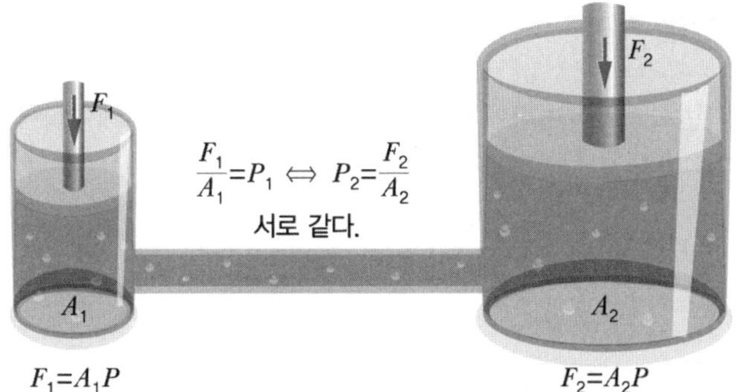

$P=\dfrac{F_1}{A_1}=\dfrac{F_2}{A_2} \Rightarrow A_2$가 크므로 A_2에 큰 힘이 작용(압력은 동일)

$F_2 = A_2P$(대)

$F_1 = A_1P$(소)

참고

- **정지유체 내의 압력은 작용하는 면에 항상 수직이다.**

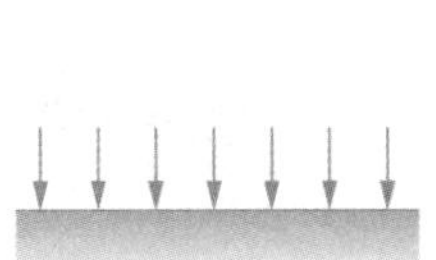
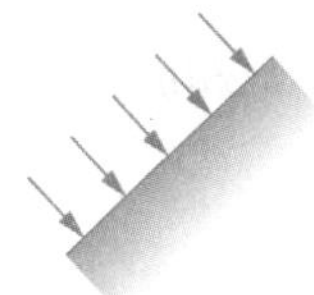
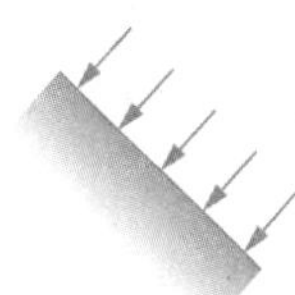

- **정지유체 내의 한 점에 작용하는 압력은 방향에 관계없이 일정하다.**

① 표면적

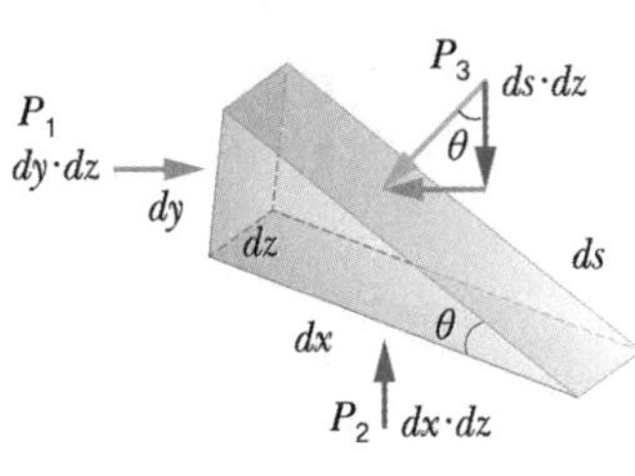

$\sum F_y = 0 : P_2 \cdot dx \cdot dz = P_3 \cdot ds \cdot dz \cdot \cos\theta,$

$ds\cos\theta = dx$

$\therefore P_2 \cdot dx \cdot dz = P_3 \cdot dx \cdot dz$

$\therefore P_2 = P_3$

$P_1 \cdot dy \cdot dz = P_3 \cdot ds \cdot dz \cdot \sin\theta,$

$ds \cdot \sin\theta = dy$

$P_1 \cdot dy \cdot dz = P_3 \cdot dy \cdot dz$

$\therefore P_1 = P_3$

따라서 $P_1 = P_2 = P_3$가 되며 한 점에 작용하는 압력은 모두 일정

② 체적력

미소요소 중량은 $\dfrac{\gamma \cdot dx \cdot dy \cdot dz}{2}$(3차의 미분량은 2차인 압력힘항에 비하여 너무 작으므로 무시)

5 정지유체 내의 압력변화

① 정지유체 내의 압력변화 : 거리변화에 따른 압력기울기(구배)는 유체역학에서 매우 중요

② Taylor series : 무한 미분가능한 함수를 급수로 전개하는 방법

$$f(x+dx)=f(x)+f'(x)\cdot dx+\frac{f''(x)}{2!}\cdot dx^2+\cdots+\frac{f^{(n-1)}(x)}{(n-1)!}\cdot dx^{n-1}$$

예 x방향 : $P+\frac{\partial P}{\partial x}dx+\frac{\frac{\partial^2 P}{\partial x^2}}{2!}dx^2$

$\left[dx^2 \text{ : 고차항 무시, 미소길이의 압력변화율}\left(\frac{\partial P}{\partial x}\right)\times\text{전체길이}(dx)\right]$

③ 정지유체에서는 시간에 대한 압력의 변화는 없으며, 압력은 유체 내에서 위치에 따라 변하므로 압력장은 $P=P(x, y, z)$이다.

④ 검사체적에서 유체의 힘 = 표면력(Surface Force) + 체적력(Body Force)

• x방향 : $\sum F_x=0$

$$P\cdot dydz-\left(P+\frac{\partial P}{\partial x}dx\right)dydz=0$$

$$-\frac{\partial P}{\partial x}dxdydz=0 \text{ (여기서, } dV=dxdydz=C)$$

$$\therefore -\frac{\partial P}{\partial x}dV=0,\ \frac{\partial P}{\partial x}=0$$

(x방향은 압력의 변화 없음)

• y방향 : $\sum F_y=0$

$$P\cdot dxdz-\left(P+\frac{\partial P}{\partial y}\partial y\right)dxdz=0$$

$$\therefore -\frac{\partial P}{\partial y}dV=0,\ \frac{\partial P}{\partial y}=0$$

(y방향은 압력의 변화 없음)

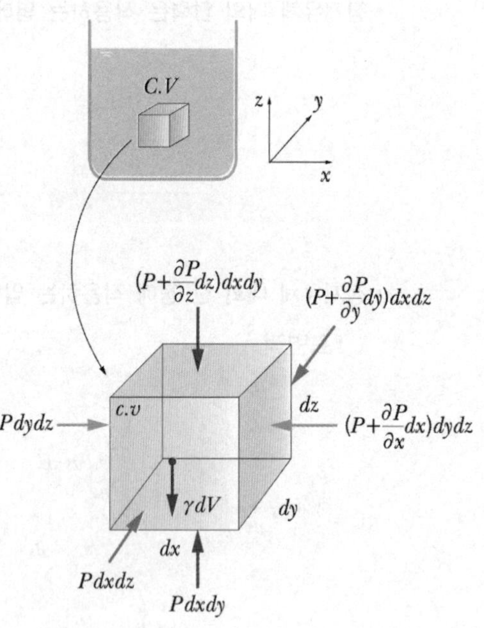

• z방향 : $\sum F_z=0$

$$P\cdot dxdy-\left(P+\frac{\partial P}{\partial z}\cdot dz\right)dxdy-\gamma\cdot dV=0$$

$$-\frac{\partial P}{\partial z}dzdxdy-\gamma\cdot dxdydz=0$$

$$\therefore \frac{\partial P}{\partial z}=-\gamma=-\rho\cdot g$$

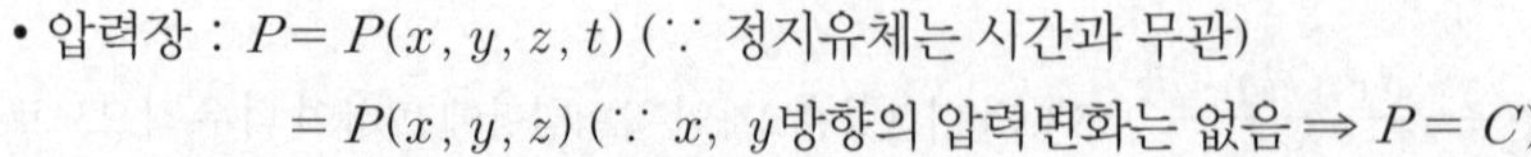

• 압력장 : $P=P(x, y, z, t)$ ($\because$ 정지유체는 시간과 무관)

$=P(x, y, z)$ ($\because x,\ y$방향의 압력변화는 없음 $\Rightarrow P=C$)

$\therefore P=P(z)$ (압력은 z만의 함수)

• $\frac{\partial P}{\partial z} \Rightarrow \frac{dP}{dz} = -\gamma$ (압력은 z만의 함수이므로 완전미분을 사용)

$dP = -\gamma \cdot dz$

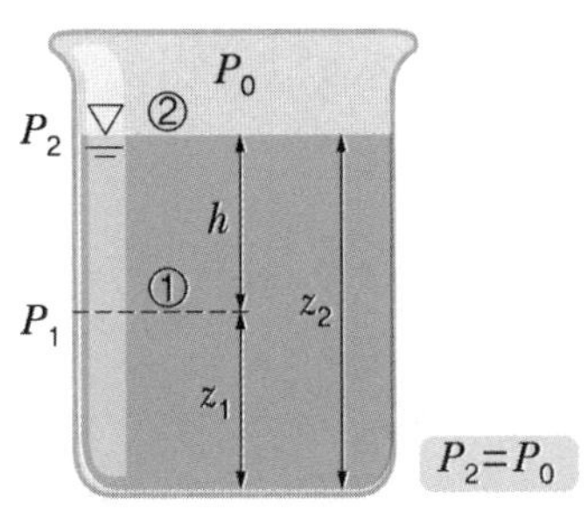

$\Rightarrow \int_1^2 dP = \int_1^2 -\gamma \cdot dz$

$P_2 - P_1 = -\gamma(z_2 - z_1)$

$P_1 = P_2 + \gamma(z_2 - z_1)$ ($\because$ P_2는 국소대기압$= P_0$)

$= P_0 + \gamma \cdot h$

($P_{abs} = P_0 + \gamma \cdot h$: 절대압력 = 국소대기압 + 게이지압)

만약 $P_0 = 0$이라 보면(대기압 무시)

$P_1 = \gamma \cdot h$[압력은 수직깊이(z)만의 함수]

⑤ 정지유체와 운동하는 유체 해석에 벡터의 개념 적용

$\overrightarrow{dF} = \overrightarrow{dF_S} + \overrightarrow{dF_B}$ ························ ⓐ

• 표면력만의 차(x, y, z방향)

$\overrightarrow{dF_S} = -\left(\frac{\partial P}{\partial x}i + \frac{\partial P}{\partial y}j + \frac{\partial P}{\partial z}k\right)dxdydz$ ·· ㉠

압력의 기울기 = 압력구배

여기에, 편미분 계수들로 이루어진 vector를 P의 gradient(기울기)

$$gradP \equiv \Delta DP \equiv \left(\frac{\partial P}{\partial x}i + \frac{\partial P}{\partial y}j + \frac{\partial P}{\partial z}k\right) \equiv \left(\frac{\partial}{\partial x}i + \frac{\partial}{\partial y}j + \frac{\partial}{\partial z}k\right)P$$

벡터장 $\overrightarrow{dF_S} = -gradP(dxdydz) \equiv -\Delta DPdxdydz$로 쓸 수 있다.

• 체적력 : $\overrightarrow{dF_B} = dW = \vec{g}\,dm = \vec{g} \cdot \rho \cdot dV = \gamma \cdot dV$ ······························ ㉡

• 유체에 작용하는 힘 : $dF = dm \cdot \vec{a} = \vec{a} \cdot \rho \cdot dV = \rho \cdot \vec{a} \cdot dV$ ··············· ㉢

(하나의 입자에 Newton's 2'nd Law 적용, 정지유체 $\vec{a} = 0$)

ⓐ식에 ㉠, ㉡, ㉢을 대입하면

$\rho \cdot \vec{a} \cdot dV = -gradP(dxdydz) + \rho \cdot \vec{g} \cdot dV$

양변 $\div dV$(또는 $dxdydz$)

$\rho \cdot \vec{a} = -gradP + \rho \cdot \vec{g}$ ················· ⓑ

단위체적당 힘 = 단위체적당 표면력+단위체적당 체적력

ⓑ식에서 정지유체면 $\vec{a} = 0$

$\therefore 0 = -gradP + \rho \cdot \vec{g}$

3개의 좌표성분에 적용하면

$$\left.\begin{aligned} x &: -\frac{\partial P}{\partial x}+\rho \cdot g_x = 0 \\ y &: -\frac{\partial P}{\partial y}+\rho \cdot g_y = 0 \\ z &: -\frac{\partial P}{\partial z}+\rho \cdot g_z = 0 \end{aligned}\right\} \cdots\cdots\cdots\cdots\cdots\cdots ⓒ$$

여기서, $g_x = 0,\ \frac{\partial p}{\partial x}=0,\ g_y = 0,\ \frac{\partial p}{\partial y}=0,\ g_z = -g$

압력은 z만의 함수

$$\frac{\partial p}{\partial z}=-\rho \cdot g \Rightarrow \frac{dp}{dz}=-\rho \cdot g$$

$$\therefore \frac{dP}{dz}=-\gamma$$

참고

$\rho \cdot \vec{a}=-gradP+\rho \cdot \vec{g}$는 강체운동하는 유체 ($\vec{a} \neq 0$)에 적용할 수 있다.

6 액주계

① 수은기압계 : 기압계 속에 있는 수은주의 높이를 측정함으로써 대기압을 알 수 있다.

$$P_㉠ = P_㉡$$

$$P_㉠ = P_0$$

$$P_㉡ = P_v + \gamma \cdot h$$

$$\therefore P_0 = P_v + \gamma \cdot h\ (\because \text{증발압 } P_v = 0)$$

$$= \gamma_{Hg} \cdot h\ (\text{여기서 } \gamma = \gamma_{Hg} = \gamma_{수은})$$

② 피에조미터 : 액주계의 액체와 측정하려는 유체가 동일(정압측정)하다.

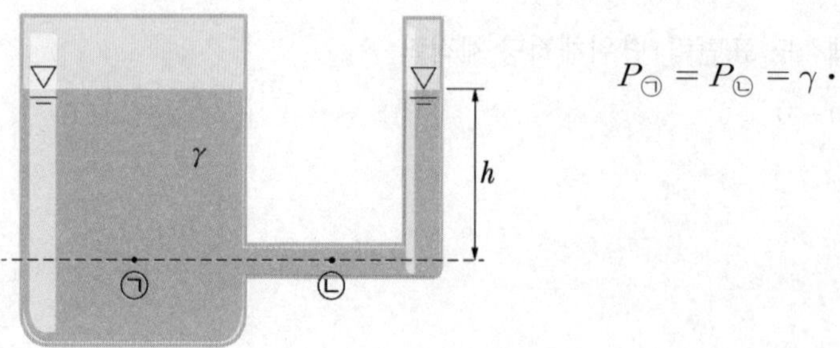

$$P_㉠ = P_㉡ = \gamma \cdot h$$

③ 마노미터 : 액주계의 액체와 측정하려는 유체가 다르다.

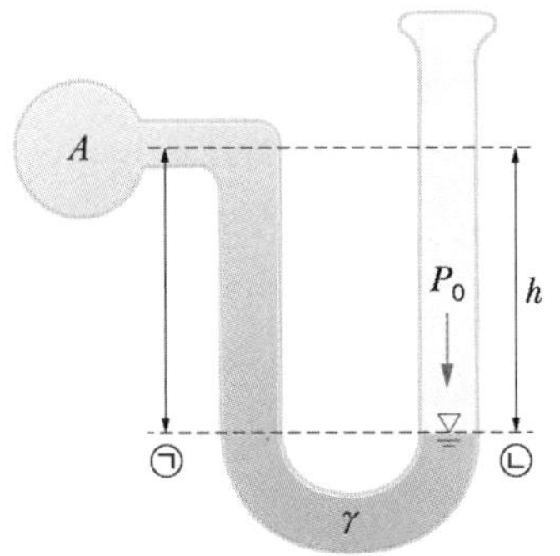

$P_{㉠} = P_{㉡}$

$P_{㉠} = P_A + \gamma \cdot h$

$P_{㉡} = P_0$

$P_A + \gamma \cdot h = P_0$

$\therefore\ P_A = P_0 - \gamma \cdot h =$ 국소대기압 − 진공압

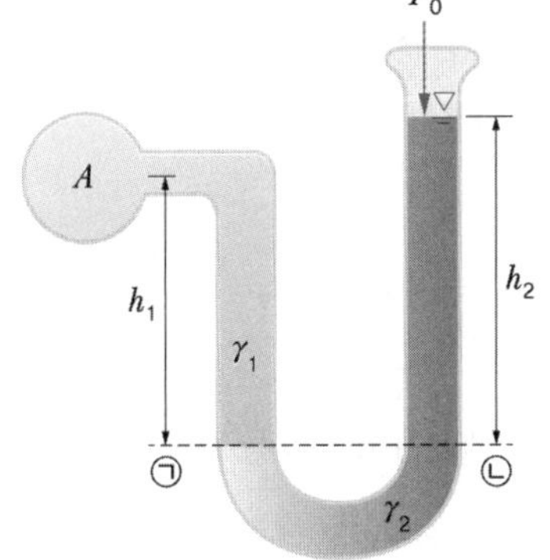

$P_{㉠} = P_{㉡}$

$P_{㉠} = P_A + \gamma_1 \cdot h_1$

$P_{㉡} = P_0 + \gamma_2 \cdot h_2$

$P_A + \gamma_1 \cdot h_1 = P_0 + \gamma_2 \cdot h_2$

$\therefore\ P_A - P_0 = \gamma_2 \cdot h_2 - \gamma_1 \cdot h_1$

④ 시차액주계 : 두 유체 사이의 압력차를 보여주는 액주계이다.

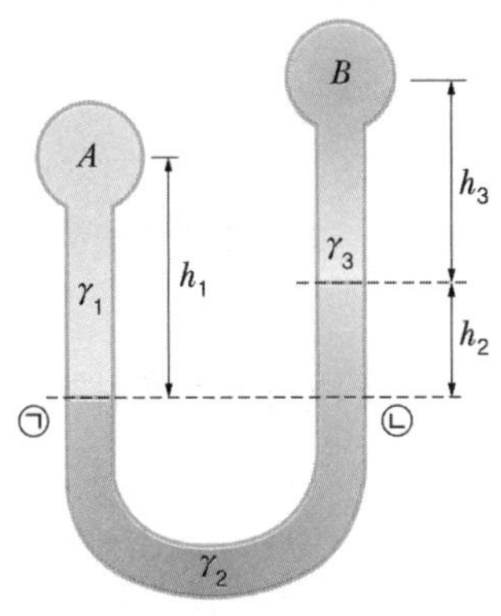

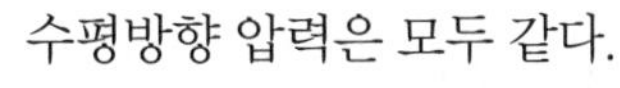
수평방향 압력은 모두 같다.

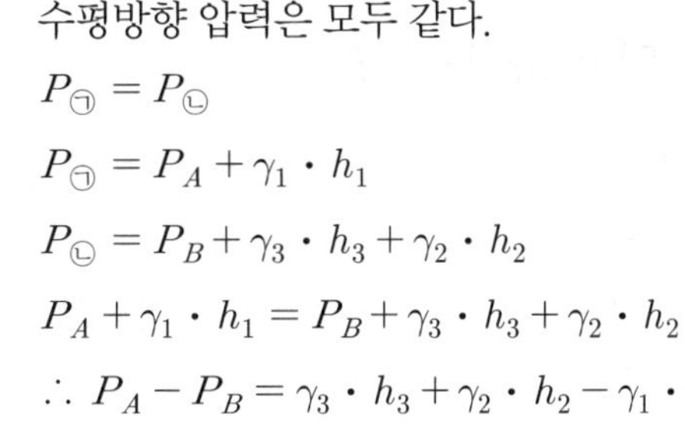
$P_{㉠} = P_{㉡}$

$P_{㉠} = P_A + \gamma_1 \cdot h_1$

$P_{㉡} = P_B + \gamma_3 \cdot h_3 + \gamma_2 \cdot h_2$

$P_A + \gamma_1 \cdot h_1 = P_B + \gamma_3 \cdot h_3 + \gamma_2 \cdot h_2$

$\therefore\ P_A - P_B = \gamma_3 \cdot h_3 + \gamma_2 \cdot h_2 - \gamma_1 \cdot h_1$

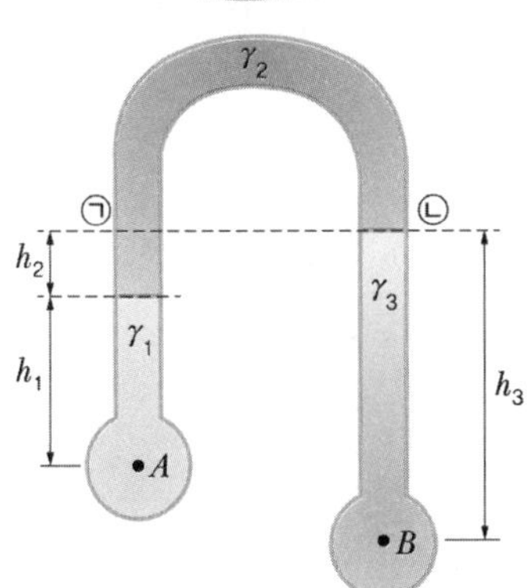

$P_{㉠} = P_{㉡}$

$P_{㉠} = P_A - \gamma_1 \cdot h_1 - \gamma_2 \cdot h_2$

$P_{㉡} = P_B - \gamma_3 \cdot h_3$

$P_A - \gamma_1 \cdot h_1 - \gamma_2 \cdot h_2 = P_B - \gamma_3 \cdot h_3$

$\therefore\ P_B - P_A = \gamma_3 \cdot h_3 - \gamma_1 \cdot h_1 - \gamma_2 \cdot h_2$

⑤ 벤투리미터

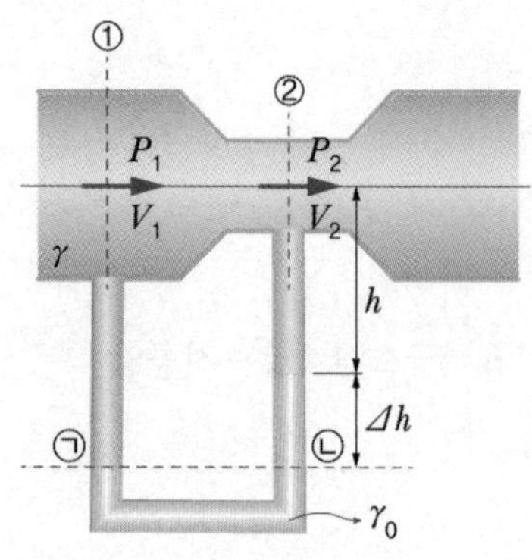

베르누이 방정식 : $\dfrac{P}{\gamma}+\dfrac{V^2}{2g}+Z=C,$

그림의 ② 단면에서 속도가 빨라지므로 압력의 차이가 발생(V_2가 빨라져 P_2가 작아짐)

($Q=A\cdot V$에서 $A_1V_1=A_2V_2$)

$P_{㉠}=P_{㉡}$

$P_{㉠}=P_1+\gamma(h+\Delta h)$

$P_{㉡}=P_2+\gamma\cdot h+\gamma_0\cdot\Delta h$

$P_1-P_2=\gamma\cdot h+\gamma_0\cdot\Delta h-\gamma\cdot h-\gamma\cdot\Delta h$

$\therefore\ P_1-P_2=(\gamma_0-\gamma)\Delta h$

참고

유체계측기 부분에서 벤투리미터는 유량을 측정할 수 있는 계측기이다.

${V_2}^2-{V_1}^2=\dfrac{2(P_1-P_2)}{\rho}$ 식에 위에서 구한 P_1-P_2 값을 넣고 V_2를 계산하여 유량을 $Q=A_2V_2$로 구할 수 있다.

7 잠수된 평면에 작용하는 힘

① 댐, 수문, 액체용기에서 유체에 잠긴 부분의 표면에 수직으로 작용하는 유체압력에 의한 정수역학적 힘(전압력)이 작용한다.

② 유체의 힘이 작용하는 문제 → 전압력(분포 압력의 합력)과 전압력 중심(힘의 작용위치) 해석

③ 전압력 $F=P$(압력) · A(면적), 전압력 중심(y_P)

$P=\gamma\cdot h$ (h : 물체가 잠긴 유체의 깊이)

• 수평평판

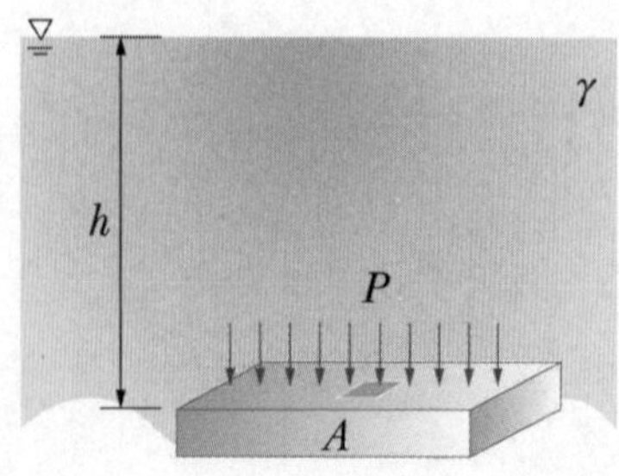

전압력

$F=P\cdot A\rightarrow F=\gamma\cdot h\cdot A$

$=\gamma\cdot\bar{h}\cdot A$

($\bar{h}$: 평판의 도심까지 깊이)

- 수직평판 : 합력의 작용점(y_P)은 임의의 축에 대한 전압력의 모멘트가 같은 축에 대한 분포력의 모멘트의 합과 동일하게 되는 위치에 있어야 한다(바리농 정리).

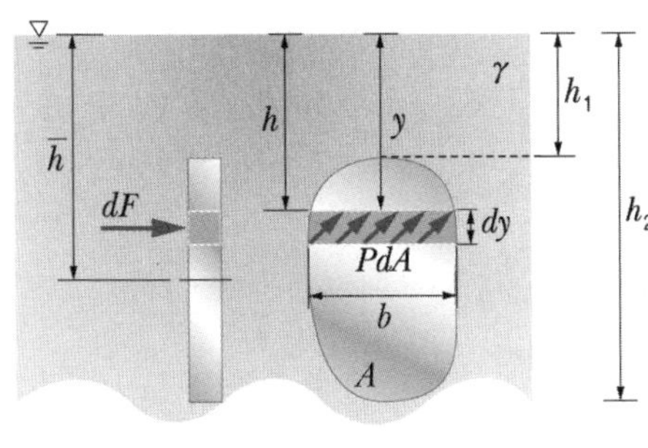

$dF = P \cdot dA$

여기서, $dA = b \cdot dy$, $P = \gamma \cdot h$, $h = y$

$$F = \int dF = \int PdA$$

$$= \int \gamma \cdot y \cdot b \cdot dy = \gamma \int b \cdot y \cdot dy$$

만약, 폭 b가 일정한 사각평판이면

$$F = \gamma \cdot b \int ydy$$

$$= \gamma \cdot b \int_{h_1}^{h_2} ydy = \gamma \cdot b \cdot \left[\frac{y^2}{2}\right]_{h_1}^{h_2}$$

$$= \gamma \cdot b\left(\frac{{h_2}^2}{2} - \frac{{h_1}^2}{2}\right)$$

$$= \frac{1}{2}\gamma \cdot b \cdot (h_2 + h_1)(h_2 - h_1)$$

$$= \gamma \cdot \bar{h} \cdot A$$

여기서, $\bar{h} = \dfrac{h_2 + h_1}{2}$ ($\bar{h}$: 평판의 도심깊이)

$A = b(h_2 - h_1)$

참고

- 압력프리즘 : 분포 압력 $\gamma \cdot h$를 척도로 면에 수직으로 그릴 때 생기는 프리즘을 말한다.
- 면에 작용하는 힘(전압력)은 압력프리즘의 체적과 같고 작용선은 압력프리즘의 중심선(체심)을 통과한다.

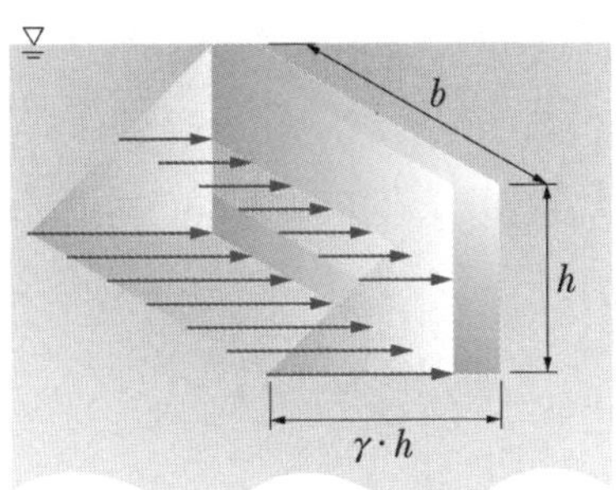

$(\gamma \cdot h) \times h(\text{높이}) \times \dfrac{1}{2} \times b = \dfrac{\gamma b h^2}{2} = \gamma \cdot \bar{h} \cdot A$

여기서, $\bar{h} = \dfrac{h}{2}$ (평판의 도심깊이)

$A = b \cdot h$

예 제

다음과 같이 사각평판이 물속에 수직으로 놓여 있다. 이 평판의 전압력은 몇 N인가?

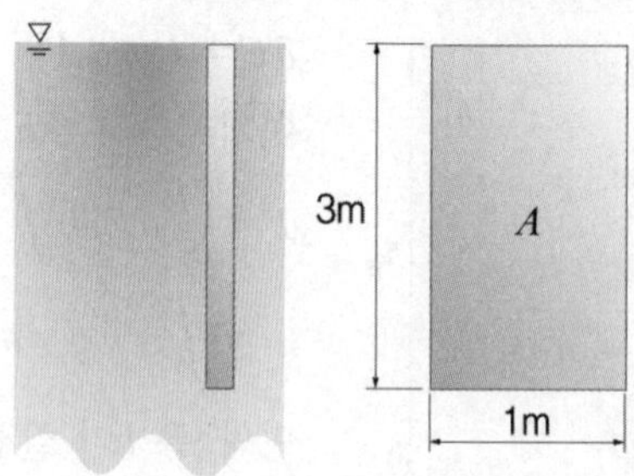

해설 $F=\int dF=\int PdA=\gamma\int hdA\left(\because \int h\cdot dA=A\cdot \overline{h}\ \text{: 단면 1차 모멘트}\right)$

$=\gamma\cdot \overline{h}\cdot A$

$=9{,}800\text{N/m}^3\times 1.5\text{m}\times 3\text{m}^2=44{,}100\text{N}$

• 경사평판

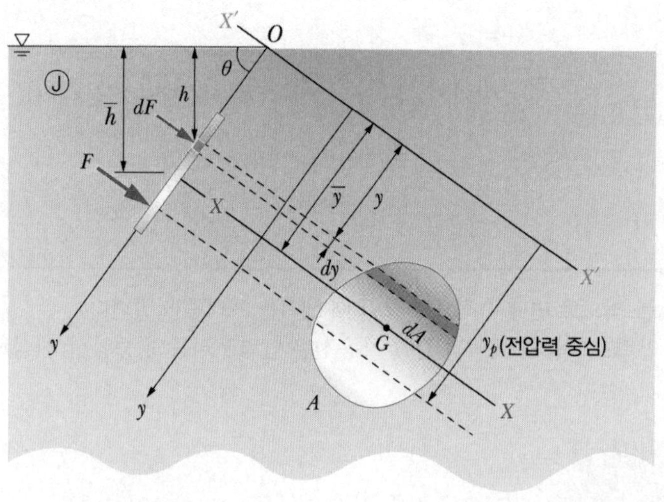

그림의 면적 dA에 dF 힘을 수직(위에서 책을 보는 방향)으로 세우면 $X'-X'$축에 대한 2차 모멘트가 발생한다.

$dF=P\cdot dA$

$=\gamma\cdot h\cdot dA=\gamma\cdot(y\cdot\sin\theta)dA\ (\because h=y\sin\theta)$

$\int dF=\int PdA=\int\gamma\cdot y\cdot\sin\theta dA$

$F=\gamma\cdot\sin\theta\int ydA$

$=\gamma\sin\theta A\cdot\overline{y}$

$\therefore$ 전압력 : $F=\gamma\cdot\overline{h}\cdot A\ (\because \overline{y}\sin\theta=\overline{h})$

전압력 중심 y_P를 구해보면

O점(z축)에 대한 전압력의 모멘트는 미소요소의 힘 dF에 의한 모멘트의 합과 같다. → 바리뇽 정리

$$F \cdot y_P = \int y dF \ (\text{여기서, } dF = PdA)$$

$$= \int y \cdot \gamma \cdot y \sin\theta \cdot dA$$

$$= \int \gamma \cdot \sin\theta \cdot y^2 dA$$

$$= \gamma \cdot \sin\theta \int y^2 dA = \gamma \cdot \sin\theta \cdot I_X' \ (\text{여기서, } I_X' : X' - X'\text{축에 대한 단면 2차 모멘트})$$

$(I_X' = I_X + A \cdot d^2$에서 I_X : 도심축에 대한 단면 2차 모멘트 $\therefore I_X' = I_X + A \cdot \bar{y}^2)$

$$\therefore y_P = \frac{\gamma \cdot \sin\theta\left(I_X + A\bar{y}^2\right)}{\gamma \bar{y} \sin\theta A} = \frac{I_X}{A \cdot \bar{y}} + \bar{y}$$

$$\therefore y_P = \frac{I_X}{A \cdot \bar{y}} + \bar{y}$$

8 잠수된 곡면의 정수압

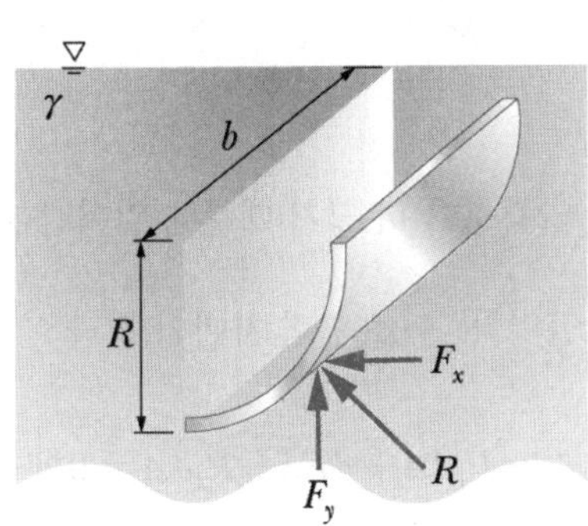

$\Sigma F_x = 0$: $F - F_x = 0$

$F_x = F$(F : 전압력)

$= \gamma \cdot \bar{h} \cdot A$($A$: 투사면적)

$= \gamma \cdot \dfrac{R}{2} \cdot b \cdot R$

$= \gamma \cdot b \cdot \dfrac{R^2}{2}$

$\Sigma F_y = 0$: 유체 속에 잠겨 있는 곡면에 작용하는 정수역학적 합력의 수직 분력은 곡면 위에 놓인 액체의 총중량과 동일하다.

$-W + F_y = 0$

$F_y = W = \gamma \cdot V$

$= \gamma \cdot \dfrac{\pi R^2}{4} \cdot b$

합력 : $R = \sqrt{F_x^{\ 2} + F_y^{\ 2}}$

9 부력 : 잠긴 물체에 유체가 작용하는 힘

1. 부력

유체 속에 전체 또는 일부가 잠긴 물체에는 배제된 유체의 무게와 같은 힘이 물체를 떠올리도록 작용한다.

2. 아르키메데스의 원리

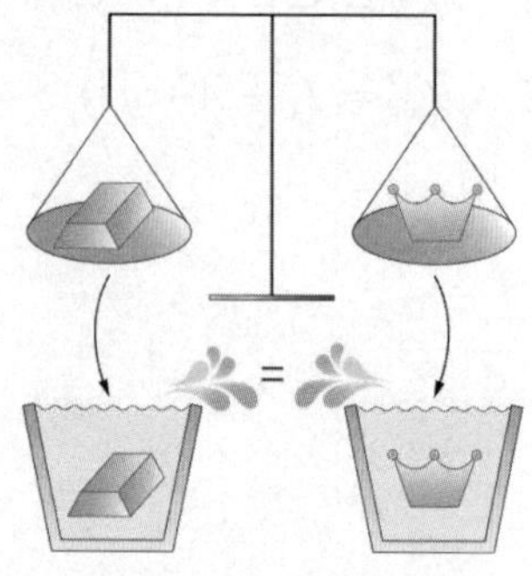

넘치는 물의 양은 같다.

- 유래 : 히에론 왕이 장인에게 순금으로 된 왕관을 만들게 했다. 그러나 이것이 과연 순금으로 만든 것인지 의심을 품은 왕은 아르키메데스를 불러 왕관의 손상 없이 진위를 가려내도록 했다.

① 왕관과 같은 무게의 금덩이를 준비한다.

② 물이 가득 담긴 수조에 왕관을 넣었을 때 물이 넘치는 양과 금덩이를 넣었을 때 물이 넘치는 양이 같아야 한다.

3. 부력의 원리

물체의 밑면에 작용하는 유체의 압력이 윗면에 작용하는 유체의 압력보다 더 크기 때문에 일어난다.

물체가 유체 속에서 평형을 이루고 있을 때 $\gamma \cdot h$(유체의 압력차) → 표면력 차이의 결과

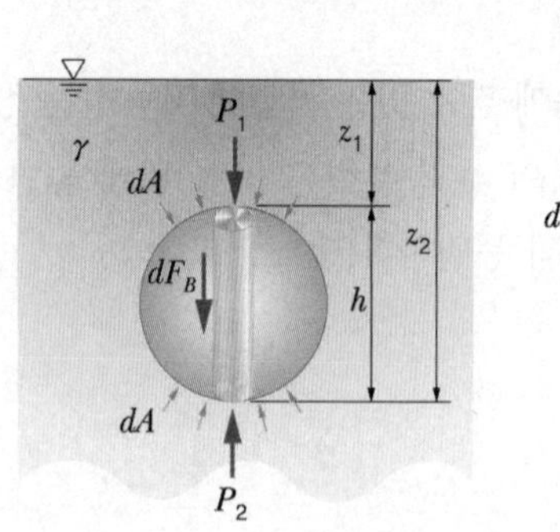

$\Sigma F_y = 0 : -P_1 dA - dF_B + P_2 dA = 0$에서

$$P_1 dA + dF_B = P_2 dA$$

$$dF_B = (P_2 - P_1)dA$$

$$F_B = \int (P_2 - P_1)dA$$

$$= \int_A \gamma(z_2 - z_1)dA$$

$$= \int_A \cdot \gamma \cdot h \cdot dA$$

$$= \gamma \int h dA = \gamma \cdot V = W_{유체}$$

$(\because dV = hdA)$

(여기서, $W_{유체}$: 물체가 배제한 유체의 무게)

예제

01 공기 속의 무게 400N인 물체를 물속에서 측정했더니 250N이었다. 이때 부력은 얼마인가?

해설 400N − 250N = 150N

∴ 부력 = 150N

02 비중이 1.03인 바닷물에 전 체적의 10%만 밖으로 나와 떠 있는 빙산의 비중은 얼마인가?

해설

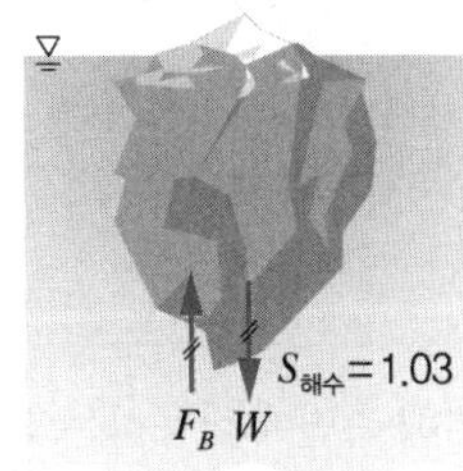

$\Sigma F_y = 0$

$F_B = \gamma_{해수} \cdot V_1$ → 배제된 유체의 체적(잠긴 체적)

$F_B = \gamma_W \cdot S_{해수} \cdot V_1$

$= (1{,}000 \times 1.03) \times 0.9V = 927V$

$W = \gamma_{아이스} \cdot V = S_{아이스} \cdot \gamma_W \cdot V$

$= 1{,}000 \times S_{아이스} \times V$

$927V = 1{,}000 \cdot S_{아이스} \cdot V \quad \therefore S_{아이스} = 0.927$

4. 부력의 중심(부심)

물체에 의해 유체가 배제된 체적의 중심(체심)이다.

5. 부양체의 안정

① 부양체의 안정성

914쪽 그림에서 보는 것처럼 부력 작용선의 위치가 안정성을 결정한다.

그림 (b)의 경우는 부력과 무게의 작용선이 서로 어긋나며 배를 바로 세우려는 복원 모멘트가 생겨나며 그림 (c)의 경우는 배가 뒤집히는 전복 모멘트가 발생한다.

② 부양체가 기울어질 때 새로운 부심과 중심축의 교점 M을 경심이라 하며 경심에서 부양체의 무게 중심점(G)까지 거리 $\overline{MG}$를 경심높이라 한다.

$\overline{MG} > 0$: G보다 M이 위쪽(안정)

$\overline{MG} < 0$: G보다 M이 아래쪽(불안정)

$MG = 0 : G = M$ 중립

복원 모멘트 $= \overline{MG} \times W = MG \cdot W\sin\theta$ [그림 (b)에서]

($\times$: *cross product*)

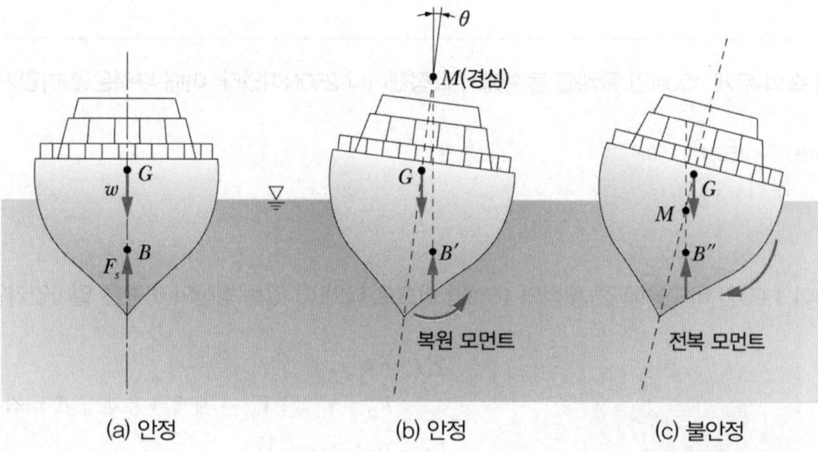

참고

범선에는 돛에 바람이 불면서 커다란 측면 힘이 작용한다. 바람에 의해 측면에 작용하는 힘은 선체바닥 밑으로 연장된 매우 무거운 용골로 상쇄해 주어야 한다. 작은 범선에서는 배가 뒤집히는 것을 막기 위해 승무원들이 배의 기울어진 부분의 반대쪽에서 몸을 배 밖으로 기울여 추가 복원 모멘트를 확보하기도 한다.

10 강체운동을 하는 유체[전단력(τ)을 고려하지 않고 정지유체처럼 해석]

1. 등선 가속도 운동 : 1차원 유동(x 방향으로만 가속)

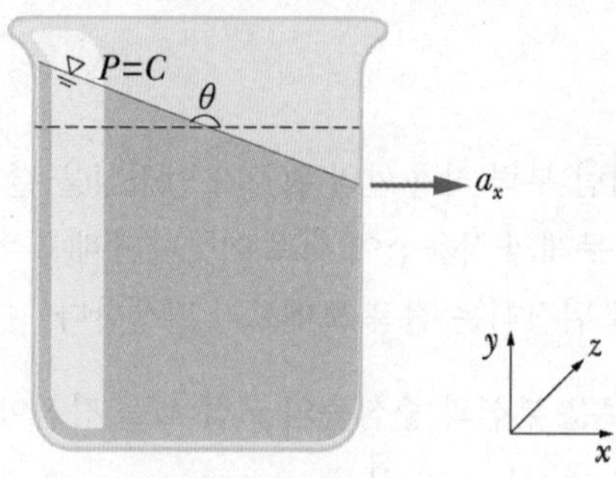

$\rho\vec{a} = -\,gradP + \rho\vec{g}$

(단위체적당 힘 = 단위체적당 표면력 + 단위체적당 체적력)

$$\left.\begin{aligned} x\text{방향}: \rho a_x &= -\frac{\partial P}{\partial x} + \rho g_x \;\Rightarrow\; \frac{\partial P}{\partial x} = -\rho a_x \,(\because g_x = 0) \\ y\text{방향}: \rho a_y &= -\frac{\partial P}{\partial y} + \rho g_y \;\Rightarrow\; \frac{\partial P}{\partial y} = -\rho g \,(\because a_y = 0,\; g_y = -g) \\ z\text{방향}: \rho a_z &= -\frac{\partial P}{\partial z} + \rho g_z \;\Rightarrow\; \frac{\partial P}{\partial z} = 0 \,(\because a_z = 0,\; g_z = 0) \end{aligned}\right\} \cdots\cdots\cdots\cdots\cdots ⓐ$$

두 점 $(x, y), (x+dx, y+dy)$ 사이의 압력 차

$dP = \frac{\partial P}{\partial x}dx + \frac{\partial P}{\partial y}dy \Rightarrow P = C$이므로 $dP = 0$

$\frac{\partial P}{\partial x}dx + \frac{\partial P}{\partial y}dy = 0$ ······ ⓑ

ⓐ식을 ⓑ식에 대입하면

$-\rho a_x dx - \rho g dy = 0, \ -\rho a_x dx = \rho g dy$

$\therefore \ \frac{dy}{dx} = -\frac{a_x}{g} = \tan\theta$

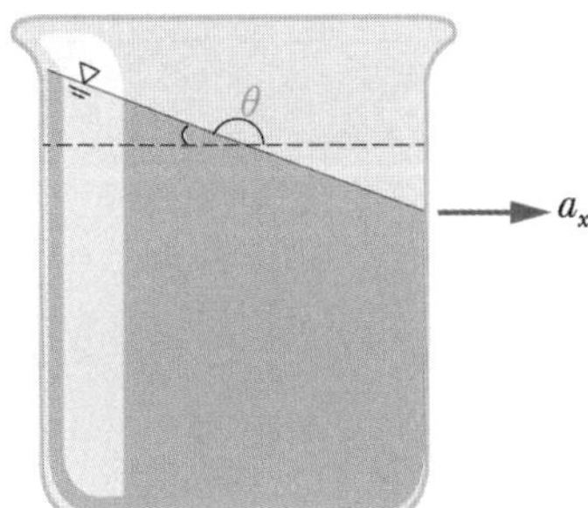

$\tan(180-\theta) = -\frac{a_x}{g}, \ (\tan(-\theta) = -\tan\theta)$

$\Rightarrow \tan\theta' = -\left(-\frac{a_x}{g}\right) = \frac{a_x}{g}$

2. a가 2차원 유동일 때(a가 $x-y$평면으로 가속될 때)

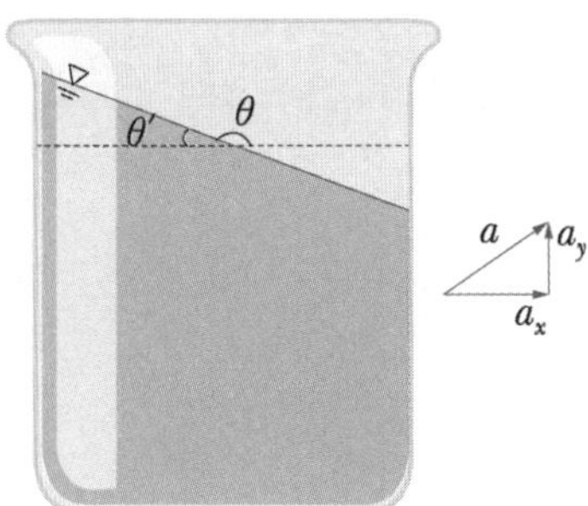

$$\left.\begin{array}{l} \rho a_x = -\frac{\partial P}{\partial x} + \rho g_x, \quad \frac{\partial P}{\partial x} = -\rho a_x \\ \rho a_y = -\frac{\partial P}{\partial y} + \rho g_y, \quad \frac{\partial P}{\partial y} = -\rho(a_y + g) \\ (\because g_y = -g) \end{array}\right\} \cdots ⓒ$$

ⓒ식을 ⓑ식에 대입하면

$-\rho a_x dx - \rho(a_y + g)dy = 0 \Rightarrow -a_x dx = (a_y + g)dy$

$\frac{dy}{dx} = -\frac{a_x}{a_y + g} = \tan\theta$

$\tan\theta' = \frac{a_x}{a_y + g}$

실례 선형가속도로 강체운동하는 액체

자동차 뒤에 어항을 싣고 물이 넘치지 않게 운반하려면 어항 속에 물을 얼마나 채워야 하는가?(단, 어항크기 : 300mm×600mm×300mm)

Sol ⋙ 강체운동

자동차가 노상의 요철부분을 넘을 때나 코너를 회전할 때 물 표면의 운동이 있을 것이다. 그러나 물 표면에 주는 주된 영향은 자동차의 선형가속도(또는 감속도) 때문일 것으로 가정할 수 있다. 따라서 물이 튀어 흩어지는 것은 무시한다.

→ 소기의 목적을 위해 한 부분을 무시 : 강체이므로 이 문제는 자유표면에 미치는 가속도의 영향을 구하는 문제로 제한할 수 있다.

3. 등선 원운동하는 유체 : 2차원 유동

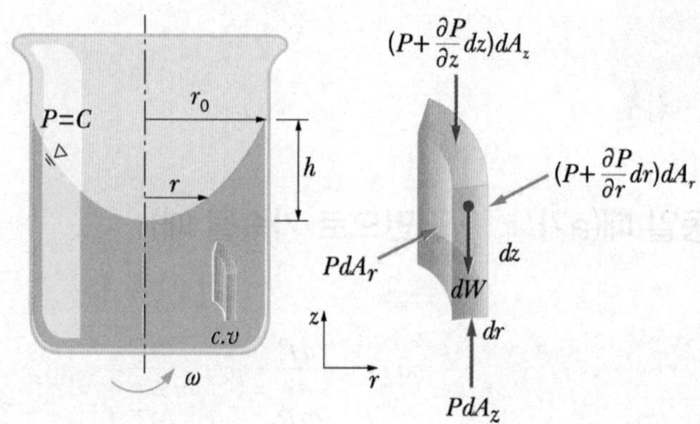

$$V = r \cdot \omega$$

여기서, a : 구심 가속도, V : 원주속도, ω : 각속도,

dA_r : r방향에 수직인 검사표면,

dA_z : z방향에 수직인 검사표면,

v : 체적

① r방향

$$\Sigma F_r = PdA_r - \left(P+\frac{\partial P}{\partial r}dr\right)dA_r = dm \cdot a = \rho \cdot dv \cdot \frac{V^2}{r}$$

$$= -\frac{\gamma}{g}dv \cdot r \cdot \omega^2$$

$$-\frac{\partial P}{\partial r}dr \cdot dA_r = -\frac{\partial P}{\partial r}dv = -\frac{\gamma}{g}dv \cdot r \cdot \omega^2$$

$$\therefore \frac{\partial P}{\partial r} = \frac{\gamma}{g} \cdot r \cdot \omega^2 \quad \cdots\cdots\cdots\cdots ⓐ$$

② z방향

$$\sum F_z = PdA_z - \left(P + \frac{\partial P}{z}dz\right)dA_z - dW = 0 \ (dW = \text{자중})$$

$$-\frac{\partial P}{\partial z}dv - \gamma \cdot dv = 0$$

$$\therefore \ \frac{\partial P}{\partial z} = -\gamma \quad \cdots\cdots\cdots\cdots\cdots\cdots\cdots\cdots \text{ⓑ}$$

③ $P(r,\ z)$와 $P(r+dr,\ z+dz)$ 사이의 압력 차

$$dP = \frac{\partial P}{\partial r}dr + \frac{\partial P}{\partial z}dz \leftarrow \text{ⓐ, ⓑ식을 대입}$$

$$= \frac{\gamma}{g} \cdot r \cdot \omega^2 dr - \gamma dz = 0 \ (\text{등압면 } P = C \Rightarrow dP = 0)$$

$$\therefore \ \frac{dz}{dr} = \frac{r \cdot \omega^2}{g} = \tan\theta$$

$$\therefore \ dz = \frac{r \cdot \omega^2}{g}dr$$

적분 $\int_0^h dz = \int_0^{r_0} \frac{\omega^2}{g} \cdot r dr \quad \therefore \ h = \frac{{r_0}^2 \cdot \omega^2}{2g}$ (h : 유체가 올라간 높이)

참고

$\omega = \frac{2\pi N}{60}$, $V = r \cdot \omega = \frac{\pi d N}{60 \times 1{,}000}$

여기서, N : rpm, d : mm

핵심 기출 문제

01 그림과 같은 (1)~(4)의 용기에 동일한 액체가 동일한 높이로 채워져 있다. 각 용기의 밑바닥에서 측정한 압력에 관한 설명으로 옳은 것은?(단, 가로 방향 길이는 모두 다르고, 세로 방향 길이는 모두 동일하다.)

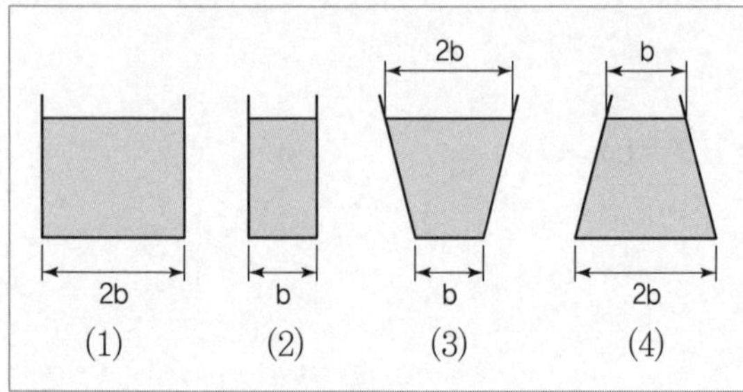

① (2)의 경우가 가장 낮다.
② 모두 동일하다.
③ (3)의 경우가 가장 높다.
④ (4)의 경우가 가장 낮다.

해설

압력은 수직깊이만의 함수이다($P=\gamma \cdot h$). 따라서 주어진 용기의 수직깊이가 모두 같으므로 압력은 동일하다.

02 용기에 부착된 압력계에 읽힌 계기압력이 150kPa이고 국소대기압이 100kPa일 때 용기 안의 절대압력은?

① 250kPa　　② 150kPa
③ 100kPa　　④ 50kPa

해설

절대압 P_{abs} = 국소대기압 + 계기압 = 100 + 150 = 250kPa

03 그림에서 $h=100$cm이다. 액체의 비중이 1.50일 때 A점의 계기압력은 몇 kPa인가?

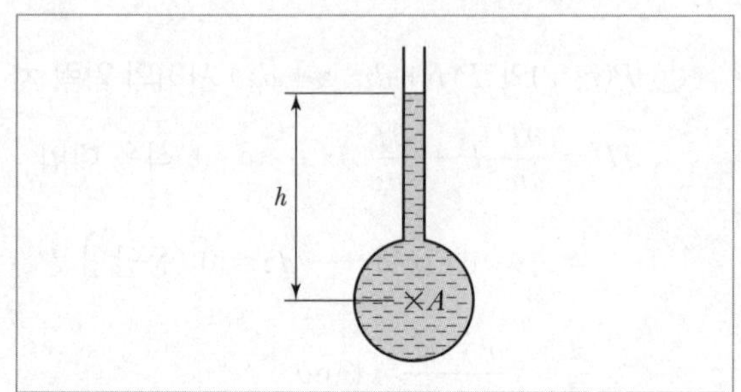

① 9.8　　② 14.7
③ 9,800　　④ 14,700

해설

$P_A=\gamma \cdot h=S \cdot \gamma_w \cdot h$
$=1.5\times 9{,}800\times 1$
$=14{,}700\text{N/m}^2=14.7\text{kPa}$

04 그림과 같은 밀폐된 탱크 안에 각각 비중이 0.7, 1.0인 액체가 채워져 있다. 여기서 각도 θ가 20°로 기울어진 경사관에서 3m 길이까지 비중 1.0인 액체가 채워져 있을 때 점 A의 압력과 점 B의 압력 차이는 약 몇 kPa인가?

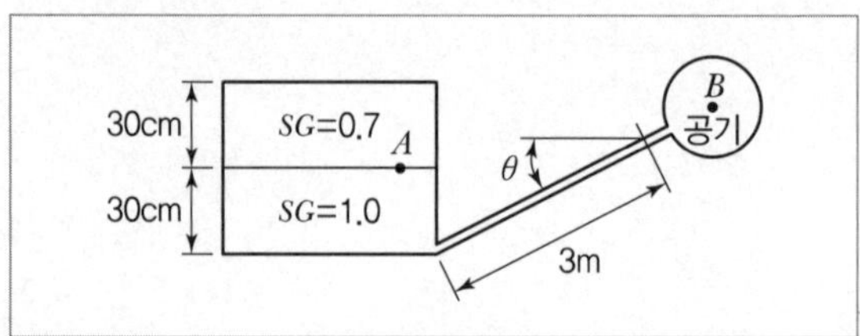

① 0.8　　② 2.7
③ 5.8　　④ 7.1

정답 01 ② 02 ① 03 ② 04 ④

해설

아래의 유체는 비중이 1이므로 물이다.
경사관이 이어진 바닥면에 작용하는 압력은 동일하며 압력은 수직깊이만의 함수이므로

$P_A+\gamma_w\times 0.3\text{m}=P_B+\gamma_w\cdot h=P_B+\gamma_w 3\sin\theta$

$\therefore\ P_A-P_B=\gamma_w(3\sin 20°-0.3)$

$=9{,}800(3\sin 20°-0.3)$

$=7{,}115.39\text{Pa}=7.12\text{kPa}$

05 유압 프레스의 작동원리는 다음 중 어느 이론에 바탕을 둔 것인가?

① 파스칼의 원리 ② 보일의 법칙
③ 토리첼리의 원리 ④ 아르키메데스의 원리

해설

파스칼의 원리
밀폐용기 내에 가해진 압력은 모든 방향으로 같은 압력이 전달된다.

06 펌프로 물을 양수할 때 흡입 측에서의 압력이 진공 압력계로 75mmHg(부압)이다. 이 압력은 절대압력으로 약 몇 kPa인가?(단, 수은의 비중은 13.6이고, 대기압은 760mmHg이다.)

① 91.3 ② 10.4
③ 84.5 ④ 23.6

해설

절대압 = 국소대기압 − 진공압

$=\text{국소대기압}\left(1-\dfrac{\text{진공압}}{\text{국소대기압}}\right)$

$P_{abs}=760\left(1-\dfrac{75}{760}\right)$

$=685\text{mmHg}\times\dfrac{1.01325\text{bar}}{760\text{mmHg}}\times\dfrac{10^5\text{Pa}}{1\text{bar}}$

$=91{,}325\text{Pa}=91.33\text{kPa}$

07 그림과 같은 수압기에서 피스톤의 지름이 d_1 = 300mm, 이것과 연결된 램(Ram)의 지름이 d_2 = 200mm이다. 압력 P_1이 1MPa의 압력을 피스톤에 작용시킬 때 주 램의 지름이 d_3 = 400mm이면 주 램에서 발생하는 힘(W)은 약 몇 kN인가?

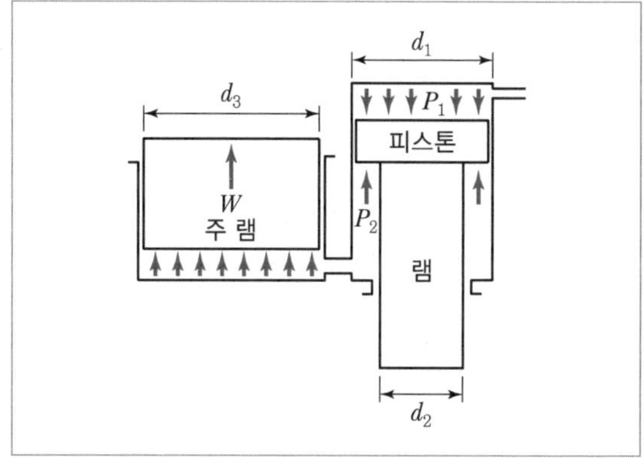

① 226 ② 284
③ 334 ④ 438

해설

비압축성 유체에서 압력은 동일한 세기로 전달된다는 파스칼의 원리를 적용하면 P_2의 압력으로 주 램을 들어 올린다.
그림에서 $W=P_2A_3$이며, $P_1A_1=P_2A_2$이므로

$$P_2=\frac{A_1}{A_2}P_1=\frac{\frac{\pi}{4}{d_1}^2}{\frac{\pi}{4}\left({d_1}^2-{d_2}^2\right)}\times P_1$$

$$=\frac{{d_1}^2}{\left({d_1}^2-{d_2}^2\right)}\times P_1$$

$$=\frac{0.3^2}{\left(0.3^2-0.2^2\right)}\times 1\times 10^6=1.8\times 10^6\text{Pa}$$

$$\therefore\ W=1.8\times 10^6\times\frac{\pi}{4}{d_3}^2$$

$$=1.8\times 10^6\times\frac{\pi}{4}\times 0.4^2$$

$$=226{,}194.7\text{N}=226.2\text{kN}$$

정답 05 ① 06 ① 07 ①

08 물의 높이 8cm와 비중 2.94인 액주계 유체의 높이 6cm를 합한 압력은 수은주(비중 13.6) 높이의 약 몇 cm에 상당하는가?

① 1.03　　② 1.89
③ 2.24　　④ 3.06

해설

$P=\gamma \cdot h$, $S_x = \dfrac{\gamma_x}{\gamma_w}$, 비중이 2.9인 유체높이 h_a,
수은주 높이 h_{Hg} 적용

$\gamma_w \cdot h_w + 2.94\gamma_w \cdot h_a = 13.6\gamma_w \cdot h_{Hg}$

$\gamma_w \times 8 + 2.94\gamma_w \times 6 = 13.6\gamma_w \cdot h_{Hg}$

양변을 γ_w로 나누면

$8 + 2.94 \times 6 = 13.6 \times h_{Hg}$

$\therefore\ h_{Hg} = 1.89\text{cm}$

09 수두 차를 읽어 관 내 유체의 속도를 측정할 때 U자관(U tube) 액주계 대신 역U자관(inverted U tube) 액주계가 사용되었다면 그 이유로 가장 적절한 것은?

① 계기 유체(Gauge Fluid)의 비중이 관 내 유체보다 작기 때문에
② 계기 유체(Gauge Fluid)의 비중이 관 내 유체보다 크기 때문에
③ 계기 유체(Gauge Fluid)의 점성계수가 관 내 유체보다 작기 때문에
④ 계기 유체(Gauge Fluid)의 점성계수가 관 내 유체보다 크기 때문에

해설

관 내 유체보다 역U자관 안의 유체가 더 가벼워야 내려오지 않고 압력 차를 보여 줄 수 있다.

10 다음 U자관 압력계에서 A와 B의 압력 차는 몇 kPa인가?(단, $H_1 = 250$mm, $H_2 = 200$mm, $H_3 = 600$mm이고 수은의 비중은 13.6이다.)

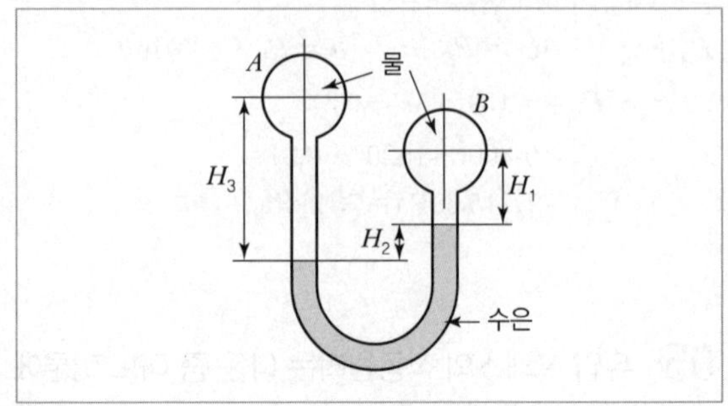

① 3.50　　② 23.2
③ 35.0　　④ 232

해설

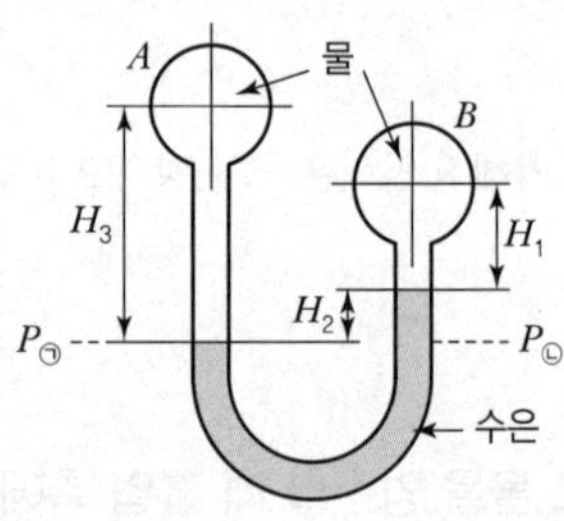

등압면이므로 $P_㉠ = P_㉡$

$P_㉠ = P_A + \gamma_{물} \times H_3$

$P_㉡ = P_B + \gamma_{물} \times H_1 + \gamma_{수은} \times H_2$

$P_A + \gamma_{물} \times H_3 = P_B + \gamma_{물} \times H_1 + \gamma_{수은} \times H_2$

$\therefore\ P_A - P_B = \gamma_{물} \times H_1 + \gamma_{수은} \times H_2 - \gamma_{물} \times H_3$

$= \gamma_{물} \times H_1 + S_{수은}\gamma_{물} \times H_2 - \gamma_{물} \times H_3$

$= 9{,}800 \times 0.25 + 13.6 \times 9{,}800 \times 0.2$

$- 9{,}800 \times 0.6$

$= 23{,}226\text{Pa} = 23.2\,\text{kPa}$

정답　08 ②　09 ①　10 ②

11 그림과 같이 폭이 2m, 길이가 3m인 평판이 물속에 수직으로 잠겨 있다. 이 평판의 한쪽 면에 작용하는 전체 압력에 의한 힘은 약 얼마인가?

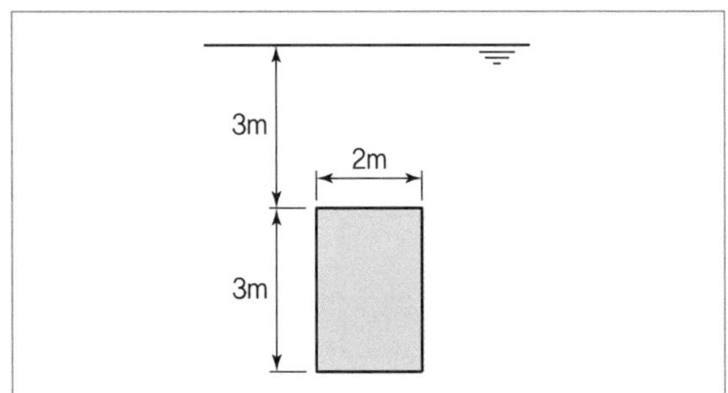

① 88kN ② 176kN
③ 265kN ④ 353kN

해설

평판 도심까지 깊이 $\bar{h}=(3+1.5)\text{m}$

전압력 $F=\gamma\bar{h}\cdot A=9{,}800\times(3+1.5)\times(2\times3)$
$=264{,}600\text{N}=264.6\text{kN}$

12 그림과 같이 원판 수문이 물속에 설치되어 있다. 그림 중 C는 압력의 중심이고, G는 원판의 도심이다. 원판의 지름을 d라 하면 작용점의 위치 η는?

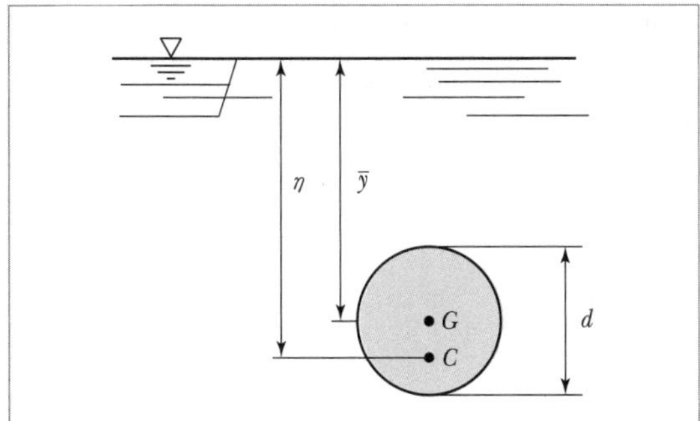

① $\eta=\bar{y}+\dfrac{d^2}{8\bar{y}}$ ② $\eta=\bar{y}+\dfrac{d^2}{16\bar{y}}$
③ $\eta=\bar{y}+\dfrac{d^2}{32\bar{y}}$ ④ $\eta=\bar{y}+\dfrac{d^2}{64\bar{y}}$

해설

전압력 중심

$$\eta=\bar{y}+\frac{I_G}{A\bar{y}}=\bar{y}+\frac{\frac{\pi d^4}{64}}{\frac{\pi d^2}{4}\times\bar{y}}=\bar{y}+\frac{d^2}{16\bar{y}}$$

13 그림과 같은 수문(ABC)에서 A점은 힌지로 연결되어 있다. 수문을 그림과 같이 닫은 상태로 유지하기 위해 필요한 힘 F는 몇 kN인가?

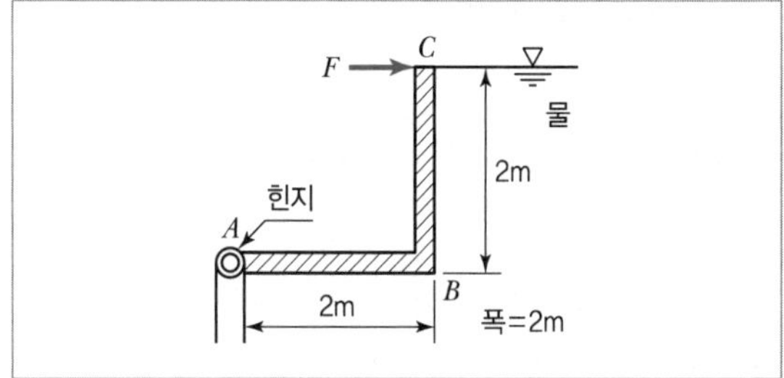

① 78.4 ② 58.8
③ 52.3 ④ 39.2

해설

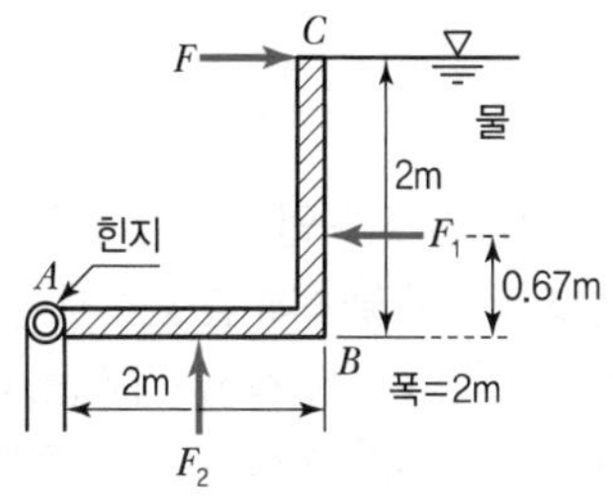

㉠ 전압력 $F_1=\gamma_w\bar{h}A=9{,}800\dfrac{\text{N}}{\text{m}^3}\times1\text{m}\times4\text{m}^2$
$=39{,}200\text{N}$

- 전압력(F_1)이 작용하는 위치
  자유표면으로부터 전압력 중심까지의 거리

$$y_c=\bar{h}+\frac{I_X}{A\bar{h}}=1\text{m}+\frac{\frac{2\times2^3}{12}}{4\times1}=1.33\text{m}$$

정답 11 ③ 12 ② 13 ③

㉡ 전압력 $F_2 = \gamma_w \bar{h} A = 9{,}800\,\dfrac{\mathrm{N}}{\mathrm{m}^3} \times 2\mathrm{m} \times 4\mathrm{m}^2$

$= 78{,}400\mathrm{N}$

㉢ $\sum M_{힌지} = 0$: $F \times 2 - F_1 \times (2 - y_c) - F_2 \times 1 = 0$에서

$$F = \frac{F_1 \times (2 - y_c) + F_2 \times 1}{2}$$

$$= \frac{39{,}200 \times (2 - 1.33) + 78{,}400 \times 1}{2}$$

$$= 52{,}332\mathrm{N} = 52.33\mathrm{kN}$$

14 비중이 0.65인 물체를 물에 띄우면 전체 체적의 몇 %가 물속에 잠기는가?

① 12　　② 35
③ 42　　④ 65

해설

물체 비중량 γ_b, 물체 체적 V_b, 잠긴 체적 V_x

물 밖에서 물체 무게=부력 ← 물속에서 잠긴 채로 평형 유지

$\gamma_b \cdot V_b = \gamma_w V_x$

$S_b \gamma_w V_b = \gamma_w \cdot V_x$

양변을 γ_w로 나누면 $S_b V_b = V_x$

$\therefore 0.65\,V_b = V_x$이므로 65%가 물속에 잠긴다.

15 한 변이 1m인 정육면체 나무토막의 아랫면에 1,080N의 납을 매달아 물속에 넣었을 때, 물 위로 떠오르는 나무토막의 높이는 몇 cm인가?(단, 나무토막의 비중은 0.45, 납의 비중은 11이고, 나무토막의 밑면은 수평을 유지한다.)

① 55　　② 48
③ 45　　④ 42

해설

'물 밖의 무게=부력'일 때 물속에서 평형을 유지

V_h(나무가 잠긴 체적)$= A \cdot h = 1\mathrm{m}^2 \times h$

나무 비중량 γ_t, 나무 체적 $V_t = 1\mathrm{m}^3$, 납의 비중량 γ_l,

납의 체적 $V_l = \dfrac{1{,}080}{\gamma_l} = \dfrac{1{,}080}{S_l \times \gamma_w} = \dfrac{1{,}080}{11 \times 9{,}800} = 0.01\mathrm{m}^3$

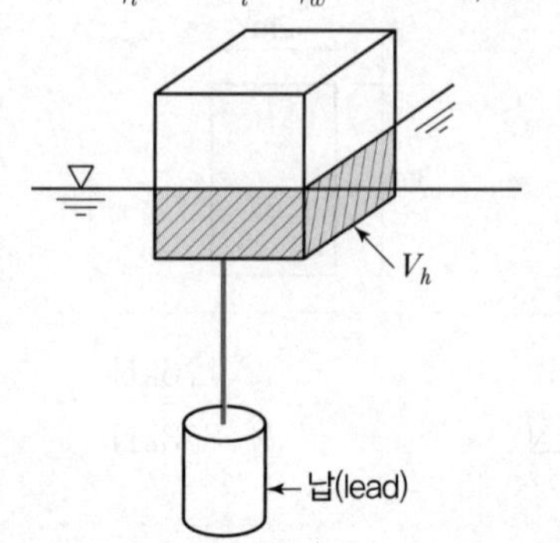

나무 무게+납의 무게=부력(두 물체가 배제한 유체의 무게)

$\gamma_t V_t + \gamma_l V_l = \gamma_w (V_h + V_l)$

$S_t \gamma_w V_t + S_l \cdot \gamma_w V_t = \gamma_w (V_h + V_l)$

양변을 γ_w로 나누면

$S_t V_t + S_l V_l = (V_h + V_l)$

$V_h = S_t V_t + S_l V_l - V_l = S_t V_t + V_l (S_l - 1)$

$= 0.45 \times 1 + 0.01(11 - 1)$

$= 0.55\mathrm{m}^3 = A \cdot h = 1\mathrm{m}^2 \cdot h$

$\therefore$ 잠긴 깊이 $h = 0.55\mathrm{m}$

물 밖에 떠 있는 나무토막의 높이

$= 1\mathrm{m} - 0.55\mathrm{m} = 0.45\mathrm{m} = 45\mathrm{cm}$

정답　14 ④　15 ③

05 유체운동학

1 흐름의 상태

1. 정상유동과 비정상유동

① 정상유동(Steady Flow) : 유동장의 모든 점에서 유체성질이 시간에 따라 변하지 않는 유동(시간이 지나도 일정)

$$\frac{\partial F}{\partial t}=0,\ F(P,\ T,\ \nu,\ \rho,\ V\cdots)$$

여기서, F : 임의의 유체 특성

$$\left[\ \frac{\partial P}{\partial t}=0(\text{압력}),\ \frac{\partial T}{\partial t}=0(\text{온도}),\ \frac{\partial V}{\partial t}=0(\text{속도}),\ \frac{\partial \rho}{\partial t}=0(\text{밀도})\cdots\ \right]$$

정상유동에서는 임의의 유체 성질들이 유동장 내의 서로 다른 점에서 서로 다른 값을 가질 수 있으나 시간에 대해서는 모든 점에서 일정한 값으로 유지된다.

② 비정상유동 : 유체특성들이 시간에 따라 변한다.

$$\frac{\partial F}{\partial t}\neq 0,\ F(P,\ T,\ V,\ \rho,\ \cdots)$$

2. 균일유동과 비균일유동

① 균일유동(Uniform Flow) : 유체의 특성이 위치(거리 : S)에 관계없이 항상 균일한 유동

- 균일유동(단면에서) : 단면의 전체면적에서 속도가 일정한 것(↓ S 방향)

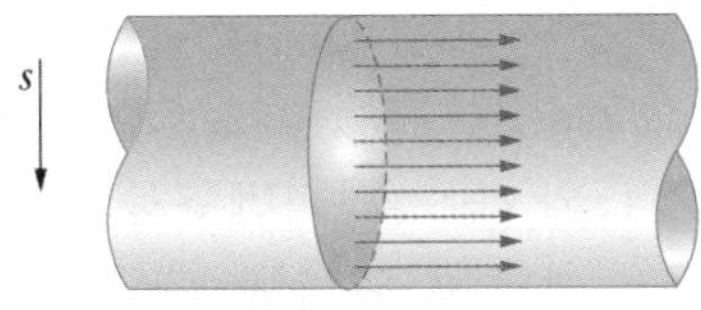

| 단면의 균일유동 |

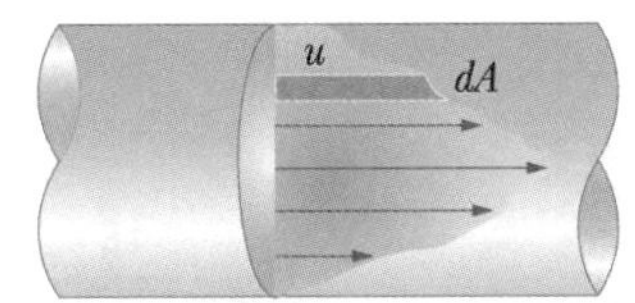

| 단면에서 실제 유동 속도 |

$$\frac{\partial F}{\partial S}=0,\left(\frac{\partial P}{\partial S}=0,\ \frac{\partial T}{\partial S}=0,\ \frac{\partial \rho}{\partial S}=0,\ \cdots\right)$$

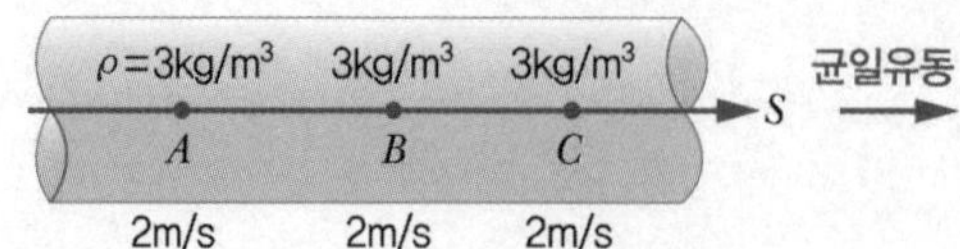

균일유동 중 균속유동 $\frac{\partial V}{\partial S}=0$(등류: $V=c$), $\frac{\partial V}{\partial S}\neq 0$일 때 비균속유동(비등류: $V\neq c$)

② 비균일유동 : $\frac{\partial F}{\partial S}\neq 0$

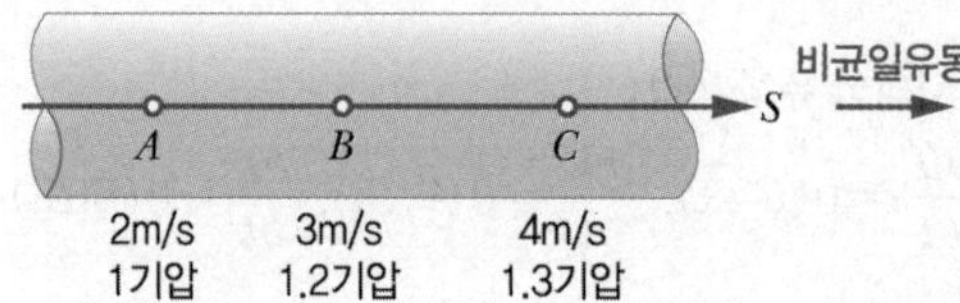

원래 속도 분포(비균일유동) → 수정계수 α, β 구한다.

만약, 유체유동이 정상균일유동이면, $\frac{\partial F}{\partial t}=0$, $\frac{\partial V}{\partial S}=0$ 둘 다 만족한다.

3. 1차원 · 2차원 · 3차원 유동

① 속도장 $\vec{V}=\vec{V}(x,\ y,\ z,\ t)$ 3개의 공간좌표와 시간의 함수로 표시 → 유동장 3차원

② 운동을 기술할 때 필요한 좌표축이 하나면 1차원 유동, 좌표축이 둘이면 2차원 유동, 좌표축이 셋이면 3차원 유동

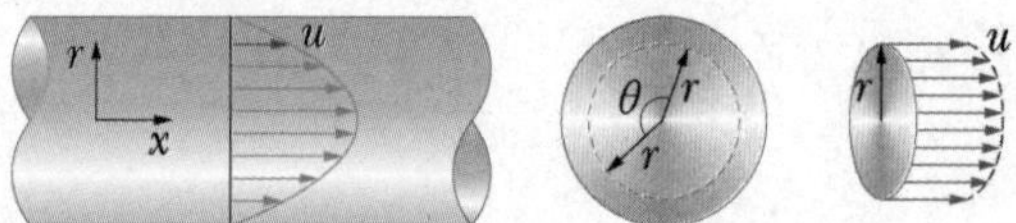

x, θ에 관계없이 반경이 r인 점들에서 속도는 u이다($\because$ r만의 함수).

$$u=u_{\max}\left[1-\left(\frac{r}{R}\right)^2\right]$$

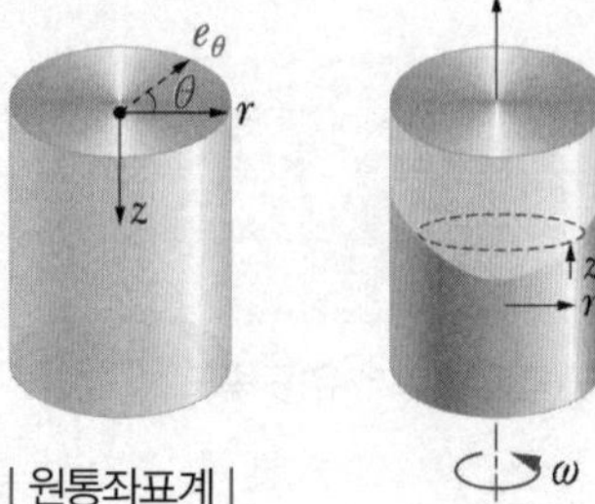

| 원통좌표계 |

(z와 r만 정해지면 운동기술) z와 r의 함수(θ와 무관) : 2차원 유동

2 유동장의 가시화

1. 유선(Stream Line)

유체가 흐르는 유동장에서 곡선상 임의의 점에서 그은 접선방향 벡터와 그 점의 유체입자의 속도방향 벡터가 일치하도록 그려진 연속적인 선이다.

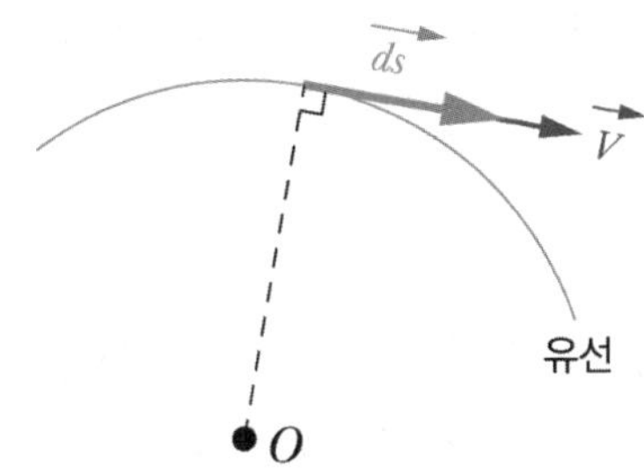

- 유선의 미분방정식

  곡선상 임의점에서 그은 접선방향=유체입자의 속도방향 일치

  $\overrightarrow{V}\times\overrightarrow{ds}=\overrightarrow{V}\,\overrightarrow{ds}\sin\theta=0$ ($\because$ $\overrightarrow{V}$와 $\overrightarrow{ds}$가 이루는 각이 $0°$이므로 $\sin\theta=0$)

  $\overrightarrow{V}=ui+vj+wk$

  $\overrightarrow{ds}=dxi+dyj+dzk$

  $\overrightarrow{V}\times\overrightarrow{ds}=(vdz-wdy)i+(wdx-udz)j+(udy-vdx)k=0$

  $vdz=wdy$ $\quad$ $wdx=udz$ $\quad$ $udy=vdx$

  $\dfrac{dy}{v}=\dfrac{dz}{w}$ $\quad$ $\dfrac{dx}{u}=\dfrac{dz}{w}$ $\quad$ $\dfrac{dy}{v}=\dfrac{dx}{u}$

  $\therefore\ \dfrac{dx}{u}=\dfrac{dy}{v}=\dfrac{dz}{w}$: 유선방정식(벡터의 방향이 일치하므로 각 방향의 성분비는 동일하다.)

  $\left(\dfrac{u}{dx}=\dfrac{v}{dy}=\dfrac{w}{dz}\right)$

예 제

2차원 유동장에서 속도 $V=5yi+j$일 때 점 (2, 1)에서 유선의 기울기는 얼마인가?

해설 $\dfrac{5y}{dx}=\dfrac{1}{dy}$ $\quad\therefore\ \dfrac{dy}{dx}=\dfrac{1}{5y}=\dfrac{1}{5\times1}=\dfrac{1}{5}$

만약 $V=5xi+7yi$이면,

$\dfrac{5x}{dx}=\dfrac{7y}{dy}$ $\quad\therefore\ \dfrac{dy}{dx}=\dfrac{7y}{5x}=\dfrac{7\times1}{5\times2}=\dfrac{7}{10}$

2. 유관(Stream Tube)

공간상에서 여러 개의 유선으로 만들어지는 유체흐름을 가상할 수 있는 관이다.

3. 유적선(Path Line)

일정 시간 동안 운동하는 유체 입자에 의해 그려지는 경로이다.

4. 유맥선(Streak Line)

고정된 한 위치에서 염료를 사용해 시간이 약간 흐른 뒤에 이 점을 통과한 수많은 가시유체입자들을 연결한 선으로, 한 점을 지나는 모든 유체입자들의 순간궤적이다.

참고

정상유동에서는 유선=유적선=유맥선이다.

5. 시간선(Time Line)

유동장에서 인접한 수많은 유체입자를 어느 순간에 표시해 보면 이 입자들은 그 순간에 유체 내에서 하나의 선을 형성(연속되는 순간순간에서 변형을 보여 주기 위해 사용)한다.

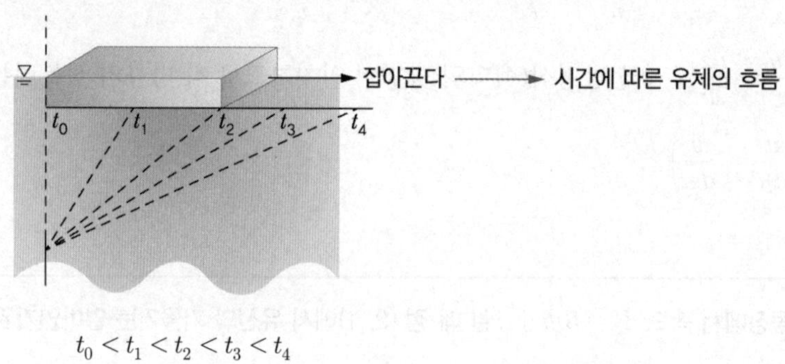

$t_0 < t_1 < t_2 < t_3 < t_4$

6. 응력장

① 표면력 : 물체에 직접 접촉하여 작용하는 힘(압력, 응력)

② 체적력 : 물체의 체적 전체에 분포되어 작용하는 힘(중력, 전자기력)

$$\text{중력} : \rho \cdot g\,dV = \gamma\,dV$$

③ 응력장의 개념은 물체의 경계에 작용하는 힘이 물체 안으로 어떻게 전달되는지 설명하는 데 편리한 수단을 제공한다.

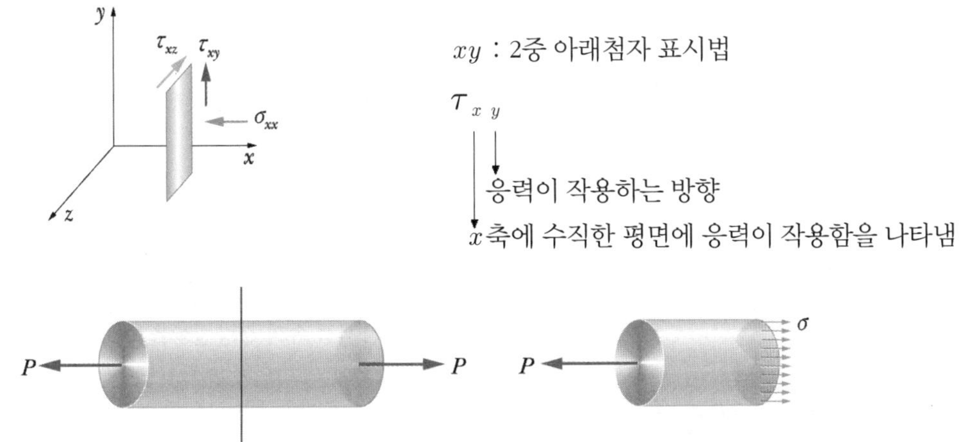

참고

유체 운동학

검사체적(연속적인 변형과 어떤 장치나 구조물에 미치는 유체 운동의 영향에 초점을 두며, 유체의 동일질량을 구분하거나 추종하기는 어렵다.)에 적용할 수 있는 적분형 기본 방정식을 유도(적분적 접근법) → 연속체가정, 장기술방법

3 연속방정식

1. 연속방정식 : 질량보존의 법칙을 유체에 적용하여 얻은 방정식

① **검사체적 내 질량보존의 법칙** : 질량이 일정하다는 것을 검사체적에 적용하여 시간변화율로 표시하면 검사체적 내의 질량변화율과 검사표면을 통하여 흐르는 정미 질량유량($\dot{m}$)의 합은 0이다.

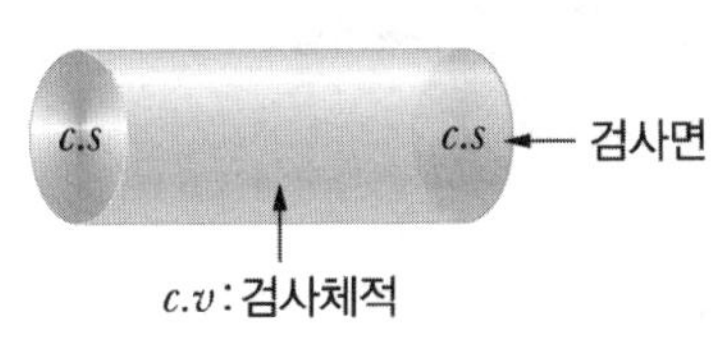

$$m = C \rightarrow \left.\frac{dm}{dt}\right)_{system} = 0$$

오일러적 표현으로 바꾸면 연속방정식은

$$\left.\frac{dm}{dt}\right)_{system} = \frac{\partial}{\partial t}\int_{C.V}\rho dV + \int_{C.S}\rho\vec{V}\cdot\overrightarrow{dA}$$

$$\left\{\begin{array}{l} 0 = \dfrac{\partial}{\partial t}\displaystyle\int_{C.V}\rho dV + \int_{C.S}\rho\vec{V}\cdot\overrightarrow{dA} \\ 0 = \dfrac{dm_{C.V}}{dt} + \Sigma\dot{m}_e - \Sigma\dot{m}_i \end{array}\right\}$$

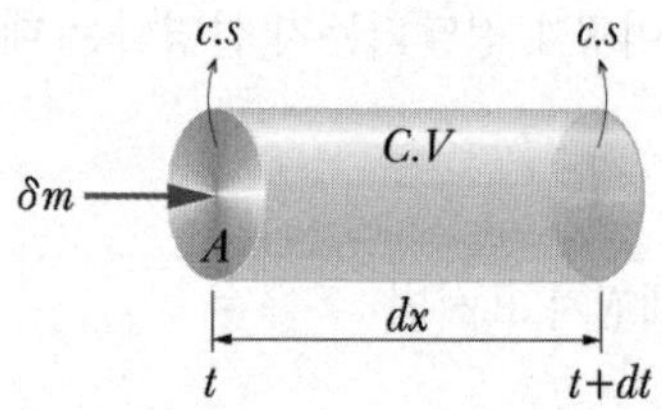

$$\frac{dm_{C.V}}{dt} + \sum \dot{m}_e - \sum \dot{m}_i = 0$$

- $\sum \dot{m}_i$ → 질량유량의 유입률
- $\sum \dot{m}_e$ → 질량유량의 유출률
- $\frac{dm_{C.V}}{dt}$ → 검사체적 속의 순간질량변화율

$$\frac{m_{t+\delta t} - m_t}{\delta t} + \frac{\delta m_e}{\delta t} - \frac{\delta m_i}{\delta t} = 0$$

- $\frac{\delta m_e}{\delta t} - \frac{\delta m_i}{\delta t}$ → 검사면을 통과하는 질량의 순간유동률
- $\frac{m_{t+\delta t} - m_t}{\delta t}$ → 검사체적 속의 질량변화율

$$\lim_{\delta t \to 0} \frac{m_{t+\delta t} - m_t}{\delta t} \Rightarrow \frac{dm_{C.V}}{dt}$$

$$\lim_{\delta t \to 0} \frac{\delta m_e}{\delta t} \Rightarrow \dot{m}_e, \ \lim_{\delta t \to 0} \frac{\delta m_i}{\delta t} \Rightarrow \dot{m}_i$$

정상유동일 때

$\frac{dm_{C.V}}{dt} = 0, \ \sum \dot{m}_i = \sum \dot{m}_e = c$: 질량 플럭스 일정(들어오는 질량유량과 나가는 질량유량이 동일)

$\frac{\dot{m}}{A}$ = 단위면적당 질량유량 = 질량 flux

2. 질량유량, 중량유량, 체적유량

① 질량유량($\dot{m}$) : 검사면을 통과하는 시간당 유체의 질량[kg/s]

δt 동안, 검사면($c.s$) A를 통과하는 질량은

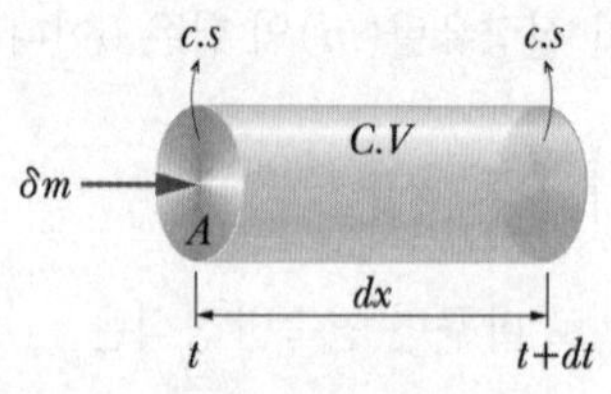

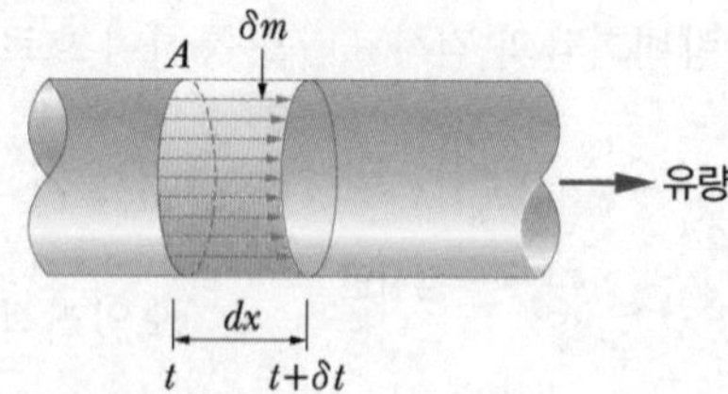

A를 통과하는 유체가 dx만큼 흘러갈 때 : 유체체적은 $A \cdot dx$

$\delta m = \frac{A \cdot dx}{v}$, 비체적($v$)$= \frac{V}{m} = \frac{1}{\rho}$ [$\because mv = V$(체적)]

양변을 δt로 나누고 극한($\delta t \to 0$)을 취하면

$$\lim_{\delta t \to 0} \frac{\delta m}{\delta t} = \lim_{\delta t \to 0} \frac{A \cdot dx}{\delta t \cdot v} = \frac{dx}{dt} \frac{A}{v} \ \left[\frac{dx}{dt} = \text{속도}(\vec{V}) \right]$$

$\delta t \rightarrow 0$으로 보내면 바로 검사면에서 질량유량이 된다.

$\dot{m} = \dfrac{A \cdot \vec{V}}{v} = \rho \cdot A \cdot \vec{V} \rightarrow$ 질량유량(kg/s) ······································ ⓐ

양변에 g를 곱하면 중량유량을 구할 수 있다[(이후는 벡터로 쓰지 않고 $\rho A V$로 쓴다($\vec{V} \rightarrow V$)].

② **중량유량($\dot{G}$)** : 검사면을 통과하는 시간당 유체의 중량[kgf/s]

$\dot{m} \times g = \rho \cdot g \cdot A \cdot V$

$\dot{G} = \gamma \cdot A \cdot V$: 중량유량 ·· ⓑ

$\dot{m}g = kg/s \times g = \rho \cdot g \cdot A \cdot V \Rightarrow kgf/s = \gamma \cdot A \cdot V = \dot{G}$(중량유량)[kgf/s]

③ **체적유량(Q)**

유체역학에서 기본가정이 정상상태 · 정상유동이므로(SSSF 상태)

$\dfrac{dm_{C.V}}{dt} = 0,\ \Sigma \dot{m}_i = \Sigma \dot{m}_e = C$(kg/s)에서

$\rho_i A_i V_i = \rho_e A_e V_e = C$에서 $\rho = C$일 경우, 즉 비압축성 유체는 $A \cdot V = C$

$\rightarrow A_1 V_1 = A_2 V_2 = Q(m^3/s)$: 체적유량(비압축성 유체의 연속방정식)

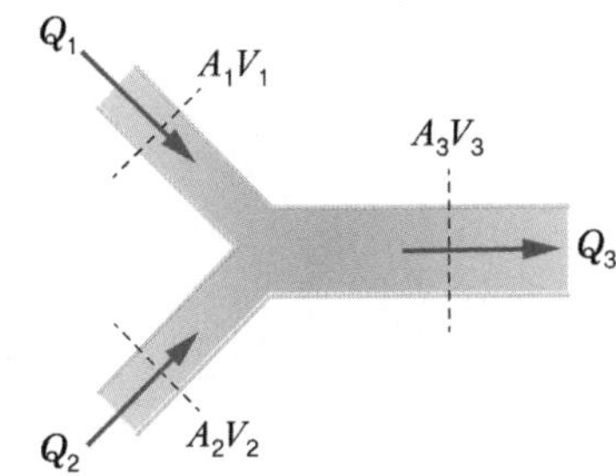

비압축성 유체($\rho = C$)

$Q = AV = C$

$A_1 V_1 + A_2 V_2 = A_3 V_3$

(들어오는 유량과 나가는 유량은 같다.)

$\rho A V = C$에서 미분하면

$d(\rho A V) = 0 \rightarrow d\rho A V + \rho dA V + \rho A dV = 0$(양변을 $\rho A V$로 나누면)

$\dfrac{d\rho}{\rho} + \dfrac{dA}{A} + \dfrac{dV}{V} = 0$ (ρ 대신 γ 대입 가능, 노즐 유동에서 사용)

참고

적분적 접근법(유동장의 전체적 거동, 미치는 효과에 관심)

유동장 내의 한 점 한 점에 대한 상세한 지식을 얻기 위해

↓

미분적 접근법(미분형 운동방정식 적용)

↓

미소계와 미소체적에 대하여 해석

3. 직각좌표계의 3차원 연속방정식(유체유동의 미분해석)

$$\frac{dm_{C.V}}{dt}+\Sigma\dot{m}_e-\Sigma\dot{m}_i=0$$

연속방정식 $0=\frac{\partial}{\partial t}\int_{C.V}\rho dV+\int_{C.S}\rho\overrightarrow{V}\cdot\overrightarrow{dA}$ ·· ⓐ

미소정육면체(체적요소)에 적용

가정 질량이 유입 유출되는 면에서 속도와 밀도는 균일하다.

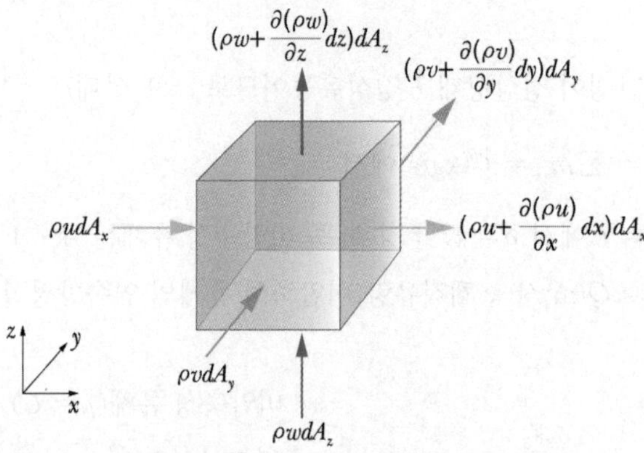

$\dot{m}=\rho\cdot A\cdot V$ (A : 미소면적에 적용)

속도 $\overrightarrow{V}=ui+vj+wk$

Taylor 급수전개 : $f(x)=\rho u$ 라면

x방향 : $f(x+dx)=f(x)+f'(x)dx+\frac{f''(x)}{2}dx^2$

$$=\rho u+\frac{\partial(\rho u)}{\partial x}dx+\underline{\frac{1}{2}\frac{\partial^2(\rho u)}{\partial x^2}dx^2}\rightarrow \text{고차항 무시}$$

유출(+), 유입(−)

① 검사표면에서 질량변화량($\Sigma\dot{m}_e-\Sigma\dot{m}_i$)

x방향 : $\left[\rho u+\frac{\partial}{\partial x}(\rho u)dx\right]dA_x-\rho udA_x \quad (dA_x=dydz)$

y방향 : $\left[\rho v+\frac{\partial}{\partial y}(\rho v)dy\right]dA_y-\rho vdA_y \quad (dA_y=dxdz)$

\+ z방향 : $\left[\rho w+\frac{\partial}{\partial z}(\rho w)dz\right]dA_z-\rho wdA_z \quad (dA_z=dxdy)$

$$\frac{\partial(\rho u)}{\partial x}dxdydz+\frac{\partial(\rho v)}{\partial y}dxdydz+\frac{\partial(\rho w)}{\partial z}dxdydz \text{ ········· ⓑ}$$

② 검사체적 $dV(dx \times dy \times dz)$의 내부에서 단위시간당 질량변화율

$\rightarrow \frac{\partial \rho}{\partial t} dxdydz$ ………………………………………………………… ⓒ

∴ ⓐ식에 ⓑ, ⓒ식 대입

$$0 = \left[\frac{\partial \rho}{\partial t} + \frac{\partial(\rho u)}{\partial x} + \frac{\partial(\rho v)}{\partial y} + \frac{\partial(\rho w)}{\partial z}\right] dxdydz$$

양변을 $(dx \cdot dy \cdot dz)$로 나누면 → 단위체적당 값으로 변환

$$\left[\frac{\partial \rho}{\partial t} + \frac{\partial(\rho u)}{\partial x} + \frac{\partial(\rho v)}{\partial y} + \frac{\partial(\rho w)}{\partial z}\right] = 0 \quad \text{………… ⓓ}$$

→ 직각좌표계에서 미분형 연속방정식

여기서 벡터연산자(∇)를 가지고 연속방정식을 나타내 보면

∇ : del(벡터연산자)$= \frac{\partial}{\partial x} i + \frac{\partial}{\partial y} j + \frac{\partial}{\partial z} k$

$$\therefore \nabla \cdot \rho \overrightarrow{V}(dot\ product) = \left(\frac{\partial}{\partial x} i + \frac{\partial}{\partial y} j + \frac{\partial}{\partial z} k\right) \cdot \rho(ui + vj + wk)$$

$$= \frac{\partial(\rho u)}{\partial x} + \frac{\partial(\rho v)}{\partial y} + \frac{\partial(\rho w)}{\partial z}$$

따라서 ⓓ식은 $\nabla \cdot \rho \overrightarrow{V} + \frac{\partial \rho}{\partial t} = 0$

㉠ 비압축성 유체($\rho = C$)인 경우(기본이 정상유동이므로 $\frac{\partial \rho}{\partial t} = 0$),

ⓓ식의 양변을 ρ로 나눈다.

$$\therefore \frac{\partial u}{\partial x} + \frac{\partial v}{\partial y} + \frac{\partial w}{\partial z} = 0$$

$$\therefore \nabla \cdot \overrightarrow{V} = 0$$

㉡ 압축성 유체($\rho \neq C$)인 경우 $\rho = \rho(x, y, z)\left(\text{정상유동} \Rightarrow \frac{\partial \rho}{\partial t} = 0\right)$

$$\therefore \frac{\partial(\rho u)}{\partial x} + \frac{\partial(\rho v)}{\partial y} + \frac{\partial(\rho w)}{\partial z} = 0$$

$$\therefore \nabla \cdot \rho \overrightarrow{V} = 0$$

참고

- $div(\overrightarrow{V})$: 속도 $\overrightarrow{V}$의 다이버전스(Divergence)
- $\nabla \cdot \overrightarrow{V} = \frac{\partial u}{\partial x} + \frac{\partial v}{\partial y} + \frac{\partial w}{\partial z} = 0$(Dot Product)
- $\nabla \times \overrightarrow{V} = curl\ \overrightarrow{V}$(소용돌이) (Cross Product)

예 제

2차원 유동, 비압축성 정상유동일 경우의 직각좌표계에 대한 연속방정식은?

해설 z항 소거

$\frac{\partial \rho}{\partial t}=0,\ \rho=C$에서 $\frac{\partial u}{\partial x}+\frac{\partial v}{\partial y}=0$

㉣ 비정상 유동 미분형 연속방정식

자동차의 현가장치(바퀴의 충격을 차체에 전달하지 않고 충격흡수)는 홈을 통해 오일이 이동하므로 피스톤의 운동이 느려지며 유체밀도가 시간에 따라 변하므로 기본방정식은

$$\nabla \cdot \rho \vec{V}+\frac{\partial \rho}{\partial t}=0$$

$\frac{\partial(\rho u)}{\partial x}+\frac{\partial(\rho v)}{\partial y}+\frac{\partial(\rho w)}{\partial z}+\frac{\partial \rho}{\partial t}=0$을 적용

4. 원통좌표계의 연속방정식(Cylindrical Coordinate System)

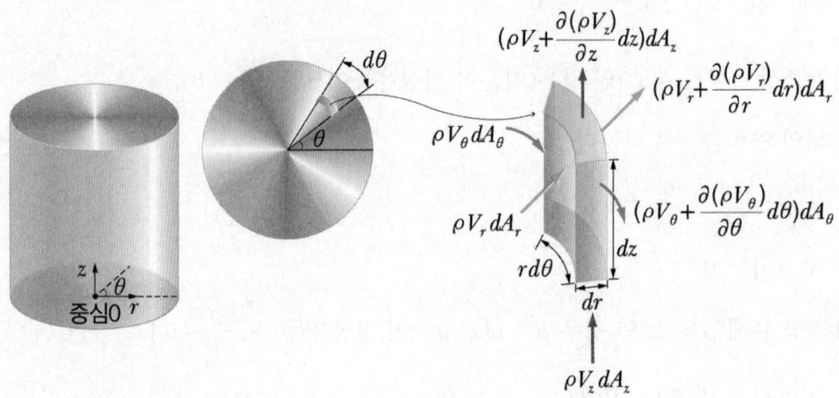

$\vec{V}= V_r e_r + V_\theta e_\theta + V_z K,\ |e_r|=|e_\theta|=|K|=1 \Rightarrow$ 단위벡터

$\int_{C.S} \rho \vec{V} \cdot \overrightarrow{dA}$: 6개의 검사표면에서 질량 플럭스 계산

① r방향

$$\left(\rho V_r + \frac{\partial(\rho V_r)}{\partial r}dr\right) \cdot rd\theta dz - \rho V_r rd\theta dz$$

$$\therefore r \cdot \frac{\partial(\rho V_r)}{\partial r}drd\theta dz$$

② θ방향

$$\left(\rho V_\theta + \frac{\partial(\rho V_\theta)}{\partial\theta}d\theta\right)drdz - \rho V_\theta drdz$$

$$\therefore \frac{\partial(\rho V_\theta)}{\partial\theta}drd\theta dz$$

③ z방향

$$\left(\rho V_z + \frac{\partial(\rho V_z)}{\partial z}dz\right)rd\theta dr - \rho V_z rd\theta dr$$

$$\therefore r \cdot \frac{\partial(\rho V_z)}{\partial z}drd\theta dz$$

④ 검사면 : $\int_{C.S}\rho\overrightarrow{V}\,\overrightarrow{dA} = \left[r\frac{\partial(\rho V_r)}{\partial r} + \frac{\partial(\rho V_\theta)}{\partial\theta} + r\frac{\partial(\rho V_z)}{\partial z}\right]drd\theta dz$

⑤ 검사체적 : $\frac{\partial}{\partial t}\int_{C.V}\rho dv = \frac{\partial\rho}{\partial t}rdrd\theta dz$

질량보존의 법칙은 $0 = \frac{\partial}{dt}\int_{CV}\rho dv + \int_{CS}\rho\overrightarrow{V}\,\overrightarrow{dA}$

$$0 = \left[r\frac{\partial\rho}{\partial t} + r\frac{\partial(\rho V_r)}{\partial r} + \frac{\partial(\rho V_\theta)}{\partial\theta} + r\frac{\partial(\rho V_z)}{\partial z}\right]drd\theta dz$$

양변을 $r \cdot dr \cdot d\theta \cdot dz$로 나누면

$$0 = \frac{\partial\rho}{\partial t} + \frac{\partial(\rho V_r)}{\partial r} + \frac{1}{r}\frac{\partial(\rho V_\theta)}{\partial\theta} + \frac{\partial(\rho V_z)}{\partial z} \quad \cdots\cdots\cdots\cdots\text{ⓐ}$$

원통좌표계에서 벡터 연산자 ∇은

$$\nabla = \frac{\partial}{\partial r}e_r + \frac{1}{r}\frac{\partial}{\partial\theta}e_\theta + \frac{\partial}{\partial z}K$$

ⓐ식을 벡터표기하면 속도장 $\overrightarrow{V} = \overrightarrow{V}(r, \theta, z, t)$에서

$$\nabla \cdot \rho\overrightarrow{V} + \frac{\partial\rho}{\partial t} = 0$$

참고

직각좌표계 원통좌표계 둘 다 공통(좌표계에 상관없이 질량은 보존된다.) ⇒ 연속방정식(단, ∇만 좌표계에 맞게 해석)

- 비압축성 유동 : $\rho = C$, $\nabla \cdot \overrightarrow{V} + \frac{\partial\rho}{\partial t} = 0$
- 정상유동 : $\frac{\partial\rho}{\partial t} = 0$, $\nabla \cdot \rho\overrightarrow{V} = 0$

4 유체 유동의 미분해석

1. 2차원 비압축성 유동의 유동함수

① 유선은 어떤 순간에 유동의 속도벡터와 접하는 선

$\frac{u}{dx} = \frac{v}{dy}$ 에서 $udy = vdx$

$udy - vdx = 0$ ·· ⓐ

② 유동함수(Stream Function)

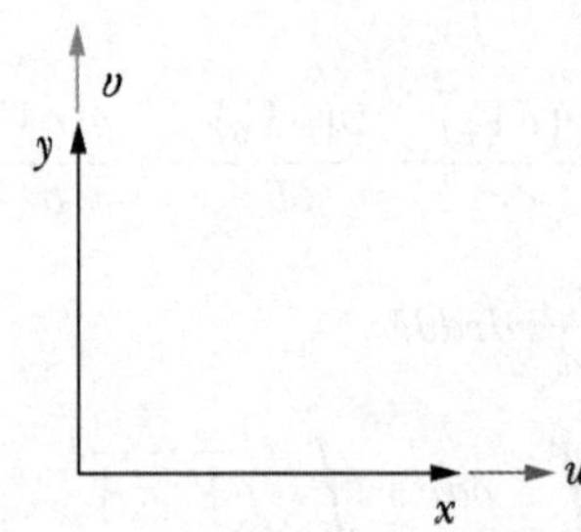

- 2차원 비압축성 유동에서 속도성분(2개의 독립적인 양), $u(x, y, t)$, $v(x, y, t)$를 하나의 유동함수 $\psi(x, y, t)$로 나타낼 수 있다.
- 2차원 비압축성 유동에 대한 연속방정식

  $\frac{\partial u}{\partial x} + \frac{\partial v}{\partial y} = 0$ ·· ⓑ

- 유동함수(정의)

  $u \equiv \frac{\partial \psi}{\partial y}, \ v \equiv -\frac{\partial \psi}{\partial x}$ ·· ⓒ

ⓑ에 ⓒ를 대입하면

$$\frac{\partial u}{\partial x} + \frac{\partial v}{\partial y} = \frac{\partial^2 \psi}{\partial x \partial y} - \frac{\partial^2 \psi}{\partial y \partial x} = 0$$

ⓐ에 유동함수 ⓒ를 대입하면

$$\frac{\partial \psi}{\partial y}dy - \left(-\frac{\partial \psi}{\partial x}\right)dx = 0$$

$$\therefore \ \frac{\partial \psi}{\partial x}dx + \frac{\partial \psi}{dy}dy = 0$$

③ 임의의 시간 t와 공간(x, y)에서 함수 $\psi(x, y, t)$의 미소변화량 $d\psi$

$$d\psi = \frac{\partial \psi}{\partial x}dx + \frac{\partial \psi}{\partial y}dy$$

2. 3차원 속도장을 가지고 유체입자 가속도 표현

① 3차원 유동장 내에서 속도장

$\vec{V} = \vec{V}(x, y, z, t)$: 위치와 시간의 함수 가속도 $\vec{a}$

시간 t일 때의 유체입자의 위치는 x, y, z에서 속도장

$\rightarrow \vec{V}(x, y, z, t)$

그림처럼 시간이 dt만큼 변할 때 입자의 속도장

$\rightarrow \vec{V}(x+dx, y+dy, z+dz, t+dt)$

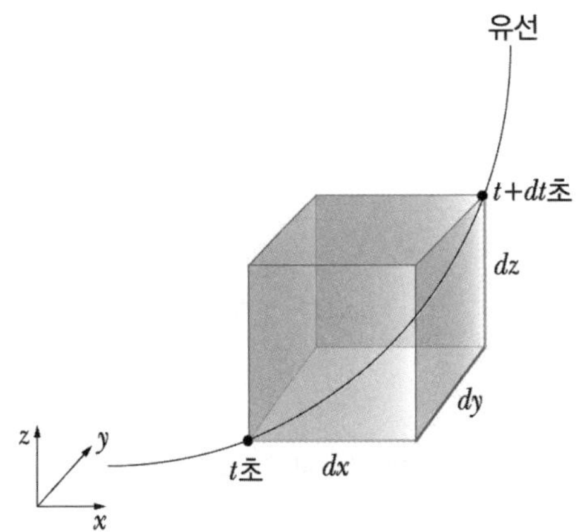

② 시간 dt 동안 움직이는 유체입자의 속도변화

$$d\vec{V} = \frac{\partial \vec{V}}{\partial x}dx + \frac{\partial \vec{V}}{\partial y}dy + \frac{\partial \vec{V}}{\partial z}dz + \frac{\partial \vec{V}}{\partial t}dt$$

③ 유체입자의 가속도 $\vec{a} = \dfrac{dV}{dt}$ 이므로 위의 식을 dt로 나누면

$$a = \frac{d\vec{V}}{dt} = \frac{\partial \vec{V}}{\partial x}\cdot\underbrace{\frac{dx}{dt}}_{u} + \frac{\partial \vec{V}}{\partial y}\cdot\underbrace{\frac{dy}{dt}}_{v} + \frac{\partial \vec{V}}{dz}\cdot\underbrace{\frac{dz}{dt}}_{w} + \frac{\partial \vec{V}}{\partial t}$$

$$a = u\frac{\partial \vec{V}}{\partial x} + v\frac{\partial \vec{V}}{\partial y} + w\frac{\partial \vec{V}}{\partial z} + \frac{\partial \vec{V}}{\partial t}$$

④ 속도장 내에서 유체입자의 가속도를 계산하려면 특별한 미분이 필요하다는 것을 강조하기 위해 기호 $\dfrac{D\vec{V}}{Dt}$를 사용(본질미분 = 물질미분 = 입자미분)

$$\frac{D\vec{V}}{Dt}(\text{본질미분}) \equiv \vec{a} = \underbrace{u\frac{\partial \vec{V}}{\partial x} + v\frac{\partial \vec{V}}{\partial y} + w\frac{\partial \vec{V}}{\partial z}}_{\text{대류가속도}} + \underbrace{\frac{\partial \vec{V}}{\partial t}}_{\text{국소가속도}}$$

↓ 입자의 총가속도 ↓ 대류가속도 ↓ 국소가속도

⑤ 1차원 유동이면 $\dfrac{D\vec{V}}{Dt} = u\dfrac{\partial \vec{V}}{\partial x} + \dfrac{\partial \vec{V}}{\partial t}$

⑥ 2차원 유동이면 $\dfrac{D\vec{V}}{Dt} = u\dfrac{\partial \vec{V}}{\partial x} + v\dfrac{\partial \vec{V}}{\partial y} + \dfrac{\partial \vec{V}}{\partial t}$

⑦ 3차원 정상유동이면 $\dfrac{D\vec{V}}{Dt} = u\dfrac{\partial \vec{V}}{\partial x} + v\dfrac{\partial \vec{V}}{\partial y} + w\dfrac{\partial \vec{V}}{\partial z}$

5 오일러의 운동방정식(Euler's Equation of Motion)

유선상의 미소입자(미소체적)에 Newton의 제2법칙을 적용하여 만들어낸 방정식

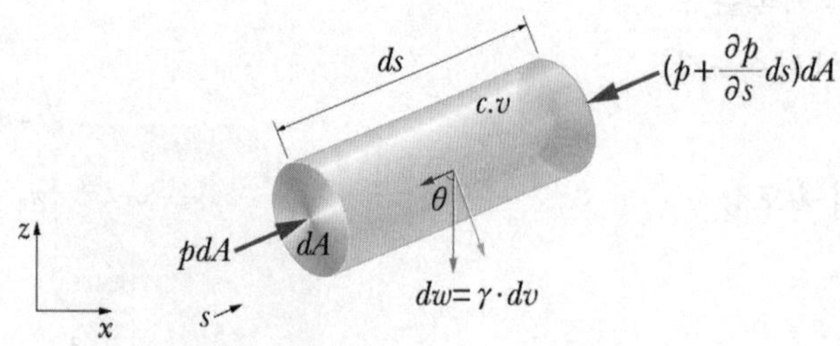

기본 가정
① 유체입자는 유선을 따라 유동한다.
② 유체는 마찰이 없다.
(비점성 $-\tau$ 해석 불필요)
③ 정상 유동이다.

$\sum F$= 표면력 + 체적력 = 관성력

유선방향 $\sum F_s = m \cdot a_s,\ dF = dm \cdot a$ $\left(\text{여기서, } dm = \rho \cdot dv = \rho \cdot dAds,\ a = \frac{dV}{dt}\right)$

$$dW = \gamma \cdot dv = \gamma \cdot dA \cdot ds = \rho \cdot g \cdot dA \cdot ds$$

$$p \cdot dA - \left(p + \frac{\partial p}{\partial s}ds\right)dA - \rho \cdot g\,dA \cdot ds\cos\theta = \rho \cdot dA \cdot ds \cdot \frac{dV}{dt}$$

$$-\frac{\partial p}{\partial s}dAds - \rho \cdot g\cos\theta dAds - \rho dA \cdot ds\frac{dV}{dt} = 0$$

양변 ÷ $dAds(dv)$

$$-\frac{\partial p}{\partial s} - \rho g\cos\theta - \rho \cdot \frac{dV}{dt} = 0$$

$$\frac{\partial p}{\partial s} + \rho g\cos\theta + \rho\frac{dV}{dt} = 0 \quad \cdots\cdots\cdots\cdots \text{ⓐ}$$

여기서,

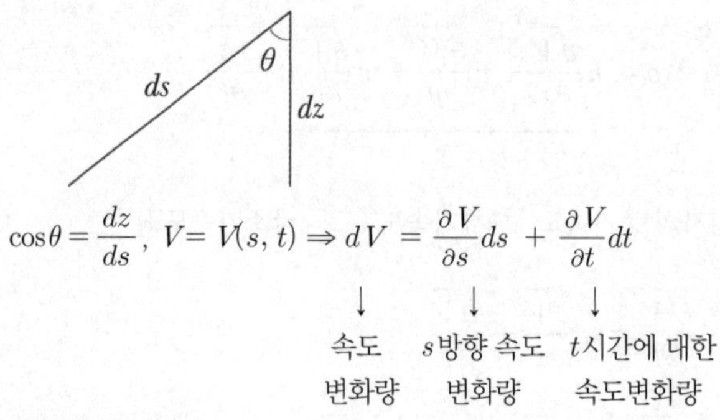

$$\cos\theta = \frac{dz}{ds},\ V = V(s, t) \Rightarrow dV = \frac{\partial V}{\partial s}ds + \frac{\partial V}{\partial t}dt$$

↓ 속도 변화량, ↓ s방향 속도 변화량, ↓ t시간에 대한 속도변화량

2변수함수(편미분)

양변 ÷ dt

$$\frac{dV}{dt} = \frac{\partial V}{\partial s}\frac{ds}{dt} + \frac{\partial V}{\partial t}$$

$$\frac{dV}{dt} = \frac{\partial V}{\partial s}V + \frac{\partial V}{\partial t}$$

ⓐ식에 넣어 정리하면

$$\frac{\partial p}{\partial s}+\rho g\frac{dz}{ds}+\rho\left(\frac{\partial V}{\partial s}V+\frac{\partial V}{\partial t}\right)=0$$

양변÷ρ

$$\frac{1}{\rho}\frac{\partial p}{\partial s}+g\frac{dz}{ds}+\frac{\partial V}{\partial s}V+\frac{\partial V}{\partial t}=0$$ ······························ ⓑ 오일러 방정식

가정 정상유동 $\left(\frac{\partial F}{\partial t}=0\text{에서 } \frac{\partial V}{\partial t}=0\text{ 적용}\right)$

$$\frac{1}{\rho}\cdot\frac{\partial p}{\partial s}+g\cdot\frac{dz}{ds}+\frac{\partial V}{\partial s}V=0$$ ······························ ⓒ

- 압력장 $p=p(s,\ t)\Rightarrow$ 정상유동에서 $p(s)$이므로 압력은 위치만의 함수가 된다.

$$\frac{\partial p}{\partial s}\Rightarrow\frac{dp}{ds}$$

- 속도장 $V=V(s,\ t)\Rightarrow$ 정상유동에서 $V(s)$의 함수 $\therefore\ \frac{\partial V}{\partial s}\Rightarrow\frac{dV}{ds}$

위 사항을 적용하면 ⓒ식은 $\frac{1}{\rho}\frac{dp}{ds}+g\cdot\frac{dz}{ds}+\frac{dV}{ds}V=0$ 양변에 $\times ds$

$\frac{1}{\rho}dP+gdz+VdV=0$(정상유동에서 오일러 운동방정식)

6 베르누이 방정식

정상유동에서 유선을 따라 오일러의 운동방정식을 적분하여 얻은 방정식

오일러 운동방정식 : $\frac{1}{\rho}dp+gdz+VdV=0$을 적분하면

$$\int\frac{1}{\rho}dp+g\int dz+\int VdV=c$$

$$\int\frac{dp}{\rho}+gz+\frac{V^2}{2}=c$$ ······························ ⓐ

가정 $\rho=C$(비압축성 유체)

$$\frac{p}{\rho}+gz+\frac{v^2}{2}=c$$ ······························ ⓑ (SI 단위)

SI 단위를 살펴보면

$\frac{p}{\rho}=\frac{\mathrm{N/m^2}}{\mathrm{kg/m^3}}=\frac{\mathrm{N\cdot m}}{\mathrm{kg}}=\frac{\mathrm{J}}{\mathrm{kg}}$: 질량당 에너지(비에너지)

$\mathrm{g}\cdot z$와 $\frac{v^2}{2}$ $\Rightarrow$ $\frac{\mathrm{m}}{\mathrm{s^2}}\cdot\mathrm{m}$ 분모 · 분자에 질량(kg)을 곱하면

$$\frac{\mathrm{kg}\cdot\frac{\mathrm{m}}{\mathrm{s^2}}\cdot\mathrm{m}}{\mathrm{kg}}=\frac{\mathrm{N\cdot m}}{\mathrm{kg}}=\frac{\mathrm{J}}{\mathrm{kg}}$$

$$\frac{p}{\rho}+\frac{v^2}{2}+\mathrm{g}\cdot z=C\ (\mathrm{SI})\ \cdots\cdots\cdots\cdots\ ⓒ$$

질량당 압력에너지 + 질량당 운동에너지 + 질량당 위치에너지 = 질량당 전에너지

ⓒ식을 g로 나누면

$$\frac{p}{\rho\mathrm{g}}+\frac{V^2}{2\mathrm{g}}+z=C$$

$$\therefore\ \frac{p}{\gamma}+\frac{V^2}{2\mathrm{g}}+z=C=H(\text{공학단위})$$

↓ 압력수두, ↓ 속도수두, ↓ 위치수두, ↓ 전수두(전양정)

공학단위를 살펴보면 $\mathrm{N\cdot m}\rightarrow\mathrm{kgf\cdot m}$

$\frac{p}{\gamma}=\frac{\mathrm{kgf/m^2}}{\mathrm{kgf/m^3}}=\mathrm{m}$ 단위(L 차원)

$\frac{v^2}{2\mathrm{g}}$와 z는 $\frac{\mathrm{kgf\cdot m}}{\mathrm{kgf}}=\mathrm{m}$ 단위(L 차원)

$\left(\because\ \frac{\mathrm{N\cdot m}}{\mathrm{kg}\times\mathrm{g}}\ \begin{matrix}\rightarrow\\ \rightarrow\end{matrix}\ \frac{\mathrm{kgf\cdot m}}{\mathrm{kgf}}\text{이므로}\right)$

1. 에너지선(EL ; Energy Line)

유동장의 임의점에서 유체가 갖는 전에너지(전수두)

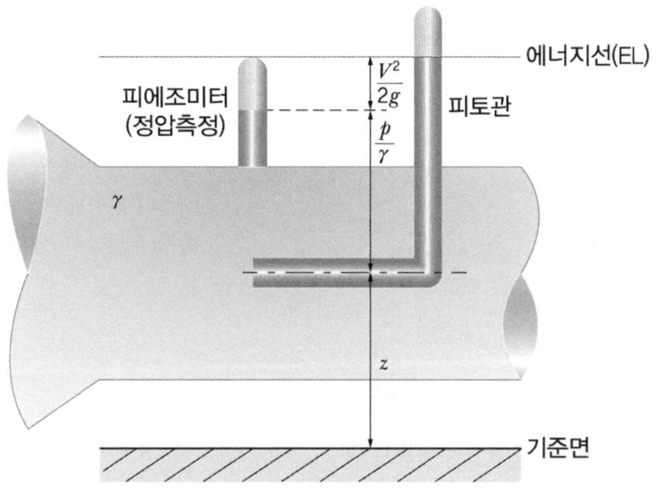

2. 수력구배선(HGL ; Hydraulic Grade Line)

위치에너지와 압력에너지의 합인 에너지선이다. 속도 V가 커지면 EL의 높이가 일정하기 때문에 HGL의 높이는 감소하여야 한다. 속도가 일정하게 되면(균일단면) HGL의 높이는 일정하다.

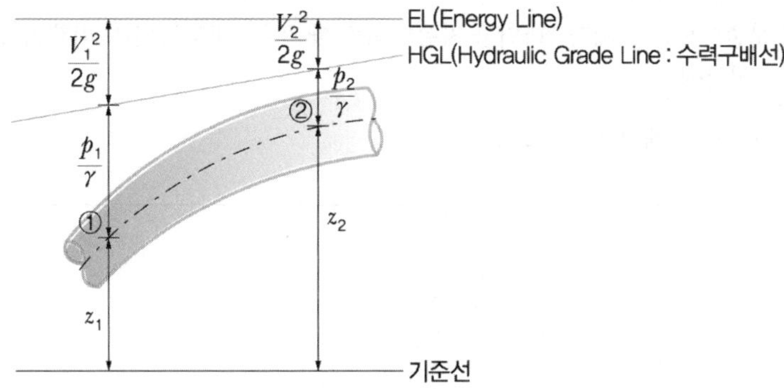

① 단면과 ② 단면에 베르누이 방정식을 적용하면

$$\frac{p_1}{\rho}+\frac{{V_1}^2}{2}+gz_1=\frac{p_2}{\rho}+\frac{{V_2}^2}{2}+gz_2=C\,(\text{일정})$$

①에서 ②점으로 가면서 손실이 있다면 ② 위치의 전에너지 값이 작아진다.

따라서 ①에서 ②점까지 유동과정에 손실수두 h_l이 있다면 베르누이 방정식은 다음과 같다.

$$\frac{p_1}{\rho}+\frac{{V_1}^2}{2}+gz_1=\frac{p_2}{\rho}+\frac{{V_2}^2}{2}+gz_2+h_l$$

3. 베르누이 방정식 적용

예 제

다음과 같은 오리피스관에서 물의 분출 속도 V_1을 구하시오.

해설

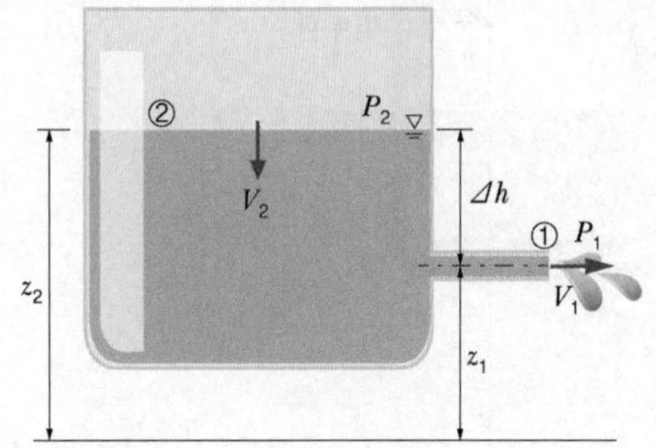

여기서 화살표는
속도(V)를 타나낸다.

①과 ②점에 베르누이 방정식 적용 (가정 $p_1 \approx p_2 = p_0$, $V_1 \gg V_2$)

$$\frac{p_1}{\rho} + \frac{{V_1}^2}{2} + gz_1 = \frac{p_2}{\rho} + \frac{{V_2}^2}{2} + gz_2$$

$$\frac{{V_1}^2}{2} = gz_2 - gz_1 = g(z_2 - z_1)$$

$$V_1 = \sqrt{2g\Delta h} \ \ (\because \ \Delta h = z_2 - z_1)$$

참고

오리피스의 분출속도는 물체가 Δh만큼 자유낙하할 때 얻는 식과 같다(토리첼리 정리).
운동에너지 = 위치에너지

$\frac{1}{2}mV^2 = m \cdot g \cdot \Delta h$에서 $V = \sqrt{2g\Delta h}$

㉮ 사이펀관

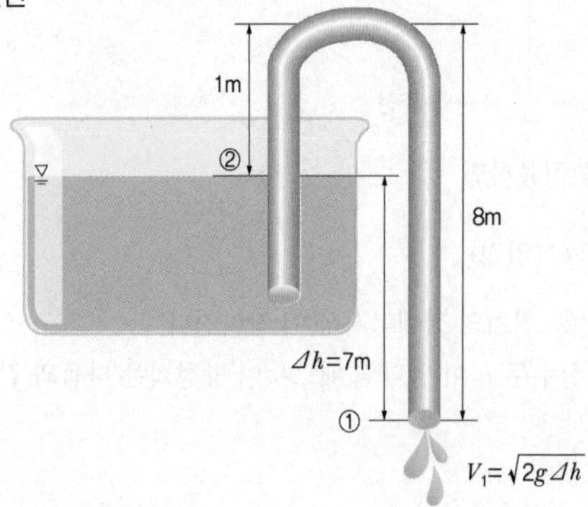

㉠ $\frac{p}{\rho}+\frac{V^2}{2}+gz=C, \begin{cases} dV \gg 0\ (\text{속도에너지 증가}) \\ dp \ll 0\ (\text{압력에너지 감소}) \end{cases}$

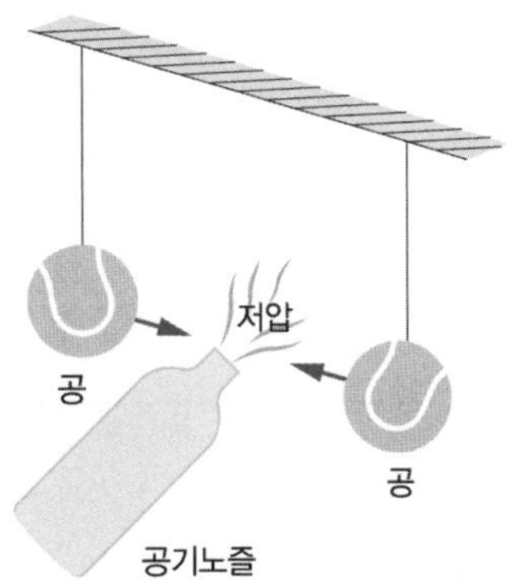

㉠ 공의 유동방향과 유체흐름방향이 동일한 쪽은 속도가 증가, 압력은 감소

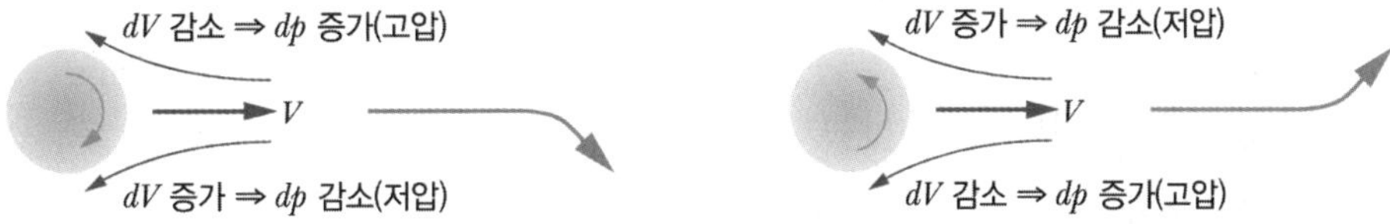

7 동압과 정압

1. 피토관(Pitot Tube)

그림과 같이 유체유동 중심에 피토관을 세울 때 관의 입구에서 속도에너지가 "0"이 되면 압력에너지가 상승하여 자유표면보다 Δh만큼 관 속의 유체가 올라가 유속을 측정할 수 있는 계측기기이다.

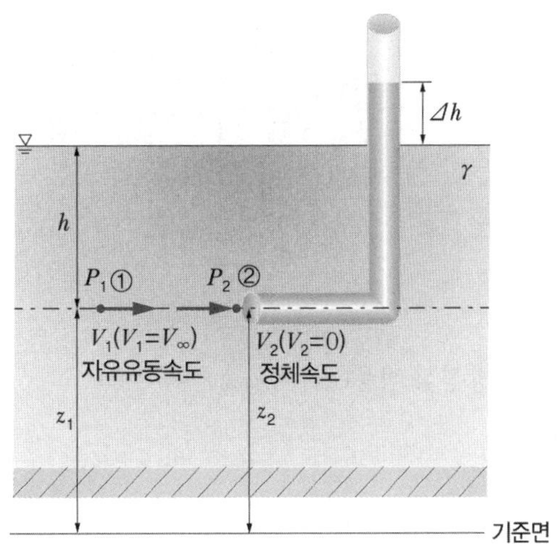

②에서 속도가 감소 → 압력이 증가하므로 피토관 내의 유체를 밀어 올림

$$\frac{p}{\rho}+\frac{V^2}{2}+\mathrm{g}z=C$$

①과 ②점에 베르누이 방정식을 적용하면

$$\frac{p_1}{\rho}+\frac{{V_1}^2}{2}+\mathrm{g}z_1=\frac{p_2}{\rho}+\frac{{V_2}^2}{2}+\mathrm{g}z_2$$

$\mathrm{g}z_1=\mathrm{g}z_2,\ V_2=0$이므로

$$\frac{p_2}{\rho}=\frac{p_1}{\rho}+\frac{{V_1}^2}{2} \quad \cdots\cdots\cdots \text{ⓐ}$$

양변에 ρ를 곱하면

$\rho\times\frac{p_1}{\rho}=p_1$: 정압, $\rho\times\frac{{V_1}^2}{2}=\frac{\rho {V_1}^2}{2}$: 동압

$\rho\times\frac{p_2}{\rho}=p_2$: 정체압력(전압 : Total Pressure)

$p_2=p_1+\frac{\rho {V_1}^2}{2}$ (SI 단위)

∴ 전압 = 정압 + 동압

ⓐ식을 이용하여 자유유동속도($V_\infty=V_1$) → 균일유동 의미

$$\frac{{V_\infty}^2}{2}=\frac{p_2}{\rho}-\frac{p_1}{\rho}=\frac{1}{\rho}[\gamma(h+\Delta h)-\gamma h]=\frac{1}{\rho}(\gamma\Delta h)=\mathrm{g}\Delta h$$

$$\therefore\ V_\infty=\sqrt{2\mathrm{g}\Delta h}$$

2. 비중이 다른 액체 γ_0가 들어 있는 피토관 – 속도측정

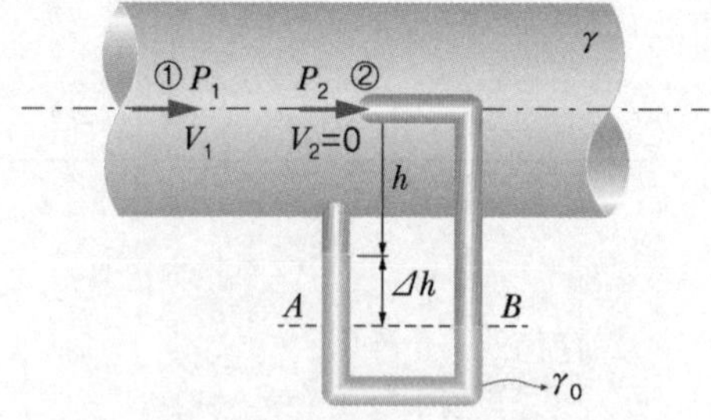

- 첫째 : ①과 ②에 베르누이 방정식 적용($\mathrm{g}z_1=\mathrm{g}z_2,\ V_2=0$)

$$\frac{p_1}{\rho}+\frac{{V_1}^2}{2}=\frac{p_2}{\rho}$$

$$\frac{{V_1}^2}{2}=\frac{1}{\rho}(p_2-p_1)$$

$$\therefore\ V_1 = \sqrt{\frac{2}{\rho}(p_2 - p_1)} \cdots\cdots ⓐ$$

- 둘째 : A와 B는 동일한 압력면(등압면)이므로 $p_A = p_B$

  여기서, $p_A = p_1 + \gamma h + \gamma_0 \Delta h$

  $p_B = p_2 + \gamma(h + \Delta h)$

  $\therefore\ p_1 + \gamma h + \gamma_0 \Delta h = p_2 + \gamma(h + \Delta h)$

  $\therefore\ p_2 - p_1 = \gamma h + \gamma_0 \Delta h - \gamma(h + \Delta h)$

  $= \Delta h(\gamma_0 - \gamma) \cdots\cdots ⓑ$

ⓐ에 ⓑ를 대입하면

$$V_1 = \sqrt{\frac{2\Delta h}{\rho}(\gamma_0 - \gamma)}\ (\because\ \gamma = \rho \cdot \mathrm{g},\ \gamma_0 = \rho_0 \cdot \mathrm{g})$$

$$= \sqrt{\frac{2\Delta h}{\rho}(\rho_0 \mathrm{g} - \rho \mathrm{g})}$$

$$= \sqrt{2\mathrm{g}\Delta h\left(\frac{\rho_0}{\rho} - 1\right)}\ (\because\ \rho = s \cdot \rho_w,\ \rho_0 = s_0 \cdot \rho_w)$$

$$= \sqrt{2\mathrm{g}\Delta h\left(\frac{s_0}{s} - 1\right)}$$

3. 벤투리미터(Venturi Meter)

벤투리관은 압력에너지의 일부를 속도에너지로 변화시켜 유량을 측정한다(V_2를 구해 ②의 관단면적 A_2를 곱해 유량을 구함).

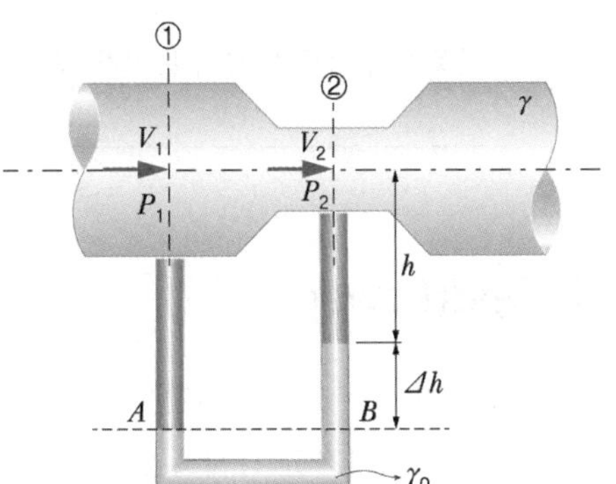

등압면 $p_A = p_B$

$p_A = p_1 + \gamma(h + \Delta h)$

$p_B = p_2 + \gamma h + \gamma_0 \Delta h$

$p_1 + \gamma(h + \Delta h) = p_2 + \gamma h + \gamma_0 \Delta h$

$p_1 - p_2 = \gamma_0 \Delta h - \gamma \Delta h$

$\therefore\ p_1 - p_2 = \Delta h(\gamma_0 - \gamma) \cdots\cdots ⓐ$

①, ②에 베르누이 방정식 적용

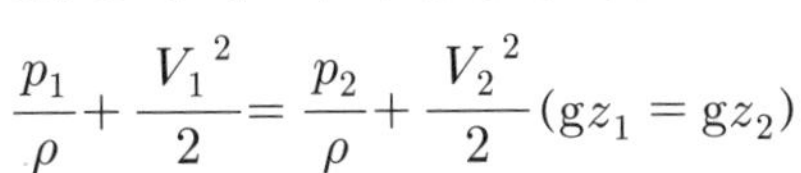

$$\frac{p_1}{\rho} + \frac{V_1^{\,2}}{2} = \frac{p_2}{\rho} + \frac{V_2^{\,2}}{2}\ (\mathrm{g}z_1 = \mathrm{g}z_2)$$

$$\frac{p_1 - p_2}{\rho} = \frac{V_2^{\,2} - V_1^{\,2}}{2} = \frac{V_2^{\,2}}{2}\left(1 - \frac{V_1^{\,2}}{V_2^{\,2}}\right) = \frac{V_2^{\,2}}{2}\left\{1 - \left(\frac{A_2}{A_1}\right)^2\right\}\ (\because\ Q = A_1 V_1 = A_2 V_2)$$

$$\therefore\ V_2 = \frac{1}{\sqrt{1-\left(\frac{A_2}{A_1}\right)^2}}\sqrt{\frac{2}{\rho}(p_1 - p_2)} \ \cdots\cdots\cdots\cdots\cdots\cdots \text{ⓑ}$$

ⓑ식에 ⓐ식을 대입

$$V_2 = \frac{1}{\sqrt{1-\left(\frac{A_2}{A_1}\right)^2}}\sqrt{\frac{2}{\rho}\Delta h(\gamma_0 - \gamma)} \quad (\because\ \gamma_0 = \rho_0 \mathrm{g},\ \gamma = \rho \cdot \mathrm{g})$$

$$= \frac{1}{\sqrt{1-\left(\frac{A_2}{A_1}\right)^2}}\sqrt{2\mathrm{g}\Delta h\left(\frac{\rho_0}{\rho} - 1\right)}$$

$$= \frac{1}{\sqrt{1-\left(\frac{A_2}{A_1}\right)^2}}\sqrt{2\mathrm{g}\Delta h\left(\frac{s_0}{s} - 1\right)}$$

$Q = A_2 V_2$이면 유량을 구할 수 있다.

여기서 $\frac{A_2}{A_1} = \frac{\frac{\pi}{4}{d_2}^2}{\frac{\pi}{4}{d_1}^2} = \left(\frac{d_2}{d_1}\right)^2$ 인 관의 직경비로 나타낼 수도 있다.

$$\therefore\ V_2 = \frac{1}{\sqrt{1-\left(\frac{d_2}{d_1}\right)^4}}\sqrt{2\mathrm{g}\Delta h\left(\frac{\rho_0}{\rho} - 1\right)}$$

참고

비중량이 다른 물질이 들어갈 경우 $\left(\frac{\rho_0}{\rho} - 1\right)$ 또는 $\left(\frac{\gamma_0}{\gamma} - 1\right)$ 식이 피토관, 벤투리관에서 남는다.

8 동력(Power)

- 펌프 : 전기 또는 기계에너지를 유체에너지로 변환
- 터빈 : 유체에너지를 기계에너지로 변환

유체가 가지는 전에너지는 베르누이 방정식으로 전에너지를 구하므로

$$\frac{p}{\rho} + \frac{V^2}{2} + \mathrm{g}z = H\left(\frac{\mathrm{N \cdot m}}{\mathrm{kg}}\right)$$

유체가 가지는 펌프동력$(L) = \rho HQ(\mathrm{J/s = W})$ $\left(\text{여기서, } \rho : \frac{\mathrm{kg}}{\mathrm{m}^3},\ H : \frac{\mathrm{N \cdot m}}{\mathrm{kg}} = \mathrm{J/kg},\ Q : \frac{\mathrm{m}^3}{\mathrm{s}}\right)$

$$L_{kW} = \frac{\rho HQ}{1,000} (kW) \text{ (SI단위)}$$

$$\left\{ \frac{\text{일}}{\text{시간}} = \frac{F \times S}{t} = F \cdot V \begin{array}{l} \Rightarrow p \cdot A \cdot V(F = p \cdot A) \\ \Rightarrow \gamma \cdot h \cdot A \cdot V \\ \Rightarrow \gamma \cdot H \cdot Q(H: \text{전에너지}(m)) \end{array} \right\}$$

$$H_{PS} = \frac{\gamma \cdot H \cdot Q}{75} \text{(여기서, } \gamma: kgf/m^3,\ Q: m^3/s,\ H: m,\ 1PS = 75kgf \cdot m/s)$$

$$H_{kW} = \frac{\gamma \cdot H \cdot Q}{102} \text{(여기서, } \gamma: kgf/m^3,\ Q: m^3/s,\ H: m,\ 1kW = 102kgf \cdot m/s)$$

$$\text{펌프효율}: \eta_p = \frac{L_{th}(\text{이론동력})}{L_s(shaft\ \text{축동력, 운전동력})}$$

예 $\eta_p = \dfrac{90kW}{100kW}$

예제

지상으로부터 2m 높이에 설치된 송수관에 압력이 19.69kPa, 유속이 3.2m/s인 상태로 물이 흐르고 있다. 관의 안지름이 1.4m일 때 물의 동력은 얼마인가?

해설 **SI 단위**

- 전에너지

$$H = \frac{p}{\rho} + \frac{V^2}{2} + gz = \frac{19.6 \times 10^3}{1,000} + \frac{3.2^2}{2} + 9.8 \times 2 = 44.32J/kg$$

- 동력

$$L_{kW} = \frac{\rho HQ}{1,000} = \frac{1,000(kg/m^3) \times 44.32(N \cdot m/kg) \times \frac{\pi}{4} \times 1.4^2 \times 3.2(m^3/s)}{1,000}$$
$$= 218.32kW$$

공학단위

- 전수두

$$H = \frac{p}{\gamma} + \frac{V^2}{2g} + z = \frac{19.6 \times 10^3}{9,800} + \frac{3.2^2}{2 \times 9.8} + 2 = 4.52m$$

- 동력

$$L_{kW} = \frac{\gamma HQ}{1,000} = \frac{9,800(N/m^3) \times 4.52(m) \times \frac{\pi}{4} \times 1.4^2 \times 3.2(m^3/s)}{1,000} = 218.2kW$$

- 동력

$$H_{kW} = \frac{\gamma HQ}{102} = \frac{1,000(kgf/m^3) \times 4.52m \times \frac{\pi}{4} \times 1.4^2 \times 3.2(m^3/s)}{102} = 218.3kW$$

1. 유동유체 내에 펌프를 설치할 때

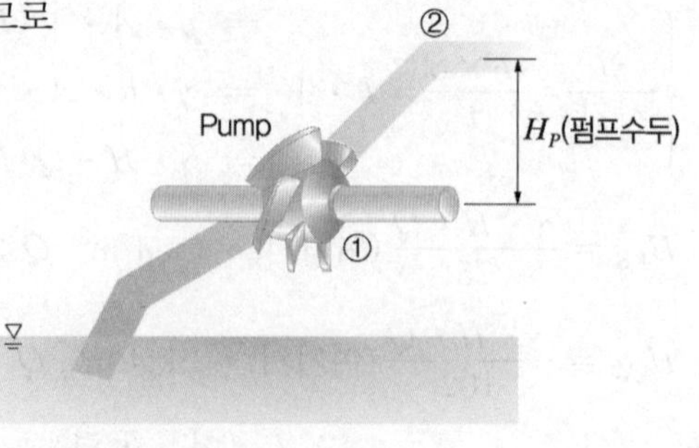

① 에너지와 펌프에너지(H_p)를 더한 것이 ②의 에너지이므로

①$+H_p=$② 적용

$$H_p=\left(\frac{p_2}{\rho}+\frac{{V_2}^2}{2}+gz_2\right)-\left(\frac{p_1}{\rho}+\frac{{V_1}^2}{2}+gz_1\right)\text{ (SI 단위)}$$

$$\frac{p_1}{\gamma}+\frac{{V_1}^2}{2g}+z_1+H_p=\frac{p_2}{\gamma}+\frac{{V_2}^2}{2g}+z_2$$

(단, H_p : 펌프수두)

$$H_p=\left(\frac{p_2}{\gamma}+\frac{{V_2}^2}{2g}+z_2\right)-\left(\frac{p_1}{\gamma}+\frac{{V_1}^2}{2g}+z_1\right)\text{ (공학단위, } H_p\text{ : 펌프양정(m))}$$

펌프동력$=\gamma\cdot H_p\cdot Q$(W) (펌프양정이 m로 나타나는 공학단위 계산이 편리)

$$\text{펌프 kW동력}=\frac{\gamma\cdot H_p\cdot Q}{1,000}$$

2. 유동유체 내에 터빈을 설치할 때

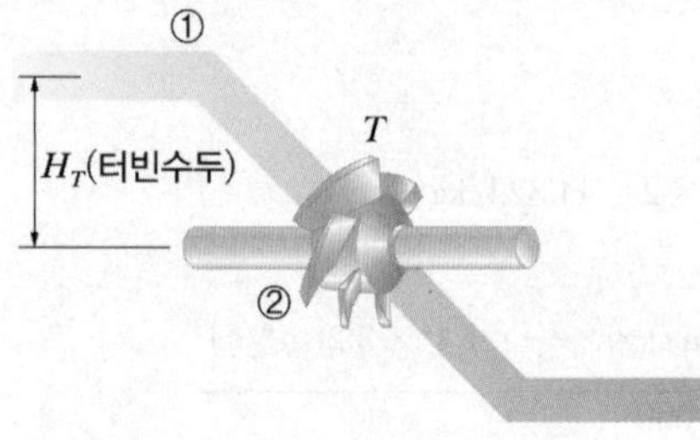

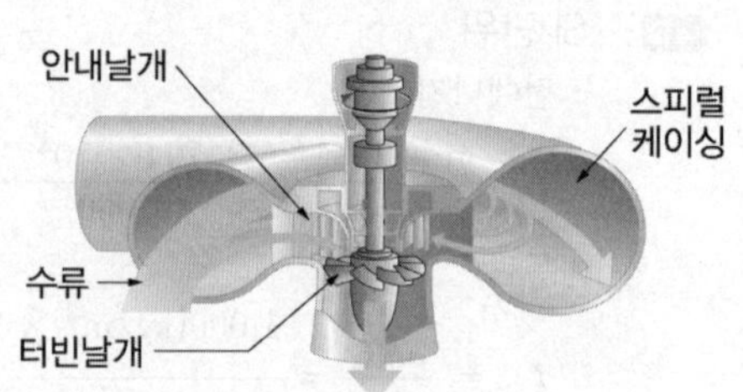

①의 유체에너지가 터빈의 기계에너지를 만들어 내고 ②의 에너지로 나오므로

①$=H_T+$② 적용

$$\frac{p_1}{\gamma}+\frac{{V_1}^2}{2g}+{}_1=\frac{p_2}{\gamma}+\frac{{V_2}^2}{2g}+z_2+H_T$$

$$H_T=\frac{p_1}{\gamma}+\frac{{V_1}^2}{2g}+z_1-\left(\frac{p_2}{\gamma}+\frac{{V_2}^2}{2g}+z_2\right)$$

터빈 그림에서 물은 터빈 주위를 수평하게 나선으로 돌다가 유도(안내)날개에 이끌려 가장 효율이 좋은 방향에서 터빈 날개에 부딪치고 에너지를 소모한 뒤 터빈의 가운데를 통해 흘러나간다.
물이 터빈날개에 부딪칠 때 에너지 손실이 최소가 되도록 고정날개를 설계한다.

- 터빈의 동력 $L_{kW}=\dfrac{\gamma\cdot H_T\cdot Q}{1,000}$
- 터빈의 효율 $\eta_T=\dfrac{L_s\text{(실제동력, 축동력)}}{L_{th}\text{(이론동력)}}$

핵심 기출 문제

01 유체(비중량 10N/m³)가 중량유량 6.28N/s로 지름 40cm인 관을 흐르고 있다. 이 관 내부의 평균 유속은 약 몇 m/s인가?

① 50.0 ② 5.0 ③ 0.2 ④ 0.8

해설

중량유량 $\dot{G}=\gamma A V$에서

$$V=\frac{\dot{G}}{\gamma A}=\frac{6.28}{10\times\frac{\pi\times0.4^2}{4}}=5.0\text{m/s}$$

02 피토정압관을 이용하여 흐르는 물의 속도를 측정하려고 한다. 액주계에는 비중 13.6인 수은이 들어 있고 액주계에서 수은의 높이 차이가 20cm일 때 흐르는 물의 속도는 몇 m/s인가?(단, 피토정압관의 보정계수 C=0.96이다.)

① 6.75 ② 6.87 ③ 7.54 ④ 7.84

해설

$$V=\sqrt{2g\Delta h\left(\frac{s_0}{s}-1\right)}=\sqrt{2\times9.8\times0.2\times\left(\frac{13.6}{1}-1\right)}$$
$$=7.03\text{m/s}$$

흐르는 물의 속도$=CV=0.96\times7.03=6.75\text{m/s}$

03 다음 중 질량보존을 표현한 것으로 가장 거리가 먼 것은?(단, ρ는 유체의 밀도, A는 관의 단면적, V는 유체의 속도이다.)

① $\rho AV=0$ ② $\rho AV=$일정

③ $d(\rho AV)=0$ ④ $\frac{d\rho}{\rho}+\frac{dA}{A}+\frac{dV}{V}=0$

해설

연속방정식

질량보존의 법칙($m=c$)을 유체에 적용하여 얻어낸 방정식

$\rho AV=c\rightarrow$ 비압축성($\rho=c$)이면 $Q=A\cdot V$이다.

04 안지름 D_1, D_2의 관이 직렬로 연결되어 있다. 비압축성 유체가 관 내부를 흐를 때 지름이 D_1인 관과 D_2인 관에서의 평균유속이 각각 V_1, V_2이면 D_1/D_2은?

① $\frac{V_1}{V_2}$ ② $\sqrt{\frac{V_1}{V_2}}$

③ $\frac{V_2}{V_1}$ ④ $\sqrt{\frac{V_2}{V_1}}$

해설

비압축성 유체의 연속방정식 $Q=A\cdot V$에서

$$A_1V_1=A_2V_2$$

$$\frac{\pi {D_1}^2}{4}\times V_1=\frac{\pi {D_2}^2}{4}\times V_2$$

$$\therefore\ \frac{D_1}{D_2}=\sqrt{\frac{V_2}{V_1}}$$

05 다음 중 2차원 비압축성 유동의 연속방정식을 만족하지 않는 속도 벡터는?

① $V=(16y-12x)i+(12y-9x)j$

② $V=-5xi+5yj$

③ $V=(2x^2+y^2)i+(-4xy)j$

④ $V=(4xy+y)i+(6xy+3x)j$

정답 01 ② 02 ① 03 ① 04 ④ 05 ④

해설

비압축성이므로 $\nabla \cdot \vec{V}=0$에서

$$\left(\frac{\partial}{\partial x}i+\frac{\partial}{\partial y}j+\frac{\partial}{\partial z}k\right)\cdot(ui+vj+wk)=0$$

2차원 유동이므로 x, y만 의미를 갖는다.

연속방정식 $\frac{\partial u}{\partial x}+\frac{\partial v}{\partial y}=0$을 만족해야 하므로

$\vec{V}=ui+vj$에서

① $\frac{\partial u}{\partial x}=-12$, $\frac{\partial v}{\partial y}=12$

② $\frac{\partial u}{\partial x}=-5$, $\frac{\partial v}{\partial y}=5$

③ $\frac{\partial u}{\partial x}=4x$, $\frac{\partial v}{\partial y}=-4x$

④ $\frac{\partial u}{\partial x}=4y$, $\frac{\partial v}{\partial y}=6x$ → "0" 안 됨

06 다음 중 유선(Stream Line)에 대한 설명으로 옳은 것은?

① 유체의 흐름에 있어서 속도 벡터에 대하여 수직한 방향을 갖는 선이다.

② 유체의 흐름에 있어서 유동단면의 중심을 연결한 선이다.

③ 비정상류 흐름에서만 유동의 특성을 보여주는 선이다.

④ 속도 벡터에 접하는 방향을 가지는 연속적인 선이다.

해설

유선은 유동장의 한 점에서 속도 벡터와 접선 벡터가 일치하는 선이다.

07 유속 3m/s로 흐르는 물속에 흐름방향의 직각으로 피토관을 세웠을 때, 유속에 의해 올라가는 수주의 높이는 약 몇 m인가?

① 0.46　　② 0.92

③ 4.6　　④ 9.2

해설

$V=\sqrt{2g\Delta h}$ 에서

$$\Delta h=\frac{V^2}{2g}=\frac{3^2}{2\times 9.8}=0.459\text{m}$$

08 그림과 같이 물이 고여 있는 큰 댐 아래에 터빈이 설치되어 있고, 터빈의 효율이 85%이다. 터빈 이외에서의 다른 모든 손실을 무시할 때 터빈의 출력은 약 몇 kW인가?(단, 터빈 출구관의 지름은 0.8m, 출구속도 V는 10m/s이고 출구압력은 대기압이다.)

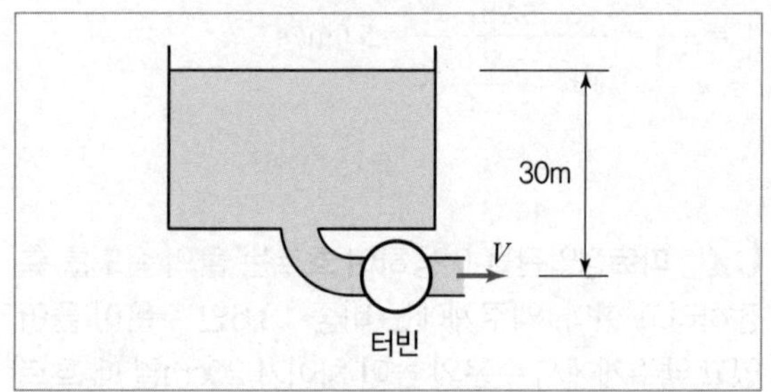

① 1,043　　② 1,227

③ 1,470　　④ 1,732

해설

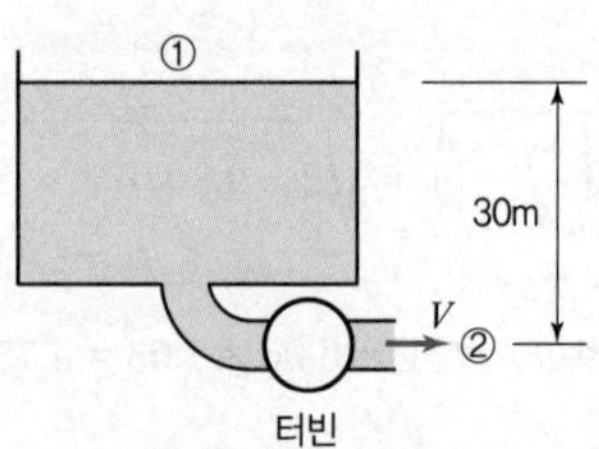

i) 댐의 자유표면 ①과 터빈 ②에 베르누이 방정식을 적용하면

①=②$+H_T$

여기서, H_T : 터빈수두

$$\frac{p_1}{\gamma}+\frac{{V_1}^2}{2g}+Z_1=\frac{p_2}{\gamma}+\frac{{V_2}^2}{2g}+Z_2+H_T$$

여기서, $p_1=p_2\approx p_o$, $V_2 \gg V_1$ (V_1 무시)

$$\therefore H_T=(Z_1-Z_2)-\frac{{V_2}^2}{2g}=30-\frac{10^2}{2\times 9.8}=24.9\text{m}$$

정답　06 ④　07 ①　08 ①

ii) 터빈 이론동력 $H_{th} = H_{KW} = \dfrac{\gamma H_T Q}{1,000}$

$$= \frac{9,800 \times 24.9 \times \frac{\pi}{4} \times 0.8^2 \times 10}{1,000} = 1,226.58\text{kW}$$

iii) 터빈효율 $\eta_T = \dfrac{H_s}{H_{th}} = \dfrac{\text{실제축동력}}{\text{이론동력}}$

출력동력(실제축동력)

$H_s = \eta_T \times H_{th} = 0.85 \times 1,226.58 = 1,042.59\text{kW}$

09 물 펌프의 입구 및 출구의 조건이 아래와 같고 펌프의 송출 유량이 0.2m³/s이면 펌프의 동력은 약 몇 kW인가?(단, 손실은 무시한다.)

- 입구 : 계기 압력 −3kPa, 안지름 0.2m, 기준면으로부터 높이 +2m
- 출구 : 계기 압력 250kPa, 안지름 0.15m, 기준면으로부터 높이 +5m

① 45.7　② 53.5
③ 59.3　④ 65.2

해설

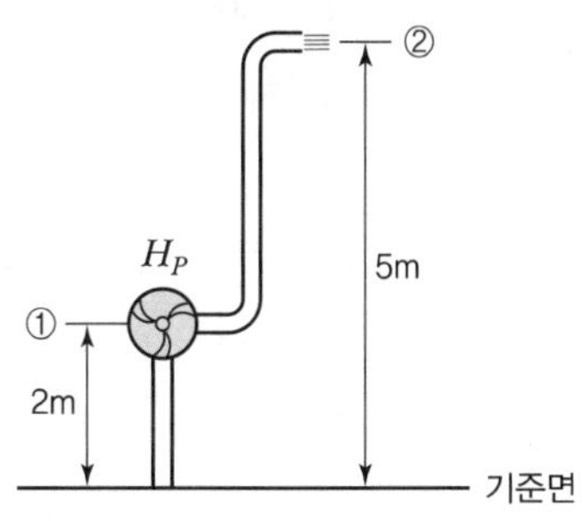

①과 ②에 베르누이 방정식 적용

① + H_P = ②

$$\frac{p_1}{\gamma} + \frac{{V_1}^2}{2g} + z_1 + H_P = \frac{p_2}{\gamma} + \frac{{V_2}^2}{2g} + z_2$$

$$\therefore H_P = \frac{P_2 - P_1}{\gamma} + \frac{{V_2}^2 - {V_1}^2}{2g} + (Z_2 - Z_1)$$

$Q = A_1 V_1$에서 $V_1 = \dfrac{Q}{A_1} = \dfrac{0.2}{\frac{\pi \times 0.2^2}{4}} = 6.37\text{m/s}$

$Q = A_2 V_2$에서 $V_2 = \dfrac{Q}{A_2} = \dfrac{0.2}{\frac{\pi \times 0.15^2}{4}} = 11.32\text{m/s}$

$$H_P = \frac{(250-(-)3) \times 10^3}{9,800} + \frac{(11.32^2 - 6.37^2)}{2 \times 9.8} + (5-2)$$

$= 33.28\text{m}$

펌프의 동력 $H_{\text{kW}} = \dfrac{\gamma H_P Q}{1,000} = \dfrac{9,800 \times 33.28 \times 0.2}{1,000}$

$= 65.23\text{kW}$

10 다음 중 수력기울기선(Hydraulic Grade Line)은 에너지구배선(Energy Grade Line)에서 어떤 것을 뺀 값인가?

① 위치수두 값
② 속도수두 값
③ 압력수두 값
④ 위치수두와 압력수두를 합한 값

해설

에너지구배선 = 수력기울기선 + 속도수두

11 관 속에 흐르는 물의 유속을 측정하기 위하여 삽입한 피토 정압관에 비중이 3인 액체를 사용하는 마노미터를 연결하여 측정한 결과 액주의 높이 차이가 10cm로 나타났다면 유속은 약 몇 m/s인가?

① 0.99　② 1.40
③ 1.98　④ 2.43

해설

$$V = \sqrt{2g\Delta h\left(\frac{s_0}{s} - 1\right)}$$

$$= \sqrt{2 \times 9.8 \times 0.1 \times \left(\frac{3}{1} - 1\right)} = 1.98\text{m/s}$$

정답 09 ④ 10 ② 11 ③

12 비중이 0.8인 액체를 10m/s 속도로 수직방향으로 분사하였을 때, 도달할 수 있는 최고 높이는 약 몇 m인가?(단, 액체는 비압축성, 비점성 유체이다.)

① 3.1 ② 5.1
③ 7.4 ④ 10.2

해설

분사위치 (1)과 최고점의 위치 (2)에 베르누이 방정식을 적용하면

$$\frac{P_1}{\gamma}+\frac{{V_1}^2}{2g}+Z_1=\frac{P_2}{\gamma}+\frac{{V_2}^2}{2g}+Z_2$$

여기서, $V_2=0$, $P_1 \approx P_2 \approx P_0$ 무시

$$\therefore Z_2-Z_1=\frac{{V_1}^2}{2g}=\frac{10^2}{2\times 9.8}=5.1\text{m}$$

13 유효 낙차가 100m인 댐의 유량이 10m³/s일 때 효율 90%인 수력터빈의 출력은 약 몇 MW인가?

① 8.83 ② 9.81
③ 10.9 ④ 12.4

해설

터빈효율 $\eta_T=\dfrac{\text{실제동력}}{\text{이론동력}}$

$\therefore$ 실제출력동력 $=\eta_T\times\gamma\times H_T\times Q$

$=0.9\times 9{,}800\times 100\times 10$
$=8.82\times 10^6\text{W}$
$=8.82\text{MW}$

14 비압축성 유체의 2차원 유동 속도성분이 $u=x^2t$, $v=x^2-2xyt$이다. 시간(t)이 2일 때, $(x, y)=(2, -1)$에서 x방향 가속도(a_x)는 약 얼마인가?(단, u, v는 각각 x, y 방향 속도성분이고, 단위는 모두 표준단위이다.)

① 32 ② 34
③ 64 ④ 68

해설

2차원 유동에서

가속도 $\vec{a}=\dfrac{\overrightarrow{DV}}{Dt}=u\cdot\dfrac{\partial\vec{V}}{\partial x}+v\cdot\dfrac{\partial\vec{V}}{\partial y}+\dfrac{\partial\vec{V}}{\partial t}$

x성분의 가속도 $\vec{a_x}=\dfrac{\overrightarrow{Du}}{Dt}=u\cdot\dfrac{\partial u}{\partial x}+v\cdot\dfrac{\partial u}{\partial y}+\dfrac{\partial u}{\partial t}$

$\therefore a_x=x^2t\times 2xt+(x^2-2xyt)\times 0+x^2$

$t=2$이고 $x=2$를 a_x에 대입하면

$a_x=2^2\times 2\times(2\times 2\times 2)+2^2=68$

15 지름 2cm의 노즐을 통하여 평균속도 0.5m/s로 자동차의 연료 탱크에 비중 0.9인 휘발유 20kg을 채우는 데 걸리는 시간은 약 몇 초(s)인가?

① 66 ② 78
③ 102 ④ 141

해설

질량유량 $\dot{m}=\rho AV=\dfrac{m}{t}(\text{kg/s}) \rightarrow S\rho_w AV=\dfrac{m}{t}$

$$\therefore t=\frac{m}{s\rho_w AV}=\frac{20}{0.9\times 1{,}000\times\frac{\pi}{4}\times 0.02^2\times 0.5}$$
$=141.47\text{s}$

정답 12 ② 13 ① 14 ④ 15 ④

06 운동량 방정식과 그 응용

1 운동량과 역적

뉴턴의 제2법칙 → $F = ma$

$$F = m \cdot \frac{dV}{dt} = \frac{d(mV)}{dt}$$

여기서, $m \cdot V$: 운동량(Momentum)

시간에 대한 운동량의 변화율이 힘이다.

$F \cdot dt = d(mV)$ ······································ ⓐ

힘과 dt의 곱을 역적(또는 충격력 : Impulse)이라고 하며, 운동량의 변화량은 역적(충격력)과 같다.

ⓐ식을 적분하면[일정한 힘 F(물체의 운동상태를 바꾸는 것)가 작용하여 그 결과 운동량이 V_1에서 V_2로 변했다면]

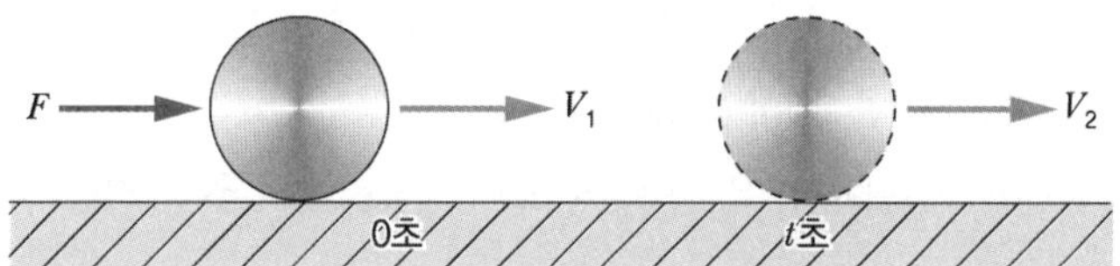

$$\int_0^t F \cdot dt = \int_{V_1}^{V_2} d(mV)$$

$\therefore F \cdot t = m(V_2 - V_1)$ ···························· ⓑ 운동량 방정식

질량유량 : $\dot{m} \Rightarrow \dot{m} = \frac{m}{t}$ $\quad \therefore m = \dot{m} \cdot t$

$F \cdot t = t \cdot \dot{m}(V_2 - V_1)$

$\therefore F = \dot{m}(V_2 - V_1)$

2 유체의 검사체적에 대한 운동량 방정식

검사면과 검사체적에 가해진 힘들의 합=검사체적 속의 운동량 변화량

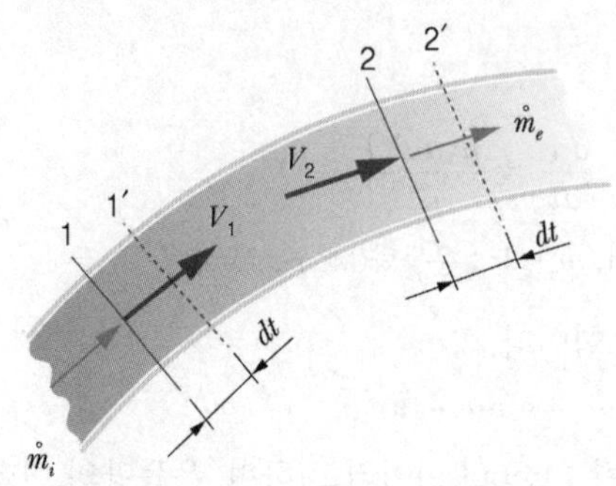

1, 2점 사이의 운동량이 dt 시간이 흐른 후에 $1'$와 $2'$로 될 때의 운동량의 변화

$\sum F \cdot dt = (\rho_2 A_2 V_2 \cdot dt) V_2 - (\rho_1 A_1 V_1 \cdot dt) V_1$

→ 들어오는 단면 1에서 dt 동안 운동량

→ 나가는 단면 2에서 dt 동안 운동량

$\sum F = \rho_2 A_2 V_2 V_2 - \rho_1 A_1 V_1 V_1$[압축성 유체($\rho_1 \neq \rho_2$) → 제트기의 추진 적용]

가정 $\rho = c$인 비압축성 유체라면 $\rho_1 = \rho_2 = \rho$

정상유동에서 연속방정식 $Q_1 = Q_2 = A_1 V_1 = A_2 V_2$

$\sum F \cdot dt = \rho Q(V_2 - V_1)dt$

$\therefore \sum F = \rho Q(V_2 - V_1)$ …………… ⓒ

ⓒ식을 세 개의 직각좌표계에 적용하면

$\sum F_x = \rho Q(V_{2x} - V_{1x})$

$\sum F_y = \rho Q(V_{2y} - V_{1y})$

$\sum F_z = \rho Q(V_{2z} - V_{1z})$

참고

검사체적 안에서의 운동량 변화

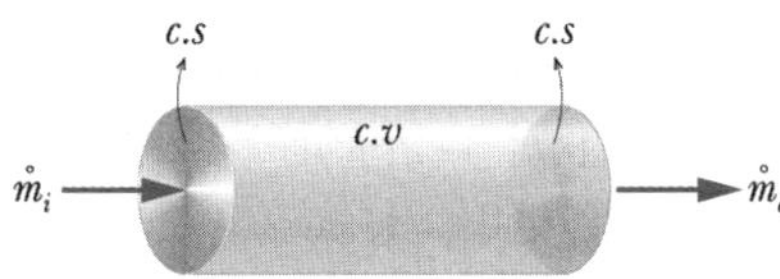

$m(V_2 - V_1),\ \dot{m}t = m$

검사체적에 대한 운동량 방정식은

$$\sum F_x = \frac{d(mV_x)_{C.V}}{dt} + \sum \dot{m}_e (V_e)_x - \sum \dot{m}_i (V_i)_x$$

검사체적 입출구에서 상태량이 균일한 정상상태

정상유동과정, 즉 SSSF과정이라면

$$\left(\frac{d(mV_x)_{C.V}}{dt} = 0\right)$$

$$\sum F_x = \sum \dot{m}_e (V_e)_x - \sum \dot{m}_i (V_i)_x$$

연속방정식에 의해

$$\dot{m}_i = \dot{m}_e = \dot{m} = \frac{m}{t} \rightarrow \rho \cdot A \cdot V = \rho Q$$

$$Q = AV = A_1 V_1 = A_2 V_2$$

$$\sum F_x = \dot{m}(V_{ex} - V_{ix})$$

가정 $\rho = C$이면 $\rho Q(V_2 - V_1)$

$\rho \neq C$이면 $\rho_2 A_2 V_2 V_2 - \rho_1 A_1 V_1 V_1$

$$F = \overrightarrow{Fs}(\text{표면력}) + \overrightarrow{F}_B(\text{체적력}) = \frac{\partial}{\partial t}\int_{C.V} \overrightarrow{V}\rho \cdot dv \left(\frac{\partial(mv)}{\partial t}\text{과 동일}\right) + \int_{C.S} \overrightarrow{V} \cdot \rho \overrightarrow{V} dA$$

검사체적 내부에서의 운동량 변화율과 검사면을 통과하는 운동량 플럭스 정미유출률의 합과 같다.

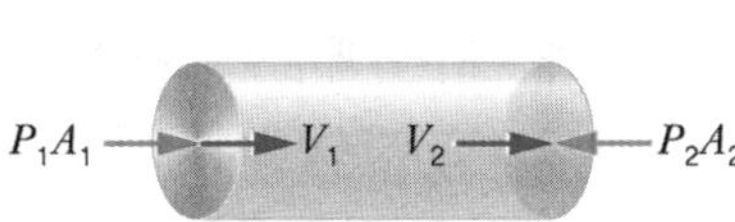

$$\sum F_x = \rho Q(V_{2x} - V_{1x})$$

$$P_1 A - P_2 A = \rho Q(V_2 - V_1)$$

만약 비점성, 비압축성이라면

$$P_1 = P_2,\ V_1 = V_2(\because A_1 = A_2)$$

3 운동에너지 수정계수(α)와 운동량 수정계수(β)

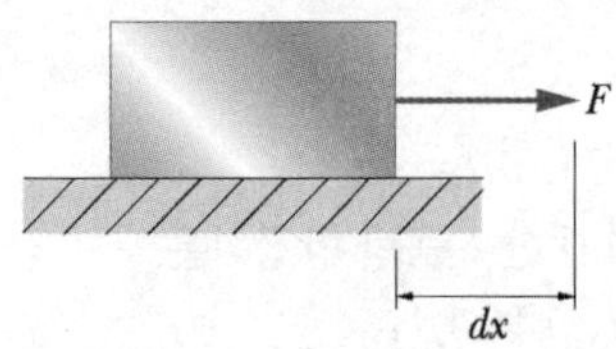

일 = 힘×거리

[계가 일을 받으므로 일부호(−)]

$$\delta W = -F \cdot dx = -d(KE)$$
$$= m V d V = d(KE)$$

$$\left\{ \begin{aligned} F &= ma \\ &= m \cdot \frac{dV}{dt} \\ &= m \cdot \frac{dx}{dt} \cdot \frac{dV}{dx} \\ &= m \cdot V \cdot \frac{dV}{dx} \\ &\rightarrow F \cdot dx = m V d V \end{aligned} \right\}$$

적분하면 $\int_{x_1}^{x_2} F \cdot dx = m \int_{V_1}^{V_2} V d V$

$$KE_2 - KE_1 = \frac{1}{2} m \left[V^2 \right]_{V_1}^{V_2}$$
$$= \frac{1}{2} m \left({V_2}^2 - {V_1}^2 \right)$$

가정 정지물체를 움직일 경우 $KE = \frac{1}{2} m V^2$

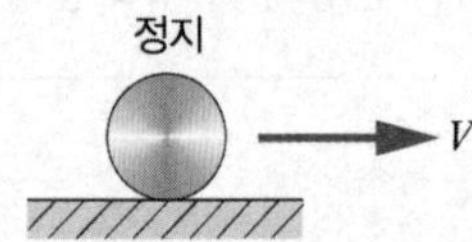

V_{av} : 단면의 균일유동

V_{max}

s

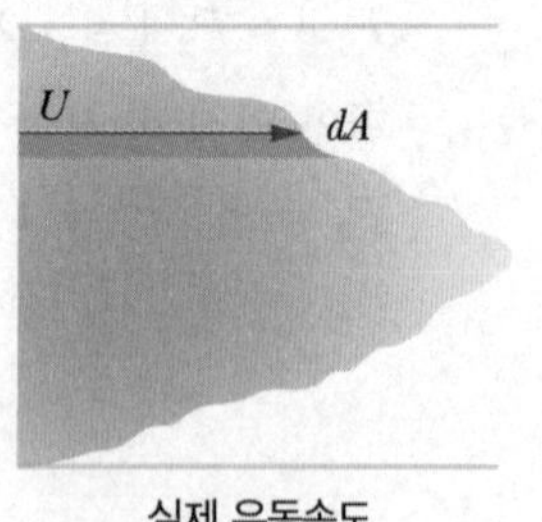

실제 유동속도

개수로나 폐수로 유동에서 일반적으로 단면에서 속도 분포는 그림에서처럼 균일하지 않다(단면에서 비균일유동).

여기서, V_{av} : 평균속도, U : 실제속도(참속도)

1. 운동에너지 수정계수(α)

운동에너지$= \frac{1}{2}mV^2 \rightarrow$ 유체운동에너지$= \frac{1}{2}\dot{m}V^2$(m대신 $\dot{m}$로)

α : 참운동에너지와의 오차를 줄이기(보정) 위해서
(평균속도에 의한 운동에너지를 실제속도에 가깝게 해주기 위해)

① 평균속도에 의한 운동에너지 $= \rho \cdot A \cdot V \cdot \frac{V^2}{2}$ ……………………………… ⓐ

② 참(실제)속도에 의한 운동에너지 $= \int_A \underline{\rho U dA} \cdot \frac{U^2}{2}$ ……………………… ⓑ

미소면적의 질량유량

ⓐ=ⓑ이기 위해서 ⓐ에 α배 한다.

$$\alpha \cdot \rho \cdot A \cdot V \cdot \frac{V^2}{2} = \int_A \rho \cdot \frac{U^3}{2} dA$$

$$\alpha = \frac{1}{A}\int_A \left(\frac{U}{V}\right)^3 dA$$

예 관로 문제에서 운동에너지 수정계수 α를 베르누이 방정식에 적용하면

$$\frac{p_1}{\gamma} + \alpha_1 \frac{{V_1}^2}{2g} + z_1 = \frac{p_2}{\gamma} + \alpha_2 \frac{{V_2}^2}{2g} + z_2 + h_l$$ 수정 베르누이 방정식

2. 운동량 수정계수(β)

α와 마찬가지로 속도에 의한 오차 보정

운동량$= mV \rightarrow$ 유체운동량$= \dot{m}V$

① 평균속도에 의한 운동량 $= \rho \cdot A \cdot V \cdot V(\dot{m}V)$ ……………………………… ⓐ

② 참속도에 의한 운동량 $= \int_A \rho dA \cdot U \cdot U \cdot \left(\int d\dot{m}V\right)$ …………………… ⓑ

ⓐ=ⓑ이기 위해서 ⓐ에 β배 한다.

$$\beta \times \rho \cdot AV^2 = \int_A \rho U^2 dA$$

$$\therefore \beta = \frac{1}{A}\int_A \left(\frac{U}{V}\right)^2 \cdot dA$$

4 운동량 방정식 적용

F=표면력+체적력=ma=검사체적 안의 운동량 변화량

→ 검사면에 작용하는 수압에 의한 힘은 검사체적 안의 운동량 변화량과 같다(x, y, z좌표로 적용).

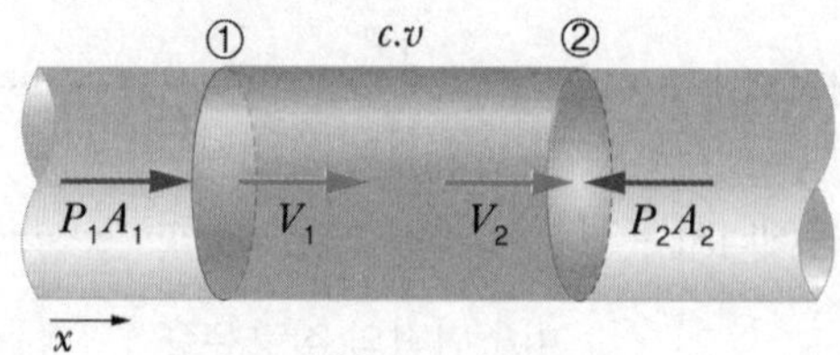

1. 직관 $\rho = c$, $Q = AV = A_1 V_1 = A_2 V_2$ → $\sum F = \rho Q(V_{2x} - V_{1x})$ 적용

① 마찰 없을 때(비점성)

$\sum F_x = \rho Q(V_{2x} - V_{1x}) \rightarrow P_2 A - P_1 A = \rho Q(V_2 - V_1) = 0$

$\therefore P_1 A_1 = P_2 A_2$ 따라서, $P_1 = P_2$

(유체마찰이 없는 비점성일 때는 유체가 흘러가도 압력은 저하되지 않는다.)

② 마찰 있을 때(점성)

$P_1 A - P_2 A - F_f = \rho Q(V_2 - V_1)$

$(V_2 = V_1)$이므로 $P_1 A - P_2 A - F_f = 0$

$F_f = (P_1 - P_2)A$ ($P_1 > P_2$임을 알 수 있다.)

(유동 중 압력강하 – 실제유체)

2. 점차 축소하는 관

유체의 운동량의 변화로 인하여 축소관 벽에 힘 F의 작용을 받는다.

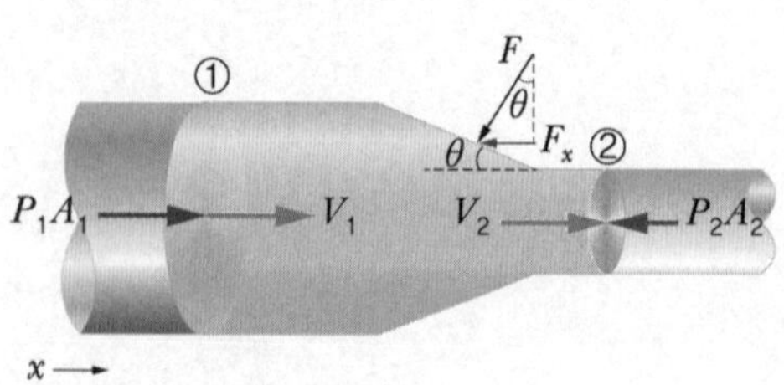

$\sum F_x = P_1 A_1 - P_2 A_2 - F_x = \rho Q(V_{2x} - V_{1x})$

$= \rho Q(V_2 - V_1)$

$\therefore P_1 A_1 - P_2 V_2 - F_x = \rho Q(V_2 - V_1)$

$F_x = P_1 A_1 - P_2 V_2 - \rho Q(V_2 - V_1) = F\sin\theta$

관벽에 미치는 전체 힘 $F = \dfrac{F_x}{\sin\theta}$

3. 곡관

각 방향에 대한 힘의 평형방정식(항상 힘은 같은 방향에 대해 해석)

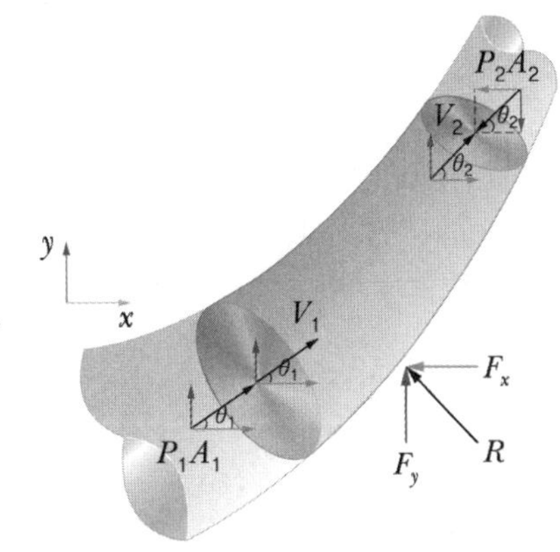

① x축 방향

$$\Sigma F_x = \rho Q(V_{2x} - V_{1x})$$

$$P_1A_1\cos\theta_1 - P_2A_2\cos\theta_2 - F_x = \rho Q(V_2\cos\theta_2 - V_1\cos\theta_1)$$

$$\therefore\ F_x = P_1A_1\cos\theta_1 - P_2A_2\cos\theta_2 + \rho Q(V_1\cos\theta_1 - V_2\cos\theta_2)$$

② y축 방향

$$\Sigma F_y = \rho Q(V_{2y} - V_{1y})$$

$$P_1A_1\sin\theta_1 - P_2A_2\sin\theta_2 + F_y = \rho Q(V_2\sin\theta_2 - V_1\sin\theta_1)$$

$$\therefore\ F_y = \rho Q(V_2\sin\theta_2 - V_1\sin\theta_1) + P_2A_2\sin\theta_2 - P_1A_1\sin\theta_1$$

$\therefore$ 관벽의 합력 $R = \sqrt{{F_x}^2 + {F_y}^2}$

참고

평판에 물을 분사할 때

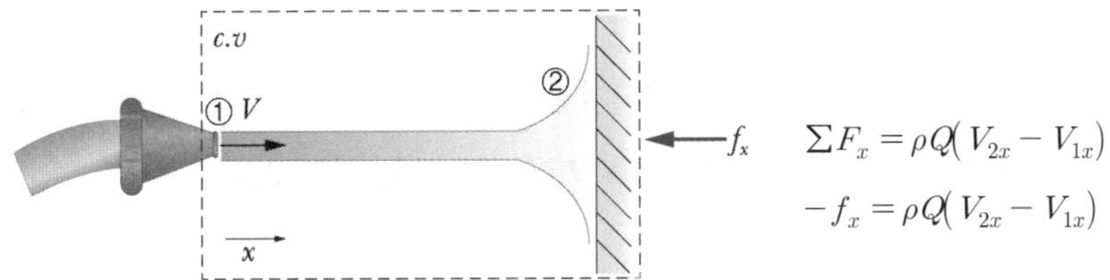

판을 때리는 것은 물의 운동량에 의한 힘밖에 없다(질량유량에 의한 것밖에 없다).
→ 검사면 ①, ②에 작용하는 힘은 의미가 없다(압력에 의한 힘은 의미가 없다).

4. 분류의 흐름

① 평판에 분류가 수직으로 충돌할 때

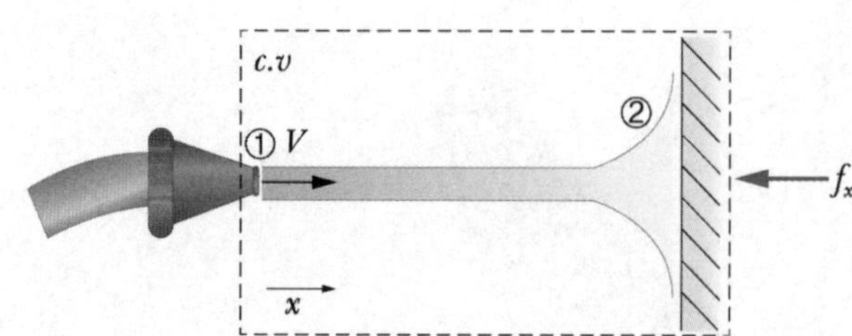

$$\sum F_x = \rho Q(V_{2x} - V_{1x})$$

$$-f_x = \rho Q(V_{2x} - V_{1x})$$

(여기서, $V_{2x} = 0$, $V_{1x} = V$)

$$-f_x = \rho Q(0 - V)$$

$$-f_x = -\rho Q V$$

∴ 평판에 부딪치는 힘

$$f_x = \rho Q V = \rho A V^2$$

② 평판에 분류가 경사지게 충돌할 때

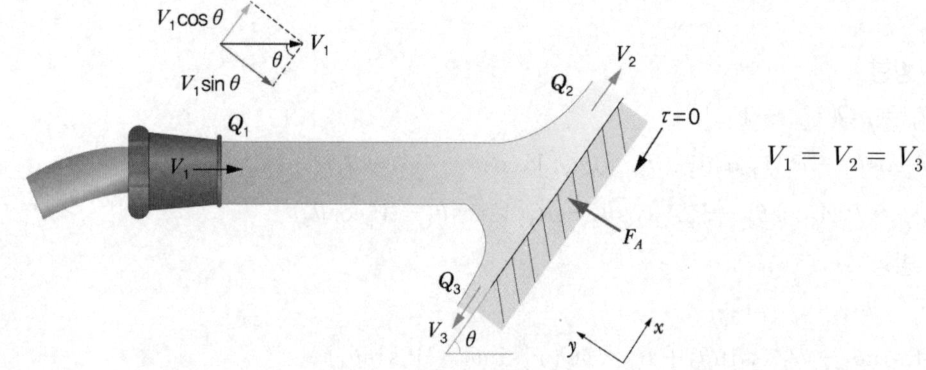

$$V_1 = V_2 = V_3$$

㉠ F_A를 구해보면

$F_A = F_y$이므로 y방향에 대한 운동량 방정식을 적용하면

$F_A = \rho Q_1(V_{2y} - V_{1y})$ (여기서, $V_{2y} = 0$, $V_{1y} = -V_1\sin\theta$)

$\therefore\ F_A = \rho Q_1\{0 - (-V_1\sin\theta)\}$

$= \rho Q_1 V_1\sin\theta$ (여기서, $Q_1 = A_1 V_1$)

$= \rho A_1 {V_1}^2\sin\theta$

㉡ 평판을 따라 흐르는 질량 유량 $\dot{m}_2$나 $\dot{m}_3$를 구해보면

x방향 : x방향은 운동량 변화량만 있고 검사면에 작용하는 힘은 없다.

$\sum F_x = \rho Q(V_{2x} - V_{1x})$

$= \rho Q V_{2x} - \rho Q V_{1x}$ (여기서, $\rho Q V_{2x} = \dot{m}_2 V_2 - \dot{m}_3 V_3$, $\rho Q V_{1x} = \dot{m}_1 V_1\cos\theta$)

$= (\dot{m}_2 V_2 - \dot{m}_3 V_3) - \dot{m}_1 V_1\cos\theta$

$0 = \dot{m}_2 V_2 - \dot{m}_3 V_3 - \dot{m}_1 V_1\cos\theta$

$\dot{m}_3 V_3 = \dot{m}_2 V_2 - \dot{m}_1 V_1 \cos\theta$ ($\because V_1 = V_2 = V_3$)

$\therefore \dot{m}_3 = \dot{m}_2 - \dot{m}_1 \cos\theta$ ·· ⓐ

질량보존의 법칙에서 $\dot{m}_1 = \dot{m}_2 + \dot{m}_3$

$\dot{m}_2 = \dot{m}_1 - \dot{m}_3$ ··································· ⓑ

ⓑ를 ⓐ에 대입하면

$\dot{m}_3 = \dot{m}_1 - \dot{m}_3 - \dot{m}_1 \cos\theta$

$2\dot{m}_3 = \dot{m}_1 - \dot{m}_1 \cos\theta$

$\therefore \dot{m}_3 = \dfrac{\dot{m}_1}{2}(1 - \cos\theta)$

ⓑ에서 $\dot{m}_2 = \dot{m}_1 - \dfrac{\dot{m}_1}{2}(1 - \cos\theta)$

질량유량식들에서 비압축성 유체($\rho = c$)면 Q_2와 Q_3를 구할 수 있다.

③ 이동평판에 충돌할 때

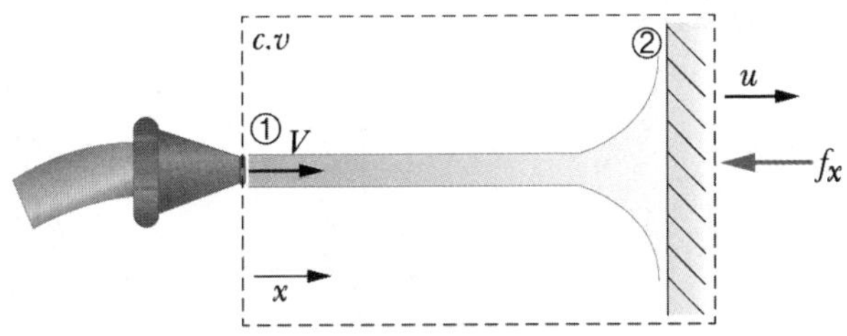

- 절대속도 : 그 물체의 고유속도
- 상대속도 : 비교속도($V_{물/평} = V_{물} - V_{평}$)

↓

(평판에서 바라본 물의 속도)

$\sum F_x = -f_x$

$= \rho Q(V_{2x} - V_{1x})$ ($\because V_{2x} = 0$)

$= \rho Q(-V_1)$

($V_1 = V - u$: 실제 평판에 부딪히는 속도)

$\therefore f_x = \rho Q(V - u)$ (여기서, Q : 실제 평판에 부딪히는 유량)

$Q = A(V - u)$

$\therefore f_x = \rho A(V - u)^2$

④ 고정날개에 분류가 충돌할 때

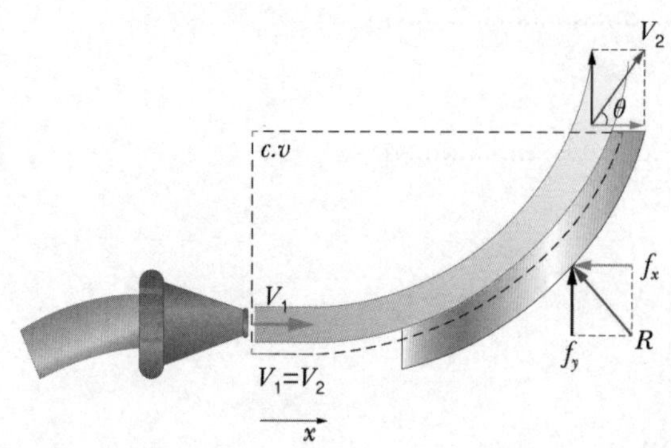

$$\Sigma F_x = -f_x = \rho Q(V_{2x} - V_{1x})$$

$$(\because V_1 = V_2)$$

$$= \rho Q(V_1 \cos\theta - V_1)$$

$$= \rho Q V_1(\cos\theta - 1)$$

$$\therefore f_x = \rho Q V_1(1-\cos\theta)\ (Q = A V_1)$$

$$= \rho A V_1^{\ 2}(1-\cos\theta)$$

$$\Sigma F_y = f_y = \rho Q(V_{2y} - V_{1y})$$

$$= \rho Q V_2 \sin\theta\ (\because V_{1y} = 0)$$

$$f_y = \rho Q V_2 \sin\theta\ (Q = A V_1,\ V_2 = V_1)$$

$$= \rho A V_1^{\ 2} \sin\theta$$

$$R = \sqrt{f_x^{\ 2} + f_y^{\ 2}}$$

⑤ 이동날개에 분류가 충돌할 때

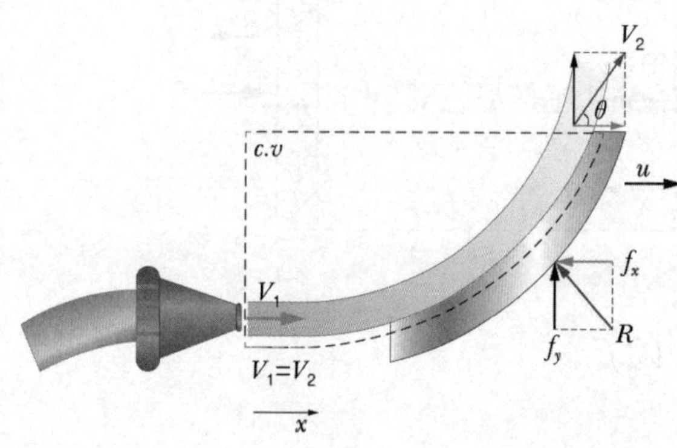

$$\Sigma F_x = -f_x = \rho Q(V_{2x} - V_{1x})$$

$$= \rho Q\{(V_1 - u)\cos\theta - (V_1 - u)\}$$

$$= \rho Q(V_1 - u)(\cos\theta - 1)$$

$$\therefore f_x = \rho Q(V_1 - u)(1-\cos\theta)$$

$$= \rho A(V_1 - u)^2(1-\cos\theta)$$

($Q = A(V_1 - u)$: 평판에 실제 부딪히는 유량)

$$\Sigma F_y = f_y = \rho Q(V_{2y} - V_{1y})$$

$$= \rho Q(V_2 - u)\sin\theta$$

$$(\because V_{1y} = 0,\ V_2 = V_1)$$

$$f_y = \rho Q(V_1 - u)\sin\theta$$

$$= \rho \cdot A(V_1 - u)^2 \sin\theta$$

$$R = \sqrt{f_x^{\ 2} + f_y^{\ 2}}$$

5 프로펠러(Propeller)

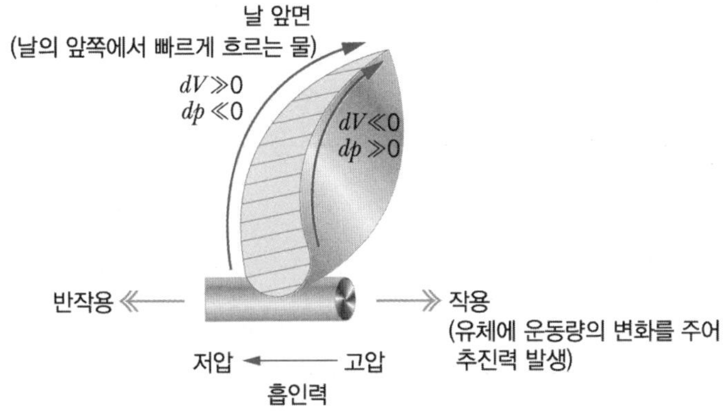

참고

- 프로펠러 날은 폭이 넓고 초승달 모양으로 휘어져 있어서 세차게 물을 가르며 전진할 수 있다. 큰 배의 프로펠러는 빨리 회전하지 않지만 폭이 넓은 날을 가지고 있어서 한 번에 많은 양의 물을 밀어내므로 강한 흡인력과 반작용을 일으킨다.
- 쾌속정은 날의 폭이 좁으나 빠르게 회전하는 프로펠러가 달려 있어서 밀어내는 물의 양은 적지만 흡인력은 강하다. 빠르게 회전하는 프로펠러는 동력손실의 원인이 되는 기포를 일으킬 수도 있다.

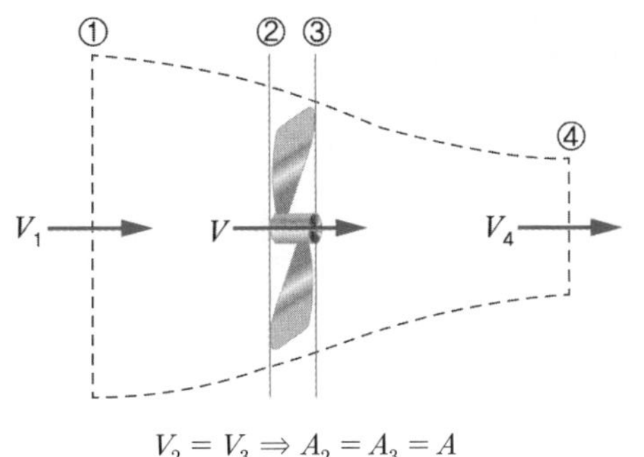

$V_2 = V_3 \Rightarrow A_2 = A_3 = A$

V_1 : 프로펠러 입구속도(현재 배의 속도)

V_4 : 프로펠러 출구속도

$V_2 = V_3,\ p_1 = p_4,\ p_2 < (p_1 = p_4) < p_3$

②점 이전 : 압력감소

③점 이후 : 압력증가, 프로펠러 회전력에 의해서 유체 흐름속도 증가

(→ 압력감소 $\therefore\ p_1 = p_4$)

추력 $F_t = (p_3 - p_2)A = \rho Q(V_4 - V_1) = \rho \cdot A \cdot V(V_4 - V_1)$

$\rightarrow p_3 - p_2 = \rho V(V_4 - V_1)$ ······································ ⓐ

단면 1, 2에 베르누이 방정식 적용

$$\frac{p_1}{\gamma}+\frac{{V_1}^2}{2g}=\frac{p_2}{\gamma}+\frac{{V_2}^2}{2g} \quad \cdots\cdots ⓑ$$

단면 3, 4에 베르누이 방정식 적용

$$\frac{p_3}{\gamma}+\frac{{V_3}^2}{2g}=\frac{p_4}{\gamma}+\frac{{V_4}^2}{2g} \quad \cdots\cdots ⓒ$$

ⓑ+ⓒ한 다음, 이항정리하면

$$\frac{p_3-p_2}{\gamma}+\frac{{V_3}^2-{V_2}^2}{2g}=\frac{p_4-p_1}{\gamma}+\frac{{V_4}^2-{V_1}^2}{2g} \; (V_2=V_3,\, p_1=p_4)$$

$$p_3-p_2=\frac{\gamma}{2g}\left({V_4}^2-{V_1}^2\right)=\frac{\rho}{2}\left({V_4}^2-{V_1}^2\right) \quad \cdots\cdots ⓓ$$

ⓐ=ⓓ에서

$$\rho V(V_4-V_1)=\frac{\rho}{2}(V_4+V_1)(V_4-V_1)$$

$\therefore\ V=\dfrac{(V_4+V_1)}{2}$: 프로펠러를 통과하는 평균속도($V_{평균}$)

$Q=A\cdot V_{평균}$

① 프로펠러의 입력동력 : $L_i=F\cdot V_{평균}=\rho Q(V_4-V_1)\cdot\dfrac{V_4+V_1}{2}$

② 프로펠러의 출력동력 : $L_0=\rho Q(V_4-V_1)$ (V_1 : 배가 가는 속도)

③ 프로펠러 효율 : $\eta=\dfrac{L_0}{L_i}=\dfrac{V_1}{V_{평균}}\left(\text{여기서, } V_{평균}=\dfrac{V_4+V_1}{2}\right)$

6 각 운동량의 변화

T : 시간에 대한 각 운동량의 변화율이다.

$T=F\cdot r=\dfrac{d(mVr)}{dt}$ (mVr : 각 운동량)

$T\cdot dt=d(mVr)\leftarrow m=\dot{m}dt$

$T\cdot dt=d(\dot{m}dt\,Vr)\rightarrow T=d(\dot{m}Vr)$

적분하면 $T(t_2-t_1)=\rho Q(t_2-t_1)(V_2r_2-V_1r_1)$

$\therefore\ T=\rho Q(V_2r_2-V_1r_1)$

1. 스프링클러

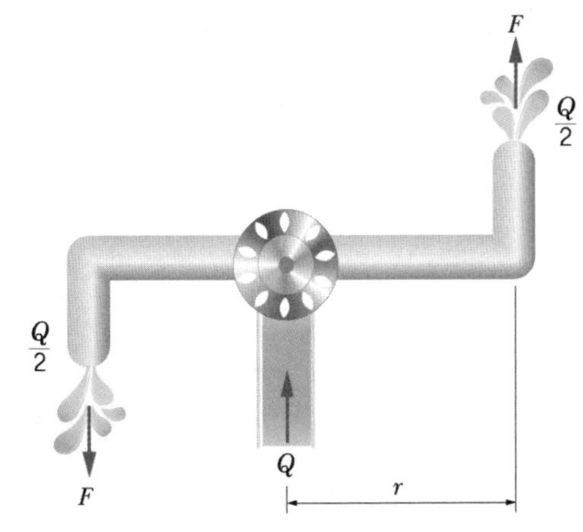

축일=힘×거리

$T = 2(F \cdot r)$

$= 2 \times \rho \cdot \dfrac{Q}{2} V \times r$

$= \rho Q V r$

2. 원심펌프

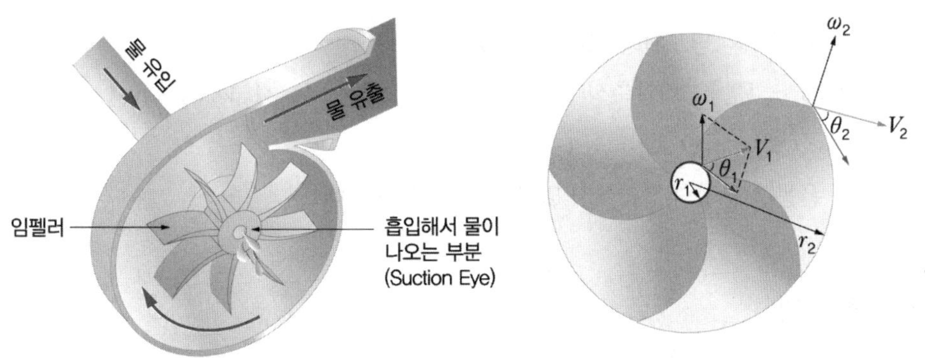

$T = \dot{m}(r_2 V_{t2} - r_1 V_{t1})$ [여기서, V_{t1}, V_{t2} : 접선속도(반지름에 수직성분)]

$T = \rho Q(V_2 \cos\theta_2 \cdot r_2 - V_1 \cos\theta_1 \cdot r_1)$

7 분류에 의한 추진

1. 탱크에 설치된 노즐에 의한 추진력

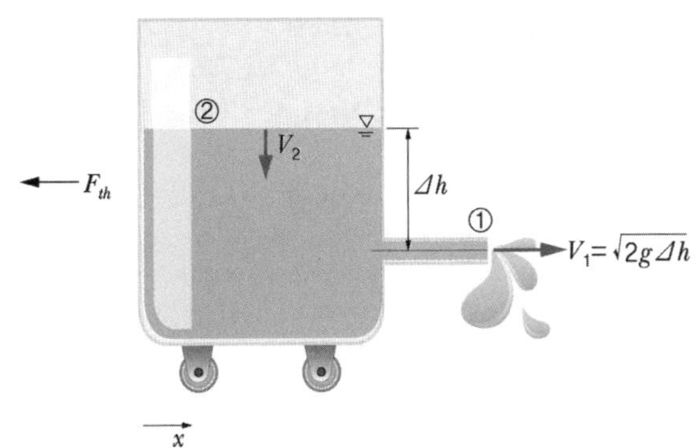

$V = \sqrt{2g\Delta h}$ (토리첼리 정리)

$\sum F_x = \rho Q(V_{2x} - V_{1x})$

$-F_{th} = -\rho Q V_1 (Q = A V_1)$

$F_{th} = \rho Q V_1 = \rho \cdot A {V_1}^2$

$= \rho \cdot A \cdot 2g\Delta h = 2\gamma \cdot \Delta h A$

표면력(검사면에 외력)은 존재하지 않고

유체의 운동량 변화량으로 추력 발생

2. 제트(Jet)기의 추진력

바깥쪽을 지나는 공기(바이패스) → 엔진을 냉각하고 엔진의 소음을 줄인다.

작용 · 반작용의 원리(연료는 등유나 파라핀유)

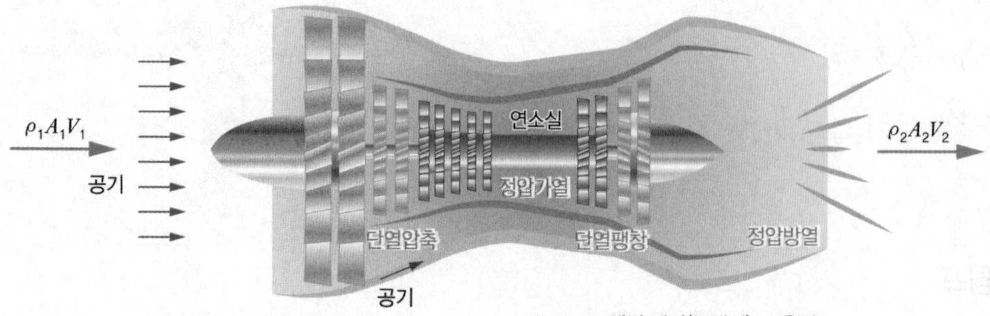

ByPass : 엔진 냉각(공냉식), 소음감소

흡입공기와 분출가스의 밀도가 다르다($\rho_1 \neq \rho_2$).

$\sum F_x = \rho Q(V_{2x} - V_{1x})$: 비압축성($\rho = c$) ← 압축성 $\sum F_x = \rho_2 A_2 V_2 V_2 - \rho_1 A_1 V_1 V_1$

추력 $F_{th} = \rho_2 Q_2 V_2 - \rho_1 Q_1 V_1 = \rho_2 A_2 {V_2}^2 - \rho_1 A_1 {V_1}^2$

→ 처음 운동량 방정식 정의에서 밀도와 유량이 다를 때

3. 로켓의 추진력

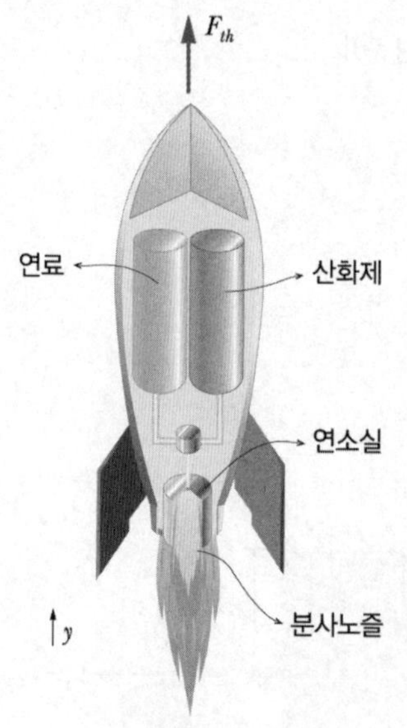

$$\sum F_y = \rho Q(V_{2y} - V_{1y}) \ (\because \ V_{1y} = 0, \ V_{2y} = V)$$

$$F_{th} = \rho Q V = \rho A V^2$$

여기서, ρ : 연소가스의 밀도
Q : 연소가스의 유량
V : 연소가스의 분출속도

핵심 기출 문제

01 여객기가 888km/h로 비행하고 있다. 엔진의 노즐에서 연소가스를 375m/s로 분출하고, 엔진의 흡기량과 배출되는 연소가스의 양은 같다고 가정하면 엔진의 추진력은 약 몇 N인가?(단, 엔진의 흡기량은 30 kg/s이다.)

① 3,850N ② 5,325N
③ 7,400N ④ 11,250N

해설

압축성 유체에 운동량 방정식을 적용하면

$F_{th} = \dot{m}_2 V_2 - \dot{m}_1 V_1$

$= \dot{m}(V_2 - V_1) = 30(375 - 246.67) = 3,849.9\text{N}$

(여기서, 문제의 조건에 의해 흡기량과 배출되는 연소가스의 양은 같으므로 $\dot{m}_2 = \dot{m}_1 = \dot{m}$)

02 그림과 같이 속도 3m/s로 운동하는 평판에 속도 10m/s인 물 분류가 직각으로 충돌하고 있다. 분류의 단면적이 0.01m²이라고 하면 평판이 받는 힘은 몇 N이 되겠는가?

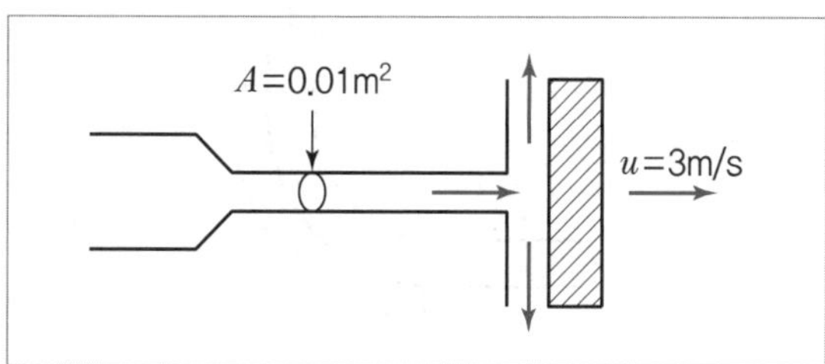

① 295 ② 490
③ 980 ④ 16,900

해설

검사면에 작용하는 힘들의 합은 검사체적 안의 운동량($\dot{m}V$) 변화량과 같다.

$-F_x = \rho Q(V_{2x} - V_{1x})$

여기서, $\dot{Q}$ =실제 평판에 부딪히는 유량

$= A(V-u)$

$V_{2x} = 0$

$V_{1x} = V_{물/평}$(평판에서 바라본 물의 속도)

$= V_{물} - V_{평} = V - u$

$-F_x = \rho Q\{-(V-u)\}$

$\therefore F_x = \rho Q(V-u) = \rho A(V-u)^2$

$= 1,000 \times 0.01 \times (10-3)^2$

$= 490\text{N}$

03 그림과 같이 유속 10m/s인 물 분류에 대하여 평판을 3m/s의 속도로 접근하기 위하여 필요한 힘은 약 몇 N인가?(단, 분류의 단면적은 0.01m²이다.)

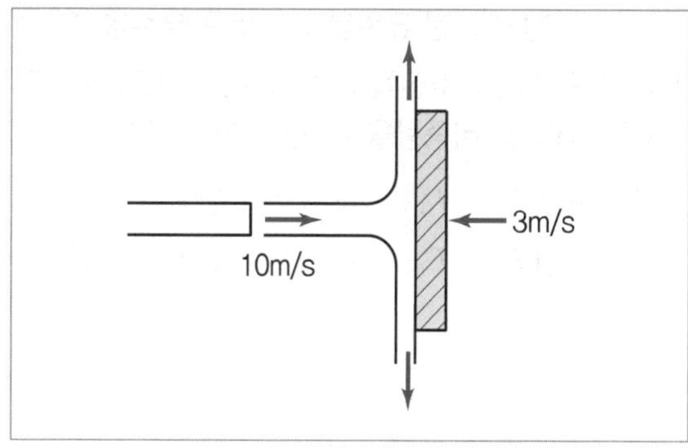

① 130 ② 490
③ 1,350 ④ 1,690

정답 01 ① 02 ② 03 ④

해설

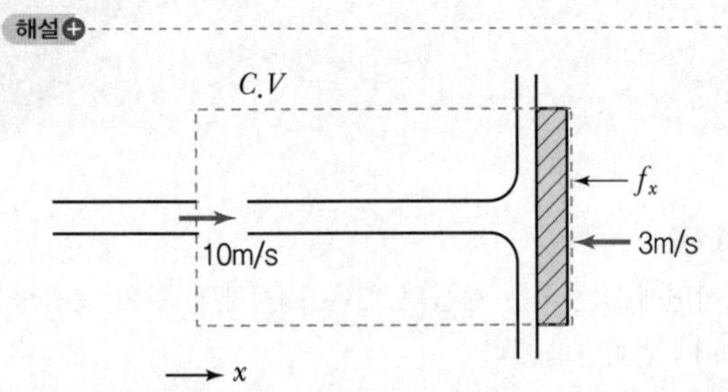

검사면에 작용하는 힘들의 합은 검사체적 안의 운동량 $(\dot{m}V)$ 변화량과 같다.

$-f_x = \rho Q(V_{2x} - V_{1x})$

여기서, $V_{2x} = 0$

$V_{1x} = \{V_1 - (-3)\}$m/s

[평판이 움직이는 방향(−)]

Q=실제 평판에 부딪히는 유량

$= AV_{1x} = A(V_1 + 3)$

$-f_x = \rho Q\{0 - (V_1 + 3)\}$

$\therefore f_x = \rho Q(V_1 + 3)$

$= \rho A(V_1 + 3)^2$

$= 1{,}000 \times 0.01 \times (10 + 3)^2$

$= 1{,}690$N

04 프로펠러 이전 유속을 U_0, 이후 유속을 U_2라 할 때 프로펠러의 추진력 F는 얼마인가?(단, 유체의 밀도와 유량 및 비중량을 ρ, Q, γ라 한다.)

① $F = \rho Q(U_2 - U_0)$ ② $F = \rho Q(U_0 - U_2)$

③ $F = \gamma Q(U_2 - U_0)$ ④ $F = \gamma Q(U_0 - U_2)$

해설

$U_0 = V_1$, $U_2 = V_4$이므로

$F = \rho Q(V_4 - V_1) = \rho Q(U_2 - U_0)$

05 안지름이 50mm인 180° 곡관(Bend)을 통하여 물이 5m/s의 속도와 0의 계기압력으로 흐르고 있다. 물이 곡관에 작용하는 힘은 약 몇 N인가?

① 0 ② 24.5

③ 49.1 ④ 98.2

해설

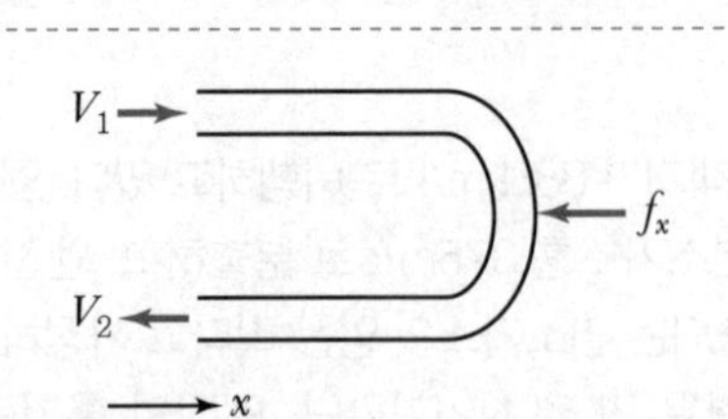

$V_1 = V_2$이며 V_2 흐름방향은 (−)

검사면에 작용하는 힘들의 합은 검사체적 안의 운동량 변화량과 같다.

$-f_x = \rho Q(V_{2x} - V_{1x})$

$V_{2x} = -V_1$, $V_{1x} = V_1$

$-f_x = \rho Q(-V_1 - V_1)$

$\therefore f_x = \rho Q 2V_1$ (여기서, $Q = AV_1$)

$= 2\rho A V_1^2 = 2 \times 1{,}000 \times \frac{\pi}{4} \times 0.05^2 \times 5^2$

$= 98.17$N

06 그림과 같이 속도가 V인 유체가 속도 U로 움직이는 곡면에 부딪혀 90°의 각도로 유동방향이 바뀐다. 다음 중 유체가 곡면에 가하는 힘의 수평방향 성분 크기가 가장 큰 것은?(단, 유체의 유동단면적은 일정하다.)

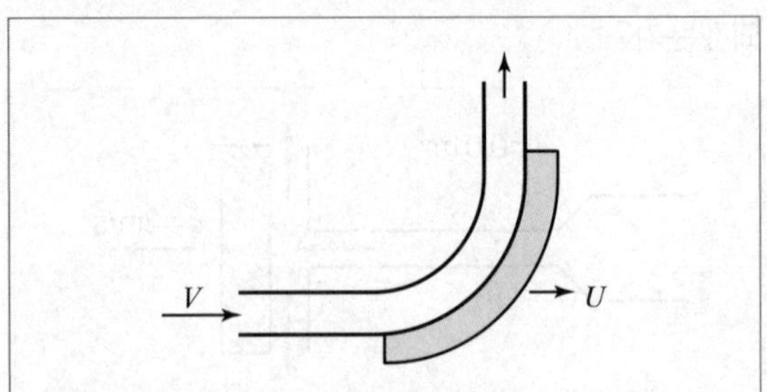

① V=10m/s, U=5m/s

② V=20m/s, U=15m/s

③ V=10m/s, U=4m/s

④ V=25m/s, U=20m/s

정답 04 ① 05 ④ 06 ③

해설

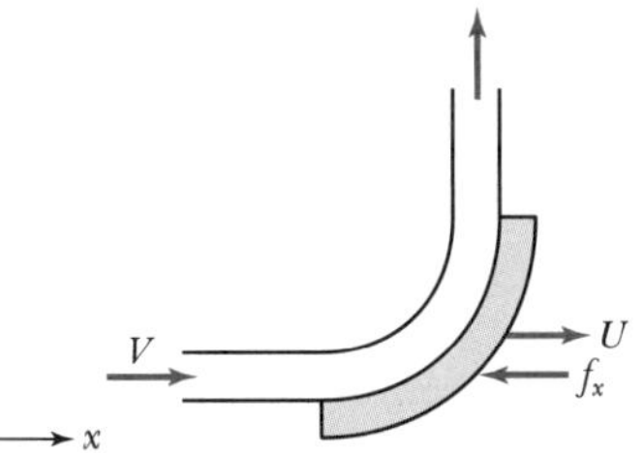

검사면에 작용하는 힘은 검사체적 안의 운동량 변화량과 같다.

$-f_x = \rho Q(V_{2x} - V_{1x})$

여기서, $V_{2x} = 0$

$V_{1x} = (V-u)$: 이동날개에서 바라본 물의 속도

$Q = A(V-u)$: 날개에 부딪히는 실제 유량

$\therefore -f_x = \rho Q\{-(V-u)\}$

$f_x = \rho A(V-u)^2$

$(V-u)^2$이 가장 커야 하므로 $(10-4)^2$인 ③이 정답이다.

07 그림과 같이 고정된 노즐로부터 밀도가 ρ인 액체의 제트가 속도 V로 분출하여 평판에 충돌하고 있다. 이때 제트의 단면적이 A이고 평판이 u인 속도로 제트와 반대방향으로 운동할 때 평판에 작용하는 힘 F는?

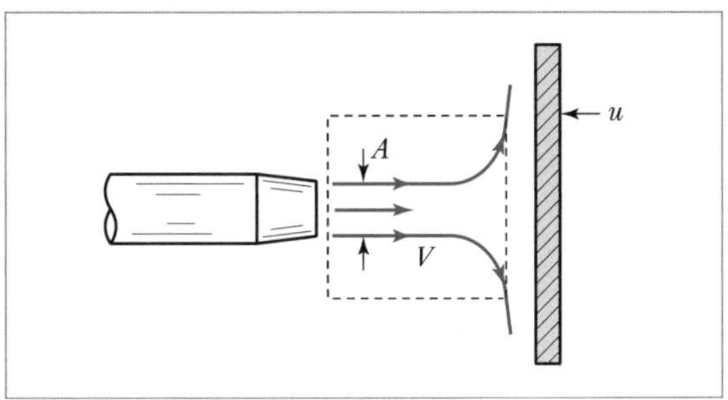

① $F = A(V-u)$ ② $F = A(V-u)^2$

③ $F = A(V+u)$ ④ $F = A(V+u)^2$

해설

검사면에 작용하는 힘들의 합은 검사체적 안의 운동량 변화량과 같다.

$\Sigma F_x = -F = \rho Q(V_{2x} - V_{1x})$ (여기서, $V_{2x} = 0$)

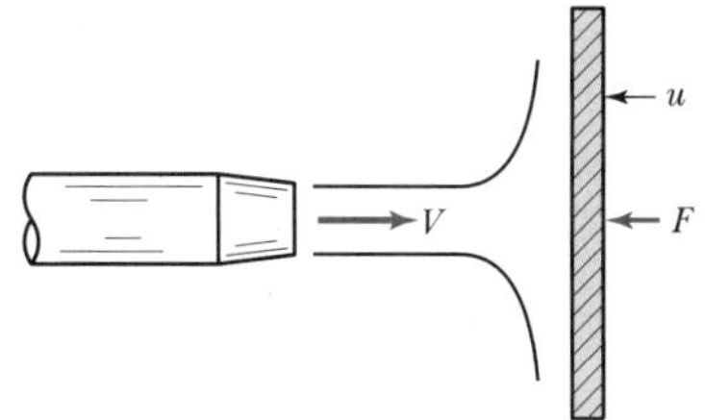

$-F = -\rho Q V_{1x}$

여기서, $V_{1x} = V_{물/평} = V_{물} - V_{평} = V-(-u) = V+u$

$Q = A(V+u)$: 실제 평판에 부딪히는 유량

$\therefore F = \rho Q V_{1x} = \rho A(V+u)(V+u)$

$= \rho A(V+u)^2$

08 물이 지름이 0.4m인 노즐을 통해 20m/s의 속도로 맞은편 수직벽에 수평으로 분사된다. 수직벽에는 지름 0.2m의 구멍이 있으며 뚫린 구멍으로 유량의 25%가 흘러나가고 나머지 75%는 반경 방향으로 균일하게 유출된다. 이때 물에 의해 벽면이 받는 수평 방향의 힘은 약 몇 kN인가?

① 0 ② 9.4

③ 18.9 ④ 37.7

해설

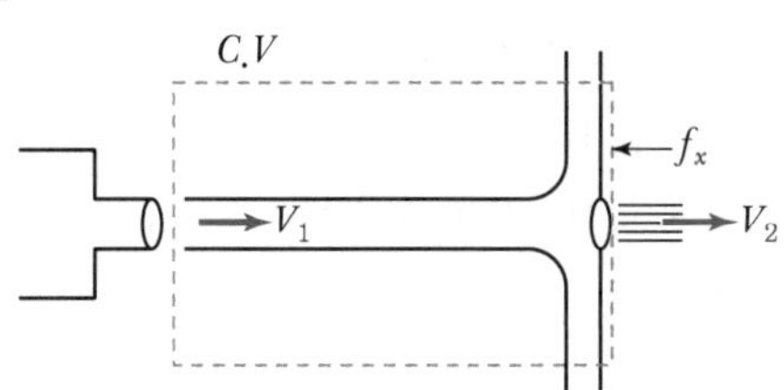

$Q = A_1 V_1 = \frac{\pi}{4} \times 0.4^2 \times 20 = 2.51\text{m}^3/\text{s}$

검사면에 작용하는 힘들의 합은 검사체적 안의 운동량 변화량과 같다.

$-f_x = \rho Q_r(V_{2x} - V_{1x})$

여기서, Q_r(실제 평판에 부딪히는 유량)

$= 0.75Q = 1.8825\text{m}^3/\text{s}$

$V_{2x} = 0$(벽을 통과하는 V_2는 평판의 부딪히는

정답 07 ④ 08 ④

힘에 영향을 주지 않는다.)

$V_{1x} = V_1$

$-f_x = \rho Q_r(0 - V_1)$

$\therefore f_x = \rho Q_r \cdot V_1$

$= 1{,}000 \times 1.8825 \times 20$

$= 37{,}650\text{N} = 37.65\text{kN}$

09 시속 800km의 속도로 비행하는 제트기가 400 m/s의 상대속도로 배기가스를 노즐에서 분출할 때의 추진력은?(단, 이때 흡기량은 25kg/s이고, 배기되는 연소가스는 흡기량에 비해 2.5% 증가하는 것으로 본다.)

① 3,922N　　② 4,694N

③ 4,875N　　④ 6,346N

해설

제트엔진의 입구속도는 비행기가 날아가는 속도이므로

$$V_1 = 800\text{km/h} = 800 \times \frac{10^3}{3{,}600\text{s}} = 222.22\text{m/s}$$

$\dot{m}_2 = \dot{m}_1 + 0.025 \times \dot{m}_1$(2.5% 증가)

압축성 유체에 운동량 방정식을 적용하여 추진력을 구하면

$F_{th} = \rho_2 A_2 V_2 V_2 - \rho_1 A_1 V_1 V_1$

$= \dot{m}_2 V_2 - \dot{m}_1 V_1$

$= \dot{m}_1(1+0.025)V_2 - \dot{m}_1 V_1$

$= \dot{m}_1(1.025V_2 - V_1)$

$= 25 \times (1.025 \times 400 - 222.22)$

$= 4{,}694.5\text{N}$

정답 09 ②

07 점성유동

점성유동 : 점성이 있는 실제 유체의 유동(유체의 점성에 의한 전단력 발생)

1 층류와 난류

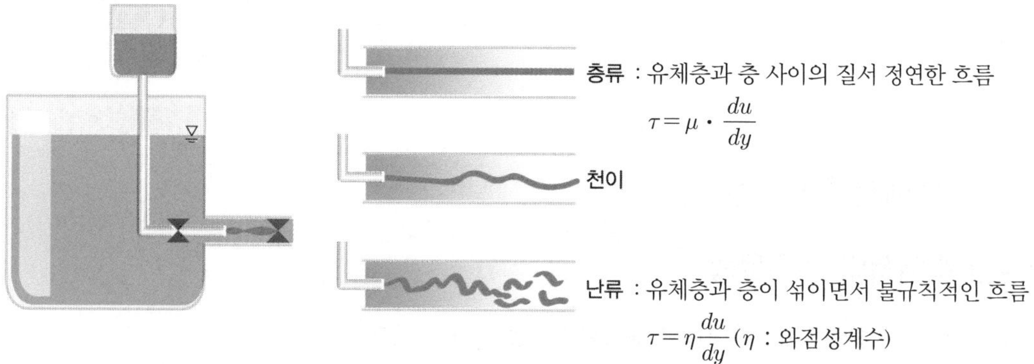

레이놀즈수(Re) : 층류와 난류를 구분하는 척도의 무차원수

$$Re = \frac{\rho \cdot V \cdot d}{\mu} = \frac{Vd}{\nu} \text{(원관)}$$

여기서, ρ : 밀도, V : 유체속도, d : 관의 직경, μ : 점성계수, ν : 동점성계수

점성계수와 동점성계수 : 1poise = 1g/cm · s → $\dfrac{\mu}{\rho}$ → stokes

- 층류 : Re < 2,100~2,300
- 천이 : 2,100~2,300 < Re < 4,000
- 난류 : Re > 4,000
- 층류 → 난류 : 상임계 레이놀즈수 → Re = 4,000
- 난류 → 층류 : 하임계 레이놀즈수 → Re = 2,100

2 입구길이

입구길이(L_e) : 그림과 같이 관입구에서 점성의 영향으로 속도가 줄지만 속도가 완전히 발달할 때까지 길이

층류 : $\dfrac{L_e}{d} \cong 0.06Re$, 난류 : $\dfrac{L_e}{d} \cong 4.4\,Re^{1/6}$

① 관입구에서 경계층이 관중심에 도달하는 점까지의 거리를 입구길이라 한다.
② 관입구로부터 속도 벡터가 완전히 발달할 때까지 관의 길이(속도가 완전히 발달할 때까지 길이)

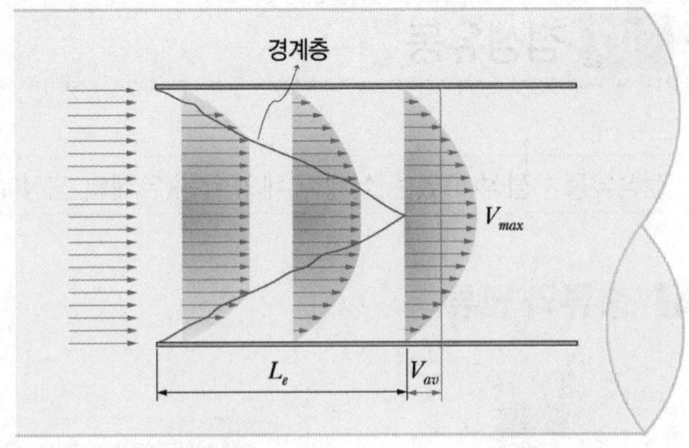

3 수평원관 속에서 층류유동

1. 수평원관 속에서의 층류유동

수평원관 속에서 점성유체가 층류상태로 정상균속유동을 하고 있다.

가정
- 정상유동
- 층류
- 균속운동 $\left(\dfrac{\partial V}{\partial s}=0\right)$, $V=C$(일정), 즉 $V_1=V_2$
- 점성 μ이고 유동 중 압력강하

체적력에 의한 x방향분력이 존재하지 않는다. → 등류 체지방정식과 비교(개수로)

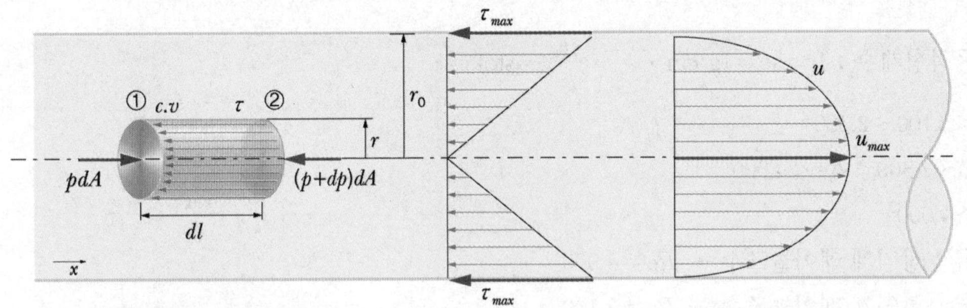

①, ②점에 운동량 방정식 적용

$\sum F_x=\rho Q(V_{2x}-V_{1x})=0$ ($\because$ $V_2=V_1$)

$\therefore\ \sum F_x=0$

$P\pi r^2-(p+dp)\pi r^2-\tau 2\pi r\cdot dl=0$

$\tau=-\dfrac{dp\cdot r}{2dl}=-\dfrac{r}{2}\dfrac{dp}{dl}$ ………………………… ⓐ [(−) : 압력 강하 때문에 (−)가 붙음]

2. 유체의 속도

점성유체가 층류유동을 하고 있어 뉴턴의 점성법칙 만족 → 수평관에 적용

$\tau=\mu\cdot\frac{du}{dy}\rightarrow\tau=-\mu\cdot\frac{du}{dr}$ ………………… ⓑ [$\because$ r이 증가할수록 u가 감소(−)]

ⓑ=ⓐ에서 $-\mu\cdot\frac{du}{dr}=-\frac{r}{2}\cdot\frac{dp}{dl}\rightarrow du=\frac{1}{2\mu}\cdot\frac{dp}{dl}rdr$

양변을 적분하면

$$U=\frac{1}{2\mu}\frac{dp}{dl}\int rdr+c=\frac{1}{2\mu}\frac{dp}{dl}\frac{r^2}{2}+c=\frac{1}{4\mu}\frac{dp}{dl}r^2+c$$

(경계조건 : B/C)$r=r_0$일 때 $U=0$(관벽에서 유속 Zero)

$$0=\frac{1}{4\mu}\frac{dp}{dl}{r_0}^2+c$$

$$C=-\frac{1}{4\mu}\frac{dp}{dl}{r_0}^2$$

$$\therefore\ U=\frac{1}{4\mu}\frac{dp}{dl}r^2-\frac{1}{4\mu}\frac{dp}{dl}{r_0}^2=-\frac{1}{4\mu}\frac{dp}{dl}\left({r_0}^2-r^2\right)$$

$U_{max}=U_{r=0}=-\frac{1}{4\mu}\frac{dp}{dl}{r_0}^2$(길이가 증가할 때 압력 감소)

$\rightarrow U_{max}=\frac{\Delta p{r_0}^2}{4\mu l}$ (나중에 V_{av}와 비교)

이때 $\frac{U}{U_{max}}=\frac{{r_0}^2-r^2}{{r_0}^2}=1-\frac{r^2}{{r_0}^2}$

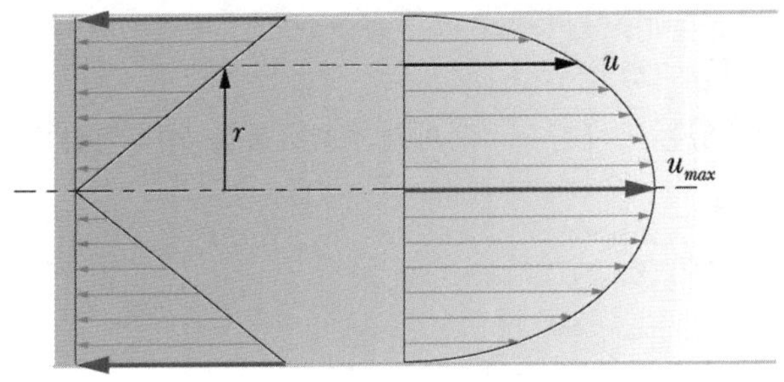

참고

$$U=\left\{1-\left(\frac{r}{r_0}\right)^2\right\}U_{max}$$

U는 r(임의반경)에 관한 2차 함수이다. 유동(r만의 함수)은 1차 유동

3. 유량

관의 전길이를 l이라 하고 관의 전길이에서 압력감소를 Δp라 하면 유량은 다음과 같다.

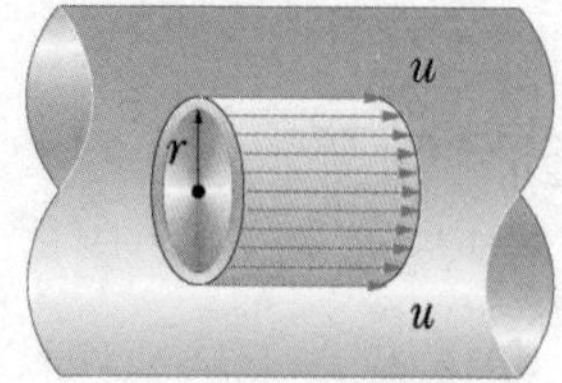

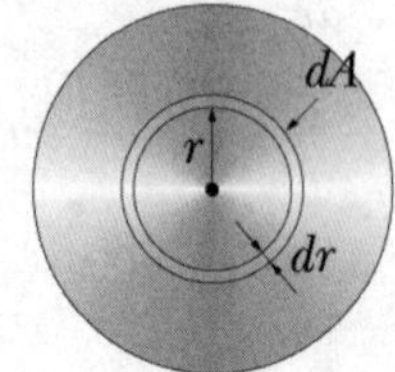

$$Q = \int u dA = \int_0^{r_0} u 2\pi r dr$$

$$= \int_0^{r_0} -\frac{1}{4\mu}\frac{dp}{dl}\left(r_0{}^2 - r^2\right) \times 2\pi r dr$$

$$= -\frac{\pi}{2\mu}\frac{dp}{dl}\int_0^{r_0}\left(r r_0{}^2 - r^3\right)dr = -\frac{\pi}{2\mu}\frac{dp}{dl}\left[r_0{}^2 \cdot \frac{r^2}{2} - \frac{r^4}{4}\right]_0^{r_0}$$

$$= -\frac{\pi}{2\mu}\frac{dp}{dl}\left(\frac{r_0{}^4}{2} - \frac{r_0{}^4}{4}\right) = -\frac{\pi}{2\mu}\frac{dp}{dl}\frac{r_0{}^4}{4} = -\frac{\pi}{8\mu}\frac{dp}{dl}r_0{}^4$$

$Q = -\dfrac{\pi}{8\mu}\dfrac{dp}{dl}r_0{}^4$ (전체 수평관 길이 l에서 압력 강하량이 Δp라면)

$dl \Rightarrow l,\ dp \Rightarrow \Delta p \rightarrow \dfrac{\pi}{8\mu}\dfrac{\Delta p}{l} \cdot r_0{}^4 \leftarrow$ 대입 $r_0{}^4 = \left(\dfrac{d}{2}\right)^4 = \dfrac{d^4}{16}$

$\therefore\ Q = \dfrac{\Delta p \pi d^4}{128\mu l}$ 하이겐 포아젤 방정식

$Q = A \cdot V_{av}$ (여기서, V_{av} : 평균속도)

기본 가정 : 점성 마찰이 있는 유체가 관유동에서 층류유동을 하며 정상유동을 하고 있는 경우

$$V_{av} = \frac{Q}{A} = \frac{\dfrac{\pi}{8\mu}\dfrac{\Delta p}{l}r_0{}^4}{\pi r_0{}^2} = \frac{\Delta p \cdot r_0{}^2}{8\mu l}$$

$\Delta p = \dfrac{128\mu l Q}{\pi d^4} = \gamma h_L$ (여기서, h_L : 손실수두)

$$\frac{V_{av}}{U_{\max}} = \frac{\dfrac{\Delta p r_0{}^2}{8\mu l}}{\dfrac{\Delta p r_0{}^2}{4\mu l}} = \frac{1}{2}$$

4 난류

1. 전단응력

$\tau = \eta \cdot \dfrac{du}{dy}$ (여기서, η : 와점성계수)

$\eta = \rho \cdot l^2$

$\tau = \rho \cdot l^2 \dfrac{du}{dy}$ (여기서, l : 프란틀의 혼합거리)

2. 프란틀의 혼합거리(l)

난동하는 유체입자가 운동량 변화 없이 움직일 수 있는 거리
(분자의 평균 자유행로를 난류에 적용)
$l = k \cdot y$ (여기서, k : 난동상수, y : 관벽으로부터 떨어진 거리)

난류에 의한 전단응력 : $\tau = \rho l^2 \cdot \left|\dfrac{du}{dy}\right|^2$

㉮ 관벽에서 프란틀의 혼합거리 $l = ky|_{y=0} = 0$ → 관벽에서 유체 입자는 거의 정지해 있다.

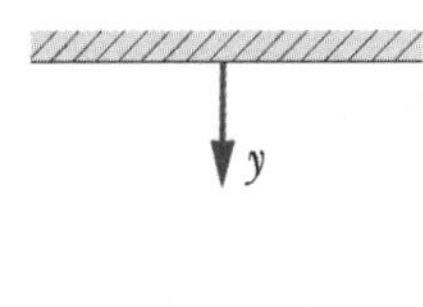

5 유체경계층

• 경계층 : 평판의 선단으로부터 형성된 점성의 영향이 미치는 얇은 층을 경계층이라 한다.

1. 경계층 내의 현상

① 경계층 내에서는 속도기울기(구배) $\dfrac{du}{dy}$가 매우 커 점성전단응력이 크게 $\left(\tau = \mu \cdot \dfrac{du}{dy}\right)$작용한다.

② 경계층 밖에서는 점성영향이 거의 없다. → 이상유체와 같은 흐름(Potential Flow)을 한다.

③ 층류 → 천이 → 난류로 유동구조가 바뀐다.

④ 층류저층 : 난류영역에서 바닥벽면 근처에서 층류와 같은 질서 정연한 흐름을 하는 얇은 층

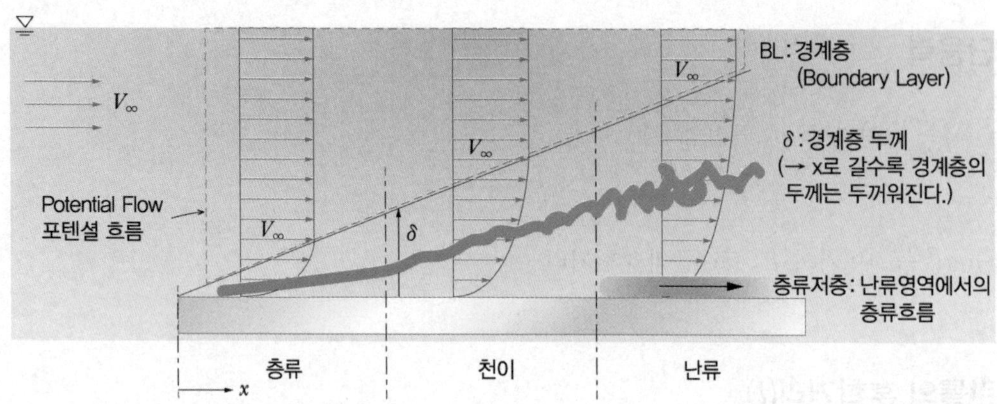

- 평판은 정지해 있으므로 유동을 지연시키는 힘(부착력)이 작용하게 되어 평판 부근의 유체 속도는 감소하게 된다.

2. 평판의 레이놀즈수

- 평판의 레이놀즈수 $Re = \dfrac{\rho V_\infty \cdot x}{\mu} = \dfrac{V_\infty \cdot x}{\nu}$

  여기서, x : 평판선단으로부터의 거리, V_∞ : 자유유동속도

- 평판의 임계 레이놀즈수는 오십만(500,000)이다.

$$\left\{ \begin{array}{l} U_{\max} = 0.99\, V_\infty \\ \text{경계층 내의 최대속도가 자유흐름 속도의 } 99\% \end{array} \right\}$$

3. 경계층의 두께(δ)

위 그림과 같이 경계층 내의 최대속도(U)가 자유유동 속도와 같아질 때의 유체두께(실험치로 배제 두께, 운동량 두께라는 것을 사용)

① 층류 : $\dfrac{\delta}{x} = \dfrac{5}{Re_x^{\frac{1}{2}}}$

② 난류 : $\dfrac{\delta}{x} = \dfrac{0.16}{Re_x^{\frac{1}{7}}}$

6 물체 주위의 유동

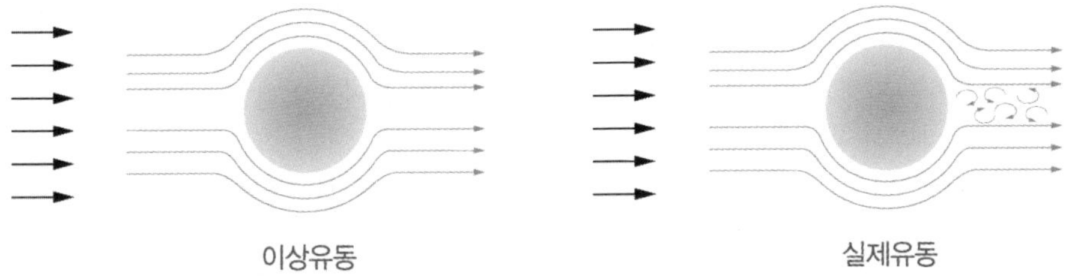

1. 박리(Separation)

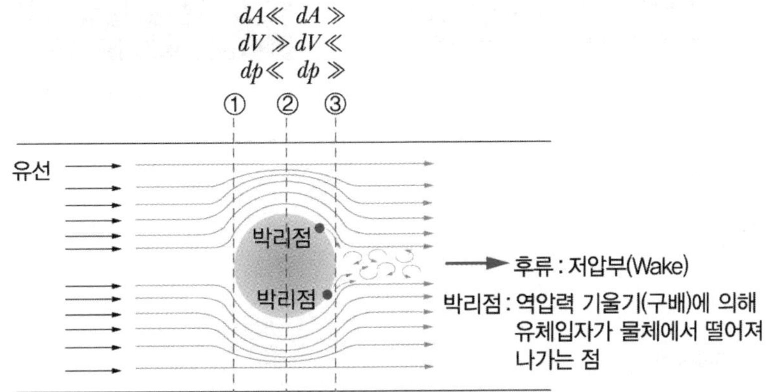

①점에서 유체흐름의 면적이 줄어 속도가 빨라지며 동시에 압력은 ②점까지 감소하고, ②점을 지나면서 면적이 다시 증가해 속도가 느려지고 ③점까지 압력은 커지게 된다. 이때 압력이 커지면서 물체표면의 유체입자가 떨어져 나가는 현상을 박리라고 한다(압력이 줄었다 다시 커졌으므로 → 역압력 기울기).

2. 후류(Wake)

박리가 일어나면 물체후면에 상대적으로 낮은 압력의 영역이 형성되며 운동량이 결핍된 이 영역을 후류라 한다.

㉵ 소용돌이 치는 불규칙한 흐름의 후류 : 움직이는 배의 뒷부분

참고

- 물체 주위의 분리된 유동은 유동 방향의 압력차로 인한 불균형 정미력이 존재 → 물체에 압력항력 발생 (후류의 크기가 클수록 압력항력도 증가)
- 압력을 서서히 커지게 하려면 → 급격한 단면변화를 최대한 줄여 역압력 기울기를 감소시키면 박리 시작이 늦어지고 따라서 항력이 감소한다.
- 물체를 유선형으로 만들어주면 주어진 압력 상승을 보다 먼 거리로 분산시키므로 역압력 기울기를 줄일 수 있다.
- 점차확대관의 박리와 후류는 6~7°에서 손실이 가장 적다.

압력항력 큼

압력항력 작음

7 항력과 양력

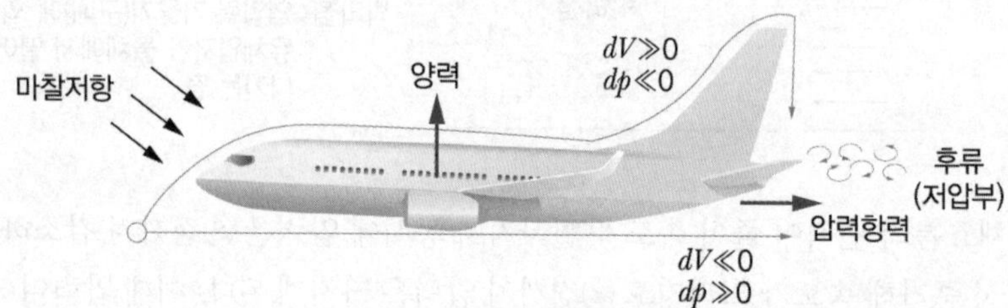

1. 항력(Drag)

① 마찰항력 : 점성에 의해 발생

② 압력항력 : 물체 주위로 유체가 흐를 때 물체 앞뒤의 압력 차로 생기는 항력(흡인력)

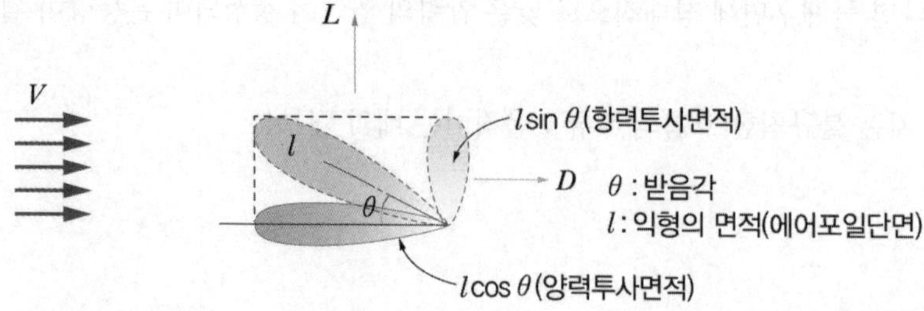

$D = F_D = \rho \cdot A \cdot \dfrac{V^2}{2} \cdot C_D$ (여기서, C_D : 항력계수)

$A = l\sin\theta$(항력 투사면적)

참고

$$F = P \cdot A = \gamma \cdot h \cdot A,\ h = \frac{V^2}{2g}\ (\because\ V_\infty = \sqrt{2gh}\,)$$

$$\gamma \cdot \frac{V^2}{2g} \cdot A = \rho \cdot g \cdot \frac{V^2}{2g} \cdot A = \rho \cdot A \cdot \frac{V^2}{2}$$

2. 양력(Lift)

$$L = F_L = \rho \cdot A \cdot \frac{V^2}{2} \cdot C_L$$

여기서, C_L : 양력계수

$A = l\cos\theta$: 유체유동의 수직방향, 투사면적 (양력 투사면적))

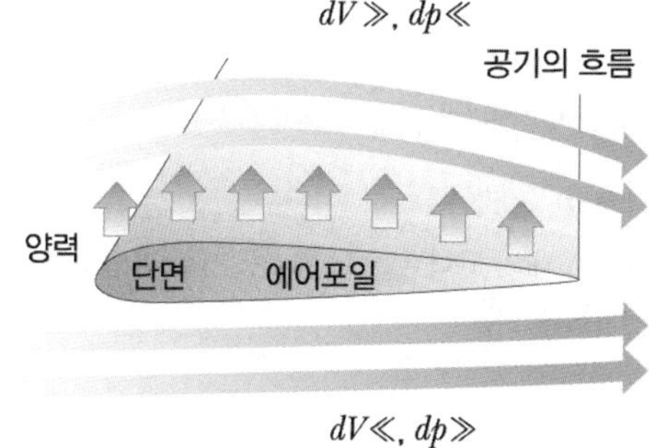

3. 스토크스 법칙(Stokes Law)

작은 구의 경우($Re < 1$인 경우) 유체 속에 구를 떨어뜨려 구의 항력을 구한다.

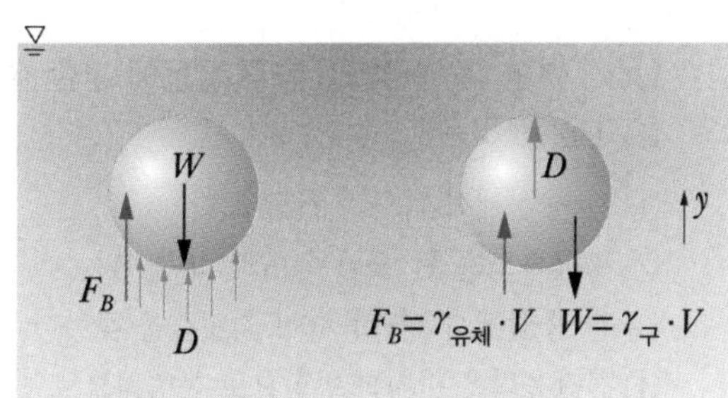

$\Sigma F_y = 0$:

$D + F_B - W = 0$

$$D = 3\pi\mu Vd$$

여기서, D : 구의 항력, μ : 점성계수

V : 낙하속도, d : 구의 직경)

$$W = \gamma_{구} \cdot V = \gamma_{구} \times \frac{4}{3}\pi r^3$$

핵심 기출 문제

01 파이프 내에 점성유체가 흐른다. 다음 중 파이프 내의 압력 분포를 지배하는 힘은?

① 관성력과 중력
② 관성력과 표면장력
③ 관성력과 탄성력
④ 관성력과 점성력

해설

파이프 내의 압력 분포는 레이놀즈수(관성력/점성력)에 의해 좌우된다.

02 비중이 0.8인 오일을 직경이 10cm인 수평원관을 통하여 1km 떨어진 곳까지 수송하려고 한다. 유량이 0.02m³/s, 동점성계수가 2×10⁻⁴ m²/s라면 관 1km에서의 손실수두는 약 얼마인가?

① 33.2m　　② 332m
③ 16.6m　　④ 166m

해설

수평원관에서 유량식 → 하이겐포아젤 방정식

$Q=\dfrac{\Delta p\pi d^4}{128\mu l}$ 에서

$\Delta p=\dfrac{128\mu l Q}{\pi d^4}=\gamma\cdot h_l$

$\therefore$ 손실수두 $h_l=\dfrac{128\mu l Q}{\gamma\cdot\pi d^4}=\dfrac{128\mu l Q}{\rho\cdot \mathrm{g}\pi d^4}=\dfrac{128\nu l Q}{\mathrm{g}\pi d^4}$

$=\dfrac{128\times2\times10^{-4}\times1{,}000\times0.02}{9.8\times\pi\times0.1^4}$

$=166.3\text{m}$

03 지름 200mm 원형관에 비중 0.9, 점성계수 0.52 poise인 유체가 평균속도 0.48m/s로 흐를 때 유체 흐름의 상태는?(단, 레이놀즈수(Re)가 2,100≤Re≤4,000일 때 천이 구간으로 한다.)

① 층류　　② 천이
③ 난류　　④ 맥동

해설

$\mu=0.52\text{poise}=0.52\dfrac{\text{g}}{\text{cm}\cdot\text{s}}\times\dfrac{\text{kg}}{10^3\text{g}}\times\dfrac{10^2\text{cm}}{1\text{m}}$

$=0.052\text{kg/m}\cdot\text{s}$

$Re=\dfrac{\rho Vd}{\mu}=\dfrac{s\rho_w Vd}{\mu}=\dfrac{0.9\times1{,}000\times0.48\times0.2}{0.052}$

$=1{,}661.54<2{,}100$ (층류)

04 원관 내 완전발달 층류 유동에 관한 설명으로 옳지 않은 것은?

① 관 중심에서 속도가 가장 크다.
② 평균속도는 관 중심 속도의 절반이다.
③ 관 중심에서 전단응력이 최댓값을 갖는다.
④ 전단응력은 반지름 방향으로 선형적으로 변화한다.

해설

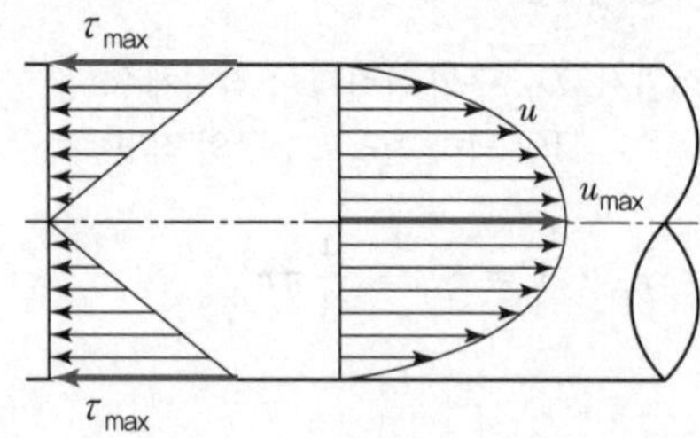

그림에서 관 벽에서 전단응력이 최대가 되는 것을 알 수 있다.

정답 01 ④ 02 ④ 03 ① 04 ③

05 안지름 0.1m의 물이 흐르는 관로에서 관 벽의 마찰손실수두가 물의 속도수두와 같다면 그 관로의 길이는 약 몇 m인가?(단, 관마찰계수는 0.03이다.)

① 1.58　　② 2.54
③ 3.33　　④ 4.52

해설

$h_l = \frac{V^2}{2g}$ 에서

$f\frac{l}{d}\frac{V^2}{2g} = \frac{V^2}{2g}$

$\therefore\ l = \frac{d}{f} = \frac{0.1}{0.03} = 3.33\text{m}$

06 골프공(지름 D = 4cm, 무게 W = 0.4N)이 50m/s의 속도로 날아가고 있을 때, 골프공이 받는 항력은 골프공 무게의 몇 배인가?(단, 골프공의 항력계수 C_D = 0.24이고, 공기의 밀도는 1.2kg/m³이다.)

① 4.52배　　② 1.7배
③ 1.13배　　④ 0.452배

해설

$D = C_D \cdot \frac{\rho A V^2}{2}$

$= 0.24 \times \frac{1.2 \times \frac{\pi}{4} \times 0.04^2 \times 50^2}{2} = 0.452\text{N}$

$\therefore\ \frac{D}{W} = \frac{0.452}{0.4} = 1.13$

07 안지름이 4mm이고, 길이가 10m인 수평 원형관 속을 20℃의 물이 층류로 흐르고 있다. 배관 10m의 길이에서 압력강하가 10kPa이 발생하며, 이때 점성계수는 1.02×10^{-3}N · s/m²일 때 유량은 약 몇 cm³/s인가?

① 6.16　　② 8.52
③ 9.52　　④ 12.16

해설

하이겐포아젤 방정식

$Q = \frac{\Delta p \pi d^4}{128 \mu l} = \frac{10 \times 10^3 \times \pi \times 0.004^4}{128 \times 1.02 \times 10^{-3} \times 10}$

$= 6.16 \times 10^{-6}\text{m}^3/\text{s}$

$6.16 \times 10^{-6} \frac{\text{m}^3 \times \left(\frac{100\text{cm}}{1\text{m}}\right)^3}{\text{s}} = 6.16\text{cm}^3/\text{s}$

08 지름이 0.01m인 구 주위를 공기가 0.001m/s로 흐르고 있다. 항력계수 $C_D = \frac{24}{Re}$ 로 정의할 때 구에 작용하는 항력은 약 몇 N인가? (단, 공기의 밀도는 1.1774kg/m³, 점성계수는 1.983×10^{-5}kg/m · s이며, Re는 레이놀즈수를 나타낸다.)

① 1.9×10^{-9}
② 3.9×10^{-9}
③ 5.9×10^{-9}
④ 7.9×10^{-9}

해설

i) $Re = \frac{\rho V d}{\mu} = \frac{1.1774 \times 0.001 \times 0.01}{1.983 \times 10^{-5}} = 0.5937$

ii) 항력 $D = C_D \cdot \rho \cdot A \cdot \frac{V^2}{2}$

$= \frac{24}{0.5937} \times 1.1774 \times \frac{\pi}{4} \times 0.01^2 \times \frac{0.001^2}{2}$

$= 1.87 \times 10^{-9}$

09 공기가 평판 위를 유속 15m/s로 흐르고 있다. 선단으로부터 10cm인 지점의 경계층 두께는 약 몇 mm인가?(단, 공기의 동점성계수는 1.6×10^{-5}m²/s이다.)

① 0.75　　② 0.98
③ 1.36　　④ 1.63

정답　05 ③　06 ③　07 ①　08 ①　09 ④

해설

$\frac{\delta}{x}=\frac{5}{\sqrt{Re_x}}$ 에서

층류 경계층 두께 $\delta=\frac{5}{\sqrt{\frac{\rho Vx}{\mu}}}\cdot x=\frac{5}{\sqrt{\frac{V}{\nu}}}\cdot\sqrt{x}$

$=\frac{5}{\sqrt{\frac{15}{1.6\times10^{-5}}}}\times\sqrt{0.1}$

$=0.00163\text{m}=1.63\text{mm}$

※ 최신 전공 서적에서는 분자에 5 대신 5.48을 넣어서 계산한다.

10 지름 100mm 관에 글리세린이 9.42L/min의 유량으로 흐른다. 이 유동은?(단, 글리세린의 비중은 1.26, 점성계수는 $\mu=2.9\times10^{-4}$kg/m · s이다.)

① 난류유동 ② 층류유동
③ 천이유동 ④ 경계층유동

해설

비중 $S=\frac{\rho}{\rho_w}$ 에서

$\rho=S\rho_w=1.26\times1{,}000=1{,}260\text{kg/m}^3$

$Q=\frac{9.42\text{L}\times\frac{10^{-3}\text{m}^3}{1\text{L}}}{\min\times\frac{60\text{s}}{1\min}}=0.000157\text{m}^3/\text{s}$

$Q=A\cdot V$에서

$V=\frac{Q}{A}=\frac{Q}{\frac{\pi}{4}d^2}=\frac{4Q}{\pi d^2}=\frac{4\times0.000157}{\pi\times(0.1)^2}=0.01999\text{m/s}$

$\therefore Re=\frac{\rho\cdot Vd}{\mu}=\frac{1{,}260\times0.01999\times0.1}{2.9\times10^{-4}}=8{,}685.31$

$Re>4{,}000$ 이상이므로 난류유동이다.

11 현의 길이 7m인 날개가 속력 500km/h로 비행할 때 이 날개가 받는 양력이 4,200kN이라고 하면 날개의 폭은 약 몇 m인가?(단, 양력계수 $C_L=1$, 항력계수 $C_D=0.02$, 밀도 $\rho=1.2\text{kg/m}^3$이다.)

① 51.84 ② 63.17
③ 70.99 ④ 82.36

해설

양력 $L=C_L\cdot\frac{\rho AV^2}{2}$

$\therefore A=\frac{2L}{C_L\cdot\rho\cdot V^2}=\frac{2\times4{,}200\times10^3}{1\times1.2\times138.89^2}=362.87\text{m}^2$

여기서, $V=500\frac{\text{km}}{\text{h}}\times\frac{1{,}000\text{m}}{1\text{km}}\times\frac{1\text{h}}{3{,}600\text{s}}$

$=138.89\text{m/s}$

$A=bl$에서 $b=\frac{A}{l}=\frac{362.87}{7}=51.84\text{m}$

12 모세관을 이용한 점도계에서 원형관 내의 유동은 비압축성 뉴턴유체의 층류유동으로 가정할 수 있다. 원형관의 입구 측과 출구 측의 압력 차를 2배로 늘렸을 때, 동일한 유체의 유량은 몇 배가 되는가?

① 2배 ② 4배
③ 8배 ④ 16배

해설

비압축성 뉴턴유체의 층류유동은 하이겐포아젤 방정식으로 나타나므로 $Q=\frac{\Delta P\pi d^4}{128\mu l}$

$Q\propto\Delta p$이므로 Δp를 2배로 올리면 유량도 2배가 된다.

정답 10 ① 11 ① 12 ①

13 수평원관 속에 정상류의 층류 흐름이 있을 때 전단응력에 대한 설명으로 옳은 것은?

① 단면 전체에서 일정하다.
② 벽면에서 0이고 관 중심까지 선형적으로 증가한다.
③ 관 중심에서 0이고 반지름 방향으로 선형적으로 증가한다.
④ 관 중심에서 0이고 반지름 방향으로 중심으로부터 거리의 제곱에 비례하여 증가한다.

해설

- 층류유동에서 전단응력분포와 속도분포 그림을 이해하면 된다.
- 전단응력은 관 중심에서 0이고 관벽에서 최대이다.

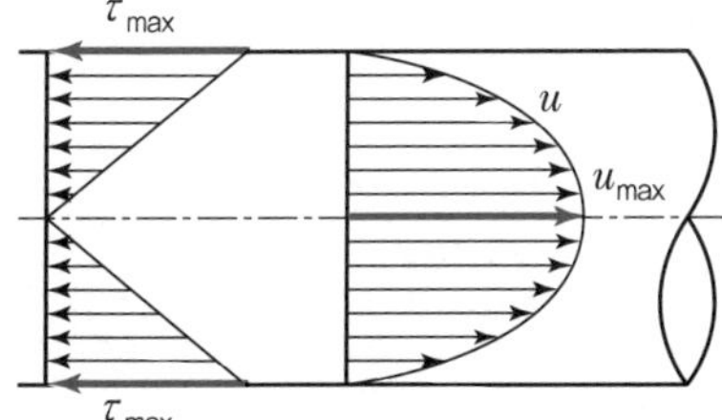

14 프란틀의 혼합거리(Mixing Length)에 대한 설명으로 옳은 것은?

① 전단응력과 무관하다.
② 벽에서 0이다.
③ 항상 일정하다.
④ 층류유동문제를 계산하는 데 유용하다.

해설

프란틀의 혼합거리 $l = ky$ (여기서, y는 관벽으로부터 떨어진 거리)
관벽에서는 y가 "0"이므로 $l = 0$이다.

15 항력에 관한 일반적인 설명 중 틀린 것은?

① 난류는 항상 항력을 증가시킨다.
② 거친 표면은 항력을 감소시킬 수 있다.
③ 항력은 압력과 마찰력에 의해서 발생한다.
④ 레이놀즈수가 아주 작은 유동에서 구의 항력은 유체의 점성계수에 비례한다.

해설

골프공 표면의 오돌토돌 딤플자국은 공표면에 난류를 발생시키며 박리를 늦춰 압력항력을 줄여 골프공을 더 멀리 날아가게 한다. 테니스공 표면의 보풀도 이런 역할을 하며 테니스공의 보풀을 제거하면 날아가는 거리는 대략 $\frac{1}{2}$로 줄어든다.

정답 13 ③ 14 ② 15 ①

08 관 속에서 유체의 흐름

1 관에서의 손실수두

1. 달시 비스바하(Darcy－Weisbach) 방정식 : 곧고 긴 관에서의 손실수두

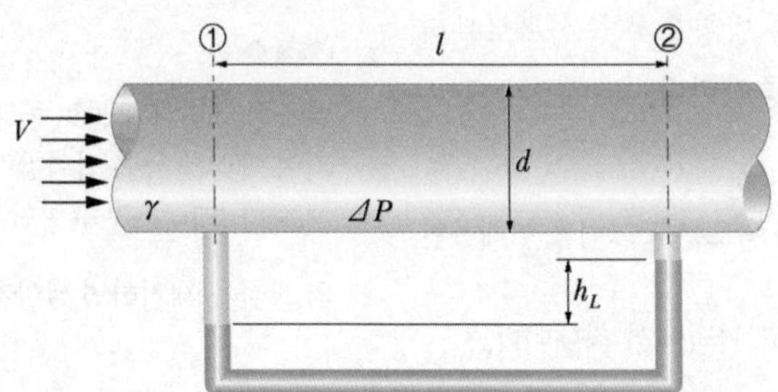

압력 강하량 : $\varDelta p = \gamma \cdot f \cdot \dfrac{l}{d} \cdot \dfrac{V^2}{2g} = \gamma \cdot h_L$

손실수두 : $h_L = f \cdot \dfrac{l}{d} \cdot \dfrac{V^2}{2g}$[m]

여기서, f : 관마찰계수, l : 관길이, V : 유체의 속도

원관의 층류유동에서 관마찰계수를 구해보면 하이겐포아젤 방정식에서 압력강하량 $\varDelta p$는

$$\varDelta p = \frac{128\mu l Q}{\pi d^4} \quad \left(Q = A\,V = \frac{\pi}{4}d^2 \cdot V \text{ 대입}\right)$$

$$\varDelta p = \frac{32\mu l V}{d^2} = \gamma \cdot f \cdot \frac{l}{d} \cdot \frac{V^2}{2g} = \rho \cdot f \cdot \frac{l}{d} \cdot \frac{V^2}{2}$$

$$f = \frac{32 \times 2\mu l V d}{\rho \cdot l \cdot V^2 \cdot d^2} = \frac{64\mu}{\rho V d} = \frac{64}{\dfrac{\rho V d}{\mu}} = \frac{64}{Re}$$

$$\therefore\ f = \frac{64}{Re}$$

2. 관마찰계수(f)

① 층류 : $f = \dfrac{64}{Re}$ (층류에서의 관마찰계수는 레이놀즈수만의 함수이다.)

② 난류

- 매끈한 관 : $f = 0.3164Re^{-\frac{1}{4}}$

- 거친 관 : $\dfrac{1}{\sqrt{f}} = 1.14 - 0.86\ln\left(\dfrac{e}{d}\right)$ (여기서, $\dfrac{e}{d}$: 상대조도)
- 난류에서의 관마찰계수는 레이놀즈와 상대조도의 함수이다.

참고

무디 선도(Moody's Chart)

실험식들을 기초로 하여 실제 유체유동에서 관마찰계수를 해석할 수 있으며, 비압축성 유체가 정상유동하는 모든 파이프 유동에 대하여 보편적으로 적용되는 그래프이다.

2 비원형 단면의 경우 관마찰

- 수력반경(R_h) : 원형단면에 적용했던 식들을 비원형 단면에도 적용하기 위해 수력반경을 구한다.

$$R_h = \frac{A(\text{유동단면적})}{P(\text{접수길이})}$$

① 원관

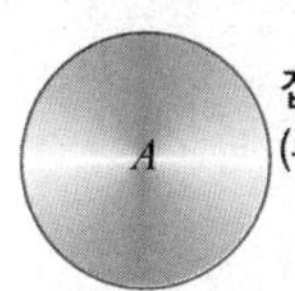

$$R_h = \frac{A}{P} = \frac{\frac{\pi}{4}d^2}{\pi d} = \frac{d}{4} \quad \therefore d = 4R_h$$

- 손실수두식을 수력반경으로 나타내면

$$h_L = f \cdot \frac{l}{d} \cdot \frac{V^2}{2g} = f \cdot \frac{l}{4R_h} \cdot \frac{V^2}{2g}$$

- 레이놀즈수를 수력반경으로 나타내면

$$Re = \frac{\rho Vd}{\mu} = \frac{\rho \cdot V \cdot 4R_h}{\mu} = \frac{V \cdot 4R_h}{\nu}$$

② 정사각관

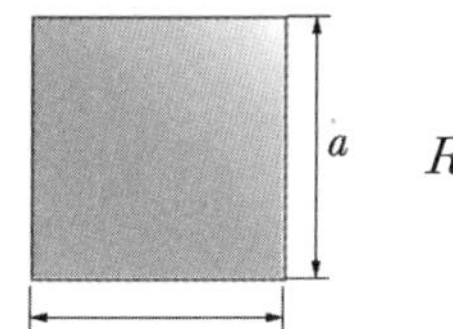

$$R_h = \frac{A}{P} = \frac{a^2}{4a} = \frac{a}{4}$$

③ 직사각관

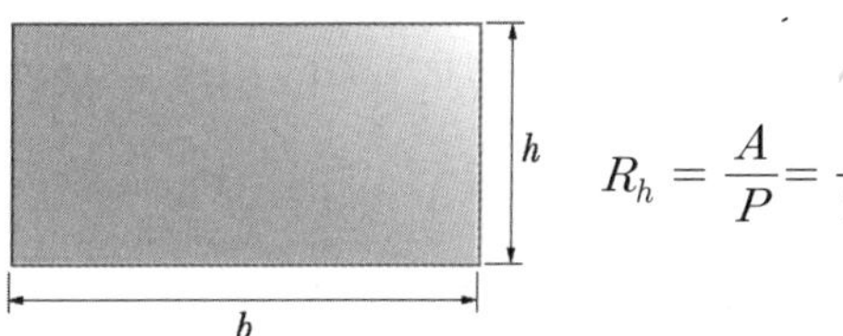

$$R_h = \frac{A}{P} = \frac{b \cdot h}{2(b+h)}$$

3 부차적 손실

- 유체가 흐를 때 관마찰에 의한 손실 이외에 발생하는 여러 가지 손실을 부차적 손실이라 한다.
- 부차적 손실 종류 : 돌연 확대 · 축소관, 점차 확대관, 엘보, 밸브 및 관에 부착된 부품들에 의한 저항, 손실 등

1. 관의 상당길이(l_e)

부차적 손실값과 같은 손실수두를 갖는 관의 길이로 나타낸다.

$h_l = K \cdot \dfrac{V^2}{2g} = f \cdot \dfrac{l_e}{d} \cdot \dfrac{V^2}{2g}$ (여기서, K : 부차적 손실계수)

$$\therefore l_e = \frac{K \cdot d}{f}$$

2. 돌연 확대관(축소관)의 손실수두(부드럽게 흐르지 않고 와류 생성)

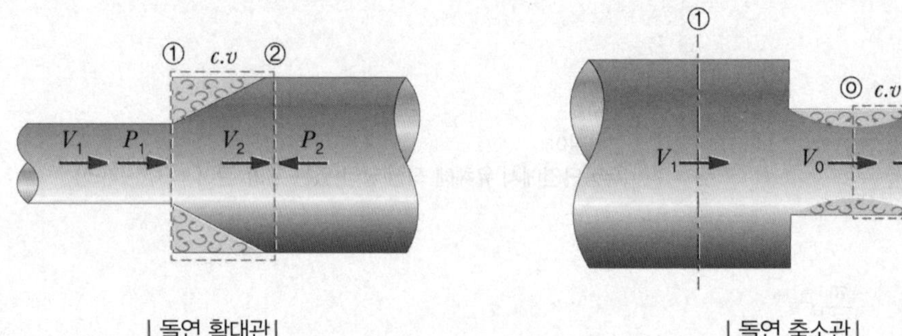

| 돌연 확대관 | | 돌연 축소관 |

돌연 확대관(축소관)에서 손실수두 $h_L = K \cdot \dfrac{V^2}{2g}$ 형태

① 돌연 확대관의 경우

①, ②점에 운동량 방정식과 베르누이 방정식을 적용

$$\sum F_x = \rho Q(V_{2x} - V_{1x})$$

$$(p_1 - p_2)A = \rho Q(V_2 - V_1)$$

$$= \rho A_2(V_2 - V_1)$$

$$= A \cdot \frac{\gamma}{g}\left(V_2{}^2 - V_1 V_2\right)$$

$$\therefore \frac{p_1 - p_2}{\gamma} = \frac{\left(V_2{}^2 - V_1 V_2\right)}{g} \quad \cdots\cdots ⓐ$$

①, ②점에 베르누이 방정식 적용

$$\frac{p_1}{\gamma}+\frac{{V_1}^2}{2g}+z_1=\frac{p_2}{\gamma}+\frac{{V_2}^2}{2g}+z_2+h_L$$

$$\frac{p_1-p_2}{\gamma}=\frac{1}{2g}\left({V_2}^2-{V_1}^2\right)+h_L \quad \cdots\cdots\cdots\cdots ⓑ$$

ⓐ를 ⓑ에 대입

$$\frac{1}{g}\left({V_2}^2-V_1V_2\right)=\frac{1}{2g}\left({V_2}^2-{V_1}^2\right)+h_L$$

$$h_L=\frac{1}{g}\left({V_2}^2-V_1V_2\right)-\frac{1}{2g}\left({V_2}^2-{V_1}^2\right)$$

$$=\frac{1}{2g}\left(2{V_2}^2-2V_1V_2-{V_2}^2+{V_1}^2\right)$$

$$=\frac{1}{2g}\left({V_2}^2-2V_1V_2+{V_1}^2\right)$$

$$\therefore\ h_L=\frac{1}{g}(V_1-V_2)^2$$

$$\frac{{V_1}^2}{2g}\left(1-\frac{V_2}{V_1}\right)^2=\frac{{V_1}^2}{2g}\left(1-\frac{A_1}{A_2}\right)^2=\frac{{V_1}^2}{2g}\left\{1-\left(\frac{d_1}{d_2}\right)^2\right\}^2=K\cdot\frac{{V_1}^2}{2g}$$

(여기서, K : 부차적 손실계수)

$$\therefore\ K=\left\{1-\left(\frac{d_1}{d_2}\right)^2\right\}^2$$

돌연 확대관은 V_1에 대해서 구하고, 돌연 축소관은 V_2에 대해서 손실계수를 구한다.

$d_2 \gg d_1$이면 $K=1$이다$\left(\because\ d_2\text{가 } d_1\text{에 비해 매우 크면 } \frac{d_1}{d_2}=0\right)$.

② 돌연 축소관의 경우

그림에서 ⓪점과 ②점 사이에 돌연 확대 "손실수두 기본식 적용"

→ $\frac{1}{2g}(V_1-V_2)^2$ (∵ 돌연 확대관 · 축소관 그림에서 검사체적 모형이 동일하므로)

$$h_L=\frac{(V_0-V_2)^2}{2g} \quad \cdots\cdots\cdots\cdots ⓐ$$

$$Q=A\cdot V=c=A_0V_0=A_2V_2 \rightarrow V_0=\frac{A_2}{A_2}V_2=\frac{1}{C_c}V_2 \quad \cdots\cdots ⓑ$$

$C_c=\frac{A_0}{A_2}$ (수축계수)

$$\therefore\ h_L=\frac{1}{2g}\left(\frac{1}{C_c}V_2-V_2\right)^2=\frac{{V_2}^2}{2g}\left(\frac{1}{C_c}-1\right)^2=K\cdot\frac{{V_2}^2}{2g}$$

부차적 손실계수 $K=\left(\frac{1}{C_c}-1\right)^2$

3. 점차 확대관의 손실수두

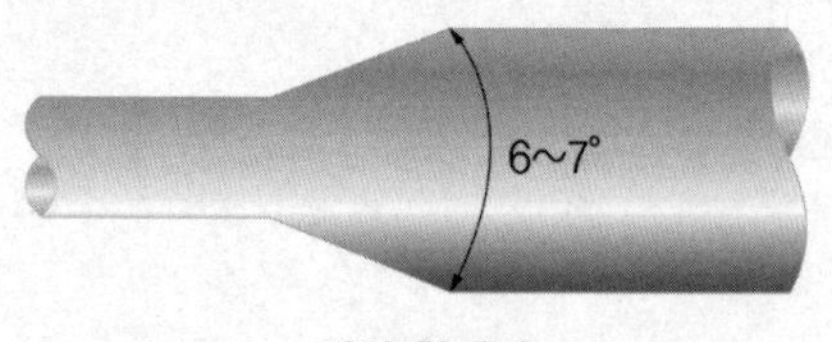

점차 확대관

가장 효율적(즉, 손실이 적다.)

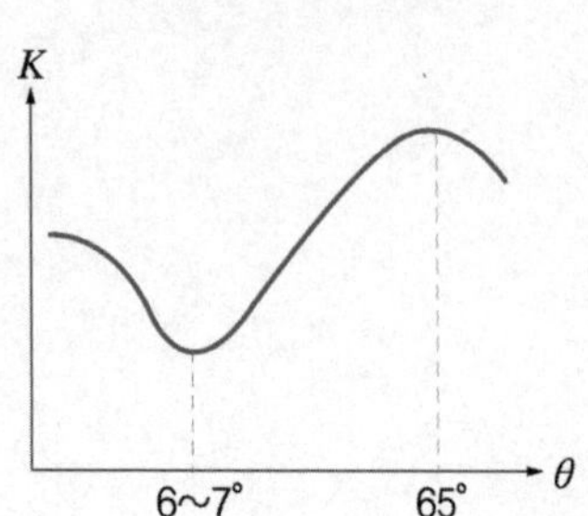

$\theta = 65°$ 일 때 손실이 가장 크다.

($h_l = K \cdot \dfrac{V^2}{2g}$ 이므로 K값이 클수록 손실수두가 크다.)

핵심 기출 문제

01 안지름 0.1m인 파이프 내를 평균 유속 5m/s로 어떤 액체가 흐르고 있다. 길이 100m 사이의 손실수두는 약 몇 m인가?(단, 관 내의 흐름으로 레이놀즈수는 1,000이다.)

① 81.6 ② 50
③ 40 ④ 16.32

해설

$Re < 2,100$ 이하이므로 층류이다.

층류의 관마찰계수 $f = \frac{64}{Re} = \frac{64}{1,000} = 0.064$

$h_l = f \cdot \frac{L}{d} \cdot \frac{V^2}{2g}$

$= 0.064 \times \frac{100}{0.1} \times \frac{5^2}{2 \times 9.8} = 81.63\text{m}$

02 수평으로 놓인 안지름 5cm인 곧은 원관 속에서 점성계수 0.4Pa · s의 유체가 흐르고 있다. 관의 길이 1m당 압력강하가 8kPa이고 흐름 상태가 층류일 때 관중심부에서의 최대 유속(m/s)은?

① 3.125 ② 5.217
③ 7.312 ④ 9.714

해설

달시 비스바하 방정식에서 손실수두 $h_l = f \cdot \frac{L}{d} \cdot \frac{V^2}{2g}$와

관마찰계수 $f = \frac{64}{Re} = \frac{64}{\left(\frac{\rho Vd}{\mu}\right)} = \frac{64\mu}{\rho Vd}$에서

$\Delta P = \gamma h_l = \gamma f \frac{l}{d} \frac{V^2}{2g} = \rho f \frac{l}{d} \frac{V^2}{2}$

문제에서 단위길이당 압력강하량을 주었으므로

$\frac{\Delta p}{l} = \frac{80 \times 10^3\text{Pa}}{1\text{m}} = \rho f \frac{1}{d} \frac{V^2}{2}$

$= \rho \frac{64\mu}{\rho Vd} \frac{1}{d} \frac{V^2}{2} = \frac{32\mu V}{d^2}$

$\therefore V = \frac{8 \times 10^3 \times d^2}{32\mu}$

$= \frac{8 \times 10^3 \times 0.05^2}{32 \times 0.4} = 1.5625\text{m/s}$

$V = V_{av}$ (단면의 평균속도)이므로 관 중심에서

최대속도 $V_{max} = 2V = 2 \times 1.5625 = 3.125\text{m/s}$

03 지름이 10mm인 매끄러운 관을 통해서 유량 0.02L/s의 물이 흐를 때 길이 10m에 대한 압력손실은 약 몇 Pa인가?(단, 물의 동점성계수는 1.4×10^{-6} m^2/s이다.)

① 0.14Pa ② 0.819Pa
③ 1.140Pa ④ 1.819Pa

해설

$Q = 0.02\text{L/s} = 0.02 \times 10^{-3}\text{m}^3/\text{s}$

$Q = AV$에서

$V = \frac{Q}{A} = \frac{Q}{\frac{\pi d^2}{4}} = \frac{0.02 \times 10^{-3}}{\frac{\pi \times 0.01^2}{4}} = 0.255\text{m/s}$

흐름의 형태를 알기 위해

$Re = \frac{\rho Vd}{\mu} = \frac{Vd}{\nu} = \frac{0.255 \times 0.01}{1.4 \times 10^{-6}}$

$= 1,821.4 < 2,100$(층류)

$h_l = f \cdot \frac{L}{d} \cdot \frac{V^2}{2g}$, $f = \frac{64}{Re} = \frac{64}{1,821.4} = 0.035$

$\therefore \Delta p = \gamma h_l$

$= \gamma f \frac{L}{d} \frac{V^2}{2g}$

정답 01 ① 02 ① 03 ③

$= \rho f \dfrac{L}{d} \dfrac{V^2}{2}$

$= 1{,}000 \times 0.035 \times \dfrac{10}{0.01} \times \dfrac{0.255^2}{2}$

$= 1{,}137.94\text{Pa}$

04 반지름 3cm, 길이 15m, 관마찰계수 0.025인 수평원관 속을 물이 난류로 흐를 때 관 출구와 입구의 압력 차가 9,810Pa이면 유량은?

① $5.0\text{m}^3/\text{s}$ ② 5.0L/s
③ $5.0\text{cm}^3/\text{s}$ ④ 0.5L/s

해설

$d = 6\text{cm}$, 곧고 긴 관에서의 손실수두(달시-비스바하 방정식)

$h_l = f \cdot \dfrac{L}{d} \cdot \dfrac{V^2}{2g}$

압력강하량 $\Delta p = \gamma \cdot h_l = \gamma \cdot f \cdot \dfrac{L}{d} \cdot \dfrac{V^2}{2g}$ 에서

$\therefore V = \sqrt{\dfrac{2dg\Delta p}{\gamma \cdot f \cdot L}}$

$= \dfrac{\sqrt{2 \times 0.06 \times 9.8 \times 9{,}810}}{9{,}800 \times 0.025 \times 15} = 1.77\text{m/s}$

유량 $Q = AV = \dfrac{\pi d^2}{4} \times V = \dfrac{\pi \times 0.06^2}{4} \times 1.77$

$= 0.005\text{m}^3/\text{s}$

$0.005 \times \dfrac{\text{m}^3 \times \left(\dfrac{1\text{L}}{10^{-3}\text{m}^3}\right)}{\text{s}} = 5\text{L/s}$

05 원관에서 난류로 흐르는 어떤 유체의 속도가 2배로 변하였을 때, 마찰계수가 변경 전 마찰계수의 $\dfrac{1}{\sqrt{2}}$ 로 줄었다. 이때 압력손실은 몇 배로 변하는가?

① $\sqrt{2}$ 배 ② $2\sqrt{2}$ 배
③ 2배 ④ 4배

해설

달시-비스바하 방정식에서 손실수두 $h_l = f \cdot \dfrac{L}{d} \cdot \dfrac{V^2}{2g}$

처음 압력손실 $\Delta P_1 = \gamma \cdot h_l = \gamma \cdot f \cdot \dfrac{L}{d} \cdot \dfrac{V^2}{2g}$

변화 후 압력손실 $\Delta P_2 = \gamma \cdot \dfrac{f}{\sqrt{2}} \cdot \dfrac{L}{d} \cdot \dfrac{(2V)^2}{2g}$

$= \dfrac{4}{\sqrt{2}} \gamma \cdot f \cdot \dfrac{L}{d} \cdot \dfrac{V^2}{2g}$

$= 2^{\frac{3}{2}} \Delta P_1 = 2\sqrt{2}\, \Delta P_1$

06 수평으로 놓인 지름 10cm, 길이 200m인 파이프에 완전히 열린 글로브 밸브가 설치되어 있고, 흐르는 물의 평균속도는 2m/s이다. 파이프의 관 마찰계수가 0.02이고, 전체 수두 손실이 10m이면, 글로브 밸브의 손실계수는?

① 0.4 ② 1.8
③ 5.8 ④ 9.0

해설

전체 수두손실은 긴 관에서 손실수두와 글로브 밸브에 의한 부차적 손실수두의 합이다.

$\Delta H_l = h_l + K \cdot \dfrac{K^2}{2g}$

$= f \cdot \dfrac{L}{d} \cdot \dfrac{V^2}{2g} + K \cdot \dfrac{V^2}{2g}$

부차적 손실계수

$K = \dfrac{2g}{V^2}\left(\Delta H_l - f \cdot \dfrac{L}{d} \cdot \dfrac{V^2}{2g}\right)$

$= \dfrac{2g}{V^2} \times \Delta H_l - f \cdot \dfrac{L}{d}$

$= \dfrac{2 \times 9.8}{2^2} \times 10 - 0.02 \times \dfrac{200}{0.1} = 9$

정답 04 ② 05 ② 06 ④

07 그림과 같이 노즐이 달린 수평관에서 압력계 읽음이 0.49MPa이었다. 이 관의 안지름이 6cm이고 관의 끝에 달린 노즐의 출구 지름이 2cm라면 노즐 출구에서 물의 분출속도는 약 몇 m/s인가?(단, 노즐에서의 손실은 무시하고, 관마찰계수는 0.025로 한다.)

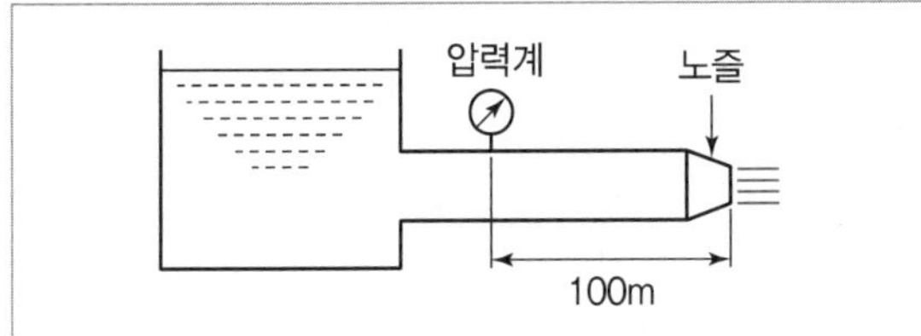

① 16.8　　② 20.4
③ 25.5　　④ 28.4

해설

압력계에서 속도를 V_1, 노즐의 분출속도를 V_2라 하면

$$Q=A_1V_1=A_2V_2 \rightarrow \frac{\pi\times6^2}{4}\cdot V_1=\frac{\pi\times2^2}{4}\cdot V_2$$

$$\rightarrow V_1=\frac{1}{9}V_2 \cdots ⓐ$$

베르누이 방정식을 적용하면(손실을 고려)

$$\frac{p_1}{\gamma}+\frac{V_1^{\ 2}}{2g}+z_1=\frac{p_2}{\gamma}+\frac{V_2^{\ 2}}{2g}+z_2+h_l$$

$z_1=z_2$, $p_2=p_0=0$(무시)이므로

$$h_l=\frac{p_1}{\gamma}+\frac{V_1^{\ 2}-V_2^{\ 2}}{2g}$$

$$=\frac{p_1}{\gamma}+\frac{1}{2g}\left(\left(\frac{1}{9}V_2\right)^2-V_2^{\ 2}\right)$$

$$=\frac{p_1}{\gamma}-\frac{40V_2^{\ 2}}{81g} \cdots ⓑ$$

ⓑ는 달시-비스바하 방정식(곧고 긴 관에서 손실수두)의 값과 같아야 한다.

$$h_l=f\cdot\frac{L}{d}\cdot\frac{V_1^{\ 2}}{2g}=0.025\times\frac{100}{0.06}\times\frac{\left(\frac{1}{9}V_2\right)^2}{2\times9.8}$$

$$=0.0266V_2^{\ 2} \cdots ⓒ$$

ⓑ=ⓒ에서

$$\frac{p_1}{\gamma}-\frac{40V_2^{\ 2}}{81g}=0.0266V_2^{\ 2}$$

$$\frac{0.49\times10^6}{9{,}800}=\left(0.0266+\frac{40}{81\times9.8}\right)V_2^{\ 2}$$

$$V_2^{\ 2}=649.43$$

$$\therefore\ V_2=25.48\text{m/s}$$

08 수면의 높이 차가 H인 두 저수지 사이에 지름 d, 길이 l인 관로가 연결되어 있을 때 관로에서의 평균 유속(V)을 나타내는 식은?(단, f는 관마찰계수이고, g는 중력가속도이며, K_1, K_2는 관 입구와 출구에서 부차적 손실계수이다.)

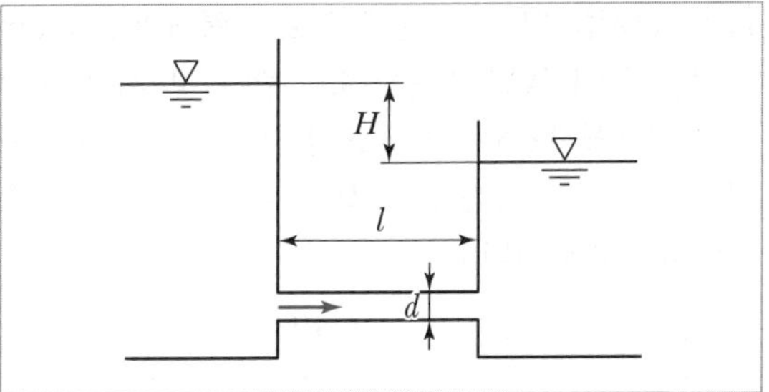

① $V=\sqrt{\dfrac{2gdH}{K_1+fl+K_2}}$

② $V=\sqrt{\dfrac{2gH}{K_1+f+K_2}}$

③ $V=\sqrt{\dfrac{2gH}{K_1+\frac{f}{l}+K_2}}$

④ $V=\sqrt{\dfrac{2gH}{K_1+f\frac{l}{d}+K_2}}$

해설

손실을 고려한 베르누이 방정식을 적용하면 ①=②$+H_l$이고, 문제의 그림에서 H_l은 두 저수지의 위치에너지 차이이므로 $H_l=H$이다. 전체 손실수두도 H_l은 돌연 축소관에서의 손실(h_1)과 곧고 긴 연결관에서 손실수두(h_2), 그리고 돌연 확대관에서의 손실수두(h_3)의 합과 같다.

정답 07 ③ 08 ④

$H_l = h_1 + h_2 + h_3$

여기서, $h_1 = K_1 \cdot \dfrac{V^2}{2g}$

$h_2 = f \cdot \dfrac{L}{d} \cdot \dfrac{V^2}{2g}$

$h_3 = K_2 \cdot \dfrac{V^2}{2g}$

$H = \left(K_1 + f \cdot \dfrac{L}{d} + K_2\right)\dfrac{V^2}{2g}$

$\therefore V = \sqrt{\dfrac{2gH}{K_1 + f \cdot \dfrac{L}{d} + K_2}}$

09 안지름 35cm의 원관으로 수평거리 2,000m 떨어진 곳에 물을 수송하려고 한다. 24시간 동안 15,000m³을 보내는 데 필요한 압력은 약 몇 kPa인가?(단, 관마찰계수는 0.032이고, 유속은 일정하게 송출한다고 가정한다.)

① 296 ② 423
③ 537 ④ 351

해설

체적유량 $Q = \dfrac{15{,}000\text{m}^3}{24\text{h}} \times \dfrac{1\text{h}}{3{,}600\text{s}}$

$= 0.174\text{m}^3/\text{s}$

$Q = A \cdot V$에서

$V = \dfrac{Q}{A} = \dfrac{0.174}{\dfrac{\pi}{4} \times 0.35^2} = 1.81\text{m/s}$

$\therefore h_l = f \cdot \dfrac{L}{d} \cdot \dfrac{V^2}{2g}$

$= 0.032 \times \dfrac{2{,}000}{0.35} \times \dfrac{1.81^2}{2 \times 9.8} = 30.56\text{m}$

$\Delta P = \gamma \cdot h_l = 9{,}800\left(\dfrac{\text{N}}{\text{m}^3}\right) \times 30.56(\text{m})$

$= 299{,}488\text{Pa} = 299.5\text{kPa}$

10 5℃의 물(밀도 1,000kg/m³, 점성계수 1.5×10^{-3}kg/(m · s))이 안지름 3mm, 길이 9m인 수평 파이프 내부를 평균속도 0.9m/s로 흐르게 하는 데 필요한 동력은 약 몇 W인가?

① 0.14 ② 0.28
③ 0.42 ④ 0.58

해설

$Re = \dfrac{\rho V d}{\mu} = \dfrac{1{,}000 \times 0.9 \times 0.003}{1.5 \times 10^{-3}}$

$= 1{,}800 < 2{,}100$(층류)

층류에서 관마찰계수 $f = \dfrac{64}{Re} = \dfrac{64}{1{,}800} = 0.036$

$h_l = f \cdot \dfrac{L}{d} \cdot \dfrac{V^2}{2g}$

$= 0.036 \times \dfrac{9}{0.003} \times \dfrac{0.9^2}{2 \times 9.8} = 4.46$

$\therefore$ 필요한 동력 $H = \gamma h_l \cdot Q$

$= 9{,}800 \times 4.46 \times \dfrac{\pi \times 0.003^2}{4} \times 0.9$

$= 0.278\text{W}$

(손실수두에 의한 동력보다 더 작게 동력을 파이프 입구에 가하면 9m 길이를 0.9m/s로 흘러가지 못한다.)

11 동점성계수가 0.1×10^{-5}m²/s인 유체가 안지름 10cm인 원관 내에 1m/s로 흐르고 있다. 관마찰계수가 0.022이며 관의 길이가 200m일 때의 손실수두는 약 몇 m인가?(단, 유체의 비중량은 9,800N/m³이다.)

① 22.2 ② 11.0
③ 6.58 ④ 2.24

해설

$h_l = f \cdot \dfrac{L}{d} \cdot \dfrac{V^2}{2g} = 0.022 \times \dfrac{200}{0.1} \times \dfrac{1^2}{2 \times 9.8} = 2.24\text{m}$

정답 09 ① 10 ② 11 ④

12 관마찰계수가 거의 상대조도(Relative Roughness)에만 의존하는 경우는?

① 완전난류유동 ② 완전층류유동
③ 임계유동 ④ 천이유동

해설

층류에서 관마찰계수는 레이놀즈수만의 함수이며, 난류에서 관마찰계수는 레이놀즈수와 상대조도의 함수이다.

13 안지름 0.1m의 물이 흐르는 관로에서 관 벽의 마찰손실수두가 물의 속도수두와 같다면 그 관로의 길이는 약 몇 m인가?(단, 관마찰계수는 0.03이다.)

① 1.58 ② 2.54
③ 3.33 ④ 4.52

해설

$h_l = \dfrac{V^2}{2g}$ 에서

$f\dfrac{l}{d}\dfrac{V^2}{2g} = \dfrac{V^2}{2g}$

$\therefore\ l = \dfrac{d}{f} = \dfrac{0.1}{0.03} = 3.33\text{m}$

14 관 내의 부차적 손실에 관한 설명 중 틀린 것은?

① 부차적 손실에 의한 수두는 손실계수에 속도수두를 곱해서 계산한다.
② 부차적 손실은 배관 요소에서 발생한다.
③ 배관의 크기 변화가 심하면 배관 요소의 부차적 손실이 커진다.
④ 일반적으로 짧은 배관계에서 부차적 손실은 마찰손실에 비해 상대적으로 작다.

해설

부차적 손실

$h_l = K \cdot \dfrac{V^2}{2g}$

여기서, K : 부차적 손실계수

부차적 손실은 돌연 확대 · 축소관, 엘보, 밸브 및 관에 부착된 부품들에 의한 손실로 짧은 배관에서도 고려해야 되는 손실이다.

정답 12 ① 13 ③ 14 ④

09 차원해석과 상사법칙

1 차원해석(Dimensional Analysis)

• 차원의 동일성 : 어떤 물리식에서 좌변의 차원과 우변의 차원은 같다.
→ 기본적인 물리적 의미가 같다.

1. 차원해석 : 동차성의 원리를 이용하여 물리적 관계식의 함수관계를 구하는 절차

① 멱적방법 : 멱수의 곱으로 나타내어 차원 해석하는 방법(Power Product Method)을 의미한다.

② 무차원수 Π를 구하는 방법

$$F=\Pi ma,\ \Pi=F^1[ma]^{-1}$$

예 $F=f(m, r, V)$: 구심력은 m, r, V의 함수라는 것을 알았으며 이때 차원해석을 통해 물리량 간의 함수관계를 알아낸다.

물리량의 모든 차원의 지수 합은 "무차원"이므로 "0"이다.

F : kg · m/s^2 $[MLT^{-2}]^1$

m^α : kg $[M]^\alpha$

r^β : m $[L]^\beta$

V^γ : m/sec $[LT^{-1}]^\gamma$

$$\left.\begin{aligned} M &: 1+\beta+\gamma=0 \\ L &: 1+\alpha=0 \\ T &: -2-\gamma=0 \end{aligned}\right\} \begin{aligned} \alpha&=-1 \\ \beta&=+1 \\ \gamma&=-2 \end{aligned}$$

F^1, m^{-1}, r^1, V^{-2}에서

$\therefore$ 무차원수 $\Pi=F^1m^{-1}r^1V^{-2}=\dfrac{Fr}{mV^2}$

$\rightarrow F=m\cdot\dfrac{V^2}{r}\cdot\Pi \Rightarrow F=ma$ (여기서, a : 구심가속도)

2. 버킹엄(Buckingham)의 Π정리 : 독립 무차원개수(Π)

① $\Pi = n - m$ [여기서, n : 물리량의 총수, m : 기본차원의 총수(물리량에 사용된)]

② 차원이 있는 변수들로 표시되는 함수와 무차원 변수로 표시되는 함수 사이의 연관성에 관한 이론이다.
⇒ 중요한 독립 무차원변수의 개수를 빠르고 쉽게 찾을 수 있도록 해준다.

예 제

어느 장치에서의 유량 Q[m³/s]는 지름 D[cm], 높이 H[m], 중력가속도 g[m/s²], 동점성계수 ν[m²/s]와 관계가 있다. 차원해석(파이정리)을 하여 무차원수 사이의 관계식으로 나타내고자 할 때 최소로 필요한 무차원수는 몇 개인가?

해설 • 물리량 총수 5개 : 유량, 지름, 높이, 중력가속도, 동점성계수
• 각 물리량 차원

유량	:	$[L^3T^{-1}]$
지름	:	$[L]$
높이	:	$[L]$
중력가속도	:	$[LT^{-2}]$
동점성계수	:	$[L^2T^{-1}]$

→ 사용된 기본차원은 L, T ⇒ 2개
∴ 독립 무차원수 $\Pi = 5 - 2 = 3$

예 제

다음 Δp, l, Q, ρ 변수들을 이용하여 만들 수 있는 독립 무차원수는?(단, Δp : 압력 차, l : 길이, Q : 유량, ρ : 밀도)

해설 • 물리량 총수 4개 : 압력 차, 길이, 유량, 밀도
• 각 물리량 차원

압력차	:	$\Delta p = \text{N/m}^2 = [FL^{-2}] = [MLT^{-2}L^{-2}] = [ML^{-1}T^{-2}]$
길이	:	$l = \text{m} = [L]$
유량	:	$Q = \text{m}^3/\text{s} = [L^3T^{-1}]$
밀도	:	$\rho = \text{kg/m}^3 = [ML^{-3}]$

→ 사용된 기본차원은 M, L, T ⇒ 3개
∴ 독립 무차원수 $\Pi = 4 - 3 = 1$

참고

여기서 무차원수 Π를 구해보면

$\Pi=\Delta p^x l^y \rho^z Q=[ML^{-1}T^{-2}]^x[L]^y[ML^{-3}]^z[L^3T^{-1}]$

$M: x+z=0,\ L: -x+y-3z+3=0,\ T=-2x-1=0$ (← 각 차원의 지수 합=0)

$\therefore x=-\dfrac{1}{2}$

$-\dfrac{1}{2}+z=0 \quad \therefore z=\dfrac{1}{2}$

$-\left(-\dfrac{1}{2}\right)+y-3\left(\dfrac{1}{2}\right)+3=0 \quad \therefore y=-2$

$\Pi=\Delta p^{-\frac{1}{2}}\cdot l^{-2}\cdot \rho^{\frac{1}{2}}Q=\dfrac{\sqrt{\rho}\cdot Q}{\sqrt{\Delta p}\cdot l^2}=\dfrac{Q}{l^2}\sqrt{\dfrac{\rho}{\Delta p}}$

2 유체역학에서 중요한 무차원군

1. 유체의 힘

유체가 유동 중에 접하게 되는 힘들은 관성, 점성, 압력, 중력, 표면장력, 압축성에 의한 힘들을 포함한다.

① 관성력 : $F=ma\left(\because m=\rho V=\rho L^3,\ a=\dfrac{V}{t}\right)$

$\rightarrow \rho\cdot l^3\dfrac{V}{t}\rightarrow \rho l^2\cdot\dfrac{l}{t}V\rightarrow \rho l^2\cdot V^2\rightarrow \rho\cdot L^2V^2$

② 압력력 : $F_p=p\cdot A\rightarrow pl^2\rightarrow pL^2$

③ 중력 : $F_g=m\cdot g\rightarrow \rho\cdot l^3\cdot g\rightarrow \rho\cdot gL^3$

④ 점성력 : $F_v=\tau\cdot A\rightarrow \mu\cdot\dfrac{du}{dy}A\rightarrow \mu\cdot\dfrac{V}{L}L^2\rightarrow \mu\cdot VL$

⑤ 표면장력 : $F_{ST}=\sigma\cdot l=\sigma\cdot L$ [여기서, σ : 표면장력(선분포 N/m)]

⑥ 탄성력 : $F_e=K\cdot A=KL^2$ [여기서, K : 체적탄성계수(N/m^2)]

2. 레이놀즈 : 원관 내의 비압축성 유동, 층류 및 난류구역 사이의 천이를 연구

① 유동구역을 결정하는 판정기준

레이놀즈수 : $Re=\dfrac{\rho\cdot V\cdot d}{\mu}\rightarrow\dfrac{\rho\cdot V\cdot L}{\mu}=\dfrac{V\cdot L}{\nu}$ (여기서 분모, 분자에 VL을 곱하면)

$\rightarrow\dfrac{\rho\cdot V^2L^2}{\mu\cdot VL}$ → 관성력 / → 점성력

여기서, L : 유동장의 기하학적 크기를 기술하는 특성길이

② 점성력에 대한 관성력의 비이다.

③ 관성력이 점성력에 비하여 큰 유동 → 난류 특성 > 4,000

④ 관성력이 점성력에 비하여 작은 유동 → 층류 특성 < 2,100

3. 오일러 : 압력의 역할을 최초로 연구

오일러 방정식은 압력을 알려 주고 있으며 공기역학(공동현상)이나 다른 모형실험에서는 압력에 관한 자료(ΔP)로 오일러수를 쓴다.

$$\text{오일러수} : Eu = \frac{\Delta P}{\frac{1}{2}\rho V^2} \leftarrow \frac{\Delta P L^2 \rightarrow \text{압력력}}{\frac{1}{2}\rho L^2 V^2 \rightarrow \text{관성력}} \quad (\because \text{ 분모 · 분자에 } L^2\text{을 곱함})$$

참고

공동현상에 관한 연구

압력차 $\Delta P = P - P_v$ (시험온도에서 증기압)

캐비테이션 계수(Cavitation Number) : C_a

$$C_a = \frac{P - P_v}{\frac{1}{2}\rho V^2}$$

4. 프루드 : 자유표면(개수로 유동)의 영향을 받는 유동에 대한 연구

$$\text{프루드수} : Fr = \frac{V \rightarrow \text{유체속도(관성력)}}{\sqrt{Lg} \rightarrow \text{기본파의 속도(중력)}}$$

→ 양변을 제곱하면 $Fr = \frac{V^2}{Lg} = \frac{\rho V^2 L^2 \rightarrow \text{관성력}}{\rho \cdot gL^3 \rightarrow \text{중력}}$ ($\because$ 분모 · 분자에 ρL^2을 곱함)

- L(특성길이) : 개수로 유동인 경우에 그 특성길이
  $Fr > 1$ 초임계 유동, $Fr < 1$ 아임계 유동

5. 웨버수

$$We = \frac{\rho V^2 \cdot L}{\sigma} \rightarrow \frac{\rho \cdot V^2 \cdot L^2 \rightarrow \text{관성력}}{\sigma \cdot L \rightarrow \text{표면장력}} \quad \text{(표면장력 작용, 모세관)}$$

6. 마하수

유체유동에서 압축성 효과(Compressibility Effect)의 특징을 기술하는 데 가장 중요한 변수라는 것이 여러 해석과 실험들로 증명되었다.

$$\text{마하수} : Ma^2 = \frac{V}{C} = \frac{V}{\sqrt{\frac{dp}{d\rho}}} = \frac{V}{\sqrt{\frac{K}{\rho}}} \text{ 또는 } Ma^2 = \frac{\rho V^2 L^2 \rightarrow \text{관성력}}{KL^2 \rightarrow \text{탄성력}}$$

7. 코시수

$$Ca = \frac{\rho V^2}{K} \rightarrow \frac{\rho V^2 L^2 \rightarrow \text{관성력}}{KL^2 \rightarrow \text{탄성력}}$$

3 상사법칙(시뮬레이션)

- 모형시험이 유용하려면 물체의 원형(실물)에 존재하는 힘의 모멘트 및 동적하중 등을 얻을 수 있는 비율로 시험자료를 제공해야 한다.
- 모형과 원형(실물)에서 유동의 상사성을 보증하려면 모형과 실형 사이에 아래 1~3의 법칙을 만족해야 한다.

1. 기하학적 상사(Geometric Similarity)

모형과 원형이 동일한 형상을 가지고 대응변의 비율이 같아야 한다.

2. 운동학적 상사(Kinematically Similarity)

모형과 원형의 두 유동은 대응하는 점들에서의 속도들이 동일한 방향이어야 하고 그 크기가 일정한 축척계수를 가져야 한다.

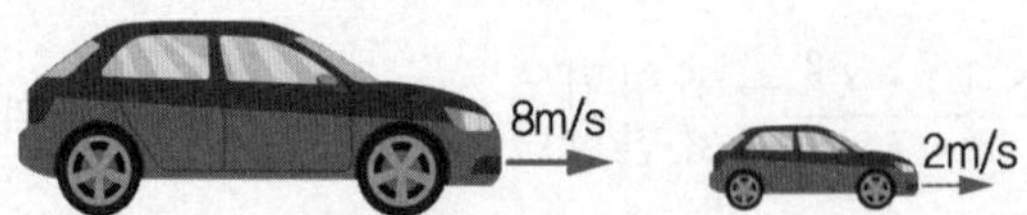

3. 역학적 상사(Dynamic Similarity)

모형과 원형의 대응점의 힘들이 서로 평행하고 그 크기가 일정한 축척계수를 가져야 한다(모형과 실물의 힘의 비가 일정).

$$\text{상사비} : \lambda = \frac{L_m}{L_p}\frac{(\text{모형})}{[\text{실물(원형)}]} = \frac{(\text{model})}{(\text{prototype})}$$

예 제

덕트의 상사비가 $\frac{1}{25}$ 이고 모형의 높이가 5cm일 때 실형의 높이는 몇 cm인가?

해설 $\lambda = \frac{1}{25} = \frac{L_m}{L_p} = \frac{5}{x}$

$\therefore\ x = 125\text{cm}$

참고

- 관유동, 잠수함유동에서 역학적 상사 → 모형과 실형 사이에 레이놀즈수가 동일해야 한다.
- 개수로(자유표면)유동, 선박실험, 수력도약, 조파저항실험, 수차실험 등에서 역학적 상사 → 모형과 실형의 프루드수가 동일해야 한다.

예 제

01 전 길이가 150m인 배가 8m/s의 속도로 진행할 때의 모형으로 실험할 때 속도는 얼마인가?(단, 모형 전 길이는 3m이다.)

해설 자유표면에서 배가 유동 → $Fr = \frac{V}{\sqrt{Lg}}$ 가 동일(모형과 실물)

$\left(\frac{V}{\sqrt{Lg}}\right)_m = \left(\frac{V}{\sqrt{Lg}}\right)_p$, $g_m = g_p$이므로 $\left(\frac{V_m}{\sqrt{L_m}}\right) = \left(\frac{V_p}{\sqrt{L_p}}\right)$

$\therefore\ V_m = \sqrt{\frac{L_m}{L_p}} \cdot V_p \left[\lambda = \frac{L_m}{L_p} = \frac{3}{150} = \frac{1}{50},\ L : \text{특성길이(여기에서는 배의 길이)}\right]$

$= \sqrt{\frac{1}{50}} \times 8 = 1.131\text{m/s}$

02 지름이 5cm인 모형관에서 물의 속도가 매초 9.6m/s이면 실물의 지름이 30cm 관에서 역학적 상사를 이루기 위해서는 물의 속도가 몇 m/s이어야 되겠는가? 또한 30cm 관에서 압력강하가 2N/m²이면 모형관의 압력강하는 몇 N/m²인가?

해설 • 원관 속의 유동, 밀폐된 공간 내의 경우 역학적 상사 → 레이놀즈수가 서로 같아야 한다.

$$Re = \frac{\rho \cdot Vd}{\mu} = \frac{V \cdot d}{\nu}$$

$$\left(\frac{V \cdot d}{\nu}\right)_m = \left(\frac{V \cdot d}{\nu}\right)_p,\ \nu_m = \nu_p \text{이므로 } V_m \cdot d_m = V_p \cdot d_p$$

$$\therefore\ V_p = \left(\frac{d_m}{d_p}\right) \cdot V_m = \frac{5}{30} \times 9.6 = 1.6\text{m/sec}$$

• 압력에 관한 상사는 $Eu = \dfrac{\Delta p}{\frac{1}{2}\rho V^2}$ 오일러수

$$\left(\frac{\Delta p}{\frac{1}{2}\rho V^2}\right)_m = \left(\frac{\Delta p}{\frac{1}{2}\rho V^2}\right)_p,\ \rho_m = \rho_p \text{이므로}$$

$$\Delta p_m = \left(\frac{{V_m}^2}{{V_p}^2}\right) \times \Delta p_p = \left(\frac{9.6}{1.6}\right)^2 \times 2 = 72\text{N/m}^2$$

03 관의 직경이 실형 15cm이고 유체의 동점성계수 $\nu = 1.25 \times 10^{-5}\text{m}^2/\text{s}$로 유동할 때 모형의 직경을 3cm로 할 경우 모형 내의 유체속도를 얼마로 하면 역학적 상사를 만족하는가?(단, 실형 원관 내에서 속도는 1.2m/s이다.)

해설 관유동 $(Re)_m = (Re)_p$

$$\left(\frac{V \cdot d}{\nu}\right)_m = \left(\frac{V \cdot d}{\nu}\right)_p,\ \begin{pmatrix}\nu_m = \nu_p \\ \mu_m = \mu_p\end{pmatrix},\ V_m d_m = V_p \cdot d_p$$

$$\therefore\ V_m = \frac{V_p d_p}{d_m} = 1.2 \times \frac{15}{3} = 6\text{m/s}$$

핵심 기출 문제

01 역학적 상사성(相似性)이 성립하기 위해 프루드(Froude)수를 같게 해야 되는 흐름은?

① 점성계수가 큰 유체의 흐름
② 표면 장력이 문제가 되는 흐름
③ 자유표면을 가지는 유체의 흐름
④ 압축성을 고려해야 되는 유체의 흐름

해설

프루드수

$Fr = \dfrac{V}{\sqrt{Lg}}$로 자유표면을 갖는 유동의 중요한 무차원수

02 다음 ΔP, L, Q, ρ 변수들을 이용하여 만든 무차원수로 옳은 것은?(단, ΔP : 압력 차, ρ : 밀도, L : 길이, Q : 유량)

① $\dfrac{\rho \cdot Q}{\Delta P \cdot L^2}$　② $\dfrac{\rho \cdot L}{\Delta P \cdot Q^2}$

③ $\dfrac{\Delta P \cdot L \cdot Q}{\rho}$　④ $\dfrac{Q}{L^2}\sqrt{\dfrac{\rho}{\Delta P}}$

해설

모든 차원의 지수들의 합은 "0"이다.

$Q : \mathrm{m^3/s} \rightarrow L^3T^{-1}$

$(\Delta P)^x : \mathrm{N/m^2} \rightarrow \mathrm{kg \cdot m/s^2/m^2} \rightarrow \mathrm{kg/m \cdot s^2}$

$\rightarrow (ML^{-1}T^{-2})^x$

$(\rho)^y : \mathrm{kg/m^3} \rightarrow (ML^{-3})^y$

$(L)^z : \mathrm{m} \rightarrow (L)^z$

M차원 : $x+y=0$(4개의 물리량에서 M에 관한 지수들의 합은 "0"이다.)

L차원 : $3-x-3y+z=0$

T차원 : $-1-2x=0 \rightarrow x=-\dfrac{1}{2}$

M차원의 $x+y=0$에서 $y=\dfrac{1}{2}$

L차원에 x, y값 대입 $3+\dfrac{1}{2}-\dfrac{3}{2}+z=0 \rightarrow z=-2$

무차원수 $\pi = Q^1(\Delta P)^{-\frac{1}{2}} \cdot \rho^{\frac{1}{2}} \cdot L^{-2}$

$= \dfrac{Q\sqrt{\rho}}{\sqrt{\Delta P} \cdot L^2} = \dfrac{Q}{L^2}\sqrt{\dfrac{\rho}{\Delta P}}$

03 1/10 크기의 모형 잠수함을 해수에서 실험한다. 실제 잠수함을 2m/s로 운전하려면 모형 잠수함은 약 몇 m/s의 속도로 실험하여야 하는가?

① 20　② 5
③ 0.2　④ 0.5

해설

Model(m) : 모형, Prototype(p) : 실형(원형)

잠수함 유동의 중요한 무차원수는 레이놀즈수이므로 모형과 실형의 레이놀즈수를 같게 하여 실험한다.

$Re)_m = Re)_p$

$\left.\dfrac{\rho Vd}{\mu}\right)_m = \left.\dfrac{\rho Vd}{\mu}\right)_p$

$\mu_m = \mu_p$, $\rho_m = \rho_p$이므로

$V_m d_m = V_p d_p$

$\therefore\ V_m = \dfrac{d_p}{d_m}V_p = 10 \times 2 = 20\mathrm{m/s}$

정답　01 ③　02 ④　03 ①

04 어느 물리법칙이 $F(a,\ V,\ \nu,\ L) = 0$과 같은 식으로 주어졌다. 이 식을 무차원수의 함수로 표시하고자 할 때 이에 관계되는 무차원수는 몇 개인가?(단, a, V, ν, L은 각각 가속도, 속도, 동점성계수, 길이이다.)

① 4　　② 3
③ 2　　④ 1

해설

버킹엄의 Π정리에 의해 독립 무차원수 $\Pi = n - m$
여기서, n : 물리량 총수
m : 사용된 차원수
a : 가속도 m/s² $[LT^{-2}]$
V : 속도 m/s $[LT^{-1}]$
ν : 동점성계수 m²/s $[L^2T^{-1}]$
L : 길이 m $[L]$
$\Pi = n - m = 4 - 2$ (L과 T 차원 2개)
$= 2$

05 다음 무차원수 중 역학적 상사(Inertia Force) 개념이 포함되어 있지 않은 것은?

① Froude Number
② Reynolds Number
③ Mach Number
④ Fourier Number

해설

푸리에수는 일시적인 열전도를 특징짓는 무차원수이다.

06 다음 중 체적탄성계수와 차원이 같은 것은?

① 체적　　② 힘
③ 압력　　④ 레이놀즈(Reynolds)수

해설

$\sigma = K \cdot \varepsilon_V$에서 체적변형률 ε_V는 무차원이므로 체적탄성계수 K는 응력(압력) 차원과 같다.

07 높이 1.5m의 자동차가 108km/h의 속도로 주행할 때의 공기흐름 상태를 높이 1m의 모형을 사용해서 풍동 실험하여 알아보고자 한다. 여기서 상사법칙을 만족시키기 위한 풍동의 공기 속도는 약 몇 m/s인가?(단, 그 외 조건은 동일하다고 가정한다.)

① 20　　② 30
③ 45　　④ 67

해설

$Re)_m = Re)_p$

$$\left(\frac{\rho V d}{\mu}\right)_m = \left(\frac{\rho V d}{\mu}\right)_p$$

$\rho_m = \rho_p$, $\mu_m = \mu_p$이므로

$V_m d_m = V_p d_p$

$$V_m = V_p \cdot \frac{d_p}{d_m}$$

$$\left[\text{여기서, } \frac{d_p}{d_m} = \frac{1}{\frac{d_m}{d_p}} = \frac{1}{\lambda}\ (\text{상사비} : \lambda)\right]$$

$$= 108 \times \frac{1.5}{1} = 162\text{km/h}$$

$$\frac{162\text{km} \times \frac{1{,}000\text{m}}{1\text{km}}}{\text{h} \times \frac{3{,}600\text{s}}{1\text{h}}} = 45\text{m/s}$$

정답　04 ③　05 ④　06 ③　07 ③

10 개수로 유동

1 개수로 흐름

1. 개수로(Open channel)

① 자연상태에서 많은 유동은 자유표면을 가진 상태로 발생한다. 강유동, 수로, 관개수로, 배수로 유동 등이 개수로 유동이다.

② 개수로 유동에서의 교란의 전파율은 프루드수의 함수이다.

③ 개수로 유동을 일으키는 힘은 중력(기본파의 속도)이다.

④ 유동은 물리적으로 큰 척도를 갖게 되므로 레이놀즈수도 일반적으로 크다. → 결과적으로 개수로 유동이 층류인 경우는 거의 없다(개수로 유동은 언제나 난류이다).

⑤ 자유표면에서의 압력은 대기압으로 일정하여 개수로의 수력구배선은 유체의 자유표면(수면)과 일치한다.

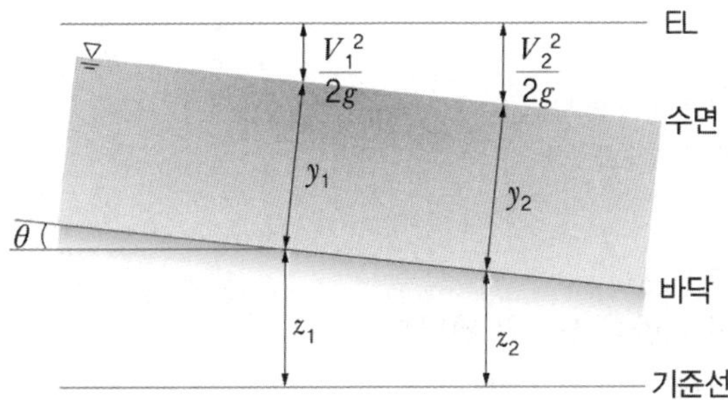

⑥ 정상유동, 비정상유동 각 단면에서 균일유동, 압력분포는 정수력학적 분포(깊이가 점진적으로)가 변하므로 바닥 기울기는 작다.

$$\theta \simeq \sin\theta \simeq \tan\theta = \text{S[기울기(라디안)]}$$

2. 층류와 난류

개수로에서 $Re = \dfrac{\rho V \cdot R_h}{\mu} = \dfrac{V \cdot R_h}{\nu}$, 층류 : $Re < 500$, 난류 : $Re > 500$

개수로 흐름은 비원형단면 $\left(R_h = \dfrac{A \rightarrow \text{유동단면}}{P \rightarrow \text{접수길이}} \right)$

- 접수길이 : 액체와 접하고 있는 고체수로면(젖은 길이)의 길이이다(P : Wetted Perimeter).

3. 정상유동과 비정상유동

① 정상유동 : $\dfrac{\partial F}{\partial t} = 0$

② 비정상유동 : $\dfrac{\partial F}{\partial t} \neq 0$

4. 등류와 비등류

① 등류(Uniform Flow) : $\dfrac{\partial V}{\partial s} = 0$(균속 유동), $V = c$

② 비등류(Nonuniform Flow) : $\dfrac{\partial V}{\partial s} \neq 0$(비균속 유동), $V \neq c$

5. 상류와 사류

(1) 상류

$$Fr = \frac{V}{\sqrt{Lg}} \begin{array}{l} \leftarrow \text{유체의속도(유동속도)} \\ \leftarrow \text{기본파의 속도} \end{array}$$

① 상류(아임계 유동) $Fr < 1$

② 아임계 유동 : 하류의 교란이 상류로 전달된다.

③ 하류조건이 유동상류에 영향을 미친다.

④ 유체의 속도가 기본파의 속도보다 느린 유동(느린 강유동)

⑤ y_c(임계깊이)보다 깊은 유동 $y > y_c$

(2) 사류

① 사류(초임계 유동) $Fr > 1$

② 하류교란이 상류로 전달 불가능

③ 하류조건이 유동상류에 영향을 미치지 못한다.

④ 유체 유동속도가 기본파의 진행속도보다 빠른 유동이다.

⑤ y_c(임계깊이)보다 얕은 유동이며 빨리 흐른다. $y < y_c$(임계깊이)

(3) 한계류(임계유동 : Critical Flow)

$Fr = 1$

2 비에너지와 임계깊이

개수로 유동 에너지 방정식에서

$$\frac{{V_1}^2}{2g}+y_1+z_1=\frac{{V_2}^2}{2g}+y_2+z_2$$

1. 비에너지

$$E=\frac{V^2}{2g}+y \quad \cdots\cdots\cdots\cdots \text{ⓐ}$$

수로 바닥면에서 에너지선(EL)까지의 높이를 비에너지라 하며 수로의 바닥면을 기준으로 한 단위 무게당 에너지이다.

유동깊이 y는 수로 바닥에서 수직 방향으로 측정된 깊이이다.

균일유동의 연속방정식 $Q=A\cdot V\rightarrow V=\frac{Q}{A}$ ⋯⋯⋯⋯ ⓑ

ⓑ식을 ⓐ식에 대입

$$E=\frac{Q^2}{2gA^2}+y \quad \cdots\cdots\cdots\cdots \text{ⓒ}$$

주어진 유량에 대한 비에너지는 깊이의 함수이다.

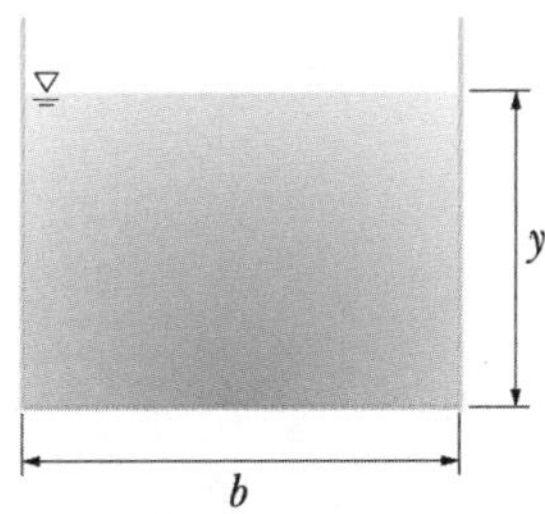

$A=b\cdot y$(사각형 수로)

$Q=b\cdot y\cdot V$

$\frac{Q}{b}=y\cdot V$

$q=y\cdot V$(단위폭당 유량)

2. 임계깊이 : 주어진 유량에 대하여 E(비에너지)를 최소로 할 때의 유체의 깊이이다.

비에너지 ⓒ식에 $A=b\cdot y$ 대입

$$E=\frac{Q^2}{2gb^2y^2}+y \quad \cdots\cdots\cdots\cdots \text{ⓓ}$$

$\frac{dE}{dy}$ 기울기가 0일 때 비에너지 최솟값

→ 그때의 깊이 y_c(임계깊이)

그래프에서 $\frac{dE}{dy}=-\frac{Q^2}{gb^2y^3}+1=0$

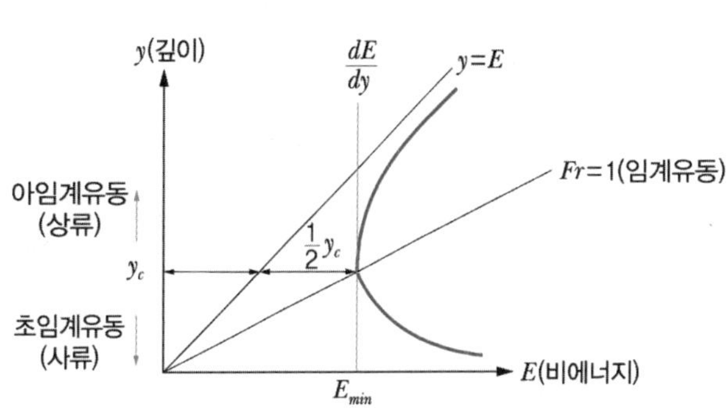

$\therefore \dfrac{Q^2}{gb^2} = y_c^3$ ········ ⓔ

여기서 $\dfrac{Q}{b} = q$라 하면 $\dfrac{q^2}{g} = y_c^3 \quad \therefore y_c = \sqrt[3]{\dfrac{q^2}{g}}$ ········ ⓕ

ⓔ식을 ⓓ식에 대입하여 비에너지의 최솟값을 구하면

$E_{min} = \dfrac{1}{2}y_c + y_c = \dfrac{3}{2}y_c$(여기서, y_c : 임계깊이)

$q = \dfrac{Q}{b} = \dfrac{A \cdot V}{b} = \dfrac{b \cdot y \cdot V}{b} \Rightarrow q = y_c V_c \rightarrow$ ⓕ식에 대입

$y_c = \sqrt[3]{\dfrac{{y_c}^2 {V_c}^2}{g}} \Rightarrow {y_c}^3 = \dfrac{{y_c}^2 \cdot {V_c}^2}{g}$

$\therefore V_c = \sqrt{g y_c}$ (임계속도 : 임계깊이에서의 속도)

예 제

단위폭당 유량이 $2m^3$/sec일 때 임계깊이 y_c는 몇 m인가?

해설 $q^2 = g{y_c}^3 \Rightarrow y_c = \sqrt[3]{\dfrac{q^2}{g}} = \sqrt[3]{\dfrac{2^2}{9.8}} = 0.74m$

❸ 등류 – 체지방정식

개수로의 단면과 기울기가 일정하여 등류(등속도)로 흐른다.

1. 개수로에서 유체의 전단응력

균속도 $V = C,\ V_1 = V_2$

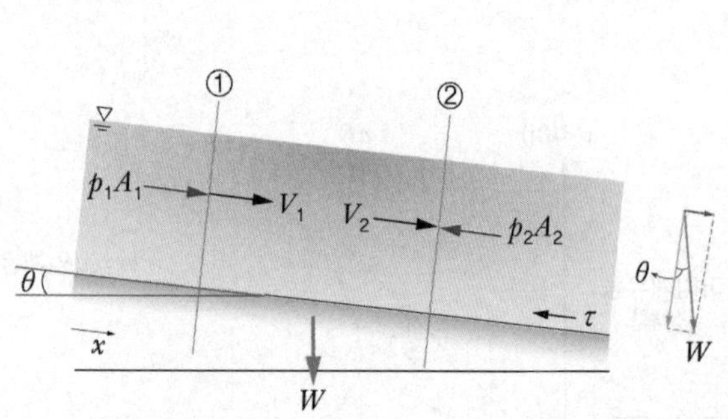

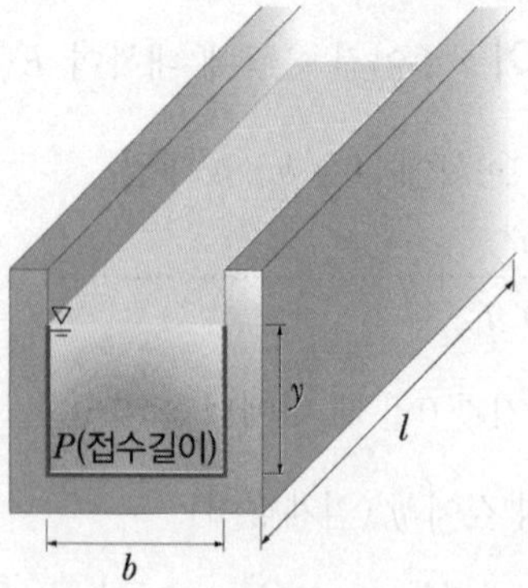

$\sum F_x = \rho Q(V_{2x} - V_{1x})$ (여기서, $V_{2x} = V_{1x}$이므로 $\sum F_x = 0$)

$\sum F_x = p_1A - p_2A - \tau_0 \cdot P \cdot l + W\sin\theta = 0$ (가정 : $p_1 \approx p_2 \approx p_0$, P : 접수길이)

$\therefore \tau_0 = \dfrac{W \cdot \sin\theta}{P \cdot l}$ ← 여기서, $W = \gamma \cdot V = \gamma \cdot A \cdot l$ 대입

$= \dfrac{\gamma \cdot Al\sin\theta}{P \cdot l} = \dfrac{A}{P}\gamma\sin\theta = R_h \cdot \gamma\sin\theta$ [$\sin\theta \approx \theta \approx S$(라디안), R_h : 수력반경]

$\therefore \tau_0 = \gamma \cdot R_h \cdot S$ .... ⓐ (벽면에서 유체의 전단응력 τ_0)

2. 개수로의 유체 유동 속도

$$\tau = \frac{D}{A} = \frac{C_f \cdot \rho \cdot A \cdot \dfrac{V^2}{2}}{A} \begin{array}{l} \rightarrow \text{마찰항력} \\ \rightarrow \text{유동단면} \end{array}$$

$= C_f\rho\dfrac{V^2}{2}$ → ⓐ와 같음

$$\tau_0 = C_f \cdot \frac{\rho V^2}{2} = \gamma \cdot R_h \cdot S$$

$V^2 = \dfrac{2 \cdot \gamma \cdot R_h \cdot S}{C_f \cdot \rho} \rightarrow V = \sqrt{\dfrac{2\gamma \cdot R_h \cdot S}{C_f \cdot \rho}}$ (여기서, $C = \sqrt{\dfrac{2g}{C_f}}$ → 체지계수)

$= C\sqrt{R_h \cdot S} = CR_h^{\frac{1}{2}}S^{\frac{1}{2}}$

(여기서, $C = \dfrac{1}{n}R_h^{\frac{1}{6}}$: 만닝의 실험식,

n : 조도계수(수로벽면 재료의 거칠기))

$= \dfrac{R_h^{\frac{1}{6}}}{n}R_h^{\frac{1}{2}}S^{\frac{1}{2}}$

$= \dfrac{1}{n}R_h^{\frac{2}{3}} \cdot S^{\frac{1}{2}}$ .... ⓑ

개수로 유량 : $Q = A \cdot V = A\dfrac{1}{n} \cdot R_h^{\frac{2}{3}} \cdot S^{\frac{1}{2}}$ → 체지만닝식(Chezy−Manning)

4 최량수력단면(최대효율단면)

개수로에서 주어진 벽면 조건에 대하여 유량(Q)을 최대로 보내기 위한 단면의 형태

→ 최소의 접수길이를 갖는 단면(최량수력단면)

Chezy－Manning 식에서

$Q = \frac{1}{n} A R_h^{\frac{2}{3}} S^{\frac{1}{2}}$ (여기서, Q, n, S가 일정하면)

$R_h^{\frac{2}{3}} = \frac{C}{A}$(단, $C = nQ/S^{\frac{1}{2}}$) → 수력반경에 대해 정리

$\left(\frac{A}{P}\right)^{\frac{2}{3}} = \frac{C}{A} \rightarrow A^{\frac{5}{3}} = CP^{\frac{2}{3}} \quad \therefore A = CP^{\frac{2}{5}}$ ························ ⓐ

1. 사각형 단면(구형 단면)

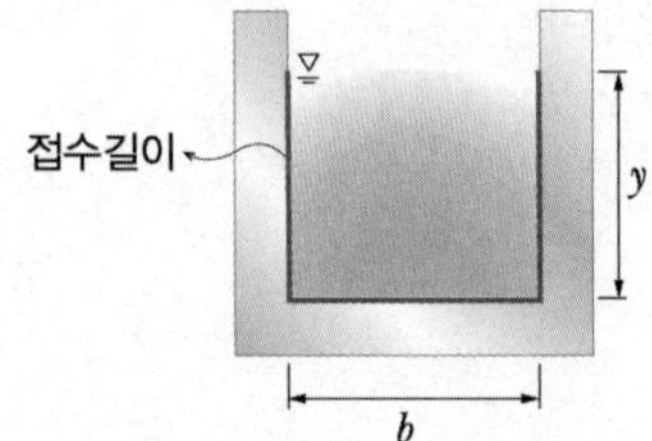

$A = b \cdot y$ ························ ⓑ

$P = 2y + b \rightarrow b = P - 2y$ ························ ⓒ

ⓒ식을 ⓑ식에 대입 $A = (P - 2y)y \quad \therefore A = Py - 2y^2$ ························ ⓓ

ⓓ식을 ⓐ식에 대입

$Py - 2y^2 = CP^{\frac{2}{5}}$ ························ ⓔ

최량수력단면은 접수길이 P가 최소이므로 ⓔ식을 미분하여

$1 \cdot \frac{dP}{dt} \cdot y + P \cdot 1 - 4y = \frac{2}{5} CP^{\frac{2}{5} - \frac{5}{5}} \frac{dP}{dy}$ $\left(\text{여기서, } \frac{dP}{dy} = 0\right)$

$\therefore P = 4y \rightarrow$ ⓒ식에 대입 $\therefore b = 2y$

사각 단면에서 유동 폭을 깊이의 2배로 하면 최대유량을 흘려보낼 수 있다.

2. 사다리꼴 단면

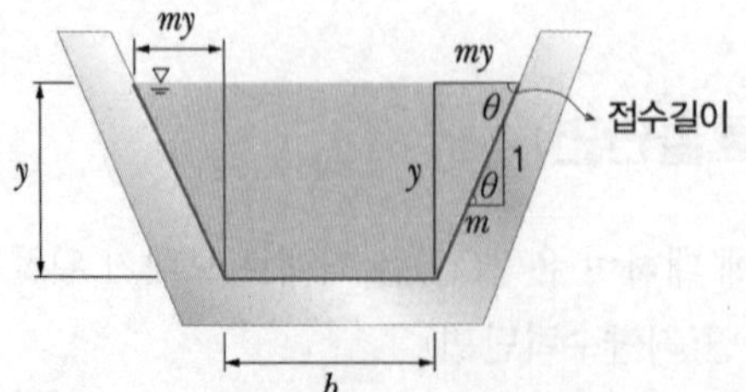

$\tan\theta = \frac{1}{m} = \frac{y}{my}$

사다리꼴 단면의 접수길이 P는

$P = b + 2\sqrt{m^2y^2 + y^2} = b + 2y\sqrt{1+m^2}$

$\rightarrow b = P - 2y\sqrt{1+m^2}$ ························ ⓐ

사다리꼴 면적 : $A = \dfrac{b + (b + 2my)}{2} \times y = by + my^2$ ························ ⓑ

ⓐ식을 ⓑ식에 대입 $A = Py - 2y^2\sqrt{1+m^2} + my^2$ ························ ⓒ

앞에 체지만닝식에서 $A = CP^{\frac{2}{5}}$

$Py - 2y^2\sqrt{1+m^2} + my^2 = CP^{\frac{2}{5}}$

$1 \cdot \dfrac{dP}{dy} \cdot y + P \cdot 1 - 4y\sqrt{1+m^2} + 2my = \dfrac{2}{5}CP^{\frac{2}{5}-\frac{5}{5}} \cdot \dfrac{dP}{dy}$ (여기서, $\dfrac{dP}{dy} = 0$)

$\therefore\ P = 4y\sqrt{1+m^2} - 2my$ ························ ⓓ

ⓓ식의 양변을 m에 관하여 미분(y는 상수로 본다.)

$\dfrac{dP}{dm} = 0$, 깊이는 정해져 있고 m에 따라 양면기울기가 달라진다.

$\{f(x)\}^n$ 미분 $\rightarrow n\{f(x)\}^{n-1}f'(x)$

$\dfrac{dP}{dm} = 4y \cdot \dfrac{1}{2\sqrt{1+m^2}} 2 \cdot m - 2y$

$\dfrac{4ym}{\sqrt{1+m^2}} = 2y$

$\therefore\ \dfrac{2m}{\sqrt{1+m^2}} = 1$

$\sqrt{m^2+1} = 2m,\ m^2 + 1 = 4m^2,\ m^2 = \dfrac{1}{3}$

$\therefore\ m = \dfrac{1}{\sqrt{3}}$

ⓓ식에 $m = \dfrac{1}{\sqrt{3}}$을 대입하면

$P = 4y\sqrt{1+\dfrac{1}{3}} - 2 \cdot \dfrac{1}{\sqrt{3}} \cdot y = \dfrac{8}{\sqrt{3}}y - \dfrac{2}{\sqrt{3}}y = 2\sqrt{3}\,y$

$\therefore\ P = 2\sqrt{3}\,y$

ⓐ식에 P와 m을 대입하면

$b = P - 2y\sqrt{1+m^2} = 2\sqrt{3}\,y - 2y\sqrt{1+\dfrac{1}{3}}$

$\therefore\ b = \dfrac{2}{3}\sqrt{3}\,y$

또한 단면적 $A = by + my^2 = \frac{2}{3}\sqrt{3}\,y^2 + \frac{1}{\sqrt{3}}y^2 = \sqrt{3}\,y^2$

$\therefore A = \sqrt{3}\,y^2$

$\tan\theta = \frac{1}{m} = \sqrt{3} \rightarrow \theta = 60°$($\theta$가 60°일 때 → 최량수력단면)

5 수력도약(Hydraulic Jump)

개수로에서 유체 흐름이 빠른 유동에서 느린 유동(운동에너지 → 위치에너지)으로 바뀌면서 수면이 상승하는 현상(개수로의 경사가 급경사에서 완만한 경사로 바뀔 때, 사류에서 상류로 변할 때 일어남)이다.

1. 수력도약 후의 깊이

개수로의 폭 $b = 1$로 본다.

$A_1 = 1 \times y_1,\ A_2 = 1 \times y_2$

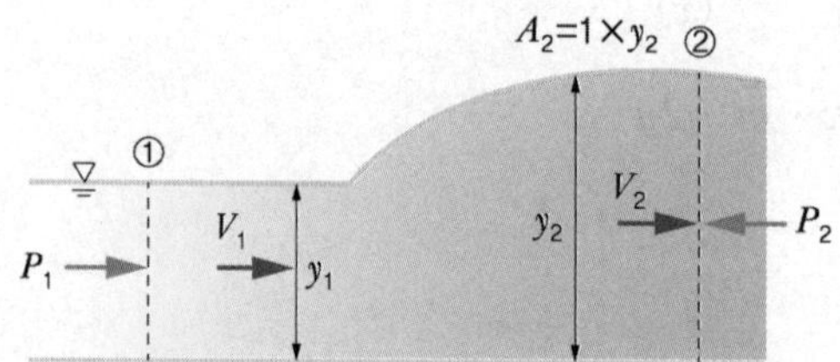

① $F_1 = \gamma \cdot \overline{h} \cdot A = \gamma \cdot \frac{y_1}{2}(y_1 \times 1) = \gamma \cdot \frac{{y_1}^2}{2} = p_1 A_1$

$F_2 = \gamma \cdot \overline{h} \cdot A = \gamma \cdot \frac{y_2}{2}(y_2 \times 1) = \gamma \cdot \frac{{y_2}^2}{2} = p_2 A_2$

② 연속방정식 : $A_1 V_1 = A_2 V_2 \rightarrow y_1 V_1 = y_2 V_2$

③ 운동량 방정식 : $\Sigma F_x = \rho A_2 V_2 V_2 - \rho A_1 V_1 V_1$

④ $F_1 - F_2 = \rho A_2 {V_2}^2 - \rho A_1 {V_1}^2$

$\frac{\gamma}{2}\left({y_1}^2 - {y_2}^2\right) = \rho y_2 {V_2}^2 - \rho y_1 {V_1}^2$ ($\because A_2 = y_2 \times 1,\ A_1 = y_1 \times 1$)

y_2에 대해 정리하면

수력도약의 깊이 $y_2 = \frac{y_1}{2}\left(-1 + \sqrt{1 + \frac{8{V_1}^2}{\mathrm{g}y_1}}\right)$

여기서, 수력도약 조건

$\frac{{V_1}^2}{\mathrm{g}\,y_1} = 1$이면 $y_1 = y_2$: 미도약

$\frac{{V_1}^2}{g y_1} > 1$이면 $y_1 > y_2$: 수력도약

$\frac{{V_1}^2}{g y_1} < 1$이면 $y_1 > y_2$: 불능

2. 수력도약 후의 손실수두(h_l)

개수로 유동에 대한 에너지 방정식을 적용하며 수력도약은 경사진 수로에 발생하지만 해석의 단순화를 위해 수로바닥을 수평으로 해석($z_1 = z_2$)한다.

$\frac{{V_1}^2}{2g} + y_1 + z_1 = \frac{{V_2}^2}{2g} + y_2 + z_2 + h_l$ (연속방정식, 운동량 방정식 적용)

손실수두 : $h_l = \frac{(y_2 - y_1)^3}{4y_1 y_2}$

핵심 기출 문제

01 개수로 유동에서 비에너지(E)를 나타내는 식으로 옳은 것은?

① $E=\frac{V^2}{2g}+z$ ② $E=\frac{V^2}{2g}+y$

③ $E=\frac{V^2}{2g}+y+z$ ④ $E=y+z$

해설

비에너지는 수로 바닥으로부터 에너지선까지의 높이를 말한다.

02 개수로 유동에서 비에너지를 최소화하는 임계깊이 y_c가 주어질 때, 임계속도 V_c는?

① $V_c=gy_c$ ② $V_c=\sqrt{gy_c^2}$

③ $V_c\sqrt{gy_c^3}$ ④ $V_c=\sqrt{gy_c}$

03 개수로 유동 중 균일유동의 Chezy – Manning(체지 – 매닝) 방정식에서 유량 Q는 수력반경 R_h의 몇 승에 비례하는가?

① 1 ② $\frac{1}{2}$

③ $\frac{3}{2}$ ④ $\frac{2}{3}$

해설

$Q=A\frac{1}{n}R_h^{\frac{2}{3}}S^{\frac{1}{2}}$

04 개수로 유동에서 상류에 대한 설명으로 틀린 것은?

① 상류는 아임계 유동으로 $F_r<1$인 유동

② 상류는 초임계 유동으로 $F_r>1$인 유동

③ 하류의 교란이 상류로 전달된다.

④ 임계깊이 y_c보다 깊은 유동이다.

05 개수로 유동에서 주어진 수로가 사각형($b\times y$)일 때 유량 Q를 최대로 흘려보내기 위한 폭(b)과 깊이(y)의 관계로 옳은 것은?

① $b=3y$ ② $b=1.5y$

③ $b=2y$ ④ $b=y$

해설

$b=2y$일 때 접수길이(Wetted Perimeter)를 최소로 하여 유량 Q를 최대로 흘려보낼 수 있다.

정답 01 ② 02 ④ 03 ④ 04 ② 05 ③

11 압축성 유체유동

1 압축성 유동에서 정상유동 에너지 방정식

1. 검사체적에 대한 열역학 1법칙

$$\dot{Q}_{c.v}+\Sigma\dot{m}_i\left(h_i+\frac{V_i^{\,2}}{2}+gZ_i\right)=\frac{dE_{c.v}}{dt}+\Sigma\dot{m}_e\left(h_e+\frac{V_e^{\,2}}{2}+gZ_e\right)+\dot{W}_{c.v}$$

정상유동일 경우(SSSF 상태)

$$\frac{dm_{c.v}}{dt}=0,\ \frac{dE_{c.v}}{dt}=0,\ \dot{m}_i=\dot{m}_e=\dot{m}$$

양변을 질량유량으로 나누면

$$q_{c.v}+h_i+\frac{V_i^{\,2}}{2}+gZ_i=h_e+\frac{V_e^{\,2}}{2}+gZ_e+w_{c.v}\text{(단위질량당 에너지 방정식)}$$

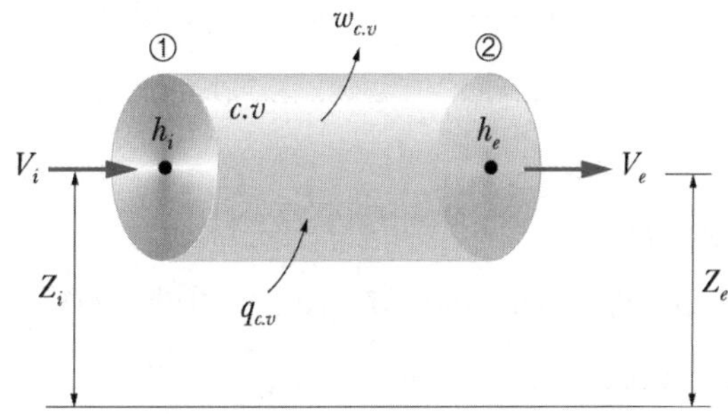

2 이상기체의 음속(압력파의 전파속도)

• 압축성 유체(기체)에서 발생하는 압력교란은 유체의 상태에 의해 결정되는 속도로 전파된다. 물체가 진동을 일으키면 이와 접한 공기는 압축과 팽창이 교대로 연속되는 파동을 일으키면서 음으로 귀에 들리게 된다. 음속(소리의 속도 ; Sonic Velocity)은 압축성 유체의 유동에서 중요한 변수이다.

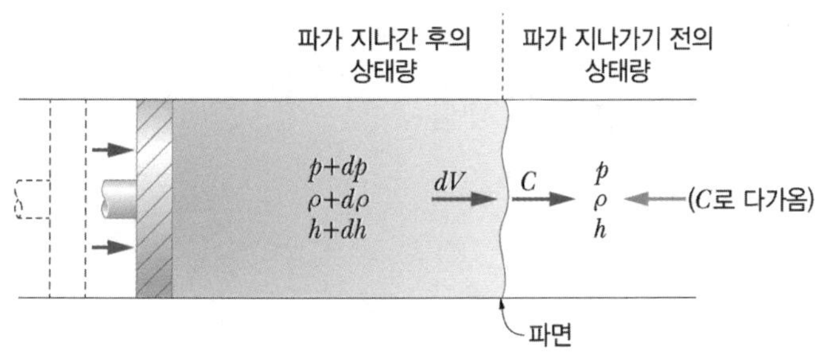

(a) 정지한 관찰자가 본 경우

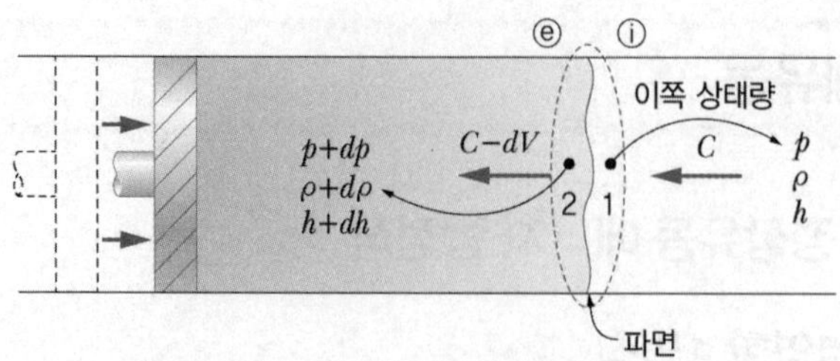

(b) 파와 같이 움직이는 관찰자가 본 경우

- 피스톤을 이동시켜서 교란을 일으키면, 파(Wave)는 관 안에서 속도 C로 전파되는데 이 속도가 음속이다. 파가 지나간 후에 기체의 상태량은 미소하게 변화하고 기체는 파의 진행방향으로 dV의 속도로 움직인다.

1. 검사체적에 대한 1법칙(정상상태, 정상유동, 단열 $q_{c.v}=0$, 일량 $w_{c.v}=0$, $z_i=z_e$)

$$q_{c.v}+h_i+\frac{{V_i}^2}{2}+gZ_i=h_e+\frac{{V_e}^2}{2}+gZ_e+w_{c.v}$$

$h+\dfrac{c^2}{2}=(h+dh)+\dfrac{(c-dV)^2}{2}\left(\dfrac{dV^2}{2}=0\right)$ 전개하여 정리하면

$dh-cdV=0$ ………………………………………………………… ⓐ

$\dot{m}_e=\dot{m}_i$

$\rho Ac=(\rho+d\rho)A\cdot(c-dV)$

$\quad=(\rho c-\rho dV+cd\rho-d\rho dV)A$ ($d\rho\cdot dV=0\rightarrow$ 2차항 무시)

$\therefore\ cd\rho-\rho dV=0$ ………………… ⓑ $\rightarrow\ dV=\dfrac{cd\rho}{\rho}$ ………………… ⓒ

2. 개방계에 대한 1법칙

$\delta q=dh-vdP$

$Tds=dh-\dfrac{dP}{\rho}$ ………………………………………………………… ⓓ

단열이면 $ds=0,\ dh-\dfrac{dP}{\rho}=0\quad\therefore\ dh=\dfrac{dP}{\rho}$ ………………………… ⓔ

ⓔ식을 ⓐ식에 대입

$\dfrac{dP}{\rho}-cdV=0\leftarrow dV$ 대신 ⓒ식의 $\dfrac{cd\rho}{\rho}$ 대입

$$\frac{dP}{\rho}-\frac{c^2\cdot dP}{\rho}=0$$

$$c^2=\frac{dP}{d\rho}$$

$$C\,(\text{음속}) = \sqrt{\frac{dP}{d\rho}}$$

3 마하수와 마하각

① **Mach수** : 유체의 유동에서 압축성 효과(Compressibility Effect)의 특징을 기술하는 데 가장 중요한 변수

$$Ma = \frac{V\ (\text{물체의 속도})}{C\ (\text{음속})}$$

- $Ma < 1$인 흐름 : 아음속 흐름
- $Ma > 1$인 흐름 : 초음속 흐름

② **비교란구역** : 이 구역에서는 소리를 듣지 못한다(운동을 감지하지 못함).

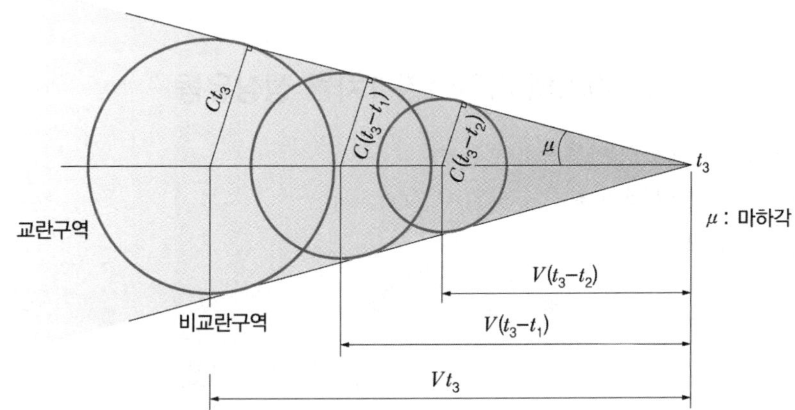

$$\sin\mu = \frac{C(t_3 - t_2)}{V(t_3 - t_2)} = \frac{Ct_3}{Vt_3}$$

$$\therefore\ \sin\mu = \frac{C}{V}$$

마하각 $\mu = \sin^{-1}\frac{C}{V}$

예 제

01 온도 20℃인 공기 속을 제트기가 2,400km/h로 날 때 마하수는 얼마인가?

해설 $C(\text{음속}) = \sqrt{kgRT} = \sqrt{1.4 \times 9.8 \times 29.27 \times 293} = 343\text{m/s}$

$V = \frac{2{,}400 \times 1{,}000\text{m}}{3{,}600\text{sec}} = 667\text{m/s}$

$Ma = \frac{V}{C} = \frac{667}{343} = 1.94$

02 15℃인 공기 속을 나는 물체의 마하각이 20°이면 물체의 속도는 몇 m/s인가?

해설 $C=\sqrt{kgRT}=\sqrt{1.4\times9.8\times29.27\times288}=340\text{m/s}$, $\sin\mu=\dfrac{C}{V}$에서

$V=\dfrac{C}{\sin\mu}=\dfrac{340}{\sin20°}=994\text{m/s}$

공기에서 음속은 $C=331+0.6t(℃)$로도 구할 수 있다.

---

4 노즐과 디퓨저

- 노즐은 단열과정으로 유체의 운동에너지를 증가시키는 장치이다.
- 유동단면적을 적절하게 변화시키면 운동에너지를 증가시킬 수 있으며 운동에너지가 증가하면 압력은 떨어지게 된다. 디퓨저(Diffuser)라는 장치는 노즐과 반대로 유체의 속도를 줄여 압력을 증가시킨다.

1. 노즐을 통과하는 이상기체의 가역단열 1차원 정상유동

(단면적이 변하는 관에서의 아음속과 초음속)

① 축소단면 : 노즐, 단면적이 최소가 되는 부분(Throat)

② 확대단면 : 디퓨저

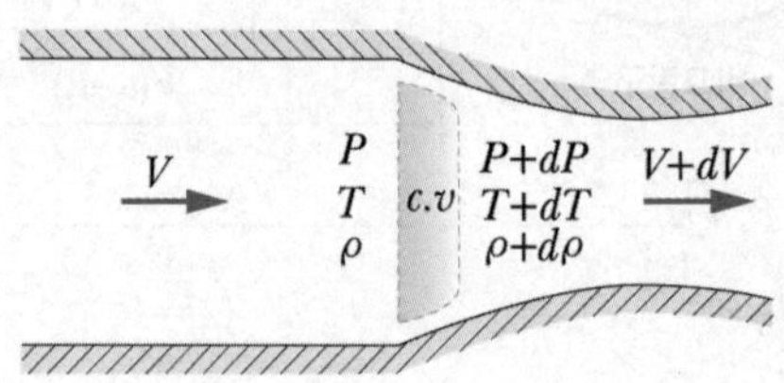

- 검사체적에 대한 열역학 1법칙

$$q_{cv}+h_i+\frac{{V_i}^2}{2}+gZ_i=h_e+\frac{{V_e}^2}{2}+gZ_e+w_{cv}$$

(단열 $q_{cv}=0$, 일 못함 $w_{cv}=0$, $Z_i=Z_e$)

적용하면,

$$h+\frac{V^2}{2}=(h+dh)+\frac{(V+dV)^2}{2}$$

$$0=dh+VdV+\frac{dV^2}{2}$$ (미소고차항 $\dfrac{dV^2}{2}$ 무시)

$\therefore\ dh+VdV=0$ ·· ⓐ

- 단열

$\delta Q = dh - Vdp(Tds = dV - Vdp)$

$0 = dh - \dfrac{dp}{\rho}$

$\therefore\ dh = \dfrac{dp}{\rho}$ ………………………………………… ⓑ

ⓐ식에 ⓑ식 대입

$\dfrac{dp}{\rho} + VdV = 0$ ………………………………………… ⓒ

- 연속방정식(미분형)

$\rho \cdot AV = \dot{m} = C$(일정)

$\dfrac{d\rho}{\rho} + \dfrac{dA}{A} + \dfrac{dV}{V} = 0$ ………………………………………… ⓓ

$\therefore\ \dfrac{d\rho}{\rho} = -\dfrac{dA}{A} - \dfrac{dV}{V}$ ………………………………………… ⓓ′

$c = \sqrt{\dfrac{dp}{d\rho}} \rightarrow dp = c^2 d\rho$ ………………………………………… ⓔ

ⓔ식을 ⓒ식에 대입

$c^2 \cdot \dfrac{d\rho}{\rho} + VdV = 0$ (ⓓ′을 대입)

$c^2\left(-\dfrac{dA}{A} - \dfrac{dV}{V}\right) + VdV = 0$

양변에(−) AV를 곱하면

$c^2 \cdot VdA + c^2 \cdot AdV - AV^2 dV = 0$

$c^2 VdA = (AV^2 - Ac^2)dV$

$\dfrac{dA}{dV} = \dfrac{A}{V}\left(\dfrac{V^2}{c^2} - 1\right)$

$\therefore\ \dfrac{dA}{dV} = \dfrac{A}{V}(Ma^2 - 1)$

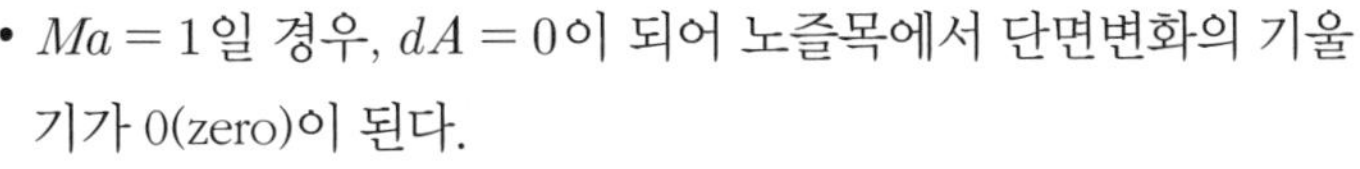

- $Ma = 1$일 경우, $dA = 0$이 되어 노즐목에서 단면변화의 기울기가 0(zero)이 된다.

또한 $\dfrac{dA}{dV} = 0$, 목부분 $dA = 0$이므로 노즐목에서의 흐름속도는 $Ma = 1$이어야 한다.

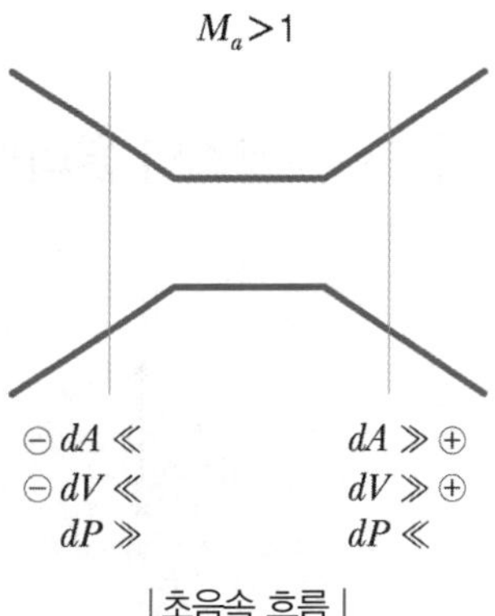

|초음속 흐름|

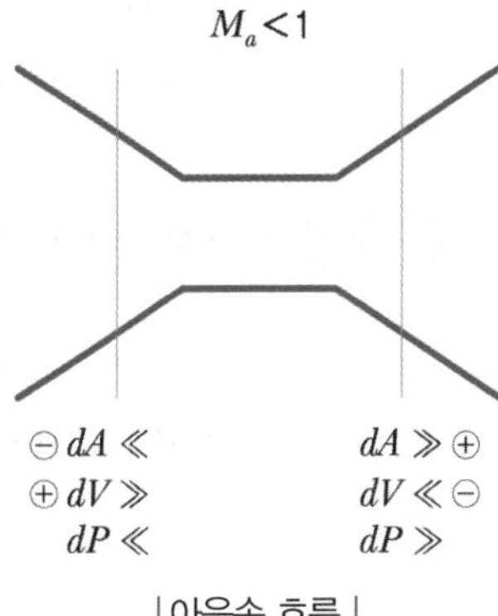

|아음속 흐름|

12 유체계측

1 비중량 측정

1. 비중병을 이용하는 방법

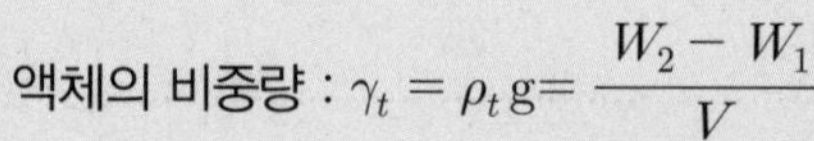

액체의 비중량 : $\gamma_t = \rho_t \, g = \dfrac{W_2 - W_1}{V}$

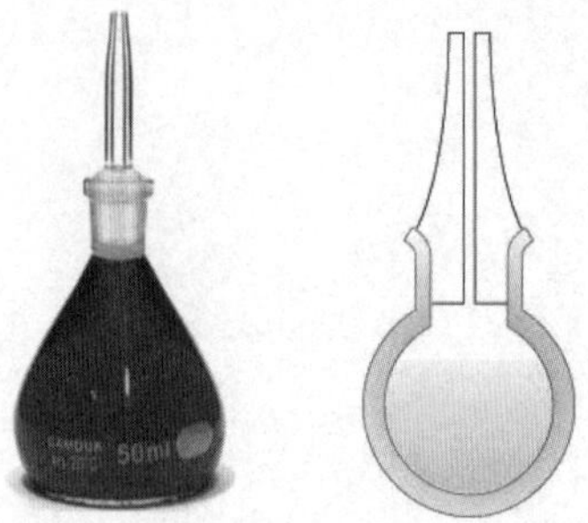

여기서, ρ_t : 온도 t°C에서의 액체의 밀도

W_2 : 비중병의 전체무게(액체+비중병)

V : 액체의 체적

W_1 : 비중병의 무게

γ_t : 온도 t°C에서 액체의 비중량

$(W_2 - W_1)$: 액체만의 무게

2. 아르키메데스의 원리를 이용하는 방법

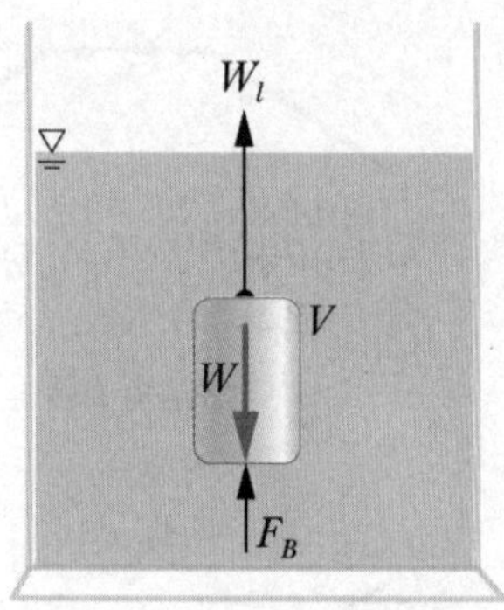

$$W = W_l + F_B \ (\because \ F_B = \gamma_t \cdot V)$$

$$W = W_l + \gamma_t \cdot V$$

$$\gamma_t = \frac{W - W_l}{V}$$

여기서, W : 추의 무게

γ_t : 온도 t°C에서 유체의 비중량

W_l : 유체 속에서 추의 무게

V : 추의 체적

3. 비중계를 이용하는 방법

비중을 측정하려고 하는 유체를 가늘고 긴 유리관에 넣은 후, 비중계를 넣어 유체 속에서 비중계가 평형이 될 때 자유표면과 일치하는 비중계눈금을 읽는다.

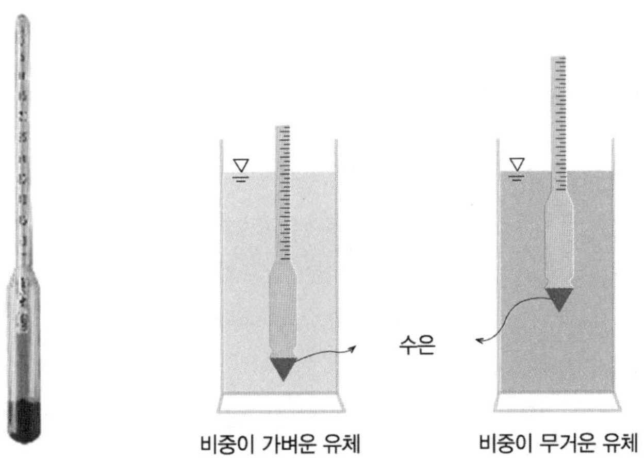

4. U자관을 이용하는 방법

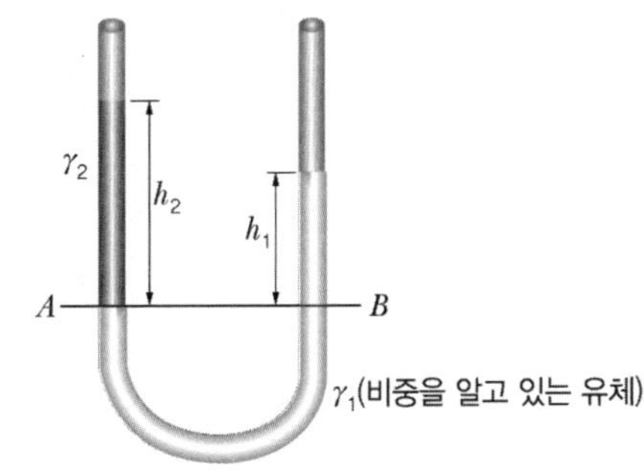

한쪽은 비중량을 알고 있는 유체를, 다른 쪽에는 비중량을 측정하고자 하는 유체를 넣어 두 유체의 경계면의 압력은 같다는 식으로 비중량을 구한다(다만, 두 유체는 서로 혼합되지 않으며 화학반응도 없어야 한다).

2 점성계수(μ) 측정

1. 낙구식 점도계 → 스토크스 법칙($D=3\pi\mu Vd$) 이용

2. $\left\{\begin{matrix}\text{오스왈드(Ostwald) 점도계} \\ \text{세이볼트(Saybolt) 점도계}\end{matrix}\right\}$ → 하이겐포아젤 방정식 $\left(Q=\dfrac{\Delta p\pi d^4}{128\mu l}\right)$ 이용

3. $\left\{\begin{matrix}\text{맥미첼(Macmichael) 점도계} \\ \text{스토머(Stomer) 점도계}\end{matrix}\right\}$ → 뉴턴점성법칙 $\left(\tau=\mu\dfrac{du}{dy}\right)$ 이용

3 정압 측정

1. 피에조미터(Piezometer)

교란되지 않는 유체의 층류 유동에서 유체의 정압을 측정한다.

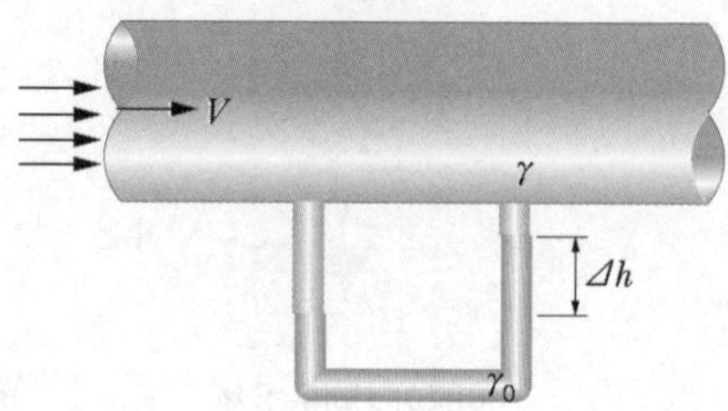

2. 정압관(Static Tube)

내부 벽면이 거친 관일 때 정압관을 사용하여 정압을 측정한다.

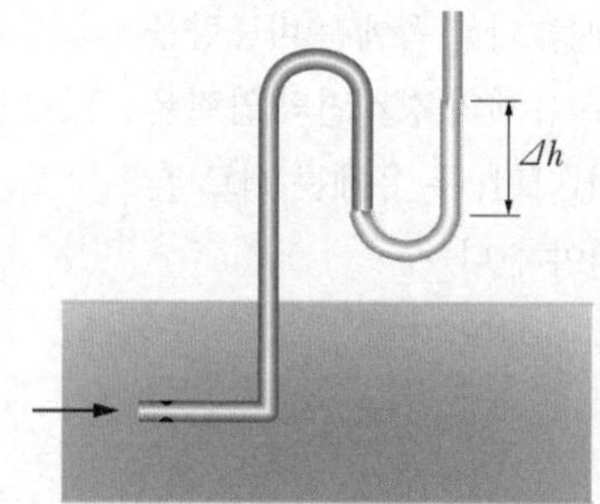

4 유속 측정

1. 피토관(Pitot Tube)

강이나 개수로에서 유속을 측정하는 계측기이다(비행기의 속도 측정에도 사용).

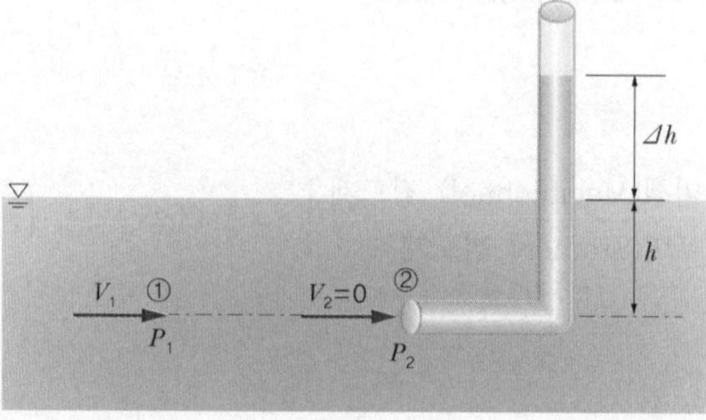

①과 ②에 베르누이 방정식을 적용하면

$$\frac{p_1}{\rho}+\frac{{V_1}^2}{2}+g\cdot z_1=\frac{p_2}{\rho}+\frac{{V_2}^2}{2}+g\cdot z_2\ (g\cdot z_1=g\cdot z_2)$$

피토관 입구에서 속도 $V_2=0$이므로

$$\frac{p_1}{\rho}+\frac{{V_1}^2}{2}=\frac{p_2}{\rho}$$

$$\therefore\ V_1=\sqrt{2\cdot\frac{(p_2-p_1)}{\rho}}=\sqrt{2\cdot\frac{\gamma(h+\Delta h)-\gamma h}{\rho}}=\sqrt{2g\Delta h}$$

2. 시차액주계

피에조미터와 피토관을 조합하여 유체의 유속을 측정한다.

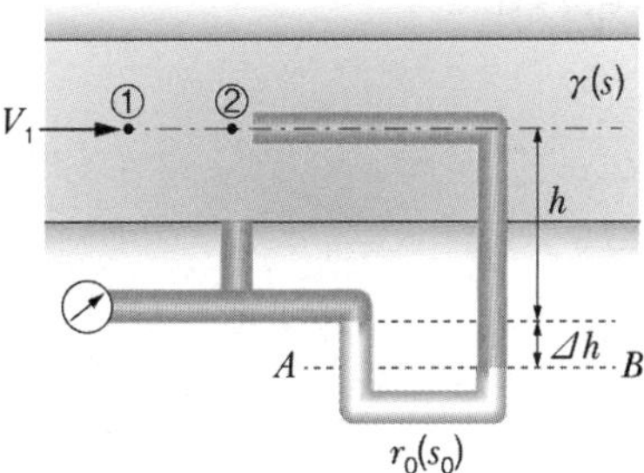

①과 ②에 베르누이 방정식을 적용하면

$$\frac{p_1}{\rho}+\frac{{V_1}^2}{2}+g\cdot z_1=\frac{p_2}{\rho}+\frac{{V_2}^2}{2}+g\cdot z_2\ (g\cdot z_1=g\cdot z_2)$$

피토관 입구에서 속도 $V_2=0$이므로

$$\frac{p_1}{\rho}+\frac{{V_1}^2}{2}=\frac{p_2}{\rho}$$

$$\frac{{V_1}^2}{2}=\frac{p_2-p_1}{\rho}$$

$$\therefore\ V_1=\sqrt{2\cdot\frac{(p_2-p_1)}{\rho}}\ \cdots\cdots\cdots\ ⓐ$$

A, B 위치에서의 압력은 동일하므로

$p_A=p_B$이며

$p_A=p_1+\gamma h+\gamma_0\Delta h$

$p_B=p_2+\gamma(h+\Delta h)$

$p_1+\gamma h+\gamma_0\Delta h=p_2+\gamma(h+\Delta h)$

$$p_2 - p_1 = \gamma h + \gamma_0 \Delta h - \gamma(h + \Delta h)$$

$$= \gamma_0 \Delta h - \gamma \Delta h = \Delta h(\gamma_0 - \gamma) \quad \cdots\cdots\cdots \text{ⓑ}$$

ⓑ식을 ⓐ식에 대입하면

$$V_1 = \sqrt{2 \cdot \frac{\Delta h(\gamma_0 - \gamma)}{\rho}} \ (\text{여기서, } \gamma_0 = \rho_0 g, \ \gamma = \rho g)$$

$$= \sqrt{2g\frac{\Delta h(\rho_0 - \rho)}{\rho}} = \sqrt{2g\Delta h\left(\frac{\rho_0}{\rho} - 1\right)} = \sqrt{2g\Delta h\left(\frac{\gamma_0}{\gamma} - 1\right)} = \sqrt{2g\Delta h\left(\frac{S_0}{S} - 1\right)}$$

3. 피토 – 정압관(Pitot – Static Tube)

피토관과 피에조미터를 조합한 형태로 유속을 측정하는 계측기이다.

①과 ②에 베르누이 방정식을 적용하면

$$\frac{p_1}{\rho} + \frac{{V_1}^2}{2} + g \cdot z_1 = \frac{p_2}{\rho} + \frac{{V_2}^2}{2} + g \cdot z_2$$

(여기서, $V_2 = 0, \ g \cdot z_1 = g \cdot z_2$)

$$\frac{p_1}{\rho} + \frac{{V_1}^2}{2} = \frac{p_2}{\rho}$$

$$\frac{{V_1}^2}{2} = \frac{p_2 - p_1}{\rho}$$

$$\therefore \ V_1 = \sqrt{2 \cdot \frac{(p_2 - p_1)}{\rho}} \quad \cdots\cdots\cdots \text{ⓐ}$$

A, B위치에서의 압력은 동일하므로

$p_A = p_B$에서

$$p_2 - p_1 = \Delta h(\gamma_0 - \gamma) \quad \cdots\cdots\cdots \text{ⓑ}$$

ⓑ식을 ⓐ식에 대입하면

$$V_1 = \sqrt{2 \cdot \frac{\Delta h(\gamma_0 - \gamma)}{\rho}} = \sqrt{2g\frac{\Delta h(\rho_0 - \rho)}{\rho}}$$

$$= \sqrt{2g\Delta h\left(\frac{\rho_0}{\rho} - 1\right)} = \sqrt{2g\Delta h\left(\frac{\gamma_0}{\gamma} - 1\right)} = \sqrt{2g\Delta h\left(\frac{S_0}{S} - 1\right)}$$

이 식에 손실을 고려한 속도계수(C)를 곱하여 실제 유속을 구할 수 있다.

$$\therefore \ V_1 = C\sqrt{2g\Delta h\left(\frac{S_0}{S} - 1\right)}$$

(여기서, C : 속도계수)

4. 열선속도계

두 개의 작은 지지대 사이에 연결된 금속선에 전류가 흐를 때 금속선의 온도와 전기저항의 관계를 가지고 유체의 유속을 측정한다(난류처럼 빠르게 유동하는 유체의 유속을 측정할 수 있는 계측기이다).

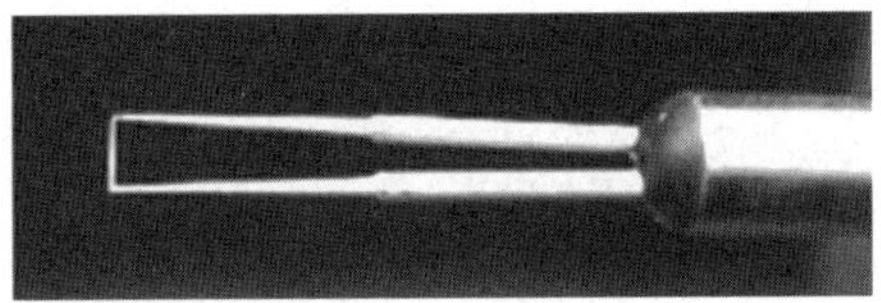

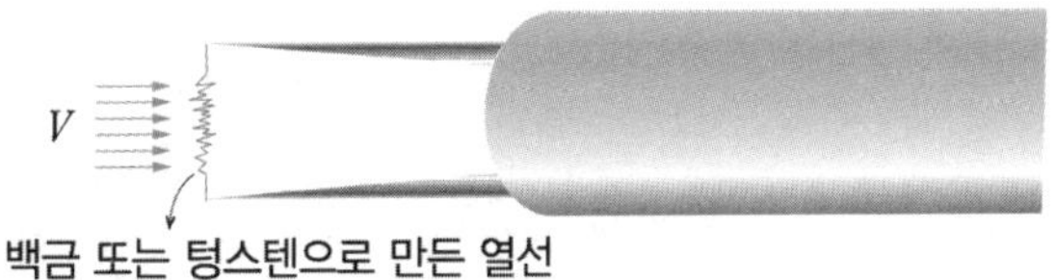

5 유량 측정

유량을 측정하는 기기에는 벤투리미터, 노즐, 오리피스, 위어, 로터미터 등이 있다.

1. 벤투리미터

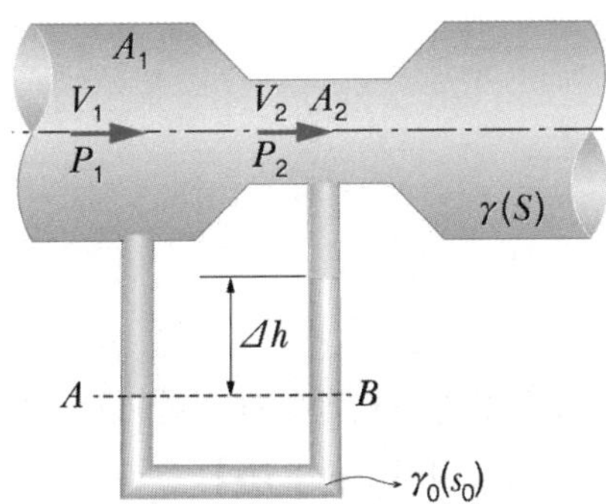

유량 $Q = A_2 V_2$에서

$$Q = A_2 \frac{1}{\sqrt{1-\left(\frac{d_2}{d_1}\right)^4}} \sqrt{2g\Delta h\left(\frac{\gamma_0}{\gamma}-1\right)} \quad \left(\text{여기서, } \frac{\gamma_0}{\gamma} = \frac{S_0}{S}\right)$$

실제유량은 위 식에 손실을 고려한 속도계수(C)를 곱하여 구한다.

$$\therefore\ Q = CA_2 \frac{1}{\sqrt{1-\left(\frac{d_2}{d_1}\right)^4}} \sqrt{2g\Delta h\left(\frac{\gamma_0}{\gamma}-1\right)} \quad (\text{여기서, } C : \text{속도계수})$$

2. 오리피스(Orifice)

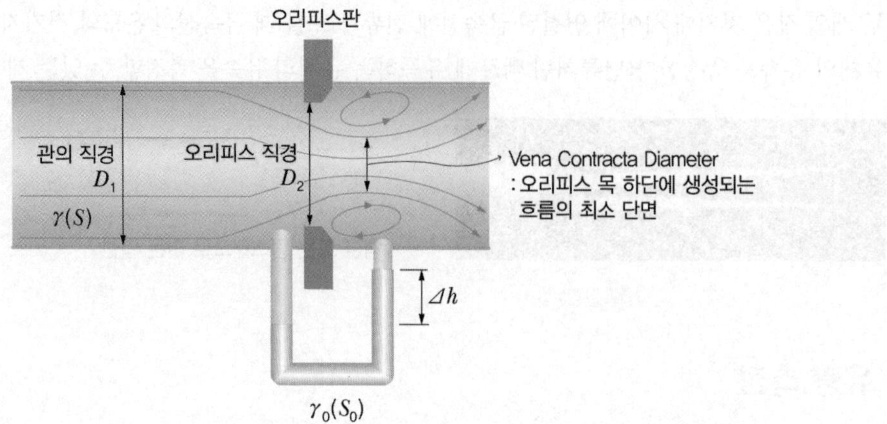

① 원관의 유동 중 관의 중간에 구멍 뚫린 원형판(오리피스판)을 설치하여 유량을 측정하는 계측기이다.

② 교축관에서의 수력구배와 급격한 유로단면적의 변화로 생기는 소용돌이 마찰손실 등 에너지 손실을 이용한 것이다.

$\therefore\ Q = CA_2 = \sqrt{2g\Delta h\left(\dfrac{S_0}{S} - 1\right)}$ (여기서, C : 속도계수, A_2 : 오리피스 단면적)

3. 위어(Weir)

개수로(Open Channel)의 흐름에서 유량을 측정하기 위한 계측기를 위어라 하며 위어에는 예봉위어, 광봉위어, 사각위어, V－노치위어(삼각위어) 등이 있다.

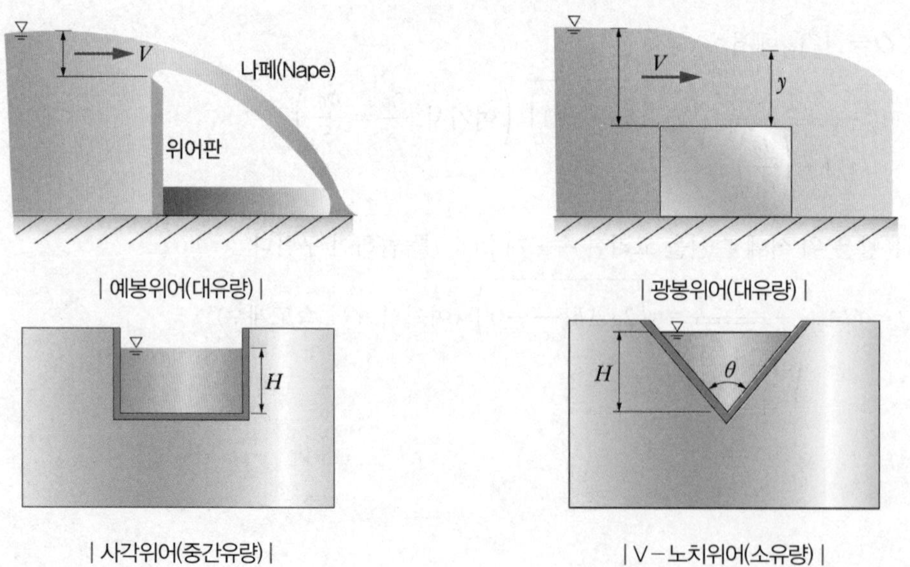

| 예봉위어(대유량) |

| 광봉위어(대유량) |

| 사각위어(중간유량) |

| V－노치위어(소유량) |

- 삼각위어(V－노치위어) : 적은 유량을 측정할 때 사용한다.

그림과 같은 V－노치위어(삼각위어)의 유량을 구해보면

$dA = xdy$

$\tan\dfrac{\theta}{2} = \dfrac{\frac{L}{2}}{H} = \dfrac{L}{2H}$

수면으로부터 깊이 y인 곳의 유속 $V = \sqrt{2gy}$

$\therefore\ Q = \int_A VdA = \int_0^H \sqrt{2gy} \cdot xdy$ ·································· ⓐ

$H : L = (H-y) : x$

$\therefore\ x = \dfrac{(H-y)L}{H}$ ··· ⓑ

ⓐ식에 ⓑ식을 대입

$$Q = \int_0^H \sqrt{2gy} \cdot \frac{(H-y)}{H} Ldy = \frac{L}{H}\sqrt{2g}\int_0^H y^{\frac{1}{2}}(H-y)dy$$

$$= \frac{L}{H}\sqrt{2g}\int_0^h \left(Hy^{\frac{1}{2}} - y^{\frac{3}{2}}\right)dy$$

$$= \frac{L}{H}\sqrt{2g}\left\{H\left[\frac{1}{\frac{1}{2}+1}y^{\frac{3}{2}}\right]_0^H - \left[\frac{1}{1+\frac{3}{2}}y^{\frac{5}{2}}\right]_0^H\right\}$$

$$= \frac{L}{H}\sqrt{2g}\left\{H \cdot \frac{2}{3} \cdot H^{\frac{3}{2}} - \frac{2}{5}H^{\frac{5}{2}}\right\} = \frac{L}{H}\sqrt{2g}\,H^{\frac{5}{2}}\left(\frac{2}{3} - \frac{2}{5}\right)$$

$$= \frac{L}{H}\sqrt{2g}\left(\frac{4}{15}H^{\frac{5}{2}}\right)\left(\text{여기서} \times \frac{2}{2}\right)$$

$$= \frac{8}{15}\sqrt{2g}\,\frac{L}{2H}H^{\frac{5}{2}}\left(\text{여기서, } \frac{L}{2H} = \tan\frac{\theta}{2}\right)$$

$$\therefore\ Q = C \cdot \frac{8}{15}\sqrt{2g}\tan\frac{\theta}{2}H^{\frac{5}{2}}\ (\text{여기서, } C : \text{유량계수})$$

4. 로터미터

테이퍼관 속에 부표를 띄우고, 측정유체를 아래에서 위로 흘려보낼 때 유량의 증감에 따라 부표가 상하로 움직여 생기는 가변면적으로 유량을 구하는 장치이다.

무게 W인 부표가 테이퍼관 속에서 균형을 이루고 있을 때 관 내를 흐르는 체적유량은 다음 식으로 구할 수 있다.

• 체적유량 : $Q = C \cdot F \cdot V = CF\sqrt{\dfrac{2\Delta p}{\rho}}$

(여기서, $\Delta p = p_1 - p_2 = \dfrac{W}{A}$ (W : 부표의 중량, A : 부표의 단면적))

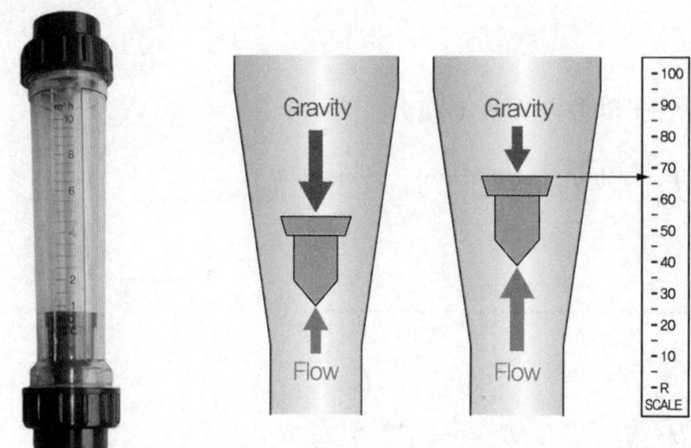

핵심 기출 문제

01 다음 중 유동장에 입자가 포함되어 있어야 유속을 측정할 수 있는 것은?

① 열선속도계
② 정압피토관
③ 프로펠러 속도계
④ 레이저 도플러 속도계

해설

레이저 도플러 속도계
빛의 도플러 효과를 사용한 유속계로 이동하는 입자에 레이저광을 조사하면 광은 산란하고 산란광은 물체의 속도에 비례하는 주파수 변화를 일으키게 된다.

02 다음 중 유량을 측정하기 위한 장치가 아닌 것은?

① 위어(Weir)
② 오리피스(Orifice)
③ 피에조미터(Piezo Meter)
④ 벤투리미터(Venturi Meter)

해설

피에조미터는 정압 측정장치이다.

03 유량 측정장치 중 관의 단면에 축소 부분이 있어서 유체를 그 단면에서 가속시킴으로써 생기는 압력강하를 이용하여 측정하는 것이 있다. 다음 중 이러한 방식을 사용한 측정장치가 아닌 것은?

① 노즐　　② 오리피스
③ 로터미터　　④ 벤투리미터

해설

로티미터
테이퍼 관 속에 부표를 띄우고 측정유체를 아래에서 위로 흘려보낼 때 유량의 증감에 따라 부표가 상하로 움직여 생기는 가변면적으로 유량을 구하는 장치이다.

04 유체 계측과 관련하여 크게 유체의 국소 속도를 측정하는 것과 체적유량을 측정하는 것으로 구분할 때 다음 중 유체의 국소 속도를 측정하는 계측기는?

① 벤투리미터
② 얇은 판 오리피스
③ 열선속도계
④ 로터미터

해설

열선속도계
두 지지대 사이에 연결된 금속선에 전류가 흐를 때 금속선의 온도와 전기저항의 관계를 가지고 유속을 측정하는 장치(난류속도 측정)이다.

05 비중 0.8의 알코올이 든 U자관 압력계가 있다. 이 압력계의 한끝은 피토관의 전압부에, 다른 끝은 정압부에 연결하여 피토관으로 기류의 속도를 재려고 한다. U자관의 읽음의 차가 78.8mm, 대기압력이 1.0266×10^5Pa abs, 온도가 21℃일 때 기류의 속도는?(단, 기체상수 $R=287$N · m/kg · K이다.)

① 38.8m/s　　② 27.5m/s
③ 43.5m/s　　④ 31.8m/s

정답 01 ④ 02 ③ 03 ③ 04 ③ 05 ④

해설

$pv = RT \rightarrow \frac{p}{\rho} = RT$

$\rho = \frac{p}{RT} = \frac{1.0266 \times 10^5}{287 \times (21+273)} = 1.217\text{kg/m}^3$

비중량이 다른 유체가 들어 있을 때 유체의 속도

$V = \sqrt{2g\Delta h\left(\frac{\rho_0}{\rho} - 1\right)}$ (여기서, $\rho_0 = s_0 \cdot \rho_w$)

$= \sqrt{2 \times 9.8 \times 0.0788 \times \left(\frac{0.8 \times 1{,}000}{1.217} - 1\right)}$

$= 31.84\text{m/s}$

06 지름 0.1mm, 비중 2.3인 작은 모래알이 호수 바닥으로 가라앉을 때, 잔잔한 물속에서 가라앉는 속도는 약 몇 mm/s인가?(단, 물의 점성계수는 1.12×10^{-3} N · s/m²이다.)

① 6.32 ② 4.96
③ 3.17 ④ 2.24

해설

낙구식 점도계에서

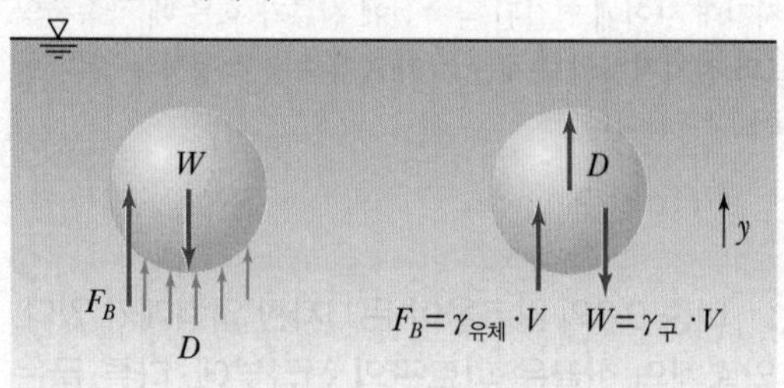

모래알 체적 $V_{모} = \frac{4}{3}\pi r^3 = \frac{4}{3}\pi\left(\frac{d}{2}\right)^3 = \frac{\pi d^3}{6}$

$\sum F_y = 0 : D + F_B - W = 0$

$3\pi\mu Vd + \gamma_w V_{모} - \gamma_{모} V_{모} = 0$

$3\pi\mu Vd + \gamma_w \times \frac{\pi d^3}{6} - s\gamma_w \times \frac{\pi d^3}{6} = 0$

$\therefore V = \frac{\gamma_w V_{모}(s-1)}{3\pi\mu d}$

$= \frac{9{,}800 \times \frac{\pi}{6} \times 0.0001^3 \times (2.3-1)}{3\pi \times 1.12 \times 10^{-3} \times 0.0001}$

$= 0.00632\text{m/s} = 6.32\text{mm/s}$

정답 06 ①

MEMO

부록

CBT 실전 모의고사

제1회 CBT 실전 모의고사

1과목 기계제도 및 설계

01 기계도면을 용도에 따른 분류와 내용에 따른 분류로 구분할 때, 용도에 따른 분류에 속하지 않는 것은?

① 부품도 ② 제작도
③ 견적도 ④ 계획도

해설

기계도면의 분류
- 용도에 따른 분류 : 계획도, 제작도, 주문도, 견적도, 승인도, 설명도 등
- 내용에 따른 분류 : 부품도

02 핸들이나 바퀴 등의 암 및 리브, 훅, 축 등의 절단면을 나타내는 도시법으로 가장 적합한 것은?

① 계단 단면도 ② 부분 단면도
③ 한쪽 단면도 ④ 회전 도시 단면도

해설

회전 도시 단면도
암, 리브, 축, 훅 등의 일부를 자른 다음 자른 면만 90° 회전하여 나타낸다.

03 물체를 단면으로 나타낼 때 길이 방향으로 절단하여 나타내지 않는 부품으로만 짝지어진 것은?

① 핀, 커버 ② 브래킷, 강구
③ O－링, 하우징 ④ 원통 롤러, 기어의 이

해설

핀, 강구, 원통 롤러, 기어의 이 등은 길이 방향으로 절단하여 나타내지 않는다.

04 다음과 같이 도시된 도면에서 치수 A에 들어갈 치수 기입으로 옳은 것은?

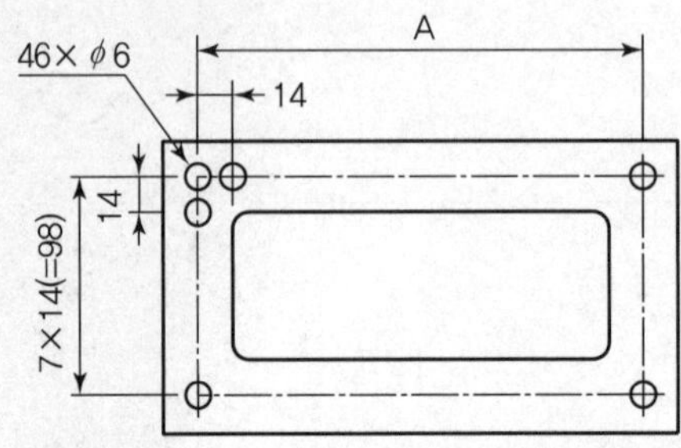

① 7×7(=49) ② 15×14(=210)
③ 16×14(=224) ④ 17×14(=238)

해설

구멍치수(다음 그림 참조)
- 46×ϕ6 : 앞의 숫자 46은 구멍의 개수를 뜻하고, 뒤의 숫자 ϕ6은 구멍의 직경을 뜻한다.
- 세로치수 : 7×14(=98)에서 앞의 숫자 7은 구멍과 구멍사이 간격의 개수를 뜻하고, 뒤의 숫자 14는 구멍과 구멍 사이의 간격을 뜻한다. 따라서 세로방향의 구멍의 개수는 8개로 양쪽에 있으므로 16개이다.
- 전체 구멍의 개수가 46개이므로 가로방향의 구멍의 개수는 46－16=30이고, 위아래 각각 15개씩의 구멍이 더 필요하다. 따라서 위쪽의 가로방향 구멍 개수는 17개이고, 구멍과 구멍 사이 간격의 개수는 16이다.
- 가로치수 : 16×14(=224)이다.

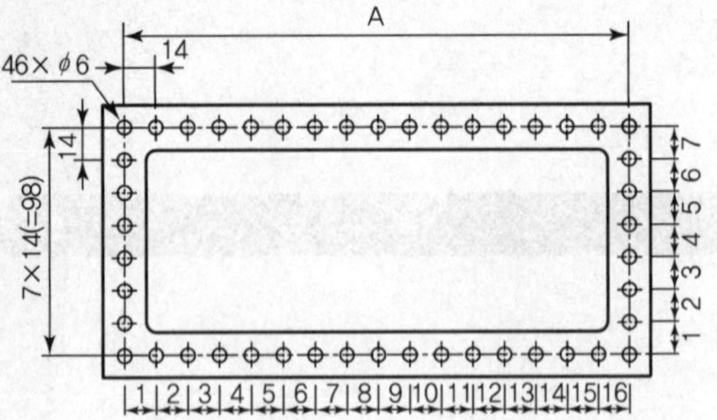

정답 01 ① 02 ④ 03 ④ 04 ③

05 Tr 40×7−6H로 표시된 나사의 설명 중 틀린 것은?

① Tr : 미터 사다리꼴 나사
② 40 : 나사의 호칭지름
③ 7 : 나사산의 수
④ 6H : 나사의 등급

해설

③ 7 : 피치

06 다음 끼워 맞춤 중에서 헐거운 끼워 맞춤인 것은?

① 25N6/h5　② 20P6/h5
③ 6JS7/h6　④ 50G7/h6

해설

h5, h6은 축 기준식 끼워 맞춤 공차를 나타내며, 구멍의 공차가 G7일 때 헐거운 끼워 맞춤을 나타낸다.

기준축	구멍의 공차역 클래스												
	헐거운 끼워 맞춤			중간 끼워 맞춤			억지 끼워 맞춤						
h5				JS6	K6	M6	N6	P6					
h6	F6	G6	H6	JS6	K6	M6	N6	P6					
h6	F7	G7	H7	JS7	K7	M7	N7	P7	R7	S7	T7	U7	X7

07 다음 그림이 나타내는 가공방법은?

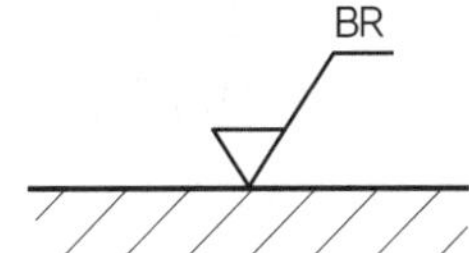

① 대상 면의 선삭 가공
② 대상 면의 밀링 가공
③ 대상 면의 드릴링 가공
④ 대상 면의 브로칭 가공

해설

가공방법의 약호

- 선삭 가공 : L
- 밀링 가공 : M
- 드릴링 가공 : D
- 브로칭 가공 : BR

08 유효지름 34mm, 피치 4mm인 한 줄 4각나사의 연강제 나사봉을 갖는 나사잭으로 2kN의 하중을 올리려고 한다. 나사봉을 돌리는 레버 끝에 작용하는 힘을 20N, 나사산의 마찰계수를 0.1이라고 하면 레버의 유효길이는 얼마 이상이면 되는가?

① 204　② 214
③ 224　④ 234

해설

$$\alpha = \tan^{-1}\frac{p}{\pi d_e} = \tan^{-1}\frac{4}{\pi \times 34} = 2.14°$$

$$\rho = \tan^{-1}0.1 = 5.71°$$

$$T = F \cdot L = Q\tan(\rho + \alpha) \times \frac{d_e}{2}$$

$$= 2{,}000 \times \tan(5.71 + 2.14) \times \frac{34}{2}$$

$$= 4{,}687.65\ \text{N}\cdot\text{mm}$$

$$\therefore L = \frac{T}{F} = \frac{4{,}687.65}{20} = 234.38\ \text{mm}$$

09 지름이 d인 전동축에 묻힘 키를 사용하여 키의 전단 저항으로 토크를 전달하고자 할 때 키의 폭 b는?(단, 키와 축에서 발생한 전단응력은 같다고 하고 키의 길이는 축 지름의 1.5배로 한다.)

① $b = \pi d/4$　② $b = \pi d/6$
③ $b = \pi d/8$　④ $b = \pi d/12$

해설

$$T = \tau_s \cdot Z_p = \tau_s \times \frac{\pi d^3}{16} = \tau_k \times b \times l \times \frac{d}{2}$$

[$l = 1.5d$, τ_s(축의 전단응력)$=\tau_k$(키의 전단응력) 적용]

$$\therefore b = \frac{\pi d}{8 \times 1.5} = \frac{\pi d}{12}$$

정답　05 ③　06 ④　07 ④　08 ④　09 ④

10 1줄 겹치기 리벳이음에서 리벳의 효율을 나타내는 식은?(단, p : 피치, d : 리벳 지름, τ : 리벳의 전단응력, σ : 판의 인장응력, t : 판의 두께이다.)

① $\dfrac{p-d}{p}$　② $\dfrac{p}{d}-1$

③ $\dfrac{4tp\sigma}{\pi d^2\tau}$　④ $\dfrac{\pi d^2\tau}{4tp\sigma}$

해설

$$\eta_R = \frac{\text{1피치 내의 리벳의 전단력}}{\text{1피치 내의 구멍이 없는 강판의 인장력}}$$

$$= \frac{\tau \cdot \frac{\pi}{4}d^2 \times n}{\sigma \cdot p \cdot t} \ (n=\text{1줄 리벳이음})$$

11 아래의 그림과 같이 두 개의 강판을 겹치기 이음으로 필릿용접하였다. 허용응력이 4.5N/mm² 일 때 용접조인트의 길이 l은 약 몇 mm인가?(단, 강판두께 h=10mm이다.)

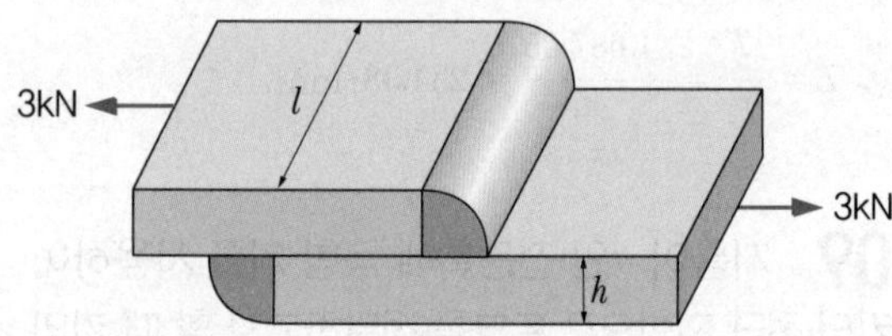

① 27.2　② 35.8

③ 41.9　④ 47.2

해설

인장하중 = 인장응력 × 인장파괴면적

$W = \sigma \cdot A_\sigma = \sigma \cdot 2 \cdot t \cdot l$

$= \sigma \cdot 2 \times 0.707h \cdot l \ (t = 0.707h)$

$\therefore \ l = \dfrac{W}{\sigma \times 2 \times 0.707 \times h} = \dfrac{3{,}000}{4.5 \times 2 \times 0.707 \times 10}$

$= 47.15\text{mm}$

12 허용전단응력 20.60MPa인 축에 회전수 200rpm으로 7.36kW의 동력을 전달한다. 이 축의 지름은 약 몇 mm 이상이어야 하는가?

① 39.5　② 44.3

③ 48.7　④ 55.6

해설

$T = \tau \cdot Z_P = \tau \cdot \dfrac{\pi}{16}d^3$ 에서

$\therefore \ d = \sqrt[3]{\dfrac{16T}{\pi\tau}} = \sqrt{\dfrac{16 \times 351.41 \times 10^3}{\pi \times 20.6}} = 44.29\text{mm}$

여기서, $T = \dfrac{H}{\omega} = \dfrac{H}{\dfrac{2\pi N}{60}} = \dfrac{7.36 \times 10^3}{\dfrac{2\pi \times 200}{60}}$

$= 351.41\text{N} \cdot \text{m} = 351.41 \times 10^3 \text{N} \cdot \text{mm}$

13 유체 커플링의 입력축 회전수(N_1)는 1,500rpm, 출력축의 회전수(N_2)는 1,460rpm일 때, 이 커플링의 효율(%)은 얼마인가?

① 88　② 91

③ 94　④ 97

해설

$\eta = \dfrac{n_2}{n_1} = \dfrac{1{,}460}{1{,}500} = 0.973 = 97.3\%$

14 회전수가 1,500rpm, 베어링 하중이 2,500N, 기본 동정격 하중이 35,000N인 롤러베어링의 수명은 약 몇 시간인가?

① 30,460　② 52,530

③ 73,480　④ 95,320

해설

롤러베어링 베어링 지수 $r = \dfrac{10}{3}$

$L_h = \left(\dfrac{c}{P}\right)^r \times \dfrac{10^6}{60N}(\text{hr}) = \left(\dfrac{35{,}000}{2{,}500}\right)^{\frac{10}{3}} \times \dfrac{10^6}{60 \times 1{,}500}$

$= 73{,}482\text{hr}$

정답　10 ④　11 ④　12 ②　13 ④　14 ③

15 표준 인벌류트기어에서 물림률(Contact Ratio)이란?

① 접촉각을 물림 길이로 나눈 값
② 접촉각을 원주 피치로 나눈 값
③ 물림 길이를 법선 피치로 나눈 값
④ 원주 피치를 물림 길이로 나눈 값

해설

물림률$=\frac{\text{물림길이}}{\text{법선피치}}$이다.
물림길이(접촉선의 길이)는 기초(구름)원 호의 길이와 같다.

16 다음 기호에 대한 설명으로 틀린 것은?

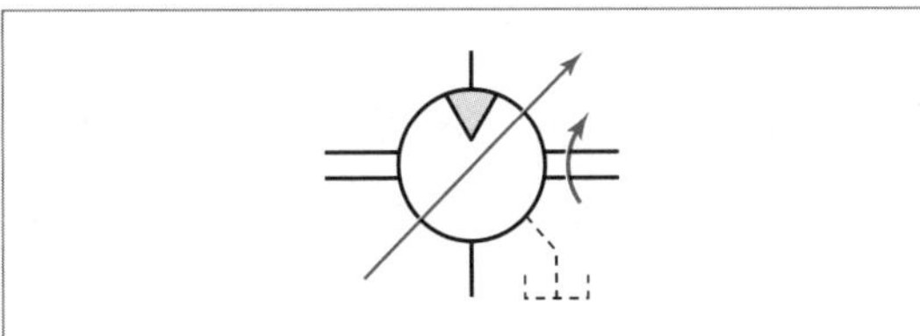

① 유압 모터이다. ② 4방향 유동이다.
③ 가변 용량형이다. ④ 외부 드레인이 있다.

해설

1방향 유동이다.

17 아래 파일럿 전환 밸브의 포트수, 위치수로 옳은 것은?

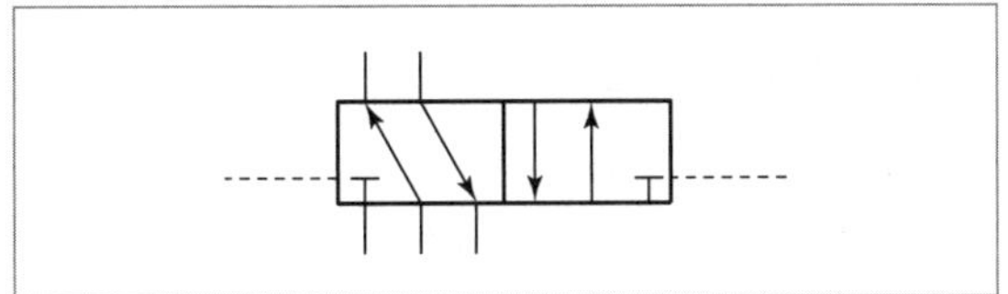

① 2포트 4위치 ② 2포트 5위치
③ 5포트 2위치 ④ 6포트 2위치

해설

- 포트수(Number of Port) : 밸브에 접속된 주관로 수
- 위치수(Number of Position) : 작동유의 흐름 방향을 바꿀 수 있는 위치의 수(네모칸의 개수)

18 두 개의 유입 관로의 압력에 관계없이 정해진 출구 유량이 유지되도록 합류하는 밸브는?

① 집류 밸브 ② 셔틀 밸브
③ 적층 밸브 ④ 프리필 밸브

19 속도제어회로의 종류가 아닌 것은?

① 미터인 회로 ② 미터아웃 회로
③ 블리드오프 회로 ④ 로크(로킹) 회로

해설

속도제어회로의 종류
미터인 회로, 미터아웃 회로, 블리드오프 회로

20 스트레이너에 대한 설명으로 적절하지 않은 것은?

① 스트레이너의 연결부는 오일 탱크의 작동유를 방출하지 않아도 분리가 가능하도록 하여야 한다.
② 스트레이너의 여과 능력은 펌프 흡입량의 1.2배 이하의 용적을 가져야 한다.
③ 스트레이너가 막히면 펌프가 규정 유량을 토출하지 못하거나 소음을 발생시킬 수 있다.
④ 스트레이너의 보수는 오일을 교환할 때마다 완전히 청소하고 주기적으로 여과재를 분리하여 손질하는 것이 좋다.

해설

② 여과량은 펌프 송출량의 2배 이상이 되어야 한다.

정답 15 ③ 16 ② 17 ③ 18 ① 19 ④ 20 ②

2과목 기계재료 및 제작

21 고체 내에서 온도변화에 따라 일어나는 동소변태는?

① 첨가원소가 일정량을 초과할 때 일어나는 변태
② 단일한 고상에서 2개의 고상이 석출되는 변태
③ 단일한 액상에서 2개의 고상이 석출되는 변태
④ 한 결정구조가 다른 결정구조로 변하는 변태

해설

같은 원소이지만 고체상태 내에서 결정격자의 변화가 생기는 것

22 다음 중 열처리(담금질)에서의 냉각능력이 가장 우수한 냉각제는?

① 비눗물 ② 글리세린
③ 18℃의 물 ④ 10% NaCl액

해설

담금질 냉각제에 따른 냉각속도

소금물 > 물 > 비눗물 > 기름 > 공기 > 노(내부)

23 대표적인 주조경질 합금으로 코발트를 주성분으로 한 Co–Cr–W–C계 합금은?

① 라우탈(Lautal) ② 실루민(Silumin)
③ 세라믹(Ceramic) ④ 스텔라이트(Stellite)

해설

주조경질합금[상품명–스텔라이트(Stellite)]

- W(10~17%)–Co(40~50%)–Cr(15~33%)–C(2~4%)–Fe(5%)의 합금
- 비철합금 공구 재료이며 경도가 높아 담금질할 필요 없이 주조한 그대로 연삭하여 사용한다.

24 과공석강의 탄소함유량(%)으로 옳은 것은?

① 약 0.01~0.02%
② 약 0.02~0.80%
③ 약 0.80~2.0%
④ 약 2.0~4.3%

해설

강의 분류

- 공석강 : 철의 탄소함유량이 0.77% C일 때, A_1 변태온도 이하에서 조직은 펄라이트
- 아공석강 : 철의 탄소함유량이 0.025~0.77% C일 때, A_1 변태온도 이하에서 조직은 페라이트+펄라이트
- 과공석강 : 철의 탄소함유량이 0.77~2.11% C일 때, A_1 변태온도 이하에서 조직은 펄라이트+시멘타이트

25 탄소강이 950℃ 전후의 고온에서 적열메짐(Red Brittleness)을 일으키는 원인이 되는 것은?

① Si ② P
③ Cu ④ S

해설

적열취성

900℃ 이상에서 황(S)이나 산소가 철과 화합하여 산화철이나 황화철(FeS)을 만든다. 황화철이 포함된 강은 고온에서 여린 성질을 나타내는데, 이것을 적열취성이라 한다. Mn을 첨가하면 MnS을 형성하여 적열취성을 방지하는 효과를 얻을 수 있다.

26 다음 중 결합력이 가장 약한 것은?

① 이온결합(Ionic Bond)
② 공유결합(Covalent Bond)
③ 금속결합(Metallic Bond)
④ 반데발스결합(Van Der Waals Bond)

정답 21 ④ 22 ④ 23 ④ 24 ③ 25 ④ 26 ④

해설

화학결합의 세기
이온결합 > 공유결합 > 금속결합 > 반데발스결합

27 주철의 조직을 지배하는 요소로 옳은 것은?

① S, Si의 양과 냉각 속도
② C, Si의 양과 냉각 속도
③ P, Cr의 양과 냉각 속도
④ Cr, Mg의 양과 냉각 속도

해설

C와 Si의 함유량 및 냉각속도에 따른 주철의 조직관계를 나타내는 것을 마우러 조직도라 한다.

28 Fe – Fe_3C 평형상태도에 대한 설명으로 옳은 것은?

① A_0는 철의 자기변태점이다.
② A_1 변태선을 공석선이라 한다.
③ A_2는 시멘타이트의 자기변태점이다.
④ A_3는 약 1,400℃이며, 탄소의 함유량이 약 4.3%C 이다.

해설

① A_0 변태점(213℃) : 시멘타이트의 자기변태점
③ A_2 변태점(순철 : 768℃, 강 : 770℃) : 순철의 자기변태점 또는 퀴리점
④ A_3 변태점(912℃) : 순철의 동소변태점(α철 ↔ γ철)

29 마텐자이트(Martensite) 변태의 특징에 대한 설명으로 틀린 것은?

① 마텐자이트는 고용체의 단일상이다.
② 마텐자이트 변태는 확산 변태이다.
③ 마텐자이트 변태는 협동적 원자운동에 의한 변태이다.
④ 마텐자이트의 결정 내에는 격자결함이 존재한다.

해설

② 마텐자이트 변태는 무확산 변태이다.

30 열경화성 수지나 충전 강화수지(FRTP) 등에 사용되는 것으로 내열성, 내마모성, 내식성이 필요한 열간 금형용 재료는?

① STC3 ② STS5
③ STD61 ④ SM45C

해설

열간 금형 공구강(STD61)
고온강도, 내열성, 고온에서 내마모성이 우수하다.

31 주조의 탕구계 시스템에서 라이저(Riser)의 역할로서 틀린 것은?

① 수축으로 인한 쇳물 부족을 보충한다.
② 주형 내의 가스, 기포 등을 밖으로 배출한다.
③ 주형 내의 쇳물에 압력을 가해 조직을 치밀화한다.
④ 주물의 냉각도에 따른 균열이 발생되는 것을 방지한다.

해설

압탕(Riser, 덧쇳물)
• 주형 내의 쇳물에 정압을 가하여 조직이 치밀해진다.
• 금속의 응고 때 수축을 보상하기 위해 용탕을 보충한다.
• 주형 내의 용재 및 불순물을 밀어낸다.
• 주형 내의 가스를 방출하여 기포결함을 방지한다.
• 용융금속의 주입량을 측정할 수 있다.

④ 냉각쇠(냉금, Chill Metal)의 역할이다.

정답 27 ② 28 ② 29 ② 30 ③ 31 ④

32 측정기의 구조상에서 일어나는 오차로서 눈금 또는 피치의 불균일이나 마찰, 측정압 등의 변화 등에 의해 발생하는 오차는?

① 개인 오차　② 기기 오차
③ 우연 오차　④ 불합리 오차

해설

- 기기오차 : 기기오차는 측정기의 구조, 측정압력, 측정온도, 측정기의 마모 등에 따른 오차로서 아무리 정밀한 측정기라도 다소의 기기오차는 있으며 다음 식에 의하여 구해진 값을 보정하여 사용한다.
  보정값 = 측정값 − 기기오차
- 개인오차 : 측정하는 사람의 습관, 부주의, 숙련도에 따라 발생하는 오차이다. 숙련되면 어느 정도는 오차를 줄일 수 있다.
- 우연오차(외부조건에 의한 오차) : 측정온도나 채광의 변화가 영향을 미쳐 발생하는 오차이다.

33 단조에 관한 설명 중 틀린 것은?

① 열간단조에는 콜드 헤딩, 코이닝, 스웨이징이 있다.
② 자유 단조는 엔빌 위에 단조물을 고정하고 해머로 타격하여 필요한 형상으로 가공한다.
③ 형단조는 제품의 형상을 조형한 한 쌍의 다이 사이에 가열한 소재를 넣고 타격이나 높은 압력을 가하여 제품을 성형한다.
④ 업셋단조는 가열된 재료를 수평틀에 고정하고 한 쪽 끝을 돌출시키고 돌출부를 축방향으로 압축하여 성형한다.

해설

- 열간단조 : 해머단조, 프레스단조, 업셋단조, 압연단조
- 냉간단조 : 콜드 헤딩, 코이닝, 스웨이징

34 절삭유제를 사용하는 목적이 아닌 것은?

① 능률적인 칩 제거
② 공작물과 공구의 냉각
③ 절삭열에 의한 정밀도 저하 방지
④ 공구 윗면과 칩 사이의 마찰계수 증대

해설

절삭유의 역할

- 냉각작용 : 절삭열 제거(공구수명 연장, 치수 정밀도 향상, 열에 의한 변질 방지)
- 윤활작용 : 마찰 감소(팁 마모 감소 → 조도 향상, 절삭효율 상승 → 소비동력 저하)
- 세정작용 : 칩 배출, 바이트 팁에 칩이 융착되는 것 방지
- 방청작용 : 공작물 녹 방지

35 불활성가스가 공급되면서 용가재인 소모성 전극와이어를 연속적으로 보내서 아크를 발생시켜 용접하는 불활성가스 아크 용접법은?

① MIG 용접　② TIG 용접
③ 스터드 용접　④ 레이저 용접

해설

불활성가스 아크 용접

불활성가스(Ar, He)를 공급하면서 용접

㉠ MIG 용접(불활성가스 금속아크 용접) : GMAW(Gas Metal Arc Welding) – 용극식
  - 전극으로 용접 와이어를 사용하여 모재와의 사이에서 Arc를 발생시킨다.
  - 전극이 녹는 소모식이다.
  - 전류 밀도가 티그 용접의 2배, 일반 용접의 4~6배로 매우 크고 용적이행은 스프레이형이다.
  - 후판에 주로 사용한다.
  - 보호가스 : He 가스 → MIG 용접, CO_2 가스 → 탄산가스(CO_2) 아크 용접
  - 탄산가스(CO_2) 아크 용접은 현장에서 가장 많이 사용하고 있는 용접법이다.

정답　32 ②　33 ①　34 ④　35 ①

㉡ TIG 용접(불활성가스 텅스텐 아크 용접) : GTAW(Gas Tungsten arc Welding) – 비용극식
- 모재와 텅스텐 전극 사이에서 아크를 발생시킨다.
- 아르곤 가스를 보호가스로 사용한다.
- 용가재를 첨가하여 용접시킨다.
- 전극(텅스텐)이 소모되지 않는다.

㉢ 스터드 용접 : 스터드 용접은 볼트, 환봉, 핀 등의 스터드 끝 면과 철판이나 기존 금속면의 모재를 용융시켜 스터드를 모재에 스프링 작용 또는 공기 압력으로 맞대고 눌러 순간 융합시키는 방법으로 용접하는 자동 아크 용접법이다.

㉣ 레이저 용접 : 집적된 레이저의 고밀도 에너지를 이용하여 공작물을 국부적으로 가열, 용융시켜 용접에 이용한다.

36 선반에서 연동척에 대한 설명으로 옳은 것은?

① 4개의 돌려 맞출 수 있는 조(Jaw)가 있고, 조는 각각 개별적으로 조절된다.
② 원형 또는 육각형 단면을 가진 공작물을 신속히 고정시킬 수 있는 척이며, 조(Jaw)는 3개가 있고, 동시에 작동한다.
③ 스핀들 테이퍼 구멍에 슬리브를 꽂고, 여기에 척을 꽂은 것으로 가는 지름 고정에 편리한다.
④ 원판 안에 전자석을 장입하고, 이것에 직류전류를 보내어 척(Chuck)을 자화시켜 공작물을 고정한다.

해설

연동척(Universal Chuck)
스크롤(Scroll) 척이라고도 한다. 3개의 조(Jaw)가 동시 이동하여 정밀도가 저하된다. 규칙적인 외경 재료 가공이 용이하고 편심가공을 할 수 없다.

37 레이저(Laser) 가공에 대한 특징으로 틀린 것은?

① 밀도가 높은 단색성과 평행도가 높은 지향성을 이용한다.
② 가공물에 빛을 쏘이면 순간적으로 일부분이 가열되어, 용해되거나 증발되는 원리이다.
③ 초경합금, 스테인리스강의 가공은 불가능한 단점이 있다.
④ 유리, 플라스틱 판의 절단이 가능하다.

해설

레이저 가공
집적된 레이저의 고밀도 에너지를 이용하여 공작물을 국부적으로 가열, 용융, 기화시키는 원리를 이용하여, 공작물을 대기 중에서 비접촉으로 가공한다.

㉠ 장점
- 공작물의 중량과 크기에 상관없이 고속의 절단 가능
- 클램핑(Clamping)에 의한 소재의 손실 감소
- 생산공정의 단축(자동화, 시스템화)
- 비접촉식 헤드 도입으로 제품 표면에 스크래치 방지
- 높은 정밀도와 매끄러운 표면
- 난가공재의 미세가공에 적합

㉡ 단점
유해 가스 방출을 위한 환기 장치 필요

38 절삭가공 시 절삭유(Cutting Fluid)의 역할로 틀린 것은?

① 공구와 칩의 친화력을 돕는다.
② 공구나 공작물의 냉각을 돕는다.
③ 공작물의 표면조도 향상을 돕는다.
④ 공작물과 공구의 마찰감소를 돕는다.

해설

절삭유의 역할에는 냉각작용, 윤활작용, 세정작용, 방청작용 등이 있다.

정답 36 ② 37 ③ 38 ①

39 주철과 같이 메진 재료를 저속으로 절삭할 때 일반적인 칩의 모양은?

① 경작형 ② 균열형
③ 유동형 ④ 전단형

해설

균열형 칩의 발생조건
- 주철과 같은 취성이 큰 재료를 저속 절삭할 때
- 절삭깊이가 크거나 경사각이 매우 작을 때

40 센터리스 연삭의 특징으로 틀린 것은?

① 가늘고 긴 가공물의 연삭에 적합하다.
② 연속작업을 할 수 있어 대량 생산이 용이하다.
③ 키 홈과 같이 긴 홈이 있는 가공물은 연삭이 어렵다.
④ 축방향의 추력이 있으므로 연삭 여유가 커야 한다.

해설

④ 연삭 여유가 작아도 작업이 가능하다.

3과목 구조해석

41 그림과 같은 부정정보가 등분포하중(w)을 받고 있을 때 B점의 반력 R_b는?

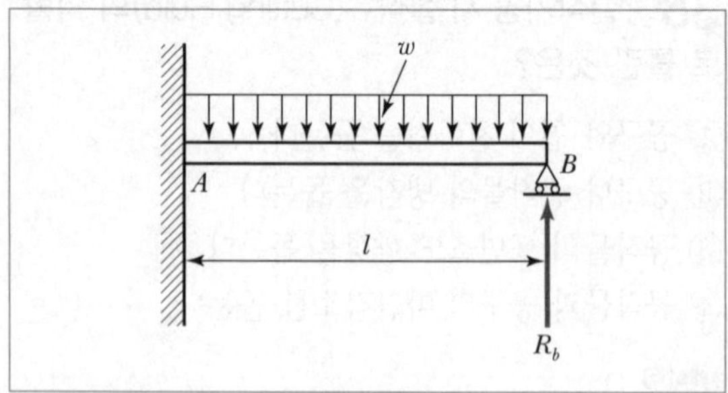

① $\dfrac{1}{8}wl$ ② $\dfrac{1}{3}wl$
③ $\dfrac{3}{8}wl$ ④ $\dfrac{5}{8}wl$

해설

처짐을 고려하여 부정정요소를 해결한다.

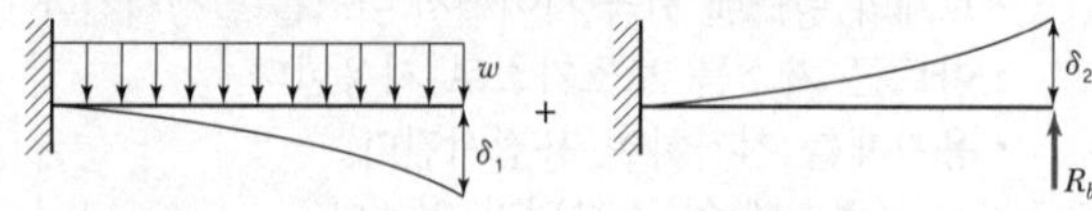

$\delta_1 = \dfrac{wl^4}{8EI}$, $\delta_2 = \dfrac{R_b \cdot l^3}{3EI}$

$\delta_1 = \delta_2$이면 B점에서 처짐량이 0이므로

$\dfrac{wl^4}{8EI} = \dfrac{R_b \cdot l^3}{3EI}$에서 $R_b = \dfrac{3}{8}wl$

42 안지름 1m, 두께 5mm의 구형 압력 용기에 길이 15mm 스트레인 게이지를 그림과 같이 부착하고, 압력을 가하였더니 게이지의 길이가 0.009mm만큼 증가했을 때, 내압 p의 값은 약 몇 MPa인가?(단, 세로탄성계수는 200GPa, 푸아송 비는 0.3이다.)

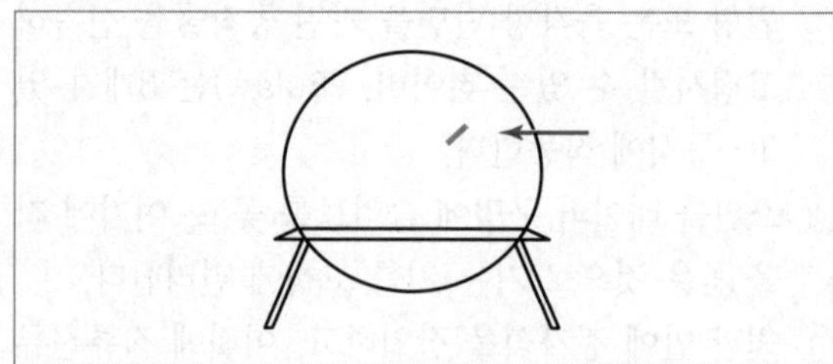

① 3.43MPa ② 6.43MPa
③ 13.4MPa ④ 16.4MPa

해설

2축 응력상태의 변형에서 x축을 종으로
($\varepsilon' = \mu\varepsilon$을 적용 → 횡방향이 줄어든다.)

$\varepsilon_x = \dfrac{\sigma_x}{E} - \mu\dfrac{\sigma_y}{E}$

(여기서, $\sigma_x = \sigma_y = \sigma$, 푸아송 비 $\mu = \nu$)

$= \dfrac{\sigma}{E}(1-\mu) = \dfrac{\sigma}{E}(1-\nu) = \dfrac{\lambda}{l}$

원주응력 $\sigma \cdot \pi dt = p \cdot \dfrac{\pi}{4}d^2$에서 $\sigma = \dfrac{p \cdot d}{4t}$를 대입하면

정답 39 ② 40 ④ 41 ③ 42 ①

$\frac{p \cdot d}{4tE}(1-\nu)=\frac{\lambda}{l}$

$\therefore\ p=\frac{4tE\lambda}{dl(1-\nu)}=\frac{4\times5\times200\times10^3(\text{MPa})\times0.009}{1{,}000\times15\times(1-0.3)}$

$=3.43\text{MPa}$

43 비례한도까지 응력을 가할 때 재료의 변형에너지 밀도(탄력계수, Modulus of Resilience)를 옳게 나타낸 식은?(단, E는 세로 탄성계수, σ_{pl}은 비례한도를 나타낸다.)

① $\frac{E^2}{2\sigma_{pl}}$　② $\frac{\sigma_{pl}}{2E^2}$

③ $\frac{\sigma_{pl}^2}{2E}$　④ $\frac{E}{2\sigma_{pl}^2}$

해설

탄성변형에너지 $U=\frac{1}{2}P\lambda=\frac{\sigma_{pl}A}{2}\cdot\frac{\sigma_{pl}l}{E}=\frac{\sigma_{pl}^2Al}{2E}$ 에서

변형에너지 밀도 $\frac{U}{V}=\frac{\frac{\sigma_{pl}^2Al}{2E}}{Al}=\frac{\sigma_{pl}^2}{2E}$

44 지름이 d인 중실 환봉에 비틀림모멘트가 작용하고 있고 환봉의 표면에서 봉의 축에 대하여 45° 방향으로 측정한 최대수직변형률이 ε이었다. 환봉의 전단탄성계수를 G라고 한다면 이때 가해진 비틀림모멘트 T의 식으로 가장 옳은 것은?(단, 발생하는 수직변형률 및 전단변형률은 다른 값에 비해 매우 작은 값으로 가정한다.)

① $\frac{\pi G\varepsilon d^3}{2}$　② $\frac{\pi G\varepsilon d^3}{4}$

③ $\frac{\pi G\varepsilon d^3}{8}$　④ $\frac{\pi G\varepsilon d^3}{16}$

해설

$T=G\times2\varepsilon\times\frac{\pi d^3}{16}=\pi G\cdot\frac{\varepsilon d^3}{8}$

45 굽힘모멘트 20.5kN · m의 굽힘을 받는 보의 단면은 폭 120mm, 높이 160mm의 사각단면이다. 이 단면이 받는 최대굽힘응력은 약 몇 MPa인가?

① 10MPa　② 20MPa

③ 30MPa　④ 40MPa

해설

$\sigma_b=\frac{M}{Z}=\frac{M}{\frac{bh^2}{6}}=\frac{20.5\times10^3}{\frac{0.12\times0.16^2}{6}}$

$=40.04\times10^6\text{N/m}^2=40.04\text{MPa}$

46 비틀림모멘트 T를 받는 평균반지름이 r_m이고 두께가 t인 원형의 박판 튜브에서 발생하는 평균전단응력의 근사식으로 가장 옳은 것은?

① $\frac{2T}{\pi tr_m^2}$　② $\frac{4T}{\pi tr_m^2}$

③ $\frac{T}{2\pi tr_m^2}$　④ $\frac{T}{4\pi tr_m^2}$

해설

$\tau=\frac{T}{2tA_m}$, $A_m=\pi r_m^2$에서 $\tau=\frac{T}{2\pi tr_m^2}$

47 한쪽을 고정한 L형 보에 그림과 같이 분포하중(w)과 집중하중(50N)이 작용할 때 고정단 A점에서의 모멘트는 얼마인가?

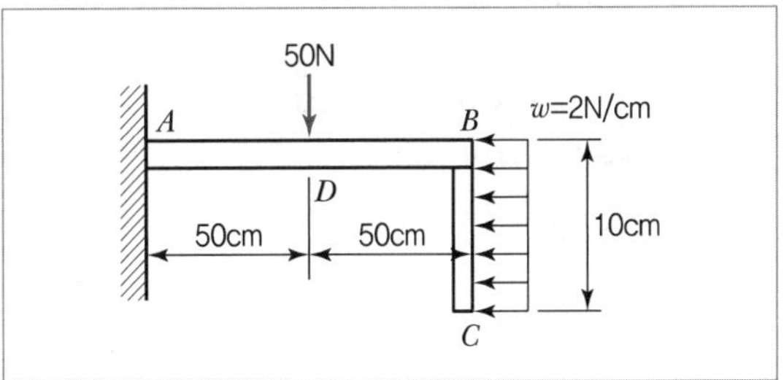

① 2,600N · cm　② 2,900N · cm

③ 3,200N · cm　④ 3,500N · cm

정답　43 ③　44 ③　45 ④　46 ③　47 ①

해설

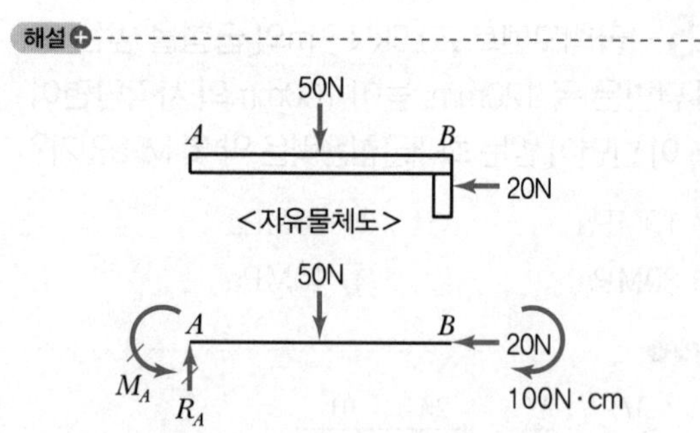

$\Sigma M_{A지점} = 0$에서

$-M_A + 50 \times 50 + 100 = 0$

$\therefore\ M_A = 2{,}600\text{N} \cdot \text{cm}$

48 한 변의 길이가 10mm인 정사각형 단면의 막대가 있다. 온도를 초기 온도로부터 60℃만큼 상승시켜서 길이가 늘어나지 않게 하기 위해 8kN의 힘이 필요할 때 막대의 선팽창계수(α)는 약 몇 ℃$^{-1}$인가?(단, 세로탄성계수 E = 200GPa이다.)

① $\frac{5}{3} \times 10^{-6}$　② $\frac{10}{3} \times 10^{-6}$

③ $\frac{15}{3} \times 10^{-6}$　④ $\frac{20}{3} \times 10^{-6}$

해설

열응력에 의해 생기는 힘과 하중 8kN은 같다.

$\varepsilon = \alpha \Delta t$

$\sigma = E\varepsilon = E\alpha \Delta t$

$P = \sigma A = E\alpha \Delta t A$에서

$$\alpha = \frac{P}{E\Delta t A} = \frac{8 \times 10^3}{200 \times 10^9 \times 60 \times 0.01^2}$$

$$= 0.000006667 = 6.\dot{6} \times 10^{-6}$$

$$= \frac{66-6}{9} \times 10^{-6}$$

$$= \frac{20}{3} \times 10^{-6} (1/℃)$$

49 다음 단면에서 도심의 y축 좌표는 얼마인가?(단, 길이 단위는 mm이다.)

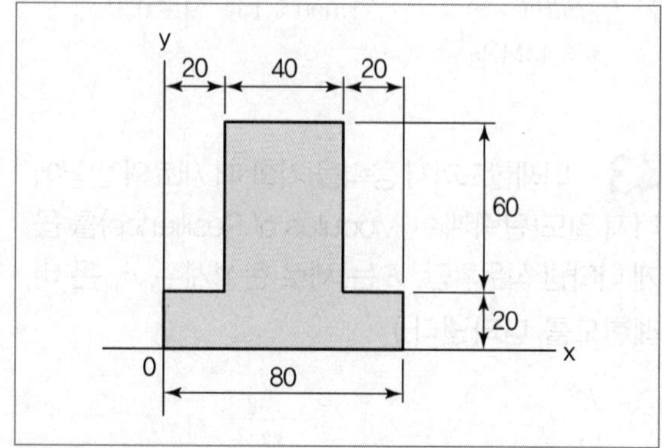

① 32mm　② 34mm

③ 36mm　④ 38mm

해설

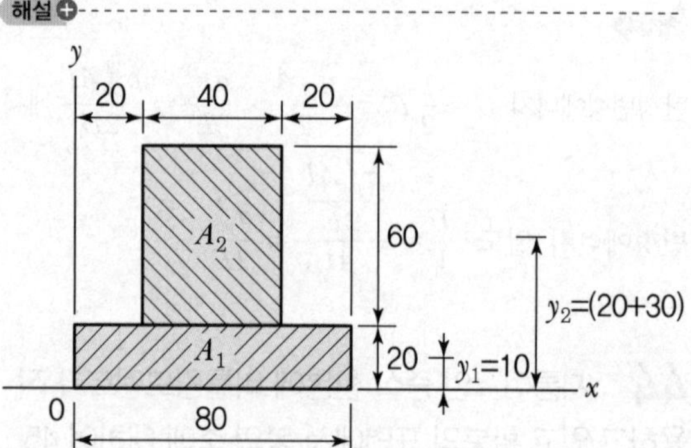

x축으로부터 도심거리

$$\bar{y} = \frac{A_1 y_1 + A_2 y_2}{A_1 + A_2}$$

$$= \frac{(80 \times 20 \times 10) + (40 \times 60 \times 50)}{(80 \times 20) + (40 \times 60)} = 34$$

정답　48 ④　49 ②

50 다음과 같은 평면응력상태에서 최대전단응력은 약 몇 MPa인가?

- x 방향 인장응력 : 175MPa
- y 방향 인장응력 : 35MPa
- xy 방향 전단응력 : 60MPa

① 127 ② 104
③ 76 ④ 92

해설

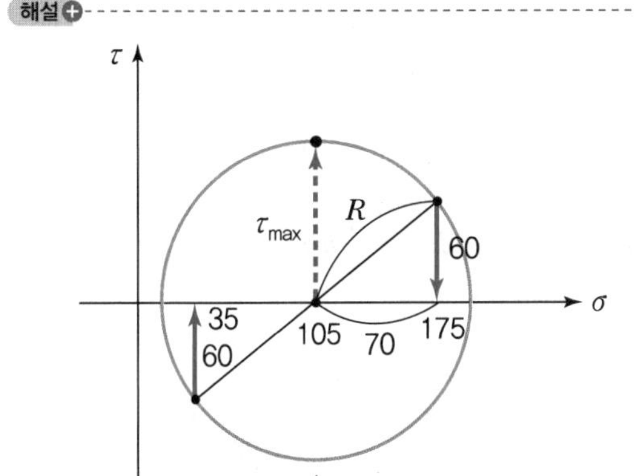

모어의 응력원에서

$$\sigma_{av} = \frac{175+35}{2} = 105$$

R의 밑변은 $175-105=70$

$\tau_{\max} = R$이므로

$$R = \sqrt{70^2+60^2} = 92.2\text{MPa}$$

51 그림과 같은 사각단면보에 100kN의 인장력이 작용하고 있다. 이때 부재에 걸리는 인장응력은 약 얼마인가?

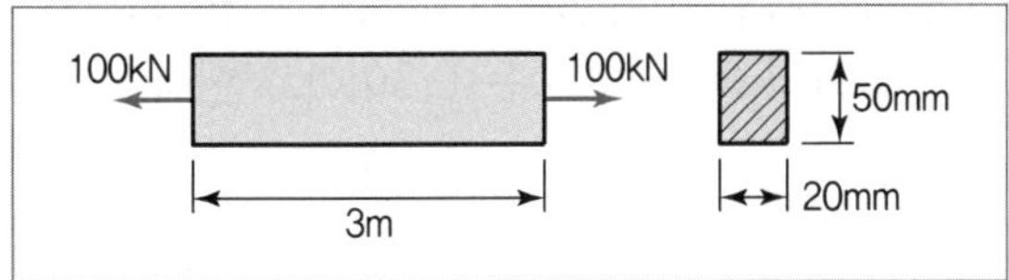

① 100Pa ② 100kPa
③ 100MPa ④ 100GPa

해설

$$\sigma = \frac{P}{A} = \frac{100\times10^3}{0.02\times0.05} = 100\times10^6\text{N/m}^2$$

$$= 100\times10^6\text{Pa} = 100\text{MPa}$$

52 그림과 같이 강선이 천정에 매달려 100kN의 무게를 지탱하고 있을 때, AC 강선이 받고 있는 힘은 약 몇 kN인가?

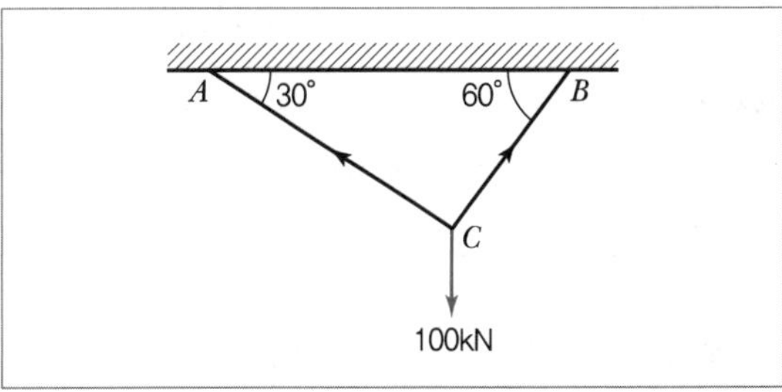

① 50 ② 25
③ 86.6 ④ 13.3

해설

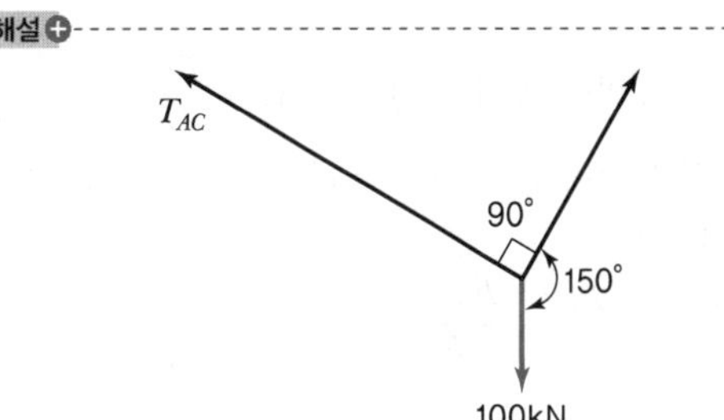

라미의 정리에 의해

$$\frac{100\text{kN}}{\sin90°} = \frac{T_{AC}}{\sin150°}$$

$$\therefore\ T_{AC} = 100\times\frac{\sin150°}{\sin90°} = 50\text{kN}$$

정답 50 ④ 51 ③ 52 ①

53 양단이 고정된 막대의 한 점(B점)에 그림과 같이 축방향 하중 P가 작용하고 있다. 막대의 단면적이 A이고 탄성계수가 E일 때, 하중 작용점(B점)의 변위 발생량은?

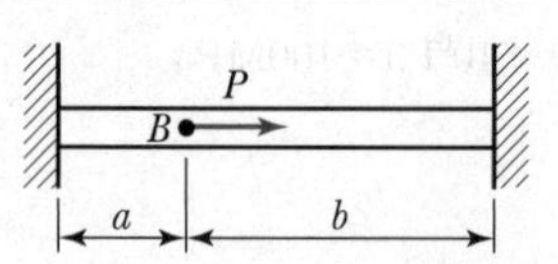

① $\dfrac{abP}{EA(a+b)}$ ② $\dfrac{abP}{2EA(a+b)}$

③ $\dfrac{abP}{EA(b-a)}$ ④ $\dfrac{abP}{2EA(b-a)}$

해설

〈자유물체도〉

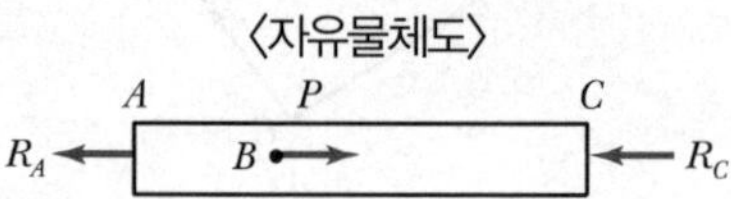

자유물체도에서 $P-R_A-R_C=0$에서

$R_A+R_C=P$ …… ⓐ

$a+b=l$

- 하중 R_A에 의한 A점의 변위량 $\lambda_A=\dfrac{R_A l}{AE}$
- 하중 P에 의한 B점의 변위량 $\lambda_B=\dfrac{Pb}{AE}$

A점의 실제 변위량 $\lambda=\lambda_B-\lambda_A$인데, A는 고정단이므로 $\lambda=0$에서

$\lambda_B=\lambda_A \rightarrow \dfrac{Pb}{AE}=\dfrac{R_A l}{AE}$

$\therefore R_A=\dfrac{Pb}{l}$

ⓐ식에 대입하면 $R_C=\dfrac{Pa}{l}$

$\lambda_B=\dfrac{R_A a}{AE} \rightarrow R_A=\dfrac{AE}{a}\lambda_B$ …… ⓑ

$\lambda_B=\dfrac{R_C b}{AE} \rightarrow R_C=\dfrac{AE}{b}\lambda_B$ …… ⓒ

ⓑ와 ⓒ를 ⓐ에 대입하면

$\dfrac{AE}{a}\lambda_B+\dfrac{AE}{b}\lambda_B=P$이므로 $\lambda_B=\dfrac{Pab}{AE(a+b)}$

54 그림과 같은 분포하중을 받는 단순보의 반력 R_A, R_B는 각각 몇 kN인가?

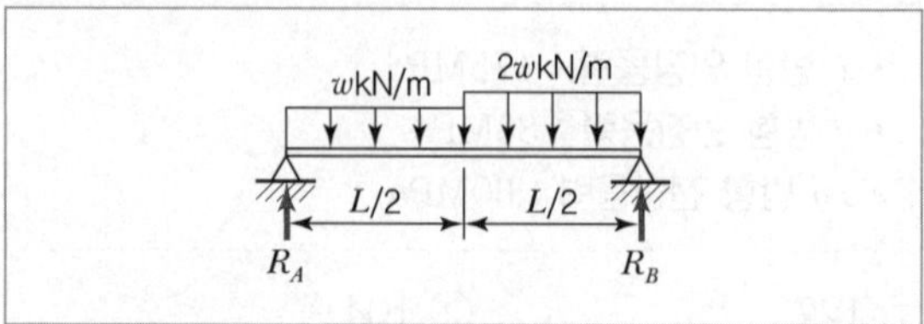

① $R_A=\dfrac{3}{8}wL,\ R_B=\dfrac{9}{8}wL$

② $R_A=\dfrac{5}{8}wL,\ R_B=\dfrac{7}{8}wL$

③ $R_A=\dfrac{9}{8}wL,\ R_B=\dfrac{3}{8}wL$

④ $R_A=\dfrac{7}{8}wL,\ R_B=\dfrac{5}{8}wL$

해설

〈자유물체도〉

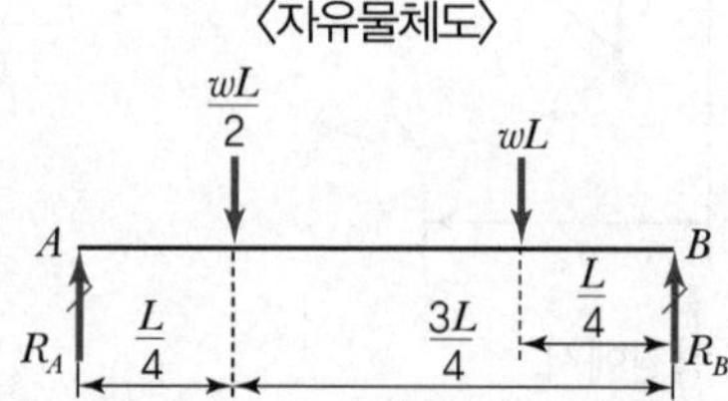

$\sum M_{B지점}=0$에서

$R_A\cdot L-\dfrac{wL}{2}\cdot\dfrac{3L}{4}-wL\cdot\dfrac{L}{4}=0$

$\therefore R_A=\dfrac{5}{8}wL$

$R_A-\dfrac{wL}{2}-wL+R_B=0$에서 $R_B=\dfrac{7}{8}wL$

55 지면으로부터 경사각이 30°인 경사면에 정지된 블록이 미끄러지기 시작하여 10m/s의 속력이 될 때까지 걸린 시간은 약 몇 초인가?(단, 경사면과 블록과의 동마찰계수는 0.30이라고 한다.)

① 1.42 ② 2.13

③ 2.84 ④ 4.24

정답 53 ① 54 ② 55 ④

해설

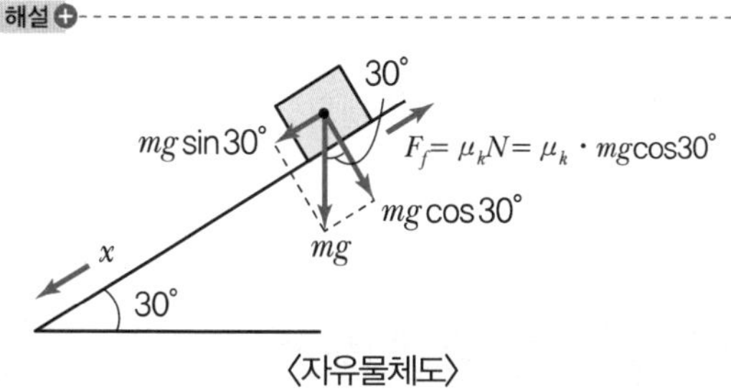

〈자유물체도〉

$$\Sigma F_x = mg\sin 30° - \mu_k mg\cos 30° = ma_x = m \cdot \frac{V}{t}$$

($a_x = c$로 일정, $V = V_0 + a_c t$ ($V_0 = 0$), 양변÷m)

$$\therefore\ t = \frac{V}{g(\sin 30° - \mu_k \cos 30°)}$$

$$= \frac{10}{9.8(\sin 30° - 0.3\cos 30°)} = 4.25\text{s}$$

56 그림과 같은 단진자 운동에서 길이 L이 4배로 늘어나면 진동주기는 약 몇 배로 변하는가?(단, 운동은 단일 평면상에서만 한다고 가정하고, 진동 각변위(θ)는 충분히 작다고 가정한다.)

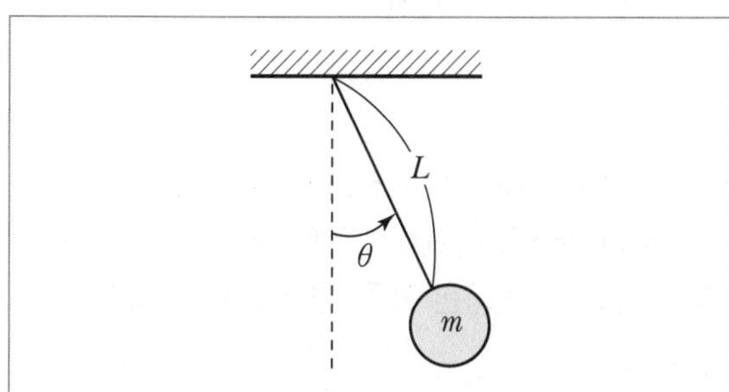

① $\sqrt{2}$　② 2
③ 4　④ 16

해설

i) L일 때 진동주기

$$T_L = \frac{1}{f_n} = \frac{2\pi}{\omega_n} = 2\pi\sqrt{\frac{L}{g}}$$

ii) L이 4배로 될 때 주기

$$T_{4L} = 2\pi\sqrt{\frac{4L}{g}} = 2\pi\sqrt{\frac{L}{g}} \times 2 = 2 \times T_L$$

57 길이가 L인 가늘고 긴 일정한 단면의 봉이 좌측단에서 핀으로 지지되어 있다. 봉을 그림과 같이 수평으로 정지시킨 후, 이를 놓아서 중력에 의해 회전시킨다면 봉의 위치가 수직이 되는 순간에 봉의 각속도는?(단, g는 중력가속도를 나타내고, 핀 부분의 마찰은 무시한다.)

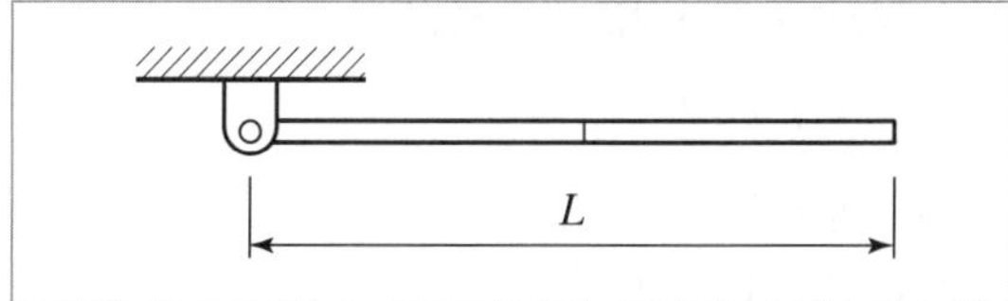

① $\sqrt{\frac{g}{L}}$　② $\sqrt{\frac{2g}{L}}$
③ $\sqrt{\frac{3g}{L}}$　④ $\sqrt{\frac{5g}{L}}$

해설

핀 지점을 O라 하면

i) 수직위치에서 질량중심인 봉 가운데의 중력위치에너지 $V_g = mg \cdot \frac{L}{2}$

ii) 수평위치에 정지해 있으므로 운동에너지 $T_1 = 0$,

봉의 회전운동에너지 $T_2 = \frac{1}{2}J_0\omega^2$

$$T_2 = \frac{1}{2}\left(J_G + m\left(\frac{L}{2}\right)^2\right)\omega^2$$

$$= \frac{1}{2}\left(\frac{mL^2}{12} + m\left(\frac{L}{2}\right)^2\right)\omega^2$$

$$= \frac{1}{2} \times \frac{mL^2}{3} \times \omega^2 = \frac{mL^2}{6}\omega^2$$

iii) $V_g = T_2$이므로

$$mg \cdot \frac{L}{2} = \frac{mL^2}{6} \cdot \omega^2$$

$$\therefore\ \omega = \sqrt{\frac{3g}{L}}$$

정답　56 ②　57 ③

58 장력이 100N 걸려 있는 줄을 모터가 지속적으로 5m/s의 속력으로 끌어당기고 있다면 사용된 모터의 일률(Power)은 몇 W인가?

① 51 ② 250 ③ 350 ④ 500

해설

Power$=H=F\cdot V=100\times5=500$W

59 물리량에 대한 차원 표시가 틀린 것은?(단, M : 질량, L : 길이, T : 시간)

① 힘 : MLT^{-2}
② 각가속도 : T^{-2}
③ 에너지 : ML^2T^{-1}
④ 선형운동량 : MLT^{-1}

해설

① 힘 $F=ma \rightarrow \text{kg}\cdot\text{m/s}^2 \rightarrow MLT^{-2}$
② 각가속도 $\alpha=\dot{\omega} \rightarrow \text{rad/s}^2 \rightarrow T^{-2}$ (radian : 무차원)
③ 일에너지 $F\cdot r \rightarrow \text{kg}\cdot\text{m/s}^2\cdot\text{m} \rightarrow ML^2T^{-2}$
④ 선형운동량 $mV \rightarrow \text{kg}\cdot\text{m/s} \rightarrow MLT^{-1}$

60 A에서 던진 공이 L_1만큼 날아간 후 B에서 튀어 올라 다시 날아간다. B에서 반발계수를 e라 하면 다시 날아간 거리 L_2는?(단, 공과 바닥 사이에서 마찰은 없다고 가정한다.)

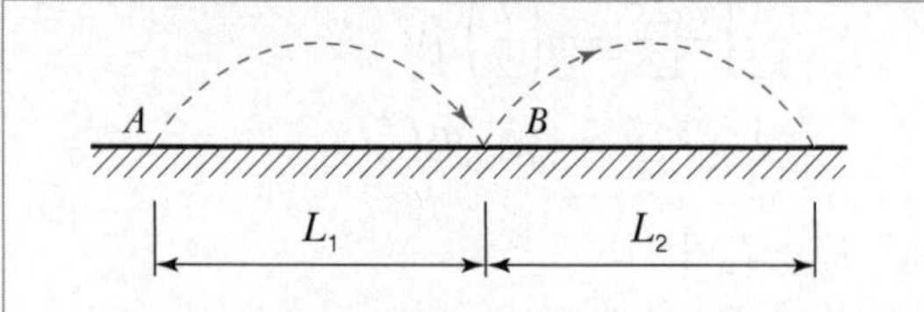

① $\frac{L_1}{e}$ ② $\frac{L_1}{e^2}$

③ eL_1 ④ e^2L_1

해설

$$e=\frac{\text{분리상대속도}}{\text{접근상대속도}}=\frac{L_2/t}{L_1/t}\text{에서 } L_2=eL_1$$

4과목 열 · 유체 해석

61 온도가 20℃, 압력은 100kPa인 공기 1kg을 정압과정으로 가열 팽창시켜 체적을 5배로 할 때 온도는 약 몇 ℃가 되는가?(단, 해당 공기는 이상기체이다.)

① 1,192℃ ② 1,242℃
③ 1,312℃ ④ 1,442℃

해설

정압과정 $p=c$이므로 $\frac{V}{T}=c$에서 $\frac{V_1}{T_1}=\frac{V_2}{T_2}$

$$\therefore T_2=T_1\left(\frac{V_2}{V_1}\right)=T_1\left(\frac{5V_1}{V_1}\right)=(20+273)\times5=1{,}465\text{K}$$

$T_2=1{,}465-273=1{,}192$℃

62 압력 1MPa, 온도 50℃인 R−134a의 비체적의 실제 측정값이 0.021796m^3/kg이었다. 이상기체 방정식을 이용한 이론적인 비체적과 측정값과의 오차$\left(=\frac{\text{이론값}-\text{실제 측정값}}{\text{실제 측정값}}\right)$는 약 몇 %인가?[단, R−134a 이상기체의 기체상수는 0.0815 kPa · m^3/(kg · K)이다.]

① 5.5% ② 12.5%
③ 20.8% ④ 30.8%

해설

$$\text{오차}=\frac{0.0263245-0.021796}{0.021796}=0.2078=20.78\%$$

정답 58 ④ 59 ③ 60 ③ 61 ① 62 ③

63 공기 표준사이클로 작동되는 디젤 사이클의 이론적인 열효율은 약 몇 %인가?(단, 비열비는 1.4, 압축비는 16이며, 체절비(Cut－off Ratio)는 1.8이다.)

① 50.1 ② 53.2
③ 58.6 ④ 62.4

해설

$$\eta_D = 1 - \left(\frac{1}{\varepsilon}\right)^{k-1} \cdot \frac{\sigma^k - 1}{k(\sigma - 1)}$$ (여기서 σ : 체절비)

$$= 1 - \left(\frac{1}{16}\right)^{1.4-1} \cdot \frac{1.8^{1.4} - 1}{1.4 \times (1.8 - 1)}$$

$$= 0.6239 = 62.4\%$$

64 그림과 같은 열기관 사이클이 있을 때 실제 가능한 공급열량(Q_H)과 일량(W)은 각각 얼마인가?(단, Q_L은 방열열량이다.)

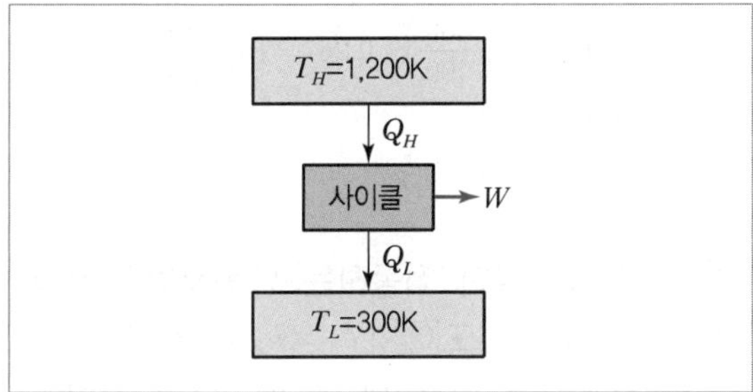

① $Q_H = 100\text{kJ}$, $W = 80\text{kJ}$
② $Q_H = 110\text{kJ}$, $W = 80\text{kJ}$
③ $Q_H = 100\text{kJ}$, $W = 90\text{kJ}$
④ $Q_H = 110\text{kJ}$, $W = 90\text{kJ}$

해설

열기관의 이상사이클은 카르노 사이클이다.

$$\eta_{th} = 1 - \frac{T_L}{T_H} = 1 - \frac{300}{1,200} = 0.75$$

실제 가능한 공급열량과 일량은 $\eta_{th} = \frac{W}{Q_H}$에서 열효율이 75% 이하인 ②이다.

65 다음 압력값 중에서 표준대기압(1atm)과 차이(절댓값)가 가장 큰 압력은?

① 1MPa ② 100kPa
③ 1bar ④ 100hPa

해설

① 1MPa = 1,000kPa
② 100kPa
③ 1bar = 10^5Pa = 100kPa
④ 100hPa = 100 × 10^2Pa = 10kPa
※ 1atm = 1,013.25mbar = 1.01325bar
= 101,325Pa = 101.32kPa

66 어떤 기체 동력장치가 이상적인 브레이턴 사이클로 다음과 같이 작동할 때 이 사이클의 열효율은 약 몇 %인가?[단, 온도(T)－엔트로피(S) 선도에서 T_1 = 30℃, T_2 = 200℃, T_3 = 1,060℃, T_4 = 160℃이다.]

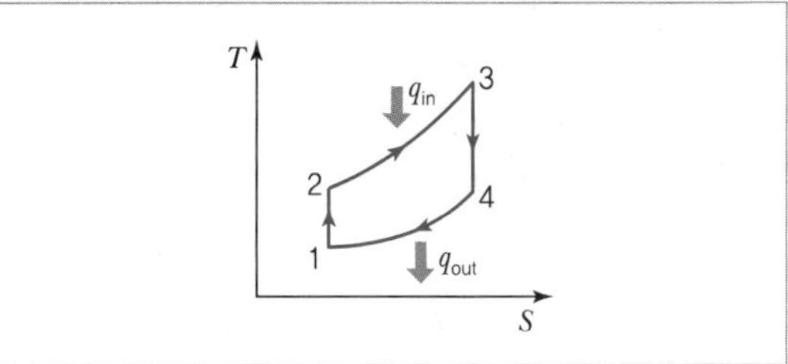

① 81% ② 85%
③ 89% ④ 76%

해설

$\delta q = dh - vdp$ (여기서, 열전달－정압과정 $dp = 0$)

$\delta q = dh = C_p dT$와 $T-S$ 선도에서

$$\eta_B = 1 - \frac{q_{out}}{q_{in}} = 1 - \frac{C_p(T_4 - T_1)}{C_p(T_3 - T_2)} = 1 - \frac{(T_4 - T_1)}{(T_3 - T_2)}$$

$$= 1 - \frac{160 - 30}{1,060 - 200} = 0.8488 \fallingdotseq 85\%$$

정답 63 ④ 64 ② 65 ① 66 ②

67 어떤 물질 1,000kg이 있고 부피는 1.404m^{3}이다. 이 물질의 엔탈피가 1,344.8kJ/kg이고 압력이 9MPa이라면 물질의 내부에너지는 약 몇 kJ/kg인가?

① 1,332　② 1,284
③ 1,048　④ 875

해설

$h = u + Pv$에서

$$u = h - Pv = 1{,}344.8 - 9 \times 10^3(\text{kPa}) \times \frac{1.404(\text{m}^3)}{1{,}000(\text{kg})} = 1{,}332.16\text{kJ/kg}$$

68 질량이 m으로 동일하고, 온도가 각각 T_1, $T_2(T_1 > T_2)$인 두 개의 금속덩어리가 있다. 이 두 개의 금속덩어리가 서로 접촉되어 온도가 평형상태에 도달하였을 때 총 엔트로피 변화량(ΔS)은? (단, 두 금속의 비열은 C로 동일하고, 다른 외부로의 열교환은 전혀 없다.)

① $mC \times \ln\dfrac{T_1 - T_2}{2\sqrt{T_1 T_2}}$

② $mC \times \ln\dfrac{T_1 - T_2}{\sqrt{T_1 T_2}}$

③ $2mC \times \ln\dfrac{T_1 + T_2}{2\sqrt{T_1 T_2}}$

④ $2mC \times \ln\dfrac{T_1 + T_2}{\sqrt{T_1 T_2}}$

해설

$$\Delta S = \Delta S_1 + \Delta S_2 = mC\ln\frac{T_m}{T_1} + mC\ln\frac{T_m}{T_2} = mC\left(\ln\frac{T_m}{T_1} + \ln\frac{T_m}{T_2}\right) = mC\left(\ln\frac{T_m}{T_1} \times \frac{T_m}{T_2}\right) = mC\ln\left(\frac{T_m}{\sqrt{T_1 T_2}}\right)^2$$

$$= 2mC\ln\frac{T_m}{\sqrt{T_1 T_2}} = 2mC\ln\frac{T_1 + T_2}{2\sqrt{T_1 T_2}}$$

69 3kg의 공기가 400K에서 830K까지 가열될 때 엔트로피 변화량은 약 몇 kJ/K인가?[단, 이때 압력은 120kPa에서 480kPa까지 변화하였고, 공기의 정압비열은 1.005kJ/(kg · K), 공기의 기체상수는 0.287kJ/(kg · K)이다.]

① 0.584　② 0.719
③ 0.842　④ 1.007

해설

$S_2 - S_1 = \Delta S = m(s_2 - s_1)$

[여기서, m : 질량(kg), $(s_2 - s_1)$: 비엔트로피 증가량 (kJ/kg · K)]

$$= m\left(C_p\ln\frac{T_2}{T_1} - R\ln\frac{p_2}{p_1}\right) = 3\left(1.005\ln\left(\frac{830}{400}\right) - 0.287 \times \ln\left(\frac{480}{120}\right)\right) = 1.0072\text{kJ/K}$$

70 그림과 같이 작동하는 냉동사이클[압력(P) – 엔탈피(h) 선도]에서 $h_1 = h_4 = 98$kJ/kg, $h_2 = 246$kJ/kg, $h_3 = 298$kJ/kg일 때 이 냉동사이클의 성능계수(COP)는 약 얼마인가?

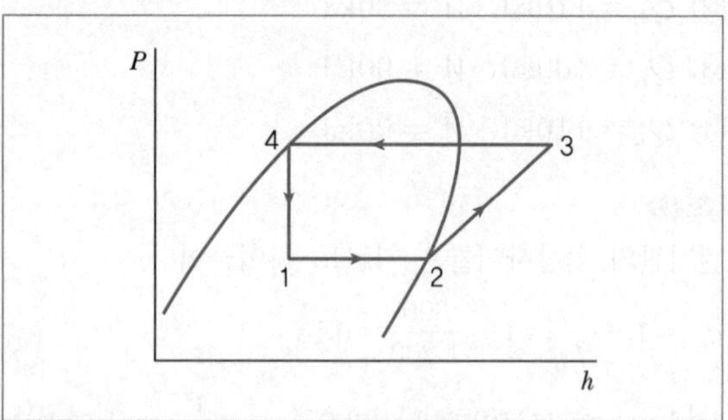

① 4.95　② 3.85
③ 2.85　④ 1.95

정답　67 ①　68 ③　69 ④　70 ③

해설

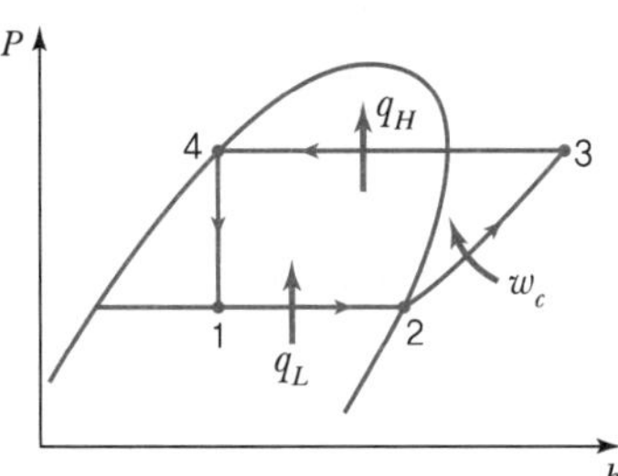

냉동사이클의 성능계수

$$COP(\varepsilon_R) = \frac{q_L}{q_H - q_L} = \frac{q_L}{w_c}$$

$$= \frac{h_2 - h_1}{h_3 - h_2} = \frac{246 - 98}{298 - 246} = 2.85$$

71 다음 중 무차원수가 되는 것은?(단, ρ : 밀도, μ : 점성계수, F : 힘, Q : 부피유량, V : 속도, P : 동력, D : 지름, L : 길이이다.)

① $\dfrac{\rho V^2 D^2}{\mu}$ ② $\dfrac{P}{\rho V^3 D^5}$

③ $\dfrac{Q}{VD^3}$ ④ $\dfrac{F}{\mu VL}$

해설

$\dfrac{F}{\mu VL}$ → 힘 / → 점성력

참고로 무차원수가 되려면

② $\dfrac{P}{\rho V^3 D^2}$ ③ $\dfrac{Q}{VD^2}$

72 지름 20cm인 구의 주위에 물이 2m/s의 속도로 흐르고 있다. 이때 구의 항력계수가 0.2라고 할 때 구에 작용하는 항력은 약 몇 N인가?

① 12.6 ② 204

③ 0.21 ④ 25.1

해설

$$D = C_D \frac{\rho V^2}{2} A = 0.2 \times \frac{1{,}000 \times 2^2}{2} \times \frac{\pi \times 0.2^2}{4} = 12.57\text{N}$$

73 물의 체적탄성계수가 2×10^9Pa일 때 물의 체적을 4% 감소시키려면 약 몇 MPa의 압력을 가해야 하는가?

① 40 ② 80

③ 60 ④ 120

해설

$$K = \frac{1}{\beta} = \frac{1}{-\frac{\frac{dV}{V}}{dp}} = \frac{dp}{-\frac{dV}{V}} \quad [(-) \text{ 압축을 의미}]$$

$$\therefore\ p = K \cdot \frac{dV}{V} = 2 \times 10^9 \times 0.04$$

$$= 80 \times 10^6\text{Pa}$$

$$= 80\text{MPa}$$

74 손실계수(K_L)가 15인 밸브가 파이프에 설치되어 있다. 이 파이프에 물이 3m/s의 속도로 흐르고 있다면, 밸브에 의한 손실수두는 약 몇 m인가?

① 67.8 ② 22.3

③ 6.89 ④ 11.26

해설

$$h_l = K\frac{V^2}{2g} = 15 \times \frac{3^2}{2 \times 9.8} = 6.89$$

75 공기가 게이지 압력 2.06bar의 상태로 지름이 0.15m인 관 속을 흐르고 있다. 이때 대기압은 1.03bar이고 공기 유속이 4m/s라면 질량유량(Mass Flow Rate)은 약 몇 kg/s인가?[단, 공기의 온도는 37℃이고, 기체상수는 287.1J/(kg · K)이다.]

① 0.245 ② 2.17

③ 0.026 ④ 32.4

정답 71 ④ 72 ① 73 ② 74 ③ 75 ①

해설

질량유량 $\dot{m} = \rho A V$

공기는 이상기체이므로 $Pv = RT$ (여기서, $v = \frac{1}{\rho}$)

$P\frac{1}{\rho} = RT$, $\rho = \frac{P}{RT}$

$\therefore\ \dot{m} = \frac{P}{RT} A V$

$$= \frac{3.09 \times 10^5 \times \frac{\pi \times 0.15^2}{4} \times 4}{287.1 \times (37 + 273)} = 0.2454\text{kg/s}$$

(여기서, P는 절대압이므로 $P_g + P_o = 3.09\text{bar}$, $10^5\text{Pa} = 1\text{bar}$)

76 남극 바다에 비중이 0.917인 해빙이 떠 있다. 해빙의 수면 위로 나와 있는 체적이 40m^{3}일 때 해빙의 전체중량은 약 몇 kN인가?(단, 바닷물의 비중은 1.025이다.)

① 2,487　② 2,769
③ 3,138　④ 3,414

해설

$\uparrow y$, 무게와 부력이 같다.

해빙의 전체적을 V, 해빙의 비중과 비중량을 각각 S_{ice}, γ_{ice}, 해빙의 잠긴 체적을 $V-40$, 바닷물의 비중을 S_s, 비중량을 γ_s라 하면

$$\Sigma F_y = 0 : F_B - W = \gamma_s(V-40) - \gamma_{ice} \cdot V = 0$$
$$= S_s \gamma_w (V-40) - S_{ice}\gamma_w \cdot V = 0$$

$$\therefore\ V = \frac{S_s \times 40}{S_s - S_{ice}} = \frac{1.025 \times 40}{1.025 - 0.917} = 379.63\text{m}^3$$

해빙의 전체중량

$$W = S_{ice}\gamma_w \cdot V = 0.917 \times 9{,}800 \times 379.63$$
$$= 3{,}412 \times 10^3\text{N} = 3{,}412\text{kN}$$

77 그림과 같은 시차액주계에서 A, B점의 압력차 $P_A - P_B$는?(단, γ_1, γ_2, γ_3는 각 액체의 비중량이다.)

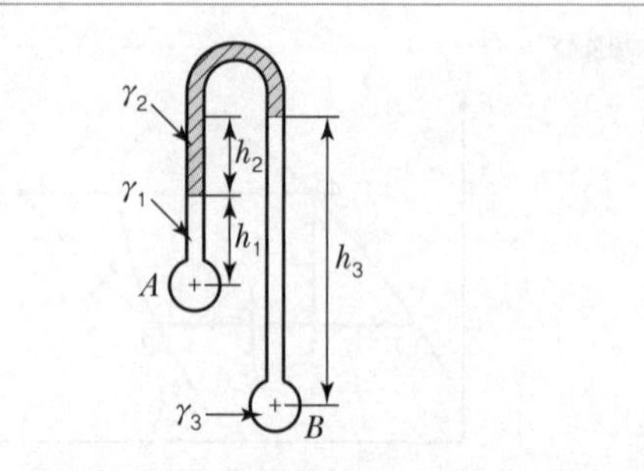

① $\gamma_3 h_3 - \gamma_1 h_1 + \gamma_2 h_2$　② $\gamma_1 h_1 + \gamma_2 h_2 - \gamma_3 h_3$
③ $\gamma_1 h_1 - \gamma_2 h_2 + \gamma_3 h_3$　④ $\gamma_3 h_3 - \gamma_1 h_1 - \gamma_2 h_2$

해설

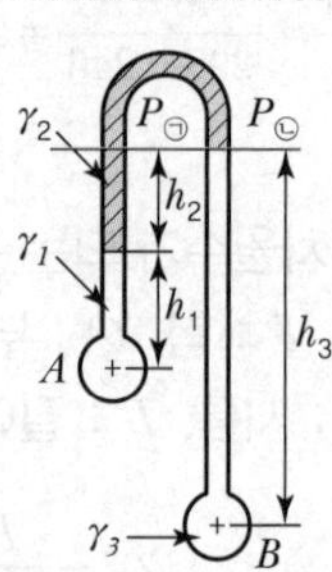

등압면이므로 $P_㉠ = P_㉡$

$P_㉠ = P_A - \gamma_1 h_1 - \gamma_2 h_2$

$P_㉡ = P_B - \gamma_3 h_3$

$P_A - \gamma_1 h_1 - \gamma_2 h_2 = P_B - \gamma_3 h_3$

$\therefore\ P_A - P_B = \gamma_1 h_1 + \gamma_2 h_2 - \gamma_3 h_3$

78 넓은 평판과 나란한 방향으로 흐르는 유체의 속도 u[m/s]는 평판 벽으로부터의 수직거리 y[m]만의 함수로 아래와 같이 주어진다. 유체의 점성계수가 1.8×10^{-5}kg/(m · s)라면 벽면에서의 전단응력은 약 몇 N/m^{2}인가?

$$u(y) = 4 + 200 \times y$$

① 1.8×10^{-5}　② 3.6×10^{-5}
③ 1.8×10^{-3}　④ 3.6×10^{-3}

정답　76 ④　77 ②　78 ④

해설

뉴턴의 점성법칙

$$\tau = \mu \cdot \frac{du}{dy}$$
$$= \mu \times 200$$
$$= 1.8 \times 10^{-5} \times 200$$
$$= 3.6 \times 10^{-3}$$

79 길이가 50m인 배가 8m/s의 속도로 진행하는 경우에 대해 모형 배를 이용하여 조파저항에 관한 실험을 하고자 한다. 모형 배의 길이가 2m이면 모형 배의 속도는 약 몇 m/s로 하여야 하는가?

① 1.60 ② 1.82
③ 2.14 ④ 2.30

해설

배는 자유표면 위를 움직이므로 모형과 실형 사이에 프루드수를 같게 하여 실험한다.

$$Fr)_m = Fr)_p$$
$$\left.\frac{V}{\sqrt{Lg}}\right)_m = \left.\frac{V}{\sqrt{Lg}}\right)_p \quad (\text{여기서, } g_m = g_p \text{이므로})$$
$$\frac{V_m}{\sqrt{L_m}} = \frac{V_p}{\sqrt{L_p}}$$
$$\therefore\ V_m = \sqrt{\frac{L_m}{L_p}} \cdot V_p = \sqrt{\frac{2}{50}} \times 8 = 1.6\text{m/s}$$

80 파이프 내의 유동에서 속도함수 V가 파이프 중심에서 반지름방향으로의 거리 r에 대한 함수로 다음과 같이 나타날 때 이에 대한 운동에너지 계수(또는 운동에너지 수정계수, Kinetic Energy Coefficient) α는 약 얼마인가?(단, V_0는 파이프 중심에서의 속도, V_m은 파이프 내의 평균 속도, A는 유동 단면, R은 파이프 안쪽 반지름이고, 유속 방정식과 운동에너지 계수 관련 식은 아래와 같다.)

- 유속 방정식 $\frac{V}{V_0} = \left(1 - \frac{r}{R}\right)^{1/6}$
- 운동에너지 계수 $\alpha = \frac{1}{A}\int\left(\frac{V}{V_m}\right)^3 dA$

① 1.01 ② 1.03
③ 1.08 ④ 1.12

해설

$$\frac{V}{V_0} = \frac{\overline{V}}{U} = \frac{72}{7 \times 13} = 0.79$$
$$\alpha = \left(\frac{1}{0.79}\right)^3 \times \frac{72}{9 \times 15} = 1.08$$

정답 79 ① 80 ③

제2회 CBT 실전 모의고사

1과목 기계제도 및 설계

01 도면에 마련되는 양식의 종류 중 작성부서, 작성자, 승인자, 도면 명칭, 도면 번호 등을 나타내는 양식은?

① 표제란 ② 부품란
③ 중심마크 ④ 비교눈금

해설

표제란
도면의 우측 아래에 배치하며, 도번(도면 번호), 도명(도면 이름), 척도, 투상법, 작성자명, 일자 등의 내용을 기입한다.

02 그림과 같은 단면도의 형태는?

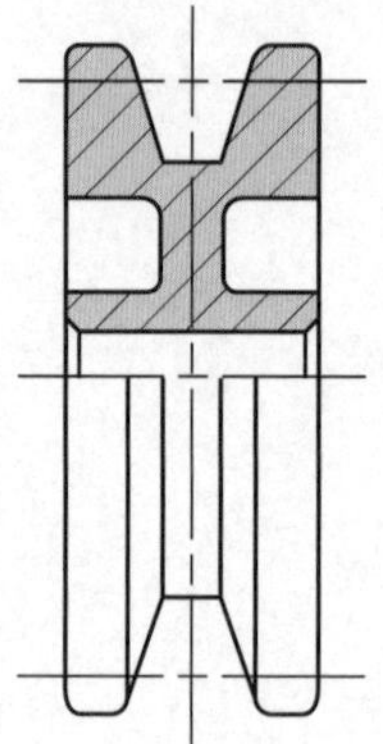

① 온단면도 ② 한쪽 단면도
③ 부분 단면도 ④ 회전 도시 단면도

해설

한쪽 단면도(반단면도)
대칭 물체를 1/4 절단하여 내부와 외부를 동시에 보여준다.

03 그림과 같이 절단할 곳의 전후를 파단선으로 끊어서 회전 도시 단면도로 나타낼 때 단면도의 외형선은 어떤 선을 사용해야 하는가?

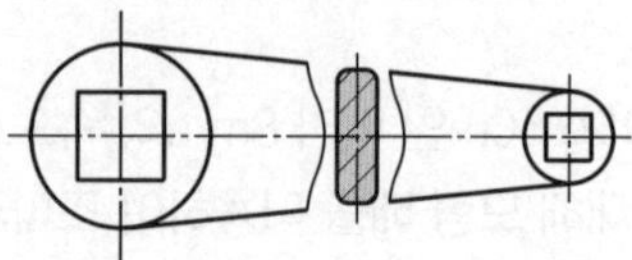

① 굵은 실선 ② 가는 실선
③ 굵은 1점쇄선 ④ 가는 2점쇄선

해설

회전 단면도 도시법

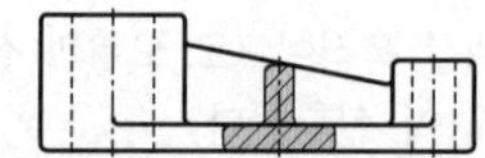

| 리브 내부에 도시할 경우(가는 실선) |

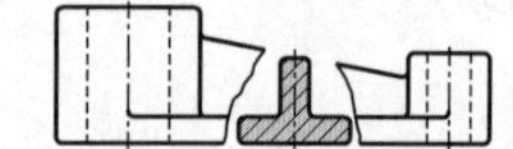

| 리브 외부에 도시할 경우(굵은 실선) |

04 나사의 표시가 다음과 같이 나타날 때 이에 대한 설명으로 틀린 것은?

L 2N M10 − 6H/6g

① 나사의 감김 방향은 오른쪽이다.
② 나사의 종류는 미터나사이다.
③ 암나사 등급은 6H, 수나사 등급은 6g이다.
④ 2줄 나사이며 나사의 바깥지름은 10mm이다.

해설

L : 나사의 감김 방향은 왼쪽이다.

정답 01 ① 02 ② 03 ① 04 ①

05 필릿 용접기호 중 화살표 반대쪽에 필릿 용접을 지시하는 것은?

① 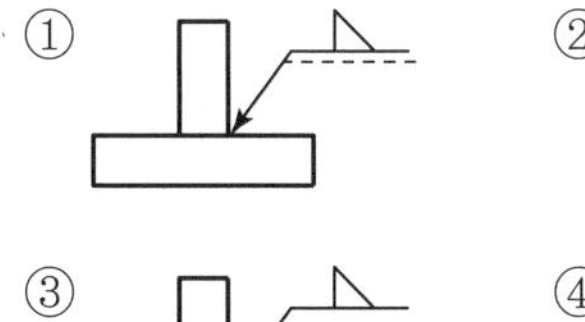

② 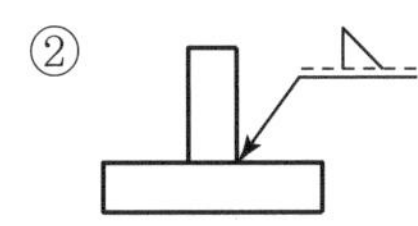

③ 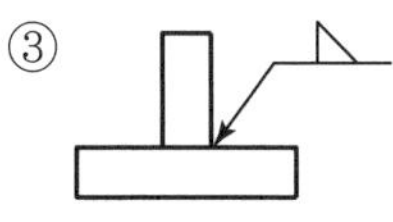

④ 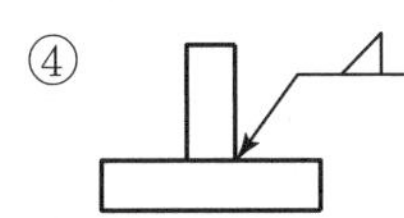

해설

②의 점선에 필릿 용접기호가 있으므로 화살표 반대쪽 용접을 뜻한다.

06 보기와 같은 공차기호에서 최대실체 공차 방식을 표시하는 기호는?

◎	ϕ0.04	A Ⓜ

① ◎　② A　③ Ⓜ　④ ø

해설

최대실체 공차방식은 Ⓜ 기호로 표시한다.

07 가공부에 표시하는 다듬질 기호 중 줄 다듬질 기호는?

① FF　② FL
③ FS　④ FR

해설

다듬질(Finishing) 가공에 의한 약호

- FF(줄 다듬질) : 줄이 File이고, 다듬질이 Finishing이므로 첫 글자를 따와서 FF 기호가 된다.
- FL(래핑 다듬질) : 래핑이 Lapping이고, 다듬질이 Finishing이므로 첫 글자를 따와서 FL 기호가 된다.
- FS(스크레이퍼 다듬질) : Scraping
- FR(리머 가공) : Reaming

08 솔리드 모델의 일반적인 특징을 설명한 것 중 틀린 것은?

① 질량 등 물리적 성질의 계산이 곤란하다.
② Boolean연산(더하기, 빼기, 교차)을 통하여 복잡한 형상 표현도 가능하다.
③ 와이어 프레임 모델에 비해 데이터의 처리시간이 많아진다.
④ 은선 제거가 가능하다.

해설

솔리드 모델링은 내부가 채워진 모델링 방법으로, 질량 등 물리적 성질의 계산이 가능하다.

09 그림과 같은 브레이크에서 레버에 가하는 힘 F를 구하는 식은?(단, 좌회전의 경우로 한다.)

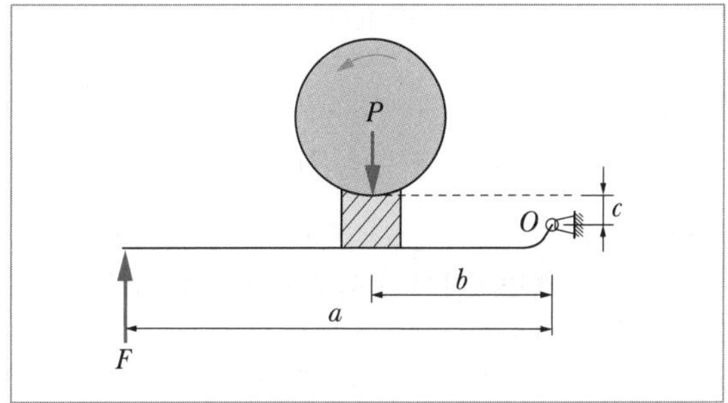

① $F=\dfrac{P(b+\mu c)}{a}$　② $F=\dfrac{P(b-\mu c)}{a}$

③ $F=\dfrac{P(b+\mu c)}{\mu a}$　④ $F=\dfrac{P(\mu b+c)}{a}$

해설

회전(핀)지점을 O라 하면 O점에 대한 모멘트 평형방정식

$\Sigma M_O=0$, (+)　$Fa-Pb+\mu Pc=0$

$\therefore\ F=\dfrac{P(b-\mu c)}{a}$

정답　05 ②　06 ③　07 ①　08 ①　09 ②

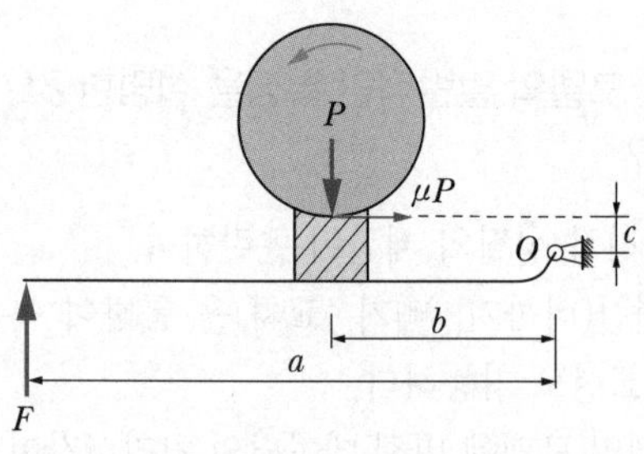

10 도시된 스프링장치의 처짐량은 약 몇 mm인가?(단, $k=1.5$N/mm)

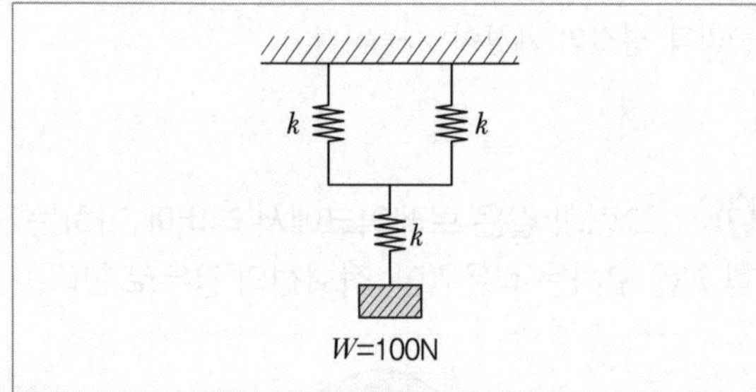

① 70　　② 80
③ 90　　④ 100

해설

직렬조합과 병렬조합이 합해져 있는 상태이다.
위 병렬조합에서
스프링상수 $k_1 = k + k = 1.5 + 1.5 = 3.0\text{N/mm}$
위에서 구한 스프링상수 k_1과 k가 직렬조합된 전체 스프링상수 k_2는 $\frac{1}{k_2} = \frac{1}{k_1} + \frac{1}{k}$에서

$$k_2 = \frac{k_1 k}{k_1 + k} = \frac{3 \times 1.5}{3 + 1.5} = 1\text{N/mm}$$

$W = k_2 \delta$에서

$$\delta = \frac{W}{k_2} = \frac{100}{1} = 100\text{mm}$$

11 관의 안지름을 D[cm], 평균유속을 v[m/s]라 하면 평균유량 Q[m³/s]는?

① $D^2 v$　　② $\pi D^2 v$
③ $\pi D^2 v/400$　　④ $\pi D^2 v/40{,}000$

해설

$$Q = AV = \frac{\pi D^2}{4}(\text{cm}^2) \times V(\text{m/s})$$
$$= \frac{\pi D^2}{4} \times 10^{-4}(\text{m}^2) \times V(\text{m/s})$$
$$= \frac{\pi D^2 V}{40{,}000}(\text{m}^3/\text{s})$$

12 마이터기어(Miter Gear)의 모듈이 4, 잇수가 20일 때 바깥지름은 약 몇 mm인가?

① 62.8　　② 78.3
③ 85.7　　④ 96.5

해설

$$D_O = mz + 2m\cos\alpha$$
$$= 4 \times 4 + 2 \times 4 \times \cos 45° = 85.66\text{mm}$$

(여기서, α는 원추반각)

13 모듈 5, 잇수 $z_1=30$, $z_2=50$, 압력각 20°인 한 쌍의 표준평치차가 있다. 피니언의 바깥지름은 약 몇 mm인가?

① 120　　② 130
③ 150　　④ 160

해설

바깥지름 D_{O1}
$$= D_1 + 2a = mz_1 + 2m = m(z_1 + 2)$$
$$= 5(30 + 2) = 160\text{mm}$$

정답 10 ④ 11 ④ 12 ③ 13 ④

14 체인 피치가 12.25mm, 잇수 34, 회전수가 400rpm일 때, 체인의 평균속도는 몇 m/s인가?

① 1.8 ② 2.8
③ 3.8 ④ 4.8

해설

$$V=\frac{\pi DN}{60,000}=\frac{pzN}{60,000}=\frac{12.25\times 34\times 400}{60,000}=2.8\text{m/s}$$

15 롤러베어링 N206(C=1,450N)이 500rpm으로 180N의 하중을 받치고 있으며 하중계수 f_w= 1.8일 때 수명시간은 약 몇 시간인가?

① 4,757 ② 4,832
③ 4,923 ④ 5,057

해설

$L_h=\left(\frac{C}{P}\right)^r\times\frac{10^6}{60N}$ 에서

실제 하중 $P=f_w P_{th}=1.8\times 180=324\text{N}$

롤러베어링이므로 $r=\frac{10}{3}$

$$\therefore\ L_h=\left(\frac{1,450}{324}\right)^{\frac{10}{3}}\times\frac{10^6}{60\times 500}=4,923.67\text{hr}$$

16 일반적인 유압장치에 대한 설명과 특징으로 가장 적절하지 않은 것은?

① 유압장치 자체의 자동 제어에 제약이 있을 수 있으나 전기, 전자 부품과 조합하여 사용하면 그 효과를 증대시킬 수 있다.
② 힘의 증폭 방법이 같은 크기의 기계적 장치(기어, 체인 등)에 비해 간단하여 크게 증폭시킬 수 있으며 그 예로 소형 유압잭, 거대한 건설 기계 등이 있다.
③ 인화의 위험과 이물질에 의한 고장 우려가 있다.
④ 점도의 변화에 따른 출력 변화가 없다.

해설

④ 점도의 변화에 따라 액추에이터의 출력이나 속도가 변화하기 쉽다.

17 유압 · 공기압 도면 기호(KS B 0054)에 따른 기호에서 필터, 드레인 관로를 나타내는 선의 명칭으로 옳은 것은?

① 파선 ② 실선
③ 1점 이중 쇄선 ④ 복선

18 일반적인 용적형 펌프의 종류가 아닌 것은?

① 기어 펌프 ② 베인 펌프
③ 터빈 펌프 ④ 피스톤(플런저) 펌프

해설

용적형 펌프 종류
- 회전식 : 기어 펌프, 나사 펌프, 베인 펌프
- 왕복동식 : 피스톤 펌프, 플런저 펌프

③ 터빈 펌프 → 터보형 펌프

19 유압작동유의 첨가제로 적절하지 않은 것은?

① 산화방지제
② 소포제 및 방청제
③ 점도지수 강하제
④ 유동점 강하제

해설

작동유의 첨가제 종류
산화방지제, 방청제, 점도지수 향상제, 소포제, 항유화 향상제, 유동점 강하제 등

정답 14 ② 15 ③ 16 ④ 17 ① 18 ③ 19 ③

20 다음 중 유압을 이용한 기기(기계)의 장점이 아닌 것은?

① 자동 제어가 가능하다.
② 유압 에너지원을 축적할 수 있다.
③ 힘과 속도를 무단으로 조절할 수 있다.
④ 온도 변화에 대해 안정적이고 고압에서 누유의 위험이 없다.

해설

유압유의 온도가 높아지면 유압유의 점도가 변화되어 고압에서 누유의 위험이 있다.

2과목 기계재료 및 제작

21 다음 중 가공성이 가장 우수한 결정격자는?

① 면심입방격자 ② 체심입방격자
③ 정방격자 ④ 조밀육방격자

해설

구분	체심입방격자 (BCC)	면심입방격자 (FCC)	조밀육방격자 (HCP)
격자 구조			
성질	용융점이 비교적 높고, 전연성이 떨어진다.	전연성은 좋으나, 강도가 충분하지 않다.	전연성이 떨어지고, 강도가 충분하지 않다.
원자수	2	4	2
충전율	68%	74%	74%
경도	낮음	⟷	높음
결정 격자 사이 공간	넓음	⟷	좁음
원소	α-Fe, W, Cr, Mo, V, Ta 등	γ-Fe, Al, Pb, Cu, Au, Ni, Pt, Ag, Pd 등	Fe_3C, Mg, Cd, Co, Ti, Be, Zn 등

22 고속도공구강(SKH2)의 표준조성에 해당되지 않는 것은?

① W ② V
③ Al ④ Cr

해설

고속도강(SKH)
- W(18%) - Cr(4%) - V(1%) - C(0.8%)의 합금
- 금속재료를 빠른 속도로 절삭하는 공구에 사용되는 특수강
- 사용온도 : 600℃까지 경도 유지
- 절삭속도는 탄소강의 2배 이상으로 고속도강이라 명명되었다.

23 탄소를 제품에 침투시키기 위해 목탄을 부품과 함께 침탄상자 속에 넣고 900~950℃의 온도 범위로 가열로 속에서 가열 유지시키는 처리법은?

① 질화법
② 가스 침탄법
③ 시멘테이션에 의한 경화법
④ 고주파 유도 가열 경화법

정답 20 ④ 21 ① 22 ③ 23 ②

해설

침탄법

종류	원료	방법
고체 침탄법	목탄, 골탄, 코크스+침탄촉진제	저탄소강을 가열하여 탄소 침투
액체 침탄법	시안화나트륨(NaCN)	C와 N가 동시에 침입 확산, 청화법, 침탄질화법, 시안화법
가스 침탄법	천연가스, 프로판가스, 부탄가스, 메탄가스	가스를 변성로에서 변성 후 침탄

24 Fe-C 평형상태도에서 탄소함유량이 약 0.80%인 강을 무엇이라고 하는가?

① 공석강 ② 공정주철
③ 아공정주철 ④ 과공정주철

해설

㉠ 강의 분류
- 공석강 : 철의 탄소함유량이 0.77%C일 때, A_1 변태온도 이하에서 조직은 펄라이트
- 아공석강 : 철의 탄소함유량이 0.025~0.77%C일 때, A_1 변태온도 이하에서 조직은 페라이트+펄라이트
- 과공석강 : 철의 탄소함유량이 0.77~2.11%C일 때, A_1 변태온도 이하에서 조직은 펄라이트+시멘타이트

㉡ 주철의 분류
- 공정주철 : 철의 탄소함유량이 4.3%C일 때, 조직은 레데뷰라이트(오스테나이트+시멘타이트)
- 아공정주철 : 철의 탄소함유량이 2.11~4.3%C일 때, 조직은 오스테나이트+레데뷰라이트
- 과공정주철 : 철의 탄소함유량이 4.3~6.67%C일 때, 조직은 레데뷰라이트+시멘타이트

25 저탄소강 기어(Gear)의 표면에 내마모성을 향상시키기 위해 붕소(B)를 기어 표면에 확산 침투시키는 처리는?

① 세라다이징(Sherardizing)
② 아노다이징(Anodizing)
③ 보로나이징(Boronizing)
④ 칼로라이징(Calorizing)

해설

금속침투법의 침투제에 따른 분류

종류	세라다이징(Sheradizing)	칼로라이징(Calorizing)	크로마이징(Chromizing)	실리코나이징(Silliconizing)	보로나이징(Boronizing)
침투제	Zn	Al	Cr	Si	B
장점	대기 중 부식 방지	고온 산화 방지	내식, 내산, 내마모성 증가	내산성 증가	고경도 (HV 1,300 ~1,400)

26 유화물 계통의 편석 및 수지상 조직을 제거하여 연신율을 향상시킬 수 있는 열처리 방법으로 가장 적합한 것은?

① 퀜칭 ② 템퍼링
③ 확산 풀림 ④ 재결정 풀림

해설

확산 풀림

황화물의 편석을 없애고 Ni강에서 망상으로 석출된 황화물의 적열 취성을 막기 위해 오스테나이트가 생성되는 구역인 A_3~A_{cm} 보다 훨씬 높은 온도인 1,000℃ 가까이 올려서 가열한 후 노랭하면 완전 풀림이 된다.

27 표면은 단단하고 내부는 인성을 가지는 주철로 압연용 롤, 분쇄기 롤, 철도차량 등 내마멸성이 필요한 기계부품에 사용되는 것은?

① 회주철 ② 칠드 주철
③ 구상흑연주철 ④ 펄라이트 주철

정답 24 ① 25 ③ 26 ③ 27 ②

해설

칠드 주철(Chilled Casting : 냉경주물)

- 사형의 단단한 조직이 필요한 부분에 금형을 설치하여 주물을 제작하면, 금형이 설치된 부분이 급랭되어 표면은 단단하고, 내부는 연하며 강인한 성질을 갖는 칠드 주철을 얻을 수 있다.
- 표면은 백주철, 내부는 회주철로 만든 것으로 압연용 롤러, 차륜 등과 같은 것에 사용된다.

28 탄소강이 950℃ 전후의 고온에서 적열메짐(Red Brittleness)을 일으키는 원인이 되는 것은?

① Si ② P
③ Cu ④ S

해설

적열취성

900℃ 이상에서 황(S)이나 산소가 철과 화합하여 산화철이나 황화철(FeS)을 만든다. 황화철이 포함된 강은 고온에서 여린 성질을 나타내는데, 이것을 적열취성이라 한다. Mn을 첨가하면 MnS을 형성하여 적열취성을 방지하는 효과를 얻을 수 있다.

29 그림과 같이 항온 열처리하여 마텐자이트와 베이나이트의 혼합조직을 얻는 열처리는?

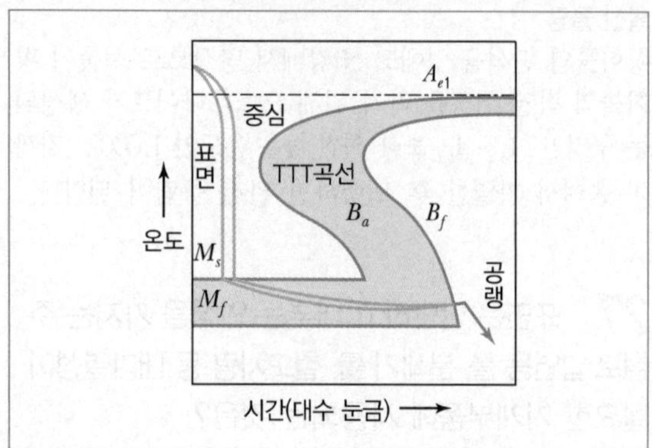

① 담금질 ② 패턴팅
③ 마템퍼링 ④ 오스템퍼링

해설

마템퍼링

- M_s점과 M_f점 사이에서 항온을 유지하여 베이나이트와 마텐자이트의 혼합조직을 석출하는 열처리 방법이다.
- 오랜 시간 항온을 유지해야 하는 결점이 있다.

30 피삭성을 향상시키기 위해 쾌삭강에 첨가하는 원소가 아닌 것은?

① Te ② Pb
③ Sn ④ Bi

해설

쾌삭강의 합금원소

황(S), 납(Pb), 셀레늄(Se), 텔루륨(Te), 칼슘(Ca), 인(P), 비스무트(Bi)

31 특수가공 중에서 초경합금, 유리 등을 가공하는 방법은?

① 래핑 ② 전해 가공
③ 액체 호닝 ④ 초음파가공

해설

① 래핑(Lapping)
- 일반적으로 가공물과 랩(정반) 사이에 미세한 분말 상태의 랩제를 넣고, 가공물에 압력을 가하면서 상대운동을 시키면 표면 거칠기가 매우 우수한 가공면을 얻을 수 있다.
- 래핑은 블록 게이지, 한계 게이지, 플러그 게이지 등의 측정기의 측정면과 정밀기계부품, 광학 렌즈 등의 다듬질용으로 쓰인다.

② 전해 가공(Electro-chemical Machining) : 전기분해의 원리를 이용한 것으로 공구를 음극, 공작물을 양극에 연결하고, 전해액을 분출시키면서 전기를 통하면 양극에서 용해 용출 현상이 일어나 가공이 된다.

③ 액체 호닝(Liquid Honing) : 연마제를 가공액과 혼합한 다음 압축공기와 함께 노즐로 고속 분사시켜 일감의 표면을 깨끗이 다듬는 가공법이다.

정답 28 ④ 29 ③ 30 ③ 31 ④

④ 초음파가공 : 초음파 진동을 에너지원으로 하여 진동하는 공구(Horn)와 공작물 사이에 연삭 입자를 공급하여 공작물을 정밀하게 다듬는다.
- 방전가공과는 달리 도체가 아닌 부도체도 가공이 가능하다.
- 가공액으로 물이나 경유 등을 사용하므로 경제적이고 취급하기도 쉽다.
- 주로 소성변형이 없이 파괴되는 유리, 수정, 반도체, 자기, 세라믹, 카본 등을 정밀하게 가공하는 데 사용한다.

32 큐폴라(Cupola)의 유효높이에 대한 설명으로 옳은 것은?

① 유효높이는 송풍구에서 장입구까지의 높이이다.
② 유효높이는 출탕구에서 송풍구까지의 높이이다.
③ 출탕구에서 굴뚝 끝까지의 높이를 직경으로 나눈 값이다.
④ 열효율이 높아지므로, 유효높이는 가급적 낮추는 것이 바람직하다.

33 나사측정방법 중 삼침법(Three Wire Method)에 대한 설명으로 옳은 것은?

① 나사의 길이를 측정하는 법
② 나사의 골지름을 측정하는 법
③ 나사의 바깥지름을 측정하는 법
④ 나사의 유효지름을 측정하는 법

해설

삼침법
나사의 골에 적당한 굵기의 침을 3개 끼워서 침의 외측거리 M을 외측 마이크로미터로 측정하여 수나사의 유효지름을 계산한다.

34 인발가공 시 다이의 압력과 마찰력을 감소시키고 표면을 매끈하게 하기 위해 사용하는 윤활제가 아닌 것은?

① 비누 ② 석회
③ 흑연 ④ 사염화탄소

해설

마찰력 감소, 다이의 마모 감소, 냉각 효과를 주기 위해 석회, 그리스, 비누, 흑연 등의 윤활제를 사용하며 경질금속은 Pb, Zn을 도금하여 사용한다.

35 밀링에서 브라운 샤프형 분할판으로 지름피치 12, 잇수가 76개인 스퍼기어를 절삭할 때 사용하는 분할판의 구멍열은?

① 16구멍 ② 17구멍
③ 18구멍 ④ 19구멍

해설

브라운 샤프형
$n=\frac{40}{N}=\frac{40}{76}=\frac{10}{19}$이므로 분할판의 구멍열은 19이다.
여기서, n : 핸들의 회전수, N : 분할 수

36 TIG 용접과 MIG 용접에 해당하는 용접은?

① 불활성가스 아크 용접
② 서브머지드 아크 용접
③ 교류 아크 셀룰로스계 피복 용접
④ 직류 아크 일미나이트계 피복 용접

해설

㉠ 불활성가스 아크 용접
- 불활성가스 텅스텐 용접법 : TIG 용접(Tungsten Inert Gas Arc Welding)이라고 하며, GTAW(Gas Tungsten Arc Welding)－비용극식이라고도 한다.
- 불활성가스 금속 용접법 : MIG 용접(Metal Inert Gas Arc Welding)이라고 하며, GMAW(Gas Metal Arc Welding)－용극식이라고도 한다.

정답 32 ① 33 ④ 34 ④ 35 ④ 36 ①

㉡ 서브머지드 아크 용접(잠호용접)
- 용접선의 전방에 분말로 된 용제(Flux)를 미리 살포한다.
- 용제(Flux) 속에서 아크를 발생시켜 용접한다.
- 용제(Flux)는 아크 및 용융금속을 덮어 대기의 침입을 차단함과 동시에 용융금속과 반응하고, 용융금속이 응고할 때에는 비드의 형상을 조정한다.

㉢ 피복 아크 용접(SMAW : Shielded Metal Arc Welding)의 용접봉 종류에 따른 분류
- 고셀룰로스계 피복 아크 용접봉(E4311) : 구조물의 아래보기, 수직 위보기 자세 용접에 적합한 용접봉으로 주성분은 셀룰로스로 되어 있다. 가스 실드식 용접봉으로 아크가 강렬하고 스패터링이 비교적 많다. 슬래그 제거는 쉬우나 비드가 약간 거칠고, 전 자세 용접봉으로 사용이 가능하나 얇은 판의 용접에 가장 적합하다. 결점으로는 습기를 띠기 쉽고 기공이 생길 염려가 있다.
- 일미나이트계 피복 아크 용접봉(E4301) : 우리나라에서 가장 많이 생산되고 있으며 주성분으로 일미나이트($FeOTiO_2$)를 30% 이상 포함하고 있다. 기계적 성질이 양호하고 중요한 일반 기기 및 구조물의 용접에 사용된다. 전 자세 용접이 가능하다.

37 일반적으로 보통 선반의 크기를 표시하는 방법이 아닌 것은?

① 스핀들의 회전속도
② 왕복대 위의 스윙
③ 베드 위의 스윙
④ 주축대와 심압대 양 센터 간 최대거리

해설

선반의 크기

㉠ 베드 위의 스윙 : 절삭할 수 있는 일감의 최대지름
㉡ 왕복대 위의 스윙 : 왕복대에 접촉하지 않고 가공할 수 있는 공작물의 최대지름
㉢ 양 센터 사이의 최대거리 : 절삭할 수 있는 일감의 최대길이
㉣ 베드의 길이 : 현장에서의 설치 등에 사용

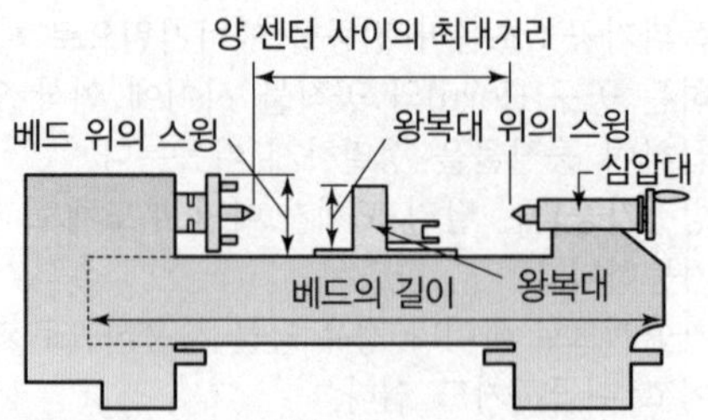

38 전기 도금의 반대 현상으로 가공물을 양극에, 전기저항이 적은 구리와 아연을 음극에 연결한 후 용액에 침지하고 통전하여 금속 표면의 미소 돌기부분을 용해하여 거울면과 같이 광택이 있는 면을 가공할 수 있는 특수가공은?

① 방전가공　② 전주가공
③ 전해연마　④ 슈퍼피니싱

해설

전해연마
아래 그림과 같이 연마하려는 공작물을 양극으로 하여 과염소산, 인산, 황산, 질산 등의 전해액 속에 매달아 두고 1A/cm^2 정도의 직류전류를 통전하여 전기 화학적으로 공작물의 미소돌기를 용출시켜 광택면을 얻는다.

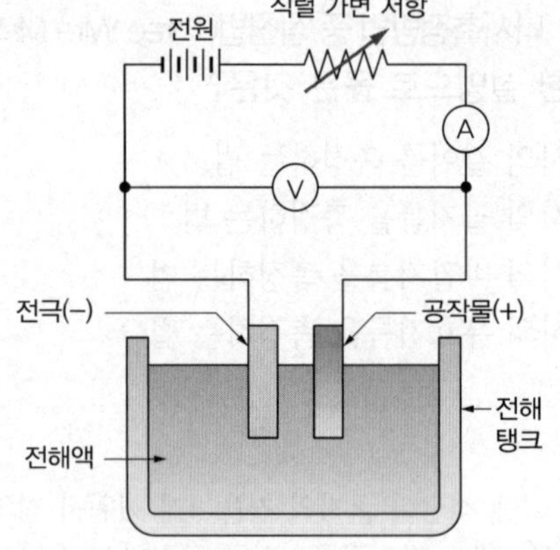

정답 37 ① 38 ③

39 주물의 결함 중 기공(Blow Hole)의 방지대책으로 가장 거리가 먼 것은?

① 주형 내의 수분을 적게 할 것
② 주형의 통기성을 향상시킬 것
③ 용탕에 가스함유량을 높게 할 것
④ 쇳물의 주입온도를 필요 이상으로 높게 하지 말 것

해설

기공은 주조 시에 용탕 속에 용해된 가스 또는 주형으로부터 침입한 가스가 응고 시에 주물 내부에 그대로 잔존하여 형성되므로 용탕에 가스함유량을 높게 해서는 안 된다.

40 압연가공에서 가공 전의 두께가 20mm이던 것이 가공 후 두께가 15mm로 되었다면 압하율은 몇 %인가?

① 20　② 25
③ 30　④ 40

해설

$$\text{압하율} = \frac{H_0 - H_1}{H_0} \times 100 = \frac{20-15}{20} \times 100 = 25\%$$

여기서, H_0 : 롤러 통과 전 재료의 두께
H_1 : 롤러 통과 후 재료의 두께

3과목 구조해석

41 양단이 회전지지로 된 장주에서 거리 e만큼 편심된 곳에 축방향 하중 P가 작용할 때 이 기둥에서 발생하는 최대 압축응력(σ_{max})은?(단, A는 기둥 단면적, $2c$는 단면의 두께, r은 단면의 회전반경, E는 세로탄성계수, L은 장주의 길이이다.)

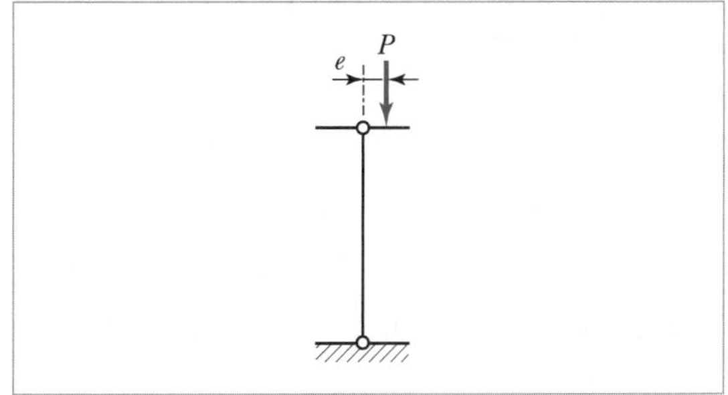

① $\sigma_{max} = \frac{P}{A}\left[1 + \frac{ec}{r^2}\sec\left(\frac{L}{r}\sqrt{\frac{P}{4EA}}\right)\right]$

② $\sigma_{max} = \frac{P}{A}\left[1 + \frac{ec}{r^2}\sec\left(\frac{L}{r}\sqrt{\frac{P}{2EA}}\right)\right]$

③ $\sigma_{max} = \frac{P}{A}\left[1 + \frac{ec}{r^2}\mathrm{cosec}\left(\frac{L}{r}\sqrt{\frac{P}{4EA}}\right)\right]$

④ $\sigma_{max} = \frac{P}{A}\left[1 + \frac{ec}{r^2}\mathrm{cosec}\left(\frac{L}{r}\sqrt{\frac{P}{2EA}}\right)\right]$

해설

$$\sigma_{max} = \frac{P}{A}\left[1 + \frac{ec}{r^2}\sec\left(\frac{L}{2r}\sqrt{\frac{P}{EA}}\right)\right] \text{ (시컨트 공식)}$$

$$= \frac{P}{A}\left[1 + \frac{ec}{r^2}\sec\left(\frac{L}{r}\sqrt{\frac{P}{4EA}}\right)\right]$$

정답 39 ③ 40 ② 41 ①

42 그림과 같은 막대가 있다. 길이는 4m이고 힘(F)은 지면에 평행하게 200N만큼 주었을 때 O점에 작용하는 힘(F_{ox}, F_{oy})과 모멘트(M_z)의 크기는?

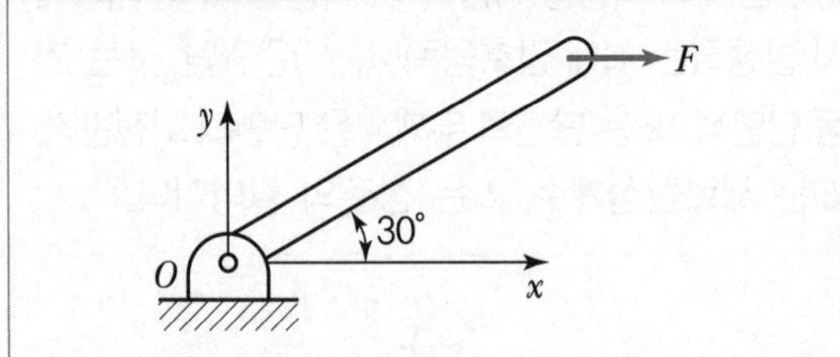

① $F_{ox}=200\text{N},\ F_{oy}=0,\ M_z=400\text{N}\cdot\text{m}$
② $F_{ox}=0,\ F_{oy}=200\text{N},\ M_z=200\text{N}\cdot\text{m}$
③ $F_{ox}=200\text{N},\ F_{oy}=200\text{N},\ M_z=200\text{N}\cdot\text{m}$
④ $F_{ox}=0,\ F_{oy}=0,\ M_z=400\text{N}\cdot\text{m}$

해설

〈자유물체도〉 – 힘 – 우력계

$F\cdot 4\sin 30°$

0 → 200N

$F_{ox}=200\text{N},\ F_{oy}=0,$

$M_z=F\cdot 4\sin 30°=200\times 4\times\dfrac{1}{2}=400\text{N}\cdot\text{m}$

43 지름 100mm의 원에 내접하는 정사각형 단면을 가진 강봉이 10kN의 인장력을 받고 있다. 단면에 작용하는 인장응력은 약 몇 MPa인가?

① 2 ② 3.1
③ 4 ④ 6.3

해설

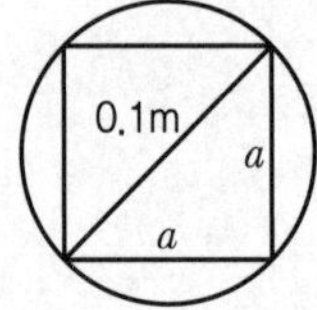

인장응력 $\sigma=\dfrac{P}{A}=\dfrac{F}{a^2}=\dfrac{10\times10^3\text{N}}{\dfrac{0.1^2}{2}\text{m}^2}$

$=2\times10^6\text{Pa}=2\text{MPa}$

44 도심축에 대한 단면 2차 모멘트가 가장 크도록 직사각형 단면[폭(b)×높이(h)]을 만들 때 단면 2차 모멘트를 직사각형 폭(b)에 관한 식으로 옳게 나타낸 것은?(단, 직사각형 단면은 지름 d인 원에 내접한다.)

① $\dfrac{\sqrt{3}}{4}b^4$ ② $\dfrac{\sqrt{3}}{3}b^4$
③ $\dfrac{3}{\sqrt{3}}b^4$ ④ $\dfrac{4}{\sqrt{3}}b^4$

해설

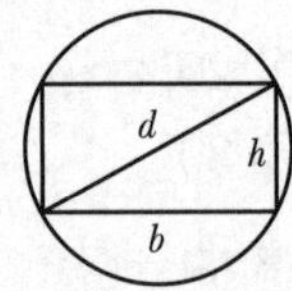

$h=\sqrt{3}\,b$를 직사각형 도심축에 대한 단면 2차 모멘트 $I=\dfrac{bh^3}{12}$에 적용하면

$I=\dfrac{b(\sqrt{3}\,b)^3}{12}=\dfrac{\sqrt{3}}{4}b^4$

45 기계요소의 임의의 점에 대하여 스트레인을 측정하여 보니 다음과 같이 나타났다. 현 위치로부터 시계방향으로 30° 회전된 좌표계의 y 방향의 스트레인 ε_y는 얼마인가?(단, ε은 각 방향별 수직변형률, γ는 전단변형률을 나타낸다.)

- $\varepsilon_x=-30\times10^{-6}$
- $\varepsilon_y=-10\times10^{-6}$
- $\gamma_{xy}=10\times10^{-6}$

① -14.95×10^{-6} ② -12.64×10^{-6}
③ -10.67×10^{-6} ④ -9.32×10^{-6}

정답 42 ① 43 ① 44 ① 45 ③

해설

$$\varepsilon_y{}' = \frac{1}{4}(\varepsilon_x + 3\varepsilon_y + \sqrt{3}\gamma_{xy})$$
$$= \frac{1}{4}\left\{-30\times10^{-6} + 3\times(-10\times10^{-6}) + \sqrt{3}\times10\times10^{-6}\right\} = -10.6698\times10^{-6}$$

46 길이 15m, 지름 10mm의 강봉에 8kN의 인장하중을 걸었더니 탄성변형이 생겼다. 이때 늘어난 길이는 약 몇 mm인가?(단, 이 강재의 세로탄성계수는 210GPa이다.)

① 1.46 ② 14.6
③ 0.73 ④ 7.3

해설

$$\lambda = \frac{Pl}{AE} = \frac{Pl}{\frac{\pi d^2}{4}\times E} = \frac{8\times10^3\times15}{\frac{\pi\times0.01^2}{4}\times210\times10^9}$$
$$= 0.007275\text{m} = 7.28\text{mm}$$

47 그림과 같이 2개의 비틀림모멘트를 받고 있는 중공축의 $a-a$ 단면에서 비틀림모멘트에 의한 최대전단응력은 약 몇 MPa인가?(단, 중공축의 바깥지름은 10cm, 안지름은 6cm이다.)

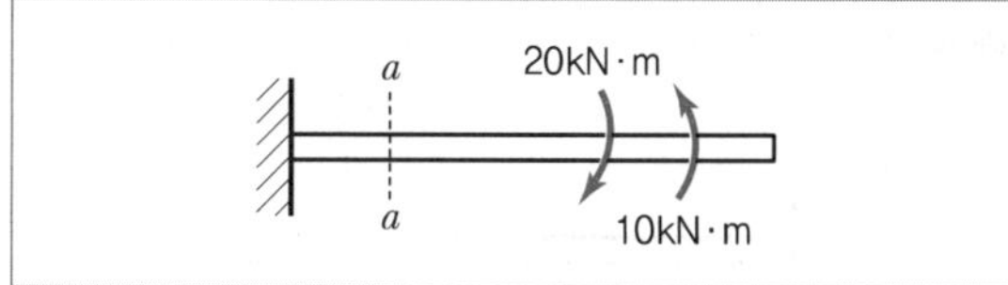

① 25.5 ② 36.5
③ 47.5 ④ 58.5

해설

$$x = \frac{d_1}{d_2} = \frac{0.06}{0.1} = 0.6 \text{ : 내외경비}$$

$T = 10\text{kN}\cdot\text{m}$ (오른쪽)

$$\tau = \frac{T}{Z_p} = \frac{T}{\frac{\pi d_2^3}{16}(1-x^4)} = \frac{10\times10^3}{\frac{\pi}{16}\times0.1^3\times(1-0.6^4)}$$
$$= 58.51\times10^6\text{Pa}$$
$$= 58.51\text{MPa}$$

48 그림과 같은 보에서 $P_1 = 800$N, $P_2 = 500$N이 작용할 때 보의 왼쪽에서 2m 지점에 있는 a 위치에서의 굽힘모멘트의 크기는 약 몇 N·m인가?

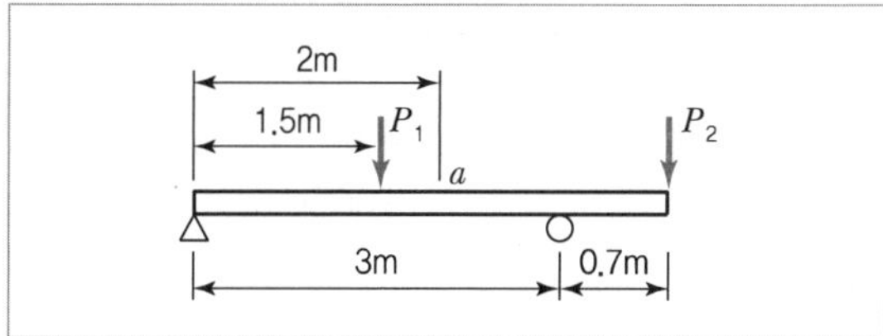

① 133.3 ② 166.7
③ 204.6 ④ 257.4

해설

〈자유물체도〉

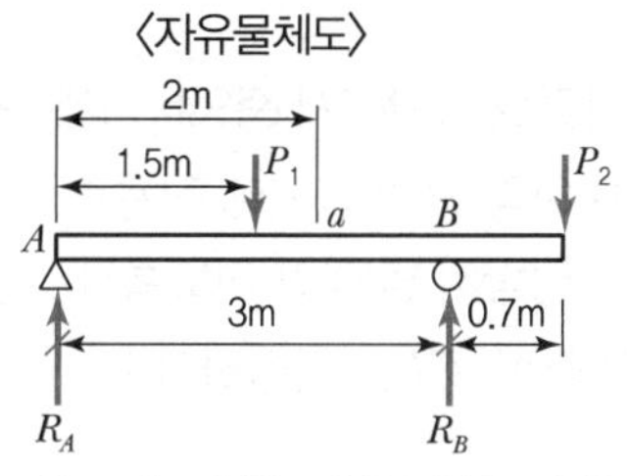

$\Sigma M_{B\text{지점}} = 0$: $R_A\times3 - 800\times1.5 + 500\times0.7 = 0$

$\therefore R_A = 283.33\text{N}$, $\therefore R_B = 1{,}016.67\text{N}$

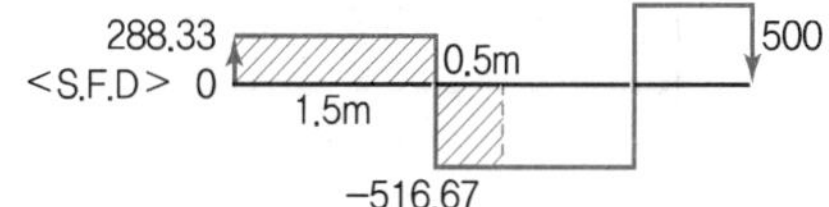

$x = 2\text{m}$인 지점에서 굽힘모멘트

$\Sigma M_{x=2}$: $x=2$인 지점까지의 S.F.D의 면적과 같으므로

$\Sigma M_{x=2}$: $283.33\times1.5 - 516.67\times0.5 = 166.66\text{N}\cdot\text{m}$

정답 46 ④ 47 ④ 48 ②

49 5cm×10cm 단면의 3개의 목재를 목재용 접착제로 접착하여 그림과 같은 10cm×15cm의 사각 단면을 갖는 합성 보를 만들었다. 접착부에 발생하는 전단응력은 약 몇 kPa인가?(단, 이 합성보는 양단이 길이가 2m인 단순지지보이며 보의 중앙에 800N의 집중하중을 받는다.)

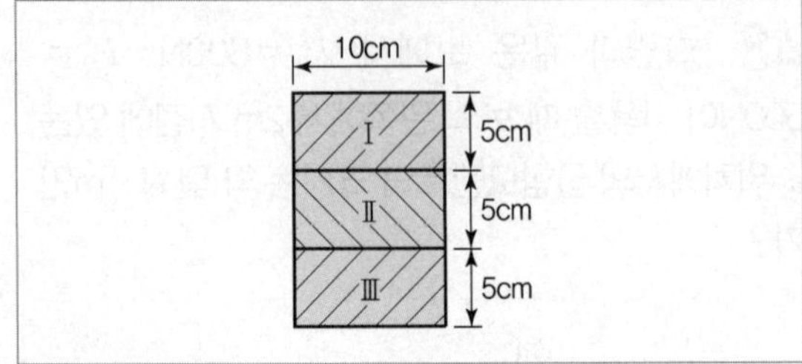

① 57.6　　② 35.5
③ 82.4　　④ 160.8

해설

$$\tau = \frac{12 \times 400 \times 0.00025}{0.1^2 \times 0.15^3} = 35.55 \times 10^3 \text{N/m}^2$$
$$= 35.55\text{kPa}$$

50 외팔보 AB에서 중앙(C)에 모멘트 M_c와 자유단에 하중 P가 동시에 작용할 때, 자유단(B)에서의 처짐량이 영(0)이 되도록 M_c를 결정하면?(단, 굽힘강성 EI는 일정하다.)

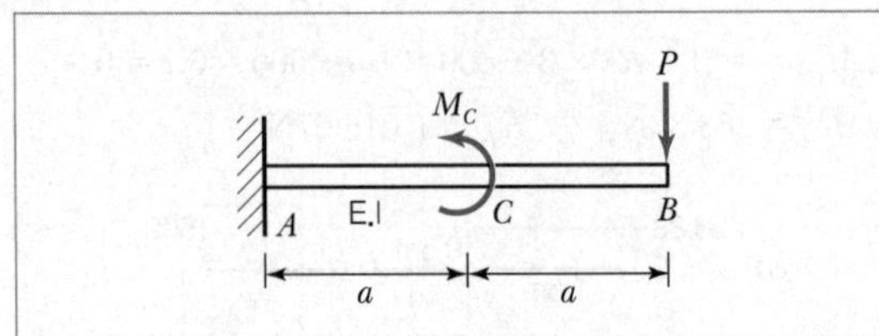

① $M_c = \frac{8}{9}Pa$　　② $M_c = \frac{16}{9}Pa$
③ $M_c = \frac{24}{9}Pa$　　④ $M_c = \frac{32}{9}Pa$

해설

i) 모멘트 M_c에 의한 자유단의 처짐

$$\delta = \frac{3M_c a^2}{2EI}$$

ii) 집중하중 P에 의한 자유단의 처짐

$$\delta = \frac{8Pa^3}{3EI}$$

iii) $\frac{3M_c a^2}{2EI} = \frac{8Pa^3}{3EI}$

$\therefore M_c = \frac{16}{9}Pa$

51 그림과 같은 외팔보가 있다. 보의 굽힘에 대한 허용응력을 80MPa로 하고, 자유단 B로부터 보의 중앙점 C 사이에 등분포하중 w를 작용시킬 때, w의 최대 허용값은 몇 kN/m인가?(단, 외팔보의 폭×높이는 5cm×9cm이다.)

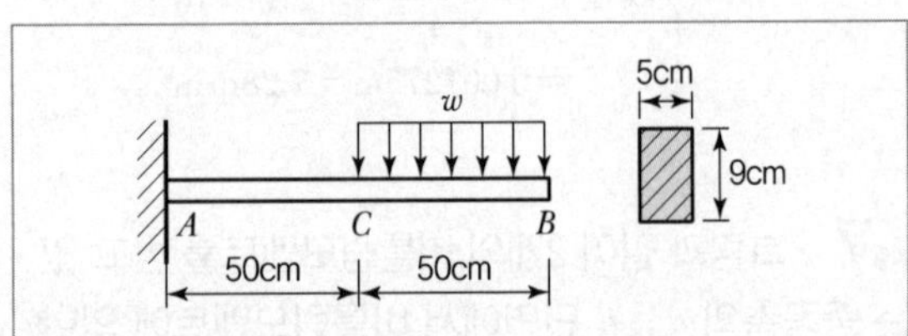

① 12.4　　② 13.4
③ 14.4　　④ 15.4

해설

$0.5w$, M_A, A, B, R_A, 0.75m, 1m

$R_A = 0.5w$

$M_{max} = M_A = 0.5w \times 0.75 = 0.375w(\text{N} \cdot \text{m})$

$$\sigma_b = \frac{M_{max}}{Z} = \frac{M_{max}}{\frac{bh^2}{6}} = \frac{6 \times 0.375w}{bh^2}$$

정답　49 ②　50 ②　51 ③

$$\therefore\ w = \frac{bh^2\sigma_{max}}{6\times0.375} = \frac{0.05\times0.09^2\times80\times10^6}{6\times0.375}$$
$$= 14{,}400\text{N/m} = 14.4\text{kN/m}$$

52 지름 20cm, 길이 40cm인 콘크리트 원통에 압축하중 20kN이 작용하여 지름이 0.0006cm만큼 늘어나고 길이는 0.0057cm만큼 줄었을 때, 푸아송 비는 약 얼마인가?

① 0.18　② 0.24
③ 0.21　④ 0.27

해설

$$\mu = \frac{\varepsilon'}{\varepsilon} = \frac{\frac{\delta}{d}}{\frac{\lambda}{l}} = \frac{l\delta}{d\lambda}\text{ 에서}$$
$$= \frac{0.4\times0.0006\times10^{-2}}{0.2\times0.0057\times10^{-2}} = 0.21$$

53 그림과 같이 지름 50mm의 연강봉의 일단을 벽에 고정하고, 자유단에는 50cm 길이의 레버 끝에 600N의 하중을 작용시킬 때 연강봉에 발생하는 최대굽힘응력과 최대전단응력은 각각 몇 MPa인가?

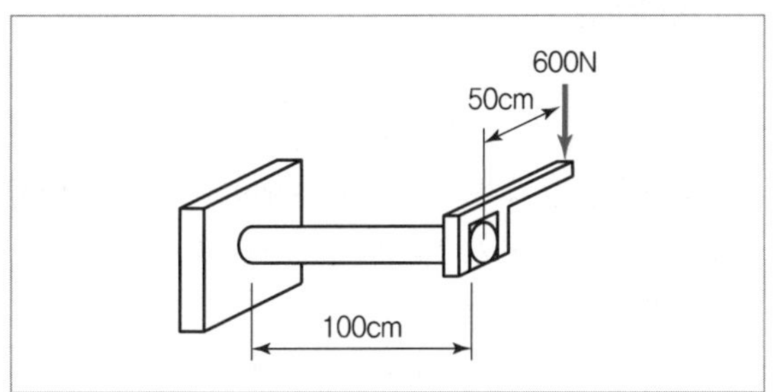

① 최대굽힘응력 : 51.8,　최대전단응력 : 27.3
② 최대굽힘응력 : 27.3,　최대전단응력 : 51.8
③ 최대굽힘응력 : 41.8,　최대전단응력 : 27.3
④ 최대굽힘응력 : 27.3,　최대전단응력 : 41.8

해설

- $\sigma_{max} = \frac{635.41\times32}{\pi\times0.05^3} = 51.78\times10^6\text{Pa} = 51.78\text{MPa}$
- $\tau_{max} = \frac{670.82\times16}{\pi\times0.05^3} = 27.33\times10^6\text{Pa} = 27.33\text{MPa}$

54 그림과 같은 직육면체 블록은 전단탄성계수 500MPa이고, 상하면에 강체 평판이 부착되어 있다. 아래쪽 평판은 바닥면에 고정되어 있으며, 위쪽 평판은 수평방향 힘 P가 작용한다. 힘 P에 의해서 위쪽 평판이 수평방향으로 0.8mm 이동되었다면 가해진 힘 P는 약 몇 kN인가?

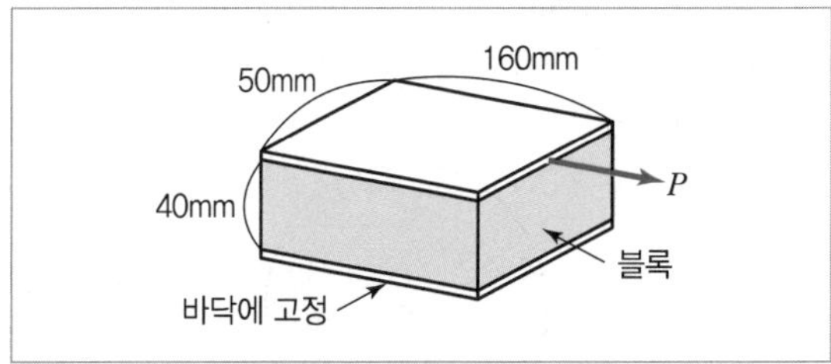

① 60　② 80
③ 100　④ 120

해설

$$\tau = G\cdot\gamma = G\frac{\lambda}{l}$$

하중 $P = \tau A = G\frac{\lambda}{l}A$

$$= 500\times10^6\times\frac{0.8\times10^{-3}}{0.04}\times0.05\times0.16$$
$$= 80{,}000\text{N}$$
$$= 80\text{kN}$$

55 그림과 같이 반지름이 45mm인 바퀴가 미끄럼 없이 왼쪽으로 구르고 있다. 바퀴 중심의 속력은 0.9m/s로 일정하다고 할 때, 바퀴 끝단의 한 점(A)의 속도(v_A, m/s)와 가속도 (a_A, m/s^2)의 크기는?

정답　52 ③　53 ①　54 ②　55 ②

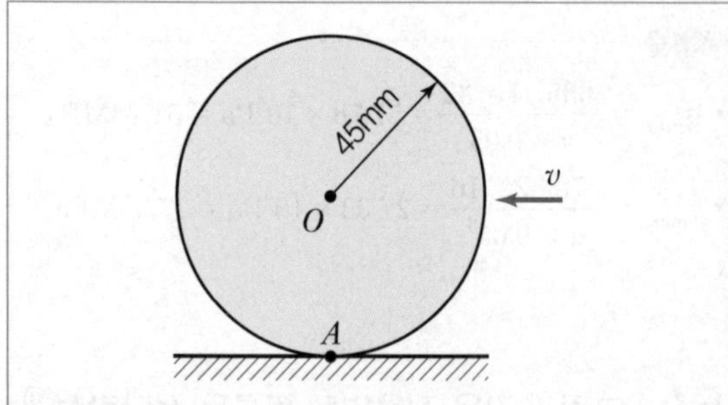

① $v_A = 0,\ a_A = 0$ ② $v_A = 0,\ a_A = 18$
③ $v_A = 0.9,\ a_A = 0$ ④ $v_A = 0.9,\ a_A = 18$

해설

i) 바퀴 중심 속도 $V = r\omega$에서

$\omega = \frac{V}{r} = \frac{0.9}{0.045} = 20\text{rad/s}$

A점의 속도 $V_A = r_A \cdot \omega = 0 \cdot \omega = 0$

ii) 가속도 a_A

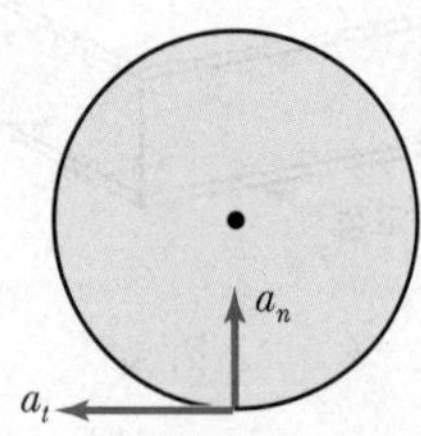

㉠ 접선가속도 $a_t = 0\left(a_t = \frac{dV_A}{dt}\text{이므로}\right)$

㉡ 법선가속도(구심가속도) $a_n = \frac{V^2}{r} = \frac{0.9^2}{0.045} = 18$

$a_A = \sqrt{{a_t}^2 + {a_n}^2} = \sqrt{0^2 + 18^2} = 18\text{m/s}^2$

56 다음 식과 같은 단순 조화운동(Simple Harmonic Motion)에 대한 설명으로 틀린 것은? (단, 변위 x는 시간 t에 대한 함수이고, A, ω, ϕ는 상수이다.)

$$x(t) = A\sin(\omega t + \phi)$$

① 변위와 속도 사이에 위상차가 없다.
② 주기적으로 같은 운동이 반복된다.
③ 가속도의 진폭은 변위의 진폭에 비례한다.
④ 가속도의 주기와 변위 주기는 동일하다.

해설

변위는 $x(t)$이고

속도 $\dot{x}(t) = \omega A\cos(\omega t + \phi)$

속도에서 위상각 ϕ에 $\frac{\pi}{2}$를 더할 때 수식

$\cos\left(\omega t + \frac{\pi}{2} + \phi\right) = \sin(\omega t + \phi)$ (변위)가 되므로

변위와 속도는 90°만큼 위상차가 난다.

57 80rad/s로 회전하던 세탁기의 전원을 끈 후 20초가 경과하여 정지하였다면 세탁기가 정지할 때까지 약 몇 바퀴를 회전하였는가?

① 127 ② 254
③ 542 ④ 7,620

해설

i) 각가속도 $\alpha = \frac{d\omega}{dt}$

$d\omega = \alpha dt$를 적분하면

$\omega - \omega_0 = \int_0^{20} \alpha dt = \alpha[t]_0^{20} = 20\alpha$

(0초 → $\omega_0 = 80\text{rad/s}$, 20초 → $\omega = 0$)

정리하면 $-\omega_0 = \alpha t$

$\therefore\ \alpha = \frac{-\omega_0}{20} = \frac{-80}{20} = -4\text{rad/s}^2$

ii) 각, 각속도, 각가속도의 상관관계식 $\omega d\omega = \alpha d\theta$에서

$\omega^2 = {\omega_0}^2 + 2\alpha(\theta - \theta_0)$ ($\leftarrow \omega^2 = 0,\ \theta_0 = 0$)

$2\alpha\theta = -{\omega_0}^2$

$\therefore\ \theta = \frac{-{\omega_0}^2}{2\alpha} = \frac{-(80)^2}{2\times(-4)} = \frac{6,400}{8} = 800\text{rad}$

iii) 회전수$= \frac{\theta}{2\pi} = \frac{800\text{rad}}{2\pi\text{rad}} = 127.32$회전

정답 56 ① 57 ①

〈다른 풀이〉

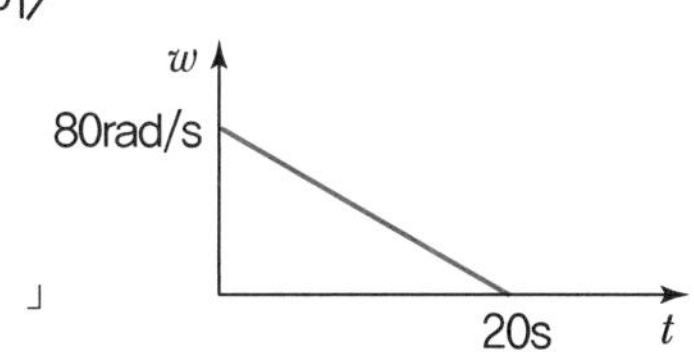

$s=\frac{1}{2}\omega t=\frac{1}{2}\times 80\times 20=800\text{rad}$

회전수$=\frac{800}{2\pi}=127.32$회전

58 시간 t에 따른 변위 $x(t)$가 다음과 같은 관계식을 가질 때 가속도 $a(t)$에 대한 식으로 옳은 것은?

$$x(t)=X_0\sin\omega t$$

① $a(t)=w^2X_0\sin\omega t$
② $a(t)=w^2X_0\cos\omega t$
③ $a(t)=-w^2X_0\sin\omega t$
④ $a(t)=-w^2X_0\cos\omega t$

해설

$V(t)=\frac{dx(t)}{dt}=\dot{x}(t)=\omega X_0\cos\omega t$

$a(t)=\frac{dV(t)}{dt}=\ddot{x}(t)=-\omega^2X_0\sin\omega t$

59 체중이 600N인 사람이 타고 있는 무게 5,000N의 엘리베이터가 200m의 케이블에 매달려 있다. 이 케이블을 모두 감아올리는 데 필요한 일은 몇 kJ인가?

① 1,120　② 1,220
③ 1,320　④ 1,420

해설

$U_{1\to2}=\Sigma F\cdot r=(600+5{,}000)\times 200$
$=1{,}120{,}000\text{N}\cdot\text{m}=1{,}120\text{kJ}$

60 다음 그림은 물체 운동의 $v-t$ 선도(속도-시간 선도)이다. 그래프에서 시간 t_1에서의 접선의 기울기는 무엇을 나타내는가?

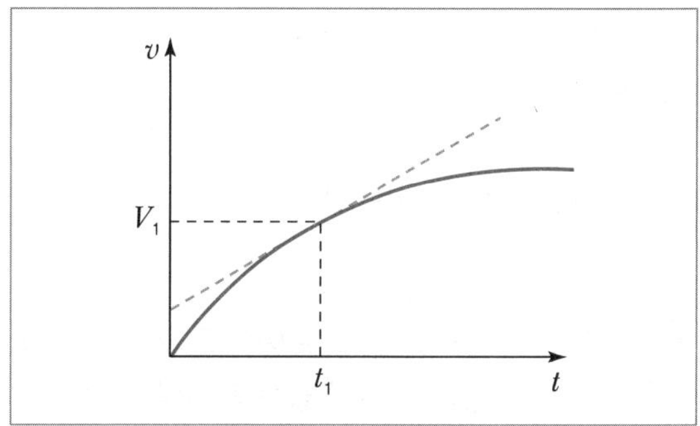

① 변위　② 속도
③ 가속도　④ 총 움직인 거리

해설

$\lim_{\Delta t\to0}\frac{\Delta V}{\Delta t}=\frac{dV}{dt}=a$

$\therefore\ a_{t1}=\frac{dV_1}{dt_1}$

[V의 시간에 대한 접선의 기울기(미분) 값은 가속도를 나타낸다.]

정답　58 ③　59 ①　60 ③

4과목 열 · 유체 해석

61 0℃ 얼음 1kg이 열을 받아서 100℃ 수증기가 되었다면, 엔트로피 증가량은 약 몇 kJ/K인가?[단, 얼음의 융해열은 336kJ/kg이고, 물의 기화열은 2,264kJ/kg이며, 물의 정압비열은 4.186kJ/(kg · K)이다.]

① 8.6 ② 10.2
③ 12.8 ④ 14.4

해설

전체엔트로피 증가량은
$1.23+6.07+1.31=8.61\text{kJ/K}$이다.

62 그림과 같이 선형 스프링으로 지지되는 피스톤－실린더 장치 내부에 있는 기체를 가열하여 기체의 체적이 V_1에서 V_2로 증가하였고, 압력은 P_1에서 P_2로 변화하였다. 이때 기체가 피스톤에 행한 일을 옳게 나타낸 식은?[단, 실린더와 피스톤 사이에 마찰은 무시하며 실린더 내부의 압력(P)은 실린더 내부 부피(V)와 선형관계($P=aV$, a는 상수)에 있다고 본다.]

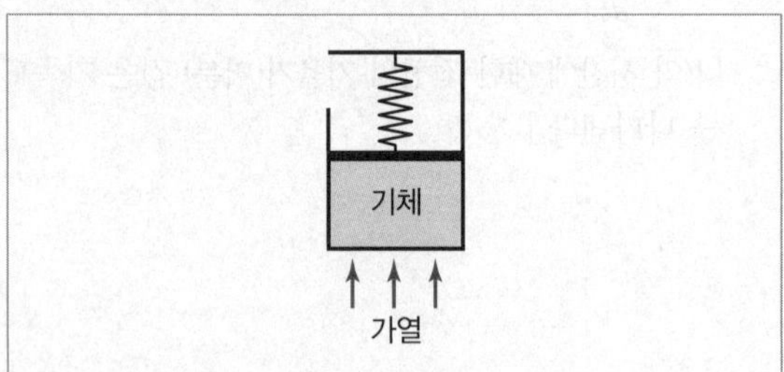

① $P_2V_2-P_1V_1$
② $P_2V_2+P_1V_1$
③ $\frac{1}{2}(P_2+P_1)(V_2-V_1)$
④ $\frac{1}{2}(P_2+P_1)(V_2+V_1)$

해설

$P=aV$
밀폐계의 일＝절대일

$${}_1W_2=\int_1^2 PdV$$
$$=\int_1^2 aVdV$$
$$=a\left[\frac{V^2}{2}\right]_1^2$$
$$=\frac{a}{2}(V_2^2-V_1^2)$$
$$=\frac{a}{2}(V_2+V_1)(V_2-V_1)$$
$$=\frac{1}{2}(aV_2+aV_1)(V_2-V_1)$$
$$=\frac{1}{2}(P_2+P_1)(V_2-V_1)$$

63 피스톤－실린더 내부에 존재하는 온도 150℃, 압력 0.5MPa의 공기 0.2kg은 압력이 일정한 과정에서 원래 체적의 2배로 늘어난다. 이 과정에서의 일은 약 몇 kJ인가?[단, 공기는 기체상수가 0.287kJ/(kg · K)인 이상기체로 가정한다.]

① 12.3 ② 16.5
③ 20.5 ④ 24.3

해설

밀폐계의 일 → 절대일 $\delta W=PdV$

$${}_1W_2=\int_1^2 PdV \text{ (정압과정이므로)}$$
$$=P\int_1^2 dV$$
$$=P(V_2-V_1) \leftarrow (V_2=2V_1)$$
$$=P(2V_1-V_1)$$
$$=PV_1 \leftarrow (PV=mRT)$$
$$=mRT_1$$
$$=0.2\times0.287\times10^3\times(150+273)=24,280.2\text{J}$$
$$=24.28\text{kJ}$$

정답 61 ① 62 ③ 63 ④

64 밀폐 시스템에서 가역정압과정이 발생할 때 다음 중 옳은 것은?(단, U는 내부에너지, Q는 열량, H는 엔탈피, S는 엔트로피, W는 일량을 나타낸다.)

① $dH = dQ$　② $dU = dQ$
③ $dS = dQ$　④ $dW = dQ$

해설

$P = c$인 정압과정
$\delta Q = dH - VdP$ (여기서, $dP = 0$)
$\therefore\ \delta Q = dH$

65 시간당 380,000kg의 물을 공급하여 수증기를 생산하는 보일러가 있다. 이 보일러에 공급하는 물의 비엔탈피는 830kJ/kg이고, 생산되는 수증기의 비엔탈피는 3,230kJ/kg이라고 할 때, 발열량이 32,000kJ/kg인 석탄을 시간당 34,000kg씩 보일러에 공급한다면 이 보일러의 효율은 약 몇 %인가?

① 66.9%　② 71.5%
③ 77.3%　④ 83.8%

해설

$$\eta = \frac{\dot{Q}_B}{H_l\left(\frac{\text{kJ}}{\text{kg}}\right) \times f_b}$$

여기서, 보일러(정압가열)

$q_{c.v} + h_i = h_e + w_{c.v}{}^{\nearrow 0}$ (열교환기 일 못함)
$q_B = h_e - h_i > 0$
$= 3{,}230 - 830 = 2{,}400\text{kJ/kg}$

$$\dot{Q}_B = \dot{m}\, q_B = 380{,}000 \frac{\text{kg}}{\text{h} \times \left(\frac{3{,}600\text{s}}{1\text{h}}\right)} \times 2{,}400 \frac{\text{kJ}}{\text{kg}}$$
$$= 253{,}333.33\text{kJ/s}$$

$$\therefore\ \eta = \frac{253{,}333.33}{32{,}000 \frac{\text{kJ}}{\text{kg}} \times 34{,}000 \frac{\text{kg}}{\text{h} \times \left(\frac{3{,}600\text{s}}{1\text{h}}\right)}}$$
$$= 0.8382 = 83.82\%$$

66 밀폐 시스템에서 압력(P)이 다음과 같이 체적(V)에 따라 변한다고 할 때 체적이 0.1m^{3}에서 0.3m^{3}로 변하는 동안 이 시스템이 한 일은 약 몇 J인가?(단, P의 단위는 kPa, V의 단위는 m^{3}이다.)

$$P = 5 - 15 \times V$$

① 200　② 400
③ 800　④ 1,600

해설

밀폐계의 일 → 절대일 $\delta W = PdV$

$${}_1W_2 = \int_1^2 PdV$$
$$= \int_1^2 (5 - 15V)dV$$
$$= 10^3 \int_1^2 (5 - 15V)dV \text{ (적분하면)}$$
$$= 10^3 \times \left\{5[V]_{0.1}^{0.3} - \frac{15}{2}[V^2]_{0.1}^{0.3}\right\}$$
$$= 10^3 \times \left\{5 \times (0.3 - 0.1) - \frac{15}{2} \times (0.3^2 - 0.1^2)\right\}$$
$$= 400\text{J}$$

67 출력 10,000kW의 터빈 플랜트의 시간당 연료소비량이 5,000kg/h이다. 이 플랜트의 열효율은 약 몇 %인가?(단, 연료의 발열량은 33,440kJ/kg이다.)

① 25.4%　② 21.5%
③ 10.9%　④ 40.8%

해설

$$\eta = \frac{\text{output}}{\text{input}} = \frac{10{,}000\text{kW}}{H_l(\text{kJ/kg}) \times f_b(\text{kg/h})}$$
$$\left[\text{여기서, } \frac{\text{kWh}}{\text{kJ}} \times \frac{3{,}600\text{kJ}}{1\text{kWh}} \text{(단위환산)}\right]$$
$$= \frac{10{,}000 \times 3{,}600}{33{,}440 \times 5{,}000} = 0.2153 = 21.53\%$$

정답　64 ①　65 ④　66 ②　67 ②

68 이상적인 증기 압축 냉동 사이클의 과정은?

① 정적방열과정 → 등엔트로피 압축과정 → 정적증발과정 → 등엔탈피 팽창과정
② 정압방열과정 → 등엔트로피 압축과정 → 정압증발과정 → 등엔탈피 팽창과정
③ 정적증발과정 → 등엔트로피 압축과정 → 정적방열과정 → 등엔탈피 팽창과정
④ 정압증발과정 → 등엔트로피 압축과정 → 정압방열과정 → 등엔탈피 팽창과정

해설

압축기(단열과정) → 응축기(정압방열과정) → 팽창밸브(교축밸브－등엔탈피과정) → 증발기(정압흡열과정)

69 열교환기를 흐름 배열(Flow Arrangement)에 따라 분류할 때 그림과 같은 형식은?

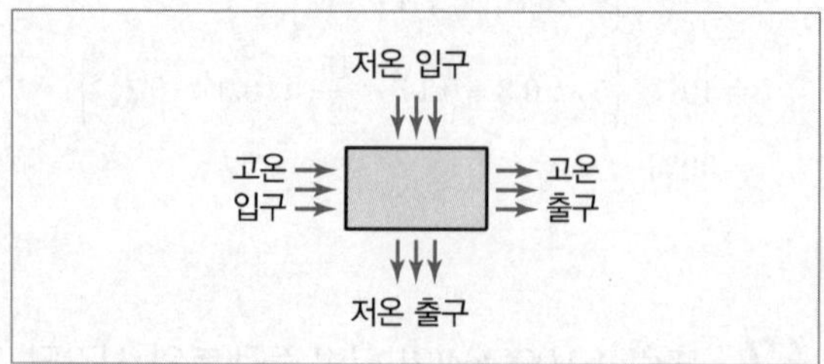

① 평행류 ② 대향류
③ 병행류 ④ 직교류

해설

• 평행류 : 서로 같은 방향 $\begin{pmatrix} 고 \rightarrow 저 \\ 고 \rightarrow 저 \end{pmatrix}$

• 대향류 : 서로 다른 방향 $\begin{pmatrix} 고 \rightarrow 저 \\ 고 \leftarrow 저 \end{pmatrix}$

70 －15℃와 75℃의 열원 사이에서 작동하는 카르노 사이클 열펌프의 난방 성능계수는 얼마인가?

① 2.87 ② 3.87
③ 6.16 ④ 7.16

해설

열펌프의 난방 성능계수

$$\varepsilon_H = \frac{T_H}{T_H - T_L} = \frac{75+273}{(75+273)-(-15+273)} = 3.87$$

71 다음 중 점성계수(Viscosity)의 차원을 옳게 나타낸 것은?(단, M은 질량, L은 길이, T는 시간이다.)

① MLT ② $ML^{-1}T^{-1}$
③ MLT^{-2} ④ $ML^{-2}T^{-2}$

해설

점성계수 $\mu \rightarrow 1\text{poise} = \frac{1\text{g}}{\text{cm} \cdot \text{s}} = \frac{M}{LT} \rightarrow ML^{-1}T^{-1}$

72 자동차의 브레이크 시스템의 유압장치에 설치된 피스톤과 실린더 사이의 환형 틈새 사이를 통한 누설유동은 두 개의 무한 평판 사이의 비압축성, 뉴턴유체의 층류유동으로 가정할 수 있다. 실린더 내 피스톤의 고압 측과 저압 측의 압력차를 2배로 늘렸을 때, 작동유체의 누설유량은 몇 배가 될 것인가?

① 2배 ② 4배
③ 8배 ④ 16배

해설

무한 평판에서의 유량

$Q = \frac{a^3 \cdot \Delta p}{12\mu}$ (여기서, a : 평판거리)

$Q \propto \Delta p$이므로 Δp를 두 배로 올리면 유량도 2배가 된다.

정답 68 ④ 69 ④ 70 ② 71 ② 72 ①

73 그림과 같이 폭이 3m인 수문 AB가 받는 수평성분 F_H와 수직성분 F_V는 각각 약 몇 N인가?

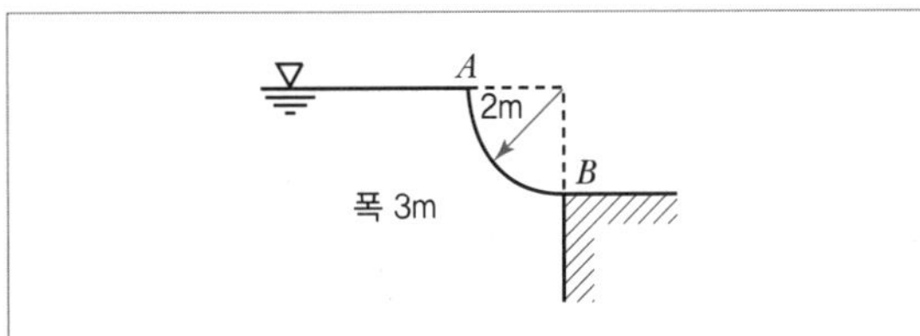

① $F_H = 24,400$, $F_V = 46,181$

② $F_H = 58,800$, $F_V = 46,181$

③ $F_H = 58,800$, $F_V = 92,362$

④ $F_H = 24,400$, $F_V = 92,362$

해설

- 수평성분 – 전압력

$F_H = \gamma \bar{h} \cdot A = 9,800 \times 1 \times (2 \times 3)$

$= 58,800\text{N}$

- 수직성분 – 수문 위에 올라간 유체무게

$F_V = \gamma \times V = \gamma \times \dfrac{\pi r^2}{4} \times 3$

$= 9,800 \times \dfrac{\pi \times 2^2}{4} \times 3$

$= 92,362.8\text{N}$

74 그림과 같이 속도 V인 유체가 곡면에 부딪혀 θ의 각도로 유동방향이 바뀌어 같은 속도로 분출된다. 이때 유체가 곡면에 가하는 힘의 크기를 θ에 대한 함수로 옳게 나타낸 것은?(단, 유동단면적은 일정하고, θ의 각도는 $0° \le \theta \le 180°$ 이내에 있다고 가정한다. 또한 Q는 체적 유량, ρ는 유체밀도이다.)

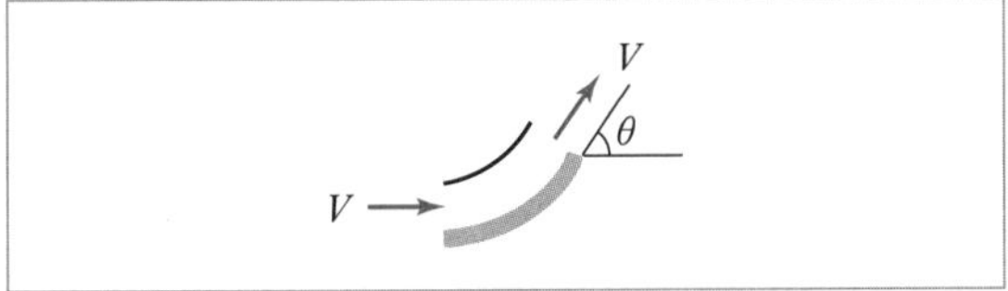

① $F = \dfrac{1}{2}\rho QV\sqrt{1-\cos\theta}$

② $F = \dfrac{1}{2}\rho QV\sqrt{2(1-\cos\theta)}$

③ $F = \rho QV\sqrt{1-\cos\theta}$

④ $F = \rho QV\sqrt{2(1-\cos\theta)}$

해설

고정날개의 곡면에 부딪혀 θ로 방향을 바꾸어 분출될 때

$F(\theta) = \sqrt{{f_x}^2 + {f_y}^2}$

$= \sqrt{\{\rho QV(1-\cos\theta)\}^2 + \{\rho QV(\sin\theta)\}^2}$

$= \rho QV\sqrt{(1 - 2\cos\theta + \cos^2\theta + \sin^2\theta)}$

$= \rho QV\sqrt{2(1-\cos\theta)}$

여기서, $f_x = \rho QV(1-\cos\theta)$

$f_y = \rho QV(\sin\theta - 0)$

75 극좌표계(r, θ)로 표현되는 2차원 퍼텐셜유동에서 속도퍼텐셜(Velocity Potential, ϕ)이 다음과 같을 때 유동함수(Stream Function, Ψ)로 가장 적절한 것은?(단, A, B, C는 상수이다.)

$$\phi = A\ln r + Br\cos\theta$$

① $\Psi = \dfrac{A}{r}\cos\theta + Br\sin\theta + C$

② $\Psi = \dfrac{A}{r}\sin\theta - Br\cos\theta + C$

③ $\Psi = A\theta + Br\sin\theta + C$

④ $\Psi = A\theta - Br\cos\theta + C$

해설

극좌표계에 대한 유동함수 $\psi(r, \theta, t)$

$V_r = -\dfrac{1}{r}\dfrac{\partial\psi}{\partial\theta}$ …… ⓐ

$V_\theta = \dfrac{\partial\psi}{\partial r}$ …… ⓑ

정답 73 ③ 74 ④ 75 ③

속도퍼텐셜 ϕ에서

$V_r = -\frac{\partial \phi}{\partial r}$ (ⓐ와 같다), $V_\theta = -\frac{1}{r}\frac{\partial \phi}{\partial \theta}$ (ⓑ와 같다)

r에 대해 편미분하면

$$\frac{\partial \phi}{\partial r} = A\frac{1}{r} + B\cos\theta$$

$$-\frac{\partial \phi}{\partial r} = \frac{-A}{r} - B\cos\theta = -\frac{1}{r}\frac{\partial \psi}{\partial \theta}$$

[ⓐ 적용, 양변 $\times(-r)$]

$$\frac{\partial \psi}{\partial \theta} = A + Br\cos\theta$$

$\partial\psi = (A + Br\cos\theta)\,\partial\theta$이고 이를 적분하면

$\psi = (A\theta + Br\sin\theta) + C$

76 그림과 같은 피토관의 액주계 눈금이 h = 150mm이고 관 속의 물이 6.09m/s로 흐르고 있다면 액주계 액체의 비중은 얼마인가?

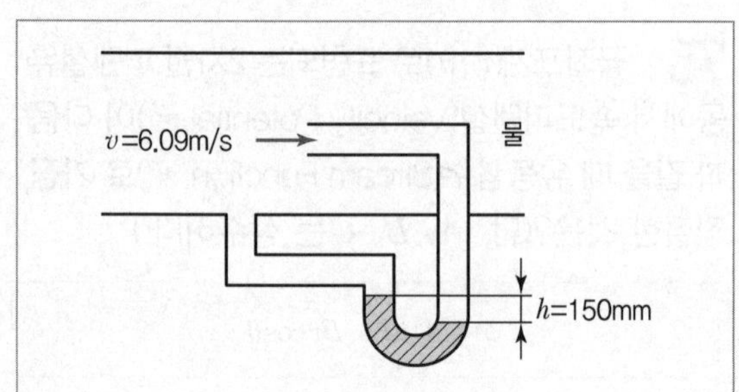

① 8.6 ② 10.8

③ 12.1 ④ 13.6

해설

$V = \sqrt{2g\Delta h\left(\frac{s_0}{s} - 1\right)}$ 에서

$$s_0 = \left(\frac{V^2}{2g\Delta h} + 1\right)s$$

$$= \left(\frac{6.09^2}{2 \times 9.8 \times 0.15} + 1\right) \times 1$$

$$= 13.615$$

77 원관 내의 완전층류유동에 관한 설명으로 옳지 않은 것은?

① 관 마찰계수는 Reynolds수에 반비례한다.

② 마찰계수는 벽면의 상대조도에 무관하다.

③ 유속은 관 중심을 기준으로 포물선 분포를 보인다.

④ 관 중심에서의 유속은 전체 평균 유속의 $\sqrt{2}$ 배이다.

해설

층류유동에서 관 중심에서 최대속도 $V_{max} = 2V_{av}$(평균유속)

78 정지된 물속의 작은 모래알이 낙하하는 경우 Stokes Flow(스토크스 유동)가 나타날 수 있는데, 이 유동의 특징은 무엇인가?

① 압축성 유동 ② 저속 유동

③ 비점성 유동 ④ 고속 유동

해설

모래알의 낙하속도가 저속 유동일 때 비압축성 축대칭 스토크스 유동에 가까워진다.

79 정상 2차원 속도장 $\vec{V} = 2x\vec{i} - 2y\vec{j}$ 내의 한 점(2, 3)에서 유선의 기울기 $\frac{dy}{dx}$는?

① $-\frac{3}{2}$ ② $-\frac{2}{3}$

③ $\frac{2}{3}$ ④ $\frac{3}{2}$

해설

$\vec{V} = ui + vj$이므로 $u = 2x$, $v = -2y$

유선의 방정식 $\frac{u}{dx} = \frac{v}{dy}$

→ 유선의 기울기 $\frac{dy}{dx} = \frac{v}{u} = \frac{-2y}{2x}$

점 (2, 3)에서의 기울기이므로

$$\frac{dy}{dx} = \frac{-2 \times 3}{2 \times 2} = -\frac{3}{2}$$

정답 76 ④ 77 ④ 78 ② 79 ①

80 그림과 같이 큰 탱크의 수면으로부터 h[m] 아래에 파이프를 연결하여 액체를 배출하고자 한다. 마찰손실을 무시한다고 가정할 때 파이프를 통해서 분출되는 물의 속도 (가)를 v라고 할 경우, 같은 조건에서의 오일(비중 0.9) 탱크에서 분출되는 속도 (나)는?

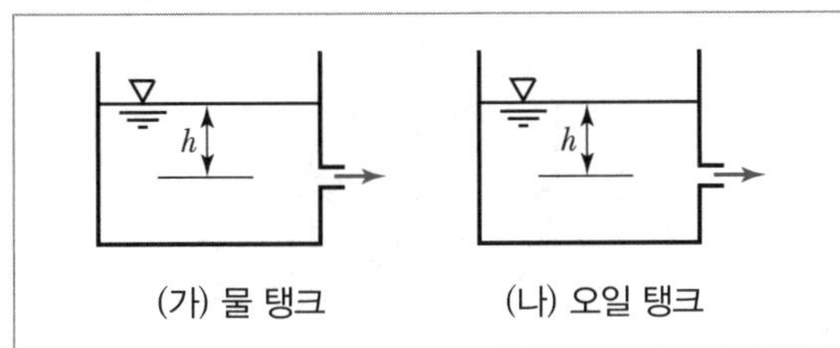

① $0.81v$ ② $0.9v$

③ v ④ $1.1v$

해설

분출속도 $V=\sqrt{2gh}$ 에서 h 만의 함수이므로 동일하다.

정답 80 ③

제3회 CBT 실전 모의고사

1과목 기계제도 및 설계

01 파단선에 대한 설명으로 옳은 것은?

① 대상물의 일부분을 가상으로 제외했을 경우의 경계를 나타내는 선
② 기술, 기호 등을 나타내기 위하여 끌어낸 선
③ 반복하여 도형의 피치를 잡는 기준이 되는 선
④ 대상물이 보이지 않는 부분의 형태를 나타낸 선

해설

① 파단선 ② 지시선 ③ 피치선 ④ 숨은선

02 그림과 같은 정면도와 우측면도에 가장 적합한 평면도는?

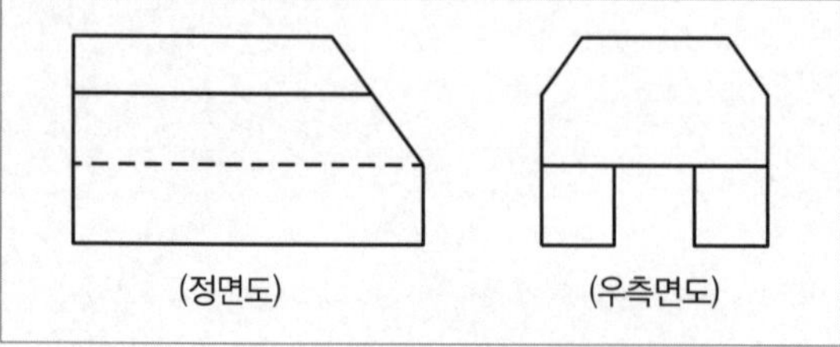

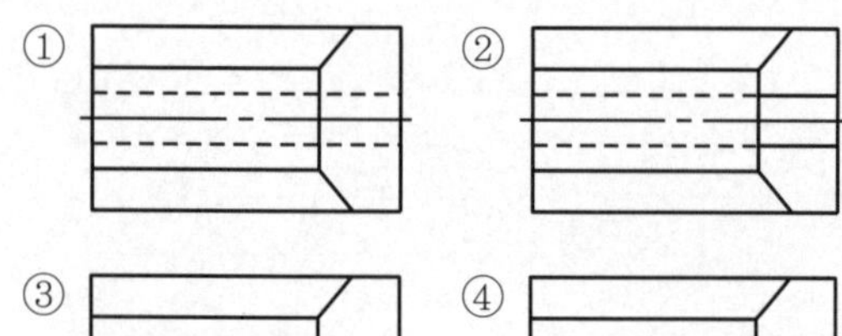

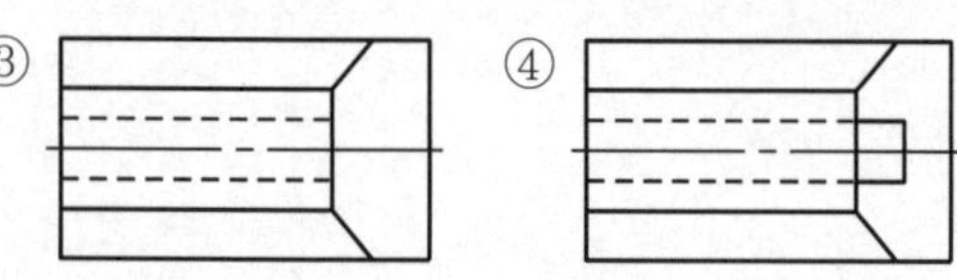

해설

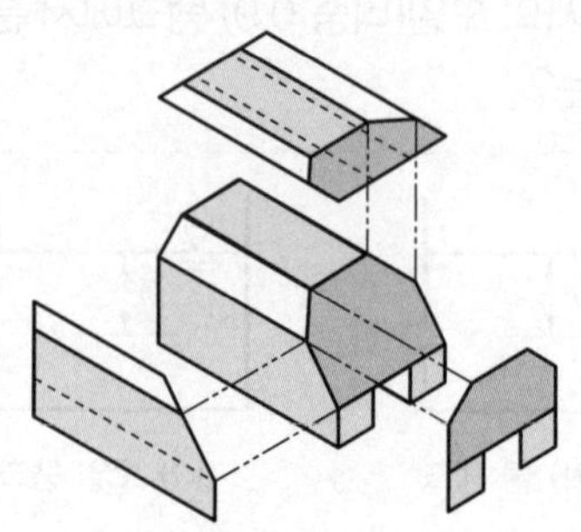

03 도면(위치도)에 치수가 다음과 같이 표시되어 있는 경우 치수의 외곽에 표시된 직사각형은 무엇을 뜻하는가?

30

① 다듬질 전 소재 가공치수
② 완성 치수
③ 이론적으로 정확한 치수
④ 참고 치수

해설

[30]은 이론적으로 정확한 치수를 나타내는 데 사용한다.

04 KS 재료기호 중 합금 공구강 강재에 해당하는 것은?

① STS ② STC
③ SPS ④ SBS

해설

합금 공구강의 종류는 KS 규격에 STS, STD, STF가 있다.

정답 01 ① 02 ① 03 ③ 04 ①

05 "2줄 M20×2"와 같은 나사 표시기호에서 리드는 얼마인가?

① 5mm ② 2mm
③ 3mm ④ 4mm

해설

2줄 M20×2
2줄, 미터 가는 나사, 바깥지름 20mm, 피치 2mm이다.
∴ 리드 $L = nP = 2 \times 2 = 4\text{mm}$

06 기하공차의 도시방법에서 위치도를 나타내는 것은?

① ⌭ ② ○
③ ◎ ④ ⌖

해설

- ⌖ : 위치도
- ⌭ : 원통도
- ○ : 진원도
- ◎ : 동심도

07 다음 중 중앙처리장치(CPU)와 메인 메모리(RAM) 사이에서 처리될 자료를 효율적으로 이송할 수 있도록 하는 기능을 수행하는 것은?

① BIOS ② 캐시 메모리
③ CISC ④ 코프로세서

해설

캐시기억장치(Cache Memory)
보조기억장치이며 중앙처리장치(CPU)와 주기억장치 사이에서 원활한 정보의 교환을 위하여 주기억장치의 정보를 일시적으로 저장하는 장치로, CPU와 주기억장치 간의 데이터 접근 속도 차이를 극복하기 위해 사용한다.

08 바깥지름 30mm, 유효지름 27.72mm, 피치 3.5mm인 미터나사에서 효율은?(단, 마찰계수는 0.15, 나사산 각도는 60°이다.)

① 18.7% ② 25.3%
③ 30.2% ④ 35.7%

해설

M30 나사이며 나사산의 각도 $\beta = 60°$이다.

리드각 $\tan\alpha = \dfrac{p}{\pi d_e}$ 에서

$\alpha = \tan^{-1}\dfrac{p}{\pi d_e} = \tan^{-1}\dfrac{3.5}{\pi \times 27.72} = 2.30°$

삼각나사이므로

상당마찰계수$(\mu') = \dfrac{\mu}{\cos\dfrac{\beta}{2}} = \dfrac{0.15}{\cos\dfrac{60}{2}} = 0.173$

$\tan\rho' = \mu'$에서

$\rho' = \tan^{-1}\mu' = \tan^{-1}0.173 = 9.82°$

나사의 효율(η)

$= \dfrac{\tan\alpha}{\tan(\rho' + \alpha)} = \dfrac{\tan 2.30°}{\tan(9.82° + 2.30°)}$

$= 0.187 = 18.7\%$

09 세레이션(serration)에 대한 일반적인 설명 중 틀린 것은?

① 스플라인에 비하여 치수(齒數)가 많다.
② 삼각치 세레이션은 끼워 맞춤 정밀도가 나쁘고 작업 공수가 많다.
③ 세레이션은 주로 정적인 이음에만 사용된다.
④ 측압 강도가 작아서 같은 바깥지름의 스플라인에 비해 큰 회전력을 전달할 수 없다.

해설

스플라인 축에 사용하는 홈형 단면이나 사다리꼴 단면을 그림처럼 삼각형 톱니 모양의 이로 바꾸어 축과 보스를 유동 없이 반영구적으로 결합시킨 것을 세레이션(Serration)이라고 하며, 스플라인에 비해 보다 큰 회전력을 전달할 수 있다.

정답 05 ④ 06 ④ 07 ② 08 ① 09 ④

10 두께 11mm의 강판을 2줄 겹치기 리벳이음으로 하려고 한다. 리벳의 전단하중과 판의 인장하중이 같을 경우 피치는 약 몇 mm인가?(단, 강판의 인장응력이 34N/mm², 리벳의 전단응력은 27 N/mm²이고 리벳지름은 17.64mm이고 리벳구멍의 지름도 동일하다.)

① 52.9 ② 55.9
③ 58.9 ④ 61.9

해설

$$\sigma_t(p-d)t=\tau\cdot\frac{\pi d^2}{4}\cdot n\ (d'=d\text{로 한다.})$$

$$\therefore\ p=d+\frac{\tau\cdot\pi\cdot d^2\cdot n}{4\sigma_t\cdot t}$$

$$=17.64+\frac{27\times\pi\times17.64^2\times2}{4\times34\times11}=52.93\text{mm}$$

11 그림과 같은 플랜지 커플링에 볼트의 지름 10 mm짜리 4개로 체결하여 1,750rpm으로 10kW의 동력을 전달시키고자 한다. 볼트에 작용하는 전단응력은 약 몇 MPa인가?

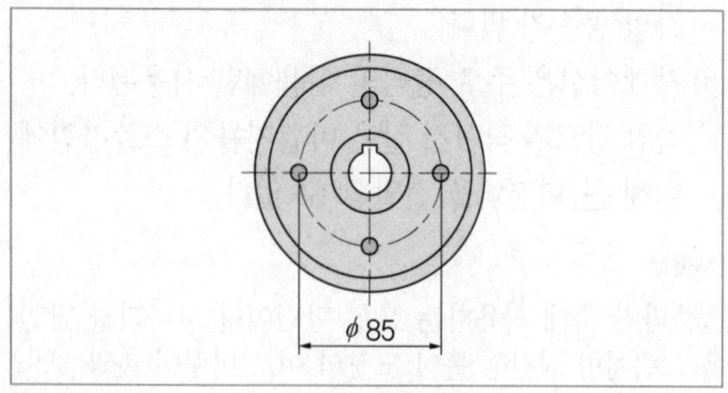

① 4.09 ② 5.09
③ 6.09 ④ 7.09

해설

전달토크

$$T=\frac{H}{\omega}=\frac{H}{\frac{2\pi N}{60}}=\frac{10\times10^3}{\frac{2\pi\times1,750}{60}}$$

$$=54.56741\text{N}\cdot\text{m}=54,567.41\text{N}\cdot\text{mm}$$

$$T=\text{볼트의 전단력}\times\frac{D_b}{2}=\tau_b\cdot A_b\times\frac{D_b}{2}$$

$$=\tau_b\cdot\frac{\pi\delta^2}{4}z\times\frac{D_b}{2}$$

$$\therefore\ \tau_b=\frac{8T}{\pi\delta^2\cdot D_b z}=\frac{8\times54,567.41}{\pi\times10^2\times85\times4}$$

$$=4.09\text{N/mm}^2=4.09\text{MPa}$$

12 지름 70mm, 길이 85mm의 저널 베어링을 400rpm으로 회전하는 전동축에 사용했을 때 약 몇 kN의 베어링 하중을 지지할 수 있는가?(단, 압력속도계수 pV = 1N/mm² · m/s이다.)

① 1.53 ② 2.05
③ 3.24 ④ 4.06

해설

$$pV=qV$$

$$q\cdot V=\frac{P}{dl}\cdot\frac{\pi dN}{60,000}=\frac{P\pi N}{60,000\,l}\text{ 에서}$$

$$P=\frac{60,000\cdot l\cdot(q\cdot V)}{\pi\cdot N}$$

$$=\frac{60,000\times85\times1}{\pi\times400}=4,058.5\text{N}=4.06\text{kN}$$

13 벨트방식의 무단변속기에서 구동축의 회전수 2,400rpm, 토크 150N · m이고 벨트 구동풀리의 반지름은 60mm이다. 여기서 피동풀리의 반지름이 180mm라고 할 때 피동축에서의 회전수(N)와 토크(T)는?

정답 10 ① 11 ① 12 ④ 13 ②

① $N=800\text{rpm}$, $T=30\text{N}\cdot\text{m}$
② $N=800\text{rpm}$, $T=450\text{N}\cdot\text{m}$
③ $N=2,400\text{rpm}$, $T=150\text{N}\cdot\text{m}$
④ $N=7,200\text{rpm}$, $T=30\text{N}\cdot\text{m}$

해설

$$i=\frac{N_2}{N_1}=\frac{D_1}{D_2}=\frac{60\times2}{180\times2}=\frac{1}{3}\text{에서}$$

$$N=N_2=N_1\times\frac{1}{3}=2,400\times\frac{1}{3}=800\text{rpm}$$

전달동력 $H=T_1\cdot\omega_1=T_2\cdot\omega_2$에서

$$T_2=T_1\cdot\frac{\omega_1}{\omega_2}=T_1\cdot\frac{N_1}{N_2}=\frac{T_1}{i}=\frac{150}{\frac{1}{3}}=450\text{N}\cdot\text{m}$$

14 이론적으로 기어의 압력각이 14.5°일 때 언더컷을 일으키지 않는 한계 잇수는?

① 35개 ② 32개
③ 30개 ④ 17개

해설

$$z_g=\frac{2}{\sin^2\alpha}=\frac{2}{\sin^2 14.5°}=31.9=32\text{개}$$

15 유압펌프 중 용적형 펌프의 종류가 아닌 것은?

① 피스톤 펌프 ② 기어 펌프
③ 베인 펌프 ④ 축류 펌프

해설

용적형 펌프 종류
• 회전식 : 기어 펌프, 나사 펌프, 베인 펌프
• 왕복동식 : 피스톤 펌프, 플런저 펌프

16 내부 확장식 브레이크에 있어서, 브레이크 슈(Brake shoe)를 안쪽에서 바깥쪽으로 확장시키는 장치로서 다음 중 어느 것이 가장 좋은가?

① 전기 또는 압축공기 ② 진공 또는 링크
③ 증기 또는 진공 ④ 캠 또는 유압

해설

그림 안의 유압실린더가 좌 · 우측 브레이크슈를 밀어 브레이크를 작동시킨다.

17 유체가 압축되기 어려운 정도를 나타내는 체적 탄성계수의 단위와 같은 것은?

① 체적 ② 동력
③ 압력 ④ 힘

해설

$$\text{체적탄성계수}(K)=\frac{dP}{dV/V}[\text{Pa}]$$

18 주로 펌프의 흡입구에 설치하여 유압작동유의 이물질을 제거하는 용도로 사용하는 기기는?

① 드레인 플러그 ② 블래더
③ 스트레이너 ④ 배플

정답 14 ② 15 ④ 16 ④ 17 ③ 18 ③

19 다음 중 상시 개방형 밸브는?

① 감압 밸브　　② 언로드 밸브
③ 릴리프 밸브　　④ 시퀀스 밸브

해설

감압 밸브(Reducing Valve)	
정상상태일 때	2차 압력이 설정압력보다 높을 때
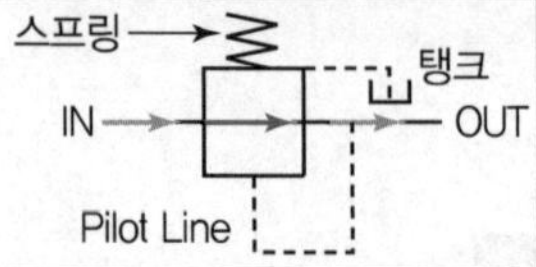	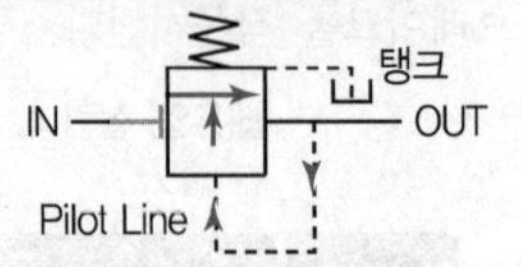

2차 압력이 설정압력보다 높으면 감압밸브의 Pilot에 의해 스풀이 닫혀 2차 압력이 낮아진다.
(2차 압력을 1차 압력보다 낮게 하여 사용하기 위한 장치)

20 압력계를 나타내는 기호는?

①

②

③
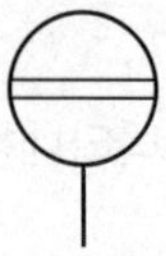

④
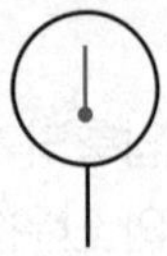

2과목 기계재료 및 제작

21 베이나이트(Bainite) 조직을 얻기 위한 항온열처리 조작으로 가장 적합한 것은?

① 마퀜칭　　② 소성가공
③ 노멀라이징　　④ 오스템퍼링

해설

오스템퍼링
- 목적 : 뜨임 작업이 필요 없으며, 인성이 풍부하고 담금질 균열이나 변형이 적고 연신성과 단면 수축, 충격치 등이 향상된 재료를 얻게 된다.
- 열처리 방법 : 오스테나이트에서 베이나이트로 완전한 항온변태가 일어날 때까지 특정 온도로 유지 후 공기 중에서 냉각시켜, 베이나이트 조직을 얻는다.

22 다음 중 금속의 변태점 측정방법이 아닌 것은?

① 열분석법　　② 자기분석법
③ 전기저항법　　④ 정점분석법

해설

변태점 측정법
열분석법, 열팽창법, 전기저항법, 자기반응법

23 자기변태의 설명으로 옳은 것은?

① 상은 변하지 않고 자기적 성질만 변한다.
② Fe-C 상태도에서 자기변태점은 A_3, A_4이다.
③ 한 원소로 이루어진 물질에서 결정 구조가 바뀌는 것이다.
④ 원자 내부의 변화로 자기적 성질이 비연속적으로 변화한다.

해설

자기변태(Magnetic transformation)
Fe, Ni, Co 등과 같은 강자성체인 금속을 어느 일정한 온도 이상으로 가열할 때, 금속의 결정구조는 변화하지 않고 강자성체에서 상자성체로 자성의 변화만을 갖는 변태

정답　19 ①　20 ②　21 ④　22 ④　23 ①

24 고속도강(SKH51)을 퀜칭, 템퍼링하여 HRC 64 이상으로 하려면 퀜칭 온도(Quenching Temperature)는 약 몇 ℃인가?

① 720℃ ② 910℃
③ 1,220℃ ④ 1,580℃

해설

고속도강
㉠ 표준고속도강 : W(18%) – Cr(4%) – V(1%) – C(0.8%)
- 열처리 : 800~900℃ 예열 → 1,250~1,300℃ 담금질 → 300℃ 공랭 → 500~580℃ 뜨임
- 250~300℃에서 팽창률이 크고, 2차 경화로 강인한 솔바이트 조직을 형성한다.

㉡ 사용온도 : 600℃까지 경도 유지
㉢ 고온경도가 높고 내마모성이 우수하다.
㉣ 절삭속도는 탄소강의 2배 이상으로 고속도강이라 명명되었다.

25 다음 중 저온 뜨임의 특성으로 가장 거리가 먼 것은?

① 내마모성 저하
② 연마균열 방지
③ 치수의 경년 변화 방지
④ 담금질에 의한 응력 제거

해설

저온 뜨임
150℃ 부근에서 이루어지며, 잔류 오스테나이트와 내부의 잔류응력을 제거하고, 탄성한계와 항복강도, 경도를 향상시키기 위한 열처리

26 다음 중 용융점이 가장 낮은 것은?

① Al ② Sn
③ Ni ④ Mo

해설

금속의 용융점
Sn(232℃) < Al(659℃) < Ni(1,452℃) < Mo(2,450℃)

27 Fe – Fe_3C계 평형상태도에서 나타날 수 있는 반응이 아닌 것은?

① 포정반응 ② 공정반응
③ 공석반응 ④ 편정반응

해설

Fe – C 평형상태도에서 금속의 반응은 공정반응, 공석반응, 포정반응이다.

28 강을 담금질하면 경도가 크고 메지므로, 인성을 부여하기 위하여 A_1 변태점 이하의 온도에서 일정 시간 유지하였다가 냉각하는 열처리 방법은?

① 퀜칭(Quenching)
② 템퍼링(Tempering)
③ 어닐링(Annealing)
④ 노멀라이징(Normalizing)

해설

뜨임(템퍼링, Tempering)
- 강을 담금질 후 취성을 없애기 위해서는 A_1 변태점 이하의 온도에서 뜨임처리를 해야 한다.
- 금속의 내부응력을 제거하고 인성을 개선하기 위한 열처리 방법이다.

29 주철에 대한 설명으로 틀린 것은?

① 흑연이 많을 경우에는 그 파단면이 회색을 띤다.
② 600℃ 이상의 온도에서 가열 및 냉각을 반복하면 부피가 감소하여 파열을 저지한다.
③ 주철 중에 전 탄소량은 흑연과 화합 탄소를 합한 것이다.
④ C와 Si의 함량에 따른 주철의 조직관계를 나타낸 것을 마우러 조직도라 한다.

정답 24 ③ 25 ① 26 ② 27 ④ 28 ② 29 ②

해설

600℃ 이상의 온도에서 가열 및 냉각을 반복하면 점차 부피가 증가하여 변형이나 균열이 일어나고 이것이 주철의 강도나 수명을 저하시킨다.

30 고망간(Mn)강에 관한 설명으로 틀린 것은?

① 오스테나이트 조직을 갖는다.
② 광석 · 암석의 파쇄기 부품 등에 사용된다.
③ 열처리에 수인법(Water Toughening)이 이용된다.
④ 열전도성이 좋고 팽창계수가 작아 열변형을 일으키지 않는다.

해설

④ 열전도성이 낮고 팽창계수가 커서 열변형이 크다.

31 방전가공에 대한 설명으로 틀린 것은?

① 경도가 높은 재료는 가공이 곤란하다.
② 가공 전극은 동, 흑연 등이 쓰인다.
③ 가공정도는 전극의 정밀도에 따라 영향을 받는다.
④ 가공물과 전극사이에 발생하는 아크(Arc) 열을 이용한다.

해설

방전가공의 특징

장점	단점
• 예리한 에지(Edge) 가공 가능(정밀 가공 가능) • 재료의 경도와 인성에 관계없이 전기도체면 가공이 쉽다. • 비접촉성으로 기계적인 힘이 가해지지 않는다. • 가공성이 높고 설계의 유연성이 크다. • 가공표면의 열변질층이 적고, 내마멸성, 내부식성이 높은 표면을 얻을 수 있다.	• 가공상 전극소재에 제한이 있다.(공작물이 전도체이어야 한다). • 가공속도가 느리다. • 전극가공 공정이 필요하다.

32 주형 내에 코어가 설치되어 있는 경우 주형에 필요한 압상력(F)을 구하는 식으로 옳은 것은? (단, 투영면적은 S, 주입금속의 비중량은 P, 주물의 윗면에서 주입구 면까지의 높이는 H, 코어의 체적은 V이다.)

① $F = S \cdot P \cdot H + \frac{1}{2} V \cdot P$
② $F = S \cdot P \cdot H - \frac{1}{2} V \cdot P$
③ $F = S \cdot P \cdot H + \frac{3}{4} V \cdot P$
④ $F = S \cdot P \cdot H - \frac{3}{4} V \cdot P$

해설

주형 내에 코어가 있을 경우 코어의 부력은 $\frac{3}{4}VP$로 계산한다.

$F = SPH + \frac{3}{4}VP - G$

여기서, S : 주물을 위에서 본 면적[m^2]
H : 주물의 윗면에서 주입구 표면까지의 높이[m]
P : 주입 금속의 비중량[kgf/m^3]
V : 코어의 체적[m^3]
G : 윗덮개 상자무게[kgf]

33 오토콜리메이터의 부속품이 아닌 것은?

① 평면경 ② 콜리 프리즘
③ 펜타 프리즘 ④ 폴리곤 프리즘

해설

오토콜리메이터

시준기(Collimator)와 망원경(Telescope)을 조합한 것으로서 미소 각도를 측정하는 광학적 측정기이다. 오토콜리메이터의 주요 부속품에는 평면경, 펜타 프리즘, 폴리곤 프리즘, 반사경대, 지지대, 조정기, 변압기 등이 있다.

정답 30 ④ 31 ① 32 ③ 33 ②

34 지름 100mm, 판의 두께 3mm, 전단저항 45kgf/mm^{2}인 SM40C 강판을 전단할 때 전단하중은 약 몇 kgf인가?

① 42,410　② 53,240
③ 67,420　④ 70,680

해설

$\tau = \frac{P}{A}$

$P = \tau A = \tau \cdot \pi \cdot D \cdot t = 45 \times \pi \times 100 \times 3 = 42{,}412\,\text{kgf}$

35 절삭공구에 발생하는 구성인선의 방지법이 아닌 것은?

① 절삭깊이를 얕게 할 것
② 적삭속도를 느리게 할 것
③ 절삭공구의 인선을 예리하게 할 것
④ 공구 윗면 경사각(Rake Angle)을 크게 할 것

해설

구성인선(Built Up Edge)의 방지법
- 절삭깊이를 얕게 하고, 윗면 경사각을 크게 한다.
- 절삭속도를 빠르게 한다.
- 날 끝에 경질 크롬 도금 등을 하여 윗면 경사각을 매끄럽게 한다.
- 윤활성이 좋은 절삭유를 사용한다.
- 절삭공구의 인선을 예리하게 한다.

36 숏피닝(Shot Peening)에 대한 설명으로 틀린 것은?

① 숏피닝은 얇은 공작물일수록 효과가 크다.
② 가공물 표면에 작은 해머와 같은 작용을 하는 형태로 일종의 열간 가공법이다.
③ 가공물 표면에 가공경화된 잔류 압축응력층이 형성된다.
④ 반복하중에 대한 피로파괴에 큰 저항을 갖고 있기 때문에 각종 스프링에 널리 이용된다.

해설

숏피닝
- 상온에서 경화된 철의 작은 볼을 공작물의 표면에 분사하여 제품의 표면을 매끈하게 하는 동시에 공작물의 피로 강도나 기계적 성질을 향상시킨다.
- 숏피닝에 사용되는 철의 작은 볼을 숏(Shot)이라고 한다.
- 크랭크축, 체인, 스프링 등 기존 제품의 치수나 재질 변경 없이 높은 피로강도가 필요할 경우 적용되기도 한다.

② 가공물 표면에 작은 해머와 같은 작용을 하는 형태로 일종의 냉간가공법이다.

37 선반가공에서 직경 60mm, 길이 100mm의 탄소강 재료 환봉을 초경 바이트를 사용하여 1회 절삭 시 가공시간은 약 몇 초인가?(단, 절삭깊이 1.5mm, 절삭속도 150m/min, 이송은 0.2mm/rev이다.)

① 38　② 42
③ 48　④ 52

해설

절삭속도 $V = \frac{\pi d n}{1{,}000}$ [m/min]이므로

주축의 회전수 $n = \frac{1{,}000V}{\pi d} = \frac{1{,}000 \times 150}{\pi \times 60} = 795.775$ [rpm]

∴ 가공시간 $T = \frac{L}{fn} = \frac{100}{0.2 \times 796} = 0.628$ [min] ≒ 38 [sec]

정답 34 ① 35 ② 36 ② 37 ①

38 용접의 일반적인 장점으로 틀린 것은?

① 품질검사가 쉽고 잔류응력이 발생하지 않는다.
② 재료가 절약되고 중량이 가벼워진다.
③ 작업 공정 수가 감소한다.
④ 기밀성이 우수하며 이음 효율이 향상된다.

해설

용접의 장단점
㉠ 용접의 장점
- 자재를 절약할 수 있다.
- 작업 공정수를 줄일 수 있다.
- 수밀, 기밀을 유지할 수 있다.
- 접합시간을 단축할 수 있다.
- 비교적 두께의 제한이 적다.

㉡ 용접의 단점
- 용접이음에 대한 특별한 지식이 필요하다.
- 모재의 재질이 용접열의 영향을 많이 받는다.
- 품질검사의 어려움이 있다.
- 용접 후 잔류응력과 변형이 발생한다.
- 분해, 조립이 곤란하다.

① 품질검사가 어렵고 잔류응력과 변형이 발생한다.

39 단체모형, 분할모형, 조립모형의 종류를 포괄하는 실제 제품과 같은 모양의 모형은?

① 고르게 모형 ② 회전 모형
③ 코어 모형 ④ 현형

해설

제품과 동일한 형상으로 된 것에 가공여유, 수축여유를 가산한 목형을 현형이라 한다.

40 다음 중 소성가공에 속하지 않는 것은?

① 압연가공 ② 선반가공
③ 인발가공 ④ 단조가공

해설

소성가공의 종류에는 단조, 압연, 인발, 압출, 전조, 프레스 가공, 제관 등이 있다.

3과목 구조해석

41 그림과 같이 20cm×10cm의 단면을 갖고 양단이 회전단으로 된 부재가 중심축방향으로 압축력 P가 작용하고 있을 때 장주의 길이가 2m라면 세장비는 약 얼마인가?

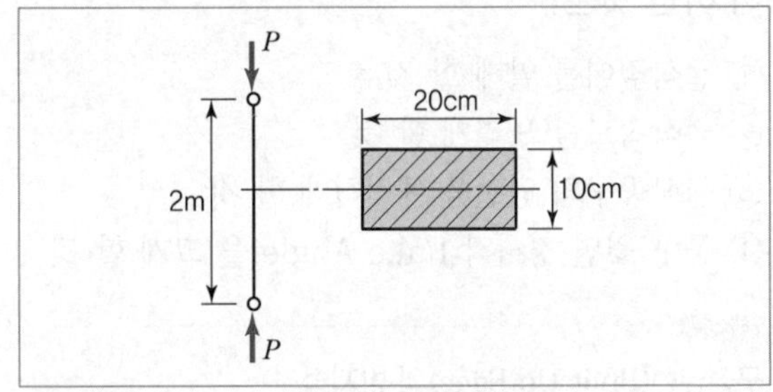

① 89 ② 69
③ 49 ④ 29

해설

$K^2 \cdot A = I$에서

$$K = \sqrt{\frac{I}{A}} = \sqrt{\frac{\frac{bh^3}{12}}{bh}} = \sqrt{\frac{h^2}{12}} = \sqrt{\frac{0.1^2}{12}} = 0.0289\text{m}$$

$$\therefore \text{ 세장비 } \lambda = \frac{l}{K} = \frac{2}{0.0289} = 69.2$$

42 그림과 같이 지름 10cm의 원형 단면보 끝단에 3.6kN의 하중을 가하고 동시에 1.8kN · m의 비틀림모멘트를 작용시킬 때 고정단에 생기는 최대전단응력은 약 몇 MPa인가?

정답 38 ① 39 ④ 40 ② 41 ② 42 ②

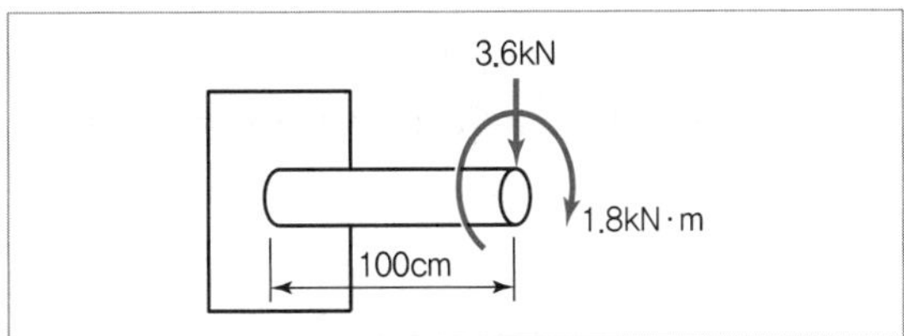

① 10.1 ② 20.5
③ 30.3 ④ 40.6

해설

원형 단면보는 굽힘과 비틀림을 동시에 받으므로 상당 비틀림모멘트(최대전단응력설)로 해석해야 한다.

$M = 3.6 \times 10^3 \times 1 = 3.6\text{kN} \cdot \text{m}$

$T = 1.8\text{kN} \cdot \text{m}$

$T_e = \sqrt{M^2 + T^2} = \sqrt{3.6^2 + 1.8^2} = 4.03\text{kN} \cdot \text{m}$

$T_e = \tau \cdot Z_p = \tau \cdot \dfrac{\pi d^3}{16}$ 에서

$\tau = \dfrac{16 T_e}{\pi d^3} = \dfrac{16 \times 4.03 \times 10^3}{\pi \times 0.1^3} = 20.5 \times 10^6\text{Pa}$

$= 20.5\text{MPa}$

43 지름이 25mm이고 길이가 6m인 강봉의 양쪽 단에 100kN의 인장력이 작용하여 6mm가 늘어났다. 이때의 응력과 변형률은?(단, 재료는 선형 탄성 거동을 한다.)

① 203.7MPa, 0.01 ② 203.7kPa, 0.01
③ 203.7MPa, 0.001 ④ 203.7kPa, 0.001

해설

$\sigma = \dfrac{P}{A} = \dfrac{P}{\dfrac{\pi}{4}d^2} = \dfrac{4P}{\pi d^2} = \dfrac{4 \times 100 \times 10^3\text{N}}{\pi \times 0.025^2\text{m}^2}$

$= 203.72 \times 10^6\text{Pa}$

$= 203.72\text{MPa}$

$\varepsilon = \dfrac{\lambda}{l} = \dfrac{6\text{mm}}{6 \times 10^3\text{mm}} = 0.001$

44 공학적 변형률(Engineering Strain) e와 진변형률(True Strain) ε 사이의 관계식으로 옳은 것은?

① $\varepsilon = \ln(e+1)$ ② $\varepsilon = e \times \ln(e)$

③ $\varepsilon = \ln(e)$ ④ $\varepsilon = 3e$

해설

$\sigma = \dfrac{P}{A}$에서 A(처음 단면적으로 일정) : 공칭응력

A(하중에 의해 변해가는 단면적으로 계산) : 진응력

시편의 처음길이 : l_1, 하중을 받은 후 늘어난 길이 : l_2

공칭변형률 $e = \dfrac{\lambda}{l_1}$(여기서, $\lambda = l_2 - l_1$)

$\varepsilon = \int_{l_1}^{l_2} \dfrac{dl}{l} = [\ln l]_{l_1}^{l_2} = \ln l_2 - \ln l_1 = \ln\left(\dfrac{l_2}{l_1}\right)$

$= \ln\left(\dfrac{l_1 + \lambda}{l_1}\right) = \ln(1+e)$

45 그림과 같이 전길이에 걸쳐 균일분포하중 w를 받는 보에서 최대처짐 δ_{max}를 나타내는 식은?(단, 보의 굽힘강성계수는 EI이다.)

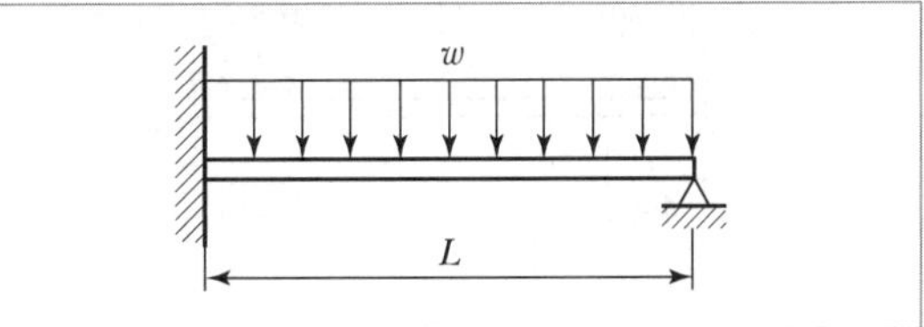

① $\dfrac{wL^4}{64EI}$ ② $\dfrac{wL^4}{128.5EI}$

③ $\dfrac{wL^4}{184.6EI}$ ④ $\dfrac{wL^4}{192EI}$

해설

$\delta_{max} = \dfrac{wL^4}{184.6EI}$(처짐각이 Zero인 위치의 처짐량값)

정답 43 ③ 44 ① 45 ③

46 보에서 원형과 정사각형의 단면적이 같을 때, 단면계수의 비 $\frac{Z_1}{Z_2}$은 약 얼마인가?(단, Z_1은 원형 단면의 단면계수, Z_2는 정사각형 단면의 단면계수이다.)

① 0.531 ② 0.846
③ 1.182 ④ 1.258

해설

$\frac{\pi d^2}{4}=a^2$에서 $a=\frac{\sqrt{\pi}}{2}d$

$$\frac{Z_1}{Z_2}=\frac{\frac{\pi}{32}d^3}{\frac{bh^2}{6}}=\frac{\frac{\pi}{32}d^3}{\frac{a\cdot a^2}{6}}=\frac{\frac{\pi}{32}d^3}{\frac{a}{6}\cdot a^2}=\frac{\frac{\pi}{32}d^3}{\frac{a}{6}\cdot\frac{\pi d^2}{4}}$$

$$=\frac{3d}{4a}=\frac{3d}{4\times\frac{\sqrt{\pi}}{2}d}=\frac{3}{2\sqrt{\pi}}=0.846$$

47 그림에서 A지점에서의 반력을 구하면 약 몇 N인가?

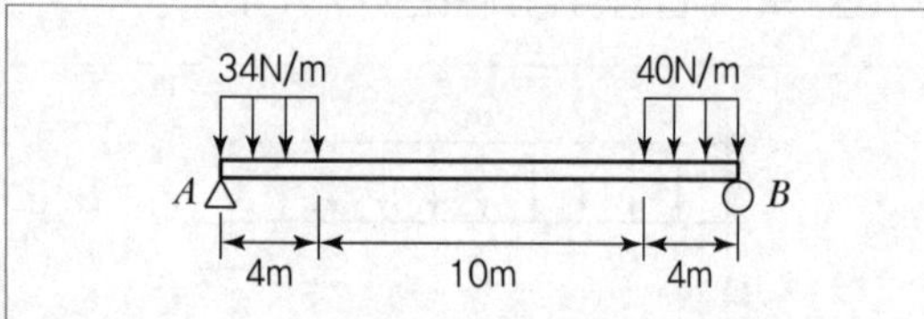

① 118 ② 127
③ 132 ④ 139

해설

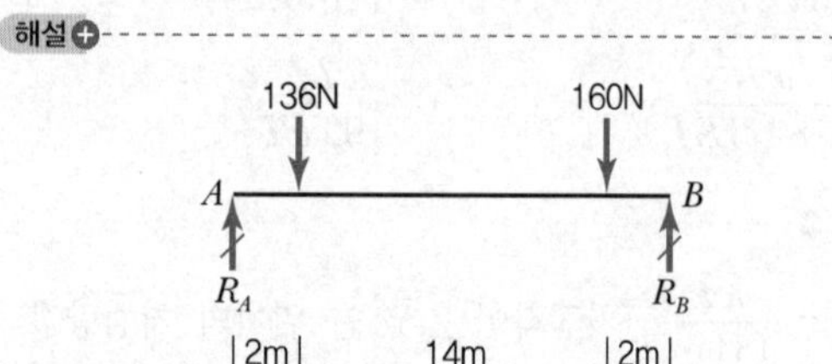

$\sum M_{B지점}=0$: $-160\times 2-136\times 16+R_A\times 18=0$

$\therefore\ R_A=138.7\text{N}$

48 그림과 같은 삼각형 분포하중을 받는 단순보에서 최대굽힘모멘트는?(단, 보의 길이는 L이다.)

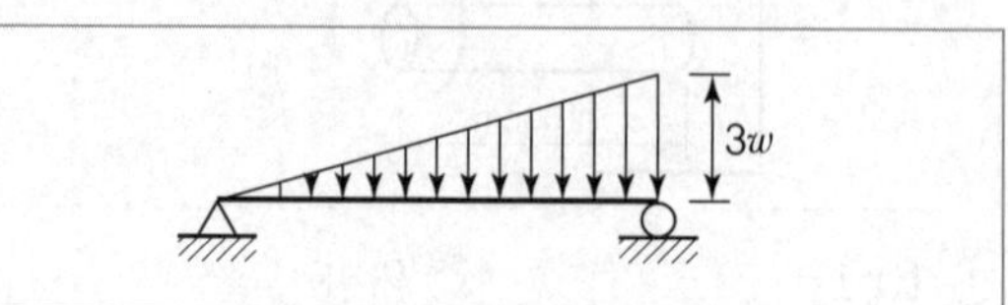

① $\frac{wL^2}{2\sqrt{2}}$ ② $\frac{wL^2}{3\sqrt{3}}$

③ $\frac{wL^2}{4\sqrt{2}}$ ④ $\frac{wL^2}{9\sqrt{3}}$

해설

$\frac{3}{2}wL$

A B

$\frac{2}{3}L$ $\frac{L}{3}$

R_A R_B

$\sum M_{B지점}=0$에서

$$R_A\cdot L-\frac{3}{2}wL\cdot\frac{L}{3}=0$$

$$\therefore\ R_A=\frac{wL}{2}$$

x에서의 자유물체도를 그리면

$x : w_x=L : 3w$에서 $w_x=\frac{3w}{L}x$

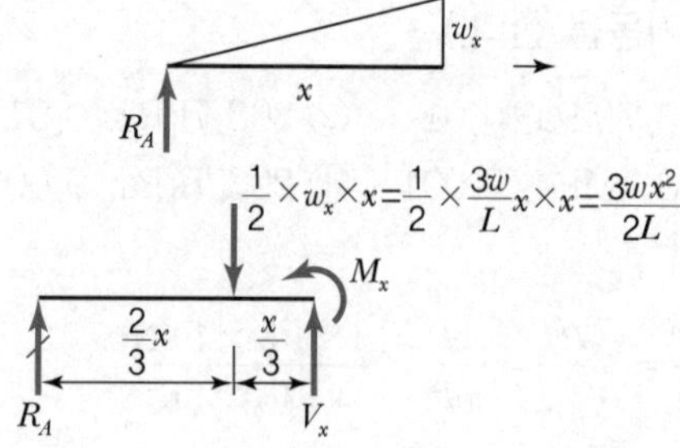

$$\sum M_{x지점}=0 : -R_A\times x+\frac{3wx^2}{2L}\times\frac{x}{3}+M_x=0$$

$$\therefore\ M_x=\frac{wL}{2}x-\frac{w}{2L}x^3$$

x에 대해 미분하면

$$V_x=\frac{dM_x}{dx}=\frac{wL}{2}-\frac{3wx^2}{2L}$$

정답 46 ② 47 ④ 48 ②

전단력이 0이 되는 위치 $x=\frac{L}{\sqrt{3}}$ 에서 최대굽힘모멘트가 나오므로

$$M_{max}=M_{x=\frac{L}{\sqrt{3}}}=\frac{wL}{2}\times\frac{L}{\sqrt{3}}-\frac{w}{2L}\times\left(\frac{L}{\sqrt{3}}\right)^3$$

$$=\frac{wL^2}{3\sqrt{3}}$$

$$\therefore\ M_{max}=\frac{wL^2}{3\sqrt{3}}$$

49 그림과 같이 단순지지되어 중앙에서 집중하중 P를 받는 직사각형 단면보에서 보의 길이가 L, 폭이 b, 높이가 h일 때, 최대굽힘응력(σ_{max})과 최대전단응력(τ_{max})의 비$\left(\frac{\sigma_{max}}{\tau_{max}}\right)$는?

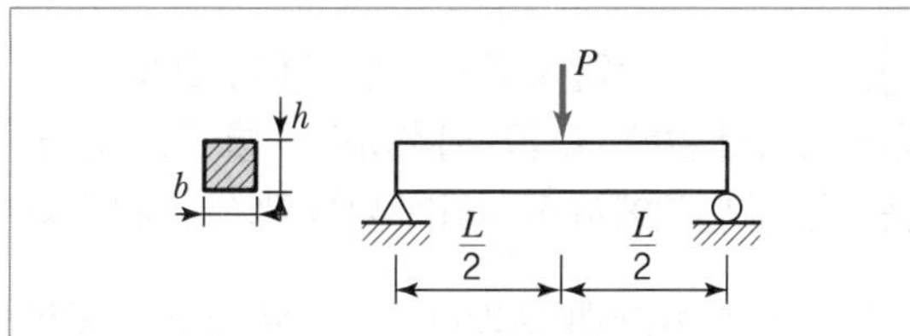

① $\frac{h}{L}$　② $\frac{2h}{L}$

③ $\frac{L}{h}$　④ $\frac{2L}{h}$

해설

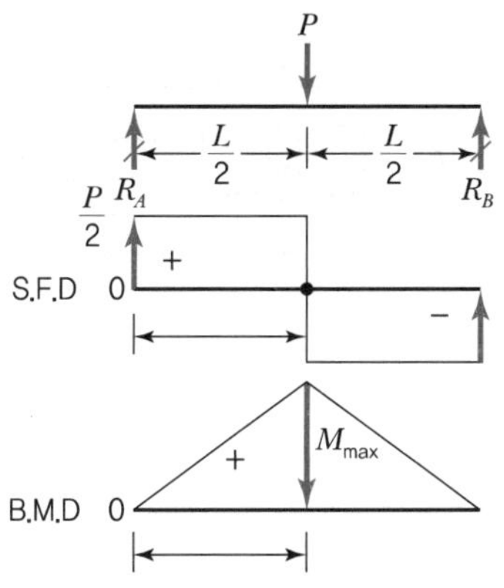

$$\sigma_b=\frac{M}{Z}\ \rightarrow\ \sigma_{max}=\frac{M_{max}}{Z}$$

$$\sigma_{max}=\frac{M_{max}}{\frac{bh^2}{6}}=\frac{6M_{max}}{bh^2}\ \cdots\ ⓐ$$

$$R_A=R_B=\frac{P}{2}$$

$x=\frac{L}{2}$ 에서 M_{max} 이므로 M_{max} 는 $\frac{L}{2}$ 까지의 S.F.D 면적과 같다.

$$M_{max}=\frac{P}{2}\times\frac{L}{2}=\frac{PL}{4}$$

ⓐ에 값을 적용하면

$$\therefore\ \sigma_{max}=\frac{6}{bh^2}\times\frac{PL}{4}=\frac{3PL}{2bh^2}$$

양쪽 지점에서 최대인 보의 최대전단응력

$$\tau_{av}=\frac{V_{max}}{A}=\frac{P}{2}\times\frac{1}{b\times h}=\frac{P}{2bh}$$

∴ 보 속의 최대전단응력

$$\tau_{max}=\frac{3}{2}\tau_{av}=\frac{3}{2}\times\frac{P}{2bh}=\frac{3P}{4bh}$$

※ 일반적으로 시험에서 주어지는 "보의 최대전단응력 = 보 속의 최대전단응력"임을 알고 해석해야 한다. 보의 위아래 방향으로 전단응력이 아닌 보의 길이 방향인 보 속의 중립축 전단응력을 의미한다.

$$\frac{\sigma_{max}}{\tau_{max}}=\frac{\frac{3PL}{2bh^2}}{\frac{3P}{4bh}}=\frac{2L}{h}$$

50 외경이 내경의 2배인 중공축과 재질과 길이가 같고 지름이 중공축의 외경과 같은 중실축이 동일 회전수에 동일 동력을 전달한다면, 이때 중실축에 대한 중공축의 비틀림각의 비$\left(\frac{\text{중공축 비틀림각}}{\text{중실축 비틀림각}}\right)$는?

① 1.07　② 1.57

③ 2.07　④ 2.57

정답　49 ④　50 ①

해설

$\theta = \dfrac{Tl}{GI_P}$에서

$\theta_1 = \dfrac{32Tl}{G\pi d^4}$ (중실축)

$\theta_2 = \dfrac{32Tl}{G\pi {d_2}^4} = \dfrac{32Tl}{G\pi d^4(1-x^4)}$ $\left[x = \dfrac{d_1}{d_2}\right.$: 내외경비(중공축)$\left.\right]$

$\therefore \dfrac{\theta_2}{\theta_1} = \dfrac{1}{1-x^4} = \dfrac{1}{1-\left(\dfrac{1}{2}\right)^4} = 1.07$

51 동일한 전단력이 작용할 때 원형 단면 보의 지름을 d에서 $3d$로 하면 최대전단응력의 크기는? (단, $\tau_{\max}$는 지름이 d일 때의 최대전단응력이다.)

① $9\tau_{\max}$　② $3\tau_{\max}$
③ $\dfrac{1}{3}\tau_{\max}$　④ $\dfrac{1}{9}\tau_{\max}$

해설

원형 단면에서 보 속의 최대전단응력

$\tau_{\max} = \dfrac{4}{3}\tau_{av} = \dfrac{4}{3}\dfrac{F}{A} = \dfrac{4}{3}\dfrac{4F}{\pi d^2}$

$\tau_1 = \dfrac{4}{3}\dfrac{4F}{\pi {d_1}^2}$

$\tau_2 = \dfrac{4}{3}\dfrac{4F}{\pi(3d)^2} = \dfrac{1}{9}\times\dfrac{4}{3}\dfrac{4F}{\pi d^2} = \dfrac{1}{9}\tau_1$

52 그림과 같이 반지름이 5cm인 원형 단면을 갖는 ㄱ자 프레임에서 A점 단면의 수직응력(σ)은 약 몇 MPa인가?

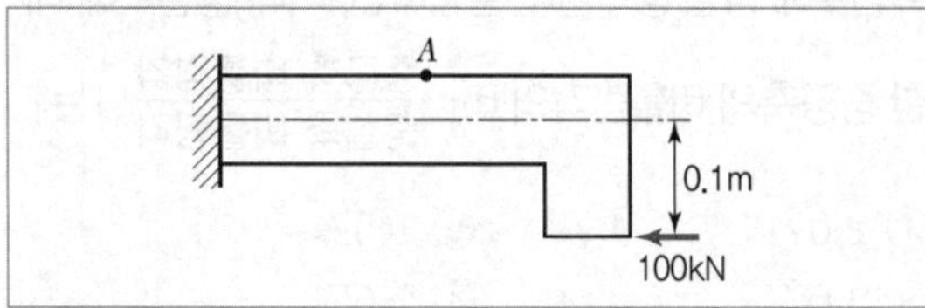

① 79.1　② 89.1
③ 99.1　④ 109.1

해설

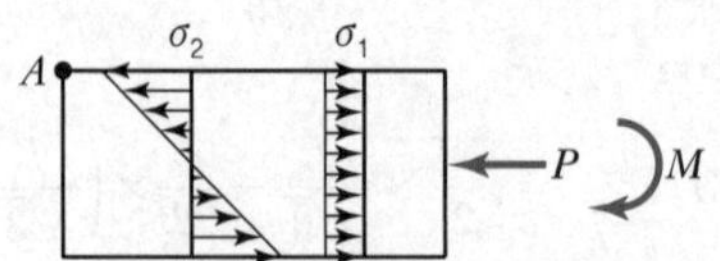

힘우력계를 가지고 P(100kN)를 A단면부의 중심으로 옮기면 그림과 같이 P와 $M[P \cdot e$(편심량)$]$으로 해석한다.

$\dfrac{P}{A} < \dfrac{M}{Z}$이므로 자유물체도에서 표시한 조합응력에 의해 A부분은 인장된다.

$\sigma_A = \sigma_2 - \sigma_1 = \dfrac{M}{Z} - \dfrac{P}{A}$

$= \dfrac{100\times10^3\times0.1}{\dfrac{\pi}{32}\times0.1^3} - \dfrac{100\times10^3}{\dfrac{\pi}{4}\times0.1^2}$

$= 89,126,768.15\text{Pa} \fallingdotseq 89.1\text{MPa}$

53 그림과 같이 재료가 동일한 (A), (B)의 원형 단면봉에서 같은 크기의 압축하중 F를 받고 있다. 응력은 각 단면에서 균일하게 분포된다고 할 때 저장되는 탄성변형에너지의 비 $\dfrac{U_B}{U_A}$는 얼마가 되겠는가?

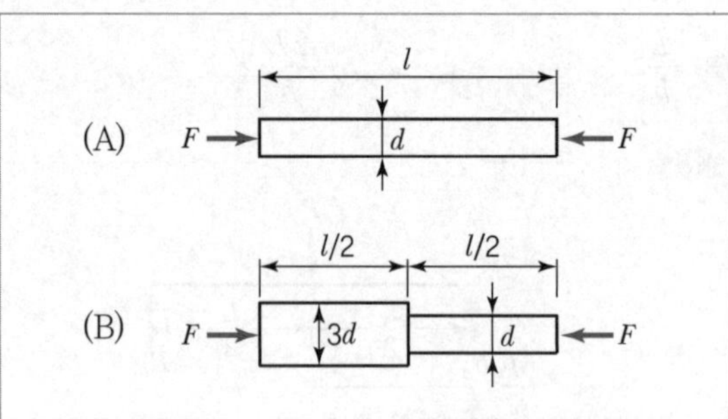

① $\dfrac{5}{9}$　② $\dfrac{1}{3}$
③ $\dfrac{9}{5}$　④ 3

정답 51 ④ 52 ② 53 ①

해설

수직응력에 의한 탄성에너지 $U=\frac{1}{2}P\lambda=\frac{P^2l}{2AE}$

(A)에서 $U_A=\frac{P^2l}{2\times\frac{\pi d^2}{4}\times E}=\frac{2P^2l}{\pi d^2E}$

(B)에서 $U_B=\frac{P^2\times\frac{l}{2}}{2\times\frac{\pi(3d)^2}{4}\times E}+\frac{P^2\times\frac{l}{2}}{2\times\frac{\pi d^2}{4}\times E}$

$=\frac{P^2l}{9\pi d^2E}+\frac{P^2l}{\pi d^2E}=\frac{10P^2l}{9\pi d^2E}$

$\therefore\ \frac{U_B}{U_A}=\frac{\frac{10}{9}}{2}=\frac{5}{9}$

54 정사각형 단면의 짧은 봉에서 축방향(z 방향) 압축응력 40MPa을 받고 있고, x 방향과 y 방향으로 압축응력을 10MPa씩 받을 때 축방향의 길이 감소량은 약 몇 mm인가?(단, 세로탄성계수는 100GPa, 푸아송 비는 0.25, 단면의 한 변은 120mm, 축방향 길이는 200mm이다.)

① 0.003 ② 0.03
③ 0.007 ④ 0.07

해설

인장 +, 압축 −

$\varepsilon_z=\frac{\sigma_z}{E}-\mu\left(\frac{\sigma_x}{E}+\frac{\sigma_y}{E}\right)$ ⋯ ⓐ

$\varepsilon_z=\frac{\lambda_z}{l_z}$에서

$\lambda_z=\varepsilon_z\cdot l_z$(← ⓐ 대입)

$=\frac{l_z}{E}\{\sigma_z-\mu(\sigma_x+\sigma_y)\}$

$=\frac{0.2}{100\times10^9}\{40\times10^6-0.25\times(10\times10^6\times2)\}$

$(\because\ \sigma_x=\sigma_y)$

$=0.07\times10^{-3}\text{m}=0.07\text{mm}$

55 달 표면에서 중력가속도는 지구 표면에서의 $\frac{1}{6}$이다. 지구 표면에서 주기가 T인 단진자를 달로 가져가면, 그 주기는 어떻게 변하는가?

① $\frac{1}{6}T$ ② $\frac{1}{\sqrt{6}}T$
③ $\sqrt{6}\,T$ ④ $6T$

해설

주기 $T=2\pi\sqrt{\frac{l}{g}}$

달의 중력가속도는 지구의 $\frac{1}{6}$이므로

$T_{달}=2\pi\sqrt{\frac{l}{\frac{1}{6}g}}=2\pi\sqrt{\frac{6l}{g}}=\sqrt{6}\times2\pi\sqrt{\frac{l}{g}}=\sqrt{6}\,T$

56 y축방향으로 움직이는 질량 m인 질점이 그림과 같은 위치에서 v의 속도를 갖고 있다. O점에 대한 각운동량은 얼마인가?(단, a, b, c는 원점에서 질점까지의 x, y, z 방향의 거리이다.)

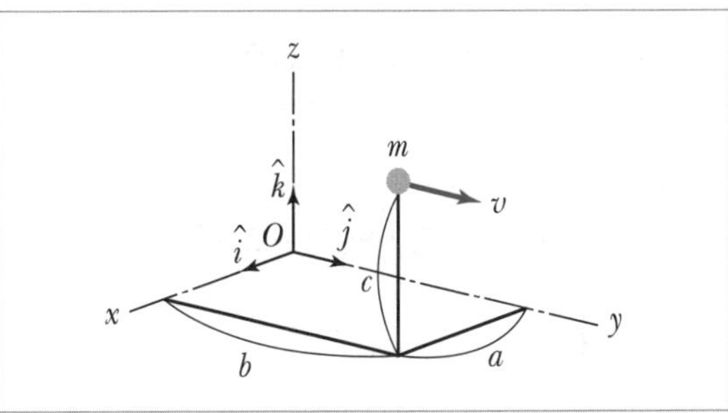

① $mv(c\hat{i}-a\hat{k})$ ② $mv(-c\hat{i}+a\hat{k})$
③ $mv(c\hat{i}+a\hat{k})$ ④ $mv(-c\hat{i}-a\hat{k})$

해설

그림에서 0에서 m까지의 위치벡터 $r=ai+bj+ck$

속도벡터 $V=V_xi+V_yj+V_zk$

각운동량 $H_0=r\times mV$ [× : 외적(Cross Product)]

$=(ai+bj+ck)\times m(V_xi+V_yj+V_zk)$

정답 54 ④ 55 ③ 56 ②

여기서, $V_x=0$, $V_y=v$, $V_z=0$

$\therefore\ H_0=(ai+bj+ck)\times(0i+mvj+0k)$

$$\begin{array}{ccc|c} i & j & k & \\ a & b & c & a \\ 0 & mv & 0 & 0 \end{array}$$

외적을 구하면

$H_0=(0-cmv)i+(0-0)j+(amv-0)k$

$=mv(-ci+ak)$

57 반지름이 r인 균일한 원판의 중심에 200N의 힘이 수평방향으로 가해진다. 원판의 미끄러짐을 방지하는 데 필요한 최소 마찰력(F)은?

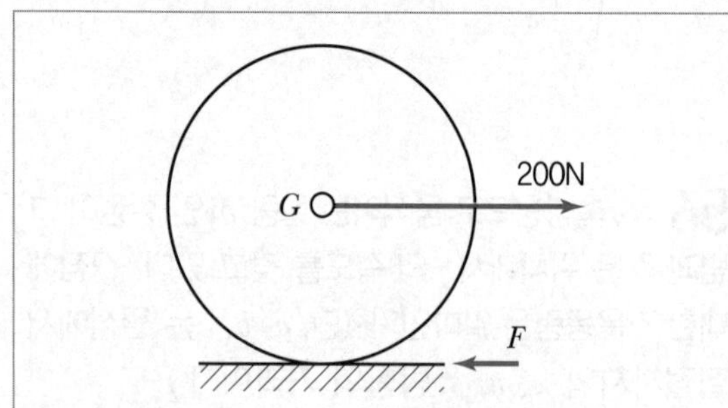

① 200N ② 100N
③ 66.67N ④ 33.33N

해설

i) 원판과 바닥접촉점 0의 모멘트 대수합은

$\Sigma M_0=J_0\cdot\alpha$

여기서, $J_0=\{J_G+m(r)^2\}$

$=\dfrac{mr^2}{2}+mr^2=\dfrac{3}{2}mr^2$

$200r=\dfrac{3}{2}mr^2\alpha$

$\therefore\ \alpha=\dfrac{2\times200}{3mr}=\dfrac{400}{3mr}$ … ⓐ

ii) → t 방향, 마찰력 $F=F_f$

$\Sigma F_t=ma_t$ (여기서, $a_t=r\alpha$)

$200-F_f=mr\alpha$

$\therefore\ F_f=200-mr\alpha$ (← ⓐ 대입)

$=200-mr\cdot\dfrac{400}{3mr}$

$=200-\dfrac{400}{3}$

$=66.67\text{N}$

58 길이가 1m이고 질량이 3kg인 가느다란 막대에서 막대 중심축과 수직이면서 질량 중심을 지나는 축에 대한 질량관성모멘트는 몇 kg · m²인가?

① 0.20 ② 0.25
③ 0.30 ④ 0.40

해설

$J_G=\dfrac{ml^2}{12}=\dfrac{3\times1^2}{12}=0.25\text{kg}\cdot\text{m}^2$

59 아이스하키 선수가 친 퍽이 얼음 바닥 위에서 30m를 가서 정지하였는데, 그 시간이 9초가 걸렸다. 퍽과 얼음 사이의 마찰계수는 얼마인가?

① 0.046 ② 0.056
③ 0.066 ④ 0.076

해설

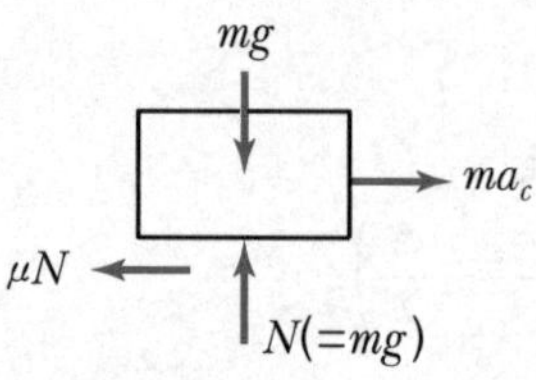

i) 가속도 a는 a_c로 일정

$x(t)=x_0+V_0t+\dfrac{1}{2}a_ct^2$ (여기서, $x_0=0$, $V_0=0$)

$x(9)=30\text{m}$이므로

$30=\dfrac{1}{2}a_c\cdot9^2$

$\therefore\ a_c=\dfrac{2\times30}{9^2}=0.74\text{m/s}^2$

정답 57 ③ 58 ② 59 ④

ii) 퍽에 행해진 일$(F \cdot r)$=퍽과 얼음 사이의 마찰일 (μNr)

$ma_c r = \mu Nr = \mu mgr$

$\therefore \ \mu = \frac{a_c}{g} = \frac{0.74}{9.8} = 0.076$

60 전동기를 이용하여 무게 9,800N의 물체를 속도 0.3m/s로 끌어올리려고 한다. 장치의 기계적 효율을 80%로 하면 최소 몇 kW의 동력이 필요한가?

① 3.2　　② 3.7
③ 4.9　　④ 6.2

해설

이론동력 $H_{th} = F \cdot V$와 $\eta = \frac{H_{th}(\text{이론동력})}{H_s(\text{축동력})}$에서

$$H_s = \frac{H_{th}}{\eta} = \frac{F \cdot V}{\eta} = \frac{9{,}800 \times 0.3}{0.8} = 3{,}675\text{W} = 3.68\text{kW}$$

4과목 열 · 유체 해석

61 Van der Waals 상태방정식은 다음과 같이 나타낸다. 이 식에서 $\frac{a}{v^2}$, b는 각각 무엇을 의미하는가?(단, P는 압력, v는 비체적, R은 기체상수, T는 온도를 나타낸다.)

$$\left(P + \frac{a}{v^2}\right) \times (v - b) = RT$$

① 분자 간의 작용력, 분자 내부 에너지
② 분자 자체의 질량, 분자 내부 에너지
③ 분자 간의 작용력, 기체 분자들이 차지하는 체적
④ 분자 자체의 질량, 기체 분자들이 차지하는 체적

62 1MPa, 230℃ 상태에서 압축계수(Compressibility Factor)가 0.95인 기체가 있다. 이 기체의 실제비체적은 약 몇 m^3/kg인가?[단, 이 기체의 기체상수는 461J/(kg · K)이다.]

① 0.14　　② 0.18
③ 0.22　　④ 0.26

해설

$$v = \frac{0.95 \times 461 \times (230 + 273)}{1 \times 10^6} = 0.22$$

63 효율이 40%인 열기관에서 유효하게 발생되는 동력이 110kW라면 주위로 방출되는 총 열량은 약 몇 kW인가?

① 375　　② 165
③ 135　　④ 85

정답　60 ②　61 ③　62 ③　63 ②

해설

$$\eta = \frac{\dot{Q}_a}{\dot{Q}_H}$$

→ 공급 총열전달률 $\dot{Q}_H = \frac{\dot{Q}_a}{\eta} = \frac{110}{0.4} = 275\text{kW}$

방열 총열전달률(유효하지 않은 동력)
$= 275 \times (1-0.4) = 165\text{kW}$

※ (1−0.4) : 60%가 비가용 에너지임을 의미

64 피스톤−실린더에 기체가 존재하며 피스톤의 단면적은 5cm²이고 피스톤에 외부에서 500N의 힘이 가해진다. 이때 주변 대기압력이 0.099MPa이면 실린더 내부 기체의 절대압력(MPa)은 약 얼마인가?

① 0.901 ② 1.099
③ 1.135 ④ 1.275

해설

$p_{abs} = p_0 + p_g$ 에서

$p_0 = 0.099$

$p_g = \frac{F}{A} = \frac{500}{5 \times 10^{-4}} = 1 \times 10^6 \text{N/m}^2 = 1\text{MPa}$

$p_{abs} = 0.099 + 1 = 1.099\text{MPa}$

65 랭킨사이클로 작동되는 증기동력 발전소에서 20MPa의 압력으로 물이 보일러에 공급되고, 응축기 출구에서 온도는 20℃, 압력은 2.339kPa이다. 이때 급수펌프에서 수행하는 단위질량당 일은 약 몇 kJ/kg인가?(단, 20℃에서 포화액 비체적은 0.001002m³/kg, 포화증기 비체적은 57.79m³/kg이며, 급수펌프에서는 등엔트로피 과정으로 변화한다고 가정한다.)

① 0.4681 ② 20.04
③ 27.14 ④ 1,020.6

해설

$${}_1w_{2p} = \int_1^2 v\,dP = v(P_2 - P_1)$$
$$= 0.001002(20 \times 10^6 - 2.339 \times 10^3)$$
$$= 20{,}037.66\text{J/kg}$$
$$= 20.04\text{kJ/kg}$$

66 비열이 0.9kJ/(kg · K), 질량이 0.7kg으로 동일하며, 온도가 각각 200℃와 100℃인 두 금속 덩어리를 접촉시켜서 온도가 평형에 도달하였을 때 총 엔트로피 변화량은 약 몇 J/K인가?

① 8.86 ② 10.42
③ 13.25 ④ 16.87

해설

$$S_2 - S_1 = m(\Delta s_1 + \Delta s_2)$$
$$= 0.7 \times (113.21 - 100.55)$$
$$= 8.862\text{J/K}$$

67 그림과 같은 이상적인 열펌프의 압력(P)−엔탈피(h) 선도에서 각 상태의 엔탈피가 다음과 같을 때 열펌프의 성능계수는?(단, h_1 = 155kJ/kg, h_3 = 593kJ/kg, h_4 = 827kJ/kg이다.)

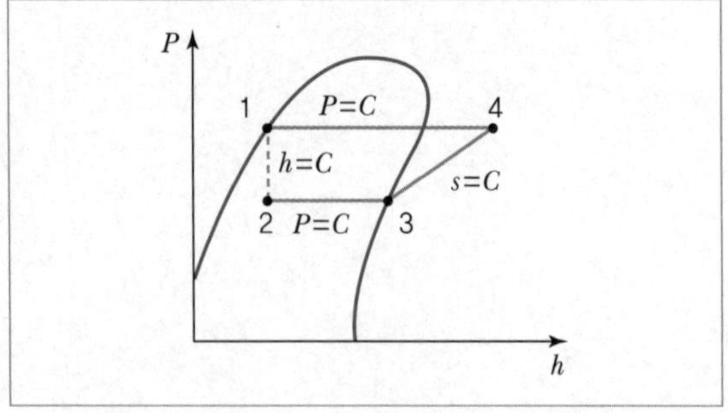

① 1.8 ② 2.9
③ 3.5 ④ 4.0

정답 64 ② 65 ② 66 ① 67 ②

해설

$$\varepsilon_H = \frac{q_H}{q_H - q_L} = \frac{h_4 - h_1}{h_4 - h_3} = \frac{827-155}{827-593} = 2.87$$

68 이상기체의 상태변화에서 내부에너지가 일정한 상태 변화는?

① 등온 변화 ② 정압 변화
③ 단열 변화 ④ 정적 변화

해설

$du = C_v dT^{\nearrow 0} \rightarrow du = 0 \rightarrow u = c$

69 압력이 일정할 때 공기 5kg을 0℃에서 100℃까지 가열하는 데 필요한 열량은 약 몇 kJ인가?(단, 비열(C_p)은 온도 T(℃)에 관계한 함수로 C_p(kJ/(kg · ℃)) = 1.01 + 0.000079× T이다.)

① 365 ② 436
③ 480 ④ 507

해설

$p = c$이므로 $\delta q = dh - v dp^{\nearrow 0}$

$\therefore\ \delta q = dh \rightarrow dh = C_p dT$ 적용

${}_1q_2 = \int_1^2 C_p dT$ (C_p가 온도 T℃의 함수로 주어져 있으므로)

$= \int_1^2 (1.01 + 79\times 10^{-6} T) dT$

$= [1.01T]_1^2 + 79\times 10^{-6}\left[\frac{T^2}{2}\right]_1^2$

$= 1.01(T_2 - T_1) + 79\times 10^{-6} \times \frac{1}{2}(T_2{}^2 - T_1{}^2)$

$= 1.01(100-0) + 79\times 10^{-6} \times \frac{1}{2}(100^2 - 0^2)$

$= 101.395$kJ/kg

전열량 ${}_1Q_2 = m\,{}_1q_2$

$= 5\text{kg} \times 101.395(\text{kJ/kg})$

$= 506.98\text{kJ}$

70 고온 400℃, 저온 50℃의 온도 범위에서 작동하는 Carnot 사이클 열기관의 효율을 구하면 약 몇 %인가?

① 43 ② 46
③ 49 ④ 52

해설

$$\eta = 1 - \frac{T_L}{T_H} = 1 - \frac{50+273}{400+273} = 0.52 = 52\%$$

71 반지름이 0.5m인 원통형 탱크에 1.5m 높이로 물을 채우고 중심축을 기준으로 각속도 10rad/s로 회전시킬 때 탱크 저면의 중심에서 압력은 계기압력으로 약 몇 kPa인가?(단, 탱크의 윗면은 열려 대기 중에 노출되어 있으며 물은 넘치지 않는다고 한다.)

① 2.26 ② 4.22
③ 6.42 ④ 8.46

해설

$h = \frac{V^2}{2g}$ (여기서, $V = r\omega$: 원주속도)

$= \frac{1}{2\times 9.8}(0.5\times 10)^2 = 1.2755\text{m}$

중심부에서 압력 $P_g = \gamma h_c$

$= 9{,}800 \times 0.86225$

$= 8{,}450\text{Pa} = 8.45\text{kPa}$

$\left[\text{여기서, } h_c = 1.5 - \left(\frac{h}{2}\right) : \text{중심부높이}\right]$

정답 68 ① 69 ④ 70 ④ 71 ④

72 경계층(Boundary Layer)에 관한 설명 중 틀린 것은?

① 경계층 바깥의 흐름은 퍼텐셜 흐름에 가깝다.
② 균일 속도가 크고, 유체의 점성이 클수록 경계층의 두께는 얇아진다.
③ 경계층 내에서는 점성의 영향이 크다.
④ 경계층은 평판 선단으로부터 하류로 갈수록 두꺼워진다.

해설

$\dfrac{\delta}{x}=\dfrac{5.48}{\sqrt{Re_x}}=\dfrac{5.48}{\sqrt{\dfrac{\rho Vx}{\mu}}}$ 이므로 균일 속도가 작고 점성계수가 클수록 경계층 두께는 두꺼워진다.

73 정지 유체 속에 잠겨 있는 평면에 대하여 유체에 의해 받는 힘에 관한 설명 중 틀린 것은?

① 깊게 잠길수록 받는 힘이 커진다.
② 크기는 도심에서의 압력에 전체 면적을 곱한 것과 같다.
③ 평면이 수평으로 놓인 경우, 압력 중심은 도심과 일치한다.
④ 평면이 수직으로 놓인 경우, 압력 중심은 도심보다 약간 위쪽에 있다.

해설

전압력 중심은 도심보다 $\dfrac{I_X}{Ay}$ 만큼 더 아래에 있다.

74 실형의 1/25인 기하학적으로 상사한 모형 댐을 이용하여 유동특성을 연구하려고 한다. 모형 댐의 상부에서 유속이 1m/s일 때 실제 댐에서 해당 부분의 유속은 약 몇 m/s인가?

① 0.025　　② 0.2
③ 5　　④ 25

해설

역학적으로 상사하기 위해 모형과 실형의 프루드 수가 같아야 한다.

$(F_r)_m=(F_r)_P$

$\left(\dfrac{V}{\sqrt{Lg}}\right)_m=\left(\dfrac{V}{\sqrt{Lg}}\right)_P$

$V_P=\sqrt{\dfrac{L_p}{L_m}}\ V_m\ (\because\ g_m=g_p)$

$=\sqrt{25}\times 1=5\text{m/s}$

75 $(r,\ \theta)$ 좌표계에서 코너를 흐르는 비점성, 비압축성 유체의 2차원 유동함수(ψ, m^2/s)는 다음과 같다. 이 유동함수에 대한 속도 퍼텐셜(ϕ)의 식으로 옳은 것은?(단, r은 m 단위이고 C는 상수이다.)

$$\psi=2r^2\sin 2\theta$$

① $\phi=2r^2\cos 2\theta+C$　　② $\phi=2r^2\tan 2\theta+C$
③ $\phi=4r\cos\theta^2+C$　　④ $\phi=4r\tan\theta^2+C$

해설

$d\phi=4r\cos 2\theta dr$ 를 적분하면

$\phi=4\dfrac{r^2}{2}\cos 2\theta+C$

$=2r^2\cos 2\theta+C$

76 두 평판 사이에 점성계수가 2N · s/m²인 뉴턴유체가 다음과 같은 속도분포(u, m/s)로 유동한다. 여기서 y는 두 평판 사이의 중심으로부터 수직 방향 거리(m)를 나타낸다. 평판 중심으로부터 $y=$ 0.5cm 위치에서의 전단응력의 크기는 약 몇 N/m² 인가?

$$u(y)=1-10{,}000\times y^2$$

정답　72 ②　73 ④　74 ③　75 ①　76 ②

① 100 ② 200
③ 1,000 ④ 2,000

해설

뉴턴의 점성법칙을 적용하여 $\tau = \mu \frac{du}{dy}$

$\frac{du}{dy} = -20{,}000y$ 이므로

$\therefore \ \tau_y = \mu(-20{,}000y)$

$\tau_{y=0.005} = 2 \times (-20{,}000 \times 0.005) = 200\text{N/m}^2$

77 개방된 탱크 내에 비중이 0.8인 오일이 가득 차 있다. 대기압이 101kPa이라면, 오일 탱크 수면으로부터 3m 깊이에서 절대압력은 약 몇 kPa인가?

① 208 ② 249
③ 174 ④ 125

해설

절대압 = 국소대기압 + 계기압

$p_{abs} = p_o + p_g = p_o + \gamma_{oil} h = p_o + s_{oil} \gamma_w h$

$= 101 + 0.8 \times 9{,}800 \times 3 \times 10^{-3} = 124.52\text{kPa}$

78 피토 – 정압관과 액주계를 이용하여 공기의 속도를 측정하였다. 비중이 약 1인 액주계 유체의 높이 차이는 10mm이고 공기밀도는 1.22kg/m³일 때, 공기의 속도는 약 몇 m/s인가?

① 2.1 ② 12.7
③ 68.4 ④ 160.2

해설

비중량이 다른 유체가 들어 있을 때 유체의 속도

$V = \sqrt{2g\Delta h\left(\frac{\rho_o}{\rho} - 1\right)}$ (여기서, $\rho_o = s_o \cdot \rho_w$)

$= \sqrt{2 \times 9.8 \times 0.01 \times \left(\frac{1{,}000}{1.22} - 1\right)} = 12.67\text{m/s}$

79 축동력이 10kW인 펌프를 이용하여 호수에서 30m 위에 위치한 저수지에 25L/s의 유량으로 물을 양수한다. 펌프에서 저수지까지 파이프 시스템의 비가역적 수두손실이 4m라면 펌프의 효율은 약 몇 %인가?

① 63.7 ② 78.5
③ 83.3 ④ 88.7

해설

펌프의 이론동력 H_{th}

$= H_{KW} = \frac{\gamma HQ}{1{,}000} = \frac{9{,}800 \times 34 \times 25 \times 10^{-3}}{1{,}000} = 8.33\text{kW}$

펌프의 효율 $\eta_P = \frac{H_{th}}{H_s} = \frac{\text{이론동력}}{\text{축동력}} = \frac{8.33}{10}$

$= 0.833 = 83.3\%$

80 밀도 890kg/m³, 점성계수 2.3kg/(m · s)인 오일이 지름 40cm, 길이 100m인 수평 원관 내를 평균속도 0.5m/s로 흐른다. 입구의 영향을 무시하고 압력강하를 이길 수 있는 펌프의 소요동력은 약 몇 kW인가?

① 0.58 ② 1.45
③ 2.90 ④ 3.63

해설

$Q = \frac{\Delta p \pi d^4}{128 \mu l}$

$\Delta p = \frac{128 \mu l Q}{\pi d^4} = \frac{128 \times 2.3 \times 100 \times \frac{\pi}{4} \times 0.4^2 \times 0.5}{\pi \times 0.4^4}$

$= 23{,}000\text{Pa}$

압력강하량 $\Delta p = \gamma \cdot h_l$에서

손실수두 $h_l = \frac{\Delta p}{\gamma} = \frac{23{,}000}{8{,}722} = 2.637\text{m}$

소요동력 $H_s = \frac{\gamma h_l Q}{1{,}000}$

$= \frac{8{,}722 \times 2.637 \times \frac{\pi}{4} \times 0.4^2 \times 0.5}{1{,}000}$

$= 1.445\text{kW}$

정답 77 ④ 78 ② 79 ③ 80 ②

제4회 CBT 실전 모의고사

1과목 기계제도 및 설계

01 다음 중 가는 실선으로 나타내지 않는 선은?

① 지시선 ② 치수선
③ 해칭선 ④ 피치선

해설

피치선
가는 1점쇄선으로 되풀이하는 도형의 중심을 잡는 기준을 표시하는 데 사용한다.

02 다음 입체도의 화살표(↗) 방향 투상도로 가장 적합한 것은?

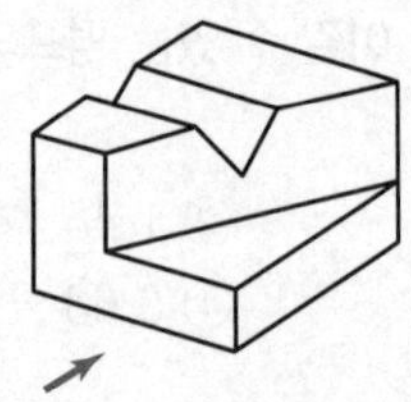

① 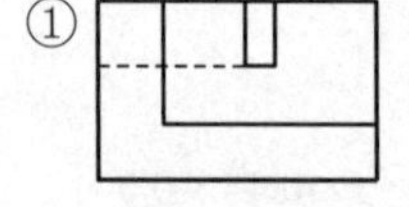 ② 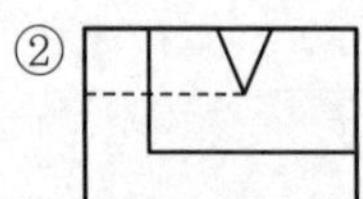

③ 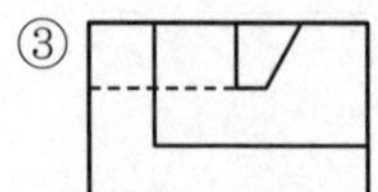 ④ 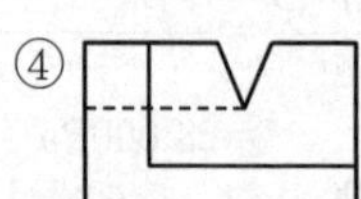

해설

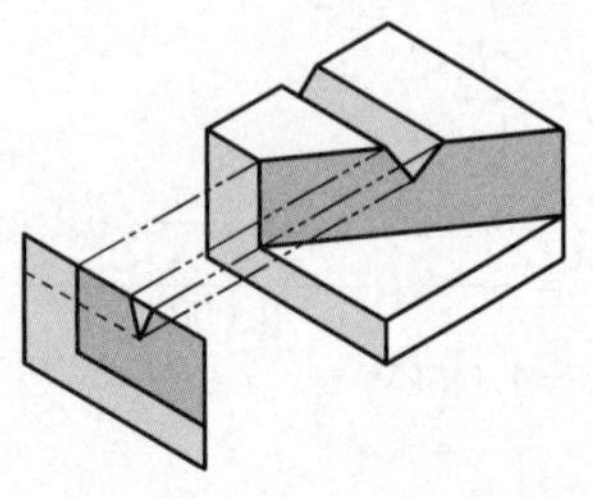

03 치수 보조기호의 설명으로 틀린 것은?

① R15 : 반지름 15
② t15 : 판의 두께 15
③ (15) : 비례척이 아닌 치수 15
④ SR15 : 구의 반지름 15

해설

- (15) : 참고치수 15
- <u>15</u> : 비례척이 아닌 치수 15

04 재료기호가 'STD 10'으로 나타날 때 이 강재의 종류로 옳은 것은?

① 기계구조용 합금강 ② 탄소 공구강
③ 기계구조용 탄소강 ④ 합금 공구강

해설

합금 공구강의 종류에는 STS, STD, STF가 있다. STD 10은 냉간 금형용 합금 공구강이다.

05 코일스프링의 제도에 대한 설명 중 틀린 것은?

① 원칙적으로 하중이 걸리지 않는 상태로 그린다.
② 특별한 단서가 없는 한 모두 오른쪽 감기로 도시하고, 왼쪽 감기로 도시할 때에는 '감긴 방향 왼쪽'이라고 표시한다.
③ 그림 안에 기입하기 힘든 사항은 일괄하여 요목표에 표시한다.
④ 부품도 등에서 동일 모양 부분을 생략하는 경우에는 생략된 부분을 가는 파선 또는 굵은 파선으로 표시한다.

정답 01 ④ 02 ② 03 ③ 04 ④ 05 ④

해설

④ 코일스프링에서 양 끝을 제외한 동일 모양 부분의 일부를 생략하는 경우에는 생략하는 부분의 선지름의 중심선을 가는 1점쇄선으로 그린다.

06 다음 끼워 맞춤 중에서 헐거운 끼워 맞춤인 것은?

① 25N6/h5 ② 20P6/h5
③ 6JS7/h6 ④ 50G7/h6

해설

h5, h6은 축 기준식 끼워 맞춤 공차를 나타내며, 구멍의 공차가 G7일 때 헐거운 끼워 맞춤을 나타낸다.

기준축	구멍의 공차역 클래스												
	헐거운 끼워 맞춤			중간 끼워 맞춤			억지 끼워 맞춤						
h5				JS6	K6	M6	N6	P6					
h6	F6	G6	H6	JS6	K6	M6	N6	P6					
	F7	G7	H7	JS7	K7	M7	N7	P7	R7	S7	T7	U7	X7

07 CAD시스템에서 점을 정의하기 위해 사용되는 좌표계가 아닌 것은?

① 직교 좌표계 ② 원통 좌표계
③ 벡터 좌표계 ④ 구면 좌표계

해설

CAD시스템에서 사용하는 좌표계에는 직교 좌표계, 원통 좌표계, 구면 좌표계가 있다.

08 3차원 형상의 모델링 방식에서 B-Rep방식과 비교하여 CSG방식의 장점으로 옳은 것은?

① 투시도 작성이 용이하다.
② 전개도의 작성이 용이하다.
③ B-Rep방식보다는 복잡한 형상을 나타내는 데 유리하다.
④ 중량을 계산하는 데 용이하다.

해설

내부가 채워진 입체의 도형을 불러와서 Boolean연산(합집합, 차집합, 교집합)으로 물체를 표현하는 방식으로 중량을 계산할 수 있다.

09 19.6kN의 하중을 나사잭으로 들어올리기 위하여 나사잭을 작동시키기 위한 토크를 구하고자 한다. 나사의 유효지름은 41mm, 피치는 8mm, 나사 접촉부의 유효마찰계수(Effective Coefficient of Friction)는 0.13이라고 할 때 필요한 토크는 약 몇 kN·mm인가?(단, 와셔 접촉면 마찰의 영향은 무시한다.)

① 77.82 ② 84.55
③ 90.41 ④ 98.88

해설

$T = Q\tan(\rho+\alpha)\cdot\frac{d_e}{2}$

$= 19.6\times10^3\times\tan(7.41°+3.55°)\times\frac{41}{2}$

$= 77{,}810.9\text{N}\cdot\text{mm}$

$= 77.81\text{kN}\cdot\text{mm}$

여기서,

$\tan\alpha = \frac{l}{\pi d_e}$

$\rightarrow \alpha = \tan^{-1}\frac{l}{\pi d_e} = \tan^{-1}\left(\frac{8}{\pi\times41}\right) = 3.55°$

$\tan\rho = \mu \rightarrow \rho = \tan^{-1}\mu = \tan^{-1}0.13 = 7.41°$

정답 06 ④ 07 ③ 08 ④ 09 ①

10 100rpm으로 10kW를 전달하는 지름 65mm의 종동축에 사용할 성크 키의 폭 18mm, 높이 12mm일 때 필요한 길이는 약 몇 mm인가?(단, 키의 허용전단응력 $\tau_a = 3{,}000\ \text{N/cm}^2$만을 고려하여 설계한다.)

① 50.4 ② 54.4
③ 58.4 ④ 62.4

해설

성크 키=묻힘 키

$$T = \frac{H}{\omega} = \frac{H}{\frac{2\pi N}{60}} = \frac{10 \times 1{,}000}{\frac{2\pi \times 100}{60}}$$

$$= 954.92966\text{N} \cdot \text{m} = 954{,}929.66\text{N} \cdot \text{mm}$$

$$= \tau_k \times A_\tau \times \frac{d}{2} = \tau_k \cdot b \cdot l\frac{d}{2}$$

$$(\tau_k = \tau_a = 3{,}000\ \text{N/cm}^2 = 30\ \text{N/mm}^2)$$

전단견지 $l = \dfrac{2T}{\tau_k b d}$

$$= \frac{2 \times 954{,}929.66}{30 \times 18 \times 65} = 54.41\text{mm}$$

11 리벳이음에서 피치를 p, 리벳으로 결합시킨 후의 리벳지름 또는 구멍지름을 d라고 할 때, 강판의 파괴에 대한 효율을 나타내는 식으로 옳은 것은?

① $(p-d)/p$ ② $(p+d)/p$
③ $p/(p-d)$ ④ $p/(p+d)$

해설

$$\eta_t = \frac{\text{1피치 내의 구멍이 있는 강판의 인장력}}{\text{1피치 내의 구멍이 없는 강판의 인장력}}$$

$$= \frac{\sigma_t \cdot (p-d')t}{\sigma_t \cdot p \cdot t}$$

$$= 1 - \frac{d'}{p} = 1 - \frac{d}{p}$$

여기서, d'(리벳구멍지름) $= d$(리벳지름)

12 200rpm으로 2.5kW의 동력을 전달하고자 한다. 축 재료의 허용전단응력이 10MPa일 때 중실축의 지름은 몇 mm 이상이어야 하는가?

① 39.3 ② 41.3
③ 43.3 ④ 45.3

해설

$$T = \frac{H}{\omega} = \frac{2.5 \times 10^3}{\frac{2\pi \times 200}{60}} = 119.4\ \text{N} \cdot \text{m}$$

$$= 119.4 \times 10^3\ \text{N} \cdot \text{mm}$$

$T = \tau \cdot Z_P = \tau \cdot \dfrac{\pi d^3}{16}$ 에서

$$d = \sqrt[3]{\frac{16T}{\pi\tau}} = \sqrt[3]{\frac{16 \times 119.4 \times 10^3}{\pi \times 10}} = 39.3\text{mm}$$

13 그림과 같은 차축의 지름은 몇 mm로 설계해야 하는가?(단, W=4kN, l_1=200mm, l=1,130mm, σ_a=4.5MPa로 한다.)

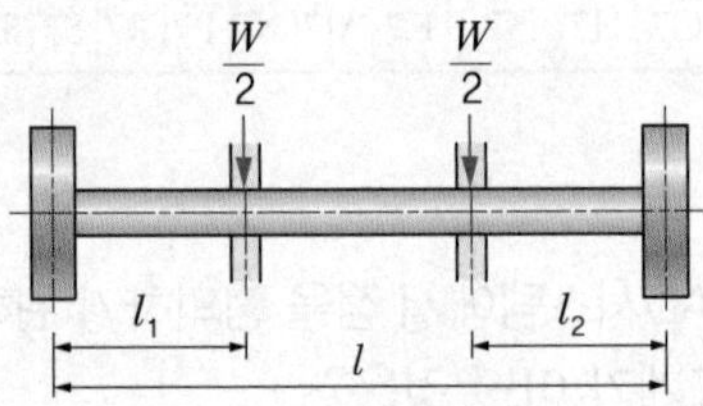

① 90.74 ② 96.74
③ 99.54 ④ 102.34

해설

차축이 굽힘하중만을 받으므로

$$M_{\max} = \frac{W}{2} l_1 = 2{,}000 \times 200 = 400{,}000\ \text{N} \cdot \text{mm}$$

$$M = \sigma_b \cdot \frac{\pi d^3}{32},\ d = \sqrt[3]{\frac{32M}{\pi \sigma_a}}\ (\sigma_b = \sigma_a)$$

$$\therefore\ d = \sqrt[3]{\frac{32 \times 400{,}000}{\pi \times 4.5}} = 96.74\text{mm}$$

정답 10 ② 11 ① 12 ① 13 ②

참고 차축의 굽힘모멘트 선도

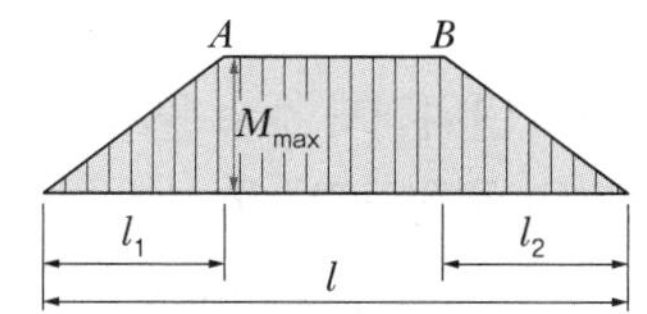

차축(AB구간)은 순수굽힘만을 받는다.

14 래크공구로 모듈 4, 압력각은 20°, 잇수가 12인 인벌류트 치형의 전위기어를 가공할 때 언더컷을 방지하기 위한 전위량은 몇 mm인가?

① 1.2　　② 2.2
③ 3.2　　④ 4.2

해설

$$z_g = \frac{2}{\sin^2\alpha} = 17.1$$

전위량 $x \cdot m = \left(1 - \frac{z}{z_g}\right) \cdot m\,\text{mm}$

$$= \left(1 - \frac{12}{17.1}\right) \times 4 = 1.2$$

15 코일스프링에서 스프링 코일의 평균지름을 1.5배, 소선의 지름 역시 1.5배로 크게 하면 같은 축방향 하중에 의해 선재에 생기는 최대전단응력은 변경 전의 최대전단응력(τ_{max})의 약 몇 배로 되는가?(단, 응력수정계수는 변하지 않는다고 가정한다.)

① $0.125 \times \tau_{max}$　　② $0.444 \times \tau_{max}$
③ $1.5 \times \tau_{max}$　　④ $2.25 \times \tau_{max}$

해설

$$\tau_{max} = K\frac{8PD}{\pi d^3}$$

$$\rightarrow \tau_{max}{}' = \frac{8W \times 1.5D}{\pi(1.5d)^3} = \frac{1}{1.5^2}\frac{8WD}{\pi d^3} = 0.444\tau_{max}$$

16 속도제어회로의 종류가 아닌 것은?

① 로크(로킹) 회로
② 미터인 회로
③ 미터아웃 회로
④ 블리드오프 회로

해설

실린더에 공급되는 유량을 조절하여 실린더의 속도를 제어하는 회로

- 미터인 방식 : 실린더의 입구 쪽 관로에서 유량조절밸브를 연결하여 작동속도를 조절하는 방식
- 미터아웃 방식 : 실린더의 출구 쪽 관로에서 유량조절밸브를 연결하여 작동속도를 조절하는 방식
- 블리드오프 방식 : 실린더로 흐르는 유량의 일부를 탱크로 분기함으로써 작동 속도를 조절하는 방식

17 유압기호 요소에서 파선의 용도가 아닌 것은?

① 필터　　② 주관로
③ 드레인 관로　　④ 밸브의 과도 위치

해설

유압기호 요소의 파선의 용도

- 파일럿 조작 관로
- 드레인 관로
- 필터
- 밸브의 과도 위치

18 아래 기호의 명칭은?

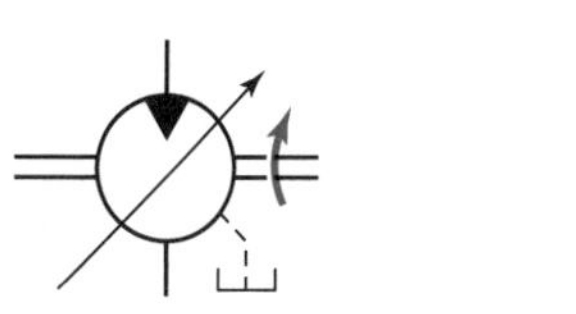

① 공기 탱크　　② 유압 모터
③ 드레인 배출기　　④ 유면계

정답 14 ① 15 ② 16 ① 17 ② 18 ②

19 유압장치에서 사용되는 유압유가 갖추어야 할 조건으로 적절하지 않은 것은?

① 열을 방출시킬 수 있어야 한다.
② 동력 전달의 확실성을 위해 비압축성이어야 한다.
③ 장치의 운전온도 범위에서 적절한 점도가 유지되어야 한다.
④ 비중과 열팽창계수가 크고 비열은 작아야 한다.

해설
④ 비중과 열팽창계수가 작고, 비열은 커야 한다.

20 유압을 이용한 기계의 유압기술 특징에 대한 설명으로 적절하지 않은 것은?

① 무단 변속이 가능하다.
② 먼지나 이물질에 의한 고장 우려가 있다.
③ 자동제어가 어렵고 원격제어는 불가능하다.
④ 온도의 변화에 따른 점도 영향으로 출력이 변할 수 있다.

해설
③ 자동제어가 쉽고, 원격제어가 가능하다.

2과목 기계재료 및 제작

21 금속재료에서 단위격자 소속 원자수가 2이고, 충전율이 68%인 결정구조는?

① 단순입방격자 ② 면심입방격자
③ 체심입방격자 ④ 조밀육방격자

해설

구분	체심입방격자 (BCC)	면심입방격자 (FCC)	조밀육방격자 (HCP)
격자 구조			
성질	용융점이 비교적 높고, 전연성이 떨어진다.	전연성은 좋으나, 강도가 충분하지 않다.	전연성이 떨어지고, 강도가 충분하지 않다.
원자수	2	4	2
충전율	68%	74%	74%
경도	낮음	⟷	높음
결정격자 사이 공간	넓음	⟷	좁음
원소	α-Fe, W, Cr, Mo, V, Ta 등	γ-Fe, Al, Pb, Cu, Au, Ni, Pt, Ag, Pd 등	Fe_3C, Mg, Cd, Co, Ti, Be, Zn 등

22 철과 아연을 접촉시켜 가열하면 양자의 친화력에 의하여 원자 간의 상호 확산이 일어나서 합금화하므로 내식성이 좋은 표면을 얻는 방법은?

① 칼로라이징 ② 크로마이징
③ 세라다이징 ④ 트루스타이트

정답 19 ④ 20 ③ 21 ③ 22 ③

해설

종류	침투제	장점
세라다이징 (Sheradizing)	Zn	대기 중 부식 방지
칼로라이징 (Calorizing)	Al	고온 산화 방지
크로마이징 (Chromizing)	Cr	내식성, 내산성, 내마모성 증가
실리코나이징 (Silliconizing)	Si	내산성 증가
보로나이징 (Boronizing)	B	고경도 (HV 1,300~1,400)

23 고속도 공구강재를 나타내는 한국산업표준 기호로 옳은 것은?

① SM20C ② STC
③ STD ④ SKH

해설

① SM20C : 기계구조용 탄소강(평균 탄소함유량 0.20%)
② STC : 탄소공구강
③ STD : 냉간합금공구강
④ SKH : 고속도강

24 피아노선재의 조직으로 가장 적당한 것은?

① 페라이트(Ferrite)
② 소르바이트(Sorbite)
③ 오스테나이트(Austenite)
④ 마텐자이트(Martensite)

해설

파텐팅(Patenting)

- 목적 : 주로 선재에 인장강도를 부여하기 위해 인발(냉간가공) 전에 실시함(강선 제조, 와이어, 피아노선재, 저울의 스프링)
- 방법 : 시간 담금질을 응용한 방법으로서 고탄소강의 경우에 900~950℃의 오스테나이트 조직으로 만든 후 400 ~550℃의 염욕 속에 넣어 급랭한 후 항온을 유지하여 소르바이트(미세 펄라이트)를 얻는 열처리

25 강재의 표면에 Si를 침투시키는 방법으로 내식성, 내열성 등을 향상시키는 방법은?

① 보로나이징 ② 칼로라이징
③ 크로마이징 ④ 실리코나이징

해설

금속침투법

종류	세라다이징 (Sheradizing)	칼로라이징 (Calorizing)	크로마이징 (Chromizing)	실리코나이징 (Silliconizing)	보로나이징 (Boronizing)
침투제	Zn	Al	Cr	Si	B

26 금속재료의 파괴 형태를 설명한 것 중 다른 하나는?

① 외부 힘에 의해 국부수축 없이 갑자기 발생되는 단계로 취성 파단이 나타난다.
② 균열의 전파 전 또는 전파 중에 상당한 소성변형을 유발한다.
③ 인장시험 시 컵-콘(원뿔) 형태로 파괴된다.
④ 미세한 공공 형태의 딤플 형상이 나타난다.

해설

① : 취성파괴
②, ③, ④ : 연성파괴

27 가열 과정에서 순철의 A_3 변태에 대한 설명으로 틀린 것은?

① BCC가 FCC로 변한다.
② 약 910℃ 부근에서 일어난다.

정답 23 ④ 24 ② 25 ④ 26 ① 27 ④

③ $\alpha-$Fe가 $\gamma-$Fe로 변화한다.
④ 격자구조에 변화가 없고 자성만 변한다.

해설
④ A_3 변태는 격자구조가 BCC(체심입방격자)에서 FCC(면심입방격자)로 변한다.

28 주강품에 대한 설명 중 틀린 것은?

① 용접에 의한 보수가 용이하다.
② 주조 후에는 일반적으로 풀림을 실시하여 주조 응력을 제거한다.
③ 주조 방법에 의하여 용강을 주형에 주입하여 만든 강제품을 주강품이라 한다.
④ 중탄소 주강은 탄소함유량이 약 0.1~0.15%C 범위이다.

해설
④ 중탄소 주강은 탄소함유량이 약 0.2~0.5%C이다.

29 항온 열처리 중 담금질 온도로 가열한 강재를 Ms점과 Mf점 사이의 항온 염욕에서 항온변태를 시킨 후에 상온까지 공랭하는 열처리 방법은?

① 마퀜칭 ② 마템퍼링
③ 오스포밍 ④ 오스템퍼링

30 고속도 공구강에 대한 설명으로 틀린 것은?

① 2차 경화 현상을 나타낸다.
② 500~600℃까지 가열하여도 뜨임에 의해 연화되지 않는다.
③ SKH2는 Mo이 함유되어 있는 Mo계 고속도 공구강 강재이다.
④ 내마모성 및 인성을 가지므로 바이트, 드릴 등의 절삭공구에 사용된다.

해설
③ SKH2는 텅스텐(W)을 11.5~19% 포함하며, 단단하고 내마모성이 크다.

31 조립형 프레임이 주조 프레임과 비교할 때 장점이 아닌 것은?

① 무게가 1/4 정도 감소된다.
② 파손된 프레임의 수리가 비교적 용이하다.
③ 기계가공이나 설계 후 오차 수정이 용이하다.
④ 프레임이 복잡하거나 무게가 비교적 큰 경우에 적합하다.

해설
주조 프레임은 모양이 복잡하며 중량이 많을 때 사용한다.

32 방전가공에서 가장 기본적인 회로는?

① RC회로 ② 고전압법 회로
③ 트랜지스터 회로 ④ 임펄스 발전기회로

해설
방전회로 : RC회로(콘덴서 방전회로)

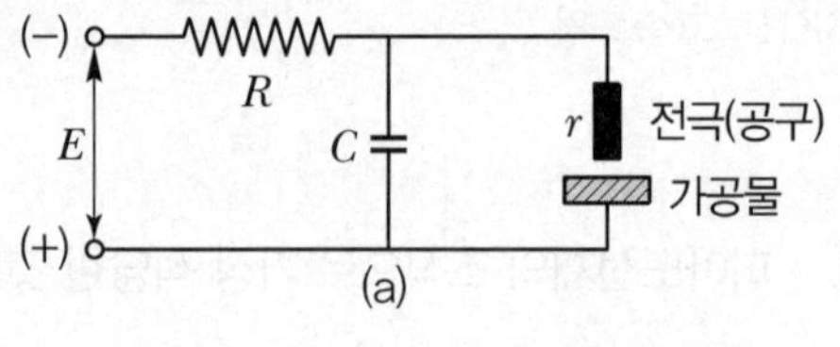

(a)

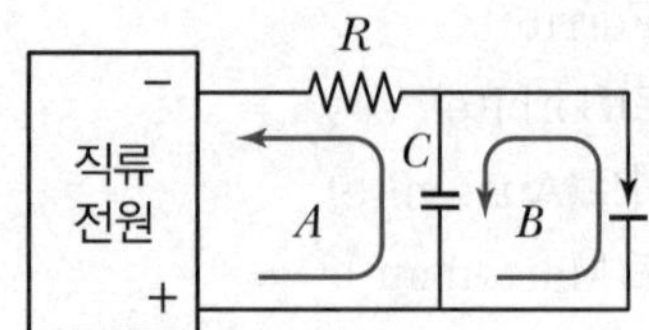

정답 28 ④ 29 ② 30 ③ 31 ④ 32 ①

33 플러그 게이지에 대한 설명으로 옳은 것은?

① 진원도도 검사할 수 있다.
② 통과 측이 통과되지 않을 경우는 기준 구멍보다 큰 구멍이다.
③ 플러그 게이지는 치수공차의 합격 유 · 무만을 검사할 수 있다.
④ 정지 측이 통과할 때에는 기준 구멍보다 작고, 통과 측보다 마멸이 심하다.

해설

한계 게이지 = 플러그 게이지 = 고노게이지(Go No Gauge)
- 설계자가 허용하는 제품의 최대 허용한계치수와 최소 허용한계치수를 측정하는 데 사용되는 게이지
- 최대 허용치수와 최소 허용치수를 각각 통과 측과 정지 측으로 하므로 매우 능률적으로 측정할 수 있고 측정된 제품의 호환성을 갖게 할 수 있는 측정기이다.

34 다음 중 자유단조에 속하지 않는 것은?

① 업세팅(Up-Setting) ② 블랭킹(Blanking)
③ 늘리기(Drawing) ④ 굽히기(Bending)

해설

자유단조
업세팅, 단 짓기, 늘리기, 굽히기, 구멍 뚫기, 자르기 등

35 구성인선(built up edge)의 방지 대책으로 틀린 것은?

① 공구 경사각을 크게 한다.
② 절삭깊이를 작게 한다.
③ 적삭속도를 낮게 한다.
④ 윤활성이 좋은 절삭유제를 사용한다.

해설

구성인선(built up edge)의 방지법
- 절삭깊이를 작게 하고, 윗면 경사각을 크게 한다.
- 절삭속도를 빠르게 한다.
- 날 끝에 경질 크롬도금 등을 하여 윗면 경사각을 매끄럽게 한다.
- 윤활성이 좋은 절삭유를 사용한다.
- 절삭공구의 인선을 예리하게 한다.

36 피복 아크 용접봉의 피복제 역할로 틀린 것은?

① 아크를 안정시킨다.
② 모재 표면의 산화물을 제거한다.
③ 용착금속의 급랭을 방지한다.
④ 용착금속의 흐름을 억제한다.

해설

피복제의 역할
- 피복제는 고온에서 분해되어 가스를 방출하여 아크 기둥과 용융지를 보호해 용착금속의 산화 및 질화가 일어나지 않도록 보호해 준다.
- 피복제의 용융은 슬래그가 형성되고 탈산작용을 하며 용착금속의 급랭을 방지하는 역할을 한다.

37 다음 공작기계에 사용되는 속도열 중 일반적으로 가장 많이 사용되고 있는 속도열은?

① 대수급수 속도열
② 등비급수 속도열
③ 등차급수 속도열
④ 조화급수 속도열

해설

등비급수 속도열
가공물의 지름에 관계없이 절삭속도를 일정한 강하율로 적용하기 때문에 가장 많이 사용한다.

정답 33 ③ 34 ② 35 ③ 36 ④ 37 ②

38 전해연마 가공법의 특징이 아닌 것은?

① 가공 면에 방향성이 없다.
② 복잡한 형상의 제품도 연마가 가능하다.
③ 가공 변질층이 있고 평활한 가공 면을 얻을 수 있다.
④ 연질의 알루미늄, 구리 등도 쉽게 광택면을 얻을 수 있다.

해설

전해연마의 특징
- 절삭가공에서 나타나는 힘과 열에 따른 변형이 없다.
- 조직의 변화가 없다.
- 연질금속, 아연, 구리, 알루미늄, 몰리브덴, 니켈 등 형상이 복잡한 공작물과 얇은 재료의 연마도 가능하다.
- 가공한 면은 방향성이 없어 거울과 같이 매끄럽다.
- 내마멸성과 내부식성이 높다.
- 연마량이 적어서 깊은 홈이 제거되지 않는다.
- 주름과 같이 불순물이 많은 것은 광택을 낼 수 없다.
- 가공 모서리가 둥글게 된다.

39 드로잉률에 대한 설명으로 옳은 것은?

① 드로잉률이 작을수록 제품의 깊이가 깊은 것이므로 드로잉에 필요한 힘도 증가하게 된다.
② 드로잉률이 클수록 제품의 깊이가 깊은 것이므로 드로잉에 필요한 힘도 증가하게 된다.
③ 드로잉률이 작을수록 제품의 깊이가 낮은 것이므로 드로잉에 필요한 힘도 증가하게 된다.
④ 드로잉률이 클수록 제품의 깊이가 낮은 것이므로 드로잉에 필요한 힘도 증가하게 된다.

40 Al합금 등과 같은 용융 금속을 고속, 고압으로 금속주형에 주입하여 정밀 제품을 다량 생산하는 특수주조방법은?

① 다이캐스팅법 ② 인베스트먼트주조법
③ 칠드주조법 ④ 원심주조법

해설

다이캐스팅법
- 필요한 주조 형상에 완전히 일치하도록 정확하게 기계가공된 금형에 용융 금속을 주입하여 금형과 똑같은 주물을 얻는 정밀 주조법
- 용융점이 낮은 비철금속(Sn, Zn, Al, Mg, Cu)에 주로 사용

3과목 구조해석

41 5cm×4cm 블록이 x축을 따라 0.05cm만큼 인장되었다. y 방향으로 수축되는 변형률(ε_y)은?[단, 푸아송 비(ν)는 0.3이다.]

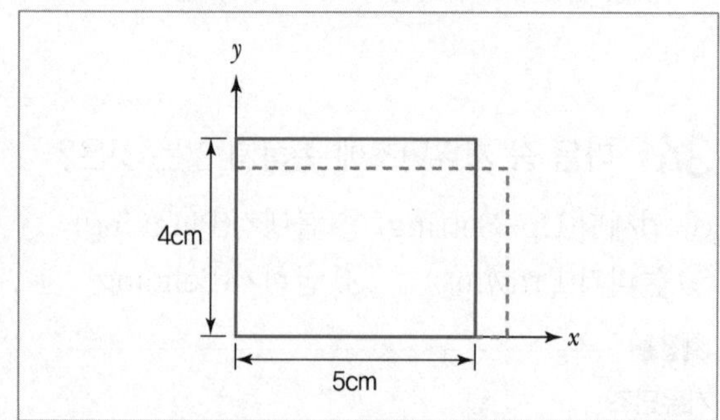

① 0.00015 ② 0.0015
③ 0.003 ④ 0.03

해설

푸아송 비 $\mu = \nu = \dfrac{\varepsilon'}{\varepsilon} = \dfrac{\varepsilon_y}{\varepsilon_x}$에서

$$\varepsilon_y = \mu\varepsilon_x = \mu \cdot \frac{\lambda}{l} = 0.3 \times \frac{0.05}{5} = 0.003$$

42 길이 15m, 봉의 지름 10mm인 강봉에 P = 8kN을 작용시킬 때 이 봉의 길이방향 변형량은 약 몇 mm인가?(단, 이 재료의 세로탄성계수는 210GPa이다.)

정답 38 ③ 39 ① 40 ① 41 ③ 42 ③

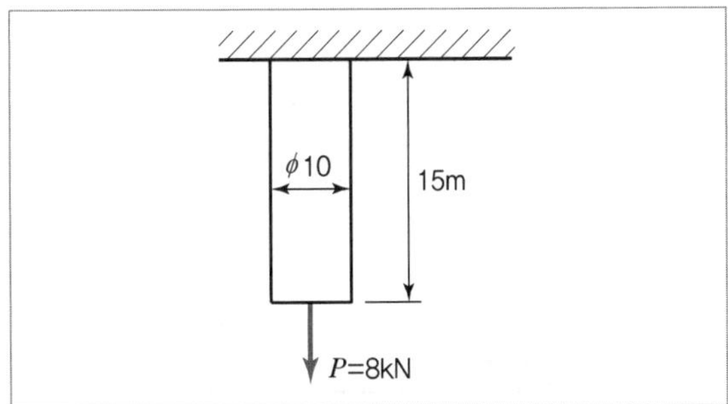

① 5.2 ② 6.4
③ 7.3 ④ 8.5

해설

$$\lambda = \frac{P \cdot l}{AE} = \frac{8 \times 10^3 \times 15}{\frac{\pi}{4} \times 0.01^2 \times 210 \times 10^9}$$
$$= 0.00728\text{m} ≒ 7.3\text{mm}$$

43 반경 r, 내압 P, 두께 t인 얇은 원통형 압력 용기의 면 내에서 발생되는 최대전단응력(2차원 응력상태에서의 최대전단응력)의 크기는?

① $\frac{Pr}{2t}$ ② $\frac{Pr}{t}$
③ $\frac{Pr}{4t}$ ④ $\frac{2Pr}{t}$

해설

원통형 압력용기에서

원주방향 응력 $\sigma_h = \frac{Pd}{2t}$, 축방향 응력 $\sigma_s = \frac{Pd}{4t}$일 때

2축 응력상태이므로 모어의 응력원을 그리면

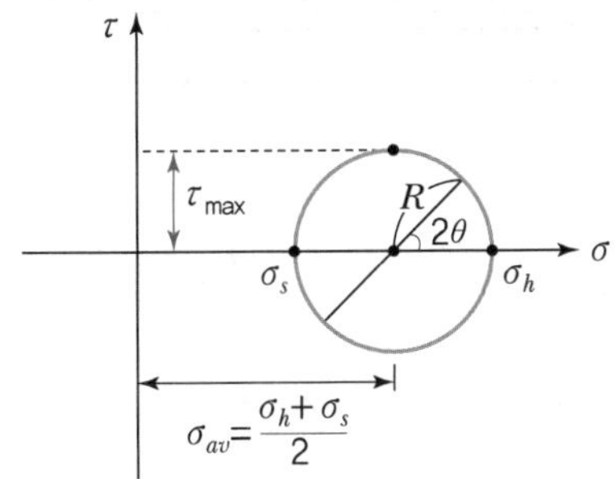

면 내에서 최대전단응력 τ_{max}

$$= R = \sigma_h - \sigma_{av} = \sigma_h - \frac{\sigma_h + \sigma_s}{2}$$
$$= \frac{\sigma_h - \sigma_s}{2} = \frac{1}{2}\left(\frac{Pd}{2t} - \frac{Pd}{4t}\right)$$
$$= \frac{P \cdot d}{8t} = \frac{P \cdot 2r}{8t} = \frac{P \cdot r}{4t}$$

44 다음과 같이 3개의 링크를 핀을 이용하여 연결하였다. 2,000N의 하중 P가 작용할 경우 핀에 작용되는 전단응력은 약 몇 MPa인가?(단, 핀의 지름은 1cm이다.)

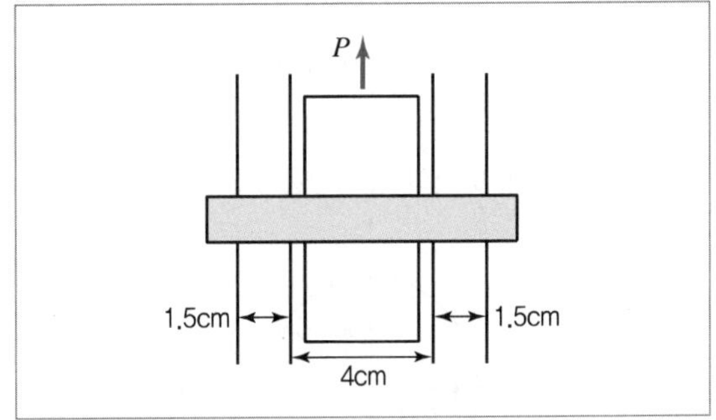

① 12.73 ② 13.24
③ 15.63 ④ 16.56

해설

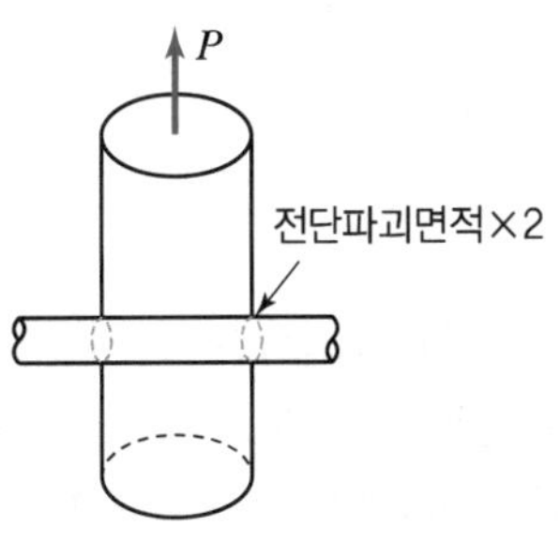

하중 P에 의해 링크 핀은 그림처럼 양쪽에서 전단된다.

$$\tau = \frac{P_s}{A_\tau} = \frac{P}{\frac{\pi d^2}{4} \times 2} = \frac{2P}{\pi d^2} = \frac{2 \times 2{,}000}{\pi \times 0.01^2}$$
$$= 12.73 \times 10^6\text{Pa} = 12.73\text{MPa}$$

정답 43 ③ 44 ①

45 그림과 같이 평면응력 조건하에 최대주응력은 몇 kPa인가?(단, $\sigma_x = 400$kPa, $\sigma_y = -400$ kPa, $\tau_{xy} = 300$kPa이다.)

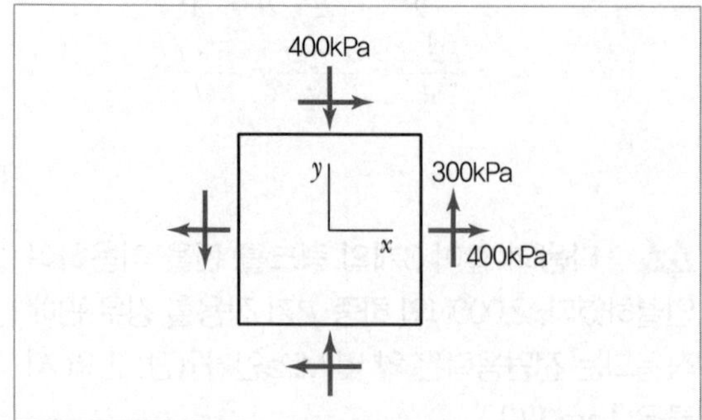

① 400 ② 500
③ 600 ④ 700

해설

평면응력상태의 모어의 응력원을 그리면

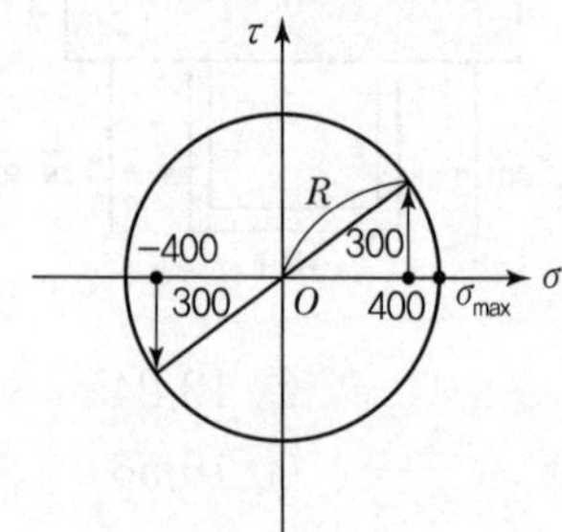

응력원에서 $\sigma_{\max} = R$이므로

$R = \sqrt{400^2 + 300^2} = 500$

46 전체 길이에 걸쳐서 균일 분포하중 200N/m가 작용하는 단순 지지보의 최대굽힘응력은 몇 MPa인가?(단, 폭×높이=3cm×4cm인 직사각형 단면이고, 보의 길이는 2m이다. 또한 보의 지점은 양 끝단에 있다.)

① 12.5 ② 25.0
③ 14.9 ④ 29.8

해설

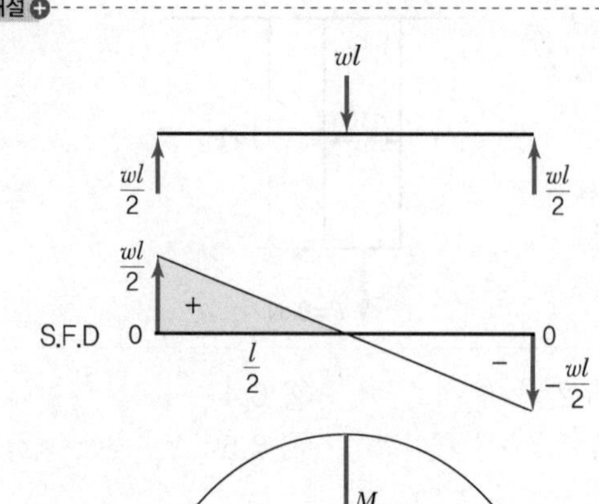

$M_{\max}$는 보의 중앙 $x = \dfrac{l}{2}$에서 발생하고

$M_{\max}$ 값은 0부터 $\dfrac{l}{2}$까지의 S.F.D 면적과 같으므로

$$M_{\max} = \frac{1}{2} \times \frac{wl}{2} \times \frac{l}{2} = \frac{wl^2}{8}$$

$$\therefore \ \sigma_b = \frac{M_{\max}}{Z} = \frac{\dfrac{w}{8}l^2}{\dfrac{bh^2}{6}} = \frac{3wl^2}{4bh^2}$$

$$= \frac{3 \times 200 \times 2^2}{4 \times 0.03 \times 0.04^2}$$

$$= 12.5 \times 10^6 \text{Pa} = 12.5\text{MPa}$$

47 다음 보에 발생하는 최대굽힘모멘트는?

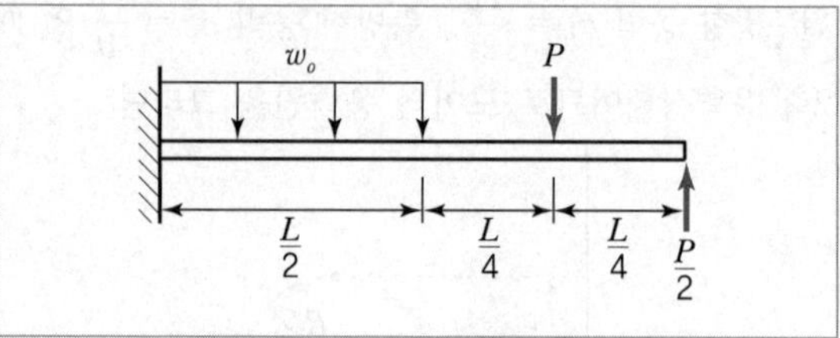

① $\dfrac{L}{4}(w_0L - 2P)$ ② $\dfrac{L}{4}(w_0L + 2P)$
③ $\dfrac{L}{8}(w_0L - 2P)$ ④ $\dfrac{L}{8}(w_0L + 2P)$

정답 45 ② 46 ① 47 ④

해설

자유물체도를 그리면

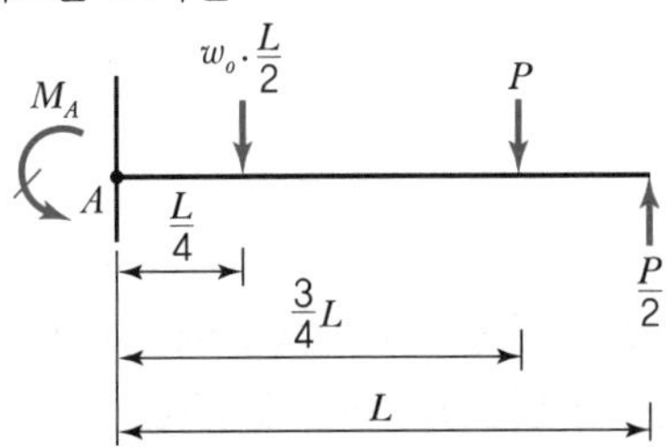

최대굽힘모멘트는 A 고정지점에서 발생하므로 $\sum M_{A지점}=0$;

$$-M_A+\frac{w_0 L}{2}\times\frac{L}{4}+P\times\frac{3L}{4}-P\times\frac{L}{2}=0$$

$$M_{\max}=M_A=\frac{w_0 L^2}{8}+\frac{3PL}{4}-\frac{PL}{2}$$

$$=\frac{w_0 L^2}{8}+\frac{PL}{4}$$

$$=\frac{L}{8}(w_0 L+2P)$$

48 바깥지름이 46mm인 속이 빈 축이 120kW의 동력을 전달하는데 이때의 각속도는 40rev/s이다. 이 축의 허용비틀림응력이 80MPa일 때, 안지름은 약 몇 mm 이하이어야 하는가?

① 29.8 ② 41.8
③ 36.8 ④ 48.8

해설

각속도 $\omega=40\text{rev/s}$ → 초당 40회전, 1회전(rev)은 2π(rad)이므로 각속도 $\omega=40\times 2\pi\text{rad/s}$

$$T=\frac{H}{\omega}=\frac{120\times 10^3}{2\pi\times 40}=477.46\text{N}\cdot\text{m}$$

$$T=\tau\cdot Z_p=\tau\cdot\frac{I_p}{e}$$

$$=\tau\cdot\frac{\frac{\pi}{32}\left(d_2^{\,4}-d_1^{\,4}\right)}{\frac{d_2}{2}}=\tau\cdot\frac{\pi\left(d_2^{\,4}-d_1^{\,4}\right)}{16d_2}$$

$$\therefore\ d_1=\sqrt[4]{d_2^{\,4}-\frac{16d_2T}{\pi\tau}}$$

$$=\sqrt[4]{0.046^4-\frac{16\times 0.046\times 477.46}{\pi\times 80\times 10^6}}$$

$$=0.04189\text{m}=41.89\text{mm}$$

49 지름 200mm인 축이 120rpm으로 회전하고 있다. 2m 떨어진 두 단면에서 측정한 비틀림각이 $\frac{1}{15}$rad 이었다면 이 축에 작용하고 있는 비틀림모멘트는 약 몇 kN · m인가?(단, 가로탄성계수는 80GPa이다.)

① 418.9 ② 356.6
③ 305.7 ④ 286.8

해설

$\theta=\frac{T\cdot l}{GI_p}$ 에서

$$T=\frac{GI_p\theta}{l}=\frac{80\times 10^9\times\frac{\pi\times 0.2^4}{32}\times\frac{1}{15}}{2}$$

$$=418{,}879\text{N}\cdot\text{m}$$

$$=418.9\text{kN}\cdot\text{m}$$

50 그림과 같은 단면에서 가로방향 도심축에 대한 단면 2차 모멘트는 약 몇 mm^4인가?

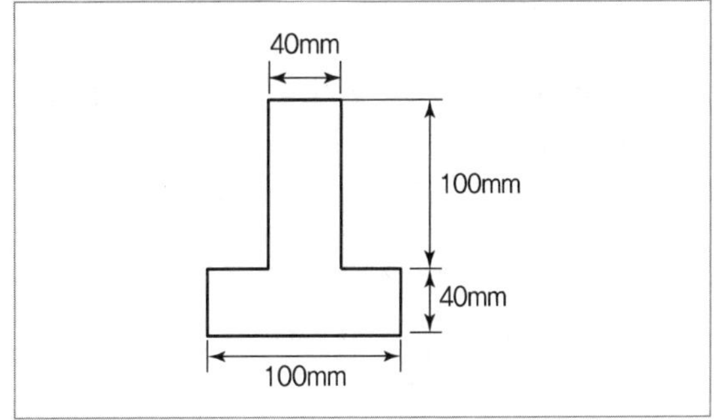

① 10.67×10^6 ② 13.67×10^6
③ 20.67×10^6 ④ 23.67×10^6

정답 48 ② 49 ① 50 ②

해설

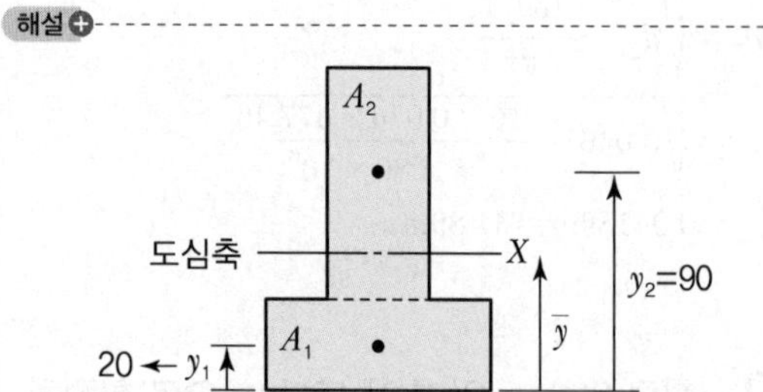

도심을 구하기 위해

$A\bar{y} = A_1 y_1 + A_2 y_2$(여기서, $A = A_1 + A_2$)

$$\therefore \bar{y} = \frac{A_1 y_1 + A_2 y_2}{A_1 + A_2}$$

$$= \frac{100 \times 40 \times 20 + 40 \times 100 \times (40+50)}{100 \times 40 + 40 \times 100} = 55\text{mm}$$

중심축에 대한 단면 2차 모멘트는

i) 도심축 X에 대한 A_1 면적의 단면 2차 모멘트를 평행축 정리에 의해 구하면

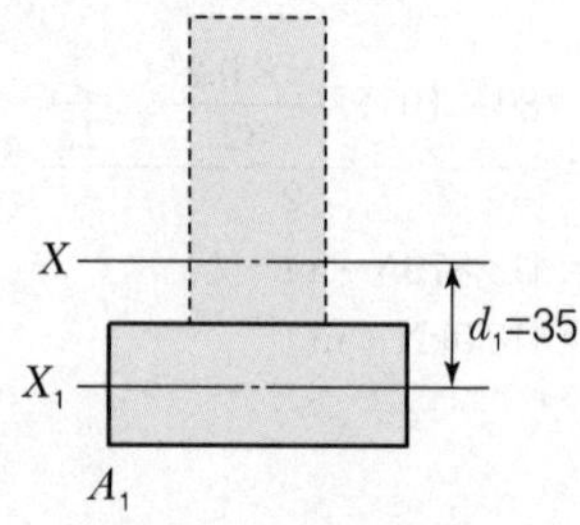

$$I_{A1} = I_{X1} + A_1 \cdot {d_1}^2$$

$$= \frac{100 \times 40^3}{12} + 100 \times 40 \times 35^2 = 5,433,333.33$$

ii) 도심축 X에 대한 A_2 면적의 단면 2차 모멘트를 평행축 정리에 의해 구하면

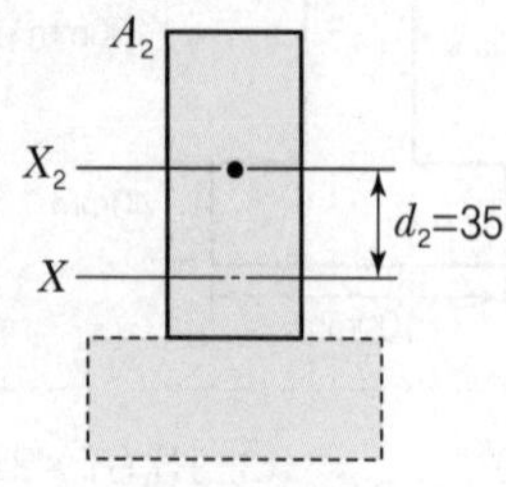

$$I_{A2} = I_{X2} + A_2 \cdot {d_2}^2$$

$$= \frac{40 \times 100^3}{12} + 40 \times 100 \times 35^2 = 8,233,333.33$$

$$\therefore I_X = I_{A1} + I_{A2} = 13.67 \times 10^6 \text{mm}^4$$

51 직사각형 단면의 단주에 150kN 하중이 중심에서 1m만큼 편심되어 작용할 때 이 부재 AC에서 생기는 최대인장응력은 몇 kPa인가?

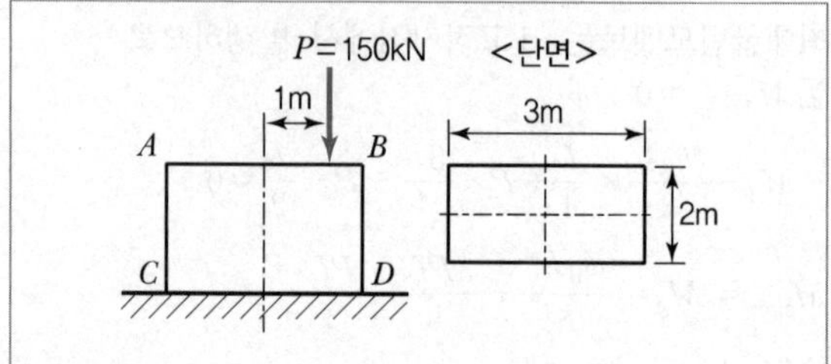

① 25 ② 50
③ 87.5 ④ 100

해설

부재 $A-C$에는 직접압축응력과 굽힘에 의한 인장응력이 조합된 상태이므로

압축응력 σ_c

$$= \frac{P}{A} = \frac{150 \times 10^3 \text{N}}{6\text{m}^2}$$

$$= 25,000\text{Pa} = 25\text{kPa}$$

굽힘에 의한 인장응력 σ_{bt}

$$= \frac{Pe}{Z} = \frac{Pe}{\frac{bh^2}{6}} = \frac{150 \times 10^3 \text{N} \times 1\text{m}}{\frac{2 \times 3^2 \text{m}^3}{6}}$$

$$= 50,000\text{Pa} = 50\text{kPa}$$

AC에서 생기는 최대인장응력 σ_t

$$= \sigma_{bt} - \sigma_c = 50 - 25 = 25\text{kPa}$$

정답 51 ①

52 그림과 같이 전체 길이가 $3L$인 외팔보에 하중 P가 B점과 C점에 작용할 때 자유단 B에서의 처짐량은?(단, 보의 굽힘강성 EI는 일정하고, 자중은 무시한다.)

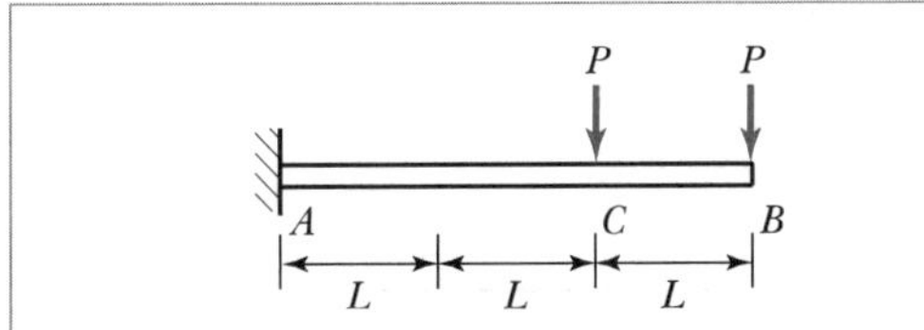

① $\frac{44}{3}\frac{PL^3}{EI}$ ② $\frac{35}{3}\frac{PL^3}{EI}$

③ $\frac{37}{3}\frac{PL^3}{EI}$ ④ $\frac{41}{3}\frac{PL^3}{EI}$

해설

i) $2L$에 작용하는 P에 의한 외팔보 자유단의 처짐량 δ_1

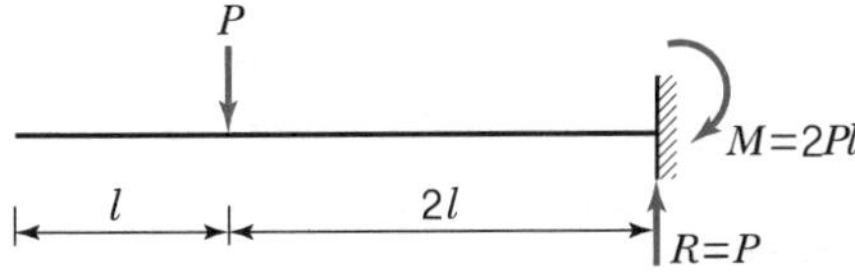

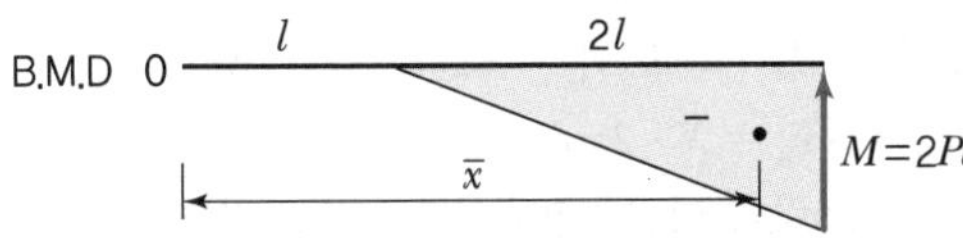

면적 모멘트법에서

$$\delta_1 = \frac{A_M}{EI} \cdot \bar{x}$$

$$A_M = \frac{1}{2} \times 2L \times 2PL = 2PL^2$$

$$\bar{x} = \left(L + 2L \times \frac{2}{3}\right) = \frac{7}{3}L$$

$$\therefore \ \delta_1 = \frac{2PL^2}{EI} \times \frac{7}{3}L = \frac{14PL^3}{3EI}$$

ii) 자유단($3L$)에 작용하는 P에 의한 처짐량

$$\delta_2 = \frac{P(3L)^3}{3EI} = \frac{27PL^3}{3EI}$$

iii) 자유단에서 처짐량

$$\delta = \delta_1 + \delta_2 = \frac{14PL^3}{3EI} + \frac{27PL^3}{3EI} = \frac{41PL^3}{3EI}$$

53 지름 50mm인 중실축 ABC가 A에서 모터에 의해 구동된다. 모터는 600rpm으로 50kW의 동력을 전달한다. 기계를 구동하기 위해서 기어 B는 35kW, 기어 C는 15kW를 필요로 한다. 축 ABC에 발생하는 최대전단응력은 몇 MPa인가?

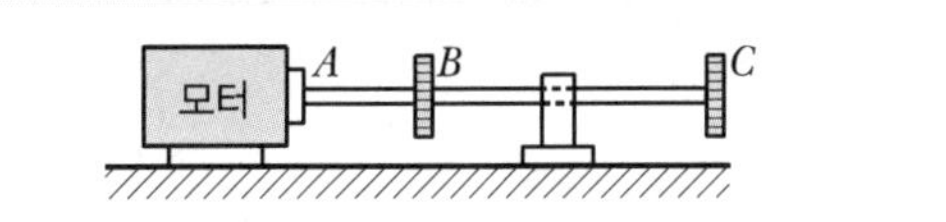

① 9.73 ② 22.7

③ 32.4 ④ 64.8

해설

동일한 축에서 큰 동력을 전달하기 위해서는 큰 토크가 필요하며 가장 큰 토크가 걸리는 구동축 A 부분에서 최대전단응력이 발생한다.

$$T = \frac{H}{\omega} = \frac{50 \times 10^3}{\frac{2\pi \times 600}{60}} = 795.77\text{N} \cdot \text{m}$$

$T = \tau \cdot Z_p = \tau \cdot \frac{\pi d^3}{16}$에서

$$\tau = \frac{16T}{\pi d^3} = \frac{16 \times 795.77}{\pi \times 0.05^3}$$

$$= 32.42 \times 10^6\text{Pa} = 32.42\text{MPa}$$

54 그림과 같은 직사각형 단면의 목재 외팔보에 집중하중 P가 C점에 작용하고 있다. 목재의 허용압축응력을 8MPa, 끝단 B점에서의 허용처짐량을 23.9mm라고 할 때 허용압축응력과 허용처짐량을 모두 고려하여 이 목재에 가할 수 있는 집중하중 P의 최댓값은 약 몇 kN인가?(단, 목재의 세로탄성계수는 12GPa, 단면 2차 모멘트는 $1{,}022 \times 10^{-6}\text{m}^4$, 단면계수는 $4.601 \times 10^{-3}\text{m}^3$이다.)

정답 52 ④ 53 ③ 54 ③

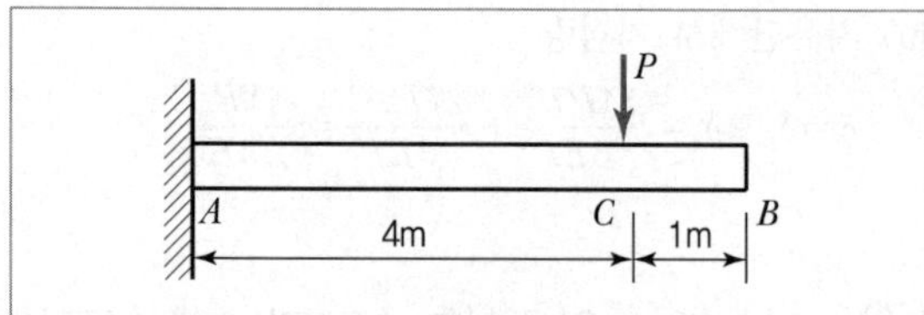

① 7.8 ② 8.5
③ 9.2 ④ 10.0

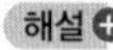

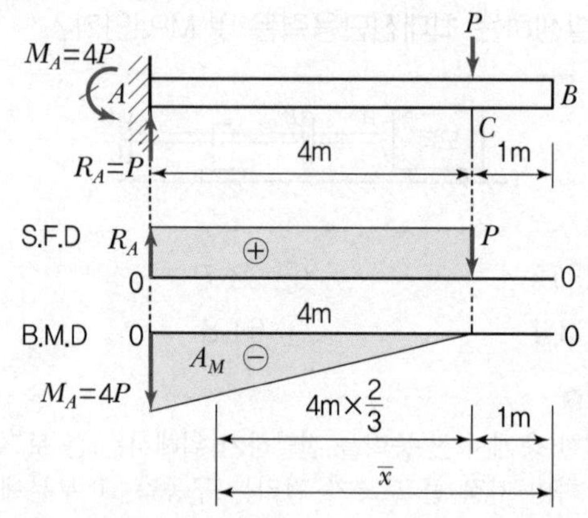

i) 굽힘응력에 의한 P값

$M_{\max} = M_A = \sigma_b Z$

$4 \times P = 8 \times 10^6 \times 4.601 \times 10^{-3} = 9{,}202\text{N}$

$\therefore\ P = 9.2\text{kN}$

ii) 처짐량에 의한 P값

B점의 처짐량은 면적모멘트법에 의해

$$\delta_B = \frac{A_M}{EI}\bar{x} = \frac{\frac{1}{2} \times 4 \times 4P}{EI}\bar{x}$$

$$23.9 \times 10^{-3} = \frac{8P}{12 \times 10^9 \times 1{,}022 \times 10^{-6}} \times \frac{11}{3}$$

$\therefore\ P = 9{,}992.37\text{N} = 9.99\text{kN}$

i), ii) 중 큰 값인 9.99kN으로 P를 설계하면 작은 하중(9.2kN)에 의한 허용굽힘응력을 넘어서 보가 파괴되므로 안전하중은 9.2kN이다.

55 무게 20N인 물체가 2개의 용수철에 의하여 그림과 같이 놓여 있다. 한 용수철은 1cm 늘어나는 데 1.7N이 필요하며 다른 용수철은 1cm 늘어나는 데 1.3N이 필요하다. 변위진폭이 1.25cm가 되려면 정적평형 위치에 있는 물체는 약 얼마의 초기속도(cm/s)를 주어야 하는가?(단, 이 물체는 수직운동만 한다고 가정한다.)

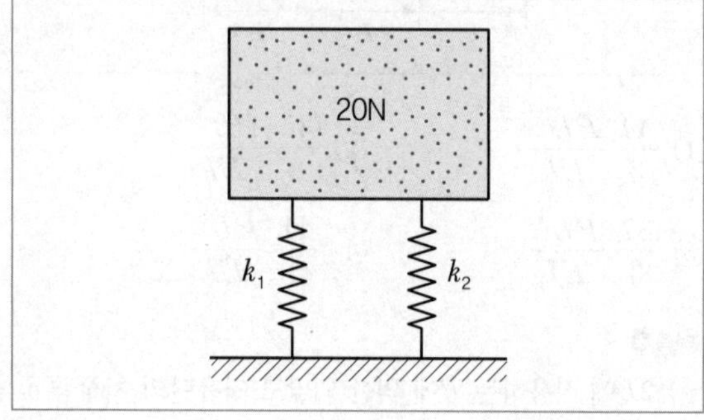

① 11.5 ② 18.1
③ 12.4 ④ 15.2

해설

변위진폭 $X = 1.25\text{cm}$

수직변위 $x(t) = X\sin\omega_n t$를 미분하면

속도 $V(t) = \dot{x}(t) = X\omega_n \cos\omega_n t$

$t = 0$에서 초기속도 $V_0 = X\omega_n \cos 0° = X\omega_n$

$\therefore\ V_0 = X\omega_n = X \cdot 2\pi f\ \cdots$ ⓐ

2개의 스프링의 병렬조합에서 등가스프링상수 k_e를 구하면

$W = W_1 + W_2$

$k_e\delta = k_1\delta_1 + k_2\delta_2$ (여기서, $\delta = \delta_1 = \delta_2$)

$\therefore\ k_e = k_1 + k_2 = 170 + 130 = 300\text{N/m}$

여기서, $k_1 = 1.7\text{N/cm} = 170\text{N/m}$

$k_2 = 1.3\text{N/cm} = 130\text{N/m}$

$$\text{고유진동수 } f = \frac{\omega_n}{2\pi} = \frac{1}{2\pi}\sqrt{\frac{k_e}{m}} = \frac{1}{2\pi}\sqrt{\frac{k_e g}{W}}$$

$$= \frac{1}{2\pi}\sqrt{\frac{300 \times 9.8}{20}} = 1.93\text{Hz}\ \cdots \text{ⓑ}$$

ⓑ를 ⓐ에 대입하면

정답 55 ④

초기속도 $V_0 = X \cdot 2\pi f$

$= 1.25 \times 2 \times \pi \times 1.93 = 15.39\,\text{cm/s}$

56 단순조화운동(Harmonic motions)일 때 속도와 가속도의 위상차는 얼마인가?

① $\frac{\pi}{2}$　② π

③ 2π　④ 0

해설

단순조화운동, ϕ : 위상각

변위 $x(t) = X\sin(\omega t + \phi)$

속도 $\dot{x}(t) = \omega X\cos(\omega t + \phi)$

가속도 $\ddot{x}(t) = -\omega^2 X\sin(\omega t + \phi)$

속도에서 $\cos\left(\omega t + \frac{\pi}{2} + \phi\right) = \sin(\omega t + \phi)$ 와 같으므로

속도와 가속도는 $\frac{\pi}{2}$, 즉 90° 만큼 위상차가 난다.

57 어떤 물체가 정지 상태로부터 다음 그래프와 같은 가속도(a)로 속도가 변화한다. 이때 20초 경과 후의 속도는 약 몇 m/s인가?

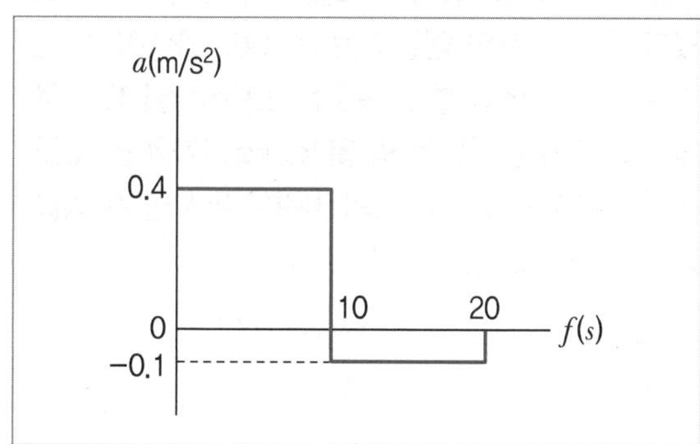

① 1　② 2

③ 3　④ 4

해설

$a = \frac{dV}{dt} \rightarrow dV = a_c dt$를 적분하면 ($a_c$ 일정)

$V - V_0 = \int_0^t a_c dt$

$V = V_0 + \int_0^t a_c dt$ (여기서, $V_0 = 0$)

$V = \int_0^t a_c dt$ (주어진 그래프의 t축 투사면적과 같다.)

$= 0.4 \times 10 + (20 - 10) \times (-0.1) = 4 - 1 = 3$

〈다른 풀이〉

$V = \int_0^{10} 0.4dt + \int_{10}^{20} -0.1dt = 0.4[t]_0^{10} - 0.1[t]_{10}^{20}$

$= 0.4 \times 10 - 0.1 \times (20 - 10) = 3$

58 축구공을 지면으로부터 1m의 높이에서 자유낙하시켰더니 0.8m 높이까지 다시 튀어 올랐다. 이 공의 반발계수는 얼마인가?

① 0.89　② 0.83

③ 0.80　④ 0.77

해설

i) 지면에 부딪힐 때 공의 속도 $V_{공}$

$mgh = \frac{1}{2} m V_{공}^2$

$\therefore V_{공} = \sqrt{2gh} = \sqrt{2 \times 9.8 \times 1} = 4.43\text{m/s}$

ii) 지면에서 떨어져서 0.8m 올라갈 때 속도 $V_{공}'$

$V_{공}' = \sqrt{2gh} = \sqrt{2 \times 9.8 \times 0.8} = 3.96\text{m/s}$

iii) 반발계수

$e = \frac{0 - (-V_{공}')}{V_{공} - 0(\text{지면})} = \frac{-(-3.96)}{4.43} = 0.894$

[∵ 공 (−)부호 위로 올라감)]

정답 56 ① 57 ③ 58 ①

59 스프링과 질량만으로 이루어진 1자유도 진동시스템에 대한 설명으로 옳은 것은?

① 질량이 커질수록 시스템의 고유진동수는 커지게 된다.
② 스프링 상수가 클수록 움직이기가 힘들어져서 진동 주기가 길어진다.
③ 외력을 가하는 주기와 시스템의 고유주기가 일치하면 이론적으로는 응답변위는 무한대로 커진다.
④ 외력의 최대 진폭의 크기에 따라 시스템의 응답주기는 변한다.

해설

$\frac{\omega}{\omega_n}=1$이면 공진이 발생해 응답변위는 무한대로 커진다.

60 다음 그림은 시간(t)에 대한 가속도(a) 변화를 나타낸 그래프이다. 가속도를 시간에 대한 함수식으로 옳게 나타낸 것은?

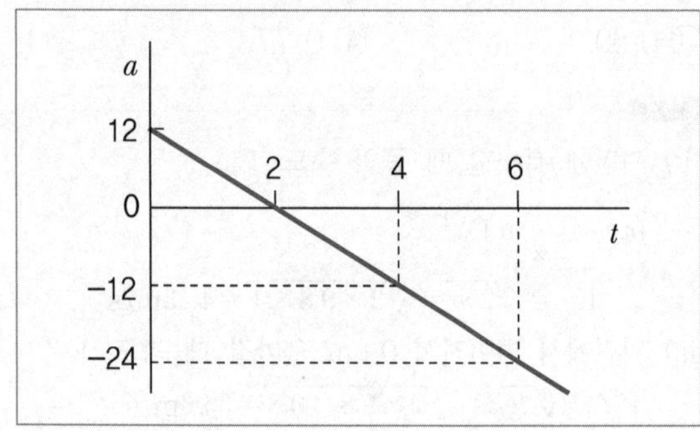

① $a=12-6t$ ② $a=12+6t$
③ $a=12-12t$ ④ $a=12+12t$

해설

$a=bt+c$에서

b(기울기)$=\frac{-12-0}{4-2}=-6$, $t=0$일 때 $c=12$

$\therefore\ a=-6t+12$

4과목 열 · 유체 해석

61 기관의 실린더 내 1kg의 공기가 온도 120℃에서 열량 40kJ을 얻어 등온팽창한다고 하면 엔트로피의 변화는 얼마인가?

① 0.102kJ/(kg · K) ② 0.132kJ/(kg · K)
③ 0.162kJ/(kg · K) ④ 0.192kJ/(kg · K)

해설

$$\Delta s=\frac{{}_1Q_2}{mT}=\frac{40}{1\times(120+273)}=0.1018\text{kJ/kg}\cdot\text{K}$$

62 물질의 양을 1/2로 줄이면 강도성(강성적) 상태량(Intensive Properties)은 어떻게 되는가?

① 1/2로 줄어든다.
② 1/4로 줄어든다.
③ 변화가 없다.
④ 2배로 늘어난다.

해설

강도성 상태량은 물질의 양과 무관하다.

63 수평으로 놓여진 노즐에서 증기가 흐르고 있다. 입구에서의 엔탈피는 3,106kJ/kg이고, 입구 속도는 13m/s, 출구 속도는 300m/s일 때 출구에서의 증기 엔탈피는 약 몇 kJ/kg인가?(단, 노즐에서의 열교환 및 외부로의 일량은 무시할 수 있을 정도로 작다고 가정한다.)

① 3,146 ② 3,208
③ 2,963 ④ 3,061

해설

$$q_{c.v}+h_i+\frac{V_i^{\,2}}{2}+gZ_i=h_e+\frac{V_e^{\,2}}{2}+gZ_e+w_{cv}$$

$q_{cv}=0$(단열), $w_{cv}=0$(일 못함), $qZ_i=gZ_e$이므로

정답 59 ③ 60 ① 61 ① 62 ③ 63 ④

$$h_e = h_i + \frac{V_i^2}{2} - \frac{V_e^2}{2} = 3,106 + \frac{\frac{1}{2}(13^2 - 300^2)}{1,000}$$
$$= 3,061.08\text{kJ/kg}$$

64 단열 노즐에서 공기가 팽창한다. 노즐 입구에서 공기 속도는 60m/s, 온도는 200℃이며, 출구에서 온도는 50℃일 때 출구에서 공기 속도는 약 얼마인가?(단, 공기 비열은 1.0035kJ/(kg · K)이다.)

① 62.5m/s　② 328m/s
③ 552m/s　④ 1,901m/s

해설

$dh = C_p dT$

$h_2 - h_1 = C_p(T_2 - T_1)$ [방열 (−)]

$h_1 - h_2 = C_p(T_1 - T_2)$
$= 1.0035 \times 10^3 \times (200 - 50)$
$= 150,525\text{J/kg}$

개방계에서 $q_{cv} + h_i + \frac{V_i^2}{2} + gZ_i$
$= h_e + \frac{V_e^2}{2} + gZ_e + w_{cv}$

$q_{cv} = 0$(단열), $w_{cv} = 0$(일 못함), $gZ_i = gZ_e$이므로

$\frac{V_e^2}{2} = h_i - h_e + \frac{V_i^2}{2}$

$\therefore\ V_e = \sqrt{2(h_i - h_e) + V_i^2} = \sqrt{2 \times 150,525 + 60^2}$
$= 551.95\text{m/s}$

65 물 10kg을 1기압하에서 20℃로부터 60℃까지 가열할 때 엔트로피의 증가량은 약 몇 kJ/K인가?(단, 물의 정압비열은 4.18kJ/(kg · K)이다.)

① 9.78　② 5.35
③ 8.32　④ 14.8

해설

$\delta q = dh - vdP^{\nearrow 0}$ 이고

비엔트로피 변화 $ds = \frac{\delta q}{T} = \frac{dh}{T} = C_P \cdot \frac{1}{T} dT$

$s_2 - s_1 = C_P \ln\frac{T_2}{T_1} = 4.18 \times \ln\left(\frac{333}{293}\right)$
$= 0.5349\text{kJ/kg} \cdot \text{K}$

엔트로피의 증가량 $S_2 - S_1$
$= m(s_2 - s_1) = 10 \times 0.5349 = 5.349\text{kJ/K}$

66 질량이 4kg인 단열된 강재 용기 속에 물이 18L 들어 있고, 25℃로 평형상태에 있다. 이 속에 200℃의 물체 8kg을 넣었더니 열평형에 도달하여 30℃가 되었다. 물의 비열은 4.187kJ/(kg · K)이고, 강재(용기)의 비열은 0.4648kJ/(kg · K)일 때 물체의 비열은 약 몇 kJ/(kg · K)인가?(단, 외부와의 열교환은 없다고 가정한다.)

① 0.244　② 0.267
③ 0.284　④ 0.302

해설

${}_1Q_2 = mC(T_2 - T_1)$에서

- 강재질량 m_1, 강재의 비열 C_1, 강재의 온도 T_1
- 물의 질량 m_2, 물의 비열 C_2, 물의 온도 T_1 (강재와 물의 온도 동일)
- 물체질량 m_3, 물체의 비열 C_3, 물체의 온도 T_3

열평형온도 $T_2 = 30℃$

강재와 물이 흡수한 열량 = 물체가 방출한 열량

$m_1C_1(T_2 - T_1) + m_2C_2(T_2 - T_1) = -m_3C_3(T_2 - T_3)$

$m_3C_3(T_3 - T_2) = m_1C_1(T_2 - T_1) + m_2C_2(T_2 - T_1)$

$$C_3 = \frac{m_1C_1(T_2 - T_1) + m_2C_2(T_2 - T_1)}{m_3(T_3 - T_2)}$$
$$= \frac{4 \times 0.48467 \times (30 - 25) + 1,000 \times 18 \times 10^{-3} \times 4.187 \times (30 - 25)}{8(200 - 30)}$$
$$= 0.284\text{kJ/kg} \cdot \text{K}$$

정답　64 ③　65 ②　66 ③

67 다음의 물리량 중 물질의 최초, 최종상태뿐 아니라 상태변화의 경로에 따라서도 그 변화량이 달라지는 것은?

① 일 ② 내부에너지
③ 엔탈피 ④ 엔트로피

해설

일과 열은 경로함수이다.

68 압력이 0.2MPa이고, 초기 온도가 120℃인 1kg의 공기를 압축비 18로 가역단열 압축하는 경우 최종온도는 약 몇 ℃인가?(단, 공기는 비열비가 1.4인 이상기체이다.)

① 676℃ ② 776℃
③ 876℃ ④ 976℃

해설

단열과정의 온도, 압력, 체적 간의 관계식에서

$$\frac{T_2}{T_1}=\left(\frac{V_1}{V_2}\right)^{k-1}$$

$V_1=V_t$, $V_2=V_c$이므로

$$\frac{T_2}{T_1}=\left(\frac{V_t}{V_c}\right)^{k-1}=(\varepsilon)^{k-1}\left[\because\ \frac{V_t}{V_c}=\varepsilon(\text{압축비})\right]$$

$$\therefore\ T_2=T_1(\varepsilon)^{k-1}$$
$$=(120+273)\times(18)^{1.4-1}=1{,}248.82\text{K}$$
$$\rightarrow\ 1{,}248.82-273=975.82℃$$

69 공기 표준사이클로 운전하는 이상적인 디젤사이클이 있다. 압축비는 17.5, 비열비는 1.4, 체절비(또는 분사단절비, Cut-off Ratio)는 2.1일 때 이 디젤사이클의 효율은 약 몇 %인가?

① 60.5 ② 62.3
③ 64.7 ④ 66.8

해설

$$\eta_D=1-\left(\frac{1}{\varepsilon}\right)^{k-1}\cdot\frac{\sigma^k-1}{k(\sigma-1)}$$
$$=1-\left(\frac{1}{17.5}\right)^{1.4-1}\cdot\frac{2.1^{1.4}-1}{1.4\times(2.1-1)}$$
$$=0.6227=62.27\%$$

70 고열원 500℃와 저열원 35℃ 사이에 열기관을 설치하였을 때, 사이클당 10MJ의 공급열량에 대해서 7MJ의 일을 하였다고 주장한다면, 이 주장은?

① 열역학적으로 타당한 주장이다.
② 가역기관이라면 타당한 주장이다.
③ 비가역기관이라면 타당한 주장이다.
④ 열역학적으로 타당하지 않은 주장이다.

해설

카르노 사이클(이상적인 열기관)의 효율은 온도만의 함수이므로

$$\eta_C=\frac{T_H-T_L}{T_H}=1-\frac{T_L}{T_H}$$
$$=1-\frac{35+273}{500+273}=0.6016=60.16\%$$

주어진 열기관의 효율 $\eta=\frac{W}{Q_H}=\frac{7}{10}=0.7=70\%$

$\eta_C<\eta$이므로 열역학적으로 타당하지 않다.

71 그림과 같이 반지름이 R인 원관 내의 층류 유동 속도분포는 $u(r)=U\left(1-\frac{r^2}{R^2}\right)$으로 나타낼 수 있다. 여기서 원관 내 전체가 아닌 $0\le r\le\frac{R}{2}$인 원형 단면을 흐르는 체적유량 Q를 구하면?(단, U는 상수이다.)

정답 67 ① 68 ④ 69 ② 70 ④ 71 ④

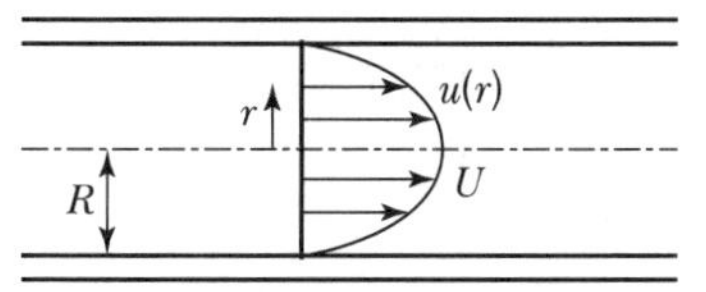

① $Q=\dfrac{5\pi UR^2}{16}$ ② $Q=\dfrac{7\pi UR^2}{16}$

③ $Q=\dfrac{5\pi UR^2}{32}$ ④ $Q=\dfrac{7\pi UR^2}{32}$

해설

$$Q=2\pi U\left(\frac{R^2}{8}-\frac{R^2}{64}\right)=2\pi U\left(\frac{7R^2}{64}\right)=\pi U\left(\frac{7R^2}{32}\right)$$

72 유체의 회전벡터(각속도)가 ω인 회전유동에서 와도(Vorticity, ζ)는?

① $\zeta=\dfrac{\omega}{2}$ ② $\zeta=\sqrt{\dfrac{\omega}{2}}$

③ $\zeta=2\omega$ ④ $\zeta=\sqrt{2\omega}$

해설

와도 ζ(제타)
유체의 어떤 점에서의 입자의 회전 정도를 나타내는 척도 =소용돌이도

$\omega=\dfrac{1}{2}(\nabla\times V)$, $curl\ V=\nabla\times V=\zeta$

$\therefore\ \zeta=2\omega$

73 날개 길이(Span) 10m, 날개 시위(Chord Length) 1.8m인 비행기가 112m/s의 속도로 날고 있다. 이 비행기의 항력계수가 0.0761일 때 비행에 필요한 동력은 약 몇 kW인가?(단, 공기의 밀도는 1.2173kg/m^3, 날개는 사각형으로 단순화하며, 양력은 충분히 발생한다고 가정한다.)

① 1,172 ② 1,343

③ 1,570 ④ 3,733

해설

$$D=C_D\cdot\frac{\rho V^2}{2}\cdot A$$

$$=0.0761\times\frac{1.2173\times 112^2}{2}\times 10\times 1.8=10{,}458.3\text{N}$$

$$H_{\text{kW}}=\frac{D\cdot V}{1{,}000}=\frac{10{,}458.3\times 112}{1{,}000}=1{,}171.3\text{kW}$$

74 점성계수가 0.7poise이고 비중이 0.7인 유체의 동점성계수는 몇 stokes인가?

① 0.1 ② 1.0

③ 10 ④ 100

해설

$$\nu=\frac{\mu}{\rho}=\frac{\mu}{s\rho_w}=\frac{0.7\dfrac{g}{\text{cm}\cdot\text{s}}}{0.7\times 1\dfrac{g}{\text{cm}^3}}=1\text{cm}^2/\text{s}=1\text{stokes}$$

75 그림과 같이 평판의 왼쪽 면에 단면적이 0.01m^2, 속도 10m/s인 물 제트가 직각으로 충돌하고 있다. 평판의 오른쪽 면에 단면적이 0.04m^{2}인 물 제트를 쏘아 평판이 정지 상태를 유지하려면 속도 V_2는 약 몇 m/s여야 하는가?

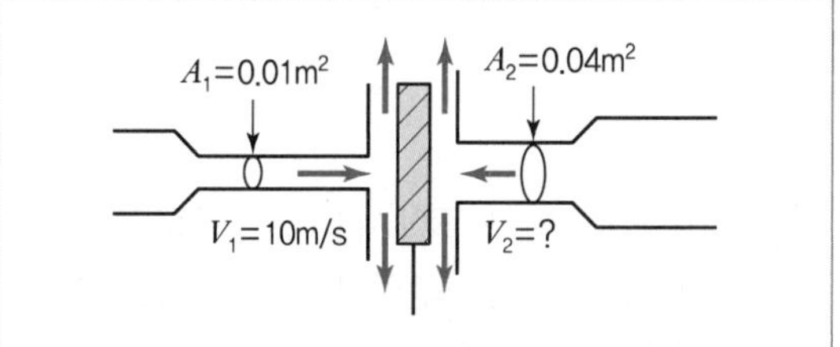

① 2.5 ② 5.0

③ 20 ④ 40

정답 72 ③ 73 ① 74 ② 75 ②

해설

제트가 평판에 충돌할 때 힘 $f_x = \rho QV^2$
좌우가 동일해야 하므로
$1,000 \times 0.01 \times 10^2 = 1,000 \times 0.04 \times {V_2}^2$
$\therefore\ V_2 = \sqrt{\dfrac{1,000}{40}} = 5\text{m/s}$

76 그림과 같이 탱크로부터 15℃의 공기가 수평한 호스와 노즐을 통해 Q의 유량으로 대기 중으로 흘러나가고 있다. 탱크 안의 게이지 압력이 10kPa일 때, 유량 Q는 약 몇 m^3/s인가?[단, 노즐 끝단의 지름은 0.02m, 대기압은 101kPa이고, 공기의 기체상수는 287J/(kg · K)이다.]

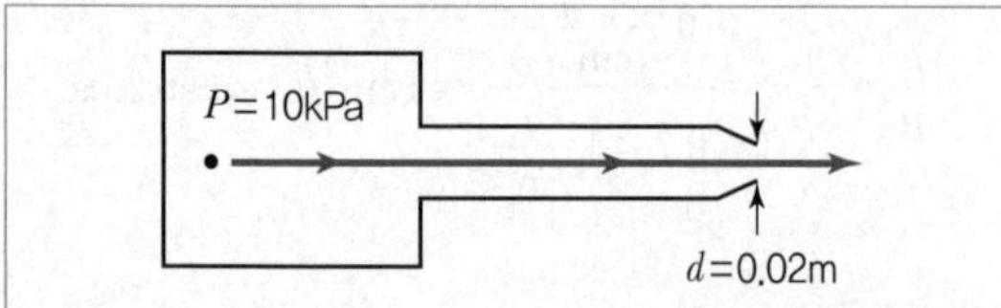

① 0.038 ② 0.042
③ 0.046 ④ 0.054

해설

$$V_2 = \sqrt{\frac{2 \times 10 \times 10^3 \times 287 \times (15+273)}{111 \times 10^3}} = 122.04\text{m/s}$$
$$\therefore\ Q = AV_2 = \frac{\pi}{4} \times 0.02^2 \times 122.04 = 0.0383\text{m}^3/\text{s}$$

77 그림과 같은 노즐에서 나오는 유량이 0.078 m^3/s일 때 수위(H)는 약 얼마인가?(단, 노즐 출구의 안지름은 0.1m이다.)

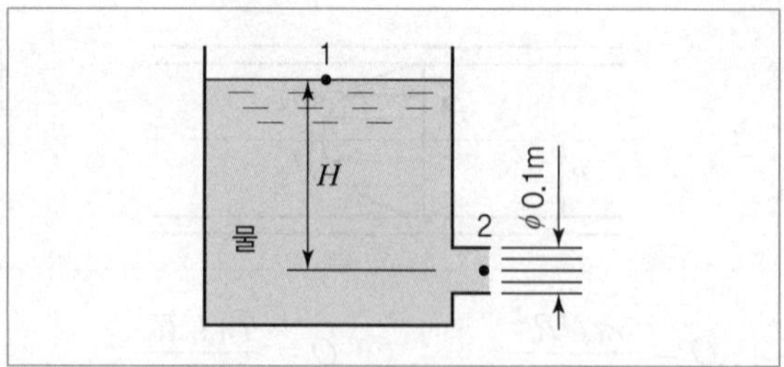

① 5m ② 10m
③ 0.5m ④ 1m

해설

$$V = \frac{Q}{A} = \frac{4Q}{\pi d^2} = \frac{4 \times 0.078}{\pi \times 0.1^2} = 9.93\text{m/s}$$
분출속도 $V = \sqrt{2gH}$에서
$$H = \frac{V^2}{2g} = \frac{9.93^2}{2 \times 9.8} = 5.03\text{m}$$

78 원형 관내를 완전한 층류로 물이 흐를 경우 관마찰계수(f)에 대한 설명으로 옳은 것은?

① 상대 조도(ε/D)만의 함수이다.
② 마하수(Ma)만의 함수이다.
③ 오일러수(Eu)만의 함수이다.
④ 레이놀즈수(Re)만의 함수이다.

해설

층류일 때 관마찰계수 $f = \dfrac{64}{Re}$

79 어느 물리법칙이 $F(a,\ V,\ \nu,\ L) = 0$과 같은 식으로 주어졌다. 이 식을 무차원수의 함수로 표시하고자 할 때 이에 관계되는 무차원수는 몇 개인가?(단, a, V, ν, L은 각각 가속도, 속도, 동점성계수, 길이이다.)

① 4 ② 3
③ 2 ④ 1

정답 76 ① 77 ① 78 ④ 79 ③

해설

버킹엄의 π정리에 의해 독립무차원수 $\pi = n - m$

여기서, n : 물리량 총수

m : 사용된 차원수

a : 가속도 m/s^2$[LT^{-2}]$

V : 속도 m/s$[LT^{-1}]$

ν : 동점성계수 m^2/s$[L^2T^{-1}]$

L : 길이 m$[L]$

$\pi = n - m = 4 - 2$ (L과 T 차원 2개)

$= 2$

80 밀도가 800kg/m^{3}인 원통형 물체가 그림과 같이 1/3이 액체 면 위에 떠 있는 것으로 관측되었다. 이 액체의 비중은 약 얼마인가?

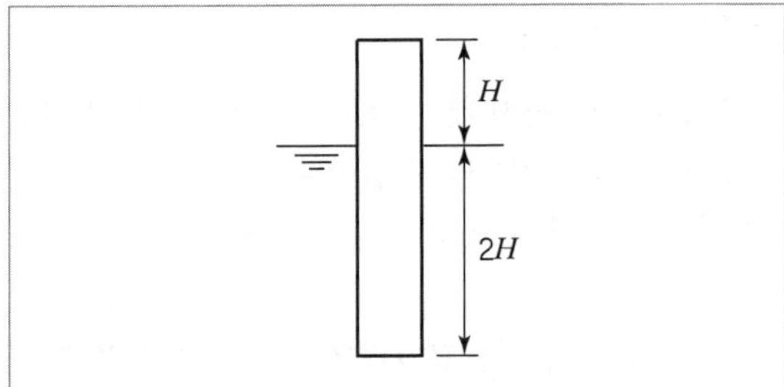

① 0.2 ② 0.67
③ 1.2 ④ 1.5

해설

$\uparrow y$, 무게와 부력이 같다.

원통형 물체의 전체적을 V, 물체 비중량 γ, 물체 밀도 $\rho = 800$kg/m^3, 액체의 비중 S_x, 비중량을 γ_x라 하면

$\sum F_y = 0$: $F_B - \gamma \cdot V = 0$

$\gamma_x V_{잠긴} - \gamma V = 0$

(여기서, $\gamma_x = S_x \gamma_w$, $V_{잠긴} = \frac{2}{3}V$, $\gamma = \rho \cdot g$ 적용)

$S_x \cdot \gamma_w \times \frac{2}{3}V = \gamma \cdot V$

$\therefore\ S_x = \frac{3}{2}\frac{\gamma}{\gamma_w} = \frac{3}{2}\frac{\rho \cdot g}{\gamma_w} = \frac{3}{2} \times \frac{800 \times 9.8}{9{,}800} = 1.2$

정답 80 ③

제5회 CBT 실전 모의고사

1과목 기계제도 및 설계

01 단면도의 절단된 부분을 나타내는 해칭선을 그리는 선은?

① 가는 2점쇄선 ② 가는 파선
③ 가는 실선 ④ 가는 1점쇄선

해설

해칭선
절단된 부분을 나타내는 선으로 가는 실선으로 표시한다.

02 그림과 같은 정면도와 우측면도에 가장 적합한 평면도는?

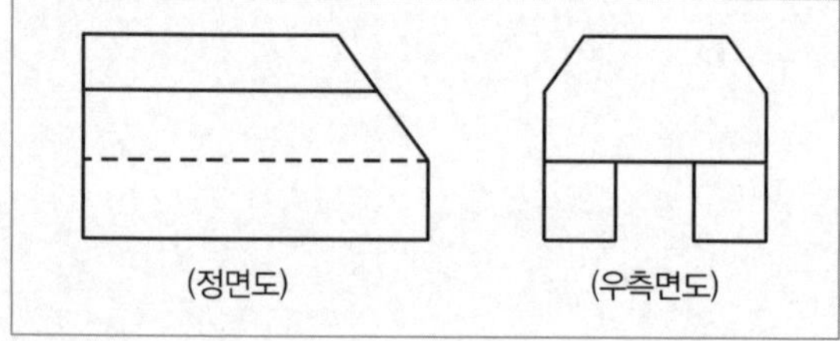

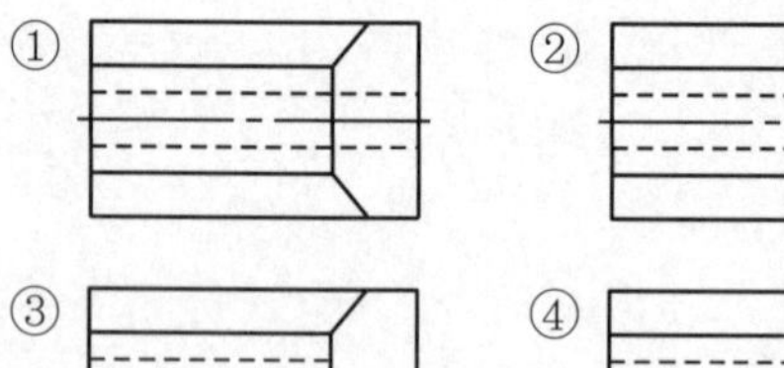

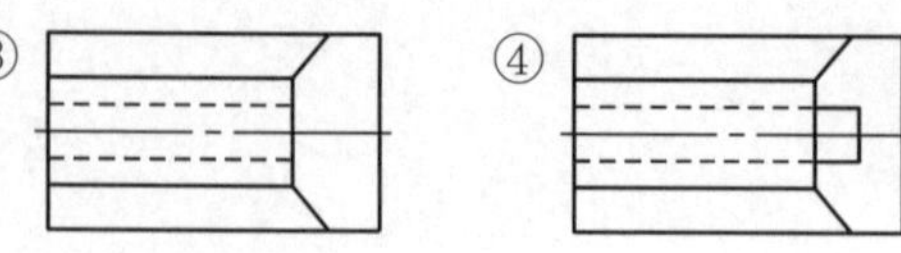

해설

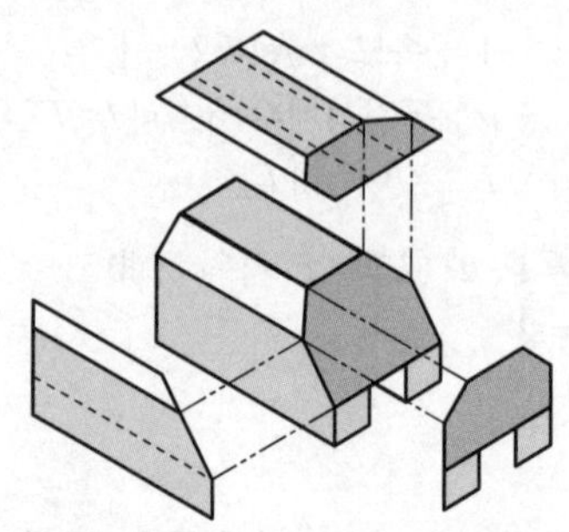

03 도면에 치수를 기입하는 방법을 설명한 것 중 옳지 않은 것은?

① 특별히 명시하지 않는 한, 그 도면에 도시된 대상물의 다듬질 치수를 기입한다.
② 길이의 단위는 mm이고, 도면에는 반드시 단위를 기입한다.
③ 각도의 단위로는 일반적으로 도(°)를 사용하고, 필요한 경우 분(′) 및 초(″)를 병용할 수 있다.
④ 치수는 될 수 있는 대로 주투상도에 집중해서 기입한다.

해설

② 길이의 단위는 mm이고, 도면에는 단위를 기입하지 않는다. mm 이외의 길이 단위를 사용하고자 하는 경우에는 반드시 단위를 기입해 주어야 한다.

04 "2줄 M20×2"와 같은 나사 표시기호에서 리드는 얼마인가?

① 5mm ② 2mm
③ 3mm ④ 4mm

정답 01 ③ 02 ① 03 ② 04 ④

해설

2줄 M20×2

2줄, 미터 가는 나사, 바깥지름 20mm, 피치 2mm이다.

∴ 리드 $L = nP = 2 \times 2 = 4\text{mm}$

05 이면 용접의 KS 기호로 옳은 것은?

① ⌓ ② ◺
③ ⊓ ④ ○

해설

① 이면 용접 ② 필릿 용접
③ 플러그 용접 ④ 점 용접

06 다음 기하공차 중 자세공차에 속하는 것은?

① 평면도 공차 ② 평행도 공차
③ 원통도 공차 ④ 진원도 공차

해설

자세공차의 종류

평행도	//
직각도	⊥
경사도	∠

07 일반적인 CAD시스템의 2차원 평면에서 정해진 하나의 원을 그리는 방법이 아닌 것은?

① 원주상의 세 점을 알 경우
② 원의 반지름과 중심을 알 경우
③ 원주상의 한 점과 원의 반지름을 알 경우
④ 원의 반지름과 2개의 접선을 알 경우

해설

③ 원주상의 한 점과 원의 반지름을 알 경우는 원의 중심이 결정되지 못하므로 원을 그릴 수 없다.

08 나사산과 골의 반지름이 같은 원호로 이은 모양을 하고 있으며, 전구의 결합부와 같이 박판의 원통을 전조하여 만드는 것 등에 사용되는 나사는?

① 둥근나사 ② 미터나사
③ 유니파이나사 ④ 관용나사

해설

둥근나사(너클나사)는 먼지, 모래 등이 들어가기 쉬운 장소나 전구, 소켓 등에 사용된다.

09 묻힘 키에서 키에 생기는 전단응력을 τ, 압축응력을 σ_c라 할 때 $\dfrac{\tau}{\sigma_c} = \dfrac{1}{3}$ 이면, 키의 폭 b와 높이 h의 관계식은? $\left(\text{단, 키 홈의 깊이는 키 높이의 } \dfrac{1}{2}\text{로 한다.}\right)$

① $b = \dfrac{1}{2}h$ ② $b = h$

③ $b = \dfrac{3}{2}h$ ④ $b = 2h$

해설

$\sigma_c = 3\tau$ 에서 $\sigma_c = \dfrac{P}{A_\sigma} = \dfrac{P}{\frac{h}{2} \cdot l}$, $\tau = \dfrac{P}{A_\tau} = \dfrac{P}{bl}$

$\dfrac{P}{\frac{hl}{2}} = 3 \times \dfrac{P}{bl}$ (P와 l 약분)

$\dfrac{2}{h} = \dfrac{3}{b}$

∴ $2b = 3h$에서 $b = \dfrac{3}{2}h$

정답 05 ① 06 ② 07 ③ 08 ① 09 ③

10

그림과 같은 리벳이음에서 피치를 p, 리벳 지름을 d, 판의 두께를 T, 판의 인장응력을 f_t라고 할 때 리벳효율 η를 구하면?(단, 리벳의 전단응력은 f_s이다.)

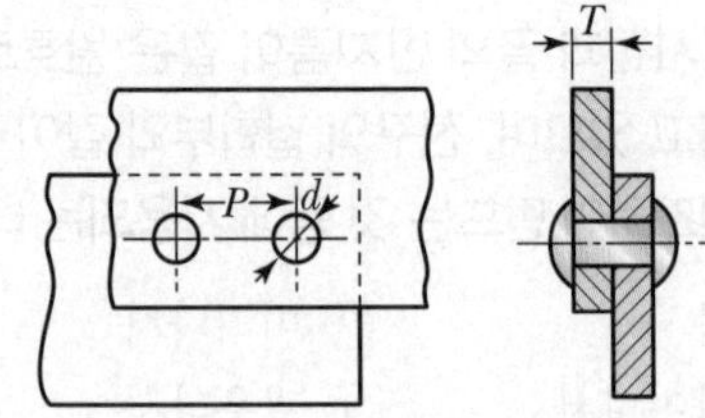

① $\eta = \dfrac{p-d}{p}$　② $\eta = \dfrac{p-d}{d}$

③ $\eta = \dfrac{4ptf_t}{\pi d^2 f_s}$　④ $\eta = \dfrac{\pi d^2 f_s}{4ptf_t}$

해설

$$\eta_R = \frac{\text{1피치 내의 리벳의 전단력}}{\text{1피치 내의 구멍이 없는 강판의 인장력}}$$

$$= \frac{\tau \cdot \frac{\pi}{4}d^2 \times n}{\sigma \cdot p \cdot t} = \frac{f_s \cdot \frac{\pi}{4}d^2 \times 1}{f_t \cdot p \cdot t}$$

11

1,500rpm으로 10kW의 동력을 전달하고자 한다. 축의 허용전단응력이 7MPa일 때 축의 지름 d는 약 몇 mm인가?

① 30.25　② 32.41

③ 35.91　④ 38.37

해설

토크식을 기준으로 푼다.

$$T = \frac{H}{\omega} = \frac{10 \times 10^3(\mathrm{N \cdot m/s})}{\frac{2\pi \mathrm{N}}{60}\mathrm{rad/s}}$$

$$= 63.66\mathrm{N \cdot m} = 63.66 \times 10^3 \mathrm{N \cdot mm}$$

$$T = \tau \cdot Z_P = \tau \cdot \frac{\pi}{16}d^3$$

(여기서, $7\mathrm{MPa} = 7 \times 10^6 \mathrm{N/m^2} = 7\mathrm{N/mm^2}$)

$$\therefore d = \sqrt[3]{\frac{16T}{\pi\tau}} = \sqrt[3]{\frac{16 \times 63.66 \times 10^3}{\pi \times 7}}$$

$$= 35.91\mathrm{mm}$$

12

420rpm으로 1,800N를 받는 끝저널(End Journal)에서 압력속도계수 $p \cdot V = 0.2\ \mathrm{N/mm^2 \cdot m/s}$라 할 때 저널의 길이 l(mm)은 약 얼마인가?

① 198　② 204

③ 210　④ 215

해설

압력 $p = q$

$$p \cdot V \rightarrow q \cdot V = \frac{P}{dl} \times \frac{\pi d N}{60{,}000}\text{에서}$$

$$\therefore l = \frac{P\pi N}{60{,}000\,qV} = \frac{1{,}800 \times \pi \times 420}{60{,}000 \times 0.2} = 197.92\mathrm{mm}$$

13

다음 중 전위기어의 특징으로 거리가 먼 것은?

① 두 축간 중심거리의 조절이 가능하다.

② 언더컷을 방지한다.

③ 이의 강도를 증가시킬 수 있다.

④ 베어링 압력을 작게 할 수 있다.

해설

전위기어는 두 기어 사이의 중심거리조절가능, 언더컷 방지, 이의강도와 물림률을 증가시키고자 할 때와 최소 잇수를 적게 하고자 할 때 사용한다.

14

단식 블록 브레이크에서 드럼의 원주속도는 8m/s, 제동 동력은 1.9kW일 때, 브레이크 용량(μpv, MPa · m/s)은?(단, 블록의 마찰면적은 50 $\mathrm{cm^2}$이고, 마찰계수는 0.3이다.)

① 0.95　② 0.71

③ 0.55　④ 0.38

정답　10 ④　11 ③　12 ①　13 ④　14 ④

해설

$H = F_f \cdot V = \mu NV = 1.9 \times 10^3$에서

수직력 $N = \dfrac{1.9 \times 10^3}{\mu V} = \dfrac{1.9 \times 10^3}{0.3 \times 8} = 791.67\text{N}$

브레이크 용량$= \dfrac{\mu NV}{A_q} = \dfrac{0.3 \times 791.67 \times 8}{50 \times 10^2}$

$= 0.38(\text{N/mm}^2 \cdot \text{m/s}\ ;\ \text{MPa} \cdot \text{m/s})$

15 증기, 가스 등의 유체가 제한된 최고 압력을 초과했을 때 자동적으로 밸브가 열려서 유체를 외부로 배출하며, 배출이 끝난 후에는 압력이 정확하게 유지되고 제한 압력보다 너무 내려가지 않아야 하는 것은?

① 릴리프 밸브(Relief Valve)
② 정지 밸브(Stop Valve)
③ 체크 밸브(Check Valve)
④ 나비형 밸브(Butterfly Valve)

해설

포핏형 릴리프 밸브

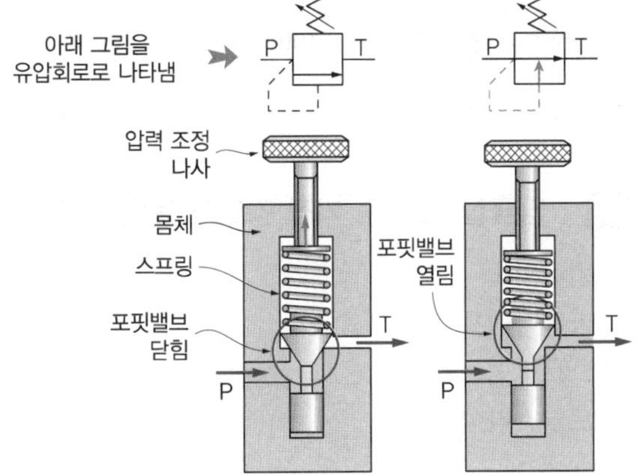

16 유압장치에서 펌프의 무부하 운전 시 특징으로 적절하지 않은 것은?

① 펌프의 수명 연장　② 유온 상승 방지
③ 유압유 노화 촉진　④ 유압장치의 가열 방지

해설

무부하 운전은 작업시간 단축, 구동동력 절감, 유압유의 열화 방지, 고장방지 및 펌프의 수명 연장과 관련이 있다.

17 1개의 유압 실린더에서 전진 및 후진 단에 각각의 리밋 스위치를 부착하는 이유로 가장 적합한 것은?

① 실린더의 위치를 검출하여 제어에 사용하기 위하여
② 실린더 내의 온도를 제어하기 위하여
③ 실린더의 속도를 제어하기 위하여
④ 실린더 내의 압력을 계측하고 제어하기 위하여

18 아래 기호의 명칭은?

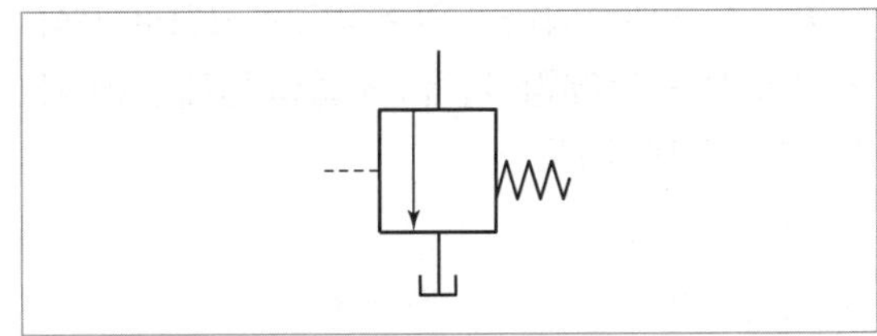

① 체크 밸브　② 무부하 밸브
③ 스톱 밸브　④ 급속배기 밸브

19 속도제어회로가 아닌 것은?

① 미터인 회로　② 미터아웃 회로
③ 블리드오프 회로　④ 로크(로킹) 회로

해설

유량제어 밸브에 의한 속도제어회로에는 미터인 회로, 미터아웃 회로, 블리드오프 회로가 있다.

정답 15 ① 16 ③ 17 ① 18 ② 19 ④

20 오일 탱크의 필요조건으로 적절하지 않은 것은?

① 오일 탱크의 바닥 면은 바닥에 밀착시켜 간격이 없도록 해야 한다.
② 오일 탱크에는 스트레이너의 삽입이나 분리를 용이하게 할 수 있는 출입구를 만든다.
③ 공기빼기 구멍에는 공기청정을 하여 먼지의 혼입을 방지한다.
④ 먼지, 절삭분 등의 이물질이 혼입되지 않도록 주유구에는 여과망, 캡을 부착한다.

해설

① 오일 탱크의 바닥면은 설치 장소의 바닥에서 약간의 간격을 두고 설치해야 한다.

2과목 기계재료 및 제작

21 충격에는 약하나 압축강도는 크므로 공작 기계의 베드, 프레임, 기계구조물의 몸체 등에 가장 적합한 재질은?

① 합금공구강 ② 탄소강
③ 고속도강 ④ 주철

해설

주철의 용도
충격에는 약하나 압축강도가 크고, 감쇠능이 뛰어나 공작 기계의 베드, 프레임, 기계구조물의 몸체 등에 사용된다.

22 그림은 3성분계를 표시하는 다이어그램이다. X합금에 속하는 B의 성분은?

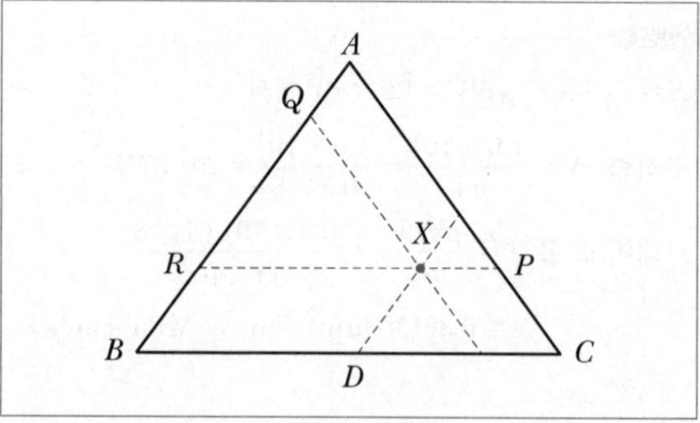

① $\overline{XD}$ ② $\overline{XR}$
③ $\overline{XQ}$ ④ $\overline{XP}$

해설

3원계 합금의 농도표시법에는 Gibb's 삼각법, Roozebum의 삼각법이 있다.
그림은 Roozebum의 삼각법을 나타낸 것으로 $\triangle ABC$는 정삼각형이다.
$\overline{AB}//\overline{XD}$, $\overline{BC}//\overline{XP}$, $\overline{CA}//\overline{XQ}$
$\overline{XD}+\overline{XP}+\overline{XQ}=\overline{AB}=\overline{BC}=\overline{CA}$

- A 금속의 농도 : $\dfrac{\overline{XD}}{\overline{AB}}\times 100(\%)$
- B 금속의 농도 : $\dfrac{\overline{XP}}{\overline{BC}}\times 100(\%)$
- C 금속의 농도 : $\dfrac{\overline{XQ}}{\overline{CA}}\times 100(\%)$

23 담금질 조직 중 가장 경도가 높은 것은?

① 펄라이트
② 마텐자이트
③ 소르바이트
④ 트루스타이트

해설

Ⓒementite > Ⓜartensite > Ⓣroostite > Ⓢorbite > Ⓟearlite > Ⓐuatenite

정답 20 ① 21 ④ 22 ④ 23 ②

24 마텐자이트(Martensite) 변태의 특징에 대한 설명으로 틀린 것은?

① 마텐자이트는 고용체의 단일상이다.
② 마텐자이트 변태는 확산 변태이다.
③ 마텐자이트 변태는 협동적 원자운동에 의한 변태이다.
④ 마텐자이트의 결정 내에는 격자결함이 존재한다.

해설

마텐자이트(Martensite) 변태
- 오스테나이트화된 철-탄소합금이 비교적 낮은 온도에서 급랭될 때 형성된다.
- 마텐자이트는 무확산 변태로부터 만들어진 비평형 상태의 단일구조이다.
- 시간에 무관한 무확산 변태이다.(침상이나 판상의 외관을 가짐)

25 게이지용 강이 갖추어야 할 조건으로 틀린 것은?

① HRC55 이상의 경도를 가져야 한다.
② 담금질에 의한 변형 및 균열이 적어야 한다.
③ 오랜 시간 경과하여도 치수의 변화가 적어야 한다.
④ 열팽창계수는 구리와 유사하며 취성이 커야 한다.

해설

게이지강에 필요한 성질
- 내마모성이 크고, 경도가 높을 것(HRC55 이상)
- 담금질에 의한 변형 및 담금질 균열이 적을 것
- 오랜 시간 경과하여도 치수의 변화가 적을 것
- 열팽창계수는 강과 유사하며, 내식성이 좋을 것

26 S곡선에 영향을 주는 요소들을 설명한 것 중 틀린 것은?

① Ti, Al 등이 강재에 많이 함유될수록 S곡선은 좌측으로 이동된다.
② 강중에 첨가원소로 인하여 편석이 존재하면 S곡선의 위치도 변화한다.
③ 강재가 오스테나이트 상태에서 가열온도가 상당히 높으면 높을수록 오스테나이트 결정립은 미세해지고, S곡선의 코(nose) 부근도 왼쪽으로 이동한다.
④ 강이 오스테나이트 상태에서 외부로부터 응력을 받으면 응력이 커지게 되어 변태 시간이 짧아져 S곡선의 변태 개시선은 좌측으로 이동한다.

해설

강재가 오스테나이트 상태에서 가열온도가 상당히 높으면 오스테나이트 결정립은 조대해지고, S곡선의 코(nose) 부근도 오른쪽으로 이동한다.

27 Fe-C 평형상태도에 대한 설명으로 틀린 것은?

① 강의 A_2 변태선은 약 768℃이다.
② A_1 변태선을 공석선이라 하며, 약 723℃이다.
③ A_0 변태점을 시멘타이트의 자기변태점이라 하며, 약 210℃이다.
④ 공정점에서의 공정물을 펄라이트라 하며, 약 1,490℃이다.

해설

공정반응
하나의 액상에서 다른 복수의 고상이 동시에 정출되는 현상으로, 주철의 경우 비교적 냉각 속도가 빠르면 공정점(철-시멘타이트 평형)에서 오스테나이트와 레데뷰라이트를 만들고, 냉각이 느리면 공정점(철-흑연 평형)에서 오스테나이트와 흑연을 만든다.

액체 $\underset{가열}{\overset{냉각}{\rightleftarrows}}$ γ철+Fe_3C(공정점 : 4.3%, 1,130℃)

정답 24 ② 25 ④ 26 ③ 27 ④

28 금속을 냉간가공하였을 때의 기계적 · 물리적 성질의 변화에 대한 설명으로 틀린 것은?

① 냉간가공도가 증가할수록 강도는 증가한다.
② 냉간가공도가 증가할수록 연신율은 증가한다.
③ 냉간가공이 진행됨에 따라 전기 전도율은 낮아진다.
④ 냉간가공이 진행됨에 따라 전기적 성질인 투자율은 감소한다.

해설

② 냉간가공도가 증가할수록 연신율은 감소한다.

29 다음 중 항온열처리 방법이 아닌 것은?

① 질화법 ② 마퀜칭
③ 마템퍼링 ④ 오스템퍼링

해설

항온열처리 종류
파텐팅, 오스포밍, 오스템퍼링, 마템퍼링, 마퀜칭, MS 퀜칭

① 질화법 : 화학적 표면경화 열처리

30 아공정주철의 탄소함유량은 약 몇 %인가?

① 약 0.025~0.80%C ② 약 0.80~2.0%C
③ 약 2.0~4.3%C ④ 약 4.3~6.67%C

31 주조에서 열점(Hot Spot)의 정의로 옳은 것은?

① 유로의 확대부
② 응고가 가장 더딘 부분
③ 유로 단면적이 가장 좁은 부분
④ 주조 시 가장 고온이 되는 부분

해설

열점은 열이 모여 있는 위치로 응고가 가장 느리게 일어난다.

32 슈퍼피니싱에 관한 내용으로 틀린 것은?

① 숫돌 길이는 일감 길이와 같은 것을 일반적으로 사용한다.
② 숫돌의 폭은 일감의 지름과 같은 정도의 것이 일반적으로 쓰인다.
③ 원통의 외면, 내면, 평면을 다듬을 수 있으므로 많은 기계 부품의 정밀 다듬질에 응용된다.
④ 접촉면적이 넓으므로 연삭작업에서 나타난 이송선, 숫돌이 떨림으로 나타난 자리는 완전히 없앨 수 없다.

해설

슈퍼 피니싱
- 미세하고 연한 숫돌을 가공표면에 가압하고, 공작물에 회전 이송운동, 숫돌에 진동을 주어 0.5mm 이하의 경면(鏡面) 다듬질에 사용한다.
- 정밀롤러, 저널, 베어링의 궤도, 게이지, 공작기계의 고급축, 자동차, 항공기 엔진부품, 대형 내연기관의 크랭크축 등의 가공에 사용한다.
- 특징 : 가공면이 매끈하고 방향성이 없으며, 가공에 의한 표면의 변질부가 극히 적다.

33 밀링머신에서 직경 100mm, 날수 8인 평면 커터로 절삭속도 30mm/min, 절삭깊이 4mm, 이송속도 240mm/min에서 절삭할 때 칩의 평균두께 t_m(mm)은?

① 0.0584 ② 0.0596
③ 0.0628 ④ 0.0734

정답 28 ② 29 ① 30 ③ 31 ② 32 ② 33 ③

해설

- 절삭속도 $v = \frac{\pi d n}{1,000}$

  여기서, v : 절삭속도(m/min)
  d : 밀링커터의 지름(mm)
  n : 커터의 회전수(rpm)

  $n = \frac{1,000v}{\pi d} = \frac{1,000 \times 30}{\pi \times 100} = 95.493(\text{rpm})$

- 분당 테이블 이송속도 $f = f_z \times z \times n$(mm/min)

  여기서, f : 테이블 이송속도(mm/min)
  f_z : 밀링커터의 날 1개당 이송(mm)
  z : 밀링커터의 날수
  n : 밀링커터의 회전수(rpm)

  $f_z = \frac{f}{z \times n} = \frac{240}{8 \times 95.493} = 0.314(\text{mm})$

- 칩의 평균두께 t_m

  $= f_z \times \sqrt{\frac{t}{d}} = 0.314 \times \sqrt{\frac{4}{100}}$
  $= 0.0628(\text{mm})$

34 다음 측정기구 중 진직도를 측정하기에 적합하지 않은 것은?

① 실린더 게이지　② 오토콜리메이터
③ 측미 현미경　④ 정밀 수준기

해설

㉠ 실린더 게이지 : 측정자의 변위를 직각방향으로 전달하고 길이의 기준과 비교함으로써, 부착되어 있는 게이지 등의 지시기로 측정자의 변위를 읽을 수 있는 내경측정기를 말한다.
㉡ 오토콜리메이터 : 시준기(Collimator)와 망원경(Telescope)을 조합한 것으로서 미소 각도를 측정하는 광학적 측정기이다.
㉢ 측미 현미경 : 접안 측미계를 달아 놓은 현미경으로 미소한 크기를 정밀하게 측정하는 데 사용한다.
※ 접안 측미계 : 현미경이나 망원경 따위에서, 대물렌즈에 의하여 생긴 극히 작은 실상의 길이와 각도 등을 정밀히 측정하기 위하여 쓰는 접안렌즈이다. 보통의 접안렌즈의 초점면에 마이크로미터가 달려 있다.
㉣ 정밀 수준기 : 건축용 수준기보다 훨씬 더 정도가 높은 수준기를 말하며, 평형과 각형이 있다. 공작 기계의 정도 조사 또는 기계 설치 등에 사용된다.

35 냉간가공에 의하여 경도 및 항복강도가 증가하나 연신율은 감소하는데, 이 현상을 무엇이라 하는가?

① 가공경화　② 탄성경화
③ 표면경화　④ 시효경화

해설

- 가공경화(변형경화) : 재료를 상온에서 소성 가공한 후에 재질이 단단해지고 항복점이 높아지는 현상을 말한다. 가공 경화의 정도는 가공 방법과 재질에 따라 다르며, 가공도가 클수록 경화도가 커진다. 재질에 따라 구리와 구리 합금, 스테인리스강은 가공경화가 잘 되고, 저탄소강은 거의 가공경화가 되지 않는다. 탄성한도나 경도의 증가, 연신율은 감소한다.
- 표면경화 : 재료의 표면만을 단단하게 만드는 열처리이다.
- 시효경화 : 금속재료를 일정한 시간 적당한 온도에 놓아두면 단단해지는 현상이다.

36 절삭유가 갖추어야 할 조건으로 틀린 것은?

① 마찰계수가 작고 인화점이 높을 것
② 냉각성이 우수하고 윤활성이 좋을 것
③ 장시간 사용해도 변질되지 않고 인체에 무해할 것
④ 절삭유의 표면장력이 크고 칩의 생성부에는 침투되지 않을 것

해설

절삭유의 역할
- 공구수명 연장
- 치수 정밀도 향상
- 열에 의한 변질 방지
- 팁 마모 감소 → 조도 향상

정답 34 ① 35 ① 36 ④

- 소비동력 저하
- 칩 배출 원활
- 바이트 팁에 칩이 융착되는 것 방지
- 방청작용

37 와이어 컷 방전가공에서 와이어 이송속도 0.2mm/min, 가공물 두께가 10mm일 때 가공속도는 몇 mm^2/min인가?

① 0.02　　② 0.2
③ 2　　④ 20

해설

가공 속도(면적 속도)

$W = F \times H$

여기서, W : 면적속도(mm^2/min)
F : 이송속도(mm/min)
H : 가공물 두께(mm)

$\therefore\ W = F \times H = 0.2 \times 10 = 2(mm^2/min)$

38 전기 아크 용접에서 언더컷의 발생 원인으로 틀린 것은?

① 용접속도가 너무 빠를 때
② 용접전류가 너무 높을 때
③ 아크길이가 너무 짧을 때
④ 부적당한 용접봉을 사용했을 때

해설

③ 아크길이가 너무 길 때

39 주물을 제작할 때 생사형 주형의 경우, 주물 500kg, 주물의 두께에 따른 계수를 2.2라 할 때 주입시간은 약 몇 초인가?

① 33.8　　② 49.2
③ 52.8　　④ 56.4

해설

쇳물의 주입시간

$T = S\sqrt{W} = 2.2 \times \sqrt{500} = 49.2sec$

여기서, T : 주입시간(sec)
S : 주물의 두께에 따른 계수
W : 주물중량(kg)

40 전단가공의 종류에 해당하지 않는 것은?

① 비딩(Beading)
② 펀칭(Punching)
③ 트리밍(Trimming)
④ 블랭킹(Blanking)

해설

전단 가공의 종류

블랭킹(Blanking), 펀칭(Punching), 전단(Shearing), 분단(Parting), 노칭(Notching), 트리밍(Trimming), 셰이빙(Shaving), 슬로팅(Slotting), 슬리팅(Slitting), 퍼포레이팅(Perforating), 브로칭(Broaching)

정답　37 ③　38 ③　39 ②　40 ①

3과목 구조해석

41 상단이 고정된 원추 형체의 단위체적에 대한 중량을 γ라 하고 원추 밑면의 지름이 d, 높이가 l일 때 이 재료의 최대인장응력을 나타낸 식은?(단, 자중만을 고려한다.)

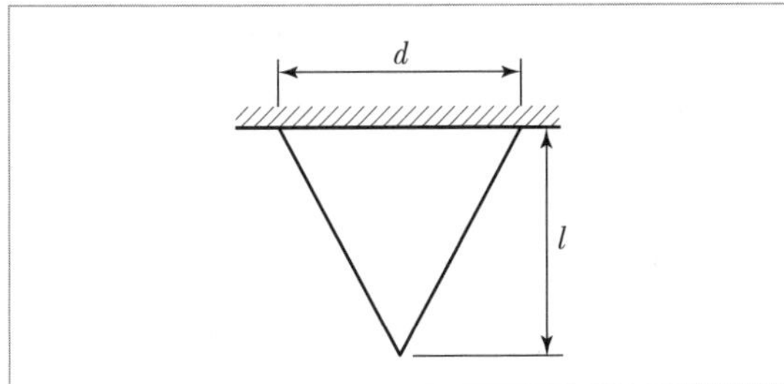

① $\sigma_{\max} = \gamma l$　② $\sigma_{\max} = \dfrac{1}{2}\gamma l$

③ $\sigma_{\max} = \dfrac{1}{3}\gamma l$　④ $\sigma_{\max} = \dfrac{1}{4}\gamma l$

해설

$$\sigma_{\max} = \frac{W_{\max}}{A} = \frac{\gamma V_{\max}}{A} = \frac{\gamma \frac{1}{3} Al}{A} = \frac{1}{3}\gamma l$$

42 길이 500mm, 지름 16mm의 균일한 강봉의 양 끝에 12kN의 축방향 하중이 작용하여 길이는 300μm가 증가하고 지름은 2.4μm가 감소하였다. 이 선형탄성 거동하는 봉 재료의 푸아송 비는?

① 0.22　② 0.25
③ 0.29　④ 0.32

해설

$$\mu = \frac{\varepsilon'}{\varepsilon} = \frac{\frac{\delta}{d}}{\frac{\lambda}{l}} = \frac{l \cdot \delta}{d\lambda} = \frac{0.5 \times 2.4 \times 10^{-6}}{0.016 \times 300 \times 10^{-6}} = 0.25$$

43 그림과 같이 균일단면봉이 100kN의 압축하중을 받고 있다. 재료의 경사 단면 $Z-Z$에 생기는 수직응력 σ_n, 전단응력 τ_n의 값은 각각 약 몇 MPa인가?(단, 균일단면봉의 단면적은 1,000mm²이다.)

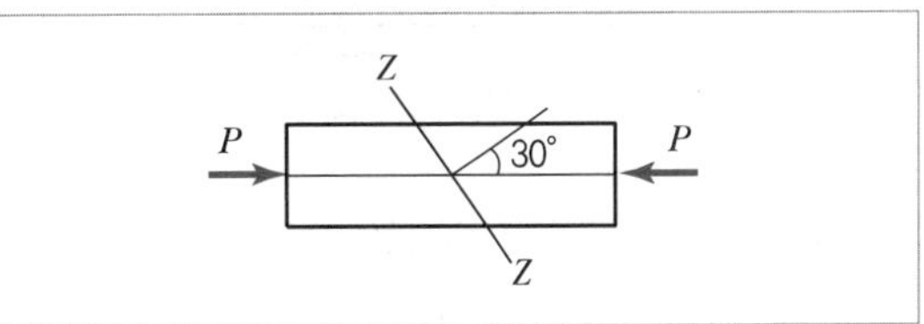

① $\sigma_n = -38.2,\ \tau_n = 26.7$
② $\sigma_n = -68.4,\ \tau_n = 58.8$
③ $\sigma_n = -75.0,\ \tau_n = 43.3$
④ $\sigma_n = -86.2,\ \tau_n = 56.8$

해설

$$\sigma_x = \frac{P}{A} = \frac{100 \times 10^3}{1,000} = 100\frac{N}{mm^2}$$

$= 100\text{MPa}$(압축응력이므로(−))

1축 응력상태의 모어의 응력원을 그리면

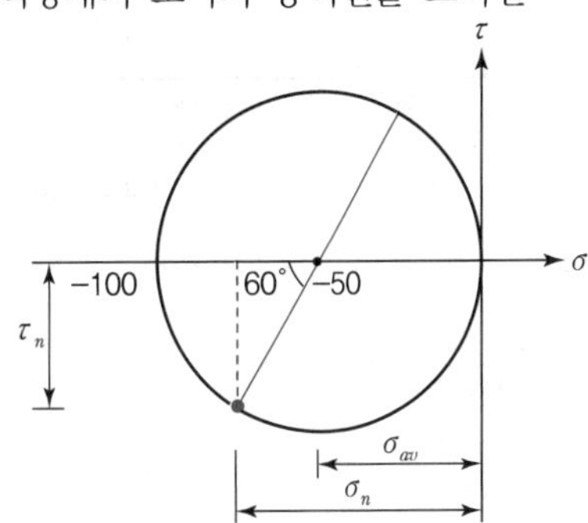

$Z-Z$ 단면 $\theta = 120° \rightarrow 2\theta = 240°$를 응력원에 표시하고

$\sigma_n = \sigma_{av} - R\cos 60°$

$= -50 - 50\cos 60°$

$= -75\text{MPa}$

$\tau_n = R\sin 60°$

$= 50\sin 60°$

$= 43.3\text{MPa}$

정답　41 ③　42 ②　43 ③

44 그림과 같이 균일분포하중을 받는 보의 지점 B에서의 굽힘모멘트는 몇 kN · m인가?

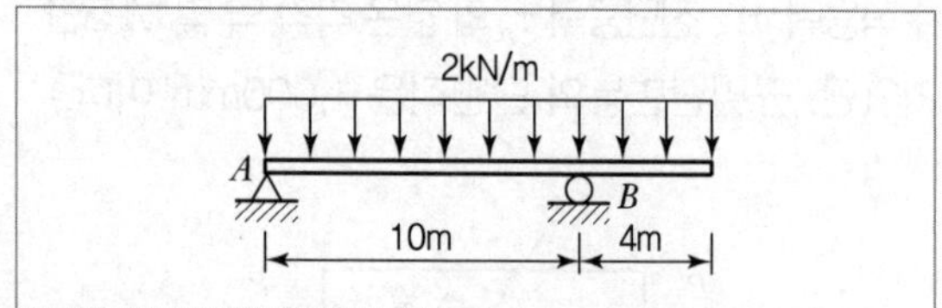

① 16 ② 10
③ 8 ④ 1.6

해설

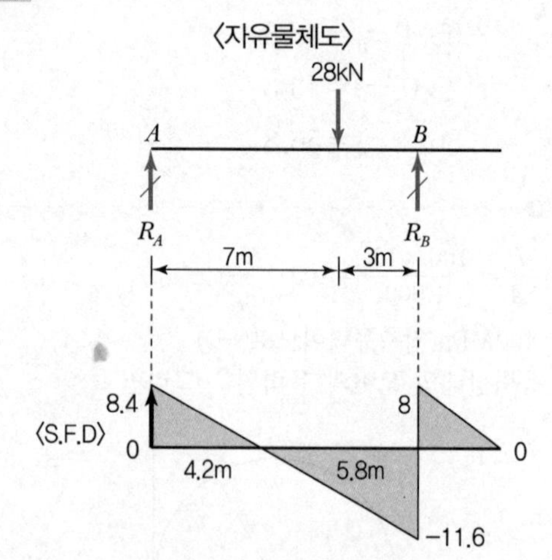

$\Sigma M_{B지점}=0$: $R_A\times 10-28\times 3=0$

$\therefore\ R_A=\dfrac{28\text{kN}\times 3\text{m}}{10\text{m}}=8.4\text{kN}$

$\Sigma F_y=0$: $8.4-28+R_B=0$

$\therefore\ R_B=19.6\text{kN}$

B점의 굽힘모멘트는 A점에서 B점까지의 S.F.D 면적이므로 S.F.D에서

$M_B=\dfrac{1}{2}\times 4.2\times 8.4-\dfrac{1}{2}\times 5.8\times 11.6$

$\quad=-16\text{ kN}\cdot\text{m}$

→ B지점에서 (+) 16kN · m로 우회전을 의미

45 원통형 코일 스프링에서 코일 반지름 R, 소선의 지름 d, 전단탄성계수를 G라고 하면 코일스프링 한 권에 대해서 하중 P가 작용할 때 소선의 비틀림각 ϕ를 나타내는 식은?

① $\dfrac{32PR}{Gd^2}$ ② $\dfrac{32PR^2}{Gd^2}$

③ $\dfrac{64PR}{Gd^4}$ ④ $\dfrac{64PR^2}{Gd^4}$

해설

스프링 처짐량 $\delta=\dfrac{8WD^3n}{Gd^4}$

여기서, $W=P$, $D=2R$, $n=1$이므로

$\phi=\dfrac{\delta}{R}=\dfrac{\dfrac{8P(2R)^3\times 1}{Gd^4}}{R}=\dfrac{64PR^3}{Gd^4R}$

$\therefore\ \phi=\dfrac{64PR^2}{Gd^4}$

46 지름 20mm인 구리합금봉에 30kN의 축방향 인장하중이 작용할 때 체적 변형률은 약 얼마인가?(단, 세로탄성계수는 100GPa, 푸아송 비는 0.3이다.)

① 0.38 ② 0.038
③ 0.0038 ④ 0.00038

해설

$\varepsilon_v=\varepsilon(1-2\mu)=\dfrac{\sigma}{E}(1-2\mu)=\dfrac{P}{EA}(1-2\mu)$

$\quad=\dfrac{30\times 10^3}{100\times 10^9\times\dfrac{\pi\times 0.02^2}{4}}\times(1-2\times 0.3)$

$\quad=0.00038$

정답 44 ① 45 ④ 46 ④

47 두 변의 길이가 각각 b, h인 직사각형의 A점에 관한 극관성 모멘트는?

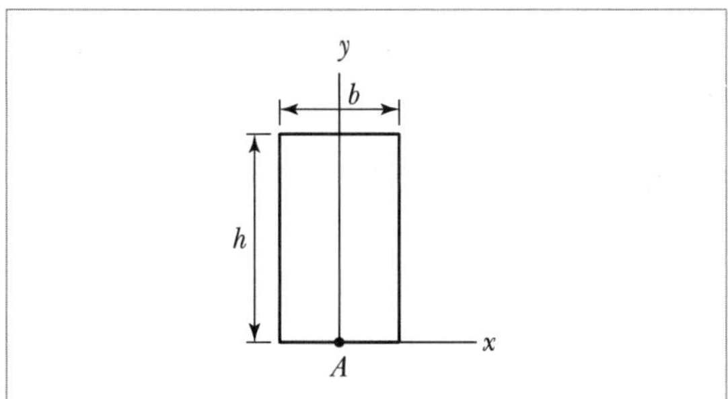

① $\frac{bh}{12}(b^2+h^2)$　② $\frac{bh}{12}(b^2+4h^2)$

③ $\frac{bh}{12}(4b^2+h^2)$　④ $\frac{bh}{3}(b^2+h^2)$

해설

i) 도심에 관한 극관성 모멘트

$$I_P = I_x + I_y = \frac{bh^3}{12} + \frac{hb^3}{12}$$

ii) A점에 관한 극관성 모멘트

$$I_{PA} = I_P + A(d)^2 \text{(평행축정리)}$$

$$= I_P + A\left(\frac{h}{2}\right)^2$$

$$= \frac{bh^3}{12} + \frac{hb^3}{12} + bh\left(\frac{h}{2}\right)^2$$

$$= \frac{bh}{12}(h^2+b^2+3h^2) = \frac{bh}{12}(b^2+4h^2)$$

48 그림에서 고정단에 대한 자유단의 전 비틀림각은?(단, 전단탄성계수는 100GPa이다.)

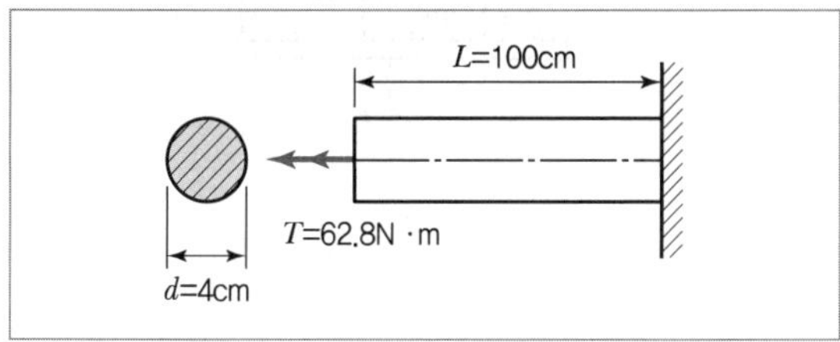

① 0.00025rad　② 0.0025rad

③ 0.025rad　④ 0.25rad

해설

$$\theta = \frac{T \cdot l}{GI_p} = \frac{62.8\times10^3(\text{N}\cdot\text{mm})\times100\times10(\text{mm})}{100\times10^3\left(\frac{\text{N}}{\text{mm}^2}\right)\times\frac{\pi\times(40)^4}{32}(\text{mm}^4)}$$

$$= 0.00249\text{rad}$$

49 지름이 2cm이고 길이가 1m인 원통형 중실 기둥의 좌굴에 관한 임계하중을 오일러공식으로 구하면 약 몇 kN인가?(단, 기둥의 양단은 회전단이고, 세로탄성계수는 200GPa이다.)

① 11.5　② 13.5

③ 15.5　④ 17.5

해설

$$P_{cr} = n\pi^2\frac{EI}{l^2} \text{(양단힌지일 때 단말계수 } n=1)$$

$$= 1\times\pi^2\times\frac{200\times10^9\times\frac{\pi\times0.02^4}{64}}{1^2}$$

$$= 15{,}503.1\text{N}$$

$$= 15.5\text{kN}$$

50 지름 6mm인 곧은 강선을 지름 1.2m의 원통에 감았을 때 강선에 생기는 최대굽힘응력은 약 몇 MPa인가?(단, 세로탄성계수는 200GPa이다.)

① 500　② 800

③ 900　④ 1,000

해설

$$\sigma_b = E\varepsilon = E\frac{y}{\rho} = E\frac{d}{\rho}$$

$$= 200\times10^9\times\frac{6}{1{,}200}$$

$$= 1{,}000\times10^6\text{Pa}$$

$$= 1{,}000\text{MPa}$$

정답　47 ②　48 ②　49 ③　50 ④

51 지름 10mm, 길이 2m인 둥근 막대의 한 끝을 고정하고 타단을 자유로이 10°만큼 비틀었다면 막대에 생기는 최대전단응력은 약 몇 MPa인가?(단, 재료의 전단탄성계수는 84GPa이다.)

① 18.3 ② 36.6
③ 54.7 ④ 73.2

해설

$\tau = G\gamma = G\dfrac{r \cdot \theta}{l}$

$= 84 \times 10^9 \times \dfrac{5 \times 10° \times \dfrac{\pi}{180°}}{2{,}000}$

$= 36.65 \times 10^6\,\text{Pa}$

$= 36.65\,\text{MPa}$

52 보의 길이 l에 등분포하중 w를 받는 직사각형 단순보의 최대 처짐량에 대한 설명으로 옳은 것은?(단, 보의 자중은 무시한다.)

① 보의 폭에 정비례한다.
② l의 3승에 정비례한다.
③ 보의 높이의 2승에 반비례한다.
④ 세로탄성계수에 반비례한다.

해설

$\delta = \dfrac{5wl^4}{384EI} = \dfrac{5wl^4}{384E \times \dfrac{bh^3}{12}} = \dfrac{5 \times 12wl^4}{384Ebh^3}$

53 직사각형($b \times h$)의 단면적 A를 갖는 보에 전단력 V가 작용할 때 최대전단응력은?

① $\tau_{\max} = 0.5\dfrac{V}{A}$

② $\tau_{\max} = \dfrac{V}{A}$

③ $\tau_{\max} = 1.5\dfrac{V}{A}$

④ $\tau_{\max} = 2\dfrac{V}{A}$

해설

$\tau = \dfrac{VQ}{Ib}$, 보의 중립축에서 최대전단응력이 발생하므로

$\tau_{\max} = \dfrac{V\left(\dfrac{bh}{2} \times \dfrac{h}{4}\right)}{\dfrac{bh^3}{12} \times b}$

[여기서, Q : 음영 단면(반단면)의 단면 1차 모멘트]

$= \dfrac{V\left(\dfrac{bh^2}{8}\right)}{\dfrac{b^2h^3}{12}} = \dfrac{3}{2} \times \dfrac{V}{bh}$

$\therefore\ \tau_{\max} = 1.5\dfrac{V}{A}$

(보 속의 전단응력은 보의 평균전단응력의 1.5배)

54 단면적이 각각 A_1, A_2, A_3이고, 탄성계수가 각각 E_1, E_2, E_3인 길이 l인 재료가 강성판 사이에서 인장하중 P를 받아 탄성변형했을 때 재료 1, 3 내부에 생기는 수직응력은?(단, 2개의 강성판은 항상 수평을 유지한다.)

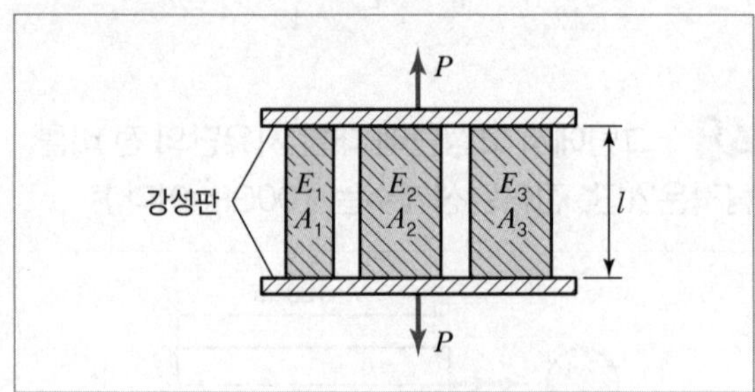

① $\sigma_1 = \dfrac{PE_1}{A_1E_1 + A_2E_2 + A_3E_3}$

$\sigma_3 = \dfrac{PE_3}{A_1E_1 + A_2E_2 + A_3E_3}$

정답 51 ② 52 ④ 53 ③ 54 ①

② $\sigma_1 = \dfrac{PE_2E_3}{E_1(A_1E_1 + A_2E_2 + A_3E_3)}$

$\sigma_3 = \dfrac{PE_1E_2}{E_3(A_1E_1 + A_2E_2 + A_3E_3)}$

③ $\sigma_1 = \dfrac{PE_1}{A_3A_2E_1 + A_3A_1E_2 + A_1A_2E_3}$

$\sigma_3 = \dfrac{PE_3}{A_3A_2E_1 + A_3A_1E_2 + A_1A_2E_3}$

④ $\sigma_1 = \dfrac{PE_2E_3}{A_3A_2E_1 + A_3A_1E_2 + A_1A_2E_3}$

$\sigma_3 = \dfrac{PE_1E_2}{A_3A_2E_1 + A_3A_1E_2 + A_1A_2E_3}$

해설

부재의 병렬조합이므로

$P = \sigma_1A_1 + \sigma_2A_2 + \sigma_3A_3$ ········· ⓐ

$\lambda_1 = \lambda_2 = \lambda_3$(인장량 동일)

$\dfrac{\sigma_1}{E_1}l_1 = \dfrac{\sigma_2}{E_2}l_2 = \dfrac{\sigma_3}{E_3}l_3 (\because\ l_1 = l_2 = l_3)$

$\therefore\ \dfrac{\sigma_1}{E_1} = \dfrac{\sigma_2}{E_2} = \dfrac{\sigma_3}{E_3}$

여기서, $\sigma_2 = \dfrac{E_2}{E_1}\sigma_1$, $\sigma_3 = \dfrac{E_3}{E_1}\sigma_1$ ········· ⓑ

ⓑ를 ⓐ에 대입하면

$P = \sigma_1A_1 + \dfrac{E_2}{E_1}\sigma_1A_2 + \dfrac{E_3}{E_1}\sigma_1A_3$

양변에 E_1를 곱하면

$PE_1 = \sigma_1A_1E_1 + \sigma_1E_2A_2 + \sigma_1E_3A_3$

$= \sigma_1(A_1E_1 + A_2E_2 + A_3E_3)$

$\therefore\ \sigma_1 = \dfrac{PE_1}{A_1E_1 + A_2E_2 + A_3E_3}$

$\sigma_3 = \dfrac{PE_3}{A_1E_1 + A_2E_2 + A_3E_3}$

55 원판의 각속도가 5초 만에 0~1,800rpm까지 일정하게 증가하였다. 이때 원판의 각가속도는 몇 rad/s^2인가?

① 360 ② 60
③ 37.7 ④ 3.77

해설

각가속도 $\alpha = \dfrac{d\omega}{dt}$ ⇒ 일정

$\therefore\ \alpha = \dfrac{\omega}{t}$

$= \dfrac{\frac{2\pi N}{60}}{t} = \dfrac{\frac{2\pi \times 1{,}800}{60}}{5} = 37.7\text{rad/s}^2$

56 물체의 최대 가속도가 680cm/s^2, 매분 480 사이클의 진동수로 조화운동을 한다면 물체의 진동 진폭은 약 몇 mm인가?

① 1.8mm ② 1.2mm
③ 2.4mm ④ 2.7mm

해설

$a_{\max} = 6.8\text{m/s}^2$

i) $f = \dfrac{480\text{cycle}}{1\text{min}} = \dfrac{480\text{cycle}}{60\text{s}} = 8\,\text{cps (Hz)}$

$f = \dfrac{\omega}{2\pi} \rightarrow \omega = 2\pi f = 2\pi \times 8 = 16\pi$

ii) 변위 $x(t) = X\sin\omega t$

속도 $V(t) = \dot{x}(t) = \omega X\cos\omega t$

가속도 $a(t) = \ddot{x}(t) = -\omega^2X\sin\omega t$

→ 최대진폭 $a_{\max} = \omega^2X$

∴ 진폭 $X = \dfrac{a_{\max}}{\omega^2} = \dfrac{6.8}{(16\pi)^2}$

$= 0.00269\text{m}$

$= 2.69\text{mm}$

정답 55 ③ 56 ④

57 스프링상수가 k인 스프링을 4등분하여 자른 후 각각의 스프링을 그림과 같이 연결하였을 때, 이 시스템의 고유 진동수(ω_n)는 약 몇 rad/s인가?

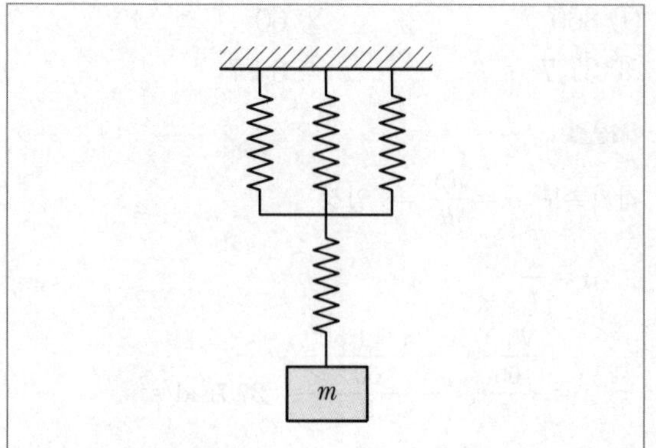

① $\omega_n = \sqrt{\frac{2k}{m}}$　② $\omega_n = \sqrt{\frac{3k}{m}}$

③ $\omega_n = 2\sqrt{\frac{k}{m}}$　④ $\omega_n = \sqrt{\frac{5k}{m}}$

해설

i) 1개의 스프링을 4개로 분리하면 총 늘어나는 양은 4δ이므로 $k = \frac{F}{4\delta}$, $\frac{F}{\delta} = 4k$ → 그림에서 4개로 구성된 스프링 각각의 스프링상수는 $4k$이다.

ii) 3개의 병렬조합에서 등가 스프링상수 k_1

$k_1 = 4k + 4k + 4k = 12k$

iii) 직렬조합 k_1과 $4k$의 전체 등가 스프링상수 k_e

$\frac{1}{k_e} = \frac{1}{12k} + \frac{1}{4k} = \frac{1}{3k}$　$\therefore k_e = 3k$

$\therefore \omega_n = \sqrt{\frac{k_e}{m}} = \sqrt{\frac{3k}{m}}$

58 네 개의 가는 막대로 구성된 정사각 프레임이 있다. 막대 각각의 질량과 길이는 m과 b이고, 프레임은 ω의 각속도로 회전하고 질량 중심 G는 v의 속도로 병진운동하고 있다. 프레임의 병진운동에너지와 회전운동에너지가 같아질 때 질량 중심 G의 속도(v)는 얼마인가?

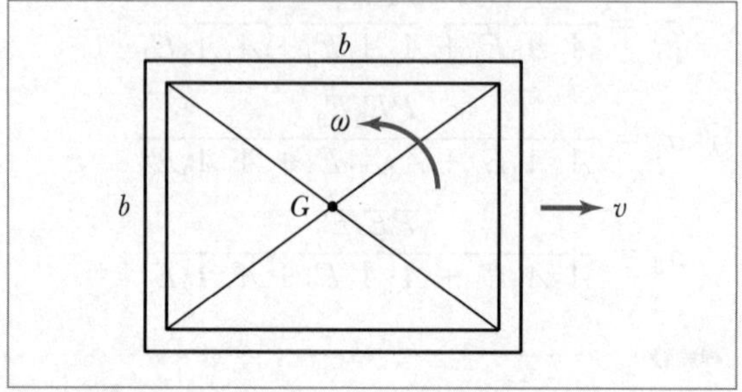

① $\frac{b\omega}{\sqrt{2}}$　② $\frac{b\omega}{\sqrt{3}}$

③ $\frac{b\omega}{2}$　④ $\frac{b\omega}{\sqrt{5}}$

해설

운동에너지와 회전운동에너지는 같다.

$T_1 = T_2$

$\frac{1}{2}(4m)v^2 = \frac{1}{2}J_0\omega^2$

여기서, 사각프레임 1개는

$J_{01} = J_G + m\left(\frac{b}{2}\right)^2 = \left\{\frac{mb^2}{12} + m\left(\frac{b}{2}\right)^2\right\}$

$J_{01} \times 4\text{개} = \frac{4mb^2}{3} = J_0$

수식에 적용하여 정리하면

$2mv^2 = \frac{1}{2} \times \frac{4mb^2}{3} \times \omega^2$

$\therefore v = \frac{b\omega}{\sqrt{3}}$

정답　57 ②　58 ②

59 20g의 탄환이 수평으로 1,200m/s의 속도로 발사되어 정지해 있던 300g의 블록에 박힌다. 이후 스프링에 발생한 최대압축길이는 약 몇 m인가?(단, 스프링상수는 200N/m이고 처음에 변형되지 않은 상태였다. 바닥과 블록 사이의 마찰은 무시한다.)

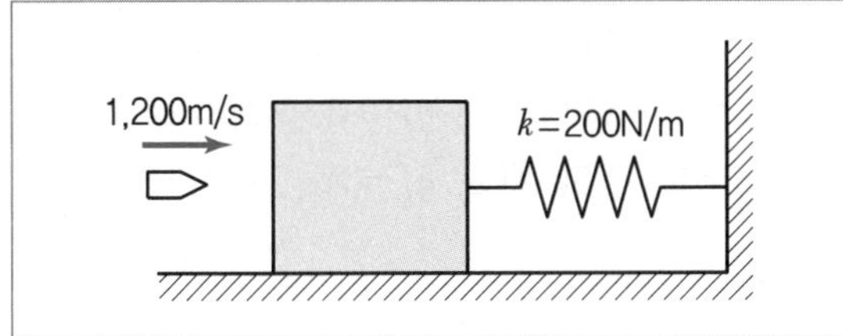

① 2.5 ② 3.0
③ 3.5 ④ 4.0

해설

탄환질량을 m_1, 블록질량을 m_2라 하고 에너지 보존의 법칙을 적용하면 탄환의 운동에너지 T_1과 블록의 운동에너지 T_2는 같다.

i) $T_1 = T_2 \rightarrow \frac{1}{2}m_1 V_1^{\,2} = \frac{1}{2}m_2 V_2^{\,2}$

$20 \times 1{,}200^2 = 300 \times V_2^{\,2}$

$\therefore\ V_2 = 309.84\text{m/s}$

ii) 탄환이 블록에 박힐 때 탄환의 운동에너지와 스프링의 탄성위치에너지는 같다. 왜냐하면 블록에 V_2의 속도로 탄환이 박히면서 스프링을 압축시키기 때문이다.

$\frac{1}{2}m_1 V_2^{\,2} = \frac{1}{2}kx^2$

$x = \sqrt{\frac{1}{k}m_1 V_2^2} = \sqrt{\frac{1}{200} \times 0.02 \times 309.84^2}$

$= 3.09\text{m}$

60 그림과 같은 질량 3kg인 원판의 반지름이 0.2m일 때, $X-X'$축에 대한 질량관성모멘트의 크기는 약 몇 kg · m²인가?

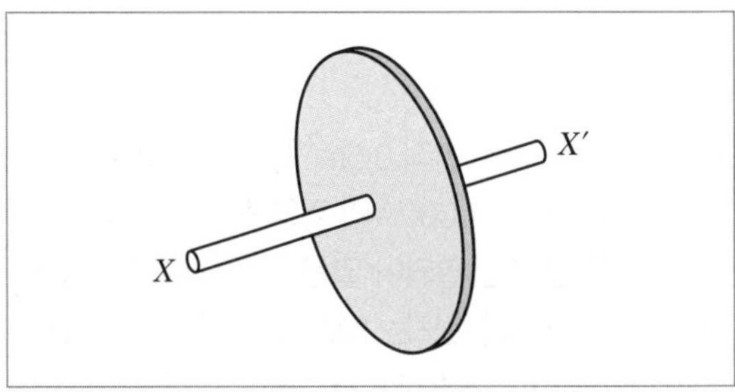

① 0.03 ② 0.04
③ 0.05 ④ 0.06

해설

원판의 도심에 관한 질량관성모멘트

$J_G = \frac{mr^2}{2} = \frac{3 \times 0.2^2}{2} = 0.06\text{kg} \cdot \text{m}^2$

4과목 열 · 유체 해석

61 섭씨온도 −40℃를 화씨온도(℉)로 환산하면 약 얼마인가?

① −16℉ ② −24℉
③ −32℉ ④ −40℉

해설

$°\text{F} = \frac{9}{5}℃ + 32 = \frac{9}{5}(-40) + 32 = -40°\text{F}$

62 역카르노 사이클로 운전하는 이상적인 냉동사이클에서 응축기 온도가 40℃, 증발기 온도가 −10℃이면 성능계수는 약 얼마인가?

① 4.26 ② 5.26
③ 3.56 ④ 6.56

정답 59 ② 60 ④ 61 ④ 62 ②

해설

$$\varepsilon_R = \frac{T_L}{T_H - T_L} = \frac{-10+273}{(40+273)-(-10+273)}$$
$$= 5.26$$

63 두께 1cm, 면적 0.5m²의 석고판의 뒤에 가열판이 부착되어 1,000W의 열을 전달한다. 가열판의 뒤는 완전히 단열되어 열은 앞면으로만 전달된다. 석고판 앞면의 온도는 100℃이고, 석고의 열전도율은 0.79W/(m·K)일 때 가열판에 접하는 석고면의 온도는 약 몇 ℃인가?

① 110　② 125
③ 140　④ 155

해설

$$\delta Q = (-)\lambda A\left(\frac{dT}{dx}\right)\ [(-)\text{방열}]$$

여기서, δQ : 전도에 의한 열전도율(kW)
λ : 열전도계수(kW/m·K)
A : 열전달면적
$\frac{dT}{dx}$: 벽체를 통한 온도기울기(K/m)

$$\therefore\ {}_1Q_2 = -\lambda \cdot A \cdot \frac{(T_2 - T_1)}{x}$$

$$T_1 = \frac{{}_1Q_2 \cdot x}{\lambda A} + T_2$$
$$= \frac{1{,}000(\mathrm{W}) \times 0.01(\mathrm{m})}{0.79(\mathrm{W/m \cdot ℃}) \times 0.5(\mathrm{m^2})} + 100 = 125.3℃$$

64 그림과 같은 증기압축 냉동사이클이 있다. 1, 2, 3 상태의 엔탈피가 다음과 같을 때 냉매의 단위질량당 소요동력(w_c)과 냉동능력(q_L)은 얼마인가?(단, 각 위치에서의 엔탈피(h)값은 각각 h_1 = 178.16kJ/kg, h_2 = 210.38kJ/kg, h_3 = 74.53 kJ/kg이고, 그림에서 T는 온도, S는 엔트로피를 나타낸다.)

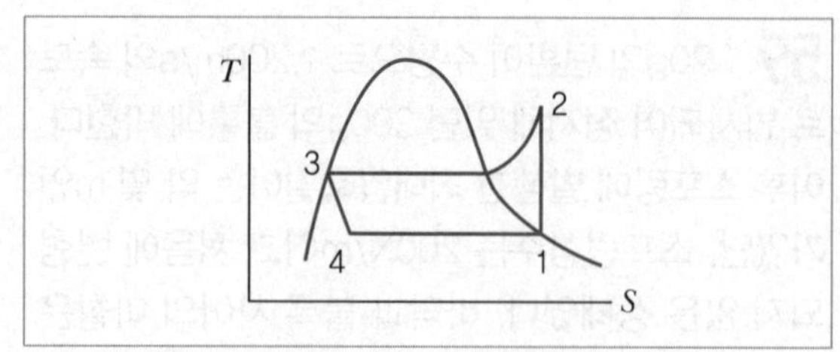

① $w_c = 32.22$kJ/kg, $q_L = 103.63$kJ/kg
② $w_c = 32.22$kJ/kg, $q_L = 135.85$kJ/kg
③ $w_c = 103.63$kJ/kg, $q_L = 32.22$kJ/kg
④ $w_c = 135.85$kJ/kg, $q_L = 32.22$kJ/kg

해설

증기압축 냉동사이클의 $P-h$ 선도상에서 엔탈피 값을 나타내고, 소요동력과 냉동능력을 구해보면

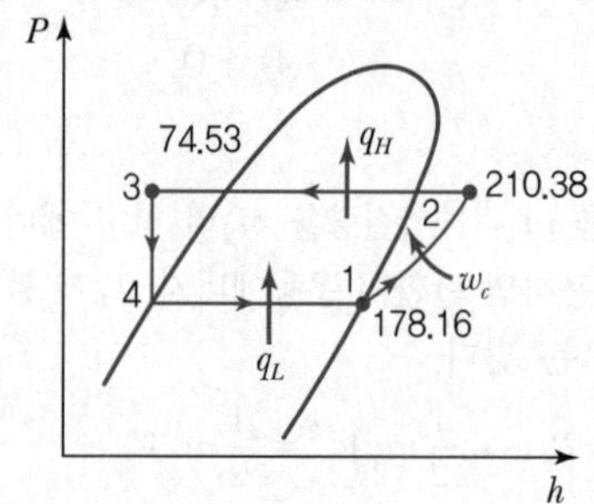

- $w_c = h_2 - h_1 = 210.38 - 178.16 = 32.22$kJ/kg
- $q_L = h_1 - h_4 = 178.16 - 74.53 = 103.63$kJ/kg

(∵ 교축과정 $h_3 = h_4$)

65 어떤 기체의 정압비열이 2,436J/(kg·K)이고, 정적비열이 1,943J/(kg·K)일 때 이 기체의 비열비는 약 얼마인가?

① 1.15　② 1.21
③ 1.25　④ 1.31

해설

$C_p = kC_v$이므로
$2.436 = k \times 1.943$
$\therefore\ k = 1.25$

정답　63 ②　64 ①　65 ③

66 30℃, 100kPa의 물을 800kPa까지 압축하려고 한다. 물의 비체적이 0.001m³/kg으로 일정하다고 할 때, 단위질량당 소요된 일(공업일)은 약 몇 J/kg인가?

① 167 ② 602
③ 700 ④ 1,412

해설

$\delta w_t = -vdp$ [계가 일을 받으므로(−)]

$\delta w_p = (-) - vdp = vdp$

$w_p = \int_1^2 vdp = v(p_2 - p_1)$

$= 0.001(800 - 100)$

$= 700\text{kJ/kg}$

67 다음의 열기관이 열역학 제1법칙과 제2법칙을 만족하면서 출력일(W)이 최대가 될 때, W의 값으로 옳은 것은?(단, T는 온도, Q는 열량을 나타낸다.)

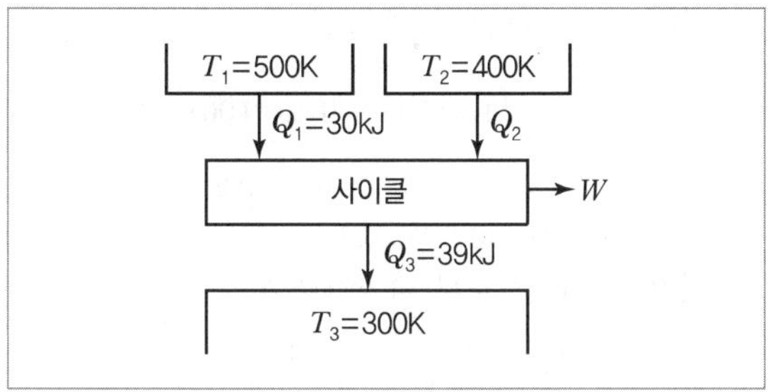

① 34kJ ② 29kJ
③ 24kJ ④ 19kJ

해설

- 시스템에서 열역학 제1법칙은 에너지 보존의 법칙이므로 입력(Input)=출력(Output)이다.
  $Q_1 + Q_2 = Q_3 + W$를 만족해야 하므로
  $\therefore Q_2 = W + 9$ ⋯⋯ ⓐ
- 열역학 제2법칙의 비가역양인 엔트로피가 "0"이 되면 모든 과정이 가역이고 열효율이 가장 높아 출력일이 최대가 된다[제2법칙을 만족해야 하므로 엔트로피 증가가 "0"보다 커야 되는데, "0"으로 경계값(*)을 취하면 최대일을 구할 수 있다].
- $dS = \frac{\delta Q}{T}$ 에서

  처음 상태인 고열원에서 엔트로피양 ΔS_1, ΔS_2

  $\Delta S_1 = \frac{Q_1}{T_1} = \frac{30}{500} = 0.06\text{kJ/K}$

  $\Delta S_2 = \frac{Q_2}{T_2} = \frac{Q_2}{400}$ kJ/K

  나중 상태인 저열원에서 엔트로피양

  $\Delta S_3 = \frac{Q_3}{T_3} = \frac{39}{300} = 0.13\text{kJ/K}$

  $^*\Delta S_1 + \Delta S_2 = \Delta S_3$

  $0.06 + \frac{Q_2}{400} = 0.13$

  $\therefore Q_2 = 28\text{kJ}$

ⓐ에 값을 적용하면 $W = 19\text{kJ}$

68 10kg의 증기가 온도 50℃, 압력 38kPa, 체적 7.5m³일 때 총 내부에너지는 6,700kJ이다. 이와 같은 상태의 증기가 가지고 있는 엔탈피는 약 몇 kJ인가?

① 8,346 ② 7,782
③ 7,304 ④ 6,985

해설

엔탈피는 질량이 있는 유체가 유동할 때 검사면을 통과하는 에너지이며, 증기가 가지고 있는 전체 엔탈피는 총 내부에너지와 잠재된 일에너지(PV)의 합과 같다.

$H = U + PV$

$= 6{,}700(\text{kJ}) + 38(\text{kPa}) \times 7.5(\text{m}^3)$

$= 6{,}985\text{kJ}$

정답 66 ③ 67 ④ 68 ④

69 이상기체인 공기 2kg이 300K, 600kPa 상태에서 500K, 400kPa 상태로 변화되었다. 이 과정 동안의 엔트로피 변화량은 약 몇 kJ/K인가?(단, 공기의 정적비열과 정압비열은 각각 0.717kJ/(kg · K)과 1.004kJ/(kg · K)로 일정하다.)

① 0.73　　② 1.83
③ 1.02　　④ 1.26

해설

공기 $R=0.287\text{kJ/kg}\cdot\text{K}$, $ds=\dfrac{\delta q}{T}$, $pv=RT$

$\delta q=dh-vdp \rightarrow Tds=\delta q$에 대입

$$Tds=dh-vdp$$

$$Tds=C_p dT-\frac{RT}{p}dp(\text{양변}\div T)$$

$$ds=C_p\frac{1}{T}dT-\frac{R}{p}dp$$

$$\therefore\ s_2-s_1=\int_1^2 C_p\frac{1}{T}dT-R\int_1^2\frac{1}{p}dp$$

$$=C_p\ln\frac{T_2}{T_1}-R\ln\frac{p_2}{p_1}$$

$S_2-S_1=\Delta S=m(s_2-s_1)$

[여기서, m : 질량(kg)

(s_2-s_1) : 비엔트로피 증가량 (kJ/kg · K)]

$$=m\left(C_p\ln\frac{T_2}{T_1}-R\ln\frac{p_2}{p_1}\right)$$

$$=2\left\{1.004\ln\left(\frac{500}{300}\right)-0.287\times\ln\left(\frac{400}{600}\right)\right\}$$

$$=1.258\text{kJ/K}$$

70 피스톤 – 실린더로 구성된 용기 안에 300 kPa, 100℃ 상태의 CO_2가 0.2m^3 들어 있다. 이 기체를 "$PV^{1.2}$ = 일정"인 관계가 만족되도록 피스톤 위에 추를 더해가며 온도가 200℃가 될 때까지 압축하였다. 이 과정 동안 기체가 외부로부터 받은 일을 구하면 약 몇 kJ인가?(단, P는 압력, V는 부피이고, CO_2의 기체상수는 0.189kJ/(kg · K)이며 CO_2는 이상기체처럼 거동한다고 가정한다.)

① 20　　② 60
③ 80　　④ 120

해설

밀폐계의 일이므로 절대일이다.

$\delta W=-PdV$[폴리트로픽 과정 : $PV^n=C$ → $P=CV^{-n}$, 계가 받은 일은 일부호 (−)]

$${}_1W_2=-\int_1^2 CV^{-n}dV=\frac{C}{n-1}\left[V^{-n+1}\right]_1^2$$

$$=\frac{C}{n-1}\left(V_2^{-n+1}-V_1^{-n+1}\right)$$

(여기서, $C=P_1V_1^{\,n}=P_2V_2^{\,n}$)

$$\therefore\ {}_1W_2=\frac{1}{n-1}(P_2V_2-P_1V_1)$$

$$=\frac{1}{1.2-1}(1{,}247.48\times10^3\times0.061-300\times10^3\times0.2)$$

$$=80{,}481.41\text{J}=80.5\text{kJ}$$

여기서, 폴리트로픽 과정이므로

$$\frac{T_2}{T_1}=\left(\frac{P_2}{P_1}\right)^{\frac{n-1}{n}}=\left(\frac{V_1}{V_2}\right)^{n-1}$$

$$P_2=P_1\left(\frac{T_2}{T_1}\right)^{\frac{n}{n-1}}=300\times\left(\frac{473}{373}\right)^{\frac{1.2}{0.2}}$$

$$=1{,}247.48\text{kPa}$$

$$V_2=V_1\left(\frac{P_1}{P_2}\right)^{\frac{1}{n}}=0.2\times\left(\frac{300}{1{,}247.48}\right)^{\frac{1}{1.2}}$$

$$=0.061\text{m}^3$$

정답　69 ④　70 ③

71 평판을 지나는 경계층 유동에서 속도 분포가 경계층 바깥에서는 균일 속도, 경계층 내에서는 다음과 같이 주어질 때 경계층 배제두께(Displacement Thickness) δ^*와 경계층 두께 δ의 관계식으로 옳은 것은?(단, u는 평판으로부터의 거리 y에 따른 경계층 내의 속도분포, U는 경계층 밖의 균일 속도이다.)

$$u(y) = U \times \frac{y}{\delta}$$

① $\delta^* = \frac{\delta}{4}$　② $\delta^* = \frac{\delta}{3}$

③ $\delta^* = \frac{\delta}{2}$　④ $\delta^* = \frac{2\delta}{3}$

해설

배제두께 $\delta^* = \int_0^\delta \left(1 - \frac{u}{U}\right) dy = \int_0^\delta \left(1 - \frac{y}{\delta}\right) dy$

$= [y]_0^\delta - \frac{1}{2\delta}[y^2]_0^\delta = \delta - \frac{1}{2\delta}(\delta^2) = \frac{\delta}{2}$

72 관 속에서 유체가 흐를 때 유동이 완전한 난류라면 수두손실은?

① 유체속도에 비례한다.
② 유체속도의 제곱에 비례한다.
③ 유체속도에 반비례한다.
④ 유체속도의 제곱에 반비례한다.

해설

손실수두 $h_l = f \cdot \frac{L}{d} \cdot \frac{V^2}{2g}$

73 원관 내부의 흐름이 층류 정상 유동일 때 유체의 전단응력 분포에 대한 설명으로 알맞은 것은?

① 중심축에서 0이고, 반지름 방향 거리에 따라 선형적으로 증가한다.
② 관 벽에서 0이고, 중심축까지 선형적으로 증가한다.
③ 단면에서 중심축을 기준으로 포물선 분포를 가진다.
④ 단면 전체에서 일정하게 나타난다.

해설

층류유동에서 전단응력분포와 속도분포 그림을 이해하면 된다. 전단응력은 관 중심에서 0이고 관벽에서 최대이다.

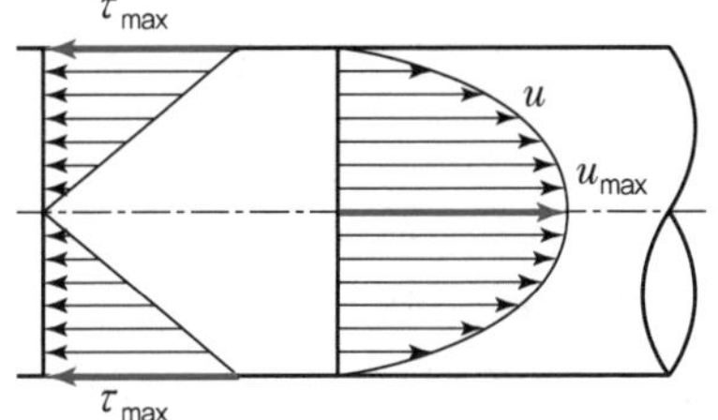

74 2m/s의 속도로 물이 흐를 때 피토관 수두 높이 h는?

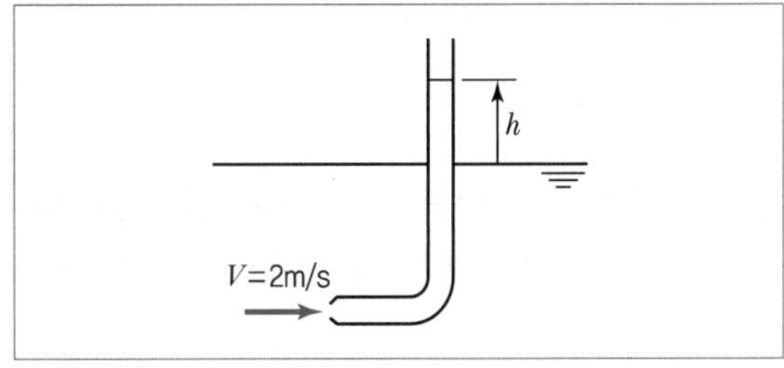

① 0.053m　② 0.102m

③ 0.204m　④ 0.412m

해설

$V = \sqrt{2g\Delta h}$ 에서

$h = \Delta h = \frac{V^2}{2g} = \frac{2^2}{2 \times 9.8} = 0.204\text{m}$

정답 71 ③ 72 ② 73 ① 74 ③

75 그림과 같이 매우 큰 두 저수지 사이에 터빈이 설치되어 동력을 발생시키고 있다. 물이 흐르는 유량은 $50m^3/min$이고, 배관의 마찰손실수두는 5m, 터빈의 작동효율이 90%일 때 터빈에서 얻을 수 있는 동력은 약 몇 kW인가?

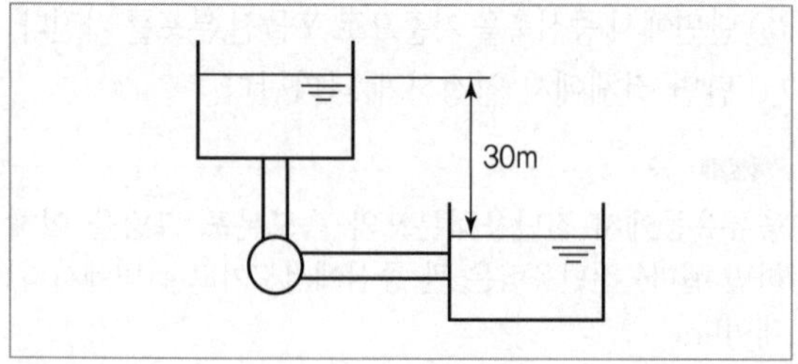

① 318 ② 286
③ 184 ④ 204

해설

터빈수두 $H_T = 25\text{m}$(이론수두)

이론동력 $L_{th} = \dfrac{\gamma H_T Q}{1{,}000} = \dfrac{9{,}800 \times 25 \times 50}{1{,}000 \times 60} = 204.17\text{kW}$

터빈에서 효율에 따른 손실이 발생하므로 실제 얻을 수 있는 축동력 L_S는

$L_S = L_{th} \times \eta_T$

여기서, η_T : 터빈효율

$= 204.17 \times 0.9 = 183.75\text{kW}$

76 체적이 $1m^3$인 물체의 무게를 물속에서 측정하였을 때 4,000N이었다. 이 물체의 비중은?

① 2.11 ② 1.85
③ 1.62 ④ 1.41

해설

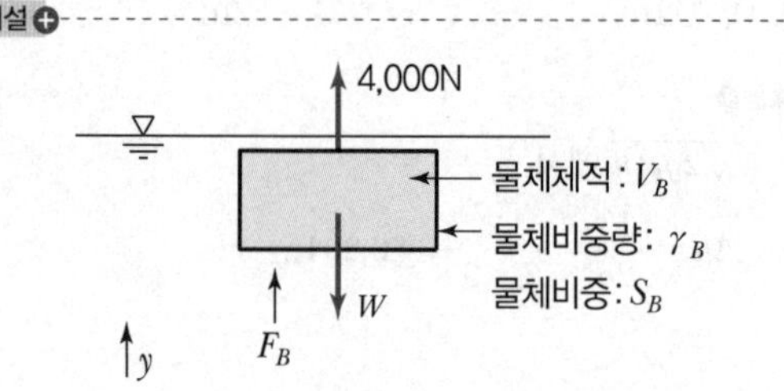

$\Sigma F_y = 0 : F_B + 4{,}000 - W = 0$

부력 F_B는 물체에 의해 배제된 유체 무게

$\rightarrow \gamma_w V_B + 4{,}000 - \gamma V_B = 0$

$\gamma V_B = \gamma_w V_B + 4{,}000$

$S_B \gamma_w V_B = \gamma_w V_B + 4{,}000$

$\therefore S_B = 1 + \dfrac{4{,}000}{\gamma_w V_B} = 1 + \dfrac{4{,}000}{9{,}800 \times 1} = 1.408$

77 어떤 액체 기둥 높이 25cm와 수은 기둥 높이 4cm에 의한 압력이 같다면 이 액체의 비중은 약 얼마인가?(단, 수은의 비중은 13.6이다.)

① 7.35 ② 6.36
③ 4.04 ④ 2.18

해설

두 압력이 같으므로

$\gamma_{액} \times 0.25(\text{m}) = \gamma_{수은} \times 0.04(\text{m})$

$S_{액}\gamma_w \times 0.25 = S_{수은}\gamma_w \times 0.04$

$\therefore S_{액} = \dfrac{S_{수은} \times 0.04}{0.25} = \dfrac{13.6 \times 0.04}{0.25} = 2.176$

78 해수 내에서 잠수함이 2.5m/s로 끌며 움직이고 있는 지름이 280mm인 구형의 음파탐지기에 작용하는 항력을 풍동실험을 통해 예측하려고 한다. 지름이 140mm인 구형모형을 사용한 풍동실험에서 Reynolds수를 같게 하여 실험하였을 때, 풍동에서 측정한 항력에 몇 배를 곱해야 해수 내 음파탐지기의 항력을 구할 수 있는가?(단, 바닷물의 평균 밀도는 $1{,}025kg/m^3$, 동점성계수는 $1.4 \times 10^{-6} m^2/s$이며, 공기의 밀도는 $1.23kg/m^3$, 동점성계수는 $1.4 \times 10^{-5} m^2/s$로 한다. 또한, 이 항력 연구는 다음 식이 성립한다.)

정답 75 ③ 76 ④ 77 ④ 78 ④

$$\frac{F}{\rho V^2 D^2} = f(Re)$$

여기서, F : 항력, ρ : 밀도, V : 속도
D : 지름, Re : 레이놀즈수

① 1.67배 ② 3.33배
③ 6.67배 ④ 8.33배

해설

- 풍동실험에서 모형과 실형 사이에 레이놀즈수를 같게 하여 실험하므로

$Re)_m = Re)_p$

$\left.\frac{\rho Vd}{\mu}\right)_m = \left.\frac{\rho Vd}{\mu}\right)_p$

$\left.\frac{Vd}{\nu}\right)_m = \left.\frac{Vd}{\nu}\right)_p$ 에서

$V_m = \frac{\nu_m d_p}{\nu_p d_m} V_p = \frac{1.4 \times 10^{-5} \times 0.28}{1.4 \times 10^{-6} \times 0.14} \times 2.5 = 50\text{m/s}$

- $F_p = \rho_p V_p^2 d_p^2 = 1{,}025 \times 2.5^2 \times 0.28^2 = 502.25\text{N}$

$F_m = \rho_m V_m^2 d_m^2 = 1.23 \times 50^2 \times 0.14^2 = 60.27\text{N}$

- $x = \frac{F_p}{F_m} = 8.33$

79 실온에서 엔진오일은 절대점성계수 0.12 kg/(m · s), 밀도 800kg/m^{3}이고, 공기는 절대점성계수 1.8×10^{-5}kg/(m · s), 밀도 1.2kg/m^{3}이다. 엔진오일의 동점성계수는 공기의 동점성계수의 약 몇 배인가?

① 5 ② 10
③ 15 ④ 20

해설

동점성계수 $\nu = \frac{\mu}{\rho}$

$\rightarrow \nu_E = \frac{\mu_E}{\rho_E} = \frac{0.12}{800} = 1.5 \times 10^{-4}$

$\nu_A = \frac{\mu_A}{\rho_A} = \frac{1.8 \times 10^{-5}}{1.2} = 1.5 \times 10^{-5}$

$\therefore \nu_E = 10\nu_A$

80 Buckingham의 파이(Pi) 정리를 바르게 설명한 것은?(단, k는 변수의 개수, r은 변수를 표현하는 데 필요한 최소한의 기준차원의 개수이다.)

① $(k-r)$개의 독립적인 무차원수의 관계식으로 만들 수 있다.
② $(k+r)$개의 독립적인 무차원수의 관계식으로 만들 수 있다.
③ $(k-r+1)$개의 독립적인 무차원수의 관계식으로 만들 수 있다.
④ $(k+r+1)$개의 독립적인 무차원수의 관계식으로 만들 수 있다.

해설

버킹엄의 π정리
독립무차원수 $\pi = n - m = k - r$
여기서, n : 물리량 총수
m : 사용된 차원수

정답 79 ② 80 ①

제6회 CBT 실전 모의고사

1과목 기계제도 및 설계

01 도면 작성 시 가는 실선을 사용하는 경우가 아닌 것은?

① 특별히 범위나 영역을 나타내기 위한 틀의 선
② 반복되는 자세한 모양의 생략을 나타내는 선
③ 테이퍼가 진 모양을 설명하기 위해 표시하는 선
④ 소재의 굽은 부분이나 가공공정을 표시하는 선

해설

특수 지정선
굵은 1점쇄선으로 특수한 가공을 하는 부분 등 특별히 범위나 영역을 표시하는 데 사용한다.

02 다음 중 투상도법의 설명으로 올바른 것은?

① 제1각법은 물체와 눈 사이에 투상면이 있는 것이다.
② 제3각법은 정면도 위에 평면도가 있고 우측면도는 정면도 오른쪽에 있다.
③ 제1각법은 우측면도가 정면도 오른쪽에 있다.
④ 제3각법은 정면도 위에 배면도가 있고 우측면도는 정면도 왼쪽에 있다.

해설

① 제1각법은 눈 → 물체 → 투상면 순으로 배치된다.
③ 제1각법은 우측면도가 정면도 좌측에 있다.
④ 제3각법은 정면도 위에 평면도가 있고 우측면도는 정면도 오른쪽에 있다.

03 치수기입에 있어서 누진 치수기입방법으로 올바르게 나타낸 것은?

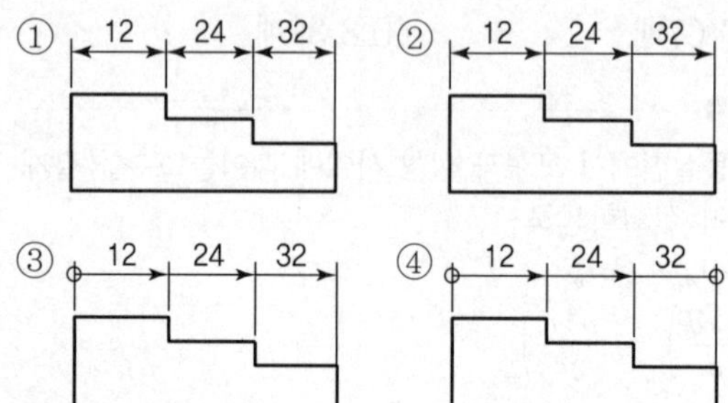

해설

③번이 누진 치수기입방법으로 올바르게 기입한 것이다. 누진 치수기입방법 기점기호를 기준으로 한 줄로 나란히 연결되게 기입하는 방법으로 치수는 기점기호로부터 누적된 치수(즉, 기점기호로부터 구멍까지의 치수)로써 병렬 치수기입법과 같이 개개의 치수공차는 다른 치수공차에 영향을 주지 않는다.

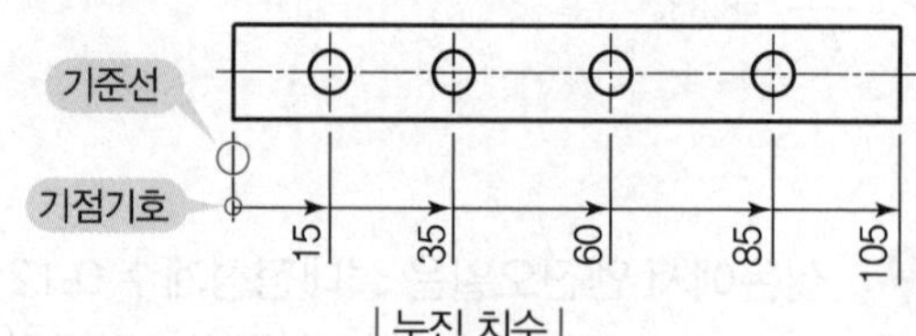

| 누진 치수 |

04 기계구조용 탄소강재의 KS 재료기호로 옳은 것은?

① SM40C
② SS330
③ AIDC1
④ GC100

해설

SM은 기계구조용 탄소강재를 나타낸다.

정답 01 ① 02 ② 03 ③ 04 ①

05 다음 V 벨트의 종류 중 단면의 크기가 가장 작은 것은?

① M형　② A형
③ B형　④ E형

해설
크기는 형별에 따라 M, A, B, C, D, E형이 있고, 폭이 가장 좁은 것은 M형, 가장 넓은 것은 E형이다.

06 그림과 같은 기하공차 기호에 대한 설명으로 틀린 것은?

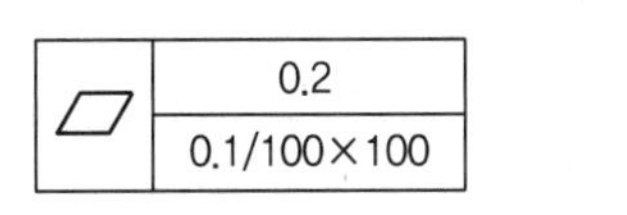

① 평면도 공차를 나타낸다.
② 전체 부위에 대해 공차값 0.2mm를 만족해야 한다.
③ 지정넓이 100mm×100mm에 대해 공차값 0.1mm를 만족해야 한다.
④ 이 기하공차 기호에서는 두 가지 공차 조건 중 하나만 만족하면 된다.

해설
④ 이 기하공차 기호에서는 두 가지 공차 조건 모두 만족해야 된다.

07 재료의 제거가공으로 이루어진 상태든 아니든 앞의 제조 공정에서의 결과로 나온 표면 상태가 그대로라는 것을 지시하는 것은?

① 　②
③ 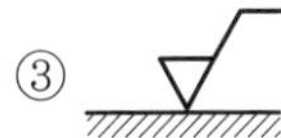　④

해설
• : 제거가공을 하지 않는다.
• : 절삭 등 제거가공의 필요 여부를 문제 삼지 않는다.
• : 제거가공을 한다.

08 CAD시스템의 출력장치로 볼 수 없는 것은?

① 플로터　② 디지타이저
③ PDP　④ 프린터

해설
디지타이저는 입력장치이다.

09 나사잭(Jack)에서 나사의 리드각(α)이 15°이고, 마찰각(ρ)이 10°일 때 나사의 효율(%)은?

① 31.41%　② 45.81%
③ 57.46%　④ 64.32%

해설
나사잭은 운동용 나사인 사각나사로 되어 있다.

효율 $\eta = \dfrac{\tan\alpha}{\tan(\rho+\alpha)} = \dfrac{\tan 15°}{\tan(10°+15°)}$
$= 0.5746 = 57.46\%$

10 축지름 50mm의 전동축이 200rpm으로 12kW를 전달시킬 때 이 키에 생기는 면압력은 약 몇 N/mm^{2}인가?(단, 키의 크기는 $b \times h \times l =$ 8×10×70mm이다.)

① 60.5　② 65.5
③ 70.5　④ 75.5

정답 05 ① 06 ④ 07 ① 08 ② 09 ③ 10 ②

해설

$$T=\frac{H}{\omega}=\frac{12\times1{,}000}{\frac{2\pi\times200}{60}}$$

$$=572.957795\text{N}\cdot\text{m}=572{,}957.8\text{N}\cdot\text{mm}$$

$$=\sigma_c\cdot A_c\frac{d}{2}=\sigma_c\times l\times\frac{h}{2}\times\frac{d}{2}$$

$$\therefore\ \sigma_c=\frac{4T}{hdl}=\frac{4\times572{,}957.8}{10\times50\times70}=65.48\text{N/mm}^2$$

11 단판클러치의 마찰면의 안지름이 80mm이고 바깥지름이 120mm일 때 1,800rpm에서 전달할 수 있는 최대동력은 약 몇 kW인가?(단, 마찰면의 마찰계수는 0.3이고, 허용면압은 392.4kPa이다.)

① 3.56 ② 6.97

③ 9.84 ④ 12.86

해설

$$H=F_f\cdot V=\mu\cdot P_t\cdot V$$

$$=\mu q\frac{\pi(D_2^{\,2}-D_1^{\,2})}{4}\times\frac{\pi D_m N}{60{,}000}$$

$$=0.3\times392.4\times10^3\times\frac{\pi(0.12^2-0.08^2)}{4}$$

$$\times\frac{\pi\times100\times1800}{60{,}000}=6{,}971.1\text{W}=6.97\text{kW}$$

12 기본 부하용량이 18,000N인 볼베어링이 베어링 하중 2,000N을 받고 150rpm으로 회전할 때, 이 베어링의 시간수명은 약 몇 시간인가?

① 9,000시간 ② 81,000시간

③ 168,000시간 ④ 4,860,000시간

해설

볼베어링이므로 베어링 지수 $r=3$

$$L_h=\left(\frac{c}{P}\right)^r\times\frac{10^6}{60N}\text{(hr)}$$

$$=\left(\frac{18{,}000}{2{,}000}\right)^3\times\frac{10^6}{60\times150}=81{,}000\text{hr}$$

13 매분 1,500rpm으로 회전하는 평마찰차를 가지고 20kW를 전달하려고 150N로 밀어 붙인다면 이 평마찰차의 지름은 약 몇 mm인가?(단, 마찰계수 $\mu=0.35$로 한다.)

① 4,560 ② 4,650

③ 4,760 ④ 4,850

해설

$$T=\frac{H}{\omega}=\frac{20\times1{,}000}{\frac{2\pi\times1{,}500}{60}}$$

$$=127.32395\text{N}\cdot\text{m}=127{,}323.95\text{N}\cdot\text{mm}$$

$$=F_f\cdot\frac{d}{2}=\mu N\cdot\frac{d}{2}\ (N:\text{수직력})$$

$$\therefore\ d=\frac{2T}{\mu N}=\frac{2\times127{,}323.95}{0.35\times150}=4{,}850.44\text{mm}$$

14 주철재 브레이크 드럼에 주철재 브레이크 블록을 사용하려고 한다. 마찰계수 $\mu=0.25$, 허용 브레이크 압력 $q=0.09\text{N/mm}^2$, 브레이크 용량은 $0.10\text{N/mm}^2\cdot\text{m/sec}$로 결정하고 브레이크 드럼의 지름을 450mm로 할 때 드럼의 회전수(rpm)는 얼마인가?

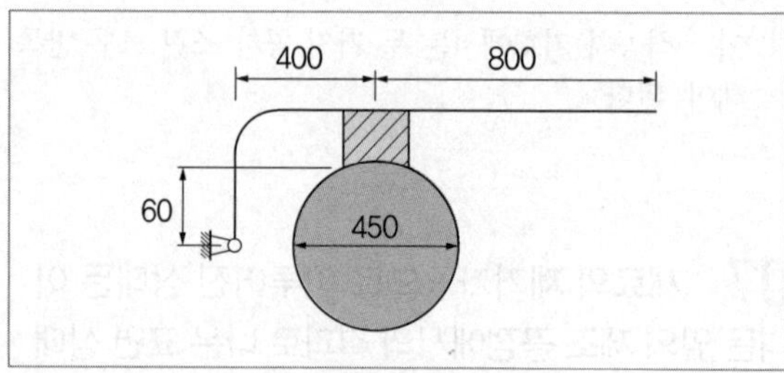

① 158.63 ② 168.63

③ 178.63 ④ 188.63

해설

브레이크 용량 $\mu qV=\mu q\frac{\pi DN}{60{,}000}=0.1$에서

정답 11 ② 12 ② 13 ④ 14 ④

$$\therefore\ N = \frac{0.1 \times 60{,}000}{\mu q \pi D} = \frac{0.1 \times 60{,}000}{0.25 \times 0.09 \times \pi \times 450}$$
$= 188.63\text{rpm}$

15 모듈 $m = 3$인 표준 스퍼기어에서 이끝 틈새를 0.25×모듈(m)으로 할 때 총 이 높이는 몇 mm인가?

① 3.75 ② 4.86
③ 6.75 ④ 7.56

해설

$h = a(\text{어덴덤}) + d(\text{디덴덤})$
$= a + (a + c)$ [c : 클리어런스(이끝틈새)]
$= 2a + c$
$= 2\text{m} + 0.25 \times \text{m} = 2.25\text{m} = 2.25 \times 3 = 6.75\text{mm}$

16 아래 회로처럼 A, B 두 실린더가 순차적으로 작동하는 회로는?

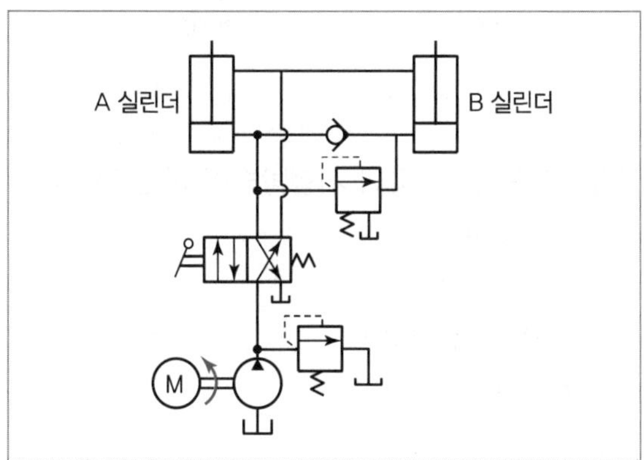

① 언로더 회로 ② 디컴프레션 회로
③ 시퀀스 회로 ④ 카운터 밸런스 회로

해설

시퀀스 회로
회로 내에 있는 2개 이상의 실린더를 미리 정한 순서에 따라 순차적으로 동작시키는 회로이다.

17 유압 작동유의 구비조건으로 적절하지 않은 것은?

① 비중과 열팽창계수가 적어야 한다.
② 열을 방출시킬 수 있어야 한다.
③ 점도지수가 높아야 한다.
④ 압축성이어야 한다.

해설

④ 비압축성이어야 한다.

18 유압 작동유에 1,760N/cm^{2}의 압력을 가했더니 체적이 0.19% 감소되었다. 이때 압축률은 얼마인가?

① $1.08 \times 10^{-5}\text{cm}^2/\text{N}$
② $1.08 \times 10^{-6}\text{cm}^2/\text{N}$
③ $1.08 \times 10^{-7}\text{cm}^2/\text{N}$
④ $1.08 \times 10^{-8}\text{cm}^2/\text{N}$

해설

압축률 $\beta = \dfrac{\frac{\Delta V}{V}}{\Delta P} = \dfrac{0.0019}{1{,}760} = 1.08 \times 10^{-6}\text{cm}^2/\text{N}$

19 유량제어 밸브의 종류가 아닌 것은?

① 분류 밸브
② 디셀러레이션 밸브
③ 언로드 밸브
④ 스로틀 밸브

해설

③ 언로드 밸브는 압력제어 밸브이다.

정답 15 ③ 16 ③ 17 ④ 18 ② 19 ③

20 어큐뮬레이터는 고압용기이므로 장착과 취급에 각별한 주의가 요망되는데 이와 관련된 설명으로 적절하지 않은 것은?

① 점검 및 보수가 편리한 장소에 설치한다.
② 어큐뮬레이터에 용접, 가공, 구멍 뚫기 등을 통해 설치에 유연성을 부여한다.
③ 충격 완충용으로 사용할 경우는 가급적 충격이 발생하는 곳으로부터 가까운 곳에 설치한다.
④ 펌프와 어큐뮬레이터와의 사이에는 체크밸브를 설치하여 유압유가 펌프 쪽으로 역류하는 것을 방지한다.

해설

② 어큐뮬레이터(축압기)는 고압용기이므로, 임의로 용접 및 구멍 뚫기 가공을 하면 안 된다.

2과목 기계재료 및 제작

21 백주철을 열처리로에서 가열한 후 탈탄시켜, 인성을 증가시킨 주철은?

① 가단주철 ② 회주철
③ 보통주철 ④ 구상흑연주철

해설

가단주철
- 주철의 취성을 개량하기 위해서 백주철을 고온도로 장시간 풀림(Anealing)해서 시멘타이트를 분해 또는 감소시켜 인성과 연성을 증가시킨 주철이다.
- 가공성이 좋고, 강도와 인성이 요구되는 부품재료에 사용되며, 대량생산품에 많이 사용된다.

22 가공 열처리 방법에 해당되는 것은?

① 마퀜칭(Marquenching)
② 오스포밍(Ausforming)
③ 마템퍼링(Martempering)
④ 오스템퍼링(Austempering)

해설

오스포밍(Ausforming)
- 목적 : 소재를 소성가공하여 마텐자이트를 얻음으로써 기존의 담금질-템퍼링한 경우보다 강도가 높다.
- 열처리 : 오스테나이트를 급랭하여 마텐자이트 시작 온도 바로 위에서 성형가공 후 서랭한다. 이후 인성을 부여하기 위해 뜨임을 실시한다.

23 다음 중 비중이 가장 큰 금속은?

① Fe ② Al
③ Pb ④ Cu

해설

① Fe : 7.8 ② Al : 2.7
③ Pb : 11.36 ④ Cu : 8.96

24 다음 중 비파괴 시험방법이 아닌 것은?

① 충격시험법
② 자기탐상시험법
③ 방사선비파괴시험법
④ 초음파탐상시험법

해설

비파괴 검사
자분탐상검사(MT), 침투탐상검사(PT), 초음파탐상검사(UT), 방사선투과검사(RT), 와전류탐상검사(ECT)

정답 20 ② 21 ① 22 ② 23 ③ 24 ①

25 Fe−C 평형상태도에서 나타나는 철강의 기본조직이 아닌 것은?

① 페라이트 ② 펄라이트
③ 시멘타이트 ④ 마텐자이트

해설

철강의 기본조직
페라이트, 오스테나이트, 펄라이트, 시멘타이트, 레데뷰라이트

26 Ni−Fe 합금으로 불변강이라 불리는 것이 아닌 것은?

① 인바 ② 엘린바
③ 콘스탄탄 ④ 플래티나이트

해설

- 불변강 : 인바, 초인바, 엘린바, 코엘린바, 플래티나이트
- 콘스탄탄은 Cu−45% Ni 합금으로 표준저항선으로 사용된다.

27 강의 열처리 방법 중 표면경화법에 해당하는 것은?

① 마퀜칭 ② 오스포밍
③ 침탄질화법 ④ 오스템퍼링

해설

표면경화법
재료의 표면만을 단단하게 만드는 열처리 방법이다.
- 화학적 방법 : 침탄법, 질화법, 침탄질화법
- 물리적 방법 : 화염경화법, 고주파경화법
- 금속침투법 : 세라다이징(Zn), 칼로라이징(Ca), 크로마이징(Cr), 실리코나이징(Si), 보로나이징(B)
- 기타 : 숏피닝, 하드페이싱

28 탄소강에 함유된 인(P)의 영향을 옳게 설명한 것은?

① 경도를 감소시킨다.
② 결정립을 미세화시킨다.
③ 연신율을 증가시킨다.
④ 상온취성의 원인이 된다.

해설

인(P)의 영향
- 인장강도, 경도를 증가시키지만, 연신율과 내충격성을 감소시킨다.
- 상온에서 결정립을 거칠게 하며, 편석(담금질 균열의 원인)이 발생된다. → 상온취성의 원인
- 주물의 기포를 줄이는 작용을 한다.

29 침탄, 질화와 같이 Fe 중에 탄소 또는 질소의 원자를 침입시켜 한쪽으로만 확산하는 것은?

① 자기확산
② 상호확산
③ 단일확산
④ 격자확산

30 서브제로(Sub−zero) 처리에 관한 설명으로 틀린 것은?

① 내마모성 및 내피로성이 감소한다.
② 잔류오스테나이트를 마텐자이트화한다.
③ 담금질을 한 강의 조직이 안정화된다.
④ 시효변화가 적으며 부품의 치수 및 형상이 안정된다.

해설

① 내마모성 및 내피로성이 증가한다.

정답 25 ④ 26 ③ 27 ③ 28 ④ 29 ③ 30 ①

31 주물사로 사용되는 모래에 수지, 시멘트, 석고 등의 점결제를 사용하며, 경화시간을 단축하기 위하여 경화촉진제를 사용하여 조형하는 주형법은?

① 원심주형법
② 셀몰드 주형법
③ 자경성 주형법
④ 인베스트먼트 주형법

해설

모래형 주조(주형재료에 의한 분류)
- 생형 : 수분을 5~10% 함유하고 있는 주물사로 만든 주형
- 건조형 : 생사를 건조시킨 것으로서 압력을 받는 중형 및 대형 주물에 사용된다.
- 표면건조형(자경성형) : 표면사에 속경성 점결제를 배합하여 조형한 후 표면만을 버너, 토치램프 등으로 건조시킴으로써 건조시간이 건조형의 1/10이고, 5톤 또는 그 이상의 주물제작에 사용된다.
- 탄산주형법(CO_2 주형법) : 주물사에 특수 규산소다(물유리 : SiO_2, Na_2O와 물의 혼합물)를 혼합하고 이것을 사형주형법과 같은 방법으로 조형한 후 여기에 CO_2가스를 주형 내에 불어넣어 경화시켜 주형을 제작한다.

32 이미 가공되어 있는 구멍에 다소 큰 강철 볼을 압입하여 통과시켜서 가공물의 표면을 소성 변형시켜 정밀도가 높은 면을 얻는 가공법은?

① 버핑(Buffing)
② 버니싱(Burnishing)
③ 숏피닝(Shot Peening)
④ 배럴 다듬질(Barrel Finishing)

해설

① 버핑(Buffing) : 천, 가죽, 벨트 등으로 만들어진 연마제를 고정시킨 다음, 고속 회전하여 연마하는 가공법이다.
② 버니싱(Burnishing)
   - 볼 버니싱 : 필요한 형상을 한 공구로 공작물의 표면을 누르며 이동시켜, 표면에 소성 변형을 일으키게 하여 매끈하고 정도가 높은 면을 얻는 가공법이다.
   - 롤러 버니싱 : 경화된 롤러를 회전하는 공작물에 압착하고 롤러에 이송 운동을 주며, 공작물 표면에 탄성 한도를 초과 압연하여 요철을 감소시켜 다듬질 면을 얻는 가공법이다.
③ 숏피닝(Shot Peening) : 경화된 철의 작은 볼을 공작물의 표면에 분사하여 그 표면을 매끈하게 하는 동시에 공작물의 피로강도나 기계적 성질을 향상시키는 방법이다.
④ 배럴 가공(Barrel Finishing) : 회전하는 상자에 공작물과 숫돌 입자, 공작액, 콤파운드 등을 함께 넣어 공작물이 입자와 충돌하는 동안에 그 표면의 요철을 제거하며, 매끈한 가공면을 얻는 다듬질 방법이다.

33 두께 4mm인 탄소강판에 지름 1,000mm의 펀칭을 할 때 소요되는 동력은 약 kW인가?[단, 소재의 전단저항은 245.25MPa, 프레스 슬라이드의 평균속도는 5m/min, 프레스의 기계효율(η)은 65%이다.]

① 146　② 280
③ 396　④ 538

해설

전단응력 $\tau = \dfrac{P}{A}$

$P = \tau A = \tau \pi d t$
$= 245.25 \times 10^6(\text{Pa}) \times \pi \times 1(\text{m}) \times 4 \times 10^{-3}(\text{m})$
$= 3{,}081.9 \times 10^3(\text{N}) = 3{,}081.9(\text{kN})$

$\therefore$ 동력 $H = \dfrac{PV}{\eta} = \dfrac{3{,}081.9 \times \dfrac{5}{60}}{0.65} = 395.12(\text{kW})$

정답 31 ③ 32 ② 33 ③

34 단식분할법을 이용하여 밀링가공으로 원을 중심각 $\left(5\frac{2}{3}\right)^{\circ}$씩 분할하고자 한다. 분할판 27구멍을 사용하면 가장 적합한 가공법은?

① 분할판 27구멍을 사용하여 17구멍씩 돌리면서 가공한다.
② 분할판 27구멍을 사용하여 20구멍씩 돌리면서 가공한다.
③ 분할판 27구멍을 사용하여 12구멍씩 돌리면서 가공한다.
④ 분할판 27구멍을 사용하여 8구멍씩 돌리면서 가공한다.

해설

분할 크랭크의 회전수

$$n=\frac{A^{\circ}}{9^{\circ}}=\frac{\left(5\frac{2}{3}\right)^{\circ}}{9^{\circ}}=\frac{\left(\frac{17}{3}\right)^{\circ}}{9^{\circ}}=\frac{17}{27}$$

즉, 분할판 27구멍을 사용하여 17구멍씩 돌리면서 가공한다.

35 내경 측정용 게이지가 아닌 것은?

① 게이지 블록 ② 실린더 게이지
③ 버니어 캘리퍼스 ④ 내경 마이크로미터

해설

① 블록 게이지(게이지 블록)
- 길이 측정의 기준으로 사용되는 평행 단도기이다.
- 블록게이지를 여러 개 조합하면 원하는 치수를 얻을 수 있으며, 현재는 밀착해서 사용해도 1μm 간격으로 조합할 수 있고 래핑 가공된 측정면은 광파로 그 길이를 측정할 수 있으므로 정도가 아주 높고 쉽게 임의의 치수를 얻을 수 있다.

② 실린더 게이지 : 측정자의 변위를 직각방향으로 전달하고, 길이의 기준과 비교함으로써, 부착되어 있는 게이지 등의 지시기로 측정자의 변위를 읽을 수 있는 내경 측정기를 말한다.

③ 버니어 캘리퍼스
- 본척(어미자)과 부척(아들자)을 이용하여 1/20mm, 1/50mm까지 길이를 측정하는 측정기이다.
- 측정종류 : 외경, 내경, 깊이, 두께, 높이 등
- 최소 측정값 : $\frac{1}{20}$mm 또는 $\frac{1}{50}$mm까지 측정

④ 내경 마이크로미터(옵티컬플랫)
- 길이의 변화를 나사의 회전각과 지름에 의해 원주변에 확대하여 눈금을 새김으로써 작은 길이의 변화를 읽을 수 있도록 한 측정기이다.
- 용도 : 외측, 내측, 기엇니, 깊이, 나사, 유니, 포인트 마이크로미터 등
- 최소 측정값 : 0.01mm 또는 0.001mm

36 절삭가공을 할 때 절삭온도를 측정하는 방법으로 사용하지 않는 것은?

① 부식을 이용하는 방법
② 복사고온계를 이용하는 방법
③ 열전대(Thermo Couple)에 의한 방법
④ 칼로리미터(Calorimeter)에 의한 방법

해설

절삭온도를 측정하는 방법
- 칩의 색깔로 판정하는 방법
- 시온도료(Thermo Colour Paint)에 의한 방법
- 열량계(Calorimeter)에 의한 방법
- 열전대(Thermo Couple)에 의한 방법

37 절연성의 가공액 내에 도전성 재료의 전극과 공작물을 넣고 약 60~300V의 펄스 전압을 걸어 약 5~50μm까지 접근시켜 발생하는 스파크에 의한 가공방법은?

① 방전가공 ② 전해가공
③ 전해연마 ④ 초음파가공

정답 34 ① 35 ① 36 ① 37 ①

해설

① 방전가공(Electric Discharge Machine) : 스파크 가공(Spark Machining)이라고도 하는데, 전기의 양극과 음극이 부딪칠 때 일어나는 스파크로 가공하는 방법이다.
② 전해가공(Electro-chemical Machining) : 전기분해의 원리를 이용한 것으로 공구를 음극, 공작물을 양극에 연결하고, 전해액을 분출시키면서 전기를 통하면 양극에서 용해 용출 현상이 일어나 가공이 된다.

38 모재의 용접부에 용제공급관을 통하여 입상의 용제를 쌓아놓고 그 속에 와이어전극을 송급하면 모재 사이에서 아크가 발생하며 그 열에 의하여 와이어 자체가 용융되어 접합되는 용접방법은?

① MIG 용접
② 원자수소 아크 용접
③ 탄산가스 아크 용접
④ 서브머지드 아크 용접

해설

④ 서브머지드 아크 용접에 대한 설명이다.

39 주조의 탕구계 시스템에서 라이저(Riser)의 역할로서 틀린 것은?

① 수축으로 인한 쇳물 부족을 보충한다.
② 주형 내의 가스, 기포 등을 밖으로 배출한다.
③ 주형 내의 쇳물에 압력을 가해 조직을 치밀화한다.
④ 주물의 냉각도에 따른 균열이 발생되는 것을 방지한다.

해설

④는 냉각쇠(냉금, Chill Metal)의 역할이다.

40 지름 350mm 롤러로 폭 300mm, 두께 30mm의 연강판을 1회 열간 압연하여 두께 24mm가 될 때, 압하율은 몇 %인가?

① 10 ② 15
③ 20 ④ 25

해설

$$압하율 = \frac{H_0 - H_1}{H_0} \times 100 = \frac{30-24}{30} \times 100 = 20\%$$

3과목 구조해석

41 그림과 같은 보에 하중 P가 작용하고 있을 때 이 보에 발생하는 최대굽힘응력이 $\sigma_{\max}$라면 하중 P는?

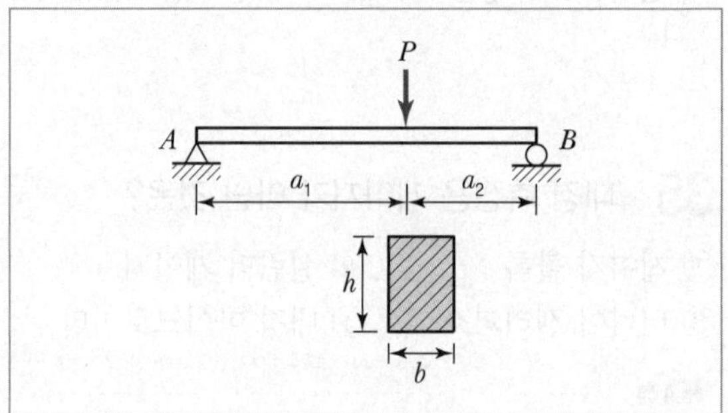

① $P = \dfrac{bh^2(a_1+a_2)\sigma_{\max}}{6a_1a_2}$

② $P = \dfrac{bh^3(a_1+a_2)\sigma_{\max}}{6a_1a_2}$

③ $P = \dfrac{b^2h(a_1+a_2)\sigma_{\max}}{6a_1a_2}$

④ $P = \dfrac{b^3h(a_1+a_2)\sigma_{\max}}{6a_1a_2}$

정답 38 ④ 39 ④ 40 ③ 41 ①

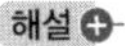

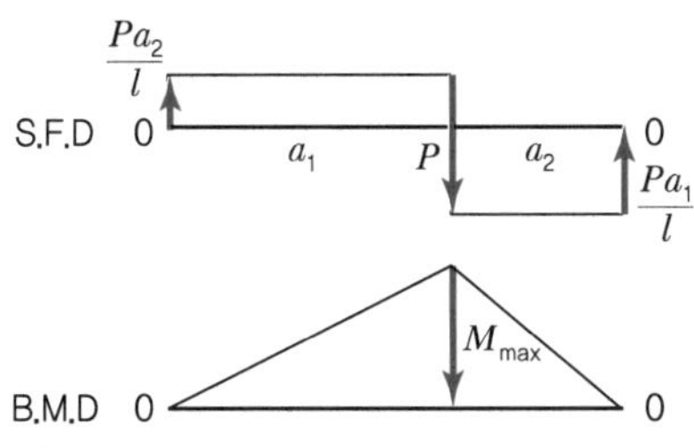

$$M_{\max}=\frac{Pa_2}{l}\times a_1=\sigma_{\max}\cdot Z=\sigma_{\max}\times\frac{bh^2}{6}$$

여기서, $l=a_1+a_2$

$$\therefore\ P=\frac{bh^2(a_1+a_2)\sigma_{\max}}{6a_1a_2}$$

42 양단이 고정된 균일 단면봉의 중간단면 C에 축하중 P를 작용시킬 때 A, B에서 반력은?

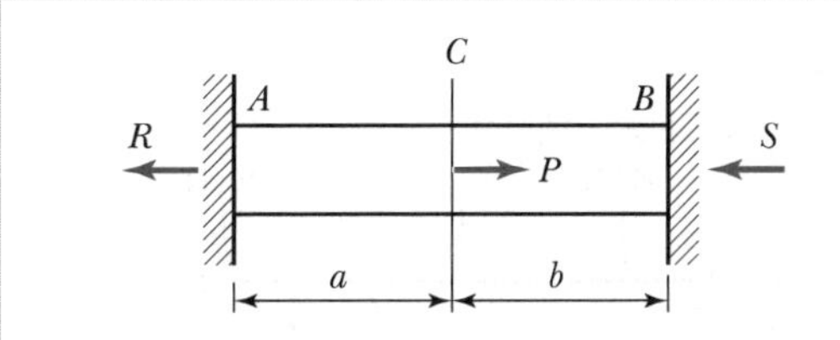

① $R=\dfrac{P(a+b^2)}{a+b}$, $S=\dfrac{P(a^2+b)}{a+b}$

② $R=\dfrac{Pb^2}{a+b}$, $S=\dfrac{Pa^2}{a+b}$

③ $R=\dfrac{Pb}{a+b}$, $S=\dfrac{Pa}{a+b}$

④ $R=\dfrac{Pa}{a+b}$, $S=\dfrac{Pb}{a+b}$

해설

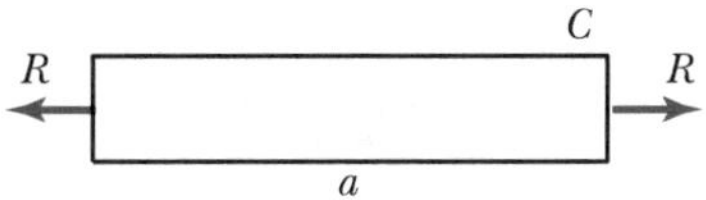

- $A-C$ 단면에서 R에 의해 늘어난 길이는 $C-B$ 단면에서 줄어든 길이와 같다.

변형량 동일 $\lambda_a=\lambda_b$

$$\frac{R\cdot a}{AE}=\frac{S\cdot b}{AE}\rightarrow R=\frac{b}{a}S$$

- $\Sigma F_x=0$: $-R+P-S=0$ → $P=R+S$(R값을 대입하면)

$$P=\frac{b}{a}S+S=\frac{(b+a)S}{a}$$

$$\therefore\ S=\frac{Pa}{a+b},\ R=\frac{Pb}{a+b}$$

43 그림과 같은 직사각형 단면에서 $y_1=\left(\frac{2}{3}\right)h$의 위쪽 면적(빗금 부분)의 중립축에 대한 단면 1차 모멘트 Q는?

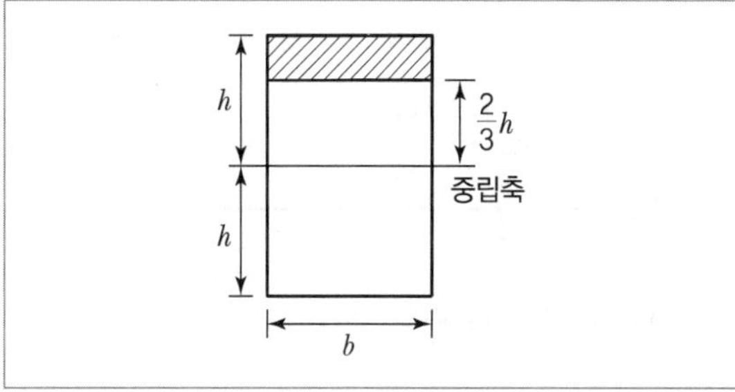

① $\dfrac{3}{8}bh^2$　② $\dfrac{3}{8}bh^3$

③ $\dfrac{5}{18}bh^2$　④ $\dfrac{5}{18}bh^3$

해설

$Q=A_1y_1$

(여기서, y_1은 중립축으로부터 빗금친 면적의 도심까지의 거리)

$$=b\times\frac{h}{3}\times\left(\frac{2h}{3}+\frac{h}{3}\times\frac{1}{2}\right)$$

$$=\frac{5}{18}bh^2$$

정답 42 ③ 43 ③

44 그림과 같이 등분포하중이 작용하는 보에서 최대전단력의 크기는 몇 kN인가?

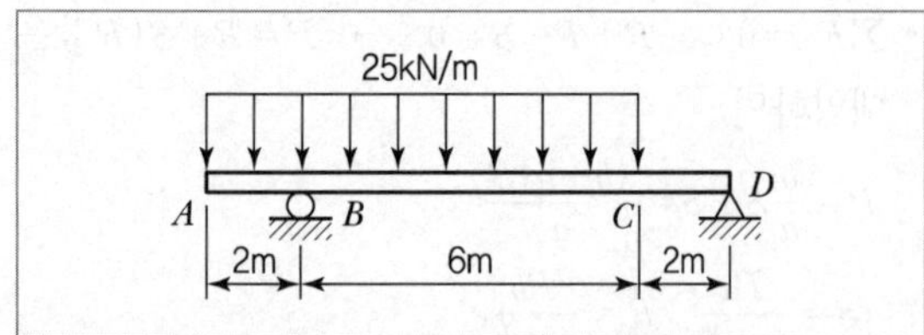

① 50 ② 100
③ 150 ④ 200

해설

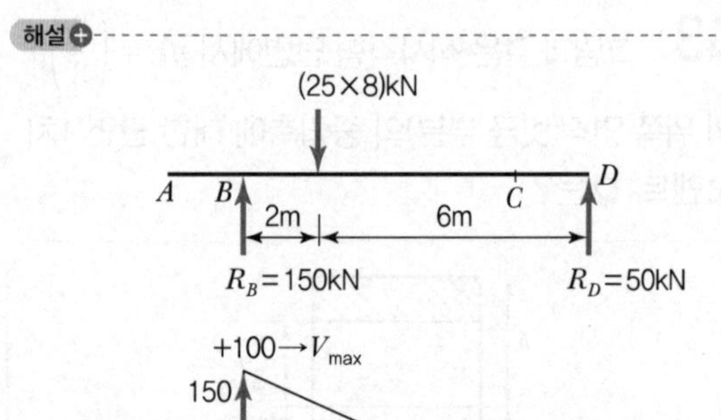

S.F.D에서 최대전단력의 크기는 $V_{max} = 100\text{kN}$

45 양단이 고정단인 주철 재질의 원주가 있다. 이 기둥의 임계응력을 오일러 식에 의해 계산한 결과 $0.0247E$로 얻어졌다면 이 기둥의 길이는 원주 직경의 몇 배인가?(단, E는 재료의 세로탄성계수이다.)

① 12 ② 10
③ 0.05 ④ 0.001

해설

좌굴응력 $\sigma_{cr} = \dfrac{P_{cr}}{A} = \dfrac{n\pi^2 \cdot EI}{l^2 \cdot A} = \dfrac{n\pi^2 \cdot E\dfrac{\pi d^4}{64}}{l^2 \cdot \dfrac{\pi d^2}{4}}$

$0.0247E = \dfrac{n\pi^2 \cdot E\pi d^2}{16l^2} \rightarrow \left(\dfrac{l}{d}\right)^2 = \dfrac{n\pi^2}{16 \times 0.0247}$

여기서, $n = 4$

$\therefore \dfrac{l}{d} = \sqrt{\dfrac{4\pi^2}{16 \times 0.0247}} = 9.99$

46 아래와 같은 보에서 C점(A에서 4m 떨어진 점)에서의 굽힘모멘트 값은 약 몇 kN · m인가?

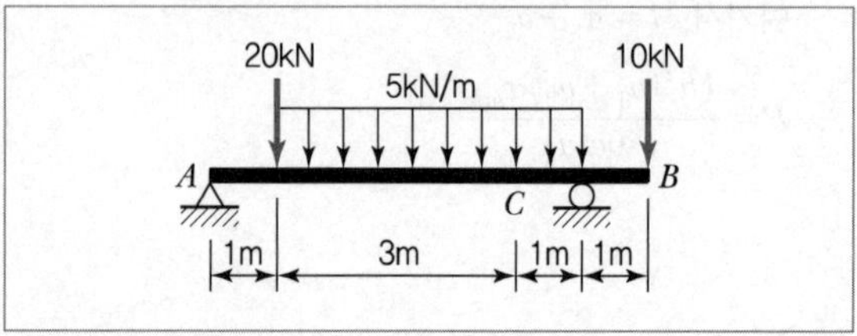

① 5.5 ② 11
③ 13 ④ 22

해설

• 지점의 반력을 구해보면

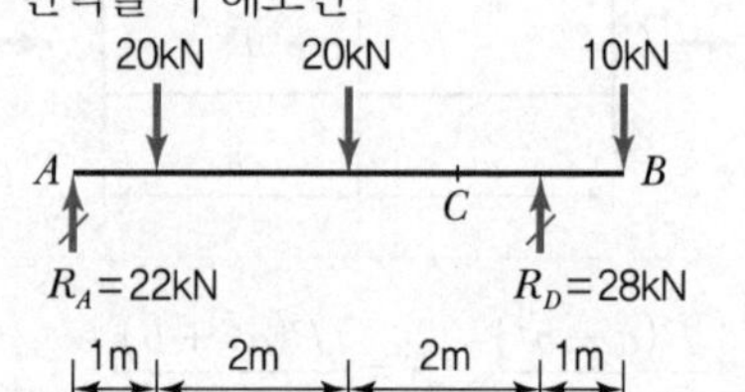

$\Sigma M_{A지점} = 0 : R_A \times 5 - 20 \times 4 - 20 \times 2 + 10 \times 1 = 0$

$\therefore R_A = 22\text{kN}$

$\Sigma F_y = 0 : R_A - 20 - 20 - 10 + R_D = 0$에서

$\therefore R_D = 28\text{kN}$

• C점의 모멘트 값을 구하기 위해 자유물체도를 그리면

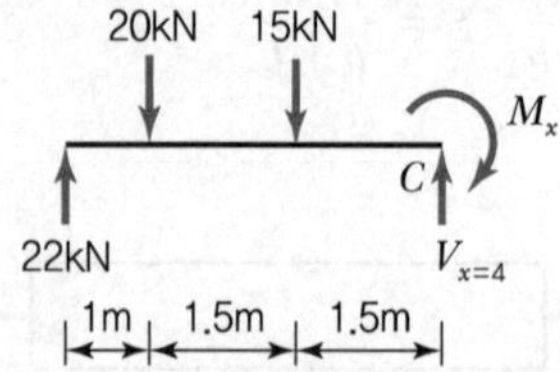

$\Sigma M_{x=4지점} = 0 : 22 \times 4 - 20 \times 3 - 15 \times 1.5 + M_x = 0$

$\therefore M_x = 5.5\text{kN} \cdot \text{m}$

정답 44 ② 45 ② 46 ①

47 그림과 같이 수평 강체봉 AB의 한쪽을 벽에 힌지로 연결하고 죄임봉 CD로 매단 구조물이 있다. 죄임봉의 단면적은 1cm², 허용 인장응력은 100MPa일 때 B단의 최대 안전하중 P는 몇 kN인가?

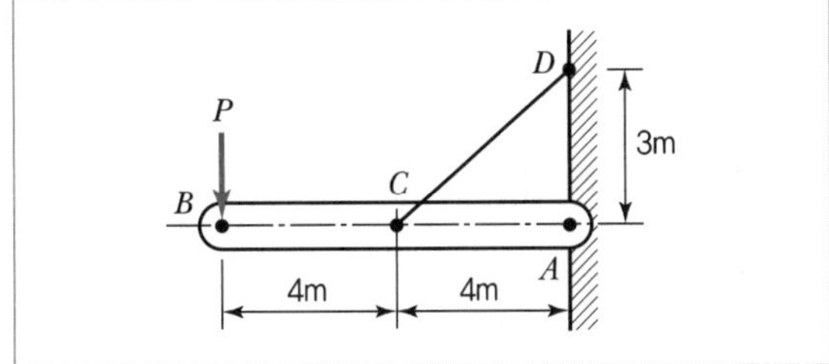

① 3　　② 3.75
③ 6　　④ 8.33

해설

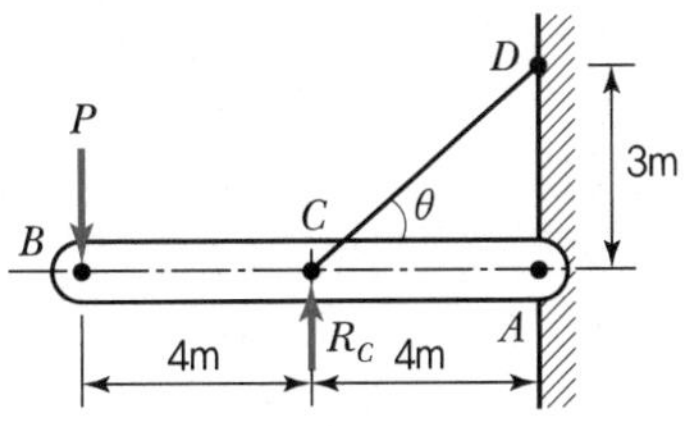

• $\tan\theta = \frac{3}{4} \rightarrow \theta = \tan^{-1}\frac{3}{4} = 36.87°$

C지점 3력 부재이므로 라미의 정리를 적용

$$\frac{R_C}{\sin(36.87°)} = \frac{T_{CD}}{\sin(90°)} \rightarrow R_C$$

$$= \frac{T_{CD}}{\sin(90°)} \times \sin(36.87°)$$

여기서, $T_{CD} = \sigma_A \cdot A$

$= 100 \times 10^6 \times 10^{-4} = 10{,}000\text{N}$

$\therefore\ R_C = \frac{10{,}000}{\sin(90°)} \times \sin(36.87°) = 6{,}000\text{N}$

• $\Sigma M_{A\text{지점}} = 0 : -P \times 8 + 6{,}000 \times 4 = 0$

$\therefore\ P = 3{,}000\text{N} = 3\text{kN}$

48 자유단에 집중하중 P를 받는 외팔보의 최대 처짐 δ_1과 $W = wL$이 되게 균일분포하중(w)이 작용하는 외팔보의 자유단 처짐 δ_2가 동일하다면 두 하중들의 비 W/P는 얼마인가?(단, 보의 굽힘강성은 EI로 일정하다.)

① $\frac{8}{3}$　② $\frac{3}{8}$　③ $\frac{5}{8}$　④ $\frac{8}{5}$

해설

$\delta_1 = \frac{P \cdot l^3}{3EI}$, $\delta_2 = \frac{w \cdot l^4}{8EI}$

$\delta_1 = \delta_2$에서

$\frac{P \cdot l^3}{3EI} = \frac{w \cdot l^4}{8EI} = \frac{W \cdot l^3}{8EI}$ (여기서, $wl = W$이므로)

$\therefore\ \frac{W}{P} = \frac{8}{3}$

49 그림과 같은 외팔보에 저장된 굽힘 변형에너지는?(단, 세로탄성계수는 E이고, 단면의 관성모멘트는 I이다.)

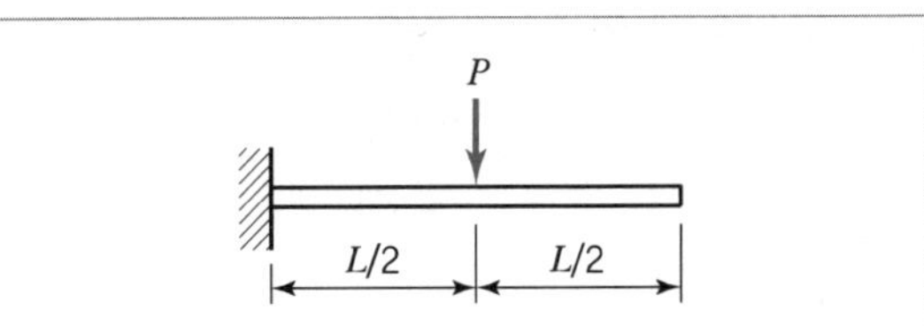

① $\frac{P^2L^3}{8EI}$　② $\frac{P^2L^3}{12EI}$
③ $\frac{P^2L^3}{24EI}$　④ $\frac{P^2L^3}{48EI}$

해설

굽힘변형에너지 $U = \frac{1}{2}P\delta$

여기서, 외팔보의 처짐량 $\delta = \frac{P\left(\frac{l}{2}\right)^3}{3EI} = \frac{Pl^3}{24EI}$

$\therefore\ U = \frac{1}{2}P \times \frac{Pl^3}{24EI} = \frac{P^2l^3}{48EI}$

정답　47 ①　48 ①　49 ④

50 지름 35cm의 차축이 0.2°만큼 비틀렸다. 이때 최대전단응력이 49MPa이라고 하면 이 차축의 길이는 약 몇 m인가?(단, 재료의 전단탄성계수는 80GPa이다.)

① 2.5 ② 2.0
③ 1.5 ④ 1

해설

$r=17.5\text{cm}=0.175\text{m},\ \tau=G\gamma,\ \gamma=\dfrac{r\theta}{l}$

$\tau=G\dfrac{r\theta}{l}$ 에서

$$l=\frac{Gr\theta}{\tau}=\frac{80\times10^9\times0.175\times0.2°\times\dfrac{\pi}{180°}}{49\times10^6}$$

$=0.9973\text{m}$

51 지름 7mm, 길이 250mm인 연강 시험편으로 비틀림 시험을 하여 얻은 결과, 토크 4.08N · m에서 비틀림 각이 8°로 기록되었다. 이 재료의 전단탄성계수는 약 몇 GPa인가?

① 64 ② 53
③ 41 ④ 31

해설

$\theta=\dfrac{T\cdot l}{GI_p}$ 에서

$$G=\frac{T\cdot l}{\theta I_p}=\frac{4.08\times0.25}{8°\times\dfrac{\pi rad}{180°}\times\dfrac{\pi\times0.007^4}{32}}$$

$=3.099\times10^{10}\text{Pa}=30.99\times10^9\text{Pa}$
$=30.99\text{GPa}$

52 그림과 같은 단면의 축이 전달할 토크가 동일하다면 각 축의 재료 선정에 있어서 허용전단응력의 비 τ_A/τ_B의 값은 얼마인가?

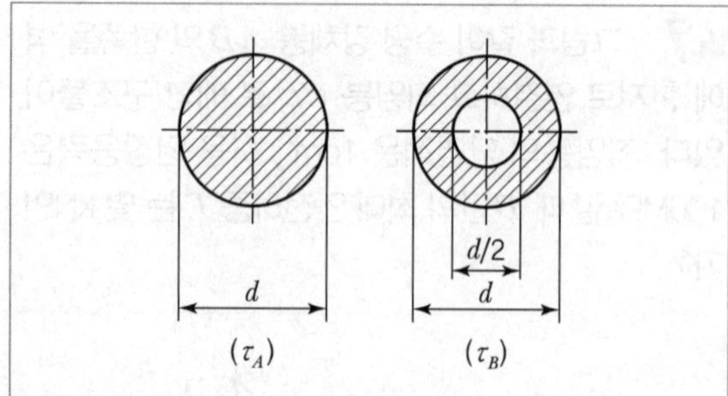

① $\dfrac{15}{16}$ ② $\dfrac{9}{16}$ ③ $\dfrac{16}{15}$ ④ $\dfrac{16}{9}$

해설

$T=\tau_A\cdot Z_{pA}=\tau_B\cdot Z_{pB}$에서

$$\frac{\tau_A}{\tau_B}=\frac{Z_{pB}}{Z_{pA}}=\frac{\dfrac{I_p}{e}}{\dfrac{\pi d^3}{16}}$$

$$=\frac{\dfrac{\dfrac{\pi}{32}(d_2^4-d_1^4)}{\dfrac{d_2}{2}}}{\dfrac{\pi d^3}{16}}=\frac{\dfrac{\dfrac{\pi}{32}\left\{d^4-\left(\dfrac{d}{2}\right)^4\right\}}{\dfrac{d}{2}}}{\dfrac{\pi d^3}{16}}=\frac{15}{16}$$

여기서, $d_2=d,\ d_1=\dfrac{d}{2}$ 적용

53 높이가 L이고 저면의 지름이 D, 단위체적당 중량 γ의 그림과 같은 원추형의 재료가 자중에 의해 변형될 때 저장된 변형에너지 값은?(단, 세로탄성계수는 E이다.)

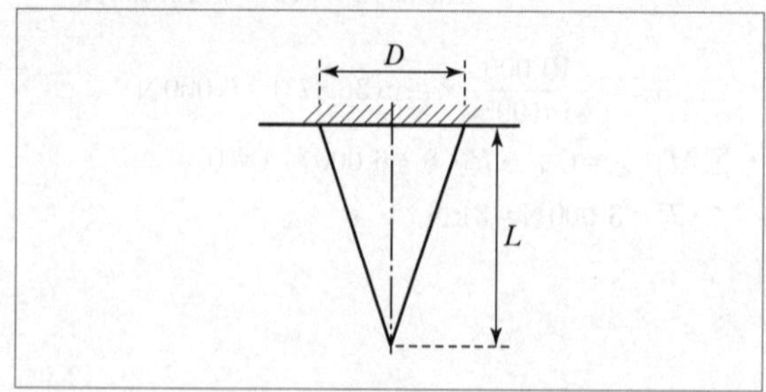

정답 50 ④ 51 ④ 52 ① 53 ④

① $\frac{\pi\gamma D^2 L^3}{24E}$　　② $\frac{(\pi\gamma^2\pi^2 D^3)^2}{72E}$

③ $\frac{\pi\gamma D L^2}{96E}$　　④ $\frac{\gamma^2\pi D^2 L^3}{360E}$

해설

$$U=\int_0^L \frac{1}{2}\frac{{\sigma_x}^2}{E}dV$$

여기서, $\sigma_x=\frac{1}{3}\gamma x$, $dV=A_x dx$, $r_x=\frac{\frac{d}{2}x}{L}$,

$A_x=\pi {r_x}^2$를 넣고 적분하면

$$U=\frac{\gamma^2\pi D^2L^3}{360E}$$

54 공칭응력(Nominal Stress : σ_n)과 진응력(True Stress : σ_t) 사이의 관계식으로 옳은 것은? [단, ε_n은 공칭변형률(Nominal Strain), ε_t는 진변형률(True Strain)이다.]

① $\sigma_t=\sigma_n(1+\varepsilon_t)$　　② $\sigma_t=\sigma_n(1+\varepsilon_n)$

③ $\sigma_t=\ln(1+\sigma_n)$　　④ $\sigma_t=\ln(\sigma_n+\varepsilon_n)$

해설

- $\sigma=\frac{P}{A}$에서 A(처음 단면적으로 일정) : 공칭응력
- A(하중에 의해 변해가는 단면적으로 계산) : 진응력
- 시편의 처음길이 : l_1
- 하중을 받은 후 늘어난 길이 : l_2

공칭변형률 $\varepsilon_n=\frac{\lambda}{l_1}$(여기서, $\lambda=l_2-l_1$)

$$\varepsilon_t=\int_{l_1}^{l_2}\frac{dl}{l}=[\ln l]_{l_1}^{l_2}=\ln l_2-\ln l_1=\ln\left(\frac{l_2}{l_1}\right)$$

$$=\ln\left(\frac{l_1+\lambda}{l_1}\right)=\ln(1+\varepsilon_n)$$

$A_1l_1=A_2l_2$(처음 체적=늘어난 후의 체적)

$$\sigma_t=\frac{P}{A_2}=\frac{Pl_2}{A_1l_1}=\sigma_n\cdot\frac{l_2}{l_1}=\sigma_n\left(\frac{l_1+\lambda}{l_1}\right)=\sigma_n(1+\varepsilon_n)$$

55 압축된 스프링으로 100g의 추를 밀어올려 위에 있는 종을 치는 완구를 설계하려고 한다. 스프링 상수가 80N/m라면 종을 치게 하기 위한 최소의 스프링 압축량은 약 몇 cm인가?(단, 그림의 상태는 스프링이 전혀 변형되지 않은 상태이며 추가 종을 칠 때는 이미 추와 스프링은 분리된 상태이다. 또한 중력은 아래로 작용하고 스프링의 질량은 무시한다.)

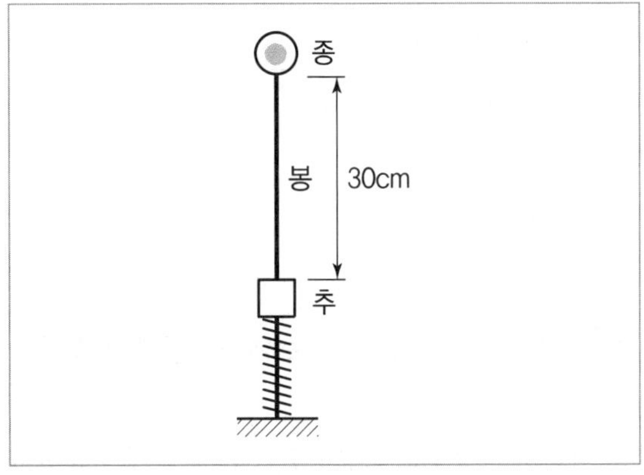

① 8.5cm　　② 9.9cm

③ 10.6cm　　④ 12.4cm

해설

스프링 압축량을 x라 할 때 x만큼 줄어든 상태$(h+x)$의 중력위치에너지(V_g)와 탄성에너지(V_e)는 같으므로

$$mg(h+x)=\frac{1}{2}kx^2 \rightarrow kx^2-2mgx-2mgh=0$$

$$80x^2-2\times0.1\times9.8\times x-2\times0.1\times9.8\times0.3=0$$

$$80x^2-2\times(0.98)\times x-0.588=0$$

x에 관한 이차방정식이므로 근의 공식(짝수공식)

$x=\frac{-b'\pm\sqrt{b'^2-ac}}{a}$를 적용하면

$$x=\frac{-(-0.98)\pm\sqrt{(-0.98)^2-80\times(-0.588)}}{80}$$

$\therefore\ x=0.09885\text{m}$ (근호 앞 (+) 값만 x가 양수)

$=9.89\text{cm}$

정답　54 ②　55 ②

56 펌프가 견고한 지면 위의 네 모서리에 하나씩 총 4개의 동일한 스프링으로 지지되어 있다. 이 스프링의 정적 처짐이 3cm일 때, 이 기계의 고유진동수는 약 몇 Hz인가?

① 3.5 ② 7.6
③ 2.9 ④ 4.8

해설

$\delta_{st} = 3\text{cm} = 0.03\text{m}$

$$f = \frac{\omega_n}{2\pi} = \frac{1}{2\pi}\sqrt{\frac{k}{m}} = \frac{1}{2\pi}\sqrt{\frac{g}{\delta_{st}}}$$

$$= \frac{1}{2\pi}\sqrt{\frac{9.8}{0.03}} = 2.88\text{Hz}$$

57 다음 설명 중 뉴턴(Newton)의 제1법칙으로 맞는 것은?

① 질점의 가속도는 작용하고 있는 합력에 비례하고 그 합력의 방향과 같은 방향에 있다.
② 질점에 외력이 작용하지 않으면, 정지상태를 유지하거나 일정한 속도로 일직선상에서 운동을 계속한다.
③ 상호 작용하고 있는 물체 간의 작용력과 반작용력은 크기가 같고 방향이 반대이며, 동일 직선상에 있다.
④ 자유낙하하는 모든 물체는 같은 가속도를 가진다.

해설

뉴턴(Newton)의 제1법칙에서 가속도 $a=0$일 때 물체는 정지 또는 등속운동($V=C$)한다.

58 공이 지면에서 수직방향으로 9.81m/s의 속도로 던져졌을 때 최대도달높이는 지면으로부터 약 몇 m인가?

① 4.9 ② 9.8
③ 14.7 ④ 19.6

해설

최대도달높이 $H = \frac{{V_0}^2}{2g} = \frac{9.81^2}{2\times 9.81} = 4.91\text{m}$

59 그림 (a)를 그림 (b)와 같이 모형화했을 때 성립되는 관계식은?

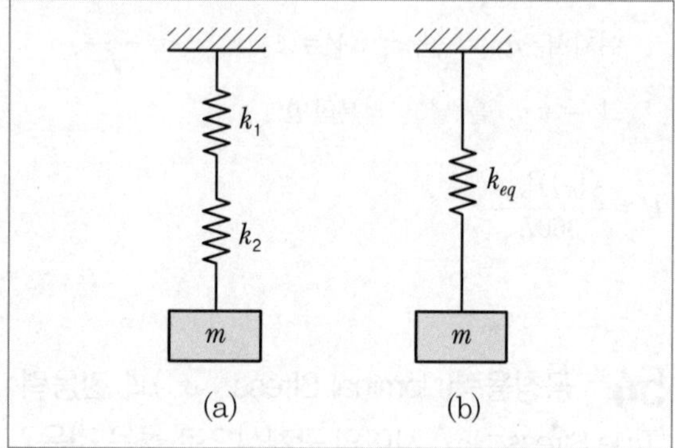

① $\frac{1}{k_{eq}} = \frac{1}{k_1} + \frac{1}{k_2}$ ② $k_{eq} = k_1 + k_2$
③ $k_{eq} = k_1 + \frac{1}{k_2}$ ④ $k_{eq} = \frac{1}{k_1} + \frac{1}{k_2}$

해설

직렬조합이므로

$\delta = \delta_1 + \delta_2 \rightarrow \frac{W}{k_{eq}} = \frac{W}{k_1} + \frac{W}{k_2}$ (여기서, W 동일)

$\therefore \frac{1}{k_{eq}} = \frac{1}{k_1} + \frac{1}{k_2}$

60 반지름이 1m인 원을 각속도 60rpm으로 회전하는 1kg 질량의 선형운동량(Linear Momentum)은 몇 kg · m/s인가?(단, 펌프의 전효율은 0.85이다.)

① 6.28 ② 1.0
③ 62.8 ④ 10.0

정답 56 ③ 57 ② 58 ① 59 ① 60 ①

해설

선형운동량(선운동량) $= mV = mr\omega$

$$= mr \times \frac{2\pi N}{60}$$

$$= 1 \times 1 \times \frac{2\pi \times 60}{60}$$

$$= 6.28\text{kg} \cdot \text{m/s}$$

4과목 열 · 유체 해석

61 어느 가역 상태변화를 표시하는 그림과 같은 온도(T)-엔트로피(S) 선도에서 빗금으로 나타낸 부분의 면적은 무엇을 의미하는가?

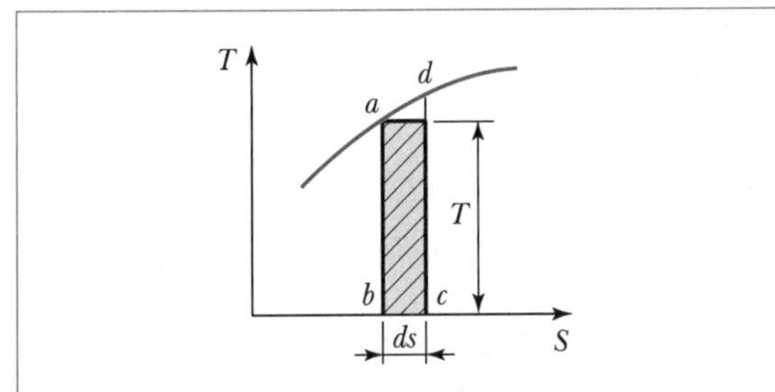

① 힘　　② 열량

③ 압력　　④ 비체적

해설

$\delta Q = T \cdot ds$이므로 $T-S$ 선도에서 S축의 투사면적은 열량을 나타낸다.

62 마찰이 없는 피스톤이 끼워진 실린더가 있다. 이 실린더 내 공기의 초기압력은 500kPa이며 초기체적은 0.05m^{3}이다. 실린더를 가열하였더니 실린더 내 공기가 열손실 없이 체적이 0.1m^{3}로 증가되었다. 이 과정에서 공기가 행한 일은 몇 kJ인가? (단, 압력은 변하지 않았다.)

① 10　　② 25

③ 40　　④ 100

해설

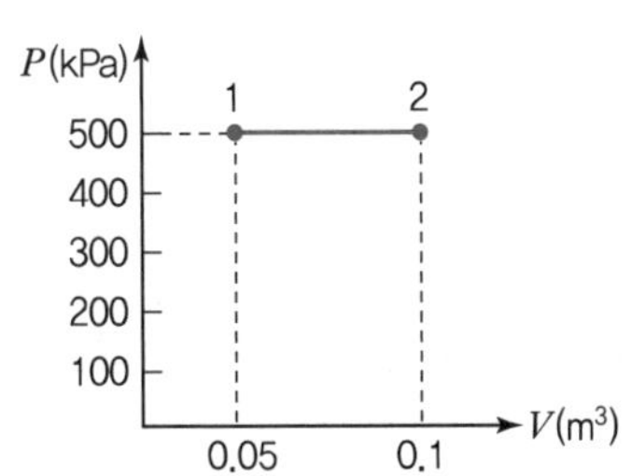

$\delta W = PdV$이므로 V축에 투사한 면적과 같다(사각형 면적).

$(0.1-0.05)\text{m}^3 \times 500\text{kPa} = 25\text{kJ}$

63 어느 증기터빈에 0.4kg/s로 증기가 공급되어 260kW의 출력을 낸다. 입구의 증기 엔탈피 및 속도는 각각 3,000kJ/kg, 720m/s, 출구의 증기 엔탈피 및 속도는 각각 2,500kJ/kg, 120m/s이면, 이 터빈의 열손실은 약 몇 kW가 되는가?

① 15.9　　② 40.8

③ 20.4　　④ 104

해설

개방계의 열역학 제1법칙

$$\dot{Q}_{cv} + \Sigma\dot{m}_i\left(h_i + \frac{V_i^2}{2} + gz_i\right)$$

$$= \frac{dE_{cv}}{dt} + \Sigma\dot{m}_e\left(h_e + \frac{V_e^2}{2} + gz_e\right) + \dot{W}_{cv}$$

SSSF 상태이므로 $\frac{dE_{cv}}{dt} = 0$

입출구 1개 $\Sigma\dot{m}_i = \Sigma\dot{m}_e = \dot{m}$(질량유량 동일)

입출구 위치에너지 $gz_i = gz_e$로 해석한다.

이상적인 터빈은 단열팽창과정인데 이 문제에서 터빈은 열손실 $\dot{Q}_{cv}$이 발생하므로 $\dot{Q}_{cv}$(kJ/s=kW)를 구하면 된다.

$$\dot{Q}_{cv} = \dot{m}(h_e - h_i) + \frac{\dot{m}}{2}\left(V_e^2 - V_i^2\right) + \dot{W}_{cv}$$

정답 61 ② 62 ② 63 ②

$$= 0.4\frac{\text{kg}}{\text{s}}(2{,}500-3{,}000)\frac{\text{kJ}}{\text{kg}}$$
$$+\frac{0.4}{2}\frac{\text{kg}}{\text{s}}(120^2-720^2)\frac{\text{m}^2}{\text{s}^2}$$
$$\times\left(\frac{1\text{kJ}}{1{,}000\text{J}}\right)+260\text{kW}$$
$= -40.8\text{kW}$ [열손실이므로 (−) 부호가 나온다.]

64 다음 중 서로 같은 단위를 사용할 수 없는 것은?

① 열량(Heat Transfer)과 일(Work)
② 비내부에너지(Specific Internal Energy)와 비엔탈피(Specific Enthalpy)
③ 비엔탈피(Specific Enthalpy)와 비엔트로피(Specific Entropy)
④ 비열(Specific Heat)과 비엔트로피(Specific Entropy)

해설

① 열량, 일 : kJ
② 비내부에너지, 비엔탈피 : kJ/kg
③ 비엔탈피: kJ/kg, 비엔트로피 : kJ/kg · K
④ 비열, 비엔트로피 : kJ/kg · K

65 온도 100℃의 공기 0.2kg이 압력이 일정한 과정을 거쳐 원래 체적의 2배로 늘어났다. 이때 공기에 전달된 열량은 약 몇 kJ인가?[단, 공기는 이상기체이며 기체상수는 0.287kJ/(kg · K), 정적비열은 0.718kJ/(kg · k)이다.]

① 75.0kJ ② 8.93kJ
③ 21.4kJ ④ 34.7kJ

해설

정압과정 $p=c$이므로 $\frac{V}{T}=c$에서 $\frac{V_1}{T_1}=\frac{V_2}{T_2}$

$\therefore\ T_2 = T_1\left(\frac{V_2}{V_1}\right)=(100+273)\times 2=746\text{K}$

$p=c$에서 $\delta q = dh - vdp = dh\ (\because\ dp=0)$

${}_1q_2 = \int_1^2 C_p dT = C_p(T_2 - T_1)$

(단, $C_p = C_v + R = 0.718+0.287$
$= 1.005\text{kJ/kg} \cdot \text{k}$)

$\therefore\ {}_1Q_2 = m\times {}_1q_2 = mC_p(T_2-T_1)$
$= 0.2\times 1.005\times(746-373)$
$= 74.97\text{kJ}$

66 4kg의 공기를 압축하는 데 300kJ의 일을 소비함과 동시에 110kJ의 열량이 방출되었다. 공기온도가 초기에는 20℃이었을 때 압축 후의 공기온도는 약 몇 ℃인가?(단, 공기는 정적비열이 0.716 kJ/(kg · K)으로 일정한 이상기체로 간주한다.)

① 78.4 ② 71.7
③ 93.5 ④ 86.3

해설

$\delta Q - \delta W = dU$

${}_1Q_2 - {}_1W_2 = U_2 - U_1$

$U_2 - U_1 = \Delta U = {}_1Q_2 - {}_1W_2$

[방열은 열부호(−), 계가 받은 일은 일부호(−)]
$= (-)110-(-)300$

내부에너지 변화량 $\Delta U = 190\text{kJ}$

$dU = m\,du = m\,C_v dT$에서

$\Delta U = mC_v(T_2 - T_1)$

$\therefore\ T_2 = T_1 + \frac{\Delta U}{mC_v} = 20 + \frac{190}{4\times 0.716} = 86.34℃$

67 온도가 T_1인 고열원으로부터 온도가 T_2인 저열원으로 열전도, 대류, 복사 등에 의해 Q만큼 열전달이 이루어졌을 때 전체 엔트로피 변화량을 나타내는 식은?

① $\dfrac{T_1 - T_2}{Q(T_1\times T_2)}$ ② $\dfrac{Q(T_1+T_2)}{T_1\times T_2}$

③ $\dfrac{Q(T_1-T_2)}{T_1\times T_2}$ ④ $\dfrac{T_1+T_2}{Q(T_1\times T_2)}$

정답 64 ③ 65 ① 66 ④ 67 ③

해설

$dS = \frac{\delta Q}{T}$에서

$\Delta S_1 = \frac{Q}{T_1}$(엔트로피 감소량 → 방열)

$\Delta S_2 = \frac{Q}{T_2}$(엔트로피 증가량 → 흡열)

$\therefore \ \Delta S = \Delta S_2 - \Delta S_1 = \frac{Q}{T_2} - \frac{Q}{T_1}$

68 14.33W의 전등을 매일 7시간 사용하는 집이 있다. 30일 동안 약 몇 kJ의 에너지를 사용하는가?

① 10,830 ② 15,020
③ 17,420 ④ 22,840

해설

$1\text{kW} = 1{,}000\text{W} = 1{,}000\text{J/s}$

$1\text{kWh} = 1{,}000\text{J/s} \times 3{,}600\text{s} = 3{,}600 \times 10^3\text{J} = 3{,}600\text{kJ}$

$14.33\text{W} = 0.01433\text{kW}$

$\frac{0.01433\text{kW} \times 7\text{hr}}{1\text{일}} \times 30\text{일} = 3.0093\text{kWh}$

$\therefore \ 3.0093\text{kWh} \times \frac{3{,}600\text{kJ}}{1\text{kWh}} = 10{,}833.48\text{kJ}$

69 다음 중 이상적인 증기터빈의 사이클인 랭킨사이클을 옳게 나타낸 것은?

① 가역단열압축 → 정압가열 → 가역단열팽창 → 정압냉각
② 가역단열압축 → 정적가열 → 가역단열팽창 → 정적냉각
③ 가역등온압축 → 정압가열 → 가역등온팽창 → 정압냉각
④ 가역등온압축 → 정적가열 → 가역등온팽창 → 정압냉각

해설

증기원동소의 이상 사이클인 랭킨사이클은 2개의 단열과정과 2개의 정압과정으로 이루어져 있으며, 펌프에서 단열압축한 다음, 보일러에서 정압가열 후 터빈으로 보내 단열팽창시켜 출력을 얻은 다음, 복수기(응축기)에서 정압방열하여 냉각시킨 후 그 물이 다시 펌프로 보내진다.

70 랭킨사이클의 열효율 증대방법에 해당하지 않는 것은?

① 복수기(응축기) 압력 저하
② 보일러 압력 증가
③ 터빈 입구 온도 저하
④ 보일러에서 증기 온도 상승

해설

랭킨사이클의 열효율을 증가시키는 방법

- 보일러의 증기 온도를 높게 하면 열효율 증가
- 보일러의 최고압력을 높게 하면 열효율 증가
- 터빈의 배기압력과 온도를 낮추면 효율이 증가하며 복수기 압력 저하

③ 터빈의 입구 온도를 낮추면 보일러의 증기온도가 낮게 되어 열효율이 감소한다.

71 그림과 같이 단면적 A_1은 0.4m², 단면적 A_2는 0.1m²인 동일 평면상의 관로에서 물의 유량이 1,000L/s일 때 관을 고정시키는 데 필요한 x방향의 힘 F_x의 크기는 약 몇 N인가?(단, 단면 1과 2의 높이 차는 1.5m이고, 단면 2에서 물은 대기로 방출되며, 곡관의 자체 중량, 곡관 내부 물의 중량 및 곡관에서의 마찰손실은 무시한다.)

정답 68 ① 69 ① 70 ③ 71 ③

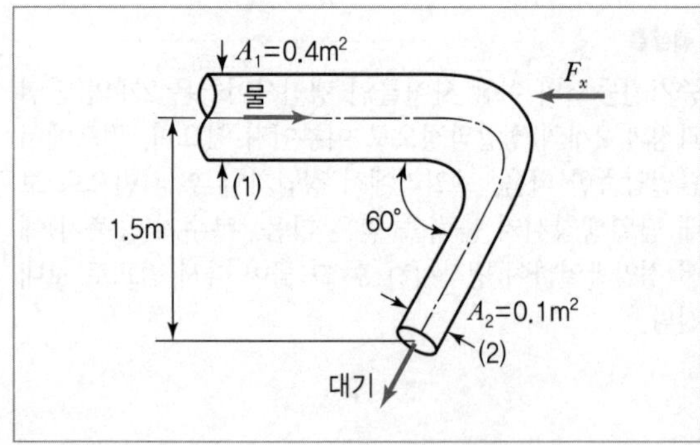

① 10,159 ② 15,358
③ 20,370 ④ 24,018

해설

$F_x = 32,175 \times 0.4 + 7,500 = 20,370\text{N}$

72 다음 중 점성계수를 측정하는 데 적합한 것은?

① 피토관(Pitot Tube)
② 슈리렌법(Schlieren Method)
③ 벤투리미터(Venturi Meter)
④ 세이볼트법(Saybolt Method)

해설

세이볼트법(세이볼트점도계)

연료오일 등의 점성계수를 측정하는 방법으로 일정한 유량의 연료오일이 가는관(세관)을 통과하는 데 걸리는 시간으로 측정한다.

73 다음 중 밀도가 가장 큰 액체는?

① 1g/cm^3 ② 비중 1.5
③ $1,200\text{kg/m}^3$ ④ 비중량 $8,000\text{N/m}^3$

해설

① $1,000\text{kg/m}^3 = \rho_w$

② $\rho = S\rho_w = 1.5 \times 1,000 = 1,500\text{kg/m}^3$

③ $1,200\text{kg/m}^3$

④ $\gamma = \rho g \rightarrow \rho = \dfrac{\gamma}{g} = \dfrac{8,000}{9.8} = 816.3\text{kg/m}^3$

74 점성을 지닌 액체가 지름 4mm의 수평으로 놓인 원통형 튜브를 $12 \times 10^{-6}\text{m}^3/\text{s}$의 유량으로 흐르고 있다. 길이 1m에서의 압력손실은 약 몇 kPa인가?(단, 튜브의 입구로부터 충분히 멀리 떨어져 있어서 유체는 축방향으로만 흐르며 유체의 밀도는 $1,180\text{kg/m}^3$, 점성계수는 $0.0045\text{N}\cdot\text{s/m}^2$이다.)

① 7.59 ② 8.59
③ 9.59 ④ 10.59

해설

하이겐포아젤 방정식 $Q = \dfrac{\Delta p \pi d^4}{128\mu l}$에서

$$\Delta p = \frac{128\mu l Q}{\pi d^4} = \frac{128 \times 0.0045 \times 1 \times 12 \times 10^{-6}}{\pi \times 0.004^4}$$
$$= 8,594\text{N/m}^2 = 8,594\text{Pa} = 8.59\text{kPa}$$

75 그림과 같은 원통 주위의 퍼텐셜 유동이 있다. 원통 표면상에서 상류 유속(V)과 동일한 크기의 유속이 나타나는 위치(θ)는?

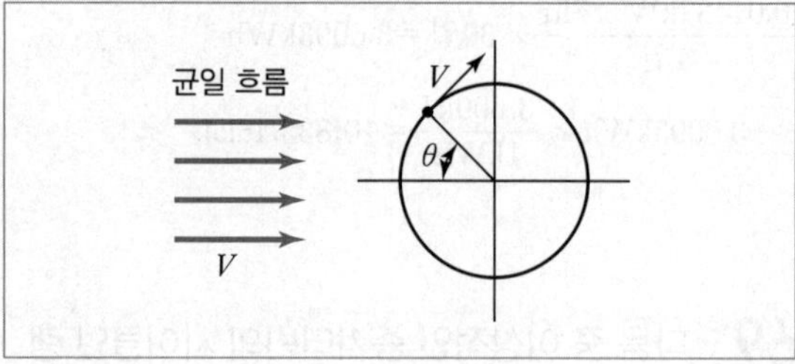

① 90° ② 30°
③ 45° ④ 60°

해설

원주 표면의 접선속도 $V^2 = 4U_\infty^2 \sin^2\theta$

(여기서, U_∞ : 자유유동속도)

$V = U_\infty$일 때 원통표면상에서 상류유속과 동일한 유속이 나타나므로 $U_\infty^2 = 4U_\infty^2 \sin^2\theta$

$\sin^2\theta = \dfrac{1}{4}$, $\sin\theta = \dfrac{1}{2}$

$\therefore\ \theta = 30°$

정답 72 ④ 73 ② 74 ② 75 ②

76 지름 0.1mm, 비중 2.3인 작은 모래알이 호수 바닥으로 가라앉을 때, 잔잔한 물속에서 가라앉는 속도는 약 몇 mm/s인가?(단, 물의 점성계수는 1.12×10^{-3}N · s/m^{2}이다.)

① 6.32 ② 4.96
③ 3.17 ④ 2.24

해설

낙구식 점도계에서

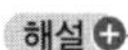

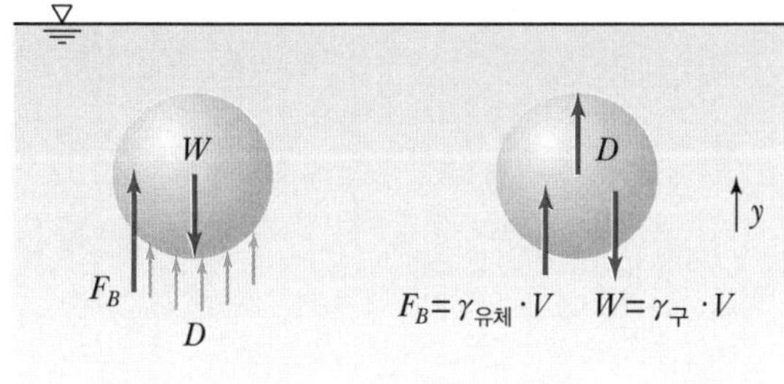

$\Sigma F_y=0: D+F_B-W=0$

$3\pi\mu Vd+\gamma_w\times\frac{\pi d^3}{6}-s\gamma_w\times\frac{\pi d^3}{6}=0$

$\therefore\ V=\frac{9{,}800\times\frac{\pi}{6}\times0.0001^3\times(2.3-1)}{3\pi\times1.12\times10^{-3}\times0.0001}$

$=0.00632\text{m/s}=6.32\text{mm/s}$

77 어떤 액체의 밀도는 890kg/m^3, 체적탄성계수는 2,200MPa이다. 이 액체 속에서 전파되는 소리의 속도는 약 몇 m/s인가?

① 1,572 ② 1,483
③ 981 ④ 345

해설

음속 $C=\sqrt{\frac{K}{\rho}}=\sqrt{\frac{2{,}200\times10^6}{890}}=1{,}572.23\text{m/s}$

78 다음 중 옳은 설명을 모두 고른 것은?

> ㉮ 정상(Steady) 유동일 때 유맥선(Streak Line), 유적선(Path Line), 유선(Stream Line)은 동일하다.
> ㉯ 공간상의 한 공통점을 지나온 모든 유체들로 이루어진 선을 유적선이라 한다.
> ㉰ 유선은 유체 속도장과 접하는 선을 말한다.

① ㉮, ㉯ ② ㉮, ㉰
③ ㉯, ㉰ ④ ㉮, ㉯, ㉰

해설

㉯는 유맥선에 대한 설명으로 유동장의 한 점에서 순간 궤적을 말한다. 유적선은 유체입자의 운동경로이다.

79 그림과 같이 폭이 2m, 높이가 3m인 평판이 물속에 수직으로 잠겨 있다. 이 평판의 한쪽 면에 작용하는 전체 압력에 의한 힘은 약 몇 kN인가?

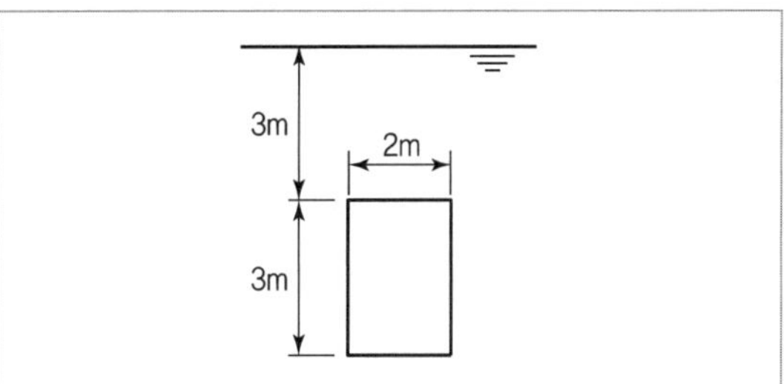

① 88 ② 176
③ 233 ④ 265

해설

평판 도심까지 깊이 $\bar{h}=(3+1.5)$m

전압력 $F=\gamma\bar{h}\cdot A=9{,}800\times(3+1.5)\times(2\times3)$
$=264{,}600\text{N}=264.6\text{kN}$

정답 76 ① 77 ① 78 ② 79 ④

80 2차원 (r, θ) 평면에서 연속방정식은 다음과 같이 주어진다. 비압축성 유동이고 반지름 방향의 속도 V_r은 반지름 방향과 거리 r만의 함수이며, 점선 방향의 속도 $V_\theta = 0$일 때, V_r은 어떤 함수가 되는가?

$$\frac{\partial \rho}{\partial t} + \frac{1}{r}\frac{\partial (r\rho V_r)}{\partial r} + \frac{1}{r}\frac{\partial (\rho V_\theta)}{\partial \theta} = 0$$

(단, t는 시간, ρ는 밀도이다.)

① r에 비례하는 함수
② r^2에 비례하는 함수
③ r에 반비례하는 함수
④ r^2에 반비례하는 함수

해설

$$V_r = \frac{c}{r}$$

정답 80 ③

제7회 CBT 실전 모의고사

1과목 기계제도 및 설계

01 가는 1점쇄선의 용도가 아닌 것은?

① 도형의 중심을 표시하는 데 쓰인다.
② 수면, 유면 등의 위치를 표시하는 데 쓰인다.
③ 중심이 이동한 중심궤적을 표시하는 데 쓰인다.
④ 되풀이하는 도형의 피치를 취하는 기준을 표시하는 데 쓰인다.

해설
②는 가는 실선으로 수면, 유면 등의 위치를 표시하는 수준면선에 사용한다.

02 다음과 같은 입체도를 제3각법으로 올바르게 나타낸 것은?

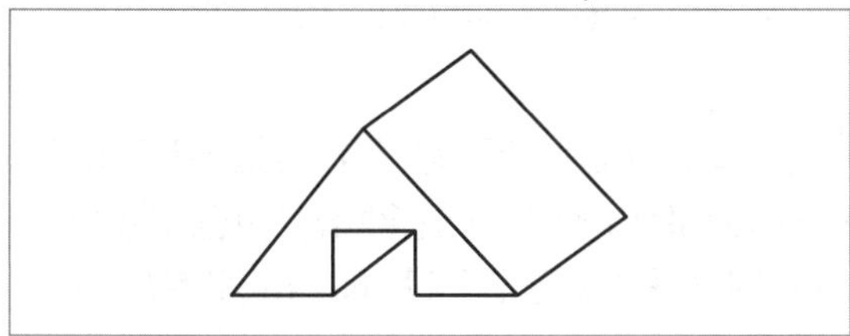

①

②
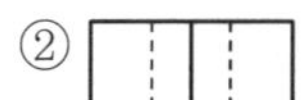

③
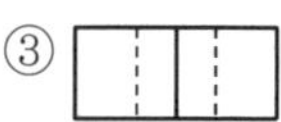

④
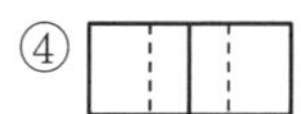

해설

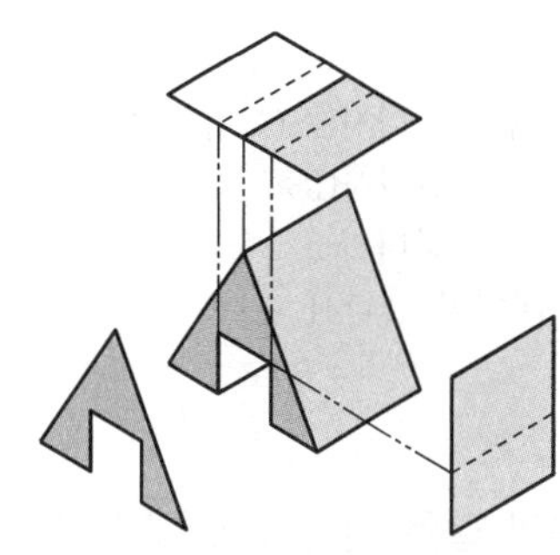

03 다음 그림에서 "C2"가 의미하는 것은?

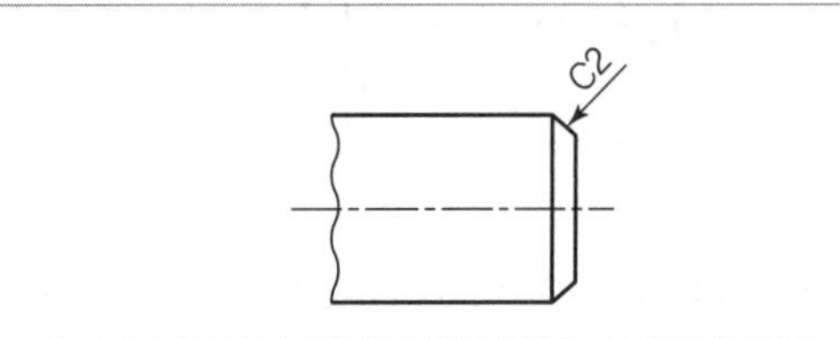

① 크기가 2인 15° 모떼기
② 크기가 2인 30° 모떼기
③ 크기가 2인 45° 모떼기
④ 크기가 2인 65° 모떼기

해설
"C"는 45° 모떼기 치수문자 앞에 기입하는 기호이므로 아래 그림과 같이 크기가 2인 45° 모떼기를 나타낸다.

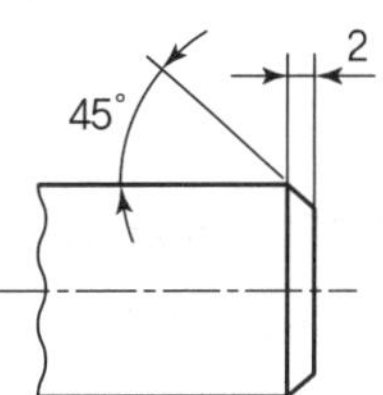

정답 01 ② 02 ① 03 ③

04 나사의 종류 중 ISO 규격에 있는 관용 테이퍼 나사에서 테이퍼 암나사를 표시하는 기호는?

① PT ② PS
③ Rp ④ Rc

해설
- PT : 관용 테이퍼 나사(ISO 규격에 없음)
- PS : 관용 평행 암나사(ISO 규격에 없음)
- Rp : 관용 평행 암나사
- Rc : 관용 테이퍼 암나사

05 다음과 같은 리벳의 호칭법으로 옳은 것은?(단, 재질은 SV330이다.)

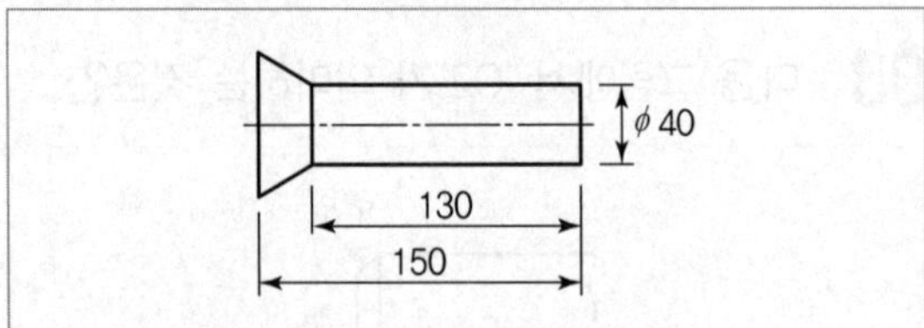

① 납작 머리 리벳 40×130 SV330
② 납작 머리 리벳 40×150 SV330
③ 접시 머리 리벳 40×130 SV330
④ 접시 머리 리벳 40×150 SV330

해설
리벳의 호칭방법은 리벳의 종류, 호칭지름×길이, 재료 순으로 기입한다.
여기서, 접시 머리 리벳의 길이는 머리부위를 포함한 전체 길이(150mm)이다.
∴ 접시 머리 리벳 40×150 SV330

06 그림과 같은 도면에서 '가' 부분에 들어갈 가장 적절한 기하공차 기호는?

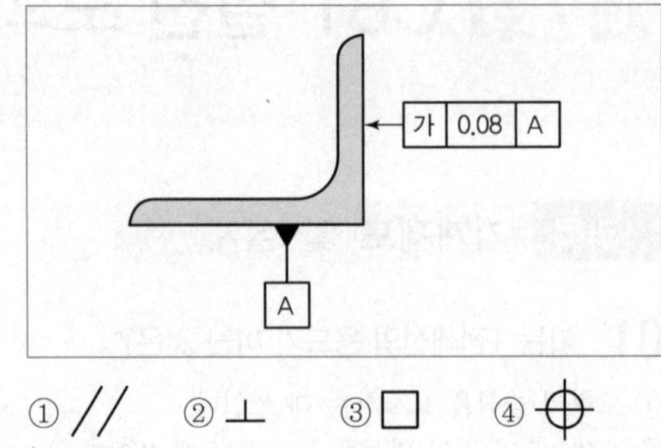

① // ② ⊥ ③ □ ④ ⌖

해설
②번 직각도 공차가 들어가야 한다.
① 평행도 ③ 평면도 ④ 위치도

07 비트(Bit)에 대한 설명으로 틀린 것은?

① Binary Digit의 약자이다.
② 0과 1을 동시에 나타내는 정보단위이다.
③ 2진수로 표시된 정보를 나타내기에 알맞다.
④ 컴퓨터에서 데이터를 나타내는 최소단위이다.

해설
② 0과 1을 사용하여 나타내는 정보단위이다.

08 그림과 같은 압력 용기의 뚜껑을 6개의 볼트로 죌 때 너트의 높이(mm)는 얼마인가?(단, 전압력은 9,000N, 허용접촉면 압력은 $2N/mm^2$, 볼트의 바깥지름은 20mm, 골지름은 17.29mm, 피치는 2.5mm)

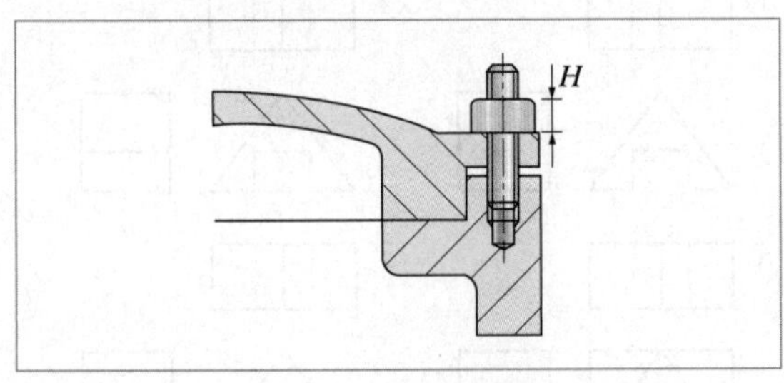

① 23.62 ② 25.62
③ 27.62 ④ 29.62

정답 04 ④ 05 ④ 06 ② 07 ② 08 ①

해설

6개의 볼트로 죄므로

볼트 한 개당 받는 하중 $Q=\dfrac{9,000}{6}=1,500\text{N}$

$$z=\frac{4Q}{\pi(d_2^{\,2}-d_1^{\,2})q}$$

$$H=z\cdot p=\frac{4Qp}{\pi(d_2^{\,2}-d_1^{\,2})q}$$

$$=\frac{4\times 1,500\times 2.5}{\pi(20^2-17.29^2)\times 2}=23.62\text{mm}$$

09 너클핀 조인트에서 축방향 하중 10kN를 받는 핀의 지름 d는 약 몇 mm인가?(단, 재료의 허용 전단응력을 300N/cm²로 한다.)

① 36.07 ② 46.07
③ 56.07 ④ 66.07

해설

$$P=\tau\cdot A_\tau=\tau\times\frac{\pi d^2}{4}\times 2\quad(\tau=3\text{N/mm}^2)$$

$$\therefore\ d=\sqrt{\frac{2P}{\pi\tau}}=\sqrt{\frac{2\times 10,000}{\pi\times 3}}=46.07\text{mm}$$

10 강판의 두께 12mm, 리벳구멍의 지름 16mm로 하여 1줄 겹치기이음으로 할 때 리벳의 전단하중과 판의 인장하중이 같을 경우 피치는 약 몇 mm인가?(단, 강판의 발생하는 인장응력은 40MPa, 리벳에 발생하는 전단응력은 32MPa이다. 또한 리벳 지름은 리벳구멍의 지름과 같다고 본다.)

① 24.5 ② 29.4
③ 33.6 ④ 42.7

해설

$\tau\cdot\dfrac{\pi}{4}d^2\times n=\sigma_t(p-d')t$에서

$$\therefore\ p=\frac{\tau\cdot\pi\cdot d^2}{4\cdot\sigma_t\cdot t}n+d'$$

$$=\frac{32\times\pi\times 16^2}{4\times 40\times 12}\times 1+16=29.4\text{mm}$$

11 그림과 같은 양쪽 옆면 필릿 용접에서 오른쪽으로 P의 하중이 작용하고 있다. 용접부 다리길이를 h라고 할 때 용접부에 작용하는 전단응력(τ) 식으로 옳은 것은?

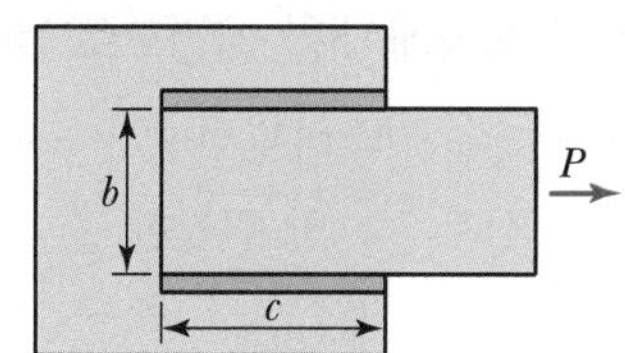

① $\tau=\dfrac{\sqrt{2}P}{hc}$ ② $\tau=\dfrac{\sqrt{2}P}{hb}$
③ $\tau=\dfrac{P}{\sqrt{2}hc}$ ④ $\tau=\dfrac{P}{\sqrt{2}hb}$

해설

$$\tau=\frac{P}{2\cdot t\cdot l}=\frac{P}{2\times h\cos 45°\times c}=\frac{P}{\sqrt{2}hc}$$

12 길이가 4m이고, 지름이 225mm인 둥근축이 200rpm으로 회전한다면 약 몇 kW의 동력을 전달하는가?(단, 비틀림각은 1°이고, G=8,500MPa로 한다.)

① 195 ② 205
③ 215 ④ 225

정답 09 ② 10 ② 11 ③ 12 ①

해설

강성설계

$\theta = \dfrac{T \cdot l}{G \cdot I_p}$ 에서

$T = \dfrac{GI_p\theta}{l} = \dfrac{8{,}500 \times \pi \times 225^4 \times 1 \times \pi}{4{,}000 \times 32 \times 180}$

$= 9{,}331{,}818.19\text{N} \cdot \text{mm} = 9{,}331.82\text{N} \cdot \text{m}$

$H = T \cdot \omega = 9{,}331.82 \times \dfrac{2 \times \pi \times 200}{60}$

$= 195{,}445.18\text{N} \cdot \text{m/s} = 195{,}445.18\text{W}$

$= 195.45\text{kW}$

13 기어에 있어서 사이클로이드(Cycloid) 치형의 일반적인 특징에 대한 설명으로 틀린 것은?

① 미끄럼률이 일정하여 마모면에서 유리하다.
② 중심거리가 맞지 않으면 원활한 물림이 되지 않는다.
③ 치형을 가공하기가 어렵다.
④ 일반 동력전달용 산업기계에 사용하기 적합하다.

해설

사이클로이드치형의 기어는 미끄럼률이 균일해 치형에 변화가 없으며, 기어 간 중심거리가 정확해야 물림이 원활하며, 치형의 공작이 어렵다. 특히 트러스트하중을 피하는 기계에 사용되며, 동력전달용 기계에는 인벌류트 치형의 기어가 널리 사용된다.

14 벨트 전동에서 유효장력 P를 나타내는 식으로 옳은 것은?(단, T_t는 긴장 측 장력이고, T_s는 이완 측 장력을 나타낸다.)

① $P = \dfrac{T_t - T_s}{2}$　② $P = \dfrac{T_s}{T_t}$
③ $P = T_t \cdot T_s$　④ $P = T_t - T_s$

해설

$T_e = P = T_t - T_s$

15 코일 스프링에서 축방향 작용하중을 P, 코일의 유효지름을 D, 소선의 지름을 d, Whal의 응력수정계수를 K라 할 때 최대전단응력 $\tau_{\max}$ 를 구하는 식으로 옳은 것은?

① $\tau_{\max} = K\dfrac{8PD}{\pi d^3}$　② $\tau_{\max} = K\dfrac{8PD}{\pi d^2}$
③ $\tau_{\max} = K\dfrac{4PD}{\pi d^3}$　④ $\tau_{\max} = K\dfrac{4PD}{\pi d^2}$

해설

$T = \tau \cdot Z_P = \tau \cdot \dfrac{\pi d^3}{16} = P \cdot \dfrac{D}{2}$ 에서 $\tau = \dfrac{8PD}{\pi d^3}$ 왈의 응력수정계수를 곱하면 $\tau_{\max} = K\dfrac{8PD}{\pi d^3}$

16 다음 간략기호의 명칭은?(단, 스프링이 없는 경우이다.)

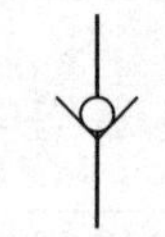

① 체크 밸브
② 스톱 밸브
③ 일정 비율 감압 밸브
④ 저압 우선형 셔틀 밸브

17 토출량이 일정하지 않으며 주로 저압에서 사용하는 비용적형 펌프의 종류가 아닌 것은?

① 베인 펌프　② 원심 펌프
③ 축류 펌프　④ 혼류 펌프

해설

비용적형 펌프의 종류

원심 펌프(터빈 펌프, 벌류트 펌프), 축류 펌프, 혼류형 펌프

정답　13 ④　14 ④　15 ①　16 ①　17 ①

18 유압실린더에서 오일에 의해 피스톤에 15 MPa의 압력이 가해지고 피스톤 속도가 3.5cm/s일 때 이 실린더에서 발생하는 동력은 약 몇 kW인가? (단, 실린더 안지름은 100mm이다.)

① 2.74 ② 4.12
③ 6.18 ④ 8.24

해설

$p = 15\text{MPa} = 15 \times 10^6\text{Pa} = 15 \times 10^6\text{N/m}^2$

$A = \dfrac{d^2\pi}{4} = \dfrac{100^2 \times \pi}{4}\text{mm}^2$

$= 7{,}854\text{mm}^2 \times 10^{-6}\dfrac{\text{m}^2}{\text{mm}^2} = 0.007854\text{m}^2$

$V = 3.5\dfrac{\text{cm}}{\text{s}} \times \dfrac{1\text{m}}{100\text{cm}} = 0.035\text{m/s}$

$H = F \cdot V = P \cdot A \cdot V$

$= (15 \times 10^6 \times 0.007854 \times 0.035)\text{N} \cdot \text{m/s}$

$= 4{,}123.35\text{N} \cdot \text{m/s}$

$= 4{,}123.35\text{W} = 4.12\text{kW}$

19 다음 기호의 명칭은?

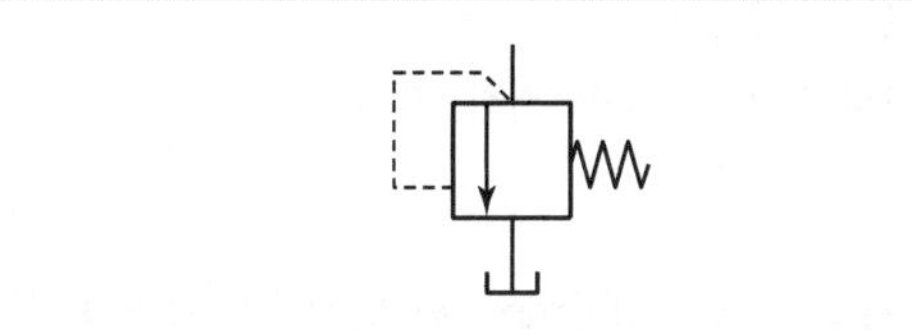

① 풋 밸브 ② 감압 밸브
③ 릴리프 밸브 ④ 디셀러레이션 밸브

20 유압 및 유압장치에 대한 설명으로 적합하지 않은 것은?

① 자동제어, 원격제어가 가능하다.
② 오일에 기포가 섞이거나 먼지, 이물질에 의해 고장이나 작동이 불량할 수 있다.
③ 굴삭기와 같은 큰 힘을 필요로 하는 건설기계는 유압보다는 공압을 사용한다.
④ 유압장치는 공압 장치에 비해 복귀관과 같은 배관을 필요로 하므로 배관이 상대적으로 복잡해질 수 있다.

해설

③ 굴삭기와 같은 큰 힘을 필요로 하는 건설기계는 공압보다는 유압을 사용한다.

2과목 기계재료 및 제작

21 합금주철에서 특수합금 원소의 영향을 설명한 것으로 틀린 것은?

① Ni은 흑연화를 방지한다.
② Ti은 강한 탈산제이다.
③ V은 강한 흑연화 방지 원소이다.
④ Cr은 흑연화를 방지하고 탄화물을 안정화한다.

해설

합금주철에서 합금원소의 영향

- Al : 강력한 흑연화 원소의 하나로 Al_2O_3을 만들어 고온 산화 저항성을 향상시키고, 10% 이상 되면 내열성을 증대시킨다.
- Si : 흑연 발생을 촉진시키고, 응고 수축이 적어 주조성이 좋아진다.
- Ni : 흑연화를 촉진하며, 내열, 내산화성이 증가한다. 내알칼리성을 갖게 하며, 내마모성도 좋아진다.
- Ti : 강탈산제이고, 흑연화를 촉진시키고, 흑연을 미세화시켜 강도를 높인다.
- Mo : 강도, 경도, 내마모성을 증가시키며 0.25~1.25% 정도 첨가한다. 두꺼운 주물의 조직을 균일하게 한다.
- Cr : Cr은 2~1.5% 첨가하면, 흑연화를 방지하고 탄화물을 안정화시킨다. 내식성, 내열성을 증대시키고 내부식성이 좋아진다.
- Cu : 보통 0.25~2.5% 첨가하면 경도가 증가하고 내마모성이 개선되며, 내식성이 좋아진다.
- V : 흑연을 방지하고 펄라이트를 미세화시킨다.

정답 18 ② 19 ③ 20 ③ 21 ①

22 강의 열처리 방법 중 표면경화법에 해당하는 것은?

① 마퀜칭 ② 오스포밍
③ 침탄질화법 ④ 오스템퍼링

해설

표면경화법
재료의 표면만을 단단하게 만드는 열처리 방법이다.
- 화학적 방법 : 침탄법, 질화법, 침탄질화법
- 물리적 방법 : 화염경화법, 고주파경화법
- 금속침투법 : 세라다이징(Zn), 칼로라이징(Ca), 크로마이징(Cr), 실리코나이징(Si), 보로나이징(B)
- 기타 : 숏피닝, 하드페이싱

23 빗금으로 표시한 입방격자면의 밀러지수는?

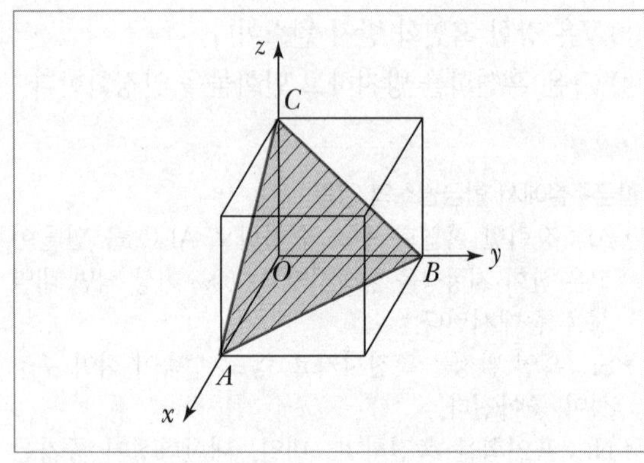

① (100) ② (010)
③ (110) ④ (111)

해설

밀러지수
좌푯값 역수의 최소정수비로 좌푯값은 (1, 1, 1)이다.

24 $\alpha-\mathrm{Fe}$과 $\mathrm{Fe_3C}$의 층상조직은?

① 펄라이트 ② 시멘타이트
③ 오스테나이트 ④ 레데뷰라이트

해설

펄라이트
726℃에서 오스테나이트가 페라이트와 시멘타이트(고용체와 Fe_3C)의 공석강으로 변태한 것으로, 탄소함유량은 0.77%이고, 자성이 있다.

25 특수강을 제조하는 목적이 아닌 것은?

① 절삭성 개선 ② 고온강도 저하
③ 담금질성 향상 ④ 내마멸성, 내식성 개선

해설

합금원소를 첨가하는 목적
- 기계적 성질 개선
- 내식, 내마멸성 증대
- 담금질성의 향상
- 단접과 용접성 향상
- 절삭, 소성가공성 개량
- 결정 입자 성장 방지
- 고온에서 기계적 성질 저하 방지

26 표점거리가 100mm, 시험편의 평행부 지름이 14mm인 시험편을 최대하중 6,400kgf로 인장한 후 표점거리가 120mm로 변화되었을 때 인장강도는 약 몇 $\mathrm{kgf/mm^2}$인가?

① 10.4 ② 32.7
③ 41.6 ④ 61.4

해설

$$\text{인장강도}(\sigma_{\max}) = \frac{\text{최대하중}}{\text{원단면적}} = \frac{P_{\max}}{A_0}\ (\mathrm{kgf/mm^2})$$

$$\sigma_{\max} = \frac{6{,}400}{\frac{\pi}{4}\times 14^2} = 41.575(\mathrm{kgf/mm^2})$$

정답 22 ③ 23 ④ 24 ① 25 ② 26 ③

27 칼로라이징은 어떤 원소를 금속표면에 확산 침투시키는 방법인가?

① Zn ② Si
③ Al ④ Cr

해설

칼로라이징(Calorizing)
고온산화 방지를 위해 알루미늄(Al)을 금속 표면에 확산 침투시켜 사용한다.

28 다음 중 자기변태점이 가장 높은 것은?

① Fe ② Co
③ Ni ④ Fe_3C

해설

자기변태점
• Fe : 768℃ • Co : 1,120℃
• Ni : 360℃ • Fe_3C : 210℃

29 황(S)을 많이 함유한 탄소강에서 950℃ 전후의 고온에서 발생하는 취성은?

① 저온취성 ② 불림취성
③ 적열취성 ④ 뜨임취성

해설

적열취성
강은 900℃ 이상에서 황(S)이나 산소가 철과 화합하여 산화철이나 황화철(FeS)을 만든다. 황화철이 포함된 강은 고온에 있어서 여린 성질을 나타내는데, 이것을 적열취성이라 한다. Mn을 첨가하면 MnS을 형성하여 이 취성을 방지하는 효과를 얻을 수 있다.

30 강의 표면경화처리에서 침탄법과 비교하였을 때 질화법의 특징으로 틀린 것은?

① 침탄한 것보다 경도가 높다.
② 질화 후에 열처리가 필요 없다.
③ 침탄법보다 경화에 의한 변형이 적다.
④ 침탄법보다 단시간 내에 같은 경화 깊이를 얻을 수 있다.

해설

④ 침탄법보다 열처리 소요시간이 길다.

31 강관을 길이방향으로 이음매 용접하는 데 가장 적합한 용접은?

① 심 용접 ② 점용접
③ 프로젝션 용접 ④ 업셋 맞대기용접

해설

용접의 종류
㉠ 심용접(Seam Welding)
• 점용접이 반복되어 연속된 선모양의 접합부를 생성하며, 용접 가능한 판두께는 점용접보다 얇다.
• 수밀, 기밀, 유밀을 요하는 곳에 적용한다.
㉡ 점용접(Spot Welding)
• 자동차 등 대량생산에 의한 박판의 용접에 적용한다.
• 모재의 가열이 짧아 열영향부가 작다.
㉢ 프로젝션 용접(Projection Welding)
• 점용접과 동일하나 작은 돌기를 만들어 용접한다.
• 많은 개소를 동시에 용접 가능하기 때문에 능률이 좋다.
㉣ 업셋 용접(Upset Welding)
• 저항용접 중 가장 먼저 개발된 것으로 널리 사용되고 있는 용접법이다.
• 접촉된 두 면에 전류를 흘려 접촉저항에 의해 가열되고 축방향으로 큰 힘을 가하여 용접시공한다.
• 환봉, 각봉, 관, 판 등의 제작에 사용한다.

정답 27 ③ 28 ② 29 ③ 30 ④ 31 ①

32 CNC 공작기계의 이동량을 전기적인 신호로 표시하는 회전 피드백 장치는?

① 리졸버 ② 볼 스크루
③ 리밋 스위치 ④ 초음파 센서

해설

① 리졸버 : 모터 축의 회전 각도와 속도를 전기적 신호로 변화하여 회전 변위량을 측정한다.
② 볼 스크루 : 회전 운동을 선형 운동으로(또는 반대로) 전환하는 조립체이다.
③ 리밋 스위치 : 기계 장치의 이동을 제어하고 보호하는 데 사용되는 기계식 스위치이다.
④ 초음파 센서 : 센서와 측정 물체 사이를 통과하는 데 소요되는 시간으로 거리 또는 위치 값을 계산한다.

33 공작물을 양극으로 하고 전기저항이 적은 Cu, Zn을 음극으로 하여 전해액 속에 넣고 전기를 통하면, 가공물 표면이 전기에 의한 화학적 작용으로 매끈하게 가공되는 가공법은?

① 전해연마 ② 전해연삭
③ 워터젯 가공 ④ 초음파가공

해설

① 전해연마(Celectrolytic Polishing) : 연마하려는 공작물을 양극으로 하여 과염소산, 인산, 황산, 질산 등의 전해액 속에 매달아 두고 1A/cm^2 정도의 직류전류를 통전하여 전기 화학적으로 공작물의 미소돌기를 용출시켜 광택면을 얻는다.
② 전해연삭(Electrolytic Grinding) : 숫돌 입자와 공작물이 접촉하여 가공하는 연삭작용과 전해작용으로 가공한다.
③ 워터젯 가공(Water Jet Cutting) : 초고압(200~400 MPa 이상)으로 응축된 물 또는 연마 혼합물을 오리피스/노즐을 통해 소재 표면에 분사하여 원하는 형상으로 절단하여 가공한다.
④ 초음파가공 : 초음파 진동을 에너지원으로 하여 진동하는 공구(Horn)와 공작물 사이에 연삭 입자를 공급하여 공작물을 정밀하게 다듬는다.

34 다음 중 나사의 유효지름 측정과 가장 거리가 먼 것은?

① 나사 마이크로미터 ② 센터게이지
③ 공구현미경 ④ 삼침법

해설

나사 측정 종류

- 나사 마이크로미터 : 엔빌이 나사의 산과 골 사이에 끼워지도록 되어 있으며 나사에 알맞게 끼워 넣어서 유효지름을 측정한다.
- 삼침법 : 나사의 골에 적당한 굵기의 침을 3개 끼워서 침의 외측거리 M을 외측 마이크로미터로 측정하여 수나사의 유효지름을 계산한다.
- 공구현미경 : 관측 현미경과 정밀 십자이동테이블을 이용하며 길이, 각도, 윤곽 등을 측정하는 데 편리한 측정기기이다.
- 만능측정기 : 측정자와 피측정물을 축정방향으로 일직선상에 두고 측정하는 측정기로서 기하학적 오차를 줄일 수 있는 구조로 되어 있다. 외경측정, 내경측정, 나사플러그, 나사링게이지의 유효경 등을 측정한다.
- 센터게이지 : 나사 바이트의 각도를 측정한다.

35 다이(Die)에 탄성이 뛰어난 고무를 적층으로 두고 가공 소재를 형상을 지닌 펀치로 가압하여 가공하는 성형가공법은?

① 전자력 성형법 ② 폭발성형법
③ 엠보싱법 ④ 마폼법

해설

① 전자력 성형법 : 순간적으로 강한 전자력을 작용시켜 판재를 형(型)에 밀어붙여서 성형한다.
② 폭발성형법(Explosive Forming) : 고에너지 화약을 점화시켰을 때의 충격파를 이용하는 성형법으로, 상대적으로 대형물의 가공에 적합하며 생산주기가 크다.
③ 엠보싱법(Embossing) : 금속판에 두께 변화를 일으키지 않고 상하 반대로 여러 가지 모양의 요철을 만드는 가공이다.

정답 32 ① 33 ① 34 ② 35 ④

④ 마폼법(Marforming) : 용기 모양의 홈 안에 고무를 넣고 고무를 다이 대신 사용하는 것으로 베드에 설치되어 있는 펀치가 소재 판을 위에 고정되어 있는 고무에 밀어 넣어 성형 가공한다. 고무의 탄성이 펀치의 압력을 흡수할 수 있기 때문에 소재 판의 성형이 가능하고, 고무의 압력으로 측면의 성형도 원만하게 이루어지며 구조가 비교적 간단한 용기 제작에 이용된다.

36 경화된 작은 강철 볼(Ball)을 공작물 표면에 분사하여 표면을 매끈하게 하는 동시에 피로강도와 그 밖의 기계적 성질을 향상시키는데 사용하는 가공방법은?

① 숏피닝 ② 액체 호닝
③ 슈퍼피니싱 ④ 래핑

37 노즈 반지름이 있는 바이트로 선삭할 때 가공 면의 이론적 표면거칠기를 나타내는 식은?(단, f는 이송, R은 공구의 날 끝 반지름이다.)

① $\frac{f^2}{8R}$ ② $\frac{f}{8R^2}$
③ $\frac{f}{8R}$ ④ $\frac{f}{4R}$

해설

가공면의 표면거칠기(조도)(h)

$$h = \frac{f^2}{8R}(\text{mm})$$

여기서, f : 이송거리[mm]
R : 공구의 날 끝 반지름[mm]

38 브라운샤프형 분할대로 $\left(5\frac{1}{2}\right)^\circ$의 각도를 분할할 때, 분할 크랭크의 회전을 어떻게 하면 되는가?

① 27구멍 분할판으로 14구멍씩
② 18구멍 분할판으로 11구멍씩
③ 21구멍 분할판으로 7구멍씩
④ 24구멍 분할판으로 15구멍씩

해설

분할 크랭크의 회전수 $n = \frac{A^\circ}{9^\circ} = \frac{\left(\frac{11}{2}\right)}{9^\circ} = \frac{11}{18}$

∴ 18구멍열의 분할판에서 11구멍씩 회전시킨다.

39 피복 아크 용접봉의 피복제(Flux)의 역할로 틀린 것은?

① 아크를 안정시킨다.
② 모재 표면에 산화물을 제거한다.
③ 용착금속의 탈산 정련작용을 한다.
④ 용착금속의 냉각속도를 빠르게 한다.

해설

피복제의 역할

- 피복제는 고온에서 분해되어 가스를 방출하여 아크 기둥과 용융지를 보호해 용착금속의 산화 및 질화가 일어나지 않도록 보호해 준다.
- 피복제의 용융은 슬래그가 형성되고 탈산작용을 하며 용착 금속의 급랭을 방지하는 역할을 한다.

40 두께 1.5mm인 연강판에 지름 3.2mm의 구멍을 펀칭할 때 전단력은 약 몇 kN인가?(단, 연강판의 전단강도는 250MPa이다.)

① 2.07 ② 3.77
③ 4.86 ④ 5.87

해설

전단력 $= \tau \times A = \tau \pi t d = 250 \times \pi \times 1.5 \times 3.2$
$= 3{,}770\text{N} = 3.77\text{kN}$

정답 36 ① 37 ① 38 ② 39 ④ 40 ②

3과목 구조해석

41 다음 구조물에 하중 $P=1\text{kN}$이 작용할 때 연결핀에 걸리는 전단응력은 약 얼마인가?(단, 연결핀의 지름은 5mm이다.)

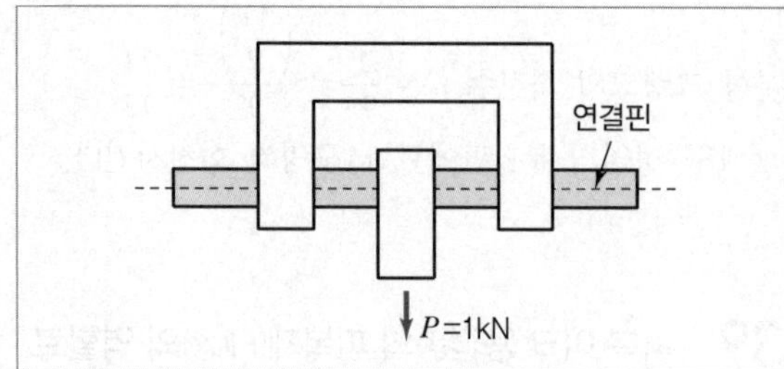

① 25.46kPa　② 50.92kPa
③ 25.46MPa　④ 50.92MPa

해설

하중 P에 의해 연결핀은 양쪽에서 전단(파괴)된다.

$$\tau=\frac{P_s}{A_\tau}=\frac{P}{\frac{\pi d^2}{4}\times 2}=\frac{2P}{\pi d^2}=\frac{2\times 1\times 10^3}{\pi\times 0.005^2}$$

$$=25.46\times 10^6\text{Pa}$$
$$=25.46\text{MPa}$$

42 100rpm으로 30kW를 전달시키는 길이 1m, 지름 7cm인 둥근 축단의 비틀림각은 약 몇 rad인가?(단, 전단탄성계수는 83GPa이다.)

① 0.26　② 0.30
③ 0.015　④ 0.009

해설

$$T=\frac{H}{\omega}=\frac{H}{\frac{2\pi N}{60}}=\frac{60\times 30\times 10^3}{2\pi\times 100}=2{,}864.79\text{N}\cdot\text{m}$$

$$\theta=\frac{T\cdot l}{GI_p}=\frac{2{,}864.79\times 1}{83\times 10^9\times\frac{\pi\times 0.07^4}{32}}=0.0146\text{rad}$$

43 길이가 5m이고 직경이 0.1m인 양단고정보 중앙에 200N의 집중하중이 작용할 경우 보의 중앙에서의 처짐은 약 몇 m인가?(단, 보의 세로탄성계수는 200GPa이다.)

① 2.36×10^{-5}　② 1.33×10^{-4}
③ 4.58×10^{-4}　④ 1.06×10^{-3}

해설

$$\delta=\frac{Pl^3}{192EI}=\frac{200\times 5^3}{192\times 200\times 10^9\times\frac{\pi}{64}\times 0.1^4}$$
$$=1.326\times 10^{-4}$$

44 그림과 같이 800N의 힘이 브래킷의 A에 작용하고 있다. 이 힘의 점 B에 대한 모멘트는 약 몇 N · m인가?

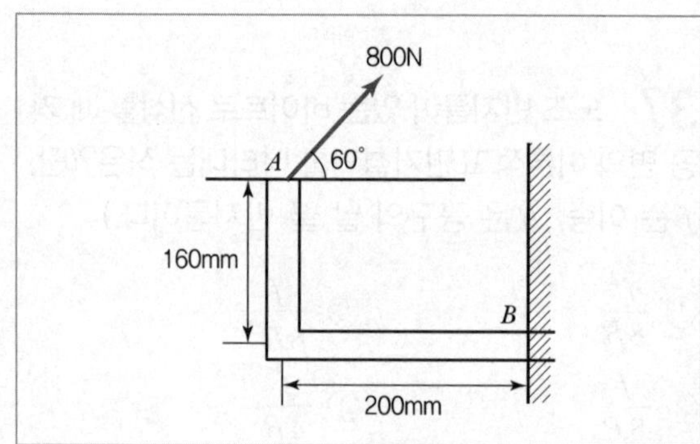

① 160.6　② 202.6
③ 238.6　④ 253.6

해설

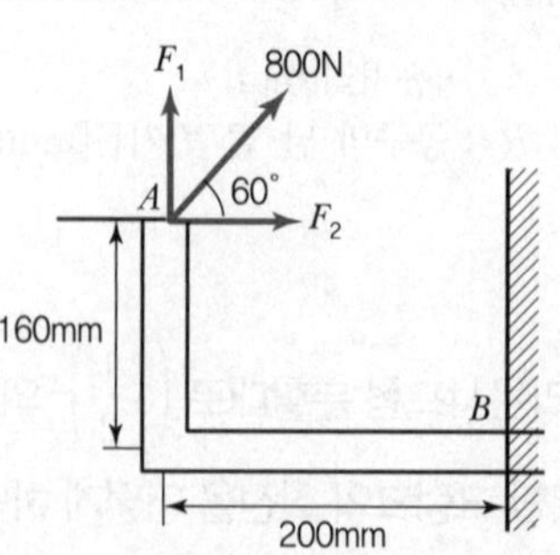

정답　41 ③　42 ③　43 ②　44 ②

그림처럼 직각분력으로 나누어 B점에 대한 모멘트를 구하면

$$M_B = F_1 \times 0.2 + F_2 \times 0.16$$
$$= 800 \times \sin 60° \times 0.2 + 800 \times \cos 60° \times 0.16$$
$$= 202.56\text{N} \cdot \text{m}$$

45 길이 10m, 단면적 2cm^{2}인 철봉을 100℃에서 그림과 같이 양단을 고정했다. 이 봉의 온도가 20℃로 되었을 때 인장력은 약 몇 kN인가?(단, 세로탄성계수 200GPa, 선팽창계수 α =0.000012/℃이다.)

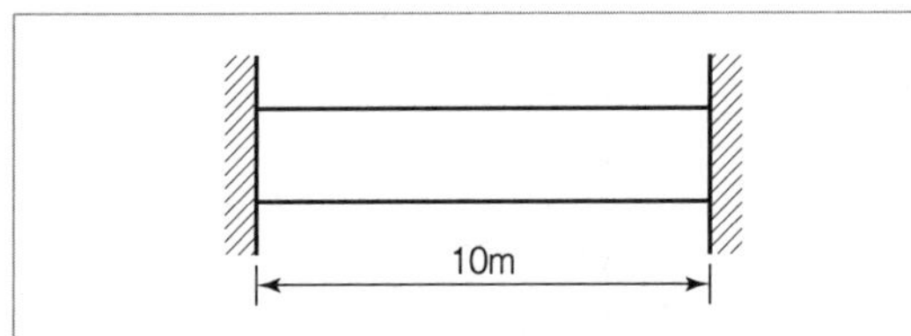

① 19.2 ② 25.5
③ 38.4 ④ 48.5

해설

$$A = 2\text{cm}^2 \times \left(\frac{1\text{m}}{100\text{cm}}\right)^2 = 2 \times 10^{-4}\text{m}^2$$
$$\varepsilon = \alpha \Delta t$$
$$\sigma = E\varepsilon = E\alpha\Delta t$$
$$P = \sigma A = E\alpha\Delta t A$$
$$= 200 \times 10^9 \times 0.000012 \times (100-20) \times 2 \times 10^{-4}$$
$$= 38{,}400\text{N}$$
$$= 38.4\text{kN}$$

46 그림과 같이 외팔보의 끝에 집중하중 P가 작용할 때 자유단에서의 처짐각 θ는?(단, 보의 굽힘강성 EI는 일정하다.)

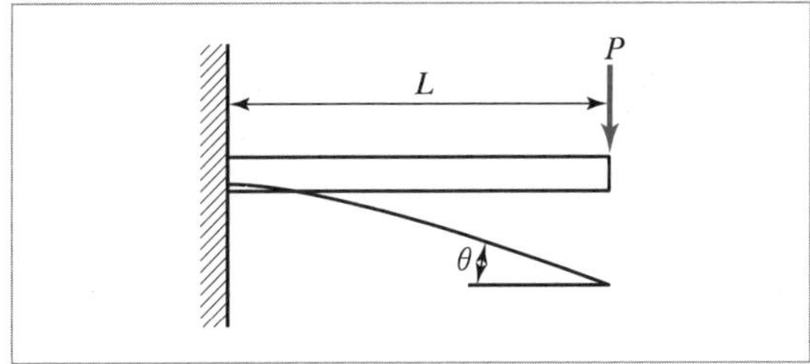

① $\dfrac{PL^2}{2EI}$ ② $\dfrac{PL^3}{6EI}$
③ $\dfrac{PL^2}{8EI}$ ④ $\dfrac{PL^2}{12EI}$

해설

외팔보 자유단 처짐각 $\theta = \dfrac{PL^2}{2EI}$

47 비틀림모멘트 2kN · m가 지름 50mm인 축에 작용하고 있다. 축의 길이가 2m일 때 축의 비틀림각은 약 몇 rad인가?(단, 축의 전단탄성계수는 85GPa이다.)

① 0.019 ② 0.028
③ 0.054 ④ 0.077

해설

$$\theta = \frac{T \cdot l}{GI_p} = \frac{2 \times 10^3 \times 2}{85 \times 10^9 \times \dfrac{\pi \times 0.05^4}{32}} = 0.0767\text{rad}$$

48 다음 외팔보가 균일분포 하중을 받을 때, 굽힘에 의한 탄성변형에너지는?(단, 굽힘강성 EI는 일정하다.)

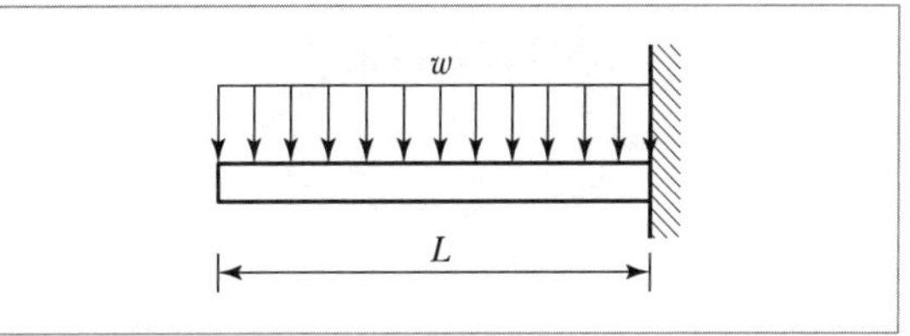

정답 45 ③ 46 ① 47 ④ 48 ③

① $U=\frac{w^2L^5}{20EI}$ ② $U=\frac{w^2L^5}{30EI}$
③ $U=\frac{w^2L^5}{40EI}$ ④ $U=\frac{w^2L^5}{50EI}$

해설

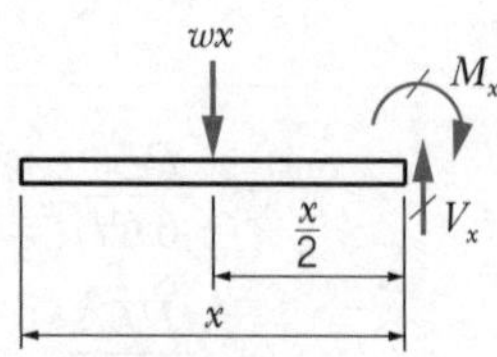

$\Sigma M_{x\text{지점}}=0 : -wx\frac{x}{2}+M_x=0 \rightarrow M_x=\frac{wx^2}{2}$

탄성변형에너지 U는

$$U=\int_0^L \frac{M^2}{2EI}dx=\int_0^L \frac{\left(\frac{wx^2}{2}\right)^2}{2EI}dx$$

$$=\frac{w^2}{8EI}\int_0^L x^4 dx$$

$$=\frac{w^2}{8EI}\left[\frac{x^5}{5}\right]_0^L=\frac{w^2L^5}{40EI}$$

49 판 두께 3mm를 사용하여 내압 20kN/cm² 를 받을 수 있는 구형(Spherical) 내압용기를 만들려고 할 때, 이 용기의 최대안전내경 d를 구하면 몇 cm인가?(단, 이 재료의 허용인장응력을 σ_w =800 kN/cm²로 한다.)

① 24 ② 48
③ 72 ④ 96

해설

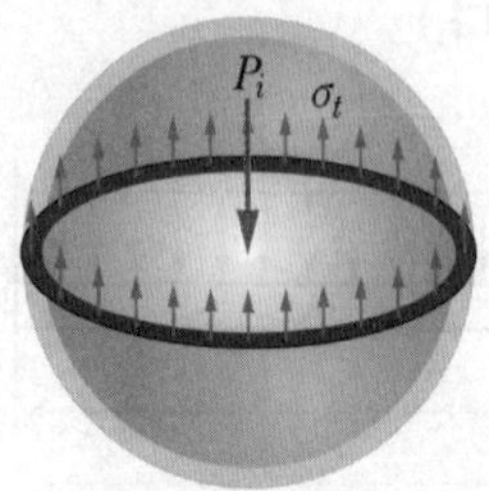

$t=0.3$cm

$\Sigma F_y=0 : \sigma_t\times\pi dt-P_i\times\frac{\pi d^2}{4}=0$

$\therefore\ d=\frac{4\sigma_t\cdot t}{P_i}=\frac{4\times800\times10^3\times0.3}{20\times10^3}=48\text{cm}$

50 다음과 같은 평면응력상태에서 최대주응력 σ_1은?

$\sigma_x=\tau,\ \ \sigma_y=0,\ \ \tau_{xy}=-\tau$

① 1.414τ ② 1.80τ
③ 1.618τ ④ 2.828τ

해설

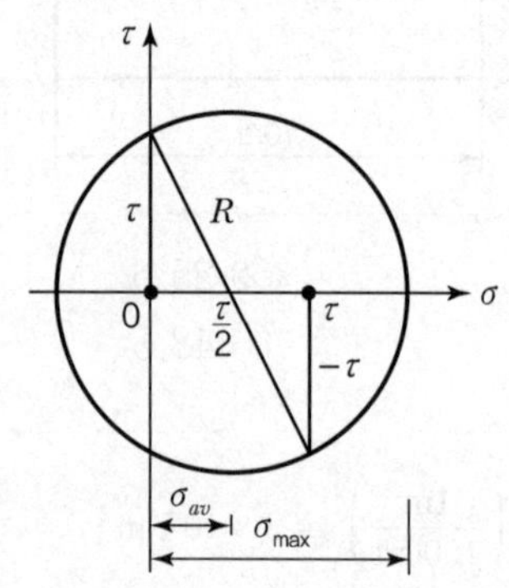

모어의 응력원에서 $\sigma_{av}=\frac{\tau}{2}$

$$R=\sqrt{\left(\frac{\tau}{2}\right)^2+\tau^2}=\sqrt{\frac{5}{4}}\tau=\frac{\sqrt{5}}{2}\tau$$

$$\sigma_1=\sigma_{max}=\sigma_{av}+R$$

$$=\frac{\tau}{2}+\frac{\sqrt{5}}{2}\tau=\left(\frac{1+\sqrt{5}}{2}\right)\tau=1.618\,\tau$$

51 그림과 같은 돌출보에서 w =120kN/m의 등분포하중이 작용할 때, 중앙 부분에서의 최대굽힘응력은 약 몇 MPa인가?(단, 단면은 표준 I형 보로 높이 h =60cm이고, 단면 2차 모멘트 I = 98,200cm⁴이다.)

정답 49 ② 50 ③ 51 ②

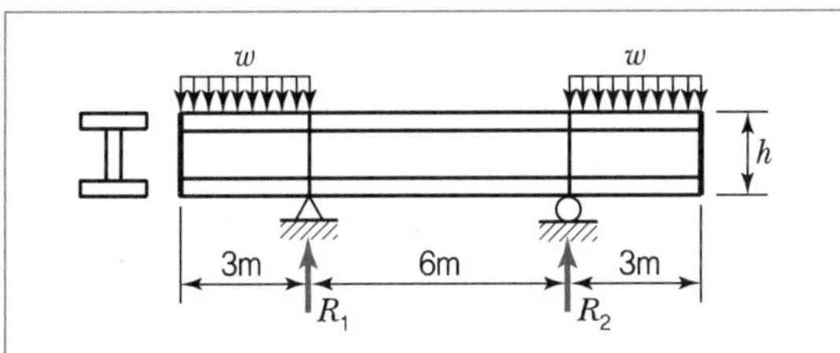

① 125　　② 165
③ 185　　④ 195

해설

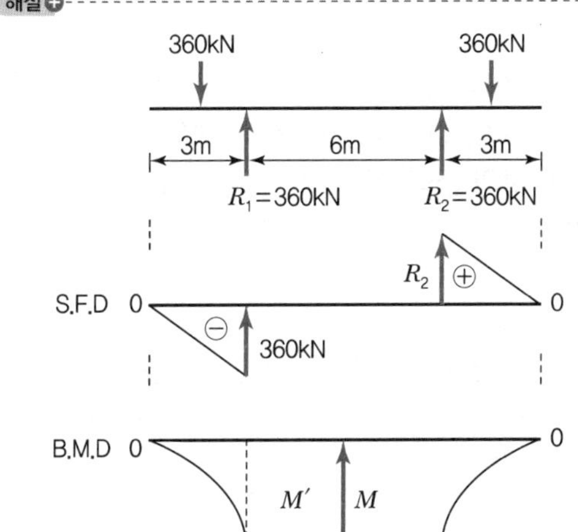

$M = M'$이므로

$M = \frac{1}{2} \times 3 \times 360 \times 10^3 = 540{,}000\,\text{N} \cdot \text{m}$

$M = \sigma_b Z$에서

$\sigma_b = \frac{M}{Z} = \frac{M}{\frac{I}{e}} = \frac{Me}{I}$

여기서, $e = \frac{h}{2} = 30\text{cm} = 0.3\text{m}$

$I = 98{,}200 \times 10^{-8}\text{m}^4$

$= \frac{540{,}000 \times 0.3(\text{N} \cdot \text{m} \cdot \text{m})}{98{,}200 \times 10^{-8}(\text{m}^4)}$

$= 164.97 \times 10^6 \text{Pa}$

$= 164.97 \text{MPa}$

52 다음 그림과 같은 부채꼴의 도심(Centroid)의 위치 $\bar{x}$는?

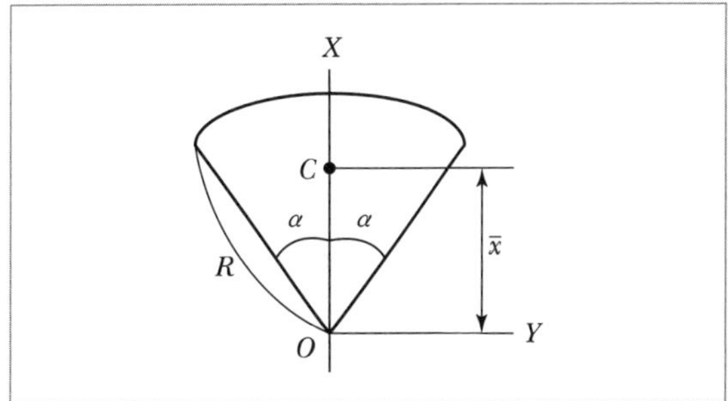

① $\bar{x} = \frac{2}{3}R$　　② $\bar{x} = \frac{3}{4}R$
③ $\bar{x} = \frac{3}{4}R\sin\alpha$　　④ $\bar{x} = \frac{2R}{3\alpha}\sin\alpha$

해설

먼저 원호의 도심을 구하면

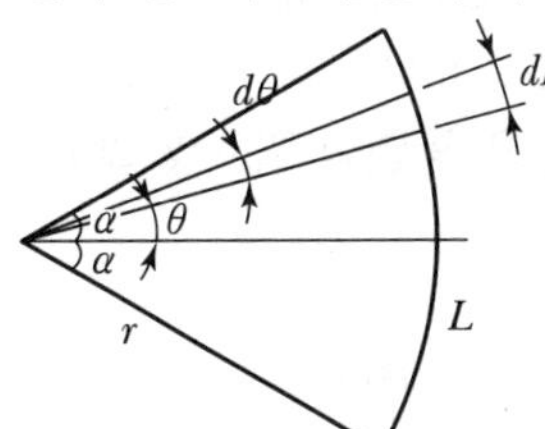

$L = r \cdot 2\alpha$
$dL = r \cdot d\theta$
$L\bar{x} = \int x\,dL$

$\bar{x} = \frac{\int x\,dL}{L} = \frac{\int x \cdot r d\theta}{r \cdot 2\alpha}$ (여기서, $x = r\cos\theta$)

$= \frac{\int r\cos\theta \cdot r d\theta}{r \cdot 2\alpha} = \frac{\int r^2 \cos\theta\, d\theta}{r \cdot 2\alpha}$

$= \frac{r^2}{r \cdot 2\alpha}[\sin\theta]_{-\alpha}^{\alpha} = \frac{r^2 \cdot 2\sin\alpha}{r \cdot 2\alpha} = \frac{r\sin\alpha}{\alpha}$

부채꼴의 도심 $\bar{x}$

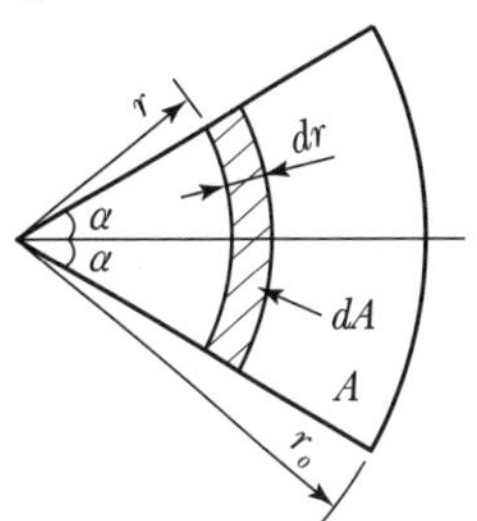

정답　52 ④

$$\bar{x} = \frac{\int x\,dA}{A}$$

여기서, $A = \frac{2\alpha}{2\pi} \times \pi {r_o}^2 = \alpha {r_o}^2$

$dA = r \cdot 2\alpha \cdot dr$

$x = \frac{r\sin\alpha}{\alpha}$

$$= \frac{\int_0^{r_o} \frac{r\sin\alpha}{\alpha} \cdot r2\alpha dr}{A} = \frac{\int_0^{r_o} 2\sin\alpha\, r^2 dr}{\alpha {r_o}^2}$$

$$= \frac{2\sin\alpha\left[\frac{1}{3}r^3\right]_0^{r_o}}{\alpha {r_o}^2} = \frac{2\sin\alpha}{3\alpha} r_o (\text{여기서, } r_o = R)$$

53 그림과 같은 단주에서 편심거리 e에 압축하중 P=80kN이 작용할 때 단면에 인장응력이 생기지 않기 위한 e의 한계는 몇 cm인가?(단, G는 편심하중이 작용하는 단주 끝단의 평면상 위치를 의미한다.)

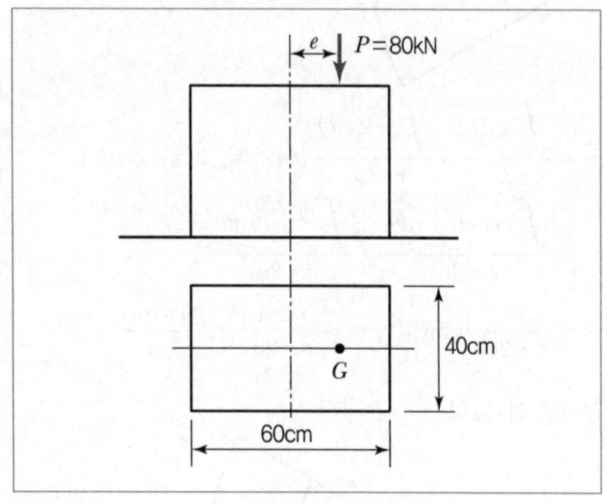

① 8　　② 10
③ 12　　④ 14

해설

e가 핵심반경 a일 때 압축응력과 굽힘응력이 동일하므로 핵심반경 이내일 때는 압축응력이 굽힘응력보다 크므로 단면에는 인장응력이 발생하지 않는다.

$$a = \frac{K^2}{y} = \frac{\frac{I}{A}}{\frac{60}{2}} = \frac{\frac{\frac{40 \times 60^3}{12}}{40 \times 60}}{\frac{60}{2}} = 10\text{cm}$$

54 그림과 같이 균일단면을 가진 단순보에 균일하중 wkN/m이 작용할 때, 이 보의 탄성곡선식은?(단, 보의 굽힘강성 EI는 일정하고, 자중은 무시한다.)

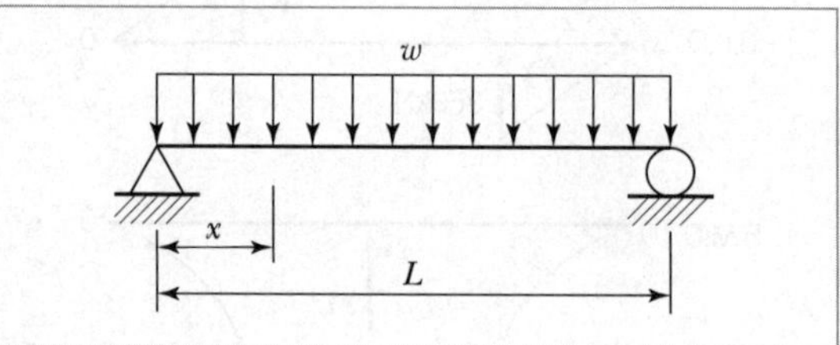

① $y = \frac{wx}{24EI}(L^3 - 2Lx^2 + x^3)$

② $y = \frac{w}{24EI}(L^3 - Lx^2 + x^3)$

③ $y = \frac{w}{24EI}(L^3x - Lx^2 + x^3)$

④ $y = \frac{wx}{24EI}(L^3 - 2x^2 + x^3)$

해설

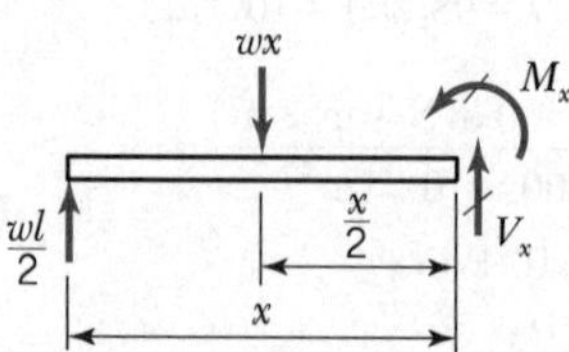

$\sum M_{x\text{지점}} = 0$:

$$\frac{wl}{2}x - wx\frac{x}{2} - M_x = 0 \rightarrow M_x = \frac{wl}{2}x - \frac{w}{2}x^2$$

정답　53 ②　54 ①

$EIy'' = -M_x$ 이므로

$EIy'' = -\frac{wl}{2}x + \frac{w}{2}x^2$

$EIy' = -\frac{wl}{4}x^2 + \frac{w}{6}x^3 + C_1 \rightarrow \theta$

$EIy = -\frac{wl}{12}x^3 + \frac{w}{24}x^4 + C_1 x + C_2 \rightarrow \delta$

B/C) $x=0$, $x=l$에서 $y=0$이므로

$x=0$일 때 $C_2=0$

$x=l$일 때 $0 = -\frac{wl}{12}l^3 + \frac{w}{24}l^4 + C_1 l$

$\therefore\ C_1 = \frac{w}{24}l^3$

수식을 정리하면

$EIy = -\frac{wl}{12}x^3 + \frac{w}{24}x^4 + \frac{wl^3}{24}x$

$\therefore\ y = \frac{wx}{24EI}(-2lx^2 + x^3 + l^3)$

55 질량 m인 물체가 h의 높이에서 자유 낙하한다. 공기저항을 무시할 때, 이 물체가 도달할 수 있는 최대속력은?(단, g는 중력가속도이다.)

① $\sqrt{mgh}$ ② $\sqrt{mh}$
③ $\sqrt{gh}$ ④ $\sqrt{2gh}$

해설

중력위치에너지=운동에너지

$V_g = T$에서 $mgh = \frac{1}{2}mV^2 \rightarrow V^2 = 2gh$

$\therefore\ V = \sqrt{2gh}$

56 그림과 같이 0.6m 길이에 질량 5kg의 균질봉이 축의 직각방향으로 30N의 힘을 받고 있다. 봉이 $\theta = 0°$일 때 시계방향으로 초기 각속도 $\omega_1 = 10$ rad/s이면 $\theta = 90°$일 때 봉의 각속도는?(단, 중력의 영향을 고려한다.)

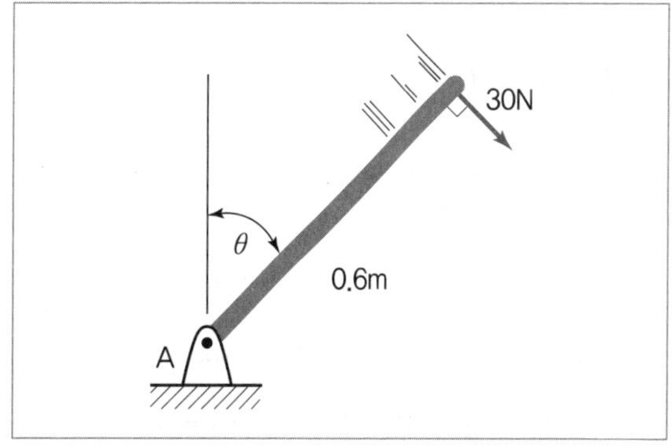

① 12.6rad/s ② 14.2rad/s
③ 15.6rad/s ④ 17.2rad/s

해설

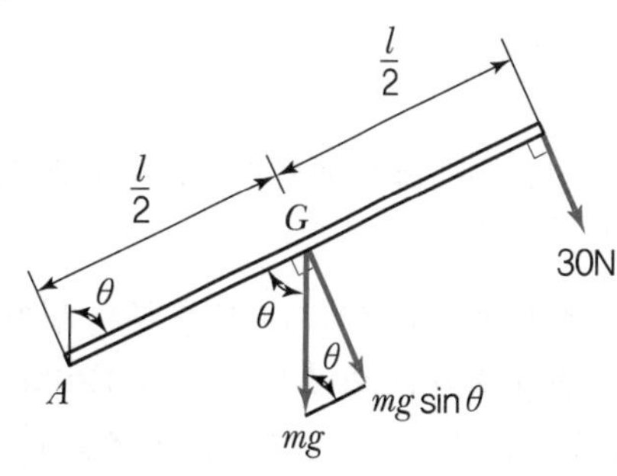

ⅰ) A점의 회전운동에 대해 모멘트 대수합은

$\sum M_A = J_A \alpha$

여기서, $J_0 = J_G + m\left(\frac{l}{2}\right)^2 = \frac{ml^2}{12} + \frac{ml^2}{4} = \frac{ml^2}{3}$

$mg\sin\theta \times \frac{l}{2} + 30l = \frac{ml^2}{3} \times \alpha$

$\rightarrow \alpha = \frac{3}{ml^2}\left(\frac{lmg}{2}\sin\theta + 30l\right)$

$= \frac{3g}{2l}\sin\theta + \frac{90}{ml} = \frac{3\times 9.8}{2\times 0.6}\sin\theta + \frac{90}{5\times 0.6}$

$\therefore$ 각가속도 $\alpha = 24.5\sin\theta + 30$

ⅱ) 각속도 $\omega = \frac{d\theta}{dt} \Rightarrow dt = \frac{d\theta}{\omega}$

$\alpha = \frac{d\omega}{dt} = \frac{d\omega}{\left(\frac{d\theta}{\omega}\right)} = \frac{\omega d\omega}{d\theta} \Rightarrow \omega d\omega = \alpha d\theta$

정답 55 ④ 56 ③

적분하면

$$\int_{\omega_1}^{\omega_2}\omega d\omega=\int_{\theta_1}^{\theta_2}\alpha d\theta$$

$$\int_{\omega_1}^{\omega_2}\omega d\omega=\int_0^{\frac{\pi}{2}}(24.5\sin\theta+30)d\theta$$

$$=\int_0^{90^\circ}(24.5\sin\theta)d\theta+\int_0^{\frac{\pi}{2}}30\,d\theta$$

$$\frac{{\omega_2}^2-{\omega_1}^2}{2}=[-24.5\cos\theta]_0^{90^\circ}+30[\theta]_0^{\frac{\pi}{2}}$$

[∵ 적분구간을 삼각함수-도(Degree)와 θ-라디안(Radian)으로]

$$\frac{{\omega_2}^2-10^2}{2}=-24.5(\cos 90°-\cos 0°)+30\left(\frac{\pi}{2}-0\right)$$

$\therefore\ \omega_2=15.596\text{rad/s}$

57 국제단위체계(SI)에서 1N에 대한 설명으로 옳은 것은?

① 1g의 질량에 1m/s²의 가속도를 주는 힘이다.
② 1g의 질량에 1m/s의 속도를 주는 힘이다.
③ 1kg의 질량에 1m/s²의 가속도를 주는 힘이다.
④ 1kg의 질량에 1m/s의 속도를 주는 힘이다.

해설

$F=ma$를 MKS 단위계에 적용 : 1N은 1kg의 질량을 1m/s²으로 가속시키는 데 필요한 힘이다.

58 전기모터의 회전자가 3,450rpm으로 회전하고 있다. 전기를 차단했을 때 회전자는 일정한 각가속도로 속도가 감소하여 정지할 때까지 40초가 걸렸다. 이때 각가속도의 크기는 약 몇 rad/s²인가?

① 361.0　② 180.5
③ 86.25　④ 9.03

해설

각가속도 $\alpha=\frac{d\omega}{dt}\Rightarrow$ 일정

$$\rightarrow\ \alpha=\frac{\omega}{t}=\frac{\frac{2\pi N}{60}}{t}=\frac{\frac{2\pi\times 3{,}450}{60}}{40}=9.03\,\text{rad/s}^2$$

59 20m/s의 속도를 가지고 직선으로 날아오는 무게 9.8N의 공을 0.1초 사이에 멈추게 하려면 약 몇 N의 힘이 필요한가?

① 20　② 200
③ 9.8　④ 98

해설

선형충격량과 운동량의 원리에 의해 $\sum Fdt=d(mV)$에서

$$Ft=mV=\frac{W}{g}V$$

$$\therefore\ F=\frac{WV}{tg}=\frac{9.8\times 20}{0.1\times 9.8}=200\text{N}$$

60 스프링상수가 20N/cm와 30N/cm인 두 개의 스프링을 직렬로 연결했을 때 등가스프링 상수 값은 몇 N/cm인가?

① 50　② 12
③ 10　④ 25

해설

직렬조합이므로

$$\delta=\delta_1+\delta_2\ \rightarrow\ \frac{W}{k_e}=\frac{W}{k_1}+\frac{W}{k_2}\ (W\text{ 동일})$$

$$\frac{1}{k_e}=\frac{1}{k_1}+\frac{1}{k_2}=\frac{k_1+k_2}{k_1k_2}$$

$$\therefore\ k_e=\frac{k_1\cdot k_2}{k_1+k_2}=\frac{20\times 30}{20+30}=12\text{N/cm}$$

정답 57 ③ 58 ④ 59 ② 60 ②

4과목 열 · 유체 해석

61 압력 100kPa, 온도 20℃인 일정량의 이상기체가 있다. 압력을 일정하게 유지하면서 부피가 처음 부피의 2배가 되었을 때 기체의 온도는 약 몇 ℃가 되는가?

① 148 ② 256
③ 313 ④ 586

해설

정압과정 $p=c$ 이므로 $\frac{v}{T}=c$에서 $\frac{v_1}{T_1}=\frac{v_2}{T_2}$

$$\therefore\ T_2=T_1\left(\frac{v_2}{v_1}\right)=2T_1$$
$$=2\times(20+273)=586\text{K}$$
$$T_2=586-273=313℃$$

62 열역학 제2법칙과 관계된 설명으로 가장 옳은 것은?

① 과정(상태변화)의 방향성을 제시한다.
② 열역학적 에너지의 양을 결정한다.
③ 열역학적 에너지의 종류를 판단한다.
④ 과정에서 발생한 총 일의 양을 결정한다.

해설

열역학 제2법칙은 비가역 과정을 설명하며 자연의 방향성을 제시한다.

63 어느 왕복동 내연기관에서 실린더 안지름이 6.8cm, 행정이 8cm일 때 평균유효압력은 1,200kPa이다. 이 기관의 1행정당 유효 일은 약 몇 kJ인가?

① 0.09 ② 0.15
③ 0.35 ④ 0.48

해설

$${}_1W_2=P_{mep}(V_2-V_1)$$
$$=1,200\times10^3\times\frac{\pi}{4}\times0.068^2\times0.08$$
$$=348.64\text{J}$$
$$≒0.35\text{kJ}$$

64 오토 사이클로 작동되는 기관에서 실린더의 극간 체적(Clearance Volume)이 행정 체적(Stroke Volume)의 15%라고 하면 이론 열효율은 약 얼마인가?(단, 비열비 $k=1.4$이다.)

① 39.3% ② 45.2%
③ 50.6% ④ 55.7%

해설

$$\varepsilon=\frac{V_t}{V_c}=\frac{V_c+V_s}{V_c}=1+\frac{V_s}{V_c}$$
$$=1+\frac{V_s}{0.15\,V_s}=7.67$$
$$\eta_0=1-\left(\frac{1}{\varepsilon}\right)^{k-1}=1-\left(\frac{1}{7.67}\right)^{1.4-1}$$
$$=0.557$$
$$=55.7\%$$

65 질량이 5kg인 강재 용기 속에 물이 20L 들어 있다. 용기와 물이 24℃인 상태에서 이 속에 질량이 5kg이고 온도가 180℃인 어떤 물체를 넣었더니 일정 시간 후 온도가 35℃가 되면서 열평형에 도달하였다. 이때 이 물체의 비열은 약 몇 kJ/(kg · K)인가?[단, 물의 비열은 4.2kJ/(kg · K), 강의 비열은 0.46kJ/(kg · K)이다.]

① 0.88 ② 1.12
③ 1.31 ④ 1.86

정답 61 ③ 62 ① 63 ③ 64 ④ 65 ③

해설

${}_1Q_2 = mC(T_2 - T_1)$에서

강재질량 m_1, 강재의 비열 C_1, 강재의 온도 T_1

물의 질량 m_2, 물의 비열 C_2, 물의 온도 T_1

(강재와 물의 온도 동일)

물체질량 m_3, 물체의 비열 C_3, 물체의 온도 T_3

열평형온도 $T_2 = 35℃$

강재와 물이 흡수한 열량 = 물체가 방출한 열량

$m_1C_1(T_2 - T_1) + m_2C_2(T_2 - T_1) = -m_3C_3(T_2 - T_3)$

$m_3C_3(T_3 - T_2) = m_1C_1(T_2 - T_1) + m_2C_2(T_2 - T_1)$

$$C_3 = \frac{m_1C_1(T_2 - T_1) + m_2C_2(T_2 - T_1)}{m_3(T_3 - T_2)}$$

$$= \frac{5 \times 0.46 \times (35 - 24) + 1{,}000 \times 20 \times 10^{-3} \times 4.2 \times (35 - 24)}{5 \times (180 - 35)}$$

$= 1.31\text{kJ/kg} \cdot \text{K}$

66 보일러, 터빈, 응축기, 펌프로 구성되어 있는 증기원동소가 있다. 보일러에서 2,500kW의 열이 발생하고 터빈에서 550kW의 일을 발생시킨다. 또한, 펌프를 구동하는 데 20kW의 동력이 추가로 소모된다면 응축기에서의 방열량은 약 몇 kW인가?

① 980 ② 1,930

③ 1,970 ④ 3,070

해설

$$\eta = \frac{W_T - W_P}{Q_B} = \frac{550 - 20}{2{,}500} = 0.212 = \frac{Q_B - Q_C}{Q_B}$$

$\therefore Q_C = (1 - 0.212)Q_B = 0.788 \times 2{,}500 = 1{,}970\text{kW}$

67 실린더에 밀폐된 8kg의 공기가 그림과 같이 압력 $P_1 = 800\text{kPa}$, 체적 $V_1 = 0.27\text{m}^3$에서 $P_2 = 350\text{kPa}$, $V_2 = 0.80\text{m}^3$으로 직선 변화하였다. 이 과정에서 공기가 한 일은 약 몇 kJ인가?

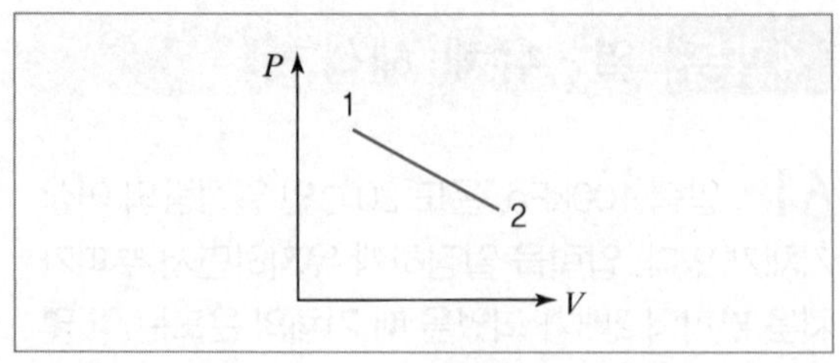

① 305 ② 334

③ 362 ④ 390

해설

밀폐계의 일 = 절대일

$\delta W = PdV$

${}_1W_2 = \int_1^2 PdV$ = 빗금 친 사다리꼴 면적(V축 투사면적)

$= \frac{1}{2} \times (800 + 350) \times (0.8 - 0.27) = 304.75\text{kJ}$

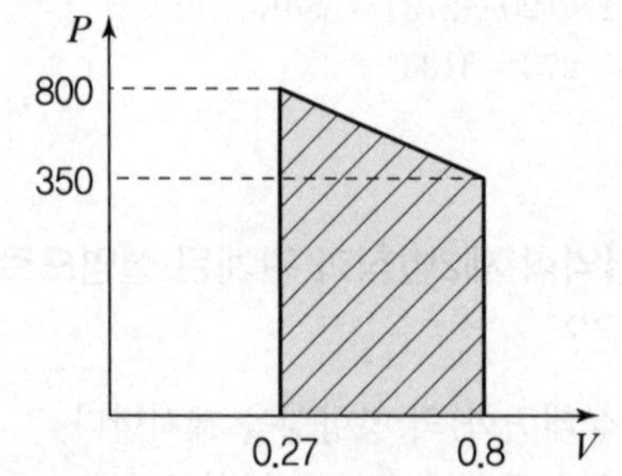

68 어떤 열기관이 550K의 고열원으로부터 20kJ의 열량을 공급받아 250K의 저열원에 14kJ의 열량을 방출할 때 이 사이클의 Clausius 적분값과 가역, 비가역 여부의 설명으로 옳은 것은?

① Clausius 적분값은 −0.0196kJ/K이고 가역 사이클이다.

② Clausius 적분값은 −0.0196kJ/K이고 비가역 사이클이다.

③ Clausius 적분값은 0.0196kJ/K이고 가역 사이클이다.

④ Clausius 적분값은 0.0196kJ/K이고 비가역 사이클이다.

정답 66 ③ 67 ① 68 ②

해설

$$\oint \frac{\delta Q}{T} = \frac{Q_H}{T_H} + \frac{Q_L}{T_L}$$

[여기서, Q_H : 흡열(+), Q_L : 방열(−)]

$$= \frac{20}{550} + \frac{(-14)}{250} = -0.0196\text{kJ/K}$$

$\oint \frac{\delta Q}{T} < 0$이므로 비가역 사이클이다.

69 이상적인 오토사이클의 열효율이 56.5%라면 압축비는 약 얼마인가?(단, 작동 유체의 비열비는 1.4로 일정하다.)

① 7.5 ② 8.0
③ 9.0 ④ 9.5

해설

$$\eta = 1 - \left(\frac{1}{\varepsilon}\right)^{k-1} = 1 - \left(\frac{1}{\varepsilon}\right)^{1.4-1} = 0.565$$

$$\therefore \varepsilon = (0.435)^{-\frac{1}{0.4}} = 8.01$$

70 4kg의 공기를 온도 15℃에서 일정 체적으로 가열하여 엔트로피가 3.35kJ/K 증가하였다. 이때 온도는 약 몇 K인가?[단, 공기의 정적비열은 0.717kJ/(kg · K)이다.]

① 927 ② 337
③ 533 ④ 483

해설

정적과정($V = C$)에서

$$ds = \frac{\delta q}{T} = \frac{du + pdv^{\nearrow 0}}{T}$$

$$s_2 - s_1 = \int_1^2 \frac{C_v}{T} dT = C_v \ln\frac{T_2}{T_1}$$

엔트로피 변화량

$$\Delta S = S_2 - S_1 = m(s_2 - s_1)$$

$$= mC_v \ln\frac{T_2}{T_1} \text{ 에서}$$

$$\therefore T_2 = T_1 \cdot e^{\frac{\Delta S}{mC_v}}$$

$$= (15 + 273) \times e^{\frac{3.35}{4 \times 0.717}}$$

$$= 926.1\text{K}$$

71 지름 D인 구가 점성계수 μ인 유체 속에서, 관성을 무시할 수 있을 정도로 느린 속도 V로 움직일 때 받는 힘 F를 D, μ, V의 함수로 가정하여 차원해석하였을 때 얻을 수 있는 식은?

① $\frac{F}{(D\mu V)^{1/2}}$ = 상수 ② $\frac{F}{D\mu V}$ = 상수
③ $\frac{F}{D\mu V^2}$ = 상수 ④ $\frac{F}{(D\mu V)^2}$ = 상수

해설

모든 차원의 지수합은 "0"이다.

- F : kg · m/s² → MLT^{-2}
- $(D)^x$: m → $(L)^x$
- $(\mu)^y$: kg/m · s → $(ML^{-1}T^{-1})^y$
- $(V)^z$: m/s → $(LT^{-1})^z$
- M차원 : $1 + y = 0$ → $y = -1$
- L차원 : $1 + x - y + z = 0$ → $y = -1$ 대입
  $\therefore x + z = -2$
- T차원 : $-2 - y - z = 0$ → $y = -1$ 대입
  $\therefore z = -1,\ x = -1$

$\therefore$ 무차원수 $\pi = F \cdot D^{-1} \cdot \mu^{-1} \cdot V^{-1}$

$$= \frac{F}{D \cdot \mu \cdot V}$$

정답 69 ② 70 ① 71 ②

72 매끄러운 원관에서 물의 속도가 V일 때 압력강하가 Δp_1이었고, 이때 완전한 난류유동이 발생되었다. 속도를 $2V$로 하여 실험을 하였다면 압력강하는 얼마가 되는가?

① Δp_1　　② $2\Delta p_1$
③ $4\Delta p_1$　　④ $8\Delta p_1$

해설

• 속도가 V일 때

손실수두 $h_l = f \cdot \dfrac{L}{d} \cdot \dfrac{V^2}{2g}$

압력강하량 $\Delta p_1 = \gamma \cdot h_l = \gamma \cdot f \cdot \dfrac{L}{d} \cdot \dfrac{V^2}{2g}$

• 속도가 $2V$일 때

압력강하량 $\Delta p = \gamma \cdot f \cdot \dfrac{L}{d} \cdot \dfrac{(2V)^2}{2g}$

$= 4 \cdot \gamma \cdot f \cdot \dfrac{L}{d} \cdot \dfrac{V^2}{2g}$

$\therefore \Delta p = 4\Delta p_1$

73 5℃의 물[점성계수 1.5×10^{-3}kg/(m · s)]이 안지름 0.25cm, 길이 10m인 수평관 내부를 1m/s로 흐른다. 이때 레이놀즈수는 얼마인가?

① 166.7　　② 600
③ 1,666.7　　④ 6,000

해설

$$Re = \frac{\rho \cdot V \cdot d}{\mu} = \frac{1{,}000 \times 1 \times 0.0025}{1.5 \times 10^{-3}} = 1{,}666.7$$

74 비압축성 유동에 대한 Navier Stokes 방정식에서 나타나지 않는 힘은?

① 체적력(중력)　　② 압력
③ 점성력　　④ 표면장력

해설

뉴턴유체($\mu = c$)이고 비압축성 유체의 일반적인 유동을 기술하며 연속방정식과 함께 u, v, w 및 p를 구하기 위한 4개의 편미분 방정식을 Navier-Stokes 방정식이라 하는데, x방향만 예를 들어 써 보면

$$\rho\left(\frac{\partial u}{\partial t} + u\frac{\partial u}{\partial x} + v\frac{\partial u}{\partial y} + w\frac{\partial u}{\partial z}\right)$$
$$= \rho g_x - \frac{\partial p}{\partial x} + \mu\left(\frac{\partial^2 u}{\partial x^2} + \frac{\partial^2 u}{\partial y^2} + \frac{\partial^2 u}{\partial z^2}\right)$$

항들을 살펴보면, 중력(ρg_x), 압력$\left(\dfrac{\partial p}{\partial x}\right)$, 점성력($\mu$)이 연관되어 있다.

75 어떤 물체의 속도가 초기속도의 2배가 되었을 때 항력계수가 초기항력계수의 $\dfrac{1}{2}$로 줄었다. 초기에 물체가 받는 저항력이 D라고 할 때 변화된 저항력은 얼마가 되는가?

① $2D$　　② $4D$
③ $\dfrac{1}{2}D$　　④ $\sqrt{2}\,D$

해설

$$D_1 = C_D \cdot \frac{\rho A V^2}{2} = D$$

$$D_2 = \frac{C_D}{2} \cdot \frac{\rho A}{2}(2V)^2 = C_D \cdot \rho A V^2 = 2D_1 = 2D$$

76 다음 중 Hagen-Poiseuille 법칙을 이용한 세관식 점도계는?

① 맥미셀(MacMichael) 점도계
② 세이볼트(Saybolt) 점도계
③ 낙구식 점도계
④ 스토머(Stormer) 점도계

정답 72 ③ 73 ③ 74 ④ 75 ① 76 ②

해설

세이볼트 점도계
연료오일 등의 점도를 측정하는 점도계로 일정한 유량의 연료오일이 가는관(세관)을 통과하는 데 걸리는 시간을 초로 표시한다.

77 한 변이 2m인 위가 열려 있는 정육면체 통에 물을 가득 담아 수평방향으로 9.8m/s^{2}의 가속도로 잡아당겼을 때 통에 남아 있는 물의 양은 약 몇 m^{3}인가?

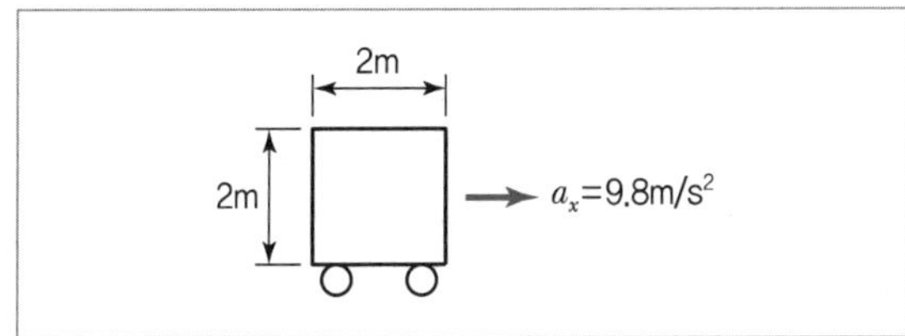

① 8 ② 4
③ 2 ④ 1

해설

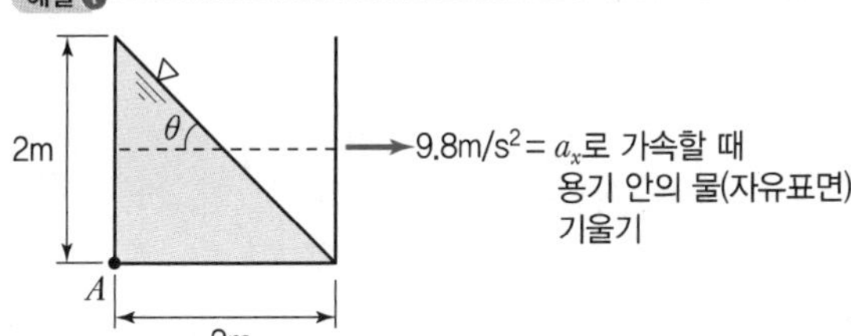

9.8m/s^2=a_x로 가속할 때 용기 안의 물(자유표면) 기울기

$\tan\theta = \dfrac{a_x}{g} = \dfrac{g}{g} = 1,\ \theta = 45°$

따라서 통에 남아 있는 물의 양은 전체 체적$(2\times2\times2)$의 $\dfrac{1}{2}$이므로 $8\times\dfrac{1}{2}=4\text{m}^3$이다.

78 평판 위를 지나는 경계층 유동에서 경계층 두께가 δ인 경계층 내 속도 u가 $\dfrac{u}{U}=\sin\left(\dfrac{\pi y}{2\delta}\right)$로 주어진다. 여기서 y는 평판까지 거리, U는 주류속도이다. 이때 경계층 배제두께(Boundary Layer Displacement Thickness) δ^*와 δ의 비 $\dfrac{\delta^*}{\delta}$는 약 얼마인가?

① 0.333 ② 0.363
③ 0.500 ④ 0.667

해설

$\dfrac{\delta^*}{\delta} = \dfrac{\pi-2}{\pi} = 0.363$

79 2차원 직각좌표계(x, y)에서 유동함수(Stream Function, Ψ)가 $\Psi = y - x^2$인 정상유동이 있다. 다음 중 속도의 크기가 $\sqrt{5}$인 점 (x, y)를 모두 고르면?

ㄱ. (1, 1)	ㄴ. (1, 2)	ㄷ. (2, 1)

① ㄱ ② ㄷ
③ ㄱ, ㄴ ④ ㄴ, ㄷ

해설

유동함수 ψ에서 $u = \dfrac{\partial\psi}{\partial y}$, $v = -\dfrac{\partial\psi}{\partial x}$이므로

$u = \dfrac{\partial\psi}{\partial y} = \dfrac{\partial(y-x^2)}{\partial y} = 1 \rightarrow x$방향 성분

$v = -\dfrac{\partial\psi}{\partial x} = -\dfrac{\partial(y-x^2)}{\partial x} = 2x \rightarrow y$ 방향 성분

ㄱ. (1, 1) → $u=1, v=2$
ㄴ. (1, 2) → $u=1, v=2$
ㄷ. (1, 1) → $u=1, v=4$

따라서 속도의 크기 $\sqrt{u^2+v^2}=\sqrt{5}$를 만족하는 점은 ㄱ, ㄴ이다.

정답 77 ② 78 ② 79 ③

80 그림과 같은 수문에서 멈춤장치 A가 받는 힘은 약 몇 kN인가?(단, 수문의 폭은 3m이고, 수은의 비중은 13.6이다.)

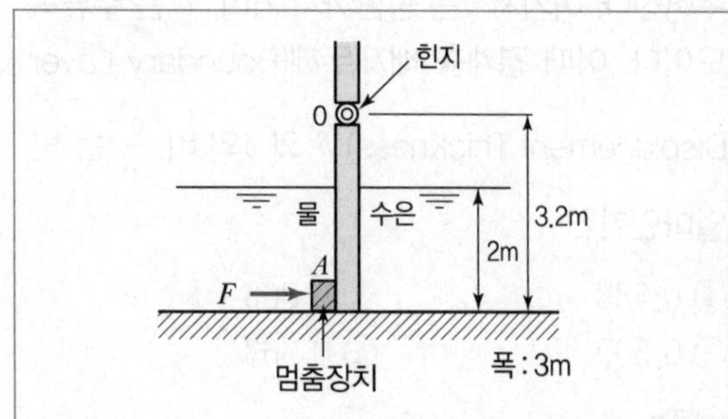

① 37 ② 510
③ 586 ④ 879

해설

전압력 $=\gamma\bar{h}A$, $\bar{h}=1\text{m}$, $A=3\text{m}\times2\text{m}$

• 물의 전압력

$$F_w=\gamma_w\bar{h}A=9{,}800\frac{\text{N}}{\text{m}^3}\times1\text{m}\times6\text{m}^2$$
$$=58{,}800\text{N}=58.8\text{kN}$$

• 수은의 전압력

$$F_H=\gamma_{수은}\bar{h}A=S_{수은}\gamma_w\bar{h}\cdot A$$
$$=13.6\times9{,}800\frac{\text{N}}{\text{m}^3}\times1\text{m}\times6\text{m}^2$$
$$=799{,}680\text{N}=799.7\text{kN}$$

• 자유표면으로부터 전압력 중심까지의 거리

$$y_c=\bar{h}+\frac{I_X}{A\bar{h}}$$
$$=1\text{m}+\frac{\frac{3\times2^3}{12}}{6\times1}=1.33\text{m}$$

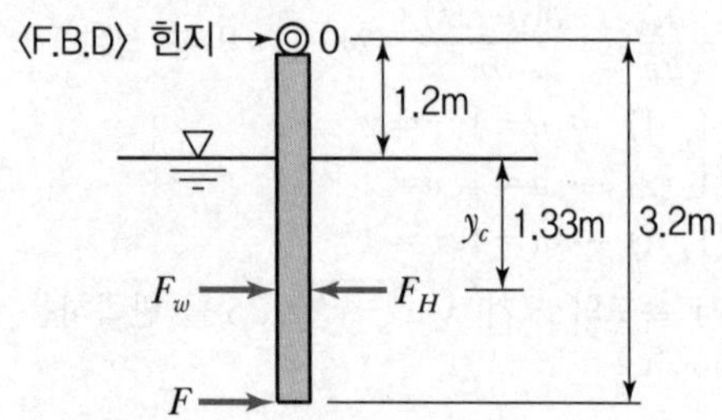

$\Sigma M_{힌지0}=0$: (+)

$$(F_H-F_w)(1.2+1.33)-F\times3.2=0$$
$$\therefore\ F=\frac{(799.7-58.8)\times2.53}{3.2}=585.7\text{kN}$$

정답 80 ③

제8회 CBT 실전 모의고사

1과목 기계제도 및 설계

01 수면, 유면 등의 위치를 표시하는 수준면선에 사용하는 선의 종류는?

① 가는 파선 ② 가는 1점쇄선
③ 굵은 파선 ④ 가는 실선

해설

수준면선
가는 실선으로 수면, 유면 등의 위치를 표시하는 데 사용한다.

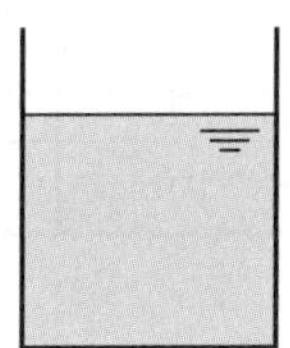

02 그림과 같은 입체도에서 화살표 방향 투상도로 가장 적합한 것은?

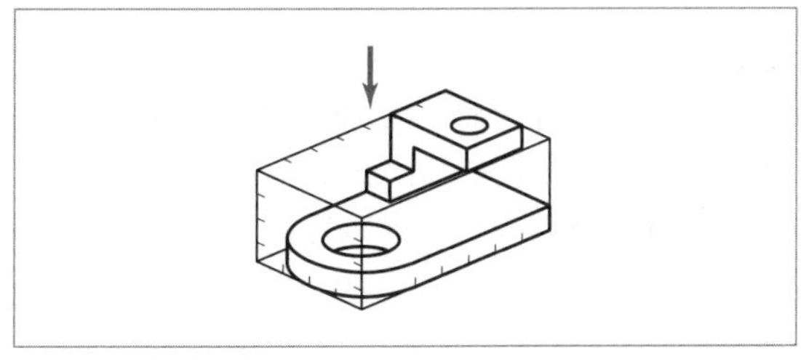

① 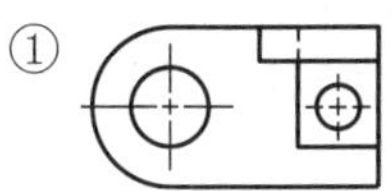
② 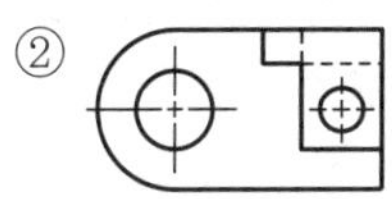
③ 
④ 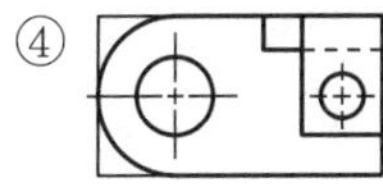

해설

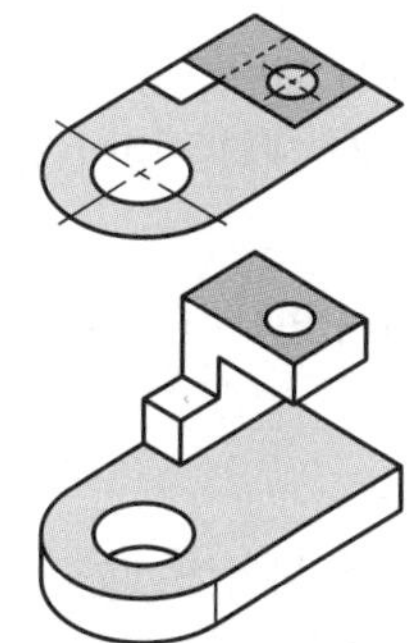

03 치수를 나타내는 방법에 관한 설명으로 틀린 것은?

① 도면에서 정보용으로 사용되는 참고(보조)치수는 공차를 적용하거나 ( ) 안에 표시한다.
② 척도가 다른 형체의 치수는 치수값 밑에 밑줄을 그어서 표시한다.
③ 정면도에서 높이를 나타낼 때는 수평의 치수선을 꺾어 수직으로 그은 끝에 90°의 개방형 화살표로 표시하며, 높이의 수치값은 수평으로 그은 치수선 위에 표시한다.
④ 같은 형체가 반복될 경우 형체 개수와 그 치수 값을 '×' 기호로 표시하여 치수기입을 해도 된다.

해설

① 도면에서 정보용으로 사용되는 참고(보조)치수는 공차를 적용하지 않고 ( ) 안에 표시한다.

04 축을 가공하기 위한 센터구멍의 도시방법 중 그림과 같은 도시기호의 의미는?

정답 01 ④ 02 ③ 03 ① 04 ④

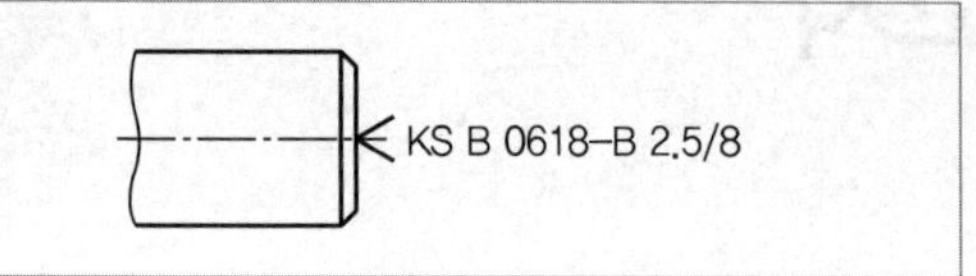

① 센터의 규격에 따라 다르다.
② 다듬질 부분에서 센터구멍이 남아 있어도 좋다.
③ 다듬질 부분에서 센터구멍이 남아 있어서는 안 된다.
④ 다듬질 부분에서 반드시 센터구멍을 남겨둔다.

해설

센터구멍의 도시방법
축가공 후 센터구멍을 남겨둘 것인지 남겨두지 않을 것인지 여부를 결정한다.

센터구멍의 필요 여부	도시방법
남겨둔다.	KS A ISO 6411-1 A 2/4.25
남아 있어도 된다.	KS A ISO 6411-1 A 2/4.25
남겨두지 않는다.	KS A ISO 6411-1 A 2/4.25

05 $\varnothing 40^{-0.021}_{-0.037}$의 구멍과 $\varnothing 40^{\ \ 0}_{-0.016}$의 축 사이의 최소죔새는?

① 0.053　② 0.037
③ 0.021　④ 0.005

해설

최소죔새는 축은 가장 작고, 구멍은 가장 클 때 발생하므로 "축의 최소허용치수－구멍의 최대허용치수"를 구하면 된다.

- 축의 최소허용치수＝40＋(－0.016)＝39.984
- 구멍의 최대허용치수＝40＋(－0.021)＝39.979

∴ 최소죔새＝39.984－39.979＝0.005

06 다음 끼워 맞춤 중에서 헐거운 끼워 맞춤인 것은?

① 25N6/h5　② 20P6/h5
③ 6JS7/h6　④ 50G7/h6

해설

h5, h6은 축 기준식 끼워 맞춤 공차를 나타내며, 구멍의 공차가 G7일 때 헐거운 끼워 맞춤을 나타낸다.

기준축	구멍의 공차역 클래스												
	헐거운 끼워 맞춤			중간 끼워 맞춤			억지 끼워 맞춤						
h5				JS6	K6	M6	N6	P6					
h6	F6	G6	H6	JS6	K6	M6	N6	P6					
	F7	G7	H7	JS7	K7	M7	N7	P7	R7	S7	T7	U7	X7

07 다음 중 CAD에서의 기하학적 데이터(점, 선 등)의 변환 행렬과 관계가 먼 것은?

① 이동　② 회전
③ 복사　④ 반사

해설

변환 행렬은 두 좌표계의 변환에 사용하는 행렬을 뜻하며 CAD시스템에서 도형의 이동, 축소 및 확대, 대칭, 회전 등의 변환에 의해 이루어진다.

08 솔리드 모델링(Solid Modeling)에서 면의 일부 혹은 전부를 원하는 방향으로 당겨서 물체를 늘어나도록 하는 모델링 기능은?

① 트위킹(Tweaking)　② 리프팅(Lifting)
③ 스위핑(Sweeping)　④ 스키닝(Skinning)

정답　05 ④　06 ④　07 ③　08 ②

해설

리프팅(Lifting)에 대한 내용이다.

09 바깥지름 36mm, 골지름 32mm, 피치 4mm인 한 줄 4각나사의 연강제 나사봉을 갖는 나사잭으로 2kN의 하중을 올리려고 한다. 나사산의 허용면압이 200N/cm²라면 너트의 높이(cm)는 얼마인가?

① 0.9872 ② 1.872
③ 2.9872 ④ 3.872

해설

$q=200\text{N/cm}^2=2\text{N/mm}^2$

$q=\dfrac{4Q}{\pi({d_2}^2-{d_1}^2)z}$

$\therefore z=\dfrac{4Q}{q\pi({d_2}^2-{d_1}^2)}=\dfrac{4\times 2{,}000}{2\times\pi\times(36^2-32^2)}=4.681$

$H=z\cdot p=4.681\times 4=18.72\text{mm}=1.872\text{cm}$

10 너클핀 조인트에서 축방향 하중 10kN을 받는 핀의 지름 d는 약 몇 mm인가?(단, 재료의 허용전단응력을 300N/cm²로 한다.)

① 40.1 ② 42.1
③ 44.1 ④ 46.1

해설

전단견지 $P=\tau\cdot A_\tau=\tau\times\dfrac{\pi d^2}{4}\times 2$

$(\tau=3\text{ N/mm}^2)$

$\therefore d=\sqrt{\dfrac{2P}{\pi\tau}}=\sqrt{\dfrac{2\times 10{,}000}{\pi\times 3}}=46.1\text{mm}$

11 강판의 두께 20mm, 리벳의 지름 20.5mm의 2줄 겹치기이음에서 1피치의 하중이 2kN일 때 강판의 인장응력은 약 몇 MPa인가?(단, 1피치는 51.25mm이다.)

① 1.25 ② 2.25
③ 3.25 ④ 4.25

해설

$\sigma_t=\dfrac{P}{(p-d)t}=\dfrac{2{,}000}{(51.25-20.5)\times 20}$

$=3.25\text{N/mm}^2=3.25\text{MPa}$

12 베어링 번호 6310, 기본 동적 부하용량 $C=4{,}850$N의 단열 레이디얼 볼베어링에 그리스 윤활로 30,000시간의 수명을 주고자 한다. 사용한계 회전속도(지수)가 200,000mm · rpm이라 할 때 최대사용회전수에서의 베어링 하중은 약 몇 N인가?(단, 하중계수 f_w=1.5이다.)

① 158 ② 168 ③ 178 ④ 188

해설

베어링 기호 6310은 깊은 홈 볼베어링(63), 베어링 내경(10×5=50mm)

$N_{\max}=\dfrac{dN}{d}=\dfrac{200{,}000}{50}=4{,}000\text{rpm}$

$L_h=\left(\dfrac{C}{P}\right)^r\times\dfrac{10^6}{60N_{\max}}$ 에서 볼베어링 $r=3$

실제 하중 $P=\dfrac{C}{\sqrt[3]{\dfrac{L_h\times 60\times N_{\max}}{10^6}}}$

$=\dfrac{4{,}850}{\sqrt[3]{\dfrac{30{,}000\times 60\times 4{,}000}{10^6}}}=251.17\text{N}$

실제 하중 $P=f_w\cdot P_{th}$

P_{th} : 이론하중

$\therefore$ 베어링 하중 $P_{th}=\dfrac{P}{f_w}=\dfrac{251.17}{1.5}=167.45\text{N}$

정답 09 ② 10 ④ 11 ③ 12 ②

13 비틀림 각이 30°인 표준 헬리컬 기어에서 피치원 지름이 160mm, 이직각 모듈이 4일 때, 이 기어의 바깥지름은 몇 mm인가?

① 156 ② 168
③ 172 ④ 178

해설

$D_0 = D_s + 2a = 160 + 2 \times 4 = 168\text{mm}$

14 브레이크에서 접촉면 압력을 q, 드럼의 원주속도를 v, 마찰계수를 μ라 할 때, 브레이크 용량(Brake Capacity)을 나타내는 식은?

① $\mu \cdot q \cdot V$ ② $\mu \cdot q / V$
③ $q \cdot V / \mu$ ④ $\mu / (q \cdot V)$

해설

브레이크의 용량(단위면적당 제동동력 ; 단위면적당 마찰동력)이므로

$$\frac{F_f \cdot V}{A_q} = \frac{\mu N V}{A_q} = \mu q \cdot V[\text{N/mm}^2 \cdot \text{m/s}]$$

15 공기 스프링에 대한 일반적인 특징 설명으로 옳지 않은 것은?

① 하중과 변형의 관계가 비선형적이다.
② 측면 하중에 대한 강성이 강하다.
③ 공기의 압축성에 따른 감쇠 특성이 있어서 미소 진동의 흡수가 가능하다.
④ 공기 탱크 등의 부대 장치가 필요하여 구조가 복잡하고 제작비가 비싸다.

해설

오른쪽 그림과 같은 공기 스프링은 수직하중에 대한 강성은 크나 측면 하중에 대한 강성이 약하다.

16 유량제어 밸브를 실린더 출구 측에 설치한 회로로서 실린더에서 유출되는 유량을 제어하여 피스톤 속도를 제어하는 회로는?

① 미터인 회로 ② 미터아웃 회로
③ 블리드오프 회로 ④ 카운터밸런스 회로

해설

실린더에 공급되는 유량을 조절하여 실린더의 속도를 제어하는 회로

- 미터인 방식 : 실린더의 입구 쪽 관로에서 유량을 교축시켜 작동속도를 조절하는 방식
- 미터아웃 방식 : 실린더의 출구 쪽 관로에서 유량을 교축시켜 작동속도를 조절하는 방식
- 블리드오프 방식 : 실린더로 흐르는 유량의 일부를 탱크로 분기함으로써 작동 속도를 조절하는 방식

17 패킹 재료로서 요구되는 성질로 적절하지 않은 것은?

① 내마모성이 있을 것
② 작동유에 대하여 적당한 저항성이 있을 것
③ 온도, 압력의 변화에 충분히 견딜 수 있을 것
④ 패킹이 유체와 접하므로 그 유체에 의해 연화되는 재질일 것

해설

④ 유중에 있어서의 체적변화와 압축변형이 적고, 압축복원성이 좋을 것

18 유압펌프의 소음 및 진동이 크게 발생하는 이유로 적절하지 않은 것은?

① 흡입관 또는 필터가 막힌 경우
② 펌프의 설치 위치가 매우 높은 경우
③ 토출 압력이 매우 높게 설정된 경우
④ 흡입관의 직경이 매우 크거나 길이가 짧을 경우

정답 13 ② 14 ① 15 ② 16 ② 17 ④ 18 ④

해설

④ 흡입관의 직경이 매우 작거나 길이가 길 경우

19 유량제어 밸브에 속하는 것은?

① 스톱 밸브 ② 릴리프 밸브
③ 브레이크 밸브 ④ 카운터 밸런스 밸브

해설

유량제어 밸브의 종류
스톱 밸브, 오리피스, 압력보상형 유량제어 밸브, 온도보상형 유량제어 밸브, 미터링 밸브, 교축 밸브 등

20 오일 탱크의 구비 조건에 대한 설명으로 적절하지 않은 것은?

① 오일 탱크의 바닥면은 바닥에서 일정 간격 이상을 유지하는 것이 바람직하다.
② 오일 탱크는 스트레이너의 삽입이나 분리를 용이하게 할 수 있는 출입구를 만든다.
③ 오일 탱크 내에 격판(방해판)은 오일의 순환거리를 짧게 하고 기포의 방출이나 오일의 냉각을 보존한다.
④ 오일 탱크의 용량은 장치의 운전중지 중 장치 내의 작동유가 복귀하여도 지장이 없을 만큼의 크기를 가져야 한다.

해설

③ 오일 탱크 내에 격판(방해판)은 오일의 순환거리를 길게 하여 불순물을 침전시키고, 기포의 방출과 오일을 냉각할 수 있는 구조이다.

2과목 기계재료 및 제작

21 합금과 특성의 관계가 옳은 것은?

① 규소강 : 초내열성
② 스텔라이트(Stellite) : 자성
③ 모넬금속(Monel Metal) : 내식용
④ 엘린바(Fe－Ni－Cr) : 내화학성

해설

① 규소강 : 변압기 철심 재료
② 스텔라이트 : 주조용 공구강
③ 모넬금속 : Ni(60% 이상)＋Cu 합금(내열성, 내식성, 연신율이 크다.)
④ 엘린바 : 불변강

22 서브제로(Sub－Zero) 처리에 관한 설명으로 틀린 것은?

① 마모성 및 피로성이 향상된다.
② 잔류 오스테나이트를 마텐자이트화한다.
③ 담금질을 한 강의 조직이 안정화된다.
④ 시효 변화가 적으며 부품의 치수 및 형상이 안정된다.

해설

심랭처리(Sub－zero)
- 상온으로 담금질된 강을 다시 0℃ 이하의 온도로 냉각하는 열처리이다.
- 잔류 오스테나이트를 마텐자이트로 변태시키기 위한 열처리이다.
- 담금질 균열 방지, 치수변화 방지, 경도 향상(게이지강) 효과가 있다.

정답 19 ① 20 ③ 21 ③ 22 ①

23 C와 Si의 함량에 따른 주철의 조직을 나타낸 조직 분포도는?

① Gueiner, Kligenstein 조직도
② 마우러(Maurer) 조직도
③ Fe-C 복평형상태도
④ Guilet 조직도

해설

마우러 조직도(Maurer's Diagram)

- 마우러(Maurer)는 지름 75mm의 원봉을 1,250℃의 건조형틀에 주입하여 냉각속도에 따른 조직의 변화를 표시한 조직도를 발표하였다.
- 주철의 조직을 지배하는 요소인 C와 Si의 함유량 및 냉각속도에 따른 주철의 조직관계를 나타내는 조직도이다.

24 전기 전도율이 높은 것에서 낮은 순으로 나열된 것은?

① Al>Au>Cu>Ag　② Au>Cu>Ag>Al
③ Cu>Au>Al>Ag　④ Ag>Cu>Au>Al

해설

전기 전도율(mhos/m)

Ag(은)>Cu(구리)>Au(금)>Al(알루미늄)>Mg(마그네슘)>Zn(아연)>Ni(니켈)>Fe(철)>Pb(납)>Sb(안티몬)

25 기계 태엽, 정밀계측기, 다이얼 게이지 등을 만드는 재료로 가장 적합한 것은?

① 인청동　② 엘린바
③ 미하나이트　④ 애드미럴티

해설

① 인청동(청동+인(P))
  - 합금 중에 P(0.05~0.5%)를 잔류시키면 구리 용융액의 유동성이 좋아지고, 강도, 경도, 탄성률 등 기계적 성질이 개선되며 내식성이 좋아진다.
  - 봉은 기어, 캠, 축, 베어링 등에 사용하고, 선은 코일스프링, 스파이럴 스프링 등에 사용한다.
  - 스프링용인 청동은 Sn(7.0~9.0%)+P(0.03~0.35%)의 합금이며 전연성, 내식성, 내마멸성이 좋고, 자성이 없어 통신기기, 계기류 등의 고급 스프링 재료로 사용한다.

② 엘린바(Elinvar) : Fe-Ni 36% - Cr 12% 합금, 명칭은 탄성(Elasticity)+불변(Invariable)
  - 인바에 크롬을 첨가하면 실온에서 탄성계수가 불변하고, 선팽창률도 거의 없다.
  - 시계 태엽, 정밀 저울의 소재로 사용된다.

③ 미하나이트 주철(Meehanite cast iron)
  - 용선 시 선철에 다량의 강철 스크랩을 사용하여 저탄소 주철을 만들고, 여기에 Ca-Si, Fe-Si 등을 첨가하여 조직을 균일화, 미세화한 고급 주철
  - 강도가 높으며 내마모성이 우수하여, 브레이크 드럼, 실린더, 캠, 크랭크, 축, 기어 등에 사용된다.

④ 애드미럴티 황동(Admiralty Metal, 7-3 황동+1% Sn) : 전연성이 좋아 증발기, 열교환기 등의 관에 사용된다.

26 강의 열처리에서 탄소(C)가 고용된 면심입방격자 구조의 γ철로서 매우 안정된 비자성체인 급랭조직은?

① 오스테나이트(Austenite)
② 마텐자이트(Martensite)
③ 트루스타이트(Troostite)
④ 소르바이트(sorbite)

해설

오스테나이트(Austenite)

- γ고용체라고도 하는데, γ철에 최대 2.11%C까지 고용되어 있는 고용체로 FCC(면심입방격자) 결정구조를 가지고 있다.
- A_1점 이상에서 안정된 조직으로 상자성체이며 인성이 크다.

정답 23 ② 24 ④ 25 ② 26 ①

27 경도시험에서 압입체의 다이아몬드 원추각이 120°이며, 기준하중이 10kgf인 시험법은?

① 쇼어 경도시험 ② 브리넬 경도시험
③ 비커스 경도시험 ④ 로크웰 경도시험

해설

로크웰 경도시험

㉠ 시험방법
- 압입자에 미리 10kgf의 초하중(기준하중)을 걸어주어 시편에 접촉시켜 표면상에 존재할지도 모를 결함에 의한 영향을 없앤다.
- 압입자에 시험하중을 더 걸어주어 압입자국이 더 깊어지게 한다.
  주하중(W)=10kgf+140kgf(시험하중)=150kgf
- 시험하중을 제거하면 초하중과 주하중에 의한 압입자국 길이의 차가 생긴다.
- 압입 깊이의 차이가 자동적으로 다이알 게이지에 나타나 금속의 경도값를 표시한다.

㉡ 여러 하중 조건에 따라 각기 다른 종류의 압입자가 사용되므로 넓은 범위의 경도값을 정확하게 측정할 수 있다.

㉢ 이 시험법은 브리넬 경도 시험법보다 압입자국을 적게 내므로 더 얇은 시편을 측정할 수 있다.

28 침탄법에 비하여 경화층은 얇으나, 경도가 크고, 담금질이 필요 없으며, 내식성 및 내마모성이 커서 고온에도 변화되지 않지만 처리시간이 길고 생산비가 많이 드는 표면 경화법은?

① 마퀜칭
② 질화법
③ 화염 경화법
④ 고주파 경화법

해설

침탄법과 질화법의 특징 비교

특징	침탄법	질화법
표면경화층 두께	침탄층이 두껍다.	질화층이 얇다.
경도	낮다.	높다.
열처리	반드시 필요	필요 없다.
변형	크다.	작다.
사용재료	제한이 적다.	질화강이어야 한다.
고온경도	낮아진다.	낮아지지 않는다.
소요시간	짧다.	길다(12~48hr).
수정 가능 여부	가능	불가능

29 금속의 응고에 대한 설명으로 틀린 것은?

① Fe의 결정성장 방향은 [0001]이다.
② 응고 과정에서 고상과 액상 간의 경계가 형성된다.
③ 응고 과정에서 운동에너지가 열의 형태로 방출되는 것을 응고 잠열이라 한다.
④ 액체 금속이 응고할 때 용융점보다 낮은 온도에서 응고되는 것을 과냉각이라 한다.

해설

Fe의 결정성장 방향은 [100]이다.

30 0.8% 탄소를 고용한 탄소강을 800℃로 가열하였다가 서서히 냉각시켰을 때 나타나는 조직은?

① 펄라이트(Pearlite)
② 오스테나이트(Austenite)
③ 시멘타이트(Cementite)
④ 레데뷰라이트(Ledeburite)

해설

공석강

철의 탄소함유량이 0.8%이고, A_1 변태온도 이하에서 조직은 펄라이트이다.

정답 27 ④ 28 ② 29 ① 30 ①

31 고상용접(Solid-State Welding) 형식이 아닌 것은?

① 롤 용접 ② 고온압접
③ 압출용접 ④ 전자빔 용접

해설

고상용접
2개의 깨끗하고 매끈한 금속 면을 원자와 원자의 인력이 작용할 수 있는 거리에 접근시키고 기계적으로 밀착하면 용접이 된다.

- 롤 용접 : 이어 붙일 금속을 노(爐)로 가열한 뒤 롤로 눌러서 단접하는 방법
- 냉간압접 : 외부에서 기계적인 힘을 가하여 접합하는 방법
- 열간압접 : 접합부를 가열하고 압력 또는 충격을 가하여 접합하는 방법
- 마찰용접 : 접촉면의 기계적 마찰로 가열된 것을 압력을 가하여 접합하는 방법
- 폭발용접 : 두 소재를 일정한 각도로 고정한 다음, 폭약을 폭발시켜 맞붙게 하는 방법으로 알루미늄, 구리, 타이타늄 따위를 붙이는 데 쓴다.
- 초음파용접 : 접합면을 가압하고 고주파 진동에너지를 그 부분에 가하여 용접하는 방법
- 확산용접 : 진공 속에 오랫동안 두 소재를 맞대고 약간의압력을 주면서 가열하면, 확산 현상이 일어나 두 소재가 들러붙는다. 특수 합금이나 특수 강철의 용접에 많이 쓰고도 자기같은 비금속 재료의 용접에도 널리 쓴다.

32 와이어 방전 가공액의 비저항값에 대한 설명으로 틀린 것은?

① 비저항값이 낮을 때에는 수돗물을 첨가한다.
② 일반적으로 방전가공에서는 10~100kΩ · cm 의 비저항값을 설정한다.
③ 비저항값이 높을 때에는 가공액을 이온교환장치로 통과시켜 이온을 제거한다.
④ 비저항값이 과다하게 높을 때에는 방전간격이 넓어져서 방전효율이 저하된다.

해설

와이어 방전 가공액
㉠ 가공액의 작용
- 극간을 절연 회복시킨다.
- 방전가공 부위를 냉각시킨다.
- 발전폭압을 발생시킨다.
- 가공 chip을 배출시킨다.
- 이온 교환수지를 이용하여 수중의 이온을 제거한다.

㉡ 가공액의 물을 사용했을 때 장점
- 취급이 용이하고 화재의 위험이 없다.
- 공작물과 와이어 전극을 빨리 냉각시킨다.
- 전극에 강제 진동에 발생하더라도 극간 접촉이 일어나지 않게 도와준다.
- 가공 시 발생되는 불순물의 배제가 양호하다.

㉢ 가공액의 비저항값
- 가공액의 비저항값이 가공성능에 큰 영향을 미친다.
- 비저항값이 너무 낮으면 방전에 사용되는 전류가 감소하여 반대로 빠지는 전류가 증가하여 가공속도를 감소시킨다.
- 비저항값이 너무 높으면 방전간격이 좁아지고 방전효율이 저하된다.

33 얇은 판재로 된 목형은 변형되기 쉽고 주물의 두께가 균일하지 않으면 용융금속이 냉각 응고 시에 내부응력에 의해 변형 및 균열이 발생할 수 있으므로, 이를 방지하기 위한 목적으로 쓰고 사용한 후에 제거하는 것은?

① 구배 ② 덧붙임
③ 수축 여유 ④ 코어 프린트

해설

- 목형구배(기울기) : 목형을 주형에서 빼낼 때 주형이 파손되는 것을 방지하기 위하여 목형의 측면을 경사지게 제작한다.
- 덧붙임 : 두께가 균일하지 않고 형상이 복잡한 부분은 냉각이 되면 내부응력이 발생되어 파손 및 변형이 되기 쉬우므로 덧붙임으로 보강하고 주형을 제거한 다음 이것을 잘라낸다.

정답 31 ④ 32 ④ 33 ②

- 수축여유 : 응고과정에서 주물 수축이 발생할 수 있으므로 수축량만큼 원형을 크게 만들어야 한다.
- 코어 프린트 : 코어의 일부분으로서 코어를 주형에 고정시키기 위한 연장부이며, 주형 내에서 코어의 위치를 고정시켜 주입 시 용탕의 흐름이나 부력에 의해 코어가 움직이거나 떠오르는 것을 방지한다.

34 다음 인발가공에서 인발 조건의 인자로 가장 거리가 먼 것은?

① 절곡력(Folding Force)
② 역장력(Back Tension)
③ 마찰력(Friction Force)
④ 다이각(Die Angle)

해설

인발에 영향을 미치는 인자
단면 감소율, 다이 각도, 인발률, 인발력, 역장력, 마찰력, 윤활법, 인발 속도, 인발재료 등이 있다.

35 버니어캘리퍼스의 눈금 24.5mm를 25등분한 경우 최소 측정값은 몇 mm인가?(단, 본척의 눈금 간격은 0.5mm이다.)

① 0.01 ② 0.02
③ 0.05 ④ 0.1

해설

$$V = \frac{S}{n} = \frac{0.5}{25} = 0.02$$

여기서, V : 부척의 1눈금 간격
S : 본척의 1눈금 간격
n : 부척의 등분 눈금 수

36 와이어 컷(Wire Cut) 방전가공의 특징으로 틀린 것은?

① 표면거칠기가 양호하다.
② 담금질강과 초경합금의 가공이 가능하다.
③ 복잡한 형상의 가공물을 높은 정밀도로 가공할 수 있다.
④ 가공물의 형상이 복잡함에 따라 가공속도가 변한다.

해설

와이어 컷(WEDM)의 특징
- 강한 장력을 준 와이어와 가공물 사이에 방전을 일으켜 가공한다.
- 컴퓨터 수치제어(CNC)가 필수적이며 가공 정밀도가 요구된다.
- 일반 공작기계로 가공이 불가능한 미세가공, 복잡한 형상 가공, 열처리되었거나 일반 절삭가공이 어려운 고경도 재료를 가공한다.
- 고정밀을 필요로 하는 금형을 가공한다.

37 절삭가공 시 발생하는 절삭온도 측정방법이 아닌 것은?

① 부식을 이용하는 방법
② 복사고온계를 이용하는 방법
③ 열전대에 의한 방법
④ 칼로리미터에 의한 방법

해설

절삭온도를 측정하는 방법
- 칩의 색깔로 판정하는 방법
- 시온도료(Thermo Colour Paint)에 의한 방법
- 열량계(Calorimeter)에 의한 방법
- 열전대(Thermo Couple)에 의한 방법

38 밀링에서 브라운 샤프형 분할판으로 지름피치 12, 잇수가 76개인 스퍼기어를 절삭할 때 사용하는 분할판의 구멍열은?

① 16구멍 ② 17구멍
③ 18구멍 ④ 19구멍

정답 34 ① 35 ② 36 ④ 37 ① 38 ④

해설

브라운 샤프형

$n=\frac{40}{N}=\frac{40}{76}=\frac{10}{19}$ 이므로 분할판의 구멍열은 19이다.

여기서, n : 핸들의 회전수, N : 분할 수

39 펀치와 다이를 프레스에 설치하여 판금 재료로부터 목적하는 형상의 제품을 뽑아내는 전단 가공은?

① 스웨이징 ② 엠보싱
③ 블랭킹 ④ 브로칭

해설

① 스웨이징(Swaging) : 봉재, 관재의 지름을 축소하거나 테이퍼를 만드는 가공이다.
② 엠보싱(Embossing) : 금속판에 두께 변화를 일으키지 않고 상하 반대로 여러 가지 모양의 요철을 만드는 가공이다.
④ 브로칭(Broaching) : 가공하는 모양과 비슷한 많은 날이 차례로 치수가 커지면서 축선방향으로 배열되어 있는 봉 모양의 공구로, 이것을 브로칭머신의 축에 장착하고, 축방향으로 밀거나 끌어당겨서 원하는 단면 모양을 가공한다.

40 전기저항용접과 관계되는 법칙은?

① 줄(Joule)의 법칙
② 뉴턴의 법칙
③ 암페어의 법칙
④ 플레밍의 법칙

해설

전기저항용접(가열압접)은 용접할 금속의 접촉부에 전류가 흐르면 전기저항열이 발생하여 고온이 된 접촉부에 압력을 가해 접합시키는 방법으로 저항열은 줄의 법칙(Joule's Law)에 의해 구한다.

3과목 구조해석

41 직사각형 단면의 단주에 150kN 하중이 중심에서 1m만큼 편심되어 작용할 때 이 부재 BD에서 생기는 최대압축응력은 약 몇 kPa인가?

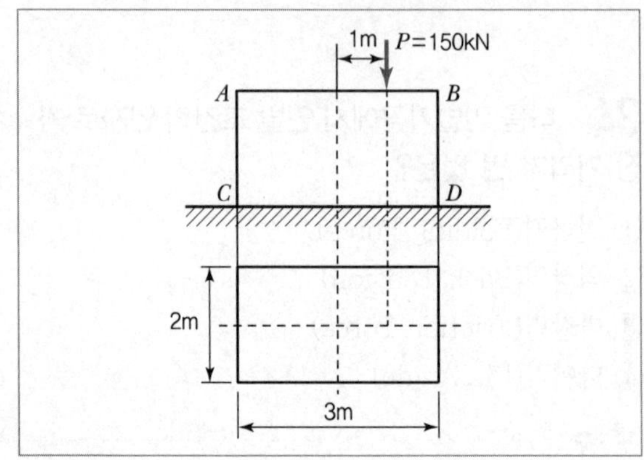

① 25 ② 50
③ 75 ④ 100

해설

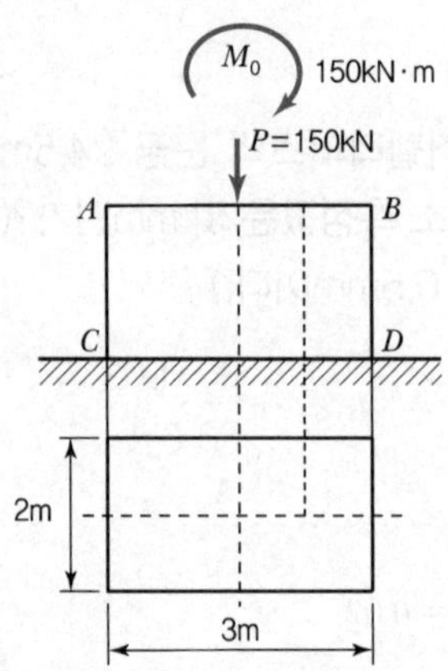

부재 $B-D$에는 직접압축응력과 굽힘에 의한 압축응력이 조합된 상태이므로

$$\sigma_{\max}=\sigma_c+\sigma_{bc}=\frac{P}{A}+\frac{M_0}{Z}=\frac{P}{A}+\frac{Pe}{Z}$$

여기서, $\sigma_c=\frac{P}{A}=\frac{150\times10^3\,\text{N}}{6\,\text{m}^2}=25{,}000\,\text{Pa}=25\,\text{kPa}$

$$\sigma_{bc}=\frac{Pe}{\frac{bh^2}{6}}=\frac{150\times10^3\text{N}\times1\text{m}}{\frac{2\times3^2\text{m}^3}{6}}$$

정답 39 ③ 40 ① 41 ③

$= 50{,}000\,\text{Pa} = 50\,\text{kPa}$

$\therefore\ \sigma_{max} = 25 + 50 = 75\,\text{kPa}$

42 오일러 공식이 세장비 $\dfrac{l}{k} > 100$에 대해 성립한다고 할 때, 양단이 힌지인 원형단면 기둥에서 오일러 공식이 성립하기 위한 길이 "l"과 지름 "d"와의 관계가 옳은 것은?(단, 단면의 회전반경을 k라 한다.)

① $l > 4d$　② $l > 25d$
③ $l > 50d$　④ $l > 100d$

해설

$$\lambda = \frac{l}{K} = \frac{l}{\sqrt{\dfrac{I}{A}}} = \frac{l}{\sqrt{\dfrac{\dfrac{\pi}{64}d^4}{\dfrac{\pi}{4}d^2}}} = \frac{l}{\sqrt{\dfrac{d^2}{16}}} = \frac{4l}{d} > 100$$

$\therefore\ l > 25d$

43 원형 봉에 축방향 인장하중 P =88kN이 작용할 때, 직경의 감소량은 약 몇 mm인가?(단, 봉은 길이 L =2m, 직경 d =40mm, 세로탄성계수는 70GPa, 포아송 비 μ =0.3이다.)

① 0.006　② 0.012
③ 0.018　④ 0.036

해설

$$\mu = \frac{\varepsilon'}{\varepsilon} = \frac{\dfrac{\delta}{d}}{\dfrac{\lambda}{l}} = \frac{l\delta}{d\lambda} \text{에서}$$

$$\delta = \frac{\mu d\lambda}{l} = \frac{\mu \cdot d}{l} \cdot \frac{P \cdot l}{AE} \left(\because\ \lambda = \frac{P \cdot l}{AE} \right)$$

$$= \frac{\mu dP}{AE} = \frac{\mu dP}{\dfrac{\pi}{4}d^2 E} = \frac{4\mu P}{\pi dE} = \frac{4 \times 0.3 \times 88 \times 10^3}{\pi \times 0.04 \times 70 \times 10^9}$$

$= 0.000012\text{m} = 0.012\,\text{mm}$

44 원형 단면 축에 147kW의 동력을 회전수 2,000rpm으로 전달시키고자 한다. 축 지름은 약 몇 cm로 해야 하는가?(단, 허용전단응력은 τ_w = 50MPa이다.)

① 4.2　② 4.6
③ 8.5　④ 9.9

해설

$$\text{전달 토크 } T = \frac{H}{\omega} = \frac{H}{\dfrac{2\pi N}{60}} = \frac{147 \times 10^3}{\dfrac{2\pi \times 2{,}000}{60}}$$

$= 701.87\text{N} \cdot \text{m}$

$T = \tau \cdot Z_p = \tau \cdot \dfrac{\pi d^3}{16}$ 에서

$$\therefore\ d = \sqrt[3]{\frac{16T}{\pi\tau}} = \sqrt[3]{\frac{16 \times 701.87}{\pi \times 50 \times 10^6}}$$

$= 0.0415\,\text{m} = 4.15\,\text{cm}$

45 양단이 고정된 축을 그림과 같이 $m-n$ 단면에서 T만큼 비틀면 고정단 AB에서 생기는 저항 비틀림모멘트의 비 T_A/T_B는?

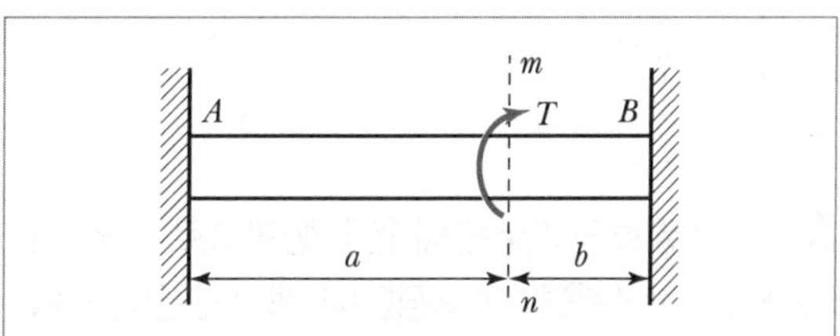

① $\dfrac{b^2}{a^2}$　② $\dfrac{b}{a}$
③ $\dfrac{a}{b}$　④ $\dfrac{a^2}{b^2}$

정답　42 ②　43 ②　44 ①　45 ②

해설

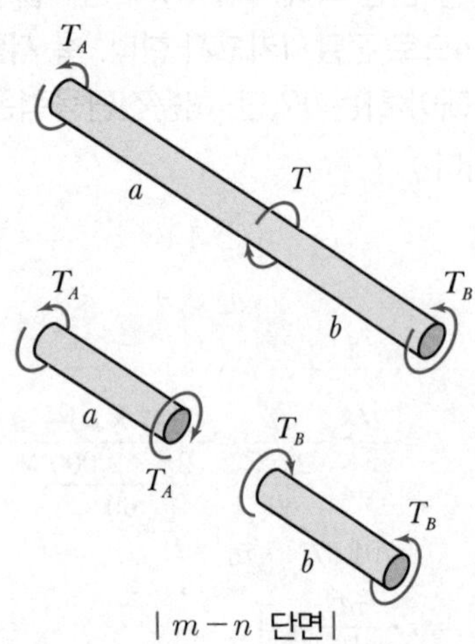

| $m-n$ 단면 |

$T_A = T_1,\ \ T_B = T_2,\ \ T_1 + T_2 = T$

• T_1에 의한 $\theta_1 = \dfrac{T_1 a}{GI_{p1}}$

• T_2에 의한 $\theta_2 = \dfrac{T_2 b}{GI_{p2}}$

$m-n$ 단면에서 $\theta_1 = \theta_2 \rightarrow \dfrac{T_1 a}{GI_{p1}} = \dfrac{T_2 b}{GI_{p2}}$ ($\because$ G 동일)

하나의 동일축이므로 $I_{p1} = I_{p2}$이다.

$\therefore\ \dfrac{T_A}{T_B} = \dfrac{T_1}{T_2} = \dfrac{b}{a}$

46 외팔보의 자유단에 연직 방향으로 10kN의 집중하중이 작용하면 고정단에 생기는 굽힘응력은 약 몇 MPa인가?[단, 단면(폭×높이) $b \times h$ = 10cm×15cm, 길이 1.5m이다.)]

① 0.9　　② 5.3
③ 40　　④ 100

해설

$$\sigma_b = \frac{M}{Z} = \frac{P \times L}{\dfrac{bh^2}{6}} = \frac{10 \times 10^3 \times 1.5}{\dfrac{0.1 \times 0.15^2}{6}}$$

$$= 40 \times 10^6 \mathrm{N/m^2} = 40\,\mathrm{MPa}$$

47 지름 300mm의 단면을 가진 속이 찬 원형보가 굽힘을 받아 최대굽힘응력이 100MPa이 되었다. 이 단면에 작용한 굽힘모멘트는 약 몇 kN · m인가?

① 265　　② 315
③ 360　　④ 425

해설

$M = \sigma_b \cdot Z$

$= \sigma_b \cdot \dfrac{\pi d^3}{32}$

$= 100 \times 10^6 \times \dfrac{\pi \times 0.3^3}{32}$

$= 265{,}071.88\ \mathrm{N \cdot m}$

$= 265.07\ \mathrm{kN \cdot m}$

48 철도 레일의 온도가 50℃에서 15℃로 떨어졌을 때 레일에 생기는 열응력은 약 몇 MPa인가? (단, 선팽창계수는 0.000012/℃, 세로탄성계수는 210GPa이다.)

① 4.41　　② 8.82
③ 44.1　　④ 88.2

해설

$\varepsilon = \alpha \Delta t$

$\sigma = E\varepsilon = E\alpha\Delta t$

$= 210 \times 10^9 \times 0.000012 \times (50 - 15)$

$= 88.2 \times 10^6\,\mathrm{Pa}$

$= 88.2\,\mathrm{MPa}$

정답　46 ③　47 ①　48 ④

49 그림과 같은 트러스 구조물에서 B점에서 10kN의 수직하중을 받으면 BC에 작용하는 힘은 몇 kN인가?

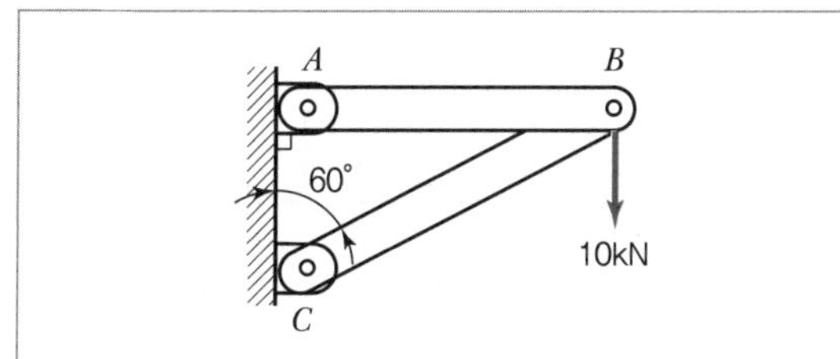

① 20　② 17.32
③ 10　④ 8.66

해설

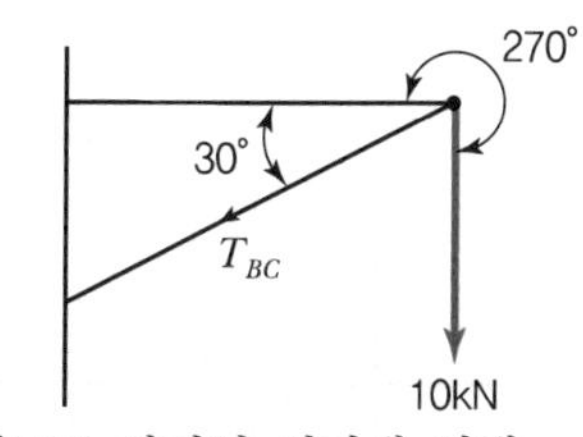

3력 부재이므로 라미의 정리에 의해

$$\frac{10}{\sin 30°} = \frac{T_{BC}}{\sin 270°}$$

$$\therefore\ T_{BC} = 10 \times \frac{\sin 270°}{\sin 30°} = (-)20\text{kN}$$

("−" 부호는 압축을 의미)

50 지름 D인 두께가 얇은 링(Ring)을 수평면 내에서 회전시킬 때, 링에 생기는 인장응력을 나타내는 식은?(단, 링의 단위 길이에 대한 무게를 W, 링의 원주속도를 V, 링의 단면적을 A, 중력 가속도를 g로 한다.)

① $\dfrac{WV^2}{DAg}$　② $\dfrac{WDV^2}{Ag}$
③ $\dfrac{WV^2}{Ag}$　④ $\dfrac{WV^2}{Dg}$

해설

$$F_r = ma_r = \frac{W_t}{g} \cdot \frac{V^2}{r}$$

여기서, $\dfrac{W_t}{r} = W$: 링의 단위길이당 무게

a_r : 구심가속도(법선 방향 가속도)

V : 원주속도, W_t : 링의 전체 무게

$$= \frac{W}{g} \cdot V^2$$

$$\therefore\ \sigma = \frac{F}{A} = \frac{WV^2}{Ag}$$

51 그림의 평면응력상태에서 최대주응력은 약 몇 MPa인가?(단, $\sigma_x = 175$MPa, $\sigma_y = 35$MPa, $\tau_{xy} = 60$MPa이다.)

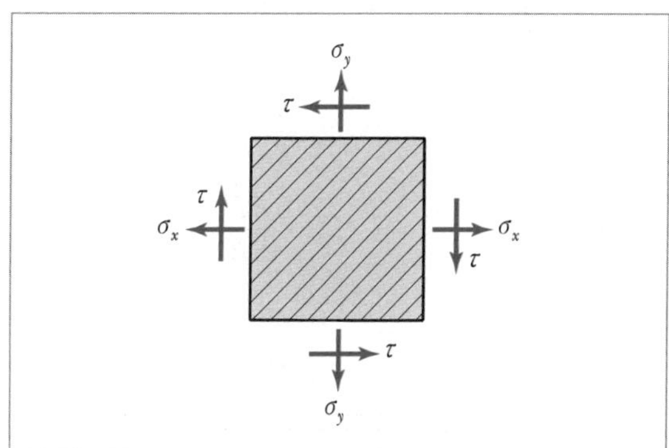

① 92　② 105
③ 163　④ 197

해설

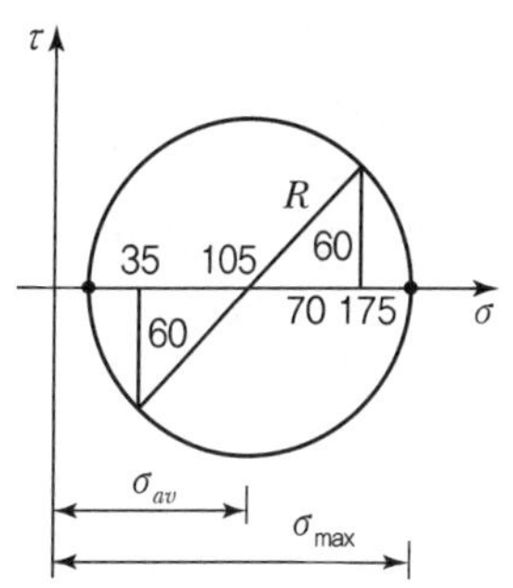

정답　49 ①　50 ③　51 ④

평면응력상태의 모어의 응력원을 그리면

응력원에서 $\sigma_{max}=\sigma_{av}+R$이므로

$\sigma_{av}=\dfrac{175+35}{2}=105$

모어의 응력원에서 $R=\sqrt{70^2+60^2}=92.2\text{MPa}$

$\therefore\ \sigma_{max}=105+92.2=197.2\text{MPa}$

52 그림과 같이 외팔보의 중앙에 집중하중 P가 작용하는 경우 집중하중 P가 작용하는 지점에서의 처짐은?(단, 보의 굽힘강성 EI는 일정하고, L은 보의 전체의 길이이다.)

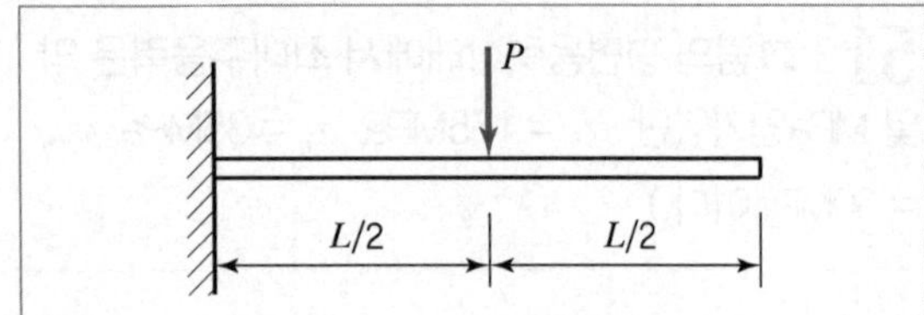

① $\dfrac{PL^3}{3EI}$　② $\dfrac{PL^3}{24EI}$

③ $\dfrac{PL^3}{8EI}$　④ $\dfrac{5PL^3}{48EI}$

해설

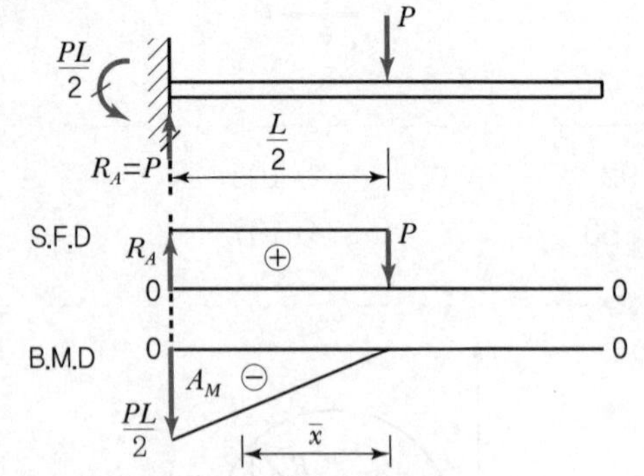

중앙에서의 처짐량은 면적모멘트법에 의해

$$\delta=\frac{A_M}{EI}\cdot\bar{x}=\frac{\frac{1}{2}\times\frac{L}{2}\times\frac{PL}{2}}{EI}\times\left(\frac{L}{2}\times\frac{2}{3}\right)$$

$$=\frac{PL^3}{24EI}$$

53 전체 길이가 L이고, 일단 지지 및 타단 고정보에서 삼각형 분포하중이 작용할 때, 지지점 A에서의 반력은?(단, 보의 굽힘강성 EI는 일정하다.)

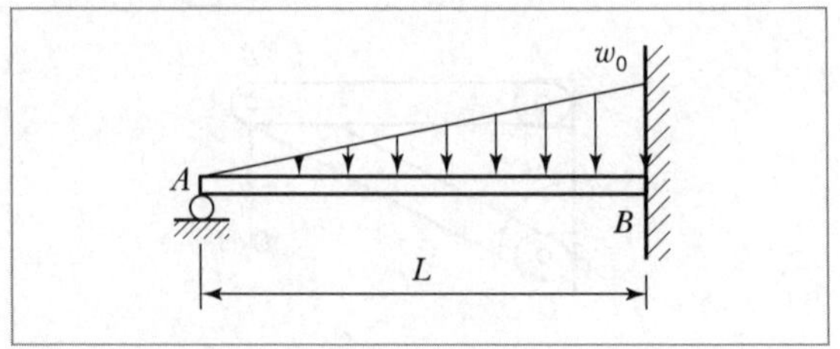

① $\dfrac{1}{2}w_0L$　② $\dfrac{1}{3}w_0L$

③ $\dfrac{1}{5}w_0L$　④ $\dfrac{1}{10}w_0L$

해설

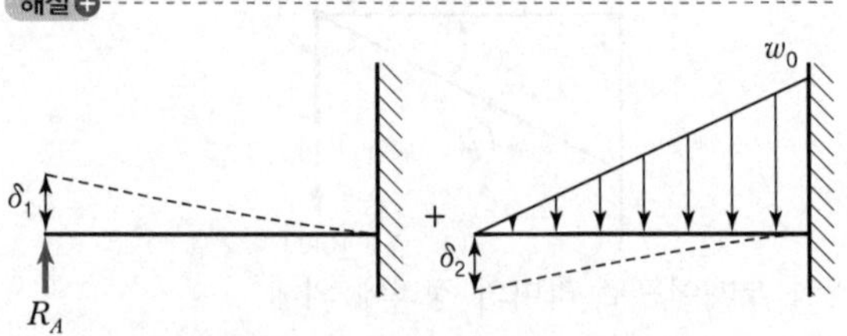

면적모멘트법에 의한 처짐량(δ_2)

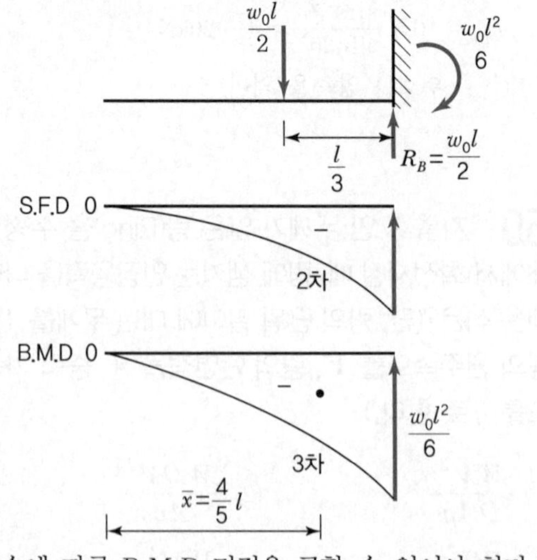

(차수에 따른 B.M.D 면적을 구할 수 있어야 한다.)

정답 52 ② 53 ④

B.M.D의 면적 $A_M = \dfrac{\dfrac{w_0 l^2}{6} \cdot l}{4} = \dfrac{w_0 l^3}{24}$

$\delta_2 = \dfrac{A_M}{EI} \cdot \bar{x} = \dfrac{\dfrac{w_0 l^3}{24}}{EI} \times \dfrac{4}{5} l = \dfrac{w_0 l^4}{30EI}$

$\delta_1 = \delta_2$이므로 $\dfrac{R_A l^3}{3EI} = \dfrac{w_0 l^4}{30EI}$

$\therefore\ R_A = \dfrac{w_0 \cdot l}{10}$

54 동일한 길이와 재질로 만들어진 두 개의 원형단면 축이 있다. 각각의 지름이 d_1, d_2일 때 각 축에 저장되는 변형에너지 u_1, u_2의 비는?(단, 두 축은 모두 비틀림모멘트 T를 받고 있다.)

① $\dfrac{u_1}{u_2} = \left(\dfrac{d_2}{d_1}\right)^4$　② $\dfrac{u_2}{u_1} = \left(\dfrac{d_2}{d_1}\right)^3$

③ $\dfrac{u_1}{u_2} = \left(\dfrac{d_2}{d_1}\right)^3$　④ $\dfrac{u_2}{u_1} = \left(\dfrac{d_2}{d_1}\right)^4$

해설

$U = \dfrac{1}{2} T \cdot \theta = \dfrac{T^2 \cdot l}{2GI_p}$에서

$\dfrac{u_1}{u_2} = \dfrac{\dfrac{T^2 \cdot l}{2GI_{p1}}}{\dfrac{T^2 \cdot l}{2GI_{p2}}} = \dfrac{I_{p2}}{I_{p1}} = \dfrac{\dfrac{\pi d_2^{\ 4}}{32}}{\dfrac{\pi d_1^{\ 4}}{32}} = \left(\dfrac{d_2}{d_1}\right)^4$

55 그림과 같이 스프링상수는 400N/m, 질량은 100kg인 1자유도계 시스템이 있다. 초기에 변위는 0이고 스프링 변형량도 없는 상태에서 x 방향으로 3m/s의 속도로 움직이기 시작한다고 가정할 때 이 질량체의 속도 v를 위치 x에 관한 함수로 나타내면?

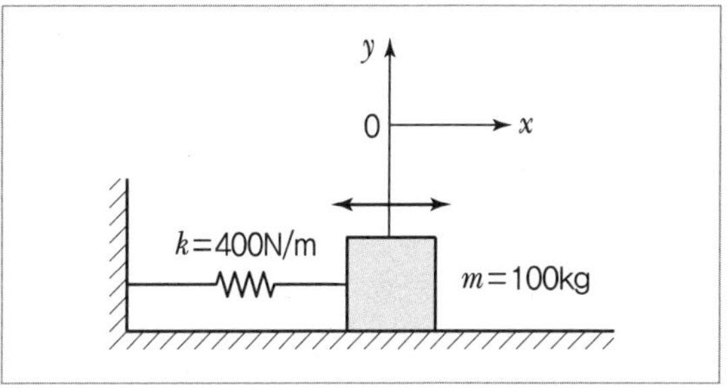

① $\pm(9-4x^2)$　② $\pm\sqrt{(9-4x^2)}$

③ $\pm(16-9x^2)$　④ $\pm\sqrt{(16-9x^2)}$

해설

운동에너지와 스프링이 한 일은 같다.

스프링에 의한 일(x 방향 반대) : $U_{1\to2}$

$-\int_{x_0}^{x_1} kx\,dx = -\dfrac{1}{2}k\left(x_1^{\ 2} - x_0^{\ 2}\right) = \dfrac{1}{2}k\left(x_0^{\ 2} - x_1^{\ 2}\right)$

$T = U_{1\to2}$에서

$\dfrac{1}{2}m\left(v^2 - v_0^{\ 2}\right) = \dfrac{1}{2}k\left(x_0^{\ 2} - x_1^{\ 2}\right)$

$m\left(v^2 - v_0^{\ 2}\right) = k\left(x_0^{\ 2} - x_1^{\ 2}\right)$

$100\left(v^2 - 3^2\right) = 400\left(0 - x_1^{\ 2}\right)$ (여기서, $x_1 = x$)

$v^2 - 9 = -4x^2$

$\therefore\ v = \pm\sqrt{(9-4x^2)}$

56 수평 직선도로에서 일정한 속도로 주행하던 승용차의 운전자가 앞에 놓인 장애물을 보고 급제동을 하여 정지하였다. 바퀴 자국으로 파악한 제동거리가 25m이고, 승용차 바퀴와 도로의 운동마찰계수는 0.35일 때 제동하기 직전의 속력은 약 몇 m/s인가?

① 11.4　② 13.1

③ 15.9　④ 18.6

해설

제동거리 r만큼 움직일 때 마찰에 의한 제동일에너지와 운동에너지는 같으므로

$U_{1\to2} = T$, μ_k : 운동마찰계수

정답　54 ①　55 ②　56 ②

$\mu_k Wr = \frac{1}{2}mV^2 \rightarrow \mu_k mgr = \frac{1}{2}mV^2$

$\therefore V = \sqrt{2\mu_k gr} = \sqrt{2\times 0.35\times 9.8\times 25}$

$= 13.096\text{m/s}$

57 보 AB는 질량을 무시할 수 있는 강체이고 A점은 마찰 없는 힌지(Hinge)로 지지되어 있다. 보의 중점 C와 끝점 B에 각각 질량 m_1과 m_2가 놓여 있을 때 이 진동계의 운동방정식을 $m\ddot{x}+kx=0$이라고 하면 m의 값으로 옳은 것은?

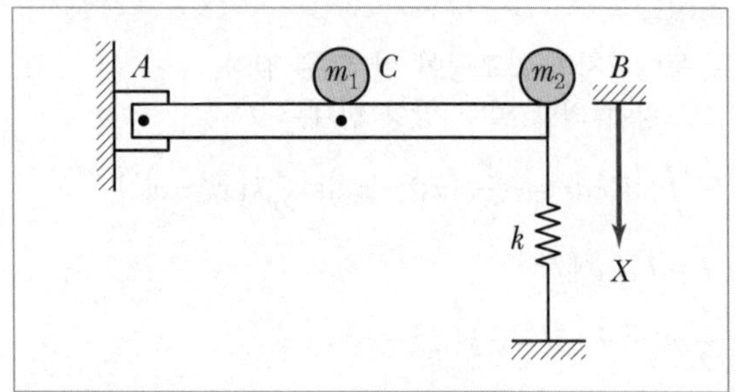

① $m=\frac{m_1}{4}+m_2$ ② $m=m_1+\frac{m_2}{2}$

③ $m=m_1+m_2$ ④ $m=\frac{m_1-m_2}{2}$

해설

힌지 A에 대한 m_1과 m_2의 질량관성모멘트의 합은 전체 질량 m의 스프링에 걸리는 질량관성모멘트와 같으므로

$m_1\left(\frac{l}{2}\right)^2+m_2(l)^2=m(l)^2$

$\therefore m=\frac{m_1}{4}+m_2$

58 그림은 2톤의 질량을 가진 자동차가 18 km/h의 속력으로 벽에 충돌하는 상황을 위에서 본 것이며 범퍼를 병렬 스프링 2개로 가정하였다. 충돌과정에서 스프링의 최대압축량이 0.2m라면 스프링상수 k는 얼마인가?(단, 타이어와 노면의 마찰은 무시한다.)

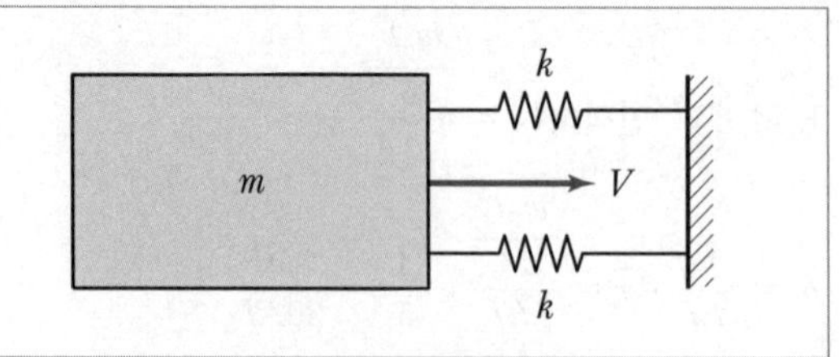

① 625 kN/m ② 312.5 kN/m

③ 725 kN/m ④ 1,450 kN/m

해설

탄성위치에너지와 운동에너지는 같으므로

$\frac{1}{2}k_e x^2=\frac{1}{2}mV^2$

등가스프링상수 k_e는 $W=W_1+W_2$에서

$k_e\delta=k\delta+k\delta \quad \therefore k_e=2k$

$\frac{1}{2}(2k)x^2=\frac{1}{2}mV^2$

$\therefore k=\frac{mV^2}{2x^2}=\frac{2{,}000\times\left(\frac{18\times10^3}{3{,}600}\right)^2}{2\times0.2^2}$

$=625{,}000\text{N/m}=625\text{kN/m}$

59 두 조화운동 $x_1=4\sin 10t$와 $x_2=4\sin 10.2t$를 합성하면 맥놀이(Beat) 현상이 발생하는데 이때 맥놀이 진동수(Hz)는?(단, t의 단위는 s이다.)

① 31.4 ② 62.8

③ 0.0159 ④ 0.0318

해설

$x_1=X\sin\omega_1 t=4\sin 10t \rightarrow \omega_1=10$

$x_2=X\sin\omega_2 t=4\sin 10.2t \rightarrow \omega_2=10.2$

울림진동수 $f_b=f_2-f_1=\frac{\omega_2}{2\pi}-\frac{\omega_1}{2\pi}$

$=\frac{\omega_2-\omega_1}{2\pi}=\frac{10.2-10}{2\pi}$

$=0.0318\text{Hz}$

정답 57 ① 58 ① 59 ④

60 질량이 30kg인 모형 자동차가 반경 40m인 원형 경로를 20m/s의 일정한 속력으로 돌고 있을 때 이 자동차가 법선 방향으로 받는 힘은 약 몇 N인가?

① 100 ② 200
③ 300 ④ 600

해설

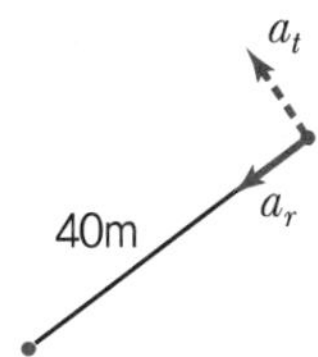

a_r : 구심가속도(법선 방향 가속도)

$F_r = ma_r = m \cdot \frac{V^2}{r} = 30 \times \frac{20^2}{40} = 300\text{N}$

4과목 열 · 유체 해석

61 상태 1에서 경로 A를 따라 상태 2로 변화하고 경로 B를 따라 다시 상태 1로 돌아오는 가역 사이클이 있다. 아래의 사이클에 대한 설명으로 틀린 것은?

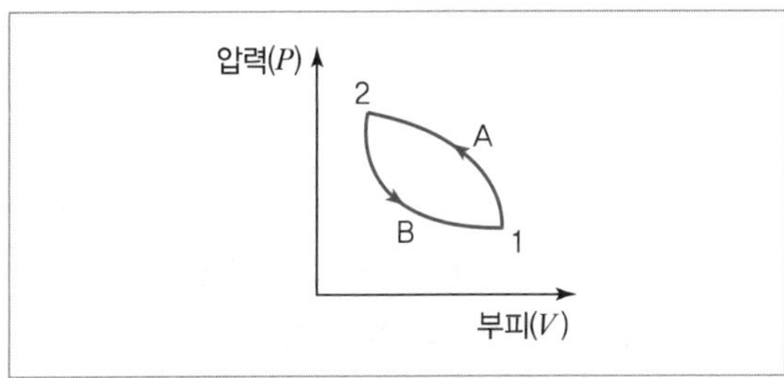

① 사이클 과정 동안 시스템의 내부에너지 변화량은 0이다.
② 사이클 과정 동안 시스템은 외부로부터 순(Net) 일을 받았다.
③ 사이클 과정 동안 시스템의 내부에서 외부로 순(Net) 열이 전달되었다.
④ 이 그림으로 사이클 과정 동안 총 엔트로피 변화량을 알 수 없다.

해설

$\oint \delta Q = \oint \delta W$ 이므로 $\delta Q - \delta W = dU$에서 $dU = 0$이고 가역 사이클이므로 엔트로피 변화량은 "0"이다.

62 다음 4가지 경우에서 ( ) 안의 물질이 보유한 엔트로피가 증가한 경우는?

ⓐ 컵에 있는 (물)이 증발하였다.
ⓑ 목욕탕의 (수증기)가 차가운 타일 벽에서 물로 응결되었다.
ⓒ 실린더 안의 (공기)가 가역 단열적으로 팽창되었다.
ⓓ 뜨거운 (커피)가 식어서 주위온도와 같게 되었다.

정답 60 ③ 61 ④ 62 ①

① ⓐ ② ⓑ
③ ⓒ ④ ⓓ

해설

엔트로피 $ds = \frac{\delta q}{T}$에서 엔트로피는 열량부호와 동일함을 알 수 있다.

- δq : 흡열(+) → ds 증가
- δq : 방열(−) → ds 감소

63 기체상수가 0.462kJ/(kg · K)인 수증기를 이상기체로 간주할 때 정압비열[kJ/(kg · K)]은 약 얼마인가?(단, 이 수증기의 비열비는 1.33이다.)

① 1.86 ② 1.54
③ 0.64 ④ 0.44

해설

$k = \frac{C_p}{C_v}$와 $C_p - C_v = R$에서

$C_p = \frac{kR}{k-1} = \frac{1.33 \times 0.462}{1.33-1}$

$= 1.862\text{kJ/kg} \cdot \text{K}$

64 완전히 단열된 실린더 안의 공기가 피스톤을 밀어 외부로 일을 하였다. 이때 외부로 행한 일의 양과 동일한 값(절댓값 기준)을 가지는 것은?

① 공기의 엔탈피 변화량
② 공기의 온도 변화량
③ 공기의 엔트로피 변화량
④ 공기의 내부에너지 변화량

해설

$\delta Q - \delta W = dU$에서 $\delta Q = 0$이므로

$\delta W = -dU$

$\therefore {}_1W_2 = U_1 - U_2$

65 시스템 내의 임의의 이상기체 1kg이 채워져 있다. 이 기체의 정압비열은 1.0kJ/(kg · K)이고, 초기 온도가 50℃인 상태에서 323kJ의 열량을 가하여 팽창시킬 때 변경 후 체적은 변경 전 체적의 약 몇 배가 되는가?(단, 정압과정으로 팽창한다.)

① 1.5배 ② 2배
③ 2.5배 ④ 3배

해설

$p = c$인 정압과정이므로

$\delta q = dh - v\,dp$ ($dp = 0$)

${}_1q_2 = C_p(T_2 - T_1)$

${}_1Q_2 = mC_p(T_2 - T_1)$

$\therefore T_2 = \frac{{}_1Q_2}{mC_p} + T_1$

$= \frac{323}{1 \times 1.0} + (50 + 273) = 646\text{K}$

정압과정이므로 $\frac{v}{T} = c$에서 $\frac{v_1}{T_1} = \frac{v_2}{T_2}$

$\therefore \frac{v_2}{v_1} = \frac{T_2}{T_1} = \frac{646}{323} = 2$

66 그림과 같은 Rankine사이클의 열효율은 약 얼마인가?(단, h는 엔탈피, s는 엔트로피를 나타내며, $h_1 = 191.8$kJ/kg, $h_2 = 193.8$kJ/kg, $h_3 = 2{,}799.5$kJ/kg, $h_4 = 2{,}007.5$kJ/kg이다.)

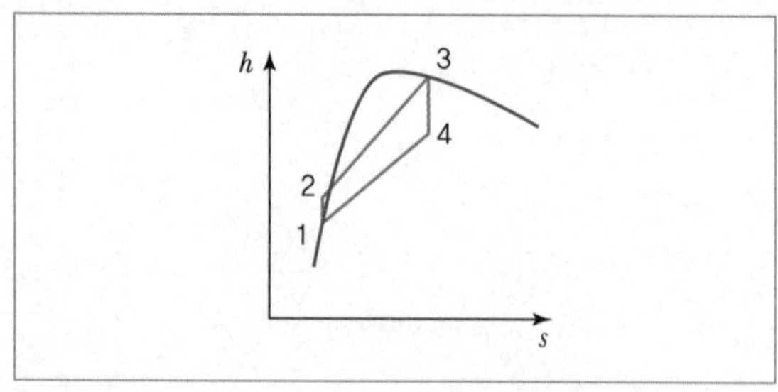

① 30.3% ② 36.7%
③ 42.9% ④ 48.1%

정답 63 ① 64 ④ 65 ② 66 ①

해설

$$\eta = \frac{w_T - w_P}{q_b} = \frac{(h_3 - h_4) - (h_2 - h_1)}{h_3 - h_2}$$
$$= \frac{(2{,}799.5 - 2{,}007.5) - (193.8 - 191.8)}{2{,}799.5 - 193.8}$$
$$= 0.3031 = 30.31\%$$

67 냉동기 냉매의 일반적인 구비조건으로 적합하지 않은 것은?

① 임계 온도가 높고, 응고 온도가 낮을 것
② 증발열이 작고, 증기의 비체적이 클 것
③ 증기 및 액체의 점성(점성계수)이 작을 것
④ 부식성이 없고, 안정성이 있을 것

해설

냉매의 구비조건
- 온도가 낮아도 대기압 이상의 압력에서 증발할 것
- 응축압력이 낮을 것
- 증발잠열이 크고(증발기에서 많은 열량 흡수), 액체 비열이 작을 것
- 부식성이 없으며, 안정성이 유지될 것
- 점성이 적고 전열작용이 양호하며, 표면장력이 작을 것
- 응고온도가 낮을 것

68 복사열을 방사하는 방사율과 면적이 같은 2개의 방열판이 있다. 각각의 온도가 A 방열판은 120℃, B 방열판은 80℃일 때 두 방열판의 복사 열전달량(Q_A/Q_B)비는?

① 1.08　　② 1.22
③ 1.54　　④ 2.42

해설

스테판-볼츠만의 법칙에 의해 복사에너지 양(E)은 흑체의 절대온도 T의 4승에 비례하므로

$$\frac{Q_A}{Q_B} = \frac{(120+273)^4}{(80+273)^4} = 1.54$$

69 카르노 사이클로 작동되는 열기관이 200kJ의 열을 200℃에서 공급받아 20℃에서 방출한다면 이 기관의 일은 약 얼마인가?

① 38kJ　　② 54kJ
③ 63kJ　　④ 76kJ

해설

카르노 사이클의 열효율은 온도만의 함수이다.

$T_H = 200 + 273 = 473\text{K}$, $T_L = 20 + 273 = 293\text{K}$

$$\eta_{th} = 1 - \frac{T_L}{T_H} = \frac{W}{Q_H}$$

$$W = \left(1 - \frac{T_L}{T_H}\right)Q_H = \left(1 - \frac{293}{473}\right) \times 200 = 76.1\text{kJ}$$

70 유리창을 통해 실내에서 실외로 열전달이 일어난다. 이때 열전달량은 약 몇 W인가?[단, 대류 열전달계수는 50W/(m^2·K), 유리창 표면온도는 25℃, 외기온도는 10℃, 유리창면적은 2m^{2}이다.]

① 150　　② 500
③ 1,500　　④ 5,000

해설

$${}_1Q_2 = K \cdot A(T_2 - T_1) = 50 \times 2 \times (25 - 10) = 1{,}500\text{W}$$

71 그림과 같이 바닥부 단면적이 1m^{2}인 탱크에 설치된 노즐에서 수면과 노즐 중심부 사이 높이가 1m인 경우 유량을 Q라고 하자. 이 유량을 2배로 하기 위해서는 수면상에 약 몇 kg 정도의 피스톤을 놓아야 하는가?

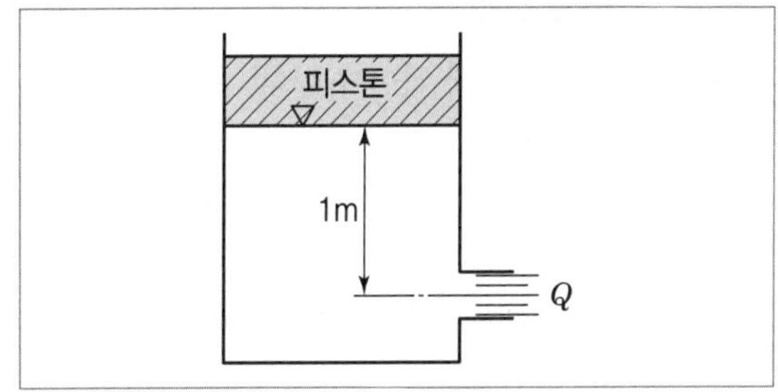

정답　67 ②　68 ③　69 ④　70 ③　71 ③

① 1,000 ② 2,000
③ 3,000 ④ 4,000

해설

$p=3,000\text{kg}_f/\text{m}^2$이므로

$W=p\cdot A=3,000\times 1=3,000\text{kg}_f$

72 밀도가 ρ인 액체와 접촉하고 있는 기체 사이의 표면장력이 σ라고 할 때 그림과 같은 지름 d의 원통 모세관에서 액주의 높이 h를 구하는 식은?(단, g는 중력가속도이다.)

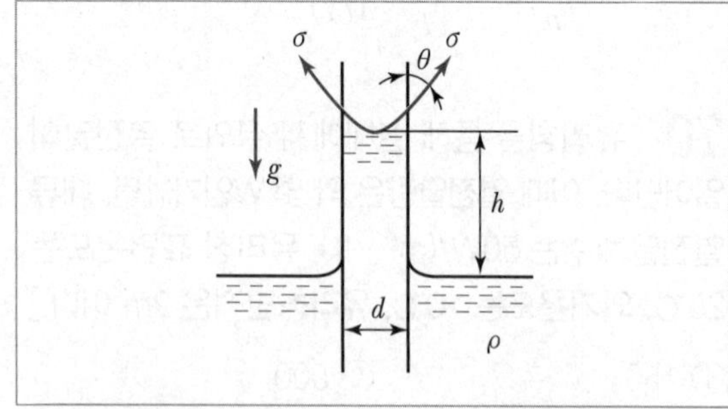

① $h=\dfrac{2\sigma\sin\theta}{\rho g d}$ ② $h=\dfrac{2\sigma\cos\theta}{\rho g d}$

③ $h=\dfrac{4\sigma\sin\theta}{\rho g d}$ ④ $h=\dfrac{4\sigma\cos\theta}{\rho g d}$

해설

$h=\dfrac{4\sigma\cos\theta}{\gamma d}=\dfrac{4\sigma\cos\theta}{\rho\cdot gd}$

73 수력구배선(Hydraulic Grade Line)에 대한 설명으로 옳은 것은?

① 에너지선보다 위에 있어야 한다.
② 항상 수평선이다.
③ 위치수두와 속도수두의 합을 나타내며 주로 에너지선 아래에 있다.
④ 위치수두와 압력수두의 합을 나타내며 주로 에너지선 아래에 있다.

해설

- 에너지 구배선 = 압력수두 + 위치수두 + 속도수두
  = 수력기울기선 + 속도수두
- 에너지선보다 속도수두만큼 아래에 있다.

74 그림과 같이 비중이 0.83인 기름이 12m/s의 속도로 수직 고정평판에 직각으로 부딪치고 있다. 판에 작용되는 힘 F는 약 몇 N인가?

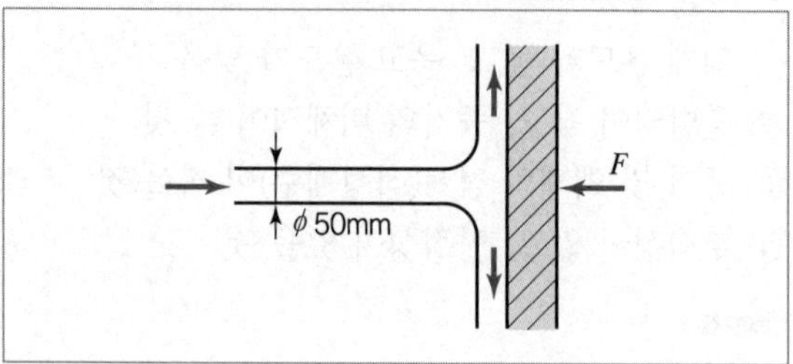

① 23.5 ② 28.9
③ 288.6 ④ 234.7

해설

검사면에 작용하는 힘들의 합은 검사체적 안의 운동량 변화량과 같다.

$-F=\rho Q(V_{2x}-V_{1x})$

여기서, $Q=AV_{1x}$

$V_{2x}=0$

$V_{1x}=12\text{m/s}$

$\therefore\ F=\rho A{V_{1x}}^2=s_{oil}\cdot\rho_w\times A\times{V_{1x}}^2$

$=0.83\times 1,000\times\dfrac{\pi}{4}\times 0.05^2\times 12^2$

$=234.68\text{N}$

75 비중이 0.85이고 동점성계수가 $3\times10^{-4}\text{m}^2/\text{s}$인 기름이 안지름 10cm 원관 내를 20L/s로 흐른다. 이 원관 100m 길이에서의 수두손실은 약 몇 m인가?

① 16.6 ② 24.9
③ 49.8 ④ 82.1

정답 72 ④ 73 ④ 74 ④ 75 ②

해설

$Q=\frac{\Delta p\pi d^4}{128\mu l}$에서 $\Delta p=\frac{128\mu l Q}{\pi d^4}=\gamma \cdot h_l$

$\therefore$ 손실수두 $h_l=\frac{128\mu l Q}{\gamma \cdot \pi d^4}=\frac{128\mu l Q}{\rho \cdot g\pi d^4}=\frac{128\nu l Q}{g\pi d^4}$

$=\frac{128\times 3\times 10^{-4}\times 100\times 20\times 10^{-3}}{9.8\times \pi \times 0.1^4}$

$=24.95\text{m}$

76 길이 100m의 배를 길이 5m인 모형으로 실험할 때, 실형이 40km/h로 움직이는 경우와 역학적 상사를 만족시키기 위한 모형의 속도는 약 몇 km/h인가?(단, 점성마찰은 무시한다.)

① 4.66　② 8.94
③ 12.96　④ 18.42

해설

배는 자유표면 위를 움직이므로 모형과 실형 사이의 프루드수를 같게 하여 실험한다.

$Fr)_m=Fr)_p$

$\left.\frac{V}{\sqrt{Lg}}\right)_m=\left.\frac{V}{\sqrt{Lg}}\right)_p$

여기서, $g_m=g_p$

$\frac{V_m}{\sqrt{L_m}}=\frac{V_p}{\sqrt{L_p}}$

$\therefore\ V_m=\sqrt{\frac{L_m}{L_p}}\cdot V_p=\sqrt{\frac{5}{100}}\times 40=8.94\text{km/h}$

77 압력과 밀도를 각각 P, ρ라 할 때 $\sqrt{\frac{\Delta P}{\rho}}$의 차원은?(단, M, L, T는 각각 질량, 길이, 시간의 차원을 나타낸다.)

① $\frac{L}{T}$　② $\frac{L}{T^2}$
③ $\frac{M}{LT}$　④ $\frac{M}{L^2T}$

해설

$$\sqrt{\frac{\left(\frac{\text{kg}\cdot\text{m/s}^2}{\text{m}^2}\right)}{\left(\frac{\text{kg}}{\text{m}^3}\right)}}=\sqrt{\frac{\text{kg}\cdot\text{m}\cdot\text{m}^3}{\text{kg}\cdot\text{m}^2\cdot\text{s}^2}}=\sqrt{\frac{\text{m}^2}{\text{s}^2}}=\text{m/s}$$

따라서 $\frac{L}{T}$ 차원이다.

78 단면적이 각각 10cm²와 20cm²인 관이 서로 연결되어 있다. 비압축성 유동이라 가정하면 20cm² 관속의 평균유속이 2.4m/s일 때 10cm² 관 내의 평균속도는 약 몇 m/s인가?

① 4.8　② 1.2
③ 9.6　④ 2.4

해설

비압축성 유체의 연속방정식 $Q=A_1V_1=A_2V_2$에서

$V_1=\frac{A_2}{A_1}V_2=\frac{20}{10}\times 2.4=4.8\text{m/s}$

79 마노미터를 설치하여 액체탱크의 수압을 측정하려고 한다. 수은(비중 = 13.6) 액주의 높이차 H = 50cm이면 A점에서의 계기 압력은 약 얼마인가?(단, 액체의 밀도는 900kg/m³이다.)

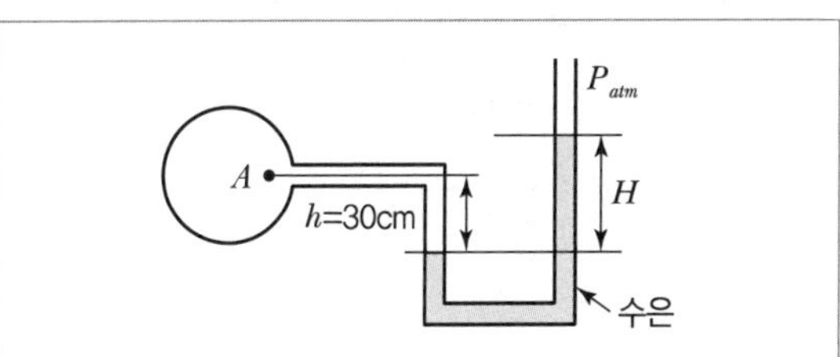

① 63.9kPa　② 4.2kPa
③ 63.9Pa　④ 4.2Pa

정답　76 ②　77 ①　78 ①　79 ①

해설

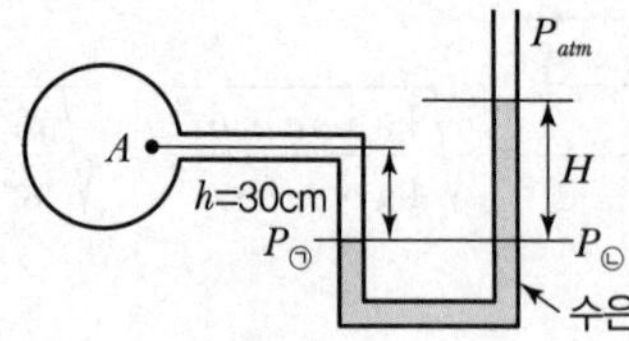

등압면이므로 $P_㉠ = P_㉡$

$P_㉠ = P_A + \gamma_{액} \times 0.3$

$P_㉡ = P_{atm} + \gamma_{수은} \times H$

$P_A + \gamma_{액} \times 0.3 = P_{atm} + \gamma_{수은} \times 0.5$

$\therefore$ 계기압력 $P_g = P_A - P_{atm} = \gamma_{수은} \times 0.5 - \gamma_{액} \times 0.3$

$= s_{수은} \cdot \rho_w \cdot g \times 0.5 - \rho_{액} \cdot g \times 0.3$

$= 13.6 \times 1{,}000 \times 9.8 \times 0.5 - 900 \times 9.8 \times 0.3$

$= 63{,}994\text{Pa} = 63.9\text{kPa}$

80 동점성계수가 10cm²/s이고 비중이 1.2인 유체의 점성계수는 몇 Pa · s인가?

① 1.2　　② 0.12
③ 2.4　　④ 0.24

해설

동점성계수 $\nu = 10\,\dfrac{\text{cm}^2}{\text{s}} \times \left(\dfrac{1\text{m}}{100\text{cm}}\right)^2 = 10^{-3}\text{m}^2/\text{s}$

$\nu = \dfrac{\mu}{\rho} \rightarrow \mu = \rho \cdot \nu = S \cdot \rho_w \cdot \nu$

$= 1.2 \times 1{,}000\dfrac{\text{kg}}{\text{m}^3} \times 10^{-3}\text{m}^2/\text{s}$

$= 1.2\text{kg/m} \cdot \text{s}$

$= 1.2\dfrac{\text{kg}}{\text{m} \cdot \text{s}} \times \dfrac{1\text{N} \cdot \text{s}^2}{\text{kg} \cdot \text{m}}$

$= 1.2\dfrac{\text{N} \cdot \text{s}}{\text{m}^2}$

$= 1.2\text{Pa} \cdot \text{s}$

정답　80 ①

제9회 CBT 실전 모의고사

1과목 기계제도 및 설계

01 도면에서 2종류 이상의 선이 같은 장소에서 겹치게 될 경우 우선순위로 알맞은 것은?

① 외형선 > 숨은선 > 절단선 > 중심선
② 외형선 > 절단선 > 숨은선 > 중심선
③ 외형선 > 중심선 > 숨은선 > 절단선
④ 외형선 > 절단선 > 중심선 > 숨은선

해설

겹치는 선의 우선순위

외형선 → 숨은선 → 절단선 → 가는 1점쇄선 → 가는 2점쇄선 → 치수 보조선

02 도면(위치도)에 치수가 다음과 같이 표시되어 있는 경우 치수의 외곽에 표시된 직사각형은 무엇을 뜻하는가?

30

① 다듬질 전 소재 가공치수
② 완성 치수
③ 이론적으로 정확한 치수
④ 참고 치수

해설

[30]은 이론적으로 정확한 치수를 나타내는 데 사용한다.

03 다음 중 다이캐스팅용 알루미늄 합금에 해당하는 기호는?

① WM 1　　② ALDC 1
③ BC 1　　④ ZDC

해설

① WM 1 : 화이트메탈
② ALDC 1 : 다이캐스팅용 알루미늄 합금
③ BC 1 : 청동주물
④ ZDC : 아연합금 다이캐스팅

04 제3각법에 대한 설명으로 틀린 것은?

① 눈 → 투상면 → 물체의 순으로 나타난다.
② 좌측면도는 정면도의 좌측에 그린다.
③ 저면도는 우측면도의 아래에 그린다.
④ 배면도는 우측면도의 우측에 그린다.

해설

제3각법은 보는 방향쪽에 투상도를 배치하므로, 저면도는 정면도 아래쪽에 배치하여야 한다.

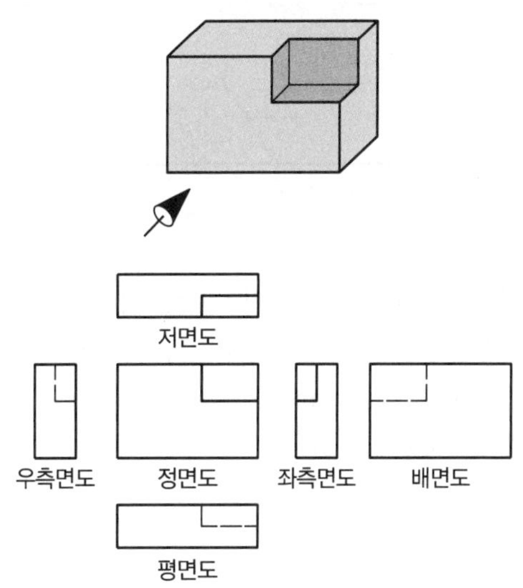

정답　01 ①　02 ③　03 ②　04 ③

05 빗줄 널링(Knurling)의 표시방법으로 가장 올바른 것은?

① 축선에 대하여 일정한 간격으로 평행하게 도시한다.
② 축선에 대하여 일정한 간격으로 수직으로 도시한다.
③ 축선에 대하여 30°로 엇갈리게 일정한 간격으로 도시한다.
④ 축선에 대하여 80°가 되도록 일정한 간격으로 평행하게 도시한다.

해설

널링
굵은 실선으로 축선에 대하여 30°로 엇갈리게 일정한 간격으로 도시한다.

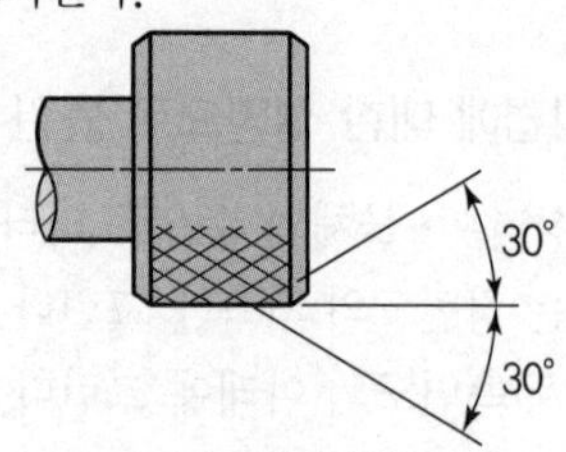

06 그림과 같이 지시된 표면의 결 기호의 해독으로 올바른 것은?

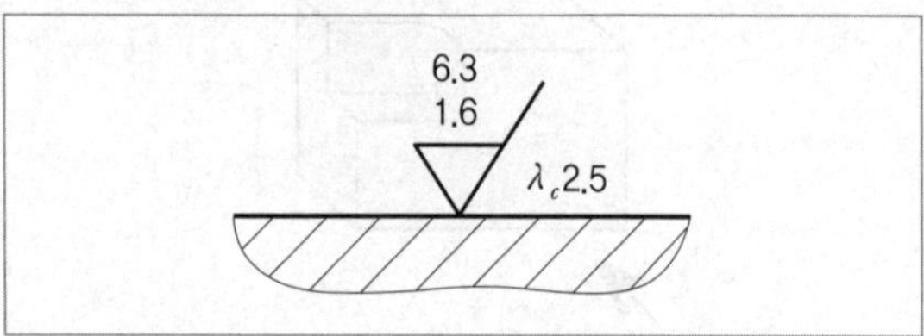

① 제거가공 여부를 문제 삼지 않을 경우이다.
② 최대높이 거칠기 하한값이 6.3μm이다.
③ 기준길이는 1.6μm이다.
④ 2.5는 컷오프 값이다.

해설

- ▽ : 제거가공을 한다.
- 6.3 : 중심선 평균 거칠기 상한값이 6.3μm이다.
- 1.6 : 중심선 평균 거칠기 하한값이 1.6μm이다.
- λ_c : 컷오프 값, 평가길이가 2.5이다.
- c' : 기준길이를 나타내는데 위의 그림에서는 표시되지 않았다.

07 CAD시스템의 출력장치로 볼 수 없는 것은?

① 플로터 ② 디지타이저
③ PDP ④ 프린터

해설

디지타이저는 입력장치이다.

08 그림과 같이 아이볼트가 500N의 인장하중을 받는다. 너트 부분의 허용압축응력은 1MPa, 미터나사 볼트의 바깥지름은 16mm, 골지름은 13.835mm일 때 너트 부분의 높이 H는 몇 mm 이상이어야 하는가?

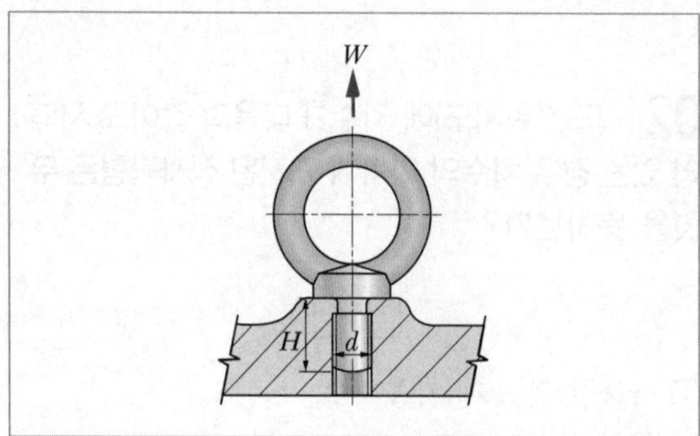

① 10mm ② 15mm
③ 20mm ④ 25mm

해설

나사산 수 $z=\dfrac{4Q}{\pi({d_2}^2-{d_1}^2)q}$

$=\dfrac{4\times 500}{\pi(16^2-13.835^2)\times 1}=9.86=10$

∴ 너트 높이 $H=$ 나사산 수$(z)\times$피치(p)

$=10\times 2=20\text{mm}$

정답 05 ③ 06 ④ 07 ② 08 ③

09 그림과 같은 풀리에 작용하는 묻힘 키의 길이는 약 몇 mm인가?(단, $b \times h = 16 \times 10$이고, 키의 허용전단응력 $\tau_a = 5.5$MPa이다.)

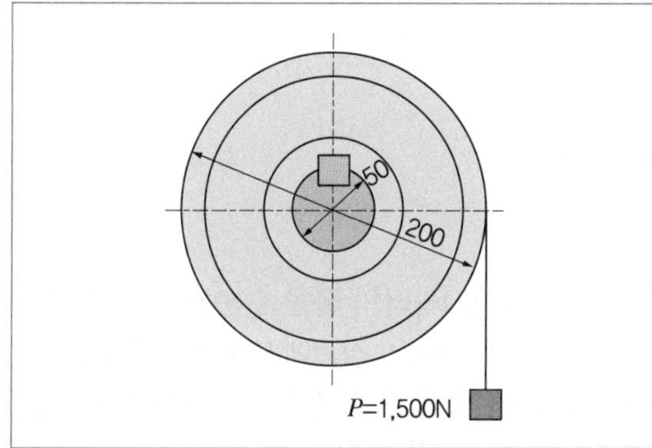

① 68.2 ② 72.2
③ 76.2 ④ 80.2

해설

$D = 200,\ d = 50$

$\tau_k = 5.5\text{MPa} = 5.5 \times 10^6\text{N/m}^2 = 5.5\text{N/mm}^2$

일의 원리에 의해

$$T = P \times \frac{D}{2}$$

$$= \tau_k \times A_\tau \times \frac{d}{2}\ (\tau_k = \tau_a) = \tau_k \times b \times l \times \frac{d}{2}$$

$$\therefore\ l = \frac{P \cdot D}{\tau_k \cdot b \cdot d} = \frac{1{,}500 \times 200}{5.5 \times 16 \times 50} = 68.18\text{mm}$$

10 안지름 40mm, 바깥지름 60mm, 접촉면의 수가 14인 다판클러치에 의하여 1,500rpm으로 4kW를 전달한다. 마찰계수 $\mu = 0.25$라 할 때, 축방향으로 밀어붙이는 힘 P는 약 몇 kN인가?

① 1.2 ② 2.3
③ 3.1 ④ 4.1

해설

$$T = \frac{H}{\omega} = \frac{H}{\frac{2\pi N}{60}} = \frac{4 \times 10^3}{\frac{2\pi \times 1{,}500}{60}}$$

$$= 25.46479\text{N} \cdot \text{m} = 25{,}464.79\text{N} \cdot \text{mm}$$

$$T = F_f \times \frac{D_m}{2} = \mu N \times \frac{D_m}{2} = \mu P \frac{D_m}{2}$$

$$\left(= \mu q \pi D_m \cdot b \cdot z \frac{D_m}{2}\right)(\text{수직력 } N = P)$$

$$\therefore\ P = \frac{2T}{\mu D_m} = \frac{2 \times 25{,}464.79}{0.25 \times 50}$$

$$= 4{,}074.37\text{N} \fallingdotseq 4.1\text{kN}$$

11 지름 8cm의 중실 원형축과 비틀림 강도가 같은 중공축(바깥지름과 안지름의 비 $x = 0.6$)의 바깥지름은 몇 mm인가?

① 83.79mm ② 86.76mm
③ 85.75mm ④ 90.35mm

해설

$T = \tau \cdot Z_P$에서 비틀림 전단강도가 같아 중실축과 중공축의 τ값들이 동일하므로 주어진 토크에 대해 중실축과 중공축의 단면계수값이 같아야 한다.

$$\frac{\pi}{16} d^3 = \frac{\pi {d_2}^3}{16}(1 - x^4)$$

(여기서, 내외경비 $x = 0.6$)

$$\therefore\ d_2 = \sqrt[3]{\frac{d^3}{(1 - x^4)}} = \sqrt[3]{\frac{80^3}{(1 - 0.6^4)}} = 83.79\text{mm}$$

12 V-벨트 전동장치에서 벨트의 마찰계수 μ, V홈의 각도가 2α일 때, 벨트의 유효마찰계수 μ'를 구하는 식으로 옳은 것은?

① $\mu' = \dfrac{\mu}{\sin\alpha + \mu\cos\alpha}$

② $\mu' = \dfrac{\mu}{\cos\alpha + \mu\sin\alpha}$

③ $\mu' = \mu(\sin\alpha + \mu\cos\alpha)$

④ $\mu' = \mu(\cos\alpha + \mu\sin\alpha)$

정답 09 ① 10 ④ 11 ① 12 ①

해설

유효마찰(상당마찰)계수는 하중이 일정각을 가지고 들어오는 V벨트, 원추브레이크, 홈마찰차, 원추클러치에서 나온다.

13 내연기관 실린더에서 폭발이 일어날 때 회전축에 큰 회전토크를 발생시키고, 또 다른 폭발이 있을 때까지 새로운 에너지의 공급 없이 회전하게 된다. 이와 같은 폭발간격으로 인하여 구동토크의 크기 변동과 회전각속도가 변동될 때 각속도의 변동을 줄여주는 역할을 하는 것은?

① 관성차(Fly Wheel)
② 래칫 휠(Rachet Wheel)
③ 밴드 브레이크(Band Brake)
④ 원판 브레이크(Disk Brake)

해설

운동에너지를 흡수 또는 방출하는 관성차는 회전축(구동)토크의 변동을 적게 하며, 각속도의 변동을 줄여준다.

14 그림과 같이 두 개의 인장스프링이 직렬로 연결되어 450N의 하중을 지지하고 있다. 스프링상수 k_1=8N/mm, k_2=18N/mm라면 늘음량은 약 몇 mm인가?

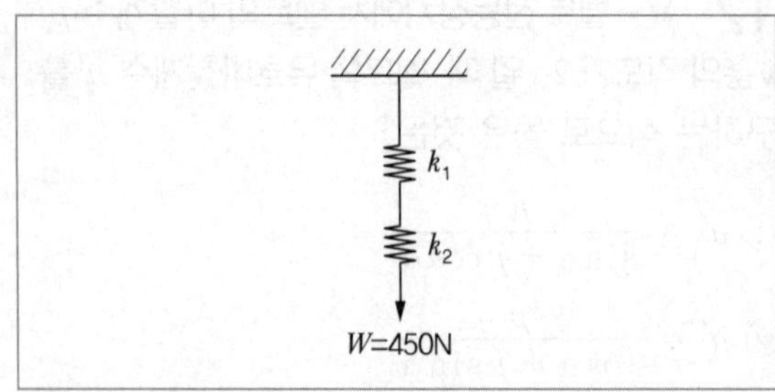

① 81.2 ② 84.2
③ 87.2 ④ 90.2

해설

직렬조합에서 전체 스프링상수 k는

$\frac{1}{k} = \frac{1}{k_1} + \frac{1}{k_2}$에서

$$k = \frac{k_1 k_2}{k_1 + k_2} = \frac{8 \times 18}{8 + 18} = 5.54\text{N/mm}$$

$W = k\delta$에서 $\delta = \frac{W}{k} = \frac{450}{5.54} = 81.23\text{mm}$

15 1초당 50리터의 물을 수송하는 바깥지름 165mm, 두께 5mm인 강관에 대해 설계 검증하고자 할 때 다음 중 틀린 것은?(단, 관의 허용응력은 100MPa이며, 기타 사항은 무시한다.)

① 관 내부의 단면적은 약 0.01887m^2
② 관 내부의 유속은 약 2.65m/s이다.
③ 시간당 유량은 약 180m^3/h이다.
④ 관에는 최대 3.226MPa의 내압을 가할 수 있다.

해설

- $A = \frac{\pi d_1^2}{4} = \frac{\pi \times 0.155^2}{4} = 0.01887\text{m}^2$
- $V = \frac{Q}{A} = \frac{50 \times 10^{-3}(\text{m}^3/\text{s})}{0.01887(\text{m}^2)} = 2.65\text{m/s}$
- $50 \times 10^{-3}(\text{m}^3/\text{s}) = \frac{50 \times 10^{-3}(\text{m}^3)}{1(\text{s})\left(\frac{1\text{h}}{3{,}600(\text{s})}\right)} = 180\text{m}^3/\text{h}$
- $p = \frac{2 \times 5 \times 100}{155} = 6.45\text{N/mm}^2$

$= 6.45 \times 10^6\text{N/m}^2 = 6.45\text{MPa}$

16 자중에 의한 낙하, 운동물체의 관성에 의한 액추에이터의 자중 등을 방지하기 위해 배압을 생기게 하고 다른 방향의 흐름이 자유로 흐르도록 한 밸브는?

① 풋 밸브 ② 스풀 밸브
③ 카운터 밸런스 밸브 ④ 변환 밸브

정답 13 ① 14 ① 15 ④ 16 ③

해설

카운터 밸런스 밸브
- 피스톤 부하가 급격히 제거되었을 때 피스톤이 급진하는 것을 방지한다.
- 작업이 완료되어 부하가 0이 될 때, 실린더가 자중으로 낙하하는 것을 방지한다.

17 유압에서 체적탄성계수에 대한 설명으로 틀린 것은?

① 압력의 단위와 같다.
② 압력의 변화량과 체적의 변화량과 관계있다.
③ 체적탄성계수의 역수는 압축률로 표현한다.
④ 유압에 사용되는 유체가 압축되기 쉬운 정도를 나타낸 것으로 체적탄성계수가 클수록 압축이 잘 된다.

해설

④ 체적탄성계수가 클수록 비압축성의 유체이다.

18 오일의 팽창, 수축을 이용한 유압응용장치로 적절하지 않은 것은?

① 진동 개폐 밸브　② 압력계
③ 온도계　④ 쇼크 업소버

해설

쇼크 업소버
유체의 점성을 이용하여 충격이나 진동의 운동에너지를 열에너지로 바꿔서 흡수하는 장치이다.

19 압력제어 밸브에서 어느 최소 유량에서 어느 최대 유량까지의 사이에 증대하는 압력은?

① 오버라이드 압력　② 전량 압력
③ 정격 압력　④ 서지 압력

해설

② 전량 압력(Full Flow Pressure) : 밸브가 완전 오픈되었을 때 허용최대유량이 흐를 때의 압력
③ 정격 압력 : 정해진 조건하에서 성능을 보증할 수 있고, 설계 및 사용상의 기준이 되는 압력
④ 서지 압력 : 과도적(순간적)으로 상승한 압력의 최댓값

20 그림과 같은 유압회로의 명칭으로 적합한 것은?

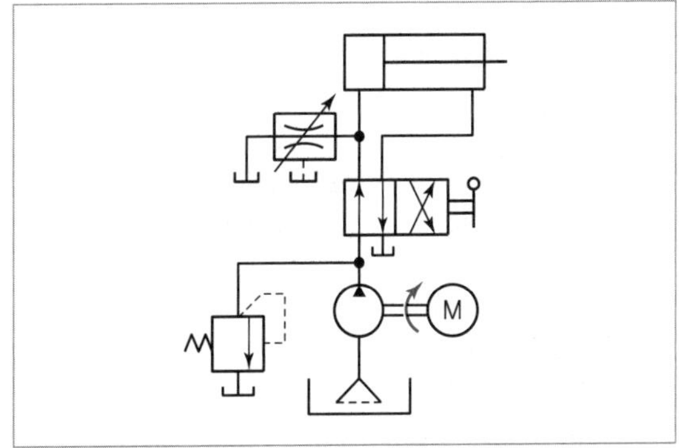

① 어큐뮬레이터 회로　② 시퀀스 회로
③ 블리드오프 회로　④ 로킹(로크) 회로

해설

블리드오프 회로
실린더로 흐르는 유량의 일부를 탱크로 분기함으로써 작동 속도를 조절하는 회로이다.

정답　17 ④　18 ④　19 ①　20 ③

2과목 기계재료 및 제작

21 표준형 고속도 공구강의 주성분으로 옳은 것은?

① 18% W, 4% Cr, 1% V, 0.8~0.9% C
② 18% C, 4% Mo, 1% V, 0.8~0.9% Cu
③ 18% W, 4% V, 1% Ni, 0.8~0.9% C
④ 18% C, 4% Mo, 1% Cr, 0.8~0.9% Mg

22 공정주철(Eutectic Cast Iron)의 탄소함량은 약 몇 %인가?

① 4.3% ② 0.80~2.0%
③ 0.025~0.80% ④ 0.025% 이하

해설

- 아공석강 : 0.02~0.77%C
- 공석강 : 0.77%C
- 과공석강 : 0.77~2.14%C
- 아공정주철 : 2.14~4.3%C
- 공정주철 : 4.3%C
- 과공정주철 : 4.3~6.67%C

23 담금질한 강을 상온 이하의 적합한 온도로 냉각시켜 잔류 오스테나이트를 마텐자이트 조직으로 변화시키는 것을 목적으로 하는 열처리 방법은?

① 심랭 처리 ② 가공 경화법 처리
③ 가스 침탄법 처리 ④ 석출 경화법 처리

해설

심랭처리(Sub Zero)
상온으로 담금질된 강을 다시 0℃ 이하의 온도로 냉각하는 열처리 방법이다.

- 목적 : 잔류 오스테나이트를 마텐자이트로 변태시키기 위함
- 효과 : 담금질 균열 방지, 치수변화 방지, 경도 향상 (예 게이지강)

24 금속재료에 외력을 가했을 때 미끄럼이 일어나는 과정에서 생긴 국부적인 격자 배열의 선결함은?

① 전위 ② 공공
③ 적층결함 ④ 결정립 경계

해설

전위(Dislocation)
금속의 결정격자에 결함이 있을 때 외력에 의해 선결함이 이동되는 것을 말한다.

25 상온에서 순철의 결정격자는?

① 체심입방격자 ② 면심입방격자
③ 조밀육방격자 ④ 정방격자

해설

순철에는 α철, γ철, δ철의 3개의 동소체가 있으며, 910℃ 이하에서는 α철로 체심입방격자(BCC) 구조를, 910~1,400℃에서는 γ철로 면심입방격자(FCC) 구조를, 1,400℃ 이상에서는 δ철로 체심입방격자(BCC) 구조를 갖는다.

26 영구 자석강이 갖추어야 할 조건으로 가장 적당한 것은?

① 잔류자속밀도 및 보자력이 모두 클 것
② 잔류자속밀도 및 보자력이 모두 작을 것
③ 잔류자속밀도가 작고 보자력이 클 것
④ 잔류자속밀도가 크고 보자력이 작을 것

해설

자석강이 갖추어야 할 조건

- 자기이력곡선에서의 잔류자기(잔류자속밀도)와 항자력(보자력)이 커야 한다.
- 온도 변화와 기계적인 진동 또는 산란 자장의 영향에 대해서 안정하여야 한다.

정답 21 ① 22 ① 23 ① 24 ① 25 ① 26 ①

27 다음 중 반발을 이용하여 경도를 측정하는 시험법은?

① 쇼어 경도시험 ② 마이어 경도시험
③ 비커즈 경도시험 ④ 로크웰 경도시험

해설

- 압입경도시험의 종류 : 브리넬 경도시험, 로크웰 경도시험, 비커스 경도시험
- 반발경도시험의 종류 : 쇼어(Shore) 경도시험

28 오스테나이트 조직을 굳은 조직인 베이나이트로 변환시키는 항온변태 열처리법은?

① 서브제로 ② 마템퍼링
③ 오스포밍 ④ 오스템퍼링

해설

오스템퍼링
- 목적 : 뜨임 작업이 필요 없으며, 인성이 풍부하고 담금질 균열이나 변형이 적으며 연신성과 단면 수축, 충격치 등이 향상된 재료를 얻게 된다.
- 열처리방법 : 오스테나이트에서 베이나이트로 완전한 항온변태가 일어날 때까지 특정 온도로 유지 후 공기 중에서 냉각시켜, 베이나이트 조직을 얻는다.

29 체심입방격자에 해당하는 귀속 원자수는?

① 1개 ② 2개
③ 3개 ④ 4개

해설

체심입방격자의 원자수 : $1+\frac{1}{8}\times 8=2$

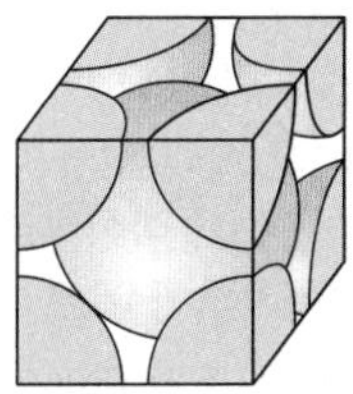

30 Fe-C 평형상태도에서 [δ 고용체]+[L(융액)] ⇄ [γ고용체]가 일어나는 온도는 약 몇 ℃인가?

① 768℃ ② 910℃
③ 1,130℃ ④ 1,490℃

해설

포정반응
2원계 합금의 상변태 시 냉각과정에서 하나의 고상(δ)과 하나의 액상(L)이 반응하여 새로운 고상(γ)이 정출되는 항온변태 반응($L+\delta=\gamma$)을 말한다. 이 반응은 가역적 반응이다. δ상 주위에 γ가 둘러싸는 듯한 조직을 생성하기 때문에 포정반응이라고 한다.

L(액상)+δ(페라이트) $\underset{\text{가열}}{\overset{\text{냉각}}{\rightleftarrows}}$ γ (오스테나이트)

(포정점 : 0.17%C, 1,490℃)

31 단조의 기본 작업 방법에 해당하지 않는 것은?

① 늘리기(Drawing) ② 업세팅(Up-setting)
③ 굽히기(Bending) ④ 스피닝(Spinning)

해설

단조방법에 따른 분류
- 자유단조 : 업세팅, 단짓기, 늘이기, 굽히기, 구멍 뚫기, 자르기 등
- 형단조

스피닝(Spinning)
특수 성형가공의 하나로 선반의 주축과 같은 회전축에 다이를 고정하고 그 다이에 소재를 심압대로 눌러 소재를 다이와 함께 회전시키면서 스피닝 스틱(Spinning Stick)이나 롤러(Roller)로 소재를 다이에 밀어붙여 다이와 같은 형상의 제품으로 성형하는 가공법을 말한다.

정답 27 ① 28 ④ 29 ② 30 ④ 31 ④

32 다음 중 다이아몬드, 수정 등 보석류 가공에 가장 적합한 가공법은?

① 방전가공 ② 전해가공
③ 초음파가공 ④ 슈퍼피니싱 가공

해설

초음파가공
㉠ 초음파진동을 에너지원으로 하여 진동하는 공구(Horn)와 공작물 사이에 연삭 입자를 공급하여 공작물을 정밀하게 다듬는다.
㉡ 초음파가공의 장점
- 방전가공과는 달리 도체가 아닌 부도체도 가공이 가능하다.
- 가공액으로 물이나 경유 등을 사용하므로 경제적이고 취급하기도 쉽다.
- 주로 소성변형 없이 파괴되는 유리, 수정, 반도체, 자기, 세라믹, 카본 등을 정밀하게 가공하는 데 사용한다.

33 용접을 기계적인 접합방법과 비교할 때 우수한 점이 아닌 것은?

① 기밀, 수밀, 유밀성이 우수하다.
② 공정 수가 감소되고 작업시간이 단축된다.
③ 열에 의한 변질이 없으며 품질검사가 쉽다.
④ 재료가 절약되므로 공작물의 중량을 가볍게 할 수 있다.

해설

㉠ 용접의 장점
- 자재를 절약할 수 있다.
- 작업 공정수를 줄일 수 있다.
- 수밀, 기밀을 유지할 수 있다.
- 접합시간을 단축할 수 있다.
- 두께의 제한이 비교적 적다.

㉡ 용접의 단점
- 용접이음에 대한 특별한 지식이 필요하다.
- 모재의 재질이 용접열의 영향을 많이 받는다.
- 품질검사의 어려움이 있다.
- 용접 후 잔류응력과 변형이 발생한다.
- 분해, 조립이 곤란하다.

34 용탕의 충전 시에 모래의 팽창력에 의해 주형이 팽창하여 발생하는 것으로, 주물 표면에 생기는 불규칙한 형상의 크고 작은 돌기 모양을 하는 주물 결함은?

① 스캡 ② 탕경
③ 블로홀 ④ 수축공

해설

주물의 결함
- 탕경 : 금형 내에서 용탕온도가 내려가 충분히 융합하지 않고, 융합 경계에 도랑을 남긴 채 응고한 상태
- 기공(Blow Hole) : 주조 시 용탕 속에 용해된 가스 또는 주형으로부터 침입한 가스가 응고 시 주물 내부에 그대로 잔존하여 형성됨
- 수축공 : 응고수축으로 인해 주물 표면이 움푹 파이거나 내부에 빈 공간이 생기는 결함

35 다음 중 직접 측정기가 아닌 것은?

① 측장기 ② 마이크로미터
③ 버니어 캘리퍼스 ④ 공기 마이크로미터

해설

측정의 종류
- 직접측정(Direct Measurement) : 강철자, 마이크로미터 등과 같이 길이나 각도의 눈금이 있는 측정기를 사용하여 피측정물에 직접 접촉시켜 눈금을 읽어 측정한다. 버니어 캘리퍼스, 마이크로미터, 하이트게이지, 측장기, 각도기 등을 사용한다.
- 비교측정(Relative Measurement) : 공작물의 치수와 표준 치수의 차를 비교해서 치수를 계산한다. 다이얼게이지, 미니미터, 옵티미터, 옵티컬 컴페레이터, 전기 마이크로미터, 공기 마이크로미터, 전기저항 스크레인게이지, 길이변위계 등을 사용한다.
- 간접측정(Indirect Measurement) : 사인바에 의한

정답 32 ③ 33 ③ 34 ① 35 ④

각도측정, 삼침법에 의한 나사의 유효지름측정, 롤러와 블록게이지를 이용한 테이퍼 측정, 나사측정, 기어측정, 정반의 직진도와 평면도 측정 등이 있다.
- 한계게이지(Limit Gauge) : 피측정물의 치수나 각도 등의 한계허용치를 적용하여 최대 허용한계치수와 최소 허용한계치수로 제작된 것을 말한다.

36 렌치, 스패너 등 작은 공구를 단조할 때 다음 중 가장 적합한 것은?

① 로터리 스웨이징　② 프레스 가공
③ 형단조　④ 자유단조

해설

① 로터리 스웨이징 : 봉재, 관재의 지름을 축소하거나 테이퍼를 만드는 가공
② 프레스 가공 : 판재에 행하는 가공법으로 절단, 압축, 굽힘을 행하여 얻고자 하는 제품의 형상으로 가공하는 방법이다.
③ 형단조
  - 상하 두 개의 단조 금형 사이에 가열한 재료를 끼우고 가압하여 성형하는 방법이다.
  - 반밀폐형 방식과 밀폐형 방식이 있으며 일반적으로 반밀폐형 방식이 쓰인다.
④ 자유단조
  - 다이의 사용 없이 앤빌 위에서 해머로 두드려 성형하는 방법이다.
  - 제품의 모양이 단순하고 생산수량이 많지 않은 제품에 적용한다.

37 스프링 등과 같은 기계요소의 피로강도를 향상시키기 위해 작은 강구를 공작물의 표면에 충돌시켜서 가공하는 방법은?

① 숏피닝　② 전해가공
③ 전해연삭　④ 화학연마

해설

숏피닝
- 상온에서 경화된 철의 작은 볼을 공작물의 표면에 분사하여 제품의 표면을 매끈하게 하는 동시에 공작물의 피로 강도나 기계적 성질을 향상시킨다.
- 숏피닝에 사용되는 철의 작은 볼을 숏(Shot)이라고 한다.
- 크랭크축, 체인, 스프링 등 기존 제품의 치수나 재질 변경 없이 높은 피로강도가 필요할 경우 적용되기도 한다.

38 일반적으로 저탄소강을 초경합금으로 선반가공할 때, 힘의 크기가 가장 큰 것은?

① 이송분력　② 배분력
③ 주분력　④ 부분력

해설

절삭저항의 3분력
주분력 > 배분력 > 이송분력

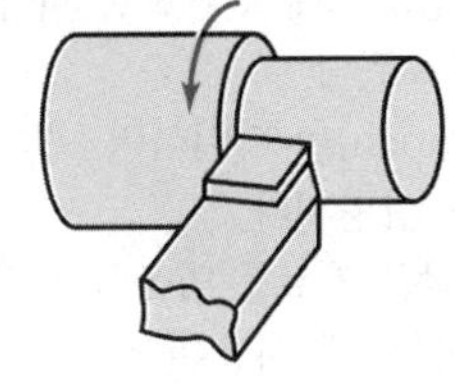

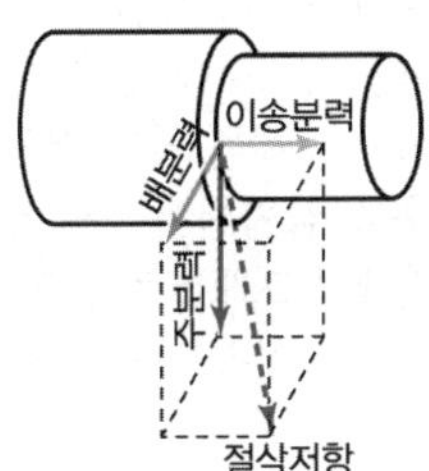

39 밀링가공에서 지름이 50mm인 밀링커터를 사용하여 60m/min의 절삭속도로 절삭하는 경우 밀링커터의 회전수는 약 몇 rpm인가?

① 284　② 382
③ 468　④ 681

정답　36 ③　37 ①　38 ③　39 ②

해설

절삭속도

$v=\dfrac{\pi dn}{1,000}(\text{rpm})$

여기서, v : 절삭속도(m/min)
d : 밀링커터의 지름(mm)
n : 커터의 회전수(rpm)

$n=\dfrac{1,000\times n}{\pi d}=\dfrac{1,000\times 60}{\pi\times 50}\fallingdotseq 382(\text{rpm})$

40 다이에 아연, 납, 주석 등의 연질금속을 넣고 제품 형상의 펀치로 타격을 가하여 길이가 짧은 치약튜브, 약품튜브 등을 제작하는 압출 방법은?

① 간접압출 ② 열간압출
③ 직접압출 ④ 충격압출

해설

충격압출(Impact Extrusion)

- 상온가공으로 작업하고 크랭크프레스가 보통 사용되며 단시간 내에 압출이 완료된다.
- 다이에 소재를 넣고 펀치(Punch)를 타입하면, 펀치의 외축을 감싸면서 금속재가 성형된다.
- 냉간에서 프레스로 경도가 낮은 재료를 압출하는 방법으로 약, 튜브 등을 제작하는 데 사용된다.

3과목 구조해석

41 단면의 폭(b)과 높이(h)가 6cm×10cm인 직사각형이고, 길이가 100cm인 외팔보 자유단에 10kN의 집중하중이 작용할 경우 최대처짐은 약 몇 cm인가?(단, 세로탄성계수는 210GPa이다.)

① 0.104 ② 0.254
③ 0.317 ④ 0.542

해설

$\delta=\dfrac{Pl^3}{3EI}$

여기서, $P=10\times10^3\text{N}$, $l=1\text{m}$, $I=\dfrac{bh^3}{12}$
$b=0.06\text{m}$, $h=0.1\text{m}$

$\therefore\ \delta=\dfrac{10\times10^3\times1^3}{3\times210\times10^9\times\dfrac{0.06\times0.1^3}{12}}$
$=0.00317\text{m}=0.317\text{cm}$

42 길이가 L이고 직경이 d인 축과 동일 재료로 만든 길이 $2L$인 축이 같은 크기의 비틀림모멘트를 받았을 때, 같은 각도만큼 비틀어지게 하려면 직경은 얼마가 되어야 하는가?

① $\sqrt{3}\,d$ ② $\sqrt[4]{3}\,d$
③ $\sqrt{2}\,d$ ④ $\sqrt[4]{2}\,d$

해설

길이 L, 직경 d인 축의 비틀림각 θ_1, 길이가 $2L$인 축의 비틀림각 θ_2에 대해

$\theta_1=\theta_2$이므로 $\dfrac{T\cdot L}{GI_{p1}}=\dfrac{T\cdot 2L}{GI_{p2}}$ ($\because$ G, T 동일)

$2I_{p1}=I_{p2}$

$2\times\dfrac{\pi\cdot {d_1}^4}{32}=\dfrac{\pi\cdot {d_2}^4}{32}$ (여기서, $d_1=d$)

$\therefore\ d_2=\sqrt[4]{2d^4}=\sqrt[4]{2}\cdot d$

정답 40 ④ 41 ③ 42 ④

43 그림과 같은 외팔보에 있어서 고정단에서 20cm 되는 지점의 굽힘모멘트 M은 약 몇 kN · m인가?

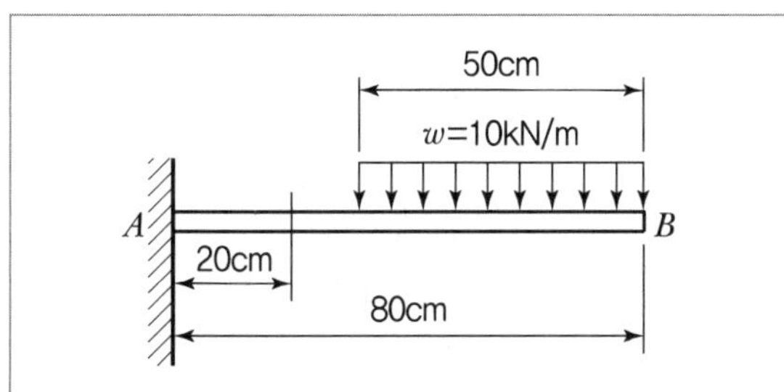

① 1.6 ② 1.75
③ 2.2 ④ 2.75

해설

i) 외팔보의 자유물체도

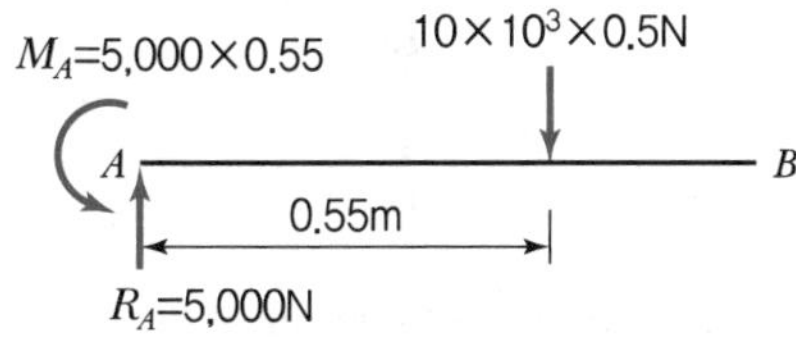

$\uparrow y,\ \Sigma F_y = 0 : R_A - 5{,}000 = 0$

$\therefore\ R_A = 5{,}000\text{N}$

$\Sigma M_{A\text{지점}} = 0 : -M_A + 5{,}000 \times 0.55 = 0$

$\therefore\ M_A = 2{,}750\text{N} \cdot \text{m}$

ii) $x = 20\text{cm}$에서 자유물체도

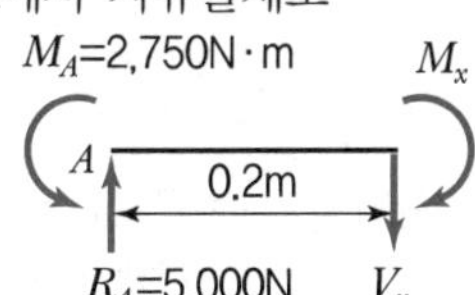

$\Sigma M_{x=0.2\text{지점}} = 0 : -2{,}750 + 5{,}000 \times 0.2 + M_x = 0$

$\therefore\ M_x = 1{,}750\text{N} \cdot \text{m} = 1.75\text{kN} \cdot \text{m}$

44 그림과 같은 양단이 지지된 단순보의 전 길이에 4kN/m의 등분포하중이 작용할 때, 중앙에서의 처짐이 0이 되기 위한 P의 값은 몇 kN인가?(단, 보의 굽힘강성 EI는 일정하다.)

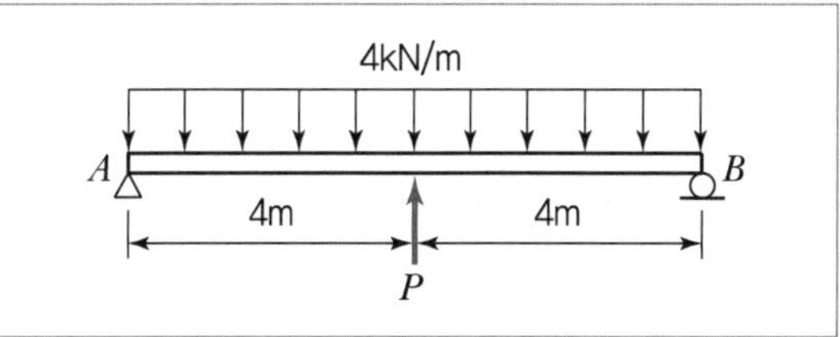

① 15 ② 18
③ 20 ④ 25

해설

δ_1 : 단순보에 등분포하중이 작용할 때 처짐량

δ_2 : 단순보 중앙에 집중하중이 작용할 때 처짐량

$\delta_1 = \delta_2$이어야 중앙에서 처짐이 0이 되므로

$\dfrac{5wl^4}{384EI} = \dfrac{Pl^3}{48EI}$

$\therefore$ 집중하중 $P = \dfrac{5}{8}wl = \dfrac{5}{8} \times 4(\text{kN/m}) \times 8\text{m} = 20\text{kN}$

45 철도 레일을 20℃에서 침목에 고정하였는데, 레일의 온도가 60℃가 되면 레일에 작용하는 힘은 약 몇 kN인가?(단, 선팽창계수 $\alpha = 1.2 \times 10^{-6}$/℃, 레일의 단면적은 5,000mm^2, 세로탄성계수는 210GPa이다.)

① 40.4 ② 50.4
③ 60.4 ④ 70.4

해설

열응력

$\sigma = E \cdot \varepsilon = E \cdot \alpha \Delta t$

$A = 5{,}000\text{mm}^2 \times \left(\dfrac{1\text{m}}{1{,}000\text{mm}}\right)^2 = 0.005\text{m}^2$

$\therefore\ P = \sigma \cdot A = E \cdot \alpha \Delta t \cdot A$

$= 210 \times 10^9 \times 1.2 \times 10^{-6} \times (60-20) \times 0.005$

$= 50{,}400\text{N} = 50.4\text{kN}$

정답 43 ② 44 ③ 45 ②

46 안지름 80cm의 얇은 원통에 내압 1MPa이 작용할 때 원통의 최소 두께는 몇 mm인가?(단, 재료의 허용응력은 80MPa이다.)

① 1.5　　② 5
③ 8　　④ 10

해설

후프응력 $\sigma_h = \dfrac{P \cdot d}{2t} = \sigma_a$

$$\therefore\ t = \frac{P \cdot d}{2\sigma_a} = \frac{1 \times 10^6 \times 0.8}{2 \times 80 \times 10^6} = 0.005\text{m} = 5\text{mm}$$

47 지름이 d인 원형 단면 봉이 비틀림모멘트 T를 받을 때, 발생되는 최대전단응력 τ를 나타내는 식은?(단, I_p는 단면의 극단면 2차 모멘트이다.)

① $\dfrac{Td}{2I_p}$　　② $\dfrac{I_p d}{2T}$
③ $\dfrac{TI_p}{2d}$　　④ $\dfrac{2T}{I_p d}$

해설

$$T = \tau \cdot Z_p = \tau \cdot \frac{I_p}{e} = \tau \cdot \frac{I_p}{\frac{d}{2}}$$

$$\therefore\ \tau = \frac{T \cdot d}{2I_p}$$

48 그림과 같이 양단이 고정된 단면적 1cm^2, 길이 2m의 케이블을 B점에서 아래로 10mm만큼 잡아당기는 데 필요한 힘 P는 약 몇 N인가?(단, 케이블 재료의 세로탄성계수는 200GPa이며, 자중은 무시한다.)

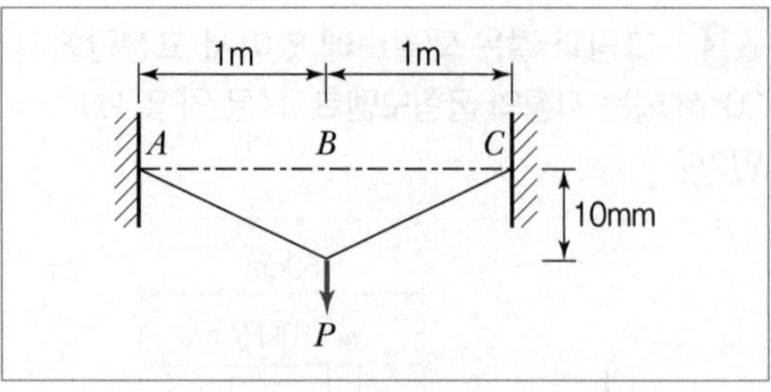

① 10　　② 20
③ 30　　④ 40

해설

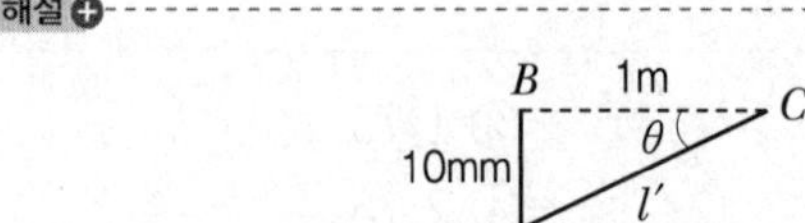

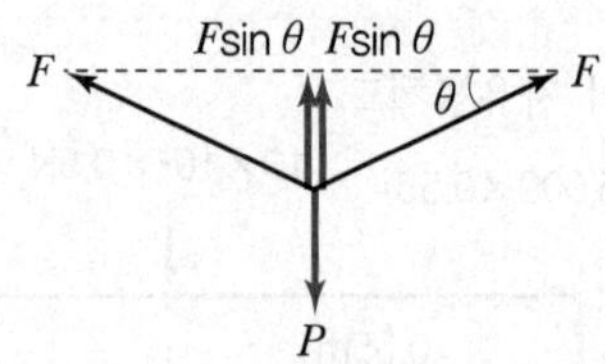

i) $l' = \sqrt{1^2 + (0.01)^2} = 1.0000499\text{m}$

$\sin\theta = \dfrac{10\text{mm}}{l'} = 0.0099995$

ii) $\Sigma F_y = 0$: $F\sin\theta + F\sin\theta - P = 0$

$\therefore\ P = 2F\sin\theta$

여기서,

$F = \sigma \cdot A = E \cdot \varepsilon \cdot A$

$= E \cdot \dfrac{\lambda}{l} \cdot A$

(여기서, $\lambda = l' - 1 = 0.0000499\text{m}$)

$= 200 \times 10^9 \times \dfrac{0.0000499}{1} \times 1 \times 10^{-4}$

$= 998\text{N}$

$\therefore\ P = 2 \times 998 \times 0.0099995 = 19.96\text{N}$

정답 46 ② 47 ① 48 ②

49 지름이 2cm, 길이가 20cm인 연강봉이 인장하중을 받을 때 길이는 0.016cm만큼 늘어나고 지름은 0.0004cm만큼 줄었다. 이 연강봉의 포아송 비는?

① 0.25 ② 0.5
③ 0.75 ④ 4

해설

포아송 비 $\mu = \frac{\varepsilon'}{\varepsilon} = \frac{\frac{\delta}{d}}{\frac{\lambda}{l}} = \frac{\frac{0.0004}{2}}{\frac{0.016}{20}} = 0.25$

50 그림과 같은 외팔보에서 고정부에서의 굽힘모멘트를 구하면 약 몇 kN · m인가?

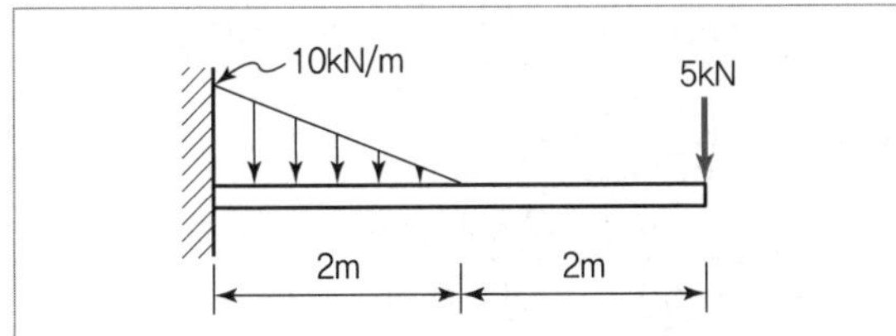

① 26.7(반시계방향) ② 26.7(시계방향)
③ 46.7(반시계방향) ④ 46.7(시계방향)

해설

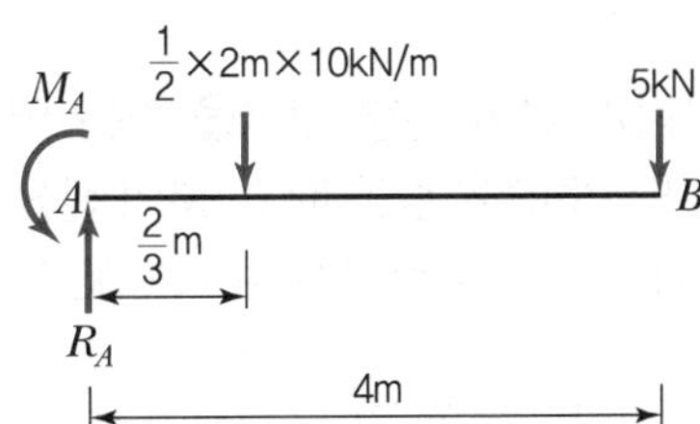

$\Sigma M_{A\text{지점}} = 0 : -M_A + \frac{1}{2} \times 2 \times 10 \times \frac{2}{3} + 5 \times 4 = 0$

$\therefore M_A = \frac{20}{3} + 20 = 26.7\text{kN} \cdot \text{m}$

51 다음 그림에서 최대굽힘응력은?

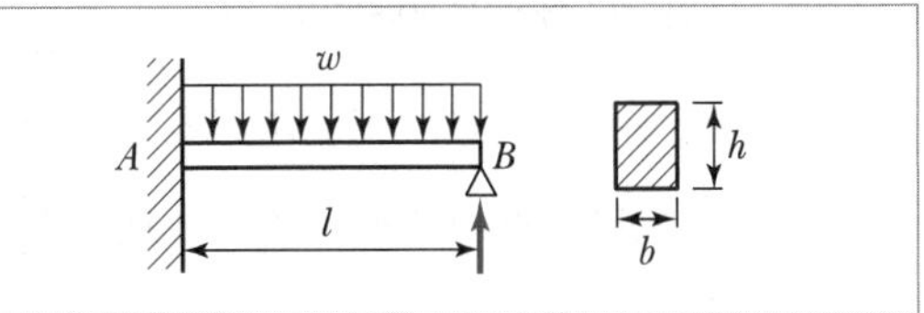

① $\frac{27}{64}\frac{wl^2}{bh^2}$ ② $\frac{64}{27}\frac{wl^2}{bh^2}$
③ $\frac{7}{128}\frac{wl^2}{bh^2}$ ④ $\frac{64}{128}\frac{wl^2}{bh^2}$

해설

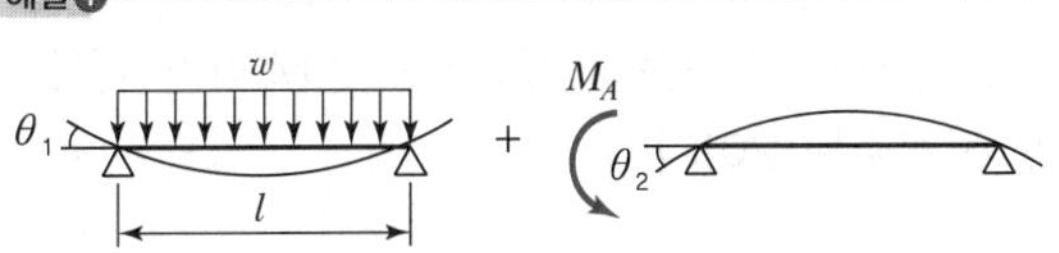

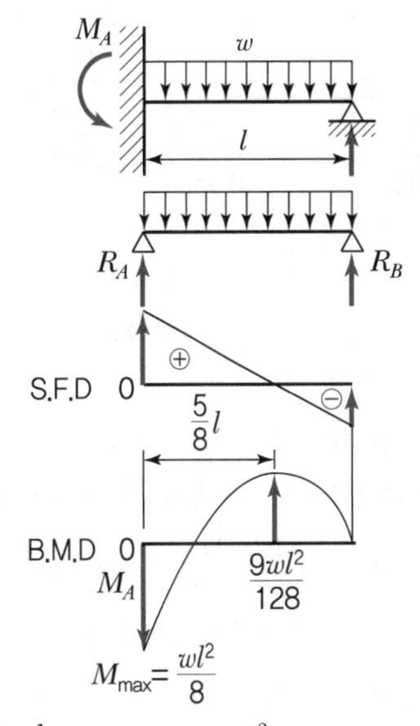

$\frac{wl^3}{24EI} = \frac{M_A \cdot l}{3EI}$ $\quad \therefore M_A = \frac{wl^2}{8} = M_{\max}$

$\sigma_b = \frac{M_{\max}}{Z} = \frac{\frac{wl^2}{8}}{\frac{bh^2}{6}} = \frac{6wl^2}{8bh^2} = \frac{3wl^2}{4bh^2}$

정답 49 ① 50 ① 51 정답 없음

※ 정답 없음 → 이 문제에서 전단력이 0인 위치, $x=\frac{5}{8}l$인 위치에서의 모멘트값, $M_{x=\frac{5}{8}l}=\frac{9wl^2}{128}$을 $M_{\max}$로 계산해서 굽힘응력값이 ①로 정답 처리되었는데, 부정정보의 전체에서 $M_{\max}=M_A=\frac{wl^2}{8}$으로 계산해야 한다(B.M.D 참조).

52 단면이 가로 100mm, 세로 150mm인 사각 단면보가 그림과 같이 하중(P)을 받고 있다. 전단응력에 의한 설계에서 P는 각각 100kN씩 작용할 때, 이 재료의 허용전단응력은 몇 MPa인가?(단, 안전계수는 2이다.)

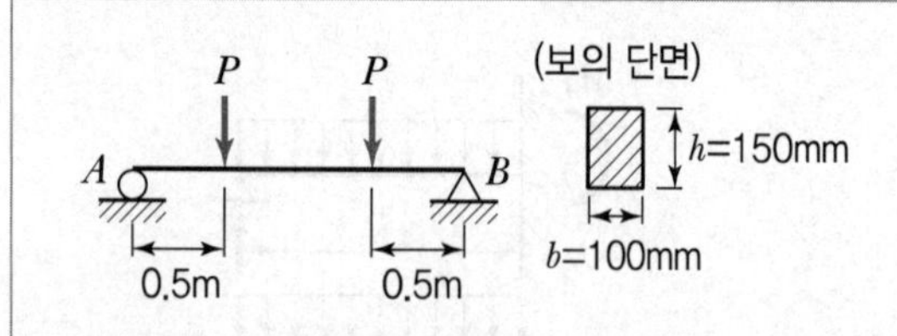

① 10　② 15
③ 18　④ 20

해설

i) 보의 전단력 $V_{\max}=P=100\text{kN}$

ii) 사각단면보에서 보 속의 전단응력(길이방향)

$$\tau_b=1.5\tau_{av}=1.5\times\frac{V_{\max}}{A}=1.5\times\frac{100\times10^3}{0.1\times0.15}$$
$$=10\times10^6\text{Pa}=10\text{MPa}$$

iii) 보 속의 허용전단응력 τ_{ba}, 안전계수 $s=2$

$$\frac{\tau_{ba}}{s}=\tau_b\ \rightarrow\ \tau_{ba}=\tau_b\cdot s=10\times2=20\text{MPa}$$

53 세로탄성계수가 200GPa, 포아송의 비가 0.3인 판재에 평면하중이 가해지고 있다. 이 판재의 표면에 스트레인 게이지를 부착하고 측정한 결과 $\varepsilon_x=5\times10^{-4}$, $\varepsilon_y=3\times10^{-4}$일 때, σ_x는 약 몇 MPa인가?(단, x축과 y축이 이루는 각은 90°이다.)

① 99　② 100
③ 118　④ 130

해설

$E=200\times10^9\text{Pa},\ \mu=0.3$

$x-y$ 평면에 훅의 법칙을 적용하면

$$\varepsilon_x=\frac{\sigma_x}{E}-\mu\frac{\sigma_y}{E}\ \cdots\ ⓐ$$

$$\varepsilon_y=\frac{\sigma_y}{E}-\mu\frac{\sigma_x}{E}\ \rightarrow\ \frac{\sigma_y}{E}=\varepsilon_y+\mu\frac{\sigma_x}{E}\ \cdots\ ⓑ$$

ⓑ를 ⓐ에 대입하면

$$\varepsilon_x=\frac{\sigma_x}{E}-\mu\left(\varepsilon_y+\mu\cdot\frac{\sigma_x}{E}\right)=\frac{\sigma_x}{E}-\mu\varepsilon_y-\mu^2\frac{\sigma_x}{E}$$

$$\varepsilon_x+\mu\varepsilon_y=\left(\frac{1}{E}-\frac{\mu^2}{E}\right)\sigma_x$$

$$\therefore\ \sigma_x=\frac{\varepsilon_x+\mu\varepsilon_y}{\frac{1-\mu^2}{E}}=\frac{E(\varepsilon_x+\mu\varepsilon_y)}{1-\mu^2}$$

$$=\frac{200\times10^9\times(5\times10^{-4}+0.3\times3\times10^{-4})}{1-0.3^2}$$

$$=129.67\times10^6\text{Pa}=129.67\text{MPa}$$

54 그림과 같이 원형 단면을 갖는 연강봉이 100kN의 인장하중을 받을 때 이 봉의 신장량은 약 몇 cm인가?(단, 세로탄성계수는 200GPa이다.)

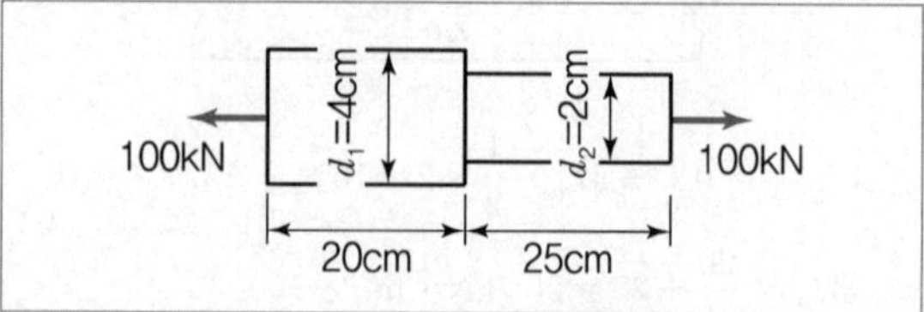

① 0.0478　② 0.0956
③ 0.143　④ 0.191

정답　52 ④　53 ④　54 ①

해설

$$\lambda_1 = \frac{Pl_1}{A_1E} = \frac{100 \times 10^3 \times 0.2}{\frac{\pi}{4} \times (0.04)^2 \times 200 \times 10^9} = 0.00008\text{m}$$

$$\lambda_2 = \frac{Pl_2}{A_2E} = \frac{100 \times 10^3 \times 0.25}{\frac{\pi}{4} \times (0.02)^2 \times 200 \times 10^9} = 0.000398\text{m}$$

전체 신장량 $\lambda = \lambda_1 + \lambda_2 = 0.008\text{cm} + 0.0398\text{cm}$
$= 0.0478\text{cm}$

55 그림과 같이 경사진 표면에 50kg의 블록이 놓여 있고 이 블록은 질량이 m인 추와 연결되어 있다. 경사진 표면과 블록 사이의 마찰계수를 0.5라 할 때 이 블록을 경사면으로 끌어올리기 위한 추의 최소 질량(m)은 약 몇 kg인가?

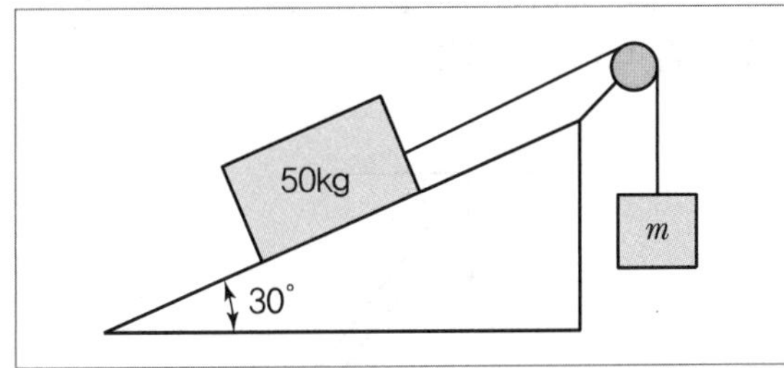

① 36.5 ② 41.8
③ 46.7 ④ 54.2

해설

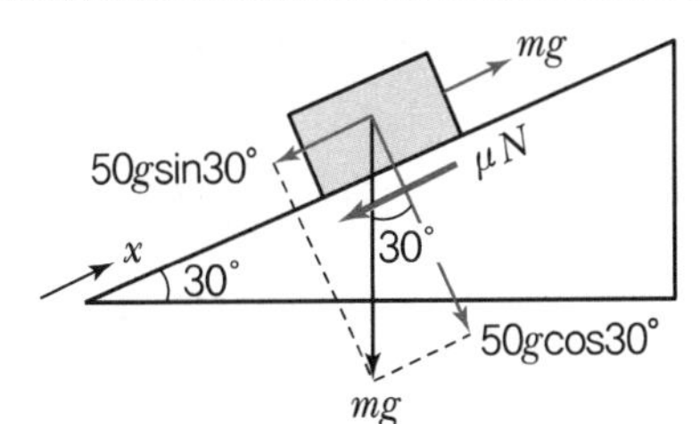

자유물체도에서
$\Sigma F_x = 0$일 때의 m 값에서 경사면 위로 움직이기 시작한다.
$N = 50g\cos 30°$, $F_f = \mu N$

$\Sigma F_x = -50g\sin 30° - \mu N + mg = 0$
$mg = 50g\sin 30° + \mu \times 50g\cos 30°$
$\therefore\ m = 50\sin 30° + 0.5 \times 50\cos 30°$
$= 46.65\text{kg}$

56 그림과 같이 길이 1m, 질량 20kg인 봉으로 구성된 기구가 있다. 봉은 A점에서 카트에 핀으로 연결되어 있고, 처음에는 움직이지 않고 있었으나 하중 P가 작용하여 카트가 왼쪽 방향으로 4m/s^{2}의 가속도가 발생하였다. 이때 봉의 초기 각가속도는?

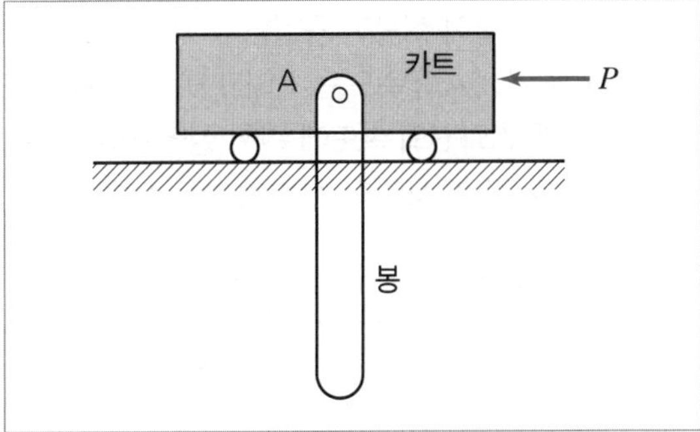

① 6.0rad/s^2, 시계방향
② 6.0rad/s^2, 반시계방향
③ 7.3rad/s^2, 시계방향
④ 7.3rad/s^2, 반시계방향

해설

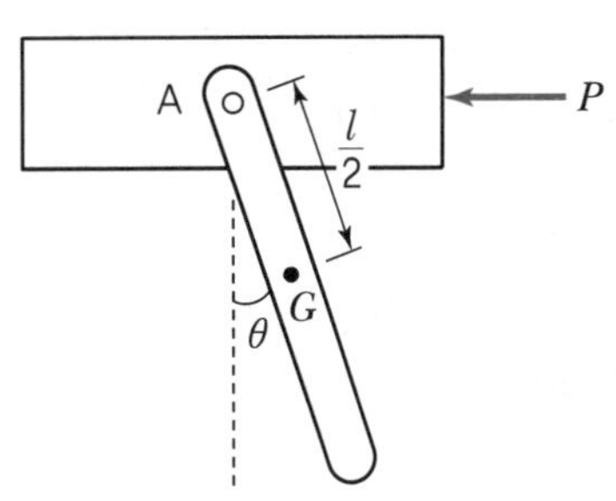

$\Sigma M_A = J_A \cdot \alpha$에서
$P = ma = 4m$

$$P \times \frac{l}{2}\cos\theta = \left(J_G + m\left(\frac{l}{2}\right)^2\right)\alpha$$

정답 55 ③ 56 ②

$$= \left(\frac{ml^2}{12} + \frac{ml^2}{4} \right) \alpha$$

$$= \left(\frac{ml^2}{3} \right) \alpha$$

$$\therefore \ \alpha = \frac{3Pl\cos\theta}{2ml^2} = \frac{3 \times 4ml\cos\theta}{2 \times ml^2}$$

$$= \frac{6\cos\theta}{l}$$

초기각가속도가 α이므로 $\theta = 0°$

$\alpha = \frac{6}{l} = \frac{6}{1} = 6\text{rad/s}^2$ (반시계방향)

57 그림과 같이 질량이 동일한 두 개의 구슬 A, B가 있다. 초기에 A의 속도는 V이고 B는 정지되어 있다. 충돌 후 A와 B의 속도에 관한 설명으로 옳은 것은?(단, 두 구슬 사이의 반발계수는 1이다.)

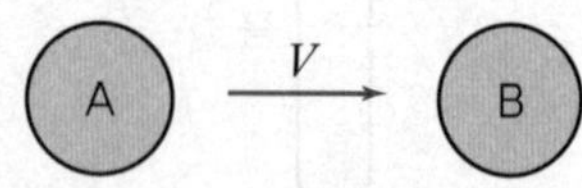

① A와 B 모두 정지한다.
② A와 B 모두 V의 속도를 가진다.
③ A와 B 모두 $\frac{V}{2}$의 속도를 가진다.
④ A는 정지하고 B는 V의 속도를 가진다.

해설

반발계수 $e = \frac{\text{분리상대속도}}{\text{접근상대속도}} = \frac{V_B' - V_A'}{V_A - V_B} = 1$

$V_B = 0$이고

$V_B' - V_A' = V_A = V$이므로

$V_B' = V, \ V_A' = 0$의 속도를 갖는다.

∴ A는 정지하고 B는 V의 속도로 움직인다.

58 물방울이 중력에 의해 떨어지기 시작하여 3초 후의 속도는 약 몇 m/s인가?(단, 공기의 저항은 무시하고, 초기속도는 0으로 한다.)

① 29.4 ② 19.6
③ 9.8 ④ 3

해설

$\downarrow(+), \ a = \frac{dV}{dt} = +g$이므로

$dV = gdt$ 적분하면

$V - V_0 = gt$

$\therefore \ V = V_0 + gt \ (V_0 = 0) = 9.8 \times 3 = 29.4\text{m/s}$

59 그림과 같이 질량이 m이고 길이가 L인 균일한 막대에 대하여 A점을 기준으로 한 질량관성모멘트를 나타내는 식은?

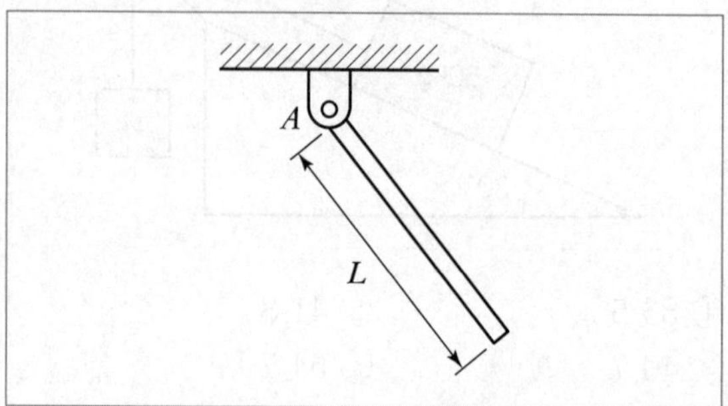

① mL^2 ② $\frac{1}{3}mL^2$
③ $\frac{1}{4}mL^2$ ④ $\frac{1}{12}mL^2$

해설

J_A와 J_G 간의 거리 $l = \frac{L}{2}$, 평행축정리에 의해

$J_A = J_G + m\left(\frac{L}{2}\right)^2 = \frac{mL^2}{12} + \frac{mL^2}{4} = \frac{mL^2}{3}$

정답 57 ④ 58 ① 59 ②

60 질량이 m인 공이 그림과 같이 속력이 v, 각도가 α로 질량이 큰 금속판에 사출되었다. 만일 공과 금속판 사이의 반발계수가 0.8이고, 공과 금속판 사이의 마찰이 무시된다면 입사각 α와 출사각 β의 관계는?

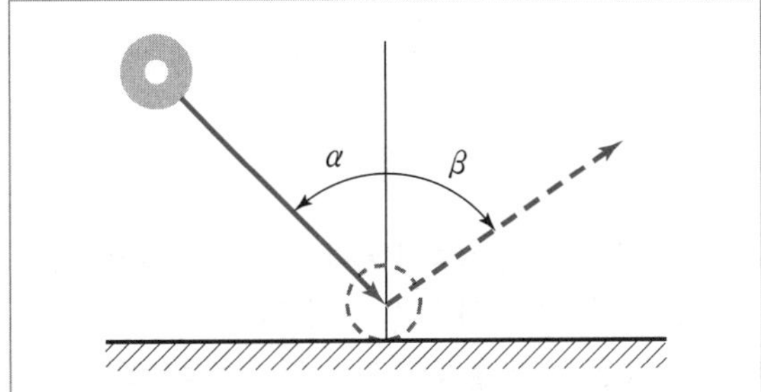

① α에 관계없이 $\beta=0$ ② $\alpha>\beta$
③ $\alpha=\beta$ ④ $\alpha<\beta$

해설
반발계수가 1보다 작으면 입사각보다 출사각이 더 커진다.

4과목 열 · 유체 해석

61 온도 20℃에서 계기압력 0.183MPa의 타이어가 고속주행으로 온도 80℃로 상승할 때 압력은 주행 전과 비교하여 약 몇 kPa 상승하는가?(단, 타이어의 체적은 변하지 않고, 타이어 내의 공기는 이상기체로 가정하며, 대기압은 101.3kPa이다.)

① 37kPa ② 58kPa
③ 286kPa ④ 445kPa

해설
타이어 안에 있는 공기의 절대압력
$P_{abs}=P_1$
$P_{abs}=P_o+P_g=101.3\text{kPa}+183\text{kPa}=284.3\text{kPa}$
체적이 일정한 정적과정의 $V=C$이므로
$\dfrac{P_1}{T_1}=\dfrac{P_2}{T_2}$
$P_2=P_1\dfrac{T_2}{T_1}=284.3\times\dfrac{353}{293}$
$\therefore\ P_2=342.52\text{kPa}$
압력상승값 $\Delta P=P_2-P_1=342.5-284.3=58.22\text{kPa}$

62 밀폐용기에 비내부에너지가 200kJ/kg인 기체가 0.5kg 들어 있다. 이 기체를 용량이 500W인 전기가열기로 2분 동안 가열한다면 최종상태에서 기체의 내부에너지는 약 몇 kJ인가?(단, 열량은 기체로만 전달된다고 한다.)

① 20kJ ② 100kJ
③ 120kJ ④ 160kJ

해설
정적과정인 밀폐용기이므로
$\delta q=du+Pdv^{\nearrow 0}\ \rightarrow\ {}_1q_2=u_2-u_1$
${}_1Q_2=U_2-U_1$ (여기서, $U_1=mu_1$)
$\therefore\ U_2=U_1+0.5(\text{kJ/s})\times120s=m_1u_1+60\text{kJ}$
$=0.5\text{kg}\times200\text{kJ/kg}+60\text{kJ}=160\text{kJ}$

63 한 밀폐계가 190kJ의 열을 받으면서 외부에 20kJ의 일을 한다면 이 계의 내부에너지의 변화는 약 얼마인가?

① 210kJ만큼 증가한다.
② 210kJ만큼 감소한다.
③ 170kJ만큼 증가한다.
④ 170kJ만큼 감소한다.

해설
계의 열 부호(+), 일 부호(+)
$\delta Q-\delta W=dU$
$U_2-U_1={}_1Q_2-{}_1W_2$
$=190-20=170\text{kJ}$ (증가)

정답 60 ④ 61 ② 62 ④ 63 ③

64 10℃에서 160℃까지 공기의 평균 정적비열은 0.7315kJ/(kg · K)이다. 이 온도 변화에서 공기 1kg의 내부에너지 변화는 약 몇 kJ인가?

① 101.1kJ ② 109.7kJ
③ 120.6kJ ④ 131.7kJ

해설

$du = C_v dT$를 적분하면

$$u_2 - u_1 = C_v(T_2 - T_1) = 0.7315(160-10) = 109.73\text{kJ/kg}$$

65 증기터빈에서 질량유량이 1.5kg/s이고, 열손실률이 8.5kW이다. 터빈으로 출입하는 수증기에 대한 값이 아래 그림과 같다면 터빈의 출력은 약 몇 kW인가?

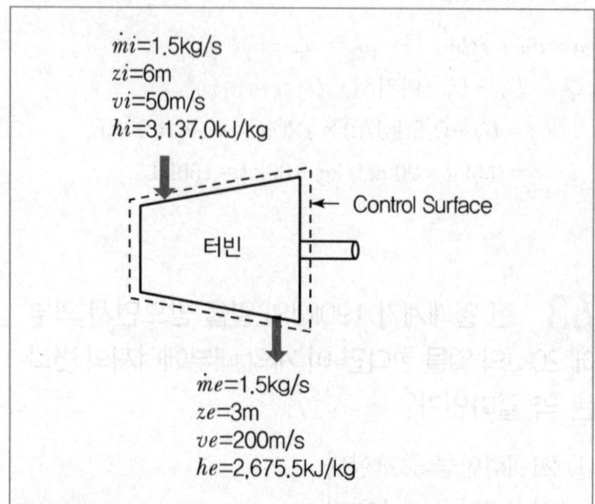

① 273kW ② 656kW
③ 1,357kW ④ 2,616kW

해설

개방계에 대한 열역학 제1법칙을 적용해 구하면

$\dot{W}_{c.v} = 655.7\text{kW}$

66 오토사이클의 압축비(ε)가 8일 때 이론열효율은 약 몇 %인가?[단, 비열비(k)는 1.4이다.]

① 36.8% ② 46.7%
③ 56.5% ④ 66.6%

해설

$$\eta = 1 - \left(\frac{1}{\varepsilon}\right)^{k-1} = 1 - \left(\frac{1}{8}\right)^{1.4-1} = 0.565 = 56.5\%$$

67 온도 15℃, 압력 100kPa 상태의 체적이 일정한 용기 안에 어떤 이상기체 5kg이 들어 있다. 이 기체가 50℃가 될 때까지 가열되는 동안의 엔트로피 증가량은 약 몇 kJ/K인가?[단, 이 기체의 정압비열과 정적비열은 각각 1.001kJ/(kg · K), 0.7171 kJ/(kg · K)이다.]

① 0.411 ② 0.486
③ 0.575 ④ 0.732

해설

일정한 용기 = 정적과정

비엔트로피 $ds = \frac{\delta q}{T} = \frac{du + p\cancel{dv}^{\,0}}{T}$

$$s_2 - s_1 = \int_1^2 \frac{C_v}{T} dT = C_v \ln\frac{T_2}{T_1} = 0.7171 \times \ln\left(\frac{50+273}{15+273}\right) = 0.0822\text{kJ/kg} \cdot \text{K}$$

$\therefore S_2 - S_1 = m(s_2 - s_1) = 5 \times 0.0822 = 0.411\text{kJ/K}$

68 열펌프를 난방에 이용하려고 한다. 실내 온도는 18℃이고, 실외 온도는 −15℃이며 벽을 통한 열손실은 12kW이다. 열펌프를 구동하기 위해 필요한 최소동력은 약 몇 kW인가?

① 0.65kW ② 0.74kW
③ 1.36kW ④ 1.53kW

정답 64 ② 65 ② 66 ③ 67 ① 68 ③

해설

열펌프의 효율

$$\varepsilon_H = \frac{T_H}{T_H - T_L} = \frac{18+273}{(18+273)-(-15+273)} = 8.8$$

$\varepsilon_H = 8.8 = \frac{\dot{Q}}{\dot{W}}$ 에서

$\dot{W} = \frac{12}{8.8} = 1.36\ \text{kW}$

69 완전가스의 내부에너지(u)는 어떤 함수인가?

① 압력과 온도의 함수이다.
② 압력만의 함수이다.
③ 체적과 압력의 함수이다.
④ 온도만의 함수이다.

해설

이상기체(완전가스)에서 내부에너지는 온도만의 함수이다($du = C_v dT$이므로).

70 다음 중 가장 낮은 온도는?

① 104℃ ② 284°F
③ 410K ④ 684°R

해설

K = ℃ + 273

°R = °F + 460

$°F = \frac{9}{5}℃ + 32$ 에서

② 284°F ⇒ $(284-32) \times \frac{5}{9} = 140℃$

③ 410K ⇒ $410 - 273 = 137℃$

④ 684°R ⇒ $684 - 460 = 224°F$ ⇒ 106.7℃

71 일률(Power)을 기본 차원인 M(질량), L(길이), T(시간)로 나타내면?

① L^2T^{-2} ② $MT^{1-2}L^{-1}$
③ ML^2T^{-2} ④ ML^2T^{-3}

해설

일률의 단위는 동력이므로 $H = F \cdot V \rightarrow \text{N} \cdot \text{m/s}$

$\frac{\text{N} \cdot \text{m}}{\text{s}} \times \frac{\text{kg} \cdot \text{m}}{\text{N} \cdot \text{s}^2} = \text{kg} \cdot \text{m}^2/\text{s}^3 \rightarrow ML^2T^{-3}$ 차원

72 길이가 600m이고 속도가 15km/h인 선박에 대해 물속에서의 조파 저항을 연구하기 위해 길이 6m인 모형선의 속도는 몇 km/h로 해야 하는가?

① 2.7 ② 2.0
③ 1.5 ④ 1.0

해설

배는 자유표면 위를 움직이므로 모형과 실형 사이의 프루드수를 같게 하여 실험한다.

$Fr)_m = Fr)_p$

$\left.\frac{V}{\sqrt{Lg}}\right)_m = \left.\frac{V}{\sqrt{Lg}}\right)_p$

여기서, $g_m = g_p$이므로

$\frac{V_m}{\sqrt{L_m}} = \frac{V_p}{\sqrt{L_p}}$

$\therefore V_m = \sqrt{\frac{L_m}{L_p}} \cdot V_p = \sqrt{\frac{6}{600}} \times 15 = 1.5\text{km/h}$

73 Stokes의 법칙에 의해 비압축성 점성유체에 구(Sphere)가 낙하될 때 항력(D)을 나타낸 식으로 옳은 것은?(단, μ : 유체의 점성계수, a : 구의 반지름, V : 구의 평균속도, C_D : 항력계수, 레이놀즈수가 1보다 작아 박리가 존재하지 않는다고 가정한다.)

정답 69 ④ 70 ① 71 ④ 72 ③ 73 ①

① $D=6\pi a\mu V$ ② $D=4\pi a\mu V$
③ $D=2\pi a\mu V$ ④ $D=C_D\pi a\mu V$

해설

$D=3\pi\mu Vd$에서
$D=3\pi\mu V2a=6\pi a\mu V$

74 기준면에 있는 어떤 지점에서의 물의 유속이 6m/s, 압력이 40kPa일 때 이 지점에서의 물의 수력기울기선의 높이는 약 몇 m인가?

① 3.24 ② 4.08
③ 5.92 ④ 6.81

해설

수력기울기(수력구배)선

$$\text{H.G.L}=\frac{p}{\gamma}+Z(\text{기준면 } Z=0)$$
$$=\frac{40\times10^3}{9,800}$$
$$=4.08\text{m}$$

75 평면 벽과 나란한 방향으로 점성계수가 2×10^{-5} Pa·s인 유체가 흐를 때, 평면과의 수직거리 y[m]인 위치에서 속도가 $u=5(1-e^{-0.2y})$ [m/s]이다. 유체에 걸리는 최대전단응력은 약 몇 Pa인가?

① 2×10^{-5} ② 2×10^{-6}
③ 5×10^{-6} ④ 10^{-4}

해설

$\tau=\mu\cdot\frac{du}{dy}=\mu\times(e^{-0.2y})$ ← 주어진 $u(y)$를 y에 대해 미분

최대전단응력은 $y=0$인 평판면에서 발생하므로
$\tau)_{y=0}=\mu\times1=2\times10^{-5}\text{Pa}$

76 경계층의 박리(Separation)가 일어나는 주원인은?

① 압력이 증기압 이하로 떨어지기 때문에
② 유동방향으로 밀도가 감소하기 때문에
③ 경계층의 두께가 0으로 수렴하기 때문에
④ 유동과정에 역압력 구배가 발생하기 때문에

해설

압력이 감소했다가 증가하는 역압력기울기에 의해 유체입자가 물체 주위로부터 떨어져 나가는 현상을 박리라고 한다.

77 표면장력이 0.07N/m인 물방울의 내부압력이 외부압력보다 10Pa 크게 되려면 물방울의 지름은 몇 cm인가?

① 0.14 ② 1.4
③ 0.28 ④ 2.8

해설

$\sigma=\frac{\Delta Pd}{4}$에서

$\therefore d=\frac{4\sigma}{\Delta P}=\frac{4\times0.07}{10}=0.028\text{m}=2.8\text{cm}$

78 유체역학에서 연속방정식에 대한 설명으로 옳은 것은?

① 뉴턴의 운동 제2법칙이 유체 중의 모든 점에서 만족하여야 함을 요구한다.
② 에너지와 일 사이의 관계를 나타낸 것이다.
③ 한 유선 위에 두 점에 대한 단위체적당의 운동량의 관계를 나타낸 것이다.
④ 검사체적에 대한 질량 보존을 나타내는 일반적인 표현식이다.

정답 74 ② 75 ① 76 ④ 77 ④ 78 ④

해설

질량보존의 법칙을 유체의 검사체적에 적용하여 얻어낸 방정식이다.

79 가스 속에 피토관을 삽입하여 압력을 측정하였더니 정체압이 128Pa, 정압이 120Pa이었다. 이 위치에서의 유속은 몇 m/s인가?(단, 가스의 밀도는 1.0kg/m³이다.)

① 1
② 2
③ 4
④ 8

해설

정체압력 = 정압 + 동압 식에서

$$V=\sqrt{2g\times\left(\frac{128}{9.8}-\frac{120}{9.8}\right)}$$
$$=\sqrt{2\times 9.8\times\left(\frac{128}{9.8}-\frac{120}{9.8}\right)}$$
$$=4\text{m/s}$$

80 다음 중 정체압의 설명으로 틀린 것은?

① 정체압은 정압과 같거나 크다.
② 정체압은 액주계로 측정할 수 없다.
③ 정체압은 유체의 밀도에 영향을 받는다.
④ 같은 정압의 유체에서는 속도가 빠를수록 정체압이 커진다.

해설

정체압은 정압+동압으로 액주계로 측정할 수 있다.

정답 79 ③ 80 ②

제10회 CBT 실전 모의고사

1과목 기계제도 및 설계

01 다음 중 가는 1점쇄선으로 표시하지 않는 것은?

① 피치선 ② 기준선
③ 중심선 ④ 숨은선

해설

숨은선은 파선으로 표시한다.

02 그림에서 오른쪽에 구멍을 나타낸 것과 같이 측면도의 일부분만을 그리는 투상도의 명칭은?

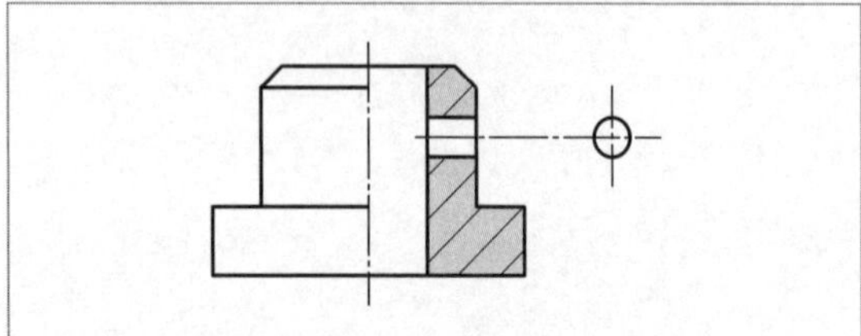

① 보조 투상도 ② 부분 투상도
③ 국부 투상도 ④ 회전 투상도

해설

국부 투상도는 대상물의 구멍, 홈 등 어느 한 곳의 특정 부분의 모양만을 그리는 투상도로 주어진 그림에서 구멍의 특정 부분의 모양만을 그렸다.

03 재료기호 SS 400에 대한 설명 중 옳은 것을 모두 고른 것은?(단, KS D 3503을 적용한다.)

ㄱ. SS의 첫 번째 S는 재질을 나타내는 기호로 강을 의미한다.
ㄴ. SS의 두 번째 S는 재료의 이름, 모양, 용도를 나타내며 일반구조용 압연재를 의미한다.
ㄷ. 끝부분의 400은 재료의 최저 인장강도이다.

① ㄱ ② ㄱ, ㄴ
③ ㄱ, ㄷ ④ ㄱ, ㄴ, ㄷ

해설

SS400은 일반구조용 압연강재로서 ㄱ, ㄴ, ㄷ 모두 맞는 설명이다.

- S : 강(Steel)
- S : 일반구조용 압연강재
- 400 : 최저 항복강도(400N/mm^2), 판 두께(16mm 이하)

04 나사의 종류 중 ISO 규격에 있는 관용 테이퍼 나사에서 테이퍼 암나사를 표시하는 기호는?

① PT ② PS
③ Rp ④ Rc

해설

- PT : 관용 테이퍼 나사(ISO 규격에 없음)
- PS : 관용 평행 암나사(ISO 규격에 없음)
- Rp : 관용 평행 암나사
- Rc : 관용 테이퍼 암나사

05 지름이 60mm, 공차가 +0.001～+0.015인 구멍의 최대허용치수는?

① 59.85 ② 59.985
③ 60.15 ④ 60.015

정답 01 ④ 02 ③ 03 ④ 04 ④ 05 ④

해설

구멍의 최대허용치수=기준치수+위 치수 허용차
여기서, 기준치수 : $\phi 60$
위 치수 허용차 : +0.015
아래 치수 허용차 : +0.001

구멍의 최대허용치수=60+0.015=60.015이다.

06 기하공차의 도시방법에서 위치도를 나타내는 것은?

① 
② 
③ 
④ 

해설

- : 위치도
- : 원통도
- : 진원도
- : 동심도

07 다음 중 3차원 형상을 표현하는 것으로 틀린 것은?

① 곡선 모델링 ② 서피스 모델링
③ 솔리드 모델링 ④ 와이어 프레임 모델링

해설

3차원 모델링에는 와이어 프레임, 서피스, 솔리드 모델링이 있다.

08 다음 중 CAD에서의 기하학적 데이터(점, 선 등)의 변환 행렬과 관계가 먼 것은?

① 이동 ② 회전
③ 복사 ④ 반사

해설

변환 행렬은 두 좌표계의 변환에 사용하는 행렬을 뜻하며 CAD시스템에서 도형의 이동, 축소 및 확대, 대칭, 회전 등의 변환에 의해 이루어진다.

09 사각나사에서 리드각 3.00°, 마찰계수 μ = 0.2일 때, 이 나사의 효율을 구하면?

① 20.6% ② 25.3%
③ 30.2% ④ 35.7%

해설

$$\eta = \frac{\tan\alpha}{\tan(\rho+\alpha)} = \frac{\tan(3°)}{\tan(11.31°+3°)}$$
$$= 0.2055 = 20.55\%$$

여기서, $\tan\rho = \mu \rightarrow \rho = \tan^{-1}\mu = \tan^{-1}0.2 = 11.31°$

10 축방향의 인장력이나 압축력을 전달하는 데 가장 적합한 축 이음은?

① 머프 축이음(Muff Coupling)
② 유니버설 조인트(Universal Joint)
③ 코터 이음(Cotter Joining)
④ 올덤 축이음(Oldham'S Coupling)

11 직경 500mm, 압력 12N/cm^{2}의 보일러에 리벳이음을 하고자 한다. 보일러 동체의 강판두께는 약 몇 mm인가?(단, 강판의 인장강도 σ_t = 35N/mm^2, 안전율 S = 5, 이음효율 60%, 부식여유는 1mm이다.)

① 8.14 ② 9.14
③ 10.14 ④ 11.14

정답 06 ④ 07 ① 08 ③ 09 ① 10 ③ 11 ①

해설

$$\sigma_a = \frac{\sigma_t}{S} = \frac{\text{인장강도(극한강도)}}{\text{안전율}}$$

$$= \frac{35}{5} = 7\text{N/mm}^2$$

$$t = \frac{PD}{2\sigma_a \cdot \eta} + C = \frac{0.12 \times 500}{2 \times 7 \times 0.6} + 1$$

$= 8.14\text{mm}$(압력 $P=12\text{N/cm}^2=0.12\text{N/mm}^2$)

12 용접이음의 일반적인 장 · 단점에 대한 설명으로 옳지 않은 것은?

① 이음효율이 비교적 높은 편이다.
② 조립공정의 자동화를 구현하기 어렵다.
③ 열 영향으로 재료가 변질되기 쉽다.
④ 볼트나 리벳에 비해 중량 증가가 거의 없다.

해설

용접이음은 자동차 조립생산라인처럼 로봇에 의한 자동화가 가능하다.

13 비틀림을 받고 있는 축의 지름이 80mm, 길이 1.6m이고, 축의 비틀림각이 2°로 제한되었다면 비틀림모멘트는 몇 N · m인가?(단, $G=0.8\times10^4$ MPa이다.)

① 701.84 ② 751.84
③ 781.84 ④ 791.84

해설

강성설계

$\theta = \frac{T \cdot l}{G \cdot I_p}$($\theta$는 라디안이므로 $2° \times \frac{\pi}{180°}$,

$I_P = \frac{\pi}{32}d^4$, $l = 1,600\text{mm}$)

$$\therefore T = \frac{G \cdot I_p \cdot \theta}{l} = \frac{0.8 \times 10^4 \times \pi \times 80^4 \times 2 \times \pi}{1,600 \times 32 \times 180}$$

$= 701,838.53\text{N} \cdot \text{mm} = 701.84\text{N} \cdot \text{m}$

14 베어링 번호 6310의 단열 깊은 홈 볼베어링에 30,000시간의 수명을 주려고 한다. 한계 속도지수(dN) = 200,000[mm · rpm]이라면, 이 베어링의 최고사용 회전수에 있어서의 베어링 하중은 약 몇 N인가?(단, 이 베어링의 기본 동정격 하중은 48kN이다.)

① 1,328.32 ② 1,814.20
③ 2,485.79 ④ 3,342.27

해설

6310 볼베어링의 내경은 $10 \times 5 = 50\text{mm}$이고

최고사용회전수 $N_{max} = \frac{dN}{d} = \frac{200,000}{50} = 4,000\text{rpm}$

볼베어링 $r = 3$

$$P = \frac{C}{\sqrt[3]{\frac{L_h \times 60 \times N_{max}}{10^6}}}$$

$$= \frac{4.8 \times 10^3}{\sqrt[3]{\frac{30,000 \times 60 \times 4,000}{10^6}}} = 2,485.79\text{ N}$$

15 구동차의 지름이 300mm이고 600rpm의 회전수로 구동되는 외접 원통마찰차 접촉면 사이에 2,000N의 힘으로 밀어붙이면 약 몇 kW의 동력을 전달할 수 있는가?(단, 접촉부의 마찰계수는 0.35이다.)

① 2.35 ② 6.60
③ 8.81 ④ 18.83

해설

$H = \mu NV = \mu N$ $\frac{\pi DN}{60,000} = 0.35 \times 2,000 \times \frac{\pi \times 300 \times 600}{60,000}$

$= 6,597.3\text{W} = 6.597\text{kW}$

정답 12 ② 13 ① 14 ③ 15 ②

16 개스킷(Gasket)에 대한 설명으로 옳은 것은?

① 고정부분에 사용되는 실(Seal)
② 운동부분에 사용되는 실(Seal)
③ 대기로 개방되어 있는 구멍
④ 흐름의 단면적을 감소시켜 관로 내 저항을 갖게 하는 기구

해설
• 개스킷(Gasket) : 고정 부분에 쓰이는 실
• 패킹(Packing) : 움직이는 부분에 쓰이는 실

17 그림과 같은 기호의 밸브 명칭은?

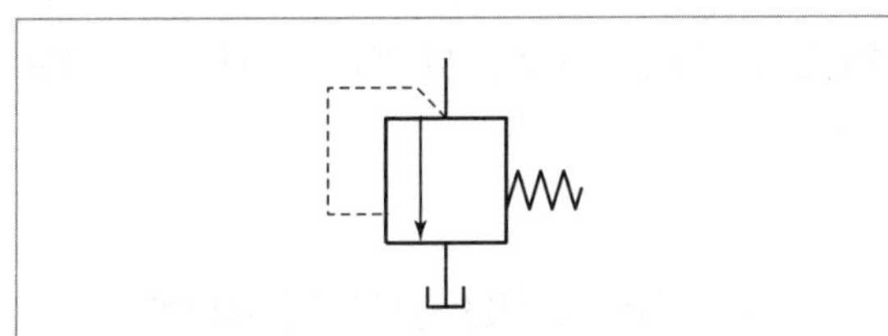

① 스톱 밸브 ② 릴리프 밸브
③ 체크 밸브 ④ 가변 교축 밸브

해설

스톱 밸브	릴리프 밸브
체크 밸브	**가변 교축 밸브**

18 펌프의 효율을 구하는 식으로 틀린 것은?(단, 펌프에 손실이 없을 때 토출압력은 P_0, 실제 펌프 토출 압력은 P, 이론 펌프토출량은 Q_0, 실제 펌프 토출량은 Q, 유체동력은 L_h, 축동력은 L_s이다.)

① 용적효율$=\dfrac{Q}{Q_0}$
② 압력효율$=\dfrac{P_0}{P}$
③ 기계효율$=\dfrac{L_h}{L_s}$
④ 전 효율=용적효율×압력효율×기계효율

해설
② 압력효율$=\dfrac{P}{P_0}$

19 토출량이 일정한 용적형 펌프의 종류가 아닌 것은?

① 기어 펌프 ② 베인 펌프
③ 터빈 펌프 ④ 피스톤 펌프

해설
③ 터빈 펌프 → 터보형 펌프

용적형 펌프 종류
• 회전식 : 기어 펌프, 나사 펌프, 베인 펌프
• 왕복동식 : 피스톤 펌프, 플런저 펌프

20 유압모터의 효율에 대한 설명으로 틀린 것은?

① 전 효율은 체적효율에 비례한다.
② 전 효율은 기계효율에 반비례한다.
③ 전 효율은 축 출력과 유체 입력의 비로 표현한다.
④ 체적효율은 실제 송출유량과 이론 송출유량의 비로 표현한다.

해설
• 유압모터 전 효율

$$\eta=\frac{L_s(\text{축출력동력})}{L_{th}(\text{유체입력동력})}$$
$$=\eta_v(\text{체적효율})\times\eta_t(\text{토크효율 : 기계효율})$$

• 체적효율

$$\eta_v=\frac{Q_s(\text{실제송출유량})}{Q_{th}(\text{이론송출유량 : 유압모터의 유입유량})}$$

정답 16 ① 17 ② 18 ② 19 ③ 20 ②

2과목 기계재료 및 제작

21 탄소강에 함유된 인(P)의 영향을 바르게 설명한 것은?

① 강도와 경도를 감소시킨다.
② 결정립을 미세화시킨다.
③ 연신율을 증가시킨다.
④ 상온 취성의 원인이 된다.

해설

인(P)
- 제선, 제강 중에 원료, 연료, 내화 재료 등을 통하여 강 중에 함유된다.
- 특수한 경우를 제외하고 0.05% 이하로 제한하며, 공구강의 경우 0.025% 이하까지 허용된다.
- 인장 강도, 경도를 증가시키지만, 연신율과 내충격성을 감소시킨다.
- 상온에서 결정립을 거칠게 하며, 편석이 발생(담금질 균열의 원인)된다. → 상온취성 원인
- 주물의 기포를 줄이는 작용을 한다.

22 금형재료로서 경도와 내마모성이 우수하고 대량 생산에 적합한 소결합금은?

① 주철 ② 초경합금
③ Y합금강 ④ 탄소공구강

해설

초경합금
탄화물 분말(WC, TiC, TaC)을 비교적 인성이 있는 Co, Ni을 결합제로 하여 소결시킨다.

23 같은 조건하에서 금속의 냉각 속도가 빠르면 조직은 어떻게 변화하는가?

① 결정 입자가 미세해진다.
② 금속의 조직이 조대해진다.
③ 소수의 핵이 성장해서 응고된다.
④ 냉각 속도와 금속의 조직과는 관계가 없다.

해설

- 급랭 : 결정입자 미세(핵발생 감소), 경도가 커짐
- 서랭 : 결정입자 조대(핵발생 증가), 전연성이 커짐

24 구상 흑연주철의 구상화 첨가제로 주로 사용되는 것은?

① Mg, Ca ② Ni, Co
③ Cr, Pb ④ Mn, Mo

해설

주철을 구상화하기 위하여 P와 S의 양은 적게 하고, Mg, Ca, Ce 등을 첨가한다.

25 다음 그림과 같은 상태도의 명칭은?

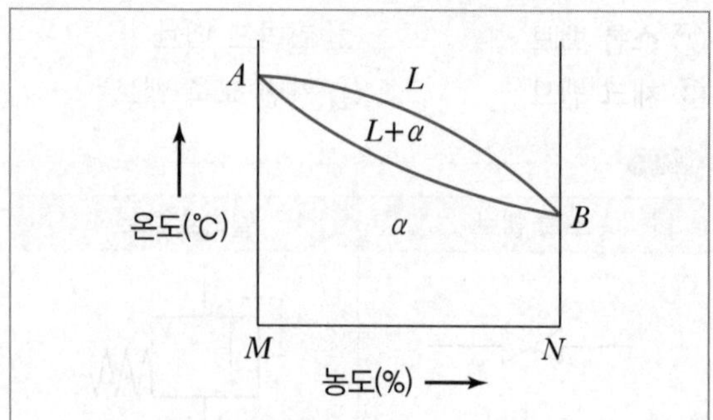

① 편정형 고용체 상태도
② 전율 고용체 상태도
③ 공정형 한율 상태도
④ 부분 고용체 상태도

해설

전율 고용체
전 조성 범위에서 용해도를 갖는 고용체로, 흄-로더리(Hume-rothery) 법칙을 만족시킨다.

정답 21 ④ 22 ② 23 ① 24 ① 25 ②

26 다음 조직 중 경도가 가장 낮은 것은?

① 페라이트 ② 마텐자이트
③ 시멘타이트 ④ 트루스타이트

해설

Ⓒementite > Ⓜartensite > Ⓣroostite > Ⓢorbite > Ⓟearlite > Ⓐuatenite > Ⓕerrite

27 아름답고 매끈한 플라스틱 제품을 생산하기 위해 금형재료에 요구되는 특성이 아닌 것은?

① 결정입도가 클 것
② 편석 등이 적을 것
③ 핀홀 및 흠이 없을 것
④ 비금속 개재물이 적을 것

28 재료의 전연성을 알기 위해 구리판, 알루미늄판 및 그 밖의 연성 판재를 가압하여 변형능력을 시험하는 것은?

① 굽힘 시험 ② 압축 시험
③ 커핑 시험 ④ 비틀림 시험

해설

에릭센 시험(Erichsen Cupping Test)
금속박판 재료의 연성을 평가 또는 비교하기 위해 널리 사용되는 시험

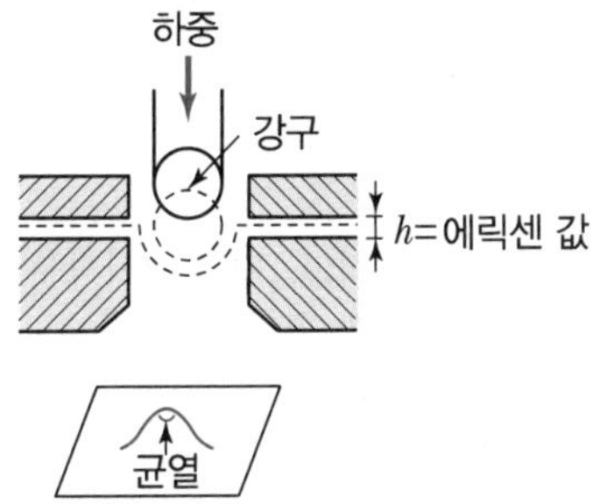

| 에릭센 측정원리 |

29 저온뜨임에 대한 설명으로 틀린 것은?

① 담금질에 의한 응력 제거
② 치수의 경년 변화 방지
③ 연마균열 생성
④ 내마모성 향상

해설

저온뜨임
150℃ 부근에서 이루어지며, 잔류 오스테나이트와 내부의 잔류응력을 제거하고, 탄성한계와 항복강도, 경도를 향상시키기 위한 열처리를 말한다.

30 전자강판(규소강판)에 요구되는 특성을 설명한 것 중 틀린 것은?

① 투자율이 높아야 한다.
② 포화자속밀도가 높아야 한다.
③ 자화에 의한 치수의 변화가 적어야 한다.
④ 박판을 적층하여 사용할 때 층간저항이 낮아야 한다.

해설

④ 박판을 적층하여 사용할 때 강판의 두께에 비례하는 와전류손실을 최소화하기 위해 강판의 상하면에 절연 코팅액을 도포한다.

31 두께 2mm, 지름이 30mm인 구멍을 탄소강판에 펀칭할 때, 프레스의 슬라이드 평균속도 4m/min, 기계효율 $\eta = 70\%$이면 소요동력(PS)은 약 얼마인가?(단, 강판의 전단 저항은 25kgf/mm^2, 보정계수는 1로 한다.)

① 3.2 ② 6.0
③ 8.2 ④ 10.6

정답 26 ① 27 ① 28 ③ 29 ③ 30 ④ 31 ②

해설

총소요동력(H_t)=전단하중(P)×전단속도(V)

$$전단하중(P)=\frac{전단강도(\tau)\times 단면적(A)}{효율(\eta)}$$

$$H_t=PV=\frac{\tau\times A}{\eta}\times V=\frac{25\times\pi\times 30\times 2}{0.7}\times\frac{4}{60}$$

$$=448.799\text{kg}_\text{f}\cdot\ \text{m/s}$$

$$H_t=448.799\text{kg}_\text{f}\cdot\ \text{m/s}\ \times\ \frac{1\text{PS}}{75\text{kg}_\text{f}\cdot\ \text{m/s}}=5.984\text{PS}$$

32 전기 저항 용접 중 맞대기 용접의 종류가 아닌 것은?

① 업셋 용접 ② 퍼커션 용접
③ 플래시 용접 ④ 프로젝션 용접

해설

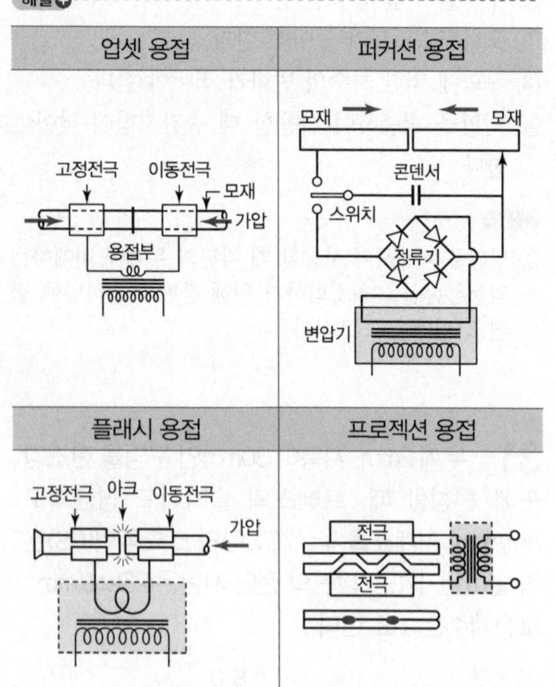

33 래핑 다듬질에 대한 특징 중 틀린 것은?

① 내식성이 증가된다.
② 마멸성이 증가된다.
③ 윤활성이 좋게 된다.
④ 마찰계수가 적어진다.

해설

래핑 다듬질의 특징
- 가공면이 매끈한 거울면을 얻을 수 있다.
- 정밀도가 높은 제품을 가공할 수 있다.
- 가공면은 윤활성 및 내마모성이 좋다.
- 가공이 간단하고 대량생산이 가능하다.
- 평면도, 진원도, 직선도 등의 이상적인 기하학적 형상을 얻을 수 있다.

34 빌트 업 에지(Built Up Edge)의 크기를 좌우하는 인자에 관한 설명으로 틀린 것은?

① 절삭속도 : 고속으로 절삭할수록 빌트 업 에지는 감소된다.
② 칩 두께 : 칩 두께를 감소시키면 빌트 업 에지의 발생이 감소한다.
③ 윗면 경사각 : 공구의 윗면 경사각이 클수록 빌트 업 에지는 커진다.
④ 칩의 흐름에 대한 저항 : 칩의 흐름에 대한 저항이 클수록 빌트 업 에지는 커진다.

해설

㉠ 구성인선(Built Up Edge) : 절삭된 칩의 일부가 바이트 끝에 부착되어 절삭날과 같은 작용을 하면서 절삭을 하는 것
㉡ 구성인선 방지법
- 절삭깊이를 얕게 하고, 윗면 경사각을 크게 한다.
- 절삭속도를 빠르게 한다.
- 날 끝에 경질 크롬도금 등을 하여 윗면 경사각을 매끄럽게 한다.
- 윤활성이 좋은 절삭유를 사용한다.
- 절삭공구의 인선을 예리하게 한다.

정답 32 ④ 33 ② 34 ③

35 주조에 사용되는 주물사의 구비조건으로 옳지 않은 것은?

① 통기성이 좋을 것
② 내화성이 적을 것
③ 주형 제작이 용이할 것
④ 주물 표면에서 이탈이 용이할 것

해설

주물사의 구비조건
- 주형 제작이 쉽고, 원형 치수와 모양의 정확한 재현성을 가질 것
- 주형의 취급, 운반 시, 용융금속 주입 시 충격에 견딜 것
- 내열성이 크고, 화학적 변화가 없을 것
- 통기성이 좋아 가스 배출이 쉬울 것
- 용융금속이 응고될 때 수축성이 있고, 응고 후 주형에서 주물을 뽑기 쉬울 것
- 열전도율이 낮고 보온성이 있을 것
- 값이 싸고, 여러 번 되풀이하여 사용 가능할 것

36 드릴링머신으로 할 수 있는 기본 작업 중 접시머리 볼트의 머리 부분이 묻히도록 원뿔자리 파기 작업을 하는 가공은?

① 태핑 ② 카운터 싱킹
③ 심공 드릴링 ④ 리밍

해설

드릴링머신의 작업 종류

드릴링	스폿 페이싱	카운터 싱킹	보링
드릴로 구멍을 뚫는 작업	볼트나 너트를 고정 시 접촉부 자리 가공	접시머리 나사부 묻힘 홈 가공	이미 뚫은 구멍의 확대가공

카운터 보링	리밍	태핑
작은 나사머리 묻힘 홈 가공	이미 뚫은 구멍을 정밀하게 다듬질 가공	이미 뚫은 구멍에 나사 가공

37 프레스 작업에서 전단가공이 아닌 것은?

① 트리밍(Trimming) ② 컬링(Curling)
③ 세이빙(Shaving) ④ 블랭킹(Blanking)

해설

전단가공의 종류
블랭킹(Blanking), 펀칭(Punching), 전단(Shearing), 분단(Parting), 노칭(Notching), 트리밍(Trimming), 세이빙(Shaving), 슬로팅(Slotting), 슬리팅(Slitting), 퍼포레이팅(Perforating), 브로칭(Broaching) 등이 있다.

② 컬링(Curling)은 특수 성형가공의 일종으로 판재 또는 용기의 가장자리를 둥글게 하는 가공법이다.

38 3차원 측정기에서 측정물의 측정위치를 감지하여 X, Y, Z축의 위치 데이터를 컴퓨터에 전송하는 기능을 가진 것은?

① 프로브 ② 측정암
③ 컬럼 ④ 정반

해설

프로브의 종류
- 접촉식 : 고정식 프로브, 전기신호식 프로브, 스캐닝 프로브 등
- 비접촉식 : 현미경식 프로브, 레이저 프로브 등

정답 35 ② 36 ② 37 ② 38 ①

39 방전가공의 특징으로 틀린 것은?

① 무인가공이 불가능하다.
② 가공 부분에 변질층이 남는다.
③ 전극의 형상대로 정밀하게 가공할 수 있다.
④ 가공물의 경도와 관계없이 가공이 가능하다.

해설

① 컴퓨터 수치제어기(CNC)와 연결하여 공정의 프로그램화, 자동화가 가능하다.

40 바이트의 노즈 반지름 $r=0.2$mm, 이송 $S=0.05$mm/rev로 선삭을 할 때 이론적인 표면거칠기는 약 몇 mm인가?

① 0.15 ② 0.015
③ 0.0015 ④ 0.00015

해설

가공면의 표면거칠기(조도)(h)

$$h=\frac{f^2}{8R}\text{mm}=\frac{0.05^2}{8\times0.2}=0.0015\text{mm}$$

여기서, f : 이송거리(mm)
R : 공구의 날끝 반지름(mm)

3과목 구조해석

41 원형축(바깥지름 d)을 재질이 같은 속이 빈 원형축(바깥지름 d, 안지름 $d/2$)으로 교체하였을 경우 받을 수 있는 비틀림모멘트는 몇 % 감소하는가?

① 6.25 ② 8.25
③ 25.6 ④ 52.6

해설

$T=\tau\cdot Z_p$에서

$T_1=\tau\cdot\dfrac{\pi d^3}{16}$ (중실축)

$$T_2=\tau\cdot\frac{\pi {d_2}^3}{16}(1-x^4)\quad\left[x=\frac{d_1}{d_2}\text{ : 내외경비(중공축)}\right]$$

$$=\tau\cdot\frac{\pi d^3}{16}\left\{1-\left(\frac{\frac{d}{2}}{d}\right)^4\right\}\quad\left(\because d_2=d,\ d_1=\frac{d}{2}\right)$$

$$=\tau\cdot\frac{\pi d^3}{16}\left\{1-\left(\frac{1}{2}\right)^4\right\}$$

$$=0.9375\tau\cdot\frac{\pi d^3}{16}$$

$$=0.9375\,T_1$$

→ T_1에 비해 $1-0.9375=0.0625=6.25\%$만큼 감소

42 포아송 비 0.3, 길이 3m인 원형 단면의 막대에 축방향의 하중이 가해진다. 이 막대의 표면에 원주방향으로 부착된 스트레인 게이지가 -1.5×10^{-4}의 변형률을 나타낼 때, 이 막대의 길이 변화로 옳은 것은?

① 0.135mm 압축 ② 0.135mm 인장
③ 1.5mm 압축 ④ 1.5mm 인장

해설

포아송 비 $\mu=0.3$
횡변형률 $\varepsilon'=-1.5\times10^{-4}$[직경 감소(−)]

정답 39 ① 40 ③ 41 ① 42 ④

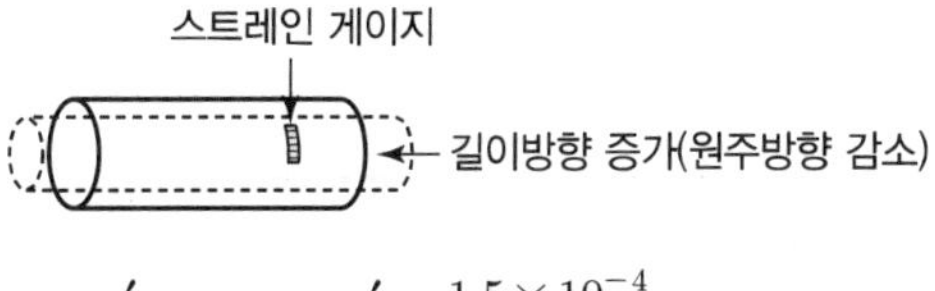

$\mu = \dfrac{\varepsilon'}{\varepsilon}$에서 $\varepsilon = \dfrac{\varepsilon'}{\mu} = \dfrac{1.5 \times 10^{-4}}{0.3} = 0.0005$

$\varepsilon = \dfrac{\lambda}{l} \rightarrow \lambda = \varepsilon \cdot l = 0.0005 \times 3{,}000 = 1.5\text{mm}$

43 안지름이 80mm, 바깥지름이 90mm이고 길이가 3m인 좌굴하중을 받는 파이프 압축부재의 세장비는 얼마 정도인가?

① 100　　② 110
③ 120　　④ 130

해설

세장비 $\lambda = \dfrac{l}{K} = \dfrac{l}{\sqrt{\dfrac{I}{A}}} = \dfrac{l}{\sqrt{\dfrac{\frac{\pi}{64}\left(d_2^{\ 4} - d_1^{\ 4}\right)}{\frac{\pi}{4}\left(d_2^{\ 2} - d_1^{\ 2}\right)}}}$

$= \dfrac{l}{\sqrt{\dfrac{\left(d_2^{\ 2} + d_1^{\ 2}\right)}{16}}}$

$= \dfrac{3}{\sqrt{\dfrac{0.09^2 + 0.08^2}{16}}}$

$= 99.65$

44 지름 30mm의 환봉 시험편에서 표점거리를 10mm로 하고 스트레인 게이지를 부착하여 신장을 측정한 결과 인장하중 25kN에서 신장 0.0418mm가 측정되었다. 이때의 지름은 29.97mm이었다. 이 재료의 포아송 비(ν)는?

① 0.239　　② 0.287
③ 0.0239　　④ 0.0287

해설

포아송 비 $\nu = \mu = \dfrac{\varepsilon'}{\varepsilon} = \dfrac{\frac{\delta}{d}}{\frac{\lambda}{l}} = \dfrac{\frac{30 - 29.97}{30}}{\frac{0.0418}{10}} = 0.239$

45 다음과 같은 단면에 대한 2차 모멘트 I_z는 약 몇 mm^{4}인가?

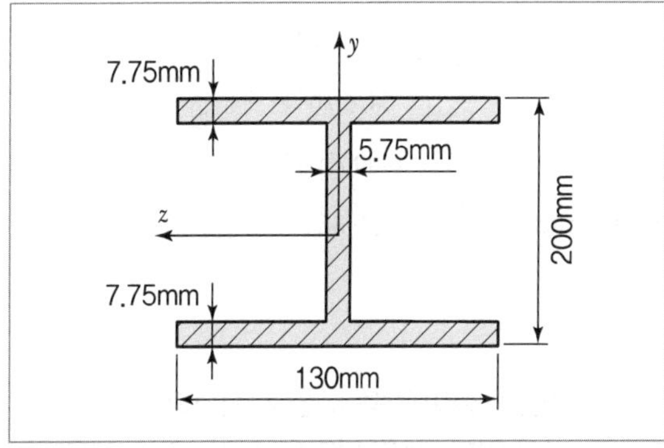

① 18.6×10^6　　② 21.6×10^6
③ 24.6×10^6　　④ 27.6×10^6

해설

z가 도심축이므로 사각형 도심축에 대한 단면 2차 모멘트 $I_z = \dfrac{bh^3}{12}$를 적용하면

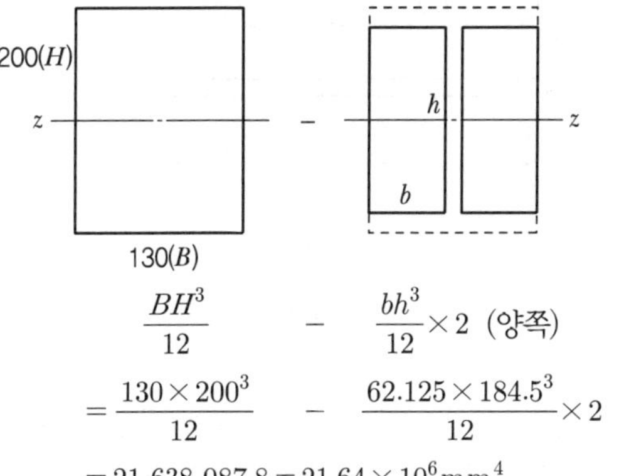

$\dfrac{BH^3}{12} - \dfrac{bh^3}{12} \times 2$ (양쪽)

$= \dfrac{130 \times 200^3}{12} - \dfrac{62.125 \times 184.5^3}{12} \times 2$

$= 21{,}638{,}087.8 = 21.64 \times 10^6\text{mm}^4$

정답 43 ① 44 ① 45 ②

46 지름 4cm, 길이 3m인 선형 탄성 원형축이 800rpm으로 3.6kW를 전달할 때 비틀림각은 약 몇 도(°)인가?(단, 전단탄성계수는 84GPa이다.)

① 0.0085° ② 0.35°
③ 0.48° ④ 5.08°

해설

전달토크 $T=\dfrac{H}{\omega}=\dfrac{H}{\dfrac{2\pi N}{60}}=\dfrac{3.6\times10^3}{\dfrac{2\pi\times800}{60}}=42.97\text{N}\cdot\text{m}$

비틀림각 $\theta=\dfrac{T\cdot l}{GI_p}=\dfrac{42.97\times3}{84\times10^9\times\dfrac{\pi\times0.04^4}{32}}$

$=0.0061\text{rad}$

$0.0061(\text{rad})\times\dfrac{180°}{\pi(\text{rad})}=0.35°$

47 그림과 같이 한쪽 끝을 지지하고 다른 쪽을 고정한 보가 있다. 보의 단면은 직경 10cm의 원형이고 보의 길이는 l이며, 보의 중앙에 2,094N의 집중하중 P가 작용하고 있다. 이때 보에 작용하는 최대굽힘응력이 8MPa라고 한다면, 보의 길이 l은 약 몇 m인가?

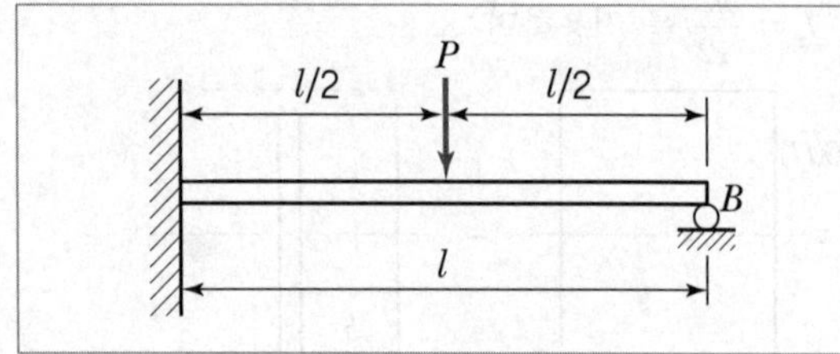

① 2.0 ② 1.5
③ 1.0 ④ 0.7

해설

부정정보이므로 B에서의 처짐량 "0"을 가지고 부정정 요소 R_B를 해결한 후 정정보로 해석한다.

i) 외팔보의 중앙에 집중하중이 작용할 때 B지점의 처짐량

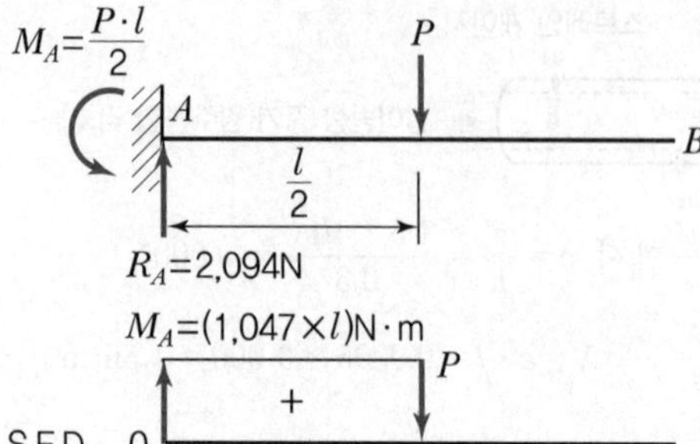

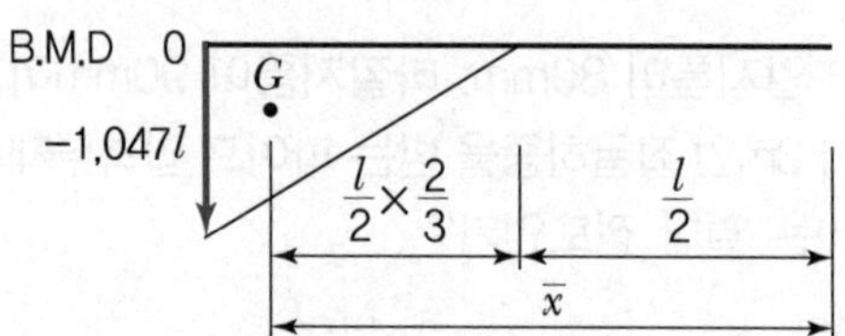

B지점의 처짐량

$\delta_1=\dfrac{A_M}{EI}\cdot\bar{x}=\dfrac{\dfrac{1}{2}\times\dfrac{l}{2}\times(1{,}047\times l)}{EI}\times\left(\dfrac{l}{2}+\dfrac{l}{3}\right)$

$\therefore\ \delta_1=\dfrac{\dfrac{5}{24}\times1{,}047\times l^3}{EI}$

ii)

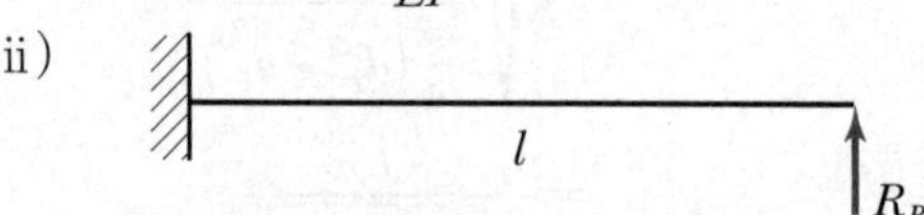

R_B에 의한 처짐량

$\delta_2=\dfrac{R_B\cdot l^3}{3EI}$

iii) $\delta_1=\delta_2$일 때 B에서의 처짐량이 "0"이므로

$\dfrac{\dfrac{5}{24}\times(1{,}047\times l^3)}{EI}=\dfrac{R_B\times l^3}{3EI}$

$\therefore\ R_B=\dfrac{5}{8}\times1{,}047=654.375\text{N}$

iv)

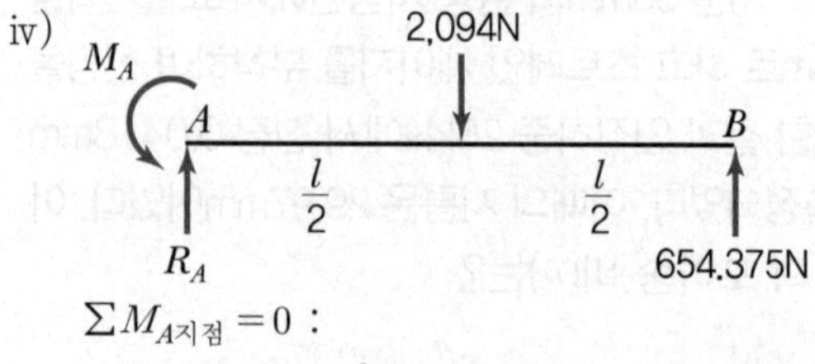

$\sum M_{A지점}=0$:

$-M_A+2{,}094\times\dfrac{l}{2}-654.375\times l=0$

$\therefore\ M_A=392.625l$

정답 46 ② 47 ①

v) M_A가 $M_{\max}$이므로

$$\sigma_b = \frac{M_{\max}}{Z} = \frac{M_A}{Z} = \frac{392.625l}{\frac{\pi d^3}{32}}$$

$$\therefore\ l = \frac{\frac{\pi d^3}{32} \times \sigma_b}{392.625} = \frac{\frac{\pi}{32} \times 0.1^3 \times 8 \times 10^6}{392.625} = 2.0\text{m}$$

48 다음과 같이 길이 l인 일단고정, 타단지지보에 등분포하중 w가 작용할 때, 고정단 A로부터 전단력이 0이 되는 거리(X)는 얼마인가?

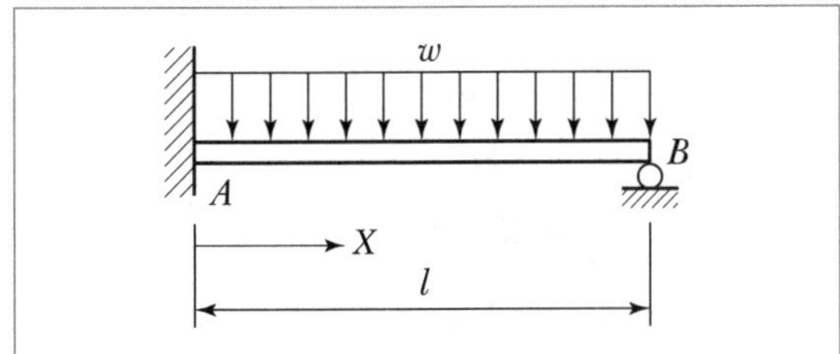

① $\frac{2}{3}l$ ② $\frac{3}{4}l$

③ $\frac{5}{8}l$ ④ $\frac{3}{8}l$

해설

처짐을 고려하여 부정정요소를 해결한다.

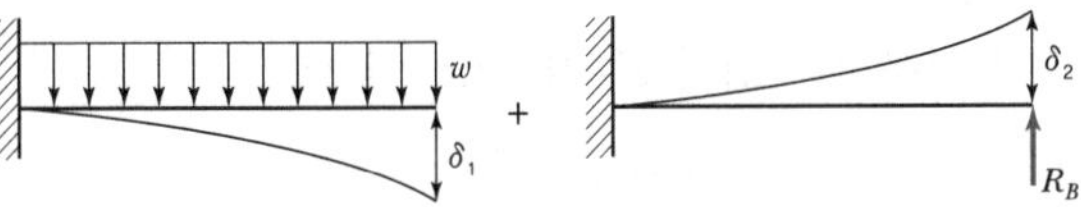

$\delta_1 = \frac{wl^4}{8EI}$, $\delta_2 = \frac{R_B \cdot l^3}{3EI}$

$\delta_1 = \delta_2$이면 B점에서 처짐량이 "0"이므로

$\frac{wl^4}{8EI} = \frac{R_B \cdot l^3}{3EI}$에서 $R_B = \frac{3}{8}wl \rightarrow \therefore\ R_A = \frac{5}{8}wl$

고정단으로부터 전단력 $V_x = 0$이 되는 거리는 전단력만의 자유물체도에서

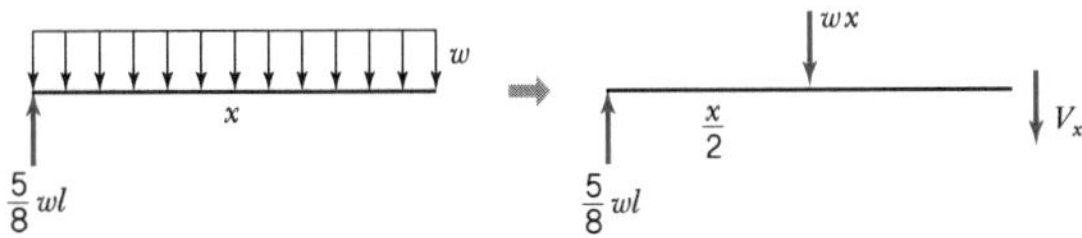

$\frac{5}{8}wl - wx - V_x = 0$ ($\because\ V_x = 0$)

$\frac{5}{8}wl = wx \quad \therefore\ x = \frac{5}{8}l$

49 두께 10mm의 강판에 지름 23mm의 구멍을 만드는 데 필요한 하중은 약 몇 kN인가?(단, 강판의 전단응력 τ = 750MPa이다.)

① 243 ② 352

③ 473 ④ 542

해설

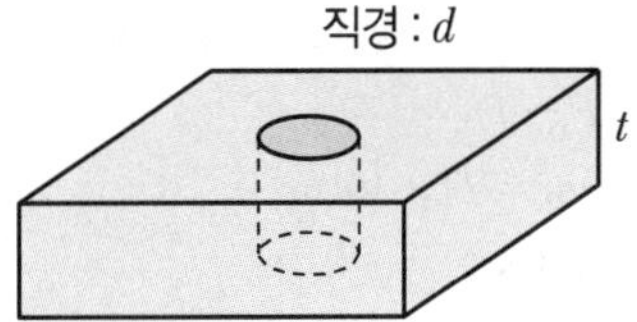

A_τ : 전단파괴면적 $= \pi dt$

$$\tau = \frac{F}{A_\tau} = \frac{F}{\pi dt}$$

$$\therefore\ F = \tau \cdot \pi dt = 750 \times 10^6 \times \pi \times 0.023 \times 0.01 = 541{,}924.7\text{N} = 541.92\text{kN}$$

50 그림과 같은 구조물에서 점 A에 하중 P = 50kN이 작용하고 A점에서 오른편으로 F = 10kN이 작용할 때 평형위치의 변위 x는 몇 cm인가?(단, 스프링탄성계수(k) = 5kN/cm이다.)

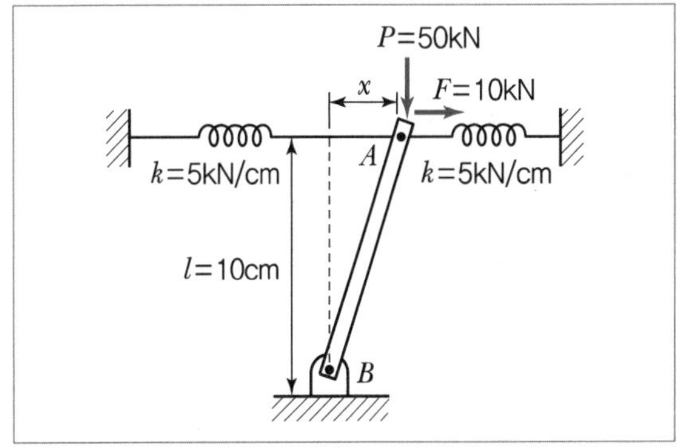

정답 48 ③ 49 ④ 50 ③

① 1 ② 1.5
③ 2 ④ 3

해설

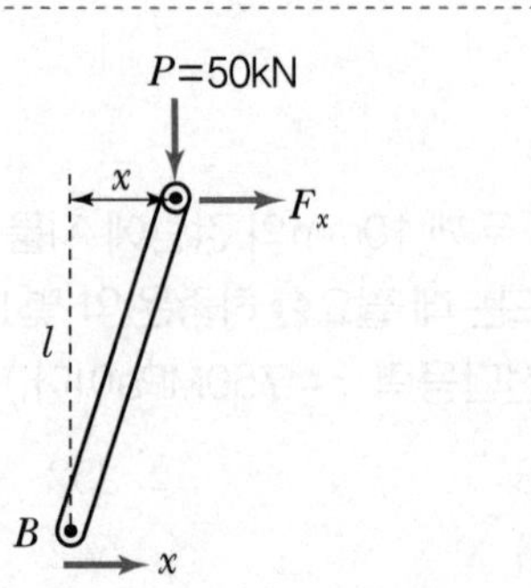

i) P가 작용할 때의 B점의 모멘트 값은 x방향으로의 분력 F_x에 의한 모멘트 값과 같다.
$50 \cdot x = F_x \cdot l$
$50\text{kN} \cdot x\text{cm} = F_x \times 10\text{cm}$
$\therefore\ F_x = 5x\text{kN}$

ii) x방향의 모든 힘은 $F_x + F$이므로
$(5x+10)\text{kN}$ → 이 힘은 두 개의 스프링으로 x변위만큼 인장, 압축되며 평형이 되므로($W = K\delta$ 적용)
$Kx + Kx = 5x + 10$
$5x + 5x = 5x + 10$
$\therefore\ x = 2\text{cm}$

51 직육면체가 일반적인 3축 응력 σ_x, σ_y, σ_z를 받고 있을 때 체적변형률 ε_v는 대략 어떻게 표현되는가?

① $\varepsilon_v \simeq \frac{1}{3}(\varepsilon_x + \varepsilon_y + \varepsilon_z)$
② $\varepsilon_v \simeq \varepsilon_x + \varepsilon_y + \varepsilon_z$
③ $\varepsilon_v \simeq \varepsilon_x\varepsilon_y + \varepsilon_y\varepsilon_z + \varepsilon_z\varepsilon_x$
④ $\varepsilon_v \simeq \frac{1}{3}(\varepsilon_x\varepsilon_y + \varepsilon_y\varepsilon_z + \varepsilon_z\varepsilon_x)$

해설

3축 응력에서 체적변형률

$\varepsilon_v = \frac{\Delta V}{V} = (1+\varepsilon_x)(1+\varepsilon_y)(1+\varepsilon_z) - 1$

변형이 아주 작을 때 $\varepsilon_v = \varepsilon_x + \varepsilon_y + \varepsilon_z$

($\because\ \varepsilon_x\varepsilon_y = \varepsilon_x\varepsilon_z = \varepsilon_y\varepsilon_z = 0$, $\varepsilon_z\varepsilon_y\varepsilon_z = 0$: 미소고차항 무시)

52 다음 그림과 같이 C점에 집중하중 P가 작용하고 있는 외팔보의 자유단에서 경사각 θ를 구하는 식은?(단, 보의 굽힘강성 EI는 일정하고, 자중은 무시한다.)

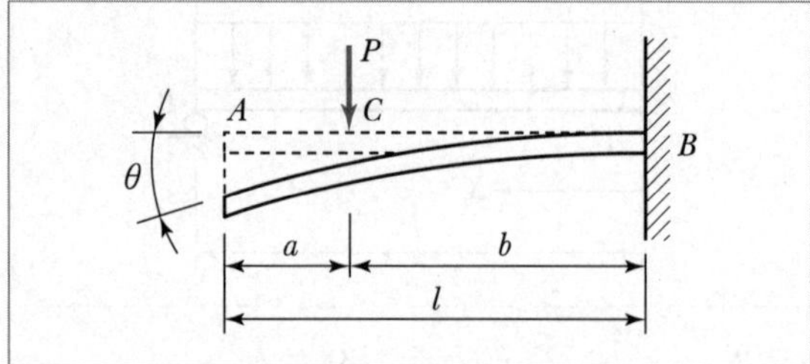

① $\theta = \frac{Pl^2}{2EI}$ ② $\theta = \frac{3Pl^2}{2EI}$
③ $\theta = \frac{Pa^2}{2EI}$ ④ $\theta = \frac{Pb^2}{2EI}$

해설

P가 작용하는 점의 보 길이가 b이므로

외팔보 자유단 처짐각 $\theta = \frac{Pb^2}{2EI}$

(자유단 A와 C점 처짐각 동일)

53 단면적이 7cm^{2}이고, 길이가 10m인 환봉의 온도를 10℃ 올렸더니 길이가 1mm 증가했다. 이 환봉의 열팽창계수는?

① 10^{-2}/℃ ② 10^{-3}/℃
③ 10^{-4}/℃ ④ 10^{-5}/℃

정답 51 ② 52 ④ 53 ④

해설

$\varepsilon = \dfrac{\lambda}{l} = \alpha \cdot \Delta t$에서

$\alpha = \dfrac{\lambda}{\Delta t \cdot l} = \dfrac{0.001\text{m}}{10℃ \times 10\text{m}} = 0.00001 = 1 \times 10^{-5}/℃$

54 단면 20cm×30cm, 길이 6m의 목재로 된 단순보의 중앙에 20kN의 집중하중이 작용할 때, 최대 처짐은 약 몇 cm인가? (단, 세로탄성계수 E=10GPa이다.)

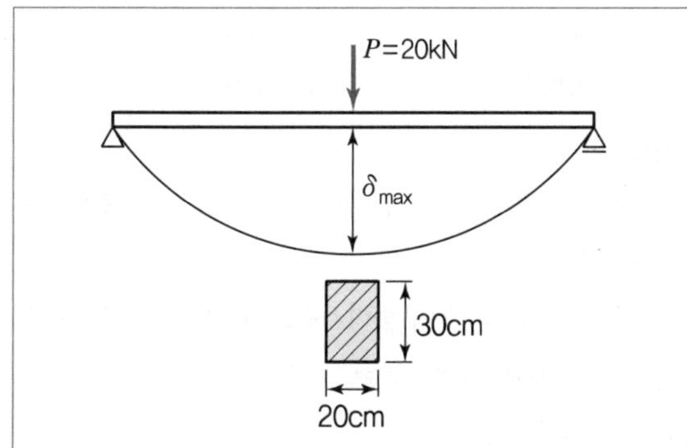

① 1.0 ② 1.5
③ 2.0 ④ 2.5

해설

$$\delta_{max} = \frac{Pl^3}{48EI} = \frac{20 \times 10^3 \times 6^3}{48 \times 10 \times 10^9 \times \dfrac{0.2 \times 0.3^3}{12}}$$

$= 0.02\text{m} = 2\text{cm}$

(수치를 모두 미터 단위로 넣어 계산하면 처짐량이 미터로 나온다.)

55 10°의 기울기를 가진 경사면에 놓인 질량 100kg인 물체에 수평방향의 힘 500N을 가하여 경사면 위로 물체를 밀어올린다. 경사면의 마찰계수가 0.2라면 경사면 방향으로 2m를 움직인 위치에서 물체의 속도는 약 얼마인가?

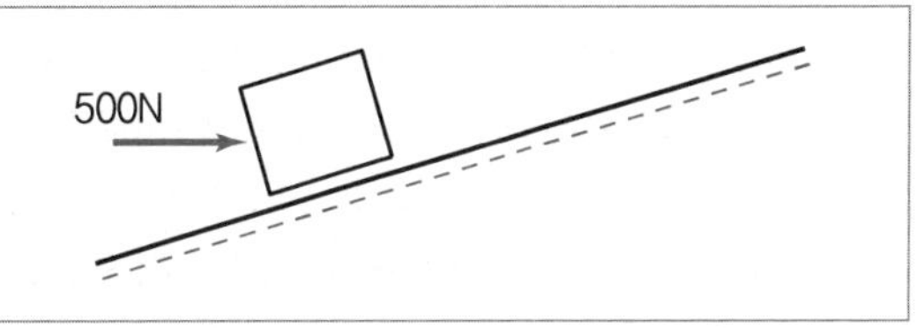

① 1.1m/s ② 2.1m/s
③ 3.1m/s ④ 4.1m/s

해설

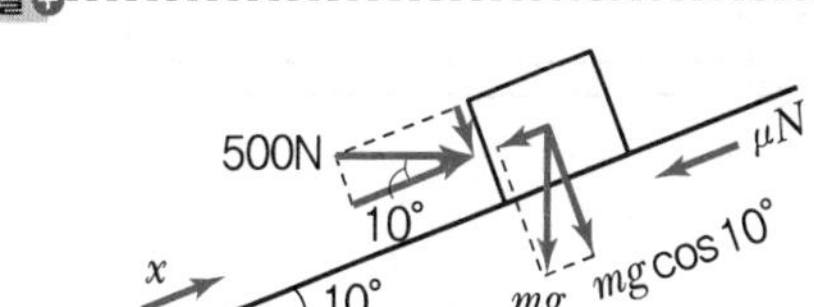

경사면 방향을 x라 하면

i) $\Sigma F_x = 500\cos 10° - mg\sin 10° - \mu N$

여기서, $N = N_1$(500N에 의한 경사면 수직력)

$+ N_2$(무게에 의한 경사면 수직력)

$= 500\sin 10° + mg\cos 10°$

$\therefore\ \Sigma F_x = 500\cos 10° - 100 \times 9.8 \times \sin 10°$

$- 0.2(500\sin 10° + 100 \times 9.8 \times \cos 10°)$

$= 111.84\text{N}$

ii) 운동에너지 $\dfrac{1}{2}mV^2$

iii) x방향으로 $2m$만큼 움직인 일에너지 양 $U_{1\to 2}$는 운동에너지 양과 같으므로

$\Sigma F_x \times 2m = \dfrac{1}{2}mV^2$

$111.84 \times 2 = \dfrac{1}{2} \times 100 \times V^2$

$\therefore\ V = 2.12\text{m/s}$

정답 54 ③ 55 ②

56 길이가 1m이고 질량이 5kg인 균일한 막대가 그림과 같이 지지되어 있다. A점은 힌지로 되어 있어 B점에 연결된 줄이 갑자기 끊어졌을 때 막대는 자유로이 회전한다. 여기서 막대가 수직 위치에 도달한 순간 각속도는 약 몇 rad/s인가?

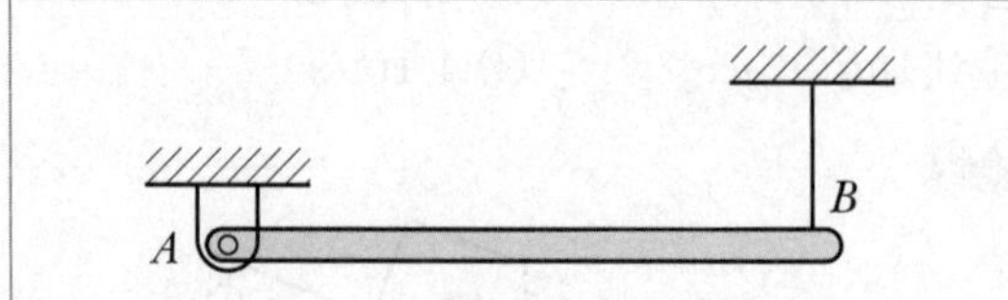

① 2.62　　② 3.43
③ 3.91　　④ 5.42

해설

i) 수직위치에서 질량중심인 막대 가운데의 중력위치에너지 $V_g = mg\frac{l}{2} = mg(0.5)$

ii) 회전운동에너지 T_2

$= \frac{1}{2}J_A \cdot \omega^2 = \frac{1}{2}\left(J_G + m\left(\frac{l}{2}\right)^2\right)\omega^2$

$= \frac{1}{2}\left(\frac{ml^2}{12} + m \cdot \frac{l^2}{4}\right)\omega^2$

$= \frac{1}{2} \times \frac{ml^2}{3}\omega^2 = \frac{ml^2}{6}\omega^2$

iii) $V_g = T_2$이므로 $mg \times \frac{l}{2} = \frac{ml^2}{6}\omega^2$

$\therefore \ \omega = \sqrt{\frac{3g}{l}} = \sqrt{\frac{3 \times 9.8}{1}} = 5.42\text{rad/s}$

57 북극과 남극이 일직선으로 관통된 구멍을 통하여, 북극에서 지구 내부를 향하여 초기속도 v_0 = 10m/s로 한 질점을 던졌다. 그 질점이 A점($S = R/2$)을 통과할 때의 속력은 약 얼마인가?(단, 지구 내부는 균일한 물질로 채워져 있으며, 중력가속도는 O점에서 0이고, O점으로부터의 위치 S에 비례한다고 가정한다. 그리고 지표면에서 중력가속도는 9.8m/s^2, 지구 반지름은 R=6,371km이다.)

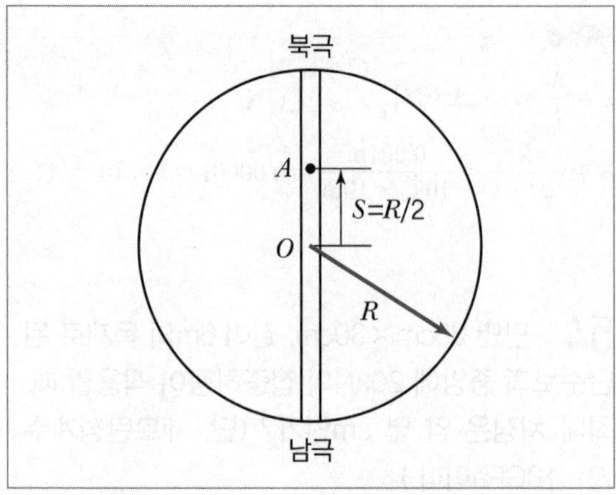

① 6.84km/s　　② 7.90km/s
③ 8.44km/s　　④ 9.81km/s

해설

중심(O)으로부터 거리가 R인 북극에서의 중력가속도는 9.8m/s^2

A지점$\left(\frac{R}{2}\right)$에서의 지구중력가속도가 g'일 때 중력가속도는 위치 S에 비례하므로

$R : 9.8 = \frac{R}{2} : g'$

$\therefore \ g' = 4.9\text{m/s}^2$

북극과 A점 사이의 평균중력가속도 g_m

$= \frac{g + g'}{2} = \frac{9.8 + 4.9}{2} = 7.35\text{m/s}^2$

$V_A{}^2 - V_0{}^2 = 2a(s - s_0)$ (여기서, $s_0 = 0$이므로)

$V_A{}^2 = V_0{}^2 + 2as = V_0{}^2 + 2g_m s$

$\therefore \ V_A = \sqrt{V_0{}^2 + 2g_m s}$

$= \sqrt{10^2 + 2 \times 7.35 \times \frac{6,371 \times 10^3}{2}}$

$= 6,843\text{m/s} = 6.84\text{km/s}$

정답 56 ④ 57 ①

58 스프링으로 지지되어 있는 어느 물체가 매분 120회를 진동할 때 진동수는 약 몇 rad/s인가?

① 3.14 ② 6.28
③ 9.42 ④ 12.57

해설

- 진동수 $f=\frac{1}{T}=\frac{120\text{cycle}}{1\text{분}}=\frac{120\text{cycle}}{60\text{s}}=2\text{cycle/s}$
- 고유각진동수 $\omega_n=2\pi f=2\pi\times 2=12.57\text{rad/s}$

59 질량과 탄성스프링으로 이루어진 시스템이 그림과 같이 높이 h에서 자유낙하를 하였다. 그 후 스프링의 반력에 의해 다시 튀어 오른다고 할 때 탄성스프링의 최대변형량(x_{max})은?(단, 탄성스프링 및 밑판의 질량은 무시하고 스프링 상수는 k, 질량은 m, 중력가속도는 g이다. 또한 다음 그림은 스프링의 변형이 없는 상태를 나타낸다.)

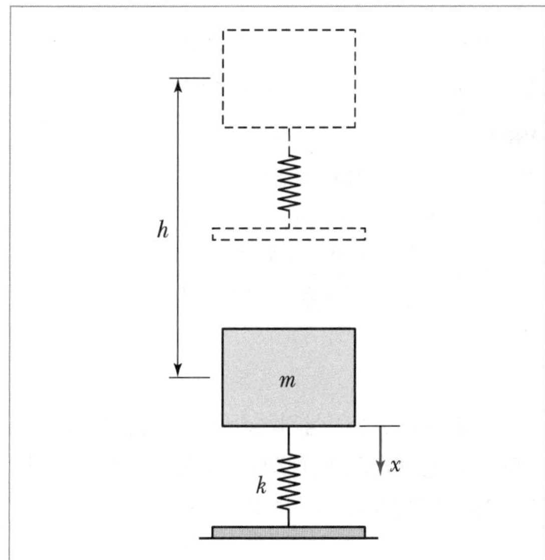

① $\sqrt{2gh}$
② $\sqrt{\frac{2mgh}{k}}$
③ $\frac{mg+\sqrt{(mg)^2+2kmgh}}{k}$
④ $\frac{mg+\sqrt{(mg)^2+kmgh}}{k}$

해설

i) 바닥에 닿았을 때 스프링 힘이 하는 일은 최대변형량이 x_{max}이므로

$U_{1\to 2}=\frac{1}{2}k{x_{max}}^2$

ii) h만큼 자유낙하한 다음, 스프링처짐이 x_{max}만큼 일어나므로 전체높이는 $(h+x_{max})$이고,

위치에너지 $V_g=W(h+x_{max})$

iii) $U_{1\to 2}=V_g$에서

$\frac{1}{2}k{x_{max}}^2=W(h+x_{max})=mg(h+x_{max})$

$\frac{1}{2}k{x_{max}}^2-mgx_{max}-mgh=0$

양변에 2를 곱하면

$k{x_{max}}^2-2mgx_{max}-2mgh=0$

2차 방정식이므로 근의 공식(짝수공식, $2b'=-2mg$ → $b'=-mg$)을 이용해 x_{max}를 구하면

근의 공식 : $\frac{-b'\pm\sqrt{b'^2-ac}}{a}$

$x_{max}=\frac{-(-mg)\pm\sqrt{(-mg)^2-k(-2mgh)}}{k}$

$=\frac{mg\pm\sqrt{(mg)^2+2kmgh}}{k}$

$\therefore\ x_{max}=\frac{mg+\sqrt{(mg)^2+2kmgh}}{k}$

[근호 앞 부호(+)]

60 무게가 5.3kN인 자동차가 시속 80km로 달릴 때 선형운동량의 크기는 약 몇 N · s인가?

① 4,240 ② 8,480
③ 12,010 ④ 16,020

정답 58 ④ 59 ③ 60 ③

해설

선형운동량

$$mV = \frac{WV}{g} = \frac{5.3\times10^3}{9.8}\times\frac{80\times10^3}{3,600} = 12,018.14\text{N}\cdot\text{s}$$

4과목 열 · 유체 해석

61 증기를 가역 단열과정을 거쳐 팽창시키면 증기의 엔트로피는?

① 증가한다.
② 감소한다.
③ 변하지 않는다.
④ 경우에 따라 증가도 하고, 감소도 한다.

해설

단열과정 $\delta q = 0$에서

엔트로피 변화량 $ds = \frac{\delta q}{T} \rightarrow ds = 0(s = c)$

62 온도가 127℃, 압력이 0.5MPa, 비체적이 0.4m³/kg인 이상기체가 같은 압력하에서 비체적이 0.3m³/kg으로 되었다면 온도는 약 몇 ℃가 되는가?

① 16 ② 27
③ 96 ④ 300

해설

정압과정 $p = c$이므로 $\frac{v}{T} = c$에서 $\frac{v_1}{T_1} = \frac{v_2}{T_2}$

$$\therefore\ T_2 = T_1\left(\frac{v_2}{v_1}\right)$$

$$= (127+273)\times\frac{0.3}{0.4} = 300\text{K}$$

$T_2 = 300 - 273 = 27$℃

63 계가 정적과정으로 상태 1에서 상태 2로 변화할 때 단순압축성 계에 대한 열역학 제1법칙을 바르게 설명한 것은?(단, U, Q, W는 각각 내부에너지, 열량, 일량이다.)

① $U_1 - U_2 = Q_{12}$ ② $U_2 - U_1 = W_{12}$
③ $U_1 - U_2 = W_{12}$ ④ $U_2 - U_1 = Q_{12}$

해설

$\delta Q - \delta W = dU$에서

정적과정 $V = C$이므로

$\delta W = P\cancelto{0}{dV} \Rightarrow {}_1W_2 = 0$

$\therefore\ U_2 - U_1 = {}_1Q_2$

64 과열증기를 냉각시켰더니 포화영역 안으로 들어와서 비체적이 0.2327m³/kg이 되었다. 이때 포화액과 포화증기의 비체적이 각각 1.079×10^{-3}m³/kg, 0.5243m³/kg이라면 건도는 얼마인가?

① 0.964 ② 0.772
③ 0.653 ④ 0.443

해설

건도가 x인 습증기의 비체적 v_x

$= v_f + xv_{fg} = v_f + x(v_g - v_f)$

$$\therefore\ x = \frac{v_x - v_f}{v_g - v_f} = \frac{0.2327 - 1.079\times10^{-3}}{0.5243 - 1.079\times10^{-3}} = 0.4427$$

65 수소(H_2)가 이상기체라면 절대압력 1MPa, 온도 100℃에서의 비체적은 약 몇 m³/kg인가?[단, 일반기체상수는 8.3145kJ/(kmol · K)이다.]

① 0.781 ② 1.26
③ 1.55 ④ 3.46

정답 61 ③ 62 ② 63 ④ 64 ④ 65 ③

해설

$pv = RT$와 $MR = \overline{R}$에서

$$v = \frac{RT}{p} = \frac{8.3145\,T}{Mp} \quad (\text{여기서, 수소의 } M=2)$$
$$= \frac{8.3145 \times (100+273)}{2 \times 1 \times 10^3} = 1.55\text{m}^3/\text{kg}$$

66 이상적인 카르노 사이클의 열기관이 500℃인 열원으로부터 500kJ을 받고, 25℃에 열을 방출한다. 이 사이클의 일(W)과 효율(η_{th})은 얼마인가?

① W=307.2kJ, η_{th} =0.6143
② W=307.2kJ, η_{th} =0.5748
③ W=250.3kJ, η_{th} =0.6143
④ W=250.3kJ, η_{th} =0.5748

해설

카르노 사이클의 열효율은 온도만의 함수이다.

$T_H = 500+273 = 773\text{K}$, $T_L = 25+273 = 298\text{K}$

$$\eta_{th} = 1 - \frac{T_L}{T_H} = 1 - \frac{298}{773} = 0.6145$$

$\eta_{th} = \dfrac{W}{Q_H}$이므로

$W = \eta_{th} \times Q_H = 0.6145 \times 500\text{kJ} = 307.25\text{kJ}$

67 증기동력 사이클의 종류 중 재열사이클의 목적으로 가장 거리가 먼 것은?

① 터빈 출구의 습도가 증가하여 터빈 날개를 보호한다.
② 이론 열효율이 증가한다.
③ 수명이 연장된다.
④ 터빈 출구의 질(Quality)을 향상시킨다.

해설

재열사이클은 열효율을 향상시키고 터빈 출구의 건도(질)를 증가시켜 터빈 날개의 부식을 방지할 수 있다.

68 계가 비가역 사이클을 이룰 때 클라우지우스(Clausius)의 적분을 옳게 나타낸 것은?(단, T는 온도, Q는 열량이다.)

① $\oint \frac{\delta Q}{T} < 0$　② $\oint \frac{\delta Q}{T} > 0$
③ $\oint \frac{\delta Q}{T} \ge 0$　④ $\oint \frac{\delta Q}{T} \le 0$

해설

$\oint \frac{\delta Q}{T} < 0$: 비가역, $\oint \frac{\delta Q}{T} = 0$: 가역

69 비열비가 1.29, 분자량이 44인 이상기체의 정압비열은 약 몇 kJ/(kg · K)인가?[단, 일반기체상수는 8.314kJ/(kmol · K)이다.]

① 0.51　② 0.69
③ 0.84　④ 0.91

해설

$MR = \overline{R}$에서

기체상수 $R = \dfrac{\overline{R}}{M} = \dfrac{8.314}{44} = 0.189\text{kJ/kg} \cdot \text{K}$

$k = \dfrac{C_p}{C_v}$와 $C_p - C_v = R$에서

$$C_p = \frac{kR}{k-1} = \frac{1.29 \times 0.189}{1.29-1} = 0.84\text{kJ/kg} \cdot \text{K}$$

70 어떤 냉동기에서 0℃의 물로 0℃의 얼음 2ton을 만드는 데 180MJ의 일이 소요된다면 이 냉동기의 성적계수는?(단, 물의 융해열은 334kJ/kg이다.)

① 2.05　② 2.32
③ 2.65　④ 3.71

해설

$$\varepsilon_R = \frac{Q_L}{W_C} = \frac{334 \times 10^3 \frac{\text{J}}{\text{kg}} \times 2{,}000\text{kg}}{180 \times 10^6\text{J}} = 3.71$$

정답　66 ①　67 ①　68 ①　69 ③　70 ④

71 어떤 물체가 대기 중에서 무게는 6N이고 수중에서 무게는 1.1N이었다. 이 물체의 비중은 약 얼마인가?

① 1.1　　② 1.2
③ 2.4　　④ 5.5

해설

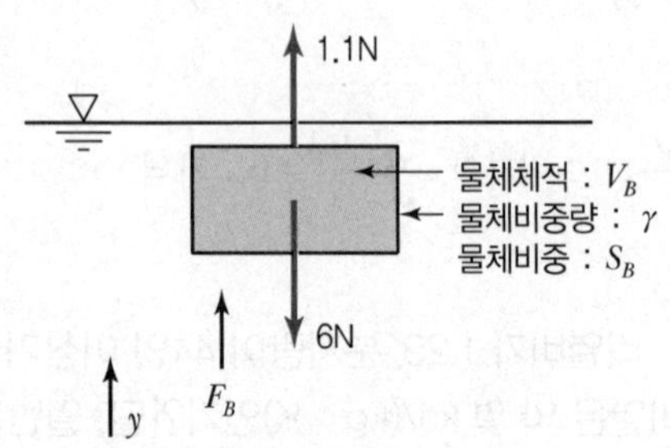

$\Sigma F_y = 0 : F_B + 1.1 - 6 = 0$

$\therefore F_B = 4.9N$

부력은 물체에 의해 배제된 유체 무게

$F_B = \gamma_w V_B = 4.9\text{N}$

$9{,}800 \times V_B = 4.9$

$\therefore V_B = 0.0005\text{m}^3$

물체무게 $= 6\text{N} = \gamma_B V_B = s_B \gamma_w V_B$

$$\therefore s_B = \frac{6}{\gamma_w V_B} = \frac{6}{9{,}800 \times 0.0005} = 1.22$$

72 $(x,\ y)$ 좌표계의 비회전 2차원 유동장에서 속도퍼텐셜(Potential) ϕ는 $\phi = 2x^2 y$로 주어졌다. 이때 점 (3, 2)인 곳에서 속도벡터는?(단, 속도퍼텐셜 ϕ는 $\vec{V} \equiv \nabla\phi = grad\phi$로 정의된다.)

① $24\vec{i} + 18\vec{j}$　　② $-24\vec{i} + 18\vec{j}$
③ $12\vec{i} + 9\vec{j}$　　④ $-12\vec{i} + 9\vec{j}$

해설

$\vec{V} = \nabla\phi = \frac{\partial\phi}{\partial x}\vec{i} + \frac{\partial\phi}{\partial y}\vec{j} = 4xy\vec{i} + 2x^2\vec{j}$ ← (3, 2) 대입

$= (4 \times 3 \times 2)\vec{i} + (2 \times 3^2)\vec{j} = 24\vec{i} + 18\vec{j}$

73 유동장에 미치는 힘 가운데 유체의 압축성에 의한 힘만이 중요할 때에 적용할 수 있는 무차원수로 옳은 것은?

① 오일러수　　② 레이놀즈수
③ 프루드수　　④ 마하수

해설

마하수는 압축성 효과의 특징을 기술하는 데 중요한 무차원수이다.

74 수평으로 놓인 지름 10cm, 길이 200m인 파이프에 완전히 열린 글로브 밸브가 설치되어 있고, 흐르는 물의 평균속도는 2m/s이다. 파이프의 관 마찰계수가 0.02이고, 전체 수두손실이 10m이면, 글로브 밸브의 손실계수는 약 얼마인가?

① 0.4　　② 1.8
③ 5.8　　④ 9.0

해설

전체 수두손실은 긴 관에서 손실수두와 글로브 밸브에 의한 부차적 손실수두의 합이다.

$$\Delta H_l = h_l + K \cdot \frac{V^2}{2g}$$

$$= f \cdot \frac{L}{d} \cdot \frac{V^2}{2g} + K \cdot \frac{V^2}{2g}$$

부차적 손실계수

$$K = \frac{2g}{V^2}\left(\Delta H_l - f \cdot \frac{L}{d} \cdot \frac{V^2}{2g}\right)$$

$$= \frac{2g}{V^2} \times \Delta H_l - f \cdot \frac{L}{d}$$

$$= \frac{2 \times 9.8}{2^2} \times 10 - 0.02 \times \frac{200}{0.1} = 9$$

정답 71 ② 72 ① 73 ④ 74 ④

75 지름 $D_1 = 30\text{cm}$의 원형 물제트가 대기압 상태에서 V의 속도로 중앙부분에 구멍이 뚫린 고정 원판에 충돌하여, 원판 뒤로 지름 $D_2 = 10\text{cm}$의 원형 물제트가 같은 속도로 흘러나가고 있다. 이 원판이 받는 힘이 100N이라면 물제트의 속도 V는 약 몇 m/s인가?

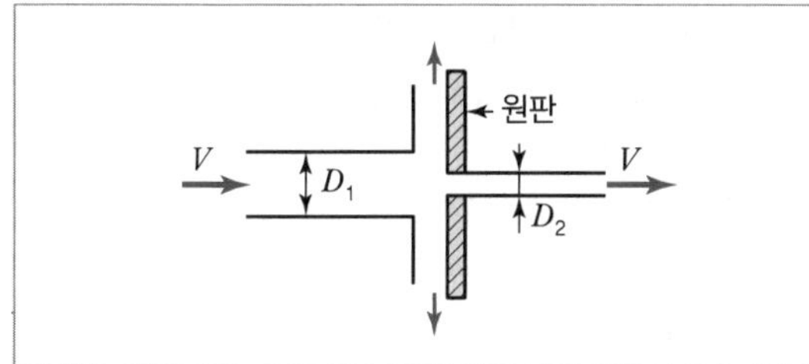

① 0.95　　② 1.26
③ 1.59　　④ 2.35

해설

검사면에 작용하는 힘들의 합은 검사체적 안의 운동량 변화량과 같다.

$\therefore f_x = \rho Q_r \cdot V$ (여기서, Q_r : 실제평판에 부딪히는 유량)

$= 1,000 \times 0.063\, V \times V$

$\Rightarrow V = \sqrt{\dfrac{f_x}{1,000 \times 0.063}} = \sqrt{\dfrac{100}{63}} = 1.26\text{m/s}$

76 동점성계수가 $1 \times 10^{-4}\text{m}^2/\text{s}$인 기름이 안지름 50mm의 관을 3m/s의 속도로 흐를 때 관의 마찰계수는?

① 0.015　　② 0.027
③ 0.043　　④ 0.061

해설

$$Re = \frac{\rho \cdot V \cdot d}{\mu} = \frac{V \cdot d}{\nu} = \frac{3 \times 0.05}{1 \times 10^{-4}} = 1,500$$

$R_e < 2,100$ 이하이므로 기름의 흐름은 층류이다.

층류에서 관마찰계수 f

$$= \frac{64}{Re} = \frac{64}{1,500} = 0.0427$$

77 지름 4m의 원형수문이 수면과 수직방향이고 그 최상단이 수면에서 3.5m만큼 잠겨 있을 때 수문에 작용하는 힘 F와, 수면으로부터 힘의 작용점까지의 거리 x는 각각 얼마인가?

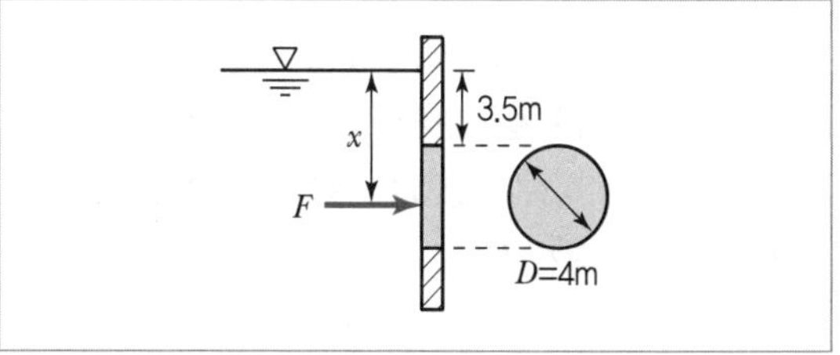

① 638kN, 5.68m　　② 677kN, 5.68m
③ 638kN, 5.57m　　④ 677kN, 5.57m

해설

원형수문의 도심까지 깊이 $\bar{h} = (3.5 + 2)\text{m}$

전압력 $F = \gamma \bar{h} \cdot A = 9,800 \times (5.5) \times \dfrac{\pi \times 4^2}{4}$

$= 677,327.4\text{N} = 677.3\text{kN}$

전압력 중심 $y_p = x = \bar{h} + \dfrac{I_G}{A\bar{h}}$

$$= 5.5 + \frac{\frac{\pi \times 4^4}{64}}{\frac{\pi \times 4^2}{4} \times 5.5}$$

$= 5.68\text{m}$

78 2차원 직각좌표계 (x, y)상에서 x 방향의 속도 $u = 1$, y 방향의 속도 $v = 2x$ 인 어떤 정상상태의 이상유체에 대한 유동장이 있다. 다음 중 같은 유선상에 있는 점을 모두 고르면?

ㄱ. (1, 1)　　ㄴ. (1, −1)　　ㄷ. (−1, 1)

① ㄱ, ㄴ　　② ㄴ, ㄷ
③ ㄱ, ㄷ　　④ ㄱ, ㄴ, ㄷ

정답　75 ②　76 ③　77 ②　78 ③

해설

유선의 방정식 $\frac{u}{dx}=\frac{v}{dy}$ 에서

$y=x^2$을 만족하는 점이므로 (1, 1), (−1, 1)이다.

79 안지름 1cm의 원관 내를 유동하는 0℃ 물의 층류 임계 레이놀즈수가 2,100일 때 임계속도는 약 몇 cm/s인가?(단, 0℃ 물의 동점성계수는 0.01787cm²/s이다.)

① 37.5 ② 375
③ 75.1 ④ 751

해설

$$Re=\frac{\rho\cdot V\cdot d}{\mu}=\frac{V\cdot d}{\nu}=2,100(\text{임계 레이놀즈수})$$

$$V=\frac{2,100\nu}{d}=\frac{2,100\times 0.01787(\mathrm{cm^2/s})}{1\mathrm{cm}}=37.53\mathrm{cm/s}$$

80 그림과 같은 탱크에서 A점에 표준대기압이 작용하고 있을 때, B점의 절대압력은 약 몇 kPa인가?(단, A점과 B점의 수직거리는 2.5m이고 기름의 비중은 0.92이다.)

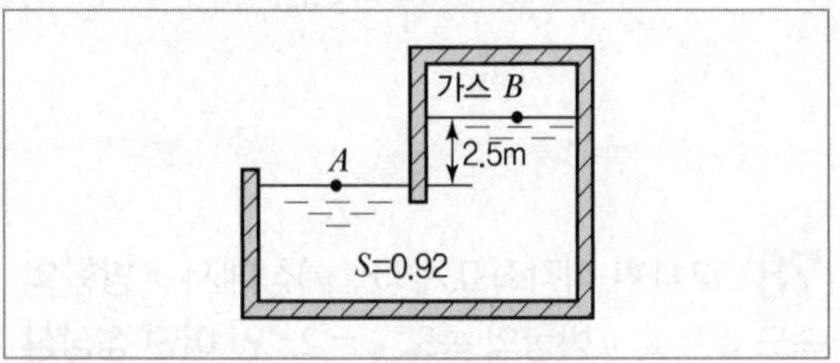

① 78.8 ② 788
③ 179.8 ④ 1,798

해설

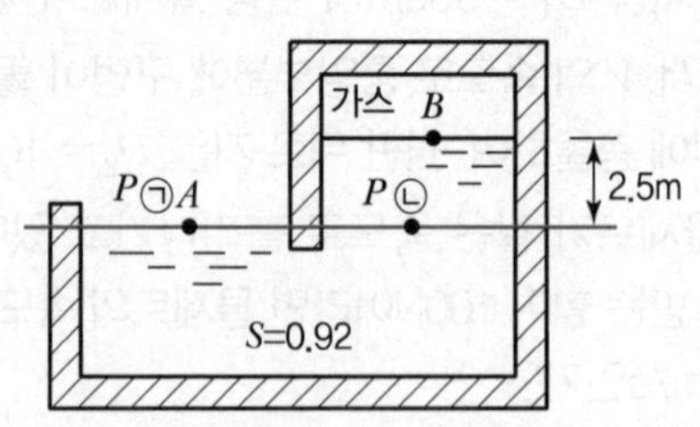

$P_㉠=1\,\mathrm{atm}$(표준대기압 $=1.01325\,\mathrm{bar}=101,325\,\mathrm{Pa}$)

$P_㉡=P_B+\gamma_x\times h=P_B+S_x\gamma_w\times h$

등압면이므로 $P_㉠=P_㉡$

$101,325=P_B+S_{oil}\gamma_w\times h$

$\therefore\ P_B=101,325-S_{oil}\gamma_w\times h$

$=101,325-0.92\times 9,800\times 2.5$

$=78,785\mathrm{Pa}$

$=78.8\mathrm{kPa}$

정답 79 ① 80 ①

제11회 CBT 실전 모의고사

1과목 기계제도 및 설계

01 그림과 같은 제3각 정투상도의 입체도로 가장 적합한 것은?

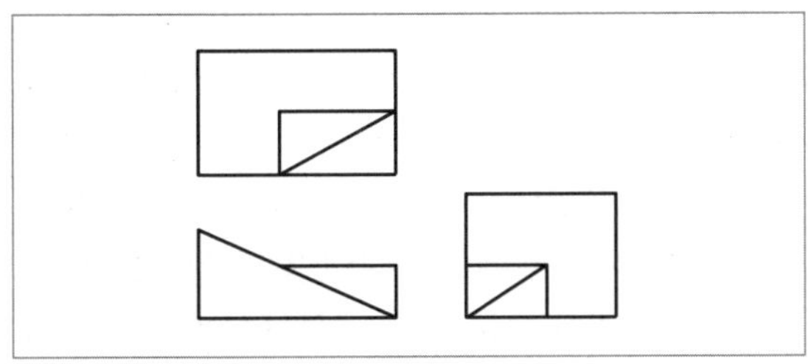

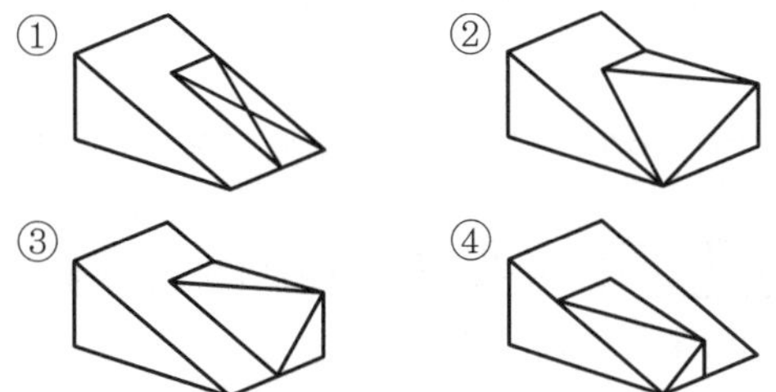

해설

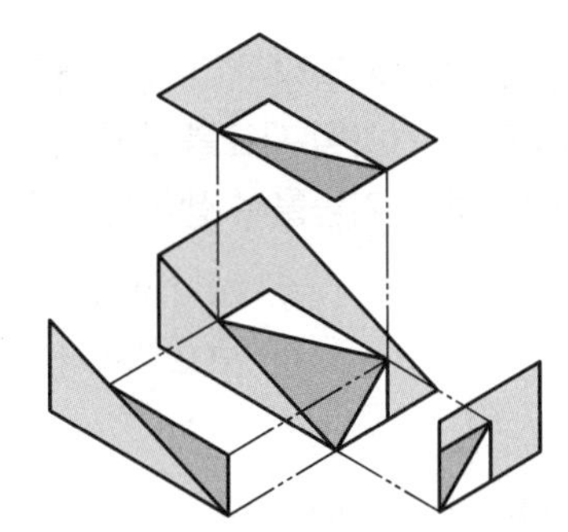

02 2개의 입체가 서로 만날 경우 두 입체 표면에 만나는 선이 생기는데 이 선을 무엇이라고 하는가?

① 분할선 ② 입체선
③ 직립선 ④ 상관선

해설

상관선
2개의 입체가 서로 만날 경우 두 입체 표면에서 만나는 경계선을 말한다.

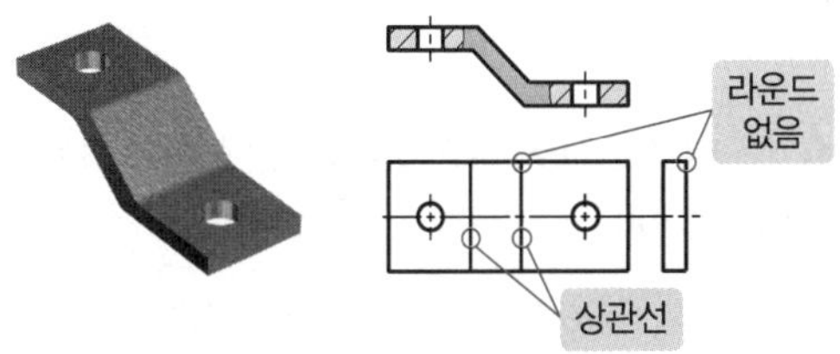

| 라운드 없는 구부러진 물체 |

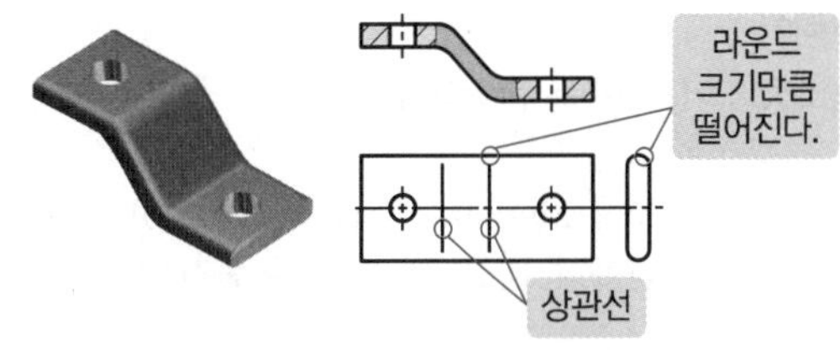

| 라운드 있는 구부러진 물체 |

03 V－블록을 3각법으로 정투상한 그림과 같은 도면에서 "A" 부분의 치수는?

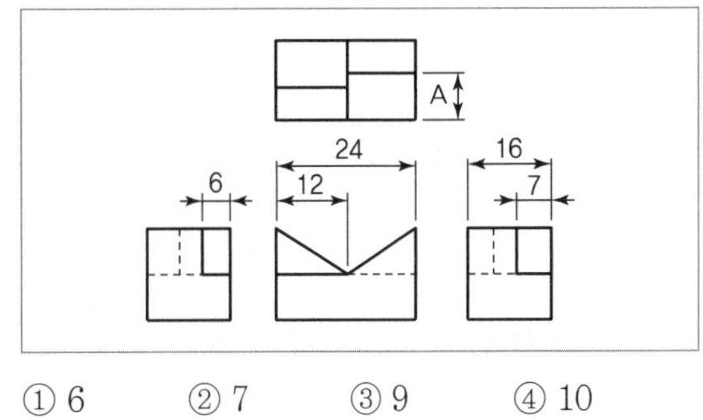

① 6 ② 7 ③ 9 ④ 10

정답 01 ④ 02 ④ 03 ③

해설

"A" 부분의 치수는 아래 입체도에서 표시된 부분의 치수이므로 "A" 부분의 치수=16−7=9이다.

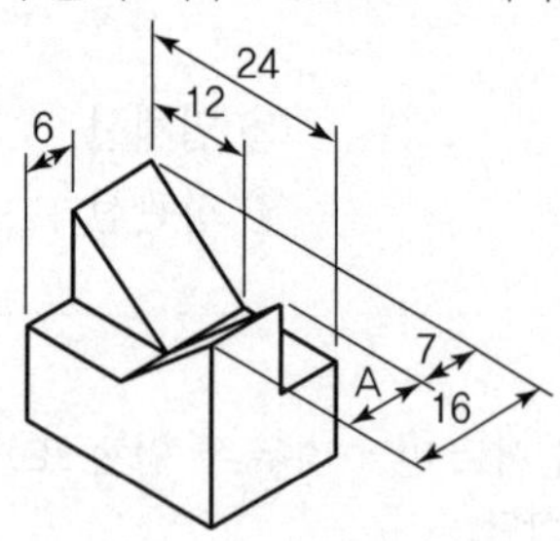

04 SM20C의 재료기호에서 탄소함유량은 몇 % 정도인가?

① 0.18~0.23%　② 0.2~0.3%
③ 2.0~3.0%　④ 18~23%

해설

SM20C : 기계구조용 탄소강재
- S : 강철(Steel)
- M : 기계구조용(Machine Structure Use)
- 20C : 탄소함유량 0.18~0.23%의 중간값

05 다음 중 무하중 상태로 그려지는 스프링이 아닌 것은?

① 접시 스프링　② 겹판 스프링
③ 벌류트 스프링　④ 스파이럴 스프링

해설

겹판 스프링은 일반적으로 스프링 판이 수평인 상태(힘을 받고 있는 상태)에서 그리고, 무하중일 때의 모양은 2점쇄선으로 표시한다.

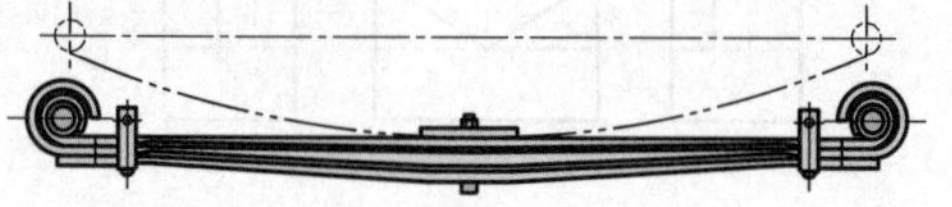

06 다음과 같이 치수가 도시되었을 경우 그 의미로 옳은 것은?

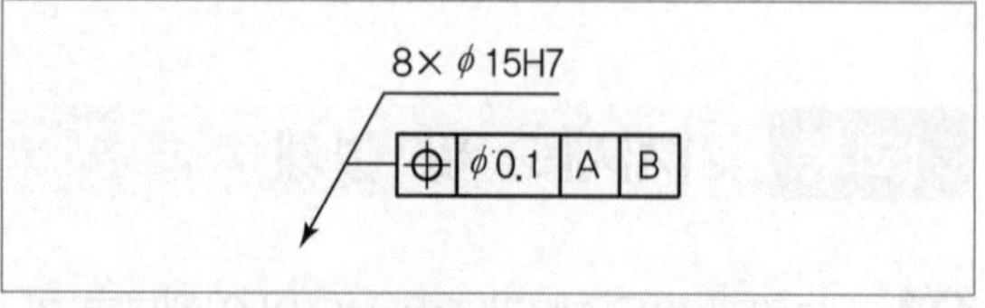

① 8개의 축이 ϕ15에 공차등급이 H7이며, 원통도가 데이텀 A, B에 대하여 ϕ0.1을 만족해야 한다.
② 8개의 구멍이 ϕ15에 공차등급이 H7이며, 원통도가 데이텀 A, B에 대하여 ϕ0.1을 만족해야 한다.
③ 8개의 축이 ϕ15에 공차등급이 H7이며, 위치도가 데이텀 A, B에 대하여 ϕ0.1을 만족해야 한다.
④ 8개의 구멍이 ϕ15에 공차등급이 H7이며, 위치도가 데이텀 A, B에 대하여 ϕ0.1을 만족해야 한다.

해설

- 8×ϕ15H7 : 8개의 구멍이 ϕ15이고, 공차등급이 H7이다.
- | ⌖ | ϕ0.1 | A | B | : 위치도(⌖)가 데이텀 A, B에 대하여 ϕ0.1을 만족해야 한다.

07 다음 중 중앙처리장치(CPU)와 메인 메모리(RAM) 사이에서 처리될 자료를 효율적으로 이송할 수 있도록 하는 기능을 수행하는 것은?

① BIOS　② 캐시 메모리
③ CISC　④ 코프로세서

해설

캐시기억장치(Cache Memory)

보조기억장치이며 중앙처리장치(CPU)와 주기억장치 사이에서 원활한 정보의 교환을 위하여 주기억장치의 정보를 일시적으로 저장하는 장치로, CPU와 주기억장치 간의 데이터 접근 속도 차이를 극복하기 위해 사용한다.

정답　04 ①　05 ②　06 ④　07 ②

08 볼트에 가해지는 충격하중에 대하여 충격에너지 흡수 능력을 크게 하고자 할 때 다음 중 가장 적합한 방법은?

① 볼트의 길이를 길게 하고, 볼트의 단면적도 크게 한다.
② 볼트의 길이를 길게 하고, 볼트의 단면적은 작게 한다.
③ 볼트의 길이를 짧게 하고, 볼트의 단면적은 크게 한다.
④ 볼트의 길이를 짧게 하고, 볼트의 단면적도 작게 한다.

해설

충격에너지(탄성변형에너지) $U=\frac{1}{2}P\lambda=\frac{P^2l}{2AE}$ 이므로 볼트의 길이(l)가 길수록, 단면적(A)이 작을수록 볼트의 탄성변형에너지로 많이 흡수되어 충격하중에 강한 볼트가 된다.

09 코터 이음에서 축방향으로 인장력이 4kN 작용할 때 코터의 전단응력은 몇 MPa인가?(단, 코터의 폭 b=100mm, 두께 t=20mm이다.)

① 1 ② 2 ③ 3 ④ 4

해설

코터의 전단응력 τ

$$=\frac{P}{2bt}=\frac{4,000}{2\times100\times20}=1.0\text{N/mm}^2=1\text{MPa}$$

10 그림과 같은 1줄 겹치기 리벳이음에서 강판의 두께 20mm, 리벳지름이 22mm, 리벳구멍지름이 22.1mm, 피치 80mm, 1피치마다 1.5kN의 하중이 작용할 때 강판의 효율은 약 얼마인가?

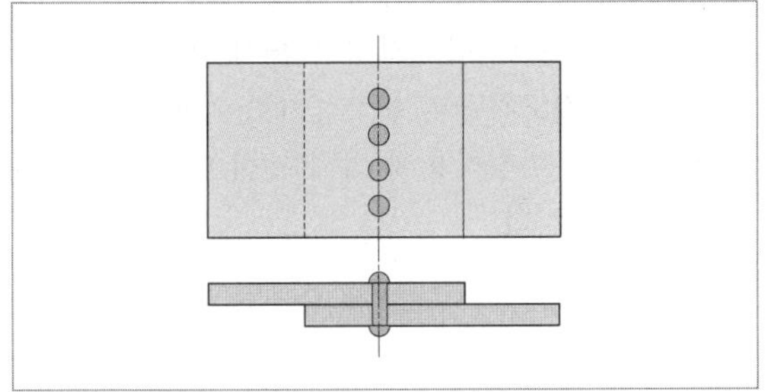

① 60.38% ② 64.38%
③ 68.38% ④ 72.38%

해설

$$\eta_t=1-\frac{d'}{p}$$
$$=1-\frac{22.1}{80}=0.7238=72.38\%$$

11 접촉면의 안지름 120mm, 바깥지름 200mm의 단판클러치에서 접촉면 압력 0.03N/mm², 마찰계수를 0.2로 할 때 1,250rpm으로 몇 kW를 전달할 수 있는가?

① 0.86 ② 1.26
③ 1.56 ④ 1.86

해설

$$T=F_f(\text{마찰력})\times\frac{D_m}{2}$$
$$\left(D_m=\frac{D_1+D_2}{2}=160\text{mm},\ b=\frac{D_2-D_1}{2}=40\text{mm}\right)$$
$$=\mu N\times\frac{D_m}{2}=\mu\cdot q\cdot\pi D_m b\times\frac{D_m}{2}$$
$$=0.2\times0.03\times\pi\times160\times40\times\frac{160}{2}$$
$$=9,650.97\text{N}\cdot\text{mm}$$
$$H=T\cdot\omega=9,650.97\times\frac{2\times\pi\times1,250}{60}$$
$$=1,263,309.02\text{N}\cdot\text{mm/s}$$
$$=1,263.31\text{N}\cdot\text{m/s}=1.26\text{kW}$$

정답 08 ② 09 ① 10 ④ 11 ②

12 원동차의 지름이 300mm, 종동차의 지름이 450mm, 폭이 75mm인 외접 원통마찰차가 있다. 원동차가 300rpm으로 회전할 때 최대 전달 동력은 약 몇 kW인가?(단, 접촉부의 허용 압력은 20N/mm, 마찰계수는 0.217이다.)

① 1.41　　② 1.53
③ 1.68　　④ 1.89

해설

$f=\dfrac{N(\text{수직력})}{b(\text{접촉길이})}$ 에서

수직력 $N=fb=20\times75=1{,}500\text{N}$

$H=\mu NV$

$=0.217\times1{,}500\times\dfrac{\pi\times300\times300}{60{,}000}=1{,}533.8\text{W}$

$=1.53\text{kW}$

13 표준 스퍼기어의 잇수 48, 바깥지름이 200[mm]일 때, 이 기어의 원주피치는 몇[mm]인가?

① 약 18.68　　② 약 9.67
③ 약 12.57　　④ 약 15.78

해설

바깥지름은 이끝원 지름이므로

$D_0=D+2a=mz+2a=m(z+2)$

$m=\dfrac{D_o}{z+2}=\dfrac{200}{50}=4\text{mm}$

$\therefore p=\pi m=\pi\times4=12.57\text{mm}$

14 그림과 같은 블록 브레이크가 제동할 수 있는 토크는 약 몇 N · m인가?[단, a는 500mm, b는 100mm, D는 200mm이며, 레버를 누르는 힘(P)는 250N, 접촉부 마찰계수는 0.2이다.]

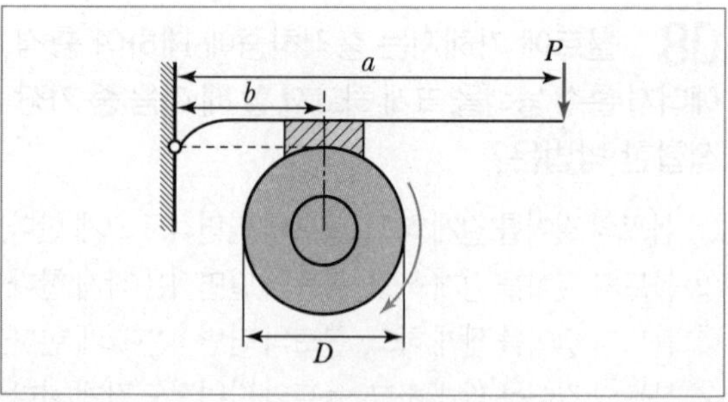

① 500　　② 250
③ 100　　④ 25

해설

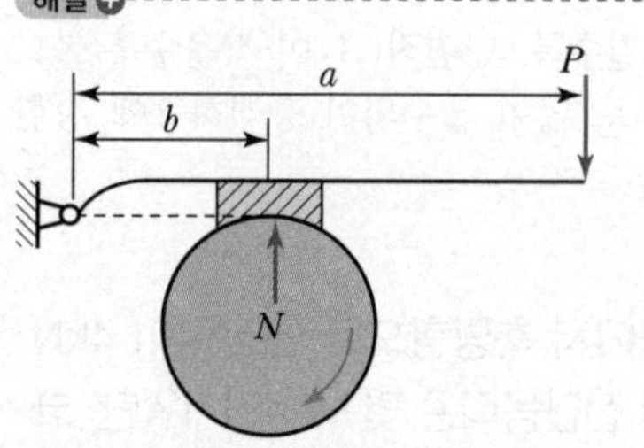

$\Sigma M_O=0$ 에서 $Pa-Nb=0$

[마찰력(μN)에 대한 모먼트는 없다.]

$\therefore N=\dfrac{Pa}{b}=\dfrac{250\times500}{100}=1{,}250\text{N}$

제동토크 $T=F_f\dfrac{D}{2}=\mu N\times\dfrac{D}{2}$

$=0.2\times1{,}250\times\dfrac{0.2}{2}=25\text{N}\cdot\text{m}$

15 겹판 스프링의 일반적인 특징에 관한 설명으로 틀린 것은?

① 판 사이의 마찰에 의해 진동을 감쇠한다.
② 내구성이 좋고, 유지보수가 용이하다.
③ 트럭 및 철도차량의 현가장치로 이용된다.
④ 판 사이의 마찰작용에 의해 특히 미소진동의 흡수에 유리하다.

정답　12 ②　13 ③　14 ④　15 ④

16 그림과 같은 전환 밸브의 포트 수와 위치에 대한 명칭으로 옳은 것은?

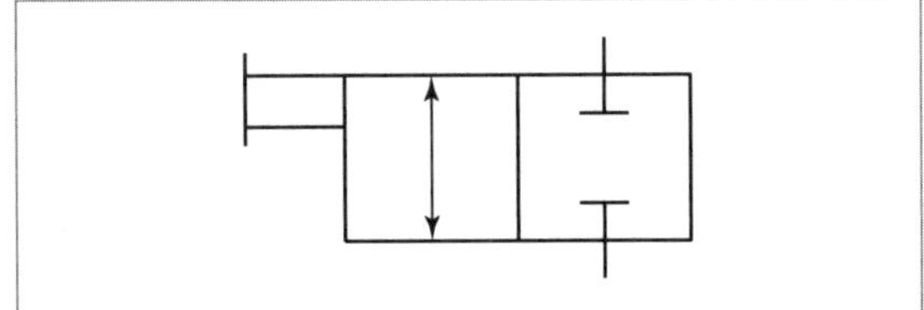

① 2/2－way 밸브 ② 2/4－way 밸브
③ 4/2－way 밸브 ④ 4/4－way 밸브

해설

- 포트 수(사각형 밖의 직선 개수) : 2개
- 위치 수(사각형 개수) : 2개

17 유압장치의 각 구성요소에 대한 기능의 설명으로 적절하지 않은 것은?

① 오일 탱크는 유압 작동유의 저장기능, 유압 부품의 설치 공간을 제공한다.
② 유압제어밸브에는 압력제어밸브, 유량제어밸브, 방향제어밸브 등이 있다.
③ 유압 작동체(유압 구동기)는 유압장치 내에서 요구된 일을 하며 유체동력을 기계적 동력으로 바꾸는 역할을 한다.
④ 유압 작동체(유압 구동기)에는 고무호스, 이음쇠, 필터, 열교환기 등이 있다.

해설

④ 유압 작동체에는 유압실린더와 유압모터가 있다.

18 유압펌프에서 실제 토출량과 이론 토출량의 비를 나타내는 용어는?

① 펌프의 토크 효율 ② 펌프의 전 효율
③ 펌프의 입력 효율 ④ 펌프의 용적 효율

해설

펌프의 용적 효율(체적효율)

$$\eta_v = \frac{Q_a}{Q_{th}}$$

여기서, Q_a : 실제 토출량, Q_{th} : 이론 토출량

19 속도제어회로의 종류가 아닌 것은?

① 미터인회로 ② 미터아웃 회로
③ 로킹 회로 ④ 블리드오프 회로

해설

속도제어회로는 미터인 회로, 미터아웃 회로, 블리드오프 회로가 있다.

20 작동유 속의 불순물을 제거하기 위하여 사용하는 부품은?

① 패킹 ② 스트레이너
③ 어큐뮬레이터 ④ 유체 커플링

해설

불순물 제거 장치(여과기)
스트레이너, 오일필터

2과목 기계재료 및 제작

21 조선 압연판으로 쓰이는 것으로 편석과 불순물이 적은 균질의 강은?

① 림드강 ② 킬드강
③ 캡트강 ④ 세미킬드강

해설

킬드강은 완전탈산강으로 편석과 불순물이 거의 없는 강이다.

정답 16 ① 17 ④ 18 ④ 19 ③ 20 ② 21 ②

22 특수강에서 합금원소의 영향에 대한 설명으로 옳은 것은?

① Ni은 결정입자의 조절
② Si는 인성 증가, 저온 충격 저항 증가
③ V, Ti는 전자기적 특성, 내열성 우수
④ Mn, W은 고온에 있어서의 경도와 인장강도 증가

해설

원소	원소의 특성
Ni	강인성↑, 내식성↑, 담금질성↑, 저온취성 방지, 고가
Mn	강인성↑, 내식성↑, 내마멸성↑, 적열취성↓, 절삭성↑
Cr	강인성↑, 내식성↑, 내마멸성↑, 내열성↑
W	강인성↑, 내식성↑, 내마멸성↑, 내열성↑, 고온강도 · 경도↑, 탄화물로 석출
Mo	텅스텐과 흡사하고 효과는 2배, 질량효과↓, 담금질성↑, 뜨임취성 방지, 고가
V	몰리브덴과 비슷, 경화성 월등, 크롬-텅스텐과 같이 사용
Ti	내식성↑, 탄화물 생성
Co	고온 경도와 인장강도 증가
Si	• 적은 양 : 경도와 인장강도 증가 • 많은 양 : 내식성과 내열성 증가, 전자기적 성질 개선
Cu	대기 중 내산화성↑, 석출경화 발생이 용이
Al	결정립의 미세화로 인성 향상, 표면경화강에 많이 사용, 미량 첨가하여 내후성강에 효과적

23 경도가 매우 큰 담금질한 강에 적당한 강인성을 부여할 목적으로 A_1 변태점 이하의 일정온도로 가열 조작하는 열처리법은?

① 퀜칭(Quenching)
② 템퍼링(Tempering)
③ 노멀라이징(Normalizing)
④ 마퀜칭(Marquenching)

해설

뜨임(Tempering)의 목적

- 강을 담금질 후 취성을 없애기 위해서는 A_1 변태점 이하의 온도에서 뜨임처리를 해야 한다.
- 금속의 내부응력을 제거하고 인성을 개선하기 위한 열처리 방법이다.

24 주철에 대한 설명으로 옳은 것은?

① 주철은 액상일 때 유동성이 좋다.
② 주철은 C와 Si 등이 많을수록 비중이 커진다.
③ 주철은 C와 Si 등이 많을수록 용융점이 높아진다.
④ 흑연이 많을 경우 그 파단면은 백색을 띠며 백주철이라 한다.

해설

㉠ 주철은 액상일 때 유동성이 좋고, C와 Si 등이 많을수록 비중이 작아지며, 용융점도 낮아진다.
㉡ 주철 중 탄소(C)의 형상
- 유리탄소(흑연) : 탄소가 유리탄소(흑연)로 존재하고 그 파단면은 회색을 띠며, 회주철이라 한다.
- 화합탄소(탄화철 : Fe_3C) : 탄소가 화합탄소(Fe_3C)로 존재하고 그 파단면은 백색을 띠며, 백주철이라 한다.

25 다음 금속 중 자기변태점이 가장 높은 것은?

① Fe ② Co
③ Ni ④ Fe_3C

해설

자기변태점

Fe(768℃), Ni(360℃), Co(1,120℃)

26 Fe-C 평형상태도에서 γ 고용체가 시멘타이트를 석출 개시하는 온도선은?

① A_{cm}선 ② A_3선 ③ 공석선 ④ A_2선

정답 22 ④ 23 ② 24 ① 25 ② 26 ①

27 보자력이 작고, 미세한 외부 자기장의 변화에도 크게 자화되는 특징을 가진 연질 자성 재료는?

① 센더스트 ② 알니코자석
③ 페라이트자석 ④ 희토류계 자석

해설

① 센더스트 : 알루미늄 4~8%, 규소 6~11%, 나머지가 철로 조성된 고투자율(高透磁率)의 합금으로, 압분자심 · 자기 헤드재에 쓰인다.
② 알니코자석 : 종류별 각각의 다른 특성을 가지고 있는 영구자석 중 가장 온도에 대한 안정성이 뛰어나며 강력한 내구성을 가지고 있다.
③ 페라이트자석 : 산화철을 주성분으로 한 소결자석으로서, 네오디뮴자석에 비해서는 자력이 약한 편이지만, 온도에 대한 안정성이 뛰어나다.
④ 희토류계 자석 : 네오디뮴자석이 가장 널리 사용되는 희토류계 자석이고, 일반적인 강자성보다도 훨씬 센 자성을 가진다.

28 담금질한 공석강의 냉각곡선에서 시편을 20℃의 물속에 넣었을 때 ㉮와 같은 곡선을 나타낼 때의 조직은?

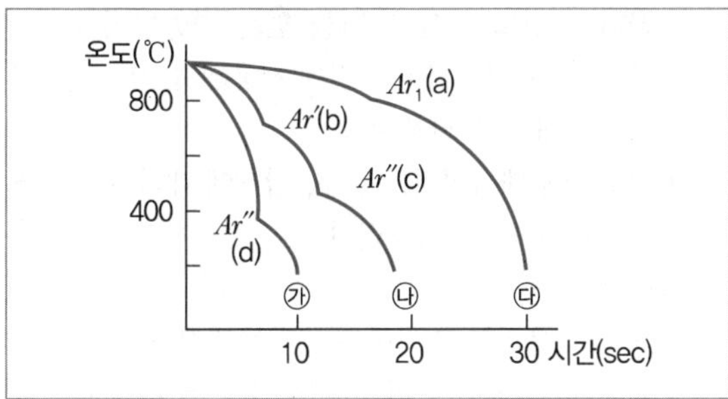

① 펄라이트 ② 오스테나이트
③ 마텐자이트 ④ 베이나이트+펄라이트

해설

냉각속도에 따른 담금질 조직
- ㉮ – 마텐자이트
- ㉯ – 트루스타이트
- ㉰ – 솔바이트

29 현미경 조직검사를 실시하기 위한 철강용 부식제로 옳은 것은?

① 왕수 ② 질산 용액
③ 나이탈 용액 ④ 염화제2철 용액

해설

현미경 조직검사를 위한 부식제
피크린산알코올 용액, 피크릴산나트륨, 질산알코올(나이탈) 용액

30 순철(α – Fe)의 자기변태온도는 약 몇 ℃인가?

① 210℃ ② 768℃
③ 910℃ ④ 1,410℃

31 Taylor의 공구 수명에 관한 실험식에서 세라믹 공구를 사용하고자 할 때 적합한 절삭속도(m/min)는 약 얼마인가?(단, $VT^n = C$에서 n = 0.5, C = 200이고 공구수명은 40분이다.)

① 31.6 ② 32.6
③ 33.6 ④ 35.6

해설

공구 수명식(Tayler' Equation)

$VT^n = C$

여기서, V : 절삭속도(m/min)
T : 공구수명(min)
n : 지수
C : 상수

$$V = \frac{C}{T^n} = \frac{200}{40^{0.5}} = 31.623\text{m/min}$$

정답 27 ① 28 ③ 29 ③ 30 ② 31 ①

32 단조를 위한 재료의 가열법 중 틀린 것은?

① 너무 과열되지 않게 한다.
② 될수록 급격히 가열하여야 한다.
③ 너무 장시간 가열하지 않도록 한다.
④ 재료의 내외부를 균일하게 가열한다.

해설

열간단조 시 온도
- 일반적으로 온도가 높을수록 단조하기가 용이하다.
- 최고 가열온도는 용융되기 시작하는 온도보다도 대략 100℃정도 낮은 온도가 좋다.
- 단조 종료온도는 재결정 온도가 바람직하다.
- 재질이 변하기 쉬우므로 너무 고온으로 장시간 가열하지 말아야 한다.
- 변형될 염려가 있으므로 균일하게 가열한다.

33 용제와 와이어가 분리되어 공급되고 아크가 용제 속에서 발생되므로 불가시 아크 용접이라고 불리는 용접법은?

① 피복 아크 용접
② 탄산가스 아크 용접
③ 가스 텅스텐 아크 용접
④ 서브머지드 아크 용접

해설

① 피복 아크 용접
- 피복 아크 용접봉과 피용접물의 사이에 아크를 발생시켜 그 아크열을 이용하여 용접한다.
- 용접봉이 전극과 용가재 역할을 한다.

② 탄산가스 아크 용접
- 전극으로 용접 와이어를 사용하여 모재와의 사이에서 Arc를 발생시킨다.
- 용접봉이 전극과 용가재 역할을 한다.
- 보호가스로 CO_2 가스를 사용한다.

③ 가스 텅스텐 아크 용접
- 모재와 텅스텐 전극 사이에서 아크를 발생시켜 용접한다.
- 알곤 가스를 보호가스로 사용한다.
- 용가재를 첨가하여 용접한다.
- 전극(텅스텐)이 소모되지 않는다.

④ 서브머지드 아크 용접(잠호용접)
- 용접선의 전방에 분말로 된 용제(Flux)를 미리 살포한다.
- 용제(Flux) 속에서 아크를 발생시켜 용접한다.
- 용제(Flux)는 아크 및 용융금속을 덮어 대기의 침입을 차단함과 동시에 용융금속과 반응하고, 용융금속이 응고할 때에는 비드의 형상을 조정한다.

34 버니싱 가공에 관한 설명으로 틀린 것은?

① 주철만을 가공할 수 있다.
② 작은 지름의 구멍을 매끈하게 마무리할 수 있다.
③ 드릴, 리머 등 전단계의 기계가공에서 생긴 스크래치 등을 제거하는 작업이다.
④ 공작물 지름보다 약간 더 큰 지름의 볼(Ball)을 압입 통과시켜 구멍내면을 가공한다.

해설

㉠ 볼 버니싱
- 필요한 형상을 한 공구로 공작물의 표면을 누르며 이동시켜, 표면에 소성 변형을 일으키게 하여 매끈하고 정도가 높은 면을 얻는 가공법이다.
- 주로 구멍 내면의 다듬질에 사용되며, 연성, 전성이 큰 재료에 사용된다.
- 연질재에 대하여서는 강구, 강재에 대하여서는 초경합금의 구를 사용한다.

㉡ 롤러 버니싱
- 경화된 롤러를 회전하는 공작물에 압착하고 롤러에 이송 운동을 주며, 공작물 표면에 탄성 한도를 초과 압연하여 요철을 감소시켜 다듬질 면을 얻는 것이다.
- 롤러의 직경 및 둥글기 반경이 클 때는 표면과의 접촉 면적이 커져 충분히 소성 변형을 하기 힘들며, 작을 경우에는 표면 변형이 너무 커져 이송에 의한 요철이 남는다.

정답 32 ② 33 ④ 34 ①

35 다음 중 주물의 첫 단계인 모형(Pattern)을 만들 때 고려사항으로 가장 거리가 먼 것은?

① 목형 구배 ② 수축 여유
③ 팽창 여유 ④ 기계가공 여유

해설

목형 제작상 유의사항에는 수축 여유, 가공 여유, 목형 구배(기울기), 코어프린트, 라운딩, 덧붙임 등이 있다.

36 연강을 고속도강 바이트로 세이퍼 가공할 때 바이트의 1분간 왕복횟수는?[단, 절삭속도 = 15m/min이고 공작물의 길이(행정의 길이)는 150mm, 절삭행정의 시간과 바이트 1왕복의 시간과의 비 $k=3/5$이다.]

① 10회 ② 15회
③ 30회 ④ 60회

해설

$$V=\frac{N\cdot l}{1{,}000a}$$

$$N=\frac{1{,}000aV}{l}=\frac{1{,}000\times\frac{3}{5}\times 15}{150}=60\,\text{stroke/min}$$

여기서, V : 절삭속도(m/min)
N : 1분간의 램(바이트)의 왕복횟수(stroke/min)
l : 행정길이(mm)
$a(k)$: 귀환속도비(보통 $a=3/5\sim2/3$)

37 스프링 백(Spring Back)에 대한 설명으로 틀린 것은?

① 경도가 클수록 스프링 백의 변화도 커진다.
② 스프링 백의 양은 가공조건에 의해 영향을 받는다.
③ 같은 두께의 판재에서 굽힘 반지름이 작을수록 스프링 백의 양은 커진다.
④ 같은 두께의 판재에서 굽힘 각도가 작을수록 스프링 백의 양은 커진다.

해설

스프링 백이 커지는 요인
- 경도와 항복점이 높을수록 커진다.
- 같은 판재에서 구부림 반지름이 같을 때는 두께가 얇을수록 커진다.
- 같은 두께의 판재에서는 구부림 반지름이 클수록 크다.
- 같은 두께의 판재에서는 구부림 각도가 작을수록 크다.
- 굽힘반경과 판두께의 비가 클수록 크다.
- 탄성계수가 작을수록 커진다.

38 전해연마의 일반적인 특징에 대한 설명으로 옳은 것은?

① 가공면에는 방향성이 있다.
② 내마멸성, 내부식성이 저하된다.
③ 연마량이 적으므로 깊은 홈이 제거되지 않는다.
④ 복잡한 형상의 공작물, 선 등의 연마가 불가능하다.

해설

전해연마의 특징
- 절삭가공에서 나타나는 힘과 열에 따른 변형이 없다.
- 조직의 변화가 없다.
- 연질금속, 아연, 구리, 알루미늄, 몰리브덴, 니켈 등 형상이 복잡한 공작물과 얇은 재료의 연마도 가능하다.
- 가공한 면은 방향성이 없어 거울과 같이 매끄럽다.
- 내마멸성과 내부식성이 높다.
- 연마량이 적어서 깊은 홈이 제거되지 않는다.
- 주름과 같이 불순물이 많은 것은 광택을 낼 수 없다.
- 가공 모서리가 둥글게 된다.

39 롤러 중심거리 200mm인 사인바로 게이지 블록 42mm를 사용하여 피측정물의 경사면이 정반과 평행을 이루었을 때, 피측정물 구배값은 약 몇 도(°)인가?

① 30 ② 25
③ 21 ④ 12

정답 35 ③ 36 ④ 37 ③ 38 ③ 39 ④

해설

사인바의 원리

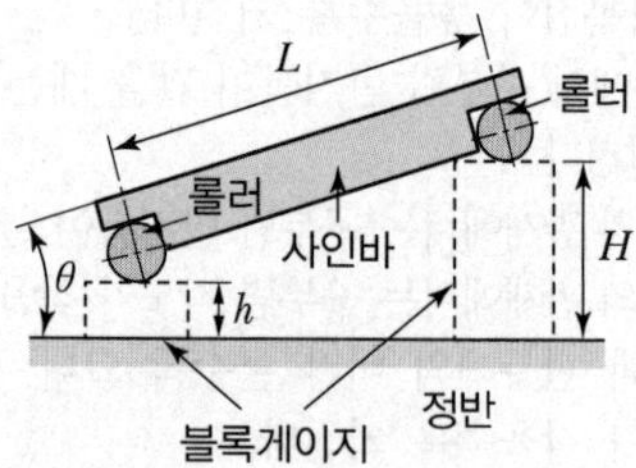

$\sin\theta = \dfrac{H-h}{L}$ 이므로

$\theta = \sin^{-1}\left(\dfrac{H-h}{L}\right) = \sin^{-1}\dfrac{42}{200} ≒ 12.1°$

40 절삭칩의 형태 중에서 가장 이상적인 칩의 형태는?

① 전단형(Shear Type)
② 유동형(Flow Type)
③ 열단형(Tear Type)
④ 경작형(Pluck Off Type)

해설

유동형 칩
재료 내의 소성변형이 연속해서 일어나 균일한 두께의 칩이 흐르는 것처럼 연속하여 나오는 칩을 말한다.

3과목 구조해석

41 그림과 같이 길이 $l = 4$ m의 단순보에 균일 분포하중 w가 작용하고 있으며 보의 최대굽힘응력 $\sigma_{\max} = 85\text{N/cm}^2$일 때 최대전단응력은 약 몇 kPa인가?(단, 보의 단면적은 지름이 11cm인 원형 단면이다.)

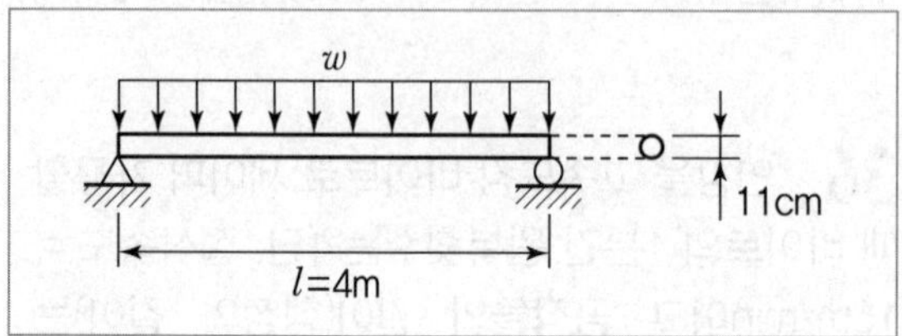

① 1.7 ② 15.6
③ 22.9 ④ 25.5

해설

분포하중 w를 구하기 위해 주어진 조건에서 최대굽힘응력을 이용하면

$$\sigma_b = \frac{M}{Z} \rightarrow \sigma_{\max} = \frac{M_{\max}}{Z} \cdots ⓐ$$

$$\sigma_{\max} = 85\frac{\text{N}}{\text{cm}^2 \times \left(\dfrac{1\text{m}}{100\text{cm}}\right)^2} = 85 \times 10^4\text{Pa}$$

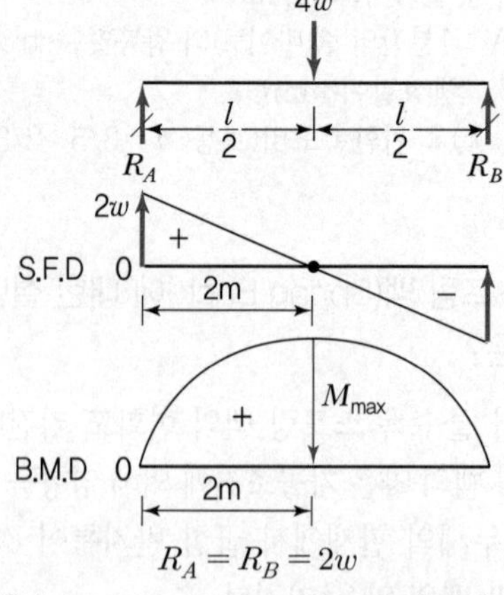

$R_A = R_B = 2w$

$x = 2\text{m}$에서 $M_{\max}$이므로 $M_{\max}$는 2m까지의 S.F.D 면적과 같다.

정답 40 ② 41 ②

$M_{max} = \frac{1}{2} \times 2 \times 2w = 2w$

ⓐ에 값들을 적용하면

$\therefore\ 85 \times 10^4 = \frac{2w}{\frac{\pi}{32}d^3}$

$\rightarrow w = 85 \times 10^4 \times \frac{\pi}{32} \times 0.11^3 \times \frac{1}{2} = 55.54\text{N/m}$

양쪽 지점에서 최대인 보의 최대전단응력

$\tau_{av} = \frac{V_{max}}{A} = \frac{4 \times 2 \times 55.54}{\pi \times 0.11^2} = 11.69\text{kPa}$

$(\because\ V_{max} = 2w = R_A = R_B)$

$\therefore$ 보 속의 최대전단응력

$\tau_{max} = \frac{4}{3}\tau_{av} = \frac{4}{3} \times 11.69 = 15.59\text{kPa}$

※ 일반적으로 시험에서 주어지는 "보의 최대전단응력 = 보 속의 최대전단응력"임을 알고 해석해야 한다. 보의 위아래 방향으로 전단응력이 아닌 보의 길이 방향인 보 속의 중립축 전단응력을 의미한다.

42 그림과 같은 균일단면을 갖는 부정정보가 단순 지지단에서 모멘트 M_0를 받는다. 단순 지지단에서의 반력 R_A는?(단, 굽힘강성 EI는 일정하고, 자중은 무시한다.)

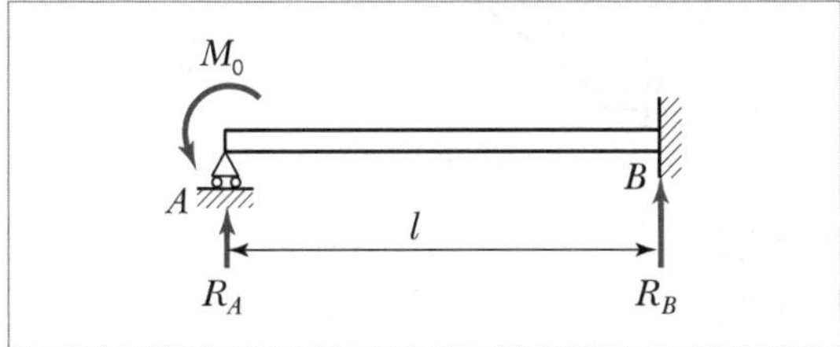

① $\frac{3M_0}{2l}$ ② $\frac{3M_0}{4l}$

③ $\frac{2M_0}{3l}$ ④ $\frac{4M_0}{3l}$

해설

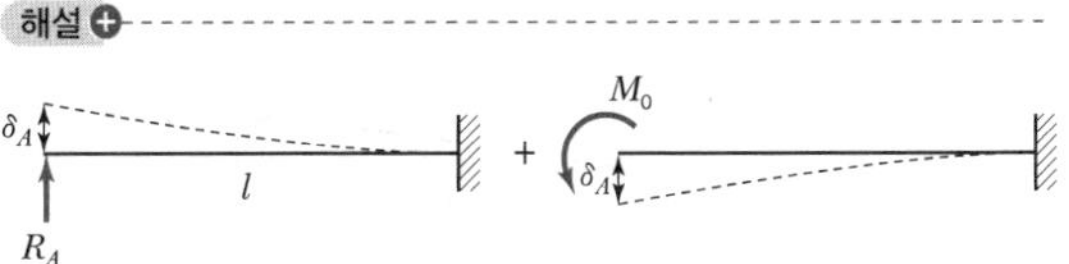

처짐을 고려해 미지반력요소를 해결한다.

A점에서 처짐량이 "0"이므로

$\frac{R_A \cdot l^3}{3EI} = \frac{M_0 l^2}{2EI} \quad \therefore\ R_A = \frac{3M_0}{2l}$

43 폭 $b = 60$mm, 길이 $L = 340$mm의 균일강도 외팔보의 자유단에 집중하중 $P = 3$kN이 작용한다. 허용굽힘응력을 65MPa이라 하면 자유단에서 250mm 되는 지점의 두께 h는 약 몇 mm인가?(단, 보의 단면은 두께가 변하지만 일정한 폭 b를 갖는 직사각형이다.)

① 24 ② 34

③ 44 ④ 54

해설

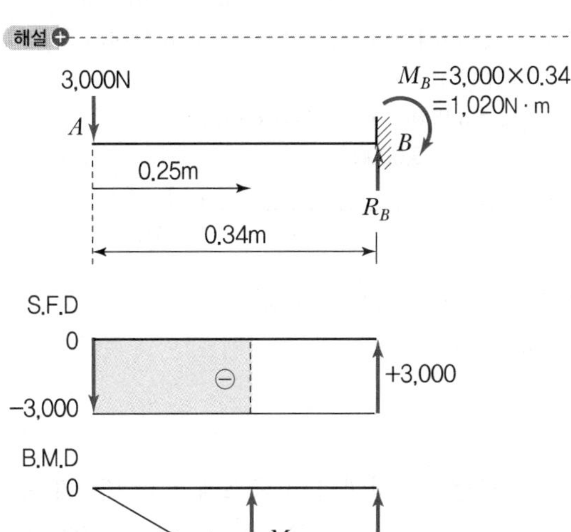

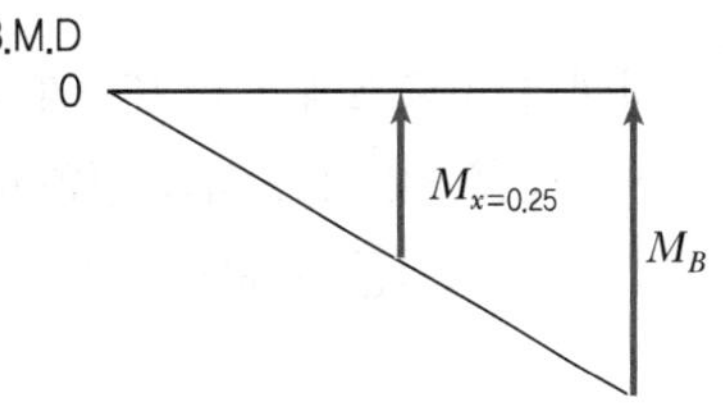

정답 42 ① 43 ②

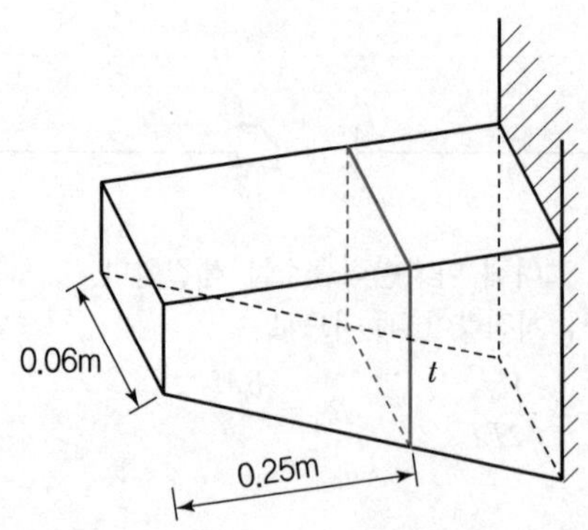

균일강도의 외팔보이므로 보의 전 길이 구간에서 $\sigma_b = c$로 일정하다.

$h = t$

$$\sigma_b = \frac{M_{x=0.25}}{Z} = \frac{M_{x=0.25}}{\frac{bh^2}{6}} = \frac{6 \times M_{x=0.25}}{bt^2}$$

$$t^2 = \frac{6 \times M_{x=0.25}}{b \cdot \sigma_b}$$

$$\therefore\ t = \sqrt{\frac{6 \times M_{x=0.25}}{b \cdot \sigma_b}} = \sqrt{\frac{6 \times 750}{0.06 \times 65 \times 10^6}}$$

$$= 0.03397\text{m} = 33.97\text{mm}$$

$M_{x=0.25}$는 0(자유단 A)부터 $x = 0.25$m까지의 S.F.D 면적과 같으므로

$M_{x=0.25} = 3{,}000 \times 0.25 = 750\text{N} \cdot \text{m}$

또는 F.B.D 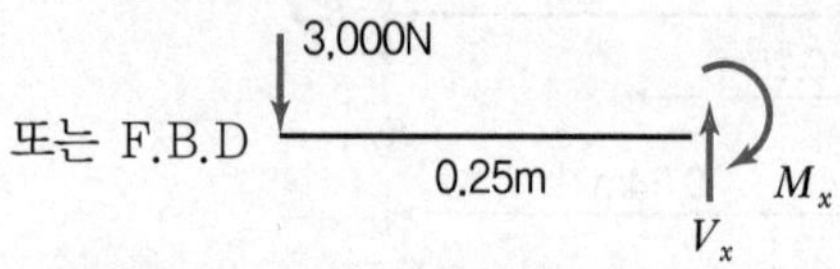

$\sum M_{x\text{지점}} = 0 : -3{,}000 \times 0.25 + M_x = 0$

$\therefore\ M_x = 750\text{N} \cdot \text{m}$

44 평면응력상태의 한 요소에 $\sigma_x = 100$MPa, $\sigma_y = -50$MPa, $\tau_{xy} = 0$을 받는 평판에서 평면 내에서 발생하는 최대전단응력은 몇 MPa인가?

① 75 ② 50
③ 25 ④ 0

해설

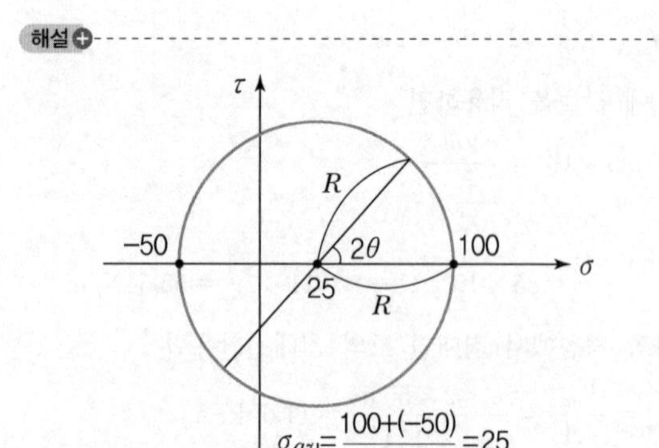

모어의 응력원에서 $\tau_{\max} = R = 100 - 25 = 75\text{MPa}$

45 그림과 같은 트러스가 점 B에서 그림과 같은 방향으로 5kN의 힘을 받을 때 트러스에 저장되는 탄성에너지는 약 몇 kJ인가?(단, 트러스의 단면적은 1.2cm², 탄성계수는 10^6Pa이다.)

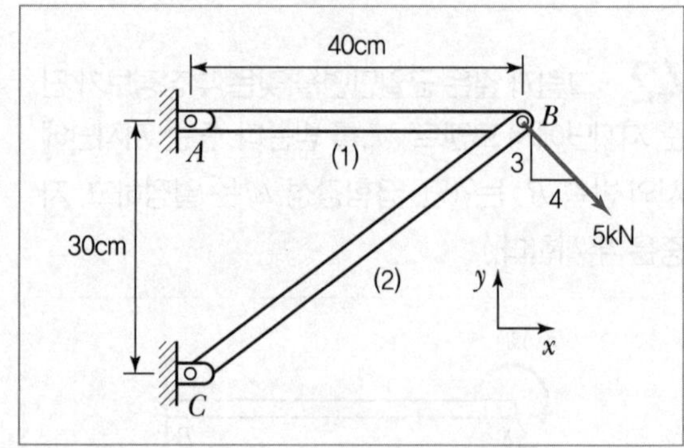

① 52.1 ② 106.7
③ 159.0 ④ 267.7

해설

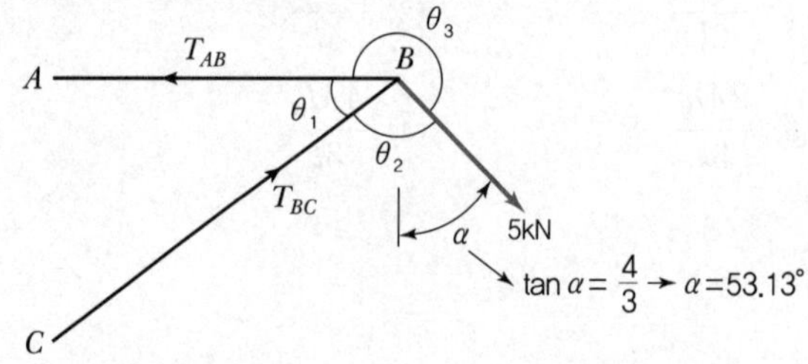

정답 44 ① 45 ③

$\tan\alpha = \frac{4}{3} \rightarrow \alpha = 53.13°$

$\tan\theta_1 = \frac{30}{40} \rightarrow \theta_1 = \tan^{-1}\frac{30}{40} = 36.87°$

$\theta_2 = 90° + \alpha - \theta_1$에서 $\theta_2 = 106.26°$

$\therefore\ \theta_3 = 216.87°$

라미의 정리에 의해 $\frac{T_{AB}}{\sin\theta_2} = \frac{5\text{kN}}{\sin\theta_1} = \frac{T_{BC}}{\sin\theta_3}$에서

$T_{AB} = \frac{5}{\sin 36.87°} \times \sin 106.26° = 8\text{kN}$

$T_{BC} = \frac{5}{\sin 36.87°} \times \sin 216.87° = -5\text{kN}$

탄성에너지 $U = \frac{1}{2}P \cdot \lambda = \frac{P^2 \cdot l}{2AE}$에서 두 부재에 저장되므로

$$U_{AB} + U_{BC} = \frac{T_{AB}{}^2 \cdot l_{AB}}{2AE} + \frac{T_{BC}{}^2 \cdot l_{BC}}{2AE}$$
$$= \frac{1}{2AE}\left(T_{AB}{}^2 \cdot l_{AB} + T_{BC}{}^2 \cdot l_{BC}\right)$$
$$= \frac{(8^2 \times 0.4 + (-5)^2 \times 0.5)}{2 \times 1.2 \times 10^{-4} \times 10^6 \times 10^{-3}}$$
$$= 158.75\text{kJ}$$

46 그림과 같은 단면에서 대칭축 $n-n$에 대한 단면 2차 모멘트는 약 몇 cm^4인가?

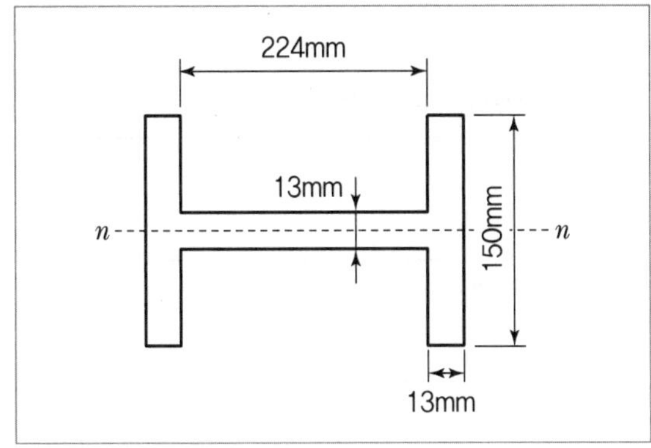

① 535 ② 635

③ 735 ④ 835

해설

주어진 $n-n$ 단면은 H빔의 도심축이므로 아래 A_1, A_2의 도심축과 동일하다.

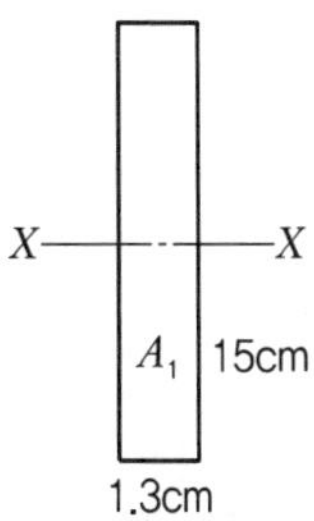

A_1의 단면 2차 모멘트

$I_X = \frac{bh^3}{12} = \frac{1.3 \times 15^3}{12} = 365.625\text{cm}^4$

H빔 양쪽에 A_1이 2개이므로 $2I_X = 731.25\text{cm}^4$ ⋯ ⓐ

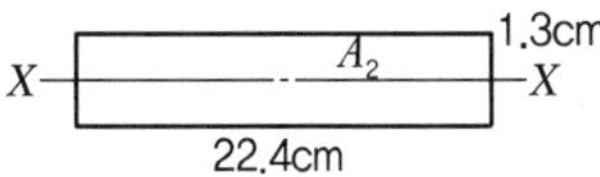

$I_X = \frac{22.4 \times 1.3^3}{12} = 4.1\text{cm}^4$ ⋯ ⓑ

∴ 도심축 $n-n$ 단면에 대한 단면 2차 모멘트는 ⓐ+ⓑ=735.35cm^4

47 바깥지름 50cm, 안지름 30cm의 속이 빈 축은 동일한 단면적을 가지며 같은 재질의 원형축에 비하여 약 몇 배의 비틀림모멘트에 견딜 수 있는가?(단, 중공축과 중실축의 전단응력은 같다.)

① 1.1배 ② 1.2배

③ 1.4배 ④ 1.7배

해설

중공축과 동일한 단면의 중실축(d)이므로(면적 동일)

$\frac{\pi}{4}\left(d_2{}^2 - d_1{}^2\right) = \frac{\pi}{4}d^2$

$\therefore\ d = \sqrt{d_2{}^2 - d_1{}^2} = \sqrt{50^2 - 30^2} = 40\text{cm}$

$T = \tau \cdot Z_p = \tau \cdot \frac{I_p}{e}$에서

정답 46 ③ 47 ④

$$\frac{T_{중공축}}{T_{중실축}} = \frac{\tau \cdot \dfrac{I_{p중공}}{e_{중공}}}{\tau \cdot \dfrac{I_{p중실}}{e_{중실}}} = \frac{\dfrac{\dfrac{\pi}{32}(50^4 - 30^4)}{\dfrac{50}{2}}}{\dfrac{\dfrac{\pi \times 40^4}{32}}{\dfrac{40}{2}}} \quad (\because \ \tau \ 동일)$$

$= 1.7$

48 진변형률(ε_T)과 진응력(σ_T)을 공칭응력(σ_n)과 공칭변형률(ε_n)로 나타낼 때 옳은 것은?

① $\sigma_T = \ln(1+\sigma_n),\ \varepsilon_T = \ln(1+\varepsilon_n)$

② $\sigma_T = \ln(1+\sigma_n),\ \varepsilon_T = \ln(\dfrac{\sigma_T}{\sigma_n})$

③ $\sigma_T = \sigma_n(1+\varepsilon_n),\ \varepsilon_T = \ln(1+\varepsilon_n)$

④ $\sigma_T = \ln(1+\varepsilon_n),\ \varepsilon_T = \varepsilon_n(1+\sigma_n)$

해설

진응력은 인장시험 중에 변해가는 실제 단면적을 기준으로 응력 해석 → 인장시험편의 기준거리 내의 부피는 동일하다(체적 변화가 없다)고 해석

→ $A_0 L_0 = A \cdot L$

공칭응력 $\sigma_n = \dfrac{F}{A_0}$

진응력 $\sigma_T = \dfrac{F}{A} = \dfrac{F}{A_0} \cdot \dfrac{A_0}{A} = \dfrac{F}{A_0}\dfrac{L}{L_0}$

$= \sigma_n \cdot \dfrac{L}{L_0} = \sigma_n\left(\dfrac{L - L_0 + L_0}{L_0}\right)$

(여기서, $\varepsilon_n = \dfrac{\lambda}{L_0} = \dfrac{L - L_0}{L_0}$)

$= \sigma_n(\varepsilon_n + 1)$

공칭변형률 $\varepsilon_n = \dfrac{\lambda}{l}$ (여기서, $\lambda = L - L_0$)

진변형률 : 순간순간 변화된 시편의 길이를 넣어 계산한다.

$$\varepsilon_T = \int_{L_0}^{L} \frac{dL}{L} = [\ln L]_{L_0}^{L} = \ln L - \ln L_0 = \ln\left(\frac{L}{L_0}\right)$$

$$= \ln\left(\frac{L - L_0 + L_0}{L_0}\right) = \ln(\varepsilon_n + 1)$$

49 길이 1m인 외팔보가 아래 그림처럼 q = 5kN/m의 균일분포하중과 P = 1kN의 집중하중을 받고 있을 때 B점에서의 회전각은 얼마인가? (단, 보의 굽힘강성은 EI이다.)

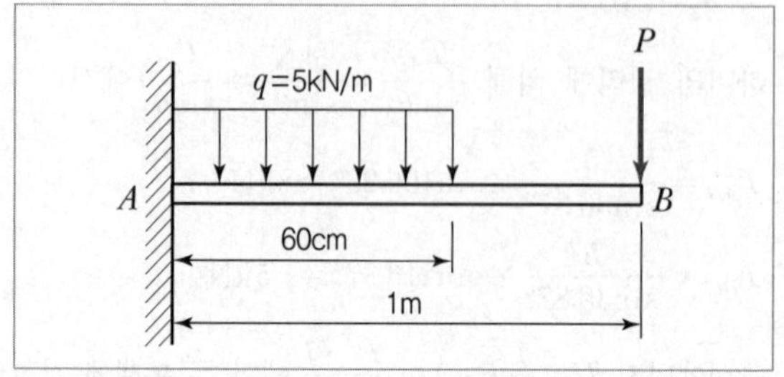

① $\dfrac{120}{EI}$ ② $\dfrac{260}{EI}$

③ $\dfrac{486}{EI}$ ④ $\dfrac{680}{EI}$

해설

i) 분포하중에 의한 자유단 B의 처짐각

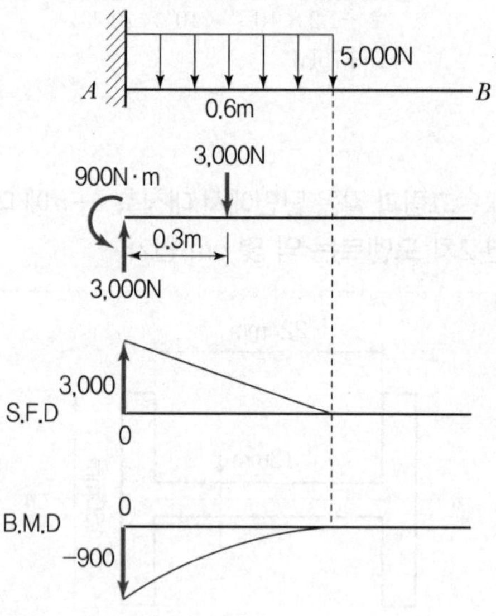

면적모멘트법을 적용하면

$$\theta_w = \frac{A_M}{EI} = \frac{\frac{1}{3}wl}{EI} = \frac{\frac{1}{3} \times 900 \times 0.6}{EI} = \frac{180}{EI} \ \cdots ⓐ$$

여기서, B.M.D 2차곡선에서 $w = 900$, $l = 0.6$ 적용

정답 48 ③ 49 ④

ii) 외팔보 집중하중에 의한 자유단 B의 처짐각

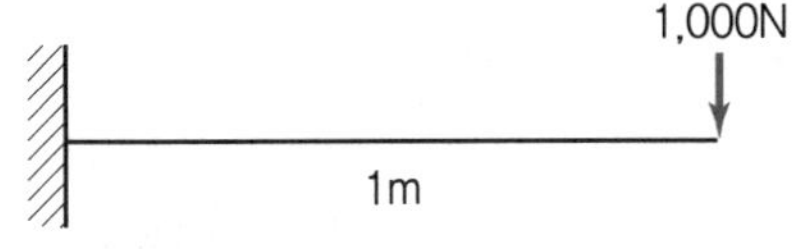

$$\theta_p = \frac{Pl^2}{2EI} = \frac{1{,}000 \times 1^2}{2EI} = \frac{500}{EI} \cdots ⓑ$$

iii) B에서의 전체 처짐각 $\theta = ⓐ + ⓑ = \dfrac{680}{EI}$

50 탄성계수(영계수) E, 전단탄성계수 G, 체적탄성계수 K 사이에 성립되는 관계식은?

① $E = \dfrac{9KG}{2K+G}$ ② $E = \dfrac{3K-2G}{6K+2G}$

③ $K = \dfrac{EG}{3(3G-E)}$ ④ $K = \dfrac{9EG}{3E+G}$

해설

$E = 2G(1+\mu) = 3K(1-2\mu)$에서

$K = \dfrac{E}{3(1-2\mu)} \cdots ⓐ$

$1+\mu = \dfrac{E}{2G} \rightarrow \mu = \dfrac{E}{2G} - 1$

$\therefore \mu = \dfrac{E-2G}{2G} \cdots ⓑ$

ⓐ에 ⓑ를 대입하면

$$K = \frac{E}{3\left\{1-2\left(\frac{E-2G}{2G}\right)\right\}} = \frac{E}{3\left(1-\frac{E-2G}{G}\right)}$$

$$= \frac{E}{3\left(\frac{G-E+2G}{G}\right)} = \frac{EG}{3(3G-E)}$$

51 그림과 같은 막대가 있다. 길이는 4m이고 힘은 지면에 평행하게 200N만큼 주었을 때 O점에 작용하는 힘과 모멘트는?

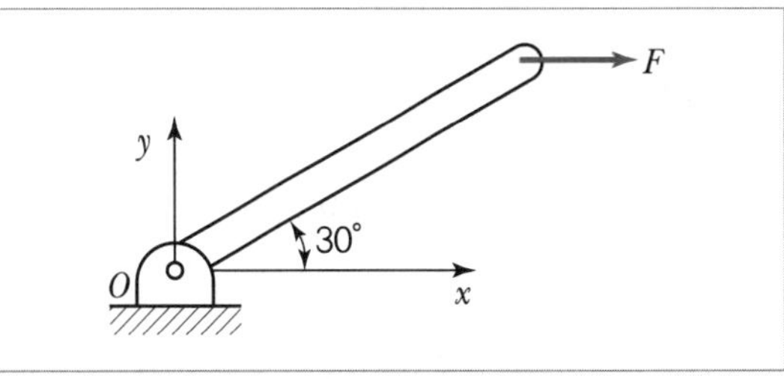

① $F_{ox} = 0$, $F_{oy} = 200\text{N}$, $M_z = 200\text{N} \cdot \text{m}$

② $F_{ox} = 200\text{N}$, $F_{oy} = 0$, $M_z = 400\text{N} \cdot \text{m}$

③ $F_{ox} = 200\text{N}$, $F_{oy} = 200\text{N}$, $M_z = 200\text{N} \cdot \text{m}$

④ $F_{ox} = 0$, $F_{oy} = 0$, $M_z = 400\text{N} \cdot \text{m}$

해설

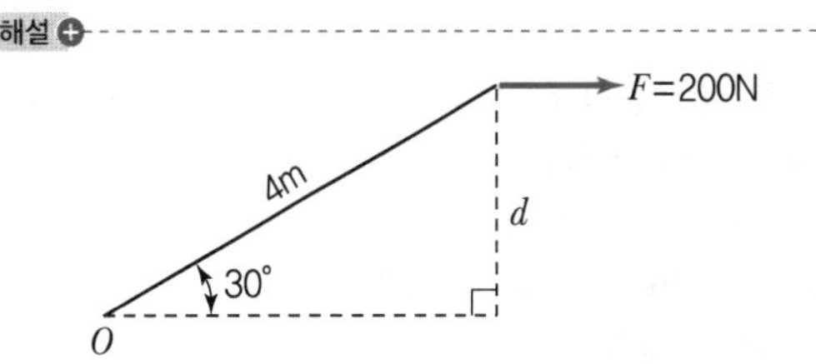

$F_{Ox} = 200\text{N}$

$M_z = F \cdot d = 200 \times 4\sin 30° = 400\text{N} \cdot \text{m}$

52 그림과 같은 치차전동장치에서 A 치차로부터 D 치차로 동력을 전달한다. B와 C 치차의 피치원의 직경의 비가 $\dfrac{D_B}{D_C} = \dfrac{1}{9}$일 때, 두 축의 최대 전단응력들이 같아지게 되는 직경의 비 $\dfrac{d_2}{d_1}$은 얼마인가?

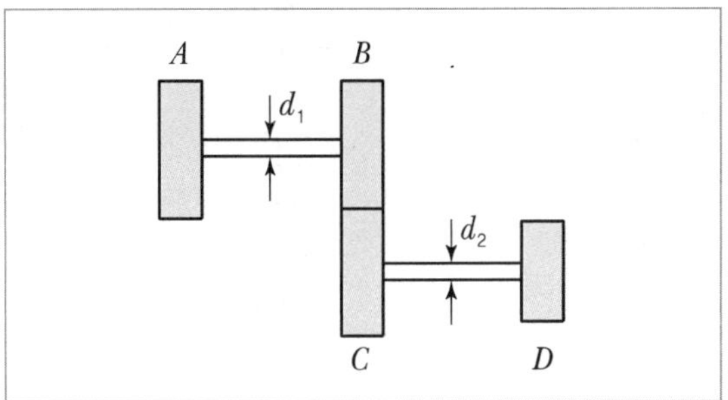

정답 50 ③ 51 ② 52 ③

① $\left(\frac{1}{9}\right)^{\frac{1}{3}}$　　② $\frac{1}{9}$

③ $9^{\frac{1}{3}}$　　④ $9^{\frac{2}{3}}$

해설

속비 $i=\frac{N_C}{N_B}=\frac{D_B}{D_C}=\frac{1}{9}$에서 $9N_C=N_B$ ⋯ ⓐ

$\tau=\frac{T}{Z_p}=\frac{\frac{H}{\omega}}{Z_p}=\frac{H}{\omega Z_p}$에서

두 축의 최대전단응력이 동일하므로

$\frac{H}{\omega_1 \cdot Z_{p1}}=\frac{H}{\omega_2 Z_{p2}}$

(여기서, 전달동력 H는 동일 ← B에서 C로 동력 전달)

$\therefore\ \omega_1 Z_{p1}=\omega_2 \cdot Z_{p2}$

$\frac{2\pi N_B}{60}\times\frac{\pi {d_1}^3}{16}=\frac{2\pi N_C}{60}\times\frac{\pi {d_2}^3}{16}$ ⋯ ⓑ

ⓑ에 ⓐ를 대입하면

$\frac{2\pi\times 9N_C}{60}\times\frac{\pi {d_1}^3}{16}=\frac{2\pi N_C}{60}\times\frac{\pi {d_2}^3}{16}$

$\therefore\ \left(\frac{d_2}{d_1}\right)^3=9\ \rightarrow\ \frac{d_2}{d_1}=9^{\frac{1}{3}}$

53 그림과 같이 길이 l인 단순지지된 보 위를 하중 W가 이동하고 있다. 최대굽힘응력은?

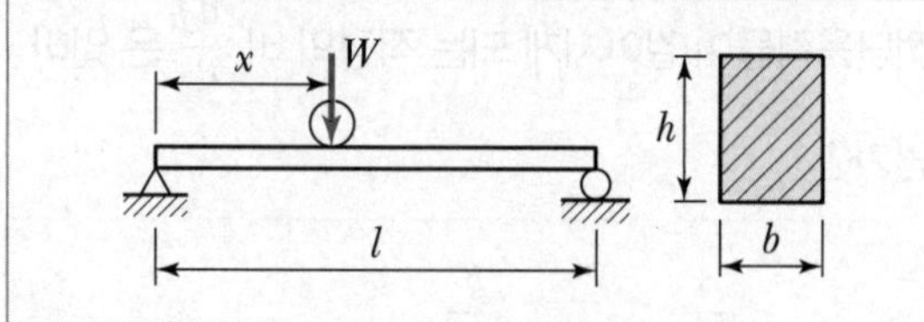

① $\frac{Wl}{bh^2}$　　② $\frac{9Wl}{4bh^3}$

③ $\frac{Wl}{2bh^2}$　　④ $\frac{3Wl}{2bh^2}$

해설

$\sigma_b=\frac{M}{Z}\ \rightarrow\ \sigma_{max}=\frac{M_{max}}{Z}$

굽힘모멘트 최댓값 $M_{max}\ \rightarrow\ W$가 $\frac{l}{2}$(중앙)에 작용할 때이므로

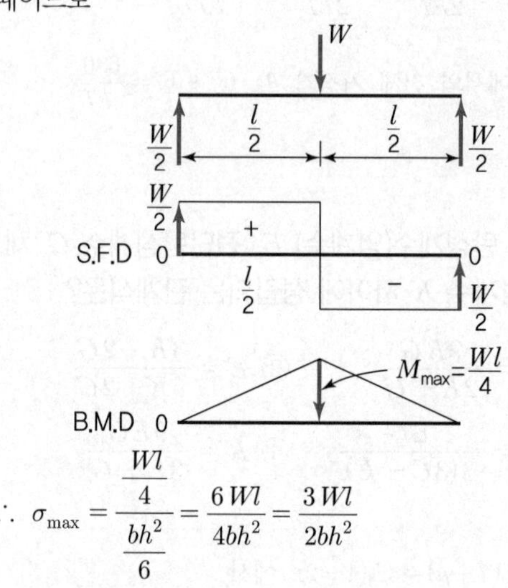

$\therefore\ \sigma_{max}=\frac{\frac{Wl}{4}}{\frac{bh^2}{6}}=\frac{6Wl}{4bh^2}=\frac{3Wl}{2bh^2}$

54 그림과 같은 단순지지보에서 2kN/m의 분포하중이 작용할 경우 중앙의 처짐이 0이 되도록 하기 위한 힘 P의 크기는 몇 kN인가?

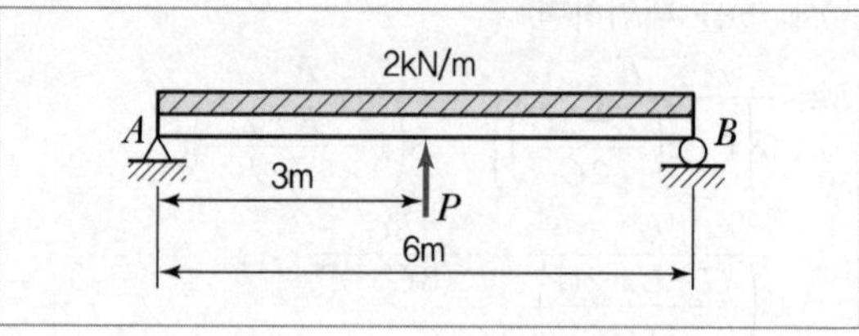

① 6.0　　② 6.5

③ 7.0　　④ 7.5

해설

등분포하중 w가 작용할 때 처짐량(단순보)

=중앙에 집중하중 P가 작용할 때 처짐량(단순보)

$\rightarrow\ \frac{5wl^4}{384EI}=\frac{Pl^3}{48EI}$

정답 53 ④ 54 ④

$\therefore \ P = \dfrac{5 \times 48}{384} wl = \dfrac{5}{8} wl = \dfrac{5}{8} \times 2 \times 10^3 \times 6$
$= 7{,}500\text{N} = 7.5\text{kN}$

55 질량이 m, 길이가 L인 균일하고 가는 막대 AB가 A점을 중심으로 회전한다. $\theta = 60°$에서 정지 상태인 막대를 놓는 순간 막대 AB의 각가속도(α)는?(단, g는 중력가속도이다.)

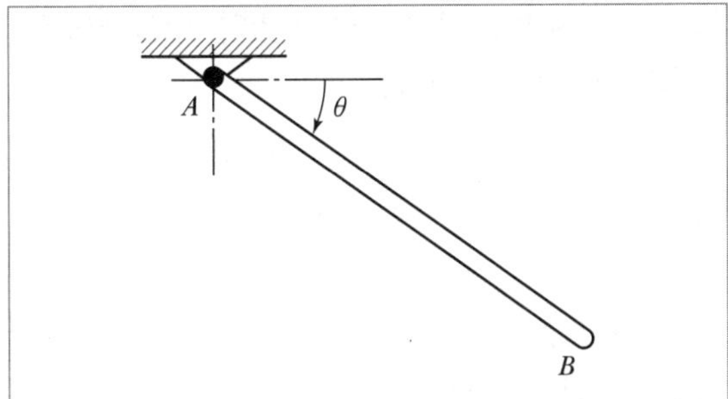

① $\alpha = \dfrac{3}{2}\dfrac{g}{L}$　② $\alpha = \dfrac{3}{4}\dfrac{g}{L}$

③ $\alpha = \dfrac{3}{2}\dfrac{g}{L^2}$　④ $\alpha = \dfrac{3}{4}\dfrac{g}{L^2}$

해설

A점의 모멘트 대수합은 $\Sigma M_A = J_A \cdot \alpha$

여기서, $J_A = J_G + m\left(\dfrac{L}{2}\right)^2 = \dfrac{mL^2}{12} + m \cdot \dfrac{L^2}{4} = \dfrac{mL^2}{3}$

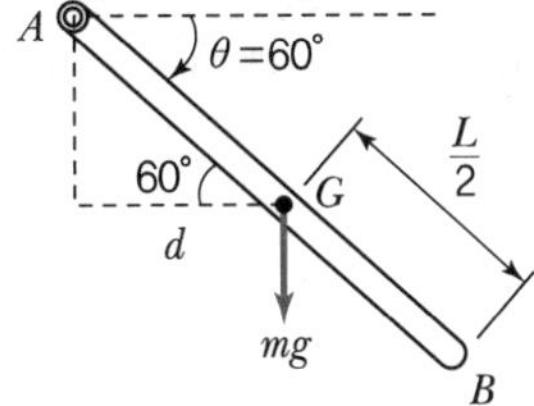

〈자유물체도〉

$\Sigma M_A = mgd = mg\dfrac{L}{2}\cos\theta = \dfrac{mL^2}{3} \cdot \alpha$

$\therefore \ \alpha = \dfrac{3mgL\cos\theta}{2mL^2} = \dfrac{3g \times \cos 60°}{2L} = \dfrac{3g \times \frac{1}{2}}{2L} = \dfrac{3g}{4L}$

56 작은 공이 그림과 같이 수평면에 비스듬히 충돌한 후 튕겨 나갔을 경우에 대한 설명으로 틀린 것은?(단, 공과 수평면 사이의 마찰, 그리고 공의 회전은 무시하며 반발계수는 1이다.)

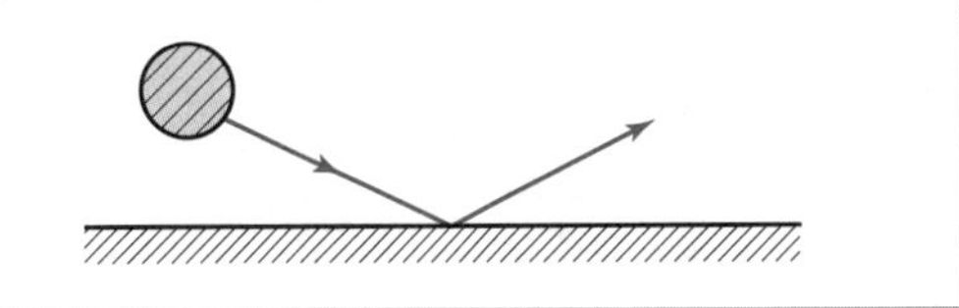

① 충돌 직전과 직후, 공의 운동량은 같다.
② 충돌 직전과 직후, 공의 운동에너지는 보존된다.
③ 충돌 과정에서 공이 받은 충격량과 수평면이 받은 충격량의 크기는 같다.
④ 공의 운동 방향이 수평면과 이루는 각의 크기는 충돌 직전과 직후가 같다.

해설

반발계수 $e = 1$은 변형하는 능력과 복원하는 능력이 같은 에너지 손실이 없는 완전탄성충돌이므로 충돌 전후의 선형운동량은 같다.

57 원판 A와 B는 중심점이 각각 고정되어 있고, 고정점을 중심으로 회전운동을 한다. 원판 A가 정지하고 있다가 일정한 각가속도 $\alpha_A = 2\text{rad/s}^2$으로 회전한다. 이 과정에서 원판 A는 원판 B와 접촉하고 있으며, 두 원판 사이에 미끄럼은 없다고 가정한다. 원판 A가 10회전하고 난 직후 원판 B의 각속도는 약 몇 rad/s인가?(단, 원판 A의 반지름은 20cm, 원판 B의 반지름은 15cm이다.)

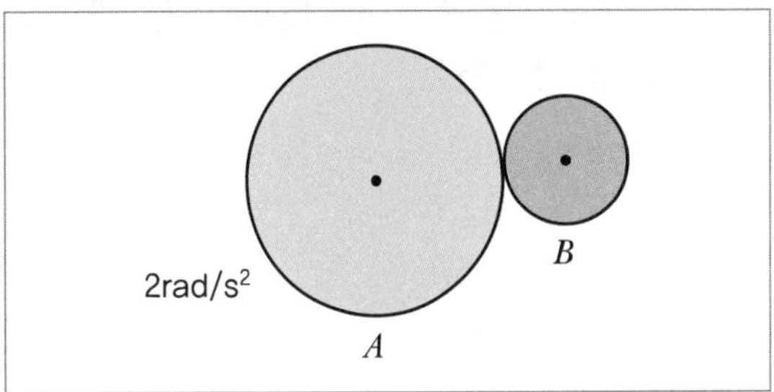

정답 55 ② 56 ① 57 ②

① 15.9 ② 21.1
③ 31.4 ④ 62.8

해설

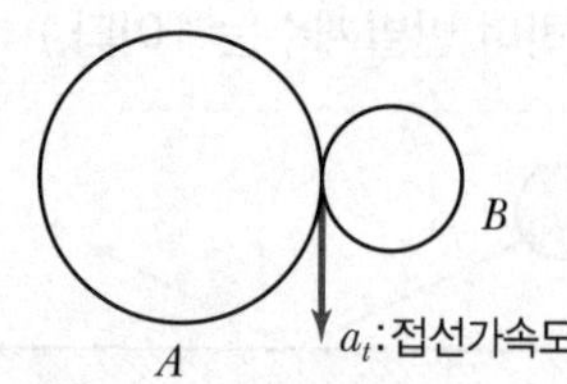

i) $a_t = r\alpha$이며 접촉점의 접선가속도는 동일하므로 $r_A \cdot \alpha_A = r_B \cdot \alpha_B$에서

원판 B의 각가속도 α_B

$= \frac{r_A}{r_B}\alpha_A = \frac{20}{15} \times 2 = 2.67\text{rad/s}^2$

ii) α_B를 가지고 B의 각속도는

$\frac{d\omega}{dt} = \alpha \rightarrow d\omega = \alpha dt$에서 $\omega_B = \omega_{0B} + \alpha_B t$

t는 원판 A가 10회전할 때까지의 시간이므로

$\theta = \theta_0 + \omega_{0A}t + \frac{1}{2}\alpha_A \cdot t^2$

(초기 각 $\theta_0 = 0$, 초기 각속도 $\omega_{0A} = 0$, $\theta = 2\pi \times 10$ 회전)

$\therefore\ 2\pi \times 10 = \frac{1}{2} \times 2 \times t^2 \rightarrow t = 7.93\text{s}$

B의 각속도 $\omega_B = \omega_{0B} + \alpha_B \cdot t$ (여기서, $\omega_{0B} = 0$)

$= 2.67 \times 7.93$

$= 21.17\text{rad/s}$

58 스프링으로 지지되어 있는 어떤 물체가 매분 60회 반복하면서 상하로 진동한다. 만약 조화운동으로 움직인다면, 이 진동수를 rad/s 단위와 Hz로 옳게 나타낸 것은?

① 6.28rad/s, 0.5Hz
② 6.28rad/s, 1Hz
③ 12.56rad/s, 0.5Hz
④ 12.56rad/s, 1Hz

해설

• 진동수 $f = \frac{1}{T} = \frac{60\text{cycle}}{60\text{s}} = 1\text{cycle/s} = 1\text{Hz}$

• 고유각진동수 $\omega_n = 2\pi f = 2\pi \times 1 = 6.28\text{rad/s}$

59 20Mg의 철도차량이 0.5m/s의 속력으로 직선운동하여 정지되어 있는 30Mg의 화물차량과 결합한다. 결합하는 과정에서 차량에 공급되는 동력은 없으며 브레이크도 풀려 있다. 결합 직후의 속력은 약 몇 m/s인가?

① 0.25 ② 0.20
③ 0.15 ④ 0.10

해설

선운동량 보존의 법칙에서

$m_1 V_1 + m_2 V_2 = m_1 V_1' + m_2 V_2'$

여기서 $V_1' = V_2' = V'$, $V_2 = 0$

정리하면 $m_1 V_1 = (m_1 + m_2) V'$

$\therefore\ V' = \frac{m_1 V_1}{m_1 + m_2} = \frac{20 \times 0.5}{20 + 30} = 0.2\text{m/s}$

60 질량관성모멘트가 20kg · m²인 플라이 휠(Fly Wheel)을 정지 상태로부터 10초 후 3,600rpm으로 회전시키기 위해 일정한 비율로 가속하였다. 이때 필요한 토크는 약 몇 N · m인가?

① 654 ② 754
③ 854 ④ 954

해설

$T = J_0 \cdot \alpha$에서 $J_0 = 20$(질량관성모멘트)

각가속도 $\alpha = \frac{\omega}{t} = \frac{\frac{2\pi N}{60}}{t} = \frac{\frac{2\pi \times 3{,}600}{60}}{10} = 37.7\text{rad/s}^2$

$\therefore\ T = 20 \times 37.7 = 754\text{N} \cdot \text{m}$

정답 58 ② 59 ② 60 ②

4과목 열 · 유체 해석

61 최고온도 1,300K와 최저온도 300K 사이에서 작동하는 공기표준 Brayton 사이클의 열효율(%)은?(단, 압력비는 9, 공기의 비열비는 1.4이다.)

① 30.4 ② 36.5
③ 42.1 ④ 46.6

해설

$$\eta = 1 - \left(\frac{1}{\gamma}\right)^{\frac{k-1}{k}} = 1 - \left(\frac{1}{9}\right)^{\frac{0.4}{1.4}}$$
$$= 0.466 = 46.6\%$$

62 다음 중 경로함수(Path Function)는?

① 엔탈피 ② 엔트로피
③ 내부에너지 ④ 일

해설

일과 열은 경로에 따라 그 값이 변하는 경로함수이다.

63 랭킨사이클에서 25℃, 0.01MPa 압력의 물 1kg을 5MPa 압력의 보일러로 공급한다. 이때 펌프가 가역단열과정으로 작용한다고 가정할 경우 펌프가 한 일(kJ)은?(단, 물의 비체적은 $0.001m^3/kg$이다.)

① 2.58 ② 4.99
③ 20.12 ④ 40.24

해설

랭킨사이클은 개방계이므로

$$q_{cv}^{\ 0} + h_i = h_e + w_{cv}$$
$w_{cv} = w_P = h_i - h_e < 0$[계가 일 받음(−)]
$\therefore\ w_P = h_e - h_i > 0$

여기서, $\delta q^{0} = dh - vdp \rightarrow dh = vdp$

$\therefore\ w_P = h_e - h_i = \int_i^e vdp$(물의 비체적 $v = c$)
$= v(p_e - p_i) = 0.001 \times (5 - 0.01) \times 10^6$
$= 4{,}990\text{J/kg} = 4.99\text{kJ/kg}$

펌프일 $W_P = m \cdot w_P = 1\text{kg} \times 4.99\text{kJ/kg} = 4.99\text{kJ}$

64 냉매로서 갖추어야 될 요구조건으로 적합하지 않은 것은?

① 불활성이고 안정하며 비가연성이어야 한다.
② 비체적이 커야 한다.
③ 증발 온도에서 높은 잠열을 가져야 한다.
④ 열전도율이 커야 한다.

해설

냉매의 요구조건
- 냉매의 비체적이 작을 것
- 불활성이고 안정성이 있을 것
- 비가연성일 것
- 냉매의 증발잠열이 클 것
- 열전도율이 클 것

65 처음 압력이 500kPa이고, 체적이 $2m^3$인 기체가 "PV = 일정"인 과정으로 압력이 100kPa까지 팽창할 때 밀폐계가 하는 일(kJ)을 나타내는 계산식으로 옳은 것은?

① $1{,}000\ln\frac{2}{5}$ ② $1{,}000\ln\frac{5}{2}$
③ $1{,}000\ln5$ ④ $1{,}000\ln\frac{1}{5}$

해설

$PV = C$이면 등온과정이므로 $\delta W = PdV$(밀폐계의 일)

$${}_1W_2 = \int_1^2 PdV\left(\leftarrow P = \frac{C}{V}\right) = \int_1^2 \frac{C}{V}dV$$
$$= C\int_1^2 \frac{1}{V}dV = C\ln\frac{V_2}{V_1}$$

정답 61 ④ 62 ④ 63 ② 64 ② 65 ③

$$\therefore\ {}_1W_2 = P_1V_1\ln\frac{V_2}{V_1}\ (\text{여기서, } C = P_1V_1 = P_2V_2)$$

$$= P_1V_1\ln\frac{P_1}{P_2}$$

$$= 500\times2\times\ln\left(\frac{500}{100}\right)$$

$$= 1{,}000\ln5$$

66 밀폐계에서 기체의 압력이 100kPa로 일정하게 유지되면서 체적이 1m³에서 2m³로 증가되었을 때 옳은 설명은?

① 밀폐계의 에너지 변화는 없다.
② 외부로 행한 일은 100kJ이다.
③ 기체가 이상기체라면 온도가 일정하다.
④ 기체가 받은 열은 100kJ이다.

해설

밀폐계의 일 → 절대일 $\delta W = PdV$

$${}_1W_2 = \int_1^2 PdV\ (\text{정압과정이므로})$$

$$= P\int_1^2 dV = P(V_2 - V_1)$$

$$= 100\times(2-1) = 100\text{kJ}$$

67 랭킨사이클의 각 점에서의 엔탈피가 아래와 같을 때 사이클의 이론 열효율(%)은?

- 보일러 입구 : 58.6kJ/kg
- 보일러 출구 : 810.3kJ/kg
- 응축기 입구 : 614.2kJ/kg
- 응축기 출구 : 57.4kJ/kg

① 32　② 30
③ 28　④ 26

해설

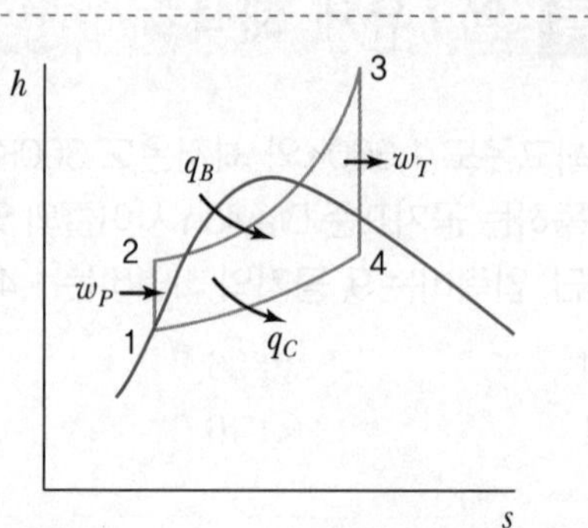

$h-s$ 선도에서

$h_1 = 57.4,\ h_2 = 58.6,\ h_3 = 810.3,\ h_4 = 614.2$

$$\eta_R = \frac{w_{net}}{q_B} = \frac{w_T - w_P}{q_B}$$

$$= \frac{(h_3-h_4)-(h_2-h_1)}{h_3-h_2}$$

$$= \frac{(810.3-614.2)-(58.6-57.4)}{810.3-58.6}$$

$$= 0.2593$$

$$= 25.93\%$$

68 고온 열원의 온도가 700℃이고, 저온 열원의 온도가 50℃인 카르노 열기관의 열효율(%)은?

① 33.4　② 50.1
③ 66.8　④ 78.9

해설

카르노 사이클의 효율은 온도만의 함수이므로

$$\eta = \frac{T_H - T_L}{T_H} = 1 - \frac{T_L}{T_H}$$

$$= 1 - \frac{(50+273)}{(700+273)} = 0.668 = 66.8\%$$

69 이상적인 가역과정에서 열량 $\triangle Q$가 전달될 때, 온도 T가 일정하면 엔트로피 변화 $\triangle S$를 구하는 계산식으로 옳은 것은?

정답　66 ②　67 ④　68 ③　69 ③

① $\Delta S = 1 - \frac{\Delta Q}{T}$ ② $\Delta S = 1 - \frac{T}{\Delta Q}$

③ $\Delta S = \frac{\Delta Q}{T}$ ④ $\Delta S = \frac{T}{\Delta Q}$

해설

$dS = \frac{\delta Q}{T}$에서 T가 일정하면(등온과정이므로)

$$S_2 - S_1 = \Delta S = \frac{1}{T}\int_1^2 \delta Q = \frac{{}_1Q_2}{T} = \frac{\Delta Q}{T}$$

70 엔트로피(s) 변화 등과 같은 직접 측정할 수 없는 양들을 압력(P), 비체적(v), 온도(T)와 같은 측정 가능한 상태량으로 나타내는 Maxwell 관계식과 관련하여 다음 중 틀린 것은?

① $\left(\frac{\partial T}{\partial P}\right)_s = \left(\frac{\partial v}{\partial s}\right)_P$

② $\left(\frac{\partial T}{\partial v}\right)_s = -\left(\frac{\partial P}{\partial s}\right)_v$

③ $\left(\frac{\partial v}{\partial T}\right)_P = -\left(\frac{\partial s}{\partial P}\right)_T$

④ $\left(\frac{\partial P}{\partial v}\right)_T = \left(\frac{\partial s}{\partial T}\right)_v$

해설

Maxwell 관계식

- $\left(\frac{\partial T}{\partial P}\right)_s = \left(\frac{\partial v}{\partial s}\right)_P$
- $\left(\frac{\partial T}{\partial v}\right)_s = -\left(\frac{\partial P}{\partial s}\right)_v$
- $\left(\frac{\partial s}{\partial P}\right)_T = -\left(\frac{\partial v}{\partial T}\right)_P$
- $\left(\frac{\partial s}{\partial v}\right)_T = \left(\frac{\partial P}{\partial T}\right)_v$

71 액체 제트가 깃(Vane)에 수평방향으로 분사되어 θ만큼 방향을 바꾸어 진행할 때 깃을 고정시키는 데 필요한 힘의 합력의 크기를 $F(\theta)$라고 한다. $\frac{F(\pi)}{F\left(\frac{\pi}{2}\right)}$는 얼마인가?(단, 중력과 마찰은 무시한다.)

① $\frac{1}{\sqrt{2}}$ ② 1

③ $\sqrt{2}$ ④ 2

해설

- 고정날개에 분류가 충돌하여 $90°\left(\frac{\pi}{2}\right)$로 방향을 바꿀 때

$$F\left(\frac{\pi}{2}\right) = \sqrt{{f_x}^2 + {f_y}^2} = \sqrt{(\rho A V^2)^2 + (\rho A V^2)^2} = \sqrt{2}\,\rho A V^2$$

여기서, $f_x = \rho A V^2(1-\cos\theta) = \rho A V^2(1-\cos 90°) = \rho A V^2$

$f_y = \rho A V^2(\sin\theta) = \rho A V^2(\sin 90°) = \rho A V^2$

- $180°(\pi)$곡관으로 방향을 바꿀 때

$F(\pi) = f_x = 2\rho A V^2$

- $\frac{F(\pi)}{F\left(\frac{\pi}{2}\right)} = \frac{2\rho A V^2}{\sqrt{2}\,\rho A V^2} = \sqrt{2}$

72 피토정압관을 이용하여 흐르는 물의 속도를 측정하려고 한다. 액주계에는 비중 13.6인 수은이 들어 있고 액주계에서 수은의 높이 차이가 20cm일 때 흐르는 물의 속도는 몇 m/s인가?(단, 피토정압관의 보정계수 C=0.96이다.)

① 6.75 ② 6.87

③ 7.54 ④ 7.84

해설

$$V = \sqrt{2g\Delta h\left(\frac{s_0}{s} - 1\right)} = \sqrt{2 \times 9.8 \times 0.2 \times \left(\frac{13.6}{1} - 1\right)} = 7.03\text{m/s}$$

흐르는 물의 속도 $= CV = 0.96 \times 7.03 = 6.75\text{m/s}$

정답 70 ④ 71 ③ 72 ①

73 표준공기 중에서 속도 V로 낙하하는 구형의 작은 빗방울이 받는 항력은 $F_D = 3\pi\mu VD$로 표시할 수 있다. 여기에서 μ는 공기의 점성계수이며, D는 빗방울의 지름이다. 정지상태에서 빗방울 입자가 떨어지기 시작했다고 가정할 때, 이 빗방울의 최대속도(종속도, Terminal Velocity)는 지름 D의 몇 제곱에 비례하는가?

① 3 ② 2
③ 1 ④ 0.5

해설

종속도(Terminal Velocity)는 가속도가 없어 중력과 항력이 평형을 이룰 때의 속도이다.

$D = W$에서 $3\pi\mu Vd = mg$

$$\therefore\ V = \frac{mg}{3\pi\mu d} = \frac{\rho\frac{4}{3}\pi\left(\frac{d}{2}\right)^3 g}{3\pi\mu d} \rightarrow \text{지름 } d^2\text{에 비례한다.}$$

74 지름이 10cm인 원 관에서 유체가 층류로 흐를 수 있는 임계 레이놀즈수를 2,100으로 할 때 층류로 흐를 수 있는 최대 평균속도는 몇 m/s인가? (단, 흐르는 유체의 동점성계수는 $1.8\times10^{-6}\text{m}^2/\text{s}$이다.)

① 1.89×10^{-3} ② 3.78×10^{-2}
③ 1.89 ④ 3.78

해설

$$Re = \frac{\rho\cdot V\cdot d}{\mu} = \frac{V\cdot d}{\nu}$$

$$V = \frac{Re\cdot\nu}{d} = \frac{2{,}100\times1.8\times10^{-6}}{0.1} = 0.0378\text{m/s}$$

75 그림에서 입구 A에서 공기의 압력은 3×10^5 Pa, 온도 20℃, 속도 5m/s이다. 그리고 출구 B에서 공기의 압력은 2×10^5Pa, 온도 20℃이면 출구 B에서의 속도는 몇 m/s인가?(단, 압력 값은 모두 절대압력이며, 공기는 이상기체로 가정한다.)

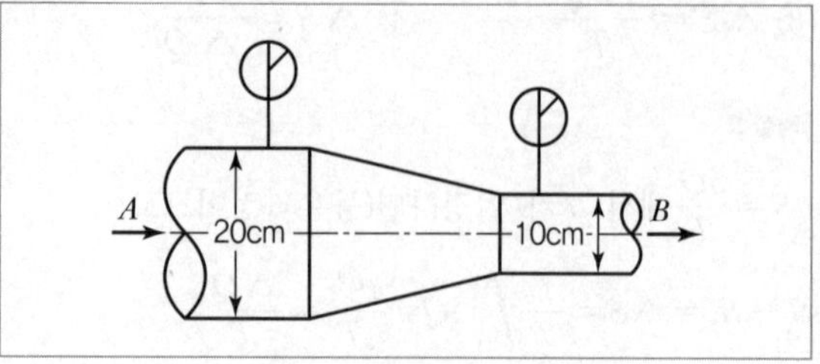

① 10 ② 25
③ 30 ④ 36

해설

$\rho_1 A_1 V_1 = \rho_2 A_2 V_2$

($\dot{m}_i = \dot{m}_e$: 압축성 유체에서 질량유량 일정)

여기서, $Pv = RT$, $\frac{P}{\rho} = RT$, $\rho = \frac{P}{RT}$를 적용

$\frac{P_1}{R_1 T_1} A_1 V_1 = \frac{P_2}{R_2 T_2} A_2 V_2$(여기서, $R_1 = R_2$, $T_1 = T_2$)

$$V_2 = \frac{P_1 A_1 V_1}{A_2 P_2} = \frac{3\times10^5\times\frac{\pi}{4}\times0.2^2\times5}{\frac{\pi}{4}\times0.1^2\times2\times10^5} = 30\text{m/s}$$

76 관내의 부차적 손실에 관한 설명 중 틀린 것은?

① 부차적 손실에 의한 수두는 손실계수에 속도수두를 곱해서 계산한다.
② 부차적 손실은 배관 요소에서 발생한다.
③ 배관의 크기 변화가 심하면 배관 요소의 부차적 손실이 커진다.
④ 일반적으로 짧은 배관계에서 부차적 손실은 마찰손실에 비해 상대적으로 작다.

정답 73 ② 74 ② 75 ③ 76 ④

해설

부차적 손실

$$h_l = K \cdot \frac{V^2}{2g}$$

여기서, K : 부차적 손실계수

부차적 손실은 돌연확대 · 축소관, 엘보, 밸브 및 관에 부착된 부품들에 의한 손실로 짧은 배관에서도 고려해야 되는 손실이다.

77 공기 중을 20m/s로 움직이는 소형 비행선의 항력을 구하려고 $\frac{1}{4}$ 축척의 모형을 물속에서 실험하려고 할 때 모형의 속도는 몇 m/s로 해야 하는가?

구분	물	공기
밀도(kg/m^3)	1,000	1
점성계수(N · s/m^2)	1.8×10^{-3}	1×10^{-5}

① 4.9 ② 9.8
③ 14.4 ④ 20

해설

원관 및 잠수함 유동(물속 유동)에서 역학적 상사를 하기 위해서는 모형과 실형의 레이놀즈수가 같아야 한다.

$$\left.\frac{\rho \cdot Vd}{\mu}\right)_m = \left.\frac{\rho \cdot Vd}{\mu}\right)_p \ (\mu_m = \mu_P,\ \rho_m = \rho_P \text{이므로})$$

$$V_m = \frac{\rho_p}{\rho_m}\frac{d_p}{d_m}\frac{\mu_p}{\mu_m}V_p$$

$$= \frac{1}{1{,}000}\times 4\times\frac{1.8\times10^{-3}}{1\times10^{-5}}\times 20$$

$$= 14.4\text{m/s}$$

78 점성 · 비압축성 유체가 수평방향으로 균일 속도로 흘러와서 두께가 얇은 수평 평판 위를 흘러갈 때 Blasius의 해석에 따라 평판에서의 층류 경계층의 두께에 대한 설명으로 옳은 것을 모두 고르면?

ㄱ. 상류의 유속이 클수록 경계층의 두께가 커진다.
ㄴ. 유체의 동점성계수가 클수록 경계층의 두께가 커진다.
ㄷ. 평판의 상단으로부터 멀어질수록 경계층의 두께가 커진다.

① ㄱ, ㄴ ② ㄱ, ㄷ
③ ㄴ, ㄷ ④ ㄱ, ㄴ, ㄷ

해설

$$\frac{\delta}{x} = \frac{5.48}{\sqrt{Re_x}} = \frac{5.48}{\sqrt{\frac{\rho Vx}{\mu}}} = \frac{5.48}{\sqrt{\frac{Vx}{\nu}}}$$

$$\therefore\ \delta = \frac{5.48}{\sqrt{\frac{V}{\nu}}}\sqrt{x}$$

- 상류의 유속이 클수록 경계층 두께는 작아진다.
- 동점성계수가 클수록, 평판 상단으로부터의 거리 x가 클수록 경계층은 두꺼워진다.

79 정상 2차원 퍼텐셜 유동의 속도장이 $u = -6y$, $v = -4x$일 때, 이 유동의 유동함수가 될 수 있는 것은?(단, C는 상수이다.)

① $-2x^2 - 3y^2 + C$
② $2x^2 - 3y^2 + C$
③ $-2x^2 + 3y^2 + C$
④ $2x^2 + 3y^2 + C$

해설

유동함수 ψ에서 $u = \frac{\partial\psi}{\partial y}$, $v = -\frac{\partial\psi}{\partial x}$이므로

$$u = \frac{\partial\psi}{\partial y} = \frac{\partial(2x^2 - 3y^2 + C)}{\partial y} = -6y$$

$$v = -\frac{\partial\psi}{\partial x} = -\frac{\partial(2x^2 - 3y^2 + C)}{\partial x} = -4x$$

정답 77 ③ 78 ③ 79 ②

80 다음 U자관 압력계에서 A와 B의 압력차는 몇 kPa인가?(단, H_1 =250mm, H_2 =200mm, H_3 = 600mm이고 수은의 비중은 13.6이다.)

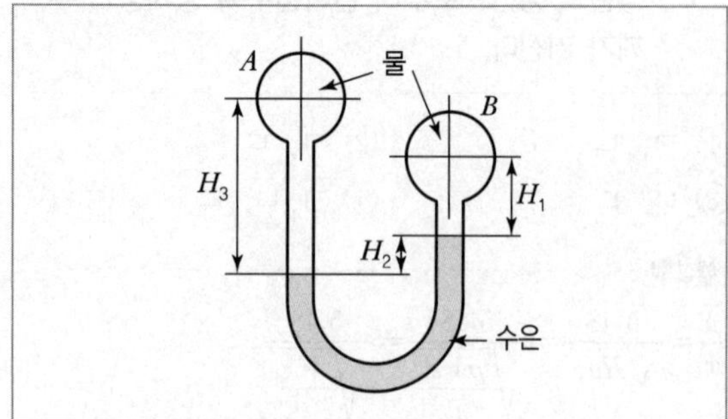

① 3.50 ② 23.2
③ 35.0 ④ 232

해설

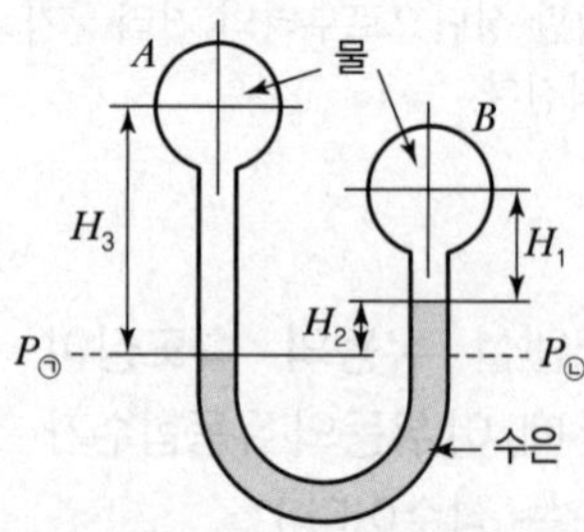

등압면이므로 $P_㉠ = P_㉡$

$P_㉠ = P_A + \gamma_{물} \times H_3$

$P_㉡ = P_B + \gamma_{물} \times H_1 + \gamma_{수은} \times H_2$

$P_A + \gamma_{물} \times H_3 = P_B + \gamma_{물} \times H_1 + \gamma_{수은} \times H_2$

$\therefore\ P_A - P_B = \gamma_{물} \times H_1 + \gamma_{수은} \times H_2 - \gamma_{물} \times H_3$

$= \gamma_{물} \times H_1 + S_{수은}\gamma_{물} \times H_2 - \gamma_{물} \times H_3$

$= 9{,}800 \times 0.25 + 13.6 \times 9{,}800 \times 0.2$

$\quad - 9{,}800 \times 0.6$

$= 23{,}226\text{Pa} = 23.2\,\text{kPa}$

정답 80 ②

제12회 CBT 실전 모의고사

1과목 기계제도 및 설계

01 다음 중 투상도법의 설명으로 올바른 것은?

① 제1각법은 물체와 눈 사이에 투상면이 있는 것이다.
② 제3각법은 평면도가 정면도 위에, 우측면도는 정면도 오른쪽에 있다.
③ 제1각법은 우측면도가 정면도 오른쪽에 있다.
④ 제3각법은 정면도 위에 배면도가 있고 우측면도는 왼쪽에 있다.

해설

① 제1각법은 눈 → 물체 → 투상면 순으로 배치된다.
③ 제1각법은 우측면도가 정면도 좌측에 있다.
④ 제3각법은 정면도 위에 평면도가 있고 우측면도는 오른쪽에 있다.

02 다음 도면에 대한 설명으로 옳은 것은?

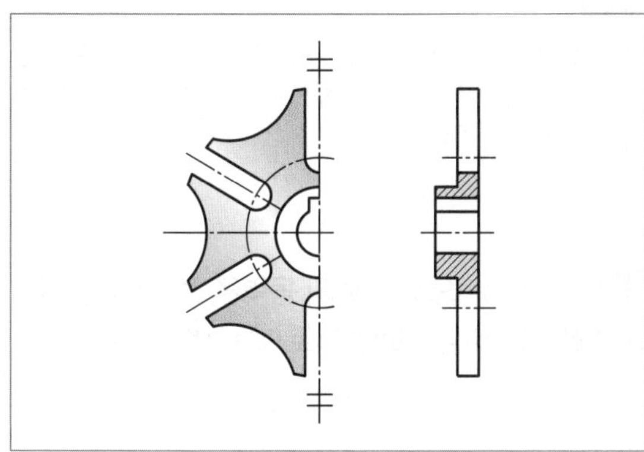

① 부분 확대하여 도시하였다.
② 반복되는 형상을 모두 나타냈다.
③ 대칭되는 도형을 생략하여 도시하였다.
④ 회전 도시 단면도를 이용하여 키 홈을 표현하였다.

해설

대칭 도시기호(=)
물체가 대칭인 경우 중심선을 기준으로 물체의 절반만을 그리고, 나머지 절반은 생략하는 것으로 중심선의 양쪽 끝에 중간선으로 된 2개의 짧은 선을 수평으로 그어 대칭을 표시한다.

03 도면에 표시된 재료기호가 "SF 390A"로 되었을 때 "390"이 뜻하는 것은?

① 재질번호　② 탄소함유량
③ 최저인장강도　④ 제품번호

해설

SF 390A : 단조강
• S : 강(Steel)
• F : 단조품(Forging)
• 390 : 최저인장강도(390N/mm^2)
• A : 열처리 종류(어닐링)

04 베어링의 호칭번호가 62/28일 때 베어링 안지름은 몇 mm인가?

① 28　② 32
③ 120　④ 140

해설

베어링 안지름은 호칭번호에서 세 번째, 네 번째 숫자가 베어링 안지름 번호이지만, "/"가 있을 경우 "/" 뒤의 숫자가 그대로 베어링 내경이 된다. 따라서 베어링 안지름은 28mm이다.

정답 01 ② 02 ③ 03 ③ 04 ①

05 도면에서 가는 실선으로 표시된 대각선 부분의 의미는?

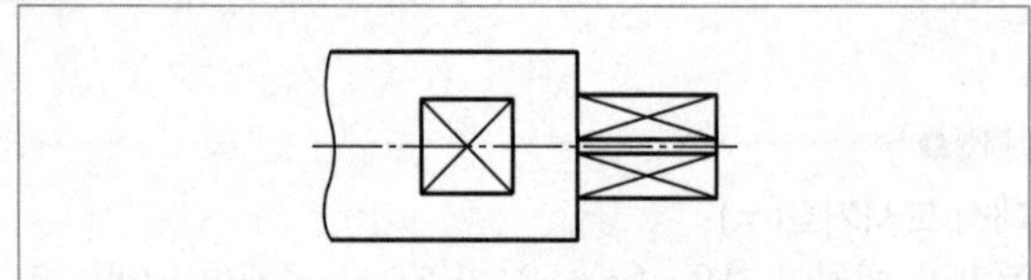

① 평면 ② 곡면
③ 홈부분 ④ 라운드 부분

해설

평면 표시

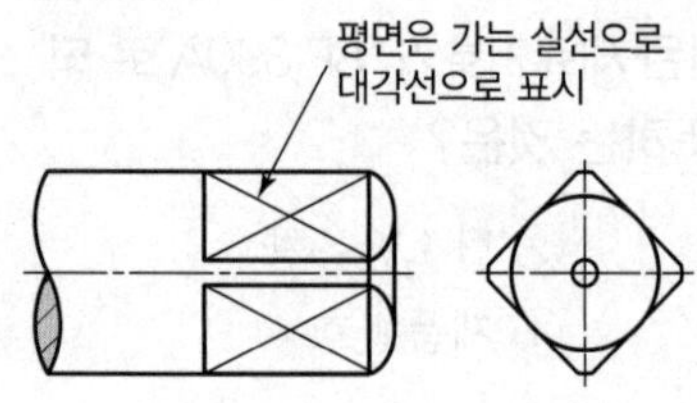

06 다음과 같이 치수가 도시되었을 경우 그 의미로 옳은 것은?

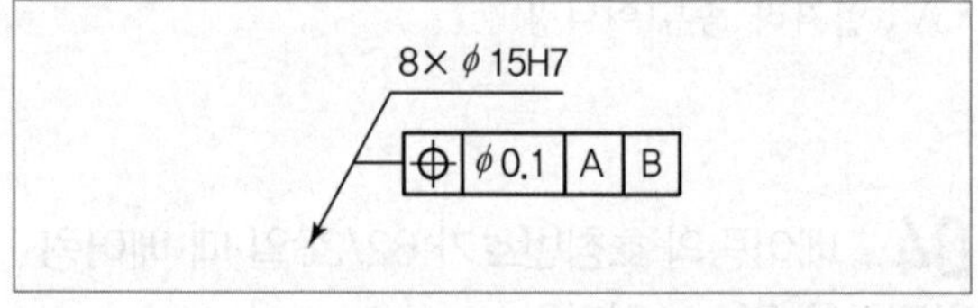

① 8개의 축이 $\phi 15$에 공차등급이 H7이며, 원통도가 데이텀 A, B에 대하여 $\phi 0.1$을 만족해야 한다.
② 8개의 구멍이 $\phi 15$에 공차등급이 H7이며, 원통도가 데이텀 A, B에 대하여 $\phi 0.1$을 만족해야 한다.
③ 8개의 축이 $\phi 15$에 공차등급이 H7이며, 위치도가 데이텀 A, B에 대하여 $\phi 0.1$을 만족해야 한다.
④ 8개의 구멍이 $\phi 15$에 공차등급이 H7이며, 위치도가 데이텀 A, B에 대하여 $\phi 0.1$을 만족해야 한다.

해설

- $8\times\phi 15$H7 : 8개의 구멍이 $\phi 15$이고, 공차등급이 H7이다.
- | ⌖ | $\phi 0.1$ | A | B | : 위치도(⌖)가 데이텀 A, B에 대하여 $\phi 0.1$을 만족해야 한다.

07 CAD시스템의 출력장치로 볼 수 없는 것은?

① 플로터 ② 디지타이저
③ PDP ④ 프린터

해설

디지타이저는 입력장치이다.

08 와이어 프레임 모델의 장점에 해당하지 않는 것은?

① 데이터의 구조가 간단하다.
② 모델 작성이 용이하다.
③ 투시도의 작성이 용이하다.
④ 물리적 성질(질량)의 계산이 가능하다.

해설

와이어 프레임 모델은 점, 선, 원, 호 등의 기본적인 요소로 3차원 형상을 표현하므로 물리적 성질(질량)의 계산이 불가능하다.

09 400rpm으로 2kW의 동력을 전달시키는 축에 발생하는 비틀림모멘트(토크)는 몇 N·m인가?

① 47.7 ② 49.7
③ 51.7 ④ 53.7

해설

$$T=\frac{H}{\omega}=\frac{2\times 10^3(W)}{\frac{2\pi\times 400}{60}(\text{rad/s})}=47.7\text{N}\cdot\text{m}$$

정답 05 ① 06 ④ 07 ② 08 ④ 09 ①

10 축방향으로 20MPa의 인장응력과 10MPa의 전단응력이 동시에 작용하는 볼트에서 발생하는 최대전단응력은 약 몇 MPa인가?

① 12.1 ② 14.1
③ 16.1 ④ 18.1

해설

$$\tau_{\max} = \frac{1}{2}\sqrt{\sigma^2 + 4\tau^2} = \frac{1}{2}\sqrt{20^2 + 4\times 10^2}$$
$$= 14.1\text{MPa}$$

11 코터이음에서 20kN의 인장력이 작용하고 있을 때, 코터가 받는 전단응력은 약 몇 MPa인가? (단, 코터의 폭은 100mm, 두께는 50mm이다.)

① 1 ② 2
③ 10 ④ 20

해설

$P = \tau \cdot A_\tau = \tau \cdot b \cdot t \cdot 2$에서

$$\therefore \tau = \frac{P}{2bt} = \frac{20\times 10^3}{2\times 100\times 50} = 2\text{N/mm}^2$$
$$= 2\times 10^6\text{N/m}^2 = 2\text{MPa}$$

12 평행한 두 축 사이의 거리가 약간 떨어진 경우 사용되는 커플링으로 두 축 사이에 중간 원판을 끼워서 동력전달을 하게 되며, 윤활문제와 원심력 때문에 고속회전에는 부적당한 커플링은?

① 플렉시블(Flexible) 커플링
② 셀러(Seller) 커플링
③ 올덤(Oldham) 커플링
④ 유니버설(Universal) 커플링

해설

13 360rpm으로 회전하고 있는 볼베어링에 400N의 하중이 작용하고 있다. 이 베어링의 기본 부하용량이 2,400N일 때 베어링의 수명회전은?

① 116×10^6 ② 216×10^6
③ 316×10^6 ④ 416×10^6

해설

볼베어링 $r = 3$

$$L_n = \left(\frac{C}{P}\right)^r \times 10^6 = \left(\frac{2,400}{400}\right)^3 \times 10^6 = 216\times 10^6\text{rev}$$

14 250rpm으로 회전하는 출력 10kW의 모터 축에 설치되어 있는 바깥지름 500mm의 풀리에 평벨트를 구동할 때 벨트에 작동하는 유효장력 T_e는 몇 kN인가?(단, 종동풀리의 지름은 500mm, 원심력은 무시한다.)

① 1.53 ② 2.53
③ 3.53 ④ 4.53

해설

회전속도 $V = \frac{\pi D_1 N_1}{60,000} = \frac{\pi\times 500\times 250}{60,000} = 6.54\text{m/s}$

$H = T_e \cdot V$에서

$$T_e = \frac{H}{V} = \frac{10\times 1,000}{6.54} = 1,529.05\text{N} = 1.53\text{kN}$$

정답 10 ② 11 ② 12 ③ 13 ② 14 ①

15 브레이크 압력이 490kPa, 브레이크 드럼의 원주속도가 8m/s일 때 이 브레이크의 브레이크 용량($N/mm^2 \cdot m/s$)은 얼마인가?(단, 마찰계수는 0.2이다.)

① 2.984 ② 7.842
③ 0.298 ④ 0.784

해설

$$q = 490 \times 10^3 N/m^2 = 490 \times 10^3 \times 10^{-6} N/mm^2$$
$$= 490 \times 10^{-3} N/mm^2$$
$$\mu q \cdot V = 0.2 \times 490 \times 10^{-3} \times 8$$
$$= 0.784 (N/mm^2 \cdot m/s)$$

16 KS 규격에 따른 유면계의 기호로 옳은 것은?

① 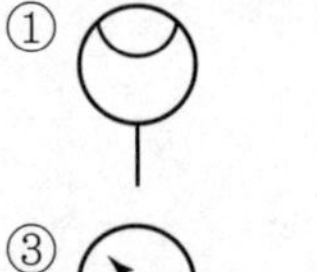 ② 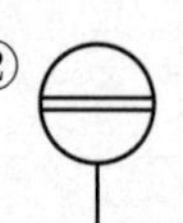

③  ④ 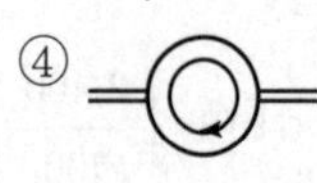

해설

① 유량 검측기 ② 유면계
③ 압력계 ④ 회전속도계

17 유압회로 중 미터인 회로에 대한 설명으로 옳은 것은?

① 유량제어 밸브는 실린더에서 유압작동유의 출구 측에 설치한다.
② 유량제어 밸브는 탱크로 바이패스 되는 관로 쪽에 설치한다.
③ 릴리프 밸브를 통하여 분기되는 유량으로 인한 동력손실이 있다.
④ 압력설정회로로 체크 밸브에 의하여 양방향만의 속도가 제어된다.

해설

미터인 회로
액추에이터 입구 쪽 관로에 유량제어 밸브를 직렬로 부착하고, 유량제어 밸브가 압력보상형이면 실린더의 전진속도는 펌프송출량과 무관하게 일정하다. 이 경우 펌프송출압은 릴리프 밸브의 설정압으로 정해지고, 펌프에서 송출되는 여분의 유량은 릴리프 밸브를 통하여 탱크에 방출되므로 동력손실이 크다.

18 난연성 작동유의 종류가 아닌 것은?

① R&O형 작동유
② 수중 유형 유화유
③ 물－글리콜형 작동유
④ 인산 에스테르형 작동유

해설

석유계 작동유(R&O)
가장 널리 사용되는 작동유로서, 주로 파라핀계 원유를 정제한 것에 산화 방지제와 녹방지제를 첨가한 것으로써 화재의 위험성이 있다.

19 유압장치의 운동부분에 사용되는 실(Seal)의 일반적인 명칭은?

① 심레스(Seamless) ② 개스킷(Gasket)
③ 패킹(Packing) ④ 필터(Filter)

해설

고정부분에 쓰이는 실은 개스킷(Gasket), 운동부분에 쓰이는 실은 패킹(Packing)이라 한다.

20 어큐뮬레이터 종류인 피스톤형의 특징에 대한 설명으로 적절하지 않은 것은?

① 대형도 제작이 용이하다.
② 축유량을 크게 잡을 수 있다.
③ 형상이 간단하고 구성품이 적다.
④ 유실에 가스 침입의 염려가 없다.

정답 15 ④ 16 ② 17 ③ 18 ① 19 ③ 20 ④

해설 ⊕

④ 유실에 가스 침입의 염려가 있다.

2과목 기계재료 및 제작

21 Fe–C 상태도에서 온도가 가장 낮은 것은?

① 공석점　② 포정점
③ 공정점　④ 순철의 자기변태점

해설 ⊕

① 공석점 : 723℃　② 포정점 : 1,500℃
③ 공정점 : 1,130℃　④ 순철의 자기변태 : 768℃

22 Al을 강의 표면에 침투시켜 내스케일성을 증가시키는 금속 침투 방법은?

① 파커라이징(Parkerizing)
② 칼로라이징(Calorizing)
③ 크로마이징(Chromizing)
④ 금속용사법(Metal Spraying)

해설 ⊕

금속 침투법의 침투제에 따른 분류

종류	침투제	장점
세라다이징(Sheradizing)	Zn	대기 중 부식 방지
칼로라이징(Calorizing)	Al	고온 산화 방지
크로마이징(Chromizing)	Cr	내식성, 내산성, 내마모성 증가
실리코나이징(Silliconizing)	Si	내산성 증가
보로나이징(Boronizing)	B	고경도(HV 1,300~1,400)

23 고속도강의 특징을 설명한 것 중 틀린 것은?

① 열처리에 의하여 경화하는 성질이 있다.
② 내마모성이 크다.
③ 마텐자이트(Martensite)가 안정되어, 600℃까지는 고속으로 절삭이 가능하다.
④ 고Mn강, 칠드주철, 경질유리 등의 절삭에 적합하다.

해설 ⊕

고속도강의 특징

- 표준고속도강 : W(18%)–Cr(4%)–V(1%)–C(0.8%)
- 사용온도–600℃까지 경도를 유지한다.
- 고온경도가 높고 내마모성이 우수하다.
- 절삭속도는 탄소강의 2배 이상으로 고속도강이라 명명되었다.

24 다음 중 심랭처리(Sub–zero treatment)에 대한 설명으로 가장 적절한 것은?

① 강철을 담금질하기 전에 표면에 붙은 불순물을 화학적으로 제거시키는 것
② 처음에 기름으로 냉각한 다음 계속하여 물속에 담그고 냉각하는 것
③ 담금질 직후 바로 템퍼링하기 전에 얼마 동안 0℃에 두었다가 템퍼링하는 것
④ 담금질 후 0℃ 이하의 온도까지 냉각시켜 잔류 오스테나이트를 마텐자이트화하는 것

해설 ⊕

심랭처리

상온으로 담금질된 강을 다시 0℃ 이하의 온도로 냉각하는 열처리 방식이다.

- 목적 : 잔류 오스테나이트를 마텐자이트로 변태시키기 위함
- 효과 : 담금질 균열 방지, 치수 변화 방지, 경도 향상(예 게이지강)

정답　21 ①　22 ②　23 ④　24 ④

25 황(S) 성분이 적은 선철을 용해로에서 용해한 후 주형에 주입 전 Mg, Ca 등을 첨가시켜 흑연을 구상화한 주철은?

① 합금주철 ② 칠드주철
③ 가단주철 ④ 구상흑연주철

해설

㉠ 합금주철
기계적 성질, 내마모성, 내열성, 내식성 등을 향상시키기 위해 보통주철에 Al, Cr, Mo, Ni, Si, Ti, V 등의 합금원소를 첨가하여 제조한 주철

㉡ 칠드 주철(Chilled Casting : 냉경주물)
- 사형의 단단한 조직이 필요한 부분에 금형을 설치하여 주물을 제작하면, 금형이 설치된 부분이 급랭되어 표면은 단단하고, 내부는 연하며 강인한 성질을 갖는 칠드주철을 얻을 수 있다.
- 표면은 백주철, 내부는 회주철로 만든 것으로 압연용 롤러, 차륜 등과 같은 것에 사용된다.

㉢ 가단주철
- 주철의 취성을 개량하기 위해서 백주철을 고온도로 장시간 풀림(Anealing)해서 시멘타이트를 분해 또는 감소시켜 인성과 연성을 증가시킨 주철이다.
- 가공성이 좋고, 강도와 인성이 요구되는 부품 재료에 사용되며, 대량 생산품에 많이 사용된다.

㉣ 구상흑연주철(미국 : Ductile Cast Iron, 일본 : Nodular Cast Iron, 영국 : Spheroidal Graphite Cast Iron)
- 편상흑연(강도와 연성이 작고, 취성이 있음)을 구상흑연(강도와 연성이 큼)으로 개선한 주철
- 주철을 구상화하기 위하여 P와 S의 양은 적게 하고, Mg, Ca, Ce 등을 첨가한다.
- 인장강도는 주조상태에서 500~700MPa, 풀림상태에서는 450~550MPa이다.
- 보통주철과 비교할 때 내마멸성, 내열성, 내식성 등이 대단히 좋아 크랭크축, 브레이크 드럼에 사용된다.
- 구상흑연주철은 조직에 따라 페라이트형, 펄라이트형, 시멘타이트형으로 분류된다.
- 불스 아이(Bull'S Eye) 조직 : 구상흑연 주위는 페라이트가 둘러싸고, 외부는 펄라이트 조직으로 되어 있다.

26 금속을 소성가공할 때에 냉간가공과 열간가공을 구분하는 온도는?

① 변태온도 ② 단조온도
③ 재결정온도 ④ 담금질온도

해설

금속의 재결정온도 기준
- 열간가공(Hot working) : 재결정온도 이상에서 가공
- 냉간가공(Cold working) : 재결정온도 이하에서 가공

27 순철의 변태에 대한 설명 중 틀린 것은?

① 동소변태점은 A_3점과 A_4점이 있다.
② Fe의 자기변태점은 약 768℃ 정도이며, 큐리(curie)점이라고도 한다.
③ 동소변태는 결정격자가 변화하는 변태를 말한다.
④ 자기변태는 일정온도에서 급격히 비연속적으로 일어난다.

해설

순철의 변태
- 순철에는 α철, γ철, δ철의 3개의 동소체가 있으며, 910℃ 이하에서는 α철로 체심입방격자(BCC), 910~1,400℃에서는 γ철로 면심입방격자(FCC), 1,400℃ 이상에서는 δ철로 체심입방격자(BCC) 구조를 갖는다.
- 자기변태 : 순철은 강자성체이나 가열하면 점점 자성이 약해져서 768℃ 부근에서는 급격히 상자성체로 되는데 이러한 변태를 자기변태(A_2 : 768℃)라 한다. 원자배열의 변화가 없으므로 가열, 냉각 시 온도변화가 없다.
- 동소변태 : 순철은 고체범위에서 온도를 가열 또는 냉각함에 따라 격자 변화가 일어나는데 이를 동소변태

정답 25 ④ 26 ③ 27 ④

(A_3 : 910 ℃, A_4 : 1,400℃)라 한다. 원자배열의 변화가 생기므로 상당한 시간을 요한다. A_3 변태점을 상승시키고 A_4 변태점을 강하시키는 원소는 Cr, Mo, W, V 등이 있다.

- 변태점 : 변태가 일어나는 온도를 말한다.

※ 순철에는 A_1 변태점이 없다. A_1 변태점은 강에만 있다.

28 다음 중 공구강 강재의 종류에 해당되지 않는 것은?

① STS 3　② SM 25C
③ STC 105　④ SKH 51

해설

㉠ 탄소공구강(STC) : 사용온도 300℃까지, 저속 절삭공구, 수기공구 등에 사용된다.
㉡ 합금공구강(STS) : 사용온도 450℃까지, 탄소공구강(C 0.8~1.5% 함유) + (Cr, Mo, W, V)원소 소량 첨가 ⇒ 탄소공구강보다 절삭성이 우수하고, 내마멸성과 고온경도가 높다.
㉢ 고속도강(SKH)
　ⓐ 표준고속도강 : W(18%)-Cr(4%)-V(1%)-C(0.8%)
　　• 열처리 : 800~900℃ 예열 → 1,250~1,300℃ 담금질 → 300℃ 공랭 → 500~580℃ 뜨임
　　• 250~300℃에서 팽창률이 크고, 2차 경화로 강인한 소르바이트 조직을 형성한다.
　ⓑ 사용온도 600℃까지 경도를 유지한다.
　ⓒ 고온경도가 높고 내마모성이 우수하다.
　ⓓ 절삭속도는 탄소강의 2배 이상으로 고속도강이라 명명되었다.

※ SM 25C : 탄소함량이 0.25%인 기계구조용 탄소강이다.

29 항온열처리 방법에 해당하는 것은?

① 뜨임(Tempering)
② 어닐링(Annealing)
③ 마퀜칭(Marquenching)
④ 노멀라이징(Normalizing)

해설

항온열처리 방법
오스포밍, 오스템퍼링, 마템퍼링, 마퀜칭, M_s 퀜칭, 항온풀림 등

30 용접부의 시험검사방법 중 파괴시험에 해당하는 것은?

① 외관시험
② 초음파 탐상시험
③ 피로시험
④ 음향시험

해설

비파괴 검사
자분탐상검사(MT), 침투탐상검사(PT), 초음파탐상검사(UT), 방사선투과검사(RT), 와전류탐상검사(ECT)

31 절삭가공할 때 유동형 칩이 발생하는 조건으로 틀린 것은?

① 절삭깊이가 적을 때
② 절삭속도가 느릴 때
③ 바이트 인선의 경사각이 클 때
④ 연성의 재료(구리, 알루미늄 등)를 가공할 때

해설

유동형 칩(Flow Type Chip)
재료 내의 소성변형이 연속해서 일어나 균일한 두께의 칩이 흐르는 것처럼 연속하여 나오는 것

- 신축성이 크고 소성 변형하기 쉬운 재료(연강, 동, 알루미늄 등)
- 바이트의 경사각이 클 때
- 절삭속도가 클 때
- 절삭량이 적을 때

정답　28 ②　29 ③　30 ③　31 ②

32 다음 빈칸에 들어갈 숫자가 옳게 짝지어진 것은?

> 지름 100mm의 소재를 드로잉하여 지름 60mm의 원통을 가공할 때 드로잉률은 (A)이다. 또한, 이 60mm의 용기를 재드로잉률 0.8로 드로잉을 하면 용기의 지름은 (B)mm가 된다.

① A : 0.36, B : 48 ② A : 0.36, B : 75
③ A : 0.6, B : 48 ④ A : 0.6, B : 75

해설

A : $A=\frac{d_1}{d_0}=\frac{60}{100}=0.6$

B : $0.8=\frac{B}{60}$, $B=48$

33 용접 시 발생하는 불량(결함)에 해당하지 않는 것은?

① 오버랩 ② 언더컷
③ 용입불량 ④ 콤퍼지션

해설

용접결함의 종류

균열, 용접 변형 및 잔류응력, 언더컷(Under Cut), 오버랩(Overlap), 용입 불량, 융합 불량, 기공(Blow Hole), 스패터(Spatter), 은점 등이 있다.

34 방전가공에서 전극 재료의 구비조건으로 가장 거리가 먼 것은?

① 기계가공이 쉬워야 한다.
② 가공 전극의 소모가 커야 한다.
③ 가공 정밀도가 높아야 한다.
④ 방전이 안전하고 가공속도가 빨라야 한다.

해설

전극 재료의 조건

- 열전도율이 좋고, 열적 변형이 적어야 한다.
- 고온과 방전가공유로 인한 화학적 반응이 없어야 한다.
- 기계가공이 쉽고, 가공정밀도가 높아야 한다.
- 구하기 쉽고 가격이 싸야 한다.
- 공작물보다 경도가 낮아야 한다.

35 연삭 중 숫돌의 떨림 현상이 발생하는 원인으로 가장 거리가 먼 것은?

① 숫돌의 결합도가 약할 때
② 숫돌축이 편심되어 있을 때
③ 숫돌의 평형상태가 불량할 때
④ 연삭기 자체에서 진동이 있을 때

해설

떨림(Chattering) 현상의 원인

떨림은 숫돌의 평형이 불량할 때, 숫돌의 결합도가 너무 커서 연삭 저항의 변동이 심할 때, 센터 및 센터구멍이 불량할 때 연삭기 자체의 진동, 외부 진동 등이 있을 때 발생한다.

36 용융금속에 압력을 가하여 주조하는 방법으로 주형을 회전시켜 주형 내면을 균일하게 압착시키는 주조법은?

① 셸 몰드법 ② 원심주조법
③ 저압주조법 ④ 진공주조법

해설

원심주조법(Centrifugal Casting)

- 속이 빈 주형을 수평 또는 수직상태로 놓고 중심선을 축으로 회전시키면서 용탕을 주입하여 그때에 작용하는 원심력으로 치밀하고 결함이 없는 주물을 대량 생산하는 방법이다.
- 수도용 주철관, 피스톤링, 실린더라이너 등의 재료로 이용된다.

정답 32 ③ 33 ④ 34 ② 35 ① 36 ②

37 프레스가공에서 전단가공의 종류가 아닌 것은?

① 블랭킹 ② 트리밍
③ 스웨이징 ④ 세이빙

해설

- 프레스가공의 전단가공 : 블랭킹(Blanking), 펀칭(Punching), 전단(Shearing), 분단(Parting), 노칭(Notching), 트리밍(Trimming), 세이빙(Shaving) 등이 있다.
- 냉간단조가공 : 콜드헤딩, 스웨이징, 코닝 등이 있다.

38 회전하는 상자 속에 공작물과 숫돌입자, 공작액, 콤파운드 등을 넣고 서로 충돌시켜 표면의 요철을 제거하며 매끈한 가공면을 얻는 가공법은?

① 호닝(Honing)
② 배럴(Barrel) 가공
③ 숏피닝(Shot Peening)
④ 슈퍼피니싱(Super Finishing)

해설

① 호닝(Honing) 가공 : 혼(Hone)이라는 고운 숫돌 입자를 방사상의 모양으로 만들어 구멍에 넣고 회전운동시켜 구멍의 내면을 정밀하게 다듬질하는 방법
③ 숏피닝(Shot Peening) : 경화된 철의 작은 볼을 공작물의 표면에 분사하여 그 표면을 매끈하게 하는 동시에 공작물의 피로 강도나 기계적 성질을 향상시키는 방법
④ 슈퍼피니싱 : 미세하고 연한 숫돌을 가공 표면에 가압하고, 공작물을 회전 이송 운동시키며, 숫돌에 진동을 주어 0.5mm 이하의 경면(鏡面) 다듬질에 사용

39 공기 마이크로미터의 특징을 설명한 것으로 틀린 것은?

① 배율이 높고 정도가 좋다.
② 접촉 측정자를 사용하지 않을 때에는 측정력이 거의 0에 가깝다.
③ 측정물에 부착된 기름이나 먼지를 분출공기로 불어내므로 보다 정확한 측정이 가능하다.
④ 직접측정기로서 큰 치수(1개)와 작은 치수(2개)로 이루어진 마스터가 최소 3개 필요하다.

해설

공기 마이크로미터는 비교 측정기로서 큰 치수(1개)와 작은 치수(1개)로 이루어진 마스터가 최소 2개 필요하다.

40 주철과 같이 메진 재료를 저속으로 절삭할 때 일반적인 칩의 모양은?

① 경작형 ② 균열형
③ 유동형 ④ 전단형

해설

균열형 칩의 발생조건
- 주철과 같은 취성이 큰 재료를 저속 절삭할 때
- 절삭깊이가 크거나 경사각이 매우 작을 때

정답 37 ③ 38 ② 39 ④ 40 ②

3과목 구조해석

41 다음 단면에서 도심의 y축 좌표는 얼마인가?

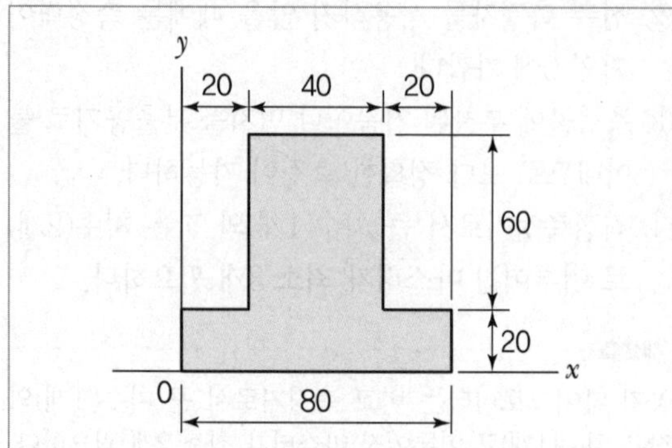

① 30 ② 34
③ 40 ④ 44

해설

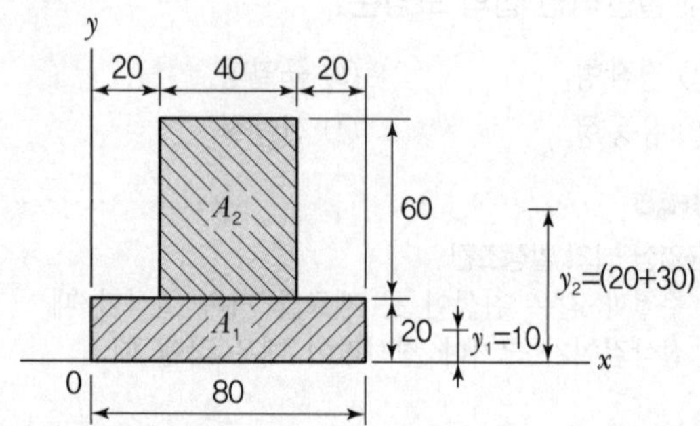

x축으로부터 도심거리

$$\bar{y} = \frac{A_1 y_1 + A_2 y_2}{A_1 + A_2}$$

$$= \frac{(80 \times 20 \times 10) + (40 \times 60 \times 50)}{(80 \times 20) + (40 \times 60)} = 34$$

42 그림과 같이 원형 단면을 갖는 외팔보에 발생하는 최대굽힘응력 σ_b는?

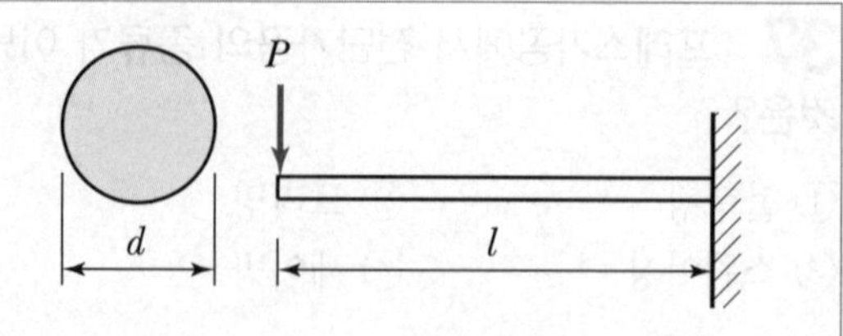

① $\frac{32Pl}{\pi d^3}$ ② $\frac{32Pl}{\pi d^4}$
③ $\frac{6Pl}{\pi d^2}$ ④ $\frac{\pi d}{6Pl}$

해설

〈F.B.D〉

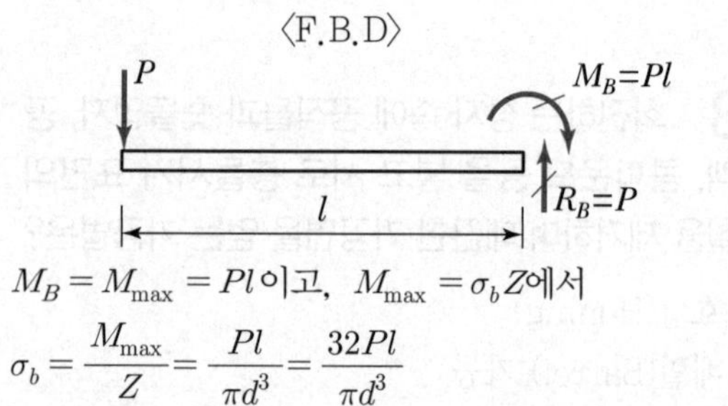

$M_B = M_{\max} = Pl$이고, $M_{\max} = \sigma_b Z$에서

$$\sigma_b = \frac{M_{\max}}{Z} = \frac{Pl}{\frac{\pi d^3}{32}} = \frac{32Pl}{\pi d^3}$$

43 양단이 힌지로 된 길이 4m인 기둥의 임계하중을 오일러 공식을 사용하여 구하면 약 몇 N인가?(단, 기둥의 세로탄성계수 E = 200GPa이다.)

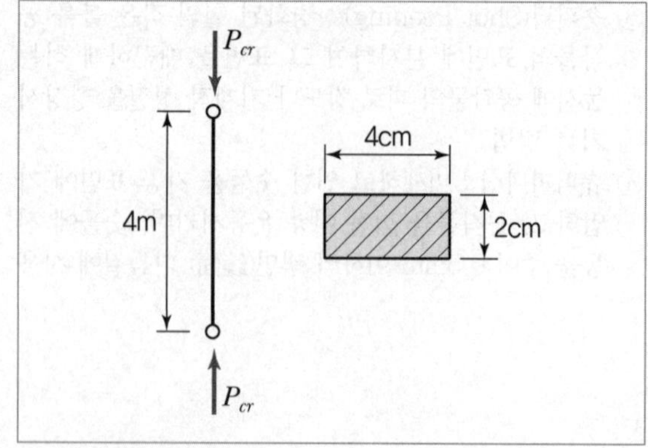

① 1,645 ② 3,290
③ 6,580 ④ 13,160

정답 41 ② 42 ① 43 ②

해설

$P_{cr} = n\pi^2 \dfrac{EI}{l^2}$ (양단힌지이므로 단말계수 $n=1$)

$= 1 \times \pi^2 \times \dfrac{200 \times 10^9 \times \dfrac{0.04 \times 0.02^3}{12}}{4^2}$

$= 3,289.87\text{N}$

44 길이가 50cm인 외팔보의 자유단에 정적인 힘을 가하여 자유단에서의 처짐량이 1cm가 되도록 외팔보를 탄성변형시키려고 한다. 이때 필요한 최소한의 에너지는 약 몇 J인가?(단, 외팔보의 세로탄성계수는 200GPa, 단면은 한 변의 길이가 2cm인 정사각형이라고 한다.)

① 3.2 ② 6.4
③ 9.6 ④ 12.8

해설

외팔보 자유단에서 처짐량 $\delta = \dfrac{Pl^3}{3EI}$에서

$P = \dfrac{3EI\delta}{l^3}$

$= \dfrac{3 \times 200 \times 10^9 \times \dfrac{0.02 \times 0.02^3}{12} \times 0.01}{0.5^3} = 640\text{N}$

탄성변형에너지 U

$= \dfrac{1}{2}P\delta = \dfrac{1}{2} \times 640 \times 0.01 = 3.2\text{N}\cdot\text{m} = 3.2\text{J}$

45 그림에서 클램프(Clamp)의 압축력이 P = 5kN일 때 $m-n$ 단면의 최소두께 h를 구하면 약 몇 cm인가?(단, 직사각형 단면의 폭 b = 10mm, 편심거리 e = 50mm, 재료의 허용응력 σ_a = 200MPa이다.)

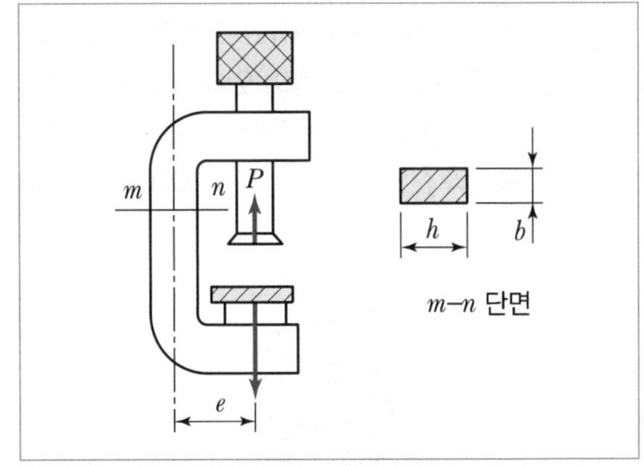

① 1.34 ② 2.34
③ 2.86 ④ 3.34

해설

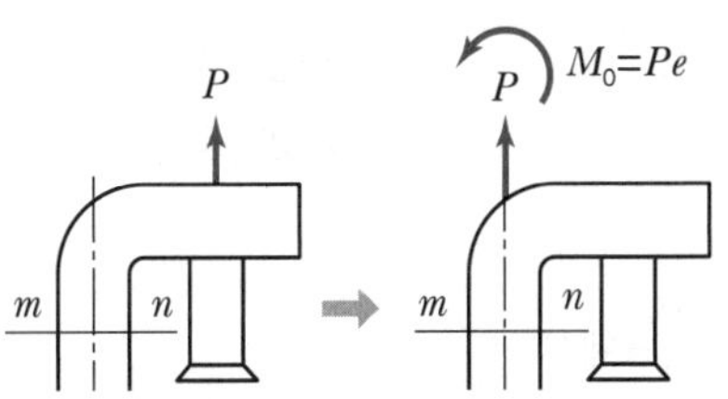

$m-n$ 단면은 인장응력과 굽힘응력의 조합상태이므로

$\sigma_a = \sigma_{max} = \sigma_t + \sigma_b = \dfrac{P}{A} + \dfrac{M_0}{Z} = \dfrac{P}{A} + \dfrac{Pe}{Z}$

$\sigma_{max} = \dfrac{P}{bh} + \dfrac{6Pe}{bh^2}$ (양변$\times bh^2$)

$\sigma_{max} bh^2 = Ph + 6Pe$

$\sigma_{max} bh^2 - Ph - 6Pe = 0$

$200 \times 10^6 \times 0.01 \times h^2 - 5 \times 10^3 \times h - 6 \times 5 \times 10^3 \times 0.05 = 0$

$(2 \times 10^6)h^2 - (5 \times 10^3)h - 1,500 = 0$ (근의 공식 적용)

$h = \dfrac{-(-)5,000 \pm \sqrt{5,000^2 - 4 \times (2 \times 10^6) \times (-1,500)}}{2 \times (2 \times 10^6)}$

$\therefore\ h = 0.02866\text{m} = 2.87\text{cm}$
(근호 앞 부호 +일 때만 양수 근)

정답 44 ① 45 ③

46 강선의 지름이 5mm이고 코일의 반지름이 50mm인 15회 감긴 스프링이 있다. 이 스프링에 힘을 가하여 처짐량이 50mm일 때, P는 약 몇 N인가? (단, 재료의 전단탄성계수 $G=100$Gpa이다.)

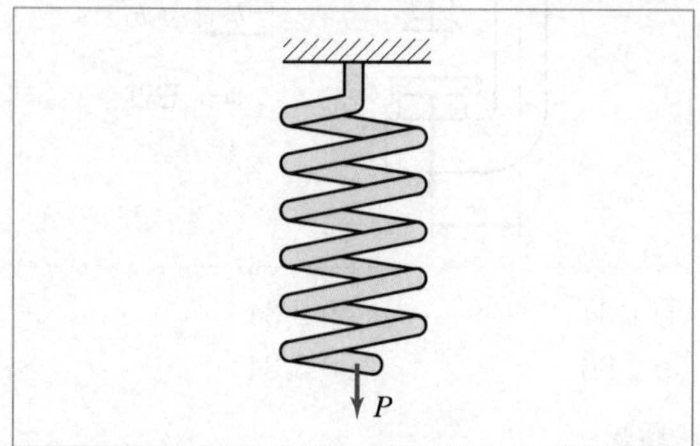

① 18.32 ② 22.08
③ 26.04 ④ 28.43

해설

$\delta=\dfrac{8PD^3n}{Gd^4}$에서

$P=\dfrac{Gd^4\delta}{8D^3n}=\dfrac{100\times10^9\times0.005^4\times0.05}{8\times0.1^3\times15}=26.04\text{N}$

47 지름 d인 강봉의 지름을 2배로 했을 때 비틀림 강도는 몇 배가 되는가?

① 2배 ② 4배
③ 8배 ④ 16배

해설

$T_1=\tau Z_P=\tau\times\dfrac{\pi d^3}{16}$

$T_2=\tau Z_P=\tau\times\dfrac{\pi(2d)^3}{16}=8\times\tau\times\dfrac{\pi d^3}{16}=8T_1$

$\therefore\ \dfrac{T_2}{T_1}=\dfrac{8T_1}{T_1}=8$배

48 그림과 같이 단순지지보가 B점에서 반시계 방향의 모멘트를 받고 있다. 이때 최대의 처짐이 발생하는 곳은 A점으로부터 얼마나 떨어진 거리인가?

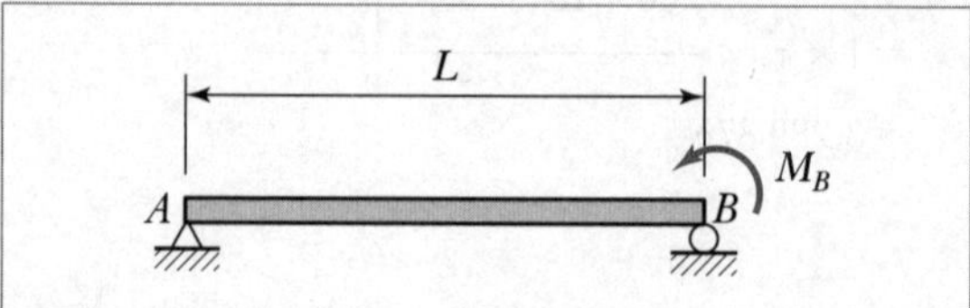

① $\dfrac{L}{2}$ ② $\dfrac{L}{\sqrt{2}}$
③ $L\left(1-\dfrac{1}{\sqrt{3}}\right)$ ④ $\dfrac{L}{\sqrt{3}}$

해설

$M_B=M_0$

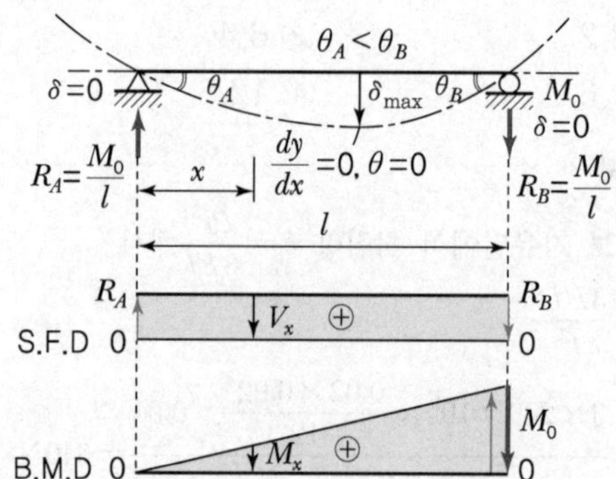

M_x는 $0\sim x$까지의 S.F.D 면적과 같으므로

$M_x=R_Ax=\dfrac{M_0}{l}x$

처짐미분방정식에서

$EIy''=M_x=\dfrac{M_0}{l}x$ 적분

$EIy'=\dfrac{M_0}{l}\dfrac{x^2}{2}+C_1$ 적분

$EIy=\dfrac{M_0}{l}\dfrac{x^3}{6}+C_1x+C_2$

B/C $x=0$과 $x=l$에서 처짐량 $y=0$이므로

$x=0$일 때 $C_2=0$

$x=l$일 때 $0=\dfrac{M_0}{l}\dfrac{l^3}{6}+C_1l$

정답 46 ③ 47 ③ 48 ④

$C_1 = \dfrac{-M_0 l}{6}$

C_1, C_2를 대입하여 수식을 정리하면

$EIy' = \dfrac{M_0}{l}\dfrac{x^2}{2} - \dfrac{M_0 l}{6}$

$EIy = \dfrac{M_0}{l}\dfrac{x^3}{6} - \dfrac{M_0 l}{6}x$

최대처짐 δ_{max}는 $y_{max} \rightarrow y'(\theta)$가 0일 때이므로

[보의 처짐탄성곡선에서 처짐각(탄성곡선의 접선기울기)이 "0"인 지점에서 최대처짐이 발생한다.]

$0 = \dfrac{M_0}{l}\dfrac{x^2}{2} - \dfrac{M_0 l}{6}$

$\dfrac{M_0}{l}\dfrac{x^2}{2} = \dfrac{M_0 l}{6}$

$x^2 = \dfrac{l^2}{3}$

$\therefore\ x = \dfrac{l}{\sqrt{3}}$

49 포아송(Poisson) 비가 0.3인 재료에서 세로탄성계수(E)와 가로탄성계수(G)의 비(E/G)는?

① 0.15　② 1.5

③ 2.6　④ 3.2

해설

$E = 2G(1+\mu)$에서

$\dfrac{E}{G} = 2(1+\mu) = 2(1+0.3) = 2.6$

50 그림과 같은 양단고정보에서 고정단 A에서 발생하는 굽힘모멘트는?(단, 보의 굽힘강성계수는 EI이다.)

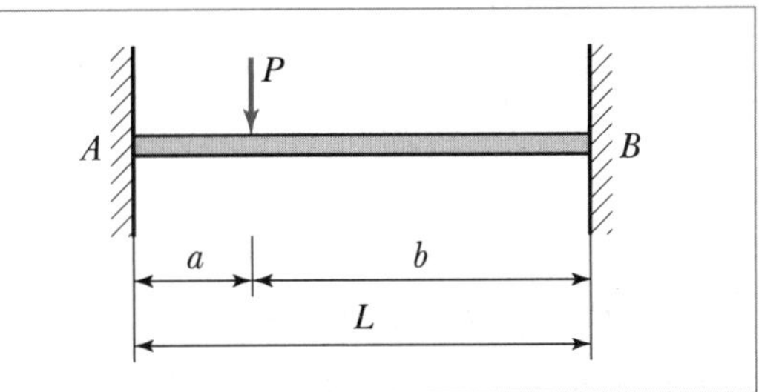

① $M_A = \dfrac{Pab}{L}$　② $M_A = \dfrac{Pab(a-b)}{L}$

③ $M_A = \dfrac{Pab}{L} \times \dfrac{a}{L}$　④ $M_A = \dfrac{Pab}{L} \times \dfrac{b}{L}$

해설

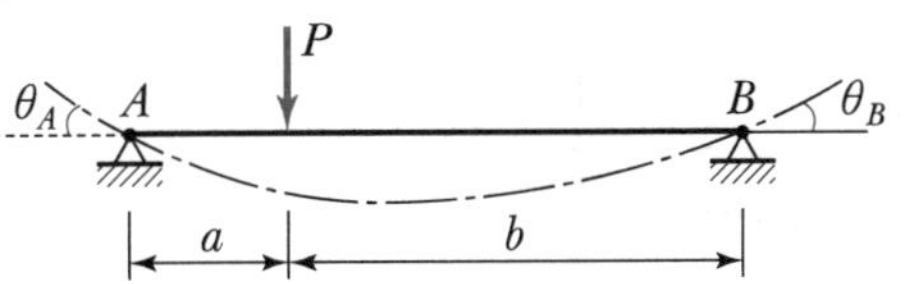

$\theta_A = \dfrac{Pab(l+b)}{6lEI}$, $\theta_B = \dfrac{Pab(l+a)}{6lEI}$

A지점에서 처짐각 θ_A'는 다음 그림처럼

M_A에 의한 처짐각 $\dfrac{M_A l}{3EI}$,

M_B에 의한 처짐각 $\dfrac{M_B l}{6EI}$이다.

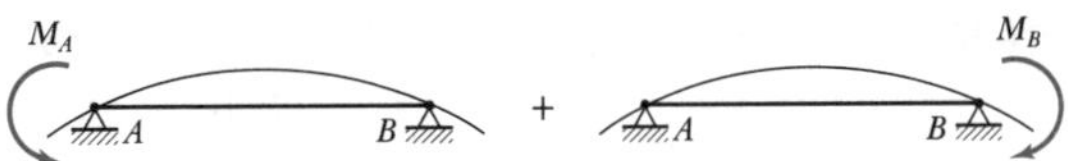

A지점(고정지점)에서 처짐각은 "0"이므로

$\theta_A = \theta_A'$

$\therefore\ \dfrac{Pab(l+b)}{6lEI} = \dfrac{M_A l}{3EI} + \dfrac{M_B l}{6EI}$

A지점과 동일하게 B지점에서도 처짐각은 "0"이므로

$\theta_B = \theta_B'$

$\therefore\ \dfrac{Pab(l+a)}{6lEI} = \dfrac{M_B l}{3EI} + \dfrac{M_A l}{6EI}$

정답　49 ③　50 ④

두 식을 정리하면

$M_A = \dfrac{Pab^2}{l^2}$, $M_B = \dfrac{Pa^2b}{l^2}$

51 그림과 같은 선형 탄성 균일 단면 외팔보의 굽힘모멘트 선도로 가장 적당한 것은?

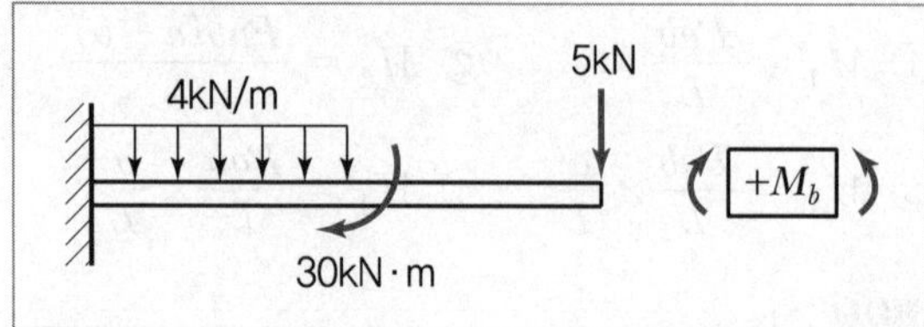

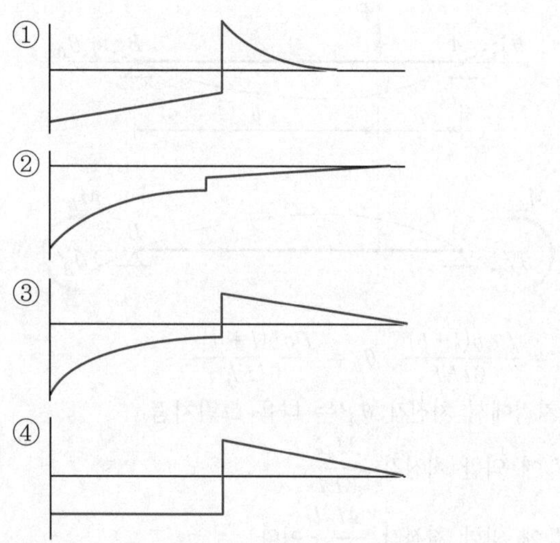

해설

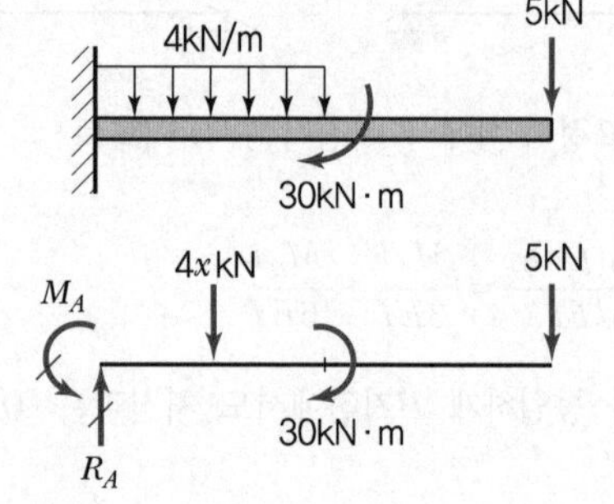

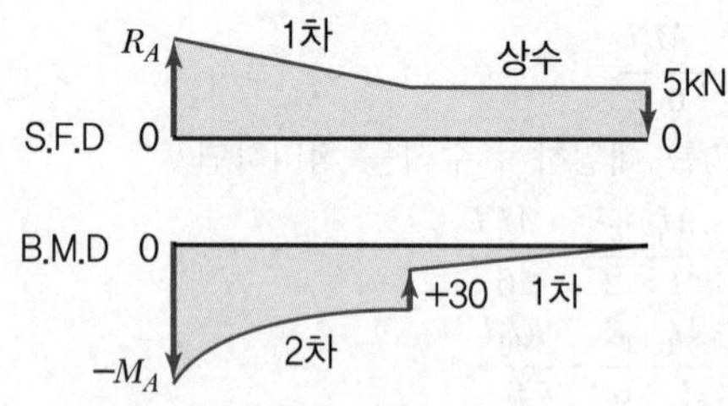

52 다음 단면의 도심축($X-X$)에 대한 관성모멘트는 약 몇 m^4인가?

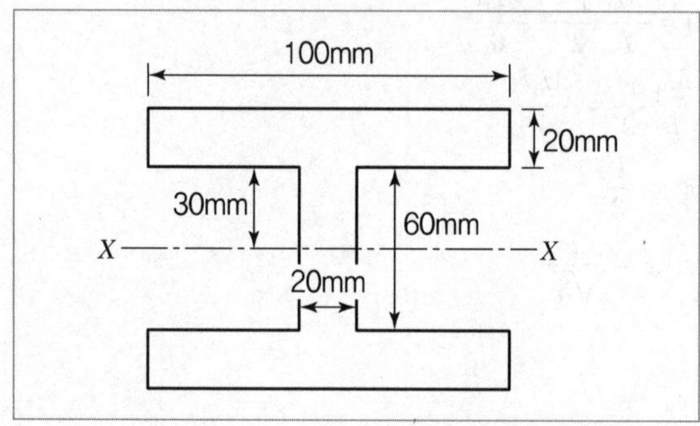

① 3.627×10^{-6} ② 4.627×10^{-7}
③ 4.933×10^{-7} ④ 6.893×10^{-6}

해설

X가 도심축이므로 사각형 도심축에 대한 단면 2차 모멘트 $I_X = \dfrac{bh^3}{12}$ 적용

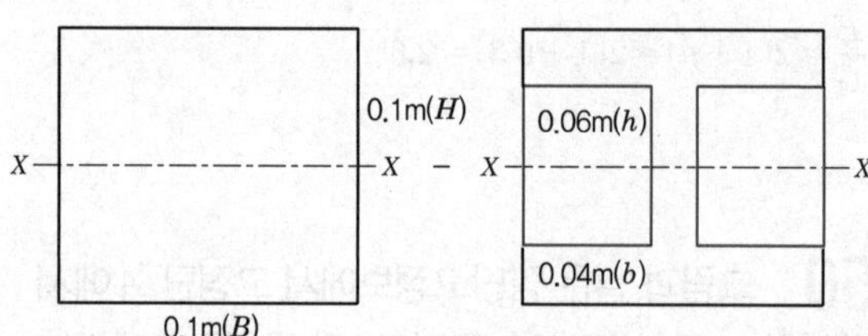

그림에서 전체의 I_X값에서 오른쪽에 사각형 2개의 I_X값을 빼주면 I형 빔의 도심축에 대한 단면 2차 모멘트 값을 구할 수 있다.

$\dfrac{BH^3}{12} - \dfrac{bh^3}{12} \times 2$(양쪽)

$\dfrac{0.1 \times 0.1^3}{12} - \dfrac{0.04 \times 0.06^3}{12} \times 2 = 6.8933 \times 10^{-6} m^4$

정답 51 ② 52 ④

53 한 변의 길이가 10mm인 정사각형 단면의 막대가 있다. 온도를 60℃ 상승시켜서 길이가 늘어나지 않게 하기 위해 8kN의 힘이 필요할 때 막대의 선팽창계수(α)는 약 몇 $℃^{-1}$인가?(단, 탄성계수는 $E=200$GPa이다.)

① $\frac{5}{3}\times10^{-6}$　② $\frac{10}{3}\times10^{-6}$
③ $\frac{15}{3}\times10^{-6}$　④ $\frac{20}{3}\times10^{-6}$

해설

열응력에 의해 생기는 힘과 하중 8kN은 같다.

$\varepsilon=\alpha\Delta t$

$\sigma=E\varepsilon=E\alpha\Delta t$

$P=\sigma A=E\alpha\Delta t A$에서

$\alpha=\frac{P}{E\Delta t A}=\frac{8\times10^3}{200\times10^9\times60\times0.01^2}$

$=0.000006667=6.\dot{6}\times10^{-6}$

$=\frac{66-6}{9}\times10^{-6}$

$=\frac{20}{3}\times10^{-6}(1/℃)$

54 그림과 같은 단순지지보에서 길이(L)는 5m, 중앙에서 집중하중 P가 작용할 때 최대처짐이 43mm라면 이때 집중하중 P의 값은 약 몇 kN인가?[단, 보의 단면(폭(b)×높이(h)=5cm×12cm), 탄성계수 E=210GPa로 한다.]

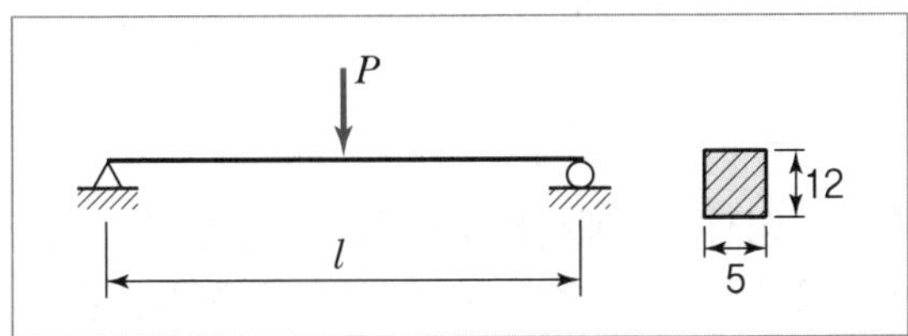

① 50　② 38
③ 25　④ 16

해설

단순보 중앙에서의 최대처짐량

$\delta=\frac{Pl^3}{48EI}$에서

$P=\frac{48EI\delta}{l^3}$

$=\frac{48\times210\times10^9\times\frac{0.05\times0.12^3}{12}\times0.043}{5^3}$

$=24{,}966.14\text{N}=24.97\text{kN}$

55 고유진동수 f(Hz), 고유 원진동수 ω(rad/s), 고유주기 T(s) 사이의 관계를 바르게 나타낸 식은?

① $T=\frac{\omega}{2\pi}$　② $T\omega=f$
③ $Tf=1$　④ $f\omega=2\pi$

해설

주기 $T=\frac{2\pi}{\omega}$

$f=\frac{1}{T}\rightarrow Tf=1$

56 그림과 같이 질량 100kg의 상자를 동마찰계수가 $\mu_1=0.2$인 길이 2.0m의 바닥 a와 동마찰계수가 $\mu_2=0.3$인 길이 2.5m의 바닥 b를 지나 A지점에서 C지점까지 밀려고 한다. 사람이 해야 할 일은 약 몇 J인가?

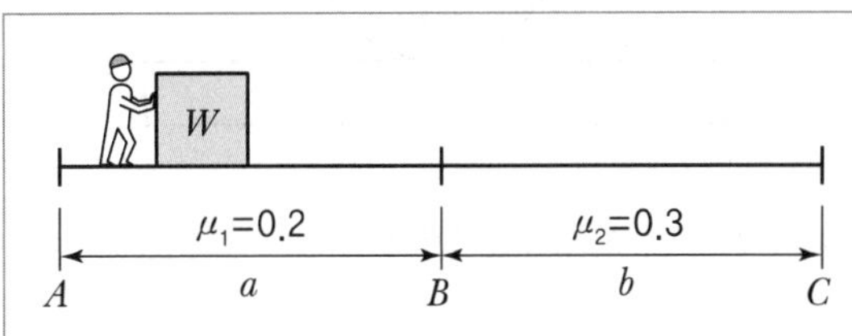

① 1,128J　② 2,256J
③ 3,760J　④ 5,640J

정답　53 ④　54 ③　55 ③　56 ①

해설

마찰일에너지

$U = U_{A\to B} + U_{B\to C}$

$= \mu_1 Wa + \mu_2 Wb = \mu_1 mga + \mu_2 mgb$

$= 0.2\times 100\times 9.8\times 2 + 0.3\times 100\times 9.8\times 2.5$

$= 1{,}127\text{J}$

57 1자유도 질량 – 스프링계에서 초기조건으로 변위 x_0가 주어진 상태에서 가만히 놓아 진동이 일어난다면 진동변위를 나타내는 식은?(단, ω_n은 계의 고유진동수이고, t는 시간이다.)

① $x_0\cos\omega_n t$　② $x_0\sin\omega_n t$
③ $x_0\cos^2\omega_n t$　④ $x_0\sin^2\omega_n t$

해설

x 방향이므로 진동변위 $x(t) = x_0\cos\omega_n t$

58 그림과 같이 바퀴가 가로방향(x축방향)으로 미끄러지지 않고 굴러가고 있을 때 A점의 속력과 그 방향은?(단, 바퀴 중심점의 속도는 V이다.)

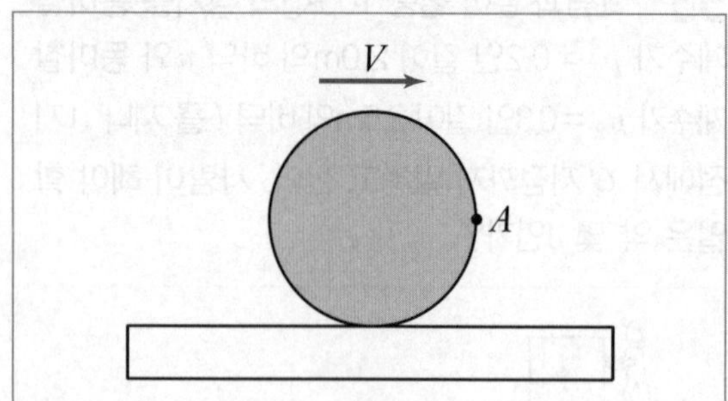

① 속력 : V, 방향 : x축방향
② 속력 : V, 방향 : $-y$축방향
③ 속력 : $\sqrt{2}\,V$, 방향 : $-y$축방향
④ 속력 : $\sqrt{2}\,V$, 방향 : x축방향에서 아래로 45° 방향

해설

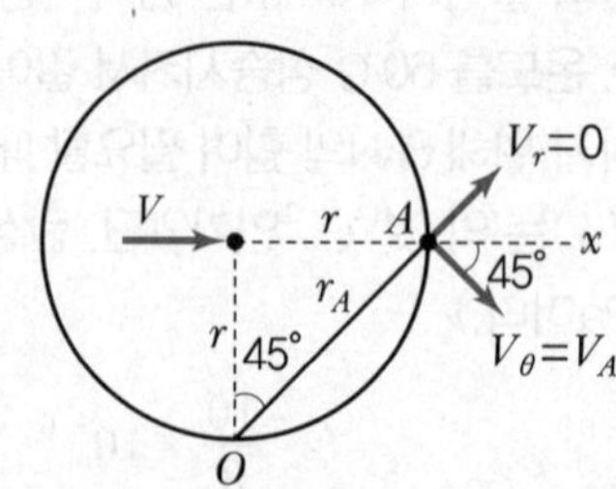

$V = r\omega$이고 운동은 O점을 기준으로 이루어지므로 접촉점 O에서 A점까지 거리 $r_A = \sqrt{r^2 + r^2} = \sqrt{2}\,r$

$\theta = 45°$, $V_A = V_\theta = r_A\cdot\omega = \sqrt{2}\,r\omega = \sqrt{2}\,V$

x축방향에서 아래로 45° 방향이다.

59 질량이 70kg인 군인이 고공에서 낙하산을 펼치고 10m/s의 초기속도로 낙하하였다. 공기의 저항이 350N일 때 20m 낙하한 후의 속도는 약 몇 m/s인가?

① 16.4m/s　② 17.1m/s
③ 18.9m/s　④ 20.0m/s

해설

공기저항에 의한 일에너지는 운동에너지 변화량과 같으므로

$F\cdot r = \frac{1}{2}m\left(V_2^{\ 2} - V_1^{\ 2}\right)$

$V_2 = \sqrt{V_1^{\ 2} + \frac{2Fr}{m}}$

$= \sqrt{10^2 + \frac{2\times 350\times 20}{70}} = 17.32\text{m/s}$

60 정지된 물에서 0.5m/s의 속도를 낼 수 있는 뱃사공이 있다. 이 뱃사공이 0.1m/s로 흐르는 강물을 거슬러 400m를 올라가는 데 걸리는 시간은?

① 10분　② 13분 20초
③ 16분 40초　④ 22분 13초

정답　57 ①　58 ④　59 ②　60 ③

해설

배가 강물을 거슬러 올라가는 속도 $V_{배/강물}$
$= V_{배} - V_{강물} = 0.5 - 0.1 = 0.4\text{m/s}$
$0.4(\text{m/s}) \times t(\text{s}) = 400\text{m}$
$\therefore\ t = \dfrac{400}{0.4} = 1{,}000\text{s} = 16\text{분 } 40\text{초}$

4과목 열 · 유체 해석

61 풍선에 공기 2kg이 들어 있다. 일정 압력 500kPa하에서 가열 팽창하여 체적이 1.2배가 되었다. 공기의 초기온도가 20℃일 때 최종온도(℃)는 얼마인가?

① 32.4 ② 53.7
③ 78.6 ④ 92.3

해설

정압과정 $p=c$이므로 $\dfrac{V}{T}=c$에서 $\dfrac{V_1}{T_1}=\dfrac{V_2}{T_2}$
$\therefore\ T_2 = T_1\left(\dfrac{V_2}{V_1}\right)$
$= (20+273)\times 1.2 = 351.6\text{K}$
$T_2 = 351.6 - 273 = 78.6℃$

62 비가역 단열변화에 있어서 엔트로피 변화량은 어떻게 되는가?

① 증가한다.
② 감소한다.
③ 변화량은 없다.
④ 증가할 수도 감소할 수도 있다.

해설

비가역과정에서 엔트로피는 항상 증가한다($ds > 0$).

63 자동차 엔진을 수리한 후 실린더 블록과 헤드 사이에 수리 전과 비교하여 더 두꺼운 개스킷을 넣었다면 압축비와 열효율은 어떻게 되겠는가?

① 압축비는 감소하고, 열효율도 감소한다.
② 압축비는 감소하고, 열효율은 증가한다.
③ 압축비는 증가하고, 열효율은 감소한다.
④ 압축비는 증가하고, 열효율도 증가한다.

해설

실린더 헤드 개스킷(Cylinder Head Gasket)이 두꺼워지면 연소실 체적(V_c)이 커져 압축비가 작아진다. 따라서 엔진의 열효율도 감소한다.

64 어떤 가스의 비내부에너지 u(kJ/kg), 온도 t(℃), 압력 P(kPa), 비체적 v (m^3/kg) 사이에는 아래의 관계식이 성립한다면, 이 가스의 정압비열(kJ/kg · ℃)은 얼마인가?

- $u = 0.28t + 532$
- $Pv = 0.560(t + 380)$

① 0.84 ② 0.68
③ 0.50 ④ 0.28

해설

단위질량당 엔탈피인 비엔탈피는
$h = u + Pv$
$= 0.28t + 532 + 0.56t + 0.56 \times 380$
$= 0.84t + 744.8$(온도만의 함수)
$\dfrac{dh}{dt} = C_P$이므로 위의 식을 t로 미분하면 $C_P = 0.84$

정답 61 ③ 62 ① 63 ① 64 ①

65 그림과 같이 A, B 두 종류의 기체가 한 용기 안에서 박막으로 분리되어 있다. A의 체적은 $0.1m^3$, 질량은 2kg이고, B의 체적은 $0.4m^3$, 밀도는 $1kg/m^3$이다. 박막이 파열되고 난 후에 평형에 도달하였을 때 기체 혼합물의 밀도(kg/m^3)는 얼마인가?

A	B

① 4.8　② 6.0
③ 7.2　④ 8.4

해설

$m_t = m_1 + m_2 (\rho = \frac{m}{V}$ 에서)

여기서, m_t : 기체혼합물 총질량

$\rho_m V_t = \rho_1 V_1 + \rho_2 V_2$

혼합물의 밀도 $\rho_m = \frac{\rho_1 V_1 + \rho_2 V_2}{V_t}$

$= \frac{\frac{2}{0.1} \times 0.1 + 1 \times 0.4}{0.5}$

$= 4.8$

66 어떤 이상기체 1kg이 압력 100kPa, 온도 30℃의 상태에서 체적 $0.8m^3$를 점유한다면 기체상수(kJ/kg · K)는 얼마인가?

① 0.251　② 0.264
③ 0.275　④ 0.293

해설

$PV = mRT$에서

$R = \frac{P \cdot V}{mT} = \frac{100 \times 0.8}{1 \times (30 + 273)} = 0.264$

67 내부에너지가 30kJ인 물체에 열을 가하여 내부에너지가 50kJ이 되는 동안에 외부에 대하여 10kJ의 일을 하였다. 이 물체에 가해진 열량(kJ)은?

① 10　② 20
③ 30　④ 60

해설

일부호는 (+)

$\delta Q - \delta W = dU \rightarrow \delta Q = dU + \delta W$

$\therefore \ {}_1Q_2 = U_2 - U_1 + {}_1W_2$

$= (50 - 30) + 10 = 30kJ$

68 원형실린더를 마찰 없는 피스톤이 덮고 있다. 피스톤에 비선형 스프링이 연결되고 실린더 내의 기체가 팽창하면서 스프링이 압축된다. 스프링의 압축길이가 Xm일 때 피스톤에는 $kX^{1.5}$N의 힘이 걸린다. 스프링의 압축길이가 0m에서 0.1m로 변하는 동안에 피스톤이 하는 일이 Wa이고, 0.1m에서 0.2m로 변하는 동안에 하는 일이 Wb라면 Wa / Wb는 얼마인가?

① 0.083　② 0.158
③ 0.214　④ 0.333

해설

압축길이 X에서 피스톤에 걸리는 힘 $kX^{1.5}$(N)

Wa, Wb를 적분해서 구하면

$\frac{Wa}{Wb} = \frac{0.1^{2.5}}{0.2^{2.5} - 0.1^{2.5}} = 0.2147$

69 성능계수가 3.2인 냉동기가 시간당 20MJ의 열을 흡수한다면 이 냉동기의 소비동력(kW)은?

① 2.25　② 1.74
③ 2.85　④ 1.45

정답 65 ① 66 ② 67 ③ 68 ③ 69 ②

해설

시간당 증발기가 흡수한 열량 $\dot{Q}_L = 20 \times 10^6 \text{J/h}$

$\varepsilon_R = \dfrac{\dot{Q}_L}{\dot{W}_C}$ 에서

$$\dot{W}_C = \frac{\dot{Q}_L}{\varepsilon_R} = \frac{20 \times 10^3 \frac{\text{kJ}}{h} \times \frac{1\text{h}}{3{,}600\text{s}}}{3.2} = 1.74\text{kW}$$

70 이상적인 디젤기관의 압축비가 16일 때 압축 전의 공기 온도가 90℃라면 압축 후의 공기온도(℃)는 얼마인가?(단, 공기의 비열비는 1.4이다.)

① 1,101.9　② 718.7
③ 808.2　④ 827.4

해설

단열과정의 온도, 압력, 체적 간의 관계식에서

$\dfrac{T_2}{T_1} = \left(\dfrac{V_1}{V_2}\right)^{k-1}$

$V_1 = V_t$, $V_2 = V_c$이므로

$\dfrac{T_2}{T_1} = \left(\dfrac{V_t}{V_c}\right)^{k-1} = (\varepsilon)^{k-1} \left[\because \dfrac{V_t}{V_c} = \varepsilon(\text{압축비})\right]$

$\therefore T_2 = T_1(\varepsilon)^{k-1}$

$= (90+273) \times (16)^{1.4-1} = 1{,}100.41\text{K}$

$T_2 = 1{,}100.41 - 273 = 827.41℃$

71 지름이 8mm인 물방울의 내부 압력(게이지 압력)은 몇 Pa인가?(단, 물의 표면장력은 0.075 N/m이다.)

① 0.037　② 0.075
③ 37.5　④ 75

해설

$\sigma\pi d - P_i \times \dfrac{\pi d^2}{4} = 0$에서

$\therefore P_i = \dfrac{4\sigma}{d} = \dfrac{4 \times 0.075}{0.008} = 37.5\text{Pa}$

72 효율 80%인 펌프를 이용하여 저수지에서 유량 0.05m³/s로 물을 5m 위에 있는 논으로 올리기 위하여 효율 95%의 전기모터를 사용한다. 전기모터의 최소동력은 몇 kW인가?

① 2.45　② 2.91
③ 3.06　④ 3.22

해설

$H_{th} = \gamma HQ$

$= 9{,}800 \times 5 \times 0.05 = 2{,}450\text{W}$

$\eta_p = \dfrac{\text{이론동력}}{\text{축동력(실제동력)}}$ 에서

$H_s = \dfrac{H_{th}}{\eta_p} = \dfrac{2{,}450}{0.8} = 3{,}062.5\text{W}$

$\eta_e = \dfrac{3{,}062.5\text{W}}{\text{전기모터실제동력}}$

→ 전기모터 최소동력 $= \dfrac{3{,}062.5\text{W}}{\eta_e}$

$= \dfrac{3{,}062.5}{0.95}$

$= 3{,}223.68\text{W}$

$= 3.22\text{kW}$

73 물($\mu = 1.519 \times 10^{-3}$kg/m · s)이 직경 0.3cm, 길이 9m인 수평파이프 내부를 평균속도 0.9m/s로 흐를 때, 어떤 유동이 되는가?

① 난류유동　② 층류유동
③ 등류유동　④ 천이유동

해설

$Re = \dfrac{\rho \cdot V \cdot d}{\mu} = \dfrac{1{,}000 \times 0.9 \times 0.003}{1.519 \times 10^{-3}} = 1{,}777.49$

$Re < 2{,}100$이므로 층류유동

정답　70 ④　71 ③　72 ④　73 ②

74 점성계수 $\mu = 0.98\text{N}\cdot\text{s/m}^2$인 뉴턴유체가 수평 벽면 위를 평행하게 흐른다. 벽면($y=0$) 근방에서의 속도분포가 $u = 0.5 - 150(0.1-y)^2$이라고 할 때 벽면에서의 전단응력은 몇 Pa인가?(단, y[m]는 벽면에 수직한 방향의 좌표를 나타내며, u는 벽면 근방에서의 접선속도[m/s]이다.)

① 0 ② 0.306
③ 3.12 ④ 29.4

해설

뉴턴의 점성법칙

$$\tau = \mu \cdot \frac{du}{dy}$$
$$= \mu \times 2 \times (-150)(0.1-y)(-1)$$
$$= \mu \times (300) \times (0.1-y)$$

여기서, 벽면에서 $y=0$이므로

$$\therefore\ \tau = \mu \times 30 = 0.98 \times 30 = 29.4\ \text{Pa}$$

75 계기압 10kPa의 공기로 채워진 탱크에서 지름 0.02m인 수평관을 통해 출구 지름 0.01m인 노즐로 대기(101kPa) 중으로 분사된다. 공기 밀도가 1.2kg/m^3로 일정할 때, 0.02m인 관 내부 계기압력은 약 몇 kPa인가?(단, 위치에너지는 무시한다.)

① 9.4 ② 9.0
③ 8.6 ④ 8.2

해설

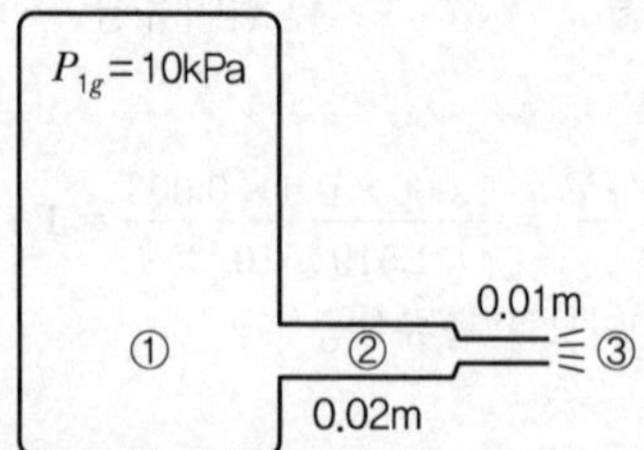

• ①과 ③에 베르누이 방정식을 적용하면

$$\frac{p_1}{\gamma} + \frac{{V_1}^2}{2g} + z_1 = \frac{p_3}{\gamma} + \frac{{V_3}^2}{2g} + z_3$$

여기서, $\frac{{V_1}^2}{2g} = 0$, $z_1 = z_3$, $p_3 = p_0$(대기압),

$$p_1 = p_3 + p_{1g}$$
$$\therefore\ p_1 - p_3 = p_{1g}\text{(①에서 계기압)}$$

$$V_3 = \sqrt{2 \times g \times \left(\frac{p_{1g}}{\gamma}\right)} = \sqrt{2 \times \left(\frac{p_{1g}}{\rho}\right)}$$
$$= \sqrt{2 \times \left(\frac{10 \times 10^3}{1.2}\right)} = 129.1\text{m/s}$$

• ②와 ③에 베르누이 방정식을 적용하면

$$\frac{p_2}{\gamma} + \frac{{V_2}^2}{2g} = \frac{p_3}{\gamma} + \frac{{V_3}^2}{2g}\ \text{(위치에너지 동일)}$$

$$\frac{p_2}{\gamma} - \frac{p_3}{\gamma} = \frac{{V_3}^2}{2g} - \frac{{V_2}^2}{2g}$$

여기서, $p_2 - p_3 = p_{2g}$(②에서 계기압)

$$\frac{p_{2g}}{\gamma} = \frac{{V_3}^2}{2g} - \frac{{V_2}^2}{2g}$$

여기서, 유량 $Q = A_2V_2 = A_3V_3$,

$$\frac{\pi \times 0.02^2}{4} \times V_2 = \frac{\pi \times 0.01^2}{4} \times V_3$$
$$V_2 = 0.25\,V_3$$

$$\therefore\ p_{2g} = \frac{\rho}{2}({V_3}^2 - {V_2}^2) = \frac{\rho}{2}\{{V_3}^2 - (0.25\,V_3)^2\}$$
$$= \frac{\rho {V_3}^2}{2}(1-0.25^2) = \frac{1.2 \times 129.1^2}{2}(1-0.25^2)$$
$$= 9{,}375.08\text{Pa} = 9.4\text{kPa}$$

76 그림과 같은 수문(ABC)에서 A점은 힌지로 연결되어 있다. 수문을 그림과 같은 닫은 상태로 유지하기 위해 필요한 힘 F는 몇 kN인가?

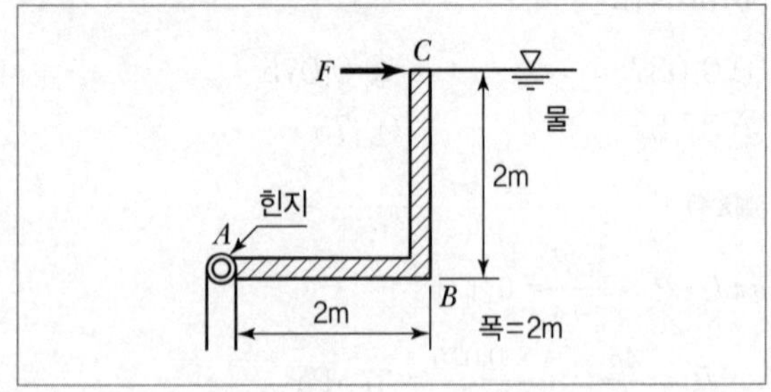

정답 74 ④ 75 ① 76 ③

① 78.4　　② 58.8
③ 52.3　　④ 39.2

해설 ⊕

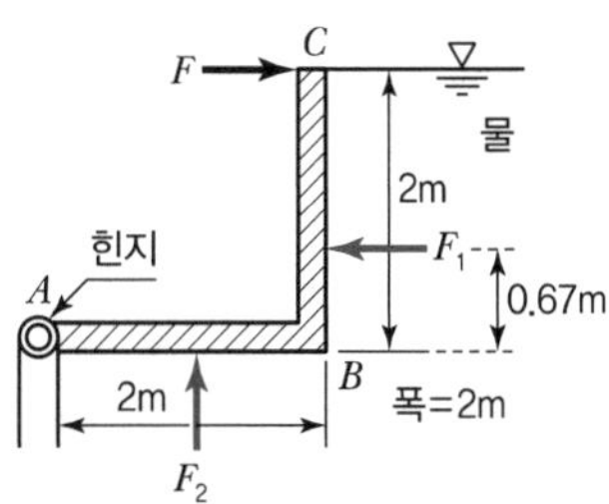

㉠ 전압력 $F_1=\gamma_w \bar{h} A=9{,}800\,\dfrac{\mathrm{N}}{\mathrm{m}^3}\times 1\mathrm{m}\times 4\mathrm{m}^2$

$=39{,}200\mathrm{N}$

- 전압력(F_1)이 작용하는 위치
  자유표면으로부터 전압력 중심까지의 거리

$$y_c=\bar{h}+\frac{I_X}{A\bar{h}}=1\mathrm{m}+\frac{\frac{2\times 2^3}{12}}{4\times 1}=1.33\mathrm{m}$$

㉡ 전압력 $F_2=\gamma_w \bar{h} A=9{,}800\,\dfrac{\mathrm{N}}{\mathrm{m}^3}\times 2\mathrm{m}\times 4\mathrm{m}^2$

$=78{,}400\mathrm{N}$

㉢ $\sum M_{\text{힌지}}=0: F\times 2-F_1\times(2-y_c)-F_2\times 1=0$에서

$$F=\frac{F_1\times(2-y_c)+F_2\times 1}{2}$$
$$=\frac{39{,}200\times(2-1.33)+78{,}400\times 1}{2}$$
$$=52{,}332\mathrm{N}=52.33\mathrm{kN}$$

77 2차원 직각좌표계(x, y)에서 속도장이 다음과 같은 유동이 있다. 유동장 내의 점 (L, L)에서 유속의 크기는?(단, $\vec{i}$, $\vec{j}$는 각각 x, y 방향의 단위 벡터를 나타낸다.)

$$\vec{V}(x,\ y)=\frac{U}{L}(-x\vec{i}+y\vec{j})$$

① 0　　② U
③ $2U$　　④ $\sqrt{2}\,U$

해설 ⊕

$\vec{V}(L,L)=\dfrac{U}{L}(-L_i+L_j)\ \rightarrow\ \dfrac{U}{L}\sqrt{2}\cdot L=\sqrt{2}\,U$

[그림에서 $|\vec{V}|=\sqrt{(-L)^2+L^2}=\sqrt{2}\cdot L$이므로]

78 온도증가에 따른 일반적인 점성계수 변화에 대한 설명으로 옳은 것은?

① 액체와 기체 모두 증가한다.
② 액체와 기체 모두 감소한다.
③ 액체는 증가하고 기체는 감소한다.
④ 액체는 감소하고 기체는 증가한다.

해설 ⊕

액체는 온도가 증가하면 분자들 사이의 응집력이 감소되어 점성이 감소하고, 기체는 온도가 증가하면 분자의 운동에너지가 증가하여 점성이 커진다.

79 그림과 같이 지름 D와 깊이 H의 원통용기 내에 액체가 가득 차 있다. 수평방향으로의 등가속도(가속도 = a) 운동을 하여 내부의 물의 35%가 흘러 넘쳤다면 가속도 a와 중력가속도 g의 관계로 옳은 것은?(단, $D=1.2H$이다.)

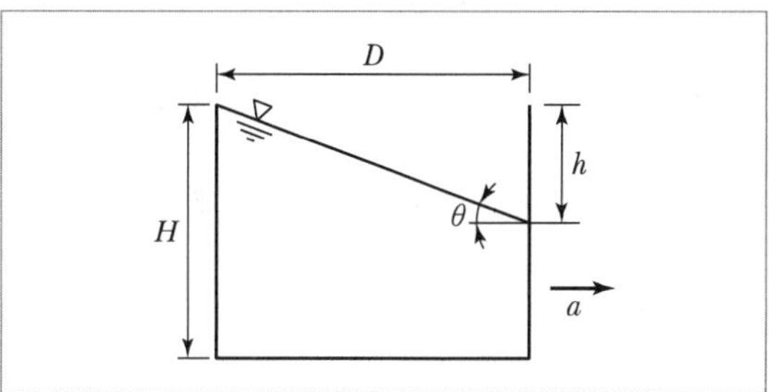

① $a=0.58\mathrm{g}$　　② $a=0.85\mathrm{g}$
③ $a=1.35\mathrm{g}$　　④ $a=1.42\mathrm{g}$

정답　77 ④　78 ④　79 ①

해설

- 그림의 원통용기 면적 : $1.2H^2$ → 35%가 흘러 넘친 위의 삼각형 면적$\left(\frac{1}{2}\times 1.2H\times h\right)$과 같아야 되므로

$0.35\times 1.2H^2=\frac{1}{2}\times 1.2H\times h$

$\therefore\ h=0.7H$

- 등가속도 a_x로 가속할 때 용기 안의 액체(자유표면) 기울기 $\tan\theta=\frac{a_x}{g}=\frac{0.7H}{1.2H}=0.58$

$\therefore\ a_x=0.58\text{g}$

80 세 변의 길이가 a, $2a$, $3a$인 작은 직육면체가 점도 μ인 유체 속에서 매우 느린 속도 V로 움직일 때, 항력 F는 $F=F(a,\mu,V)$로 가정할 수 있다. 차원해석을 통하여 얻을 수 있는 F에 대한 표현식으로 옳은 것은?

① $\frac{F}{\mu Va}=$ 상수　　② $\frac{F}{\mu V^2a}=$ 상수

③ $\frac{F}{\mu^2 V}=f\left(\frac{V}{a}\right)$　　④ $\frac{F}{\mu Va}=f\left(\frac{a}{\mu V}\right)$

해설

모든 차원의 지수합은 "0"이다.

- F : kg · m/s^2 → MLT^{-2}
- $(a)^x$: m → $(L)^x$
- $(\mu)^y$: kg · m/s^2 → $(ML^{-1}T^{-1})^y$
- $(V)^z$: m/s → $(LT^{-1})^z$
- M차원 : $1+y=0$ → $y=-1$
- L차원 : $1+x-y+z=0$ → $y=-1$ 대입

$\therefore\ x+z=-2$

- T차원 : $-2-y-z=0$ → $y=-1$ 대입

$\therefore\ z=-1,\ x=-1$

무차원수 $\pi=F\cdot a^{-1}\cdot\mu^{-1}\cdot V^{-1}$

$=\frac{F}{a\cdot\mu\cdot V}$

정답　80 ①

제13회 CBT 실전 모의고사

1과목 기계제도 및 설계

01 도면에서 부분 확대도를 그리는 경우로 가장 적합한 것은?

① 특정한 부분의 도형이 작아서 그 부분의 상세한 도시나 치수기입이 어려울 때 사용한다.
② 도형의 크기가 클 경우에 사용한다.
③ 물체의 경사면을 실제 길이로 투상하고자 할 때 사용한다.
④ 대상물의 구멍, 홈 등과 같이 그 부분의 모양을 도시하는 것으로 충분한 경우에 사용한다.

해설

부분 확대도
물체에서 중요한 부분이 너무 작거나 치수선 등으로 인하여 물체의 형상이 복잡해지는 경우에 그 부분만 따로 오려내어 크기를 확대시켜 그려주는 투상도이다.

③ 보조 투상도 : 물체의 경사면을 실제 길이로 투상하고자 할 때 그리는 투상도이다.
④ 국부 투상도 : 대상물의 구멍, 홈 등과 같이 특정 부분의 모양만을 그리는 투상도이다.

02 물체를 단면으로 나타낼 때 길이 방향으로 절단하여 나타내지 않는 부품으로만 짝지어진 것은?

① 핀, 커버 ② 브래킷, 강구
③ O－링, 하우징 ④ 원통 롤러, 기어의 이

해설

핀, 강구, 원통 롤러, 기어의 이 등은 길이 방향으로 절단하여 나타내지 않는다.

03 치수기입에 있어서 누진 치수기입방법으로 올바르게 나타낸 것은?

①
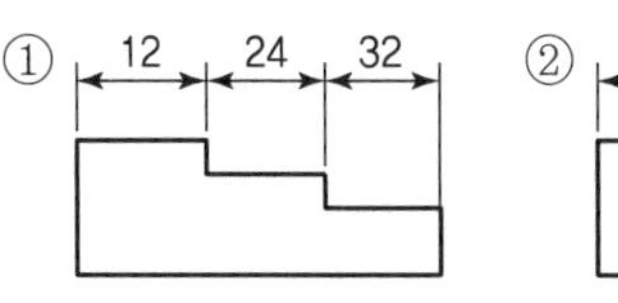

②
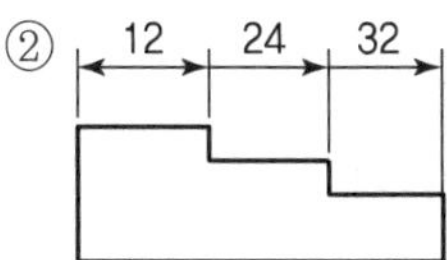

③
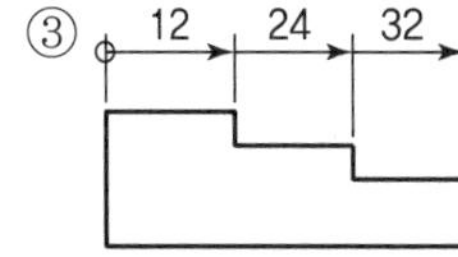

④
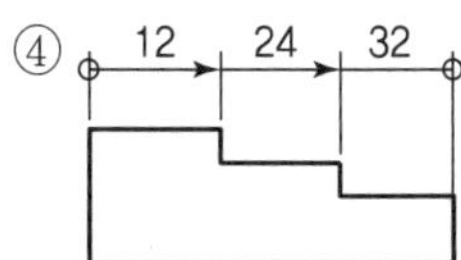

해설

③이 누진 치수기입방법으로 올바르게 기입한 것이다. 누진 치수기입방법 기점기호를 기준으로 한 줄로 나란히 연결되게 기입하는 방법으로 치수는 기점기호로부터 누적된 치수(즉, 기점기호로부터 구멍까지의 치수)로써 병렬 치수기입법과 같이 개개의 치수공차는 다른 치수공차에 영향을 주지 않는다.

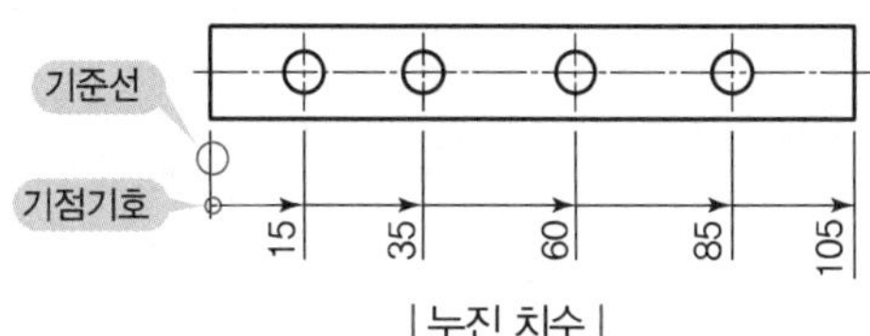

| 누진 치수 |

04 도면에 표시된 재료기호가 "SF 390A"로 되었을 때 "390"이 뜻하는 것은?

① 재질번호 ② 탄소함유량
③ 최저인장강도 ④ 제품번호

해설

SF 390A : 단조강
- S : 강(Steel)
- F : 단조품(Forging)
- 390 : 최저인장강도(390N/mm^2)
- A : 열처리 종류(어닐링)

정답 01 ① 02 ④ 03 ③ 04 ③

05 도면에서 가는 실선으로 표시된 대각선 부분의 의미는?

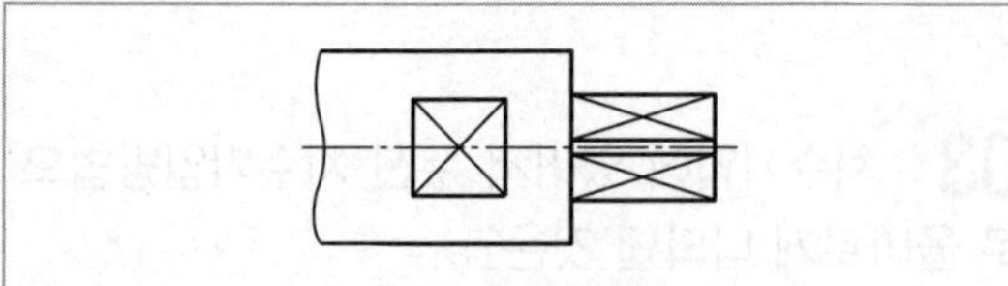

① 평면 ② 곡면
③ 홈부분 ④ 라운드 부분

해설

평면 표시

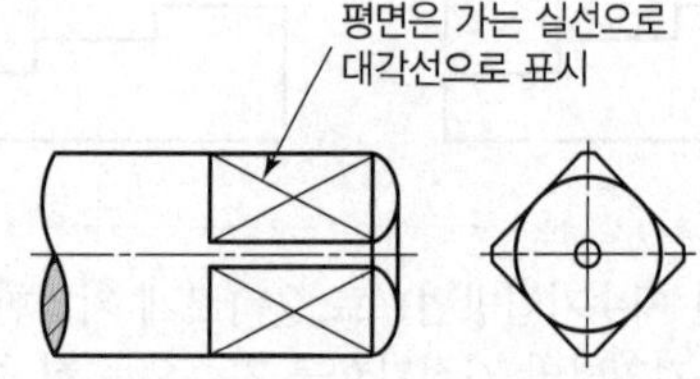

06 허용한계 치수기입이 틀린 것은?

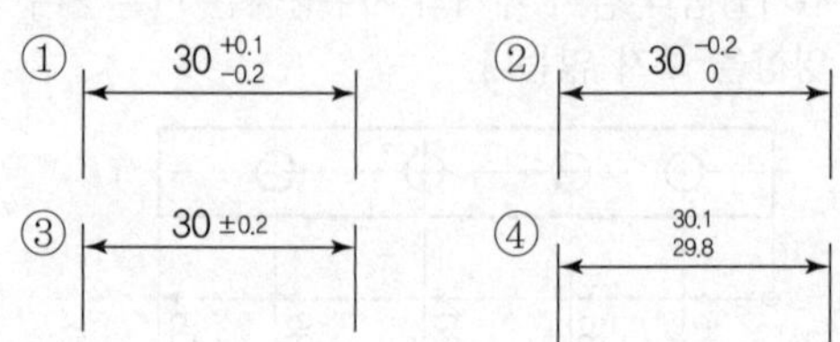

해설

②는 아래 치수 허용공차와 위 치수 허용공차의 위치를 바꿔 기입하여 틀렸다. 올바른 허용한계 치수기입은 아래 그림처럼 기입하여야 한다.

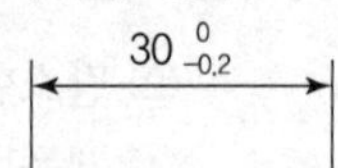

07 CAD시스템에서 점을 정의하기 위해 사용되는 좌표계가 아닌 것은?

① 직교 좌표계 ② 원통 좌표계
③ 벡터 좌표계 ④ 구면 좌표계

해설

CAD시스템에서 사용하는 좌표계에는 직교 좌표계, 원통 좌표계, 구면 좌표계가 있다.

08 안지름 1,500mm인 보일러 동체가 70N/cm² 의 내압을 받는다면 동체를 만든 강판의 인장강도가 350 N/mm², 안전계수가 4, 이음효율이 65%, 부식여유가 1mm라고 할 때 이 동체의 두께는 약 몇 mm인가?

① 6.5 ② 8.3
③ 9.2 ④ 10.2

해설

$$t=\frac{pDS}{2\eta\sigma_t}+C(\text{부식여유})$$

$$=\frac{70\times10^{-2}\times1{,}500\times4}{2\times0.65\times350}+1=10.23\text{mm}$$

09 지름이 40mm인 축이 300rpm으로 회전할 때, 이 축에는 길이 1m에 대해 비틀림각이 $\left(\frac{1}{4}\right)^\circ$발생한다. 이 축이 전달할 수 있는 동력은 약 몇 kW인가?(단, 축의 가로탄성계수는 70GPa이다.)

① 1.4 ② 1.8
③ 2.0 ④ 2.4

해설

$H=T\cdot\omega$ 이므로 $\theta=\dfrac{T\cdot l}{G\cdot I_P}$ 에서

$$T=\frac{G\cdot I_P\cdot\theta}{l}$$

$$=\frac{70\times10^9\times\frac{\pi}{32}\times(0.04)^4\times\frac{1^\circ}{4}\times\frac{\pi}{180^\circ}}{1}$$

$$=76.8\text{N}\cdot\text{m}$$

$$\therefore\ H=76.8\times\frac{2\pi\times300}{60}=2{,}412.7\text{W}=2.4\text{kW}$$

정답 05 ① 06 ② 07 ③ 08 ④ 09 ④

10 안지름 70mm, 길이 85mm의 놋쇠메탈의 저널 베어링을 400rpm으로 회전하는 전동축에 사용 했을 때 몇 kN의 베어링 하중을 지지할 수 있는가?(단, 압력속도계수 pV = 1N/mm² · m/s이다.)

① 약 1.53kN ② 약 2.05kN
③ 약 3.24kN ④ 약 4.06kN

해설

$pV = qV$

$q \cdot V = \dfrac{P}{dl} \cdot \dfrac{\pi dN}{60{,}000} = \dfrac{P\pi N}{60{,}000\, l}$ 에서

$P = \dfrac{60{,}000 \cdot l \cdot (q \cdot V)}{\pi \cdot N} = \dfrac{60{,}000 \times 85 \times 1}{\pi \times 400}$

$= 4{,}058.5\text{N} = 4.06\text{kN}$

11 모듈이 3이고 잇수가 20인 기어의 피치원 지름은 몇 mm인가?

① 10 ② 20
③ 40 ④ 60

해설

피치 원지름 D

$= mz = 3 \times 20 = 60\text{mm}$

12 스팬 = 1,200mm, 폭 100mm, 판의 두께 10mm의 양단(兩端)지지 겹판스프링에서 중앙에 10.44kN의 집중하중이 작용할 때 스프링의 판은 최소 몇 장 이상이어야 하는가?[단, 재료의 허용 굽힘 응력은 441.45MPa이고, 밴드의 폭 e = 140mm이며, 유효스팬의 길이 l_1은 ($l_1 = l - 0.6e$)로 한다.]

① 6장 ② 5장
③ 4장 ④ 3장

해설

$\sigma_{\max} = \dfrac{6 \times \dfrac{P}{2} \times \dfrac{l}{2}}{nbh^2} = \dfrac{3}{2}\dfrac{P \cdot l}{nbh^2}$ 에서 ($l \rightarrow l_1$ 적용)

$n = \dfrac{3Pl}{2bh^2\sigma_{\max}}$

$= \dfrac{3 \times 10.44 \times 10^3 \times (1{,}200 - 0.6 \times 140)}{2 \times 100 \times 10^2 \times 441.45} = 3.96$

$\rightarrow$ 4장

13 역류를 방지하고 유체를 한쪽 방향으로만 흐르게 하는 밸브는?

① 스톱 밸브 ② 나비형 밸브
③ 감압 밸브 ④ 체크 밸브

해설

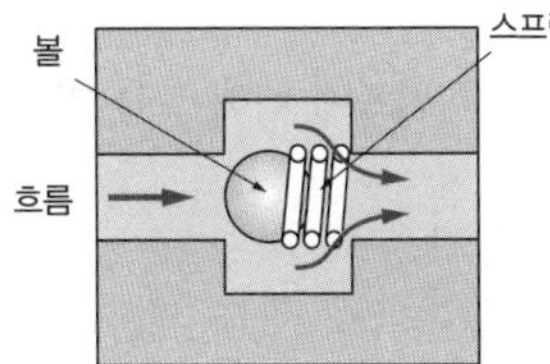

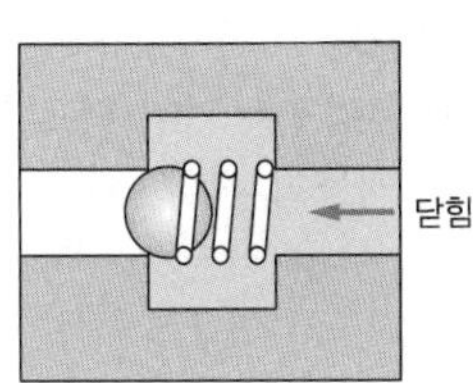

14 축설계 시 일반적인 고려사항으로 거리가 먼 것은?

① 강성 ② 진동
③ 마모 ④ 강도

해설

축설계 시 고려할 사항은 강도, 강성, 진동이다.

15 사각나사에서 효율이 최대로 되는 리드각 α는 다음 중 어느 것인가?(단, 마찰계수는 $\mu = \tan\rho$이고, ρ는 마찰각이다.)

① $\alpha = 45° - \rho/2$ ② $\alpha = 45° + \rho/2$
③ $\alpha = 45° - \rho$ ④ $\alpha = 45° + \rho$

정답 10 ④ 11 ④ 12 ③ 13 ④ 14 ③ 15 ①

해설

$\eta = \dfrac{\tan\alpha}{\tan(\rho+\alpha)}$를 α에 대해 미분하면

$\sin 2(\rho+\alpha) = \sin 2\alpha = \sin(\pi - 2\alpha)$에서

$2(\rho+\alpha) = \pi - 2\alpha$

$\therefore\ \alpha = \dfrac{\pi}{4} - \dfrac{\rho}{2} = 45° - \dfrac{\rho}{2}$

16 일반적인 베인 펌프의 특징으로 적절하지 않은 것은?

① 부품 수가 많다.
② 비교적 고장이 적고 보수가 용이하다.
③ 펌프의 구동 동력에 비해 형상이 소형이다.
④ 기어 펌프나 피스톤 펌프에 비해 토출 압력의 맥동이 크다.

해설

베인 펌프는 기어 펌프나 피스톤 펌프에 비해 토출 압력의 맥동이 작다.

17 그림과 같은 유압기호가 나타내는 것은? (단, 그림의 기호는 간략 기호이며, 간략 기호에서 유로의 화살표는 압력의 보상을 나타낸다.)

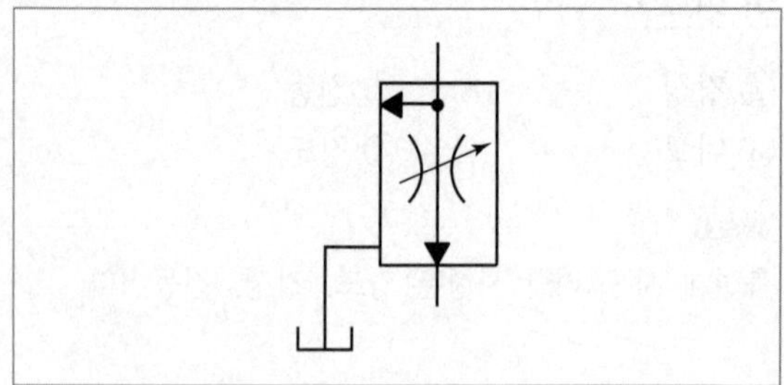

① 가변 교축 밸브
② 무부하 릴리프 밸브
③ 직렬형 유량조정 밸브
④ 바이패스형 유량조정 밸브

18 유압회로에서 속도제어회로의 종류가 아닌 것은?

① 미터인 회로　② 미터아웃 회로
③ 블리드오프 회로　④ 최대 압력제한 회로

해설

실린더에 공급되는 유량을 조절하여 실린더의 속도를 제어하는 회로

- 미터인 회로 : 실린더의 입구 쪽 관로에서 유량을 교축시켜 작동속도를 조절하는 회로
- 미터아웃 회로 : 실린더의 출구 쪽 관로에서 유량을 교축시켜 작동속도를 조절하는 회로
- 블리드오프 회로 : 실린더로 흐르는 유량의 일부를 탱크로 분기함으로써 작동속도를 조절하는 회로

19 그림과 같은 단동실린더에서 피스톤에 F = 500N의 힘이 발생하면, 압력 P는 약 몇 kPa이 필요한가?(단, 실린더의 직경은 40mm이다.)

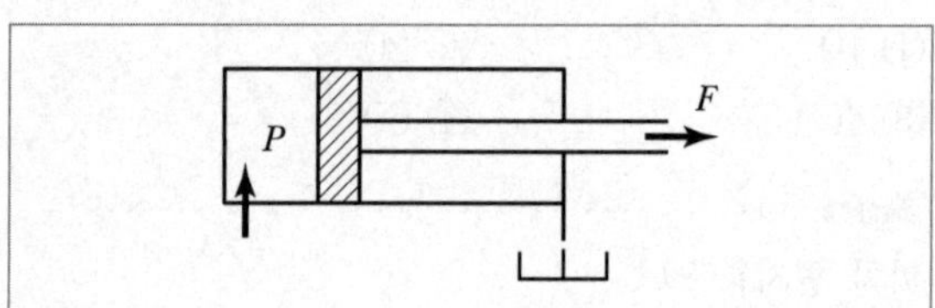

① 39.8　② 398
③ 79.6　④ 796

해설

$$P(\text{압력}) = \frac{F(\text{힘})}{A(\text{면적})} = \frac{F}{\frac{\pi d^2}{4}} = \frac{500}{\frac{\pi \times 0.04^2}{4}}$$

$$= 397{,}887\text{Pa} = 398\text{kPa}$$

20 감압 밸브, 체크 밸브, 릴리프 밸브 등에서 밸브시트를 두드려 비교적 높은 음을 내는 일종의 자려진동 현상은?

① 컷인　② 점핑
③ 채터링　④ 디컴프레션

정답　16 ④　17 ④　18 ④　19 ②　20 ③

2과목 기계재료 및 제작

21 금속표면에 크롬을 고온에서 확산 침투시키는 것을 크로마이징(Cromizing)이라 한다. 이는 주로 어떤 성질을 향상시키기 위함인가?

① 인성 ② 내식성
③ 전연성 ④ 내충격성

해설

금속 침투법의 침투제에 따른 분류

종류	침투제	장점
세라다이징(Sheradizing)	Zn	대기 중 부식 방지
칼로라이징(Calorizing)	Al	고온 산화 방지
크로마이징(Chromizing)	Cr	내식성, 내산성, 내마모성 증가
실리코나이징(Silliconizing)	Si	내산성 증가
보로나이징(Boronizing)	B	고경도(HV 1,300~1,400)

22 쾌삭강(Free Cutting Steel)에 절삭속도를 크게 하기 위하여 첨가하는 주된 원소는?

① Ni ② Mn
③ W ④ S

해설

황 쾌삭강

- 강에 가장 유해한 원소인 S도 Mn, Mo, Zr과 같은 원소와 공존하면 그들의 황화물을 만들어 강의 인성을 해치지 않는다.
- S을 0.16% 정도 첨가시키면 MnS과 MoS_2을 생성하고, 이들은 특수한 윤활성을 갖고 있기 때문에 절삭성이 매우 좋고, 수명도 길다.

23 철강재료의 열처리에서 많이 이용되는 S곡선이란 어떤 것을 의미하는가?

① T.T.L 곡선 ② S.C.C 곡선
③ T.T.T 곡선 ④ S.T.S 곡선

해설

S곡선은 항온변태곡선으로 3요소는 시간, 온도, 변태이다(Time-Temperature-Transformation).

24 0℃ 이하의 온도에서 냉각시키는 조직으로 공구강의 경도 증가 및 성능 향상을 할 수 있으며, 담금질된 오스테나이트를 마텐자이트화하는 열처리법은?

① 질량효과(Mass Effect)
② 완전풀림(Full Annealing)
③ 화염경화(Frame Hardening)
④ 심랭처리(Sub-zero Treatment)

해설

① 질량효과 : 같은 강을 같은 조건으로 담금질하더라도 질량이 작은 재료는 내외부에 온도차가 없어 내부까지 경화되나, 질량이 큰 재료는 열의 전도에 시간이 길게 소요되어 내외부에 온도차가 생겨 외부는 경화되어도 내부는 경화되지 않는 현상
② 완전풀림(Annealing)
  - 온도 : 아공석강은 A_3 이상 가열, 공석강과 과공석강은 A_1+40~60℃ 가열 유지 후 노에서 냉각시킨다.
  - 목적 : 결정립 미세화, 강의 연화, 소성가공성 증가
③ 화염경화법 : 산소-아세틸렌 불꽃으로 표면을 가열하여 담금질한다.
④ 심랭처리 : 상온으로 담금질된 강을 다시 0℃ 이하의 온도로 냉각하는 열처리법이다.
  - 목적 : 잔류 오스테나이트를 마텐자이트로 변태시키기 위해
  - 효과 : 담금질 균열 방지, 치수변화 방지, 경도 향상(예 게이지강)

정답 21 ② 22 ④ 23 ③ 24 ④

25 구상흑연주철을 제조하기 위한 접종제가 아닌 것은?

① Mg ② Sn
③ Ce ④ Ca

해설

구상흑연주철
용융 상태의 주철에 Mg, Ce, Ca를 첨가함으로써 흑연의 모양을 구상으로 한 것이다.

26 금속에서 자유도(F)를 구하는 식으로 옳은 것은?(단, 압력은 일정하며, C : 성분, P : 상의 수이다.)

① $F=C-P+1$ ② $F=C+P+1$
③ $F=C-P+2$ ④ $F=C+P+2$

해설

깁스의 상률(Gibbs Phase Rule)
평형상태의 닫힌 계에서 상의 수와 화학 성분의 수로 자유도를 나타내는 규칙을 말한다.
깁스의 상률 $F=C-P+N$
여기서,
F : 자유도, 즉 계의 상태를 완전히 결정하기 위해 지정해야 하는 독립적인 세기 변수의 수, 보통 압력, 온도, 농도가 이에 해당한다.
C : 화학 성분의 수, 즉 계에 포함된 별개의 화합물 또는 원소의 수
P : 상의 수, 즉 다른 상(고체, 액체, 기체)과 섞이지 않는 계의 구성요소의 수
N : 조성과 무관한 변수의 수

- 대부분의 경우 압력과 온도하에 존재($N=2$)하므로 $F=C-P+2$이다.
- 압력이 일정하다면 온도만이 유일하게 조성과 무관한 변수($N=1$)가 되므로 $F=C-P+1$이다.

문제에서는 압력이 일정하므로 $F=C-P+1$이다.

27 다음의 조직 중 경도가 가장 높은 것은?

① 펄라이트(Pearlite)
② 페라이트(Ferrite)
③ 마텐자이트(Martensite)
④ 오스테나이트(Austenite)

해설

조직의 경도 비교
Ⓒementite > Ⓜartensite > Ⓣroostite > Ⓢorbite > Ⓟearlite > Ⓐuatenite > Ⓕerrite

28 고Mn강(Hadfield Steel)에 대한 설명으로 옳은 것은?

① 고온에서 서랭하면 Mn_3C가 석출하여 취약해진다.
② 소성 변형 중 가공경화성이 없으며, 인장강도가 낮다.
③ 1,200℃ 부근에서 급랭하여 마텐자이트 단상으로 하는 수인법을 이용한다.
④ 열전도성이 좋고 팽창계수가 작아 열변형을 일으키지 않는다.

해설

② 가공경화성이 매우 크며, 인장강도가 높고, 내충격성 및 내마모성이 대단히 우수하다.
③ 1,200℃ 부근에서 급랭하여 오스테나이트 단상으로 하는 수인법을 이용한다.
④ 열전도성이 낮고 팽창계수가 작아 열변형을 일으키지 않는다.

29 염욕의 관리에서 강박 시험에 대한 다음 ( ) 안에 알맞은 내용은?

강박 시험 후 강박을 손으로 구부려서 휘어지면 이 염욕은 ( ) 작용을 한 것으로 판단하다.

① 산화 ② 환원
③ 탈탄 ④ 촉매

정답 25 ② 26 ① 27 ③ 28 ① 29 ③

해설

강박 시험

㉠ 목적 : 염욕의 탈탄 적용 판정, 잔류탄소량 추정, 침탄 정도 판정

㉡ 방법

- 강박은 철판(1.0%C, 두께 0.05mm, 폭 30mm, 길이 100mm 정도)을 매달아 주어진 온도에서의 염욕 중에 일정 시간 유지한 후 빨리 꺼내어 수랭한다.
- 부착된 염을 잘 씻어 내고 건조한다.
- 강박을 손으로 구부려 미세하게 깨지면 이 염욕은 탈탄 작용를 하지 않았으며, 구부려 휘어지면 탈탄 작용을 한 것으로 판단한다.

30 표점거리가 100mm, 시험편의 평행부 지름이 14mm인 인장 시험편을 최대하중 6,400kgf로 인장한 후 표점거리가 120mm로 변화되었을 때 인장강도는 약 몇 kgf/mm²인가?

① 10.4kgf/mm²　② 32.7kgf/mm²
③ 41.6kgf/mm²　④ 166.3kgf/mm²

해설

$$\sigma = \frac{P}{A} = E\frac{\lambda}{l}$$

$$\therefore E = \frac{Pl}{A\lambda} = \frac{6,400 \times 100}{\frac{\pi \times 14^2}{4} \times 20} = 207.88\text{kgf/mm}^2$$

$$\sigma = E\varepsilon = E\frac{\lambda}{l} = 207.88 \times \frac{20}{100} = 41.58\text{kgf/mm}^2$$

31 아래 도면과 같은 테이퍼를 가공할 때의 심압대의 편위거리[mm]는?

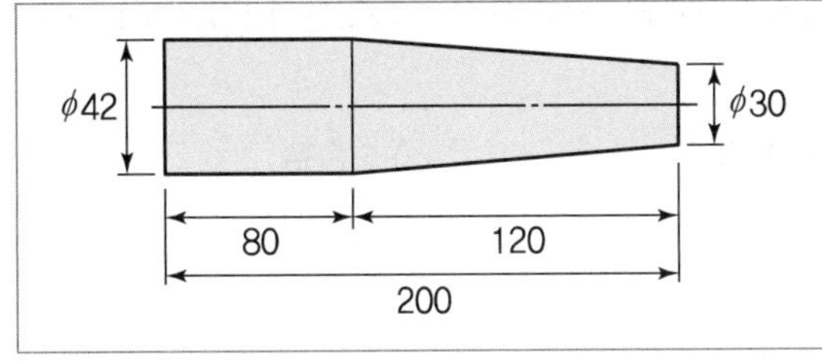

① 6　② 10
③ 12　④ 20

해설

$$X = \frac{(D-d)L}{2l} = \frac{(42-30)\times 200}{2\times 120} = 10[\text{mm}]$$

32 다이에 아연, 납, 주석 등의 연질금속을 넣고 제품 형상의 펀치로 타격을 가하여 길이가 짧은 치약튜브, 약품튜브 등을 제작하는 압출 방법은?

① 간접압출　② 열간압출
③ 직접압출　④ 충격압출

해설

충격압출(Impact Extrusion)

- 상온가공으로 작업하고 크랭크 프레스가 보통 사용되며 단시간 내에 압출이 완료된다.
- 다이에 소재를 넣고 펀치(Punch)를 타입하면, 펀치의 외측을 감싸면서 금속재가 성형된다.
- 냉간에서 프레스로 경도가 낮은 재료를 압출하는 방법으로 치약튜브, 약품튜브 등을 제작하는 데 사용된다.

33 절삭가공 시 발생하는 절삭온도의 측정방법이 아닌 것은?

① 부식을 이용하는 방법
② 복사고온계를 이용하는 방법
③ 열전대(Thermocouple)에 의한 방법
④ 칼로리미터(Calorimeter)에 의한 방법

해설

절삭온도를 측정하는 방법

- 칩의 색깔로 판정하는 방법
- 시온도료(Thermo Colour Paint)에 의한 방법
- 열량계(Calorimeter)에 의한 방법
- 열전대(Thermo Couple)에 의한 방법

정답　30 ③　31 ②　32 ④　33 ①

34 테르밋 용접(Thermit Welding)의 일반적인 특징으로 틀린 것은?

① 전력 소모가 크다.
② 용접시간이 비교적 짧다.
③ 용접작업 후의 변형이 작다.
④ 용접 작업장소의 이동이 쉽다.

해설

㉠ 테르밋 용접
미세한 알루미늄 분말과 산화철 분말의 테르밋 반응에 의해 생성된 화학반응열을 이용하여 용접한다.
㉡ 테르밋 용접의 특징
- 작업이 단순하고, 기술습득이 용이하다.
- 설비가 단순하고, 이동성이 좋다.
- 전기가 불필요하다.
- 용접시간이 짧고, 변형이 적다.
- 홈가공이 불필요하다.

35 전기도금의 반대 형상으로 가공물을 양극에, 전기저항이 작은 구리, 아연을 음극에 연결한 후 용액에 침지하고 통전하여 금속 표면의 미소 돌기부분을 용해하여 거울면과 같이 광택이 있는 면을 가공할 수 있는 특수가공은?

① 방전가공　　② 전주가공
③ 전해연마　　④ 슈퍼피니싱

해설

① 방전가공(Electric Discharge Machine) : 스파크 가공(Spark Machining)이라고도 하는데, 전기의 양극과 음극이 부딪칠 때 일어나는 스파크로 가공하는 방법이다.
② 전주가공 : 전해연마에서 석출된 금속 이온이 음극의 공작물 표면에 붙은 전착층을 이용하여 원형과 반대 형상의 제품을 만드는 가공법을 말한다.
③ 전해연마(Electrolytic Polishing) : 연마하려는 공작물을 양극으로 하여 과염소산, 인산, 황산, 질산 등의 전해액 속에 매달아 두고 $1A/cm^2$ 정도의 직류 전류를 통전하여 전기 화학적으로 공작물의 미소돌기를 용출시켜 광택면을 얻는 가공법을 말한다.
④ 슈퍼피니싱 : 미세하고 연한 숫돌을 가공표면에 가압하고, 공작물에 회전 이송운동, 숫돌에 진동을 주어 0.5mm 이하의 경면(鏡面) 다듬질에 사용한다.

36 사형(砂型)과 금속형(金屬型)을 사용하며 내마모성이 큰 주물을 제작할 때 표면은 백주철이 되고 내부는 회주철이 되는 주조 방법은?

① 다이캐스팅법　　② 원심주조법
③ 칠드주조법　　④ 셸주조법

해설

① 다이캐스팅 : 필요한 주조형상에 완전히 일치하도록 정확하게 기계가공된 금형에 용융금속을 주입하여 금형과 똑같은 주물을 얻는 정밀 주조법이다.
② 원심주조법 : 원심력을 이용하여 주형의 구석구석까지 쇳물을 보낸다.
③ 칠드주조법 : 열전도율이 큰 금형을 주형(=사형+금형)의 일부로 만들어 표면을 급랭시켜 단단한 탄화철인 칠드층을 만드는 방법으로 표면(백주철)의 경도가 높고 내부(회주철)는 경도가 낮아 인성을 유지하게 한다. 압연롤러, 기차바퀴 등의 제작 시 이용한다.
④ 셸주조법 : 금속 원형을 가열한 다음 규사와 열강화 수지의 혼합 분말을 뿌려서 주형을 만든 후 이것을 조합하여 그 사이에 쇳물을 부어서 주물을 주조시키는 방법이다.

37 지름이 50mm인 연삭숫돌로 지름이 10mm인 공작물을 연삭할 때 숫돌바퀴의 회전수는 약 몇 rpm인가?(단, 숫돌의 원주속도는 1,500m/min이다.)

① 4,759　　② 5,809
③ 7,449　　④ 9,549

정답　34 ①　35 ③　36 ③　37 ④

해설

연삭숫돌의 연삭속도 $V=\frac{\pi dn}{1,000}$[m/min]에서

$$n=\frac{1,000V}{\pi D}=\frac{1,000\times1,500}{\pi\times50}=9,549\text{rpm}$$

여기서, V : 연삭숫돌의 원주속도[m/min]
d : 연삭숫돌의 지름[mm]
n : 연삭숫돌의 회전수[rpm]

38 두께 50mm의 연강판을 압연 롤러를 통과시켜 40mm가 되었을 때 압하율은 몇 %인가?

① 10 ② 15
③ 20 ④ 25

해설

$$\text{압하율}=\frac{H_0-H_1}{H_0}\times100\% =\frac{50-40}{50}\times100=20\%$$

여기서, H_0 : 롤러 통과 전 재료의 두께
H_1 : 롤러 통과 후 재료의 두께

39 다음 중 방전가공의 전극 재질로 가장 적절한 것은?

① S ② Cu
③ Si ④ Al_2O_3

해설

방전가공의 전극에 사용되는 재질에는 구리(Cu), 흑연(C), 텅스텐(W) 등이 있다.

40 길이가 긴 게이지 블록에서 굽힘이 발생할 경우에도 양 단면이 항상 평행을 유지하기 위한 지지점인 에어리 점(Airy Point)의 위치는?(단, L은 게이지 블록의 길이이다.)

① $0.2113L$ ② $0.2203L$
③ $0.2232L$ ④ $0.2386L$

해설

에어리 점(Airy Points)
기준봉 및 게이지블록 등의 두 측정면이 평행이 되도록 지지하는 점을 말한다.

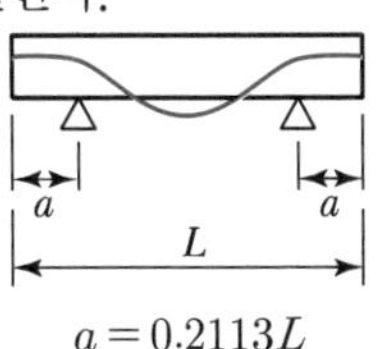

$a=0.2113L$

3과목 구조해석

41 원형 단면축이 비틀림을 받을 때, 그 속에 저장되는 탄성변형에너지 U는 얼마인가?(단, T : 토크, L : 길이, G : 가로탄성계수, I_P : 극관성모멘트, I : 관성모멘트, E : 세로탄성계수이다.)

① $U=\frac{T^2L}{2GI}$ ② $U=\frac{T^2L}{2EI}$
③ $U=\frac{T^2L}{2EI_P}$ ④ $U=\frac{T^2L}{2GI_P}$

해설

$U=\frac{1}{2}T\theta$와 $\theta=\frac{TL}{GI_P}$에서

$$U=\frac{1}{2}T\theta=\frac{1}{2}\times T\times\frac{TL}{GI_P}=\frac{T^2L}{2GI_P}$$

42 그림과 같은 전 길이에 걸쳐 균일분포하중 w를 받는 보에서 최대처짐 δ_{max}를 나타내는 식은?(단, 보의 굽힘강성계수는 EI이다.)

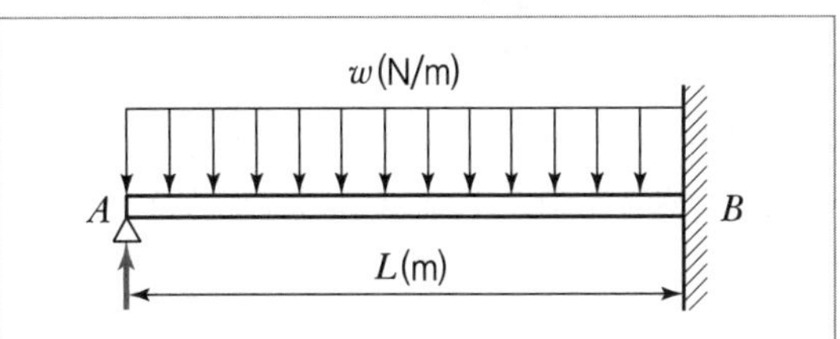

정답 38 ③ 39 ② 40 ① 41 ④ 42 ③

① $\dfrac{wL^4}{64EI}$ ② $\dfrac{wL^4}{128.5EI}$

③ $\dfrac{wL^4}{184.6EI}$ ④ $\dfrac{wL^4}{192EI}$

해설

$\delta_{\max} = \dfrac{wL^4}{184.6EI}$(처짐각이 zero인 위치의 처짐량값)

43 그림과 같은 보에서 발생하는 최대굽힘모멘트는 몇 kN · m인가?

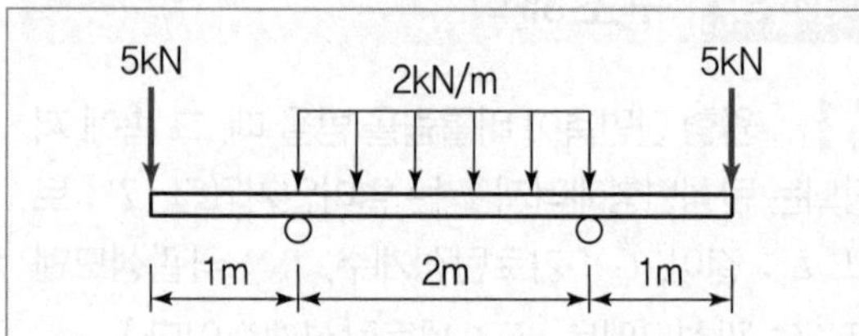

① 2 ② 5

③ 7 ④ 10

해설

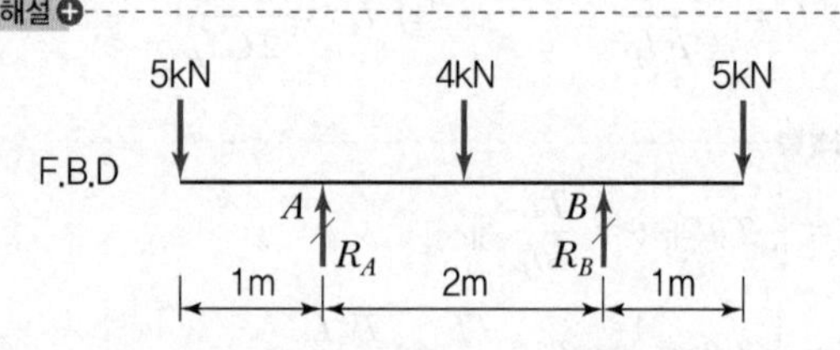

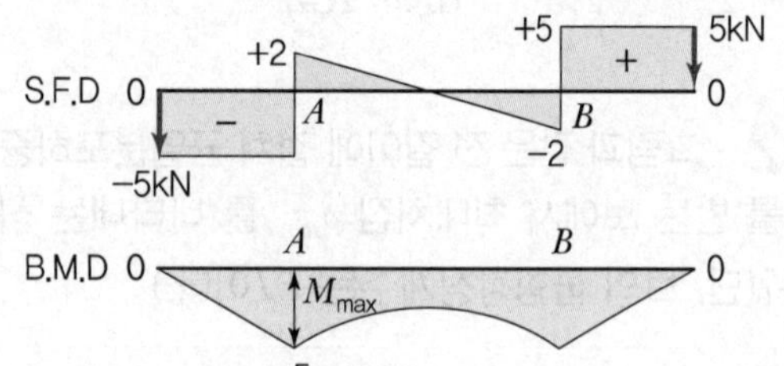

좌우대칭이므로 $R_A = R_B = 7\text{kN}$ (∵ 전체하중 $14\text{kN} \div 2$)

B.M.D 그림에서 $M_{\max}$는 A와 B점에 발생하므로 A지점의 $M_{\max}$는 0~1m까지의 S.F.D 면적과 같다.

∴ $5\text{kN} \times 1\text{m} = 5\text{kN} \cdot \text{m}$

44 그림의 H형 단면의 도심축인 Z축에 관한 회전반경(Radius of Gyration)은 얼마인가?

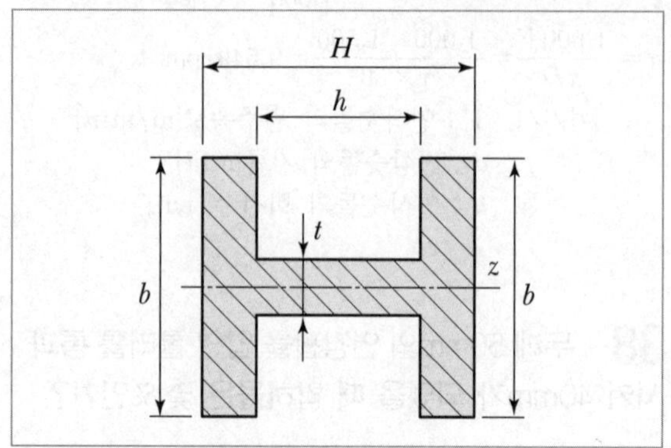

① $K_z = \sqrt{\dfrac{Hb^3 - (b-t)^3 b}{12(bH - bh + th)}}$

② $K_z = \sqrt{\dfrac{12Hb^3 - (b-t)^3 b}{(bH + bh + th)}}$

③ $K_z = \sqrt{\dfrac{ht^3 + Hb^3 - hb^3}{12(bH - bh + th)}}$

④ $K_z = \sqrt{\dfrac{12Hb^3 + (b+t)^3 b}{(bH + bh - th)}}$

해설

도심축에 대한 $I_Z = K^2 A$이므로 회전반경 $K = \sqrt{\dfrac{I_Z}{A}}$

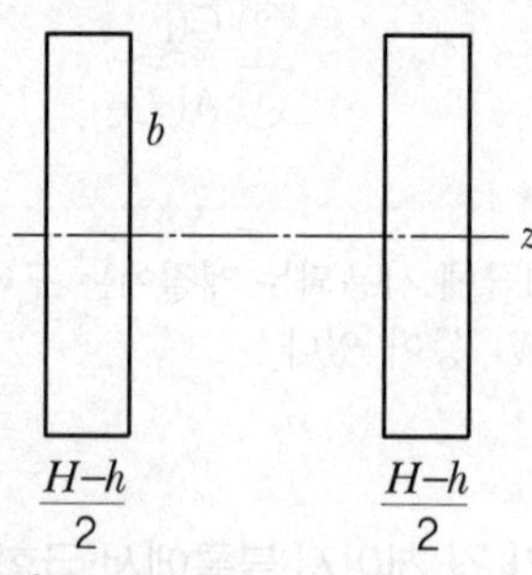

$I_Z = \dfrac{(H-h)b^3}{12}$

(∵ 두 사각형 밑변의 전체길이는 $H-h$이다.)

$A = (H-h)b$

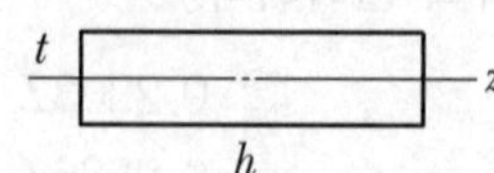

정답 43 ② 44 ③

$I_Z = \frac{ht^3}{12}$, $A = ht$

H빔 전체 $I_Z = \frac{(H-h)b^3}{12} + \frac{ht^3}{12} = \frac{Hb^3 - hb^3 + ht^3}{12}$

$= \frac{ht^3 + Hb^3 - hb^3}{12}$

H빔 전체 $A = (H-h)b + ht = bH - bh + ht$

$\therefore\ K = \sqrt{\frac{I_Z}{A}} = \sqrt{\frac{ht^3 + Hb^3 - hb^3}{12(bH - bh + ht)}}$

45 그림에 표시한 단순지지보에서의 최대처짐량은?(단, 보의 굽힘강성은 EI이고, 자중은 무시한다.)

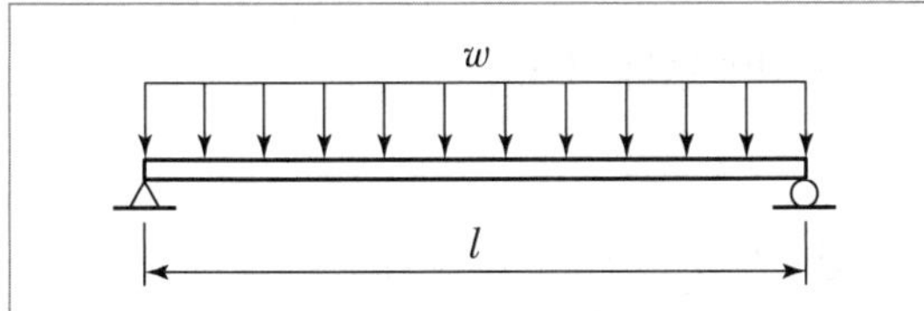

① $\frac{wl^3}{48EI}$　② $\frac{wl^4}{24EI}$

③ $\frac{5wl^3}{253EI}$　④ $\frac{5wl^4}{384EI}$

해설

$\delta_{max} = \frac{5wl^4}{384EI}$

46 그림에서 784.8N과 평형을 유지하기 위한 힘 F_1과 F_2는?

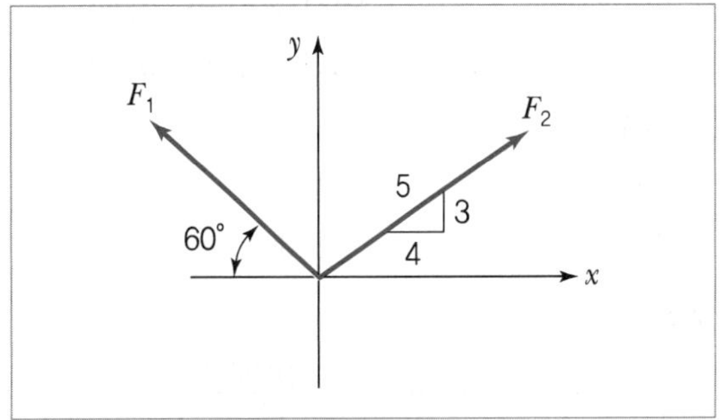

① $F_1 = 392.5\text{N}$, $F_2 = 632.4\text{N}$

② $F_1 = 790.4\text{N}$, $F_2 = 632.4\text{N}$

③ $F_1 = 790.4\text{N}$, $F_2 = 395.2\text{N}$

④ $F_1 = 632.4\text{N}$, $F_2 = 395.2\text{N}$

해설

$\theta = \tan^{-1}\left(\frac{3}{4}\right) = 36.87°$

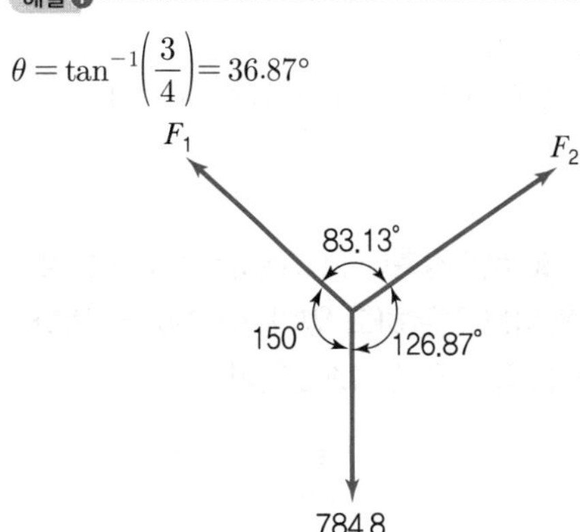

라미의 정리에 의해

$$\frac{F_1}{\sin 126.87°} = \frac{F_2}{\sin 150°} = \frac{784.8}{\sin 83.13°}$$

$$\therefore\ F_1 = 784.8 \times \frac{\sin 126.87°}{\sin 83.13°} = 632.38\text{N}$$

$$F_2 = 784.8 \times \frac{\sin 150°}{\sin 83.13°} = 395.24\text{N}$$

정답 45 ④ 46 ④

47 지름이 60mm인 연강축이 있다. 이 축의 허용전단응력은 40MPa이며 단위길이 1m당 허용 회전각도는 1.5°이다. 연강의 전단탄성계수를 80GPa이라 할 때 이 축의 최대허용토크는 약 몇 N · m인가?

① 696 ② 1,696
③ 2,664 ④ 3,664

해설

i) $T=\tau \cdot Z_P = 40\times10^6 \times \dfrac{\pi\times(0.06)^3}{16}$

$=1{,}696.5\text{N}\cdot\text{m}$

ii) $\theta = \dfrac{Tl}{GI_P}$ 에서

$T=\dfrac{GI_P\theta}{l}\left(\text{여기서, } \dfrac{\theta}{l}: \text{단위길이당 비틀림각}\right)$

$=80\times10^9\dfrac{\text{N}}{\text{m}^2}\times\dfrac{\pi\times0.06^4}{32}\text{m}^4\times\dfrac{1.5^\circ}{1\text{m}}\times\dfrac{\pi}{180^\circ}$

$=2{,}664.79\text{N}\cdot\text{m}$

∴ 이 축의 최대허용토크는 1,696.5N · m이다.

48 지름 3cm인 강축이 26.5rev/s의 각속도로 26.5kW의 동력을 전달하고 있다. 이 축에 발생하는 최대전단응력은 약 몇 MPa인가?

① 30 ② 40
③ 50 ④ 60

해설

$H=T\omega$에서

$T=\dfrac{H}{\omega}=\dfrac{26.5\times10^3\text{W}}{26.5\dfrac{\text{rev}}{\text{s}}\times\dfrac{2\pi\,\text{rad}}{1\text{rev}}}=159.15\text{N}\cdot\text{m}$

$T=\tau Z_P$에서

최대전단응력 $\tau_{\max}$

$=\dfrac{T}{Z_P}=\dfrac{159.15}{\dfrac{\pi\times0.03^3}{16}}=30.02\times10^6\text{N/m}^2$

$=30.02\text{MPa}$

49 폭 3cm, 높이 4cm의 직사각형 단면을 갖는 외팔보가 자유단에 그림에서와 같이 집중하중을 받을 때 보 속에 발생하는 최대전단응력은 몇 N/cm²인가?

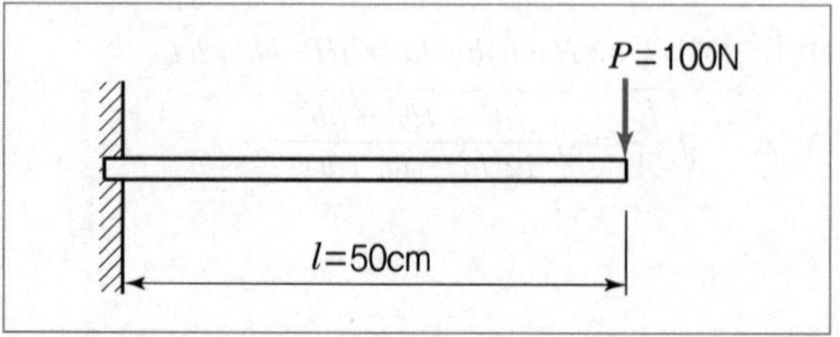

① 12.5 ② 13.5
③ 14.5 ④ 15.5

해설

보 속의 최대전단응력 $\tau_{\max}$

$=1.5\tau_{av}=1.5\dfrac{V_{\max}}{A}$

보의 전단력 $V_{\max}=R_A=100\text{N}$이므로

$\tau_{\max}=1.5\times\dfrac{100\text{N}}{3\text{cm}\times4\text{cm}}=12.5\text{N/cm}^2$

50 평면응력상태에서 $\varepsilon_x=-150\times10^{-6}$, $\varepsilon_y=-280\times10^{-6}$, $\gamma_{xy}=850\times10^{-6}$일 때, 최대주변형률($\varepsilon_1$)과 최소주변형률($\varepsilon_2$)은 각각 약 얼마인가?

① $\varepsilon_1=215\times10^{-6}$, $\varepsilon_2=645\times10^{-6}$
② $\varepsilon_1=645\times10^{-6}$, $\varepsilon_2=215\times10^{-6}$
③ $\varepsilon_1=315\times10^{-6}$, $\varepsilon_2=645\times10^{-6}$
④ $\varepsilon_1=-545\times10^{-6}$, $\varepsilon_2=315\times10^{-6}$

정답 47 ② 48 ① 49 ① 50 ②

해설

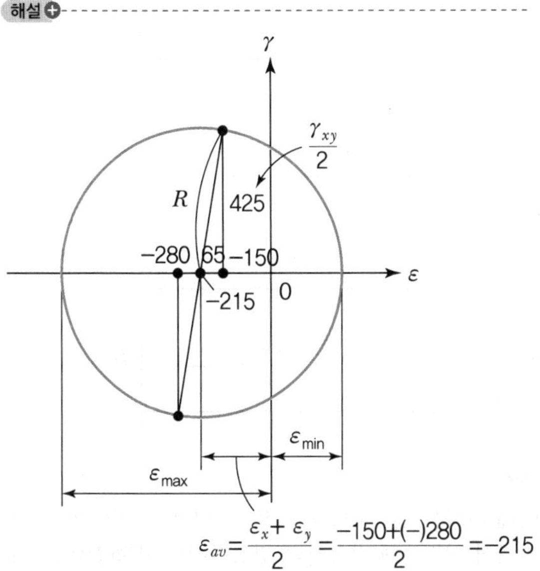

$$\varepsilon_{av}=\frac{\varepsilon_x+\varepsilon_y}{2}=\frac{-150+(-)280}{2}=-215$$

※ 모어의 응력원에 나타난 수치값들은 10^{-6}을 생략하고 쓴 수치임

모어의 응력원에서

반지름 $R=\sqrt{65^2+425^2}=429.94$

$\varepsilon_1=\varepsilon_{max}=\varepsilon_{av}-R=(-215-429.94)\times10^{-6}$

$=-644.94\times10^{-6}$(절댓값)

$\varepsilon_2=\varepsilon_{min}=\varepsilon_{av}+R=(-215+429.94)\times10^{-6}$

$=214.94\times10^{-6}$

51 길이 6m인 단순 지지보에 등분포하중 q가 작용할 때 단면에 발생하는 최대굽힘응력이 337.5MPa이라면 등분포하중 q는 약 몇 kN/m인가?(단, 보의 단면은 폭×높이=40mm×100mm이다.)

① 4 ② 5

③ 6 ④ 7

해설

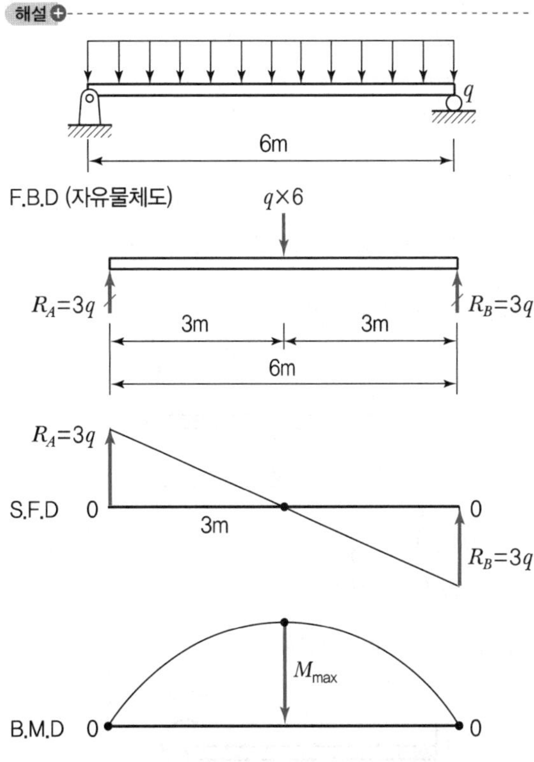

M_{max}는 0~3m까지의 S.F.D 면적과 동일하므로

$M_{max}=\frac{1}{2}\times3\times3q=4.5q$

$M_{max}=\sigma_b Z$

$4.5q=337.5\times10^6\times\frac{0.04\times0.1^2}{6}$

$\therefore\ q=5{,}000\text{N/m}=5\text{kN/m}$

52 보의 자중을 무시할 때 그림과 같이 자유단 C에 집중하중 $2P$가 작용하는 경우 B점에서 처짐곡선의 기울기각은?

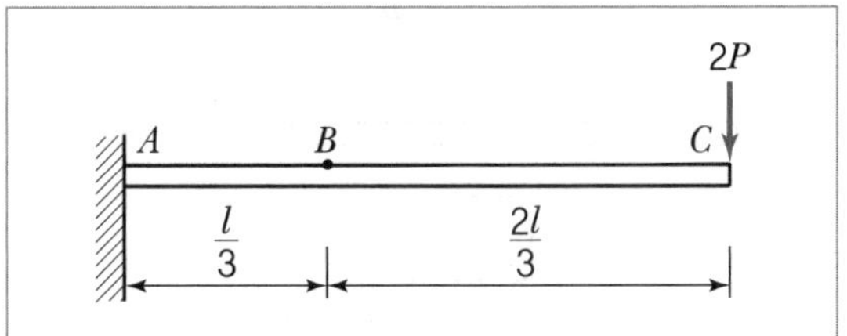

정답 51 ② 52 ①

① $\frac{5}{9}\frac{Pl^2}{EI}$　② $\frac{5}{18}\frac{Pl^2}{EI}$

③ $\frac{5}{27}\frac{Pl^2}{EI}$　④ $\frac{5}{36}\frac{Pl^2}{EI}$

해설

외팔보의 처짐상태는 하중 $2P$에 대해 연속함수이므로 하중을 B점으로 옮겨 해석할 수 있다. → 중첩법으로 해석

• 하중 $2P$에 의한 처짐각

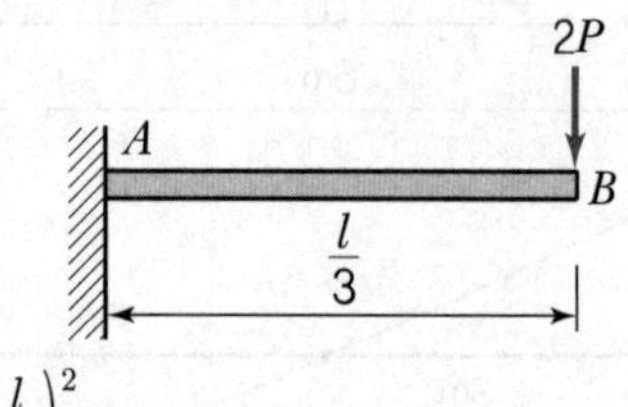

$$\theta_1 = \frac{2P\left(\frac{l}{3}\right)^2}{2EI} = \frac{Pl^2}{9EI}$$

• 우력(M_0)에 의한 처짐각

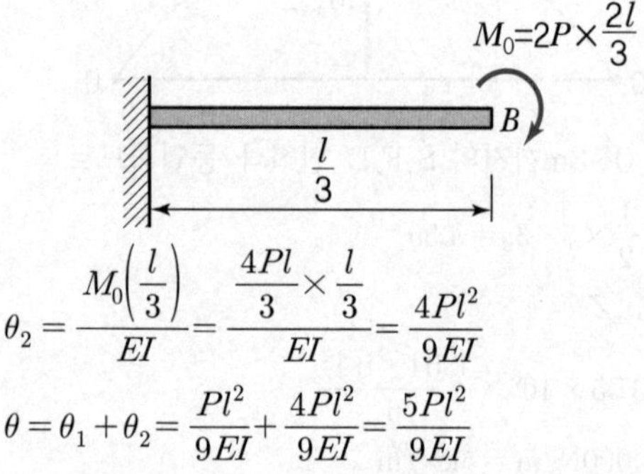

$$\theta_2 = \frac{M_0\left(\frac{l}{3}\right)}{EI} = \frac{\frac{4Pl}{3}\times\frac{l}{3}}{EI} = \frac{4Pl^2}{9EI}$$

$$\theta = \theta_1 + \theta_2 = \frac{Pl^2}{9EI} + \frac{4Pl^2}{9EI} = \frac{5Pl^2}{9EI}$$

53 그림과 같은 외팔보에 대한 전단력 선도로 옳은 것은?[단, 아래 방향을 양(+)으로 본다.]

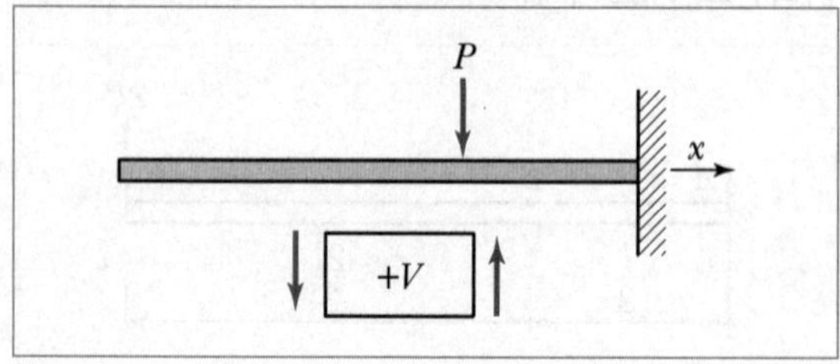

①　P　0

②　P　0

③　P　0

④　P　0

해설

아래 방향을 양(+)으로 가정했으므로 P작용점에서 올라가서 일정하게 작용하다 고정단에서 반력(P)으로 내려오는 전단력 선도가 그려진다.

+P　반력(−P)

S.F.D 0　0

54 그림과 같이 길이가 동일한 2개의 기둥상단에 중심압축하중 2,500N이 작용할 경우 전체 수축량은 약 몇 mm인가?(단, 단면적 A_1 = 1,000mm², A_2 = 2,000mm², 길이 L = 300mm, 재료의 탄성계수 E = 90GPa이다.)

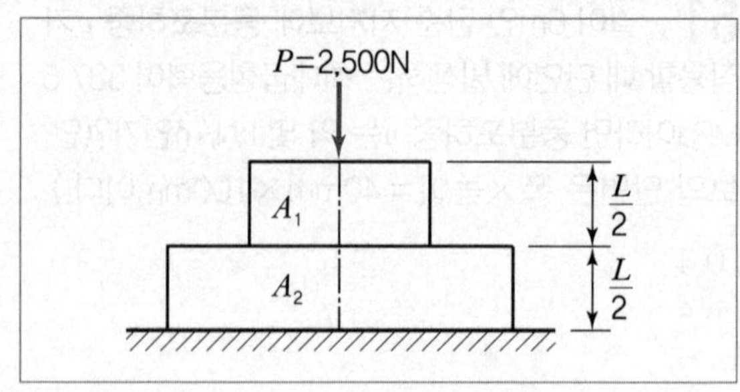

① 0.625　② 0.0625

③ 0.00625　④ 0.000625

정답　53 ④　54 ③

해설

동일한 부재이므로 탄성계수는 같으며, A_1, A_2 부재에 따로 하중(P)을 주어 수축되는 양과 같으므로

전체수축량 $\lambda = \lambda_1 + \lambda_2$

$$\lambda = \frac{PL_1}{A_1E} + \frac{PL_2}{A_2E} = \frac{P}{E}\left(\frac{L_1}{A_1} + \frac{L_2}{A_2}\right)$$
$$= \frac{2{,}500}{90 \times 10^9}\left(\frac{0.15}{1{,}000 \times 10^{-6}} + \frac{0.15}{2{,}000 \times 10^{-6}}\right)$$
$$= 6.25 \times 10^{-6}\text{m} = 0.00625\text{mm}$$

55 그림과 같이 길이가 서로 같고 평행인 두 개의 부재에 매달려 운동하는 평판의 운동의 형태는?

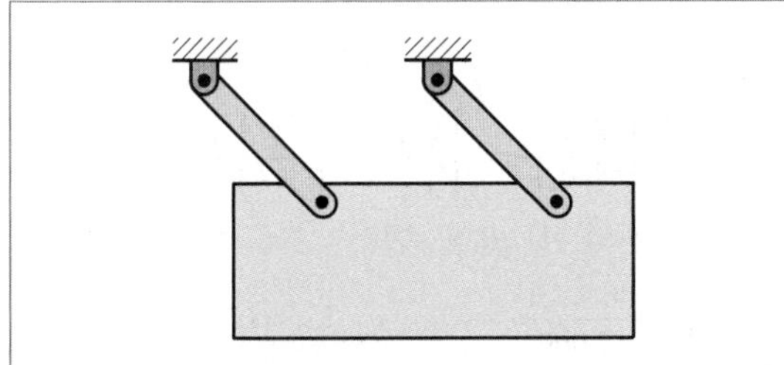

① 병진운동
② 고정축에 대한 회전운동
③ 고정점에 대한 회전운동
④ 일반적인 평면운동(회전운동 및 병진운동이 아닌 평면운동)

해설

병진운동은 직선 병진운동과 곡선 병진운동으로 나누는데, 곡선 병진운동은 모든 점이 지정된 곡선을 따라 이동하며 물체 내를 이은 어떠한 선분도 회전하지 않는다.

56 질량 10kg인 상자가 정지한 상태에서 경사면을 따라 A지점에서 B지점까지 미끄러져 내려왔다. 이 상자의 B지점에서의 속도는 약 몇 m/s인가?[단, 상자와 경사면 사이의 동마찰계수(μ_k)는 0.3이다.]

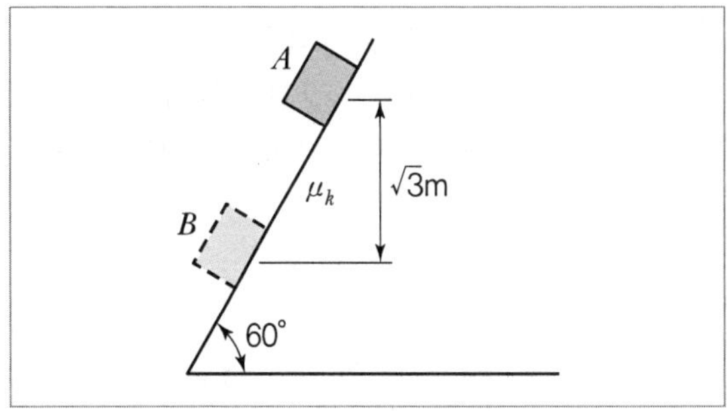

① 5.3 ② 3.9
③ 7.2 ④ 4.6

해설

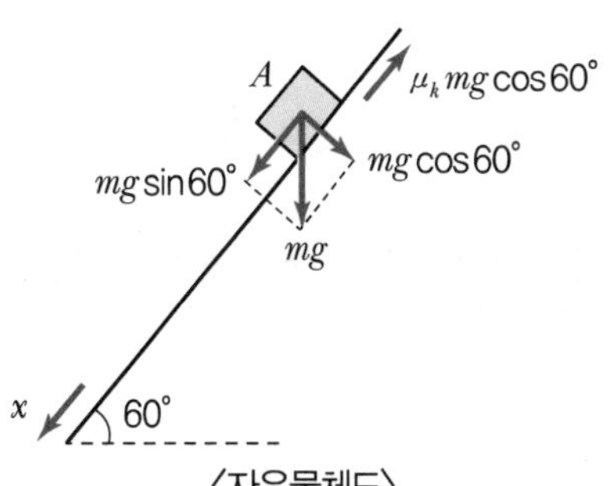

〈자유물체도〉

i) A에서 B까지 미끄러진 거리 r

$r\sin60° = \sqrt{3}$

$\therefore\ r = \dfrac{\sqrt{3}}{\sin60°} = 2\text{m}$

ii) x방향으로 미끄러진 거리 r에 의한 일에너지와 운동에너지는 같으므로

$\Sigma F_x \cdot r = \dfrac{1}{2}m\left(V_B^{\ 2} - V_A^{\ 2}\right)$

자유물체도에서

$\Sigma F_x = mg\sin60° - \mu_k mg\cos60°$, $V_A = 0$

$\therefore\ (mg\sin60° - \mu_k mg\cos60°)r = \dfrac{1}{2}m V_B^{\ 2}$

$V_B = \sqrt{2gr(\sin60° - \mu_k\cos60°)}$

$= \sqrt{2 \times 9.8 \times 2 \times (\sin60° - 0.3\cos60°)}$

$= 5.3\text{m/s}$

정답 55 ① 56 ①

57 질량이 100kg이고 반지름이 1m인 구의 중심에 420 N의 힘이 그림과 같이 작용하여 수평면 위에서 미끄러짐 없이 구르고 있다. 바퀴의 각가속도는 몇 rad/s²인가?

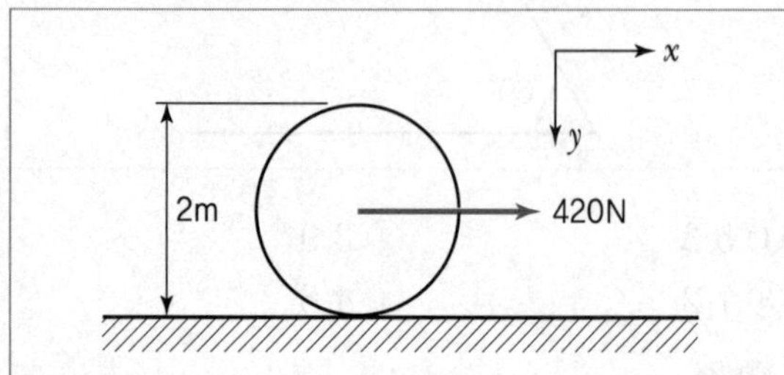

① 2.2 ② 2.8
③ 3 ④ 3.2

해설

구와 수평면의 접촉점을 O라 하면, 회전운동에 대한 모멘트 대수합은

$\sum M_O = J_O\alpha$

여기서, α : 각가속도

$M_O = F \cdot r$

$J_O = J_G + ml^2$ ($\because$ $l = r$)

$= \frac{2}{5}mr^2 + mr^2 = \frac{7}{5}mr^2$

수식에 적용하면

$420\text{N} \times 1\text{m} = \frac{7}{5}(100 \times 1^2)\alpha \quad \therefore \ \alpha = 3\text{rad/s}^2$

58 주기운동의 변위 $x(t)$가 $x(t) = A\sin\omega t$로 주어졌을 때 가속도의 최댓값은 얼마인가?

① A ② ωA
③ $\omega^2 A$ ④ $\omega^3 A$

해설

변위 : $x(t) = A\sin\omega t$

속도 : $\dot{x}(t) = \omega A\cos\omega t$

가속도 : $\ddot{x}(t) = -\omega^2 A\sin\omega t$

최대 가속도는 최대 진폭 $|-\omega^2 A| = \omega^2 A$

59 36km/h의 속력으로 달리던 자동차 A가, 정지하고 있던 자동차 B와 충돌하였다. 충돌 후 자동차 B는 2m만큼 미끄러진 후 정지하였다. 두 자동차 사이의 반발계수 e는 약 얼마인가?(단, 자동차 A, B의 질량은 동일하며 타이어와 노면의 동마찰계수는 0.8이다.)

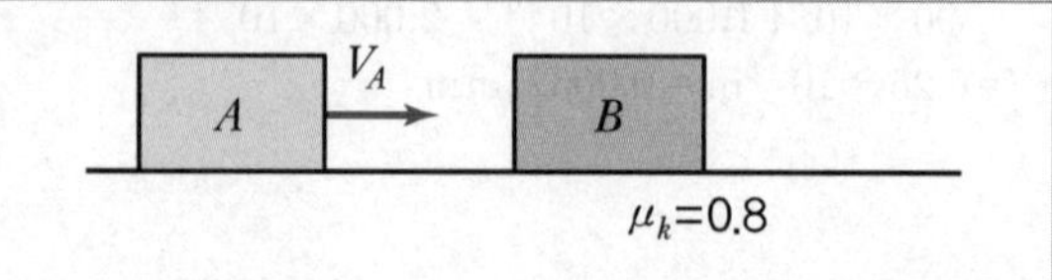

① 0.06 ② 0.08
③ 0.10 ④ 0.12

해설

$e = \frac{\text{분리상대속도}}{\text{접근상대속도}} = \frac{V_{B/A}'}{V_{A/B}} = \frac{V_B' - V_A'}{V_A - V_B}$

i) 충돌 전의 A, B의 속도

$V_A = \frac{36 \times 10^3}{3{,}600} = 10\text{m/s}, \ \ V_B = 0$

ii) 선운동량 보존의 법칙을 적용하면

$m_A V_A + m_B V_B = m_A V_A' + m_B V_B'$

$m_A = m_B$ = 일정(동일)하므로

$V_A + V_B = V_A' + V_B'$

$\therefore \ V_A = V_A' + V_B'$ ⋯ ⓐ

iii) 충돌 후 B의 마찰일에 의한 에너지와 운동에너지는 같으므로

$\mu_k \cdot W \cdot r = \mu_k \cdot mgr = \frac{1}{2}m(V_B')^2$

$\therefore \ V_B' = \sqrt{2\mu_k \cdot g \cdot r}$

$= \sqrt{2 \times 0.8 \times 9.8 \times 2} = 5.6\text{m/s}$ ⋯ ⓑ

iv) ⓑ를 ⓐ에 대입하면

$V_A' = V_A - V_B' = 10 - 5.6 = 4.4\text{m/s}$

$\therefore \ e = \frac{5.6 - 4.4}{10 - 0} = 0.12$

정답 57 ② 58 ③ 59 ④

60 기중기줄에 200N과 160N의 일정한 힘이 작용하고 있다. 처음 물체의 속도는 밑으로 2m/s였는데, 5초 후에 물체속도의 크기는 약 몇 m/s인가?

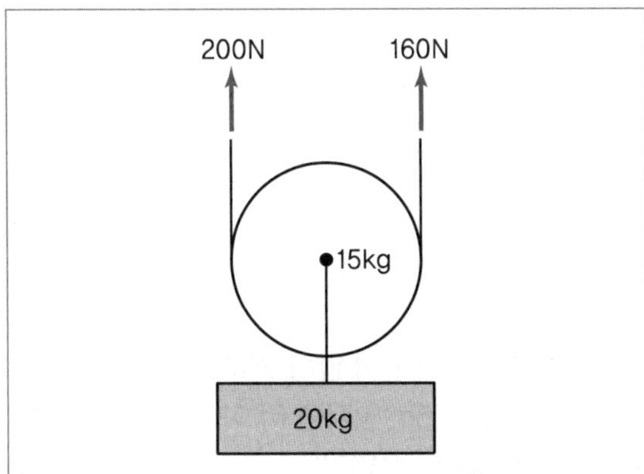

① 0.18m/s　　② 0.28m/s
③ 0.38m/s　　④ 0.48m/s

해설

↑(+)로 가정, 뉴턴의 제2법칙 $\Sigma F = ma$를 적용하면

장력 − 무게 $= ma$이므로

$(200+160)-(15+20)\times 9.8=(15+20)a$

$\therefore\ a = 0.48\text{m/s}^2$

$a=\dfrac{dV}{dt}$에서 $dV = adt$

적분하면 $V-V_0 = at$

$\therefore\ V = V_0 + at$ (여기서, $t = 5$초)

$\quad = -2+0.48\times 5 = 0.4\text{m/s}$

4과목 열 · 유체 해석

61 다음은 오토(Otto) 사이클의 온도 − 엔트로피($T-S$) 선도이다. 이 사이클의 열효율을 온도를 이용하여 나타낼 때 옳은 것은?(단, 공기의 비열은 일정한 것으로 본다.)

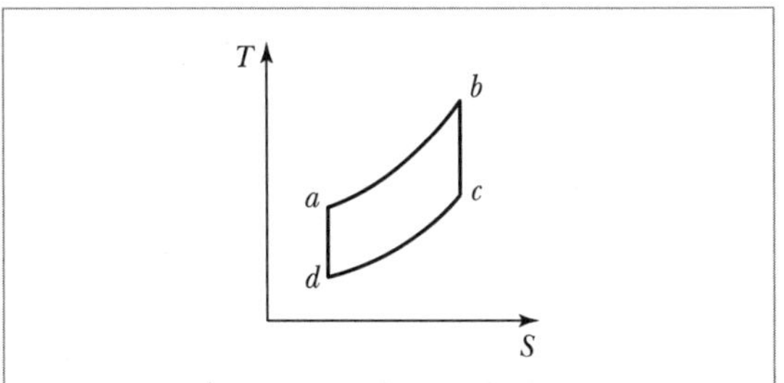

① $1-\dfrac{T_c-T_d}{T_b-T_a}$　　② $1-\dfrac{T_b-T_a}{T_c-T_d}$

③ $1-\dfrac{T_a-T_d}{T_b-T_c}$　　④ $1-\dfrac{T_b-T_c}{T_a-T_d}$

해설

열전달과정이 정적과정이므로

$\delta q = du + pdv = C_v dT\ (\because\ dv=0) \rightarrow {}_1q_2 = \int_1^2 C_v dT$

$\eta_0 = \dfrac{q_H - q_L}{q_H} = 1-\dfrac{q_L}{q_H} = 1-\dfrac{C_v(T_c-T_d)}{C_v(T_b-T_a)}$

$\quad = 1-\dfrac{(T_c-T_d)}{(T_b-T_a)}$

62 다음 중 강도성 상태량(Intensive Property)이 아닌 것은?

① 온도　　② 내부에너지
③ 밀도　　④ 압력

해설

반$\left(\dfrac{1}{2}\right)$으로 나누었을 때 값이 변하지 않으면 강도성 상태량이다. 내부에너지는 반으로 줄어들므로 강도성 상태량이 아니다.

정답 60 ③ 61 ① 62 ②

63 고온열원(T_1)과 저온열원(T_2) 사이에서 작동하는 역카르노 사이클에 의한 열펌프(Heat Pump)의 성능계수는?

① $\dfrac{T_1-T_2}{T_1}$　② $\dfrac{T_2}{T_1-T_2}$

③ $\dfrac{T_1}{T_1-T_2}$　④ $\dfrac{T_1-T_2}{T_2}$

해설

$$\varepsilon_h=\frac{T_H}{T_H-T_L}=\frac{T_1}{T_1-T_2}$$

64 냉매가 갖추어야 할 요건으로 틀린 것은?

① 증발온도에서 높은 잠열을 가져야 한다.
② 열전도율이 커야 한다.
③ 표면장력이 커야 한다.
④ 불활성이고 안전하며 비가연성이어야 한다.

해설

냉매의 구비조건
- 온도가 낮아도 대기압 이상의 압력에서 증발할 것
- 응축압력이 낮을 것
- 증발잠열이 크고(증발기에서 많은 열량 흡수), 액체 비열이 적을 것
- 부식성이 없으며, 안정성이 유지될 것
- 점성이 적고 전열작용이 양호하며, 표면장력이 작을 것
- 응고온도가 낮을 것
- 열전도율이 클 것

65 100℃의 구리 10kg을 20℃의 물 2kg이 들어 있는 단열용기에 넣었다. 물과 구리 사이의 열전달을 통한 평형온도는 약 몇 ℃인가?(단, 구리 비열은 0.45kJ/kg · K, 물 비열은 4.2kJ/kg · K이다.)

① 48　② 54
③ 60　④ 68

해설

열량 ${}_1Q_2=mc(T_2-T_1)$에서
구리가 방출(−)한 열량=물이 흡수(+)한 열량

$-m_{구}c_{구}(T_m-100)=m_{물}c_{물}(T_m-20)$

$$T_m=\frac{m_{물}c_{물}\times 20+m_{구}c_{구}\times 100}{m_{물}c_{물}+m_{구}c_{구}}$$

$$=\frac{2\times 4.2\times 20+10\times 0.45\times 100}{2\times 4.2+10\times 0.45}$$

$=47.91℃$

66 이상기체 2kg이 압력 98kPa, 온도 25℃ 상태에서 체적이 0.5m³였다면 이 이상기체의 기체상수는 약 몇 J/kg · K인가?

① 79　② 82
③ 97　④ 102

해설

$PV=mRT$에서

$$R=\frac{P\cdot V}{mT}$$

$$=\frac{98\times 10^3\times 0.5}{2\times(25+273)}$$

$=82.21\text{J/kg}\cdot\text{K}$

67 다음 중 스테판－볼츠만의 법칙과 관련이 있는 열전달은?

① 대류　② 복사
③ 전도　④ 응축

해설

스테판－볼츠만의 법칙
흑체 표면의 단위면적으로부터 단위시간에 방출되는 전파장의 복사에너지 양(E)은 흑체의 절대온도 T의 4승에 비례하며, $E=\sigma T^4$으로 주어진다는 법칙이다.

정답　63 ③　64 ③　65 ①　66 ②　67 ②

68 어떤 습증기의 엔트로피가 6.78kJ/kg · K라고 할 때 이 습증기의 엔탈피는 약 몇 kJ/kg인가?(단, 이 기체의 포화액 및 포화증기의 엔탈피와 엔트로피는 다음과 같다.)

구분	포화액	포화 증기
엔탈피(kJ/kg)	384	2,666
엔트로피(kJ/kg · K)	1.25	7.62

① 2,365 ② 2,402
③ 2,473 ④ 2,511

해설

건도가 x인 습증기의 엔트로피 s_x

$= s_f + x s_{fg} = s_f + x(s_g - s_f)$

$x = \dfrac{s_x - s_f}{s_g - s_f} = \dfrac{6.78 - 1.25}{7.62 - 1.25} = 0.868$

$\therefore\ h_x = h_f + x h_{fg} = h_f + x(h_g - h_f)$

$= 384 + 0.868 \times (2{,}666 - 384)$

$= 2{,}364.78\text{kJ/kg}$

69 단열된 노즐에 유체가 10m/s의 속도로 들어와서 200m/s의 속도로 가속되어 나간다. 출구에서의 엔탈피가 2,770kJ/kg일 때 입구에서의 엔탈피는 약 몇 kJ/kg인가?

① 4,370 ② 4,210
③ 2,850 ④ 2,790

해설

개방계에 대한 열역학 제1법칙

$q_{cv}^{\ 0} + h_i + \dfrac{V_i^2}{2} = h_e + \dfrac{V_e^2}{2} + w_{cv}^{\ 0}\quad (\because\ gz_i = gz_e)$

$h_i = h_e + \dfrac{V_e^2}{2} - \dfrac{V_i^2}{2}$

$= 2{,}770 + \dfrac{1}{2}(200^2 - 10^2) \cdot \dfrac{\text{m}^2}{\text{s}^2} \times \dfrac{\text{kg}}{\text{kg}} \times \dfrac{1\text{kJ}}{1{,}000\text{J}}$

$= 2{,}789.95\text{kJ/kg}$

70 압력(P) − 부피(V) 선도에서 이상기체가 그림과 같은 사이클로 작동한다고 할 때 한 사이클 동안 행한 일은 어떻게 나타내는가?

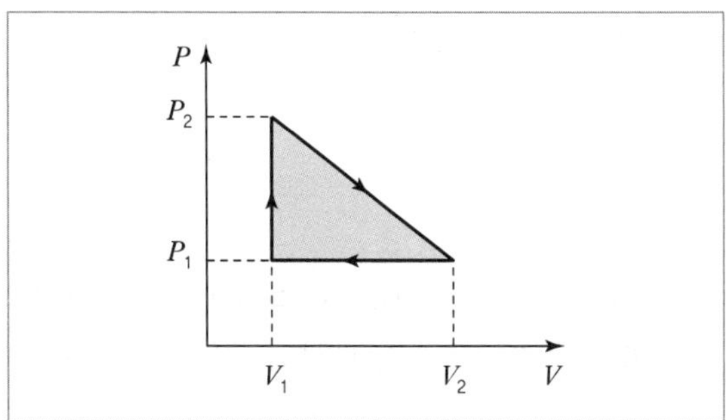

① $\dfrac{(P_2 + P_1)(V_2 + V_1)}{2}$

② $\dfrac{(P_2 - P_1)(V_2 + V_1)}{2}$

③ $\dfrac{(P_2 + P_1)(V_2 - V_1)}{2}$

④ $\dfrac{(P_2 - P_1)(V_2 - V_1)}{2}$

해설

한 사이클 동안 행한 일의 양은 삼각형 면적과 같으므로

$\dfrac{1}{2} \times (V_2 - V_1) \times (P_2 - P_1)$

71 낙차가 100m인 수력발전소에서 유량이 $5\text{m}^3/\text{s}$이면 수력터빈에서 발생하는 동력(MW)은 얼마인가?(단, 유도관의 마찰손실은 10m이고, 터빈의 효율은 80%이다.)

① 3.53 ② 3.92
③ 4.41 ④ 5.52

해설

터빈의 이론동력

$H_{th} = \gamma \times H_T \times Q$

여기서, 전양정 $H_T = 100 - 10 = 90\text{m}$

정답 68 ① 69 ④ 70 ④ 71 ①

$= 9{,}800 \times 90 \times 5 = 4.41 \times 10^6 \text{W}$
$= 4.41\text{MW}$

터빈효율 $\eta_T = \dfrac{\text{실제동력}(H_s)}{\text{이론동력}(H_{th})}$

$\therefore$ 실제출력동력 $= \eta_T \times H_{th}$
$= 0.8 \times 4.41$
$= 3.53\text{MW}$

72 어떤 물리량 사이의 함수관계가 다음과 같이 주어졌을 때, 독립 무차원수 Pi항은 몇 개인가?(단, a는 가속도, V는 속도, t는 시간, ν는 동점성계수, L은 길이이다.)

$$F(a,\ V,\ t,\ \nu,\ L) = 0$$

① 1 ② 2
③ 3 ④ 4

해설

버킹엄의 π정리에 의해 독립무차원수
$\pi = n - m$
여기서, n : 물리량 총수
m : 사용된 차원수
a : 가속도 m/s²[LT^{-2}]
V : 속도 m/s[LT^{-1}]
t : 시간 s[T]
ν : 동점성계수 m²/s[L^2T^{-1}]
L : 길이 m[L]

$\pi = n - m = 5 - 2$(L과 T 차원 2개)$= 3$

73 그림과 같은 노즐을 통하여 유량 Q만큼의 유체가 대기로 분출될 때, 노즐에 미치는 유체의 힘 F는?(단, A_1, A_2는 노즐의 단면 1, 2에서의 단면적이고 ρ는 유체의 밀도이다.)

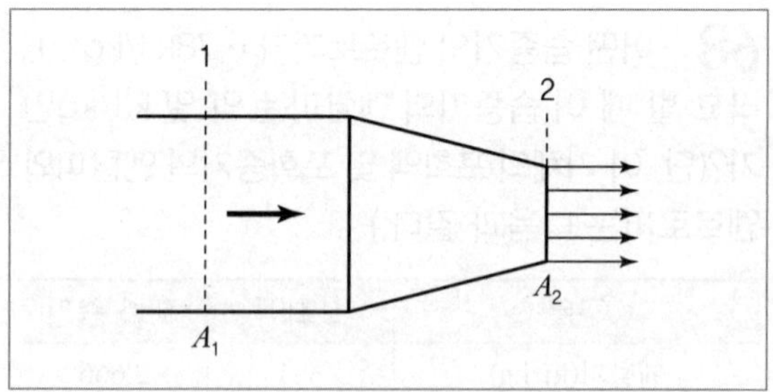

① $F = \dfrac{\rho A_2 Q^2}{2}\left(\dfrac{A_2 - A_1}{A_1 A_2}\right)^2$

② $F = \dfrac{\rho A_2 Q^2}{2}\left(\dfrac{A_1 + A_2}{A_1 A_2}\right)^2$

③ $F = \dfrac{\rho A_1 Q^2}{2}\left(\dfrac{A_1 + A_2}{A_1 A_2}\right)^2$

④ $F = \dfrac{\rho A_1 Q^2}{2}\left(\dfrac{A_1 - A_2}{A_1 A_2}\right)^2$

해설

노즐에 미치는 유체의 힘 $F = f_x$
검사면에 작용하는 힘들의 합 = 검사체적 안의 운동량 변화량

$Q = A_1 V_1 = A_2 V_2 \rightarrow V_1 = \dfrac{Q}{A_1},\ V_2 = \dfrac{Q}{A_2} \cdots$ ⓐ

$p_1 A_1 - p_2 A_2 - f_x = \rho Q(V_{2x} - V_{1x}) = \rho Q(V_2 - V_1)$

- 유량이 나가는 검사면 2에는 작용하는 힘이 없으므로 $p_2 A_2 = 0$

$\therefore\ f_x = p_1 A_1 - \rho Q(V_2 - V_1) \leftarrow$ ⓐ 대입
$= p_1 A_1 - \rho Q\left(\dfrac{Q}{A_2} - \dfrac{Q}{A_1}\right)$
$= p_1 A_1 - \rho Q^2\left(\dfrac{1}{A_2} - \dfrac{1}{A_1}\right) \cdots$ ⓑ

- 1단면과 2단면에 베르누이 방정식 적용(위치에너지 동일)

$\dfrac{p_1}{\gamma} + \dfrac{V_1^{\,2}}{2g} = \dfrac{p_2}{\gamma} + \dfrac{V_2^{\,2}}{2g}\ (\because\ z_1 = z_2,\ p_2 = p_0 = 0)$

$\dfrac{p_1}{\gamma} = \dfrac{V_2^{\,2}}{2g} - \dfrac{V_1^{\,2}}{2g}$

양변에 γ를 곱하면

정답 72 ③ 73 ④

$$p_1 = \frac{\rho}{2}\left(V_2^{\ 2} - V_1^{\ 2}\right) = \frac{\rho}{2}\left\{\left(\frac{Q}{A_2}\right)^2 - \left(\frac{Q}{A_1}\right)^2\right\}$$

$$= \frac{\rho Q^2}{2}\left\{\left(\frac{1}{A_2}\right)^2 - \left(\frac{1}{A_1}\right)^2\right\} \cdots ⓒ$$

- ⓒ를 ⓑ에 대입하면

$$f_x = \frac{\rho A_1 Q^2}{2}\left\{\left(\frac{1}{A_2}\right)^2 - \left(\frac{1}{A_1}\right)^2\right\} - \rho Q^2\left(\frac{1}{A_2} - \frac{1}{A_1}\right)$$

$$= \frac{\rho A_1 Q^2}{2}\left\{\left(\frac{1}{A_2}\right)^2 - \left(\frac{1}{A_1}\right)^2\right\}$$

$$- \frac{\rho A_1 Q^2}{2}\left\{\frac{2}{A_1}\left(\frac{1}{A_2} - \frac{1}{A_1}\right)\right\}$$

$$= \frac{\rho A_1 Q^2}{2}\left\{\left(\frac{1}{A_2}\right)^2 - \left(\frac{1}{A_1}\right)^2 - \frac{2}{A_1 A_2} + \frac{2}{A_1^{\ 2}}\right\}$$

$$= \frac{\rho A_1 Q^2}{2}\left\{\left(\frac{1}{A_2}\right)^2 - \frac{2}{A_1 A_2} + \left(\frac{1}{A_1}\right)^2\right\}$$

$$= \frac{\rho A_1 Q^2}{2}\left(\frac{1}{A_2} - \frac{1}{A_1}\right)^2$$

$$\therefore\ f_x = \frac{\rho A_1 Q^2}{2}\left(\frac{A_1 - A_2}{A_1 A_2}\right)^2$$

74

그림과 같이 원판 수문이 물속에 설치되어 있다. C는 압력의 중심이고, G는 원판의 도심이다. 원판의 지름을 d라 하면 작용점의 위치 η는?

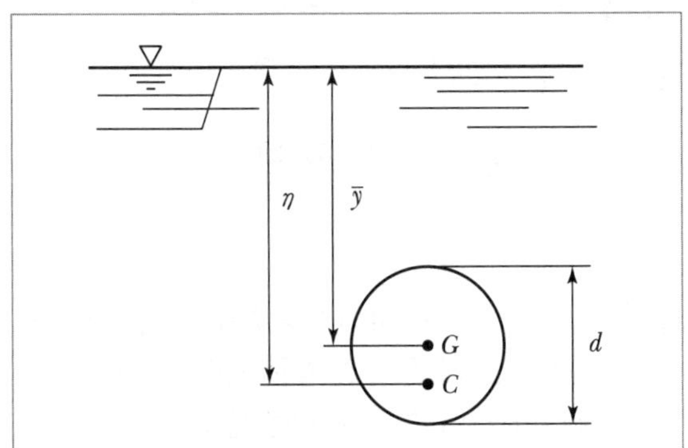

① $\eta = \bar{y} + \dfrac{d^2}{8\bar{y}}$　　② $\eta = \bar{y} + \dfrac{d^2}{16\bar{y}}$

③ $\eta = \bar{y} + \dfrac{d^2}{32\bar{y}}$　　④ $\eta = \bar{y} + \dfrac{d^2}{64\bar{y}}$

해설

전압력 중심

$$\eta = \bar{y} + \frac{I_G}{A\bar{y}} = \bar{y} + \frac{\dfrac{\pi d^4}{64}}{\dfrac{\pi d^2}{4} \times \bar{y}} = \bar{y} + \frac{d^2}{16\bar{y}}$$

75

체적이 30m^3인 어느 기름의 무게가 247kN이었다면 비중은 얼마인가?(단, 물의 밀도는 $1{,}000\text{kg/m}^3$이다.)

① 0.80　　② 0.82

③ 0.84　　④ 0.86

해설

무게 $W = \gamma V$(여기서, $S = \dfrac{\gamma}{\gamma_w} \rightarrow \gamma = S\gamma_w$)

$$= S\gamma_w V$$

$$\therefore\ S = \frac{W}{\gamma_w V} = \frac{247 \times 10^3}{9{,}800 \times 30} = 0.84$$

76

비압축성 유체가 그림과 같이 단면적 $A(x) = 1 - 0.04x[\text{m}^2]$로 변화하는 통로 내를 정상상태로 흐를 때 P점($x = 0$)에서의 가속도(m/s^2)는 얼마인가?(단, P점에서의 속도는 2m/s, 단면적은 1m^2이며, 각 단면에서 유속은 균일하다고 가정한다.)

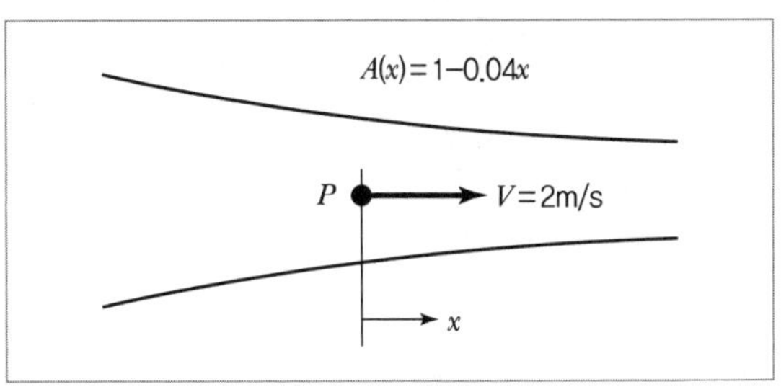

① −0.08　　② 0

③ 0.08　　④ 0.16

정답　74 ②　75 ③　76 ④

해설

$a = \frac{0.08}{(1-0.04x)^2} \times \frac{2}{(1-0.04x)}$ 이므로

$x=0$에서의 가속도 $a = 0.16\,\text{m/s}^2$

77 수면의 차이가 H인 두 저수지 사이에 지름 d, 길이 l인 관로가 연결되어 있을 때 관로에서의 평균 유속(V)을 나타내는 식은?(단, f는 관마찰계수이고, g는 중력가속도이며, K_1, K_2는 관입구와 출구에서의 부차적 손실계수이다.)

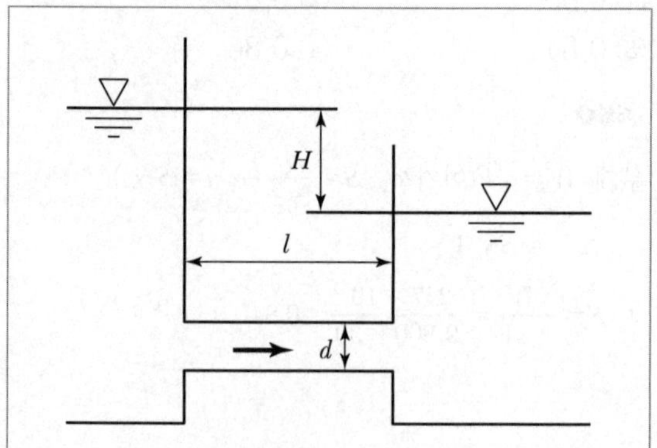

① $V = \sqrt{\frac{2gdH}{K_1 + fl + K_2}}$

② $V = \sqrt{\frac{2gH}{K_1 + fdl + K_2}}$

③ $V = \sqrt{\frac{2gdH}{K_1 + \frac{f}{l} + K_2}}$

④ $V = \sqrt{\frac{2gH}{K_1 + f\frac{l}{d} + K_2}}$

해설

큰 저수지에서의 전체에너지를 ①, 작은 저수지에서의 전체에너지를 ②라고 한 다음, 손실을 고려한 베르누이 방정식을 적용하면 ①=②+H_l이고, 그림에서 H_l은 두 저수지의 위치에너지 차이이므로 $H_l = H$이다. 전체 손실수두도 H_l은 돌연축소관에서의 손실(h_1)과 곧고 긴 연결관에서의 손실수두(h_2) 그리고 돌연확대관에서의 손실수두(h_3)의 합과 같다.

$H_l = h_1 + h_2 + h_3$

여기서, $h_1 = K_1 \cdot \frac{V^2}{2g}$

$h_2 = f \cdot \frac{L}{d} \cdot \frac{V^2}{2g}$

$h_3 = K_2 \cdot \frac{V^2}{2g}$

$$H = \left(K_1 + f \cdot \frac{L}{d} + K_2\right)\frac{V^2}{2g}$$

$$\therefore\ V = \sqrt{\frac{2gH}{K_1 + f \cdot \frac{L}{d} + K_2}}$$

78 공기의 속도 24m/s인 풍동 내에서 익현길이 1m, 익의 폭 5m인 날개에 작용하는 양력(N)은 얼마인가?(단, 공기의 밀도는 1.2kg/m^3, 양력계수는 0.455이다.)

① 1,572 ② 786
③ 393 ④ 91

해설

양력 $L = C_L \cdot \frac{\rho A V^2}{2}$

$= 0.455 \times \frac{1.2 \times 1 \times 5 \times 24^2}{2} = 786.24\text{N}$

79 $(x,\ y)$ 평면에서의 유동함수(정상, 비압축성 유동)가 다음과 같이 정의된다면 x = 4m, y = 6m의 위치에서의 속도(m/s)는 얼마인가?

$$\psi = 3x^2y - y^3$$

① 156 ② 92
③ 52 ④ 38

정답 77 ④ 78 ② 79 ①

해설

유동함수 ψ에서 $u=\frac{\partial\psi}{\partial y}$, $v=-\frac{\partial\psi}{\partial x}$이므로

$u=3x^2-3y^2=3\times4^2-3\times6^2$

$=-60\rightarrow$ x방향 속도성분

$v=-(6xy)=-6\times4\times6=-144\rightarrow y$ 방향 속도성분

$V=ui+vj$이므로 속도의 크기는

$\sqrt{u^2+v^2}=\sqrt{(-60)^2+(-144)^2}=156\text{m/s}$

80 유체의 정의를 가장 올바르게 나타낸 것은?

① 아무리 작은 전단응력에도 저항할 수 없어 연속적으로 변형하는 물질

② 탄성계수가 0을 초과하는 물질

③ 수직응력을 가해도 물체가 변하지 않는 물질

④ 전단응력이 가해질 때 일정한 양의 변형이 유지되는 물질

정답 80 ①

제14회 CBT 실전 모의고사

1과목 기계제도 및 설계

01 그림과 같은 입체도의 정면도(화살표 방향)로 가장 적합한 것은?

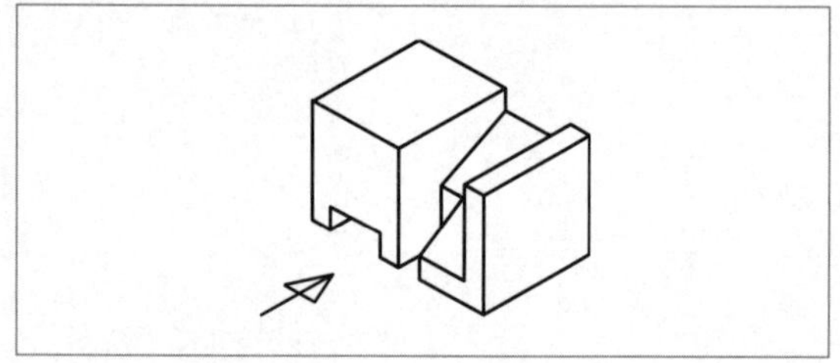

① 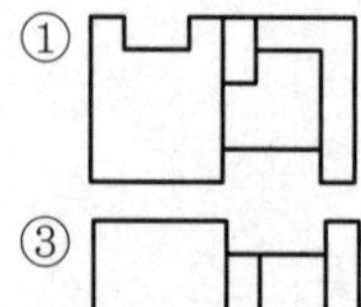
② 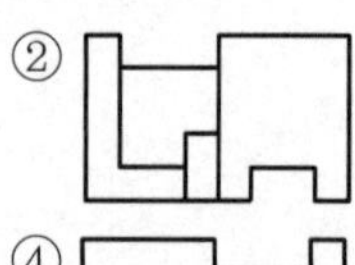
③ 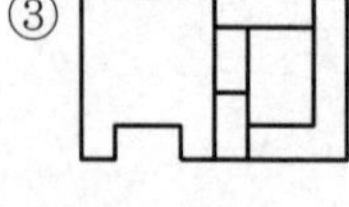
④ 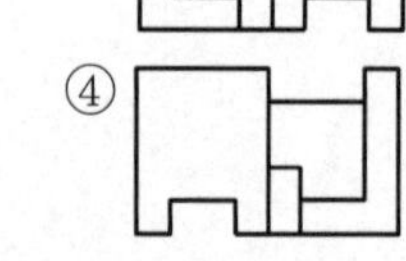

해설

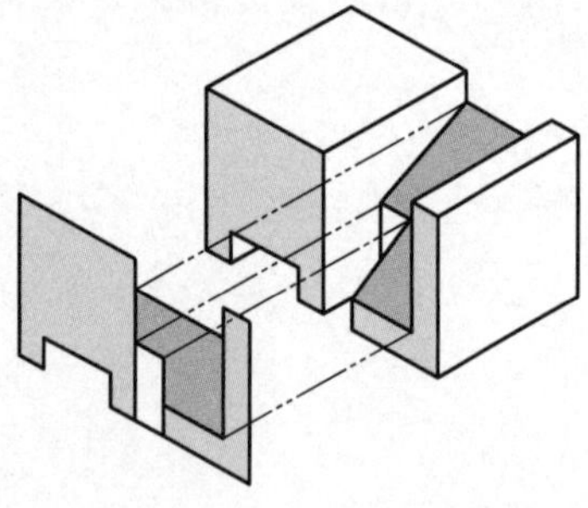

02 도면(위치도)에 치수가 다음과 같이 표시되어 있는 경우 치수의 외곽에 표시된 직사각형은 무엇을 뜻하는가?

30

① 다듬질 전 소재 가공치수
② 완성 치수
③ 이론적으로 정확한 치수
④ 참고 치수

해설

[30]은 이론적으로 정확한 치수를 나타내는 데 사용한다.

03 치수를 나타내는 방법에 관한 설명으로 틀린 것은?

① 도면에서 정보용으로 사용되는 참고(보조)치수는 공차를 적용하거나 ( ) 안에 표시한다.
② 척도가 다른 형체의 치수는 치수값 밑에 밑줄을 그어서 표시한다.
③ 정면도에서 높이를 나타낼 때는 수평의 치수선을 꺾어 수직으로 그은 끝에 90°의 개방형 화살표로 표시하며, 높이의 수치값은 수평으로 그은 치수선 위에 표시한다.
④ 같은 형체가 반복될 경우 형체 개수와 그 치수 값을 '×' 기호로 표시하여 치수기입을 해도 된다.

해설

① 도면에서 정보용으로 사용되는 참고(보조)치수는 공차를 적용하지 않고 ( ) 안에 표시한다.

04 다음 V 벨트의 종류 중 단면의 크기가 가장 작은 것은?

① M형
② A형
③ B형
④ E형

해설

크기는 형별에 따라 M, A, B, C, D, E형이 있고, 폭이 가장 좁은 것은 M형, 가장 넓은 것은 E형이다.

정답 01 ④ 02 ③ 03 ① 04 ①

05 h6 공차인 축에 중간 끼워 맞춤이 적용되는 구멍의 공차는?

① R7 ② K7
③ G7 ④ F7

해설

h6은 축 기준식 끼워 맞춤 공차를 나타내며, 구멍의 공차가 K7일 때 중간 끼워 맞춤을 나타낸다.

기준축	구멍의 공차역 클래스												
	헐거운 끼워 맞춤			중간 끼워 맞춤			억지 끼워 맞춤						
h6	F6	G6	H6	JS6	K6	M6	N6	P6					
	F7	G7	H7	JS7	K7	M7	N7	P7	R7	S7	T7	U7	X7

06 기하공차의 도시방법에서 위치도를 나타내는 것은?

①  ② 

③  ④ 

해설

- : 위치도
- : 원통도
- : 진원도
- : 동심도

07 CAD시스템에서 점을 정의하기 위해 사용되는 좌표계가 아닌 것은?

① 직교 좌표계 ② 원통 좌표계
③ 벡터 좌표계 ④ 구면 좌표계

해설

CAD시스템에서 사용하는 좌표계는 직교 좌표계, 원통 좌표계, 구면 좌표계가 있다.

08 솔리드 모델의 일반적인 특징을 설명한 것 중 틀린 것은?

① 질량 등 물리적 성질의 계산이 곤란하다.
② Boolean연산(더하기, 빼기, 교차)을 통하여 복잡한 형상 표현도 가능하다.
③ 와이어 프레임 모델에 비해 데이터의 처리시간이 많아진다.
④ 은선 제거가 가능하다.

해설

솔리드 모델링은 내부가 채워진 모델링 방법으로, 질량 등 물리적 성질의 계산이 가능하다.

09 2개의 키를 조합하여 축의 키 홈에 때려 박을 수 있도록 그 단면을 직사각형으로 만든 키로서 면압력만을 받기 때문에 일반적으로 묻힘키보다 큰 토크를 전달할 수 있는 키(Key)는?

① 반달 키 ② 납작 키
③ 안장 키 ④ 접선 키

해설

접선 키

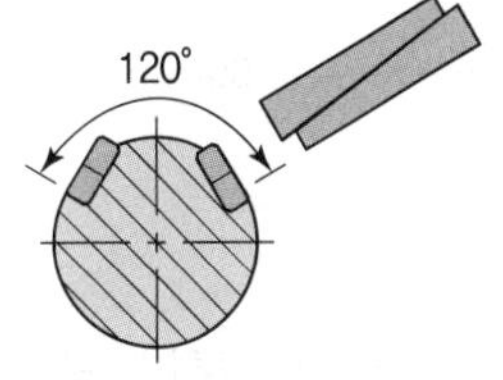

10 강판의 두께 16mm, 리벳구멍의 지름 18mm, 리벳의 피치 68mm인 1줄 리벳 겹치기이음에서 1 피치마다 16kN의 하중이 작용할 때, 판의 효율은 약 얼마인가?

① 74% ② 81%
③ 66% ④ 59%

정답 05 ② 06 ④ 07 ③ 08 ① 09 ④ 10 ①

해설

$$\eta_t = 1 - \frac{d'}{p} = 1 - \frac{18}{68} = 0.7353 = 73.53\%$$

11 300rpm으로 25kW를 전달시키는 전동축이 490N · m의 굽힘모멘트를 동시에 받는다. 축의 허용전단응력 $\tau = 49\text{N/mm}^2$일 때 축지름은 몇 mm 이상이어야 하는가?

① 41.96 ② 45.96
③ 49.96 ④ 53.96

해설

굽힘과 비틀림을 동시에 받으므로 상당비틀림모멘트(T_e)를 기준으로 설계해야 한다.

$$T = \frac{H}{\omega} = \frac{H}{\frac{2\pi N}{60}} = \frac{25 \times 10^3}{\frac{2\pi \times 300}{60}}$$

$$= 795.77472\text{N} \cdot \text{m} = 795{,}774.72\text{N} \cdot \text{mm}$$

$$M = 490\text{N} \cdot \text{m} = 490 \times 10^3 \text{N} \cdot \text{mm}$$

$$T_e = \sqrt{M^2 + T^2}$$

$$= \sqrt{(490 \times 10^3)^2 + (795{,}774.72)^2}$$

$$= 934{,}535.93\text{N} \cdot \text{mm}$$

$T_e = \tau_a \cdot Z_P$ 에서

$$\therefore\ d = \sqrt[3]{\frac{16T}{\pi \tau_a}} = \sqrt[3]{\frac{16 \times 934{,}535.93}{\pi \times 49}} = 45.96\text{mm}$$

12 베어링 번호 6312인 볼베어링에 그리스 윤활로 45,000시간의 수명을 주고자 할 때, 최고사용회전수로 허용되어지는 베어링 하중의 최대 크기는 약 몇 N인가?[단, 한계속도지수값($d \cdot N$)은 180,000mm · rpm이며, 기본동적부하용량은 81.9kN이고, 하중계수는 1.5이다.]

① 2,148 ② 2,717
③ 3,678 ④ 4,082

해설

6312 볼베어링의 내경은 $12 \times 5 = 60\text{mm}$이고

최고사용회전수 $N_{\max} = \frac{dN}{d} = \frac{180{,}000}{60} = 3{,}000\text{rpm}$이며, 볼베어링 $r = 3$이다.

$L_h = \left(\frac{c}{P}\right)^r \times \frac{10^6}{60N}\ (\text{hr})$에서

$$\text{실제하중 } P = \frac{C}{\sqrt[3]{\frac{L_h \times 60 \times N_{\max}}{10^6}}}$$

$$= \frac{81.9 \times 10^3}{\sqrt[3]{\frac{45{,}000 \times 60 \times 3{,}000}{10^6}}} = 4{,}078\text{ N}$$

실제하중 $P = f_w \cdot P_{th}$

(여기서, P_{th} : 이론하중, f_w : 하중계수)

$$\therefore\ \text{베어링 하중 } P_{th} = \frac{P}{f_w} = \frac{4{,}078}{1.5} = 2{,}718\text{ N}$$

13 기어의 물림률을 높이기 위한 방법이 아닌 것은?

① 접촉호의 길이를 크게 한다.
② 이 끝 높이를 크게 한다.
③ 사이클로이드 기어에서는 구름원의 지름을 크게 한다.
④ 인벌류트기어에서는 압력각을 크게 한다.

해설

접촉호의 길이를 크게 하고 이 끝 높이를 크게 하면 물림길이가 증가해 물림률이 커지며, 압력각이 작고 이 수가 많으면 물림률이 커진다.

14 벨트의 긴장 측 장력을 980N, 이완 측 장력을 490N으로 유지하여 동력 8kW를 400rpm으로 전달할 때 벨트풀리의 직경은 약 몇 mm인가?

정답 11 ② 12 ② 13 ④ 14 ①

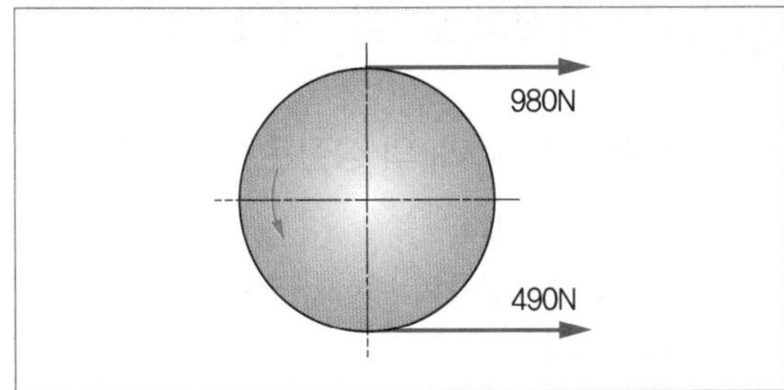

① 779.53 ② 789.53
③ 811.51 ④ 821.51

해설

$$T=\frac{H}{\omega}=T_e\cdot\frac{D}{2}$$

유효장력 $T_e=T_t-T_s=980-490=490\text{N}$

$$\therefore\ D=\frac{2H}{T_e\cdot\omega}=\frac{2\times8\times10^3}{490\times\dfrac{2\pi\times400}{60}}$$

$$=0.77953\text{m}=779.53\text{mm}$$

15 원판상(圓板狀)의 밸브를 흐름과 직각인 축의 둘레에 회전시켜서 유량을 조절하며, 교축 밸브(Throttle Valve)로 보통 사용되는 것은?

① 나비형 밸브 ② 슬루스 밸브
③ 스톱 밸브 ④ 콕

해설

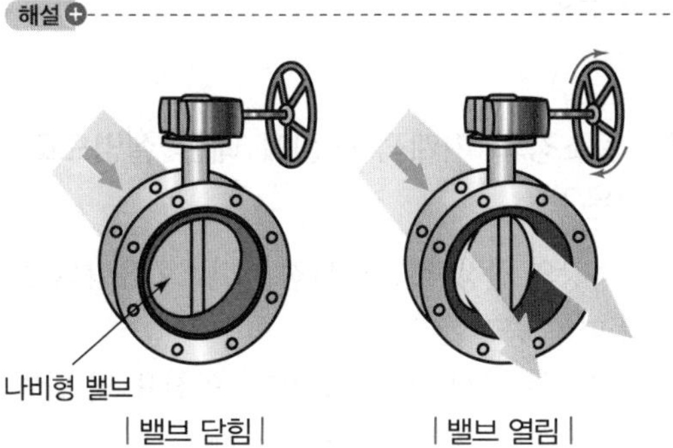

|밸브 닫힘| |밸브 열림|

16 어큐뮬레이터의 용도와 취급에 대한 설명으로 틀린 것은?

① 누설유량을 보충해 주는 펌프 대용 역할을 한다.
② 어큐뮬레이터에 부속쇠 등을 용접하거나 가공, 구멍 뚫기 등을 해서는 안 된다.
③ 어큐뮬레이터를 운반, 결합, 분리 등을 할 때는 봉입가스를 유지하여야 한다.
④ 유압펌프에 발생하는 맥동을 흡수하여 이상 압력을 억제하여 진동이나 소음을 방지한다.

해설

③ 어큐뮬레이터를 운반, 결합, 분리 등을 할 때는 봉입가스를 제거하여야 한다.

17 유압유의 점도가 낮을 때 유압장치에 미치는 영향으로 적절하지 않은 것은?

① 배관 저항 증대
② 유압유의 누설 증가
③ 펌프의 용적 효율 저하
④ 정확한 작동과 정밀한 제어의 곤란

해설

① 배관 저항 감소

18 상시 개방형 밸브로 옳은 것은?

① 감압 밸브 ② 무부하 밸브
③ 릴리프 밸브 ④ 카운터 밸런스 밸브

해설

감압 밸브
정상운전 시에는 열려 있다가 출구 측 압력이 설정압보다 높을 시 밸브가 닫혀 압력을 낮춰 준다.

정답 15 ① 16 ③ 17 ① 18 ①

19 기어펌프의 폐입 현상에 관한 설명으로 적절하지 않은 것은?

① 진동, 소음의 원인이 된다.
② 한 쌍의 이가 맞물려 회전할 경우 발생한다.
③ 폐입 부분에서 팽창 시 고압이, 압축 시 진공이 형성된다.
④ 방지책으로 릴리프 홈에 의한 방법이 있다.

해설

③ 폐입 부분에서 압축 시 고압이, 팽창 시 진공이 형성된다.

20 실린더 입구의 분기 회로에 유량제어 밸브를 설치하여 실린더 입구 측의 불필요한 압유를 배출시켜 작동 효율을 증진시키는 회로는?

① 로킹 회로 ② 증강 회로
③ 동조 회로 ④ 블리드오프 회로

2과목 기계재료 및 제작

21 특수강인 Elinvar의 성질은 어느 것인가?

① 열팽창계수가 크다.
② 온도에 따른 탄성률의 변화가 적다.
③ 소결합금이다.
④ 전기전도도가 아주 좋다.

해설

엘린바(Elinvar)

- Fe–Ni 36%–Cr 12% 합금
- 명칭=탄성(Elasticity)+불변(Invariable)
- 인바에 크롬을 첨가하면 실온에서 탄성계수가 불변하고, 선팽창률도 거의 없다.
- 시계태엽, 정밀저울의 소재로 사용된다.

22 가스침탄법에서 침탄층의 깊이를 증가시킬 수 있는 첨가원소는?

① Si ② Mn
③ Al ④ N

해설

질화층 생성에 적당한 첨가원소의 영향

- Cr, Mn : 경도 및 깊이가 증가
- Mo : 경도증가 및 취화방지
- Al : 경도증가

23 탄소강의 기계적 성질에 대한 설명으로 틀린 것은?

① 아공석강의 인장강도, 항복점은 탄소함유량의 증가에 따라 증가한다.
② 인장강도는 공석강이 최고이고, 연신율 및 단면수축률은 탄소량과 더불어 감소한다.
③ 온도가 증가함에 따라 인장강도, 경도, 항복점은 항상 저하한다.

정답 19 ③ 20 ④ 21 ② 22 ② 23 ③

④ 재료의 온도가 300℃ 부근으로 되면 충격치는 최소치를 나타낸다.

해설

탄소강의 기계적 성질
- 표준상태에서 탄소(C)가 많을수록 강도나 경도가 증가하지만, 인성 및 충격값은 감소된다.
- 인장강도는 공석조직 부근에서 최대가 되고, 과공석조직에서는 망상의 초석 시멘타이트가 생기면서부터 변형이 잘되지 않으며, 경도는 증가하나 강도는 급격히 감소한다.
- 탄소(C)가 많을수록 가공변형은 어렵게 되고, 냉간가공은 되지 않는다.
- 인장강도는 200~300℃ 부근까지는 온도가 올라감에 따라 증가하여 상온보다 강해지며, 최댓값을 나타낸 다음 그 이상의 온도에서 급히 감소한다.
- 연신은 200~300℃에서 최솟값을 나타내고, 온도가 상승함에 따라 증가하여 600~700℃에서 최댓값을 나타낸 다음 급속히 감소한다.

24 확산에 의한 경화방법이 아닌 것은?

① 고체침탄법　② 가스질화법
③ 숏피닝　④ 침탄질화법

해설

표면경화법의 종류
㉠ 화학적인 방법(확산에 의한 방법)
- 침탄법 : 고체침탄법, 가스침탄법, 액체침탄법(=침탄질화법=청화법=시안화법)
- 질화법

㉡ 물리적인 방법 : 화염경화법, 고주파경화법
㉢ 금속침투법 : 크로마이징, 칼로라이징, 실리코나이징, 보로나이징, 세라다이징 등
㉣ 기타 표면경화법 : 숏피닝, 방전경화법, 하드페이싱 등

25 구상흑연주철에서 나타나는 페딩(Fading) 현상이란?

① Ce, Mg 첨가에 의해 구상흑연화를 촉진하는 것
② 구상화처리 후 용탕상태로 방치하면 흑연구상화 효과가 소멸하는 것
③ 코크스 비를 낮추어 고온용해하므로 용탕에 산소 및 황의 성분이 낮게 되는 것
④ 두께가 두꺼운 주물이 흑연 구상화 처리 후에도 냉각속도가 늦어 편상 흑연조직으로 되는 것

해설

페딩(Fading) 현상
흑연 구상화 처리 후 용탕상태로 방치하면 흑연구상화 효과가 소멸되는 현상을 말한다.

26 다음 금속 중 재결정온도가 가장 높은 것은?

① Zn　② Sn
③ Fe　④ Pb

해설

재결정온도
W(1,200℃) > Mo(900℃) > Ni(600℃) > Fe(450℃), Pt(450℃) > Au(200℃), Cu(200℃), Ag(200℃) > Al(150℃), Mg(150℃) > Cd(50℃) > Zn(10℃) > Sn(−4℃), Pb(−4℃)

27 Fe−C 평형상태도에서 온도가 가장 낮은 것은?

① 공석점　② 포정점
③ 공정점　④ Fe의 자기변태점

해설

① 공석점 : 723℃
② 포정점 : 1,500℃
③ 공정점 : 1,130℃
④ 순철의 자기변태점 : 768℃

정답　24 ③　25 ②　26 ③　27 ①

28 스테인리스강을 조직에 따라 분류할 때의 기준조직이 아닌 것은?

① 페라이트계 ② 마텐자이트계
③ 시멘타이트계 ④ 오스테나이트계

해설

스테인리스강의 조직
오스테나이트계, 페라이트계, 마텐자이트계
※ 오페라(오페마)로 외우세요.

29 담금질된 강의 마텐자이트 조직은 경도는 높지만 취성이 매우 크고 내부적으로 잔류응력이 많이 남아 있어서 A_1 이하의 변태점에서 가열하는 열처리 과정을 통하여 인성을 부여하고 잔류응력을 제거하는 열처리는?

① 풀림 ② 불림
③ 침탄법 ④ 뜨임

해설

뜨임(Tempering)
- 강을 담금질 후 취성을 없애기 위해서는 A_1 변태점 이하의 온도에서 뜨임처리를 해야 한다.
- 금속의 내부응력을 제거하고 인성을 개선하기 위한 열처리 방법

30 구리판, 알루미늄관 등 기타 연성의 판재를 가압 성형하여 변형 능력을 시험하는 시험법은?

① 커핑 시험 ② 마멸 시험
③ 압축 시험 ④ 크리프 시험

해설

에릭센 시험(Erichsen Cupping Test)
금속박판 재료의 연성을 평가 또는 비교하기 위해 널리 사용되는 시험이다.

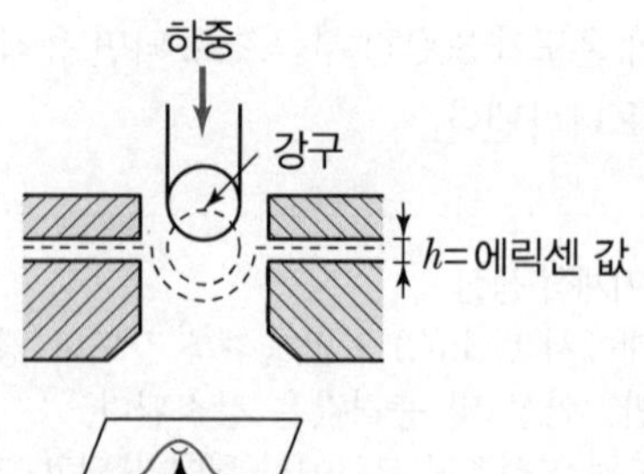

| 에릭센 시험 측정원리 |

31 주조에서 탕구계의 구성요소가 아닌 것은?

① 쇳물받이 ② 탕도
③ 피이더 ④ 주입구

해설

쇳물받이, 탕구, 탕도, 주입구를 통틀어 탕구계라고 한다.

32 공작물의 길이가 600mm, 지름이 25mm인 강재를 아래의 조건으로 선반 가공할 때 소요되는 가공시간(t)은 약 몇 분인가?(단, 1회 가공이다.)

- 절삭속도 : 180m/min
- 절삭깊이 : 2.5mm
- 이송속도 : 0.24mm/rev

① 1.1 ② 2.1
③ 3.1 ④ 4.1

해설

절삭속도 $V=\dfrac{\pi dn}{1{,}000}$[m/min]

∴ 주축의 회전수 $n=\dfrac{1{,}000\,V}{\pi d}$[rpm]

가공시간 $T=\dfrac{L}{fn}=\dfrac{L}{f}\,\dfrac{\pi d}{1{,}000\,V}$[min]

$=\dfrac{600\times\pi\times 25}{180\times 1{,}000\times 0.24}=1.09$[min]

정답 28 ③ 29 ④ 30 ① 31 ③ 32 ①

33 절삭유가 갖추어야 할 조건으로 틀린 내용은?

① 마찰계수가 적고 인화점, 발화점이 높을 것
② 냉각성이 우수하고 윤활성, 유동성이 좋을 것
③ 장시간 사용해도 변질되지 않고 인체에 무해할 것
④ 절삭유의 표면장력이 크고 칩의 생성부에는 침투되지 않을 것

해설

절삭유의 구비조건
- 마찰계수가 적고 인화점, 발화점이 높을 것
- 냉각성이 우수하고 윤활성, 유동성이 좋을 것
- 장시간 사용해도 변질되지 않고 인체에 무해할 것
- 사용 중 칩으로부터 분리, 회수가 용이할 것
- 방청작용을 할 것

34 제작 개수가 적고, 큰 주물품을 만들 때 재료와 제작비를 절약하기 위해 골격만 목재로 만들고 골격 사이를 점토로 메워 만든 모형은?

① 현형 ② 골격형
③ 긁기형 ④ 코어형

해설

현형(Solid Pattern)
제품과 대략 동일한 형상으로 된 것에 가공여유, 수축여유를 가산한 목형이다.

35 피복 아크 용접에서 피복제의 주된 역할이 아닌 것은?

① 용착효율을 높인다.
② 아크를 안정하게 한다.
③ 질화를 촉진한다.
④ 스패터를 적게 발생시킨다.

해설

- 피복제는 고온에서 분해되어 가스를 방출하여 아크 기둥과 용융지를 보호해 용착금속의 산화 및 질화가 일어나지 않도록 보호해 준다.
- 피복제의 용융은 슬래그가 형성되고 탈산작용을 하며 용착 금속의 급랭을 방지하는 역할을 한다.

36 다음 가공법 중 연삭입자를 사용하지 않는 것은?

① 초음파가공 ② 방전가공
③ 액체 호닝 ④ 래핑

해설

연삭입자에 의한 가공
연삭, 호닝, 래핑, 슈퍼피니싱, 초음파가공 등

37 연삭가공을 한 후 가공표면을 검사한 결과 연삭 크랙(Crack)이 발생되었다. 이때 조치하여야 할 사항으로 옳지 않은 것은?

① 비교적 경(硬)하고 연삭성이 좋은 지석을 사용하고 이송을 느리게 한다.
② 연삭액을 사용하여 충분히 냉각시킨다.
③ 결합도가 연한 숫돌을 사용한다.
④ 연삭 깊이를 얕게 한다.

해설

연삭균열(Crack) 방지법
- 연한 숫돌을 사용한다.
- 연삭 깊이를 얕게 한다.
- 이송을 크게 한다.
- 발열량을 적게 주거나 연삭액을 사용하여 냉각시킨다.
- 실리케이트 숫돌을 사용하는 것도 효과적이다.

38 단조용 공구 중 소재를 올려놓고 타격을 가할 때 받침대로 사용하며 크기는 중량으로 표시하는 것은?

① 대뫼 ② 앤빌
③ 정반 ④ 단조용 탭

정답 33 ④ 34 ② 35 ③ 36 ② 37 ① 38 ②

39 가공물, 미디어(Media), 가공액 등을 통속에 혼합하여 회전시킴으로써 깨끗한 가공면을 얻을 수 있는 특수 가공법은?

① 배럴 가공(Barrel Finishing)
② 롤 다듬질(Roll Finishing)
③ 버니싱(Burnishing)
④ 블라스팅(Blasting)

40 다음 중 나사의 주요 측정요소가 아닌 것은?

① 피치 ② 유효지름
③ 나사의 길이 ④ 나사산의 각도

해설
나사의 주요 측정요소에는 유효지름, 피치, 나사산의 각도가 있다.

3과목 구조해석

41 최대사용강도(σ_{max}) = 240MPa, 내경 1.5m, 두께 3mm의 강재 원통형 용기가 견딜 수 있는 최대 압력은 몇 kPa인가?(단, 안전계수는 2이다.)

① 240 ② 480
③ 960 ④ 1,920

해설
안전계수 $S=2$이므로

허용응력 $\sigma_a = \dfrac{\sigma_{max}}{S} = \dfrac{240}{2} = 120\text{MPa}$

후프응력 $\sigma_h = \dfrac{pd}{2t} = \sigma_a$

$\therefore\ p = \dfrac{2t\sigma_a}{d} = \dfrac{2\times 0.003\times 120}{1.5}$
$= 0.48\text{MPa} = 480\text{kPa}$

42 그림과 같은 직사각형 단면의 목재 외팔보에 집중하중 P가 C점에 작용하고 있다. 목재의 허용압축응력을 8MPa, 끝단 B점에서의 허용처짐량을 23.9mm라고 할 때 허용압축응력과 허용처짐량을 모두 고려하여 이 목재에 가할 수 있는 집중하중 P의 최댓값은 약 몇 kN인가?(단, 목재의 탄성계수는 12GPa, 단면 2차 모멘트는 $1{,}022\times10^{-6}\text{m}^4$, 단면계수는 $4.601\times10^{-3}\text{m}^3$이다.)

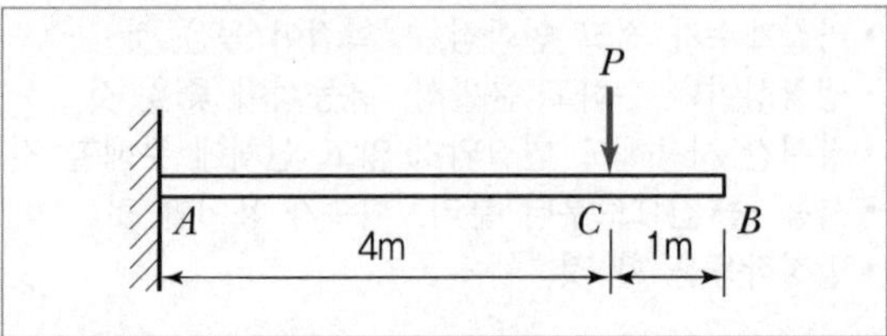

① 7.8 ② 8.5
③ 9.2 ④ 10.0

해설

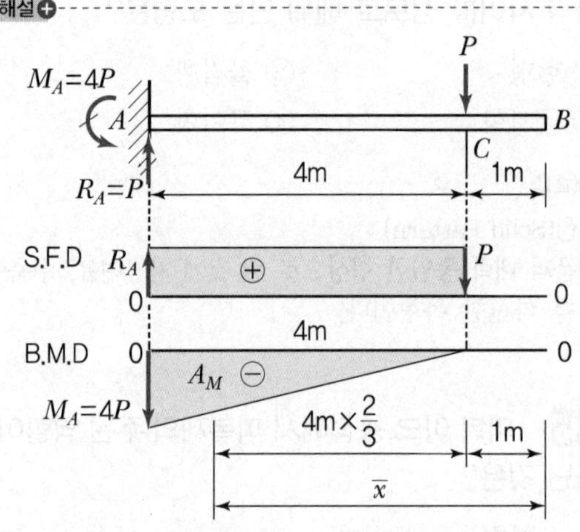

i) 굽힘응력에 의한 P값
$M_{max} = M_A = \sigma_b Z$
$4\times P = 8\times10^6\times4.601\times10^{-3} = 9{,}202\text{N}$
$\therefore\ P = 9.2\text{kN}$

ii) 처짐량에 의한 P값
B점의 처짐량은 면적모멘트법에 의해

정답 39 ① 40 ③ 41 ② 42 ③

$$\delta_B = \frac{A_M}{EI}\bar{x} = \frac{\frac{1}{2}\times 4\times 4P}{EI}\bar{x}$$

$$23.9\times 10^{-3} = \frac{8P}{12\times 10^9 \times 1{,}022\times 10^{-6}}\times \frac{11}{3}$$

$$\therefore\ P = 9{,}992.37\text{N} = 9.99\text{kN}$$

i), ii) 중 큰 값인 9.99kN으로 P를 설계하면 작은 하중(9.2kN)에 의한 허용굽힘응력을 넘어서 보가 파괴되므로 안전하중은 9.2kN이다.

43 길이가 $l+2a$인 균일 단면 봉의 양단에 인장력 P가 작용하고, 양단에서의 거리가 a인 단면에 Q의 축하중을 가하여 인장될 때 봉에 일어나는 변형량은 약 몇 cm인가?(단, l = 60cm, a = 30cm, P = 10kN, Q = 5kN, 단면적 A = 4cm^2, 탄성계수는 210GPa이다.)

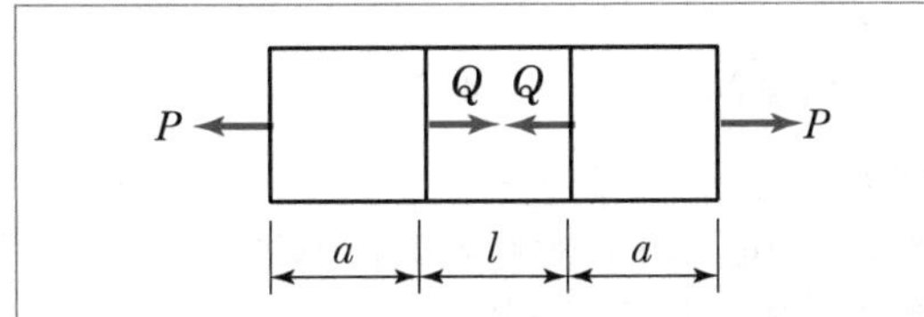

① 0.0107　② 0.0207
③ 0.0307　④ 0.0407

해설

하중 P에 의한 신장량은 λ_1, 하중 Q에 의한 신장량은 λ_2일 때

전체 신장량 λ

$$= \lambda_1 - \lambda_2$$

$$= \frac{P(2a+l)}{AE} - \frac{Ql}{AE}$$

$$= \frac{1}{AE}[P(2a+l) - Ql]$$

$$= \frac{10\times 10^3 \times (2\times 0.3+0.6) - (5\times 10^3\times 0.6)}{4\times 10^{-4}\times 210\times 10^9}$$

$$= 0.000107\text{m} = 0.0107\text{cm}$$

44 양단이 힌지로 지지되어 있고 길이가 1m인 기둥이 있다. 단면이 30mm×30mm인 정사각형이라면 임계하중은 약 몇 kN인가?(단, 탄성계수는 210GPa이고, Euler의 공식을 적용한다.)

① 133　② 137
③ 140　④ 146

해설

좌굴하중 $P_{cr} = n\pi^2 \frac{EI}{l^2}$

(양단이 힌지이므로 단말계수 $n=1$)

$$= 1\times \pi^2 \times \frac{210\times 10^9 \times \frac{0.03\times 0.03^3}{12}}{1^2}$$

$$= 139{,}901.6\text{N} = 139.9\text{kN}$$

45 직사각형 단면(폭×높이 = 12cm×5cm)이고, 길이 1m인 외팔보가 있다. 이 보의 허용굽힘응력이 500MPa이라면 높이와 폭의 치수를 서로 바꾸면 받을 수 있는 하중의 크기는 어떻게 변화하는가?

① 1.2배 증가　② 2.4배 증가
③ 1.2배 감소　④ 변화 없다.

해설

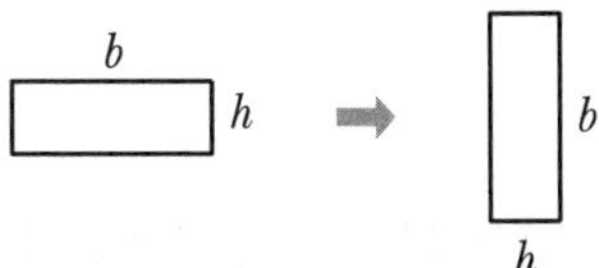

길이가 같은 동일재료의 보를 1단면에서 2단면으로 바꾸는 것이므로 $M = Pl = \sigma_b Z$에서 굽힘응력과 길이가 정해져 하중은 단면계수 Z의 함수가 된다.

$$\frac{P_2}{P_1} = \frac{Z_2}{Z_1} = \frac{\left(\frac{bh^2}{6}\right)}{\left(\frac{hb^2}{6}\right)} \qquad \therefore\ \frac{Z_2}{Z_1} = \frac{\left(\frac{5\times 12^2}{6}\right)}{\left(\frac{12\times 5^2}{6}\right)} = 2.4$$

정답　43 ①　44 ③　45 ②

46 다음 그림과 같은 보에 대한 굽힘모멘트 선도로 옳은 것은?

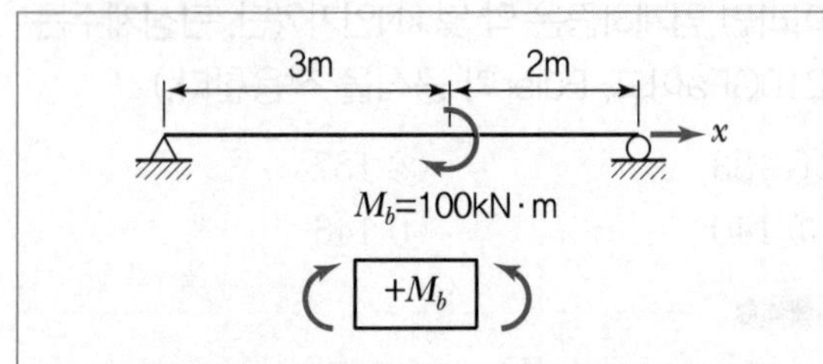

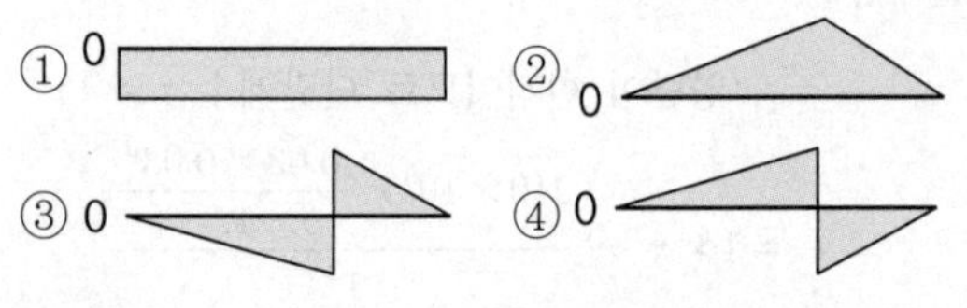

해설

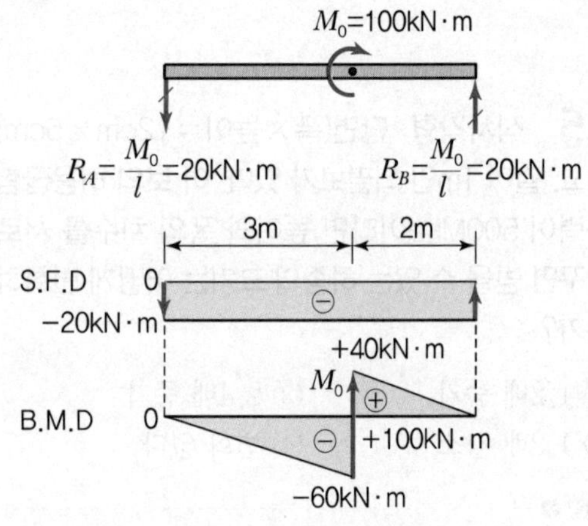

47 코일스프링의 권수 n, 코일의 지름 D, 소선의 지름 d인 코일스프링의 전체처짐 δ는?(단, 이 코일에 작용하는 힘은 P, 가로탄성계수는 G이다.)

① $\frac{8nPD^3}{Gd^4}$ ② $\frac{8nPD^2}{Gd}$

③ $\frac{8nPD^2}{Gd^2}$ ④ $\frac{8nPD}{Gd^2}$

해설

$$\delta=\frac{8PD^3n}{Gd^4}$$

48 그림과 같은 정삼각형 트러스의 B점에 수직으로, C점에 수평으로 하중이 작용하고 있을 때, 부재 AB에 작용하는 하중은?

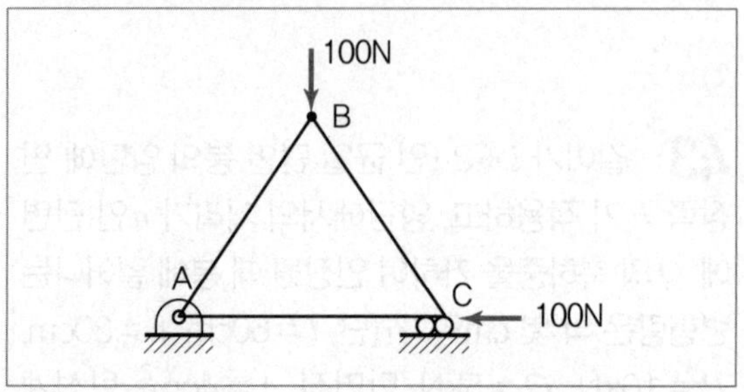

① $\frac{100}{\sqrt{3}}$N ② $\frac{100}{3}$N

③ $100\sqrt{3}$N ④ 50N

해설

100N에 의해 A와 C점에 50N의 반력이 발생한다. A점의 자유물체도를 그리면

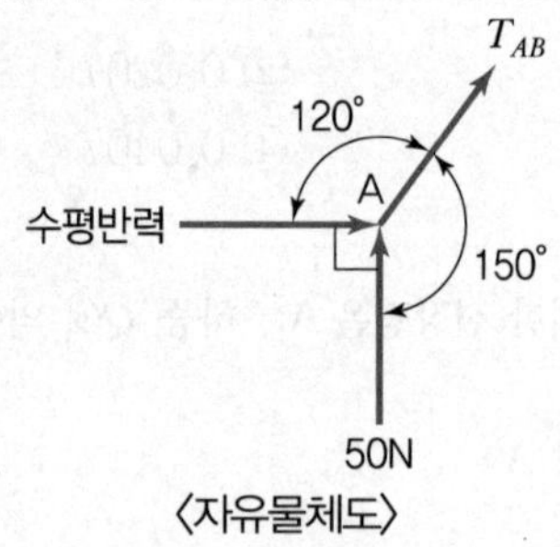

〈자유물체도〉

라미의 정리를 적용하면

$$\frac{T_{AB}}{\sin 90°}=\frac{50}{\sin 120°}$$

$$\therefore\ T_{AB}=50\times\frac{\sin 90°}{\sin 120°}=50\times\frac{\sin 90°}{\sin(180°-60°)}$$

$$=\frac{50}{\sin 60°}=\frac{50}{\left(\frac{\sqrt{3}}{2}\right)}=\frac{100}{\sqrt{3}}\text{(N)}$$

정답 46 ③ 47 ① 48 ①

49 $\sigma_x = 700$MPa, $\sigma_y = -300$MPa이 작용하는 평면응력상태에서 최대수직응력(σ_{max})과 최대 전단응력(τ_{max})은 각각 몇 MPa인가?

① $\sigma_{max} = 700$, $\tau_{max} = 300$
② $\sigma_{max} = 600$, $\tau_{max} = 400$
③ $\sigma_{max} = 500$, $\tau_{max} = 700$
④ $\sigma_{max} = 700$, $\tau_{max} = 500$

해설

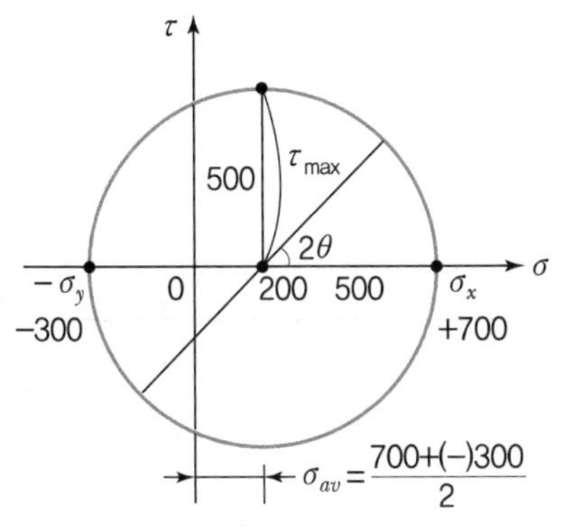

모어의 응력원에서
$R = 700 - 200 = 500\text{MPa} = \tau_{max}$
$\sigma_n)_{max} = \sigma_x = 700\,\text{MPa}$

50 그림과 같이 초기온도 20℃, 초기길이 19.95 cm, 지름 5cm인 봉을 간격이 20cm인 두 벽면 사이에 넣고 봉의 온도를 220℃로 가열했을 때 봉에 발생되는 응력은 몇 MPa인가?(단, 탄성계수 E = 210GPa이고, 균일단면을 갖는 봉의 선팽창계수 $\alpha = 1.2 \times 10^{-5}$/℃이다.)

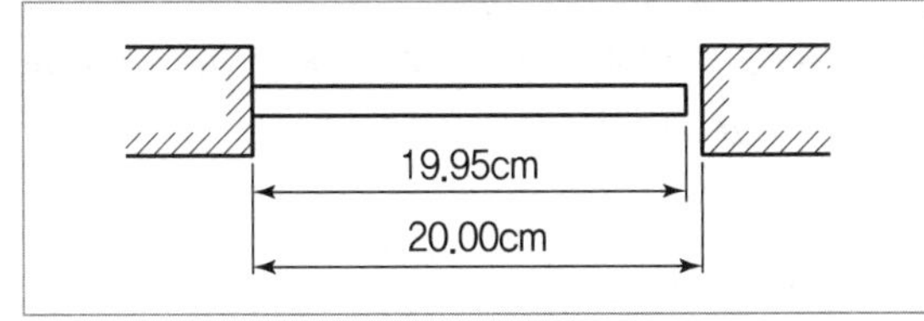

① 0 ② 25.2
③ 257 ④ 504

해설

$\lambda = \varepsilon l$
$\varepsilon = \alpha \Delta t$
$\therefore \lambda = \alpha \Delta t l = 1.2 \times 10^{-5} \times (220 - 20) \times 19.95$
$= 0.04788\text{cm}$

그림처럼 봉과 벽 사이에 $20 - 19.95 = 0.05$cm만큼 늘어날 수 있도록 봉이 고정되어 있는데, 열변형에 의한 봉의 신장량은 0.048cm이므로 봉이 벽에 닿지 않아 미는 힘이 발생하지 않는다. 즉, 봉이 늘어날 수 있는 만큼 자유팽창 하므로 응력은 발생하지 않는다.

51 그림과 같은 T형 단면을 갖는 돌출보의 끝에 집중하중 P = 4.5kN이 작용한다. 단면 $A-A$에서의 최대전단응력은 약 몇 kPa인가?(단, 보의 단면 2차 모멘트는 5,313cm^4이고, 밑면에서 도심까지의 거리는 125mm이다.)

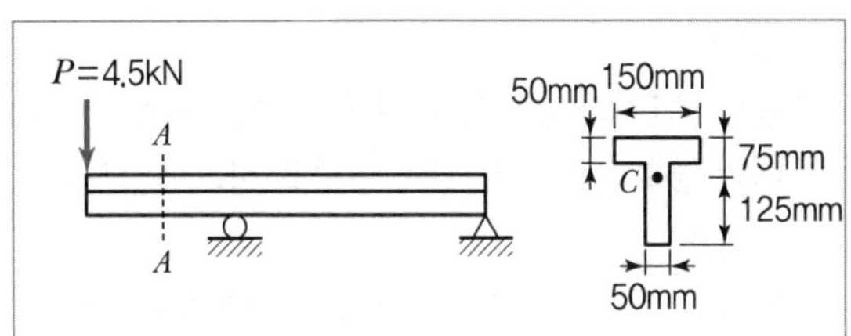

① 421 ② 521
③ 662 ④ 721

해설

보 속의 최대전단응력
$\tau_A = \dfrac{V_A Q}{Ib}$
여기서, $V_A = 4.5 \times 10^3$N : $A-A$ 단면의 전단력
Q : 도심 아래 음영 단면의 1차 모멘트

정답 49 ④ 50 ① 51 ③

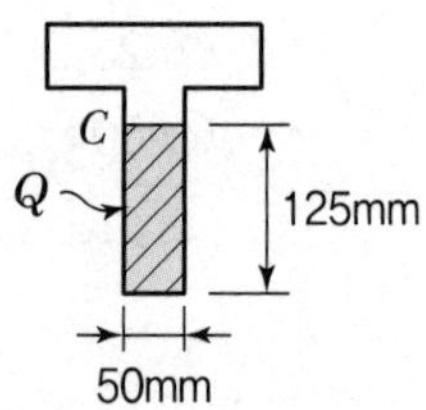

$Q = A\bar{y} = 0.05 \times 0.125 \times \frac{0.125}{2} = 0.00039\text{m}^3$

$b = 0.05\text{m}$

$\therefore \tau_A = \frac{4.5 \times 10^3 \times 0.00039}{5{,}313 \times 10^{-8} \times 0.05}$

$= 660{,}643\text{N/m}^2(\text{Pa}) = 660.64\text{kPa}$

52 다음 금속재료의 거동에 대한 일반적인 설명으로 틀린 것은?

① 재료에 가해지는 응력이 일정하더라도 오랜 시간이 경과하면 변형률이 증가할 수 있다.

② 재료의 거동이 탄성한도로 국한된다고 하더라도 반복하중이 작용하면 재료의 강도가 저하될 수 있다.

③ 응력-변형률 곡선에서 하중을 가할 때와 제거할 때의 경로가 다르게 되는 현상을 히스테리시스라 한다.

④ 일반적으로 크리프는 고온보다 저온상태에서 더 잘 발생한다.

해설

크리프(Creep)

재료가 일정한 고온하에서 오랜 시간에 걸쳐 일정한 하중을 받았을 경우, 재료 내부의 응력은 일정함에도 불구하고 재료의 변형률이 시간의 경과에 따라 증가하는 현상을 말한다. 보일러 관의 크리프는 기계의 성능저하뿐 아니라 손상의 원인도 된다.

53 다음 그림과 같이 집중하중 P를 받고 있는 고정지지보가 있다. B점에서의 반력의 크기를 구하면 몇 kN인가?

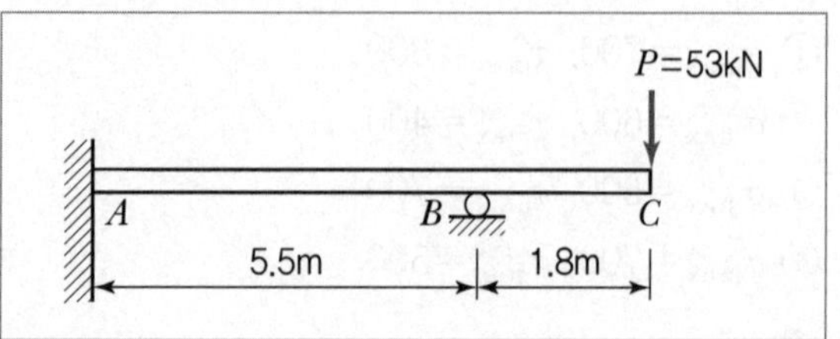

① 54.2　　② 62.4

③ 70.3　　④ 79.0

해설

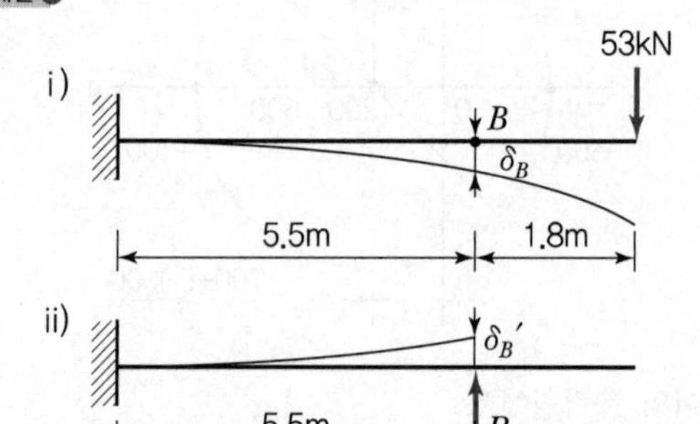

부정정보이므로 그림에서 하중 53kN에 의한 B점의 처짐량과 B지점 반력에 의한 처짐량은 같다.

i) 처짐상태는 하중 P의 연속함수이므로 다음 그림처럼 하중(53kN)을 B점으로 옮기면

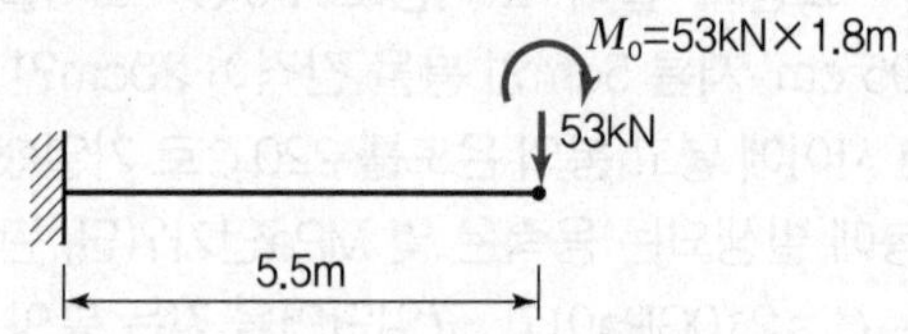

중첩법에 의해 $\delta_B = \frac{M_0 l^2}{2EI} + \frac{Pl^3}{3EI}$

여기서, $P = 53\text{kN}$, $M_0 = 53 \times 1.8\text{N} \cdot \text{m}$, $l = 5.5\text{m}$

ii) $\delta_B' = \frac{R_B l^3}{3EI}$

$\delta_B = \delta_B'$이므로 $\frac{M_0 l^2}{2EI} + \frac{Pl^3}{3EI} = \frac{R_B l^3}{3EI}$

정답 52 ④ 53 ④

$$\therefore\ R_B = \frac{3M_0}{2l} + P$$
$$= \frac{3\times 53\times 10^3\times 1.8}{2\times 5.5} + 53\times 10^3$$
$$= 79{,}018.2\text{N} = 79.02\text{kN}$$

54 지름 80mm의 원형단면의 중립축에 대한 관성모멘트는 약 몇 mm^4인가?

① 0.5×10^6 ② 1×10^6
③ 2×10^6 ④ 4×10^6

해설

$$I_X = \frac{\pi d^4}{64} = \frac{\pi\times 80^4}{64} = 2.01\times 10^6\text{mm}^4$$

55 스프링으로 지지되어 있는 질량의 정적처짐이 0.5cm일 때 이 진동계의 고유진동수는 몇 Hz인가?

① 3.53 ② 7.05
③ 14.09 ④ 21.15

해설

$$\omega_n = \sqrt{\frac{k}{m}} = \sqrt{\frac{g}{\delta_{st}}} = \sqrt{\frac{9.8}{0.005}} = 44.27$$
$$f_n = \frac{\omega_n}{2\pi} = \frac{44.27}{2\pi} = 7.046\text{Hz}$$

56 어떤 사람이 정지상태에서 출발하여 직선방향으로 등가속도 운동을 하여 5초 만에 10m/s의 속도가 되었다. 출발하여 5초 동안 이동한 거리는 몇 m인가?

① 5 ② 10
③ 25 ④ 50

해설

i) $a = \dfrac{dV}{dt}$에서 $dV = a_c dt$ ($a = a_c$로 일정)를 적분하면

$V - V_0 = a_c t \rightarrow V = V_0 + a_c t$

$\left(a_c = \dfrac{V}{t} = \dfrac{10}{5} = 2\text{m/s}^2\right)$

ii) $V = \dfrac{dS}{dt}$에서 $dS = Vdt = (V_0 + a_c t)dt$를 적분하면

$S - S_0 = V_0 t + \dfrac{1}{2}a_c t^2$ (여기서, $S_0 = 0$, $V_0 = 0$)

$\therefore\ S = \dfrac{1}{2}a_c t^2 = \dfrac{1}{2}\times 2\times 5^2 = 25\text{m}$

57 반경이 r인 실린더가 위치 1의 정지상태에서 경사를 따라 높이 h만큼 굴러 내려갔을 때, 실린더 중심의 속도는?(단, g는 중력가속도이며, 미끄러짐은 없다고 가정한다.)

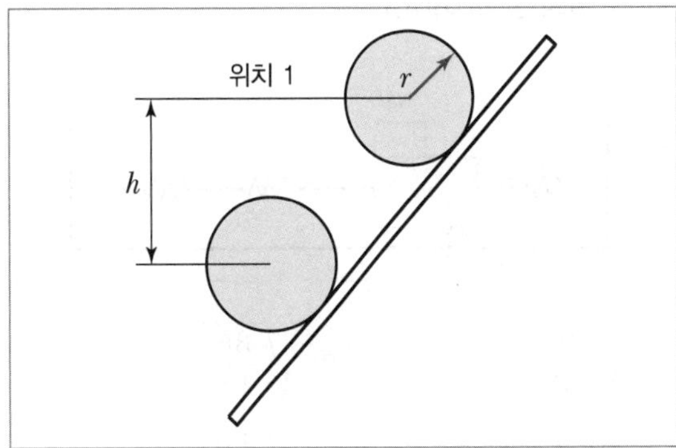

① $0.707\sqrt{2gh}$ ② $0.816\sqrt{2gh}$
③ $0.845\sqrt{2gh}$ ④ $\sqrt{2gh}$

해설

실린더의 도심에 대한 질량관성모멘트 $J_G = \dfrac{1}{2}mr^2$

i) 경사면의 운동에너지(T)
=운동에너지(T_1)+회전운동에너지(T_2)

$$T = T_1 + T_2$$
$$= \frac{1}{2}mV^2 + \frac{1}{2}J_G\cdot\omega^2$$
$$= \frac{1}{2}mV^2 + \frac{1}{2}\left(\frac{1}{2}mr^2\right)\omega^2$$

정답 54 ③ 55 ② 56 ③ 57 ②

$$= \frac{1}{2}m V^2 + \frac{1}{4}m(r\omega)^2$$

$$= \frac{1}{2}m V^2 + \frac{1}{4}m V^2$$

$$\therefore\ T = \frac{3}{4}m V^2$$

ii) 중력퍼텐셜 에너지

$V_g = mgh$

iii) 에너지 보존의 법칙에 의해

$T = V_g$이므로 $\frac{3}{4}m V^2 = mgh \rightarrow V^2 = \frac{4}{3}gh$

$$\therefore\ V = \sqrt{\frac{2}{3} \times 2gh} = 0.816\sqrt{2gh}$$

58 다음 1 자유도 진동계의 고유 각진동수는? (단, 3개의 스프링에 대한 스프링상수는 k이며 물체의 질량은 m이다.)

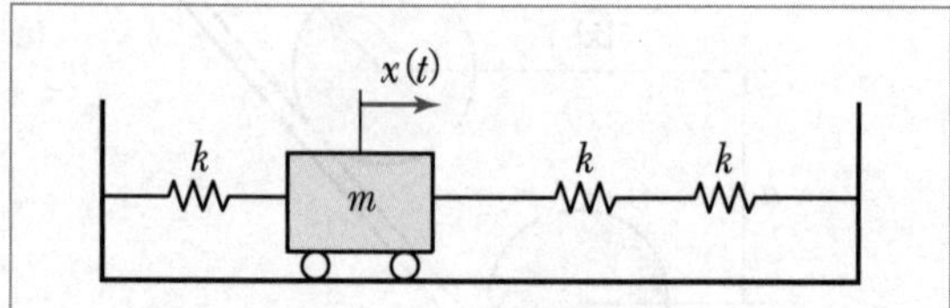

① $\sqrt{\frac{2m}{3k}}$ ② $\sqrt{\frac{3k}{2m}}$

③ $\sqrt{\frac{2k}{3m}}$ ④ $\sqrt{\frac{3m}{2k}}$

해설

$\omega_n = \sqrt{\frac{k_e}{m}}$ 이므로 직렬과 병렬에 의한 등가스프링상수 k_e를 구하면

i) 우측 직렬조합에 의한 등가스프링상수 k_1

$\delta_1 = \delta + \delta \rightarrow \frac{1}{k_1} = \frac{1}{k} + \frac{1}{k} = \frac{2}{k} \rightarrow k_1 = \frac{k}{2}$

ii) k_1과 k의 병렬조합에 의한 전체 등가스프링 상수 k_e
[k가 늘어난 만큼 k_1(우측)은 줄어든다. → 변위량 δ 동일]

$$k_e = k + k_1 = k + \frac{k}{2} = \frac{3}{2}k$$

$$\therefore\ \omega_n = \sqrt{\frac{k_e}{m}} = \sqrt{\frac{\frac{3}{2}k}{m}} = \sqrt{\frac{3k}{2m}}$$

59 두 질점이 충돌할 때 반발계수가 1인 경우에 대한 설명 중 옳은 것은?

① 두 질점의 상대적 접근속도와 이탈속도의 크기는 다르다.

② 두 질점의 운동량의 합은 증가한다.

③ 두 질점의 운동에너지의 합은 보존한다.

④ 충돌 후에 열에너지나 탄성파 발생 등에 의한 에너지 소실이 발생한다.

해설

반발계수 $e = 1$일 때 완전 탄성충돌로 에너지 소실이 발생하지 않으며 충돌 전후의 선형운동량은 같다.

60 등가속도 운동에 관한 설명으로 옳은 것은?

① 속도는 시간에 대하여 선형적으로 증가하거나 감소한다.

② 변위는 시간에 대하여 선형적으로 증가하거나 감소한다.

③ 속도는 시간의 제곱에 비례하여 증가하거나 감소한다.

④ 변위는 속도의 세제곱에 비례하여 증가하거나 감소한다.

해설

가속도가 일정한 운동이므로($a = a_c$로 일정)

$V = V_0 + a_c t$ (1차 함수)

$S = S_0 + V_0 t + \frac{1}{2}a_c t^2$

$V^2 = {V_0}^2 + 2a_c(S - S_0)$

정답 58 ② 59 ③ 60 ①

4과목 열 · 유체 해석

61 클라우지우스(Clausius)의 부등식을 옳게 나타낸 것은?(단, T는 절대온도, Q는 시스템으로 공급된 전체 열량을 나타낸다.)

① $\oint T\delta Q \le 0$　　② $\oint T\delta Q \ge 0$
③ $\oint \frac{\delta Q}{T} \le 0$　　④ $\oint \frac{\delta Q}{T} \ge 0$

해설
- 가역일 때 $\oint \frac{\delta Q}{T} = 0$
- 비가역일 때 $\oint \frac{\delta Q}{T} < 0$

62 어떤 유체의 밀도가 741kg/m³이다. 이 유체의 비체적은 약 몇 m³/kg인가?

① 0.78×10^{-3}　　② 1.35×10^{-3}
③ 2.35×10^{-3}　　④ 2.98×10^{-3}

해설
비체적 $\nu = \frac{1}{\rho} = \frac{1}{741} = 1.35\times10^{-3}\text{m}^3/\text{kg}$

63 어떤 물질에서 기체상수(R)가 0.189kJ/kg · K, 임계온도가 305K, 임계압력이 7,380kPa이다. 이 기체의 압축성 인자(Compressibility Factor, Z)가 다음과 같은 관계식을 나타낸다고 할 때 이 물질의 20℃, 1,000kPa 상태에서의 비체적(v)은 약 몇 m³/kg인가?(단, P는 압력, T는 절대온도, P_r은 환산압력, T_r은 환산온도를 나타낸다.)

$$Z = \frac{Pv}{RT} = 1 - 0.8\frac{P_r}{T_r}$$

① 0.0111　　② 0.0303
③ 0.0491　　④ 0.0554

해설
$Z = \frac{Pv}{RT} = 1 - 0.8\frac{P_r}{T_r}$ 에서

환산압력 $P_r = \frac{P}{P_{cr}}$, 환산온도 $T_r = \frac{T}{T_{cr}}$

여기서, P_{cr} : 임계압력, T_{cr} : 임계온도

$P_r = \frac{1,000}{7,380} = 0.136$, $T_r = \frac{293}{305} = 0.961$

$$\therefore v = \frac{RT}{P}\left(1 - 0.8\frac{P_r}{T_r}\right) = \frac{0.189\times293}{1,000}\left(1 - 0.8\times\frac{0.136}{0.961}\right) = 0.0491\text{m}^3/\text{kg}$$

64 전류 25A, 전압 13V를 가하여 축전지를 충전하고 있다. 충전하는 동안 축전지로부터 15W의 열손실이 있다. 축전지의 내부에너지 변화율은 약 몇 W인가?

① 310　　② 340
③ 370　　④ 420

해설
전기에너지(J) = 전압(V) × 전류(A) × 시간(s)
J = 13(V) × 25(A) × t(s)
W = 13 × 25 = 325(J/s)
축전지의 내부에너지 변화율 = 325 − 15(열손실) = 310W

65 카르노 사이클로 작동하는 열기관이 1,000℃의 열원과 300K의 대기 사이에서 작동한다. 이 열기관이 사이클당 100kJ의 일을 할 경우 사이클당 1,000℃의 열원으로부터 받은 열량은 약 몇 kJ인가?

정답 61 ③ 62 ② 63 ③ 64 ① 65 ③

① 70.0 ② 76.4
③ 130.8 ④ 142.9

해설

카르노 사이클의 효율은 온도만의 함수이므로

$\eta = \frac{T_H - T_L}{T_H} = 1 - \frac{T_L}{T_H} = 1 - \frac{300}{1,273} = 0.764$

1사이클당 100kJ 일($W_{\neq t}$)을 할 경우 사이클당 1,000℃의 열원으로부터 공급받는 열량 : Q_H

$\eta = \frac{W_{\neq t}}{Q_H}$ 에서 $Q_H = \frac{W_{\neq t}}{\eta} = \frac{100}{0.764} = 130.89\text{kJ}$

66 이상적인 랭킨사이클에서 터빈입구 온도가 350℃이고, 75kPa과 3MPa의 압력범위에서 작동한다. 펌프 입구와 출구, 터빈 입구와 출구에서 엔탈피는 각각 384.4kJ/kg, 387.5kJ/kg, 3,116kJ/kg, 2,403kJ/kg이다. 펌프일을 고려한 사이클의 열효율과 펌프일을 무시한 사이클의 열효율 차이는 약 몇 %인가?

① 0.0011 ② 0.092
③ 0.11 ④ 0.18

해설

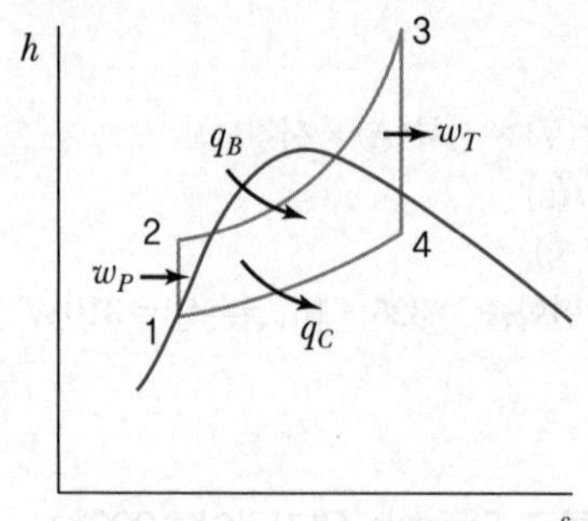

$h-s$ 선도에서

$h_1 = 384.4,\ h_2 = 387.5,\ h_3 = 3,116,\ h_4 = 2,403$

• 펌프일을 무시할 때

$\eta_1 = \frac{w_T}{q_B} = \frac{h_3 - h_4}{h_3 - h_2} = \frac{3,116 - 2,403}{3,116 - 387.5}$

$= 0.2613 = 26.13\%$

• 펌프일을 고려할 때

$\eta_2 = \frac{w_{net}}{q_B} = \frac{w_T - w_P}{q_B}$

$= \frac{(h_3 - h_4) - (h_2 - h_1)}{h_3 - h_2}$

$= \frac{(3,116 - 2,403) - (387.5 - 384.4)}{3,116 - 387.5}$

$= 0.2602 = 26.02\%$

∴ 열효율의 차이 $\eta_1 - \eta_2 = 0.11\%$

67 기체가 0.3MPa로 일정한 압력하에 8m³에서 4m³까지 마찰 없이 압축되면서 동시에 500 kJ의 열을 외부로 방출하였다면, 내부에너지의 변화는 약 몇 kJ인가?

① 700 ② 1,700
③ 1,200 ④ 1,400

해설

계의 열부호(−), 일부호(−)

$\delta Q - \delta W = dU$

$\therefore\ U_2 - U_1 = -{}_1Q_2 + {}_1W_2$

$= -500 + 0.3 \times 10^3 (8-4) = 700\text{kJ}$

68 이상적인 교축과정(Throttling Process)을 해석하는 데 있어서 다음 설명 중 옳지 않은 것은?

① 엔트로피는 증가한다.
② 엔탈피의 변화가 없다고 본다.
③ 정압과정으로 간주한다.
④ 냉동기의 팽창밸브의 이론적인 해석에 적용될 수 있다.

해설

교축과정은 등엔탈피 과정으로 속도변화 없이 압력을 저하시키는 과정이다.

정답 66 ③ 67 ① 68 ③

69 이상기체로 작동하는 어떤 기관의 압축비가 17이다. 압축 전의 압력 및 온도는 112kPa, 25℃이고 압축 후의 압력은 4,350kPa이었다. 압축 후의 온도는 약 몇 ℃인가?

① 53.7 ② 180.2
③ 236.4 ④ 407.8

해설

$T_1 = 25℃ + 273 = 298\text{K}$

$P_1 = 112\text{kPa},\ P_2 = 4{,}350\text{kPa}$

$\varepsilon = \dfrac{v_1}{v_2} = 17 \rightarrow v_1 = 17v_2\ \cdots$ ⓐ

여기서, 이상기체 상태방정식 $Pv = RT$를 압축 전 1상태와 압축 후 2상태에 적용

$P_1v_1 = RT_1 \rightarrow v_1 = \dfrac{RT_1}{P_1}$

$P_2v_2 = RT_2 \rightarrow v_2 = \dfrac{RT_2}{P_2}$

두 식을 ⓐ에 대입하면 $\dfrac{RT_1}{P_1} = 17 \times \dfrac{RT_2}{P_2}$

$T_2 = \left(\dfrac{T_1}{17}\right) \times \left(\dfrac{P_2}{P_1}\right) = \left(\dfrac{298}{17}\right) \times \left(\dfrac{4{,}350}{112}\right) = 680.83\text{K}$

$T_2 = 680.83 - 273 = 407.83℃$

70 압력이 0.2MPa, 온도가 20℃의 공기를 압력이 2MPa로 될 때까지 가역단열압축했을 때 온도는 약 몇 ℃인가?(단, 공기는 비열비가 1.4인 이상기체로 간주한다.)

① 225.7 ② 273.7
③ 292.7 ④ 358.7

해설

단열과정의 온도, 압력, 체적 간의 관계식에서

$\dfrac{T_2}{T_1} = \left(\dfrac{P_1}{P_2}\right)^{\frac{k-1}{k}}$

여기서, $P_1 = 0.2\text{MPa},\ P_2 = 2\text{MPa}$

$\therefore\ T_2 = T_1\left(\dfrac{P_1}{P_2}\right)^{\frac{k-1}{k}} = (20+273) \times \left(\dfrac{2}{0.2}\right)^{\frac{1.4-1}{1.4}}$

$= 565.69\text{K}$

$T_2 = 565.69 - 273 = 292.69℃$

71 밀도 1.6kg/m^3인 기체가 흐르는 관에 설치한 피토 정압관(Pitot – static Tube)의 두 단자 간 압력차가 $4\text{cmH}_2\text{O}$이었다면 기체의 속도(m/s)는 얼마인가?

① 7 ② 14
③ 22 ④ 28

해설

$V = \sqrt{2g\Delta h\left(\dfrac{\rho_0}{\rho} - 1\right)}$

$= \sqrt{2 \times 9.8 \times 0.04 \times \left(\dfrac{1{,}000}{1.6} - 1\right)}$

$= 22.12\text{m/s}$

72 $3.6\text{m}^3/\text{min}$을 양수하는 펌프의 송출구의 안지름이 23cm일 때 평균 유속(m/s)은 얼마인가?

① 0.96 ② 1.20
③ 1.32 ④ 1.44

해설

$Q = A \cdot V$에서

$V = \dfrac{Q}{A} = \dfrac{3.6\dfrac{\text{m}^3}{\text{min}} \times \dfrac{1\text{min}}{60s}}{\dfrac{\pi}{4} \times 0.23^2\text{m}^2} = 1.44\text{m/s}$

정답 69 ④ 70 ③ 71 ③ 72 ④

73 국소대기압이 1atm이라고 할 때, 다음 중 가장 높은 압력은?

① 0.13atm(Gage Pressure)
② 115kPa(Absolute Pressure)
③ 1.1atm(Absolute Pressure)
④ 11mH$_2$O(Absolute Pressure)

해설

절대압 P_{abs} = 국소대기압 + 계기압(Gage)

① $P_{abs} = 1 + 0.13 = 1.13\text{atm}$

② $P_{abs} = 115 \times 10^3\text{Pa} \times \dfrac{1\text{atm}}{101{,}325\text{Pa}} = 1.135\text{atm}$

③ $P_{abs} = 1.1\text{atm}$

④ $P_{abs} = 11\text{mAq} \times \dfrac{1\text{atm}}{10.33\text{mAq}} = 1.065\text{atm}$

74 수평원관 속에 정상류의 층류흐름이 있을 때 전단응력에 대한 설명으로 옳은 것은?

① 단면 전체에서 일정하다.
② 벽면에서 0이고 관 중심까지 선형적으로 증가한다.
③ 관 중심에서 0이고 반지름 방향으로 선형적으로 증가한다.
④ 관 중심에서 0이고 반지름 방향으로 중심으로부터 거리의 제곱에 비례하여 증가한다.

해설

- 층류유동에서 전단응력분포와 속도분포 그림을 이해하면 된다.
- 전단응력은 관 중심에서 0이고 관벽에서 최대이다.

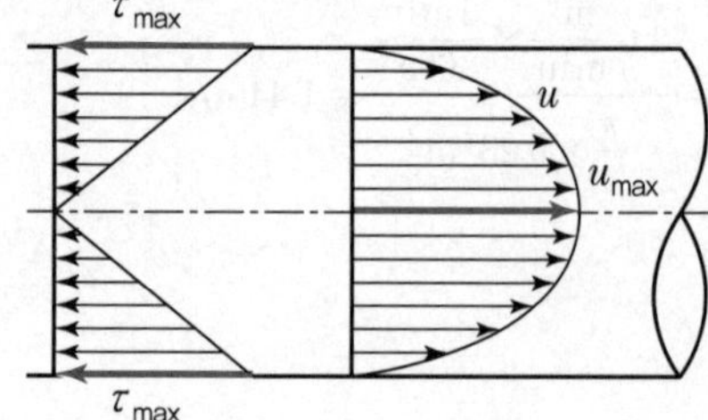

75 그림과 같은 두 개의 고정된 평판 사이에 얇은 판이 있다. 얇은 판 상부에는 점성계수가 0.05N · s/m^{2}인 유체가 있고 하부에는 점성계수가 0.1N · s/m^{2}인 유체가 있다. 이 판을 일정속도 0.5m/s로 끌 때, 끄는 힘이 최소가 되는 거리 y는? [단, 고정평판 사이의 폭은 h(m), 평판들 사이의 속도분포는 선형이라고 가정한다.]

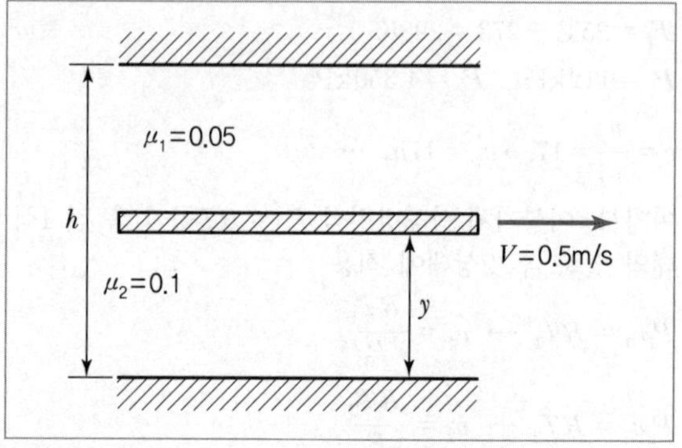

① 0.293h　　② 0.482h
③ 0.586h　　④ 0.879h

해설

뉴턴의 점성법칙을 적용하여 $\tau = \mu\dfrac{du}{dy}$, $F = \tau A$

- 평판 위쪽 힘 $F_1 = \mu_1\dfrac{u}{h-y}A$
- 평판 아래쪽 힘 $F_2 = \mu_2\dfrac{u}{y}A$
- 평판을 끄는 힘이 최소가 되려면 깊이 y에 따른 위아래 힘의 변화율이 같아야 한다.

$\dfrac{dF_1}{dy} = \dfrac{dF_2}{dy}$

여기서, $\dfrac{dF_1}{dy} = \mu_1\dfrac{u}{(h-y)^2}A$, $\dfrac{dF_2}{dy} = -\mu_2\dfrac{u}{y^2}A$

변화율 값들의 부호가 반대이지만 절댓값이 같아야 한다(평판 위아래 기울기가 반대).

$\mu_1\dfrac{u}{(h-y)^2}A = \mu_2\dfrac{u}{y^2}A$

$\mu_1 y^2 = \mu_2(h-y)^2 = \mu_2(h^2 - 2hy + y^2)$

정답 73 ② 74 ③ 75 ③

$(\mu_2-\mu_1)y^2-2\mu_2hy+\mu_2h^2=0$

$(0.1-0.05)y^2-2\times0.1hy+0.1h^2=0$

$0.05y^2-0.2hy+0.1h^2=0$

여기서, 근의 공식 중 짝수계수 $b'=-0.1h$

$$y=\frac{0.1h\pm\sqrt{(0.1h)^2-0.05\times0.1\times h^2}}{0.05}$$

$y=3.41421h$ or $y=0.58579h$인데 $y<h$이므로

$\therefore\ y=0.58579h$

76 직경 1cm인 원형관 내의 물의 유동에 대한 천이 레이놀즈수는 2,300이다. 천이가 일어날 때 물의 평균유속(m/s)은 얼마인가?(단, 물의 동점성계수는 10^{-6}m^2/s이다.)

① 0.23　　② 0.46

③ 2.3　　④ 4.6

해설

$$Re=\frac{\rho\cdot V\cdot d}{\mu}=\frac{V\cdot d}{\nu}=2{,}300(\text{천이 레이놀즈수})$$

$$V=\frac{Re\times\nu}{d}=\frac{2{,}300\times10^{-6}}{0.01}=0.23\text{m/s}$$

77 프란틀의 혼합거리(Mixing Length)에 대한 설명으로 옳은 것은?

① 전단응력과 무관하다.

② 벽에서 0이다.

③ 항상 일정하다.

④ 층류 유동문제를 계산하는 데 유용하다.

해설

프란틀의 혼합거리 $l=ky$(여기서, y는 관벽으로부터 떨어진 거리)

관벽에서는 y가 "0"이므로 $l=0$이다.

78 그림과 같이 유리관 A, B 부분의 안지름은 각각 30cm, 10cm이다. 이 관에 물을 흐르게 하였더니 A에 세운 관에는 물이 60cm, B에 세운 관에는 물이 30cm 올라갔다. A와 B 각 부분에서 물의 속도(m/s)는?

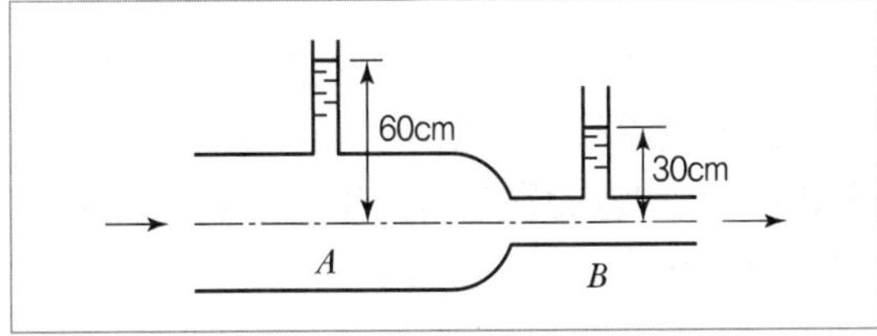

① $V_A=2.73,\ V_B=24.5$

② $V_A=2.44,\ V_B=22.0$

③ $V_A=0.542,\ V_B=4.88$

④ $V_A=0.271,\ V_B=2.44$

해설

• $Q=AV$에서 $A_1V_1=A_2V_2$

$$\therefore\ V_1=\frac{A_2V_2}{A_1}=\frac{\frac{\pi}{4}\times0.1^2}{\frac{\pi}{4}\times0.3^2}\times V_2=0.11V_2$$

• 큰 관과 작은 관에 베르누이 방정식을 적용하면

$$\frac{P_1}{\gamma}+\frac{V_1^{\,2}}{2g}=\frac{P_2}{\gamma}+\frac{V_2^{\,2}}{2g}\ (\text{위치에너지 동일})$$

$$\frac{\gamma\times0.6}{\gamma}+\frac{V_1^{\,2}}{2g}=\frac{\gamma\times0.3}{\gamma}+\frac{V_2^{\,2}}{2g}$$

$$0.6+\frac{(0.11V_2)^2}{2g}=0.3+\frac{V_2^{\,2}}{2g}$$

$$(1-0.11^2)\frac{V_2^{\,2}}{2g}=0.3$$

$$\therefore\ V_2=\sqrt{\frac{2\times9.8\times0.3}{(1-0.11^2)}}=2.44\text{m/s}$$

$V_1=0.11\times2.44=0.268\text{m/s}$

정답　76 ①　77 ②　78 ④

79 어떤 물리적인 계(System)에서 물리량 F가 물리량 A, B, C, D의 함수 관계가 있다고 할 때, 차원해석을 한 결과 두 개의 무차원수, $\frac{F}{AB^2}$와 $\frac{B}{CD^2}$를 구할 수 있었다. 그리고 모형실험을 하여 $A=1$, $B=1$, $C=1$, $D=1$일 때, $F=F_1$을 구할 수 있었다. 여기서 $A=2$, $B=4$, $C=1$, $D=2$인 원형의 F는 어떤 값을 가지는가?(단, 모든 값들은 SI 단위를 가진다.)

① F_1
② $16F_1$
③ $32F_1$
④ 위의 자료만으로는 예측할 수 없다.

해설

모두 1일 때 $F=F_1=B$이므로
$A=2,\ B=4,\ C=1,\ D=2$일 때
$\frac{F}{AB^2}=\frac{F}{2\times 4^2}\Rightarrow F=32$가 되어야 무차원이므로
$F=32F_1$

80 해수의 비중은 1.025이다. 바닷물 속 10m 깊이에서 작업하는 해녀가 받는 계기압력(kPa)은 약 얼마인가?

① 94.4 ② 100.5
③ 105.6 ④ 112.7

해설

$P_A=\gamma\cdot h=S\cdot\gamma_w\cdot h$
$=1.025\times 9{,}800\times 10$
$=100{,}450\text{N/m}^2=100.45\text{kPa}$

정답 79 ③ 80 ②

제15회 CBT 실전 모의고사

1과목 기계제도 및 설계

01 다음과 같은 입체도에서 화살표 방향 투상도로 가장 적합한 것은?

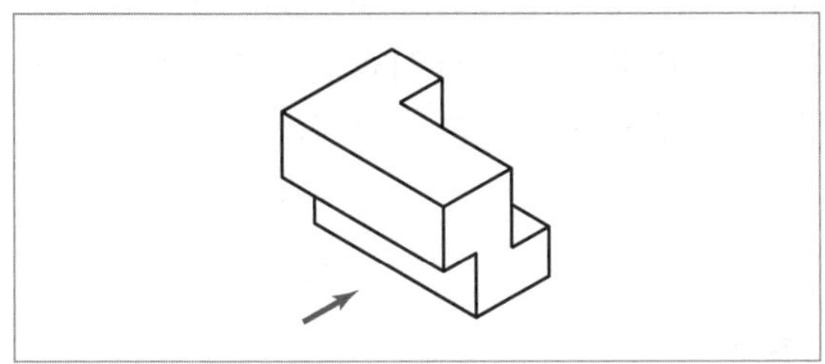

①
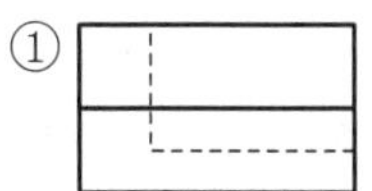
②
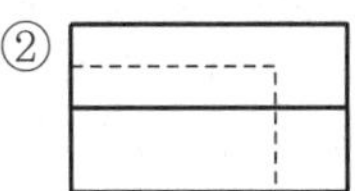
③
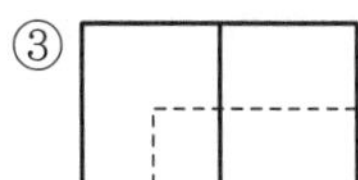
④
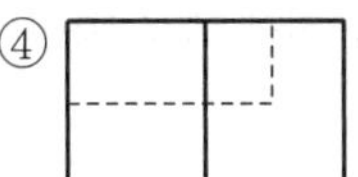

해설

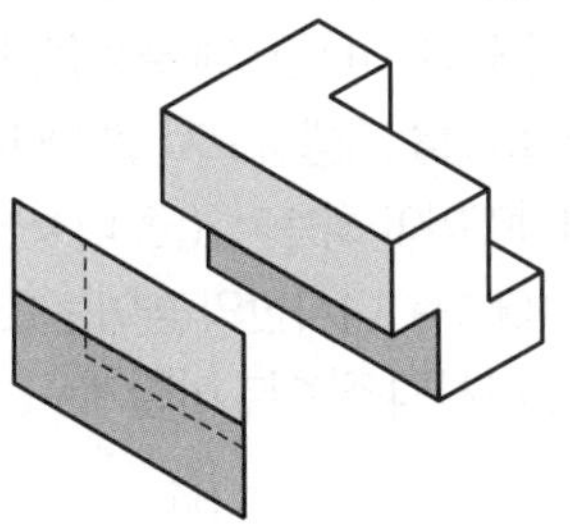

02 다음 그림에서 "C2"가 의미하는 것은?

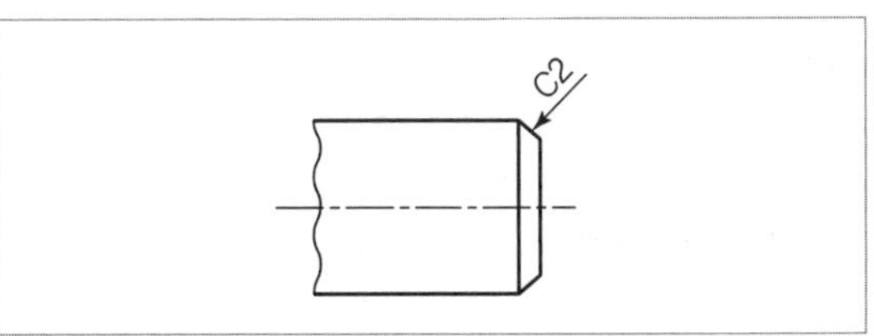

① 크기가 2인 15° 모떼기
② 크기가 2인 30° 모떼기
③ 크기가 2인 45° 모떼기
④ 크기가 2인 65° 모떼기

해설

"C"는 45° 모떼기 치수문자 앞에 기입하는 기호이므로 아래 그림과 같이 크기가 2인 45° 모떼기를 나타낸다.

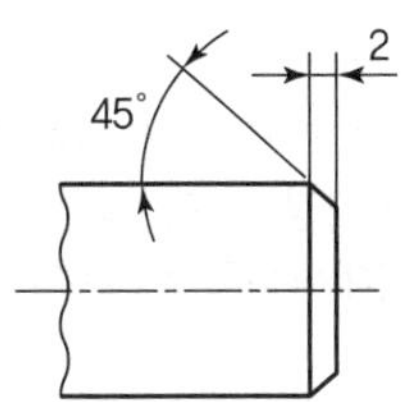

03 크롬몰리브덴 단강품의 KS 재질기호는?

① SCM
② SNC
③ SFCM
④ SNCM

해설

① SCM : 크롬몰리브덴강
② SNC : 니켈크롬강
③ SFCM(Steel Forging Chromium Molybdenum) : 크롬몰리브덴 단강품
④ SNCM : 니켈크롬몰리브덴강

정답 01 ① 02 ③ 03 ③

04 표준 스퍼기어의 모듈이 2이고, 이끝원 지름이 84mm일 때 이 스퍼기어의 피치원 지름(mm)은 얼마인가?

① 76 ② 78
③ 80 ④ 82

해설

- 피치원 지름 : $PCD=M\times Z$
- 이끝원 지름 : $D=PCD+2M$에서
  $PCD=D-2M=84-(2\times2)=80\text{mm}$

05 구멍 70H7$(70^{+0.030}_{0})$, 축 70g6$(70^{-0.010}_{-0.029})$의 끼워 맞춤이 있다. 끼워 맞춤의 명칭과 최대틈새를 바르게 설명한 것은?

① 중간 끼워 맞춤이며 최대틈새는 0.01이다.
② 헐거운 끼워 맞춤이며 최대틈새는 0.059이다.
③ 억지 끼워 맞춤이며 최대틈새는 0.029이다.
④ 헐거운 끼워 맞춤이며 최대틈새는 0.039이다.

해설

구멍이 축보다 항상 크므로 헐거운 끼워 맞춤이다.
최대틈새는 구멍은 가장 크고, 축은 가장 작을 때 발생하므로 "구멍의 최대허용치수－축의 최소허용치수"를 구하면 된다.
구멍의 최대허용치수$=70+0.03=70.03$
축의 최소허용치수$=70+(-0.029)=69.971$
$\therefore$ 최대틈새$=70.03-69.971=0.059$

06 데이텀(Datum)에 관한 설명으로 틀린 것은?

① 데이텀을 표시하는 방법은 영어의 소문자를 정사각형으로 둘러싸서 나타낸다.
② 지시선을 연결하여 사용하는 데이텀 삼각기호는 빈틈없이 칠해도 좋고, 칠하지 않아도 좋다.
③ 형체에 지정되는 공차가 데이텀과 관련되는 경우 데이텀은 원칙적으로 데이텀을 지시하는 문자기호에 의하여 나타낸다.
④ 관련 형체에 기하학적 공차를 지시할 때, 그 공차 영역을 규제하기 위하여 설정한 이론적으로 정확한 기하학적 기준을 데이텀이라 한다.

해설

① 데이텀을 표시하는 방법은 영어의 알파벳 대문자를 사각형으로 둘러싸서 나타낸다.

07 다음 중 중앙처리장치(CPU)와 메인 메모리(RAM) 사이에서 처리될 자료를 효율적으로 이송할 수 있도록 하는 기능을 수행하는 것은?

① BIOS ② 캐시 메모리
③ CISC ④ 코프로세서

해설

캐시기억장치(Cache Memory)
보조기억장치이며 중앙처리장치(CPU)와 주기억장치 사이에서 원활한 정보의 교환을 위하여 주기억장치의 정보를 일시적으로 저장하는 장치로, CPU와 주기억장치 간의 데이터 접근 속도 차이를 극복하기 위해 사용한다.

08 유효지름이 32.5mm인 표준 사각나사로 이루어진 너트가 있다. 이 너트에 축방향으로 15kN의 중량을 가진 물체를 지탱하고자 할 때 너트 높이는 약 몇 mm 이상이어야 하는가?(단, 나사산의 허용 접촉면 압력은 10MPa, 나사산의 높이는 2.5mm, 피치는 5mm이고, 나사의 접촉부 마찰계수는 0.1 이다.)

① 30 ② 34
③ 39 ④ 44

해설

$q=\dfrac{Q}{\pi d_e\cdot h\cdot z}$에서

나사산 수 $z=\dfrac{Q}{\pi d_e\cdot h\cdot q}=\dfrac{15\times10^3}{\pi\times32.5\times2.5\times10}$
$=5.88\fallingdotseq6$개

정답 04 ③ 05 ② 06 ① 07 ② 08 ①

09 핀(Pin)이 주로 사용되는 용도에 해당하지 않는 것은?

① 너트의 풀림 방지
② 핸들과 축의 고정
③ 조립 부품의 위치 결정
④ 진동의 흡수

10 500rpm으로 20kW의 동력을 전달하는 중공축이 있다. 축의 허용전단응력이 15N/mm²이고 내·외경비 $x = d_1 / d_2 =$ 0.6이 되는 중공축의 바깥지름은 몇 mm인가?

① 53.01　② 57.54
③ 60.01　④ 64.01

해설

$$T = \frac{H}{\omega} = \frac{20 \times 1{,}000(\mathrm{N \cdot m/s})}{\frac{2\pi \times 500}{60}(\mathrm{rad/s})}$$

$= 381.9718\mathrm{N \cdot m} = 381{,}971.8\mathrm{N \cdot mm}$

중공축의 외경 d_2, $x = 0.6$

$$T = \tau \cdot Z_P = \tau \cdot \frac{\pi {d_2}^3}{16}(1 - x^4)$$

$$\therefore\ d_2 = \sqrt[3]{\frac{16\,T}{\pi\tau(1-x^4)}} = \sqrt[3]{\frac{16 \times 381{,}971.8}{\pi \times 15 \times (1-0.6^4)}}$$

$= 53.01\mathrm{mm}$

11 볼베어링의 기본 동정격 하중은 어떻게 정의되는가?

① 33.3rpm으로 50시간 운전수명에 견디는 하중
② 33.3rpm으로 500시간 운전수명에 견디는 하중
③ 33.3rpm으로 5,000시간 운전수명에 견디는 하중
④ 33.3rpm으로 50,000시간 운전수명에 견디는 하중

해설

기본 동정격 하중(기본 부하용량) c는 33.3rpm으로 500시간의 회전을 지탱하는 것이다.

12 헬리컬기어에서 잇수가 40, 비틀림각이 20°일 때 상당평기어 잇수는 약 몇 개인가?

① 29　② 39
③ 49　④ 59

해설

$$z_e = \frac{z}{\cos^3\beta} = \frac{40}{\cos^3 20°} = 48.2 ≒ 49\text{개}$$

13 그림과 같은 블록 브레이크에서 드럼이 우회전할 때, 레버를 누르는 힘 F를 구하는 식은?(단, f는 브레이크의 제동력이고, μ는 블록 브레이크와 드럼 사이의 마찰계수이다.)

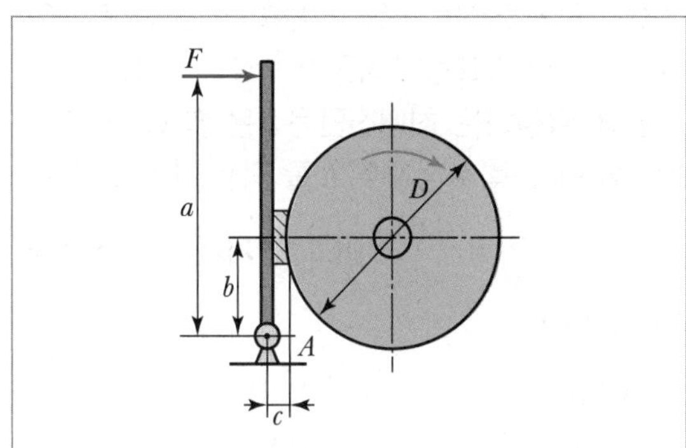

① $F = \dfrac{f(b + \mu c)}{\mu a}$　② $F = \dfrac{f(b - \mu c)}{\mu a}$

③ $F = \dfrac{f\left(b + \dfrac{c}{\mu}\right)}{\mu a}$　④ $F = \dfrac{f(\mu b - c)}{\mu a}$

정답 09 ④ 10 ① 11 ② 12 ③ 13 ①

해설

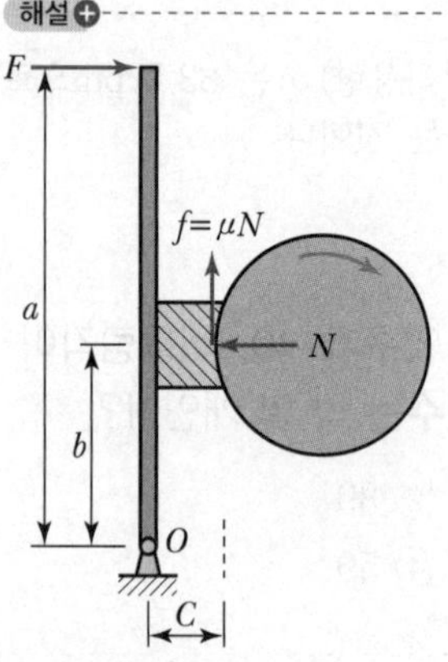

회전(핀)지점을 O라 하면 O점에 대한 모멘트 평형방정식

$\sum M_O = 0,\qquad Fa - Nb - fc = 0$

$\therefore\ F = \dfrac{Nb + fc}{a}$ 　　여기서, $f = \mu N \rightarrow N = \dfrac{f}{\mu}$ 적용

$= \dfrac{fb + \mu fc}{\mu a} = \dfrac{f(b + \mu c)}{\mu a}$

14 평균지름이 55mm이고 소선의 지름이 5mm인 코일스프링에 하중이 1kN이 가해질 때 스프링에 발생하는 최대전단응력은 몇 GPa인가? (단, Wahl 응력수정계수 K를 적용하며, 그 식은 $K = \dfrac{4c-1}{4c-4} + \dfrac{0.615}{c}$ 이고, 여기서 C는 스프링 지수이다.)

① 3.148　　② 2.214
③ 1.266　　④ 0.953

해설

$c = \dfrac{D}{d} = \dfrac{55}{5} = 11$

$\tau = \dfrac{K8WD}{\pi d^3} = \left(\dfrac{4c-1}{4c-4} + \dfrac{0.615}{c}\right) \times \dfrac{8WD}{\pi d^3}$

$= \left(\dfrac{4\times11-1}{4\times11-4} + \dfrac{0.615}{11}\right) \times \dfrac{8\times1\times10^3\times55}{\pi\times5^3}$

$= 1{,}267.1\text{N/mm}^2 = 1{,}267.1\text{MPa} = 1.267\text{GPa}$

15 온도변화에 따른 관의 열응력 발생이 우려될 때는 이를 흡수하기 위한 신축 관이음을 사용하게 되는데 다음 중 신축 관이음에 속하지 않는 것은?

① 플랜지(Flange) 이음
② 주름관 이음
③ 미끄럼 이음
④ 스위블(Swivel) 이음

해설

| 플랜지 이음 |

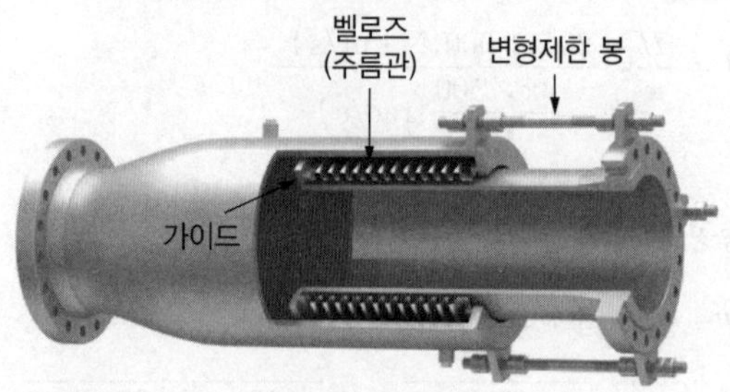

| 주름관 이음 |

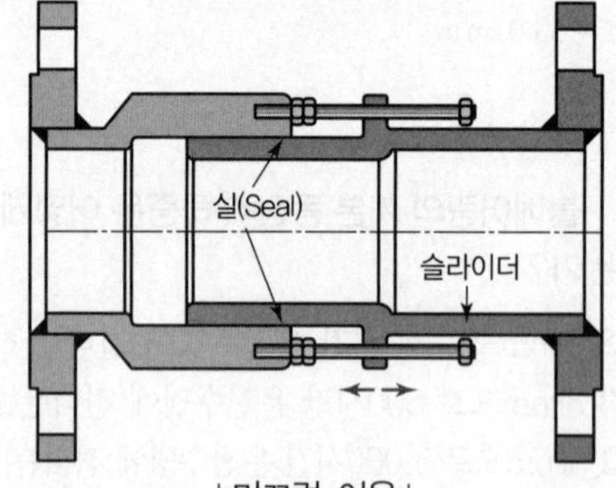

| 미끄럼 이음 |

정답　14 ③　15 ①

| 스위블(Swivel) 이음 |

16 유체 토크 컨버터의 주요 구성요소가 아닌 것은?

① 펌프　② 터빈
③ 스테이터　④ 릴리프 밸브

해설

유체 토크 컨버터
밀폐된 공간에 터빈과 펌프라는 날개가 마주 보고 있고, 그 공간을 오일이 가득 채우고 있어서 날개 한쪽이 회전하면 그 오일에 의해 반대쪽 날개가 회전하게 되는 원리를 이용하여 동력을 전달하는 장치이다. 유체 토크 컨버터의 주요 구성은 펌프(임펠러), 스테이터, 터빈으로 구성된다.

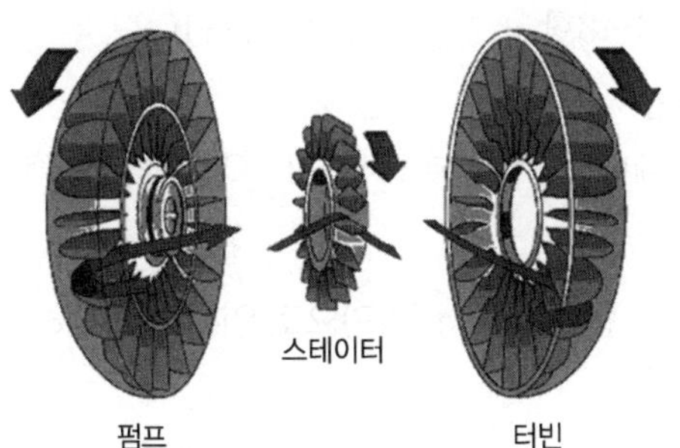

17 채터링 현상에 대한 설명으로 적절하지 않은 것은?

① 소음을 수반한다.
② 일종의 자력 진동현상이다.
③ 감압 밸브, 릴리프 밸브 등에서 발생한다.
④ 압력, 속도 변화에 의한 것이 아닌 스프링의 강성에 의한 것이다.

해설

채터링(Chattering)
밸브시트를 두들겨서 비교적 높은 음을 발생시키는 일종의 자력 진동현상

④ 유체의 압력과 속도 변화에 의해 발생한다.

18 그림의 유압 회로도에서 ①의 밸브 명칭으로 옳은 것은?

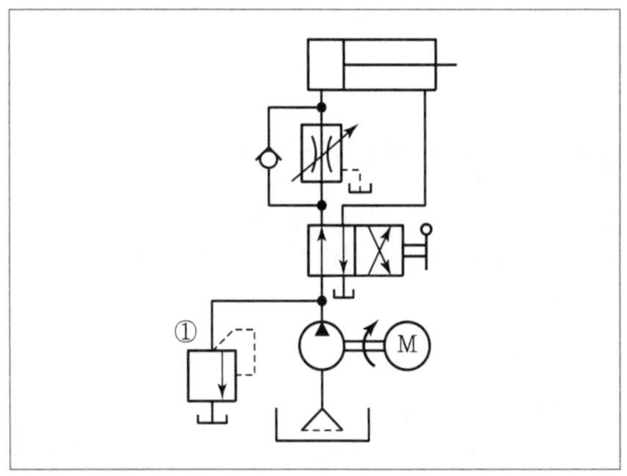

① 스톱 밸브　② 릴리프 밸브
③ 무부하 밸브　④ 카운터 밸런스 밸브

해설

릴리프 밸브
회로 내의 압력을 설정압력으로 유지하여 과도한 압력으로부터 시스템을 보호하는 안전 밸브이다.

정답　16 ④　17 ④　18 ②

19 펌프에 대한 설명으로 틀린 것은?

① 피스톤 펌프는 피스톤을 경사판, 캠, 크랭크 등에 의해서 왕복 운동시켜, 액체를 흡입 쪽에서 토출 쪽으로 밀어내는 형식의 펌프이다.
② 레이디얼 피스톤 펌프는 피스톤의 왕복 운동 방향이 구동축에 거의 직각인 피스톤 펌프이다.
③ 기어 펌프는 케이싱 내에 물리는 2개 이상의 기어에 의해 액체를 흡입 쪽에서 토출 쪽으로 밀어내는 형식의 펌프이다.
④ 터보 펌프는 덮개차를 케이싱 외에 회전시켜, 액체로부터 운동 에너지를 뺏어 액체를 토출하는 형식의 펌프이다.

해설
④ 터보 펌프는 날개차의 회전에 의하여 운동 에너지가 압력 에너지로 변환하여 작동하는 펌프이다. 토출량이 크고 낮은 점도의 액체에 사용되는 터보 펌프는 로켓의 엔진에 사용되는 연료공급 장치이다.

20 미터아웃 회로에 대한 설명으로 틀린 것은?

① 피스톤 속도를 제어하는 회로이다.
② 유량제어 밸브를 실린더의 입구 측에 설치한 회로이다.
③ 기본형은 부하변동이 심한 공작기계의 이송에 사용된다.
④ 실린더에 배압이 걸리므로 끌어당기는 하중이 작용해도 자주 할 염려가 없다.

해설
② 유량제어 밸브를 실린더의 출구 측에 설치한 회로이다.

2과목 기계재료 및 제작

21 심랭(Sub-zero)처리 목적에 대한 설명으로 옳은 것은?

① 자경강에 인성을 부여하기 위함
② 급열 · 급랭 시 온도 이력현상을 관찰하기 위함
③ 황은 담금질하여 베이나이트 조직을 얻기 위함
④ 담금질 후 시효변형을 방지하기 위해 잔류 오스테나이트를 마텐자이트 조직으로 얻기 위함

해설
심랭처리(Sub-zero)
상온으로 담금질된 강을 다시 0℃ 이하의 온도로 냉각하는 열처리 방식이다.
• 목적 : 잔류 오스테나이트를 마텐자이트로 변태시키기 위한 열처리
• 효과 : 담금질 균열 방지, 치수변화 방지, 경도 향상 (예 게이지강)

22 오스테나이트형 스테인리스강의 대표적인 강종은?

① S80　② V2B
③ 18-8형　④ 17-10P

해설
오스테나이트계 스테인리스강 : Cr 18%-Ni 8%

23 탄소강에서 인(P)으로 인하여 발생하는 취성은?

① 고온취성　② 불림취성
③ 상온취성　④ 뜨임취성

해설
상온취성
인(P)은 강의 결정입자를 조대화시켜서 강을 여리게 만들며, 특히 상온 또는 그 이하의 저온에서 뚜렷해진다. 인(P)은 상온취성 또는 냉간취성의 원인이 된다.

정답 19 ④ 20 ② 21 ④ 22 ③ 23 ③

24 조미니 시험(Jominy Test)은 무엇을 알기 위한 시험 방법인가?

① 부식성　② 마모성
③ 충격인성　④ 담금질성

해설

조미니시험(Jominy Test)
조미니 시험은 강의 경화능(Hardenability, 담금질성)을 측정하는 가장 일반적인 시험이다.
일정 치수의 조미니 시험 시편을 소정의 오스테나이트화 온도로 가열하여, 시험대에 놓고 분수로 시편 하단면에 물을 분사한다. 10분간 방치한 후 조미니 시험편을 물속에서 냉각시킨다. 그 다음, 시험편 측면을 약 0.4mm 연마하여 적당한 간격으로 로크웰 경도를 측정한다. 측정 후 조미니 곡선을 그린다.
조미니 시험법은 물의 양, 분수구에서 시편까지의 거리가 항상 일정하고 시험법에 재현성이 좋아서 신뢰성이 아주 높은 경화능 시험법이다.

25 면심입방격자(FCC)의 단위격자 내에 원자 수는 몇 개인가?

① 2개　② 4개
③ 6개　④ 8개

해설

면심입방격자(FCC ; Face Centered Cubic Lattice)
- 체심입방격자와 마찬가지로 입방대칭성을 가진다.
- 면심입방격자는 단위격자 안에 4개의 원자를 가지는데, 각 면의 중심에 1/2개×6면=3개와 입방체의 각 8개 꼭짓점에 1/8개×8=1개의 원자를 합하면 4개가 된다.

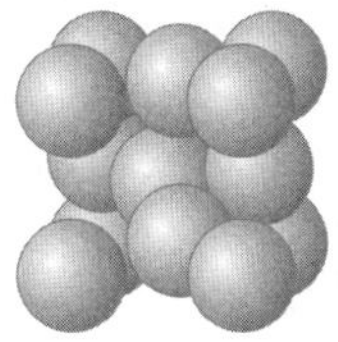
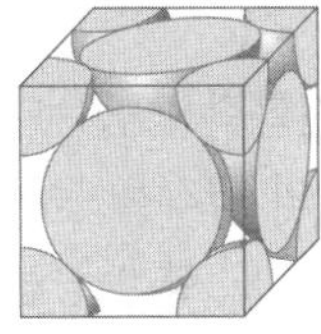
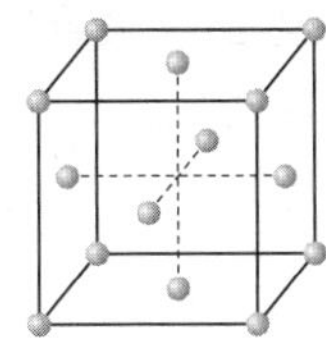

| 면심입방격자 |

26 합금주철에서 특수합금 원소의 영향을 설명한 것 중 틀린 것은?

① Ni은 흑연화를 방지한다.
② Ti은 강한 탈산제이다.
③ V은 강한 흑연화 방지 원소이다.
④ Cr은 흑연화를 방지하고, 탄화물을 안정화한다.

해설

합금원소의 영향
- Ni : 흑연화를 촉진하며, 내열성, 내산화성이 증가한다. 내알칼리성을 갖게 하며, 내마모성도 좋아진다.
- Ti : 강탈산제이고, 흑연화를 촉진시키고, 흑연을 미세화시켜 강도를 높인다.
- V : 흑연을 방지하고 펄라이트를 미세화시킨다.
- Cr : Cr은 0.2~1.5% 첨가하면, 흑연화를 방지하고 탄화물을 안정화시킨다. 내식성, 내열성을 증대시키고 내부식성이 좋아진다.

27 상온의 금속(Fe)을 가열하였을 때 체심입방격자에서 면심입방격자로 변하는 점은?

① A_0변태점　② A_2변태점
③ A_3변태점　④ A_4변태점

해설

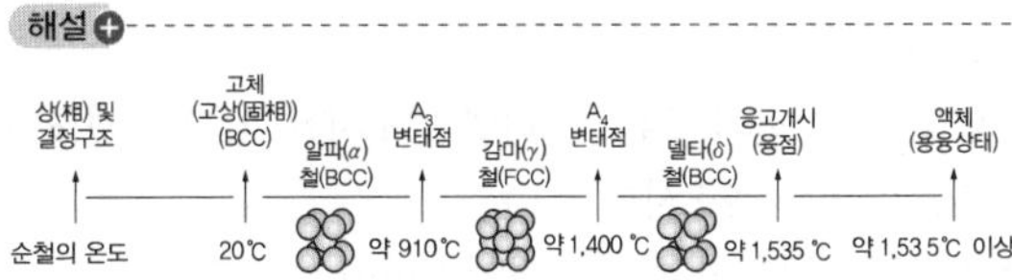

- BCC : 체심입방격자
- FCC : 면심입방격자

28 일반열처리 중 풀림의 종류에 포함되지 않는 것은?

① 가압 풀림　② 완전 풀림
③ 항온 풀림　④ 구상화 풀림

정답　24 ④　25 ②　26 ①　27 ③　28 ①

해설

풀림의 종류에는 완전 풀림, 연화(항온) 풀림, 확산 풀림, 응력제거 풀림, 구상화 풀림 등이 있다.

29 Ni－Fe계 합금에 대한 설명으로 틀린 것은?

① 엘린바는 온도에 따른 탄성률의 변화가 거의 없다.
② 슈퍼인바는 20℃에서 팽창계수가 거의 0(Zero)에 가깝다.
③ 인바는 열팽창계수가 상온 부근에서 매우 작아 길이의 변화가 거의 없다.
④ 플래티나이트는 60%Ni과 15%Sn 및 Fe의 조성을 갖는 소결합금이다.

해설

플래티나이트(Platinite)
Fe－Ni(46%) 합금으로 팽창계수가 유리와 비슷하여, 백금선 대용으로 전구 도입선에 사용된다.

30 일정한 높이에서 낙하시킨 추(해머)의 반발한 높이로 경도를 측정하는 시험법은?

① 브리넬 경도시험 ② 로크웰 경도시험
③ 비커스 경도시험 ④ 쇼어 경도시험

해설

- 압입경도시험의 종류 : 브리넬 경도시험, 로크웰 경도시험, 비커스 경도시험
- 반발경도시험의 종류 : 쇼어(Shore) 경도시험

31 압출가공(Extrusion)에 관한 일반적인 설명으로 틀린 것은?

① 직접압출보다 간접 압출에서 마찰력이 적다.
② 직접압출보다 간접 압출에서 소요동력이 적게 든다.
③ 압출 방식으로는 직접(전방)압출과 간접(후방)압출 등이 있다.
④ 직접압출이 간접압출보다 압출 종료 시 컨테이너에 남는 소재량이 적다.

해설

압출가공에서 압출 종료 시 컨테이너에 남는 소재량이 적은 방법은 간접(후방) 압출이다.

32 허용동력이 3.6kW인 선반의 출력을 최대한으로 이용하기 위하여 취할 수 있는 허용최대 절삭면적은 몇 mm^2인가?(단, 경제적 절삭속도는 120m/min을 사용하며, 피삭재의 비절삭저항이 $45kgf/mm^2$, 선반의 기계효율이 0.80이다.)

① 3.26 ② 6.26
③ 9.26 ④ 12.26

해설

$$H=\frac{FV}{\eta}=\frac{\tau A V}{\eta}[\mathrm{kW}]$$

여기서, F : 주분력(N), V : 절삭속도(m/sec), η : 효율

$$\therefore\ A=\frac{H\eta}{\tau V}[\mathrm{m}^2]$$

$$\tau=45\mathrm{kgf/mm^2}=45\times 9.81=441.45[\mathrm{N/mm^2}]$$

$$V=120\mathrm{m/min}=\frac{120\times 1{,}000}{60}=2{,}000[\mathrm{mm/s}]$$

$$H=3.6\mathrm{kW}=3{,}600\mathrm{W}=3{,}600\mathrm{N\cdot m/s}$$
$$=3.6\times 10^6[\mathrm{N\cdot mm/s}]$$

$$\therefore\ A=\frac{3.6\times 10^6\times 0.8}{441.45\times 2{,}000}=3.264[\mathrm{mm^2}]$$

33 절삭가공 시 절삭유(Cutting Fluid)의 역할로 틀린 것은?

① 공구와 칩의 친화력을 돕는다.
② 공구나 공작물의 냉각을 돕는다.
③ 공작물의 표면조도 향상을 돕는다.
④ 공작물과 공구의 마찰감소를 돕는다.

정답 29 ④ 30 ④ 31 ④ 32 ① 33 ①

해설

절삭유의 역할에는 냉각작용, 윤활작용, 세정작용, 방청작용 등이 있다.

34 전기저항용접의 종류에 해당하지 않는 것은?

① 심 용접 ② 스폿 용접
③ 테르밋 용접 ④ 프로젝션 용접

해설

전기저항용접의 종류

- 겹치기 용접 : 점용접(Spot Welding), 심 용접(Seam Welding), 프로젝션 용접(Projection Welding)
- 맞대기 용접 : 업셋 용접(Upset Welding), 플래시 용접(Flash Welding), 퍼커션 용접(Percussion Welding)
- 고주파용접, 단접

35 전해연마의 특징에 대한 설명으로 틀린 것은?

① 가공 변질층이 없다.
② 내부식성이 좋아진다.
③ 가공면에 방향성이 생긴다.
④ 복잡한 형상을 가진 공작물의 연마도 가능하다.

해설

전해연마의 특징

- 절삭가공에서 나타나는 힘과 열에 따른 변형이 없다.
- 조직의 변화가 없다.
- 연질금속, 아연, 구리, 알루미늄, 몰리브덴, 니켈 등 형상이 복잡한 공작물과 얇은 재료의 연마도 가능하다.
- 가공한 면은 방향성이 없어 거울과 같이 매끄럽다.
- 내마멸성과 내부식성이 높다.
- 연마량이 작아서 깊은 홈이 제거되지 않는다.
- 주름과 같이 불순물이 많은 것은 광택을 낼 수 없다.
- 가공 모서리가 둥글게 된다.

36 다음 중 연삭숫돌의 결합제(Bond)로 주성분이 점토와 장석이고, 열에 강하며 연삭액에 대해서도 안전하므로 광범위하게 사용되는 결합제는?

① 비트리파이드 ② 실리케이트
③ 레지노이드 ④ 셸락

해설

비트리파이드 결합제(Vitrified Bond, V)
결합제의 원료는 장석 및 점토이고, 현재 사용되고 있는 숫돌의 대부분이 비트리파이드 결합제로 되어 있다.

37 주물용으로 가장 많이 사용하는 주물사의 주성분은?

① Al_2O_3 ② SiO_2
③ MgO ④ FeO_3

해설

주물사
규사+점결제(내화점토, 벤토나이트, 곡류, 당분, 규산나트륨 등)

38 피복 아크 용접봉의 피복제 역할로 틀린 것은?

① 아크를 안정시킨다.
② 모재 표면의 산화물을 제거한다.
③ 용착금속의 급랭을 방지한다.
④ 용착금속의 흐름을 억제한다.

해설

피복제의 역할

- 피복제는 고온에서 분해되어 가스를 방출하여 아크 기둥과 용융지를 보호해 용착금속의 산화 및 질화가 일어나지 않도록 보호해 준다.
- 피복제의 용융은 슬래그가 형성되고 탈산작용을 하며 용착 금속의 급랭을 방지하는 역할을 한다.

정답 34 ③ 35 ③ 36 ① 37 ② 38 ④

39 두께 5mm의 연강판에 직경 10mm의 펀칭 작업을 하는데 크랭크 프레스 램의 속도가 10 m/min이라면 이때 프레스에 공급되어야 할 동력은 약 몇 kW인가?(단, 연강판의 전단강도는 294.3 MPa이고, 프레스의 기계적 효율은 80%이다.)

① 21.32 ② 15.54
③ 13.52 ④ 9.63

해설

공급되어야 할 동력(H_t) = 전단하중(P) × 전단속도(V)

$$전단하중(P) = \frac{전단강도(\tau) \times 단면적(A)}{효율(\eta)}$$

$$H_t = PV = \frac{\tau \times A}{\eta} \times V$$

$$= \frac{294.3 \times \pi \times 10 \times 5}{0.8} \times \frac{10}{60}$$

$= 9{,}630.95\text{N} \cdot \text{m/s}$
$= 9{,}630.95\text{W}$
$= 9.63\text{kW}$

40 래핑 다듬질에 대한 특징 중 틀린 것은?

① 게이지류나 광학렌즈의 표면 다듬질에 사용된다.
② 가공면에 랩제가 잔류하여 표면의 부식과 마모 촉진을 막아준다.
③ 평면도, 진원도, 직선도 등의 이상적인 기하학적 형상을 얻을 수 있다.
④ 가공면의 윤활성 및 내마모성이 좋아진다.

해설

래핑 다듬질의 특징
- 가공면이 매끈한 거울면을 얻을 수 있다.
- 정밀도가 높은 제품을 가공할 수 있어 게이지류나 광학렌즈의 표면 다듬질에 사용된다.
- 평면도, 진원도, 직선도 등의 이상적인 기하학적 형상을 얻을 수 있다.
- 가공면은 윤활성 및 내마모성이 좋다.
- 가공이 간단하고 대량생산이 가능하다.

3과목 구조해석

41 T형 단면을 갖는 외팔보에 5kN · m의 굽힘 모멘트가 작용하고 있다. 이 보의 탄성선에 대한 곡률 반지름은 몇 m인가?(단, 탄성계수 $E = 150$Gpa, 중립축에 대한 2차 모멘트 $I = 868 \times 10^{-9}\text{m}^4$이다.)

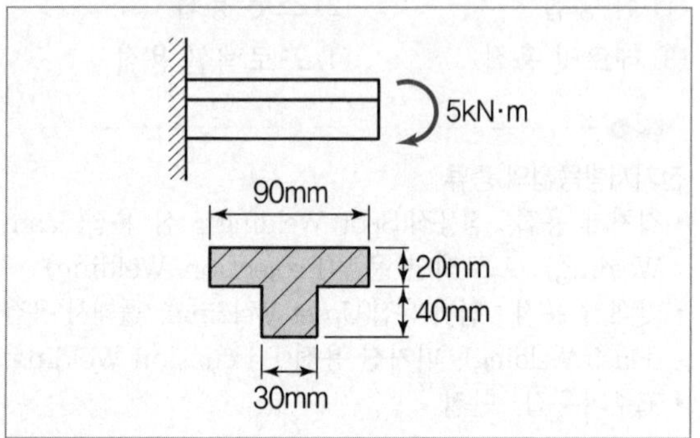

① 26.04 ② 36.04 ③ 46.04 ④ 56.04

해설

$\frac{1}{\rho} = \frac{M}{EI}$에서

$$\rho = \frac{EI}{M} = \frac{150 \times 10^9 \times 868 \times 10^{-9}}{5 \times 10^3} = 26.04\text{m}$$

42 그림과 같이 두 가지 재료로 된 봉이 하중 P를 받으면서 강체로 된 보를 수평으로 유지시키고 있다. 강봉에 작용하는 응력이 150MPa일 때 Al 봉에 작용하는 응력은 몇 MPa인가?(단, 강과 Al의 탄성계수의 비는 $E_s/E_a = 3$이다.)

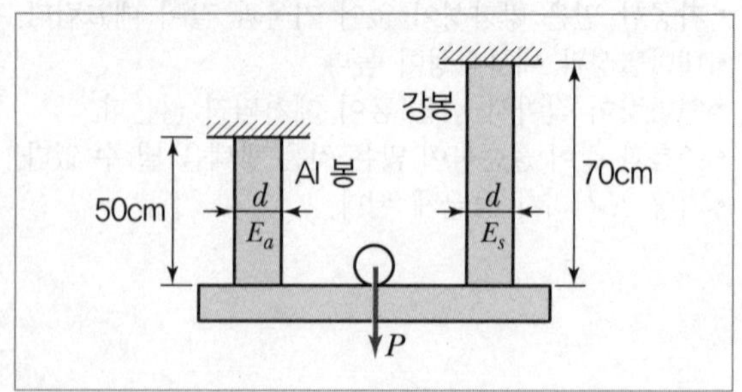

정답 39 ④ 40 ② 41 ① 42 ①

① 70 ② 270
③ 550 ④ 875

해설

병렬조합이므로 Al 봉이 늘어난 길이와 강봉이 늘어난 길이는 같다.

$\lambda = \dfrac{\sigma_s \cdot l_s}{E_s} = \dfrac{\sigma_a \cdot l_a}{E_a}$ 에서

$\sigma_a = \sigma_s \times \dfrac{l_s E_a}{l_a E_s} = 150 \times \dfrac{70 \times 1}{50 \times 3} = 70\text{MPa}$

43 두께 10mm인 강판으로 직경 2.5m의 원통형 압력용기를 제작하였다. 최대내부압력이 1,200 kPa일 때 축방향 응력은 몇 MPa인가?

① 75 ② 100
③ 125 ④ 150

해설

$\sigma_s = \dfrac{P \cdot d}{4t} = \dfrac{1{,}200 \times 10^3 \times 2.5}{4 \times 0.01}$

$= 75 \times 10^6\text{Pa} = 75\text{MPa}$

44 그림과 같은 단순지지보에서 반력 R_A는 몇 kN인가?

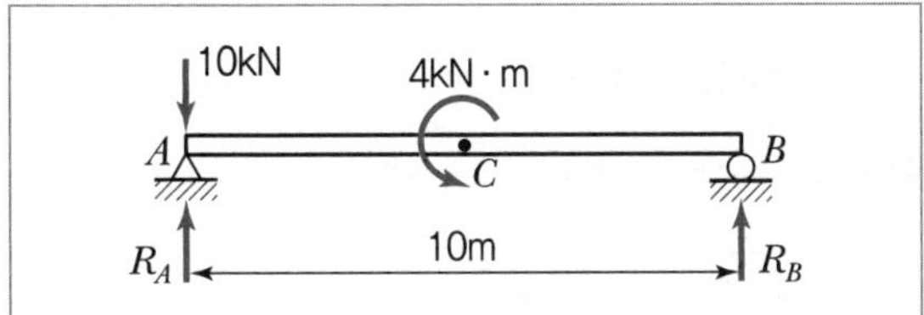

① 8 ② 8.4
③ 10 ④ 10.4

해설

$\Sigma M_{B\text{지점}} = 0$에서

$R_A \cdot 10 - 10 \times 10 - 4 = 0$

$\therefore \ R_A = 10.4\text{kN}$

45 그림에서 블록 A를 이동시키는 데 필요한 힘 P는 몇 N 이상인가?(단, 블록과 접촉면의 마찰계수 $\mu = 0.4$ 이다.)

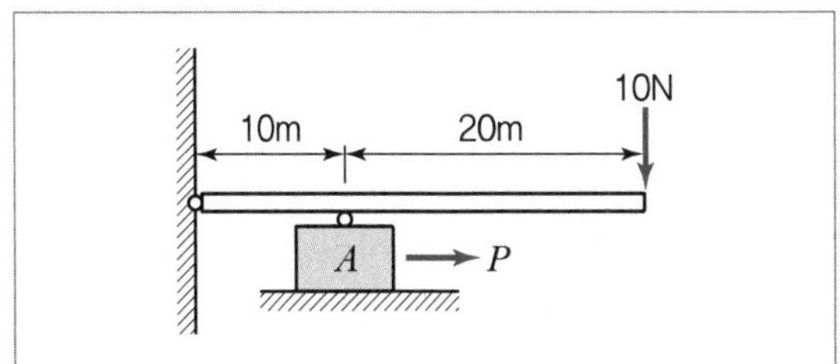

① 4 ② 8
③ 10 ④ 12

해설

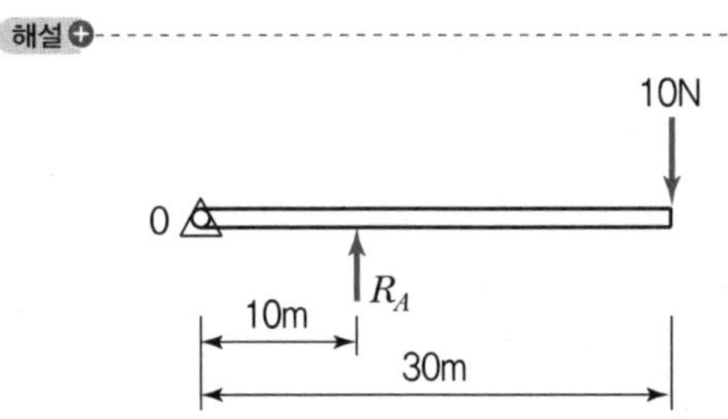

$\Sigma M_{0\text{지점}} = 0$에서

$-R_A \times 10 + 10 \times 30 = 0$

$\therefore \ R_A = 30\text{N}$

P가 마찰력 $F_f = \mu N = \mu R_A = 0.4 \times 30 = 12\text{N}$보다 커야 블록 A를 이동할 수 있다.

46 길이가 L이고 직경이 d인 강봉을 벽 사이에 고정하고 온도를 ΔT 만큼 상승시켰다. 이때 벽에 작용하는 힘은 어떻게 표현되는가?(단, 강봉의 탄성계수는 E이고, 선팽창계수는 α이다.)

① $\dfrac{\pi E \alpha \Delta T d^2 L}{16}$ ② $\dfrac{\pi E \alpha \Delta T d^2}{2}$

③ $\dfrac{\pi E \alpha \Delta T d^2 L}{8}$ ④ $\dfrac{\pi E \alpha \Delta T d^2}{4}$

정답 43 ① 44 ④ 45 ④ 46 ④

해설

열응력에 의해 벽을 미는 힘 F

$=\sigma \cdot A=E \cdot \varepsilon A=E \cdot \alpha \Delta t \cdot \dfrac{\pi}{4}d^2$

47 최대굽힘모멘트 $M=8\text{kN}\cdot\text{m}$를 받는 단면의 굽힘응력을 60MPa로 하려면 정사각 단면에서 한 변의 길이는 약 몇 cm인가?

① 8.2 ② 9.3

③ 10.1 ④ 12.0

해설

한 변의 길이를 a라 하면

$M=\sigma_b \cdot z=\sigma_b \cdot \dfrac{a^3}{6}$

$\therefore\ a=\sqrt[3]{\dfrac{6M}{\sigma_b}}=\sqrt[3]{\dfrac{6\times 8\times 10^3}{60\times 10^6}}$

$=0.0928\text{m}=9.28\text{cm}$

48 원형 단면의 단순보가 그림과 같이 등분포하중 50N/m를 받고 허용굽힘응력이 400MPa일 때 단면의 지름은 최소 약 몇 mm가 되어야 하는가?

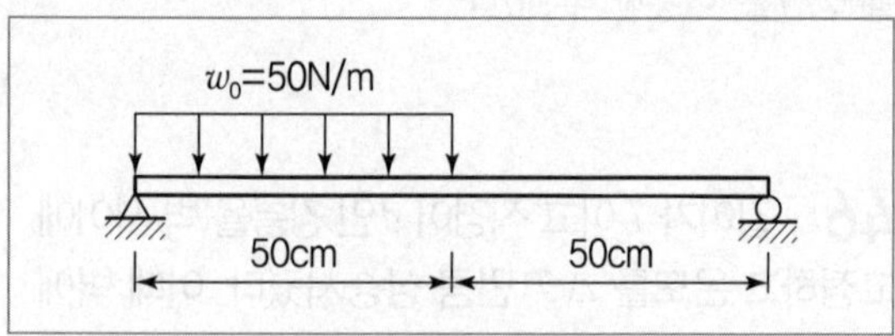

① 4.1 ② 4.3

③ 4.5 ④ 4.7

해설

50×0.5=25N

0.25m 0.75m

R_A R_B

18.75 + S.F.D 0 x

V_x=0인 위치 → M_{max}이므로

$R_A=\dfrac{25\times 0.75}{1}=18.75\text{N}$

$\therefore\ R_B=25-18.75=6.25\text{N}$

x 위치의 자유물체도를 그리면

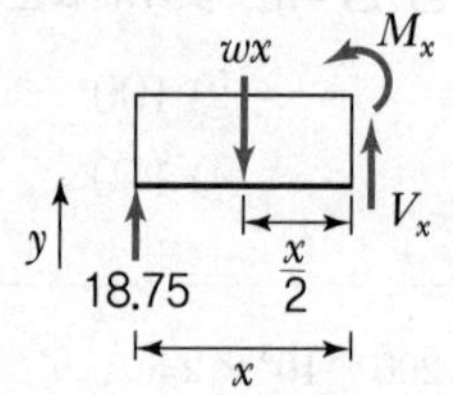

$\sum F_y=0$: $18.75-wx+V_x=0$ (여기서, $V_x=0$)

$\therefore\ x=\dfrac{18.75}{w}=\dfrac{18.75}{50}=0.375\text{m}$

$x=0.375\text{m}$에서의 모멘트값 M_x는

$\sum M_{x\text{지점}}=0$: $18.75\times x-wx\cdot\dfrac{x}{2}-M_x=0$

$18.75\times 0.375-50\times 0.375\times\dfrac{0.375}{2}-M_x=0$

$\therefore\ M_x=M_{\max}=3.516\text{N}\cdot\text{m}$

끝으로 $M=\sigma_b\cdot z=\sigma_b\cdot\dfrac{\pi d^3}{32}$에서

$d=\sqrt[3]{\dfrac{32M_{\max}}{\pi\sigma_b}}=\sqrt[3]{\dfrac{32\times 3.516}{\pi\times 400\times 10^6}}$

$=0.00447\text{m}=4.47\text{mm}$

정답 47 ② 48 ③

49 탄성(Elasticity)에 대한 설명으로 옳은 것은?

① 물체의 변형률을 표시하는 것
② 물체에 작용하는 외력의 크기
③ 물체에 영구변형을 일어나게 하는 성질
④ 물체에 가해진 외력이 제거되는 동시에 원형으로 되돌아가려는 성질

50 그림과 같이 20cm×10cm의 단면적을 갖고 양단이 회전단으로 된 부재가 중심축방향으로 압축력 P가 작용하고 있을 때 장주의 길이가 2m라면 세장비는?

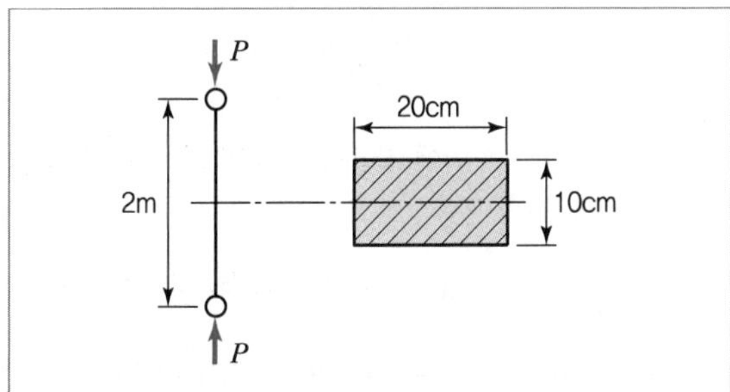

① 89 ② 69
③ 49 ④ 29

해설

$K^2 \cdot A = I$에서

$$K=\sqrt{\frac{I}{A}}=\sqrt{\frac{\frac{bh^3}{12}}{bh}}=\sqrt{\frac{h^2}{12}}=\sqrt{\frac{0.1^2}{12}}=0.0289\text{m}$$

세장비 $\lambda=\frac{l}{K}=\frac{2}{0.0289}=69.2$

51 직경이 2cm인 원통형 막대에 2kN의 인장하중이 작용하여 균일하게 신장되었을 때, 변형 후 직경의 감소량은 약 몇 mm인가?(단, 탄성계수는 30GPa이고, 포아송 비는 0.3이다.)

① 0.0128 ② 0.00128
③ 0.064 ④ 0.0064

해설

$$\mu=\frac{\varepsilon'}{\varepsilon}=\frac{\frac{\delta}{d}}{\frac{\lambda}{l}}=\frac{l\delta}{d\lambda}\text{에서}$$

$$\delta=\frac{\mu d\lambda}{l}=\frac{\mu\cdot d}{l}\cdot\frac{P\cdot l}{AE}\ \left(\because\ \lambda=\frac{P\cdot l}{AE}\right)$$

$$=\frac{\mu dP}{AE}=\frac{\mu dP}{\frac{\pi}{4}d^2E}=\frac{4\mu P}{\pi dE}$$

$$=\frac{4\times0.3\times2\times10^3}{\pi\times0.02\times30\times10^9}$$

$$=1.27\times10^{-6}\text{m}$$

$$=1.27\times10^{-3}\text{mm}$$

52 길이가 L인 외팔보의 자유단에 집중하중 P가 작용할 때 최대처짐량은?(단, E는 탄성계수, I는 단면 2차 모멘트이다.)

① $\frac{PL^3}{8EI}$ ② $\frac{PL^3}{4EI}$
③ $\frac{PL^3}{3EI}$ ④ $\frac{PL^3}{2EI}$

해설

$$\delta=\frac{PL^3}{3EI}$$

정답 49 ④ 50 ② 51 ② 52 ③

53 바깥지름이 46mm인 중공축이 120kW의 동력을 전달하는데 이때의 각속도는 40rev/s이다. 이 축의 허용비틀림응력이 $\tau_a = 80\text{MPa}$일 때, 최대안지름은 약 몇 mm인가?

① 35.9 ② 41.9 ③ 45.9 ④ 51.9

해설

$1\text{rev} = 2\pi(\text{rad})$

$\omega = 40\text{rev/s} = 40 \times 2\pi \text{rad/s}$

전달토크 $T = \dfrac{H}{\omega} = \dfrac{120 \times 10^3}{40 \times 2\pi} = 477.46\text{N} \cdot \text{m}$

내외경비 $x = \dfrac{d_1}{d_2}$

$$T = \tau \cdot Z_p = \tau \cdot \frac{I_p}{e} = \tau \cdot \frac{\frac{\pi}{32}\left(d_2^{\ 4} - d_1^{\ 4}\right)}{\frac{d_2}{2}}$$

$$= \tau \cdot \frac{\pi d_2^{\ 3}}{16}\left(1 - x^4\right)$$

$$\therefore \ (1 - x^4) = \frac{16T}{\pi \tau d_2^{\ 3}}$$

$$x = \sqrt[4]{1 - \frac{16T}{\pi \tau d_2^{\ 3}}}$$

$$= \sqrt[4]{1 - \frac{16 \times 477.46}{\pi \times 80 \times 10^6 \times 0.046^3}}$$

$$= 0.91$$

$\therefore \ \dfrac{d_1}{d_2} = 0.91$에서 $d_1 = 0.91 \times 46 = 41.86\text{mm}$

54 그림과 같은 두 평면응력상태의 합에서 최대전단응력은?

① $\dfrac{\sqrt{3}}{2}\sigma_0$ ② $\dfrac{\sqrt{6}}{2}\sigma_0$

③ $\dfrac{\sqrt{13}}{2}\sigma_0$ ④ $\dfrac{\sqrt{16}}{2}\sigma_0$

해설

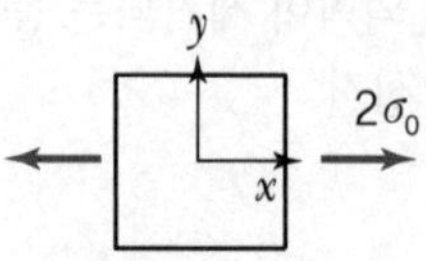

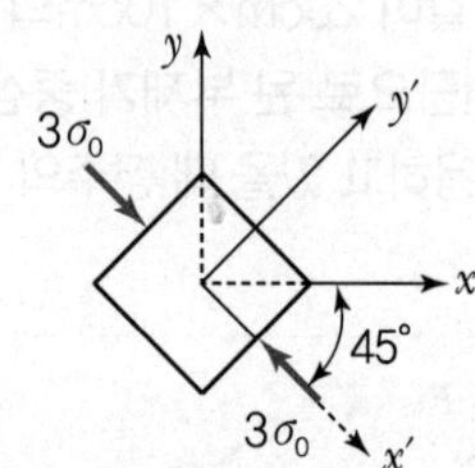

두 번째 그림 x', y' 축에 작용하는 값을 x, y 축에 작용하는 값으로 변환하면

$$\sigma_x = \frac{\sigma_x' + \sigma_y'}{2} + \frac{\sigma_x' - \sigma_y'}{2}\cos 2\theta + \tau_{xy}'\sin 2\theta \ \cdots \ ⓐ$$

$$\sigma_y = \frac{\sigma_x' + \sigma_y'}{2} - \frac{\sigma_x' - \sigma_y'}{2}\cos 2\theta - \tau_{xy}'\sin 2\theta \ \cdots \ ⓑ$$

$$\tau_{xy} = -\frac{\sigma_x' - \sigma_y'}{2}\sin 2\theta + \tau_{xy}'\cos 2\theta \ \cdots \ ⓒ$$

$\theta = +45^\circ$ 회전

$\sigma_x' = -3\sigma_0$(압축)

$\sigma_y' = 0$

$\tau_{xy}' = 0$을 식 ⓐ, ⓑ, ⓒ에 적용하면

$$ⓐ \rightarrow \sigma_x = \frac{-3\sigma_0 + 0}{2} + \frac{-3\sigma_0 - 0}{2}\cos 90° + 0 \times \sin 90°$$

$$= -\frac{3}{2}\sigma_0 = -1.5\sigma_0$$

$$ⓑ \rightarrow \sigma_y = \frac{-3\sigma_0 + 0}{2} - \frac{-3\sigma_0 - 0}{2}\cos 90° - 0 \times \sin 90°$$

$$= -\frac{3}{2}\sigma_0 = -1.5\sigma_0$$

$$ⓒ \rightarrow \tau_{xy} = -\frac{-3\sigma_0 - 0}{2}\sin 90° + 0 \times \cos 90°$$

$$= \frac{3}{2}\sigma_0 = 1.5\sigma_0$$

정답 53 ② 54 ③

x, y 축에 대해 구한 값을 첫 번째 그림의 값 ($\sigma_x = 2\sigma_0$, $\sigma_y = 0$, $\tau_{xy} = 0$)과 더하면

$\sigma_x = -1.5\sigma_0 + 2\sigma_0 = 0.5\sigma_0$, $\sigma_y = -1.5\sigma_0 + 0 = -1.5\sigma_0$

$\tau_{xy} = 1.5\sigma_0 + 0 = 1.5\sigma_0$

이 조건에서 응력원을 그리면 최대전단응력은 반지름 R이 되므로

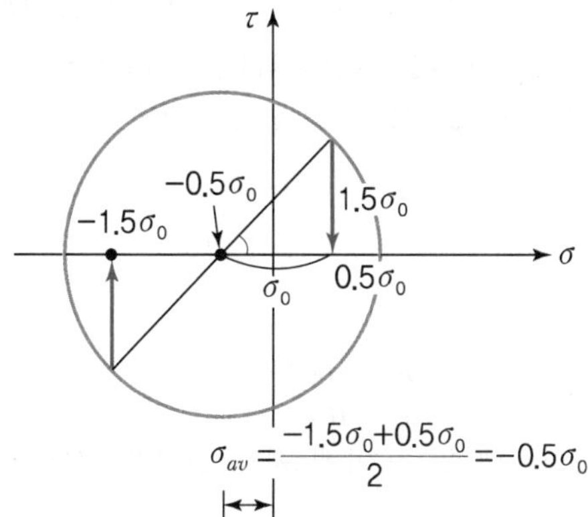

응력원에서

$$\tau_{\max} = R = \sqrt{{\sigma_0}^2 + (1.5\sigma_0)^2}$$
$$= \sqrt{{\sigma_0}^2 + \frac{9}{4}{\sigma_0}^2}$$
$$= \sqrt{\frac{13}{4}{\sigma_0}^2}$$
$$= \frac{\sqrt{13}}{2}\sigma_0$$

55 질점의 단순조화진동을 $y = C\cos(\omega_n t - \phi)$라 할 때 이 진동의 주기는?

① $\frac{\pi}{\omega_n}$ ② $\frac{2\pi}{\omega_n}$

③ $\frac{\omega_n}{2\pi}$ ④ $2\pi\omega_n$

해설

주기 $T = \frac{2\pi}{\omega_n}$

56 질량이 10t인 항공기가 활주로에서 착륙을 시작할 때 속도는 100m/s이다. 착륙부터 정지 시까지 항공기는 $\Sigma F_x = -1{,}000 v_x \text{N}$($v_x$는 비행기 속도[m/s])의 힘을 받으며 $+x$ 방향의 직선운동을 한다. 착륙부터 정지 시까지 항공기가 활주한 거리는?

① 500m ② 750m

③ 900m ④ 1,000m

해설

선형충격량과 운동량(G)의 변화량은 같다.

$\Sigma F \cdot dt = dG = d(mV)$

착륙부터 정지까지의 시간을 t라 하고, 양변을 적분하면

i) $\Sigma F_x \cdot t = m(V_2 - V_1)$ [여기서, $V_2 = 0$(정지)]

$= -mV_1 = -10\times10^3\times100(\text{kg}\cdot\text{m/s})$

$= -10^6$ ⋯ ⓐ

ii) $\Sigma F_x = -1{,}000V_x = -1{,}000\frac{dx}{dt}$

$\Sigma F_x \cdot dt = -1{,}000dx$

$0 \to t$, $0 \to x$ 적분하면

$\Sigma F_x \cdot t = -1{,}000x$ ⋯ ⓑ

iii) ⓐ=ⓑ이므로 $-10^6 = -1{,}000x$

$\therefore x = 1{,}000\text{m}$

57 3kg의 컬러 박스 C가 고정된 막대 A, B에 초기에 정지해 있다가 그림과 같이 변동하는 힘 Q에 의해 움직인다. 막대 AB와 컬러 박스 C 사이의 마찰계수가 0.3일 때 시각 t=1초일 경우 컬러 박스의 속도는?

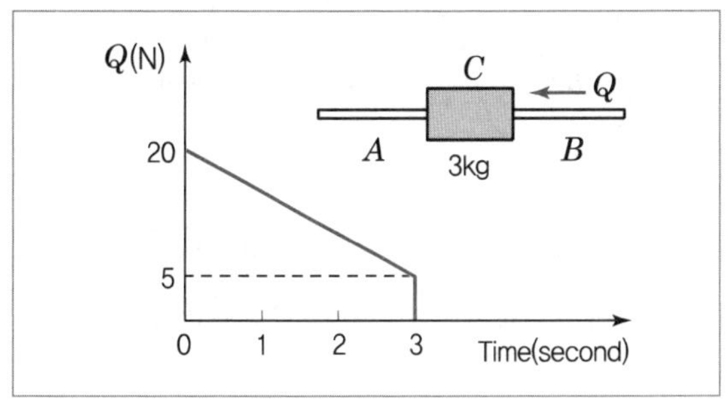

정답 55 ② 56 ④ 57 ①

① 2.89m/s ② 5.25m/s
③ 7.26m/s ④ 9.32m/s

해설

(+) ← x 가정
$\Sigma F_x = ma_x$에서 $t=0$일 때
$Q=20$N으로 움직이며 변동하는 Q의 기울기는 그래프에서 $\dfrac{\Delta y}{\Delta x}=\dfrac{5-20}{3-0}=-5\text{N/s}$이고,
y절편은 20에서 $Q=20-5t$(Q는 시간의 1차 함수),
마찰력 $F_f=\mu W=\mu mg$를 적용하면
$\Sigma F_x = 20-5t-\mu mg = ma_x$

$$a_x=\frac{20-5t-\mu mg}{m}$$
$$=\frac{20-5t-0.3\times 3\times 9.8}{3}=3.73-\frac{5}{3}t$$

$a_x=\dfrac{dV_x}{dt}$이므로 적분하면

속도 $V_x=3.73t-\dfrac{5}{6}t^2$

$\therefore$ $t=1$초에서 속도 $V=3.73\times 1-\dfrac{5}{6}\times 1=2.89\text{m/s}$

58 평면에서 강체가 그림과 같이 오른쪽에서 왼쪽으로 운동하였을 때 이 운동의 명칭으로 가장 옳은 것은?

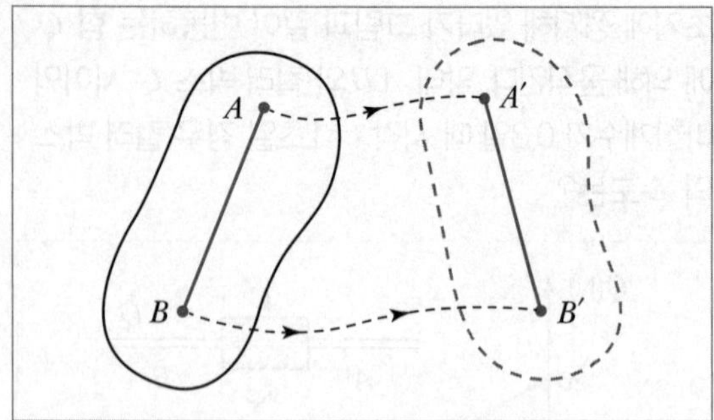

① 직선병진운동 ② 곡선병진운동
③ 고정축회전운동 ④ 일반평면운동

해설

2차원의 평면운동으로 병진운동과 회전운동이 동시에 일어난다.

59 인장코일스프링에서 100N의 힘으로 10cm 늘어나는 스프링을 평형상태에서 5cm만큼 늘어나게 하려면 몇 J의 일이 필요한가?

① 10 ② 5
③ 2.5 ④ 1.25

해설

$F=Kx$에서 $K=\dfrac{F}{x}=\dfrac{100\text{N}}{10\text{cm}}=10\text{N/cm}$

5cm 늘리는 데 필요한 일에너지=스프링의 탄성에너지 V_e

$$V_e=\frac{1}{2}Kx^2=\frac{1}{2}\times 10\times 5^2=125\text{N}\cdot\text{cm}$$
$$=125\text{N}\times\frac{1}{100}\text{m}=1.25\text{N}\cdot\text{m}=1.25\text{J}$$

60 질량관성모멘트가 7.036kg · m^{2}인 플라이휠이 3,600rpm으로 회전할 때, 이 휠이 갖는 운동에너지는 약 몇 kJ인가?

① 300 ② 400
③ 500 ④ 600

해설

$$\omega=\frac{2\pi N}{60}=\frac{2\pi\times 3{,}600}{60}=120\pi$$
$$T=\frac{1}{2}J_G\omega^2=\frac{1}{2}\times 7.036\times(120\pi)^2$$
$$=499{,}986.3\text{N}\cdot\text{m(J)}$$
$$=499.9\text{kJ}$$

정답 58 ④ 59 ④ 60 ③

4과목 열 · 유체 해석

61 압력 1,000kPa, 온도 300℃ 상태의 수증기(엔탈피 3,051.15kJ/kg, 엔트로피 7.1228kJ/kg · K)가 증기터빈으로 들어가서 100kPa 상태로 나온다. 터빈의 출력 일이 370kJ/kg일 때 터빈의 효율(%)은?

[수증기의 포화 상태표](압력 100kPa/온도 99.62℃)

엔탈피(kJ/kg)		엔트로피(kJ/kg · K)	
포화 액체	포화 증기	포화 액체	포화 증기
417.44	2,675.46	1.3025	7.3593

① 15.6 ② 33.2
③ 66.8 ④ 79.8

해설

개방계의 열역학 제1법칙에서

$q_{cv}^{\ 0} + h_i = h_e + w_{c.v}$(터빈 : 단열팽창)

$w_{c.v} = w_T = h_i - h_e = 3{,}051.15 - h_{출구}$

여기서, $h_{출구} = h_{습증기} = h_x$

(건도가 x인 습증기의 엔탈피)

h_x 해석을 위해 터빈은 단열과정, 즉 등엔트로피 과정이므로

$S_i = S_e = S_x = 7.1228$

$S_x = S_f + xS_{fg}$

$\therefore$ 건도 $x = \dfrac{S_x - S_f}{S_{fg}} = \dfrac{7.1228 - 1.3025}{(7.3593 - 1.3025)} = 0.96$

$h_x = h_{출구} = h_f + xh_{fg}$

$= 417.44 + 0.96 \times (2{,}675.46 - 417.44)$

$= 2{,}585.14$

$\therefore\ w_T = 3{,}051.15 - 2{,}585.14 = 466.01\,\text{kJ/kg}$ (이론일)

터빈효율 $\eta_T = \dfrac{실제일}{이론일} = \dfrac{370}{466.01} \times 100\% = 79.4\%$

62 피스톤–실린더 장치에 들어 있는 100kPa, 27℃의 공기가 600kPa까지 가역단열과정으로 압축된다. 비열비가 1.4로 일정하다면 이 과정 동안에 공기가 받은 일(kJ/kg)은?(단, 공기의 기체상수는 0.287kJ/kg · K이다.)

① 263.6 ② 171.8
③ 143.5 ④ 116.9

해설

단열과정이므로 $\dfrac{T_2}{T_1} = \left(\dfrac{P_2}{P_1}\right)^{\frac{k-1}{k}}$ 에서

$T_2 = (27+273) \times \left(\dfrac{600}{100}\right)^{\frac{0.4}{1.4}} = 500.55\text{K}$

밀폐계의 일(절대일)

$\delta q^{\ 0} = du + pdv$

$pdv = -du = \delta w$

${}_1w_2 = \int_1^2 -C_v dT = (-)\int_1^2 -C_v dT$ [$\because$ 일부호(−)]

$= C_v(T_2 - T_1) = \dfrac{R}{k-1}(T_2 - T_1)$

$= \dfrac{0.287}{1.4-1}(500.55 - (27+273))$

$= 143.89\,\text{kJ/kg}$

63 다음은 시스템(계)과 경계에 대한 설명이다. 옳은 내용을 모두 고른 것은?

> 가. 검사하기 위하여 선택한 물질의 양이나 공간 내의 영역을 시스템(계)이라 한다.
> 나. 밀폐계는 일정한 양의 체적으로 구성된다.
> 다. 고립계의 경계를 통한 에너지 출입은 불가능하다.
> 라. 경계는 두께가 없으므로 체적을 차지하지 않는다.

① 가, 다 ② 나, 라
③ 가, 다, 라 ④ 가, 나, 다, 라

정답 61 ④ 62 ③ 63 ③

해설

- 밀폐계에서 시스템(계)의 경계는 이동할 수 있으므로 체적은 변할 수 있다.
- 고립계(절연계)에서는 계의 경계를 통해 열과 일이 전달될 수 없다.

64 보일러에 온도 40℃, 엔탈피 167kJ/kg인 물이 공급되어 온도 350℃, 엔탈피 3,115kJ/kg인 수증기가 발생한다. 입구와 출구에서의 유속은 각각 5m/s, 50m/s이고, 공급되는 물의 양이 2,000 kg/h일 때, 보일러에 공급해야 할 열량(kW)은?(단, 위치에너지 변화는 무시한다.)

① 631　　② 832
③ 1,237　　④ 1,638

해설

개방계에 대한 열역학 제1법칙

$$q_{cv}+h_i+\frac{V_i^{\,2}}{2}=h_e+\frac{V_e^{\,2}}{2}+w_{cv}^{\nearrow 0}\quad(\because\ gz_i=gz_e)$$

$$q_B=h_e-h_i+\frac{V_e^{\,2}}{2}-\frac{V_i^{\,2}}{2}$$

$$=(3{,}115-167)\frac{\text{kJ}}{\text{kg}}$$

$$+\frac{1}{2}(50^2-5^2)\times\frac{\text{m}^2}{\text{s}^2}\times\frac{\text{kg}}{\text{kg}}\times\frac{1\text{kJ}}{1{,}000\text{J}}$$

$$=2{,}949.24\,\text{kJ/kg}$$

공급열량 $\dot{Q}=\dot{m}\cdot q_B$

$$=2{,}000\frac{\text{kg}}{\text{h}}\times\frac{1\text{h}}{3{,}600\text{s}}\times2{,}949.24\frac{\text{kJ}}{\text{kg}}$$

$$=1{,}638.47\,\text{kW}$$

65 실린더 내의 공기가 100kPa, 20℃ 상태에서 300kPa이 될 때까지 가역단열과정으로 압축된다. 이 과정에서 실린더 내의 계에서 엔트로피의 변화(kJ/kg · K)는?[단, 공기의 비열비(k)는 1.4이다.]

① −1.35　　② 0
③ 1.35　　④ 13.5

해설

단열과정 $\delta q=0$에서

엔트로피 변화량 $ds=\dfrac{\delta q}{T}\rightarrow ds=0(s=c)$

66 초기압력 100kPa, 초기체적 0.1m³인 기체를 버너로 가열하여 기체체적이 정압과정으로 0.5m³가 되었다면 이 과정 동안 시스템이 외부에 한 일(kJ)은?

① 10　　② 20
③ 30　　④ 40

해설

밀폐계의 일＝절대일

$\delta W=PdV$[일부호 (+)]

$${}_1W_2=\int_1^2 PdV\ (\because\ P=C)$$

$$=P(V_2-V_1)$$

$$=100\times10^3\times(0.5-0.1)$$

$$=40{,}000\text{J}$$

$$=40\text{kJ}$$

67 단열된 가스터빈의 입구 측에서 압력 2MPa, 온도 1,200K인 가스가 유입되어 출구 측에서 압력 100kPa, 온도 600K로 유출된다. 5MW의 출력을 얻기 위해 가스의 질량유량(kg/s)은 얼마이어야 하는가?(단, 터빈의 효율은 100%이고, 가스의 정압비열은 1.12kJ/kg · K이다.)

① 6.44　　② 7.44
③ 8.44　　④ 9.44

정답　64 ④　65 ②　66 ④　67 ②

해설

단열팽창하는 공업일이 터빈일이므로

$\delta q^{\nearrow 0} = dh - vdp$

$0 = dh - vdp$

여기서, $w_T = -vdp = -dh$

$\therefore \ {}_1w_{T2} = \int -C_p dT$

$= -C_p(T_2 - T_1)$

$= C_p(T_1 - T_2)$ (kJ/kg)

출력은 동력이므로

$\dot{W}_T = \dot{m} w_T \left(\frac{kg}{s} \cdot \frac{kJ}{kg} = \frac{kJ}{s} = kW \right)$

$\therefore \ \dot{m} = \frac{\dot{W}_T}{w_T} = \frac{5 \times 10^3 kW}{C_p(T_1 - T_2)}$

$= \frac{5 \times 10^3}{1.12 \times (1{,}200 - 600)}$

$= 7.44 kg/s$

68 이상적인 냉동사이클에서 응축기 온도가 30℃, 증발기 온도가 −10℃일 때 성적계수는?

① 4.6 ② 5.2
③ 6.6 ④ 7.5

해설

$$\varepsilon_R = \frac{T_L}{T_H - T_L} = \frac{(-10 + 273)}{(30 + 273) - (-10 + 273)} = 6.58$$

69 1kW의 전기히터를 이용하여 101kPa, 15℃의 공기로 차 있는 100m³의 공간을 난방하려고 한다. 이 공간은 견고하고 밀폐되어 있으며 단열되어 있다. 히터를 10분 동안 작동시킨 경우, 이 공간의 최종온도(℃)는?(단, 공기의 정적비열은 0.718kJ/kg · K이고, 기체상수는 0.287kJ/kg · K이다.)

① 18.1 ② 21.8
③ 25.3 ④ 29.4

해설

전기히터에 의해 공급된 열량=내부에너지 변화량

${}_1Q_2 = 1\frac{kJ}{s} \times 10min \times \frac{60s}{1min} = 600kJ$

$\delta Q = dU + \delta W^{\nearrow 0}$

$dU = \delta Q$[계가 열을 받으므로(+)]

$U_2 - U_1 = {}_1Q_2 \rightarrow m(u_2 - u_1) = {}_1Q_2$

$mC_v(T_2 - T_1) = {}_1Q_2$

$\therefore \ T_2 = T_1 + \frac{{}_1Q_2}{mC_v}$

$= 15 + \frac{600 \times 10^3}{122.19 \times 0.718 \times 10^3} = 21.84$ ℃

여기서, $m = \frac{PV}{RT} = \frac{101 \times 10^3 \times 100}{0.287 \times 10^3 \times (15 + 273)}$

$= 122.19kg$

70 용기 안에 있는 유체의 초기 내부에너지는 700kJ이다. 냉각과정 동안 250kJ의 열을 잃고, 용기 내에 설치된 회전날개로 유체에 100kJ의 일을 한다. 최종상태의 유체의 내부에너지(kJ)는 얼마인가?

① 350 ② 450
③ 550 ④ 650

해설

열부호(−), 일부호(−)

$\delta Q - \delta W = dU \rightarrow {}_1Q_2 - {}_1W_2 = U_2 - U_1$

$\therefore \ U_2 = U_1 + {}_1Q_2 - {}_1W_2$

$= 700 + ((-)250) - ((-)100) = 550 kJ$

71 담배연기가 비정상 유동으로 흐를 때 순간적으로 눈에 보이는 담배연기는 다음 중 어떤 것에 해당하는가?

① 유맥선
② 유적선
③ 유선
④ 유선, 유적선, 유맥선 모두에 해당됨

정답 68 ③ 69 ② 70 ③ 71 ①

해설

유맥선(Streak Line)
유동장에서 한 점을 지나는 모든 유체 입자들의 순간궤적

72 중력가속도 g, 체적유량 Q, 길이 L로 얻을 수 있는 무차원수는?

① $\frac{Q}{\sqrt{gL}}$ ② $\frac{Q}{\sqrt{gL^3}}$

③ $\frac{Q}{\sqrt{gL^5}}$ ④ $Q\sqrt{gL^3}$

해설

모든 차원의 지수합은 "0"이다.

- Q : $m^3/s \rightarrow L^3T^{-1}$
- $(g)^x$: $m/s^2 \rightarrow (LT^{-2})^x$
- $(L)^y$: $m \rightarrow (L)^y$
- L차원 : $3+x+y=0$
- T차원 : $-1-2x=0 \rightarrow x=-\frac{1}{2}$

$3+\left(-\frac{1}{2}\right)+y=0$에서 $y=-\frac{5}{2}$

∴ 무차원수 $\pi=Q^1\cdot(g)^{-\frac{1}{2}}\cdot(L)^{-\frac{5}{2}}=\frac{Q}{\sqrt{gL^5}}$

73 속도퍼텐셜 $\phi=K\theta$인 와류유동이 있다. 중심에서 반지름 r인 원주에 따른 순환(Circulation) 식으로 옳은 것은?(단, K는 상수이다.)

① 0 ② K

③ πK ④ $2\pi K$

해설

퍼텐셜 함수

$\phi=K\theta$, $\vec{V}=V_r\hat{i}_r+V_\theta\cdot\hat{i}_\theta$, $V_r=\frac{\partial\phi}{\partial r}=0$

$V_\theta=\frac{1}{r}\frac{\partial\phi}{\partial\theta}=\frac{1}{r}\frac{\partial(K\theta)}{\partial\theta}=\frac{K}{r}$

폐곡면(S상)에서 그 면의 법선 방향의 와도의 총합은 폐곡선 C를 따르는 반시계 방향으로 일주한 선적분의 합이다.

순환(Γ)$=\oint_c\vec{V}\cdot\vec{ds}=\int_0^{2\pi}V_\theta ds$

$\Gamma=\int_0^{2\pi}\frac{K}{r}rd\theta=\int_0^{2\pi}Kd\theta$

$=K[\theta]_0^{2\pi}=K(2\pi-0)=2\pi K$

74 그림과 같이 평행한 두 원판 사이에 점성계수 $\mu=0.2N\cdot s/m^2$인 유체가 채워져 있다. 아래 판은 정지되어 있고 위 판은 1,800rpm으로 회전할 때 작용하는 돌림힘은 약 몇 N·m인가?

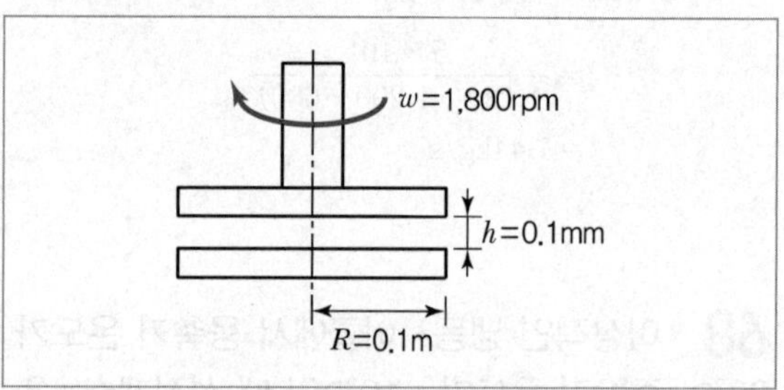

① 9.4 ② 38.3

③ 46.3 ④ 59.2

해설

$D=0.2m=200mm$

원주속도 $V=u=\frac{\pi dN}{60,000}$

$=\frac{\pi\times200\times1,800}{60,000}$

$=18.85m/s$

$F=\tau\cdot A=\mu\cdot\frac{u}{h}\cdot A$

$=0.2\times\frac{18.85}{0.0001}\times\frac{\pi}{4}\times0.2^2$

$=1,184.38N$

$T=F\times r_m$(평균반경)

$=1,184.38(N)\times0.05(m)=59.22N\cdot m$

정답 72 ③ 73 ④ 74 ④

75 평판 위에 점성, 비압축성 유체가 흐르고 있다. 경계층 두께 δ에 대하여 유체의 속도 u의 분포는 아래와 같다. 이때, 경계층 운동량 두께에 대한 식으로 옳은 것은?(단, U는 상류속도, y는 평판과의 수직거리이다.)

$$0 \le y \le \delta : \frac{u}{U} = \frac{2y}{\delta} - \left(\frac{y}{\delta}\right)^2$$
$$y > \delta \quad : u = U$$

① 0.1δ ② 0.125δ
③ 0.133δ ④ 0.166δ

해설

$$\frac{u}{U} = \frac{2y}{\delta} - \left(\frac{y}{\delta}\right)^2 \cdots ⓐ$$

운동량 두께 δ_m

$$\delta_m = \int_0^\delta \frac{u}{U}\left(1 - \frac{u}{U}\right)dy$$
$$= \int_0^\delta \frac{u}{U} - \left(\frac{u}{U}\right)^2 dy \leftarrow (ⓐ \text{ 대입})$$
$$= \int_0^\delta \frac{2y}{\delta} - \left(\frac{y}{\delta}\right)^2 - \left(\frac{2y}{\delta} - \left(\frac{y}{\delta}\right)^2\right)^2 dy$$
$$= \int_0^\delta \frac{2y}{\delta} - \left(\frac{y^2}{\delta^2}\right) - \left(\left(\frac{2y}{\delta}\right)^2 - 2\frac{2y}{\delta}\left(\frac{y}{\delta}\right)^2 + \left(\frac{y}{\delta}\right)^4\right)dy$$
$$= \int_0^\delta \left(\frac{2y}{\delta} - \frac{5y^2}{\delta^2} + \frac{4y^3}{\delta^3} - \frac{y^4}{\delta^4}\right)dy$$
$$= \frac{2}{\delta}\left[\frac{y^2}{2}\right]_0^\delta - \frac{5}{\delta^2}\left[\frac{y^3}{3}\right]_0^\delta + \frac{4}{\delta^3}\left[\frac{y^4}{4}\right]_0^\delta - \frac{1}{\delta^4}\left[\frac{y^5}{5}\right]_0^\delta$$
$$= \delta - \frac{5\delta}{3} + \delta - \frac{\delta}{5}$$
$$= \frac{2\delta}{15} = 0.133\delta$$

76 지름이 10cm인 원통에 물이 담겨 있다. 수직인 중심축에 대하여 300rpm의 속도로 원통을 회전시킬 때 수면의 최고점과 최저점의 수직 높이 차는 약 몇 cm인가?

① 0.126 ② 4.2
③ 8.4 ④ 12.6

해설

$$h = \frac{V^2}{2g} \quad (\text{여기서, } V = r\omega : \text{원주속도})$$
$$= \frac{1}{2\times 9.8}\left(\frac{\pi\times 100\times 300}{60{,}000}\right)^2 \quad (\because d\text{는 mm 단위 적용})$$
$$= 0.1259\text{m}$$
$$= 12.59\text{cm}$$

77 밀도가 0.84kg/m^{3}이고 압력이 87.6kPa인 이상기체가 있다. 이 이상기체의 절대온도를 2배 증가시킬 때, 이 기체에서의 음속은 약 몇 m/s인가?(단, 비열비는 1.4이다.)

① 280 ② 340
③ 540 ④ 720

해설

$C = \sqrt{kRT}$에서 $T \to 2T$이므로

$C = \sqrt{kR\times 2T}$

여기서, $Pv = RT \to \dfrac{P}{\rho} = RT$

$$C = \sqrt{2k\frac{P}{\rho}} = \sqrt{2\times 1.4\times\frac{87.6\times 10^3}{0.84}} = 540.37\text{m/s}$$

78 지름 100mm 관에 글리세린이 9.42L/min의 유량으로 흐른다. 이 유동은?(단, 글리세린의 비중은 1.26, 점성계수는 $\mu = 2.9\times 10^{-4}$kg/m · s이다.)

① 난류유동 ② 층류유동
③ 천이유동 ④ 경계층유동

해설

비중 $S = \dfrac{\rho}{\rho_w}$에서

$\rho = S\rho_w = 1.26\times 1{,}000 = 1{,}260\text{kg/m}^3$

정답 75 ③ 76 ④ 77 ③ 78 ①

$$Q=\frac{9.42L\times\frac{10^{-3}\text{m}^3}{1L}}{\min\times\frac{60\text{s}}{1\min}}=0.000157\text{m}^3/\text{s}$$

$Q=A\cdot V$에서

$$V=\frac{Q}{A}=\frac{Q}{\frac{\pi}{4}d^2}=\frac{4Q}{\pi d^2}=\frac{4\times0.000157}{\pi\times(0.1)^2}=0.01999\text{m/s}$$

$$\therefore\ Re=\frac{\rho\cdot Vd}{\mu}=\frac{1{,}260\times0.01999\times0.1}{2.9\times10^{-4}}=8{,}685.31$$

$R_e>4{,}000$ 이상이므로 난류유동이다.

79 그림과 같이 날카로운 사각 모서리 입출구를 갖는 관로에서 전수두 H는?(단, 관의 길이를 l, 지름은 d, 관 마찰계수는 f, 속도수두는 $\frac{V^2}{2g}$이고, 입구 손실계수는 0.5, 출구 손실계수는 1.0이다.)

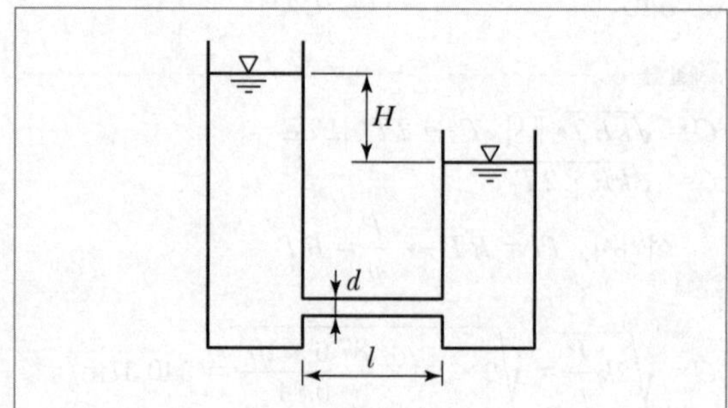

① $H=\left(1.5+f\frac{l}{d}\right)\frac{V^2}{2g}$

② $H=\left(1+f\frac{l}{d}\right)\frac{V^2}{2g}$

③ $H=\left(0.5+f\frac{l}{d}\right)\frac{V^2}{2g}$

④ $H=f\frac{l}{d}\frac{V^2}{2g}$

해설

큰 탱크의 전체에너지를 ①, 작은 탱크의 전체에너지를 ②라고 한 다음, 손실을 고려한 베르누이 방정식을 적용하면 ①=②$+H_l$이고, 그림에서 H_l은 두 저수지의 위치에너지 차이이므로 $H_l=H$이다. 전체 손실수두도 H_l은 돌연축소관에서의 손실(h_1)과 곧고 긴 연결관에서의 손실수두(h_2), 그리고 돌연확대관에서의 손실수두(h_3)의 합과 같다.

$H_l=h_1+h_2+h_3$

여기서, $h_1=K_1\cdot\frac{V^2}{2g}=0.5\frac{V^2}{2g}$

$h_2=f\cdot\frac{L}{d}\cdot\frac{V^2}{2g}$

$h_3=K_2\cdot\frac{V^2}{2g}=1.0\frac{V^2}{2g}$

$$H=\left(K_1+f\cdot\frac{L}{d}+K_2\right)\frac{V^2}{2g}$$
$$=\left(0.5+f\cdot\frac{L}{d}+1\right)\frac{V^2}{2g}$$
$$=\left(1.5+f\cdot\frac{L}{d}\right)\frac{V^2}{2g}$$

80 현의 길이가 7m인 날개의 속력이 500km/h로 비행할 때 이 날개가 받는 양력이 4,200kN이라고 하면 날개의 폭은 약 몇 m인가?(단, 양력계수 $C_L=1$, 항력계수 $C_D=0.02$, 밀도 $\rho=1.2\text{kg/m}^3$이다.)

① 51.84 ② 63.17

③ 70.99 ④ 82.36

해설

양력 $L=C_L\cdot\frac{\rho AV^2}{2}$

$$\therefore\ A=\frac{2L}{C_L\cdot\rho\cdot V^2}=\frac{2\times4{,}200\times10^3}{1\times1.2\times138.89^2}=362.87\text{m}^2$$

여기서, $V=500\frac{\text{km}}{\text{h}}\times\frac{1{,}000\text{m}}{1\text{km}}\times\frac{1\text{h}}{3{,}600\text{s}}=138.89\text{m/s}$

$A=bl$에서 $b=\frac{A}{l}=\frac{362.87}{7}=51.84\text{m}$

정답 79 ① 80 ①

제16회 CBT 실전 모의고사

1과목 기계제도 및 설계

01 물체의 경사진 부분을 그대로 투상하면 이해가 곤란하여 경사면에 평행한 별도의 투상면을 설정하여 나타낸 투상도의 명칭을 무엇이라고 하는가?

① 회전 투상도 ② 보조 투상도
③ 전개 투상도 ④ 부분 투상도

해설

보조 투상도

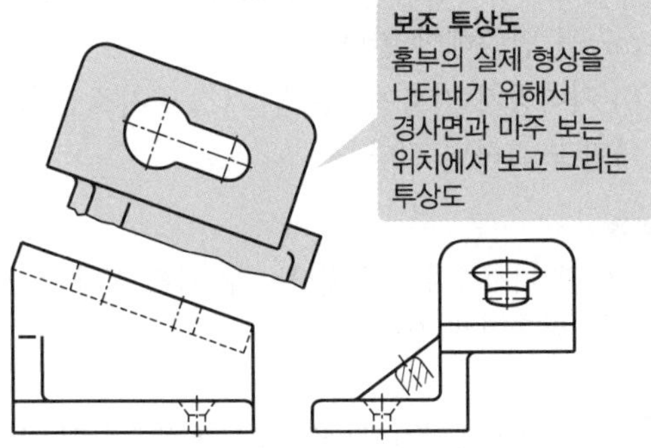

02 다음 중 호의 치수기입을 나타낸 것은?

①
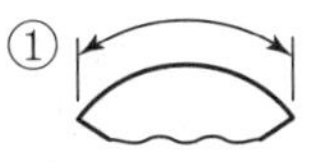

②

③
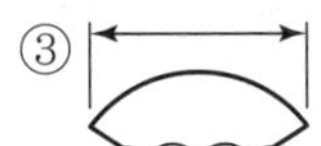

④

해설

현, 호, 각도 치수기입의 구분

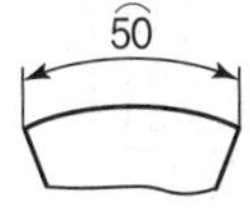

| 호의 치수 |

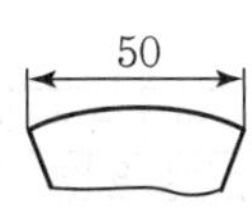

| 현의 치수 |

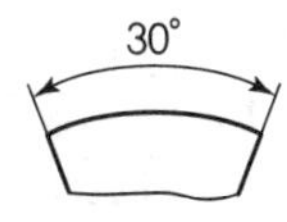

| 각도의 치수 |

03 다음과 같이 도시된 도면에서 치수 A에 들어갈 치수 기입으로 옳은 것은?

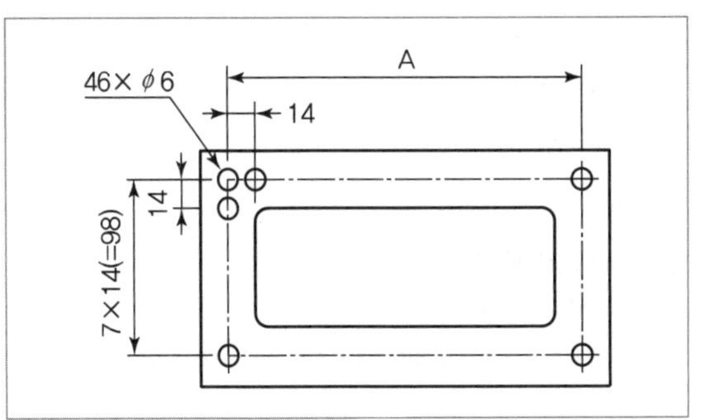

① 7×7(=49) ② 15×14(=210)
③ 16×14(=224) ④ 17×14(=238)

정답 01 ② 02 ① 03 ③

해설

구멍치수(다음 그림 참조)

- 46×ϕ6 : 앞의 숫자 46은 구멍의 개수를 뜻하고, 뒤의 숫자 ϕ6은 구멍의 직경을 뜻한다.
- 세로치수 : 7×14(=98)에서 앞의 숫자 7은 구멍과 구멍 사이 간격의 개수를 뜻하고, 뒤의 숫자 14는 구멍과 구멍 사이의 간격을 뜻한다. 따라서 세로방향의 구멍의 개수는 8개로 양쪽에 있으므로 16개이다.
- 전체 구멍의 개수가 46개이므로 가로방향의 구멍의 개수는 46−16=30이고, 위아래 각각 15개씩의 구멍이 더 필요하다. 따라서 위쪽의 가로방향 구멍의 개수는 17개이고, 구멍과 구멍 사이 간격의 개수는 16이다.
- 가로치수 : 16×14(=224)이다.

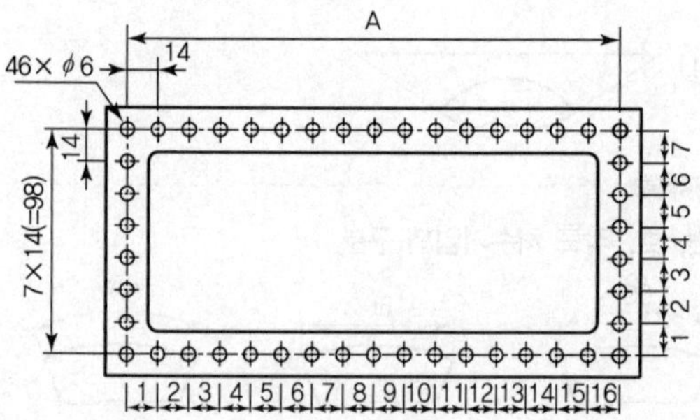

04 SM20C의 재료기호에서 탄소함유량은 몇 % 정도인가?

① 0.18~0.23%
② 0.2~0.3%
③ 2.0~3.0%
④ 18~23%

해설

SM20C : 기계구조용 탄소강재

- S : 강철(Steel)
- M : 기계구조용(Machine Structure Use)
- 20C : 탄소함유량 0.18~0.23%의 중간값

05 모듈이 2인 한 쌍의 외접하는 표준 스퍼기어 잇수가 각각 20과 40으로 맞물려 회전할 때 두 축 간의 중심거리는 척도 1 : 1 도면에는 몇 mm로 그려야 하는가?

① 30mm ② 40mm
③ 60mm ④ 120mm

해설

중심거리 C

$$= \frac{(PCD_1 + PCD_2)}{2} = \frac{(MZ_1 + MZ_2)}{2}$$

$$= \frac{(2\times 20 + 2\times 40)}{2} = 60 \text{ mm}$$

06 그림과 같은 기하공차 기호에 대한 설명으로 틀린 것은?

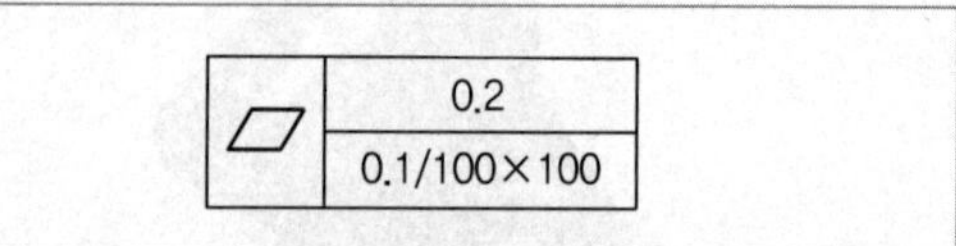

① 평면도 공차를 나타낸다.
② 전체 부위에 대해 공차값 0.2mm를 만족해야 한다.
③ 지정넓이 100mm×100mm에 대해 공차값 0.1mm를 만족해야 한다.
④ 이 기하공차 기호에서는 두 가지 공차조건 중 하나만 만족하면 된다.

해설

④ 주어진 기하공차 기호에서는 두 가지 공차 조건을 모두 만족해야 된다.

07 와이어 프레임 모델의 장점에 해당하지 않는 것은?

① 데이터의 구조가 간단하다.
② 모델 작성이 용이하다.
③ 투시도의 작성이 용이하다.
④ 물리적 성질(질량)의 계산이 가능하다.

정답 04 ① 05 ③ 06 ④ 07 ④

해설

와이어 프레임 모델은 점, 선, 원, 호 등의 기본적인 요소로 3차원 형상을 표현하므로 물리적 성질(질량)의 계산이 불가능하다.

08 다음 중 3차원 형상을 표현하는 것으로 틀린 것은?

① 곡선 모델링 ② 서피스 모델링
③ 솔리드 모델링 ④ 와이어 프레임 모델링

해설

3차원 모델링에는 와이어 프레임, 서피스, 솔리드 모델링이 있다.

09 지름이 d인 축에 조립한 묻힘 키에 작용하는 최대토크를 키의 측면의 압축저항으로 받는다면 필요한 키의 측면적은?(단, 키 홈의 깊이는 키 높이의 1/2이고, 키에 작용하는 압축응력을 σ_c, 축에 작용하는 전단응력을 τ라고 할 때, $\sigma_c = 2.5\tau$이다.)

① $\pi d^2/3$ ② $\pi d^2/6$
③ $\pi d^2/20$ ④ $\pi d^2/12$

해설

$T = \sigma_c \times A_c \times \dfrac{d}{2} = \tau_s \cdot Z_p$에서

측면적 $A_c = \dfrac{2\tau_s \cdot Z_p}{\sigma_c \cdot d} = \dfrac{2\times\tau\times\dfrac{d^3}{16}}{2.5\tau\times d} = \dfrac{\pi d^2}{20}$

10 굽힘모멘트 M과 비틀림모멘트 T가 동시에 작용하는 축의 설계에서 최대전단응력설에 의한 상당비틀림모멘트(Equivalent Twisting Moment) T_e를 구하는 식은?

① $T_e = \dfrac{1}{2}\left(M + \sqrt{M^2 + T^2}\right)$

② $T_e = \sqrt{M^2 + T^2}$

③ $T_e = \dfrac{1}{2}\left(M + \sqrt{M^2 + 4T^2}\right)$

④ $T_e = M + \sqrt{M^2 + T^2}$

해설

주로 전동축에 풀리를 장착한 축에서 비틀림과 굽힘을 동시에 받을 때, 최대전단응력설에 의한 상당비틀림 모멘트 값은 $T_e = \sqrt{M^2 + T^2}$ 이며, 중실축지름은 $T_e = \tau_a \cdot Z_P = \tau_a \cdot \dfrac{\pi d^3}{16}$로 설계한다.

11 다음 중 미끄럼 베어링 재료의 요구조건으로 틀린 것은?

① 열전도율이 낮을 것
② 내 부식성이 강할 것
③ 유막의 형성이 용이할 것
④ 주조와 다듬질 등의 공작이 용이할 것

해설

열전도율이 높아 마찰열을 빠르게 배출시켜야 한다.

12 매분 600회 회전하여 10kW를 전달시키는 외접 평마찰차가 지름이 450mm이면 그 나비는 약 몇 mm로 하여야 하는가?(단, 단위길이당 허용 선압 f=15N/mm, 마찰계수 μ=0.25이다.)

① 189 ② 199
③ 209 ④ 219

해설

$V = \dfrac{\pi DN}{60{,}000} = \dfrac{\pi\times 450\times 600}{60{,}000} = 14.14\text{m/s}$

$H = F_f \cdot V = \mu N \cdot V$

정답 08 ① 09 ③ 10 ② 11 ① 12 ①

$\therefore$ 수직력 $N = \dfrac{H}{\mu V} = \dfrac{10 \times 1{,}000}{0.25 \times 14.14} = 2{,}828.85\text{N}$

선압 $f = \dfrac{N}{b}$ 에서 $b = \dfrac{N}{f} = \dfrac{2{,}828.85}{15} = 188.59\text{mm}$

13 그림과 같은 블록 브레이크에서 드럼축이 우회전 할 때와 좌회전 할 때의 제동을 비교해 보고자 한다. 우회전할 때 레버 끝단에 가해지는 힘을 F_1이라고 하고, 좌회전할 때 레버끝단에 가해지는 힘을 F_2라고 할 때 두 경우에 대하여 제동토크가 동일하기 위해서는 F_1/F_2의 값은 약 얼마이어야 하는가?(단, 그림에서 $a = 3b = 3D$이며, 레버 힌지점과 블록 접촉부는 동일한 높이에 있다.)

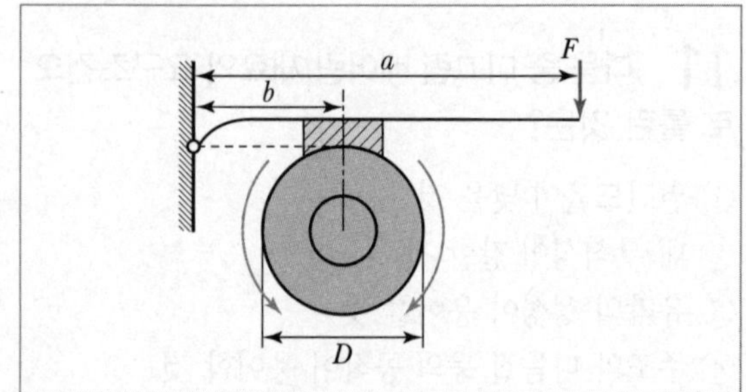

① 0.5　② 1
③ 0.33　④ 3

해설

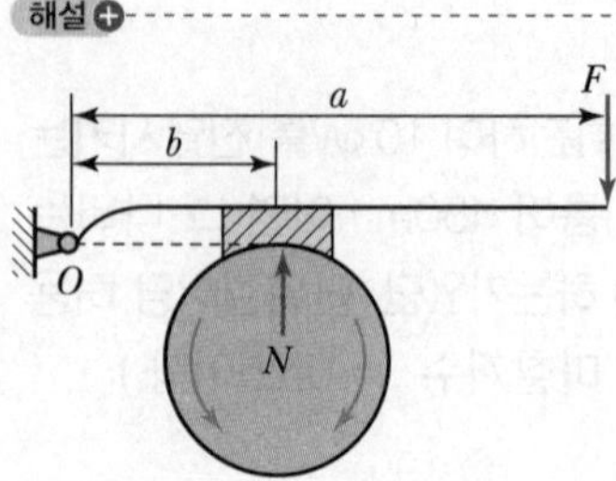

$\Sigma M_O = 0$ 에서 $Fa - Nb = 0$

$\therefore F = \dfrac{Nb}{a}$

[힌지점과 블록 접촉부의 높이가 동일하므로 마찰력(μN)에 대한 모멘트가 좌회전과 우회전에 상관없이 존재하지 않는다.]

14 코일스프링에서 하중을 P, 코일의 유효지름을 D, 소선의 지름을 d, 코일의 전단탄성계수를 G, 유효감김수를 n이라 할 때 코일스프링의 처짐량(δ)을 구하는 식은?

① $\delta = \dfrac{Gd^4}{8nPD^3}$　② $\delta = \dfrac{Gnd^4}{8PD^3}$
③ $\delta = \dfrac{8nPD^3}{Gd^4}$　④ $\delta = \dfrac{8PD^3}{Gnd^4}$

15 긴장 측 장력이 4,000N, 이완 측 장력이 1,500N일 때 전달동력은 약 몇 kW인가?(단, 벨트의 속도는 3m/s이다.)

① 5.5　② 6.5
③ 7.5　④ 8.5

해설

$H = T_e \cdot V$에서
$T_e = T_t - T_s = 4{,}000 - 1{,}500 = 2{,}500\text{N}$이므로
$H = 2{,}500 \times 3 = 7{,}500\text{W} = 7.5\text{kW}$

16 유압펌프에서 유동하고 있는 작동유의 압력이 국부적으로 저하되어, 증기나 함유기체를 포함하는 기포가 발생하는 현상은?

① 폐입 현상
② 공진 현상
③ 캐비테이션 현상
④ 유압유의 열화 촉진 현상

해설

① 폐입 현상 : 두 개의 기어가 물리기 시작하여 끝날 때까지 둘러싸인 공간에 흡입 측이나 토출 측에 통하지 않는 상태의 용적이 생길 때의 현상으로 공동현상이 함께 발생한다.

정답　13 ②　14 ③　15 ③　16 ③

② 공진 현상 : 재료의 고유진동수와 외력에 의한 진동수가 같아질 때 진폭이 커져 재료가 파괴되는 현상이다.
③ 캐비테이션 현상 : 유동하고 있는 액체의 압력이 국부적으로 저하되어, 포화증기압 공기분리압에 달하여 증기를 발생시키거나 용해공기 등이 분리되어 기포를 일으키는 현상이다. 이것들이 흐르면서 터지게 되면 국부적으로 초고압이 생겨 소음 등을 발생시키는 경우가 많다.
④ 유압유의 열화 촉진 현상 : 유압회로에 공기가 기포로 있으면 공기가 압축될 때 열이 발생하여 온도가 상승한다. 이때상승압력과 오일의 공기 흡수량이 증가하고 오일 온도가 상승하여 작동유가 산화되는 현상이다.

17 필요에 따라 작동 유체의 일부 또는 전량을 분기시키는 관로는?

① 바이패스 관로　　② 드레인 관로
③ 통기관로　　④ 주관로

해설
① 바이패스 관로 : 필요에 따라 유체의 일부 또는 전량을 분기시키는 관로
② 드레인 관로 : 드레인을 귀환관로 또는 탱크 등으로 연결하는 관로
③ 통기관로 : 언제나 대기로 개방되어 있는 관로
④ 주관로 : 흡입관로, 압력관로 및 귀환관로를 포함하는 주요 관로

18 압력 6.86MPa, 토출량 50L/min이고, 운전 시 소요동력이 7kW인 유압펌프의 효율은 약 몇 %인가?

① 78　　② 82
③ 87　　④ 92

해설

$$H_P = pQ = \frac{6.86\times10^6}{1{,}000}\times\frac{50\times10^{-3}}{60} = 5.717\text{kW}$$

$$\eta = \frac{H_P}{H_S} = \frac{5.717}{7}\times100 = 82\%$$

19 그림과 같은 유압기호의 설명이 아닌 것은?

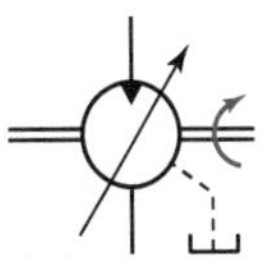

① 유압펌프를 의미한다.
② 1방향 유동을 나타낸다.
③ 가변용량형 구조이다.
④ 외부 드레인을 가졌다.

해설
유압모터
• 1방향 유동　　• 가변용량형
• 외부 드레인　　• 양축형
• 1방향 회전형
• 조작기구를 특별히 지정하지 않는 경우

20 긴 스트로크를 줄 수 있는 다단 튜브형의 로드를 가진 실린더는?

① 벨로스형 실린더　　② 탠덤형 실린더
③ 가변 스트로크 실린더　④ 텔레스코프형 실린더

해설
실린더의 종류

종류	특성	실린더의 모양	유압기호
차동 실린더	피스톤 수압면과 로드측 수압면과의 면적비가 2 : 1	2 : 1	
양 로드형 실린더	양측의 수압면적이 동일	$A_1 = A_2$	
쿠션 붙이 실린더	강한 충격을 완충하기 위해 끝단에서 감속	쿠션	

정답 17 ① 18 ② 19 ① 20 ④

종류	특성	실린더의 모양	유압기호
텔레스코프 실린더	긴 스트로크	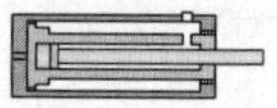	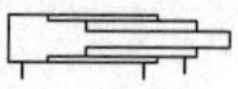
압력 증대기	압력 증대	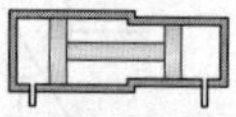	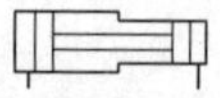
탠덤 실린더	작은 사양으로 큰 힘 발생	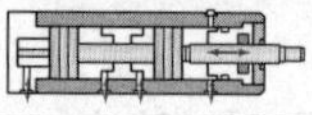	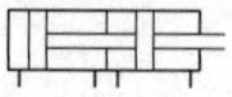

2과목 기계재료 및 제작

21 탄소강을 경화 열처리할 때 균열을 일으키지 않게 하는 가장 안전한 방법은?

① M_s점까지는 급랭하고 M_s, M_f 사이는 서랭한다.
② M_f점 이하까지 급랭한 후 저온도로 뜨임한다.
③ M_s점까지 서랭하여 내외부가 동일온도가 된 후 급랭한다.
④ M_s, M_f 사이의 온도까지 서랭한 후 급랭한다.

해설

담금질 균열 방지대책
- M_s점까지는 급랭하고 위험구역인 M_s~M_f 사이는 서랭한다.
- M_s : 마텐자이트 변태 시작점, M_f : 마텐자이트 변태 종료점

22 오스테나이트형 스테인리스강의 예민화(Sensitize)를 방지하기 위하여 Ti, Nb 등의 원소를 함유시키는 이유는?

① 입계부식을 촉진한다.
② 강 중의 질소(N)와 질화물을 만들어 안정화시킨다.
③ 탄화물을 형성하여 크롬 탄화물의 생성을 억제한다.
④ 강 중의 산소(O)와 산화물을 형성하여 예민화를 방지한다.

해설

오스테나이트형 스테인리스강의 입계균열의 방지책
- 탄소량을 낮게 하면(<0.03%C) 탄화물(Cr_4C)의 형성을 억제한다.
- Ti, Nb, Ta 등의 원소를 첨가해서 Cr_4C 대신에 TiC, NbC, TaC 등을 만들어서 Cr의 감소를 막는다.

23 순철의 변태점이 아닌 것은?

① A_1　② A_2
③ A_3　④ A_4

해설

순철에는 A_1 변태점이 없다. A_1 변태점은 강에만 있다.

24 금속침투법 중 Zn을 강 표면에 침투 확산시키는 표면처리법은?

① 크로마이징　② 세라다이징
③ 칼로라이징　④ 보로나이징

해설

금속침투법의 침투제에 따른 분류

종류	세라다이징 (Sheradizing)	칼로라이징 (Calorizing)	크로마이징 (Chromizing)	실리코나이징 (Silliconizing)	보로나이징 (Boronizing)
침투제	Zn	Al	Cr	Si	B
장점	대기 중 부식 방지	고온 산화 방지	내식, 내산, 내마모성 증가	내산성 증가	고경도 (HV 1,300~1,400)

25 레데뷰라이트에 대한 설명으로 옳은 것은?

① α와 Fe의 혼합물이다.
② γ와 Fe_3C의 혼합물이다.
③ δ와 Fe의 혼합물이다.
④ α와 Fe_3C의 혼합물이다.

해설

오스테나이트(γ)+시멘타이트(Fe_3C)

정답　21 ①　22 ③　23 ①　24 ②　25 ②

26 회복과정에서의 축적에너지에 대한 설명으로 옳은 것은?

① 가공도가 적을수록 축적에너지의 양은 증가한다.
② 결정입도가 작을수록 축적에너지의 양은 증가한다.
③ 불순물 원자의 첨가가 많을수록 축적에너지의 양은 감소한다.
④ 낮은 가공온도에서의 변형은 축적에너지의 양을 감소시킨다.

해설

회복과정에서의 축적에너지의 크기를 증가시키는 인자
- 합금원소 : 주어진 변형에서 불순물 원자를 첨가할수록 축적에너지는 증가
- 가공도 : 가공도가 크고 변형이 복잡할수록 증가
- 가공온도 : 가공온도가 낮을수록 증가
- 결정입도 : 결정입도가 미세할수록 증가

27 다음의 강종 중 탄소의 함유량이 가장 많은 것은?

① SM25C　　② SKH51
③ STC105　　④ STD11

해설

① SM25C : 기계구조용 탄소, 탄소함량 0.22~0.28%
② SKH51 : 고속도 공구강, 탄소함량 0.73~0.83%
③ STC105 : 탄소공구강, 탄소함량 1.0~1.1%
④ STD11 : 합금공구강, 탄소함량 1.4~1.6%

28 오스테나이트형 스테인리스강에 대한 설명으로 틀린 것은?

① 내식성이 우수하다.
② 공식을 방지하기 위해 할로겐 이온의 고농도를 피한다.
③ 자성을 띠고 있으며, 18%Co와 8%Cr을 함유한 합금이다.
④ 입계부식 방지를 위하여 고용화처리를 하거나, Nb 또는 Ti을 첨가한다.

해설

③ 비자성체이며, 18%Cr과 8%Ni을 함유한 합금이다.

29 가공의 영향으로 생긴 스트레인이나 내부응력을 제거하고 미세한 표준조직으로 기계적 성질을 향상시키는 열처리법은?

① 소프트닝　　② 보로나이징
③ 하드 페이싱　　④ 노멀라이징

해설

노멀라이징(Normalizing)
- 열간가공 재료의 이상(결정립의 조대화, 내부 비틀림, 탄화물이나 그 외 석출물의 분산)을 제거하고, 결정립의 미세화, 조직의 표준화, 응력 제거, 가공성 향상
- 연성과 인성 개선, 풀림한 재료보다 항복점, 인장강도, 경도 등이 일반적으로 높다.

30 로크웰 경도시험(HRA~HRH, HRK)에 사용되는 총 시험하중에 해당되지 않는 것은?

① 588.4N(60kg_f)　　② 980.7N(100kg_f)
③ 1,471N(150kg_f)　　④ 1,961.3N(200kg_f)

해설

로크웰 시험하중은 15, 30, 45, 60, 100, 150kg_f 등 6종이다.

31 유압프레스에서 램의 유효단면적이 50cm^2, 유효단면적에 작용하는 최고 유압이 40kgf/cm^2일 때 유압프레스의 용량(ton)은?

① 1　　② 1.5
③ 2　　④ 2.5

정답　26 ②　27 ④　28 ③　29 ④　30 ④　31 ③

해설

유압 프레스의 용량

$$W=\frac{P\cdot A}{1,000}=\frac{40\times 50}{1,000}=2\text{ton}$$

32 선반에서 절삭비(Cutting Ratio, γ)의 표현식으로 옳은 것은?(단, ϕ는 전단각, α는 공구 윗면 경사각이다.)

① $\gamma=\dfrac{\cos(\phi-\alpha)}{\sin\phi}$ ② $\gamma=\dfrac{\sin(\phi-\alpha)}{\cos\phi}$
③ $\gamma=\dfrac{\cos\phi}{\sin(\phi-\alpha)}$ ④ $\gamma=\dfrac{\sin\phi}{\cos(\phi-\alpha)}$

해설

$$\text{절삭비}(\gamma_c)=\frac{\text{절삭깊이}(t_o)}{\text{칩의 두께}(t_c)}=\frac{\sin\phi}{\cos(\phi-\alpha)}$$

33 4개의 조가 각각 단독으로 이동하여 불규칙한 공작물의 고정에 적합하고 편심가공이 가능한 선반척은?

① 연동척 ② 유압척
③ 단동척 ④ 콜릿척

해설

- 연동척(Universal Chuck) : 스크롤(Scroll) 척, 3개의 조(Jaw)가 동시 이동, 정밀도 저하, 규칙적인 외경재료 가공 용이, 편심가공 불가능
- 단동척(Independent Chuck) : 각각의 조(Jaw)가 독립 이동, 외경이 불규칙한 재료 가공 용이, 편심가공 및 중절삭에 적합
- 마그네틱척(Magnetic Chuck) : 전자척, 자기척(내부에 전자석 설치), 직류전기 이용, 탈자기 장치 필수, 강력 절삭은 부적당
- 콜릿척(Collet Chuck) : 터릿 · 자동 · 탁상 선반에 사용, 중심이 정확, 가는 지름, 원형 · 각봉 재료, 스핀들에 슬리브(Sleeve) 끼운 후 사용
- 복동척 : 단동척과 연동척의 양쪽 기능을 겸비한 척, 4개의 조가 90° 배열로 설치
- 유압척 또는 공기척 : 공기압 또는 유압을 이용하여 일감을 고정, 균등한 힘으로 일감을 고정, 운전 중에도 작업이 가능, 조의 개폐가 신속

34 정격 2차 전류 300A인 용접기를 이용하여 실제 270A의 전류로 용접을 하였을 때, 허용사용률이 94% 이었다면 정격사용률은 약 몇 %인가?

① 68 ② 72
③ 76 ④ 80

해설

$$\text{허용사용률}=\frac{(\text{정격 2차 전류})^2}{(\text{실제의 용접전류})^2}\times\text{정격사용률}(\%)$$

$$\therefore\ \text{정격사용률}=\frac{(\text{실제의 용접전류})^2}{(\text{정격 2차 전류})^2}\times\text{허용사용률}(\%)$$

$$=\frac{270^2}{300^2}\times 94=76.14(\%)$$

35 구성인선(Built Up Edge)의 방지대책으로 틀린 것은?

① 공구 경사각을 크게 한다.
② 절삭깊이를 작게 한다.
③ 적삭속도를 낮게 한다.
④ 윤활성이 좋은 절삭유제를 사용한다.

해설

구성인선(Built Up Edge)의 방지법
- 절삭깊이를 작게 하고, 윗면 경사각을 크게 한다.
- 절삭속도를 빠르게 한다.
- 날 끝에 경질 크롬도금 등을 하여 윗면 경사각을 매끄럽게 한다.
- 윤활성이 좋은 절삭유를 사용한다.
- 절삭공구의 인선을 예리하게 한다.

정답 32 ④ 33 ③ 34 ③ 35 ③

36 다음 중 전주가공의 특징으로 가장 거리가 먼 것은?

① 가공시간이 길다.
② 복잡한 형상, 중공축 등을 가공할 수 있다.
③ 모형과의 오차를 줄일 수 있어 가공 정밀도가 높다.
④ 모형 전체면에 균일한 두께로 전착이 쉽게 이루어진다.

해설

전주가공
전해연마에서 석출된 금속 이온이 음극의 공작물 표면에 붙은 전착층을 이용하여 원형과 반대 형상의 제품을 만드는 가공법이다.
㉠ 장점
- 가공정밀도가 높아 모형과의 오차를 ±25μm 정도로 할 수 있다.
- 복잡한 형상, 이음매 없는 관, 중공축 등을 제작할 수 있다.
- 제품의 크기에 제한을 받지 않는다.
- 언더컷형이 아니면 대량생산이 가능하다.

㉡ 단점
- 생산하는 시간이 길다.
- 모형 전면에 일정한 두께로 전착하기가 어렵다.
- 금속의 종류에 제한을 받는다.
- 제작 가격이 다른 가공 방법에 비해 비싸다.

37 300mm×500mm인 주철 주물을 만들 때, 필요한 주입 추의 무게는 약 몇 kg인가?(단, 쇳물 아궁이 높이가 120mm, 주물 밀도는 7,200kg/m^{3}이다.)

① 129.6　② 149.6
③ 169.6　④ 189.6

해설

쇳물의 압상력(P) : 쇳물에 부력으로 인해 상부 주형이 들리는 힘

$P = AHS - G = 0.3 \times 0.5 \times 0.12 \times 7,200 - 0$
$= 129.6\text{kg}$

여기서, A : 주물을 위에서 본 면적(m^2)
H : 주물의 윗면에서 주입구 표면까지의 높이(m)
S : 주입 금속의 비중(kg/m^3)
G : 윗덮개 상자자중(kg)

38 유성형(Planetary Type) 내면 연삭기를 사용한 가공으로 가장 적합한 것은?

① 암나사의 연삭
② 호브(Hob)의 치형 연삭
③ 블록게이지의 끝마무리 연삭
④ 내연기관 실린더의 내면 연삭

해설

유성형(Planetary Motion Type)
- 공작물은 정지시키고 숫돌축이 회전 연삭운동과 동시에 공전운동을 하는 방식
- 공작물의 형상이 복잡하거나 대형으로 공작물에 회전운동을 가하기 어려운 경우에 사용한다.

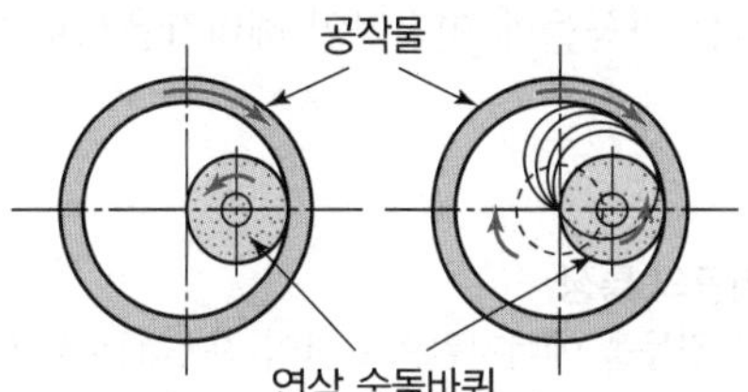

(a) 보통형　(b) 유성형

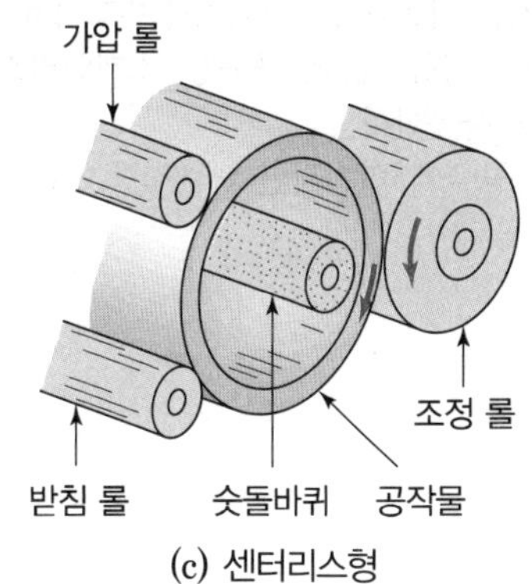

(c) 센터리스형

정답 36 ④ 37 ① 38 ④

39 다음 중 자유단조에 속하지 않는 것은?

① 업세팅(Up－setting)
② 블랭킹(Blanking)
③ 늘리기(Drawing)
④ 굽히기(Bending)

해설

단조방법에 따른 분류
- 자유단조 : 업세팅, 단 짓기, 늘리기, 굽히기, 구멍 뚫기, 자르기 등
- 형단조

40 초음파가공에 대한 설명으로 틀린 것은?

① 가공물 표면에서의 증발 현상을 이용한다.
② 전기에너지를 기계적 진동에너지로 변화시켜 가공한다.
③ 혼의 재료는 황동, 연강 등을 사용한다.
④ 입자는 가공물에 연속적인 해머작용으로 가공한다.

해설

초음파가공의 특징
- 초음파 진동을 에너지원으로 하여 진동하는 공구(Horn)와 공작물 사이에 연삭 입자를 공급하여 공작물을 정밀하게 다듬는다.
- 전기에너지를 기계적 진동에너지로 변화시켜 가공한다.
- 혼의 재료는 황동, 연강, 공구강, 스테인리스강, 알루미늄 등을 사용한다.
- 입자는 가공물에 연속적인 해머작용으로 가공한다.

3과목 구조해석

41 공칭응력(Nominal Stress : σ_n)과 진응력(True Stress : σ_t) 사이의 관계식으로 옳은 것은?[단, ε_n은 공칭변형률(Nominal Strain), ε_t는 진변형률(True Strain)이다.]

① $\sigma_t = \sigma_n(1+\varepsilon_t)$　② $\sigma_t = \sigma_n(1+\varepsilon_n)$
③ $\sigma_t = \ln(1+\sigma_n)$　④ $\sigma_t = \ln(\sigma_n+\varepsilon_n)$

해설

$\sigma = \dfrac{P}{A}$에서 A(처음 단면적으로 일정) : 공칭응력

A(하중에 의해 변해가는 단면적으로 계산) : 진응력

시편의 처음길이 : l_1, 하중을 받은 후 늘어난 길이 : l_2

공칭변형률 $\varepsilon_n = \dfrac{\lambda}{l_1}$(여기서, $\lambda = l_2 - l_1$)

$$\varepsilon_t = \int_{l_1}^{l_2} \frac{dl}{l} = [\ln l]_{l_1}^{l_2} = \ln l_2 - \ln l_1 = \ln\left(\frac{l_2}{l_1}\right)$$

$$= \ln\left(\frac{l_1+\lambda}{l_1}\right) = \ln(1+\varepsilon_n)$$

$A_1 l_1 = A_2 l_2$(처음 체적＝늘어난 후의 체적)

$$\sigma_t = \frac{P}{A_2} = \frac{Pl_2}{A_1 l_1} = \sigma_n \cdot \frac{l_2}{l_1} = \sigma_n\left(\frac{l_1+\lambda}{l_1}\right) = \sigma_n(1+\varepsilon_n)$$

42 그림과 같이 전체 길이가 $3L$인 외팔보에 하중 P가 B점과 C점에 작용할 때 자유단 B에서의 처짐량은?(단, 보의 굽힘강성 EI는 일정하고, 자중은 무시한다.)

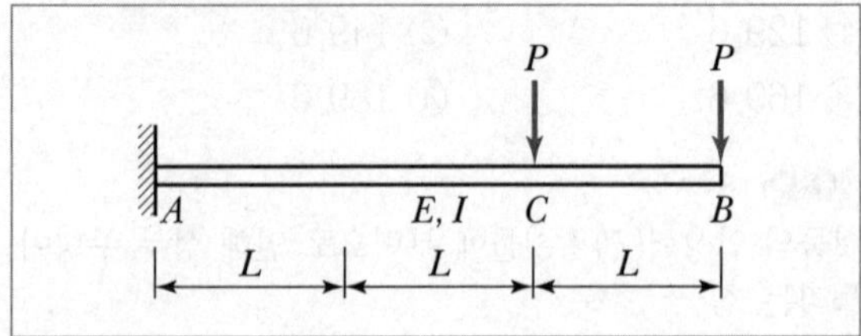

정답　39 ②　40 ①　41 ②　42 ③

① $\dfrac{35PL^3}{3EI}$ ② $\dfrac{37PL^3}{3EI}$

③ $\dfrac{41PL^3}{3EI}$ ④ $\dfrac{44PL^3}{3EI}$

해설

i) $2l$에 작용하는 P에 의한 외팔보 자유단의 처짐량 δ_1

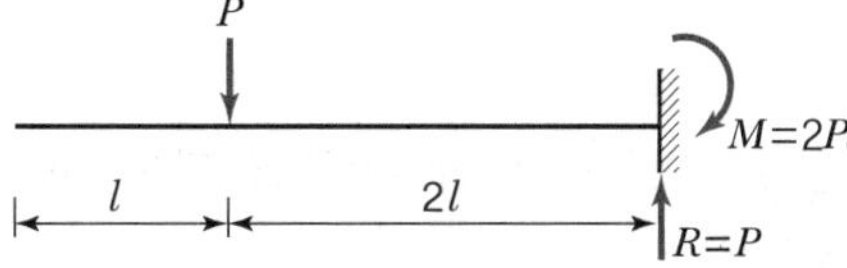

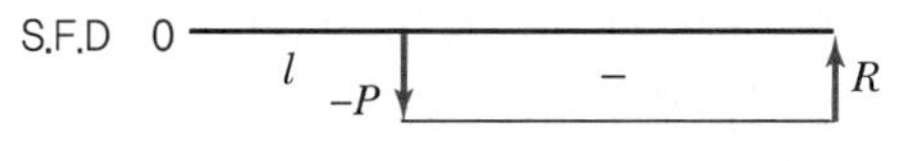

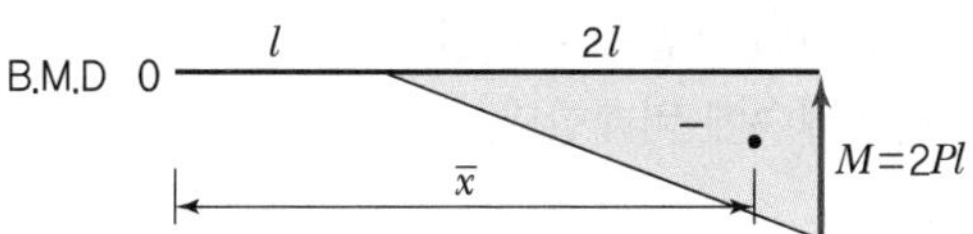

면적모멘트법에서

$$\delta_1 = \frac{A_M}{EI}\bar{x}$$

$$A_M = \frac{1}{2} \times 2l \times 2Pl = 2Pl^2$$

$$\bar{x} = \left(l + 2l \times \frac{2}{3}\right) = \frac{7}{3}l$$

$$\therefore\ \delta_1 = \frac{2Pl^2}{EI} \times \frac{7}{3}l = \frac{14Pl^3}{3EI}$$

ii) 자유단($3l$)에 작용하는 P에 의한 처짐량 δ_2

$$\delta_2 = \frac{P(3l)^3}{3EI} = \frac{27Pl^3}{3EI}$$

iii) 자유단에서 처짐량

$$\delta = \delta_1 + \delta_2 = \frac{14Pl^3}{3EI} + \frac{27Pl^3}{3EI} = \frac{41Pl^3}{3EI}$$

43 그림과 같은 단순보에서 전단력이 0이 되는 위치는 A지점에서 몇 m 거리에 있는가?

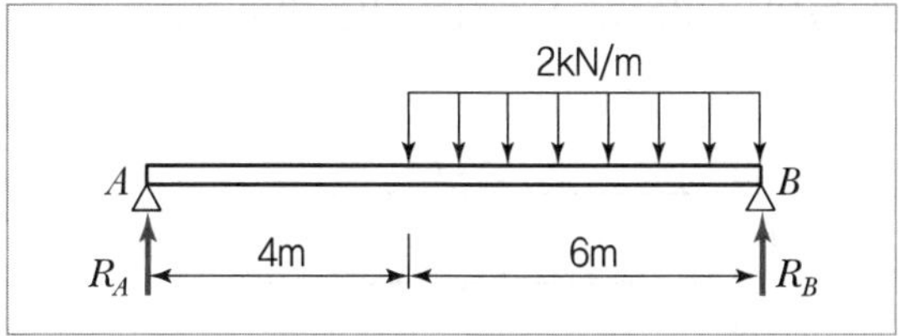

① 4.8 ② 5.8

③ 6.8 ④ 7.8

해설

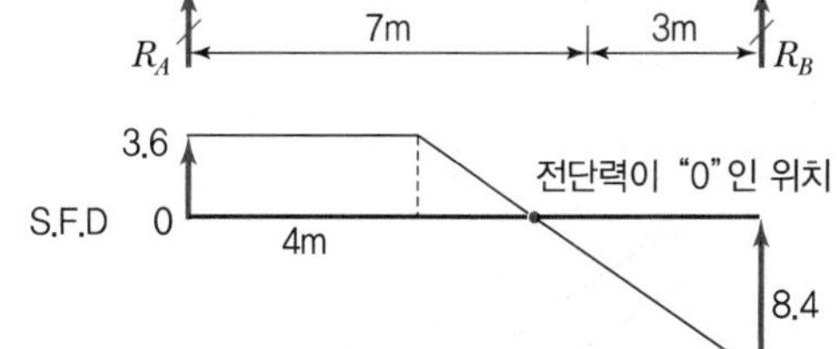

$$R_A = \frac{12\text{kN} \times 3\text{m}}{10\text{m}} = 3.6\text{kN}$$

$$R_B = \frac{12\text{kN} \times 7\text{m}}{10\text{m}} = 8.4\text{kN}$$

S.F.D에서 전단력이 "0"이 되는 위치는 등분포구간이므로

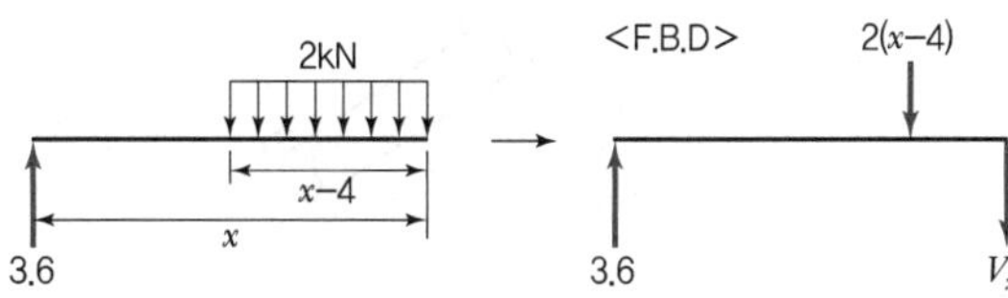

$\Sigma F_y = 0$:

$3.6 - 2(x-4) - V_x = 0$ ($\because\ V_x = 0$)

$3.6 = 2(x-4)$

$2x - 8 = 3.6$

$\therefore\ x = 5.8\text{m}$

정답 43 ②

44 직경 d, 길이 l인 봉의 양단을 고정하고 단면 $m-n$의 위치에 비틀림모멘트 T를 작용시킬 때 봉의 A부분에 작용하는 비틀림모멘트는?

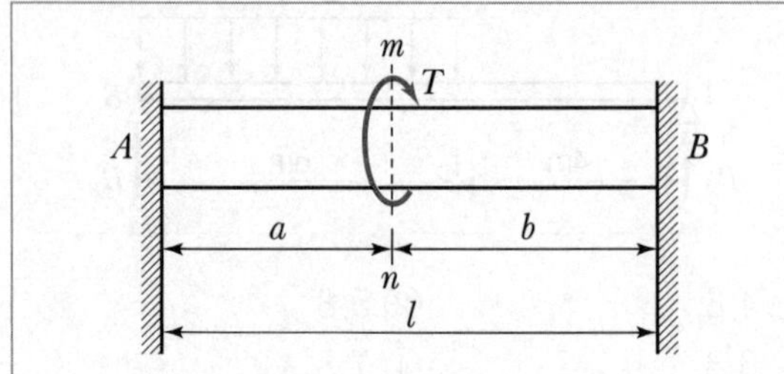

① $T_A = \dfrac{a}{l+a}T$　② $T_A = \dfrac{a}{a+b}T$

③ $T_A = \dfrac{b}{a+b}T$　④ $T_A = \dfrac{a}{l+b}T$

해설

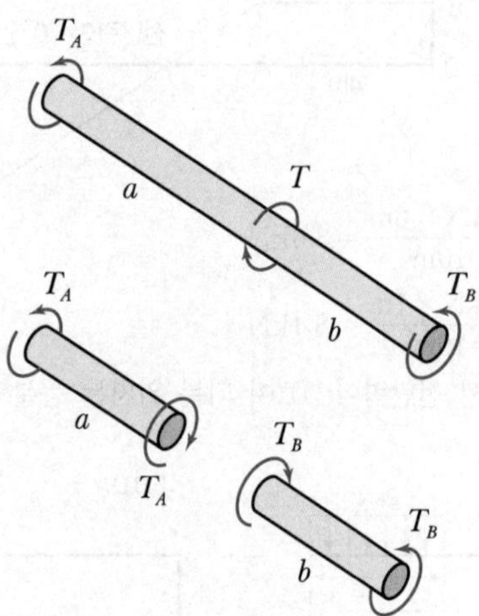

$T = T_A + T_B$ ⋯ ⓐ

T_A에 의한 비틀림각 $\theta_A = \dfrac{T_A \cdot a}{GI_{pA}}$

T_B에 의한 비틀림각 $\theta_B = \dfrac{T_B \cdot b}{GI_{pB}}$

$\theta_A = \theta_B$에서 $\dfrac{T_A \cdot a}{GI_{pA}} = \dfrac{T_B \cdot b}{GI_{pB}}$

G가 동일하고 $I_{pA} = I_{pB}$이므로

$T_B = \dfrac{a}{b}T_A$ ⋯ ⓑ

ⓑ를 ⓐ에 대입하면

$T = T_A + \dfrac{a}{b}T_A = T_A\left(1+\dfrac{a}{b}\right) = T_A\left(\dfrac{b+a}{b}\right)$

$\therefore\ T_A = \dfrac{T \cdot b}{a+b}$

45 오일러의 좌굴응력에 대한 설명으로 틀린 것은?

① 단면 회전반경의 제곱에 비례한다.
② 길이의 제곱에 반비례한다.
③ 세장비의 제곱에 비례한다.
④ 탄성계수에 비례한다.

해설

- 좌굴하중 $P_{cr} = n\pi^2 \dfrac{EI}{l^2}$
- 좌굴응력 $\sigma_{cr} = \dfrac{P_{cr}}{A} = \dfrac{n\pi^2 \cdot EI}{l^2 \cdot A}$

$\left(\text{여기서, 세장비 } \lambda = \dfrac{l}{K},\ K^2 = \dfrac{I}{A}\right)$

$= \dfrac{n\pi^2 \cdot EK^2}{l^2} = \dfrac{n\pi^2 E}{\lambda^2}$

46 그림과 같은 직사각형 단면의 보에 $P=$ 4kN의 하중이 10° 경사진 방향으로 작용한다. A점에서의 길이 방향의 수직응력을 구하면 약 몇 MPa인가?

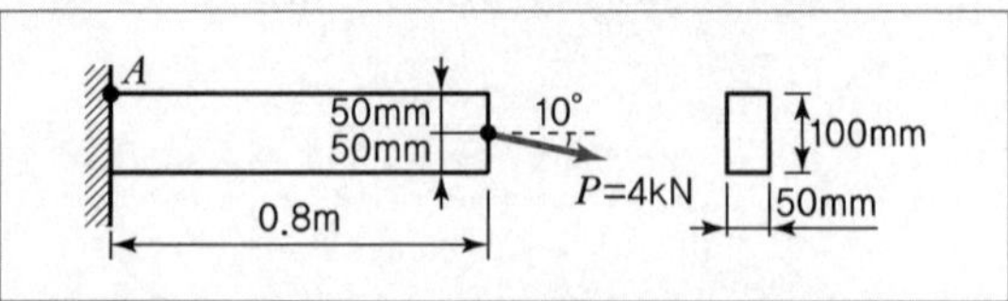

① 3.89　② 5.67
③ 0.79　④ 7.46

정답 44 ③ 45 ③ 46 ④

해설

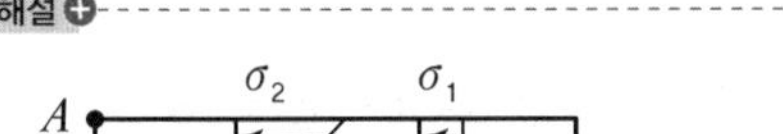
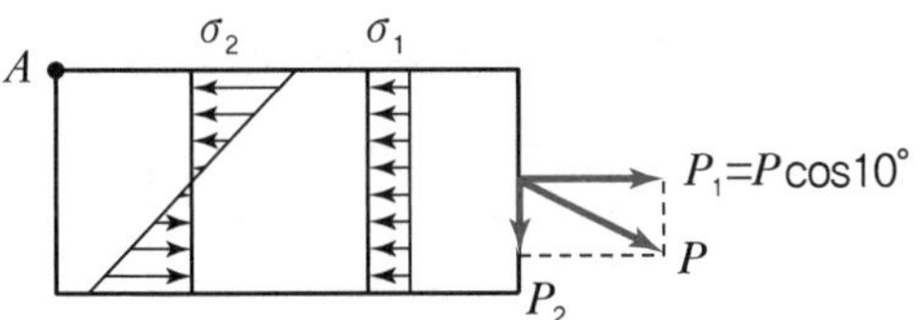

- P의 분력 P_1에 의한 인장응력 σ_1

$$=\frac{P_1}{A}=\frac{4\times10^3\times\cos10°}{0.05\times0.1}$$

$$=0.788\times10^6\text{Pa}=0.788\text{MPa}$$

- P의 분력 P_2에 의한 굽힘응력 σ_b

$$=\sigma_2=\frac{M}{Z}=\frac{P_2\times0.8\text{m}}{\frac{bh^2}{6}}=\frac{4\times10^3\sin10°\times0.8}{\frac{0.05\times0.1^2}{6}}$$

$$=6.67\times10^6\text{Pa}=6.67\text{MPa}$$

$\therefore$ A점의 수직응력 σ

$$=\sigma_1+\sigma_2=0.788+6.67=7.458\text{MPa}$$

47 세로탄성계수가 210GPa인 재료에 200MPa의 인장응력을 가했을 때 재료 내부에 저장되는 단위 체적당 탄성변형에너지는 약 몇 $\text{N}\cdot\text{m/m}^3$인가?

① 95.238 ② 95,238
③ 18.538 ④ 185,380

해설

$$U=\frac{1}{2}P\cdot\lambda=\frac{1}{2}\frac{P^2\cdot l}{AE}=\frac{1}{2}\frac{P^2\cdot lA}{A^2E}=\frac{1}{2}\frac{\sigma^2\cdot Al}{E}$$

체적 $V=A\cdot l$로 양변을 나누면

단위 체적당 에너지 $u=\frac{U}{V}=\frac{1}{2}\frac{\sigma^2}{E}$

$$=\frac{1}{2}\times\frac{(200\times10^6)^2}{2\times210\times10^9}$$

$$=95{,}238\text{N}\cdot\text{m/m}^3$$

48 그림과 같이 강선이 천장에 매달려 100kN의 무게를 지탱하고 있을 때, AC 강선이 받고 있는 힘은 약 몇 kN인가?

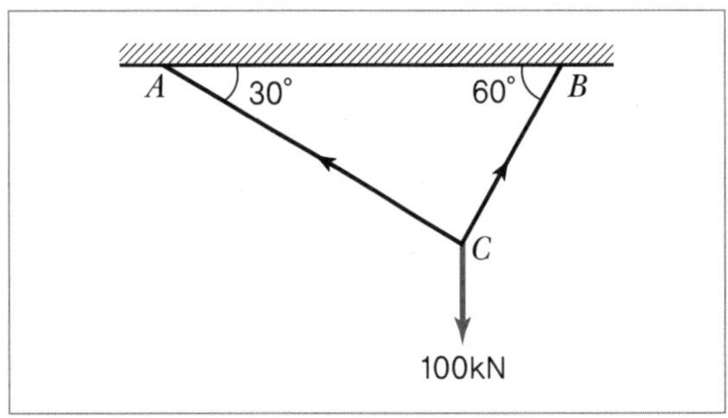

① 30 ② 40
③ 50 ④ 60

해설

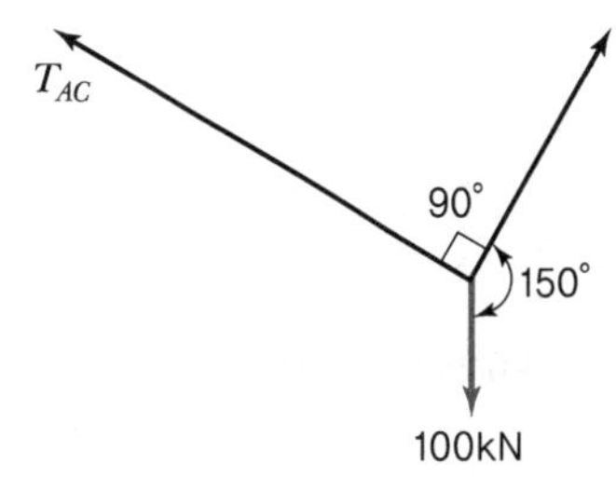

라미의 정리에 의해

$$\frac{100\text{kN}}{\sin90°}=\frac{T_{AC}}{\sin150°}$$

$$\therefore\ T_{AC}=100\times\frac{\sin150°}{\sin90°}=50\text{kN}$$

정답 47 ② 48 ③

49 길이 15m, 봉의 지름 10mm인 강봉에 $P=$ 8kN을 작용시킬 때 이 봉의 길이방향 변형량은 약 몇 cm인가?(단, 이 재료의 세로탄성계수는 210GPa 이다.)

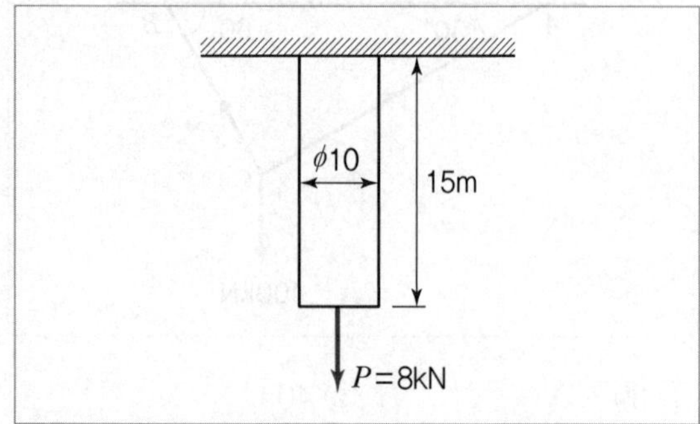

① 0.52 ② 0.64

③ 0.73 ④ 0.85

해설

$$\lambda=\frac{P\cdot l}{AE}=\frac{8\times10^3\times15}{\frac{\pi}{4}\times0.01^2\times210\times10^9}$$

$$=0.00728\text{m}=0.728\text{cm}$$

50 그림과 같은 단순보(단면 8cm×6cm)에 작용하는 최대전단응력은 몇 kPa인가?

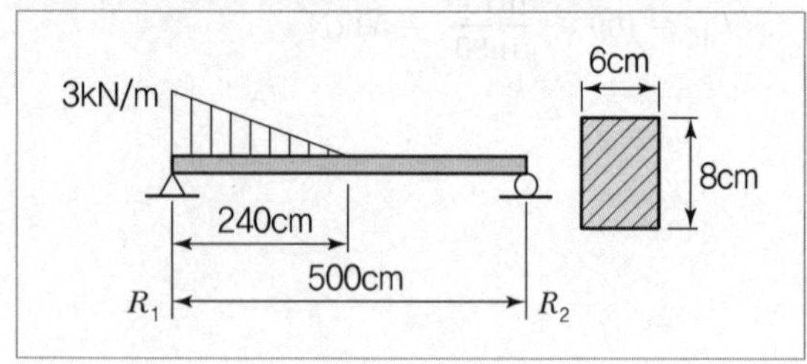

① 315 ② 630

③ 945 ④ 1,260

해설

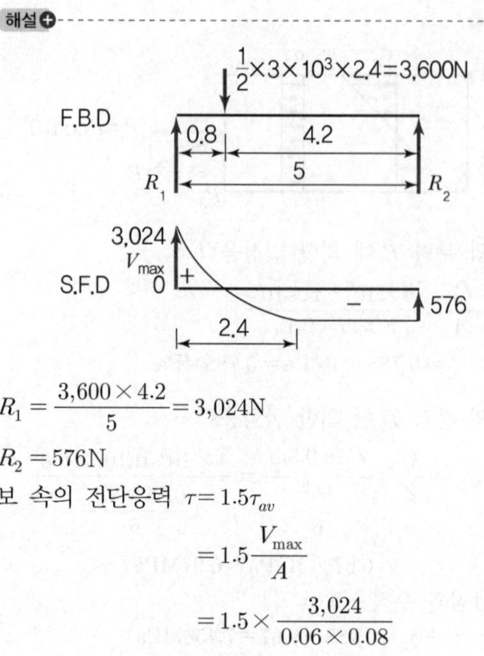

$$R_1=\frac{3{,}600\times4.2}{5}=3{,}024\text{N}$$

$$R_2=576\text{N}$$

보 속의 전단응력 $\tau=1.5\tau_{av}$

$$=1.5\frac{V_{max}}{A}$$

$$=1.5\times\frac{3{,}024}{0.06\times0.08}$$

$$=945{,}000\text{Pa}=945\text{kPa}$$

51 다음 막대의 z 방향으로 80kN의 인장력이 작용할 때 x 방향의 변형량은 몇 μm 인가?(단, 탄성계수 E=200GPa, 포아송 비 μ=0.32, 막대 크기 x=100mm, y=50mm, z=1.5m이다.)

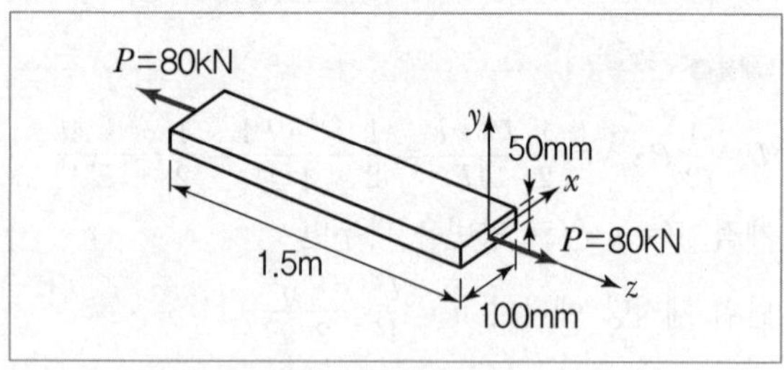

① 2.56 ② 25.6

③ −2.56 ④ −25.6

정답 49 ③ 50 ③ 51 ③

해설

$\varepsilon_x = \dfrac{\lambda_x}{l_x}$ 에서 $\lambda_x = \varepsilon_x l_x$

$\varepsilon_x = \dfrac{\sigma_x}{E} - \mu\left(\dfrac{\sigma_y}{E} + \dfrac{\sigma_z}{E}\right)$

$\sigma_x = 0,\ \sigma_y = 0,\ \sigma_z = \dfrac{P}{A}$ 이므로

$$\varepsilon_x = -\mu\left(\frac{\sigma_z}{E}\right) = -0.32 \times \left(\frac{\frac{80\times10^3}{0.1\times0.05}}{200\times10^9}\right)$$

$$= -25.6\times10^{-6}$$

$$\therefore\ \lambda_x = -25.6\times10^{-6}\times0.1\text{m}$$

$$= -2.56\times10^{-6}\text{m}$$

$$= -2.56\mu\text{m}$$

52 두께 1cm, 지름 25cm의 원통형 보일러에 내압이 작용하고 있을 때, 면 내 최대전단응력이 −62.5MPa이었다면 내압 P는 몇 MPa인가?

① 5
② 10
③ 15
④ 20

해설

원통형 압력용기인 보일러에서

원주방향응력 $\sigma_h = \dfrac{Pd}{2t}$, 축방향응력 $\sigma_s = \dfrac{Pd}{4t}$ 일 때

2축 응력상태이므로 모어의 응력원을 그리면

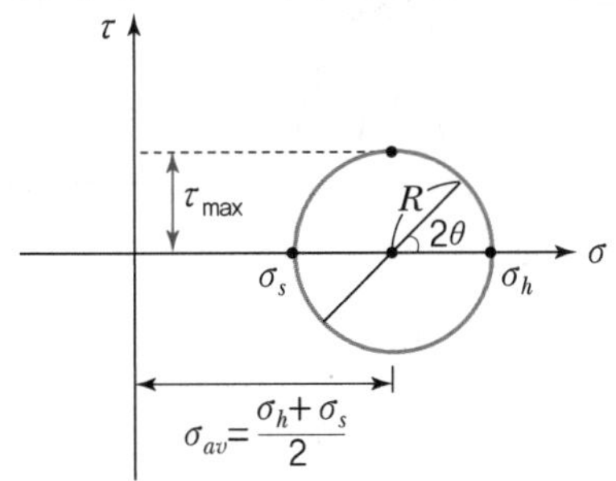

면 내 최대전단응력 τ_{max}

$$R = \sigma_h - \sigma_{av} = \sigma_h - \frac{\sigma_h + \sigma_s}{2}$$

$$= \frac{\sigma_h - \sigma_s}{2} = \frac{1}{2}\left(\frac{Pd}{2t} - \frac{Pd}{4t}\right) = \frac{P\cdot d}{8t}$$

$$\therefore\ P = \frac{8t\tau}{d} = \frac{8\times0.01\times62.5\times10^6}{0.25}$$

$$= 20\times10^6\text{Pa} = 20\text{MPa}$$

53 그림과 같은 일단고정 타단지지보의 중앙에 P = 4,800N의 하중이 작용하면 지지점의 반력(R_B)은 약 몇 kN인가?

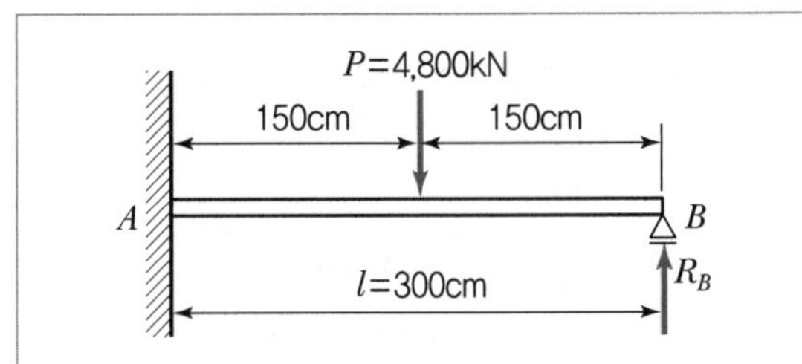

① 3.2
② 2.6
③ 1.5
④ 1.2

해설

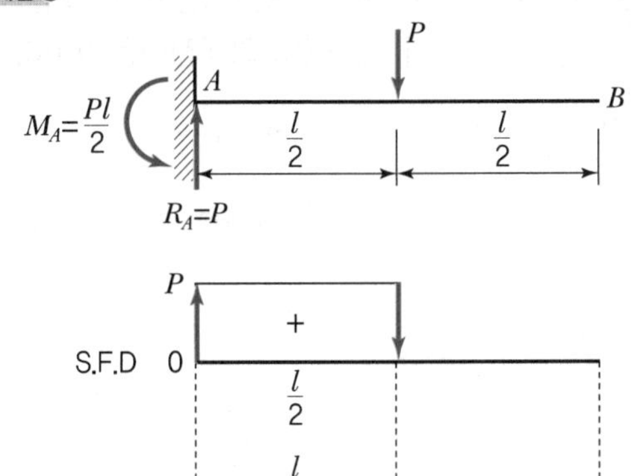

정답 52 ④ 53 ③

i) 외팔보 중앙에 P가 작용할 때 자유단에서 처짐량

$$\delta_1 = \frac{A_M}{EI} \cdot \bar{x}$$

$$= \frac{\frac{1}{2} \times \frac{l}{2} \times \frac{Pl}{2}}{EI} \times \left(\frac{l}{2} + \frac{l}{2} \times \frac{2}{3}\right)$$

$$= \frac{Pl^2}{8EI}\left(\frac{l}{2} + \frac{l}{3}\right) = \frac{5Pl^3}{48EI}$$

ii) R_B에 의한 처짐량 δ_2

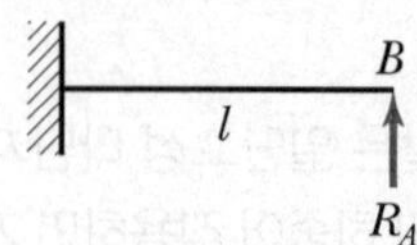

$$\delta_2 = \frac{R_B l^3}{3EI}$$

iii) B지점의 처짐량은 "0"이므로 $\delta_1 = \delta_2$

$$\frac{5Pl^3}{48} = \frac{R_B l^3}{3EI}$$

$$\therefore \ R_B = \frac{5}{16}P = \frac{5}{16} \times 4{,}800$$

$$= 1{,}500\text{N} = 1.5\text{kN}$$

54 동일한 전단력이 작용할 때 원형 단면보의 지름을 d에서 $3d$로 하면 최대전단응력의 크기는? (단, $\tau_{\max}$는 지름이 d일 때의 최대전단응력이다.)

① $9\tau_{\max}$ ② $3\tau_{\max}$
③ $\frac{1}{3}\tau_{\max}$ ④ $\frac{1}{9}\tau_{\max}$

해설

• 보 속의 최대전단응력

$$\tau_{\max} = \frac{4}{3}\tau_{av} = \frac{4}{3}\frac{V}{A}$$

• 지름이 d일 때 최대전단응력

$$\tau_{\max} = \frac{4}{3}\frac{V}{\frac{\pi}{4}d^2} = \frac{4}{3}\frac{4V}{\pi d^2}$$

• 지름이 $3d$일 때 최대전단응력

$$\tau_{3dmax} = \frac{4}{3}\frac{V}{\frac{\pi}{4}(3d)^2} = \frac{4}{3}\frac{4V}{9\pi d^2} = \frac{1}{9}\tau_{\max}$$

55 100kg의 균일한 원통(반지름 2m)이 그림과 같이 수평면 위를 미끄럼 없이 구른다. 이 원통에 연결된 스프링의 탄성계수는 300N/m, 초기변위 $x(0) = 0$m이며, 초기속도 $\dot{x}(0) = 2$m/s일 때 변위 $x(t)$를 시간의 함수로 옳게 표현한 것은?(단, 스프링은 시작점에서는 늘어나지 않은 상태로 있다고 가정한다.)

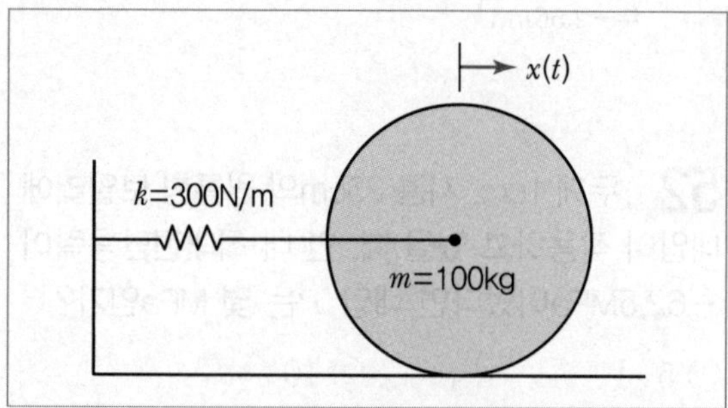

① $1.15\cos(\sqrt{3}t)$ ② $1.15\sin(\sqrt{3}t)$
③ $3.46\cos(\sqrt{2}t)$ ④ $3.46\sin(\sqrt{2}t)$

해설

변위 $x(t) = X\sin\omega_n t$

속도 $V = \dot{x}(t) = \omega_n X\cos\omega_n t$

여기서, $\omega_n = \sqrt{\frac{k}{m}} = \sqrt{\frac{300}{100}} = \sqrt{3}$

초기조건 $t=0$에서 $\dot{x}(0) = V_0 = 2\text{m/s}$이므로

$\omega_n X\cos 0° = 2$

$$X = \frac{2}{\omega_n} = \frac{2}{\sqrt{3}} = 1.15$$

$$\therefore \ x(t) = X\sin\omega_n t = 1.15\sin(\sqrt{3}t)$$

정답 54 ④ 55 ②

56 12,000N의 차량이 20m/s의 속도로 평지를 달리고 있다. 자동차의 제동력이 6,000N이라고 할 때, 정지하는 데 소요되는 시간은?

① 4.1초 ② 6.8초
③ 8.2초 ④ 10.5초

해설

선형충격량(Impulse)은 선형운동량(mV)의 변화량과 같다.

$Fdt = mdV$에서

$$Ft = mV = \frac{W}{g}V$$

$$\therefore t = \frac{WV}{Fg} = \frac{12{,}000 \times 20}{6{,}000 \times 9.8} = 4.08\text{초}$$

57 전동기를 이용하여 무게 9,800N의 물체를 속도 0.3m/s로 끌어올리려고 한다. 장치의 기계적 효율을 80%로 하면 최소 몇 kW의 동력이 필요한가?

① 3.2 ② 3.7
③ 4.9 ④ 6.2

해설

이론동력 $H_{th} = FV$와 $\eta = \dfrac{H_{th}}{H_s}$에서

실제운전동력 H_s

$$= \frac{H_{th}}{\eta} = \frac{FV}{\eta} = \frac{9{,}800 \times 0.3}{0.8} = 3{,}675\text{W} = 3.68\text{kW}$$

58 길이 l의 가는 막대가 O점에 고정되어 회전한다. 수평위치에서 막대를 놓아 수직위치에 왔을 때, 막대의 각속도는 얼마인가?(단, g는 중력가속도이다.)

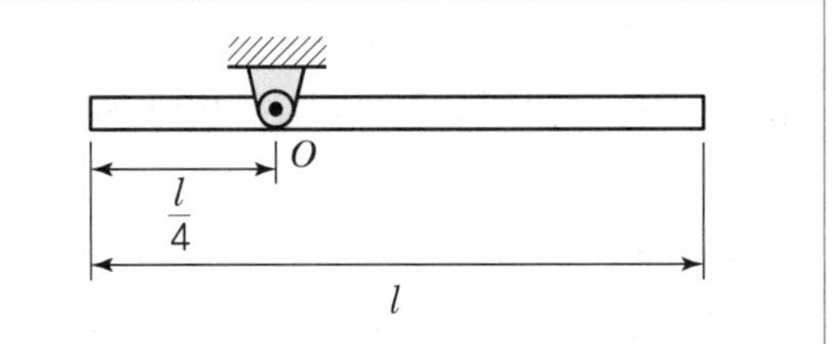

① $\sqrt{\dfrac{7l}{24g}}$ ② $\sqrt{\dfrac{24g}{7l}}$
③ $\sqrt{\dfrac{9l}{32g}}$ ④ $\sqrt{\dfrac{32g}{9l}}$

해설

위치에너지와 회전 운동에너지는 같다.

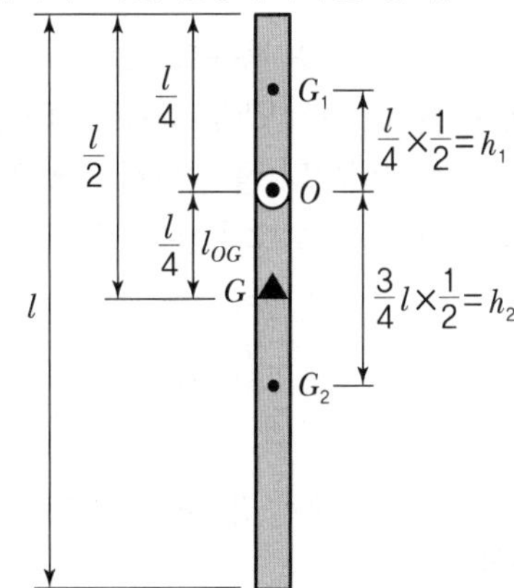

i) 위치에너지 : 수직으로 세웠을 때 O점 위로 G_1과 G_2의 위치에너지

$$\Delta V_g = mg(h_2 - h_1)$$

$$= mg\left(\frac{3}{4}l \times \frac{1}{2} - \frac{1}{4}l \times \frac{1}{2}\right) = mg\frac{l}{4}$$

ii) 회전운동에너지 $T = \dfrac{1}{2}J_0\omega^2$

여기서, 평행축정리를 이용하면

$$J_0 = J_G + m\,l_{OG}^{\;2} = \frac{ml^2}{12} + m\left(\frac{l}{4}\right)^2 = \frac{7ml^2}{48}$$

$$\therefore T = \frac{1}{2} \times \frac{7}{48}ml^2 \times \omega^2 = \frac{7}{96}ml^2\omega^2$$

iii) $\Delta V_g = T$ 이므로

$$\frac{1}{4}mgl = \frac{7}{96}ml^2\omega^2 \qquad \therefore \omega = \sqrt{\frac{24g}{7l}}$$

정답 56 ① 57 ② 58 ②

59 자동차 A는 시속 60km로 달리고 있으며, 자동차 B는 A의 바로 앞에서 같은 방향으로 시속 80km로 달리고 있다. 자동차 A에 타고 있는 사람이 본 자동차 B의 속도는?

① 20km/h ② 60km/h
③ −20km/h ④ −60km/h

해설

A에서 바라본 B의 속도 $V_{B/A}$
$= V_B - V_A = 80 - 60 = 20\text{km/h}$

60 고정축에 대하여 등속회전운동을 하는 강체 내부에 두 점 A, B가 있다. 축으로부터 점 A까지의 거리는 축으로부터 점 B까지 거리의 3배이다. 점 A의 선속도는 점 B의 선속도의 몇 배인가?

① 같다 ② 1/3배
③ 3배 ④ 9배

해설

선속도는 원주속도(원주에 접선방향)이므로
$V = r\omega$에서

$$\frac{V_A}{V_B} = \frac{r_A\,\omega}{r_B\,\omega} = 3$$

4과목 열 · 유체 해석

61 랭킨사이클에서 보일러 입구 엔탈피 192.5 kJ/kg, 터빈 입구 엔탈피 3,002.5kJ/kg, 응축기 입구 엔탈피 2,361.8kJ/kg일 때 열효율(%)은? (단, 펌프의 동력은 무시한다.)

① 20.3 ② 22.8
③ 25.7 ④ 29.5

해설

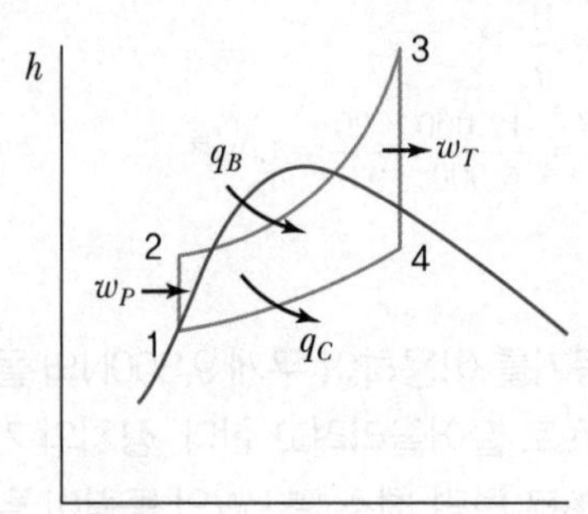

$h-s$ 선도에서
$h_2 = 192.5$, $h_3 = 3{,}002.5$, $h_4 = 2{,}361.8$

$$\eta = \frac{w_T - w_P}{q_B} = \frac{(h_3 - h_4)}{h_3 - h_2} \quad (\because w_P \approx 0 \text{ 이므로})$$

$$= \frac{3{,}002.5 - 2{,}361.8}{3{,}002.5 - 192.5}$$

$$= 0.228 = 22.8\%$$

62 공기 10kg이 압력 200kPa, 체적 5m^{3}인 상태에서 압력 400kPa, 온도 300℃인 상태로 변한 경우 최종 체적(m^3)은 얼마인가?(단, 공기의 기체상수는 0.287kJ/kg · K이다.)

① 10.7 ② 8.3
③ 6.8 ④ 4.1

정답 59 ① 60 ③ 61 ② 62 ④

해설

$PV=mRT$에서

$T_1 = \frac{P_1 V_1}{mR} = \frac{200 \times 10^3 \times 5}{10 \times 0.287 \times 10^3} = 348.43\text{K}$

보일-샤를의 법칙에 의해

$\frac{P_1 V_1}{T_1} = \frac{P_2 V_2}{T_2}$이므로

$\frac{200 \times 10^3 \times 5}{348.43} = \frac{400 \times 10^3 \times V_2}{(300+273)}$

$V_2 = 4.11\text{m}^3$

63 300L 체적의 진공인 탱크가 25℃, 6MPa의 공기를 공급하는 관에 연결된다. 밸브를 열어 탱크 안의 공기 압력이 5MPa이 될 때까지 공기를 채우고 밸브를 닫았다. 이 과정이 단열이고 운동에너지와 위치에너지의 변화를 무시한다면 탱크 안의 공기의 온도(℃)는 얼마가 되는가?(단, 공기의 비열비는 1.4이다.)

① 1.5 ② 25.0
③ 84.4 ④ 144.2

해설

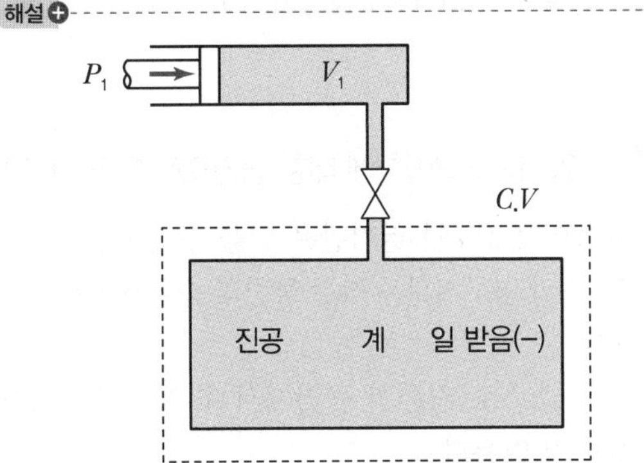

진공인 탱크가 공급관에 연결된 것과 그림에서 피스톤이 진공 탱크에 유입되는 수증기를 밀어 넣는 것과 같은 개념으로 생각해서 문제를 해석하는 게 쉽다. → 들어가고 나가는 질량유량이 없어 검사질량(일정질량)의 경계가 움직이며 검사질량인 수증기에 일을 가한다.

처음에 계가 일을 받으므로

$(-)\,{}_1W_2 = P_1 V_1 = mP_1 v_1$

${}_1Q_2 = U_2 - U_1 + {}_1W_2$에서 단열이므로

$0 = U_2 - U_1 - P_1 V_1$

비내부에너지와 비체적을 적용하면

$0 = m(u_2 - u_1) - mP_1 v_1$

$= mu_2 - m(u_1 + P_1 v_1)$ $(\because\ h = u + Pv)$

$= mu_2 - mh_1$

$\therefore\ u_2 = h_1$

$u_2 = u_1 + P_1 v_1$

$u_2 - u_1 = P_1 v_1 = RT_1$

$Pv = RT$와 $du = C_v dT$를 적용하면

$C_v(T_2 - T_1) = RT_1$

$\frac{R}{k-1}(T_2 - T_1) = RT_1$

$T_2 - T_1 = (k-1)T_1$

$\therefore\ T_2 = kT_1 = 1.4 \times (25+273) = 417.2\text{K}$

$\rightarrow 417.2 - 273 = 144.2℃$

64 열역학적 관점에서 다음 장치들에 대한 설명으로 옳은 것은?

① 노즐은 유체를 서서히 낮은 압력으로 팽창하여 속도를 감속시키는 기구이다.
② 디퓨저는 저속의 유체를 가속하는 기구이며 그 결과 유체의 압력이 증가한다.
③ 터빈은 작동유체의 압력을 이용하여 열을 생성하는 회전식 기계이다.
④ 압축기의 목적은 외부에서 유입된 동력을 이용하여 유체의 압력을 높이는 것이다.

해설

- 노즐 : 속도를 증가시키는 기구(운동에너지를 증가시킴)
- 디퓨저 : 유체의 속도를 감속하여 유체의 압력을 증가시키는 기구
- 터빈 : 일을 만들어 내는 회전식 기계(축일을 만드는 장치)

정답 63 ④ 64 ④

65 그림과 같은 공기표준 브레이튼(Brayton) 사이클에서 작동유체 1kg당 터빈 일(kJ/kg)은? (단, $T_1 = 300\text{K}$, $T_2 = 475.1\text{K}$, $T_3 = 1,100\text{K}$, $T_4 = 694.5\text{K}$이고, 공기의 정압비열과 정적비열은 각각 1.0035kJ/kg · K, 0.7165kJ/kg · K이다.)

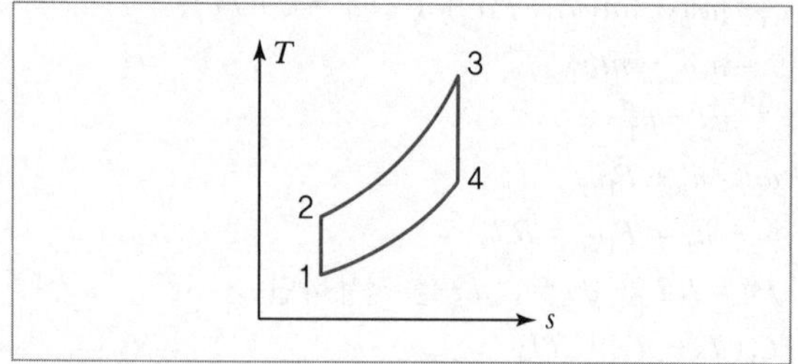

① 290 ② 407
③ 448 ④ 627

해설

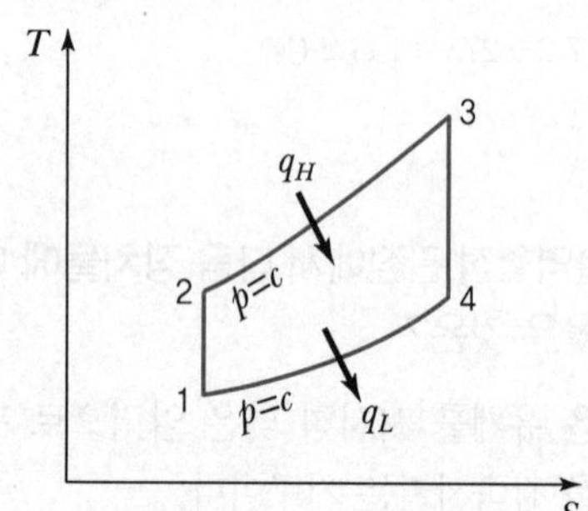

단열팽창하는 공업일이 터빈 일이므로

$\delta q^{\nearrow 0} = dh - vdp$

$0 = dh - vdp$

여기서, $\delta w_T = -vdp = -dh$(3 → 4과정)

$\therefore {}_3w_{T4} = \int -C_p dT$

$= -C_p(T_4 - T_3)$

$= C_p(T_3 - T_4)$

$= 1.0035 \times (1,100 - 694.5)$

$= 406.92\text{kJ/kg}$

66 다음 중 가장 큰 에너지는?

① 100kW 출력의 엔진이 10시간 동안 한 일
② 발열량 10,000kJ/kg의 연료를 100kg 연소시켜 나오는 열량
③ 대기압하에서 10℃의 물 10m³를 90℃로 가열하는 데 필요한 열량(단, 물의 비열은 4.2kJ/kg · K이다.)
④ 시속 100km로 주행하는 총 질량 2,000kg인 자동차의 운동에너지

해설

① $100\dfrac{\text{kJ}}{\text{s}} \times 10\text{h} \times \dfrac{3,600\text{s}}{1\text{h}} = 3.6 \times 10^6\text{kJ}$

② $Q = mq = 100\text{kg} \times 10,000\text{kJ/kg} = 1 \times 10^6\text{kJ}$

③ $Q = mc\Delta T = \rho Vc\Delta T$

$= 1,000\text{kg/m}^3 \times 10\text{m}^3 \times 4.2 \times (90 - 10)$

$= 3.36 \times 10^6\text{kJ}$

④ $E_K = \dfrac{1}{2} m V^2$

$= \dfrac{1}{2} \times 2,000\text{kg} \times 100^2 \left(\dfrac{\text{km}}{\text{h}}\right)^2 \times \left(\dfrac{1,000\text{m}}{\text{km}}\right)^2 \times \left(\dfrac{1\text{h}}{3,600\text{s}}\right)^2$

$= 7.71 \times 10^6\text{J} = 7.71 \times 10^3\text{kJ}$

67 열역학 제2법칙에 대한 설명으로 틀린 것은?

① 효율이 100%인 열기관은 얻을 수 없다.
② 제2종의 영구기관은 작동 물질의 종류에 따라 가능하다.
③ 열은 스스로 저온의 물질에서 고온의 물질로 이동하지 않는다.
④ 열기관에서 작동 물질이 일을 하게 하려면 그 보다 더 저온인 물질이 필요하다.

정답 65 ② 66 ① 67 ②

해설

열역학 제2법칙을 위배하는 기관은 제2종 영구기관으로 열효율 100%인 제2종 영구기관은 만들 수 없다.

68 준평형 정적과정을 거치는 시스템에 대한 열전달량은?(단, 운동에너지와 위치에너지의 변화는 무시한다.)

① 0이다.
② 이루어진 일량과 같다.
③ 엔탈피 변화량과 같다.
④ 내부에너지 변화량과 같다.

해설

$\delta q = du + pdv$

$v = c$, $dv = 0$이므로

$\therefore\ {}_1q_2 = u_2 - u_1$

69 이상기체 1kg을 300K, 100kPa에서 500K까지 "PV^n = 일정"의 과정(n = 1.2)을 따라 변화시켰다. 이 기체의 엔트로피 변화량(kJ/K)은?(단, 기체의 비열비는 1.3, 기체상수는 0.287kJ/kg · K이다.)

① −0.244　② −0.287
③ −0.344　④ −0.373

해설

$n = 1.2$인 폴리트로픽 과정에서의 엔트로피 변화량이므로

$dS = \dfrac{\delta Q}{T}$에서 $\delta Q = mC_n dT = m\left(\dfrac{n-k}{n-1}\right)C_v dT$

여기서, C_n : 폴리트로픽 비열

$$S_2 - S_1 = m \times \frac{n-k}{n-1} C_v \int_1^2 \frac{1}{T} dT \ (\text{여기서, } k = 1.3)$$

$$= m \times \frac{n-k}{n-1} C_v \ln\frac{T_2}{T_1} = m \times \frac{n-k}{n-1}\frac{R}{k-1} ln\frac{T_2}{T_1}$$

$$= 1 \times \left(\frac{1.2-1.3}{1.2-1}\right) \times \left(\frac{0.287}{1.3-1}\right) \times \ln\left(\frac{500}{300}\right)$$

$$= -0.2443\,\text{kJ/K}$$

70 펌프를 사용하여 150kPa, 26℃의 물을 가역단열과정으로 650kPa까지 변화시킨 경우, 펌프의 일(kJ/kg)은?(단, 26℃의 포화액의 비체적은 0.001m³/kg이다.)

① 0.4　② 0.5
③ 0.6　④ 0.7

해설

펌프일 → 개방계의 일 → 공업일

$\delta w_t = -vdp$

[계가 일을 받으므로(−)]

$\delta w_p = (-) - vdp = vdp$

$$w_p = \int_1^2 vdp = v(p_2 - p_1)$$

$$= 0.001(650 - 150) = 0.5\text{kJ/kg}$$

71 길이 150m인 배를 길이 10m인 모형으로 조파 저항에 관한 실험을 하고자 한다. 실형의 배가 70km/h로 움직인다면, 실형과 모형 사이의 역학적 상사를 만족하기 위한 모형의 속도는 약 몇 km/h인가?

① 271　② 56
③ 18　④ 10

해설

배는 자유표면 위를 움직이므로 모형과 실형 사이의 프루드수를 같게 하여 실험한다.

$Fr)_m = Fr)_p$

$$\left.\frac{V}{\sqrt{Lg}}\right)_m = \left.\frac{V}{\sqrt{Lg}}\right)_p$$

여기서, $g_m = g_p$이므로

$$\frac{V_m}{\sqrt{L_m}} = \frac{V_p}{\sqrt{L_p}}$$

$$\therefore\ V_m = \sqrt{\frac{L_m}{L_p}} \cdot V_p = \sqrt{\frac{10}{150}} \times 70 = 18.07\text{km/h}$$

정답　68 ④　69 ①　70 ②　71 ③

72 그림과 같이 물이 유량 Q로 저수조로 들어가고, 속도 $V=\sqrt{2gh}$로 저수조 바닥에 있는 면적 A_2의 구멍을 통하여 나간다. 저수조의 수면 높이가 변화하는 속도 $\frac{dh}{dt}$는?

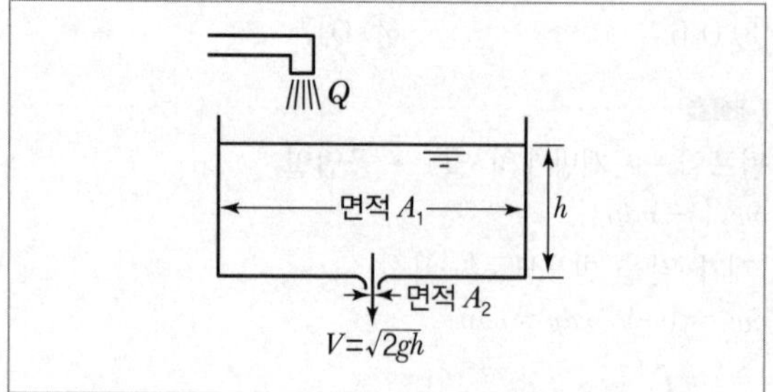

① $\frac{Q}{A_2}$

② $\frac{A_2\sqrt{2gh}}{A_1}$

③ $\frac{Q-A_2\sqrt{2gh}}{A_2}$

④ $\frac{Q-A_2\sqrt{2gh}}{A_1}$

해설

들어오는 체적유량은 수조에서 빠져나가는 유량과 저수조의 변화유량의 합과 같다.

체적유량 $Q=A_2\sqrt{2gh}+A_1\frac{dh}{dt}$

여기서, $\frac{dh}{dt}$: 수조 높이의 변화속도

$\therefore \frac{dh}{dt}=\frac{Q-A_2\sqrt{2gh}}{A_1}$

73 그림과 같이 오일이 흐르는 수평관로 두 지점의 압력차 p_1-p_2를 측정하기 위하여 오리피스와 수은을 넣은 U자관을 설치하였다. p_1-p_2로 옳은 것은?(단, 오일의 비중량은 γ_{oil}이며, 수은의 비중량은 γ_{Hg}이다.)

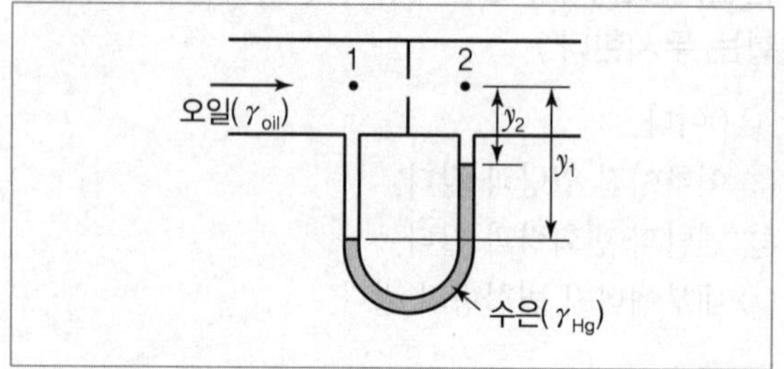

① $(y_1-y_2)(\gamma_{Hg}-\gamma_{oil})$

② $y_2(\gamma_{Hg}-\gamma_{oil})$

③ $y_1(\gamma_{Hg}-\gamma_{oil})$

④ $(y_1-y_2)(\gamma_{oil}-\gamma_{Hg})$

해설

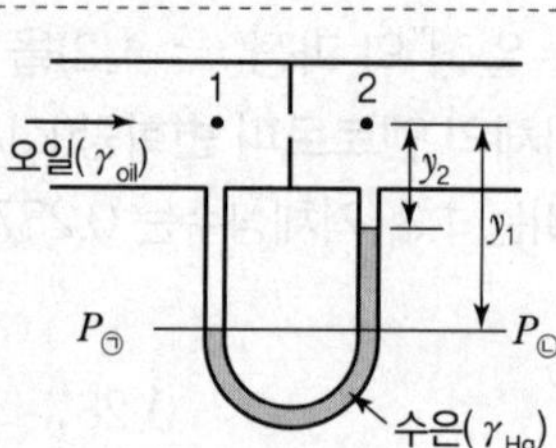

등압면이므로 $P_㉠=P_㉡$

$P_㉠=P_1+\gamma_{oil}\times y_1$

$P_㉡=P_2+\gamma_{oil}\times y_2+\gamma_{Hg}(y_1-y_2)$

$P_1+\gamma_{oil}\times y_1=P_2+\gamma_{oil}\times y_2+\gamma_{Hg}(y_1-y_2)$

$\therefore P_1-P_2=\gamma_{oil}\times y_2+\gamma_{Hg}(y_1-y_2)-\gamma_{oil}\times y_1$

$=(\gamma_{Hg}-\gamma_{oil})(y_1-y_2)$

정답 72 ④ 73 ①

74 그림과 같이 비중이 1.3인 유체 위에 깊이 1.1m로 물이 채워져 있을 때, 직경 5cm의 탱크 출구로 나오는 유체의 평균속도는 약 몇 m/s인가?(단, 탱크의 크기는 충분히 크고 마찰손실은 무시한다.)

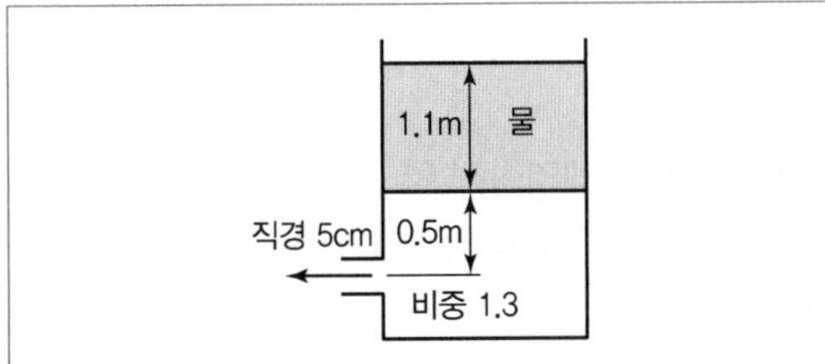

① 3.9 ② 5.1
③ 7.2 ④ 7.7

해설

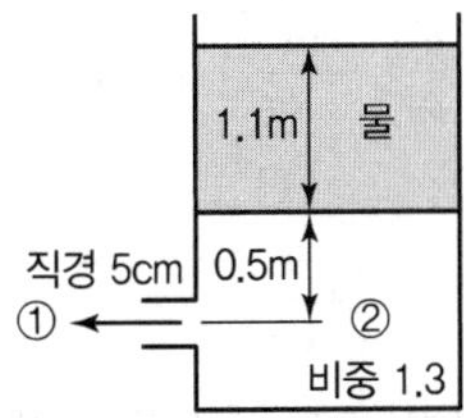

①과 ②에 베르누이 방정식 적용

$$\frac{p_1}{\gamma}+\frac{{V_1}^2}{2g}+z_1=\frac{p_2}{\gamma}+\frac{{V_2}^2}{2g}+z_2$$

여기서, $z_1=z_2$

$P_1=P_o$(대기압)

$\gamma=S\gamma_w$

그림에서 ②의 압력 $P_2=P_o+\gamma_w\times1.1+S\gamma_w\times0.5$이므로

$$\frac{{V_1}^2}{2g}=\frac{P_2-P_1}{S\gamma_w}$$

$$=\frac{P_o+\gamma_w\times1.1+1.3\times\gamma_w\times0.5-P_o}{1.3\times\gamma_w}$$

$=1.35$

$\therefore\ V_1=\sqrt{2\times9.8\times1.35}=5.14\text{m/s}$

75 그림과 같이 폭이 2m인 수문 ABC가 A점에서 힌지로 연결되어 있다. 그림과 같이 수문이 고정될 때 수평인 케이블 CD에 걸리는 장력은 약 몇 kN인가?(단, 수문의 무게는 무시한다.)

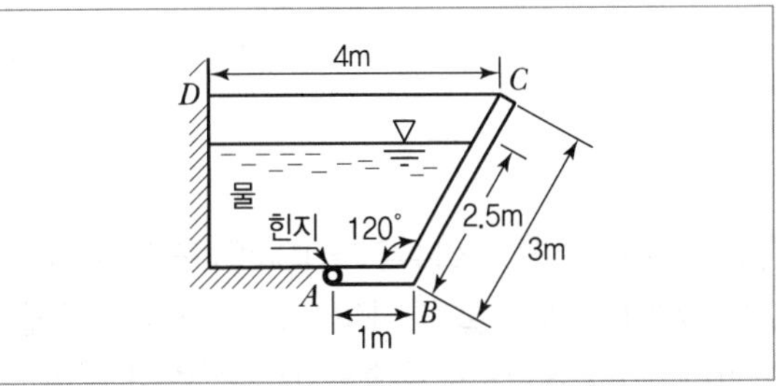

① 38.3 ② 35.4
③ 25.2 ④ 22.9

해설

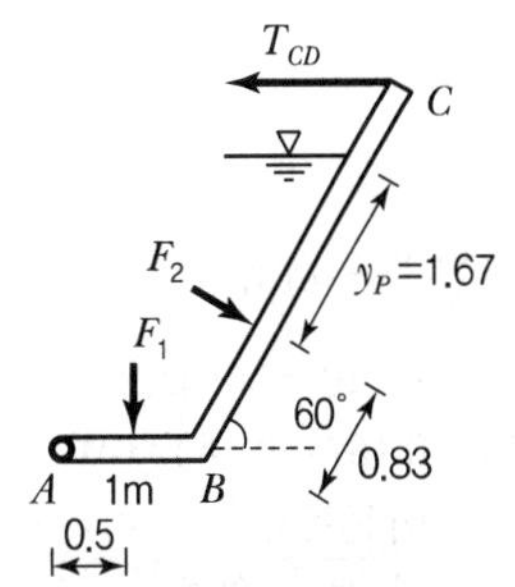

- 수문 AB 부분에 작용하는 전압력 F_1

$=\gamma\overline{h_1}A_1$

(여기서, $\overline{h_1}=2.5\times\sin60°$, $A_1=2\text{m}\times1\text{m}$)

$=9{,}800\times2.5\times\sin60\times2\times1$

$=42{,}435\text{N}=42.44\text{kN}$

- 수문 BC 부분에 작용하는 전압력 F_2

$=\gamma\overline{h_2}A_2$

(여기서, $\overline{h_2}=1.25\times\sin60°$, $A_2=2\text{m}\times2.5\text{m}$)

$=9{,}800\times1.25\times\sin60\times2\times2.5$

$=53{,}044\text{N}=53.04\text{kN}$

F_2가 작용하는 전압력 중심까지의 거리 y_p

$$=\bar{y}+\frac{I_X}{A\bar{y}}=1.25+\frac{\frac{2\times2.5^3}{12}}{2\times2.5\times1.25}$$

$=1.67\text{m}$

정답 74 ② 75 ②

• $\sum M_{A지점}=0$: $F_1\times0.5+F_2\times0.83+F_2\times\cos60\times1-T_{CD}\times3\sin60=0$

$$T_{CD}=\frac{F_1\times0.5+F_2\times0.83+F_2\times\cos60\times1}{3\sin60}$$
$$=\frac{42.44\times0.5+53.04\times0.83+53.04\times\cos60\times1}{3\sin60}$$
$$=35.32\text{kN}$$

76 관로의 전 손실수두가 10m인 펌프로부터 21m 지하에 있는 물을 지상 25m의 송출액면에 10m^3/min의 유량으로 수송할 때 축동력이 124.5 kW이다. 이 펌프의 효율은 약 얼마인가?

① 0.70 ② 0.73
③ 0.76 ④ 0.80

해설

$H_{th}=\gamma HQ$

$Q=10\dfrac{\text{m}^3}{\text{min}}\times\dfrac{1\text{min}}{60\text{s}}=0.167\text{m}^3/\text{s}$

전양정 $H=21+25+10=56$이므로

$H_{th}=9{,}800\times56\times0.167=91{,}649.6\text{W}=91.6\text{kW}$

$$\therefore\ \eta_p=\frac{\text{이론동력}}{\text{축동력(운전동력, 실제동력)}}=\frac{H_{th}}{H_s}=\frac{91.6}{124.5}=0.736$$

77 모세관을 이용한 점도계에서 원형관 내의 유동은 비압축성 뉴턴유체의 층류유동으로 가정할 수 있다. 원형관의 입구 측과 출구 측의 압력차를 2배로 늘렸을 때, 동일한 유체의 유량은 몇 배가 되는가?

① 2배 ② 4배
③ 8배 ④ 16배

해설

비압축성 뉴턴유체의 층류유동은 하이겐 포아젤 방정식으로 나타나므로 $Q=\dfrac{\Delta P\pi d^4}{128\mu l}$

$Q\propto\Delta p$이므로 Δp를 두 배로 늘리면 유량도 2배가 된다.

78 다음 유체역학적 양 중 질량차원을 포함하지 않는 양은 어느 것인가?(단, MLT 기본차원을 기준으로 한다.)

① 압력 ② 동점성계수
③ 모멘트 ④ 점성계수

해설

동점성계수 $\nu=\dfrac{\mu}{\rho}=\dfrac{\frac{\text{g}}{\text{cm}\cdot\text{s}}}{\frac{\text{g}}{\text{cm}^3}}=\text{cm}^2/\text{s}\ \rightarrow\ L^2T^{-1}$

79 그림과 같이 속도가 V인 유체가 속도 U로 움직이는 곡면에 부딪혀 90°의 각도로 유동방향이 바뀐다. 다음 중 유체가 곡면에 가하는 힘의 수평방향 성분 크기가 가장 큰 것은?(단, 유체의 유동단면적은 일정하다.)

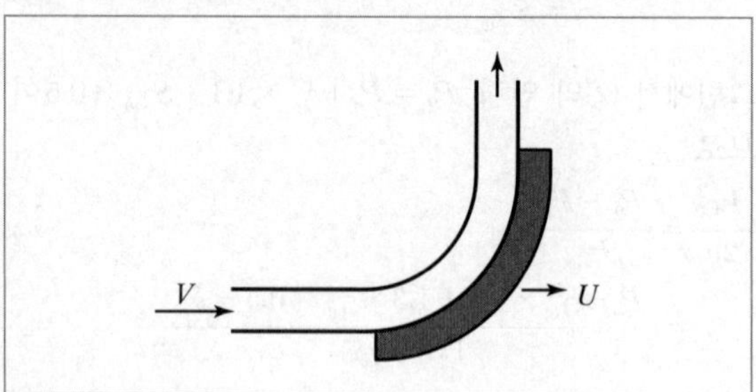

① $V=10\text{m/s},\ U=5\text{m/s}$
② $V=20\text{m/s},\ U=15\text{m/s}$
③ $V=10\text{m/s},\ U=4\text{m/s}$
④ $V=25\text{m/s},\ U=20\text{m/s}$

정답 76 ② 77 ① 78 ② 79 ③

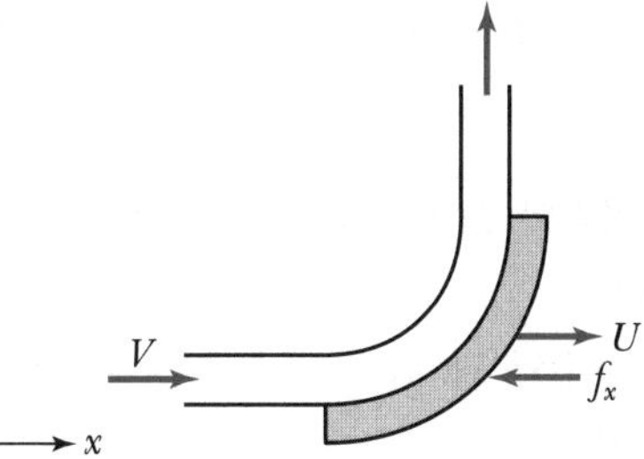

검사면에 작용하는 힘은 검사체적 안의 운동량 변화량과 같다.

$-f_x = \rho Q(V_{2x} - V_{1x})$

여기서, $V_{2x} = 0$

$V_{1x} = (V-u)$: 이동날개에서 바라본 물의 속도

$Q = A(V-u)$: 날개에 부딪히는 실제유량

$\therefore \ -f_x = \rho Q(-(V-u))$

$f_x = \rho A(V-u)^2$

$(V-u)^2$이 가장 커야 하므로 $(10-4)^2$인 ③이 정답이다.

80 피에조미터관에 대한 설명으로 틀린 것은?

① 계기유체가 필요 없다.
② U자관에 비해 구조가 단순하다.
③ 기체의 압력 측정에 사용할 수 있다.
④ 대기압 이상의 압력 측정에 사용할 수 있다.

해설

피에조미터관은 비압축성 유체(액체)의 압력측정에 사용된다.

정답 80 ③

제17회 CBT 실전 모의고사

1과목 기계제도 및 설계

01 2개의 입체가 서로 만날 경우 두 입체 표면에 만나는 선이 생기는데 이 선을 무엇이라고 하나?

① 분할선 ② 입체선
③ 직립선 ④ 상관선

해설

상관선
2개의 입체가 서로 만날 경우 두 입체 표면에서 만나는 경계선을 말한다.

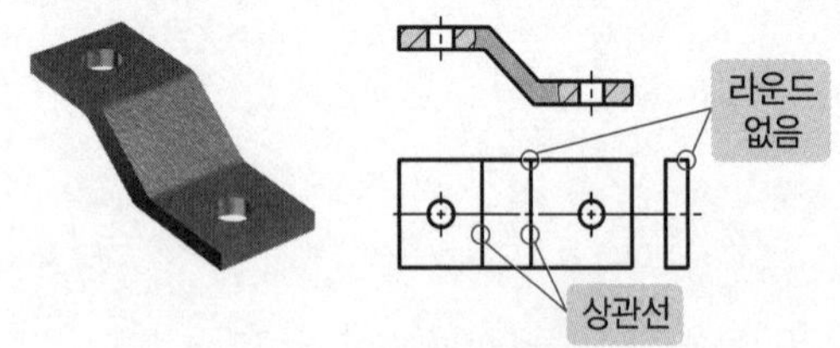

| 라운드 없는 구부러진 물체 |

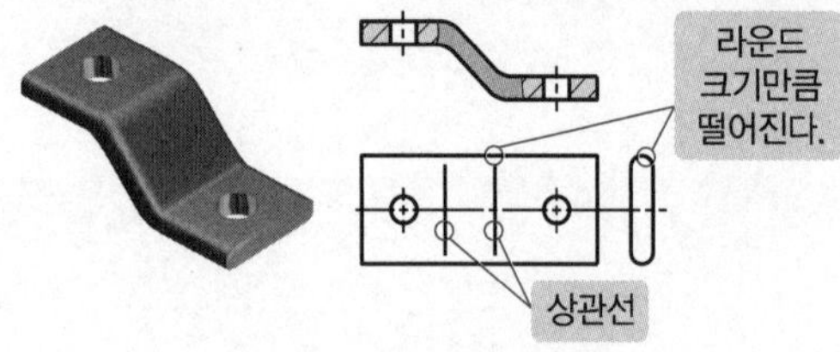

| 라운드 있는 구부러진 물체 |

02 개스킷, 박판, 형강 등과 같이 절단면이 얇은 경우 이를 나타내는 방법으로 옳은 것은?

① 실제 치수와 관계없이 1개의 가는 1점쇄선으로 나타낸다.
② 실제 치수와 관계없이 1개의 극히 굵은 실선으로 나타낸다.
③ 실제 치수와 관계없이 1개의 굵은 1점쇄선으로 나타낸다.
④ 실제 치수와 관계없이 1개의 극히 굵은 2점쇄선으로 나타낸다.

해설

개스킷, 박판, 형강 등의 절단면이 얇은 경우 실제 치수와 관계없이 아주 굵은 실선으로 단면을 표시한다.

| 얇은 두께 부분의 단면도 |

03 다음 도면에서 대상물의 형상과 비교하여 치수 기입이 틀린 것은?

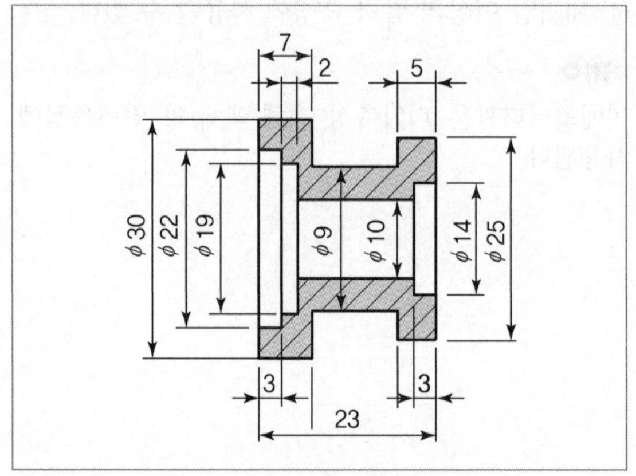

① 7 ② $\phi 9$
③ $\phi 14$ ④ $\phi 30$

정답 01 ④ 02 ② 03 ②

해설

$\phi 9$ 치수가 잘못 되었다.
$\phi 9$ 치수와 가까운 지름 치수인 $\phi 14$, $\phi 19$에서 가는 2점 쇄선을 그어보면 $\phi 9$가 아니라 $\phi 14$보다는 크고 $\phi 19$보다 작은 치수임을 알 수 있다.

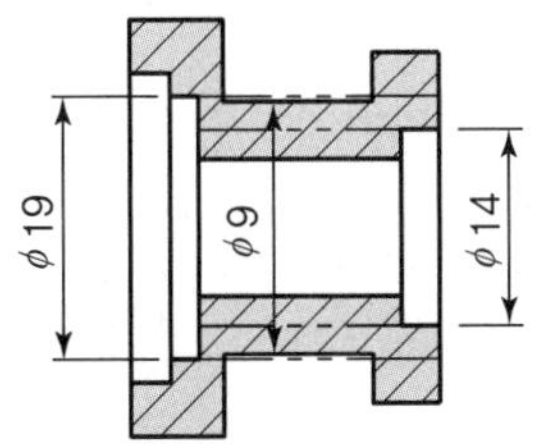

04 나사의 제도방법을 설명한 것으로 틀린 것은?

① 수나사에서 골 지름은 가는 실선으로 도시한다.
② 불완전 나사부를 나타내는 골지름 선은 축선에 대해서 평행하게 표시한다.
③ 암나사의 측면도에서 호칭경에 해당하는 선은 가는 실선이다.
④ 완전나사부란 산봉우리와 골 및 모양의 양쪽 모두 완전한 산형으로 이루어지는 나사부이다.

해설

② 불완전 나사부를 나타내는 골지름 선은 축선에 대해서 30°로 표시한다.

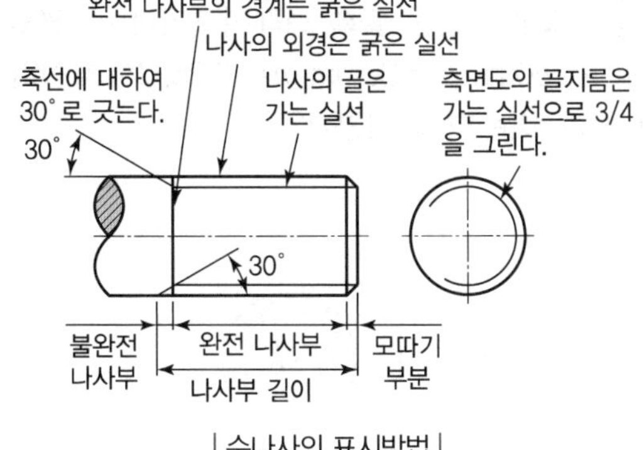

| 수나사의 표시방법 |

05 코일스프링의 제도에 대한 설명 중 틀린 것은?

① 원칙적으로 하중이 걸리지 않는 상태로 그린다.
② 특별한 단서가 없는 한 모두 오른쪽 감기로 도시하고, 왼쪽 감기로 도시할 때에는 '감긴 방향 왼쪽'이라고 표시한다.
③ 그림 안에 기입하기 힘든 사항은 일괄하여 요목표에 표시한다.
④ 부품도 등에서 동일 모양 부분을 생략하는 경우에는 생략된 부분을 가는 파선 또는 굵은 파선으로 표시한다.

해설

④ 코일스프링에서 양 끝을 제외한 동일 모양 부분의 일부를 생략하는 경우에는 생략하는 부분의 선지름의 중심선을 가는 1점쇄선으로 그린다.

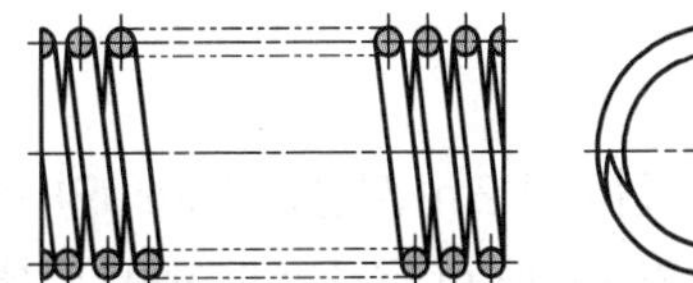

| 코일스프링 부분 생략도 |

06 $\varnothing 40^{-0.021}_{-0.037}$의 구멍과 $\varnothing 40^{\ 0}_{-0.016}$의 축 사이의 최소죔새는?

① 0.053 ② 0.037
③ 0.021 ④ 0.005

해설

최소죔새는 축은 가장 작고, 구멍은 가장 클 때 발생하므로 "축의 최소허용치수−구멍의 최대허용치수"를 구하면 된다.

축의 최소허용치수 $= 40 + (-0.016) = 39.984$
구멍의 최대허용치수 $= 40 + (-0.021) = 39.979$
$\therefore$ 최소죔새 $= 39.984 - 39.979 = 0.005$

정답 04 ② 05 ④ 06 ④

07 (x, y) 평면에서 두 점 (－5, 0), (4, －3)을 지나는 직선의 방정식은?

① $y=-\frac{2}{3}x-\frac{5}{3}$　② $y=-\frac{1}{2}x-\frac{5}{2}$
③ $y=-\frac{1}{3}x-\frac{5}{3}$　④ $y=-\frac{3}{2}x-\frac{4}{3}$

해설

두 점 (−5, 0), (4, −3)을 지나는 직선의 기울기는 $\frac{-3-0}{4-(-5)}=\frac{-3}{9}=-\frac{1}{3}$이다.

기울기가 $-\frac{1}{3}$이면서 (−5, 0)을 지나는 직선의 방정식은

$y-0=-\frac{1}{3}\{x-(-5)\}$

$\therefore\ y=-\frac{1}{3}x-\frac{5}{3}$

08 중실축 길이가 2m, 지름이 60mm인 축에 비틀림모멘트가 2kN · m 작용할 때 축에 발생하는 비틀림각은 몇 도(°)인가?(단, 축 재료의 가로 탄성계수는 60GPa이다.)

① 3°　② 5°
③ 7°　④ 9°

해설

$$\theta=\frac{T\cdot l}{G\cdot I_P}=\frac{2\times10^3\times2}{60\times10^9\times\frac{\pi\times(0.06)^4}{32}}=0.052(\text{rad})$$

$$\rightarrow 0.052(\text{rad})\times\frac{180°}{\pi(\text{rad})}=2.98°\fallingdotseq3°$$

09 롤러베어링에서 기본정격수명을 L(rev), 베어링의 기본 동정격 하중을 C(N), 베어링에 발생하는 동등가하중을 P(N)라 할 때 이에 대한 관계식으로 옳은 것은?

① $L=\left(\frac{P}{c}\right)^3\times10^6$　② $L=\left(\frac{c}{P}\right)^3\times10^6$
③ $L=\left(\frac{P}{c}\right)^{\frac{10}{3}}\times10^6$　④ $L=\left(\frac{c}{P}\right)^{\frac{10}{3}}\times10^6$

해설

롤러베어링 베어링지수 $r=\frac{10}{3}$

$$L=L_n=\left(\frac{c}{P}\right)^r\times10^6(\text{rev})=\left(\frac{\text{c}}{\text{P}}\right)^{\frac{10}{3}}\times10^6$$

10 잇수 26, 피치 10.5mm, 회전수 500rpm의 스프로킷 휠에 40번 롤러 체인을 사용하였을 경우, 전달동력은 몇 kW인가?(단, 40번 롤러 체인의 파단하중은 30kN, 안전율은 10이다.)

① 4.8　② 5.8
③ 6.8　④ 7.8

해설

허용하중 $F_a=\frac{F_f}{S}=\frac{30\times10^3}{10}=3{,}000\text{N}$

전달동력 H

$=F_a\cdot V=F_a\cdot\frac{\pi DN}{60{,}000}=F_a\times\frac{pzN}{60{,}000}$

$=3{,}000\times\frac{10.5\times26\times500}{60{,}000}=6{,}825\text{W}\fallingdotseq6.8\text{kW}$

11 그림과 같은 블록 브레이크에서 a=800 mm, b=80mm, c=30mm, μ= 0.25, F= 15N일 때 N과 Q는 약 몇 N인가?

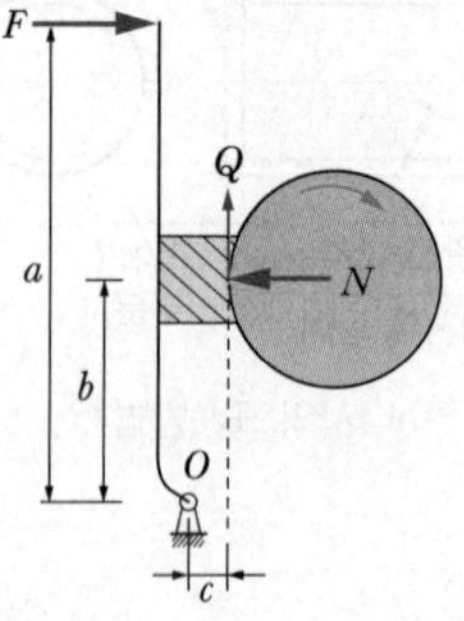

정답　07 ③　08 ①　09 ④　10 ③　11 ①

① $N=137.14$, $Q=34.29$
② $N=137.14$, $Q=30.29$
③ $N=147.14$, $Q=34.29$
④ $N=147.14$, $Q=30.29$

해설

(1) $\sum M_O=0$ 에서 $Fa-Nb-\mu Nc=0$

$$\therefore N=\frac{F\cdot a}{(b+\mu c)}=\frac{15\times 800}{(80+0.25\times 30)}=137.14\text{N}$$

(2) 제동력 $Q=F_f(\text{마찰력})=\mu N$

$$=0.25\times 137.14=34.29\text{N}$$

12 홈 마찰차에서 홈의 각도가 2α이고 접촉부 마찰계수가 μ일 때 등가마찰계수(혹은 상당마찰계수)를 나타내는 식은?

① $\dfrac{\mu}{\sin\alpha+\cos\alpha}$　② $\dfrac{\mu}{\sin\alpha+\mu\cos\alpha}$
③ $\dfrac{\mu}{\cos\alpha+\mu\sin\alpha}$　④ $\dfrac{\mu}{1+\mu\tan\alpha}$

해설

상당마찰계수 $\mu'=\dfrac{\mu}{\sin\alpha+\mu\cos\alpha}$ 이며, 홈마찰차이 외에도 원추 클러치, 원추 브레이크, V벨트에 쓰인다.

13 코일스프링에서 하중을 P, 코일의 유효지름을 D, 소선의 지름을 d, 코일의 전단탄성계수를 G, 유효감김수를 n이라 할 때 코일스프링의 처짐량(δ)을 구하는 식은?

① $\delta=\dfrac{Gd^4}{8nPD^3}$　② $\delta=\dfrac{Gnd^4}{8PD^3}$
③ $\delta=\dfrac{8nPD^3}{Gd^4}$　④ $\delta=\dfrac{8PD^3}{Gnd^4}$

14 원추 클러치에서 원추각이 마찰각 이하로 될 때 나타나는 현상으로 옳은 것은?

① 원추를 잡아 빼내는 데 힘이 들어 불편하다.
② 축방향에 밀어 부치는 힘 P가 크게 된다.
③ 시동할 때 클러치의 물리는 상태가 아주 원활하기 때문에 충격이 일어나지 않는다.
④ 모양이 소형이 되므로 공작이 용이하다.

해설

원추각이 마찰각 이하인 상태에서 동력을 끊기 위해 클러치를 빼려면 힘이 들어 클러치로 사용하기에는 불편하다.

15 축방향의 인장력이나 압축력을 전달하는 데 가장 적합한 축 이음은?

① 머프(Muff Coupling)
② 유니버설 조인트(Universal Joint)
③ 코터 이음(Cotter Joint)
④ 올덤 축이음(Oldham's Coupling)

16 그림과 같은 유압기호가 나타내는 명칭은?

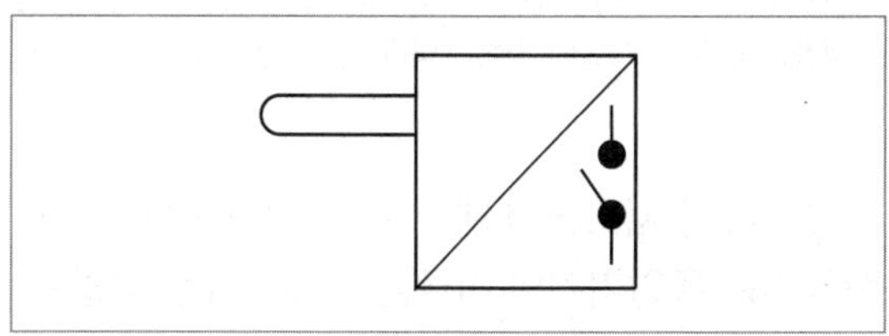

① 전자 변환기　② 압력 스위치
③ 리밋 스위치　④ 아날로그 변환기

해설

명칭	기호
압력 스위치	
리밋 스위치	
아날로그 변환기	

정답 12 ② 13 ③ 14 ① 15 ③ 16 ③

17 액추에이터의 공급 쪽 관로에 설정된 바이패스 관로의 흐름을 제어함으로써 속도를 제어하는 회로는?

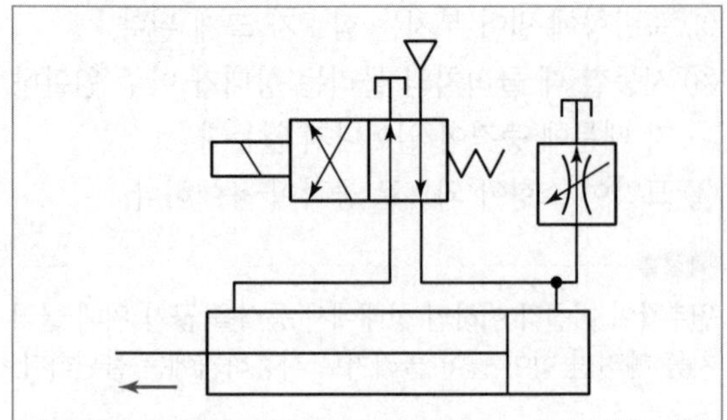

① 배압 회로　② 미터인 회로
③ 플립플롭 회로　④ 블리드오프 회로

해설

실린더에 공급되는 유량을 조절하여 실린더의 속도를 제어하는 회로

- 미터인 방식 : 실린더의 입구 쪽 관로에서 유량을 교축시켜 작동속도를 조절하는 방식
- 미터아웃 방식 : 실린더의 출구 쪽 관로에서 유량을 교축시켜 작동속도를 조절하는 방식
- 블리드오프 방식 : 실린더로 흐르는 유량의 일부를 탱크로 분기함으로써 작동 속도를 조절하는 방식

18 유압 시스템의 배관계통과 시스템 구성에 사용되는 유압기기의 이물질을 제거하는 작업으로 오랫동안 사용하지 않던 설비의 운전을 다시 시작하였을 때나 유압 기계를 처음 설치하였을 때 수행하는 작업은?

① 펌핑　② 플러싱
③ 스위핑　④ 클리닝

해설

플러싱
유압회로 내의 이물질을 제거하거나 작동유 교환 시 오래된 오일과 슬러지를 용해하여 오염물의 전량을 회로 밖으로 배출시켜서 회로를 깨끗하게 하는 작업이다.

19 다음 중 오일의 점성을 이용하여 진동을 흡수하거나 충격을 완화시킬 수 있는 유압응용장치는?

① 압력계　② 토크 컨버터
③ 쇼크 업소버　④ 진동개폐 밸브

해설

쇼크 업소버
유체의 점성을 이용하여 충격이나 진동의 운동에너지를 열에너지로 바꿔서 흡수하는 장치

20 베인 펌프의 일반적인 구성 요소가 아닌 것은?

① 캠링　② 베인
③ 로터　④ 모터

해설

베인 펌프 내부구조

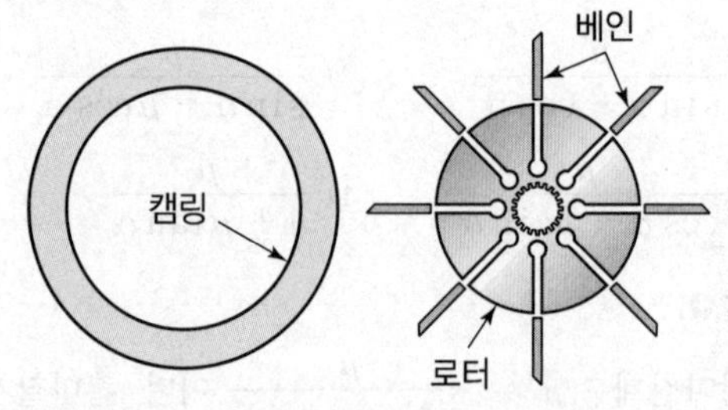

정답　17 ④　18 ②　19 ③　20 ④

2과목 기계재료 및 제작

21 질화법에 관한 설명 중 틀린 것은?

① 경화층은 비교적 얇고, 경도는 침탄한 것보다 크다.
② 질화법은 재료 중심까지 경화하는 데 그 목적이 있다.
③ 질화법의 기본적인 화학반응식은 $2NH_3 \rightarrow 2N + 3H_2$ 이다.
④ 질화법의 효과를 높이기 위해 첨가되는 원소는 Al, Cr, Mo 등이 있다.

해설

질화법은 표면경화법의 종류이다.

22 니켈－크롬 합금강에서 뜨임 메짐을 방지하는 원소는?

① Cu ② Mo
③ Ti ④ Zr

해설

니켈－크롬－몰리브덴강
Fe－C(0.32~0.4%)－Ni(1~3.5%)－Cr(0.5~1%)－Mo(0.3%)
구조용 Ni－Cr강에 0.3% 정도의 Mo을 첨가함으로써
- 강인성을 증가
- 담금질 시 질량 효과를 감소
- 뜨임저항을 방지

23 강의 5대 원소만을 나열한 것은?

① Fe, C, Ni, Si, Au
② Ag, C, Si, Co, P
③ C, Si, Mn, P, S
④ Ni, C, Si, Cu, S

24 탄소함유량이 0.8%가 넘는 고탄소강의 담금질 온도로 가장 적당한 것은?

① A_1 온도보다 30~50℃ 정도 높은 온도
② A_2 온도보다 30~50℃ 정도 높은 온도
③ A_3 온도보다 30~50℃ 정도 높은 온도
④ A_4 온도보다 30~50℃ 정도 높은 온도

해설

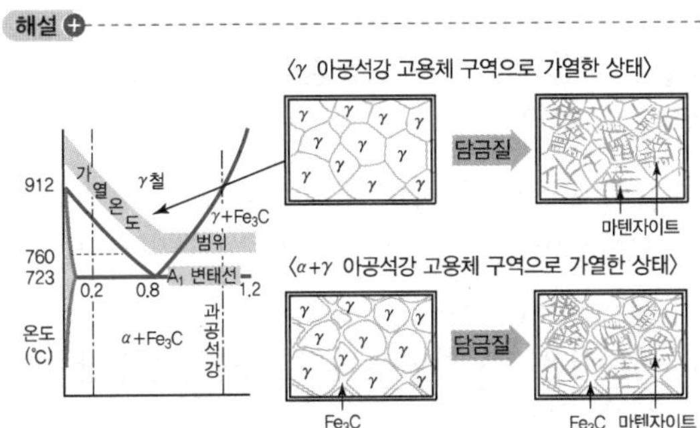

| 퀜칭의 온도범위와 조직변화(오스테나이트 → 마텐자이트로 변화) |

탄소강의 담금질
- 목적 : 재료의 경도와 강도를 높이기 위해
- 강이 오스테나이트 조직으로 될 때까지 A_1~A_3 변태점보다 30~50℃ 높은 온도로 가열한 후 물이나 기름으로 급랭하여 마텐자이트 변태가 되도록 하는 공정

25 주철의 특징을 설명한 것 중 틀린 것은?

① 백주철은 Si 함량이 적고, Mn 함량이 많아 화합탄소로 존재한다.
② 회주철은 C, Si 함량이 많고, Mn 함량이 적은 파면이 회색을 나타내는 것이다.
③ 구상흑연주철은 흑연의 형상에 따라 판상, 구상, 공정상 흑연주철로 나눌 수 있다.
④ 냉경주철은 주물 표면을 회주철로 인성을 높게 하고, 내부는 Fe_3C로 단단한 조직으로 만든다.

정답 21 ② 22 ② 23 ③ 24 ① 25 ④

해설

칠드 주철(Chilled Casting : 냉경주물)
사형에 단단한 조직이 필요한 부분에 금형을 설치하여 주물을 제작하면, 금형이 설치된 부분에서 급랭이 되어 표면은 단단하고 내부는 연하고 강인한 성질을 갖게 되어 칠드 주철을 얻을 수 있다.

26 고용체합금의 시효경화를 위한 조건으로서 옳은 것은?

① 급랭에 의해 제2상의 석출이 잘 이루어져야 한다.
② 고용체의 용해도 한계가 온도가 낮아짐에 따라 증가해야만 한다.
③ 기지상은 단단하여야 하며, 석출물은 연한 상이어야 한다.
④ 최대 강도 및 경도를 얻기 위해서는 기지 조직과 정합상태를 이루어야만 한다.

해설

① 급랭에 의해 제2상의 석출이 어려워야 한다(제2상의 석출이 잘 되면 시간이 지남에 따라 시효경화가 진행되지 않음).
② 고용체의 용해도 한계가 온도가 낮아짐에 따라 감소해야 한다.
③ 기지상은 연하여야 하고, 석출물은 단단해야 한다.

27 강을 생산하는 제강로를 염기성과 산성으로 구분하는데 이것은 무엇으로 구분하는가?

① 로 내의 내화물
② 사용되는 철광석
③ 발생하는 가스의 성질
④ 주입하는 용제의 성질

해설

선철의 불순물을 제거하는 공정을 제강이라 하고, 제강 시 로의 내화물의 종류에 따라 산성과 염기성으로 구분된다.

28 과랭 오스테나이트 상태에서 소성가공을 한 다음 냉각하여 마텐자이트화하는 열처리방법은?

① 오스포밍　　② 크로마이징
③ 심랭처리　　④ 인덕션하드닝

해설

오스포밍(Ausforming)
- 목적 : 소재를 소성가공하여 마텐자이트를 얻음으로써 기존의 담금질-템퍼링 한 경우보다 강도가 높다.
- 열처리 : 오스테나이트를 급랭하여 마텐자이트 시작 온도 바로 위에서 성형가공 후 서랭한다. 이후 인성을 부여하기 위해 뜨임을 실시한다.

29 냉간압연 스테인리스강판 및 강대(KSD 3698)에서 석출경화계 종류의 기호로 옳은 것은?

① STS305　　② STS410
③ STS430　　④ STS630

해설

석출 경화형 스테인리스강에 대표적인 것은 STS630(17-4PH)과 STS631(17-7PH)이 있다.

※ 석출 경화형 스테인리스강은 Austenite와 Martensite계의 결점을 없애고 이들의 장점을 겸비하게 한 강이다. 즉, Austenite계는 우수한 내열성 및 내식성을 가지고 있지만 강도가 부족하고, Martensite계는 경화능은 있으나 내식성 및 가공성이 좋지 못하므로 양계의 부족한 점을 보완하고, 좋은 특성을 살리기 위해 석출 경화현상을 이용해 제조한 강이다.

30 피로한도에 대한 설명 중 틀린 것은?

① 지름이 크면 피로한도는 작아진다.
② 노치가 있는 시험편의 피로한도는 작다.
③ 표면이 거친 것이 고운 것보다 피로한도가 높아진다.
④ 노치가 없을 때와 있을 때의 피로한도비를 노치계수라 한다.

정답　26 ④　27 ①　28 ①　29 ④　30 ③

해설

③ 표면이 고운 것이 거친 것보다 피로한도가 높아진다.

31 두께가 다른 여러 장의 강재 박판(薄板)을 겹쳐서 부채살 모양으로 모은 것이며 물체 사이에 삽입하여 측정하는 기구는?

① 와이어 게이지　② 롤러 게이지
③ 틈새 게이지　④ 드릴 게이지

해설

- 와이어 게이지 : 각종 선재의 지름이나 판재의 두께 측정
- 틈새 게이지 : 미소한 틈새 측정
- 드릴 게이지 : 드릴의 지름측정

32 판 두께 5mm인 연강 판에 직경 10mm의 구멍을 프레스로 블랭킹하려고 할 때, 총소요동력(P_t)은 약 몇 kW인가?(단, 프레스의 평균속도는 7m/min, 재료의 전단강도는 300N/mm^2, 기계의 효율은 80%이다.)

① 5.5　② 6.9
③ 26.9　④ 68.7

해설

총 소요동력(P_t) = 전단하중(P) × 전단속도(V)

$$\text{전단하중}(P) = \frac{\text{전단강도}(\tau)\times\text{단면적}(A)}{\text{효율}(\eta)}$$

$$P_t = PV = \frac{\tau\times A}{\eta}\times V = \frac{300\times\pi\times10\times5}{0.8}\times\frac{7}{60}$$

$$= 6{,}872.23\text{N}\cdot\text{m/s} = 6{,}872.23\text{W} = 6.87\text{kW}$$

33 Taylor의 공구 수명에 관한 실험식에서 세라믹 공구를 사용하여 지수(n)=0.5, 상수(C)=200, 공구 수명(T)을 30(min)으로 조건을 주었을 때, 적합한 절삭속도는 약 몇 m/min인가?

① 30.3　② 32.6
③ 34.4　④ 36.5

해설

공구 수명식(Taylor' Equation)

$VT^n = C$

여기서, V : 절삭속도(m/min), T : 공구수명(min), n : 지수, C : 상수

$$V = \frac{C}{T^n} = \frac{200}{30^{0.5}} = 36.51\text{m/min}$$

34 선반에서 주분력이 1.8kN, 절삭속도가 150 m/min일 때, 절삭동력은 약 몇 kW인가?

① 4.5　② 6
③ 7.5　④ 9

해설

$$\text{절삭동력 } H = \frac{FV}{60\eta}(\text{kW}) = \frac{1.8\times150}{60} = 4.5(\text{kW})$$

여기서, F : 주분력(kN), V : 절삭속도(m/min)
η : 효율(효율은 주어지지 않았으므로 무시한다.)

35 압연가공에서 압하율을 나타내는 공식은?(단, H_0는 압연 전의 두께, H_1은 압연 후의 두께이다.)

① $\frac{H_0 - H_1}{H_0}\times100(\%)$　② $\frac{H_1 - H_0}{H_1}\times100(\%)$
③ $\frac{H_1 + H_0}{H_0}\times100(\%)$　④ $\frac{H_1}{H_0}\times100(\%)$

해설

- 압하량 = $H_0 - H_1$
- 압하율 = $\frac{H_0 - H_1}{H_0}\times100(\%)$

여기서, H_0 : 롤러 통과 전 재료의 두께
H_1 : 롤러 통과 후 재료의 두께

정답　31 ③　32 ②　33 ④　34 ①　35 ①

36 스폿 용접과 같은 원리로 접합할 모재의 한 쪽 판에 돌기를 만들어 고정전극 위에 겹쳐놓고 가동전극으로 통전과 동시에 가압하여 저항열로 가열된 돌기를 접합시키는 용접법은?

① 플래시 버트 용접 ② 프로젝션 용접
③ 업셋 용접 ④ 단접

해설

① 플래시 버트 용접(Flash Butt Welding)
- 전류를 통한 상태에서 두 부재를 접근시키면 가장 가까운 돌출부에서 단락 전류가 발생되고 과열 용융되어 불꽃이 비산되는데, 이런 작용이 반복되면서 모재면에서 접합온도까지 가열한 후 축방향으로 큰 힘을 가하여 용접시공한다.
- 업셋 용접에 비해 가열의 범위가 좁고 이음의 신뢰성이 높다.
- 레일용접, 평강, 환봉, 샤프트, 체인케이블 등에 적용한다.

② 프로젝션 용접(Projection Welding)
- 점용접과 동일하나 작은 돌기를 만들어 용접한다.
- 동시에 많은 개소를 동시에 용접 가능하기 때문에 능률이 좋다.

③ 업셋 용접(Upset Welding)
- 저항용접 중 가장 먼저 개발된 것으로 널리 사용되고 있는 용접법이다.
- 접촉된 두 면에 전류를 흘려 접촉저항에 의해 가열하고 축방향으로 큰 힘을 가하여 용접시공한다.
- 환봉, 각봉, 관 판 등 제작에 사용한다.

④ 단접고주파용접(단접)
- 고주파의 전류를 용접 대상물에 흘려서 그때 발생되는 저항열에 의하여 용접온도까지 가열된 용접부에 압축을 가하는 용접법이다.
- 고상 용접과 유사한 조직을 얻게 된다.
- 일반 용융용접에서 발견되는 주조조직이 없고, 열간가공된 모재조직과 유사한 미세조직을 얻게 된다.
- 용접부의 표피만을 가열하기 때문에 소모되는 전력량이 적고 용접속도가 빠르다.
- 단접에 의해 용접을 수행하기 때문에 용접결함이 적다.
- 강관의 제작에 주로 적용한다.

37 방전가공(Electro Discharge Machining)에서 전극재료의 구비조건으로 적절하지 않은 것은?

① 기계가공이 쉬울 것
② 가공 속도가 빠를 것
③ 전극소모량이 많을 것
④ 가공 정밀도가 높을 것

해설

전극의 조건
- 열전도율이 좋고, 열적 변형이 적어야 한다.
- 고온과 방전가공유로부터 화학적 반응이 없어야 한다.
- 기계가공이 쉽고, 가공정밀도가 높아야 한다.
- 구하기 쉽고 가격이 싸야 한다.
- 공작물보다 경도가 낮아야 한다.

38 주물사에서 가스 및 공기에 해당하는 기체가 통과하여 빠져나가는 성질은?

① 보온성 ② 반복성
③ 내구성 ④ 통기성

해설

주물사는 통기성이 좋아 가스나 공기 배출이 쉬워야 한다.

39 다음 중 소성가공에 속하지 않는 것은?

① 코이닝(Coining)
② 스웨이징(Swaging)
③ 호닝(Honing)
④ 딥 드로잉(Deep Drawing)

해설

호닝(Honing)
- 혼(Hone)이라는 고운 숫돌 입자를 방사상의 모양으로 만들어 구멍에 넣고 회전운동시켜 구멍의 내면을 정밀하게 다듬질하는 방법이다.
- 원통의 내면을 절삭한 후 보링, 리밍 또는 연삭가공을 하고나서 구멍에 대한 진원도, 직진도 및 표면거칠기를 향상시키기 위해 사용한다.

정답 36 ② 37 ③ 38 ④ 39 ③

40 축방향의 이송을 행하지 않는 플런지 컷 연삭(Plunge Cut Grinding)이란 어떤 연삭 방법에 속하는가?

① 내면연삭 ② 나사연삭
③ 외경연삭 ④ 평면연삭

3과목 구조해석

41 단면 2차 모멘트가 251cm^{4}인 I형강 보가 있다. 이 단면의 높이가 20cm라면, 굽힘모멘트 $M=2{,}510\text{N}\cdot\text{m}$를 받을 때 최대굽힘응력은 몇 MPa인가?

① 100 ② 50
③ 20 ④ 5

해설

단면의 높이 $h=20\text{cm}$ 이므로

도심으로부터 최외단까지의 거리 $e=10\text{cm}=0.1\text{m}$

$$\sigma_b=\frac{M}{Z}=\frac{M}{\frac{I}{e}}=\frac{Me}{I}=\frac{2{,}510\times 0.1(\text{N}\cdot\text{m}\cdot\text{m})}{251\times 10^{-8}(\text{m}^4)}$$

$$=100\times 10^6\text{Pa}=100\text{MPa}$$

42 그림과 같은 구조물에서 AB 부재에 미치는 힘은 몇 kN인가?

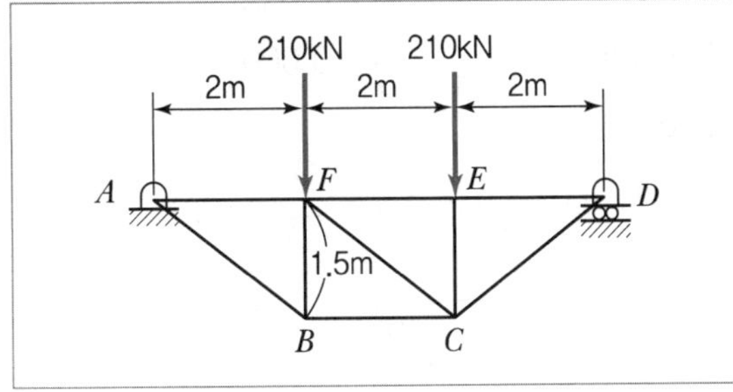

① 450 ② 350
③ 250 ④ 150

해설

그림에서

$\sum M_{A\text{지점}}=0$: $R_A\times 6-210\times 4-210\times 2=0$

$\therefore\ R_A=\dfrac{210\times 2+210\times 4}{6}=210\text{kN}$

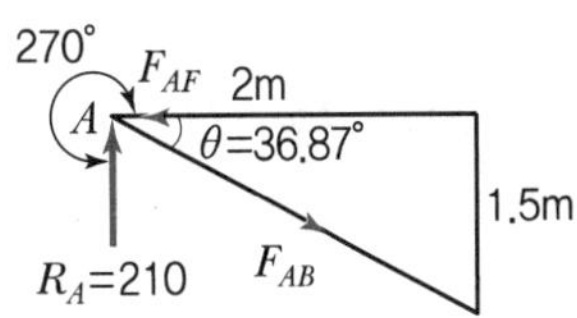

<F.B.D>

$\tan\theta=\dfrac{1.5}{2}\ \rightarrow\ \theta=\tan^{-1}\left(\dfrac{1.5}{2}\right)=36.87°$

〈F.B.D〉를 보면

A점에서 3력 부재이므로 라미의 정리에 의해

$\dfrac{R_A}{\sin 36.87°}=\dfrac{F_{AB}}{\sin 270°}$

$F_{AB}=\dfrac{210\times\sin 270°}{\sin 36.87°}=-350\text{kN}$

(A점으로 오는 $+R_A$와 A점으로부터 멀어지는 $-F_{AB}$의 개념)

43 다음 그림과 같은 외팔보에 하중 P_1, P_2가 작용될 때 최대굽힘모멘트의 크기는?

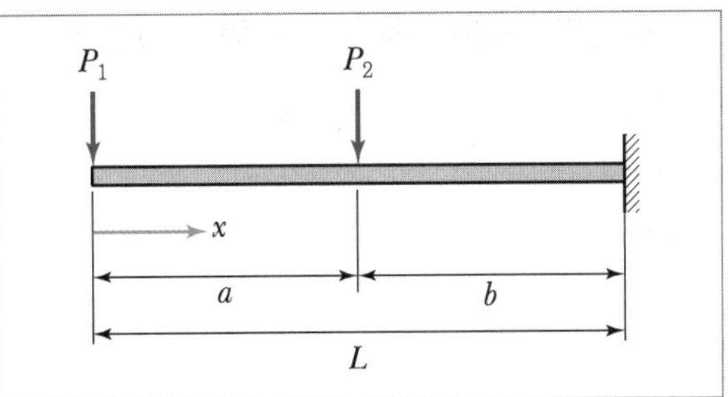

① $P_1\cdot a+P_2\cdot b$ ② $P_1\cdot b+P_2\cdot a$
③ $(P_1+P_2)\cdot L$ ④ $P_1\cdot L+P_2\cdot b$

정답 40 ③ 41 ① 42 ② 43 ④

해설

벽면 B에 작용하는 모멘트가 최대굽힘모멘트

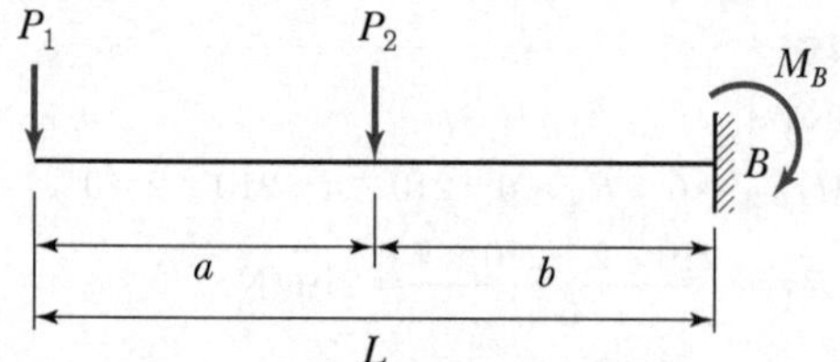

$\sum M_{B지점}=0 : -P_1L-P_2b+M_B=0$

$\therefore\ M_B=P_2b+P_1L$

44 열응력에 대한 다음 설명 중 틀린 것은?

① 재료의 선팽창 계수와 관계있다.
② 세로탄성계수와 관계있다.
③ 재료의 비중과 관계있다.
④ 온도차와 관계있다.

해설

$\sigma=E\cdot\varepsilon,\ \varepsilon=\alpha\cdot\Delta t$에서

$\sigma=E\cdot\alpha\cdot\Delta t$

45 중공 원형 축에 비틀림모멘트 $T=100$ N · m가 작용할 때, 안지름이 20mm, 바깥지름이 25mm라면 최대전단응력은 약 몇 MPa인가?

① 42.2 ② 55.2
③ 77.2 ④ 91.2

해설

$x=\dfrac{d_1}{d_2}$: 내외경 비

$$\tau=\frac{T}{Z_p}=\frac{T}{\dfrac{\pi d_2^3}{16}(1-x^4)}=\frac{100}{\dfrac{\pi}{16}\times 0.025^3\times\left(1-\left(\dfrac{20}{25}\right)^4\right)}$$
$$=55.21\times10^6\text{Pa}$$
$$=55.21\text{MPa}$$

46 그림과 같이 원형 단면의 원주에 접하는 $X-X$축에 관한 단면 2차 모멘트는?

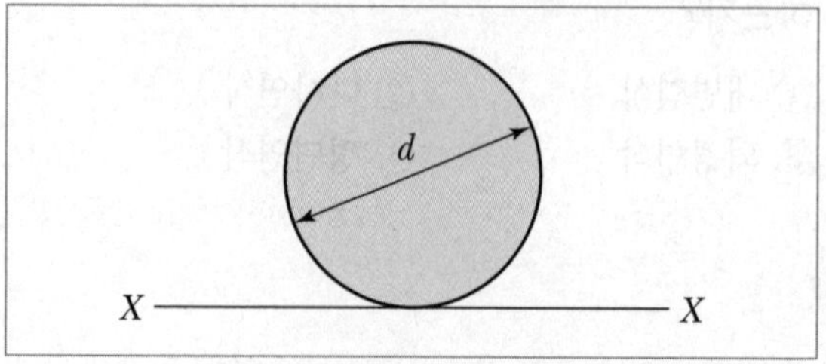

① $\dfrac{\pi d^4}{32}$ ② $\dfrac{\pi d^4}{64}$
③ $\dfrac{3\pi d^4}{64}$ ④ $\dfrac{5\pi d^4}{64}$

해설

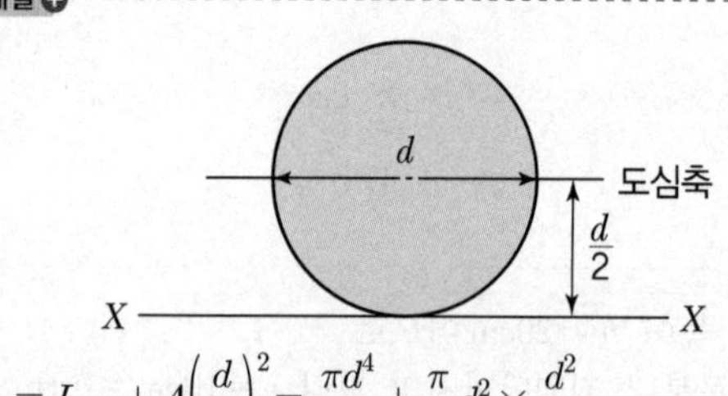

$$I_X=I_{도심}+A\left(\frac{d}{2}\right)^2=\frac{\pi d^4}{64}+\frac{\pi}{4}d^2\times\frac{d^2}{4}$$
$$=\frac{\pi d^4}{64}+\frac{\pi d^4}{16}=\frac{5\pi d^4}{64}$$

47 직경 20mm인 구리합금 봉에 30kN의 축방향 인장하중이 작용할 때 체적변형률은 대략 얼마인가?(단, 탄성계수 $E=100$GPa, 포아송 비 $\mu=0.3$)

① 0.38 ② 0.038
③ 0.0038 ④ 0.00038

해설

$$\varepsilon_v=\varepsilon(1-2\mu)=\frac{\sigma}{E}(1-2\mu)=\frac{P}{EA}(1-2\mu)$$
$$=\frac{30\times10^3}{100\times10^9\times\dfrac{\pi\times0.02^2}{4}}\times(1-2\times0.3)$$
$$=0.00038$$

정답 44 ③ 45 ② 46 ④ 47 ④

48 다음과 같은 평면응력상태에서 X축으로부터 반시계 방향으로 30° 회전된 X'축상의 수직응력($\sigma_{x'}$)은 약 몇 MPa인가?

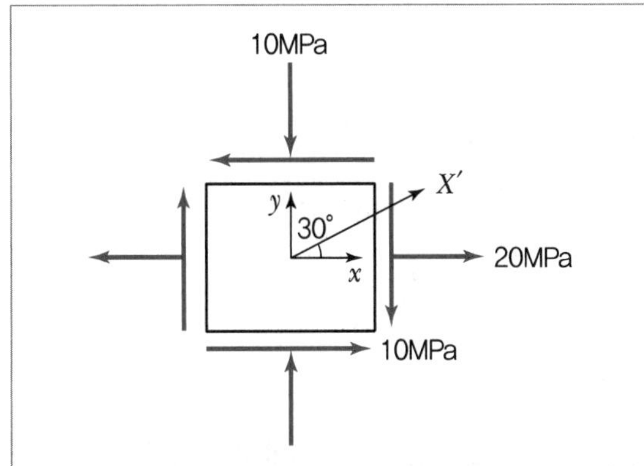

① $\sigma_{x'}=3.84$　② $\sigma_{x'}=-3.84$
③ $\sigma_{x'}=17.99$　④ $\sigma_{x'}=-17.99$

해설

평면응력상태의 모어의 응력원

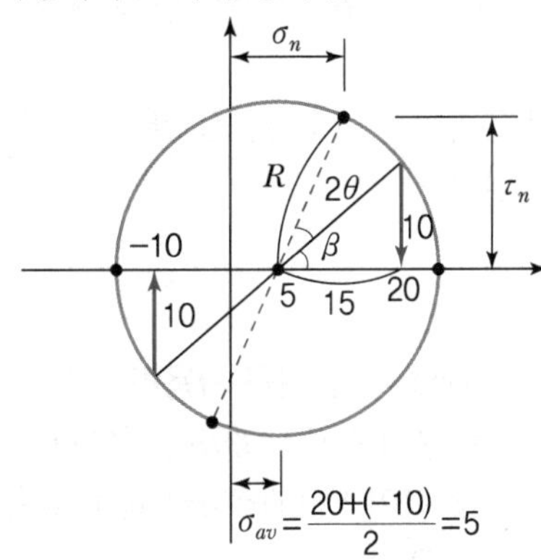

모어의 응력원에서(응력원을 그리면 더 쉽다.)

$\sigma_n=\sigma_x'=\sigma_{av}+R\cos(\beta+2\theta)$

여기서, $\sigma_{av}=\dfrac{\sigma_x+\sigma_y}{2}=\dfrac{20+(-10)}{2}=5$

$\beta=\tan^{-1}\left(\dfrac{10}{15}\right)=33.69°$

$R\cos\beta=15$ 에서 $R=\dfrac{15}{\cos 33.69°}=18.03\text{ MPa}$

$\therefore\ \sigma_n)_{\theta=30°}=5+18.03\cos(33.69°+2\times30°)$
$=3.84\text{MPa}$

※ τ_n을 구하는 경우에는 $\tau_n=R\sin(\beta+2\theta)$로 구한다.

〈다른 풀이〉

$\sigma_x'=\sigma_n)_{\theta=30°}=\dfrac{\sigma_x+\sigma_y}{2}+\dfrac{\sigma_x-\sigma_y}{2}\cos2\theta-\tau_{xy}\sin2\theta$

$=\dfrac{20+(-10)}{2}+\dfrac{20-(-10)}{2}\cos60°-10\sin60°$

$=3.84\text{MPa}$

49 그림과 같이 하중 P가 작용할 때 스프링의 변위 δ는?(단, 스프링상수는 k이다.)

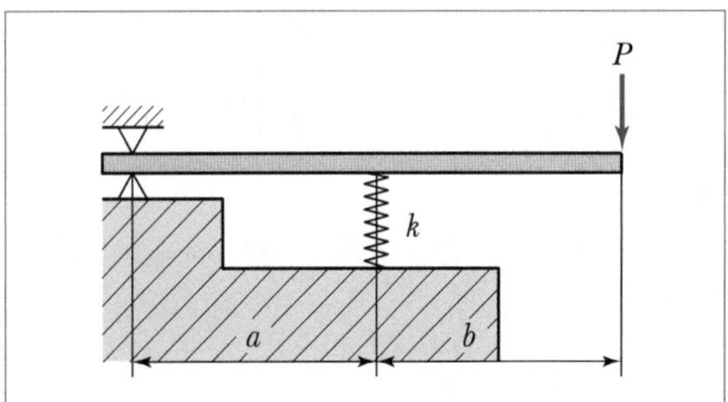

① $\delta=\dfrac{(a+b)}{bk}P$　② $\delta=\dfrac{(a+b)}{ak}P$
③ $\delta=\dfrac{ak}{(a+b)}P$　④ $\delta=\dfrac{bk}{(a+b)}P$

해설

<F.B.D>

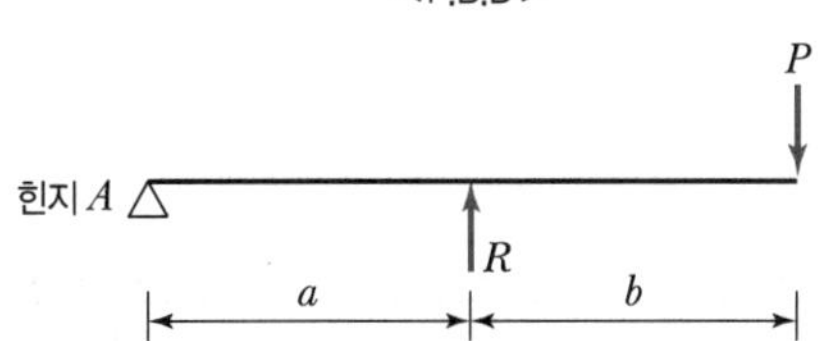

$\sum M_{A\text{지점}}=0:-Ra+P(a+b)=0$

$\therefore\ R=\dfrac{P(a+b)}{a}$

스프링에서 $W=k\delta=R$이므로

$\delta=\dfrac{R}{k}=\dfrac{P(a+b)}{ak}$

정답　48 ①　49 ②

50 그림과 같은 하중을 받고 있는 수직 봉의 자중을 고려한 총 신장량은?(단, 하중 = P, 막대 단면적 = A, 비중량 = γ, 탄성계수 = E이다.)

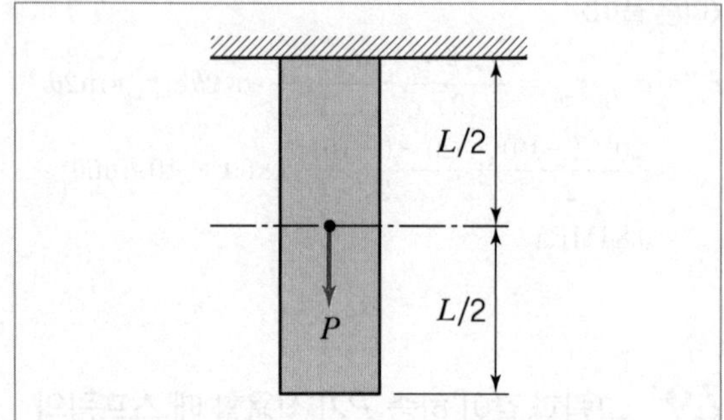

① $\frac{L}{E}\left(\gamma L+\frac{P}{A}\right)$ ② $\frac{L}{2E}\left(\gamma L+\frac{P}{A}\right)$
③ $\frac{L^2}{2E}\left(\gamma L+\frac{P}{A}\right)$ ④ $\frac{L^2}{E}\left(\gamma L+\frac{P}{A}\right)$

해설

전체 신장량 λ는 하중에 의한 신장량+자중에 의한 신장량이므로

$$\lambda=\frac{P\cdot\left(\frac{L}{2}\right)}{AE}+\frac{\gamma\cdot L^2}{2E}=\frac{L}{2E}\left(\frac{P}{A}+\gamma\cdot L\right)$$

51 다음 그림과 같은 양단 고정보 AB에 집중하중 $P=14$kN이 작용할 때 B점의 반력 R_B[kN]는?

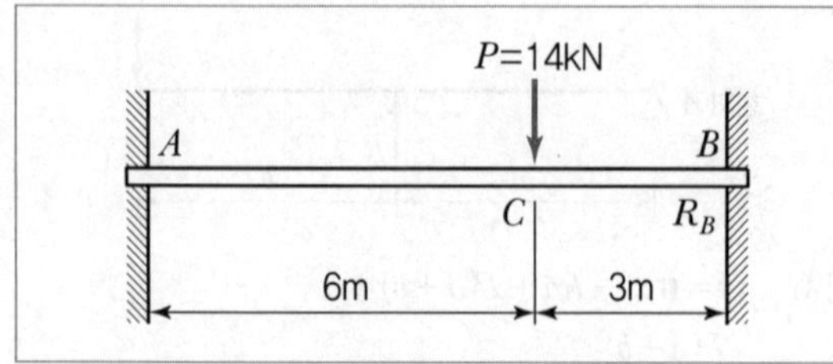

① $R_B=8.06$ ② $R_B=9.25$
③ $R_B=10.37$ ④ $R_B=11.08$

해설

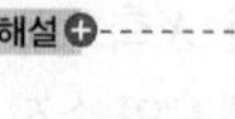
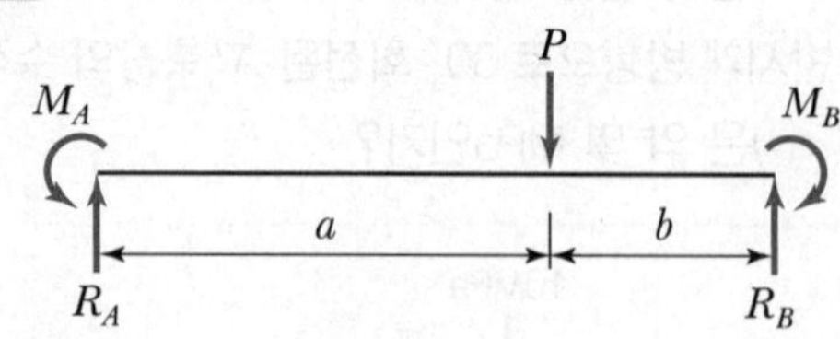

$$R_B=\frac{Pa^2}{l^3}(l+2b)=\frac{14\times 6^2}{9^3}(9+2\times 3)=10.38\text{kN}$$

※ $R_A=\frac{Pb^2}{l^3}(l+2a)$

52 다음 중 좌굴(Buckling) 현상에 대한 설명으로 가장 알맞은 것은?

① 보에 휨하중이 작용할 때 굽어지는 현상
② 트러스의 부재에 전단하중이 작용할 때 굽어지는 현상
③ 단주에 축방향의 인장하중을 받을 때 기둥이 굽어지는 현상
④ 장주에 축방향의 압축하중을 받을 때 기둥이 굽어지는 현상

53 두께 10mm의 강관을 사용하여 직경 2.5m의 원통형 압력용기를 제작하였다. 용기에 작용하는 최대 내부 압력이 1,200kPa일 때 원주응력(후프응력)은 몇 MPa인가?

① 50 ② 100
③ 150 ④ 200

해설

$$\text{후프응력 } \sigma_h=\frac{Pd}{2t}=\frac{1{,}200\times 10^3\times 2.5}{2\times 0.01}=150\times 10^6\text{Pa}=150\text{MPa}$$

정답 50 ② 51 ③ 52 ④ 53 ③

54 길이가 l이고 원형 단면의 직경이 d인 외팔보의 자유단에 하중 P가 가해진다면, 이 외팔보의 전체 탄성에너지는?(단, 재료의 탄성계수는 E이다.)

① $U=\dfrac{3P^2l^3}{64\pi Ed^4}$　　② $U=\dfrac{62P^2l^3}{9\pi Ed^4}$

③ $U=\dfrac{32P^2l^3}{3\pi Ed^4}$　　④ $U=\dfrac{64P^2l^3}{3\pi Ed^4}$

해설

$U=\dfrac{1}{2}M\theta=\dfrac{1}{2}M\times\dfrac{l}{\rho}=\dfrac{1}{2}M\times l\times\dfrac{M}{EI}=\dfrac{M^2\cdot l}{2EI}$

외팔보에서 보의 길이에 따라 M값이 변하므로

$dU=\dfrac{{M_x}^2}{2EI}dx$를 적용하면,

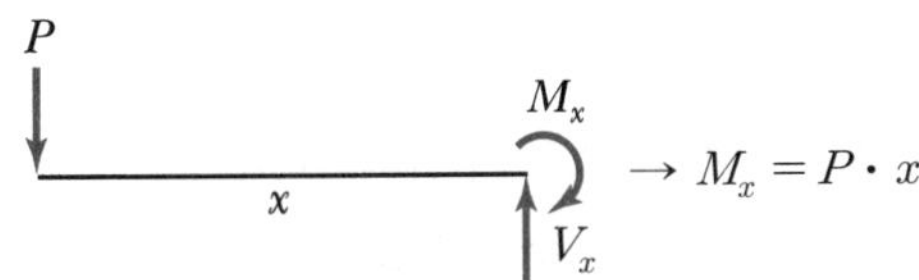

$$U=\int_0^l\frac{{M_x}^2}{2EI}dx=\int_0^l\frac{(Px)^2}{2EI}dx$$

$$=\frac{P^2}{2EI}\left[\frac{x^3}{3}\right]_0^l=\frac{P^2}{2EI}\cdot\frac{l^3}{3}=\frac{P^2\cdot l^3}{6EI}$$

$$=\frac{P^2\cdot l^3}{6E\times\frac{\pi d^4}{64}}=\frac{32P^2\cdot l^3}{3E\pi d^4}$$

55 스프링 정수가 2.4N/cm인 스프링 4개가 병렬로 어떤 물체를 지지하고 있다. 스프링의 변위가 1cm라면 지지된 물체의 무게는 몇 N인가?

① 7.6　　② 9.6

③ 18.2　　④ 20.4

해설

동일한 4개의 스프링으로 지지하고 처짐량(δ)이 동일하므로

$W=W_1+W_2+W_3+W_4$

$k_e\delta=k\delta+k\delta+k\delta+k\delta$, $k_e=4k$

(여기서, k : 스프링상수 k

k_e : 병렬조합 등가스프링상수 k_e)

$W=k_e\delta=4k\delta=4\times2.4\times1=9.6\,\text{N}$

56 무게 10kN의 해머(Hammer)를 10m의 높이에서 자유낙하시켜서 무게 300N의 말뚝을 50cm 박았다. 충돌한 직후에 해머와 말뚝은 일체가 된다고 볼 때 충돌 직후의 속도는 몇 m/s인가?

① 50.4　　② 20.4

③ 13.6　　④ 6.7

해설

해머의 질량 m_1, 말뚝의 질량 m_2, 해머의 속도 V_1, 말뚝의 속도 V_2일 때

i) 해머의 질량 $m_1=\dfrac{W_1}{g}=\dfrac{10\times10^3}{9.8}=1{,}020.4\,\text{kg}$,

말뚝의 질량 $m_2=\dfrac{W_2}{g}=\dfrac{300}{9.8}=30.6\,\text{kg}$

ii) 해머의 낙하속도($V_g=T$)

$m_1gh=\dfrac{1}{2}m_1{V_1}^2$에서

충돌 시 속도

$V_1=\sqrt{2gh}=\sqrt{2\times9.8\times10}=14\,\text{m/s}$

iii) 선형운동량 보존의 법칙에 의해

$m_1V_1+m_2V_2=m_1V_1'+m_2V_2'$

말뚝의 충돌 시 처음속도는

$V_2=0,\ V_1'=V_2'=V'$이므로

$m_1V_1=(m_1+m_2)V'$

$V'=\dfrac{m_1V_1}{m_1+m_2}=\dfrac{1{,}020.4\times14}{1{,}020.4+30.6}=13.59\,\text{m/s}$

정답　54 ③　55 ②　56 ③

57 직선운동을 하고 있는 한 질점의 위치가 $S = 2t^3 - 24t + 6$으로 주어졌다. 이때 $t = 0$의 초기 상태로부터 126m/s의 속도가 될 때까지의 걸린 시간은 얼마인가?[단, S는 임의의 고정으로부터의 거리이고 단위는 m이며, 시간의 단위는 초(sec)이다.]

① 2초 ② 4초
③ 5초 ④ 6초

해설

위치 $S=f(t)$가 시간의 함수이므로 t에 대해 미분하면

속도 $V=\dfrac{dS}{dt}=6t^2-24=126$

$\therefore\ t=\sqrt{\dfrac{126+24}{6}}=5$초

58 직경 600mm인 플라이휠이 z축을 중심으로 회전하고 있다. 플라이휠의 원주상의 점 P의 가속도가 그림과 같은 위치에서 "$a = -1.8i - 4.8j$"라면 이 순간 플라이휠의 각가속도 α는 얼마인가?(단, i, j는 각각 x, y 방향의 단위벡터이다.)

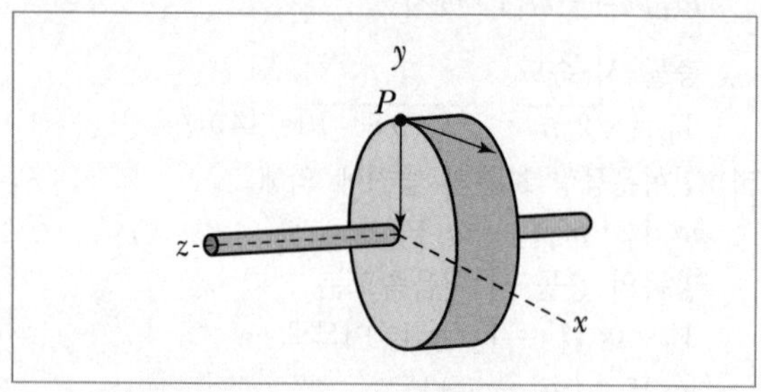

① 3rad/s^2 ② 4rad/s^2
③ 5rad/s^2 ④ 6rad/s^2

해설

가속도 a가 직각 벡터성분으로 주어졌으므로 원주상의 점 P의 접선은 x방향(i)이므로 접선가속도 $a_t = 1.8\text{m/s}^2$이며, 법선가속도 y방향(j) $a_n = 4.8\text{m/s}^2$이다.

$\therefore\ a_t = \alpha r$에서 각가속도 $\alpha = \dfrac{a_t}{r} = \dfrac{1.8}{0.3} = 6\,\text{rad/s}^2$

59 진자형 충격시험장치에 외부 작용력 P가 작용할 때, 물체의 회전축에 있는 베어링에 반작용력이 작용하지 않기 위한 점 A는?

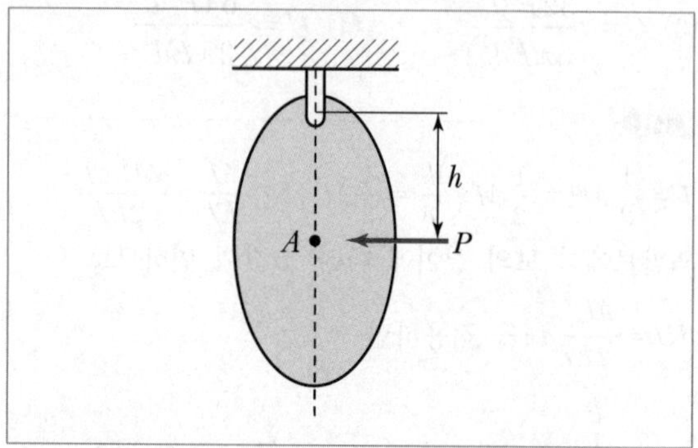

① 회전반경(Radius of Gyration)
② 질량중심(Center of Mass)
③ 질량관성모멘트(Mass Moment of Inertia)
④ 충격중심(Center of Percussion)

해설

충격중심(Center of Percussion)은 진동중심과 동일하며, 진동중심은 진자의 한 점으로 진자의 질량이 그 점에 모여 있다고 가정했을 때 진동수와 원래 진자의 진동수가 같아지는 점이다. 이 진자는 중력의 영향으로 주기운동을 하는데, 그 주기가 그림처럼 모든 질량이 A점에 모여있는 경우와 같을 때, 이 점 A를 진동중심이라고 한다. 예를 들면, 충격중심은 테니스와 같이 라켓을 사용하는 스포츠의 스위트 스폿(sweet spot)과 관련이 있다. 공이 라켓의 스위트 스폿에 맞는 경우 손목이 받는 충격이 최소가 되는데, 그 이유는 충격 순간 움직이지 않는 충격중심의 성질 때문이다. 충격중심일 때 베어링의 반작용력이 0이 된다.

정답 57 ③ 58 ④ 59 ④

60 1 자유도 진동계에서 다음 수식 중 옳은 것은?

① $\omega = 2\pi f$ ② $c_{cr} = \sqrt{2mk}$
③ $\omega_n = \dfrac{k}{m}$ ④ $T = \omega f$

해설

① 고유진동수 $f = \dfrac{\omega}{2\pi}$ 이므로 $\omega = 2\pi f$
② 임계감쇠 $c_{cr} = 2\sqrt{mk}$
③ 고유각진동수 $\omega_n = \sqrt{\dfrac{k}{m}}$
④ 주기 $T = \dfrac{1}{f} = \dfrac{2\pi}{\omega}$

4과목 열 · 유체 해석

61 압력이 200kPa인 공기가 압력이 일정한 상태에서 400kcal의 열을 받으면서 팽창하였다. 이러한 과정에서 공기의 내부에너지가 250kcal만큼 증가하였을 때, 공기의 부피변화(m^3)는 얼마인가? (단, 1kcal는 4.186kJ이다.)

① 0.98 ② 1.21
③ 2.86 ④ 3.14

해설

i) 정압과정 $P = 200\text{kPa} = C$
ii) $\delta Q = dU + PdV$에서

$${}_1Q_2 = U_2 - U_1 + \int_1^2 PdV \text{ (여기서, } P = C\text{)}$$
$$= U_2 - U_1 + P(V_2 - V_1)$$
$$\therefore V_2 - V_1 = \Delta V = \frac{{}_1Q_2 - (U_2 - U_1)}{P}$$
$$= \frac{(400-250)\text{kcal}}{200\text{kPa}} \times \frac{4.186\text{kJ}}{1\text{kcal}}$$
$$= 3.14\text{m}^3$$

※ ${}_1Q_2 = U_2 - U_1 + AP(V_2 - V_1)$

(여기서, $A = \dfrac{1\text{kcal}}{4.186\text{kJ}}$: 일의 열당량)으로 해석해도 된다.

62 기체가 열량 80kJ을 흡수하여 외부에 대하여 20kJ의 일을 하였다면 내부에너지 변화(kJ)는?

① 20 ② 60
③ 80 ④ 100

해설

$\delta Q - \delta W = dU$에서

내부에너지 변화량 $U_2 - U_1 = {}_1Q_2 - {}_1W_2$
$= 80 - 20 = 60\text{kJ}$

[여기서, 흡열이므로 열부호 (+), 계가 일하므로 일부호 (+)]

63 열역학 제2법칙에 대한 설명으로 옳은 것은?

① 과정(process)의 방향성을 제시한다.
② 에너지의 양을 결정한다.
③ 에너지의 종류를 판단할 수 있다.
④ 공학적 장치의 크기를 알 수 있다.

해설

열역학 제2법칙은 비가역과정을 설명하며 자연의 방향성을 제시한다.

64 카르노 냉동기에서 흡열부와 방열부의 온도가 각각 −20℃와 30℃인 경우, 이 냉동기에 40kW의 동력을 투입하면 냉동기가 흡수하는 열량(RT)은 얼마인가?(단, 1RT=3.86kW이다.)

① 23.62 ② 52.48
③ 78.36 ④ 126.48

정답 60 ① 61 ④ 62 ② 63 ① 64 ②

해설

i) $T_H = 30 + 273 = 303K$, $T_L = 20 + 273 = 253K$

$$\varepsilon_R = \frac{Q_L}{Q_H - Q_L} = \frac{T_L}{T_H - T_L} = \frac{253}{303 - 253} = 5.06$$

ii) $\varepsilon_R = \frac{output}{input} = \frac{Q_L}{40kW}$

$\therefore Q_L = \varepsilon_R \times 40kW = 5.06 \times 40 = 202.4kW$

단위환산하면 $202.4kW \times \frac{1RT}{3.86kW} = 52.44RT$

65 포화액의 비체적은 0.001242m³/kg이고, 포화증기의 비체적은 0.3469m³/kg인 어떤 물질이 있다. 이 물질이 건도 0.65 상태로 2m³인 공간에 있다고 할 때 이 공간 안을 차지한 물질의 질량(kg)은?

① 8.85 ② 9.42
③ 10.08 ④ 10.84

해설

i) $v_f = 0.001242$, $v_g = 0.3469$, 건도 $x = 0.65$

ii) 건도가 x인 비체적 $v_x = v_f + x(v_g - v_f)$에서

$v_x = 0.001242 + 0.65 \times (0.3469 - 0.001242)$
$= 0.226m^3/kg$

iii) $v_x = \frac{V_x}{m_x}$

$\rightarrow m_x = \frac{V_x}{v_x} = \frac{2m^3}{0.226\frac{m^3}{kg}} = 8.85kg$

66 질량이 m이고 비체적이 v인 구(sphere)의 반지름이 R이다. 이때 질량이 $4m$, 비체적이 $2v$로 변화한다면 구의 반지름은 얼마인가?

① $2R$ ② $\sqrt{2}R$
③ $\sqrt[3]{2}R$ ④ $\sqrt[3]{4}R$

해설

i) $mv = V$이므로 $mv = \frac{4}{3}\pi R^3$ ⋯ ⓐ

ii) 구의 반지름을 x라 하면 $4m \times 2v = \frac{4}{3}\pi x^3$

$8mv = \frac{4}{3}\pi x^3 \rightarrow mv = \frac{\pi}{6}x^3$ (← ⓐ 대입)

$\frac{4}{3}\pi R^3 = \frac{\pi}{6}x^3 \rightarrow x^3 = 8R^3$

$\therefore x = 2R$

67 입구 엔탈피 3,155kJ/kg, 입구 속도 24m/s, 출구 엔탈피 2,385kJ/kg, 출구 속도 98m/s인 증기 터빈이 있다. 증기 유량이 1.5kg/s이고, 터빈의 축 출력이 900kW일 때 터빈과 주위 사이의 열전달량은 어떻게 되는가?

① 약 124kW의 열을 주위로 방열한다.
② 주위로부터 약 124kW의 열을 받는다.
③ 약 248kW의 열을 주위로 방열한다.
④ 주위로부터 약 248kW의 열을 받는다.

해설

개방계의 열역학 제1법칙

$$\dot{Q}_{c.v} + \dot{m}_i\left(h_i + \frac{V_i^2}{2} + gZ_i\right) = \dot{m}_e\left(h_e + \frac{V_e^2}{2} + gZ_e\right) + \dot{W}_{c.v}$$

(여기서, $\dot{m}_i = \dot{m}_e = \dot{m}$, $gZ_i = gZ_e$ 적용)

$$\dot{Q}_{c.v} = \dot{m}\left\{(h_e - h_i) + \frac{1}{2}\left(V_e^2 - V_i^2\right)\right\} + \dot{W}_{c.v}$$

$$= 1.5\frac{kg}{s}\left\{(2,385 - 3,155)\frac{kJ}{kg} + \frac{1}{2}(98^2 - 24^2)\frac{J}{kg}\right\}$$

$$\times \frac{1kJ}{1,000J} + 900kW$$

$= -248.23kW$[열부호(−)이므로 주위로 열을 방출]

정답 65 ① 66 ① 67 ③

68 공기 1kg을 정압과정으로 20℃에서 100℃까지 가열하고, 다음에 정적과정으로 100℃에서 200℃까지 가열한다면, 전체 가열에 필요한 총에너지(kJ)는?(단, 정압비열은 1.009kJ/kg · K, 정적비열은 0.72kJ/kg · K이다.)

① 152.7 ② 162.8
③ 139.8 ④ 146.7

해설

$\delta q = du + pdv = dh - vdp$

i) 정압가열과정 $p = c$에서

$\delta q = dh - vdp$ ($\because$ $dp = 0$)

$${}_1q_2 = \int_1^2 C_p dT = C_p(T_2 - T_1)$$
$$= 1.009 \times (100 - 20) = 80.72\text{kJ/kg}$$

$\therefore$ $Q_p = {}_1Q_2 = m \cdot {}_1q_2 = 1 \times 80.72 = 80.72\text{kJ}$

ii) 정적가열과정 $v = c$에서

$\delta q = du + pdv$ ($\because$ $dv = 0$)

$${}_1q_2 = \int_1^2 C_v dT = C_v(T_2 - T_1)$$
$$= 0.72 \times (200 - 100) = 72\text{kJ/kg}$$

$\therefore$ $Q_v = {}_1Q_2 = m \cdot {}_1q_2 = 1 \times 72 = 72\text{kJ}$

iii) 총가열량 $Q = Q_p + Q_v = 80.72 + 72 = 152.72\text{kJ}$

69 질량 유량이 10kg/s인 터빈에서 수증기의 엔탈피가 800kJ/kg 감소한다면 출력(kW)은 얼마인가?(단, 역학적 손실, 열손실은 모두 무시한다.)

① 80 ② 160
③ 1,600 ④ 8,000

해설

i) 개방계에 대한 열역학 제1법칙

$q_{cv} + h_i = h_e + w_{cv}$ (단열이므로 $q_{cv} = 0$)

$\therefore$ $w_{cv} = w_T = h_i - h_e > 0$

$w_T = \Delta h = 800\text{kJ/kg}$

ii) 출력 $\dot{W}_T = \dot{m} \cdot w_T = 10\dfrac{\text{kg}}{\text{s}} \times 800\dfrac{\text{kJ}}{\text{kg}}$

$= 8{,}000\text{kJ/s} = 8{,}000\text{kW}$

70 다음 그림과 같은 오토 사이클의 효율(%)은?(단, $T_1 = 300\text{K}$, $T_2 = 689\text{K}$, $T_3 = 2{,}364\text{K}$, $T_4 = 1{,}029\text{K}$이고, 정적비열은 일정하다.)

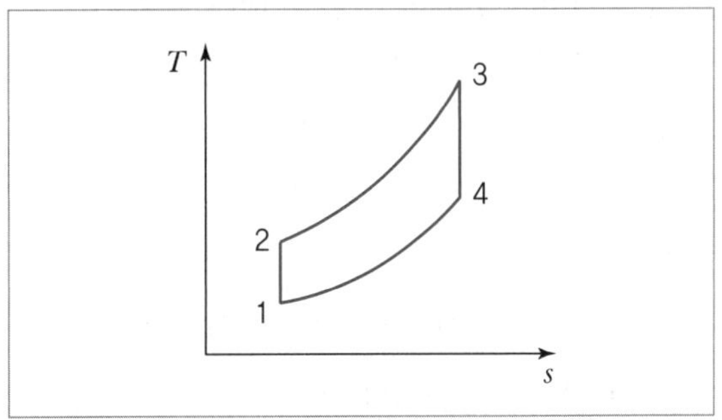

① 42.5 ② 48.5
③ 56.5 ④ 62.5

해설

열전달과정이 정적과정이므로

$\delta q = du + pdv = C_v dT$ ($\because$ $dv = 0$) $\rightarrow$ ${}_1q_2 = \int_1^2 C_v dT$

$$\eta_0 = \frac{q_H - q_L}{q_H} = 1 - \frac{q_L}{q_H} = 1 - \frac{C_v(T_4 - T_1)}{C_v(T_3 - T_2)}$$
$$= 1 - \frac{(1{,}029 - 300)}{(2{,}364 - 689)} = 0.5648 = 56.48\%$$

71 다음 중 유선(Stream Line)에 대한 설명으로 옳은 것은?

① 유체의 흐름에 있어서 속도벡터에 대하여 수직한 방향을 갖는 선이다.
② 유체의 흐름에 있어서 유동 단면의 중심을 연결한 선이다.
③ 비정상류 흐름에서만 유동의 특성을 보여주는 선이다.
④ 속도벡터에 접하는 방향을 가지는 연속적인 선이다.

해설

유선은 유동장의 한 점에서 속도벡터와 접선벡터가 일치하는 선이다.

정답 68 ① 69 ④ 70 ③ 71 ④

72 점성계수(μ)가 0.098N · s/m²인 유체가 평판 위를 $u(y) = 750y - 2.5 \times 10^{-6} y^3$(m/s)의 속도 분포로 흐를 때 평판면($y = 0$)에서의 전단응력은 약 몇 N/m²인가?(단, y는 평판면으로부터 m 단위로 잰 수직거리이다.)

① 7.35 ② 73.5
③ 14.7 ④ 147

해설

$\tau = \mu \cdot \dfrac{du}{dy} = \mu \times (750 - 3 \times 2.5 \times 10^{-6} y^2)$

← 주어진 $u(y)$를 y에 대해 미분

평판면에서 전단응력

$\tau)_{y=0} = 0.098 \times (750 - 0) = 73.5\text{N/m}^2$

73 안지름이 0.01m인 관 내로 점성계수가 0.005 N · s/m², 밀도가 800kg/m³인 유체가 1m/s의 속도로 흐를 때, 이 유동의 특성은?(단, 천이구간은 레이놀즈수가 2,100~4,000에 포함될 때를 기준으로 한다.)

① 층류유동
② 난류유동
③ 천이유동
④ 위 조건으로는 알 수 없다.

해설

$Re = \dfrac{\rho \cdot V \cdot d}{\mu} = \dfrac{800 \times 1 \times 0.01}{0.005} = 1{,}600 < 2{,}100$이므로 층류유동이다.

74 그림과 같이 비중 0.85인 기름이 흐르고 있는 개수로에 피토관을 설치하였다. $\Delta h = 30$mm, $h = 100$m일 때 기름의 유속은 약 몇 m/s인가?(단, Δh 부분에도 기름이 차 있는 상태이다.)

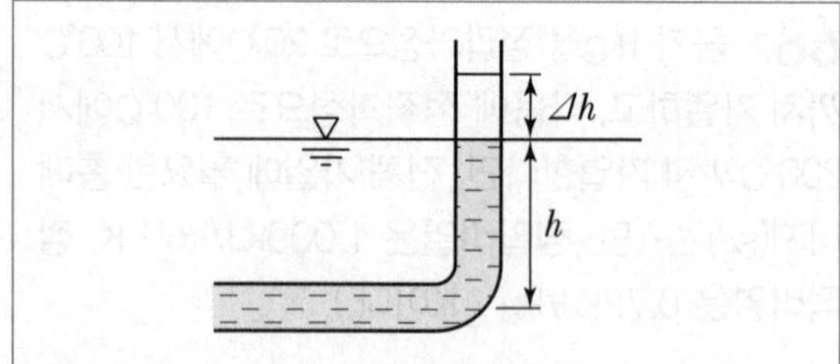

① 0.767 ② 0.976
③ 1.59 ④ 6.25

해설

$V = \sqrt{2g\Delta h} = \sqrt{2 \times 9.8 \times 0.03} = 0.767\text{m/s}$

75 밀도가 500kg/m³인 원기둥이 $\dfrac{1}{3}$ 만큼 액체면 위로 나온 상태로 떠 있다. 이 액체의 비중은?

① 0.33 ② 0.5
③ 0.75 ④ 1.5

해설

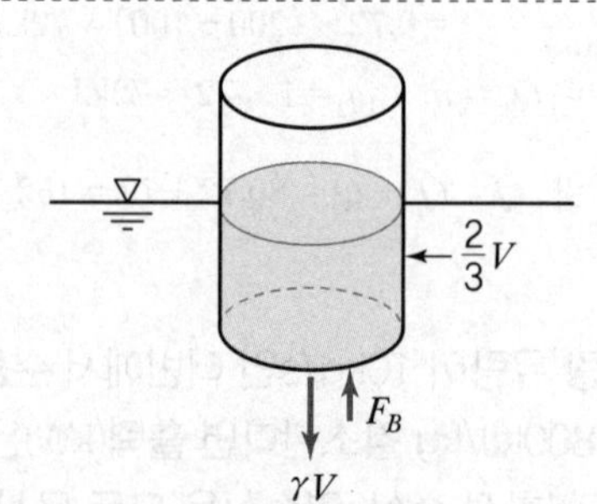

↑y, 무게와 부력이 같다.

원기둥 전 체적을 V, 원기둥 비중량을 γ, 원기둥 밀도 $\rho = 500\text{kg/m}^3$, 액체의 비중 S_x, 비중량을 γ_x라 하면

$\Sigma F_y = 0 : F_B - \gamma \cdot V = 0$

$\gamma_x V_{잠긴} - \gamma V = 0$

(여기서, $\gamma_x = S_x \gamma_w$, $V_{잠긴} = \dfrac{2}{3}V$, $\gamma = \rho \cdot g$ 적용)

$S_x \cdot \gamma_w \times \dfrac{2}{3} V = \gamma \cdot V$

$\therefore S_x = \dfrac{3}{2} \dfrac{\gamma}{\gamma_w} = \dfrac{3}{2} \dfrac{\rho \cdot g}{\gamma_w} = \dfrac{3}{2} \times \dfrac{500 \times 9.8}{9{,}800} = 0.75$

정답 72 ② 73 ① 74 ① 75 ③

76 마찰계수가 0.02인 파이프(안지름 0.1m, 길이 50m) 중간에 부차적 손실계수가 5인 밸브가 부착되어 있다. 밸브에서 발생하는 손실수두는 총 손실수두의 약 몇 %인가?

① 20　② 25
③ 33　④ 50

해설

총 손실수두=곧고 긴 관에서 손실수두+부차적 손실수두

$$h_l = f \cdot \frac{L}{d} \cdot \frac{V^2}{2g} + K \cdot \frac{V^2}{2g}$$

$$= 0.02 \times \frac{50}{0.1} \times \frac{V^2}{2g} + 5 \times \frac{V^2}{2g} = 15 \times \frac{V^2}{2g}$$

$$\therefore \frac{\text{밸브(부차적) 손실수두}}{\text{총손실수두}} = \frac{K \cdot \frac{V^2}{2g}}{h_l} = \frac{5 \times \frac{V^2}{2g}}{15 \times \frac{V^2}{2g}} = \frac{1}{3} = 33.33\%$$

77 2차원 극좌표계(r, θ)에서 속도 퍼텐셜이 다음과 같을 때 원주방향 속도(v_θ)는?(단, 속도 퍼텐셜 ϕ는 $\vec{V} = \nabla\phi$로 정의한다.)

$$\phi = 2\theta$$

① $4\pi r$　② $2r$
③ $\frac{4\pi}{r}$　④ $\frac{2}{r}$

해설

$\vec{V} = \nabla\phi$에서 $V_r = \frac{\partial\phi}{\partial r}$, $V_\theta = \frac{1}{r}\frac{\partial\phi}{\partial\theta}$이므로

$V_\theta = \frac{1}{r}\frac{\partial\phi}{\partial\theta}$ (ϕ를 θ에 대해 편미분하면)

$$= \frac{1}{r} \times 2 = \frac{2}{r}$$

78 그림과 같이 고정된 노즐로부터 밀도가 ρ인 액체의 제트가 속도 V로 분출하여 평판에 충돌하고 있다. 이때 제트의 단면적이 A이고 평판이 u인 속도로 제트와 반대방향으로 운동할 때 평판에 작용하는 힘 F는?

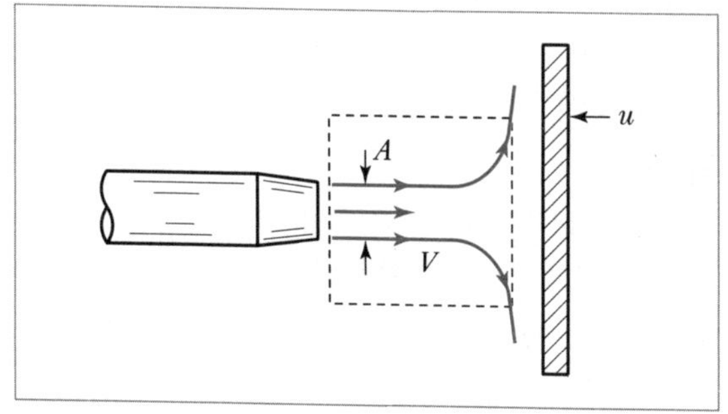

① $F = A(V-u)$　② $F = A(V-u)^2$
③ $F = A(V+u)$　④ $F = A(V+u)^2$

해설

검사면에 작용하는 힘들의 합은 검사체적 안의 운동량 변화량과 같다.

$\Sigma F_x = -F = \rho Q(V_{2x} - V_{1x})$ (여기서, $V_{2x} = 0$)

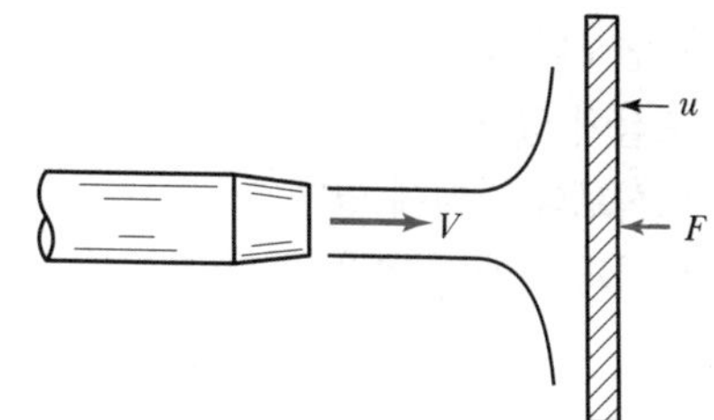

$-F = -\rho Q V_{1x}$

[$V_{1x} = V_{물/평} = V_물 - V_평 = V - (-u) = V + u$,
$Q = A(V+u)$: 실제 평판에 부딪히는 유량]

$$\therefore F = \rho Q V_{1x} = \rho A(V+u)(V+u) = \rho A(V+u)^2$$

정답 76 ③ 77 ④ 78 ④

79 지름이 0.01m인 구 주위를 공기가 0.001 m/s로 흐르고 있다. 항력계수 $C_D = \frac{24}{Re}$로 정의할 때 구에 작용하는 항력은 약 몇 N인가? (단, 공기의 밀도는 1.1774kg/m^3, 점성계수는 1.983×10^{-5} kg/m · s이며, Re는 레이놀즈수를 나타낸다.)

① 1.9×10^{-9}　② 3.9×10^{-9}
③ 5.9×10^{-9}　④ 7.9×10^{-9}

해설

i) $Re = \frac{\rho Vd}{\mu} = \frac{1.1774\times0.001\times0.01}{1.983\times10^{-5}} = 0.5937$

ii) 항력 $D = C_D \cdot \rho \cdot A \cdot \frac{V^2}{2}$

$$= \frac{24}{0.5937}\times1.1774\times\frac{\pi}{4}\times0.01^2\times\frac{0.001^2}{2}$$
$$= 1.87\times10^{-9}$$

80 유체 속에 잠겨 있는 경사진 판의 윗면에 작용하는 압력힘의 작용점에 대한 설명 중 옳은 것은?

① 판의 도심보다 위에 있다.
② 판의 도심에 있다.
③ 판의 도심보다 아래에 있다.
④ 판의 도심과 관계가 없다.

해설

압력힘의 작용점은 전압력 중심 y_p로 판의 도심보다 $\frac{I_x}{Ay}$ 만큼 아래에 있다.

정답　79 ①　80 ③

일반기계기사 필기

발행일 | 2020. 1. 20 초판발행
2021. 1. 10 개정1판1쇄
2022. 1. 10 개정2판1쇄
2023. 1. 10 개정3판1쇄
2024. 1. 10 개정4판1쇄
2024. 1. 30 개정4판2쇄
2025. 1. 10 개정5판1쇄

저 자 | 다솔유캠퍼스 · 박 성 일
발행인 | 정 용 수
발행처 | 예문사

주 소 | 경기도 파주시 직지길 460(출판도시) 도서출판 예문사
TEL | 031) 955－0550
FAX | 031) 955－0660
등록번호 | 11－76호

정가 : 50,000원

ISBN 978-89-274-5487-8 13550